Langenscheidts
Fachwörterbücher

# ThyssenKrupp
# TKIS Document Services

# Langenscheidt's Dictionary Mechanical Engineering Concise Edition

## English-German/German-English

Langenscheidt
Berlin · München · Wien · Zürich · New York

ThyssenKrupp
TKIS Document Services

# Langenscheidts Fachwörterbuch Kompakt Maschinenbau

Englisch-Deutsch/Deutsch-Englisch

Langenscheidt
Berlin · München · Wien · Zürich · New York

Bearbeiter: Gerhard Freibott und Katharina Schmalenbach

Die Deutsche Bibliothek - CIP Einheitsaufnahme

**Langenscheidts Fachwörterbuch kompakt Maschinenbau :**
Englisch-Deutsch/Deutsch-Englisch / Thyssen Krupp ; TKIS Document Services.
[Bearb.: Gerhard Freibott und Katharina Schmalenbach]. - Berlin ; München ;
Wien ; Zürich ; New York : Langenscheidt, 2001
ISBN 3-86117-155-4



ISBN 3-86117-155-4


Printed in Germany
Gesamtherstellung: Druckhaus „Thomas Müntzer" GmbH, Bad Langensalza/Thüringen

# Vorwort

Das Kompakt-Fachwörterbuch ***Maschinen- und Anlagenbau*** Englisch-Deutsch/ Deutsch-Englisch ist aus dem umfangreichen Fachwörterbuch des Maschinen- und Anlagenbaus, Schwerpunkt Fördertechnik, entstanden, das 1999 in der Reihe *PC-Bibliothek* als CD-ROM und als gebundene Ausgabe erschienen ist. Das Kompakt-Wörterbuch umfasst je Sprachrichtung rund 20.000 Stichwörter und Wendungen.

Folgende Fachgebiete werden behandelt: Aufbereitungstechnik, Baggerbau/Bergbau, Bandanlagen, Geologie, Hoch- und Tiefbau, Hüttenwesen, Hydraulik/Pneumatik, Kranbau, Mechanik, Schweißtechnik, Stahlbau, Statik, Umschlagtechnik, Werkzeuge und Zerkleinerungstechnik.

Das Kompakt-Fachwörterbuch bietet Studenten, interessierten Laien und Experten anderer Fachbereiche die wichtigsten Begriffe aus dem Bereich Maschinen- und Anlagenbau in einem handlichen Band im Pocket-Format.

**TKIS Document Services GmbH**

Das Fachwörterbuch ist aus der praktischen Arbeit der TKIS Document Services GmbH entstanden. Die TKIS Document Services GmbH ist hervorgegangen aus dem IT-Bereich der Thyssen Krupp Engineering, im speziellen der Krupp Fördertechnik. Mit Beginn des Jahres 2000 firmiert sie als eigenständige Gesellschaft im Rahmen der Thyssen Krupp Information Services, einem der führenden Systemhäuser in Deutschland.

Die TKIS Document Services liefert ein Gesamtangebot von Dienstleistungen in den Bereichen Dokumentationsdienste, Sprachendienste, Reprographie, Dokumentenmanagement und Archivierung mit Consulting-Leistungen und entsprechenden Werkzeugen.

Besonderer Dank gilt Katja Klein und der Redaktion des Langenscheidt-Fachverlages für die Betreuung dieses kompakten Wörterbuches.

*Gerhard Freibott, Katharina Schmalenbach*

# Preface

The Compact English-German/German-English Dictionary of ***Mechanical Engineering and Plant Manufacturing*** has its genesis in the comprehensive Dictionary of Mechanical Engineering and Plant Manufacturing – Mining and Handling Engineering which was published in 1999 as a CD-ROM in the *PC Bibliothek* series and as a bound version. This compact dictionary contains approximately 20,000 headwords and phrases for each language.

The dictionary covers the following specialist areas: ore and mineral processing technology, excavator manufacture/mining, belt conveyor systems, geology, civil engineering, metallurgy, hydraulics/pneumatics, crane construction, mechanics, welding engineering, structural engineering, statics, materials handling technology, tools and crushing and screening technology.

This compact dictionary offers students, non-specialists and experts from other technical disciplines alike access to essential terms from the mechanical engineering and plant manufacturing sector in a handy, pocket-sized volume.

**TKIS Document Services GmbH**

This dictionary is the product of the detailed work of TKIS Document Services GmbH, a company which has its origins in the IT Department of Thyssen Krupp Engineering, more particularly in Krupp Fördertechnik. TKIS Document Services has been functioning since the beginning of 2000 as an independent company within Thyssen Krupp Information Services, one of Germany's leading systems services enterprises.

TKIS Document Services supplies a complete range of products in documentation and language services, reprographics, document management and archiving as well as providing consulting services and associated tools.

We are especially grateful to Katja Klein and the staff of the editorial department at Langenscheidt Fachverlag for all their help in the preparation of this volume.

*Gerhard Freibott, Katharina Schmalenbach*

# Hinweise zur Benutzung

## Aufbau und Anordnung der Einträge

Alle Stichwörter des Wörterbuchs sind alphabetisch angeordnet.
Beispiel:

**Deckband** *nt (Bg/Bergb)* **cover belt** *(Bg/Bergb)*
**Deckbandrolle** *f (Bg/Bergb)* **cover-belt holding idler** *(Bg/Bergb)*

Auf jedes Stichwort in der Zielsprache folgen ein oder mehrere Labels, die das Fachgebiet angeben, in dem das Wort benutzt wird.

Wenn in einem Fachgebiet verschiedene zielsprachige Ausdrücke für ein Stichwort möglich sind, so soll hier die zusätzliche Information anzeigen, welches im jeweiligen Zusammenhang der korrekte zielsprachige Ausdruck ist.
Beispiel:

**ausrunden** *v (Mech, Mont) (z.B. Gewinde)* **round off** *v (Mech, Mont)*
**ausrunden** *v (Mech, Mont) (z.B. Kanten, Gewindezähne)* **radius** *v (Mech, Mont)*

## Morphosyntaktische Merkmale

Einträge sind mit einem Label versehen, das die Wortart (Ausnahme: Substantive) und den Numerus angibt, z.B. Verb (v), Adjektiv (adj), Adverb (adv). Alle deutschen Substantive sind mit der Genusangabe versehen.
Beispiel:

**oxidieren** *v (Anstr)* **oxidize** *v (Anstr)*
**Bagger** *m (Bg/Bergb)* **excavator** *(Bg/Bergb)*

## Kollokationen

Fachsprachige Kollokationen (Wortkombinationen bestehend aus mindestens zwei lexikalischen Einheiten) wie *fahrbarer Kran* werden unter ihrem Basiswort aufgeführt.
Beispiel:

**Kran, fahrbar** fahrbarer Kran *adj:n (Mech)* **mobile crane** *adj:n (Mech)*
**Kranausleger, hydraulisch schwenkbar** hydraulisch schwenkbarer Kranausleger *adj:n (Mech)* **crane boom with hydraulic slewing** *(Mech)*

## Zusatzinformationen

In vielen Fällen werden Hinweise in Einträgen angegeben, die über die Benutzung des Wortes Aufschluss geben.
Indikatoren, in Klammern stehend:

Wörter, die für Substantive einen typischen Bezug erläutern:

Beispiel:

**Abscheidevermögen** *nt (Hyd/Pneu) (eines Filters)* **filtration power** *(Hyd/Pneu)*

Informationen, die das Fachgebiet weiter differenzieren:

Beispiel:

**abbauen** *v (Bg/Bergb)* **dig** *v (Bg/Bergb)*
**abbauen** *v (Bg/Bergb) (über Tage)* **quarry** *v (Bg/Bergb)*
**abbauen** *v (Bg/Bergb) (unter Tage)* **cut** *v (Bg/Bergb)* **excavate** *v (Bg/Bergb, Bau)* **mine** *v (Bg/Bergb)*

# Using the dictionary

## Structure and presentation of entries

All headwords in the dictionary are arranged in alphabetical order.

Example:

**Deckband** *nt (Bg/Bergb)* **cover belt** *(Bg/Bergb)*
**Deckbandrolle** *f (Bg/Bergb)* **cover-belt holding idler** *(Bg/Bergb)*

Each headword in the source language is followed by one or more labels indicating the field in which the word is used.

If, in a particular field, different expressions for the same headword are possible in the target language, additional indicators are used to show the correct target language expression in the particular context.

Example:

**ausrunden** *v (Mech, Mont) (z.B. Gewinde)* **round off** *v (Mech, Mont)*
**ausrunden** *v (Mech, Mont) (z.B. Kanten, Gewindezähne)* **radius** *v (Mech, Mont)*

## Morphosyntactic characteristics

Entries are provided with a label stating the part of speech (exception: nouns) and the number, e.g. verb (v), adjective (adj), adverb (adv). The gender of all German nouns is indicated.

Example:

**oxidieren** *v (Anstr)* **oxidize** *v (Anstr)*
**Bagger** *m (Bg/Bergb)* **excavator** *(Bg/Bergb)*

## Collocations

Technical collocations (word combinations consisting of at least two lexical units) such as *mobile crane* are entered under their base word.

Example:

**Kran, fahrbar** fahrbarer Kran *adj:n (Mech)* **mobile crane** *adj:n (Mech)*
**Kranausleger, hydraulisch schwenkbar** hydraulisch schwenkbarer Kranausleger *adj:n (Mech)* **crane boom with hydraulic slewing** *(Mech)*

## Additional information

In many cases, entries include an indication of context or use.
Indicators, in brackets:

For nouns, words explaining a typical reference:

Example:

**Abscheidevermögen** *nt (Hyd/Pneu) (eines Filters)* **filtration power** *(Hyd/Pneu)*

Information for differentiation within a field:

Example:

**abbauen** *v (Bg/Bergb)* **dig** *v (Bg/Bergb)*
**abbauen** *v (Bg/Bergb) (über Tage)* **quarry** *v (Bg/Bergb)*
**abbauen** *v (Bg/Bergb) (unter Tage)* **cut** *v (Bg/Bergb)* **excavate** *v (Bg/Bergb, Bau)* **mine** *v (Bg/Bergb)*

# Liste der verwendeten Abkürzungen, *Abbreviations used in this dictionary*

## Fachgebietszuordnungen, *subjects and abbreviations*

| | |
|---|---|
| **Allg** | **Gemeinsprache**, *common language* |
| **Anstr** | **Anstrichtechnik**, *painting* |
| **Aufb** | **Aufbereitungstechnik**, *ore and mineral processing technology* |
| **Bahn** | **Eisenbahntechnik**, *railroad engineering* |
| **Band** | **Bandanlagen**, *belt conveyor systems* |
| **Bau** | **Hoch- und Tiefbau**, *civil engineering* |
| **Bg/Bergb** | **Baggerbau/Bergbau**, *excavator manufacture/mining* |
| **Chem** | **Chemie**, *chemistry* |
| **Form** | **Allgemeine Formgebung/Bearbeitung**, *shaping and machining in general* |
| **Geo** | **Geologie**, *geology* |
| **Hütt/Wlz** | **Hüttenwesen/Walztechnik**, *metallurgy/rolling mills* |
| **Hyd/Pneu** | **Hydraulik/Pneumatik**, *hydraulics/pneumatics* |
| **Kfz** | **Kraftfahrzeugtechnik**, *automotive engineering* |
| **Kran** | **Kranbau**, *crane construction* |
| **Math** | **Mathematik**, *mathematics* |
| **Mech** | **Mechanik/mech. Bearbeitung**, *mechanics* |
| **Mont** | **Montage**, *assembly* |
| **Ökol** | **Ökologie/Umwelttechnik**, *ecology/environmental engineering* |
| **Phys** | **Physik**, *physics* |
| **Schiff** | **Schiffbau**, *ship building* |
| **Schw** | **Schweißtechnik**, *welding engineering* |
| **Stat** | **Statik**, *statics* |
| **Stb** | **Stahlbau**, *structural engineering* |
| **Umschl** | **Umschlagtechnik**, *materials handling technology* |
| **Werkz** | **Werkzeuge**, *tools* |
| **Zer** | **Zerkleinerungstechnik**, *crushing and screening technology* |
| **(Abk)**, (Abv) | **Abkürzung**, *abbreviation* |

# Morphosyntaktische Merkmale, *morphosyntactic characteristics*

**Wortart**, *part of speech*

| | |
|---|---|
| **adj** | **Adjektiv**, *adjective* |
| **adv** | **Adverb**, *adverb* |
| **affix** | **Affix**, *affix* |
| **präp** | **Präposition**, *preposition* |
| **v** | **Verb**, *verb* |
| **v/i** | **intransitives Verb**, *intransitive verb* |

**Numerus**, *number*

| | |
|---|---|
| **sg** | **Singular**, *singular* |
| **pl** | **Plural**, *plural* |

**Genus**, *gender*

| | |
|---|---|
| **f** | **Femininum**, *feminine* |
| **m** | **Maskulinum**, *masculine* |
| **nt** | **Neutrum**, *neuter* |

**Kollokationen, *collocations***

| | |
|---|---|
| **Adjektiv-Nomen-Verbindung**, *adjective-noun collocation* | adj:n |
| **Nomen-Verb-Verbindung**, *noun-verb collocation* | n:v |
| **Adverb-Verb-Verbindung**, *adverb-verb collocation* | adv:v |
| **Adverb-Adjektiv-Verbindung**, *adverb-adjective collocation* | adv:adj |

**Sprachraum, *speech area***

| | |
|---|---|
| **AE** | **amerikanisches Englisch**, *American usage* |
| **BE** | **britisches Englisch**, *British usage* |

# Englisch-Deutsch

# A

**A-frame Auslegerstützbock** *m (Bg/Berg)* (z.B. des Baggers) **Stützpunkt** *m (Bg/Bergb)* (Fuß des Auslegers)
**abney level Nivelliergerät** *nt (Mech, Bau)*
**above ground über Tag** *(Bg/Bergb)*
**abrasion Abnutzung** *f (Mech)* (z.B. durch Reibung) **Abrieb** *m (Mech)* (z.B. durch Reibung) **Verschleiß** *m (Mech)* (z.B. durch Reibung)
**abrasion factor Verschleißvolumen** *nt (Mech, Mont)*
**abrasion factor, great** great abrasion factor *adj:n* **großes Verschleißvolumen** *adj:n (Mech, Mont)*
**abrasion resistance Verschleißfestigkeit** *f (Mech)*
**abrasion rod Schleißblech** *nt (Mech)*
**abrasion surface Feinplanum** *nt (Bau)* (oberste Straßendecke) **Verschleißoberfläche** *f (Bau)* (der Straße)
**abrasion test Abriebfestigkeitsprüfung** *f (Mech)*
**abrasion-reducing, additive** additive abrasion-reducing *adj:n* **verschleißmindernder Zusatz** *adj:n (Hyd/Pneu)*
**abrasiveness Abriebwirkung** *f (Hütt/Wlz)*
**absorber Absorber** *m (Mech)*
**absorbing Dämpfung** *f (Mech)* (Absorbieren)
**absorption Absorbierung** *f (Mech, Chem)* **Absorption** *f (Chem, Mech)*
**absorption capacity Schluckstrom** *m (Hyd/Pneu)* (Aufnahmevermögen einer Pumpe)
**absorption factor Absorptionskoeffizient** *m (Mech, Chem)* **Absorptionsvermögen** *nt (Mech, Chem)*
**absorption of energy Energieaufnahme** *f (Stb)*
**absorption of the belt tensile forces Aufnahme der Gurtzugkraft** *(Band)*
**absorption of water Wasseraufnahme** *f (Bau)*
**absorption rate Aufnahmefähigkeit** *f (Hyd/Pneu)* (der Blaugelfüllung)
**abutment** *(vertical or inclined dam)* **Brückenaufschüttung** *f (Bahn)* (unter Tragbrücke) **Stützmauer** *f (Bau)* (z.B. unter Straßenbrücke)
**abutment Kämpfer** *m (Mech)* **Widerlager** *nt (Mech)*
**abutment hinge Kämpfergelenk** *nt (Mech)*
**abutment piece Stoßplatte** *f (Stb)*
**abutment ring Anschlagring** *m (Mech)*
**accelerating force Beschleunigungskraft** *f (Stb)*
**accelerating pump Beschleunigungspumpe** *f (Kfz)*
**acceleration Beschleunigung** *f (Mech, Kfz)*
**acceleration capability Beschleunigungsvermögen** *nt (Bahn)*
**acceleration H H-Beschleunigung** *f (Stat)*
**acceleration of engine by outer impact Beschleunigung auf Motor durch Stoß** *(Kfz)*
**acceleration of gravity Erdbeschleunigung** *f (Geo)*
**acceleration, horizontal** horizontal acceleration *adj:n* **Horizontalbeschleunigung** *f (Stb)*
**accelerator** *(accelerator pedal in car)* **Gashebel** *m (Mech)* **Gaspedal** *nt (Mech)*
**accelerator cable Gaszug** *m (Kfz)*
**acceptance certificate Abnahmebescheinigung** *f (Stb, Mech)* **Abnahmeprotokoll** *nt (Stb, Mech)*
**acceptance code Abnahmeschlüssel** *m (Mech)*
**acceptance drawing Abnahmezeichnung** *f (Allg)*
**acceptance rejection Abnahmeverweigerung** *f (Stb)*
**acceptance specification Abnahmevorschrift** *f*
**acceptance test Abnahmeprüfung** *f (Stb, Mech)* **Abnahmetest** *m (Bg/Bergb)* (z.B. eines Gerätes) **Wareneingangsprüfung** *f (Bg/Bergb)*
**acceptance-test minutes Abnahmeprüfprotokoll** *nt (Stb, Mech)*
**access Aufgang** *m (Mech, Allg)* (Zugang zu höher gelegenen Ebenen) **Zufahrt** *f (Mech)* **Zugang** *m (Mech)*
**access board Laufbrett** *nt (Bau)*
**access door Einsteigtür** *f (Hütt/Wlz)*
**access road Anfahrtsstraße** *f (Kfz)* (z.B. zu einer Baustelle)

**access to assembly yard Montageplatzzufahrt** *f (Bg/Bergb)*
**accessibility Zugänglichkeit** *f (Bau)*
**accessories** *pl (parts to attach)* **Anbauteile** *pl nt (Bg/Bergb)* (Zubehörteile)
**accessories** *pl (parts of attachment)* **Ausrüstungsteile** *pl nt (Kfz)* **Zubehör** *nt (Allg)*
**accessories** *pl* **Armaturen** *pl f (Mech)* (Kabel) **Grobarmaturen** *pl f (Mech)* **Zusatzteile** *pl nt (Mech)*
**accessories, special** special accessories *adj:n* **Sonderzubehör** *nt (Mech)*
**accessory items** *pl* **Zubehör** *nt (Allg)*
**accessory shaft Stirnradwelle** *f (Mech)*
**accident hazard Unfallgefahr** *f (Mech, Allg)*
**accident prevention rules** *pl* **Unfallverhütungsvorschriften** *pl f (Allg)*
**accordion hose Faltenschlauch** *m (Form)*
**accoutrements** *pl BE* **Ausrüstung** *f (Mech, Allg)*
**accretion** *(e.g. in pipes)* **Anlagerung** *f (Form)* (z.B. in Rohren)
**accumulation Anhäufung** *f (Mech)* **Anreicherung** *f (Bg/Bergb)* (Ansammlung)
**accumulation of local wire fractures lokale Drahtbruchanhäufung** *adj:n (Mech)*
**accumulation of material Anwachsen des Gutes** *(Band, Bg/Bergb, Umschl)*
**accumulation of wire breaks Drahtbruchnest** *nt (Mech, Bg/Bergb)*
**accumulator Druckölspeicher** *m (Hyd/Pneu)*
**accuracy in fitting Passgenauigkeit** *f (Mech)*
**accuracy in levelling Planiergenauigkeit** *f (Bg/Bergb)*
**accuracy tolerance Genauigkeitsgrenzwert** *m (Mech)*
**accuracy, absolute** absolute accuracy *adj:n* **absolute Genauigkeit** *adj:n (Mech)*
**acetylene gas generator Karbidentwickler** *m (Schw, Mech, Mont)*
**acetylene gouging torch Fugenhobler** *m (Schw, Mech, Mont)*
**acid Bessemer steel Bessemerstahl** *m (Stb)*
**acorn nut Hutmutter** *f (Mech)* (eichelförmig)
**acrylic resin paint Akrylharzfarbe** *f (Form)*
**action Wirkungsweise** *f (Mech)* (eines Gerätes, eines Motors)
**action time Einwirkungszeit** *f (Form)*
**actionline Wirkungslinie** *f (Stb)*
**active-gas metal-arc welding Metall-Aktivgas-Schweißen** *nt (Schw)* **Metallaktivschweißen** *nt (Schw)*
**activity sampling Multimomentaufnahme** *f (Allg)*
**actual ultimate capacity** *(e.g. shear connector)* **Bruchlast** *f (Mech)*
**actual-value sensing Ist-Werterfassung** *f (Mech)*
**actual-value transmitter Ist-Wertgeber** *m (Mech)*
**actuating Betätigung** *f (Bg/Bergb)* (z.B. eines Hebels)
**actuating cam Antriebsnocken** *m (Mech)*
**actuating control Steuerbetätigung** *f (Mech)*
**actuating lever Antriebshebel** *m (Mech)*
**actuating the vanes Andrücken der Flügel** *(Kfz)* (bei Zellenpumpen)
**actuator** *(e.g. a valve actuator)* **Betätigungsvorrichtung** *f (Hütt/Wlz)* (z.B. für ferngesteuerte Ventile)
**adaptability Anpassungsfähigkeit** *f (Kfz)* **Einstellelastizität** *f (Hütt/Wlz)* (gegen Lastwechsel des Kessels) **Passfähigkeit** *f (Mech)*
**adapter bush Passhülse** *f (Mech)*
**adapter piece Übergangsstück** *nt (Mech)* (Anschluss)
**adapter pipe Übergangsleitung** *f (Mech)* (z.B. bei zwei verschied. Rohrgrößen)
**adapter plate Ausgleichsscheibe** *f (Mech)*
**adapter plug Passpfropfen** *m (Mech)*
**adapter ring Passring** *m (Mech)*
**adapter screw Passschraube** *f (Mech)*
**adapter sleeve Spannhülse** *f (Mech, Mont)* (Lager)
**adaption during continous operations Lückadaption** *f*
**adaptor** *BE* **Aufsatz** *m (Mech)* (Zwischenstück) **Passstück** *nt (Mech)* (Adapter) **Zwischenstück** *nt (Mech)*
**adaptor during continous operations Lückadaption** *f*
**addendum** *(gear wheel)* **Kopfhöhe** *f (Mech)* **Zahnkopfhöhe** *f (Mech)* **Zahnkrone** *f (Mech)*

**addendum coefficient** *(tools)* **Kopfhöhenfaktor** *m (Mech)* (Werkzeug)
**addendum flank Kopfflanke** *f (Mech)*
**addendum modification Profilverschiebung** *f (Mech)* (am Zahnrad)
**addendum modification coefficient Profilverschiebungsfaktor** *m (Mech)* (Zahnrad)
**addendum setting dimension Kopfhöheneinstellmaß** *nt* (Werkzeug)
**adder Zusetzer** *m (Mech)*
**additive Additiv** *nt (Form)* (z.B. beim Stahlvergüten) **Zulegierung** *f (Hütt/Wlz)* **Zusatz** *m (Hyd/Pneu)*
**adherent water Adhäsionswasser** *nt (Bg/Bergb)*
**adhesion between plies** *(belt)* **Trennlast** *f (Mech)* (Gurt) **Trennlast des Gurtes** *(Band)*
**adhesive Haftmittel** *nt (Mech)* (Klebstoff) **Klebemittel** *nt (Mech, Allg)*
**adhesive breaker Klebe-Panzerlage** *f (Zer)*
**adhesive defect Bindefehler** *m (Stb)*
**adhesive factor Reibungsfaktor** *m (Bahn)* (der Räder am Gleis)
**adhesive strength Haftfestigkeit** *f (Anstr)*
**adhesive tape Klebeband** *nt (Mech, Allg)*
**adhesive, cold** cold adhesive *adj:n* **Kaltkleber** *m (Stb)*
**adhesive, synthetic** synthetic adhesive *adj:n* **Kunstharz-Klebstoff** *m (Allg)*
**adhesive-cup gasket Topfmanschette** *f (Mech)*
**adhesiveness Klebevermögen** *nt (Stb)*
**adjust cylinder Stellzylinder** *m (Mech)*
**adjustability drive Verstellantrieb** *m (Mech)*
**adjustable-constant-speed motor Motor mit etwa konstanter Drehzahleinstellung** *(Mech)*
**adjustable-speed motor Motor mit Drehzahlregelung** *(Mech)*
**adjuster EUBA-Gerät** *nt (Mech)* **Steller** *m (Mech)* **Verstellgerät** *nt (Mech)* (Klappenverstellung)
**adjuster ring Nachstellring** *m (Mech)*
**adjusting Einstellung** *f (Hütt/Wlz)* (Justierung)
**adjusting bush Einstellbuchse** *f (Mech)*
**adjusting button Verstellknopf** *m (Mech)*
**adjusting cylinder Stellzylinder** *m (Mech)* **Verstellzylinder** *m (Bg/Bergb, Mech)*
**adjusting device Einstelleinrichtung** *f (Form)* **Verstelleinrichtung** *f (Mech)*
**adjusting element Einstellinstrument** *nt (Kfz)*
**adjusting facility Einstellmöglichkeit** *f (Form)*
**adjusting fork Verstellgabel** *f (Mech)*
**adjusting lever Ausgleichhebel** *m (Bahn)* **Einstellhebel** *m (Kfz)*
**adjusting nut Nachstellmutter** *f (Mech, Mont)*
**adjusting of the cutting angle Schnittwinkelverstellung** *f (Hütt/Wlz)*
**adjusting of the mouldboard Nachsteuerung der Schar** *(Bg/Bergb)*
**adjusting piece Passstück** *nt (Stb)*
**adjusting ring Einstellring** *m (Mech)* **Stellring** *m (Mech)* (Transmissionswelle)
**adjusting screw Justierschraube** *f (Mech)* **Regulierschraube** *f (Mech)* **Verstellschraube** *f (Mech)* **Verstellspindel** *f (Bg/Bergb)* (Führerhausverstellung)
**adjusting sleeve Einstellhülse** *f (Kfz)*
**adjusting springs** *pl* **Ausgleichsfedern** *pl f (Bahn)* (im Drehgestell)
**adjusting star Nachstellung** *f (Mech, Bg/Bergb)* (Schwenkbremse)
**adjusting, hydraulic** hydraulic adjusting *adj:n* **hydraulische Nachstellung** *adj:n (Mech, Hyd/Pneu)*
**adjustment** *(e.g. of machines)* **Ausrichtung** *f (Mech, Allg)* **Justierung** *f (Mech)* **Nachstellung** *f (Mech, Bg/Bergb)* (Schwenkbremse)
**adjustment, coarse** coarse adjustment *adj:n (El, Mech)* **Grobabstimmung** *f (El)* **Grobeinstellung** *f (Mech)*
**adjustment, fine** fine adjustment *adj:n* **Feineinstellung** *f (Mech)* (z.B. bei Maschinen)
**administration building Verwaltungsgebäude** *nt (Bau)*
**admission, tangential** tangential admission *adj:n* **tangentiale Beaufschlagung** *adj:n (Hütt/Wlz)*
**adobe block Erdblock** *m (Geo)* **Lehmblock** *m (Geo, Bau)*
**advance Vorschub** *m (Bg/Bergb)* (Bagger) **Vortrieb** *m (Bg/Bergb)* (im Tunnelbau)

**advance cut Vorschnitt** *m (Mech)*
**advance gear** *(feed gear)* **Vorschubgetriebe** *nt (Mech)*
**advance warning Vorwarnung** *f (Mech, Allg)*
**advance, fan-shaped** fan-shaped advance *adj:n* **Drehbetrieb** *m (Bg/Bergb)* (fächerartiger Abbau)
**advance, pivoted** pivoted advance *adj:n* **Schwenkbetrieb** *m (Bg/Bergb)*
**advance/retard unit** *(of spray gun)* **Spritzversteller** *m (Mech)* (an einer Sprühpistole)
**advance/retract bridge conveyor verschiebbares Brückenband** *adj:n (Bg/Bergb)*
**advance/retract hydraulics Verschiebehydraulik** *f (Hyd/Pneu)*
**advance/retract path Verschiebeweg** *m (Umschl)*
**advance/retract path, utilizable** utilizable advance/retract path *adj:n* **ausnutzbarer Verschiebeweg** *adj:n (Umschl)*
**advancing face Abbaufortschritt** *m (Bg/Bergb)* (an der Böschung)
**advancing wheels** *pl* **Vorläufer** *m (Bahn)* (zieht eine Lok in einer Kurve)
**advice, independent** independent advice *adj:n* **unabhängiger Rat** *adj:n (Allg)*
**advice, professional** professional advice *adj:n* **fachmännischer Rat** *adj:n (Allg)*
**aerial ropeway Drahtseilbahn** *f (Stb)*
**aeroplane hangar** *BE* **Flugzeughalle** *f (Mech)*
**aerosol Sprühflasche** *f (Anstr)*
**aerosol can Sprühdose** *f (Anstr)*
**aerosols and dust removal Staubverminderung** *f (Mech)*
**AFMRC incorporation Fernwirkanlage** *f*
**after-test Nachkontrolle** *f (Mech, Allg)*
**aftercooler nachgeschalteter Regler** *adj:n (Mech, Hyd/Pneu)* **Zwischenkühler** *m (Mech, Hyd/Pneu)*
**aftercooler coolant supply Zwischenkühler-Wasserzulauf** *m (Mech, Hyd/Pneu)*
**aftercooler elements** *pl* **Zwischenkühlerteile** *pl nt (Mech, Hyd/Pneu)*
**aftercooler outlet to thermostat Zwischenkühlerauslass zum Thermostat** *(Mech, Hyd/Pneu)*
**aftercooling Nachkühlen** *nt (Mech)*
**agate Achat** *m (Bg/Bergb)*
**ageing Alterung** *f (Stb)*
**ageing by exposure to ozone Ozonalterung** *f (Mech, Band)*
**ageing by stretching Reckalterung** *f (Stb)* (Altern durch Strecken)
**ageing test Untersuchung auf Alterung** *(Mech)*
**ageing test, chemical** chemical ageing test *adj:n* **chemische Untersuchung auf Alterung** *adj:n (Chem, Mech)*
**agglomerate Agglomerat** *nt (Geo)*
**agglomeration** *AE* **Anbackung** *f (Mech)* (Verklumpung, Verschmutzung) **Verkrustung** *f (Mech)* (Verklumpung, Verschmutzung)
**aggregate Aggregat** *nt (Bau)* **Zuschlagstoff** *m (Bau)*
**aggregate wagon Wagon** *m (Bahn)* (Güterwagen)
**aggregates** *pl* **Mineralgemisch** *nt (Geo)*
**aggregates, bituminous** bituminous aggregates *adj:n* **Bitukies** *m (Bg/Bergb)*
**agitator Rührer** *m (Aufb)* **Rührmischer** *m (Zer)*
**agitator assembly Rühraggregat** *nt (Zer)*
**agitator shaft Rührspindel** *f (Aufb)*
**aiming gear cover Stirnraddeckel** *m (Mech)*
**air** *(constant ventilation needed)* **Wetter** *nt (Bg/Bergb)*
**air admission Lufteinlass** *m (Hyd/Pneu)*
**air admission to air heater Luvo-Beaufschlagung** *f (Hütt/Wlz)*
**air admission, secondary** secondary air admission *adj:n* **Sekundärluftbeaufschlagung** *f (Hütt/Wlz)*
**air blast circuit breaker Druckluftschalter** *m (Kfz)*
**air brake Druckluftbremse** *f (Mech)* **Luftdruckbremse** *f (Mech, Hyd/Pneu)*
**air brake, straight** straight air brake *adj:n* **Lokbremse** *f (Bahn)* (im Führerstand) **Lokomotivbremse** *f (Bahn)* (im Führerstand)
**air breather Schnüffelventil** *nt (Mech)* (Belüfter)
**air bucker Druckluftgegenhalter** *m (Hyd/Pneu)*
**air carbon-arc welding Druckluft-Kohlenstoffschweißung** *f (Schw, Mech, Mont)*
**air casing Luftmantel** *m (Mech)*

**air cell brake cylinder Luftspeicher-Bremszylinder** *m (Mech, Hyd/Pneu)*
**air chamber Luftkammer** *f (Mech)*
**air circuit Luftkreislauf** *m (Mech)*
**air circuit, closed** closed air circuit *adj:n* **geschlossener Luftkreislauf** *adj:n (Mech)*
**air cleaner Luftfilter** *nt (Mech)* **Luftreiniger** *m (Mech)*
**air cleaner element Luftfilterelement** *nt (Mech)*
**air cleaner inspection** *(oil-bath)* **Luftfilterreinigung** *f (Mech)* (Ölbadfilter)
**air cleaner mounting Filterbefestigung** *f (Kfz)*
**air cleaner screen Luftreinigersieb** *nt (Mech)*
**air cleaner tray screen cleaning Luftfiltersieb-Reinigung** *f (Mech)*
**air cleaner, centrifugal** centrifugal air cleaner *adj:n* **Schleuderluftfilter** *nt (Mech)*
**air cleaner, wet** wet air cleaner *adj:n* **Nassluftfilter** *nt (Mech)*
**air cock Entlüftungshahn** *m (Hyd/Pneu)* **Luftabsperrhahn** *m (Hyd/Pneu)*
**air compressor Drucklufterzeuger** *m (Mech)* **Kompressor** *m (Hyd/Pneu, Mech)*
**air compressor breather Luftpresserfilter** *nt (Mech, Hyd/Pneu)*
**air conduit Lutte** *f (Bg/Bergb)*
**air conduit, secondary** secondary air conduit *adj:n* **Sekundärluftleitung** *f (Hütt/Wlz)*
**air consumption Luftverbrauch** *m (Hyd/Pneu)*
**air conveying line Luftleitung** *f (Mech)* (Motor)
**air cooling Luftkühlung** *f (Mech)*
**air cooling, fan-type** fan-type air cooling *adj:n* **Gebläse-Luftkühlung** *f (Kfz)*
**air cowling Luftführungshaube** *f (Mech)*
**air cowling base Luftführungsunterteil** *nt (Mech)*
**air cushion Luftpolster** *nt (Hyd/Pneu)*
**air cylinder Druckluftzylinder** *m (Hyd/Pneu, Mech)* **Luftzylinder** *m (Mech, Hyd/Pneu)*
**air discharge Abluft** *f (Mech)* (Luftentladung) **Luftentladung** *f (Mech)*
**air discharge frame Abluftkasten** *m (Mech)*
**air discharge screw Entlüftungsschraube** *f (Kfz)*
**air discharge valve Entlüftungsventil** *nt (Hyd/Pneu)*
**air drill Druckluftbohrer** *m (Mont, Werkz)*
**air drilling machine Druckluftbohrer** *m (Mont, Werkz)*
**air duct Luftführungskasten** *m (Mech)* **Luftleitung** *f (Mech)* (Motor)
**air duct, primary** primary air duct *adj:n* **Mühlenluftleitung** *f (Zer)*
**air duct, secondary** secondary air duct *adj:n* **Sekundärluftleitung** *f (Hütt/Wlz)*
**air filter Entlüftungsfilter** *m (Hyd/Pneu)* **Luftfilter** *nt (Mech)* **Tankbelüftungsfilter** *m (Mech, Hyd/Pneu)*
**air flap Luftklappe** *f (Mech)*
**air flow rate Luftdurchsatz** *m (Mech)* (Entstaubung)
**air gap Luftstrecke** *f (Mech)* (Schleifringkörper)
**air governor connection Druckregleranschluss** *m (Hyd/Pneu, Mech)*
**air guide intake Kühlluftführung** *f (Mech)*
**air guide plate Luftführungsblech** *nt (Mech)*
**air guide ring Luftzuführungsring** *m (Mech)*
**air hammer Drucklufthammer** *m (Mont, Werkz)* **Lufthammer** *m (Mont, Werkz)*
**air heater Luftwärmer** *m (Hütt/Wlz, Mech)*
**air heater heating surface Luftvorwärmerheizfläche** *(Hütt/Wlz)*
**air heater inlet duct Luftvorwärmereintrittskanal** *m (Hütt/Wlz)*
**air heater, primary** primary air heater *adj:n* **Mühlenluftvorwärmer** *m (Zer)*
**air heater, regenerative** regenerative air heater *adj:n* **Regenerativluftvorwärmer** *m (Hütt/Wlz)*
**air heater, tubular** tubular air heater *adj:n* **Röhren-Luvo** *m (Hütt/Wlz)*
**air heating Luftheizung** *f (Mech)*
**air heating, exhaust-operated** exhaust-operated air heating *adj:n* **Abgasheizung** *f (Mech)*
**air infiltration Falschluft** *f (Hütt/Wlz)*
**air inlet Lufteintritt** *m (Mech)*
**air intake hose Luftsaugschlauch** *m (Mech, Hyd/Pneu)*
**air intake manifold Ansaugkrümmer** *m (Mech)* (Teil des Motors)

**air intake pipe Luftsaugrohr** *nt (Mech, Hyd/Pneu)*
**air lance Luftblaslanze** *f (Hütt/Wlz)*
**air master** *AE* **Hauptbremsluftzylinder** *m (Kfz)* **Hauptbremszylinder** *m (Mech)*
**air motor Luftdruckmotor** *m (Mech, Hyd/Pneu)*
**air nozzle Luftdüse** *f (Mech)*
**air nozzle, secondary** secondary air nozzle *adj:n* **Sekundärluftdüse** *f (Hyd/Pneu)*
**air permeability Luftdurchlässigkeit** *f (Mech)* (Entstaubung)
**air pipe Luftleitung** *f (Mech, Hyd/Pneu)* (Pressluft) **Luftleitungsrohr** *(Mech, Hyd/Pneu)* **Lutte** *f (Bg/Bergb)*
**air pipes, main** main air pipes *adj:n* **Hauptluftleitung** *f (Mech)*
**air plenum chamber Unterwindzone** *f (Hütt/Wlz)* **Zone** *f (Hütt/Wlz)* (Rost)
**air pocket Blase** *f (Bg/Bergb)* (Gaseinschluss)
**air pollution Luftverunreinigung** *f (Hütt/Wlz)*
**air preheater Luftvorwärmer** *m (Hütt/Wlz)*
**air pressure Luftdruck** *m (Hyd/Pneu)*
**air pressure brake Überdruckbremse** *f (Mech, Hyd/Pneu)*
**air pressure gauge Luftmanometer** *nt (Hyd/Pneu)*
**air pressure reducing valve Druckluftreduzierventil** *nt (Kfz)*
**air pump Luftpumpe** *f (Mech, Hyd/Pneu)*
**air receiver Druckluftbehälter** *m (Hyd/Pneu)* **Luftbehälter** *m (Hyd/Pneu)*
**air register Luftregister** *nt (Hütt/Wlz)* (Brenner)
**air regulating damper Luftregelklappe** *f (Mech)*
**air relief valve Entlüftungsfilter** *m (Hyd/Pneu)*
**air reservoir Luftbehälter** *m (Hyd/Pneu)*
**air reservoir, auxiliary** auxiliary air reservoir *adj:n* **Zusatzluftbehälter** *m (Mech)*
**air reservoir, main** main air reservoir *adj:n* **Hauptluftbehälter** *m (Mech)*
**air restriction on air cleaner Luftwiderstand am Luftfilter** *(Mech)*
**air restriction on engine Luftwiderstand am Motor** *(Mech)*
**air scoop** *(car, plane)* **Belüftungshaube** *f (Mech)* (Automobil, Flugzeug)
**air separator Sichter** *m (Bg/Bergb)* **Windsichter** *m (Bg/Bergb)*
**air service unit** *(air preparation set)* **Druckluft-Wartungseinheit** *f (Kfz, Hyd/Pneu)*
**air shaft Wetterschacht** *m (Bg/Bergb)*
**air shield Abschirmblech** *nt (Form)*
**air shutter Lüftungsklappe** *f (Mech)*
**air spraying Luftspritzen** *nt (Anstr)*
**air starter Pressluftstarter** *m (Hyd/Pneu)*
**air suctioning Ansaugen von Luft** *(Kfz)*
**air supply line Füllleitung** *f (Kfz)*
**air suspension Luftfederung** *f (Mech, Hyd/Pneu)*
**air system Luftsystem** *nt (Mech)*
**air to engine Luft zum Motor** *(Mech)*
**air tool Pressluftwerkzeug** *nt (Hyd/Pneu, Werkz)*
**air vent Entlüftung** *f (Hyd/Pneu)*
**air vent tube Entlüftungsrohr** *nt (Bg/Bergb)*
**air vessel Luftbehälter** *m (Hyd/Pneu)* **Luftkessel** *m (Mech, Hyd/Pneu)*
**air wetting Luftbefeuchtung** *f (Hütt/Wlz)*
**air, cleaned** cleaned air *adj:n* **Reingas** *nt* (Entstaubung)
**air, cold** cold air *adj:n* **Kaltluft** *f (Hütt/Wlz)*
**air, compressed** compressed air *adj:n* **Druckluft** *f (Hyd/Pneu)* **Pressluft** *f (Hyd/Pneu)*
**air, dust-laden** dust-laden air *adj:n* **Abgas** *nt (Umschl)* (Entstaubungsanlage) **Rohgas** *nt (Umschl)* (Entstaubungsanlage) **Staub-Gas-Gemisch** *nt (Mech)*
**air, extracted** extracted air *adj:n* **Abluft** *f (Mech)* (Saugluft)
**air, fresh** fresh air *adj:n* **Frischluft** *f (Hütt/Wlz)*
**air, primary** primary air *adj:n* **Primärluft** *f (Hütt/Wlz)* **Trägerluft** *f (Hütt/Wlz)*
**air, pulsed** pulsed air *adj:n* **Umlaufluft** *f (Mech)* (Klimaanlage)
**air, secondary** secondary air *adj:n* **Sekundärluft** *f (Hütt/Wlz)*
**air, supplementary** supplementary air *adj:n* **Zusatzluft** *f (Hütt/Wlz)*
**air, used** used air *adj:n* **Abluft** *f (Mech, Hütt/Wlz, Bahn)*
**air-brake luftbetätigte Bremse** *adj:n (Mech)*
**air-cleaner oil change Luftfilterölwechsel** *m (Mech)*
**air-cleaner oil level Luftfilterölstand** *m (Mech)*

**air-connection Luftleitungsanschluss** *m (Mech)*
**air-cooling fan Kühlluftgebläse** *nt (Mech)*
**air-cowling Abluftkasten für Ölkühler** *(Mech)*
**air-duct Kühlluftrahmen** *m (Mech)*
**air-duct cover Luftführungshaube** *f (Mech)*
**air-ducting Luftführungsring** *m (Mech)*
**air-entraining agent Luftporenbildner** *m (Bau)*
**air-flow Luftmenge** *f (Mech, Hyd/Pneu)* **Luftstrom** *m (Allg)*
**air-swept ball mill Kugelmühle mit Luftsichtung** *(Zer)*
**airduct Lutte** *f (Bg/Bergb)*
**airslide Luftförderrinne** *f (Bg/Bergb)*
**AL-pipe** *(al-coated steel pipes)* **AL-Rohr** *nt (Form)* (beidseitig aluminium-beschichtet)
**alabaster Alabaster** *m (Bg/Bergb)* (Gipsart)
**alan cap screw Zylinderschraube** *f (Mech)*
**alarm bell Einschlagwecker** *m (Bg/Bergb)* **Wecker** *m (El)*
**alarm horn Warnhupe** *f (Mech)*
**alarm system Signalanlage** *f (Mech)*
**alarm whistle Alarmpfeife** *f (Hütt/Wlz)*
**alarm, sound** sound an alarm *n:v* **Alarm auslösen** *n:v (Mech)*
**alien matter Fremdkörper** *m (Mech, Allg)*
**aligning device Ausrichtvorrichtung** *f (Bg/Bergb)*
**aligning mark Einstellmarke** *f (Form)* (Bündigkeit)
**aligning roller assembly Lenkrollenstuhl mit Rollen** *(Band)*
**alignment** *(smoothened and prepared)* **Trasse** *f (Bau)* (für eine Straße vorbereitet)
**alignment Ausrichtung** *f (Mech, Allg)* **Flucht** *f (Mech)* **Geradelauf** *m (Band, Bg/Bergb, Umschl, Zer)* (z.B. des Bandes)
**alignment pin Passstift** *m (Mech)*
**alignment, angular** angular alignment *adj:n* **Winkelfluchtung** *f (Mech)*
**alignment, axial** axial alignment *adj:n* **axiale Ausrichtung** *adj:n (Mech)* (z.B. einer Kupplung)
**alignment, check** check the alignment *n:v* **die Ausrichtung prüfen** *n:v (Mech, Allg)*
**alignment, radial** radial alignment *adj:n* **radiale Ausrichtung** *adj:n (Mech)* (z.B. einer Kupplung)
**alite Alit** *nt (Bg/Bergb)*
**alkali cleaning Alkalireinigung** *f (Bg/Bergb)*
**alkali volatility Alkaliflüchtigkeit** *f (Bg/Bergb)*
**alkalinity Alkalität** *f (Hütt/Wlz)*
**alkyd resin Alkydharz** *nt (Bg/Bergb)*
**all-dry installation** *(refractories)* **Trockenverarbeitung** *f (Hütt/Wlz)* (der Hochofenwand)
**all-out operation Vollbetrieb** *m (Mech)*
**all-relay signal box Gleisbildstellwerk** *nt (Bahn)*
**all-round dump car Rundkipper** *m (Umschl)* (Rundkippwagen) **Rundkippwagen** *m (Umschl)*
**all-sides discharge skip Rundkippmulde** *f (Mech)*
**all-terrain crane All-Terrain-Kran** *m (Kfz)*
**all-weld-test specimen Schweißgutprüfung** *f (Schw)*
**all-wheel drive Allradantrieb** *m (Kfz)*
**allan link motion Allan-Steuerung** *f (Bahn)*
**Allen link motion Allen-Steuerung** *f (Bahn)*
**allowable-dimensional deviation Toleranz** *f (Mech)*
**allowance** *(for machining)* **Bearbeitungszugabe** *f (Stb)*
**allowance Abmaß** *(Mech, Stb)* **Spielraum** *m (Mech)* **Toleranz** *f (Mech)*
**allowance dimension Abmaß** *(Mech, Stb)*
**allowance for vulcanized splices Zuschlag für Vulkanisierstelle** *(Mech)*
**alloy Legierung** *f (Hütt/Wlz)*
**alloy injection plant Legierungseinblasanlage** *f (Mech)*
**alloy steel Sonderstahl** *m (Hütt/Wlz)* **legierter Stahl** *adj:n (Hütt/Wlz)*
**alloy, ferrous** ferrous alloy *adj:n* **Stahllegierung** *f (Hütt/Wlz)*
**alloy, light** light alloy *adj:n* **Leichtmetall-Legierung** *f (Hütt/Wlz)*
**alloy, special** special alloy *adj:n* **Sonderlegierung** *f (Hütt/Wlz)*
**alluvial ore Rollerz** *nt (Bg/Bergb)*
**alternating force periodisch wechselnde Kraft** *adj:n (Stat)*

**alternating load wechselnde Belastung** *adj:n (Mech, Stat)* **Lastwechsel** *m (Mech)*
**alternating stress Dauerschwingbeanspruchung** *f (Stb)* **Schwingungsbeanspruchung** *f (Mech, Stat)*
**alternative design Alternativentwurf** *m (Stb)*
**altitude Einsatzhöhe** *f (Allg)* **Höhenlage** *f (Allg)*
**altitude capability Höhenfähigkeit** *f (Mech)* (Motor)
**alumina Tonerde** *f (Geo)*
**aluminium Aluminium** *nt (Form)*
**aluminium alloy Aluminiumlegierung** *f (Form)*
**aluminium alloys for general applications Aluminium-Basis-Legierungen für allgemeine Zwecke** *(Form)*
**aluminium alloys for special applications Aluminium-Basis-Legierungen für besondere Zwecke** *(Form)*
**aluminium construction Aluminiumkonstruktion** *f (Stb)*
**aluminium die casting Aluminiumguss** *m (Hütt/Wlz)*
**aluminium plate Aluminiumblech** *nt (Mech)*
**aluminium shock absorber Aluminiumstoßdämpfer** *m (Kfz)*
**amalgamation Amalgamation** *f (Aufb, Hütt/Wlz)*
**ambient temperature Raumtemperatur** *f (Mech)*
**amethyst Amethyst** *m (Bg/Bergb)* (ein Halbedelstein)
**amount of shrinkage Schrumpfmaß** *nt (Stb, Hütt/Wlz)*
**amplification factor Vergrößerungsfaktor** *m (Stb)*
**amplifier Testkasten** *m (Umschl, Bg/Bergb)* (am Pontonbagger)
**amplitude Ausschlag** *m (Mech)*
**analysis Analyse** *f (Mech, Chem)*
**analysis, structural** structural analysis *adj:n* **statische Berechnung** *adj:n (Stat)* **statische Untersuchung** *adj:n (Stat)*
**analysis, ultimate** ultimate analysis *adj:n* **Elementaranalyse** *f (Form)*
**analyst Analytiker** *m (Bg/Bergb)*
**anchor Anker** *m (Mech, Bau)* **Verankerung** *f (Mech)*
**anchor bar Anker-U** *nt (Stb)* **Ankerschiene** *f (Stb)*
**anchor bolt Ankerbolzen** *m (Stb)* (Ankerschraube) **Fundamentanker** *m (Mech, Bau)* **Steinschraube** *f (Mech)*
**anchor mast Abspannmast** *m (Stb)* **Verankerungsmast** *m (Stb)*
**anchor plate Ankerplatte** *f (Bau, Mont)*
**anchor tower Verankerungsmast** *m (Stb)*
**anchor windlass drive Ankerspill** *nt (Kfz)*
**anchoring Abspannung** *f (Mech)* **Verankerung** *f (Mech)*
**anchoring bolt Fundamentschraube** *f (Mech)*
**anchoring clip Befestigungsklemme** *f (Mont)* (Verankerung)
**anchoring pattern Verankerungsplan** *m (Stb)*
**anchoring plate, round** round anchoring plate *nt* **Ankerrosette** *f (Mech, Mont)* **Rosette** *f (Mech, Mont)* (Ankerplatte)
**anchoring sole plate Verankerungssohlplatte** *f (Mech)*
**ancillary equipment Zubehör** *nt (Bg/Bergb, Umschl)* (Schmieranlage) **Zusatzgerät** *nt (Bg/Bergb, Mech)*
**ancillary work Nebenarbeit** *f (Mech)*
**anemometer Windgeber** *m (Mech)* **Windmesser** *m (Mech)*
**angle Kniestück** *nt (Mech)* **Winkel** *m (Mech, Mont)* **Winkelstück** *nt (Mech)*
**angle attachment Einsteckwinkel** *m (Mech)*
**angle between probes Prüfkopf-Einstellwinkel** *m (Schw)*
**angle bracket Befestigungswinkel** *m (Mech)* **Haltewinkel** *m (Mech)*
**angle check valve Rückschlagventil für Schwenkschild** *(Mech)* **Winkelrückschlagventil** *nt (Mech)*
**angle cleat Anschlusswinkel** *m (Stb)* (Beiwinkel) **Längsträgerbeiwinkel** *m (Stb)*
**angle compensator Winkelkompensator** *m (Mech)*
**angle curb Winkeleinfassung** *f (Mech)*
**angle cut Gehrungsschnitt** *m (Stb)* **Winkelschnitt** *m (Stb)*
**angle drive Winkelantrieb** *m (Mech)*
**angle flange Winkelflansch** *m (Mech)*

**angle frame Winkelrahmen** *m (Mech)*
**angle grinder Schleifhexe** *f (Mont, Werkz)*
**angle grinding machine Winkelschleifmaschine** *f (Mont, Werkz)*
**angle housing abgewinkeltes Gehäuse** *adj:n (Mech)*
**angle iron Winkeleisen** *nt (Mech, Stb, Hütt/Wlz)*
**angle of bevel Abschrägungswinkel** *m (Schw)* (Nahtvorbereitung)
**angle of departure Aufsetzkante** *f (Kfz)* (des Lkw) **hintere Aufsetzkante** *adj:n (Mech)*
**angle of digging slope Arbeitsböschungswinkel** *m (Bg/Bergb)*
**angle of friction Reibungswinkel** *m (Bau, Mech)*
**angle of heap Haldenböschung** *f (Bg/Bergb)*
**angle of inclination Neigungswinkel** *m (Stb)*
**angle of incline of belt Bandneigung** *f (Band)*
**angle of internal friction Reibungswinkel** *m (Bau, Mech)*
**angle of pressure Eingriffswinkel** *m (Form)* (Zahnrad)
**angle of repose resultierender Außenwinkel** *adj:n (Bahn)* **natürlicher Böschungswinkel** *adj:n (Bg/Bergb)* **Schüttkegel** *m (Bg/Bergb)*
**angle of rotation Drehwinkel** *m (Mech)*
**angle of slope Böschungsneigungswinkel** *m (Umschl)*
**angle of torsion Verdrehungswinkel** *m (Stb)*
**angle of Vee Öffnungswinkel** *m (El, Stb)*
**angle of working slope Arbeitsböschungswinkel** *m (Bg/Bergb)*
**angle of yaw Gierwinkel** *m (Mech)*
**angle part Winkelstück** *nt (Mech)*
**angle pipe Winkelrohr** *nt (Mech, Hyd/Pneu)*
**angle pole Eckmast** *m (Stb)*
**angle probe reflection Winkelkopfreflexion** *f (Mech)*
**angle segment Winkelsegment** *nt (Mech, Stb)*
**angle stanchion Winkeleisenstütze** *f (Mech, Stb)*
**angle steel Winkelprofil** *nt (Stb)* (Stahl) **Winkelstahl** *m (Stb)* (Profil)
**angle thermometer Winkelthermometer** *nt (Hütt/Wlz)*
**angle transmission Winkelgetriebe** *nt (Mech)*
**angle transmitter Winkelgeber** *m (Mech)* (am Pontonbagger)
**angle valve Eckventil** *nt (Hyd/Pneu)* **Winkelventil** *nt (Hyd/Pneu)*
**angle, acute** acute angle *adj:n* **spitzer Winkel** *adj:n (Mech, Math)*
**angle, critical** critical angle *adj:n* **Grenzwinkel** *m (Mech)* **kritischer Winkel** *adj:n (Mech)*
**angle, equal** equal angle *adj:n* **gleichschenkliger Winkel** *adj:n (Stb, Hütt/Wlz)* **gleichschenkliger Winkelstahl** *adj:n (Hütt/Wlz)*
**angle, exterior** exterior angle *adj:n* **Außenwinkel** *m (Math)*
**angle, included** included angle *adj:n* **Öffnungswinkel** *m (El, Stb)*
**angle, internal** internal angle *adj:n* **Innenwinkel** *m (Math)*
**angle, re-entering** re-entering angle *adj:n* **einspringende Ecke** *adj:n (Mech)* **einspringender Winkel** *adj:n (Mech)*
**angle, unequal** unequal angle *adj:n* **ungleichschenkliger Winkel** *adj:n (Hütt/Wlz, Stb)* **ungleichschenkliger Winkelstahl** *adj:n (Hütt/Wlz)*
**angle-beam probe Winkelprüfkopf** *m (Mech)* (Qualitätskontrolle)
**angling blade Schwenkschild** *nt (Bg/Bergb)*
**angular contact ball bearing Radial-Schrägkugellager** *nt (Mech)* **Schrägkugellager** *nt (Mech)*
**angular contact thrust ball bearing Axial-Schrägkugellager** *nt (Form)*
**angular drilling machine Winkelbohrmaschine** *f (Mont, Werkz)*
**angular file Eckfeile** *f (Mont, Werkz)*
**anhydrite Anhydrit** *m (Bg/Bergb)*
**anillo** *GB* **Dichtung** *f (Mech)*
**annealing Glühen** *nt (Hütt/Wlz)*
**annealing and temper-rolling conditions Glüh- und Nachwalzparameter** *(Hütt/Wlz)*
**annular-spring tensioning set Ringfederspannelement** *nt (Bg/Bergb)*
**annulus Kreisring** *m (Hütt/Wlz)* **Ringraum** *m (Hütt/Wlz)*

**annulus** *(piston rod side of cylinder)* **Kolbenstangenseite** *f (Mech)* (des Zylinders) **Ringflächenseite** *f (Mech)* (des Zylinders)
**anobloc Spannelement** *nt (Mech)* (Ringfeder)
**anodizing anodische Oxidation** *adj:n (Anstr)*
**anthracite Anthrazit** *m (Bg/Bergb, Geo)*
**anthracite coal Anthrazit** *m (Bg/Bergb, Geo)*
**anti-cavitation valve Nachsaugventil** *nt (Hyd/Pneu)* **Nachspeiseventil** *nt (Hyd/Pneu)*
**anti-corrosive agent Rostschutzmittel** *nt (Anstr)*
**anti-corrosive coat Rostschutzanstrich** *m (Anstr)*
**anti-creep clamp Wanderschutzklemme** *f (Mech)*
**anti-fatigue screw Dehnschraube** *f (Mech)*
**anti-kickback snubber Lenkstoßdämpfer** *m (Mech)*
**anti-seizing paste Montagepaste** *f (Anstr)* (zwischen zwei Metallen)
**anti-skid Gleitschutz** *m (Mech)*
**anti-skid chain Gleitschutzkette** *f (Mech)*
**anti-slip control Antischlupfregelung** *f (Kfz)*
**anti-slip rubber lagging Gummireibbelag** *m (Mech)*
**anti-spin pack Durchrutschsicherung** *f (Kfz)*
**anti-vibrating screw Schwingmetallschraube** *f (Mech)*
**anticline Antikline** *f (Geo)* **Buckel** *m (Geo)* (Sattel, Gewölbe)
**anticollision device Distanzschutz** *m (Mech)* (Antikollisionsvorrichtung)
**anticondensation heater Kondenswasserheizung** *f (Mech)* **Stillstandsheizung** *f (Mech)*
**anticondensation heating Stillstandsheizung** *f (Mech)*
**anticorrosion agent Korrosionsschutzmittel** *nt (Mech, Anstr)*
**anticorrosive painting Rostschutzanstrich** *m (Anstr)*
**antifreeze Frostschutz** *m (Mech, Allg)* **Gefrierschutzmittel** *nt (Mech, Allg)*
**antifreeze device Frostschützer** *m (Mech, Allg)*
**antifriction bearing Rollenlager** *nt (Mech)* **Wälzlager** *nt (Mech)* (im Gegensatz zu Gleitlager)
**antifriction bearing grease Wälzlagerfett** *nt (Mech)*
**antifriction bearing, large** large antifriction bearing *adj:n* **Großwälzlager** *nt (Mech)*
**antifrost thermostat Frostschutzthermostat** *m (Kfz)*
**antiseize Gleitmittel** *nt (Mech)* (gegen Fressen)
**antislip lagging Reibbelag** *m (Mech)*
**antiwear additives** *pl* **Gegenverschleißzusätze** *pl m (Hütt/Wlz)*
**anvil Amboss** *m (Mech, Mont, Werkz)* **Schmiedeamboss** *m (Mont)*
**apex Scheitelpunkt** *m (Stb)* **Zahnkopfhöhe** *f (Mech)* **Zahnkrone** *f (Mech)*
**apparatus Apparat** *m (Stb)* (Gerät)
**appearance of shrinkage Schrumpferscheinung** *f (Stb, Hütt/Wlz)*
**appearance of the fracture Bruchgefüge** *(Stb)*
**appliance Gerät** *nt (Mech)*
**application** *(prep: to)* **Einsatzmöglichkeit** *f (Mech, Allg)* (Gerät) **Verwendung** *f (Mech, Allg)* (Anwendung)
**application Arbeitsmöglichkeit** *f (Mech, Allg)* **Auftragen** *(Mech, Anstr)*
**application Anwendungsfall** *m (Kfz)*
**application** *(use)* **Einsatzbedingung** *f (Mech, Allg)*
**application engineering Anwendungstechnik** *f (Kfz)* **Ausführungsbeispiel** *nt (Kfz)*
**application of bearing Lageranordnung** *f (Mech)*
**application of coating material Auftragen von Anstrichstoff** *(Mech, Anstr)*
**application of load Kraftangriff** *m (Stb)*
**application point Ansatzpunkt** *m (Stb)* (des Werkzeugansatzes)
**appraisal drawing Prüfzeichnung** *f (Stb)*
**approach Annäherung** *f (Allg)* **Zulauf** *m (Mech)*
**approach** *(e.g. ramp)* **Auffahrt** *f (Stb)* **Rampe** *f (Stb)* (Brückenrampe)
**approach angle Böschungswinkel** *m (Bg/Bergb)* (des Graders, vorne)
**approach ramp Zufahrtsrampe** *f (Stb)*
**approval Abnahme** *f (Allg)* (von Geräten) **Zustimmung** *f (Allg)*

**approval certificate Abnahmezeugnis** *nt (Allg)*
**approximation Annäherungsverfahren** *nt (Stb)* **Näherung** *f (Stb, Allg)*
**appurtenances** *pl* **Zubehör** *nt (Allg)*
**apron conveyor under bin Bunkerabzugsband** *nt (Zer, Umschl)* **Bunkerplattenband** *nt (Umschl, Zer)*
**apron feeder Abzugsband** *nt (Umschl, Band, Zer)* (als Plattenband) **Plattenband** *nt (Umschl, Band, Zer)*
**apron feeder drive Plattenbandantrieb** *m (Umschl, Zer, Band)* (im Brecher)
**apron feeder shifting equipment Plattenbandverschiebung** *f (Zer)* **Plattenbandverstellung** *f (Zer)* (Plattenbandverschiebung)
**apron hoist** *(ship unloader)* **Einziehwerk** *nt (Umschl)* (Schiffsentlader)
**apron hoist block Einziehflaschenzug** *m (Mech)* (z.B. Schiffsentlader)
**apron pan Plattenbandsegment** *nt (Zer)* **Plattenbandzelle** *f (Zer)*
**apron plate** *BE* **Schleppblech** *nt (Stb)* (über einer Dehnungsfuge)
**aquifer wasserführende Schicht** *adj:n (Geo)* **Wasserträger** *m (Geo)*
**arbor Dorn** *m (Mont)* (für Fräser, Reibahlen, Schleifscheiben)
**arbour** *BE* **Welle** *f (Mech)* (Achse)
**arbour, splined** splined arbour *adj:n* **Keilwelle** *f (Mech)*
**arc Bogen** *m (Mech, Math)* (Kugelbahn) **Kreisbogen** *m (Stb)*
**arc** *(welding)* **Lichtbogen** *m (Schw)* (Schweißen)
**arc chamber Lichtbogenkammer** *f (Schw, Mech, Mont)*
**arc furnace Lichtbogenofen** *m (Hütt/Wlz)*
**arc minute Bogenminute** *f (Allg)*
**arc of circle Kreisbogen** *m (Stb)*
**arc of contact umspannter Bogen** *adj:n (Mech, Bau)* **Umschlingungswinkel** *m (Mech)*
**arc pressure welding Lichtbogenpressschweißen** *nt (Schw)*
**arc second Bogensekunde** *f (Allg)*
**arc stud welding Lichtbogenbolzenschweißen** *nt (Schw)*
**arc stud welding, drawn** drawn arc stud welding *adj:n* **Lichtbogenbolzenschweißen mit Hubzündung** *(Schw)*
**arc thickness** *(on gear)* **Zahndicke** *f (Mech)* (als Bogen am Teilkreis)
**arc type plant Stranggussanlage** *f (Hütt/Wlz)*
**arc welding Lichtbogenschweißen** *nt (Schw, Mech, Mont)*
**arc-extinguishing medium, gasiform** gasiform arc-extinguishing medium *adj:n* **gasförmiges Löschmittel** *adj:n (Schw, Mech, Mont)*
**arch** *(in parts list)* **Brücke** *f (Form)* (in Ersatzteilliste)
**arch Bogen** *m (Mech, Bau)* **Bügel** *m (Form)* (Bogen, Arkade))
**arch axis Bogenachse** *f (Stb)*
**arch beam Bogenträger** *m (Stb)*
**arch bridge Bogenbrücke** *f (Bau)*
**arch girder Bogenträger** *m (Stb)*
**arch of bridge** *(bridge arch)* **Brückenbogen** *m (Stb)*
**arch panel Bogenfeld** *nt (Stb)* (in Bogenbrücke)
**arch rise Bogenhöhe** *f (Stb)* (Bogenpfeil) **Bogenpfeil** *m (Stb)* (Bogenhöhe)
**arch thrust Bogenschub** *m (Stb)*
**arch truss Bogenträger** *m (Stb)*
**arch, braced** braced arch *adj:n* **Fachwerkbogen** *m (Stb)*
**arch, circular** circular arch *adj:n* **Ringausbau** *m (Bg/Bergb)* (im Bergwerk)
**arch, rigid** rigid arch *adj:n* **eingespannter Bogen** *adj:n (Stb)*
**arch, segmental** segmental arch *adj:n* **Segmentbogen** *m (Stb)*
**arch, straight** straight arch *adj:n* **scheitrechter Bogen** *adj:n (Bau)*
**arch, three-hinged** three-hinged arch *adj:n* **Dreigelenkbogen** *m (Stb)*
**arch, tied** tied arch *adj:n* **Bogenträger mit Zugband** *(Stb)*
**arch, trussed** trussed arch *adj:n* **Fachwerkbogen** *m (Stb)*
**arch, tubular** tubular arch *adj:n* **Rohrbogen** *m (Mech)*
**arched trough bridge Bogenbrücke mit eingehängter Fahrban** *(Stb)*
**arching of handling material Brückenbildung** *f (Umschl)*
**area** *(e.g. of a circle)* **Flächeninhalt** *m (Math)*
**area** *(region)* **Bereich** *m (Mech, Allg)* (Fläche, Gebiet, Region) **Fläche** *f (Mech, El,*

*Allg)* **Gebiet** *nt (Mech, Allg)* (Bereich, Region)
**area at bottom of thread Kernquerschnitt** *m (Mech)* (Schraube)
**AREA base plate** *(between rail and tie)* **AREA Stahlplatte** *f (Bahn)*
**area exposed to wind Windangriffsfläche** *f (Stb)*
**area of bearing Auflagefläche** *f (Mech)* (tragende Fläche)
**area of contact Kontaktfläche** *f (Mech)*
**area of exposure Aufschlussbereich** *m (Bg/Bergb)*
**area of production Produktionsgebiet** *nt (Mech, Allg)*
**area of support Auflagefläche** *f (Mech)* (tragende Fläche) **tragende Fläche** *adj:n (Mech)*
**area of validity Geltungsbereich** *m (Allg)*
**area propagation Flächenausdehnung** *f (Mech, Allg)*
**area under pressure Druckfläche** *f (Hyd/Pneu)*
**area, defective** defective area *adj:n* **Fehlerstelle** *f (Form)* (Schadensstelle)
**area, exposed** exposed area *adj:n* **Windangriffsfläche** *f (Stb)*
**area, live** live area *adj:n* **aktive Fläche** *adj:n (Umschl)*
**area, machined** machined area *adj:n* **bearbeitete Fläche** *adj:n (Mech)*
**area, peripheral** peripheral area *adj:n* **Randgebiet** *nt (Bau)*
**area, sectional** sectional area *adj:n* **Querschnittsfläche** *f (Stb)*
**argillite Tonschiefer** *m (Geo)*
**arm** *(stick)* **Baggerstiel** *m (Bg/Bergb)* **Löffelstiel** *m (Bg/Bergb)* (Tieflöffel) **Schaufelarm** *m (Bg/Bergb)*
**arm** *(leg)* **Schenkel** *m (Stb)* **Schenkel (eines Gerätes)** *(Form)*
**arm cylinder Stielzylinder** *m (Bg/Bergb)*
**arm for industries Industriestiel** *m (Bg/Bergb)*
**arm pivot Stieldrehpunkt** *m (Bg/Bergb)*
**arm rest Armstütze** *f (Kfz)*
**arm, gooseneck-type** gooseneck-type arm *adj:n* **gekröpfter Stiel** *adj:n (Bg/Bergb)*
**arm, standard** standard arm *adj:n* **Normalstiel** *m (Bg/Bergb)*
**arm, telescopic** telescopic arm *adj:n* **Teleskopstiel** *m (Mech, Bg/Bergb)* (z.B. des Baggers)
**armature Armatur** *f (Hyd/Pneu)*
**armature Anker** *m (Mech)* (bei elektr. Maschinen) **Läufer** *m (Mech)*
**armouring bars** *pl* **Moniereisen** *nt (Hütt/Wlz)*
**armouring steel Bewehrungsstahl** *m (Stb)*
**armrest Armlehne** *f (Mech)*
**arrangement Anordnung** *f (Mech, Allg)* (Gruppierung) **Disposition** *f (Mech, Allg)* **Gliederung** *f (Allg)*
**arrangement drawing Anordnungsplan** *m (Form)* **Anordnungszeichnung** *f (Mech, Allg)*
**arrangement in parallel Parallelschaltung** *f (Hütt/Wlz)*
**arrangement of oil burners Ölbrenneranordnung** *f (Hütt/Wlz)*
**arrangement of pumps Pumpenanordnung** *f (Hyd/Pneu)*
**arrangement of tubes Rohranordnung** *f (Hütt/Wlz)*
**arrangement plan Anordnungsplan** *m (Form)*
**arrangement sketch Übersichtsskizze** *f (Mech)*
**arrangement, general** general arrangement *adj:n* **Gesamtanordnung** *f (Mech)* **Lageplan** *m (Mech, Allg)* **Übersicht** *f (Mech)* (Zeichnung)
**arrester Arretierung** *f (Form)* (Raste, Schlitz) **Fangvorrichtung** *f (Form)* (Arretierung) **Flugstaubabscheider** *m (Zer)* (bei grobem Korn)
**arresting brake** *(of a waggon)* **Feststellbremse** *f (Mech)*
**arresting device Feststeller** *m (Form)* (z.B. Klemme)
**arris Schnittlinie** *f (Hütt/Wlz)* (von Flächen)
**arrival line Einfahrtsgleis** *nt (Bahn)*
**arrival siding Ankunftsgleis** *nt (Bahn)*
**arrival track Ankunftsbahnsteig** *m (Bahn)*
**artic steering Knickrahmenlenkung** *f (Mech)*
**artic-frame steering Knicklenkung** *f (Bg/Bergb)* (Muldenkipper)
**articulation angle Knickwinkel** *m (Mech)* (z.B. beim Knicklenker)

**as-built drawing Bauzeichnung** *f (Mech)* **Bestandszeichnung** *f (Mech)*
**as-built width Baubreite** *f (Mech)* (tatsächliche Breite) **effektive Breite** *adj:n (Mech)*
**ASA ASA** *(Allg)* (Amerikanische Normengesellschaft)
**asbestos Asbest** *m (Bg/Bergb)*
**asbestos rope Asbestschnur** *f (Hütt/Wlz)*
**asbestos sealing Asbestdichtung** *f (Hütt/Wlz)*
**ascent angle Steigwinkel** *m (Mech)*
**ash Asche** *f (Hütt/Wlz)* **Feinstaub** *m (Zer)*
**ash bogie Schlackenwagen** *m (Hütt/Wlz)*
**ash compartment isolating damper Aschenklappe** *f (Hütt/Wlz)* (Rostkessel)
**ash content Aschengehalt** *m (Hütt/Wlz)*
**ash content in coals by years Kohlenaschegehalt nach Jahren** *(Bg/Bergb)*
**ash disposal Aschenbeseitigung** *f (Hütt/Wlz)* **Aschenverkippung** *f (Hütt/Wlz)*
**ash extractor Aschenabzug** *m (Hütt/Wlz)*
**ash fusion temperature Aschenfließtemperatur** *f (Hütt/Wlz)*
**ash handling plant Entaschungsanlage** *f (Hütt/Wlz)*
**ash hopper Aschentrichter** *m (Hütt/Wlz)* **Schlackentrichter** *m (Hütt/Wlz)*
**ash pit Aschenabsetzbecken** *nt (Hütt/Wlz)*
**ash pump Aschenpumpe** *f (Hütt/Wlz)* (Spülentaschung)
**ash removal Aschenbeseitigung** *f (Hütt/Wlz)* **Entaschung** *f (Hütt/Wlz)*
**ash removal, dry** dry ash removal *adj:n* **trockener Schlackenabzug** *adj:n (Hütt/Wlz)*
**ash removal, liquid** liquid ash removal *adj:n* **flüssige Entaschung** *adj:n (Hütt/Wlz)*
**ash retention Ascheneinbindung** *f (Hütt/Wlz)*
**ash volatilisation Aschenverflüchtigung** *f (Hütt/Wlz)*
**ash-discharge opening Aschenabzugsöffnung** *f (Hütt/Wlz)*
**ashes** *pl* **Verbrennungsrückstände** *pl m (Bahn)* (Asche)
**ashlar Quader** *m (Bau)*
**ashpan Aschenkasten** *m (Bahn)* (Dampflok)
**ashtray Aschenbecher** *m (Bau)*
**asphalt Asphalt** *m (Bg/Bergb)*
**asphalt coating Asphaltanstrich** *m (Stb)*
**asphalt concrete Asphaltbeton** *f (Bau)* (z.B. in Verschleißdecke)
**asphalt concrete road Asphaltbetonstraße** *f (Bau)*
**asphalt mastic Asphaltkitt** *m (Stb)*
**asphalt slabs (go to crusher) Asphaltschollen** *m (Bau)*
**asphalt tanking Asphaltwanne** *f (Bau)*
**asphalt-impregnated paper Dachpappe** *f (Bau)*
**aspiration Ansaugen** *nt (Kfz)* (der Motorluft)
**aspiration duct Kurzschlussleitung** *f (Mech)* (Entstaubung)
**aspiration, natural** natural aspiration *adj:n* **Normalauspuff** *m (Mech)*
**ASR** *(Abv)* **Antischlupfregelung** *f (Kfz)*
**assembled in works Werksmontage** *f (Mont)*
**assembling Zusammenbau** *m (Mech, Allg)*
**assembling device Montagehilfe** *f (Mont)*
**assembling hall Montagehalle** *f (Stb, Mont)*
**assembly Aufbau** *m (Mech, Allg)* (Montage, Errichtung) **Baueinheit** *f (Mech)* **Einbau** *m (Mech, Mont)* **Zusammenbau** *m (Mech, Allg)*
**assembly area Montageort** *m (Mech, Mont)* **Montageplatz** *m (Mech, Mont)*
**assembly completed by oil-injection expansion method Druckölverband** *m (Mech)*
**assembly concept Montagekonzept** *nt (Mont, Allg)*
**assembly dimension Einbaumaß** *nt (Mech, Mont)*
**assembly drawing Montagezeichnung** *f (Mech, Bau)* **Zusammenbauzeichnung** *f (Mech)*
**assembly group Baueinheit** *f (Mech)* **Baugruppe** *f (Bau)*
**assembly group catalogue Baugruppenkatalog** *m (Mech)*
**assembly group number Baugruppennummer** *f (Mech)*
**assembly hall Montagehalle** *f (Stb, Mont)*
**assembly instruction Montageanweisung** *f (Mont)* **Montagehinweis** *m (Mont)*

**assembly kit Bausatz** *m (Mech)* **Montagesatz** *m (Mont)*
**assembly line Fließband** *nt (Band)* **Montageband** *nt (Band, Mont)* (Bandstraße)
**assembly line, intermittent** intermittent assembly line *adj:n* **Taktstraße** *f (Mont)*
**assembly list Zusammenstellungsliste** *f (Stb)*
**assembly part Montageteil** *nt (Mont)*
**assembly plate Montageplatte** *f (Mech)*
**assembly scaffolding Montagegerüst** *nt (Stb)*
**assembly shop Montagehalle** *f (Stb, Mont)*
**assembly strut Montagestütze** *f (Mech, Mont, Stb)*
**assembly yard Montageplatz** *m (Mech, Mont)*
**assembly, built-on** built-on assembly *adj:n* **Anbaugruppe** *f (Mech)*
**assembly, final** final assembly *adj:n* **Endmontage** *f (Mech)*
**assembly, main** main assembly *adj:n* **Hauptzusammenstellung** *f (Mech)*
**assembly, rotating** rotating assembly *adj:n* **Glockengehäuse** *nt (Mech)*
**assembly, welded** welded assembly *adj:n* **Schweißkonstruktion** *f (Schw)* (Schweißteil) **Schweißteil** *nt (Schw)* (Konstruktion)
**assembly-hall crane Hallenkran** *m (Mech)*
**assembly-line work Fließarbeit** *f (Allg)* **Fließbandarbeit** *f (Allg)*
**assessment of the concrete quality Beurteilung der Betongüte** *(Bau)*
**assessment principle Bewertungsregel** *f (Allg)*
**asset Bereicherung** *f (Bau)*
**astatine** *(halogen)* **Astat** *nt (Bg/Bergb)* (nichtmetallisches Element)
**astride ground clearance Bauchfreiheit** *f (Bau)* (unter der Portalachse)
**asymmetry Asymmetrie** *f (Mech, Allg)*
**at work eingesetzt** *adj (Mech)* (in Arbeit) **Einsatz** *m (Mech)* (bei der Arbeit)
**atm. pressure** *(Abv)* **Luftdruck** *m (Hyd/Pneu)*
**atm.gg.** *(Abv)* **Atmosphärenüberdruck** *m (Mech, Hyd/Pneu)*
**atmosphere Atmosphäre** *f (Mech)*
**atmosphere, corrosive** corrosive atmosphere *adj:n* **korrodierende Atmosphäre** *adj:n (Mech)*
**atmosphere, oxydizing** oxydizing atmosphere *adj:n* **oxidierende Atmosphäre** *adj:n (Anstr)*
**atmospheric pressure Atmosphärendruck** *m (Mech, Allg)* **Luftdruck** *m (Hyd/Pneu)*
**atomizer Spraydose** *f (Chem, Allg, Mech)* **Zerstäuber** *m (Stb)*
**atomizer nozzle Zerstäuberdüse** *f (Mech)*
**atomizer pressure Zerstäuberdruck** *m (Hyd/Pneu)*
**atomizer, ultrasonic** ultrasonic atomizer *adj:n* **Ultraschallzerstäuber** *m (Hütt/Wlz)* (Ölbrenner)
**attaching Anbau** *m (Bg/Bergb)* (von Ausrüstung)
**attaching disk Beilagescheibe** *f (Form)*
**attachment** *(auxliliary attachment)* **Anbaugerät** *nt (Bg/Bergb)* (z.B. am Grader) **Ausrüstung des Baggers** *(Bg/Bergb)* **Zusatzgerät** *nt (Bg/Bergb, Mech)*
**attachment Ansatz** *m (Mech)* (zusätzliches Teil) **Ansatzstück** *nt (Mech)* **Vorsatzteil** *nt (Mech)*
**attachment rail Befestigungsleiste** *f (Form)*
**attachment, auxiliary** auxiliary attachment *adj:n* **Hilfseinrichtung** *f (Mech)*
**attachment, dynamic** dynamic attachment *adj:n* **Dynamikvorsatz** *m (Mech)*
**attachment, front** front attachment *adj:n* **Frontausrüstung** *f (Bg/Bergb)* (Ladeschaufel)
**attachments** *pl* **Anbauteile** *pl nt (Bg/Bergb)* (z.B. am Bagger) **Zubehör** *nt (Allg)*
**attemperator Kühler** *m (Mech)* **Regler** *m (Mech)* (für die Temperatur) **Temperaturregler** *m (Mech, El)*
**attemperator connections Kühlerverbindungsrohre** *pl nt (Mech)*
**attendance part Wartungsteil** *nt (Mech)*
**attendant Bandwärter** *m (Bg/Bergb)* **Wärter** *m (Mont)*
**attendant for cut observation Schnittbeobachter** *m (Bg/Bergb)*
**attenuation Dämpfung** *f (Mech)* (z.B. von Stößen, Vibrationen, Lärm) **Schwächung** *f (El)*
**attic** *(of a house)* **Boden** *m (Bau)* (Hängeboden unter dem Dach) **Mansarde** *f (Bau)*

**attractive force Anziehungskraft** *f (Mech)*
**attrition Abrieb** *m (Mech)* (z.B. durch Reibung) **Schleifwirkung** *f (Mech)* **Verschleiß** *m (Mech)* (z.B. durch Reibung)
**auger Förderschnecke** *f (Mont)* **Schlangenbohrer** *m (Bg/Bergb, Mont)*
**auger bit Bohreisen** *nt (Mont)* (Schlangenbohrer) **Bohrspitze** *f (Mont)* (Schlangenbohrer) **Schappenbohrer** *m (Mont, Werkz)*
**auger head** *(on pile drive)* **Bohrkopf** *m (Bg/Bergb)* (an der Ramme)
**auger worm Bohrschnecke** *f (Bg/Bergb)*
**austenite Austenit** *m (Form)*
**austenitizing temperature Austenitisierungstemperatur** *f (Form)*
**autoclave Autoklav** *m (Hütt/Wlz)*
**automatic casing drive adapter Automatikdrehteller** *m (Bg/Bergb)*
**automatic discharge for tipping wagon Kippwagenselbstentleerung** *f (Bahn)*
**automatic evaluation system Auswerteautomatik** *f (Allg)*
**automation and system technology Automation und Systemtechnik** *(Form)*
**automation and systems engineering Automation und Systeme** *(Form)*
**automobile Kraftfahrzeug** *nt (Mech)*
**automobile mechanic Kfz-Schlosser** *m (Mech)* **Kraftfahrzeugschlosser** *m (Mech)*
**automotive engineering Kraftfahrzeugtechnik** *f (Kfz)*
**automotive industry Automobilindustrie** *f (Kfz)*
**automotive mechanic Kfz-Schlosser** *m (Mech)*
**autorailer Autoreisezug** *m (Bahn)*
**auxiliary drive housing Nebenantriebsgehäuse** *nt (Mech)*
**auxiliary drive lock Nebenantriebssperre** *f (Mech)*
**auxiliary remote pressure control Druckvorsteuerung** *f (Kfz)*
**auxiliary steam heating of the boiler Fremddampfbeheizung** *f (Hütt/Wlz)*
**availability Betriebsbereitschaft** *f (Mech)*
**availability factor Verfügbarkeitsfaktor** *m (Mech)* **Zeitverfügbarkeit** *f (Mech)*
**availability for operation Verfügbarkeit** *f (Mech)*
**availability rate Grad der Verfügbarkeit** *(Mech)*
**availability time ratio Zeitverfügbarkeit** *f (Mech)*
**average Durchschnitt** *m (Mech, Allg)* **Mittelwert** *m (Mech, Allg)*
**average price per ton Durchschnittstonnenpreis** *m (Stb)*
**awning** *(e.g. on mobile home)* **Sonnenschutzdach** *nt (Bau)*
**AWS** *(American Welding Standards)* **AWS** *(Schw)* (Abk)
**axial centre crankshaft Seele der Kurbelwelle** *(Mech)*
**axial compressor Axialgebläse** *nt (Kfz)*
**axial face seal ring Gleitring** *m (Mech)*
**axial flow fan Axialgebläse** *nt (Kfz)*
**axial gasket Axial-Dichtring** *f (Kfz)*
**axial piston pump** *(bent axis design)* **Axialkolbenpumpe** *f (Kfz)* (Schrägachsenbauart)
**axial piston regulating pump Axialkolbenregelpumpe** *f (Kfz)* (RH 120 °C)
**axial-piston motor Axialkolbenmotor** *m (Bg/Bergb, Hyd)*
**axial-radial precision roller bearing Präzisions-Axial-Radial-Rollenlager** *nt (Mech)*
**axis Achse** *f (Math, Stat)* **Mittellinie** *f (Math, Stat)* **Sehne** *f (Stat)* (gedachte Linie)
**axis intersection angle Achsenkreuzungswinkel** *m (Bg/Bergb)*
**axis of abscissas Abszissenachse** *f (Math)*
**axis of blast furnace framework Ofengerüstachse** *f (Stb)* (Hochofen)
**axis of ordinate Ordinatenachse** *f (Math)*
**axis of revolution Drehachse** *f (Mech)*
**axis of symmetry Symmetrieachse** *f (Stb)*
**axis, bent** bent axis *adj:n* **Schrägachse** *f (Hyd/Pneu)* (der Hydraulikpumpe)
**axis, centroidal** centroidal axis *adj:n* **Schwerelinie** *f (Band, Bg/Bergb, Umschl, Zer)* (des Gurtes) **Schwerlinie** *f (Phys)*
**axis, conjugate** conjugate axis *adj:n* **konjugierte Achse** *adj:n (Stb)* **zugeordnete Achse** *adj:n (Stb)*
**axis, instantaneous** instantaneous axis *adj:n* **Momentachse** *f (Mech)* (Wälzachse bzw. Schraubachse)

**axis, longitudinal** longitudinal axis *adj:n* **Längsachse** *f (Mech)*
**axis, neutral** neutral axis *adj:n* **neutrale Faser** *adj:n (Hütt/Wlz)* (des gebogenen Bleches)
**axis, polar** polar axis *adj:n* **polare Achse** *adj:n (Mech)*
**axis, rotational** rotational axis *adj:n* **Drehachse** *f (Mech)*
**axis, single** single axis *adj:n* **Einzelsehne** *f (Allg)* (in Zeichnungen)
**axis, transverse** transverse axis *adj:n* **Querachse** *f (Stb)*
**axle Achse** *f (Mech)* (Wagen-, Radachse) **Achswelle** *f (Mech)* (z.B. in einer Maschine)
**axle** *(crusher)* **Brechkegel** *m (Zer)*
**axle arch Achsbrücke** *f (Bahn)*
**axle arrangement Achsanordnung** *f (Bg/Bergb)*
**axle base Achsabstand** *m (Kfz)*
**axle bearing Achslager** *(Mech)* (z.B. beim Kfz)
**axle bearing bush Achslagerbuchse** *f (Mech)*
**axle body Achsschaft** *m (Bahn)*
**axle box arrangement Achslagerung** *f (Mech)*
**axle box housing Achslagergehäuse** *nt (Mech)*
**axle bush Achsmantel** *m (Bahn)*
**axle casing Achsgehäuse** *nt (Mech)*
**axle entrance Achseingang** *m (Mech)* (in der Nabe)
**axle floating Längsspiel** *nt (Mech)* (der Achse) **Querspiel** *nt (Bahn, Mech)* (der Wagonachse)
**axle guard Achsgabel** *f (Mech)* **Achshalter** *m (Mech)*
**axle journal collar Achsschenkelbund** *m (Bahn)*
**axle load Achslast** *f (Bahn)*
**axle mantle Achsmantel** *m (Bahn)*
**axle mounting Achshalter** *m (Mech)* **Achslagerung** *f (Mech)*
**axle neck Achsenhals** *m (Mech)* **Achsschenkel** *m (Mech)* **Achszapfen** *m (Mech)*
**axle nut spanner Radnabenschlüssel** *m (Werkz)*
**axle pivot pin Achsmittellager** *nt (Bg/Bergb)*
**axle probe** *(ultra-sonic testing)* **Achsenprüfkopf** *m (Form)* (Ultraschalltest)
**axle sealing ring Achsabdichtring** *m (Mech)*
**axle shaft Achswelle** *f (Kfz)* **Differenzialseitenwelle** *f (Kfz)*
**axle shaft gasket Achswellendichtung** *f (Kfz)*
**axle slide Achslagerführung** *f (Mech)*
**axle spacing** *BE* **Achsstand** *m (Stb)*
**axle stay Achsabstrebung** *f (Kfz)*
**axle stirrup Achsensicherung** *f (Mech)* (z.B. Schließblech) **Achsgabel** *f (Mech)*
**axle support Achsabstützung** *f (Bg/Bergb)* **Achshalter** *m (Mech)*
**axle support trunnion Achstragbolzen** *m (Kfz)*
**axle suspension Achsaufhängung** *f (Kfz)*
**axle trunnion Achszapfen** *m (Mech)*
**axle tube Achsrohr** *nt (Form)*
**axle weight Achskraft** *f (Bahn)*
**axle, auxiliary** auxiliary axle *adj:n* **Hilfsachse** *f (Mech)*
**axle, cranked** cranked axle *adj:n* **gekröpfte Achse** *adj:n (Mech)*
**axle, hollow** hollow axle *adj:n* **Lokomotivhohlachse** *f (Bahn)*
**axle, main** main axle *adj:n* **Hauptachse** *f (Stb, Mech)*
**axle, rigid** rigid axle *adj:n* **Starrachse** *f (Mech)*

# B

**babbit Lagermetall** *nt (Stb)* **Weißmetall** *nt (Hütt/Wlz)*
**babbit metal Lagermetall** *nt (Stb)*
**babitting Lagermetallausguss** *m (Mech, Hütt/Wlz)*
**back** *(of belt)* **Laufseite** *f (Band)* (Gurt)
**back cover Abschlussdeckel** *m (Mech)* (Lager) **Seitendeckel** *m (Mech)* (Lager)
**back end loss Zugverlust** *m (Hütt/Wlz)* (Aggregatende)
**back gear Vorgelege** *nt (Mech)* **Vorschaltgetriebe** *nt (Mech)*
**back guard, semi-circular** semi-circular back guard *adj:n* **Korb** *m (Mech, Mont)* (bei Leitern)
**back haul Rückholseil** *nt (Mech)*

**back kick Rückschlag** *m (Mech)* (Motor)
**back leakage sump Leckölwanne** *f (Mech)*
**back load Gegenlast** *f (Kfz)*
**back metal Grundmetall** *nt (Mech)*
**back of weld Nahtunterseite** *f (Schw)* **Wurzelseite** *f (Schw)*
**back pass** *(of the boiler)* **Nachschaltzug** *m (Hütt/Wlz)*
**back pitch Nietabstand** *m (Stb)* **Wurzelmaß** *nt (Stb)*
**back pressure Gegendruck** *m (Hyd/Pneu)* **Rückstau** *m (Hyd/Pneu)* (Druck)
**back pressure extraction unit Gegendruckanzapfturbine** *f (Hyd/Pneu, Mech)*
**back pressure turbine Gegendruckturbine** *f (Hyd/Pneu, Mech)*
**back spacing Längsteilung** *f (Hütt/Wlz)* (Rohrbündel)
**back square Anschlagwinkel** *m (Mech, Mont)*
**back stop Federapparat** *m (Bahn)* (hinterer Anschlag) **Rücklaufsperre** *f (Mech)*
**back-off Freistich** *m (Mech)* (z.B. eines Gewindes)
**back-pressure utilization Rückdruckverwertung** *f (Bg/Bergb)* (Serienschaltung)
**back-pull wire-drawing Drahtziehen mit Gegenzug** *(Form)*
**back-up ring Stützring** *m (Mech)* (Brückenlager)
**back-up stock Reservebestand** *m (Mech)*
**backacter** *BE* **Tieflöffel** *m (Bg/Bergb)*
**backdoor Tür** *f (Bau)* (Hoftür)
**backfill Anschüttung** *f (Bg/Bergb)* **Auffüllung** *f (Bg/Bergb)*
**backfill slope Dammböschung** *f (Bg/Bergb)*
**backfilling Dammbau** *m (Bau, Bg/Bergb)* **Dammschüttung** *(Bg/Bergb)*
**backfire** *(wrong setting of ignition)* **Fehlzündung** *f (Kfz)*
**backflow Rückfluss** *m (Mech)* **Rückströmung** *f (Mech)*
**backgouging Aushobeln** *nt (Schw, Mech, Mont)* (wurzelseitiges Aushobeln von geschweißten Nähten)
**backhoe Löffelbagger** *m (Bg/Bergb)* (mit Tieflöffel) **Tieflöffel** *m (Bg/Bergb)*
**backhoe application Tieflöffeleinsatz** *m (Bg/Bergb)*
**backhoe arm Tieflöffelstiel** *m (Bg/Bergb)*
**backhoe attachment Grabausrüstung** *f (Bg/Bergb)* (Tieflöffel)
**backhoe equipment Tieflöffel-Ausrüstung** *f (Bg/Bergb)*
**backhoe excavator Bagger mit Tieflöffel** *(Bg/Bergb)* **Tieflöffelbagger** *m (Mech, Bg/Bergb)*
**backhoe stick** *AE* **Tieflöffelstiel** *m (Bg/Bergb)*
**backhoe with grab Greiferbagger** *m (Bg/Bergb)* **Tieflöffelbagger mit Greifer** *(Bg/Bergb)*
**backhoe with ripper tooth Bagger mit Reißzahn** *(Bg/Bergb)*
**backhoe work Tieflöffelarbeit** *f (Bg/Bergb)* **Tieflöffeleinsatz** *m (Bg/Bergb)*
**backhoe, hydraulic** hydraulic backhoe *adj:n* **Hydrobagger** *m (Bg/Bergb)* (mit Tieflöffel) **hydraulischer Tieflöffelbagger** *adj:n (Bg/Bergb)*
**backing Abstand** *m (Mech)* **Gegenlage** *f (Mech)*
**backing** *(e.g. ceramic)* **Badsicherung** *f (Schw)* (beim Schweißen) **Unterlage** *f (Schw)* (beim Schweißen)
**backing material Gegenlagematerial** *nt (Mech)*
**backing metal Grundmetall** *nt (Mech)*
**backing ring** *(tube welding)* **Einlagering** *m (Hütt/Wlz)* (Rohrschweißung)
**backing, ceramic** ceramic backing *adj:n* **Keramikunterlage** *f (Schw)*
**backing-out punch Durchschlag für Nieten** *(Mont)* **Durchtreiber** *m (Mont)* (Handdurchschlag, Lochhammer)
**backkick Frühzündung** *f (Kfz)* (Fehlzündung)
**backlash Flankenspiel** *nt (Mech)* **Rückprall** *m (Mech)* **Spiel** *nt (Mech)* (Schrauben)
**backlash** *(of gears)* **Verzahnung** *f (Mech)* (Klemmen)
**backlash adjusting Verzahnungseinstellung** *f (Mech)* (Zahnräder)
**backlash valve Druckausgleichsventil** *nt (Hyd/Pneu)*
**backlash, circumferential** circumferential backlash *adj:n* **Drehflankenspiel** *nt (Mech)*
**backlash, normal** normal backlash *adj:n* **Normalflankenspiel** *nt (Mech)*

**backplate Bremsschild** *nt (Kfz)* (Bremsankerplatte)
**backplate** *(of a pump)* **Rückholplatte** *f (Mech)* (der Pumpe)
**backseat Rücksitz** *m (Mech)* (Kfz)
**backstay Rückhaltekette** *f (Mech)*
**backwall Rückwand** *f (Bg/Bergb)* (der Klappschaufel)
**backward/forward adjusting Längsverstellung** *f (Mech)*
**baffle Prallblech** *nt (Bg/Bergb, Umschl, Band)* **Umlenkblech** *nt (Bg/Bergb, Band, Umschl)*
**baffle** *(for oil)* **Ölfangblech** *nt (Mech)*
**baffle drum Pralltrommel** *f (Zer)*
**baffle holder Prallschürzenhalterung** *f (Mech)*
**baffle mounting, resilient** resilient baffle mounting *adj:n* **Prallschürzenfederung** *f (Bg/Bergb, Umschl, Zer)*
**baffle ring Zwischenring** *m (Mech)* (Reifen)
**baffle wall Lenkwand** *f (Hütt/Wlz)* **Strömungslenkwand** *f (Hyd/Pneu)* (fest stehend)
**bag Beutel** *m (Form)* **Sack** *m (Allg)*
**bag face-down conveyor Sackwendeband** *nt (Band)*
**bag filter system Schlauchfilteranlage** *f (Mech)*
**bag, big** big bag *adj:n* **Großgebinde** *nt (Bau)*
**bag-type filter Schlauchfilter** *nt (Mech)* (Entstaubung)
**bagasse Bagasse** *f (Hütt/Wlz)*
**bagasse-fired boiler Bagasse-Kessel** *m (Hütt/Wlz)*
**bail Hängebügel** *m (Mech)* **Henkel** *m (Mech)*
**bail pull Reißkraft** *f (Bg/Bergb)* (Seilbagger)
**Bailey bridge Bailey-Brücke** *f (Stb)* **Behelfsbrücke** *f (Stb)*
**Bailey bridging equipment Bailey-Brückengerät** *nt (Stb)*
**balance** *(scales)* **Waage** *f (Mech, Allg)*
**balance Ausgleich** *m (Stat)* (Gewichtsausgleich) **Balance** *f (Mech, Stat)* **Gleichgewicht** *(Mech, Stat)*
**balance beam Ausgleichträger** *m (Kfz)* (z.B. an Muldenkipper)
**balance condition Gleichgewichtsbedingung** *f (Stat)*
**balance piston Ausgleichskolben** *m (Form)* **Entlastungskolben** *m (Form)*
**balance springs** *pl* **Ausgleichsfedern** *pl f (Bahn)* (im Drehgestell)
**balance weight** *(on the rim)* **Auswuchtgewicht** *nt (Kfz)* (an der Felge)
**balance weight Gegengewicht** *nt (Mech)*
**balance, hydraulic** hydraulic balance *adj:n* **hydraulische Entlastung** *adj:n (Hyd/Pneu)*
**balanced piston-type relief valve Druckeinstellventil** *nt (Hyd/Pneu)*
**balancer Balancier** *m (Bahn)*
**balancer** *(absorber)* **Schwingungsdämpfer** *m (Mech)*
**balancer shaft Ausgleichswelle** *f (Kfz)*
**balancing Auswuchten** *(Mech)* (z.B. von Rädern) **Auswuchtung** *f (Mech)*
**balancing device Auswägevorrichtung** *f (Mech)* (Bandwaage)
**balancing machine Auswuchtmaschine** *f (Mech)*
**balancing weight Ausgleichsgewicht** *nt (Bg/Bergb, Umschl)*
**balancing, dynamic** dynamic balancing *adj:n* **dynamisches Auswuchten** *adj:n (Mech)* **dynamische Auswuchtung** *adj:n (Mech)*
**balancing, static** static balancing *adj:n* **statisches Auswuchten** *adj:n (Mech)* **statische Auswuchtung** *adj:n (Mech, Stat)*
**bale clamp** *pl* **Ballenklammer** *f (Kfz)* (Gabelstapler)
**bale press Ballenpresse** *f (Kfz)*
**bale, compressed** compressed bale *adj:n* **Pressballen** *m (Mech)*
**baling hoop Ballenband** *nt (Form)* (Verpackung)
**balkhead Brandschott** *nt (Mech)*
**ball Kugel** *f (Mech)* **Kugelkopf** *m (Mech)*
**ball and roller bearing Wälzlager** *nt (Mech)* (Kugel- und Rollenlager)
**ball and socket gear change** *(shift)* **Kugelschaltung** *f (Mech)*
**ball and socket joint Kugelgelenk** *nt (Mech)* **Stützkugel** *f (Bg/Bergb)*
**ball bearing Kugellager** *nt (Mech)*
**ball bearing diameter Durchmesser der Kugeldrehverbindung** *(Bg/Bergb)*

**ball bearing, grooved** grooved ball bearing *adj:n* **Rillenkugellager** *nt (Mech)*
**ball bearing, self-aligning** self-aligning ball bearing *adj:n* **Pendelkugellager** *nt (Mech)* **Radial-Pendelkugellager** *nt (Mech)*
**ball bearing, tapered** tapered ball bearing *adj:n* **Schrägkugellager** *nt (Mech)*
**ball bushing Kugelhülse** *f (Mech)*
**ball cage Kugelkäfig** *m (Mech)* **Kugellaufbahn** *f (Mech)*
**ball charge Kugelfüllung** *f (Hütt/Wlz)*
**ball cup Kegelpfanne** *f (Mech)*
**ball diameter Kugeldurchmesser** *m (Mech)*
**ball hardness Brinellprobe** *f (Hütt/Wlz)*
**ball hardness test Kugeldruckversuch** *m (Stb)*
**ball joint Kugelgelenk** *nt (Mech)* **Kugelzapfen** *m (Mech)*
**ball joint rocker Kugelgelenkschwinge** *f (Mech)*
**ball journal Kugelpilz** *m (Mech)* **Kugelzapfen** *m (Mech)*
**ball journal bearing Radial-Kugellager** *nt (Mech)*
**ball journal bearing, self-aligning** self-aligning ball journal bearing *adj:n* **Pendelkugellager** *nt (Mech)* **Radial-Pendelkugellager** *nt (Mech)*
**ball lube fitting Kugelschmierkopf** *m (Mech)*
**ball mill Kugelmühle** *f (Zer)*
**ball mug Kugelpfanne** *f (Mech)* (Kugelabstützung Bagger)
**ball path Kugelbahn** *f (Mech)*
**ball path lubrication Kugelbahnschmierung** *f (Mech)* **Kugellaufringschmierung** *f (Mech)*
**ball pivot Kugelpilz** *m (Mech)* **Kugelzapfen** *m (Mech)*
**ball race Kugeldrehverbindung** *f (Bg/Bergb, Umschl)* **Laufring** *m (Mech)* (Kugellager)
**ball race segment Kugelbahnsegment** *nt (Mech)*
**ball retaining ring Kugelring** *m (Mech)*
**ball retaining valve Kugelrückschlagventil** *nt (Mech)*
**ball rod Kugelstange** *f (Mech)* (in Axialkolbenpumpe)
**ball rod end Spurstangenkopf** *m (Mech)*
**ball shot Kugeln** *nt (Mech)*
**ball socket Kugelpfanne** *f (Mech)* (Kugelabstützung Bagger) **Kugelschale** *f (Mech)*
**ball stud Kugelbolzen** *m (Mech)*
**ball support Kugelabstützung** *f (Mech)*
**ball valve Kugelhahn** *m (Hyd/Pneu)* **Kugelventil** *nt (Hyd/Pneu)*
**ball-and-socket bearing Kugelstützpunkt** *m (Mech)*
**ball-and-socket joint Universalgelenk** *nt (Mech)*
**ball-bearing slewing ring Drehkranz mit Kugellager** *(Bg/Bergb)* **Kugeldrehverbindung** *f (Bg/Bergb, Umschl)*
**ball-type contact pipe** *(load cell)* **Kugeldruckstück** *nt (Mech)* (Druckmessdose)
**ballast** *(between rails)* **Schotter** *m (Bahn)* (zwischen Gleisen)
**ballast Ballast** *m (Bg/Bergb, Umschl)* **Gegengewichtsballast** *m (Bg/Bergb, Umschl)*
**ballast boom Ballastausleger** *m (Bg/Bergb, Umschl)* **Gewichtsausleger** *m (Bg/Bergb, Umschl)*
**ballast box Ballastkasten** *m (Bg/Bergb, Umschl)*
**ballast box, hinged** hinged ballast box *adj:n* **abklappbarer Ballastkasten** *adj:n (Bg/Bergb, Umschl)*
**ballast box, lowerable** lowerable ballast box *adj:n* **absenkbarer Ballastkasten** *adj:n (Bg/Bergb)*
**ballast box, tiltable** tiltable ballast box *adj:n* **abklappbarer Ballastkasten** *adj:n (Bg/Bergb, Umschl)*
**ballast grab Schottergreifer** *m (Bg/Bergb)* **Schwellenkastengreifer** *m (Bahn, Bg/Bergb)*
**ballast roadbed Schotterbett** *nt (Bg/Bergb, Geo)*
**ballast, pack** pack ballast *n:v* **Ballast einfüllen** *n:v (Bg/Bergb, Umschl)*
**ballasting Beschotterung** *f (Stb)* **Schottern** *nt (Stb)*
**balloon tyre Ballonreifen** *m (Kfz)*
**balustrade Brüstung** *f (Bau)* (Geländer)
**band brake Bandbremse** *f (Kfz)*
**band brake, external** external band brake **Außenbandbremse** *f (Kfz)*
**band brake, internal** internal band brake *adj:n* **Innenbandbremse** *f (Mech)*

**band clamping system Spannbandsystem** *nt (Mech)*
**band clamping system, continuous** continuous band clamping system *adj:n* **Endlos-Spannbandsystem** *nt (Mech)*
**band clamping, continuous** continuous band clamping *adj:n* **Spannbandschelle** *f (Mech)*
**band iron Bandeisen** *nt (Hütt/Wlz)*
**band steel Bandeisen** *nt (Hütt/Wlz)*
**band thickness Banddicke** *f (Form)*
**band-aid kit Betriebsmittel** *pl nt (Bg/Bergb)*
**bandage** *(tyre)* **Radreifen** *m (Bahn)* (auf Rad aufgeschrumpft)
**bandage Bandage** *f (Mech)* (Wicklung)
**banjo bolt Hohlbolzen** *m (Mech)* **Hohlschraube** *f (Mech, Mont)*
**bank** *(bank material)* **festes Gut** *adj:n (Bg/Bergb, Band, Allg)*
**bank Böschung** *f (Bg/Bergb, Geo)* **Stollen** *m (Bg/Bergb)* (unter Tage) **Strosse** *f (Bg/Bergb)* (unter Tage)
**bank blade, angled** angled bank blade *adj:n* **Hangschar** *f (Bg/Bergb)* (am Grader)
**bank material festes Gut** *adj:n (Bg/Bergb, Band, Allg)* **festes Material** *adj:n (Bg/Bergb)*
**bank meter Festmeter** *nt (Allg)*
**bank of tubes Rohrbündel** *nt (Hütt/Wlz)*
**bank of valves Blocksteuergerät** *nt (Kfz)* **Ventilgruppe** *f (Bg/Bergb)*
**banksman Beihilfe** *f (Allg)* (Hilfsmann)
**bar** *(bolt)* **Bolzen** *m (Bau)* (Riegel) **Riegel** *m (Bau)* (Schloss)
**bar** *(runner)* **Schiene** *f (Bau, Stb)* (Träger)
**bar** *(on track pad)* **Stollen** *m (Bg/Bergb)* (auf Kettenplatte)
**bar Bar** *nt (Mech, Hyd/Pneu)* (Druckmaß)
**bar** *(rod)* **Balken** *m (Mech, Stb)* **Stab** *m (Mech, Stb)* **Tragstange** *f (Mech)* (als Maschinenteil)
**bar chart time schedule Balkenzeitplan** *m (Mech)* (als Säulendiagramm) **Zeitplan in Form eines Säulendiagramms** *(Allg)*
**bar force** *AE* **Stabkraft** *f (Mech, Stat, Stb)*
**bar grate Stabrost** *m (Mech, Zer)* **Stangenrost** *m (Mech, Zer)*
**bar grating Lichtgitterrost** *m (Mech)*
**bar inspection Stangenprüfung** *f (Hütt/Wlz)*
**bar length Stablänge** *f (Stb)*
**bar shear connector** *AE* **Knagge** *f (Mech, Bau, Stb)*
**bar steel Stabstahl** *m (Hütt/Wlz, Stb)*
**bar, flat** flat bar *adj:n* **Flachstab** *m (Hütt/Wlz)* **Flachstahl** *m (Hütt/Wlz)*
**bar, hot-rolled** hot-rolled bar *adj:n* **Handelsstabstahl** *m (Hütt/Wlz)* **Stabstahl** *m (Hütt/Wlz, Stb)*
**bar, intermediate** intermediate bar *adj:n* **Zwischenstab** *m (Stb)*
**bar, notched** notched bar *adj:n* **Kerbstab** *m (Stb)*
**bar-type grate Fingerrost** *m (Zer)*
**bare-tube economizer Glattrohr-Eko** *m (Hütt/Wlz)*
**bare-wire electrode Blankdrahtelektrode** *f (Schw)* **nackte Elektrode** *adj:n (Schw)*
**bare-wire welding Blankdrahtschweißen** *nt (Schw, Mont)*
**barge loading device Schutenbeladungsvorrichtung** *f (Umschl)*
**barge suction dredger Schutensaugbagger** *m (Bg/Bergb)*
**bark Borke** *f (Hütt/Wlz)* (Rinde)
**bark-burning boiler Rindenkessel** *m (Hütt/Wlz)*
**barometric pressure Barometerstand** *m (Hütt/Wlz)*
**barrel Zylindermantel** *m (Mech)*
**barrel** *(of a bolt)* **Schaft** *m (Mech)* (der hohlen Schraube) **Schraubenschaft** *m (Mech)*
**barrel pump Fasspumpe** *f (Hyd/Pneu)*
**barrel roller thrust bearing Pendelrollenlager** *(Mech)*
**barrel roller thrust bearing, self-aligning** self-aligning barrel roller thrust bearing *adj:n* **Axial-Pendelrollenlager** *nt (Mech)*
**barrier** *(gate)* **Schranke** *f (Bahn)* (am Bahnübergang) **Sperre** *f (Bahn)* (Durchgang)
**barrier Absperrung** *f (Bg/Bergb)* (z.B. eines Straßenteils)
**barrier Berührungsschutz** *m (Mech)*
**barrier monitoring Schrankenüberwachung** *f (Bahn)*
**barrier, fire-proof** fire-proof barrier *adj:n* **Gegenfeuer** *nt (Stb)*

**barrow Tragekasten** *m (Mech)*
**baryte Schwerspat** *m (Hütt/Wlz)*
**basalt Basalt** *m (Bg/Bergb)*
**bascule bridge Klappbrücke** *f (Stb)*
**bascule design Wippenkonstruktion** *f (Bg/Bergb)*
**base** *(of a device)* **Sockel** *m (Bau)* (Konsole)
**base** *(of road; mixture with bitumen)* **Tragschicht** *f (Bau)* (Straßenbau)
**base** *(floor)* **Liegendes** *nt (Bg/Bergb)* (eines Flözes)
**base** *(support)* **Boden** *m (Form)* (Basis, Auflage) **Stütze** *f (Mech)* (Träger) **Unterteil** *nt (Mech)*
**base a finished level Planum erstellen** *n:v (Bau, Bg/Bergb)*
**base boom Auslegerunterteil** *nt (Bg/Bergb)*
**base boom cylinder Zylinder am Auslegerunterteil** *(Bg/Bergb)*
**base column Grundsäule** *f (Bau)*
**base compression Bodenpressung** *f (Mech)*
**base exchanger Basenaustauscher** *m (Hütt/Wlz)*
**base frame** *(chassis)* **Grundrahmen** *m (Kfz)* (Hauptrahmen)
**base frame for drive unit Antriebsgerüst** *nt (Mech, Band)* (Antriebsstation)
**base load** *(normal load)* **Grundlast** *f (Mech)* (ohne Zusatzlast)
**base load operation Grundlastbetrieb** *m (Mech)*
**base material Grundwerkstoff** *m (Mech, Mont)*
**base of slope Böschungsunterkante** *f (Bg/Bergb)*
**base of the road Wegekörper** *m (Bg/Bergb)*
**base plate Bodenplatte** *f (Bg/Bergb)* (Brecher) **Fundamentplatte** *f (Mech)* **Unterlage** *f (Mech)* (untere Platte)
**base plate, ribbed** ribbed base plate *adj:n* **Rippenplatte** *f (Bahn)*
**base pontoon Bodenwanne** *f (Band)* (rückb. Förderer)
**base rim Grundfelge** *f (Mech)*
**base surface Grundfläche** *f (Bau)*
**base tangent length Zahnweite** *f (Mech)*
**base wall masonry Sockelmauerwerk** *nt (Bau)*
**base, small** small base *adj:n* **Böckchen** *nt (Mech, Mont)*
**baseload power Antriebskraft** *f (Kfz)* (z.B. am Brecher)
**basic reference Unterlage** *f (Allg)* (Beleg)
**basic refractory feuerfeste Erzeugnisse** *adj:n (Mech, Chem)*
**basic slag basische Schlacke** *(Hütt/Wlz)*
**basin Becken** *nt (Mech, Geo)*
**basin, continuous** continuous basin *adj:n* **Durchlaufbecken** *nt (Bau)*
**basis Basis** *f (Bau)* (Grundlage) **Grundlage** *f (Stb)* (Basis)
**basis of design Berechnungsgrundlage** *f (Stb)*
**basket strainer Korbfilter** *m (Hütt/Wlz)*
**batch Charge** *f (Hütt/Wlz)* (Beschickung) **Möller** *m (Hütt/Wlz)* (Chargiergut für den Hochofen)
**batch annealing Haubenglühen** *nt (Hütt/Wlz)*
**batch check stapelweise Untersuchung** *adj:n (Mech)*
**batching and mixing plant Dosier- und Mischanlage** *f (Bau)*
**bath lubrication Tauchschmierung** *f (Mech)*
**batten plate Bindeblech** *nt (Stb, Bau)*
**batter Böschung** *f (Bg/Bergb, Geo)*
**batter angle natürlicher Böschungsneigungswinkel** *adj:n (Bg/Bergb)*
**battery cell cover Zellendeckel** *m (Mech)* (des Akkumulators)
**battery cell plug Zellenstopfen** *m (Mech)*
**battery filling agent Batterieflüssigkeit** *f (Kfz)*
**battery mounting Batterieträger** *m (Kfz)*
**battery railcar Akku-Triebwagen** *m (Bahn)* **Akkumulatortriebwagen** *m (Bahn)*
**battlement Zinnen** *m (Bau)* (zinnenförmiger Aufbau)
**bauxite Bauxit** *m (Geo)*
**bay rail Wandriegel** *m (Mech, Stb)*
**bayonet Bajonett** *nt (Mech)*
**bayonet cap Renkverschluss** *m (Mech)*
**bayonet catch** *BE* **Bajonettverschluss** *m (Form)*
**bayonet holder Bajonettfassung** *f (Mech)* **Ringfassung** *f (Mech)*
**bayonet, threaded** threaded bayonet *adj:n* **Gewinde** *nt (Mech)* (der Glühbirne)

**beach conveyor Küstenband** *nt (Band)* (Förderband)
**bead** *(reinforcement of tire pad)* **Armierung** *f (Form)* (im Reifenwulst)
**bead Raupe** *f (Schw)* (Schweißnaht) **Wulst** *m (Mech)*
**bead of weld metal Schweißperle** *f (Schw)*
**bead weld Wölbnaht** *f (Schw)* (eine oder mehrere Raupen)
**beading Bördelung** *f (Schw)* **Sicke** *f (Hütt/Wlz)* (Bördelung)
**beam** *(e.g. laser)* **Strahl** *m (Allg, El)*
**beam Balken** *m (Mech, Stb)* **Träger** *m (Stb, Hütt/Wlz)* (I-Eisen)
**beam bridge** *AE* **Balkenbrücke** *f (Stb)*
**beam compass Anreißzirkel** *m (Mech, Mont)*
**beam connecting plate Trägeranschlussblech** *nt (Stb)*
**beam connection Trägeranschluss** *m (Stb)*
**beam formula Biegegleichung** *f (Mech)*
**beam grillage Trägerrost** *m (Stb)*
**beam layout Trägerlage** *f (Stb)*
**beam of frame Rahmenriegel** *m (Stb)*
**beam rail brake** *(e.g. on or under hump)* **Balkengleisbremse** *f (Bahn)* (z.B. am Ablaufberg)
**beam simply-supported** simply-supported beam *adj:n* **Träger auf zwei Stützen** *(Stb)*
**beam welding Strahlschweißen** *nt (Schw)* (DIN 1910)
**beam, broad flanged** broad flanged beam *adj:n* **Breitflanschträger** *m (Hütt/Wlz)*
**beam, cased** cased beam *adj:n BE* **ummantelter Träger** *adj:n (Stb)* (mit Beton)
**beam, continuous** continuous beam *adj:n* **Durchlaufbalken** *m (Mech, Stb)* (ohne Unterbrechung) **Träger auf mehreren Stützen** *(Mech, Stb)*
**beam, fixed** fixed beam *adj:n* **eingespannter Balken** *adj:n (Mech, Stb)*
**beam, hollow** hollow beam *adj:n* **Querträger** *m (Bg/Bergb, Mech)* (einer Raupenkette)
**beam, hybrid** hybrid beam *adj:n* **Hybridstahlträger** *m (Stb)*
**beam, intermediate** intermediate beam *adj:n* **Zwischenträger** *m (Stb)*
**beam, longitudinal** longitudinal beam *adj:n* **Längsträger** *m (Stb)*
**beam, main** main beam *adj:n BE* **Rahmen** *m (Mech)* (Grader) **Unterzug** *m (Stb)* (Hauptträger im Fachwerk)
**beam, overhanging** overhanging beam *adj:n* **auskragender Balken** *adj:n (Mech, Stb)* **Freiträger** *m (Mech, Stb)*
**beam, parallel-flanged** parallel-flanged beam *adj:n* **Parallelflanschträger** *m (Stb)*
**beam, propped** propped beam *adj:n BE* **unterstempelter Träger** *adj:n (Stb)*
**beam, restrained** restrained beam *adj:n* **eingespannter Balken** *adj:n (Mech, Stb)*
**beam, rolled** rolled beam *adj:n* **Profilträger** *m (Bau, Stb, Hütt/Wlz)*
**beam, secondary** secondary beam *adj:n* **Deckenträger** *m (Stb)*
**beam, unpropped** unpropped beam *adj:n BE* **nicht unterstempelter Träger** *adj:n (Stb)*
**beam, wide flanged** wide flanged beam *adj:n* **Breitflanschträger** *m (Hütt/Wlz)*
**beanstalk Bohnenstange** *f (Bau)*
**bearer Unterzug** *m (Stb)* (Träger)
**bearing Auflager** *nt (Stb, Mech)* **Lager** *(Mech)* (Maschinenteil; z.B. Kugel-, Gleitlager) **Pfanne** *f (Mech)* (Bandwaage)
**bearing allowing rotation about a vrtical axis Drehstütze** *f (Stb)*
**bearing area Auflagerfläche** *f (Mech)* **Gelenkfläche** *f (Mech)*
**bearing area, effective** effective bearing area *adj:n* **Lochleibungsfläche** *f (Stb, Stat)*
**bearing assembly Traglager** *nt (Zer)*
**bearing block Lagerbock** *m (Mech)*
**bearing body Lagerkörper** *m (Mech)*
**bearing box Lagergehäuse** *nt (Mech)*
**bearing bracket Auflagerkonsole** *f (Stb)*
**bearing bushing Lagerbuchse** *f (Mech)*
**bearing cage Lagerkäfig** *m (Mech)*
**bearing capacity** *(e.g. of a rivet)* **Tragfähigkeit** *f (Stb, Mech)* (z.B. einer Schraube, Niete)
**bearing capacity, ultimate** ultimate bearing capacity *adj:n* **Grenzzustand der Tragfähigkeit** *(Bau)*
**bearing carrier Lagerkorb** *m (Mech)*

**bearing clearance Lagerspiel** *nt (Mech)*
**bearing compression Lagerpressung** *f (Stb)*
**bearing condition Fesselung** *f (Stat)*
**bearing corner radius Kantenabstand** *m (Form)* (beim Lager)
**bearing cover Lagerdeckel** *m (Mech)*
**bearing dimension Lagerabmessung** *f (Mech)*
**bearing eye Bolzenauge** *nt (Form)* (Bolzenlager) **Gelenklager** *nt (Mech)* (Lagerauge)
**bearing face** *(meshing gear-flanges)* **Tragbild** *nt (Mech)* (Zahnflanke)
**bearing flange Lagerflansch** *m (Mech)*
**bearing for pedestal head Pfanne für Postamentkopf** *(Mech)*
**bearing friction Lagerreibung** *f (Mech)*
**bearing grease Wälzlagerfett** *nt (Mech)*
**bearing grease, hot** hot bearing grease *adj:n* **Heißlagerfett** *nt (Mech)*
**bearing housing Lagergehäuse** *nt (Mech)*
**bearing insert Lagereinsatz** *m (Mech)*
**bearing internal clearance Lagerluft** *f (Mech)*
**bearing joint Lagerfuge** *f (Stb)* (unterteilt)
**bearing length Bodendrucklänge** *f (Bg/Bergb)* (der aufliegenden Kette)
**bearing lining Lagerschale** *f (Mech)*
**bearing load Lagerbeanspruchung** *f (Mech)* **Lagerbelastung** *f (Mech)*
**bearing metal Lagermetall** *nt (Stb)*
**bearing neck Achshals** *m (Mech)* (einer Achse) **Lagerzapfen** *m (Mech)* (einer Welle)
**bearing pin Lagerbolzen** *m (Mech)*
**bearing plate Auflagerplatte** *f (Stb)* (Lagerplatte) **Lagerplatte** *f (Stb)*
**bearing play Lagerspiel** *nt (Mech)*
**bearing point Auflagerpunkt** *m (Mech)*
**bearing pressure** *(load acting downwards)* **Auflagerdruck** *m (Mech, Stb, Stat)* **Auflagerlast** *f (Stb)* (Auflagerdruck)
**bearing pressure of soil Bodendruck** *m (Mech)* **Bodenpressung** *f (Mech)*
**bearing race Laufring** *m (Mech)* (Wagonkipper)
**bearing reaction Lagerkraft** *f (Stat)*
**bearing ring Lagerring** *m (Mech)*
**bearing ring, fixed** fixed bearing ring *adj:n* **Festlagerring** *m (Mech)*
**bearing roller Laufrolle** *f (Mech, Umschl, Band)* (Tragrolle, Band)
**bearing shell Lagerschale** *f (Mech)*
**bearing size Lagergröße** *f (Mech)*
**bearing sleeve Lagerhülse** *f (Mech)*
**bearing slide block Lagerstein** *m (Mech)*
**bearing strength Lochleibungsfestigkeit** *f (Stb, Stat)*
**bearing stress** *(kn/cm²)* **Lagerpressung** *f (Stb)* **Lochleibung** *f (Stb, Stat)*
**bearing structure Tragkonstruktion** *f (Mech)*
**bearing surface Auflagerfläche** *f (Mech)* **Drehkranzauflage** *f (Bg/Bergb)* **Lauffläche** *f (Mech)* (des Eisenbahnrades) **Tragfläche** *f (Mech)*
**bearing systems for buildings Lagerung für Hochbauten** *(Stb)*
**bearing type Lagerart** *f (Mech)* **Lagerausführung** *f (Mech)*
**bearing with butt ends geteiltes Lager** *adj:n (Mech)* (z.B. Rollenlager)
**bearing zone Auflagerbereich** *m (Mech, Stb)*
**bearing, barrel-shaped** barrel-shaped bearing *adj:n* **Tonnenlager** *nt (Mech)*
**bearing, barrel-type** barrel-type bearing *adj:n* **Ringtonnenlager** *nt (Mech)*
**bearing, bilateral** bilateral bearing *adj:n* **doppelseitige Lagerung** *adj:n (Bg/Bergb)*
**bearing, conic** conic bearing *adj:n* **Kegellager** *nt (Mech)*
**bearing, counter** counter bearing *adj:n* **Gegenlager** *nt (Bahn)* (am Wagon)
**bearing, double-sided** double-sided bearing *adj:n* **beidseitige Lagerung** *adj:n (Mech)*
**bearing, fixed** fixed bearing *adj:n* **festes Auflager** *adj:n (Stb)* **Festlager** *nt (Form)* (Lagerbock)
**bearing, flanged** flanged bearing *adj:n* **Blindlager** *nt (Mech)* (Flanschlager)
**bearing, main** main bearing *adj:n* **Hauptlager** *nt (Kfz)*
**bearing, movable** movable bearing *adj:n* **Loslager** *nt (Mech)*
**bearing, permanently greased** permanently greased bearing *adj:n* **Lager mit Dauerschmierung** *(Mech)*
**bearing, segmented** segmented bearing *adj:n* **geteiltes Lager** *adj:n (Mech)* (Kugeldrehverbindung)

**bearing, self-aligning** self-aligning bearing *adj:n* **Gelenklager** *nt (Mech)* **Pendellager** *nt (Mech, Stb)*
**bearing, spherical** spherical bearing *adj:n* **Punktkipplager** *nt (Stb)*
**bearing, undersized** undersized bearing *adj:n* **Lager mit Untermaß** *(Mech)*
**beat idler Schlagrolle** *f*
**beater Schläger** *m (Zer)* (Mühle)
**beater mill Schlägermühle** *f (Zer)*
**beater, hinged** hinged beater *adj:n* **eingehängter Schläger** *adj:n (Mech)*
**beating cross Schlagkreuz** *nt (Mont)*
**bed** *(basement)* **Fundament** *nt (Bau)* **Unterbau** *m (Bg/Bergb, Umschl)*
**bed Ablagerung** *f (Geo)* **Schicht** *f (Geo)*
**bed** *(workbench)* **Zulage** *f (Stb)*
**bed thickness Flözmächtigkeit** *f (Geo, Bg/Bergb)*
**bed, solid** solid bed *adj:n* **anstehendes Gestein** *adj:n (Bg/Bergb)*
**bedding Bettung** *f (Bau)* **Lager** *nt (Bau)*
**bedding machine Mischbettengerät** *nt (Umschl)*
**bedrock gewachsener Boden** *adj:n (Geo)* **festes Gestein** *adj:n (Geo)* **Untergrund** *m (Geo, Allg)*
**beginning of bur Gratansatz** *m (Mech, Mont)*
**beginning of opening Öffnungsbeginn** *m (Mech)* (Ventil)
**beginning of regulation Regelbeginn** *m (Mech)*
**behaviour Verhalten** *nt (Stb)* (z.B. bei Temperaturschwankungen)
**behaviour during application Einsatzverhalten** *nt (Form)*
**behaviour in application Einsatzverhalten** *nt (Form)*
**bell** *(funnel)* **Trichter** *m (Mech, Umschl)*
**bell crank Winkelhebel** *m (Werkz)* (Werkzeug)
**bell founding** *(bell casting)* **Glockenguss** *m (Hütt/Wlz)*
**bell frame Glockenstuhl** *m (Bau)*
**bell mouth Aufwerfung** *f (Form)* (trompetenartig)
**bell rope Glockenseil** *nt (Mech)*
**bell seam** *(butts and T-connections)* **Tulpennaht** *f (Schw)* (an Stumpf- und T-Stößen)
**bell valve Glockenventil** *nt (Hyd/Pneu)*
**bellcrank Z-Kinematik-Koppel** *nt (Mech)*
**bellcrank linkage Z-Kinematik** *f (Mech)* (für Laderausrüstung)
**bellow-type seal Balgdichtung** *f (Form)*
**bellows** *pl* **Blasebalg** *m (Form)* **Faltenbalg** *m (Mech, Mont)*
**bellows Dichtungsbalg** *m (Form)*
**bellows expansion joint Balgkompensator** *m (Hütt/Wlz)* (z.B. in Leitungen)
**bellows, tubular** tubular bellows *adj:n* **Bunabalg** *m (Form)*
**belly plate Motorschutzplatte** *f (Bg/Bergb)* **untere Motorschutzplatte** *adj:n (Bg/Bergb)*
**below ground unter Tag** *(Bg/Bergb)*
**below the dewpoint Taupunktunterschreitung** *f (Hütt/Wlz)*
**belt Riemen** *m (Mech)* (z.B. Treibriemen)
**belt Band** *nt (Band)* (Gurt) **Gurt** *m (Band)* **Riemen** *m (Mech)* (z.B. Treibriemen)
**belt alignment Bandfluchtung** *f (Band)* **Geradelauf** *m (Band, Bg/Bergb, Umschl, Zer)* (z.B. des Bandes)
**belt carrying idler roll Bandtragrolle** *f (Bg/Bergb, Umschl, Zer, Band)* (einzelne Tragrolle) **Oberband-Tragrolle** *f (Bg/Bergb, Umschl, Zer, Band)*
**belt clearance Bandfreimaß** *nt (Band)*
**belt construction Bandkonfektion** *f (Band)* **Gurtkonfektion** *f (Band)*
**belt conveyor Bandförderer** *m (Band)* **Gurtförderer** *m (Band)*
**belt conveyor Förderband** *nt (Band, Bg/Bergb)* **Fördergurt** *m (Band, Bg/Bergb, Umschl, Zer)*
**belt conveyor, cleated** cleated belt conveyor *adj:n* **Stollenband** *nt (Band)*
**belt conveyor, shiftable** shiftable belt conveyor *adj:n* **rückbare Bandförderanlage** *adj:n (Band)*
**belt conveyor, stationary** stationary belt comveyor *adj:n* **stationäre Bandförderanlage** *adj:n (Band)*
**belt deflection Gurtablenkung** *f (Band)*
**belt drive Bandantrieb** *m (Band, Umschl, Zer)* **Riemenantrieb** *m (Mech)*
**belt drive base Unterbau für Bandantrieb** *(Band, Umschl, Zer)*
**belt empty, broken down** broken down empty belt *adj:n* **unterteilter Untertrum** *adj:n (Band)*
**belt entry Gurteinlauf** *m (Band, Mech)*

**belt feeder Abzugsband** *nt (Zer)* **Aufgabeband** *nt (Umschl, Band, Zer)*
**belt flexibility Biegsamkeit des Gurtes** *(Band)* **Geschmeidigkeit des Gurtes** *(Band)*
**belt flexing stress Gurtbiegespannung** *f (Mech, Band)*
**belt force Gurtkraft** *f (Band)*
**belt gantry, ascending** ascending belt gantry *adj:n* **Schrägförderer** *m (Band)* **Steigförderer** *m (Band)*
**belt gear unit Bandgetriebe** *nt (Band)*
**belt grinding machine Bandschleifmaschine** *f (Form)*
**belt guard Riemenschutz** *m (Band)*
**belt guiding idler Leitrolle** *f (Band)* (fest, seitlich, senkrecht) **Seitenführungsrolle** *f (Band)* (fest; seitlich senkrecht)
**belt haulage system Förderbandanlage** *f (Band, Umschl)*
**belt idler** *(set of idler rolls)* **Bandrolle** *f (Band, Bg/Bergb, Umschl)* (Station, Rollensatz) **Tragrolle** *f (Band)*
**belt idler mounting Bandrollenhalterung** *f (Bg/Bergb, Umschl, Band)*
**belt idler set Tragrollenstation** *f (Band)*
**belt idler spacing Bandrollenabstand** *m (Band, Umschl, Zer)*
**belt idler support Bandrollenstuhl** *nt (Bg/Bergb, Umschl, Band)*
**belt idlers** *pl* **Bandrollen** *pl f (Band)*
**belt idlers, spaced narrowly** narrowly spaced belt idlers *adj:n* **dichtgestellte Bandrollen** *adj:n (Mech, Allg)*
**belt joint Riemenverbinder** *m (Band)*
**belt loop Bandschleife** *f (Bg/Bergb, Umschl, Band)*
**belt loop, extensible** extensible belt loop *adj:n* **auflösbare Bandschleife** *adj:n (Umschl, Band)*
**belt misalignment seitliches Auswandern des Gurtes** *adj:n (Band)* **Bandschieflauf** *m (Band)*
**belt monitoring device Bandüberwachungsgerät** *nt (Band)*
**belt off-track limit switch Bandschieflaufendschalter** *m (Bg/Bergb)*
**belt pull Gurtzug** *m (Band, Mech)* (Zugkraft)
**belt pulley Bandtrommel** *f (Band)* **Riemenscheibe** *f (Band)* (des Treibriemens)
**belt reel Gurtrolle** *f (Mech, Band)* (zum Aufwickeln beim Transport)
**belt route Bandverlauf** *m (Band)*
**belt run Bandlauf** *m (Band)*
**belt runs out of line Schieflauf** *m (Band)* (Band)
**belt scale Bandwaage** *f (Mech)*
**belt shape Bandform** *f (Band)* **Gurtform** *f (Band)*
**belt slip Gurtschlupf** *m (Band)*
**belt speed Bandgeschwindigkeit** *f (Band)* **Gurtgeschwindigkeit** *f (Band)*
**belt speed V Gurtgeschwindigkeit V** *f (Band)* (Abkürzungen für Bänder)
**belt speedometer Bandgeschwindigkeitsmesser** *m (Mech)*
**belt stacker Bandabsetzer** *m (Umschl)* (Platzbelader)
**belt storage loop Bandschleife** *f (Bg/Bergb, Umschl, Band)* **auflösbare Bandschleife** *adj:n (Umschl, Band)*
**belt supporting frame Bandstraße** *f (Band)* **Bandtraggerüst** *nt (Band)*
**belt take-up device Bandspannvorrichtung** *f (Umschl, Band)*
**belt tension Bandzug** *m (Band)* (Zugspannung) **Gurtzug** *m (Band, Mech)* (Zugkraft) **Riemenspannung** *f (Band)*
**belt tensioning device Bandspannvorrichtung** *f (Umschl, Band)*
**belt tensioning equipment Gurtspannvorrichtung** *f (Band, Mech)*
**belt tight side tension T1 maximale Bandspannung T1** *adj:n (Band, Bg, Bergb, Umschl, Zer)* **maximale Gurtspannung T1** *adj:n (Band)*
**belt tightener Riemenspanner** *m (Band)*
**belt tracking Bandlauf** *m (Band)* **Geradelauf** *m (Band, Bg/Bergb, Umschl, Zer)* (z.B. des Bandes) **Schieflauf** *m (Band)* (Band)
**belt trough Bandmuldung** *f (Band)*
**belt turnover Gurtwendelung** *f (Mech, Band)* **Gurtwendung** *f (Mech, Band)*
**belt type bucket elevator Taschenförderer** *m (Umschl)*
**belt wiper Bandabstreifer** *m (Bg/Bergb, Band, Umschl)* **Gurtabstreifer** *m (Band)*
**belt with steel wire core Stahlseilgurt** *m (Mech)*
**belt, abrasive** abrasive belt *adj:n* **Schleifband** *nt (Anstr)*

**belt, centrifugal** centrifugal belt *adj:n* **Schleuderband** *nt (Band, Umschl)*
**belt, flat** flat belt *adj:n* **Flachgurt** *m (Band)*
**belt, serrated** serrated belt *adj:n* **Zahnriemen** *m (Mech)*
**belt-to-belt drive Treibgurt** *m (Band)*
**belt-trough deflection Gurtdurchbiegung** *f (Mech, Band)*
**bench Abbaubank** *f (Bg/Bergb)* (im Steinbruch) **Berme** *f (Bg/Bergb)* **Strosse** *f (Bg/Bergb)* (Tagebau)
**bench conveyor Abbaustrossenband** *nt (Bg/Bergb))* **Strossenband** *nt (Bg/Bergb)*
**bench conveyor girder Strossenbandträger** *m (Mech)*
**bench hutch Strossenhaus** *nt (Bg/Bergb)* (Kabelanschlussschutz im Tagebau)
**bench lifting conveyor Schrägförderer** *m (Band)* **Steilförderer** *m (Band, Umschl)*
**bench oiler Ölkanne** *f (Mech, Mont)* (Öler)
**bench, linear** linear bench *adj:n* **laufende Strosse** *adj:n (Bg/Bergb)*
**benching Strossenbau** *m (Bg/Bergb)* (unter Tage)
**benchmark Festpunkt** *m (Mech)* **Höhenfestpunkt** *m (Bau)*
**bend Bogen** *m (Mech, Hyd/Pneu)* (Rohr-Winkelstück)
**bend connector Bogenstück** *nt (Mech)*
**bend idler Ablenkrolle** *f (Bg/Bergb, Band)* **Drillingsrolle** *f (Bg/Bergb, Band)*
**bend idler, convex** convex bend idler *adj:n* **Drillingsschwelle** *f (Bg/Bergb, Band)* **Girlandenrolle** *f (Band, Bg/Bergb)*
**bend loss Verlust durch Umlenkung** *(Hütt/Wlz)*
**bend pulley Einschnürtrommel** *f (Bg/Bergb, Umschl, Band)* **Umlenktrommel** *(Band, Bg/Bergb, Umschl)* (z.B. für die Bandschleife)
**bending Beugung** *f (Mech)* **Biegen** *nt (Schw)* **Durchbiegung** *f (Mech, Stat)* **Knickung** *f (Mech)*
**bending and compression Biegung und Druckkraft** *(Stb)*
**bending factor Biegefaktor** *m (Stb)* (Querschnittsfläche / Widerstandsmoment)
**bending girder Biegeträger** *m (Stb)*
**bending line Biegelinie** *f (Mech)*
**bending machine Biegemaschine** *f (Form)* **Kantmaschine** *f (Mech)*
**bending moment Biegemoment** *nt (Stat, Form)*
**bending moment, external** external bending moment *adj:n* **äußeres Biegemoment** *adj:n (Stat)*
**bending moment, internal** internal bending moment *adj:n* **Moment der inneren Kräfte** *(Mech, Stat)*
**bending radius, permissible** permissible bending radius *adj:n* **zulässiger Biegeradius** *adj:n (Hütt/Wlz)*
**bending roll Biegewalze** *f (Form)*
**bending schedule Biegeliste** *f (Bau)*
**bending stiffness Biegesteifigkeit** *f (Stb)*
**bending strength Biegefestigkeit** *f (Form)*
**bending stress Biegebeanspruchung** *f (Stb)* **Biegespannung** *f (Stat)*
**bending stress fatigue limit Dauerbiegewechselfestigkeit** *f (Mech, Schw)*
**bending stress, permissible** permissible bending stress *adj:n* **zulässige Biegespannung** *adj:n (Stb)*
**bending stress, reversed** reversed bending stress *adj:n* **Biegewechselspannung** *f (Stat)*
**bending test Biegeprobe** *f (Schw)* **Biegeversuch** *m (Stb)*
**bending wave Biegungswelle** *f* (des Drahtes)
**bending wire Bindedraht** *m (Allg)*
**bending, elastic** elastic bending *adj:n* **elastische Bettung** *adj:n (Stb)*
**bending, pure** pure bending *adj:n* **reine Biegung** *adj:n (Stb)*
**bending, uniaxial** uniaxial bending *adj:n* **einfache Biegung** *adj:n (Mech, Stb)*
**bending, unsymmetrical** unsymmetrical bending *adj:n* **schiefe Biegung** *adj:n*
**beneficiary certificate Werksattest** *nt (Mech, Allg)*
**beneficiation** *(ore)* **Aufbereitung** *f (Aufb)* (Erz)
**benidng radius Biegehalbmesser** *m (Mech)*
**Benson boiler Bensonkessel** *m (Hütt/Wlz)*
**bent Rahmen** *m (Stb)* (Portal) **Tragwerk** *nt (Mech, Stb)*

**bent-axis design Schrägachsenbauart** *f (Hyd/Pneu)*
**bent-axis type Schrägachsenbauart** *f (Hyd/Pneu)*
**bent-tube boiler Steilrohrkessel** *m (Hütt/Wlz)*
**berm Berme** *f (Bg/Bergb)*
**Bessemer bulb Bessemer-Birne** *f (Form)*
**Bessemer converter, basic** basic Bessemer converter *adj:n* **Thomaskonverter** *m (Hütt/Wlz)* (Thomasbirne)
**Bessemer steel Thomas-Stahl** *m (Hütt/Wlz)* (aus Thomasbirne)
**Beta rating Beta-Filtergrad** *m (Form)*
**betonite suspension Betonitsuspension** *f (Bg/Bergb)*
**bevel Schrägkante** *f (Mech, Mont)* **Zuschärfung** *f (Mech, Mont)*
**bevel and planetary gear unit Kegelradplanetengetriebe** *nt (Mech)*
**bevel angle Abschrägungswinkel** *m (Schw)* (Nahtvorbereitung)
**bevel drive pinion Antriebskegelrad** *nt (Kfz)*
**bevel gear Kegelrad** *nt (Mech)* **Kegelradgetriebe** *m (Mech)*
**bevel gear casing Kegelradgehäuse** *nt (Mech)*
**bevel gear rim Kegelradkranz** *m (Mech)*
**bevel gear shaft Kegelradwelle** *f (Mech)*
**bevel gear unit Kegelradgetriebe** *m (Mech)*
**bevel gear wheel Kegelradantrieb** *m (Mech)*
**bevel gear, helical** helical bevel gear *adj:n* **Schrägzahn-Kegelrad** *nt (Mech)*
**bevel gearing Kegelgetriebe** *nt (Mech)*
**bevel pin Kegelstift** *m (Mech)*
**bevel pinion Kegelrad** *nt (Mech)* **Kegelritzel** *nt (Mech)*
**bevel pinion with shaft Kegelritzelwelle** *f (Mech)*
**bevel roller bearing Kegelrollenlager** *nt (Mech)*
**bevel spur gear Kegelstirnrad** *nt (Mech)*
**bevel spur gearbox Kegelstirnradgetriebe** *nt (Mech)*
**bevel wheel data** *pl* **Kegelraddaten** *pl (Mech)*
**bevel wheel data of back cones** *(transverse)* **Kegelraddaten der Ergänzungsräder** *(Mech)* (Stirnschnitt)
**bevel wheel data of virtual cylindrical gears Kegelraddaten der Ersatzräder** *(Mech)*
**bevel wheel hub Kegelradnabe** *f (Mech)*
**bevel wheel rim Kegelradkranz** *m (Mech)*
**bevelling Abfasung** *f (Mech, Mont)* **Abschrägung** *f (Mech, Mont)* (Abfasung)
**bevelling of edges Abschrägung von Kanten** *(Mech, Mont)*
**bi-colour water gauge Zweifarben-Wasserstand** *m (Hütt/Wlz)*
**bi-drum boiler Zweitrommelkessel** *m (Hütt/Wlz)*
**bifurcation Abzweigung** *f (Mech, Allg)* (gabelförmig) **Gabelung** *f (Mech, Allg)*
**bifurcation of equilibrium Gleichgewichtsverzweigung** *f (Stat)*
**bilge pump Lenzpumpe** *f (Schiff, Hyd/Pneu)*
**billet Bramme** *f (Form)* (Knüppel) **Knüppel** *m (Hütt/Wlz)*
**billet probe holder Knüppelprüfer** *m (Mech)* (Halter)
**billet sledge Knüppelschlitten** *m (Hütt/Wlz)*
**billet test installation Knüppelprüfanlage** *f (Hütt/Wlz)*
**billet, round** round billet *adj:n* **Rundknüppel** *m (Hütt/Wlz)*
**bimetal Bimetall** *nt (Form)*
**bimetal spring Bimetallfeder** *f (Kfz)*
**bin** *(container)* **Behälter** *m (Mech)* (z.B. für den Versand, die Vorratshaltung)
**bin Aufgabetrichter** *m (Zer, Umschl)* **Beschickungstrichter** *m (Umschl, Zer)* **Silotrichter** *m (Umschl)*
**bin** *(bunker)* **Bunker** *m (Umschl)* **Silo** *m (Umschl)*
**bin channel Bunkerkanal** *m (Mech)*
**bin compartment Bunkertasche** *f (Umschl)* (abgeteilt)
**bin discharge opening Bunkerabzugsöffnung** *f (Umschl, Zer)*
**bin fill measuring system Bunkerstandsmessanlage** *f (Umschl)*
**bin filling equipment Bunkerbeschickung** *f (Mech)* (als Vorrichtung)
**bin level indicator Bunkerstandsanzeiger** *m (Umschl)*
**bin shelf Bunkertisch** *m (Mech)*

**bin valve Bunkerabzugsschieber** *m (Umschl)* **Bunkerverschluss** *m (Umschl)* (Bunkerschieber)
**bin, elevated** elevated bin *adj:n* **Hochbunker** *m (Bg/Bergb, Umschl)*
**bin-and-feeder system Zwischenbunkerung** *f (Umschl)*
**bind** *(pressure bind)* **Drucksteuerung** *f (Kfz)*
**binding beam Unterzug** *m (Stb)* (Binder)
**binding defect Bindefehler** *m (Stb)*
**binding girder Unterzug** *m (Stb)* (im Fachwerkverband)
**bird's eye Anthrazit zwischen 1/2 und 1/8"** *(Bg/Bergb)*
**bird's view Draufsicht** *f (Mech)*
**bird-caging Aufdoldung** *f (Bg/Bergb)* (Seil) **Aufdrehen** *nt (Bg/Bergb)* (Seil)
**Bird-Fly-Line Vogelfluglinie** *f (Bahn)*
**birefringence Doppelbrechung** *f* (elektromagnetische Strahlung)
**bit (cutting edge) Schneide** *f (Bg/Bergb)* (Grablöffelvorderkante)
**bite Span** *m (Bg/Bergb, Hütt/Wlz)*
**bite thickness Spanstärke** *f*
**bitter spar Dolomit** *m (Geo)*
**black liquor recovery unit Schwarzlaugenkessel** *m (Hütt/Wlz)*
**blackiron metallurgy Schwarzmetallurgie** *f (Hütt/Wlz)*
**bladder accumulator Blasenspeicher** *m (Hyd/Pneu)* **Druckblasenspeicher** *m (Hyd/Pneu)*
**blade Schar** *f (Bg/Bergb)* (des Graders) **Schild** *nt (Bg/Bergb)* (des Graders) **Schneide** *f (Mech, Mont)*
**blade capacity Fassungsvermögen des Planierschildes** *(Mech)*
**blade control Scharsteuerung** *f (Bg/Bergb)*
**blade cylinder Scharzylinder** *m (Bg/Bergb)*
**blade extension Scharverlängerung** *f (Bg/Bergb)*
**blade ring Laufschaufelkranz** *m (Mech)*
**blade support frame Hobelkreuz** *nt (Bg/Bergb)* (des Graders)
**blade wing Scharseitenblech** *nt (Bg/Bergb)*
**blade, front** front blade *adj:n* **Frontschar** *f (Bg/Bergb)* **Stirnschild** *nt (Bg/Bergb)*
**blade, main** main blade *adj:n (grading blade)* **Hauptschneide** *f (Bg/Bergb)*
**blade, short** short blade *adj:n* **Kurzschar** *f (Bg/Bergb)*
**blading Beschaufelung** *f (Hütt/Wlz)*
**blading station Beschaufelungsstand** *m (Form)*
**blading station for turbine rotors Beschaufelungsstand für Turbinenläufer** *(Form)*
**blank** *(unmachined)* **rohes Formstück** *adj:n (Hütt/Wlz)* **ausgestanztes Stück** *adj:n (Hütt/Wlz)*
**blank cut Zuschnitt** *m (Schw)* (Vorschnitt des Werkstückes)
**blank no. Rohteil-Nummer** *f (Hütt/Wlz)*
**blank, moulded** moulded blank *adj:n* **Rohling** *m (Hütt/Wlz)* (unbearbeitet)
**blank-off flange Blindflansch** *m (Mech)*
**blanking** *(stamping)* **Stanzteil** *nt (Hütt/Wlz)*
**blanking plug Sperrstopfen** *m (Mech)* **Verschlussstopfen** *m (Mech)*
**blankings, pressed and deep-drawn parts Press-, Stanz- und Ziehteile** *(Hütt/Wlz)*
**blast Sprengung** *f (Bg/Bergb)*
**blast cleaning Abstrahlen** *nt (Anstr)* **Strahlen** *nt (Anstr)*
**blast furnace Hochofen** *m (Hütt/Wlz)*
**blast furnace foundation Ofenstütze** *f (Stb)* (Hochofen)
**blast furnace framework Ofengerüst** *nt (Stb)* (Hochofen)
**blast furnace gas Gichtgas** *nt (Chem, Hütt/Wlz)* **Hochofengas** *nt (Chem, Hütt/Wlz)*
**blast furnace gun Stichlochstopfmaschine** *f (Hütt/Wlz)*
**blast furnace platform Gichtbühne** *f (Hütt/Wlz)* (des Hochofens)
**blast pattern Sprengmuster** *nt (Bg/Bergb)*
**blast pipe Düse** *f (Hütt/Wlz)*
**blast plate Rauchschutztafel** *f (Stb)*
**blast table spreader Blastischaufgabe** *f (Hütt/Wlz)*
**blast-furnace charge Hochofencharge** *f (Hütt/Wlz)*
**blast-furnace slag Hochofenschlacke** *f (Bau, Hütt/Wlz)* (für den Straßenbau)
**blasting** *(works)* **Sprengarbeit** *f (Bg/Bergb)*
**blasting cap Sprengkapsel** *f (Bg/Bergb)*
**blasting charge Sprengmunition** *f (Bg/Bergb)*

**bleb** *(in glass)* **Butzen** *m (Form)* (kleine Blase; z.B. im Glas)
**bled steam Anzapfdampf** *m (Hütt/Wlz)*
**bled steam feedwater heating Anzapfdampf-Speisewasser-Vorwärmung** *f (Hütt/Wlz)*
**bled steam tapping point Anzapfstelle** *f (Hütt/Wlz)*
**bleed off Ablaufregelung** *f (Mech)* **Nebenschluss** *m (Mech)* (Öl)
**bleed oil Lecköl** *nt (Mech)*
**bleed pipe Leckleitung** *f (Mech)*
**bleeder** *(e.g. tank)* **Bodenablass** *m (Hyd/Pneu)* (z.B. Tank)
**bleeder Entlüfter** *m (Hyd/Pneu)* (z.B. der Bremsleitung) **Leckventil** *nt (Mech, Hyd/Pneu)*
**bleeder pipe Abfackelrohr** *nt (Anstr)*
**bleeder screw Entlüftungsschraube** *f (Kfz)*
**bleeding Anzapfung** *f (Hütt/Wlz)* (Entnahme)
**bleeding Entlüften** *nt (Kfz)*
**bleeding valve Leckventil** *nt (Mech, Hyd/Pneu)*
**blend decomposition Entmischung** *f (Geo, Ökol)*
**blending and rolling drums** *pl* **Misch- und Rolliertrommeln** *pl f*
**blending bed Mischbettanlage** *f (Bg/Bergb)*
**blending bed, circular** circular blending bed *adj:n* **Kreislager** *nt (Bg/Bergb)* (Mischbett)
**blending bed, longitudinal** longitudinal blending bed *adj:n* **Längslager** *nt (Bg/Bergb)*
**blending equipment Mischeinrichtung** *f (Bg/Bergb)*
**blending plant Erzmischanlage** *f (Hütt/Wlz)*
**blending reclaimer Mischbettaufnahmegerät** *nt (Bg/Bergb)*
**blending scheme Erzmischprojekt** *nt (Hütt/Wlz)*
**blending yard Mischlager** *nt (Umschl)*
**Blendomat extractor system Blendomat-Silo** *m (Mech)*
**blidder Hutventilbühne** *f (Stb)*
**blind Blende** *f (Mech, Bau, Allg)* (Fensterladen, Rouleau, Jalousie) **Jalousie** *f (Mech, Bau)*
**blind plate Blindplatte** *f (Form)*
**blind rivet Blindniet** *f (Form)*
**blind shaft Blindwelle** *f (Bahn)* (z.B. der Lokomotive)
**blinder Fitschbandstift** *m (Mech)* **Fitschenband** *nt (Mech)*
**blinding concrete Sauberkeitsschicht** *f (Bau)*
**blister Blase** *f (Stb)* (Schadensart; im Stahl)
**block Block** *m (Bahn)*
**block** *(of houses)* **Häuserblock** *m (Bau)*
**block Pfanne** *f (Mech)*
**block** *(lifting block)* **Flaschenzug** *m (Mech)*
**block brake Klotzbremse** *f (Mech)* (Bahn) **Klotzsohle** *f (Bahn)* (auswechselbar)
**block clamp Steinklammer** *f (Mech)* (an Lader oder Stapler)
**block clamp arm Seitenklammerarm** *m (Mech)* **Steinklammerarm** *m (Mech)*
**block clearance Bremsklotzabstand** *m (Mech)* **Bremsklotzspiel** *nt (Mech)*
**block digging method Blockbetrieb** *m (Bg/Bergb)*
**block height Blockhöhe** *f (Bg/Bergb)*
**block leveller Hobelmaschine** *f (Mech)*
**block load Bremsklotzkraft** *f (Mech)*
**block operation Blockbetrieb** *m (Bg/Bergb)* (im Tagebau)
**block post Blockstelle** *f (Bahn)* (der Bahn)
**block radiator Teilblockkühler** *m (Mech)*
**block section Blockabschnitt** *m (Bahn)* (der Bahn)
**block shear connector Knagge** *f (Mech, Bau, Stb)*
**block signal Blocksignal** *nt (Bahn)* (der Bahn)
**block system Blocksystem** *nt (Bahn)* (der Bahn)
**block system, automatic** automatic block system *adj:n* **Selbstblocksystem** *nt (Bahn)*
**block systems** *pl* **Blockanlagen** *pl f (Bahn)* (der Bahn)
**block tackle Seilflasche** *f (Bau)*
**block train Vollzug** *m (Bahn)* (Blockzug)
**block tyre Blockreifen** *m (Kfz)*
**block width Blockbreite** *f (Bg/Bergb)*
**block, electric** electric block *adj:n* **Elektrowinde** *f (Mech)*
**block, erratic** erratic block *adj:n* **Findling** *m (Geo)*

**block, flanged** flanged block *adj:n* **Flanschgehäuse** *nt (Mech)*
**block, hollow** hollow block *adj:n* **Hohlblockstein** *m (Bau)*
**block, prefabricated** prefabricated block *adj:n* **Fertigbauteil** *nt (Bau)* (für Ofenanlagen)
**blockage** *(e.g. of a pipe)* **Verstopfung** *f (Mech, Hyd/Pneu)*
**blockage Überschüttung** *f (Band, Umschl, Bg/Bergb)*
**blockage of chute Verstopfen der Schurre** *(Bg/Bergb, Umschl, Band)*
**blocking element Arretierung** *f (Mech)*
**blocking lever Arretierhebel** *m (Mech)* **Arretierungshebel** *m (Mech)*
**blocking pin Arretierstift** *m (Mech)* **Haltestift** *m (Mech)*
**blockout Aussparung** *f (Stb)* (z.B. für Geländer)
**blondin** *(cable car on rope)* **Seilschwebebahn** *f (Bg/Bergb)* (Pendelbahn)
**bloom Vorblock** *m (Hütt/Wlz)* **Walzblock** *m (Hütt/Wlz)*
**blooming mill Blockwalzwerk** *nt (Form)*
**blow Schlag** *m (Bau)* (Erschütterung)
**blow** *(of the hydraulic hammer)* **Stoß** *m (Bg/Bergb)* (des Hydro-Hammers)
**blow bar Schlagleiste** *f (Bg/Bergb)* (im Brecher)
**blow folding press Schlagpresse** *f (Hütt/Wlz)* (zum Abkanten)
**blow hole Blase** *f (Stb)* (Lunker)
**blow lamp Lötlampe** *f (Mont)*
**blow pipe Lötrohr** *nt (Mech, Mont)*
**blow torch Lötlampe** *f (Mont)*
**blow-off valve Abblasventil** *nt (Hyd/Pneu, Mech)*
**blow-out coil Blasspule** *f (Form)*
**blowdown Absalzung** *f (Hütt/Wlz)* (Abschlammung) **Abschlämmung** *f (Hütt/Wlz)* (Absalzung)
**blowdown valve Abschlämmventil** *nt (Mech, Hyd/Pneu)* **Schlammausblaseventil** *nt (Mech, Hyd/Pneu)*
**blower Gebläse** *nt (Mech)* **Ventilator** *m (El, Mech)*
**blower fan Drucklüfter** *m (Kfz)*
**blower kit Gebläseüberholsatz** *m (Mech)*
**blower, rotary** rotary blower *adj:n* **Drehkolbenverdichter** *m (Mech)*
**blowing-in device Einblasevorrichtung** *f (Hütt/Wlz)*
**blowpipe Brenner** *m (Schw, Mont)*
**blue gel adsorber Blaugeladsorber** *m (Hyd/Pneu)* **Luftentfeuchter** *m (Hyd/Pneu)*
**blueprint Blaupause** *f (Mech)* **Pause** *f (Allg)* (Lichtpause)
**bluntness Unschärfe** *f (Mont, Werkz)* (z.B. eines Messers)
**board Brett** *nt (Allg)*
**board transformer Bordtransformator** *m (Mech, El)* (im Bagger)
**board wall Bohlenwand** *f (Bau)*
**board, thick** thick board *adj:n* **Bohle** *f (Allg)* (über 5 cm dick)
**boards or large panel formwork Bohlen- und Großflächenschalung** *(Bau)*
**boat trailer Bootsanhänger** *m (Kfz)* (für Kfz)
**bob** *(polishing mop)* **Schwabbelscheibe** *f (Hütt/Wlz, Anstr, Werkz)* (Polierwerkzeug)
**bobbin Haspel** *f (Mech)* (Tonbandaufrollung) **Spule** *f (Mech, El)* (Film, Magnetband)
**body** *(of a car)* **Karosserie** *f (Mech)* (Kfz)
**body** *(of a dump truck)* **Mulde** *f (Mech)* (des Kippers)
**body (of dump truck) Kasten** *m (Mech)* (Aufbauten)
**body assembly Aufbauten** *pl (Form)* (z.B. für Dumper)
**body canopy protective extension and deflector Steinabweiser über Muldenkipperdach** *(Bg/Bergb)*
**body diameter Schaftdurchmesser** *m (Stb)*
**body extension Bordwanderhöhung** *f (Kfz)* (am Lkw)
**body making** *(raw manufacturing)* **Karosserierohbau** *m (Mech)*
**body manufacturing Muldenbau** *m (Mech)* (Fabrikation)
**body parts, automotive** automotive body parts **Automobilteile** *pl nt (Form)*
**body steps** *pl* **Leiter** *f (Bg/Bergb)* (am Unterwagen)
**body support Aufbaustütze** *f (Kfz)* (z.B. auf Dumptruck) **Aufbauträger** *m (Kfz)* (z.B. auf Dumptruck)
**body, high-placed** high-placed body *adj:n* **hoch liegende Mulde** *adj:n (Bg/Bergb)*

**body, low-placed** low-placed body *adj:n* **tief liegende Mulde** *adj:n (Bg/Bergb)*
**body-bound rivet Spreizniet** *m (Mech)*
**BOF steel Aufblasstahl** *m (Form)*
**bog Sumpf** *m (Bg/Bergb, Geo)*
**bog removal Baggern** *nt (Bg/Bergb)*
**bogie** *(for trains)* **Drehgestell** *nt (Bahn)* (für Schienenfahrzeuge mit Einzelradaufhängung)
**bogie Fahrwerk** *nt (Bg/Bergb, Mech)* **Schwinge** *f (Zer)* (Laufradschwinge)
**bogie assembly Fahrwerksgruppe** *f (Bg/Bergb, Mech)*
**bogie beam Fahrwerksträger** *m (Mech, Bg/Bergb)* **Pendelbalken** *m (Bg/Bergb)* (Tandemachse am Grader)
**bogie connection Zwischenradschwinge** *f (Bg/Bergb)*
**bogie cross beam Knüppelschwinge** *f (Bg/Bergb)*
**bogie for goods wagon Güterwagendrehgestell** *nt (Bahn)*
**bogie frame Drehgestellrahmen** *m (Bahn)*
**bogie mounted at either end Schrägförderer** *m (Band)*
**bogie pin Drehzapfen** *m (Bahn)* (z.B. am Drehgestell)
**bogie rotational performance Drehgestellrotationsleistung** *f (Bahn)*
**bogie sideframe Drehgestellseitenrahmen** *m (Bahn)*
**bogie truck Fahrwerksgruppe** *f (Bg/Bergb, Mech)*
**bogie unit Drehgestelleinheit** *f (Bahn)*
**bogie with drive Schwinge mit Fahrantrieb** *(Bg/Bergb)*
**bogie-bearing cup Drehpfanneneinlage** *f (Mech)* (im Drehgestell) **Gleiteinlage** *f (Mech)* (in der Drehgestellpfanne)
**bogie-bearing pad Gleitplatte** *f (Mech)*
**boiler Kessel** *m (Hütt/Wlz)*
**boiler air valve Kesselentlüftung** *f (Hütt/Wlz)*
**boiler arrangement drawing Kesselzeichnung** *f (Hütt/Wlz)*
**boiler band Kesselband** *nt (Bahn)*
**boiler barrel** *(under pontoon block)* **Kesselschuss** *m (Mech)* (gebogene Blechstütze)
**boiler blow-down tank Abschlämmbehälter** *m (Hütt/Wlz)*
**boiler brickwork Kesseleinmauerung** *f (Hütt/Wlz)*
**boiler calculation Kesselberechnung** *f (Hütt/Wlz)*
**boiler capacity Kesselleistung** *f (Hütt/Wlz)*
**boiler casing Kesselverschalung** *f (Hütt/Wlz)*
**boiler cleansing compound Kesselsteinlöser** *m (Hütt/Wlz)* (Reinigungsmittel)
**boiler column base plate Kesselsäulenfundament** *nt (Hütt/Wlz)*
**boiler components** *pl* **Kesselteile** *pl nt (Hütt/Wlz)*
**boiler control board Kesselpult** *nt (Hütt/Wlz)*
**boiler control room Kesselwarte** *f (Hütt/Wlz)*
**boiler data** *pl* **Kesselangaben** *pl f (Hütt/Wlz)* **Kesseldaten** *pl (Hütt/Wlz)*
**boiler dimension Kesselabmessung** *f (Hütt/Wlz)*
**boiler drain valve Kesselablassventil** *nt (Hyd/Pneu)*
**boiler efficiency Kesselwirkungsgrad** *m (Hütt/Wlz)*
**boiler feed pump Kesselspeisepumpe** *f (Hütt/Wlz)*
**boiler fittings** *pl* **Kesselarmaturen** *pl f (Bahn)* (Dampflok)
**boiler foundation Kesselfundament** *nt (Hütt/Wlz)*
**boiler furnace roof Kesseldecke** *f (Hütt/Wlz)* (Feuerraum)
**boiler heating surface Kesselheizfläche** *f (Hütt/Wlz)*
**boiler house** *BE* **Kesselhaus** *nt (Hütt/Wlz)*
**boiler plant Kesselanlage** *f (Hütt/Wlz)*
**boiler plate Kesselblech** *nt (Hütt/Wlz)*
**boiler preservation Kesselkonservierung** *f (Hütt/Wlz)*
**boiler pressure Kesseldruck** *m (Bahn)* (Lok)
**boiler rating Kesselnennleistung** *f (Hütt/Wlz)*
**boiler ring** *(riveted or welded)* **Kesselbekleidung** *f (Bahn)* **Kesselring** *m (Bahn)*
**boiler room floor level Heizerstand** *m (Hütt/Wlz)*
**boiler routine inspection Kesselüberholung** *f (Hütt/Wlz)*

**boiler running hours Reisezeit** *f (Hütt/Wlz)* (des Kessels)
**boiler scale Kesselstein** *m (Hütt/Wlz)*
**boiler shell Kesselschuss** *m (Mech)* (gebogene Blechstütze)
**boiler shut-down Abfahren** *nt (Hütt/Wlz)* (Kesselaußerbetriebnahme)
**boiler steel Kesselbaustahl** *m (Stb)*
**boiler steel-work column Kesselsäule** *f (Hütt/Wlz)*
**boiler support Kesselaufhängung** *f (Hütt/Wlz)*
**boiler support steel work Kesselgerüst** *nt (Hütt/Wlz)*
**boiler test Abnahmeverbrauch** *m (Hütt/Wlz)*
**boiler top casing Kesseldecke** *f (Hütt/Wlz)* (Blechdecke)
**boiler tube Apparaterohr** *nt (Form)* (z.B. für Kessel) **Kesselrohr** *nt (Form)* **Siederohr** *nt (Mech, Hütt/Wlz)*
**boiler unit Aggregat** *nt (Hütt/Wlz)* (beim Kessel) **Kesselaggregat** *nt (Hütt/Wlz)*
**boiler wal bin Kesselbunker** *m*
**boiler wash-out Kesselspülung** *f (Hütt/Wlz)*
**boiler water blow-down Absalzung** *f (Hütt/Wlz)* (Abschlammung) **Kesselwasserabschlämmung** *f (Hütt/Wlz)*
**boiler water sampling point Kesselwasserentnahme** *f (Hütt/Wlz)*
**boiler welding Kesselschweißen** *nt (Schw)*
**boiler with forced circulation Zwangumlaufkessel** *m (Hütt/Wlz)*
**boiler with integral furnace Integralkessel** *m (Hütt/Wlz)*
**boiler with natural draught Naturzugkessel** *m (Hütt/Wlz)*
**boiler with pressurised furnace Kessel mit Druckfeuerung** *(Hütt/Wlz)*
**boiler with slag-tap furnace Schmelzkessel** *m (Hütt/Wlz)*
**boiler with stationary grate Planrostkessel** *m (Hütt/Wlz)*
**boiler, bottom-supported** bottom-supported boiler *adj:n* **abgestützter Kessel** *adj:n*
**boiler, long** long boiler *adj:n* **Langkessel** *m (Bahn)*
**boiler, pendant** pendant boiler *adj:n* **hängender Kessel** *adj:n (Hütt/Wlz)*
**boiler, stationary** stationary boiler *adj:n* **Landdampfkessel** *m (Hütt/Wlz)*
**boiler-pressure gauge Kesseldruckmanometer** *nt (Bahn)* (Lok)
**boiler-tube section Kesselschuss** *m (Bg/Bergb)* (z.B. unter Drehverbindung)
**boiling temperature Siedetemperatur** *f (Hütt/Wlz)*
**bollard Poller** *m (Stb)*
**bolster Hauptquerträger** *m (Bahn)* (des Wagons)
**bolt** *(locking bar)* **Riegel** *m (Bau)* (Schloss)
**bolt Bolzen** *m (Mech)* (mit oder ohne Kopf) **Stift** *m (Mech)* (mit Mutter)
**bolt and nut Schraube und Mutter** *(Mech)*
**bolt circle Lochkreis** *m (Mech)*
**bolt coupling Bolzenkupplung** *f (Mech)*
**bolt head Bolzenkopf** *m (Mech)* **Schraubenkopf** *m (Mech)*
**bolt head pocket Schraubenkopftasche** *f (Mech)*
**bolt hole** *(e.g. in fish plate)* **Laschenloch** *nt (Bahn)*
**bolt lock Bolzensicherung** *f (Mech)* **Vorstecker** *m (Mech)*
**bolt pocket Aussparung für Schrauben** *(Form)*
**bolt steel Schraubenstahl** *m (Hütt/Wlz)*
**bolt stocks** *pl* **Schraubenmaterial** *nt (Hütt/Wlz)* (Werkstoff)
**bolt thread Schraubenbolzen** *m (Mech)* **Schraubengewinde** *nt (Mech)*
**bolt washer Bolzenscheibe** *f (Mech)*
**bolt with handle** *(door)* **Stangenverschluss** *m (Mech)* (Tür)
**bolt with head Bolzen mit Kopf** *(Mech)*
**bolt with reduced shank Dehnschraube** *f (Mech)*
**bolt without head Bolzen ohne Kopf** *(Mech)*
**bolt, black** black bolt *adj:n* **rohe Schraube** *adj:n (Mech)* **schwarze Schraube** *adj:n (Mech)*
**bolt, countersunk** countersunk bolt *adj:n* **Senkkopfschraube** *f (Mech)* **Senkschraube** *f (Mech)* (teilweise mit Gewinde)
**bolt, countersunk-head** countersunk-head bolt *adj:n* **Bolzen mit versenktem Kopf** *(Mech)*

**bolt, fitted** fitted bolt *adj:n* **Passschraube** *f (Mech)*
**bolt, hexagonal** hexagonal bolt *adj:n* **Sechskantschraube** *f (Mech)*
**bolt, hinged** hinged bolt *adj:n* **Gelenkbolzen** *m (Mech, Stb)*
**bolt, knurled** knurled bolt *adj:n* **Rändelschraube** *f (Mech)*
**bolt, necked-down** necked-down bolt *adj:n* **abgesetzte Schraube** *adj:n (Mech)* **Schraubenbolzen mit abgesetztem Schaft** *(Mech)*
**bolt, screwed** screwed bolt *adj:n* **Gewindebolzen** *m (Mech)*
**bolt, slotted** slotted bolt *adj:n* **Schlitzschraube** *f (Mech)*
**bolt, spring-loaded** spring-loaded bolt *adj:n* **Federbolzen** *m (Mech)*
**bolt, temporary** temporary bolt *adj:n* **Heftschraube** *f (Mech)* **Montagebolzen** *m (Stb, Mont, Mech)*
**bolt, threaded** threaded bolt *adj:n* **Gewindebolzen** *m (Mech)*
**bolt, turned** turned bolt *adj:n* **Passschraube** *f (Mech)* **gedrehte Schraube** *adj:n (Mech)*
**bolt, twelve-sided** twelve-sided bolt *adj:n* **Zwölfkantschraube** *f (Mech)*
**bolt-hole crack Laschenlochriss** *m (Mech)*
**bolt-on tooth Schraubzahn** *m (Mech)*
**bolted connection with reduced shank Dehnschraube** *f (Mech)* **Schraubenverbindung mit Dehnstift** *(Mech)*
**bolting Verschraubung** *f (Stb, Mech)*
**BOM** *(Abv)* **Stückliste** *f (Mech)*
**bomb Fallbirne** *f (Bg/Bergb)*
**bond Brücke** *f (Mech)* (Schaltbügel)
**bond length Einbindelänge** *f (Bau)*
**bond, horizontal** horizontal bond *adj:n (wall bond)* **Horizontalverband** *m (Stb)* (des Mauerwerks)
**bonding Klebung** *f (Mech)*
**bone phosphate of lime Tricalciumphosphat** *nt (Geo)*
**boning rod Visiertafel** *f (Mech)*
**bonnet** *BE* **Motorhaube** *f (Mech)*
**bonnet hinge Haubenscharnier** *nt (Kfz)*
**bonnet lock Haubenschloss** *(Kfz)*
**bonnet stay Haubenstütze** *f (Kfz)*
**bonnet truck tractor Haubenzugmaschine** *f (Kfz)*
**boom Ausleger** *m (Bg/Bergb)*
**boom adjusting cylinder Nackenzylinder** *m (Bg/Bergb)* (Verstellzylinder)
**boom angle Auslegerwinkel** *m (Bg/Bergb)*
**boom crowd force Knippkraft** *f (Bg/Bergb)* (des Auslegers)
**boom cylinder Auslegerzylinder** *m (Bg/Bergb)*
**boom extension** *(for pile-driving)* **Auslegerverlängerung** *f (Bg/Bergb)* (für Ramme)
**boom foot pin Auslegerbolzen** *m (Bg/Bergb)* (am Fußpunkt)
**boom gantry Seilgerüst** *nt (Bg/Bergb)* (hält den Ausleger) **Seilstütze** *f (Bg/Bergb)* (für Seilbaggerausleger)
**boom head Auslegerkopf** *m (Bg/Bergb, Umschl)* **Schaufelradkopf** *m (Bg/Bergb, Umschl)*
**boom height adjustment Höhenverstellvorrichtung** *f (Bg/Bergb, Umschl)* (Ausleger)
**boom hoist Auslegerhubwerk** *nt (Bg/Bergb, Umschl)* **Einziehwerk** *nt (Bg/Bergb, Umschl)* (Kranbau)
**boom length Ausladung des Auslegers** *(Bg/Bergb, Umschl)* **Auslegerlänge** *f (Bg/Bergb)*
**boom lower-section Auslegerunterteil** *nt (Bg/Bergb)*
**boom lowering Auslegersenken** *nt (Bg/Bergb)*
**boom moment Auslegermoment** *nt (Bg/Bergb)*
**boom pivot point Anlenkpunkt des Auslegers** *(Bg/Bergb, Umschl)*
**boom position Auslegerstellung** *f (Bg/Bergb)*
**boom probe Haldenmesssonde** *f (Bg/Bergb, Umschl)*
**boom stacker Bandabsetzer** *m (Umschl)* (Platzbelader) **Platzbelader** *m (Umschl)* (für Mineral auf Halde)
**boom suspension Auslegeraufhängung** *f (Bg/Bergb)*
**boom tail Auslegerspitze** *f (Bg/Bergb, Umschl)* (Heck)
**boom winch gear Schaufelrad-Windengetriebe** *nt (Bg/Bergb)*
**boom with extension Mast mit Auslegerverlängerung** *(Mech)*

**boom, advance** advance the boom *n:v* **Ausleger ausfahren** *n:v (Bg/Bergb)*
**boom, lower** lower boom *adj:n* **Untergurt** *m (Stb)* (Fachwerkträger)
**boom, movable** movable boom *adj:n* **beweglicher Ausleger** *adj:n (Bg/Bergb, Umschl)* (angelenkt)
**boom, retract** retract the boom *n:v* **Ausleger einfahren** *n:v (Bg/Bergb)*
**boom, straight** straight boom *adj:n* **gerades Auslegeroberteil** *adj:n (Bg/Bergb)*
**boom, upper** upper boom *adj:n* **Auslegeroberteil** *nt (Bg/Bergb)*
**boom, upper** upper boom *adj:n (chord)* **Obergurt** *m (Stb)* (Fachwerkträger)
**boom-foot pivot point Auslegerfußpunkt** *m (Bg/Bergb)*
**boost pressure valve Speisedruckventil** *nt (Hyd/Pneu)*
**boost pump Füllpumpe** *f (Hyd/Pneu)* **Speisepumpe** *f (Hyd/Pneu)*
**boost valve Einspeiseventil** *nt (Hyd/Pneu)*
**booster Servoeinrichtung** *f (Hyd/Pneu)* **Verstärker** *m (Hyd/Pneu)* (Hilfsmotor)
**booster** *(second drive system on engine)* **Zusatzantrieb** *m (Mech)*
**booster cylinder Hilfszylinder** *m (Mech)* **Servozylinder** *m (Hyd/Pneu, Mech)* (Druckübersetzer)
**booster fan Druckerhöhungsgebläse** *nt (Hütt/Wlz)* **Zusatzgebläse** *nt (Hütt/Wlz)*
**booster locomotive Unterstützungslokomotive** *f (Bahn)*
**booster pump Druckerhöhungspumpe** *f (Hyd/Pneu)* **Zusatzpumpe** *f (Hyd/Pneu)*
**boot Ansenkung** *f (Form)* (Vertiefung) **Manschette** *f (Mech)* (Einsteckmuffe)
**boot** *BE (of a car)* **Kofferraum** *m (Mech)* (Kfz)
**bordering Einfassung** *f (Stb)* (Rand, Kante)
**bordering sheet Randblech** *nt (Stb)*
**borderline Begrenzung** *f (Mech, Allg)*
**bore** *(valve)* **Durchgangsöffnung** *f (Hyd/Pneu)* (Ventil)
**bore diagram for support and holding ring Bohrplan für Trag- und Haltering** *(Form)*
**bore diameter Bohrungsdurchmesser** *m (Form)*
**bore pattern Bohrbild** *nt (Form)* (Muster)
**bore rods** *pl* **Bohrgestänge** *nt (Mont)*
**bore, nominal** nominal bore *adj:n* **Nennweite** *f (Mech)*
**bore, splined** splined bore *adj:n* **Keilnabe** *f (Mech)*
**bored all through** *(in drawings)* **Durchgangsbohrung** *f (Form)* (in einer Zeichnung)
**borefit for dowel Passbohrung** *f (Mech)*
**borefit, kidney-shaped** kidney-shaped borefit *adj:n* **Nierenbohrung** *f (Bg/Bergb)*
**borehole Bohrloch** *nt (Mech, Mont)* (mittels Bohrstahl) **Bohrung** *f (Mech)*
**borehole diameter Bohrdurchmesser** *m (Bg/Bergb)*
**boring Bohrung** *f (Mech)*
**boring and milling machine Bohr- und Fräsmaschine** *(Mech, Mont)*
**boring attachment Bohrvorrichtung** *f (Mont)* (zum Spannen des Werkstückes und Führen des Werkzeugs)
**boring bar Bohrspindel** *f (Mont)*
**boring fixture Bohrvorrichtung** *f (Mont)* (Spanneinrichtung für Bohrstahlbearbeitung)
**boring machine Bohrmaschine** *f (Mont)* (Bohrstahl)
**boring mill Bohrwerk** *nt (Mont)*
**boring sketch Bohrplan** *m (Mech, Mont)* (für das Bohren mittels Bohrstahl)
**boring socket Bohrfutter** *nt (Form)*
**boring tool Bohrmeißel** *m (Mont)*
**boring tool holder Bohrkopf** *m (Mont)* (für Bohrstähle)
**boring tools** *pl* **Bohrgestänge** *nt (Mont)*
**boring tower Bohrturm** *m (Stb)*
**borrowing area Gewinnungsfläche** *f (Bau)*
**boss Auge** *nt (Mech)* **Nabe** *f (Mech)* (Vorsprung) **Vorsprung** *m (Mech)* (am Maschinenteil)
**boss plate Lochplatte** *f (Mech)*
**bottle Flasche** *f (Allg, Mech)*
**bottleneck Engpass** *m (Allg)* (enge Stelle) **Nadelöhr** *nt (Mech, Allg)* (enge Stelle)
**bottom** *(of belt)* **Laufseite** *f (Band)* (Gurt)
**bottom** *(in coal and ore mining)* **Liegendes** *nt (Bg/Bergb)* (eines Flözes)
**bottom** *(of the blast furnace)* **Boden** *m (Form)* (des Hochofens)
**bottom Sohle** *f (Geo)* (Boden)

**bottom air duct Unterwindkanal** *m (Hütt/Wlz)*
**bottom bracket Aufsetzwinkel** *m (Stb)*
**bottom chord Dachbinderuntergurt** *m (Bau)* **Untergurt** *m (Stb)* (Blechträger)
**bottom chord angle Untergurtwinkel** *m (Stb)*
**bottom chord member Untergurtstab** *m (Stb)*
**bottom clearance Kopfspiel** *nt (Mech)*
**bottom concave untere Brechbacke** *adj:n (Zer)*
**bottom dump Bodenentleerung** *f (Bahn)*
**bottom dump shovel Klappschaufel** *f (Bg/Bergb)*
**bottom flange Unterflansch** *m (Stb)*
**bottom half Hälfte der Auflagefläche** *(Bg/Bergb)*
**bottom hole Grundloch** *nt (Mech, Mont)*
**bottom of furnace Brennkammerboden** *m (Hütt/Wlz)*
**bottom of pit Tagebausohle** *f (Bg/Bergb)*
**bottom of the tooth space Zahnlückengrund** *m (Mech)*
**bottom part of blast furnace Unterofen** *m (Hütt/Wlz)* (des Hochofens)
**bottom plate Bodenplatte** *f (Mech)*
**bottom reinforcement untere Bewehrung** *adj:n (Bau)*
**bottom shell Boden** *m (Zer)* (Brecher) **Unterteil** *nt (Zer)* (Brecher)
**bottom view Ansicht von unten** *(Allg)* **Untersicht** *f (Mech)* (der Rolltreppe)
**bottom width** *(of a ditch or trench)* **Sohlenbreite** *f (Bg/Bergb)* (des Grabens)
**bottom width untere Breite** *adj:n (Mech)* (Keilriemen)
**bottom, welded-on** welded-on bottom *adj:n* **angeschweißter Boden** *adj:n (Hütt/Wlz)*
**bottom-centre discharge wagon Mitten-Entladewagen** *m (Bahn)*
**bottom-discharge wagon Bodenentladewagen** *m (Bahn)* **Bodenentleerwagen** *m (Bahn)*
**bottom-dump shovel Bodenentleerschaufel** *f (Bg/Bergb)* (Klappschaufel) **Felsklappschaufel** *f (Bg/Bergb)*
**boulder Block** *m (Geo)* (großer Stein) **Knäpper** *m (Geo, Bg/Bergb)* (großer Steinbrocken)
**boulder clay Geschiebelehm** *m (Geo, Bau)*
**boulder window Knäpperscheibe** *f (Bg/Bergb)* (Fenster im Fahrerhaus)
**boulder work Knäppereinsatz** *m (Bg/Bergb)*
**boulders** *pl* **Felsbruchstücke** *pl nt (Geo)* **Geröll** *nt (Geo)* **Schotter** *m (Geo)*
**bounce** *(sudden impact)* **Stoß** *m (Mech)* (Schlag, Schub)
**boundary condition Grenzbedingung** *f (Allg)* **Randbedingung** *f (Allg)*
**boundary layer Grenzschicht** *f (Mech, El)*
**boundary monument Grenzstein** *m (Geo)*
**boundary stone Grenzstein** *m (Geo)*
**bounding Bindung** *f (Stb)*
**bow Bügel** *m (Mech)* (Schäkel) **Krümmung** *f (Mech, Allg)*
**bow girder** *(triangular brake rod)* **Bremsdreieck** *nt (Mech)* (des Wagons)
**bow screw Bügelschraube** *f (Form)*
**bow-type handle Bügelgriff** *m (Mech)*
**bowden cable Bowdenzug** *m (Kfz)*
**bowden control Betätigungszug** *m (Bg/Bergb)* (Bowdenzug)
**bowl** *(houses spherical objects)* **Schale** *f (Mech)* (Kugel)
**bowl Kübel** *m (Bg/Bergb)* (Kratzer) **Traversenrumpf** *m (Zer)*
**bowl brake valve Kübelbremsventil** *nt (Mech, Hyd/Pneu)*
**bowl latch Kübelarretierung** *f (Mech)*
**bowl mill Schüsselmühle** *f (Zer)*
**bowstring girder Bogenträger mit Zugband** *(Stb)*
**box Kiste** *f (Mech)* **Muffe** *f (Mech, El)*
**box body** *(above top of bogie)* **Oberwagen** *m (Bahn)* (des Güterwagens)
**box cut Aufschlussgraben** *m (Bg/Bergb)* **Einschnitt** *m (Mont)*
**box design Kastenkonstruktion** *f (Bg/Bergb)* **Kastenträgerkonstruktion** *f (Bg/Bergb)*
**box frame Kastenträger** *m (Mech, Stb)*
**box girder Hohlträger** *m (Stb)* (Kastenträger) **Kastenträger** *m (Mech, Stb)*
**box nut Blindmutter** *f (Mech)* **Kastenschraube** *f (Mech)*
**box pile Kastenspundwand** *f (Form)*
**box section casting Kastenprofilgussstück** *nt (Hütt/Wlz)*
**box wagon** *BE* **Kastenwagen** *m (Bahn)* (Bahn)

**box, all-steel** all-steel box *adj:n* **Ganzstahlkasten** *m (Mech)*
**box, protective** protective box *adj:n* **Schutzmuffe** *f (Mech)*
**box-section frame Kastenrahmen** *m (Kfz)*
**box-type bridge** *(welded steel bridge)* **Kastenbrücke** *f (Stb)*
**box-type cross section Kastenquerschnitt** *m (Mech)*
**box-type frame Rahmen** *m (Mech)* (mit Kastenprofil)
**boxed-in section Kastenquerschnitt** *m (Mech)*
**boxing** *(welding on three sides)* **Umschweißung** *f (Schw)* (um drei Seiten)
**BPL** *(Abv)* **Tricalziumphosphat** *nt (Geo)*
**brace Bohrwinde** *f (Form)* **Verstrebung** *f (Mech, Stb, Bau)*
**brace** *(strut)* **Steife** *f (Stb)* (Strebe) **Strebe** *f (Mech, Stb)* (eines Fachwerks)
**bracing** *(framework)* **Verband** *m (Stb)* (Tragwerk, Hochbau)
**bracing** *(staying)* **Abspannung** *f (Mech)* **Verspannung** *f (Mech, Stb)* (z.B. durch Seile)
**bracing Aussteifung** *f (Mech)* (Verstrebung) **Versteifung** *f (Stb)*
**bracing beam Verbandträger** *m (Stb)*
**bracing for braking thrust Bremsverband** *m (Stb)*
**bracing girder Verbandträger** *m (Stb)*
**bracing member Verbandstab** *m (Stb)*
**bracing of boom Gurtaussteifung** *f (Mech)* **Gurtversteifung** *f (Mech)*
**bracing plate Versteifungsblech** *nt (Mech, Stb)*
**bracing, diagonal** diagonal bracing *adj:n* **Kreuzverband** *m (Mech, Stat)*
**bracing, lateral** lateral bracing *adj:n* **Schlingerverband** *m (Stb)*
**bracing, longitudinal** longitudinal bracing *adj:n* **Längsverband** *m (Stb)*
**bracing, transverse** transverse bracing *adj:n* **Querverband** *m (Stb)* (Brücke)
**bracket** *(cantilever)* **Kragarm** *m (Mech, Stb)*
**bracket** *(cam)* **Knagge** *f (Mech, Bau, Stb)*
**bracket** *(mounting clip)* **Bügel** *m (Mech)* (Befestigungsschelle)
**bracket** *(standard)* **Bock** *m (Mech)* (angegossener Sitz)
**bracket** *(support)* **Auflage** *f (Mech)* (Stütze) **Auflagerbock** *m (Mech)* **Träger** *m (Mech)* (zur Abstützung)
**bracket Halterung** *f (Mech)* (Konsole) **Lagerung** *f (Mech)* (des Schaltschrankes)
**bracket angle Reitwinkel** *m (Mech, Stb)* **Tragwinkel** *m (Mech, Stb)*
**bracket clip Steglasche** *f (Mech)*
**bracket plate Konsolplatte** *f (Hütt/Wlz)*
**bracket support Kragstütze** *f (Stb)*
**braid Tresse** *f (Mech)* (Textil- oder Metalllitze)
**brake Bremse** *f (Mech)*
**brake adjustment Bremseinstellung** *f (Mech)*
**brake anchor plate Bremsankerplatte** *f (Mech)*
**brake application valve Bremsventil** *nt (Mech)*
**brake band Bremsband** *nt (Mech)*
**brake base Bremsuntersatz** *m (Mech)*
**brake beam Bremsbalken** *m (Mech)* (Gleisbremse)
**brake bell Kegelbremsscheibe** *f (Mech)*
**brake block Bremsklotz** *m (Mech)* (Trommelbremse)
**brake block plate Bremsklotzteller** *m (Mech)*
**brake block shoe Bremsklotzschuh** *m (Mech)*
**brake body** *(blocks attached to it)* **Bremssattel** *m (Kfz)* (der Scheibenbremse)
**brake bracket Bremsträger** *m (Mech)*
**brake buffer Bremsanschlag** *m (Mech)*
**brake bushing Bremsbuchse** *f (Mech)*
**brake cable Bremsseil** *nt (Kfz)*
**brake cable assembly Bremsseilzug** *m (Kfz)*
**brake calculation Bremsberechnung** *f (Mech)*
**brake cam Bremsnocken** *m (Kfz)*
**brake cam bushing Bremsnockenlager** *nt (Kfz)*
**brake cam lever Bremsnockenhebel** *m (Kfz)*
**brake cam shaft Bremsnockenwelle** *f (Kfz)*
**brake circuit Bremsstromkreis** *m (Kfz)*
**brake clasp Bremszange** *f (Mech)*
**brake compensator Bremsausgleich** *m (Mech)*
**brake control Bremssteuerung** *f (Mech)*

**brake coupling hose Bremskupplung** *f (Bahn)* (an Eisenbahnwagen)
**brake cylinder Bremszylinder** *m (Mech)*
**brake data** *pl* **Abbremswert** *m (Mech)*
**brake disc Bremsscheibe** *f (Mech)*
**brake drum Backenbremstrommel** *f (Kfz)* **Bremstrommel** *f (Mech)*
**brake drum hub Bremstrommelnabe** *f (Mech)*
**brake effect Bremswirkung** *f (Mech)* (Wirkungsgrad der Bremse)
**brake energizer Bremskraftverstärker** *m (Mech)*
**brake fluid Bremsflüssigkeit** *f (Hyd/Pneu)*
**brake force Bremskraft** *f (Mech)*
**brake hand lever Bremshandhebel** *m (Mech)*
**brake horsepower Bremskraft** *f (Mech)* **Bremsleistung** *f (Mech)*
**brake hose Bremsschlauch** *m (Bahn)*
**brake HP Wellen-PS** *nt (Hütt/Wlz)*
**brake hub Bremsnabe** *f (Kfz)*
**brake hydraulic, air-operated** air-operated hydraulic brake *adj:n* **druckluftbetätigte hydraulische Bremse** *adj:n (Hyd/Pneu, Mech)*
**brake indicator** *(mandatory in GB)* **Bremsanzeiger** *m (Bahn)* (nur in GB)
**brake information sheet Bremsprüfblatt** *nt (Bahn)*
**brake lever Bremshebel** *m (Mech)*
**brake lever guide Bremshebelführung** *f (Mech)*
**brake lifting thrustor Bremslüfter** *m (Hyd/Pneu)*
**brake line Bremsleitung** *f (Mech)*
**brake line coupling Kupplungskopf** *m (Mech)*
**brake lining Bremsbelag** *m (Mech)*
**brake linkage Bremsgestänge** *nt (Mech)*
**brake linkage bush Bremsgestängebuchse** *f (Mech)*
**brake magnet Bremsmagnet** *m (Mech)*
**brake operated by counterweight Gewichtsbremse** *f (Mech)*
**brake pipe stowage hook Bremskupplungshalter** *m (Bahn)* (an Eisenbahnwagons) **Bremsrohraufnahmehaken** *m (Bahn)*
**brake piston Bremskolben** *m (Mech)*
**brake pressure regulator Bremskraftregler** *m (Mech)*
**brake pull bar Bremszugstange** *f (Mech)*
**brake pull rod Bremslasche** *f (Mech)*
**brake regulation Bremseinstellung** *f (Mech)*
**brake retardation Bremsverzögerung** *f (Mech)*
**brake rods, central** central brake rods *adj:n* **Mittenbremsgestänge** *nt (Bahn)*
**brake safety factor Bremssicherheit** *f (Mech)*
**brake shaft Bremswelle** *f (Mech)*
**brake shoe Bremsbacke** *f (Mech)* **Bremsschuh** *m (Mech)*
**brake shoe pin bushing Bremsbackenlager** *nt (Mech)*
**brake shoe sole Bremsklotzsohle** *f (Mech)*
**brake socket Bremsbuchse** *f (Mech)*
**brake spanner Bremsschlüssel** *m (Kfz)* (Schraubenschlüssel)
**brake spring Bremsfeder** *f (Mech)*
**brake strap Bremsband** *nt (Mech)*
**brake structure Bremsverband** *m (Stb)*
**brake supporting bearing Bremsstützlager** *nt (Mech)*
**brake switch Bremsschalter** *m (Kfz)*
**brake system Bremsanlage** *f (Mech)* **Bremsausrüstung** *f (Mech)* (z.B. des Wagons)
**brake thrustor Bremslüfter** *m (Hyd/Pneu)* **Motordrücker** *m (Hyd/Pneu)*
**brake valve** *(precision valve for parking brake)* **Bremsventil** *nt (Kfz)* (Feinregelventil für Feststellbremse)
**brake wear-limit switch Bremshub-Endschalter** *nt (Mech)*
**brake weight Bremsgewicht** *nt (Mech)*
**brake, centrifugal** centrifugal brake *adj:n* **Zentrifugalbremse** *f (Mech)*
**brake, fail-safe** fail-safe brake *adj:n* **Ruhestrombremse** *f (Mech)* (Sicherheitsbremse)
**brake, lock** lock the brake *n:v* **Bremse feststellen** *n:v (Mech)*
**brake, oil-hydraulic** oil-hydraulic brake *adj:n* **Öldruckbremse** *f (Mech, Hyd/Pneu)*
**brake, permanent** permanent brake *adj:n* **Dauerbremse** *f (Mech)*
**brake, pneumatic** pneumatic brake *adj:n* **Luftbremse** *f (Mech, Hyd/Pneu)* **Luftdruckbremse** *f (Mech, Hyd/Pneu)*

**brake, pull** pull the brake *n:v* **Bremse anziehen** *n:v (Mech)* **Bremse eingreifen** *n:v (Mech)*
**brake, release** release the brake *n:v* **Bremse lösen** *n:v (Mech)*
**brake, spring-loaded** spring-loaded brake *adj:n* **Federspeicherbremse** *f (Mech)*
**brake, wet** wet brake *adj:n* **Nassbremse** *f (Mech)*
**brake-compensating lever Bremsausgleichhebel** *m (Mech)*
**brake-compensating shaft Bremsausgleichwelle** *f (Mech)*
**brake-cylinder pressure gauge Bremszylinderdruckmanometer** *nt (Bahn)*
**brake-ended passenger coach Personenwagen mit Gepäckraum** *(Bahn)*
**brake-lever side plate Bremshebelwange** *f (Mech)*
**brake-pipe pressure gauge Bremsleitungsdruckmanometer** *nt (Bahn)*
**brake-rod system Bremsgestänge** *nt (Mech)*
**brake-shoe carrier Bremsbackenträger** *m (Mech)*
**brake-shoe clearance Bremsbackenspiel** *nt (Mech)*
**brake-shoe holder Bremsklaue** *f (Mech)*
**brake-shoe lining Bremsbackenbelag** *m (Mech)*
**brake-shoe safety coupling Bremsbacken-Sicherheitskupplung** *f (Mech)*
**braking Abbremsung** *f (Mech, Hyd/Pneu)* **Bremsung** *f (Mech)*
**braking bar Bremsknebel** *m (Mech)*
**braking distance Bremsstrecke** *f (Bahn)* **Bremsweg** *m (Mech)*
**braking effect Bremswirkung** *f (Mech)* (Bremsung)
**braking factor Bremsfaktor** *m (Band, Mech)*
**braking period Bremsdauer** *f (Mech)* **Bremszeit** *f (Mech)*
**braking power Bremskraft** *f (Mech)* **Bremsleistung** *f (Mech)*
**braking process Bremsvorgang** *m (Mech)*
**braking resistance Bremswiderstand** *m (Mech)* (Vorgang)
**braking retardation Bremsverzögerung** *f (Mech)*
**braking system Bremssystem** *nt (Mech)*
**braking system, piped** piped braking system *adj:n* **Verrohrung** *f (Bahn, Mech)* (des Bremssystems)
**braking time Bremszeit** *f (Mech)*
**braking to a stop Bremsung auf Halt** *(Mech)*
**braking torque Bremsmoment** *nt (Mech)*
**braking valve Bremsventil** *nt (Hyd/Pneu)*
**braking work Bremsarbeit** *f (Mech)* **Bremsenergie** *f (Mech)*
**braking, wear-free** wear-free braking *adj:n* **verschleißfreier Bremsvorgang** *adj:n (Mech)*
**branch** *(sector)* **Bereich** *m (Mech, Allg)* (Sparte, Teilgebiet) **Sparte** *f (Allg)*
**branch line** *(rail)* **Kreisbahn** *f (Bahn)*
**branch pipe Abzweigung** *f (Mech)* (eines Rohres)
**branch pipe, double** double branch pipe *adj:n* **Doppelabzweigung** *f (Mech)*
**branch, lubricating** lubricating branch *adj:n* **Schmierstrang** *m (Mech)*
**brass Messing** *nt (Mech)*
**brazing Hartlöten** *nt* **Löten** *(Mech, Mont)* (hart)
**brazing aloy Hartlot** *n*
**breaching Räumen** *nt (Mech)* (Fertigungsverfahren)
**break** *(discontinuity, interruption)* **Öffnung** *f (Schw, Mech, Mont)* (Zwischenraum, Unterbrechung, Bruch)
**break** *m (opening)* **Anriss** *m (Mech, Allg)* (Bruch) **Bruchstelle** *f (Mech, Allg)*
**break pin Sollbruchbolzen** *m (Mech)*
**break point, rated** rated break point *adj:n* **Sollbruchstelle** *f (Mech)*
**break-in period** *AE* **Einfahrzeit** *f (Mech)* (Getriebe) **Einlaufzeit** *f (Mech)* (Getriebe)
**break-off pin Abbrechstift** *m (Bg/Bergb)* (rutschfeste Platte)
**breakaway torque, specified** specified breakaway torque *adj:n* **erforderliches Anzugsmoment** *adj:n (Mech)*
**breakdown** *(e.g. failure of a machine)* **Ausfall** *m (Mech, Allg)* (Betriebsstörung, z.B. Maschine) **Maschinenschaden** *m (Mech, Allg)*
**breaker** *(excavator)* **Aufbrechhammer** *m (Bg/Bergb)* (am Hydraulikbagger) **Hammer** *m (Bg/Bergb)* (z.B. hydraulisch)
**breaker Handhammer** *m (Mont, Werkz)* **Panzerlage** *f*

**breaker attachment Abbruchhammerausrüstung** *f (Bg/Bergb)*
**breaker cord strip Cordgewebe** *nt (Band)* (Gurt)
**breaker hammer Abbauhammer** *m (Werkz, Hyd/Pneu)*
**breaker lever Unterbrecherhebel** *m (Mech)*
**breaker strip Panzereinlage** *f* **Panzerlage** *f*
**breaker, hydraulic** hydraulic breaker *adj:n* **Hydraulikhammer** *m (Zer)*
**breaker, pneumatic** pneumatic breaker *adj:n* **Presslufthammer** *m (Werkz, Hyd/Pneu)*
**breaking Auflockern** *nt (Bg/Bergb)* **Auflockerung** *f (Geo, Bg/Bergb)* **Brechen** *nt (Zer)*
**breaking elongation Bruchdehnung** *f (Mech)* (Verlängerung)
**breaking limit Bruchgrenze** *f (Mech)*
**breaking load Bruchbelastung** *f (Stb)* **Bruchlast** *f (Mech)*
**breaking point Bruchstelle** *f (Mech, Allg)*
**breaking point, predetermined** predetermined breaking point *adj:n* **Sollbruchstelle** *f (Mech)*
**breaking strength Bruchdehnung** *f (Mech, Stat)* **Bruchkraft** *f (Mech, Stat)*
**breaking stress Bruchspannung** *f (Mech)* **Zerreißspannung** *f (Stb)*
**breaking test Bruchprobe** *f (Schw)*
**breakout force Aufbrechkraft** *f (Bg/Bergb)* **Knippkraft** *f (Bg/Bergb)* (der Ladeschaufel)
**breakwater Buhne** *f (Hyd/Pneu)*
**breakwater stone Wasserbaustein** *m (Bg/Bergb)*
**breakwater stone screening Wasserbausteinabsiebung** *f (Bg/Bergb)*
**breast drill Brustleier** *f (Mont)*
**breather Atmungsfilter** *m (Hyd/Pneu)* **Belüftungsfilter** *m (Hyd/Pneu)* **Schnüffelventil** *nt (Hyd, Mech)*
**breather cap Filterhaube** *f (Kfz)*
**breather pipe Entlüfterstutzen** *m (Kfz)*
**breathing mask Atmungsmaske** *f (Mont)*
**breeches pipe Gabelrohr** *nt (Hütt/Wlz)* **Hosenrohr** *nt (Hütt/Wlz)*
**breeze Feinkoks** *m (Bg/Bergb)*
**brick baffle Lenkwand** *f (Hütt/Wlz)*
**brick grapple Steingreifer** *m (Mech)* (am Stapler)
**brick support Steinhalterung** *f (Hütt/Wlz)* (Hochofen)
**brick transport Steintransport** *m (Hütt/Wlz)*
**brick-on-edge Rollschicht** *f (Stb)*
**bricksetting Kesseleinmauerung** *f (Hütt/Wlz)* **Mauerwerk** *nt (Bau)*
**brickwork bond Mauerwerksverband** *m (Bau)*
**brickwork joint Mauerwerksfuge** *f (Bau)*
**brickwork setting Einmauerung** *f (Hütt/Wlz)*
**bridge approach Brückenrampe** *f (Stb)* (Brückenauffahrt, Zufahrtsrampe) **Zufahrtsrampe** *f (Stb)* (Brücke)
**bridge bars** *pl (tube welding)* **Heftklammern** *pl f (Schw)* (beim Rohrschweißen)
**bridge belt Brückenband** *nt (Bg/Bergb)*
**bridge conveyor, extending** extending bridge conveyor *adj:n* **verschiebbares Brückenband** *adj:n (Bg/Bergb)*
**bridge crane Brückenkran** *m (Stb)*
**bridge girder Brückenträger** *m (Mech)* **Überbrückungsträger** *m (Mech)*
**bridge grade Brückengradiente** *f (Stb)*
**bridge laying system Brückenlegesystem** *nt (Mech)*
**bridge member Brückenglied** *nt (Stb)*
**bridge plate Ladebrücke** *f (Bahn)* (an Stirnseite des Flachwagens)
**bridge reclaimer Brückenkratzer** *m (Umschl)*
**bridge slewing angle Schwenkwinkel der Brücke** *(Bg/Bergb)*
**bridge span Brückenstützweite** *f (Bg/Bergb)*
**bridge spreader Absetzerbrücke** *f (Bg/Bergb)* **Brückenabsetzer** *m (Bg/Bergb)* (im Tagebau)
**bridge support Brückenlagerung** *f (Bg/Bergb)*
**bridge testing car Brückenmesswagen** *m (Stb)*
**bridge truss Brückenträger** *m (Mech)*
**bridge, cable-stayed** cable-stayed bridge *adj:n* **seilverspannte Balkenbrücke** *adj:n (Stb)*
**bridge, demountable** demountable bridge *adj:n* **Steckbrücke** *f (Stb)* (teildemotierbares Geländer)
**bridge, sectional** sectional bridge *adj:n* **zerlegbare Brücke** *adj:n (Mech)*

**bridge, skew** skew bridge *adj:n* **schiefe Brücke** *adj:n (Stb)*
**bridge, temporary** temporary bridge *adj:n* **Bailey-Brücke** *f (Stb)*
**bridging** *(hang-up of fuel)* **Brückenbildung** *f (Hütt/Wlz)* (Brennstoff)
**bridging Aussteifung** *f (Mech, Stb)* **Versteifung** *f (Stb)*
**bridging equipment Brückengerät** *nt (Stb)*
**bridle Traverse** *f (Mech)*
**bridle bridge Zügelbrücke** *f (Bau)*
**bridle chord bridge Zügelgurtbrücke** *f (Stb)*
**brightening Blankschleifen** *nt (Stb)*
**Brinell hardness Brinellhärte** *f (Hütt/Wlz)*
**Brinell hardness Brinell-Zahl** *f (Stb)*
**Brinell hardness Brinell-Zahl** *f (Stb)* **Brinellprobe** *f (Hütt/Wlz)*
**Brinell hardness number Brinell-Zahl** *f (Stb)*
**brinelling Eindrücke** *pl m* **Rattermarken** *pl f* (verhärtete Stellen)
**briquette cooling plant Brikettkühlanlage** *f (Mech)*
**British Standards** *(BS)* **Britische Normen** *(Bahn)*
**brittle fracture Trennbruch** *m (Stb)*
**brittleness Sprödigkeit** *f (Stb)*
**brittleness Brüchigkeit** *f (Stb)* (leicht brechend) **Versprödung** *f (Mech)*
**broach Ahle** *f (Mech)* **Pfriem** *m (Mont)*
**broach, internal** internal broach *adj:n* **Räumnadel** *f (Hütt/Wlz)* (zur Zylinderinnenwandbearbeitung)
**broaching operation Räumarbeit** *f (Hütt/Wlz)* (mit Räumnadel)
**broaching pass Räumdurchgang** *m (Mech)* (im Zylinderrohr)
**broad-section V-belt Breitkeilriemen** *m (Form)*
**broadening Aufweitung** *f (Mech)*
**bromine Brom** *nt (Bg/Bergb)*
**bronze** *(copper and tin)* **Bronze** *f (Bg/Bergb)*
**bronze step bearing plate Bronzespurplatte** *f (Zer)*
**bronze, white** white bronze *adj:n* **Weißmetall** *nt (Hütt/Wlz)*
**brown coal Braunkohle** *f (Bg/Bergb, Geo)*
**brown coal fired boiler Braunkohlenkessel** *m (Hütt/Wlz)*
**brown coal mill Braunkohlenmühle** *f (Hütt/Wlz)*
**brush Bürste** *f (Mech)* **Kehrwalze** *f (Mech)* (Anbaugerät am Lader) **Pinsel** *m (Mech, Anstr)*
**brush for screw Schneckenbesen** *m (Mech)*
**brush holder Bürstenhalter** *m (Mech)*
**brush lifter Bürstenabheber** *m (Mech)*
**brush lifting gear Bürstenabheber** *m (Mech)*
**brush, round** round brush *adj:n* **Topfbürste** *f (Mont)*
**bubble Blase** *f (Hütt/Wlz)*
**bucker Gegenhalter** *m (Mech)* (Nieten)
**bucket Eimer** *m (Mech, Mont, Bg/Bergb)* **Kübel** *m (Mech)* **Löffel** *m (Bg/Bergb)* (Baumaschine) **Schaufel** *f (Bg/Bergb)* (Bagger)
**bucket arm Löffelstiel** *m (Bg/Bergb)* (Tieflöffel) **Schaufelstiel** *m (Bg/Bergb)* (am Bagger)
**bucket back, heated** heated bucket back **angewärmter Löffelrücken** *(Bg/Bergb)*
**bucket capacity Eimerinhalt** *m (Bg/Bergb, Umschl)* **Löffelinhalt** *m (Bg/Bergb)* (Kapazität) **Schaufelinhalt** *m (Bg/Bergb, Umschl)* (Kapazität)
**bucket chain conveyor Becherwerkbandanlage** *f (Bg/Bergb)*
**bucket chain excavator Eisenkettenbagger** *m (Bg/Bergb)* **Trockeneimerbagger** *m (Bg/Bergb)*
**bucket chain trencher Bunkerbagger mit Eimerkette** *(Bg/Bergb, Umschl)*
**bucket chute Eimerrinne** *f (Bg/Bergb)* (Eimerkettenbagger)
**bucket control Schaufelsteuerung** *f (Bg/Bergb)*
**bucket cylinder Gefäßzylinder** *m (Bg/Bergb)* **Löffelzylinder** *m (Bg/Bergb)* **Schaufelzylinder** *m (Bg/Bergb)*
**bucket discharges** *pl* **Schüttzahl** *f (Bg/Bergb, Umschl)*
**bucket dredger Eimerketten-Schwimmbagger** *m (Bg/Bergb)* **Eimerkettenbagger** *m (Bg/Bergb)*
**bucket elevator Becherwerk** *nt (Bg/Bergb)*
**bucket excavator Löffelbagger** *m (Bg/Bergb)* (mit Tieflöffel)
**bucket feeder Becherspeiser** *m (Zer)*

**bucket heel Eimerunterseite** *f (Bg/Bergb)*
**bucket hinge Löffelanlenkung** *f (Bg/Bergb)* (Baumaschine) **Schaufelanlenkung** *f (Bg/Bergb)*
**bucket hydraulics Schaufelhydraulik** *f (Bg/Bergb)*
**bucket ladder Eimerleiter** *f (Mech)* (am Bagger)
**bucket ladder excavator working below ground level Eimertiefbagger** *m (Bg/Bergb)*
**bucket lip Eimerkante** *f (Mech, Mont, Bg/Bergb)* **Eimerschneidkante** *f (Bg/Bergb)* **Schaufelvorderteil** *nt (Bg/Bergb)*
**bucket pin Löffellagerung** *f (Bg/Bergb)* (Bolzen)
**bucket pivot Löffeldrehpunkt** *m (Bg/Bergb)* (Baumaschine)
**bucket positioner Schaufeleinstellung** *f (Bg/Bergb)* (automatisch)
**bucket safety bar Löffelhalter** *m (Bg/Bergb)*
**bucket shell Eimerschale** *f (Bg/Bergb)*
**bucket sprayer Kübelspritze** *f (Mech)* (Feuerlöscher)
**bucket stick** *AE* **Schaufelstiel** *m (Bg/Bergb)* (am Bagger)
**bucket tine Eimerzinke** *f (Bg/Bergb)*
**bucket tooth Schaufelzahn** *m (Bg/Bergb)*
**bucket trough Eimerrinne** *f (Bg/Bergb)* (Eimerkettenbagger)
**bucket wheel Schaufelrad** *nt (Bg/Bergb)*
**bucket wheel bedding machine Schaufelradmischer** *m (Umschl)*
**bucket wheel body Schaufelradkörper** *m (Bg/Bergb)*
**bucket wheel boom belt Band im Schaufelradausleger** *(Bg/Bergb, Umschl)*
**bucket wheel boom head Schaufelradauslegerkopf** *m (Bg/Bergb)*
**bucket wheel boom positions high and low Hoch- und Tiefstellung des Schaufelradauslegers** *(Bg/Bergb)*
**bucket wheel boom rope hoist Schaufelradauslegerwinde** *f (Bg/Bergb, Umschl)*
**bucket wheel chute cylinder Schaufelradschurrenzylinder** *m (Umschl, Hyd/Pneu)*
**bucket wheel cutting process Schaufelradeingriff** *m (Bg/Bergb, Umschl)*
**bucket wheel design Bauart des Schaufelrades** *(Bg/Bergb, Umschl)*
**bucket wheel diameter across bucket lips Schaufelradschneidkreisdurchmesser** *m (Bg/Bergb, Umschl)*
**bucket wheel diameter on bucket lips Schaufelraddurchmesser über die Eimerkanten gemessen** *(Bg/Bergb)*
**bucket wheel discharge chute Schaufelradaustragsschurre** *f (Bg/Bergb)*
**bucket wheel drive Keilriementrieb** *m (Mech)* **Schaufelradantrieb** *m (Mech)*
**bucket wheel excavator Schaufelradbagger** *m (Bg/Bergb)*
**bucket wheel excavator with discharge boom Schaufelradbagger mit Abwurfausleger** *(Bg/Bergb)*
**bucket wheel excavator with loading unit Schaufelradbagger mit Beladewagen** *(Bg/Bergb)*
**bucket wheel gear Schaufelradgetriebe** *nt (Bg/Bergb, Umschl)*
**bucket wheel loader Rückladegerät** *nt (Umschl)* (Schaufelradgerät)
**bucket wheel reclaimer Schaufelradentnahmegerät** *nt (Umschl)* **Schaufelradrücklader** *m (Umschl)*
**bucket wheel reclaimer, bridge-type** bridge-type bucket wheel reclaimer *adj:n* **Brückenlader Schaufelrad** *m (Umschl)* **Brückenschaufelradgerät** *nt (Bg/Bergb)*
**bucket wheel reclaiming gantry Schaufelradräumer** *m (Bg/Bergb, Umschl)*
**bucket wheel resting force Auflegen des Schaufelrades** *(Stat)*
**bucket wheel shaft Schaufelradwelle** *f (Mech)*
**bucket wheel slew drive Schaufelrad-Schwenkantrieb** *m (Bg/Bergb)*
**bucket wheel stacker-reclaimer kombinierter Schaufelradlader** *adj:n (Bg/Bergb, Umschl)*
**bucket wheel trencher Bunkerbagger mit Schaufelrad** *(Bg/Bergb, Umschl)*
**bucket wheel winch Schaufelradhubwerk** *nt (Bg/Bergb)*
**bucket width Löffelbreite** *f (Bg/Bergb)*
**bucket with discharge Behälter mit Entleeröffnung** *(Kfz)*
**bucket with hydraulic controlled discharge Behälter mit hydraulischer Entleerung** *(Kfz)*

**bucket, bottomless** bottomless bucket *adj:n* **Schürfeimer** *m (Bg/Bergb)*
**bucket, reversible** reversible bucket *adj:n* **Hoch-Tieflöffel** *m (Bg/Bergb)* **Umkehrlöffel** *m (Bg/Bergb)* (ältere Baggerausrüstung)
**bucket-discharging device hydraulischer Behälter-Entleerer** *adj:n (Mech, Hyd/Pneu)*
**buckets, cable-mounted** cable-mounted buckets *adj:n* **Hängebahn** *f (Bg/Bergb)* (für Kohle)
**buckeye coupling Mittelkupplung** *f (Bahn)*
**buckle Beule** *f (Mech)* (z.B. Blech)
**buckle plate Buckelblech** *nt (Hütt/Wlz)* **Buckelplatte** *f (Stb, Hütt/Wlz)*
**buckling Ausbeulen** *nt (Stb)* **Knickung** *f (Mech)* **Verbeulung** *f (Mech)*
**buckling coefficient Knickzahl** *f (Stb)*
**buckling load Knickbelastung** *f (Stb)* **Knicklast** *f (Stb)*
**buckling phenomenon Knickvorgang** *m (Stb)*
**buckling ratio Knickverhältnis** *nt (Stb)*
**buckling resistance Beulfestigkeit** *f (Stat, Stb)* **Beulsicherheit** *f (Mech, Stat)* (DIN 4114)
**buckling safety factor Beulsicherheitsfaktor** *m (Stb, Stat)*
**buckling strength analysis Beulnachweis** *m (Stat, Stb)*
**buckling stress Beulspannung** *f (Stat, Stb)* **Knickspannung** *f (Stb)*
**buckling test Knickversuch** *m (Stb)*
**buckling, flexural** flexural buckling *adj:n* **Biegeknickung** *f (Stb)*
**buckling, lateral** lateral buckling *adj:n* **seitliches Knicken** *adj:n (Stb, Stat)*
**buckling, local** local buckling *adj:n* **Ausbeulen** *nt (Stb)* **Beulen** *nt (Stb)*
**buckling, torsional** torsional buckling *adj:n* **Drillknicken** *nt (Stb, Stat)* **Druckgurt** *m (Stb)* (z.B. eines Blechträgers)
**buckstay Balken** *m (Mech, Stb)* **Riegel** *m (Mech)* (Gerüst) **Träger** *m (Mech, Stb)*
**buffer Anschlag** *m (Mech)* (Begrenzung) **Puffer** *m (Umschl)* (für Schienengeräte)
**buffer beam Kopfträger** *m (Mech)* (bei Schienenfahrzeugen) **Pufferträger** *m (Bahn)* (bei Schienenfahrzeugen)
**buffer block Prellbock** *m (Mech)* **Puffer** *m (Umschl)* (für Schienengeräte)
**buffer coupling Pufferkupplung** *f (Bahn)*
**buffer disc Anlaufscheibe** *f (Mech)* (Pufferstoßring) **Pufferstoßring** *m (Mech)*
**buffer disk Pufferteller** *m (Bahn)*
**buffer head Pufferstößel mit Teller** *(Bahn)*
**buffer plate Anlaufplatte** *f (Form)*
**buffer stop Prellbock** *m (Mech)* **Puffer** *m (Umschl)* (für Schienengeräte)
**buffer with volutre spring Hülsenpuffer mit Kegelfeder** *(Bahn)*
**buffer, self-contained** self-contained buffer *adj:n* **Komplettpuffer** *m (Bahn)* **kompletter Puffer** *adj:n (Bahn)*
**buffering Dämpfung** *f (Mech)* (z.B. von Stößen, Vibrationen, Lärm)
**buffing machine Aufraumaschine** *f (Mech, Mont)* **Schleifbock** *m (Mech, Mont)*
**build-up Anhäufung** *f (Mech)* **Aufbau** *m (Hyd, Mech, Allg)* (z.B. von Druck, eines Lagers)
**build-up of coats Schichtaufbau** *m (Hütt/Wlz, Anstr)*
**build-up of material Anwachsen des Gutes** *(Band, Bg/Bergb, Umschl)* **Ballung des Gutes** *(Bg/Bergb)*
**build-up welding Auftragschweißung** *f (Schw)* (Reparatur)
**building block Baueinheit** *f (Mech)* (im Baukastensystem) **Baustein** *m (Mech)* (im Baukastensystem)
**building block concept Baukastenprinzip** *nt (Mech)*
**building code Bauvorschrift** *f (Stb)*
**building construction Hochbau** *m (Bau, Stb)*
**building demolition material Gebäudeabbruchmaterial** *nt (Bg/Bergb)*
**building load Gebäudelast** *f (Bau)*
**building space Baufläche** *f (Hütt/Wlz)* **Platzbedarf** *m (Hütt/Wlz)*
**building statics Baustatik** *f (Bau)*
**building structures, mixed** mixed building structures *adj:n* **Mischbauweise** *f (Bau)*
**building unit Baueinheit** *f (Mech)* (im Baukastensystem) **Baustein** *m (Mech)* (im Baukastensystem)
**building-block system Baukastensystem** *nt (Mech)*
**built-up girder** *BE* **Blechträger** *m (Stb)*
**built-up material** *(from electrode)* **Schweißgut** *nt (Schw)* (vom Schweißdraht abgetropft)

**built-up member zusammengesetzter Träger** *adj:n (Mech, Stb)*
**bulb Wulst** *m (Mech)*
**bulb angle Wulstwinkel** *m (Stb)*
**bulb flat Wulstflachstahl** *m (Stb)*
**bulb iron Wulsteisen** *nt (Stb)*
**bulb plate Tränenblech** *nt (Mech)* **Wulstflachstahl** *m (Stb)*
**bulb-tee Wulststahl** *m (Stb, Bau)*
**bulge Ausbuchtung** *(Hütt/Wlz)* (Ausbeulung) **Schwellung** *f (Hyd/Pneu)* (z.B. der Schläuche)
**bulging test Aufweitversuch** *m (Stb)* (Test)
**bulk density Schüttdichte** *f (Umschl)* **Schüttgewicht** *nt (Mech)*
**bulk distribution Massenverteilung** *f (Umschl)*
**bulk excavation Massenaushub** *m (Bau)*
**bulk goods** *pl* **Massengüter** *pl nt (Umschl)* **Schüttgut** *nt (Umschl)*
**bulk handling equipment Fördergerät** *nt (Umschl)*
**bulk storage handling Zwischenlager für Massengut** *(Umschl)*
**bulk weight Schüttgewicht** *nt (Mech)*
**bulkhead Querwand** *f* **Stirnwand** *f (Mech)*
**bulkhead screw connection Schottverschraubung** *f (Mech)*
**bulking Auflockerung** *f (Geo, Bg/Bergb)*
**bull clam Klappschaufel** *f (Bg/Bergb)*
**bull gear Schwenkgetriebe** *nt (Bg/Bergb, Umschl)* **Triebrad** *nt (Mech)* (großes Rad an der Welle)
**bull ring Mahlring** *m (Zer)*
**bull-headed rail Stuhlschiene** *f (Stb)*
**bulldog clamp Kabelklemme** *f (Mech)*
**bulldog grip Seilklemme** *f (Mech)*
**bulldozer Planierraupe** *f (Mont, Bau)* **Schubraupe** *f (Bau, Mech)*
**bulldozer blade Stirnschar** *f (Bg/Bergb)*
**bullet-proof glass Panzerglas** *nt (Mech)* (z.B. eines Fahrzeuges)
**bump Bodenwelle** *f (Bg/Bergb)* (konvex, nach oben)
**bump** *(shock)* **Erschütterung** *f (Mech, Stat)*
**bump stop Blockstellung** *f (Bahn)* (bei Federanschlag)
**bumper Prellbock** *m (Mech)* **Puffer** *m (Umschl)* (für Schienengeräte) **Stoßfänger** *m (Mech)*
**bumper support Stoßstangenhalterung** *f (Mech)* (Kfz)
**bumping** *BE* **Lockerungssprengung** *f (Bg/Bergb)*
**bumping plane Stoßebene** *f (Mech)*
**buna bellows Bunabalg** *m (Form)*
**bunker coal gate Bunkerabsperrschieber** *m (Hütt/Wlz)*
**bunker discharge wagon Bunkerentleerungswagen** *m (Mech)* **Bunkerräumwagen** *m (Mech)*
**bunker extractor Bunkeraustragegerät** *nt (Bg/Bergb)*
**bunker outlet Bunkerauslass** *m (Hütt/Wlz)*
**bunker slope Bunkerschräge** *f (Hütt/Wlz)*
**bunker vibrator Bunkerrüttelvorrichtung** *f (Hütt/Wlz)*
**bur Fräser** *m (Mech, Mont)* (klein)
**burn-out Abbrand** *m (Schw, Mech, Mont)*
**burn-up rate Ausbrand** *m (Hütt/Wlz)*
**burner Brenner** *m (Schw, Mont)*
**burner adjustment Brennereinstellung** *f (Hütt/Wlz)*
**burner element can** *(casing)* **Brennelement-Hüllrohr** *nt (Form)*
**burner level Brennerbühne** *f (Hütt/Wlz)* (Bedienungsstand)
**burner mouth Austrittsöffnung** *f (Hütt/Wlz)* (des Brenners) **Brennermaul** *nt (Hütt/Wlz)*
**burner throat Brennerkehle** *f (Hütt/Wlz)*
**burner throat brick Kehlstein** *m (Hütt/Wlz)* (Ölbrenner)
**burner, auxiliary** auxiliary burner *adj:n* **Zusatzfeuerung** *f (Hütt/Wlz)*
**burner, flare-type** flare-type burner *adj:n* **Flachbrenner** *m (Hütt/Wlz)*
**burner, movable** movable burner *adj:n* **Schwenkbrenner** *m (Hütt/Wlz)*
**burning Brand** *m (Chem)* **Brennen** *nt (Form)*
**burning in suspension Verbrennung in der Schwebe** *(Hütt/Wlz)*
**burning rate Brandgeschwindigkeit** *f (Mech)*
**burning velocity Abbrandgeschwindigkeit** *f (Schw, Mech, Mont)*
**burnish Rollen** *nt (Hütt/Wlz)* (des Zylinderrohres, innen)
**burnt lime Branntkalk** *m (Bg/Bergb)*
**burr Bohrgrat** *m (Stb)* **Schnittgrat** *m (Mech, Mont)*

**bursting pressure Explosionsdruck** *m (Bg/Bergb)*
**bush chain Buchsenkette** *f (Mech)* (Laschenkette als Buchsenkette) **Hülsenkette** *f (Kfz)*
**bush for points Weichenbuchse** *f (Bahn)*
**bush, spherical** spherical bush *adj:n* **Kalotte** *f (Mech)*
**bushing Buchse** *f (Mech)* (Laufbuchse, Muffe) **Durchführung** *f (Mech)* (Leitungs-, Rohrdurchführung) **Hülse** *f (Mech)* (Bandwaage)
**bushing with collar Bundbuchse** *f (Mech)*
**bushing, tapped** tapped bushing *adj:n* **Gewindebuchse** *f (Mech, Mont)*
**bushing-type bearing Gleitlager** *nt (Mech)*
**butt Endstück** *nt (Mech, Mont)*
**butt contact Druckkontakt** *m (Form)*
**butt joint Stoß** *m (Stb)* **Stumpfnaht** *f (Schw)* (an Stumpfstößen)
**butt joint riveting Laschennietung** *f (Stb)*
**butt joint with splice plate Laschenstoß** *m (Stb)* (Verbindung) **Laschenverbindung** *f (Stb)*
**butt piece Stoßteil** *nt (Mech)*
**butt riveting Laschennietung** *f (Stb)*
**butt strap Decklasche** *f (Stb)* **Stoßlasche** *f (Mech, Stb)*
**butt weld Stumpfnaht** *f (Schw)* **Stumpfschweißnaht** *f (Schw)*
**butt welding Stumpfschweißung** *f (Schw)*
**butt-muff coupling Muffenkupplung** *f (Mech)*
**butt-strap joint Laschenverbindung** *f (Stb)*
**butt-strap riveting Laschennietung** *f (Stb)*
**butterfly valve Absperrklappe** *f (Hyd/Pneu)* **Drosselventil** *nt (Hyd/Pneu)*
**butterfly valve, double** double butterfly valve *adj:n* **Mischschieber** *m (Hyd/Pneu)*
**button head lubricating nipple Flachschmiernippel** *m (Mech)* (DIN 3404)
**button head rivet Halbrundniet** *m (Mech)* **Rundkopfniet** *m (Mech)*
**button head rivet set Flachkopfdichtung** *f (Mech, Mont)*
**button inserts** *pl* **Tasteneinsätze** *pl m (Mech)*
**button-head fitting Kugelverschlussnippel** *m (Mech)* **Schmiernippel mit Kugelgriff** *(Mech)*
**by-product Abfallprodukt** *nt (Allg)* **Nebenprodukt** *nt (Bg/Bergb)*
**bypass** *(El, Mech, Hütt/Wlz)* **Umführung** *f (Hütt/Wlz)* **Umgehungsleitung** *f (Mech)*
**bypass damper Umführungsklappe** *f (Hütt/Wlz)*
**bypass filter Nebenstromfilter** *nt (Mech)*
**bypass oil filter Nebenstromölfilter** *nt (Mech)*
**bypass operation Durchfördern** *nt (Umschl)*
**bypass return Rücklaufleitung** *f (Mech, Hyd/Pneu)*
**bypass tube Bypass-Leitung** *(Bg/Bergb)*
**bypass valve Nebenstromventil** *nt (Hyd/Pneu)* **Überströmventil** *nt (Hyd/Pneu)* **Umgehungsventil** *nt (Hyd/Pneu, Mech)*
**bypassing the stockpile Durchförderung** *f (Bg/Bergb)*

# C

**C hook Lastöse** *f (Stb)* (Ösenkaken) **Ösenhaken** *m (Stb)*
**C-oil fuel Bunker-C-Öl** *nt (Hütt/Wlz)*
**C.P.M.** *(Abv)* **Verfahren des kritischen Weges** *(Mech)* (Netzplantechnik) **Zeitstudie** *f (Mech)* (Netzplantechnik)
**cab Fahrerhaus** *nt (Mech)* **Fahrerkabine** *f (Kfz)* **Kabine** *f (Mech)* (des Fahrers)
**CAB and CAS processes and units CAB- und CAS-Anlagen und Verfahren** *(Form)*
**cab floor Fahrerhausboden** *m (Kfz)*
**cab heater Fahrerhausheizung** *f (Kfz)*
**cab hoist Windwerk zum Führerhaus** *(Bg/Bergb)*
**cab levelling device Verstellvorrichtung** *f (Bg/Bergb)* (Führerhaus)
**cab, elevated** elevated cab *adj:n* **erhöhtes Fahrerhaus** *adj:n (Mech)*
**cab, twin** twin cab *adj:n* **Doppelkabine** *f (Kfz)*
**cable** *(El, Mech, Stb)* **Drahtseil** *nt (Mech)* **Seil** *nt (Stb, Mech)* (Kabel)
**cable and reel Drahtseil mit Rolle** *(Form)*

**cable basket** *(El, Mech)* **Kabelziehstrumpf** *m (Mech)*
**cable brake Seilbremse** *f (Bahn)* **Seilzugbremse** *f (Mech)*
**cable carrier Kabelrinne** *f (Mech)* **Kabelwanne** *f (Mech)*
**cable carrier cone Kabelkegel** *m (Mech)*
**cable carrier rope Kabeltrosse** *f (Mech)*
**cable carrier wire rope Pritschentrosse** *f (Mech)* (Kabel)
**cable carrier, mobile** mobile cable carrier *adj:n* **Kabelwagen** *m (Mech)*
**cable chain Flyerkette** *f (Mech)*
**cable clip Kabelschuh** *m (Mech)* **Kastenseilklemme** *f (Mech)*
**cable conduit** *(El, Mech)* **Seilhülle** *f (Mech)*
**cable crane Kabelkran** *m (Mech)*
**cable cutter Seilkappvorrichtung** *f (Mech)*
**cable designation Kabelmarke** *f (Kfz)*
**cable distribution cabinet Kabelverteilerschrank** *m (Mech)*
**cable drag conveyor Kabel-Schleppkettenförderer** *m (Mech)*
**cable drum** *(El, Bg/Bergb)* **Kabeltrommel** *f (Bg/Bergb)*
**cable duct Einführtrompete** *f (Form)* **Kabelkanal** *m (Mech)*
**cable end box Kabelverschlussstück** *nt (Mech)*
**cable end glands for indoor use Innenraumendverschlüsse** *pl m (Mech)*
**cable end sleeve Kabelendhülse** *f (El)*
**cable entries** *pl* **Einführung der Leitung** *(Mech)*
**cable excavator Seilbagger** *m (Bg/Bergb)*
**cable eye Kabelschuh** *m (Mech)*
**cable ferry Fährseil** *nt (Mech)*
**cable floor Kabelboden** *m (El)*
**cable gallow Kabelsattel** *m (Bg/Bergb)*
**cable gland** *(El)* **Kabeleinfassung** *f (Mech)* **Kabelverschraubung** *f (Mech)* **Stopfbuchsverschraubung** *f (Mech)*
**cable guide arrangement Kabelführung am Gerüst** *(Bg/Bergb)*
**cable guide, flexible** flexible cable guide *adj:n* **Tatzelwurm für die Kabelführung** *(Mech)*
**cable handler** *(roller-type)* **Kabelraupe** *f (Mech)* **Raupe** *f (Mech)* (Kabel)
**cable handler, mobile** mobile cable handler *adj:n* **Kabelschleppkette** *f (Mech)*
**cable hub Kabelanschlussstutzen** *m (El)*
**cable jacket Kabelmantel** *m (Mech)* **Kabelüberzug** *m (Mech)*
**cable joint Kabelschuh** *m (Mech)*
**cable junction box** *(El)* **Kabelverbindungsmuffe** *f (Mech)* **Kabelverteilerkasten** *m (Mech)*
**cable ladder Kabelpritsche** *f (Mech)* **Pritsche** *f (Mech)* (Kabel)
**cable loop device Kabelraupe** *f (Mech)*
**cable lug Kabelschuh** *m (Mech)*
**cable pull Seilzug** *m (Bg/Bergb, Mech)*
**cable pulley block Kabelflaschenzug** *m (Mech)*
**cable reel Kabelhalterung** *f (Mech)* **Kabeltrommel** *f (Bg/Bergb)* **Seiltrommel** *f (Mech)*
**cable reel and hopper car Trichter- und Kabeltrommelwagen** *(Bg/Bergb)*
**cable reel car Kabeltrommelwagen** *m (Bg/Bergb)*
**cable reel car on rails Kabeltrommelwagen auf Schienen** *(Bg/Bergb)*
**cable reel car on tracks Kabeltrommelwagen auf Raupen** *(Bg/Bergb)*
**cable reel vehicle Kabeltrommelwagen** *m (Bg/Bergb)*
**cable reel, spring-loaded** spring-loaded cable reel *adj:n* **Federkabeltrommel** *f (Mech)*
**cable reeling drum Kabeltrommel** *f (Bg/Bergb)* **Leitungstrommel** *f (Bg/Bergb)* (Kabel)
**cable routing, flexible** flexible cable routing *adj:n* **Tatzelwurm für die Kabelführung** *(Mech)*
**cable saddle Kabelreiter** *m (Mech)* **Kabelsattel** *m (Bg/Bergb)* **Kabeltrage** *f (Mech)*
**cable sealing end Kabelverschlussstück** *nt (Mech)* **Verschlussstück** *nt (Mech)* (Kabel)
**cable sheave Seilumlenkrolle** *f (Bg/Bergb)* (Seilbagger)
**cable shovel Seilbagger** *m (Bg/Bergb)*
**cable speed Seilgeschwindigkeit** *f (Mech)*
**cable support Kabeltraggerüst** *nt (Mech)*
**cable suspension bridge Kabelbrücke** *f (Stb)* **Seilbrücke** *f (Stb)*

**cable trolley Kabelwagen** *m (Mech)*
**cable winch Seilwinde** *f (Mech, Mont)*
**cable wire Kabeldraht** *nt (Stb)*
**cableway Drahtseilbahn** *f (Stb)* **Kabelführung** *f (Mech)*
**cableway buckets** *p* **Hängebahn** *f (Bg/Bergb)* (für Kohle)
**cableway post Drahtseilbahnstütze** *f (Stb)*
**cage** *(in coal mine)* **Korb** *m (Bg/Bergb)*
**cage Käfig** *m (Mech)*
**cage** *(housing)* **Gehäuse** *nt (Mech)* (z.B. von Maschine, Motor)
**cage decking equipment Schachtbeschichtungseinrichtung** *f (Bg/Bergb)*
**cage motor** *(El)* **Käfigläufermotor** *m (Mech)* **Kurzschlussläufermotor** *m (Mech)*
**cage screen Wandschirm** *m (Hütt/Wlz)* (Rohrwände)
**cage, flat** flat cage *adj:n* **Flachkäfig** *m (Mech)*
**caisson foundation Caissongründung** *f (Stb)* **Hohlkastengründung** *f (Stb)* **Senkkastengründung** *f (Stb)*
**caking** *(e.g. of coal)* **Anbacken** *nt (Mech)* (z.B. von Kohle) **Aufkrustung** *f (Mech)* (z.B. von Schlamm, Kohle) **Verkrustung** *f (Mech)* (Verklumpung, Verschmutzung)
**caking coal Backkohle** *f (Hütt/Wlz)*
**calcareus encrustation Kalkkruste** *f (Geo)*
**calcining Calcinieren** *nt (Form)*
**calculated acceleration H Rechenwert der H-Beschleunigung** *(Stat)*
**calculating principle Berechnungsgrundlage** *f (Stb)*
**calculation by successive approximation Berechnung durch schrittweise Näherung** *(Stb)*
**calculation of areas Flächenberechnung** *f (Stb)*
**calculation of buckling stresses Beulnachweis** *m (Stat, Stb)*
**calculation of side restriction Einschränkungsberechnung** *f (Bahn)* (Bahnprofil)
**calculation, approximate** approximate calculation *adj:n* **Näherungsrechnung** *f (Stb)*
**calibrating carriage Eichwagen** *m (Mech)*
**calibrating wagon Eichwagen** *m (Mech)*
**calibrating weight Prüfgewicht** *n*
**calibrating weights** *pl* **Prüfgewichte** *pl nt (Mech)* (Bandwaage)
**calibration block Eichkörper** *m (Form)*
**caliper** *(diameter)* **Bohrungsdurchmesser** *m (Form)* **innerer Durchmesser** *adj:n (Mech)*
**caliper** *(brake)* **Bremssatz** *m (Kfz)*
**caliper Holzmessgerät** *nt (Mech, Mont)* **Tastvorrichtung** *f (Mech, Mont)*
**caliper rule Schieblehre** *f (Mont, Werkz)*
**caliper, inside** inside caliper *adj:n* **Innentaster** *m (Mech)*
**caliper-type brake Flächenbremse mit in Längsrichtung verschiebbarer Leiste** *(Mech)*
**calliper Bremssattel** *m (Kfz)* (der Scheibenbremse)
**calotte Kalotte** *f (Mech)* **Lagerschale** *f (Mech)*
**calotte driving Kalottenvortrieb** *m (Bg/Bergb)*
**calotte, spherical** spherical calotte *adj:n* **Kugelschale** *f (Mech)*
**cam Knagge** *f (Mech, Bau, Stb)* **Mitnehmer** *m (Mech)* (Anschlag, Nase) **Nocke** *f (Mech)* (z.B. Erhöhung auf der Nockenwelle)
**cam and balancer shaft end bearing Endlager Nockenwelle** *(Mech)*
**cam and stop plate Unterbrechernocken** *m (Mech)*
**cam angle Einstellung einer Kurvenscheibe** *(Kfz)* **Steuerwelle** *f (Mech)*
**cam bolt Nockenbolzen** *m (Mech)*
**cam contact device Nockenkontakteinrichtung** *f (Mech)*
**cam contour Exzenterkurve** *f (Kfz)*
**cam follower Kurvenrolle** *f (Mech)* **Nockenläufer** *m (Mech)* **Stößelrolle** *f (Mech)*
**cam lever Nockenhebel** *m (Mech)*
**cam mechanism Mitnehmersteuerung** *f (Mech)*
**cam ring Nockenring** *m (Mech)*
**cam spanner Nockenschlüssel** *m (Mont)*
**cam switch link Nockenschaltglied** *nt (El)*
**cam valve Stößel-Nocken-Ventil** *nt (Mech)* **Stößelventil** *nt (Mech)*
**cam-shaped piston ovaler Kolben** *adj:n (Mech)*

**camber** *(superelevation)* **Querprofil** *nt (Bg/Bergb)* (der Straße) **Straßenprofil** *nt (Bau)*
**camber Biegung** *f (Stb)* (leichte Überhöhung der Straße) **Überhöhung** *f (Stb)* (eines Trägers)
**camberboard Profillehre** *f (Mech)*
**Cambridge roller Cambridge-Walze** *f (Form)*
**camshaft Mitnehmerwelle** *f (Mech)* **Nockenwelle** *f (Mech)*
**camshaft bearing Nockenwellenlager** *nt (Mech)*
**camshaft cover Nockenwellendeckel** *m (Mech)*
**camshaft drive Abtrieb der Nockenwelle** *(Kfz)*
**camshaft grinding machine Nockenwellenschleifmaschine** *f (Mech)*
**camshaft seal Nockenwellendichtung** *f (Mech)*
**camshaft timing gear Nockenwellenantriebsrad** *nt (Mech)*
**camshaft timing gear wheel Nockenwellenrad** *nt (Mech)*
**can Dose** *f (Form)* (Deckelbehälter) **Kanister** *m (Kfz)* **Kanne** *f (Kfz)*
**Canadian Standards Association Kanadischer Normenausschuss** *(Schw)*
**canal** *(tunnel)* **Stollen** *m (Stb)* (Wasserbau)
**canal bridge Kanalbrücke** *f (Stb)*
**canning tube Hüllrohr** *nt (Form)*
**canopy** *(sun roof)* **Sonnendach** *nt (Bg/Bergb)* (z.B. des Graders)
**canopy** *(for the driver)* **offenes Fahrerhaus** *adj:n (Mech)*
**canopy Kragdach** *nt (Stb)* **Vordach** *nt (Stb)*
**canopy curtain Wetterdachplane** *f (Mech)*
**cantilever auskragendes Konsol** *adj:n (Mech)* **Kragträger** *m (Mech)*
**cantilever arm Kragarm** *m (Mech, Stb)*
**cantilever beam Gerberträger** *m (Mech, Stb)* **Kragträger** *m (Mech)*
**cantilever beam, propped** propped cantilever beam *adj:n* **einseitig eingespannter Träger** *adj:n (Mech, Stb)*
**cantilever bridge Gelenkträgerbrücke** *f (Stb)* **Gerberbrücke** *f (Stb)*
**cantilever crane Hammerkran** *m (Bg/Bergb)*
**cantilever erection Freivorbau** *m (Bau)*
**cantilever girder Gelenkträger** *m (Mech, Stb)* **Gerberträger** *m (Mech, Stb)* **Kragträger** *m (Mech)*
**cantilever platform Kragplatte** *f (Bau)* (Hochbau)
**cantilever purlin Gerberpfette** *f (Stb)*
**cantilever roof Kragdach** *nt (Stb)* **Vordach** *nt (Stb)*
**cantilevered arm of bridge truss Kragarm Brückenträger** *(Stb)*
**cantilevering Auskragung** *f (Stb)*
**canting Verarbeitung** *f (Bau)*
**canvas Plane** *f (Mech)* (aus Segeltuch) **Wagenplane** *f (Mech)*
**canvas cover Segeltuchabdeckung** *f (Bahn)* (Schutzplane) **Segeltuchhaube** *f (Mech)*
**canvas top** *(canvas cover)* **Segeltuchverkleidung** *f (Mech)* (Schutzplane)
**canvas water pipe Leinenbindung** *f (Mech)* (von Schläuchen)
**canvassing Abdeckung** *f (Allg)* (eines Gebietes, eines Themas)
**cap Abraum** *m (Geo)* **Deckgebirge** *nt (Geo, Bg/Bergb)*
**cap Aufsatz** *m (Mech)* (Kappe) **Butzen** *m (Hyd/Pneu)* **Kappe** *f (Mech)*
**cap** *(crusher)* **Helm** *m (Zer)* (Brecher)
**cap mushroom-type Kugelpilz** *m (Mech)*
**cap nut Hutmutter** *f (Mech)* **Rohrmutter** *f (Mech)* **Überwurfmutter** *f (Mech)*
**cap plate Kopfplatte** *f (Stb)* (Stütze)
**cap screw Kopfschraube** *f (Mech)* **Zylinderschraube** *f (Mech)*
**cap, front** front cap *adj:n* **Frontkappe** *f (Kfz)*
**cap, spherical** spherical cap *adj:n* **Kalotte** *f (Mech)* **Kugelpfanne** *f (Mech)* (Kugelabstützung Bagger) **Kugelschale** *f (Mech)*
**capabilities** *pl* **Einsatzmöglichkeit** *f (Mech, Allg)* (Gerät)
**capabilities of the excavator Arbeitsmöglichkeiten des Baggers** *(Bg/Bergb)*
**capability Leistungsfähigkeit** *f (Mech, Allg)* (Schaffenskraft, -vermögen)
**capacitive load Gegenspannungsbelastung** *f (Mech, Stat)*
**capacitor Kondensator** *m (Mech)*
**capacitor, tubular** tubular capacitor *adj:n* **Rohrkondensator** *m (Hütt/Wlz)*

**capacity Fassungsvermögen** *nt (Mech)* **Förderstrom** *m (Hyd/Pneu)* **Leistung** *f (Mech, Allg)* **Tragzahl** *f (Mech)* (Lager)
**capacity exchange Kapazitätsaustausch** *m (Allg)*
**capacity factor** *(El, Mech)* **Ausnutzungsgrad** *m (Mech)* (Elektromechanik) **Belastungsgrad** *m (Mech)* **Nennlast** *f (Mech)*
**capacity for strain Ausdehnungsfähigkeit** *f (Stb)*
**capacity of deformation Formänderungsvermögen** *nt (Stb)* **Verformbarkeit** *f (Hütt/Wlz)*
**capacity range Förderstrombereich** *m (Hyd/Pneu)* **Kapazitätsbereich** *m (Allg)*
**capacity, initial** initial capacity *adj:n* **Anfangskapazität** *f (Umschl)*
**capacity, maximum** maximum capacity *adj:n (of a machine)* **größtmögliche Leistung** *adj:n (Mech)* (einer Maschine)
**capacity, small** small capacity *adj:n* **kleine Leistung** *adj:n (Mech)*
**capacity, static** static capacity *adj:n* **statische Tragzahl** *adj:n (Mech)*
**capacity, suitable** suitable capacity *adj:n* **passende Tragkraft** *adj:n (Bahn)*
**capacity, useful** useful capacity *adj:n* **Nutzinhalt** *m (Mech)* (Bunker) **nutzbares Volumen** *adj:n (Mech)* (Bunker)
**cape chisel Kreuzmeißel** *m (Mont, Werkz)*
**capillarity Kapillarität** *f (Bau)*
**capital** *(top part of a column)* **Kapitell** *nt (Bau)* (oberer Säulenabschluss)
**capstan Haspel** *f (Mech)* (Zahnstange)
**capstan drive Spillantrieb** *m (Mech)* **Verschiebespill** *nt (Mech)*
**capstan head Spillkopf** *m (Mech)*
**capstan screw Kreuzlochschraube** *f (Mech)*
**capstan winch Spillwinde** *f (Mech)*
**captive nut Käfigmutter** *f (Mech)* (Schraube)
**car** *(of an elevator)* **Fahrstuhlkorb** *m (Mech)* **Korb** *m (Mech)* (des Fahrstuhls)
**car body Autowrack** *nt (Form)* **Karosserie** *f (Mech)* (Kfz)
**car body pressing Karosseriebau** *m (Kfz)* (Kfz)
**car carrier Autoreisezug** *m (Bahn)*
**car jack (jacks) Wagenheber** *m (Mech)*
**car scale Gleiswaage** *f (Mech)*
**car tippler Wipperanlage** *f (Bg/Bergb)*
**car wing Kotflügel** *m (Mech)*
**carbide percentage Karbidbelegung** *f (Mech)*
**carbody** *AE* **Unterwagenmittelteil** *m (Bg/Bergb)* **Unterwagenrahmen** *m (Bg/Bergb)*
**carbon content Kohlenstoffgehalt** *m (Hütt/Wlz, Mech)*
**carbon deposit Kohlenstoffrückstand** *m (Bg/Bergb)* **Ölkohleablagerung** *f (Mech)*
**carbon face seal Dichtung mit Kohleauflage** *(Form)*
**carbon steel Kohlenstoffstahl** *m (Hütt/Wlz)* **unlegierter Stahl** *adj:n (Hütt/Wlz)*
**carbon steel, deep-drawable** deep-drawable carbon steel *adj:n* **tiefziehfähiger Kohlenstoffstahl** *adj:n (Hütt/Wlz)*
**carbon steel, plain** plain carbon steel *adj:n* **unlegierter Kohlenstoffstahl** *adj:n (Hütt/Wlz)*
**carbon tetrachloride extinguisher Tetra-Löscher** *m*
**carbon, active** active carbon *adj:n* **Aktivkohle** *f (Bg/Bergb)*
**carbonizing Aufkohlung** *f (Form)* (durch Kohlegranulat)
**carborizing Nitrierhärtung** *f (Hütt/Wlz)*
**carburetor Vergaser** *m (Kfz)*
**carburetor control Gasgestänge** *nt (Kfz)*
**carburetor control linkage Vergasergestänge** *nt (Mech)*
**carburetor flange Vergaseranschlussstutzen** *m (Mech)*
**carburetor main body Vergasergehäuse** *nt (Mech)*
**carburetor nozzle Vergaserdüse** *f (Mech)*
**card holder plate Etagenplatte** *f (Mech)*
**cardan joint Kreuzgelenk** *nt (Mech)*
**cardan shaft Gelenkwelle** *f (Mech)* **Kardanwelle** *f (Mech)*
**cardboard, corrugated** corrugated cardboard *adj:n* **Wellpappe** *f (Mech)*
**cardumper Wagonkipper** *m (Umschl)*
**cardumper cradle Einstellwagen** *m (Bg/Bergb, Umschl)* (Kipper)
**care for equipment Pflege** *f (Mech, Allg)* (Material- bzw. Werkzeugpflege)
**cargo cluster Sonnenbrenner** *m*
**cargo gear Ladegeschirr** *nt (Mech)*

**cargo handling equipment Lastumschlagausrüstung** *f (Umschl)*
**cargo handling system Stückgutfördersystem** *nt (Mech)*
**cargo handling technology Stückgutfördertechnik** *f (Mech)*
**cargo hold** *(airplane)* **Laderaum** *m (Umschl)* (z. B. des Flugzeugs)
**cargo warehousing technology Stückgutlagertechnik** *f (Mech)*
**Carnot cycle Carnot Kreisprozess** *m (Hütt/Wlz)*
**carpet carrying ram Teppichtragdorn** *m (Mech)*
**carriage Fahrgestell** *nt (Bahn)* (eines Wagons) **Gabelschlitten** *m (Kfz)* **Rollenschlitten** *m (Mech)*
**carriage** *(sledge)* **Schlitten** *m (Mech)* (Maschinenteil)
**carriage frame Fahrwerksrahmen** *m (Bg/Bergb, Mech)*
**carriage of cars Kraftwagenbeförderung** *f (Bahn)* (Bahn)
**carrier** *(e.g. machines on it)* **Träger** *m (Bg/Bergb)* (als Maschinenteil)
**carrier Ansatz** *m (Mech)* (Mitnehmer)
**carrier cell Tragzelle** *f (Bg/Bergb)* (z.B. am Kratzer)
**carrier cell design Tragzellenkonstruktion** *f (Bg/Bergb)* (z.B. am Kratzer)
**carrier cell design, optimized** optimized carrier cell design *adj:n* **optimierte Tragzellenkonstruktion** *adj:n (Bg/Bergb)* (am Kratzer)
**carrier engine Fahrzeugmotor** *m (Kfz)* (des Hydraulikkrans)
**carrier pin Mitnehmerbolzen** *m (Mech)*
**carrier plate Tragplatte** *f (Mech)*
**carrier plate disc Tragplattenscheibe** *f (Mech)*
**carrier rail Tragschiene** *f (El, Mech, Bahn)*
**carrier roll Tragrolle** *f (Band)*
**carrier roller Mitnehmerrolle** *f (Mech)* **Stützrolle** *f (Bg/Bergb)* (für Raupenkette)
**carrier roller bracket Stützrollenbock** *m (Bg/Bergb)*
**carry idler Streckengirlande** *f (Band)*
**carry-over Überwerfen des Schaufelrades** *(Bg/Bergb)*
**carrying air Primärluft** *f (Hütt/Wlz)* **Trägerluft** *f (Hütt/Wlz)*
**carrying belt Oberband** *nt (Band)* **Obertrum** *m (Band)*
**carrying cable** *(of a suspension bridge)* **Tragkabel** *nt (Stb)* (einer Hängebrücke)
**carrying frame Tragrahmen** *m (Mech)*
**carrying garland idler Oberbandgirlande** *f (Band)* **Tragrollengirlande** *f (Band)*
**carrying gas Trägergas** *nt (Hütt/Wlz)*
**carrying idler Oberband-Tragrolle** *f (Bg/Bergb, Umschl, Zer, Band)* **obere Tragrolle** *adj:n (Band, Umschl)*
**carrying idler garland Streckengirlande** *f (Band)*
**carrying idler roll Bandtragrolle** *f (Bg/Bergb, Umschl, Zer, Band)* (einzelne Tragrolle)
**carrying idler stand Muldenrollenstuhl** *m (Mech, Band)*
**carrying ram Tragdorn** *m (Mech)*
**carrying rope Tragkabel** *nt (Stb)* (einer Hängebrücke)
**carrying side** *(belt)* **Materialseite** *f (Band, Bg/Bergb, Umschl, Zer)* **Tragseite** *f (Mech, Band)* (Gurt)
**carrying side of belt Schmutzseite des Bandes** *(Band)*
**carrying structure Trägerkonstruktion** *f (Mech, Stb, Stat)*
**carrying system Tragsystem** *nt (Mech, Mont)*
**carrying system, integral** integral carrying system *adj:n* **geschlossenes Tragsystem** *adj:n (Mech, Mont)*
**carrying-belt garland idler Oberbandgirlande** *f (Band)* **Tragrollengirlande** *f (Band)*
**cartridge Einsatzpatrone** *f (Kfz)*
**cartridge insert for struts Patroneneinsatz für Federbeine** *(Mech)*
**cartridge kit Pumpeneinsatz** *m (Hyd/Pneu)*
**carving knife Schnitzmesser** *nt (Werkz)*
**CAS-OB units and processes CAS-OB Anlagen und Verfahren** *(Form)*
**cascade** *(pipes and valves under cab)* **Rohrgerippe mit Ventilen** *(Bg/Bergb)* (unter der Kabine)
**cascade connection Kettenschaltung** *f (Mech)*
**cascading** *(of the grinding media)* **Abrollen** *nt (Form)* (der Mahlkörper)
**case** *(housing)* **Gehäuse** *nt (Mech)* (z.B. von Maschine, Motor)

**case depth Härtetiefe** *f (Hütt/Wlz)* (einsatzgehärtet)
**case hardening Einsatzhärtung** *f (Bg/Bergb)*
**case hardening steels** *pl* **Einsatzstahl** *m (Form)*
**case of loading Belastungsfall** *m (Stb)*
**case, differential** differential case **Ausgleichgehäuse** *nt (Kfz)*
**cased butt coupling Muffenkupplung** *f (Mech)*
**cased filter Gehäusefilter** *m (Hyd/Pneu)*
**casement fastener hook Vorreiberschloss** *nt (Mech)*
**casement window Flügelfenster** *nt (Bau)*
**casement window vent Lüftungsdrehflügel** *m (Mech, Bau)*
**cash register Registrierkasse** *f (Mech, Allg)*
**casing Verkleidung** *f (Mech)* (Ummantelung) **Verschalung** *f (Mech)* (Einkapselung, Gehäuse)
**casing bit Schappenbohrer** *m (Mont, Werkz)*
**casing diameter Bohrrohrdurchmesser** *m (Bg/Bergb)* **Gehäusedurchmesser** *m (Mech)* (Thermometer)
**casing material Schalungsmaterial** *nt (Stb)*
**casing oscillator** *(flat on ground)* **Verrohrungsanlage** *f (Bg/Bergb)*
**casing putty Gehäusekitt** *m (Mech)*
**casing, outer** outer casing *adj:n* **Stützenführung** *f (Bahn)* (Wagonabstützung)
**casing, protective** protective casing *adj:n* **Schutzgehäuse** *nt (Mech)*
**cast Charge** *f (Hütt/Wlz)* **Guss** *m (Hütt/Wlz)* **Schmelze** *f (Hütt/Wlz)*
**cast alloy Gusslegierung** *f (Hütt/Wlz)*
**cast bearing Gusslagerung** *f (Hütt/Wlz)*
**cast brass Messingguss** *m (Hütt/Wlz)*
**cast bronze Gussbronze** *f (Hütt/Wlz)*
**cast concrete Gussbeton** *m (Bau)*
**cast design Gusskonstruktion** *f (Hütt/Wlz)*
**cast iron Grauguss** *m (Stb, Hütt/Wlz)* **Gusseisen** *nt (Hütt/Wlz)* **Tübbing** *m (Hütt/Wlz)* (gusseisern)
**cast iron cover Gussdeckel** *m (Hütt/Wlz)*
**cast iron disc wheel Grauguss-Scheibenrad** *nt (Hütt/Wlz, Mech)* (Kfz)
**cast iron distribution Gussverteilung** *f (Hütt/Wlz)*
**cast iron distribution board Gussverteilung** *f (Hütt/Wlz)*
**cast iron high-pressure piston gusseiserner Hochdruckkolben** *adj:n (Mech)*
**cast iron housing Gussgehäuse** *nt (Mech)*
**cast iron scrap Gussschrott** *m (Hütt/Wlz)*
**cast iron spoked wheel Grauguss-Speichenrad** *nt (Hütt/Wlz)* (Kfz)
**cast iron with vermicular graphite Gusseisen mit Vermiculargraphit** *(Hütt/Wlz)*
**cast iron, austenitic** austenitic cast iron *adj:n* **austenitisches Gusseisen** *adj:n (Hütt/Wlz)*
**cast iron, chilled** chilled cast iron *adj:n* **Hartguss** *m (Hütt/Wlz)* **Spezialhartguss** *m (Hütt/Wlz)*
**cast iron, corrosion-resistant** corrosion-resistant cast iron *adj:n* **korrosionsbeständiges Gusseisen** *adj:n (Hütt/Wlz)*
**cast iron, ductile** ductile cast iron *adj:n* **globularer Grauguss** *adj:n (Hütt/Wlz)* **Sphäroguss** *m (Hütt/Wlz)*
**cast iron, heat-resistant** heat-resistant cast iron *adj:n* **hitzebeständiges Gusseisen** *adj:n (Hütt/Wlz)*
**cast iron, malleable** malleable cast iron *adj:n* **Temperguss** *m (Hütt/Wlz)*
**cast iron, wear-resistant** wear-resistant cast iron *adj:n* **verschleißbeständiges Gusseisen** *adj:n (Hütt/Wlz)*
**cast lip Gusslippe** *f (Hütt/Wlz)* **Gussmesser** *m (Hütt/Wlz)*
**cast metal Metallguss** *m (Hütt/Wlz)*
**cast seal Gussband** *nt (Mech)* (Kolbendichtung)
**cast specimen, initial** initial cast specimen **Angießprobe** *f (Form)*
**cast spherical segment cap Gusskalotte** *f (Hütt/Wlz)*
**cast steel Stahlformguss** *m (Hütt/Wlz)*
**cast steel** *(material)* **Gussstahl** *m (Hütt/Wlz)* **Stahlguss** *m (Hütt/Wlz)* (Material)
**cast steel disc wheel Stahlguss-Scheibenrad** *nt (Mech)*
**cast steel spoked wheel Stahlguss-Speichenrad** *nt (Mech)*
**cast steel tubular flange socket Stahlguss-Anschlussstutzen** *m (Stb)*
**cast steel, heat-resistant** heat-resistant cast steel *adj:n* **hitzebeständiger Stahlguss** *adj:n (Hütt/Wlz)*

**cast steel, heat-treatable** heat-treatable cast steel *adj:n* **vergütbarer Stahlguss** *adj:n (Hütt/Wlz)*
**cast steel, low-temperature** low-temperature cast steel *adj:n* **kältezäher Stahlguss** *adj:n (Hütt/Wlz)*
**cast steel, nonmagnetizable** nonmagnetizable cast steel *adj:n* **nicht magnetisierbarer Stahl** *adj:n (Hütt/Wlz)*
**cast steel, stainless** stainless cast steel *adj:n* **nicht rostender Stahlguss** *adj:n (Hütt/Wlz)*
**cast structure Gussstruktur** *f (Hütt/Wlz)* (Gussgefüge)
**cast welding Gießschweißen** *nt (Schw)*
**cast-mining Übersetzbetrieb** *m (Bg/Bergb)*
**casting Direktverstürzung** *f (Bg/Bergb)*
**casting Gießen** *nt (Hütt/Wlz)* **Gussstück** *nt (Hütt/Wlz)* **Vergießen** *nt (Hütt/Wlz, Mech)*
**casting box** *BE* **Gussform** *f (Hütt/Wlz)*
**casting compound Vergussmasse** *f (El, Mech, Stb)*
**casting defect Gussfehler** *m (Hütt/Wlz)*
**casting free from shrinkholes lunkerfreier Guss** *adj:n (Hütt/Wlz)*
**casting general tolerance Gussfreimaßtoleranz** *f (Hütt/Wlz)*
**casting mould Gussform** *f (Hütt/Wlz)*
**casting number Gussnummer** *f (Hütt/Wlz)*
**casting over Direktverstürzung** *f (Bg/Bergb)*
**casting pattern Gussmodell** *nt (Hütt/Wlz)*
**casting plant, continuous** continuous casting plant *adj:n* **Stranggießanlage** *f (Hütt/Wlz)*
**casting platform Gießbühne** *f (Hütt/Wlz)*
**casting resin Gießharz** *nt (Hütt/Wlz, Mont)*
**casting test Gussprüfung** *f (Hütt/Wlz)*
**casting tolerance Gusstoleranz** *f (Hütt/Wlz)*
**casting untoleranced dimension Gussfreimaßtoleranz** *f (Hütt/Wlz)*
**casting, centrifugal** centrifugal casting *adj:n* **Schleudergießen** *nt (Hütt/Wlz)* **Schleuderguss** *m (Hütt/Wlz)*
**casting, continuous** continuous casting *adj:n* **Stranggießen** *nt (Hütt/Wlz)* **Stranggusseinsatz** *m (Hütt/Wlz)*
**casting, finished** finished casting *adj:n* **Fertigguss** *m (Hütt/Wlz)* **Formguss** *m (Hütt/Wlz)*
**casting, initial** initial casting **Angießen** *nt (Form)* (erster Probeguss)
**casting, plant Gießanlage** *f (Hütt/Wlz)*
**castings cleaning** *(cleaning of castings)* **Gussputzen** *nt (Hütt/Wlz)*
**castings for hydraulic applications Hydraulikguss** *m (Hütt/Wlz)*
**castings, clean** clean castings *n:v* **Guss putzen** *n:v (Hütt/Wlz)* **gussputzen** *v (Hütt/Wlz)*
**castle nut Kronenmutter** *f (Mech)*
**castle-tower Schlossturm** *m (Bau)*
**castor Radnachlauf** *m (Mech)*
**cat wire gallows Oberleitungsgalgen** *m (Bahn)*
**cat's eye Katzenauge** *nt (Kfz)* (Rückstrahler) **Rückstrahler** *m (Mech)*
**catch Anschlag** *m (Mech)* (Falle, Schnapper) **Raste** *f (Mech)* **Sperrklinke** *f (Mech)*
**catch** *(carrier)* **Ansatz** *m (Mech)* (Mitnehmer)
**catch basin Auffangwanne** *f (Mech)*
**catch bin Zwischenbunker** *m (Umschl)*
**catch roll Fangrolle** *f (Mech)*
**catching hook Fanghaken** *m (Mech)*
**catching loop Fangschlinge** *f (Bahn)* (am Drehgestell)
**catenary idler Girlandenrolle** *f (Band, Bg/Bergb)* **Schaukelrolle** *f (Band)*
**catenary idler, lower** lower catenary idler *adj:n* **Unterbandgirlande** *f (Band)* **Untergurtgirlande** *f (Band)* (Großförderband)
**catenary idler, upper** upper catenary idler *adj:n* **Schneckengirlande** *f (Band)*
**catenary wire Fahrdraht** *m (Bahn)* **Oberleitung** *f (Bahn, El)* (Bahn)
**catenary wire yoke Oberleitungsjoch** *nt (Bahn)*
**caterpillar crane Raupenkran** *m (Stb)*
**caterpillar tractor Raupenschlepper** *m (Mech)*
**cathode copper Elektrolytkupfer** *nt (Mech)*
**catwalk Wartungsbühne** *f (Mech)* **Wartungslaufsteg** *m (Mech)*
**catwalks and rails Laufgitter** *nt (Mech)*
**caulk weld Dichtnaht** *f (Schw)*

**caulk welding Dichtungsschweißung** *f (Stb)*
**caulking chisel Stemmmeißel** *m (Mont)*
**causeway conveyor Dammband** *nt (Band)*
**caustic embrittlement Laugensprödigkeit** *f (Hütt/Wlz)*
**caving (the caving, the fill) Brocken** *m (Bg/Bergb)* (hinter Schild, Bergbau)
**caving of floor sand Fließsandeinbrüche** *pl m (Bg/Bergb, Geo)*
**caving of the pile Haldeneinbruch** *m (Bg/Bergb, Umschl)*
**caving shield** *(back of shield)* **Hinterschild** *nt (Bg/Bergb)*
**caving-in Einsturz** *m (Bg/Bergb)* **Verfüllen** *nt (Bg/Bergb)* (Einsturz)
**cavit Rückstoßfeder** *f (Mech)* (Anlasser)
**cavitation Hohlraumbildung** *f (Mech)* **Kavitation** *f (Mech)*
**cavity Aushöhlung** *f (Mech, Mont)* (Vertiefung, Höhle) **Kammer** *f (Form)* (Gaseinschluss) **Lunker** *m (Mech)*
**cavity brick Hohlblockstein** *m (Bau)*
**cavity wall Hohlmauer** *f (Stb)* **Hohlwand** *f (Stb)*
**CECE CECE** *(Allg)* (erarbeitete und veröffentlichte technische Normen)
**ceiling beam Deckenträger** *m (Stb)*
**ceiling slab Deckenscheibe** *f (Bau)*
**ceiling, false** false ceiling *adj:n BE* **Doppeldecke** *f (Stb)* (abgehängte Decke)
**cellular plastic buffer Zellkunststoffpuffer** *m* (Polyurethan)
**cellular radiator Lamellenkühler** *m (Mech)*
**cement mortar lining Zementmörtelauskleidung** *f (Bau)* (Rohre)
**cementing material Dichtungsmaterial** *nt (Mech)*
**centane number Centanzahl** *f (Allg)*
**center body Mittelteil** *m (Bg/Bergb)* (des Unterwagens)
**center bushing Zentrierring** *m (Mech)*
**center column Mittelzapfen** *m (Bg/Bergb)* **zentraler Zapfen** *adj:n (Mech)*
**center cutting edge Mittelschneidmesser** *nt (Mech)*
**center housing mittleres Gehäuse** *adj:n (Mech)*
**center lathe Spitzendrehmaschine** *f (Mech)*
**center line** *(of a bridge)* **Achse** *f (Stb)* (der Brücke)
**center part** *(center body)* **Traverse** *f (Bg/Bergb)* (Unterwagenmittelteil)
**center pier** *AE* **Mittelpfeiler** *m (Stb)*
**center post** *AE* **Drehdurchführung** *f (Mech)*
**center punch** *AE* **Körner** *m (Mont, Werkz)*
**center ring Zentrierring** *m (Mech)*
**center to center of column supports** *AE* **Entfernung der Auflagermitten** *(Mech, Stb)*
**center tolerance Mittentoleranz** *f (Stb)*
**center-flange rail wheel Laufrad mit mittlerem Spurkranz** *(Mech)*
**centering Lehrgerüst** *nt (Stb)* **Zentrierung** *f (Mech)*
**centering drift Zentrierdorn** *m (Mont)*
**centering roll Zentrierrolle** *f (Mech)*
**centerline of drum Trommelmitte** *f (Hütt/Wlz)*
**central auxiliary drive zentrischer Nebenantrieb** *adj:n (Mech)*
**central cutter Zentralfräser** *m (Mont)*
**central electrode Mittelelektrode** *f (Schw, Mech, Mont)*
**central electrode, coaxial** coaxial central electrode *adj:n* **konzentrisch angeordnete Elektrode** *adj:n (Schw, Mech, Mont)*
**central part of the air brake Mittelteil der Luftdruckbremse** *(Bahn)*
**central parts service Ersatzteildienst** *m (Mech)* **zentraler Ersatzteildienst** *adj:n (Mech)*
**central power take-off zentrischer Nebenantrieb** *adj:n (Mech)*
**central self-discharging wagon Mittenselbstentladewagen** *m (Bahn)*
**central stocking out conveyor Lagerlängsband** *nt (Band, Umschl)*
**central trunnion mounting Schwenkzapfen in Zylindermitte** *(Mech)*
**centrally loaded** *adj* **zentralsymmetrische Belastung** *adj:n (Stb)*
**centre ball race rim** *BE* **Kugeldrehkranz** *m (Mech)*
**centre bolt** *BE* **Zentrierbolzen** *m (Mech)*
**centre bore Mittenbohrung** *f (Mech)* **Zentrierbohrung** *f (Mech)*
**centre distance** *BE* **Achsabstand** *m (Band)* (des Bandes) **Mittenabstand** *m (Mech)*

**centre frame Unterwagenmittelteil** *m (Bg/Bergb)* **Unterwagenrahmen** *m (Bg/Bergb)*
**centre gangway coach Personenwagen mit Mittelgang** *(Bahn)*
**centre hinge Mittelgelenk** *nt (Stb)*
**centre line flaw Kernfehler** *m (Hütt/Wlz)*
**centre line of boiler Kesselmitte** *f (Hütt/Wlz)*
**centre line of bore Bohrungsmittellinie** *f (Stb)*
**centre of friction Reibungsmittelpunkt** *m (Stb)*
**centre of gravity** *BE* **Schwerpunkt** *m (Mech, Stat)*
**centre of mesh Maschenmitte** *f (Mech)* (Gitterrost)
**centre of moments** *BE* **Momentennullpunkt** *m (Stat)*
**centre of rotation** *BE* **Drehachse** *f (Mech)* **Drehpol** *m (Stb)* **Drehpunkt** *m (Bg/Bergb, Umschl)*
**centre of scaffolding Gerüstmittelteil** *nt (Bau, Mont, Stb)*
**centre of support Auflagermitte** *f (Stb)*
**centre of vehicle Gerätemitte** *f (Kfz)*
**centre part Mittelteil** *m (Bg/Bergb)* (des Unterwagens)
**centre pier** *BE* **Mittelpfeiler** *m (Stb)*
**centre pin** *BE* **Drehpfannenbolzen** *m (Mech)* **Königszapfen** *m (Mech)*
**centre pivot** *BE* **Drehpfanne** *f (Bahn)* (am Wagondrehgestell)
**centre point** *(for radius)* **Einstichpunkt** *m (Form)* (für den Radius) **Mittelpunkt** *m (Mech, Math, Allg)*
**centre post** *BE* **Drehdurchführung** *f (Mech)*
**centre punch** *BE* **Körner** *m (Mont, Werkz)*
**centre section Mittelteil** *m (Mech)*
**centre shift Seitenschubvorrichtung** *f (Mech)*
**centre shift pinion Seitenschubritzel** *nt (Mech)*
**centre span** *BE* **Mittelfeld** *nt (Stb)* (Öffnung)
**centre-drill Zentrumbohrer** *m (Mont, Werkz)*
**centre-line of bridge Brückenachse** *f (Stb)*
**centre-of-gravity form** *BE* **Schwerpunktsmaske** *f (Bg/Bergb)*
**centre-of-gravity movements** *pl BE* **Schwerpunktänderungen** *pl f (Mech, Stat)*
**centre-pivot insert Gleiteinlage** *f (Mech)* (in der Drehgestellpfanne)
**centre-to-centre distance** *BE* **Mittenabstand** *m (Mech)*
**centrifugal dredge pump Baggerkreiselpumpe** *f (Bg/Bergb)*
**centrifugal fan Fliehkraftlüfter** *m (Mech, Hyd/Pneu)*
**centrifugal pump Kreiselpumpe** *f (Hyd/Pneu)*
**centrifugal switch Fliehkraftschalter** *m (El)*
**centrifuge Zentrifuge** *f (Zer)*
**centrifuge, vibrating** vibrating centrifuge *adj:n* **Schwingsiebschleuder** *f (Zer)*
**centripetal force Zentripetalkraft** *f (Stat)*
**centroid Schwerpunkt** *m (Mech, Stat)* **Schwerpunkt einer Fläche** *(Mech, Stat)*
**ceramics Keramik** *f (Geo)*
**certification for welding Eignungsnachweis zum Schweißen** *(Schw)*
**CEX** *adj:n (Abv)* **Außenbogenweiche** *f (Bahn)*
**chaff Abrieb** *m (Mech)* (Späne, Splitter) **Häcksel** *pl m (Mech)*
**chain Kette** *f (Mech, Bg/Bergb)*
**chain adjuster** *(idler)* **Kettenspanner** *m (Mech, Mont)*
**chain band Band** *nt (Form)* (Kettenband)
**chain block and tackle Kettenzug** *m (Mech, Bau)*
**chain capstan Seilspill** *n*
**chain casing Kettengehäuse** *nt (Mech)*
**chain conveyor Kettenförderer** *m (Bg/Bergb, Umschl)*
**chain conveyor, armoured** armoured chain conveyor *adj:n* **Panzerkettenförderer** *m (Bg/Bergb)*
**chain conveyor, endless** endless chain conveyor *adj:n* **Kettenförderer** *m (Bg/Bergb, Umschl)*
**chain drive Kettenantrieb** *m (Mech)* **Laufkette** *f (Mech)*
**chain drive, hand-operated** hand-operated chain drive *adj:n* **handbetätigter Kettenantrieb** *adj:n (Mech)*
**chain elevator Kettenbecherwerk** *nt (Bg/Bergb)*

**chain for agricultural machines Kette für Landmaschinen** *(Mech)*
**chain grate Kettenrost** *m (Hütt/Wlz)*
**chain grate stoker Kettenrostfeuerung** *f (Hütt/Wlz)*
**chain hoist Kettenzug** *m (Mech, Bau)*
**chain latch Kettenanker** *m (Mech)* (z.B. des Gabelstaplers)
**chain length Kettenlänge** *f (Mech)*
**chain link Kettenglied** *nt (Mech)* **Schake** *f (Bg/Bergb, Mech)*
**chain link bushing Schakenbuchse** *f (Mech, Bg/Bergb)*
**chain link pin Schakenbolzen** *m (Mech, Bg/Bergb)*
**chain link support Schakenaufhängung** *f (Bahn)*
**chain link, conical** conical chain link *adj:n* **konisches Kettenglied** *adj:n (Mech)*
**chain link, cranked** cranked chain link *adj:n* **gekröpftes Kettenglied** *adj:n (Mech)*
**chain mat Kettenmatte** *f (Bg/Bergb, Mech)*
**chain matrix Kettenmatrix** *f (Mech)*
**chain mesh, continuous** continuous chain mesh *adj:n* **Laufnetz** *nt (Mech)* (Schneekette)
**chain mounting Kettenbefestigung** *f (Mech)*
**chain pad Bodenplatte** *f (Bg/Bergb)* (Transportraupe) **Raupenplatte** *f (Bg/Bergb)*
**chain pin Kettenbolzen** *m (Mech, Bg/Bergb)*
**chain pitch Kettenteilung** *f (Mech)*
**chain pulley block Kettenflaschenzug** *m (Mech)*
**chain reduction gear Kettenvorgelege** *nt (Mech)*
**chain scraper Kettenkratzer** *m (Bg/Bergb)* **Kettenkratzförderer** *m (Bg/Bergb)*
**chain section Kettenteilstück** *nt (Mech)*
**chain sling Kettenschlinge** *f (Stb)*
**chain speed Kettengeschwindigkeit** *f (Mech)*
**chain sprocket Kettenrad** *nt (Mech, Band)* (Bandwaage) **Kettenstern** *m (Mech)*
**chain sprocket shaft Kettenradwelle** *f (Mech)*
**chain strand Kettenstrang** *m (Mech)* **Plattenbandstrang** *m (Zer)* (Kettenstrang)
**chain strand, endless** endless chain strand *adj:n* **endloser Kettenstrang** *adj:n (Mech)*
**chain supporting idler Stützrolle** *f (Bg/Bergb)* (für Raupenkette)
**chain suspension** *(magnet attachment)* **Kettengehänge** *nt (Bg/Bergb)* (an Magnetausrüstung)
**chain suspension bridge Kettenbrücke** *f (Stb)*
**chain suspension tackle Magnetkettengehänge** *nt (Bg/Bergb)*
**chain takeup sprocket Kettenspannrolle** *f (Mech)* (Bandwaage)
**chain tension Kettenzug** *m (Bg/Bergb)* (Raupe) **Raupenkettenzug** *m (Bg/Bergb)*
**chain tensioner Spannvorrichtung** *f (Bg/Bergb)* (Raupenkette)
**chain tensioning station Kettenspannstation** *f (Bg/Bergb)* (am Kratzer)
**chain tightener Kettenspanner** *m (Mech, Mont)*
**chain tread Kettenglied** *nt (Mech)* **Raupenglied** *nt (Mech)*
**chain wrench Kettenspannschlüssel** *m (Mech)* (z.B. für Rohre)
**chain yoke Kettenbügel** *m (Mech)*
**chain, bushed** bushed chain *adj:n* **Buchsenkette** *f (Mech)* (Laschenkette als Buchsenkette)
**chain, cast off** cast off the chain *n:v* **Kette ablegen** *n:v (Bg/Bergb)*
**chain, counter-rotating** counter-rotating chain *adj:n* **gegenläufige Kette** *adj:n (Mech)*
**chain, open** open chain *adj:n* **lose Kette** *adj:n (Mech)*
**chain, toothed** toothed chain *adj:n* **Zahnkette** *f (Mech)*
**chain-type cable Kabelschleppkette** *f (Mech)* **Schleppkette** *f (El)* (Kabel)
**chair** *(for rail)* **Schienenstuhl** *m (Bahn)*
**chalk Kreide** *f (Geo)*
**chamber Vorkammer** *f (Mech)*
**chamber filter Kammerfilter** *m (Mech)* (Entstaubung)
**chamber of the probe block Kammer des Prüfblocks** *(Schw)*

**chamber, primary** primary chamber *adj:n* **Feuerraum** *m (Hütt/Wlz)* **Primärkammer** *f (Hütt/Wlz, Mech)*
**chamfer Abrundung** *f (Mech, Mont)* (z.B. von Getriebezähnen) **Hohlkehle** *f (Mech)* **Rinne** *f (Mech)* (Furche) **Zuschärfung** *f (Mech, Mont)*
**chamfer start depth Anschnitttiefe** *f (Form)*
**chamfering Abfasung** *f (Mech, Mont)* **Abschrägung** *f (Mech, Mont)* (Abfasung)
**chamfering of edges Abschrägung von Kanten** *(Mech, Mont)*
**champignon rail Vignolschiene** *f (Bahn)*
**change** *(modification)* **Umrüstung** *f (Mech, Bg/Bergb)* (Änderung der Ausrüstung)
**change frame Wechselrahmen** *m (Mech)*
**change gear Schaltgetriebe** *nt (Mech)* **Wechselgetriebe** *nt (Mech)*
**change gear to wheel gearing Schaltgetriebe zum Schaufelradgetriebe** *(Mech)*
**change in section Querschnittsänderung** *f (Hütt/Wlz)*
**change lever Schalthebel** *m (Mech)* (Kupplungsschalter)
**change of addendum Kopfhöhenänderung** *f (Mech)* (Zahnrad)
**change of attachment Umrüsten** *nt (Bg/Bergb)*
**change of cross section Querschnittsänderung** *f (Hütt/Wlz)*
**change shaft Schaltwelle** *f (Mech)* (Kupplungsschalter)
**change, pneumatic** pneumatic change *adj:n* **Druckluftschaltung** *f (Kfz)*
**change-over Umschaltung** *f (El)*
**change-over chute Verschiebesattel** *m (Bg/Bergb, Umschl)*
**change-over control Umsteuerung** *f (Mech)* (Schmieranlage)
**change-over device Übergangseinrichtung** *f*
**change-over piston Umsteuerkolben** *m (Mech)* (Schmieranlage)
**change-speed gear Schaltgetriebe** *nt (Mech)*
**change-speed gear, infinitely variable** infinitely variable change-speed gear *adj:n* **stufenloses Getriebe** *adj:n (Mech)*
**changes in dimensions Maßänderungen** *pl f (Mech)*
**changing the site of operation Ortswechsel** *m (Bg/Bergb)*
**channel Holm** *m (Mech, Mont)* (Profil) **Kanal** *m (Mech)* (Ablaufrinne) **Rinne** *f (Mech)* (Furche)
**channel buckstay U-Eisen-Stiel** *m (Hütt/Wlz)*
**channel reduction, adjacent** adjacent channel reduction *adj:n* **Nachbarkanalunterdrückung** *f (Mech)*
**channel-type air heater Taschen-Luftvorwärmer** *m (Hütt/Wlz)* (Taschen-Luvo)
**channelling** *BE* **Auskehlen** *nt (Mech)*
**chaplet Kernstütze** *f (Hütt/Wlz)* (Gießerei)
**charcoal Holzkohle** *f (Bg/Bergb)*
**charcoal kiln** *BE* **Meiler** *m (Bau)*
**charge** *(ore and fluxes)* **Möller** *m (Hütt/Wlz)* (Chargiergut für den Hochofen)
**charge** *(freight)* **Ladung** *f (Mech)* (Fracht)
**charge air cooler Ladeluftkühler** *m (Mech)*
**charge air pipe Ladeluftleitung** *f (Mech)*
**charge blending Möllerung** *f (Hütt/Wlz)*
**charge mixing Möllerung** *f (Hütt/Wlz)*
**charge number Chargennummer** *f (Bg/Bergb)*
**charge pressure Speisedruck** *m (Hyd/Pneu)*
**charge pump Ladepumpe** *f (Hyd/Pneu)* **Speisepumpe** *f (Hyd/Pneu)*
**charge, uppermost** uppermost charge *adj:n* **oberste Ladung** *adj:n (Bg/Bergb)*
**charger Aufgabeapparat** *m (Bg/Bergb)*
**charging Beschickung** *f (Bg/Bergb)* (z.B. des Hochofens)
**charging and discharging device Beschickungs-/Entleerungsvorrichtung** *f (Form)*
**charging box Chargiermulde** *f (Form)*
**charging bridge Ladebrücke** *f (Stb)* **Verladebrücke** *f (Bg/Bergb, Umschl)*
**charging carriage Möllerwagen** *m (Hütt/Wlz)* (am Hochofen)
**charging device** *(on fork lift truck)* **Chargiergerät** *nt (Kfz)* (am Gabelstapler)
**charging hopper Aufgabetrichter** *m (Zer, Umschl)* **Fülltrichter** *m (Umschl, Zer)*

**charging platform Gichtbühne** *f (Hütt/Wlz)* (des Hochofens)
**charging roller Zuführrollgang** *m (Mech)*
**charging roller conveyor Einlaufrollgang** *m (Form)* **Zulaufrollgang** *m (Kfz)*
**charging spoon Chargierlöffel** *m (Form)*
**Charpe-V notch ISO-V** *(Schw)* (Kerbschlagzähigkeit)
**charring Verkohlung** *f (Stb)*
**chart time schedule schaubildlicher Terminplan** *adj:n (Mech)*
**charterer Befrachter** *m (Kfz)*
**chassis Fahrwerk** *nt (Bg/Bergb, Mech)* **Unterbau** *m (Bg/Bergb, Umschl)* **Unterwagenrahmen** *m (Bg/Bergb)*
**chassis frame Fahrwerksrahmen** *m (Bg/Bergb, Mech)*
**chassis grease Schmierfett** *nt (Mech)*
**chassis unit Laufwerk** *nt (Mech)* (des Eisenbahnwagens)
**check analysis Kontrollanalyse** *f (Stb)*
**check crack Schrumpfriss** *m (Stb, Hütt/Wlz)*
**check for contaminants Untersuchung auf Verschmutzung** *(Mech)* (im Schmieröl)
**check for damage Prüfung auf Beschädigungen** *(Mech)*
**check list Prüfliste** *f (Mech)*
**check nut Gegenmutter** *f (Form)*
**check plate Seitenkeil** *m (Zer)* (eines Backenbrechers) **Seitenplatte** *f (Zer)* (eines Backenbrechers) **Sperrplatte** *f (Mech)*
**check rail Fangvorrichtung** *f (Bahn)* (am Gleis) **Radlenker** *m (Bahn)* (z.B. an Weichen)
**check valve Kontrollventil** *nt (Hyd/Pneu)* **Regulierventil** *nt (Hyd/Pneu)* **Sperrventil** *nt (Hyd/Pneu)*
**check valve, pilot operated** pilot operated check valve *adj:n* **hydraulisch entsperrbares Rückschlagventil** *adj:n (Hyd/Pneu)*
**check weighman Wiegemeister** *m (Mech)*
**check, operational** operational check *adj:n* **Funktionsprüfung** *f (Kfz)* (z.B. der Ventile)
**check-up time** *(of a boiler)* **Probebetrieb** *m (Mech)*
**checker and floor plate Riffel- und Tränenblech** *(Hütt/Wlz)*
**checker plate Riffelblech** *nt (Hütt/Wlz)* **Warzenblech** *nt (Stb)*
**checker plate floor Riffelblech-Bodenbelag** *m (Mech)*
**checkered-plate top casing Riffelblechdecke** *f (Hütt/Wlz)*
**checking of hoses Prüfung der Schläuche** *(Mech)*
**checking of the water level Prüfen des Wasserstandes** *(Hütt/Wlz)*
**checking tap Kontrollöffnung** *f (Mech)* (z.B. am Getriebe)
**checking tool Prüfwerkzeug** *nt (Werkz)*
**cheek plate Seitenkeil** *m (Zer)* (eines Backenbrechers) **Wangenplatte** *f (Mech)*
**cheese head screw Zylinderschraube** *f (Mech)*
**chemicals** *pl* **Chemikalien** *pl f (Form)*
**chemicals proportioning plant Dosieranlage** *f (Hütt/Wlz)* (Speisewasseraufbereitung)
**chequer plate floor Riffelblech-Bodenbelag** *m (Mech)*
**chevron packing Ledermanschette** *f (Zer)* **Packung mit Winkelmanschetten** *(Zer)*
**chevron-shaped** *adj* **v-förmig** *adj*
**chevron-type packing Dachmanschette** *f (Hyd/Pneu)*
**chevron-type pile Dachhalde** *f (Umschl)* **Spitzhalde** *f (Umschl)*
**chevron-type seal Dachmanschette** *f (Hyd/Pneu)*
**chief erector Montageleiter** *m (Mont)* **Obermonteur** *m (Mont, Bau)*
**chief mechanic Richtmeister** *m (Mont, Bau)*
**chill casting Hartguss** *m (Hütt/Wlz)* **Schalenhartguss** *m (Mech)*
**chimney draught Schornsteinzug** *m (Hütt/Wlz)*
**chimney emission Schornsteinauswurf** *m (Hütt/Wlz)*
**chimney support Kaminhalterung** *f (Stb)* (Industriekamin)
**chimney sweep Schornsteinfeger** *m (Bau)*
**chimney, guyed** guyed chimney *adj:n* **abgespannter Schornstein** *adj:n (Stb)*
**chimney, rigid** rigid chimney *adj:n* **eingespannter Schornstein** *adj:n (Stb)*

**chimney, self-supporting** self-supporting, chimney *adj:n* **selbsttragender Blechschornstein** *adj:n (Hütt/Wlz)*
**China clay Kaolin** *nt (Geo)* **Porzellanerde** *f (Geo)*
**chip** *(sliver)* **Span** *m (Bg/Bergb, Hütt/Wlz)*
**chip Blättchen** *nt (Mech, Mont)*
**chip board Spanplatte** *f (Bau)*
**chip control Verschmutzungsschalter** *m (Mech)* (an Hydraulikpumpen)
**chip detector** *(e.g. in oil)* **Spänefinder** *m (Mech)* (z.B. im Ölumlauf)
**chippings** *pl* **Abfall** *m (Mech)* (z.B. übrig gebliebenes Material) **Schotter** *m (Geo)* (Splitter) **Splitt** *m (Bau)*
**chips** *pl* **Abfall** *m (Mech)* (z.B. übrig gebliebenes Material)
**chiseling work Stemmarbeit** *f (Mont)*
**chlorinated rubber Chlorkautschuk** *m (Bg/Bergb)*
**chlorinated rubber enamel Chlorkautschuklack** *m (Bg/Bergb)*
**chlorine tetra carbon Chlor-Tetra-Kohlenstoff** *m (Form)*
**chock Bremskeil** *m (Mech)* (mit Spikes) **Keil** *m (Mech)* (zur Fahrzeugsicherung) **Klotz** *m (Mech)* (Unterlegkeil)
**choice of process Verfahrenswahl** *f (Mech)*
**choke Drossel** *f (Mech, Pneu)* **Luftklappe** *f (Mech)* **Starterklappe** *f (Mech)*
**choke adjustment Drosseleinstellung** *f (Kfz)*
**choke control Choke** *m (Kfz)* (zum Verschluss von Drosselklappe) **Luftklappengestänge** *nt (Mech)*
**choke control knob Luftklappenknopf** *m (Mech)*
**choke plate Drosselplatte** *f (Kfz)* **Luftklappe** *f (Mech)*
**choke valve Drosselrückschlagsventil** *nt (Hyd/Pneu)*
**choking resistance Drosselwiderstand** *m (Hyd/Pneu)*
**chopper Zerhacker** *m (Zer)*
**chopping knife Hackmesser** *nt (Mech)*
**chord Gurt** *m (Band)* **Gurtung** *f (Mech, Stb)* **Sehne** *f (Stb)* (Saite)
**chord member Gurtstab** *m (Stb, Mech)*
**chord member, upper** upper chord member *adj:n* **Obergurtstab** *m (Stb)*
**chord of tooth root Zahnfuß-Sehne** *f (Mech)*
**chord plate Gurtblech** *nt (Band)* **Lamelle** *f (Mech, Band)* (Gurtplatte, waagerecht)
**chord section Gurtquerschnitt** *m (Stb)* (Fachwerk)
**chord welding joint Halsnaht** *f (Schw, Mech, Mont)*
**chordal pitch Zahnteilung** *f (Mech)* (entlang der Sehne)
**chordal tooth thickness** *(on pitch)* **Zahndickensehne** *f (Mech)* (am Zahnrad)
**chrome molybdenum Chrommolybdän** *nt (Mech, Chem)*
**chrome ore Chromerz-Masse** *f (Hütt/Wlz)*
**chromeplating Verchromung** *f (Mech)*
**chuck Einspannkopf** *m (Mech)* (Werkzeugmaschine) **Spannfutter** *nt (Mont)*
**chute Bodenklappe** *f (Bg/Bergb)*
**chute Rutsche** *f (Bg/Bergb, Umschl, Band)* **Schurre** *f (Bg/Bergb, Umschl, Band)* **Zuführrinne** *f (Bg/Bergb)*
**chute flap Schurrenklappe** *f (Mech)*
**chute holder Schurrenhalter** *m (Mech)*
**chute lining Schurrenauskleidung** *f (Mech)*
**chute plate Gleitwand** *f*
**chute ring** *(e.g. 8 sections)* **Trichterring** *m (Zer)* (z.B. 8-teilig (Autogenmühle))
**chute rubber strip Schurrengummi** *nt (Mech)*
**chute, annular** annular chute *adj:n* **Ringschurre** *f (Bg/Bergb)*
**chute, movable** movable chute *adj:n* **Verschiebesattel** *m (Bg/Bergb, Umschl)*
**chuting Einschurrung** *f (Bg/Bergb, Band, Umschl)*
**cinder** *(slag)* **Asche** *f (Bg/Bergb)* (Schlacke, Zunder) **Zunder** *m (Hütt/Wlz)*
**cinder hopper Aschentrichter** *m (Hütt/Wlz)* **Schlackentrichter** *m (Hütt/Wlz)*
**cinder return** *(coarse particles)* **Flugaschenrückführung** *f (Hütt/Wlz)* (Grobkorn)
**circle Drehkreis** *m (Bg/Bergb)* **Kreis** *m (Mech, Math)* **Lochkreis** *m (Mech)*
**circle at root of gorge Kopfkreis im Mittelschnitt** *(Mech)*
**circle bogie** *AE* **Drehkranz** *m (Bg/Bergb)* (des Graders) **Schardrehkranz** *m (Bg/Bergb)* (des Graders)

**circle centershift Scharseitenverstellung** *f (Bg/Bergb)*
**circle drive Drehgetriebe** *nt (Bg/Bergb)*
**circle of the toroid Kreis des Torus**
**circle reverse control Umlenkung** *f (Mech)*
**circle sideshift Drehkranzseitenverstellung** *f (Bg/Bergb)* **Seitenverstellung** *f (Bg/Bergb)* (z.B. der Graderschar)
**circle swing assembly** *AE* **Drehdurchführung** *f (Mech)*
**circlip Federring** *m (Mech)* **Sicherungsring** *m (Mech)* **Spannring** *m (Mech)* **Spannschelle** *f (Mech)*
**circlip pliers** *pl* **Einsprengzange** *f (Form)*
**circuit** *(of coolant)* **Umlauf** *m (Hyd/Pneu, Mech)* (Kreislauf des Kühlwassers)
**circuit cable reeling drum, auxiliary** auxiliary-circuit cable reeling drum *adj:n* **Hilfsstromleitungstrommel** *f (Bg/Bergb)*
**circuit water system Kreislaufwasserwirtschaft** *f (Bau)*
**circuit, auxiliary** auxiliary circuit *adj:n* **Hilfskreislauf** *m (Bg/Bergb, Hyd)*
**circuit, hydraulic** hydraulic circuit *adj:n* **Flüssigkeitsumlauf** *m (Hyd/Pneu)* (Kreislauf) **Hydraulikkreis** *m (Hyd/Pneu)*
**circular base Ringscheibe** *f (Mech)* (Abwurfauslegerabstützung)
**circular chart recorder Fahrtenschreiber** *m (Mech, Bg/Bergb)*
**circular conveyor Ringförderer** *m (Band)*
**circular cut file Fräserfeile** *f (Mont, Werkz)*
**circular measure Bogenmaß** *nt (Math)*
**circular runway Ringbahn** *f (Mech, Bahn)*
**circular stockpile with bridge reclaimer Rundlager mit Brückenkratzer** *(Bg/Bergb)*
**circular thickness Zahndicke** *f (Mech)* (Zahnrad)
**circular-conveyor drive Antrieb Ringförderer** *m (Band)*
**circulating air heating Umluftheizung** *f (Mech)*
**circulating material Umlaufgut** *nt (Zer)*
**circulating water pump Umlaufwasserpumpe** *f (Mech)* **Wasserumwälzpumpe** *f (Hyd/Pneu)*
**circulation Ölumlauf** *m (Mech, Hyd/Pneu)* **Zirkulation** *f (Mech, Hyd/Pneu)* (z.B. von Öl)
**circulation of pulp Umlauf der Trübe** *(Aufb)*
**circulation pump Umwälzpumpe** *f (Hyd/Pneu)*
**circulation speed Strömungsgeschwindigkeit** *f (Hyd/Pneu)*
**circulation tube Kurzschlussrohr** *nt (Hütt/Wlz)*
**circulation, forced** forced circulation *adj:n* **Zwangumlauf** *m (Hütt/Wlz)*
**circulation, natural** natural circulation *adj:n* **Naturumlauf** *m (Hütt/Wlz)*
**circulation, pressureless** pressureless circulation *adj:n* **druckloser Umlauf** *adj:n (Hyd/Pneu)*
**circumference Peripherie** *f (Allg)* **Umfang** *m (Mech)* (eines Kreises)
**circumferential arrangement of cyclone tubing Zyklon-Korbwand** *f (Zer)*
**circumferential force Umfangskraft** *f (Mech, Stat)*
**circumferential speed on pitch circle Umfangsgeschwindigkeit im Wälzkreis**
**circumstances** *pl* **Verhältnisse** *pl nt (Allg)*
**city low-noise package Stadt-Lärmpaket** *nt (Bg/Bergb)* **Stadtschalldämmpaket** *nt (Bg/Bergb)*
**Citypress** *(compacting system)* **Citypress** *f (Kfz)* (FAUN-Müllpressverfahren)
**civil construction machinery Baugeräte** *pl nt (Bau, Mont)*
**clad metal Aufplattierungsmetall** *nt (Mech)* (durch Aufwalzen) **Verbundmetall** *nt (Mech)*
**clad plate Plattierungsblech** *nt (Mech)*
**clad sheet plattiertes Blech** *adj:n (Hütt/Wlz)*
**clad sheet, hot-rolled** hot-rolled clad sheet *adj:n* **warmaufgewalztes Blech** *adj:n (Hütt/Wlz)*
**cladding Panzerung** *f (Bg/Bergb)* (Brecherverkleidung) **Verkleidung** *f (Mont)* (Bauwesen)
**cladding Auskleidung** *f (Stb)* (Verkleidung)
**cladding along the side Seitenverkleidung** *f (Stb)*
**cladding metal Aufplattierungsmetall** *nt (Mech)* (durch Aufwalzen) **plattierendes Metall** *adj:n*
**cladding sheet Verkleidungsplatte** *f (Mont)* (Bauwesen)

**cladding, hot-rolled** hot-rolled cladding *adj:n* **Warmaufwalzung** *f (Hütt/Wlz)* **Warmplattierung** *f (Mech)*
**claim Mutung** *f*
**clam bucket** *AE* **Klappschaufel** *f (Bg/Bergb)*
**clamp Befestigungsklemme** *f (Mech)* (Klammer, Schraubzwinge) **Bohrbügel** *m (Mont)* **Klemmverbindung** *f (Mech)* (des Seils auf der Seiltrommel)
**clamp bolt Klemmbolzen** *m (Mech)* **Spannschraube** *f (Mech)*
**clamp fitting Schellenanbau** *m (Mech)*
**clamp for cellulose bales Zellulose-Ballenklammer** *f (Mech)* (am Stapler)
**clamp for waste material Rohstoff-Ballenklammer** *f (Mech)*
**clamp lock** *(of rail switch)* **Klammerverschluss** *m (Bahn)* (der Weiche)
**clamp ring Klemmring** *m (Mech)*
**clamp, eccentric** eccentric clamp *adj:n* **Frosch** *m (Mech, Mont)* (Klemme)
**clamp-in rubber profile Gummiklemmprofil** *nt (Mech)*
**clamp-type cable lug Klemm-Kabelschuh** *m (Mech)*
**clamping Klemmvorrichtung** *f (Bg/Bergb)*
**clamping block Klemmklotz** *m (Zer)*
**clamping bolt Befestigungsbolzen** *m (Mech)* **Spannschraube** *f (Mech)*
**clamping collar Klemmstück** *nt (Mech)*
**clamping cylinder Klemmzylinder** *m (Bg/Bergb, Hyd)*
**clamping device Arretierung** *f (Mech)* **Spannvorrichtung** *f (Mech)* (Schelle)
**clamping fixture Spannvorrichtung** *f (Mech)* (Befestigung)
**clamping force Klemmkraft** *f (Stat)*
**clamping jaw** *(on vise)* **Spannbacke** *f (Mech, Werkz)* (des Schraubstocks)
**clamping lever Kegelgriff** *m (Mech)* (DIN 99) **Klemmhebel** *m (Bg/Bergb)*
**clamping nut Klemmmutter** *f (Mech)*
**clamping piece Klemmstück** *nt (Mech)* **Spannelement** *nt (Mech)*
**clamping plate Klemmlasche** *f (Zer)* **Klemmplatte** *f (Zer)*
**clamping range Spannbereich** *m (Mech)* (einer Schelle)
**clamping screw Klemmschraube** *f (Mech)*
**clamping sleeve Spannhülse** *f (Mech, Mont)* (Lager)
**clamping system Klemmsystem** *nt (Bg/Bergb)*
**clamping type cable lug Klemmkabelschuh** *m (Mech)*
**clamshell Greifer** *m (Bg/Bergb)* **Greiferschale** *f (Bg/Bergb)* **Klappschaufel** *f (Bg/Bergb)*
**clamshell bucket Grabgreifer** *m (Bg/Bergb)*
**clamshell cylinder Klappenzylinder** *m (Bg/Bergb)* (der Klappschaufel)
**clamshell cylinder valve Klappenzylinderventil** *nt (Bg/Bergb)*
**clamshell equipment Greiferausrüstung** *f (Bg/Bergb)*
**clashing Anstoßen** *nt (Bg/Bergb)* (von Zahnkopfkanten)
**clasp brake Klotzbremse** *f (Mech)* (Bahn)
**clasp brake shoe Bremsklotzsohle** *f (Mech)*
**clasp-pattern brake Klotzbremse** *f (Mech)* (Bahn)
**class** *(of material)* **Gütestufe** *f (Allg)*
**class of bridge Brückenklasse** *f (Stb)*
**class of cars Wagengattung** *f (Mech)* **Wagongattung** *f (Bahn)*
**class of excavator Baggerklasse** *f (Bg/Bergb)*
**class of performance Leistungsklasse** *f (Allg)*
**class of strength Festigkeitsklasse** *f (Form)*
**classification Sichtfähigkeit** *f (Bg/Bergb)*
**classification** *(DIN)* **Bewertungsgruppe** *f (Mech)* (DIN) **Sortierung** *f (Mech)* (Einstufung)
**classification of rocks Einstellung der Gesteine** *(Bau)*
**classification of soils Klassifizierung von Lockergesteinen** *(Bau)*
**classification of structure Bauwerksklasse** *f (Bau)*
**classifier Klassierer** *m (Zer)* **Sichter** *m (Zer)* (Klassierer)
**classifier adjustment Sichtereinstellung** *f (Zer)*
**classifier beater mill Sichterschlägermühle** *f (Zer)*
**classifier blade Klassiermesser** *nt (Zer)*

**classifier vanes** *pl* **Sichterklappen** *pl f (Zer)*
**classifier volume Sichtervolumen** *nt (Zer)*
**classifier, hydraulic** hydraulic classifier *adj:n* **hydraulischer Klassierer** *adj:n (Zer)*
**classifying equipment Klassier-Einrichtung** *f (Zer)*
**classifying screen Klassiersieb** *nt (Zer)*
**claw** *(on grab)* **Schale** *f (Bg/Bergb)* (am Greifer)
**claw Klaue** *f (Mech, Werkz)* (Schraubstock) **Kralle** *f (Mech)* **Pratze** *f* (Lasthaken)
**claw coupling Klauenkupplung** *f (Mech)*
**claw of the half coupling Kupplungsfinger** *m (Mech)*
**clay Lehm** *m (Geo)* **Ton** *m (Geo)* (Material)
**clay bucket Tonlöffel** *m (Bg/Bergb)*
**clay pit Tongrube** *f (Geo, Bg/Bergb)*
**clay plug Stichlochpfropf** *m (Hütt/Wlz)*
**clay, coarse** coarse clay *adj:n* **Schluff** *m (Geo)* (Grobton)
**clay, cohesive** cohesive clay *adj:n* **klebriger Ton** *adj:n (Geo)*
**clay, expanded** expanded clay *adj:n* **Blähton** *m (Bg/Bergb)* (Bodenart)
**clay, rammed** rammed clay *adj:n* **gestampfter Lehm** *adj:n (Geo, Bau)*
**clean coal Reinkohle** *f (Bg/Bergb, Zer)*
**clean gas stack Reingaskamin** *m*
**cleaner Putzmesser** *nt (Anstr)*
**cleaner bar Abstreifer** *m (Bg/Bergb, Umschl, Band)*
**cleaning Reinigung** *f (Mech, Allg)*
**cleaning carriage Reinigungswagen** *m*
**cleaning device Reinigungsgerät** *nt (Mech)*
**cleaning door Reinigungsklappe** *f (Hütt/Wlz)* **Reinigungstür** *f (Hütt/Wlz)*
**cleaning plane Putzhobel** *m (Mont)*
**cleaning result Reinigungsergebnis** *nt (Mech)* **Reinigungsziel** *nt (Mech)*
**cleaning roll Mangelrolle** *f (Band)* (hinter dem Abstreifer) **Reinigungsrolle** *f (Anstr, Band, Bg/Bergb)*
**cleaning tool Reinigungswerkzeug** *nt (Hütt/Wlz, Werkz)*
**cleaning wool Putzwolle** *f (Allg)*
**cleaning, external** external cleaning *adj:n* **äußere Reinigung** *adj:n (Mech)*
**cleaning, initial** initial cleaning *adj:n* **Vorreinigung** *f (Mech)*
**cleaning, internal** internal cleaning *adj:n* **innere Reinigung** *adj:n (Mech)*
**cleanliness Sauberkeit** *f (Hütt/Wlz)*
**cleanliness factor Verschmutzungsfaktor** *m (Hütt/Wlz)* (Heizflächenberechnung)
**cleanout plates on both ends of tank Deckel für die beidseitige Reinigungsöffnung am Ölbehälter** *(Kfz)*
**clearance Abstand** *m (Mech, Allg)* (Zwischenraum) **Luftstrecke** *f (Mech)* (Schleifringkörper) **Passung** *f (Mech)*
**clearance** *(tolerance)* **Freigängigkeit** *f (Bahn)* (z.B. der Wagenräder) **Spiel** *nt (Mech)* **Toleranz** *f (Mech)*
**clearance** *(in butt splice)* **Fuge** *f (Stb)* (Stoßfuge) **Stoßfuge** *f (Bau, Stb)*
**clearance angle Anstellwinkel** *m (Bg/Bergb, Umschl)*
**clearance between belt and steel structure Bandfreiheit zur Konstruktion** *(Mech)*
**clearance compensation Spielausgleich** *m (Mech)*
**clearance diagram Lichtraumprofil** *nt (Stb)*
**clearance gauge Umgrenzung des lichten Raumes** *(Stb)*
**clearance height Durchfahrtshöhe** *f (Mech)* **lichte Höhe** *adj:n (Mech)*
**clearance investigation Freigangsuntersuchung** *f (Bau)* (z.B. an einer Brücke)
**clearance limit Durchfahrtsprofil** *nt (Mech)*
**clearance width Durchfahrtsbreite** *f (Kfz)* (z.B. eines Tunnels)
**clearance, radial** radial clearance *adj:n* **radiale Lagerluft** *adj:n (Mech)*
**clearing chute blockage Abfördern der Schurrenverstopfung** *(Stat)*
**clearing width Räumbreite** *f (Bg/Bergb)*
**clearing worm Räumschnecke** *f (Bg/Bergb)* (der Fräse)
**cleat Halteleiste** *f (Mech)* **Stollen** *m* (Steilförderer) **Verbindungslasche** *f (Mech, Stb)*
**cleat to prevent slipping Gleitschutzprofil** *nt (Mech)*
**cleft Bruch** *m (Mech, Allg)* **Spalt** *m (Mech, Allg)*

**clevis Achsgabel** *f (Mech)* **Bügel** *m (Mech)* (Achshalter, U-förmiger Zughaken) **Gabel** *f (Mech)* (Schäkel, Zylinder)
**clevis coupler u-förmiger Zughaken** *adj:n (Mech)*
**clevis foot Lagerbock** *m (Mech)* (einfach)
**clevis head Gabelkopf** *m (Kfz)* (des Gabelbolzens)
**clevis pin Gabelbolzen** *m (Mech)* **Gabelstift** *m (Kfz)*
**clevis pin without head Bolzen ohne Kopf** *(Mech)*
**clevis yoke Gabelkopf** *m (Kfz)*
**climax Höchststand** *m (Mech, Allg)*
**climbing ability Steigfähigkeit** *f (Bg/Bergb, Mech)* (z.B. Transportraupe)
**climbing gradient Steigung** *f (Bahn)* (der Bahnstrecke)
**clincher band Wulstband** *nt (Mech)*
**clincher rim Wulstfelge** *f (Mech)*
**clincher tyre Wulstreifen** *m (Mech)*
**clinker crusher Schlackenbrecher** *m (Zer)*
**clinkering coal Backkohle** *f (Hütt/Wlz)*
**clip Befestigungslasche** *f (Mech)* **Bügel** *m (Mech)* (Klammer, Schelle) **Lasche** *f (Mech)* (Klemmplatte) **Schelle** *f (Mech)*
**clip and pin arrangement Bügelfederanordnung** *f (Kfz)* **Kipphebelanordnung** *f (Mech)*
**clip angle Aussteifwinkel** *m (Mech)*
**clip plate Klemmplatte** *f (Bahn)* (Bahn)
**clip point locking device** *(of switch)* **Klammerspitzenverschluss** *m (Bahn)* (der Weiche)
**clip, double** double clip *adj:n* **Doppellasche** *f (Kfz)*
**clipbolt Klemmplattenschraube** *f (Bahn)* (für Kleinbahn)
**clipper Begrenzer** *m (Form)*
**clock valve Klappenventil** *nt (Mech, Bg/Bergb)*
**clockwise direction Uhrzeigersinn** *m (Allg)*
**clod Klumpen** *m (Bau)*
**clogging Verstopfung** *f (Mech, Hyd/Pneu)*
**clogging indicator Verschmutzungsanzeige** *f (Hyd/Pneu)*
**clogging of coal** *(bunker)* **Hängenbleiben der Kohle** *(Bg/Bergb)* (Bunker)
**clogging point Versetzungsstelle** *f (Mech)*
**close nippel Kurznippel** *m (Mech)*
**close spaced lettering Engschrift** *f (Mech, Allg)*
**close-tolerance grooved pin Passkerbstift** *m (Mech, Mont)*
**closed-bottom bucket Schaleneimer** *m (Mech)*
**closed-circuit grinding plant Becherwerksumlauf-Mahlanlage** *f (Bg/Bergb)*
**closed-loop control Regelung** *f (El)*
**closet Einbauschrank** *m (Mech, Allg)* (kleine Kammer) **Wandschrank** *m (Allg)*
**closing** *(a road site)* **Absperrung** *f (Bg/Bergb)* (einer Baustelle)
**closing cylinder Schließzylinder** *m (Bau)*
**closing flap Abschlussklappe** *f (Mech)*
**closing head Schließkopf** *m (Stb)* (bei einer Nietung)
**closing hood Verschlusshaube** *f (Mech)*
**closing link Schließglied** *nt (Zer)*
**closing plate Kopfplatte** *f (Stb)*
**closing plug Verschlussstopfen** *m (Mech)*
**closing sheet Verschlussblech** *nt (Hütt/Wlz)* (Metalldeckel)
**closing time** *(grab)* **Schließzeit** *f (Bg/Bergb)* (Greifer)
**closure Verschluss** *m (Hütt/Wlz)* (Deckel)
**closure part Verschlussstück** *nt (Mech)*
**cloth filter Tuchfilter** *nt (Mech)*
**clothing, protective** protective clothing **Arbeitsschutzkleidung** *f (Bg/Bergb)*
**cloverleaf junction Kleeblatt-Kreuzung** *f (Bau)*
**cluster** *(e.g. of cables)* **Satz** *m (Mech, El)* (Bündel)
**cluster fitting Sonnenbrenner** *m*
**cluster of pores** *(pore pocket)* **Porennest** *nt (Schw)*
**clutch adjusting nut Kupplungsstellmutter** *f (Mech)*
**clutch bolt Hakenschraube** *f (Mech)*
**clutch brake Kupplungsbremse** *f (Mech)*
**clutch carrier Kupplungsträger** *m (Mech)*
**clutch casing Kupplungsmantel** *m (Mech)*
**clutch collar Kupplungsausrückmuffe** *f (Mech)*
**clutch control Kupplungsgestänge** *nt (Mech)* **Kupplungshebel** *m (Mech)*
**clutch coupling Kupplung** *f (Mech)* **lösbare Kupplung** *adj:n (Mech)* **Schalt-**

**kupplung** *f (Mech)* **Wellenkupplung** *f (Mech)*
**clutch cover Kupplungsdeckel** *m (Mech)*
**clutch disc Kupplungsscheibe** *f (Mech)*
**clutch drive plate Kupplungstreibscheibe** *f (Mech)*
**clutch driving ring Antriebsring der Kupplung** *(Kfz)*
**clutch fork Kupplungsgabel** *f (Mech)* (Gestänge)
**clutch guide bearing Kupplungsführungslager** *nt (Mech)*
**clutch housing Kupplungsgehäuse** *nt (Mech)*
**clutch hub Kupplungsnabe** *f (Mech)*
**clutch hub with fixed coned plate Kupplungsnabe mit Tellerscheibe** *(Mech)*
**clutch lining Kupplungsbelag** *m (Mech)*
**clutch linkage Kupplungsgelenk** *nt (Mech)*
**clutch pedal Kupplungspedal** *nt (Mech)*
**clutch plate Kupplungslamelle** *f (Mech)* **Kupplungsscheibe** *f (Mech)*
**clutch pressure plate Kupplungsdruckplatte** *f (Mech)*
**clutch release bearing Ausrücklager** *nt (Kfz)*
**clutch release lever Ausrückhebel** *m (Kfz)*
**clutch release plate Ausrückplatte** *f (Kfz)*
**clutch release shaft Ausrückwelle** *f (Kfz)*
**clutch release sleeve Ausrückmuffe** *f (Kfz)*
**clutch release yoke Ausrückgabel** *f (Kfz)*
**clutch shaft Kupplungswelle** *f (Mech)*
**clutch spring Kupplungsfeder** *f (Mech)*
**clutch thrust bearing Kupplungsdrucklager** *nt (Mech)*
**clutch thrust spring Kupplungsdruckfeder** *f (Mech)*
**clutch, disengaging** disengaging clutch *adj:n* **selbstausrückbare Kupplung** *adj:n (Mech)* **selbstlösbare Kupplung** *adj:n (Mech)*
**clutch, hydraulic** hydraulic clutch *adj:n* **Hydraulikkreis** *m (Hyd/Pneu)* **hydraulische Kupplung** *adj:n (Mech)*
**clutch, jammed** jammed clutch *adj:n* **festsitzende Kupplung** *adj:n (Mech)*
**clutched second shaft Schleppwelle** *f (Mech)*
**CM pipe SZ-Rohr** *nt (Hütt/Wlz)* (Stahlrohr mit Zementauskleidung)
**$CO_2$ arc welding $CO_2$-Schutzgasschweißen** *nt (Schw, Mech, Mont)*
**$CO_2$ content $CO_2$-Gehalt** *m (Hütt/Wlz)*
**$CO_2$ degassing plant Entkarbonisierungsanlage** *f (Hütt/Wlz)*
**coach screw Schwellenschraube** *f (Mech)*
**coal Kohle** *f (Bg/Bergb)* **Steinkohle** *f (Bg/Bergb, Geo)*
**coal briquet Brikett** *nt (Hütt/Wlz)*
**coal bunker Kohlenbunker** *m (Bg/Bergb)*
**coal car** *AE* **Kohlenwagen** *m (Bahn, Bg/Bergb)* **Tender** *m (Bahn)* (Vorratswagen der Dampflok für Wasser und Kohle)
**coal chute Kohlenfallschacht** *m (Bg/Bergb)* (Schurre) **Kohlenzulaufrohr** *nt (Bg/Bergb)*
**coal dump Kohlenhalde** *f (Bg/Bergb)*
**coal dust Kohlenstaub** *m (Bg/Bergb)*
**coal dust, suspended** suspended coal dust *adj:n* **freischwebender Kohlenstaub** *adj:n (Bg/Bergb)*
**coal extraction Gewinnung von Kohle** *(Bg/Bergb)* **Kohlengewinnung** *f (Bg/Bergb)*
**coal face Kohlenfront** *f (Bg/Bergb)* **Kohlenstoß** *m (Bg/Bergb)* **Kohlenstreb** *m (Bg/Bergb)*
**coal feeder spout Kohlenzulaufrohr** *nt (Bg/Bergb)*
**coal gate Kohleabsperrschieber** *m (Bg/Bergb)*
**coal gate supporting roller Kohlenabsperrschieberrolle** *f (Hütt/Wlz)*
**coal grab Kohlegreifer** *m (Bg/Bergb)*
**coal handling in power stations Kesselbekohlung** *f*
**coal handling plant Bekohlungsanlage** *f (Umschl)*
**coal hopper Rosttrichter** *m (Hütt/Wlz)*
**coal mine Kohlenbergwerk** *nt (Bg/Bergb)* **Kohlengrube** *f (Bg/Bergb)*
**coal output Kohlenförderung** *f (Bg/Bergb)*
**coal pick** *(when mining coal)* **Abbauhammer** *m (Bg/Bergb)* (z.B. für Kohle)
**coal preparation Kohleaufbereitung** *f (Bg/Bergb, Aufb)* **Kohlenaufbereitung** *f (Bg/Bergb)*
**coal reserves** *pl (in the ground)* **Kohlelager** *nt (Bg/Bergb)*

**coal sample Kohlenprobe** *f (Bg/Bergb)*
**coal scale Kohlenwaage** *f (Bg/Bergb)*
**coal screen Kohlensieb** *nt (Bg/Bergb)*
**coal seam Kohleflöz** *nt (Bg/Bergb, Geo)*
**coal segregation Kohlenentmischung** *f (Bg/Bergb)*
**coal silo Kohlensilo** *m (Bg/Bergb)*
**coal sizing Korngröße** *f (Geo, Mech)* **Körnung** *f (Zer)*
**coal slurry Schlammkohle** *f (Bg/Bergb)*
**coal slurry grab Schlammkohlengreifer** *m (Bg/Bergb)*
**coal storing Kohlenbunkerung** *f (Bg/Bergb)*
**coal tar epoxy Kohlenteerepoxid** *nt (Bg/Bergb)*
**coal thickness Schichthöhe** *f (Bg/Bergb)*
**coal thickness contours** *pl (first cut)* **Mächtigkeitskurven der Kohle** *(Bg/Bergb)* (erster Schnitt)
**coal to be exposed anstehende Kohle** *adj:n (Bg/Bergb)*
**coal train Kohlenzug** *m (Bahn, Bg/Bergb)*
**coal treatment Kohleaufbereitung** *f (Bg/Bergb, Aufb)*
**coal wagon Kohlenwagen** *m (Bahn, Bg/Bergb)*
**coal washing plant Kohlenwäsche** *f (Bg/Bergb)*
**coal washings** *pl* **Waschabgänge** *pl m (Aufb)*
**coal weigher Kohlenwaage** *f (Bg/Bergb)*
**coal weigher, automatic** automatic coal weigher *adj:n* **automatische Kohlenwaage** *adj:n (Bg/Bergb)*
**coal winning Gewinnung von Kohle** *(Bg/Bergb)* **Kohlengewinnung** *f (Bg/Bergb)*
**coal with high moisture content Kohle mit hohem Wassergehalt** *(Bg/Bergb)*
**coal, bituminous** bituminous coal *adj:n* **Fettkohle** *f (Bg/Bergb, Geo)* **bituminöse Kohle** *adj:n (Bg/Bergb, Geo)*
**coal, crushed** crushed coal *adj:n* **vorgebrochene Kohle** *adj:n (Hütt/Wlz)*
**coal, gassing** gassing coal *adj:n* **Gasflammkohle** *f (Bg/Bergb)*
**coal, lean** lean coal *adj:n* **magere Kohle** *adj:n (Bg/Bergb, Geo)* **Magerkohle** *f (Bg/Bergb, Geo)*
**coal, non-gaseous** non-gaseous coal *adj:n* **gasarme Kohle** *adj:n (Bg/Bergb)*
**coal, pulverized** pulverized coal *adj:n* **Brennstaub** *m (Bg/Bergb)* **Kohlenstaub** *m (Bg/Bergb)*
**coal, raw** raw coal *adj:n* **Rohkohle** *f (Bg/Bergb)*
**coal, short-flaming** *adj:n* **kurzflammige Kohle** *adj:n (Geo)*
**coaling plant** *(e.g. in power station)* **Bekohlungsanlage** *f (Umschl)*
**coaling track Bekohlungsgleis** *nt (Bahn)*
**coarse feed machining Schruppen** *nt (Hütt/Wlz)*
**coarse particles return Grießrückführung** *f (Bg/Bergb)* (Mühle)
**coarse-crushing plant Grobzerkleinerungsmaschine** *f (Zer)*
**coarse-grain annealing Grobkornglühen** *nt (Hütt/Wlz)*
**coarse-grain content Grobkorngehalt** *m (Bg/Bergb)*
**coarse-ore wagon** *(e.g. in copper mine)* **Groberzwagen** *m (Mech)*
**coasting angle Nachlaufwinkel** *m (Bg/Bergb)* (Schwenkwerk)
**coasting time Auslaufzeit** *f (Mech)* **Ausrollzeit** *f (Mech)*
**coat, primary** primary coat *adj:n* **Grundanstrich** *m (Anstr)*
**coat, protective** protective coat *adj:n* **Schutzschicht** *f (Anstr)*
**coating** *(of a steel surface)* **Veredelung** *f (Hütt/Wlz)* (der Stahloberfläche)
**coating** *(e.g. protective coating)* **Auflage** *f (Mech)* (Schicht, Überzug) **Beläge** *pl m (Hütt/Wlz)* (auf Rohren) **Bestreichung** *f (Hütt/Wlz)*
**coating** *(e.g. steel components)* **Beschichten** *nt (Form)* (z.B. Stahlbauteile)
**coating line Beschichtungsanlage** *(Form)*
**coating of zinc Zinkauflage** *f (Hütt/Wlz)* (Beschichtung)
**coating of zinc, thicker** thicker coating of zinc *adj:n* **erhöhte Zinkauflage** *adj:n (Hütt/Wlz)*
**coating, bonded** bonded coating *adj:n* **Molykote-Gleitlack** *m (Mech, Anstr)*
**cobble stone Pflasterstein** *m (Bau)*
**cock Hahn** *m (Hyd/Pneu)*
**cock support Hahnsicherung** *f (Hyd/Pneu)* (der Hauptluftleitung)
**cock, three-way** three-way cock *adj:n* **Dreiwegehahn** *m (Hyd/Pneu)*

**cocking cylinder Spannzylinder** *m (Mech)*
**code of practice Merkblatt** *nt (Allg)* (Anleitung) **Richtlinien für die Ausführung** *(Stb)*
**coefficient of expansion Dehnungszahl** *f (Form)*
**coefficient of friction Reibbeiwert** *m (Stat)* **Reibungszahl** *f (Band)* (Gurt/Antrieb n)
**coefficient of ligamens between tube holes Verschwächungsbeiwert** *m (Hütt/Wlz)* (für Rohrlöcher)
**coefficient of radiation Strahlungszahl** *f (Hütt/Wlz)*
**coefficient of thermal conductivity Wärmeleitzahl** *f (Stb)*
**coefficient of thermal expansion Wärmedehnzahl** *f (Stb)*
**coefficient, dynamic** dynamic coefficient *adj:n* **Schwingbeiwert** *m (Stb)*
**coefficient, hygroscopic** hygroscopic coefficient *adj:n* **Feuchtigkeitsgehalt** *m (Geo, Mech, Allg)*
**coefficient, maximum** maximum coefficient *adj:n* **Grenzkoeffizient** *m (Bg/Bergb)*
**coffin rod Bremsumführungsstange** *f (Bahn)* **Umführung der Bremszugstange** *(Bahn, Mech)*
**cog** *(tooth)* **Daumen** *m (Form)* (Zapfen) **Zahn eines Zahnrades** *(Mech)* (aus Holz)
**cog wheel Zahnrad** *nt (Mech, Allg)*
**cohesion Kohäsion** *f (Bau)*
**coil** *(El, Mech, Bahn)* **Rolle** *f (Mech)* (Spule, Walze) **Spirale** *f (El, Mech)*
**coil** *(turn)* **Windung** *f (Mech)* (Feder)
**coil diameter Windungsdurchmesser** *m (Mech)* (Feder)
**coil diameter, inside** inside coil diameter *adj:n* **innerer Windungsdurchmesser** *adj:n (Mech)*
**coil diameter, mean** mean coil diameter *adj:n* **mittlerer Windungsdurchmesser** *adj:n (Mech)*
**coil processing line Bandbehandlungsanlage** *f (Form)*
**coil spring Schraubenfeder** *f (Mech)* **Spiraldruckfeder** *f (Bahn)*
**coil spring set Schraubenfedersatz** *m (Mech)*
**coil stock Bandmaterial** *nt (Form)* (aus Walzwerk)
**coil valve Schlangenventil** *nt (Hyd/Pneu)*
**coil weight Bundgewicht** *nt (Form)* (reines Gewicht)
**coil weight, specific** specific coil weight *adj:n* **Bundgewicht** *nt (Form)* (reines Gewicht)
**coil-spring pressure Federdruckbremse** *f (Form)*
**coiler Haspel** *f (Mech)* **Haspelwickelmaschine** *f (Mech)*
**coiling line Umwickelanlage** *f (Mech)*
**coiling ratio Winkelverhältnis** *nt (Mech)* (Feder)
**coils and cut lengths Ringe und Stäbe** *(Hütt/Wlz)*
**coils, hot-rolled** hot-rolled coils *adj:n* **Warmbreitband** *nt (Hütt/Wlz)*
**coke Koks** *m (Bg/Bergb)*
**coke breeze Feinkoks** *m (Bg/Bergb)*
**coke grab Koksgreifer** *m (Bg/Bergb)*
**coke oven gas Koksofengas** *nt (Chem, Bg/Bergb)*
**coke plant Kokerei** *f (Bg/Bergb)*
**coking coal Kokskohle** *f (Bg/Bergb, Geo)*
**coking test Blähprobe** *f (Hütt/Wlz)* (bestimmte Zustandsform bei der Aschenanlyse)
**cold bend test Kaltbiegeversuch** *m (Stb)*
**cold bending Kaltbiegen** *nt (Hütt/Wlz)*
**cold chisel Hartmeißel** *m (Mont, Werkz)* **Kaltmeißel** *m (Mont)*
**cold cleaner Kaltreiniger** *m (Mech)*
**cold cut Kaltschröter** *m (Mont)*
**cold expanding test Expandierprobe** *f (Mech)*
**cold extrusion Kaltfließpressen** *nt (Hütt/Wlz)*
**cold face of the boiler Kesselaußenwand** *f (Hütt/Wlz)*
**cold face of the boiler Außenwand des Kessels** *(Hütt/Wlz)*
**cold finished steel blankgezogener Stahl** *(Stb)*
**cold pressure upset welding Anstauchschweißen** *nt (Schw)*
**cold pull up** *(tensioning)* **Vorspannung** *f (Hütt/Wlz)* (gewöhnliche Verbindung)
**cold reduction mill Kaltwalzwerk** *nt (Hütt/Wlz)*

**cold rolled strip with coated surface oberflächenveredeltes Kaltband** *adj:n (Hütt/Wlz)*
**cold rolling Kaltwalzen** *nt (Hütt/Wlz)*
**cold shaping Kaltformgebung** *f (Stb)*
**cold vulcanizing sheet Kaltvulkanisierplatte** *f*
**cold-brittleness Kaltbrüchigkeit** *f (Stb)*
**cold-end blower Nachschaltheizflächenbläser** *m (Hütt/Wlz)*
**cold-gas air preheater Kaltgas-Luftvorwärmer** *m (Hütt/Wlz)*
**cold-pressure extrusion welding Fließpressschweißen** *nt (Schw)*
**cold-rolled pre-coated sheet steel unveredeltes Feinblech** *adj:n (Hütt/Wlz)*
**cold-rolled pre-coated steel sheet oberflächenveredeltes Feinblech** *adj:n (Hütt/Wlz, Stb)*
**cold-shortness Kaltbrüchigkeit** *f (Stb)*
**cold-start aid Kaltstarthilfe** *f (Mech)*
**cold-start equipment Kaltstarteinrichtung** *f (Mech)*
**cold-stretching Kaltstrecken** *nt (Stb)*
**cold-weather kit Kältepaket** *nt (Bg/Bergb)*
**cold-work ageing Alterung durch Kaltverformung** *(Stb)*
**cold-work hardening Verfestigung durch Kaltverformung** *(Hütt/Wlz)*
**cold/hot shaping Kalt/Warmumformen** *nt (Hütt/Wlz)*
**collapse Zusammenfall** *m (Bau)*
**collapse design Bruchberechnung** *f (Stb)*
**collapse load Knicklast** *f (Stb)* **Traglast** *f (Stb)*
**collar Halsstück** *nt (Mech)* **Kragen** *m (Mech)* (z.B. einer Welle) **Manschette** *f (Mech)* **Schraubenstützlager** *nt (Mech)* (der Schelle)
**collar bushing Bundbuchse** *f (Mech)* **Kragenbüchse** *f (Mech)*
**collar nut Bundmutter** *f (Form)*
**collar ring Rosettenring** *m (Mech, Mont)*
**collar screw Bundschraube** *f (Form)*
**collar stud Bundbolzen** *m (Mech)*
**collar, luminous** luminous collar *adj:n* **Leuchtrosette** *f*
**collecting bin Auffangbunker** *m (Umschl)* **Sammelbunker** *m (Umschl)*
**collecting conveyor Sammelband** *nt (Band)* **Sammelförderband** *nt (Mech)* (Versandgeschäft)
**collecting electrode Abscheider-Elektrode** *f (Hütt/Wlz)* (E-Filter)
**collecting flask Sammelflasche** *f (Hütt/Wlz)*
**collecting function Sammelfunktion** *f (Allg)*
**collecting hopper Sammeltrichter** *m (Zer)*
**collection of productivity data Leistungsabschätzung** *f (Allg)*
**collector** *(of an exhaust)* **Auspuffkrümmer** *m (Kfz)*
**collector drum Sammeltrommel** *f*
**collector efficiency Abscheidegrad** *m (Hyd/Pneu)* (eines Filters)
**collector ring assembly with brush assembly Schleifringkörper mit Bürstenapparatur** *(Mech)*
**collision Aufprall** *m (Mech, Allg)* (Zusammenprall) **Kollision** *f (Mech, Allg)* (Zusammenprall)
**collision-threat assessment Kollisions-Warngerät** *nt (Mech)*
**column Säule** *f (Mech, Stb)* **Ständer** *m (Mech)* (Maschinenständer) **Stütze** *f (Stb, Mech)* (Strebe) **Welle** *f (Mech)* (Maschinenteil)
**column base Stützenfuß** *m (Stb)*
**column buckling factor Knickzahl** *f (Stb)*
**column foot Säulenfuß** *m (Mech, Stb)*
**column footing Kesselsäulenfundament** *nt (Hütt/Wlz)*
**column head** *BE* **Stützenkopf** *m (Stb)*
**column hinged at both ends Pendelstütze** *f (Mech, Stb)*
**column length Stützenlänge** *f (Mech, Stat)*
**column length, effective** effective column length *adj:n* **Knicklänge** *f (Mech, Mont)*
**column shaft Stützenschaft** *f (Stb)*
**column splice Stützenstoß** *m (Stb)*
**column test Knickversuch** *m (Stb)*
**column, compound** compound column *adj:n* **zusammengesetzte Stütze** *adj:n (Stb)*
**column, encased** encased column *adj:n BE* **ummantelte Stütze** *adj:n (Stb)*
**column, fixed-ended** fixed-ended column *adj:n* **eingespannte Stütze** *adj:n (Stb)*

**column, hollow** hollow column *adj:n* **Hohlstütze** *f (Stb)*
**column, long** long column *adj:n* **langer Stab** *adj:n (Mech, Stat)*
**column, pin-ended** pin-ended column *adj:n* **Pendelstütze** *f (Mech, Stb)*
**column, short** short column *adj:n* **gedrungener Stab** *adj:n (Mech, Stat)*
**combibloc Combiblock** *m (Hütt/Wlz)*
**combination Überlagerung** *f (Stat)* **Zusammensetzung** *f (Mech, Chem)*
**combination of several faults Zusammenwirken mehrerer Fehler** *(Mech)*
**combined axial and flexural stress Biegung mit Längskraft** *(Stb)*
**combined drying and pulverising Mahltrocknung** *f (Zer)*
**combined flasher and tail lamp Blink-Schlussleuchte** *f (Kfz)*
**combined grinding and drying Mahltrocknungsanlage** *f (Zer)* (kombiniert)
**combined stop and tail lamp Bremsschlussleuchte** *f (Mech, El)*
**combustibility Verbrennbarkeit** *f (Mech, Chem)* (Motor)
**combustibility test Brennbarkeitsversuch** *m (Mech, Chem)*
**combustible content arrangement Brennstoffverteilung** *f (Stb)*
**combustible matter in residues Brennbares in den Rückständen** *(Hütt/Wlz)*
**combustion Entzündung** *f (Mech)* **Verbrennung** *f (Mech)*
**combustion air Verbrennungsluft** *f (Mech)*
**combustion air, preheated** preheated combustion air *adj:n* **vorgewärmte Verbrennungsluft** *adj:n (Mech)*
**combustion calculation Verbrennungsrechnung** *f (Hütt/Wlz)*
**combustion chamber Brennkammer** *f (Hütt/Wlz)* **Primärkammer** *f (Hütt/Wlz, Mech)* **Verbrennungsraum** *m (Mech)*
**combustion chamber, open** open combustion chamber *adj:n* **offene Brennkammer** *adj:n (Hütt/Wlz)*
**combustion chart Verbrennungsdreieck** *nt (Hütt/Wlz)*
**combustion engine Kraftmaschine** *f (Mech)* **Verbrennungsmotor** *m (Mech)*
**combustion temperature Verbrennungstemperatur** *f (Hütt/Wlz)*
**combustion time Brenndauer** *f (Hütt/Wlz)*
**combustion, complete** complete combustion *adj:n* **vollständige Verbrennung** *adj:n (Mech, Chem)*
**combustion, incomplete** incomplete combustion *adj:n* **unvollständige Verbrennung** *adj:n (Mech, Chem)*
**combustion, poor** poor combustion *adj:n* **schlechte Verbrennung** *adj:n (Mech, Chem)*
**combustion, retarded** retarded combustion *adj:n* **Nachverbrennung** *f (Hütt/Wlz)*
**combustion, spontaneous** spontaneous combustion *adj:n (El, Mech, Bg/Bergb)* **Selbstentzündung** *f (Bg/Bergb)* (in der Kohlenhalde)
**come-along** *AE* **Greifzug** *m (Mech)*
**coming-off Abspringen** *nt (Bg/Bergb)* (der Kette)
**commercial lead Hüttenblei** *nt (Hütt/Wlz)*
**commercial zinc Hüttenzink** *nt (Mech)*
**commissioning Inbetriebnahme** *f (Mech)* **erste Inbetriebnahme** *adj:n (Mech)*
**commissioning of machines Inbetriebnahme von Maschinen** *(Mech)*
**commissioning oil Einfahröl** *nt (Mech)*
**commissure Trennfuge** *f (Hütt/Wlz)* (Linie)
**common crossing Kreuzung** *f (Bahn)* (Bahnstrecke)
**commonness of rocks Häufigkeit der einzelnen Gesteine** *(Geo)*
**compact BWE Kompaktschaufelradbagger** *m (Bg/Bergb)*
**compact spreader with supported feeding conveyor boom Kompaktabsetzer mit gestütztem Zuführungsband** *(Bg/Bergb)*
**compacting Verdichtung** *f (Bau)* (Boden)
**compaction by vibration and tamping Rüttelstopfverdichtung** *f (Bau)*
**compaction of soil Bodenverdichtung** *f (Bau)*
**compaction system Verdichtungssystem** *nt (Mech)*
**compaction work Verdichtungsarbeit** *f (Bau)*
**compactness Dichte** *f (Geo)* (Gedrängtheit)
**compactor Verdichter** *m (Bg/Bergb)*
**companion dimensions** *pl* **Anschlussmaße** *pl nt (Mech)*

**companion flange Gegenflansch** *m (Mech)*
**companion parts** *pl* **zusammengehörende Teile** *adj:n (Mech)*
**company certificate Werksattest** *nt (Mech, Allg)* **Werkszeugnis** *nt (Allg)* (Attest)
**company reference Firmennachweis** *m (Allg)*
**comparison stress Vergleichsspannung** *f (Math, Stb)*
**comparison test Vergleichsversuch** *m (Stb)*
**compartment Behälter** *m (Mech)* (abgeteiltes Fach)
**compartment pressure Zonenpressung** *f (Hütt/Wlz)*
**compass Kompass** *m (Mech)* **Zirkel** *m (Allg)* (zum Zeichnen)
**compass holder Zirkelgestänge** *nt (Mech)*
**compass needle Kompassnadel** *f (Mech)*
**compass saw Stichsäge** *f (Mont, Werkz)*
**compatibility Kompatibilität** *f (Allg)* **Verträglichkeit** *f (Mech, Chem)*
**compatibility condition Verträglichkeitsbedingung** *f (Stb)*
**compatibility of materials Materialverträglichkeit** *f (Mech)*
**compensating control Ausgleichsteuerung** *f (Kfz)*
**compensating jet Ausgleichsdüse** *f (Form)*
**compensating unit Kompensator** *m (Mech, El)* (Bandwaage)
**compensating valve Druckausgleichsventil** *nt (Hyd/Pneu)*
**compensator Ausgleicher** *m (Hütt/Wlz)* (Kompensator) **Kompensator** *m (Mech, El)*
**compensator control Ausgleichsteuerung** *f (Kfz)*
**compensator reservoir Ausgleichbehälter** *m (Kfz)*
**compensator, transverse** transverse compensator *adj:n* **Querregler** *m (Mech)*
**completion Durchbildung** *f (Stb)*
**complexity design Feingliedrigkeit** *f (Hütt/Wlz)* (z.B. eines Schmiedestücks)
**compliance test certificate Prüfbescheinigung** *f (Mech)*
**component group catalogue Baugruppenkatalog** *m (Mech)*
**component group number Baugruppennummer** *f (Mech)*
**component hole Anschlussloch** *nt (Mech)*
**component of a force Komponente** *f (Mech)* **Seitenkraft** *f (Mech, Stat)* **Teilkraft** *f (Mech, Stat)*
**component parts** *pl* **Bestückung** *f (Form)*
**component, finished** finished component *adj:n* **vorgefertigtes Teil** *adj:n (Mech)*
**component, individual** individual component *adj:n* **Einzelbauteil** *nt (Stb)* **Einzelkomponente** *f (Mech)*
**component, ready-made** ready-made component *adj:n* **Fertigteil** *nt (Mech, Mont)* **gebrauchsfertiges Teil** *adj:n (Mech, Mont)*
**component, special** special component *adj:n* **Sonderkomponente** *f (Mech)*
**components, balanced dynamically** dynamically balanced components *adj:n* **rotationssymmetrische Bauteile** *adj:n (Mech)*
**components, shell-shaped** shell-shaped components *adj:n* **Schalenbauteile** *pl nt (Mech)*
**composite action Verbund** *m (Bau, Stb)* **Verbundwirkung** *f (Stb)*
**composite beam Verbundträger** *m (Stb)*
**composite casting Verbundgießen** *nt (Hütt/Wlz)* **Verbundguss** *m (Hütt/Wlz)*
**composite column Verbundstütze** *f (Stb)*
**composite construction Verbundbauweise** *f (Stb)* **Verbundkonstruktion** *f (Stb, Bau)*
**composite section Verbundquerschnitt** *m (Stb)*
**composite slab Verbundplatte** *f (Stb)* (auch Steinplatte)
**composite spring Verbundfeder** *f (Mech)*
**composite structure Verbundkonstruktion** *f (Stb, Bau)*
**composition** *(e.g. of a letter)* **Aufbau** *m (Allg)* (z.B. eines Briefes)
**composition of forces Kräftezusammensetzung** *f (Stb)*
**composition rubber zusammengesetzter Gummi** *adj:n (Mech)*
**compound Bindung** *f (Stb)*
**compound action Verbund** *m (Bau, Stb)*

**compound girder zusammengesetzter Träger** *adj:n (Mech, Stb)*
**compound glass Sicherheitsverbundglas** *nt (Mech)*
**compound locomotive Verbundlokomotive** *f (Bahn)*
**compound material Verbundwerkstoff** *m (Hütt/Wlz, Stb)*
**compound material, sound-absorbing** sound-absorbing compound material *adj:n* **schalldämpfender Verbundwerkstoff** *adj:n (Mech)*
**compound section zusammengesetztes Profil** *adj:n (Stb)* **zusammengesetzter Träger** *adj:n (Mech, Stb)*
**compound tool-set Folgeverbundwerkzeuge** *pl nt (Mont, Werkz)*
**compound walking mechanism Verbundschreitwerk** *nt (Bg/Bergb)*
**compound, ferrous** ferrous compound *adj:n* **Eisenverbindung** *f (Form)*
**compressed air equipment Druckluftgeräte** *pl nt (Hyd/Pneu)*
**compressed air supply outlet Druckluftanschluss** *m (Hyd/Pneu)*
**compressed air system Druckluftanlage** *f (Hyd/Pneu)*
**compressed air-shift cylinder Druckluftschaltzylinder** *m (Kfz)*
**compressed-air breaker Presslufthammer** *m (Werkz, Hyd/Pneu)*
**compressed-air distributor Druckluftverteiler** *m (Kfz)*
**compressed-air dust collector Schubsender** *m (Umschl)*
**compressed-air filter Druckluftreiniger** *m (Kfz)*
**compressed-air hose Druckluftschlauch** *m (Kfz)*
**compressed-air line Druckluftleitung** *f (Hyd/Pneu)*
**compressed-air pipe system Druckluftleitungsnetz** *nt (Hyd/Pneu)*
**compressed-air reservoir Druckluftbehälter** *m (Hyd/Pneu)*
**compressed-air system Druckluftanlage** *f (Hyd/Pneu)*
**compression Druck** *m (Stat, Mech)* **Verdichtung** *f (Mech)* (Gase)
**compression and tension Druck und Zug im Zylinder** *(Mech)*
**compression bar Druckstab** *m (Stb)*
**compression bolt Spannschraube** *f (Mech)*
**compression bush Druckbüchse** *f (Hyd/Pneu)* **Druckschraube** *f (Mech, Mont)*
**compression bush with plug Druckschraube mit Verschlussstopfen** *(Mech, Mont)*
**compression chord Druckgurt** *m (Stb)* (z.B. eines Blechträgers)
**compression diagonal Druckdiagonale** *f (Stb)*
**compression fibre Druckfaser** *f (Stb)*
**compression flange Druckflansch** *m (Stb)* **Druckgurt** *m (Stb)* (z.B. eines Blechträgers)
**compression gland Stopfbuchse** *f (Mech)*
**compression member gedrücktes Bauteil** *adj:n (Stb)* **Druckstab** *m (Stb)*
**compression member test Knickversuch** *m (Stb)*
**compression member, axially loaded** axially loaded compression member *adj:n* **mittig gedrückter Stab** *adj:n (Stb)*
**compression molding technology Press- und Formtechnik** *(Hütt/Wlz)*
**compression post Druckpfosten** *m (Hyd/Pneu)*
**compression pressure Kompressionsdruck** *m (Hyd/Pneu)*
**compression ratio Kompressionsverhältnis** *nt (Hyd/Pneu)* **Verdichtungsverhältnis** *nt (Mech)*
**compression release lever Dekompressionshebel** *m (Kfz)*
**compression ring Druckring** *m (Hyd/Pneu)* **Kompressionsring** *m (Hyd/Pneu)*
**compression rivet Hohlniet** *m (Mech)* (zweiteilig)
**compression section Druckquerschnitt** *m (Stb)*
**compression sleeve Kompressionshülse** *f (Mech, Hyd/Pneu)*
**compression spring Druckfeder** *f (Hyd/Pneu)*
**compression strength Druckfestigkeit** *f (Mech, Stat)*
**compression stress Druckbelastung** *f (Hyd/Pneu)*
**compression stroke Kompressionstakt** *m (Hyd/Pneu)* **Verdichtungshub** *m (Mech)*

**compression wave Kompressionswelle** *f (Hyd/Pneu)*
**compression zone Druckzone** *f (Stb)*
**compression, axial** axial compression *adj:n* **mittiger Druck** *adj:n (Stb)* **axiale Druckbelastung** *adj:n (Stb)*
**compression, eccentric** eccentric compression *adj:n* **außermittige Druckbelastung** *adj:n (Mech)*
**compressive fibre Druckfaser** *f (Stb)*
**compressive force Druckkraft** *f (Mech)*
**compressive joint Anschluss „Druck"** *m (Mech)*
**compressive strength Druckfestigkeit** *f (Mech, Stat)* **Druckwiderstand** *m (Mech, Stat)*
**compressive strength, unconfined** unconfined compressive strength *adj:n* **eindimensionale Druckfestigkeit** *adj:n (Mech, Stb)*
**compressive stress Druckbeanspruchung** *f (Stat)* **Druckspannung** *f (Stat, Mech)*
**compressive stress, permissible** permissible compressive stress *adj:n* **zulässige Druckspannung** *adj:n (Stb)*
**compressive test Druckprobe** *f (Hütt/Wlz)* **Druckversuch** *m (Stb)* (Druckprüfung)
**compressive yield point Quetschgrenze** *f (Mech)* (bei Druckspannung) **Stauchgrenze** *f (Mech)* (bei Druckspannung)
**compressive yield stress Quetschspannung** *f (Mech)*
**compressor Drucklufterzeuger** *m (Mech)* **Kompressor** *m (Hyd/Pneu, Mech)*
**compressor casing Verdichtergehäuse** *nt (Mech)*
**compressor inlet Gebläseeinlauf** *m (Kfz)*
**compressor wheel Verdichterlaufrad** *nt (Mech)*
**compressor, radiale** radial compressor *adj:n* **Radialgebläse** *nt (Mech)*
**concave Brechermantel** *m (Zer)*
**concentrate production Konzentratproduktion** *f*
**concentrating table Schüttelherd** *m (Zer)*
**concentration** *(of ore)* **Anreicherung** *f (Aufb)* (von Erz)
**concentricity Rundlauf** *m (Mech)* **Rundlaufgenauigkeit** *f (Mech)*
**concentricity requirement Laufgenauigkeit** *f (Mech)*
**concentricity tolerance Rundlauftoleranz** *f (Mech)*
**concentricity, required** required concentricity *adj:n* **erforderliche Laufgenauigkeit** *adj:n (Mech)* **geforderte Laufgenauigkeit** *adj:n (Mech)*
**concept, modular** modular concept *adj:n* **Baukastenprinzip** *nt (Mech)* **modulares Konzept** *adj:n (Bg/Bergb)*
**concertina cuff Faltenbalg** *m (Mech, Mont)* **Faltenstulpe** *f (Mech, Mont)*
**conchoid muschelkalk Muschelkalk** *m (Geo)*
**concrete beam Betonbalken** *m (Stb)* **Betonträger** *m (Stb)*
**concrete blocks Betonsteine** *pl m (Bau)*
**concrete breaker Aufreißhammer** *m (Mech, Mont)*
**concrete bucket Betonkübel** *m (Kfz)* (am Kran)
**concrete cover Betonüberdeckung** *f (Bau)* **Ummantelung mit Beton** *(Bau)*
**concrete curbstone Betonrandstreifen** *m (Bau)*
**concrete filling Betonverfüllung** *f (Bau)*
**concrete haunch Aufstelzung** *f (Stb)* (Voutenbrücke) **Voute** *f (Mech, Bau)*
**concrete pipe Betonröhre** *f (Bau)*
**concrete reinforcing mat Betonstahlmatte** *f (Bau)*
**concrete skip attachment Betonkübelausrüstung** *f (Kfz)*
**concrete slab Betonplatte** *f (Bau)*
**concrete slab hollow, prestressed** prestressed hollow concrete slab *adj:n* **Spannbetonplatte** *f (Bau)*
**concrete slab, hollow** hollow concrete slab *adj:n* **Hohldielezement** *m (Bau)* **Zementhohldiele** *f (Bau)*
**concrete slab, prefabricated** prefabricated concrete slab *adj:n* **Betonfertigplatte** *f (Bau)*
**concrete sleeper** *BE* **Betonschwelle** *f (Bahn)* (der Bahn)
**concrete spun, centrifugally** centrifugally spun concrete *adj:n* **Schleuderbeton** *m (Mont, Bau)*
**concrete testing Betonprüfung** *f (Bau)*
**concrete transport Betontransport** *m (Bg/Bergb)* (z.B. am Kabelkran)

**concrete transport system Betontransportsystem** *nt (Bg/Bergb)*
**concrete walkway slab Stegzementdiele** *f (Mont, Bau)*
**concrete, exposed** exposed concrete *adj:n* **Sichtbeton** *m (Bau)*
**concrete, normal** normal concrete *adj:n* **Normalbeton** *m (Bau)*
**concrete, poor** poor concrete *adj:n* **Magerbeton** *m (Bau)*
**concrete, prestressed** prestressed concrete *adj:n* **vorgespannter Beton** *adj:n (Bau)* **Spannbeton** *m (Bau)*
**concrete, reinforced** reinforced concrete *adj:n* **armierter Beton** *adj:n (Stb)* **Stahlbeton** *m (Stb, Bau)* (bewehrter Beton)
**concreting work Betonarbeiten** *pl f (Bau)*
**condensate pump Kondensatpumpe** *f (Hütt/Wlz)*
**condensate return Kondensatrückführung** *f (Hütt/Wlz)*
**condensate storage vessel Kondensatspeicher** *m (Hütt/Wlz)*
**condensation water Kondenswasser** *nt (Allg)* **Kondenswasserbildung** *f (Mech)*
**condenser Kondensator** *m (Mech)* (Bandwaage)
**condenser hot well Heißwasserbehälter** *m (Hyd/Pneu)* (hinter Kondensator)
**condenser, air-cooled** air-cooled condenser *adj:n* **Luftkondensator** *m (Hyd/Pneu)*
**condensing turbine Kondensationsturbine** *f (Hütt/Wlz)*
**condition of aggregation Aggregatszustand** *m (Bg/Bergb)*
**condition of hardness Härtezustand** *m (Mech)*
**condition of support Auflagerbedingung** *f (Stb)*
**condition, fixed** fixed condition *adj:n* **Einspannbedingung** *f (Stb)*
**conditioner Konditionierer** *m (Aufb)*
**conditions in continuous operation dauernde Einsatzbedingungen** *adj:n (Mech)* **kontinuierliche Einsatzbedingungen** *adj:n (Mech)*
**conductibility, thermal Wärmeleitvermögen** *nt (Stb)*
**conduit** *(El)* **Installationsrohr** *nt (Hyd/Pneu)* **Kanal** *m (Mech)* (Leitung)
**conduit** *(protecting tube)* **Schutzrohr** *nt (Mech)*
**conduit accessories** *pl* **Installationsrohrarmaturen** *pl f (Mech)*
**conduit clip Rohrschelle** *f (Mech)*
**conduit elbow Bogen** *m (Form)* (in der Leitung)
**conduit fitting Wandschelle** *f (Mech)*
**conduit fittings** *pl* **Installationsrohrarmaturen** *pl f (Mech)*
**conduit saddle Rohrschelle** *f (Mech)*
**cone Kegel** *m (Mech, Math)* **Konus** *m (Mech, Math)* **Kuppe** *f (Mech)*
**cone crusher Kegelbrecher** *m (Zer)* **Kreiselbrecher** *m (Zer)*
**cone defect Kegelfehler** *m (Mech)*
**cone distance Teilkegellänge** *f*
**cone impression Kegeleindruck** *m (Stb)*
**cone packing** *m* **Dichtkegel** *m (Kfz)*
**cone plate Tellerscheibe** *f (Mech)*
**cone, internal** internal cone *adj:n* **Innenkegel** *m (Mech)*
**cone, projecting** projecting cone *adj:n* **Konusüberstand** *m (Mech)*
**cone, pyrometric** pyrometric cone *adj:n* **Seegerkegel** *m (Hütt/Wlz)*
**configuration Aufbau** *m (Geo, Mech, Allg)* (Form) **Struktur** *f (Geo, Mech, Allg)* (Gestalt, Form)
**conglomerate Konglomerat** *nt (Geo)*
**connecting block Schaltleiste** *f (El, Mech)*
**connecting branch Anschlussstutzen** *m (Mech, Hyd/Pneu)* (Rohr) **Rohrstutzen** *m (Mech)*
**connecting bridge Laufbrücke** *f (Allg)*
**connecting chart Anschlusstabelle** *f (Allg)*
**connecting conveyor Verbindungsband** *nt (Bg/Bergb, Umschl, Band)*
**connecting coupling Anschlusskupplung** *f (Mech)*
**connecting flange Anschlussflansch** *m (Mech)*
**connecting hose Verbindungsschlauch** *m (Mech)*
**connecting material Verbindungsmaterial** *nt (Mech)*
**connecting part Anschlussteil** *nt (El)* **Bindestück** *nt (Mech)*
**connecting parts for twin filter Anschlussteile für Doppelfilter** *(Form)*

**connecting piece Zwischenstück** *nt (Mech)*
**connecting pipe Verbindungsrohr** *nt (Mech)*
**connecting piping Verbindungsleitung** *f (Mech)* (Rohre)
**connecting plate Anschlussplatte** *f (Hyd/Pneu)* **Knotenbereich** *m (Bau)*
**connecting plate for forked fixing head Anschlusslasche für Gabelkopf** *(Stb)*
**connecting plate for wind brace Anschlussblech für Windverband** *(Stb)*
**connecting ring Verbindungsring** *m (Mech)*
**connecting rivet Anschlussniet** *m (Stb)*
**connecting rod Führungsstange** *f (Mech)* **Pleuelstange** *f (Mech)* **Verbindungsstange** *f (Mech)*
**connecting rod bearing Pleuelbüchse** *f (Mech)* **Pleuellager** *nt (Mech)*
**connecting rod bearing cap Pleueldeckel** *m (Mech)*
**connecting rod bearing shell Pleuellagerschale** *f (Mech)*
**connecting rod bolt Pleuelschraube** *f (Mech)*
**connecting rod drilling machine Pleuelstangenbohrmaschine** *f (Werkz)*
**connecting rod nut Pleuelmutter** *f (Mech)*
**connecting rod shank Pleuelschaft** *m (Mech)*
**connecting shaft Verbindungswelle** *f (Mech)*
**connecting sleeve Anschlussstutzen** *m (Mech, Hyd/Pneu)* (Rohr) **Rohrmuffe** *f (Mech)*
**connecting splice Verbindungslasche** *f (Mech, Stb)*
**connecting surface Anschlussfläche** *f (Mech, Mont)* **Kopfauflage** *f (Mech, Mont)* (Schraubenkopf/Blech) **Übergang** *m (Schw)* (z.B. zweier Bleche)
**connection** *(El, Hyd)* **Anschluss** *m (Mech)* (Verbindung) **Zusammenhang** *m (Bau)*
**connection** *(port)* **Stutzen** *m (Hyd/Pneu)* (Rohranschluss)
**connection angle Anschlusswinkel** *m (Mech)* **Hilfswinkel** *m (Mech)* (Beiwinkel) **Verbund-Winkel** *m (Stb)*
**connection block Anschlussblock** *m (Hyd/Pneu)*
**connection bolted, loose** loose bolted connection *adj:n* **lose Schraubverbindung** *adj:n (Mech)*
**connection bolted, overwound** overwound bolted connection *adj:n* **überdrehte Schraubverbindung** *adj:n (Mech)*
**connection clamp Anschlussschelle** *f (Mech)*
**connection cleat Anschlusswinkel** *m (Stb)* (Beiwinkel) **Beiwinkel** *m (Stb)* (Anschlusswinkel)
**connection element Verbindungsglied** *nt (Stb)*
**connection for test cock Anschluss für Prüfmanometer** *(Bahn)*
**connection nut Überwurfmutter** *f (Mech)* (Verbindungsmutter)
**connection piece Verbindungsstück** *nt (Mech, Hyd/Pneu, Stb)*
**connection piece, soldered** soldered connection piece *adj:n* **Lötanschlussstück** *nt (Mech)*
**connection plate Anschlussblech** *nt (Stb)* **Verband-Blech** *nt (Stb)*
**connection plate, provisional** provisional connection plate *adj:n* **Hilfslasche** *f (Mech)*
**connection tube Anschlussstutzen** *m (Mech, Hyd/Pneu)* (Rohr)
**connection, bolted** bolted connection *adj:n* **Schraubenverbindung** *f (Mech)* **Verschraubung** *f (Mech)* (mit Durchsteckschrauben)
**connection, external** external connection *adj:n (for drain)* **Leckölabfluss nach außen** *(Mech)*
**connection, flanged** flanged conncetion *adj:n* **Flanschanschluss** *m (Kfz)*
**connection, rigid** rigid connection *adj:n* **steifer Anschluss** *adj:n (Stb)*
**connection, riveted** riveted connection *adj:n* **Nietanschluss** *m (Stb)* **Nietverbindung** *f (Stb)*
**connection, screwed** screwed connection *adj:n* **Verschraubung** *f (Mech)* (geschraubte Verbindung)
**connection, slide-proof** slide-proof connection *adj:n* **gleitfeste Verbindung** *adj:n (Mech)*
**connection, soldered** soldered connection *adj:n* **Lötverbindung** *f (Mech, Mont)*

**connection, threaded** threaded connection *adj:n* **Gewindeverbindung** *f (Mech)*
**connection, welded** welded connection *adj:n* **geschweißter Anschluss** *adj:n (Schw)* **Schweißverbindung** *f (Schw)*
**connector Verbindungsstück** *nt (Mech, Hyd/Pneu, Stb)* **Verbindungsteil** *nt (Mech)*
**connector bar Verbindungsschiene** *f (Mech)*
**connector end of a probe Steckerteil des Prüfkopfes** *(Mech)*
**conservation Konservierung** *f (Anstr)*
**conservator Ausdehnungsgefäß** *nt (Mech)* (Trafo)
**consignment sent by rail Bahntransport** *m (Allg)*
**consistence Beschaffenheit** *f (Mech)* (Konsistenz) **Festigkeit** *f (Mech, Stat)*
**consistency Dichte** *f (Geo)* (Dichtigkeit) **Konsistenz** *f (Mech)* **Zustandsform** *f (Mech, Geo)*
**consistency of soil Konsistenz eines Bodens** *(Geo, Mech)* **Zustandsform eines Bodens** *(Mech, Geo)*
**constant displacement pump Pumpe mit konstantem Förderstrom** *(Hyd/Pneu)*
**constant feed regulating valve Mengenregelventil** *nt (Hyd/Pneu)*
**constant of integration Integrationskonstante** *f (Math)*
**constant-tension tube hanger Rohraufhängung mit gleicher Spannung** *(Hütt/Wlz)*
**constant-velocity joint Doppelgelenk** *nt (Kfz)*
**constraining discharge Zwangsaustrag** *m (Mech)*
**constraining force** *(Mech; Zer)* **Zwangskraft** *f (Mech)*
**constraint technische Begrenzung** *adj:n (Mech)*
**constriction Einschnürung** *f (Hütt/Wlz)* **Flächenreduzierung** *f (Hütt/Wlz)*
**construction Aufbau** *m (Mech, Allg)* (Bauart) **Ausführung** *f (Mech, Allg)* (Machart, Qualität) **Gestaltung** *f (Mech, Allg)*
**construction aggregate Aggregat** *nt (Bau)* **Zuschlagstoff** *m (Bau)*
**construction crane Baukran** *m (Bau)*
**construction joint Arbeitsfuge** *f (Stb)*
**construction machine Baumaschine** *f (Bg/Bergb)*
**construction machinery Baugeräte** *pl nt (Bau, Mont)*
**construction of dams Dammschüttung** *(Bg/Bergb)*
**construction of farming and forestry roads Wegebau** *m (Bg/Bergb)*
**construction site Montagestelle** *f (Mont, Form)*
**construction steel Baustahl** *m (Stb, Hütt/Wlz)*
**construction steel, grain-refined** grain-refined construction steel *adj:n* **Feinkornbaustahl** *m (Form)*
**construction unit Aufbaueinheit** *f (Mech)* **Baueinheit** *f (Mech)*
**construction work Bauarbeiten** *pl f (Bau)*
**construction, cantilevered** cantilevered construction *adj:n* **Freivorbau** *m (Bau)*
**construction, individual** individual construction *adj:n* **Einzelanfertigung** *f (Mech)* (Einzelstück)
**construction, simple** simple construction *adj:n* **einfache Konstruktion** *adj:n (Mech)*
**construction, tubular** tubular construction *adj:n* **Rohrkonstruktion** *f*
**construction, welded** welded construction *adj:n* **Schweißkonstruktion** *f (Schw)*
**constructional steelwork company Stahlbauunternehmen** *nt (Stb)*
**constructor Erbauer** *m (Stb)*
**consulting engineer Beratungsingenieur** *m (Stb)* **beratender Ingenieur** *adj:n (Allg)*
**consumable Schweißzusatz** *m (Schw)*
**consumable welding material Schweißzusatzwerkstoff** *m (Schw)*
**consumables** *pl (e.g. filter cartridges)* **Verbrauchsartikel** *pl m (Mech)* (z.B. Filtereinsatz)
**consumer** *(lubricating system)* **Reibstelle** *f (Mech)* (Schmieranlage)
**consumer Abnehmer** *m (Allg, Mech, El)* (Verbraucher) **Verbraucher** *m (Mech, Allg)*
**consumption of petrol** *BE* **Benzinverbrauch** *m (Kfz)*
**consumption parts** *pl* **Verbrauchsmaterial** *nt (Mech)*

**consumption rate Verbrauchsmenge** *f (Allg)*
**consumption, proper** proper consumption *adj:n* **Eigenverbrauch** *m (Hütt/Wlz)*
**contact anvil Amboss** *m (Mech, Mont, Werkz)* (als Messanschlag einer Rundpassungslehre)
**contact breaker cam Unterbrechungsnocken** *m (Mech)*
**contact face Berührungsfläche** *f (Mech)* **Kontaktfläche** *f (Mech)*
**contact point Berührungspunkt** *m (Mech)* **Kontaktpunkt** *m (Mech)* **Schließstelle** *f (Mech)* (Anschlag Stoßstelle)
**contact protection cap Kontaktschutzkappe** *f (Mech)* (Thermometer)
**contact ratio Überdeckungsgrad** *m (Mech)* (Zahnrad)
**contact reflection Tragbild** *nt (Mech)* (Getriebe)
**contact scanning berührende Prüfung** *adj:n (Hütt/Wlz)*
**contact surface Anlagefläche** *f (Mech)* **Berührungsfläche** *f (Mech)* **Übergang** *m (Schw)* (z.B. zweier Bleche)
**contact tachometer Kontakttachometer** *m (Mech)*
**contact travel Schaltweg** *m (El, Mech)*
**contact welding Kontaktschweißen** *nt (Schw)*
**container** *(e.g. for a consignment)* **Behälter** *m (Mech)* (z.B. für den Versand, die Vorratshaltung) **Gefäß** *nt (Mech)* (Behälter)
**container jigger pin Containeraufsetzzapfen** *m (Bahn)*
**container jigger pin, hinged** hinged container jigger pin *adj:n* **klappbarer Containeraufsetzzapfen** *adj:n (Bahn)*
**container multi-purpose carrier Container-Mehrzweckfrachter** *m (Schiff)*
**container terminal** *BE* **Containerbahnhof** *m (Bahn)*
**container transloading system Containerumschlag** *m (Mech)*
**container wagon Containertragwagen** *m (Bahn)*
**container, airtight** airtight container *adj:n* **luftdichter Container** *adj:n (Mech)*
**container, exchangeable** exchangeable container *adj:n* **Wechselbehälter** *m (Bahn)*
**container, refrigerated** refrigerated container *adj:n* **Kühlbehälter** *m (Mech)*
**container, special** special container *adj:n* **Spezialbehälter** *m (Hütt/Wlz)*
**contamination Verunreinigung** *f (Ökol, Allg)*
**content Gehalt** *m (Mech, Allg)* (Anteil) **Inhalt** *m (Mech)*
**content, hygroscopic** hygroscopic content *adj:n* **Feuchtigkeitsgehalt** *m (Geo, Mech, allg)*
**contents of transport container Inhalt des Fördergefäßes** *(Bg/Bergb)*
**continuation** *(El, Allg)* **Fortführung** *f (Allg)* **Fortsetzung** *f (El)*
**continuation of production Fertigungsfluss** *m (Mech)*
**continuous annealing line Contiglühe** *f (Form)*
**continuous annealing line for cold-rolled sheet Feinblech-Conti-Glühe** *f (Form)*
**continuous casting of slabs Stranggusshalbzeug** *nt (Hütt/Wlz)*
**continuous loop Rohrschlange** *f (Hütt/Wlz)*
**continuous loop tube evaporator Schlangenrohrvorverdampfer** *m (Hütt/Wlz)*
**continuous loop, pendant** pendant continuous loop *adj:n* **Rohrschlange** *f (Hütt/Wlz)* (hängend)
**continuous stream crusher Schlagkopfbrecher** *m (Zer)*
**continuous-loop tube construction Schlangenrohr** *nt (Hütt/Wlz)*
**contour** *(line)* **Höhenlinie** *f (Bau)*
**contour map** *(of floor of seam)* **Höhenkurven des Liegenden** *(Bg/Bergb)*
**contour map** *(of area)* **Höhenkurven des Geländes** *(Geo, Bg/Bergb)*
**contour, convex** convex contour *adj:n* **Naht mit Wulst** *(Schw)*
**contour, final** final contour *adj:n* **Fertigkontur** *f (Form)*
**contour, flush** flush contour *adj:n* **Naht ohne Wulst** *(Schw)*
**contours of defect Fehlerumrisse** *pl m (Form)*
**contraction Schrumpfung** *f (Stb, Hütt/Wlz)* **Verengung** *f (Hütt/Wlz)* (z.B. des Feuerraumes) **Zusammenziehung** *f (Hütt/Wlz)*

**contraction cavity** *(piping)* **Kernlunker** *m (Hütt/Wlz)* (Fehler in der Materialmitte)
**contraction choke Staurohr** *nt (Mech)*
**contraction coefficient Kontraktionszahl** *f (Stb)*
**contraction joint Schwindfuge** *f (Bau)*
**contraction, sudden** sudden contraction *adj:n* **plötzliche Zusammenziehung** *adj:n (Hütt/Wlz)*
**contractor** *AE* **Bauunternehmer** *m (Bau)* (der den Auftrag übernimmt)
**contractor of foundation works Tiefbauunternehmer** *m (Bau)*
**contrast filter screen** *(TV)* **Kontrast** *m (Mech)* (Fernsehgerät)
**control** *(e.g. of an excavator)* **Steuer** *nt (Bg/Bergb)* (z.B. des Baggers)
**control** *(El, Allg)* **Kontrolle** *f (Allg, Mech)* **Regulierung** *f (Mech, Allg)*
**control** *(closed-loop control)* **Regelung** *f (El)*
**control** *(open-loop control)* **Steuerung** *f (Hyd/Pneu)*
**control** *(piloting)* **Ansteuerung** *f (Hyd/Pneu)*
**control air Steuerluft** *f (Mech)*
**control arm, longitudinal** longitudinal control arm *adj:n* **Längslenker** *m (Mech)*
**control arm, transverse** transverse control arm *adj:n* **Querlenker** *m (Mech)*
**control block Steuerblock** *m (Hyd/Pneu)*
**control bush Steuerbuchse** *f (Mech)*
**control cab Schalthaus** *nt (El)*
**control cabin Führerhaus** *nt (Mech)* **Steuerkabine** *f (El)*
**control card Steuerkarte** *f (Bg/Bergb, Allg)*
**control card, electronic** electronic control card *adj:n* **elektronische Steuerkarte** *adj:n (Bg/Bergb, Allg)*
**control cubicle Reglerschrank** *m (Mech)*
**control cylinder Steuerzylinder** *m (Mech)*
**control device** *(El, Mech)* **Regelgerät** *nt (Mech)* **Regelvorrichtung** *f (Mech)* (Getriebe) **Steuerelement** *nt (Mech)*
**control drive Regelantrieb** *m (El, Mech)*
**control edge Steuerkante** *f (Mech)*
**control element Bedienungselement** *nt (El, Mech)* **Regelglied** *nt (Mech)* **Steuerorgan** *nt (Mech)* (Schmieranlage)
**control force Steuerkraft** *f (Mech)*
**control gate Schichthöhenschieber** *m* **Schütz** *nt (Stb)* (Wehrschütz)
**control gear Regelgetriebe** *nt (Mech)* (Regelvorrichtung) **Schaltrad** *nt (Mech)* **Steuerung** *f (Mech)* (einer Maschine)
**control indication** *(El)* **Zustandsmeldung** *f (Bg/Bergb)*
**control knob Drehknopf** *m (Mech)* (Regler) **Reglerknopf** *m (Mech)*
**control lever Bedienungshebel** *m (Mech)* (Schalthebel) **Steuerhebel** *m (Mech)* **Verstellhebel** *m (Mech)*
**control logic Ansteuerlogik** *f (Bg/Bergb)*
**control model test Untersuchung am Regelmodell** *(Mech)*
**control of carburetor Gasgestänge** *nt (Kfz)*
**control of gear shift Schaltgestänge** *nt (Mech)*
**control panel** *(El, Mech)* **Bedienpanel** *nt (Mech)* **Instrumententafel** *f (Mech, El)* **Kesselschild** *nt (Hütt/Wlz)* (Instrumententafel)
**control pedestal Steuersäule** *f (Mech)*
**control pin Kontrollstift** *m (Mech)* (Umsteuerung Schmieranlage)
**control plate Steuerplatte** *f (Mech)* (in hydraulischen Motoren) **Steuerspiegel** *m (Mech)* (z.B. im Motor)
**control pressure Regeldruck** *m (Hyd/Pneu, Mech)* **Steuerdruck** *m (Hyd/Pneu)*
**control process Steuerungsvorgang** *m (Hyd/Pneu)*
**control pump Steuerpumpe** *f (Hyd/Pneu)*
**control rack Regelstange** *f (Mech)*
**control range Regelbereich** *m (Mech, Allg)*
**control reservoir Steuerluftbehälter** *m (Bahn)* (des Wagens)
**control spindle Reglerspindel** *f (Mech)*
**control spool** *(in valve block)* **Schieberstange** *f (Mech)* (im Steuerblock) **Steuerstange** *f (Mech)* (im Steuerblock)
**control station** *(El)* **Messwarte** *f (Mech)*
**control station, central** central control station *adj:n* **zentrale Messwarte** *adj:n (Mech)*
**control technician Regeltechniker** *m (Mont)*
**control test Kontrollversuch** *m (Stb)*
**control three-way valve Kontroll-Dreiweghahn** *m (Hyd/Pneu)*

**control trailer Steuerwagen** *m (Bahn)* (am Zugende)
**control valve Regelventil** *nt (Hyd/Pneu)* **Steuerschieber** *m (Hyd/Pneu)* **Wegeventil** *nt (Hyd/Pneu)*
**control valve, hydraulic** hydraulic control valve *adj:n* **Hydraulik-Steuerventil** *nt (Hyd/Pneu)*
**control valve, lowering** lowering control valve *adj:n* **Senkventil** *nt (Hyd/Pneu)*
**control valve, primary** primary control valve *adj:n* **primärer Ventilblock** *adj:n (Hyd/Pneu)*
**control, environmental** environmental control *adj:n* **Umweltschutz** *m (Bahn)* (bei DB-Streckenführung)
**control, fine** fine control *adj:n* **Feinsteuerung** *f (Mech)*
**control, fuel pump (c. of fuel pump) Brennstoffpumpengestänge** *nt (Kfz)*
**control, hydraulic** hydraulic control *adj:n* **hydraulische Betätigung** *adj:n (Mech, Hyd/Pneu)*
**control, individual** individual control *adj:n* **Einzelsteuerung** *f (Kfz)*
**control, local** local control *adj:n* **örtliche Steuerung** *adj:n (Mech)*
**control, manual** manual control *adj:n (El, Mech, Bg/Bergb)* **Regelung von Hand** *(Mech)* **Steuerung von Hand** *(Bg/Bergb)*
**control, variable** variable control *adj:n* **Bedarfssteuerung** *f (Kfz)* **Mengenbedarfssteuerung** *f (Mech)*
**control, visual** *adj:n* **Sichtkontrolle** *f (Allg)*
**control-current cable reeling drum Steuerleitungstrommel** *f (Mech)*
**controller, proportional** proportional controller *adj:n* **Proportionalregler** *m (Hyd/Pneu)*
**controls assemblies** *pl* **Arbeitsablaufgeräte** *pl nt (Kfz)*
**conurbation Ballungsraum** *m (Bau)*
**convection coefficient Konvektionsbeiwert** *m (Stb)*
**convection heating surface Berührungsheizfläche** *f (Hütt/Wlz)*
**convection tube bank Berührungsbündel** *nt (Hütt/Wlz)*
**convergent-divergent nozzle Lavaldüse** *f (Hyd/Pneu)*
**conversion** *(of an excavator attachment)* **Umbau** *m (Bg/Bergb)* (z.B. der Baggerausrüstung) **Umrüstung** *f (Mech, Bg/Bergb)* (Änderung der Ausrüstung)
**conversion group Umbaugruppe** *f (Bg/Bergb)*
**conversion kit Änderungssatz** *m (Bg/Bergb)* **Umrüstsatz** *m (Bg/Bergb)*
**conversion set Umbausatz** *m (Mech, Mont)* **Umrüstsatz** *m (Bg/Bergb)*
**conversion table Umrechnungstafel** *f (Math, Mech)*
**conversion temperature Umwandlungstemperatur** *f (Mech)*
**converter** *(El, Stb)* **Konverter** *m (Stb)* **Umformer** *m (El)*
**converter gear Wandlergetriebe** *nt (Mech)*
**converter steel Konverterstahl** *m (Hütt/Wlz)*
**converter steel, basic** basic converter steel *adj:n* **Thomas-Stahl** *m (Hütt/Wlz)* (aus Thomas-Konverter)
**converter waste heat boiler Konverterkessel** *m (Hütt/Wlz)*
**convertible** *(drop head)* **Kabriolett** *nt (Kfz)*
**converting kit Knickgelenk** *nt (Bg/Bergb)* (z.B. an Baggern)
**conveyance Abförderung** *f (Bg/Bergb)* (mit Fahrzeugen) **Weitertransport** *m (Bg/Bergb)* (mit Fahrzeugen)
**conveying and storage systems Förder- und Lagersysteme** *(Bg/Bergb)*
**conveying direction Bandlaufrichtung** *f (Band)* (Förderrichtung)
**conveying distance of material Massentransportweg** *m (Mech, Umschl)*
**conveying line Förderleitung** *f (Hütt/Wlz)*
**conveying rack Transportvorrichtung** *f (Bg/Bergb)*
**conveying route Fördergutstrom** *m (Band, Umschl)* (Förderband) **Förderweg** *m (Band, Umschl)*
**conveying system Transportsystem** *nt (Bg/Bergb, Band, Umschl, Bahn)*
**conveying worm Förderschnecke** *f (Mont)*
**conveyor** *(part of a belt conveyor system)* **Bandstraße** *f (Band)* (als Teil einer Bandanlage)
**conveyor Förderband** *nt (Band, Bg/Bergb)* **Rollenbahn** *f (Mech)* **Transport-**

**anlage** *f (Band)* (Förderer) **Zuführrollgang** *m (Mech)*
**conveyor at dump site Kippenband** *nt (Umschl)* **Kippenstrossenband** *nt (Umschl)*
**conveyor at feed site zuförderndes Band** *adj:n (Band, Umschl)*
**conveyor at stripping face Abraumstrossenband** *nt (Bg/Bergb)*
**conveyor belt bridge Transportbandbrücke** *f (Band)*
**conveyor belt housing Förderbandüberdachung** *f (Band)*
**conveyor belt, elevating** elevating conveyor belt *adj:n* **Förderband** *nt (Band)* (schräg aufwärts)
**conveyor belts with fabric plies Fördergurte mit Textileinlagen** *(Band, Bg/Bergb, Umschl, Zer)*
**conveyor belts with steel cord plies Fördergurte mit Stahlseileinlagen** *(Band, Bg/Bergb, Umschl, Zer)*
**conveyor boom Bandausleger** *m (Bg/Bergb, Umschl)*
**conveyor boom, movable** movable conveyor boom *adj:n* **beweglicher Bandausleger** *adj:n (Bg/Bergb, Umschl)*
**conveyor boom, slewing** slewing conveyor boom *adj:n* **schwenkbarer Bandausleger** *adj:n (Bg/Bergb, Umschl)*
**conveyor bridge Förderbandbrücke** *f (Bg/Bergb, Umschl, Band)* **Förderbrücke** *f (Band, Umschl)*
**conveyor bridge for open-pit mining Abraumförderbrücke** *f (Bg/Bergb)*
**conveyor bridge section Bandbrückenzug** *m (Bg/Bergb, Umschl)*
**conveyor bridge, ascending** ascending conveyor bridge *adj:n* **ansteigende Bandbrücke** *adj:n (Band)* **Steilförderer** *m (Band, Umschl)*
**conveyor bridge, mobile** mobile conveyor bridge *adj:n* **fahrbare Bandbrücke** *adj:n (Bg/Bergb, Band)*
**conveyor cage Förderkorb** *m (Bg/Bergb)*
**conveyor chain Förderkette** *f (Band)* **Transportkette** *f (Band)*
**conveyor cover Abdeckung für Förderbänder** *(Band)* **Bandabdeckung** *f*
**conveyor crossing Bandübergang** *m (Band)*
**conveyor drive Antrieb des Bandes** *(Band)* **Bandantrieb** *m (Band, Umschl, Zer)*
**conveyor drive base Unterbau für Bandbetrieb** *(Bg/Bergb, Umschl, Band)*
**conveyor flight Bandstrecke** *f (Band)* (Teilstrecke einer Bandanlage) **Teilstrecke** *f (Band)* (s.a. Bandstraße)
**conveyor frame Bandstraße** *f (Band)* (Bandträger, Bandrahmen) **Bandträger** *m (Band)* (Balken) **Bandtraggerüst** *nt (Band)*
**conveyor frame expansion joint Bandstraßendehnungsfuge** *f (Mech)* **Bandstraßendehnungsstoß** *m (Mech)*
**conveyor frame joint Bandstraßenstoß** *m (Mech)*
**conveyor gallery Bandbrücke** *f (Bg/Bergb, Umschl)* (teilweise geschlossen)
**conveyor gallery section Bandbrückenzug** *m (Bg/Bergb, Umschl)*
**conveyor gallery sections** *pl* **Brückenzug** *m (Band)* (geschlossene Bandbrücke)
**conveyor gantry Bandbrücke** *f (Bg/Bergb, Umschl)* (Portalform) **Förderbrücke** *f (Band, Umschl)*
**conveyor gear unit Bandgetriebe** *nt (Band)*
**conveyor girder Bandträger** *m (Band)* (Balken)
**conveyor in fixed layout stationäres Band** *adj:n (Umschl, Band)*
**conveyor junction Bandsammelpunkt** *m (Band, Bg/Bergb, Umschl)*
**conveyor level Fördersohle** *f (Bg/Bergb, Umschl)*
**conveyor module Bandstraße** *f (Band)*
**conveyor module, stationary** stationary conveyor module *adj:n* **stationäre Bandstraße** *adj:n (Mech, Umschl)*
**conveyor pulley Bandtrommel** *f (Band)*
**conveyor route Bandstrecke** *f (Band)* (Bandverlauf)
**conveyor schedules** *pl* **Förderanlage** *f (Bg/Bergb, Umschl, Band)*
**conveyor sleeper Bandschwelle** *f (Bg/Bergb, Umschl)* (Bodenschwelle)
**conveyor system Bandanlage** *f (Band)* **Förderanlage** *f (Bg/Bergb, Umschl, Band)*
**conveyor to quay Pierzuführungsband** *nt (Band)*

**conveyor, circular** circular conveyor *adj:n* **Kreisförderer** *m (Band)*
**conveyor, descending** descending conveyor *adj:n* **Abwärtsförderer** *m (Band)* **absteigendes Band** *adj:n (Band)*
**conveyor, endless** endless conveyor *adj:n* **Kreisförderer** *m (Band)*
**conveyor, extendable** extendable conveyor *adj:n* **Verschiebeband** *nt (Bg/Bergb, Umschl, Band)*
**conveyor, gliding** gliding conveyor *adj:n* **Gleitband** *nt (Bg/Bergb)*
**conveyor, inclined** inclined conveyor *adj:n* **Schrägförderer** *m (Band)* **Steilförderer** *m (Band, Umschl)*
**conveyor, intermittently shifted** intermittently shifted conveyor *adj:n* **rückbares Band** *adj:n (Band)*
**conveyor, longitudinally shiftable** longitudinally shiftable conveyor *adj:n* **Verschiebeband** *nt (Bg/Bergb, Umschl, Band)*
**conveyor, preceding** preceding conveyor *adj:n* **zuförderndes Band** *adj:n (Band, Umschl)*
**conveyor, reversible** reversible conveyor *adj:n* **reversierbarer Förderer** *adj:n (Band, Umschl)* **reversierbares Verteilerband** *adj:n (Bg/Bergb, Band)*
**conveyor, self-contained** self-contained conveyor *adj:n* **selbstständiger Bandförderer** *adj:n (Band)*
**conveyor, shiftable** shiftable conveyor *adj:n* **rückbares Band** *adj:n (Band)*
**conveyor, telescopic** telescopic conveyor *adj:n* **Verschiebeband** *nt (Bg/Bergb, Umschl, Band)*
**cool-air ducting Kühlluftabführung** *f (Mech)*
**cool-down Abkühlung** *f (Mech, Stb)* **Kühlen** *nt (Mech, Allg)*
**coolant Kühlflüssigkeit** *f (Mech)* **Kühlmittel** *nt (Mech)*
**coolant around liners Kühlwasser an Laufbuchsen** *(Mech)*
**coolant flow Kühlwasserfluss** *m (Mech)*
**coolant in V-block Wasserraum zwischen Zylinderreihen** *(Mech)*
**coolant inlet Wasserzulauf** *m (Mech)* (z.B. zur Maschine)
**coolant passages in heads Wasserraum in Zylinderköpfen** *(Mech)*
**coolant pump Kühlmittelpumpe** *f (Mech, Hyd/Pneu)*
**coolant pump, immersed** immersed coolant pump *adj:n* **Eintauch-Kühlmittelpumpe** *f (Mech, Hyd/Pneu)*
**coolant testing device Kühlwasserprüfgerät** *nt (Mech)*
**coolant transfer tube Transferleitung** *f (Mech)* (des Kühlmittels)
**cooler Gebläse** *nt (Kfz)* (Kühlung) **Kühler** *m (Mech)* **Regler** *m (Mech)* (für die Temperatur)
**cooler nail Flachkopfnagel** *m (Mech)*
**cooling air blower Kühlgebläse** *nt (Mech)*
**cooling air duct Luftführung** *f (Mech)*
**cooling air thermostat Kühlluftthermostat** *m (Mech)*
**cooling and process water Kühl- und Prozesswasser** *(Form)*
**cooling curve Abkühlungskurve** *f (Stb)*
**cooling drum Kühltrommel** *f (Zer)*
**cooling fan Kühlgebläse** *nt (Mech)*
**cooling flats** *pl* **Kühlflats** *pl m (Mech)*
**cooling in furnace Abkühlung im Ofen** *f (Mech, Stb)*
**cooling pallet Kühlpalette** *f (Mech)*
**cooling rate Abkühlungsgeschwindigkeit** *f (Mech, Stb)*
**cooling screen Kühlschirm** *m (Hütt/Wlz)*
**cooling surface Abkühlungsfläche** *f (Mech, Stb)*
**cooling system Kühlsystem** *nt (Mech)*
**cooling water Kühlwasser** *nt (Bg/Bergb)*
**cooling water pipe Kühlwasserleitung** *f (Mech)*
**cooling water pump Kühlwasserpumpe** *f (Mech, Hyd/Pneu)*
**cooling water thermometer Kühlwasserthermometer** *nt (Mech)*
**cooling water thermostat Kühlwasserthermostat** *m (Mech)*
**cooling, intermediate** intermediate cooling *adj:n* **Zwischenabkühlung** *f (Bg/Bergb)*
**coordinate Koordinate** *f (Stb)*
**coordinate axis Koordinatenachse** *f (Stb)*
**coordination Zuordnung** *f (Bau)*
**coordination flame cutting machine Koordinaten-Brennschneidmaschine** *f (Schw)*

**coordination of erection services Montagekoordination** *f (Allg)* (Leistungsstruktur)
**coordinator Auftragsführer** *m (Mech, Allg)*
**coordinator, technical** technical coordinator *adj:n* **technischer Auftragsführer** *adj:n (Mech)*
**copper Kupfer** *nt (Bg/Bergb)*
**copper alloy Kupfer-Basis-Legierung** *f (Hütt/Wlz)* **Kupferlegierung** *f (Hütt/Wlz)*
**copper asbestos gasket Kupferasbestdichtung** *f (Mech)*
**copper gasket Kupferdichtring** *m (Mech)*
**copper mandrel Kupferdorn** *m (Werkz)*
**copper ore open-cast mine Kupfererztagebau** *m (Bg/Bergb)*
**copper seal Kupferdichtung** *f (Mech)*
**copper steel Kupferstahl** *m (Stb)*
**copper, electrical** electrical copper *adj:n* **Elektrolytkupfer** *nt (Mech)*
**copper, flat** flat copper *adj:n* **Flachkupfer** *nt (Mech)*
**copper-constantan Kupfer-Konstantan** *nt (Stb)*
**coral limestone Korallenkalk** *m (Bau)*
**cord, round** round cord *adj:n* **Rundschnur** *f (Mech)*
**cord-type rubber sealing Rundschnurring** *m (Mech)*
**corduroy Knüppel** *m (Bau)* (Straßenbefestigung)
**corduroy road Knüppeldamm** *m (Bau)*
**core Kern** *m (Hütt/Wlz)* (beim Gießen) **Kernstück** *nt (Hütt/Wlz)*
**core** *(of valve)* **Ventileinsatz** *m (Mech)*
**core component Herzstück** *nt (Mech)* (wichtiges Bauteil)
**core crack Scheibchenriss** *m (Hütt/Wlz)*
**core cutter Kernbohrer** *m (Mech, Werkz)*
**core diameter Bohrkerndurchmesser** *m (Bg/Bergb)* **Strunkdurchmesser** *m (Mech)*
**core drill Bohrer** *m (Mont)* (Gewindelochbohrer)
**core flaw** *(during casting)* **Kernfehler** *m (Hütt/Wlz)* (Gießkern)
**core hole Kernloch** *nt (Hütt/Wlz)* **vorgegossenes Loch** *adj:n (Mech)*
**core material piece Kernstütze** *f (Hütt/Wlz)* (Gießerei)
**core print Kernmarke** *f (Hütt/Wlz)* (Gießerei)
**core removing hole Kernlochbohrung** *f (Hütt/Wlz)* (Entfernung des Gießkerns)
**core sand** *BE (used in foundry)* **Kernsand** *m (Hütt/Wlz)* (in Gießerei verwandt)
**core section Kernquerschnitt** *m (Mech)* (Schraube)
**core strength Kernfestigkeit** *f (Hütt/Wlz)*
**core zone Kernzone** *f (Hütt/Wlz)*
**cork plug Korkstopfen** *m (Mech)*
**cork-faced clutch plate Korkbelagkupplungslamelle** *f (Kfz)* **Kupplungslamelle mit Korkbelag** *(Mech)*
**corkscrew Korkenzieher** *m (Mech)*
**corner bit** *(on edge of backhoe)* **Eckmesser** *nt (Bg/Bergb)* (z.B. des Löffels) **Seitenmesser** *nt (Bg/Bergb)* (des Tieflöffels)
**corner bumper Eckenstoßfänger** *m (Kfz)*
**corner burner Eckenbrenner** *m (Hütt/Wlz)*
**corner column Eckstütze** *f (Stb)*
**corner cutter Schneidecke** *f (Mech, Mont)*
**corner drilling machine Eck-Bohrmaschine** *f (Mont, Werkz)* **Winkelbohrmaschine** *f (Mont, Werkz)*
**corner element Eckelement** *nt (Mech, Allg)*
**corner jack Abstützung** *f (Bahn)* (Ausleger an Wagonecken)
**corner joint Eckstoß** *m (Stb)* (Eckverbindung) **Winkelstoß** *m (Stb)*
**corner plate Eckblech** *nt (Stb)*
**corner post Eckpfosten** *m (Stb)* (z.B. der Fachwerkbrücke) **Eckstütze** *f (Stb)*
**corner shoe Eckmesser** *nt (Bg/Bergb)* (z.B. des Löffels)
**corner stone Eckstein** *m (Bau)* (Grundstein) **Grundstein** *m (Bau)* (Eckstein)
**corner tooth Eckzahn** *m (Bg/Bergb)* (z.B. an einer Schaufelradschaufel)
**corner, dead** dead corner *adj:n* **toter Winkel** *adj:n (Hütt/Wlz)* (Strömung)
**corner-tube boiler Eckrohrkessel** *m (Hütt/Wlz)*
**cornucopia Füllhorn** *nt (Allg)*
**correct contact of tooth surfaces Tragbild** *nt (Mech)* (Zähne)
**correlation Wechselbeziehung** *f (Hütt/Wlz)* (von Messgrößen)
**corridor connection Faltenbalg** *m (Mech, Mont)* **Übergangsbalg** *m (Bahn)*
**corroding agent Ätzmittel** *nt (Hyd/Pneu)* (Hydraulik) **Ätzstoff** *m (Hyd/Pneu)* (Hydraulik)

**corrosion Fressen** *nt (Anstr)* **Korrosion** *f (Mech)*
**corrosion from condensation Schwitzwasserkorrosion** *f (Anstr)*
**corrosion inhibitor Korrosionsschutzmittel** *nt (Mech, Anstr)*
**corrosion inhibitor film korrosionshemmende Schicht** *adj:n (Mech)*
**corrosion pit Rostnarbe** *f (Stb)*
**corrosion resistance Korrosionsbeständigkeit** *f (Anstr)* **Rostbeständigkeit** *f (Anstr)*
**corrosion scar Korrosionsnarbe** *f (Anstr)*
**corrosion site Korrosionsstelle** *f (Anstr)*
**corrosion spot Korrosionsstelle** *f (Anstr)*
**corrosion, atmospheric** atmospheric corrosion *adj:n* **atmosphärische Korrosion** *adj:n (Anstr)*
**corrugated-furnace boiler Wellrohrkessel** *m (Hütt/Wlz)*
**corrugation Riffelung** *f (Hütt/Wlz)* **Wellung** *f (Mech)*
**cost, insurance, freight Cost, Insurance, Freight** *(Kfz)*
**cotter bolt Vorsteckbolzen** *m (Mech)*
**cotter file dickflache Feile** *adj:n (Mont)*
**cotter pin Kerbstift** *m (Mech)* **Spannbolzen** *m (Mech)* **Splint** *m (Mech)* (Vorstecker)
**cotter pin drive Splintentreiber** *m (Mech)*
**cotter pin hole Splintloch** *nt (Mech)*
**cotter pin, flat** flat cotter pin *adj:n* **Flachsplint** *m (Mech)*
**cotton fabric** *(belt)* **Baumwolle** *f (Band)* (Gurt) **Baumwollgewebe** *nt (Band)*
**cotton fabric ply** *(rubber belt)* **Baumwolleinlage** *f (Band)* (im Gummigurt)
**cotton, black** black cotton *adj:n* **Schwarzton** *m (Bau)*
**cotton, compressed** compressed cotton *adj:n* **gepresste Baumwolle** *adj:n (Mech)*
**cottonseed tar Baumwollsamenöl-Teer** *m (Bau)*
**counter Zähler** *m (Allg)* **Zählwerk** *nt (Mech)* (Bandwaage)
**counter** *(structural frame)* **Gegenstab** *m (Stb)* (Fachwerk)
**counter bracket Gegenhalter** *m (Mech)*
**counter die Matrize** *f (Mech)* (Gegenstück beim Stanzen)
**counter eccentric Gegenexzenter** *m (Mech)*
**counter flow Gegenstrom** *m (Hütt/Wlz)*
**counter gear Vorgelegerad** *nt (Mech)*
**counter guide bracket Gegenführungsschuh** *m (Mech)*
**counter profile Gegenprofil** *nt (Form)*
**counter revolutions, perform** perform counter revolutions *n:v* **gegeneinander drehen** *adv:v*
**counter wheel Gegenrad** *nt (Mech)*
**counter, secondary** secondary counter *adj:n (El, Mech)* **Tochterzählwerk** *nt (Mech)*
**counter-nut Gegenmutter** *f (Form)* **Kontermutter** *f (Mech)*
**counter-pressure roll Gegendruckrolle** *f (Mech)* (Bandwaage)
**counter-rail Gegenschiene** *f (Mech)*
**counter-torque lowering Senkbremsschaltung** *f (Mech)*
**counteracting of the belt tension Aufnahme der Gurtzugkraft** *(Band)* (Entgegenwirken der Gurtzugkräfte) **Aufnahme der Gurtzugkräfte** *(Band)* (Entgegenwirken der Gurtzugkräfte)
**counterbalance loading Lastenausgleich** *m (Mech, Umschl)*
**counterbalance valve Druckverhältnisventil** *nt (Hyd/Pneu)* **Vorspannventil** *nt (Hyd/Pneu)*
**counterbalance weight Ausgleichsgewicht** *nt (Bg/Bergb, Umschl)*
**counterbore** *(in material)* **Senkung** *f (Hütt/Wlz)* (im Material)
**counterbore Senker** *m (Mech, Mont)* (Kopf-, Halssenker) **Versenker** *m (Mech, Mont)*
**counterbrace** *BE* **Gegendiagonale** *f (Stb)* **Wechselstab** *m (Mech, Stb)*
**countercurrent Gegenstrom** *m (Hütt/Wlz)*
**countercurrent braking Gegenstrombremsung** *f (Mech)*
**countercurrent braking, electric** electric countercurrent braking *adj:n* **Gegenstrombremsung** *f (Mech)*
**countercurrent cooling Gegenstromkühlung** *f (Form)*
**countercurrent heat-exchanger Gegenstromwärmetauscher** *m (Form)*
**counterfire Gegenfeuer** *nt (Stb)*

**counterflange Gegenflansch** *m (Mech)*
**counterflow belt Rücklaufförderbrücke** *f (Band)*
**counterguide dog Gegenführungsschuh** *m (Mech)*
**counterpiece Gegenstück** *nt (Form)*
**counterpressure Gegendruck** *m (Hyd/Pneu)*
**counterrotation Gegenläufigkeit** *f (Form)* (z.B. der Kette)
**countershaft Gegenwelle** *f (Mech)* (z.B. im Getriebe) **Vorlegewelle** *f (Mech)* **Zwischenwelle** *f (Mech)*
**countershaft drive gear Vorgelegetriebrad** *nt (Mech)*
**countersink Senker** *m (Mech, Mont)* (Spitzsenker)
**countersink head screw Linsensenkschraube** *f (Mech)*
**countersinking Senkung für Senkschrauben** *(Mech)*
**countersunk bolt with nosing Nasensenkschraube** *f (Mech)*
**countersunk diameter Senkdurchmesser** *m (Hütt/Wlz)*
**countersunk die Schneidsenkschraube** *f (Mech)*
**countersunk head grooved pin Senkkerbnagel** *m (Mech)*
**countersunk head rivet Senkkopfniet** *m (Stb)* **Senkniet** *m (Stb)* **Senkniete** *f (Stb)*
**countersunk nip bolt Senkschraube mit Nase** *(Mech)* (DIN 604/605)
**countersunk-head tapping screw Senkblechschraube** *f (Mech)*
**countersunk-socket screw Senkschraube mit Innensechskant** *(Mech)*
**counterweight Ausgleichsgewicht** *nt (Bg/Bergb, Umschl)* **Gegengewicht** *nt (Mech)*
**counterweight ballast Ballast** *m (Bg/Bergb, Umschl)* **Gegengewichtsballast** *m (Bg/Bergb, Umschl)*
**counterweight boom Gegengewichtsausleger** *m (Bg/Bergb, Umschl)*
**counterweight box Gegengewichtskasten** *m (Bg/Bergb, Umschl)*
**counterweight gate Gegengewichtsschütz** *nt (Stb)*
**counterweight scraper gewichtsbelasteter Gurtreiniger** *adj:n (Band, Umschl)*
**counterweight, additional** additional counterweight *adj:n* **Zusatzgegengewicht** *nt (Mech)*
**counterweight, movable** movable counterweight *adj:n* **verschiebbares Gegengewicht** *adj:n (Mech)*
**coupler, automatic** automatic coupler *adj:n* **Automatikkuppler** *m (Bahn)*
**coupler, central automatic** central automatic coupler *adj:n* **zentraler Automatikkuppler** *adj:n (Bahn)*
**coupler, quick** quick coupler *adj:n* **Schnellkupplung** *f (Mech)*
**coupling Anschlusskupplung** *f (Mech)* **Gelenkstück** *nt (Form)* (Verbindung, Kupplung) **einfache Verbindungsmuffe** *adj:n (Mech)*
**coupling cock Kupplungshahn** *m (Mech, Pneu)* (der pneumatischen Bremse) **Kupplungsventil** *nt (Hyd/Pneu)* (z.B. Luftdruck; Bahn)
**coupling disc Kupplungsscheibe** *f (Mech)*
**coupling flange Kupplungsflansch** *m (Mech)*
**coupling half Kupplungshälfte** *f (Mech)*
**coupling head with stud Kupplungskopf mit Stift** *(Mech)*
**coupling hook Kupplungshaken** *m (Bahn)*
**coupling link Verbindungsglied** *nt (Stb)*
**coupling on output side Abtriebskupplung** *f (Mech)*
**coupling piece Verschraubung** *f (Mech)* (Verbindungsteil)
**coupling pin Kupplungsbolzen** *m (Mech)* **Vorstecker** *m (Mech)*
**coupling rod Kupplungsstange** *f (Mech)* (aus Rohr)
**coupling shell Kupplungsmantel** *m (Mech)*
**coupling sleeve Gelenkstulpe** *f (Kfz)*
**coupling star Kupplungsstern** *m (Mech)*
**coupling switch Kupplungsschalter** *m (Mech)* (für Überholkupplung)
**coupling triangle** *(on trailer)* **Kupplungsgabel** *f (Mech)* (des Anhängers)
**coupling with internal valve Kupplungskopf mit Ventil** *(Mech)*
**coupling with pin Kupplungskopf mit Stift** *(Mech)*
**coupling, close** close coupling *adj:n* **Kurzkupplung** *f (Bahn)*

**coupling, flexible** flexible coupling *adj:n* **drehelastische Kupplung** *adj:n (Mech)* **elastische Kupplung** *adj:n (Mech)*
**coupling, hydraulic** hydraulic coupling *adj:n* **Flüssigkeitskupplung** *f (Mech, Hyd/Pneu)*
**coupling, quick** quick coupling *adj:n* **Schnellkupplung** *f (Mech)*
**coupling-pin ring Kupplungsbolzenring** *m (Mech)*
**coupon** *AE* **Zerreißprobe** *f (Stb)* (Stab) **Zerreißstab** *m (Stb)*
**course** *(e.g. of a road)* **Schicht** *f (Bau)* (z.B. einer Straße)
**course of a curve Verlauf einer Kurve** *(Stb)*
**course of manufacture Arbeitsablauf in der Fertigung** *(Mech)* **Produktionsablauf** *m (Mech)*
**course of the edge Verlauf der Schnittkante** *(Mech)*
**cover Berührungsschutz** *m (Mech)* **Blende** *f (Mech)* (Abdeckung) **Deckel** *m (Mech)*
**cover Abraum** *m (Geo)* **Deckgebirge** *nt (Geo, Bg/Bergb)*
**cover belt Deckband** *nt (Bg/Bergb)*
**cover coating Deckschicht** *f (Anstr)*
**cover flap Deckelklappe** *f (Mech)*
**cover flap, divided** divided cover flap *adj:n* **geteilte Deckelklappe** *adj:n (Mech)*
**cover for handhole Handlochdeckel** *m (Mech)*
**cover ledge Abdeckleiste** *f (Zer)*
**cover lid Verschlussdeckel** *m (Mech)*
**cover plate** *(belt)* **Gurtplatte** *f (Band, Mech)* **Lamelle** *f (Mech, Band)* (Gurtplatte, waagerecht)
**cover plate Abdeckplatte** *f (Mech)* **Abschlussplatte** *f (Mech, El)* **Blindflansch** *m (Mech)* **Rostabdeckplatte** *f (Hütt/Wlz)* (verglast)
**cover plate Abdeckblech** *nt (Stb)*
**cover strip Abdeckleiste** *f (Zer)*
**cover tube Schutzrohr** *nt (Mech)*
**cover with idler pulley Deckel mit Spannrolle** *(Form)*
**cover-belt holding idler Deckbandrolle** *f (Bg/Bergb)*
**cover-to-ply adhesion** *(belt)* **Trennlast** *f (Mech)* (Gurt) **Trennlast des Gurtes** *(Band)*
**coverage Deckvermögen** *nt (Anstr)* (des Anstrichmaterials)
**covering Decke** *f (Form)* (Abdeckung) **Verkleidung** *f (Mech, Stb)*
**covering boards** *pl* **Verschalung** *f (Stb)* (durch Bohlen)
**covering segment Abdecksegment** *nt (Aufb)*
**cow catcher Kuhfänger** *m (Bahn)* (an der Lok)
**cowl** *(dash)* **Stirnwand** *f (Mech)*
**cowl** *(e.g. engine compartment)* **Verkleidung** *f (Mech)* (unter Haube)
**cowl support Stirnwandstütze** *f (Mech)*
**cowling Haube** *f (Kfz)* (Stirnwand)
**cowper Cowper** *m (Stb)* (Winderhitzer) **Winderhitzer** *m (Hütt/Wlz)*
**cowper plant Cowperanlage** *f (Stb)* (Winderhitzeranlage)
**crab Laufkatze** *f (Umschl)*
**crab crawl Hundegang** *m (Bg/Bergb)*
**crabbing Ecken** *nt (Stb)*
**crabbing hoist gear Greiferwinde** *f (Bg/Bergb, Mech)*
**crabframe Katzenträger** *m (Umschl, Stb)*
**crack Bruchstelle** *f (Mech, Allg)* **Riss** *m (Mech, Allg)* **Sprung** *m (Mech, Allg)*
**crack detection test Rissprüfung** *f (Mech)*
**crack formation Rissbildung** *f (Mech, Allg)*
**crack initiation Anriss** *m (Stb)* (Beginn des Risses)
**crack sensivity Rissempfindlichkeit** *f (Stb)* **Rissneigung** *f (Stb)*
**crack starting point Bruchausgang** *m (Form)* (hier fängt Bruch an)
**crack test Anrissprüfung** *f (Stb)* (Rissprüfung)
**crack, branched** branched crack *adj:n* **verzweigter Riss** *adj:n (Mech, Stb)*
**crack, capillary** capillary crack *adj:n* **Haarriss** *m (Mech)*
**crack, incipient** incipient crack *adj:n* **Anbruch** *m (Mech)* **Anriss** *m (Mech)* (Oberfläche)
**crack, internal** internal crack *adj:n* **Innenriss** *m (Stb)*
**crack, longitudinal** longitudinal crack *adj:n* **Längsriss** *m (Schw)* (der Schweißnaht)
**crack, transverse** transverse crack *adj:n* **Querriss** *m (Bahn, Schw, Stb)* (z.B. in Schweißnähten)

**cracking Reißen** *nt (Mech, Allg)* **Rissbildung** *f (Mech, Allg)* **Spaltbildung** *f (Mech, Allg)*
**cracking pressure Öffnungsdruck** *m (Hyd/Pneu)*
**cracks in cap Kappenriss** *m (Kfz)*
**cradle-type idler Girlandenrolle** *f (Band, Bg/Bergb)* **Schaukelrolle** *f (Band)*
**cramping and distorting Verspannen und Verziehen** *(Mech)*
**crane Hebezeug** *nt (Mech)* (Kran) **Kran** *m (Bg/Bergb, Mech)*
**crane arm** *(jib arm)* **Kranarm** *m (Mech)*
**crane arm, telescopic** telescopic crane arm *adj:n* **Teleskop-Kranarm** *m (Mech)*
**crane boom Kranausleger** *m (Mech)* **schwenkbarer Kranausleger** *adj:n (Mech)*
**crane boom with hydraulic slewing hydraulisch schwenkbarer Kranausleger** *adj:n (Mech)*
**crane capacity Krankapazität** *f (Mech)*
**crane carrier Kranwagenfahrgestell** *nt (Mech)*
**crane column Kranbahnstütze** *f (Stb)*
**crane construction Kranbau** *m (Kran)*
**crane counterweight** *AE* **Gegengewicht eines Kranes** *(Mech)*
**crane crab Laufkatze** *f (Umschl)*
**crane crawler unit Kranlaufwerk** *nt (Mech, Bg/Bergb)*
**crane drive Kranantrieb** *m (Mech)*
**crane driver Kranführer** *m (Bg/Bergb)*
**crane engine Kranmotor** *m (Mech)*
**crane equipment Kranausrüstung** *f (Mech)*
**crane gantry Kranbahn** *f (Mech)*
**crane hook Lasthaken** *m (Mech)*
**crane jib Kranausleger** *m (Mech)*
**crane load Kranladung** *f (Mech)*
**crane rail Kranbahnschiene** *f (Mech)* **Kranschiene** *f (Stb)*
**crane roller Kranlaufrolle** *f (Mech)*
**crane runway Kranbahn** *f (Mech)* **Kranfahrbahn** *f (Mech)*
**crane runway girder Kranbahnträger** *m (Stb)*
**crane stanchion Kranbahnstütze** *f (Stb)*
**crane stop Prellbock** *m (Mech)* **Puffer** *m (Umschl)* (für Schienengeräte)
**crane technology Krantechnik** *f (Mech)*
**crane test area Kranprüfplatz** *m (Mech)*
**crane tower Kranturm** *m (Mech)*
**crane track gauge Kranspurweite** *f (Mech)*
**crane trolley Laufkatze** *f (Umschl)*
**crane undercarriage Kranlaufwerk** *nt (Mech, Bg/Bergb)*
**crane vehicle Kranfahrzeug** *nt (Bg/Bergb)*
**crane wheel Laufrad** *nt (Mech)* (Rolle) **Laufrolle** *f (Mech, Band)*
**crane with double lever jib Doppellenker** *m (Mech)* (Kran) **Wippdrehkran** *m (Bg/Bergb)*
**crane, bridge-type** bridge-type crane *adj:n* **Brückenkran** *m (Stb)*
**crane, electric** electric crane *adj:n* **Elektrokran** *m (Mech, El)*
**crane, hydraulic** hydraulic crane *adj:n* **Hydraulikkran** *m (Bg/Bergb)*
**crane, mobile** mobile crane *adj:n* **fahrbarer Kran** *adj:n (Mech)* **Rollkran** *m (Mech)* (fahrbar)
**crane, off-highway** off-highway crane *adj:n* **Geländekran** *m (Bg/Bergb)*
**crane, offshore** offshore crane *adj:n* **Offshore-Kran** *m (Schiff)*
**crane, rotary** rotary crane *adj:n* **Drehkran** *m (Mech)*
**crane, special** special crane *adj:n* **Sonderkran** *m (Schiff)*
**crane, truck-mounted** truck-mounted crane *AE* **Automobilkran** *m (Stb)*
**cranes and elevators Hebezeuge** *pl nt (Mech)*
**craneway Kranbahn** *f (Mech)*
**craneway girder Kranbahnträger** *m (Stb)*
**crank Antriebskurbel** *f (Mech)* **Handkurbel** *f (Mech, Mont)* **Kurbel** *f (Mech)*
**crank handle Handkurbel** *f (Mech, Mont)*
**crank inductor** *(El)* **Kurbelinduktor** *m (El)*
**crank pin Kurbelzapfen** *m (Mech)*
**crank-operated window Kurbelfenster** *nt (Mech)*
**crankcase Kurbelgehäuse** *nt (Mech)*
**crankcase bottom half Kurbelgehäuseunterteil** *nt (Mech)*
**crankcase guard Kurbelgehäuseschutz** *m (Mech)* **Panzerwanne** *f (Mech)*
**crankcase top half Kurbelgehäuseoberteil** *nt (Mech)*
**cranked vibrating table Kübelschwingtisch** *m (Zer)*

**cranking power Anwerfkraft** *f (Kfz)* **Belastung des Anlassers** *(Kfz)*
**crankshaft Kurbelwelle** *f (Mech)*
**crankshaft bearing Hauptlager** *nt (Kfz)* (der Kurbelwelle) **Kurbelwellenlager** *nt (Mech)*
**crankshaft bearing cap Kurbelwellenlagerdeckel** *m (Mech)*
**crankshaft bearing shell Kurbelwellenlagerschale** *f (Mech)*
**crankshaft drive Kurbeltrieb** *m (Mech)*
**crankshaft gear Kurbelwellenrad** *nt (Mech)*
**crankshaft grinding machine Kurbelwellenschleifmaschine** *f (Mech)*
**crankshaft oil seal Kurbelwellenradialdichtung** *f (Mech)*
**crankshaft rear oil seal Übermaßbüchse** *f (Mech)*
**crate Kiste** *f (Mech)* **Verschlag** *m (Mech)* (Holzgestell für Sperrgut)
**crater Krater** *m (Schw)*
**crater at end of weld pass Endkrater** *m (Schw)*
**crater crack Endkraterriss** *m (Schw)* (an der Schweißnaht) **Kraterriss** *m (Schw)*
**crater plate Kraterblech** *nt (Schw)*
**crater plates at end of weld pass Endkraterblech** *nt (Schw)*
**crawler Raupe** *f (Bg/Bergb)* **Raupenfahrwerk** *(Mech, Bg/Bergb)*
**crawler (s track, crawler track) Kette** *f (Mech, Bg/Bergb)* (Raupenkette)
**crawler and wheeled chassis Raupen- und Radfahrwerk** *(Bg/Bergb)*
**crawler assembly Fahrwerk** *nt (Bg/Bergb, Mech)*
**crawler assembly, rigid** rigid crawler assembly *adj:n* **starres Fahrwerk** *adj:n (Bg/Bergb)*
**crawler base Raupenträger** *m (Bg/Bergb)* **Unterwagenrahmen** *m (Bg/Bergb)*
**crawler bearing area erforderliche Raupenfläche** *adj:n (Bg/Bergb)*
**crawler bearing length Kettenlagerung** *f (Bg/Bergb)*
**crawler bearing surface Raupenfläche** *f (Bg/Bergb)* (als Lager-, Lauffläche)
**crawler chain Gleiskette** *f (Mech)* **Raupenkette** *f (Bg/Bergb)*
**crawler chain link Raupengliedschake** *f (Mech)* **Raupenkettenglied** *nt (Mech, Bg/Bergb)*
**crawler chain pin Raupenkettenbolzen** *m (Bg/Bergb)*
**crawler chain tension Kettenzug** *m (Bg/Bergb)* (Raupe) **Raupenkettenzug** *m (Bg/Bergb)*
**crawler chain tread Kettenglied** *nt (Mech)* **Raupenglied** *nt (Mech)*
**crawler chassis Traktorenlaufwerk** *nt (Mech)* **Traktorlaufwerk** *nt (Mech)*
**crawler crane Raupenkran** *m (Stb)*
**crawler drive Antrieb zum Raupenfahrwerk** *(Bg/Bergb)* **Fahrwerksantrieb** *m (Mech, Bg/Bergb, Umschl)*
**crawler excavator Raupenbagger** *m (Bg/Bergb)* **Raupengerät** *nt (Bg/Bergb)*
**crawler frame Raupenträger** *m (Bg/Bergb)* **Seitenrahmen** *m (Bg/Bergb)* (des Unterwagens)
**crawler gear unit Fahrgetriebe** *nt (Bg/Bergb)* (für Raupenfahrwerk) **Fahrwerksgetriebe** *nt (Mech)*
**crawler grease lubricator Fahrwerks-Fettschmieranlage** *f (Bg/Bergb, Mech)*
**crawler idlers** *pl* **Scheiben** *pl f (Bg/Bergb)* (zum Stützen der Raupenkette) **Tragscheibe** *f (Bg/Bergb, Mech)* (Raupenfahrwerk)
**crawler level Planum** *nt (Bg/Bergb)* (Raupenplanum)
**crawler pad Bodenplatte** *f (Bg/Bergb)* (Transportraupe) **Raupenplatte** *f (Bg/Bergb)*
**crawler spindle steering Spindelsteuerung des Fahrwerkes** *(Mech)*
**crawler steering mechanism Raupenlenkwerk** *nt (Bg/Bergb)*
**crawler support Längsträger** *m (Stb, Bg/Bergb)* (des Bagger-Oberwagens) **Langträger** *m (Bg/Bergb)*
**crawler system Fahrwerk** *nt (Bg/Bergb, Mech)* **Raupenfahrwerk** *(Mech, Bg/Bergb)*
**crawler track Raupenfahrwerk** *(Mech, Bg/Bergb)* **Raupenkette** *f (Bg/Bergb)*
**crawler traction Kettenzug** *m (Bg/Bergb)* (Raupe) **Kettenzugkraft** *f (Bg/Bergb)* (des Raupenbaggers)
**crawler tractive force Kettenzugkraft** *f (Bg/Bergb)* (des Raupenbaggers)

**crawler tractor Laufwerk** *nt (Mech, Bg/Bergb)* (Raupe) **Raupenschlepper** *m (Mech)*
**crawler tread Raupenglied** *nt (Mech)*
**crawler tread pitch Teilung der Raupenkette** *(Bg/Bergb)*
**crawler tread width Raupenplattenbreite** *f (Bg/Bergb)*
**crawler undercarriage Raupenfahrwerk** *(Mech, Bg/Bergb)* **Raupenunterwagen** *m (Bg/Bergb)*
**crawler unit Baggerlaufwerk** *nt (Bg/Bergb)* (Raupe) **Fahrwerk** *nt (Bg/Bergb, Mech)* (des Raupenbaggers) **Raupenkettenträger** *m (Bg/Bergb)* (Seitenrahmen)
**crawler, equalizing** equalizing crawler *adj:n* **Pendelraupe** *f (Bg/Bergb)*
**crawler, fixed** fixed crawler *adj:n* **Festraupe** *f (Bg/Bergb)*
**crawler, long** long crawler *adj:n* **langer Unterwagen** *adj:n (Bg/Bergb)*
**crawler, right-hand** right-hand crawler *adj:n* **Rechtsraupe** *f (Bg/Bergb)*
**crawler, suspension-mounted** suspension-mounted crawler *adj:n* **Pendelraupe** *f (Bg/Bergb)*
**crawler-chain link pin Raupenkettenbolzen** *m (Bg/Bergb)*
**crease Falte** *f (Mech, Allg)*
**creasing** *(bending)* **Sicke** *f (Hütt/Wlz)* (Versteifungsstanzen)
**creep niedriger Durchlass** *adj:n (Mech)*
**creep** *(concrete)* **Kriechen** *nt (Stb)* (Beton)
**creep characteristics** *pl* **Dauerstandfestigkeit** *f (Stb)*
**creep properties** *pl* **Dauerstandfestigkeit** *f (Stb)*
**creep strength Kriechfestigkeit** *f (Hütt/Wlz)*
**creeping** *(through oil leakage)* **Abrollen** *nt (Bg/Bergb)* (des Baggers am Hang)
**creeping path Kriechstrecke** *f (Mech)* (Schleifringkörper)
**creeping speed Kriechgeschwindigkeit** *f (Bg/Bergb)* (Transportraupe)
**crest** *(of a mountain)* **Kamm** *m (Geo)* (des Berges)
**crest Kopffläche** *f (Mech)* **Zahnkrone** *f (Mech)*
**crest** *(of a threading)* **Spitze** *f (Mech)* (des Schraubgewindes)
**crest of thread Gewindespitze** *f (Mech)*
**crevasse distance Klüftigkeitsziffer** *f (Geo)*
**crevasse formation Klüftigkeit** *f (Geo)*
**crevice Fuge** *f (Bau)* (z.B. im Mauerwerk)
**crew Mannschaft** *f (Mech, Allg)* **Personal** *nt (Allg)*
**crew room Aufenthaltsraum** *m (Bg/Bergb, Allg)* **Mannschaftsraum** *m (Bg/Bergb, Allg)*
**cribbing Holzstapel** *m (Mech)*
**cribbing iron Stapel aus Eisen** *(Mech)*
**crimb Verkröpfung** *f (Stb)*
**crimping tool Handzange** *f (Mont)*
**criteria for design and calculation Berechnungsgrundlage** *f (Stb)*
**critical path method Verfahren des kritischen Weges** *(Mech)* (Netzplantechnik) **Zeitstudie** *f (Mech)* (Netzplantechnik)
**cross and yoke type assembly Zapfenkreuzgarnitur** *f (Mech, Mont)*
**cross balancer Querschwinge** *f (Bg/Bergb)* (Raupenfahrwerk)
**cross bar Querriegel** *m (Mech, Stb)* **Traverse** *f (Mech, Stb)*
**cross beam Querbalken** *m (Stb)* (Querträger) **Querstrebe** *f (Mech, Stb)* **Querträger** *m (Stb)* (Querhaupt)
**cross bracing Kreuzverband** *m (Mech, Stat)* **Querverband** *m (Stb)* (Konstruktion)
**cross butt joint Kreuzstoß** *m (Schw)* (kreuzartig verschweißte Bleche)
**cross chute Querschurre** *f (Umschl)*
**cross conveyor Querverband** *m (Band)* (Förderbänder) **Stirnband** *nt (Band, Umschl)*
**cross equalizer Stützschwinge** *f (Bg/Bergb, Mech)* (Fahrwerk)
**cross flow Kreuzstrom** *m (Hütt/Wlz)*
**cross frame Querrahmen** *m (Stb)*
**cross girder, intermediate** intermediate cross girder *adj:n* **Zwischenquerträger** *m (Stb)*
**cross hole Kreuzloch** *nt (Mech)* **Querbohrung** *f (Mech, Mont)*
**cross hole, tapped** tapped cross hole *adj:n* **Quergewindebohrung** *f (Mech)*
**cross inclination Querneigung** *f (Stb)* (der Fahrbahn)
**cross joint Kreuzstoß** *m (Stb)*

**cross link Vernetzer** *m (Mech)*
**cross member Querträger** *m (Stb)* (Wagon) **Traverse** *f (Mech, Stb)*
**cross member, tubular** tubular cross member *adj:n* **Rohrquerstrebe** *f (Stb)* **Rohrquerträger** *m (Stb)*
**Cross method Momentenausgleichsverfahren** *nt (Stat)*
**cross of weld Nahtquerschnitt** *m (Schw)*
**cross over feeder Übgabeförderer** *m (Umschl, Band)*
**cross piece Kreuzstück** *nt (Mech)* (z.B. für Rohrleitung)
**cross pin Kreuzzapfen** *m (Mech)* (von Maschinen) **Zapfenkreuz** *nt (Bg/Bergb)* (Grader)
**cross pit conveyor Direktversturzbandwagen** *m (Bg/Bergb)*
**cross pit dumping Direktversturz** *m (Bg/Bergb)*
**cross pit system Cross-Pit-System** *nt (Bg/Bergb)* **Direktversturz** *m (Bg/Bergb)*
**cross reference list Teileverwendungsliste** *f (Mech, Allg)*
**cross rocker beam Fahrwerksschwinge** *f (Bg/Bergb, Mech)*
**cross saddle Quersattel** *m (Mech)*
**cross screw connection Kreuzverschraubung** *f (Mech)*
**cross section Querprofil** *nt (Bg/Bergb)* (Schnitt durch Straße) **Spurkreuz** *nt (Mech)*
**cross section of a member Stabquerschnitt** *m (Stb)*
**cross section of bar Stabquerschnitt** *m (Stb)*
**cross section under tension Zugquerschnitt** *m (Stb)*
**cross section, compressed** compressed cross section *adj:n* **Druckquerschnitt** *m (Stb)*
**cross section, trapezoidal** trapezoidal cross section *adj:n* **Trapezprofil** *nt (Hütt/Wlz)*
**cross section, useful** useful cross section *adj:n* **nutzbarer Querschnitt** *adj:n (Stb)*
**cross sectional area Querschnitt** *m (Mech)*
**cross sectional area ratio Querschnittsverhältnis** *nt (Hütt/Wlz)*
**cross sensing Bedarfssteuerung** *f (Kfz)*
**cross shaft Querwelle** *f (Mech)*
**cross sliding of crawlers Quergleiten der Raupen** *(Umschl)*
**cross slot screw Schlitzschraube** *f (Mech)*
**cross stop Queranschlag** *m (Mech)*
**cross stream separator Querstromsichter** *m (Bg/Bergb)*
**cross tie Querträger** *m (Stb)* (Wagon) **Verbindungsstück** *nt (Mech, Hyd/Pneu, Stb)*
**cross travelling Katzfahren** *nt (Mech)* (Schiffsentlader)
**cross travelling gear Katzfahrwerk** *nt (Mech)*
**cerross tube Querrohr** *nt (Mech)*
**cross wedge Querkeil** *m (Mech, Mont)*
**cross-bit Kreuzmeißel** *m (Mont, Werkz)*
**cross-cut chisel Kreuzmeißel** *m (Mont, Werkz)* **Nietkopf** *m (Mech, Mont)*
**cross-cut chisel, knock off with Nietkopf auskreuzen** *n:v*
**cross-cut file Kreuzhiebfeile** *f (Mont, Werkz)*
**cross-cut saw Freispannsäge** *f (Mont, Werkz)*
**cross-drum boiler Quertrommelkessel** *m (Hütt/Wlz)*
**cross-flow calcining Trägergas-Brennverfahren** *nt (Bg/Bergb)*
**cross-hatching adhesion test** *(for determining the adhesion of coatings)* **Gitterschnittprüfung** *f (Anstr)*
**cross-heading Streb** *m (Bg/Bergb)* (parallel zum Hauptstollen)
**cross-heading** *(breakthrough)* **Querstrecke** *f (Bg/Bergb)* (unter Tage)
**cross-lay rope Kreuzschlagseil** *nt (Mech)*
**cross-levelling device Querautomatik** *f (Bg/Bergb)*
**cross-pit spreader** *(for direct dumping)* **Direktversturzabsetzer** *m (Bg/Bergb)*
**cross-section area Querschnittsfläche** *f (Stb)*
**cross-section of material on belt Füllquerschnitt** *m (Umschl, Band)*
**cross-section of weld Nahtquerschnitt** *m (Schw)*
**cross-section with material heaped form top edges of conveyor belt Wasserquerschnitt des Gurtbandes** *(Band)*

**cross-section, reduced** reduced cross-section *adj:n* **gefährdeter Querschnitt** *adj:n (Mech)*
**cross-sectional area Querschnittsfläche** *f (Stb)*
**cross-sectional picture** *(in drawings)* **Schnittbild** *nt (Mech)* (in Zeichnungen)
**cross-sections of digging and conveying levels Profildarstellung der Baggerplanen und Fördersohlen** *(Bg/Bergb)*
**cross-slope Quergefälle** *nt (Bau)*
**cross-wall junction Wandeinbindung** *f (Bau)*
**crossarm** *(cantilver)* **Auslegerarm** *m (Bg/Bergb)* (Kragarm)
**crossbar Querbalken** *m (Mech)* **Querträger** *m (Stb)* (Wagon)
**crossbeam Traverse** *f (Mech, Stb)*
**crossbond** *(brickwork)* **Kreuzverband** *m (Bau)* (Mauerwerk)
**crossfall** *BE* **Querneigung** *f (Stb)* (der Fahrbahn)
**crosshead** *(runs in slide bars)* **Kreuzkopf** *m (Bahn)* (der Lok)
**crosshead Querhaupt** *nt (Stb)*
**crosshead engine Kreuzkopf-Maschine** *f (Mech)*
**crossing Kreuzung** *f (Bahn)* (Bahnstrecke) **Kreuzweiche** *f (Bahn)*
**crossing keeper Schrankenwärter** *m (Bahn)*
**crossing with lefthand or righthand turnout Doppelkreuzweiche** *f (Bahn)*
**crossing, curved** curved crossing *adj:n* **Bogenkreuzung** *f (Bahn)* (der Bahnstrecke)
**crossover Kreuzweiche** *f (Bahn)*
**crossover Schieberbewegung** *f (Mech)* **Verbindungsleitung** *f (Mech)*
**crossover conveyor Querverband** *m (Band)* (Förderbänder)
**crossover, double** double crossover *adj:n* **Doppelkreuzweiche** *f (Bahn)*
**crosswise span Stützbreite** *f (Mech)* (Raupenfahrwerk)
**crow bar Stemmeisen** *nt (Mont, Werkz)*
**crow's feet Krähenfüße** *pl m (Schw)*
**crowbar Hebestange** *f (Werkz)* (Brechstange)
**crowbar Brecheisen** *nt (Mont, Werkz)* **Hebestange** *f (Werkz)* (Brechstange)
**crowd Vorschub** *m (Bg/Bergb)* (Bagger)
**crowd distance** *(on level ground)* **Vorschubweg** *m (Bg/Bergb)* (auf Planum)
**crowd force Reißkraft** *f (Bg/Bergb)* (Ladeschaufel) **Vorschubkraft** *f (Bg/Bergb)*
**crowd length Vorschublänge** *f (Bg/Bergb)* (der Ladeschaufel)
**crowd shovel** *BE* **Hochbagger** *m (Bg/Bergb, Mech)* **Hochlöffelbagger** *m (Bg/Bergb, Mech)*
**crowd-back position** *(on ground)* **Ankippstellung** *f (Bg/Bergb)* (z.B. der Ladeschaufel)
**crown** *(of an arch)* **Bogenscheitel** *m (Stb)* **Scheitel** *m (Stb)* (eines Bogens)
**crown** *AE (slope)* **Querneigung** *f (Stb)* (der Fahrbahn)
**crown height Scheitelhöhe** *f (Stb)*
**crown hinge Scheitelgelenk** *nt (Stb)*
**crown nut Kronenmutter** *f (Mech)*
**crown wheel Planrad** *nt (Mech)* **Tellerkegelrad** *nt (Mech)* (im Differenzial)
**crowning Breitenballigkeit** *f (Mech)* (Getriebezahn) **Längsballigkeit** *f (Mech)* (Getriebezahn)
**crucible-type furnace Schmelztiegelfeuerung** *f (Hütt/Wlz)*
**cruciform joint Kreuzstoß** *m (Stb)*
**cruciform testpiece Kreuzprobestück** *nt (Stb)*
**crude cast Rohgussteil** *nt (Hütt/Wlz)*
**crude condition Rohzustand** *m (Mech, Hütt/Wlz)*
**crude gas Rohgas** *nt (Geo)*
**crude oil Rohöl** *nt (Geo)*
**crude steel Rohstahl** *m (Hütt/Wlz)*
**crude water Rohwasser** *nt (Hütt/Wlz)*
**crude zinc Rohzink** *nt (Mech)*
**crushability of rock Gesteinbrechbarkeit** *f (Bg/Bergb, Geo)*
**crusher Brecher** *m (Zer)*
**crusher chamber Brecherraum** *m (Bg/Bergb)*
**crusher concave Brechbacke** *f (Zer)*
**crusher department Zerkleinerungstechnik** *f (Zer)*
**crusher discharge belt Brecherabzugsband** *nt (Bg/Bergb)* (am Steinbrecher)
**crusher feeding chute Brechereinlaufschurre** *f (Zer)*
**crusher frame Brechergehäuse** *nt (Zer)* **Brecherkörper** *m (Zer)*

**crusher module Brecherkomponente** *f (Zer)*
**crusher plant Brecheranlage** *f (Bg/Bergb)* (im Steinbruch)
**crusher speed** *(in rpm)* **Brecherdrehzahl** *f (Bg/Bergb)*
**crusher technology Brechertechnik** *f (Zer)*
**crusher work Brecherarbeit** *f (Bg/Bergb)* (im Steinbruch)
**crusher, mobile** mobile crusher *adj:n* **Mobilbrecher** *m (Zer)*
**crusher, portable** portable crusher *adj:n* **transportabler Brecher** *adj:n (Zer)* **transportable Brecheranlage** *adj:n (Zer)*
**crusher, primary** primary crusher *adj:n* **Vorbrecher** *m (Zer, Bg/Bergb)*
**crusher, secondary** secondary crusher *adj:n* **Nachbrecher** *m (Zer)* **Sekundärbrecher** *m (Zer)*
**crushing Brechen** *nt (Zer)*
**crushing and screening technology Zerkleinerungstechnik** *f (Zer)*
**crushing installation Brechanlage** *f (Zer)*
**crushing installation, portable** portable crushing installation *adj:n* **transportable Brecheranlage** *adj:n (Zer)*
**crushing jaw Brechbacke** *f (Zer)*
**crushing machine Zerkleinerungsmaschine** *f (Zer)* (Brecher)
**crushing plant Brechanlage** *f (Zer)* **Brecherwerkanlage** *f (Bg/Bergb)*
**crushing plant, mobile** mobile crushing plant *adj:n* **mobile Brechanlage** *adj:n (Zer)*
**crushing plant, semi-mobile** semi-mobile crushing plant *adj:n* **semimobile Brechanlage** *adj:n (Zer)*
**crushing plant, stationary** stationary crushing plant *adj:n* **stationäre Brechanlage** *adj:n (Zer)* **stationäre Brecheranlage** *adj:n (Zer)*
**crushing ratio Zerkleinerungsgrad** *m (Zer)*
**crushing ring Brechring** *m (Zer)*
**crushing space Brechraum** *m (Zer)*
**crushing strength Bruchdehnung** *f (Mech, Stat)*
**crushing test Quetschversuch** *m (Stb)* **Stauchversuch** *m (Stb)*
**crushing, coarse** coarse crushing *adj:n* **Grobzerkleinerung** *f (Zer)*
**crushing, fine** fine crushing *adj:n* **Feinzerkleinerung** *f (Zer)*
**crushing, selective** selective crushing *adj:n* **selektive Zerkleinerung** *adj:n (Zer)*
**crust Kruste** *f (Geo)*
**crystal Kristall** *m (Geo)*
**crystal backing Kristallunterlage** *f (Schw)*
**crystal mounting Kristallbefestigung** *f (Mech)*
**crystal, protected** protected crystal *adj:n* **geschütztes Kristall** *adj:n (Geo)*
**crystallization Kristallisation** *f (Geo)*
**CSA** *(Abv)* **Kanadischer Normenausschuss** *(Schw)*
**cubicle** *(El, Mech)* **Zelle** *f (El, Mech)* (Schaltanlage)
**cubicle design Schrankausführung** *f (Mech)*
**culvert Durchlass** *m (Bau)*
**cup** *(of roller bearing)* **Rollenlagerring** *m (Mech)*
**cup head nib bolt Halbrundschraube mit Nase** *(Mech)*
**cup nib bolt Halbrundschraube mit Nase** *(Mech)*
**cup spring Tellerfeder** *f (Mech)*
**cup spring pad Tellerfederpaket** *nt (Mech)*
**cup square bolt Flachrundschraube mit Vierkantansatz** *(Mech, Mont)*
**cup washer Tellerscheibe** *f (Mech)*
**cup-and-ball joint Drehgelenk** *nt (Mech)* (Drehzapfen)
**cup-type neoprene bearing Neoprentopflager** *nt (Mech)*
**cupola Aussichtskuppel** *f (Bahn)* (auf Wagon)
**cupola** *(of a roof)* **Dachstuhl** *m (Bau)* **Kuppel** *f (Bau)*
**curb** *AE* **Bordschwelle** *f (Stb)* **Schrammbord** *nt (Stb)*
**curb plate Einfassungsblech** *nt (Mech, Mont)*
**Curie point Curie-Temperatur** *f (Form)*
**curing Nachbehandlung** *f (Bau, Stb)*
**curing iron Kanteneisen** *nt (Mech, Mont)*
**curling Überkippen** *nt (Bg/Bergb)* (der Baggerschaufel)
**curtain wall Laufwand** *f (Stb)* **Mantelwand** *f (Bau)* **Vorhangwand** *f (Mech, Bau)*
**curtain weave Gardinengewebe** *n*

**curvature Krümmung** *f (Mech, Allg)* **Kurve** *f (Mech, Allg)* **Wölbung** *f (Mech)*
**curve Krümmung** *f (Mech, Allg)* **Linie** *f (Mech)* **Rundung** *f (Mech, Allg)*
**curve radius Kurvenradius** *m (Bahn)*
**curve resistance Kurvenwiderstand** *m (Bahn)*
**curve, cumulative** cumulative curve *adj:n* **Summenkurve mit Normalverteilung** *(Stb)*
**curve, elastic** elastic curve *adj:n* **Biegelinie** *f (Mech)* **elastische Linie** *adj:n (Mech)*
**curve, standard** standard curve *adj:n* **Normkurve** *f (Stb)* **Standardkurve** *f (Stb)*
**curved tooth coupling Bogenzahnkupplung** *f (Mech)*
**curves, drive** drive curves *n:v* **Kurven fahren** *n:v (Bg/Bergb, Mech)*
**curveture of hardness depth Härtetiefenverlauf** *m* (Kurve)
**cushion Kissen** *nt (Mech)* **Sitzkissen** *nt (Mech)*
**cushion push block gefederter Schubblock** *adj:n (Mech)*
**cushion roller Polsterrolle** *f*
**cushion seat gepolsterter Sitz** *adj:n (Mech)*
**cushion tyre hochelastischer Reifen** *adj:n (Mech)*
**cushioning** *(e.g. noise)* **Dämpfung** *f (Mech)* (z.B. von Stößen, Vibrationen, Lärm) **Puffer** *m (Hyd/Pneu)* (Zylinder)
**cushioning idler Pufferrolle** *f (Bg/Bergb, Umschl, Zer, Band)* (einzelne Rolle)
**cushioning insert Dämpfungseinlage** *f (Form)*
**cushioning pulley Pralltrommel** *f (Zer)*
**cushioning tyre Pufferring** *m*
**cut Hieb** *m (Mech, Mont, Werkz)* (einer Feile)
**cut at an angle Winkelschnitt** *m (Stb)*
**cut below ground level Abtragtiefe** *f (Bg/Bergb)* **Schnitttiefe unter Planum** *(Bg/Bergb)*
**cut edge Schnittkante** *f (Hütt/Wlz)*
**cut edges, clean** clean cut edges *adj:n* **saubere Schnittkanten** *adj:n (Hütt/Wlz)*
**cut off cock Absperrhahn** *m (Hyd/Pneu)*
**cut off valve Abschaltventil** *nt (Hyd/Pneu)*
**cut surface Schnittfläche** *f (Mech)*
**cut wire pellets** *pl* **Drahtkorn** *nt (Form)* (zum Strahlen)
**cut, diagonal** diagonal cut *adj:n* **Schrägschnitt** *m (Hütt/Wlz)* (schräger Schnitt)
**cut-off gear Steuerungsskala** *f (Bahn)* (Dampflok)
**cut-off gear wheel Steuerungshandrad** *nt (Bahn)* (Dampflok)
**cutaway Schnittmodell** *nt (Mech)*
**cutaway diagram Schnitt** *m (Mech)* **Schnittbild** *(Kfz)*
**cutaway view Ausschnittzeichnung** *f (Hütt/Wlz)* **Schnitt** *m (Mech)* **Schnittbild** *(Kfz)*
**cutspike** *AE* **Schwellennagel** *m (Bahn)*
**cutter Schneide** *f (Mech, Mont)* **Schneidmaschine** *f (Schw, Mont)*
**cutter bar Messerbalken** *m (Mech)* (der Mähmaschine)
**cutter drum Trommelantrieb** *f (Mech)*
**cutter head Schneidkopf** *m (Mech)*
**cutter head ladder Schneidkopfleiter** *f (Bg/Bergb)*
**cutter head suction dredger Schneidkopfsaugbagger** *m (Bg/Bergb)*
**cutter interference Unterschnitt** *m (Mech)* (Getriebe)
**cutter tooth Vorschneider** *m (Mont, Werkz)*
**cutter, rotary** rotary cutter *adj:n* **Fräse** *f (Mech)*
**cutting** *(for railway)* **Schlucht** *f (Bahn)* (Einschnitt für Eisenbahn) **Taleinschnitt** *m (Bahn)* (für Eisenbahn)
**cutting zerspanende Bearbeitung** *adj:n (Mech, Mont)* **Verschnitt** *m (Mech, Hütt/Wlz)* (Restmaterial) **Zuschnitt** *m (Mech)*
**cutting a trench Ausheben eines Grabens** *(Bau)*
**cutting above and below grade Hoch- und Tiefschnitt** *m (Bg/Bergb)*
**cutting allowance Schnittzugabe** *f (Hütt/Wlz)*
**cutting and loading operations** *pl* **Lösen und Laden** *(Umschl)*
**cutting and taper ring Ermeto-Schneidring** *m (Mech)*
**cutting angle Schnittwinkel** *m (Hütt/Wlz)*
**cutting apparatus** *(Pneu, Mont)* **Schneidgerät** *nt (Schw, Mech, Mont)*
**cutting bit Gesteinsbohrerkrone** *f (Mont)*

**cutting blowpipe Schneidbrenner** *m (Schw, Mech, Mont)*
**cutting change Schnittveränderung** *f (Hütt/Wlz)*
**cutting clearance Freischneidfähigkeit** *f (Mech, Mont)*
**cutting conditions** *pl* **Schnittverhältnisse** *pl nt (Bg/Bergb)*
**cutting depth Schneidtiefe** *f (Mech)* **Schnitttiefe** *f (Mech)*
**cutting disc Schneidscheibe** *f (Mech)*
**cutting drum Schneidtrommel** *f (Bg/Bergb)* (auf Schrämmmaschine)
**cutting edge Schneide** *f (Bg/Bergb)* (Grablöffelvorderkante) **Schneidkante** *f (Bg/Bergb, Mech)* **Schneidlippe** *f (Bg/Bergb)* **Schneidmesser** *nt (Mech)*
**cutting edge, extended** extended cutting edge *adj:n* **umlaufendes Schneidmesser** *adj:n (Mech)*
**cutting edge, lower** lower cutting edge *adj:n* **Unterkante** *f (Bg/Bergb)*
**cutting edge, main** main cutting edge *adj:n* **Hauptschneide** *f (Bg/Bergb)*
**cutting head Vorschneider** *m (Mont, Werkz)*
**cutting height Abtrag(s)höhe** *f (Bg/Bergb)* **Schnitthöhe** *f (Bg/Bergb)*
**cutting high and deep Hoch- und Tiefschnitt** *m (Bg/Bergb)*
**cutting length** *(work piece)* **Bearbeitungslänge** *f (Mech, Mont)*
**cutting line Schnittverlauf** *m (Hütt/Wlz, Stb)*
**cutting lip Schneidelippe** *f (Bg/Bergb)* **Schnittkreis** *m (Bg/Bergb)*
**cutting list Schneideliste** *f (Bau)*
**cutting machine Schneidmaschine** *f (Schw, Mont)*
**cutting of banks and ditch walls Böschungsschneiden** *nt (Bg/Bergb)*
**cutting oil Bohröl** *nt (Hütt/Wlz)* **Schneidöl** *nt (Hütt/Wlz)*
**cutting path Schneidbahn** *f (Mech, Mont)*
**cutting periphery Schneidumfang** *m*
**cutting position Fräsposition** *f (Bg/Bergb)* **Schnittstellung** *f (Hütt/Wlz)* (z.B. bei Blechen)
**cutting power Schnittgröße** *f (Hütt/Wlz)*
**cutting quality, fine** fine cutting quality *adj:n* **Feinschneidgüte** *f (Form)*
**cutting range Abtragbereich** *m (Bg/Bergb)*
**cutting resistance Grabwiderstand** *m (Bg/Bergb)* **Schneidwiderstand** *m (Mech)*
**cutting ridge Grat** *m (Mech, Mont)* (scharfe Kante nach dem Schneiden)
**cutting ring Schneidering** *m (Mech)*
**cutting scrap Verschnitt** *m (Mech, Hütt/Wlz)* (Restmaterial)
**cutting screw Schneidschraube** *f (Mech)*
**cutting speed Schnittgeschwindigkeit** *f (Bg/Bergb)*
**cutting stroke** *(tool)* **Bearbeitungslänge** *f (Mech, Mont)*
**cutting test Schneideversuch** *m (Bau)*
**cutting to width Querteilen** *nt (Hütt/Wlz)*
**cutting tool Drehstahl** *m (Mont)* **Spanwerkzeug** *nt (Werkz)*
**cutting tools** *pl* **Schneidwerkzeuge** *pl nt (Bg/Bergb)*
**cutting tools** *pl* **Beschneidewerkzeuge** *pl (Form)*
**cutting torch Schneidbrenner** *m (Schw, Mech, Mont)*
**cutting upward and downward Hoch- und Tiefschnitt** *m (Bg/Bergb)*
**cutting wheel Schneidrad** *nt (Bg/Bergb)*
**cutting width Fräsbreite** *f (Bg/Bergb)* (Breite der Fräsnut)
**cutting width** *(of the bucket)* **Schnittbreite** *f (Bg/Bergb)* (des Löffels)
**cutting-off wheel Trennscheibe** *f (Mech)* (z.B. zum Schneiden von Metall)
**cutting-to-length line Kaltbandzerteilanlage** *f (Hütt/Wlz)*
**cybernetics Kybernetik** *f (Allg)*
**cycle** *(e.g. of a pump)* **Kreisprozess** *m (Hyd/Pneu)*
**cycle** *(work)* **Arbeitsablauf** *m (Mech)* (elektromechanisch) **Arbeitsspiel** *nt (Mech)* **Arbeitszyklus** *m (Mech)* (Elektromechanik) **Takt** *m (Mech)*
**cycle of rotation** *(screw)* **Drehung** *f (Mech)* (Schraube)
**cycle time Spielzeit** *f (Bg/Bergb)* (eine komplette Baggerbewegung) **Umlaufzeit** *f (Bg/Bergb)*
**cycle timing Spielzeiterfassung** *f (Bg/Bergb)*
**cycle track** *BE* **Fahrradweg** *m (Bau)* **Radweg** *m (Bau)* (für Fahrräder)
**cycloidal toothing Zykloidenverzahnung** *f (Mech)*

**cyclone Zyklon** *m (Bg/Bergb)*
**cyclone air separator Zyklonumluftsichter** *m (Bg/Bergb)*
**cyclone arrangement, open** open cyclone arrangement *adj:n* **Zyklon ohne Fangschirm** *(Bg/Bergb)* **Zyklonkessel ohne Fangrost** *(Bg/Bergb)*
**cyclone arrangement, screened** screened cyclone arrangement *adj:n* **Zyklon mit Fangschirm** *(Bg/Bergb)*
**cyclone firing Zyklonfeuerung** *f (Zer)*
**cyclone heat liberation Zyklonbelastung** *f (Zer)*
**cyclone separator Zyklon-Abscheider** *m (Zer)* (Staub) **Zyklonabscheider** *m (Zer)*
**cyclone steam separator Dampfzyklon-Abscheider** *m (Hütt/Wlz)*
**cyclone throat Kragen** *m (Hütt/Wlz)* (Zyklon) **Zyklonmündung** *f (Hütt/Wlz)*
**cyclone tube Wirbelrohr** *nt (Mech)* **Zyklonrohr** *nt (Bg/Bergb)*
**cyclone-fired boiler Zyklonkessel** *m (Hütt/Wlz)*
**cylinder Zylinder** *m (Mech)*
**cylinder barrel Zylinderrohr** *nt (Mech)* (meist innengerollt)
**cylinder bearing Zylinderlager** *nt (Mech)* (Zylinderauge)
**cylinder block Zylinderblock** *m (Mech)* (Motor)
**cylinder block / head grinding machine Zylinderblock- und Kopfschleifmaschine** *(Mech)*
**cylinder block and crankcase Zylinder-Kurbelgehäuse** *nt (Mech)*
**cylinder block drilling machine Zylinderblockbohrmaschine** *f (Mech)*
**cylinder body Zylinderkörper** *m (Mech)*
**cylinder bore Zylinderbohrung** *f (Mech)*
**cylinder cap Zylinderboden** *m (Mech)*
**cylinder control Zylindersteuerung** *f (Mech)*
**cylinder cover Zylinderdeckel** *m (Mech)*
**cylinder feed transfer block Verteilerklotz** *m (Mech)*
**cylinder guard Zylinderschutz** *m (Mech)*
**cylinder head Zylinderkopf** *m (Mech)*
**cylinder head cover Zylinderkopfhaube** *f (Mech)*
**cylinder head gasket Zylinderkopfdichtung** *f (Mech, Hyd/Pneu)*
**cylinder head screw Zylinderschraube** *f (Mech)*
**cylinder hookup** *AE* **Abstützung** *f (Bg/Bergb)* (des Stielzylinders auf Monoboom) **Anlenkung** *f (Bg/Bergb)* (des Stielzylinders auf Monoboom)
**cylinder liner Zylinderlaufbuchse** *f (Mech)* **Zylinderrohr** *nt (Mech)*
**cylinder liner boring machine Zylinderbüchsen-Ausbohrmaschine** *f (Mech)*
**cylinder liner turning machine Zylinderbüchsen-Drehmaschine** *f (Mech)*
**cylinder liner, dry** dry cylinder liner *adj:n* **trockene Zylinderlaufbuchse** *adj:n (Mech)*
**cylinder liner, wet** wet cylinder liner *adj:n* **nasse Zylinderlaufbuchse** *adj:n (Mech)*
**cylinder lock Zylinderschloss** *nt (Mech)*
**cylinder mountlng Zylinderfußpunkt** *m (Mech)*
**cylinder packing ring Zylinderring** *m (Mech)*
**cylinder piston Zylinderkolben** *m (Mech)*
**cylinder power Zylinderkraft** *f (Bg/Bergb, Mech)*
**cylinder rod Kolbenstange** *f (Mech)*
**cylinder rod compartment Kolbenstangenaussparung** *f (Kfz)*
**cylinder roller wheel bearing Zylinderrollenradsatzlager** *nt (Mech)*
**cylinder sluice gate Walzengeschütz** *nt (Stb)*
**cylinder stroke Zylinderhub** *m (Bg/Bergb)*
**cylinder wall Zylinderwandung** *f (Mech)*
**cylinder, articulated** articulated cylinder *adj:n* **Nackenzylinder** *m (Bg/Bergb)* (zum Auslegeroberteil)
**cylinder, double-acting** double-acting cylinder *adj:n* **doppelt wirkender Zylinder** *adj:n (Mech)*
**cylinder, enclosed** enclosed cylinder *adj:n* **innen liegender Zylinder** *adj:n (Mech)* (ein- oder mehrstufig)
**cylinder, hollow** hollow cylinder *adj:n* **Hohlzylinder** *m (Mech)*
**cylinder, hydraulic** hydraulic cylinder *adj:n* **Hydraulikzylinder** *m (Hyd/Pneu)* **Hydrozylinder** *m (Hyd/Pneu)*
**cylinder, pneumatic** pneumatic cylinder *adj:n* **Druckluftzylinder** *m (Hyd/Pneu, Mech)* **Pneumatik-Zylinder** *m (Hyd/Pneu, Mech)*

**cylinder, single-acting** single-acting cylinder *adj:n* **einfach wirkender Zylinder** *adj:n (Mech)*
**cylinder, solid** solid cylinder *adj:n* **Vollzylinder** *m (Mech)*
**cylinder, spring-loaded** spring-loaded cylinder *adj:n* **Federspeicherzylinder** *m (Kfz)*
**cylinder, telescopic** telescopic cylinder *adj:n* **Teleskopzylinder** *m (Hyd/Pneu)*
**cylindrical surface grinder Außenrundschleifmaschine** *f (Form)*

# D

**D.S.R.** *adj:n (Abv)* **Tages-Monteurbericht** *m (Mont)*
**daily-service tank Tagesbehälter** *m (Hütt/Wlz)* (für Öl)
**dam Damm** *m (Bau)* (Staudamm) **Wehranlage** *f (Bau)*
**dam construction Staudammbau** *m (Bau)* (Staumauer)
**dam toe Böschungsfuß** *m (Bau)*
**damper Klappe** *f (Mech)* (drehbar) **Rundpuffer** *m (Mech)* **Schwingungsdämpfer** *m (Mech)*
**damper gear Klappenbetätigung** *f (Mech)* (Antrieb)
**damper, liquid-type** liquid-type damper *adj:n* **Flüssigkeitsdämpfer** *m (Hyd/Pneu, Mech)*
**damper-controlled gas pass Rauchgas-Regelzug** *m (Hütt/Wlz)*
**damping** *(e.g. vibrations)* **Dämpfung** *f (Mech)* (z.B. von Stößen, Vibrationen, Lärm)
**damping behaviour Dämpfungsverhalten** *nt (Form)*
**damping body Dämpfungskörper** *m (Form)*
**damping capacity Dämpfungsvermögen** *nt (Form)*
**damping factor Dämpfungsfaktor** *m (Form)*
**damping method Dämpfungsverfahren** *nt (Form)*
**damping, final** final damping *adj:n* **Enddämpfung** *f (Bg/Bergb)*
**danger area Gefahrenbereich** *m (Mech)*
**danger class Gefahrenklasse** *f (Mech)*
**danger notice Warnschild** *nt (Mech, Allg)*
**danger of cavitation Kavitationsgefahr** *f (Mech)*
**dashboard Armaturenblech** *nt (Form)* **Armaturenbrett** *nt (Mech)* (Kfz)
**dashboard lights** *pl* **Armaturenbeleuchtung** *f (Kfz)*
**data of lifting capacity Hubkraftwert** *m (Mech)* (Daten)
**data on machining Zerspanungsdaten** *pl nt (Mech, Mont)*
**data, nominal** nominal data *adj:n* **Sollwert** *m (Mech)*
**datum plane Bezugebene** *f (Mech)*
**daub Lehmbewurf** *m (Bau)*
**day bin Tagesbunker** *m (Umschl)*
**de-aeration Entlüftung** *f (Hyd/Pneu)*
**de-coiling reel Abspulhaspel** *f*
**de-interlocking device Entriegelungsgerät** *nt (Mech)*
**de-interlocking unit Entriegelungsgerät** *nt (Mech)*
**de-oiler Entöler** *m (Mech)*
**dead centre Totpunkt** *m (Mech)*
**dead centre position Mittelstellung** *f (Mech)* (Totpunktstellung)
**dead man's control Totmannschaltung** *f (Bahn)*
**dead man's device Sicherheitsfahrschaltung** *f (Bahn)*
**dead sheathing** *(sheet under beam)* **verlorene Schalung** *adj:n (Stb)*
**dead-end pole Endmast** *m (Mech)*
**dead-mould casting Formguss** *m (Hütt/Wlz)* **Guss mit verlorener Form** *(Hütt/Wlz)*
**deadheading Leerfahrt** *f (Mech, Bg/Bergb)*
**deaerating plant Entgasungsanlage** *f (Hütt/Wlz)*
**debris Abfall** *m (Geo)* (z.B. im Gelände) **Bruchstücke** *pl nt (Bau)* (Abfall, Trümmer)
**decarbonize** *v* **Ölkohle entfernen** *n:v (Mech)*
**decarbonizer Entkarbonisierungsanlage** *f (Hütt/Wlz)*
**decarburizing test Prüfung der Entkohlung** *(Mech)*
**deceleration Abbremsung** *f (Mech, Hyd/Pneu)* **Bremswirkung** *f (Mech)* (Verzögerung)

**deceleration characteristic Abbremsverhalten** *(Hyd/Pneu, Phys)*
**deceleration distance Bremsweg** *m (Mech)*
**deceleration period Bremsdauer** *f (Mech)* **Bremszeit** *f (Mech)*
**deceleration phase Abbremsphase** *f (Hyd/Pneu)*
**deceleration pressure Abbremsdruck** *m (Hyd/Pneu)*
**deceleration process Abbremsvorgang** *m (Hyd/Pneu)*
**deceleration time Auslaufzeit** *f (Mech)*
**deceleration valve Bremsventil** *nt (Hyd/Pneu)* **Verzögerungsventil** *nt (Hyd/Pneu)*
**decindering plant Entzunderungsanlage** *f (Form)*
**deck Deck** *nt (Mech)* (z.B. eines Schwimmkranes)
**deck Fahrbahnplatte** *f (Stb)* (Fahrbahntafel) **Fahrbahntafel** *f (Stb)*
**deck area Greiferweite** *f (Bg/Bergb)* (äußerste Abmessung)
**deck bridge Deckbrücke** *f (Stb)*
**deck crane Bordkran** *m (Schiff)*
**deck edge Deckkante** *f (Bahn)*
**deck half Scheibenhälfte** *f*
**deck plate girder span Vollwand-Deckbrücke** *f (Stb)*
**deck truss bridge Fachwerk-Deckbrücke** *f (Stb)*
**deck-girder bridge Fahrbahnträgerbrücke** *f (Stb)* **Längsträgerbrücke** *f (Stb)*
**decomposition Auflösung** *f (Geo, Ökol)* **Zersetzung** *f (Geo, Ökol)*
**decompressor Dekompressor** *m (Kfz)*
**decontamination Entsorgung** *f (Mech)*
**decrease Abnahme** *f (Allg, El)* **Verringerung** *f (Mech)* (z.B. des Drucks)
**decrease factor Verminderungsbeiwert** *m (Stb)* **Verminderungsfaktor** *m (Stb)*
**decrease in load Lastabnahme** *f (Stat)* **Lastabsenkung** *f (Stat)*
**decrease of cross section Querschnittsminderung** *f (Stb)*
**decreasing trough Abmuldung** *f (Band)*
**dedendum Fußhöhe** *f* (bezogen auf den Mittelkreis) **Zahnfußhöhe** *f (Mech)*
**dedendum flank Fußflanke** *f (Mech)*
**dedendum of a tooth Zahnfußhöhe** *f (Mech)*
**deduction of holes Lochabzug** *m (Stb)* (Niet)
**dedusting plant Entstaubungsanlage** *f (Mech)*
**deep cut** *(of the bucket chain excavator)* **Tiefschnitt** *m (Bg/Bergb)*
**deep dumping Tiefschüttung** *f (Bg/Bergb, Umschl)*
**deep groove ball thrust bearing Axial-Rillenkugellager** *nt (Mech)*
**deep mining Untertagebau** *m (Bg/Bergb)*
**deep sea hopper suction dredger Laderaumsaugbagger** *m (Bg/Bergb)*
**deep-drawing press Tiefziehpresse** *f (Hütt/Wlz)* (für Kohlenstoffstahl)
**deep-drawn part Tiefziehteil** *nt (Hütt/Wlz)*
**deep-groove ball bearing Radial-Rillenkugellager** *nt (Mech)*
**deep-hole boring machine Tieflochbohrmaschine** *f (Mech)*
**deep-mining operation Untertagebetrieb** *m (Bg/Bergb)*
**deep-web T hochstegiger T-Stahl** *adj:n (Stb)*
**deep-well pump Tiefbrunnenpumpe** *f (Hyd/Pneu)*
**deepening of an open pit mining operation Tagebauvertiefung** *f (Bg/Bergb)*
**defect Defekt** *m (Mech, Allg)* (Störung, Fehler; z.B. eines Gerätes) **Mangel** *m (Mech, Allg)* **Schaden** *m (Mech)* (Defekt)
**defect in design Konstruktionsfehler** *m (Allg, Bau)*
**defect in manufacturing Fabrikationsfehler** *m (Mech)*
**defect, injurious** injurious defect *adj:n* **nachteiliger Mangel** *adj:n (Mech)*
**defect, single** single defect *adj:n* **Einzelfehler** *m (Form)*
**defect, transverse** transverse defect *adj:n* **Querfehler** *m (Hütt/Wlz)*
**defects of steel Stahlfehler** *m (Stb)*
**deficiency of air Luftmangel** *m (Hyd/Pneu)*
**deflagration Verpuffung** *f (Hütt/Wlz)*
**deflection elastische Durchbiegung** *adj:n (Mech)* (Werkstoffprüfung) **Einsenkung** *f (Mech, Stat)*
**deflection index Driftzahl** *f (Stb)*
**deflection indicator Durchbiegungsmesser** *m (Stb)*

**deflection wheel Scheibe** *f (Band)* (Steilförderer) **Scheibenrolle** *f (Band)* (Steilförderer)
**deflection, initial** initial deflection **Anfangsdurchbiegung** *f (Stb)*
**deflection, permanent** permanent deflection *adj:n* **bleibende Durchbiegung** *adj:n (Stat)*
**deflector Ablenkblech** *(Bg/Bergb, Umschl, Band)* **Leitblech** *nt (Bg/Bergb, Umschl, Band)* **Prallblech** *nt (Bg/Bergb, Umschl, Band)*
**deflector sheave Seilrolle** *f (Mech, Bg/Bergb)*
**deformability Formänderungsvermögen** *nt (Stb)* **Verformbarkeit** *f (Hütt/Wlz)*
**deformation Deformation** *f (Mech, Stat)* **Verformung** *f (Mech)* (Formänderung)
**deformation energy Verformungsenergie** *f (Bau)*
**deformation from bending stress Biegeverformung** *f (Stat)*
**deformation point Halbkugelpunkt** *m (Hütt/Wlz)* (Segerkegel)
**deformation work Verformungsarbeit** *f (Hütt/Wlz, Stb)*
**deformation, angular** angular deformation *adj:n* **Verziehung** *f (Stb)* (Verzerrung)
**deformation, corkscrew-type** corkscrew-type deformation *adj:n* **korkenzieherartige Verformung** *adj:n (Mech)*
**deformation, plastic** plastic deformation *adj:n* **plastische Verformung** *adj:n (Mech)*
**deformation, thermal** thermal deformation *adj:n* **Wärmeverformung** *f (Stb)*
**defrosting thermostat Abtauthermostat** *m (Mech)*
**degassing** *(e.g. fuel)* **Entgasung** *f (Form)* (z.B. Brennstoff)
**degree of accuracy Genauigkeitsgrad** *m (Stb)*
**degree of dust extraction** *(electro-precipator)* **Staubabscheidungsgrad** *m* (Elektrofilter)
**degree of filtration Filterfeinheit** *f (Hyd/Pneu)*
**degree of flexibility Freiheitsgrad** *m (Kfz)* (z.B. von Gelenken)
**degree of hardness Härtegrad** *m (Stb)*
**degree of mechanization Mechanisierungsgrad** *m (Mech)*
**degree of precision Genauigkeitsgrad** *m (Stb)*
**degree of protection Schutzart** *f (El, Allg)*
**degree of safety Sicherheitsgrad** *m (Stb)*
**degree of saturation Sättigungsgrad** *m (Bau)*
**degree of shovel filling Schaufelfüllungsgrad** *m (Bg/Bergb)*
**degree, angular** angular degree *adj:n* **Winkelgrad** *m (Stb)*
**delamination Öffnung** *f (Schw)* (der Schweißnaht)
**delay block Vorlaufstrecke** *f (Mech)* (Material)
**delimination Materialtrennung** *f (Umschl)*
**delivery Ablass** *m (Hyd/Pneu)* **Förderstrom** *m (Hyd/Pneu)*
**delivery belt Zubringerband** *nt (Band, Umschl)*
**delivery cell Förderzelle** *f (Bg/Bergb)*
**delivery characteristics** *pl* **Fördereigenschaften** *pl f (Bg/Bergb)*
**delivery cock Wasserablasshahn** *m (Mech, Hyd/Pneu)* **Zylinderhahn** *m (Hyd/Pneu)*
**delivery conveyor Zuführungsband** *nt (Bg/Bergb, Umschl, Band)*
**delivery end Austragsseite** *f (Zer)*
**delivery flow control Förderstromregler** *m (Hyd, E)*
**delivery piston Förderkolben** *m (Mech)* (Schmieranlage)
**delivery platform Übergabepodest** *nt (Hütt/Wlz)* (des Hochofens)
**delivery process Förderablauf** *m (Bg/Bergb)* (Schmieranlage)
**delivery pump Förderpumpe** *f (Hyd/Pneu)*
**delivery rate Förderleistung** *f (Hyd/Pneu)* (Pumpe) **Fördermenge** *f (Hyd/Pneu)* (z.B. einer Pumpe)
**delivery rating of a pump Förderstrom einer Pumpe** *(Kfz)*
**delivery valve Abflussventil** *nt (Bg/Bergb)* (zu anderem Maschinenteil) **Zuflussventil** *nt (Hyd/Pneu)*
**delta ferrite steel Deltaferritstahl** *m (Form)*
**deluxe cab Komfort-Fahrerhaus** *nt (Bg/Bergb)*

**demineralization Entsalzung** *f (Hütt/Wlz)* (Trommel)
**demineralization plant Entsalzungsanlage** *f (Hütt/Wlz)*
**demolition** *(of a building)* **Abbruch** *m (Mech)* (eines Gebäudes)
**demolition equipment Abbruchausrüstung** *f (Mech)* (z.B. für alte Gebäude)
**demolition hook Abbruchhaken** *m (Bg/Bergb)* (z.B. am Bagger)
**demolition site Gewinnungsort** *m (Bau)* (Abbruch)
**demonstration ground Vorführgelände** *nt (Mech, Allg)*
**dense medium washing drum Trommelsinkscheider** *m (Zer)*
**density Dichte** *f (Allg)* **Lagerungsdichte** *f (Mech)*
**density** *(e.g. of the overburden)* **Gewicht** *nt (Geo)* (z.B. des Abraums)
**density controller Wichtemessungseinrichtung** *f (Zer)*
**dent Beule** *f (Mech)* (Delle) **Druckstelle** *f (Form)* (Delle)
**dents, remove** remove dents *n:v* **ausbeulen** *v (Mech, Mont)*
**department Dezernat** *nt (Bahn)*
**departure angle Böschungswinkel** *m (Kfz)* (des Graders, hinten)
**departure sign Abfahrtanzeiger** *m (Mech)*
**dependability Betriebssicherheit** *f (Mech)*
**depiction anschauliche Darstellung** *adj:n (Allg)*
**deposit** *(e.g. of coal)* **Lager** *nt (Bg/Bergb)* (Lagerstätte, z.B. für Kohle)
**deposit Satz** *m (Bg/Bergb)* (Ablagerung) **Sinkstoff** *m (Bg/Bergb)* **Vorkommen** *nt (Bg/Bergb, Geo)*
**deposit of boiler scale Kesselsteinablagerung** *f (Bahn)*
**deposit welding Auftragschweißung** *f (Schw, Mont)*
**deposit, unconsolidated** unconsolidated deposit *adj:n* **lockere Ablagerung** *adj:n (Geo)*
**depositing area Deponie** *f (Bg/Bergb)* (z.B. für Müll)
**depositing section** *(tube deposit)* **Rohrablage** *f (Mech, Hyd/Pneu)*
**deposition of weld metal Absetzen des Schweißgutes** *(Schw, Mont)* **Schweißgutabschmelzung** *f (Schw, Mont)*
**deposits** *pl* **Beläge** *pl m (Hütt/Wlz)* (auf Rohren) **Bodensatz** *m (Mech, Chem)* (Rückstände)
**depth** *(e.g. of a seam)* **Mächtigkeit** *f (Geo)*
**depth** *(e.g. of a beam)* **Höhe** *f (Stb)* (eines Trägers) **Tiefe** *f (Bau)*
**depth bolt Schraubbolzen** *m (Mech)*
**depth extension Tiefenausdehnung** *f (Bau)*
**depth gauge** *(tools)* **Tiefenmaß** *nt (Mech)* (Werkzeug) **Tiefenmessschieber** *m (Mech)*
**depth of a beam Trägerhöhe** *f (Stb)*
**depth of bite Spanstärke** *f*
**depth of bucket wheel entry** *(into pile)* **Eintauchtiefe** *f (Bg/Bergb, Umschl)* (Zustelltiefe) **Zustelltiefe** *f (Bg/Bergb)*
**depth of crack Risstiefe** *f (Mech)* (im Material)
**depth of frost penetration Frosteindringungstiefe** *f (Geo, Bg/Bergb)*
**depth of hardness Härtetiefe** *f (Hütt/Wlz)*
**depth of impression Eindrücktiefe** *f (Zer)* ("Ea" eines Riemens)
**depth of penetration Eindringtiefe** *f (Bau)*
**depth of section Profilhöhe** *f (Stb)*
**depth of thread Gewindetiefe** *f (Mech)*
**depth of tooth Zahnhöhe** *f (Mech)*
**depth of web Stegblechhöhe** *f (Stb)*
**depth range Tiefenbereich** *m (Bg/Bergb)* (der Baggerung)
**depth scan Tiefenprüfkopf** *m (Mech)*
**depth, maximum** maximum depth *adj:n* **Grenztiefe** *f (Bg/Bergb)* (im Tagebau)
**deputy mining surveyor Hilfsmarkscheider** *m (Bg/Bergb)*
**derailing Herausspringen** *nt (Bahn)* (des Zuges aus den Schienen)
**derailment guard Entgleisungsschutz** *m (Bahn)*
**derrick Auslegerwippkran** *m (Mech)* **Derrick** *m (Mech, Mont)* (Hebezeugstütze, Rüstbaum) **Ladebaum** *m (Mech)*
**derrick boat** *AE* **Schwimmkran** *m (Bg/Bergb, Mont)*
**derrick mast Schwenkmast** *m (Bg/Bergb)*
**derrick with latticed mast Derrick mit Fachwerkmast** *(Stb)*
**derrick with solid-web pole Derrick mit Vollwandmast** *(Stb)*

**derricking winch Einziehwerkswinde** *f (Mech)* **Einziehwinde** *f (Mech)*
**derusting Entrostung** *f (Anstr)*
**desiccant Trocknungsmittel** *nt* (Versand)
**design** *(type)* **Auslegung** *f (Mech)* (Anordnung, Platzierung) **Bauform** *f (Mech)*
**design Anordnung** *f (Mech, Allg)* **Gestaltung** *f (Mech, Allg)* **Projektierung** *f (Mech)*
**design** *(plan)* **Entwurf** *m (Mech, Allg)* **Plan** *m (Mech)* (Zeichnung)
**design Durchbildung** *f (Stb)*
**design base Berechnungsgrundlage** *f (Stb)*
**design calculation Berechnung** *f (Allg)* **statische Berechnung** *adj:n (Stat)*
**design data** *pl* **Auslegungswerte** *pl m (Hütt/Wlz)* **Bemessungsdaten** *pl nt (Mech)*
**design description Konstruktionsbeschreibung** *f (Bau)*
**design dossier Konstruktionsunterlagen** *pl f (Bau, Allg)*
**design drawing for pipelines Rohrleitungszeichnung** *f (Stb)*
**design engineer Konstruktionsingenieur** *m (Bau)* **Maschinenbauingenieur** *m (Allg)*
**design engineering Konstruktion** *f (Mech, Allg, Bau)*
**design feature Konstruktionsmerkmal** *nt (Bau, Mech, Allg)*
**design fundamentals** *pl* **Berechnungsgrundlage** *f (Stb)*
**design life Auslegungslebensdauer** *f (Mech)*
**design load calculation Lastannahme** *f (Stat)*
**design of beams Querschnittsbemessung** *f (Mech)*
**design of joints Fugenausbildung** *f (Bau)*
**design of the chassis Fahrwerkskonstruktion** *f (Bahn)*
**design of the mouldboard Scharanordnung** *f (Bg/Bergb)*
**design of the roof Dachausführung** *f (Bahn)*
**design pressure Genehmigungsdruck** *m (Hyd/Pneu)* **Konzessionsdruck** *m (Hyd/Pneu)*
**design requirements** *pl* **Auslegungsbedingungen** *pl f (Mech)* (Bestimmungen)
**design size Formatgröße** *f (Allg)* (z.B. des Entwurfs)
**design speed Ausbaugeschwindigkeit** *f (Bau)*
**design standard Ausbaugrad** *m (Bg/Bergb)*
**design weight Konstruktionsgewicht** *nt (Mech, Mont)*
**design, compact** compact design *adj:n* **Kompaktkonstruktion** *f (Mech)*
**design, elastic** elastic design *adj:n* **Elastizitätsberechnung** *f (Stb)*
**design, modular** modular design *adj:n* **Modulbauweise** *f (Bg/Bergb, Mech)*
**design, seismic** seismic design *adj:n* **erdbebensichere Bemessung** *adj:n (Geo)*
**design, short** short design *adj:n* **kurze Bauart** *adj:n (Allg, Mech)*
**design, special** special design *adj:n* **Sonderausführung** *f (Mech)*
**design, structural** structural design **Ausführung** *f (Stb)*
**design, welded** welded design *adj:n* **Schweißkonstruktion** *f (Schw)*
**designation Bezeichnung** *f (Allg)* (Angabe, Beschreibung) **Kurzzeichen** *nt (Allg)*
**designation of parts Teilebenennung** *f (Mech, Allg)*
**desk mounting Pulteinbau** *m (Mech, Mont)*
**deslagging equipment Abschlackanlage** *f (Form)* (Vacmetall)
**destination Bestimmungsort** *m (Kfz)*
**destination button Zieltaste** *f (Bahn)* (Stellwerk)
**destroy, tectonically** destroy tectonically *adv:v* **verwerfen** *v (Bg/Bergb)* (Erdschichten verschieben)
**destruction Zerstörung** *f (Bau)*
**desuperheater Kühler** *m (Mech)* **Regler** *m (Mech)* (für die Temperatur)
**detection Nachweis** *m (Allg)* (Festlegung)
**detector and marker Nachlesegerät** *nt (Zer)*
**detent Arretierung** *f (Mech)* (beweglicher Anschlag) **Sperrklinke** *f (Mech)* **Synchronkörper** *m (Mech)*
**detent** *(slotted plate holds screws)* **Sicherungsblech** *nt (Mech)* (Schlitz für Schrauben)

**determination** *(definition)* **Bestimmung** *f (Allg)* (z.B. eines Begriffs, Definition) **Festlegung** *f (Allg)*
**determination of hardness Härtebestimmung** *f (Mech)*
**determination of shape Formbestimmung** *f (Kfz)*
**determination of structure Gefügebestimmung** *f (Form)*
**detonating fuse Zündschnur** *f (Bg/Bergb)* (Lunte)
**detonating primer Explosionszünder** *m (Bg/Bergb)*
**detonator Sprengkapsel** *f (Bg/Bergb)*
**detrital Geröll** *nt (Geo)* (brüchig auf Grund von Korrosion) **Gesteinsschutt** *m (Bg/Bergb)*
**development Aufschluss** *m (Bg/Bergb)* (im Tagebau)
**development costs** *pl* **Erschließungskosten** *pl (Bau)*
**development of pressure Druckaufbau** *m (Hyd/Pneu)*
**deviation force Ablenkkraft** *f (Stb)*
**deviation of dimension Bauabweichung** *f (Form)*
**deviation of the cylic running Rundlaufabweichung** *f (Mech)*
**deviation, angular** angular deviation *adj:n* **Winkelabweichung** *f (Stb)*
**device Apparat** *m (Mech)* **Instrument** *nt (Mech, Allg)* **Vorrichtung** *f (Mech)* (z.B. Gerät)
**device, automatic** automatic device *adj:n* **Automat** *m (Mech)* (automatische Einrichtung)
**device, protective** protective device *adj:n* **Schutzvorrichtung** *f (Mech, El)*
**dewatering Entwässerung** *f (Mech, Bg/Bergb)* **Wasserhaltung** *f (Bg/Bergb)* (im Tagebau)
**dewatering system Entwässerungssystem** *nt (Bg/Bergb)*
**DH vacuum process DH Vakuumverfahren** *nt (Form)* (Vacmetall)
**diabase Diabas** *m (Bau)*
**diagonal Diagonale** *f (Mech, Stb)* **Strebe** *f (Mech, Stb)* (eines Fachwerks)
**diagonal tyre Diagonalreifen** *m (Kfz)*
**diagonal, auxiliary** auxiliary diagonal *adj:n* **Hilfsstab** *m (Stb)* (schräg)
**diagonal, counter** counter diagonal *adj:n AE* **Gegendiagonale** *f (Stb)* **Wechselstab** *m (Mech, Stb)*
**diagonal-cut gate shears** *pl* **Schrägschnitt-Tafelschere** *f (Hütt/Wlz)*
**diagonal-tension failure Schubbruch** *m (Bau)*
**diagram grafische Darstellung** *adj:n (Allg)* **Diagramm** *nt (Mech, Hyd/Pneu)* **Schaubild** *nt (Mech, Allg)*
**dial Skala** *f (Mech, Allg)* **Zeigerplatte** *f (Allg)*
**dial balance Anzeigewaage** *f (Allg)*
**dial gauge Messuhr** *f (Mech)*
**dial, indicating** indicating dial *adj:n* **Skalenscheibe** *f (Mech)* (Bandwaage)
**diameter Durchmesser** *m (Mech, Allg)*
**diameter across blade circle Messerkreisdurchmesser** *m (Bg/Bergb)*
**diameter across bucket lips Schnittkreisdurchmesser** *m (Bg/Bergb)*
**diameter at root of gorge Kopfkreisdurchmesser im Mittelschnitt** *(Mech)*
**diameter of rivet Nietdurchmesser** *m (Stb)*
**diameter of rivet hole Nietlochdurchmesser** *m (Stb)*
**diameter of wheel Raddurchmesser** *m (Mech, Bahn)*
**diameter, hydraulic** hydraulic diameter *adj:n* **hydraulischer Durchmesser** *adj:n (Hyd/Pneu)*
**diameter, normal** normal diameter *adj:n* **Nenndurchmesser** *m (Mech)*
**diametral measurement between pins diametrales Zweirollenmaß** *(Form)* (Zahnrad)
**diametral pitch divided by number of teeth Zahnradmodul** *nt*
**diametral quotient Formzahl** *f (Mech)*
**diamond Diamant** *m (Bg/Bergb)* (komprimierter Kohlenstoff)
**diamond crossing Kreuzung** *f (Bahn)* (Bahnstrecke)
**diamond grinding Diamantschleiferei** *f (Bg/Bergb)*
**diamond mine Diamantmine** *f (Bg/Bergb)*
**diamond soil diamanthaltiger Sand** *(Bg/Bergb)*
**diamond soil deposit diamanthaltige Ablagerung** *(Bg/Bergb)*

**diaphragm Membran** *f (Mech, Hyd/Pneu)* **Schott** *nt (Mech)* (Vollwandträger) **Stirnscheibe** *f (Mech)*
**diaphragm pump Membranpumpe** *f (Hyd/Pneu)*
**diaphragm type accumulator Membranspeicher** *m (Hyd/Pneu)*
**diaphragm wall Schlitzwand** *f (Bau, Hütt/Wlz)*
**diaphragm, transverse** transverse diaphragm *adj:n* **Querschott** *nt (Stb)*
**diaphragm-type pump Membranpumpe** *f (Hyd/Pneu)*
**die** *(for cutting)* **Schneidbacke** *f* **Schneideisen** *nt (Mech, Mont)*
**die Form** *f (Hütt/Wlz)* (Spritzgussverfahren) **Gesenk** *nt (Hütt/Wlz)* **Matrize** *f (Hütt/Wlz)* (Schmieden)
**die cast Druckguss** *m (Hütt/Wlz)* **Spritzguss** *m (Hütt/Wlz)*
**die cast front plate Frontplatte aus Guss** *(Hütt/Wlz)*
**die formed part Gesenkschmiedestück** *nt (Hütt/Wlz)*
**die head Setzkopf** *m (Stb)*
**die holder Schneidhalter** *m (Mech)*
**die insert Schneideinsatz** *m (Mech)*
**die maker's square Anschlagwinkel für Schlosser** *(Mech, Mont)*
**die stock Bohrkluppe** *f (Mont)* **Schneidkluppe** *f (Mont)*
**die progressive** progressive die *adj:n* **Folgewerkzeug** *nt (Mont, Werkz)*
**diesel and hydraulic oil level form Füllstandsmaske** *f (Bg/Bergb)*
**diesel bystander for propel power** *(diesel engine)* **Fahrdiesel** *m (Mech)* (Dieselmotor)
**diesel engine Dieselmotor** *m (Bg/Bergb)*
**diesel engine, two-stroke** two-stroke diesel engine *adj:n* **Zweitakt-Dieselmotor** *m (Mech)*
**diesel generator Dieselaggregat** *nt (Mech, Bg/Bergb)* **Dieselgenerator** *m (El)*
**diesel locomotive** *BE* **Diesellokomotive** *f (Bahn)*
**diesel motor coach** *(diesel motor car)* **Triebkopf** *m (Bahn)*
**diesel railcar Dieseltriebwagen** *m (Bahn)*
**diesel road truck Diesel-LKW** *m (Mech)* (für Straßenverkehr)
**diesel roller Dieselwalze** *f (Kfz)*
**difference in elevation Höhendifferenz** *f (Bg/Bergb, Mech)*
**difference in height Förderhöhe** *f (Band)*
**difference in wall thickness Wanddickenschwankung** *f (Bau)*
**differential Differenzial** *nt (Kfz)*
**differential bevel gear Achskegelrad** *nt (Kfz)*
**differential bevel pinion Ausgleichkegelrad** *nt (Kfz)*
**differential draught Differenz-Zug** *m (Hütt/Wlz)*
**differential gear Differenzialgetriebe** *nt (Bg/Bergb, Mech)*
**differential gear unit Ausgleichsgetriebe** *nt (Bg/Bergb, Mech)* **Differenzialgetriebe** *nt (Bg/Bergb, Mech)*
**differential lock Ausgleichssperre** *f (Kfz)* **Differenzialsperre** *f (Kfz)*
**differential pinion shaft Ausgleichradachse** *f (Kfz)*
**differential piston Differenzialkolben** *m (Kfz)*
**differential pressure** *(in bar)* **Differenzdruck** *m (Hyd/Pneu)*
**differential pressure regulator Differenzdruckregler** *m (Hütt/Wlz)*
**differential pulley block Differenzialflaschenzug** *m (Hütt/Wlz)*
**differential side gear Hinterachswellenrad** *nt (Kfz)*
**differential spider Ausgleichstern** *m (Kfz)*
**differential totalizer Differenzialzählwerk** *nt (Band)* (Bandwaage)
**differential, self-locking** self-locking differential *adj:n* **Selbstsperrdifferenzial** *nt (Mech)*
**diffraction angle Beugungswinkel** *m (Mech)* (Optik)
**diffuser Leitapparat** *m (Mech)*
**diffuser** *(air)* **Luftverteiler** *m (Mech)*
**diffuser plate** *(El, Mech)* **Leitrad** *nt (El)* (elektrisch) **Verdichterplatte** *f (Mech)*
**diffuser-type pump Pumpe mit Leitschaufeln** *(Hyd/Pneu)*
**diffusion welding Diffusionsschweißen** *nt (Schw)*
**digging a recess Stallbaggerung** *f (Bg/Bergb)*
**digging ability Grabfähigkeit** *f (Bg/Bergb)*

**digging and discharging element Grab- und Ladeorgan** *nt (Bg/Bergb)*
**digging arc Grabkurve** *f (Bg/Bergb)* (Bogen des Grabgefäßes)
**digging block Abbaustoß** *m (Bg/Bergb)* (als Abtragvolumen)
**digging capacity Förderleistung** *f (Bg/Bergb, Umschl)* (Bagger)
**digging cycle, intermittent** intermittent digging cycle *adj:n* **diskontinuierliche Einsatzbedingungen** *adj:n (Bg/Bergb)*
**digging depth Abtragtiefe** *f (Bg/Bergb)* **Grabtiefe** *f (Bg/Bergb)*
**digging diagram** *(chart)* **Grabdiagramm** *nt (Bg/Bergb)* (geometrisches Bild)
**digging face Baggerböschung** *f (Bg/Bergb)* (Vor-Kopf-Böschung des Baggers) **Strosse** *f (Bg/Bergb)* (Tagebau)
**digging force Grabkraft** *f (Bg/Bergb)* **Schneidkraft** *f (Bg/Bergb)*
**digging force, lateral** lateral digging force *adj:n* **seitliche Schneidkraft** *adj:n (Bg/Bergb)*
**digging grab Dränagelöffel** *m (Bg/Bergb)* **Grabgreifer** *m (Bg/Bergb)*
**digging height Abbauhöhe** *f (Bg/Bergb)* **Reichhöhe** *f (Bg/Bergb)* (beim Graben)
**digging in slewing operation Abbau im Drehbetrieb** *(Bg/Bergb)* **Abbau im Schwenkbetrieb** *(Bg/Bergb)*
**digging position, initial** initial digging position **Anfangsgrabstellung** *f (Bg/Bergb)*
**digging range Abtragbereich** *m (Bg/Bergb)*
**digging resistance Grabwiderstand** *m (Bg/Bergb)*
**digging shovel Grabschaufel** *f (Bg/Bergb)*
**digging slope Arbeitsböschung** *f (Bg/Bergb)* (des Baggers)
**digging width Grabweite** *f (Bg/Bergb)*
**dike Damm** *m (Bau)* (Staudamm) **Wall** *m (Bau)* (Deich)
**dike rock Ganggestein** *nt (Bau)*
**dilapidation** *(ruining, crumbling)* **Verfall** *m (Bau)* (eines Gebäudes)
**dilatability Dehnbarkeit** *f (Mech)*
**diligence Sorgfalt** *f (Allg)*
**dimension Größenordnung** *f (Mech)* (Abmessung) **Maß** *nt (Mech, Allg)* **Passmaß** *nt (Mech)* **Umfang** *m (Allg, Mech, Allg)* (Ausmaß)
**dimension check maßliche Kontrolle** *adj:n (Mech)* **Maßkontrolle** *f (Mech)*
**dimension drawing Maßzeichnung** *f (Mech)*
**dimension letter Maßbuchstabe** *m (Stb)*
**dimension line Maßlinie** *f (Stb)*
**dimension line termination Maßlinienbegrenzung** *f (Stb)*
**dimension lines spaced one above the other übereinander liegende Maßlinien** *adj:n (Stb)*
**dimension outside boiler Außenabmessung** *f (Hütt/Wlz)*
**dimension unit Maßeinheit** *f (Stb)*
**dimension, actual** actual dimension *adj:n* **Ist-Maß** *nt (Mech)*
**dimension, adequate** adequate dimension *adj:n* **angemessene Ausmaße** *adj:n (Bahn)*
**dimension, finished** finished dimension *adj:n* **Fertigmaß** *nt (Allg)*
**dimension, main** main dimension *adj:n* **Hauptabmessung** *f (Kfz)* **Hauptmaß** *nt (Mech)*
**dimension, nominal** nominal dimension *adj:n* **Nennmaß** *nt (Mech, El, Stb)* **Sollmaß** *nt (Stb)*
**dimension, overall** overall dimension *adj:n* **Einbaumaß** *nt (Mech, Mont)* **Gesamtmaß** *nt (Mech, Allg)*
**dimension, rough** rough dimension *adj:n* **Rohmaß** *nt (Mech)*
**dimensional accuracy Maßgenauigkeit** *f (Bau)*
**dimensional tolerance Maßtoleranz** *f (Mech)* **Toleranzmaß** *nt (Mech)*
**dimensioning Auslegung** *f (Mech)* (Bemessung, Dimensionierung) **Bemaßung** *f (Mech)*
**dimensioning rule Bemaßregelung** *f (Stb)*
**dimensions at different locations auseinander liegende Maße** *adj:n (Stb)*
**dimensions outside boiler Außenabmessungen des Kessels** *(Hütt/Wlz)*
**dimensions prior to turning Vordrehmaße** *pl nt (Mech, Mont)* (vor Drehbeginn)
**dimensions, accurate** accurate dimensions *adj:n* **Maßhaltigkeit** *f (Mech)*
**dimensions, unlisted** unlisted dimensions *adj:n* **fehlende Maße** *adj:n (Mech)* (in Zeichnungen)

**diminishing coefficient Abminderungsbeiwert** *m (Stb)*
**dimmer switch Abblendschalter** *m (Mech, Allg)*
**dimple plate Höckerplatte** *f*
**dinging hammer Ausbeulwerkzeug** *nt (Stb)*
**dinky** *(dinkey)* **Rangierlokomotive** *f (Bahn)* (klein)
**diorite Diorit** *m (Geo)*
**dip Bodenwelle** *f (Bg/Bergb)* (konkav, nach unten)
**dip Einfallende** *nt (Bg/Bergb, Geo)*
**dip Einsatzteilung** *f (Form)* (kleine Vertiefung)
**dip hardening Badhärtung** *f (Hütt/Wlz)* **Tauchhärtung** *f (Hütt/Wlz)*
**dip switch Abblendschalter** *m (Mech, Allg)*
**dipper Ladeschaufel** *f (Bg/Bergb)* **Löffel** *m (Bg/Bergb)* (des Seilbaggers)
**dipper capacity Tieflöffelinhalt** *m (Bg/Bergb)* (Kapazität)
**dipper dredger Nasslöffelbagger** *m (Bg/Bergb, Mech)* **Schwimmlöffelbagger** *m (Bg/Bergb, Mech)*
**dipper shovel Hochbagger** *m (Bg/Bergb, Mech)* **Hochlöffelbagger** *m (Bg/Bergb, Mech)*
**dipper stick** *AE* **Löffelstiel** *m (Bg/Bergb)* (Seilbagger) **Stiel** *m (Bg/Bergb)* (z.B. des Tieflöffels)
**dipstick Messstab** *m (Mech)* (Ölstand) **Peilstab** *m (Mech, Hyd/Pneu)*
**direct casting Direktverstürzung** *f (Bg/Bergb)* **Übersetzbetrieb** *m (Bg/Bergb)*
**direct conveying Durchfördern** *nt (Umschl)*
**direct handling Durchfördern** *nt (Umschl)*
**direct-dumping excavator Direktversturzbagger** *m (Bg/Bergb)*
**directing-stand driver Leitstandfahrer** *m (Mech)*
**direction indicator Fahrtrichtungsanzeiger** *m (Kfz)*
**direction indicator lamp Blinkleuchte** *f (Kfz)* (Kfz)
**direction indicator, built-in** built-in direction indicator *adj:n* **Einbauwinker** *m (Mech)*
**direction of coil Windungsrichtung** *f (Mech)* (Feder)
**direction of digging Abbaurichtung** *f (Bg/Bergb)* (eines Baggers)
**direction of flow Zulaufrichtung** *f (Hyd/Pneu)*
**direction of force Kraftrichtung** *f (Stat)*
**direction of load Belastungsrichtung** *f (Stat)* **Lastrichtung** *f (Stat)*
**direction of oscillation Schwingungsrichtung** *f (Hütt/Wlz)*
**direction of rolling Walzrichtung** *f (Hütt/Wlz)*
**direction of rotation Drehrichtung** *f (Mech)* **Drehsinn** *m (Mech)*
**direction, longitudinal** longitudinal direction *adj:n* **Längsrichtung** *f (Allg)*
**directional control valve Steuerschieber** *m (Hyd/Pneu)* **Wegeventil** *nt (Hyd/Pneu)*
**directional control valve, solenoid-controlled** solenoid-controlled directional control valve *adj:n* **Magnetsteuerschieber** *m (Hyd/Pneu)*
**directional poppet valve Wege-Sitzventil** *nt (Hyd/Pneu)*
**directional proportional valve Proportional-Wegeventil** *nt (Hyd/Pneu)* **Stetig-Wegeventil** *nt (Hyd/Pneu)*
**directional relieving valve Entlastungswegeventil** *nt (Hyd/Pneu)*
**directional spool valve Wege-Schieberventil** *nt (Hyd/Pneu)* **Wegeschieber** *m (Hyd/Pneu)*
**directioning Richtungsorientierung** *f (Mech)*
**directions** *pl* **Anleitung** *f (Mech)* **Anweisung** *f (Allg)*
**directivity function Richtungsfunktion** *f (Mech)*
**dirt Schmutz** *m (Allg, Bg/Bergb)*
**dirt skimmer Schmutzabstreifring** *m (Bg/Bergb)* (am Zylinder)
**dirt stacking Materialaufbau** *m (Bg/Bergb)* (Dreck unter der Kette)
**dirt trap** *(cone crusher)* **Schmutzfänger** *m (Zer)* (Kegelbrecher)
**disassembly Ausbau** *m (Mech, Allg)* (Demontage, z.B. eines Geräteteils) **Auseinandernehmen** *nt (Hütt/Wlz)* (Demontage)
**disc brake Scheibenbremse** *f (Mech)*
**disc carrier** *(gate valve)* **Plattenträger** *m (Hütt/Wlz)* (Schieber)

**disc clutch Lamellenkupplung** *f (Mech)* **Scheibenkupplung** *f (Mech)*
**disc clutch, double** double disc clutch *adj:n* **Zweischeibenkupplung** *f (Mech)*
**disc crusher Scheibenbrecher** *m (Zer)*
**disc filter Scheibenfilter** *nt (Aufb)*
**disc joint Scheibengelenk** *nt (Mech)*
**disc rotor Scheibenrotor** *m (Zer)*
**disc spring Tellerfeder** *f (Mech)*
**disc wheel Scheibenrad** *nt (Mech)* **Scheibenrolle** *f (Band)* (Steilförderer)
**disc-type return idler Stützringrolle** *f (Mech, Band)* **Unterscheibenbandrolle** *f (Band)*
**discard Abgänge** *pl f (Bg/Bergb)* **Berge** *pl m (Bg/Bergb)*
**discard Abfall** *m (Mech)* (in der Produktion) **Ausschuss** *m (Mech)*
**discharge Ablass** *m (Hyd/Pneu)* **Ausgangsseite** *f (Hyd/Pneu)* (z.B. eines Ventils)
**discharge Austrag** *m (Mech, Zer)*
**discharge** *(of material)* **Abzug** *m (Umschl, Zer)* (von Fördergut) **Schüttung** *f (Bg/Bergb, Umschl)*
**discharge area Austragsfläche** *f (Zer, Mech)*
**discharge belt Kippenband** *nt (Umschl)*
**discharge boom Abwurfausleger** *m (Bg/Bergb, Umschl)* (eines Baggers, Platzbeladers) **Abwurfbandträger** *m (Bg/Bergb)*
**discharge boom belt Abwurfauslegerband** *nt (Bg/Bergb, Umschl, Band)* **Abwurfband** *nt (Bg/Bergb, Umschl, Band)*
**discharge boom hoist Abwurfauslegerhubwerk** *nt (Bg/Bergb, Umschl)* **Windwerk zum Beladebandausleger** *(Bg/Bergb)*
**discharge boom hoisting movements** *pl* **Heben und Senken des Abwurfauslegers** *(Bg/Bergb, Umschl)*
**discharge boom length Abwurfbandträgerlänge** *f (Bg/Bergb)*
**discharge boom slewing assembly Abwurfauslegerschwenkwerk** *nt (Bg/Bergb, Umschl)* **Schwenkwerk Beladebandausleger** *nt (Bg/Bergb, Umschl)*
**discharge boom tail Abwurfauslegerspitze** *f (Bg/Bergb, Umschl)* **Auslegerspitze** *f (Bg/Bergb, Umschl)* (Heck)
**discharge bridge Verbindungsbandbrücke** *f (Bg/Bergb, Umschl, Band)* **Verladebrücke** *f (Bg/Bergb, Umschl)*
**discharge chute Abwurfschurre** *f (Bg/Bergb, Zer, Umschl, Band)* **Auslaufschurre** *f (Mech)*
**discharge cock Ablasshahn** *m (Hyd/Pneu)* **Zylinderhahn** *m (Hyd/Pneu)*
**discharge coefficient Durchflusszahl** *f (Hyd/Pneu)*
**discharge cone Abzugstrichter** *m (Zer)*
**discharge conveyor Abzugsband** *nt (Umschl, Band, Zer)* (als Plattenband) **Abzugsförderer** *m (Bg/Bergb)*
**discharge end Abwurfende** *nt (Bg/Bergb)* **Auslaufseite** *f (Bg/Bergb)* (z.B. einer Maschine)
**discharge feeder Abwurfband** *nt (Zer)* **Aufgabeband** *nt (Umschl, Band, Zer)*
**discharge flap Entladeklappe** *f (Bahn)*
**discharge funnel Abwurftrichter** *m (Bg/Bergb)*
**discharge funnel with pre-screen Abwurftrichter mit Vorsieb** *(Bg/Bergb)*
**discharge height Ausschütthöhe** *f (Bg/Bergb)* (Grabgut aus Löffel) **Beladehöhe** *f (Bg/Bergb)* (z.B. der Schaufel)
**discharge hood Abwurfhaube** *f (Band, Umschl)* **Auslaufkasten** *m (Zer)*
**discharge hopper Auslauftrichter** *m (Zer)*
**discharge opening Spaltweite** *f (Zer)* (eines Brechers)
**discharge outlet Abflussöffnung** *f (Mech)*
**discharge pipe Sekundärleitung** *f (Hyd/Pneu)*
**discharge pit Ablaufschacht** *m (Stb)*
**discharge plate Transportboden** *m (Zer)* (unter einem Sieb)
**discharge plow Gutabstreifer** *m (Band, Umschl)*
**discharge position Entladeposition** *f (Bahn)*
**discharge product Austragsgut** *nt (Zer)* (Brecher)
**discharge pulley Abwurftrommel** *f (Bg/Bergb, Band)* **Umlenktrommel** *(Band, Bg/Bergb, Umschl)* (z.B. für die Bandschleife)
**discharge ramp** *(truck dump station)* **Entladerampe** *f (Mech)*

**discharge rate Austragsleistung** *f (Mech)*
**discharge screen Austragssieb** *nt (Zer)*
**discharge size Austragsgut** *nt (Zer)* (Brecher)
**discharge skip, high** high discharge skip *adj:n* **Hochkippmulde** *f (Kfz)*
**discharge time Schüttzahl** *f (Bg/Bergb)* (des Eimerkettenbaggers)
**discharge to atmosphere Abführung ins Freie** *f*
**discharge trajectory Abwurfparabel** *f (Band, Math)*
**discharge valve Ablassventil** *nt (Bau)* **Entlastungsventil** *nt (Hyd/Pneu)*
**discharge velocity Auswurfgeschwindigkeit** *f (Hütt/Wlz)*
**discharge wall Austragswand** *f (Bg/Bergb)*
**discharge wheel arm Räumarm** *m (Mech)*
**discharge wheel drive Schaufelradantrieb** *m (Mech)*
**discharge, constrained** constrained discharge *adj:n* **Zwangsentleerung** *f (Zer, Mech)*
**discharged material Austragsgut** *nt (Bg/Bergb)* (vom Brecher zerkleinert)
**discharging Entladen** *nt (Bahn)* (der Schaufel)
**discharging boom Abwurfausleger** *m (Bg/Bergb, Umschl)* (eines Baggers, Platzbeladers) **Abwurfbandausleger** *m (Bg/Bergb, Umschl)*
**discharging device Abwurfelement** *nt (Bg/Bergb)* **Austragsvorrichtung** *f (Mech)*
**discharging device, saddle-type** saddle-type discharging device *adj:n* **Abwurfsattel** *m (Bg/Bergb)*
**discharging parabola Abwurfparabel** *f (Band, Math)*
**discharging pipe** *(ship loader)* **Abwurfrohr** *nt (Umschl)* (Schiffsbelader)
**discharging point Abwurfpunkt** *m (Zer)*
**discharging section** *(of a discharging boom)* **Abwurfteil** *m (Bg/Bergb)* (eines Abwurfauslegers)
**discharging time Entladezeit** *f (Bahn)*
**discharging unit Abwurfelement** *nt (Bg/Bergb)*
**discontinuity gelockerte Stelle** *adj:n (Mech, Hütt/Wlz)* (im Gefüge) **Unstetigkeit** *f (Mech, Schw)* **Unterbrechung** *f (Mech)* (Gerät)
**disengagement Lösen** *nt (Mech)* (der Kupplung) **Trennung** *f (Mech)* (Kupplung)
**disengaging tank Kugelbehälter** *m (Mech)* **Kugelverteilungskasten** *m (Hütt/Wlz)*
**dish grinding wheel Tellerscheibe einer Schleifmaschine** *(Mont, Werkz)*
**disintegration Auflockerung** *f (Geo, Bg/Bergb)* **Entmischung** *f (Geo, Ökol)* **Verwitterung** *f (Geo)*
**disk Lamelle** *f (Mech)* (Kupplung, Bremse) **Scheibe** *f (Mech)*
**disk brake Scheibenbremse** *f (Mech)*
**disk clutch Scheibenkupplung** *f (Mech)*
**disk valve Tellerventil** *nt (Hyd/Pneu)*
**disk, centrifugal** centrifugal disk *adj:n* **Schleuderscheibe** *f (Hütt/Wlz)*
**disk, punched** punched disk *adj:n* **Lochscheibe** *f (Mech)*
**dislocation Verwerfung** *f (Bg/Bergb, Geo)* (eines Flözes)
**dismantling Auseinanderbauen** *nt (Mech, Allg)* (in Einzelteile) **Demontage** *f (Mech)* **Zerlegung** *f (Mech)*
**dismantling device Abziehvorrichtung** *f (Mech, Mont)* (Ausbauvorrichtung) **Ausbauvorrichtung** *f (Mech)*
**dismantling tool Abziehwerkzeug** *nt (Mech, Mont)* (Ausbauwerkzeug)
**dismantling trolley** *(slewing-assembly gear unit)* **Ausbauwagen** *m (Mech)* (zum Ausbau eines Schwenkgetriebes)
**dispatcher** *(excavator crew)* **Disponent** *m (Bg/Bergb)* (Baggerpersonal)
**dispensary** *(first-aid)* **Sanitätsraum** *m (Allg)*
**dispenser Zapfpistole** *f (Mech, Hyd/Pneu)*
**dispersion of load Lastverteilung** *f (Mech, Stat)*
**displacement** *(of total engine)* **Hubraum** *m (Kfz)* **Hubvolumen** *nt (Kfz)*
**displacement** *(pump)* **Schluckvolumen** *nt (Mech, Hyd/Pneu)* (Pumpe) **Verdrängung** *f (Mech, Hyd/Pneu)*
**displacement Schiebung** *f (Stb)* **Verschiebung** *f (Stb, Mech)*
**displacement of belt Auswandern des Gurtes** *(Band)*

**displacement of belt, lateral** lateral displacement of belt *adj:n* **seitliches Auswandern des Gurtes** *adj:n (Band)*
**displacement pump Verdrängerpumpe** *f (Mech, Hyd/Pneu)*
**displacement pump, fixed** fixed displacement pump *adj:n* **Konstantpumpe** *f (Mech, Hyd/Pneu)*
**displacement, constant** constant displacement *adj:n* **gleich bleibender Förderstrom** *adj:n (Mech)*
**displacement, variable** variable displacement *adj:n* **verstellbares Schluckvolumen** *adj:n (Mech, Hyd/Pneu)*
**displacement, vertical** vertical displacement *adj:n* **vertikale Bewegung** *adj:n (Mech)*
**displacing Verschiebung** *f (Stb, Mech)*
**display model Vorführmodell** *nt (Mech)*
**disposal Absetzen** *nt (Bg/Bergb)* **Beseitigung** *f (Bg/Bergb)* **Verkippung** *f (Bg/Bergb)*
**disposal car Schlackenwagen** *m (Hütt/Wlz)*
**dissipation** *(e.g. of heat)* **Abgabe** *f (Mech, El)* (z.B. von Wärme)
**distance Abstand** *m (Mech, Allg)* (räumliche Entfernung) **Entfernung** *f (Mech, Allg)* **Strecke** *f (Mech, Allg)* **Zwischenraum** *m (Mech, Allg, Bau)*
**distance between centres** *BE* **Achsabstand** *m (Band)* (des Bandes) **Mittenabstand** *m (Mech)*
**distance between fins** *(radiator)* **Lamellenabstand** *m (Mech)* (Kühler) **Lamellenteilung** *f (Mech)* (Kühler)
**distance between supports Auflagerentfernung** *f (Mech, Stb)*
**distance bushing Distanzhülse** *f (Mech)*
**distance load Streckenlast** *f (Mech)*
**distance piece Abstandsrohr** *nt (Mech)*
**distance pipe Distanzrohr** *nt (Mech)*
**distance profil Distanzprofil** *nt (Stb)*
**distance required by the material flow to settle Beruhigungsstrecke des Förderguts** *(Band, Umschl)*
**distance ring Distanzring** *m (Mech)* **Verschlussring** *m (Stb, Mech)*
**distance scale Abstandsskala** *f (Mech)*
**distance sleeve Distanzhülse** *f (Mech)*
**distance through hub Nabenlänge** *f (Mech)*
**distance, controlled** controlled distance *adj:n* **gesteuerter Abstand** *adj:n (Mech)* **vorgegebener Abstand** *adj:n (Mech)*
**distant signal** *BE* **Vorsignal** *nt (Bahn)*
**distillation zone Trockenzone** *f (Anstr)* (am Rost)
**distortion Verfälschung** *f (Allg)*
**distortion** *(unbalance)* **Unausgeglichenheit** *f (Hütt/Wlz)*
**distortion** *(of shape)* **Verformung** *f (Mech)* (Formänderung) **Verwerfung** *f (Stb)* (Verziehen) **Verwindung** *f (Mech, Stb)* (Formverlust)
**distributing bin Verteilerbunker** *m (Umschl)*
**distributing device Aufgabevorrichtung** *f (Bg/Bergb, Umschl)*
**distributing hopper Verteilerbunker** *m (Umschl)*
**distributing valve Wegeventil** *nt (Hyd/Pneu)*
**distribution** *(flaw dividing)* **Fehleruntersetzung** *f (Form)*
**distribution** *(systematic arrangement)* **systematische Anordnung** *adj:n (Mech)* **Aufteilung** *f (Mech)* (Anordnung, Einteilung)
**distribution board** *(El)* **Gussverteilung** *f (Hütt/Wlz)* **Schalttafel** *f (El)*
**distribution of phase loads Aufteilung der Stromkreise** *(Mech)*
**distribution of stress Spannungsverlauf** *m (Mech, Stat)*
**distribution valve Steuerventil** *nt (Hyd/Pneu)*
**distribution valve, servo-controlled** servo-controlled distribution valve *adj:n* **angesteuertes Wegeventil** *adj:n (Mech)*
**distribution, geographic** geographic distribution *adj:n* **geographische Verteilung** *adj:n (Geo)*
**distribution, transverse** transverse distribution *adj:n* **Querverteilung** *f (Bg/Bergb)*
**distributor** *(El)* **Verteilerstück** *nt (Mech)*
**distributor** *(ball shot)* **Aufprallverteiler** *m (Hütt/Wlz)* **Kugelprallverteiler** *m (Hütt/Wlz)*
**distributor bank Verteilerleiste** *f (Mech, El)*
**distributor block Verteilerklotz** *m (Mech)* **Verteilerleiste** *f (Mech, El)*

**distributor body Verteilergehäuse** *nt (Mech)*
**distributor gear unit Verteilergetriebe** *nt (Mech)*
**distributor manifold Verteilerabgang** *m (Mech)* (Schmieranlage)
**distributor, rotary** rotary distributor *adj:n* **Drehverteiler** *m (Kfz)*
**disturbance, tectonic** tectonic disturbance *adj:n* **tektonische Verschiebung** *adj:n (Geo)* **tektonische Verwerfung** *adj:n (Geo)*
**disulphide Disulfid** *nt (Form)*
**ditch Graben** *m (Bau)*
**ditch bin reclaimer Grabenbunkerbagger** *m (Bg/Bergb, Umschl)*
**ditch cutting Grabenschneiden** *nt (Bg/Bergb)*
**ditch profile Grabenmulde** *f (Bg/Bergb)* **Grabenprofil** *nt (Bg/Bergb)*
**ditch wall Flachböschung** *f (Bau)*
**ditch, trapezoidal** trapezoidal ditch *adj:n* **Trapezgraben** *m (Bg/Bergb)*
**ditch-cleaning bucket Grabenräumschaufel** *f (Bg/Bergb)*
**ditcher Tiefbagger** *m (Mech, Bg/Bergb)* **Tieflöffelbagger** *m (Mech, Bg/Bergb)*
**ditching bucket Grabenlöffel** *m (Bg/Bergb)*
**ditchmill Grabenfräse** *f (Bg/Bergb)*
**dive-under Unterführung** *f (Bau)* (Bahn)
**divergence of equilibrium Gleichgewichtsstörung** *f (Stat)*
**diversification Diversifikation** *f (Allg)*
**diverter plate Leitblech** *nt (Bg/Bergb, Umschl, Band)* **Prallblech** *nt (Bg/Bergb, Umschl, Band)* **Umlenkblech** *nt (Bg/Bergb, Band, Umschl)*
**diverter valve** *AE* **Wegeventil** *nt (Hyd/Pneu)*
**dividing valve Mengenteiler** *m (Bg/Bergb, Mech)*
**dividing wall Trennwand** *f (Stb, Bau, Mech)*
**division area Teilungsebene** *f (Mech, Zer)*
**dock conveyor Kaiband** *nt (Band, Umschl)*
**dock railway Hafenbahn** *f (Bahn)*
**dock spout Austragsschurre** *f (Umschl)* (Schiffsbelader)
**dockside crane Hafenkran** *m (Mech)*
**dog Ansatz** *m (Mech)* (Mitnehmer) **Anschlag** *m (Mech)* (Begrenzung) **Klaue** *f (Mech)* **Knagge** *f (Mech, Bau, Stb)*
**dog clutch shaft Klauenwelle** *f (Mech)*
**dogspike** *BE* **Schwellennagel** *m (Bahn)*
**dolly Gegenhalter** *m (Mech)* (Nieten) **Nachläufer** *m (Umschl, Mech)* **Vorhalteeisen** *nt (Mech)*
**dolly** *(tool)* **Ausbeulwerkzeug** *nt (Stb)*
**dolly, pneumatic** pneumatic dolly *adj:n* **Druckluftgegenhalter** *m (Hyd/Pneu)*
**dolomite Dolomit** *m (Geo)*
**dolomite flour Dolomitmehl** *nt (Bg/Bergb)*
**dolomite sinter Sinterdolomit** *m (Geo)*
**dolomite split** *(mineral)* **Dolomitsplitt** *m (Bg/Bergb)*
**dolomite stone** *(mineral)* **Dolomitstein** *m (Bg/Bergb)*
**dolphin Stahlpfahl** *m (Hütt/Wlz)*
**domain Arbeitsbereich** *m (Allg)* (Fachgebiet)
**dome heat Stauhitze** *f (Mech)* (unter dem Dach)
**domelight Lichtkuppel** *f (Stb)*
**door Klappe** *f (Mech)* (des Bagger-Motorraums) **Luke** *f (Mech)* **Tür** *f (Mech, Bau)*
**door closing device Türschließanlage** *f (Mech)*
**door framing Türrahmen** *m (Stb, Bau)*
**door guide Türführung** *f (Mech)* (Kfz)
**door handle Klinkengriff** *m (Mech)* (Tür)
**door hinge Türangel** *f (Allg, Bau)*
**door holder Türgestell** *nt (Bau)* (Rahmen)
**door knob Türknopf** *m (Mech, Bau)*
**door latch Türverriegelung** *f (Mech)*
**door leaf Türblatt** *nt (Mech, Bau)*
**door lock Türschloss** *nt (Bau)*
**door nail Scharnierbolzen** *m (Mech)*
**door of engine compartment Motorverkleidung** *f (Mech)*
**door wedge buffer Türkeilpuffer** *m (Bg/Bergb)*
**door, hinged** hinged door *adj:n* **Klapptür** *f (Bg/Bergb)*
**door, sectional** sectional door *adj:n* **Sektionselement** *nt (Hütt/Wlz)*
**Doppler effect Doppler-Effekt** *m (Bg/Bergb)*
**dosing pump Dosierpumpe** *f (Hütt/Wlz)*
**dotting Punktierung** *f (Stb)*
**double angle Doppelwinkel** *m (Mech)*

**double annular roller chain doppelte Ringrollenkette** *adj:n (Mech)*
**double ball-race bearing doppelreihige Kugeldrehverbindung** *adj:n (Bg/Bergb)*
**double bend Doppelkrümmer** *m (Mech)* (Rohr)
**double bevel doppelte Abschrägung** *adj:n (Mech)*
**double branch pipe Doppelabzweigrohr** *nt (Mech)*
**double branch pipes** *pl* **Zweikreisverrohrung** *f (Mech)*
**double cyclone arrangement Doppelzyklonkessel** *m (Hütt/Wlz)*
**double end stud Schraubenbolzen** *m (Mech)*
**double enveloping worm gear pair Globoidschnecken-Radsatz** *m*
**double fillet weld Doppelkehlnaht** *f (Schw)*
**double filter Doppelfilter** *nt (Hyd/Pneu)*
**double filter attachment for dusty conditions Staubschutzanlage** *f (Mech)* (des Staplers)
**double four-point contact bearing Doppelvierpunktkugellager** *nt (Bg/Bergb)*
**double galvanizing Doppelverzinken** *nt (Hütt/Wlz)*
**double gantry bucket chain excavator Eimerketten-Doppelportalbagger** *m (Bg/Bergb)*
**double glazing Doppelverglasung** *f (Mech, Bau)*
**double grinding head Doppelschleifbock** *m (Mont)*
**double handling wiederholtes Aufnehmen des Materials** *adj:n (Mech, Umschl)* **Umsetzen des Fördergutes** *(Umschl)*
**double hardening Doppelhärten** *nt (Hütt/Wlz)*
**double helical gear Stirnrad mit Doppelschrägverzahnung** *(Mech)* **Zylinderrad mit Doppelschrägverzahnung** *(Mech)*
**double lug** *(e.g. of the crawler chain link)* **Doppelauge** *nt (Bg/Bergb, Mech)* (z.B. der Raupengliedschake)
**double non-return valve Doppelrückschlagventil** *nt (Kfz)*
**double propeller shaft for front-wheel-drive Doppelgelenkwelle für Vorderradantrieb** *(Kfz)*
**double retaining segment Doppelhaltesegment** *nt (Form)*
**double return valve Doppelrückschlagventil** *nt (Kfz)*
**double rope reeving Zweiseilführung** *f (Bg/Bergb)*
**double rotary drive module Doppelkopfbohrsystem** *nt (Bg/Bergb)*
**double seat, valve body Doppelsitzventilkörper** *m (Hütt/Wlz)*
**double socket Doppelmuffe** *f (Mech)*
**double transceiver technique Doppelkopfverfahren** *nt (Kfz)*
**double unbalance screen DU-Sieb** *nt (Zer)*
**double-acting multi-stage hydraulic cylinder Hub- und Zugpresse** *f (Mech)*
**double-blade scraper Doppelabstreifer** *m (Band, Bg/Bergb, Umschl)*
**double-deck coach Doppelstockwagen** *m (Bahn)* (Personenwagen)
**double-deck crane Doppelbordkran** *m (Schiff)*
**double-deck screen Doppeldeckersieb** *nt (Zer)*
**double-deck vibrating screen Zweideck-Freischwingsieb** *nt (Bg/Bergb)*
**double-disc dry clutch Zweischeiben-trockenkupplung** *f (Mech)*
**double-flange hub Zweiflanschnabe** *f (Mech)*
**double-flange rail wheel Laufrad mit zwei Spurkränzen** *(Mech)*
**double-flange track wheel Laufrad mit Doppelspurkranz** *(Mech)*
**double-flow superheater zweiflutiger Überhitzer** *adj:n (Hütt/Wlz)*
**double-flow turbine Zweigehäuseturbine** *f (Hütt/Wlz)*
**double-guided luffing system Doppellenkerwippsystem** *nt (Schiff)* (z.B. des Hafenkrans)
**double-joint deck crane Gelenkbordkran** *m (Schiff)* **Gelenkkran** *m (Schiff)*
**double-piston pump Doppelkolbenpumpe** *f (Hyd/Pneu)*
**double-pitch roller chain langgliedrige Rollenkette** *adj:n (Mech)*
**double-roll crusher Doppelwalzenbrecher** *m (Bg/Bergb)* **Zweiwalzenbrecher** *m (Zer)*
**double-row angular contact ball bearing zweireihiges Schrägkugellager** *adj:n (Mech)*

**double-row cylindrical roller bearng zweireihiges Zylinderrollenlager** *adj:n (Mech)*
**double-shaft hammer crusher Doppelwellenhammerbrecher** *m (Zer)*
**double-shank elastic rail spike Doppelschaft-Federnagel** *m (Bahn)*
**double-shoe brake Doppelbackenbremse** *f (Mech)*
**double-socket tee with flanged branch Doppelmuffe mit Flanschstutzen** *(Mech)*
**double-stage superheater zweistufiger Überhitzer** *adj:n (Hütt/Wlz)*
**double-toggle jaw crusher Doppelkniehebelbrecher** *m (Zer)* **Pendelschwingenbrecher** *m (Zer)*
**double-wall working lining arrangement Zweischalenzustellung** *f (Hütt/Wlz)* (Hochofen)
**double-walled tank Doppelwandbehälter** *m (Mech)*
**dove cote chimney Kobel** *m (Bahn)* (Schornsteinform der Dampflok)
**dowel Dübel** *m (Mech, Mont)* **Passstift** *m (Mech)* (auch Dübel)
**dowel bolt Zentrierbolzen** *m (Mech)*
**dowel pin Spannstift** *m (Mech)* (Passstift) **Zylinderstift** *m (Mech)*
**dowel pin reamer Kegelstift-Reibahle** *f (Mech, Mont)*
**dowel pin, grooved** grooved dowel pin *adj:n* **Kerbstift** *m (Mech)*
**down line** *(shot cleaning equipment)* **oberes Fallrohr** *adj:n (Hütt/Wlz)*
**down-acting hydraulic press Oberkolbenpresse** *f (Hyd/Pneu)*
**down-draught combustion chamber Brennkammer mit U-Flamme** *(Hütt/Wlz)*
**down-flow Abwärtsströmung** *f (Hütt/Wlz)*
**down-shot burner Deckenbrenner** *m (Hütt/Wlz)*
**down-time Ausfallzeit** *f (Mech, Allg)* (betrieblich bedingte Verlustzeit) **Störung** *f (Mech, Allg)* (z.B. eines Gerätes)
**downcoiling unit Haspelanlage** *f (Mech)*
**downcomer Fallrohr** *nt (Mech, Hyd/Pneu)* **Zuführrohr** *nt (Hütt/Wlz)*
**downcomer header Fallrohrsammler** *m (Hütt/Wlz)*
**downdraft carburetor Fallstromvergaser** *m (Kfz)*
**downgrade Gefälle** *nt (Mech, Band)* (Förderer)
**downhand welding Fallnaht** *f (Schw)* (senkrechtes Schweißen)
**download Vertikallast** *f (Stat)*
**downpipe Abfallrohr** *nt (Stb)* **Fallrohr** *nt (Mech, Hyd/Pneu)*
**downstream** *(e.g. of the valve)* **Auslaufseite** *f (Hütt/Wlz)* **Auslaufstrecke** *f (Hütt/Wlz)*
**downstream conveyor abförderndes Band** *adj:n (Band)*
**downstream switching Nachschalten** *nt (Hyd/Pneu)* **Nachschaltung** *f (Hyd/Pneu)*
**downtake tube Zuführrohr** *nt (Hütt/Wlz)*
**downward gas passage Fallzug** *m (Hütt/Wlz)* **Steigzug** *m (Hütt/Wlz)*
**downward inclination Neigung** *f (Bahn)* (der Bahnstrecke)
**dozer Planiergerät** *nt (Bg/Bergb)*
**dozer blade Planierschar** *f (Bg/Bergb)* **Stirnschild** *nt (Bg/Bergb)* **Vorderschar** *f (Bg/Bergb)*
**dozer blade stabilizer Planierschildabstützung** *f (Bg/Bergb)*
**dozer spreader work Längsverteilungsarbeit** *f (Bg/Bergb)* (z.B. Grader)
**dozer, wheeled** wheeled dozer *adj:n* **Radplaniergerät** *nt (Mech)*
**dozing capacity Längstransportleistung** *f (Bg/Bergb)* (z.B. des Graders)
**dozing distributing work Längsverteilerarbeit** *f (Bg/Bergb)* (z.B. Grader)
**draft Formschräge** *f (Hütt/Wlz)* (in der Gussform) **Wasserzug** *m (Hütt/Wlz)*
**draft carburetor Steigstromvergaser** *m (Kfz)*
**draft carburetor, horizontal** horizontal draft carburetter *adj:n* **Flachstromvergaser** *m (Kfz)*
**draft gear Federeinrichtung** *f (Bahn)* (an einem Wagon)
**draft, induced** induced draft *adj:n* **Saugzug** *m (Mech)*
**drafting machine Zeichenmaschine** *f (Bau)*
**drag** *(resistance against stretching)* **Widerstand** *m (Mech)* (eines Materials bei Dehnung) **Zug** *m (Mech)* (Zugkraft)
**drag bar feeder Kettenförderer** *m (Bg/Bergb, Umschl)* **Trogkettenförderer** *m (Umschl)*

**drag belt classifier Kratzbandklassierer** *m (Zer)*
**drag bucket Tiefbagger** *m (Mech, Bg/Bergb)* **Tieflöffelbagger** *m (Mech, Bg/Bergb)*
**drag chain Schleppkette** *f (Bg/Bergb)* (z.B. an Schleppschuafel)
**drag chain** *(bedding machine)* **Kratzerkette** *f (Mech, Band)* (Mischbettengerät)
**drag chain conveyor Panzerförderer** *m (Band)* **Schleppförderer** *m (Band)*
**drag coefficient Widerstandskoeffizient** *m (Stb)*
**drag link Lenkzwischenstange** *f (Mech)*
**drag link conveyor chain Laschenkette** *f (Mech)* (Trogkettenförderer)
**drag scraper plate Kratzblech** *nt (Zer)*
**drag shoe Hemmschuh** *m (Mech)* (Bahn)
**dragline Schleppschaufel** *f (Bg/Bergb)* **Zugschaufel** *f (Bg/Bergb)*
**dragline excavator Eimerseilbagger** *m (Bg/Bergb)* **Schürfkübelbagger** *m (Bg/Bergb)*
**dragline operation Schleppschaufelbetrieb** *m (Bg/Bergb)*
**drain Ablaufrohr** *nt (Mech)* **Entwässerung** *f (Mech, Bg/Bergb)* **Überlauf** *m (Mech)* (eines Tanks)
**drain cock Ablasshahn** *m (Hyd/Pneu)* **Zylinderhahn** *m (Hyd/Pneu)*
**drain cup** *(on brake system)* **Entwässerungstopf** *m (Bahn)* **Tropfbecher** *m (Bahn)* (Bremsanlage)
**drain elbow Ablasskniestück** *nt*
**drain line Leckölanschluss** *m (Mech, Hyd/Pneu)*
**drain pipe Abflussrohr** *nt (Mech)* (z.B. für Wasser) **Ablassleitung** *f (Mech, Bau)*
**drain plug Ablassschraube** *f (Mech)* **Ablassstopfen** *m (Mech)*
**drain strip Abflussleiste** *f (Stb)* (z.B. Wasser)
**drain trap Wasserabscheider** *m (Mech, Hyd/Pneu)*
**drain valve Abflussventil** *nt (Bg/Bergb)* (Dränage)
**drainage Dränage** *f (Bg/Bergb)* **Entwässerung** *f (Mech, Bg/Bergb)* **Verrohrungssystem** *nt (Bg/Bergb)* (zur Dränage)
**drainage bucket Dränagelöffel** *m (Bg/Bergb)*
**drainage grab Dränagegreifer** *m (Bg/Bergb)*
**drainage holes Dränagelöcher** *nt (Bg/Bergb)* (z.B. im Grabenlöffel)
**drainage pipe Abflussrohr** *nt (Mech)* (z.B. für Wasser)
**drainage pit Sickergrube** *f (Bg/Bergb)*
**drainage pump Dränagepumpe** *f (Form)*
**drainage valve Entwässerungsventil** *nt (Hyd/Pneu)*
**draining ditch Entwässerungsgraben** *m (Bau)*
**draught** *(of the mould)* **Formschräge** *f (Hütt/Wlz)* (in der Gussform)
**draught** *BE* **Wasserzug** *m (Hütt/Wlz)* **Zug** *m (Hütt/Wlz)* (Zugluft)
**draught loss Zugverlust** *m (Hütt/Wlz)*
**draught regulation Zugregulierung** *f (Hütt/Wlz)*
**draught, artificial** artificial draught *adj:n* **künstlicher Zug** *adj:n (Hütt/Wlz)* (Luftzug)
**draught, induced** induced draught *adj:n* **Saugzug** *m (Mech)*
**draught, natural** natural draught *adj:n* **natürlicher Zug** *adj:n (Hütt/Wlz)*
**draughtsman Ersteller einer Zeichnung** *(Stb)* **Zeichner** *m (Bau)*
**draw and buffer gear Zug- und Stoßeinrichtung** *(Bahn)*
**draw bar coupling Abschleppkupplung** *f (Kfz)*
**draw bar sections** *pl* **Meißelstahl** *m (Hütt/Wlz)*
**draw bead Ziehwulst** *m (Mech)*
**draw floor Abzugbühne** *f (Bg/Bergb)*
**draw gate Bunkerabzugsschieber** *m (Umschl)* **Bunkerverschluss** *m (Umschl)* (Bunkerschieber)
**draw knife Ziehmesser** *nt (Mont)*
**draw shackle** *(of hand brake)* **Zuglasche** *f (Bahn)* (der Festellbremse)
**draw spring Zugfeder** *f (Mech)*
**draw winch Zugwinde** *f (Mech, Mont)*
**draw-cable clamp Zugseilklemme** *f (Bahn)*
**draw-off** *(of material)* **Abzug** *m (Umschl, Zer)* (von Fördergut)
**draw-off feeder Abzugsband** *nt (Zer)* **Aufgabeband** *nt (Umschl, Band, Zer)*
**draw-off sleeve Abziehhülse** *f (Mech, Mont)*

**draw-out** *(of material)* **Abzug** *m (Umschl, Zer)* (von Fördergut)
**drawbar Hobelkreuz** *nt (Bg/Bergb)* (des Graders) **Kupplungsstange** *f (Mech)* (des Anhängers)
**drawbar pull Zug am Zughaken** *(Mech)* **Zugkraft** *f (Mech, Bg/Bergb)*
**drawer Schublade** *f (Allg, Mech)*
**drawhook Zughaken** *m (Bahn, Mech)* (Bahn)
**drawhook guide Zughakenführung** *f (Bahn)*
**drawing Schaubild** *nt (Mech, Allg)* **Zeichnung** *f (Allg)*
**drawing** *(wire)* **Ziehen** *nt (Stb)* (z.B. von Draht)
**drawing amendment service Zeichnungsänderungsdienst** *f (Stb)*
**drawing area Zeichenfläche** *f (Stb)* **Zeichnungsfeld** *nt (Stb)*
**drawing board Reißbrett** *nt (Stb)* **Zeichenbrett** *nt (Stb)*
**drawing curve Kurvenlineal** *nt (Stb)*
**drawing dealing with oversize parts Übermaßzeichnung** *f (Stb)*
**drawing floor Abzugbühne** *f (Bg/Bergb)*
**drawing instrument Zeichenmittel** *nt (Stb)*
**drawing machine Zeichenmaschine** *f (Bau)*
**drawing number Zeichnungsnummer** *f (Allg)*
**drawing of jigs Vorrichtungszeichnung** *f (Mech)*
**drawing of the general plan Übersichtszeichnung** *f (Mech, Allg, Stb)*
**drawing plant Zieherei** *f (Hütt/Wlz)*
**drawing practice Zeichnungswesen** *nt (Stb)*
**drawing practice standard Zeichnungsnorm** *f (Stb)*
**drawing sheet Zeichnungsblatt** *nt (Stb)*
**drawing tool Ziehwerkzeug** *nt (Werkz)*
**drawing work** *(technical drawing)* **Zeichenarbeit** *f (Stb)*
**drawing, assembled** assembled drawing *adj:n* **montierte Zeichnung** *adj:n (Stb)*
**drawing, copyable** copyable drawing *adj:n* **kopierfähige Zeichnung** *adj:n (Allg)*
**drawing, general** general drawing *adj:n* **Gesamtanordnung** *f (Mech)* **Übersichtszeichnung** *f (Mech, Allg, Stb)*
**drawing, preliminary** preliminary drawing *adj:n* **Entwurfszeichnung** *f (Mech, Allg)*
**drawing, preprinted** preprinted drawing *adj:n* **Vordruckzeichnung** *f (Stb)*
**drawing, sectional** sectional drawing *adj:n* **Querschnittsdarstellung** *f (Mech)* **Schnittzeichnung** *f (Mech)*
**drawing, tabular** tabular drawing *adj:n* **Tabellenzeichnung** *f (Stb)*
**drawing, technical** technical drawing *adj:n* **technische Zeichnung** *adj:n (Mech)*
**drawings list Zeichnungsverzeichnis** *nt (Hütt/Wlz)*
**drawn, bright** bright drawn *adv:adj* **blankgezogen** *adj (Mech)*
**drawn, cold** cold drawn *adv:adj* **kalt gezogen** *adv:adj (Mech, Hütt/Wlz)*
**drawn-on** *adj* **aufgezogen** *adj (Mech, Allg)* (kalt)
**dredge Bagger** *m (Bg/Bergb)* (auf dem Wasser) **Flussbagger** *m (Bg/Bergb)*
**dredge pump impeller Baggerpumpenrad** *nt (Bg/Bergb)* (am Nassbagger)
**dredger Flussbagger** *m (Bg/Bergb)* **Schwimmbagger** *m (Bg/Bergb)*
**dredger components** *pl* **Baggerkomponenten** *pl f (Bg/Bergb)*
**dredger freight Flussbaggerfracht** *f (Schiff)*
**dredger technology Schwimmbaggertechnik** *f (Bg/Bergb)*
**dredging depth Baggertiefe** *f (Bg/Bergb)* (des Nassbaggers) **Grabtiefe** *f (Bg/Bergb)* (unter Wasser)
**dredging depth** *(of dragline)* **Schleppschaufeltiefe** *f (Bg/Bergb)*
**dredging equipment Schwimmbaggerausrüstung** *f (Bg/Bergb)*
**dredging slide valve Baggerschieber** *m (Bg/Bergb)* (am Nassbagger)
**dredging task** *(under water)* **Baggerarbeit** *f (Bg/Bergb)* (unter Wasser) **Baggeraufgabe** *f (Bg/Bergb)* (unter Wasser)
**dredging technology Nassbaggertechnik** *f (Schiff, Bg/Bergb)*
**dressing** *(ore)* **Aufbereitung** *f (Aufb)* (Erz)
**dressing** *(tool)* **Nachbearbeitung** *f (Mech, Mont)*
**dressing plant Aufbereitungsanlage** *f (Aufb)* (z.B. für Kohle, Erze und sonstige Mineralien)

**dressing plant, wet-mechanical** wet-mechanical dressing plant *adj:n* **nassmechanische Aufbereitungsanlage** *adj:n (Aufb)*
**dribble abfallendes Gut** *adj:n (Band, Umschl, Bg/Bergb)* **Rieselgut** *nt (Bg/Bergb, Umschl)*
**drier Trockenvorrichtung** *f (Mech)* **Trockner** *m (Mech)*
**drier, tubular** tubular drier *adj:n* **Röhrentrockner** *m (Mech)*
**drift** *(e.g. of a ship)* **Abdrift** *f*
**drift** *(tunnel, gallery)* **Strecke** *f (Bg/Bergb)* (Bergbau)
**drift Dorn** *m (Mont)* (für Bolzen, Buchsen) **Lochhammer** *m (Mont, Werkz)* **Montierspitze** *f (Mont)*
**drift** *AE (e.g. of a building)* **Drift** *f (Stb)* (waagerechte Durchbiegung)
**drift punch Durchschläger** *m (Mont)* **Durchtreiber** *m (Mont)* (Handdurchschlag, Lochhammer)
**driftbolt Austreibbolzen** *m (Mech, Mont)* (zum Austreiben von Bolzen und Schrauben) **Treibbolzen** *m (Mech, Mont)*
**drifting of a pump Drehen der Pumpe** *(Kfz)*
**drifting of a pump, slight** slight drifting of a pump *adj:n* **leichtes Drehen der Pumpe** *adj:n (Mech)*
**drill Bohrmaschine** *f (Mont)* (Spiralbohrer)
**drill chuck Bohrerhalter** *m (Mont)* (Spiralbohrer) **Spannfutter** *nt (Mont)*
**drill column mounted** column mounted drill *adj:n* **Säulenbohrmaschine** *f (Mont)*
**drill hammer Bohrhammer** *m (Mont)*
**drill head Bohrkopf** *m (Mont)* (Spiralbohrer)
**drill holder Bohrerhalter** *m (Mont)* (Spiralbohrer) **Bohrkopf** *m (Mont)* (Spiralbohrer)
**drill hole Bohrloch** *nt (Mech, Mont)* (mittels Spiralbohrer) **Gewindebohrung** *f (Mech, Mont)*
**drill jig Bohrvorrichtung** *f (Mont)*
**drill key Bohrkeil** *m (Mont)*
**drill plan Bohrplan** *m (Form)* (Bestimmung von Art und Größe)
**drill press Bohrmaschine** *f (Mont)* (Spiralbohrer)
**drill rig Anbohrapparat** *m (Bg/Bergb)*
**drill rig, rotary** rotary drill rig *adj:n* **Drehbohrgerät** *nt (Bg/Bergb)*
**drill rod Bohrstange** *f (Mech, Werkz)*
**drill rods** *pl* **Bohrgestänge** *nt (Mont)*
**drill sleeve Bohrbuchse** *f (Mont)* **Bohrhülse** *f (Mont)*
**drill spindle Bohrspindel** *f (Mont)*
**drill tower Übungsturm** *m (Stb)*
**drill wedge Bohrkeil** *m (Mont)*
**drill, radial** radial drill *adj:n* **Radialbohrmaschine** *f (Werkz)*
**drill, rotary** rotary drill *adj:n* **Drehbohrgerät** *nt (Bg/Bergb)*
**drill, upright** upright drill *adj:n* **Säulenbohrmaschine** *f (Mont)*
**drill, vertical** vertical drill *adj:n* **Senkrechtbohrmaschine** *f (Werkz, Mont)*
**drilling Bohrung** *f (Mech)*
**drilling attachment Bohrgerätausrüstung** *f (Bg/Bergb)* **Bohrvorrichtung** *f (Mont)* (zum Spannen des Werkstückes und Führen des Werkzeugs)
**drilling core Bohrkern** *m (Bg/Bergb)*
**drilling depth Bohrtiefe** *f (Bg/Bergb)*
**drilling device for tap-hole Abstichlochbohrer** *m (Kfz)* (am Teleskoparm)
**drilling fixture Bohrvorrichtung** *f (Mont)* (Spiralbohrer-Spannvorrichtung)
**drilling head Bohrkopf** *m (Mont)* (Spiralbohrer)
**drilling jaws** *pl* **Bohrbacken** *pl f (Mont)* (eines Futters)
**drilling machine Bohrgerät** *nt (Form)* **Bohrmaschine** *f (Mont)* (Spiralbohrer)
**drilling machine, upright** upright drilling machine *adj:n* **Ständerbohrmaschine** *f (Mont, Werkz)*
**drilling mill, horizontal** horizontal drilling mill *adj:n* **Horizontalbohrwerk** *nt (Mont, Mech)*
**drilling mill, vertical** vertical drilling mill *adj:n* **Vertikalbohrwerk** *nt (Mech)*
**drilling mud Bohrschlamm** *m (Bau)*
**drilling pattern Bohrraster** *nt (Form)*
**drilling platform Bohrplattform** *f (Geo)*
**drilling platform, offshore** offshore drilling platform *adj:n* **Bohrinsel** *f (Stb)* (schwimmende oder stehende Plattform)
**drilling profile Bohrprofil** *nt (Form)*
**drilling sketch Bohrplan** *m (Mech, Mont)* (für das Bohren mittels Spiralbohrer)

**drilling template Bohrschablone** *f (Stb)*
**drilling, exploratory** exploratory drilling *adj:n* **Erkundungsbohrung** *f (Mech, Geo)*
**drinking water Trinkwasser** *nt (Allg, Ökol)*
**drinking-water supply installation Trinkwasser-Leitungsanlage** *f (Stb)*
**drip Hohlkehle** *f (Bau)* (Ablauf)
**drip lubricator Tropföler** *m (Mech)*
**drive Dorn** *m (Bahn)* (zum Aushämmern von Teilen)
**drive Antrieb** *m (Mech)* (z.B. Motor) **Motor** *m (Mech)* **Trieb** *m (Mech)*
**drive arrangement Antriebsanordnung** *f (Mech)*
**drive arrangement, basic** basic drive arrangement *adj:n* **prinzipielle Antriebsanordnung** *adj:n (Mech)* **Antriebsprinzip** *nt (Mech)*
**drive assembly Antriebseinheit** *f (Mech)* **Laufwerk** *nt (Mech)*
**drive axle Antriebsachse** *f (Kfz)* **Treibachse** *f (Mech)* (z.B. bei Kfz)
**drive base Antriebsverlagerung** *f (Mech)*
**drive belt** *(e.g. V-belt)* **Antriebsriemen** *m (Kfz)* (z.B. Keilriemen) **Transmissionsriemen** *m (Mech)* (Motor)
**drive control Fahrsteuerung** *f (Mech)*
**drive device Triebwerk** *nt (Mech)*
**drive end Antriebsseite** *f (Mech)*
**drive engine** *(combustion engine)* **Antriebsmaschine** *f (Mech)* (Verbrennungsmotor)
**drive flange Antriebsflansch** *m (Kfz)*
**drive gear Antriebsrad** *nt (Mech)* **Antriebsritzel** *nt (Mech)*
**drive hub** *BE* **Radnabengetriebe** *nt (Mech)*
**drive line Antriebsstrang** *m (Kfz)*
**drive motor Antriebsmotor** *m (Mech)* (Elektromotor) **Raupenmotor** *m (Mech)* (Antriebsmotor)
**drive nut Antriebsmutter** *f (Kfz)*
**drive parts** *pl* **Antriebsteile** *pl m (Mech)*
**drive parts, associated** associated drive parts *adj:n* **Antriebszubehör** *nt (Mech)*
**drive pinion Antriebsritzel** *nt (Mech)*
**drive power Antriebsenergie** *f (Mech)* (Motor) **Antriebsleistung** *f (Mech)*
**drive power calculation Antriebsberechnung** *f (Mech)*
**drive power sharing Aufteilung der Antriebsleistung** *(Mech)* (z.B. Antrieb, Bandtrommeln usw.)
**drive pulley Antriebstrommel** *f (Band, Bg/Bergb, Umschl)*
**drive pulley, electric** electric drive pulley *adj:n* **Trommelmotor** *m (Band, Bg/Bergb, Umschl)*
**drive roll Antriebsrolle** *f (Kfz)*
**drive screw** *(hammer drive screw)* **Schlagschraube** *f (Mech)*
**drive shaft Antriebsachse** *f (Kfz)* **Antriebswelle** *f (Mech)* (Motorantrieb)
**drive shaft extension** *(motor drive)* **Antriebswellenzapfen** *m (Mech)* (Motorantrieb)
**drive shaft stub Antriebswellenstumpf** *m (Kfz)*
**drive shaft tube Gelenkwellenrohr** *nt (Mech)*
**drive shaft, extended** extended drive shaft *adj:n* **Antriebswellenzapfen** *m (Mech)* (Motorantrieb)
**drive shaft, flexible** flexible drive shaft *adj:n* **biegsame Welle** *adj:n (Mech)*
**drive sprocket Antriebsstern** *m (Bg/Bergb)* **Triebrad** *nt (Bg/Bergb)* (Raupe)
**drive sprocket with cams Triebrad mit Nocken** *(Bg/Bergb)*
**drive station Antriebsstation** *f (Band, Bg/Bergb, Umschl)*
**drive station, stationary** stationary drive station *adj:n* **stationäre Antriebsstation** *adj:n (Mech)*
**drive technology Antriebstechnik** *f (Kfz)*
**drive traction** *(belt)* **Gurtzugkraft** *f (Band, Mech)* **Zugkraft des Gurtes** *(Mech, Band)*
**drive tumbler Antriebsrad** *nt (Bg/Bergb, Mech)* (Turas mit Hülsen) **Turas** *m (Bg/Bergb)* (Antriebsrad der Kette)
**drive tumbler body Triebradkörper** *m (Bg/Bergb, Mech)*
**drive tumbler shaft Triebradwelle** *f (Bg/Bergb, Mech)*
**drive unit Antriebsaggregat** *nt (Hyd, Bg/Bergb)* **Antriebseinheit** *f (Mech)*
**drive wheel** *(of steam loco)* **Treibrad** *nt (Bahn)*
**drive, crossed** crossed drive *adj:n* **gekreuzter Trieb** *adj:n (Mech)*

**drive, electric** electric drive *adj:n* **Elektroantrieb** *m (Mech, El)*
**drive, final** final drive *adj:n* **Endantrieb** *m (Mech)* (Ölmotor) **Seitenantrieb** *m (Mech)*
**drive, gearless** gearless drive *adj:n* **getriebeloser Antrieb** *adj:n (Mech)*
**drive, hydraulic** hydraulic drive *adj:n* **hydraulischer Antrieb** *adj:n (Mech, Hyd/Pneu)*
**drive, individual** individual drive *adj:n* **Einzelantrieb** *m (Kfz)*
**drive, lateral auxiliary** lateral auxiliary drive *adj:n* **seitlicher Nebenantrieb** *adj:n (Mech)*
**drive, low-head** low-head drive *adj:n* **Flachantrieb** *m (El)*
**drive, main** main drive *adj:n* **Hauptantrieb** *m (Mech)*
**drive, non-geared** non-geared drive *adj:n* **getriebeloser Antrieb** *adj:n (Mech)*
**drive, rotary** rotary drive *adj:n* **Kraftdrehkopf** *m (Bg/Bergb)*
**drive, sectional** sectional drive *adj:n* **mehrmotoriger Antrieb** *adj:n (Mech)*
**drive, universal** universal drive *adj:n* **Kardanantrieb** *m (Mech)*
**driveline** *AE* **Kardanwelle** *f (Mech)*
**driven half** *(gear side)* **Getriebeseite** *f (Mech)*
**driver** *(operator)* **Fahrer** *m (Bg/Bergb, Mech)* **Führer** *m (Bg/Bergb, Mech)* (z.B. von Baumaschinen)
**driver Ansatz** *m (Mech)* (Mitnehmer) **Mitnehmer** *m (Mech)* (Anschlag, Nase)
**driver's cab Führerstand** *m (Mech)* **Lokomotivführerstand** *m (Bahn)*
**driver's cab, large-sized** large-sized driver's cab *adj:n* **Großraumfahrerhaus** *nt (Bg/Bergb)*
**driver's cabin levelling device Verstellvorrichtung Führerhaus** *(Bg/Bergb)*
**driver's cabin suspension Führerhausaufhängung** *f (Bg/Bergb, Umschl)*
**driver's seat Fahrersitz** *m (Kfz)* (z.B. in einem Lkw)
**driver's train-brake valve Führerbremsventil** *nt (Hyd/Pneu)* (einer Lok) **Zugbremsventil** *nt (Bahn, Hyd)* (Dampflok)
**driving around curves Kurvenfahren** *nt (Bg/Bergb, Mech)* **Lenken** *nt (Bg/Bergb, Mech)*
**driving belt Riemen** *m (Mech)* (z.B. Treibriemen) **Treibriemen** *m (Mech)*
**driving chain Antriebskette** *f (Mech)*
**driving clutch Antriebskupplung** *f (Kfz)*
**driving collar for pulley of beater Nabe für Schlägerscheibe** *(Bg/Bergb)*
**driving conditions** *pl* **Fahrzustand** *m (Bg/Bergb, Mech)* (z.B. Transportraupe)
**driving end Antriebsseite** *f (Mech)*
**driving energy Rammenergie** *f (Bau)*
**driving engine Antriebsmaschine** *f (Mech)* (Verbrennungsmotor) **Antriebsmotor** *m (Mech)*
**driving force Antriebskraft** *f (Mech)*
**driving gear Antriebsrad** *nt (Mech)* **treibendes Rad** *adj:n (Mech)* **treibendes Zahnrad** *adj:n (Mech)*
**driving half Motorseite** *f (Mech)*
**driving lever Antriebshebel** *m (Mech)*
**driving link treibendes Kettenglied** *adj:n (Mech)*
**driving lug Mitnehmernase** *f (Mech)* (der Bodenplatte)
**driving over gradients Fahren auf Steigungen** *(Bg/Bergb)* (Transportraupe)
**driving part Antriebsteil** *m (Mech)*
**driving pinion Antriebsritzel** *nt (Mech)*
**driving power Antriebsleistung** *f (Mech)*
**driving power calculation Antriebsberechnung** *f (Mech)*
**driving pulley Antriebstrommel** *f (Band, Bg/Bergb, Umschl)* **treibende Riemenscheibe** *adj:n (Band)*
**driving rack Fallschieber** *m (Mech)* (Bandwaage)
**driving ring treibender Ring** *adj:n (Hütt/Wlz)* (Kugelmühle)
**driving rods** *pl* **Rammgestänge** *nt (Bau)*
**driving section Antriebsteil** *m (Mech)*
**driving shaft** *(motor drive)* **Antriebswelle** *f (Mech)* (Motorantrieb)
**driving speed Drehzahl** *f (El, Mech)* (z.B. eines Motors)
**driving sprocket Antriebsstern** *m (Bg/Bergb)* **Antriebsturas** *m (Bg/Bergb)* (z.B. der Raupe) **Rostwelle** *f (Bg/Bergb)* (vorn)
**driving straight on Geradeausfahrt** *f (Bg/Bergb, Mech)*
**driving test Rammsondierung** *f (Bau)*
**driving torque Antriebsdrehmoment** *nt (Mech)* **Antriebsmoment** *nt (Mech)*

**driving torque, measured** measured driving torque *adj:n* **gemessenes Drehmoment** *adj:n (Mech)*
**driving wheel treibendes Kettenrad** *adj:n (Mech)* **angetriebenes Laufrad** *adj:n (Mech)*
**driving-in Einschlagen** *nt (Bau)*
**drop Abfall** *m (Allg)* **Rückgang** *m (Allg)*
**drop Absturz** *m (Bau)* (Gefälle)
**drop arm Lenkspurhebel** *m (Mech)* **Lenkstockhebel** *m (Mech)*
**drop ball Fallbirne** *f (Bg/Bergb)* **Knäpperkugel** *f (Bg/Bergb)*
**drop center rim Tiefbettfelge** *f (Mech)* (DIN 70023)
**drop feed Tropfölschmierung** *f (Mech)*
**drop forging Gesenkschmiedestück** *nt (Hütt/Wlz)*
**drop frame Niederrahmen** *m (Mech)*
**drop in elevation** *(through a distance)* **Höhenunterschied** *m (Bg/Bergb)* (über eine Strecke von)
**drop plate Ladebrücke** *f (Bahn)* (an Stirnseite des Flachwagens)
**drop side Klappwand** *f (Bahn)* (am Güterwagen) **klappbare Wand** *adj:n (Bahn)*
**drop, significant** significant drop *adj:n* **deutliche Reduzierung** *adj:n (Allg)*
**drop-bottom bucket Fallbodenbehälter** *m (Kfz)*
**drop-forging Gesenkschmieden** *nt (Hütt/Wlz)*
**drop-head coupe Kabriolett** *nt (Kfz)*
**dropping cut Fallschnitt** *m (Mech)*
**drum Tonne** *f (Bau)*
**drum** *(e.g. for small workshops)* **Garagenfass** *nt (Form)*
**drum** *(roller)* **Walze** *f (Mech, Hütt/Wlz)*
**drum axle Trommelachse** *f (Mech)*
**drum body Trommelmantel** *m (Mech)*
**drum brake Trommelbremse** *f (Mech)*
**drum brake lining Backenbremsfutter** *nt (Kfz)*
**drum chipper Trommelhacker** *m (Zer)*
**drum clamp Fassklammer** *f (Kfz)*
**drum clamp with side shift Fassklammer mit Seitenschub** *(Kfz)*
**drum connecting tube Trommelverbindungsrohr** *nt (Hütt/Wlz)*
**drum controller Steuerwalze** *f (Mech)* **Trommelschalter** *m (El)*
**drum end Trommelboden** *m (Mech)*
**drum end, dished** dished drum end *adj:n* **gekümpelter Boden** *adj:n (Mech)* (einer Trommel)
**drum feed piping Speiseleitung** *f (Hyd/Pneu)*
**drum for industrial waste Entsorgungsfass** *nt (Mech)* **Industriemüllfass** *nt (Mech)*
**drum for poisonous substances Fass für Giftstoffe** *(Form)*
**drum for radioactive waste Fass für radioaktiven Abfall** *(Form)*
**drum internals** *pl* **Trommeleinbauten** *pl m (Hütt/Wlz)*
**drum jacket Seiltrommelmantel** *m (Bg/Bergb)*
**drum pressure Trommeldruck** *m (Hütt/Wlz)*
**drum pump Fasspumpe** *f (Hyd/Pneu)*
**drum reclaimer Trommelaufnahmegerät** *nt (Bg/Bergb)*
**drum saddle Trommelsattel** *m (Hütt/Wlz)*
**drum shaft Trommelwelle** *f (Mech)*
**drum stub Trommel-Nippel** *m (Hütt/Wlz)*
**drum tilting clamp Fasskippklammer** *f (Kfz)*
**drum water Trommelwasser** *nt (Hütt/Wlz)*
**drum with removable head Deckelbehälter** *m (Form)* (DIN 6644)
**drum with removable head and rolling beads Rollsickendeckelfass** *nt (Mech)* (DIN 6644) **Rollsickenfass** *nt (Mech)*
**drum with removable head and rolling hoop Rollreifendeckelfass** *nt (Mech)* **Rollreifenfass** *nt (Mech)*
**drum, longitudinal** longitudinal drum *adj:n* **Längstrommel** *f (Hütt/Wlz)*
**drum, lower** lower drum *adj:n* **Untertrommel** *f (Hütt/Wlz)*
**drum-mixer Trommelmischer** *m (Mech)*
**drumend disk Trommelboden** *m (Mech)*
**drums with removable heads Spundbehälter** *m (Mech)* (DIN 6643)
**dry batching Trockendosierung** *f (Bau)*
**dry bulb temperature Temperatur bei ungesättigter Luft** *(Mech, Phys)*
**dry pit mining Trockenabbau** *m (Bg/Bergb)*
**dry powder extinguisher Pulverfeuerlöscher** *m (Mech)* **Trockenfeuerlöscher** *m (Mech, Chem)*

**dry run** *(not under load)* **Probelauf** *m (Bahn)* (nicht unter Last) **Trockenlauf** *m (Mech)* (der Lamellenbremse)
**dry screening Trockensiebung** *f (Zer)*
**dry-bottom boiler Staubfeuerung mit trockener Entaschung** *(Hütt/Wlz)*
**dry-disc joint Trockengelenk** *nt (Mech)*
**dry-running type Trockenläufer** *m (Mech)*
**dry-weather road Trockenwetterstraße** *f (Bau)*
**dryer Trockner** *m (Mech)*
**dryer, rotary** rotary dryer *adj:n* **Trockentrommel** *f (Zer)*
**drying area Trockenplatz** *m (Bau)*
**drying bed Trockenbett** *nt (Bg/Bergb)*
**drying in the air Lufttrocknung** *f (Allg)*
**drying nozzle Trocknungsdüse** *f (Mech)*
**drying plant Trocknungsanlage** *f (Bg/Bergb)*
**drying time Trockenzeit** *f (Hütt/Wlz, Anstr)* **Trocknungsdauer** *f (Anstr)*
**drying-out of the refractory setting Innentrocknung des Feuerraumes** *(Hütt/Wlz)*
**drying-out period Trockenfeuerzeit** *f (Hütt/Wlz)*
**dual circiut Zweikreis** *m (Mech)*
**dual grouser track pad** *(shovel work)* **Zweistegplatte** *f (Bg/Bergb)* (für Ladeschaufel)
**dual purpose stacker/reclaimer Zweizweckgerät für Aushaldung und Rückladung** *(Bg/Bergb, Umschl)*
**dual sensitivity probe Schalterprüfkopf** *m (Schw)*
**dual-circuit disk brake Zweikreisscheibenbremse** *f (Mech)*
**dual-circuit oil circulation Zweikreis-Ölumlauf** *(Kfz)*
**dual-circuit oil disc-brake Zweikreis-Ölscheibenbremse** *f (Mech)*
**dual-fuel burner kombinierter Brenner** *adj:n (Hütt/Wlz)*
**dual-purpose unit Zweizweckgerät** *nt (Bg/Bergb)*
**duck tail Schüttschräge** *f (Mech)* (am Muldenkipper)
**ducket** *(in wagon roof)* **Aussichtskuppel** *f (Bahn)* (auf Wagon)
**duct** *(foot rill)* **Stollen** *m (Bg/Bergb)*
**duct Lüftungskanal** *m (Mech)* **Rinne** *f (Mech)* (Kabel)
**duct vanes** *pl* **Lenkbleche** *pl nt (Hütt/Wlz)* (im Blechkanal)
**duct, helical** helical duct *adj:n* **Spirallutte** *f (Mech)* (Ventilator)
**ductility Dehnbarkeit** *f (Mech)* **Formbarkeit** *f (Hütt/Wlz)* (z.B. des warmen Stahls)
**ductility factor Dehnbarkeitsfaktor** *m (Mech)*
**dummy** *(e.g. an empty packing)* **Attrappe** *f (Allg)* (z.B. eine leere Verpackung)
**dummy cylinder Steuerzylinder** *m (Bahn, Hyd/Pneu)* (Luftverteilung)
**dummy flange Blindflansch** *m (Mech)*
**dummy panel Blindplatte** *f (Form)*
**dummy rivet Blindniet** *f (Form)*
**dump Halde** *f (Umschl)* (für Erz oder Kohle)
**dump** *(e.g. of bucket)* **Auskippwinkel** *m (Kfz)* (des Kübels)
**dump above track level Hochhalde** *f (Umschl)*
**dump conveyor Kippenband** *nt (Umschl)* **Kippenstrossenband** *nt (Umschl)*
**dump height Ausschütthöhe** *f (Bg/Bergb)* (Grabgut aus Löffel)
**dump pit Grube** *f (Bg/Bergb)* (Abfallgrube)
**dump side Kippenseite** *f (Bg/Bergb)* (im Tagebau)
**dump, external** external dump *adj:n* **Außenkippe** *f (Bg/Bergb)*
**dumper Knickrahmenlenker** *m (Mech)* **Motrak** *m (Mech)* **Schütter** *m (Mech)* (kleiner Muldenkipper)
**dumper, rotary** rotary dumper *adj:n* **Wagenkipper** *m (Mech)*
**dumping angle Kippwinkel** *m (Bg/Bergb)*
**dumping angle, maximum** maximum dumping angle *adj:n* **größtmöglicher Kippwinkel** *adj:n (Bg/Bergb)*
**dumping body Kippvorrichtung** *f (Umschl)* (Kipermulde)
**dumping boom Abwurfausleger** *m (Bg/Bergb)* (auf Kippe)
**dumping clearance Abkipphöhe** *f (Mech)*
**dumping equipment Verkippungsgerät** *nt (Bg/Bergb)*
**dumping grate Ausbrennrost** *m (Hütt/Wlz)*
**dumping height Abkipphöhe** *f (Mech)* **Entladehöhe** *f (Bg/Bergb)*

**dumping lorry** *BE* **Kipper** *m (Mech)* (Lastkraftwagen) **Muldenkipper** *m (Mech)* **Schwerlastkraftwagen** *m (Mech)*
**dumping plan in worked-out pit Innenkippenplan** *m (Bg/Bergb, Umschl)*
**dumping reach Abwurfweite** *f (Bg/Bergb)* (Kippe)
**dunnage** *(ties on rail to hold wagon)* **Polster** *nt (Bahn)* (z.B. Holzbalken auf Schienen)
**duocone seal Gleitringdichtung** *f (Mech)*
**duocone seal ring Dichtungsstellerscheibe** *f (Form)* **Gleitringdichtung** *f (Mech)*
**Duplex** *(galvanizing and coating)* **Duplex** *nt (Form)* (Feuerverzinken, Beschichten)
**duplex brake Duplex-Bremse** *f (Mech)*
**duplex roller chain Zweifach-Rollenkette** *f (Mech)*
**duplex spot weld Doppelpunktschweißnaht** *f (Schw)*
**duplex spot welding Doppelpunktschweißen** *nt (Schw)*
**duplex switch filter Doppelschaltfilter** *m (Hyd/Pneu)*
**duplex system Duplex-System** *(Form)*
**duplex system** *(two-way radio connection)* **Gegensprechanlage** *f (Mech)*
**duplex wheel cylinder Duplex-Radzylinder** *m (Mech)*
**duplicate test Gegenprobe** *f (Stb)* (Prüfung)
**duplicate test specimem Gegenprobe** *f (Stb)* (Probestück)
**duplicating actions** *pl* **zweigleisige Behandlung** *adj:n (Mech)*
**duplicating trial** *(with characters)* **Vervielfältigungsversuch** *m (Stb)*
**DURA pipe** *(resistant to abrasion)* **DURA-Stahlrohr** *nt (Form)*
**durability Beständigkeit** *f (Bau)* **Dauerhaftigkeit** *f (Mech)*
**durable sheet material Plastikfolie** *f (Mech)*
**duration of combustion Brenndauer** *f (Hütt/Wlz)*
**duration of the test Versuchsdauer** *f (Hütt/Wlz)* (Kessel)
**duroplastic Duroplast** *m (Form)* **Hartplastik** *nt (Mech)*
**dust Staub** *m (Mech, Allg)*
**dust and grit arrestor Entstauber** *m (Hütt/Wlz)* (für Staub und grobes Korn)
**dust bag Staubsack** *m (Mech)* (Filtersack)
**dust bag girder** *(dust bag framework)* **Staubsackgerüst** *nt (Stb)*
**dust boot Staubmanschette** *f (Mech)*
**dust bowl Staubfangglas** *nt (Mech)*
**dust cap Dichtungsschutzkappe** *f (Mech)* (Staubkappe) **Staubkappe** *f (Mech)*
**dust collector Staubabscheider** *m (Mech, Hütt/Wlz)* **Staubsammler** *m (Mech)*
**dust collector efficiency Abscheidegrad** *m (Hyd/Pneu)* (eines Filters)
**dust concentration Staubkonzentration** *f (Mech)*
**dust content Staubgehalt** *m*
**dust content, residual** residual dust content *adj:n* **Reststaubgehalt** *m*
**dust emitting point Staubemissionsstelle** *f (Mech)*
**dust extraction rate Staubabscheidungsgrad** *m* (Elektrofilter)
**dust formation Staubentwicklung** *f (Mech, Allg)*
**dust hood Rostabdeckplatte** *f (Hütt/Wlz)* (verglast)
**dust loading Staubbelastung** *f (Hütt/Wlz)* (Filter) **Staubgehalt** *m*
**dust particle size Staubfraktion** *f (Hütt/Wlz)*
**dust piping Entstauberleitungen** *pl f (Hütt/Wlz)*
**dust protection Staubschutz** *m (Mech, Bau)*
**dust removal Entstaubung** *f (Mech)*
**dust removal, secondary** secondary dust removal *adj:n* **Sekundärentstaubung** *f (Zer)*
**dust removing plant Entstaubungsanlage** *f (Mech)*
**dust removing plant, secondary** secondary dust removing plant *adj:n* **Sekundärentstaubungsanlage** *f (Zer)*
**dust sampler Staubprobenentnahme** *f (Hütt/Wlz)* (Entstaubung)
**dust separator mechanisches Filter** *adj:n (Mech)* **Staubaustragung** *f (Bg/Bergb)*
**dust shield Staubschutz** *m (Mech, Bau)*
**dust, coarse** coarse dust *adj:n* **grober Staub** *adj:n (Mech, Bau)*
**dust, fugitive** fugitive dust *adj:n* **Flugstaub** *m (Mech)*

**dust-shield collar Notschenkel** *m (Bahn)*
**duty** *(running of a machine)* **Betrieb** *m (Mech)* (Betätigung, Bedienung) **Einsatz** *m (Mech, Allg)* (Verwendung)
**duty Arbeitsmöglichkeit** *f (Mech, Allg)* **Betriebsart** *f (Mech)*
**duty cycle Arbeitsablauf** *m (Mech)* (elektromechanisch) **Arbeitszyklus** *m (Mech)* (Elektromechanik)
**duty cycle, continuous** continuous duty cycle *adj:n* **kontinuierliche Einsatzbedingungen** *adj:n (Mech)*
**duty stroke Arbeitsweg** *m (Form)* (Hub der Feder)
**duty time Einschaltdauer** *f (Mech, Allg)* (Maschine)
**duty type Betriebsart** *f (Mech)* Arbeitszustand eines programmierbaren Maschinensystems.
**duty with intermittent loading, continuous** continuous duty with intermittent loading *adj:n* **Dauerbetrieb mit aussetzender Belastung** *(Mech)*
**duty with variable load, continuous** continuous duty with variable load *adj:n* **Dauerbetrieb mit veränderlicher Belastung** *(Mech)*
**duty, continuous** continuous duty *adj:n* **Dauerbetrieb** *m (Mech)* **Dauereinsatz** *m (Mech))*
**duty, cyclic** cyclic duty *adj:n* **Belastungsspiel** *nt (Mech)*
**duty, heavy** heavy duty *adj:n* **erschwerter Betrieb** *adj:n (Mech, Allg)* **Hochleistung** *f (Mech)* (z.B. HD-Ausführung)
**duty, intermittent** intermittent duty *adj:n* **diskontinuierliche Einsatzbedingungen** *adj:n (Bg/Bergb)*
**duty, medium** medium duty *adj:n* **mittlere Leistungsfähigkeit** *adj:n (Mech)*
**dye-penetrant test Farbeindringprüfverfahren** *nt (Mech)* **Farbeindringverfahren** *nt (Mech)*
**dyke Staudamm** *m (Bau, Bg/Bergb)* **Stauwehr** *nt (Bau)*
**dynamic balance test Schleuderprüfung** *f (Mech)*
**dynamobloc Spannsatz** *m (Mech)* (Ringfeder)
**dynanometer test Belastungsversuch** *m (Mech)*

# E

**E-module** *adj:n (Abv)* **Erfassungsmodul** *m (Bg/Bergb, El)* (des Baggers)
**earth Erde** *f (Geo)*
**earth auger drive Erdbohrgetriebe** *nt (Bg/Bergb)*
**earth lug Erdungsöse** *f (Mech)*
**earth pressure Erddruck** *m (Stb)*
**earth pressure, active lateral** active lateral earth pressure *adj:n* **aktiver Erddruck** *adj:n (Stb)* (gegen Verbau)
**earth ring flange Erdringflansch** *m (Mech)*
**earth tremor Erdbebenstoß** *m (Geo)*
**earth's core Erdkern** *m (Geo)*
**earth's radius Erdradius** *m (Math)*
**earth-moving machine Abtragungsgerät** *nt (Bg/Bergb)*
**earthenware** *(crockery)* **Steingut** *nt (Geo)* (Geschirr)
**earthing bracket** *(E, Mech, Umschl)* **Erdungswinkel** *m (E, Mech, Umschl)* (für Gasring-Vakuumpumpe/-Kompressor)
**earthing cable** *(wagon frame to bogie)* **Erdungsseil** *nt (Bahn)*
**earthing moving work Erdbewegungsarbeit** *f (Bg/Bergb, Geo)*
**earthing screw Erdschraube** *f (Mech)*
**earthmoving Erdbewegung** *f (Kfz)*
**earthmoving and road construction Tiefbau** *m (Bau)*
**earthmoving application Erdbewegungseinsatz** *m (Kfz)*
**earthmoving machine Erdbaumaschine** *f (Bg/Bergb)* **Erdbewegungsmaschine** *f (Bg/Bergb)*
**earthmoving unit Erdbewegungsgerät** *nt (Bg/Bergb)*
**earthquake Erdbeben** *nt (Geo)*
**earthquake belt Erdbebengürtel** *m (Geo)*
**earthquake calculation antiseismische Berechnung** *adj:n (Stb)*
**earthquake hazard Erdbebengefährdung** *f (Geo)*
**earthquake record Seismogramm** *nt (Geo, Bau)*
**earthquake wave Erdbebenwelle** *f (Geo)*
**earthquake zone Erdbebenzone** *f (Geo, Bg/Bergb)*
**earthquake, deep** deep earthquake *adj:n* **Tieferdbeben** *nt (Bau, Geo)*

**earthquake, strong** strong earthquake *adj:n* **Starkbeben** *nt (Bau)*
**earthquake, tectonic** tectonic earthquake *adj:n* **tektonisches Erdbeben** *adj:n (Geo)*
**earthquake-prone area Erdbebengebiet** *nt (Geo)*
**ease and convenience** *AE* **Ergonomie** *f (Allg)*
**ease of manufacture Stoffschwierigkeit** *f (Mech)* (DIN 7526)
**eave Regenleiste** *f (Mech, Mont)*
**eave flashing Traufblech** *nt (Mech)*
**eaves** *pl* **Traufe** *f (Stb)*
**eaves gutter Dachrinne** *f (Bau)* **Regenrinne** *f (Bau)* (Dachrinne)
**eaves strut** *AE* **Traufpfette** *f (Stb)* **Traufträger** *m (Stb)*
**eaves transom Traufriegel** *m (Stb)*
**ebullient cooling Heißwasserkühlung** *f (Hyd/Pneu)* **Thermosiphonkühlung** *f (Hyd/Pneu)*
**eccenter Exzenter** *m*
**eccentric bush Exzenterbüchse** *f (Zer, Mech)*
**eccentric shaft Exzenterwelle** *f (Zer, Mech)*
**eccentric shaft drive** *(screen)* **Exzenterwellen-Antrieb** *m (Zer)* (Sieb)
**eccentricity Außermittigkeit** *f (Stat)*
**eccentricity factor Exzentrizitätszahl** *f (Stb)*
**eccentricity, static** static eccentricity *adj:n* **statische Ausmitte** *adj:n (Stat)*
**ecology/environmental engineering Ökologie/Umwelttechnik** *f (Ökol)*
**economizer** *(El, Hyd)* **Ekonomiser** *m (Hütt/Wlz)* **Speisewasservorwärmer** *m (Hyd/Pneu)*
**economizer and air heater soot blower Nachschaltheizflächenbläser** *m (Hütt/Wlz)*
**economizer connecting bend Ekonomiser-Krümmer** *m (Hütt/Wlz)*
**economizer gas pass Ekonomiser-Rauchgasabzug** *m (Hütt/Wlz)*
**economizer jet Spardüse** *f (Hyd/Pneu)*
**economizers and air heaters Nachschaltheizflächen** *pl f (Hütt/Wlz)*
**economy range Wirtschaftlichkeitsklasse** *f (Mech)*
**edge beam Randträger** *m (Stb)* (Kantenträger)
**edge distance Randabstand** *m (Stb)* (Niete)
**edge distance, lateral** lateral edge distance *adj:n* **Randabstand senkrecht zur Kraftrichtung** *(Stb)*
**edge distance, longitudinal** longitudinal edge distance *adj:n* **Randabstand in Kraftrichtung** *(Stb)*
**edge echo Kantenecho** *nt (Form)* (beim Laminieren)
**edge girder Kantenträger** *m (Stb)* **Randträger** *m (Stb)* (Kantenträger)
**edge indendation Kantenverzahnung** *f (Bau)*
**edge joint Eckverbindung** *f (Stb)*
**edge of plate Blechkante** *f (Stb)*
**edge of the object Körperkante** *f (Stb)*
**edge planer Blechkantenhobelmaschine** *f (Stb)*
**edge protection Kantenschutz** *m (Mech)*
**edge purlin Randpfette** *f (Stb)*
**edge sealing ring Dichtkantenring** *m (Form)*
**edge stress Randspannung** *f (Mech, Stat)*
**edge weld Stirnflachnaht** *f (Schw)*
**edge, armoured** armoured edge *adj:n* **Panzerkante** *f*
**edge, chamfered** chamfered edge *adj:n* **angeschrägte Kante** *adj:n (Mech, Mont)* **gebrochene Kante** *adj:n (Mech, Mont)*
**edge, hidden** hidden edge *adj:n* **unsichtbare Kante** *adj:n (Stb)*
**edge, raised** raised edge *adj:n* **Bördel** *f (Hütt/Wlz)*
**edge, scarfed** scarfed edge *adj:n* **flämmgeputzte Kante** *adj:n (Mech, Schw)* **Schrägkante** *f (Mech, Mont)*
**edge, straight** straight edge *adj:n* **Richtlatte** *f (Mech)* **Richtscheit** *nt (Mech)*
**edge, tapered** tapered edge *adj:n* **angeschrägte Kante** *adj:n (Mech, Mont)* **Seitenflächenverjüngung** *f (Stb)*
**edge, upper** upper edge *adj:n* **Oberkante** *f (Mech, Stb, Allg)*
**edge-bending machine Kantmaschine** *f (Mech)*
**edge-reinforcement Randbewehrung** *f*
**edge-type filter element Spaltfilterelement** *nt (Mech)*

**edge-zone hardening Randschichthärtung** *f (Hütt/Wlz)*
**edges, chamfer** chamfer edges *n:v* **Kanten bestoßen** *n:v (Mech, Mont)* **Kanten brechen** *n:v (Mech, Mont)*
**edges, staggered** staggered edges *adj:n* **Kantenechoversatz** *m (Hütt/Wlz)*
**edging** *(making of edges)* **Kanten** *nt (Hütt/Wlz)* (der Vorgang)
**effect of cutting Schnittwirkung** *f (Hütt/Wlz)*
**effect of notches Kerbwirkung** *f (Mech)*
**effect of the lateral wall Seitenwandeffekt** *m (Mech)*
**effect, dynamic** dynamic effect *adj:n* **dynamische Beanspruchung** *adj:n (Mech)*
**effect, seismic** seismic effect *adj:n* **Erdbebenwirkung** *f (Geo)*
**effect, self-locking** self-locking effect *adj:n* **Bremshemmung** *f (Mech)*
**effect, triple** triple effect *adj:n* **Dreifachwirkung** *f (Allg)*
**effective „IFN" power based on ISO standards ISO-Nutzleistung IFN** *f (Bg/Bergb, Mech)*
**effective tension Te Trommel-Umfangskraft P** *f (Mech, Band)* **Umfangskraft P** *f*
**effective width of concrete slab mitwirkende Plattenbreite** *adj:n (Stb)*
**effectiveness factor Kühlziffer** *f (Hütt/Wlz)*
**effects of dust Einwirkung von Staub** *(Mech, Allg)* **Staubeinwirkung** *f (Mech, Allg)*
**efficiency Kapazität** *f (El, Mech, Allg)* **Leistungsvermögen** *nt (Mech, Allg)* (Schaffenskraft, -vermögen) **Nutzeffekt** *m (Mech)*
**efficiency proof Funktionstüchigkeitsnachweis** *m (Kfz)*
**efficiency test Gewährleistungsnachweis** *m (Mech)*
**efficiency, mechanical** mechanical efficiency *adj:n* **mechanischer Wirkungsgrad** *adj:n (Mech)*
**efficiency, thermal** thermal efficiency *adj:n* **thermischer Wirkungsgrad** *adj:n (Hütt/Wlz)*
**effluent Abfluss** *m* **Ausfluss** *m (Bau)*
**EGW** *(Abv)* **Elektrogasschweißen** *nt (Schw)*
**eight-wheel bogie Ausgleichsschwinge** *f (Bg/Bergb)* (Raupenfahrwerk)
**ejection Ausstoß** *m (Kfz)*
**ejector Auswerfer** *m (Bg/Bergb)* (enger Tieflöffel)
**ejector cylinder Ausstoßzylinder** *m (Kfz)*
**ejector flap Auswerferklappe** *f (Bg/Bergb)*
**ejector floor Kippboden** *m (Mech)* (zum Auswerfen) **Rollboden** *m (Mech)*
**ejector lift arm Kippbodenhubarm** *m (Mech)*
**ejector line Ausstoßleitung** *f (Form)*
**ejector sequence valve Ausstoßfolgeventil** *nt (Form)*
**ejector valve Ausstoßventil** *nt (Kfz)*
**elastic limit Streckgrenze** *f (Mech)* (bei Zugspannung)
**elastic limit, nominal** nominal elastic limit *adj:n* **Nennstreckgrenze** *f (Stb)* **Regelstreckgrenze** *f (Stb)*
**elasticity Dehnungsfestigkeit** *f (Mech)* **Elastizität** *f (Stb)*
**elasticity equation Elastizitätsgleichung** *f (Stb)*
**elastomer Elastomer** *nt (Bg/Bergb)*
**elbow** *(of a pipe)* **Knie** *nt (Mech, Bau)* (im Rohr) **Krümmer** *m (Kfz)* (des Rohres)
**elbow Biegung** *f (Hütt/Wlz)* (Knick) **Knick** *m (Mech)*
**elbow cock** *(relief valve)* **Dampfablasshahn** *m (Bahn)*
**elbow connector Winkelstück** *nt (Mech)*
**elbow fitting Kniestück** *nt (Mech)* (Anschluss) **drosselfreie Schwenkverschraubung** *adj:n (Mech)*
**elbow ingot Schenkelkokille** *f (Hütt/Wlz)*
**electric-motor force elektromotorische Kraft** *adj:n (Mech)*
**electro-galvanizing elektrolytische Verzinkung** *adj:n (Mech)*
**electro-hydraulic** *adj* **elektrohydraulisch** *adj (Hyd/Pneu)*
**electro-precipitator Elektrofilter** *m (Hyd/Pneu)*
**electrode carrier Elektrodenköcher** *m (Schw, Mech, Mont)*
**electrode extension Elektrodenausfahren** *nt (Schw)*
**electrode holder Schweißerzange** *f (Mont)*
**electrode quiver Elektrodenköcher** *m (Schw, Mech, Mont)*

**electrode type suitable for tough welds Zähelektrode** *f (Schw)*
**electrode, bare** bare electrode *adj:n* **nichtumhüllte Elektrode** *adj:n (Schw, Mech, Mont)*
**electrode, covered** covered electrode *adj:n* **umhüllte Elektrode** *adj:n (Schw, Mech, Mont)*
**electrode, spooled** spooled electrode *adj:n* **umwickelte Elektrode** *adj:n (Schw, Mech, Mont)*
**electrogas Elektrogas** *nt (Schw)*
**electrogas welding Elektrogasschweißen** *nt (Schw)*
**electromagnet Hubmagnet** *m (Mech)* (Lasthebemagnet)
**electron beam welding Elektronenstrahlschweißen** *nt (Schw)* (DIN 1910)
**electroslag welding Elektroschlackeschweißen** *nt (Schw)*
**element Einsatzelement** *nt (Mech, Mont)* **Teil** *nt (Allg)* (Grundbaustein, Element)
**element** *(filter element)* **Einsatz** *m (Mech, Hyd/Pneu)* (Filter)
**element, finite** finite element *adj:n* **finites Element** *adj:n (Stat)*
**element, primary** primary element *adj:n (filter)* **Hauptfilterelement** *nt (Mech)*
**elements for spring suspensions Federungselemente** *pl nt (Form)*
**elements, movable** movable elements *adj:n* **bewegliche Teile** *adj:n (Mech)*
**elevating adjustment Höheneinstellung** *f (Mech)*
**elevating device Hubvorrichtung** *f (Mech)*
**elevating platform Hubinsel** *f (Mech)*
**elevating spindle guide bushing Gewindebuchse** *f (Mech, Mont)*
**elevating transporter Niederhubwagen** *m (Mech)*
**elevation Aufriss** *m (Mech, Bau)* (z.B. Bauzeichnung) **Draufsicht** *f (Mech)* **Seitenansicht** *f (Mech)*
**elevation** *(height)* **Höhe** *f (Allg)*
**elevation for the top of rail Erhöhung der Schienenoberkante** *(Mech, Umschl)*
**elevations of digging and conveying levels Höhen der Baggerplanen und Fördersohlen** *(Bg/Bergb)*
**elevator** *AE* **Aufzug** *m (Mech)* **Lastenaufzug** *m (Mech)*
**elevator bridge gegenläufige Bandbrücke** *adj:n (Umschl)* **Schleppbrücke** *f (Umschl)*
**elevator cab Kabine** *f (Mech)* (des Aufzuges)
**elevator conveyor Zuführungsband** *nt (Bg/Bergb, Umschl, Band)* **Zwischenbandbrücke** *f (Umschl)*
**elevator leg housing structure Schachtgehäuse** *nt (Mech)* (Taschenförderer)
**elevator scraper Selbstladeschürfkübel** *m (Bg/Bergb)*
**elevator winch** *AE* **Aufzugswinde** *f (Stb)*
**elevator, inclined** inclined elevator *adj:n* **Schrägaufzug** *m (Stb)*
**Elfa automatic cutout Elfa-Automaten** *pl m (Mech)*
**elimination of a deficiency Behebung eines Mangels** *(Form)*
**ellipse of inertia Trägheitsellipse** *f (Stb)*
**elongation Dehnung** *f (Mech, Stat)* **Längung** *f (Mech, Stat)*
**elongation at fracture Bruchdehnung** *f (Mech)* (Verlängerung)
**elongation before reduction of area Gleichmaßdehnung** *f (Stat)*
**elongation measurement Dehnungsmessung** *f (Mech)*
**elongation per unit length spezifische Dehnung** *adj:n (Mech, Stat)*
**elongation, elastic** elastic elongation *adj:n* **elastische Dehnung** *adj:n (Mech)*
**elongation, longitudinal** longitudinal elongation *adj:n* **Längsdehnung** *f (Stat)*
**elongation, permanent** permanent elongation *adj:n* **bleibende Dehnung** *adj:n (Mech)*
**elongation, total** total elongation *adj:n* **spezifische Dehnung** *adj:n (Mech, Stat)*
**elongation, transverse** transverse elongation *adj:n* **Querdehnung** *f (Stb)*
**embanking Dammbau** *m (Bau, Bg/Bergb)* **Dammschüttung** *(Bg/Bergb)*
**embankment aufgeschütteter Boden** *adj:n (Bg/Bergb)* **Damm** *m (Bg/Bergb)* **Dammbau** *m (Bau, Bg/Bergb)*
**embankment work Dammherstellung** *f (Bau)*
**embankment, cut** cut an embankment *n:v* **Böschung schneiden** *n:v (Bg/Bergb, Geo)*

**embrittlement Versprödung** *f (Mech)*
**emerald Smaragd** *m (Geo)*
**emergence Hervortreten** *nt (Bau)* **Sichtbarwerden** *nt (Bau)*
**emergency brake Notbremse** *f (Mech)*
**emergency brake control valve Parkbremsventil** *nt (Mech)*
**emergency braking Notbremsung** *f (Mech)*
**emergency button Alarmknopf** *m (Hütt/Wlz)*
**emergency fuel tank Reservetank** *m (Mech)*
**emergency hammer** *(to break windows)* **Nothammer** *m (Mech)* (zum Einschlagen von Fenstern)
**emergency relay valve Sicherheitsbremsventil** *nt (Mech)*
**emergency rope-down device Notabstieg** *m (Bg/Bergb)* (am Kran)
**emergency shut-off valve Absperr- und Notschließventil** *nt (Hyd/Pneu)*
**emergency staircase Notstiege** *f (Stb)* **Nottreppe** *f (Stb)*
**emergency stop valve Notabsperrschieber** *m (Hütt/Wlz)*
**emergency switch** *(El)* **Katastrophenschalter** *m (El)* **Notschalter** *m (El)*
**emergency-steering pump Notlenkpumpe** *f (Mech)* (bei Motorausfall)
**emery cloth Schmirgelleinen** *nt (Hütt/Wlz)*
**emery machine Schmirgelmaschine** *f (Mont)*
**emery paper Schleifpapier** *nt (Anstr, Mech)* **Schmirgelpapier** *nt (Mech, Anstr)*
**emery stick Schmirgelstein** *m (Mech)*
**EMF** *(Abv)* **elektromotorische Kraft** *adj:n (Mech)*
**emission Abgabe** *f (Mech)* (z.B. von Strahlen) **Ausstrahlung** *f (Mech)* (z.B. Strahlen, Geräusche) **Austrag** *m (Mech, Zer)*
**emission level Emissionspegel** *m (Form)*
**emission protection Emissionsschutz** *m (Ökol)*
**emission, admissible** admissible emission *adj:n* **Emissionsgrenze** *f (Form)*
**emissivity Emission** *f (Mech)* (Ausstrahlung)
**emissivity coefficient Emissionswert** *m (Stb)*
**employment of vehicles and equipment Einsatz der Fahrzeuge und Geräte** *(Kfz)*
**empty/load changeover** *(wagon brake)* **Leer-/Beladen-Stellung** *(Bahn)* (der Wagenbremse)
**emptying of buckets, forced** forced emptying of buckets *adj:n* **zwangsweise Entleerung der Eimer** *adj:n (Bg/Bergb)*
**enameling Emaillieren** *nt (Form)*
**enclosed in chute eingeschurt** *adj (Bg/Bergb, Umschl, Band)*
**enclosed, totally** totally enclosed *adv:adj* **geschlossene Ausführung** *adj:n (Mech)* **vollständig geschlossen** *adv:adj (Mech)*
**end Ansatz** *m (Mech)* (einer Stiftschraube) **Kopf** *m (Stb)*
**end** *(narrower front part of wagon)* **Stirnseite** *f (Mech)* (schmalere Seite)
**end batten plate Endbindeblech** *nt (Mech)*
**end bearing Endlager** *nt (Kfz)*
**end bearing flange Endlagerflansch** *m (Form)*
**end bit Eckmesser** *nt (Bg/Bergb)* (z.B. des Löffels)
**end blocks** *pl* **Endklötze** *pl m (Schw)*
**end box** *(cable)* **Stutzen** *m (Mech)* (Kabel) **Verschlussstück** *nt (Mech)* (Kabel)
**end bush Endbolzen** *m (Mech)* **Endbuchse** *f (Stb)*
**end cap Abschlussblech** *nt (Mech)* **Endkappe** *f (Mech)*
**end clearance Axialspiel** *nt (Kfz)* **Längsspiel** *nt (Mech)*
**end collar Lagerbock der Laufrolle** *(Bg/Bergb)*
**end cover Seitendeckel** *m (Mech)* (Lager) **Verschlussdeckel** *m (Mech)*
**end cover plate Abschlussblech** *nt (Mech)* **Abschlussplatte** *f (Mech, El)*
**end crater Endkrater** *m (Schw)*
**end cross frame Endquerrahmen** *m (Mech)*
**end cross girder Endquerträger** *m (Stb)*
**end cushioning Endlagendämpfung** *f (Hyd/Pneu)*
**end cutting pliers** *pl* **Vorschneider** *m (Mont, Werkz)* (Feinmechanik)

**end dam Endriegel** *m*
**end deformation Endverformung** *f* *(Form)* (unbeabsichtigt)
**end disc Trommelboden** *m (Mech)*
**end door** *(of freight car)* **Stirnwandtür** *f* *(Bahn)* (am Güterwagen)
**end eye** *BE* **Lagerauge** *nt (Mech)* (an der Kolbenstange)
**end fillet weld Stirnkehlnaht** *f (Stb, Schw)*
**end floor beam Endquerträger** *m (Stb)*
**end frame Endrahmen** *m (Stb)* **Rahmenende** *nt (Mech)*
**end kneebrace Endstrebe** *f (Stb)*
**end main pressure inlet Verbindung zur Hauptdruckleitung** *(Mech)*
**end of stroke Anschlag** *m (Mech)* (im Zylinder) **Hubende** *nt (Mech)*
**end of the belt Riementrumm** *nt (Band)*
**end of the test Versuchsende** *nt (Hütt/Wlz)*
**end of travel Fahrbegrenzung** *f (Mech)*
**end panel Endfeld** *nt (Stb)*
**end part Verschlussstück** *nt (Mech)*
**end pin Endbolzen** *m (Mech)*
**end pipe Endrohr** *nt (Hyd/Pneu)*
**end plate Abdeckscheibe** *f (Mech)* (Scheibenkupplung) **Abschlussplatte** *f* *(Mech, El)* **Stirnwandklappe** *f (Bahn)* (am Flachwagen)
**end plate, formed** formed end plate *adj:n* **Rollenboden** *m (Band, Umschl)* **Trommelboden** *m (Mech)*
**end poles** *pl* **Endmast** *m (Mech)*
**end position cushioning Endlagendämpfung** *f (Hyd/Pneu)*
**end relief Endrücknahme** *f (Umschl)*
**end restraint Einspannung** *f (Stb)*
**end shaping Endverformung** *f (Form)* (beabsichtigt)
**end span Außenöffnung** *f (Stb)* (Endfeld der Brücke) **Endfeld** *nt (Stb)* (Außenöffnung)
**end stanchion Eckrunge** *f (Bahn)* (der Bahn)
**end stay plate Endbindeblech** *nt* *(Mech)*
**end stiffener Endaussteifung** *f (Stb)*
**end stop Anschlag** *m (Mech)* (Begrenzung) **Endanschlag** *m (Mech)*
**end stopper** *(e.g. of handrail)* **Endabschluss** *m (Kfz)* (z.B. des Laufgitters)
**end support Endstütze** *f (Stb)*
**end thrust Axialdruck** *m (Kfz)* **Längsdruck** *m (Mech, Stat)*
**end tie plate Endbindeblech** *nt (Mech)*
**end wagon Endwagen** *m (Bahn)*
**end, bifurcated** bifurcated end *adj:n* **Gabelende** *nt (Mech)* (an Seilhülse)
**end, cascaded** cascaded end *adj:n* **abgestuftes Ende** *adj:n (Schw, Mech, Mont)*
**end, threaded** threaded end *adj:n* **Gewindezapfen** *m (Mech)*
**end-field Endfeld** *nt (Stb)* (z.B. einer Stahlbrücke)
**end-of-stroke damper Endlagendämpfung** *f (Hyd/Pneu)*
**end-position** *(of a piston)* **Grenzstellung** *f* *(Mech, Hyd/Pneu)* (des Kolbens)
**end-restraint moment Einspannmoment** *nt (Stb)*
**end-to-end advance Stoß-an-Stoß-Durchlauf** *m (Mech)*
**endurance Dauerhaftigkeit** *f (Mech)*
**endurance failure Dauerbruch** *m (Mech)*
**endurance limit Dauerfestigkeit** *f (Mech, Stat)* **Ermüdungsgrenze** *f (Stb)* **Schwingungsfestigkeit** *f (Stb)* **Wöhlerfestigkeit** *f (Mech, Stat)*
**endurance strength Betriebsfestigkeit** *f* *(Schw)* **Dauerbruchsicherheit** *f (Mech, Schw)*
**endurance test Dauerfestigkeitsversuch** *m (Mech)* **Dauerversuch** *m (Mech)*
**endurance, mechanical** mechanical endurance *adj:n* **mechanische Dauerfestigkeit** *adj:n (Mech)*
**energy dissipation Energieverstreuung** *f (Stb)*
**energy law Energieprinzip** *nt (Allg)*
**energy, expended** expended energy *adj:n* **Arbeitsaufwand** *m (Mech, Allg)*
**engagement nut Einrückmuffe** *f (Form)*
**engine Maschine** *f (Mech)* (Antriebsverbrennungsmotor) **Motor** *m (Mech)* (Verbrennungsmaschine)
**engine base Motorbock** *m (Mech)* **Motorfundament** *nt (Mech)*
**engine bearer Motorträger** *m (Mech)*
**engine block Motorblock** *m (Mech)*
**engine bonnet Motorhaube** *f (Mech)*
**engine brake Drosselbremse** *f (Kfz)* **Motorbremse** *f (Mech)*

**engine breathing system Entlüftungsanlage des Motors** *(Kfz)* **Motorenentlüfter** *m (Mech)*
**engine compartment Motorraum** *m (Mech)* (Verbrennungsmotor)
**engine coupling Motorkupplung** *f (Mech)*
**engine cross Motor-Kreuz** *nt (Mech)* (Achsmitte Kurbelwelle)
**engine front support vordere Motoraufhängung** *adj:n (Mech)*
**engine fuel transfer pump Kraftstoffförderpumpe** *f (Hyd/Pneu, Mech)*
**engine guard plate Motorschutzblech** *nt (Mech)*
**engine hood Abdeckhaube** *f (Mech)* **Motorhaube** *f (Mech)*
**engine lubrication Motorenschmierung** *f (Mech)*
**engine mounting Motoraufhängung** *f (Mech)* **Motorlager** *nt (Mech)*
**engine mounting, front** front engine mounting *adj:n* **vorderer Motorträger** *adj:n (Mech)*
**engine oil Motoröl** *nt (Mech)*
**engine plate Motorschild** *nt (Mech)*
**engine rating Motornennleistung** *f (Mech)* (Verbrennungsmotor)
**engine repair Maschinenreparatur** *f (Mech)* **Motorreparatur** *f (Mech)*
**engine revolution Motordrehzahl** *f (Mech)*
**engine revolution, full** full engine revolution *adj:n* **Vollgas** *nt (Mech)*
**engine support bracket Motoraufhängung** *f (Mech)* (am Rahmen)
**engine suspension Motoraufhängung** *f (Mech)* (Zwischenteile)
**engine tilt angle Motorschräglage** *f (Mech, Bg/Bergb)* (Bagger am Hang)
**engine timing** *(valve operating mechanism)* **Motorsteuerung** *f (Mech)*
**engine unit Einbaumotor** *m (El, Mech)*
**engine variation Motorvariante** *f (Mech)*
**engine version Motorversion** *f (Mech)*
**engine waste Putzwolle** *f (Allg)*
**engine, compact** compact engine *adj:n* **Kompaktmaschine** *f (Mech)* (Motor)
**engine, shiftable** shiftable engine *adj:n* **Regelfahrmotor** *m (Mech)*
**engine-revolution return Drehzahlrückstellung** *f (Kfz)*
**engineer, mechanical** mechanical engineer *adj:n* **Maschinenbauer** *m (Mech)*
**engineer, sectional** sectional engineer *adj:n* **Bergwerksabschnittsleiter** *m (Bg/Bergb)*
**engineering feature technische Besonderheit** *adj:n (Mech)*
**engineering manager Minenleiter** *m (Bg/Bergb, Allg)* (Direktor) **Technischer Direktor** *(Bg/Bergb)*
**engineering of a machine technische Ausarbeitung eines Gerätes** *adj:n (Mech)*
**engineering plastics** *pl* **technische Kunststoffe** *adj:n (Chem, Mech)*
**engineering properties** *pl* **technische Eigenschaften** *adj:n (Mech)*
**engineering structure Tragwerk** *nt (Mech, Stb)*
**engineering, mechanical** mechanical engineering *adj:n* **Maschinenbau** *m (Mech)*
**engraving Gravierung** *f (Mech)*
**enlarge with a drift aufdornen** *v (Mech)*
**enlargement Aufweitung** *f (Mech)*
**enlargement scale Vergrößerungsmaßstab** *m (Stb)*
**enthalpy Enthalpie** *f (Stb)* **Wärmeinhalt** *m (Stb)*
**enthalpy of steam at super-heater outlet Wärmeinhalt des Heißdampfes bei Entnahme** *(Hütt/Wlz)*
**entrance angle Eintrittswinkel** *m (Hütt/Wlz)*
**entrance loss Eintrittsverlust** *m (Hütt/Wlz)*
**entrance of the axle Achseingang** *m (Mech)* (in der Nabe)
**entrance of the rear axle Hinterachseingang** *m (Kfz)*
**entrapment Einschluss** *m (Bg/Bergb)*
**entry** *(tunnel, drift)* **Stollen** *m (Bg/Bergb)* (unter Tage)
**entry** *(of a cable)* **Einführung** *f (Mech)* (Kabel)
**entry cylinder Eingangszylinder** *m (Mech)*
**entry element Eingangsbrennelement** *nt (Schw)*
**entry looper Einlaufspeicher** *m (Form)*
**entry side Einschlagseite** *f (Mech, Mont)*
**entry steam cock Dampfeinlasshahn** *m (Bahn)*

**enveloping body Hüllkörper** *m (Form)* (Schmiedeumhüllung)
**enveloping worm Globoidschnecke** *f (Mech)*
**enveloping wormwheel Globoidschneckenrad** *n*
**environments** *pl* **Einsatzbedingungen** *pl f (Allg)*
**epaulette** *BE* **Schulterstück** *nt (Bahn)* (Achselklappe)
**equalizer Rollenwagen** *m* (kleine Laufwerksschwinge)
**equalizer bar Quertraverse** *f (Stb)*
**equalizer beam Traverse** *f (Mech, Stb)*
**equalizer boom Gegengewichtsausleger** *m (Bg/Bergb, Umschl)*
**equalizer spring Ausgleichsfeder** *f (Form)*
**equalizing bar Ausgleichsschiene** *f (Form)* **Hebelarm** *m (Mech)* (des Gabelstaplers)
**equalizing valve Druckausgleichsventil** *nt (Hyd/Pneu)*
**equilibrium Beharrungszustand** *m (Mech, El)* **Gleichgewicht** *(Mech, Stat)*
**equilibrium condition Beharrungszustand** *m (Mech, El)*
**equilibrium condition, static** static equilibrium condition *adj:n* **Gleichgewichtsbedingung** *f (Stat)*
**equilibrium of forces Kräftegleichgewicht** *nt (Stb)*
**equilibrium polygon Seilpolygon** *nt (Stb)*
**equilibrium position Gleichgewichtslage** *f (Stat)*
**equipment Ausrüstung** *f (Mech, Allg)* **Gerät** *nt (Mech)* (Ausrüstung)
**equipment cabinet Geräteschrank** *m (El, Mech)*
**equipment depreciation Geräteabschreibung** *f (Allg)*
**equipment for ladle treatment of liquid steel Flüssigstahlbehandlungsanlage** *f (Hütt/Wlz)*
**equipment in the ballast boom, electrical** electrical equipment in the ballast boom *adj:n* **Elektroanlagen im Ballastausleger** *(Bg/Bergb)*
**equipment operator Geräteführer** *m (Mont)*
**equipment package Ausrüstungspaket** *nt (Kfz)*
**equipment, additional** additional equipment *adj:n* **Zusatzgerät** *nt (Bg/Bergb, Mech)*
**equipment, auxiliary** auxiliary equipment *adj:n* **Hilfsgeräte** *pl nt (Mech, Mont)* **Tagebauhilfsgeräte** *pl nt (Bg/Bergb)*
**equipment, basic** basic equipment *adj:n* **Grundausstattung** *f (Mech, Allg)*
**equipment, continuous-duty** continuous-duty equipment *adj:n* **kontinuierlich arbeitendes Gerät** *adj:n*
**equipment, delicate** delicate equipment *adj:n* **empfindliche Ausrüstung** *adj:n (Mech)*
**equipment, giant** giant equipment *adj:n* **Großgerät** *nt (Bg/Bergb)* (z.B. Schaufelradbagger)
**equipment, large** large equipment *adj:n* **Großfördergeräte** *pl nt (Bg/Bergb)*
**equipment, mechanical** mechanical equipment *adj:n* **maschinelle Einrichtung** *adj:n (Mech)*
**equipment, off-highway** off-highway equipment *adj:n* **geländegängige Geräte** *adj:n (Mech)*
**equipment, special** special equipment *adj:n* **Sonderausstattung** *f (Bg/Bergb)* **Sondergerät** *nt (Bg/Bergb)*
**erecting crane Derrick** *m (Mech, Mont)* (Kran) **Montagekran** *m (Bg/Bergb, Mont)*
**erecting, previous** previous erecting *adj:n* **Vormontage** *f (Stb)*
**erection Aufbau** *m (Mech, Allg)* (Montage, Errichtung) **Montage** *f (Mech, Mont)* **Zusammenbau** *m (Mech, Allg)*
**erection and start-up Zusammenbau und Inbetriebnahme** *(Bg/Bergb)*
**erection bolt Montagebolzen** *m (Stb, Mont, Mech)*
**erection drawing Montagezeichnung** *f (Mech, Bau)*
**erection knife Montagemesser** *nt (Mont)*
**erection pit Montagegrube** *f (Mech, Mont)*
**erection plot Montageplot** *m (Mont)*
**erection process Montageablauf** *m (Mech, Mont)*
**erection site Baustelle** *f (Mech, Mont)* **Montageort** *m (Mech, Mont)*
**erection sub-assembly Montageuntergruppe** *f (Mech, Mont)*
**erection superintendent Richtmeister** *m (Mont, Bau)*

**erection welding Montageschweißung** *f (Schw)*
**erection work Montagearbeiten** *pl f (Mech, Mont)*
**erection work, main** main erection work *adj:n* **Grobmontage** *f (Mont)*
**erection, final** final erection *adj:n* **Endmontage** *f (Mech)*
**erector Monteur** *m (Mont)*
**ermeto coupling Ermeto-Verschraubung** *f (Mech)* **Schneidring** *m (Mech)*
**erosion Erosion** *f (Hütt/Wlz)*
**error, accidental** accidental error *adj:n* **Zufallsfehler** *m (Stb)*
**error, mean** mean error *adj:n* **mittlerer Fehler** *adj:n (Stb)*
**eruptive rocks** *pl* **Erstarrungsgesteine** *pl nt (Geo)*
**escalator arresting-device Fahrstuhlfanggerät** *nt (Mech)*
**escarpment Ausbiss** *m (Geo, Bg/Bergb)* (eines Flözes) **Ausgehendes** *(Bg/Bergb)* (einer Schicht, einer Lagerstätte)
**espagnolette lock Drehriegelverschluss** *m (Mech)* **Stangenschloss** *nt (Mech)*
**establishment Einrichten der Baustelle** *(Mech, Mont)* **Werk** *nt (Allg)* (Betriebsstätte)
**ETA-automatic cut-off ETA-Automat** *m (Form)*
**eternit Eternit** *nt (Bau)* (Asbestzement)
**ether discharger Ätherzerstäuber** *m (Kfz)*
**ether start Äther-Anlasser** *m (Kfz)* (bei niedrigen Temperaturen) **Äther-Start** *m (Kfz)* (bei niedrigen Temperaturen)
**ether starting aid Ätherstarthilfe** *f (Kfz)*
**ethyl silicate Aethylzinksilikat** *nt (Bg/Bergb)*
**Euler's critical stress Eulersche Knickspannung** *(Stb)*
**Euler's stress** *(calculate formula)* **Eulerspannung** *f (Stb)*
**evaporating coil Verdampfungsspule** *f (Mech)*
**evaporating cooler Verdampfungskühler** *m (Mech)*
**evaporation Verdampfung** *f (Mech)*
**evaporator Verdampfer** *m (Hütt/Wlz)*
**evaporator, final** final evaporator *adj:n (Benson boiler)* **Endverdampfer** *m (Hütt/Wlz)* (Benson-Kessel)
**evenness Ebenheit** *f (Anstr)* (von Oberflächen)
**event marker** *(El) (recording ammeter)* **Ereignismarkierer** *m (El)* (Stromschreiber)
**evolution Entwicklung** *f (Bau)* (Abwicklung)
**exact method of analysis genaues Berechnungsverfahren** *adj:n (Stb)*
**examination Prüfung** *f (Mech, Allg)* **Untersuchung** *f (Mech, Allg)*
**examination, photoelastic** photoelastic examination *adj:n* **spannungsoptische Untersuchung** *adj:n (Phys)*
**examination, radiographic** radiographic examination *adj:n (El, Stb)* **Röntgenprüfung** *f (Stb, El)*
**example of installation Einbaubeispiel** *nt (Kfz)*
**excavating Ausheben** *nt (Bg/Bergb)*
**excavating blade Auskofferschar** *f (Bau)*
**excavating depth Baggertiefe** *f (Bg/Bergb)* (an Land)
**excavating direction Abbaurichtung** *f (Bg/Bergb)* (eines Baggers)
**excavating operation Baggerbetrieb** *m (Bg/Bergb)*
**excavation Aushub** *m (Bg/Bergb)* **Ausschachtung** *f (Bg/Bergb)*
**excavation material Aushubmaterial** *nt (Bg/Bergb)*
**excavation work Ausschachten** *nt (Hütt/Wlz)* (Erdaushub) **Erdaushub** *m (Hütt/Wlz)*
**excavator Bagger** *m (Bg/Bergb)* **RH-Bagger** *m (Bg/Bergb)* (Raupen-Hydraulik)
**excavator axle Baggerachse** *f (Bg/Bergb)*
**excavator bucket Baggerlöffel** *m (Bg/Bergb)*
**excavator centre part** *BE* **Bagger-Mittelbau** *m (Bg/Bergb)*
**excavator crawler level Baggerfahrplanum** *nt (Bg/Bergb)* **Baggerplanum** *nt (Bg/Bergb)*
**excavator crawler system Baggerfahrwerk** *nt (Bg/Bergb)* **Baggerraupenfahrwerk** *nt (Bg/Bergb)*
**excavator crew Baggerpersonal** *nt (Bg/Bergb)*
**excavator design** *(machine design)* **Geräteaufbau** *m (Bg/Bergb)* (z.B. des Baggers)

**excavator driver Baggerführer** *m (Bg/Bergb)*
**excavator engineering Baggertechnik** *f (Bg/Bergb)*
**excavator hydraulic, mobile** mobile hydraulic excavator *adj:n* **Mobilhydraulikbagger** *m (Bg/Bergb)*
**excavator loader Baggerlader** *m (Bg/Bergb)*
**excavator manufacture Baggerbau** *m (Bg/Bergb)*
**excavator monitoring** *(El)* **Baggerüberwachung** *f (El)* (z.B. elektronisch)
**excavator operator Baggerführer** *m (Bg/Bergb)*
**excavator plant Baggeranlage** *f (Bg/Bergb)*
**excavator slewing platform Baggerschwenkplattform** *f (Bg/Bergb)*
**excavator study Baggerstudie** *f (Bg/Bergb)*
**excavator superstructure Baggeroberbau** *m (Bg/Bergb)*
**excavator with grab Bagger mit Greifer** *(Bg/Bergb)* **Greiferbagger** *m (Bg/Bergb)*
**excavator with ripper tooth Bagger mit Reißzahn** *(Bg/Bergb)*
**excavator work** *(on shore)* **Baggerarbeit** *f (Bg/Bergb)* (an Land)
**excavator, boom-bascule design Bagger in Wippenkonstruktion** *m (Bg/Bergb)*
**excavator, C-frame design Bagger mit C-Rahmen** *(Bg/Bergb)* (C-Rahmen-Konstruktion)
**excavator, central tower design Bagger mit Zentralturm** *(Bg/Bergb)* (Zentralturmausführung)
**excavator, compact** compact excavator *adj:n* **Kompaktbagger** *m (Bg/Bergb)*
**excavator, electric** electric excavator *adj:n* **Elektrobagger** *m (Bg/Bergb)*
**excavator, hydraulic** hydraulic excavator *adj:n* **Hydraulikbagger** *m (Bg/Bergb)* **Hydrobagger** *m (Bg/Bergb)*
**excavator, iron steam-powered** iron steam-powered excavator *adj:n* **eiserner Bagger mit Dampfantrieb** *adj:n*
**excavator, large** large excavator *adj:n* **Großbagger** *m (Bg/Bergb)*
**excavator, mobile** mobile excavator *adj:n* **Mobilbagger** *m (Bg/Bergb)*
**excavators and handling equipment Bagger und Umschlaggeräte** *(Bg/Bergb)*
**exceeding of maximum shipping dimensions Lademaßüberschreitung** *f (Bg/Bergb, Umschl)*
**excess air Luftüberschuss** *m (Hyd/Pneu)*
**excess air coefficient Luftüberschusszahl** *f (Hyd/Pneu)*
**excess material at root of seam Schweißbart** *m (Schw)*
**excess pressure valve Druckbegrenzungsventil** *f (Hyd/Pneu)*
**excess temperature of coolant Kühlerwasser-Übertemperatur** *f (Mech)*
**exchange Austausch** *m (Bau)*
**exchange of drawings Zeichnungsaustausch** *m (Stb)*
**exchange part Austauschaggregat** *nt (Mech)* **Austauschteil** *nt (Mech)*
**exchangeability Austauschbarkeit** *f (Kfz)*
**exchanger Austauscher** *m (Hütt/Wlz)* **Umwandler** *m (Mech)*
**excrescence Protuberanz** *f (Hütt/Wlz)* (Ausstülpung)
**exhaust Abluft** *f (Mech, Hütt/Wlz, Bahn)*
**exhaust Entlüftung** *f (Hyd/Pneu)* (Ventil)
**exhaust Auspuff** *m (Kfz)*
**exhaust air bend Abluftkrümmer** *m (Mech)*
**exhaust air flap Abluftklappe** *f (Mech)*
**exhaust brake Auspuffbremse** *f (Kfz)* **Drosselklappenbremse** *f (Kfz)* **Motorbremse** *f (Mech)*
**exhaust cleaner Abgasreiniger** *m (Mech)*
**exhaust duct Abzugshaube** *f (Bg/Bergb)*
**exhaust elbow Abgaskrümmer** *m (Mech)*
**exhaust fan Entlüfter** *m (Hyd/Pneu)* **Lüfter** *m (Mech, Hyd/Pneu)*
**exhaust flap brake Auspuffklappenbremse** *f (Kfz)*
**exhaust fumes** *pl* **Abgas** *(Bahn)* (Auspuff) **Auspuffgas** *nt (Bg/Bergb)*
**exhaust gas and fume extraction equipment Entstaubungsanlage** *f (Mech)*
**exhaust gas burner Abfackelanlage** *f*
**exhaust gas thermostat Abgasthermostat** *m (Mech)*
**exhaust gas turbine Abgasturbine** *f (Mech)*
**exhaust gas utilization Abgasverwertung** *f (Mech)*

**exhaust manifold Auspuffkrümmer** *m (Kfz)*
**exhaust manifold connection Auspuffrohrverbindung** *f (Kfz)*
**exhaust outlet Abluftaustritt** *m (Mech)*
**exhaust pipe Abgasleitung** *f (Mech)* **Auspuffrohr** *nt (Kfz)*
**exhaust pollutants** *pl* **Abgase** *pl (Ökol)* **verschmutzende Abgase** *adj:n (Ökol)*
**exhaust pressure Auspuffdruck** *m (Kfz)*
**exhaust silencer Auspuffdämpfer** *m (Kfz)* **Auspuffschalldämpfer** *m (Kfz)*
**exhaust steam oil separator Abdampfentöler** *m (Mech)*
**exhaust steam utilisation Abdampfverwertung** *f*
**exhaust stroke Anstoßhub** *m (Kfz)*
**exhaust system Abgasanlage** *f*
**exhaust turbo charger Abgasturbolader** *m (Bahn)* (z.B. eines Dieselmotors)
**exhaust valve Auspuffklappe** *f (Kfz)* **Ventilsitz** *m (Hyd/Pneu, Mech)*
**exhaust valve cap Auslassventilverschraubung** *f (Kfz)*
**exhaust valve seat Auslassventilsitz** *m (Kfz)*
**exhaust valve spring Auslassventilfeder** *f (Kfz)*
**exhaust valve, quick** quick exhaust valve *adj:n* **Schnellentlüftungsventil** *nt (Hyd/Pneu)*
**exhauster Entlüfter** *m (Hyd/Pneu)* **Lüfter** *m (Mech, Hyd/Pneu)*
**exhauster fan Mühlenventilator** *m (Zer)* (Mühlenfeuerung)
**exhaustion Ermüdung** *f (Mech)* **Verbrauch** *m (Mech)* (Erschöpfung)
**exit angle Austrittswinkel** *m (Hütt/Wlz)*
**exit gas entweichendes Abgas** *adj:n (Ökol)*
**exit gas fan Abgasgebläse** *nt (Bg/Bergb)*
**exit gas temperature Abgastemperatur** *f (Ökol)*
**exit loss Austrittsverlust** *m (Hütt/Wlz)*
**exit point Austrittsmarke** *f (Allg)*
**expanded-metal walkway Streckmetallbelag** *m (Hütt/Wlz)*
**expanded-tube joint Walzverbindung** *f (Hütt/Wlz)*
**expander Spannvorrichtung** *f (Mech)* (Dehnung)
**expanding input Erweiterungseingang** *m (Kfz)*
**expanding rivet Spreizniet** *m (Mech)*
**expansion** *(conversion)* **Nachrüstung** *f (Allg)* (zusätzlicher Anbau)
**expansion Aufweitung** *f (Mech)* **Dehnung** *f (Mech, Stat)*
**expansion** *(enlargement)* **Ausbau** *m (Mech, Allg)* (Erweiterung)
**expansion bearing bewegliches Auflager** *adj:n (Stb)*
**expansion bend Ausgleichsbogen** *m (Hütt/Wlz)*
**expansion bend, corrugated** corrugated expansion bend *adj:n* **Faltenrohrbogen** *m (Hütt/Wlz)*
**expansion coefficient, thermal** thermal expansion coefficient *adj:n* **Temperaturdehnzahl** *f (Stb)*
**expansion joint Dehnfuge** *f (Mech)* **Dehnungsstoß** *m (Mech)* **Teleskopverbindung** *f (Mech)*
**expansion kit Nachrüstsatz** *m (Allg)* (zusätzlicher Anbau)
**expansion loop Dehnungsband** *(Mech)*
**expansion measurement Dehnungsmessung** *f (Mech)*
**expansion of the drum water Anschwellen des Trommelwassers** *(Hütt/Wlz)*
**expansion strap Dehnungsband** *(Mech)*
**expansion support bewegliches Auflager** *adj:n (Stb)*
**expansion switch Auszugvorrichtung** *f (Bahn)* (vor Brücken)
**expansion tank Ausdehnungsgefäß** *nt (Mech)* (Trafo)
**expansion test Aufweitversuch** *m (Stb)* (Test)
**expansion, linear** linear expansion *adj:n* **Längsdehnung** *f (Stat)*
**expansion, thermal** thermal expansion *adj:n* **Wärmeausdehnung** *f (Mech, Phys)* **Wärmedehnung** *f (Mech)*
**expansivity Ausdehnungsfähigkeit** *f (Stb)*
**expenditure of energy Arbeitsaufwand** *m (Mech, Allg)*
**expert Sachverständiger** *m (Mech, Allg, Bau)* **Spezialist** *m (Allg)*
**expert engineer Fachingenieur** *m (Allg)*
**expert opinion Fachgutachten** *nt (Allg)* **Sachverständigengutachten** *nt (Allg)*

**explosion Detonation** *f (Bg/Bergb)* **Sprengung** *f (Bg/Bergb)* **Verpuffung** *f (Mech)* (Entzündung)
**explosion diaphragm Reißfolie** *f (Hütt/Wlz)*
**explosion door Explosionstür** *f (Hütt/Wlz)*
**explosion fumes** *pl* **Explosionsgase** *pl nt (Bg/Bergb)*
**explosion of coal dust Kohlenstaubexplosion** *f (Bg/Bergb)* (unter Tage)
**explosion pressure Explosionsdruck** *m (Bg/Bergb)*
**explosion train Explosionswelle** *f (Bg/Bergb)*
**explosion welding Explosionsschweißen** *nt (Schw)*
**explosive Sprengstoff** *m (Bg/Bergb)*
**exposed-aggregate concrete Waschbeton** *m (Bau)*
**exposing Abräumen** *nt (Bg/Bergb)*
**exposing rate Abräumleistung** *f (Bg/Bergb)* (bei Kohle)
**exposure Aufschluss** *m (Bg/Bergb)* (im Tagebau)
**express railcar Schnelltriebwagen** *m (Bahn)*
**extension Verlängerung** *f (Bg/Bergb)* (des Auslegers)
**extension** *(attachment)* **Ansatz** *m (Mech)* (zusätzliches Teil) **Verlängerungsstück** *nt (Mech)*
**extension** *(e.g. of a plant)* **Ausbau** *m (Mech, Allg)* (Demontage, z.B. eines Geräteteils) **Erweiterung** *f (Mech)*
**extension bar Ansatzstange** *f (Mech, Mont)* **Verlängerungsschiene** *f (Mech, Mont)*
**extension block Erweiterungsfeld** *nt (Stb)*
**extension lip Vorschneider** *m (Mont, Werkz)*
**extension measurement Dehnungsmessung** *f (Mech)*
**extension rack Erweiterungsgerät** *nt (Mech)*
**extension sleeve Dehnhülse** *f (Mech)*
**extension trench-lining plate Aufstockverbauplatte** *f (Bg/Bergb)* (z.B. im Graben)
**extension unit Anbaugruppe** *f (Mech)*
**extension, final** final extension *adj:n (of a plant)* **endgültiger Ausbau** *adj:n (Mech)*
**extension, lateral** lateral extension *adj:n* **Querausdehnung** *f (Mech)*
**extension, longitudinal** longitudinal extension *adj:n* **Längsausdehnung** *f (Mech)*
**extension, permanent** permanent extension *adj:n* **bleibende Dehnung** *adj:n (Mech)*
**extensometer Dehnungsmesser** *m (Mech)* **Spannungsmesser** *m (Mech)* (Statik)
**extent Ausmaß** *nt (Allg)* (Umfang) **Umfang** *m (Mech, Allg)* (Ausmaß)
**exterior wall** *AE* **Außenwand** *f (Stb)*
**external gearing Außenverzahnung** *f (Form)*
**external mounting housing Anbaugehäuse** *nt (Bg/Bergb)* (außen angebracht)
**external rendering Außenputz** *m (Bau)*
**external toothing Außenverzahnung** *f (Form)*
**external wall Außenwand** *f (Stb)*
**external welding Außenschweißung** *f (Schw)*
**extra weight Zusatzmasse** *f (Mech)*
**extracting cradle Ausbauprisma** *(Mech, Allg)*
**extracting device Abziehvorrichtung** *f (Mech, Mont)* (Ausbauvorrichtung) **Ausziehvorrichtung** *f (Mech)*
**extracting sleeve Abziehhülse** *f (Mech, Mont)*
**extracting tool Abziehwerkzeug** *nt (Mech, Mont)* (Ausbauwerkzeug)
**extraction Abbau** *m (Bg/Bergb)* (Förderung, Gewinnung von Bodenschätzen, z.B. Kohle) **Gewinnung** *f (Bg/Bergb)*
**extraction device Auszugvorrichtung** *f (Bg/Bergb)*
**extraction steam Anzapfdampf** *m (Hütt/Wlz)*
**extraction steam line Anzapfleitung** *f (Hütt/Wlz)*
**extraction steam preheater Anzapfvorwärmer** *m (Hütt/Wlz)*
**extractor Abzieher** *m (Werkz)* **Abziehvorrichtung** *f (Mech, Mont)* (Ausbauvorrichtung)
**extractor arm Räumarm** *m (Mech)* **Schaufelradarm** *m (Mech)*
**extractor arm drive Räumarmantrieb** *m (Mech)*

**extractor device Abzugsvorrichtung** *f (Bg/Bergb)*
**extrados** *pl* **Bogenrücken** *m (Stb)*
**extreme fibre stress Randspannung** *f (Mech, Stat)*
**extreme service shoe Bodenplatte für den Schwersteinsatz** *(Bg/Bergb)*
**extreme-in position of a lever Endstellung eines Hebels** *(Mech)* (innen)
**extreme-out position of a lever Ausgangsstellung eines Hebels** *(Kfz)*
**extreme-pressure additive** *(oil)* **Hochdruckzusatz** *m (Mech, Chem)* (Öl)
**extruding axis Profilachse** *f (Mech)*
**extrusion Herausdrücken** *nt (Mech)* **Strangpressen** *nt (Hütt/Wlz)*
**extrusion plant Extruder** *m (Bg/Bergb)* (Granulatformer)
**eye Auge** *nt (Mech)* **Lasche** *f (Mech)* (Transportbefestigung) **Schlaufe** *f (Mech)* (klein)
**eye bar Augenstab** *m (Mech, Stb)* **Augenstange** *f (Mech)*
**eye bolt Augenbolzen** *m (Mech)* **Ringschraube** *f (Mech)*
**eye bolt, closed** closed eye bolt *adj:n* **Augenschraube** *f (Mech)*
**eye bolt, forked** forked eye bolt *adj:n* **Gabelbolzen** *m (Mech)*
**eye hook Lastöse** *f (Mech)*
**eye plate Augplatte** *f (Bg/Bergb)*
**eye rod Ösenstange** *f (Mech)*
**eyebolt Tragöse** *f (Mech)*
**eyelet Ringöse** *f (Mech)*

# F

**fabric** *(belt)* **Geflecht** *nt (Mech, Band)* (Textil) **Gewebe** *nt (Mech, Band)* (Gurt)
**fabric belt tire Textilgürtelreifen** *m (Mech)*
**fabric carcass** *(belt)* **Gewebekern** *m (Mech, Band)* (Gurt)
**fabric ply Gewebeeinlage** *f (Mech, Allg)* **Textileinlage** *f (Bg/Bergb, Umschl, Band)* (z.B. Gurt mit T.)
**fabric reinforcement Baustahlgewebe** *nt (Bau)*
**fabric reinforcing Seele** *f (Mech)* (eines Gummischlauches)
**fabric thrust collar Gewebedruckring** *m (Mech)*
**fabric, laminated** laminated fabric *adj:n* **Hartgewebe** *nt (Hütt/Wlz)*
**fabrication Fertigung** *f (Mech, Mont)* **Herstellung** *f (Allg)*
**fabrication of steel structures Stahlbaufertigung** *f (Mech)*
**face Abbauwand** *f (Bg/Bergb)* **Streb** *m (Bg/Bergb)* (Kohlenwand)
**face Front** *f (Mech)* **Kante** *f (Mech, Allg)* (Ecke) **Stirnseite** *f (Mech)*
**face** *(addendum of a tooth)* **Zahnkopfhöhe** *f (Mech)* **Zahnkrone** *f (Mech)*
**face** *(plane area)* **ebene Fläche** *adj:n (Mech, Mont)*
**face angle Arbeitsböschungswinkel** *m (Bg/Bergb)*
**face bend test Flächenbiegungsprobe** *f (Schw)*
**face conveyor Baggerstrossenband** *nt (Bg/Bergb)* **Strossenband** *nt (Bg/Bergb)*
**face keyway Quernuttiefe** *f (Mech)* (Gegenflansch Gelenkwelle)
**face mounting Stirnflächenmontage** *f (Mech)*
**face plate Planscheibe** *f (Mech)*
**face shovel Felsschaufel** *f (Bg/Bergb)* **Ladeschaufel** *f (Bg/Bergb)*
**face width Zahnbreite** *f (Mech)*
**face, natural** natural face *adj:n* **natürliche Wand** *adj:n (Geo, Bg/Bergb)* (Steinbruch) **ungesprengte Wand** *adj:n (Geo, Bg/Bergb)*
**face-to-face dimension Baulänge** *f (Stb)* (Armatur)
**facilities, install** install facilities *n:v* **Anschlüsse legen** *n:v (Mech, Bau)* (z.B. für Gas, Wasser)
**facilities, sanitary** sanitary facilities *adj:n* **sanitäre Anlagen** *adj:n (Allg)*
**facing Belag** *m (Form)* (Oberfläche)
**facing** *(gear)* **Abdrehen der Stirnflächen** *(Mech, Mont)* (Getriebe)
**facing, hard** hard facing *adj:n* **Aufpanzerung** *f (Schw)* (Auftragsschweißung)
**facing, semimetallic** semimetallic facing *adj:n* **halbmetallischer Belag** *adj:n (Mech)*
**factory Fabrik** *f (Allg)* **Werk** *nt (Mech, Allg)* (Fabrik)
**factory greasing Dauerschmierung** *f (Mech)*

**factory preset** *(e.g. valve)* **Fabrikeinstellung** *f (Kfz)* (z.B. eines Ventils)
**factory railway** *(industrial railway)* **Werkbahn** *f (Bahn)*
**factory standard Werksnorm** *f (Mech)*
**factory test Betriebsversuch** *m (Stb)*
**factory test certificate** *AE* **Werksattest** *nt (Mech, Allg)*
**failure** *(e.g. of a machine)* **Panne** *f (Mech)* (Ausfall) **Schaden** *m (Mech)* (Fehler)
**failure criterion Vergleichsspannung** *f (Math, Stb)* **Versagenskriterium** *nt (Stb)*
**failure in hydraulic system Fehler im Hydrauliksystem** *(Hyd/Pneu)*
**failure mode Schadensbild** *nt (Bau)*
**failure to warn Instruktionsfehler** *m (Mech)*
**fair-lead sheave Seilführungsrolle** *f (Bahn)*
**fairlead Führungsrolle** *f (Bg/Bergb)* (der Schleppschaufel)
**fall Fall** *m (Bg/Bergb)* (Sturz)
**fall** *(inclination)* **Neigung** *f (Geo)* **Schräge** *f (Geo)*
**fall plate** *(from loco to tender)* **Lokübergangsbrücke** *f (Bahn)* (zum Tender)
**fall plate stanchion Stirnwandrunge** *f (Bahn)* (am Flachwagen)
**fall, free** free fall *adj:n* **freier Fall** *adj:n (Bg/Bergb)* **Freifall** *m (Bg/Bergb)*
**fall-strength Sturzfestigkeit** *f (Mech)*
**fall-test Sturztest** *m (Mech)*
**falling below regulated range Regelbereichsunterschreitung** *f (Mech)*
**falling cut Fallschnitt** *m (Mech)*
**fallplate** *(between loco and coal car)* **Übergangsbrücke** *f (Bahn)* (zwischen Lok und Tender)
**family of characteristics Kennlinienfeld** *nt (Mech)* **Kennlinienschar** *f (Mech)*
**fan** *(El, Hyd, Mech)* **Lüfter** *m (Mech, Hyd/Pneu)* **Ventilator** *m (El, Mech)*
**fan approach Ventilatoransatz** *m (Mech)*
**fan baffle Lüfterleitblech** *nt (Mech)*
**fan belt Keilriemen** *m (Mech)* **Ventilatorriemen** *m (Mech)*
**fan belt idler Spannrolle für Ventilatorriemen** *(Mech)*
**fan blade Lüfterflügel** *m (Mech)* **Ventilatorblatt** *nt (Mech)*
**fan blast deflector Kühlwindabweiser** *m (Mech)*
**fan bracket Lüfterbock** *m (Mech)*
**fan cooling Luftkühlung** *f (Mech)* **Ventilatorkühlung** *f (El)*
**fan cooling, enclosed totally** totally enclosed fan cooling *adj:n* **Mantelkühlung** *f (Mech)*
**fan cowl Lüfterhaube** *f (Mech)*
**fan discharge Ventilatorabluft** *f*
**fan drive Gebläseantrieb** *m (Mech)*
**fan drive shaft Lüfterwelle** *f (Kfz)*
**fan driving pulley Lüfterscheibe** *f (Mech)* **Ventilatorscheibe** *f (Mech)*
**fan fixed shaft Lüfterachse** *f (Mech)*
**fan guard Ventilator-Schutzgitter** *nt (Mech)*
**fan heater Heizlüfter** *m (Mech)*
**fan hub Lüfternabe** *f (Mech)* **Windflügelnabe** *f (Mech)* (Kfz)
**fan margin Zugreserve** *f (Hütt/Wlz)* (Gebläse)
**fan mill Gebläsemühle** *f (Mech)*
**fan out advance Schwenkbetrieb** *m (Bg/Bergb)*
**fan pulley Lüfterriemenscheibe** *f (Mech)*
**fan thermostat Lüfterflügelthermostat** *m (Mech)*
**fan wheel Lüfterrad** *nt (Mech)*
**fan, radial** radial fan *adj:n* **Radialgebläse** *nt (Mech)*
**fan-driving pulley Riemenscheibe** *f (Mech)* (Gebläse)
**farm and forestry road maintenance Wegeunterhaltung** *f (Bg/Bergb)* (Graderarbeit)
**farming and forestry road Erdweg** *m (Bg/Bergb)* (z.B. aus bindigem Boden)
**farming tractor Ackerschlepper** *m (Kfz)*
**fascia** *(on top of roof)* **Attika** *f (Stb)* (z.B. Gurtsims, Dachverkleidung)
**fast fuelling system Druckbetankungsanlage** *f (Hyd/Pneu)* **Schnellbetankungsanlage** *f (Mech)*
**fast railcar Schnelltriebwagen** *m (Bahn)*
**fast wear part Schnellverschleißteil** *nt (Mech)*
**fast-fall Absenken** *nt (Bg/Bergb)* (des Baggers)
**fast-lowering device Schnellsenkeinrichtung** *f (Bg/Bergb)*
**fastener** *(El, Mech, Stb)* **Halter** *m (Mech, El)* **Ringbolzen** *m (Mech)* **Verschluss** *m (Mech)* (Befestigung)

**fastening Befestigung** *f (Mech)* **Verschluss** *m (Mech)*
**fastening bores** *pl* **Befestigungsbohrungen** *pl f (Form)*
**fastening parts** *pl* **Befestigungsteile** *pl m (Form)*
**fastening screw Befestigungsbolzen** *m (Mech)* **Befestigungsschraube** *f (Mech)*
**fastening system Befestigungssystem** *nt (Bahn)*
**fastening with adhesive Klebeverbindung** *f (Stb)*
**fastening with noise abatement Befestigung mit Lärmdämpfung** *(Bahn)*
**fatigue Ermüdungserscheinung** *f (Mech)* **Überbeanspruchung** *f (Mech)*
**fatigue bend test Dauerbiegeversuch** *m (Stb)*
**fatigue durability Dauerhaltbarkeit** *f (Mech)*
**fatigue fracture Dauerbruch** *m (Mech)* **Ermüdungsbruch** *m (Mech)*
**fatigue limit Ermüdungsgrenze** *f (Stb)*
**fatigue notch factor** *(Dauerschwingversuch)* **Kerbwirkungszahl** *f (Mech)*
**fatigue resistance Ermüdungsfestigkeit** *f (Mech, Stat)*
**fatigue strength Dauerfestigkeit** *f (Mech, Stat)*
**fatigue strength of large structures Dauerhaltbarkeit** *f (Mech)*
**fatigue strength reduction factor Kerbwirkungszahl** *f (Mech)*
**fatigue strength under pulsating stresses Schwellfestigkeit** *f (Mech, Stat)*
**fatigue test Dauerfestigkeitsversuch** *m (Mech)* **Ermüdungsversuch** *m (Stb)* (Dauerversuch)
**fatigue yield limit Dauerdehngrenze** *f (Mech)*
**fatigue, dynamic** dynamic fatigue *adj:n* **dynamische Überbeanspruchung** *adj:n (Mech)*
**faucet Hahn** *m (Hyd/Pneu)*
**fault Verwerfung** *f (Geo)*
**fault Fehler** *m (Mech)* (Riss, Sprung, Fleck usw. im Material) **Schaden** *m (Mech)* (Fehler)
**fault clearance Entstörung** *f (El)*
**fault finding Fehlerfindung** *f (Mech)* **Schadenfindung** *f (Mech)*
**fayance** *(fine earthenware)* **Fayence** *f (Schw)* (Majolika)
**faying surface Dichtungsfläche** *f (Mech)*
**FD shovel Kippschaufel** *f (Bg/Bergb)* (des Baggers)
**feather edge Federkante** *f (Schw)*
**feature Charakteristik** *f (El, Allg)* **Eigenschaft** *f (Mech, Allg)*
**feed** *(of material)* **Aufgabe** *f (Bg/Bergb, Umschl, Band, Zer)* (von Fördergut) **Beschickung** *f (Umschl)* (Platzbeladen, Lagerplatz)
**feed Stufenvorschub** *m (Mech)* **Vorschub** *m (Mech)*
**feed back Rückleistung** *f (Mech)*
**feed bin Schüttrumpf** *m (Bg/Bergb)* (Bunker oder Eimerkettenbagger) **Schüttschacht** *m (Bg/Bergb)* (Bunker oder Eimerkettenbagger)
**feed box Aufgabekasten** *m (Zer)*
**feed chute Beschickungsschurre** *f (Bg/Bergb)* (Rutsche)
**feed column Vorschubsäule** *f (Mech, Mont)* (Bohrer)
**feed control Vorschubregelung** *f (Mech)*
**feed conveyor Aufgabeförderer** *m (Bg/Bergb)*
**feed conveyor, ascending** ascending feed conveyor *adj:n* **Zuführungsband** *nt (Bg/Bergb, Umschl, Band)*
**feed cylinder Vorschubzylinder** *m (Bg/Bergb)*
**feed end Aufgabestelle** *f (Band)*
**feed hood Einlaufkasten** *m (Zer)*
**feed hopper Aufgabebunker** *m (Bg/Bergb)* (des Brechers) **Einlauftrichter** *m (Zer)*
**feed hopper (funnel, magazine) Chargiertrichter** *m (Form)*
**feed inlet Aufgabeöffnung** *f (Bg/Bergb)*
**feed line Zulaufleitung** *f (Hyd/Pneu)*
**feed material Aufgabegut** *nt (Zer)*
**feed material size Aufgabekorn** *nt (Zer)* **Aufgabestückgröße** *f (Zer)*
**feed opening Einlauf** *m (Zer)* **Maulgröße** *f (Zer)* (des Brechers)
**feed opening inlet Aufgabeöffnung** *f (Bg/Bergb)*
**feed pipes** *pl (of oil)* **Zulaufweg** *m (Mech)* (des Öls)
**feed rate Vorschubgröße** *f (Mech)*
**feed regulating Dosierung** *f (Mech)*
**feed roll Transportrolle** *f (Mech)*
**feed roller Zuführrollgang** *m (Mech)*

**feed size Kantenlänge** *f (Bg/Bergb)* (der Steine)
**feed valve Speiseventil** *nt (Hyd/Pneu)*
**feed water Speisewasser** *nt (Hyd/Pneu)*
**feed water alarm instrument Speisewasseralarmapparat** *m (Hyd/Pneu)*
**feed water flow meter Wassermengenmesser** *m (Hütt/Wlz)*
**feed water heating Speisewasservorwärmung** *f (Hyd/Pneu)*
**feed water meter Speisewassermesser** *m (Hyd/Pneu)*
**feed water piping Speiseleitung** *f (Hyd/Pneu)*
**feed water regulator Speisewasserregler** *m (Hyd/Pneu)*
**feed water tank Speisewasserbehälter** *m (Hyd/Pneu)*
**feed water treatment plant Speisewasseraufbereitung** *f (Hyd/Pneu)*
**feed winch Vorschubwinde** *f (Bg/Bergb)*
**feed, coarse** coarse feed *adj:n* **grober Vorschub** *adj:n (Bg/Bergb)*
**feed, fine** fine feed *adj:n* **kleiner Vorschub** *adj:n (Bg/Bergb)*
**feed, variable** variable feed *adj:n* **Stufenvorschub** *m (Mech)*
**feed-line Zuleitung** *f (Hyd/Pneu)*
**feed-water pressure gauge Manometer für Speisepumpe** *(Bahn)*
**feed-water pump valve Ventil für Kolbenspeisepumpe** *(Bahn)* (Dampflok)
**feed-zone garland Aufgabegirlande** *f (Umschl, Band, Zer, Bg/Bergb)*
**feed-zone idler** *(complete)* **Aufgaberolle** *f (Bg/Bergb, Umschl, Band)*
**feeder Aufgabeapparat** *m (Bg/Bergb)* **Aufgabevorrichtung** *f (Bg/Bergb, Umschl)*
**feeder Schubförderer** *m (Umschl)* **Zufuhrapparat** *m (Mech)*
**feeder breaker Aufgabebrecher** *m (Zer)*
**feeder chute Füllschacht** *m (Hütt/Wlz)*
**feeder grate Aufgabegitter** *nt (Bg/Bergb)*
**feeder skid Aufgabeschlitten** *m (Umschl)*
**feeder, pneumatic** pneumatic feeder *adj:n* **Schubsender** *m (Umschl)*
**feeder, rotary** rotary feeder *adj:n* **Telleraufgabe** *f (Hütt/Wlz)*
**feeder, vibrating** vibrating feeder *adj:n* **Rinne** *f (Zer)* (Förderrinne)
**feeder-line rolling stock Feldbahnmaterial** *nt (Bahn)*
**feeding (input) Beschickung** *f (Bg/Bergb)* (z.B. des Ofens)
**feeding belt Aufgabeband** *nt (Umschl, Band, Zer)* **Zuführungsband** *nt (Bg/Bergb, Umschl, Band)*
**feeding bin Aufgabebunker** *m (Umschl, Zer)*
**feeding boom Aufnahmeausleger** *m (Bg/Bergb, Umschl)* (Absetzer, Bandwagen) **Zuführungsausleger** *m (Bg/Bergb, Umschl)*
**feeding boom belt Aufnahmeband** *nt (Bg/Bergb)* (z.B. Absetzer, Bandwagen) **Band im Zuführungsausleger** *(Bg/Bergb)*
**feeding bridge Zuführungsbrücke** *f (Bg/Bergb, Umschl)* (eines Absetzers)
**feeding chute Aufgabeschurre** *f (Bg/Bergb, Umschl, Band)*
**feeding circuit Speisekreislauf** *m (Bg/Bergb, Hyd)*
**feeding drum Obertrommel** *f (Hütt/Wlz)* (Speisetrommel)
**feeding equipment Versorgungseinrichtung** *f (Mech, Bg/Bergb, Umschl)*
**feeding hopper Aufgabetrichter** *m (Zer, Umschl)* **Fülltrichter** *m (Umschl, Zer)*
**feeding line Nachspeiseleitung** *f (Hyd/Pneu)*
**feeding oil filter Speisefilter** *m (Hyd/Pneu)*
**feeding pipe Füllrohr** *nt (Mech, Hyd/Pneu)* (Schmierung)
**feeding rack Vorlagerost** *m (Mech)*
**feeding roll Aufgabewalze** *f (Zer)*
**feeding section Aufgabeteil** *m (Bg/Bergb)* (am Aufnahmeausleger)
**feeding station Aufgabestation** *f (Umschl, Band)*
**feeding table Aufgabetisch** *m (Bg/Bergb, Umschl, Band)* (mit Pufferrollen bestückt)
**feeding valve Nachspeiseventil** *nt (Hyd/Pneu)*
**feedwater softening plant Enthärtungsanlage** *f (Hütt/Wlz)*
**feeler Fühlerlehre** *f (Mech, Werkz)* **Spion** *m (Mech, Werkz)*
**felt packing Filzdichtung** *f (Hyd, Mech)*
**felt strip Filzstreifen** *m (Mech)*
**fender** *(e.g. on small machine)* **Rammschutz** *m (Bg/Bergb, Mech)* (z.B. am Bagger)

**fender** *AE* **Kotflügel** *m (Mech)* **Schutzblech** *nt (Mech)* (Kfz)
**ferrite Ferrit** *nt (Form)*
**ferrite segregations** *pl* **Ferritausscheidungen** *pl f (Form)*
**ferro-alloy Ferrolegierung** *f (Hütt/Wlz)*
**ferro-salt method of reproduction Eisensalzlichtpausverfahren** *nt (Stb)*
**ferrule** *(El, Mech)* **Federring** *m (Mech)* **Spannhülse** *f (Mech, Mont)* (Welle) **Zwinge** *f (El, Mech)* (z.B. für Kabel)
**fertilizer industry Düngemittelindustrie** *f (Bg/Bergb)*
**festoon cable Girlandenkabel** *nt (Mech)*
**fettling Entgraten** *nt (Stb)*
**fiber Textur** *f (Mech)*
**fiberboard Hartpappe** *f (Mech)*
**fiberglass Fiberglas** *nt (Mech)*
**fibre Faser** *f (Mech)*
**fibre board Hartfaserplatte** *f (Mech)*
**fibre, glass-reinforced** glass-reinforced fibre *adj:n* **glasverstärkte Faser** *adj:n (Mech)* **Glasfaser** *f (Mech, Mont)*
**fibre, neutral** neutral fibre *adj:n* **neutrale Faser** *adj:n (Mech)*
**field** *(area, sector, region)* **Feld** *(Mech, Allg)* (Gebiet, Region, Bereich) **Sektor** *m (Allg)* (Gebiet)
**field connection** *AE* **Baustellenstoß** *m (Stb)* (Montagestoß) **Montagestoß** *m (Stb)*
**field erection job Baustellenfertigung** *f (Hütt/Wlz)*
**field excitation Erregung** *f (Mech)*
**field forge Feldschmiede** *f (Mech)*
**field forge, pneumatic** pneumatic field forge *adj:n* **Luftfeldschmiede** *f (Mech, Mont)*
**field installation, electric** electric field installation *adj:n* **Elektromontage** *f (Mech, Mont)*
**field joint Montagestoß** *m (Stb)*
**field of application** *AE* **Anwendungsbereich** *m (Mech, Allg)* **Einsatzgebiet** *nt (Allg)*
**field of tolerance Toleranzfeld** *nt (Mech)*
**field railway system Feldbahngleis** *nt (Bahn)* (Gleisanlage)
**field report Monteurbericht** *m (Mont)*
**field rivet Baustellenniet** *m (Stb)*
**field splice Baustellenstoß** *m (Stb)* (nicht in der Werkstatt)
**field switch** *(stationary or on skids)* **Übergabestation** *f (Bg/Bergb, El)* (Stromverteilhaus)
**field weld Schweißung am Einsatzort** *(Schw)*
**field work Baustellenarbeit** *f (Mech, Mont)*
**field-driven rivet** *AE* **Baustellenniet** *m (Stb)*
**fifth wheel load Sattellast** *f (Mech)* (der Zugmaschine)
**figure, calibrated** calibrated figure *adj:n* **Prüfzahl** *f*
**figure, relevant** relevant figure *adj:n* **Skalenmesszahl** *f (Mech)*
**file handle Feilengriff** *m (Form)* **Feilenheft** *nt (Mont)*
**filings** *pl* **Feilspäne** *pl m (Stb)*
**filister head screw Linsenschraube** *f (Mech)*
**fill level Füllstand** *m (Mech, Hyd/Pneu)*
**fill level indicator Füllstandsanzeiger** *m (Hyd, Mech)*
**fill the boiler aufspeisen** *v (Hütt/Wlz)* (z.B. den Kessel)
**fill yarn Schussfaden** *m*
**fill-in quantity Einfüllmenge** *f (Mech, Hyd/Pneu)*
**filler** *(stopper)* **Spachtelmasse** *f (Anstr)* **Spachtelmaterial** *nt (Anstr)*
**filler Futter** *nt (Mech)* (Füllmaterial) **Öleinfüllstutzen** *m (Mech)*
**filler cap Einfüllverschluss** *m (Kfz)* **Verschlusskappe** *f (Mech)* (z.B. eines Tanks)
**filler metal Zusatzwerkstoff** *m (Stb)*
**filler opening Einfüllöffnung** *f (Kfz)* (z.B. eines Tankes)
**filler plate Futterblech** *nt (Mech)*
**filler profile Füllerprofil** *nt (Bg/Bergb)*
**filler rubber Füllgummi** *nt (Mech)*
**fillet Abrundung** *f (Mech)* (Getriebe) **Fußrundungsfläche** *f (Mech)* (Getriebe)
**fillet Ausrundung** *f (Mech, Mont)* **Ausrundung zwischen Steg und Flansch** *f (Mech, Stb)*
**fillet Abdeckleiste** *f (Zer)*
**fillet depth Nahtdicke** *f (Schw)* (Kehlschweißnaht)
**fillet radius Hohlkehlenradius** *m (Mech)* (Welle)

**fillet thickness Nahtdicke** *f (Schw)* (Kehlschweißnaht)
**fillet thickness, effective** effective fillet thickness *adj:n* **rechnerische Kehlnahtdicke** *adj:n (Schw)*
**fillet weld Ecknaht** *f (Schw)* (äußere Kehlnaht) **Flankenkehlnaht** *f (Stb, Schw)* **Kehlnaht** *f (Mech, Mont)*
**fillet weld test specimen Kehlnahtprüfstück** *nt (Schw)*
**fillet weld, concave** concave fillet weld *adj:n* **Hohlkehle** *f (Schw)* (Naht) **Hohlkehlnaht** *f (Schw)*
**filling Aufschüttung** *f (Bau)*
**filling Füllung** *f (Mech)*
**filling capacity Füllmenge** *f (Allg)*
**filling degree Füllungsgrad** *m (Kfz)*
**filling in of material Materialeinbau** *m (Bg/Bergb)*
**filling level transmitter Füllstandsgeber** *m (Mech, Hyd/Pneu)*
**filling nipple Füllnippel** *m (Kfz)*
**filling nozzle Einfallstutzen** *m (Mech)* **Einfüllstutzen** *m (Mech)*
**filling sheet Füllungsblech** *nt (Bau)*
**filling up of layers Auftragen von Schichten** *(Bg/Bergb)*
**fillister head rivet Rundkopfniet** *m (Mech)*
**fillister-head sunk screw Zylindersenkschraube** *f (Mech)*
**film boiling Filmverdampfung** *f (Hütt/Wlz)*
**film of lubricant Schmierfilm** *m (Mech)*
**film resistor** *(carbon resistor)* **Schichtwiderstand** *m (Hütt/Wlz)*
**film, adhesive** adhesive film *adj:n* **Klebfolie** *f (Mech)*
**film, anodic** anodic film *adj:n* **Anodenbelag** *m (Stb)*
**filming of drawings Zeichnungsverfilmung** *f (Stb)*
**filter bracket Filterkonsole** *f (Kfz)*
**filter cartridge Filterpatrone** *f (Kfz)*
**filter cover Filterdeckel** *m (Mech)*
**filter efficiency Abscheidegrad** *m (Hyd/Pneu)* (eines Filters)
**filter element Filterelement** *nt (Hyd/Pneu, Mech)*
**filter equipment Filteranlage** *f (Hyd/Pneu)*
**filter frame Stützkorb** *m (Mech)* (Entstaubung)
**filter housing Filtergehäuse** *nt (Hyd/Pneu)*
**filter insert Filtereinsatz** *m (Hyd/Pneu)*
**filter mat Filtermatte** *f (Hyd/Pneu)*
**filter mounting Filterbefestigung** *f (Kfz)*
**filter poppet Tellerfilter** *nt (Mech)*
**filter screen Filtersieb** *nt (Hyd/Pneu)*
**filter technology Filtertechnik** *f (Kfz)*
**filter wool Filterwolle** *f (Kfz)*
**filter, magnetic** magnetic filter *adj:n* **Magnetfilter** *nt (Mech)*
**filter, twin** twin filter *adj:n* **Doppelfilter** *nt (Hyd/Pneu)*
**filter, vertical** vertical filter *adj:n* **Standfilter** *m (Mech, Hyd/Pneu)*
**filtration power Abscheidevermögen** *nt (Hyd/Pneu)* (eines Filters)
**fin Flosse** *f (Mech)* **Lamelle** *f (Mech)* (Kühler) **Seitenleitwerk** *nt (Mech)*
**fin** *(from drilling)* **Bohrgrat** *m (Stb)* **Grat** *m (Mech, Mont)* (Bohren, Schweißen)
**fin tube economizer Rippenrohr-Eko** *m (Hütt/Wlz)*
**final machining of oil country tubular goods Endbearbeitung von Ölfeldrohren** *(Form)*
**final-drive reduction Endantriebuntersetzung** *f (Kfz)*
**fine cut file Schlichthiebfeile** *f (Mont, Werkz)*
**fine cutting quality Feinschneidgüte** *f (Form)*
**fine levelling of surface Abziehen von Planum** *(Bg/Bergb)*
**fine material bypass Auffangtrichter** *m (Zer)* (z.B. Autogenmühle)
**fine sizing plant Sichtanlage** *f (Zer)*
**fine-grain developer Feinkornentwickler** *m (Allg)* (für Filme)
**fine-grained steel for structural use Feinkornbaustahl** *m (Form)*
**fine-measuring outer micrometer** *(tools)* **Feinmess-Außenmikrometer** *m (Mech)* (Werkzeuge)
**fineness Feinheit** *f (Allg, Zer)* **Mahlfeinheit** *f (Zer)*
**fines** *pl* **Feingut** *nt (Zer)* **Feinteile** *pl nt (Zer)* **Flugasche** *f (Hütt/Wlz)*
**fines content Feinkorngehalt** *m (Bau)* **Prozentsatz an Feinkorn** *(Hütt/Wlz)*
**finger Zapfen** *m (Mech)* (herausragend)
**finger bush Fingerbuchse** *f (Form)*

**finger lining Fingerfutter** *nt (Stb)*
**fingertip test Fingertupfprobe** *f (Form)*
**finish Ausführung** *f (Mech, Allg)* (äußere Ausführung) **Endbearbeitung** *f (Mech, Mont)*
**finish broach Schlichträumen** *nt (Hütt/Wlz)*
**finish erection Fertigmontage** *f (Mech, Mont)*
**finish mark Oberflächenbearbeitungszeichen** *nt (Mech, Mont)* (s.a. Bearbeitungszeichen)
**finish-machining Endbearbeitung** *f (Mech, Mont)* (zerspanend)
**finished-material size Fertiggutkörnung** *f (Form)*
**finished-product bin Staubzwischenbunker** *m (Bg/Bergb)*
**finishing** *(e.g. of a work piece)* **Fertigstellung** *f (Mech, Allg)* (z.B. in der Produktion) **Nachbearbeitung** *f (Mech, Mont)*
**finishing lathe Fertigdrehmaschine** *f (Mech)*
**finishing of tubulars Rohrweiterverarbeitung** *f (Hütt/Wlz)*
**finishing rolled steel Walzstahlveredelung** *f (Hütt/Wlz)*
**finishing tool Schlichtmeißel** *m (Werkz)*
**fire Feuer** *nt (Hütt/Wlz)*
**fire alarm system Brandmeldeanlage** *f (Mech)* **Feuermeldeanlage** *f (Mech)*
**fire brick Schamottestein** *m (Bahn, Hütt/Wlz)*
**fire brick, profiled** profiled fire brick *adj:n* **Formstein** *m (Hütt/Wlz)*
**fire brigade** *BE* **Feuerwehr** *f (Allg)*
**fire compartment Brandabschnitt** *m (Mech, Chem)*
**fire cubicle feuergeschützte Zelle** *adj:n (Bau, Mech)*
**fire danger Brandgefahr** *f (Mech)*
**fire detection Brandentdeckung** *f (Mech)*
**fire door Brandschutztür** *f (Mech)* **Notausgang** *m (Bau)*
**fire escape ladder Notleiter** *f (Stb)*
**fire extinguisher Feuerlöscher** *m (Mech, Chem)*
**fire load Brandlast** *f (Mech)*
**fire losses** *pl* **Brandschaden** *m (Mech)*
**fire prevention matters** *pl* **Feuerschutzangelegenheiten** *pl f (Mech, Allg)*
**fire protection Brandschutz** *m (Mech)*
**fire pump Löschpumpe** *f (Hyd/Pneu)* (Feuerwehr)
**fire resistance Feuerbeständigkeit** *f (Mech, Chem)* **Feuersicherheit** *f (Chem, Mech)*
**fire room Brandhaus** *nt (Mech)* (Brandraum) **Brandraum** *m (Mech)*
**fire safety Brandsicherheit** *f (Mech)*
**fire tender Feuerlöschfahrzeug** *nt (Kfz)*
**fire test Brandversuch** *m (Mech)*
**fire tube boiler Rauchrohrkessel** *m (Hütt/Wlz)*
**fire, natural** natural fire *adj:n* **natürlicher Brand** *adj:n (Stb)*
**fire, standardized** standardized fire *adj:n* **Normbrand** *m (Stb)*
**fire-cracker welding Unterschieneschweißen** *nt (Schw)*
**fire-fighting Brandbekämpfung** *f (Mech, Chem)*
**fire-fighting vehicle Löschfahrzeug** *nt (Mech)* (Feuerwehr)
**fire-resistance grading Feuerwiderstandsklasse** *f (Chem, Mech)*
**firebox** *(of steam engine)* **Feuerbüchse** *f (Bahn)* (der Dampfmaschine) **Feuerkiste** *f (Bahn)* (der Dampfmaschine)
**firebox, outer** outer firebox *adj:n* **Stehkessel** *m (Bahn)* (Dampflok)
**fireclay Schamotte** *f (Hütt/Wlz)*
**fireclay lining Schamotteauskleidung** *f (Hütt/Wlz)*
**fireless locomotive Dampfspeicherlokomotive** *f (Bahn)*
**fireproofing Anwendung von Feuerschutzmitteln** *(Stb)*
**firing Feuerung** *f (Hütt/Wlz)*
**firing chamber Feuergang** *m (Bau)*
**firing equipment Feuerungseinrichtung** *f (Hütt/Wlz)*
**firing equipment, auxiliary** auxiliary firing equipment *adj:n* **Zusatzfeuerung** *f (Hütt/Wlz)*
**firing floor Heizerstand** *m (Hütt/Wlz)*
**firing floor level arrangement Anordnung auf dem Heizerstand** *(Hütt/Wlz)*
**firing mill, direct** direct firing mill *adj:n* **Einblasemühle** *f (Hütt/Wlz)*
**firing system, direct** direct firing system *adj:n* **Einblasefeuerung** *f (Hütt/Wlz)*

**firing, combined** combined firing *adj:n* **kombinierte Feuerung** *adj:n (Hütt/Wlz)*
**firing, tangential** tangential firing *adj:n* **Tangentialfeuerung** *f (Hütt/Wlz)*
**firmness Standruhe** *f (Mech)*
**first aid service and repair kit Betriebsmittelsatz** *m (Bg/Bergb)* (Werkzeug)
**first off Abnahmetest** *m (Allg)* (Erstabnahme)
**first ore Anbruch** *m (Mech)*
**first stage of extension** *(of a plant)* **vorläufiger Ausbau** *adj:n (Mech, Bau)*
**first stage superheater Überhitzerstufe I** *f (Hütt/Wlz)*
**fish plate Schienenlasche** *f (Mech)*
**fish-plate Lasche** *f (Mech)* (Stoßdeckung)
**fish-plate connection Stoß** *m (Bahn)* (des Fachwerkgerüstes)
**fishbolt Laschenschraube** *f (Mech)* (für Kleinbahnschiene)
**fissure Bruchstelle** *f (Mech, Allg)* **Sprung** *m (Mech, Allg)*
**fissure water Kluftwasser** *nt (Bau)*
**fissure, disc-shaped** disc-shaped fissure *adj:n* **Scheibenbruch** *m (Hütt/Wlz)* (Fehler)
**fissure, superficial** superficial fissure *adj:n* **Anriss** *m (Mech)* (Oberfläche) **Oberflächenriss** *m (Mech, Allg)*
**fissuring Rissbildung** *f (Mech, Allg)* **Spaltbildung** *f (Mech, Allg)*
**fit tolerance Passtoleranz** *f (Mech)*
**fitment Zubehörteil** *nt (Allg)* (Maschine, Fahrzeug)
**fitter Monteur** *m (Mont)* **Schlosser** *m (Mech, Mont)* (Maschinenschlosser)
**fitter's shop Schlosserei** *f (Mech, Mont)*
**fitter's work Montageeinsatz** *m (Mont)*
**fitting Anschlussstück** *nt (Mech, Hyd/Pneu)* **Montage** *f (Mech, Mont)* **Schelle** *f (Mech)* (an Schläuchen)
**fitting** *(putting in)* **Einpassen** *nt (Stb)* (Anpassen)
**fitting banjo Rohrschelle** *f (Mech)*
**fitting bolt Passschraube** *f (Mech)*
**fitting cap Verschlusskappe** *f (Mech)*
**fitting dimensions** *pl* **Anschlussmaße** *pl nt (Mech)*
**fitting flange Anschlussflansch** *m (Mech)*
**fitting frame Anbaurahmen** *m (Bg/Bergb)* (Stützhalterung)
**fitting hole Passloch** *nt (Mech)*
**fitting key Passfeder** *f (Mech)*
**fitting of the belt Auflegen des Gurtes** *(Band, Mech)* **Aufziehen des Gurtes** *(Band, Mech)*
**fitting piece Passstück** *nt (Stb)*
**fitting position Einbaulage** *f (Mech)* (z.B. des Motors)
**fitting screw Passschraube** *f (Mech)*
**fitting surface Passfläche** *f (Mech)*
**fitting tolerance Einbautoleranz** *f (Form)*
**fitting tool Montagewerkzeug** *nt (Werkz)*
**fitting wedge Keil** *m (Mech, Mont)*
**fittings** *pl* **Beschläge** *pl m (Bau)*
**fittings** *pl* **Armaturen** *pl f (Mech)* (Kabel)
**fittings and mountings Grob- und Feinarmaturen** *(Mech, Mont)*
**fittings, pressed** pressed fittings *adj:n* **Quetscharmaturen** *pl f (Hyd/Pneu)*
**fixed side Fahrwerk** *nt (Bg/Bergb, Mech)*
**fixed side guide idler Seitenführungsrolle** *f (Band)* (fest; seitlich senkrecht)
**fixed speed gearbox Hauptgetriebe** *nt (Mech)*
**fixed-end moment Einspannmoment** *nt (Stb)*
**fixed-position sampler eingebauter fester Probenehmer** *adj:n (Mech)*
**fixing Fixierung** *f (Mech)* **Seileinband** *m (Bg/Bergb, Mech)*
**fixing agent Binder** *m (Mech)* (Befestigungsmittel)
**fixing bath Fixierbad** *nt (Form)*
**fixing bolt Befestigungsschraube** *f (Mech)*
**fixing boss** *(on arm for ejector)* **Lagerbock** *m (Bg/Bergb)* (Zusatzzylinder-Aufnahme)
**fixing bracket Befestigungsbügel** *m (Mech)* **Befestigungswinkel** *m (Mech)*
**fixing clamp** *(cable)* **Kabelschelle** *f (Mech)*
**fixing clip Befestigungsschelle** *f (Mech)*
**fixing device Ankerplatte** *f (Bau, Mont)* **Feststellung** *f (Mech)* (Vorrichtung)
**fixing hardware Befestigungsmaterial** *nt (Mech)*
**fixing lug Anschlagauge** *nt (Mech, Mont)* **Befestigungslasche** *f (Mech)* (am Getriebe)
**fixing means Binder** *m (Mech)* (Befestigungsmittel)

**fixing pin Passstift** *m (Mech)*
**fixing point Einband** *m (Mech)* (Seil) **Seileinband** *m (Bg/Bergb, Mech)*
**fixing screw Befestigungsschraube** *f (Mech)*
**fixing sheet Halteblech** *nt (Mech)*
**fixing sleeve Spannhülse** *f (Mech, Mont)* (Lager)
**fixing strap Befestigungslasche** *f (Mech)*
**fixing, complete** complete fixing *adj:n* **vollständige Einspannung** *adj:n (Stb)*
**fixity Einspannung** *f (Stb)*
**fixture Aufspannvorrichtung** *f (Stb)* **Haltevorrichtung** *f (Mech)*
**flake cracks** *pl* **Flockenrisse** *pl m (Form)*
**flake-graphite cast iron Gusseisen mit Lamellengraphit** *(Hütt/Wlz)*
**flaking** *(scaling)* **Schuppung** *f (Schw)* (der Schweißnaht)
**flame arresting Flammenschutz** *m (Chem, Mech)*
**flame chipping Brennputzen** *nt (Hütt/Wlz)*
**flame cleaning Flammstrahlen** *nt (Schw, Hütt/Wlz)*
**flame cut Brennschnitt** *m (Schw, Mont)* **Gasbrennschnitt** *m (Schw, Mech, Mont)*
**flame cut, subsequent** subsequent flame cut *adj:n* **Nachbrennen** *nt (Schw)*
**flame cutter Brennschneider** *m (Schw)*
**flame detector Flammenmelder** *m (Mech)*
**flame gouging Fugenhobeln mit Gas** *(Schw, Mech, Mont)* **autogenes Fugenhobeln** *adj:n (Schw, Mech, Mont)*
**flame hardening Brennhärten** *nt (Schw)* **Flammhärtung** *f (Schw)*
**flame impingement** *(e.g. on tubes, walls)* **Flammenbeaufschlagung** *f (Hütt/Wlz)* (z.B. auf Rohren)
**flame monitor Flammenwächter** *m (Mech, Chem)*
**flame pipe Flammrohr** *nt (Bahn)*
**flame protection Flammschutz** *m (Mech)*
**flame scarfing Brennputzen** *nt (Hütt/Wlz)* **Flämmen** *nt (Hütt/Wlz)*
**flame-cut edge Brennkante** *f (Schw)* **Brennschnittkante** *f (Schw)*
**flame-cut plates** *pl* **Maßbleche** *pl nt (Mech)* (Eisen und Stahl)
**flame-cut surface Brennschnittoberfläche** *f (Schw)*
**flange Flansch** *m (Mech)* **Gurt** *m (Band)* **Krempe** *f (Mech, Mont)* (gestanzt) **Spurkranz** *m (Mech)* (Rad)
**flange angle Gurtwinkel** *m (Stb)*
**flange bearing Flanschlager** *nt (Mech)*
**flange between stages Stufenflansch** *m (Mech)*
**flange body Flanschkörper** *m (Mech)*
**flange bolt Bundbolzen** *m (Mech)*
**flange bush Bundbuchse** *f (Mech)*
**flange clutch Flangenkupplung** *f (Mech)* **Lamellenkupplung** *f (Mech)*
**flange connection Flanschverbindung** *f (Mech)*
**flange crack Krempenriss** *m (Mech, Mont)*
**flange double-joint Flanschdoppelgelenk** *nt (Kfz)*
**flange hub Flanschnabe** *f (Mech)*
**flange in compression Druckflansch** *m (Stb)*
**flange in tension Zugflansch** *m (Stb)*
**flange joint Flanschverbindung** *f (Mech)* **Gurtstoß** *m (Stb)*
**flange mounting Flanschanschluss** *m (Kfz)* **Flanschbefestigung** *f (Mech)*
**flange packing Dichtungsring** *m (Mech)* (Flanschverbindung)
**flange plate Gurtplatte** *f (Band, Mech)* **Lamelle** *f (Mech, Band)* (Gurtplatte, waagerecht)
**flange plate joint Gurtplattenstoß** *m (Stb)*
**flange screw connection Flanschverschraubung** *f (Mech)*
**flange sealing groove Dichtungsrille** *f (Hütt/Wlz)*
**flange section Gurtquerschnitt** *m (Stb)* (Blechträger)
**flange slope Flanschneigung** *f (Mech)*
**flange splice Gurtplattenstoß** *m (Stb)* **Gurtstoß** *m (Stb)*
**flange stiffening Gurtversteifung** *f (Mech)*
**flange taper Flanschneigung** *f (Mech)*
**flange tyre Flanschreifen** *m (Mech)*
**flange width Flanschbreite** *f (Mech)* **Gurtbreite** *f (Band)* (des Blechträgers)
**flange, blind** blind flange *adj:n* **Blindflansch** *m (Mech)*
**flange, cranked** cranked flange *adj:n* **gekröpfter Flansch** *adj:n (Mech)*

**flange, integrally cast** integrally cast flange *adj:n* **angegossener Flansch** *adj:n (Hütt/Wlz)*
**flange, integrally forged** integrally forged flange *adj:n* **angeschmiedeter Flansch** *adj:n (Hütt/Wlz)*
**flange, intermediate** intermediate flange *adj:n* **Zwischenflansch** *m (Mech)*
**flange, lower** lower flange *adj:n* **Unterflansch** *m (Stb)*
**flange, outstanding** outstanding flange *adj:n* **abstehender Schenkel** *adj:n (Stb)*
**flange, riveted** riveted flange *adj:n* **Nietflansch** *m (Stb)*
**flange, threaded** threaded flange *adj:n* **Gewindeflansch** *m (Mech)*
**flange, upper** upper flange *adj:n* **Oberflansch** *m (Stb)* **Obergurt** *m (Stb)* (eines Blechträgers)
**flange, welded** welded flange *adj:n* **Anschweißflansch** *m (Mech)* **Einschweißflansch** *m (Schw)*
**flange-angle splice Gurtwinkelstoß** *m (Stb)*
**flange-planing lathe Flanschhobeldrehbank** *f (Mech, Mont)*
**flanged rim wheel Spurkranzrolle** *f (Mech)*
**flank Flanke** *f (Mech)*
**flank contact** *(gear)* **Flankenanlage** *f (Mech)* (Getriebe)
**flank, backward** backward flank *adj:n* **Rückwärtsflanke** *f (Mech)* (Getriebe)
**flank, falling** falling flank *adj:n (on edges)* **abfallende Flanke** *adj:n* (im Metallbau)
**flank, rising** rising flank *adj:n* **aufsteigende Flanke** *adj:n (Schw)*
**flank, usable** usable flank *adj:n* **nutzbare Flanke** *adj:n*
**flanks, corresponding** corresponding flanks *adj:n* **gleichnamige Flanken** *adj:n (Mech)*
**flanks, opposite** opposite flanks *adj:n* **ungleichnamige Flanken** *adj:n (Mech)*
**flap Klappe** *f (Mech)*
**flap actuating Klappenbetätigung** *f (Bahn)* (Güterwagen)
**flap gate Klapptor** *nt (Mech, Bau)* **Wendeklappe** *f (Mech, Hyd/Pneu)*
**flap valve Klappenventil** *nt (Bahn, Mech)* (Güterwagen)
**flap valve, double** double flap valve *adj:n* **Doppelpendelschleuse** *f (Form)*
**flap, adjustable** adjustable flap *adj:n* **verstellbares Begrenzungsblech** *adj:n (Mech)*
**flare type fitting Bördelverschraubung** *f (Kfz)*
**flared tube Achstrichter** *m (Kfz)*
**flared tube end Bördel** *f (Hütt/Wlz)*
**flaring set Lötlampe** *f (Mont)*
**flash Stichflamme** *f (Hütt/Wlz)*
**flash box Entspanner** *m (Hütt/Wlz)*
**flash point Flammpunkt** *m (Schw)*
**flash pressure Entspannungsdruck** *m (Hütt/Wlz)*
**flash steam Entspannungsdampf** *m (Hütt/Wlz)*
**flash-welding Abbrennstumpfschweißen** *nt (Schw)*
**flasher motor Blinkmotor** *m (Kfz)*
**flasher unit Blinkgeber** *m (El)* (Richtungsanzeiger)
**flashing Abbrennen** *(Schw, Mech, Mont)* **Verwahrung** *f (Stb)*
**flat Flachstahl** *m (Hütt/Wlz)*
**flat belt with rib guided in pulley groove Rillenband** *nt (Band)*
**flat bogie wagon Drehgestellflachwagen ohne Wände** *(Bahn)*
**flat guide-rib belt Keilleistenband** *nt (Mech, Band)*
**flat rail Vignolschiene** *f (Bahn)*
**flat spiral spring Flachspiralfeder** *f (Mech)*
**flat steel base plate gerade Unterlagplatte** *adj:n (Mech)*
**flat wagon with swivel bolster Drehschemelwagen** *m (Bahn)*
**flat-base rim Flachbettfelge** *f (Kfz)*
**flat-belt conveyor Flachgurtförderer** *m (Band)*
**flat-body side-discharging wagon Flachbodenseitenentladewagen** *m (Bahn)*
**flat-bottom ditch Trapezgraben** *m (Bg/Bergb)*
**flat-bottom rail Breitfußschiene** *f (Stb)* **Vignolschiene** *f (Bahn)*
**flat-head bolt Bolzen mit Flachkopf** *(Mech)* **Flachrundschraube** *f (Mech, Mont)*
**flat-head screw Senkschraube** *f (Mech)*
**flatbed car Flachwagen** *m (Bahn)*
**flats** *pl* **Flacheisen** *nt (Hütt/Wlz)* **Flacherzeugnisse** *pl nt (Hütt/Wlz)*

**flats, grooved** grooved flats *adj:n* **Hufstollenstahl** *m (Hütt/Wlz)*
**flattened strand rope Dreikantlitzenseil** *nt (Mech)*
**flattening Anflachung** *f (Form)*
**flattening** *(e.g. of a rope)* **Abplattung** *f (Mech)* (z.B. Seil)
**flattening** *(of a wheel)* **Abflachung** *f (Mech)* (eines Rades, einer Rolle)
**flattening test** *(of tubes)* **Quetschversuch** *m (Stb)* (von Rohren)
**flaw Anriss** *m (Mech, Allg)* (Sprung, Ritz) **Defekt** *m (Mech, Allg)* (Störung, Fehler; z.B. eines Gerätes)
**flaw combination Fehlerzusammenfassung** *f (Form)*
**flaw depth** *(depth location of a flaw)* **Fehlertiefe** *f (Form)* (z.B. beim Bruch, Riss)
**flaw detectability Erkennbarkeit von Fehlern** *(Form)* **Fehlernachweisbarkeit** *f (Allg)*
**flaw detection sensitivity Fehlernachweisempfindlichkeit** *f (Allg)*
**flaw detection test Rissprüfung** *f (Mech)*
**flaw dislocation** *(flaw distribution)* **Fehlerverteilung** *f (Form)* (z.B. an einem Bauteil)
**flaw distance Fehlerabstand** *m (Hütt/Wlz)*
**flaw extension Fehlerausdehnung** *f (Form)*
**flaw external, longitudinal** external longitudinal flaw **Außen-Längsfehler** *m (Form)*
**flaw internal, longitudinal** internal longitudinal flaw *adj:n* **Innen-Längsfehler** *m (Schw)*
**flaw location Fehlerortung** *f (Form)*
**flaw size Fehlergröße** *f (Form)*
**flaw size determination Fehlergrößenbestimmung** *f (Allg)*
**flaw size, reduced** reduced flaw size *adj:n* **reduzierte Fehlergröße** *adj:n (Hütt/Wlz)*
**flaw, external** external flaw **Außenfehler** *m (Form)*
**flaw, incipient** incipient flaw *adj:n* **Anbruch** *m (Mech)*
**flaw, plane** plane flaw *adj:n* **flächiger Fehler** *adj:n (Mech)*
**fleet of goods wagons** *BE* **Güterwagenpark** *m (Bahn)*
**flexibility Biegbarkeit** *f (Form)* (Biegsamkeit, Biegfähigkeit)
**flexibility** *(of the boiler)* **Einstellelastizität** *f (Hütt/Wlz)*
**flexibility in operation Betriebselastizität** *f (Hütt/Wlz)*
**flexibility of hydraulic power and control devices Vielseitigkeit hydraulischer Betätigungs- und Steuergeräte** *(Mech, Hyd/Pneu)*
**flexibility of the coat Elastizität des Auftrages** *(Form)*
**flexible bellows joint Balgkompensator** *m (Hütt/Wlz)* (z.B. in Leitungen)
**flexible cable on messenger wire Tragseilkabel** *nt (Mech)*
**flexible cable pass Kabelübergang** *m (Mech)* **Übergang** *m (Mech)* (Kabel)
**flexible disc Gelenkscheibe** *f (Mech)* (für elastische Kupplung)
**flexible part Biegeteil** *m (Form)*
**flexible-material element Dehnstoffarbeitselement** *nt (Bg/Bergb)*
**flexural moment Biegemoment** *nt (Stat, Form)*
**flexural strength Biegefestigkeit** *f (Form)*
**flexural strength, computed** computed flexural strength *adj:n* **errechnete Biegefestigkeit** *adj:n (Mech)*
**flexure Biegung** *f (Stat)*
**flexure formula Biegegleichung** *f (Mech)*
**flexure turnout, contrary** contrary flexure turnout *adj:n* **Außenbogenweiche** *f (Bahn)*
**flint Feuerstein** *m (Bg/Bergb)*
**flint clay Tonstein** *m (Geo)*
**flip-type switch Klappenweiche** *f (Bahn)*
**flippers** *pl* **Lenkrollenstuhl** *m (Band)* **Pendelrollenstation** *f (Band)*
**float Schwimmer** *m (Mech)*
**float** *(off-time)* **Pufferzeit** *f (Mech)* (Interimzeit)
**float chamber Schwimmergehäuse** *nt (Mech)*
**float needle Schwimmernadel** *f (Mech)*
**float valve Schwimmerventil** *nt (Hyd/Pneu)* **Ventil mit schwimmenden Kolben** *(Hyd/Pneu)*
**floating Pufferung** *f* (Ladegerät)
**floating axle Steckachse** *f (Bg/Bergb)*
**floating bearing hydraulisch entlastetes Lager** *adj:n (Mech, Hyd/Pneu)* **schwimmendes Lager** *adj:n (Mech)*
**floating bearing side Loslagerseite** *f (Mech)*

**floating body Schwimmkörper** *m (Stb)*
**floating crane Schwimmkran** *m (Bg/Bergb, Mont)*
**floating device Pufferung** *f* (Ladegerät)
**floating dredger Schwimmbagger** *m (Bg/Bergb)*
**floating piston schwimmender Kolben** *adj:n (Mech)* (Schmieranlage)
**floating position** *(e.g. of the boom)* **Schwimmstellung** *f (Bg/Bergb)*
**floating side Losseite** *f (Mech)* **Pendelseite** *f (Umschl, Mech)*
**floating support Pendelstütze** *f (Mech, Stb)*
**flood lamp Arbeitsscheinwerfer** *m (El)*
**flood span Flutbrücke** *f (Stb)*
**floodlight** *(El)* **Flutlicht** *nt (El)* (z.B. am Hubschrauber) **Scheinwerfer** *m (El)*
**floor Bühne** *f (Mech)* **Etage** *f (Bg/Bergb)* **Sohle** *f (Geo, Bg/Bergb)*
**floor arch** *(for drainage)* **Sohlenbogen** *m (Stb)* (im Tunnelbau)
**floor conveyors** *pl* **Flurförderzeug** *nt (Kfz)* (z.B. Gabelstapler)
**floor cover Bodenbelag** *m (Mech)*
**floor frame Bodenrahmen** *m (Kfz)*
**floor line Bodenlinie** *f (Mech)*
**floor loading Deckenbelastung** *f (Stb)* **Deckenlast** *f (Stb)*
**floor of a trench Grabensohle** *f (Geo)*
**floor of pit Tagebausohle** *f (Bg/Bergb)*
**floor of seam Liegendes** *nt (Bg/Bergb)* (eines Flözes)
**floor plate Bodenplatte** *f (Mech)* **Fahrbahnplatte** *f (Stb)*
**floor system Fahrbahnrost** *m (Stb)*
**floor, inserted** inserted floor *adj:n* **Einschubdecke** *f (Bau)*
**floor, main** main floor *adj:n* **Fondboden** *m (Kfz)*
**floor, retractable** retractable floor *adj:n* **Rollboden** *m (Bg/Bergb)* (Schürfkübel)
**floor, suspended** suspended floor *adj:n* **Hängedecke** *f (Stb)*
**floor, upper** upper floor *adj:n* **Obergeschoss** *nt (Bau)*
**flooring Beläge** *pl m (Hütt/Wlz)* (Gitterrost)
**flooring Bodenbelag** *m (Mech)* **Fahrbahn** *f (Stb)* (auf einer Brücke)
**flooring plate Belagblech** *nt (Mech)*
**flop adjustment Klappenverstellung** *f (Mech)*
**flopgate Wendeklappe** *f (Mech, Hyd/Pneu)*
**flopgate adjuster EUBA-Gerät** *nt (Mech)* **Verstellgerät** *nt (Mech)* (Klappenverstellung)
**flotation plant Flotationsanlage** *f (Aufb)*
**flow Öldurchfluss** *m (Hyd/Pneu)* **Umlauf** *m (Hyd/Pneu, Mech)* (Kreislauf des Kühlwassers) **Zufluss** *m (Hyd/Pneu)*
**flow capacity Durchflussgeschwindigkeit** *f (Hyd/Pneu)* **Durchflussstrom** *m (El)*
**flow control Durchflussüberwachung** *f (Hyd/Pneu)* **Mengenregelung** *f (Hyd/Pneu)*
**flow control adaptor block Gleichrichterplatte** *f (Hyd/Pneu)*
**flow detector Durchflussanzeiger** *m (Hyd/Pneu)*
**flow deviation Strahlablenkung** *f (Hyd/Pneu)* **Strömungsablenkung** *f (Hyd/Pneu)*
**flow diagram Fertigungsablaufplan** *m (Mech)* **Strömungsdiagramm** *nt (Hyd/Pneu)*
**flow divider Mengenteiler** *m (Bg/Bergb, Mech)*
**flow improver** *(diesel engine)* **Fließverbesserer** *m (Mech)* (Dieselmotor)
**flow indicator Durchflussanzeiger** *m (Hyd/Pneu)* **Strömungswächter** *m (Hyd, El)*
**flow limiting device Durchflussbegrenzer** *m (Hyd/Pneu)*
**flow loss Strömungsverlust** *m (Hyd/Pneu)*
**flow meter Durchflussmesser** *m (Hyd/Pneu)* **Mengenmessgerät** *nt (Hyd/Pneu)* (Tank)
**flow monitor Durchflusswächter** *m (Hyd/Pneu)* **Strömungswächter** *m (Hyd, El)*
**flow of material Fördergutstrom** *m (Band, Umschl)* (Förderband) **Materialfluss** *m (Band, Umschl)*
**flow of material, direct** to direct the flow of material *n:v* **Regulierung des Fördergutstromes** *(Bg/Bergb, Umschl, Band)*
**flow outlet Ölausfluss** *m (Mech)*
**flow outlet, free** free flow outlet *adj:n* **freier Ölausfluss** *adj:n (Mech)*

**flow path Flussrichtung** *f (Hyd/Pneu)* **Strömungsstrecke** *f (Hyd/Pneu)*
**flow position Durchflussstellung** *f (Hyd/Pneu)*
**flow rate Durchflussgeschwindigkeit** *f (Hyd/Pneu)*
**flow rate control Regelung des Förderstroms** *(Mech)*
**flow regulator Durchflussregler** *m (Hyd/Pneu)* **Stromregler** *m (Hyd/Pneu)* (Flussregler)
**flow requirement Strömungsbedarf** *m (Hyd/Pneu)*
**flow setting device Einstellvorrichtung für die Fördermenge** *(Umschl)*
**flow steadying distance Materialberuhigungsstrecke** *f (Band, Umschl)* (Fördergut)
**flow switch Durchflusswächter** *m (Hyd/Pneu)*
**flow traverse Pitot-Messung** *f (Hütt/Wlz)*
**flow velocity Strömungsgeschwindigkeit** *f (Hyd/Pneu)*
**flow, double** double flow *adj:n* **Doppelbeaufschlagung** *f (Hyd/Pneu)* (der Hydraulikpumpen)
**flow, high** high flow *adj:n (e.g. in cooling system)* **Schnellfluss** *m (Mech)* (z.B. Kühlsystem)
**flow, volumetric** volumetric flow *adj:n* **Volumenstrom** *m (Hyd/Pneu)*
**flow-control throttle Drosselregelung** *f (Kfz)*
**flow-control valve Mengenregelventil** *nt (Hyd/Pneu)*
**flow-on-demand control Bedarfssteuerung** *f (Kfz)*
**flowing characteristics** *pl* **Fließverhalten** *nt (Mech)* (Fördergut)
**flowmetering Mengenmessung** *f (Mech)* (flüssiger und gasförmiger Medien)
**fluctuating load Wechsellast** *f (Hütt/Wlz)*
**flue cross sectional area Rauchgaskanalquerschnitt** *m (Hütt/Wlz)*
**flue gas Abgas** *nt (Hütt/Wlz)* **Rauchgas** *nt (Chem)*
**flue gas by-pass damper Rauchgasumführungsklappe** *f (Hütt/Wlz)*
**flue gas constituents** *pl* **Rauchgasbestandteile** *pl m (Hütt/Wlz)*
**flue gas damper Rauchgasklappe** *f (Hütt/Wlz)*
**flue gas outlet damper Rauchgasschieber** *m (Hütt/Wlz)*
**flue gas recirculation Rauchgasrücksaugung** *f (Hütt/Wlz)*
**flue gas recirculation duct Rauchgasrückführungskanal** *m (Hütt/Wlz)*
**flue gross cross sectional area Brutto-Rauchgaskanalquerschnitt** *m (Hütt/Wlz)*
**fluid container Flüssigkeitsbehälter** *m (Kfz)*
**fluid coupling hydraulische Kupplung** *adj:n (Mech)*
**fluid distributor Flüssigkeitsverteiler** *m (Hyd/Pneu)*
**fluid drive hydraulischer Antrieb** *adj:n (Mech, Hyd/Pneu)*
**fluid element Stromfaden** *m (Hyd/Pneu)*
**fluid flow Strömung** *f (Hyd/Pneu)*
**fluid jet Flüssigkeitsstrahl** *m (Hyd/Pneu)*
**fluid level indicator Ölstandsanzeiger** *m (Mech, Hyd/Pneu)*
**fluid level measurement Füllstandsmessung** *f (Allg)*
**fluid motor Druckölmotor** *m (Mech, Hyd/Pneu)*
**fluid pressure Flüssigkeitsdruck** *m (Hyd/Pneu)*
**fluid transmission Strömungsgetriebe** *nt (Mech)* (Gabelstapler)
**fluid type starting coupling Flüssigkeitsanlaufkupplung** *f (Mech)*
**fluidity improver** *(diesel engine)* **Fließverbesserer** *m (Mech)* (Dieselmotor)
**fluorine Fluor** *nt (Bg/Bergb)*
**flush Fluchtlinie** *f (Mech)*
**flush-type fluid indicator Schwimmer-Flüssigkeitstandanzeiger** *m (Mech)*
**flushing Flucht** *f (Mech, Bau)* (Bündigkeit)
**flushing block Spülblock** *m (Hyd/Pneu)*
**flushing oil Spülöl** *nt (Mech, Hyd/Pneu)*
**flushing valve Ausspeiseventil** *nt (Hyd/Pneu)* **Spülventil** *nt (Hyd/Pneu)*
**flute Furche** *f (Mech)* **Nute** *f (Mech)* **Rille** *f (Mech)*
**flute bottom Rinnenboden** *m (Stb)*
**fluted spool keeper Rillenspulenhalter** *m (Mech)*
**fluting Riffelung** *f (Hütt/Wlz)*
**flutter Flattern** *nt (Mech)* (z.B. einer Brücke)

**flux** *(for slag and welding)* **Flussmittel** *nt (Schw)* **Schweißmittel** *nt (Schw)*
**fluxing Fließen** *nt (Hütt/Wlz)*
**fly ash Feinstaub** *m (Zer)* **Flugasche** *f (Hütt/Wlz)*
**fly ash coarse particles** *pl* **Grobstaub** *m (Mech, Bau)* **grober Staub** *adj:n (Mech, Bau)*
**fly ash hopper Flugaschentrichter** *m (Hütt/Wlz)* **Flugkokstrichter** *m (Hütt/Wlz)*
**fly ash refiring Flugaschenwiederaufgabe** *f (Hütt/Wlz)*
**fly ash retention Flugascheneinbindung** *f (Hütt/Wlz)*
**fly ash return Flugaschenrückführung** *f (Hütt/Wlz)* (Staubfeuerung)
**fly ash separator Flugstaubzyklonabscheider** *m (Hütt/Wlz)*
**fly ash slag tapping Flugascheneinschmelzung** *f (Hütt/Wlz)*
**fly ash storage bin Flugaschensammelbunker** *m (Hütt/Wlz)*
**fly cutter Schlagfräser** *m (Hütt/Wlz)*
**fly pump Flügelzellenpumpe** *f (Hyd/Pneu)*
**fly weight Fliehgewicht** *nt (Stat)*
**flyer chain Flyerkette** *f (Mech)*
**flywheel Schwungrad** *nt (Zer)* **Schwungscheibe** *f (Zer)*
**flywheel clutch Hauptkupplung** *f (Kfz)*
**flywheel clutch control Hauptkupplungsgestänge** *nt (Kfz)*
**flywheel coupling Schwungradkupplung** *f (Mech)*
**flywheel starter-generator ignition Schwungrad-Lichtanlasszünder** *m (Mech, El)*
**foam extinguisher Schaumlöscher** *m (Mech)* (Feuerlöscher)
**foam rubber component Schaumgummiteil** *nt (Mech)*
**fodder fermenting silo Gärfuttersilo** *m (Stb)*
**foil coating Folienbeschichtung** *f (Mech)*
**fold Falz** *m (Form)* (Faltung)
**folding bench** *(for machine)* **Abkantbank** *f (Mont, Werkz)*
**folding bow Faltspriegel** *m (Kfz)*
**folding door Falttür** *f (Kfz)*
**folding machine** *(canting machine)* **Abkantmaschine** *f (Mech)*
**folding press Abkantpresse** *f (Mech)*
**folding test Faltversuch** *m (Stb)*
**folding-down device Umlegeeinrichtung** *f (Bg/Bergb)* (für Ramme)
**foldings** *pl* **Faltungen** *pl f (Bau)*
**follow-up nut Nachführspindel** *f (Mech)*
**follow-up, mechanical** mechanical follow-up *adj:n* **mechanisches Gestänge** *adj:n (Mech)*
**follower Manschette** *f (Mech)* (Ventilstößel) **Mitnehmer** *m (Mech)* (Anschlag, Nase) **Nachlaufregler** *m (Mech)*
**follower pin Mitnehmerbolzen** *m (Mech)*
**following bearing Mitnehmerlager** *nt (Mech)*
**following conveyor abförderndes Band** *adj:n (Band)*
**foot Schenkel** *m (Stb)*
**foot bolt Fußschraube** *f (Mech)*
**foot conveyor press Fußpresse für Fördergeräte** *(Band, Umschl)*
**foot dip-switch Fußabblendschalter** *m (El, Mech)*
**foot mounting Fußbefestigung** *f (Kfz)*
**foot of pile Fuß der Halde** *(Umschl, Bg/Bergb)*
**foot of slope Böschungsunterkante** *f (Bg/Bergb)*
**foot of the ramp Fußpunkt der schiefen Ebene** *(Mech)*
**foot pedal valve Trittplattenventil** *nt (Mech)* (Fußpedal)
**foot plate Fußblech** *nt (Zer)*
**foot rail Vignolschiene** *f (Bahn)*
**foot rest Fußstütze** *f (Kfz)*
**foot starter-switch Fußanlassschalter** *m (Mech, El)*
**foot wall** *(in gold mining)* **Liegendes** *nt (Bg/Bergb)* (eines Flözes)
**foot-mounted gearbox Vollwellengetriebe** *nt (Mech)*
**foot-mounting Fuß** *m (Zer)*
**foot-switch type Fußschalterausführung** *f (El)*
**footboard Trittbrett** *nt (Bahn, Mech)* (Kfz, Wagon)
**footing Getriebefuß** *m (Mech)*
**footing, single** single footing *adj:n* **Einzelgründung** *f (Bau)*
**footplate Lokomotivführerstand** *m (Bahn)* (Dampflok)
**footsteps** *pl (ladder to foot plate)* **Lokführereinstieg** *m (Bahn)* (Dampflok)

**force Gewalt** *f (Mech, Stat)* **Kraft** *f (Mech, Stat)*
**force acting in any direction beliebig gerichtete Kraft** *adj:n*
**force couple** *(coupler, torque)* **Kräftepaar** *nt (Mech, Stat)*
**force diagram Kräfteplan** *m (Stb)*
**force for plowing through the material Räumkraft** *f*
**force in a member Stabkraft** *f (Mech, Stat, Stb)*
**force introduced into flange** *(belt)* **Gurtkraft** *f (Band)*
**force line Kraftlinie** *f (Stb)*
**force line course Kraftlinienverlauf** *m (Stb)*
**force of sectioning Schnittkraft** *f (Hütt/Wlz)*
**force parallelogram Kräfteparallelogramm** *nt (Mech, Stat)*
**force polygon Krafteck** *nt (Mech, Stat)* **Kräftepolygon** *nt (Mech, Stat)*
**force scale Kräftemaßstab** *m (Stb)*
**force system Kräfteplan** *m (Stb)*
**force triangle Kräftedreieck** *nt (Mech, Stat)*
**force, additional** additional force *adj:n* **Zusatzkraft** *f (Stat)*
**force, applied** applied force *adj:n* **Aktionskraft** *f (Mech, Phys)* **eingeprägte Kraft** *adj:n (Mech, Phys)*
**force, centered** centered force *adj:n* **Axialkraft** *f (Stb)* (zentrische Kraft) **zentrische Kraft** *adj:n (Stb)*
**force, centrifugal** centrifugal force *adj:n* **Schwungmasse** *f (Mech, Stat)* **Zentrifugalkraft** *f (Stat)*
**force, elastic** elastic force *adj:n* **Spannkraft** *f (Stat)*
**force, external** external force *adj:n* **äußere Kraft** *adj:n (Stat)* **Lastkraft** *f (Hyd/Pneu)*
**force, increased** increased force *adj:n* **Kraftverstärkung** *f (Mech)*
**force, inertial** inertial force *adj:n* **Massenkraft** *f (Stat)*
**force, internal** internal force *adj:n* **innere Kraft** *adj:n (Stat)*
**force, lateral** lateral force *adj:n* **horizontale Querkraft** *adj:n (Stat)* **Seitenkraft** *f (Mech, Stat)*
**force, longitudinal** longitudinal force *adj:n* **horizontale Längskraft** *adj:n (Stat)*
**force, peripheral** peripheral force *adj:n* **Umfangskraft** *f (Mech, Stat)*
**force, rotary** rotary force *adj:n* **Drehkraft** *f (Mech)*
**force, tangential** tangential force *adj:n* **Tangentialkraft** *f (Stat)*
**force, torsional** torsional force *adj:n* **Drehkraft** *f (Mech)* (Verdrehungskraft) **Drehmoment** *nt (Form)* (unerwünschte Torsion)
**force, vertical** vertical force *adj:n* **vertikale Kraft** *adj:n (Stat)*
**forced-circulation boiler Zwangumlaufkessel** *m (Hütt/Wlz)*
**forced-draught compartment Unterwindzone** *f (Hütt/Wlz)* **Zone** *f (Hütt/Wlz)* (Rost)
**forced-draught fan Frischluftventilator** *m (Hütt/Wlz)* **Unterwindventilator** *m (Hütt/Wlz)*
**forced-feed lubrication Druckumlaufschmierung** *f (Mech)* (Vorgang)
**forced-oil lubrication Druckölschmierung** *f (Mech)*
**forcing bolt Druckbolzen** *m (Form)*
**forcing screw Abdrückschraube** *f (Aufb)*
**forehead joint Stirnstoß** *m (Mech)*
**foreign-part drawing Fremdteilzeichnung** *f (Stb)*
**foreman** *(Mont Allg, Bau, Bg/Bergb)* **Bauführer** *m (Mont)* **Schachtmeister** *m (Bg/Bergb)* (Vorarbeiter) **Vorarbeiter** *m (Mont)*
**forerunner Vorläufer** *m (Mech, Allg)* (mit wesentlichen Änderungen)
**forge Hammerwerk** *nt (Hütt/Wlz, Mech)* **Schmiede** *f (Hütt/Wlz, Mech)*
**forge draft Gesenkschräge** *f (Hütt/Wlz)*
**forge hammer Schmiedehammer** *m (Mont, Werkz)*
**forge welding Feuerschweißen** *nt (Schw)*
**forge, mobile** mobile forge *adj:n* **Feldschmiede** *f (Mech)*
**forgeability Schmiedbarkeit** *f (Hütt/Wlz)*
**forging Schmiedestück** *nt (Mech)* **Schmiedeteil** *nt (Hütt/Wlz)*
**forging / welding construction Schmiede-Schweiß-Konstruktion** *f (Hütt/Wlz, Schw)*
**forging blank Schmiederohling** *m (Hütt/Wlz)*

**forging bur Abgratnase** *f (Mech)* (beim Schmieden)
**forging contour Schmiedekontur** *f (Hütt/Wlz)*
**forging crack Schmiederiss** *m (Hütt/Wlz)*
**forging die Gesenk** *nt (Hütt/Wlz)*
**forging drawing Schmiedestückzeichnung** *f (Hütt/Wlz)*
**forging from two different grades Zweistoff-Schmiedestück** *nt (Hütt/Wlz)*
**forging press Schmiedepresse** *f (Hütt/Wlz)*
**forging steel Schmiedestahl** *m (Mech, Hütt/Wlz)*
**forging test** *(test of forgings)* **Schmiedeteilprüfung** *f (Hütt/Wlz)*
**fork Gabel** *f (Kfz)* (z.B. des Gabelstaplers) **Koppel** *f (Bg/Bergb)* **Zinke** *f (Mech)*
**fork adjusting device Zinkenverstellgerät** *nt (Mech)* (der Gabeln)
**fork axle Gabelachse** *f (Kfz)*
**fork bearing Gabellagerung** *f (Mech)*
**fork carriage Gabelträger** *m (Kfz)*
**fork clamp Klammergabel** *f (Mech)*
**fork clamp with turnable forks Drehgabelklammer** *f (Kfz)*
**fork clamp, rotary** rotary fork clamp *adj:n* **drehbare Klammergabel** *adj:n (Mech)*
**fork hook Pratze** *f* (Lasthaken)
**fork joint Gabelgelenk** *nt (Kfz)*
**fork lever Gabelhebel** *m (Kfz)*
**fork lever shaft Gabelhebelwelle** *f (Kfz)*
**fork rod Lenkerstange** *f (Mech, Kfz)*
**fork tappet Mitnehmergabel** *f (Mech)*
**fork-sprocket chain Gabellaschenkette** *f (Bg/Bergb)*
**forklift Gabelstapler** *m (Mech)*
**forklift roller Hubstaplerrolle** *f (Bahn)*
**forklift truck Gabelstapler** *m (Mech)* **Stapler** *m (Mech, Umschl)*
**forklift trucks** *pl AE* **Flurförderzeug** *nt (Kfz)* (z.B. Gabelstapler)
**form** *(figure, shape)* **Form** *f (Geo, Mech, allg)* (Gestalt, Struktur)
**form factor** *BE* **Querschnittsformbeiwert** *(Stb)*
**formability Formbarkeit** *f (Hütt/Wlz)* (z.B. des warmen Stahls)
**formation** *(e.g. of a seam)* **Bildung** *f (Geo)* (eines Flözes) **Schichtenbildung** *f (Geo)* (Flöz)
**formation of flat spots** *(by braking)* **Flachstellenbildung** *f (Mech)* (am Wagonrad)
**formation of foam** *(fault on oil duct)* **Schaumbildung** *f (Mech)* (Fehler in Ölleitung)
**formation of layers** *(flame)* **Strähnenbildung** *f (Hütt/Wlz)* (Flamme)
**formation of plastic hinges Bildung von plastischen Gelenken** *(Stb)*
**formation of skulls Bärenbildung** *f (Hütt/Wlz)*
**formation width Planungsbreite** *f (Bau)*
**formed end plate of belt idler Rollenboden** *m (Band, Umschl)*
**formed end plate of pulley Trommelboden** *m (Mech)*
**forming Formgebung** *f (Hütt/Wlz)* **Verformung** *f (Hütt/Wlz)* (Formgebung)
**forming Bearbeitung** *f (Mech, Mont)* (spanlos)
**forming roller unit** *(steel works)* **Abzugsgerüst** *nt (Stb)* (Hüttenwerk)
**forming the edges Formen der Flanke** *(Stb)*
**forming tool Formwerkzeug** *nt (Werkz)*
**forming, cold** cold forming *adj:n* **Kaltformgebung** *f (Stb)* **Kaltformung** *f (Stb)* **Kaltumformen** *nt (Form)*
**formwork Schalung** *f (Stb)* (Beton) **Verschalung** *f (Bau, Stb)* (im Betonbau)
**formwork board Schalbrett** *nt (Mont, Bau)*
**formwork panel Schalungsplatte** *f (Bau)*
**fortuitous variable Zufallsveränderliche** *f (Stb)*
**forty-foot container Vierzig-Fuß-Container** *m (Bahn)* **Zwölfmeter-Container** *m (Mech)*
**forward and sides discharge skip Dreiseitenkippmulde** *f (Kfz)*
**forward clutch Vorwärtskupplung** *f (Mech)*
**forward discharge skip Frontkippmulde** *f (Kfz)*
**forward flank Vorwärtsflanke** *f (Mech)* (Getriebe)
**forward gear Vorwärtsgang** *m (Mech)*
**forward movement of a piston Vorlauf eines Kolbens** *(Mech)*
**forward oil Ölvorlauf** *m (Mech)*
**forward shifting of the center of gravity Vorderlastigkeit** *f (Mech, Stat)*
**forward travel of a piston Vorlauf eines Kolbens** *(Mech)*

**forward travel path Einfahren** *nt (Hütt/Wlz)* (des Rußbläsers)
**forward-control truck tractor Frontlenker** *m (Kfz)* **Frontlenkerzugmaschine** *f (Kfz)*
**forwarding conveyor Zwischenband** *nt (Umschl, Band)*
**fouling** *(with other teeth)* **Anstoßen** *nt (Bg/Bergb)* (von Zahnkopfkanten)
**foundation Fundament** *nt (Bau)* **Grundmauerwerk** *nt (Bau)*
**foundation block Fundamentklotz** *m (Mech, Mont)*
**foundation bolt Ankerschraube** *f (Stb)* **Fundamentschraube** *f (Mech)*
**foundation column Fundamentsäule** *f (Bau)*
**foundation contractor Tiefbauunternehmer** *m (Bau)*
**foundation exploration in-situ Baugrunderkundung im Feld** *(Bau)*
**foundation nut, special** special foundation nut **Ankermutter** *f (Form)*
**foundation of blast furnace Ofenstütze** *f (Stb)* (Hochofen)
**foundation pit Fundamentgrube** *f (Mech, Bau)*
**foundation plan Fundamentplan** *m (Zer, Mech)*
**foundation stone Grundstein** *m (Bau)* (Gründung)
**foundation work Fundamentarbeiten** *pl f (Bau)* **Tiefbau** *m (Bau)* (Gründungsarbeiten)
**foundation, deep** deep foundation *adj:n* **Tiefgründung** *f (Bau)*
**foundation, sinking** sinking foundation *adj:n* **absinkendes Fundament** *adj:n (Bau)*
**foundry Gießerei** *f (Hütt/Wlz)*
**foundry auxiliary material Gießerei- und Stahlwerksbedarf** *(Hütt/Wlz)*
**foundry casting bay Gießhalle** *f (Hütt/Wlz)*
**foundry cement Hüttenzement** *m (Hütt/Wlz)*
**foundry product Gießereierzeugnis** *nt (Hütt/Wlz)*
**foundry technology Hüttentechnik** *f (Hütt/Wlz)*
**four point bearing Vierpunktlager** *nt (Mech)*
**four-axle bogie vierachsiger Drehgestelllaufwagen** *adj:n (Bahn)*
**four-cycle engine Viertaktmotor** *m (Mech)*
**four-cylinder four-stroke diesel engine Vierzylinder-Viertakt-Dieselmotor** *m (Mech, Umschl)*
**four-side area vierseitige Fläche** *adj:n (Stb)*
**four-speed shift Viergangschaltung** *f (Mech)*
**four-speed shift transmission Viergang-getriebe** *nt (Mech)*
**four-way connector** *(cross)* **Kreuzstück** *nt (Mech)* (z.B. für Rohrleitung)
**four-way coupling Kreuzverschraubung** *f (Mech)*
**four-way valve Vierwege-Ventil** *nt (Mech)*
**four-wheel bogie Ausgleichsschwinge** *f (Bg/Bergb)* (Raupenfahrwerk) **Vierradschwinge** *f (Bg/Bergb)* (des Schaufelradbaggers)
**four-wheel brake Vierradbremse** *f (Mech)*
**four-wheel drive Vierradantrieb** *m (Mech)*
**four-wheel drive truck Allrad-Lastkraftwagen** *m (Kfz)*
**four-wheel equalizer beam Fahrwerksschwinge** *f (Bg/Bergb, Mech)*
**four-wheel steering Vierradlenkung** *f (Mech)*
**fraction Bruchteil** *m (Bau)*
**fraction expansion, continued** continued fraction expansion *adj:n* **Kettenbruchentwicklung** *f (Mech)*
**fractional horsepower drive Kleinstmotorenantrieb** *m (Mech)*
**fracture Bruch** *m (Mech, Allg)* **Bruchstelle** *f (Mech, Allg)*
**fracture appearance Bruchaussehen** *nt (Stb)*
**fracture caused by torsional force Torsionsgewaltbruch** *m (Mech)*
**fracture of set piston Stellkolbenbruch** *m (Mech)*
**fracture resulting from fluctuating stress Schwellbruch** *m (Mech, Stat)* **Schwingbruch** *m (Mech, Stat)*
**fracture surface Bruchfläche** *f (Mech)*
**fracture, brittle** brittle fracture *adj:n* **Sprödbruch** *m (Stb)* **Trennbruch** *m (Stb)*

**fracture, ductile** ductile fracture *adj:n* **Verformungsbruch** *m (Stb)*
**fracture, fine-grained** fine-grained fracture *adj:n* **feinkörniger Bruch** *adj:n (Stb)*
**fracture, incipient** incipient fracture *adj:n* **Anbruch** *m (Mech)*
**frame Bock** *m (Mech)* (Gestell) **Rahmen** *m (Mech)* **Skelett** *nt (Mech)* (Tragwerk)
**frame** *(portal)* **Portal** *nt (Stb)* (Rahmen) **Rahmen** *m (Stb)* (Portal)
**frame** *(with rigid joints)* **Stabwerk** *nt (Stb, Mech)*
**frame articulation Knickrahmenlenkung** *f (Mech)* **Zentralgelenk** *nt (Mech)* (für Knicklenkung)
**frame center rest Rahmenbrille** *f (Mech)*
**frame column Rahmenständer** *m (Stb)* **Rahmenstütze** *f (Stb)* (Ständer)
**frame corner Rahmenecke** *f (Stb, Mech)*
**frame crane Bockkran** *m (Mech)* (kleiner Portalkran)
**frame extension Rahmenverlängerung** *f (Mech)*
**frame fork Rahmengabel** *f (Mech)*
**frame girder Gerüstträger** *m (Mont, Form)* **Rahmenträger** *m (Stb)*
**frame leg Rahmenständer** *m (Stb)* **Rahmenstütze** *f (Stb)* (Ständer)
**frame member Fachwerksstab** *m (Mech, Stb)*
**frame screen Rahmengitter** *nt (Mech)*
**frame side member Längsträger** *m (Stb, Bg/Bergb)* (des Bagger-Oberwagens)
**frame size Baugröße** *f (Mech)* **Motortype** *f (Mech)*
**frame transom Rahmenriegel** *m (Stb)*
**frame trussing Rahmenunterzug** *m (Mech)*
**frame water balance Rahmenwasserwaage** *f (Mont)*
**frame, annular** annular frame *adj:n* **Ringträger** *m (Bg/Bergb)*
**frame, articulated** articulated frame *adj:n* **Knickrahmen** *m (Mech)* (z.B. beim Radlader) **Knickrahmenlenkung** *f (Mech)*
**frame, auxiliary** auxiliary frame *adj:n* **Hilfsrad** *nt (Mech)*
**frame, elevated** elevated frame *adj:n* **Hochrahmen** *m (Mech)*
**frame, hinged** hinged frame *adj:n* **Gelenkrahmen** *m (Stb)*
**frame, incomplete** incomplete frame *adj:n* **verschiebliches System** *adj:n (Stb, Stat)*
**frame, lower** lower frame *adj:n* **Unterrahmen** *m (Mech, Bahn)*
**frame, redundant** redundant frame *adj:n* **statisch unbestimmtes System** *adj:n (Stb, Stat)* (Fachwerk)
**frame, rigid** rigid frame *adj:n* **biegefester Rahmen** *adj:n (Stb)* **Steifrahmen** *m (Stb)*
**frame, three-hinged** three-hinged frame *adj:n* **Dreigelenkrahmen** *m (Stb)*
**frame, tubular** tubular frame *adj:n* **Rohrrahmen** *m (Mech)*
**frame, upper** upper frame *adj:n* **Oberteil** *nt (Bg/Bergb, Zer, Umsch)* **Oberwagen** *m (Mech)*
**framework Gerippe** *nt (Mech)* (Rahmen einer Maschine) **Gestell** *nt (Mech)* **Maschinenrahmen** *m (Bg/Bergb)*
**framework axis Ofengerüstachse** *f (Stb)* (Hochofen)
**framing of beams Balkenlage** *f (Stb)*
**free air space in grate freie Rostfläche** *adj:n (Hütt/Wlz)*
**free cutting steel Automatenstahl** *m (Form)* (z.B. Massenschrauben)
**free margin** *(on a drawing board)* **Zusatzfläche** *f (Stb)*
**free swelling index** *(ash analysis)* **Schwellzahl** *f (Hütt/Wlz)* (Aschenuntersuchung)
**free-run distance Freilaufweg** *m (Bahn)* (eines Wagons)
**free-swing** *(upper on undercarriage)* **Freilauf** *m (Mech)* (des Baggeroberwagens)
**free-view mast Freisichtmast** *m (Mech)* (des Gapelstaplers)
**freestone Quader** *m (Bau)*
**freewheel** *(wheels not driven)* **Freilauf** *m (Kfz)* (z.B. der Räder)
**freewheel brake roller Freilaufklemmrolle** *f (Mech)*
**freewheel change** *(shift)* **Freilaufschaltung** *f (Kfz)*
**freewheel clutch Überholkupplung** *f (Mech)*
**freewheel inner ring Freilaufinnenring** *m (Kfz)*
**freewheel outer ring Freilaufaußenring** *m (Kfz)*

**freewheeling hub Freilaufnabe** *f (Mech)*
**freezing point bath** *(thermocouple)* **Gefrierpunktmethode** *f (Hütt/Wlz)* (bei Thermoelementen)
**freight elevator** *AE* **Lastenaufzug** *m (Mech)* (auf der Baustelle)
**freight from-to Vorfracht** *f (Umschl)*
**freight traffic** *AE* **Güterverkehr** *m (Bahn)*
**freight train** *AE* **Güterzug** *m (Bahn)*
**freight yard Güterbahnhof** *m (Bahn)*
**freightcar Wagon** *m (Mech, Umschl)*
**freighter Befrachter** *m (Kfz)* (Frachtversender) **Frachter** *m (Schiff)* (z.B. Frachtdampfer)
**French drawing curve Kurvenlineal** *nt (Stb)*
**frequency converter** *(El, Mont)* **Frequenzumrichter** *m (El, Mont)* **Frequenzwandler** *m (El, Mont)*
**fresh oil Frischöl** *nt (Mech, Allg)*
**fresh-air heating Frischluftheizung** *f (Kfz)*
**fresh-water pipe Trinkwasserleitung** *f (Bau)*
**freshly-rolled material Neuwalzung** *f (Hütt/Wlz)* (neues Material)
**Fresnel lens Fresnel Linse** *f (Form)*
**fretting** *AE* **Abschleifen** *nt (Form)* **Fressen** *nt (Anstr)*
**fretting of pendulum ball Steuerlinsenfresser** *m (Mech, Bg/Bergb)*
**friction Reibung** *f (Mech)*
**friction action Bremswirkung** *f (Mech)* (Reibung)
**friction band Bremsband** *nt (Mech)*
**friction bearing Gleitlager** *nt (Mech)*
**friction clip Hülsenkupplung** *f (Mech)*
**friction clutch Reibkupplung** *f (Mech)* **Reibungskupplung** *f (Mech)*
**friction coefficient Reibungszahl n** *f (Band, Bg/Bergb, Umschl, Zer)* (Gurt) **Reibwert** *m (Band, Bg/Bergb, Zer)*
**friction contact Reibschluss** *m (Mech)*
**friction coupling Rutschkupplung** *f (Mech)*
**friction damper Schwingungsreibungsdämpfung** *f (Hütt/Wlz)*
**friction disc Bremslasche** *f (Mech)* **Reibscheibe** *f (Mech)*
**friction drive Reibradantrieb** *m (Mech, Anstr)*
**friction factor f Reibungszahl f** *f (Band, Bg/Bergb, Umschl, Zer)* (an Tragrollen)
**friction grip joint GV-Verbindung** *f (Mech)*
**friction loss Reibungsverlust** *m (Bahn)*
**friction power Reibleistung** *f (Band, Stat)* („PR" in kW)
**friction ring Reibring** *m (Mech)*
**friction roller Reibrolle** *f (Bg/Bergb)*
**friction roller drive Reibrollenantrieb** *m (Mech, Hütt/Wlz)* (der Drehmaschine)
**friction roller station Reibradstation** *f (Bg/Bergb)*
**friction shock absorber Reibungsstoßdämpfer** *m (Mech)*
**friction stud welding Reibbolzenschweißen** *nt (Schw)*
**friction surface Reibungsfläche** *f (Anstr, Mech)*
**friction test Reibeversuch** *m (Bau)*
**friction washer Anlaufscheibe** *f (Mech)*
**friction welding Reibschweißen** *nt (Schw)*
**friction wheel Reibrad** *nt (Mech)*
**friction, adhesive** adhesive friction *adj:n* **Haftreibung** *f (Mech)*
**friction, dynamic** dynamic friction *adj:n* **Bewegungsreibung** *f (Mech)*
**friction, internal** internal friction *adj:n* **Dämpfung** *f (Mech)* (Absorbieren)
**friction, static** static friction *adj:n* **statische Reibung** *adj:n (Mech)*
**friction-type connection HV-Verbindung** *f (Stb)*
**friction-type differential Sperrdifferenzial** *nt (Mech)*
**frictional connection Kraftschluss** *m (Bahn)*
**frictional data** *pl* **Reibwertverhältnis** *nt (Bahn)*
**frictional force Reibungskraft** *f (Mech, Stat)*
**frictional resistance Reibungswiderstand** *m (Stb)*
**fringe flaw Randfehler** *m (Hütt/Wlz)* (Rand ausgefranst)
**fringe radiation Randstrahlung** *f (Hütt/Wlz)*
**front Vorderseite** *f (Mech)*
**front arch vordere Hängedecke** *adj:n (Hütt/Wlz)*
**front axle Vorderachse** *f (Mech)*
**front blade attachment Schildausrüstung** *f (Bg/Bergb)* (z.B. Grader)
**front brake limiter switch Vorderachsbremsausschalter** *m (Mech)*

**front bumper vordere Stoßstange** *adj:n (Mech)*
**front cover vorderer Deckel** *adj:n (Mech)*
**front discharge Vorderentladung** *f (Mech)* (z.B. Kipper)
**front drive Vorderantrieb** *m (Mech)*
**front dump bucket Kippschaufel** *f (Bg/Bergb)* (des Baggers)
**front dumper Schütter** *m (Mech)* (kleiner Muldenkipper)
**front edge Vorderkante** *f (Mech)*
**front elevation Aufriss** *m (Mech)* (Vorderansicht) **Vorderansicht** *f (Mech)*
**front end attachment Ladeschaufelausrüstung** *f (Bg/Bergb)*
**front end cover vorderer Verschlussdeckel** *adj:n (Mech)*
**front end loader Frontschaufellader** *m (Mech)* **Raupenlader** *m (Mech)*
**front frame Frontrahmen** *m (Mech, Mont)*
**front frame head Rahmenkopf** *m (Mech)* (an der Vorderachse des Graders)
**front idler Leitrad** *nt (Bg/Bergb)* (lenkt Kettenrichtung um) **Umlenkturas** *m (Bg/Bergb)*
**front idler, large** large front idler *adj:n* **großes Leitrad** *adj:n (Bg/Bergb)*
**front idlers and front idler groups Leiträder und Leitradeinheiten** *(Bg/Bergb)*
**front lip Vorderteil** *nt (Bg/Bergb)* (der Klappschaufel) **Vorderwand** *f (Bg/Bergb)* (des Löffels)
**front outrigger vordere Abstützung** *adj:n (Bg/Bergb)*
**front panel Vorderwand** *f (Mech)*
**front plate Stirnplatte** *f (Mech)*
**front pull hook vorderer Zughaken** *adj:n (Bahn)*
**front seat Vordersitz** *m (Mech)*
**front shock absorber vorderer Stoßdämpfer** *adj:n (Mech)*
**front side Stirnseite** *f (Mech)* **Vorderseite** *f (Mech)*
**front spring hanger Vorderfederbock** *m (Mech)*
**front spring support Vorderfederstütze** *f (Mech)*
**front stay plate vorderes Standblech** *adj:n (Hütt/Wlz)*
**front tumbler Umlenkturas** *m (Bg/Bergb)*
**front view Aufriss** *m (Mech)* (Vorderansicht) **Vorderansicht** *f (Mech)*
**front wall Stirnböschung** *f (Bg/Bergb)* **Vorderwand** *f (Mech)*
**front wall downcomer Vorderwandfallrohr** *nt (Hütt/Wlz)*
**front wall drain Vorderwandentwässerung** *f (Hütt/Wlz)*
**front wall header Vorderwandsammler** *m (Hütt/Wlz)*
**front wall riser Vorderwandsteigrohr** *nt (Hütt/Wlz)*
**front wheel Vorderrad** *nt (Mech)*
**front-axle beam Vorderachskörper** *m (Mech)*
**front-axle fork Vorderachsgabel** *f (Mech)*
**front-axle shaft Vorderachswelle** *f (Mech)*
**front-end equipment vordere Ausrüstung** *adj:n (Bg/Bergb)*
**front-fired boiler Kessel mit Frontalfeuerung** *(Hütt/Wlz)*
**front-panel mounting Frontplatteneinbau** *m (Hütt/Wlz)*
**front-ripper attachment Frontrechenausrüstung** *f (Bg/Bergb)*
**front-wheel brake Vorderradbremse** *f (Mech)*
**front-wheel drive Frontantrieb** *m (Kfz)* **Vorderradantrieb** *m (Mech)*
**front-wheel hub Vorderradnabe** *f (Mech)*
**front-wheel stub axle Vorderachsschenkel** *m (Mech)*
**front-wheel suspension Vorderradaufhängung** *f (Mech)*
**frontal area Stirnfläche** *f (Mech, Mont)*
**frontal block digging Blockbetrieb** *m (Bg/Bergb)*
**frontal conveyor Stirnband** *nt (Band, Umschl)*
**frothing Schaumbildung** *f (Hyd/Pneu)*
**fuchsine test Fuchsin-Probe** *f (Form)*
**fuel Brennstoff** *m (Mech, Chem)* **Kraftstoff** *m (Bg/Bergb, Chem, Mech)*
**fuel adjustment hole Kraftstoffeinstellbohrung** *f (Kfz)*
**fuel bed Brennstoffbett** *nt (Hütt/Wlz)*
**fuel bed regulator Schichthöhenregler** *m (Hütt/Wlz)*
**fuel bed thickness Schichthöhe** *f (Hütt/Wlz)* (Rost)
**fuel blending elevator Brennstoffmischförderer** *m (Hütt/Wlz)*
**fuel bowl Schwimmergehäuse** *nt (Mech)*

**fuel bowser Versorgungstankwagen** *m (Mech)*
**fuel consumption Brennstoffverbrauch** *m (Mech)* **Kraftstoffverbrauch** *m (Kfz)*
**fuel consumption indicator Kraftstoffverbrauchsmesser** *m (Kfz)*
**fuel consumption rate Kraftstoffverbrauchsmenge** *f (Kfz)*
**fuel cut-off Brennstoffschieber** *m (Hütt/Wlz)*
**fuel demand Brennstoffbedarf** *m (Hütt/Wlz)*
**fuel dip stick Kraftstoffmessstab** *m (Mech)*
**fuel dispensing pump with counter Zapfsäule mit Zählwerk** *(Mech, Hyd/Pneu)*
**fuel drying in the mill Mahltrocknung** *f (Zer)*
**fuel dust Abgasstaub** *m (Mech)*
**fuel economy Brennstoffersparnis** *f (Kfz)* **Wirtschaftlichkeit des Kraftstoffverbrauchs** *(Mech)*
**fuel feed pipe Kraftstoffleitung** *f (Mech)*
**fuel feed pump Speiseölpumpe** *f (Hyd/Pneu)*
**fuel feeder Brennstoffzuteiler** *(Hütt/Wlz)*
**fuel filter Brennstofffilter** *nt (Hyd/Pneu)* **Kraftstofffilter** *nt (Hyd/Pneu)*
**fuel fired per square foot of grate Rostbelastung** *f (Hütt/Wlz)*
**fuel gasification Brennstoffvergasung** *f (Hütt/Wlz)*
**fuel gate Brennstoffschieber** *m (Hütt/Wlz)*
**fuel gate, adjustable** adjustable fuel gate *adj:n* **Schichthöhenregler** *m (Hütt/Wlz)*
**fuel gauge Kraftstoffmesser** *m (Kfz)* **Kraftstoffvorratszeiger** *m (Kfz)*
**fuel heating Kraftstoffheizung** *f (Kfz)*
**fuel injection system Einspritzsystem** *nt (Kfz)*
**fuel laden vapour Brüden** *m (Hütt/Wlz)*
**fuel leak Kraftstoffleck** *nt (Kfz)*
**fuel lever plunger Kraftstoffmessstab** *m (Mech)* (mit Schwimmer)
**fuel line Kraftstoffleitung** *f (Mech)*
**fuel oil heater Heizölvorwärmer** *m (Mech)* **Ölvorwärmer** *m (Mech)* (Heizöl)
**fuel oil storage tank Heizölbehälter** *m (Mech)* **Ölbehälter** *m (Mech)* (für Heizöl)
**fuel pedal Gaspedal** *nt (Mech)*
**fuel pipe Kraftstoffleitung** *f (Mech)*
**fuel pre-filter Kraftstoffvorfilter** *nt (Kfz)*
**fuel pump control Brennstoffpumpengestänge** *nt (Kfz)*
**fuel pump diaphragm Kraftstoffpumpenmembran** *f (Kfz)*
**fuel pump drive Kraftstoffpumpenantrieb** *m (Kfz)*
**fuel pump screen Kraftstoffpumpensieb** *nt (Kfz)*
**fuel pump tappet Kraftstoffpumpenstößel** *m (Kfz)*
**fuel rack Reglerzahnstange** *f (Bahn)* (Kraftstoffeinstellung)
**fuel ratio control Kraftstoffregler** *m (Kfz)*
**fuel return line Kraftstoffrücklaufleitung** *f (Kfz)*
**fuel screen Kraftstoffsieb** *nt (Mech)*
**fuel sender Tauchrohrgeber** *m (Mech)* (Kraftstoffsensor)
**fuel sensor Kraftstoffsensor** *m (Kfz)*
**fuel shut-off Kraftstoff-Abstellhahn** *m (Hyd/Pneu)*
**fuel strainer Filtereinsatz** *m (Hyd, Mech)* (Kraftstoff) **Kraftstoffsieb** *nt (Mech)*
**fuel tank, main** main fuel tank *adj:n* **Kraftstoffhauptbehälter** *m (Kfz)*
**fuel tape range Brennstoffband** *nt (Hütt/Wlz)*
**fuel transfer pump Kraftstofförderpumpe** *f (Hyd/Pneu, Mech)*
**fuel valve Kraftstoffhahn** *m (Mech)*
**fuel, lubricant and coolant Betriebsstoffe** *pl m (Bg/Bergb, Chem)* (Brennstoff, Schmier- und Kühlmittel)
**fuel-filling Betankung** *f (Kfz)*
**fuel-laden air Staubluft** *f (Hütt/Wlz)*
**fuel-saving version Kraftstoffsparausführung** *f (Kfz)*
**fulcrum Drehachse** *f (Mech)* **Stützpunkt** *m (Mech)*
**full bore of cylinder Zylinderbodenraum** *m (Hyd/Pneu)*
**full floating axle schwimmend gelagerte Schwimmachse** *adj:n (Mech)*
**full floating pin** *(moves freely)* **schwimmend gelagerter Bolzen** *adj:n (Bg/Bergb)*
**full free-view mast Vollfreisichtmast** *m (Mech)* (Stapler)
**full hardening Durchhärtung** *f (Hütt/Wlz)*
**full length taper grooved dowel pin Kegelkerbstift** *m (Mech)*

**full load Volllast** *f (Mech)*
**full load injection pressure Einspritzdruck bei Volllast** *(Hyd/Pneu)*
**full-flow filter Hauptstromfilter** *nt (Mech)*
**full-flow oil filter Hauptstromölfilter** *nt (Mech)*
**full-fusion welding Durchschweißen** *nt (Schw, Mech, Mont)*
**full-lift safety valve Vollhubsicherheitsventil** *nt (Hyd/Pneu)*
**full-load needle Volllastnadel** *f (Mech)*
**full-load power shift Volllastschaltgetriebe** *nt (Mech)*
**full-load torque volles Drehmoment** *adj:n (Mech)*
**full-load working Volllastbetrieb** *m (Mech)*
**full-mould casting Vollformgießen** *nt (Hütt/Wlz)*
**full-portal reclaimer Vollportalkratzer** *m (Bg/Bergb)*
**full-power control Vollleistungsregelung** *f (Mech)*
**full-power shift Volllastschaltgetriebe** *nt (Mech)*
**full-size test Versuch natürlicher Größe** *(Stb)*
**full-view precleaner Vorreiniger mit durchsichtigem Gehäuse** *(Mech)*
**full-web construction Vollwandkonstruktion** *f (Mech, Stb)*
**full-web structure Vollwandkonstruktion** *f (Mech, Stb)*
**functional demonstration of the installation Funktionsnachweis** *m (Kfz)*
**functioning Arbeitsweise** *f (Mech, Allg)* **Funktion** *f (Kfz)* (Leistung)
**functioning, proper** proper functioning *adj:n* **Betriebsbereitschaft** *f (Mech)*
**fundamentals of design Berechnungsgrundlage** *f (Stb)*
**funicular polygon Seilpolygon** *nt (Stb)*
**funnel Abzugsröhre** *f (Bg/Bergb)* **Trichter** *m (Mech, Umschl)*
**funnel wagon Trichterwagen** *m (Bahn)* (der Bahn)
**furnace Feuerung** *f (Hütt/Wlz)* **Ofen** *m (Stb)*
**furnace bottom Feuerraumboden** *m (Hütt/Wlz)* **Unterofen** *m (Hütt/Wlz)* (des Hochofens)
**furnace capacity Feuerleistung** *f (Hütt/Wlz)*
**furnace charge Beschickung** *f (Hütt/Wlz)* **Hochofencharge** *f (Hütt/Wlz)*
**furnace cooling tube Feuerraumkühlrohr** *nt (Hütt/Wlz)* **Wandrohr** *nt (Hütt/Wlz)* (Strahlraum)
**furnace floor Brennkammerboden** *m (Hütt/Wlz)*
**furnace gas outlet temperature Feuerraumendtemperatur** *f (Hütt/Wlz)*
**furnace heat liberation Feuerraumbelastung** *f (Hütt/Wlz)*
**furnace heating surface Brennkammerberohrung** *f (Hütt/Wlz)* **Strahlungsheizfläche** *f (Hütt/Wlz)* (Feuerraum)
**furnace hopper Brennkammertrichter** *m (Hütt/Wlz)*
**furnace steel, electric** electric furnace steel *adj:n* **Elektrostahl** *m (Hütt/Wlz)*
**furnace top Gicht** *f (Hütt/Wlz)*
**furnace with slag screen geschlossene Brennkammer** *adj:n (Hütt/Wlz)*
**furnace, pressurized** pressurized furnace *adj:n* **Druckfeuerung** *f (Hütt/Wlz)*
**furrow Grabenmulde** *f (Bg/Bergb)*
**fuselage** *(airplane)* **Rumpf** *m (Mech)* (z.B. Flugzeug)
**fusibility Schmelzbarkeit** *f (Hütt/Wlz)*
**fusion cutting Schmelzschneiden** *nt (Schw, Mech, Mont)*
**fusion penetration Einbrand** *m (Schw)*
**fusion point Halbkugelpunkt** *m (Hütt/Wlz)* (Segerkegel)
**fusion welding Schmelzschweißen** *nt (Schw, Mech, Mont)*
**fusion welding with liquid heat transfer Gießschmelzschweißen** *nt (Schw)*

# G

**gable frame Rahmen mit geknicktem Riegel** *(Stb)*
**gable post Giebelstütze** *f (Stb)*
**gable to gable purlin Pfettenstrang** *m (Stb)* (von Giebel zu Giebel)
**gable transom Ortgang-Rippe** *f (Stb)*
**gable wall girder Giebelwandverband** *m (Stb)*
**gaff Gaffel** *f (Bahn)*
**gage Dicke** *f (Mech, Geo)*
**gage marker Streichmaß** *nt (Mech)*
**gallery Bühne** *f (Mech)*

**gallery** *BE (working level)* **Stollen** *m (Bg/Bergb)*
**gallows of catenary wire Oberleitungsgalgen** *m (Bahn)*
**galvanizing Verzinken** *nt (Stb, Hütt/Wlz)* **Verzinkung** *f (Hütt/Wlz)*
**gamma sensor Gammafühler** *m (Mech)*
**gamma-ray examination Prüfung mit Gammastrahlen** *(Stb)* **Prüfung mit Isotopenstrahlen** *(Stb)*
**gangway Laufsteg** *m (Mech, Bau)*
**gantry Bockkran** *m (Schiff)* (auf Rollengerüst) **Portal** *nt (Umschl)*
**gantry crane Portalkran** *m (Umschl)*
**gantry girder Kranbahnträger** *m (Stb)*
**gantry leg Portalbein** *nt (Umschl)* (Festseite)
**gap Abstand** *m (Allg)* (kürzerer Abstand) **Spalt** *m (Mech, Allg)*
**gap** *(cleft)* **Fuge** *f (Form)* (Spalt, Lücke)
**gap adjustment Spaltverstellung** *(Zer)*
**gap filter Spaltfilter** *nt (Mech)*
**gap scanning berührungslose Prüfung** *adj:n (Hütt/Wlz)*
**gap setting Spaltweite** *f (Zer)* (eines Brechers)
**gap width of crusher Brechspaltweite** *f (Zer)*
**garage** *(car repair)* **Reparaturbetrieb** *m (Mech, Allg)* (Kfz) **Werkstatt** *f (Mech)* (für Kfz)
**garbage pit Müllgrube** *f (Bau, Allg)*
**garbage sorting grab Müllsortiergreifer** *m (Bg/Bergb)*
**garbage truck** *AE* **Müllfahrzeug** *nt (Mech, Allg)* **Müllwagen** *m (Mech, Allg)*
**garland idler Girlandenrolle** *f (Band, Bg/Bergb)* **Schaukelrolle** *f (Band)*
**garland supporting girder Girlandenträger** *m (Band)*
**garter spring Feder** *f (Form)* (an Radialdichtringen)
**gas accumulator Blasenspeicher** *m (Bg/Bergb)* (zum Kettenspannen)
**gas analyser Rauchgasprüfer** *m (Hütt/Wlz)*
**gas baffle Zuglenkwand** *f (Hütt/Wlz)*
**gas blowpipe Lötbrenner** *m (Schw, Mech, Mont)*
**gas burner Gasbrenner** *m (Schw, Mech, Mont)*
**gas burner port Gasbrennermaul** *nt (Hütt/Wlz)* (Mauerwerksöffnung)
**gas carburizing procedure Gaskohlungsverfahren** *nt (Form)*
**gas coal Gaskohle** *f (Geo, Bg/Bergb)*
**gas cutting Gasbrennschneiden** *nt (Schw, Mech, Mont)* **autogenes Schneiden** *adj:n (Schw, Mont, Mech)*
**gas cutting, autogenous** autogenous gas cutting *adj:n* **autogenes Brennschneiden** *adj:n (Schw, Mont)*
**gas damper Rauchgasregelklappe** *f (Hütt/Wlz)*
**gas generator Gaserzeuger** *m (Kfz)*
**gas gouging Fugenhobeln mit Gas** *(Schw, Mech, Mont)* **autogenes Fugenhobeln** *adj:n (Schw, Mech, Mont)*
**gas hardening Flammhärtung** *f (Schw)*
**gas ignitor Gaszündbrenner** *m (Hütt/Wlz)*
**gas inclusion Gaseinschluss** *m (Form)*
**gas lighter Gasanzünder** *m (Mech)*
**gas lighting-up burner Gaszündbrenner** *m (Hütt/Wlz)*
**gas pass Rauchgaszug** *m (Hütt/Wlz)*
**gas pass, lateral** lateral gas pass *adj:n* **Querzug** *m (Hütt/Wlz)* (Überhitzerzug)
**gas pipe Gasrohr** *nt (Mech)*
**gas pipeline Gasleitung** *f (Stb)*
**gas pocket Blase** *f (Bg/Bergb)* (Gaseinschluss) **Gasblase** *f (Chem)*
**gas pressure, preset** preset gas pressure *adj:n* **Gasvorspanndruck** *m (Hyd/Pneu)*
**gas process Autogenverfahren** *nt (Schw, Mech, Mont)*
**gas ring compressor Gasring-Kompressor** *m (Umschl)*
**gas ring vacuum pump Gasring-Vakuumpumpe** *f (Umschl)*
**gas sampling hose Rauchgasentnahmeschlauch** *m (Hütt/Wlz)* (Orsat-Analyse)
**gas separator Gasabscheider** *m (Mech)*
**gas shield welding Schutzgasschweißung** *f (Schw)* (DIN 1910)
**gas spring Gasfeder** *f (Mech)*
**gas sweeping of heating surfaces Bestreichung der Heizfläche durch Gas** *(Hütt/Wlz)* **Heizflächenbestreichung** *f (Hütt/Wlz)*
**gas tank Gasometer** *m (Mech)*
**gas tempering Rauchgasrückführung** *f (Hütt/Wlz)*

**gas tempering duct Rauchgasrückführungskanal** *m (Hütt/Wlz)*
**gas torch Autogenbrenner** *m (Schw, Mech, Mont)* **Gasbrenner** *m (Schw, Mech, Mont)*
**gas tungsten-arc welding WIG-Schweißen** *nt (Schw, Mech, Mont)*
**gas turbine Gasturbine** *f (Chem, Mech)*
**gas turbine engine Gasturbinenmotor** *m (Mech)*
**gas valves** *pl* **Gasarmaturen** *pl f (Kfz)*
**gas welding Gasschmelzschweißung** *f (Schw)* **autogenes Schweißen** *adj:n (Schw, Mech, Mont)*
**gas welding torch Autogenschweißbrenner** *m (Schw, Mech, Mont)* **Gasschweißbrenner** *m (Schw, Mech, Mont)*
**gas, clean** clean gas *adj:n* **Reingas** *nt (Hütt/Wlz)* (hinter dem Filter)
**gas, unburned** unburned gas *adj:n* **unverbranntes Gas** *adj:n (Hütt/Wlz)*
**gas-carbonizing Aufkohlung** *f (Form)* (durch Gas)
**gas-distribution plant Gasverteilungsanlage** *f (Chem, Mech)*
**gas-mixture shielded metal-arc welding Mischgasschweißen** *nt (Schw)*
**gas-powder welding Gaspulverschweißen** *nt (Schw)*
**gas-pressure spring Gasdruckfeder** *m (Kfz)*
**gas-shielded arc welding Schutzgasschweißen** *nt (Schw, Mech, Mont)* (DIN 1910)
**gas-shielded tungsten-arc welding Wolfram-Schutzgas-Schweißen** *nt (Schw)*
**gas-side tube erosion rauchgasseitige Rohrerosion** *adj:n (Hütt/Wlz)*
**gas-side tube fault rauchgasseitiger Rohrschaden** *adj:n (Hütt/Wlz)*
**gasket Dichtung** *f (Mech)* (Packungsring, Dichtring, Dichtungsmanschette, usw.) **Flachdichtung** *f (Mech)* (z.B. für Rohre, Zylinderköpfe)
**gasket cap Dichtungsschutzkappe** *f (Mech)*
**gasket element Dichtungselement** *nt (Mech)*
**gasket ring Dichtungsmanschette** *f (Mech)* **Dichtungsring** *m (Mech)* **Packungsring** *m (Mech)*
**gasket, metallic** metallic gasket *adj:n* **Metalldichtung** *f (Mech)*
**gasoline starter engine Benzinstartermotor** *m (Kfz)*
**gasometer** *BE* **Gasbehälter** *m (Stb)*
**gate change** *(shift)* **Kulissenschaltung** *f (Mech)*
**gate hoist Schützwindwerk** *nt (Mech)*
**gate post Torstiel** *m (Stb)* (Rahmen des Tores)
**gate type slide valve Flachschieber** *m (Hyd/Pneu)*
**gate valve Absperrventil** *nt (Hyd/Pneu)* **Schieber** *m (Hyd/Pneu)* (Absperrschieber)
**gate valve operating mechanism Schieberbetätigung** *f (Hyd/Pneu)*
**gate, auxiliary** auxiliary gate *adj:n* **Hilfsblende** *f (Mech)*
**gate, balanced** balanced gate *adj:n* **Drehschütz** *nt (Stb)*
**gate, radial** radial gate *adj:n BE* **Sektorschütz** *nt (Stb)*
**gathering conveyor Sammelband** *nt (Band)*
**gauge Abstand der Laufrollen** *(Bg/Bergb)* (U-Wagen) **Messinstrument** *nt (Mech)* (Lehre) **Stärke** *f (Mech)* (Dicke)
**gauge box Zumesskasten** *m (Bau)*
**gauge changing device Spurwechseleinrichtung** *f (Bahn)*
**gauge cock Manometerabsperrventil** *nt (Hyd/Pneu)* **Wasserhahn** *m (Hyd/Pneu)*
**gauge configuraton Spurabmessung** *f (Bahn)* (Spurbild)
**gauge length Messlänge** *f (Mech)*
**gauge lense Spurlinse** *f (Bahn)*
**gauge of sheet Blechdicke** *f (Stb)*
**gauge pipe Schaurohr** *nt (Hyd/Pneu)*
**gauge point Messstelle** *f (Stb)*
**gauge pressure Manometerdruck** *m (Hyd/Pneu)* **Überdruck** *m (Hyd/Pneu)*
**gauge pressure in atmospheres Atmosphärenüberdruck** *m (Mech, Hyd/Pneu)*
**gauge stick Messstab** *m (Mech, Hyd/Pneu)* (Füllrohr, Schmierung)
**gauge, inclined** inclined gauge *adj:n* **Differenzialzugmesser** *m (Hütt/Wlz)* **Minimeter** *nt (Mech)*
**gauge-glass lamp Beleuchtung für sichtbaren Wasserstand** *(Bahn)*

**gauge-glass test cock Wasserstandsprüfhahn** *m (Bahn)* (Dampflok)
**gauging station Messstation** *f (Bau)*
**GAUSS emitter Gauß-Strahler** *m (Form)*
**gauze Siebblech** *nt (Zer)*
**gauze filter Filtersieb** *nt (Hyd/Pneu)* **Siebfilter** *nt (Mech)*
**gear Getriebe** *nt (Mech)* **Rad** *nt (Mech, Allg)* **Übersetzung** *f (Mech)* (Zahnrad)
**gear** *(on slewing machine)* **Zahn** *m (Mech)* (an der Drehdurchführung)
**gear base Getriebeunterbau** *m (Mech)* **Getriebeuntersatz** *m (Mech)*
**gear base assembly Getriebeschwinge** *f (Mech)* **Schwinge** *f (Mech)* (Getriebeschwinge)
**gear blank Zahnradkörper** *m (Mech)*
**gear body Radkörper** *m (Mech)* (des Zahnrades) **Radscheibe** *f (Mech)* (Getriebe)
**gear case Räderkasten** *m (Mech)* **Spindelkasten** *m (Mech)*
**gear change Schaltung** *f (Mech)* (Getriebe)
**gear change arrangement Ganganordnung** *f (Kfz)*
**gear change box Wechselgetriebe** *nt (Mech)*
**gear change rod Schaltstange** *f (Mech)* (Kfz)
**gear change, hydraulic** hydraulic gear change *adj:n* **Druckölschaltung** *f (Hyd/Pneu, Mech)*
**gear changing Schalten eines Ganges** *(Mech)*
**gear clearance Spiel** *nt (Mech)* (von Zahnrädern)
**gear cover Getriebedeckel** *m (Mech)*
**gear cutting Zahnradschneiden** *nt (Mech)*
**gear drive Räderantrieb** *m (Mech)* **Zahnradantrieb** *m (Mech)*
**gear guard Getriebeschutzkasten** *m (Mech)*
**gear hobbing machine** *(vertical)* **Zahnradfräsmaschine** *f (Mech)* (vertikal)
**gear housing Getriebegehäuse** *nt (Mech)* **Zahnradgehäuse** *nt (Mech)*
**gear hub Radnabe** *f (Mech)* (eines Zahnrades) **Zahnradnabe** *f (Mech)*
**gear lock Schaltstangenverriegelung** *f (Mech)*
**gear oil Getriebeöl** *nt (Mech, Chem)*
**gear pair Getriebestufe** *f (Mech)* **Radpaar** *nt (Mech)* (Getriebe)
**gear pair with intersecting axes Radpaar mit sich schneidenden Achsen** *(Mech)* (Kegelradpaar)
**gear pair with parallel axes Radpaar mit parallelen Achsen** *(Mech)* (Stirnradpaar)
**gear pair, cylindrical** cylindrical gear pair *adj:n* **Stirnradpaar** *nt (Mech)* **Zylinderradpaar** *nt (Mech)*
**gear pair, external** external gear pair *adj:n* **Außenradpaar** *nt (Mech)*
**gear pair, helical** helical gear pair *adj:n* **Schrägstirnradpaar** *nt (Mech)*
**gear pair, superposed** superposed gear pair *adj:n* **Überlagerungsstufe** *f (Mech)* (Getriebe)
**gear pinion Ritzel** *nt (Mech)*
**gear pump Getriebepumpe** *f (Mech, Hyd/Pneu)* **Zahnradpumpe** *f (Mech, Hyd/Pneu)*
**gear rack Zahnstange** *f (Mech)*
**gear ratio Übersetzungsverhältnis** *nt (Mech)* **Zähnezahlverhältnis** *nt (Mech)*
**gear reducer Getriebeuntersetzer** *m (Mech)* **Untersetzungsgetriebe** *nt (Mech)*
**gear rim Bandage** *f (Mech)* (Zahnrad) **Zahnkranz** *m (Bg/Bergb, Umschl)* (Laufrad)
**gear rim blank Zahnradbandage** *f (Mech)*
**gear rim segment Zahnkranzsegment** *nt (Bg/Bergb, Umschl)*
**gear rocker Getriebeschwinge** *f (Mech)* **Schwinge** *f (Mech)* (Getriebeschwinge)
**gear rod Getriebestange** *f (Mech)*
**gear segment Zahnsegment** *nt (Mech)*
**gear selector lever Gangschalthebel** *m (Kfz)* **Gangwahlhebel** *m (Kfz)*
**gear set Läufersatz** *m (Mech)*
**gear shaft Zahnwelle** *f (Mech)*
**gear shift column and gear shift lever Gangschaltspindel mit Schalthebel** *(Kfz)*
**gear shift control Schaltgestänge** *nt (Mech)*
**gear shift dome Schaltturm** *m (Mech)*
**gear shift lever Schalthebel** *m (Mech)* (Kupplungsschalter)

**gear shift lug Schaltbock** *m (Mech)*
**gear shift rail Schaltschiene** *f (Mech)*
**gear shifting Gangschaltung** *f (Mech)* (Getriebe) **Schaltgetriebe** *nt (Mech)*
**gear side Getriebeseite** *f (Mech)*
**gear tooth Zahn** *m (Mech)*
**gear transmission Getriebe** *nt (Mech)* (Vorgelege)
**gear unit Getriebezug** *m (Mech)* **mehrfache Radpaarung** *adj:n (Mech)* **Zahnradgetriebe** *nt (Mech)*
**gear unit flanged on the shaft Wellenflanschgetriebe** *nt (Mech)*
**gear unit for angle encoder Map-Getriebe** *nt* **Maß-Getriebe** *nt (Mech)*
**gear unit shaft journal Getriebelagerzapfen** *m (Mech)*
**gear unit, infinitely variable** infinitely variable gear unit *adj:n* **stufenloses Regelgetriebe** *adj:n (Mech)*
**gear unit, large** large gear unit *adj:n* **Großgetriebe** *nt (Mech)*
**gear unit, shaft-mounted** shaft-mounted gear unit *adj:n* **Aufsteckgetriebe** *nt (Mech)*
**gear wheel Getrieberad** *nt (Mech)* **Zahnrad** *nt (Mech, Allg)*
**gear wheel pump Zahnradpumpe** *f (Mech, Hyd/Pneu)*
**gear with dog clutch Klauenrad** *nt (Mech)*
**gear, cylindrical** cylindrical gear *adj:n* **Stirnrad** *nt (Mech)* **Zylinderrad** *nt (Mech)*
**gear, driven** driven gear *adj:n* **Abtriebsrad** *nt (Mech)* (eines Getriebes) **getriebenes Rad** *adj:n (Mech)*
**gear, external** external gear *adj:n* **Außenrad** *nt (Mech)* **Außenzahnrad** *nt (Mech)*
**gear, generating** generating gear *adj:n* **erzeugendes Rad** *adj:n (Mech)*
**gear, helical** helical gear *adj:n* **Schrägrad** *nt (Mech)* **Spiralzahnrad** *nt (Mech)* **Stirnrad** *nt (Mech)*
**gear, hydraulic** hydraulic gear *adj:n* **Flüssigkeitsgetriebe** *nt (Mech)*
**gear, inner** inner gear *adj:n* **Innenverzahnung** *f (Mech)*
**gear, intermediate** intermediate gear *adj:n* **Vorschaltgetriebe** *nt (Mech)* **Zwischengetriebe** *nt (Mech)* **Zwischenvorgelege** *nt (Mech)*
**gear, intermediate lateral** lateral intermediate gear *adj:n* **Seitenvorgelege** *nt (Mech)*
**gear, internal** internal gear *adj:n* **Hohlrad** *nt (Mech)* **Innenzahnrad** *nt (Mech)*
**gear, off-road** off-road gear *adj:n* **Geländegang** *m (Mech)* (z.B. des Laders)
**gear, open** open gear *adj:n* **offene Verzahnung** *adj:n (Mech)*
**gear, semi-closed** semi-closed gear *adj:n* **halb offene Verzahnung** *adj:n (Mech)*
**gear, toothed** toothed gear *adj:n* **Zahnrad** *nt (Mech, Allg)*
**gear-shifting lock Reglersperre** *f (Mech)* (z.B. mit einem Magneten) **Schaltsperre** *f (Mech)*
**gearbox Fahrgetriebe** *nt (Bg/Bergb, Umschl)* **Getriebekasten** *m (Mech)*
**gearbox cover Getriebedeckel** *m (Mech)*
**gearbox flange Getriebeflansch** *m (Kfz)*
**gearbox, shaft-mounted** shaft-mounted gearbox *adj:n* **Aufsteckgetriebe** *nt (Mech)*
**gearbox, standard** standard gearbox *adj:n* **Einheitsgetriebe** *nt (Kfz)*
**gearing stage Getriebestufe** *f (Mech)*
**gearing, helical** helical gearing *adj:n* **Schrägverzahnung** *f (Mech)* **Schraubenverzahnung** *f (Mech)*
**gearshaft verzahnte Welle** *adj:n (Mech)*
**gearshift housing Schaltgehäuse** *nt (Mech)*
**gearshift lever shaft Schaltwelle** *f (Mech)* (Kupplungsschalter)
**gearshift mechanism Gangschaltanlage** *f (Kfz)*
**gearshift safety lock Getriebesicherheitsschaltung** *f (Mech)*
**Gemini crane Doppelbordkran** *m (Schiff)* (des Typs GEMINI)
**Gemmer steering Gemmerlenkung** *f (Mech)*
**general tolerances for welded structures Freimaßtoleranzen für Schweißkonstruktionen** *(Schw)*
**general-purpose bucket Normal-Standardschaufel** *f (Bg/Bergb)* **Universalschaufel** *f (Bg/Bergb)*
**general-purpose unit universelles Gerät** *adj:n (Mech)*
**general-service light Arbeitsscheinwerfer** *m (El)*

**generant of the toroid Erzeugungskreis des Torus** *(Mech)*
**generation Erzeugung** *f (Mech, El, Allg)*
**generation of machines Gerätegeneration** *f (Allg, Mech)*
**generator drive coupling Antriebskupplung der Lichtmaschine** *(Kfz)*
**geological ratio** *(overburden: coal)* **Abraumverhältnis zur Kohle** *nt (Bg/Bergb, Geo)*
**Gerber joint Gerbergelenk** *(Stb)*
**German Association for Machine Manufacturing Deutscher Verband für Maschinenbau** *(Allg)*
**German Industrial Standards Deutsche Industrie-Norm** *(Allg)* (DIN)
**German silver** *(cast)* **Neusilber** *nt (Hütt/Wlz)* (Guss)
**gib key Nasenkeil** *m (Mech)*
**gimbal mounting kardanische Aufhängung** *adj:n (Mech)* **Kardanaufhängung** *f (Mech)*
**gimlet Handbohrer** *m (Werkz)* **Nagelbohrer** *m (Mont)*
**gin pole Derrick** *m (Mech, Mont)* (Hebezeugstütze, Rüstbaum) **Hebemast** *m (Mech, Mont)*
**girder Balken** *m (Mech, Stb)* **Träger** *m (Mech, Stb)* **Unterzug** *m (Mech)*
**girder casing Trägerverkleidung** *f (Stb)*
**girder connection Trägeranschluss** *m (Stb)*
**girder joint Trägerstoß** *m (Stb)*
**girder mast Gittermast** *m (Mech)*
**girder reinforcing Trägerverstärkung** *f (Stb)*
**girder section Trägerprofil** *n*
**girder, articulated** articulated girder *adj:n* **Gelenkträger** *m (Mech, Stb)*
**girder, cladded** cladded girder *adj:n* **verkleideter Balken** *adj:n (Stb)* **verkleideter Träger** *adj:n (Stb)*
**girder, constrained** constrained girder *adj:n* **eingespannter Balken** *adj:n (Mech, Stb)*
**girder, continuous** continuous girder *adj:n* **durchlaufender Träger** *adj:n (Stb)*
**girder, hollow** hollow girder *adj:n* **Hohlträger** *m (Stb)*
**girder, hybrid** hybrid girder *adj:n* **Hybridstahlträger** *m (Stb)*
**girder, longitudinal** longitudinal girder *adj:n* **Längsträger** *m (Stb)* **Steg** *m (Bahn)* (Längsträger des Wagons)
**girder, parabolic** parabolic girder *adj:n* **Parabelträger** *m (Stb)*
**girder, restrained** restrained girder *adj:n* **eingespannter Balken** *adj:n (Mech, Stb)*
**girder, rhombic** rhombic girder *adj:n* **Rautenträger** *m (Stb)*
**girder, trapezoidal** trapezoidal girder *adj:n* **Trapezträger** *m (Stb)*
**girder-type spreader Konsolabsetzer** *m (Bg/Bergb)*
**girt Wandträger** *m (Stb)*
**girth groove weld Rundnaht** *f (Schw, Mech, Mont)*
**gista profile Gistaprofil** *nt (Mech)* (Türschutzgummi)
**gland Blende** *f (Form)* (mechanisch; beim Prüftank)
**gland Dichtschraube** *f (Hütt/Wlz)* (von Packungen)
**gland Anschlussstutzen** *m (El)* (Kabel) **Stopfbuchse** *f (Mech)*
**gland flange Stopfbuchsenflansch** *m (Mech)*
**gland housing Führungsbuchse** *f (Bg/Bergb)* (am Baggerzylinder)
**gland with thread Gewindestutzen** *m (Mech)*
**gland, exchangeable** exchangeable gland *adj:n* **Wechselblende** *f (Mech)*
**gland, screwed** screwed gland *adj:n* **Stopfbuchsenverschraubung** *f (Mech)*
**glass cutter Glasschneider** *m (Mech)*
**glass factory Glashütte** *f (Bg/Bergb)*
**glass fibre Glasfaser** *f (Mech, Mont)*
**glass pane Glasscheibe** *f (Mech, Allg)*
**glass roof structure Glasdachkonstruktion** *f (Stb)*
**glass sight gauge Schauglas** *nt (Mech)* **Sichtglas** *nt (Mech)*
**glass wall Glaswand** *f (Stb)*
**glass wool Glaswolle** *f (Bau)*
**glass, armour plated** armour plated glass *adj:n* **Panzerglas** *nt (Mech)*
**glass, flat** flat glass *adj:n* **Flachglas** *nt (Mech)*
**glass, laminated** laminated glass *adj:n* **Verbundglas** *nt (Bau)*
**glass, shatterproof** shatterproof glass *adj:n* **splittersicheres Glas** *adj:n (Mech)*

**glass, smoked** smoked glass *adj:n* **Rauchglas** *nt (Mech)*
**glass, toughened** toughened glass *adj:n* **gehärtetes Glas** *adj:n (Mech)*
**glaze Glanz** *m (Mech, Allg)* **Glasur** *f (Mech)*
**glazing Verglasung** *f (Mech, Bau)*
**glazing purlin Oberlichtpfette** *f (Stb)*
**globe valve Kugelhahn** *m (Hyd/Pneu)* **Kugelventil** *nt (Hyd/Pneu)*
**glowing Glut** *f (Hütt/Wlz)*
**GLW** *(Abv)* **Gesamtgewicht** *nt (Stat)* **maximales Gesamtgewicht** *adj:n (Stat)*
**gneiss Gneis** *m (Bg/Bergb)*
**gob alter Mann** *adj:n (Bg/Bergb)*
**goggles** *pl* **Schutzbrille** *f (Mech)*
**going into operation Aufnahme des Betriebs** *(Mech, Allg)*
**gold Gold** *nt (Geo)* (Edelmetall)
**goods brake** *BE* **Güterzugbremse** *f (Bahn)*
**goods lift** *BE* **Lastenaufzug** *m (Mech)* (auf der Baustelle)
**goods structure Ladegutart** *f (Bahn)*
**goods traffic** *BE* **Güterverkehr** *m (Bahn)* **Güterzug** *m (Bahn)*
**gooseneck Monoboom** *m (Bg/Bergb)* (Mono-Ausleger) **Schwanenhals** *m (Bg/Bergb)*
**gorge Kopfkehlfläche** *f (Mech)*
**gorge radius Kopfkehlhalbmesser** *m (Mech)*
**gouge Aushöhlung** *f (Band, Mech, Mont)* (Gurt)
**gouge bit Schappenbohrer** *m (Mont, Werkz)*
**gouge mark Rille** *f (Mech)*
**gouging blowpipe Fugenhobler** *m (Schw, Mech, Mont)*
**gouging out Aushobeln** *nt (Schw, Mech, Mont)* (von Schweißnähten)
**gouging symbol Ausfugzeichen** *nt (Schw)*
**gouging torch nozzle Fugendüse** *f (Mech)* **Fugenhoblerdüse** *f (Mech)*
**governor** *(for injection pump, diesel engine)* **Regler** *m (Mech)* (für die Drehzahl)
**governor balance weight Reglergewicht** *nt (Mech)*
**governor bearing Reglerlager** *nt (Mech)*
**governor control linkage Reglergestänge** *nt (Mech)*
**governor drive gear Regler-Antriebszahnrad** *nt (Mech)*
**governor setting Reglereinstellung** *f (Mech)*
**governor weight Reguliergewicht** *nt (Mech)*
**governor wheel Regler-Antriebszahnrad** *nt (Mech)*
**governor, centrifugal** centrifugal governor *adj:n* **Zentrifugalregler** *m (Stat)*
**grab Greifer** *m (Bg/Bergb)*
**grab arm Greiferstiel** *m (Bg/Bergb)*
**grab arm, forked** forked grab arm *adj:n* **gegabelter Greiferstiel** *adj:n (Bg/Bergb)*
**grab attachment Greiferausrüstung** *f (Bg/Bergb)*
**grab crane Greiferkran** *m (Bg/Bergb)*
**grab cutting edge Greiferschneide** *f (Bg/Bergb)*
**grab excavator Greiferbagger** *m (Bg/Bergb)*
**grab extension Greiferverlängerung** *f (Bg/Bergb)*
**grab guide Greiferführung** *f (Bg/Bergb)*
**grab head Greiferkopf** *m (Bg/Bergb)*
**grab rotating motor Drehmotor** *m (Bg/Bergb)* (des Greifers)
**grab safety bar Greiferhalter** *m (Bg/Bergb)* (beim Transport)
**grab saw Greifsäge** *f (Bg/Bergb)*
**grab section Greiferquerschnitt** *m (Bg/Bergb)*
**grab shell Greiferschale** *f (Bg/Bergb)*
**grab slewing device Greiferdrehvorrichtung** *f (Bg/Bergb)*
**grab swing brake Pendelbremse** *f (Bg/Bergb)* (Greifer)
**grab swivel Greiferdrehkopf** *m (Bg/Bergb)*
**grab swivel device** *(in basic machine)* **Greiferdrehwerk** *nt (Bg/Bergb)* (im Grundgerät)
**grab trolley Greiferlaufkatze** *f (Bg/Bergb)*
**grab yoke Greiferlager** *nt (Bg/Bergb)*
**grab-rotating equipment Drehservoeinrichtung** *f (Bg/Bergb)* (des Greifers)
**gradability Steigfähigkeit** *f (Bg/Bergb, Mech)* (z.B. Transportraupe)
**gradation** *(e.g. of values, dimensions)* **Abstufung** *f (Mech)*
**grade of steel Stahlgüte** *f (Hütt/Wlz)*
**grade resistance Hangabtriebskraft** *f (Bg/Bergb)* **Hangantriebskraft** *f (Bg/Bergb)*

**grader Erdhobel** *m (Bg/Bergb)* **Grader** *m (Bg/Bergb)*
**grader scraper Anbauschürfkübel** *m (Kfz)*
**grader, elevating** elevating grader *adj:n* **Förderlader** *m (Bg/Bergb)*
**grades of material Materialsorten** *pl f (Umschl)*
**gradient Gradiente** *f (Bau, Stb)* **Steigung** *f (Bahn)* (der Bahnstrecke)
**gradient of bridge Brückengradiente** *f (Stb)*
**gradient post Steigungsmarkierung** *f (Bahn)* (Signal, Pfosten)
**grading curve Körnungslinie** *f (Bau)* **Siebkurve** *f (Bau)*
**grading gauge, visual** visual grading gauge *adj:n* **Kornstufenschaulehre** *f (Bau)*
**grading reference size Korngruppen-Vergleichsnormale** *f (Bau)*
**grading work Planierarbeiten** *pl f (Bg/Bergb)* (z.B. an der Böschung)
**gradual brake release allmähliche Bremsöffnung** *(Bahn)*
**gradual change in section allmähliche Querschnittsänderung** *adj:n (Hütt/Wlz)*
**graduation tolerance Teilungstoleranz** *f (Mech)*
**graduator Gradmesser** *m (Mech)*
**grain Einzelkorn** *nt (Bau)* **Korn** *nt (Zer)* **Körnung** *f (Zer)*
**grain boundary Korngrenze** *f (Mech)*
**grain hardness Kornhärte** *f (Bau)*
**grain particle Kornteilchen** *nt (Bau)*
**grain size Korngröße** *f (Geo, Mech)* **Körnung** *f (Zer)*
**grain size** *(wood)* **Faserlänge** *f (Mech)* (Holz)
**grain sizes, various** various grain sizes *adj:n* **Mineralgemisch** *nt (Geo)* (verschiedene Korngrößen)
**grain structure Korngefüge** *nt (Geo, Mech)*
**grain, fine** fine grain *adj:n* **Feinkörnigkeit** *f (Zer)*
**grain-size range Korngruppe** *f (Bau)*
**granite Granit** *m (Geo)*
**granulate Granulat** *nt (Geo)* (körniges Material)
**granulation plant Granulationsanlage** *f (Bg/Bergb)*
**granulometric gradation Korngrößenverteilungslinie** *f (Geo, Mech)*
**granulometry Korngrößenverteilung** *f (Geo, Mech)*
**graph grafische Darstellung** *adj:n (Allg)* **Diagramm** *nt (Mech, Allg)* (Schaubild, Kurvenbild)
**graphite base jointing compound Öl-Graphit-Dichtmasse** *f (Hütt/Wlz)*
**graphite grease Graphitfett** *nt (Mech)*
**graphite oil Graphitöl** *nt (Mech)*
**graphite test Graphitprüfung** *f (Mech)*
**grapnel Suchanker** *m (Stb)*
**grapple skidder Rückmaschine** *f (Mech)* (für Holz)
**grapples** *pl* **Greiferzangen** *pl f (Bg/Bergb)* **Schwachholzgreifer** *m (Bg/Bergb)*
**grass panelling Tafel** *f (Bau)* (Verschalung aus Grasmatten)
**grasshopper conveyor Schüttelrutsche** *f (Zer)* **Schwingrinne** *f (Umschl)*
**grate Gitter** *nt (Mech)* (z.B. Rost) **Rost** *m (Band, Zer)* **Stabrost** *m (Mech, Zer)*
**grate area Rostfläche** *f (Hütt/Wlz)*
**grate basket trolley Rostkorbausziehwagen** *m (Bg/Bergb)*
**grate bearing Auflagerrost** *m (Mech)* **Rostträger** *m (Mech)*
**grate cleaning device Roststabreinigungsvorrichtung** *f (Hütt/Wlz)*
**grate cooler Rostkühler** *m (Bg/Bergb)*
**grate decking Gitterrost** *m (Mech, Bau)* **Gitterrostbelag** *m (Mech, Bau)*
**grate flooring Gitterrostfußboden** *m (Mech, Bau)*
**grate link Roststab** *m (Hütt/Wlz)*
**grate opening Rostspalte** *f (Hütt/Wlz)*
**grate, full** full grate *adj:n* **Vollrost** *m (Zer)*
**grate, inclined** inclined grate *adj:n* **schräger Rost** *adj:n (Hütt/Wlz)* **Schrägrost** *m (Hütt/Wlz)*
**grate, stationary** stationary grate *adj:n* **Planrost** *m (Hütt/Wlz)*
**gravel Kies** *m (Geo)* **Schotter** *m (Geo)* (Steinbruch)
**gravel grab Kiesgreifer** *m (Bg/Bergb)* (Baggerausrüstung)
**gravel path Schotterweg** *m (Bau)*
**gravel pit** *(sand pit)* **Kiesgrube** *f (Geo)*
**gravel surfacing Kiesbefestigung** *f (Bau)*
**gravel/sand granulate Kies/Sandmischung** *f (Geo, Bau)*

**gravimetric feeder Dosierbandwaage** *f (Band)*
**gravity arc welding Schwerkraftlichtbogenschweißen** *nt (Schw)*
**gravity die casting Kokillengießen** *nt (Hütt/Wlz)*
**gravity feed circulating lubrication drucklose Umlaufschmierung** *adj:n (Mech)*
**gravity forces on batter Hangabtriebskraft** *f (Bg/Bergb)*
**gravity roller Querrollbahn** *f (Mech)* **Rollenförderer** *m (Mech)*
**gravity takeup Gewichtsspannvorrichtung** *f (Mech)*
**gravity, horizontal** horizontal gravity *adj:n* **Spannwagen mit Gewicht** *(Mech)*
**gravity-type dust ejector Schwerkraft-Staubauswerfer** *m (Hütt/Wlz)*
**gray cast Grauguss** *m (Stb, Hütt/Wlz)*
**gray cast iron, foliated** foliated gray cast iron *adj:n* **lamellarer Grauguss** *adj:n (Hütt/Wlz)*
**grease Fett** *nt (Mech)* **Schmierfett** *nt (Mech)*
**grease cartridge Fettpatrone** *f (Kfz)*
**grease chamber cap** *(of a belt idler)* **Abschlusskappe** *f (Mech, Band)* (einer Bandrolle)
**grease collar Fettkragen** *m (Mech)*
**grease collecting trough Fettauffangrinne** *f (Mech)*
**grease conduit Fettkanal** *m (Form)*
**grease cup Klappöler** *m (Mech)* **Schmierbüchse** *f (Mech)*
**grease distributor Fettverteiler** *m (Mech)*
**grease fitting Schmiernippel** *m (Mech)*
**grease gun Fettspritze** *f (Mech)* **Schmierpistole** *f (Mech)*
**grease lubrication Fettschmierung** *f (Kfz)*
**grease lubrication system Fettschmieranlage** *f (Mech)*
**grease lubricator Fetter** *m (Mech)*
**grease nipple Kegelschmiernippel** *m (Kfz)* **Schmiernippel** *m (Mech)*
**grease pot Schmiertopf** *m (Mech)*
**grease relief valve Fettüberdruckventil** *nt (Hyd/Pneu)*
**grease screw Schmierkontrollschraube** *f (Mech)*
**grease, viscous** viscous grease *adj:n* **festes Fett** *adj:n (Mech)*
**greaser** *BE* **Schmierer** *m (Mech)*
**greasing Einfetten** *nt (Form)*
**greasing bush Schmierbuchse** *f (Mech)*
**greasing cycle Schmiertakt** *m (Mech)*
**greasing nozzle** *(of the central grease lubricating system)* **Sprühdüse** *f (Mech)* (der zentralen Fettschmieranlage)
**greasing pulse Abschmierimpuls** *m (Mech)* (Fettschmieranlage)
**greasing system Schmieranlage** *f (Mech)*
**greyboard Graupappe** *f (Mech)*
**greywacke** *BE* **Grauwacke** *f (Geo)*
**grid** *(e.g. of a representation)* **Netz** *nt (Allg)* (Karte, Darstellung)
**grid board Rasterplatte** *f (Hütt/Wlz)*
**grid cross-cut test** *(for determining the adhesion of coatings)* **Gitterschnittprüfung** *f (Anstr)*
**grid reference map Netzpunktkarte** *f (Mech)*
**grid system Rastersystem** *nt (Hütt/Wlz)*
**grid test** *(for determining the adhesion of coatings)* **Gitterschnittprüfung** *f (Anstr)*
**grimble Gelenklager** *nt (Mech)*
**grindability Mahlbarkeit** *f (Zer)*
**grindability index Mahlbarkeitszahl** *f (Zer)*
**grinder** *AE* **Schleifmaschine** *f (Mont, Werkz)*
**grinder, rotary** rotary grinder *adj:n* **Fräser** *m (Mech, Mont)* **Fräswalze** *f (Bg/Bergb)*
**grinding Beschleifen** *nt (Form)* (Bearbeitung)
**grinding** *(mill)* **Mahlen** *nt (Zer, Mech, Mont)* **Vermahlung** *f (Zer)* (von Mineralien)
**grinding and blending plants Mahl- und Mischanlage** *(Zer)*
**grinding and thermal processing Mahl- und Wärmetechnik** *(Mech)*
**grinding ball Mahlkugel** *f (Zer)*
**grinding diameter Schleifmaß** *nt (Mech)* (der Kolbenstange)
**grinding dimension Fräsmaß** *nt (Form)*
**grinding disk Schleifscheibe** *f (Hütt/Wlz)*
**grinding drum Mahltrommel** *f (Zer)*
**grinding elements** *pl* **Mahlteile** *pl nt (Zer)*
**grinding lathe Schleifbank** *f (Anstr)*
**grinding machine Schleifmaschine** *f (Mont, Werkz)*
**grinding machine, small** small grinding machine *adj:n* **Schleifhexe** *f (Mont, Werkz)*

**grinding marker Schleifmarkiereinrichtung** *f (Mech)*
**grinding paste Schleifpaste** *f (Hütt/Wlz)*
**grinding plant, air-swept** air-swept grinding plant *adj:n* **Luftstrommahlanlage** *f (Zer)*
**grinding plant, autogenous** autogenous grinding plant *adj:n* **Autogen-Mahlanlage** *f (Zer)*
**grinding plate Mahlplatte** *f (Zer)* (z.B. Autogenmühle)
**grinding ring Mahlring** *m (Zer)* (Kugelmühle)
**grinding technology Mahltechnik** *f (Zer)*
**grinding tool Schleifzeug** *nt (Hütt/Wlz)*
**grinding wheel Schleifrad** *nt (Hütt/Wlz)* **Schleifstein** *m (Hütt/Wlz)*
**grinding work Mahlen** *nt (Zer, Mech, Mont)* **Mahlvorgang** *m (Zer)*
**grinding zone Mahlzone** *f (Zer)*
**grinding, internal** internal grinding *adj:n* **Innenschleifen** *nt (Mech)*
**grinding, primary** primary grinding *adj:n* **Vormahlen** *nt (Zer)*
**grip** *(screws)* **Klemmlänge** *f (Mech)* (Schrauben) **Klemmstück** *nt (Mech)*
**grip block Abfangkloben** *m (Mech, Mont)*
**grip hoist Greifzug** *m (Mech)*
**grip length Klemmlänge** *f (Mech)* (Schrauben)
**grip link Greifsteg** *m (Mech)* (der Schneekette)
**grip of rivet Klemmlänge** *f (Mech)* (Nietung)
**grip tube Griffrohr** *nt (Mech)*
**gripping device Fangvorrichtung** *f (Mech)*
**gripping tackle Greifzug** *m (Mech)*
**grit arrester Flugstaubabscheider** *m (Zer)* (bei grobem Korn) **Zyklon-Abscheider** *m (Zer)* (grober Flugstaub)
**grit blasting Strahlen mit Stahlsand** *(Anstr)*
**grit hopper Flugaschentrichter** *m (Hütt/Wlz)*
**grit refiring Flugaschenrückführung** *f (Hütt/Wlz)* (Grobkorn)
**grit retention Flugascheneinbindung** *f (Hütt/Wlz)*
**grizzly roll Rostwalze** *f (Zer)*
**grommet Gewindeschutz** *m (Mech)* **Gummitülle** *f (Mech)* **Öse** *f (Mech)* **Seilring** *m (Mech)* **Tülle** *f (Mech))*
**grommet nut Dichtungsmutter** *f (Mech)* (Tüllenmutter) **Tüllenmutter** *f (Mech)*
**grommet thimble Seilkausche** *f (Mech)*
**groove Aushöhlung** *f (Mech, Mont)* (Auskehlung) **Einschnitt** *m (Mont)* **Rille** *f (Mech)*
**groove angle Fugenwinkel** *m (Schw, Mech, Mont)* **Rillenwinkel** *m (Band)* (Keilriemen)
**groove bottom Rinnenboden** *m (Stb)*
**groove face Fugenflanke** *f (Schw)* **Fugensteg** *m (Schw, Mech, Mont)*
**groove joint Fugenstoß** *m (Schw, Mech, Mont)*
**groove pin Kerbnagel** *m (Mech)* **Kerbstift** *m (Mech)*
**groove weld Fugennaht** *f (Form)*
**groove width Riemenbreite** *f (Mech)* (des Keilriemens)
**groove, circular** circular groove *adj:n* **Ringrille** *f (Mech)*
**groove, transverse** transverse groove *adj:n* **Quernute** *f (Mech)*
**grooved ring ball bearing Ringrillenkugellager** *nt (Mech)*
**gross calorific value oberer Heizwert** *adj:n (El)*
**gross load weight Gesamtgewicht** *nt (Stat)* **maximales Gesamtgewicht** *adj:n (Stat)*
**gross quantity of fuel supplied aufgegebene Brennstoffmenge** *(Hütt/Wlz)*
**gross section Bruttoquerschnitt** *m (Stb)* **Vollquerschnitt** *m (Stb)*
**gross vehicle weight Brutto-Fahrzeuggewicht** *nt (Bahn)*
**ground** *(excavator)* **Fahrplanum** *nt (Bg/Bergb)* **Planum** *nt (Bg/Bergb, Umschl)*
**ground Boden** *m (Geo)* (Erdboden) **Sohle** *f (Geo)* (Boden)
**ground area Bodenfläche** *f (Mech)* (z.B. im Führerhaus)
**ground bearing capacity Tragfähigkeit des Bodens** *(Geo)*
**ground breaking Ausschachten** *nt (Hütt/Wlz)* (Erdaushub) **Erdaushub** *m (Hütt/Wlz)*
**ground clearance Bodenfreiheit** *f (Bg/Bergb)*
**ground erection Bodenmontage** *f (Stb)* (Vormontage)

**ground in subsidence Absinken des Bodens** *(Geo)*
**ground irregularities** *pl* **Bodenunebenheiten** *pl f (Bg/Bergb)*
**ground level** *(excavator)* **Baggerplanum** *nt (Bg/Bergb)* **Planum** *nt (Bg/Bergb, Umschl)*
**ground line Grundlinie** *f (Stb)* **Planum** *nt (Bg/Bergb, Umschl)*
**ground nut husk Erdnussschale** *f*
**ground plate Bodenplatte** *f (Mech)*
**ground position Bodenlage** *f (Kfz)* (Lader in Bodenlage)
**ground pressure Bodendruck** *m (Mech)* **Bodenpressung** *f (Mech)*
**ground station Bodenstation** *f (Umschl)*
**ground surface Geländeoberfläche** *f (Geo)*
**ground, diggable** diggable ground *adj:n* **Grabboden** *m (Bg/Bergb)*
**ground-water Grundwasser** *nt (Geo, Allg)*
**groundman Anschläger** *m (Bg/Bergb)*
**group Aggregat** *nt (Mech)* **Gruppe** *f (Mech)* (Erzeugnisstruktur)
**group of defects Mängelgruppe** *f (Stb)*
**group of the first level Gruppe erster Ordnung** *(Mech)*
**group of tolerances Toleranzreihe** *f (Mech)*
**grouping Gliederung** *f (Allg)*
**grouping of lubrication lines Zusammenführung von Schmierleitungen** *(Mech)*
**grouser Steg** *m (Bg/Bergb)* (der Kettenbodenplatte) **Stollen** *m (Bg/Bergb)* (auf Kettenplatte)
**grouting of bases Vergießen von Fundamenten** *(Hütt/Wlz)*
**grouting space Lagerfuge** *f (Stb)*
**grouting work Vergießarbeit** *f (Hütt/Wlz)*
**groyne Buhne** *f (Hyd/Pneu)*
**grub screw Gewindestift** *m (Mech)*
**guarantee fuel Garantiebrennstoff** *m (Hütt/Wlz)*
**guarantee test Abnahmeverbrauch** *m (Hütt/Wlz)*
**guard** *(e.g. at points)* **Radlenker** *m (Bahn)* (z.B. an Weichen)
**guard** *(shield)* **Dichtblende** *f (Form)*
**guard Berührungsschutz** *m (Mech)* **Schutzblech** *nt (Mech)*
**guard** *(e.g. on cab)* **Schutz** *m (Mech)* (z.B. über dem Fahrerhaus)
**guard cap Schutzkappe** *f (Mech)*
**guard casing Schutzkasten** *m (Mech)*
**guard cover Abdeckhaube** *f (Mech)* **Schutzklappe** *f (Mech)*
**guard for boom cylinder Auslegerzylinderschutz** *m (Bg/Bergb)*
**guard plate Schutzplatte** *f (Mech)* **Verstärkungsblech** *nt (Mech, Stb)*
**guard ring Schutzring** *m (Mech)* **Sicherungsring** *m (Mech)*
**guard timber Leitbalken** *m (Stb)* (Brücke)
**guard, front** front guard *adj:n* **Frontgitter** *nt (Bg/Bergb)* **Frontschutz** *m (Bg/Bergb)*
**gudgeon Bolzen** *m (Mech)* (Drehbolzen) **Gewindebolzen** *m (Mech)* (Zapfen)
**gudgeon bearing Halslager** *nt (Mech)*
**gudgeon pin Kolbenbolzen** *m (Mech)*
**gudgeon pin bushing Kolbenbuchse** *f (Mech)*
**gudgeon pin retainer Kolbenbolzensicherung** *f (Mech)*
**guidance Umlenkung** *f (Mech)*
**guidance for horizontal bucket Schaufelwaagerechtführung** *f (Bg/Bergb)*
**guidance, axial** axial guidance *adj:n* **axiale Führung** *adj:n (Mech)*
**guide Führung** *f (Bg/Bergb)* (Leitvorrichtung)
**guide bar Leitschiene** *f (Stb)* (Radlenker)
**guide bush Führungsbuchse** *f (Mech)* **Steuerbuchse** *f (Mech)*
**guide carriage Leitwagen** *m*
**guide flange Führungsflansch** *m (Mech)*
**guide frame Führungsrahmen** *m (Bg/Bergb)* **Lenker** *m (Mech)*
**guide funnel Führungstrichter** *m (Form)*
**guide housing Kapselgehäuse** *nt (Kfz)*
**guide idler Führungsrolle** *f (Band)* **Leitrolle** *f (Band)* (fest, seitlich, senkrecht)
**guide piece Führungsstück** *nt (Mech)*
**guide piece** *(part of the fixture)* **Gleitstein** *m (Mech)* (Teil der Spannvorrichtung)
**guide pin Führungszapfen** *m (Mech)*
**guide pipe Führungsrohr** *nt (Mech)*
**guide plate Gleitplatte** *f (Mech)*
**guide rail** *(on edge of road)* **Leitplanke** *f (Bau)* (am Straßenrand)
**guide rail** *(runner)* **Laufschiene** *f (Stb)* **Leitschiene** *f (Stb)* (Radlenker)
**guide rail Radlenker** *m (Stb)* (Leitschiene)

**guide ring Klauenring** *m (Mech)*
**guide roller Führungsrolle** *f (Band)* **Seitenrolle** *f (Band)*
**guide shoe Führungsknagge** *f (Mech)*
**guide skid Führungsschlitten** *m (Mech)*
**guide sleeve Führungsbuchse** *f (Mech)*
**guide tube Führungsrohr** *nt (Mech)*
**guide wedge Führungskeil** *m (Mech)*
**guide, prismatic** prismatic guide *adj:n* **Prismenführung** *f (Form)*
**guide-shoe wear surface Gleitbackendrehkranz** *m (Bg/Bergb)*
**guideway Führungsbahn** *f (Mech)*
**guiding accuracy Führungsgenauigkeit** *f (Mech)*
**guiding assembly Führungsvorrichtung** *f (Mech)*
**guiding bushing** *(e.g. a bush)* **Führungshülse** *f (Mech)*
**guiding data** *pl* **Richtwert** *m (Hütt/Wlz)* (Materialzusammensetzung)
**guiding sleeve housing Gehäusekugelführung** *f (Form)*
**guiding sleeve, tubular** tubular guiding sleeve *adj:n* **Hohlwelle** *f (Mech)*
**guiding sprocket Leitrad** *nt (Bg/Bergb)*
**guiding system Führungssystem** *nt (Mech)* (z.B. eines Gerätes)
**guillotine cut Formatschnitt** *m (Mech, Mont)*
**gunning of refractory Aufspritzen von Schamottemasse** *(Hütt/Wlz)*
**guss connection Knotenblechverbindung** *f (Stb)*
**gusset Blechanker** *m (Mech, Mont)* **Knotenblech** *nt (Stb, Stat)* **Zwickel** *m (Mech, Mont)*
**gusset plate Anschlussblech** *nt (Stb)* **Knotenblech** *nt (Stb, Stat)*
**gusset plate beam junction Trägerrostzentralknoten** *m (Stb)*
**gusset plate joint Knotenblechverbindung** *f (Stb)*
**gusset shoe Aufsteckschuh** *m (Form)* **Gleitschuh** *m (Mech)*
**guy Abspanndraht** *m (Stb)* **Abspannseil** *nt (Bg/Bergb)*
**guying** *(with a rope, chain, rod)* **Abspannung** *f (Mech, Bg/Bergb, Umschl)* (z.B. mittels Seil, Kette, Stange)
**gypsum Gips** *m (Geo)*
**gypsum plant Gipswerk** *nt (Bg/Bergb)*
**gypsum plaster Gipsputz** *m (Bau)*
**gyration** *(circle)* **Drehung** *f (Mech)* (Kreis)
**gyration radius Trägheitshalbmesser** *m (Mech, Stb)*
**gyratory crusher Kegelbrecher** *m (Zer)* **Kreisel-Rund-Brecher** *m (Zer)*
**gyratory jaw-type crusher Backen-Kreiselbrecher** *m (Zer)*
**gyrostat Kreiselkompass** *m (Mech)*
**gyrowheel Kreiselrad** *nt (Mech)*

# H

**H-beam Breitflanschträger** *m (Hütt/Wlz)* **Träger** *m (Stb, Hütt/Wlz)* (I-Eisen)
**H-forces** *pl* **H-Kraft** *f (Stb)*
**H-frame Unterwagenmittelteil** *m (Bg/Bergb)*
**H-section IPB-Profil** *nt (Stb)* (Doppel-T-Profil)
**hagenuk instruments** *pl* **Hagenukgeräte** *pl n*
**hair-sieve Haarsieb** *nt (Zer)*
**hairline crack Haarriss** *m (Mech)*
**half coupling Kupplungshälfte** *f (Mech)* **Schale** *f (Mech)*
**half pulse control Halbimpulsschaltung** *f (El)* (Schmieranlagen)
**half round rivet Halbrundniet** *m (Mech)*
**half sealing strip Dichtleistenhälfte** *f (Form)*
**half shaft** *BE* **Achswelle** *f (Kfz)* (Differenzial)
**half-axle Halbachse** *f (Kfz)*
**half-length reserve taper-grooved-dowel pin Steckerkerbstift** *m (Mech)*
**half-open single seam Halbsteilflankennaht** *f (Schw)*
**half-round** *(steel)* **Halbrundstahl** *m (Stb, Hütt/Wlz)*
**half-round steel Halbrundstahl** *m (Stb, Hütt/Wlz)*
**half-section Halbschnitt** *m (Mech)*
**half-section drawing Halbschnittzeichnung** *f (Mech)*
**half-shaft Steckachse** *f (Mech)* (Kfz)
**half-truss Halbbinder** *m (Stb)*
**half-value depth tolerance Halbwert-Tiefenspiel** *nt (Hütt/Wlz)*
**half-value of length Halbwert-Längenausdehnung** *f (Hütt/Wlz)*

**half-value of width Halbwert-Querausdehnung** *f (Hütt/Wlz)*
**halt** *(support)* **Halt** *m (Mech)* (Stütze)
**hammer Hammer** *m (Mont, Werkz)* **Schläger** *m (Zer)* (Mühle)
**hammer and hose support Hammer- und Schlauchhalterung** *f (Mech)*
**hammer axle extraction device Hammerachsenauszugvorrichtung** *f (Mech, Bg/Bergb)*
**hammer changing device Hammerauswechselvorrichtung** *f (Bg/Bergb)*
**hammer crusher Hammerbrecher** *m (Zer)* **Hammermühle** *f (Zer)*
**hammer forging Freiformschmieden** *nt (Hütt/Wlz)* **Freiformschmiedestück** *nt (Hütt/Wlz)*
**hammer hardening Härtung durch Kalthämmern** *(Hütt/Wlz)*
**hammer head Hammerkopf** *m (Zer)* **Schlagbahn** *f (Zer)*
**hammer mill Hammermühle** *f (Zer)* **Hammerwerk** *nt (Hütt/Wlz, Mech)*
**hammer mill, screen-less** screen-less hammer mill *adj:n* **sieblose Hammermühle** *adj:n (Zer)*
**hammer riveting Hammernieten** *nt (Stb)* **Hammernietung** *f (Stb)*
**hammer, pneumatic** pneumatic hammer *adj:n* **Drucklufthammer** *m (Mont, Werkz)*
**hammer, power-actuated** power-actuated hammer *adj:n* **Hebestempel** *m (Bg/Bergb)*
**hammered-head bolt Hammerkopfschraube** *f (Mech)*
**hammering spanner Schlagschrauber** *m (Mont, Werkz)*
**hammock belt idler Girlandenrolle** *f (Band, Bg/Bergb)* **Schaukelrolle** *f (Band)*
**hand** *(part of a machine)* **Hand** *f (Mech)* (Maschinenteil)
**hand brake Handbremse** *f (Mech)*
**hand cable winch Handkabelwinde** *f (Mech)*
**hand cart Handwagen** *m (Kfz)*
**hand crane Handkran** *m (Mech)*
**hand drill Brustleier** *f (Mont)*
**hand forklift truck Hubwagen** *m (Kfz)* (Handstapler)
**hand hacksaw Bügelsäge** *f (Mont, Werkz)* (handbetätigt)
**hand lever cross shaft Handhebelwelle** *f (Kfz)*
**hand lever valve Handhebelventil** *nt (Hyd/Pneu)*
**hand lift Hubwagen** *m (Kfz)*
**hand lubricating point Handschmierstelle** *f (Mech)*
**hand mould Handform** *f (Mech)* (des Behälters)
**hand of helix Steigungssinn** *m (Mech)* (Zahnrad)
**hand oiler Ölkanne** *f (Mech, Mont)* (Öler)
**hand primer Handpumpenvorrichtung** *f (Kfz)*
**hand pump Handpumpe** *f (Mech, Hyd/Pneu)*
**hand riveting Handnieten** *nt (Stb)* **Handnietung** *f (Stb)*
**hand slide valve Handschiebeventil** *nt (Hyd/Pneu)*
**hand tamper Handstampfer** *m (Mech)*
**hand tap drill Handgewindebohrer** *m (Mont, Werkz)*
**hand testing pump Handprüfpumpe** *f (Mont)*
**hand throttle Gashebel** *m (Mech)* (für den Handbetrieb)
**hand tool grinder Handschleifmaschine** *f (Mont, Werkz)*
**hand vice Feilkloben** *m (Mont)*
**hand wheel Handrad** *nt (Kfz)* **Stellrad** *nt (Bahn)*
**hand wheel screw design Handradschraubtyp** *m (Mech)*
**hand winch Handwinde** *f (Mech)*
**hand winder Haspel** *f (Mech)* (Handhaspel)
**hand-brake indicator Handbremsanzeigerarm** *m (Bahn)*
**hand-set pitching Setzpacklage** *f (Bau)* (von Hand)
**hand-wheel brake mechanism Handbremsmechanismus** *m (Mech)*
**handfiring Handbeschickung** *f (Hütt/Wlz)*
**handhole Griff** *m (Mech)* (in Lochform) **Handloch** *nt (Mech)*
**handhole closure Handlochverschluss** *m (Hütt/Wlz)*
**handhole cover Handlochdeckel** *m (Mech)*
**handhole seat scraper Handlochsitz-Schabevorrichtung** *f (Hütt/Wlz)*

**handing-over, technical** technical handing-over *adj:n* **technische Übergabe** *adj:n (Mech)*
**handle Drehhebel** *m (Mech)* **Handgriff** *m (Mech)* **Schenkel** *m (Mont)* (Zange)
**handle bar** *(e.g. of bicycle)* **Lenkstange** *f (Mech)* (z.B. des Motorrades)
**handle end Griffangel** *f (Mech)*
**handle, rotary** rotary handle *adj:n* **Drehhebel** *m (Mech)*
**handle, wooden** wooden handle *adj:n* **Holzheft** *nt (Mech)* (Griff)
**handle-type probe holder Handhalterung** *f (Mech)*
**handling** *(of material)* **Umschlag** *m (Umschl)* (von Gütern)
**handling and loading facilities for bulk materials Umschalt- und Verladeanlagen mit Zwischenlager** *(Umschl)*
**handling capacity Fördergutstrom** *m (Band, Umschl)* (Förderband) **Förderleistung** *f (Band, Umschl)* (Förderband)
**handling equipment Fördergerät** *nt (Umschl)* **Hebe- und Fördergeräte** *pl nt (Bg/Bergb, Umschl)*
**handling facilities** *pl* **Förderanlage** *f (Bg/Bergb, Umschl, Band)*
**handling on site Stückheben auf der Baustelle** *(Stb)*
**handling plant Umschlaganlage** *f (Bg/Bergb, Umschl)*
**handling rate, reduced** reduced handling rate *adj:n* **Minderleistung** *f*
**handling slot for assembly Montagegriffloch** *nt (Mont, Stb)*
**handling speed Fördergeschwindigkeit** *f (Umschl)*
**handling systems** *pl* **Handlinggeräte** *pl nt (Mech)*
**handrail stanchion Geländerstütze** *f (Mech, Bau)*
**hang-up** *(of fuel)* **Brückenbildung** *f (Hütt/Wlz)* (Brennstoff)
**hanger Aufhänger** *m (Mech)* (z.B. für Luftkabel) **Aufhängerring** *m (Mech)* **Kabelschelle** *f (Mech)* **Wandschelle** *f (Mech)*
**hanging wall Hangende** *nt (Bg/Bergb)*
**hard coal. Anthrazit** *m (Bg/Bergb, Geo)*
**hard hat** *AE* **Schutzhelm** *m (Mech)*
**hard heading** *(in underground mining)* **Strecke** *f (Bg/Bergb)* (in niedrigen Flözen)
**hard standing fester Untergrund** *adj:n (Mech, Geo)*
**hard-facing Auftragschweißung** *f (Schw, Mont)*
**hard-facing electrode Panzerelektrode** *f (Schw, Mech, Mont)*
**hard-metal plate Hartgussplatte** *f (Hütt/Wlz)*
**hard-plastic foil Hart-PVC-Folie** *f (Mech)*
**hard-surfacing Auftragschweißung** *f (Schw, Mont)*
**hard-to-burn fuel Mittelprodukt** *nt (Hütt/Wlz)* (schlecht brennbarer Brennstoff)
**hardenability Härtbarkeit** *f (Mech)*
**hardened, inductively** inductively hardened *adv:adj* **induktiv gehärtet** *adv:adj (Hütt/Wlz)*
**hardening Aushärten** *nt (Bg/Bergb)* (von Vergussmasse) **Erhärtung** *f (Hütt/Wlz)*
**hardening by peening Härtung durch Kalthämmern** *(Hütt/Wlz)*
**hardening depth Einhärtetiefe** *f (Form)* **Härtetiefe** *f (Hütt/Wlz)*
**hardening of the interior root circle surface Zahngrundhärtung** *f (Mech)*
**hardening shop Härterei** *f (Hütt/Wlz)*
**hardening time Erhärtungszeit** *f (Hütt/Wlz)*
**hardening zone Härtezone** *f (Mech)*
**hardfacing machine, automatic** automatic hardfacing machine *adj:n* **Auftragschweißautomat** *m (Schw, Mont)*
**hardness Härte** *f (Mech)*
**hardness components** *pl (water treatment plant)* **Härtebildner** *m (Hütt/Wlz)* (Wasseraufbereitung)
**hardness gap Schlupfstelle** *f (Bg/Bergb)*
**hardness penetration depth Einhärtetiefe** *f (Form)*
**hardness slip Härteschlupf** *m (Mech)*
**hardness spreading Härteverlauf** *m (Hütt/Wlz)* (der Naht)
**hardness test Härteprüfung** *f (Mech)*
**hardness test certificate Härteversuchsbescheinigung** *f (Mech)*
**hardness, residual** residual hardness *adj:n* **Resthärte** *f (Hütt/Wlz)*
**hardware Beschläge** *pl m (Bau)* **Eisenwaren** *pl f*
**hardy Abschrot** *m (Mech, Werkz)* **Ambossschröter** *m (Mech)*
**harness Halterung** *f (Mech)* (z.B. aus Draht)

**hat band inset Schweißband** *nt (Mech)* (Schutzhelm)
**hatch Luke** *f (Umschl)* (Schiff)
**hatch cover Lukendeckel** *m (Mech)* (Schiff)
**haul road Fahrstrecke** *f (Kfz)* (des Muldenkippers)
**haul truck Nutzfahrzeug** *nt (Bg/Bergb)* (Muldenkipper)
**haul way Fahrstrecke** *f (Kfz)* (des Muldenkippers)
**haulage drive Bandantrieb** *m (Band, Umschl, Zer)*
**haulage from digging to dump site Transportweg Bagger – Kippseite** *(Umschl)*
**haulage layout Fördersystem** *nt (Bg/Bergb)* (z.B. im Tagebau)
**hauling by wheel barrow Schubkarrenförderung** *f (Mech)*
**hauling capacity Förderleistung** *f (Bg/Bergb, Umschl)* (Bagger)
**hauling distance Förderweg** *m (Bg/Bergb)* (Entfernung, Distanz) **Transportentfernung** *f (Bg/Bergb)*
**haunch Rahmenecke** *f (Stb, Mech)*
**have oiltight enclosure öldicht gekapselt** *adv:adj (Mech, Hyd/Pneu)*
**hay-bob tine Federzinken** *m (Form)*
**HDT backhoe** *(vibrates into soil)* **HDT-Tieflöffel** *m (Bg/Bergb)*
**head and tail end drive Kopf- und Schlussantrieb** *(Mech, Band)*
**head beam detail Hutträger** *m (Stb)*
**head bushing Endbuchse** *f (Stb)*
**head clearance Kopffreiheit** *f (Mech)* **Kopfraum** *m (Mech)*
**head drive station Antriebsstation** *f (Band, Bg/Bergb, Umschl)*
**head fireman Brandleiter** *m (Mech, Allg)*
**head gate Kopfstrecke** *f (Bg/Bergb)* (neben der Abbauwand)
**head gear Förderturm** *m (Bg/Bergb)*
**head guard Abweiser** *m (Kfz)* (Kopfschutz)
**head light Frontscheinwerfer** *m (El, Mech)*
**head loss characteristics** *pl (pump)* **Q-H-Kurve** *f (Hyd/Pneu)* (Pumpe)
**head of bolt Schraubenkopf** *m (Mech)*
**head of trunk conveyor Längsbandkopf** *m (Band)*
**head piece Kopfstück** *nt (Mech)*
**head pulley Kopftrommel** *f (Bg/Bergb, Umschl, Band)* **Umlenktrommel** *(Band, Bg/Bergb, Umschl)* (z.B. für die Bandschleife)
**head rail Torriegel** *m (Stb)*
**head rail frame strut Rahmenriegel** *m (Stb)* (Verbinder)
**head ramp Kopframpe** *f (Bahn)*
**head rest Kopfstütze** *f (Mech)* (Kfz)
**head stanchion Stirnrunge** *f (Bahn)* (z.B. am Flachwagen)
**head station** *(of a conveyor system)* **Kopfstation** *f (Band)* (einer Bandanlage) **Umkehrstation** *f (Band)* (Kopf)
**head wall Kopfböschung** *f (Bg/Bergb)*
**head, dished** dished head *adj:n* **gekümpelter Boden** *adj:n (Mech)* (einer Trommel)
**head, extending** extending head *adj:n* **Vorschubkopf** *m (Bg/Bergb, Umschl, Band)*
**head, flat** flat head *adj:n* **versenkter Schraubenkopf** *adj:n (Mech)*
**head, magnetic** magnetic head *adj:n* **Magnetkopf** *m (Mech)*
**head, static** static head *adj:n* **statische Höhe** *adj:n (Hütt/Wlz)*
**head-to-head distance Abstand** *m (Bg/Bergb)* (zwischen Zylinderköpfen)
**header Sammler** *f (Hütt/Wlz)*
**header** *AE* **Döpper** *m (Mont)* **Kopfstück** *nt (Mech)* **Sammelrohr** *nt (Mech)*
**header handhole Handloch** *nt (Hütt/Wlz)* (Sammleröffnung) **Sammleröffnung** *f (Hütt/Wlz)*
**header shop Pressbau** *m (Hütt/Wlz)* (Sammlerbau) **Sammlerbau** *m (Hütt/Wlz)*
**header, round** round header *adj:n* **runder Sammler** *adj:n (Hütt/Wlz)*
**header, staggered** staggered header *adj:n* **Sektion** *f (Hyd/Pneu)* (gewellt)
**header-type boiler Sektionalkessel** *m (Hütt/Wlz)*
**headframe Fördergerüst** *nt (Bg/Bergb)*
**heading** *(mining)* **Strecke** *f (Bg/Bergb)* (unter Tage)
**heading tool Anköpfer** *m (Mech, Mont)*
**headlamp socket Scheinwerferstütze** *f (Mech)*
**headlight frame Scheinwerferrahmen** *m (Mech)*

**headlight guard Scheinwerferschutz** *m (Mech)*
**headlight unit, sealed** sealed headlight unit *adj:n (El)* **Scheinwerfereinsatz** *m (El)*
**headpan Kopfschüssel** *f (Allg)*
**headroom Durchgangshöhe** *f (Bau)* **Kopfhöhe** *f (Mech)* (freie Höhe über Apparaten)
**headstock Pufferbohle** *f (Bahn)*
**headwheel pulley Seilscheibe** *f (Bg/Bergb)* (Förderturm)
**Health and Safety Executive (HSE;GB) Berufsgenossenschaft** *f (Allg)*
**heap Halde** *f (Umschl)* (für Erz oder Kohle) **Häufung** *f (Bg/Bergb)* (des Löffels) **Haufwerk** *nt (Bg/Bergb)*
**heaping (more than struck contents) Häufung** *f (Bg/Bergb)* (des Löffels)
**heaping angle Schüttwinkel** *m (Band, Umschl)*
**heaping limit gate Schichthöhenbegrenzungsplatte** *f*
**heaping of material Ballung des Gutes** *(Bg/Bergb)*
**heat Charge** *f (Hütt/Wlz)* **Schmelze** *f (Hütt/Wlz)* **Wärme** *f (Hütt/Wlz)* (technisch)
**heat absorbing glass Wärmeschutzglas** *nt (Mech, Bau)*
**heat absorbing tubes** *pl* **Kühlschirm** *m (Hütt/Wlz)*
**heat absorption Wärmeaufnahme** *f (Hütt/Wlz)*
**heat accumulation Wärmestauung** *f (Stb)*
**heat added for vaporization** *(at constant temperature)* **Dampferzeugungswärme** *f (Hütt/Wlz)*
**heat balance Wärmebilanz** *f (Mech)*
**heat capacity Wärmeinhalt** *m (Stb)* **Wärmekapazität** *f (Stb)*
**heat conducting capacity Wärmeleitvermögen** *nt (Stb)*
**heat conducting paste Wärmeleitpaste** *f (El)*
**heat conduction Wärmeleitung** *f (Stb)*
**heat consumption Wärmeverbrauch** *m (Stb)*
**heat convection Konvektion** *f (Stb)*
**heat detector Wärmemelder** *m (Stb)* (Thermomaximalmelder)
**heat emission Wärmeabgabe** *f (Mech, Phys, Hütt/Wlz)*
**heat engine Wärmekraftmaschine** *f (Mech)*
**heat exchange Wärmeaustausch** *m (Stb)*
**heat flange Heizflansch** *m (Mech)*
**heat flow Wärmeduchsatz** *m (Hütt/Wlz)* **Wärmefluss** *m (Hütt/Wlz)* **Wärmeströmung** *f (Hütt/Wlz)*
**heat flow density Wärmestromdichte** *f (Stb)*
**heat indicator Temperaturanzeiger** *m (Mech)*
**heat input Wärmezufuhr** *f (Hütt/Wlz)*
**heat insulation Wärmeisolierung** *f (Mech, Bau)*
**heat loss in liquid slag Verlust durch Schlackenwärme** *(Hütt/Wlz)*
**heat of combustion Verbrennungswärme** *f (Hütt/Wlz)*
**heat radiation Wärmeabstrahlung** *f (Mech, Phys)*
**heat recovery adjuncts** *pl* **Nachschaltheizflächen** *pl f (Hütt/Wlz)*
**heat release Wärmeentbindung** *f (Hütt/Wlz)*
**heat resisting steel wärmebeständiger Stahl** *adj:n (Hütt/Wlz)* **warmfester Stahl** *adj:n (Hütt/Wlz)*
**heat run test Erwärmungsprüfung** *f (Mech)*
**heat storage Wärmestauung** *f (Stb)*
**heat storage boiler Speicherkessel** *m (Hütt/Wlz)*
**heat stress Wärmebeanspruchung** *f (Hütt/Wlz)*
**heat supply Wärmezufuhr** *f (Hütt/Wlz)*
**heat transfer Wärmeabgabe** *f (Mech, Phys, Hütt/Wlz)* **Wärmeübergang** *m (Hütt/Wlz, Stb)*
**heat transfer coefficient Wärmedurchgangszahl** *f (Mech, Bau)*
**heat transmission Wärmedurchgang** *m (Hütt/Wlz)*
**heat transmission coefficient Wärmeübergangszahl** *f (Stb)*
**heat treatment Warmbehandlung** *f (Mech, Mont, Hütt/Wlz)* **Wärmevergütung** *f (Hütt/Wlz)*
**heat treatment in liquid Flüssigkeitsvergütung** *f (Hütt/Wlz, Mech)*

**heat treatment in oil** *(quenching and tempering in oil)* **Ölvergütung** *f (Hütt/Wlz, Mech)*
**heat, latent** latent heat *adj:n* **Verdampfungswärme** *f (Hütt/Wlz)* **latente Wärme** *adj:n (Hütt/Wlz)*
**heat-insulating facade Wärmedämm-Fassade** *f (Bg/Bergb)*
**heat-treated steel Vergütungsstahl** *m (Hütt/Wlz)*
**heated-tool welding Heizelementschweißen** *nt (Schw)* (DIN 1910)
**heated-wedge pressure welding Heizkeilschweißen** *nt (Schw)* (DIN 1910)
**heater Heizapparat** *m (Mech)* **Heizung** *f (Mech)*
**heater box Heizkasten** *m (Mech)*
**heater control Feststellung für Heizung** *(Kfz)*
**heater fan Heizgebläse** *nt (Mech)*
**heater flap Heizklappe** *f (Mech)*
**heater lever Heizungshebel** *m (Mech)*
**heater plug installation Glühanlage** *f (Hütt/Wlz)*
**heater plug switch Glühanlassschalter** *m (Mech)*
**heater plug, flame-type** flame-type heater plug *adj:n* **Flammglühkerze** *f (Kfz)* (für Dieselmotoren)
**heater trunk Heißluftschlauch** *m (Mech)*
**heating Beheizung** *f (Hütt/Wlz)* **Heizung** *f (Mech)*
**heating and ventilating system Heizungs- und Lüftungsanlage** *f (Mech)*
**heating curve Erwärmungskurve** *f (Stb)*
**heating jacket Heizmantel** *m (Mech, Hyd/Pneu)* (Pumpe)
**heating plate Heizplatte** *f (El)*
**heating surface Heizfläche** *f (Hütt/Wlz)*
**heating, auxiliary** auxiliary heating *adj:n* **Standheizung** *f (Bahn)*
**heating, distant** distant heating *adj:n* **Fernwärmeversorgung** *f (Stb)*
**heating-up period Trockenfeuerzeit** *f (Hütt/Wlz)*
**heavy and flame-cut plates Grob- und Maßbleche** *(Hütt/Wlz)*
**heavy duty tractor Schwerlastzugmaschine** *f (Mech)*
**heavy duty truck tractor Schwerlast-Zugmaschine** *f (Mech)*
**heavy excavator Hochleistungsbagger** *m (Bg/Bergb)*
**heavy fuel network Schwerölnetz** *nt (Mech)*
**heavy liquid Schwerflüssigkeit** *f (Zer)* **Schwertrübe** *f (Zer))*
**heavy metal Schwermetall** *nt (Mech)*
**heavy-duty roller chain Hochleistungskette** *f (Mech)* **Hochspannungskette** *f (Mech, Bg/Bergb)* (Antrieb)
**heavy-duty use rauer Betrieb** *adj:n (Mech, Allg)* **rauer Betrieb** *(Form)*
**heavy-load transport crawler Schwerlast-Transportraupe** *f (Bg/Bergb)*
**heavy-transport vehicle Schwertransportfahrzeug** *nt (Bahn)* **Tragschnabelwagen** *m (Bahn)* (8–36 Achsen)
**heel plate Gleitplatte** *f (Bg/Bergb, Mech)* (an der Schaufel) **Schaufelverstärkung** *f (Bg/Bergb)*
**height adjustment** *(boom)* **Höhenverstellvorrichtung** *f (Bg/Bergb, Umschl)* (Ausleger)
**height adjustment plate Zwischenplatte** *f (Bahn)* (höhenverstellbare Schiene)
**height crowning Höhenballigkeit** *f (Form)* (an Metallkörpern)
**height gauge Höhenmessschieber** *m (Mech)*
**height of centers Spitzenhöhe** *f (Mech)* (der Drehbank)
**height of cleaning cut Höhe beim Reinigungsschnitt** *(Bg/Bergb)*
**height of cut Abtrag(s)höhe** *f (Bg/Bergb)*
**height of digging block Blockhöhe** *f (Bg/Bergb)*
**height of discharge Abwurfhöhe** *f (Bg/Bergb, Umschl, Band)*
**height of drop Fallhöhe** *f (Bau)*
**height of eaves Traufenhöhe** *f (Mech)*
**height of head Kopfhöhe** *f (Mech)* (einer Schraube)
**height of link plates Laschenhöhe** *f (Mech)* (Rollenkette)
**height overall, low** low overall height *adj:n* **niedrige Bauhöhe** *adj:n (Bg/Bergb)* (des Baggers)
**height position Höhenstellung** *f (El)*
**height regulator Höhenregler** *m (Mech)*
**height when lifting cylinders retracted Höhe bei eingefahrenen Hubzylindern** *(Bg/Bergb, Mech, Allg)*

**height, clear** clear height *adj:n AE* **freie Höhe** *adj:n (Stb)* **lichte Höhe** *adj:n (Mech)*
**height, total** total height *adj:n* **Gesamthöhe** *f (Mech)* **Konstruktionshöhe** *f (Mech)*
**height, vertical** vertical height *adj:n* **Höhendifferenz** *f (Bg/Bergb, Mech)* **Höhenunterschied** *m (Bg/Bergb)* (über eine Strecke von)
**helix Schraubenlinie** *f (Mech)*
**helix angle Schrägungswinkel** *m (Mech)* **Steigungswinkel** *m (Mech)* (Zahnrad)
**helix recorder** *(spiral recorder)* **Helix-Recorder** *m (Mech)* (Spiralschreiber)
**hemp rope Hanfseil** *nt (Mech)*
**hemp rope blocks** *pl* **Hanfseilkloben** *m (Mech)*
**herringbone gearing Pfeilradgetriebe** *nt (Mech)* **Pfeilverzahnung** *f (Mech)*
**herringbone tooth Winkelzahn** *m (Mech)*
**herringbone tread pfeilförmige Gummiauflage** *adj:n (Mech)* **pfeilförmiger Gummibelag** *adj:n (Mech)*
**hevel hub Kegelnabe** *f (Kfz)*
**hexagon** *(tool)* **Imbus** *m (Mech, Mont)* (Innensechskant) **Sechskant** *m (Mont, Werkz)*
**hexagon bolt Sechskantschraube** *f (Mech)*
**hexagon fitting bolt Sechskant-Passschraube** *f (Mech)*
**hexagon flange bolt Sechskantschraube mit Flansch** *(Mech)*
**hexagon head bolt Sechskantschraube mit Schaft** *(Mech)*
**hexagon head screw Sechskantkopf-Schraube** *f (Mech)*
**hexagon head tapping screw Sechskant-Blechschraube** *f (Mech)*
**hexagon nut Sechskantmutter** *f (Mech, Mont)*
**hexagon screw plug Sechskant-Verschlussschraube** *f (Mech)*
**hexagon slotted nut Kronenmutter** *f (Mech)*
**hexagon socket Imbusnuss** *f (Mont)* (Werkzeug)
**hexagon socket countersunk head cap screw Senkschraube** *f (Mech)*
**hexagon socket screw INBUS-Schraube** *f (Mech)* **Innensechskantschraube** *f (Mech)*
**hexagon socket screw wrench Sechskant-Stiftschlüssel** *m (Mont, Werkz)*
**hexagon steel Sechskantstahl** *m (Stb, Hütt/Wlz)*
**hexagon weld nut Sechskant-Schweißmutter** *f (Schw)*
**hi-line Kabelkran** *m (Mech)* **Turmkran** *m (Bg/Bergb)*
**hi-lo signal alarm HW-NW-Alarmsignal** *nt (Hütt/Wlz)*
**HIAB crane HIAB-Kran** *m (Bg/Bergb)*
**high cut Hochschnitt** *m (Bg/Bergb)*
**high degree of fineness hohe Feinheit** *adj:n (Geo, Bg/Bergb)*
**high dumping Hochschüttung** *f (Umschl)*
**high erection platform Hochrüstung** *f (Mont)*
**high pressure Hochdruck** *m (Hyd/Pneu)*
**high range Schnellstufe** *f (Mech)*
**high speed Hochleistung** *f (Mech)* (Geschwindigkeit)
**high speed flinger belt Schleuderband** *nt (Band, Umschl)*
**high temperature tensile strength Warmfestigkeit** *f (Hütt/Wlz)*
**high-alloy steel hochlegierter Stahl** *adj:n (Hütt/Wlz)*
**high-altitude operation Betrieb in großer Höhe** *(Allg)*
**high-capacity battery Hochleistungsbatterie** *f (Mech, El)*
**high-capacity chain Hochleistungskette** *f (Mech)*
**high-capacity elevator Hochleistungsbecherwerk** *nt (Bg/Bergb)*
**high-crowned belt pulley ballige Riemenscheibe** *adj:n (Band)*
**high-duty boiler Hochleistungskessel** *m (Hütt/Wlz)*
**high-duty section of superheater Endüberhitzer** *m (Hütt/Wlz)*
**high-duty structural part hoch beanspruchtes Bauteil** *adj:n (Mech)* **hoch beanspruchtes Formteil** *adj:n (Mech)*
**high-efficiency narrow-section V-belt Hochleistungsschmalkeilriemen** *m (Mech)*
**high-faced belt pulley ballige Riemenscheibe** *adj:n (Band)*
**high-flotation tyre Niederdruckreifen** *m (Hyd/Pneu, Mech)*

**high-frequency induction welding Hochfrequenzinduktionsverfahren** *nt (Hütt/Wlz, Schw)*
**high-frequency welding Hochfrequenzinduktivschweißung** *f (Schw)*
**high-idle speed Höchstdrehzahl** *f (Mech)* (Leerlauf)
**high-level tank** *BE* **Hochbehälter** *m (Mech)*
**high-lift stacker Deichselstapler** *m (Kfz)*
**high-low water level alarm Wasserstandsalarmapparat** *m (Hütt/Wlz)*
**high-moisture coal Kohle mit hohem Wassergehalt** *(Bg/Bergb)*
**high-pressure air compressor Hochdruckkompressor** *m (Mont)*
**high-pressure boiler Hochdruckkessel** *m (Hütt/Wlz)*
**high-pressure fan Druckerhöhungsgebläse** *nt (Hütt/Wlz)*
**high-pressure filter Hochdruckfilter** *nt (Hyd/Pneu)*
**high-pressure flushing vehicle Hochdruckspülfahrzeug** *nt (Kfz)*
**high-pressure gauge Hochdruckmanometer** *nt (Mech)*
**high-pressure hose Höchstdruckschlauch** *m (Hyd/Pneu)*
**high-pressure lubrication Hochdruckschmierung** *f (Kfz)*
**high-pressure pipe Druckrohr** *nt (Hyd/Pneu, Mech)*
**high-pressure piston Hochdruckkolben** *m (Mech)*
**high-pressure preheater Hochdruckvorwärmer** *m (Hyd/Pneu)*
**high-pressure test Dichtigkeitsprüfung** *f (Hyd/Pneu)*
**high-pressure tyre Hochdruckreifen** *m (Kfz)*
**high-pressure water jet Hochdruckwasserstrahl** *m (Mech, Mont)*
**high-purity lead** *(Pb 99,99)* **Feinblei** *nt (Mech)*
**high-purity zinc** *(99.99 to 99.998 Zn)* **Feinzink** *nt (Mech)* (bis 99,9% Reinheit)
**high-quality and high-grade steel Qualitäts- und Edelstahlgüte** *(Hütt/Wlz)*
**high-sided open wagon offener Güterwagen** *adj:n (Bahn)* **Kastenwagen** *m (Bahn)* (Bahn)
**high-speed line Schnellfahrstrecke** *f (Bahn)*
**high-speed pulveriser Schnellläufer** *m (Zer)* (Schlagermühle)
**high-speed shaft** *(gear unit)* **Antriebswelle** *f (Mech)* (Getriebe)
**high-speed side** *(gear unit)* **Antriebsseite** *f (Mech)*
**high-speed steel Hochgeschwindigkeitsstahl** *m (Hütt/Wlz)* **Schnelldrehstahl** *m (Hütt/Wlz)*
**high-strength aluminium alloys** *pl* **Aluminium-Basis-Legierungen hoher Festigkeit** *(Form)*
**high-strength bolt hochfeste Schraube** *adj:n (Mech)*
**high-strength bolted joint hochfeste Schraubverbindung** *adj:n (Mech)*
**high-strength friction grip bolt hochfeste Schraube** *adj:n (Mech)*
**high-strength steel hochfester Stahl** *adj:n (Hütt/Wlz)*
**high-stress brickwork hoch beanspruchtes Mauerwerk** *adj:n (Bau)*
**high-temperature cast steel warmfester Stahlguss** *adj:n (Hütt/Wlz)*
**high-temperature corrosion Hochtemperaturkorrosion** *f (Anstr)*
**high-temperature limit of elasticity Warmstreckgrenze** *f (Schw)*
**high-temperature structural steel warmfester Baustahl** *adj:n (Hütt/Wlz)*
**high-tensile bolt) hochfeste Schraube** *adj:n (Mech)*
**high-tensile structural steel hochfester Baustahl** *adj:n (Stb)*
**high-torque rotary actuator Drehmomentantrieb** *m (Hütt/Wlz)*
**high-usage spare part Verschleißteil** *nt (Mech)*
**high-vacuum casting Gießen unter Hochvakuum** *(Hütt/Wlz)*
**high-velocity thermocouple** (Abv.) HVT **Absaugepyrometer** *nt*
**high/low lever Stufenschalthebel** *m (Mech)*
**highest power circulating water pumps** *pl* **Wasserumwälzpumpen mit höchsten Leistungen** *(Hyd/Pneu)*
**highwall** *AE* **Böschung** *f (Bg/Bergb, Geo)* (Tagebau) **Seitenböschung** *f (Bg/Bergb)* (Tagebau) **Tagebauböschung** *f (Bg/Bergb, Geo)*

**hill gear Bergganggetriebe** *nt (Kfz)*
**hillside slide Hangrutschung** *f (Geo)*
**hilt Griff** *m (Mech)* (z.B. an einem Werkzeug) **Heft** *nt (Mech)* (Messergriff)
**hinge Gelenk** *nt (Mech)* (Scharnier) **Scharnier** *nt (Bau)*
**hinge block Lagerauge** *nt (Mech)* (Rolltreppe)
**hinge bracket Drehzapfenhalterung** *f (Bg/Bergb)*
**hinge hook Fitsche** *f (Mech)* **Türangel** *f (Allg, Bau)*
**hinge point Knickpunkt** *m (Mech)*
**hinge spring Schenkelfeder** *f (Mech)*
**hinge support Scharnierstütze** *f (Mech)*
**hinge, fixed** fixed hinge *adj:n* **Festgelenk** *nt (Mech, Stb)* **festes Gelenk** *adj:n (Mech, Stb)*
**hinge, movable** movable hinge *adj:n* **Bewegungsgelenk** *nt (Mech, Stb)* **bewegliches Gelenk** *adj:n (Mech, Stb)*
**hinge, perfect** perfect hinge *adj:n* **reibungsloses Gelenk** *adj:n (Mech)*
**hinge, plastic** plastic range *adj:n* **plastisches Gelenk** *adj:n (Stb)*
**hinge-bolt Gelenkbolzen** *m (Mech, Stb)*
**hinge-bolt framework Gelenkbolzenfachwerk** *nt (Stb)*
**hinged window** *(in cab)* **Ausstellfenster** *nt (Kfz)* (im Fahrerhaus)
**hinged-slat chain Scharnierbandkette** *f (Mech)*
**hip height** *(hopper car)* **Neigungsbeginn der Seitenwand** *(Bahn)*
**hire machine Überbrückungsgerät** *nt (Allg)* (z.B. während einer Reparatur)
**hire pickling Lohnbeizung** *f (Form)*
**hit Aufschlag** *m (Mech)* **Aufschlagen** *nt (Mech, Allg)*
**hitch Joch** *nt (Mech)* (Befestigung) **Zugvorrichtung** *f (Mech)*
**hitch, quick** quick hitch *adj:n* **Schnellwechseleinrichtung** *f (Bg/Bergb)* **Schnellwechsler** *m (Bg/Bergb)*
**hoard Schutzzelt** *nt (Hütt/Wlz)*
**hoarding Schutzzelt errichten** *n:v (Bg/Bergb)*
**hobbing process Abwälzverfahren** *nt (Mech)*
**hoe dipper Tieflöffel** *m (Bg/Bergb)*
**hog fuel Abfallbrennstoff** *m (Allg)* (Müll)
**hog fuel firing Müllverbrennung** *f (Hütt/Wlz)*
**hogging bending moment** *BE* **negatives Biegemoment** *adj:n (Stat)*
**hoist Hubwerk** *nt (Bg/Bergb, Umschl)* **Kran** *m (Bg/Bergb, Mech)* **Lastenaufzug** *m (Mech)*
**hoist chain Hubkette** *f (Mech)* (z.B. des Staplers)
**hoist cylinder Hubzylinder** *m (Bg/Bergb)* (Transportraupe)
**hoist drive power Antriebsleistung Hubwerk** *f (Bg/Bergb, Umschl)*
**hoist drum Hubwerkstrommel** *f (Bg/Bergb, Umschl)*
**hoist frame Förderturm** *m (Bg/Bergb)*
**hoist gear Hebezeug** *nt (Umschl)* (Hafen, Schiff)
**hoist kick-out Hubstellung** *f (Kfz)*
**hoist limiter Hubbegrenzer** *m (Mech)*
**hoist limiting valve Hubbegrenzungsventil** *nt (Hyd/Pneu)*
**hoist machinery Einziehwerk** *nt (Bg/Bergb, Umschl)* (Kranbau)
**hoist rope diameter Durchmesser des Hubwindenseils** *(Bg/Bergb)*
**hoist time Hubzeit** *f (Bg/Bergb)* (des Löffels)
**hoist winch Winde** *f (Mech, Mont)*
**hoisting and auxiliary circuit Hubwerks- und Hilfskreislauf** *(Bg/Bergb, Hyd/Pneu)*
**hoisting and closing gear Hub- und Schließwerk** *nt (Umschl)* (z.B. eines Schiffsentladers)
**hoisting drum Seiltrommel** *f (Mech)*
**hoisting equipment Hebezeug** *nt (Umschl)* (Hafen, Schiff)
**hoisting height Hubhöhe** *f (Mech)* (Hebezeug)
**hoisting mast Hubmast** *m (Bg/Bergb)*
**hoisting of feeding boom Höhenverstellung des Aufgabeendes** *(Bg/Bergb, Umschl, Band)* **Höhenverstellung des Aufnahmeauslegers** *(Bg/Bergb)*
**hoisting oil filter Hubwerksfilter** *m (Bg/Bergb, Hyd/Pneu)*
**hoisting speed Hub- und Senkgeschwindigkeit** *f (Bg/Bergb)* (des Auslegers)
**hoisting winch Hubwinde** *f (Mech, Bg/Bergb, Umschl)*

**hoisting-gear drum Hubwerkstrommel** *f (Bg/Bergb, Umschl)*
**hold Laderaum** *m (Umschl)* (z. B. des Flugzeugs) **Luke** *f (Umschl)* (Schiff)
**hold-back Rücklaufsperre** *f (Mech)*
**hold-down bracket Fixierbügel** *m (Form)*
**hold-down roll Druckrolle** *f (Bg/bergb)*
**holder Haltebügel** *m (Mech)* **Halterung** *f (Mech)* **Stütze** *f (Mech)* (Halter)
**holder up Gegenhalter** *m (Mech)* (Nieten)
**holder, mobile** mobile holder *adj:n* **bwegliche Halterung** *adj:n (Mech)*
**holder-on** *BE* **Vorhalter** *m (Mech, Stb)*
**holding block Gegenhalter** *m (Mech)* (Lager)
**holding brake Haltebremse** *f (Mech)*
**holding clamp Halteklammer** *f (Mech)* (Schienenbefestigung)
**holding current Halteleistung** *f (Hyd/Pneu)* (Ventil)
**holding fixture Spannvorrichtung** *f (Mech)* (Befestigung)
**holding plate Halteblech** *nt (Mech)*
**holding rod with rest plate at bottom Haltegestänge mit Auflageplatte** *(Bg/Bergb)*
**holding temperature Beharrungstemperatur** *f (Form)*
**holding time Haltezeit** *f (Schw, Mech, Mont)*
**holding-down bolt Ankerbolzen** *m (Stb)* (Ankerschraube) **Ankerschraube** *f (Stb)*
**hole Anschlussloch** *nt (Mech)* **Loch** *nt (Mech, Allg)*
**hole arrangement Lochteilung** *f (Mech)*
**hole diameter Lochdurchmesser** *m (Mech)*
**hole for pinning Steckloch** *nt (Mech)*
**hole in line fluchtende Bohrung** *adj:n (Mech, Mont)*
**hole pattern Lochbild** *nt (Mech)* (z.B. quadratisch)
**hole, aspirating** aspirating hole *adj:n* **Ansaugöffnung** *f (Hyd/Pneu)*
**hole, blind** blind hole *adj:n* **Blindloch** *nt (Mech)* **Grundloch** *nt (Mech, Mont)*
**hole, cored** cored hole *adj:n* **Kernloch** *nt (Hütt/Wlz)* **vorgegossenes Loch** *adj:n (Mech)*
**hole, cross-shaped** cross-shaped hole *adj:n* **Kreuzloch** *nt (Mech)*
**hole, flat-bottomed** flat-bottomed hole *adj:n* **Flachbodenloch** *nt (Bahn)*
**hole, oblong** oblong hole *adj:n* **Langloch** *nt (Mech)*
**hole, pre-machined** pre-machined hole *adj:n* **vorgearbeitetes Loch** *adj:n (Mech, Mont)*
**hole, punched** punched hole *adj:n* **gestanztes Loch** *adj:n (Mech)* **Stanzloch** *nt (Mech)*
**hole, splined** splined hole *adj:n* **Keilnabe** *f (Mech)*
**hole, threaded** threaded hole *adj:n* **Einschraubloch** *nt (Mech)* **Gewindeloch** *nt (Mech)*
**hollow Aushöhlung** *f (Mech, Mont)* (Vertiefung, Höhle) **Höhlung** *f (Mech, Mont)*
**hollow box skid Hohlschwelle** *f (Mech, Band)* (rückb. Band)
**hollow head plug Innenkantschraube** *f (Mech)*
**hollow pin Hohlzapfen** *m (Mech)*
**hollow punch Locheisen** *nt (Mech)*
**hollow quoin Stemmknagge** *f (Mont)*
**hollow root Wurzelrückfall** *m (Schw)*
**hollow shaft with spur wheel Hohlwelle mit Stirnrad** *(Mech)*
**hollow-axle probe Hohlachsprüfknopf** *m (Mech)*
**hollow-core bolt Hohlschraube** *f (Mech, Mont)*
**hollow-pin chain Hohlbolzenkette** *f (Mech)*
**hollow-unit filled with reinforced concrete betonverfüllter Schalenbaustein** *adj:n (Bau)*
**honeycomb construction Wabenbauweise** *f (Stb)*
**honeycomb structure Wabenträger** *m (Mech, Stb)* **Wabenzellbauteil** *nt (Bau)*
**honing Honen** *nt (Hütt/Wlz)* (Ziehschleifen)
**hood** *AE* **Haube** *f (Mech)* **Kappe** *f (Mech)*
**hood cable Bowdenzug zur Motorhaube** *(Kfz)*
**hood catch Halter** *m (Mech)* (an der Motorhaube) **Haubenhalter** *m (Kfz)*
**hood covering Verdeckbezug** *m (Mech)*
**hood door Motorverkleidung** *f (Mech)*
**hood fastener Motorhaubenhalter** *m (Mech)* **Motorhaubenverschluss** *m (Mech)*

**hood shock Motorhaubenpuffer** *m (Mech)*
**hood-type distribution board Haubenverteilung** *f (Mech)*
**hook Haken** *m (Mech, Mont)* **Lasthaken** *m (Mech)*
**hook block Hakenflasche** *f (Mech)*
**hook bolt Hakenschraube** *f (Mech)* (Schiene, Rippenplatte)
**hook bottom block Hakenflasche** *f (Mech)*
**hook height Hakenhöhe** *f (Mech, Mont)*
**hook nail Hakenstift** *m (Mech)*
**hook position Hakenstellung** *f (Mech)*
**hook spanner Hakenschlüssel** *m (Mont, Werkz)*
**hook spring ring Hakensprengring** *m (Mech)*
**hook stick Schaltstange** *f (Mech)* (Kfz)
**hook with safety toggle X-Haken** *m (Stb)*
**hook with shank Schafthaken** *m (Stb)*
**hook yoke Hakenlager** *nt (Bg/Bergb)*
**hook, laminated** laminated hook *adj:n* **Lamellenhaken** *m (Mech)*
**hooked bolt Hakenschraube** *f (Zer)* (z.B. Autogenmühle)
**hoop** *(on manhole)* **Flachrahmen** *m (Bg/Bergb)*
**hoop Bügel** *m (Mech)* (Schäkel)
**hoop, protective** protective hoop *adj:n* **Schutzbügel** *m (Mech)*
**hoops** *pl* **Band** *nt (Stb)* (Bandstahl; Streifen) **Bandstahl** *m (Hütt/Wlz)* **Streifen** *pl m (Stb)*
**hopper** *(e.g. of a ship)* **Laderaum** *m (Umschl)* (z. B. des Flugzeugs)
**hopper** *(with hopper chute)* **Trichterkammer** *f (Umschl)* (des Bodenentladewagens)
**hopper Einfülltrichter** *m (Mech, Umschl)* **Trichter** *m (Mech, Umschl)*
**hopper barges** *pl* **Baggerschuten** *pl f (Bg/Bergb)* (am Nassbagger)
**hopper car Abwurfwagen** *m (Band, Mech)* **Trichterwagen** *m (Umschl)*
**hopper car on rails Trichterwagen auf Schiene** *(Umschl)*
**hopper car on tracks Trichterwagen auf Raupen** *(Umschl)*
**hopper car with transfer feeder Aufgabewagen mit Band** *(Bg/Bergb, Band)*
**hopper discharge conveyor Bunkerabzugsförderung** *f (Bg/Bergb)*
**hopper gate valve** *(with frame)* **Flachschieberverschluss** *m (Hütt/Wlz)* (Trichter)
**hopper suction dredger Hoppersaugbagger** *m (Bg/Bergb)* (mit Laderaum)
**hopper window Kippfenster** *nt (Mech, Bau)* **Kippflügelfenster** *nt (Mech, Bau)*
**hopper, mobile** mobile hopper *adj:n* **fahrbarer Aufgabebunker** *adj:n (Umschl)*
**hopper, rotary** rotary hopper *adj:n* **Drehbunker** *m (Hütt/Wlz)*
**hopper, vibrating** vibrating hopper *adj:n* **Rütteltrichter** *m (Zer)*
**hopper-type container Silocontainer** *m (Umschl)*
**horizontal bucket chain reclaimer Brückenlader Kette** *m (Umschl)*
**horizontal foot mounted** *adj* **Bauform B3** *f (El)* **horizontale Fußbauform** *adj:n (Mech)*
**horizontal milling machine Waagerecht-Fräsmaschine** *f (Mont, Werkz)*
**horizontal shear waagerechte Längsschubspannung** *adj:n (Mech)*
**horizontal slice Scheibe** *f (Bg/Bergb)* (beim Abbau)
**horizontal span member Längsbalken** *m (Mech, Stb)* (eines Rahmentragwerks bzw. Steifrahmens) **Riegel** *m (Mech, Stb)* (eines Rahmentragwerks bzw. Steifrahmens)
**horizontal-type regenerative air preheater stehender Regenerativluftvorwärmer** *adj:n (Hütt/Wlz)*
**horizontally opposed engine Boxermotor** *m (Kfz)*
**horn Hupe** *f (Bg/Bergb, Umschl)* **Signalhorn** *nt (Bg/Bergb)*
**horn button Horndruckknopf** *m (Mech)*
**horn cheek** *(wheelset move up / down)* **Achslagerführung** *f (Mech)* **Gleitbacke** *f (Bahn)* (am Achshalter)
**horn ring Horndruckring** *m (Mech)*
**horsepower Pferdestärke** *f (Mech)*
**horsepower/machine volume Ausnutzungsverhältnis** *nt (Mech)* (Leistung-Größe)
**hose Schlauch** *m (Mech, Hyd/Pneu)*
**hose assembly Schlauchleitung** *f (Hyd/Pneu, Mech)* (Satz)
**hose clamp Schlauchhalter** *m (Mech)* (Schelle, Klemme) **Schlauchschelle** *f (Mech)*

**hose connection Schlauchanschluss** *m (Mech, Hyd/Pneu)*
**hose connector Schlauchverbindungsteil** *nt (Mech)*
**hose core Schlauchseele** *f (Hyd/Pneu)*
**hose diagram Schaltbild** *nt (Hyd/Pneu)* (Schläuche)
**hose fender Schlauchabweiser** *m (Mech, Hyd/Pneu)*
**hose fixture Schlaucharmatur** *f (Mech)* (Kupplung) **Schlauchkupplung** *f (Mech)* (Verbindung)
**hose guide via drum Schlauchführung über Trommel** *(Mech)*
**hose levelling instrument Schlauchwaage** *f (Mech)*
**hose nipple Schlauchtülle** *f (Mech)*
**hose rack Schlauchgestell** *nt (Mech)*
**hose recoiler Schlauchaufroller** *m (Mech)*
**hose socket Schlauchtülle** *f (Mech)* (Schlauchmuffe)
**hose stowage bracket Halter für Bremskupplung** *(Mech)*
**hose trough Schlauchwanne** *f (Mech, Bg/Bergb)* (am Teleskopbagger)
**hose, armoured** armoured hose *adj:n* **Panzerschlauch** *m (Mech)*
**hose, pneumatic** pneumatic hose *adj:n* **Pressluftschlauch** *m (Hyd/Pneu)*
**hose, porous** porous hose *adj:n* **poröser Schlauch** *adj:n (Hyd/Pneu)*
**hot blast stove Winderhitzer** *m (Hütt/Wlz)*
**hot charging rate Heißeinsatz** *m (Hütt/Wlz)* **Warmeinsatzrate** *f (Hütt/Wlz)*
**hot crack Warmriss** *m (Stb)*
**hot face of the boiler Innenwand des Kessels** *(Hütt/Wlz)*
**hot forming Warmformung** *f (Hütt/Wlz)*
**hot iron Roheisen** *nt (Hütt/Wlz)* (flüssig)
**hot pull up Vorspannung** *f (Hütt/Wlz)* (Dampfleitung)
**hot rolled bars** *pl* **Stabstahl** *m (Hütt/Wlz, Stb)*
**hot rolling mill Warmwalzwerk** *nt (Hütt/Wlz)*
**hot scarfing Brennputzen** *nt (Hütt/Wlz)*
**hot straighter Warmrichter** *m (Mech, Mont)*
**hot treatment Warmbehandlung** *f (Mech, Mont, Hütt/Wlz)*
**hot work Warmbearbeitung** *f (Mech, Mont)*
**hot-air duct Heißluftkanal** *m (Hütt/Wlz)*
**hot-air heating Warmluftheizung** *f (Mech)*
**hot-air hose Heißluftschlauch** *m (Mech)*
**hot-dip galvanizing Feuerverzinken** *nt (Form)*
**hot-dip tin-coated strip verzinntes Band** *adj:n (Hütt/Wlz)*
**hot-galvanized arched plates by the Sendzimir process sendzimir-verzinktes Wellblech** *adj:n (Hütt/Wlz)*
**hot-i-bend Warmrohrbogen** *m (Hütt/Wlz)*
**hot-metal processing equipment Roheisenbehandlungsanlage** *f (Hütt/Wlz)*
**hot-rolled hollow section warmgewalztes Hohlprofil** *adj:n (Hütt/Wlz)*
**hot-rolled long products** *pl* **warmgewalzte Langprodukte** *adj:n (Hütt/Wlz)*
**hot-rolled sheet and plate Bandblech** *nt (Form)*
**hot-rolling plant Warmwalzwerk** *nt (Hütt/Wlz)*
**hot-shortness Warmbrüchigkeit** *f (Hütt/Wlz)*
**hot-strip mill Warmbreitbandstraße** *f (Hütt/Wlz)*
**hot-water storage Heißwasserspeicherung** *f (Hütt/Wlz)*
**hotel platform Hotelplattform** *f (Bg/Bergb)* (Offshore-Bohrung)
**hour of operation Betriebsstunde** *f (Mech, Allg)*
**house, electrical** electrical house *adj:n* **Elektrohaus** *nt (Bg/Bergb, Umschl)*
**housing Gehäuse** *nt (Mech)* (z.B. von Maschine, Motor) **Verschalung** *f (Mech)* (Einkapselung, Gehäuse)
**housing locating collar Schraubenstützlager** *nt (Mech)* (der Schelle)
**housing shoulder Gehäuseschulter** *f (Form)*
**housing tolerance Gehäusetoleranz** *f (Form)*
**housing, differential** differential housing **Ausgleichsgehäuse** *nt (Kfz)*
**HP** *(Abv)* **Hochdruck** *m (Hyd/Pneu)*
**HP-rotor** *(Abv)* **Hochdruckteil** *nt (Mech)*
**HP-stage** *(Abv)* **Hochdruckteil** *nt (Mech)*
**hub Lagerauge** *nt (Mech)* (an der Kolbenstange) **Nabe** *f (Mech)* **Profilnabe** *f (Mech)*

**hub bolt Lageraugebolzen** *m (Mech)* (an der Kolbenstange)
**hub cover Nabendeckel** *m (Mech)*
**hub flange Nabenflansch** *m (Mech)*
**hub puller Nabenabzieher** *m (Mech)*
**hub sleeve Nabenbuchse** *f (Mech)*
**hub transmission** *(final drive)* **Radnabengetriebe** *nt (Mech)*
**hub with clutch cam Nabe mit Kupplungsnocken** *(Mech)*
**hub, flanged** flanged hub *adj:n* **Flanschnabe** *f (Mech)*
**hub, internally geared** internally geared hub *adj:n* **Zahnnabe** *f (Mech)* (innenverzahnte Nabe)
**hub, serrated** serrated hub *adj:n* **Kerbzahnnabe** *f (Mech)*
**hubcap Radkappe** *f (Mech)* (z.B. eines Pkw)
**hump** *BE* **Ablaufberg** *m (Bahn)* (Rangierbetrieb der Bahn)
**hump shunting signal Abdrücksignal** *nt (Mech)* (beim Rangieren; Ablaufberg)
**hungry boards Bordwanderhöhung** *f (Kfz)* (am Lkw)
**HVT** *(Abv)* **Absaugepyrometer** *nt*
**hydradynamic brake Strömungsbremse** *f (Hyd/Pneu, Mech)*
**hydration Abbindung** *f (Bg/Bergb)* (Erstarrung)
**hydraulic cushioning cylinder Ölbremszylinder** *m (Mech, Hyd/Pneu)*
**hydraulic diagram Hydraulik-Schaltplan** *m (Hyd/Pneu)* **Hydraulikschema** *nt (Hyd/Pneu)*
**hydraulic dredge** *(excavator)* **Nassbagger** *m (Bg/Bergb)*
**hydraulic fluid Hydraulikflüssigkeit** *f (Hyd/Pneu)*
**hydraulic hammer Steinhammer** *m (Zer)*
**hydraulic jack cylinder hydraulischer Hubzylinder** *adj:n (Bg/Bergb, Hyd)*
**hydraulic motor Hydraulikmotor** *m (Hyd/Pneu)* **Ölmotor** *m (Mech, El, Hyd/Pneu)*
**hydraulic oil tank Hydrauliköltank** *m (Bg/Bergb, Hyd)*
**hydraulic power and control package hydraulische Steueraggregate** *adj:n (Hyd/Pneu)*
**hydraulic pressure nut Hydraulikmutter** *f (Zer)*
**hydraulic pressure test Abdrücken** *nt (Hyd/Pneu)* **Druckprüfung** *f (Hyd/Pneu)*
**hydraulic servo line Vorsteuerleitung** *f (Hyd/Pneu)* (am Hydrogerät)
**hydraulic tensioning cylinder hydraulischer Spannzylinder** *adj:n (Hyd/Pneu)*
**hydraulic tensioning device Spannhydraulik** *f (Mech, Hyd/Pneu)*
**hydraulic-crawler backhoe Hydraulikraupenbagger** *m (Bg/Bergb)* (mit Tieflöffel)
**hydraulic-crawler shovel Hydraulikraupenbagger** *m (Bg/Bergb)* (mit Ladeschaufel)
**hydraulic-impact vibrator Schlaggerät** *nt (Hütt/Wlz)*
**hydraulic-jack lead Wagenheberleitung** *f (Mech, Hyd/Pneu)*
**hydraulic-jack pump Wagenheberpumpe** *f (Mech, Hyd/Pneu)*
**hydrogen cooling Wasserstoffkühlung** *f (Hütt/Wlz)* (Generator)
**hydrogen embrittlement Wasserstoffversprödung** *f (Hütt/Wlz)*
**hydrotilt nibbler Schrottschere** *f (Bg/Bergb)*
**hypoid gear Hypoidrad** *nt (Mech)* **Kegelschraubrad** *nt (Mech)*

# I

**I-beam I-Träger** *m (Stb)*
**I-section** *BE* **I-Profil** *nt (Stb)* (I-Träger)
**identification marking of dimensions Maßkennzeichen** *nt (Stb)*
**identification numbers** *pl* **Stufung** *f (Stb)*
**identity** *(of parts)* **Gleichheit** *f (Mech, Allg)* (von Teilen)
**identity card Kennkarte** *f (Allg)* (Ausweis)
**identity plate Schlussscheibe** *f (Bahn)* (am letzten Haken)
**idle adjusting screw Leerlaufbegrenzungsschraube** *f (Mech)*
**idle air adjusting screw Leerlaufluftschraube** *f (Mech)*
**idle jet Leerlaufdüse** *f (Mech)*
**idle motion Leerlauf** *m (Mech)*
**idle roller bed Rollgang** *m (Mech)* (nicht angetrieben)
**idle shaft Laufwelle** *f (Zer)*

**idler Umlenkrolle** *f (Bg/Bergb)* (Turas des Baggers)
**idler arm Lenkzwischenhebel** *m (Mech)*
**idler barrel Rollenkörper** *m (Band, Umschl)*
**idler boom Girlande** *f (Band)*
**idler end Rollenboden** *m (Band, Umschl)*
**idler end disc Rollenboden** *m (Band, Umschl)*
**idler face Rollenlänge** *f (Band, Umschl)*
**idler fork Gabelkopf** *m (Mech)* (eines Baggers)
**idler garland Girlande** *f (Band)*
**idler gear bearing Zwischenradlagerung** *f (Mech)*
**idler gear wheel Zwischenzahnrad** *nt (Mech)*
**idler mounting Bandrollenhalterung** *f (Bg/Bergb, Umschl, Band)*
**idler pulley Spannrolle** *f (Mech)*
**idler quick release Girlandenträger** *m (Band)*
**idler roll einzelne Rolle** *adj:n (Band)*
**idler roll, non-troughed** non-troughed idler roll *adj:n* **Planrolle** *f (Bg/Bergb)*
**idler roll, outer** outer idler roll *adj:n* **Außenrolle** *f (Band)* (einer Bandrolle, einer Rollenstation)
**idler roll, self-aligning** self-aligning idler roll *adj:n* **Pendelrolle** *f (Band)* (einzelne Rolle; beweglich)
**idler shaft Vorgelegeachse** *f (Mech)*
**idler shell Rollenmantel** *m (Band, Umschl)*
**idler slide Gleitstück** *nt (Mech)*
**idler spacing Bandrollenabstand** *m (Band, Umschl, Zer)*
**idler support Bandrollenstuhl** *nt (Bg/Bergb, Umschl, Band)*
**idler support, troughed** troughed idler support *adj:n* **Muldenrollenstuhl** *m (Mech, Band)*
**idler tube Rollenkörper** *m (Band, Umschl)*
**idler tumbler Leitrad** *nt (Bg/Bergb)* (Umlenkrolle)
**idler with inverted troughing negativ gemuldete Muldenrolle** *adj:n (Bg/Berg, Umschl, Zer, Band)*
**idler yoke** *(holds idler)* **Leitradjoch** *nt (Mech)* (Sitz der Umlenkrolle)
**idler, cocked** cocked idler *adj:n* **schräg gestellte Rolle** *adj:n (Band)*
**idler, drum-type** drum-type idler *adj:n* **Scheibenleitrad** *nt (Band)*
**idler, flat** flat idler *adj:n* **gerade Bandrolle** *adj:n (Bg/Bergb, Umschl, Band)*
**idler, flexible** flexible idler *adj:n* **schmiegsame Tragrolle** *adj:n (Band)*
**idler, front** front idler *adj:n* **Frontleitrad** *nt (Mech)* (am Raupenlaufwerk)
**idler, helical** helical idler *adj:n* **Spiralrolle** *f (Mech, Band)*
**idler, non-troughed** non-troughed idler *adj:n* **Planrollenstation** *f (Bg/Bergb)*
**idler, rubber-tyred** rubber-tyred idler *adj:n* **Scheibenrolle** *f (Band)*
**idler, self-aligning** self-aligning idler *adj:n* **Pendelrollensatz** *m (Band)* (beweglich)
**idler, tilted** tilted idler *adj:n* **schräg gestellte Rolle** *adj:n (Band)*
**idler, troughed** troughed idler *adj:n* **Muldenrolle** *f (Mech, Band)*
**idlers** *pl* **Laufrollen** *pl f (Band)*
**idlers, pneumatic tired** pneumatic tired idlers *adj:n* **Pufferrollen** *pl f (Band)*
**idling Leerlauf** *m (Mech)*
**idling speed Leerlaufdrehzahl** *f (Mech)*
**idling, slow** slow idling *adj:n* **Kriechgang** *m (Mech)*
**ignition Entzündung** *f (Mech)*
**ignition burners** *pl* **Zündfeuerung** *f (Hütt/Wlz)*
**ignition cable** *(El, Mech)* **Zündkabel** *nt (El, Mech)*
**ignition cam Zündnocken** *m (Mech)*
**ignition coil** *(El, Mech)* **Zündspule** *f (Mech, El)*
**ignition distributor Zündverteiler** *m (Mech)* (Kfz)
**ignition distributor shaft Zündverteilerwelle** *f (Mech)*
**ignition limit Zündgrenze** *f (Stb)*
**ignition limit, lower** lower ignition limit *adj:n* **untere Zündgrenze** *adj:n (Mech)*
**ignition lock Zündschloss** *nt (Mech)*
**ignition point Zündpunkt** *m (Stb)*
**ignition switch Zündschalter** *m (Mech, El)*
**ignition temperature Zündtemperatur** *f (Hütt/Wlz)*
**ignition test Zündprobe** *f (Hütt/Wlz)*
**ignition, retarded** retarded ignition *adj:n* **Nachzündung** *f (Hütt/Wlz)*
**ignition, spontaneous** spontaneous ignition *adj:n* **Selbstzündung** *f*

**ignitor Zünder** *m (Hütt/Wlz)*
**immersion heater** *(El)* **Tauchheizkörper** *m (El)*
**immersion pipe Tauchrohr** *nt (Mech)*
**immersion tank Tauchwanne** *f (Hütt/Wlz)*
**immersion technique Tauchtechnik** *f (Hütt/Wlz)*
**immersion testing Tauchtechnik** *f (Hütt/Wlz)* (für Prüfzwecke)
**impact Kerbschlag** *m (Mech)*
**impact Aufprall** *m (Mech, Allg)*
**impact belt Prallband** *nt (Band)*
**impact bending test Schlagbiegeversuch** *m (Hütt/Wlz)*
**impact circle diameter Schlagkreisdurchmesser** *m (Zer, Mech)*
**impact coefficient Stoßzahl** *f (Stat)*
**impact crusher Prallbrecher** *m (Zer)* **Prallmühle** *f (Zer)*
**impact endurance Dauerschlagfestigkeit** *f (Mech)*
**impact fatigue limit Dauerschlagfestigkeit** *f (Mech)*
**impact force Auffahrkraft** *f (Kfz)*
**impact garland idler Aufgabegirlande** *f (Bg/Bergb)* (40 Grad)
**impact girder Pufferträger** *m*
**impact grate Prallrost** *m (Zer)*
**impact hammer crusher Hammerprallbrecher** *m (Zer)*
**impact hammer mill Prallmühle** *f (Zer)*
**impact idler Pufferrolle** *f (Bg/Bergb, Umschl, Zer, Band)* (einzelne Rolle)
**impact idler grizzly Pufferrollenrost** *m*
**impact idler tyre Pufferring** *m*
**impact jaw crusher Schlagbrecher** *m (Zer)*
**impact load Stoßbelastung** *f (Band)*
**impact loss Stoßverlust** *m (Hütt/Wlz)* (Eintrittsverlust bei Rohren)
**impact machine Schlagschrauber** *m (Mont, Werkz)*
**impact mill Prallmühle** *f (Zer)*
**impact pulveriser Schlägermühle** *f (Zer)*
**impact speed Schlaggeschwindigkeit** *f (Zer, Mech)*
**impact strength Kerbschlagzähigkeit** *f (Mech)*
**impact stress Stoßspannung** *f (Stat)*
**impact test Kerbschlagtest** *m (Mech)*
**impact value Kerbschlagfestigkeit** *f (Mech)* (Wert)
**impact wall Prallwand** *f*
**impact work Kerbschlagarbeit** *f (Mech)*
**impact, torsional** torsional impact *adj:n (El)* **Drehmomentstoß** *m (El)*
**impact-idler table Aufgabetisch** *m (Bg/Bergb, Umschl, Band)* (mit Pufferrollen bestückt)
**impactor Prallspalter** *m (Zer)*
**impeller Flügelrad** *nt (Mech)*
**impeller bar Hubleiste** *f (Zer)* (z.B. Autogenmühle)
**impeller breaker Flügelbrecher** *m (Zer)*
**impeller shaft Laufradwelle** *f (Mech)*
**impeller wheel Schaufelrad** *nt (Bg/Bergb)*
**imperfection, structural** structural imperfection *adj:n* **strukturelle Imperfektion** *adj:n (Stb)*
**impermeability Dichtheit** *f (Mech, Hyd/Pneu)* (Undurchlässigkeit)
**implement Gerät** *nt (Mech)*
**implement circuit Ausrüstungskreislauf** *m (Bg/Bergb)* (z.B. Bagger)
**implementation Verwendung** *f (Mech)* (von Geräten)
**implements** *pl* **Geräte** *pl (Mech)*
**impression** *(dent, indentation)* **Delle** *f (Mech, Mont, Allg)* (muldenähnliche Beschädigung)
**improvement Verbesserung** *f (Allg)*
**impulse coupling Schnappkupplung** *f (Bahn)*
**impurification Verunreinigung** *f (Ökol, Allg)*
**in any desired position** *(to be fitted in ...)* **beliebige Einbaulage** *adj:n (Mech)*
**in idle Standlauf** *m (Mech)*
**in line fluchtend** *adj (Mech)*
**in multiple shear** *(screws or rivets)* **mehrschnittig** *adj (Mech)* (Schrauben oder Nieten)
**in single shear einschnittig** *adj (Mech)* (Schrauben oder Nieten)
**in situ** *adj* **vor Ort** *(Bg/Bergb)*
**in step synchron** *adj (Mech)*
**in tiers** *adv* **stufenförmig** *adv (Mech, Allg)*
**in-line check valve gerades Rückschlagventil** *adj:n (Hyd/Pneu)*
**in-line cutting head with conveying worm Längsschneidkopf mit weiterführender Schnecke** *(Mech, Mont)*
**in-line engine** *(cylinders in line)* **Reihenmotor** *m (Mech)*

**in-line switching Reihenschaltung** *f (Mech)*
**in-ramp** *(truck dump station)* **auffahrtseitige Rampe** *adj:n (Mech)*
**in-rush current Einschaltleistung** *f (Hyd/Pneu)* (Ventil)
**inboard bearing Lager** *nt (Mech)* (zwischen Motor und Gebläse)
**inching Feineinstellung** *f (Mech)* (beim Fahren)
**incineration firing Müllverbrennung** *f (Hütt/Wlz)*
**incineration furnace Müllverbrennungsfeuerung** *f (Hütt/Wlz)*
**incineration plant Müllverbrennungsanlage** *f (Hütt/Wlz)*
**incipient crack in thread Gewindeanriss** *m (Mech, Mont)*
**incision Anschnitt** *m (Bg/Bergb)*
**inclination Neigung** *f (Geo)*
**inclination balance Neigungswaage** *f (Mech)*
**inclination compensator Neigungskompensator** *m (Mech)* (Bandwaage)
**inclination regulator Neigungsregler** *m (Mech)*
**incline Böschung** *f (Bg/Bergb, Geo)*
**incline, downward** downward incline *adj:n* **Abfall** *m (Geo)* (z.B. im Gelände)
**inclinometer** *(excavator)* **Pendelgeber** *m (Bg/Bergb)* (Bagger)
**inclusion Einschluss** *m (Bg/Bergb)*
**incomplete fusion** *(bonding defect)* **Bindefehler** *m (Schw)* (beim Schweißen)
**incomplete joint penetration nicht durchgeschweißte Wurzel** *adj:n (Schw)*
**increase** *(e.g. of pressure)* **Steigerung** *f (Hyd/Pneu, Mech)* (z.B. des Drucks)
**increase factor Erhöhungsfaktor** *m (Stb)*
**increase of load Lastzunahme** *f (Mech)*
**increase of load, sudden** sudden increase of load *adj:n* **Laststoß** *m (Mech)*
**increase of speed Beschleunigung** *f (Mech, Kfz)*
**increase the belt wrap Vergrößerung des Umschlingungswinkels** *(Band)*
**increased-pressure lift circuit Hubkraftverstärkungssteuerung** *f (Mech)*
**increment Stufe** *f (Allg)*
**increment angle Hilfswinkel** *m (Mech)* (Beiwinkel)
**increment travel Feinhub** *m (Mech)* (genaues Ausfahren)
**incremental dimension Kettenmaß** *nt (Mech, Math)*
**incrustation Verkrustung** *f (Mech)* (Verklumpung, Verschmutzung)
**indent number Seriennummer** *f (Allg)*
**indentation Delle** *f (Mech, Mont, Allg)* (muldenähnliche Beschädigung)
**indentation test Kugeldruckversuch** *m (Stb)*
**indeterminate direction of loading unbestimmte Lastrichtung** *adj:n (Stat)*
**index hole Teilloch** *nt (Mech)*
**index number Kennziffer** *f (Mech, Allg)*
**indicating measuring instrument Anzeigemessinstrument** *nt (Hütt/Wlz)*
**indicating range Anzeigebereich** *m (Mech)* (z.B. Thermometer)
**indicating thermometer Anzeigethermometer** *nt (Hütt/Wlz)*
**indication Messwert** *m (Mech, Hyd/Pneu)*
**indication** *(reference)* **Hinweis** *m (Allg)* (Information)
**indication, general** general indication *adj:n* **Anhaltswert** *m (Allg)*
**indications** *pl* **Spuren** *pl f (Mech)* (Materialfehler)
**indications, give** give indications *n:v* **Spuren aufweisen** *n:v (Mech)* (Materialfehler)
**indicator** *(El, Hyd, Mech)* **Anzeige** *f (Hyd/Pneu)* (Gerät, Konstruktion)
**indicator arm Anzeigerarm** *m (Allg)*
**indicator, directional** directional indicator *adj:n* **Fahrtrichtungsanzeiger** *m (Kfz)*
**individual indications, localized** localized individual indications *adj:n* **örtliche Einzelanzeigen** *adj:n (Mech)* (Ultraschallprüfung)
**individual wires** *pl* **Einzeldrähte** *pl m (Mech)*
**individual wires form loops Schlaufenbildung von Drähten** *(Mech)*
**individual wires, split** split individual wires *n:v* **Einzeldrähte zerreißen** *n:v (Mech)*
**indoor installation Anlage unter Dach** *(Hütt/Wlz)* (mit Kesselhaus)
**indoor through-bar bushing Durchsteck-Durchführung** *f (Mech)*
**indoor unit Anlage unter Dach** *(Hütt/Wlz)*

**induced draught fan Saugzugventilator** *m (Hütt/Wlz)*
**induced roll separator Trommelabscheider** *m (Zer)*
**induction coil** *(El, Mech)* **Zündspule** *f (Mech, El)*
**induction heating** *(El, Mech)* **Induktionserhitzungsanlage** *f (El, Mech)*
**induction motor, brushless** brushless induction motor *adj:n (El)* **Kurzschlussläufermotor** *m (Mech)*
**Indusi** *(automatic train brake)* **Indusi** *f (Bahn)*
**industrial and motor-cycle shock absorber Industrie- und Motorraddämpfer** *m (Mech)*
**industrial mineral Nutzmineral** *nt (Geo)*
**industrial water Brauchwasser** *nt (Ökol)*
**inequality Ungleichheit** *f (Stb)*
**inert** *adj* **träge** *adj (Mech, Chem, Phys, Allg)*
**inert-gas metal-arc welding Metall-Inertgas-Schweißen** *nt (Schw)*
**inertia Trägheit** *f (Mech)*
**inertia welding Schwungradreibschweißen** *f (Schw)*
**inertia, constant** constant inertia *adj:n* **ruhende Energie** *adj:n (Stat)*
**inflection point Wendepunkt der Biegelinie** *(Stb)*
**influence line Einflusslinie** *(Stb)*
**influence surface Einflussfläche** *f (Stb)*
**information sign Hinweistafel** *f (Mech, Allg)*
**information technology Informationstechnologie** *f (Mech)*
**information, technical** technical information *adj:n* **technische Mitteilung** *adj:n (Mech)*
**ingot Gussblock** *m (Hütt/Wlz)*
**ingot casting Blockgussproduktion** *f (Form)*
**ingress Eindringen** *nt (Kfz)* (z.B. von Wasser)
**ingress of dirt Eindringen von Schmutz** *(Mech)*
**inherent contactor time lag Eigenzeit** *f (Mech)* (Schütz)
**initial stock of separate parts Erstausrüstung von Ersatzteilen** *(Mech)*
**injection Einspritzung** *f (Mech, Hyd/Pneu)*
**injection control housing Spritzverstellergehäuse** *nt (Mech)*
**injection control hub Spritzverstellernabe** *f (Mech)*
**injection engine Einspritzmotor** *m (Kfz)*
**injection line Beschleunigungsband** *nt (Mech)*
**injection molding Spritzguss** *m (Hütt/Wlz)*
**injection nozzle Einspritzdüse** *f (Mech, Hyd/Pneu)* (Motor, Einspritzpumpe)
**injection pipe Einspritzleitung** *f (Kfz)*
**injection point Einschleusestelle** *f (Mech)*
**injection pump Einspritzpumpe** *f (Kfz)*
**injection pump barrel Gehäuse des Einspritzelements** *(Kfz)*
**injection pump housing Einspritzpumpengehäuse** *nt (Kfz)*
**injection pump plunger Einspritzpumpenkolben** *m (Kfz)*
**injection system Einspritzanlage** *f (Kfz)*
**injection timing collar Spritzverstellermuffe** *f (Mech)*
**injection timing mechanism Spritzversteller** *m (Mech)*
**injection valve Einspritzventil** *nt (Kfz)*
**injection valve body Einspritzdüsenhalter** *m (Kfz)*
**injection, direct** direct injection *adj:n* **Direkteinspritzung** *f (Mech, Hyd/Pneu)*
**injector Einwerfer** *m (Form)*
**injector Injektor** *m (Mech, Hyd/Pneu)*
**injector push tube Injektorstoßstange** *f (Mech)*
**injector rocker lever Injektorkipphebel** *m (Mech, Hyd/Pneu)*
**injector valve Ventil für Injektor** *(Bahn, Hyd/Pneu)* (Dampflok)
**inlet Eintritt** *m (Hütt/Wlz)* (Einlass, Einlauf)
**inlet and exit losses Ein- und Austrittsverluste** *(Hütt/Wlz)*
**inlet bell Eintrittsseite bei Axialgebläsen** *(Hütt/Wlz)*
**inlet camshaft Einlassnockenwelle** *f (Kfz)*
**inlet connection Einlaufstutzen** *m (Kfz)*
**inlet guide vane Leitschaufel** *f (Mech)* (Ventilator)
**inlet guiding cone Einlaufkonus** *m (Form)*

**inlet header Eintrittssammler** *m (Hütt/Wlz)*
**inlet housing Einlaufgehäuse** *nt (Kfz)*
**inlet pipe Einlassrohr** *nt (Hyd/Pneu)*
**inlet pipe extension Ansaugrohrverlängerung** *f (Kfz)*
**inlet port Einlasskanalöffnung** *f (Form)*
**inlet relief valve Einlassüberdruckventil** *nt (Kfz)*
**inlet side Saugstutzen** *m (Hütt/Wlz)*
**inlet valve Einlassventil** *nt (Kfz)*
**inlet valve cap Einlassventilverschraubung** *f (Kfz)*
**inner cover Seele** *f (Hyd/Pneu)* (eines Hydraulikschlauches)
**inner cutter Innenfräser** *m (Mech, Mont)*
**inner micrometer set Innenmikrometersatz** *m (Mech)* (Technik)
**inner track roller frame bearing Faustlager des Laufwerkrahmens** *(Form)*
**inner tube Seele** *f (Hyd/Pneu)* (eines Hydraulikschlauches)
**inner tube valve fitting Schlauchventilbrücke** *f (Hyd/Pneu, Mech)*
**inner tube valve insert Schlauchventileinsatz** *m (Hyd/Pneu, Mech)*
**inner wall of boiler** *(brickwork)* **Kesselinnenwand** *f (Hütt/Wlz)* (Mauerwerk)
**input** *(El)* **Antriebsleistung** *f (Mech)*
**input / output damping Durchgangsdämpfung** *f (Form)*
**input amplifier Eingangsverstärker** *m (El)*
**input components** *pl* **Eingabekomponenten** *pl f (Form)*
**input connection** *(thread)* **Einlassanschluss** *m (Kfz)* (Gewinde)
**input filter Eingangsfilter** *nt (Kfz)*
**input gear Antriebsrad** *nt (Kfz)* (im Getriebe)
**input gear pair Eingangsstufe** *f (Mech)* (Getriebe)
**input pairs of the two hoist drive gear units Eingangsstufen der beiden Windwerksantriebe** *(Mech)*
**input resistance** *(El)* **Eingangswiderstand** *m (El)*
**input shaft** *(gear unit)* **Antriebswelle** *f (Mech)* (Getriebe)
**input shaft extension** *(gear unit)* **Antriebswellenstumpf** *m (Kfz)*
**input side** *(gear unit)* **Antriebsseite** *f (Mech)*
**input speed Eintriebsdrehzahl** *f (Mech)* (Regelgetriebe)
**input stage Eingangsstufe** *f (Kfz)*
**input torque Antriebsdrehmoment** *nt (Mech)*
**input, mechanical** mechanical input *adj:n* **Antriebsleistung** *f (Mech)*
**input-output test Belastungsversuch** *m (Mech)*
**insensibility to brittle fracture Unempfindlichkeit gegen Trennbruch** *(Stb)*
**insert** *(El)* **Zwischenlage** *f (Mech, El)*
**insert** *(valve)* **Ventilsitz** *m (Hyd/Pneu, Mech)*
**insert screw Spindel** *f (Mech)*
**insert vane Messer mit Einsatz** *(Mech)* (Messerpumpe)
**insert, screwed** screwed insert *adj:n* **Einschraubmutter** *f (Form)*
**inserting tooth Steckzahn** *m (Bg/Bergb)*
**insertion** *(of soot blower)* **Einfahren** *nt (Hütt/Wlz)* (des Rußbläsers)
**inset Einsatz** *m (Mech, Hyd/Pneu)* (Filter)
**inset, magnetic** magnetic inset *adj:n* **Magneteinsatz** *m (Mech)*
**inside access Innenaufstieg** *m (Bg/Bergb)* (im Deckskran)
**inside diameter Rohrdurchmesser** *m (Hütt/Wlz)* (innen)
**inside scraper Sauberseite** *f (Band)* (Gurt)
**inside surface of pipe Rohrinnenfläche** *f (Hütt/Wlz)*
**inside thread Innengewinde** *nt (Mech)*
**inspection Inspektion** *f (Mech)*
**inspection bay Werkstattraum** *m (Mech)* (für Inspektionen)
**inspection code Abnahmeschlüssel** *m (Mech)*
**inspection door Schauluke** *f (Hütt/Wlz)*
**inspection engine** *AE* **Inspektionslokomotive** *f (Bahn)*
**inspection glass Schauglas** *nt (Mech)*
**inspection hole cover Schaulochdeckel** *m (Mech)*
**inspection of semifinished products Halbzeugprüfung** *f (Mech)*
**inspection of welds Schweißnahtprüfung** *f (Schw)*
**inspection port Schauöffnung** *f (Mech)*
**inspection reliability Prüfsicherheit** *f (Hütt/Wlz)*

**inspection report Prüfbericht** *m (Mech)* (Inspektion)
**inspection, final** final inspection *adj:n* **Endabnahme** *f (Allg)*
**inspection, rudimentary** rudimentary inspection *adj:n* **einfache Untersuchung** *adj:n (Allg)*
**inspection, ultrasonic** ultrasonic inspection *adj:n* **Ultraschallprüfung** *f (Hütt/Wlz)*
**inspection, visual** visual inspection *adj:n* **Inaugenscheinnahme** *f (Mech, Allg)*
**installation and functional section Einbau- und Funktionsbereich** *(Allg)*
**installation for desulphurization Entschwefelungsanlage** *f (Form)*
**installation instruction Montageanweisung** *f (Mont)*
**installation length Einbaulänge** *f (Mech, Mont)* (z.B. eines Zylinders)
**installation of bearing Lagereinbau** *m (Mech)*
**installation position Einbaulage** *f (Mech)* (z.B. des Motors)
**instruction and training of personnel Einweisung und Schulung des Personals** *(Mech, Allg)*
**instruction manual Betriebsanweisung** *f (Mech, Allg)* (Handbuch)
**instructions** *pl* **Anleitung** *f (Mech)*
**instructions for treatment Behandlungsvorschrift** *f (Form)*
**instrument Instrument** *nt (Mech, Allg)*
**instrument gearing Zahnradmessgetriebe** *nt (Mech)*
**instrument housing** *(El, Kfz)* **Armaturengehäuse** *nt (El, Kfz)*
**instrument panel** *(e.g. of a car)* **Armaturenbrett** *nt (Mech)* (Kfz)
**instrument reading** *(El)* **Messwert** *m (Mech, Hyd/Pneu)*
**instrument tapping point Messstelle** *f (Mech)* (Versuch)
**instrument technician Messtechniker** *m (Mech, Mont)*
**instrumentation Messgeräte** *pl nt (Mech)*
**insulating cover Isoliermantel** *m (Mech)*
**insulating foil Isolierfolie** *f (Mech)*
**insulating insert Isoliereinlage** *f (Bahn)* (Schwelle / Schiene)
**insulating material Isoliermaterial** *nt (Mech)* (z.B. für Führerhaus, für E-Haus)
**insulating roller Isolierrolle** *f*
**insulating tape Schadebinde** *f (Mech)*
**insulation cladding** *(for tubes)* **Isolationsverschalung** *f (Hütt/Wlz)* (Blech; z.B. für Heißdampfleitung)
**insulation class Isolationsklasse** *f (Mech)*
**insulation jacketing Isolationsverschalung** *f (Hütt/Wlz)* (Blech; z.B. für Heißdampfleitung)
**insulation specialist Isolierer** *m (Mont)*
**insulation, thermal** thermal insulation *adj:n* **Wärmedämmung** *f (Stb)*
**intake Saugseite** *f (Hütt/Wlz)*
**intake air Zuluft** *f*
**intake air crossover Ansaugluftleitung** *f (Kfz)*
**intake and exhaust manifold Ansaug- und Auspuffkrümmer** *m (Kfz)*
**intake and outlet side** *(pump)* **Saug- und Druckseite** *(Hyd/Pneu)* (Pumpe)
**intake crossover Verbindungsleitung** *f (Mech)*
**intake filter Ansaugfilter** *m (Hyd/Pneu)*
**intake gate Einlaufschütz** *nt (Stb)*
**intake guide Einlauftrichter** *m (Zer)*
**intake line Zulaufleitung** *f (Hyd/Pneu)*
**intake manifold Ansaugkrümmer** *m (Mech)* (Teil des Motors)
**intake pipe Ansaugrohr** *nt (Kfz)*
**intake port Einlass** *m (Kfz)* (z.B. Ansaugöffnung)
**intake pressure Ansaugdruck** *m (Hyd/Pneu)*
**intake side Einlaufseite** *f (Form)*
**intake silencer Ansauggeräuschdämpfer** *m (Kfz)*
**intake stroke Ansaughub** *m (Kfz)* (des Kolbens)
**intake throttle Ansaugdrossel** *f (Hyd/Pneu)*
**intake valve Einlassventil** *nt (Kfz)*
**intake valve seat Einlassventilsitz** *m (Form)*
**intake valve spring Einlassventilfeder** *f (Form)*
**intake, liquid** liquid intake *adj:n* **Flüssigkeitsaufnahme** *f (Form)*
**integrating instrument zählendes Messgerät** *adj:n (El)*
**integrator Integriervorrichtung** *f (Mech)*

**intended diversion of Alfios River relative to mine Lager der geplanten Alfios-Verlegung zum Abbaufeld** *(Bg/Bergb)*
**intensity Intensität** *f (Mech, Allg)*
**intensity of stress Kraftgröße** *f (Mech, Stat)*
**intensity of wind Windstärke** *f (Stb)*
**inter-weaving** *(of two systems)* **Verknüpfung** *f (Mech)* (zweier Systeme)
**interburden Zwischenschicht** *f (Bg/Bergb)* (zwischen Flözen)
**intercepting ditches** *pl* **Abfanggräben** *pl m (Bau)*
**interchangeability Austauschbarkeit** *f (Kfz)*
**intercooler Ladeluft** *f (Mech)* **Ladeluftkühler** *m (Mech)*
**interest in ore mining companies Erzbeteiligungen** *pl f (Bg/Bergb)*
**interference edge Störkante** *f (Mech)*
**interference fit Pressverband** *m*
**interference fringes** *pl* **Streifenmuster** *nt (Hütt/Wlz)*
**interim block Zwischenbock** *m (Mech)*
**interim machine Überbrückungsgerät** *nt (Allg)* (z.B. während einer Reparatur)
**interim piece Zwischenstück** *nt (Mech)*
**interim position Zwischenstellung** *f (Mech)* (z.B. eines Hebels)
**interim transportation Zwischentransport** *m (Mech)*
**interior** *(e.g. of a car)* **Innenausstattung** *f (Mech)* (z.B. eines Kfz)
**interior canals** *pl* **Innenraum** *m (Hütt/Wlz)* (von Gussteilen)
**interior of earth Erdinnere** *nt (Bg/Bergb)*
**interlock** *(El)* **Verriegelung** *f (Mech)*
**interlock ball Riegelkugel** *f (Mech)*
**interlock device Riegel** *m (Stb, Mech, Bau)*
**interlock flooring Gitterrostbelag** *m (Mech, Bau)*
**interlock plug Riegelstopfen** *m (Mech)*
**interlock release Entriegelung** *f (Mech)*
**interlock release device Entriegelungsgerät** *nt (Mech)*
**interlock spring Riegelfeder** *f (Mech)*
**interlock, deactivated** deactivated interlock *adj:n* **entriegelter Betrieb** *adj:n (Mech)*
**interlocking cable reel Verriegelungskabeltrommel** *f (Mech)*
**interlocking device** *(El, Mech)* **Verriegelungseinrichtung** *f (Mech)*
**interlocking system Verriegelung** *f (Mech)*
**intermediate brake block Zwischenbremsklotz** *m (Mech)*
**intermediate conveyor Zwischenband** *nt (Umschl, Band)*
**intermediate conveyor car Zwischenbandwagen** *m (Umschl)*
**intermediate cutter Zwischenmesser** *nt (Mech)*
**intermediate exhaust flap Zwischenbauklappe** *f (Mech)* (Ausstoß)
**intermediate gear mounting Zwischenradlagerung** *f (Mech)*
**intermediate gear pinion Vorgelegeritzel** *nt (Mech)*
**intermediate gear shaft Vorgelegewelle** *f (Mech)*
**intermediate gearbox Vorgelegekasten** *m (Mech)*
**intermediate gearing Zwischengetriebe** *nt (Mech)*
**intermediate lense Zwischenschicht** *f (Geo)*
**intermediate pipe Zwischenrohr** *nt (Mech, Hyd/Pneu)*
**intermediate purlin Zwischenpfette** *f (Stb)*
**intermediate ring Zwischenring** *m (Mech)*
**intermediate ring, resilient** resilient intermediate ring *adj:n* **elastischer Zwischenring** *adj:n (Mech)*
**intermittent mode of operation aussetzender Betrieb** *adj:n (Mech)*
**internal and external surface flaw Innen- und Außenfehler** *m (Hütt/Wlz)*
**internal clearance of bearing Lagerspiel** *nt (Mech)*
**internal expending brake Backenbremse** *f (Kfz)*
**internal lipped ring Innenlippenring** *m (Mech)*
**internal mounting Innenlagerung** *f (Mech, Mont)*
**internal screw thread Innengewinde** *nt (Mech)*
**internal-cone pin Innenkegelendbolzen** *m (Mech)*
**interpass temperature Zwischenlagentemperatur** *f (Schw)*

**intersection Schnittpunkt** *m (Mech, Allg)*
**intersection line Schnittlinie** *f (Hütt/Wlz)*
**intersection of axes Achsenkreuzung** *f (Bg/Bergb)* (gedachter Achsen)
**intersection point Schnittpunkt** *m (Mech, Allg)*
**interspace Zwischenraum** *m (Mech, Allg, Bau)*
**interstage attemperator zwischengeschalteter Kühler** *adj:n (Hütt/Wlz)*
**interstice of the grate Rostspalte** *f (Hütt/Wlz)*
**interval Intervall** *nt (Mech, Allg)* (zeitlich und räumlich)
**interwaste Zwischenschicht** *f (Bg/Bergb)* (zwischen Flözen)
**intrados** *pl* **Bogenleibung** *f (Stb)*
**intrados pressure Lochleibungsdruck** *m (Stb, Stat)*
**intricacy of design Feingliedrigkeit** *f (Hütt/Wlz)* (z.B. eines Schmiedestücks)
**intrusion Eindringen** *nt (Mech)*
**intrusion of CO2 Kohlensäureeinbruch** *m (Bg/Bergb)* (Kalibergbau)
**inventory Lagerhaltung** *f (Mech)*
**inverted-vee return idler V-förmige Unterbandrolle** *adj:n (Bg/Bergb, Umschl, Zer, Band)*
**investigation Ermittlung** *f (Allg)* (Untersuchung)
**investigation, metallurgical** metallurgical investigation *adj:n* **metallurgische Untersuchung** *adj:n (Mech)*
**investment casting Feingießen** *nt (Form)*
**involute Evolvente** *f (Mech)*
**involute helicoid Evolventenschraubenfläche** *f (Mech)*
**involute helicoid, spherical** spherical involute helicoid *adj:n* **sphärische Evolventenschraubenfläche** *adj:n (Mech)*
**involute spline Vielwellenverzahnung** *f (Mech)*
**involute to a circle Kreisevolvente** *f (Mech)*
**involute toothing Evolventenverzahnung** *f (Mech)*
**involute, spherical** spherical involute *adj:n* **sphärische Evolvente** *adj:n (Mech)*
**ion exchanger Ionenaustauscher** *m (Hütt/Wlz)*
**iron Eisen** *nt (Stb)*
**iron and steel industry Hüttenindustrie** *f (Hütt/Wlz)*
**iron and steel products Eisen- und Stahlerzeugnisse** *(Stb)*
**iron and steel works Hüttenwerk** *nt (Hütt/Wlz)*
**iron casting Eisenguss** *m (Hütt/Wlz)*
**iron casting, malleable** malleable iron casting *adj:n* **Temperguss** *m (Hütt/Wlz)*
**iron core Eisenkern** *m (Form)*
**iron hoop Bandeisen** *nt (Hütt/Wlz)*
**iron mica Eisenglimmer** *m (Bg/Bergb)*
**iron ore Eisenerz** *nt (Bg/Bergb)*
**iron pipe size Eisenrohrgröße** *f (Mech)*
**iron pipe, corrugated** corrugated iron pipe *adj:n* **Wellblechrohr** *nt (Bau)*
**iron scrap Eisenschrott** *m (Mech)*
**iron scrap cast in concrete blocks Eisenschrott in Betonwürfeln** *(Mech)*
**iron shot Kugeln** *nt (Mech)*
**iron works** *pl* **Hütte** *f (Hütt/Wlz)* (Hüttenwerk)
**iron, close-grained** close-grained iron *adj:n* **Feinkorneisen** *nt (Hütt/Wlz, Stb)*
**iron, corrugated** corrugated iron *adj:n* **Wellblech** *nt (Mech, Hütt/Wlz)*
**iron, fine-grained** fine-grained iron *adj:n* **Feinkorneisen** *nt (Hütt/Wlz, Stb)*
**iron, flat** flat iron *adj:n* **Flacheisen** *nt (Hütt/Wlz)*
**iron, malleable** malleable iron *adj:n* **schmiedbarer Guss** *adj:n (Hütt/Wlz)*
**iron, reusable** reusable iron *adj:n* **Nutzeisen** *nt (Hütt/Wlz)*
**iron, wrought** wrought iron *adj:n* **Schmiedeeisen** *nt (Hütt/Wlz)*
**iron-base alloy Legierung auf Fe-Basis** *(Mech)*
**iron-carbon-equilibrium diagram Eisen-Kohlenstoff-Diagramm** *nt (Hütt/Wlz)*
**iron-clad distribution Gussverteilung** *f (Hütt/Wlz)*
**ironworker Stahlbaumonteur** *m (Stb)*
**irrigation project Bewässerungsprojekt** *nt (Bau)*
**ISO V-notched bar impact test specimen ISO-V-Kerbschlagbiegeprobe** *f (Mech)*
**isolating cock** *(on brake pipes)* **Abstellhahn** *m (Mech)* (z.B. der Führerbremse)
**isolating damper** *(only open or shut)* **Regulierklappe** *f (Hütt/Wlz)*

**isolating device** *(El, Mech)* **Vereinzelungsanlage** *f (Mech)*
**isolating link puller Trennlaschenzieher** *m (Mech, Mont)*
**isolating valve Rohrbruchventil** *nt (Hyd/Pneu)* **Selbstschlussventil** *nt (Mech)*
**item** *(in drawings)* **Teil** *m (Allg)* (in Zeichnungen)
**item, negligible** negligible item *adj:n* **vernachlässigbarer Faktor** *adj:n (Stb)*
**items, optional** optional items *adj:n* **Zubehör** *nt (Allg)*

# J

**J rubber seal Musiknotenprofildichtung** *f (Mech, Hyd/Pneu)*
**jack** *(corner jack)* **Stütze** *f (Bahn)* (für Wagon)
**jack Hebevorrichtung** *f (Mech)* **Wagenheber** *m (Mech)*
**jack cylinder Presszylinder** *m (Mech)*
**jack hoist Greifzug** *m (Mech)*
**jack socket Hebestutzen** *m (Mech)* (Kfz)
**jack up** *v* **aufbocken** *v (Bg/Bergb, Mont)* **hochpressen** *v (Bg/Bergb, Mech)*
**jack, power-actuated** power-actuated jack *adj:n* **Hebestempel mit Kraftantrieb** *(Bg/Bergb)*
**jacket Kühlmantel** *m (Mech)*
**jacket** *(cable)* **Kabelüberzug** *m (Mech)* **Mantel** *m (Mech)* (Kabel)
**jacking point Hubpressenstelle** *f (Mech, Bg/Bergb)*
**jacking position Anhebestelle** *f (Bahn)* (für den Wagenheber)
**jacking power Hubkraft** *f (Mech)* (Hebevorrichtung, Hubpresse)
**jacking up** *nt (e.g. a bridge)* **Abheben** *nt (Stb)* (eines Brückenlagers)
**jackshaft Vorgelegewelle** *f (Mech)* **Zwischenwelle** *f (Mech)*
**jam** *v* **drücken** *v (Form)* (zusammendrücken)
**jam** *v/i (e.g. brakes)* **blockieren** *v/i (Mech)* (Bremsen, Rad, usw.) **festklemmen** *v/i (Mech)*
**jam nut Gegenmutter** *f (Form)* **Kontermutter** *f (Mech)*
**jaw Amboss** *m (Mech, Mont, Werkz)* **Klaue** *f (Mech)* (z.B. der Klauenkupplung)
**jaw coupling Zahnkupplung** *f (Mech)*
**jaw crusher Backenbrecher** *m (Zer)*
**jaw setting** *(of a crusher)* **Spaltweite** *f (Zer)* (eines Brechers)
**jaws** *pl (testing machine)* **Einspannklemme** *f (Mech)* (Prüfmaschine)
**jet Düse** *f (Mech)* (z.B. des Vergasers) **Vergaserdüse** *f (Mech)*
**jet belt Schleuderband** *nt (Band, Umschl)*
**jet carrier Düsenhalter** *m (Form)*
**jet cleaning needles** *pl* **Düsenreinigungsnadeln** *pl f (Mech, Hyd/Pneu)*
**jets of compressed air Druckluftimpulse** *pl m* (Entstaubung)
**jetty Verladebühne** *f (Stb, Umschl)*
**jib Ausleger** *m (Kfz)* (des Kranes) **Spitzenausleger** *m (Mech)* (am Kran)
**jib boom Hilfsausleger** *m (Bg/Bergb, Umschl)*
**jib crane Auslegerkran** *m (Stb)*
**jib cylinder Auslegerzylinder** *m (Bg/Bergb)* **Hubzylinder** *m (Bg/Bergb)* (Transportraupe)
**jib drum** *(of a crane)* **Auslegertrommel** *m (Bg/Bergb)* (eines Kranes)
**jib winch Auslegerwinde** *f (Bg/Bergb)* (des Kranes)
**jig Haltevorrichtung** *f (Mech)* **Setzmaschine** *f (Zer)*
**jig manufacturing Vorrichtungsbau** *m (Mech)* (auf Hallenboden)
**jigger pin Aufsetzzapfen** *m (Bahn)*
**jigsaw Bandsäge** *f (Werkz)* (mit endlosem Sägeblatt) **Spannsäge** *f (Werkz)*
**job drawing Arbeitszeichnung** *f (Mech)*
**jockey wheel Laufrolle** *f (Mech)* (des Graders)
**jog Kriechgang** *m (Mech)*
**jogging Tastbetrieb** *m (El)* (Motor) **Tippbetrieb** *m (El)* (Motor)
**joggle** *v* **kröpfen** *v (Mech, Mont)* (bördeln, umfalzen) **verzahnen** *v (Mech)*
**join by lock seams** *v* **verlappen** *v (Mech, Mont)*
**joining flange Anschlussflansch** *m (Mech)*
**joining piece Anschlussstück** *nt (Mech, Allg)* (sich anschließendes Teil)
**joining rod Gelenkstange** *f (Mech)* (z.B. für Scheibenwischer)
**joint Gelenk** *(Mech)* **Verbindungsstück** *nt (Mech, Hyd/Pneu, Stb)*

**joint area Bindezone** *f (Schw)* (entlang der Schweißnaht)
**joint bearing Gelenklager** *nt (Mech)*
**joint between three plates Dreiblechstoß** *m (Stb)*
**joint bolt Gelenkbolzen** *m (Mech, Stb)*
**joint coupling Gelenkkupplung** *f (Mech)*
**joint file Scharnierfeile** *f (Mont, Werkz)*
**joint formation Stoßausbildung** *f (Stb)*
**joint grease Dichtungsfett** *nt (Mech)*
**joint of stanchion Stützenstoß** *m (Stb)*
**joint planer Fugenhobler** *m (Schw, Mech, Mont)*
**joint plate Stoßlasche** *f (Mech, Stb)*
**joint ring Dichtring** *m (Mech)* **Dichtungsring** *m (Mech)* (Rohrflanschverbindung)
**joint sample** *(for welding)* **Prüfstück** *nt (Schw)* (beim Schweißen)
**joint sealing material Schadebinde** *f (Mech)*
**joint shaft Gelenkwelle** *f (Mech)*
**joint triangle Gelenkdreieck** *nt (Bg/Bergb, Mech)*
**joint with butt strap Laschenstoß** *m (Stb)*
**joint, circumferential** circumferential joint *adj:n* **Rundnaht** *f (Schw, Mech, Mont)*
**joint, flanged** flanged joint *adj:n* **Flanschverbindung** *f (Mech)*
**joint, keyed** keyed joint *adj:n* **Keilverbindung** *f (Mech)*
**joint, partial** partial joint *adj:n* **Teilnaht** *f (Schw)*
**joint, profiled** profiled joint *adj:n* **Dichtungsprofil** *nt (Mech)*
**joint, riveted** riveted joint *adj:n* **Nietanschluss** *m (Stb)* **Nietverbindung** *f (Stb)*
**joint, screwed** screwed joint *adj:n* **Schraubverbindung** *f (Mech)* (mittels Schrauben) **Verschraubung** *f (Mech)* (geschraubte Verbindung)
**joint, soldered** soldered joint *adj:n* **Lötstutzen** *m (Mech, Mont)*
**joint, universal** universal joint *adj:n* **Antriebsgelenk** *nt (Mech)* **Kardanwelle** *f (Mech)* **Kreuzgelenk** *nt (Mech)*
**jointing compound Dichtmittel** *nt (Hütt/Wlz)* (Ölgraphit)
**jointing material Dichtungsmaterial** *nt (Mech)*
**joist Doppel-T-Träger** *m (Hütt/Wlz)* **Profilträger** *m (Bau, Stb, Hütt/Wlz)*
**joist, rolled** rolled joist *adj:n* **Profilträger** *m (Bau, Stb, Hütt/Wlz)*
**joist, wide flanged** wide flanged joist *adj:n* **Breitflanschträger** *m (Hütt/Wlz)*
**journal** *(on axle or wheelset)* **Zapfen** *m (Bahn)* (an einer Achse, Radsatz)
**journal Drehzapfen** *m (Mech)* (Achse, Bolzen) **Wellenzapfen** *m (Mech)*
**journal bearing Kurbelwellenlager** *nt (Mech)* **Zapfenlager** *nt (Mech)* (an Achse)
**journal bearing mounting Achslagergehäuse** *nt (Mech)*
**journal box** *BE* **Achsgehäuse** *nt (Mech)* **Achslager** *nt (Mech)*
**journal box guide Achslagerführung** *f (Mech)*
**journal cross bearing Zapfenkreuzlagerung** *f (Mech)*
**journal friction Zapfenreibung** *f (Mech)*
**journal, adjustable** adjustable journal *adj:n* **Verstellzapfen** *m (Bg/Bergb)*
**journal, hollow** hollow journal *adj:n* **Lagerhohlzapfen** *m (Mech, Zer)*
**joystick control** *(El)* **Kreuzhebelsteuerung** *f (El)* **Kurzhebelsteuerung** *f (El)* (Bagger)
**jump** *v* **anstauchen** *v (Stb)* (stauchen) **stauchen** *v (Stb)*
**jump-start facility Anschluss zur Fremdstarteinrichtung** *(Mech, El)* **Fremdstarteinrichtung** *f (Mech, El)*
**junction** *(El, Mech, Allg, Bahn)* **Abzweigung** *f (Allg)* **Anschluss** *m (Mech)* (Verzweigung)
**junction point Schnittpunkt** *m (Mech, Allg)*
**junction sleeve** *(El)* **Verbindungsmuffe** *f (El)*
**junk yard Autoverwertung** *f (Form)* **Schrottplatz** *m (Hütt/Wlz, Mech)*

# K

**K-value K-Wert** *m (Mech)* (Wärmedurchgangszahl) **Wärmedurchgangszahl** *f (Mech, Bau)*
**kaolin Kaolin** *nt (Geo)* **Porzellanerde** *f (Geo)*
**kaolin mine Kaolingrube** *f (Bg/Bergb)*
**keg Fass** *nt (Mech)* (Kolliliste)
**keg for the transport of glues Klebstofftransportfass** *nt (Mech)*

**kelly bar** *(e.g. quadruple telescopic)* **Kellystange** *f (Bg/Bergb)*
**Kelvin bridge Kelvinbrücke** *f (Bau)*
**kentledge** *BE* **Gegengewicht eines Kranes** *(Mech)*
**kerb** *BE* **Bordschwelle** *f (Stb)* **Schrammbord** *nt (Stb)*
**key** *(like locking device)* **Feder** *f (Form)* (Schnapper)
**key Keil** *m (Mech, Mont)*
**key bolt Schlüsselbolzen** *m (Mech)*
**key bore Keilnut** *f (Mech, Mont)*
**key drift Austreibdorn** *m (Mech, Mont)*
**key file Schlüsselfeile** *f (Mont, Werkz)*
**key groove Keilnut** *f (Mech, Mont)*
**key interlock Schlüsselverriegelung** *f (Mech)*
**key seat Keilschlitz** *m (Mech)* **Keilsitz** *m (Mech)*
**key sections** *pl* **Keilstahl** *m (Hütt/Wlz)*
**key spanner Schlüssel** *m (Mont, Werkz)*
**key steel Keilstahl** *m (Hütt/Wlz)* **Schlüsselstahl** *m (Hütt/Wlz)*
**key trap Schlüsselfang** *m (Mech)*
**key, detachable** detachable key *adj:n* **Steckschlüssel** *m (Mont, Werkz)*
**key, fitted** fitted key *adj:n* **Passfeder** *f (Mech)*
**key, hollow** hollow key *adj:n* **Hohlkeil** *m (Mont)*
**key, rounded** rounded key *adj:n* **Rundkeil** *m (Mont)*
**keyhole notch Schlüssellochkerbe** *f (Stb)*
**keyhole saw Astsäge** *f (Werkz)* **Stichsäge** *f (Mont, Werkz)*
**keyseat Nut** *f (Mech)* (Keilnut) **Wellennut** *f (Mech)*
**keyseat** *v* **fräsen** *v (Mech, Mont)* (von Keilnuten, von Keilwellen) **keilnutenfräsen** *v (Mech, Mont)*
**keyway Nut** *f (Mech)* (Keilnut) **Passfeder** *f (Mech)*
**keyways, cut** cut keyways *n:v* **Nuten ziehen** *n:v (Mech, Mont)*
**keyways, mill** mill keyways *n:v* **keilnutenfräsen** *v (Mech, Mont)*
**kick plate Fußtrittplatte** *f (Kfz)* (am Laufsteg) **Trittplatte** *f (Mech, Bahn)*
**kid** *(groin)* **Buhne** *f (Hyd/Pneu)*
**kill** *v (steel)* **beruhigen** *v (Form)* (Stahl)
**kill cable Abstellkabel** *nt (Mech)* (des Motors)
**killed, fully** fully killed *adv:adj* **doppelt beruhigt** *adv:adj (Hütt/Wlz)* (z.B. Stahl)
**kiln Brennofen** *m (Bg/Bergb)* **Ofen** *m (Stb)*
**king bolt Drehbolzen** *m (Mech)*
**king pin Königszapfen** *m (Mech)*
**king post senkrechte Fahrwerkswelle** *adj:n (Mech)* **Königszapfen** *m (Mech)*
**king truss Sprengwerk** *nt (Stb)*
**kinking Kinken** *nt (Mech)* (Seil)
**kit Garnitur** *f (Mech)* (Bausatz) **Satz** *m (Mech)*
**kit, flame-type** flame-type kit *adj:n* **Flammglühanlage** *f (Kfz)* (für Dieselmotoren)
**knee Kniestück** *nt (Mech)* **Konsol** *nt (Mech)*
**knee bracket** *BE* **Eckblech** *nt (Stb)*
**kneebrace Kopfband** *nt (Stb)* **Kopfstrebe** *f (Stb)*
**knife file Messerfeile** *f (Mont, Werkz)*
**knife-edge load** *BE* **Linienlast** *f (Mech)* **Streckenlast** *f (Mech)*
**knifing filler Spachtelmasse** *f (Anstr)*
**knob** *(nub)* **Noppe** *f (Mech)*
**knob, knurled** knurled knob *adj:n* **Rändelknopf** *m (Mech)*
**knock Klopfen** *nt (Mech)* (z.B. des Motors)
**knock off** *v* **abschlagen** *v (Bg/Bergb)* (z.B. mit einem Hammer)
**knocked down** *adj* **auseinander gebaut** *adj (Mech)* (z.B. für den Versand) **zerlegt** *adj (Mech)*
**Knorr brake Knorrbremse** *f (Bahn, Mech)*
**knuckle** *(of converter bottom)* **Zwickel** *m (Hütt/Wlz)* (des Hochofenbodens)
**knuckle Achsschenkelgelenk** *nt (Kfz)*
**knuckle joint Kardangelenk** *nt (Mech)* **Kreuzgelenk** *nt (Mech)*
**knurl Rändel** *nt (Mech, Mont)*
**knurling file Riefenfeile** *f (Mont, Werkz)*
**Krämer mill type firing equipment Krämer-Mühlenfeuerung** *f (Hütt/Wlz)*
**kw butterfly belt drive with twin gear Bandantrieb durch Schmetterlingsgetriebe** *(Band, Umschl, Zer)*
**kyanite Kyanit** *m (Geo)*

# L

**L** *(Abv)* **L** *m (Umschl)* (Abk) **Lader** *m (Umschl)* (Rücklader)
**l-w coach LB-Wagen** *m (Bahn)* (Leichtbau)

**l.d.c.** *adj:n (Abv)* **unterer Totpunkt** *adj:n (Mech)*
**label holder Zettelhalter** *m (Bahn)* (am Güterwagen)
**label list Schilderliste** *f (Mech)* (Kennzeichnung)
**labour, manual** manual labour *adj:n* **Handarbeit** *f (Mech)*
**labyrinth bush Labyrinthbuchse** *f (Mech)*
**labyrinth cover Labyrinthdeckel** *m (Mech)*
**labyrinth groove Labyrinthnut** *f (Mech)*
**labyrinth ring Labyrinthring** *m (Mech)*
**labyrinth seal Labyrinthdichtung** *f (Mech, Hyd/Pneu)*
**lacing Vergitterung** *f (Stb)* (Stütze)
**lacing bar Vergitterungsstab** *m (Stb)* (Stütze)
**lack of fusion Bindefehler** *m (Schw)* (beim Schweißen)
**lack of oxygen Sauerstoffmangel** *m (Hütt/Wlz)*
**lack of performance mangelnde Leistung** *adj:n (Mech, Allg)*
**lack of root fusion Wurzelrückfall** *m (Schw)*
**lack of side-fusion Flankenbindefehler** *m (Schw)*
**ladder Aufstiegsleiter** *f (Bg/Bergb)* (z.B. am Bagger) **Leiter** *f (Mech)* (Sprossenleiter)
**ladder belt Schaufelradband** *nt (Band, Umschl)*
**ladder diagram Kontaktplan** *m (Bg/Bergb, Allg)*
**ladder with back guard Korbleiter** *f (Mech, Mont)*
**ladder, aerial** aerial ladder *adj:n AE* **fahrbare Leiter** *adj:n (Mech)*
**ladder, double** double ladder *adj:n* **Bockleiter** *f (Bau)*
**ladder, turning** turning ladder *adj:n* **mitdrehende Leiter** *adj:n (Mech)*
**ladle Pfanne** *f (Hütt/Wlz)* (Gusspfanne)
**ladle analysis Schmelzanalyse** *f (Hütt/Wlz)*
**ladle car Pfannenwagen** *m (Hütt/Wlz, Bahn)* (für flüssiges Metall)
**ladle degassing Pfannenentgasung** *f (Hütt/Wlz)*
**ladle furnace Pfannenofen** *m (Hütt/Wlz)*
**ladle treatment of liquid steel Flüssigstahlbehandlung** *f (Hütt/Wlz)*
**lag screw** *AE* **Schwellenschraube** *f (Mech)*
**lagging Verschalung** *f (Bg/Bergb)* (Verpfählung)
**lagging** *(outside)* **Belag** *m (Mech, Bg/Bergb, Umschl)* (Überzug außen)
**lagging device Nachlaufgerät** *nt (Mech)*
**laitance Schlempe** *f (Geo)* (Zementschlamm)
**laminar flow Laminarströmung** *f (Hütt/Wlz)*
**laminate Laminat** *nt (Mech)*
**laminated suspension spring Blatttragfeder** *f (Bahn)*
**lamination Blechtrennung** *f (Schw)* (Doppelung) **Schichtbildung** *f (Hütt/Wlz)*
**lance Lanze** *f (Schw)*
**lance ports** *pl* **Öffnungen für Lanzenbläser** *(Hütt/Wlz)*
**lance, thermic** thermic lance *adj:n BE* **Thermolanze** *f (Schw)*
**landfill** *(garbage)* **Bodenaufschüttung** *f (Bau)* **Mülldeponie** *f (Allg)*
**landing bridge Landungsbrücke** *f (Umschl)*
**landing cleat Tragwinkel** *m (Mech, Stb)*
**landing slab Treppenpodest** *nt (Stb, Bau)*
**landing stage Landungsbrücke** *f (Umschl)* **Verladebühne** *f (Stb, Umschl)*
**lane load Belastung einer Fahrspur** *(Stb)*
**lane loading Ersatzlast** *f (Mech, Stat)*
**lantern gear Triebstockgetriebe** *nt (Mech)*
**lantern gear, cylindrical** cylindrical lantern gear *adj:n* **Triebstockrad** *nt (Mech)*
**lantern pinion and gear, cylindrical** cylindrical lantern pinion and gear *adj:n* **Triebstockradpaar** *nt (Mech)*
**lap Überdeckung** *f (Mech)* (Materialfehler)
**lap joint Überlappstoß** *m (Schw)*
**lap riveting Überlappungsnietung** *f (Stb)*
**lap welding Überlappungsschweißung** *f (Stb, Schw)*
**lap-sash seat belt Beckengurt** *m (Kfz)* **Sicherheitsgurt** *m (Mech)* (Drei-Punkt)
**lapis lazuli Lapislazuli** *m (Geo)*
**large-body tipping wagon Einseitenkippwagen** *m (Mech)*

**large-capacity boiler Großkessel** *m (Hütt/Wlz)*
**large-diameter anti-friction slewing ring Großwälzlager** *nt (Mech)*
**large-diameter flange Großflansch** *m (Mech)*
**large-diameter pipe Großrohr** *nt (Mech)*
**large-diameter rotary drill rig Großdrehbohrgerät** *nt (Bg/Bergb)*
**large-scale plant Großanlage** *f (Bg/Bergb)*
**large-surface bale clamp Großflächenklammer** *f (Mech)*
**large-surface clamp Großflächenklammer** *f (Mech)*
**laser welding** *(e.g. tubes)* **Laserschweißen** *nt (Schw)* (DIN 1910)
**lash ring Zurrring** *m (Bahn)*
**lashing Bandage** *f (Mech)* (Wicklung)
**lashing cleat Seilhaken** *m (Bahn)* (am Flachwagon)
**lashing ring Zurrring** *m (Bahn)*
**lashing wire Bindedraht** *m (Allg)*
**latch Klinke** *f (Mech)* **Raste** *f (Mech)* **Sperre** *f (Mech)*
**latching pawl Sperrklinke** *f (Mech)*
**lateral bracing Windverband** *m (Stb)* (Bauteil)
**lateral member Windverbandstab** *m (Stb)*
**lateral-slotted screen Querspaltsieb** *nt (Mech)*
**laterally acting force horizontale Querkraft** *adj:n (Stat)*
**laterite Laterit** *m (Geo)*
**lath** *(expended metal)* **Maschendraht** *m (Stb)* (Steckmetall)
**lathe Drehbank** *f (Mont)*
**lathe chuck Drehfutter** *nt (Mont)*
**lathe, automatic** automatic lathe *adj:n* **Drehautomat** *m (Mont)*
**lathe, bush-type** bush-type lathe *adj:n* **Langdrehautomat** *m (Mech)*
**lathe, portable** portable lathe *adj:n* **transportable Abdrehvorrichtung** *adj:n (Mech, Mont)*
**lathe, vertical** vertical lathe *adj:n* **vertikale Drehbank** *adj:n (Mont)*
**lattice Gitter** *nt (Mech, Mont)*
**lattice bar Vergitterungsstab** *m (Stb)* (Stütze)
**lattice boom Gittermastausleger** *m (Stb)*
**lattice bracing Netzverband** *m (Stb)*
**lattice bridge Fachwerkbrücke** *f (Stb)*
**lattice column Fachwerkstütze** *f (Stb)*
**lattice construction Fachwerkskonstruktion** *f (Mech, Stb)*
**lattice girder Fachwerksträger** *m (Mech, Stb)* (Gitterträger, mehrteiliges Fachwerk)
**lattice mast Gittermast** *m (Mech)*
**lattice purlin Fachwerkpfette** *f (Stb)* **Gitterpfette** *f (Stb)*
**lattice tower Gittermast** *m (Mech)*
**lattice truss Gitterbinder** *m (Stb)* **Gitterträger** *m (Stb)*
**lattice work Fachwerk** *nt (Mech, Stb)* **Gitterwerk** *nt (Stb)*
**latticing Vergitterung** *f (Stb)* (Stütze)
**launching** *(bridges)* **Vorschieben** *nt (Stb)* (Brücken)
**launching nose Vorbauschnabel** *m (Stb)*
**law of the lever Hebelgesetz** *nt (Mech)*
**lawn-mower engine Rasenmähermotor** *m (Mech)*
**lay** *(rope)* **Verlegung** *f (Mech)* (Seil)
**lay, ordinary** ordinary lay *adj:n (rope)* **Kreuzschlag** *m (Mech)* **übliche Verlegung** *adj:n (Mech)* (Seil)
**lay-down area Abstellfläche** *f (Mont)*
**layer** *(thin coat)* **Auflage** *f (Mech)* (Schicht, Überzug) **Schicht** *f (Mech)* (Auflage, Auftrag)
**layer deposit Vorkommen** *nt (Bg/Bergb, Geo)*
**layer deposit, flat** flat layer deposit *adj:n* **flachgelagertes Vorkommen** *adj:n (Geo, Bg/Bergb)*
**layer, primary** primary layer *adj:n* **Grundschicht** *f (Hütt/Wlz)*
**laying** *(e.g. of pipes in trench)* **Einbau** *m (Bg/Bergb)* (z.B. von Rohren)
**laying of the foundation stone Grundsteinlegung** *f (Bau)*
**laying out Anreißen** *nt (Stb)* (Vorzeichnen) **Anzeichnen** *nt (Stb))*
**laying out of the tendons Anordnung der Vorspannglieder** *(Stb)*
**laying out the chain Auslegen der Kette** *(Bg/Bergb)*
**laying-out plate** *(big)* **Anreißplatte** *f (Mech)*
**layout Anordnung** *f (Mech, Allg)* **Aufbau** *m (Geo, Mech, Allg)* (Form) **Gestaltung** *f (Mech, Allg)*

**layout drawing Entwurfszeichnung** *f (Mech, Allg)* **Übersicht** *f (Mech)* (Zeichnung)
**layout of conveyors, schematic** schematic layout of conveyors *adj:n* **Bandschema** *nt (Band)*
**layout of hall Lageplan der Messehalle** *(Mech, Allg)*
**layshaft Vorgelegewelle** *f (Mech)* **Zwischenwelle** *f (Mech)*
**layshaft gear Vorgelegerad** *nt (Mech)*
**layshaft gear claster Vorgelegezahnradblock** *m (Mech)*
**LC** *(Abv)* **langer Unterwagen** *adj:n (Bg/Bergb)*
**LD furnace LD** *(Hütt/Wlz)* (Abk)
**lead Blei** *nt (Mech)* **Ganghöhe** *f (Mech)*
**lead** *(upward)* **Steigung** *f (Mech)* **Steigungshöhe** *f (Mech)*
**lead** *(with line)* **Lot** *nt (Mont)* (mit Schnur)
**lead alloys** *pl* **Blei-Basis-Legierungen** *pl f (Form)*
**lead angle Steigungswinkel** *m (Mech)*
**lead coating Bleimantel** *m (Mech)* **Bleiüberzug** *m (Form)*
**lead oxide Bleiweiß** *nt (Stb)*
**lead pipe Leitungsrohr** *nt (Mech)*
**lead seal Plombe** *f (Mech)* (z.B. Zollplombe)
**lead sleeve Bleimuffe** *f (Mech)*
**lead zirconate-titanate Blei-Zirkonat-Titanat** *nt (Form)*
**lead, hard** hard lead *adj:n* **Hartblei** *nt (Hütt/Wlz)*
**lead, refined** refined lead *adj:n* **Weichblei** *nt (Mech)*
**lead-acid storage battery Blei-Akkumulator** *m (Bg/Bergb)*
**lead-in Durchführung** *f (Mech)* (Leitungs-, Rohrdurchführung)
**lead-in funnel Durchführungstrichter** *m (Mech)* **Einführungstrichter** *m (Mech)*
**lead-in nozzle Einführungstülle** *f (Mech)*
**lead-in tube Durchführungspfeife** *f (Mech)* **Einführungspfeife** *f (Mech)*
**lead-sealing Verplombung** *f (Mech)* (z.B. Lkw, Güterwagen)
**leader** *(telescope leader)* **Mäkler** *m (Bg/Bergb)* (Teil der Ramme)
**leading Verbleiung** *f (Hütt/Wlz)*
**leading and trailing end of mouldboard Anfang und Ende einer Schar** *(Bg/Bergb)*
**leading boom** *(tripper car)* **vorderer Ausleger** *adj:n (Bg/Bergb, Umschl)* (Bandschleifenwagen)
**leading end of mouldboard Scharvorderteil** *nt (Bg/Bergb)* (des Graders)
**leading hand Vorarbeiter** *m (Mont)*
**leaf** *(El, Mech)* **Federblatt** *nt (Form)* **Lamelle** *f (El)*
**leaf** *(of a bascule bridge)* **Klappe** *f (Stb)* (einer Klappbrücke)
**leaf and tapered leaf springs Blatt- und Parabelfedern** *(Form)*
**leaf chain Flyerkette** *f (Mech)*
**leaf spring Blattfeder** *f (Mech)*
**leaf spring, formed** formed leaf spring *adj:n* **Flachformfeder** *f (Form)*
**leaf-type spring Trapezfeder** *f (Bahn, Mech)* (Blattfeder)
**leak Leck** *nt (Mech)* **undichte Stelle** *adj:n (Mech, Hyd/Pneu)*
**leak oil Lecköl** *nt (Mech)*
**leak oil loss Leckölverlust** *m (Mech)*
**leak oil pipe Leckölleitung** *f (Mech)*
**leak oil return Leckölrückleitung** *f (Mech)* (zum Tank)
**leak test Dichtigkeitsprüfung** *f (Hyd/Pneu)*
**leak test, unpressurized** unpressurized leak test *adj:n* **drucklose Dichtigkeitsprüfung** *adj:n (Hyd/Pneu)*
**leak-off pipe Leckleitung** *f (Mech)*
**leakage Leck** *nt (Mech)* **undichte Stelle** *adj:n (Mech, Hyd/Pneu)*
**leakage oil Lecköl** *nt (Mech)*
**leakage pipe Leckölleitung** *f (Mech)*
**leakage port Leckölanschluss** *m (Mech, Hyd/Pneu)*
**leaking water Sickerwasser** *nt (Bg/Bergb)*
**lean-to Anbau** *m (Bau, Allg)* (Schuppen, Flügel oder Hütte mit Pultdach)
**lean-to roof Pultdach** *nt (Mont, Bau)*
**leaning wheels** *pl* **Radsturz** *m (Mech)* (z.B. Grader bei Schräghang)
**leather apron Lederschürze** *f (Bau)*
**leather case** *(e.g. for tools)* **Lederetui** *nt (Mech)* (z.B. für Werkzeuge)
**leather packing Lederdichtung** *f (Mech)* **Ledermanschette** *f (Zer)*
**ledger** *(e.g. of a scaffold)* **Querbalken** *m (Bau)* (z.B. Gerüstbau)
**left-hand construction Linksausführung** *f (Mech)*

**left-hand crawler Linksraupe** *f (Bg/Bergb)* (in Fahrtrichtung links)
**left-hand design Linksausführung** *f (Mech)*
**leg Rahmensäule** *f (Stb)* **Schenkel** *m (Stb)* **Stiel** *m (Stb)*
**leg pipe Schenkelrohr** *nt (Mech)*
**length between centers Spitzenweite** *f (Hütt/Wlz)*
**length in system Systemlänge** *f (Mech)*
**length measuring device Längenmessgerät** *nt (Mech)*
**length of bar Stablänge** *f (Stb)*
**length of bridge Brückenlänge** *f (Stb)*
**length of connecting pin Verschlussbolzenlänge** *f (Mech)*
**length of discharge boom Ausladung des Abwurfauslegers** *(Bg/Bergb, Umschl)*
**length of feeding boom Ausladung des Aufgabeendes** *(Bg/Bergb)* **Ausladung des Aufnahmeauslegers** *(Bg/Bergb)*
**length of grate Rostlänge** *f (Hütt/Wlz)*
**length of lay** *(rope)* **Schlaglänge** *f (Mech)* (Seil)
**length of pin Bolzenlänge** *f (Form)*
**length of roller conveyor Rollgangslänge** *f (Mech)*
**length of shank Schaftlänge** *f (Stb)*
**length of thread Gewindelänge** *f (Mech)* (z.B. der Schraube)
**length of truck and trailer Lastzuglänge** *f (Mech)*
**length over buffers Länge über Puffer** *(Bahn)*
**length served in system Systemlänge** *f (Mech)*
**length, inside** inside length *adj:n* **Innenlänge** *f (Mech)* (des Keilriemens)
**length, insufficient** insufficient length *adj:n* **Längenunterschreitung** *f (Allg)*
**length, lateral** lateral length *adj:n* **Seitenlänge** *f (Bau)*
**length, loaded** loaded length *adj:n (of a beam)* **Belastungslänge** *f (Stb)*
**length, mean** mean length *adj:n* **mittlere Länge** *adj:n (Mech)* (Keilriemen)
**length, overall** overall length *adj:n* **Baulänge** *f (Mech)* **Gesamtlänge** *f (Mech)*
**length, stretched** stretched length *adj:n* **gestreckte Länge** *adj:n (Mech)*
**length, true** true length *adj:n* **Abwicklung** *f (Bau)* (echte Länge)
**length, unsupported** unsupported length *adj:n* **Knicklänge** *f (Mech, Mont)*
**lengthening part Ansatz** *m (Mech)* (zusätzliches Teil) **Verlängerung** *f (Mech)*
**lengthwise span Stützlänge** *f (Mech)* (Raupenfahrwerk)
**lengthwise tear Längsriss** *m (Mech)*
**lens** *(e.g. of a headlamp)* **Glas** *nt (Mech)* (des Scheinwerfers) **Linse** *f (Mech)* (Optik)
**lens** *(TV)* **Objektiv** *nt (Mech)* (Fernsehgerät)
**lens head screw Linsenschraube** *f (Mech)*
**lens mount** *(TV)* **Zwischenring für Objektivanschluss** *(Mech)* (Fernsehgerät)
**lettering Beschriftung** *f (Allg)* (Aufschrift)
**level** *(mining)* **Sohle** *f (Geo, Bg/Bergb)*
**level** *(fatigue test)* **Ausschlag** *m (Mech)*
**level** *(tool)* **Libelle** *f (Werkz)* (Hilfsmittel für Einstellungen)
**level adjustment Einpegelung** *f (Mech)* **Höhenverstellung** *f (Mech)*
**level compensation Niveau-Ausgleich** *m (Mech)*
**level control Niveau-Überwachung** *f (Hyd/Pneu)*
**level crossing Eisenbahnübergang** *m (Bahn)*
**level drop Grundabsenkung** *f (Bg/Bergb)*
**level gauge Messstab** *m (Mech)* (Ölstand) **Standglas** *nt (Mech)*
**level idler gerade Bandrolle** *adj:n (Bg/Bergb, Umschl, Band)*
**level indicator Füllstandsanzeiger** *m (Hyd, Mech)* **Pegelstab** *m (Mech)*
**level luffing crane Wippkran** *m (Stb, Bg/Bergb)*
**level plug Ölstandsschraube** *f (Mech)*
**level probe Höhenstandsmesser** *m (Mech)* **Höhenstandsüberwachung** *f (Mech)* (z.B. im Bunker)
**level switch Niveau-Überwachung** *f (Hyd/Pneu)* **Tauchrohrgeber** *m (Mech)* (Kraftstoffsensor)
**level, fine** fine level *adj:n* **Feinplanum** *nt (Bau)*
**level, geographic** geographic level *adj:n* **geographische Höhenlage** *adj:n (Geo)*
**levelling Ausrichtung** *f (Mech, Allg)* **Nivellierung** *f (Mech)*
**levelling and loading machines Planier- und Ladegeräte** *(Umschl, Bg/Bergb)*

**levelling bottle Niveauflasche** *f (Hütt/Wlz)*
**levelling bucket Planierlöffel** *m (Bg/Bergb)*
**levelling device Horizontiervorrichtung** *f (Mech)*
**levelling instrument Nivellierinstrument** *nt (Mont)*
**levelling of the edge Abschrägen** *nt (Mech, Mont)*
**levelling staff Nivellierlatte** *f (Mont)*
**levelling table Richtplatte** *f (Stb)*
**levelling the shoulders Bankettabschälen** *nt (Bg/Bergb)*
**levelling work Graderarbeiten** *pl f (Bg/Bergb)* **Planierarbeiten** *pl f (Bg/Bergb)* (am Boden)
**lever Hebel** *m (Mech)* **Klemmstange** *f (Mech)* **Schwengel** *m (Mech)* (Pumpe)
**lever arm Hebelarm** *m (Mech)* **Momentenarm** *m (Stat)*
**lever distances** *pl* **Hebelauslenkung** *f (Kfz)*
**lever rod system Hebelgestänge** *nt (Mont)*
**lever set** *(signal box)* **Hebelwerk** *nt (Mech)*
**lever-type grease gun Hebelfettpresse** *f (Kfz)*
**leverage force Aushebekraft** *f (Form)* **Hebelkraft** *f (Mech)*
**leverage ratio Hebelübersetzungsverhältnis** *nt (Mech)*
**LH-thread Linksgewinde** *nt (Mech)*
**liberation of energy Energiebefreiung** *f (Stb)*
**licence pressure Genehmigungsdruck** *m (Hyd/Pneu)*
**license plate Kennzeichenschild** *nt (Kfz)*
**license plate bracket Kennzeichenschildhalter** *m (Mech)*
**lid Abdeckhaube** *f (Mech)* **Deckel** *m (Mech)*
**lid, divided** divided lid *adj:n* **Deckelklappe** *f (Mech)*
**life Dauer** *f (Mech, Allg)* (Lebensdauer)
**life power take-off Zapfwelle mit Dauerantrieb** *(Mech)*
**life span Lebensdauer** *f (Allg)* (z.B. Maschine, Werkstoff)
**life, effective** effective life *adj:n* **Nutzungsdauer** *f (Mech)*
**lifetime lubrication Lebensdauerschmierung** *f (Mech)*
**lifetime roller Lifetime-Rolle** *f (Mech)*
**lifetime-lubrication Dauerschmierung** *f (Mech)*
**lift Förderhöhe** *f (Band)*
**lift** *(cam)* **Daumen** *m (Form)* (Zapfen)
**lift** *(raising)* **Hub** *m (Mech)* (Heben)
**lift** *BE* **Aufzug** *m (Mech)* **Fahrstuhl** *m (Mech)* (Aufzug)
**lift (lifting; hoisting movement) Heben** *nt (Mech)*
**lift arm Hubarm** *m (Mech)* (an Maschinen) **Lastarm** *m (Mech)* (z.B. Laderstiel)
**lift arm extension Hubarmverlängerung** *f (Mech)*
**lift bridge Hubbrücke** *f (Stb)*
**lift capacity Tragfähigkeit** *f (Bg/Bergb)* (des Baggers)
**lift chain Hubkette** *f (Mech)* (z.B. des Staplers)
**lift cylinder Hubzylinder** *m (Bg/Bergb)* (Transportraupe)
**lift cylinder trunnion Hubzylinder-Drehzapfen** *m (Kfz)*
**lift eye Auge** *nt (Bg/Bergb)* (z.B. Transportöse) **Öse** *f (Mech)*
**lift fork Hubgabel** *f (Mech)* **Traggabel** *f (Mech)* (des Gabelstaplers)
**lift frame** *AE* **Hubgestell** *nt (Mech)* **Hubrahmen** *m (Kfz)* (des Radlagers)
**lift height Hubhöhe** *f (Mech)* (Hebezeug)
**lift limiter Hubbegrenzer** *m (Mech)*
**lift line** *(shot cleaning)* **Hubleitung** *f (Hütt/Wlz)* (Kugelregen)
**lift moment Hebemoment** *nt (Stat)* **Hubmoment** *nt (Stat)*
**lift pole** *(on forklift)* **Hubmast** *m (Mech)* (des Staplers)
**lift pole attachment Hubmastausrüstung** *f (Bg/Bergb, Mech)*
**lift truck Hubwagen** *m (Bg/Bergb)* (Brecheranlage)
**lift winch** *BE* **Aufzugswinde** *f (Stb)*
**lift, free** free lift *adj:n* **Freihub** *m (Kfz)* (z.B. der Staplergabel)
**lifter Heber** *m (Mech)* (Stößel)
**lifter** *(cam disk)* **Stößel** *m (Mech)* (Nockenscheibe)
**lifter adjusting spacer Einstelldistanzring für den Stößel** *(Kfz)*
**lifter screw Stößelschraube** *f (Mech)*

**lifter spring Stößelfeder** *f (Mech)* (am Druckkolben)
**lifting Heben** *nt (Mech)* **Hub** *m (Mech)* (Heben)
**lifting** *(e.g. a bridge)* **Abheben** *nt (Stb)* (eines Brückenlagers)
**lifting and tipping device Schüttung** *f (Mech, Hyd/Pneu)* (hydraulisch; am Müllfahrzeug)
**lifting arc Hubkurve** *f (Mech)* (Lasthaken)
**lifting beam Hubtraverse** *f (Umschl)*
**lifting block Flaschenzug** *m (Mech)*
**lifting capacity Hubkraftleistung** *f (Mech)* **Tragfähigkeit** *f (Bg/Bergb)* (des Baggers)
**lifting cylinder Hubzylinder** *m (Bg/Bergb)* (Transportraupe)
**lifting cylinder circuit Hubkreislauf** *m (Bg/Bergb, Hyd)*
**lifting device Hubeinrichtung** *f (Mech)*
**lifting eye Aufhängeöse** *f (Mech)* **Transportlasche** *f (Mech)*
**lifting eye bolt Ringschraube** *f (Mech)*
**lifting eye nut Ringmutter** *f (Mech)*
**lifting force, increased** increased lifting force *adj:n* **Hubkraftvergrößerung** *f (Mech)*
**lifting gate Hubtor** *nt (Stb)*
**lifting gear** *(crane)* **Hubgetriebe** *nt (Mech)* (Kran) **Hubwerk** *nt (Bg/Bergb, Umschl)*
**lifting jack Hebebock** *m (Mech)* **Hubzug** *m (Mech)*
**lifting magnet Hubmagnet** *m (Mech)* (Lasthebemagnet)
**lifting of the platform against the load Anlegen der Plattform an die Last** *(Bg/Bergb)*
**lifting platform Hebebühne** *f (Bg/Bergb)* **Tragplattform** *f (Bg/Bergb)*
**lifting power Belastbarkeit** *f (Mech)* (Tragfähigkeit, Tragkraft) **Hubkraft** *f (Mech)*
**lifting speed Hubgeschwindigkeit** *f (Mech)*
**lifting spindle Hubspindel** *f (Mech)*
**lifting tackle Flaschenzug** *m (Mech)* **Hubzug** *m (Mech)*
**lifting-magnet-type crane Magnetkran** *m (Mech)*
**light** *adj* **leicht** *adj (Mech, Allg)* (von geringem Gewicht) **licht** *adj (Mech, Allg)*
**light** *(blasting cord)* **Zündschnur** *f (Bg/Bergb)*
**light barrier** *(El)* **Lichtschranke** *f (El)* (mit Unterbrecherwirkung)
**light metal Leichtmetall** *nt (Hütt/Wlz)*
**light metal section Leichtmetallprofil** *nt (Mech)*
**light metal, rolled** rolled light metal *adj:n* **gewalztes Leichtmetall** *adj:n (Hütt/Wlz)*
**light, flashing rotating** rotating flashing light *adj:n* **Rundumblinkleuchte** *f (Bg/Bergb)*
**light-admitting grill Lichtgitterrost** *m (Mech)*
**light-alloy disc wheel Leichtmetall-Scheibenrad** *nt (Mech)*
**light-alloy spoked wheel Leichtmetall-Speichenrad** *nt (Mech)*
**light-emitting opening Beleuchtungsöffnung** *f (Umschl)*
**light-gauge steel construction Stahlleichtbau** *m (Stb)*
**light-material bucket Leichtmaterialschaufel** *f (Bg/Bergb)*
**light-metal design Leichtbauweise** *f (Mech)*
**light-metal rerailing equipment Leichtmetall-Aufgleisgerät** *nt (Bahn)*
**light-timber grab Kurzholzgreifer** *m (Bg/Bergb)*
**light-weight and panel sections Leicht- und Tafelprofile** *(Mech)*
**light-weight design Leichtbau** *m (Stb)*
**light-weight express coach Leichtbauschnellzugwagen** *m (Bahn)*
**light-weight steel construction Stahlleichtbau** *m (Stb)*
**lighter, portable** portable lighter *adj:n* **Zündlanze** *f (Hütt/Wlz)*
**lighting-up burner Ölzündbrenner** *m (Hütt/Wlz)* **Zündbrenner** *m (Hütt/Wlz)*
**lighting-up cartridge Zündpatrone** *f (Hütt/Wlz)*
**lighting-up firing equipment Zündfeuerung** *f (Hütt/Wlz)*
**lightweight bridge deck Leichtfahrbahn** *f (Stb)*
**lightweight concrete Leichtbeton** *m (Bau)*
**lightweight construcion Leichtbauweise** *f (Mech)*
**lightweight material bucket Leichtgutschaufel** *f (Bg/Bergb)*
**lignite Braunkohle** *f (Bg/Bergb, Geo)* **Lignit** *m (Bg/Bergb, Geo)* (holzige Braunkohle)

**lignite mill Braunkohlenmühle** *f (Hütt/Wlz)*
**lignite-fired power station** *AE (El)* **Braunkohlekraftwerk** *nt (El)*
**LIL** *(Abv)* **UZG** *(Mech)* (Abk) **untere Zündgrenze** *adj:n (Mech)*
**lime Kalk** *m (Geo, Bau)*
**lime base electrode KB-Elektrode** *f (Schw)*
**lime crust Kalkkruste** *f (Geo)*
**lime rock Kalkstein** *m (Geo)*
**lime, bagged** bagged lime *adj:n* **Sackkalk** *m (Bau)*
**lime, poor** poor lime *adj:n* **Magerkalk** *m (Geo, Bau)*
**lime, slaked** slaked lime *adj:n* **gelöschter Kalk** *adj:n (Geo, Bau)*
**limestone Hartkalksteinbruch** *m (Geo)* **Kalkstein** *m (Geo)*
**limestone quarry Kalksteinbruch** *m (Bg/Bergb)*
**limestone, soft** soft limestone *adj:n* **weicher Kalkstein** *adj:n (Geo)*
**limewash paint coat Kalkmilchanstrich** *m (Anstr)*
**limit Begrenzung** *f (Mech, Allg)* **Ende** *nt (Allg)* (Grenze) **Höchstgrenze** *f (Bg/Bergb, Mech)*
**limit hardness Grenzhärte** *f (Hütt/Wlz)*
**limit of adhesion Haftgrenze** *f (Mech)* (des Rades auf der Schiene)
**limit of flammability Zündgrenze** *f (Stb)*
**limit of proportionality Proportionalitätsgrenze** *f (Stb)*
**limit of stress Beanspruchungsgrenze** *f (Mech)*
**limit position signal Grenzwirkung** *f (Bg/Bergb, Umschl, Mech)* (Bunkerstandsanzeiger)
**limit positions of the trestle crane Endstellungen des Bockkrans** *(Bg/Bergb, Umschl)*
**limit range of stress Beanspruchungsgrenze** *f (Mech)*
**limit state Grenzzustand** *m (Stb)*
**limit states design Grenzzustandsberechnung** *f (Stb)*
**limit stop Anschlag** *m (Mech)* (Begrenzung) **Begrenzungsblech** *nt (Mech)*
**limit switch for belt tracking Schieflaufendschalter** *m (El)*
**limit switch, extreme** extreme limit switch *adj:n* **Grenzschaltung** *f (Bg/Bergb)*
**limit value Grenzmaß** *nt (Mech)* **Grenzwert** *m (Mech, Math, Allg)*
**limit value of use Grenzzustand der Gebrauchsfähigkeit** *(Bau)*
**limit value unit Grenzwerteinheit** *f (Mech)*
**limit, elastic** elastic limit *adj:n* **Dehngrenze** *f (Mech)* **Elastizitätsgrenze** *f (Mech)*
**limit, proportional** proportional limit *adj:n* **Proportionalitätsgrenze** *f (Stb)*
**limitation of speed Drehzahlbegrenzung** *f (Mech)*
**limited complete penetration begrenztvollständiger Einbrand** *(Schw)*
**limited-slip differential Teilsperrdifferenzial** *nt (Mech)*
**limiter Begrenzer** *m (Form)*
**limiting idler roll Begrenzungsrolle** *f (Band)* (einzelne Rolle) **Tastrolle** *f (Band)* (einzelne Rolle)
**limiting idler support Begrenzungsrollenstuhl** *m (Band)*
**limiting speed Drehzahlgrenze** *f (Kfz)*
**limits for operation in wind Einsatzbegrenzung bei Wind** *(Bg/Bergb)*
**limits of elasticity Elastizitätsgrenze** *f (Mech)*
**limits of error Fehlergrenze** *f (Allg)*
**lin. m.** *n:adj (Abv)* **laufende Meter** *adj:n (Mech, Allg)*
**linchpin Steckachse** *f (Mech)* (Kfz)
**line** *(alignment)* **Flucht** *f (Mech)*
**line** *(railway)* **Eisenbahnstrecke** *f (Stb)* **Strecke** *f (Bahn)* (Bahn)
**line assembly Bandmontage** *f (Mech, Mont)* (auf der Bandstraße)
**line boring Spindeln von Bohrungen** *(Mech, Mont)*
**line boring machine Waagerechtbohrwerk** *nt (Mont)*
**line for hot-rolled sheet Warmbreitbandstraße** *f (Hütt/Wlz)*
**line load Linienlast** *f (Mech)* **Streckenlast** *f (Mech)*
**line of action Wirkungslinie** *f (Stb)*
**line of action of a force Lage einer Kraft** *(Mech, Stat)* **Wirkungslinie einer Kraft** *(Mech)*
**line of advance Fortgangslinie** *f (Bg/Bergb)*
**line of cable trolleys Kabelwagenbahnhof** *m (Mech, Bg/Bergb)*

**line of force Kraftlinie** *f (Stb)*
**line of holes Lochreihe** *f (Mech)*
**line of rivets Nietreihe** *f (Stb)*
**line of travel Fahrtrichtung** *f (Mech)*
**line of trusses Trägerstrang** *m (Stb)*
**line pipe Leitungsrohr** *nt (Mech)*
**line pipe, HFI-welded** HFI-welded line pipe *adj:n* **HFI-geschweißtes Leitungsrohr** *adj:n (Mech)*
**line, circumferential** circumferential line *adj:n* **umschließender Kreis** *adj:n (Mech)*
**line, comprehensive** comprehensive line *adj:n* **umfassendes Fertigungsprogramm** *adj:n (Allg)*
**line, developed** developed line *adj:n* **gestreckte Länge** *adj:n (Mech)*
**line, flexible** flexible line *adj:n* **biegsame Leitung** *adj:n (Mech)*
**line, full** full line *adj:n* **durchgehende Linie** *adj:n (Mech, Allg)*
**line, nominal** nominal line *adj:n* **Kennlinie** *f (Hyd/Pneu)* (z.B. von Ventilen, Pumpen)
**line, pressurized** pressurized line *adj:n* **belastete Leitung** *adj:n (Hyd/Pneu)*
**line, theoretical** theoretical line *adj:n* **Netzlinie** *f (Stb)* **Systemlinie** *f (Stb)*
**line-up Aufstellung** *f (Mech)* (in Reihe) **Reihenaufstellung** *f (Mech)*
**linear increasing distance load Leiterlast** *f (Mech)*
**linear load, distributed equally** equally distributed linear load *adj:n* **Gleichstreckenlast** *f (Mech)*
**linen weave Leinwandverbindung** *f (Mech)*
**liner** *(of a cylinder)* **Buchse** *f (Mech)* (Zylinderbuchse) **Laufbuchse** *f (Mech)* (Futter) **Zylinderlaufbuchse** *f (Mech)*
**liner Panzerung** *f (Zer, Mech)* (am Gehäuse)
**liner flange Laufbuchsenflansch** *m (Mech)*
**liner plate Panzerplatte** *f (Bg/Bergb)* **Schleißblech** *nt (Mech)*
**liner strip Schleißleiste** *f (Mech)*
**liner, wear-resistant** wear-resistant liner *adj:n* **Verschleißauskleidung** *f (Hütt/Wlz)*
**liner, wet** wet liner *adj:n* **nasse Zylinderlaufbuchse** *adj:n (Mech)*
**liners** *pl (of containers)* **Auskleidungen** *pl f (Bg/Bergb)* (von Behältern)
**liners of housing** *(Plural)* **Gehäusepanzerung** *f (Zer, Mech)*
**lining** *(in crushers)* **Panzerplatte** *f (Bg/Bergb)*
**lining** *(inside)* **Auskleidung** *f (Mech)* (Futter) **Panzer** *m (Bg/Bergb, Mech)* (Ausfütterung des Steinbrechers)
**lining material Verschleißauskleidung** *f (Hütt/Wlz)*
**lining of bearing Lagerausguss** *m (Hütt/Wlz)* **Lagerschalenausguss** *m (Hütt/Wlz)*
**lining service group Bremsbelagsatz** *m (Mech)*
**link Gelenk** *nt (Mech)* (Scharnier) **Schake** *f (Bg/Bergb, Mech)* **Verbindungsstück** *nt (Mech, Hyd/Pneu, Stb)*
**link** *(e.g. of a chain)* **Glied** *nt (Mech, Allg)* (z.B. einer Kette)
**link assembly Kettenband** *nt (Band)*
**link block Kulissenstein** *m (Mech)* (Kette, Kabeltrommel)
**link bolster Lenkbügellager** *nt (Mech)*
**link isolated by draw-out fuse shutter herausziehbare Trennlasche** *adj:n (Mech)*
**link joint Gabelgelenk** *nt (Kfz)*
**link motion Steuerung** *f (Bahn)* (der Lokomotive)
**link pin Gelenkbolzen** *m (Mech, Stb)*
**link plate** *(garland)* **Kettenlasche** *f (Mech)*
**link, cranked** cranked link *adj:n* **gekröpftes Glied** *adj:n (Mech)*
**link, flat** flat link *adj:n* **Lasche** *f (Mech)* (Kettenlasche)
**link, inner** inner link *adj:n* **Innenglied** *nt (Mech)* (der Rollenkette)
**link, last** last link *adj:n* **Endglied** *nt (Mech)*
**link, split** split link *adj:n* **geteiltes Endglied** *adj:n (Mech)*
**link, transverse** transverse link *adj:n* **Querlenker** *m (Mech)*
**linkage Gestänge** *nt (Mech)* **Koppel und Schwinge** *(Bg/Bergb)* **Verbindung** *f (Mech)* (z.B. durch Gestänge)
**linkage brake Gestängebremse** *f (Mech)*
**linkage dimension Anschlussmaß** *nt (Mech)* (Zeichnung)
**linkage, special** special linkage *adj:n* **Sonderkoppel** *f (Bg/Bergb)*
**linking belt gantry Schrägförderer** *m (Band)* **Steilförderer** *m (Band, Umschl)*

**Linz-Donawitz-process Linz-Donawitz-Verfahren** *nt (Hütt/Wlz)*
**lip** *(e.g. upper edge of a bucket)* **Rand** *m (Mech)* (z.B. Oberkante eines Behälters)
**lip Krempe** *f (Mech, Mont)* **Löffelbrust** *f (Bg/Bergb)* (Schneide mit Zahntaschen) **Messer** *nt (Bg/Bergb)* (Bagger)
**lip actuating** *(lip of BD shovel)* **Klappenbetätigung** *f (Bg/Bergb)* (Klappenschaufel)
**lip cylinder** *AE* **Klappenzylinder** *m (Bg/Bergb)*
**lip drill Lippenbohrer** *m (Mech, Mont)*
**lip mounting Messerträger** *m (Mech)*
**lip ring Lippenring** *m (Mech)*
**lip shroud Verschleißkappe** *f (Bg/Bergb)* (zwischen den Zähnen des Grabgefäßes)
**lip taper angle Eimerzähne** *pl m (Bg/Bergb)* **Keilwinkel** *m (Mech)* (Eimerzähne)
**lip valve** *(lip of BD shovel)* **Klappenventil** *nt (Mech, Bg/Bergb)*
**lip-type seal Dichtring mit Dichtlippe** *(Form)*
**liquation Seigerung** *f (Hütt/Wlz)*
**liquid level monitor Wasserstandswächter** *m (Hütt/Wlz)*
**liquid limit Fließgrenze** *f (Geo)*
**liquid penetrant technique Flüssigkeitsdurchlassverfahren** *nt (Mech, Hyd/Pneu)*
**liquid-in-glass thermometer** *(El)* **Flüssigkeitsthermometer** *nt (El)*
**liquor recovery unit Laugenkessel** *m (Hütt/Wlz)*
**liquor spray nozzle Laugensprühdose** *f (Hütt/Wlz)*
**list of assembly groups Baugruppenkatalog** *m (Mech)* **Gruppenliste** *f (Mech)* (eines Gerätes)
**list of bolts needed Schraubenauszug** *m (Mech)*
**list of gear units Getriebeliste** *f (Mech)*
**list of motors Motorenliste** *f (Mech)*
**list of safety devices Endschalterliste** *f (Mech)*
**list of spare parts Ersatzteilliste** *f (Allg, Mech)*
**live load Nutzlast** *f (Stb)*
**live ring** *(for railway turntables)* **Drehkranz** *m (Bahn)* (in der Drehscheibe)
**live roller bed Rollgang** *m (Mech)* (angetrieben)
**live-steam pressure Dampfdruck vor Turbine** *(Hütt/Wlz)* (Frischdampfdruck)
**live-steam temperature Frischdampftemperatur** *f (Hütt/Wlz)*
**load Auflast** *f (Mech, Stat)* **Belastung** *f (Mech, Stat)*
**load allowable, maximum** allowable maximum load *adj:n* **Belastungsgrenze** *f (Mech)*
**load allowance Belastungszuschlag** *m (Mech)*
**load arm Gabel** *f (Kfz)* (z.B. des Gabelstaplers)
**load at break Bruchlast** *f (Mech)*
**load backrest Lastschutzgitter** *nt (Mech)*
**load balancing lever Lastausgleichshebel** *m (Mech)*
**load capacity Lastgrenze** *f (Mech)* (z.B. des Lkw) **Leistungsfähigkeit** *f (Mech, Allg)* **Tragkraft** *f (Mech)* (einer Achse)
**load carrier Versteifungsrippe** *f (Mech)* (verbindet Lagerstellen)
**load carrying ability Belastbarkeit** *f (Mech)* (Zuladung)
**load carrying burners** *pl* **Leistungsfeuerung** *f (Hütt/Wlz)*
**load carrying rivet Kraftniet** *m (Stb)*
**load cell Kraftmessdose** *f (Mech)* (Bandwaage) **Wägezelle** *f (Mech)* (Bandwaage)
**load center line Mittellinie** *f (Bahn)* (der Ladung)
**load change Laständerung** *f (Mech)* **Lastwechsel** *m (Mech)*
**load characteristic Belastungscharakteristik** *f (Mech)* **Belastungskennlinie** *f (Mech)*
**load concentration Lastkonzentration** *f (Stat)*
**load cycle Belastungsspiel** *nt (Mech)* **Lastwechsel** *m (Mech)*
**load deck Ladedeck** *nt (Bahn)*
**load deck mounting ladder Ladedeckaufstiegsleiter** *f (Bahn)*
**load diagram Belastungsdiagramm** *nt (Mech)*
**load distance** *(on forklifts)* **Lastabstand** *m (Mech)* (Stapler)
**load distribution** *f* **Lastverteilung** *f (Mech, Stat)*
**load factor Belastungsfaktor** *m (Mech)* **Lastfaktor** *m (Mech)*

**load factors, apply** apply load factors *n:v* **Lastfaktoren anwenden** *n:v (Mech)*
**load height Beladehöhe** *f (Bg/Bergb)* (z.B. der Schaufel)
**load hook Lasthaken** *m (Mech)*
**load hook yoke Lasthakenlager** *nt (Bg/Bergb)*
**load impulse Laststoß** *m (Mech)*
**load increase Lastzunahme** *f (Mech)*
**load limit Belastungsgrenze** *f (Mech)* **Lastgrenze** *f (Mech)* (Grenzlast)
**load limit knob Lastbegrenzungsknopf** *m (Mech)*
**load magnet Lasthebemagnet** *m (Kfz)*
**load matching, automatic** automatic load matching *adj:n* **sekundärgeregelt** *adj (Hyd/Pneu)*
**load moment Lastmoment** *nt (Mech)*
**load of foundation Fundamentbelastung** *f (Mech, Stat)*
**load of pit floor Grubenbodenbelastung** *f (Bg/Bergb)*
**load per unit area Flächenbelastung** *f (Stb)*
**load position Laststellung** *f (Stb)*
**load range Lastbereich** *m (Stat)*
**load rating, basic** basic load rating *adj:n* **Tragzahl** *f (Mech)*
**load rating, dynamic** dynamic load rating *adj:n* **dynamische Tragfähigkeit** *adj:n (Mech)*
**load rating, static** static load rating *adj:n* **statische Tragfähigkeit** *adj:n (Mech)*
**load requirement Belastungsanforderung** *f (Bg/Bergb)*
**load reversal Lastwechsel** *m (Mech)*
**load securing ring Ladesicherungsring** *m (Bahn)*
**load sensing Bedarfssteuerung** *f (Kfz)*
**load spectrum Lastkollektiv** *nt (Mech)*
**load stabilizer with sideshift Lasthalter mit Seitenschieber** *(Mech)*
**load stabilizer without sideshift Lasthalter ohne Seitenschieber** *(Mech)*
**load stabilizing jack Ladestabilisierungsabstützung** *f (Bahn)*
**load test** *(El)* **Belastungsprobe** *f (El)* **Probebelastung** *f (Mech)*
**load tolerance Belastungszuschlag** *m (Mech)*
**load train** *BE* **Lastenzug** *m (Mech)*
**load unit Ladeeinheit** *f (Kfz)*
**load, allowable** allowable load *adj:n* **zulässige Last** *adj:n (Stat)*
**load, applied** applied load *adj:n* **Auflast** *f (Mech, Stat)*
**load, assumed** assumed load *adj:n* **Belastungsannahme** *f (Stb)* **Lastannahme** *f (Stat)*
**load, axial** axial load *adj:n* **axiale Belastung** *adj:n (Mech)* **Längsbelastung** *f (Mech)*
**load, combined** combined load *adj:n* **zusammengesetzte Beanspruchung** *adj:n (Stb)*
**load, concentrated** concentrated load *adj:n* **Punktbelastung** *f (Mech, Stat)* **Punktlast** *f (Mech, Stat)*
**load, constant** constant load *adj:n* **gleich bleibende Beanspruchung** *adj:n (Stat, Mech)*
**load, continuous** continuous load *adj:n* **Dauerbeanspruchung** *f (Mech)*
**load, dead** dead load *adj:n* **Eigenlast** *f (Stat)* **ständige Last** *adj:n (Mech, Schw)*
**load, distributed** distributed load *adj:n* **verteilte Last** *adj:n (Stat)*
**load, dynamic** dynamic load *adj:n* **dynamische Belastung** *adj:n (Stat)* **Stoßbelastung** *f (Band)*
**load, equivalent** equivalent load *adj:n* **Ersatzlast** *f (Mech, Stat)*
**load, factored** factored load *adj:n* **gewogene Belastung** *adj:n (Stb)*
**load, heavy** heavy load *adj:n* **Schwerlast** *f (Stat)*
**load, horizontal** horizontal load *adj:n* **Seitenlast** *f (Stat)*
**load, imposed** imposed load **Auflast** *f (Mech, Stat)*
**load, internal** internal load *adj:n* **Schnittlast** *f*
**load, lateral** lateral load *adj:n* **Seitenlast** *f (Stat)*
**load, live** live load *adj:n* **veränderliche Last** *adj:n (Schw, Mech, Mont)* **wechselnde Last** *adj:n (Mech, Schw)*
**load, maximum** maximum load *adj:n (El, Mech, Stb)* **Höchstbelastung** *f (Mech)* **Maximalwert** *m (Mech)*
**load, radial** radial load *adj:n* **radiale Belastung** *adj:n (Stat)*
**load, repeated** repeated load *adj:n* **Dauerschwingbelastung** *f (Stb)*

**load, secondary** secondary load *adj:n* **Zusatzlast** *f (Stat)*
**load, shed** shed load *n:v* **Last abwerfen** *n:v (Stat)*
**load, special** special load *adj:n* **Sonderlast** *f (Stat)*
**load, static** static load *adj:n* **statische Beanspruchung** *adj:n (Stat)* **ruhende Belastung** *adj:n (Stat)*
**load, steady** steady load *adj:n* **ständige Last** *adj:n (Mech, Schw)*
**load, superimposed** superimposed load *adj:n* **Verkehrslast** *f (Schw, Mech, Stb)*
**load, throw off** throw off the load *n:v* **Last abwerfen** *n:v (Stat)*
**load, total** total load *adj:n* **Gesamtbelastung** *f (Stat, Mech)*
**load, trapezoidal** trapezoidal load *adj:n* **Trapezlast** *f (Stb)*
**load, triangular** triangular load *adj:n* **Dreieckslast** *f (Stb)*
**load, ultimate** ultimate load *adj:n* **Bruchlast** *f (Mech)*
**load, uniformly distributed** uniformly distributed load *adj:n* **gleichmäßig verteilte Belastung** *adj:n (Stat)*
**load-bearing stiffener tragende Aussteifung** *adj:n (Stb)*
**load-bearing structure Tragkonstruktion** *f (Mech)* **Tragwerk** *nt (Mech, Stb)*
**load-lowering valve Senkbremsventil** *nt (Mech, Hyd/Pneu)*
**load-sensing system Grenzlastsystem** *nt (Mech)*
**load-settlement curve Last-Setzungskurve** *f (Bau)*
**loaded idler Tragrolle** *f (Band)*
**loader Lader** *m (Umschl)* **Ladevorrichtung** *f (Umschl)*
**loader clearance cycle Wendekreis** *m (Mech)* (äußere Schaufelecke des Laders)
**loader for inland vessels Binnenschiffsbelader** *m (Umschl)*
**loader, wheeled** wheeled loader *adj:n* **Radlader** *m (Umschl)*
**loading Aufgabe** *f (Bg/Bergb, Umschl, Band, Zer)* (Ladevorgang) **Belastung** *f (Mech, Stat)* **Lastenzug** *m (Mech)*
**loading and discharge side tracks Auf- und Ablade-Nebengleise** *(Bahn)*
**loading arm Ladearm** *m (Bg/Bergb, Umschl)*
**loading belt Aufgabeband** *nt (Umschl, Band, Zer)* **Beladeband** *nt (Band)*
**loading bridge Ladebrücke** *f (Stb)* **Verladebrücke** *f (Bg/Bergb, Umschl)*
**loading bucket Schüttgutschaufel** *f (Umschl)*
**loading by vibration Schwingungsbelastung** *f (Bau)*
**loading capacity Belastbarkeit** *f (Mech)* (Zuladung) **Ladeleistung** *f (Bahn)* **Traglast** *f (Bahn, Mech)* (Ladekapazität)
**loading case Belastungsfall** *m (Stb)* **Lastfall** *m (Stb)*
**loading cycle Belastungsspiel** *nt (Mech)*
**loading device Beladeeinrichtung** *f (Bg/Bergb, Umschl)*
**loading gauge Lademaß** *nt (Bg/Bergb)* **Umgrenzungsprofil** *nt (Bahn)*
**loading gauge, international** international loading gauge *adj:n* **internationales Lademaß** *adj:n (Bahn)*
**loading group Beanspruchungsgruppe** *f (Schw)*
**loading impact Stoßbelastung** *f (Band)*
**loading of the transport crawler Beladen der Transportraupe** *(Bg/Bergb)*
**loading operation Ladetätigkeit** *f (Umschl)*
**loading performance Ladeleistung** *f (Bahn)*
**loading place Ladestelle** *f (Bg/Bergb)* (z.B. im Tagebau)
**loading platform Ladefläche** *f (Stb)* **Ladepritsche** *f (Mech)* (des Lkw)
**loading point Aufgabestelle** *f (Band)* (Ort des Beladens) **Beladestelle** *f (Umschl)*
**loading ramp Laderampe** *f (Bahn)*
**loading resistor Belastungswiderstand** *m (Form)*
**loading shovel Ladeschaufel** *f (Bg/Bergb)*
**loading site Ladestelle** *f (Bg/Bergb)* (z.B. im Tagebau)
**loading sketch Verladeskizze** *f (Mech)*
**loading technique Ladetechnik** *f (Mech)* (Versandgeschäft)
**loading test Belastungsprüfung** *f (Mech)* **Belastungsversuch** *m (Mech)*
**loading unit Beladeanlage** *f (Bg/Bergb)* **Beladewagen** *m (Bg/Bergb)*
**loading, assumed** assumed loading *adj:n* **Belastungsannahme** *f (Stb)*

**loading, asymmetrical** asymmetrical loading *adj:n* **unsymmetrische Belastung** *adj:n (Mech)*
**loading, dynamic** dynamic loading *adj:n* **dynamische Belastung** *adj:n (Stat)* **Stoßbelastung** *f (Band)*
**loading, nominal** nominal loading *adj:n* **Nennlast** *f (Mech)*
**loading, unbalanced** unbalanced loading *adj:n* **unsymmetrische Belastung** *adj:n (Mech)*
**loads, principal** principal loads *adj:n* **Hauptlasten** *pl f (Stb)*
**loam Lehm** *m (Geo)*
**lobe Nocke der Pumpenwelle** *(Mech)*
**local control Direktsteuerung** *f (Mech)* (örtliche Steuerung)
**local drive mode entriegelter Betrieb** *adj:n (Mech)*
**locating bearing Festlager** *nt (Mech)*
**locating pillow block bearing Stehlager-Festlager** *nt (Mech)*
**locating rod Führungsstange** *f (Mech)*
**locating screw Führungsschraube** *f (Stb)*
**locating side Festseite** *f (Umschl, Mech)*
**location Einsatzort** *m (Mech, Allg)* **Positionierung** *f (Mech, Allg)*
**location** *(e.g. of soil, minerals)* **Fundort** *m (Geo)* (z.B. von Mineralien) **Lagerstätte** *f (Geo)*
**location** *(of installation)* **Einbaustelle** *f (Kfz)*
**location accuracy Ortsgenauigkeit** *f (Allg)*
**location of rupture Bruchstelle** *f (Mech, Allg)*
**location, axial** axial location *adj:n* **axiale Befestigung** *adj:n (Mech)*
**location, prominent** prominent location *adj:n* **markante Stelle** *Nomen (Mech, Allg)*
**locations and thicknesses of agricultural soil Ausdehnungen und Mächtigkeiten des anstehenden Kulturbodens** *(Geo)*
**locator Sucher** *m (Mech)*
**lock Arretierung** *f (Form)* (des Oberwagens) **Pendelanschlag** *m (Bg/Bergb)* (der Pendelachse) **Schloss** *nt (Mech)* (abschließbar)
**lock bushing Endbuchse** *f (Stb)*
**lock forming Verlappen** *nt (Hütt/Wlz)*
**lock front Schließblech** *nt (Bau)*
**lock gate Schleusentor** *nt (Stb)*
**lock handle, inner** inner lock handle *adj:n* **Schlossinnengriff** *m (Bg/Bergb)*
**lock nut Kontermutter** *f (Mech)* **Verschlussmutter** *f (Mech)*
**lock operation Schlossbetätigung** *f (Mech)* (Türschloss)
**lock pin Arretierung** *f (Form)* (des Oberwagens) **Sicherungsstift** *m (Mech)* **Sperraste** *f (Mech)*
**lock pin, release** release the lock pin *n:v* **Sperrung ausklinken** *n:v (Mech)*
**lock position Verschlussstellung** *f (Mech)*
**lock ring Fixierungsring** *m (Mech)* **Verschlussring** *m (Stb, Mech)*
**lock screw Verschlussschraube** *f (Mech)*
**lock seam Blechverbindung** *f (Mech, Mont)* **Falz** *m (Mech, Mont)*
**lock valve Sperrventil** *nt (Hyd/Pneu)*
**lock valve for boom Auslegersperrventil** *nt (Bg/Bergb)*
**lock washer Federring** *m (Mech)* **Zahnscheibe** *f (Mech)*
**lock washer, serrated** serrated lock washer *adj:n* **Fächerscheibe** *f (Mech)*
**lock, hydraulic** hydraulic lock *adj:n* **Hydrauliksperre** *f (Hyd/Pneu, Mech)* **Hydrosperre** *f (Hyd/Pneu, Mech)*
**lock-bolt holes** *pl* **Halteschraubenlöcher** *pl nt (Mech)* (in Drehverbindungen)
**lock-up Arretierung** *f (Bg/Bergb)* (des Drehmomentenwandlers) **Wandlersperre** *f (Mech, Bg/Bergb)* (des Graders)
**locked coil rope patentverschlossenes Tragseil** *adj:n*
**locking assembly Ringfederspannelement** *nt (Bg/Bergb)*
**locking bar Bolzen** *m (Bau)* (Riegel) **Riegel** *m (Bau)* (Schloss)
**locking block Verriegelungskulisse** *f (Stb)*
**locking bolt Arretierbolzen** *m (Mech)* **Feststellbolzen** *m (Mech, Mont)*
**locking bolt guide Verriegelungsklotz** *m (Stb, Mech)*
**locking brake Feststellbremse** *f (Mech)*
**locking bush Spannbuchse** *f (Mech)*
**locking cylinder** *(oscillating axle)* **Abstützzylinder** *m (Bg/Bergb)* (der Pendelachse)

**locking device** *(excavator)* **Verriegelung** *f (Bg/Bergb)* (zwischen Plattform und Unterbau eines Baggers)
**locking device Drehsicherung** *f (Bg/Bergb)* **Feststellung** *f (Mech)* (Vorrichtung)
**locking device, tapered** tapered locking device *adj:n* **konische Feststellvorrichtung** *adj:n (Mech)*
**locking flange Sicherungsflansch** *m (Mech)*
**locking handle Knebel** *m (Stb)* (Stahl)
**locking lever Vorstecker** *m (Bahn)* (an Wagonabstützung)
**locking notch Arretiernute** *f (Form)*
**locking peg Arretierstift** *m (Mech)*
**locking piece Verschlussstück** *nt (Mech)*
**locking pin Spannstift** *m (Mech)* **Vorsteckstift** *m (Mech)*
**locking pin, threaded** threaded locking pin *adj:n* **Einschraubbolzen** *m (Form)*
**locking plate Sicherungsblech** *nt (Mech)*
**locking point Verriegelungspunkt** *m (Mech)*
**locking sleeve Spannhülse** *f (Mech)*
**locking valve Sperrventil** *nt (Hyd/Pneu)*
**locking washer Sicherungsblech** *nt (Mech)*
**locomotive** *BE* **Lokomotive** *f (Bahn)*
**locomotive crane Lokomotivkran** *m (Mech)*
**Loctite Loctite** *nt (Anstr)* (Metallkleber)
**locus Ortskurve** *f (Mech)* (im Diagramm)
**log clamp Baumklammer** *f (Kfz)*
**log grab Holzgreifer** *m (Bg/Bergb)* **Kurzholzgreifer** *m (Bg/Bergb)*
**log grapple** *(e.g. for lumber)* **Langholzgreifer** *m (Bg/Bergb)* **Stammholzzange** *f (Bg/Bergb)*
**log grapple attachment Holzzangenausrüstung** *f (Werkz, Mech)* **Stammholzausrüstung** *f (Bg/Bergb)*
**log sheets** *pl* **Aufschreibungen** *pl f (Hütt/Wlz)*
**long distance conveyor Langstreckenförderer** *m (Band)*
**long roller Walze** *f (Mech)* (eines Wälzlagers)
**long-blade switch Federzungenweiche** *f (Form)*
**long-boiler locomotive Langkesselmaschine** *f (Bahn)*
**long-distance steam line Ferndampfleitung** *f (Hütt/Wlz)*
**long-lance-type soot blower Langschubbläser** *m (Hütt/Wlz)* **Lanzenlangschubbläser** *m (Hütt/Wlz)*
**long-lay rope Längsschlagseil** *nt (Bg/Bergb, Mech)*
**long-stroke shock absorber Langhubstoßdämpfer** *m (Mech)*
**long-stroke thrustor langhubiger Lüfter** *adj:n (Mech)*
**long-travel drive Fahrantrieb** *m (Umschl)* (Brückengeräte, Übergabewagen, Hilfsabsetzer)
**long-wall mining Langfrontabbau** *m (Bg/Bergb)* (über 500m)
**longitudinal bolt Längsschraube** *f (Mech)*
**longitudinal chute Längsschurre** *f (Bg/Bergb, Umschl)*
**longitudinal force Längskraft** *f (Mech, Stat)*
**longitudinal girder of frame Rahmenlängsträger** *m (Bahn)*
**longitudinal joint Längsstoß** *m (Mech)*
**longitudinal section north/south Längsprofil Nord-Süd** *nt (Bg/Bergb)*
**longitudinal shear Längsschubspannung** *f (Band, Mech)*
**longitudinal web stiffener Längssteife** *f (Mech, Stb)*
**longitudinal-drum boiler Längstrommelkessel** *m (Hütt/Wlz)*
**longitudinal-wall girder Seitenwandverband** *m (Stb)* (z.B. einer Halle)
**longitudinally acting force horizontale Längskraft** *adj:n (Stat)*
**longwall Streb** *m (Bg/Bergb)* (Kohlenwand)
**loop** *(parallel line)* **Nebengleis** *nt (Bahn)* (mit zwei Zugängen)
**loop** *(needle)* **Nadel** *f (Hütt/Wlz)* (Rohrnadel)
**loop connection Schlaufenverbindung** *f (Bau)*
**loop shear connector Schubdübel in Schlaufenform** *(Stb)*
**loosening Auflockerung** *f (Geo, Bg/Bergb)* **Lockerung** *f (Geo, Bg/Bergb, Mech)*
**loosening factor Auflockerungsfaktor** *m (Bg/Bergb, Geo)*

**loosening of plaiting** *(rope)* **Geflechtlockerung** *f (Mech)* (Seil)
**lorry** *BE* **Lastkraftwagen** *m (Mech)* **Lastwagen** *m (Mech)*
**lorry loading and unloading station** *BE* **Lkw-Be- und Entladestation** *(Mech)*
**lorry tippler** *BE* **Lkw-Kipper** *m (Mech)*
**lorry, refrigerated** refrigerated lorry *adj:n BE* **Kühlfahrzeug** *nt (Mech)* **Kühlwagen** *m (Mech)* (Lkw)
**lorry-mounted crane** *BE* **Automobilkran** *m (Stb)*
**loss at the bearing Lagerverlust** *m (Mech)* (bez. Getriebewirkungsgrad)
**loss at the sealing** *nt* **Dichtungsverlust** *m (Mech)* (Getriebewirkungsgrad)
**loss at the toothing Verzahnungsverlust** *m (Mech)* (bez. Getriebewirkungsgrad)
**loss due to carbon in ash Schlackenverlust** *m (Hütt/Wlz)*
**loss due to carbon in fly ash Flugaschenverlust** *m (Hütt/Wlz)* **Flugkoksverlust** *m (Hütt/Wlz)*
**loss due to unburnt gases Verlust durch brennbare Gase** *(Hütt/Wlz)*
**loss factor Verlustfaktor** *m (Mech)*
**loss of ignition Abreißen der Zündung** *(Hütt/Wlz)*
**loss of pressure Druckabfall** *m (Hyd/Pneu)* (z.B. der Luftdruckbremse)
**loss, unaccounted** unaccounted loss *adj:n* **Restverlust** *m (Hütt/Wlz)*
**lot of shipment Liefereinheit** *f (Mech)* (z.B. Abnahmeprüfung)
**louvre Belüftungsklappe** *f (Mech)* **Ventilationsschlitz** *m (Mech)*
**louvre shutter Jalousie** *f (Mech, Bau)*
**low bin Tiefbunker** *m (Umschl)*
**low pressure tyre with high flotation Niederdruckreifen** *m (Hyd/Pneu, Mech)*
**low truck crane Mobilkran** *m (Bg/Bergb, Mont)*
**low-bed trailer Tiefladeanhänger** *m (Mech, Bg/Bergb)* (hinter der Zugmaschine) **Tieflader** *m (Bg/Bergb)* (Hänger)
**low-bowl scraper Flachschürfkübel** *m (Bg/Bergb)*
**low-duty section of superheater Vorüberhitzer** *m (Hütt/Wlz)*
**low-grade anthracite Steinkohle** *f (Bg/Bergb, Geo)*
**low-grade fuel Mittelprodukt** *nt (Hütt/Wlz)* (schlecht brennbarer Brennstoff)
**low-idle niedriger Leerlauf** *adj:n (Mech)* **Standgas** *nt (Mech)*
**low-level railway Tiefbahn** *f (Bahn)* (z.B. Stollen, Graben)
**low-level station** *(railway station)* **Tiefbahnhof** *m (Bahn)* (unter Straßenhöhe)
**low-load carrying burner Schwachlastbrenner** *m (Hütt/Wlz)*
**low-pressure gasholder Niederdruckgasbehälter** *m (Hyd/Pneu)*
**low-pressure gravity die casting Niederdruck-Kokillengießen** *nt (Hütt/Wlz)*
**low-pressure oversized tyre Niederdruck-Großreifen** *m (Mech, Hyd/Pneu)*
**low-pressure turbine Niederdruck-Teil** *nt (Hütt/Wlz)*
**low-pressure tyre Niederdruckreifen** *m (Hyd/Pneu, Mech)*
**low-pressure valve Niederdruck-Ventil** *nt (Hyd/Pneu)*
**low-profile module Flachbaurahmen** *m (Mech)*
**low-sided open wagon Kastenwagen** *m (Bahn)* (Bahn) **Niederbordwagen** *m (Bahn)*
**low-speed pulverizer Langsamläufer** *m (Zer)* (Kugelmühle)
**low-speed side Abtriebsseite** *f (Mech)*
**low-temperature** *adj* **Niedertemperatur...** *affix (Mech)*
**low-temperature performance Kälteverhalten** *nt (Mech)*
**low-viscosity grease container Fließfettinhalt** *m (Mech)*
**lower frame structure Unterrahmenkonstruktion** *f (Mech, Bahn)*
**lower part of boom Auslegerunterteil** *nt (Bg/Bergb)*
**lower part of housing Gehäuseunterteil** *m (Form)*
**lower-chord connecting plate Untergurtanschlusslaschen** *pl f (Stb)*
**lower-chord connection Untergurtanschluss** *m (Stb)*
**lowering Absenken** *nt (Geo, Bg/Bergb)* **Senkung** *f (Geo, Bg/Bergb)*
**lowering of roof Absenkung des Hangenden** *(Geo, Bg/Bergb)*
**lowering of subsoil water Grundwasserabsenkung** *f (Geo, Bg/Bergb)*

**lowering speed Senkgeschwindigkeit** *f (Mech)*
**LS system** *(Abv)* **Grenzlastsystem** *nt (Mech)*
**lubricant Schmiermittel** *nt (Mech)* **Schmierstoff** *m (Mech)*
**lubricant cabin Schmierhaus** *nt (Mech)*
**lubricant recommendation Schmiermittelempfehlung** *f (Mech)*
**lubricant, adhesive** adhesive lubricant *adj:n* **Haftschmierstoff** *m (Mech)*
**lubricating film Schmierfilm** *m (Mech)*
**lubricating fitting Schmierkopf** *m (Mech)*
**lubricating grease Schmierfett** *nt (Mech)*
**lubricating hole Schmierbohrung** *f (Mech)*
**lubricating intervals** *pl* **Schmierzeiten** *pl f (Mech, Allg)*
**lubricating line Schmierleitung** *f (Mech)*
**lubricating oil Schmieröl** *nt (Mech)*
**lubricating oil film Schmierfilm** *m (Mech)*
**lubricating oil filter Schmierölfilter** *nt (Mech)*
**lubricating oil flow Schmierölfluss** *m (Mech)*
**lubricating oil line Schmierölleitung** *f (Mech)*
**lubricating oil pump Schmierölpumpe** *f (Mech)*
**lubricating point Schmierstelle** *f (Mech)*
**lubricating system Schmieranlage** *f (Mech)*
**lubricating system, central** central lubricating system *adj:n* **Zentralschmierung** *f (Mech)*
**lubricating-oil inlet Ölzulauf** *m (Mech)* (für Schmieröl)
**lubricating-oil pump Ölpumpe** *f (Hyd/Pneu)*
**lubrication bore Schmierbohrung** *f (Mech)* (in Zeichnungen)
**lubrication cabin Schmierhaus** *nt (Mech)*
**lubrication chart Schmierplan** *m (Mech)* **Schmiertabelle** *f (Mech)*
**lubrication cost Schmierkosten** *pl (Mech, Allg)*
**lubrication groove Schmiernut** *f (Mech)*
**lubrication nipple Schmiernippel** *m (Mech)*
**lubrication part Schmierteil** *m (Mech)*
**lubrication piping Schmierleitung** *f (Mech)*
**lubrication pistol Abschmierpistole** *f (Mech)*
**lubrication requirements** *pl* **Abschmiererfordernisse** *pl nt (Mech)*
**lubrication system Ölversorgung** *f (Mech)* **Schmiersystem** *nt (Mech)*
**lubrication with switch-off delay Nachlaufschmierung** *f (Mech)*
**lubrication, central** central lubrication *adj:n* **Zentralschmierung** *f (Mech)*
**lubrication, forced** forced lubrication *adj:n* **Druckölschmierung** *f (Mech)* **Druckschmierung** *f (Mech)*
**lubrication, long-term** long-term lubrication *adj:n* **Langzeitschmierung** *f (Mech)*
**lubrication, permanent** permanent lubrication *adj:n* **Dauerschmierung** *f (Mech)*
**lubrication-oil cooler Schmierölkühler** *m (Mech)*
**lubricator)** **Schmierer** *m (Mech)* **Schmiervorrichtung** *f (Mech)*
**lubricator nozzle Füllrohr** *nt (Mech, Hyd/Pneu)* (Schmierung)
**lubricity Schmierfähigkeit** *f (Mech)*
**luffing** *(of the deck crane)* **Wippen** *nt (Umschl)* (des Bordkranes)
**luffing and slewing crane Wippdrehkran** *m (Bg/Bergb)*
**luffing crane Wippkran** *m (Stb, Bg/Bergb)*
**luffing mechanism Wippwerk** *nt (Mech)*
**luffing rope Wippseil** *nt (Mech)* (des Wippkrans)
**luffing winch Einziehwerk** *nt (Umschl)* (Boke)
**luffing with rise and fall adjustment Heb- und Senktor** *n*
**luffing-boom shovel** *AE* **Hochbagger** *m (Bg/Bergb, Mech)* **Hochlöffelbagger** *m (Bg/Bergb, Mech)*
**lug** *(spacer)* **Distanzstück** *nt (Hütt/Wlz)* (in Rohrbündeln)
**lug Aufhängeöse** *f (Mech)* **Kabelschuh** *m (Mech)* **Nase** *f (Mech)*
**lug angle Anschlusswinkel** *m (Stb)* (Beiwinkel)
**lug of the track pad Bodenplattennase** *f (Bg/Bergb)*
**lug ring Nasenring** *m (Mech)* (der Kugeldrehverbindung)
**lug, single** single lug *adj:n* **Einauge** *nt (Bg/Bergb, Mech)* (z.B. der Raupengliedschake)

**lug, welded** welded lug *adj:n* **Schweißnase** *f (Schw)*
**luggage boot Kofferraum** *m (Mech)* (Kfz)
**lugging capability Hubkraft** *f (Mech)*
**lumber Bauholz** *nt (Bau)*
**lumber car** *AE* **Langholzwagen** *m (Mech)* (Bahn)
**lumber grapple Rundholzgreifer** *m (Mech)* (am Stapler) **Rundholzgreifer mit Knickgelenk** *(Mech)*
**lumber industry Holzindustrie** *f (Allg)*
**lumber truck Langholzwagen** *m (Mech)* (Lkw)
**lumbermill Sägemühle** *f (Mech)* (großes Sägewerk) **Sägewerk** *nt (Mech)*
**lump ore Stückerz** *nt (Geo)*
**lumps** *pl* **Brocken** *pl m (Band, Umschl, Bg/Bergb)* **Würfelkohle** *f (Bg/Bergb)*
**lumps which have tuck together Zusammenbackungen** *pl f (Bg/Bergb, Umschl)*
**lumps, coarse** coarse lumps *adj:n* **grobstückig** *adj (Bg/Bergb, Umschl, Zer)*
**lumps, falling** falling lumps *adj:n* **herabfallende Brocken** *adj:n (Band, Umschl, Bg/Bergb)* **abfallendes Material** *adj:n (Band, Umschl, Bg/Bergb)*
**lumps, sharp** sharp lumps *adj:n* **scharfkantiges Fördergut** *adj:n (Bg/Bergb, Umschl)*

# M

**M.T.C. fahrbares Band** *adj:n (Bg/Bergb, Band)* **Bandwagen** *m (Bg/Bergb)*
**machinability** *(cut, chip)* **Bearbeitbarkeit** *f (Mech)* **Bearbeitungsgrad** *m (Mech, Mont)*
**machine Gerät** *nt (Mech)* (z.B. Baumaschine) **Maschine** *f (Mech)*
**machine** *(e.g. tool machine)* **Arbeitsmaschine** *f (Mech)* (zur Herstellung)
**machine availability Geräteverfügbarkeit** *f (Kfz)*
**machine bed Maschinengestell** *nt (Mech)*
**machine bolt Maschinenschraube** *f (Mech)*
**machine column Maschinensäule** *f (Mech)*
**machine in store Lagergerät** *nt (Mech)* **Lagermaschine** *f (Mech)*
**machine maintenance Warten** *nt (Mech)* (z.B. Wartung einer Maschine)
**machine operator Geräteführer** *m (Mont)*
**machine part Maschinenteil** *nt (Mech)*
**machine pattern Tragbild** *nt (Mech)* (Zähne)
**machine pool Maschinenbauausrüstung** *f (Bg/Bergb)*
**machine record card Maschinendatenblatt** *nt (Mech)*
**machine riveting Nieten mit Presse** *(Stb)*
**machine rock drill Gesteinsbohrmaschine** *f (Mont, Werkz)*
**machine screw Maschinenschraube** *f (Mech)*
**machine shop mechanische Werkstatt** *adj:n (Mech)*
**machine steel Maschinenbaustahl** *m (Stb)*
**machine tap Bohrer** *m (Mont)* (Maschinenbohrer)
**machine tool handle Maschinenhandgriff** *m (Mech)*
**machine tools** *pl* **Bearbeitungsmaschinen** *pl f (Mech)* **Werkzeugmaschine** *f (Werkz, Mech)*
**machine vice Maschinenschraubstock** *m (Mont)*
**machine, automatic** automatic machine *adj:n* **Automat** *m (Mech)* (Maschine)
**machine, basic** basic machine *adj:n (of excavator)* **Grundgerät** *nt (Bg/Bergb, Mech)* (des Baggers)
**machine, semiautomatic** semiautomatic machine *adj:n* **Halbautomat** *m (Mech)*
**machine, standard** standard machine *adj:n* **Standardgerät** *nt (Bg/Bergb)*
**machine, used** used machine *adj:n* **Gebrauchtmaschine** *f (Mech)*
**machine, versatile** versatile machine *adj:n* **Universalgerät** *nt (Mech)*
**machine-type glass thermometer Maschinen-Glasthermometer** *nt (Mech)*
**machinery base Maschinenplattform** *f (Bg/Bergb)*
**machinery breakage Maschinenbruch** *m (Mech)*
**machinery platform Maschinenbühne** *f (Mech)*
**machinery, heavy** heavy machinery *adj:n* **schwerer Maschinenbau** *adj:n (Mech)*
**machinery, job-tailored** job-tailored machinery *adj:n* **Einzelanfertigung** *f*

*(Mech)* (Anfertigung nach Kundenwunsch, -auftrag) **Sonderanfertigung** *f (Mech)*
**machinery, special** special machinery *adj:n* **Sondermaschine** *f (Hütt/Wlz)* (für Beschichtungen)
**machinery, standard** standard machinery *adj:n* **Standardgerätebereich** *m (Bg/Bergb)*
**machines, higher powered** higher powered machines *adj:n* **leistungsstärkere Geräte** *adj:n (Mech)*
**machines, industrial** industrial machines *adj:n* **Industriemaschinen** *pl f (Mech)*
**machining Bearbeitung** *f (Mech, Mont)* (maschinell) **zerspanende Bearbeitung** *adj:n (Mech, Mont)*
**machining allowance** *(material)* **Bearbeitungszugabe** *f (Stb)* **Bearbeitungszuschlag** *m (Mech)* (an Material)
**machining cycle Arbeitszyklus** *m (Mech)* (Maschine)
**machining data Zerspanungsdaten** *pl nt (Mech, Mont)*
**machining method Bearbeitungsmethode** *f (Mech)*
**machining operation Arbeitsvorgang** *m (Mech)* (Maschine) **Durchlauf** *m (Mech)*
**machining process Bearbeitungsvorgang** *m (Mech, Mont)* **Zerspanungsvorgang** *m (Mech, Mont)*
**machining sequence Bearbeitungsfolge** *f (Mech, Mont)*
**machining time Bearbeitungszeit** *f (Mech, Mont)* (Maschine)
**machining tolerance Bearbeitungstoleranz** *f (Mech)* **Zugabe** *f (Mech)* (für spätere Bearbeitung)
**machining, mechanical** mechanical machining *adj:n* **mechanische Bearbeitung** *adj:n (Mech)*
**magnesite Magnesit** *m (Geo)*
**magnesium alloy Magnesium-Basis-Legierung** *f (Mech)*
**magnesium chloride Chlormagnesium** *nt (Bg/Bergb)* **Magnesiumchlorid** *nt (Bg/Bergb)*
**magnet crane Magnetkran** *m (Mech)*
**magnet plate Magnetplatte** *f (Mech)*
**magnet shackle** *(El)* **Magnetbügel** *m (El)*
**magnetic bar Magnetstab** *m (Mech, Hyd/Pneu)*
**magnetic crack detection Durchflutungsverfahren** *nt (Hyd/Pneu)* **magnetisches Prüfverfahren** *adj:n (Mech)*
**magnetic flow test Fluten** *nt (Mech)* (Werkstoffprüfung)
**magnetic particle inspection Magnaflux-Prüfung** *f (Mech)* **Magnetpulververfahren** *nt (Schw)* (Schweißprüfung)
**magnetic particle test Durchflutungsverfahren** *nt (Hyd/Pneu)* **magnetisches Prüfverfahren** *adj:n (Mech)*
**magnetic powder testing method Magnaflux-Verfahren** *nt (Mech)* **Magnetpulver-Prüferfahren** *nt (Mech)*
**magnetic pulse welding Magnetimpulsschweißen** *nt (Schw)*
**magnetic rod Magnetstab** *m (Mech, Hyd/Pneu)*
**magnetic-particle coupling Magnetpulverkupplung** *f (Mech)*
**magnetic-particle method Fluoreszens-Magnetpulver-Verfahren** *nt (Mech)*
**magneto Magnetzünder** *m (Mech, El)* **Zündmagnet** *m (Mech, El)*
**magneto bearing Schulterkugellager** *nt (Mech)*
**magnitude Ausschlag** *m (Mech)*
**magnitude of equivalent flaw zulässige Ersatzfehlergröße** *adj:n (Mech)*
**main access Hauptbegehung** *f (Mech)*
**main assembly group Hauptbaueinheit** *f (Mech)* **Hauptbaugruppe** *f (Mont)*
**main balance beam Fahrwerksschwinge** *f (Bg/Bergb, Mech)*
**main bearing structure Haupttragkonstruktion** *f (Stb)*
**main bucket wheel gear unit Schaufelradgetriebe** *nt (Bg/Bergb, Umschl)*
**main circuit** *(El)* **Hauptstrombahn** *f (El)*
**main conveyor Lagerlängsband** *nt (Band, Umschl)*
**main direction of stress Hauptbelastungsrichtung** *f (Mech)*
**main drive shaft** *(diesel engine)* **Sammelwelle** *f (Mech)* (Dieselmotor)
**main form of the flanks Flankenform** *f (Mech)*
**main frame Brechergehäuse** *nt (Zer)* **Längsträger** *m (Stb, Bg/Bergb)* (des Bagger-Oberwagens)
**main frame cap Bodendeckel** *m (Zer)* (Brecher)

**main hoisting hook Haupt-Hebehaken** *m (Bg/Bergb, Umschl)*
**main input** *(El)* **Hauptanschluss** *m (El)*
**main link Hauptglied** *nt (Zer)* (Plattenband)
**main load-bearing structure Haupttragkonstruktion** *f (Stb)*
**main pump Arbeitspumpe** *f (Bg/Bergb)*
**main shaft head** *(crusher)* **Hauptachsenkopf** *m (Mech)* (Brecher)
**main shaft with helical splines Hauptwelle mit Schraubenkeilen** *(Mech)*
**main steam line Dampfentnahmeleitung** *f (Hütt/Wlz)*
**main storage conveyor Lagerlängsband** *nt (Band, Umschl)*
**main structure Hauptkonstruktion** *f (Mech)*
**main valve block Hauptventilblock** *m (Hyd/Pneu)*
**main wash Hauptwäsche** *f (Mech)*
**main-block valve Steuerschieber** *m (Hyd/Pneu)*
**main-design drawing Hauptentwurfzeichnung** *f (Allg)*
**mains** *pl* **Netz** *nt (Mech, El, Bau)* (z.B. Wasser- oder Stromnetz)
**mains switch** *(El)* **Hauptschalter** *m (El)*
**maintenance Instandhaltung** *f (Mech, Allg)* (Pflege) **Wartung** *f (Mech, Bau)*
**maintenance book Wartungsbuch** *nt (Mech)*
**maintenance control form Wartungsmaske** *f (Bg/Bergb)*
**maintenance interval Wartungsintervall** *nt (Hyd, Mech)*
**maintenance manual Wartungshandbuch** *nt (Mech)*
**maintenance of dirt and gravel road Unterhaltung von Erdwegen** *(Bg/Bergb)*
**maintenance of dirt roads Wegehobeln** *nt (Bg/Bergb)* (Graderarbeit)
**maintenance schedule Wartungsplan** *m (Mech)*
**maintenance side door** *(in box wagon)* **Wartungstür** *f (Bahn)* (im Kastenwagen)
**maintenance, preventive** preventive maintenance *adj:n* **vorbeugende Wartung** *adj:n (Mech)*
**maintenance-free operation wartungsfreier Betrieb** *adj:n (Mech)*
**major assembly Großmontage** *f (Mech, Mont)*
**major project Großprojekt** *nt (Mech, Allg)*
**make Ausführung** *f (Mech, Allg)* (Machart, Qualität) **Fabrikat** *(Allg)* (Marke) **Marke** *f (Allg)* (Fabrikat)
**make an impact aufprallen** *v/i (Form)* (z.B. ein Stein im Brecher)
**make of excavator Baggerfabrikat** *nt (Bg/Bergb)*
**make-up water Zusatzwasser** *nt (Hütt/Wlz)* (zum Kondensat)
**making by machine Maschinenherstellung** *f (Mech)*
**making of a level Planumsherstellung** *f (Bg/Bergb)*
**maladjustment Verstellung** *f (Mech)*
**male** *adj (e.g. threads)* **außen** *adj (Mech, Allg)* **außenseitig** *adj (Mech, Allg)*
**malleability Schmiedbarkeit** *f (Hütt/Wlz)*
**malleable casting Temperguss** *m (Hütt/Wlz)*
**MAMMUT crusher MAMMUT-Brecher** *m (Bg/Bergb)*
**man, old** old man *adj:n* **z-förmiger Bohrerhalter** *adj:n (Mech)*
**man-made fibre Chemiefaser** *f (Bg/Bergb)*
**man-way Zugang zwischen Heizflachen** *(Hütt/Wlz)*
**mandrel** *(for cold bend test)* **Dorn** *m (Stb)* (für Faltversuch) **Drehmaschienenspindel** *f (Form)*
**mandril** *BE* **Drehmaschienenspindel** *f (Form)*
**mandril gauge Lehrdorn** *m (Werkz)* (Prüfwerkzeug)
**mandril screwing plug** *(El)* **Wickeldorn** *m (El)*
**mandril screwspindle Schraubenspindel** *f (Mech)*
**manganese Mangan** *nt (Chem)*
**manganese nodule Manganknolle** *f (Bg/Bergb)*
**manganese nodule collector Manganknollensammelgerät** *nt (Bg/Bergb)*
**manganese steel Manganhartstahlguss** *m (Hütt/Wlz)* **Manganstahl** *m (Hütt/Wlz)*
**manganese steel, high** high manganese steel *adj:n* **Manganhartstahl** *m (Mech, Hütt/Wlz)*
**manhole Einstieg** *m (Mech)* (Mannloch) **Mannloch** *nt (Mech)*
**manhole cover stud Mannlochdeckelbolzen** *m (Mech)*

**manhole cross bar Mannlochbügel** *m (Mech)*
**manifold** *(exhaust)* **Krümmer** *m (Kfz)* (z.B. Auspuff) **Sammelleitung** *f (Mech)* (z.B. Auspuff)
**manifold block Sammelgrundplatte** *f (Hyd/Pneu)*
**manifold piston Verteilerkolben** *m (Mech)* (Schmieranlage)
**manifold, progressive** progressive manifold *adj:n* **Progressivverteiler** *m (El)* (Schmieranlage)
**manipulator Handhabungsgerät** *nt (Mech)* **Manipulator** *m (Mech)*
**manoeuvrability** *BE* **Bewegbarkeit** *f (Mech)* (z.B. eines Schiffes) **Manövrierfähigkeit** *f (Bg/Bergb)*
**manoeuvring curves** *BE* **Kurvenfahren** *nt (Bg/Bergb, Mech)* **Lenken** *nt (Bg/Bergb, Mech)*
**manometer Druckmesser** *m (Hyd/Pneu)*
**manriding Mannfahrung** *f (Bg/Bergb)* (Förderkorb) **Mannschaftsfahrung** *f (Bg/Bergb)* (Förderkorb)
**mantle Brechkegel** *m (Zer)* **Kegel** *m (Zer)* (Brecher)
**mantle of the earth Erdmantel** *m (Geo)*
**mantle top Aufsatzstück** *nt (Zer)* (Brecher)
**manual** *(handbook)* **Handbuch** *nt (Allg)* (Gebrauchsanweisung)
**manual-visual control of travel Nach-Sicht-Fahrbetrieb** *m (Bg/Bergb)*
**manufacture Bearbeitung** *f (Mech, Mont)* (z.B. Rohstoffe) **Fertigung** *f (Mech, Mont)* **Herstellung** *f (Allg)*
**manufacturing cell Fertigungsinsel** *f (Form)* **Fertigungszelle** *f (Form)*
**manufacturing drawing Arbeitszeichnung** *f (Mech)*
**manufacturing equipment Produktionsanlagen** *pl f (Mech)* (Fabrik)
**manufacturing line Fertigungsprogramm** *nt (Allg)*
**manufacturing method Bearbeitungsmethode** *f (Mech)* **Herstellungsmethode** *f (Mech, Allg)*
**manufacturing operation** *(processing)* **Weiterverarbeitung** *f (Hütt/Wlz)*
**manufacturing plant Fertigungsstätte** *f (Allg)* **Produktionsstätte** *f (Allg)*
**manufacturing strategics Fertigungsstrategie** *f (Allg)*
**marble** *(pressed volcanic mineral)* **Marmor** *m (Geo)*
**margin Abmaß** *(Mech, Stb)*
**marine boiler Schiffskessel** *m (Hütt/Wlz)*
**marine contractor Nassbaggerei** *f (Bg/Bergb)* **Unterwasserbaggerei** *f (Bg/Bergb)*
**maritime industry Schiffs- und Werftindustrie** *(Schiff)*
**maritime mining Meeresbergbau** *m (Bg/Bergb)*
**mark** *(label)* **Kennzeichen** *nt (Allg)* (z.B. auf Kisten)
**marker** *(El)* **Bezeichnungstülle** *f (El)* **Marker** *m (El)*
**marker panel Markierungsleiste** *f (Bg/Bergb)*
**marking accuracy Ortsgenauigkeit der Markierung** *(Allg)*
**marking device Anreißgerät** *nt (Form)*
**marking line Markierungsstreifen** *m (Mech)*
**marking off Anreißen** *nt (Stb)* (Vorzeichnen) **Anzeichnen** *nt (Stb)*
**marking off dimension Wurzelmaß** *nt (Stb)* (Anreismaß)
**marking system inertia Trägheit des Markiersystems** *(Mech)*
**marking, inaccurate** inaccurate marking *adj:n* **Fehlmarkierung** *f (Allg)*
**marl** *(type of mineral)* **Mergel** *m (Geo)* (Gesteinsart)
**marly till Geschiebemergel** *m (Geo, Bau)*
**marsh Marschland** *nt (Geo)*
**marshalling cubicle Rangierverteiler** *m*
**marshalling yard** *BE* **Rangierbahnhof** *m (Bahn)* **Verschiebebahnhof** *m (Bahn)*
**mask Blende** *f (Mech)* (Abdeckung)
**mass acceleration Massenbeschleunigung** *f (Stb)*
**mass density Dichte** *f (Geo)* (spezifische Dichte)
**mass distribution Massenverteilung** *f (Umschl)*
**mass flow Massenfluss** *m (Mech, Stat)* **Massenstrom** *m (Mech, Stat)*
**mass of enveloping body Hüllkörpergewicht** *nt (Form)*
**mass of forging Schmiedestückgewicht** *nt (Hütt/Wlz)*
**mass, centrifugal** centrifugal mass *adj:n* **Schwungmasse** *f (Mech, Stat)*

**mass-type soot blower Traversenbläser** *m (Hütt/Wlz)* (Eco-Bläser)
**massif** *(clod of earth)* **Scholle** *f (Geo)*
**massive ore Reicherz** *nt (Bg/Bergb)*
**mast Hubgerüst** *nt (Mech)* **Mast** *m (Mech)*
**mast rail Mastschiene** *f (Mech)* (des Staplers)
**mast, main** main mast *adj:n* **Hauptmast** *m (Mech)* (des Kranes)
**mast, vertical** vertical mast *adj:n* **Standmast** *m (Mech)*
**mast, wireless** wireless mast *adj:n* **Antennenmast** *m (Stb)* **Funkmast** *m (Stb)*
**master cylinder Hauptzylinder** *m (Mech)*
**master gauge Prüflehre** *f (Mech)*
**master gauge for holes Lochbild** *nt (Mech)* (DIN 24340)
**master link Kettenschlussglied** *nt (Mech)*
**master pin Kettenschlussbolzen** *m (Mech)*
**master trigger unit Federblatt** *nt (Form)*
**match Paarung** *f (Mech, Allg)* (z.B. Kombination zweier Maschinen)
**match-mark** *v* **paarweise markieren** *adv:v (Mech, Allg)* **passmarkieren** *v (Mech)*
**match-marking Anzeichnen** *nt (Stb)* (Markieren)
**mate specimen Gegenstück** *nt (Form)* (Teil eines Paares) **Gegenstückmuster** *nt (Form)* (Teil eines Paares)
**material** *(needed for specific work)* **Masse** *f (Mech)* (Material) **Werkstoff** *m (Mech)*
**material Gut** *nt (Band, Bg/Bergb, Allg)* **Haufwerk** *nt (Bg/Bergb)*
**material at hand anfallendes Material** *adj:n (Bg/Bergb)*
**material charge Materialaufgabe** *f (Band)*
**material defect Materialfehler** *m (Stb)*
**material deposit Materialaufbau** *m (Mech, Umschl)*
**material flow Materialfluss** *m (Band, Umschl)* **Materialflussrichtung** *f (Mech)*
**material handling Stückbeförderung** *f (Hütt/Wlz)*
**material on the shop floor Werkstattbestand** *m (Mech)*
**material reducer Knabberer** *m (Zer)*
**material reducer, electric** electric material reducer *adj:n* **Elektroknabberer** *m (Zer)*
**material side** *(belt)* **Materialseite** *f (Band, Bg/Bergb, Umschl, Zer)* **Tragseite** *f (Mech, Band)* (Gurt)
**material steadying zone Beruhigungsstrecke des Förderguts** *(Band, Umschl)*
**material testing Materialprobe** *f (Mech)* **Materialprüfung** *f (Mech)* (Werkstoffprüfung)
**material testing upon arrival Wareneingangsprüfung** *f (Bg/Bergb)*
**material to be fed in Aufgabematerial** *nt (Bg/Bergb)* (Gestein im Brecher)
**material transfer Materialübergabe** *f (Bg/Bergb)*
**material treatment Materialaufbereitung** *f (Mech, Aufb)*
**material trip Materialförderung** *f (Bg/Bergb)*
**material usage** *AE* **Materialverbrauch** *m (Allg)* (Wareneinsatz) **Wareneinsatz** *m (Mech)* (in einer Fabrik)
**material, basic** basic material *adj:n* **Grundwerkstoff** *m (Mech, Mont)*
**material, blasted** *adj:n* **gesprengtes Material** *adj:n (Bg/Bergb)*
**material, clinging** clinging material *adj:n* **anhaftendes Gut** *adj:n (Band)*
**material, cohesive** cohesive material *adj:n* **kohäsives Material** *adj:n (Geo)*
**material, dislodged** dislodged material *adj:n* **herabfallendes Gut** *adj:n (Umschl, Band)*
**material, dumped** dumped material *adj:n* **geschüttetes Material** *adj:n (Bg/Bergb, Umschl)*
**material, excavated** excavated material *adj:n* **Abraum** *m (Bg/Bergb)* (im Bergbau) **Aushub** *m (Bg/Bergb)* **Baggergut** *nt (Bg/Bergb)*
**material, falling** falling material *adj:n* **herabfallendes Fördergut** *adj:n (Umschl, Band)*
**material, finished** finished material *adj:n* **Fertiggut** *nt (Form)* **Fertigutmaterial** *nt (Bg/Bergb)*
**material, free flowing** free-flowing material *adj:n* **leicht fließendes Fördergut** *adj:n (Bg/Bergb, Umschl)*
**material, granular** granular material *adj:n* **körniges Fördergut** *adj:n (Bg/Bergb, Umschl)*

**material, loose** loose material *adj:n* **rolliges Material** *adj:n (Geo)*
**material, man-made** man-made material *adj:n* **Kunststoff** *m (Mech)*
**material, moulded** moulded material *adj:n* **Formstoff** *m (Allg)*
**material, not free-flowing** not free-flowing material *adj:n* **nicht nachrutschendes Fördergut** *adj:n (Bg/Bergb, Umschl, Band)*
**material, semifinished** semifinished material *adj:n* **Halbzeug** *nt (Mech)*
**material, sharp-edged** sharp-edged material *adj:n* **scharfkantiges Fördergut** *adj:n (Bg/Bergb, Umschl)*
**material, sintered** sintered material *adj:n* **Sinterwerkstoff** *m (Geo)*
**material, solid** solid material *adj:n* **festes Material** *adj:n (Bg/Bergb)* **gewachsenes Material** *adj:n (Bg/Bergb)*
**material, special** special material *adj:n* **Sondermaterial** *nt (Hütt/Wlz)*
**material, sticking** sticking material *adj:n* **anhaftendes Gut** *adj:n (Band)*
**material, sticky** sticky material *adj:n* **klebendes Fördergut** *adj:n (Umschl)*
**material, thermoplastic** thermoplastic material *adj:n* **Thermoplast** *m (Mech, El)*
**material, trapped** trapped material *adj:n* **zugeschobenes Material** *adj:n (Bg/Bergb)* (Haufwerk)
**material, undesired** undesired material *adj:n* **Fremdkörper** *m (Mech, Allg)*
**materials and design consulting Werkstoff- und Konstruktionsberatung** *(Mech)*
**materials handling Fördern** *nt (Bg/Bergb)* (Transport, Behandlung) **Güterumschlag** *m (Mech)* (z.B. per Stapler)
**materials handling equipment Fördergeräte und -anlagen** *(Bg/Bergb)* **Umschlaggeräte** *pl nt (Umschl)*
**materials handling plants and systems Umschlaggeräte und -anlagen** *(Umschl)*
**materials handling technology Umschlagtechnik** *f (Umschl)*
**materials preparation plant Aufbereitungsanlage** *f (Aufb)* (z.B. für Kohle, Erze und sonstige Mineralien)
**materials preparation technology Aufbereitungstechnik** *f (Aufb)*
**materials, unfinished** unfinished materials *adj:n* **Vormaterialien** *nt (Mech)*
**mating dimensions** *pl* **Anschlussmaße** *pl nt (Mech)*
**mating flank Gegenflanke** *f (Mech)*
**mating gears** *pl* **Radpaarung** *f (Mech)* (Getriebe)
**mating parts** *pl* **zusammengehörende Teile** *adj:n (Mech)*
**mating surface Passfläche** *f (Mech)*
**matrix striking press** *(book printing)* **Schlagpresse** *f (Mech)* (zum Matern)
**matrix, native** native matrix *adj:n* **Matrize** *f (Mech)* (Gegenstück beim Stanzen)
**matter, deleterious** deleterious matter *adj:n* **Schadstoff** *m (Chem, Mech, Allg)*
**maximum and minimum oil level indicator Füllstandsanzeiger** *m (Hyd, Mech)* (Öl, Dieselöl) **Ölstandsanzeiger** *m (Mech, Hyd/Pneu)*
**maximum volume delivery Q max.** *(Hyd/Pneu)* (maximale Pumpenfördermenge)
**MB** *(Abv)* **Schar** *f (Bg/Bergb)* (des Graders)
**mean Durchschnitt** *m (Mech, Allg)* **Mittelwert** *m (Mech, Allg)*
**mean average of crevasse distance durchschnittliche Klüftigkeitsziffer** *adj:n (Bg/Bergb)*
**means Mittel** *nt (Mech)* (Werkzeug, Instrument)
**means of access** *nt* **Begehung** *f (Mech)* (Zugang) **Zugang** *m (Mech)*
**means of transport Transportmittel** *nt (Mech)*
**means, auxiliary** auxiliary means *adj:n* **Betriebs-Hilfseinrichtungen** *pl f (Allg)*
**meassuring device Messvorrichtung** *f (Mech)*
**measure** *v* **messen** *v (Mech, Allg)* **vermessen** *v (Allg)*
**measurement hole Messluke** *f (Mech)*
**measurement in chequerboard fashion Netzmessung** *f (Hütt/Wlz)*
**measurement of case depth Härteschicht-Dickenmessung** *f (Hütt/Wlz)*
**measurement traverse Netzmessung** *f (Hütt/Wlz)*
**measurement, proper** proper measurement *adj:n* **Gutmessung** *f (Mech)* (fehlerfrei)

**measures, appropriate** appropriate measures *adj:n* **geeignete Maßnahmen** *adj:n (Allg)*
**measuring Erfassung** *f (Allg)* (Maße) **Messung** *f (Mech)*
**measuring and control Mess- und Regeltechnik** *f (Mech, El)*
**measuring apparatus Messeinrichtung** *f (Mech)*
**measuring gauge, internal** internal measuring gauge *adj:n* **Innenmessschraube** *f (Mech)*
**measuring hole Messöffnung** *f (Mech)*
**measuring instrument tapping point allgemeine Betriebsmessstelle** *(Hütt/Wlz)* **allgemeine Messstelle** *adj:n (Mech)*
**measuring instruments** *pl* **Messgeräte** *pl nt (Mech)*
**measuring jaw Messanschlag einer Rundpassungslehre** *(Mech)*
**measuring kit Messkoffer** *m (Mech)* (Satz von Messgeräten)
**measuring pin Tastbolzen** *m (Mech)*
**measuring point Messstelle** *f (Stb)*
**measuring range** *(El, Mech)* **Messbereich** *m (El, Mech)*
**measuring rule Maßstab** *m (Mont, Werkz)*
**measuring, electrical** electrical measuring *adj:n (El)* **elektrisches Messgerät** *adj:n (El)*
**mechanical engineer in hydraulics Hydraulikingenieur** *m (Hyd/Pneu)*
**mechanical pick Abbauhammer** *m (Bg/Bergb)* (z.B. für Kohle)
**mechanical propel mechanischer Vorschub** *adj:n*
**mechanical properties Festigkeitseigenschaften** *pl f (Hütt/Wlz, Mech)*
**mechanical rig and control unit Prüf- und Steuereinrichtung** *(Mech, El)*
**mechanical strength to resist short-circuit** *(stresses)* **Kurzschlussfestigkeit** *f (Mech)*
**mechanical treatment Bearbeitung** *f (Mech, Mont)* (maschinell)
**mechanical wire travel Drahtvorschubeinrichtung** *f (Form)*
**mechanics of materials Festigkeitslehre** *f (Mech, Stat)*
**mechanism** *(El, Mech)* **Antrieb** *m (El)* (Schaltgerät) **Mechanismus** *m (Mech)*
**mechanizing Mechanisierung** *f (Mech)*
**medium sheet Mittelblech** *nt (Stb, Hütt/Wlz)*
**medium soft** *adj* **halbschlicht** *adj (Mech)*
**medium steel sheet Mittelblech** *nt (Stb, Hütt/Wlz)*
**medium-hard** *adj* **mittelhart** *adj (Bg/Bergb)*
**medium-pressure hose Mitteldruckschlauch** *m (Hyd/Pneu)*
**medium-pressure hydraulics Mitteldruckhydraulik** *f (Hyd/Pneu)* (bis 300 bar)
**medium-strip mill Mittelbandstraße** *f (Hütt/Wlz)*
**melting Erschmelzen** *nt (Hütt/Wlz, Mech)*
**melting bath Charge** *f (Hütt/Wlz)* **Schmelze** *f (Hütt/Wlz)*
**melting behaviour Schmelzverhalten** *nt (Hütt/Wlz)*
**melting point Schmelzpunkt** *m (Hütt/Wlz)*
**melting pot Schmelztiegel** *m (Hütt/Wlz)*
**member Teil** *nt (Mech)* (Bauteil einer Maschine)
**member** *(bar)* **Stab** *m (Mech, Stb)* **Stange** *f (Stb, Mech)*
**member in tension gezogenes Bauteil** *adj:n (Stb)* **Zugstab** *m (Stb)*
**member incidences** *pl* **Staborientierung** *f*
**member, auxiliary** auxiliary member *adj:n* **Hilfsstab** *m (Stb)*
**member, compressed** compressed member *adj:n* **gedrücktes Bauteil** *adj:n (Stb)*
**member, flat** flat member *adj:n* **Flachstab** *m (Hütt/Wlz)*
**member, horizontal** horizontal member *adj:n* **Rahmenriegel** *m (Stb)*
**member, laced** laced member *adj:n* **Gitterstab** *m (Stb)*
**member, male** male member *adj:n* **einspringendes Teil** *adj:n (Mech)*
**member, vertical** vertical member *adj:n (of a frame)* **Rahmenstiel** *m (Stb)*
**member-force analysis Kräfteermittlung** *f (Stb)*
**membrane Membran** *f (Mech, Hyd/Pneu)* **Schutzfolie** *f (Mech)*
**membrane pump Membranpumpe** *f (Hyd/Pneu)*
**membrane wall** *(furnace)* **Membranwand** *f (Hütt/Wlz)* (Rohrwand)

**membrane-type cylinder Membranzylinder** *m (Mech)*
**merchant bar Handelsstabstahl** *m (Hütt/Wlz)*
**merchant bars** *pl* **Stabstahl** *m (Hütt/Wlz, Stb)*
**merchant lead Weichblei** *nt (Mech)*
**mercury arc valve Quecksilberdampfventil** *nt (Hyd/Pneu)*
**mercury manometer Quecksilbermanometer** *nt (Hütt/Wlz)*
**mercury thermometer Quecksilberthermometer** *nt (Hütt/Wlz)*
**mercury-in-glass thermometer Quecksilberthermometer** *nt (Hütt/Wlz)*
**merry-go-round system Rundkipper** *m (Bahn)* (zur Wagonentladung)
**mesh Eingriff** *m (Mech)* (Getriebe) **Schluss** *m (Mech)* (Zahnräder)
**mesh** *(of lattice work)* **Masche** *f (Stb)* **Netzmasche** *f (Stb)*
**mesh pattern roller Gitterwalze** *f (Hütt/Wlz)*
**mesh size Maschengröße** *f (Mech)* **Maschenweite** *f (Mech)* (z.B. Sieb)
**mesh wire sieve insert Korbeinsatz** *m (Mech)* (z.B. in Filter)
**mesh, constant** constant mesh *adj:n (of gear)* **dauernder Eingriff** *adj:n (Mech)* (der Zahnräder)
**meshing** *(teeth)* **Zahneingriff** *m (Mech)*
**meshing interference Eingriffsstörung** *f (Mech)*
**message wireless, receive** receive a wireless message *n:v* **Funkspruch empfangen** *n:v (Mech)*
**message/alarm form Fehlermaske** *f (Bg/Bergb)* (Transportraupe)
**metal arc welding Metalllichtbogenschweißen** *nt (Schw)*
**metal braid Metalltresse** *f (Mech)* (Litze, z.B. in Filter)
**metal casing Blechverschalung** *f (Hütt/Wlz)*
**metal fibre element Metallvlieselement** *nt (Hyd/Pneu)*
**metal flooring Bühnenbelag** *m (Hütt/Wlz)*
**metal forming Umformtechnik** *f (Hütt/Wlz)*
**metal lath Putzträger aus Stahl** *(Stb)*
**metal parts** *pl* **Formmetallteile** *pl nt (Form)*
**metal penetration Vererzung** *f (Hütt/Wlz)* (am Gussstück)
**metal processing Stahlweiterverarbeitung** *f (Hütt/Wlz)*
**metal rod Metallstab** *m (Mech)*
**metal rope cross-section metallischer Seilquerschnitt** *adj:n (Mech)*
**metal saw frame Metallsägebogen** *m (Mech, Mont)*
**metal scrap and raw metals Alt- und Rohmetalle** *pl nt (Form)*
**metal spraying Spritzüberzug** *m (Anstr)* (metallisch)
**metal tube scaffolding Stahlrohrgerüst** *nt (Bau, Stb)*
**metal valve Metallventil** *nt (Mech, Hyd/Pneu)*
**metal working Metallbearbeitung** *f (Mech, Mont)*
**metal, alloyed** alloyed metal *adj:n* **Legierungsmetall** *nt (Hütt/Wlz)*
**metal, elastic** elastic metal *adj:n* **Schwingmetall** *nt (Mech)*
**metal, expanded** expanded metal *adj:n* **Streckgitter** *nt (Hütt/Wlz)* **Streckmetall** *nt (Mech)*
**metal, liquid** liquid metal *adj:n* **flüssiges Metall** *adj:n (Hütt/Wlz)*
**metal, non-ferrous** non-ferrous metal *adj:n* **Buntmetall** *nt (Form)* (z.B. Kupfer, Messing) **Nichteisenmetall** *nt (Mech)*
**metal, precious** precious metal *adj:n* **Edelmetall** *nt (Mech)*
**metal, pressed** pressed metal *adj:n* **Pressmetall** *n*
**metal, sintered** sintered metal *adj:n* **Sintermetall** *nt (Hütt/Wlz)*
**metal, white** white metal *adj:n* **Lagermetall** *nt (Stb)* **Weißmetall** *nt (Hütt/Wlz)*
**metal-mesh reinforced blanket Isoliermatte mit Drahtgeflecht** *(Hütt/Wlz)*
**metallurgy Metallurgie** *f (Form)*
**metallurgy, ferrous** ferrous metallurgy *adj:n* **Eisenhüttenkunde** *f (Form)*
**metallurgy, non-ferrous** non-ferrous metallurgy *adj:n* **Buntmetallurgie** *f (Form)*
**metallurgy, secondary** secondary metallurgy *adj:n* **Sekundärmetallurgie** *f (Hütt/Wlz)*
**metallurgy/rolling mills Hüttenwesen/Walztechnik** *(Hütt/Wlz)*

**metals, hard** hard metals *adj:n* **Hartmetalle** *pl nt (Hütt/Wlz)*
**metals, old** old metals *adj:n* **Altschrott** *m*
**metals, raw** raw metals *adj:n* **Rohmetall** *nt (Hütt/Wlz)*
**metamorphose Metamorphose** *f (Geo)*
**meteorological influence Witterungseinfluss** *m (Mech)*
**meter Messer** *nt (Bg/Bergb)* (Bagger) **Messuhr** *f (Mech)* **Zähler** *m (Mech)* (z.B. für Gas)
**metering instrument zählendes Messgerät** *adj:n (El)*
**metering orifice Messblende** *f (Hyd/Pneu)*
**metering roller Messrolle** *f (Mech)* (für Zahndistanzen)
**meters, linear** linear meters *adj:n* **laufende Meter** *adj:n (Mech, Allg)*
**method of analysis Berechnungsverfahren** *nt (Stb)*
**method of construction Bauweise** *f (Mech, Bau)*
**method of flanging Flanschsystem** *nt (Kfz)*
**method of operation Arbeitsmethode** *f (Mech, Allg)* **Betriebsmethode** *f (Mech)*
**method of planning Arbeitsvorbereitung** *f (Mech, Allg)*
**method of producing draught Zugerzeugung** *f (Hütt/Wlz)*
**method, approximate** approximate method *adj:n* **Annäherungsverfahren** *nt (Stb)*
**method, magnetic** magnetic method *adj:n* **Magnetpulververfahren** *nt (Schw)* (Schweißprüfung)
**method, technologically feasible** technologically feasible method *adj:n* **technisch mögliche Methode** *adj:n (Mech)*
**metronome Metronom** *nt (Mech)* (Taktmaschine) **Taktmesser** *m (Mech)*
**MHVT** *(Abv)* **Absaugepyrometer mit Strahlungsschutz**
**mica Glimmer** *m (Geo)*
**mica schist Glimmerschiefer** *m (Geo)*
**mica sheet** *(water level indicator)* **Glimmerplatte** *f (Hyd/Pneu)* (für den Wasserstand)
**micro shrink hole Mikrolunker** *m (Mech)*
**micro-crack Haarriss** *m (Mech)*
**micro-pressure gauge Minimeter** *nt (Mech)*
**micro-section Mikroschliff** *m (Mech)* **metallographischer Schliff** *adj:n (Mech)*
**microfilter Feinstfilter** *nt (Mech)*
**micrograph Querschliff** *m (Mech)* **Schliffbild** *nt (Mech)*
**micrometer caliper Mikrometerschraube** *f (Mech)*
**micrometer depth gauge Tiefenmessschraube** *f (Mech)*
**micrometer gauge Bügelmessschraube** *f (Form)*
**micrometer head Mikrometerschraube** *f (Mech)* (Schraublehre ohne Bügel)
**micrometer screw Mikrometerschraube** *f (Mech)*
**middle purlin Zwischenpfette** *f (Stb)*
**middle seat Mittensitz** *m (Mech)*
**middle section Mittelteil** *m (Bg/Bergb)* (Abwurfausleger) **Zwischenstück** *nt (Mech)*
**middle-field Mittelfeld** *nt (Stb)* (z.B. einer Stahlbrücke)
**middle-girder Schwebeträger** *m (Stb)*
**midrail Knieleiste** *f (Stb)*
**midspan Feldmitte** *f (Stb)*
**mild-steel covered electrode umhüllte Schweißelektrode** *adj:n (Schw)*
**mild-steel electrode Flussstahlelektrode** *f (Schw)*
**mild-steel quality Weichstahlgüte** *f (Hütt/Wlz)*
**mileage recorder Kilometerzähler** *m (Mech)*
**milestones** *pl* **Etappen** *pl f (Mont, Allg)*
**mill Fräse** *f (Mech)* **Mühle** *f (Zer)*
**mill drive Mühlenantrieb** *m (Zer, Mech)*
**mill drying Mühlentrocknung** *f (Zer)*
**mill fan Mühlenventilator** *m (Zer)*
**mill feeder level** *(gallery)* **Redlerbühne** *f (Band)*
**mill recirculation Grießrückführung** *f (Bg/Bergb)* (Mühle)
**mill room Mühlenkeller** *m (Zer)* **Mühlenraum** *m (Zer)*
**mill scale Walzhaut** *f (Hütt/Wlz)* **Walzzunder** *m (Hütt/Wlz)*
**mill state Walzzustand** *m (Hütt/Wlz)*
**mill type** *(motor)* **schwere Ausführung** *adj:n (Mech)* (z.B. eines Motors)
**mill, autogenous** autogenous mill *adj:n* **Autogenmühle** *f (Zer)*

**milli-second blasting Millisekundenzündung** *f (Bg/Bergb, El)*
**milling** *(by machining)* **Abgleichung** *f (Stb)* (durch Bearbeitung) **Nutenfräsen** *nt (Mech, Mont)*
**milling board Mahlleiste** *f (Zer)*
**milling cutter Fräser** *m (Mech, Mont)* (groß)
**milling machine Fräsmaschine** *f (Stb)*
**milling machine, circular** circular milling machine *adj:n* **Rundtischanlage** *f (Hütt/Wlz)*
**milling plate Mahlplatte** *f (Zer)* (z.B. Autogenmühle)
**milling race Mahlbahn** *f (Zer, Mech)*
**milling ridge Grat** *m (Mech, Mont)* (scharfe Kante nach dem Fräsen)
**milling space width Mahlraumbreite** *f (Zer)*
**mimic diagram Schaubild** *nt (Mech, Allg)* **Schemaschaltung des Kessels** *(Hütt/Wlz)*
**mimic panel Schemaschaltung des Kessels** *(Hütt/Wlz)*
**mine Bergwerk** *nt (Bg/Bergb)* **Grube** *f (Bg/Bergb)* **Mine** *f (Bg/Bergb)*
**mine** *v* **abbauen** *v (Bg/Bergb)* (unter Tage, z.B. Kohle) **gewinnen** *v (Bg/Bergb)*
**mine cage Förderkorb** *m (Bg/Bergb)*
**mine car circuit Wagenumlauf** *m (Bg/Bergb)*
**mine conveyor Abbaustrossenband** *nt (Bg/Bergb)* **Baggerstrossenband** *nt (Bg/Bergb)*
**mine development Tagebauzuschnitt** *m (Bg/Bergb)* (Flächenzuschnitt, Strossenzahl)
**mine entrance Minenzufahrt** *f (Bg/Bergb)*
**mine grader** *(clears haulways)* **Minengrader** *m (Bg/Bergb)*
**mine prop Stempel** *m (Bg/Bergb)* (Grubenholz) **Stollenholz** *nt (Bg/Bergb)*
**mine railway Grubenbahn** *f (Bahn, Bg/Bergb)* (unter und über Tage)
**mine support systems** *pl* **Grubenausbaustahl** *m (Stb, Bg/Bergb)*
**miner Hauer** *m (Bg/Bergb)*
**mineral Mineral** *nt (Geo)*
**mineral coal Steinkohle** *f (Bg/Bergb, Geo)*
**mineral grain Körnung** *f (Zer)*
**mineral mixture Mineralgemisch** *nt (Geo)*
**mineral oil Erdöl** *nt (Geo)* **Mineralöl** *nt (Geo)*
**mineral raw material Mineralrohstoff** *m (Geo)*
**mineral salt Mineralsalz** *nt (Geo)*
**mineral wool Mineralwolle** *f (Mech)* **Schlackenwolle** *f (Hütt/Wlz)*
**mineral wool blanket Schlackenwollmatte** *f (Hütt/Wlz)*
**mineralogy Mineralogie** *f (Geo)*
**minerals, industrial** industrial minerals *adj:n* **Gesteinindustrie** *f (Bg/Bergb)*
**Mines Inspectorate Bergbaubehörde** *f (Bg/Bergb)*
**miniature angle-beam probe Miniatur-Winkelprüfkopf** *m (Mech)*
**minicheck point Minimess-Punkt** *m (Mech)*
**Minimess indicating instrument Minimess-Gerät** *nt (Mech)*
**minimizing of abrasion Verschleißminderung** *f (Mech)*
**minimum displacement setting Minimumumschaltung** *f (Mech)*
**minimum level of coolant Mindestkühlwasserstand** *m (Mech)*
**minimum volume delivery Q min.** *(Hyd/Pneu)* (minimale Pumpenfördermenge)
**mining Abbau** *m (Bg/Bergb)* (Förderung, Gewinnung von Bodenschätzen, z.B. Kohle) **Bergbau** *m (Bg/Bergb)*
**mining and handling engineering Fördertechnik** *f*
**mining and materials handling equipment Bergbau- und Umschlagsanlagen** *(Bg/Bergb)* (Ausrüstung)
**mining authority Bergamt** *nt (Bg/Bergb)*
**mining conditions** *pl* **Abbaubedingungen** *pl f (Bg/Bergb)* (beim Abbau von Mineral)
**mining conditions, arduous** arduous mining conditions *adj:n* **schwierige Abbaubedingungen** *adj:n (Bg/Bergb)*
**mining equipment Gewinnungsgeräte** *pl nt (Bg/Bergb)* **Mining-Geräte** *pl nt (Bg/Bergb)*
**mining equipment, large** large mining equipment *adj:n* **Großförderanlagen** *pl f (Bg/Bergb)*
**mining face** *(when mining coal)* **Abbaufront** *f (Bg/Bergb)* (beim Abbau von Mineral, z.B. Kohle) **Abbaustoß** *m (Bg/*

*Bergb)* (beim Abbau von Mineral, z.B. Kohle)
**mining field Abbaufeld** *nt (Bg/Bergb)*
**mining horizon Abbausohle** *f (Bg/Bergb)*
**mining in consolidated rock Festgesteinstagebau** *m (Bg/Bergb)*
**mining in slewing operation Abbau im Drehbetrieb** *(Bg/Bergb)* **Abbau im Schwenkbetrieb** *(Bg/Bergb)*
**mining industry Bergbau** *m (Bg/Bergb)* **Montanindustrie** *f (Bg/Bergb)*
**mining level Abbausohle** *f (Bg/Bergb)*
**mining method Abbaumethode** *f (Bg/Bergb)* (im Bergbau)
**mining operation Bergwerksbetrieb** *m (Bg/Bergb)*
**mining schedule Abbauplan** *m (Bg/Bergb)* (bei Mineral, z.B. Kohle)
**mining sections** *pl (parts for mine walls)* **Grubenausbauprofil** *nt (Bg/Bergb)*
**mining shovel Seilbagger** *m (Bg/Bergb)* (elektrisch)
**mining shovel, hydraulic** hydraulic mining shovel *adj:n* **hydraulischer Ladeschaufelbagger** *adj:n (Bg/Bergb)*
**mining system, open-cast** open-cast mining system *adj:n* **Tagebau-Gewinnsystem** *nt (Bg/Bergb)*
**mining, continuous** continuous mining *adj:n* **kontinuierlicher Abbau** *adj:n (Bg/Bergb)*
**minium Mennige** *f (Stb)* (Bleirot)
**minor diameter Kerndurchmesser** *m (Mech)* (Schraube)
**mipolam tape Mipolam Band** *n*
**mirror, concave** concave mirror *adj:n* **Hohlspiegel** *m (Mech)*
**mirror, cylindrical** cylindrical mirror *adj:n* **Zylinderspiegel** *m (Mech)*
**misalignment falsche Ausrichtung** *adj:n (Mech)* **Fluchtungsfehler** *m (Mech)*
**misalignment of belt Schieflauf** *m (Band)* (Band)
**misalignment, angular** angular misalignment *adj:n* **falsche Winkelfluchtung** *adj:n (Mech)* **Winkelversatz** *m (Mech)*
**misalignment, parallel** parallel misalignment *adj:n* **Parallelversatz** *m (Mech)*
**mishap Panne** *f (Mech, Allg)*
**mismatch Fehlanpassung** *f (Mech)* **Versatz** *m (Mech)* (Toleranz)
**missed area Fehlstelle** *f (Schw)*
**missing connection components** *pl* **fehlende Verbindungselemente** *adj:n (Mech)*
**mitre Gehrung** *f (Form)*
**mitre cut Gehrungsschnitt** *m (Stb)*
**mixed-bed demineraliser Mischbett-Entsalzungsanlage** *f (Hütt/Wlz)*
**mixed-bed ion exchanger Mischbett-Ionenaustauscher** *m (Hütt/Wlz)*
**mixer Mischer** *m (Bg/Bergb)*
**mixing chamber Mischkammer** *f (Bg/Bergb)* **Mischraum** *m (Bg/Bergb)*
**mixing header Mischsammler** *m (Hütt/Wlz)*
**mixing tee Misch-T-Stück** *nt (Hütt/Wlz)*
**mixing work Mischarbeit** *f (Bg/Bergb)*
**mixture density Gemischwichte** *f (Hütt/Wlz)*
**mixture pipe Mischrohr** *nt (Bg/Bergb)*
**mixture production Gemischförderstrom** *m (Schiff)* (Nassbaggerung)
**mobile cable guide block system Kabelraupe** *f (Mech)*
**mobile elevator conveyor supported at different levels Steilförderer auf verschiedenem Planum abgestützt** *(Bg/Bergb)*
**mobile elevator conveyor with cantilever boom Steilförderer mit kragendem Ausleger** *(Bg/Bergb)*
**mobile stacker fahrbarer Absetzer** *adj:n (Umschl)*
**mobile transfer conveyor, single-boom design Ein-Band-Bandwagen** *m (Bg/Bergb)*
**mobile unit Bodengerät** *nt (Mech)* (im Gegensatz zum Flugzeug)
**mobilisation of labour** *BE* **Arbeitskräfteeinsatz** *m (Allg)*
**mock up of the carrier cells filling degree Simulation des Tragzellenfüllungsgrades** *(Bg/Bergb)*
**mode of operation Arbeitsweise** *f (Mech, Allg)* **Betriebsart** *f (Mech)* **Wirkungsweise** *f (Mech)* (eines Gerätes, eines Motors)
**model Ausführung** *f (Mech, Allg)* (Machart, Qualität) **Bauart** *f (Mech)* (Art des Aufbaus) **Typ** *f (Mech, Allg)* (Bauart, Modell)
**model of crane Krantyp** *m (Mech)*
**model quality class Modellgüteklasse** *f (Allg)*

**model test Modellversuch** *m (Stb)*
**model, sectional** sectional model *adj:n* **Schnittmodell** *nt (Mech)*
**modernization of existing plants Modernisierung vorhandener Anlagen** *(Mech, Bau)*
**modify** *v (the equipment)* **umrüsten** *v (Mech, Bg/Bergb)*
**modular principle Baukastenprinzip** *nt (Mech)*
**modular system Baukastensystem** *nt (Mech)*
**module** *(e.g. of circular pitch)* **Zahnteilungsmodul** *m (Mech)*
**module insert Einschub** *m (Form)* (eines Moduls auf ein Chassis)
**module pitch Systemlänge** *f (Mech)* (Bandgerüst)
**module, axial** axial module *adj:n* **Axialmodul** *nt (Mech)* (Getriebe)
**module, electric** electric module *adj:n* **Erfassungsmodul** *m (Bg/Bergb, El)* (des Baggers)
**module, standard** standard module *adj:n* **Normalmodul** *nt (Mech)*
**modulus Knickmodul** *m (Stb)* **Modul** *m (Mech, Math)* (Vektor)
**modulus of elasticity Dehnsteife** *f (Mech)* **Elastizitätsmodul** *m (Mech)*
**modulus of elongation Dehnungszahl** *f (Form)* **Dehnzahl** *f (Stb)*
**modulus of rigidity Gleitmodul** *m (Mech)* **Schubsteife** *f (Mech)*
**modulus of rupture Biegerandspannung** *f (Mech, Stat)* **Bruchmodul** *nt (Mech)*
**modulus, reduced** reduced modulus *adj:n* **reduzierter Knickmodul** *adj:n (Stb)*
**moisture Feuchtigkeit** *f (Hütt/Wlz)*
**moisture** *(in fuel)* **Wassergehalt** *m (Hütt/Wlz)* (im Brennstoff)
**moisture guard Feuchtigkeitsschutz** *m (El)*
**moisture in fuel Brennstofffeuchtigkeit** *f (Hütt/Wlz)*
**moisture, condensed** condensed moisture *adj:n* **Schwitzwasser** *n*
**moisture, residual** residual moisture *adj:n* **Restfeuchte** *f (Mech)*
**moisture-sensitive** *adj* **nässeempfindlich** *adj (Mech)*
**molding pin Formerstift** *m (Form)*
**molten pool Krater** *m (Schw, Mech, Mont)* (Schmelzbad) **Mulde** *f (Schw, Mech, Mont)*
**molybdenum Molybdän** *nt (Hütt/Wlz)*
**Molykote** *(product name)* **Molykote** *f (Mech)* (Handelsbezeichnung)
**moment arm of force Hebelarm** *m (Mech)* **Momentenarm** *m (Stat)*
**moment at a support Stützenmoment** *nt (Stat, Stb)*
**moment curve Momentenlinie** *f (Stat)*
**moment diagram Momentenfläche** *f (Stat)* **Momentenlinie** *f (Stat)*
**moment distribution method Momentenausgleichsverfahren** *nt (Stat)*
**moment in a span Feldmoment** *nt (Mech, El, Stb)*
**moment of a force statisches Moment** *adj:n (Mech)*
**moment of a force, statical** statical moment of a force *adj:n* **statisches Moment** *adj:n (Mech)*
**moment of effective inertia effektives Trägheitsmoment** *adj:n (Mech)*
**moment of inertia Schwungmoment** *nt (Mech, Stat)* **Trägheitsmoment** *nt (Mech, Phys)*
**moment of resistance Moment der inneren Kräfte** *(Mech, Stat)* **Widerstandsmoment** *nt (El)*
**moment, driven** driven moment *adj:n* **Abtriebsmoment** *nt (Mech)*
**moment, fully-plastic** fully-plastic moment *adj:n* **vollplastisches Moment** *adj:n (Stb)*
**moment, resultant** resultant moment *adj:n* **resultierendes Moment** *adj:n (Stat)*
**moment, torsional** torsional moment *adj:n* **Drehmoment** *nt (Stb)* (Torsionsmoment)
**momentum Antrieb** *m (Mech)* (Schwung, Stoß) **Momentum** *nt (Mech)* **Wucht** *f (Mech)*
**momentum method, angular** angular momentum method *adj:n* **Drehimpulsverfahren** *nt (Mech)*
**momentum, angular** angular momentum *adj:n* **Drehimpuls** *m (Mech)*
**monitor Strahlrohr** *nt (Mech, Hyd/Pneu)* **Wächter** *m (El)*
**monitor, hydraulic** hydraulic monitor *adj:n* **Druckstrahlbagger** *m (Bg/Bergb)*

**monitoring of manufacture Fertigungsüberwachung** *f (Mech, Allg)* (Leistungsstruktur)
**mono boom for industries Industrie-Monoausleger** *m (Bg/Bergb)*
**mono-boom attachment Monoausrüstung** *f (Bg/Bergb)*
**mono-grouser track pad Einstegplatte** *f (Bg/Bergb)*
**monobloc Monoblock** *m (Bg/Bergb)*
**monocast part Formgussteil** *nt (Hütt/Wlz)*
**monomast Monomast** *m (Mech)* (Gabelstapler)
**monorail trolley Einschienenlaufkatze** *f (Bg/Bergb, Umschl)*
**Monoternal Monoternal** *nt (Hütt/Wlz)*
**monoway valve Einwegventil** *nt (Hyd/Pneu)*
**mooring winch Verholwinde** *f (Mech)*
**motion Bewegung** *f (Mech)*
**motion** *(of a cylinder)* **Hub** *m (Mech)* (Zylinder)
**motion of the arm Stielbewegung** *f (Bg/Bergb)* (des Baggers)
**motion, lost** lost motion *adj:n* **toter Gang** *adj:n (Mech)* (Schaltungsspiel)
**motion, rapid** rapid motion *adj:n* **Eilgang** *m (Mech)* (einer Maschine)
**motion, slewing** slewing motion *adj:n* **Drehbewegung** *f (Mech)* (Schwenkbewegung)
**motion, upwards** upwards motion **Aufwärtsbewegung** *f (Mech)* (z.B. der Maschine)
**motive power Antriebskraft** *f (Mech)* **Antriebsleistung** *f (Mech)*
**motor Antriebsmaschine** *f (Mech, Bg/Bergb)* (Elektromotor) **Motor** *m (Mech)*
**motor armature Motoranker** *m (Mech)*
**motor base Motorunterlage** *f (Mech)* **Motorverlagerung** *f (Mech)*
**motor base plate Motorgrundplatte** *f (Mech)*
**motor compartment Motorraum** *m (Mech)* (Elektromotor)
**motor drive Antrieb** *m (Mech)* (z.B. Motor) **Motorantrieb** *m (Mech)*
**motor fan Motorlüfter** *m (Mech)*
**motor fuel gas storage Speichergasanlage** *f (Mech)*
**motor grader Motorgrader** *m (Bg/Bergb)* **Wegehobel** *m (Bg/Bergb)*
**motor mounting base Motoranbringungskonsole** *f (Mech)*
**motor protection Motorwächter** *m (Mech)* (z.B. Rolltreppe)
**motor pulley, electric** electric motor pulley *adj:n* **Trommelmotor** *m (Band, Bg/Bergb, Umschl)*
**motor pulley, electrical** electrical motor pulley *adj:n* **Elektrobandtrommel** *f (Band)*
**motor pump Motorpumpe** *f (Mech)* **Motorspritze** *f (Hyd/Pneu, Mech)*
**motor rating Motorkapazität** *f (Mech)* **Motornennleistung** *f (Mech)* (E-Motor)
**motor scooter Motorroller** *m (Mech)*
**motor speed Motordrehzahl** *f (Mech)*
**motor vehicle Kraftfahrzeug** *nt (Mech)*
**motor, flange-mounted** flange-mounted motor *adj:n* **Flanschmotor** *m (Kfz)*
**motor, geared** geared motor *adj:n* **Getriebemotor** *m (El)*
**motor, pneumatic** pneumatic motor *adj:n* **Luftdruckmotor** *m (Mech, Hyd/Pneu)*
**motor, synchronous** synchronous motor *adj:n* **Synchronmotor** *m (Mech)*
**motorbike Motorrad** *nt (Mech)*
**motorcar boom Automobilkonjunktur** *f (Kfz)*
**motorcar industry Automobilindustrie** *f (Kfz)*
**mould Form** *f (Hütt/Wlz)* (Guss) **Gießform** *f (Hütt/Wlz)* **Kokille** *f (Hütt/Wlz)*
**mould bur Klemmgrat** *m (Mech, Mont)* (beim Schmieden)
**mould draft Außenschräge** *f (Bg/Bergb)* **Gussschräge** *f (Hütt/Wlz)*
**mould parting line Trennfuge** *f (Hütt/Wlz)* (Gussform)
**mould, ceramic** ceramic mould *adj:n* **Keramikform** *f (Hütt/Wlz)*
**mould, divided** divided mould *adj:n* **Gesenkteilung** *f (Hütt/Wlz)*
**mould, mechanical** mechanical mould *adj:n* **Maschinenform** *f (Hütt/Wlz)* (Gießbehälter)
**mould, permanent** permanent mould *adj:n* **Dauerform** *f (Form)*
**mouldboard Mittelschar** *f (Bg/Bergb)* **Räumschild** *nt* **Schar** *f (Bg/Bergb)* (des Graders)
**mouldboard body Scharkörper** *m (Bg/Bergb)*

**mouldboard circle Scharträger** *m (Bg/Bergb)*
**mouldboard control Scharsteuerung** *f (Bg/Bergb)*
**mouldboard drawbar Hobelkreuz** *nt (Bg/Bergb)* (des Graders)
**mouldboard extension Scharverlängerung** *f (Bg/Bergb)*
**mouldboard position Scharstellung** *f (Bg/Bergb)*
**mouldboard rotating Scharverstellung** *f (Bg/Bergb)*
**mouldboard sideplate Scharseitenblech** *nt (Bg/Bergb)*
**mouldboard sideshift Scharseitenverschiebung** *f (Bg/Bergb)*
**mouldboard support Scharaufhängung** *f (Bg/Bergb)* **Scharhalter** *m (Bg/Bergb)*
**mouldboard, short** short mouldboard *adj:n* **Kurzschar** *f (Bg/Bergb)*
**moulded plastic cable gland Gießharzendverschluss** *m (Mech)*
**moulding Formteil** *nt (Mech)* **Zierleiste** *f (Mech)*
**moulding, magnetic** magnetic moulding *adj:n* **Magnetformen** *nt (Hütt/Wlz)*
**mount Halter** *m (Mech)* (z.B. Gummipuffer)
**mount, transversely** mount transversely *adv:v* **querliegend anordnen** *adv:v (Mech, Allg)*
**mounted direction indicator Aufbauwinker** *m (Kfz)*
**mounting Aufbau** *m (Mech, Allg)* (Montage, Errichtung) **Aufhängung** *f (Mech)* (Befestigung)
**mounting bar Tragschiene** *f (El, Mech, Bahn)*
**mounting base Anbringungskonsole** *f (Mech)* **Montageplatte** *f (Mech)*
**mounting bracket Befestigungsbügel** *m (Mech)* **Befestigungswinkel** *m (Mech)*
**mounting clip Befestigungsschelle** *f (Mech)*
**mounting dimension Einbaumaß** *nt (Mech, Mont)*
**mounting dimensions** *pl* **Anschlussmaße** *pl nt (Mech)*
**mounting fixture Montagevorrichtung** *f (Mech, Mont)*
**mounting flange Anschlussflansch** *m (Mech)*
**mounting frame Anbaurahmen** *m (Bg/Bergb)* (Stützhalterung) **Einbaurahmen** *m (Mech, Mont)*
**mounting frame work Verlagerungsgerüst** *nt (Mech)*
**mounting girder braced from below unterspannter Träger** *adj:n (Mech, Stb)*
**mounting holes** *pl* **Befestigungsbohrungen** *pl f (Form)*
**mounting link Befestigungslasche** *f (Mech)* (Glied)
**mounting lug Befestigungslasche** *f (Mech)* (am Getriebe) che
**mounting parts** *pl* **Anbauteile** *pl nt (Bg/Bergb)*
**mounting plate Anschlussplatte** *f (Hyd/Pneu)* **Grundplatte** *f (Mech)*
**mounting rail** *(cable)* **Kabeltrageisen** *nt (Mech)*
**mounting rail Tragschiene** *f (El, Mech, Bahn)*
**mounting set Spannsatz** *m (Mech)*
**mounting strap Befestigungsschelle** *f (Mech)* **Kabellasche** *f (Mech)*
**mounting, cardanic** cardanic mounting *adj:n* **kardanische Aufhängung** *adj:n (Mech)* **Kardanaufhängung** *f (Mech)*
**mounting, flexible** flexible mounting *adj:n* **Bimetallpuffer** *m (Form)*
**mountings** *pl* **Armaturen** *pl f (Hütt/Wlz)*
**mouth Mündung** *f (Mech)* **Öffnung** *f (Mech)* (Mündung)
**mouth, aspirating** aspirating mouth *adj:n* **Ansaugöffnung** *f (Hyd/Pneu)*
**movability of bridge Brückenverstellung** *f (Bg/Bergb)*
**moveability Beweglichkeit** *f (Bg/Bergb)*
**movement Bewegung** *f (Mech)*
**movement, backward** backward movement *adj:n* **Rückwärtslaufen** *nt (Band)* (z.B. der beladenen Bänder; unbeabsichtigt)
**movement, lateral** lateral movement *adj:n* **Schieben** *nt (Bg/Bergb, Bau)* (unerwünschte seitliche Bewegung von Bauteilen)
**movement, rotational** rotational movement *adj:n* **Drehbewegung** *f (Mech)* (drehende Bewegung)
**moving load Verkehrslast** *f (Schw, Mech, Stb)*

**moving support Pendelstütze** *f (Mech, Stb)*
**mowing bucket Mähkorb** *m (Bg/Bergb)* (mäht den Graben)
**muck Dreck** *m (Bg/Bergb)* (Humus, Dünger)
**muckshifter Bauunternehmer** *m (Bg/Bergb)* (im Erdbau)
**mud** *(dirt)* **Dreck** *m (Bg/Bergb)* (Schmutz) **Schlamm** *m (Geo, Bg/Bergb, Hütt/Wlz)*
**mud coal Schlammkohle** *f (Bg/Bergb)*
**mud drum Schlammsammler** *m (Hütt/Wlz)*
**mud flap Schmutzfänger** *m (Mech)*
**mudguard** *BE* **Kotflügel** *m (Mech)* **Schutzblech** *nt (Mech)* (Kfz)
**mudhole door** *(on steam locomotive)* **Kipprost** *m (Bahn)*
**muff Muffe** *f (Mech, El)* **Rohrstutzen** *m (Mech)*
**muff joint Rohrstoß mit Einsteckmuffe** *(Stb)*
**muffle burner Muffelbrenner** *m (Hütt/Wlz)*
**muffler** *AE* **Auspuffdämpfer** *m (Kfz)* **Auspufftopf** *m (Kfz)* **Schalldämpfer** *m (Bg/Bergb)*
**muffler and exhaust pipes Auspufftopf und -leitungen** *(Kfz)*
**muffler cut-out Auspuffklappe** *f (Kfz)*
**mulcher Mulcher** *m (Mech)* (Forstgerät)
**mulching Mulchen** *nt (Zer)* (Zermalmem von Holz)
**multi daylight press Mehretagenpresse** *f (Mech)*
**multi-axial state of stress mehrachsiger Spannungszustand** *adj:n (Stb)*
**multi-axle power unit mehrachsiges Triebfahrzeug** *adj:n (Bahn)*
**multi-bucket chain excavator Eimerkettenbagger** *m (Bg/Bergb)*
**multi-cellular mechanical dust separator Wabenfilter** *nt (Hütt/Wlz)*
**multi-claw grab Mehrschalengreifer** *m (Bg/Bergb)*
**multi-disc brake, wet** wet multi-disc brake *adj:n* **Nasslamellenbremse** *f (Mech)*
**multi-disc clutch** *(dry, in oil)* **Mehrscheibenkupplung** *f (Mech)* (trocken, in Öl laufend)
**multi-disc motor Lamellenmotor** *m (Mech)*
**multi-disc self-locking differential Lamellen-Selbstsperrdifferenzial** *nt (Mech)*
**multi-disk brake Lamellenbremse** *f (Mech)*
**multi-disk differential Lamellendifferenzial** *nt (Mech)*
**multi-equipment carrier Geräteträger** *m (Mech, Bg/Bergb)*
**multi-fuel type burner Brenner für mehrere Brennstoffe** *(Schw)* **Kombinationsbrenner** *m (Schw)*
**multi-function instrument Vielfachmessgerät** *nt (Mech)*
**multi-idler belt scale Mehrrollen-Bandwaage** *f (Mech)*
**multi-jet element type soot-blower Mehrdüsenrußbläser** *m (Hütt/Wlz)*
**multi-motor drive mehrmotoriger Antrieb** *adj:n (Mech)*
**multi-nozzle blower Mehrdüsenrußbläser** *m (Hütt/Wlz)*
**multi-nozzle soot blower Langrohrbläser** *m (Hütt/Wlz)*
**multi-outlet distribution unit** *(El)* **Steckdosenverteiler** *m (El)*
**multi-pass boiler Mehrzugkessel** *m (Hütt/Wlz)*
**multi-pass welding Mehrlagenschweißung** *f (Schw)*
**multi-plate clutch** *(dry, in oil)* **Mehrscheibenkupplung** *f (Mech)* (trocken, in Öl laufend)
**multi-plate scraper Lamellenabstreifer** *m (Band)*
**multi-plate slipping clutch Rutsch-Lamellenkupplung** *f (Mech, Zer)*
**multi-plate spring scraper Federlamellenabstreifer** *m (Bg/Bergb, Umschl, Band)*
**multi-purpose bucket Klappschaufel** *f (Bg/Bergb)* **Kombischaufel** *f (Bg/Bergb)*
**multi-purpose machine Mehrzweckmaschine** *f (Mech)* **Vielzweckmaschine** *f (Mech)*
**multi-run welding Mehrlagenschweißung** *f (Schw)*
**multi-section edge mehrteiliges Schneidmesser** *adj:n (Mech)*
**multi-shank ripper Mehrzahnaufreißer** *m (Bg/Bergb)* (z.B. an Grader)
**multi-sheave block Rollenzug** *m (Stb)*

**multi-span bridge Brücke mit mehreren Öffnungen** *(Stb)*
**multi-speed motor** *(El)* **drehzahlumschaltbarer Motor** *adj:n (El)*
**multi-speed transmission gear Verteilergetriebe** *nt (Mech)*
**multi-spline involute profile Vielkeilprofil** *nt (Mech)* (z.B. bei einer Steckachse)
**multi-spline shaft Vielkeilwelle** *f (Mech)*
**multi-stage feed water heating mehrstufige Speisewasservorwärmung** *adj:n (Hyd/Pneu)*
**multi-stage gearing Mehrstufengetriebe** *nt (Mech)*
**multi-stage lift cylinder Hubzylinder** *m (Kfz)* (mehrstufig)
**multi-tip pulverised fuel burner Mehrdüsen-Staubbrenner** *m (Hütt/Wlz)*
**multi-varying-speed motor Motor mit veränderlicher Drehzahleinstellung** *(Mech)*
**multi-way valve Mehrwegeventil** *nt (Hyd/Pneu)*
**multibay frame mehrfeldriger Rahmen** *adj:n (Stb)*
**multibladed circular clam Mehrschalengreifer** *m (Bg/Bergb)*
**multidisc clutch Lamellenkupplung** *f (Mech)*
**multigrade oil Mehrbereichsöl** *nt (Mech, Chem)*
**multimeter Vielfachmessgerät** *nt (Mech)*
**multiple diagonal scraper Fächerabstreifer** *m (Bg/Bergb, Umschl, Band)*
**multiple disc brake Lamellenbremse** *f (Mech)* **Mehrscheibenbremse** *f (Mech)*
**multiple drill Mehrspindelbohrmaschine** *f (Werkz)* **Reihenbohrmaschine** *f (Werkz)*
**multiple gear pump Mehrfachzahnradpumpe** *f (Hyd/Pneu)*
**multiple position shifting attachment Mehrfachseitenschieber** *m (Mech)*
**multiple stroke cylinder Mehrstellungszylinder** *m (Mech)*
**multiple tandem control valve Blocksteuergerät** *nt (Kfz)*
**multiple-disc clutch Mehrscheibenkupplung** *f (Mech)* (trocken, in Öl laufend)
**multiple-fuel firing kombinierte Feuerung** *adj:n (Hütt/Wlz)*
**multiple-pass boiler Mehrzugkessel** *m (Hütt/Wlz)*
**multiple-plate brake, spring-operated** spring-operated multiple-plate brake *adj:n* **Federdrucklamellenbremse** *f (Bg/Bergb, Mech)*
**multiple-shield high velocity thermocouple Absaugepyrometer mit Strahlungsschutz**
**multiple-spline driving shaft Antriebskeilwelle** *f (Mech)*
**multiple-spline shaft Vielkeilwelle** *f (Mech)*
**multiport swivel** *AE* **Drehdurchführung** *f (Mech)*
**multipurpose grease Mehrzweckfett** *nt (Mech)*
**multipurpose instrument Mehrfachinstrument** *nt (Mont)*
**multistorey frame mehrstöckiger Rahmen** *adj:n (Stb)* **Stockwerksrahmen** *m (Stb)*
**muschelkalk Muschelkalk** *m (Geo)* (Baumaterial)
**mushroom head rivet Linsenniete** *f (Mech)*
**mushroom head square neck bolt Flachrundschraube mit Vierkantansatz** *(Mech, Mont)*
**mushroom tappet Pilzstößel** *m (Mech)*
**mushroom-type retainer Pilzsicherung** *f (Mech)*

# N

**nail Nagel** *m (Mech)*
**nail drawer Kuhfuß** *m (Werkz)* (zum Entfernen von Nägeln) **Nagelzieher** *m (Mont, Werkz)*
**nail for light weight building slabs Leichtbauplatten-Stift** *m (Mech)*
**nail, notched** notched nail *adj:n* **Kerbnagel** *m (Mech)*
**nail-head welding Nagelkopfschweißen** *nt (Schw)* (DIN 1910)
**name of drawing Benennung der Zeichnung** *(Stb)*
**name socket Bezeichnungshülse** *f (Form)*
**nameplate Typenschild** *nt (Allg)* (z.B. Geräteinformation) **Warenzeichen** *nt (Mech)*

**narrow-gap welding Schutzgas-Engspaltschweißen** *nt (Schw)*
**narrow-gauge engine Feldbahnlokomotive** *f (Bahn)*
**narrow-section V-belt Schmalkeilriemen** *m (Mech)*
**natural-draught boiler Naturzugkessel** *m (Hütt/Wlz)*
**nature of powder-shaped material Staubgutart** *f (Bahn)*
**navy-yard** *AE* **Reparaturwerft** *f (Schiff)* **Schiffsreparaturwerft** *f (Schiff)*
**NC drilling machine NC-Bohrmaschine** *f (Werkz)*
**NC tool machine NC-Maschine** *f (Mech)* (mit Lochstreifen)
**NC turning lathe NC-Drehmaschine** *f (Werkz)*
**NDT-testing line zerstörungsfreie Prüfmaschine** *adj:n (Mech)*
**neck Ansatz** *m (Mech)* (einer Schraube, am Flansch)
**neck** *v* **stummeln** *v (Mech, Mont)*
**neck journal bearing Halslager** *nt (Mech)*
**necking Einschnürung** *f (Form)* (Querschnittsverminderung)
**necking down Einschnürung** *f (Hütt/Wlz)* **Flächenreduzierung** *f (Hütt/Wlz)*
**needle Nadel** *f (Mech)* (Düse)
**needle bearing Nadellager** *nt (Mech)*
**needle cage Nadelbuchse** *f (Mech)* **Nadelkäfig** *m (Mech)*
**needle control Nadelregelung** *f (Mech)*
**needle felt Nadelfilz** *m (Mech)*
**needle gun Nadelspritze** *f (Mech)*
**needle roller Nadelrolle** *f (Mech)* (eines Wälzlagers)
**needle roller bearing Nadellager** *nt (Mech)*
**needle sleeve Nadelhülse** *f (Mech)*
**needle valve Nadelventil** *nt (Hyd/Pneu)*
**neoprene pad Neoprenlager** *nt (Mech)*
**nep Noppe** *f (Mech)*
**nest of tubes for cooler Kühlerschlangen** *pl f (Hütt/Wlz)*
**nesting** *(for economic flame-cutting)* **Positionieren** *nt (Hütt/Wlz)* (Einzelteile auf Stahlplatte)
**net bracing Netzverband** *m (Stb)*
**net floor area Nutzfläche** *f (Stb)*
**netting resistor** *(El)* **Netzwiderstand** *m (El)* **Siebwiderstand** *m (El)*
**network plan Netzplan** *m (Mech)*
**neutral** *(focus)* **Mittelpunkt** *m (Mech, Math, Allg)* **Nullpunkt** *m (El)*
**neutral axis Nulllinie** *f (Stb)* **Spannungsnulllinie** *f (Stb)*
**neutralize** *v* **kompensieren** *v (Mech, Chem)* **neutralisieren** *v (Mech, Chem)*
**neutralizer valve Neutralisierventil** *nt (Mech)*
**Newton meter Newton-Meter** *nt (Mech)* (Anziehmaß z.B. für Bolzen)
**nibble, double** double nibble *adj:n* **Doppelnippel** *m (Mech)*
**nibbler Aushauschere** *f (Form)* **Knabberer** *m (Zer)*
**nibbling machine Nibbelmaschine** *f (Mech)*
**nick Einschnitt** *m (Form)* (Einkerbung) **Falz** *m (Form)* (Schlitz) **Kerbe** *f (Mech)*
**nick-bend test Kerbbiegeversuch** *m (Stb)*
**nickel Nickel** *nt (Hütt/Wlz)*
**nickel alloy Nickel-Basis-Legierung** *f (Hütt/Wlz)*
**nickeling Vernickelung** *f (Hütt/Wlz)*
**nickelizing galvanische Vernickelung** *adj:n (Hütt/Wlz)*
**nil-ductility strength Trennwiderstand** *m (Stb)*
**nipple Gewindenippel** *m (Mech)* **Schraubstutzen** *m (Mech)*
**nipple, welded** welded nipple *adj:n* **Einschweißnippel** *m (Schw)*
**nitriding hardness depth Nitrierhärte** *f (Hütt/Wlz)* **Nitriertiefe** *f (Hütt/Wlz)*
**nitrogen accumulator Blasenspeicher** *m (Bg/Bergb)* (zum Kettenspannen) **Stickstoffblasenspeicher** *m (Bg/Bergb)* (für Kette)
**nitrogen charging apparatus Stickstoff-Ladegerät** *nt (Chem, Hütt/Wlz)*
**Nm** *(Abv)* **Newton-Meter** *nt (Mech)* (Anziehmaß z.B. für Bolzen)
**no-load loss** *(El)* **Leerlaufverlust** *m (El)*
**no-load operation Betrieb ohne Last** *(Mech)* **Leerlaufbetrieb** *m (Mech)*
**no-load tap changer** *(El)* **Leerlauf-Zapfstellenwechsler** *m (El)* **Zapfstellenwechsler ohne Last** *(El)*
**no-voltage** *(El)* **Nullspannung** *f (El)*
**no. of teeth Zähnezahl** *f (Mech)* (am Zahnrad)

**node Knotenpunkt** *m (Stb)*
**node joint for suspension bars Anschlussknoten der Hängestangen** *(Stb)*
**nodular cast iron Gusseisen mit Kugelgraphit** *(Hütt/Wlz)* **Sphäroguss** *m (Hütt/Wlz)*
**nodular graphite Kugelgraphit** *m (Geo)*
**nodular graphite cast iron Gusseisen mit Kugelgraphit** *(Hütt/Wlz)*
**nodule Knolle** *f (Bg/Bergb, Geo)* **Noppe** *f (Geo)* (Knolle)
**noise abatement Lärmschutz** *m (Ökol)*
**noise absorbing package Geräuschdämpfungspaket** *nt (Bg/Bergb)* **Schalldämmpaket** *nt (Bg/Bergb)*
**noise absorption Geräuschdämpfung** *f (Allg, Mech)*
**noise control elements** *pl* **Lärmschutzelemente** *pl nt (Mech)*
**noise level at operator's seat Fahrerplatzgeräuschpegel** *m (Kfz)*
**noise limitation Lärmschutz** *m (Ökol)*
**noising** *(of locomotive)* **Schlingern** *nt (Stb)*
**nomenclature** *(model name)* **Typenbezeichnung** *f (Allg)*
**nominal diameter ND** *m (Mech)* (Abk) **Nenndurchmesser** *m (Mech)*
**nominal pressure ratings Nenndruckstufen** *pl f (Stb)*
**nominal struck capacity Nennwertinhalt** *m (Bg/Bergb)* (des Löffels)
**nominal tunnel diameter Stollendurchmesser** *m (Bg/Bergb)*
**nominate** *v* **bezeichnen** *v (Allg)* (ernennen, hinweisen, beschreiben)
**nomination Bestimmung** *f (Allg)* (Ernennung)
**nomogram Nomogramm** *m (Stb)*
**non blistered** *adj* **blasenfrei** *adj (Stb)*
**non-ageing** *adj* **alterungsbeständig** *adj (Mech)*
**non-bearing** *adj* **nicht tragend** *adj (Mech)*
**non-centred** *adj BE* **außermittig** *adj (Mech)*
**non-circularity Unrundheit** *f (Mech)*
**non-conductor** *(El)* **Isolator** *m (El)* **schlechter Leiter** *adj:n (El)* **Nichtleiter** *m (El)*
**non-contact scanning berührungslose Prüfung** *adj:n (Hütt/Wlz)*
**non-continuous** *adj* **diskontinuierlich** *adj (Mech, Allg)*
**non-cutting shaping spanlose Bearbeitung** *adj:n (Mech, Mont)*
**non-destructive** *adj* **zerstörungsfrei** *adj (Mech)*
**non-ferrous** *adj* **eisenfrei** *adj (Mech)*
**non-ferrous metal industries** *pl* **NE-Metallbranche** *f (Hütt/Wlz)*
**non-ferrous semifinished product NE-Metallhalbzeug** *nt (Hütt/Wlz)*
**non-galvanized** *adj* **unverzinkt** *adj (Hütt/Wlz)*
**non-geared** *adj* **getriebelos** *adj (Mech)*
**non-grooved** *adj* **ungerillt** *adj (Mech)*
**non-hardened** *adj* **nichtgehärtet** *adj (Mech, Mont)* **weich** *adj (Mech, Allg)*
**non-locating bearing Loslager** *nt (Mech)*
**non-luffing** *adj* **nicht heb- und senkbar** *adj (Mech)*
**non-machined** *adj* **unbearbeitet** *adj (Mech, Hütt/Wlz)*
**non-maintaining** *adj* **nicht einrastend** *adj (Mech)* **nicht rastend** *adj (Mech)*
**non-member Nichtmitglied** *nt (Allg)*
**non-metallic** *adj* **nichtmetallisch** *adj (Mech, Allg)*
**non-pressure** *adj AE* **drucklos** *adj (Hyd/Pneu)*
**non-pressure valve Leerlaufventil** *nt (Hyd/Pneu)*
**non-return braking valve Sperrbremsventil** *nt (Mech, Hyd/Pneu)*
**non-return valve Regulierventil** *nt (Hyd/Pneu)* **Rückschlagventil** *nt (Hyd/Pneu)*
**non-reverse stop Rücklaufhemmung** *f*
**non-reversible** *adj* **nicht reversierbar** *adj (Mech)*
**non-segregating coal distributor Korngrößenverteiler** *m (Geo)* (fest)
**non-slip** *affix* **schlupffrei** *adj (Mech)*
**non-spinning** *adj* **drallarm** *adj (Mech)* **drallfrei** *adj (Mech)* (z.B. Seil)
**non-steering crawler Festraupe** *f (Bg/Bergb)*
**non-stiffened** *adj* **unversteift** *adj (Mech)*
**non-surge** *adj* **glatt** *adj (Mech)* (z.B. Kraftübertragung) **stoßfrei** *adj (Mech)* (z.B. Kraftübertragung)
**non-synchronous** *adj* **asynchron** *adj (Mech)*
**non-throttling** *adj* **drosselfrei** *adj (Hyd/Pneu)*

**non-tilt drum-mixer Umkehrtrommelmischer** *m (Mech)*
**non-wearing** *adj* **verschleißfrei** *adj (Mech)*
**non-working flank Rückflanke** *f (Mech)*
**noncorrosive** *adj* **korrosionsbeständig** *adj (Anstr)* **nichtätzend** *adj (Anstr)* **rostfrei** *adj (Mech)*
**nondeformability Formbeständigkeit** *f (Mech)*
**nonfluid oil konsistentes Fett** *adj:n (Mech, Chem)* **konsistentes Fett** *(Form)*
**nonmagnetizable** *adj* **nicht magnetisierbar** *adj (Hütt/Wlz)*
**nonmanufacturing work Hilfsarbeiten** *pl f (Allg)*
**nonmetallic mineral processing Steine und Erden** *(Geo)* (Industriezweig)
**nonproductive** *adj* **unproduktiv** *adj (Mech, Allg)*
**nonrecurrent** *adj* **einmalig** *adj (Allg)*
**nonrevolving** *adj* **schwenkbar, nicht** *adj (Mech)*
**nonrotating** *adj* **drehungsfrei** *adj (Form)* (z.B. Seil)
**nonsaponaficable** *adj (grease)* **verseifungsfest** *adj (Mech)* (Schmierfett)
**nonskid** *adj* **rutschfest** *adj (Mech)*
**nonskid chain Schneekette** *f (Mech)* (für Autoreifen)
**nontransferable** *adj* **nicht übertragbar** *adv:adj (Allg)*
**normal tooth thickness Zahndicke** *f (Mech)* (im Normalschnitt)
**normal-beam probe Normalprüfkopf** *m (Mech)*
**normal-type wagon** *BE* **Güterwagen in Regelbauart** *(Bahn)*
**normalize** *v* **normalglühen** *v (Hütt/Wlz)* (Stahl)
**nose Ansatz** *m (Mech)* (Nase) **Vorsprung** *m (Mech)* (am Werkstück)
**nose link Höckerschake** *f (Bg/Bergb, Mech)* (Raupe)
**nose ring Nasenring** *m (Mech)* (der Kugeldrehverbindung)
**nosing of a stair Treppenkante** *f (Mech)*
**NoSpin differential NoSpin-Differenzial** *nt (Mech)*
**not ready for operation nicht betriebsfähig** *adv:adj (Mech)*
**not to scale unmaßstäblich** *adj (Mech)*
**notch** *(housing)* **Einkerbung** *f (Form)*
**notch Aussparung** *f (Form)* **Einschnitt** *m (Form)* (Einkerbung) **Kerbe** *f (Mech)* **Schrägschnitt** *m (Hütt/Wlz)*
**notch** *(groove)* **Falz** *m (Form)* (Schlitz) **Nut** *f (Mech)* (Kerbnut)
**notch bar impact value Kerbschlagzähigkeit** *f (Mech)*
**notch bend test Kerbbiegeprobe** *f (Stb)* (Blech) **Kerbbiegeversuch** *m (Stb)*
**notch effect Kerbwirkung** *f (Mech)*
**notch impact Kerbschlag** *m (Mech)*
**notch impact strength Kerbschlagfestigkeit** *f (Mech)* **Kerbschlagzähigkeit** *f (Mech)*
**notch impact work Kerbschlagarbeit** *f (Mech)*
**notch pin Kerbstift** *m (Mech)*
**notch sensitivity Kerbschlagempfindlichkeit** *f (Stb)*
**notch shape Kerbform** *f (Mech)*
**notch-rupture strength Kerbfestigkeit** *f (Hütt/Wlz)*
**notched weld bend test Biegeversuch über eingekerbte Decklage** *(Stb)*
**notched-bar impact bending test Kerbschlagbiegeprüfung** *f (Mech)* **Kerbschlagversuch** *m (Mech)*
**notched-bar impact value Kerbwirkungszahl** *f (Mech)*
**notching Verzahnung** *f (Mech)*
**notching machine Ausklinkmaschine** *f (Bg/Bergb)*
**nozzle Mundstück** *nt (Mech)* (Düse) **Rüssel** *m (Mech)* (an einer Maschine) **Tülle** *f (Mech)*
**nozzle box Düsenkasten** *m (Form)*
**nozzle flap Düsenklappe** *f (Form)*
**nozzle lubrication Sprühschmierung** *f (Mech)*
**nozzle needle Düsennadel** *f (Kfz)*
**nozzle nut Düsenmutter** *f (Form)*
**nozzle opening ratio Öffnungsverhältnis** *nt (Hütt/Wlz)*
**nozzle pipe Düse** *f (Mech)* (z.B. des Vergasers)
**nozzle plate Düsenplatte** *f (Kfz)*
**nozzle ring Düsenring** *m (Mech)* **Leitkranz** *m (Mech)*
**nozzle roll Schnabelrolle** *f*
**nozzle shut-off device Düsenverschlusseinrichtung** *f (Form)*

**nozzle spring Düsenfeder** *f (Mech)*
**nozzle weld Stutzenschweißung** *f (Schw)*
**nozzle wrench Düsenschlüssel** *m (Mont, Werkz)*
**nozzle-holder with flange mounting Düsenhalter mit Befestigungsflansch** *(Kfz)*
**nuclear energy Atomenergie** *f (Stb)* (Kernenergie)
**nuclear reactor building Reaktorgehäuse** *nt (Mech)*
**nuclear spin tomography** *(El)* **Kernspintomographie** *f (El)*
**nucleate boiling Bläschenverdampfung** *f (Hütt/Wlz)*
**number of alternations Lastspielzahl** *f (Stb)* (Schwingung) **Schwingungszahl** *f (Stb)*
**number of braking actions Bremszahl** *f (Mech)*
**number of buckets on wheel Schaufelzahl** *f (Bg/Bergb, Umschl)*
**number of contacts between belt and roll Frequenz des Gurtumlaufs** *(Band)* (Kräfte für Gurte und Bänder)
**number of pitches Gliederzahl** *f (Mech)*
**number of probe block revolutions Drehzahl des Prüfblocks** *(Hütt/Wlz)*
**number of sheet of parts list Ersatzteilblattnummer** *f (Mech, Allg)*
**number of teeth Zähnezahl** *f (Mech)* (am Zahnrad)
**number of teeth for testing Messzähnezahl** *f (Mech)*
**number of teeth in measuring span Messzähnezahl** *f (Mech)*
**number of threads Gangzahl** *f (Form)* (bei Schnecken)
**number of uses Einsatzhäufigkeit** *f (Bau)*
**number of vulcanized splices Heizhäufigkeit** *f (Mech, Band)* (Fördergut)
**number, consecutive** consecutive number *adj:n* **fortlaufende Nummer** *adj:n (Allg)*
**nut Bolzenmutter** *f (Stb)* **Mutter** *f (Mech)* (Schraubenmutter)
**nut engaging surface Mutterauflage** *f (Mech)*
**nut lock Sicherung der Mutter** *(Mech)*
**nut torque Anzugsmoment der Mutter** *(Form)*
**nut wrench Radmutterschlüssel** *m (Werkz)*
**nut, countersunk** countersunk nut *adj:n* **Senkmutter** *f (Mech)*
**nut, hexagonal** hexagonal nut *adj:n* **Sechskantmutter** *f (Mech, Mont)*
**nut, knurled** knurled nut *adj:n* **gerändelte Mutter** *adj:n (Mech, Mont)*
**nut, readjustable** readjustable nut *adj:n* **Nachstellmutter** *f (Mech, Mont)*
**nut, self-locking** self-locking nut *adj:n* **selbstsichernde Mutter** *adj:n (Mech)* **selbstsperrende Mutter** *adj:n (Mech)*
**nut, slotted** slotted nut *adj:n* **Nutmutter** *f (Mech)* **Schlitzmutter** *f (Mech)*
**nut, thin** thin nut *adj:n* **flache Mutter** *adj:n (Mech, Mont)*
**nut-coal Nusskohle** *f (Bg/Bergb)*
**nutcracker effect** *(pebbles in track)* **Nussknackereffekt** *m (Bg/Bergb)* (z.B. Steine in der Kette)

# O

**O-position** *(zero position)* **Nulllage** *f (Allg)*
**O-ring O-Ring** *m (Mech)* **Rundschnur** *f (Mech)* **Rundschnurring** *m (Mech)*
**O-ring seal O-Ring-Dichtung** *f (Mech)* **Runddichtring** *m (Mech)*
**O.T.-boiler** *(Abv)* **Zwangdurchlaufkessel** *m (Hütt/Wlz)*
**oakum Werg** *nt (Mech)*
**objective** *(on binoculars)* **Objektiv** *nt (Mech)* (Fernsehgerät)
**objective analysis Zielanalyse** *f (Allg)*
**oblong** *adj* **länglich** *adj (Mech)* (mehr lang als breit)
**observation** *(El, Mech) (on a measure instrument)* **Ablesung** *f (El, Mech)* (einer Messung)
**observation point Festpunkt** *m (Mech)*
**obstrude** *v* **hemmen** *v (Mech)* (hindern)
**obtaining of raw materials Rohstoffgewinnung** *f (Mech)*
**odometer Kilometerzähler** *m (Mech)* **Laufleistungsmesser** *m (Mech)* (Messung der Entfernung)
**off-haulage** *AE* **Abförderung** *f (Bg/Bergb)* (mit Fahrzeugen) **Weitertransport** *m (Bg/Bergb)* (mit Fahrzeugen)

**off-peak periods** *pl* **Schwachlastzeiten** *pl f (Mech)*
**off-road vehicle Off-Road-Fahrzeug** *nt (Mech)*
**off-set profiling Profilverschiebung** *(Stb)*
**off-size Abmaß** *(Mech, Stb)*
**off-steam Abdampf** *m (Mech)* (einer Dampflok)
**off-tracking Schieflauf** *m (Band)* (Band)
**offcuts** *pl* **Verschnitt** *m (Mech, Hütt/Wlz)* (Restmaterial)
**offset Berme** *f (Bg/Bergb)* **Böschungsabsatz** *m (Bg/Bergb)*
**offset Achsversetzung** *f (Mech)* **Versatz** *m (Mech)* (Toleranz)
**offset** *v (an excavator)* **versetzen** *v (Bg/Bergb)* (einen Bagger)
**offset** *v* **absetzen** *v (Mech, Mont, Bau)* **kröpfen** *v (Mech, Mont)* (absetzen)
**offset attachment Knickausrüstung** *f (Bg/Bergb)*
**offset cylinder Knickzylinder** *m (Bg/Bergb)* (an der Knickausrüstung)
**offset deviation Achsversetzungsabmaß** *m (Bg/Bergb)*
**offset from center Versatz Außermittigkeit** *(Hütt/Wlz)* (auf Zeichnungen)
**offset point Fließgrenze** *f (Mech, Stat)* (Streckgrenze)
**offset screw driver Winkelschraubendreher** *m (Mont, Werkz)*
**offset variation Achsversetzungsabweichung** *f (Bg/Bergb)*
**offset-working** *adj* **versetzt arbeitend** *adv:adj (Bg/Bergb)*
**offset-working attachment Knickausrüstung** *f (Bg/Bergb)*
**offsize** *(outside tolerance)* **Maßabweichung** *f (Mech)*
**OIL** *(Abv)* **OZG** *(Mech)* (Abk) **obere Zündgrenze** *adj:n (Mech)*
**oil additive Ölzusatz** *m (Mech)*
**oil and gas plants Erdöl- und Erdgasanlagen** *(Bg/Bergb)*
**oil bath Ölbad** *nt (Mech)*
**oil box Ölkasten** *m (Mech)*
**oil by-pass valve Ölumleitventil** *nt (Hyd/Pneu)*
**oil can Ölkanister** *m (Mech)* **Ölkanne** *f (Mech, Mont)* (Vorratsbehälter)
**oil carbon Ölkohle** *f (Mech)*
**oil catch ring Spritzbuchse** *f (Mech)* **Spritzring** *m (Mech)*
**oil circulation lubricating system Ölumlaufschmierung** *f (Mech)*
**oil conduit Ölführung** *f (Mech)* (verhindert Schaumbildung im Tank)
**oil control ring Ölabstreifring** *m (Mech)*
**oil delivery pipe Öldruckrohr** *nt (Mech, Hyd/Pneu)*
**oil dipstick Ölmessstab** *m (Mech)* **Ölpeilstab** *m (Mech)*
**oil disc brake Öllamellenbremse** *f (Mech)*
**oil drain Ölablass** *m (Mech)*
**oil feed Druckölzufuhr** *f (Hyd/Pneu)*
**oil feed pipe Speiseleitung** *f (Hyd/Pneu)*
**oil fill Ölfüllung** *f (Mech, Chem)*
**oil filler Öleinfüllstutzen** *m (Mech)*
**oil filler screen Öleinfüllsieb** *nt (Mech)*
**oil filter elbow Ölfilterkrümmer** *m (Mech)*
**oil filter element changing Ölfilterelementwechsel** *m (Mech)*
**oil filter wrench** *(strap wrench)* **Ölfilterschlüssel** *m (Werkz)* (Bandschlüssel)
**oil firing equipment Ölfeuerung** *f (Hütt/Wlz)*
**oil fitting cup Ölverschlusspfropfen** *m (Mech, Hyd/Pneu)*
**oil flow Ölstrom** *m (Mech)* **Ölumlauf** *m (Mech, Hyd/Pneu)*
**oil gauge fitting Ölmessvorrichtung** *f (Mech)*
**oil gauge glass Ölschauglas** *nt (Mech)*
**oil gauge pipe Ölstandsrohr** *nt (Mech, Hyd/Pneu)*
**oil grade Ölsorte** *f (Mech, Allg)*
**oil groove Ölnut** *f (Mech)* **Ölnute** *f (Mech)* **Schmiernute** *f (Mech)*
**oil hole Ölbohrung** *f (Mech)*
**oil immersed lubrication Tauchschmierung** *f (Mech)*
**oil inlet Ölzulauf** *m (Mech)* (Ventil, Kappe)
**oil leak port Leckölanschluss** *m (Mech, Hyd/Pneu)*
**oil level monitoring Füllstandsüberwachung** *f (Mech, Hyd/Pneu)* (Überwachungsvorgang)
**oil level of smoke limiter Rauchbegrenzerölstand** *m (Mech)*
**oil line Ölleitung** *f (Mech)*
**oil lubrication Ölschmierung** *f (Mech)*

**oil make-up device Ölausgleichsvorrichtung** *f (Mech)*
**oil manifold Ölverteiler** *m (Mech)*
**oil motor, adjustable** adjustable oil motor *adj:n* **Verstellmotor** *m (El, Mech)*
**oil nitrogen accumulator Ölstickstoffspeicher** *m (Mech)*
**oil out Ölrücklauf** *m (Mech)*
**oil pan Ölsumpf** *m (Mech)* (Ölwanne des Motors) **Ölwanne** *f (Mech)*
**oil pan gasket Ölwannendichtung** *f (Mech)*
**oil passage Ölgalerie** *f (Mech)*
**oil pipe Ölleitung** *f (Mech)*
**oil pocket Öltasche** *f (Mech)* (der Achse)
**oil pressure Öldruck** *m (Mech, Hyd/Pneu)*
**oil pressure control Öldrucküberwachung** *f (Mech, Hyd/Pneu)*
**oil pressure gauge Öldruckanzeige** *f (Mech)* **Ölmanometer** *nt (Mech)*
**oil pressure governor Druckölregler** *m (Hyd/Pneu)*
**oil pressure relief valve Ölüberdruckventil** *nt (Hyd/Pneu)*
**oil pressure switch Öldruckgeber** *m (Mech)* **Öldruckschalter** *m (Mech)*
**oil pressure, record** record the oil pressure *n:v* **Öldruck aufnehmen** *n:v (Mech, Allg)* (notieren)
**oil pump gear wheel Ölpumpenzahnrad** *nt (Mech, Hyd/Pneu)*
**oil pump screen Ölpumpensieb** *nt (Mech)*
**oil regulating valve Ölregelventil** *nt (Hyd/Pneu)*
**oil reservoir Ölbehälter** *m (Hyd/Pneu)* **Öltank** *m (Hyd/Pneu)*
**oil residue Ölrückstand** *m (Mech)*
**oil retainer ring Dichtungsring** *m (Mech)* (Öl)
**oil return pipe Rücklaufleitung** *f (Mech, Hyd/Pneu)*
**oil ring Ölabstreifring** *m (Mech)* **Ölring** *m (Mech)*
**oil sample Ölprobe** *f (Mech)*
**oil sand Ölsand** *m (Geo)*
**oil screen Ölsieb** *nt (Mech)*
**oil seal Öldichtung** *f (Mech)* **Ölfangring** *m (Mech)*
**oil seal assembly Radialdichtungssatz** *m (Mech)*
**oil seal plate Dichtringplatte** *f (Form)*
**oil seal sleeve Dichtringhülse** *f (Form)*
**oil seal sleeve Radialdichtung** *f (Mech)*
**oil separator Entöler** *m (Mech)* **Öseparator** *m (Mech)*
**oil shale Ölschiefer** *m (Geo)*
**oil shock absorber Ölstoßdämpfer** *m (Mech, Hyd/Pneu)*
**oil slag Ölschlacke** *f (Hütt/Wlz)*
**oil sludge Ölschlamm** *m (Bg/Bergb)*
**oil splash lubrication Öltauchschmierung** *f (Mech)*
**oil steering pump Öllenkkupplung** *f (Hyd/Pneu)*
**oil suction pipe Ölansaugleitung** *f (Mech)*
**oil sump Ölsumpf** *m (Mech)* **Ölwanne** *f (Mech)*
**oil supply Ölleitung** *f (Mech)* **Ölversorgung** *f (Mech)*
**oil tank bedplate Öltank-Grundplatte** *f (Mech)*
**oil temperature gauge Öl-Fernthermometer** *nt (Mech)*
**oil thermostat Öltemperaturregler** *m (Mech)*
**oil thrower ring** *(oil slinger)* **Ölschleuderring** *m (Mech)*
**oil tower Bohrturm** *m (Bg/Bergb)* (Öl)
**oil, released** released oil *adj:n* **abgeblasenes Öl** *adj:n (Hyd/Pneu)*
**oil, residual** residual oil *adj:n* **Rückstandsöl** *nt (Hütt/Wlz)*
**oil, viscous** viscous oil *adj:n* **Fließfett** *nt (Mech)*
**oil-change intervals** *pl* **Ölwechselintervalle** *pl nt (Mech, Allg)*
**oil-electric** *adj* **dieselelektrisch** *adj (Mech)*
**oil-fog lubricator Nebelöler** *m (Mech)*
**oil-hydraulics Ölhydraulik** *f (Hyd/Pneu)*
**oil-pressure brake Öldruckbremse** *f (Mech, Hyd/Pneu)*
**oil-wetted air cleaner Nassluftfilter** *nt (Mech)*
**oiler** *AE* **Öler** *m (Mech)* (z.B. Ölkanne) **Schmierer** *m (Mech)*
**oilfield vehicle Bohrfeldfahrzeug** *nt (Kfz)*
**oilpump overhaul kit Ölpumpenüberholsatz** *m (Mech)*
**oilstone Wetzstein** *m (Mont, Werkz)*
**olive** *BE* **Schneidring** *m (Mech)*

**on-belt weigher Bandwaage** *f (Mech)*
**on-board network** *(El)* **Bordnetz** *nt (El)* (Transportraupe)
**on-off-control Ein-Aus-Regelung** *f (Hütt/Wlz)*
**on-tap supply laufende Versorgung** *adj:n (Mech)*
**on-task device Verstellausrüstung** *f (Bg/Bergb)* (am Bagger)
**on/off valve Abschaltventil** *nt (Hyd/Pneu)*
**once-through boiler Bensonkessel** *m (Hütt/Wlz)* **Zwangdurchlaufkessel** *m (Hütt/Wlz)*
**once-through forced flow Zwangdurchlauf** *m (Hütt/Wlz)*
**one set of stabilizers** *(wheeled excavator)* **Zwei-Punkt-Abstützung** *f (Bg/Bergb)* (Mobilbagger)
**one, two, and three spindle jack Ein-, Zwei- und Dreispindelheber** *(Kfz)*
**one-axle trailer Einachsanhänger** *m (Kfz)*
**one-cylinder engine Einzylindermotor** *m (Kfz)*
**one-headed rail Vignolschiene** *f (Bahn)*
**one-layer winding** *(El)* **einlagige Bewicklung** *adj:n (El)*
**one-man air drill Einmanndruckluftbohrer** *m (Mont, Werkz)*
**one-man control Einmannbedienung** *f (Bg/Bergb)*
**one-off part Einzelteil** *nt (Mech)*
**one-point bearing Punktlager** *nt (Stb)*
**one-point bridge support Brückenlagerung Ein-Punkt-Seite** *f (Bg/Bergb)*
**one-stage slip-on gearing Flachgetriebe** *nt (Mech)*
**one-stemp press Einstempelpresse** *f (Mech)*
**onward transport Abförderung** *f (Bg/Bergb)* (mit Fahrzeugen) **Weitertransport** *m (Bg/Bergb)* (mit Fahrzeugen)
**onyx Onyx** *m (Geo)* (Halbedelstein)
**opague front plate Klarsichtfrontplatte** *f (Mech)*
**open** *v (release, e.g. a valve)* **entsperren** *v (Mech, Hyd/Pneu)* (z.B. Ventil)
**open box section Hutprofil** *nt (Mech)* (Technik)
**open cut project Tagebauprojekt** *nt (Bg/Bergb)*
**open gear pair Zahnstangenverzahnung** *f (Mech)*
**open grate decking Lichtgitterrost** *m (Mech)*
**open pit bench Tagebaustrosse** *f (Bg/Bergb)*
**open pit lignite mine Braunkohletagebau** *m (Bg/Bergb)*
**open pit mining Tagebau** *m (Bg/Bergb)* **Tagebaugewinnung** *f (Bg/Bergb)*
**open pit mining system Tagebauausrüstung** *f (Bg/Bergb)* (hart) **Tagebausystem** *nt (Bg/Bergb)*
**open pit slope offen stehende Baggerböschung** *adj:n (Bg/Bergb)* **offen stehende Tagebauböschung** *adj:n (Bg/Bergb)*
**open twist weave** *(steel cable belt)* **Drehergewebe** *nt (Band)* (Stahlseilgurt)
**open-burning coal Gasflammkohle** *f (Bg/Bergb)*
**open-center valve system Mittelstrom-Ventilanordnung** *f (Mech)*
**open-die forging Freiformschmieden** *nt (Hütt/Wlz)* **Freiformschmiedestück** *nt (Hütt/Wlz)*
**open-hearth furnace Siemens-Martin-Ofen** *m (Hütt/Wlz)*
**open-hearth process Siemens-Martin-Verfahren** *nt (Hütt/Wlz)*
**open-hearth steel Siemens-Martin-Stahl** *m (Hütt/Wlz)*
**open-pit mining company Tagebaubetrieb** *m (Bg/Bergb)*
**OPEN-SHUT indication AUF-ZU-Angabe** *f (Hütt/Wlz)*
**opening Ausnehmung** *f (Form)* (im Blech) **Spalt** *m (Mech, Allg)*
**opening cut Aufschlusseinschnitt** *m (Bg/Begrb)* (im Tagebau) **Aufschlussgraben** *m (Bg/Bergb)* **Einbruch** *m (Bg/Bergb)* (Einschnitt, Bergbau)
**opening for rope Seildurchführung** *f (Bahn)*
**opening pressure Ansprechdruck** *m (Form)* (z.B. des Ventils)
**opening time** *(El) (of a break contact)* **Ansprechzeit** *f (El)* (Näherungsschalter, Regelung, Verstärker)
**opening trench cut Schlauchbaggerung** *f (Bg/Bergb)*

**opening width Öffnungsweite** *f (Bg/Bergb)* (z.B. des Greifers) **Schlüsselweite** *f*
**opening-up Aufschluss** *m (Bg/Bergb)* (im Tagebau)
**opening-up device Aufklappvorrichtung** *f (Bg/Bergb)*
**openings for loading and discharging Be- und Entladeöffnungen** *(Bahn)*
**operate the bench in swing cut Strosse aufschwenken** *n:v (Bg/Bergb)*
**operate, uncoordinatedly** operate uncoordinatedly *adv:v* **ungleich einfallen** *adv:v (Mech)*
**operating behaviour Betriebsverhalten** *nt (Bg/Bergb)*
**operating capacity** *(El)* **Betriebsleistung** *f (El)* (kW)
**operating coil** *(El)* **Magnetspule** *f (El)*
**operating conditions** *pl* **betriebliche Bedingungen** *adj:n (Mech, Allg)* **Betriebsbedingungen** *pl f (Mech)* (Verhältnisse, Voraussetzungen)
**operating constraints** *pl* **Betriebsgrenzwerte** *pl m (Mech)*
**operating crank Antriebskurbel** *f (Mech)* **Schalthebel** *m (El)*
**operating cycle Arbeitsablauf** *m (Mech)* (elektromechanisch) **Arbeitszyklus** *m (Mech)* (Elektromechanik)
**operating cylinder Betätigungszylinder** *m (Bg/Bergb)*
**operating data** *pl* **Betriebsdaten** *pl (Mech)* **Einsatzdaten** *pl nt (Mech)*
**operating delay Schaltverzögerung** *f (Mech)*
**operating direction Längsrichtung** *f (Allg)*
**operating disc Mitnehmerscheibe** *f (Mech)*
**operating efficiency Betriebswirkungsgrad** *m (Hütt/Wlz)*
**operating floor Heizerstand** *m (Hütt/Wlz)*
**operating instructions** *pl* **Betriebsanweisung** *f (Mech, Allg)* **Betriebsvorschriften** *pl f (Allg)*
**operating level Fahrplanum** *nt (Bg/Bergb)*
**operating life Lebensdauer** *f (Allg)* (z.B. Maschine, Werkstoff)
**operating manual Bedienungsanleitung** *f (Allg)* (Handbuch) **Betriebsanleitung** *f (Mech, Allg)* (Handbuch)
**operating mechanism** *(El)* **Antrieb** *m (El)* (Schaltgerät)
**operating method Arbeitsmethode** *f (Mech, Allg)* **Betriebsmethode** *f (Mech)*
**operating period Betriebsdauer** *f (Mech, Allg)* **Laufzeit** *f (Mech, Allg)* (Maschine)
**operating range Arbeitsbereich** *m (Mech)* (in der Elektromechanik) **Betriebsbereich** *m (Mech)*
**operating speed Arbeitsgeschwindigkeit** *f (Mech)* **Betriebsdrehzahl** *f (Mech)*
**operating stress Bedienungsaufwand** *m (Mech, Allg)*
**operating stroke** *(lubrication system)* **Arbeitskolben** *m (Bg/Bergb)* (Schmieranlage)
**operating time Arbeitszeit** *f (Mech, Allg)* (Maschine) **Einschaltdauer** *f (Mech, Allg)* (Maschine)
**operating valve Anstellventil** *nt (Hyd/Pneu)*
**operating weight Dienstgewicht** *nt (Mech, Schw)* **Eigengewicht** *nt (Kfz)* (Nutzlast)
**operation Arbeit** *f (Mech, Allg)* (z.B. Maschine) **Betrieb** *m (Mech)* (Betätigung, Bedienung) **Vorgang** *m (Mech)*
**operation requirement Betriebserfordernis** *f (Bg/Bergb)*
**operation, bench-type** bench-type operation *adj:n* **GGS-Zweistrossenbetrieb** *m (Mech)* **Strossenbetrieb** *m (Bg/Bergb)*
**operation, continuous** continuous operation *adj:n* **Dauerbetrieb** *m (Mech)* **Dauereinsatz** *m (Mech)*
**operation, mechanical** mechanical operation *adj:n* **Bearbeitungsvorgang** *m (Mech, Mont)*
**operation, safe** safe operation *adj:n* **Betriebssicherheit** *f (Mech)*
**operation, sequential** sequential operation *adj:n (e.g. of sootblower)* **Folgebetrieb** *m (Mech)* (z.B. beim Rußbläser)
**operational winding** *(rope on pulley)* **Arbeitswindung** *f (Bg/Bergb)* (Seil auf Trommel)
**operator** *(driver)* **Fahrer** *m (Bg/Bergb, Mech)* **Führer** *m (Bg/Bergb, Mech)* (z.B. von Baumaschinen)
**operator position hoop Fahrerstandbügel** *m (Kfz)*
**operator's cab Fahrerkabine** *f (Kfz)* **Fahrerstand** *m (Kfz))*

**operator's cabin levelling device)** **Verstellvorrichtung für das Führerhaus** *(Bg/Bergb)*
**operator's cabin suspension** **Führerhausaufhängung** *f (Bg/Bergb, Umschl)*
**operator's desk** **Führerpult** *nt (Mech)*
**operator's desk with controls built into seat** **Führerpult mit Steuersessel** *(Mech)*
**operator's stress** **Steuerungsanstrengung** *f (Bg/Bergb)* (des Fahrers)
**opposed cylinder type engine** **Boxermotor** *m (Kfz)*
**optimization** *(El)* **Optimierung** *f (El)*
**option rating** *(of the engine)* **Einstellgröße** *f (Kfz)* (des Motors)
**orange-peel grab** **Mehrschalengreifer** *m (Bg/Bergb)*
**orbit** *(power)* **Einflussgebiet** *nt (Allg)*
**orbitrol** *(steering)* **Lenkventil** *nt (Mech, Hyd/Pneu)* **hydraulisches Lenkventil** *adj:n (Hyd/Pneu, Mech)*
**order card** **Anforderungskarte** *f (Form)* (Bestellkarte)
**order of magnitude** **Größenordnung** *f (Allg)*
**ordinary lay rope** **Kreuzschlagseil** *nt (Mech)*
**ore** **Erz** *nt (Hütt/Wlz)*
**ore and mineral processing technology** **Aufbereitungstechnik** *f (Aufb)*
**ore body** **Erzkörper** *m (Hütt/Wlz)* **Erzvorkommen** *nt (Bg/Bergb)*
**ore bunker** **Erzbunker** *m (Stb)*
**ore flow route** **Erzflussstrecke** *f (Hütt/Wlz)*
**ore handling plant** **Erzverladeanlage** *f (Hütt/Wlz)*
**ore in steelworks** **Erzförderung in Hüttenwerken** *(Hütt/Wlz)*
**ore lense** **Erzlinse** *f (Hütt/Wlz)*
**ore zone** **Erzkörper** *m (Hütt/Wlz)*
**ore, coarse** coarse ore *adj:n* **Groberz** *nt (Geo)* **Stückerz** *nt (Geo)*
**ore, fine-grained** fine-grained ore *adj:n* **Feinerz** *nt (Hütt/Wlz)*
**ore-mud suction dredge** **Erzschlammgewinnungsgerät** *nt (Bg/Bergb)*
**orebody** **Flöz** *nt (Bg/Bergb, Geo)*
**orientation** **Ausrichtung** *f (Mech, Allg)* **Richtungsbestimmung** *f (Allg)*
**orientation of axis** *(e.g. recording ammeter)* **Achsenanordnung** *f (Mech)* (z.B. Stromschreiber)
**orifice** **Blende** *f (Hyd/Pneu)* (Messblende, -öffnung) **Durchflussöffnung** *f (Mech, Hyd/Pneu)* **Öffnung** *f (Mech)* (Mündung)
**orifice disk** **Messblende** *f (Hyd/Pneu)*
**orifice flange** **Blendenflansch** *m (Hütt/Wlz)*
**orifice formula** **Blendengleichung** *f (Hütt/Wlz)* **Durchflussgleichung** *f (Hütt/Wlz)* (Messblende)
**orifice nozzle** **Lochdüse** *f (Mech)*
**orifice of the torch tip** **Brenneraustrittsmündung** *f (Schw)* **Brennermündung** *f (Schw)*
**orifice strip** **Abgangsleiste** *f (Hyd/Pneu)*
**orifice welding** **Düsenschweißen** *nt (Schw)*
**ornamental disc** **Zierscheibe** *f (Mech)*
**ornamental ring** **Zierring** *m (Mech)*
**Orsat gas analyser** **Orsat-Apparat** *m (Hütt/Wlz)*
**oscillate** *v (El, Mech)* **pendeln** *v (Bahn, Mech)* (schwanken) **schwingen** *v (El)* (oszillieren)
**oscillating axle** **Pendelachse** *f (Bg/Bergb)* (z.B. des Laders, Graders) **Schwingachse** *f (Bg/Bergb, Mech)*
**oscillating bearing** *(road adjusting)* **Pendellagerung** *f (Mech)* (für die Fahrbahnanpassung)
**oscillating direction indicator** **Pendelwinker** *m (Mech)*
**oscillating force** **schwingende Belastung** *adj:n (Stat)*
**oscillating grate spreader** **Schwingrost** *m (Hütt/Wlz)*
**oscillating screen** **Rüttelsieb** *nt (Zer)* **Schwingsieb** *nt (Zer)*
**oscillating tandem wheels** *pl* **schwingende Antriebsräder** *adj:n (Bg/Bergb)*
**oscillation** **Flattern** *nt (Mech)* (z.B. einer Brücke) **Schwingung** *f (Mech)*
**oscillation lock** **Ausschlag** *m (Kfz)* (z.B. der Pendelachse) **Pendelachsausschlag** *m (Mech)*
**oscillation, damped** damped oscillation *adj:n (El)* **gedämpfte Schwingung** *adj:n (El)*
**oscillation, elastic** elastic oscillation *adj:n (El)* **elastische Schwingung** *adj:n (El)*

**oscillation, free** free oscillation *adj:n (El)* **freie Schwingung** *adj:n (El)*
**oscillation, radial** radial oscillation *adj:n* **Radialschwingung** *f (Mech, El)*
**oscillation, rotary** rotary oscillation *adj:n* **Drehschwingung** *f (Mech)*
**oscillations plane** *(El)* **Schwingungsebene** *f (El)*
**oscillator** *(El, Schw)* **Oszillator** *m (El)* **Schwinger** *m (Schw)*
**oscillator diameter Schwingerdurchmesser** *m (Schw)*
**oscillator, pulsed** pulsed oscillator *adj:n (El)* **Impulsoszillator** *m (El)*
**oscillograph** *(El)* **Schreiber** *m (El)* (schreibendes Messgerät)
**oscilloscope** *(El)* **Oszillograph** *m (El)*
**oscilloscope** *(El)* **Bildschirm** *m (El)* (Zerhacker)
**Otto-engine** *(gasoline combustion)* **Ottomotor** *m (Mech)* (Viertaktbezinmotor)
**out of order betriebsunfähig** *adj (Allg)*
**out of true unrund** *adj (Mech)*
**out-of-balance drive Wuchtmassenantrieb** *m (Zer)*
**out-of-line-running** *(conveyor)* **Schieflauf** *m (Band)* (Band)
**out-of-range indicator Überlaufanzeiger** *m (Mech)*
**out-of-roundness Unrundheit** *f (Mech)* (Rohre)
**out-ramp** *(truck dump station)* **abfahrtseitige Begrenzungsklappe** *adj:n (Mech)* **abfahrtseitige Rampe** *adj:n (Mech)*
**outage Stillstand** *m (Mech, Allg)* **Stillstandszeit** *f (Mech)*
**outboard bearing Lager** *nt (Mech)* (jenseits von Motor und Gebläse)
**outcome Ergebnis** *nt (Allg)*
**outcrop Ausbiss** *m (Geo, Bg/Bergb)* (eines Flözes) **Ausgehendes** *(Bg/Bergb)* (einer Schicht, einer Lagerstätte) **Steilabbruch** *m (Bg/Bergb)*
**outdoor exposure Freibewitterung** *f (Mech)*
**outdoor temperature Außentemperatur** *f (Mech, Allg)*
**outer diameter of the tubes äußerer Rohrdurchmesser** *adj:n (Mech)*
**outer frame Außenrahmen** *m (Bahn)*
**outer link Außenglied** *nt (Form)*
**outer plate Außenlasche** *f (Form)*
**outer shell** *(idler)* **Rollenkörper** *m (Band, Umschl)* **Rollenmantel** *m (Band, Umschl)*
**outer thread Außengewinde** *nt (Mech)*
**outer upright Außenmast** *m (Kfz)*
**outer wall Außenwand** *f (Stb)*
**outer wall of the boiler Außenwand des Kessels** *(Hütt/Wlz)*
**outer web plate Ringmantel** *m*
**outgoing air Abluft** *f (Mech)* (Klimaanlage)
**outlet Ablauf** *m* (z.B. von Wasser) **Auslass** *m (Form)* (z.B. aus einem Gerät) **Austritt** *m (Hütt/Wlz)* (Auslass) **Austrittsöffnung** *f (Kfz)*
**outlet air Abluft** *f (Mech)* (Fortluft) **Fortluft** *f (Mech)*
**outlet chute Entleerungsschurre** *f (Bg/Bergb)*
**outlet connection Auslaufstutzen** *m (Kfz)*
**outlet diameter Ablaufquerschnitt** *m (Hyd/Pneu)*
**outlet end Auslaufseite** *f (Bg/Bergb)* (z.B. einer Maschine)
**outlet gate Auslassschütz** *m (Stb)*
**outlet header Austrittssammler** *m (Hütt/Wlz)*
**outlet side** *(of a fan or a pump)* **Druckstutzen** *m (Hütt/Wlz)* (Ventilator, Pumpe)
**outlet socket** *(El)* **Schalterdose** *f (El)*
**outlet valve Auslassventil** *nt (Hyd/Pneu)*
**outline Abriss** *m (Allg)* (z.B. kurzer Bericht) **kurze Darstellung** *adj:n (Allg)* **Grundriss** *m (Mech, Allg)*
**outline drawing Entwurfszeichnung** *f (Mech, Allg)* **Maßzeichnung** *f (Mech)* (mit Einbaumaßen) **Umrissskizze** *f (Mech)* (mit Einbaumaßen)
**output** *(excavator)* **Förderleistung** *f (Bg/Bergb, Umschl)* (Bagger) **Fördermenge** *f (Bg/Bergb)*
**output** *(El, Allg)* **Abtrieb** *m (Mech)* **Arbeit** *f (Allg)* (Leistung) **Ausgabe** *f (El)* (Ausgangssignal) **Leistung** *f (Mech, Allg)* **Motorleistung** *f (El)*
**output capacity** *(El)* **Leistung** *f (Mech, Allg)* **Leistungsfähigkeit** *f (Mech, Allg)*
**output connection** *(thread)* **Auslass-Anschluss** *m (Kfz)* (Gewinde)
**output coupling Abtriebskupplung** *f (Mech)*

**output data Leistungsangaben** *pl f (Allg)*
**output distributor Endverteiler** *m (Form)*
**output drive gear Abtriebszahnrad** *nt (Kfz)*
**output end Abtriebsseite** *f (Mech)*
**output figures** *pl* **Leistungsangaben** *pl f (Allg)*
**output flange Abtriebsflansch** *m (Mech)*
**output pinion Abtriebsritzel** *nt (Mech)*
**output shaft Abtriebswelle** *f (Mech)*
**output shaft bearing Abtriebswellenlager** *nt (Mech)*
**output side Abtriebsseite** *f (Mech)*
**output speed Abtriebsdrehzahl** *f (Mech)*
**output, average** average output *adj:n* **effektive Leistung** *adj:n (Bg/Bergb)* (in Festmetern)
**output, continuous** continuous output *adj:n (El)* **Dauerleistung** *f (El)* **Leistung im Dauerbetrieb** *(El)*
**output, daily** daily output *adj:n* **Tagesleistung** *f (Bg/Bergb)* (eines Gerätes)
**output, hydraulic** hydraulic output *adj:n* **hydraulische Leistung** *adj:n (Hyd/Pneu)*
**output, maximum** maximum output *adj:n* **Höchstleistung** *f (Mech)* (z.B. eines Motors, einer Pumpe)
**output, nominal** nominal output *adj:n (El)* **Nennförderleistung** *f (El)* **Nennleistung** *f (El)*
**output, rated** rated output *adj:n (El)* **theoretische Förderleistung** *adj:n (Bg/Bergb)* **theoretische Leistung** *adj:n (Bg/Bergb)* (in losen Metern)
**output, sustained** sustained output *adj:n (El)* **Dauerleistung** *f (El)*
**outreach Arbeitsbereich** *m (Mech)* (Reichweite) **Ausladung** *f (Bg/Bergb)* (z.B. Montagekranausleger) **Reichweite** *f (Bg/Bergb)* (des Baggers)
**outreach, total** total outreach *adj:n* **Gesamtausladung** *f (Bg/Bergb)* (der Baggerausrüstung)
**outrigger Abstützung** *f (Bahn)* (Bagger-, Kranausleger) **Pratze** *f (Bg/Bergb)* (Ausleger)
**outrigger crane Auslegerkran** *m (Stb)*
**outrigger stabilizers** *pl* **Pratzenabstützung** *f (Bg/Bergb)*
**outside air Außenluft** *f (Hütt/Wlz)*
**outside band brake Außenbandbremse** *f (Kfz)*
**outside bucket corner clearance circle Laderwendekreis** *m (Umschl)* **Wendekreis** *m (Mech)* (äußere Schaufelecke des Laders)
**outside caliper Außentaster** *m (Mech, Mont)*
**outside coil diameter äußerer Windungsdurchmesser** *adj:n (Mech)*
**outside cone Außenkegel** *m (Form)*
**outside diameter** *(El, Mech, Hyd/Pneu)* **Kopfkreisdurchmesser** *m (Mech)* **Querschnitt** *m (Mech)* (äußerer Querschnitt eines Rohres) **Rohrdurchmesser** *m (Hütt/Wlz)* (außen)
**outside diamond crossing with single slip Außenbogenkreuzungsweiche** *f (Bahn)*
**outside dump Außenkippe** *f (Bg/Bergb)*
**outside length Außenlänge** *f (Form)* (Keilriemen)
**outside noise test Außengeräuschmessung** *f (Kfz)* (in Preisliste)
**outside of the turn** *(curve)* **Kurvenaußenseite** *f (Bahn)*
**outside panel Außenblech** *nt (Kfz)*
**outside platform Außenpodest** *nt (Stb)*
**outside rear mirror Außenspiegel** *m (Stb)* (am Auto)
**outside slope Außenschräge** *f (Bg/Bergb)*
**outside spoil area Außenkippe** *f (Bg/Bergb)*
**outside temperature Außentemperatur** *f (Mech, Allg)*
**outside thread caliper Außentaster** *m (Mech, Mont)*
**outside threading Außengewinde** *nt (Mech)*
**outside wall Außenwand** *f (Stb)*
**outstand Überstand** *m (Stb)* (z.B. einer Kante)
**oval head countersunk rivet Linsensenkniet** *m (Mech)*
**oval head countersunk screw Linsensenkschraube** *f (Mech)*
**oval-wheel meter Ovalradzähler** *m*
**ovals** *pl* **Ovalstahl** *m (Hütt/Wlz)*
**over travel switch** *(El)* **Endschalter** *m (El)*

**over-belt magnetic separator Überbandmagnetscheider** *m (Zer)*
**over-fire air Oberluft** *f (Hütt/Wlz)* (Sekundärluft) **Sekundärluft** *f (Hütt/Wlz)*
**over-hung** *adj* **fliegend gelagert** *adv:adj (Mech)*
**over-night load Nachtlast** *f (Hütt/Wlz)*
**over-power protection** *(El)* **Leistungsbegrenzungsschutz** *m (El)* (nach oben)
**over-running speed Auflaufgeschwindigkeit** *f (Bahn)* (z.B. des Wagons)
**over-runnning brake Auflaufbremse** *f (Kfz)*
**overall drawing Zusammenstellungszeichnung** *f (Mech, Allg)*
**overall progress Gesamtablauf** *m (Mech)*
**overburden Abraum** *m (Bg/Bergb)* (im Bergbau) **Baggergut** *nt (Bg/Bergb)* **Deckgebirge** *nt (Geo, Bg/Bergb)*
**overburden conveyor Abraumstrossenband** *nt (Bg/Bergb)*
**overburden removal Abbau von Abraum** *m (Bg/Bergb)* **Abraumbeseitigung** *f (Bg/Bergb)*
**overburden removing bridge Abraumförderbrücke** *f (Bg/Bergb)*
**overburden spreader** *UK* **Absetzer** *m (Bg/Bergb)* (für Abraum auf Kippe)
**overburden stockpile Abraumhalde** *f (Bg/Bergb)*
**overburden, dislodge** dislodge overburden *n:v* **Abraum ablösen** *n:v (Bg/Bergb)*
**overburden, undisturbed** undisturbed overburden *adj:n* **unberührter Abraum** *adj:n (Bg/Bergb)*
**overcarry Überwerfen des Schaufelrades** *(Bg/Bergb)*
**overcast Übersetzbetrieb** *m (Bg/Bergb)*
**overcenter valve, leak-free** leak-free overcenter valve *adj:n* **Senkventil** *nt (Hyd/Pneu)*
**overcentre valve, leak-free** leak-free overcentre valve *adj:n* **Senkventil** *nt (Hyd/Pneu)*
**overcharge** *v* **überlasten** *v (Mech)* (leistungsbezogen)
**overcut gate Segmentschieber** *m (Mech, Bg/Bergb)* (schließt von oben gegen Fördergutstrom)
**overdrive Schnellstufe** *f (Mech)* **Schonganggetriebe** *nt (Mech)* **Zusatzfahrschaltung** *f (Mech)*
**overflow Überlauf** *m (Aufb)*
**overflow line Überströmleitung** *f (Hyd/Pneu)*
**overflow monitor** *(El)* **Überschüttungswächter** *m (El)*
**overflow oil line Leckölleitung** *f (Mech)*
**overflow oil line connection Leckölleitungsanschluss** *m (Mech)*
**overflow pipe Überströmleitung** *f (Hyd/Pneu)* **Überströmrohr** *nt (Hyd/Pneu)*
**overflow tap Überlaufbohrung** *f (Mech)*
**overflow valve Überdruckventil** *nt (Hyd/Pneu)*
**overflowing Überschüttung** *f (Band, Umschl, Bg/Bergb)*
**overgrate air Oberluft** *f (Hütt/Wlz)* (Sekundärluft)
**overhang Auskragung** *f (Stb)* **Ausladung** *f (Stb)* (Überhang) **Überstand** *m (Stb)* (z.B. einer Kante)
**overhanging beam Konsolträger** *m (Mech, Stb)*
**overhaul Überholung** *f (Mech)* (Reparatur)
**overhead** *adj (El)* **oberirdisch** *adj (El)*
**overhead** *(upward welding)* **Zwangslage** *f (Schw)* (nach oben schweißen; in Zeichnungen)
**overhead camshaft oben liegende Nockenwelle** *adj:n (Mech)*
**overhead clearance Durchfahrtshöhe** *f (Mech)* **lichte Höhe** *adj:n (Mech)*
**overhead coal bunker oben liegender Kohlenbunker** *adj:n (Bg/Bergb)*
**overhead crab Greiferlaufkatze** *f (Bg/Bergb)*
**overhead crab trolley Greiferlaufkatze** *f (Bg/Bergb)*
**overhead crane** *(in works hall)* **Laufkatze** *f (Mech)* (in Reparaturhalle) **Laufkatzenkran** *m (Mech)* (in Reparaturhalle)
**overhead distribution line** *(El)* **Verteilerfreileitung** *f (Mech)*
**overhead position Überkopfposition** *f (Schw, Mont)* (z.B. beim Schweißen)
**overhead projector Overheadprojektor** *m (El, Allg)* **Tageslichtprojektor** *m (Allg, El)*
**overhead travelling crane Laufkran** *m (Bg/Bergb, Umschl)*
**overhead valve hängendes Ventil** *adj:n (Hyd/Pneu)*

**overhead weld Überkopfschweißung** *(Schw)*
**overhead welding Überkopfschweißung** *(Schw)*
**overheating Überhitzung** *f (Stb)*
**overheating protection Heißlauf-Sicherung** *f (Mech)*
**overhung** *adj* **fliegend angeordnet** *adv:adj (Mech)*
**overinflation Überdruck** *m (Hyd/Pneu)* (im Reifen)
**overland conveyor Überlandförderer** *m (Band, Umschl)*
**overland line** *(El)* **Überlandleitung** *f (El)*
**overlap** *(overlapping)* **Überlappung** *f (Stb, Schw)* (z.B. der Schweißnaht)
**overlap bridge path Überlappungsbrücke** *f (Bahn)*
**overlap contact ratio Sprungüberdeckung** *f*
**overlapping Überschneidung** *f (Hütt/Wlz)*
**overlapping ring Überschneidring** *m (Mech)*
**overlifting Überhub** *m (Hütt/Wlz)* (Steigrohre)
**overload Überbelastung** *f (Mech, Stat)* **Überlastung** *f (Mech, Stat)* (Gewicht)
**overload circuit breaker** *(El)* **Motorschutzschalter** *m (El)* **Überstromauslöser** *m (El)*
**overload factor Überlastfaktor** *m (Mech, Stat)*
**overload protection Überlast-Sicherungssystem** *nt (Hyd/Pneu, Mech, El)* **Überlastsicherung** *f (Hyd/Pneu, Mech, El, Bg/Bergb)*
**overload radius dynamischer Radius** *adj:n (Mech)*
**overload relief valve Mengenregler** *m (Hyd/Pneu)*
**overload shear coupling Scherkupplung** *f (Mech)* **Zerreißkupplung** *f (Mech)*
**overload spring Zusatzfeder** *f (Mech)* (Verstärkung)
**overload, continuous** continuous overload *adj:n* **Dauerbelastung** *f (Mech)* **Dauerüberlastung** *f (Mech)*
**overloading** *(of the engine)* **Motordrückung** *f (Mech)*
**overman** *(excavator crew)* **Fahrsteiger** *m (Bg/Bergb)* (Baggerpersonal)
**overnight shutdown Nachtabschaltung** *f (Hütt/Wlz)*
**overpass** *(road over intersection* **Überführung** *f (Bahn, Bau)* (Straße über Kreuzung)
**overpressure valve Überdruckventil** *nt (Hyd/Pneu)*
**override clutch gear change** *(shift)* **Überholklauenschaltung** *f (Mech)*
**overriding Auflaufen** *nt (Bahn)* (z.B. auf Schiene)
**overrunning clutch** *(with switch control)* **Überholkupplung** *f (Mech)*
**overshot mode oberschlächtig** *adj*
**oversize** *(excess)* **Übermaß** *nt (Bahn)* (Überschreitung der Lademaße)
**oversize Siebrückstand** *m (Zer)* **Siebüberlauf** *m (Zer)* **Überkorn** *nt (Zer)* (als Fehlkorn)
**oversized truck** *(tractor)* **Schwerlastkraftwagen** *m (Mech)*
**overspeed** *(El, Mech)* **hohe Drehzahl** *adj:n (El, Mech)* **Überdrehzahl** *f (Mech)*
**overspeed clutch Überholkupplung** *f (Mech)*
**overspeed monitor Drehzahlwächter** *m (Mech)* (für zu hohe Drehzahl)
**overspeed shut-off drehzahlabhängige Abstellvorrichtung** *adj:n (Mech)*
**oversquare Kurzhub** *m (Mech)*
**oversquare engine Kurzhubmotor** *m (Mech)*
**overstrain** *v* **überanstrengen** *v (Stb)* **überbeanspruchen** *v (Stb)*
**overthrow, direct** direct overthrow *adj:n* **Direktversturz** *m (Bg/Bergb)*
**overtorque** *v (e.g. a bolt)* **überdrehen** *v (Mech, Mont)* (z.B. Gewinde)
**overtravel Überfahren** *nt (Mech)*
**overturn** *v* **überdrehen** *v (Mech, Mont)* (z.B. Gewinde)
**overturning Kippen** *nt (Mech, Stat, Stb)* (eines Gebäudes) **Umkippen** *nt (Stb, Stat)*
**overturning moment Kippmoment** *nt (Mech)*
**overwind** *v* **ein Gewinde überdrehen** *n:v (Mech)* **überdrehen** *v (Mech, Mont)* (z.B. Gewinde)
**oxidation Oxidation** *f (Anstr)*
**oxide, cupric** cupric oxide *adj:n* **Grünspan** *m (Chem)* (Kupferoxid) **Kupfervitriol** *nt (Chem)*

**oxidizer Oxidationsmittel** *nt (Anstr)*
**oxy-fuel gas torch Autogenbrenner** *m (Schw, Mech, Mont)* **Gasbrenner** *m (Schw, Mech, Mont)*
**oxy-fuel gas welding Sauerstoff-Brenngas-Schweißung** *f (Schw, Mech, Mont)*
**oxy-fuel method Autogenverfahren** *nt (Schw, Mech, Mont)*
**oxy-gas cutting Autogenschneiden** *nt (Schw, Mont, Mech)* **Gasbrennschneiden** *nt (Schw, Mech, Mont)* **autogenes Trennen** *adj:n (Schw, Mech, Mont)*
**oxyacetylene cut autogener Brennschnitt** *adj:n (Schw, Mech, Mont)*
**oxyacetylene cutting Autogenbrennschneiden** *nt (Schw, Mont)* **autogenes Brennschneiden** *adj:n (Schw, Mont)*
**oxyacetylene cutting machine autogene Brennschneidmaschine** *adj:n (Schw, Mech, Mont)*
**oxyacetylene cutting torch Azetylen-Sauerstoff-Schneidbrenner** *m (Schw, Mech, Mont)*
**oxyacetylene equipment Autogengerät** *nt (Schw, Mech, Mont)*
**oxyacetylene gouging Autogenfugenhobeln** *nt (Schw, Mech, Mont)* **autogenes Fugenhobeln** *adj:n (Schw, Mech, Mont)*
**oxyacetylene process Autogenverfahren** *nt (Schw, Mech, Mont)*
**oxyacetylene torch Autogenbrenner** *m (Schw, Mech, Mont)* **Gasbrenner** *m (Schw, Mech, Mont)*
**oxyacetylene weld Autogennaht** *f (Schw, Mech, Mont)* **Autogenschweißnaht** *f (Schw, Mech, Mont)*
**oxyacetylene welding Autogenschweißen** *nt (Schw)* **Gasschweißen** *nt (Schw, Mech, Mont)* **autogenes Schweißen** *adj:n (Schw, Mech, Mont)*
**oxyacetylene welding equipment Autogenschweißgerät** *nt (Schw, Mech, Mont)* **autogenes Schweißgerät** *adj:n (Schw, Mech, Mont)*
**oxyacetylene welding process Autogenschweißverfahren** *nt (Schw, Mech, Mont)*
**oxyacetylene welding set Autogenschweißanlage** *f (Schw, Mech, Mont)*
**oxydation method Oxidationsmethode** *f (Anstr)*
**oxygen cut Brennschnitt** *m (Schw, Mont)*
**oxygen cutting machine Brennschneidemaschine** *f (Schw)*
**oxygen furnace Sauerstoffkonverter** *m (Stb)*
**oxygen refined steel Sauerstoffblasstahl** *m (Stb)*
**oxygen steel plant Oxigenstahlwerk** *nt (Hütt/Wlz)*

# P

**P.I.V. gear box PIV-Getriebe** *nt (Hütt/Wlz)*
**pack** *v (e.g. overburden)* **einfüllen** *v (Bg/Bergb, Umschl)*
**pack** *v (e.g. material, goods)* **dichten** *v (Mech)* (dicht packen) **dichtpacken** *v (Mech)*
**packaged boiler Standardkessel** *m (Hütt/Wlz)*
**packaged unit Baueinheit** *f (Mech)* (im Baukastensystem) **Baustein** *m (Mech)* (im Baukastensystem)
**packed** *adj* **gedrängt** *adj (Mech, Allg)*
**packer Haltescheibe** *f (Mech)*
**packet seal Dichtsatz** *m (Form)* (Dichtpaket)
**packing** *(crating)* **Packung** *f (Allg)* **Verpackung** *f (Mech)* (in Kisten)
**packing Ballung des Gutes** *(Bg/Bergb)* **Bergeversatz** *m (Bg/Bergb)*
**packing** *(filling material)* **Füllkörper** *m (Chem)* (für Kühlung) **Futter** *(Mech, Stb)* (Ausfütterung)
**packing** *(seal)* **Dichtung** *f (Mech)* (Packung, Dichtungsmanschette)
**packing and loading of coils Coilverpackung und -verladung** *(Form)*
**packing and loading of sheets Paketverpackung und -verladung** *(Umschl)*
**packing box Stopfbuchse** *f (Mech)* **Stopfbüchse** *f (Mech)*
**packing collar Dichtungskragen** *m (Mech)*
**packing cord Dichtungsschnur** *f (Mech)*
**packing drum Gebinde** *nt (Allg)*
**packing for steering gear housing Lenkgehäusedichtung** *f (Mech)*
**packing material Dichtungsmaterial** *nt (Mech)*
**packing ring Dichtring** *m (Mech)* **Dichtungsring** *m (Mech)*

**packing ring, corrugated** corrugated packing ring *adj:n* **Welldichtung** *f (Hütt/Wlz)* (Eko-Krümmer)
**packing rubber Dichtungsgummi** *nt (Mech)*
**packing sleeve Dichtungsbuchse** *f (Mech)*
**packing station Packstation** *f (Mech)*
**packing surface Dichtungsfläche** *f (Mech)*
**packing washer Dichtungsscheibe** *f (Mech)*
**packing, exchangeable** exchangeable packing *adj:n* **Wechselblende** *f (Mech)*
**packing, metallic** metallic packing *adj:n* **metallische Packung** *adj:n (Mech)*
**packing, sealed** sealed packing *adj:n* **Dichtverpackung** *f (Mech)*
**packing, shaped** shaped packing *adj:n* **Formdichtung** *f (Mech)*
**packing, soft** soft packing *adj:n* **Weichpackung** *f (Hütt/Wlz)*
**pad Kettenplatte** *f (Bg/Bergb)* **Prellvorrichtung** *f (Mech)* **Stoßfänger** *m (Mech)* **Unterlage** *f (Mech))*
**pad** *(tire-part)* **Wulst** *m (Mech)* (Reifenteil in Felge)
**pad** *v* **ausfüttern** *v (Mech)* **stopfen** *v (Mech)*
**pad bolt Kettenplattenbolzen** *m (Bg/Bergb)*
**pad clearance Bremsklotzspiel** *nt (Mech)* (der Scheibenbremse)
**pad saw Stichsäge** *f (Mont, Werkz)*
**pad-type thermocouple aufgelötetes Thermoelement** *adj:n (Hütt/Wlz)*
**padding Füllung** *f (Mech)* (Polsterung) **Futter** *nt (Mech)* (Polsterung) **Puffer** *m (Mech)*
**paddle plate Gleitplatte** *f (Bg/Bergb, Mech)* (an der Schaufel)
**paddle wheel Schaufelrad** *nt (Schiff)* (Schiff)
**paddle worm conveyor Misch-Schnecke** *f (Band)*
**padlock Vorhängeschloss** *nt (Mech)*
**pads Wulstbildung** *f (Mech)* (Autoreifen)
**padstone Auflagerstein** *m (Stb)*
**paint crack Farbriss** *m (Anstr)*
**paint finish** *(last coating)* **Endanstrich** *m (Anstr)* (oberste Farbschicht) **Lackierung** *f (Anstr)*
**paint shop Lackiererei** *f (Anstr)* **Spritzkabine** *f (Anstr)*
**paint stripping Abbeizen** *nt (Anstr)*
**paint, fire-resistant** fire-resistant paint *adj:n* **Feuerschutzanstrich** *m (Anstr)*
**paint, protective** protective paint *adj:n* **Schutzanstrich** *m (Anstr)*
**pair of bogies Schwingenpaar** *nt (Bg/Bergb)*
**pair of gear wheels Getriebestufe** *f (Mech)* **Läufersatz** *m (Mech)*
**pair of heating plates Heizplattenpaar** *(El)*
**pair of lids Deckelpaare** *nt pl nt (Form)*
**pair of points** *BE* **Weiche** *f (Bahn)*
**pair of steering crawlers Lenkraupenpaar** *nt (Bg/Bergb)*
**pair of transport rolls Transportrollenpaar** *nt (Mech)*
**pal-nut Palmutter** *f (Mech)*
**pallet Palette** *f (Umschl)*
**pallet stacker Palettenstapler** *m (Mech, Mont)*
**pallet truck Gabelhubwagen** *m (Kfz)* **Handgabelhubwagen** *m (Mech)*
**palm-type coupling Gummifächerkupplungsscheibe** *f (Mech)*
**pan Wanne** *f (Mech)*
**pan feeder Abzugsband** *nt (Umschl, Band, Zer)* (als Plattenband) **Förderrinne** *f (Bg/Bergb, Umschl)* **Plattenband** *nt (Umschl, Band, Zer)*
**pan feeder, vibrating** vibrating pan feeder *adj:n* **Schüttelrutsche** *f (Zer)* **Schwingförderrinne** *f (Bg/Bergb, Umschl)* **Schwingrinne** *f (Umschl)*
**pan head screw Flachkopfschraube** *f (Mech, Mont)*
**pan head tapping screw Zylinderblechschraube** *f (Mech)*
**pan riveting Flachkopfnietung** *f (Mech)*
**pan sheet** *(pan plate, tile plate)* **Pfannenblech** *nt (Hütt/Wlz)*
**pane Scheibe** *f (Allg, Mech)* (Glas)
**pane** *v* **ausrichten** *v (Mech, Mont)* (mittels Hammer)
**panel instrument Schaltwarteninstrument** *nt (Hütt/Wlz)*
**panel intervals** *nt pl* **Feldteilung** *f (Bg/Bergb, Band)* (z.B. einer Bandbrücke)
**panel moment Feldmoment** *nt (Mech, El, Stb)*

**panel mounting Tafeleinbau** *m (Mech, Mont)*
**panel point Knoten** *m (El)* (Schwingungsknoten) **Knotenpunkt** *m (Stb, Stat)* (Fachwerk)
**panel, insertable** insertable panel *adj:n* **Steckblech** *nt (Hütt/Wlz)*
**panel, inside** inside panel *adj:n* **Innenblech** *nt (Mech)*
**panic button Alarmknopf** *m (Hütt/Wlz)*
**panic switch** *(El)* **Katastrophenschalter** *m (El)*
**pantograph** *(El, Mech)* **Storchschnabel** *m (Mech)* **Stromabnehmer** *m (El)* (der Bahn)
**pantograph design aufgelöst** *adj (Umschl)* (z.B. Wippe, Pylon bei Rückladern)
**pantograph drawing Storchschnabelzeichnung** *f (Mech)*
**paper element Papiervlieselement** *nt (Hyd/Pneu)*
**paper filter Papierfilter** *nt (Mech)*
**paper seal** *(for transport)* **Papierabdichtung** *f (Mech)* (am Lagerauge)
**paper, abrasive** abrasive paper *adj:n* **Schmirgelpapier** *nt (Mech, Anstr)*
**paper, impregnated** impregnated paper *adj:n* **getränktes Papier** *adj:n (Mech)*
**parabel spring Parabelfeder** *f (Mech)*
**paraffined** *adj* **paraffiniert** *adj (Hütt/Wlz)*
**parallel adjustment** *(of block clamp)* **Parallelausgleich** *m (Mech)* (der Steinklammer)
**parallel geometry Parallelkinematik** *f (Bg/Bergb)*
**parallel guide Parallelführung** *f (Bg/Bergb)*
**parallel notch pin Zylinderkerbstift** *m (Mech)*
**parallel-slide valve Parallelschieber** *m (Hütt/Wlz)*
**parent drawing Stammzeichnung** *f (Stb)*
**parent material Bandmaterial** *nt (Form)* (Rohmaterial) **Grundwerkstoff** *m (Mech, Mont)*
**parent metal Grundmetall** *nt (Mech)*
**parking area Abspannplatz** *m (Umschl)*
**parking brake Feststellbremse** *f (Mech)*
**parking position Parkstellung** *f (Umschl)*
**parking system Parksystem** *nt (Mech, Allg)*
**part Bauteil** *nt (El)* **Stück** *nt (Mech, Allg)* **Teil** *m (Allg)* (Stück)
**part and full load teil- und volllasttragend** *(Mech)*
**part groove Teilfuge** *f (Schw)* (Schweißen) **Teilung** *f (Mech)* (z.B. eines Lagers mit Nuten)
**part load Teillast** *f (Hütt/Wlz)*
**part load needle Teillastnadel** *f (Mech)*
**part of chain Kettenstrang** *m (Mech)*
**part of the drive Antriebsteil** *m (Mech)*
**part to be serviced Wartungsteil** *nt (Mech)*
**part, adjoining** adjoining part *adj:n* **Bindestück** *nt (Mech)*
**part, built-in** built-in part *adj:n* **Einbauteil** *nt (Mech)*
**part, fixed** fixed part *adj:n* **fester Teil** *adj:n (Mech)*
**part, individual** individual part *adj:n* **Einzelteil** *nt (Mech)*
**part, magnetic** magnetic part *adj:n* **Magnetständer** *m (Mech)*
**part, mechanical** mechanical part *adj:n* **Maschinenteil** *nt (Mech)*
**part, projecting** projecting part *adj:n* **vorspringendes Teil** *adj:n (Mech, Bau)*
**part, rotating** rotating part *adj:n* **umlaufendes Teil** *adj:n (Mech)*
**part, shaped** shaped part *adj:n* **Formstück** *nt (Hütt/Wlz)*
**part, small** small part *adj:n* **Kleinteil** *nt (Mech)*
**part, stamped** stamped part *adj:n* **Stanzteil** *nt (Hütt/Wlz)*
**part, unmachined** unmachined part *adj:n* **Rohteil** *nt (Hütt/Wlz)*
**part, welded** welded part *adj:n* **Schweißteil** *nt (Schw)*
**partial grate Teilrost** *m (Mech)*
**partial wrap-around edge Vorschweißmesser** *nt (Schw)*
**partial-flow filter Nebenstromfilter** *nt (Mech)*
**particle board Trägerplatte** *f (Hütt/Wlz)*
**particle size Korngröße** *f (Geo, Mech)* **Körnungsgröße** *f (Geo)*
**particulates** *nt pl* **Partikel** *nt (Allg)* (kleine Teile)
**parting** *AE* **Zwischenschicht** *f (Bg/Bergb)* (zwischen Flözen)
**parting compound Gleitmittel** *nt (Mech, Chem)*

**parting line Trennfuge** *f (Mech)* (im Außenring)
**parting sand Feinsand** *m (Form)* (beim Gießen)
**partings** *nt pl* **Mittel** *nt (Mech)* (Durchschnitt, Mittelwert)
**partition Trennlinie** *f (Mech, El)* **Trennung** *f (El)*
**partition in the sheave traverse Rollenträgerschott** *n*
**partition line Trennlinie** *f (Mech, El)*
**partition panel Trennwand** *f (Stb, Bau, Mech)*
**partition plate Schottblech** *nt (Mech)* **Trennblech** *nt (Mech)*
**partitioned** *adj* **geschottet** *adj (Mech)*
**parts depot Teilelager** *nt (Mech, Allg)*
**parts from suppliers Zulieferteile** *nt pl nt (Mech)*
**parts list Ersatzteilliste** *f (Allg, Mech)* **Teileliste** *f (Mech)*
**parts replacement Teileerneuerung** *f (Mech, Allg)*
**parts, associated** associated parts *adj:n* **Zubehör** *nt (Allg)*
**parts, genuine** genuine parts *adj:n* **original Ersatzteile** *adj:n (Mech, Allg)*
**parts, missing** missing parts *adj:n* **fehlende Teile** *adj:n (Mech)*
**parts, moving** moving parts *adj:n* **bewegliche Teile** *adj:n (Mech)*
**parts, new** new parts *adj:n* **Neuteile** *nt pl nt (Mech)*
**party wall Brandmauer** *f (Mech)*
**pass Übergang** *m (Mech)* (z.B. zwischen Maschinenteilen)
**pass** *v (be fed through)* **passieren** *v (Bg/Bergb)* (eingespeist werden)
**pass piece Zwischenstück** *nt (Mech)*
**passage** *(opening)* **Durchlauf** *m (Form)* (durch eine Maschine) **Kanal** *(Mech)* (Durchlass; Maschine)
**passage way Laufsteg** *m (Mech, Bau)*
**passage, single** single passage *adj:n* **einfacher Durchlauf** *adj:n (Mech)*
**passages** *nt pl* **Arbeitsgänge** *nt pl m (Bg/Bergb)* (des Graders)
**passband** *(El)* **Durchlassbereich** *m (El)*
**passe-partout Messschablone** *f (Bahn)* (zur Feststellung des Lademaßes)
**passenger's seat Beifahrersitz** *m (Bg/Bergb)*
**passing places Ausweichstellen** *nt pl f (Kfz)*
**passing signal indicator Überholsignalgerät** *nt (Mech)*
**paste Brei** *(Bau)*
**patch Flicken** *m (Mech, Allg)*
**patent rivet snappers** *nt pl* **Patentnietkippen** *nt pl f (Mech)*
**path** *(race of ball in bearing)* **Bahn** *f (Form)* (einer Kugel im Kugellager) **Laufring** *m (Mech)*
**path of the ore Fördergutstrom** *m (Band, Umschl)* (Erz) **Förderweg** *m (Band, Umschl)* (Erz)
**patrol man Bandwärter** *m (Bg/Bergb)*
**pattern Bauart** *f (Mech, Allg)* (Modell) **Gussmodell** *nt (Hütt/Wlz)* **Muster** *nt (Allg, Mech)* (Vorlage)
**pattern making Modellbau** *m (Hütt/Wlz)* (für die Gießerei)
**pattern quality Modellgüte** *f (Allg)*
**pattern shrinkage Schwindmaß** *(Mech, Mont, Bau)*
**pawl Klaue** *f (Mech)* (Zahnring) **Ratsche** *f (Mech, Mont)* **Sperrklinke** *f (Mech)*
**pawl clutch Klauenkupplung** *f (Mech)* **Klinkenkupplung** *f (Mech)*
**pawl pin Klinkenbolzen** *m (Mech)* (Bandwaage)
**pay off** *v (e.g. a rope)* **abhaspeln** *v (Bg/Bergb)* (z.B. ein Seil) **abspulen** *v (Bg/Bergb)* (z.B. ein Seil)
**pay-out** *(rope)* **Seilablauf** *m (Bg/Bergb, Mech)*
**payload Ladegut** *nt (Bahn)* (Gewicht) **Nutzlast** *f (Stb)* **Tragfähigkeit** *f (Bahn)* (des Muldenkippers)
**payloader Radlader** *m (Umschl)*
**PD circuit** *(parallel travel work)* **PF-Schaltung** *f (Bg/Bergb)*
**PE-cable Erdungsseil** *nt (Bahn)*
**pea coal Erbskohle** *f (Bg/Bergb)*
**peak Höchstleistung** *f (Mech)* (Spitze)
**peak recording Zackenschrift** *f (Mech)*
**peak torque** *(El, Mech)* **Drehmomenthöchstleistung** *f (Mech)*
**peak value** *(El)* **Spitzenwert** *m (El)*
**peat firing equipment Torffeuerung** *f (Hütt/Wlz)*
**pebbles** *nt pl* **Geröll** *nt (Geo)* (glatt)
**pedal Pedal** *nt (Mech)*
**pedal pivot shaft Pedalachse** *f (Mech)*

**pedal shaft Pedalwelle** *f (Mech)*
**pedestal Bock** *m (Mech)* (Stehlager) **Lagerstuhl** *m (Mech)*
**pedestal bearing Stehlager** *nt (Mech)*
**pedestal body Lagerkörper** *m (Mech)*
**pedestal column Standsäule** *f (Mech)*
**pedestrian-controlled** *adj* **handgeführt** *adj (Mech)* (z.B. Deichselstapler)
**peel** *v (remove)* **ablösen** *v (Mech, Mont, Allg)* (z.B. eine Schicht, eine Folie) **schälen** *v (Mech)*
**peel (off)** *v (paint)* **abblättern** *v (Anstr)* (Farbe, Putz)
**peel off a shoulder Bankett schneiden** *(Bg/Bergb)*
**peel test Ausreißversuch** *m (Stb)*
**peeling device Schälgerät** *nt (Anstr)*
**peen Finne** *f (Form)* (Pinne)
**peen** *v* **abklopfen** *v (Mech, Mont)* (mit der Finne; z.B. Schweißnähte) **ausrichten** *v (Mech, Mont)* (mittels Hammer)
**peep hole Schauloch** *nt (Mech)*
**peer Verladebühne** *f (Stb, Umschl)*
**peg out** *v* **abstecken** *v (Bau, Band)* (z.B. während des Bandrückvorgangs) **markieren** *v (Band)* (mit Pflöcken)
**pegged-back** *adj (upper section of boom)* **zurückgeschoben** *adj (Bg/Bergb)* (Auslegeroberteil)
**pelletising plant** *(soot)* **Pelletisieranlage** *f (Hütt/Wlz)* (Ruß)
**pendant** *adj* **hängend** *adj (Mech, Allg)* **schwebend** *adj (Mech, Allg)*
**pendulum Pendel** *nt (Allg)* **Pendelzugstab** *m (Stb)*
**pendulum axle Pendelachse** *f (Mech)*
**pendulum ball** *(made of bronze)* **Linse** *f (Mech)* (Steuerlinse im Pumpenkörper) **Steuerlinse** *f (Mech)* (im Pumpenkörper)
**pendulum bearing Pendellager** *nt (Mech, Stb)*
**penetrate** *v* **durchschlagen** *v (Form)* (durchdringen) **eindringen** *v (Bg/Bergb)* (etwas durchdringen)
**penetration** *(e.g. of bar, shovel, water)* **Eindringen** *nt (Mech)*
**penetration** *(of a bucket, shovel)* **Einstechen** *nt (Form)* (z.B. der Schaufel)
**penetration Einbrand** *m (Schw)*
**penetration cut Einbrandkerbe** *f (Schw)*
**penetration drawing Durchbruchszeichnung** *f (Stb)*
**penetration into the root Wurzeleinbrand** *m (Schw)* (an der Schweißnaht)
**penetration test Penetrationsversuch** *m (Mech)*
**penetration, excessive** excessive penetration *adj:n* **Wurzeldurchfall** *m (Schw)* (der Schweißnaht)
**penetration, unworked** unworked penetration *adj:n* **Ruhpenetration** *f (Hütt/Wlz)*
**penetration, worked** worked penetration *adj:n (grease, oil)* **Walkpenetration** *f (Mech)* (Fett, Öl)
**penstock Druckrohrleitung** *f (Stb)*
**per cast of steel schmelzenweise** *adj (Hütt/Wlz)*
**percentage of air through air heater Luvo-Beaufschlagung** *f (Hütt/Wlz)*
**percentage of burnable materials in residues Ausbrand** *m (Hütt/Wlz)*
**percentages of voids Porenanteil** *m (Geo, Mech)* (Hohlraumgehalt) **Porenziffer** *f (Geo, Mech)* (Hohlraumgehalt)
**perch bolt Federstift** *m (Form)*
**percussion welding Funkenschweißen** *nt (Schw)*
**perforation Perforation** *f (Mech, Allg)*
**perforation and tears Durchschlag und Risse** *(Band)* (Gurt)
**performance** *(work, production)* **Arbeitsleistung** *f (Mech)* (z.B. einer Maschine) **Leistungsvermögen** *nt (Mech)* **Wirkungsweise** *f (Mech)* (eines Gerätes, eines Motors)
**performance data** *nt* **Betriebsergebnisse** *nt pl nt (Hütt/Wlz)* **Kennfeld** *nt (Mech)*
**performance valve Druckregelventil** *nt (Hyd/Pneu)* **Steuerventil** *nt (Hyd/Pneu)* (Druck)
**performance, maximum** maximum performance *adj:n* **Höchstleistung** *f (Mech, Allg)*
**performance, technical** technical performance *adj:n* **technische Leistungsfähigkeit** *adj:n (Mech)*
**perimeter Umfang** *m (Mech)* (eines Rechtecks)
**permanent limit of elasticity Dehngrenze** *f (Mech)* (bleibende Dehnung)
**permeability** *(magnetic)* **Durchlässigkeit** *f (Form)* (magnetisch)
**permission to repair Reparaturfreigabe** *f (Mech, Allg)*

**perpendicular** *adj* **lotrecht** *adj (Mech, Allg)* **senkrecht** *adj (Mech, Allg)*
**perspex** *(plexiglass-reference stand)* **Plexiglas-Eichnorm** *f (Form)*
**perspex insert Plexiglas-Einsatz** *m (Form)*
**perspex sole Plexiglas-Sohle** *f (Form)*
**pet cock Kompressionshahn** *m (Hyd/Pneu)* **Zischhahn** *m (Hyd/Pneu)*
**petrifying** *(petrification)* **Versteinerung** *f (Bg/Bergb)*
**pettit truss mehrteiliges Pfostenfachwerk** *adj:n (Stb)*
**phase** *v* **synchronisieren** *v (Mech)*
**phase monitoring** *(El)* **Phasenüberwachung** *f (El)* (E-Motor) **Phasenwächter** *m (El)* (E-Motor)
**Phillips screw Kreuzschraube** *f (Mech, Mont)*
**phosphate Phosphat** *nt (Geo)*
**phosphatize** *v* **bondern** *v (Anstr)* (rostschutzbondern, phosphatieren) **phosphatieren** *v (Anstr)*
**photo-electric cell** *(El, Phys)* **Fotozelle** *f (El, Phys)*
**photoelasticity Fotoelastizität** *f (Phys)* (Spannungsoptik)
**physical properties Festigkeitseigenschaften** *nt pl f (Hütt/Wlz, Mech)*
**physical quantity Ausgangsgröße** *f (Allg)*
**pick Spitzhacke** *f (Mont, Werkz)*
**pick** *v (e.g. files)* **aufhauen** *v (Mech, Mont)* (z.B. Feilen) **ausspitzen** *v (Mech, Mont)* (z.B. Feilen)
**pick up** *v (e.g. a heavy load)* **aufheben** *v (Bg/Bergb, Mech, Allg)* (hochheben) **aufnehmen** *v (Bg/Bergb, Mech, Umschl)* (hochheben)
**pickaxe Kreuzhacke** *f (Werkz)* **Spitzhacke** *f (Mont, Werkz)*
**picking belt Leseband** *nt (Zer)*
**picking up the load Aufnahme der Last** *(Bg/Bergb)* (Antriebsstation, Brecher)
**pickling plant Beizanlage** *f (Stb)* **Beizerei** *f (Stb)*
**pickup Lkw** *m (Mech)* (Pritsche) **kleiner Lkw** *adj:n (Mech)*
**piece of equipment Ausrüstungsteil** *nt (Bg/Bergb)*
**piece-mark Stückmarkierung** *f (Mech)*
**pieces of barks Rindenstücke** *nt pl nt (Mech, Mont)*
**pierce** *v* **durchdringen** *v (Mech)* (durchstoßen) **durchstoßen** *v (Mech)* (durchdringen)
**piercer Durchschlag** *m (Mont, Werkz)*
**pig bed Masselbett** *nt (Hütt/Wlz)* **Masselgießbett** *nt (Hütt/Wlz)*
**pig iron Masseleisen** *nt (Hütt/Wlz)* (Roheisen) **Roheisen** *nt (Hütt/Wlz)* (fest)
**pig iron for steel works at foundries Stahlwerks- und Gießereiroheisen** *(Hütt/Wlz)*
**pig iron platform Formbühne** *f (Stb)* **Masselbühne** *f (Stb)*
**pig-iron ladle car Roheisen-Pfannenwagen** *m (Bahn, Hütt/Wlz)*
**pile Halde** *f (Umschl)* (für Erz oder Kohle) **Stapel** *m (Bg/Bergb)* (z.B. Holz, Paletten)
**pile** *v)* **anschütten** *v (Umschl, Bg/Bergb)* **aufhalden** *v (Umschl)* (z.B. Abraum, Berge) **stapeln** *v (Umschl)*
**pile angle Deckwinkel** *m (Band)*
**pile-driving, -drawing, drilling Ramm-, Bohr-, Zieheinrichtung** *(Bg/Bergb)*
**pile-driving, extracting and rapid blow hammer Vibrohammer** *m (Bg/Bergb)*
**pile-up Überschüttung** *f (Band, Umschl, Bg/Bergb)*
**piling accessories** *nt pl* **Spundwandzubehör** *nt (Hütt/Wlz)*
**piling equipment Anschüttgerät** *nt (Bg/Bergb)*
**piling pipe Rammrohr** *nt (Mech)*
**pillar crane, slewing** slewing pillar crane *adj:n* **Säulendrehkran** *m (Bg/Bergb, Mech)*
**pillow block Bock** *m (Mech)* (Stehlager) **Lagerblock** *m (Mech)*
**pillow block housing Stehlagergehäuse** *nt (Mech)*
**pilot bearing Führungslager** *nt (Mech)*
**pilot flame Zündflamme** *f (Hütt/Wlz)*
**pilot hole Führungsloch** *nt (Mech)*
**pilot jet Leerlaufdüse** *f (Mech)*
**pilot open** *v* **aufsteuern** *v (Hyd/Pneu)*
**pilot plant Pilotanlage** *f (Mech)* **Versuchsanlage** *f (Hütt/Wlz)*
**pilot pressure Steuerdruck** *m (Hyd/Pneu)* **Vorfülldruck** *m (Hyd/Pneu)*
**pilot production Nullserie** *f (Allg)*
**pilot pump Pilotpumpe** *f (Mech)* (am Lader)

**pilot run** *AE* **Nullserie** *f (Allg)*
**pilot valve Führungsventil** *nt (Hyd/Pneu)* **Vorsteuerventil** *nt (Hyd/Pneu)*
**pilot valve** *(engine)* **Stößel-Nocken-Ventil** *nt (Mech)* **Stößelventil** *nt (Mech)*
**pilot-controlled** *adj* **indirekt gesteuert** *adv:adj (El)* **vorgesteuert** *adj (Hyd/Pneu)*
**pilot-heading Richtstrecke** *f (Bg/Bergb)* (unter Tage)
**piloted** *adj (e.g. valve)* **entsperrbar** *adj (Hyd/Pneu)* (z.B. Ventil)
**piloted open** *adj* **aufgesteuert** *adj:n (Hyd/Pneu)*
**piloting Ansteuerung** *f (Hyd/Pneu)*
**pin** *(of a bucket)* **Löffelanlenkung** *f (Bg/Bergb)* (Baumaschine) **Schaufelanlenkung** *f (Bg/Bergb)*
**pin Bolzen** *m (Mech)* (mit oder ohne Kopf) **Dübel** *m (Mech, Mont)* **Stift** *m (Mech)* **Zapfen** *m (Mech)*
**pin bearing Linienkipplager** *nt (Stb)*
**pin boss Bolzenauge** *nt (Form)* (Bolzenlager)
**pin connection Bolzenverbindung** *f (Stb)*
**pin connector Federleiste** *f (Form)*
**pin coupling Bolzenkupplung** *f (Mech)*
**pin diameter Bolzendurchmesser** *m (Form)*
**pin diaphragm** *(pin stop)* **Lochblende** *f (Mech)*
**pin extractor Bolzenzieheinrichtung** *f (Form)* (Werkzeug)
**pin hole Bolzenloch** *nt (Stb)* **Stiftloch** *nt (Mech)*
**pin joint Bolzengelenk** *nt (Stb)* **Bolzenverbindung** *f (Stb)*
**pin lock Achshalter** *m (Bg/Bergb)* (hält Bolzen in Lager) **Stiftsicherung** *f (Mech)*
**pin lock key Dornschlüssel** *m (Form)*
**pin pusher Druckbolzen** *m (Form)*
**pin retainer Bolzensicherung** *f (Mech)*
**pin rod Führungsbolzen** *m (Mech, Mont)*
**pin spanner Stiftschlüssel** *m (Werkz)*
**pin, conical** conical pin *adj:n* **Kegelstift** *m (Mech)*
**pin, grooved** grooved pin *adj:n* **Steckkerbstift** *m (Mech)*
**pin, hinged** hinged pin *adj:n* **Gelenkbolzen** *m (Mech, Stb)*
**pin, straight** straight pin *adj:n* **Zylinderstift** *m (Mech)*
**pin, threaded** threaded pin *adj:n* **Gewindebolzen** *m (Mech)* (Bolzen für Bolzenschweißen)
**pin-connected** *adj* **bolzenverbunden** *adj (Stb)*
**pin-ended** *adj* **gelenkig gelagert** *adv:adj (Mech)*
**pin-joint truss Gelenkbolzenfachwerk** *nt (Stb)*
**pinch between** *v* **einklemmen** *v (Mech)*
**pinhole nadelstichartige Korrosionsstelle** *adj:n (Anstr)* **Lochfraßstelle** *f (Anstr)*
**pinion Drehwerkritzel** *nt (Bg/Bergb)* **Planetenrad** *nt (Mech)* **Zapfen** *m (Mech)*
**pinion box Ritzelkammer** *f (Mech)*
**pinion drive shaft Ritzelwelle** *f (Mech)*
**pinion of the slewing gear unit Schwenkwerksritzel** *nt (Bg/Bergb)*
**pinion shaft Planetenradwelle** *f (Mech)* **Ritzelwelle** *f (Mech)*
**pinion, shrunk-on** shrunk-on pinion *adj:n* **warmaufgezogenes Ritzel** *adj:n (Mech, Mont)*
**pintle Haken** *m (Mech)* (senkrechter Abschlepphaken)
**pintle-type nozzle Zapfendüse** *f (Mech)*
**pipe Leitung** *f (Mech)* (Rohr) **Rohr** *nt (Hyd/Pneu, Mech)*
**pipe anti-burst device Rohrbruchsicherung** *f (Bg/Bergb)*
**pipe bend Rohrbogen** *m (Mech)* **Rohrkrümmer** *m (Hütt/Wlz)*
**pipe bending machine Rohrbiegemaschine** *f (Hütt/Wlz, Mech)*
**pipe bracket Leitungsträger** *m (Mech)* **Rohrschelle** *f (Mech)*
**pipe branch Rohrverzweigung** *f (Hütt/Wlz)*
**pipe bridge** *BE* **Rohrbrücke** *f (Stb)* **Rohrleitungsbrücke** *f (Stb)*
**pipe burst Rohrbruch** *m (Mech)*
**pipe clamp Rohrhalter** *m (Mech)* **Schelle** *f (El)* (Rohrschelle)
**pipe clamping jaw** *(on vise)* **Rohrspannbacke** *f (Mech)* (am Schraubstock)
**pipe coating Isolierung** *f (Mech)* (für Rohre)
**pipe connection Rohranschluss** *m (Mech, Hyd/Pneu)* **Rohrverbindung** *f (Mech)* (z.B. Flansche)

**pipe connection, screwed** screwed pipe connection *adj:n* **Rohrverschraubung** *f (Mech, Hyd/Pneu)*
**pipe cutter Rohrschneider** *m (Mont)*
**pipe diagram Rohrleitungsplan** *m* **Schaltbild** *nt (Hyd/Pneu)* (Verrohrung)
**pipe filter Leitungsfilter** *nt (Mech)*
**pipe fitting Rohrformstück** *nt (Mech, Hyd/Pneu)* **Rohrleitungsarmatur** *f (Mech, Hyd/Pneu)*
**pipe flange Rohrflansch** *m (Mech)*
**pipe joint Rohrgelenkstück** *nt (Mech)*
**pipe laying winch Rohrlegewinde** *f (Mont)*
**pipe manufacturing Rohrherstellung** *f (Hütt/Wlz)*
**pipe mill Leitungsrohrwerk** *nt (Mech)* **Röhrenwerk** *nt (Mech)*
**pipe mill engineering Rohrwerks-Engineering** *nt (Hütt/Wlz)*
**pipe mounted valve Armatur** *f (Hyd/Pneu)*
**pipe nipple Rohrnippel** *m (Mech)*
**pipe nut Rohrmutter** *f (Mech)*
**pipe reamer Fräser** *m (Mech, Mont)* (klein)
**pipe reducer Rohrreduzierstück** *nt (Hütt/Wlz)*
**pipe retaining clamp Rohrbefestigungsklemme** *f (Mech)*
**pipe retaining clip Befestigungsschelle** *f (Mech)*
**pipe roll Rohrrolle** *f (Hütt/Wlz)* (für Dehnungen)
**pipe socket Rohrstutzen** *m (Mech)*
**pipe socket element Rohrstutzelement** *nt (Mech)*
**pipe support Rohrstütze** *f (Mech)*
**pipe system Rohrleitungssystem** *nt (Hütt/Wlz)*
**pipe thread Rohrgewinde** *nt (Mech)*
**pipe trailer Rohranhänger** *m (Mont)*
**pipe transporter Rohrtransporter** *m (Mech)*
**pipe union Anschlussstutzen** *m (Mech, Hyd/Pneu)* (Rohr)
**pipe vise Pionier** *m (Mont, Werkz)* **Rohrschraubstock** *m (Mont, Werkz)* (Pionier)
**pipe, longitudinal** longitudinal pipe *adj:n* **Längsnahtrohr** *nt (Schw, Mech)*
**pipe, main** main pipe *adj:n* **Hauptdampfleitung** *f (Hyd/Pneu)* (Bahn) **Leitrohr** *nt (Mech, Hyd/Pneu)*
**pipe, rubber-lined** rubber-lined pipe *adj:n* **gummiertes Rohr** *adj:n (Mech)*
**pipe, straight** straight pipe *adj:n* **gerades Rohr** *adj:n (Mech, Hyd/Pneu)*
**pipe-break protection Rohrbruchsicherung** *f (Bg/Bergb)*
**pipe-break valve Rohrbruchventil** *nt (Hyd/Pneu)* **Selbstschlussventil** *nt (Mech)*
**pipelayer** *(man or machine)* **Rohrverleger** *m (Mech)* (Person oder Maschine)
**pipeline class Rohrklasse** *f (Stb)*
**pipeline element Rohrleitungsteil** *nt (Mech)*
**pipework Rohrleitung** *f (Mech, Hyd/Pneu)* **Verrohrung** *f (Mech)*
**pipework, protected** protected pipework *adj:n* **gekapseltes Rohr** *adj:n (Mech, Hyd/Pneu)*
**piping Rohrleitung** *f (Mech, Hyd/Pneu)* **Rohrverlegung** *f (Mech)*
**piston Förderkolben** *m (Mech)* (Schmieranlage) **Kolben** *m (Mech, Hyd/Pneu)* (Pumpe)
**piston area Kolbenfläche** *f (Hyd/Pneu)*
**piston clearance Kolbenspiel** *nt (Mech)*
**piston cooling jet Kolbenkühldüse** *f (Mech)*
**piston cooling rifle Kolbenkühlbohrung** *f (Mech)*
**piston cup for brake cylinder Kolbenmanschette für Bremszylinder** *(Mech)*
**piston diameter Kolbendurchmesser** *m (Mech)*
**piston displacement Hubraum** *m (Kfz)* **Hubvolumen** *nt (Kfz)*
**piston drum Kolbentrommel** *f (Mech)*
**piston guide Kolbenführung** *f (Mech)*
**piston jack, annular** annular piston jack *adj:n* **Rundkolbenpresse** *f (Mech)*
**piston motor, radial** radial piston motor *adj:n* **Radialkolbenmotor** *m (Mech, Hyd/Pneu)*
**piston pin Kolbenbolzen** *m (Mech)*
**piston pump Kolbenpumpe** *f (Hyd/Pneu)*
**piston ring Führungsband** *nt (Kfz)* (am Kolben) **Kolbenring** *m (Hyd/Pneu, Mech)*
**piston ring with equal levels Gleichfasenring** *m (Mech)*
**piston rod Kolbenstange** *f (Mech)*

**piston rod compartment Kolbenstangenaussparung** *f (Kfz)*
**piston rod end Kolbenstangenkuppe** *f (Hyd/Pneu)*
**piston seizure Kolbenfresser** *m (Mech)*
**piston side Kolbenfläche** *f (Hyd/Pneu)* **Kolbenseite** *f (Hyd/Pneu)*
**piston skirt Seitenwand des Kolbens** *(Mech)*
**piston spacer plate Kolbenscheibe** *f (Mech)*
**piston squeezing Kolbenklemmer** *m (Mech)*
**piston stroke** *(piston travel)* **Kolbenhub** *m (Hyd, Mech)* **Kolbenweg** *m (Mech)* (Länge des Hubwegs)
**piston type accumulator Kolbenspeicher** *m (Mech)*
**piston valve Steuerkolben** *m (Mech)*
**piston, balanced** balanced piston *adj:n* **hydraulisch entlasteter Kolben** *adj:n (Mech, Hyd/Pneu)*
**piston, conical** conical piston *adj:n* **Kegelkolben** *m (Mech)*
**pit Baugrube** *f (Bau)* **Grube** *f (Bg/Bergb)*
**pit coal Steinkohle** *f (Bg/Bergb, Geo)*
**pit conveyor Abbaustrossenband** *nt (Bg/Bergb)* **Baggerstrossenband** *nt (Bg/Bergb)*
**pit conveyor level Fördersohle** *f (Bg/Bergb, Umschl)*
**pit development Abbaufortschritt** *m (Bg/Bergb)* (in der Grube) **Abbauführung** *f (Bg/Bergb)*
**pit foreman Steiger** *m (Bg/Bergb)* (höherer Bergbauangestellter)
**pit operation Einstrossenbetrieb** *m (Bg/Bergb)*
**pit stop** *AE* **Wartungsinspektion** *f (Mech)*
**pit support structure Untertageausbau** *m (Bg/Bergb)*
**pit waste Grubenberge** *nt pl m (Bg/Bergb)* (taubes Gestein)
**pit, open** open pit *adj:n* **Grube** *f (Bg/Bergb)* (im offenen Tagebau)
**pit, worked-out** worked-out pit *adj:n* **ausgekohlte Grube** *adj:n (Bg/Bergb)*
**pit-head frame Förderturm** *m (Bg/Bergb)*
**pit-store with bridge excavator Wannenspeicher mit Brückenbagger** *(Bg/Bergb)*
**pit-type traverser Schiebebühne** *f (Bahn)*
**pit-wet** *adj* **grubenfeucht** *adj (Bg/Bergb)*
**pitch** *(e.g. between rivets, holes)* **Abstand** *m (Mech)* (z.B. zwischen Nieten, Löchern) **Teilung** *f (Mech)* (z.B. zwischen Nieten, Löchern)
**pitch** *(of thread, screw)* **Steigung** *f (Mech)* (Schraube, Gewinde)
**pitch** *(slope)* **Sturz** *m (Mech)* (Neigung)
**pitch** *(upward)* **Ganghöhe** *f (Mech)* **Gangrichtung** *f* (bei Ritzeln, Kegelrädern usw.)
**pitch angle** *(around the cross axis)* **Nickwinkel** *m*
**pitch arm Einstellarm** *m (Kfz)* **Einstellstange** *f (Kfz)*
**pitch circle Mittelkreis am Schneckenrad** *(Mech)* **Wälzkreis** *m (Mech)* (Gleitkreis)
**pitch circle diameter Wälzkreisdurchmesser** *m (Mech)*
**pitch diameter Teilkreisdurchmesser** *m (Mech)* (z.B. am Kegelrad, Zahnrad)
**pitch diametrical, axial** axial diametrical pitch *adj:n* **Axial-Diametral-Pitch** *m (Mech)* (Getriebe)
**pitch fan blattverstellbarer Lüfterflügel** *(Kfz)* **Lüfterflügel** *m (Mech)*
**pitch length Wirklänge** *f (Mech)* (Keilriemen)
**pitch of chain Kettenteilung** *f (Mech)* **Lochabstand** *m (Mech)* (der Kettenglieder)
**pitch of rope windings Steigung der Seilwindungen** *(Mech)*
**pitch of screw Gewindegang** *m (Mech)*
**pitch of thread Gewindegang** *m (Mech)* **Gewindesteigung** *f (Mech)*
**pitch of weld Teilung der Schweißnaht** *(Schw)*
**pitch rope windings Steigung der Seilwindungen** *(Mech)*
**pitch surface Wälzfläche** *f (Mech)*
**pitch, axial** axial pitch *adj:n* **Axialteilung** *f (Mech)* (Getriebe)
**pitch, circular** circular pitch *adj:n* **Zahnradteilung** *f (Mech)* **Zahnteilung** *f (Mech)* (im Teilkreis)
**pitch, straight-line** straight-line pitch *adj:n* **geradliniger Nietabstand** *adj:n (Mech, Stb)*
**pitchblend Pechblende** *f (Bg/Bergb)*
**pitman** *AE* **Zugstange** *f (Mech)*

**pitman arm Lenkarm** *m (Mech)* **Lenkhebel** *m (Mech)*
**pitot tube Pitotrohr** *nt (Hütt/Wlz)*
**pitting Grübchenbildung** *f (Anstr)* **Lochfraß** *m (Anstr)* (im Metall)
**pivot Drehachse** *f (Mech)* (Drehbolzen) **Drehpunkt** *m (Bg/Bergb, Umschl)* (Drehzapfen)
**pivot** *v* **anlenken** *v (Mech)* **drehen** *v (Mech)* (sich auf einem Zapfen drehen) **drehbar lagern** *adv:v (Mech)*
**pivot area Anlenkungsbereich** *m (Bg/Bergb)*
**pivot arm** *(of the hand brake)* **Umlenkhebel** *m (Bahn, Mech)* (der Feststellbremse)
**pivot bar Rohrtraverse** *f (Hütt/Wlz)*
**pivot bearing Bolzenlagerung** *f (Mech)* **Drehlager** *nt (Mech)* (Zapfenlager) **Gelenklager** *nt (Mech)*
**pivot frame Lenker** *m (Mech)* (Ausleger)
**pivot hinge Zapfengelenk** *nt (Stb)*
**pivot joint Bolzenverbindung** *f (Stb)*
**pivot joint housing Gelenkschale** *f (Form)*
**pivot mode Drehbetrieb** *m (Bg/Bergb)* (gelenkartig)
**pivot pier** *(e.g. of a swing bridge)* **Drehpfeiler** *m (Stb)*
**pivot pin Drehbolzen** *m (Mech)* **Gelenkzapfen** *m (Bg/Bergb, Mech)*
**pivot pin** *(bush)* **Drehpunktbuchse** *f (Stb)*
**pivot point Anlenkung** *f (Bg/Bergb)* (z.B. des Auslegers) **Drehpunkt** *m (Bg/Bergb, Umschl)* (Drehzapfen)
**pivot section Anlenkteil** *m (Bg/Bergb)* (Abwurfausleger)
**pivot support Drehschemel** *m (Bg/Bergb)*
**pivotal centre** *BE* **Drehpunkt** *m (Bg/Bergb, Umschl)*
**pivoting bearing Kipplager** *nt (Mech)*
**pivoting column Drehsäule** *f (Mech)*
**pivoting cylinder Schwenkzylinder** *m (Bg/Bergb)*
**pivoting operation Drehbetrieb** *m (Bg/Bergb)* (Abbau Drehbetrieb)
**place** *v* **anbringen** *v (Mech)* (an einem bestimmten Ort) **stellen** *v (Mech, Allg)*
**place of installation Montageort** *m (Mech, Mont)* **Montageplatz** *m (Mech, Mont)*
**place on** *v* **auflegen** *v (Mech)*
**placing** *(putting in)* **Einbau** *m (Mech, Mont)*
**pladur** *(prepainted sheet steel)* **Pladur** *nt (Hütt/Wlz)* (bandlackiertes Feinblech)
**plain** *adj* **blank** *adj (Mech)* (ohne Dekoration, Farbe, etc.) **glatt** *adj (Mech)*
**plain bearing Gleitlager** *nt (Mech)*
**plain bearing, spherical** spherical plain bearing *adj:n* **Gleitgelenklager** *nt (Mech)* **Radialgelenklager** *nt (Mech, Zer)*
**plain sling with two hard eyes einfaches Anschlagseil** *adj:n (Stb)*
**plain suction dredger Grundsaugbagger** *m (Bg/Bergb)*
**plain-grind** *v* **rundschleifen** *v (Hütt/Wlz)*
**plan Entwurf** *m (Mech, Allg)* **Plan** *m (Mech)* (Zeichnung) **Vorhaben** *nt (Allg)*
**plan and elevation drawings** *nt pl* **Grundrisse und Seitenansichten** *(Mech)*
**plan for pipe-systems Rohrnetzplan** *m (Stb)*
**plan view Draufsicht** *f (Mech)* **Grundriss** *m (Mech, Allg)*
**plane Ebene** *f (Mech)*
**plane** *(e.g. of the joiner)* **Hobel** *m (Mech)* (z.B. des Tischlers)
**plane bending Biegung in einer Ebene** *(Stb)*
**plane of bending Biegeebene** *f (Mech)*
**plane of web Stegebene** *f (Stb)*
**plane table Messtisch** *m (Mech)*
**plane, inclined** inclined plane *adj:n* **schiefe Ebene** *adj:n (Mech, Stb)*
**planer Hobelmaschine** *f (Mech)*
**planet carrier Planetenradträger** *m (Mech)* **Planetenträger** *m (Mech)*
**planet gear Planetengetriebe** *nt (Mech)* **Planetenrad** *nt (Mech)*
**planet gear train Planetensatz** *m (Mech)*
**planet wheel Planetenrad** *nt (Mech)*
**planetary axle Planetenachse** *f (Mech)*
**planetary cooler Satellitenkühler** *m (Bg/Bergb)*
**planetary drive Planetenantrieb** *m (Mech)*
**planetary gear base Planetenträger** *m (Mech)*
**planetary hub Planetenendstufe** *f (Mech)*

**planetary reduction** *(on loaders)* **Planetenuntersetzung** *f (Mech)* (im Lader)
**planetary stage Planetenstufe** *f (Mech)*
**planetary transmission Planetengetriebe** *nt (Mech)*
**planetary wheel Sonnenrad** *nt (Mech)* (Planetengetriebe)
**planing machine Hobelmaschine** *f (Mech)*
**planish** *v* **ausbeulen** *v (Mech, Mont)* **nivellieren** *v (Mech, Mont)* **planieren** *v (Mech, Mont)* (z.B. auf der Planierbank) **schlichten** *v (Mech)* (Walzgut)
**planishing hammer Schlichthammer** *m (Mont, Werkz)*
**planning and design work konstruktive Arbeit** *adj:n (Mech, Allg)*
**planning principles** *nt pl* **Berechnungsgrundlage** *f (Stb)*
**planometer** *nt sg* **Richtplatte** *f (Stb)*
**plans for public supplies Planwerke für Versorgungswirtschaft** *(Stb)*
**plant Anlage** *f (Allg)* (Betriebsstätte) **Fabrik** *f (Allg)* (Werk)
**plant Einrichtung** *f (Stb)* (Ausrüstung)
**plant and systems division Anlagen und Systeme** *(Allg)*
**plant component Anlagenteil** *nt (Mech)*
**plant engineering Anlagenbau** *m (Mech)* **Technik** *f (Mech)*
**plant outage Ausfall** *m (Mech, Allg)* (Unterbrechung Gerät) **Unterbrechung** *f (Mech)* (Gerät)
**plant, large-scale** large-scale plant *adj:n* **Großanlage** *f (Bg/Bergb)*
**plant, stationary** stationary plant *adj:n* **stationäre Anlage** *adj:n (Bg/Bergb)*
**plasma-underwater-flame-cutting machine Unterwasser-Plasma-Brennschneidanlage** *f (Hütt/Wlz)*
**plaster board Putzdiele** *f (Stb)* (Wandbauplatte als Putzträger)
**plaster for facing Edelputz** *m (Bg/Bergb)*
**plastic blind rivet** *(wide head)* **Treibstift** *m (Mech)*
**plastic brush Kunststoffkehrwalze** *f (Mech)* (der Kehrmaschine)
**plastic coating Kunststoffüberzug** *m (Mech)*
**plastic cover Kunststoffabdeckung** *f (Mech)* (z.B. der Federkammer)
**plastic cushion Kunststoffpolster** *nt (Mech)*
**plastic design Plastizitätsberechnung** *f (Stb)* (Lastverformung) **Traglastverfahren** *nt (Stb)*
**plastic dowel Kunststoffdübel** *m (Mech)* (für Betonschwelle)
**plastic flow Kriechen** *nt (Stb)* (Beton)
**plastic foil PVC-Folie** *f (Mech)*
**plastic hose Kunststoffschlauch** *m (Mech)* **Plastikschlauch** *m (Mech)*
**plastic insulation, moulded** moulded plastic insulation *adj:n* **Gießharzisolierung** *f (Mech)*
**plastic limit Plastizitätsgrenze** *f (Phys)* (bei bindigen Böden)
**plastic pad Kunststoffbodenplatte** *f (Bg/Bergb)* (Raupenkette) **Zwischenlage** *f (Bahn)* (Rippenplatte / Schiene)
**plastic piping Kunststoffleitungen** *nt pl f (Mech)*
**plastic sleeve Kunststoffhülse** *f (Mech)*
**plastic sliding insert Kunststoffgleiteinlage** *f (Mech)*
**plastic string Kunststoffschnur** *f (Mech)*
**plastic trackpad** *(swamp pad)* **Plastik-Bodenplatte** *f (Bg/Bergb)*
**plastic yielding Materialverformung** *f (Mech)*
**plastic, glass-fibre reinforced** glass-fibre reinforced plastic *adj:n* **glasfaserverstärkter Kunststoff** *adj:n (Mech)*
**plastic-steel brush Kunststoff-Stahl-Kehrwalze** *f (Kfz)*
**plasticity Formbarkeit** *f (Hütt/Wlz)* (z.B. des warmen Stahls) **Plastizität** *f (Mech, Hütt/Wlz)*
**plastification in a cross section Plastizierung im Querschnitt** *(Stb)*
**Platal** *(plastic-coated sheet steel)* **Platal** *(Hütt/Wlz)* (kunststoffbeschichtetes Feinblech)
**plate Blech** *nt (Hütt/Wlz)* **Scheibe** *f (Mech)* (z.B. Platte aus Blech) **Teller** *m (Mech)* (Platte)
**plate** *(of roller chain)* **Lasche** *f (Mech)* (Rollenkette)
**plate air heater Platten-Luvo** *m (Hütt/Wlz)*
**plate bridge Vollwandbrücke** *f (Mech)*
**plate clutch Flangenkupplung** *f (Mech)* **Scheibenkupplung** *f (Mech)*
**plate construction Vollwandträgerkonstruktion** *f (Stb)*

**plate conveyor Abzugsband** *nt (Umschl, Band, Zer)* (als Plattenband) **Plattenband** *nt (Umschl, Band, Zer)*
**plate crack Tellerriss** *m (Mech)*
**plate feeder Tellerspeiser** *m (Mech)*
**plate girder Blechträger** *m (Stb)* **Vollwandträger** *m (Stb)*
**plate girder bridge Blechträgerbrücke** *f (Mech)* **Vollwandbrücke** *f (Mech)*
**plate girder construction Vollwandträgerkonstruktion** *f (Stb)*
**plate girder web Blechträgersteg** *m (Stb)*
**plate of thickness Blechdicke** *f (Stb)*
**plate repair Plattenreparatur** *f (Mech)*
**plate shears** *nt pl* **Blechschere** *f (Mont)*
**plate testing** *(inspection)* **Blechprüfung** *f (Form)*
**plate transmittance Plattendurchlässigkeit** *f (Hütt/Wlz)*
**plate wheel Scheibenrad** *nt (Mech)*
**plate winch Tellerwinde** *f (Mech, Mont)*
**plate, arched** arched plate *adj:n* **Tonnenblech** *nt (Hütt/Wlz)*
**plate, armoured** armoured plate *adj:n* **Panzerplatte** *f (Bg/Bergb)* **Panzerung** *f (Bg/Bergb)* (Brecherverkleidung)
**plate, black** black plate *adj:n* **Feinstblech** *nt (Hütt/Wlz)*
**plate, buckled** buckled plate *adj:n* **Buckelblech** *nt (Hütt/Wlz)* **Buckelplatte** *f (Stb, Hütt/Wlz)*
**plate, checkered** checkered plate *adj:n* **Riffelblech** *nt (Hütt/Wlz)*
**plate, curved** curved plate *adj:n* **Tonnenblech** *nt (Hütt/Wlz)*
**plate, goffered** goffered plate *adj:n* **Waffelblech** *nt (Hütt/Wlz)*
**plate, heavy** heavy plate *adj:n* **Grobblech** *nt (Stb, Hütt/Wlz)* (ab 4,75 mm Dicke)
**plate, incandescent** incandescent plate *adj:n* **glühendes Blech** *adj:n (Hütt/Wlz)*
**plate, inner** inner plate *adj:n* **Innenlasche** *f (Mech)*
**plate, magnetic** magnetic plate *adj:n* **Magnetplatte** *f (Mech)*
**plate, orthotropic** orthotropic plate *adj:n* **orthotrope Platte** *adj:n (Stb)*
**plate, patterned** patterned plate *adj:n* **Musterblech** *nt (Hütt/Wlz)*
**plate, perforated** perforated plate *adj:n* **Lochblech** *nt (Mech)*
**plate, pinned** pinned plate *adj:n* **Warzenblech** *nt (Stb)*
**plate, rectangular flat** rectangular flate plate *adj:n* **Rechteckplatte** *f (Stb)*
**plate, rolled** rolled plate *adj:n* **Walzblech** *nt (Stb, Hütt/Wlz)* (Walztafel)
**plate, self-supporting** self-supporting plate *adj:n* **selbsttragende Platte** *adj:n (Mech, Stb)*
**plate, thick** thick plate *adj:n* **Grobblech** *nt (Stb, Hütt/Wlz)* (ab 4,75 mm Dicke)
**plate, thin** thin plate *adj:n* **dünnwandige Scheibe** *adj:n (Mech)*
**plate, transverse** transverse plate *adj:n* **Querplatte** *f (Stb)* (bei Stützenstößen)
**plate, wide** wide plate *adj:n* **Universalstahl** *m (Hütt/Wlz)*
**plate-edge test installation Blechkantenprüfanlage** *f (Form)*
**plate-loading test Plattendruckversuch** *m (Bau)*
**plates** *nt pl* **Universalstahl** *m (Hütt/Wlz)*
**plates, cut** cut plates *n:v* **Bleche schneiden** *n:v (Mech, Mont)*
**plates, fold** fold plates *n:v* **Bleche bördeln** *n:v (Mech, Mont)*
**plates, trim** trim plates *n:v* **Bleche beschneiden** *n:v (Mech, Mont)*
**platform Arbeitsbühne** *f (Mech)* **Podest** *nt (Mech)* (Plattform)
**platform base Plattformträger** *m (Mech, Mont)*
**platform frame Bühnenträger** *m (Mech)*
**platform frame member Bodenplatte des Fahrerstandes** *(Bg/Bergb)*
**platform girder Bühnenträger** *m (Mech)* **Plattformträger** *m (Mech, Mont)*
**platform, aerial** aerial platform *adj:n* **fahrbare Plattform** *adj:n (Mech)* **Steiger** *m (Mech)* (Korb am Teleskopmast)
**platform, rotating** rotating platform *adj:n* **Schwenkplattform** *f (Bg/Bergb)*
**plating Plattierung** *f (Bg/Bergb)* **galvanischer Überzug** *adj:n (Mech)*
**plating metal Aufplattierungsmetall** *nt (Mech)* (elektrolytisch)
**plating, galvanic** galvanic plating *adj:n* **galvanischer Überzug** *adj:n (Mech)*
**platten-type superheater Schottenüberhitzer** *m (Hütt/Wlz)*
**play** *(dead movement)* **Bewegungsspielraum** *m (Mech)* (mechanischer Teile)

**plot** *(gear)* **Schaltung** *f (Mech)* (Getriebe)
**plot** *v* **aufzeichnen** *v (Mech)* **entwerfen** *v (Mech)*
**plough bolt Senkschraube mit Nase** *(Mech)* (DIN 604/605)
**plow Hobel** *m (Bg/Bergb)*
**plow bolt Senkschraube mit Nase** *(Mech)* (DIN 604/605)
**plow mining Hobelabbau** *m (Bg/Bergb)*
**plow scraper Pfeilabstreifer** *m (Bg/Bergb, Umschl, Band)*
**plow-type scraper Pflugabstreifer** *m (Bg/Bergb, Umschl, Band)*
**plug Stopfen** *m (Mech)* (Türschloss) **Stöpsel** *m (Mech)* **Verschlussstopfen** *m (Mech)*
**plug coupling Steckkupplung** *f (Mech)*
**plug device** *(El)* **Steckvorrichtung** *f (El)*
**plug weld Propfenschweißung** *f (Schw)* **Rundlochnaht** *f (Schw)*
**plug with earthing contact** *(El)* **Schuko-Stecker** *m (El)*
**plug, moulded** moulded plug *adj:n* **eingegossener Stecker** *adj:n (Mech)*
**plug, protective** protective plug *adj:n* **Schutzstopfen** *m (Mech)*
**plug-in connection** *(El)* **Steckverbindung** *f (El)*
**plumb** *v* **loten** *v (Mech)*
**plumb bob Senklot** *nt (Hütt/Wlz)*
**plumb line** *nt sg* **Senkel** *m*
**plumbing sanitäre Installation** *adj:n (Mont, Allg)*
**plump-bob Lot** *nt (Mont)*
**plunge** *v* **eintauchen** *v (Form)* (abschrecken)
**plunger** *(El, Mech, Bahn)* **Reglerkolben** *m (Mech)* **Schwimmer** *m (Mech)* (in Spülbecken) **Stößel** *m (Mech)* (Druck- oder Presskolben)
**plunger block Sperrriegel** *m (Mech)*
**plunger free travel Injektorkolbenhub** *m (Mech)*
**plunger gear segment Kolbenzahnradsegment** *nt (Mech)*
**plunger rod Druckstange** *f (Mech)*
**plunger spring Kolbenfeder** *f (Mech)*
**plus and minus limits Plus- und Minustoleranzen** *(Hütt/Wlz)*
**plus value Plus-Anzeige** *f (Hütt/Wlz)*
**ply** *(belting)* **Einlage** *f (Band)* (Gurt)
**ply rating Ply-Zahl** *f (Mech)* **Reifenfestigkeit** *f (Mech)* **Reifenlagen** *nt pl f (Mech)*
**plywood Sperrholz** *nt (Bau)*
**PM** *(Abv)* **vorbeugende Wartung** *adj:n (Mech)*
**PMS tester** *(for plump managing system)* **PMS-Tester** *m (Bg/Bergb)*
**pneumatic and hydraulic cylinder Pneumatik- und Hydraulikzylinder** *(Mech)*
**pneumatic coal antibridging device Pressluftschießvorrichtung** *f (Hütt/Wlz)* (für Bunker)
**pneumatic pick Abbauhammer** *m (Werkz, Hyd/Pneu)* **Pickhammer** *m (Mont, Schw, Werkz)*
**pneumatic stoper Säulenbohrhammer** *m (Mont)* (Druckluft)
**pneumatic-system cabinet Pneumatikschrank** *m (Hyd/Pneu, Mech)*
**pneumatic-tube sample transport Rohrpostanlage** *f (Allg)*
**pneumatics Pneumatik** *f (Hyd/Pneu)*
**pocket hole Blindloch** *nt (Mech)* **Sackloch** *nt (Mech)*
**pocket-type filter Taschenfilter** *m (Hyd/Pneu, Mech)* (Entstaubung)
**pocketing** *(of valves)* **Einschlagen** *nt (Kfz)* (von Ventilen)
**pod, ratched** ratched pod *adj:n* **Klinkenstange** *f (Mech)*
**point** *(bucket)* **Zahn** *m (Bg/Bergb)* (Eimer) **Zahnspitze** *f (Mech)*
**point Ansatz** *m (Mech)* (einer Stiftschraube) **Punkt** *m (Mech)* (Zahnspitze)
**point** *(top)* **Ansatz** *m (Mech)* (Kuppe) **Kuppe** *f (Mech)*
**point load Einzellast** *f (Stat)* **Punktlast** *f (Mech, Stat)*
**point of access** *nt* **Begehung** *f (Mech)* (Zugang) **Zugang** *m (Mech)*
**point of application of a force Angriffspunkt einer Kraft** *(Stat)*
**point of application of load Lastangriffspunkt** *m (Stat)*
**point of break Bruchstelle** *f (Mech, Allg)*
**point of construction Konstruktionspunkt** *m (Bau)*
**point of contraflexure Wendepunkt der Biegelinie** *(Stb)*
**point of exit Austrittspunkt** *m (Mech, Allg)*

**point of ignition Zündpunkt** *m (Mech, El)* (Kfz)
**point of intersection Schnittpunkt** *m (Mech, Allg)*
**point of support Auflagerpunkt** *m (Mech)* **Stützpunkt** *m (Stat)* (Auflagerpunkt)
**point of suspension Aufhängepunkt** *m (Mech)*
**point support Punktlager** *nt (Stb)*
**point-focused probe Punktprüfkopf** *m (Mech)*
**pointed** *adj* **scharf** *adj (Mech, Allg)* (spitz) **spitz** *adj (Mech, Allg)*
**pointer Nadel** *f (Mech)* (Zeiger)
**points of contact of strands** *nt pl* **Litzenberührungsstellen** *nt pl f (Bg/Bergb, Mech)*
**points of limited headroom Höhenbeschränkung** *f (Mech)*
**polar moment of inertia polares Trägheitsmoment** *adj:n (Stb)*
**pole** *(shaft)* **Deichsel** *f (Kfz)*
**pole Mast** *m (Mech)* **Pfahl** *m (Mech)* **Pfosten** *m (Bau)*
**pole wheel Polrad** *nt (Mech)*
**pole, intermediate** intermediate pole *adj:n* **Tragmast** *m (Mech)*
**pole, tubular** tubular pole *adj:n* **Rohrmast** *m (Stb)*
**polish** *v* **abschlichten** *v (Mech)* (Walzgut) **polieren** *v (Mech)* **schleifen** *v (Mech, Mont)*
**pollution Verschmutzung** *f (Ökol, Allg)* (Umweltverschmutzung) **Verunreinigung** *f (Ökol, Allg)*
**pool Bassin** *nt (Mech, Geo)* **Becken** *nt (Mech, Geo)*
**pool groove** *(on furnace)* **Pool-Rinne** *f (Stb)* (zum Ablassen des Pools)
**pop rivet Blindniet** *f (Form)*
**pop rivet nut Blindnietmutter** *f (Form)*
**poppet valve Kegelsitzventil** *nt (Hyd/Pneu)* **Tellerventil** *nt (Hyd/Pneu)*
**population (of machines) Bestand** *m (Form)* (an Maschinen)
**porcelain Porzellan** *nt (Geo)*
**porcelain blue** *adj* **fayenceblau** *adj (Schw)*
**porcelain testing probe Porzellanprüfkopf** *m (Geo)*
**pore Pore** *f (Hütt/Wlz)*
**pore cluster** *nt sg* **Porenrest** *m*
**port Anschluss** *m (Hyd/Pneu)* **Ventilöffnung** *f (Hyd/Pneu)*
**port cover Staubdeckel** *m (Mech)*
**port crane Hafenkran** *m (Mech)*
**port handling plant Hafenumschlaganlage** *f (Umschl)*
**port of disembarkation Ausschiffungshafen** *m (Schiff)*
**port of embarkation Einschiffungshafen** *m (Schiff)*
**port side Backbord** *m (Mech)*
**port threads** *nt pl* **Abgangsverschraubung** *f (Hyd/Pneu)*
**port, aspirating** aspirating port *adj:n* **Ansaugöffnung** *f (Hyd/Pneu)*
**portable** *adj* **tragbar** *adj (Mech, Allg)* (z.B. ein Gerät) **transportabel** *adj (Mech))*
**portal axle Portalachse** *f (Mech)*
**portal bracing Portalverband** *m (Stb)*
**portal crane Portalkran** *m (Umschl)*
**portal frame Portalrahmen** *m (Stb)*
**portal leg** *(of a rigid portal with a hinged base)* **Rahmenstiel** *m (Stb)* (gelenkig gelagerter Rahmen)
**portal scraper Portalkratzer** *m (Umschl)*
**portal-type wheel lathe Portalradsatzdrehmaschine** *f (Umschl)*
**portside boiler Backbordkessel** *m (Hütt/Wlz)*
**position Lage** *f (Mech, Allg)* (Position, Platz) **Standort** *m (Mech, Allg)*
**position for installation Einbaulage** *f (Mech)* (z.B. des Motors)
**position of axes Lage der Achsen** *(Mech)*
**position of load Laststellung** *f (Stb)*
**position of rest** *(El)* **Ruhestellung** *f (El)* (Schütz)
**position of welding Schweißposition** *f (Schw)*
**position, basic** basic position *adj:n* **Grundstellung** *f (Bg/Bergb)* (des Baggers)
**position, final** final position *adj:n* **Endstellung** *f (Mech)*
**position, flat** flat position *adj:n* **flache Position** *adj:n (Mech)*
**position, highest** highest position *adj:n* **Höchststand** *m (Mech, Allg)*
**position, initial** initial position *adj:n (El, Mech)* **Ausgangsposition** *f (Mech)* **Nullstellung** *f (El)* (Position)

**position, neutral** neutral position *adj:n* **Leerlaufstellung** *(Kfz, Mech)* **Ruhestellung** *f (El)* (Positionsschalter, Betätigungselement)
**positioning Anstellbewegung** *f (Bg/Bergb)* **Einstellen** *nt (Mech)*
**positioning accuracy Einstellgenauigkeit** *f (Mech)*
**positioning cylinder Stellzylinder** *m (Mech)*
**positioning drive Anstellantrieb** *m (Bg/Bergb)*
**positioning of the platform against the load Anlegen der Plattform an die Last** *(Bg/Bergb)*
**positive** *adj (El, Allg)* **ausdrücklich** *adj (Allg)* **formschlüssig** *adj (Mech)* **positiv** *adj (El, Allg)*
**positive action type training idlers** *nt pl* **Pendelrolle mit Seitenführungsrollen** *(Bg/Bergb, Umschl, Zer, Band)*
**positive guide Zwangsführung** *f (Mech)*
**positive pressure Überdruck** *m (Hyd/Pneu)*
**positive uniflow scavenging** *(diesel engine)* **Gebläsespülung** *f (Mech)* (Dieselmotor)
**positive-action type** *adj* **formschlüssig** *adj (Mech)*
**positive-infinitely variable gear box PIV-Getriebe** *nt (Hütt/Wlz)*
**possibilities to position Verstellmöglichkeit** *f (Mech)*
**post crushing Nachbrechen** *nt (Zer)*
**post-tensioned** *adj* **nachgespannt** *adj (Stb)*
**pouch Beutel** *m (Form)*
**pour Guss** *m (Hütt/Wlz)*
**pour** *v (concrete)* **betonieren** *v (Bau)* **einbetonieren** *v (Bau)*
**pouring Guss** *m (Hütt/Wlz)*
**powder-coated** *adj* **pulverbeschichtet** *adj (Hütt/Wlz)*
**powder-shaped material Staubgut** *nt (Bahn)*
**powdered** *adj* **staubförmig** *adj (Bg/Bergb)*
**power Antriebsleistung** *f (Mech)* **Kraft** *f (Mech)* (Leistung, z.B. Strom)
**power balance chart Leistungsbilanz** *f (Bg/Bergb)* (Geräte mit Grenzlast)
**power brake Bremskraftverstärker** *m (Mech)*
**power brushing elektrisches Bürsten** *adj:n (Mech, Anstr)*
**power consumption** *(El, Mech)* **Kraftverbrauch** *m (Mech)* **Leistungsaufnahme** *f (El)*
**power control** *(of mouldboard)* **Scharsteuerung** *f (Bg/Bergb)*
**power control** *(El)* **Leistungsregelung** *f (El)*
**power current** *(El)* **Starkstrom** *m (El)*
**power due to grade Hubarbeit** *f (Bg/Bergb)* **Hubleistung** *f (Bg/Bergb)*
**power engine Kraftmaschine** *f (Mech)*
**power equipment Antriebsaggregat** *nt (Hyd, Bg/Bergb)*
**power excavator Hochleistungsbagger** *m (Bg/Bergb)*
**power factor Leistungsfaktor** *m (Mech)* **Wirkfaktor** *m (Mech)*
**power flow Krafteinleitung** *f (Bg/Bergb)*
**power increase Kraftverstärkung** *f (Mech)*
**power inlet Krafteingang** *m (Kfz)*
**power limit** *(El)* **Leistungsbegrenzung** *f (El)*
**power limit control Grenzlastregelung** *f (Kfz)*
**power limit control valve Grenzlastregelventil** *nt (Mech, Hyd/Pneu)*
**power line** *(El)* **Energieversorgungsleitung** *f (El)* **Überlandleitung** *f (El)*
**power loss Leistungsverlust** *m (Hyd/Pneu)* **Verlustleistung** *f (El)* **Verlustleitung** *f (Mech)* (in kW)
**power metering regulator Grenzlastregler** *m (Mech)*
**power of traction Zugkraft** *f (Mech, Bg/Bergb)*
**power output** *(El, Mech)* **Leistungsausgang** *m (Mech)*
**power piston Kraftkolben** *m (Mech)*
**power plant Kraftwerk** *nt (Mech, El)*
**power plant coal handling system Bekohlungsanlage** *f (Umschl)*
**power plant, coal-fired** coal-fired power plant *adj:n* **Kohlekraftwerk** *nt (Mech, El)*
**power press Presse** *f (Mech, Mont)*
**power range PS-Klasse** *f (Mech)*
**power requirement Kraftbedarf** *m (Mech)* **Kraftverbrauch** *m (Mech)*
**power shift transmission Lastschaltgetriebe** *nt (Mech)* **Lastschaltwendegetriebe** *nt (Mech)*

**power shovel Löffelbagger** *m (Bg/Bergb)*
**power station** *(El, Mech)* **Elektrizitätswerk** *nt (El)* **Kraftwerk** *nt (Mech, El)*
**power station boiler Kraftwerkskessel** *m (Hütt/Wlz)*
**power station, electric** electric power station *adj:n BE (El)* **elektrisches Kraftwerk** *adj:n (El)*
**power station, hydro-electric** hydro-electric power station *adj:n (El)* **Wasserkraftwerk** *nt (El)*
**power station, nuclear** nuclear power station *adj:n (El)* **Atomkraftwerk** *nt (El)* **Kernkraftwerk** *nt (El)*
**power station, solar** solar power station *adj:n (El)* **Solarkraftwerk** *nt (El)*
**power steering Fremdkraftlenkung** *f (Mech)* (Servo-Lenkung) **Hilfskraftlenkung** *f (Mech)* **Servolenkung** *f (Hyd/Pneu, Mech)*
**power stroke Arbeitshub** *m (Kfz)*
**power supply during the night Nachtlast** *f (Hütt/Wlz)*
**power supply system** *(El)* **Stromversorgungssystem** *nt (El)*
**power supply, overhead** overhead power supply *adj:n (El)* **Überlandleitung** *f (El)*
**power switch** *(El)* **Hauptschalter** *m (El)* (Ein-Aus-Schalter, elektron. Steuerung, PC)
**power take-off** *(El, Mech)* **Nebenantrieb** *m (Mech, El)* **Zapfwellenantrieb** *m (Mech)*
**power take-off gear for pumps Pumpenverteilergetriebe** *nt (Mech, Hyd/Pneu)*
**power take-off group Zapfwelle** *f (Mech)* (mit Zubehör)
**power take-off, lateral** lateral power take-off *adj:n* **seitlicher Nebenantrieb** *adj:n (Mech)*
**power transmission Kraftfluss** *m (Mech)* **Kraftübertragung** *f (Mech)*
**power triangle Kraftdreieck** *nt (Bg/Bergb)*
**power unit** *(loco)* **Triebfahrzeug** *nt (Bahn)* **Zusatzlokomotive** *f (Bahn)*
**power unit Aggregat** *nt (Hyd/Pneu)* **Antriebsaggregat** *nt (Hyd, Bg/Bergb)*
**power unit Krafteinheit** *f (Mech)* **Netzanschlussgerät** *nt (El)* **Netzgerät** *nt (El)*
**power unit, industrial** industrial power unit *adj:n* **Antriebsaggregat** *nt (Hyd, Bg/Bergb)*
**power, abrasive** abrasive power **Angriffsschärfe** *f (Form)*
**power, full** full power *adj:n* **volle Leistung** *adj:n (Mech, El)*
**power, hydraulic** hydraulic power *adj:n* **Hydraulikleistung** *f (Hyd/Pneu)*
**power, nominal** nominal power *adj:n* **Nennlast** *f (Mech)*
**power, required** required power *adj:n* **Antriebsleistung** *f (Mech)*
**power, rotary** rotary power *adj:n* **Drehkraft** *f (Mech)*
**power-actuated** *adj* **kraftbetrieben** *adj (Mech)*
**power-shift gear Lastschaltwendegetriebe** *nt (Mech)*
**power/size ratio Ausnutzungsverhältnis** *nt (Mech)* (Leistung-Größe)
**power/space ratio Ausnutzungsgrad** *m (Mech)*
**power/weight ratio Leistungs-Gewicht-Verhältnis** *nt (Mech)*
**powertool cleaning maschinelle Entrostung** *adj:n (Anstr)*
**PPI gauge** *(load on freight cars)* **PPI-Maße** *nt pl nt (Bahn)*
**PR-shifting** *(parallel swing)* **PS-Schaltung** *f (Mech)* (paralles Schwenken)
**pre-commissioning check Probelauf** *m (Hütt/Wlz)*
**pre-delivery inspection Ausgangskontrolle** *f (Allg)* (Endkontrolle) **Auslieferungsinspektion** *f (Form)*
**pre-evaporator Schlangenrohrvorverdampfer** *m (Hütt/Wlz)* **Vorverdampfer** *m (Hütt/Wlz)*
**pre-evaporator header Vorverdampfersammler** *m (Hütt/Wlz)*
**pre-evaporator heating surface Vorverdampferheizfläche** *f (Hütt/Wlz)*
**pre-evaporator tube Vorverdampferrohr** *nt (Hütt/Wlz)*
**pre-expansion chamber Auspuff-Vorschalldämpfer** *m (Kfz)*
**pre-filter Vorfilter** *nt (Mech)*
**pre-load valve Vorspannventil** *nt (Hyd/Pneu)*
**pre-machining Vorbearbeitung** *f (Mech, Mont)*
**pre-painted** *adj* **bandlackiert** *adj (Form)* (z.B. Blech)

**pre-scalping Vorabscheidung** *f (Bg/Bergb)*
**pre-sealing Vordichtung** *f (Mech)* (Kolbenstangendichtung)
**pre-set oil pressure Ölspanndruck** *m (Mech)*
**pre-superheater Vorüberhitzer** *m (Hütt/Wlz)*
**precalcination Präcalcinierung** *f (Bg/Bergb)* **Vorcalcinierung** *f (Bg/Bergb)*
**precautionary measure Vorbeugungsmaßnahme** *f (Mech, Allg)*
**precipice Abgrund** *m (Geo)* **Hang** *m (Geo)* (Abhang) **Klippe** *f (Geo)*
**precipitate** *v* **abscheiden** *v (Hütt/Wlz)* (ausfällen, absetzen)
**precipitating agent Fällmittel** *nt (Hütt/Wlz)*
**precipitator Entstauber** *m (Hütt/Wlz)* (Filter)
**precipitator efficiency Entstauberwirkungsgrad** *m (Hütt/Wlz)*
**precipitator piping Entstauberleitungen** *nt pl f (Hütt/Wlz)*
**precision bearing Präzisionslager** *nt (Mech)*
**precision control Feinsteuerung** *f (Mech)*
**precision gear Kriechgang** *m (Mech)*
**precision gear shifting Kriechgangschaltung** *f (Mech)*
**precision hoisting Feinhub** *m (Mech)* (genaues Ausfahren)
**precision mechanics Feinmechanik** *f (Mech)*
**precision steel tube Präzisionsstahlrohr** *nt (Hütt/Wlz)*
**preclassification Vorklassierung** *f (Bg/Bergb)*
**preclassification screen Vorklassiersieb** *nt (Bg/Bergb)* (vor dem Brecher)
**preclassification screen, elliptical** elliptical preclassification screen *adj:n* **Ellipsen-Vorklassiersieb** *nt (Bg/Bergb)* (am Brecher)
**precleaner Vorabscheider** *m (Mech)* (Flüssigkeitstrennung) **Vorreiniger** *m (Mech)*
**precombustion chamber Vorkammer** *f (Mech)*
**preconsolidation Vorverfestigung** *f (Bau)*
**precutter Vorschneider** *m (Mont, Werkz)* **Zwischenmesser** *nt (Mech)*
**prefabrication Anarbeitung** *f (Form)* (z.B. Schneiden) **Vorfertigung** *f (Mech)*
**preforming mould Saugform** *f (Hütt/Wlz)*
**pregrinding Vormahlen** *nt (Zer)*
**pregrinding sector Vormahlbereich** *m (Zer)*
**preheat** *v* **anwärmen** *v (Mech)* (vorwärmen) **vorglühen** *v (Mech)* (Dieselmotor)
**preheater** *(El, Bg/Bergb)* **Wärmetauscher** *m (Bg/Bergb)* (für Vorwärmung)
**preheating valve Vorwärmklappe** *f (Mech)*
**preignition Frühzündung** *f (Kfz)*
**preliminary stage of extension vorläufiger Ausbau** *adj:n (Mech, Bau)*
**preload spring Spannfeder** *f (Mech)*
**preloading** *(presetting)* **Vorspannung** *f (Mech)* (voherige Aufladung)
**preparation** *(coal)* **Aufbereitung** *f (Aufb)* (Kohle)
**preparation of welds Schweißnahtvorbereitung** *f (Schw)*
**preparation plant Vorbrechanlage** *f (Zer)*
**preparations** *nt pl* **Arbeitsvorbereitung** *f (Mech, Allg)*
**prepare** *v* **aufbereiten** *v (Aufb)* (z.B. Kohle)
**prepare and finish a level Planum erstellen** *n:v (Bau, Bg/Bergb)*
**prescreener Vorabscheider** *m (Mech)* (Säuberung) **Vorsieb** *nt (Zer)*
**preselector** *(El)* **Vorwähler** *m (El)*
**presetting Voreinstellung** *f (Mech)*
**press Druckvorrichtung** *f* **Presse** *f (Mech, Mont)*
**press and shears operation Press- und Scherenbetriebe** *(Hütt/Wlz)*
**press fit Passsitz** *m (Mech)* **Presssitz** *m (Mech)*
**press fit assembly** *nt sg* **Pressverband** *m*
**press frame Pressenrahmen** *m (Mech)*
**press power** *(pressing power)* **Presskraft** *f (Mech)* (der Abkantpresse)
**press, hydraulic** hydraulic press *adj:n* **hydraulische Presse** *adj:n (Hyd/Pneu)*
**press-fit bush Aufpressbuchse** *f (Mech)*
**press-fitted** *adj* **Festsitz haben** *n:v (Mech)*
**press-joining Durchsetzfugen** *nt (Mech)* (Spezialverfahren)

**pressed-on bush Aufpressbuchse** *f (Mech)*
**pressed-steel body Pressstahlkörper** *m (Hütt/Wlz)*
**pressing power Druckkraft** *f (Mech)* **Pressdruck** *m*
**pressure Druck** *m (Hyd/Pneu)* (hydraulisch) **Pressung** *f (Schw, Mech, Mont)* (bei Druck)
**pressure accumulator Druckspeicher** *m (Hyd/Pneu)*
**pressure adjusting Druckausgleich** *m (Hyd/Pneu)*
**pressure admission Beaufschlagung** *f (Bg/Bergb)*
**pressure air-brake installation Druckluftbremsanlage** *f (Hyd/Pneu, Mech)*
**pressure angle Kraftangriffswinkel** *m (Mech, Stat)*
**pressure angle, normal** normal pressure angle *adj:n* **Normaleingriffswinkel** *m (Mech, Stat)*
**pressure at pitch line Zahndruck** *m*
**pressure balance valve Druckausgleichsventil** *nt (Hyd/Pneu)*
**pressure blow Druckschlag** *m (Form)*
**pressure by load Auflagekraft** *f (Stat)*
**pressure carrier Druckträger** *m (Form)* (z.B. des Hydroschlauches)
**pressure compensating pipe Druckausgleichsleitung** *f (Hyd/Pneu)* (zwischen den Kolben- und Ringräumen der Zylinder)
**pressure container Druckbehälter** *m (Hyd/Pneu)*
**pressure control Drucküberwachung** *f (Hyd/Pneu)*
**pressure control valve Druckbegrenzungsventil** *f (Hyd/Pneu)* **Druckregelventil** *nt (Hyd/Pneu)*
**pressure controller Druckwächter** *m (El)*
**pressure cut-off Druckabschneidung** *f (Hyd/Pneu)* **Druckleistungsabschneidung** *f (Hyd/Pneu)*
**pressure cylinder Druckzylinder** *m (Hyd/Pneu)*
**pressure differential Differenzdruck** *m (Hyd/Pneu)*
**pressure differential valve Druckausgleichsventil** *nt (Hyd/Pneu)*
**pressure distribution Druckverteilung** *f (Stb)*
**pressure firing Druckfeuerung** *f (Hütt/Wlz)*
**pressure gauge Druckmesser** *m (Hyd/Pneu)* **Manometer** *nt (Mech)*
**pressure hose Druckschlauch** *m (Hyd/Pneu)*
**pressure hose, flanged** flanged pressure hose *adj:n* **Flanschdruckschlauch** *m (Hyd/Pneu)*
**pressure increase Druckanstieg** *m (Hyd/Pneu)*
**pressure limiting block Absicherungsblock** *m (Hyd/Pneu)*
**pressure line Druckleitung** *f (Hyd/Pneu)* **Druckzufuhrleitung** *f (Hyd/Pneu)*
**pressure loss Druckabfall** *m (Hyd/Pneu)* (z.B. der Luftdruckbremse) **Druckverlust** *m (Hyd/Pneu)*
**pressure lubrication Druckölschmierung** *f (Mech)* **Druckschmierung** *f (Mech)*
**pressure lubrication fittings** *nt pl* **Druckschmierköpfe** *nt pl m (Mech)*
**pressure make-up valve Vorspannventil** *nt (Hyd/Pneu)*
**pressure meter cell Druckmessdose** *f (Hyd/Pneu)*
**pressure modulating valve Druckmodulaturventil** *nt (Hyd/Pneu)*
**pressure on bearing area Gelenkflächenpressung** *f (Mech)*
**pressure on the support Auflagerdruck** *m (Mech, Stb, Stat)*
**pressure overflow of radiator, sealed** sealed pressure overflow of radiator *adj:n* **abgedichtetes Überdruckventil des Kühlers** *adj:n (Bg/Bergb)*
**pressure piece Druckstück** *nt (Mech, Mont)*
**pressure pipe Druckleitung** *f (Hyd/Pneu)* **Druckrohr** *nt (Hyd/Pneu, Mech)*
**pressure pipe tube Druckrohrstutzen** *m (Kfz)*
**pressure plate Druckplatte** *f (Mech)* **Druckplattenlager** *n* **Druckscheibe** *f (Mech)* (Druckplatte)
**pressure raising period Anfahrzeit** *f (Hütt/Wlz)*
**pressure range Druckbereich** *m (Hyd/Pneu)* **Druckstufe** *f (Hyd/Pneu)*
**pressure reducer Druckminderer** *m (Mont)*

**pressure reducing period Abfahrzeit** *f (Allg)*
**pressure reducing station Druckreduzierstation** *f (Hütt/Wlz)* **Reduzierstation** *f (Hütt/Wlz)*
**pressure reducing valve Druckreduzierventil** *nt (Hyd/Pneu)*
**pressure reduction in pit floor Liegendenspannung** *f (Bg/Bergb, Stat)*
**pressure regulator Druckregler** *m (Hyd/Pneu)*
**pressure relief Druckbegrenzung** *f (Hyd/Pneu)*
**pressure relief valve Überdruckventil** *nt (Hyd/Pneu)*
**pressure relieving flap Explosionsklappe** *f (Mech)* (Schleifringkammer)
**pressure ring Druckring** *m (Hyd/Pneu)* **Verdichtungsring** *m (Mech)*
**pressure rise Druckanstieg** *m (Hyd/Pneu)*
**pressure rod Druckstange** *f (Mech)*
**pressure roller Druckroller** *m (Bg/Bergb)*
**pressure roller block Andruckblock** *m (Form)*
**pressure sensor Druckübersetzer** *m (Kfz)*
**pressure sensor and indicator Druckaufnehmer** *m (Hyd/Pneu)*
**pressure shock Überdruck** *m (Hyd/Pneu)* (kurzfristig)
**pressure shut-off valve Druckabschaltventil** *nt (Hyd/Pneu)*
**pressure spring Druckfeder** *f (Hyd/Pneu)*
**pressure stiffener Drucksteife** *f (Form)*
**pressure tap Druckmessstutzen** *m (Hütt/Wlz)*
**pressure tapping points** *nt pl* **Druckmessstellen** *nt pl f (Hütt/Wlz)*
**pressure test Druckprobe** *f (Hütt/Wlz)*
**pressure transducer Druckaufnehmer** *m (Hyd/Pneu)* **Druckmessumformer** *m (Hyd/Pneu)*
**pressure transmitter Druckübersetzer** *m (Kfz)*
**pressure tube Druckrohr** *nt (Hyd/Pneu, Mech)*
**pressure tunnel Druckstollen** *m (Stb)*
**pressure valve cone Druckventilkegel** *m (Kfz)*
**pressure valve spring Druckventilfeder** *f (Kfz)*
**pressure vessel Druckbehälter** *m (Hyd/Pneu)*
**pressure water ash removal Spülentaschung** *f (Hütt/Wlz)*
**pressure yoke Druckbügel** *m (Hyd/Pneu)*
**pressure, absolute** absolute pressure *adj:n* **Absolutdruck** *m (Hyd/Pneu)* **absoluter Druck** *adj:n (Hyd/Pneu)*
**pressure, dynamic** dynamic pressure *adj:n* **dynamische Pressung** *adj:n (Hyd/Pneu)*
**pressure, lateral** lateral pressure *adj:n* **Seitendruck** *m (Stb)*
**pressure, nominal** nominal pressure *adj:n* **Nenndruck** *m (Hyd/Pneu)*
**pressure, partial** partial pressure *adj:n* **Partialdruck** *m (Hyd/Pneu)*
**pressure, sub-critical** sub-critical pressure *adj:n* **unterkritischer Druck** *adj:n (Hyd/Pneu)*
**pressure, supercritical** supercritical pressure *adj:n* **überkritischer Druck** *adj:n (Hyd/Pneu)*
**pressure, total** total pressure *adj:n* **Gesamtpressung** *f (Hyd/Pneu)*
**pressure-gauge bracket Manometerhalter** *m (Mech)*
**pressure-gauge calibration set Manometerprüfgerät** *nt (Mech)*
**pressure-gauge isolator valve Manometerabsperrventil** *nt (Hyd/Pneu)*
**pressure-oil feed Druckölzufuhr** *f (Hyd/Pneu)*
**pressure-test threading Abdrückgewinde** *nt (Mech)* (z.B. eines Maschinenteils)
**pressure-time fuel injection system** *(diesel engine)* **Niederdruckeinspritzsystem** *nt (Mech)* (Dieselmotor)
**pressure-type hose Hochdruckschlauch** *m (Kfz)* **Schlauch für hohen Druck** *(Hyd/Pneu)*
**pressure-type oil burner Druckölbrenner** *m (Hütt/Wlz)*
**pressure-water ash removal Druckentaschung** *f (Hütt/Wlz)*
**pressure-water installation Druckwasseranlage** *f (Stb)*
**pressurization Druckaufbau** *m (Hyd/Pneu)* **Vorspannung** *f (Hyd/Pneu)* (des Tanks)
**pressurizing Druckbeaufschlagung** *f (Hyd/Pneu)* (z.B. des Hydrotanks) **Überdruck** *m (Hyd/Pneu)*

**pressurizing and ventilation plant** *nt sg* **Überdruckbelüftungsanlage** *f*
**pressurizing cylinder** *(one-chamber brake cylinder)* **Vorspannzylinder** *m (Mech)* (Einkammerbremszylinder)
**prestressing Vorspannung** *f (Band, El, Mech, Stb)*
**prestressing, longitudinal** longitudinal prestressing *adj:n* **Längsvorspannung** *f (Stb)*
**prestressing, transverse** transverse prestressing *adj:n* **Quervorspannung** *f (Stb)*
**pretension Vorspannung** *f (Band, El, Mech, Stb)*
**pretensioning tool Vorspannwerkzeug** *nt (Werkz, Mech)*
**preturn** *v (on lathe)* **vordrehen** *v (Mech, Mont)* (auf einer Drehbank)
**prick punch Körner** *m (Mont, Werkz)* **Körnerschlag** *m (Mont, Werkz)*
**primary aluminum pig Hüttenaluminium** *nt (Mech)*
**primary crushing machinery Vorzerkleinerung** *f (Zer)*
**primary crushing plant Vorbrechanlage** *f (Zer)*
**primary screen Vorsieb** *nt (Zer)*
**primary screening Vorabsiebung** *f (Bg/Bergb)* (erstes Sieben)
**primary side** *nt sg* **Primärseite** *f*
**primary-air inlet duct Frischluftkanal** *m (Hütt/Wlz)*
**prime mover Hauptantriebsaggregat** *nt (Kfz)* **Primärantrieb** *m (Mech)*
**prime with operating oil beaufschlagen mit Betriebsöl** *(Hyd/Pneu)* (Zylinder)
**primer Grundiermittel** *nt (Anstr)* **Grundierung** *f (Anstr)*
**primer** *(initial ventilation)* **Entlüfter** *m (Kfz)* (vor Anlauf der Maschine)
**primer** *(injection)* **Einspritzvorrichtung** *f (Kfz)*
**priming** *(engine)* **Vorfüllen** *nt (Mech)* (z.B. Benzin in den Vergaser)
**priming charge oberste Ladung** *adj:n (Bg/Bergb)*
**priming point Füllöffnung** *f (Kfz)*
**priming pump Anfüllpumpe** *f (Kfz)* **Entlüftungspumpe** *f (Hyd/Pneu)*
**primitive rocks** *nt pl* **Urgestein** *nt (Bau, Geo)*
**principal axis Hauptachse** *f (Stb, Mech)*
**principal moment of inertia Hauptträgheitsmoment** *nt (Stb)*
**principal stress Hauptspannung** *f (Stb, Stat)*
**principles, basic** basic principles *adj:n* **Grundlagen** *f (Mech, Allg)*
**printing machine Lichtpausmaschine** *f (Mech)*
**priority system Vorzugssteuerung** *f (Bg/Bergb)* (Prioritätssystem)
**probabilistic concept of safety Wahrscheinlichkeitsbegriff der Sicherheit** *(Stb)*
**probability of failure Wahrscheinlichkeit des Versagens** *(Stb)*
**probability of occurence Auftretenswahrscheinlichkeit** *f (Form)*
**probability, compound** compound probability *adj:n* **zusammengesetzte Wahrscheinlichkeit** *adj:n (Stb)*
**probability, empirical** empirical probability *adj:n* **Erfahrungswahrscheinlichkeit** *f (Stb)*
**probe** *(El)* **Prüfkopf** *m (El)* **Sonde** *f (El, Bau)*
**probe adapter Prüfkopfanpasser** *m (Schw)*
**probe block rotation Prüfblockumlauf** *m (Mech)*
**probe cable connection box** *(El, Mech)* **Prüfanschlusskasten** *m (El, Mech)*
**probe clamp Prüfkopf-Klammer** *f (Schw)*
**probe clip Prüfkopf-Haltebügel** *m (Schw)*
**probe cylinder Sondenzylinder** *m (Umschl, Hyd/Pneu)*
**probe device Prüfkopf-Führungseinrichtung** *f (Schw)*
**probe diameter Prüfkopfdurchmesser** *m (Schw)*
**probe holder Prüfkopf-Halterung** *f (Schw)*
**probe holder receptable Prüfkopfhalter-Aufnahme** *f (Schw)*
**probe motion Prüfkopfbewegung** *f (Schw)*
**probe mount Prüfkopf-Führungseinrichtung** *f (Schw)*
**probe shoe** *(El, Schw)* **Prüfkopf-Schuh** *m (Schw)* **Prüfkopf-Schutz** *m (El)*
**probe, shaped** shaped probe *adj:n* **angepasster Prüfkopf** *adj:n (Schw)*

**probe, undamped** undamped probe *adj:n* **ungedämpfter Prüfkopf** *adj:n (Schw)*
**procedure test Verfahrensprüfung** *f (Schw)* (Schweißverfahren)
**process Arbeitsgang** *m (Mech, Allg)* **Prozess** *m (Allg)* (Vorgang) **Vorgang** *m (Mech)*
**process flow Verfahrensablauf** *m (Mech)*
**process industry** *(paper, textiles)* **Prozessindustrie** *f (Allg)* (Textil, Papier)
**process plant construction Anlagenbau** *m (Mech)*
**process stage Verfahrensstufe** *f (Mech)*
**process stage, downstream** downstream process stage *adj:n* **nachgeschaltete Verfahrensstufe** *adj:n (Mech)*
**process water Prozesswasser** *nt (Mech)* (für Laborversuche)
**process, continuous** continuous process *adj:n* **Dauerbetrieb** *m (Mech)*
**processing Aufbereitung** *f (Aufb, Allg)* **Verarbeitung** *f (Hütt/Wlz)* (z.B. von Rohstoffen)
**processing** *(e.g. align, section)* **Anarbeiten** *nt (Form)* (z.B. Sägen, Spalten)
**processing system Aufbereitungssystem** *nt (Bg/Bergb)*
**processing, subsequent** subsequent processing *adj:n* **Weiterverarbeitung** *f (Hütt/Wlz)*
**product Erzeugnis** *nt (Allg)* **Produkt** *nt (Mech, Allg)*
**product analysis Stückanalyse** *f (Hütt/Wlz)*
**product division Produktbereich** *m (Allg)*
**product index number Erzeugniskennzeichen** *nt (Allg)*
**product line** *nt pl* **Baureihe** *f (Mech)*
**product of combustion Verbrennungsprodukt** *nt (Hütt/Wlz)*
**product of inertia Fliehmoment** *nt (Stb)* **Zentrifugalmoment** *nt (Stb)*
**product structure Erzeugnisstruktur** *f (Mech, Allg)*
**product type Erzeugnistyp** *m (Mech, Allg)* (Erzeugnisstruktur)
**product version Erzeugnisversion** *f (Allg)*
**product, auxiliary** auxiliary product *adj:n* **Zusatzgerät** *nt (Bg/Bergb, Mech)*
**product, final** final product *adj:n* **Austragsgut** *nt (Zer)* (Brecher)
**product, finished** finished product *adj:n* **Fertigteil** *nt (Mech, Mont)*
**product, flat** flat product *adj:n* **Flachprodukt** *nt (Hütt/Wlz)*
**product, long** long product *adj:n* **Langprodukte** *nt pl nt (Mech)*
**product, residual** residual product *adj:n* **Restprodukt** *nt (Bg/Bergb)*
**product, semifinished** semifinished product *adj:n* **Halbfabrikat** *nt (Mech)* **Halbzeug** *nt (Mech)*
**production** *(output excavator)* **Förderleistung** *f (Bg/Bergb, Umschl)* (Bagger)
**production controlling Steuerung** *f (Mech)* (des Fertigungsablaufes)
**production cycle Arbeitszyklus** *m (Mech)* (Fertigung)
**production line Fertigungsstraße** *f (Form)*
**production method Fertigungsablauf** *m (Mech)* **Herstellungsverfahren** *nt (Mech, Allg)*
**production of briquettes Brikettierung** *f (Mech)*
**production of conveyor belts Herstellung von Förderbändern** *(Band)*
**production of laminates Herstellung von Laminaten** *(Mech)*
**production plan Fertigungsplan** *m (Allg)*
**production planning Arbeitsvorbereitung** *f (Mech, Allg)*
**production process Produktionsablauf** *m (Mech)*
**production quality Fertigungsklasse** *f (Allg)*
**production quantity Fertigungsmenge** *f (Allg)*
**production schedule Produktionsprogramm** *nt (Allg)* (Zeitplan) **Terminplan** *m (Mech, Allg, Bau)*
**production sequence Fertigungsablauf** *m (Mech)*
**production site Verwendungsort** *m (Bg/Bergb)*
**production testing Fertigungskontrolle** *f (Allg)*
**production time Fertigungszeit** *f (Allg)*
**production, individual** individual production *adj:n* **Einzelfertigung** *f (Mech)* (Einzelstück)
**production, taper off** taper off production *n:v* **Produktion auslaufen lassen** *n:v (Allg)*

**products of the steel division Erzeugnisse des Stahlbereichs** *(Stb)*
**products, rolled** rolled products *adj:n* **Walzwerkerzeugnisse** *nt pl nt (Hütt/Wlz)*
**profile Aufriss** *m (Mech)* (Seitenriss) **Profil** *nt (Mech, Mont)*
**profile bristle Profilborste** *f (Mech, Mont)*
**profile bucket Profillöffel** *m (Bg/Bergb)*
**profile clamp Profilschelle** *f (Mech)*
**profile correction Profilverschiebung** *f (Mech)* (am Zahnrad)
**profile grab Profilgreifer** *m (Bg/Bergb)*
**profile grinding Profilschleifen** *n*
**profile of the crawler unit Laufwerksprofil** *nt (Bg/Bergb)*
**profile reference line Profilbezugslinie** *f (Mech)*
**profile, axial** axial profile *adj:n* **Axialprofil** *nt (Mech)* (Getriebe)
**profile, flanged** flanged profile *adj:n* **Abkantprofil** *(Mech, Mont)*
**profile, hollow** hollow profile *adj:n* **Hohlprofil** *nt (Stb)*
**profile, normal** normal profile *adj:n* **Normalprofil** *nt (Mech)*
**profile, sectional** sectional profile *adj:n* **Gewindequerschnitt** *m (Mech)*
**profiling Form gebende Bearbeitung** *adj:n (Mech, Mont)*
**program flow** *(El, Hyd/Pneu)* **Programmablauf** *m (El, Hyd/Pneu)*
**progress of mining Abbaufortschritt** *m (Bg/Bergb)* (an der Böschung)
**progress of procurement Stand der Materialbeschaffung** *(Mech, Mont)*
**project Entwurf** *m (Mech, Allg)* **Projekt** *nt (Mech, Allg)*
**project** *v/i (jut out)* **herausragen** *v (Mech)* (z.B. ein Gegengewicht) **überragen** *v (Mech)* **überstehen** *v (Mech)* (hinausragen über)
**project information Planungsunterlagen** *nt pl f (Mech, Allg)*
**project work Planung** *f (Mech, Allg)* **Projektierung** *f (Mech)*
**project, pending** pending project *adj:n* **mögliches Projekt** *adj:n (Mech, Allg)*
**projecting** *(e.g. counterweight)* **Ausladung** *f (Bg/Bergb)* (z.B. des Gegengewichtes)
**projecting Projektierung** *f (Mech)* **Überstand** *m (Mech)*
**projecting of an open-cut mine Tagebauprojektierung** *f (Bg/Bergb)*
**projection Ansatz** *m (Mech)* (Nase) **Vorbau** *m (Mech, Bau)* **Vorsprung** *m (Mech, Bau)*
**projection Auskragung** *f (Stb)*
**projection distance Projektionsabstand** *m (Mech)*
**projection weld Warzenschweißung** *f (Schw)*
**projection, horizontal** horizontal projection *adj:n* **Grundriss** *m (Mech, Allg)*
**projection, isometric** isometric projection *adj:n* **isometrische Darstellung** *adj:n (Mech)*
**projector-base Projektorsockel** *m (Mech)*
**prong Gabel** *f (Mech)* **Klaue** *f (Mech)* **Zinke** *f (Mech)*
**proof load Probebelastung** *f (Mech)* **Prüflast** *f (Stb)*
**proof stress Dehngrenze** *f (Mech)* (bleibende Dehnung) **Versuchsspannung** *f (Stb, Mech)*
**proofness Dichtheit** *f (Mech, Hyd/Pneu)* (Undurchlässigkeit) **Dichtigkeit** *f (Mech, Hyd/Pneu)*
**prop Spreize** *f (Bg/Bergb)* (Stempel) **Stütze** *f (Mech)* (Abstützung)
**prop valve** *(magnet moves hydraulic piston)* **Prop-Ventil** *nt (Hyd/Pneu, Mech)* (Kolben wird magnetisch bewegt) **Proportionalventil** *nt (Hyd/Pneu)*
**prop, provisional** provisional prop *adj:n* **Hilfsstütze** *f (Mont)* **Montagestütze** *f (Mech, Mont, Stb)*
**propagation speed Ausbreitungsgeschwindigkeit** *f (Form, El)*
**propel bogie assembly Fahrwerksschwinge** *f (Bg/Bergb, Mech)*
**propel drive Endantrieb** *m (Mech)* (Seilbaggerraupe) **Fahrantrieb** *m (Mech, Bg/Bergb, Umschl)*
**propel motor Fahrmotor** *m (Mech)*
**propel powers** *nt pl* **Vortriebskraft** *f (Mech)*
**propel speed Fahrgeschwindigkeit** *f (Mech, Umschl)* (Absetzer)
**propel unit Fahrwerk** *nt (Bg/Bergb, Mech)*
**propeller shaft Gelenkwelle** *f (Mech)*
**property Eigenschaft** *f (Mech, Allg)* **Vermögen** *nt (Allg)*

**property, mechanical** mechanical property *adj:n* **mechanische Eigenschaft** *adj:n (Mech)* **Festigkeitswert** *m (Hütt/Wlz, Mech)*
**property, moisture absorbing** moisture absorbing property *adj:n* **feuchtigkeitsbindende Eigenschaft** *adj:n (Hyd/Pneu)*
**proportion** *v* **Abmessungen festsetzen** *adj:n (Stb)* **dosieren** *v (Mech, Allg, Bau)*
**proportion of weight Gewichtsanteil** *m (Mech)*
**proportionality Proportionalität** *f (Stb)*
**proportionality bar Proportionalstab** *m (Stb)*
**proportioning Dimensionierung** *f (Mech)*
**proportioning pump Dosierpumpe** *f (Hütt/Wlz)*
**proportioning valve Dosierventil** *nt (Hyd/Pneu)*
**proportioning weigh feeder Dosierbandwaage** *f (Band)*
**proposal layout drawing Projektzeichnung** *f (Mech)*
**proposal, technical** technical proposal *adj:n* **technisches Angebot** *adj:n (Allg)* **Leistungsverzeichnis** *nt (Mech)*
**propping Abstützung** *f (Mech, Mont)* (von Einsturzbedrohtem)
**props** *nt pl* **Grubenholz** *nt (Bg/Bergb)*
**propulsion shaft** *AE* **Antriebswelle** *f (Mech)* (Getriebe)
**prospector Schürfer** *m (Bg/Bergb)*
**protecting box Schutzkasten** *m (Mech)*
**protection Schutz** *m (Allg, Mech)* (z.B. vor Nässe)
**protection against corrosion Korrosionsschutz** *m (Mech)*
**protection cap Schutzkappe** *f (Mech)*
**protection cover Schutzhülle** *f (Mech)* **Schutzhülse** *f (Mech)* (z.B. kastenförmig)
**protection hoop Schutzbügel** *m (Mech)*
**protection layer** *(membrane)* **Schutzschicht** *f (Anstr)*
**protection leggings** *nt pl* **Schutzgamaschen** *nt pl f (Mech)*
**protection rod Schutzholm** *m (Hütt/Wlz)*
**protection sleeve Schutzärmel** *m (Mech)*
**protection switch** *(El)* **Schutzschalter** *m (El)*
**protection, galvanic** galvanic protection *adj:n* **galvanischer Schutz** *adj:n (Hütt/Wlz)*
**protection, thermal** thermal protection *adj:n* **Temperaturüberwachung** *f (Hyd/Pneu)* (Vorgang)
**protector, thermal** thermal protector *adj:n* **Temperaturwächter** *m (Mech)* **Thermowächter** *m (El)*
**protract** *v (e.g. piston, conveyor bridge)* **ausfahren** *v (Mech, Hyd/Pneu)* (z.B. Kolben, Bandbrücke)
**protrude** *v* **überragen** *v (Mech)* **überstehen** *v (Mech)* (hinausragen über)
**protuberance Protuberanz** *f (Hütt/Wlz)* (Ausstülpung)
**protuberance rotary grinder Protuberanzfräser** *m (Mech, Mont)*
**provide** *v (fix according to a certain order)* **anbringen** *v (Mech, Allg)* (nach Plan geordnet) **anordnen** *v (Mech, Allg)* (anbringen, montieren)
**provide with** *v* **ausrüsten** *v (Mech, Mont)* **ausstatten** *v (Mech, Mont)*
**public address system** *(in a hotel)* **Beschallungsanlage** *f (Allg)* (im Hotel)
**public communication network** *(El)* **Fernmeldenetz** *nt (El)*
**puffy Hocker** *m (Allg, Mech)* (Sitz)
**pull Zug** *m (Mech)* (Zugkraft) **Zugkraft** *f (Mech, Bg/Bergb)*
**pull apart** *v* **aufreißen** *v (Mech, Allg)*
**pull at drive sprocket Zugkraft am Antriebsstern** *(Mech, Bg/Bergb)*
**pull cord Reißleine** *f*
**pull down** *v* **verlangsamen** *v (Mech)*
**pull jack Zug** *m (Mont)* (Werkzeug) **Zughub** *m (Mont)*
**pull nut Abziehmutter** *f (Mech, Mont)* (für Abdrückschraube)
**pull, maximum** maximum pull *adj:n* **höchstes Anzugsvermögen** *adj:n (Mech)*
**pull-in torque** *(motor)* **Sattelmoment** *nt (Mech)* (Motor)
**pull-push rule** *(made of steel)* **Band** *nt (Mech)* (Wickelband, Magnetband, Lochstreifen) **Bandmaß** *nt (Mech, Mont)* (Werkzeug)
**puller Abzieher** *m (Werkz)* **Auszieher** *m (Form)* (z.B. Kralle)
**puller bar Abziehvorrichtung** *f (Mech, Mont)* (Ausbauvorrichtung)
**puller screw Abziehschraube** *f (Kfz)*
**pulley Riemenscheibe** *f (Band)* **Rolle** *f (Mech)* (Riemenscheibe) **Scheibe** *f*

*(Band)* (Keilriemenrad) **Trommel** *f (Mech)*
**pulley axle Trommelachse** *f (Mech)*
**pulley barrel Trommelkörper** *m (Mech)*
**pulley block Flaschenzug** *m (Bg/Bergb)* (Seilführung)
**pulley cleaner Trommelreinigungseinrichtung** *f (Mech)*
**pulley end disc Trommelboden** *m (Mech)*
**pulley face width Trommellänge** *f (Mech)*
**pulley head Rollenkopf** *m (Bg/Bergb)* (am Seilzug des Schaufelradbaggers)
**pulley head beam Rollenkopfträger** *m (Band, Umschl)*
**pulley lagging Trommelbelag** *m (Bg/Bergb, Umschl, Band)*
**pulley lug Flaschenöse** *f (Mech)* (eines Flaschenzugs)
**pulley scraper Trommelabstreifer** *m (Bg/Bergb, Umschl, Band)*
**pulley shaft Trommelwelle** *f (Mech, Band)* (Bandanlage)
**pulley shell Rollenmantel** *m (Band, Umschl)* **Trommelmantel** *m (Mech)*
**pulley side** *(belt)* **Laufseite** *f (Band)* (Gurt) **Sauberseite** *f (Band)* (Gurt)
**pulley, bare** bare pulley *adj:n* **Trommel ohne Belag** *(Band, Bg/Bergb, Umschl, Zer)*
**pulley, barrel-shaped** barrel-shaped pulley *adj:n* **ballige Trommel** *adj:n (Mech)*
**pulley, driven** driven pulley *adj:n* **getriebene Riemenscheibe** *adj:n (Band)*
**pulley, flanged** flanged pulley *adj:n* **Bordscheibe** *(Form)*
**pulley, motorized** motorized pulley *adj:n* **Antriebstrommel** *f (Band, Bg/Bergb, Umschl)* **Trommelmotor** *m (Band, Bg/Bergb, Umschl)*
**pulling cable Rollenzug** *m (Stb)*
**pulling force Zugkraft** *f (Mech, Bg/Bergb)*
**pulling rope Rollenzug** *m (Stb)*
**pulling screw nut** *AE* **Abziehmutter** *f (Mech, Mont)* (für Abdrückschraube)
**pulp manufacture Zellstoffherstellung** *f (Hütt/Wlz)*
**pulp wood fork Ladegabel für Papierholz** *(Mech)*
**pulsating combustion pulsierende Verbrennung** *adj:n (Hütt/Wlz)*
**pulsating fatigue strength under bending stresses** *(DIN 50 100 – Dauerschwingversuch)* **Biegeschwellfestigkeit** *f (Mech)* (DIN 50 100 – Dauerschwingversuch)
**pulsating panel** *(in coal bunker)* **Rüttelplatte** *f (Mech)* (im Bunker)
**pulsator test Rüttelversuch** *m (Mech)*
**pulse period** *(lubrication system)* **Taktzeit** *f (Mech)* (Schmieranlage)
**pulsing** *adj* **pulsierend** *adj (Allg)*
**pulverised coal firing with dry ash removal Staubfeuerung mit trockener Entaschung** *(Hütt/Wlz)*
**pulverised coal firing with liquid ash removal Staubfeuerung mit flüssiger Entaschung** *(Hütt/Wlz)*
**pulverised-fuel sampler Brennstaubprobenentnehmer** *m (Hütt/Wlz)*
**pulverised-fuel start-up firing equipment Staubzündfeuerung** *f (Hütt/Wlz)*
**pulveriser housing Mühlengehäuse** *nt (Zer)*
**pulverized coal firing with melting table Schmelztischfeuerung** *f (Hütt/Wlz)*
**pulverized-coal fired boiler Staubkessel** *m (Hütt/Wlz)*
**pulverized-coal firing Kohlenstaubfeuerung** *f (Bg/Bergb)*
**pulverized-coal piping Staubleitung** *f (Hütt/Wlz)*
**pulverized-coal storage bunker Staubzwischenbunker** *m (Bg/Bergb)*
**pulverized-fuel bunker Staubbunker** *m (Hütt/Wlz)*
**pulverized-fuel burner Staubbrenner** *m (Hütt/Wlz)*
**pulverized-fuel feeder Staubzuteiler** *m (Hütt/Wlz)*
**pulverized-fuel feeding equipment Staubaufgabe** *f (Hütt/Wlz)*
**pulverized-fuel sampler Staubprobe** *f (Hütt/Wlz)*
**pulverizer Mühle** *f (Zer)*
**pulverizer air duct Mühlenluftleitung** *f (Zer)*
**pulverizer air heater Mühlenluftvorwärmer** *m (Zer)*
**pulverizer drive Mühlenantrieb** *m (Zer, Mech)*
**pulverizer outlet temperature Mühlenaustrittstemperatur** *f (Zer)*

**pulverizer output Mahlleistung** *f (Zer)*
**pulverizer plant Mahlanlage** *f (Zer)*
**pump Pumpe** *f (Hyd/Pneu, Mech)*
**pump accumulator Pumpspeicher** *m (Mech)* (im Laderbremssystem)
**pump blocking Pumpenblockierung** *f (Mech, Hyd/Pneu)*
**pump bracket Pumpenkonsole** *f (Mech)*
**pump cartridge Pumpeneinsatz** *m (Hyd/Pneu)*
**pump cylinder Pumpenzylinder** *m (Mech, Hyd/Pneu)*
**pump diaphragm Pumpenmembrane** *f (Mech, Hyd/Pneu)*
**pump drive Pumpenantrieb** *m (Hyd/Pneu, Mech)*
**pump element Pumpenelement** *nt (Hyd/Pneu)*
**pump flow Pumpendurchsatz** *m (Hyd/Pneu)* (Leistung) **Pumpenstrom** *m (Hyd/Pneu)*
**pump for drippings Tropfölpumpe** *f (Mech)*
**pump housing Pumpengehäuse** *nt (Mech, Hyd/Pneu)*
**pump inlet side Saugstutzen** *m (Hütt/Wlz)*
**pump inlet valve Pumpeneinlassventil** *nt (Hyd/Pneu)*
**pump jet Pumpendüse** *f (Hyd/Pneu)*
**pump lubrication Druckschmierung** *f (Mech)*
**pump outlet side Pumpendruckstutzen** *m (Hyd/Pneu)*
**pump outlet valve Pumpenauslassventil** *nt (Hyd/Pneu)*
**pump pinion Pumpenantriebsrad** *nt (Mech, Hyd/Pneu)* **Pumpenritzel** *nt (Mech, Hyd/Pneu)*
**pump piston Pumpenkolben** *m (Mech, Hyd/Pneu)*
**pump piston lever Pumpenhebel** *m (Mech, Hyd/Pneu)*
**pump power unit Pumpenaggregat** *nt (Hyd/Pneu)*
**pump relief Pumpendruck** *m (Hyd/Pneu)*
**pump rod Pumpenstange** *f (Mech, Hyd/Pneu)*
**pump shaft seal Pumpenwellendichtung** *f (Hyd/Pneu, Mech)*
**pump station Pumpenhaus** *nt (Hyd/Pneu)* **Pumpenstation** *f (Hyd/Pneu)*
**pump transfer gear Pumpenverteilergetriebe** *nt (Mech, Hyd/Pneu)*
**pump unloading valve Freiumlaufventil** *nt (Hyd/Pneu)* (als Abschaltventil)
**pump valve Pumpenventil** *nt (Hyd/Pneu)*
**pump wheel Pumpenrad** *nt (Mech, Hyd/Pneu)*
**pump, dual** dual pump *adj:n* **Doppelpumpe** *f (Hyd/Pneu)*
**pump, foot-operated** foot-operated pump *adj:n* **Fußpumpe** *f (Hyd/Pneu)*
**pump, hydraulic** hydraulic pump *adj:n* **Hydraulikpumpe** *f (Hyd/Pneu)* **Hydropumpe** *f (Hyd/Pneu)*
**pump, industrial** industrial pump *adj:n* **Löschpumpe** *f (Hyd/Pneu, Mech)* (Industriepumpe)
**pump, manual** manual pump *adj:n* **Handpumpe** *f (Mech, Hyd/Pneu)*
**pump, rotary** rotary pump *adj:n* **Kreiselpumpe** *f (Hyd/Pneu)* **Rotationspumpe** *f (Hyd/Pneu)*
**pump, self-priming** self-priming pump *adj:n* **selbstansaugende Pumpe** *adj:n (Hyd/Pneu)*
**pump, self-regulating** self-regulating pump *adj:n* **selbstregelnde Pumpe** *adj:n (Hyd/Pneu)*
**pump, static** static pump *adj:n* **statische Pumpe** *adj:n (Hyd/Pneu)*
**pump, submersible** submersible pump *adj:n* **Tauchpumpe** *f (Hyd/Pneu)*
**pump, variable** variable pump *adj:n* **Verstellpumpe** *f (Hyd/Pneu)*
**pump-circulating cooling Pumpenumlaufkühlung** *f (Hyd/Pneu)*
**pumpability** *(oil, grease)* **Förderfähigkeit** *f (Hyd/Pneu)* (Öl, Fett)
**punch Durchschlag** *m (Mont, Werkz)* **Lochstempel** *m (Mech)* **Stanze** *f (Hütt/Wlz)*
**punch and die Prisma und Stempel** *(Form)* (zum Biegen)
**punch chisel Lochmeißel** *m (Mont, Werkz)*
**punch grid resistor** *(El)* **Lochgitterabgleitwiderstand** *m (El)*
**punching and shearing machine Stanz- und Schneidmaschine** *(Hütt/Wlz)*
**punching test Stanzversuch** *m (Hütt/Wlz)*
**pure coal Reinkohle** *f (Bg/Bergb, Zer)*

**purge cock Zylinderablasshahn** *m (Hütt/Wlz)*
**purging and alloy addition plant Spül- und Legierungsstand** *(Hütt/Wlz)*
**purging gas coupling station Spülgaskupplung** *f (Mech)*
**purity Reinheit** *f (Hütt/Wlz)*
**purlin angle Pfettenwinkel** *m (Stb)*
**purlin overview Pfetten-Übersicht** *f (Stb)*
**purlin profile Pfetten-Profil** *nt (Stb)*
**purlin spacing Pfettenabstand** *m (Stb)*
**purlin, articulated** articulated purlin *adj:n* **Gelenkpfette** *f (Stb)*
**purlin, continuous** continuous purlin *adj:n* **Durchlaufpfette** *f (Stb)*
**purpose of cleaning Reinigungszweck** *m (Mech)*
**push Schub** *m (Mech)* (Kraft) **Stoß** *m (Mech)* (Schlag, Schub)
**push broach Räumdorn** *m (Mech)*
**push cup Schubblock** *m (Mech)* **Schubplatte** *f (Mech)*
**push design Stoßeinrichtung** *f (Mech)*
**push design technology Stoßeinrichtungstechnik** *f (Mech)*
**push down / pull up force Zugkraft** *f (Mech, Bg/Bergb)*
**push handle Schieber** *m (Mech)*
**push loading Laden durch Schubhilfe** *(Mech)*
**push plug Steckblende** *f (Mech)*
**push rod Schubstange** *f (Mech)* **Stößelstange** *f (Mech)*
**push rod cover Stößelstangenverkleidung** *f (Mech)*
**push rod lock nut Stößelmutter** *f (Mech)*
**push rod valve Ventilstößel** *m (Mech)*
**push rod, articulated** articulated push rod *adj:n* **gelenkige Schubstange** *adj:n (Mech)*
**push roller Treibrolle** *f (Mech, Band)*
**push tube Stoßstange** *f (Mech)* (Rohrschiebestange)
**push-button collar Tastrosette** *f (Mech)*
**push-button control Druckknopfsteuerung** *f (Kfz)*
**push-button valve Drucktasterventil** *nt (Hyd/Pneu)*
**push-on length Aufschiebeweg** *m (Mech)* (Kupplung auf Nabe) **Aufschubweg** *m (Mech)* (Kupplung)
**push-pull combination Zug- / Schubkombination** *(Mech)*
**push-pull device Klemmschieber** *m (Kfz)* **Wendezugeinrichtung** *f (Bahn)*
**pushable upper part of boom verschiebbares Auslegeroberteil** *adj:n (Bg/Bergb)*
**pushbutton plate Etagenplatte** *f (Mech)*
**pusher** *(El)* **Ausstoßer** *m (El)*
**pusher fork Schubgabel** *f (Mech)*
**pushing device Abschieber** *m (Kfz)* (am Stapler)
**pushing fork Schubgabel** *f (Mech)*
**put in** *v (e.g. a gear)* **einlegen** *v (Kfz)* (z.B. einen Gang)
**put into service** *(e.g. boiler, mill)* **einfahren** *v (Hütt/Wlz)* (z.B. Kessel, Mühlen)
**put, upright** put upright *adv:v* **aufrichten** *v (Mech, Mont)* (aufrecht stellen)
**putty Dichtungsmasse** *f (Mech)* (Kitt) **Kitt** *m (Mech, Mont, Bau)*
**putty knife Kittmesser** *nt (Bau)*
**PVC hose PVC-Schlauch** *m (Mech)*
**pylon** *AE (traffic cone)* **Verkehrskegel** *m (Bau)* (weiß-rotes Hütchen)
**pyrites trap Fremdkörperabscheider** *m (Zer)*
**pyrometer** *(temperature measuring)* **Pyrometer** *nt (Mech)* **Temperaturmessgerät** *nt (Mech)*
**pyrometer, optical** optical pyrometer *adj:n* **optisches Pyrometer** *adj:n (Hütt/Wlz)*
**pyrophyllite Pyrophyllit** *m (Geo)*
**PZT ceramics PZT-Keramik** *f (Geo)*

# Q

**Q factor Leerlaufgewicht Gm (q)** *nt (Mech, Band)* (Kräfte für Gurte und Bänder)
**Q min Minimumschaltung** *f (Mech)* **MM-Schaltung** *f (Mech)*
**Q-card Maschinenvergleichskarte** *f (Mech)*
**quadrant gate Segmentschieber** *m (Mech, Hyd/Pneu)*
**quadrant, toothed** toothed quadrant *adj:n* **Zahnbogen** *m (Mech)* (Segment am Zahnrad)
**quadruple telescopic Kelly bar Vierfach-Kellystange** *f (Bg/Bergb)*

**quality Ausführung** *f (Mech, Allg)* (Machart, Qualität) **Beschaffenheit** *f (Mech, Allg)* (Qualität)
**quality factor Gütezahl** *f (Stb)*
**quality of forging Schmiedegüte** *f (Hütt/Wlz)*
**quality of hydraulic system hydraulische Qualität** *adj:n (Hyd/Pneu)*
**quality of surface Oberflächenqualität** *f (Mont, Mech)*
**quality of the level Planumsgüte** *f (Bg/Bergb)*
**quantity of overburden Abraumvolumen** *nt (Bg/Bergb)*
**quantity per assembly Anzahl pro Zusammenstellung** *(Stb)*
**quarry Steinbruch** *m (Bg/Bergb)*
**quarry** *v* **abbauen** *v (Bg/Bergb)* (über Tage, z.B. im Steinbruch)
**quarry bucket Gesteinsschaufel** *f (Bg/Bergb)*
**quarry floor Bruchsohle** *f (Zer)*
**quarrying** *(e.g. stone, slate)* **Abbau** *m (Bg/Bergb)* (über Tage, z.B. von Stein, Schiefer)
**quarter elliptic spring Viertelfeder** *f (Mech)*
**quarter twist halbgekreuzter Trieb** *adj:n (Mech)*
**quartz, protective** protective quartz *adj:n* **Schutzquarz** *m (Geo)*
**quartzite Quarzit** *m (Geo)*
**quasi arc-welding Asbestmantel-Elektrode** *f (Schw)*
**quay-mounted and deck cranes Kai- und Bordkrane** *(Bg/Bergb)*
**quayside conveyor Kaiband** *nt (Band, Umschl)*
**queen-post truss Hängewerk** *nt (Stb)*
**queentruss Hängewerk** *nt (Stb)*
**quench** *v* **abkühlen** *v (Stb)* (beim Vergüten) **abschrecken** *v (Stb)*
**quench ageing Abschreckalterung** *f (Stb)*
**quench and temper vergüten** *v (Mech, Hütt/Wlz)* (härten, z.B. Stahl)
**quenching crack Härteriss** *m (Hütt/Wlz)*
**quenching oil Abschreckungsöl** *nt (Form)*
**quick-action meter** *(five-digit)* **Springzähler** *m (Mech)* (fünf-teilig)
**quick-change pin Spaltfederbolzen** *m (Mech)*
**quick-closing valve Schnellschlussventil** *nt (Hyd/Pneu)*
**quick-disconnect coupling Schnelltrennkupplung** *f (Mech)*
**quick-lock coupling** *(on fuel tank)* **Schnellverschlusskupplung** *f (Mech)*
**quick-release bracket** *(QR-bracket)* **Schnellwechseladapter** *m (Mech)* (SW-Adapter)
**quick-release coupling Schnellkupplung** *f (Bg/Bergb)* (für Hydroleitung)
**quick-release cover Schnellverschlussdeckel** *m (Mech)*
**quick-release lug Schnellabsenköse** *f (Band, Mech)* (für Bandgirlanden)
**quick-release system Schnellwechseleinrichtung** *f (Bg/Bergb)*
**quick-response** *adj* **flink** *adj (Mech)*
**quick-steaming unit Schnelldampferzeuger** *m (Hütt/Wlz)*
**quill sleeve Pinole** *f (Form)* (zum Fräsen)
**quiver Köcher** *m (Mech)*
**quoin bracket Stemmknagge** *f (Mont)*
**quoin bracket support Knaggenstuhl** *m (Mech)*

# R

**r.p.m.** *(Abv)* **Drehzahl** *f (El, Mech) (z.B. eines Motors)* **U/min** *(Mech, El) (Abk)*
**r.p.m. counter** *(Abv)* **Drehzahlmesser** *m (El)*
**R.S.J.** *(Abv)* **I-Eisen** *nt (Stb, Hütt/Wlz)* **Trägereisen** *nt (Stb, Hütt/Wlz)*
**rab** *v* **schleifen** *v (Mech, Mont)*
**race bearing Drehverbindung** *f (Bg/Bergb, Umschl, Mech)*
**race pulverizer Kugelmühle** *f (Zer)*
**raceway Laufbahn** *f (Mech) (Inner- und Außenring)*
**raceway radial runout Radialschlag** *m (Mech)*
**rack Aufhänger** *m (Mech)* **Gestell** *nt (Mech)* **Haspel** *f (Mech)*
**rack and pinion jack Zahnstangenheber** *m (Mech)* **Zahnstangenwinde** *f (Mech)*
**rack drive wheel Triebstockrad** *nt (Mech)*
**rack soot blower Lanzenlangschubbläser** *m (Hütt/Wlz)*
**rack wheel Sperrrad** *nt (Mech) (Bandwaage)*

**rack winch Zahnstangengewinde** *nt (Mont)*
**rack, basic** basic rack *adj:n* **Bezugsprofil** *nt (Mech) (Bezugszahnstange)* **Bezugszahnstange** *f (Mech)*
**radial piston pump Radialkolbenpumpe** *f (Hyd/Pneu)*
**radial runout Rundlaufabweichung** *f (Mech) (Gegenflansch Gelenkwelle)*
**radial stacker schwenkbarer Absetzer** *adj:n (Umschl)*
**radiant boiler Strahlungskessel** *m (Hütt/Wlz)*
**radiant superheater Strahlungsüberhitzer** *m (Hütt/Wlz)*
**radiating scraper Fächerabstreifer** *m (Bg/Bergb, Umschl, Band)*
**radiation** *(e.g. heat)* **Ausstrahlung** *f (Mech) (z.B. Wärme)*
**radiation chamber Strahlraum** *m (Hütt/Wlz)*
**radiation coefficient Strahlungsbeiwert** *m (Stb)*
**radiation reflection Rückstrahlung** *f (El, Hütt/Wlz)*
**radiation shield Strahlungsschutz** *m (Hütt/Wlz)*
**radiation, reciprocal** reciprocal radiation *adj:n* **Gegenseitigkeitsstrahlung** *f (Hütt/Wlz)*
**radiator Heizkörper** *m (Mech) (eines Zimmers)* **Kühler** *m (Mech) (Kfz)*
**radiator baffle plate Kühlerspritzblech** *nt (Mech)*
**radiator cap Kühlerverschraubung** *f (Mech)*
**radiator core fin Kühlerrippe** *f (Mech)*
**radiator cowl Kühlerverkleidung** *f (Mech)*
**radiator jointing material Kühlerdichtung** *f (Mech)*
**radiator mounting Kühlerfuß** *m (Mech)* **Kühlerträger** *m (Mech)*
**radiator safety ring Kühlerschutzring** *m (Mech)*
**radiator tank Wasserkasten** *m (Mech)*
**radiator water inlet Kühlereinlassstutzen** *m (Mech)*
**radiator water outlet Kühlerauslassstutzen** *m (Mech)*
**radiator, selective** selective radiator *adj:n* **Selektivstrahler** *m (Hütt/Wlz)*
**radio emission Emission** *f (Mech) (Ausstrahlung)*
**radio intercom system** *(El)* **Funksprechanlage** *f (El)*
**radio-interferency** *(El)* **Funkstörung** *f (El)*
**radius Ausladung** *f (Bg/Bergb) (z.B. Montagekranausleger)* **Ausrundung** *f (Mech, Mont)* **Reichweite** *f (Mech, Allg)*
**radius of bend Biegeradius** *m (Hütt/Wlz)*
**radius of curvature Krümmungshalbmesser** *m (Stb)*
**radius of gyration Trägheitsradius** *m*
**rag bolt Steinschraube** *f (Mech)*
**rail car loading station Wagonbeladestation** *f (Umschl)*
**rail pin Vorstecker** *m (Mech)*
**rail steel Schienenstahl** *m (Hütt/Wlz)*
**rail sweep Schienenräumer** *m (Mech, Mont, Bahn)*
**rail track in storage yards Lagerplatzfahrbahn** *f (Mech)*
**rail trucks** *pl* **Fahrwerksgruppe** *f (Bg/Bergb, Mech)* **Schienengruppe** *f (Mech)*
**rail, slotted** slotted rail *adj:n* **Schlitzbandeisen** *nt (Mech)*
**rail-bound travelling mechanism Schienenfahrwerk** *nt (Mech)*
**rail-girder element Schienenträgerelement** *nt (Mech, Stb)*
**rail-wheel attachment Schiene-Straße-Ausrüstung** *f (Bahn)*
**rail-wheel drive Fahrantrieb** *m (Mech, Bg/Bergb, Umschl)* **Fahrwerksantrieb** *m (Mech, Bg/Bergb, Umschl)*
**railing backguard flat Geländerkorbflacheisen** *nt (Mech, Mont)*
**railroad ballast grab Schwellenkastengreifer** *m (Bahn, Bg/Bergb)*
**railway tractive unit Schienentriebfahrzeug** *nt (Bahn) (mehrachsig)*
**raise/lower adjustment Höheneinstellung** *f (Mech)*
**raised headed countersunk rivet Linsensenkniet** *m (Mech)*
**raising and lowering boom beweglicher Ausleger** *adj:n (Bg/Bergb, Umschl) (heb- und/oder senkbar)*
**raising of the platform against the load Anlegen der Plattform an die Last** *(Bg/Bergb)*

**rake** *(bedding machine)* **Kratzer** *m (Band) (Mischbettengerät)* **Rechen** *m (Umschl) (beim Brückenkratzer)*
**rake classifier Rechenklassierer** *m (Zer)*
**raking device** *(on scraper)* **Räumegge** *f (Bg/Bergb) (am Kratzer)*
**ramp schiefe Ebene** *adj:n (Mech, Stb)* **Rampe** *f (Mech)*
**ramshorn hook Doppelhaken** *m (Mech) (Kran)*
**random sample Stichprobe** *f (Hütt/Wlz) (Material)*
**random test Stichprobe** *f (Allg)*
**range Bereich** *m (Mech, Allg) (Reichweite)* **Weite** *f (Mech, Allg)*
**range carrier Gangplanetenträger** *m (Kfz)*
**range of adjustment Regelbereich** *m (Mech, Allg)*
**range of discharge Abwurfweite** *f (Bg/Bergb)*
**range of outreach Ausladungsbereich** *m (Bg/Bergb)*
**range of stress Spannungsausschlag** *m (Mech, Stat)*
**range of vision Sicht** *f (Mech, Allg)* **Sichtweite** *f (Mech, Allg)*
**range, granular** granular range *adj:n* **Granularbereich** *m (Geo)*
**ranging pole Fluchtstab** *m (Mont)*
**rapid-action coupling Schnellkupplung** *f (Mech)*
**rapid-blow hammer** *(for pile driving)* **Schnellschlaghammer** *m (Bg/Bergb) (für Ramme)*
**rapid-changing device Schnellwechselanlage** *f (Bg/Bergb) (für Ramme)*
**rapper Abklopfer** *m (Mont, Schw, Werkz)*
**rapping gear Abklopfeinrichtung** *f (Mech)* **Rüttelvorrichtung** *f (Zer)*
**rapping lever Abklopfhebel** *m (Mech)*
**ratchet Ratsche** *f (Mech, Mont)* **Sperre** *f (Mech)*
**ratchet drill Bohrknarre** *f (Mont)*
**ratchet handle Klinkengriff** *m (Mech)*
**ratchet hook tackle Ratschzug** *m (Mech, Mont)*
**ratchet pawl Sperrklinke** *f (Mech)*
**ratchet wheel Sperr-Rad** *nt (Mech)* **Sperrrad** *nt (Mech) (Bandwaage)*
**ratchet wrench Radschlüssel** *m (Werkz)* **Ratschenhebel** *m (Werkz)*
**rate** *v* **bemessen** *v (Mech) (ausmessen, einschätzen, errechnen)* **dimensionieren** *v (Mech)*
**rate of advance Vorschubgeschwindigkeit** *f (Bg/Bergb)*
**rate of feed Transportgeschwindigkeit** *f (Mech)* **Vorschubgeschwindigkeit** *f (Bg/Bergb)*
**rate of movement Fördergutstrom** *m (Band, Umschl) (Förderband)*
**rate of output Förderleistung** *f (Bg/Bergb, Umschl) (Bagger)*
**rate of wear Abnutzungsgrad** *m (Mech)* **Verschleißgrad** *m (Mech)*
**rate regulation Mengenregulierung** *f (Mech) (Schmieranlage)*
**rate, volumetric** volumetric rate *adj:n (Qm = $m^3$/h)* **volumetrische Leistung** *adj:n (Band, Umschl)*
**rating Bemessung** *f (Mech)* (Vorgang) **Leistung** *f (Mech, Allg)*
**rating, continuous** continuous rating *adj:n (El)* **Leistung im Dauerbetrieb** *(El)*
**ratio = i** *(gear reduction)* **Getriebeverhältnis** *nt (Mech) (Untersetzung)*
**ratio of transmission Übersetzungsverhältnis** *nt (Mech)*
**raw lignite Rohbraunkohle** *f (Bg/Bergb)*
**raw-grind** *v* **vormahlen** *v (Zer)*
**raw-meal grinding plant Rohmehlanlage** *f (Zer)*
**raw-water intake tunnel Rohwasserzuführkanal** *m (Hütt/Wlz)*
**re-entrant cut Einschnitt** *m (Mont)* **Einsprung** *m (Mont)*
**re-machining** *(machining)* **Nachbearbeitung** *f (Mech, Mont)*
**reach Arbeitsbereich** *m (Mech)* (Reichweite) **Reichweite** *f (Umschl, Mech) (z.B. des Laders)*
**reaction Auflagerdruck** *m (Mech, Stb, Stat)* **Auflagerwiderstand** *m (Mech, Stat)*
**reaction force Auflagerkraft** *f (Mech, Stat)* **Stützkraft** *f (Mech, Stat)*
**reaction power Rückstoß** *m*
**reaction to impact Aufschlagverhalten** *nt (Band) (Gurt)*
**readiness for operation Betriebsbereitschaft** *f (Mech)*
**reading abgelesener Wert** *adj:n (Mech, Hyd/Pneu)* **Zählerstand** *m (Mech, Hyd/Pneu)*

**reading, coarse** coarse reading *adj:n* **Grobwertübertragung** *f (Mech) (Bandwaage)*
**reading, local** local reading *adj:n* **Direktablesung** *f (Mech, Hyd/Pneu)*
**ready-run system Betriebsbereitschaftssystem** *nt (Mech)*
**reagent feeder Reagenzeinspeiser** *m (Aufb)* **Zusatzmittelspeiser** *m (Zer)*
**reamer Nachbohrmaschine** *f (Mont, Werkz)* **Reibahle** *f (Mont, Werkz)*
**reaming Aufreiben** *nt (Stb)*
**rear cutting edge Rückenschneide** *f (Bg/Bergb)*
**rear grate seals** *pl* **hintere Rostabdichtung** *adj:n (Hütt/Wlz)*
**rear idler drum hintere Rostumlenktrommel** *adj:n (Hütt/Wlz)*
**rear of mouldboard Scharrücken** *m (Bg/Bergb)*
**rear outrigger hintere Abstützung** *adj:n (Bg/Bergb)*
**rear ripper Heckaufreißer** *m (Bg/Bergb)*
**rear sprocket hintere Rostwelle** *adj:n (Hütt/Wlz)*
**rear wall drain valve Rückwandablass** *m (Hütt/Wlz)*
**rear wall header Rückwandsammler** *m (Hütt/Wlz)*
**rear water-cooled furnace bridge Pendelstauerkasten** *m (Hütt/Wlz)*
**rear-axle assembly Hinterachskörper** *m (Kfz)*
**rear-axle radius rod Hinterachsschubstange** *f (Kfz)*
**rear-dump lorry** *BE* **Hinterkipper** *m (Mech) (LKW)* **Rückwärtskipper** *m (Mech)*
**rear-spring bracket Hinterfederbock** *m (Mech)*
**rearranging the transport crawler Umsetzen der Transportraupe** *(Bg/Bergb)*
**rebuilding Regenerieren** *nt (Mech) (z.B. Maschine)* **Zusammenbau** *m (Mech, Allg)*
**receiver** *(pressure vessel)* **Druckbehälter** *m (Hyd/Pneu)*
**receiver** *(e.g. for bezine)* **Tank** *m (Mech) (Flüssigkeitsbehälter)*
**receiving boom Aufnahmebandträger** *m (Bg/Bergb)*
**recess Aushöhlung** *f (Mech, Mont) (Vertiefung, Höhle)* **Einschnitt** *m (Mont)* **Nische** *f (Bg/Bergb)*
**recheck Nachkontrolle** *f (Mech, Allg)*
**reciprocating double chute Schiebesattel** *m* **Verschiebesattel** *m (Bg/Bergb, Umschl)*
**reciprocating plate feeder Schubwagenspeiser** *m (Zer)*
**recirculating duct** *(flue gas)* **Rezirkulationsleitung** *f (Hütt/Wlz) (Rauchgas)*
**reclaimer Aufnahmegerät** *nt (Umschl)* **Kratzer** *m (Bg/Bergb, Umschl, Band)* **Lader** *m (Umschl) (Rücklader)*
**reclaiming** *(e.g. material from a pile)* **Aufnahme** *f (Umschl) (z.B. von Fördergut von der Halde)* **Rückverladung** *f (Umschl)*
**reclaiming conveyor Abzugsbandstraße** *f (Zer)* **Rückführungsband** *nt (Band)*
**reclaiming scraper Abbaukratzer** *m (Bg/Bergb) (z.B. für Zement, Kalk, Gips)*
**recoil spring Rückstoßfeder** *f (Zer, Mech)* **Spiralfeder** *(Form)*
**recondition** *v* **aufarbeiten** *v (Mech) (restaurieren)* **instandsetzen** *v (Mech)*
**reconstruction Aufbau** *m (Allg) (Wiederaufbau)* **Reorganisation** *f (Allg)* **Umbau** *m (Bau)*
**reconstruction work Aufbauarbeiten** *pl f (Mech, Allg)*
**recording device** *(recorder)* **Registriereinrichtung** *f (Mech)*
**recording thermometer Schreibthermometer** *nt (Hütt/Wlz)*
**recoverable** *adj* **abbauwürdig** *adj (Bg/Bergb)*
**recovering and utilizing waste heat Kraft-Wärme-Kopplung** *f (Form)*
**recovering waste heat Abwärmeverwertung** *f (Form)*
**recovery** *(e.g. of ore)* **Ausbringung** *f (Aufb) (z.B. von Erz)* **Gewinnung** *f (Aufb) (z.B. Kohlenwäsche)*
**rectifier plant Gleichrichteranlage** *f (Mech)*
**red brass Rotguss** *m (Hütt/Wlz)*
**red lead Bleimennige** *f (Stb)* **Mennige** *f (Stb) (Bleirot)*
**redistilled zinc Feinzink** *nt (Mech) (bis 99,9 % Reinheit)*
**Redler conveyor Redler** *m (Band) (Zuteiler)* **Schleppförderer** *m (Band)*
**reduced shaft diameter Taillendurchmesser** *m (Mech) (Dehnschraube)*

**reducer Übergangsrohr** *nt (Mech) (zur Durchmesserverkleinerung)* **Übersetzungsgetriebe** *nt (Mech)*
**reducer connector Konusreduzieranschluss** *m (Mech, Mont)* **Reduzierverschraubung** *f (Hyd, Mech)*
**reducer, helical** helical reducer *adj:n* **Schneckenradgetriebe** *nt (Mech)*
**reduction Einziehung** *f (Mech) (Einschnürung)* **Reduzierung** *f (Mech, Allg)* **Verengung** *f (Hütt/Wlz) (z.B. des Feuerraumes)*
**reduction** *(crush)* **Zerkleinerungstechnik** *f (Zer)*
**reduction cross piece Reduzierkreuz** *nt (Mech, Mont)*
**reduction gear Untersetzungsgetriebe** *nt (Mech)*
**reduction of cross section Querschnittsminderung** *f (Stb)*
**reduction piece Reduzierstück** *nt (Bg/Bergb) (der Verrohrungsanlage)*
**reduction ratio Untersetzung** *f (Mech) (Getriebe)* **Untersetzungsverhältnis** *nt (El, Mech)*
**reduction, primary** primary reduction *adj:n* **Vorzerkleinerung** *f (Zer)*
**reel Haspel** *f (Mech)* **Spule** *f (Mech, El) (Film, Magnetband)*
**reeve** *v (rope)* **aufziehen** *v (Mech) (Seil)* **einscheren** *v (Bg/Bergb, Mech) (Seil)*
**reference addendum Kopfhöhe** *f (Mech) (bezogen auf den Mittelkreis)*
**reference block Prüfblock** *m (Mech) (Körper)* **Prüfkörper** *m (Mech)*
**reference circle Mittelkreis am Schneckenrad** *(Mech)* **Mittenkreis** *m (Mech)*
**reference cone angle Teilkegelwinkel** *m*
**reference cylinder Mittenzylinder** *m (Mech)*
**reference dedendum Fußhöhe** *f (Mech) (bezogen auf den Mittelkreis)*
**reference diameter Mittenkreisdurchmesser** *m (Mech)*
**reference flaw** *(reference defect)* **Testfehler** *m (Mech) (Defekt bei einer Prüfung)*
**reference pitch Mittenkreisteilung** *f (Mech)*
**reference profile Bezugsprofil** *nt (Form)*
**reference sleigh Gleitschuh** *m (Mech)* **Schleifkufe** *f (Bg/Bergb)*
**reference surface Bezugsfläche** *f (Mech)* **Vergleichsfläche** *f (Mech)*
**reference value transmitter Sollwertgeber** *m (Bg/Bergb)*
**reference wire Leitdraht** *m (Bg/Bergb)*
**refilling of trenches Zufüllen von Gräben** *(Bg/Bergb)*
**refine** *v* **veredeln** *v (Hütt/Wlz)*
**refined** *adj* **fein** *adj (Allg)* **gereinigt** *adj (Mech)*
**refining Affinieren** *nt (Stb)* **Frischen** *nt (Stb)*
**reflector** *(El, Mech)* **Reflektor** *m (El)* **Rückstrahler** *m (Mech)*
**refractories** *pl* **Dolomit und Magnesit** *(Bg/Bergb)*
**refractories, castable** castable refractories *adj:n* **Stampfmasse** *f (Hütt/Wlz)*
**refractoriness Feuerbeständigkeit** *f (Mech, Chem)*
**refractory Schamotte** *f (Hütt/Wlz)*
**refractory wall Schamottesteinwand** *f (Hütt/Wlz)*
**refurbish** *v (e.g. an old car)* **modernisieren** *v (Mech, Allg)* **restaurieren** *v (Bau, Mech) (z.B. ein Gebäude, ein Fahrzeug)*
**refuse Abgänge** *pl m (Bg/Bergb)* **Berge** *pl m (Bg/Bergb)*
**refuse Ausschuss** *m (Mech)* **Müll** *m (Allg)* **Rückstand** *m (Mech, Chem)*
**refuse firing Müllverbrennung** *f (Hütt/Wlz)*
**regenerative lowering Senkbremsschaltung** *f (Mech)*
**region Bereich** *m (Mech, Allg) (Fläche, Gebiet, Region)*
**region of deformation Formänderungsbereich** *m (Mech)*
**register** *(air)* **Luftregler** *m (Mech)* **Zählwerk** *nt (Mech)* (Bandwaage)
**register amplifier board Registrierverstärkerkarte** *f (Allg)*
**registration of faults Schadenerfassung** *f (Mech)*
**regularity Gesetzmäßigkeit** *f (Allg, Mech)*
**regulating circuit** *(El, Mech)* **Regelkreis** *m (El)* **Reglerkreis** *m (Mech, El)*
**regulating damper Regulierklappe** *f (Hütt/Wlz)* (drehbar)
**regulating piece Regelblende** *f (Mech)*
**regulating unit Stellglied** *nt (Mech)*

**regulation** *(adjustment)* **Regulierung** *f (Mech, Allg)* **Verstellung** *f (Mech)*
**rehandling excavator Umschlagbagger** *m (Bg/Bergb, Umschl)*
**rehandling grab Umschlaggreifer** *m (Bg/Bergb, Umschl)* **Verladegreifer** *m (Bg/Bergb, Umschl)*
**reheat Nachverbrennung** *f (Hütt/Wlz)*
**reheat cycle Zwischenüberhitzung** *f (Hütt/Wlz)*
**reheater Zwischenüberhitzer** *m (Hütt/Wlz)*
**reinforced-concrete construction Stahlbetonbau** *m (Stb, Bau)*
**reinforcement Verstärkung** *f (Mech, Bau, Stb)* **Versteifung** *f (Stb)*
**reject position Ausschussstellung** *f (Form)*
**relationship between load and life Lebensdauergleichung** *f (Mech)*
**relationship of the levers Hebelverhältnis** *nt (Mech)*
**relative speeds** *pl* **Übersetzungen** *pl f (Mech)*
**relay connection Relaisschaltung** *f (Hütt/Wlz)*
**relay station** *(El)* **Umspannwerk** *nt (El)*
**relay store** *(El)* **Relaisspeicher** *m (El)*
**relay valve Relaisventil** *nt (Hyd/Pneu)* **Überströmventil** *nt (Hyd/Pneu)*
**release** *v (El, Mech) (e.g. coupling, relays, locks)* **entsperren** *v (Mech, Hyd/Pneu) (z.B. Ventil)* **freigeben** *v (Mech) (z.B. Kupplung, Relais)* **lösen** *v (Mech, Mont) (Bremse, Relais)*
**release spring Rückholfeder** *f (Mech) (Zylinder)* **Rückzugfeder** *f (Mech)*
**release, quick** quick release *adj:n* **Schnellverschluss** *m (Mech)* **Schnellwechsler** *m (Bg/Bergb)*
**release, thermal** thermal release *adj:n* **Temperaturwächter** *m (Mech)*
**relief Entlastung** *f (Allg)*
**relief cap Sicherheitskappe** *f (Mech)*
**relief method Reliefverfahren** *nt (Mech)*
**relief valve Entlastungsventil** *nt (Hyd/Pneu)* **Überdruckventil** *nt (Hyd/Pneu)*
**relief, main** main relief *adj:n* **Hauptdruck** *m (Mech)*
**relief-grind** *v* **hinterschleifen** *v (Mech)*
**relief-mill** *v* **hinterfräsen** *v (Bg/Bergb)*
**relieving cone Entlastungskegel** *m (Mech)* (Blendomat-Silo)
**relieving spring Entlastungsfeder** *f (Hütt/Wlz)*
**relocation Ortswechsel** *m (Bg/Bergb)* **Verlagerung** *f (Mech) (Versetzung, Ortswechsel)* **Versetzung** *f (Mech)*
**relubricate** *v* **nachschmieren** *v (Mech)*
**remaining lifting capacity Resttragfähigkeit** *f (Mech) (des Gabelstaplers)*
**remaining operating potential Restbetriebsanzeige** *f (Mech)*
**remnant** *(belt)* **Gurtrest** *m (Mech, Band)*
**remote totalizer Fernzähler** *m (Mech) (Bandwaage)*
**removable top plate and fixed plate Los- und Festflansch** *(Mech)*
**removal** *(of waste)* **Abtransport** *m (Bg/Bergb) (von Abraum)* **Entsorgung** *f (Mech)*
**removal Beseitigung** *f (Hütt/Wlz) (Entfernung)*
**removal Abbau** *m (Mech) (z.B. eines Maschinenteils)* **Ausbau** *m (Mech, Allg) (Demontage, z.B. eines Geräteteils)*
**remove** *v (e.g. overburden)* **abdecken** *v (Bg/Bergb) (z.B. im Tagebau Abraum entfernen)* **abheben** *v (Bg/Bergb) (z.B. den Oberwagen)*
**remove** *v* **ausbauen** *v (Mech, Allg)* **demontieren** *v (Mech, Allg) (abbauen, abnehmen, zerlegen)*
**removing conveyor belt abführendes Band** *adj:n (Band)*
**rent** *(e.g. in metal)* **Riss** *m (Mech, Allg)*
**repair Abhilfe** *f (Mech) (bei Schäden)* **Reparatur** *f (Mech)*
**repair cavity Reparaturaushöhlung** *f (Hyd/Pneu)*
**repair fabric Reparaturgewebe** *nt (Mech)*
**repair-prone** *adj* **erneuerungsbedürftig** *adj (Mech)*
**repeat parts** *pl* **Wiederholteile** *pl nt (Mech)*
**repeating counter Repetierzählwerk** *n*
**repetition checking inspection Wiederholungsprüfung** *f (Allg)*
**repetition of stress Dauerbeanspruchung** *f (Mech)*
**replacement Ersatz** *m (Mech, Allg)*
**replacement bolt Auswechselschaube** *f (Stb) (bei Ermüdung)*
**replenish** *v* **auffüllen** *v (Umschl, Bg/Bergb, Hyd)* **nachfüllen** *v (Mech)*

**requiring no maintenance wartungsfrei** *adj (Mech)*
**reradiation Rückstrahlung** *f (El, Hütt/Wlz)*
**reseating Neuschleifen der Ventilsitze** *(Mech)*
**reset position Ausgangsstellung** *f (Mech)* **Ruhestellung** *f (Mech)*
**reset switch Einlassschalter** *m (Kfz)* **Rückmeldeschalter** *m (Mech)*
**residual stress due to rolling Walzspannung** *f (Stb)*
**residual stress due to welding Schweißspannung** *f (Schw)*
**residual-oil fired boiler Rückstandsölkessel** *m (Hütt/Wlz)*
**resilience Durchschlagfestigkeit** *f (Mech, Mont)*
**resilience of spring Federelastizität** *f (Mech)*
**resilience under impact Durchschlagfestigkeit unter Aufschlägen** *(Mont)*
**resilient mounting Abfederung** *f (Mech)*
**resilient, durably** durably resilient *adv:adj* **dauerelastisch** *adj (Mech)* **dauerhaft elastisch** *adv:adj (Mech)*
**resistance** *(e.g. against tension)* **Beständigkeit** *f (Form)* **Widerstandsfähigkeit** *f (Mech)*
**resistance in travel Fahrwiderstand** *m (Mech)*
**resistance teletransmitter Widerstands-Fernübertragungsgerät** *nt (Mech)*
**resistance thermometer Widerstandsthermometer** *nt (Zer)*
**resistance thermometer, electric** electric resistance thermometer *adj:n (El, Zer)* **Widerstandsthermometer** *nt (Zer)*
**resistance to ageing Alterungsbeständigkeit** *f (Stb)*
**resistance to alternating stresses Wechselbelastungsfähigkeit** *f (Stb)* (Material)
**resistance to fatigue Dauerbruchsicherheit** *f (Mech, Schw)*
**resistance to flow Strömungswiderstand** *m (Hyd/Pneu)*
**resistance to fluctuating stresses Festigkeit gegen schwellende Belastung** *(Stb)*
**resistance to impact Schlagfestigkeit** *f (Mech)*
**resistance to rolling Rollwiderstand** *m (Mech, Stat)* (Gerät auf Rollen)
**resistance to shock Schlagfestigkeit** *f (Mech)*
**resistance to tensile stress Zerreißfestigkeit** *f (Mech, Stat) (bei Zugspannungen)* **Zugfestigkeit** *f (Mech, Stat) (bei Zugspannungen)*
**resistance to wear Verschleißfestigkeit** *f (Mech)*
**resistance, inherent** inherent resistance *adj:n* **Eigenwiderstand** *m (Mech)*
**resistance, mechanical** mechanical resistance *adj:n* **mechanische Dämpfung** *adj:n (Mech)*
**resistance, total** total resistance *adj:n (El)* **Gesamtwiderstand** *m (El)*
**resistant to bending biegesteif** *adj (Mech, Stat)*
**resisting moment aufnehmbares Moment** *adj:n (Stat, Mech)* **Widerstandsmoment** *nt (El)*
**resisting shear Scherspannung** *f (Mech, Stat)* **Schubspannung** *f (Mech, Stat)*
**resistor cabin Widerstandshaus** *nt (Mech)*
**resolution of forces Kräftezerlegung** *f (Stb)*
**resolution power Auflösungsvermögen** *nt (Form)*
**resonance screen GU-/FC-FKR-Sieb** *nt (Zer)*
**resonance type oscillating screen Resonanzschwingsieb** *nt (Zer)*
**respirator Atemschutzapparat** *m (Mont)* **Beatmungsgerät** *nt (Mont)*
**response revolutions per minute** *pl (El)* **Schaltdrehzahl** *f (Mech)*
**response spectrum Ansprechspektrum** *nt (Stb)*
**responsive** *adj* **reaktionsfähig** *adj (Hütt/Wlz)*
**rest Abstützung** *f (Mech, Mont)* **Auflage** *f (Mech) (Stütze)* **Stütze** *f (Mech) (Abstützung)*
**rest plate Böckchen** *nt (Mech, Mont)*
**rest potential Ruhespannung** *f (Stat)*
**rest the bucket wheel on the ground Schaufelrad auf Planum aufsetzen** *(Stat)*
**resting position Ruhestellung** *f (Mech)*
**restore** *v* **neu bearbeiten** *v (Allg)* **restaurieren** *v (Bau, Mech) (z.B. ein Gebäude,*

*ein Fahrzeug)* **überholen** *v (Mech) (restaurieren)*
**restoring torque Rückstellmoment** *nt (Band, Mech)*
**restrain** *v* **einspannen** *v (Stb)* (unter Spannung setzen)
**restraint Schrumpfbehinderung** *f (Hütt/Wlz, Stb)*
**restraint** *(at ends)* **Einspannung** *f (Mech)* (an den Enden)
**restraint, suitable** suitable restraint *adj:n* **geeigneter Halt** *adj:n (Mech)*
**restriction** *(oil flow)* **Verengung** *f (Mech) (des Ölstroms)* **Verminderung** *f (Hyd/Pneu, Mech) (des Ölstroms)*
**restriction of front tilt angle Neigewinkelbegrenzung** *f (Mech)* (Gabelstapler)
**restriction of mast tilt speed Neigegeschwindigkeitsbegrenzung** *f (Mech)*
**restrictor Blende** *f (Hyd/Pneu) (Drossel)* **Drosselbuchse** *f (Hyd/Pneu)*
**resultant** *(of two or more forces)* **Mittelkraft** *f (Mech, Stat)* **Resultierende** *f (Mech, Stat)*
**resulting fracture caused by force Restgewaltbruch** *m (Mech, Stat)*
**retain** *v* **festhalten** *v (Mech) (zurückbehalten)* **zurückbehalten** *v (Allg)*
**retainer Halter** *m (Mech, El)* **Haltescheibe** *f (Mech)* **Haltestück** *nt (Mech)*
**retainer sleeve Haltemuffe** *f (Mech)*
**retaining Halterung** *f (Mech) (von Schläuchen)*
**retaining bracket Halteklammer** *f (Mech)*
**retaining pin Splint** *m (Mech)*
**retaining rail Handlaufschiene** *f (Stb)*
**retaining ring Federring** *m (Mech)* **Sicherungsring** *m (Mech) (Haltering)* **Simmerring** *m (Mech)*
**retaining spring Haltefeder** *f (Mech)*
**retaining wall Stützmauer** *f (Stb)*
**retardation Abbremsung** *f (Mech, Hyd/Pneu)* **Verzögerung** *f (Mech)* (beim Bremsen)
**retarder Retarder** *m (Mech) (Verlangsamer)* **Zusatzbremse** *f (Mech)*
**retarder beam Bremsbalken** *m (Mech) (Gleisbremse)*
**retarder box oberer Sammelbehälter** *adj:n (Hütt/Wlz)* (Kugelregen)
**retarder chain** *(rail)* **Gleisbremse** *f (Mech)*
**retarding Abbremsung** *f (Mech, Hyd/Pneu)*
**retarding torque Bremsmoment** *nt (Mech)*
**retensioning distance Rückspannweg** *m (Band)*
**retention Einbindung** *f (Hütt/Wlz)*
**retention bolt Arretierbolzen** *m (Mech)*
**retention efficiency Einbindungsgrad** *m (Hütt/Wlz)*
**retention pin Arretierstift** *m (Mech)* **Haltestift** *m (Mech)*
**retentive power Halteleistung** *f (Mech)*
**retest specimen Nachprüfungsmusterstück** *nt (Schw)*
**retighten** *v* **nachziehen** *v (Mech) (z.B. Schrauben)*
**retort-type furnace Tiegelfeuerung** *f (Hütt/Wlz)*
**retort-type slag-tap furnace Schmelztiegelfeuerung** *f (Hütt/Wlz)*
**retract** *v (e.g. boom)* **einfahren** *v (Bg/Bergb) (Ausleger)* **einziehen** *v (Bg/Bergb) (z.B. Hydraulikzylinder)*
**retracted length Einbaulänge** *f (Mech, Mont) (z.B. eines Zylinders)*
**retraction** *(soot blower)* **Rückfahren** *nt (Hütt/Wlz) (z.B. des Rußbläsers)* **Zurückziehen** *nt (Hütt/Wlz) (Rußbläser)*
**retraction Rückführung** *f (Mech) (Kolben)* **Zurücknahme** *f (Mech)*
**retraction and extraction times Ein- und Ausfahrzeiten** *(Bg/Bergb) (des Zylinders)*
**retread** *v (tyres)* **nachschneiden** *v (Mech) (Reifen)* **runderneuern** *v (Mech) (Reifen)*
**return Rückführung** *f (Mech) (Kolben)* **Rücklauf** *m (Mech, Hyd/Pneu)*
**return belt Unterband** *nt (Band)* **Untergurt** *m (Band)*
**return flow Rücklauf** *m (Mech, Hyd/Pneu)* **Rückstrom** *m (Hyd/Pneu)*
**return garland idler Unterbandgirlande** *f (Band)*
**return idler Unterbandrolle** *f (Band)* **Unterbandtragrolle** *f (Band)*
**return idler axle Stützrollenachse** *f (Bg/Bergb, Mech)*
**return idler mounting Umkehrverlagerung** *f (Band)*
**return idler rest plate Einhängeböckchen für Stützrollen** *(Mech)*

**return idler stand Unterbandschwellen** *pl f (Bg/Bergb) (Bagger)*
**return idler tyre Stützring** *m (Mech, Band) (Bandanlage)* **Taumelring** *m (Mech, Band)*
**return idler, chevron-shaped** chevron-shaped retunr idler *adj:n* **V-förmige Unterbandrolle** *adj:n (Bg/Bergb, Umschl, Zer, Band)* **Zwangsrollenstuhl** *m (Bg/Bergb, Umschl, Band)*
**return idler, rubber-tyred** rubber-tyred return idler *adj:n* **Scheibenrolle** *f (Band)* **Stützrolle** *f (Bg/Bergb, Umschl, Band, Zer)*
**return line filter Rücklauffilter** *m (Mech, Hyd/Pneu)*
**return part Austauschaggregat** *nt (Mech)* **Austauschteil** *nt (Mech)*
**return pipe Rücklaufleitung** *f (Mech, Hyd/Pneu)* **Rücklaufrohr** *nt (Hyd/Pneu)*
**return pulley Umlenkrolle** *f (Band, Bg/Bergb, Umschl)*
**return roller Rücklaufrolle** *f (Zer)* (Plattenband)
**return run** *(of belt)* **Unterband** *nt (Band)* **Untergurt** *m (Band)* **Untertrum** *m (Band)*
**return run, upper** upper return run *adj:n* **oberes rücklaufendes Kettentrum** *adj:n (Band)*
**return scoop Rücklaufschaufel** *f (Zer) (Autogenmühle)*
**return side guide idler Seitenrolle** *f (Band)*
**return spring Rückholfeder** *f (Mech)* (Zylinder) **Rückzugfeder** *f (Mech)*
**return sprocket Leitrad** *nt (Bg/Bergb)* **Umlenkturas** *m (Bg/Bergb)*
**return sprocket with tensioning device Leitrad mit Nachstellung** *(Bg/Bergb)*
**return station Umkehrstation** *f (Band)* (Band)
**return strand, broken down** broken down return strand *adj:n* **unterteilter Untertrum** *adj:n (Band)*
**return stroke Rückhub** *m (Mech)* (Kolben)
**return temperature** *(water)* **Rücklauftemperatur** *f (Hütt/Wlz) (des Wassers)*
**return terminal Umkehre** *f (Band, Bg/Bergb, Umschl)* **Umkehrverlagerung** *f (Band)*
**return terminal frame Umkehrgerüst** *nt (Band, Bg/Bergb, Umschl)*
**return to zero position Nullrückstellung** *f (Mech)*
**return tumbler Leitrad** *nt (Bg/Bergb)* (des Schaufelradbaggers) **Umlenkturas** *m (Bg/Bergb)*
**return-belt garland idler Unterbandgirlande** *f (Band)*
**return-belt guide idler Leitrolle** *f (Band)* (fest, seitlich, senkrecht) **Seitenführungsrolle** *f (Band)* (fest; seitlich senkrecht)
**return-belt idler Unterbandrolle** *f (Band)* **Unterbandtragrolle** *f (Band)* **Unterbandtragrollensatz** *m (Band)*
**return-belt training idler Unterbandführungsrolle** *f (Band)* **Unterbandführungsrollensatz** *m (Band)*
**rev down** *v (El, Mech)* **Drehzahl herabsetzen** *n:v (El, Mech)*
**rev up** *v (El, Mech)* **Drehzahl erhöhen** *n:v (El, Mech)*
**revamping Erneuern** *nt (Mech)* **Modernisieren** *nt (Mech, Allg)* **Umbau** *m (Hütt/Wlz) (der Zwischenstaffel)*
**reveal pin Schraubenspindel** *f (Mech)*
**reversal of force Umkehren** *nt (Stat) (von Kräften)* **Umschlagen** *nt (Stat) (Umkehren von Kräften)*
**reversal of stress Lastwechsel** *m (Mech, Stat)* (Dauerversuch)
**reversal stressing Wechselbeanspruchung** *f (Stb)* (Belastung)
**reverse** *v/i* **drehen** *v/i (Mech) (umkehren, umdrehen)*
**reverse gear Rückwärtsgang** *m (Mech)*
**reverse gear stop Rückwärtsganganschlag** *m (Mech)*
**reverse idler gear Rücklaufrad** *nt (Mech)*
**reverse idler gear bushing Rücklaufbuchse** *f (Mech)*
**reverse idler shaft Rücklaufachse** *f (Mech)*
**reverse lever** *(e.g. in locomotive)* **Umsteuerhebel** *m (Bahn, Mech)* (z.B. im Steuerwagen)
**reverse load Wechsellast** *f (Stb)* (Dauerversuch)
**reverse pinion Rücklaufritzel** *nt (Mech)*
**reverse-folding endurance test Doppelfalzversuch** *m (Mech)*

**reversed, laterally** laterally reversed *adv:adj* **spiegelbildlich** *adj (Allg)*
**reversing controller Drehrichtungsumkehrschalter** *m (El)* **Drehrichtungswendeschalter** *m (El)*
**reversing gear Wendeantrieb** *m (Mech)*
**reversing lock** *(tipping body)* **Rückfahrsperre** *f (Mech) (beim Kippen der Mulde)*
**reversing piston Umsteuerkolben** *m (Mech)* (Schmieranlage)
**reversing shaft Umkehrwelle** *f (Bg/Bergb, Mech)*
**reversing valve Umschaltventil** *nt (Mech)* (zur Umkehrung)
**revetted** *adj (supported by pickets etc)* **abgestützt** *adj (Bg/Bergb) (Grabenwand)*
**revetting Abstützung** *f (Bau) (z.B. Streben im Graben)*
**reviewed** *adj (checked over)* **untersucht** *adj (Mech)* (überprüft)
**revolution Drehbewegung** *f (Mech) (Drehung)* **Umdrehung** *f (Mech) (des Motors)*
**revolution rate Umdrehungszahl** *f (Mech)*
**revolutions counter Drehzahlmesser** *m (El)*
**revolutions per minute Drehzahl** *f (El, Mech) (z.B. eines Motors)* **Umdrehungen pro Minute** *(Mech)*
**revolve** *v/i* **drehen** *v (Mech)* (sich drehen)
**revolver-turning equipment Revolverdreheinrichtung** *f*
**revolving chute Drehschurre** *f (Mech, Bg/Bergb)*
**revolving frame Oberwagen** *m (Bg/Bergb)* (des Seilbaggers)
**revolving superstructure drehbarer Oberwagen** *adj:n (Bg/Bergb)*
**revolving tipper Kreiselkipper** *m (Bahn)*
**revving up Drehzahlerhöhung** *f (Mech)*
**revving-up regulator** *(El)* **Hochlaufregler** *m (Mech)*
**reweld** *v* **nachschweißen** *v (Schw)*
**Reynolds' number reynoldssche Zahl** *(Hütt/Wlz)*
**RH-thread Rechtsgewinde** *nt (Mech)*
**Rhineland brown coal open-cast mining district rheinisches Braunkohlenrevier** *adj:n (Bg/Bergb)*
**rib Rippe** *f (Mech)*
**rib** *(in steel girder)* **Leiste** *f (Mech)* (Metallrippe)
**rib** *v* **rippen** *v (Mech)* **verrippen** *v (Mech)*
**rib bolt** *(countersunk)* **Rippenschraube** *f (Bahn)* (durch Wagonbohle)
**rib tread Rillenprofil** *nt (Mech)* (Reifen)
**rib, circumferential** circumferential rib *adj:n* **Kennlinie** *f (Mech)* (z.B. von Reifen)
**rib, longitudinal** longitudinal rib *adj:n* **Längsrippe** *f (Stb)*
**rib, tightly** rib tightly *adv:v* **scharf einpassen** *adv:v (Mech, Mont)*
**rib-type radiator pipe Rippenheizrohr** *nt (Mech)*
**ribbed base plate for switches Weichenrippenplatte** *f (Bahn)*
**ribbed base plate for tracks Streckenrippenplatte** *f (Bahn)*
**ribbed steel sheet Rippenstahlblech** *nt (Mech)*
**ribbon Holzleiste** *f (Bau)* (Latte)
**rich gas burner Reichgasbrenner** *m (Hütt/Wlz)*
**rich in ash aschenreich** *(Hütt/Wlz)* **ballastreich** *adj (Hütt/Wlz)* (aschenreich)
**riddlings Rostdurchfall** *m (Hütt/Wlz)*
**riddlings hopper Durchfalltrichter** *m (Hütt/Wlz)* (Rost) **Rostdurchfalltrichter** *m (Hütt/Wlz)*
**riddlings loss Rostdurchfallverlust** *m (Hütt/Wlz)*
**riddlings return Rostdurchfallwiederaufgabe** *f (Hütt/Wlz)*
**ridge Wall** *m (Bg/Bergb)* (aus gefrästem Erdreich)
**ridge purlin Firstbalken** *m (Stb)* **Firstpfette** *f (Stb)*
**ridge transom Firstriegel** *m (Stb)*
**ridge tree Firstpfette** *f (Stb)*
**ridge ventilator Dachlüfter** *m (Bau, Mech)*
**ridgeless** *adj* **stufenlos** *adj (Mech, Allg)*
**riffle file Riffelfeile** *f (Mont, Werkz)*
**rigging release spring Gestängelösefeder** *f (Bahn)* (des Wagons)
**right-angle bevel gearing Kegelgetriebe** *nt (Mech)*
**right-angle check valve Winkelrückschlagventil** *nt (Mech)*
**right-angle grinder Winkelschleifer** *m (Mech, Werkz)*

**right-angle speed reducer Winkelgetriebe** *nt (Mech)*
**right-hand construction Rechtsausführung** *f (Mech)*
**right-hand-turning** *adj* **rechtsdrehend** *adj (Mech, Allg)*
**right-handed** *adj* **rechtsgängig** *adj (Mech)* (Zahnrad)
**right-of-way Eisenbahngelände** *nt (Bahn)* **Trasse** *f (Bahn)* (Gelände der Bahn)
**rigid, torsionally** torsionally rigid *adv:adj* **drehstarr** *adj (Mech)* **drehsteif** *adj (Mech)*
**rigid-axle principle Starrachsenprinzip** *nt (Bahn)*
**rigid-boom stacker nicht schwenkbarer Absetzer** *adj:n (Bg/Bergb)*
**rigid-frame bridge Rahmenträgerbrücke** *f (Stb)*
**rigidity Starrheit** *f (Mech)* **Steifigkeit** *f (Mech)*
**rigidity module Gleitmodul** *m (Mech)*
**rigidity of test Prüfschärfe** *f (Hütt/Wlz)*
**rigidity, flexural** flexural rigidity *adj:n* **Biegesteifigkeit** *f (Stb)*
**rigidity, lateral** lateral rigidity *adj:n* **Seitensteifigkeit** *f (Stat)*
**rigidity, torsional** torsional rigidity *adj:n* **Drehsteifigkeit** *f (Mech)* **Torsionssteifheit** *f (Stb)*
**rigidity, transverse** transverse rigidity *adj:n* **Quersteifigkeit** *f (Stb)*
**rim Laufkranz** *m (Mech)* **Rahmen** *m (Mech) (felgenartig)* **Scheibenrad** *nt (Mech) (Felge)*
**rim** *v* **rändeln** *v (Mech)*
**rim crack Felgenriss** *m (Mech)*
**rim ring Felgenring** *m (Mech)*
**rim tool Reifenwerkzeug** *nt (Werkz, Mech)*
**rim, stepped** stepped rim *adj:n* **Schrägschulterfelge** *f (Mech)* **Schrägschulterring** *m (Mech)* (Felge)
**rim, toothed** toothed rim *adj:n* **Drehkranz** *m (Bg/Bergb)* **Zahnkranz** *m (Bg/Bergb, Umschl) (Laufrad)* **Zahnring** *m (Mech)*
**rim, upper** upper rim *adj:n* **Oberfelge** *f (Mech)*
**riming steel unberuhigter Stahl** *adj:n (Hütt/Wlz)*
**ring Abstandsring** *m (Mech, El)* **Ringstück** *nt (Mech)*
**ring balance meter Ringwaage** *f (Hütt/Wlz)* (Wasser- und Dampfmengenmessung)
**ring clamp Schnappring** *m (Mech)*
**ring craneway** *(with trolley)* **Ringkatzbahn** *f (Stb)* (in Fabrikhalle) **Ringkranbahn** *f (Stb)* (in Fabrikhalle)
**ring frame half Ringträgerhälfte** *f (Bg/Bergb)*
**ring gear Hohlrad** *nt (Mech)* (eines Planetengetriebes) **Tellerrad** *nt (Mech)*
**ring groove ball bearing Ringrillenkugellager** *nt (Mech)*
**ring nut Ringmutter** *f (Mech)*
**ring platform Ringbühne** *f (Hütt/Wlz)* (des Hochofens) **Rundbühne** *f (Hütt/Wlz)* (des Hochofens)
**ring sealing O-Ring-Dichtung** *f (Mech)* **Schnappring** *m (Mech)*
**ring separator Ringscheider** *m (Zer)*
**ring side Ringfläche** *f (Mech)*
**ring spanner Ringschlüssel** *m (Mont, Werkz)*
**ring support Ringstutzen** *m (Mech)*
**ring, adjustable** adjustable ring *adj:n* **Einstellring** *m (Mech)* **Stellring** *m (Mech)* (Transmissionswelle)
**ring, ceramic** ceramic ring *adj:n* **Keramikring** *m (Mech)*
**ring, grooved** grooved ring *adj:n* **Nutring** *m (Mech)*
**ring, progressive** progressive ring *adj:n* **Progressivring** *m (Hyd/Pneu, Mech)*
**ring, protective** protective ring *adj:n* **Kammerring** *m (Zer)* (Triple-Lok Verschraubung)
**ring, threaded** threaded ring *adj:n* **Gewindering** *m (Mech)*
**ring, toothed** toothed ring *adj:n* **Zahnring** *m (Mech)*
**ring-lubricated bearing Ringschmierlager** *nt (Mech)*
**ring-type retainer Ringsicherung** *f (Mech)*
**Ringelmann chart Rauchdichteskala** *f (Hütt/Wlz)*
**ringface of piston Ringseite** *f (Mech)* (des Kolbens im Zylinder)
**rinse** *v* **durchspülen** *v (Mech)* **spülen** *v (Mech)* (auswaschen)
**rinsing Durchspülung** *f (Form)*
**rip** *v* **aufreißen** *v (Bg/Bergb)* (mit dem Aufreißer)

**ripper Aufreißer** *m (Mech, Mont)* **tiefer Heckaufreißer** *adj:n (Bg/Bergb)*
**ripper bucket Reißlöffel** *m (Bg/Bergb)*
**ripper dozer** *(with blade and tooth)* **Reißraupe** *f (Bg/Bergb)* (Planierraupe mit Reißzahn)
**ripper shank Aufreißerschaft** *m (Bg/Bergb)*
**ripper tooth Reißzahn** *m (Bg/Bergb, Zer)* **Rodezahn** *m (Bg/Bergb)*
**ripper tooth, long** long ripper tooth *adj:n* **Tiefreißzahn** *m (Bg/Bergb)*
**ripper, contra-rotary** contra-rotary ripper *adj:n* **gegenläufiger Aufreißer** *adj:n (Mech, Mont)*
**ripper, front** front ripper *adj:n* **Frontrechen** *m (Bg/Bergb)*
**ripping depth Reißtiefe** *f (Mech)*
**ripping width Aufreißbreite** *f (Bg/Bergb)* (z.B. des Graders)
**ripple Welligkeit** *f (Mech)*
**rise** *(axle)* **Achsabstand** *m (Band)* (des Bandes)
**rise** *(conveyor)* **Förderhöhe** *f (Band)* **Hub** *m (Mech, Band)* (ansteigendes Band)
**rise Pfeilhöhe** *f (Stb)*
**rise and fall machinery Einziehwerk** *nt (Bg/Bergb, Umschl)* (Kranbau)
**rise of arch Bogenpfeil** *m (Stb)*
**rise-span ratio Pfeilverhältnis** *nt (Stb)*
**riser Steigleitung** *f (Stb)* **Steigrohr** *nt (Hütt/Wlz)*
**riser tubes header Steigrohrsammler** *m (Hütt/Wlz)*
**rising platform Hebebühne** *f (Bg/Bergb)*
**risk for overall system Systemrisiko** *nt (Mech)*
**river diversion work Flussverlängerungsarbeit** *f (Geo)* (Flussumleitung)
**river span Strombrücke** *f (Stb)*
**rivet Niet** *m (Mech)* **Niete** *f (Mech)*
**rivet** *v* **nieten** *v (Mont, Mech)* (Doppelkopfbolzen verbinden) **vernieten** *v (Mech, Mont)*
**rivet back-mark Nietrisslinie** *f (Stb)*
**rivet body Nietschaft** *m (Stb)*
**rivet cleaning chisel Nietverputzmeißel** *m (Mont, Werkz)*
**rivet connection Nietanschluss** *m (Stb)*
**rivet control hammer Nietkontrollhammer** *m (Mont)*
**rivet cross section Nietquerschnitt** *m (Stb)*
**rivet diameter Nietdurchmesser** *m (Stb)*
**rivet forge Feldschmiede** *f (Mech)*
**rivet gauge line Nietrisslinie** *f (Stb)*
**rivet head Nietkopf** *m (Mech, Mont)*
**rivet heating Nietvorwärmung** *f (Stb)*
**rivet hole Nietloch** *nt (Mech)*
**rivet hole diameter Nietlochdurchmesser** *m (Stb)*
**rivet joint Nietverbindung** *f (Stb)*
**rivet pin Nietstift** *m (Mont)*
**rivet removers** *pl* **Nietsprenger** *m (Mont)*
**rivet section Nietquerschnitt** *m (Stb)*
**rivet set Nietendöpper** *m (Mont)* **Nietzieher** *m (Mont, Werkz)*
**rivet shank Nietschaft** *m (Stb)*
**rivet snapper Nietkippe** *f (Mont)*
**rivet spacing Nietabstand** *m (Stb)* **Nietteilung** *f (Stb)*
**rivet steel Nietstahl** *m (Stb)*
**rivet, countersunk** countersunk rivet *adj:n* **Senkniet** *m (Stb)*
**rivet, tubular** tubular rivet *adj:n* **Hohlniet** *m (Mech)* **Rohrniet** *m (Mech)*
**riveted hinged strap Nietgelenkband** *nt (Mech)*
**riveter Nieter** *m (Mont)*
**riveting Nietung** *f (Stb)*
**riveting hammer Niethammer** *m (Mont, Werkz)*
**riveting tongs** *pl* **Nietzange** *f (Mont, Werkz)*
**riveting, staggered** staggered riveting *adj:n* **versetzte Nietung** *adj:n (Stb)*
**road and offroad gear Straßen- und Geländegang** *(Mech)*
**road axis Wegeachse** *f (Mech)*
**road following course of countryside Längsprofil** *nt (Bg/Bergb)*
**road gear Straßengang** *m (Mech)* (einer Baumaschine)
**road header Teilschnittmaschine** *f*
**road material industry Schotterindustrie** *f (Geo)*
**road network Straßennetz** *nt (Allg)* **Wegenetz** *nt (Allg)*
**road rail excavator Zweiwegebagger** *m (Bg/Bergb)*
**road roller Straßenwalze** *f (Bau)*
**road roller, rubber-tyred** rubber-tyred road roller *adj:n* **Gummiradwalze** *f (Bau)* (im Straßenbau)
**road sub-base** *(lowest layer)* **Straßenpacklage** *f (Bau)*

**road sweeper Kehrbesen** *m (Mech)* (am Lader) **Straßenkehrmaschine** *f (Mech)*
**road tanker Tanklaster** *m (Mech)* **Tanklastzug** *m (Mech)*
**road transportation weight Straßentransportgewicht** *nt (Mech)* (des Krans)
**roadability Straßenlage** *f (Mech)* (Kfz)
**roadside ditch, cut** cut a roadside ditch *n:v* **Graben ziehen** *n:v (Bau, Bg/Bergb)*
**roadway width Fahrbahnbreite** *f (Kfz)*
**roast out** *v* **durchbrennen** *v (Mech)*
**robot Roboter** *m (Mech, El)*
**robot welder Schweißroboter** *m (Schw)*
**rock Fels** *m (Geo, Bg/Bergb)* **Gestein** *nt (Bg/Bergb)*
**rock body Steintransport-Aufbau** *m (Mech)* (auf Lkw)
**rock bucket Felslöffel** *m (Bg/Bergb)* **Felsschaufel** *f (Bg/Bergb)*
**rock crushing Gesteinszerfall** *m (Bg/Bergb)*
**rock crushing mechanism Gesteinszerfallmechanismus** *m (Bg/Bergb)*
**rock crushing, medium-hard** medium-hard rock crushing *adj:n* **Mittelzerkleinerung** *f (Zer)*
**rock cutter Gesteinsbohrer** *m (Bg/Bergb)*
**rock cutter, rotary** rotary rock cutter *adj:n* **Gesteinsfräse** *f (Bg/Bergb)*
**rock cutting Bohrgut** *nt (Bau)*
**rock deflector Steinabweiser** *m (Mech)*
**rock drilling machine Gesteinsbohrmaschine** *f (Mont, Werkz)*
**rock ejector** *(between twin tyres)* **Steinauswerfer** *m (Mech)* (zwischen Zwillingsreifen)
**rock embedments** *pl* **Steinbänke** *pl f (Bg/Bergb, Geo)*
**rock guard Steinschlagschutz** *m (Bg/Bergb)* **Steinschlagschutzgitter** *nt (Bg/Bergb)*
**rock hammer Steinhammer** *m (Zer)*
**rock shovel Felsschaufel** *f (Bg/Bergb)*
**rock slope Erzrolle** *f (Bg/Bergb)* (Förderstollen) **Rolle** *f (Bg/Bergb)* (Förderstollen)
**rock wool Steinwolle** *f (Bg/Bergb, Geo)*
**rock, consolidated** consolidated rock *adj:n* **Festgestein** *nt (Bg/Bergb)*
**rock, effusive** effusive rock *adj:n* **Ergussgestein** *m (Geo)*
**rock, fissured** fissured rock *adj:n* **geklüftetes Gestein** *adj:n (Bg/Bergb, Geo)*
**rock, hard** hard rock *adj:n* **Hartgestein** *nt (Geo)*
**rock, medium-hard** medium-hard rock *adj:n* **Mittelgestein** *nt (Geo)*
**rock, metamorphic** metamorphic rock *adj:n* **Umwandlungsgestein** *nt (Bau)*
**rock, native** native rock *adj:n* **gewachsener Boden** *adj:n (Geo)*
**rock, overlying** overlying rock *adj:n* **Deckgebirge** *nt (Geo, Bg/Bergb)* **überlagernde Schichten** *adj:n (Geo)*
**rock, oversized** oversized rock *adj:n* **Knäpper** *m (Geo, Bg/Bergb)* (großer Steinbrocken)
**rock, soft** soft rock *adj:n* **Lockengestein** *nt (Geo)* **Weichgestein** *nt (Geo)*
**rock, stratified** stratified rock *adj:n* **geschichtetes Gestein** *adj:n (Bg/Bergb, Geo)*
**rock, trapped** trapped rock *adj:n* **zugeschobenes Gestein** *adj:n (Bg/Bergb)*
**rock, unconsolidated** unconsolidated rock *adj:n* **Lockergestein** *nt (Geo)*
**rock, underlying** underlying rock *adj:n* **Untergrund** *m (Geo, Allg)*
**rock, volcanic** volcanic rock *adj:n* **vulkanisches Gestein** *adj:n (Bau)*
**rocker Koppellenker** *m (Bg/Bergb)* **Lagerpendel** *nt (Mech)* **Motorwippe** *f (Mech, El)*
**rocker arm Kipphebel** *m (Mech, El)* **Schwingenarm** *m (Mech) (Kabelleitapparat)*
**rocker arm bracket Kipphebelhalterung** *f (Mech)* **Schwinghebelbock** *m (Mech)*
**rocker arm bushing Kipphebelbüchse** *f (Mech)*
**rocker arm cover Schwinghebelgehäuse** *nt (Mech)*
**rocker arm shaft Kipphebelwelle** *f (Mech)*
**rocker arm support Kipphebelblock** *m (Mech)*
**rocker bearing Kipplager** *nt (Mech)* **Pendellager** *nt (Mech, Stb)* **Schwingenlager** *nt (Mech)*
**rocker pin Kippzapfen** *m (Stb)* **Pendelstütze** *f (Mech, Stb)* **Wiegezapfen** *m (Stb)*
**rocker shaft Kipphebelachse** *f (Mech)* **Kipphebelwelle** *f (Mech)* **Schwinghebelachse** *f (Mech)*

**rocker support Schwingenstütze** *f (Mech)*
**rocker, triangular** triangular rocker *adj:n* **Gelenkdreieck** *nt (Bg/Bergb, Mech)*
**rocking motion Schwingung** *f (Mech)*
**rocking motion of boom Ausschlagen des Auslegers** *(Bg/Bergb)* **Schwingung des Auslegers** *(Bg/Bergb)*
**rocks** *pl* **Abgänge** *pl f (Bg/Bergb)* **Berge** *pl m (Bg/Bergb)* **Gestein** *nt (Bg/Bergb)*
**rod Pleuelstange** *f (Mech)* **Stab** *m (Mech, Stb)*
**rod compass Stangenzirkel** *m (Mech, Mont)*
**rod end bearing Gelenkauge** *nt (Zer)*
**rod eye Kolbenstangenkopf** *m (Mech)*
**rod head Stangenkopf** *m (Mech)*
**rod holder Elektrodenhalter** *m (Schw)*
**rod side Kopfseite** *f (Mech)* (Stangenseite) **Ringseite** *f (Mech)* (des Kolbens im Zylinder)
**rod, hanging** hanging rod *adj:n* **Fluchtstab** *m (Mont)*
**rod, threaded** threaded rod *adj:n* **Gewindestange** *f (Mech)*
**rod-end bearing** *BE* **Gelenklager** *nt (Mech)* (Wellenlager) **Wellenlager** *nt (Mech)*
**roll** *(threads after quench and temper)* **Rolle** *f (Hütt/Wlz)* (des Gewindes nach dem Vergüten) **Walze** *f (Mech, Hütt/Wlz)*
**roll back** *v* **überkippen** *v (Bg/Bergb)* (das Material im Löffel)
**roll clamp Rollenklammer** *f (Mech)*
**roll clamp, rotary** rotary roll clamp *adj:n* **drehbare Fassklammer** *adj:n (Mech)*
**roll counter Rollenzählwerk** *n*
**roll crusher Walzenbrecher** *m (Zer)*
**roll crusher feeder plate Zuführungsplatte für Walzenbrecher** *(Zer)*
**roll crushing mill Walzenmühle** *f (Zer)*
**roll feeder Walzenbeschicker** *m (Bg/Bergb)*
**roll flattening Glätten** *nt (Mech)* (Planieren) **Planieren** *nt (Stb)* (Glätten)
**roll grinding unit Walzenschleifapparat** *m (Zer)*
**roll separator Walzenscheider** *m (Zer)*
**roll shell Walzenmantel** *m (Mech)*
**roll straightening Rollenrichten** *nt (Stb)*
**roll, newly** newly roll *adv:v* **neu walzen** *v (Hütt/Wlz)*
**roll, outer** outer roll *adj:n* **Außenrolle** *f (Band)* (einer Bandrolle, einer Rollenstation)
**roll, tapered** tapered roll *adj:n* **Prismenrolle** *f (Form)*
**roll-back limitation Kippbegrenzung** *f (Bg/Bergb)* (der Schaufel) **Überkippbegrenzung** *f (Bg/Bergb)*
**roll-back limiter Überlaufschutz** *m (Bg/Bergb)* (an der Ladeschaufel) **Überwurfschutz** *m (Bg/Bergb)* (gegen fallendes Material)
**rollback limit Rückkippbegrenzung** *f (Bg/Bergb)*
**rollbar Überrollbügel** *m (Mech)* (z.B. für Grader, Lader)
**rolled end of a spring Federauge** *nt (Form)*
**rolled, bright** bright rolled *adv:adj* **blankgewalzt** *adj (Mech)*
**rolled, seamless** seamless rolled *adv:adj* **nahtlos gewalzt** *adv:adj (Hütt/Wlz)*
**rolled-steel joist Doppel-T-Eisen** *nt (Hütt/Wlz)* **Trägereisen** *nt (Stb, Hütt/Wlz)*
**rolled-steel products** *pl* **Walzstahlerzeugnisse** *pl nt (Hütt/Wlz)*
**roller Laufrad** *nt (Mech)* **Rolle** *f (Mech)* (am Laufwerk) **Walze** *f (Mech, Hütt/Wlz)*
**roller assembly Walzenkranz** *m (Mech)*
**roller assembly, horizontal** horizontal roller assembly *adj:n* **horizontales Laufwerk** *adj:n (Mech)*
**roller assembly, vertical** vertical roller assembly *adj:n* **vertikales Laufwerk** *adj:n (Mech)*
**roller bearing Wälzlager** *nt (Mech)* (Kugel- und Rollenlager) **Zylinderrollenlager** *nt (Mech)*
**roller bearing, bared-shaped** bared-shaped roller bearing *adj:n* **Trommelkugellager** *nt (Mech)*
**roller bearing, barrel-shaped** barrel-shaped roller bearing *adj:n* **Tonnenlager** *nt (Mech)*
**roller bearing, cylindrical** cylindrical roller bearing *adj:n* **Radial-Zylinderrollenlager** *nt (Mech)*
**roller body Laufrollenkörper** *m (Mech)*
**roller bow Rollenspriegel** *m (Mech)*
**roller burnishing Rollen** *nt (Hütt/Wlz)* (des Zylinderrohres, innen) **gerolltes Zylinderrohr** *adj:n (Hütt/Wlz)*

**roller cage assembly Walzenkranz** *m (Mech)* (eines Wälzlagers)
**roller carrier Tragrolle** *f (Band)* **Walzenträger** *m (Band)*
**roller chain Laschenkette** *f (Mech)* (mit Laufrollen; für Plattenbänder, Becherwerke) **Rollenkette** *f (Mech)* (Bandwaage)
**roller conveyor Transportrollgang** *m (Mech)*
**roller conveyor surface level Rollgangsniveau** *nt (Mech)*
**roller conveyor surface speed Rollgeschwindigkeit** *f (Mech)*
**roller cup Rollenlagerring** *m (Mech)*
**roller dam Walzenwehr** *nt (Stb)*
**roller diameter Rollendurchmesser** *m (Mech)*
**roller face Länge der Bandrolle** *(Band)*
**roller frame** *(idler)* **Laufrollenrahmen** *m (Mech, Band)* **Rollenkäfig** *m (Mech)*
**roller gate Rollenschütz** *nt (Stb)*
**roller gear bed Rollgang** *m (Mech)*
**roller grizzly Rollenrost** *m (Zer)* **Scheibenrost** *m (Zer)*
**roller guide Rollschlitten** *m (Mech)*
**roller guide housing** *(idler)* **Rollenführungsgehäuse** *nt (Mech)*
**roller guide support Zentrierbock** *m (Mech)*
**roller guide, triple** triple roller guide *adj:n* **Führungstripel** *nt (Mech)*
**roller journal bearing Pendelrollenlager** *(Mech)* **Tonnenlager** *nt (Mech)* (einreihig)
**roller journal bearing, self-aligning** self-aligning roller journal bearing *adj:n* **Radial-Pendelrollenlager** *nt (Mech)* (zweireihig) **Radial-Rollenlager** *nt (Mech)* (zweireihig)
**roller journal bearing, spherical** spherical roller journal bearing *adj:n* **Radial-Rollenlager** *nt (Mech)* (einreihig) **Radial-Tonnenlager** *nt (Mech)* (einreihig)
**roller lever Rollenhebel** *m*
**roller mounting** *(idler)* **Rollenhalterung** *f (Bg/Bergb, Umschl, Band)*
**roller plate Wälzplatte** *f (Mech)*
**roller raceway Rollenbahn** *f (Mech)* **Zylinderbahn** *f (Mech)* (Lauffläche)
**roller rack Rollgangsrahmen** *m (Mech)*
**roller screen Rollenrost** *m (Zer)* **Scheibenrost** *m (Zer)*
**roller set Stößelrolle** *f (Mech)*
**roller sluice gate Rollenschütz** *nt (Stb)*
**roller stool Rollenbock** *m (Schiff)*
**roller table Rollgang** *m (Mech)*
**roller tape measure Rollenbandmaß** *nt (Mont)*
**roller tappet Rollenstößel** *m (Hyd/Pneu)*
**roller thrust bearing Rollenlager** *nt (Mech)*
**roller tipped rod Rollenhebel** *m*
**roller unit Mittelrückknopf** *m*
**roller, cylindrical** cylindrical roller *adj:n* **Zylinderrolle** *f (Mech)* (eines Wälzlagers)
**roller-bearing greasing Wälzlagerfett** *nt (Mech)*
**roller-bearing slewing ring Drehkranz mit Rollen** *(Bg/Bergb)* **Kegelrollendrehverbindung** *f (Mech)* **Rollendrehverbindung** *f (Bg/Bergb)*
**roller-bearing type axle box Rollenachslager** *nt (Bahn)*
**roller-operated** *adj* **rollenstößelbetätigt** *adj (Mech, Hyd/Pneu)*
**roller-shutter roof Rolldach** *nt (Bahn)*
**roller-sliding gate Rollenschieber** *m (Hütt/Wlz)* (Schamottindustrie)
**roller-type cable handler Kabelraupe** *f (Mech)*
**rollgurt conveyor Rollgurtförderer** *m (Band, Bg/Bergb)*
**rolling angle** *(around the longitudinal axis)* **Rollwinkel** *m (Mech)*
**rolling bearing Wälzlager** *nt (Mech)* (Kugel- und Rollenlager)
**rolling bearing components** *pl* **Wälzlagerteile** *pl nt (Mech)*
**rolling body Wälzkörper** *m (Mech)*
**rolling contact bush Abwälzbuchse** *f (Zer)*
**rolling defect Walzfehler** *m (Stb)*
**rolling mill Walzwerk** *nt (Hütt/Wlz)*
**rolling mill certificate Walzzertifikat** *nt (Hütt/Wlz)*
**rolling mill products** *pl* **Walzwerkerzeugnisse** *pl nt (Hütt/Wlz)*
**rolling motion** *(of vehicle)* **Wankbewegung** *f (Bahn)* (Rollbewegung)
**rolling resistance Fahrwiderstand** *m (Mech)* **Rollwiderstand** *m (Mech, Stat)* (Gerät auf Rollen)
**rolling skin Walzhaut** *f (Hütt/Wlz)*

**rollpin Spannstift** *m (Mech)* (geschlitzte Hülse)
**roof** *(of gallery or tunnel)* **Hangende** *nt (Bg/Bergb)*
**roof burner Deckenbrenner** *m (Hütt/Wlz)*
**roof cap Dachaufsatz** *m (Bau)*
**roof circuit Deckenrohrsystem** *nt (Hütt/Wlz)*
**roof cleavage Hängendriss** *m (Bg/Bergb)*
**roof for the tropics Tropendach** *nt (Bg/Bergb)* (z.B. des Graders)
**roof purlin Pfette** *f (Bahn)* (an Wagonstirnwanddach)
**roof support Abstützung des Hangenden unter Tage** *(Bg/Bergb)* **Stollenausbau** *m (Bg/Bergb)*
**roof ventilator Dachlüfter** *m (Bau, Mech)*
**roof, support** support the roof *n:v* **Hangende abstützen** *n:v (Bg/Bergb)*
**roof, swivelling** swivelling roof *adj:n* **Schwenkdach** *nt (Mech)*
**roof, tropical** tropical roof *adj:n* **Tropendach** *nt (Bg/Bergb)* (z.B. des Graders)
**roofing Bedachung** *f (Mech, Mont)* **Überdachung** *f (Mech, Mont)*
**room Platz** *m (Mech, Allg)* **Raum** *m (Bau)* (Zimmer)
**room temperature Raumtemperatur** *f (Mech)*
**root** *(of weld seam)* **Wurzel** *f (Schw)* (der Schweißnaht)
**root bead Wurzelraupe** *f*
**root case depth Härtetiefe an der Zahnwurzel** *(Hütt/Wlz)*
**root circle Fußkreis** *m* **Grundkreis** *m (Mech)* (des Zahnrades)
**root contraction Wurzelrückfall** *m (Schw)*
**root crack Wurzelriss** *m (Schw)* (der Schweißnaht)
**root defect Wurzelfehler** *m (Schw)* (falsches Schweißen)
**root diameter Fußkreisdurchmesser** *m (Mech)* **Kerndurchmesser** *m (Mech)* (Schraube)
**root face** *(land)* **Stegflanke** *f (Mech)* (Wurzel)
**root face Steghöhe** *f (Schw)*
**root of joint Wurzel der Schweißfuge** *(Schw)*
**root of thread Gewindekern** *m (Mech)*
**root of weld Wurzel der Schweißnaht** *(Schw)*
**root opening Wurzelkerbe** *f (Schw)* **Wurzelöffnung** *f (Schw)*
**root pass** *(first weld bead)* **Wurzellage** *f (Schw)* (erste Schweißraupe)
**root rake Wurzelextraktor** *m (Bg/Bergb)* **Wurzelrechen** *m (Bg/Bergb)*
**root relief Fußrücknahme** *f*
**root ripper tooth Wurzelreißzahn** *m (Bg/Bergb)* (Baggerausrüstung)
**root surface Fußmantelfläche** *f*
**root toroid Fußkehlfläche** *f*
**rope Seil** *nt (Mech, Mont)* **Trosse** *f (Mech)* (meist Stahlseil)
**rope attachment Einband** *m (Mech)* (Seil)
**rope capstan Seilspill** *n*
**rope clamp Einband** *m (Mech)* (Seil) **Seilschloss** *nt (Mech)*
**rope clip Seilklemme** *f (Mech)*
**rope cross-section Seilquerschnitt** *m (Mech)*
**rope drum Seiltrommel** *f (Mech)*
**rope drum shaft Trommelwelle** *f (Mech)* (Windwerk)
**rope drum with restoring spring Federseiltrommel** *f (Mech)*
**rope end tensioning device Endseilspannvorrichtung** *f (Bg/Bergb)*
**rope excavator Seilbagger** *m (Bg/Bergb)*
**rope fixing point Einband** *m (Mech)* (Seil)
**rope gallow Seilrollenträger** *m (Mech)*
**rope groove Rille** *f (Bg/Bergb)* (in Seilscheibe, Winde)
**rope guide Seilführung** *f (Bg/Bergb)*
**rope hoist Seilzug** *m (Bg/Bergb, Mech)* **Windwerk** *nt (Bg/Bergb)*
**rope hoist gear unit Windengetriebe** *nt (Mech)*
**rope hoist, electric** electric rope hoist *adj:n* **Elektroseilzug** *m (Mech)*
**rope holder Seilhalter** *m (Mech)*
**rope jib Seilrollenträger** *m (Mech)*
**rope ladder Strickleiter** *f (Mech, Allg)*
**rope layout for operator's cab winch Seilplan für Führerhauswinde** *(Bg/Bergb)*
**rope line Seilstrang** *m (Bg/Bergb)*
**rope overload guard Seillastsicherung** *f (Bg/Bergb)* **Seilzugmessvorrichtung** *f (Bg/Bergb)*
**rope probe Seilsonde** *f (Mech)*

**rope pulley Seilrolle** *f (Mech)* (mit Wälzlager) **Seilscheibe** *f (Bg/Bergb)* (Fördergerüst)
**rope reeving Flaschung** *f (Bg/Bergb)* (eines Seils) **Seilgehänge** *nt (Bg/Bergb)*
**rope reeving system Seilführung** *f (Bg/Bergb)*
**rope reeving, triple** triple rope reeving *adj:n* **dreifache Flaschung** *adj:n (Bg/Bergb)*
**rope section Seilstrecke** *f (Bg/Bergb, Mech)*
**rope sheave Seilrolle** *f (Mech, Bg/Bergb)* **Seilscheibe** *f (Bg/Bergb)* (Fördergerüst)
**rope sheave attachment Seilrollenstützträger** *m (Mech)* **Seilrollenverlagerung** *f (Mech)*
**rope sheave traverse Seilrollentraverse** *f (Mech)*
**rope socket Seilbefestigung** *f (Mech)* **Seilkopf** *m (Bg/Bergb, Mech)*
**rope socket, bifurcated** bifurcated rope socket *adj:n* **Gabelseilkopf** *m (Mech)*
**rope splice Seilverbindung** *f (Mech)*
**rope tension Seilzug** *m (Bg/Bergb, Stat)* (Spannung) **Seilzugspannung** *f (Bg/Bergb, Stat)*
**rope termination Einband** *m (Mech)* (Seil) **Seilkopf** *m (Bg/Bergb, Mech)*
**rope thimble Seilkausche** *f (Mech)*
**rope turnbuckle Seilschloss** *nt (Mech)*
**rope winch Seilwinde** *f (Mech, Mont)* **Kabelwinde** *f (Mech)*
**rope, non-spinning** non-spinning rope *adj:n* **drallfreies Seil** *adj:n (Mech)*
**rope, provisional** provisional rope *adj:n* **Abfangseil** *(Mech, Mont)* (provisorisch bei Montage) **Hilfsseil** *nt (Mech)*
**rope, sealed** sealed rope *adj:n* **verschlossenes Seil** *adj:n (Mech)*
**rope, slack** slack rope *adj:n* **Schlaffseil** *nt (Mech)*
**rope, tight** tight rope *adj:n* **Spannseil** *nt (Bg/Bergb, Mech)* **Straffseil** *nt (Mech)*
**rope-down device** *(escape)* **Abseilvorrichtung** *f (Mech)* (am Kran)
**rope-length compensating system Ausgleich(s)gehänge** *nt (Bg/Bergb)* (Seil) **Seilausgleichsgehänge** *nt (Bg/Bergb)*
**rope-type rescue device Personalabseilgerät** *nt (Bg/Bergb)*
**rose bit Krauskopf** *m (Mech)* **Senker** *m (Mech, Mont)* (Kegelsenker)
**rotary cutter Fräse** *f (Mech)*
**rotary fork clamp with turnable forks drehbare Drehgabelklammer** *adj:n (Mech)*
**rotary gate valve Zellenradschleuse** *f (Mech)*
**rotary impact crusher Prallbrecher** *m (Zer)*
**rotary kiln dolomite sinter Drehrohrofensinterdolomit** *m (Form)*
**rotary kiln plant Drehrohrofenanlage** *f (Bg/Bergb)*
**rotary kiln system Drehrohranlage** *f (Bg/Bergb)* **Drehrohrofenanlage** *f (Bg/Bergb)*
**rotary oil distributor** *(of an excavater)* **Drehdurchführung** *f (Bg/Bergb)* (des Baggers)
**rotary pocket feeder Zellenradschleuse** *f (Mech)*
**rotary-disc screen grizzly Scheibenrollenrost** *m (Zer)*
**rotary-drive torque** *(on drill rig)* **Kraftdrehkopfdrehmoment** *nt (Bg/Bergb)*
**rotary-dump equipment Rundkipper** *m (Bahn)* (zur Wagonentladung)
**rotary-grinder attachment Fräswalzenausrüstung** *f (Form)*
**rotary-piston pump Drehkolbenpumpe** *f (Mech)* (Schmierung; Wankelmotor)
**rotary-piston valve Drehkolbenschieber** *m (Mech)*
**rotary-type drum decindering plant Drehtrommel-Entzunderungsanlage** *f (Form)*
**rotary-type table decindering plant Drehtisch-Entzunderungsanlage** *f (Form)*
**rotate** *v/i* **drehen** *v (Mech)* (sich drehen) **kreisen** *v/i (Mech)*
**rotating angle** *(of the mouldboard)* **Drehwinkel** *m (Bg/Bergb)* (der Gratschar)
**rotating assembly rotierendes Gehäuse** *adj:n (Mech)* **Rotor** *m (Mech)* (Turbolader)
**rotating drum clamp drehbare Fassklammer** *adj:n (Mech)*
**rotating fault Rundlauffehler** *m (Mech)*
**rotating head Drehkopf** *m (Mech)* **Greiferdrehkopf** *m (Bg/Bergb)*

**rotating jig Drehvorrichtung** *f (Stb)*
**rotating load Umfangslast** *f (Stat)*
**rotating machinery** *AE* **Schwenkantrieb** *m (El, Mech, Bg/Bergb)*
**rotating roll clamp drehbare Rollenklammer** *adj:n (Mech)*
**rotating scanning head Prüfblock** *m (Mech)*
**rotation Drehbewegung** *f (Mech)* **Drehung** *f (Mech)* (um einen Körper, eine Achse) **Umlauf** *m (Mech)* (Rotation)
**rotation and feeding Umlaufvorschub** *m (Mech)*
**rotation axis Schwenkachse** *f (Bg/Bergb)*
**rotation coordinate Drehachse** *f (Bg/Bergb)* (Koordinate)
**rotation gear base Drehwerksunterbau** *m (Bg/Bergb)*
**rotation joint** *f* **Drehdurchführung** *f (Bg/Bergb)* (des Baggers)
**rotation mechanism Drehwerk** *nt (Bg/Bergb)*
**rotation, clockwise** clockwise rotation *adj:n* **Drehung im Uhrzeigersinn** *(Mech)* **Rechtslauf** *m (Mech)*
**rotation, counter-clockwise** counter-clockwise rotation *adj:n* **Drehung gegen den Uhrzeigersinn** *(Mech)* **Linksdrehung** *f (Mech)*
**rotation-symmetrical** *adj* **rotationssymmetrisch** *adj (Mech)*
**rotational direction of mill Mühlendrehrichtung** *f (Zer, Mech)*
**rotational section scan Drehschnittbild** *nt (Allg)*
**rotational-speed measurement Drehzahlmessung** *f (Mech)*
**rotator distributor Verteilerfinger** *m (Mech)* (im Zündverteiler)
**rotavator Bodenfräse** *f (Bau)*
**rotocap Drehkappe** *f (Form)*
**rotor** *(El, Mech)* **Anker** *m (Mech)* (bei elektr. Maschinen) **Läufer** *m (Mech)*
**rotor** *(pump)* **Kanalrad** *nt (Mech, Hyd/Pneu)* (Pumpe)
**rotor bearing Rotorlager** *nt (Mech)*
**rotor disc Läuferscheibe** *f (Mech)* **Rotorscheibe** *f (Mech)*
**rotor feed hardening Umlaufvorschubhärtung** *f (Mech)*
**rotor pump Kanalpumpe** *f (Hyd/Pneu)*
**rotor separator Rotorscheider** *m (Zer)*
**rotor shaft Rotorwelle** *f (Mech)*
**rough** *adj* **roh** *adj (Hütt/Wlz)* (unbearbeitet) **unbearbeitet** *adj (Mech, Hütt/Wlz)*
**rough cast Rohgussteil** *nt (Hütt/Wlz)*
**rough cut file Grobhiebfeile** *f (Mont, Werkz)* **Großhiebfeile** *f (Mont, Werkz)*
**rough machining Vorbearbeitung** *f (Mech, Mont)*
**rough up** *v* **aufrauen** *v (Mech, Mont)*
**rough zinc Rohzink** *nt (Mech)*
**rough-finished** *adj* **vorgearbeitet** *adj (Mech, Mont)*
**rough-grinding machine Schruppschleifmaschine** *f (Hütt/Wlz)*
**rough-machined** *adj* **vorbearbeitet** *adj (Mech)* (spanabhebend) **vorgedreht** *adj (Mech, Mont)* (auf einer Drehbank)
**rough-plane** *v* **schrupphobeln** *v (Hütt/Wlz)*
**rough-stone pitching Setzpacklage** *f (Bau)*
**rough-terrain forklift truck Allwegstapler** *m (Kfz)* **Geländestapler** *m (Mech)*
**rough-terrain lorry** *BE* **geländegängiger Lastkraftwagen** *adj:n (Mech)*
**rough-turn** *v* **vordrehen** *v (Mech, Mont)* (auf einer Drehbank)
**rough-working Vorbearbeitung** *f (Mech, Mont)*
**roughen** *v* **aufrauen** *v (Mech, Mont)* **vorfräsen** *v (Mech)*
**roughing Vorbearbeitung** *f (Mech, Mont)*
**roughing lathe Schruppmaschine** *f (Hütt/Wlz)*
**roughing mill Vorstraße im Hüttenwerk** *(Hütt/Wlz)*
**roughing tool Schruppwerkzeug** *nt (Mech, Werkz)*
**roughness Rauheit** *f (Anstr)*
**roughness of surface Oberflächenrauheit** *f (Anstr)*
**round bar Rundstab** *m (Mech, Stb)*
**round bar testing Stangenprüfung** *f (Hütt/Wlz)*
**round cord ring Rundschnurring** *m (Mech)*
**round flange Rundflansch** *m (Mech)*
**round frame** *(thermometer)* **Rundfassung** *f* (Thermometer)
**round head Halbrundkopf** *m (Mech)*
**round head grooved pin Halbrundkerbnagel** *m (Mech)* **Kerbnagel** *m (Mech)*

**round nut with drilled holes in one face Zweilochmutter** *f (Mech)*
**round nut with set pin hole in side Kreuzlochmutter** *f (Mech)*
**round off** *v* **abkanten** *v (Mech, Mont)* (z.B. Gewinde) **ausrunden** *v (Mech, Mont)* (z.B. Gewinde)
**round reinforcing rod Bewehrungsrundstahl** *m (Stb)*
**round steel bar Rundeisen** *nt (Stb, Hütt/Wlz)* **Rundstahl** *m (Stb, Hütt/Wlz)*
**round steel link chain Rundstahlgliederkette** *f (Mech)*
**round stock Rundmaterial** *nt (Hütt/Wlz)*
**round strand voge Rundlitzenseil** *nt (Mech)*
**round string packing Rundschnurring** *m (Mech)*
**round-edged** *adj* **rundkantig** *adj (Stb)*
**round-edged equal angle gleichschenkliger rundkantiger Winkelstahl** *adj:n (Hütt/Wlz)*
**round-head grooved drive stud Halbrundkerbnagel** *m (Mech)*
**round-head rivet Halbrundniet** *m (Mech)*
**round-head rivet, flat** flat round-head rivet *adj:n* **Flachrund-Niete** *f (Mech, Mont)*
**round-head screw Halbrundschraube** *f (Mech)*
**round-head wood screw** *(slotted)* **Halbrundholzschraube** *f (Mech)* (mit Schlitz)
**rounding Arrondieren** *nt (Form)*
**rounding Abrundung** *f (Allg)* (abgerundete Stelle) **Ausrundung** *f (Mech, Mont)* **Runden** *nt (Mech, Mont)*
**rounds** *pl* **Rundmaterial** *nt (Hütt/Wlz)* **Rundstahl** *m (Stb, Hütt/Wlz)*
**rounds for reinforced concrete Betonstahl** *m (Hütt/Wlz)*
**route of least resistance Weg des geringsten Widerstandes** *(Mech)*
**route of material Förderweg** *m (Band, Umschl)*
**routine inspection Serienprüfung** *f (Allg)*
**routine inspection** *(of the boiler)* **periodische Befahrung** *adj:n (Hütt/Wlz)* **Routinebefahrung** *f (Hütt/Wlz)*
**routine maintenance Wartung** *f (Mech, Bau)*
**routing** *(of the conveyor)* **Trasse** *f (Mech, Band)* (Förderband)
**row Flucht** *f (Mech)*
**row of holes Lochreihe** *f (Mech)*
**row of rivets Nietreihe** *f (Stb)*
**rub** *v* **reiben** *v (Mech)* **schaben** *v (Mech)* (z.B. mit Schabeisen) **scheuern** *v (Anstr)* (reiben, rubbeln)
**rubber** *(perbunane; in hoses, elbows)* **Perbunan** *nt (Bg/Bergb)* (z.B. in Schläuchen, Krümmern)
**rubber Gummi** *m (Mech)* **Kautschuk** *m (Chem)*
**rubber ball sleeve Kugelhülse aus Gummi** *(Mech)*
**rubber bearing Gummilager** *nt (Mech)*
**rubber bearing, sectional** sectional rubber bearing *adj:n* **Gummistablager** *nt (Mech)*
**rubber belt conveyor Gummigurtförderer** *m (Band, Bg/Bergb, Umschl, Zer)* **Gurtförderer** *m (Band)*
**rubber block support Gummipuffer** *m (Mech, Bau)*
**rubber boot Gummimanschette** *f (Kfz)*
**rubber compartment Gummikammer** *f*
**rubber coupling Gummigelenk** *nt (Kfz)*
**rubber cover Gummidecke** *f (Mech)* **Gummidecklage** *f (Mech)* **Gummideckplatte** *f (Mech, Band)*
**rubber cover on pulley side Unterseite der Gummidecke** *(Band)*
**rubber cover thickness Gummideckenstärke** *f (Mech)* **Gummideckplattenstärke** *f (Mech)*
**rubber cushion Zwischenlage** *f (Mech)* (am Drehgestell)
**rubber disc return idler Scheibenrolle** *f (Band)* **Stützrolle** *f (Bg/Bergb, Umschl, Band, Zer)*
**rubber door-stop Anschlagprofil** *nt (Form)*
**rubber file Liegefeile** *f (Mont, Werkz)*
**rubber gasket Gummizwischenlage** *f (Mech)*
**rubber grommet Gummitülle** *f (Mech)*
**rubber hollow spring Gummihohlfeder** *f (Mech)*
**rubber hose Gummischlauch** *m (Kfz)*
**rubber insert** *(between rim and tire)* **Zwischenring** *m (Mech)* (Reifen)
**rubber insulated wire** *(cable)* **Gummileitung** *f (El)* (Kabel)
**rubber isolator Gummiisolator** *m (Mech)* (gegen Vibration)

**rubber lagging Gummiauflage** *f (Mech)* **Gummibelag** *m (Mech)*
**rubber lagging of pulleys Gummierung von Bandtrommeln** *(Band)*
**rubber lagging vulcanized, grooved** grooved vulcanized rubber lagging *adj:n* **geriffelte Gummiauflage** *adj:n (Mech)* **geriffelter Gummibelag** *adj:n (Mech)*
**rubber lagging, plain** plain rubber lagging *adj:n* **glatte Gummiauflage** *adj:n (Mech)* **glatter Gummibelag** *adj:n (Mech)*
**rubber lining Gummieinlage** *f (Mech)* **Gummierung** *f (Mech)* (Futter)
**rubber mallet Gummihammer** *m (Mont, Werkz)*
**rubber mats Gummiartikel** *pl m (Mech)*
**rubber mats and conveyor belts Gummiartikel und Förderbänder** *(Mech, Band)*
**rubber mats, big** big rubber mats *adj:n* **großflächige Gummiartikel** *adj:n (Mech)*
**rubber mounting Gummiisolator** *m (Mech)* (gegen Vibration)
**rubber pan conveyor Gummikastenband** *nt (Band)* **Kastenband** *nt (Band)*
**rubber part, moulded** moulded rubber part *adj:n* **Gummiformteil** *nt (Mech)*
**rubber protection sleeve Gummischutzhülle** *f (Mech)*
**rubber roll Gummiwulst** *m (Mech)* (zwischen Wagen)
**rubber scraping blade Abstreifergummi** *nt (Band)*
**rubber seal Gummidichtung** *f (Kfz)*
**rubber section Klemmprofil** *nt (Mech)* **Profilgummi** *nt (Mech)*
**rubber sheet Gummiplatte** *f (Mech)*
**rubber skirtboards** *pl* **Gummiführungsleisten** *pl f (Mech)*
**rubber sleeve Gummihülse** *f (Mech)*
**rubber spring buffer Gummifederpuffer** *m (Mech)*
**rubber suspension Gummifederung** *f (Mech)*
**rubber tire carrier Mobilunterwagen** *m (Bg/Bergb)*
**rubber tray Gummimulde** *f (Kfz)*
**rubber tread Gummiauflage** *f (Mech)* **Gummibelag** *m (Mech)*
**rubber tread idler Gummiauflage auf Rolle** *(Band, Umschl)*
**rubber tyre** *(idler)* **Gummistützring** *m (Band, Mech)* (Rollen)
**rubber tyre, solid** solid rubber tyre *adj:n* **Vollreifen** *m (Mech)*
**rubber universal joint Gummikreuzgelenk** *nt (Kfz)*
**rubber valve Gummiventil** *nt (Hyd/Pneu)* **Kantschutzventil** *nt (Hyd/Pneu)* (gummigeschützt)
**rubber, hard** hard rubber *adj:n* **Hartgummi** *m (Mech)*
**rubber, industrial** industrial rubber *adj:n* **Industriegummi** *m (Mech, Chem)*
**rubber, modified** modified rubber *adj:n* **vergüteter Gummi** *adj:n (Mech)*
**rubber, moulded** moulded rubber *adj:n* **anvulkanisierter Gummi** *adj:n (Band, Mech)*
**rubber, oil-resistant** oil-resistant rubber *adj:n* **ölfester Gummi** *adj:n (Mech)*
**rubber-cushioned spring hanger Gummifederlager** *nt (Mech)*
**rubber-metal bond Gummi-Metall-Verbindung** *f (Mech)*
**rubber-metal connection Schwingmetall** *nt (Mech)*
**rubber-pad coupling Gummipaketkupplung** *f (Mech)*
**rubber-spring mounting Gummifederung** *f (Mech)*
**rubber-tired carrier Mobilunterwagen** *m (Bg/Bergb)*
**rubber-tread idler Bandrolle mit Gummiauflage** *(Bg/Bergb, Umschl, Band)* **Rolle mit Gummiauflage** *(Band)*
**rubberizing Gummierung** *f (Mech)*
**rubbing** *(against s.th.)* **Reibung** *f (Mech)*
**rubbing strip Schremmleiste** *f (Mech)* (Kufe)
**rubble Bauschutt** *m (Bau)* **Bruchsteine** *pl m (Bg/Bergb)* **Geröll** *nt (Geo)* (Geschiebe)
**rubble masonry Bruchsteinmauer** *f (Bg/Bergb)*
**ruby Rubin** *m (Geo)* (roter Edelstein)
**rugged** *adj* **robust** *adj (Mech, Allg, Schiff)*
**rugs-roll ram Teppichtragdorn** *m (Mech)* (am Stapler)
**run** *adj (run-down)* **ausgelaufen** *adj (Form)* (abgenutzt)
**run** *v/i* **arbeiten** *v/i (Mech, Allg)* **funktionieren** *v/i (Mech)* **laufen** *v/i (Mech, El)*
**run at no load** *v* **leer laufen** *v (Mech)*

**run away of the force of gravity Voreilen der Last** *(Hyd/Pneu)*
**run bearing ausgelaufenes Lager** *adj:n (Mech)*
**run free** *v* **freilaufen** *v (Bahn)* **leer laufen** *v (Mech)*
**run hot** *v* **heißlaufen** *v (Mech)* (z.B. Motor)
**run in** *v* **einfahren** *v (Kfz)* (z.B. einen Motor Probe laufen lassen) **einlaufen** *v (Kfz)* (eine Maschine einfahren)
**run true** *v* **schlagfrei laufen** *adv:v (Mech)*
**run up** *v (e.g. an engine)* **hochfahren** *v (Mech)* (z.B. einen Motor)
**run, wet** wet run *adj:n* **Nasslauf** *m (Mech)* (der Lamellenbremse)
**run-of-mine coal Förderkohle** *f (Bg/Bergb)* **Rohkohle** *f (Bg/Bergb)*
**run-of-mine ore Fördererz** *nt (Bg/Bergb, Umschl, Band, Zer)* **Roherz** *nt (Bg/Bergb, Umschl, Band, Zer)*
**run-off tab Nahtauslaufblech** *nt (Schw)*
**run-out plate Auslaufblech** *nt (Schw)*
**run-up transition Bandstraßenübergang** *m (Band, Mech)*
**rung** *(El) (current path)* **Strompfad** *m (El)*
**rung** *(ladder)* **Leitersprosse** *f (Mech)* **Sprosse** *f (Mech)* (Leiter)
**runner rail Laufschiene** *f (Stb)*
**running** *adj* **laufend** *adj (Mech, Allg)*
**running Betrieb** *m (Mech)* (Betätigung, Bedienung) **Lauf** *m (Mech)* (des Lagers)
**running board Trittbrett** *nt (Mech)* (Lkw) **Umlaufblech** *nt (Bahn)* (Wartungsbühne)
**running board support Trittbretthalter** *m (Mech)*
**running characteristics** *pl* **Laufeigenschaft** *f (Band, Mech)* (Gurt)
**running clearance Betriebsspiel** *nt (Mech)*
**running current** *(El)* **Betriebsstrom** *m (El)* (Motor)
**running duty Betrieb** *m (Mech)* (Betätigung, Bedienung)
**running duty, continuous** continuous running duty *adj:n* **Dauereinsatz** *m (Mech)*
**running feature** *(belt)* **Laufeigenschaft** *f (Band, Mech)* (Gurt)
**running gear Laufwerk** *nt (Mech, Bg/Bergb)* (Raupe)
**running in** *adj* **einlaufend** *adj (Mech)*
**running performance Laufqualität** *f (Bahn)*
**running plate Trittplatte** *f (Mech, Bahn)*
**running rail Kranbahnschiene** *f (Mech)* **Laufschiene** *f (Stb)* (Kranschiene)
**running surface Lauffläche** *f (Mech)* (eines Laufrades, Rades)
**running time Betriebsdauer** *f (Mech, Allg)* **Laufzeit** *f (Mech, Allg)* (Maschine)
**running track Fahrstraße** *f (Bahn)* (für einen Zug)
**running, continuous** continuous running *adj:n* **Dauerlauf** *m (Mech)*
**running, cyclic** cyclic running *adj:n* **Rundlauf** *m (Mech)*
**running, quiet** quiet running *adj:n* **Laufruhe** *f (Mech)*
**running, soft** soft running *adj:n* **Leichtgängigkeit** *f (Mech)*
**running-in oil Einfahröl** *nt (Mech)* **Erstbetriebsöl** *nt (Mech)*
**running-in period** *BE* **Einfahrzeit** *f (Mech)* (Getriebe) **Einlaufzeit** *f (Mech)* (Getriebe)
**running-in side Einlaufseite** *f (Mech)* (Schneckenrad)
**runout Auslauf** *m (Schw)* (der Schweißnaht)
**runway** *(catwalk)* **Bedienungssteg** *m (Stb)* **Laufsteg** *m (Mech, Bau)*
**rupture Bruch** *m (Mech, Allg)*
**rupture** *v* **brechen** *v (Zer)* (zerreißen)
**rupture stress** *(breaking stress)* **Bruchspannung** *f (Mech)*
**rupturing stress Bruchspannung** *f (Mech)*
**rust Eisenoxid** *nt (Anstr)* (Korrosion) **Rost** *m (Chem, Anstr)* (Korrosion)
**rust** *v* **rosten** *v (Anstr)* **verrosten** *v (Anstr)*
**rust and scale Zunder** *m (Hütt/Wlz)*
**rust inhibitor Rostschutz** *m (Anstr)* **Rostschutzmittel** *nt (Anstr)*
**rust layer Rostbelag** *m (Anstr)*
**rust point Roststelle** *f (Anstr)*
**rust preventive Rostschutzmittel** *nt (Anstr)*
**rust preventive paint Rostschutzanstrich** *m (Anstr)*
**rust protective agent Rostschutzmittel** *nt (Anstr)*
**rust removal Entrostung** *f (Anstr)*
**rust resistance Korrosionsbeständigkeit** *f (Anstr)* **Rostbeständigkeit** *f (Anstr)*

**rust stain Rostfleck** *m (Anstr)*
**rust, remove** remove rust *adj:n* **entrosten** *v (Anstr)*
**rust-proof** *adj* **korrosionsbeständig** *adj (Anstr)* **rostbeständig** *adj (Anstr)*
**rut** *v* **wühlen** *v (Mech)* (Reifen)
**Ruths steam accumulator Ruths-Speicher** *m (Hütt/Wlz)*

# S

**S-bend Doppelkrümmer** *m (Mech)* (Rohr)
**sabot Hemmschuh** *m (Mech)* (Bahn)
**saddle** *(of the side discharge wagon)* **Längssattel** *m (Bahn)* (im Seitenentleerwagen)
**saddle Kabelschelle** *f (Mech)* **Reiter** *m (Mech)* (Kabel)
**saddle key Hohlkeil** *m (Mont)*
**saddle loco** *BE* **Tenderlok** *f (Bahn)* (Tank am oder auf dem Kessel)
**saddle roof Satteldach** *nt (Stb, Bau)*
**saddle support Sattellager** *nt (Stb)* (Hängebrücke)
**saddle tank** *(on locomotive)* **Satteltank** *m (Bahn)* (Tank auf dem Kessel)
**saddle-back wagon car Sattelwagen** *m (Bahn)*
**safe time interval Sicherheitszeitraum** *m (Mech)*
**safe-load indicator Überlastwarneinrichtung** *f (Bg/Bergb)*
**safety bar Greiferhalter** *m (Bg/Bergb)* (beim Transport)
**safety belt Schutzgürtel** *m (Mech)*
**safety cage Rückenschutz** *m (Stb)*
**safety clutch Rutschkupplung** *f (Mech)*
**safety cup Sicherungsnapf** *m (Mech)*
**safety fuse Sicherheitszündschnur** *f (Bg/Bergb)*
**safety glass Sicherheitsglas** *nt (Mech)*
**safety grate** *(press-cut holes)* **Sicherheitsrost** *m (Hütt/Wlz)* (gestanzt)
**safety guard Schutzvorrichtung** *f (Mech, El)*
**safety interlock Sicherheitsverriegelung** *f (Mech)*
**safety interlock, main** main safety interlock *adj:n* **Hauptsicherungsblockierung** *f (Mech)*
**safety lever Generalsicherungshebel** *m (Mech, Bg/Bergb)* **Sicherungshebel** *m (Mech)*
**safety load hook Sicherheitslasthaken** *m (Bg/Bergb)*
**safety lock Sicherheitsanschlag** *m (Mech)* **Sicherheitsschloss** *nt (Mech)*
**safety match Zündschnur** *f (Bg/Bergb)*
**safety nut Sicherungsmutter** *f (Mech)*
**safety pin Vorsteckstift** *m (Mech)*
**safety plug Sicherungspfropfen** *m (Mech, Hyd/Pneu)*
**safety ring Sicherheitsring** *m (Mech)*
**safety tab washer Sicherungsblech** *nt (Mech)* (Unterlegscheibe) **Unterlegscheibe** *f (Mech)* (Sicherungsblech)
**safety valve Sicherheitsventil** *nt (Hyd/Pneu)* **Überdruckventil** *nt (Hyd/Pneu)*
**safety winding Sicherheitswindung** *f (Bg/Bergb, Mech)* (Seil auf Trommel)
**sag Durchhang** *m (Bg/Bergb, Umschl, Band)* (Kette, Gurt u. Ä..)
**sag bar** *BE* **Pfettenaufhängung** *f (Stb)*
**sagging** *(sag)* **Durchbiegung** *f (Mech, Stat)*
**sagging bending moment** *BE* **positives Biegemoment** *adj:n (Stat)*
**salamander Sau** *f (Hütt/Wlz)* (wertvoller Rest im Hochofen)
**salamander tap Sauabstich** *m (Hütt/Wlz)*
**salient** *adj* **ausgeprägt** *adj (Mech, Allg)* **herausragend** *adj (Mech, Allg)*
**salification Versalzung** *f (Hütt/Wlz)* (z.B. an Rohren)
**saline soil Salzboden** *m (Bau)*
**salt carry-over Mitreißen von Salzen** *(Hütt/Wlz)*
**salt content Salzgehalt** *m (Hütt/Wlz)*
**salt-glazed** *adj* **glasiert** *adj (Mech)*
**saltpetre Salpeter** *m (Geo)*
**salvage** *(salvaging)* **Abfallverwertung** *f (Mech)* (Schiffswrack)
**salvage and towing cranes Bergungs- und Abschleppkrane** *(Bg/Bergb)*
**sample at random Stichprobe nehmen** *n:v (Hütt/Wlz)*
**sample casting Probeabguss** *m (Hütt/Wlz, Mech)*
**sample cock Probierhahn** *m (Mech)*
**sample extraction station Probenahmestation** *f (Hütt/Wlz, Bg/Bergb)*
**sampler Probenehmer** *m (Hütt/Wlz)*

**sampler collecting belt Probenehmersammelband** *nt (Band)* **Probenehmersammelrad** *nt (Hütt/Wlz)*
**sampling Probeentnahme** *f (Stb)* **Probenahme** *f (Stb)*
**sampling station Probenahmestation** *f (Hütt/Wlz, Bg/Bergb)*
**sand** *v* **schleifen** *v (Mech, Mont)*
**sand pit** *(sand quarry)* **Sandgrube** *f (Bg/Bergb)*
**sandblast** *v* **sandstrahlen** *v (Anstr)* **strahlen mit Sand** *(Anstr)*
**sanding** *(with emery paper)* **Abschmirgeln** *nt (Mech, Mont)* (mit Sandpapier)
**sanding belt** *(grinding belt)* **Schleifband** *nt (Anstr)*
**sandpaper** *(emery paper)* **Sandpapier** *nt (Anstr)*
**sandstone Sandstein** *m (Geo)*
**sandwich belt Deckband** *nt (Bg/Bergb)*
**saponification-resistant** *adj* **verseifungsfest** *adj (Mech)* (Schmierfett)
**sapphire Saphir** *m (Geo)* (Edelstein)
**sash bar Glasdachsprosse** *f (Stb)* **Sprossenstahl** *m (Stb)*
**saturate** *v* **sättigen** *v (Hütt/Wlz)* (z.B. mit Flüssigkeit) **tränken** *v (Hütt/Wlz)*
**saturated-steam locomotive Nassdampflok** *f (Bahn)*
**saturated-steam temperature Sattdampftemperatur** *f (Hütt/Wlz)*
**saturation Sättigung** *f (Hütt/Wlz)* (z.B. mit Flüssigkeit) **Überlastung** *f (Mech)* (Versandgeschäft)
**saturation carbon Sättigungskohlenstoff** *m (Hütt/Wlz, Chem)*
**saucer-shaped** *adj* **tellerförmig** *adj (Mech)*
**saucer-shaped flaw Schalenriss** *m (Hütt/Wlz)*
**saw Säge** *f (Werkz)*
**saw** *v* **sägen** *v (Mech, Mont)* **schneiden** *v (Mech, Mont)*
**saw frame Sägebogen** *m (Mech, Mont)*
**saw set Schrankeisen** *nt (Mont)*
**saw-cut Sägeschnitt** *m (Mech, Mont)*
**saw-tooth generator Sägezahngenerator** *m (Mech)*
**sawmill Sägemühle** *f (Mech)* (kleines Sägewerk)
**scaffolding Gerüst** *nt (Bau)* (Baugerüst) **Rüsthölzer** *pl nt (Bg/Bergb)* (z.B. für ein Gerüst)
**scale Abbildungsmaßstab** *m (Mech, Allg)* (einer Zeichnung) **Skala** *f (Mech, Allg)*
**scale** *v* **abschiefern** *v (Mech, Mont)*
**scale deposit Kesselstein** *m (Hütt/Wlz)*
**scale division Skalenteilung** *f (Mech)*
**scale figure Skalenmesszahl** *f (Mech)*
**scale marker Skalenanzeiger** *m (Mech)*
**scale pointer Skalenanzeiger** *m (Mech)*
**scale reading Einstellung auf der Skala** *(Mech)*
**scale ring Zahlenwertring** *m (Mech)*
**scales** *pl* **Zunderstücke** *pl nt (Hütt/Wlz)*
**scaling Zunderbildung** *f (Hütt/Wlz)*
**scalp out** *v* **ausscheiden** *v (Zer)* (durch Vorsiebung) **aussieben** *v (Zer)*
**scalpings** *pl AE* **Waschberge** *pl m (Bg/Bergb)*
**scanning density Prüfdichte** *f (Mech)*
**scanning roll Laufrolle** *f (Mech)* (Abtastrolle)
**scanning sensitivity Prüfempfindlichkeit** *f (Mech)*
**scarf** *v* **anschärfen** *v (Mech, Mont)* (z.B. Blechkanten)
**scarfed** *adj* **abgeschrägt** *adj (Mech, Mont)*
**scarfing Flammstrahlen** *nt (Schw, Hütt/Wlz)*
**scarifier Aufreißer** *m (Mech, Mont)* (mit geringer Eindringtiefe) **flacher Heckaufreißer** *adj:n (Bg/Bergb)*
**scarifying factor Auflockerungsfaktor** *m (Mech)*
**scatter range Streubereich** *m (Stb)*
**scavenge line Rückführleitung** *f (Mech)* **Rückspülleitung** *f (Mech)*
**scavenge pump Absaugpumpe** *f (Mech)* **Spülpumpe** *f (Hyd/Pneu)*
**scavenging air Spülluft** *f*
**scavenging valve Ausspeiseventil** *nt (Hyd/Pneu)* **Spülventil** *nt (Hyd/Pneu)*
**schematic layout of conveyors Bandschema** *nt (Band)*
**schematics** *pl* **Anordnungsplan** *m (Form)*
**scheme Entwurf** *m (Mech, Allg)* **Plan** *m (Mech)* (Zeichnung)
**scheme, basic** basic scheme *adj:n* **Prinzipschema** *nt (Hütt/Wlz)*
**scheme, tentative** tentative scheme *adj:n* **Vorprojekt** *n*

**science of tensile strength Festigkeitslehre** *f (Mech, Stat)*
**scissor lift Scherenhebebühne** *f (Mech)*
**scissor-type jack Montagehubbühne** *f (Zer)* **Scherenbühne** *f (Zer)*
**scoop Ladelöffel** *m (Bg/Bergb)* **Wurfschaufel** *f (Bg/Bergb)*
**scoop coupling Schöpfrohrkupplung** *f (Mech)*
**scoop lip Schaufelkante** *f (Bg/Bergb)*
**scoop out** *v* **auslöffeln** *v (Bg/Bergb)*
**score** *v* **ritzen** *v (Allg)* (anzeichnen)
**score mark Riefe** *f (Mech)*
**scoring tooth Vorschneider** *m (Mont, Werkz)* (Säger)
**scotch block Bremskeil** *m (Mech)* (für länger abgestellte Wagen) **Hemmschuh** *m (Mech)* (für abgestellte Wagen)
**scove kiln** *AE* **Meiler** *m (Bau)*
**scrap Ausschuss** *m (Mech)* **Verschnitt** *m (Mech, Hütt/Wlz)* (Restmaterial)
**scrap** *v* **ausrangieren** *v (Mech, Allg)* (verschrotten) **ausscheiden** *v (Mech)* (als Ausschuss)
**scrap grapple Schrottgreifer** *m (Mech)* (am Stapler)
**scrap metal Altmetall** *nt (Hütt/Wlz)*
**scrap preparartion Schrottaufbereitung** *f (Hütt/Wlz)*
**scrap yard Schrottplatz** *m (Hütt/Wlz, Mech)*
**scrape** *v* **abkratzen** *v (Bg/Bergb, Umschl, Band)* **schürfen** *v (Bg/Bergb)*
**scraper Kratzer** *m (Bg/Bergb, Umschl, Band)* **Schürflader** *m (Bg/Bergb)*
**scraper blade Abstreiferleiste** *f (Band)* **Abstreifermesser** *nt (Bg/Bergb, Umschl, Band)*
**scraper body** *(spreader bar)* **Schürfkübel** *m (Bg/Bergb)*
**scraper bow Kratzerbügel** *m (Bg/Bergb)* (am Kettenkratzer)
**scraper excavator Eimerseilbagger** *m (Bg/Bergb)*
**scraper ring Abstreifring** *m (Bg/Bergb, Umschl, Band)* **Schmutzring** *m (Bg/Bergb)*
**scraper tractor Motor- und Steuereinheit des Schürfzuges** *(Mech)* **Zugmaschine des Schürfzuges** *(Mech)*
**scraper, partitioned** partitioned scraper *adj:n* **Fächerabstreifer** *m (Bg/Bergb, Umschl, Band)*
**scraper, spring mounted** spring mounted scraper *adj:n* **Federabstreifer** *m (Band, Umschl, Bg/Bergb)*
**scraper-type conveyor Kratzerförderer** *m (Band)*
**scraping blade Kratzerblech** *nt (Umschl)*
**scrapings** *pl* **abgestreiftes Gut** *adj:n (Band, Bg/Bergb, Umschl, Zer)* **abgestreiftes Material** *adj:n (Band, Bg/Bergb, Umschl)*
**scratch gauge Streichmaß** *nt (Mech)*
**scratch mark Schramme** *f (Mech)*
**scratch, superficial** superficial scratch *adj:n* **Anriss** *m (Mech)* (Oberfläche) **Oberflächenriss** *m (Mech, Allg)*
**scree Geröllhalde** *f (Geo)* (wandernde Lawine)
**screed Belag** *m (Stb)* (Führungsbohle, Überzug) **Estrich** *m (Bau)*
**screen Raster** *m (Mech)*
**screen** *(for protection)* **Blende** *f (Mech)* (Schutzschirm, Schild) **Schutzhaube** *f (Mech)*
**screen** *(riddle)* **Sieb** *nt (Zer)* **Siebstation** *f (Zer)*
**screen bar cage Austragsrost** *m (Mech, Zer)* (einer Hammermühle)
**screen cloth Siebbelag** *m (Zer)* **Siebgewebe** *nt (Zer)*
**screen deck Siebboden** *m (Zer)* **Siebdeck** *nt (Zer)*
**screen insert Siebeinsatz** *m (Zer)*
**screen netting Siebbelag** *m (Zer)*
**screen out** *v* **absieben** *v (Zer)* **sichten** *v (Zer)*
**screen plate Siebblech** *nt (Zer)* **Siebplatte** *f (Zer)*
**screen tube Fangrostrohr** *nt (Hütt/Wlz)*
**screen, ultra-fine** ultra-fine screen *adj:n* **Feinstsiebmaschine** *f (Zer)*
**screen, vibrating** vibrating screen *adj:n* **Freischwingsieb** *nt (Zer)*
**screening plant Klassieranlage** *f (Zer)* **Siebanlage** *f (Zer)*
**screening unit Siebanlage** *f (Geo, Bg/Bergb)* (im Kalkwerk)
**screening, coarse** coarse screening *adj:n* **Grobsiebung** *f (Zer)*
**screening, fine** fine screening *adj:n* **Feinsieben** *nt (Zer)* **Feinsiebung** *f (Zer)*

**screw Schnecke** *f (Mech)* (des Schneckenförderers) **Schraube** *f (Mech, Mont)* (ohne Mutter)
**screw and washer assembly Kombischraube** *f (Mech, Mont)*
**screw brush Schneckenbesen** *m (Mech)*
**screw cap Schraubenkappe** *f (Mech)* **Schraubverschluss** *m (Mech)*
**screw clamp Schraubenzwinge** *f (Mont)*
**screw connection Schraubverbindung** *f (Mech)* (mittels Schrauben) **Verschraubung** *f (Mech)* (geschraubte Verbindung)
**screw conveyor Förderschnecke** *f (Mont)* **Schneckenförderer** *m (Band))*
**screw coupling Schraubkupplung** *f (Mech)*
**screw cutting die Gewindeschneidbacke** *f (Mech)*
**screw die Gewindebacke** *f (Mech)*
**screw dolly Nietwinden** *pl f (Mont)*
**screw driver Schraubendreher** *m (Mont, Werkz)* **Schraubenzieher** *m (Mech, Mont, Werkz)*
**screw fitting Verschraubung** *f (Mech)* (geschraubte Verbindung)
**screw flange Schraubflansch** *m (Mech)*
**screw gear Schraubenrad** *nt (Mech)*
**screw gland Stopfbuchsverschraubung** *f (Mech)*
**screw head Schraubenkopf** *m (Mech)* **Schraubkopf** *m (Mech)*
**screw jack Schraubenwinde** *f (Mont)* **Spindelhubwerk** *nt (Mech, Mont)*
**screw lid Schraubdeckel** *m (Mech)*
**screw neck Schraubstutzen** *m (Mech)*
**screw nut Mutter** *f (Mech)* (Schraubenmutter) **Spindelmutter** *f (Mech)*
**screw pin Spindel** *f (Mech)*
**screw plug Verschlussschraube** *f (Mech)*
**screw pump Schraubenpumpe** *f (Hyd/Pneu)* **Schraubenspindelpumpe** *f (Hyd/Pneu)*
**screw socket Gewindefutter** *nt (Mech)* **Gewindemuffe** *f (Mech)*
**screw spindle mounting Spindelhalterung** *f (Mech)*
**screw steel Schraubenmaterial** *nt (Hütt/Wlz)* (Werkstoff)
**screw tap Gewindebohrer** *m (Mech, Mont)*
**screw thread Gewinde** *(Mech, Mont)* **Schraubengewinde** *nt (Mech)*
**screw thread runout Gewindeauslauf** *m (Mech)*
**screw tightening device Schraubenspannvorrichtung** *f (Mech, Mont)*
**screw type Spindel** *f (Mech)* (Spannvorrichtung)
**screw type retainer Schraubsicherung** *f (Mech)*
**screw, headless** headless screw *adj:n* **Madenschraube** *f (Mech)* (Gewindestift)
**screw, hollow** hollow screw *adj:n* **Hohlschraube** *f (Mech, Mont)*
**screw-in socket Einschraubstutzen** *m (Form)*
**screw-in thread Einschraubgewinde** *nt (Mech)*
**screw-type crawler steering Labyrinthdichtung** *f (Mech, Hyd/Pneu)* **Spindelsteuerung des Fahrwerkes** *(Mech)*
**screw-type refuse-collection vehicle** *BE* **Schneckentrommelmüllwagen** *m (Mech)*
**screwing jack Spindelwinde** *f (Mech)*
**scribe** *v* **anreißen** *v (Mech)* (z.B. zeichnen mit der Reißnadel) **skizzieren** *v (Mech)*
**scriber Reißnadel** *f (Mont)*
**scrole Schneckenwelle** *f (Mech)* (genutet)
**scrubber Waschtrommel** *f (Zer)*
**scrubber baffle Prallblech** *nt (Hütt/Wlz)* (Dampfzyklon)
**scuff Abrieb** *m (Mech)* (durch Schmirgelwirkung im Getriebe) **Abwetzen** *nt (Mech)*
**scuff** *v* **wühlen** *v (Mech)* (Reifen)
**scuff mark abgenutzte Stelle** *adj:n (Mech, Mont)*
**scuff resistance Abriebfestigkeit** *f (Mech)*
**seal Abdichtung** *f (Mech)* **Verschluss** *m (Mech)*
**seal joint** *(of the strapping)* **Hülsenverschluss** *m (Mech)* (Verpackungsblech)
**seal kit Dichtungssatz** *m (Mech)*
**seal point Dichtstelle** *f (Form)*
**seal, inflated** inflated seal *adj:n* **Schlauchdichtung** *f (Mech, Hyd/Pneu)*
**seal, resilient** resilient seal *adj:n* **federnde Abdichtung** *adj:n (Mech)*
**sealant Dichtstoff** *m (Mech, Chem)*

**sealer Dichtungsmasse** *f (Mech)*
**sealing agent Dichtungsmittel** *nt (Mech)*
**sealing air** *(of rotary air heater)* **Schleusluft** *f (Hütt/Wlz)*
**sealing air fan Schleusluftventilator** *m (Hütt/Wlz)*
**sealing and retaining clamp Schlauch- und Spannschelle** *(Mech)*
**sealing compound Dichtungsmasse** *f (Mech)* **Vergussmasse** *f (El, Mech, Stb)*
**sealing cover Dichtungsdeckel** *m (Mech)* **Verschlussdeckel** *m (Mech)*
**sealing disc Dichtungslamelle** *f (Mech)* (Dichtungsscheibe)
**sealing face Dichtungsfläche** *f (Mech)*
**sealing forces** *pl* **Dichtkräfte** *pl f (Hütt/Wlz)* (Ventil)
**sealing gland Blende** *f (Form)* (mechanisch; beim Prüftank)
**sealing grease Dichtungsfett** *nt (Mech)*
**sealing joint Muffe** *f (Mech, El)*
**sealing package Dichtungssatz** *m (Mech)*
**sealing profile Dichtungsschnur** *f (Mech)* (Dichtungsprofil aus Gummi u. Ä.)
**sealing sleeve Dichtungsmanschette** *f (Mech)*
**sealing stud Verschlusszapfen** *m (Stb)*
**sealing surface Dichtfläche** *f (Form)* **Dichtungsfläche** *f (Mech)*
**sealing washer Anlaufscheibe** *f (Mech)* **Dichtungsscheibe** *f (Mech)*
**seam Flöz** *nt (Bg/Bergb, Geo)*
**seam** *v* **einfassen** *v (Mech, Mont)* **säumen** *v (Mech, Mont)*
**seam group Flözgruppe** *f (Bg/Bergb)*
**seapage water Sickerwasser** *nt (Bg/Bergb)*
**seaping water Sickerwasser** *nt (Bg/Bergb)*
**search coil** *(El, Mech)* **Suchspule** *f (El, Mech)*
**seat Befestigungsfläche** *f (Mech)* (Sitz-, Auflagerfläche) **Sitz** *m (Mech)*
**seat of ball** *(ball seat)* **Kugelsitz** *m (Mech)*
**seat of fire Brandherd** *m (Mech, Allg)*
**seat spring Sitzfeder** *f (Mech)*
**seat, conical** conical seat *adj:n* **Kegelpfanne** *f (Mech)*
**seat, spherical** spherical seat *adj:n* **Kugelhälfte** *f (Zer)*
**seat, sprung** sprung seat *adj:n* **Schwingsitz** *m (Bg/Bergb)*
**seating cleat Aufsetzwinkel** *m (Stb)*
**secondary ball race Kugeldrehverbindung** *f (Bg/Bergb, Umschl)*
**secondary blasting Nachknäppern** *nt (Zer)*
**secondary crushing Nachbrechen** *nt (Zer)* **Nachzerkleinerung** *f (Zer)*
**secondary crushing machinery Mittelzerkleinerung** *f (Zer)*
**secondary crushing plant Nachbrechanlage** *f (Zer)*
**secondary structure Nebenkonstruktion** *f (Mech)*
**secondary-air fan Sekundärluftventilator** *m (Hütt/Wlz)*
**section Querschnitt** *m (Mech)* **Teilstück** *nt (Mech, Allg)*
**section mill Profilstraße** *f (Hütt/Wlz)*
**section modulus Widerstandsmoment** *nt (Stb)* (Querschnitt)
**section to be scanned Prüfbereich** *m (Mech)*
**section tube Profilrohr** *nt (Mech)*
**section, cold-formed** cold-formed section *adj:n* **Kaltprofil** *nt (Hütt/Wlz)*
**section, extruded** extruded section *adj:n* **stranggepresstes Profil** *adj:n (Hütt/Wlz)*
**section, flat** flat section *adj:n* **Flachprofil** *nt (Hütt/Wlz)*
**section, rolled** rolled section *adj:n BE* **Walzprofil** *nt (Stb)*
**section, standard** standard section *adj:n* **Normalprofil** *nt (Mech)*
**sectional header boiler Sektionalkessel** *m (Hütt/Wlz)*
**sector gate** *BE* **Sektorschütz** *nt (Stb)*
**sector gear Zahnsegment** *nt (Mech)*
**sector, tubular** tubular sector *adj:n* **Rohrsektor** *m (Hütt/Wlz)*
**secure** *v (e.g. screws, nuts)* **anziehen** *v (Mech)* (z.B. Schrauben, Muttern usw.) **sichern** *v (Mech)* (z.B. Schrauben)
**securing device** *(fastener)* **Feststeller** *m (Form)* (z.B. Klemme) **Transportsicherung** *f (Mech)*
**securing hook Fanghaken** *m (Mech)*
**securing rail Fangschiene** *f (Mech)*
**sediment bowl Abscheideflasche** *f (Hütt/Wlz)* **Absetzschale** *f (Bg/Bergb)*

**sediment layer Sedimentschicht** *f (Geo)*
**sedimentation tank Absetzbecken** *nt (Bg/Bergb)*
**Seeger cone Seegerkegel** *m (Hütt/Wlz)*
**Seeger ring Seegerring** *m (Mech)*
**segment Abschnitt** *m (Allg)* (Teil, Ausschnitt) **Block** *m (Hütt/Wlz)* (Steingruppe für Hochofen)
**segment fitting Segmentarmatur** *f (Stb)*
**segment sprocket Zahnsegment** *nt (Mech)* (Plattenband)
**segment wedge Segmentkeil** *m (Mech)*
**segment, toothed** toothed segment *adj:n* **Zahnsegment** *nt (Mech)* (Plattenband)
**segmental gate Segmentschieber** *m (Mech, Hyd/Pneu)*
**segregate** *v* **scheiden** *v (Hütt/Wlz)* (Edelmetalle) **trennen** *v (Hütt/Wlz)* (absondern, scheiden)
**seismicity Erdbebengefährdung** *f (Geo)*
**seize** *(undesired fretting)* **Griffigkeit** *f (Mech)* (Ballung)
**seize** *v* **festfressen** *v (Mech)* **festsetzen** *v (Mech)* (sich festsetzen)
**select, at random** select at random *adv:v* **stichprobenweise auswählen** *adv:v (Allg)*
**selecting piston Vorwählkolben** *m (Mech)* (Schmieranlage)
**selection factor Stoßfaktor** *m (Band, Mech)*
**selection of fits Passungsauswahl** *f (Mech)*
**selector fork Schaltgabel** *f (Mech)*
**selector valve Schaltventil** *nt (Mech)*
**selenium Selen** *nt (Chem)*
**self-aligning** *adj* **selbstausrichtend** *adj (Mech)* **selbsteinstellend** *adj (Mech)*
**self-cleaning** *adj* **selbstreinigend** *adj (Hütt/Wlz)*
**self-disengaging** *adj (coupling)* **selbstausrückbar** *adj (Mech)* (Kupplung) **selbstlösbar** *adj (Mech)* (Kupplung)
**self-ignition Selbstentzündung** *f (Hütt/Wlz)*
**self-loading and unloading truck Selbstlade- und Entlade-LKW** *m (Mech, Umschl)*
**self-locking** *adj* **selbsthemmend** *adj (Mech)* **selbstsichernd** *adj (Mech)*
**self-lubrication Selbstschmierung** *f (Hütt/Wlz)*
**self-priming** *adj* **selbstansaugend** *adj (Hyd/Pneu)*
**self-propelled crane Kran mit Selbstantrieb** *(Mech)*
**self-propelled cutter suction dredger selbstfahrender Schneidkopfsaugbagger** *adj:n (Bg/Bergb)*
**self-propelled floating crane selbstfahrender Schwimmkran** *adj:n (Bg/Bergb)*
**self-propelled mobile excavator Mobilbagger mit Eigenantrieb** *(Bg/Bergb)*
**self-propelled vehicle Selbstfahrerfahrzeug** *nt (Mech)*
**self-supporting** *adj* **frei aufgestellt** *adv:adj (Mech, Stb)* **selbsttragend** *adj (Mech)*
**self-ventilating Eigenkühlung** *f (Mech)*
**semi Sattelschlepper** *m (Mech)*
**semi-mobile** *adj* **semimobil** *adj (Mech, Allg)* **versetzbar** *adj (Bg/Bergb)* (Brecher)
**semi-portable** *adj* **semiportabel** *adj (Bg/Bergb)*
**semi-trailer design Sattelschlepperausführung** *f (Mech)*
**semi-trailer tractor Sattelschlepper-Zugmaschine** *f (Mech)*
**semicylinder Halbkreiszylinder** *m (Mech)*
**semifinish** *v* **vorschlichten** *v (Mech)* (bearbeiten)
**semifinished-products testing Halbzeugprüfung** *f (Mech)*
**semiportal scraper Halbportalkratzer** *m (Bg/Bergb)*
**semis made of plastics Kunststofferzeugnisse** *pl nt (Mech)*
**semis of non-ferrous metal Metallhalbzeug** *nt (Hütt/Wlz)*
**semisphere Kugelhälfte** *f (Zer)*
**Sendzimir-galvanize** *v* **sendzimirverzinken** *v (Hütt/Wlz)*
**sense of rotation Drehrichtung** *f (Mech)* **Drehsinn** *m (Mech)*
**sensing pin Tastbolzen** *m (Mech)*
**sensing rod Teststange** *f (Mech)* (z.B. zum Messen der Bezugshöhe)
**sensing roller Tastroller** *m (Band)*
**sensor and jockey wheel Tastarm** *m (Bg/Bergb)* (z.B. zur Höhenerfassung)

**sensor wire Tastdraht** *m (Bg/Bergb)* (Höhenerfassung)
**separable** *adj* **zerlegbar** *adj (Mech, Mont)*
**separate** *v* **abscheiden** *v (Bg/Bergb)* **absieben** *v (Zer)* **trennen** *v (Hütt/Wlz)* (absondern, scheiden)
**separating cut Trennschnitt** *m (Mech, Schw)*
**separating efficiency Abscheidegrad** *m (Hyd/Pneu)* (eines Filters)
**separation joint Teilfuge** *f (Mech)* **Trennfuge** *f (Mech)*
**separation tank Kugelverteilungskasten** *m (Hütt/Wlz)*
**separator Abscheider** *m (Hütt/Wlz)*
**separator Scheideanlage** *f (Zer)*
**sequence valve Folgeventil** *nt (Hyd/Pneu)*
**hand tap Bohrer** *m (Mont)* (Satzbohrer)
**series production Serienfertigung** *f (Mech)* **Serienproduktion** *f (Allg)*
**serpentine Serpentin** *nt (Geo, Bg/Bergb)*
**serrated** *adj* **geriffelt** *adj (Mech)* **gezackt** *adj (Mech)* (sägezahnartig)
**serrated steel lip Sägezahn** *m (Bg/Bergb)* (Eimer)
**service and repair equipment Betriebsmittel** *pl nt (Bg/Bergb)*
**service brake Betriebsbremse** *f (Mech)*
**service crane Montagekran** *m (Bg/Bergb, Mont)*
**service crane girder Montageträger** *m (Mech, Bg/Bergb)*
**service factor Geräteausnutzungsfaktor** *m (Mech)* **Überlastfaktor** *m (Mech, Stat)*
**service fluids** *pl* **Betriebsmittel** *pl nt (Bg/Bergb)* (Öle und Fette) **Betriebsstoffe** *pl m (Bg/Bergb, Chem)* (Brennstoff, Schmier- und Kühlmittel)
**service girder Montageträger** *m (Mech, Bg/Bergb)*
**service life Lebensdauer** *f (Allg)* (z.B. Maschine, Werkstoff) **Nutzungsdauer** *f (Mech)*
**service load Gebrauchslast** *f (Stb)* **Nutzlast** *f (Stb)* (Gebrauchslast)
**service mass Dienstgewicht** *nt (Mech, Schw)* **Dienstmasse** *f (Bg/Bergb)*
**service period Betriebsdauer** *f (Mech, Allg)* **Laufzeit** *f (Mech, Allg)* (Maschine)
**service trolley girder Montageträger** *m (Mech, Bg/Bergb)*
**service weight** *(incl. live load)* **Arbeitsgewicht** *nt (Bg/Bergb, Umschl)* **Betriebsgewicht** *nt (Bg/Bergb, Umschl)*
**servicing catwalk Schmiersteg** *m (Mech)*
**servicing interval Wartungsintervall** *nt (Hyd, Mech)*
**servicing platform Laufsteg** *m (Mech, Bau)*
**serving of textile material** *(cable)* **Faserstoffhülle** *f (Mech)* (Kabel)
**servo brake Bremskraftverstärker** *m (Mech)* **Servobremse** *f (Mech)*
**servo steering Servolenkung** *f (Hyd/Pneu, Mech)*
**servo-drive Stellantrieb** *m (El, Mech)*
**set** *adj* **vorgespannt** *adj (Mech, Hyd/Pneu)* (unter Spannung gebracht)
**set Aggregat** *nt (Hyd/Pneu)* **Satz** *m (Mech)*
**set Verformung** *f (Mech)* (Formänderung)
**set** *(material testing)* **Durchbiegung** *f (Stat)* (bei der Werkstoffprüfung)
**set** *v (hydrate)* **abbinden** *v (Bg/Bergb)* (erstarren)
**set** *v (adjust)* **einstellen** *v (Mech)* (z.B. Instrumente) **stellen** *v (Mech, El)* (z.B. ein Instrument einstellen)
**set bolt Kopfbolzen** *m (Mech)* **Passschraube** *f (Mech)*
**set hammer Setzhammer** *m (Mont, Werkz)*
**set of bearings Lagersatz** *m (Mech)* (z.B. Radlager)
**set of bend idler rolls Ablenkrollensatz** *m (Bg/Bergb, Band)*
**set piston Stellkolben** *m (Mech)*
**set screw Feststellschraube** *f (Mech, Mont)* **Fixierschraube** *f (Mech)*
**set up** *v* **aufbauen** *v (Mech)* (montieren, zusammenbauen) **einrichten** *v (Mech, Mont)*
**set-point transmitter Sollwertgeber** *m (Bg/Bergb)*
**setting** *(calming down)* **Setzen des Materials** *(Bg/Bergb)*
**setting Einstellen** *nt (Mech)* **Einstellung** *f (Mech)*
**setting gauge** *(tools)* **Einstellmaß** *nt (Mech)* (Werkzeuge)
**setting point** *(of a measuring instrument)* **Einstellpunkt** *m (Hütt/Wlz)* **Einstellwert** *m (Mech)*

**setting range Einstellbereich** *m (Hyd/ Pneu)*
**setting-out plan Absteckungsplan** *m (Stb)*
**settle** *v* **abscheiden** *v (Hütt/Wlz)* (ausfällen, absetzen) **ausfällen** *v (Hütt/Wlz)* (abschneiden, absetzen)
**settle** *v/i* **absetzen** *v/i (Geo)* (sich absetzen) **setzen** *v/i (Geo)* (sich setzen)
**settling basin Absetzbecken** *nt (Bg/ Bergb)*
**settling chamber Absetzkammer** *f (Hütt/ Wlz)* (z.B. für Staub, Schlamm)
**severance cut Trennschnitt** *m (Mech, Schw)*
**sewer cleaning and sludge evacuation Kanal- und Schlammsaugefahrzeug** *(Kfz)*
**sewer cleaning vehicle Kanalreinigungsfahrzeug** *nt (Kfz)*
**sewer truck Kanalfahrzeug** *nt (Kfz)* (Stadtreinigung)
**shackle** *(of a padlock)* **Lasche** *f (Mech)* (Bügel, Klemme) **Schelle** *f (Mech)*
**shackle** *(tool)* **Schäkel** *m (Mech, Mont, Werkz)*
**shaft** *(mining)* **Schacht** *m (Bg/Bergb)*
**shaft Achse** *f (Mech)* (Welle) **Schaft** *m (Mech)* (Welle)
**shaft** *(of a bolt)* **Schaft** *m (Mech)* (Niet)
**shaft** *(of a hammer)* **Stiel** *m (Mech)* (z.B. eines Hammers)
**shaft and flange connection Wellenflanschverbindung** *f (Mech)*
**shaft assy Kippwelle** *f (Mech)*
**shaft axle Deichselachse** *f (Bahn)* (angelenkte Achse)
**shaft construction Schachtausbau** *m (Bg/Bergb)*
**shaft coupling Wellenkupplung** *f (Mech)*
**shaft extension Wellenende** *nt (Mech)* **herausgeführter Wellenzapfen** *adj:n (Mech)*
**shaft feeding system Schachtbeschichtungseinrichtung** *f (Bg/Bergb)*
**shaft fitting** *(shaft equipment)* **Schachteinbau** *m (Bg/Bergb)*
**shaft hoisting equipment Schachtfördereinrichtung** *f (Bg/Bergb)*
**shaft kiln dolomite sinter Schachtofensinterdolomit** *m (Bg/Bergb, Geo)*
**shaft walling Schachtausbau** *m (Bg/Bergb)*
**shaft, auxiliary** auxiliary shaft *adj:n* **Hilfswelle** *f (Mech)* **Nebenantriebswelle** *f (Mech)*
**shaft, declined** declined shaft *adj:n (downward)* **geneigter Schacht** *adj:n (Bg/Bergb)* (nach unten)
**shaft, inclined** inclined shaft *adj:n (upward)* **geneigter Schacht** *adj:n (Bg/ Bergb)* (nach oben)
**shaft, main** main shaft *adj:n* **Hauptwelle** *f (Mech)* **Keilnutenwelle** *f (Mech)*
**shaft, universal** universal shaft *adj:n* **Kardanwelle** *f (Mech)*
**shake** *v* **rütteln** *v (Mech)*
**shaking sieve Rüttelsieb** *nt (Zer)*
**shale Schiefer** *m (Geo)* **Schiefergestein** *nt (Geo)*
**shank** *(on ripper)* **Zahnvorderkante** *f (Bg/ Bergb)* (beim Aufreißer)
**shank** *(for doorknob socket)* **Vierkant** *m (Mech)* (der Türklinke)
**shape Form** *f (Geo, Mech, allg)* (Gestalt, Struktur) **Gestalt** *f (Geo, Mech, Allg)* (Form, Aufbau) **Profil** *nt (Mech, Mont)*
**shape factor Formfaktor** *m (Hütt/Wlz)* (Feuerung)
**shape, rolled** rolled shape *adj:n AE* **Walzprofil** *nt (Stb)*
**shaped gasket Dichtprofil** *nt (Mech)*
**shapes of breaking Abreißform** *f (Bg/ Bergb)* (des Gesteins in Wand)
**share of load, equal** equal share of load *adj:n* **gleichmäßige Belastung** *adj:n (Mech, Stat)*
**shatterproof** *adj* **splitterfrei** *adj (Mech)* **sturzfest** *adj (Mech)*
**shavings grab Spänegreifer** *m (Hütt/Wlz)*
**shear** *(shearing action)* **Abscheren** *nt (Mech, Mont)* **Schub** *m (Mech, Mont)* (Scheren)
**shear** *v (scratch coal off)* **schrämmen** *v (Bg/Bergb)*
**shear blade Scherenmesser** *nt (Hütt/Wlz)*
**shear connection Scherverbindung** *f (Mech)*
**shear connector Schubdübel** *m (Mech)* **Verbundanker** *m (Mech)*
**shear force Querkraft** *f (Mech, Stat)* **Schubkraft** *f (Stat, Hütt/Wlz)* (Scherung)
**shear point** *(shear pin)* **Sollbruchstelle** *f (Mech)*

**shear strength Abscherfestigkeit** *f (Stb, Mech)* **Schubfestigkeit** *f (Stat, Geo)*
**shear to length ablängen** *v (Mech, Mont)* (auf Länge schneiden)
**shear-leg side Fahrwerk** *nt (Bg/Bergb, Mech)* **Losseite** *f (Mech)*
**shearer Schrämmmaschine** *f (Bg/Bergb)*
**shearing force Querkraft** *f (Mech, Stat)* **Scherkraft** *f (Hütt/Wlz)* **Schubkraft** *f (Stat, Hütt/Wlz)* (Scherung)
**shearing stress Querspannung** *f (Mech, Stat)* **Scherspannung** *f (Mech, Stat)* **Schubspannung** *f (Mech, Stat)*
**sheath Futter** *nt (Mech)* (Hülle, Etui) **Schutzmantel** *m (Mech)*
**sheave Antriebsscheibe** *f (Bg/Bergb)* (Seilscheibe) **Seilrolle** *f (Mech, Bg/ Bergb)*
**sheave height Rollenhöhe** *f (Mech)* (z.B. des Kranes)
**sheave nest Seilrollenblock** *m (Mech, Schiff)*
**shed-type machine Hallengerät** *nt (Mech)*
**sheepfoot roller Schaffußwalze** *f (Mech)*
**sheet gasket Dichtungsscheibe** *f (Mech)* (aus Metall)
**sheet metal Walzblech** *nt (Hütt/Wlz)*
**sheet metal, thin** thin sheet metal *adj:n* **Blech** *nt (Form)* (Stahlblech unter 3mm) **Stahlblech** *nt (Hütt/Wlz)* (unter 3mm)
**sheet metal, very thin** very thin sheet metal *adj:n* **Blech** *nt (Form)* (Feinstblech unter 0,5 mm)
**sheet pile Spundbohle** *f (Stb)* **Spundbohlenabstützung** *f (Bg/Bergb)* **Spundwand** *f (Stb)*
**sheet piling Spundpfahl** *m (Mech)*
**sheet rolling mill Blechwalzstraße** *f*
**sheet, perforated** perforated sheet *adj:n* **Lochblech** *nt (Mech)*
**sheeting** *(in a trench)* **Grabenverbau** *m (Bg/Bergb)* (z.B. mit Spreizen) **Spundbohlenabstützung** *f (Bg/Bergb)*
**shelf angle Auflagerwinkel** *m (Mech, Stb)* **Reitwinkel** *m (Mech, Stb)* **Tragwinkel** *m (Mech, Stb)*
**shell** *(outside cover)* **Hülle** *f (Mech)* (äußere Schale) **Schale** *f (Mech)* (Hülle)
**shell** *AE* **Lippe** *f (Bg/Bergb)* (der Ladeschaufel)
**shell distortion Abplattung** *f (Form)* (des Ofenmantels)
**shell drill Senker** *m (Mech, Mont)* (Aufstecksenker)
**shell mould Maskenform** *f (Hütt/Wlz)* (Art des Gießens) **Maskengussform** *f (Hütt/Wlz)*
**shell ring Kesselschuss** *m (Mech)* (gebogene Blechstütze)
**shell set Pleuelbüchse** *f (Mech)* **Pleuellager** *nt (Mech)*
**shield cylinder Schildzylinder** *m (Bg/ Bergb)*
**shield support** *(oil-pressurized)* **Schild** *nt (Bg/Bergb)* (im Bergbau)
**shift** *(gear)* **Schaltung** *f (Mech)* (Getriebe)
**shift** *v (the spool)* **verschieben** *v (Mech)* (den Kolben)
**shifted, intermittently** intermittently shifted *adv:adj* **periodisch verrückt** *adv:adj (Mech)*
**shifter** *(gear)* **Schalthebel** *m (Mech)* (Kupplungsschalter)
**shifter Engländer** *m (Mont, Werkz)*
**shifting clutch lösbare Kupplung** *adj:n (Mech)* **Schaltkupplung** *f (Mech)*
**shifting equipment for apron feeder Plattenbandverschiebung** *f (Zer)* **Plattenbandverstellung** *f (Zer)* (Plattenbandverschiebung)
**shifting head Rückkopf** *m (Mech)*
**shim Ausgleichsscheibe** *f (Mech)* **Klemmstück** *nt (Mech)* **Passblech** *nt (Mech)*
**shingle Geröll** *nt (Geo)* (kleine Körnung)
**ship loader Schiffsbelader** *m (Umschl)* **Schiffslader** *m (Umschl)*
**ship unloader in bucket wheel design Schiffsentlader mit Schaufelrad** *(Umschl)*
**shipbuilding press Schiffsbaupresse** *f (Mech, Mont)*
**shipbuilding section Schiffsprofil** *nt (Hütt/Wlz)*
**shiplift Schiffshebewerk** *nt (Stb)*
**shipper Verlader** *m (Umschl)*
**shipper shaft Verschiebewelle** *f (Mech)*
**shipping bracket Transportstütze** *f (Mech)*
**shipyard portal crane Werftportalkran** *m (Umschl)*

**shipyard swivel crane Werftdrehkran** *m (Umschl)*
**shock absorber Schwingmetall** *nt (Mech)* **Stoßdämpfer** *m (Mech)*
**shock blasting Lockerungssprengung** *f (Bg/Bergb)*
**shock idler Pufferrolle** *f (Bg/Bergb, Umschl, Zer, Band)* (einzelne Rolle)
**shock idlers** *pl* **Pufferrollen** *pl f (Band)*
**shock load Aufprall** *m (Band)* (auf den Gurt) **Laststoß** *m (Mech)*
**shock pulse Stoßimpuls** *m (Mech)*
**shock valve Überdruckventil** *nt (Hyd/Pneu)*
**shoe Kettenplatte** *f (Bg/Bergb)* **Schuh** *m (Mech)* **Vorsatzteil** *nt (Mech)*
**shoe, flat** flat shoe *adj:n* **flache Bodenplatte** *adj:n (Mech)* **flache Kettenplatte** *adj:n (Mech)*
**shop assembly Werkstattmontage** *f (Mont)*
**shop drawing Konstruktionszeichnung** *f (Mech)* (Werkstattzeichnung) **Werkstattzeichnung** *f (Mech)*
**shop floor material Werkstattbestand** *m (Mech)*
**shore Steife** *f (Bau, Bg/Bergb)* (z.B. im Graben) **Stempel** *m (Bg/Bergb)*
**shore** *v* **absteifen** *v (Bg/Bergb, Bau)* (abfangen) **verstempeln** *v (Bg/Bergb)*
**shoring Verbau** *m (Bg/Bergb)* (des Grabens) **Verstärkung** *f (Mech, Bau, Stb)*
**short head cone crusher Symons-Granulator** *m (Zer)*
**short-circuit valve Kurzschlussventil** *nt (Hyd/Pneu)*
**short-flaming** *adj* **kurzflammig** *adj (Geo)* (Kohle)
**short-stroke engine Kurzhubmotor** *m (Mech)*
**shot distance Abschlaglänge** *f (Bg/Bergb)*
**shot recovery Kugelrückgewinnung** *f (Hütt/Wlz)* (Kugelregen)
**shot storage tank Kugelbehälter** *m (Mech)* **oberer Sammelbehälter** *adj:n (Hütt/Wlz)* (Kugelregen)
**shoulder** *(of a road)* **Bankett** *nt (Bg/Bergb)* (unbefestigter Straßenrand) **Straßenrand** *m (Bg/Bergb)*
**shoulder Abrundung** *f (Mech)* (z.B. Bohrung, Bolzen, Welle) **Ansatz** *m (Mech)* (z.B. einer Welle)
**shoulder roller Bankettwalze** *f (Bg/Bergb)* (z.B. am Grader angebaut)
**shoulder screw Schaftschraube** *f (Mech)* (Bandwaage)
**shoulder stud Bundbolzen** *m (Mech)*
**shove Stoß** *m (Mech)* (Schlag, Schub)
**shovel Grabschaufel** *f (Bg/Bergb)* **Hochlöffel** *m (Bg/Bergb)* **Trockenlöffelbagger** *m (Mech, Bg/Bergb)*
**shovel application Ladeschaufeleinsatz** *m (Bg/Bergb)*
**shovel dredger, cable-type** cable-type shovel dredger *adj:n* **Seillöffelbagger** *m (Mech)*
**shovel excavator Ladeschaufelbagger** *m (Bg/Bergb)* **Schaufelbagger** *m (Bg/Bergb)*
**shovel filling Schaufelfüllung** *f (Bg/Bergb)*
**shovel front Löffelbrust** *f (Bg/Bergb)*
**shovel geometry Schaufelkinematik** *f (Bg/Bergb)*
**shovel guidance Schaufelführung** *f (Bg/Bergb)*
**shovel lip Schaufelvorderteil** *nt (Bg/Bergb)*
**shovel tipping cylinder Schaufelkippzylinder** *m (Bg/Bergb)*
**shovel with grab Bagger mit Greifer** *(Bg/Bergb)* **Greiferbagger** *m (Bg/Bergb)*
**shovel with ripper tooth Bagger mit Reißzahn** *(Bg/Bergb)*
**shred** *v* **zerschnitzeln** *v (Zer)*
**shrink** *v* **schrumpfen** *v (Stb, Hütt/Wlz)* **schwinden** *v (Hütt/Wlz, Stb)*
**shrink fit Schrumpfsitz** *m (Mech)*
**shrink hole Lunker** *m (Mech)*
**shrink on** *v* **aufschrumpfen** *v (Mech)* **warm aufziehen** *adv:v (Mech)*
**shrinking Schrumpfung** *f (Stb, Hütt/Wlz)*
**shroud** *(between theeth of bucket)* **Verschleißkappe** *f (Bg/Bergb)* (zwischen den Zähnen des Grabgefäßes)
**shunt motor Nebenschlussmotor** *m (Mech, El)*
**shunting car Einstellwagen** *m (Bg/Bergb, Umschl)* (Kipper)
**shunting length Einstellweg** *m (Bg/Bergb, Umschl)*
**shut** *v* **schalten** *v (Hyd/Pneu)* (schließen) **sperren** *v (Hyd/Pneu)* (Absperrhahn)
**shut down** *v* **abschalten** *v (Hütt/Wlz)* (z.B. Kessel) **stilllegen** *v (El)*

**shut-off block Absperrblock** *m (Hyd/Pneu)*
**shut-off valve Absperrhahn** *m (Hyd/Pneu)* **Speicherladerventil** *nt (Bg/Bergb, Hyd)*
**shutdown lever Abstellhebel** *m (Mech)*
**shutter** *(e.g. of caburetor)* **Luftklappe** *f (Mech)*
**shuttering work Verschalung** *f (Mech, Mont)*
**shuttle conveyor reversierbarer Förderer** *adj:n (Band, Umschl)* **reversierbares Verteilerband** *adj:n (Bg/Bergb, Band)*
**shuttle conveyor gantry Verteilerbandbrücke** *f (Band)*
**shuttle head Verschiebekopf** *m (Mech, Band)* (Bandanlage)
**shuttling carriage Vorschubwagen** *m (Bg/Bergb, Umschl)* (Förderer)
**shuttling head Vorschub** *m (Bg/Bergb)* (Förderband) **Vorschubkopf** *m (Bg/Bergb, Umschl, Band)*
**side and rear dump truck Dreiseitenkipper** *m (Kfz)*
**side batter angle Seitenböschungswinkel** *m (Bg/Bergb)*
**side batters** *pl* **Baggerböschung** *f (Bg/Bergb)* (Seitenböschung des Baggers) **Seitenböschung** *f (Bg/Bergb)* (des Baggers)
**side boom scraper reclaimer Seitenkratzer** *m (Umschl)*
**side box** *(of shovel rear wall)* **Seitenkasten** *m (Bg/Bergb)* (der Schaufelrückwand)
**side clearance seitliches Spiel** *adj:n (Mech)*
**side cutter** *(of backhoe)* **Seitenmesser** *nt (Bg/Bergb)* (des Tieflöffels) **Seitenzahn** *m (Bg/Bergb)*
**side cutting edge Seitenmesser** *nt (Bg/Bergb)* (des Tieflöffels)
**side dump bucket Seitenkippschaufel** *f (Bg/Bergb)*
**side elevation Längsriss** *m (Mech)* (Zeichnung) **Seitenansicht** *f (Mech)*
**side louvre Seitenbelüftungsklappe** *f (Mech)*
**side marker Peilstange** *f (Mech)*
**side member** *(of a boom)* **Seitenblech** *nt (Bg/Bergb)* (des Auslegers)
**side plate Seitenblech** *nt (Mech)* **Seitenkeil** *m (Mech)*
**side reclaimer Seitenkratzer** *m (Umschl)*
**side run-out Schieflauf** *m (Band)* (Band)
**side runout Planlaufabweichung** *f (Mech)* (Gegenflansch Gelenkwelle)
**side shifting device Seitenschieber** *m (Mech)* (z.B. am Grader)
**side slope Baggerböschung** *f (Bg/Bergb)* (Seitenböschung des Baggers) **Steilböschung** *f (Bg/Bergb)*
**side spacing Querteilung** *f (Hütt/Wlz)*
**side tilting device Seitenkippgerät** *nt (Bg/Bergb)*
**side-discharging wagon with side-tipping buckets Muldenkippwagen** *m (Bahn)* (Bahn)
**side-marker lamp Begrenzungsleuchte** *f (Kfz)* **Peilstableuchte** *f (Mech, El)*
**side-tipping bucket Seitenkippschaufel** *f (Bg/Bergb)*
**sideplate of the mouldboard Scharseitenblech** *nt (Bg/Bergb)*
**sidewall of the front lip Wange** *f (Bg/Bergb)* (Seitenteil der Schneide)
**sieve** *(screen)* **Schirm** *m (Zer)* (Sieb) **Sieb** *nt (Zer)*
**sift** *v* **sichten** *v (Zer)*
**siftings** *pl* **Rostdurchfall** *m (Hütt/Wlz)*
**sight hole Schauloch** *nt (Mech)*
**sight out** *v* **fluchten** *v (Mech)* (vermessen)
**signal blanking Stoßausblenden** *nt (Allg)* **Stoßausblendung** *f (Allg)*
**signalling purpose Meldezweck** *m (Mech)*
**signs of fatigue Ermüdungserscheinung** *f (Mech)*
**silencer** *BE* **Schalldämpfer** *m (Bg/Bergb)*
**silica removal Entkieselung** *f (Hütt/Wlz)*
**silicone Silikon** *nt (Hütt/Wlz, Chem)*
**sillimanite Sillimanit** *m (Geo)*
**silt Schlamm** *m (Geo, Bg/Bergb, Hütt/Wlz)*
**silt dredger Schlickbagger** *m (Bg/Bergb)*
**silumin casting Siluminguss** *m (Hütt/Wlz)*
**single boiler construction Blockbauweise** *f (Hütt/Wlz)*
**single discharge bucket chain excavator Eimerketten-Einfachschütter** *m (Bg/Bergb)*
**single filter Einfachfilter** *m (Hyd/Pneu)*
**single grouser shoe Einstegrippenplatte** *f (Bg/Bergb)* (für weiche Böden)

**single track crawler Einspurraupe** *f (Bg/ Bergb)*
**single turbine construction Blockbauweise** *f (Hütt/Wlz)*
**single U notch U-Kerbe** *f (Stb)*
**single V groove V-Naht** *f (Schw)*
**single-deck crane Einzelbordkran** *m (Schiff)*
**single-deck vibrating screen Eindeckfreischwingsieb** *nt (Bg/Bergb)*
**single-flange rail wheel Laufrad mit Spurkranz** *(Mech)*
**single-flight** *adj* **eingängig** *adj (Form)* (Gewinde)
**single-furnace boiler Kessel mit einer Brennkammer** *(Hütt/Wlz)*
**single-grouser track pad Einstegplatte** *f (Bg/Bergb)* **Einstegrippenplatte** *f (Bg/ Bergb)*
**single-nozzle retractable soot blower Schraubrußbläser** *m (Hütt/Wlz)*
**single-nozzle soot blower Eindüsenrußbläser** *m (Hütt/Wlz)*
**single-pass boiler Einzugkessel** *m (Hütt/ Wlz)*
**single-piece production Einzelanfertigung** *f (Mech)* (Einzelstück) **Einzelfertigung** *f (Mech)* (Einzelstück)
**single-pulley head drive Eintrommelkopfantrieb** *m (Bg/Bergb, Band)*
**single-roll crusher Einwalzenbrecher** *m (Zer)* **Einwellenwalzenbrecher** *m (Zer)*
**single-roller bearing Einrollenlager** *nt (Stb)*
**single-roller belt scale Einrollenwaage** *f (Mech, Band)* (Band)
**single-shaft hammer crusher Einwellenhammerbrecher** *m (Zer)*
**single-span girder Einfeldträger** *m (Stb)*
**single-stage primary reduction einstufige Vorzerkleinerung** *adj:n (Zer)*
**single-toggle jaw crusher Einschwingenbackenbrecher** *m (Zer)* **Kurbelschwingenbrecher** *m (Zer)*
**sink** *v (sink a shaft)* **abteufen** *v (Bg/ Bergb)* (einen Schacht) **teufen** *v (Bg/ Bergb)* (einen Schacht)
**sinter** *v* **sintern** *v (Hütt/Wlz)*
**sintering temperature Sinterungstemperatur** *f (Hütt/Wlz)*
**sinuous header Sektion** *f (Hyd/Pneu)* (gewellt) **Teilkammer** *f (Hyd/Pneu)*
**site, evacuate** evacuate the site *n:v* **Baustelle räumen** *n:v (Mont)* (z.B. vor einer Sprengung)
**site, set up** set up the site *n:v* **Baustelle einrichten** *n:v (Mont)* **Baustelle mobilisieren** *n:v (Mont)*
**situation, nominal** nominal situation *adj:n* **Nennlage** *f (Mech)*
**six speed shift Sechsgangschaltung** *f (Mech)*
**six-wheel bogie Ausgleichschwinge** *f (Bg/Bergb)* (Raupenfahrwerk) **Sechsradschwinge** *f (Bg/Bergb)* (des Schaufelradbaggers)
**six-wheel drive** *(of a grader)* **Sechsradantrieb** *m (Bg/Bergb, Mech)* (des Graders)
**size Bemessung** *f (Mech)* (Ausmaße, Maße) **Größe** *f (Allg)*
**size of coal Korngröße** *f (Geo, Mech)* **Körnung** *f (Zer)*
**size of discharge opening Austrags-Spaltweite** *f (Zer)* (eines Brechers)
**size, final** final size *adj:n* **Austragsgut** *nt (Zer)* (Brecher)
**sizing Auslegung** *f (Mech)* (Bemessung, Dimensionierung) **Bemaßung** *f (Mech)*
**sizzle** *v* **sieden** *v (Hütt/Wlz)*
**skeleton shoe Skelettplatte** *f (Hütt/Wlz)*
**skelp Vormaterial** *nt (Hütt/Wlz)*
**sketch Entwurf** *m (Mech, Allg)* **Skizze** *f (Mech, Allg)*
**skew travel** *(belt)* **Schieflauf** *m (Band)* (Band) **Schräglauf** *m (Umschl)*
**skewback hinge Kämpfergelenk** *nt (Mech)*
**skid Führungsblech** *nt (Bg/Bergb, Mech)* (der oberen Raupenkette) **Gleitkufe** *f (Bg/Bergb)* **Schlitten** *m (Bg/Bergb, Umschl, Band)*
**skid bar Roststabträger** *m (Hütt/Wlz)*
**skid down** *v* **abrutschen** *v* (an der Böschung)
**skid frame Schlittenrahmen** *m (Bg/ Bergb, Umschl, Band)*
**skid mounting Kufenunterbau** *m (Bg/ Bergb)*
**skid-pan Hemmschuh** *m (Mech)* (Bahn)
**skimmer Ölabstreifring** *m (Mech)*
**skip Mulde** *f (Mech)* (z.B. Betonmulde) **Muldenkipper** *m (Mech)*
**skip and cage hoisting installations Skip- und Korbförderanlagen** *(Bg/Bergb)*

**skip distance Sprungabstand** *m (Mech)*
**skip hoist Kübelförderanlage** *f (Umschl)*
**skip latch Kübelarretierung** *f (Mech)*
**skip lock Muldenverschluss** *m (Mech)* (z.B. Riegel)
**skirtboard Leitblech** *nt (Bg/Bergb, Umschl, Band)* **Materialführung** *f (Bg/Bergb, Umschl, Band)*
**skull** *(formation of skulls)* **Bär** *m (Hütt/Wlz)* (Bärenbildung im Hüttenwesen) **Mündungsbär** *m (Hütt/Wlz)*
**skull Pfannenrest** *m (Hütt/Wlz)*
**slab Bramme** *f (Hütt/Wlz)* (Rohstahlblock) **Strang** *m (Hütt/Wlz)* (z.B. aus Strangguss)
**slab processing Halbzeugeinsatz** *m (Mech)*
**slab production Halbzeugerzeugung** *f (Mech)*
**slab slitting Vorbrammenlängsteilung** *f (Hütt/Wlz)*
**slab width Strangbreite** *f (Hütt/Wlz)*
**slack adjuster Bremsgestängeeinsteller** *m (Mech)* **Bremshängeeisen** *nt (Mech)*
**slack play in the gearing Getriebelose** *f (Mech)*
**slacken** *v (crawler chain, rope)* **entspannen** *v (Mech)* (Raupenkette, Seil) **lösen** *v (Mech, Mont)* **nachlassen** *v (Mech)* (lockern)
**slackness** *(internal clearance of bearing)* **Luft** *f (Mech)* (Lagerspiel) **Spiel** *nt (Mech)*
**slag Asche** *f (Hütt/Wlz)* **Schlacke** *f (Hütt/Wlz)* (Nebenprodukt im Hochofen)
**slag crusher Schlackenbrecher** *m (Zer)*
**slag extractor Schlackenabscheider** *m (Hütt/Wlz)*
**slag inclusion Schlackeneinschluss** *m (Hütt/Wlz)*
**slag melting point Schlackenschmelzpunkt** *m (Hütt/Wlz)*
**slag pit Schlackengrube** *f (Geo)*
**slag screen Fangrost** *m (Hütt/Wlz)*
**slag streak** *(seam)* **Schlackenzeile** *f (Hütt/Wlz)*
**slag tank Schlackensammler** *m (Hütt/Wlz)* (Druckwasserentaschung)
**slag, granulated** granulated slag *adj:n* **granulierte Schlacke** *adj:n (Geo)*
**slag-tap boiler Schmelzkessel** *m (Hütt/Wlz)*
**slag-tap pulverised coal firing Schmelzfeuerung** *f (Hütt/Wlz)*
**slagging Verschlackung** *f (Hütt/Wlz)*
**slaked** *adj* **gelöscht** *adj (Geo, Bau)* (z.B. Kalk)
**slant, downward** downward slant *adj:n* **Abfall** *m (Geo)* (z.B. im Gelände) **Neigung** *f (Geo))*
**slat pulley Käfigtrommel** *f (Mech, Band)*
**slave pads** *pl BE* **Leihplatte** *f (Mech)* (zur Baggerüberführung)
**sledge Schlitten** *m (Bg/Bergb, Umschl, Band)*
**sledge hammer Fäustel** *m (Werkz)* **Vorschlaghammer** *m (Mont, Werkz)*
**sleek** *v* **schlichten** *v (Mech, Mont)*
**sleeper Schwelle** *f (Mech)* (Boden)
**sleeve Buchse** *f (Mech)* (Laufbuchse, Muffe) **Muffe** *f (Mech, El)*
**sleeve bearing Gleitlager** *nt (Mech)*
**sleeve coupling Hülsenkupplung** *f (Mech)* **Schalenkupplung** *f (Mech)*
**sleeve nut Überwurfmutter** *f (Mech)*
**sleeve, screwed** screwed sleeve *adj:n* **Einschraubhülse** *f (Hyd/Pneu, Mech)*
**slew** *v BE* **schwenken** *v (Bg/Bergb)*
**slew assembly Schwenkwerk** *nt (Bg/Bergb, Umschl)* (Abwurfband, -ausleger)
**slew cap Drehkranzauflagering** *m (Bg/Bergb)*
**slew drive unit Schwenkantrieb** *m (El, Mech, Bg/Bergb)*
**slew pinion Schwenkritzel** *(Mech, Bg/Bergb)*
**slew ring Drehverbindung** *f (Bg/Bergb, Umschl, Mech)*
**slew safety clutch Schwenksicherheitskupplung** *f (Mech)*
**slewing ball bearing diameter Durchmesser der Kugelbahn** *(Bg/Bergb)*
**slewing belt conveyor Schwenkband** *nt (Bg/Bergb, Umschl, Band)*
**slewing boom beweglicher Ausleger** *nt (Bg/Bergb, Umschl)* (schwenkbar)
**slewing bucket chain excavator Eimerkettenschwenkbagger** *m (Bg/Bergb)*
**slewing conveyor boom Schwenkbandausleger** *m (Bg/Bergb, Umschl, Band)*
**slewing crane Schwenkkran** *m (Mech)* **Turmdrehkran** *m (Bg/Bergb)*
**slewing device Drehwerk** *nt (Bg/Bergb)*

**slewing frame Schwenkgerüst** *nt (Bg/Bergb)*
**slewing frame locking device Schwenkwerksverriegelung** *f (Bg/Bergb)*
**slewing gear Schwenkwerk** *nt (Bg/Bergb, Umschl)* **Schwenkwerksgetriebe** *nt (Bg/Bergb)*
**slewing gear rim Drehkranz** *m (Bg/Bergb)* (Schwenk-Zahnkranz)
**slewing grab crane Greiferdrehkran** *m (Bg/Bergb)*
**slewing journal** *(crane)* **Drehzapfen** *m (Mech)* (Kran)
**slewing lock Drehwerksfeststellung** *f (Bg/Bergb)*
**slewing out Ausschwenken** *nt (Bg/Bergb, Hyd)* (z. B. einer Pumpe)
**slewing pinion Schwenkritzel** *(Mech, Bg/Bergb)* **Schwenkwerksritzel** *nt (Bg/Bergb)*
**slewing platform of excavator Baggerschwenkplattform** *f (Bg/Bergb)*
**slewing rack** *BE* **Drehverbindung** *f (Bg/Bergb, Umschl, Mech)*
**slewing range Arbeitsbereich** *m (Bg/Bergb)* (des Baggers) **Drehbereich** *m (Mech)* (Schwenkbereich)
**slewing ring Kugeldrehkranz** *m (Mech)* **Schardrehkranz** *m (Bg/Bergb)* (des Graders)
**slewing ring connection Kugeldrehverbindung** *f (Bg/Bergb, Umschl)*
**slewing shaft Schwenkwelle** *f (Mech)* **Schwenkwerkswelle** *f (Mech)*
**slewing-assembly gear unit Schwenkgetriebe** *nt (Bg/Bergb, Umschl)*
**slewing-ring support flange Drehkranzauflagering** *m (Bg/Bergb)*
**SLI** *(Abv)* **Überlastwarneinrichtung** *f (Bg/Bergb)*
**slice depth Scheibenvorschnitt** *m (Bg/Bergb)*
**slide** *(e.g. hill)* **Hangrutschung** *f (Geo)* **Rutschung** *f (Geo)*
**slide Gleitstück** *nt (Mech)* **Gleitträger** *m (Mech)*
**slide bar Gleitbahn** *f (Mech)* (Schiene) **Gleitschiene** *f (Mech)*
**slide bar lock** *(saddle waggon)* **Verschlusssicherung** *f (Bahn, Mech)*
**slide bearing Gleitlager** *nt (Mech)* **Verschiebelager** *nt (Mech)*
**slide bow Gleitspriegel** *m (Mech)*
**slide coupling** *(on hose)* **Schiebekupplung** *f (Mech)*
**slide flap Schieber** *m (Hyd/Pneu)* (Absperrschieber)
**slide gauge Messschieber** *m (Werkz)* **Schublehre** *f (Werkz, Mont)*
**slide rail Spannschiene** *f (Mech)*
**slide valve Schieber** *m (Hyd/Pneu)* (Absperrschieber)
**slide way Gleitbahn** *f (Mech)* (z.B. im Pumpengehäuse)
**slide-back** *v (track during installation)* **zurückrutschen** *v (Bg/Bergb)* (Kette beim Einbau)
**sliding** *adj* **ausziehbar** *adj (Mech)* (teleskopisch) **zusammenschiebbar** *adj (Mech)*
**sliding bed verschiebbare Platte** *adj:n (Mech, Stb)*
**sliding block Gleitstein** *m (Mech)* **Kulissenstein** *m (Mech)* (Kette, Kabeltrommel)
**sliding block bearing Kulissenlager** *nt (Mech)*
**sliding clutch** *(in transmission)* **Gleitkupplung** *f (Mech)*
**sliding fit Gleitpassung** *f (Mech)*
**sliding gear Schieberad** *nt (Mech)*
**sliding insert Gleiteinlage** *f (Mech)* (in der Drehgestellpfanne)
**sliding key Gleitfeder** *f (Mech)*
**sliding line Schleifleitung** *f (Mech)*
**sliding plate Gleitblech** *nt (Zer)* **Gleitplatte** *f (Bg/Bergb, Mech)* (am Drehgestell)
**sliding pole Gleitstange** *f (Mech)*
**sliding pressure operation Gleitdruckbetrieb** *m (Hyd/Pneu)*
**sliding rotor brake Verschiebeankerbremse** *f (Mech)* **Verschiebeläuferbremse** *f (Mech)*
**sliding rotor motor Verschiebeankermotor** *m (Mech)* **Verschiebeläufermotor** *m (Mech)*
**sliding shaft Nutenwelle** *f (Mech)* **Schiebewelle** *f (Mech)*
**sliding surface Gleitfläche** *f (Zer)* **Lauffläche** *f (Mech)* (Gleitschiene)
**sliding tappet Gleitstößel** *m (Mech)*
**sliding weight** *(coupling switch)* **Laufgewicht** *nt (Mech)* (Kupplungsschalter)

**slimes fraction Schlammkorngröße** *f*
**sling** *(strap)* **Schlinge** *f (Mech)* (Tragriemen)
**sling** *v* **anschlagen** *v (Bg/Bergb)* (z.B. Last)
**sling point** *(e.g. rope)* **Anschlagstelle** *f (Mech, Bg/Bergb)* (z.B. Seil)
**slinger Anschläger** *m (Kfz)* (hängt Last an Kran)
**slinger belt Schleuderband** *nt (Band, Umschl)*
**slinging rope Anbindeseil** *nt (Mech, Mont)* **Anhängeseil** *nt (Mech, Mont)*
**slip Schlupf** *m (Mech)*
**slip band Gleitband** *nt (Bg/Bergb)*
**slip clutch Rutschkupplung** *f (Mech)* **Schlupfkupplung** *f (Mech)*
**slip control Schlupfüberwachung** *f (Mech)*
**slip fit Gleitsitz** *m (Mech)*
**slip hardening Schlupfhärtung** *f (Hütt/Wlz)*
**slip joint Einsteckstoß** *m (Stb)* **Gleitfuge** *f (Mech)*
**slip of the belt Riemenschlupf** *m (Band, Mech)*
**slip ring holder Schleifringhalter** *m (Mech)*
**slip universal-joint Gleitkreuzgelenk** *nt (Mech)*
**slippage Gleiten** *nt (Mech, Allg)* (Rutschen) **Schlupf** *m (Mech)*
**slipped-on** *adj* **aufgezogen** *adj (Mech, Allg)* (kalt)
**slipper** *(rail)* **Hemmschuh** *m (Mech)* (Bahn)
**slipping torque Rutschmoment** *nt (Mech)*
**slipring** *(El)* **Schleifring** *m (El)*
**slipring motor** *(El)* **Schleifringläufermotor** *m (El)* **Schleifringmotor** *m (El)*
**slit** *v* **aufschlitzen** *v (Form)* **schlitzen** *v (Mech, Mont)*
**slit strip Spaltband** *nt (Hütt/Wlz)*
**slitting Längsteilen** *nt (Mech)*
**slitting / shearing lines** *pl* **Spalt-Querteilanlagen** *pl f (Hütt/Wlz)*
**slope Baggerböschung** *f (Bg/Bergb)* (Tagebauböschung) **Gefälle** *nt (Geo, Allg)* **Rolle** *f (Bg/Bergb)* (Förderstollen) **Strosse** *f (Bg/Bergb)* (Tagebau)
**slope** *v/i* **abfallen** *v/i (Allg)* (schräg abfallen)
**slope angle Böschungsneigungswinkel** *m (Umschl)* **Böschungswinkel** *m (Umschl)*
**slope conveyor Schrägförderer** *m (Band)* **Steilförderer** *m (Band, Umschl)*
**slope of embankment Dammböschung** *f (Bg/Bergb)*
**slope scraper Böschungskratzer** *m (Mech)*
**slope, inside** inside slope *adj:n* **Innenschräge** *f (Hütt/Wlz)*
**sloped conveyor bridge Schrägförderband** *nt (Band)*
**slot Kerbe** *f (Mech)* (Schlitz) **Nut** *f (Mech)* (einer Keilwelle)
**slot indicator Schlitzinitiator** *m (Hütt/Wlz)*
**slot wedge Nutenkeil** *m (Mech)*
**slow down** *v/i* **abfallen** *v/i (Mech, Allg)* (z.B. Drehzahl) **auslaufen** *v (El)* (Motor)
**sludge Ölschlamm** *m (Bg/Bergb)* **Schlamm** *m (Geo, Bg/Bergb, Hütt/Wlz)*
**slug of water Wasserschlag** *m (Bg/Bergb)*
**slurry Schlamm** *m (Geo, Bg/Bergb, Hütt/Wlz)*
**slurry pump Schlammpumpe** *f (Hyd/Pneu)*
**small coal Feinkohle** *f (Bg/Bergb)*
**small-end bushing Pleuelbuchse** *f (Mech)*
**small-sized** *adj (in shot pile)* **kleinstückig** *adj (Geo)* (im Haufwerk)
**smelting** *(e.g. of iron ore)* **Verhütten** *nt (Hütt/Wlz)*
**smith's shop Schmiede** *f (Hütt/Wlz, Mech)*
**smoke density alarm Rauchdichtealarm** *m (Hütt/Wlz)*
**smoke exhaust system Rauchabsauganlage** *f (Stb)*
**smoke limiter Rauchbegrenzer** *m (Mech)*
**smoke tube Rauchrohr** *nt (Bahn)* (Dampflok)
**smoke-sensing fire alarm Rauchgas-Feuermelder** *m (Mech)*
**smokestack Kamin** *m (Bau)* (Fabrikschornstein) **Schlot** *m (Bau)* (Fabrikschornstein)
**smooth** *adj* **glatt** *adj (Mech)* (sanft) **stoßfrei** *adj (Mech)* (z.B. abbremsen)

**smooth** *v* **brechen** *v (Mont)* (z.B. Kanten) **glätten** *v (Mech, Mont)*
**smooth down** *v* **abflachen** *v (Mech, Mont)*
**smoothen** *v* **abplatten** *v (Mech, Mont)* **schleifen** *v (Mech)* (glätten)
**smoothing choke Glättungsdrossel** *f (Mech)*
**smoothing tool Schlichtwerkzeug** *nt (Mech, Werkz)*
**smoulder** *v* **schwelen** *v (Mech)*
**snap** *v/i* **einrasten** *v/i (Form)* (z.B. Schnappschloss)
**snap action mechanism Sprungbetätigung** *f (Mech)* **Sprungschaltung** *f (Mech)*
**snap head Schließkopf** *m (Stb)* (bei einer Nietung)
**snap hook** *AE* **Karabinerhaken** *m (Mech, Mont)*
**snap ring Sicherungsring** *m (Mech)* **Sprengring** *m (Mech)*
**snap-on cap Schnappverschluss** *m (Mech)*
**snatch block Klappkloben** *m (Mech)*
**snorkel Schnorkel** *m*
**snow blower Schneefräse** *f (Mech)*
**snow bucking plate Schneeräumschild** *nt (Mech)* (am Stapler)
**snow sprocket Schneeantriebsrad** *nt (Mech)*
**snow wing Schneeflügel** *m (Mech)*
**snub pulley Ablenktrommel** *f (Bg/Bergb, Umschl, Band)* (für die Bandschleife) **Knickrolle** *f (Bg/Bergb, Umschl, Band)*
**snub pulley tyre Taumelring** *m (Mech, Band)*
**snubber Reibungsstoßdämpfer** *m (Mech)* **Stoßfänger** *m (Mech)*
**snug** *adj* **bündig** *adj (Mech)*
**socket** *(rope)* **Seilkopf** *m (Bg/Bergb, Mech)*
**socket** *(tube)* **Muffe** *f (Mech)* (Rohr) **Rohrstutzen** *m (Mech)*
**socket** *(tool)* **Nuss** *f (Mont, Werkz)*
**socket head wrench Imbusschlüssel** *m (Mont, Werkz)*
**socket joint** *(of a pipe)* **Einsteckmuffe** *f (Form)* (eines Rohres)
**socket panel Buchsenleiste** *f (Form)* **Prüfleiste** *f (Mech)*
**socket piece Rohrstutzen** *m (Mech)*
**socket pin Steckbolzen** *m (Mech)*
**socket pipe Aufsteckrohr** *nt (Form)*
**socket rope joint Seilverguss** *m (Mech, Mont)*
**socket screw Imbusschraube** *f (Mech)* **Innensechskantschraube** *f (Mech)*
**socket, screwed** screwed socket *adj:n* **Einschraubhülse** *f (Hyd/Pneu, Mech)* **Schraubfassung** *f (Mech)* (z.B. für Schläuche)
**socket-pin coupling Steckbolzenkupplung** *f (Mech)*
**socket-type tooth Hülsenzahn** *m (Mech)* **Steckzahn** *m (Bg/Bergb)*
**socketing Vergießen des Seilkopfs** *(Mech)*
**soft coal Fettkohle** *f (Bg/Bergb, Geo)* **bituminöse Kohle** *adj:n (Bg/Bergb, Geo)*
**soft rubber lagging Weichgummibelag** *m (Mech)*
**soft-annealed** *adj* **weichgeglüht** *adj (Hütt/Wlz)*
**soft-burnt dolomite Weichbranntdolomit** *m (Bg/Bergb)*
**soft-magnetic iron Magnetweicheisen** *nt (Hütt/Wlz)*
**soft-rock crushing Weichzerkleinerung** *f (Zer)* (Brecher)
**softener Enthärtungsanlage** *f (Hütt/Wlz)*
**softening point Halbkugelpunkt** *m (Hütt/Wlz)* (Segerkegel)
**softseal Schlauchdichtung mit Schaumgummifüllung** *(Mech, Hyd/Pneu)*
**soil analysis** *(concerning dirt)* **Schmutzanalyse** *f (Mech)*
**soil bearing capacity Tragfähigkeit des Bodens** *(Geo)*
**soil conditions** *pl* **Bodenbeschaffenheit** *f (Bg/Bergb)*
**soil draining Bodenentwässerung** *f (Bg/Bergb)*
**soil mechanics** *pl* **Bodenmechanik** *f (Bg/Bergb)*
**soil pressure Bodendruck** *m (Mech)* **Bodenpressung** *f (Mech)*
**soil, compacted** compacted soil *adj:n* **verfestigter Boden** *adj:n (Bg/Bergb, Geo)*
**soil, cut** cut soil *n:v* **Boden schneiden** *n:v (Bg/Bergb)*
**soil, granular** granular soil *adj:n* **nicht bindiger Boden** *adj:n (Geo)* **rolliger Boden** *adj:n (Geo)* **Lockergestein** *nt (Geo)*

**soil, heavy** heavy soil *adj:n* **schwerer Boden** *adj:n (Geo)*
**soil, solid** solid soil *adj:n* **fester Boden** *adj:n (Geo, Mech)* **kompakter Boden** *adj:n (Geo, Mech)*
**soil, solidified** solidified soil *adj:n* **fest gefügter Boden** *adj:n (Bg/Bergb)* **verfestigter Boden** *adj:n (Bg/Bergb, Geo)*
**soilenoid force Magnetkraft** *f (Hyd/Pneu)*
**soiling Verschmutzung** *f (Umschl)* (Rieselgut)
**solder banjo connection Ringlötstück** *nt (Mech)*
**solder tin Lötzinn** *(Form)*
**soldering Löten** *nt (Mech, Mont)* (weich) **Weichlöten** *nt (Mech, Mont)*
**soldering grease Lötfett** *nt (Mech)*
**sole Sohle** *f (Stb, Mech)* (Schwelle)
**sole plate Grundplatte** *f (Mech)* **Sohle** *f (Stb, Mech)* (Schwelle)
**solenoid valve Elektromagnetschieber** *m (El)* **Magnetventil** *nt (Hyd/Pneu)*
**solenoid, proportional** proportional solenoid *adj:n* **Proportionalmagnet** *m (Hyd/Pneu)*
**solid** *adj* **anstehend** *adj (Bg/Bergb)* **kompakt** *adj (Bg/Bergb, Mech)* (z.B. Fördergut) **stabil** *adj (Mech, Allg)*
**solid** *(e.g. machine part)* **Körper** *m (Mech)* (Maschinenteil)
**solid steel square Anschlagstahlwinkel** *m (Mech, Mont)* **Anschlagwinkel** *m (Mech, Mont)*
**solid-plate construction Vollwandkonstruktion** *f (Mech, Stb)*
**solid-state bonding Druckplattierung** *f (Mech, Allg)*
**solid-type** *adj* **kompakt** *adj (Bg/Bergb, Mech)* (z.B. Fördergut)
**solid-web arch Vollwand-Bogen** *m (Stb)*
**solid-web beam Vollwandträger** *m (Stb)*
**solidification Erstarren** *nt (Form)* **Verfestigung** *f (Bau)*
**solidify** *v (e.g. the bottom)* **festigen** *v (Bg/Bergb)* (z.B. den Boden)
**solidity Dichte** *f (Geo)* (Gedrängtheit)
**solids discharge Bodenfördermenge** *f (Bg/Bergb)* (des Schwimmbaggers)
**solvent lösend** *adj (Anstr, Chem)*
**soot blower Rußbläser** *m (Hütt/Wlz)*
**soot blower connection Rußbläseranschluss** *m (Hütt/Wlz)*
**soot blower opening Rußbläserdurchbruch** *m (Hütt/Wlz)* (in einer Mauer)
**soot blower wall box Mauerkasten** *m (Hütt/Wlz)* (für Rußbläser)
**sort** *v* **ausscheiden** *v (Zer, Mech)* (sortieren) **sortieren** *v (Zer, Mech)*
**sort of carbide material Hartmetallsorte** *f (Hütt/Wlz)*
**sortation chute Sortierschurre** *f (Mech)* (Versandgeschäft)
**sorting control unit Sortiersteuereinrichtung** *f (Stb)*
**sorting device Sortiereinrichtung** *f (Zer)*
**sorting grab Sortiergreifer** *m (Mech)*
**sorting plane Sortierebene** *f (Zer)*
**sorting switch Sortierweiche** *f (Mech)*
**sound** *v* **auslösen** *v (El)*
**sound absorber Schalldämpfer** *m (Bg/Bergb)*
**sound absorbing Geräuschdämpfung** *f (Allg, Mech)* **Schalldämpfung** *f (Mech)*
**sound damping factor Dämmzahl** *f (Allg)*
**sound insulation Schallschutz** *m (Mech, Bau, El)*
**sound pressure level Schalldruckpegel** *m (Mech)*
**sound signal Schallsignal** *nt (El)* **Tonsignal** *nt (Mech, Allg)*
**sound-attenuating** *adj* **schalldämmend** *adj (Mech, Allg)*
**sow Sau** *f (Hütt/Wlz)* (wertvoller Rest im Hochofen)
**sow tap** *(salamander chute)* **Saurinne** *f (Hütt/Wlz)*
**space Platz** *m (Mech, Allg)* **Zwischenraum** *m (Mech, Allg, Bau)*
**space condition Platzverhältnis** *nt (Mech, Allg)*
**space heater Raumheizung** *f (Mech)* **Stillstandsheizung** *f (Mech)*
**space restriction Platzmangel** *m (Mech, Allg)*
**space width Zahnlücke** *f (Mech)*
**spaced, narrowly** narrowly spaced *adv:adj* **dicht gestellt** *adj (Mech)* **eng gestellt** *adj (Mech, Allg)*
**spacer Abstand(s)halter** *m (Mech)* **Unterlegplatte** *f (Mech)* **Zwischenlage** *f (Mech, El)*
**spacer disk Anlaufring** *m (Form)* **Anlaufscheibe** *f (Mech)* (Pufferstoßring)

**spacer plate Distanzplatte** *f (Zer)* (Plattenband)
**spacer ring Distanzring** *m (Mech)* **Festring** *m (Mech)*
**spacer sleeve Abstandsrohr** *nt (Mech)* **Distanzbuchse** *f (Mech)* **Zwischenhülse** *f (Mech)*
**spacing Abstand** *m (Mech, Allg)* (Zwischenraum) **Intervall** *nt (Mech, Allg)* (zeitlich und räumlich)
**spacing of trusses Binderabstand** *m (Stb)*
**spacing piece Beilegblech** *nt (Stb)*
**spacing, longitudinal** longitudinal spacing *adj:n* **Längsteilung** *f (Hütt/Wlz)*
**spacing, transversal** transversal spacing *adj:n* **Querteilung** *f (Hütt/Wlz)*
**spall** *v/i* **splittern** *v/i (Mech)*
**spall fracture Splitterbruch** *m (Hütt/Wlz)*
**spalling Abplatzen** *(Anstr)* **Oberflächenausbrüche** *pl m (Hütt/Wlz)* (beim Walzen)
**spalling test Temperaturwechselbeständigkeitsprüfung** *f (Hütt/Wlz)*
**span Bereich** *m (Mech, Allg)* (Spanne) **Messspanne** *f (Mech, Allg))*
**span** *(superstructure)* **Überbau** *m (Stb, Bg/Bergb)*
**span of bridge Brückenstützweite** *f (Bg/Bergb)*
**span, clear** clear span *adj:n* **lichte Weite** *adj:n (Mech, Allg)*
**spanner** *BE* **Maulschlüssel** *m (Mont, Werkz)* **Schraubenschlüssel** *m (Mont, Werkz)*
**spar Holm** *m (Mech, Mont)*
**spar, heavy** heavy spar *adj:n* **Schwerspat** *m (Hütt/Wlz)*
**spare machine Ersatzgerät** *nt (Mech)*
**spare part Ersatzteil** *nt (Mech)*
**spark arrester** *(El, Mech)* **Funkenfänger** *m (Mech)* (Schutz) **Funkenlöscher** *m (Mech)*
**spark chamber Funkenkammer** *f*
**spark funnel Funkenhorn** *n*
**spark linkage Zündgestänge** *nt (Mech)*
**spark plug** *(El, Mech)* **Kerze** *f (El)* (Zündkerze) **Zündkerze** *f (Mech, El)*
**spark plug terminal Zündkerzenstecker** *m (Mech)*
**spatter Spritzer** *m (Schw, Mech, Mont)*
**special form of three-pin lever Z-Kinematik** *f (Mech)* (für Laderausrüstung)
**special heavy-section mill Walzwerk für schwere Sonderprofile** *(Hütt/Wlz)*
**special qualities and high-grade steel Qualitäts- und Edelstahlgüte** *(Hütt/Wlz)*
**special-adapter jaw Klaue mit Passstück** *(Mech)* **Klauenzwischenstück** *nt (Mech)*
**special-purpose probe Sonderprüfkopf** *m (Mech)*
**special-shape turned part Fassondrehteil** *nt (Hütt/Wlz)*
**specific gravity spezifisches Gewicht** *adj:n (Geo, Ökol)* (absolute Dichte) **Stoffgewicht** *nt (Mech, Geo)* **Wichte** *f (Geo)*
**specific gravity, apparent** apparent specific gravity *adj:n* **spezifisches Schüttgewicht** *adj:n (Umschl)*
**specifications** *pl* **technische Vorschriften** *adj:n (Allg, Mech)*
**specified depth of case hardness Einsatzhärtungstiefe** *f (Bg/Bergb)*
**specimen Probe** *f (Mech)* (Musterstück) **Prüfling** *m (Hütt/Wlz)* (Prüfmusterstück)
**specimen, cast** cast specimen *adj:n* **Angussprobe** *f (Hütt/Wlz, Mech)* **angegossenes Probestück** *adj:n (Hütt/Wlz, Mech)*
**specimen, metallographic** metallographic specimen *adj:n* **Schliff** *m*
**spectacle glass Lokführerfenster** *nt (Bahn)* (Dampflok)
**spectrum, seismic** seismic spectrum *adj:n* **seismisches Spektrum** *adj:n (Geo, Bau)*
**specularide paint Eisenglimmerfarbe** *f (Anstr)*
**speed change valve Gangschaltventil** *nt (Kfz)* **Geschwindigkeitswechselventil** *nt (Hyd/Pneu, Mech)*
**speed control Drehzahlregelung** *f (Mech)* **Drehzahlverstellung** *f (Mech)*
**speed increasing ratio Übersetzung ins Schnelle** *(Mech)*
**speed lever Reglerhebel** *m (Mech)*
**speed of bucket chain Kettengeschwindigkeit** *f (Bg/Bergb)* (Eimerkettenbagger)
**speed of rotation Tourenzahl** *f (Mech)*

**speed of the grate Rostvorschub** *m (Hütt/Wlz)*
**speed reducer Getriebe mit Übersetzung ins Langsame** *(Mech)* **Untersetzungsgetriebe** *nt (Mech)*
**speed reducing ratio Übersetzung ins Langsame** *(Mech)*
**speed sensor, rotational** rotational speed sensor *adj:n* **Schaltscheibe** *f (El)* (Dieselmotor Transportpumpe)
**speed torque Drehmoment** *nt (Mech)*
**speed up** *v/i* **beschleunigen** *v/i (Mech)* **Drehzahl erhöhen** *n:v (El, Mech)*
**speed, full** full speed *adj:n (El, Mech)* **maximale Drehzahl** *adj:n (Mech)* **Vollgas** *nt (Mech)*
**speed, no-load** no-load speed *adj:n (El, Mech)* **Drehzahl bei Leerlauf** *(El, Mech)*
**speed, on-load** on-load speed *adj:n* **Drehzahl bei Belastung** *(Mech)*
**speedometer Geschwindigkeitsmesser** *m (Mech)* **Tachometer** *m (Mech)*
**spherical** *adj* **kugelförmig** *adj (Mech, Allg)* **sphärisch** *adj (Mech, Allg)*
**sphericity Abrundung** *f (Allg)* (sphärische Gestalt)
**spheroidal graphite cast iron Gusseisen mit Kugelgraphit** *(Hütt/Wlz)* **Sphäroguss** *m (Hütt/Wlz)*
**spheroidal iron casting Sphäroguss** *m (Hütt/Wlz)*
**spherulite crystal Sphärolith** *m (Geo)*
**spider Einlauftraverse** *f (Zer)* **Spinne** *f (Zer)*
**spider coupling Federbandkupplung** *f (Mech)*
**spider-and-bowl assembly Traversen-Brechrumpf** *m (Zer)*
**spigot bolt Zentrierzapfen** *m (Mech)*
**spigot depth Zentriertiefe** *f (Mech)* (Gegenflansch Gelenkwelle)
**spigot nut Überwurfmutter** *f (Mech)*
**spike** *(on wheel chock)* **Spike** *m (Bahn)* (am Unterlegkeil)
**spill belt gearing Schmutzbandgetriebe** *nt (Mech)*
**spill guard Schmutzblech** *nt (Mech)* (am Lkw)
**spill pipe Leckleitung** *f (Mech)*
**spillage Rieselgut** *nt (Bg/Bergb, Umschl)* **Überschüttung** *f (Band, Umschl, Bg/Bergb)*
**spillage belt Schmutzband** *nt (Band)*
**spillage belt drive Schmutzbandantrieb** *m (Band)*
**spillage chute Rieselgutschurre** *f (Zer)*
**spillage conveyor Abriebförderer** *m (Bg/Bergb)*
**spillway Überlauf** *m (Stb)* (für Flüssigkeiten)
**spindle** *(strut)* **Spreize** *f (Bg/Bergb)* (Spindel im Verbau)
**spindle Säule** *f (Mech)* (Maschinenteil) **Welle** *f (Mech)* (Achse)
**spindle block Gewindenuss** *f (Mech)*
**spindle drive Spindeltrieb** *m (Mech)*
**spindle sleeve Pinole** *f (Form)* (zum Bohren)
**spindle, elevating** elevating spindle *adj:n* **Gewindespindel** *f (Mech)*
**spinning Durchdrehen** *nt (Kfz)* (der Autoräder)
**spiral Spirale** *f (El, Mech)*
**spiral belt conveyor Wendelgurtförderer** *m (Mech)*
**spiral bevel gearbox Spiralkegelgetriebe** *nt (Mech)*
**spiral classifier Spiralklassierer** *m (Zer)*
**spiral gear Zahnrad mit Bogenverzahnung** *(Mech)*
**spiral gear design Bogenzahnprinzip** *nt (Mech)* (Getriebe)
**spiral gear pair Zahnradpaar mit Bogenverzahnung** *(Mech)*
**spiral pin Spiralspannstift** *m (Mech)*
**spiral spring Spiralfeder** *(Form)*
**spiral tooth arrangement Evolventenverzahnung** *f (Mech)*
**spiral toothing** *(gear unit)* **Bogenverzahnung** *f (Mech)* (Getriebe) **Schrauben-Spiralverzahnung** *f (Mech)*
**spiral-arranged** *adj* **wendelförmig** *adj (Hütt/Wlz)* (Steine im Hochofen)
**spiral-conic gear Spiralkegeltrieb** *m (Mech)*
**spirit level Wasserwaage** *f (Mont, Werkz)*
**splash bushing Spritzbuchse** *f (Mech)* **Spritzring** *m (Mech)*
**splash lubrication Tauchbadschmierung** *f (Mech)*
**splashing loss Planschverlust** *m (Mech)* (bez. Getriebewirkungsgrad/Ölschmierung)

**splice Laschenverbindung** *f (Stb)* **Stoß** *m (Stb)*
**splice** *v* **spleißen** *v (Mech)* (Hanf- oder Drahtseil) **verlaschen** *v (Stb)*
**splice material Stoßdeckungsteil** *nt (Stb)*
**splice plate Decklasche** *f (Stb)* **Stoßlasche** *f (Mech, Stb)*
**splice-bar Lasche** *f (Mech)* (Schienenlasche)
**splice-plate bolt Laschenbolzen** *m (Stb)*
**splice-plate riveting Laschennietung** *f (Stb)*
**splicing Stöße** *pl m (Bau)* **Überlaschung** *f (Stb)*
**splicing, endless** endless splicing *adj:n* **Endlosmachen** *nt (Mech)*
**spline Innenverzahnung** *f (Mech)* **Nut** *f (Mech)* (Keilnut) **Profilverzahnung** *f (Mech)*
**spline** *v* **fräsen** *v (Mech, Mont)* (von Sternkeilwellen) **längsnuten** *v (Mech, Mont)*
**spline arbour Keilwelle** *f (Mech)*
**spline bore hub Keilnabe** *f (Mech)*
**spline profile Zahnnabenprofil** *nt (Mech)*
**spline shaft Keilwelle** *f (Mech)*
**spline, female** female spline *adj:n* **Nut** *f (Mech)* (einer Keilwelle)
**splined** *adj* **kerbverzahnt** *adj (Mech)*
**splined shaft toothing Keilwellenverzahnung** *f (Mech)* **Vielwellenverzahnung** *f (Mech)*
**splining Nutenfräsen** *nt (Mech, Mont)* (Vielkeilwellen)
**split Spalt** *m (Mech, Allg)*
**split** *v (tear apart)* **klaffen** *v (Mech)* **spalten** *v (Mech)* **zerreißen** *v (Mech, Allg)*
**split bush Lagerschale** *f (Mech)*
**split coupling Schalenkupplung** *f (Mech)*
**split hopper dredger Split-Hopperbagger** *m (Schiff)*
**split pin Splint** *m (Mech)*
**split pin fastener connecting link Splintverschlussglied** *nt (Mech)*
**split taper sleeve Spannhülse** *f (Mech, Mont)* (Lager)
**split-caged roller bearing zweiteiliger Lagerkäfig** *adj:n (Mech)*
**split-ring coupling Schlitzringkupplung** *f (Mech)*
**spocket chain Zahnkette** *f (Mech)*
**spoil Abraum** *m (Bg/Bergb)* (im Bergbau) **Baggergut** *nt (Bg/Bergb)*
**spoil accumulation Verschmutzung** *f (Umschl)* (Rieselgut)
**spoil area, outside** outside spoil area *Nomen:Adjektiv* **Außenkippe** *f (Bg/Bergb)*
**spoil dump Abraumhalde** *f (Bg/Bergb)* **Abraumkippe** *f (Bg/Bergb)*
**spoil heap Hochhalde** *f (Umschl)*
**spoil side** *(for overburden)* **Kippenseite** *f (Bg/Bergb)* (im Tagebau)
**spoil slope Böschungsneigung** *f (Bg/Bergb, Geo)*
**spoil, dump** dump the spoil *n:v* **Abraum absetzen** *n:v (Bg/Bergb)* **Abraum abwerfen** *n:v (Bg/Bergb)*
**sponge iron Schwammeisen** *nt (Hütt/Wlz)*
**sponge-rubber strip Moosgummiprofil** *nt (Mech)*
**sponge-type filter Filtermatte** *f (Hyd/Pneu)*
**spongy** *adj* **porös** *adj (Schw)*
**spool** *(in valve block)* **Schieberstange** *f (Mech)* (im Steuerblock) **Umschaltbolzen** *m (Mech)* (im Steuerventil)
**spool valve Kolbenventil** *nt (Hyd/Pneu)* **Schieberventil** *nt (Hyd/Pneu)*
**spool, fluted** fluted spool *adj:n* **Rillenspule** *f (Mech)*
**spool, rotary** rotary spool *adj:n* **Drehschieber** *m (Hyd/Pneu)*
**spot face Ansenkung** *f (Mech, Mont)* (plane Anspiegelung) **Stirnfläche** *f (Mech, Mont)*
**spot out** *v/i (galvanizing)* **ausblühen** *v/i (Mech)* (z.B. beim Galvanisieren) **ausschlagen** *v/i (Mech)* (z.B. beim Galvanisieren)
**spot repairing Ausbesserung** *f (Anstr)* (von Schutzschichten)
**spot velocity Ablenkgeschwindigkeit** *f (Mech, El)* (z.B. der Rolltreppe)
**spot welding Punktschweißen** *nt (Schw, Mech, Mont)*
**spot, non-hardened** non-hardened spot *adj:n* **Härteschlupfstelle** *f (Mech)*
**spotlight Flutlichtstrahler** *m* **Tiefstrahler** *m (El)*
**spotlights in base plate module Podestbeleuchtung** *f (Bg/Bergb)* (im Fahrerhaus)

**spotter** *(excavator crew)* **Beladewärter** *m (Bg/Bergb)* (Einweiser)
**spotting time Aufstellzeit** *f (Bg/Bergb)* (z.B. des Lkw am Bagger) **Wechselzeit** *f (Bg/Bergb)* (des Dumpers)
**spout Auslauf** *m (Hütt/Wlz)* (Mündung) **Mündung** *f (Mech)* (Auslauf)
**sprag Bergstütze** *f (Kfz)*
**sprag clutch Überholkupplung** *f (Mech)*
**spray Sprühmittel** *nt (Chem, Mech)* **Zerstäuberflüssigkeit** *f (Mech, Chem)*
**spray nozzle Spritzdüse** *f (Hyd/Pneu)* **Sprühdüse** *f (Hyd/Pneu)*
**spray wash** *v* **abspritzen** *v (Bg/Bergb)* (abwaschen)
**sprayer Sprühanlage** *f (Mech)* **Zerstäuber** *m (Stb)*
**spread** *v* **dehnen** *v (Mech)* (ausdehnen, verbreiten) **verteilen** *v (Allg)*
**spreader** *UK* **Absetzer** *m (Bg/Bergb)* (für Abraum auf Kippe) **Bandabsetzer** *m (Umschl)* (Platzbelader)
**spreader bar Spreizstange** *f (Mech)*
**spreader belt Absetzförderband** *nt (Bg/Bergb)* (für Halde)
**spreader conveyor Abwurfband** *nt (Bg/Bergb, Umschl, Band)* **Band im Abwurfausleger** *(Bg/Bergb, Umschl, Band)*
**spreader discharge belt Absetzförderband** *nt (Bg/Bergb)* (für Halde)
**spreader stoker Blastischaufgabe** *f (Hütt/Wlz)* **Rost mit Blastisch** *(Hütt/Wlz)*
**spreader with supported feeding conveyor boom Absetzer mit gestütztem**
**spreader, boom-bascule design Absetzer in Wippenkonstruktion** *(Bg/Bergb)*
**spreader, giant** giant spreader *adj:n* **Großabsetzer** *m (Bg/Bergb)* (Kippe)
**spring Feder** *f (Mech)* **Zugfeder** *f (Bahn)* (Wagonabstützung)
**spring accumulator Federspeicher** *m (Hyd/Pneu)*
**spring band steel Federbandstahl** *nt (Form)*
**spring bracket Federband** *nt (Form)* **Federträger** *m (Kfz)*
**spring casing Federkäfig** *m (Mech)*
**spring clip Federbügel** *m (Form)* **Federsplint** *m (Kfz)*
**spring cover Federdeckel** *m (Bg/Bergb)* **Federhülse** *f (El)*
**spring distance Federweg** *m (Mech)*
**spring force Druckkraft** *f (Mech)* **Federkraft** *f (Kfz)*
**spring guide Gleitfeder** *f (Mech)*
**spring key Passfeder** *f (Mech)*
**spring mounting Abfederung** *f (Mech)*
**spring pin Spannstift** *m (Mech)*
**spring plate Federblatt** *nt (Form)* **Federteller** *m (Mech)*
**spring reset Federrückstellung** *f (Mech)*
**spring retainer Seegerring** *m (Mech)*
**spring ring Federring** *m (Mech)* **Sprengring** *m (Mech)*
**spring stop Federanschlag** *m (Form)*
**spring suspension Abfederung** *f (Mech)* **Federaufhängung** *f (Form)*
**spring system Abfederung** *f (Mech)*
**spring washer Spannscheibe** *f (Mech)* (Unterlegscheibe) **Tellerfeder** *f (Mech)*
**spring, flexible** flexible spring *adj:n* **Biegefeder** *f (Mech)*
**spring, helical** helical spring *adj:n* **Schraubendruckfeder** *f (Mech)* **Schraubenfeder** *f (Mech)*
**spring, laminated** laminated spring *adj:n* **Blattfeder** *f (Mech)*
**spring, ratched** ratched spring *adj:n* **Klinkenfeder** *f (Mech)*
**spring-loaded** *adj* **federbelastet** *adj (Mech)* **federgespeichert** *adj (Form)*
**spring-mounted** *adj* **federnd** *adj (Mech)*
**spring-operated** *adj* **federspeicherangetrieben** *adj (Mech)*
**springing Kämpfer** *m (Mech)*
**springy** *adj* **federhart** *adj (Stb)*
**sprinkling stoker Wurffeuerung** *f (Hütt/Wlz)*
**sprocket Antriebsrad** *nt (Bg/Bergb)* (z.B. des Baggers) **Zahnkettenrad** *nt (Mech)*
**sprocket belt Zahnriemen** *m (Mech)*
**sprocket hub Turasnabe** *f (Bg/Bergb)*
**sprocket ring Kettenradkranz** *m (Mech)*
**sprocket wheel Kettenrad** *nt (Mech)*
**spur gear**) **Geradezylinderrad** *nt (Mech)* **Stirnradgetriebe** *nt (Mech)*
**spur pinion Stirnritzel** *nt (Mech)*
**spur ring Zahnkranz** *m (Bg/Bergb, Umschl)* (Laufrad)
**spur toothing Geradverzahnung** *f (Mech)*
**spur wheel Stirnrad** *nt (Mech)*
**square Vierkantstab** *m (Stb)* **Winkel** *m (Mech, Mont)*

**square box Vierkantsammler** *m (Hütt/Wlz)*
**square edge Steilflanke** *f (Stb)*
**square section ring Rechteckring** *m (Mech)*
**square spanner Vierkantschlüssel** *m (Mont, Werkz)*
**square steel Vierkantstahl** *m (Stb)*
**square timber Kantholz** *nt (Mech)*
**square washer Vierkantscheibe** *f (Mech)*
**square-edged** *adj* **scharfkantig** *adj (Mech, Mont, Hütt/Wlz)*
**squashing** *(e.g. rope)* **Quetschung** *f (Mech)* (z.B. Seil)
**squeeze-stable** *adj* **walkstabil** *adj (Mech)*
**squeezing iron Knippeisen** *nt (Mont)*
**squirrel cage motor** *(El)* **Käfigläufermotor** *m (Mech)* **Kurzschlussläufermotor** *m (Mech)*
**squirt off** *v* **abspritzen** *v/i (Bg/Bergb)* (z.B. Öl bei Überdruck)
**stability Festigkeit** *f (Mech, Stat)* **Standsicherheit** *f (Mech, Stat, Bg/Bergb)*
**stability of shape Formbeständigkeit** *f (Mech)*
**stability of the slope Böschungsstabilität** *f (Bg/Bergb)*
**stability row of piles Haldenstabilitätsreihe** *f (Bg/Bergb, Umschl)* (Boke)
**stability square Standquadrat** *nt (Bg/Bergb)*
**stability under load Belastbarkeit** *f (Mech, Schw)* (Standfestigkeit) **Standvermögen** *nt (Mech)*
**stabilizer Pratze** *f (Bg/Bergb)* **Schwingungsdämpfer** *m (Mech)*
**stabilizer of oscillating axle** *(jack)* **Pendelachsabstützung** *f (Bg/Bergb)*
**stable** *adj* **ruhigstehend** *adj (Hütt/Wlz)* **standfest** *adj (Mech)*
**stack** *(pile, heap)* **Kohlenhalde** *f (Bg/Bergb)* **Stapel** *m (Bg/Bergb)* (z.B. Holz, Paletten)
**stacker Haldenabsetzer** *m (Bg/Bergb)* **Platzbelader** *m (Umschl)* (für Mineral auf Halde)
**stacker belt Absetzförderband** *nt (Bg/Bergb)* (für Halde)
**stacker on crawlers Absetzer auf Raupen** *(Umschl)*
**stacker on rails Absetzer auf Schienen** *(Umschl)*
**stacker reclaimer kombinierter Schaufelradlader** *adj:n (Bg/Bergb, Umschl)*
**stacker with boom(s) Absetzer mit Ausleger** *(Umschl)*
**stacking Aufhaldung** *f (Umschl)* **Beschickung** *f (Umschl)* (Platzbeladen, Lagerplatz)
**stage Arbeitsbühne** *f (Mech)* **Bühne** *f (Mech)*
**stage-bleeding Anzapfung** *f (Hütt/Wlz)* (Entnahme)
**stagger Staffelung** *f (Hütt/Wlz)* **Versatz** *m (Hütt/Wlz)*
**stainless** *adj* **nicht rostend** *adj (Mech)* **rostfrei** *adj (Mech)*
**stake out** *v (a piece of land)* **abstecken** *v (Form)* (ein Gelände mit Stangen)
**stalitron Stalitron** *nt (Hütt/Wlz)*
**stall** *v (motor)* **blockieren** *v (Mech)* (Motor, Läufer abwürgen)
**stall** *v/i (get stuck)* **haken** *v/i (Mech)* **stocken** *v/i (Mech)*
**stall point Abrisspunkt** *m (Mech)* (Strömung reißt ab)
**stall point** *(of a truck)* **Festbremspunkt** *m (Mech)* (des Lkw)
**stamp** *v (press, punch)* **pressen** *v (Hütt/Wlz)* (z.B. Automobilteile) **stanzen** *v (Hütt/Wlz)* (Bleche pressen)
**stamp** *v (e.g. numbers)* **einschlagen** *v (Mech)* (z.B. die Fertigungsnummer) **prägen** *v (Mech)* (z.B. Rillen)
**stanchion** *BE* **Säule** *f (Mech, Stb)* **Stütze** *f (Stb, Mech)* (Strebe)
**stand Bock** *m (Mech)* (Gestell) **Stativ** *nt (Mech, Bau)*
**stand oil lubrication Standölschmierung** *f (Mech)*
**standard Bock** *m (Mech)* (angegossener Sitz) **Prämisse** *f (Allg)*
**standard beam Doppel-T-Träger** *m (Hütt/Wlz)*
**standard cone crusher Symons-Kegelbrecher** *m (Zer)*
**standard gauge Ladeprofil** *nt (Mech)* **Normalspur** *f (Mech)*
**standard paint finish Allgemeinanstrich** *m (Bg/Bergb)*
**standard section Regelprofil** *nt (Stb)* (Normalprofil)
**standard square Anschlagwinkel** *m (Mech, Mont)*

**standby boiler Reservekessel** *m (Hütt/Wlz)*
**standby mill Reservemühle** *f (Zer)*
**standpipe** *(connection)* **Anschlussstutzen** *m (Mech, Hyd/Pneu)* (Rohr)
**stapa strap Stapaschelle** *f (Mech)*
**stapler Hefter** *m (Mech)* (für Heftklammern)
**star** *(as sprocket-type wheel)* **Stern** *m (Bg/Bergb)* (Antriebsrad)
**star handle Kreuzgriff** *m (Mech)*
**starboard boiler Steuerbord-Kessel** *m (Mech)*
**start Anfahren** *nt (Mech)* (Zeitpunkt) **Inbetriebnahme** *f (Mech)*
**start interlock Anlasssperre** *f (Kfz)*
**start of production Bandstart** *m (Bg/Bergb)*
**start to slew anschwenken** *v (Bg/Bergb)* (z.B. den Bagger)
**start-up flash tank Anfahrentspanner** *m (Hütt/Wlz)*
**starter Vorbohrer** *m (Mech)*
**starter pinion control Startritzel-Hebel** *m (Mech)*
**starting air bottle** *(diesel generator)* **Pressluftaggregat zum Anlassen** (Dieselgenerator)
**starting contactor Anlaufschütz** *nt (Form)*
**starting crank Andrehkurbel** *f (Kfz)* **Anlasskurbel** *f (Kfz)*
**starting cut Einschnitt** *m (Mont)*
**starting operation Anfahren** *nt (Mech)* (Vorgang) **Anfälligkeit** *f (Mech)*
**starting torque Anfahrdrehmoment** *nt (Mech)* **Anfahrmoment** *nt (Mech)*
**state of aggregation Aggregatszustand** *m (Bg/Bergb)*
**state of equilibrium Beharrungszustand** *m (Mech, El)* **Gleichgewichtszustand** *m (Stat)*
**state of inertia Beharrungsvermögen** *nt (Mech)* **Trägheit** *f (Mech)*
**static test Belastungsprüfung** *f (Mech)* **Belastungsversuch** *m (Mech)*
**station requirements** *pl* **Eigenverbrauch** *m (Hütt/Wlz)*
**stay** *(with a rope)* **Abspannung** *f (Mech, Bg/Bergb, Umschl) (z.B. mittels Seil, Kette, Stange)* **Abspannungsseil** *nt (Stb)*
**stay Anker** *m (Mech, Bau)* **Steife** *f (Bau, Bg/Bergb) (z.B. im Graben)*
**stay** *v* **abfangen** *v (Bg/Bergb)* **abstützen** *v (Mech, Mont)* **verankern** *v (Mech, Mont)*
**stay bar Spannstange** *f (Mech)*
**stay plate Bindeblech** *nt (Stb, Bau)* **Standblech** *nt (Stb, Hütt/Wlz)*
**stay rope Abspanndraht** *m (Stb)* **Abspannseil** *nt (Bg/Bergb)*
**stay tap Gewindebohrer** *m (Mech, Mont)* (lang)
**steadfastness Standfestigkeit** *f (Bg/Bergb, Mech)*
**steady-load test Dauerlastprüfung** *f (Mech)*
**steady-state condition Dauerzustand** *m (Mech)*
**steady-state speed regulation statische Drehzahländerung** *adj:n (Mech)*
**steam admission Dampfbeaufschlagung** *f (Hütt/Wlz)*
**steam boiler Dampferzeuger** *m (Hütt/Wlz)* **Dampfkessel** *m (Bahn)*
**steam bubble Dampfblase** *f (Hütt/Wlz)*
**steam cage tube Wandrohr** *nt (Hütt/Wlz)* (Strahlraum)
**steam drying Dampftrocknung** *f (Hütt/Wlz)*
**steam flow meter Dampfmengenmesser** *m (Hütt/Wlz)*
**steam generating plant Dampferzeuger** *m (Hütt/Wlz)*
**steam impurities** *pl* **Dampfverunreinigung** *f (Hütt/Wlz)*
**steam power plant** *BE (El)* **Dampfkraftwerk** *nt (El)*
**steam pressure atomizer Dampfdruckzerstäuber** *m (Hütt/Wlz)*
**steam raising plant Dampferzeuger** *m (Hütt/Wlz)*
**steam releasing surface Ausdampffläche** *f (Hütt/Wlz)*
**steam roller Dampfwalze** *f (Kfz)*
**steam rope excavator Dampfseilbagger** *m (Bg/Bergb)*
**steam scrubbing Dampfwaschen** *f (Hütt/Wlz)* (Trocknung)
**steam space Dampfraum** *m (Hütt/Wlz)*
**steam take-off drum Dampfentnahmetrommel** *f (Hütt/Wlz)*

**steam temperature, final** final steam temperature *adj:n* **Endüberhitzung** *f (Hütt/Wlz)* (Temperatur)
**steam temperature, primary** primary steam temperature *adj:n* **Vorüberhitzung** *f (Hütt/Wlz)*
**steam trap Kondensatableiter** *m (Mech)* **Kondenstopf** *m (Hütt/Wlz)*
**steam, flashed** flashed steam *adj:n* **entspannter Dampf** *adj:n (Hütt/Wlz)*
**steam, live** live steam *adj:n* **Frischdampf** *m (Hütt/Wlz)*
**steam, saturated** saturated steam *adj:n* **Sattdampf** *m (Hütt/Wlz)*
**steam, superheated** superheated steam *adj:n* **Frischdampf** *m (Hütt/Wlz)* **Heißdampf** *m (Hütt/Wlz)*
**steam, wet** wet steam *adj:n* **nasser Dampf** *adj:n (Hütt/Wlz)* **Nassdampf** *m (Hütt/Wlz)*
**steam-and-water drum Entmischungstrommel** *f (Hütt/Wlz)*
**steam-generating tube Siederohr** *nt (Mech, Hütt/Wlz)*
**steam-heated air heater Dampfluftvorwärmer** *m (Hütt/Wlz)*
**steam-line warm-up Anwärmen der Dampfleitung** *nt (Hütt/Wlz)*
**steam-proof** *adj* **dampfdicht** *adj (Form)*
**steambloc Steamblock** *m (Hütt/Wlz)*
**steatite** *(talc for insulators)* **Steatit** *m (Mech)* (Material für Isolatoren)
**steel Stahl** *m (Hütt/Wlz)*
**steel and metal production Stahl- und Metallerzeugung** *(Hütt/Wlz)*
**steel armour flap Stahlpanzerklappe** *f (Mech)*
**steel baling hoop Stahlballenband** *nt (Mech)* (Verpackung)
**steel bars** *pl* **Stabstahl** *m (Hütt/Wlz, Stb)*
**steel beam Stahlträger** *m (Stb)*
**steel belt tyre Stahlgürtelreifen** *m (Mech)* (Kfz)
**steel bush Stahlbuchse** *f (Hütt/Wlz, Mech)*
**steel cable belt Stahlseilgurt** *m (Mech)*
**steel casing Blechverschalung** *f (Hütt/Wlz)*
**steel casting** *(product)* **Stahlguss** *m (Hütt/Wlz)* (Produkt) **Stahlgussteil** *nt (Mech)*
**steel chain Rundstahlkette** *f (Mech)*
**steel channel U-Profil-Stahl** *m (Hütt/Wlz)*
**steel channel, rolled** rolled steel channel *adj:n* **U-Eisen** *(Stb, Hütt/Wlz)*
**steel coating Stahlveredelung** *f (Hütt/Wlz)* (Oberflächenbehandlung)
**steel consumption Stahlverbrauch** *m (Stb, Hütt/Wlz)*
**steel cord ply Stahlseil-Einlage** *f (Bg/Bergb, Umschl, Band, Mech)*
**steel fabric Stahlgewebe** *nt (Stb)*
**steel facing Auftragschweißung** *f (Schw, Mont)*
**steel flooring Bodenbelag** *m (Hütt/Wlz)* (Blechabdeckung)
**steel for prestressed concrete Spannbetonstahl** *m (Hütt/Wlz)*
**steel for use at high temperatures warmfester Baustahl** *adj:n (Hütt/Wlz)*
**steel frame, pressed** pressed steel frame *adj:n* **Pressstahlrahmen** *m (Hütt/Wlz)*
**steel grade Stahlgüte** *f (Hütt/Wlz)* **Stahlsorte** *f (Hütt/Wlz)*
**steel grid Stahlgitterrost** *m (Stb)*
**steel grit** *(sharp edges)* **Stahlsand** *m (Stb)* (scharfkantig)
**steel hoop Bandeisen** *nt (Hütt/Wlz)* **Bandstahl** *m (Hütt/Wlz)*
**steel hub Stahlnabe** *f (Mech)*
**steel in common use Massenstahl** *m (Hütt/Wlz)*
**steel measuring tape Stahleinziehband** *nt (Mech, Mont)*
**steel mill operation Hüttenbetrieb** *m (Hütt/Wlz)*
**steel plate, refined** refined steel plate *adj:n* **GG-Edelstahlplatte** *f (Mech)*
**steel roller Stahlwalze** *f (Hütt/Wlz)*
**steel roof window Stahl-Dachfenster** *nt (Hütt/Wlz)*
**steel scrap Stahlschrott** *m (Hütt/Wlz)*
**steel sheet Mittelblech** *nt (Stb, Hütt/Wlz)* **Stahlblech** *nt (Hütt/Wlz)*
**steel sheet piling Spundwandprofil** *nt (Bg/Bergb)* **Stahlspundwand** *f (Hütt/Wlz)*
**steel sheet, crimped** crimped steel sheet *adj:n* **Sickenblech** *nt (Hütt/Wlz)*
**steel square Anschlagstahlwinkel** *m (Mech, Mont)*
**steel straight-edge Stahllineal** *nt (Mont, Werkz)*
**steel strapping Packband** *nt (Mech)* (Bandeisen für Kisten) **Stahlband** *nt (Mech)* (Verpackung)

**steel strip Bandeisen** *nt (Hütt/Wlz)* **Bandstahl** *m (Hütt/Wlz)*
**steel tape Metallband** *nt (Mech, Allg)* **Stahlmaßstab** *m (Mont)*
**steel ties** *pl* **Spanneisen** *nt (Mont)*
**steel troughing Belagstahl** *m (Stb)*
**steel tube, mechanical** mechanical steel tube *adj:n BE* **Präzisionsstahlrohr** *nt (Hütt/Wlz)*
**steel works** *pl* **Eisenhütte** *f (Form) (Hüttenwerk)* **Stahlwerk** *nt (Hütt/Wlz)*
**steel, alloyed** alloyed steel *adj:n* **legierter Stahl** *adj:n (Hütt/Wlz)*
**steel, balanced** balanced steel *adj:n* **halbberuhigter Stahl** *adj:n (Hütt/Wlz)*
**steel, cold finished** finished steel cold *adj:n* **gezogener Stahl** *adj:n (Hütt/Wlz)*
**steel, cold-drawn** cold-drawn steel *adj:n* **Blankstahl** *m (Stb)*
**steel, corrugated** corrugated steel *adj:n* **Wellblech** *nt (Mech, Hütt/Wlz)*
**steel, drawn** drawn steel *adj:n* **gezogener Stahl** *adj:n (Hütt/Wlz)*
**steel, flat** flat steel *adj:n* **Flacheisen** *(Hütt/Wlz) (Flachstahl, Flachstab)*
**steel, forged** forged steel *adj:n* **Schmiedeeisen** *nt (Hütt/Wlz)* **Schmiedestahl** *m (Mech, Hütt/Wlz)*
**steel, high-carbon** high-carbon steel *adj:n* **Schmiedestahl** *m (Hütt/Wlz) (mit hohem C-Gehalt)* **kohlenstoffreicher Stahl** *adj:n (Hütt/Wlz)*
**steel, hot-rolled** hot-rolled steel *adj:n* **warmgewalzter Stahl** *adj:n (Hütt/Wlz)*
**steel, killed** killed steel *adj:n* **beruhigter Stahl** *adj:n (Mech, Hütt/Wlz)*
**steel, low-alloy** low-alloy steel *adj:n* **niedriglegierter Stahl** *adj:n (Hütt/Wlz)*
**steel, low-carbon** low-carbon steel *adj:n* **Flussstahl** *m (Hütt/Wlz)* **kohlenstoffarmer Stahl** *adj:n (Hütt/Wlz)*
**steel, mild** mild steel *adj:n* **Handelsbaustahl** *m (Stb, Bau)* **Weichstahl** *m (Hütt/Wlz)*
**steel, shaped** shaped steel *adj:n* **Profilstahl** *m (Hütt/Wlz, Mech)*
**steel, stainless** stainless steel *adj:n* **Edelstahl** *m (Hütt/Wlz) (rostfrei)* **rostfreier Stahl** *adj:n (Hütt/Wlz)*
**steel, tempered** tempered steel *adj:n* **gehärteter Stahl** *adj:n (Hütt/Wlz)*
**steel, wear-resistant** wear-resistant steel *adj:n* **verschleißfester Stahl** *adj:n (Hütt/Wlz)*
**steel-concrete interface Berührungsfuge** *f (Stb)*
**steel-stamp letter Schlagbuchstabe** *m (Allg, Mech)* (Markierung)
**steels for structural purposes Baustahl** *m (Stb, Hütt/Wlz)*
**steelwork fabrication Stahlverarbeitung** *f (Hütt/Wlz)*
**steep-incline conveyor Schrägförderer** *m (Band)* **Steilförderer** *m (Band, Umschl)*
**steering arm Lenker** *m (Mech)* (Raupen) **Lenkhebel** *m (Mech)*
**steering block Lenkeinschlag** *m (Mech)*
**steering cam Lenkschnecke** *f (Mech)* **Lenkschraube** *f (Mech)*
**steering column Lenksäule** *f (Mech)*
**steering column change** *(shift)* **Lenkradschaltung** *f (Mech)*
**steering crawler Lenkraupe** *f (Bg/Bergb)*
**steering frame Steuerträger** *m (Mech)*
**steering lever Spurhebel** *m (Mech)* **Umlenkhebel** *m (Mech)*
**steering link Lenkschubstange** *f (Mech)* **Spurstange** *f (Mech)*
**steering mechanism Lenkanlage** *f (Mech)* **Lenkung** *f (Bg/Bergb)*
**steering mechanism, servo-assisted** servo-assisted steering mechanism *adj:n* **Servolenkung** *f (Hyd/Pneu, Mech)*
**steering orbitrol hydraulische Lenkung** *adj:n (Mech, Hyd/Pneu)*
**steering rod Koppelstange** *f (Bg/Bergb)* **Lenkstange** *f (Mech)*
**steering roller Lenkrolle** *f (Band, Mech)*
**steering screw Spindel** *f (Bg/Bergb)* (Lenkspindel) **Steuerspindel** *f (Bg/Bergb)*
**steering stop limit Lenkanschlag-Begrenzung** *f (Mech)*
**steering wheel Lenkrad** *nt (Mech) (z.B. Kfz)* **Steuer** *nt (Mech)* (Lenkrad)
**stem Schlaucharmatur** *f (Mech)* (Kupplung)
**stem correction Fadenkorrektur** *f (Hütt/Wlz)*
**stemple Stempel** *m (Bg/Bergb)*
**stencil Matrize** *f (Mech) (z.B. für Kopien)* **Schablone** *f (Mech) (für Buchstaben)*

**step Absatz** *m (Mech, Bg/Bergb)* **Schaltstufe** *f (Mech) (am Regler)*
**step Strosse** *f (Bg/Bergb) (Tagebau)* **Terrasse** *f (Bg/Bergb)*
**step** *v* **absetzen** *v (Mech, Mont) (an der Drehbank, z.B. Bohrung, Bolzen, Welle)* **kröpfen** *v (Mech, Mont)*
**step bench** *(open pit mining)* **abgestufte Strosse** *adj:n (Bg/Bergb) (im Tagebau)*
**step piston Stufenkolben** *m (Mech)*
**step shaft Stufenwelle** *f (Mech)*
**step-down gear Reduktionsgetriebe** *nt (Mech)* **Reduzierantrieb** *m (Mech)*
**stepseal Stepseal** *nt (Mech) (Kolbenstangendichtung)*
**stick** *(of an excavator)* **Stiel** *m (Bg/Bergb) (des Baggers)*
**stick out** *v/i* **herausragen** *v (Mech) (z.B. ein Gegengewicht)*
**stick ram** *BE* **Stielzylinder** *m (Bg/Bergb)*
**sticking** *adj* **anhaftend** *adj (Band, Mech, Allg)*
**stiff against torsion drehstarr** *adj (Mech)* **drehsteif** *adj (Mech)*
**stiff-leg derrick** *AE* **Derrickkran mit 270° Schwenkbereich** *(Stb)* **Montagekran** *m (Bg/Bergb, Mont)*
**stiffener Aussteifung** *f (Mech, Stb)* **Versteifung** *f (Stb)*
**stiffening plate Aussteifblech** *nt (Stb)* **Verstärkungsblech** *nt (Mech, Stb)*
**stiffness Steifheit** *f (Mech, Stb)* **Steifigkeit** *f (Mech)*
**stinger bit Einstechmesser** *nt (Form)*
**stirrup Bügel** *m (Mech) (U-förmiger Halter, Dreiecksbügel)* **Steigeisen** *nt (Mech) (Luftschacht)*
**stockpile Stapel** *m (Mech, Bg/Bergb, Umschl)* **Vorratshalde** *f (Bg/Bergb)*
**stockpile length conveyor Lagerlängsband** *nt (Band, Umschl)*
**stocks and dies Windeisen** *nt (Mont)*
**stockyard systems** *pl* **Lagerplatzausrüstungen** *pl f (Bg/Bergb)*
**stoke** *v* **schüren** *v (Hütt/Wlz)* **stochern** *v (Hütt/Wlz)*
**stoker ashpit Schlackentrichter** *m (Hütt/Wlz)*
**stoker burning rate Rostwärmebelastung** *f (Hütt/Wlz)*
**stoker link Roststab** *m (Hütt/Wlz)*
**stoker-fired boiler Rostkessel** *m (Hütt/Wlz)*
**stone bolt Steinschraube** *f (Mech)*
**stone coal Anthrazit** *m (Bg/Bergb, Geo)* **Steinkohle** *f (Bg/Bergb, Geo)*
**stone embedments** *pl* **Steineinlagerungen** *pl f (Bg/Bergb, Geo)*
**stone layers** *pl* **Schotterablagerungen** *pl f (Bg/Bergb, Geo)*
**stone screening Steinabsiebung** *f (Bg/Bergb)*
**stoneware Steingut** *nt (Geo, Bg/Bergb)* **Steinzeug** *nt (Bau)*
**stop Feststellvorrichtung** *f (Mech)* **Sperre** *f (Mech)*
**stop block Prellbock** *m (Mech)* **Puffer** *m (Umschl) (für Schienengeräte)*
**stop pin Anschlagbolzen** *m (Mech)* **Anschlagstift** *m (Mech)*
**stop valve Absperrventil** *nt (Hyd/Pneu)*
**stop washer Sicherungsscheibe** *f (Mech) (Unterlegscheibe)*
**stopcock Absperrhahn** *m (Hyd/Pneu)*
**stope Strosse** *f (Bg/Bergb)* (unter Tage)
**stope face Abbaustoß** *m (Bg/Bergb)*
**stopper control Stopfensteuerung** *f (Hütt/Wlz)*
**stopping lever Arretierhebel** *m (Mech)*
**stopwatch analysis Zeitmessanalyse** *f (Mech)*
**storage Bunkerung** *f (Hütt/Wlz)* **Speicherung** *f (Hütt/Wlz)*
**storage ditch Grabenbunker** *m (Bg/Bergb, Umschl)*
**storage of bulk goods Zwischenlagerung von Schüttgütern** *(Umschl)*
**storage of pulverized fuel Staubbunkerung** *f (Hütt/Wlz)*
**storm tie-down Sturmsicherung** *f (Mech)*
**stout Holm** *m (Mech, Mont)*
**stowing Beladen** *nt (Mech, Allg)*
**straddle carriers Flurförderzeug** *nt (Kfz) (z.B. Gabelstapler)*
**straight bevel gear Geradzahn-Kegelrad** *nt (Mech)*
**straight lug link plate Mitnehmerlasche** *f (Mech)*
**straight-face roller glatte Laufrolle** *adj:n (Mech)*
**straightener Lenkblech** *nt (Band, Umschl)*

**straightening Ausrichtung** *f (Mech, Allg)* **Geraderichten** *nt (Mech, Mont)*
**straightening force Richtkraft** *f (Stat)*
**straightening roller machine Richtwalzmaschine** *f (Hütt/Wlz)*
**strain Verdehnung** *f (Mech)* **Verformung** *f (Mech) (Formänderung)*
**strain** *v (percolate)* **durchgießen** *v (Form) (z.B. durch ein Sieb)* **durchseihen** *v (Mech, Hyd/Pneu, Allg)*
**strain** *v* **beanspruchen** *v (Mech)* (belasten)
**strain energy Verformungsarbeit** *f (Hütt/Wlz, Stb)*
**strain gauge Dehnungsmessstreifen** *m (El)* **Spannungsmesser** *m (Mech) (Statik)*
**strain hardening Verfestigung durch Kaltverformung** *(Hütt/Wlz)*
**strain, residual** residual strain *adj:n* **Verformung** *f (Mech)* (bleibende Dehnung)
**strainer Filter** *nt (Hyd/Pneu) (z.B. für Flüssigkeit)* **Saugfilter** *nt (Hütt/Wlz)*
**strainer insert Siebeinsatz** *m (Zer)*
**strainometer Dehnungsmesser** *m (Mech)*
**strand** *(El, Mech)* **Ader** *f (El)* (Kabel) **Litze** *f (Mech)*
**strand of chain Kettentrum** *nt (Band)*
**strandline Uferlinie** *f (Bg/Bergb)*
**strap Schelle** *f (Mech)* **Verpackungsband** *nt (Mech)*
**strap shaped angle Bügelgriff** *m (Mech)*
**strapping system Umreifungssystem** *nt (Mech)*
**strapping tools and machines Verpackungsgeräte** *pl nt (Mech)*
**strata** *pl* **Schichten** *pl f (Geo)*
**stratification Bänderung** *f (Geo)* **Schichtenverlauf** *m (Geo)* (im Gestein)
**stratum Ablagerung** *f (Geo)* **Schicht** *f (Geo)*
**streamlining** *(lower part of wagon)* **Schürze** *f (Bahn) (eines Wagons)* **Stromlinienverkleidung** *f (Bahn)*
**strength Festigkeit** *f (Mech, Stat)* **Steifigkeit** *f (Mech)*
**strength property Festigkeitseigenschaft** *f (Mech, Stat)*
**strength, structural** structural strength *adj:n* **Gestaltfestigkeit** *f (Hütt/Wlz)*
**strength, ultimate** ultimate strength *adj:n* **Zerreißfestigkeit** *f (Mech, Stat) (bei Zugspannungen)* **Zugfestigkeit** *f (Mech, Stat) (bei Zugspannungen)*
**stress Beanspruchung** *f (El, Allg, Mech, Stat)* **Spannung** *f (Mech, Stat) (Belastung, Druck)*
**stress** *v (spring)* **anziehen** *v (Mech) (z.B. Federn)*
**stress concentration Spannungsanhäufung** *f (Schw, Mech, Mont)*
**stress corrosion Spannungskorrosion** *f (Hütt/Wlz, Anstr)*
**stress crack, thermal** thermal stress crack *adj:n* **Wärmespannungsriss** *m (Stb)*
**stress cycle Lastspiel** *nt (Mech) (Dauerversuch)*
**stress for the operator Bedienungsaufwand** *m (Mech, Allg)* **Steuerungsanstrengung** *f (Bg/Bergb) (des Fahrers)*
**stress relieving** *(by annealing)* **Spannungsfreiglühen** *nt (Hütt/Wlz)*
**stress spectrum Spannungskollektiv** *nt (Mech, Stat)*
**stress, maximum** maximum stress *adj:n* **Höchstspannung** *f (Mech) (z.B. eines Drahtseils)*
**stress, repeated** repeated stress *adj:n* **Dauerschwingbeanspruchung** *f (Stb)* **Schwingungsbeanspruchung** *f (Mech, Stat)*
**stress, torsional** torsional stress *adj:n* **Drehschwingungsbeanspruchung** *f (Mech, Schw)* **Verdrehungsbeanspruchung** *f (Mech)*
**stress-relieve Entspannung** *f (Hütt/Wlz) (Glühen)*
**stress-relieve** *v* **spannungsarm glühen** *adv:v (Mech)* **warmbehandeln** *v (Hütt/Wlz) (z.B. Metall)*
**stress-relieving Warmbehandlung** *f (Mech, Mont, Hütt/Wlz)*
**stress-rupture test Zerreißversuch** *m (Mech)*
**stretch** *(belt)* **Gurtdehnung** *f (Mech, Band)*
**stretch elastische Dehnung** *adj:n (Mech)* **Fahrstrecke** *f (Mech, Allg)*
**stretcher Trage** *f (Mech)*
**strike** *v/i* **aufprallen** *v/i (Allg)*
**strike off** *v (skim off)* **abstreifen** *v (Bg/Bergb, Umschl, Band)*
**striker vorderer Anschlag** *adj:n (Mech)* **vordere Kupplerarmführung** *adj:n (Mech)*

**string Schnur** *f (Mech, Allg)* **Wange** *f (Mech)*
**stringer Holm** *m (Mech, Mont)* **Unterzug** *m (Mech)*
**strip Band** *nt (Mech) (zur Befestigung)* **Leiste** *f (Mech) (Metallstreifen)*
**strip** *v (e.g. screws)* **ausreißen** *v (Mech) (Schrauben aus dem Gewinde)* **überdrehen** *v (Mech, Mont) (z.B. Gewinde)*
**strip down** *v* **auseinander nehmen** *v (Mech)*
**strip hinge Gelenkband** *nt (Mech)*
**strip joining machine Stanzverbinder** *m (Hütt/Wlz)*
**strip mining Tagebaubergwerk** *nt (Bg/Bergb)*
**strip, cold-rolled** *adj:n* **Kaltband** *nt (Hütt/Wlz)*
**strip, hot-rolled** hot-rolled strip *adj:n* **Warmband** *nt (Hütt/Wlz)*
**strip, tin-coated** tin-coated strip *adj:n* **Weißband** *nt (Hütt/Wlz)*
**strip, wide** wide strip *adj:n* **Breitband** *nt (Mech)*
**stripe design coating Streifenlackierung** *f (Hütt/Wlz) (Bandstahl)*
**stripper Abstreifer** *m (Bg/Bergb, Umschl, Band)*
**stripping Abtragen** *nt (Bg/Bergb) (Schichten, Abraum, Kohle)* **Freilegung** *f (Bg/Bergb) (z.B. von Kohle)*
**stripping filler Einreißfüller** *m (Zer)*
**stripping ratio Deckenverhältnis** *nt (Bg/Bergb)*
**stripping ratio** *(overburden: coal)* **Abraumverhältnis zur Kohle** *nt (Bg/Bergb, Geo)*
**strippings** *pl* **Abraum** *m (Bg/Bergb) (im Bergbau)* **Baggergut** *nt (Bg/Bergb)*
**stroke Hub** *m (Mech) (Zylinder)* **Takt** *m (Mech)* (Motor)
**stroke length Hublänge** *f (Mech)*
**stroke of sledge with rotary drive Schlittenhub** *m (Bg/Bergb)*
**stroke, effective** effective stroke *adj:n* **Effektivhub** *m (Bg/Bergb)* **Nutzhub** *m (Mech)*
**strong back Halteeisen** *nt (Mech, Mont) (Tankbau)*
**struck** *adj* **gestrichen** *adj (Bg/Bergb) (voll, z.B. Schaufel)*
**structural angle Winkeleisen** *nt (Mech, Stb, Hütt/Wlz)*
**structural engineering Stahlhochbau** *m (Stb, Mech)* **Strukturbau** *m (Mech)*
**structural integrity intakte Konstruktion** *adj:n (Mech)* **Unversehrtheit einer Konstruktion** *(Stb)*
**structural member Bauelement** *nt (Mech)* **Bauglied** *nt (Bau, Mech) (Bauteil)*
**structural shape Profil** *nt (Mech, Mont)*
**structure Beschaffenheit** *f (Mech) (Struktur)* **Struktur** *f (Geo, Mech, Allg) (Gestalt, Form)*
**structure** *(engineering structure)* **Konstruktion** *f (Mech, Allg, Bau)* **Tragwerk** *nt (Mech, Stb)*
**structure, banded** banded structure *adj:n* **Bänderung** *f (Hütt/Wlz)*
**structure, loosen up** loosen up the structure *n:v* **das Gefüge auflockern** *n:v (Bg/Bergb)*
**structure, non-bearing** non-bearing structure *adj:n* **nicht tragende Konstruktion** *adj:n (Mech)*
**structure, projecting** projecting structure *adj:n (on the excavator)* **Anbau** *m (Bg/Bergb) (auf dem Bagger)* **vorspringende Konstruktion** *adj:n (Bg/Bergb)*
**strut Spindel** *f (Bg/Bergb) (Strebe)* **Stempel** *m (Bg/Bergb)*
**strut Holm** *m (Mech, Mont) (Profil)* **Strebe** *f (Mech, Stb) (eines Fachwerks)*
**strutting Spreize** *f (Bg/Bergb)*
**strutting** *(propping)* **Abstützung** *f (Mech, Mont)* (Stütze)
**stub axle Achsschenkel** *m (Mech)* **Steckachse** *f (Mech)* (Kfz)
**stub roller Stummelrolle** *f (Band) (Steilförderer)*
**stub shaft Stechwelle** *f (Mech)*
**stud Gewindebolzen** *m (Mech) (Zapfen)* **Zylinderstift** *m (Mech)*
**stud bolt Stiftbolzen** *m (Mech)* **Stiftschraube** *f (Mech)*
**stud shear connector Bolzendübel** *m (Stb)* **Kopfbolzendübel** *m (Stb)*
**stud wear Stiftabzehrung** *f (Hütt/Wlz)*
**stud welding Bolzenschweißung** *f (Schw)* **Pressbolzenschweißung** *f (Schw, Mech, Mont)*
**stud, threaded** threaded stud *adj:n* **Gewindebolzen** *m (Mech) (Bolzen für Bolzenschweißen)*

**studding Bestiftung** *f (Hütt/Wlz)*
**stuffing Dichtung** *f (Mech) (Füllung, Packung, Polster)*
**stuffing box ring Stopfbuchsenring** *m (Zer)*
**stump harvester Rodezahn** *m (Bg/Bergb)*
**sub screen Subfilter** *nt (Mech)*
**sub-critical** *adj* **unterkritisch** *adj (Hyd/Pneu)*
**sub-surface defects** *pl* **Mängel unter der Oberfläche** *(Mech)*
**subassembly Teilzusammenstellung** *f (Stb)*
**subdiagonal Hilfsstab** *m (Stb) (schräg)*
**submerge** *v* **eintauchen** *v (Form) (in Flüssigkeit)* **tauchen** *v (Hütt/Wlz) (etwas untertauchen)*
**submerged-ash conveyor Unterwasserkratzer** *m (Bg/Bergb)*
**subplate Anschlussplatte** *f (Hyd/Pneu)*
**subsequent-treatment procedure Nachbehandlungsverfahren** *nt (Mech)*
**subsidence Bodensenkung** *f (Geo)* **Setzung** *f (Bau, Geo)*
**subsidence damage Bergschäden** *pl m (Bg/Bergb)*
**subsidence earthquake** *(Geol)* **Einsturzbeben** *nt (Geol)*
**subsiding Trägersenkung** *f (Stb)*
**subsoil Unterboden** *m (Geo)* **Untergrund** *m (Geo, Allg)*
**substantiate** *v* **erhärten** *v (Mech, Hütt/Wlz)* **konkretisieren** *v (Mech, Allg)*
**substations** *pl* **Trafos und Schaltanlagen** *(Hütt/Wlz)*
**substitution of a rope Ablegung eines Seils** *(Bg/Bergb)*
**substructure Stützkonstruktion** *f (Stb)* **Unterbau** *m (Bg/Bergb, Umschl)*
**subvertical Hilfsstab** *m (Stb)* (senkrecht)
**suction Sog** *m (Hyd/Pneu)* **Unterdruck** *m (Hyd/Pneu)*
**suction bell Saugglocke** *f (Hütt/Wlz)*
**suction dredger Saugbagger** *m (Umschl) (mit Laderaum)*
**suction equipment Erfassungsanlage** *f (Form)*
**suction eye** *(fan)* **Eintrittsseite bei Axialgebläsen** *(Hütt/Wlz)*
**suction-fired boiler Naturzugkessel** *m (Hütt/Wlz)*
**sulphate ash Sulfatasche** *f (Bg/Bergb)*
**sulphate soil schwefelsaurer Boden** *adj:n (Geo)*
**sulphur Schwefel** *m (Chem)*
**sulphur print Schwefelabdruck** *m (Hütt/Wlz)*
**summated-pressure regulation Summenleistungsregelung** *f (Mech)*
**summation effect Additionseffekt** *m (Bg/Bergb)*
**sump Sammelbehälter** *m (Mech)* **Wanne** *f (Mech)*
**sun gear zentrales Ritzel** *adj:n (Mech)* **Sonnenrad** *nt (Mech)*
**sunk key Einlegekeil** *m (Mech)*
**super grid** *(El, Stb)* **Hochspannungsmast** *m (El, Stb)*
**supercharger Kompressor** *m (Hyd/Pneu, Mech)*
**superelevation Überhöhung** *f (Mech)*
**superheated-steam attemperator Heißdampfkühler** *m (Hütt/Wlz)*
**superheater** *(El)* **Überhitzer** *m (El)* **Ue** *m (El)* (Abk)
**superheater air valve Überhitzerentlüftung** *f (Hütt/Wlz)*
**superheater gas pass Überhitzerzug** *m (Hütt/Wlz)*
**superheater header Überhitzersammler** *m (Hütt/Wlz)*
**superheater manifold** *(header)* **Überhitzerspinne** *f (Hütt/Wlz) (auf Kesseldecke)*
**superheater outlet pressure Entnahmedruck** *m (Hütt/Wlz) (Überhitzer)*
**superstructure Oberteil** *nt (Bg/Bergb, Zer, Umsch)* **Oberwagen** *m (Bg/Bergb) (des Bagges)* **Überbau** *m (Stb, Bg/Bergb)*
**superstructure slew assembly Oberbau-Schwenkwerk** *nt (Bg/Bergb, Mech, Mont)* **Schwenkwerk-Oberteil** *nt (Bg/Bergb, Umschl)*
**supply** *(El, Mech) (of energy)* **Versorgung** *f (Mech, Allg) (z.B. mit Energie)* **Zulauf** *m (Mech)*
**supply** *(of material)* **Beschickung** *f (Umschl) (Platzbeladen, Lagerplatz)*
**supply equipment Versorgungseinrichtung** *f (Mech, Bg/Bergb, Umschl)*
**supply tank Kraftstoffbehälter** *m (Mech)*
**support Anbauplatte** *f (Bg/Bergb)* (Stütze) **Stütze** *f (Mech) (Abstützung)*
**support bar Ladeschwelle** *f (Mech)*

**support bearing Lagerung** *f (Mech)*
**support block Lagerbock** *m (Mech)* **Stützschiene** *f (Mech)*
**support bracket Befestigungswinkel** *m (Mech)* **Stützwinkel** *m (Mech)*
**support condition Auflagerbedingung** *f (Stb)*
**support kit Betriebsmittel** *pl nt (Bg/Bergb)*
**support pin Aufhängebolzen** *m (Mech)*
**support reaction Auflagerreaktion** *f (Mech, Stat)*
**support ring Stützring** *m (Mech)* (Brückenlager) **Tragring** *m (Mech) (Teil der Kugeldrehverbindung)*
**support roller Stützrolle** *f (Bg/Bergb) (für Raupenkette)* **Tragrolle** *f (Bg/Bergb) (Stützrolle des Baggers)*
**support strap Halteschlaufe** *f (Mech)*
**support system, special** special support system *adj:n* **Sonderausbau** *m (Bg/Bergb)* (unter Tage)
**support, inserted** inserted support *adj:n* **Einschlaganschluss** *m (Kfz)*
**support, small** small support *adj:n* **Böckchen** *nt (Mech, Mont)*
**support, spherical** spherical support *adj:n* **Kugelabstützung** *f (Mech)* **Stützkugel** *f (Bg/Bergb)*
**supporting area Tragfläche** *f (Mech)*
**supporting capacity Tragkraft pro Radsatz** *(Bg/Bergb) (Brecher)*
**supporting carriage Stützwagen** *m (Bg/Bergb) (zur Abstützung der Zuführungsbrücke eines Absetzers)*
**supporting force Auflagerkraft** *f (Mech, Stat))* **Auflagerwiderstand** *m (Mech, Stat)*
**supporting idler Tragrolle** *f (Band)*
**supporting member Tragelement** *nt (Stb)*
**supporting raceway** *(in support ring)* **Tragbahn** *f (Mech)*
**supporting surface Auflagefläche** *f (Mech) (tragende Fläche)*
**suppressor and swept gain control Steller für Unterdruck und Tiefenausgleich** *(Mech)*
**surcharge Überlastung** *f (Ökol, Mech)*
**surcharge angle Deckwinkel** *m (Band)*
**surface** *v* **flach drehen** *adv:v (Mech, Mont)* **Oberfläche bearbeiten** *n:v (Mech, Mont)*
**surface attemperator Oberflächenkühler** *m (Hütt/Wlz)*
**surface condenser Oberflächenkondensator** *m (Hütt/Wlz)*
**surface crack Anriss** *m (Mech) (Oberfläche)* **Hautriss** *m (Mech)*
**surface finish** *(quality)* **Oberflächengüte** *f (Mech, Mont)*
**surface for tightening Spannfläche** *f (Mech) (z.B. am Schwenkstutzen)*
**surface marking Oberflächenzeichen** *nt (Hütt/Wlz) (auf Zeichnungen)*
**surface mining Tagebau** *m (Bg/Bergb)* **Tagebaubetrieb** *m (Bg/Bergb)*
**surface mounting Aufbaumontage** *f (Mech)* **Außenanbau** *m (Mech)*
**surface of separation-interface Trennflächeninhalt** *m (Hütt/Wlz)*
**surface plane Ebene** *f (Mech)*
**surface plant Plantscheibe** *f (Mech)*
**surface plate Abrichtplatte** *f (Mech, Mont)* **Anreißplatte** *f (Mech)*
**surface preparation Vorbereitung der Oberfläche** *(Hütt/Wlz)*
**surface sealing agent Flächendichtungsmittel** *nt (Form)*
**surface symbol Oberflächenzeichen** *nt (Hütt/Wlz)*
**surface table Abrichtplatte** *f (Mech, Mont)*
**surface type attemperator Wasserrohrkühler** *m (Hütt/Wlz)*
**surface type attemperator with water through tubes Wasserrohrkühler** *m (Hütt/Wlz)*
**surface-coated** *adj* **oberflächenveredelt** *adj (Anstr, Hütt/Wlz)* (beschichtet)
**surge** *(crane runway)* **Seitenkraft** *f (Mech, Stat)*
**surge bin Ausgleichsbunker** *m (Umschl)* **Hochbunker** *m (Bg/Bergb, Umschl)*
**surge tank Druckkammer** *f (Stb)*
**surveying Aufnahme** *f (Mech, Allg) (Sichtung, Vermessung)* **Vermessung** *f (Allg)*
**surveyor's pole Fluchtstab** *m (Mont)*
**susceptibility Anfälligkeit** *f (Mech, Allg)* (Empfindlichkeit)
**suspend** *v* **anhängen** *v (Mech)* **aufhängen** *v (Mech)*
**suspender Aufhänger** *m (Mech) (z.B. für Luftkabel)* **Aufhängung** *f (Mech) (z.B. Seil)*

**suspender rope Aufhängung** *f (Mech)* (z.B. Seil)
**suspension clip Aufhängelasche** *f (Mech)* **Traglasche** *f (Mech)*
**suspension cylinder Stoßdämpferzylinder** *m (Mech)*
**suspension lug Aufhängelasche** *f (Mech)* **Befestigungslasche** *f (Mech) (am Getriebe)* **Traglasche** *f (Mech)*
**suspension pin Aufhängebolzen** *m (Mech)* **Aufhängungsschraube** *f (Mech)*
**suspension rod Hänger** *m (Stb)* (Hängestange) **Hängestange** *f (Stb)*
**suspension rope Abspannseil** *nt (Bg/Bergb)*
**swage Gesenk** *nt (Hütt/Wlz)* **Schmiedegesenk** *nt (Hütt/Wlz)*
**swage block Lochplatte** *f (Mech)*
**swage head Setzkopf** *m (Stb)* (einer Nietung)
**swaged** *adj* **gesenkgeschmiedet** *adj (Hütt/Wlz)*
**swaging hammer Gesenkhammer** *m (Hütt/Wlz, Mont)*
**swamp pad Moorbodenplatte** *f (Bg/Bergb)* (des Baggers)
**swash plate Schlingerdämpfungsblech** *nt (Hütt/Wlz)* (des Schiffskessels) **Taumelscheibe** *f (Mech)*
**swash rack Taumelständer** *m (Mech)*
**sway Drift** *f (Stb)* (waagerechte Durchbiegung)
**sway bracing Querverband** *m (Stb)* (Brücke)
**swaying of boom Ausschlagen des Auslegers** *(Bg/Bergb)* **Schwingen des Auslegers** *(Bg/Bergb)*
**sweating Weichlöten** *nt (Mech, Mont)*
**sweep** *(percentage of coal or air through mill or fan)* **Beaufschlagung** *f (Hütt/Wlz)* (prozentuale Menge)
**sweep generator Ablenkgenerator** *m (Mech, El)* (z.B. an einer Rolltreppe)
**sweep panel** *(sweep board)* **Kipp-Platte** *f (Mech)*
**sweep section Kippspannungsteil** *m (Mech)*
**sweeping of the flue gas Rauchgasbestreichung** *f (Hütt/Wlz)*
**swell Aufquellung** *f (Geo)*
**swell factor Auflockerungsfaktor** *m (Geo)* (z.B. Aushubmaterial) **Aufquellungsfaktor** *m (Geo)*
**swelling Beulung** *f (Stat, Stb)* (Anschwellung) **Schwellen** *nt (Bau)*
**swing** *v* **pendeln** *v (Bahn, Mech)* (schwanken) **schwenken** *v (Bg/Bergb)*
**swing angle Schwenkwinkel** *m (Bg/Bergb, Mech)*
**swing assembly Drehwerk** *nt (Bg/Bergb)* **Schwenkwerk** *nt (Bg/Bergb, Umschl)* (Abwurfband, -ausleger)
**swing away** *v* **abklappen** *v (Mech)*
**swing bearing Drehverbindung** *f (Bg/Bergb, Umschl, Mech)*
**swing brake system Schwenkbremssystem** *nt (Bg/Bergb)*
**swing circuit Schwenkkreislauf** *m (Bg/Bergb)*
**swing distance Schwenkentfernung** *f (Bg/Bergb)* **Schwenkweg** *m (Bg/Bergb)*
**swing fire heater Schwingfeuergerät** *nt (Mech)*
**swing forklift truck Regalstapler** *m (Mech)*
**swing gear Drehwerk** *nt (Kfz)* (Schwenkwerk) **Schwenkwerk** *nt (Bg/Bergb, Umschl)*
**swing gearing Schwinggetriebe** *nt (Bg/Bergb)*
**swing jaw Schwinge** *f (Zer)* (Laufradschwinge) **Schwinge** *f (Zer)* (Schwingenbrecher)
**swing jaw axle Schwingenachse** *f (Mech)*
**swing lock Oberwagensperre** *f (Bg/Bergb)* (verhindert Schwenken)
**swing range Arbeitsbereich** *m (Bg/Bergb)* (des Baggers) **Schwenkbereich** *m (Mech)*
**swing shaft Schwenkwelle** *f (Mech)*
**swing socket Schwenkstutzen** *m (Mech)*
**swing speed Drehgeschwindigkeit** *f (Kfz)* (des Kranes) **Schwenkgeschwindigkeit** *f (Bg/Bergb, Umschl)*
**swing torque Schwenkmoment** *nt (Stat)*
**swing transmission** *(on cable shovel)* **Schwenkgetriebe** *nt (Bg/Bergb, Umschl)*
**swing-hammer crusher Schlägelbrecher** *m (Zer)*

**swing-jaw shaft Schwingachse** *f (Bg/Bergb, Mech)*
**swing-off Anschwenken** *nt (Bg/Bergb)*
**swing-section scan Schwingschnittbild** *nt (Mech)*
**swinging screw connection Schwenkverschraubung** *f (Mech)*
**swinging spout Pendelschurre** *f (Hütt/Wlz)*
**switch gear Schaltgetriebe** *nt (Mech)* **Wechselgetriebe** *nt (Mech)*
**switch opening Spurrille** *f (Bahn)* (Radführung in der Weiche)
**switch room layout Schaltraum-Anordnung** *f (Mech)*
**switch, rotary** rotary switch *adj:n (El) (with flat contacts)* **Hebeldrehschalter** *m (El)* **Maschinenwähler** *m (Mech)*
**switch-off, operational** operational switch-off *adj:n* **betriebsmäßige Ausschaltung** *adj:n (Mech, Allg)*
**switch-through coupling Rastkupplung** *f (Mech)*
**switches for underground Grubenweichen** *pl f (Bg/Bergb)*
**switchgear cabinet Schaltschrank** *m (El)*
**switching ability Schaltvermögen** *nt (Mech)*
**switching element Schaltorgan** *nt (Mech)*
**switching piston Schaltkolben** *m (Mech)* (Schmieranlage)
**swivel Drehzapfen** *m (Mech)* (Drehbügel, -befestigung) **Spannschloss** *nt (Mech)*
**swivel assembly** *(bedding machine)* **Schwenkschemel** *m (Bg/Bergb, Umschl)* (Mischbettengerät)
**swivel bearing cup Gelenkschale** *f (Form)*
**swivel burner Schwenkbrenner** *m (Hütt/Wlz)*
**swivel flange Schwenkflansch** *m (Mech)*
**swivel screw connection Schwenkverschraubung** *f (Mech)*
**swivel-arm crusher Schwenkbrecher** *m (Zer)*
**swivel-joint Drehgelenk** *nt (Mech)* (Drehzapfen)
**swivelling axis Drehachse** *f (Mech)* (Schwenkachse)
**swivelling saddle Drehsattel** *m (Bg/Bergb)*
**syenite Syenit** *m (Geo)*
**synchronising slide collar Synchronschiebehülse** *f (Mech)*
**synchronizer Synchronisierungseinrichtung** *f (Mech)*
**synchronizer supplement Synchronisationszusatz** *m (Mech)*
**syncline Mulde** *f (Schw, Mech, Mont)*
**system** *(e.g. set of machines)* **Anlage** *f (Mech)* (Serie von Maschinen)
**system buildings** *pl* **Komplettbau** *m (Mech)*
**system control program** *(El)* **Systemsteuerprogramm** *nt (El)*
**system formwork Systemschalung** *f (Bau)*
**system of eastern end walls in pit östliches Tagebaukopfböschungssystem** *adj:n (Bg/Bergb)*
**system of forces Kräftegruppe** *f (Mech, Stat)*
**system of open ditches System von offenen Gräben** *(Bg/Bergb)*
**system, continuous** continuous system *adj:n* **kontinuierliches System** *adj:n (Bg/Bergb)*
**system, hydraulic** hydraulic system *adj:n* **Hydroanlage** *f (Hyd/Pneu)* **hydraulisches System** *adj:n (Hyd/Pneu)*
**system, pneumatic** pneumatic system *adj:n* **Pressluftsystem** *nt (Hyd/Pneu)*
**system, twin** twin system *adj:n* **Doppelanlage** *f (Bg/Bergb)*

# T

**T bolt T-Bolzen** *m (Mech)*
**T joint T-Naht** *f (Schw)* (beim Schweißen) **T-Verbindung** *f (Schw)*
**T, wide-flanged** wide-flanged T *adj:n* **breitfüßiger T-Stahl** *adj:n (Stb)*
**T-bar buckstay T-Träger** *m (Hütt/Wlz)*
**T-beam T-Träger** *m (Hütt/Wlz)* (Walzstahl) **Träger** *m (Stb, Hütt/Wlz)* (I-Eisen)
**T-handle Quergriff** *m (Mech)*
**T-head bolt Hammerschraube** *f (Mech, Zer)*
**T-iron T-Eisen** *nt (Stb)* (T-Stahl) **T-Stück** *nt (Mech)* (z.B. Rohranschluss)
**T-piece T-Stück** *nt (Stb, Mech)*
**T-support T-Unterlage** *f (Mech)*

**t.d.c.** *(Abv)* **oberer Totpunkt** *adj:n (Mech)*
**t.p.h. capacity Fördergutstrom** *m (Band, Umschl)* (Förderband) **Förderleistung** *f (Band, Umschl)* (Förderband)
**table, pivoted** pivoted table *adj:n* **Schwenktisch** *m (Allg)*
**table, vibrating** vibrating table *adj:n* **Rütteltisch** *m (Zer)*
**tacho-generator Drehzahlgeber** *m (Mech)* (Tacho-Generator)
**tachodynamo Druckmessdose** *f (Hyd/Pneu)*
**tachometer generator Drehzahlgeber** *m (Mech)* (Tacho-Generator)
**tack hammer Heftschraube** *f (Mech)*
**tack rivet** *BE* **Heftniet** *m (Stb)*
**tack screw Heftschraube** *f (Mech)*
**tack welding Heftschweißung** *f (Schw)*
**tacker Heftschweißer** *m (Schw)*
**tackle** *(hoist)* **Flaschenzug** *m (Mech)* **Gehänge** *nt (Form)* (z.B. Magnetaufhängung) **Zugkette** *f (Bahn, Mech)*
**tackle Einrichtung** *f (Stb)* (Ausrüstung)
**tag** *(label)* **Etikett** *nt (Allg)* (Anhänger) **Markierung** *f (Mech, Allg)* (Kennzeichnung)
**tag line Einziehseil** *nt (Mech)*
**tail drive station Antriebsstation** *f (Band, Bg/Bergb, Umschl)*
**tail end Prüflingsende** *nt (Hütt/Wlz)*
**tail end of trunk conveyor Längsbandheck** *nt (Band)*
**tail part Endteil** *nt (Mech)*
**tail pipe Abgasrohr** *nt (Mech)* **Auspuffrohr** *nt (Kfz)* (Endstück)
**tail pulley Schlusstrommel** *f (Band)* **Umlenktrommel** *(Band, Bg/Bergb, Umschl)* (z.B. für die Bandschleife)
**tail station Heckstation** *f (Band)* **Umkehrstation** *f (Band)* (Heck)
**tail take-up station Spannstation mit Umkehre** *(Band)*
**tail terminal Umkehre** *f (Band, Bg/Bergb, Umschl)*
**tailgate hintere Strecke** *adj:n (Bg/Bergb)* (Abbau)
**tailgate** *(of a lorry)* **hintere Bordwandklappe** *adj:n (Mech)* **Heckklappe** *f (Mech)* (des Lkw)
**tailing Erzabfall** *m (Bg/Bergb)*
**tailing cooler Grießkühler** *m (Bg/Bergb)*
**tailings** *pl* **Abgänge** *pl f (Bg/Bergb)* **Berge** *pl m (Bg/Bergb)*
**tailor** *v (e.g. structure, product)* **abstimmen** *v (Mech, Allg)* (z.B. Struktur, Produkt) **zuschneiden** *v (Mech, Mont)*
**tailswing Heckausladung** *f (Bg/Bergb)*
**taintor gate Segmentschütz** *nt (Stb)*
**take apart** *v* **demontieren** *v (Mech, Allg)* (abbauen, abnehmen, zerlegen)
**take down** *v (e.g. a billboard)* **abbauen** *v (Mech, Allg)* (Konstruktion, Gerät etc.)
**take in** *v (Pneu, Hyd)* **ansaugen** *v (Pneu, Hyd)*
**take off** *v* **abheben** *v (Bg/Bergb)* (z.B. den Oberwagen) **ablösen** *v (Mech, Mont, Allg)* (z.B. eine Schicht, eine Folie)
**take off the line abschalten** *v (Mech)* (z.B. Trafo)
**take out** *v* **herausführen** *v (Mech)*
**take-off valve Entnahmeventil** *nt (Hyd/Pneu)*
**take-off weight Startgewicht** *nt (Mech)*
**take-up path Gleitbahnlänge** *f (Bg/Bergb)* (des Baggerleitrades) **Nachspannlänge** *f (Bg/Bergb)* (Baggerleitrad)
**take-up pulley Spanntrommel** *f (Mech, Band)*
**take-up station Spannstation** *f (Band)*
**takeup axle Spannachse** *f (Mech)*
**takeup bearing Spannlager** *nt (Mech)*
**takeup bearing guide Spannlagerführung** *f (Mech)*
**takeup bogie Spannwagen** *m (Mech)*
**takeup device with fixing spindle** *(belt)* **Spannvorrichtung mit Nachführspindel** *(Mech)* (Band)
**takeup distance Spannweg** *m (Bg/Bergb, Umschl, Band, Zer)*
**takeup loop Spannschleife** *f (Mech)*
**takeup screw Spannspindel** *f (Mech)*
**takeup spindle Spannstange** *f (Mech)*
**takeup tension Vorspannung** *f (Band, El, Mech, Stb)*
**takeup weight Spanngewicht** *nt (Mech)* **Spanngewichtskasten** *m (Mech)*
**takeup weight guide Spanngewichtsführung** *f (Mech)*
**takeup winch frame Spannwindenrahmen** *m (Mech)*
**takeup yoke Spannbügel** *m (Mech, Mont)*
**taking a sample Probeentnahme** *f (Stb)* **Probenahme** *f (Stb)*

**taking up** *(e.g. load, power)* **Aufnahme** *f (Mech, Stat, Allg)* (z.B. einer Last, von Kräften, einer Tätigkeit, etc.)
**taking up of the belt tension Aufnahme der Gurtzugkraft** *(Band)*
**talus Geröllhalde** *f (Geo)* (wandernde Lawine)
**talus material Hangschutt** *m (Bau)*
**tamper Fallbirne** *f (Bg/Bergb)* **Stampfplatte** *f (Hütt/Wlz)*
**tamping foot roller Stampfwalze** *f (Mech)* (Verdichter)
**tamping roller Schaffußwalze** *f (Mech)*
**tandem axle Tandemachse** *f (Mech)*
**tandem axles, bogie-type** bogie-type tandem axles *adj:n* **Drehschemellenkung** *f (Bg/Bergb)* (des Gradertandems)
**tandem cylinder Tandemzylinder** *m (Mech)*
**tandem drive Tandemantrieb** *m (Bg/Bergb, Mech)* (z.B. im Grader)
**tandem pump Tandempumpe** *f (Mech)* (am Lader)
**tang Angel** *f (Form)* (Mitnehmer am Zylinderschaft) **Dorn** *m (Form)* (Zapfen)
**tangent key Tangentkeil** *m (Mech)*
**tangent keyway Tangentkeilnut** *f (Mech)*
**tangent modulus Tangentenmodul** *m (Stb)*
**tangent point Tangentenpunkt** *m (Bau)*
**tangent pole** *BE* **Tragmast** *m (Mech)*
**tangent tube construction geschlossene Rohrwand** *adj:n (Hütt/Wlz)*
**tank and hopper-type container Tank- und Silocontainer** *(Mech)*
**tank baffle Leitblech** *nt (Mech)* (im Tank) **Prallblech im Tank** *(Mech)*
**tank breathing Tankbelüftung** *f (Hyd/Pneu)*
**tank construction** *AE* **Behälterbau** *m (Stb)*
**tank contents Tankinhalt** *m (Mech)*
**tank cover Tankdeckel** *m (Hyd/Pneu, Mech)*
**tank drain** *nt sg* **Kesselentwässerung** *f*
**tank filler Tankeingang** *m (Mech)*
**tank hose Tankschlauch** *m (Mech)*
**tank opening Tankeinfüllstutzen** *m (Mech)*
**tank pipe Tankleitung** *f (Hyd/Pneu)*
**tank pressurization Tankvorspannung** *f (Mech)* (beim Bagger)
**tank, elevated** elevated tank *adj:n* **Hochbehälter** *m (Mech)*
**tank, hydraulic** hydraulic tank *adj:n* **Hydrauliktank** *m (Mech, Hyd/Pneu)*
**tank, welded** welded tank *adj:n* **geschweißter Behälter** *adj:n (Mech)*
**tank-filling system Betankungsanlage** *f (Kfz)*
**tank-type container Tankcontainer** *m (Mech)*
**tap** *(tapping)* **Abstich** *m (Form)* (das Abstechen)
**tap** *(valve)* **Ablasshahn** *m (Hyd/Pneu)* **Hahn** *m (Hyd/Pneu)*
**tap** *(female thread)* **Innengewinde** *nt (Mech)*
**tap** *(tool for forming an internal screw thread)* **Gewindebohrer** *m (Mech, Mont)*
**tap bar Stichlochstange** *f (Hütt/Wlz)*
**tap connection Zapfanschluss** *m (Mech, Hyd/Pneu)*
**tap degassing Durchlaufentgasung** *f (Form)* (Vacmetall)
**tap holder Bohrerfutter** *nt (Mont)* (Gewindebohrer) **Bohrerhalter** *m (Mont)* (Gewindebohrer)
**tape measure Bandmaß** *nt (Mech, Mont)* **Metermaß** *nt (Mech)*
**taper Abschrägung** *f (Mech, Mont)* (Keilverjüngung) **Verjüngung** *f (Mech)* (abnehmender Durchmesser)
**taper bore** *(tool for taper boring)* **Bohrer** *m (Mont)* (Kegelbohrer)
**taper cone drive Konustrieb** *m (Mech)*
**taper hole Kegelloch** *nt (Mech)*
**taper key konischer Keil** *adj:n (Mech)*
**taper length Kegellänge** *f (Mech)*
**taper link Kettenglied** *nt (Mech)* (konisch)
**taper lock assembly Spannsatz** *m (Mech)*
**taper lock element Spannelement** *nt (Mech)*
**taper pin Kegelstift** *m (Mech)* **konischer Stift** *adj:n (Mech)*
**taper roller bearing Kegelrollenlager** *nt (Mech)* **Schrägrollenlager** *nt (Mech)*
**taper square shank ratchet drill Bohrknarren-Bohrer** *m (Mont)* (als Spiralbohrer)
**taper tap konischer Gewindebohrer** *adj:n (Mont)* **Vorschneider** *m (Mont, Werkz)* (Gewindebohrer)

**taphole** *(tap of blast furnace)* **Abstichloch** *nt (Hütt/Wlz)* (des Hochofens) **Schlackenloch** *nt (Hütt/Wlz)* (Schmelzkessel)
**taphole plug Stichlochpfropf** *m (Hütt/Wlz)*
**tappet Ansatz** *m (Mech)* (an beweglichen Teilen) **Stößel** *m (Mech)* (z.B. Ventilstößel)
**tappet actuating lever Stößelbetätigungshebel** *m (Mech)*
**tappet adjusting screw with lock nut Stößeleinstellschraube mit Gegenmutter** *(Mech)*
**tappet clearance Ventilspiel** *nt (Mech)*
**tappet force Stößelkraft** *f (Mech)*
**tappet guide Stößelführung** *f (Mech)*
**tappet roller Stößelrolle** *f (Mech)*
**tappet spring Stößelfeder** *f (Mech)* (am Ventil)
**tapping hole Gewindebohrung** *f (Mech, Mont)*
**tapping screw Blechschraube** *f (Mech)* **Schneidschraube** *f (Mech)*
**tapping screw assembly Kombiblechschraube** *f (Mech, Mont)*
**tar sand Ölsand** *m (Geo)* **Teersand** *m (Bau)*
**tare** *(the weight of an empty wagon)* **Eigengewicht** *nt (Mech)* (des unbeladenen Wagons)
**tare** *BE* **Tara** *f (Bahn)*
**target value Sollwert** *m (Mech)*
**tarmac Asphalt** *m (Bg/Bergb)* **Teerdecke** *f (Bau)* (Straßenbau)
**tarpaulin Plane** *f (Mech, Allg)* **Zeltplane** *f (Mech)*
**TDL** *(Abv)* **Drei-in-eins-Lader** *m (Bg/Bergb)*
**tear Riss** *m (Mech, Allg)* **Spalt** *m (Mech, Allg)*
**tear drop plate Tränenblech** *nt (Mech)*
**tear growth resistance Weiterreißwiderstand** *m (Mech, Band)*
**tear-off protection Ausreißsicherung** *f (Form)*
**tear-off screw Abreißschraube** *f (Mech)*
**teardown hook Abbruchhaken** *m (Bg/Bergb)* (z.B. am Bagger)
**tearing foil Reißfolie** *f (Hütt/Wlz)*
**tearing force Reißkraft** *f (Mech, Stat)*
**tearing off** *(e.g. of a shear connector)* **Ausreißen** *nt (Stb)* (z.B. eines Dübels)
**tearing strength Reißkraft** *f (Mech, Stat)* **Zerreißfestigkeit** *f (Mech)* (Gurt)
**Technical Control Board Technischer Überwachungsverein** *(Mech, Allg)* **TÜV** *m (Mech, Allg)* (Abk)
**tectonic destruction Verwerfung** *f (Bg/Bergb)* (Erdschichtenverschiebung)
**tectonics Tektonik** *f (Geo, Bg/Bergb)* (Erdschichtverschiebung)
**teeth** *pl* **Zähne** *pl m (Mech, Mont)*
**teeth, cut** cut teeth *n:v* **verzahnen** *v (Mech, Mont)* (Räder) **Zähne fräsen** *n:v (Mech, Mont)*
**teeth, left-hand** left-hand teeth *adj:n* **links steigende Verzahnung** *adj:n (Mech)*
**teeth, machined** machined teeth *adj:n* **geschnittene Zähne** *adj:n (Mech)*
**teeth, radial** radial teeth *adj:n* **Radialzähne** *pl m (Mech)*
**teeth, right-hand** right-hand teeth *adj:n* **rechts steigende Verzahnung** *adj:n (Mech)*
**TEFC** *(Abv)* **vollkommen geschlossen mit Ventilatorkühlung** *(Mech)*
**telescope leader** *(for pile-driving)* **Teleskop-Mäkler** *m (Bg/Bergb)* (an Ramme)
**telescopic-crane-arm attachment Teleskop-Kranarmausrüstung** *f (Mech)*
**telescopic-type lift cylinder teleskopischer Hubzylinder** *adj:n (Bg/Bergb, Mech)*
**telescoping boom Teleskopausleger** *m (Mech)*
**telescoping length Teleskopierhub** *m (Bg/Bergb)*
**telltale sign Hinweisschild** *nt (Mech, Allg)* **Warnschild** *nt (Mech, Allg)*
**telpher Kabelkran** *m (Mech)* **Laufkatze** *f (Umschl)*
**temper** *v* **anlassen** *v (Hütt/Wlz)* (Wärmebehandlung) **glühen** *v (Hütt/Wlz)* (anlassen)
**temperature contactor Temperaturkontaktgeber** *m (Mech)*
**temperature convection Temperaturübertragung** *f (El)*
**temperature dependence Temperaturabhängigkeit** *f (Mech)*
**temperature detector** *(El)* **Kaltleiter** *m (Mech)* **Temperaturwächter** *m (Mech)*
**temperature distortion Temperaturschräglage** *f (Hütt/Wlz)*

**temperature effect Temperatureinfluss** *m (Stb)*
**temperature gauge Temperaturanzeigegerät** *nt (Mech)*
**temperature gradient Temperaturgradient** *m (Stb)* **Wärmegefälle** *nt (Stb)*
**temperature meter Temperaturmessgerät** *nt (Mech)*
**temperature monitoring Temperaturüberwachung** *f (Hyd/Pneu)* (Vorgang)
**temperature range, useful** useful temperature range *adj:n* **Gebrauchstemperatur** *f (Mech)* (Fette)
**temperature rating Nenntemperatur** *f (Hütt/Wlz)* **Temperaturnennwert** *m (Hütt/Wlz)*
**temperature recorder Temperaturschreiber** *m (Hütt/Wlz)*
**temperature stress Temperaturbeanspruchung** *f (Stb)* **Wärmespannung** *f (Stb)*
**temperature tapping point Temperaturmessstelle** *f (Hütt/Wlz)*
**temperature traverse Temperatur-Netzmessung** *f (Hütt/Wlz)*
**temperature, allowable** allowable temperature *adj:n* **zulässige Temperatur** *adj:n (Mech)*
**temperature, atmospheric** atmospheric temperature *adj:n* **Umgebungstemperatur** *f (Mech, Allg)*
**temperature, elevated** elevated temperature *adj:n* **erhöhte Temperatur** *adj:n (Mech)*
**temperature-rise test Dauerprüfung** *f (Mech)* (mit Erwärmungsmessung)
**temperature-sensitive element Temperaturfühler** *m (Mech)*
**tempering Härtung** *f (Hütt/Wlz)* **Vergütung** *f (Hütt/Wlz)* (z.B. des Stahls)
**template Muster** *nt (Mech)* (zum Schweißbrennen) **Schablone** *f (Mech)*
**templet Pfette** *f (Mech, Mont, Stb)* (Hochbau) **Schablone** *f (Mech)*
**temporary woven wire cable end cover Kabelziehstrumpf** *m (Mech)*
**ten-part diode** *nt sg* **Zehnerdiode** *f* (Bandwaage)
**tenacity Festigkeit** *f (Mech, Stat)* **Zähigkeit** *f (Mech)*
**tender** *(for coal)* **Kohlenwagen** *m (Bahn, Bg/Bergb)* **Tender** *m (Bahn)* (Vorratswagen der Dampflok für Wasser und Kohle)
**tensile component Zugkomponente** *f (Stat)*
**tensile fibre Zugfaser** *f (Stb)*
**tensile force Vorspannkraft** *f (Mech)* **Zugkraft** *f (Mech, Bg/Bergb)*
**tensile load Zugbeanspruchung** *f (Stb)* **Zugbelastung** *f*
**tensile properties Festigkeitseigenschaften** *pl f (Hütt/Wlz, Mech)*
**tensile strength Dehnfestigkeit** *f (Mech)* **Zugfestigkeit** *f (Mech)*
**tensile strength of cast Iron Zugfestigkeit von Gusseisen** *(Hütt/Wlz)*
**tensile strength, ultimate** ultimate tensile strength *adj:n* **Bruchfestigkeit** *f (Mech, Stat)* **Zerreißfestigkeit** *f (Mech, Stat)* (bei Zugspannungen)
**tensile stress Dehnungsbeanspruchung** *f (Mech, Schw)* **Zugspannung** *f (Mech, Stat)*
**tensile test piece Zerreißprobe** *f (Stb)* (Stab) **Zerreißstab** *m (Stb)*
**tensile yield strength Streckgrenze** *f (Mech)* (bei Zugspannung)
**tensiometer Druckmessdose** *f (Hyd/Pneu)*
**tension Spannung** *f (Mech, Stat)* (Belastung, Druck) **Zug** *m (Mech, Stat)* (Zugspannung)
**tension axle Spannachse** *f (Mech)*
**tension butt joint Zugstumpfnaht** *f (Schw, Mech, Mont)*
**tension cable Spannseil** *nt (Bg/Bergb, Mech)*
**tension crack Spannungsriss** *m (Stb)*
**tension cylinder Zugzylinder** *m (Mech)*
**tension diagonal Zugdiagonale** *f (Stb)*
**tension effect Zugwirkung** *f (Mech)*
**tension flange** *(of plate girder)* **Zuggurt** *m (Stb)* (eines Blechträgers)
**tension fork Spanngabel** *f (Mech)*
**tension indicator Spannungsmesser** *m (Mech)* (Statik)
**tension member) Zugelement** *nt (Mech)* (Gurt) **Zugpfosten** *m (Mech)*
**tension pulley Spannrolle** *f (Mech)*
**tension ring Spannring** *m (Mech)*
**tension rod Zugband** *nt (Stb)* (Stange) **Zugstange** *f (Mech)*

**tension rod** *(jaw crusher)* **Federstange** *f (Zer)* (für Backenbrecher)
**tension spring Zugfeder** *f (Mech)* (Bandwaage)
**tension valve Kettenspannventil** *nt (Mech)* **Spannventil** *nt (Mech)* (Kettenspannung)
**tension zone Zugzone** *f (Stb)*
**tension, additional** additional tension *adj:n* **Verspannung** *f (Stat)*
**tension, eccentric** eccentric tension *adj:n* **außermittige Zugbeanspruchung** *adj:n (Stat)*
**tension, initial** initial tension *adj:n* **Anzugsmoment** *nt (Band)* **Vorspannung** *f (Band, El, Mech, Stb)*
**tensioner device Spannpatrone** *f (Mech)* (Messgetriebe)
**tensioning Vorspannung** *f (Hütt/Wlz)* (Dampfleitung)
**tensioning arm Spannarm** *m (Mech)* (Steinklammerausrüstung)
**tensioning block Gleitstein** *m (Mech)* **Spannstein** *m (Bg/Bergb)*
**tensioning bolt Zuganker** *m (Bg/Bergb)* (Steuerblock)
**tensioning clamp Spannklemme** *f (Mech)* (unter Federnagel)
**tensioning device Spannvorrichtung** *f (Bg/Bergb)* (Raupenkette)
**tensioning distance Spannweg** *m (Bg/Bergb, Umschl, Band, Zer)*
**tensioning drive Spanntrommel** *f (Mech, Band)*
**tensioning screw Spannschraube** *f (Zer)* (Doppelwellenhammerbrecher)
**tensioning spindle Spannspindel** *f (Mech)*
**tensioning spring Zugfeder** *f (Mech)*
**tensioning station Spannstation** *f (Bg/Bergb)* (des Kratzers)
**TEPV** *Adjektiv:Adverb (Abv)* **vollkommen geschlossen mit Rohrlüftung** *(Mech)*
**terminal screw** *(El)* **Anschlussschraube** *f (Mech)* **Klemmenschraube** *f (El)*
**terminal socket Klemmbuchse** *f (Mech)*
**termination** *(rope)* **Einband** *m (Mech)* (Seil) **Seileinband** *m (Bg/Bergb, Mech)*
**terms of safety Sicherheitsvorkehrungen** *pl f (Mech, Allg)*
**terrace Berme** *f (Bg/Bergb)*
**terrace cut Terrassenschnitt** *m (Bg/Bergb)* (im Tagebau)
**terrain surface** *nt sg* **Rasensohle** *f*
**tertiary crushing machinery Feinzerkleinerung** *f (Zer)*
**test Abnahme** *f (Mech, Mont)* (Test, Prüfung) **Versuch** *m (Mech, Stb)* (Probe, Test)
**test assembly Gesamtprüfstück** *nt (Schw)* (für die Schweißprobe) **Prüfstück** *nt (Mech)*
**test assignment** *(test requirements)* **Prüfaufgabe** *f (Mech)*
**test bar Probestab** *m (Stb, Mech)* **Prüfstab** *m (Hütt/Wlz, Stb)*
**test bench Prüfstand** *m (Mech)*
**test block Prüfblock** *m (Mech)* (Körper)
**test dimension Prüfmaß** *nt (Mech)*
**test driver Testfahrer** *m (Bg/Bergb)*
**test efficiency Versuchswirkungsgrad** *m (Hütt/Wlz)*
**test error size Ersatzfehlergröße** *f (Mech)*
**test evaluation Versuchsauswertung** *f (Stb)*
**test flange Versuchsflansch** *m (Hütt/Wlz)* (für Kontrollgeräte)
**test hammer instrument Prallhammer** *m (Mont)*
**test installation Prüfanlage** *f (Mech)* (Geräte)
**test instrument Versuchsinstrument** *nt (Hütt/Wlz)*
**test instrument tapping point Versuchsmessstelle** *f (Hütt/Wlz)*
**test load Probebelastung** *f (Mech)* **Versuchslast** *f*
**test machine Prüfmaschine** *f (Mech)*
**test mark Prüfplakette** *f (Mech)*
**test method Prüfverfahren** *nt (Mech)*
**test of comparable error size Ersatzfehlergröße** *f (Mech)*
**test opening Messluke** *f (Mech)*
**test operator Testfahrer** *m (Bg/Bergb)*
**test pit Schürfgrube** *f (Bg/Bergb)*
**test point Messstelle** *f (Mech)* (Versuch)
**test range Prüfbereich** *m (Mech)*
**test records** *pl* **Prüfprotokoll** *nt (Hütt/Wlz)*
**test report Prüfbericht** *m (Mech)* (Test, Untersuchung) **Versuchsbericht** *m (Mech)*
**test requirement Prüfungsanforderung** *f (Mech)*

**test result Versuchsergebnis** *nt (Mech)*
**test rig Prüfstand** *m (Mech)* **Versuchsaufbau** *m (Mech)*
**test run Probebetrieb** *m (Mech)* **Probelauf** *m (Mech)* (nach Reparatur)
**test sensitivity Prüfempfindlichkeit** *f (Mech)*
**test setup Versuchsaufbau** *m (Mech)*
**test specification Prüfvorschrift** *f (Mech)*
**test specimen Probe** *f (Mech)* (Musterstück) **Prüfstück** *nt (Stb)* (Materialprüfung)
**test specimen, notched** notched test specimen *adj:n* **Kerbstab** *m (Stb)*
**test specimen, proportional** proportional test specimen *adj:n* **Proportionalstab** *m (Stb)*
**test speed Prüfgeschwindigkeit** *f (Mech)*
**test stand Prüfanlage** *f (Mech)* (Stand)
**test strength result, different** different test strength result *adj:n* **ungleichmäßige Festigkeitswerte** *adj:n (Hütt/Wlz, Mech)*
**test system Gitterschnitt** *m (Mech)*
**test temperature Prüftemperatur** *f (Mech, Hütt/Wlz)*
**test, comparative** comparative test *adj:n* **Vergleichsversuch** *m (Stb)*
**test, hydraulic** hydraulic test *adj:n* **Druckprobe** *f (Hütt/Wlz)*
**test, hydrostatic** hydrostatic test *adj:n* **Dichtigkeitsprüfung** *f (Hyd/Pneu)* (durch Abdrücken) **Wasserdruckprobe** *f (Hyd/Pneu)*
**test, large-scale** large-scale test *adj:n* **Großversuch** *m (Mech, Allg)*
**test, non-destructive** non-destructive test *adj:n* **zerstörungsfreier Versuch** *adj:n (Mech)*
**test, ultrasonic** ultrasonic test *adj:n* **Ultraschallprüfung** *f (Hütt/Wlz)* **Ultraschallwerkstoffprüfung** *f (Mech)*
**tester Tester** *m (El, Mech)*
**testing accuracy Prüfgenauigkeit** *f (Mech)*
**testing assembly Vormontage** *f (Stb)* (zur Probe)
**testing efficiency Prüfleistung** *f (Mech)*
**testing fluid Kontrollflüssigkeit** *f (Hyd/Pneu)*
**testing laboratory Versuchsanstalt** *f (Stb)*
**testing machine Versuchspresse** *f (Stb)* (Pressgerät)
**testing method Prüfverfahren** *nt (Mech)*
**testing period** *(trial period)* **Probezeit** *f (Mech)* (z.B. für Material)
**testing point Testpunkt** *m (Bahn)* (am Langträger)
**testing process Testschema** *nt (Mech)* (Verfahrensweise)
**testing stand Prüfstand** *m (Mech)*
**testing technique Prüftechnik** *f (Mech)*
**testing, manual** manual testing *adj:n* **Handprüfung** *f (Mech)*
**texture Textur** *f (Mech)*
**thawing route Auftaustrecke** *f (Mech)*
**theatre technology Bühnentechnik** *f (Mech)*
**thermal conductibility coefficient Wärmeleitzahl** *f (Stb)*
**thermal load Wärmebelastung** *f (Mech)*
**thermal power generating plant Wärmekraftanlage** *f (Stb)*
**thermal stress relief Normalisieren** *nt (Hütt/Wlz)* (Glühen)
**thermionic valve Elektronenröhre** *f (Hyd/Pneu)* **Glühkatodenröhre** *f*
**thermistor Heißleiter** *m (Mech)*
**thermo-switch Temperaturschalter** *m (Mech)*
**thermo-syphon cooling Wärmeumlauf-Kühlung** *f (Mech)*
**thermocouple cold junction Kaltlötstelle** *f (Hütt/Wlz)* (Thermoelement)
**thermocouple, shielded** shielded thermocouple *adj:n* **Thermoelement mit Strahlungsschutz** *(Hütt/Wlz)*
**thermometer Thermometer** *nt (El, Mech)*
**thermometer pocket Tauchhülse** *f (Hütt/Wlz)* (für Thermometer)
**thermometer probe Temperaturfühler** *m (Mech)*
**thermosetting plastics** *pl* **Duroplast** *m (Form)*
**thermostat** *(El)* **Temperaturregler** *m (Mech, El)* **Thermostat** *m (El)*
**thickness** *(thin coat)* **Auflage** *f (Mech)* (Schicht, Überzug)
**thickness** *(size)* **Dicke** *f (Mech, Geo)* **Stärke** *f (Mech)* (Dicke)
**thickness gauge** *BE* **Abstandsmesser** *m (Mech, Werkz)* **Messfühler** *m (Mech, Werkz)* (Dickenschablone, Spion)

**thickness of coal seam Kohlenmächtigkeit** *f (Bg/Bergb, Geo)*
**thickness of edge Gratstärke** *f (Mech, Mont)*
**thickness of flange Flanschdicke** *f (Mech)*
**thickness of layer** *(e.g. overburden)* **Schichtdicke** *f (Bg/Bergb)* (des Abraums) **Schichthöhe** *f (Bg/Bergb)*
**thickness of the dump Kippenmächtigkeit** *f (Bg/Bergb)*
**thickness of web Stegdicke** *f (Stb)*
**thickness, insufficient** insufficient thickness *adj:n* **Nahtdickenunterschreitung** *f (Schw)*
**thickness, original** original thickness *adj:n* **Materialausgangsstärke** *f (Mech)*
**thigh Schenkel** *m (Stb)*
**thimble Hülle** *f (Mech)* **Klemme** *f (El)* (Anschlussklemme, Klemmbügel) **Muffe** *f (Mech, El)*
**Thomas bulb Thomasbirne** *f (Hütt/Wlz)* (für flüssigen Stahl)
**Thomas bulb mill Thomas-Werk** *nt (Hütt/Wlz)*
**Thomas converter Thomaskonverter** *m (Hütt/Wlz)*
**thread Einschraubgewinde** *nt (Mech)* **Gewinde** *(Mech, Mont)*
**thread** *(worm)* **Schneckenzahn** *m (Mech)*
**thread bar Stange mit Gewinde** *(Mech)*
**thread core Gewindekern** *m (Mech)*
**thread cutting screw Gewindeschneidschraube** *f (Mech, Mont)*
**thread diameter Gewindedurchmesser** *m (Mech)* (z.B. der Schraube)
**thread fillet Gewindegang** *m (Mech)*
**thread groove Gewinderille** *f (Mech)*
**thread hole Einschraubloch** *nt (Mech)*
**thread joint Verschraubung** *f (Stb, Mech)*
**thread nut Schneidmutter** *f (Mech)*
**thread ring Gewindering** *m (Mech)*
**thread template** *(tools)* **Gewindeschablone** *f (Mech)* (Werkzeuge)
**thread, fine** fine thread *adj:n* **Feingewinde** *nt (Form)*
**thread, integral** integral thread *adj:n* **Einschraubgewinde** *nt (Mech)*
**thread, nominal** nominal thread *adj:n* **Gewindenennwert** *m (Mech)*
**thread, strip** strip a thread *n:v* **ein Gewinde überdrehen** *n:v (Mech)* **Schraubengewinde ausreißen** *n:v (Mech, Mont)*
**threaded steel pipe fitting Doppelnippel** *m (Mech)*
**threader Gewindeschneider** *m (Mech)*
**threading die Gewindebacke** *f (Mech)*
**threading die stock Gewindeschneidkluppe** *f (Mont)*
**three-element control Dreikomponentenregelung** *f (Hütt/Wlz)*
**three-jaw chuck Dreibackenfutter** *nt (Zer)*
**three-pass boiler Dreizugkessel** *m (Hütt/Wlz)*
**three-point support Dreipunktabstützung** *f (Bg/Bergb, Umschl)* (Fahrwerk)
**three-position valve Dreistellungsventil** *nt (Hyd/Pneu)*
**three-roller bending machine** *nt sg* **Dreiwalzen-Biegemaschine** *f*
**three-speed gearbox at wheel drive Überlagerungsgetriebe** *nt (Mech)*
**three-term control Dreikomponentenregelung** *f (Hütt/Wlz)*
**throat** *nt sg* **Hohlkehle** *f (Mech)* **Kehle** *f (Mech)*
**throat crack Längsriss** *m (Schw)* (der Schweißnaht)
**throat depth Kehlnahtdicke** *f (Schw)* **Schweißnahtdicke** *f (Schw)*
**throat thickness Nahtdicke** *f (Schw)*
**throttle Drossel** *f (Mech, Pneu)* **Drosselklappe** *f (Mech, Hyd/Pneu)*
**throttle** *(gas lever)* **Gashebel** *m (Mech)*
**throttle body Vergaseroberteil** *nt (Mech)*
**throttle control lever Drosselklappenhebel** *m (Kfz)*
**throttle control mechanism Gashebelmechanismus** *m (Mech)*
**throttle lever Handgashebel** *m (Mech)*
**throttle linkage Gasgestänge** *nt (Kfz)*
**throttle opening Drosselquerschnitt** *m (Hyd/Pneu)*
**throttle pressure Dampfdruck vor Turbine** *(Hütt/Wlz)* (Frischdampfdruck)
**throttle relief valve Drosselrückschlagsventil** *nt (Hyd/Pneu)*
**throttle ring Drosselring** *m (Kfz)*
**throttle temperature Frischdampftemperatur** *f (Hütt/Wlz)*
**throttle valve Absperrklappe** *f (Hyd/Pneu)* **Drosselventil** *nt (Hyd/Pneu)*

**throttle valve shaft Drosselklappenwelle** *f (Kfz)*
**through borehole Durchgangsbohrung** *f (Form)*
**through cock Durchgangshahn** *m (Hyd/Pneu)*
**through cover Durchgangsdeckel** *m (Mech)*
**through hole Durchgangsloch** *nt (Mech)*
**through pass delay Durchlaufverzögerung** *f (Mech)*
**through quenching and tempering Durchvergütung** *f (Form)*
**through separator Durchgangsabscheider** *m (Kfz)*
**through shaft durchgehende Welle** *adj:n (Mech)*
**throughput Durchlauf** *f (Bg/Bergb)* (bewegte Menge) **Durchsatz** *m (Bg/Bergb)*
**throughput decindering plant Durchlaufentzunderungsanlage** *f (Form)*
**throughput rate Durchlaufleistung** *f (Bg/Bergb)* **Durchsatzmenge** *f (Bg/Bergb)*
**throughput tester Durchgangsprüfer** *m (El)*
**throughway valve Durchgangsventil** *nt (Hyd/Pneu)*
**throw Verwerfung** *f (Geo)*
**throw** *(cranking)* **Kröpfung** *f (Mech, Mont)*
**throw-off belt Schleuderband** *nt (Band, Umschl)*
**throw-off blasting Abwurfsprengen** *nt (Bg/Bergb)* (bei selektivem Abbau)
**throw-out lever Ausschalthebel** *m (Kfz)* (z.B. für eine Maschine)
**thrower Ölabstreifer** *m (Mech)*
**thrust Auflagerkraft** *f (Mech, Stat)* **Druck** *m (Form)* (Schub)
**thrust ball bearing Axial-Rillenkugellager** *nt (Mech)*
**thrust bearing Drucklager** *nt (Mech, Stb)*
**thrust bolt Druckbolzen** *m (Form)* **Druckschraube** *f (Mech, Mont)*
**thrust collar Bund** *m (Form)*
**thrust cylinder Druckluftdose** *f (Kfz)*
**thrust force Schubkraft** *f (Mech)*
**thrust line Stützlinie** *f (Stb)*
**thrust piece Druckstück** *nt (Mech, Mont)*
**thrust plate Druckplatte** *f (Mech)*
**thrust ring Anlaufring** *m (Mech)* (einer Welle)
**thrust roller Druckrollenlager** *nt (Bg/Bergb)*
**thrust washer Druckscheibe** *f (Mech)* **Sicherungsscheibe** *f (Mech)*
**thrust, axial** axial thrust *adj:n* **Axialdruck** *m (Kfz)*
**thrust, lateral** lateral thrust *adj:n* **seitlicher Druck** *adj:n (Stat)*
**thrust, radial** radial thrust *adj:n* **Radialdruck** *m (Mech)*
**thrust, transverse** transverse thrust *adj:n* **Seitenschub** *m (Stat)*
**thrustor Hubgerät** *nt (Mech)* **Lüfter** *m (Mech, Hyd/Pneu)*
**thrustor, electro-hydraulic** electro-hydraulic thrustor *adj:n* **Eldro-Gerät** *nt (Mech, Hyd/Pneu)*
**thumb nut Flügelmutter** *f (Kfz)*
**thumb nut, knurled** knurled thumb nut *adj:n* **Rändelmutter** *f (Mech)*
**thumb screw Flügelschraube** *f (Mech)*
**thumb screw, knurled** knurled thumb screw *adj:n* **Rändelschraube** *f (Mech)* (hohe Rändelschraube)
**tie** *(conveyor)* **Schwelle** *f (Mech)* (Förderer)
**tie** *(distance)* **Distanzhalter** *m (Mech)*
**tie Band** *nt (Mech)* (zur Befestigung) **Verbindungsstück** *nt (Mech, Hyd/Pneu, Stb)* **Zugband** *nt (Stb)* (Stange)
**tie bolt Ankerschraube** *f (Stb)* **Zugbolzen** *m (Mech)*
**tie pipe Spannrohr** *nt (Mech)*
**tie plate Ankerplatte** *f (Bau, Mont)* **Hakenplatte** *f (Mech, Stb)*
**tie rod** *(for cars)* **Zugstrebe** *f (Mech)* (für Kfz)
**tie rod Anker** *m (Mech, Bau)* **Spannstange** *f (Mech)*
**tie spindle Zugspindel** *f (Mech)*
**tie strap Zuglasche** *f (Mech)*
**tie-back** *(rope)* **Halteseil** *nt (Mech)*
**tie-down process** *(on storm warning)* **Abspannvorgang** *m (Umschl)* (bei Sturmwarnung)
**tight side tension T1 Auflaufkraft T1** *f (Band)* (Gurt) **maximale Gurtspannung T1** *adj:n (Band)*
**tight valve dichtes Ventil** *(Form)*
**tightener Spannschloss** *nt (Mech)*
**tightening angle** *(e.g. +/– 2.5 degrees)* **Anziehdrehwinkel** *m (Form)*
**tightening bolt** *(bearing eye)* **Klemmschraube** *f (Mech)* (am Lagerauge)

**tightening strap Spannband** *nt (Band)*
**tightening surface Spannfläche** *f (Mech)* (z.B. am Schwenkstutzen)
**tightening torque** *(screw)* **Anziehdrehmoment** *nt (Mech)* (für Schrauben) **Spannmoment** *nt (Mech)* (Schraube)
**tightness Dichtheit** *f (Mech, Hyd/Pneu)* (Undurchlässigkeit) **Dichtigkeit** *f (Mech, Hyd/Pneu)*
**tile handling apron Steinklemmgabel** *f (Mech)*
**till Geschiebemergel** *m (Geo, Bau)*
**tiller Lenkstange** *f (Mech)* (im Fahrerhaus) **Steuerdeichsel** *f (Mech)*
**tilt Sturz** *m (Band)* (Rollen)
**tilt angle** *(of the engine)* **Schräglage** *f (Mech)* (des Motors)
**tilt cylinder Kippzylinder** *m (Bg/Bergb)*
**tilter Kippvorrichtung** *f (Mech, Umschl)*
**tilting angle Abklappwinkel** *m (Mech)*
**tilting burner Schwenkbrenner** *m (Hütt/Wlz)*
**tilting chute Kippschurre** *f (Umschl)* **Schrägschurre** *f (Umschl)*
**tilting edge in wheel bogie level Schwingenkippkante** *f (Bg/Bergb)*
**tilting gate Klappschütz** *nt (Stb)*
**tilting head Kippschlitten** *m (Mech)* (am Stapler)
**tilting-angle form Neigungsmaske** *f (Bg/Bergb)*
**timber Holz** *nt (Mech, Mont)* (Nutzholz) **Nutzholz** *nt (Mech, Mont)*
**timber grab Holzgreifer** *m (Bg/Bergb)*
**timber plank Holzbohle** *f (Mont)*
**timber rehandling-grab Holz-Umschlaggreifer** *m (Bg/Bergb)*
**timber wagon** *BE* **Langholzwagen** *m (Mech)* (Bahn)
**timbers, rebated** rebated timbers *adj:n* **gefugte Bohlen** *adj:n*
**time delay valve Verzögerungsventil** *nt (Hyd/Pneu)*
**time element Zeitkipper** *m (Mech)*
**time on Einschaltdauer** *f (Mech, Allg)* (Maschine)
**time required by the material flow to settle Beruhigungszeit des Förderguts** *(Band, Umschl)*
**time spent on designing Konstruktionsstunde** *f (Stb)*
**time study Zeitstudie** *f (Mech)* (Netzplantechnik)
**time yield Kriechen** *nt (Stb)* (Beton)
**time, idle** idle time *adj:n* **Standzeit** *f (Mech)* (z.B. Maschine)
**time, inherent** inherent time *adj:n* **Eigenzeit** *f (Form)* (dem Material innewohnend)
**time-lag setting Verzögerungszeiteinstellung** *f (Mech)*
**time-temperature-curve Temperatur-Zeit-Kurve** *f (Stb)*
**timer** *(El, Mech)* **Zeituhr** *f (Mech, El)* (z.B. zentrales Schmiersystem)
**timing bolt Stellschraube** *f (Mech)*
**timing case cover Steuergehäusedeckel** *m (Mech)*
**timing chain Steuerkette** *f (Mech)*
**timing device Vorrichtung zur Spritzverstellung** *(Mech)*
**timing gear Motorsteuerung** *f (Mech)* **Stirnrad** *nt (Mech)* (zur Zeiteinstellung)
**timing gear, intermediate** intermediate timing gear *adj:n* **Zwischenrad** *nt (Mech)*
**timing mark** *(adjusting mark)* **Einstellmarke** *f (Allg)* (Zeit) **Schwungradmarke** *f (Zer)*
**timing range Zündverstellbereich** *m (Mech, El)*
**timing shaft Steuerwelle** *f (Mech)*
**tin** *BE* **Dose** *f (Form)* (Deckelbehälter) **Zinn** *nt (Hütt/Wlz)*
**tin alloy Zinn-Basis-Legierung** *f (Hütt/Wlz)*
**tin plate line Weißblechanlage** *f (Hütt/Wlz)*
**tine Zinke** *f (Mech)*
**tine length Zinkenlänge** *f (Mech)* (der Traggabel)
**tinning Verzinnung** *f (Hütt/Wlz)*
**tinplate Weißblech** *nt (Hütt/Wlz)*
**tinplate strip Weißband** *nt (Hütt/Wlz)* **Weißblechband** *nt (Hütt/Wlz)*
**tip Spitze** *f (Mech)* (z.B. des Löffelzahnes)
**tip circle Kopfkreis** *m (Mech)*
**tip cylinder Außenzylinder** *m (Mech)* (Schneckenrad) **Kippzylinder** *m (Bg/Bergb)*
**tip diameter Außendurchmesser** *m (Mech)* (Zahnrad) **Kopfkreisdurchmesser** *m (Mech)*

**tip of drill bit Bohrkrone der Bohrmeißel** *(Mont)*
**tip relief** *(gear)* **Kopfrücknahme** *f (Mech)* (Getriebe)
**tip relief, bevelled** bevelled tip relief *adj:n* **Kopfkantenbruch** *m (Mech)* (Getriebe)
**tip surface Kopffläche** *f (Mech)* **Kopfmantelfläche** *f (Mech)*
**tipper Kreiselkipper** *m (Bahn)* **Kreiselwipper** *m (Bahn)*
**tipper** *(lorry)* **Kipper** *m (Mech)* (Lastkraftwagen) **Kippwagen** *m (Mech)*
**tipping angle Kippwinkel** *m (Bg/Bergb)*
**tipping cylinder** *(on bucket)* **Kippzylinder** *m (Bg/Bergb)* (am Löffel)
**tipping line Kippkante** *f (Mech)* **theoretische Kippkante** *adj:n (Bg/Bergb)*
**tipping line, front** front tipping line *adj:n* **vordere Kippkante** *adj:n (Mech)*
**tipping line, rear** rear tipping line *adj:n* **hintere Kippkante** *adj:n (Mech)*
**tipping load Kippbelastung** *f (Mech)* **Kipplast** *f (Mech)*
**tipping motion Drehbewegung** *f (Kfz)* (zur Seite kippen)
**tipping shovel Kippschaufel** *f (Bg/Bergb)* (des Baggers)
**tipping wagon Kipplore** *f (Bahn)* **Kippmuldenwagen** *m (Bahn)*
**tipping wagon on bogies Drehgestellkippmuldenwagen** *m (Bahn)*
**tippler Kippbühne** *f (Mech)* (für Güterwagen)
**tire base Spurweite** *f (Mech)* (Radstand des Kfz)
**tire base Radstand** *m (Umschl, Mech)*
**tire bead Laufdeckenwulst** *m (Mech)* **Reifenwulst** *m (Mech)*
**tire chain Reifenschutzkette** *f (Mech)* (z.B. an Radladern)
**tire crane Mobilkran** *m (Bg/Bergb)* (auf Rädern)
**tire handler Transport- und Montagegerät für Reifen** *(Mech)*
**tire scuffing Wühlen** *nt (Mech)* (der Reifen)
**tire track Fahrspur** *f (Kfz)* (z.B. im Schlamm)
**tire-inflation system** *(on graders)* **Reifenfüllanlage** *f (Mech, Hyd/Pneu)*
**tirfor winch** *(rope)* **selbsttätige Kabelklemme** *adj:n (Stb)*
**TITAN crusher TITAN-Brecher** *m (Bg/Bergb)*
**titanium Titan** *nt (Hütt/Wlz)*
**to-and-fro motion Hin- und Hergang** *m (Mech)*
**toe** *(remaining after blasting)* **Zehe** *f (Bg/Bergb)* (nach Sprengung stehen bleibend)
**toe crack Unternahtriss** *m (Schw)* (der Schweißnaht)
**toe of the slope Unterkante Böschung** *f (Bg/Bergb)*
**toggle bearing Drucklager** *nt (Mech, Stb)*
**toggle grease press Kniehebelfettspritze** *f (Mech, Mont)*
**toggle joint Winkelgelenk** *nt (Mech)*
**toggle lever Kniehebel** *m (Mech, Mont)* (Schienenzange)
**toggle lever rod system Kniehebelgestänge** *nt (Mech, Mont)*
**toggle link Gelenkstange** *f (Mech)* (z.B. für Scheibenwischer) **Koppel und Schwinge** *(Bg/Bergb)*
**toggle plate Druckplatte** *f (Mech)* **Druckstück** *nt (Mech, Mont)*
**toggle seat Druckplattenlagerung** *f (Zer)*
**toggle setting device Kniehebel-Einstellvorrichtung** *f (Mech, Mont)*
**tolerance** *(for machining)* **Zugabe** *f (Mech)* (für spätere Bearbeitung)
**tolerance zulässige Abweichung** *adj:n (Mech)* **Spiel** *nt (Mech)* **Toleranz** *f (Mech)*
**tolerance compliance Toleranzhaltigkeit** *f (Mech)*
**tolerance of cyclic running Rundlauftoleranz** *f (Mech)*
**tolerance, close** close tolerance *adj:n* **eingeengte Toleranz** *adj:n (Mech)*
**toleranced dimension Freimaßtoleranz** *f (Mech, Schw)*
**tommy** *(tommy bar)* **Drehstift** *m (Mech, Werkz)* (am Schraubwerkzeug)
**ton totalizer Tonnenzähler** *m (Mech)* (Bandwaage)
**tongue Herzstück** *nt (Bahn)* (der Weiche)
**tongue and groove Nut und Feder** *(Mech)*
**tongue-shaped regulating damper Zungenklappe** *f (Hütt/Wlz)*
**tonnage steel Massenstahl** *m (Hütt/Wlz)*
**tool Werkzeug** *nt (Mech, Mont, Werkz)*

**tool and material store Werkzeug- und Materiallager** *(Hütt/Wlz)*
**tool shed Geräteschuppen** *m (Mech, Mont)*
**tool steel Werkzeugstahl** *m (Hütt/Wlz, Werkz)*
**tool thrust Arbeitsdruck** *m (Mech)* (Arbeitsstahl der Werkzeugmaschinen)
**tool-fitting dimension Einbaumaß** *nt (Mech, Mont)*
**toolbar Geräteträger** *m (Mech)* (z.B. Leiste)
**tooling Nachbearbeitung** *f (Mech, Mont)* **Schneidstahlbearbeitung** *f (Mech, Mont)*
**tooling method Bearbeitungsverfahren** *nt (Mech)*
**toolkit Werkzeugkoffer** *m (Mont, Werkz)* **Werkzeugtasche** *f (Werkz)*
**toolshop Werkzeugmacherei** *f (Werkz)*
**tooth Zahn** *m (Mech)* **Zinke** *f (Mech)* (am Zahnrad)
**tooth base radius Zahnfußabrundung** *f (Mech)*
**tooth clutch Zahnkupplung** *f (Mech)*
**tooth crest Zahnkopf** *m (Mech)* (am Zahnrad)
**tooth cutter Vorschneider** *m (Mont, Werkz)* **Zwischenmesser** *nt (Mech)*
**tooth depth Zahnhöhe** *f (Mech)* **Zahnlänge** *f (Mech)*
**tooth face Zahnbrust** *f (Mech)*
**tooth generation Erzeugung der Verzahnung** *(Mech)*
**tooth group Zahngruppe** *f (Mech)*
**tooth lock Zahnhalterung** *f (Mech)*
**tooth outline Zahnform** *f (Mech)*
**tooth pattern Tragbild** *nt (Mech)* (Zähne)
**tooth profile Flankenprofil** *nt (Mech)* **Zahnflanke** *f (Mech)*
**tooth root surface Zahngrund** *m (Mech)* (am Zahnrad)
**tooth sector Zahnbogen** *m (Mech)*
**tooth securing Zahnsicherung** *f (Mech)* (z.B. am Tieflöffel)
**tooth setting Zahnverstellung** *f (Mech)* (z.B. am Grabgefäß)
**tooth shank** *(e.g. on shovel edge)* **Zahnfuß** *m (Bg/Bergb)*
**tooth shank, integrated** integrated tooth shank *adj:n* **integrierter Zahnhalter** *adj:n (Bg/Bergb)*
**tooth space Zahnlücke** *f (Mech)*
**tooth thickness half angle Zahndickenhalbwinkel** *m (Mech)* (am Zahnrad)
**tooth tip Zahnspitze** *f (Mech)*
**tooth tip radius** *(tools)* **Kopfabrundungsfaktor** *m (Mech, Mont)* (Werkzeuge)
**tooth tip support Spitzenhalter** *m (Mech)* (des Schaufelzahnes)
**tooth tip, replaceable** replaceable tooth tip **Aufsteckzahn** *m (Bg/Bergb)*
**tooth trace Flankenlinie** *f (Mech)*
**tooth wheel Zahnrad** *nt (Mech, Allg)*
**tooth width Zahnbreite** *f (Mech)*
**tooth, pointed** pointed tooth *adj:n* **Spitzzahn** *m (Bg/Bergb)*
**toothed-wheel gearing Zahnradvorgelege** *nt (Mech)*
**toothing Verzahnung** *f (Mech)*
**toothing, helical** helical toothing *adj:n* **Schrägverzahnung** *f (Mech)*
**toothing, internal** internal toothing *adj:n* **Innenverzahnung** *f (Mech)*
**toothing, short** short toothing *adj:n* **Kurzverzahnung** *f (Mech)*
**top Aufsatz** *m (Mech)* (Kappe) **Oberseite** *f (Mech)*
**top** *(canvas)* **Verdeck** *nt (Mech)* (Kfz)
**top** *(top side of belt)* **Tragseite** *f (Mech, Band)* (Gurt)
**top angle Aussteifwinkel** *m (Mech)*
**top beam Kopfträger** *m (Mech)* (z.B. eines Krans)
**top bearing assembly oberes Traglager** *adj:n (Zer)*
**top coat Deckanstrich** *m (Anstr)*
**top dead centre oberer Totpunkt** *adj:n (Mech)*
**top edge Oberkante** *f (Mech, Stb, Allg)*
**top flange Oberflansch** *m (Stb)* **Obergurt** *m (Stb)* (eines Blechträgers)
**top flange angle Obergurtwinkel** *m (Stb)*
**top flange connecting plate Oberflanschanschlussplatte** *f (Stb)*
**top flange plate Gurtplatte** *f (Band, Mech)*
**top limit regulator** *nt sg* **Schichthöhenregler** *m (Hütt/Wlz)*
**top line Kopflinie** *f (Mech)*
**top of rail Schienenoberkante** *f (Mech, Bahn)*
**top of terrain Terrainoberkante** *f*
**top seam Decklage** *f (Schw)* (oberste Schweißschicht)

**top soil Abraum** *m (Geo)*
**top swage Gesenkhammer** *m (Hütt/Wlz, Mont)*
**top view Ansicht von oben** *(Allg)* **Draufsicht** *f (Mech)*
**top width obere Breite** *adj:n (Mech)* (des Keilriemens)
**topas Topas** *m (Geo)* (Edelstein)
**topographic map Geländekarte** *f (Allg, Geo)*
**topping turbine Vorschaltturbine** *f (Hütt/Wlz)*
**toprail Schienenoberkante** *f (Mech, Bahn)*
**torch Brenner** *m (Schw, Mont)*
**torch cut Brennschnitt** *m (Schw, Mont)*
**torch cutter Brennschneider** *m (Schw)*
**torch cutting Brennschneiden** *nt (Schw, Mont)* **autogenes Trennen** *adj:n (Schw, Mech, Mont)*
**torch gouging autogenes Fugenhobeln** *adj:n (Schw, Mech, Mont)*
**torch hardening Brennhärten** *nt (Schw)*
**torch oil gun Ölzündbrenner** *m (Hütt/Wlz)*
**toric lines and surfaces Flächen und Linien am Torus** *(Mech)*
**torpedo-type ladle car Torpedopfannenwagen** *m (Bahn, Hütt/Wlz)* (für Flüssigmetall)
**torque Drehkraft** *f (Mech)* (Verdrehungskraft) **Torsionsmoment** *nt (Mech, Stb)* **Zugkraft** *f (Mech)* (Drehmoment am Werkzeug)
**torque ball Schubkugel** *f (Mech)*
**torque control** *(El, Mech)* **Momentdruckregelventil** *nt (Mech)* **Stöckichtgetriebe** *nt (Mech)*
**torque converter Wandler** *m (Mech)* (Drehmoment)
**torque converter oil cooler Wandlerölkühler** *m (Mech)*
**torque divider transmission Differenzialwandlergetriebe** *nt (Kfz)*
**torque lever Momentenhebel** *m (Werkz)*
**torque limit** *(El)* **Überlastungsschutz** *m (Mech)* (Bagger) **seitlicher Überlastungsschutz** *adj:n (El)*
**torque method Drehmomentmethode** *f (Mech)*
**torque motor** *(El)* **Schlupfmotor** *m (El)* **Stillstandsmotor** *m (El)*
**torque mount Momentenstütze** *f (Mont)*
**torque of tightening bolt** *(on hub)* **Klemmschrauben-Anziehdrehmoment** *nt (Mech)*
**torque overload release coupling Drehmomentüberlastkupplung** *f (Mech)*
**torque rating Drehmomentbemessung** *f (Mech)* **Nennmoment** *nt (El)*
**torque rise Drehmomentenerhöhung** *f (Kfz)*
**torque rod Drehfeder** *f (Mech)*
**torque spanner Drehmomentenschlüssel** *m (Mont, Werkz)*
**torque specification Anzugsdrehmomente** *pl nt (Mech)*
**torque support Drehmomentenstütze** *f (Kfz)*
**torque tube ball joint Schubkugelgelenk** *nt (Mech)*
**torque wrench Drehmomentschlüssel** *m (Mont, Werkz))*
**torque wrench with adjusting spanner Drehmomentschlüssel mit Einstellschlüssel** *(Mont, Werkz)*
**torque, generative** generative torque *adj:n* **generatorisches Drehmoment** *adj:n (Mech)*
**torque, initial** initial torque *adj:n* **Voranziehdrehmoment** *nt (Mech)*
**torque, transmittable** transmittable torque *adj:n* **übertragbares Moment** *adj:n (Mech)*
**torquing tool Anziehdrehwerkzeug** *nt (Form)*
**torsion Drehbeanspruchung** *f (Mech)* **Drehung** *f (Mech)* (Verdrehung)
**torsion** *(change of shape)* **Verwindung** *f (Mech, Stb)* (Formverlust)
**torsion angle Drehwinkel** *m (Mech)* **Verdrehungswinkel** *m (Stb)*
**torsion angle method Drehwinkelverfahren** *nt (Mech)*
**torsion bar Drehfeder** *f (Mech)* **Drehstabfeder** *f (Mech)*
**torsion bar safety valve Drehstabsicherheitsventil** *nt (Hütt/Wlz)*
**torsion bar stabilizer Drehstab-Stabilisator** *m (Kfz)*
**torsion bar suspension Drehstabfederung** *f (Mech)*
**torsion module Torsionsmodul** *m (Hütt/Wlz)*

**torsion spring Drehfeder** *f (Mech)*
**torsion stiffness Gestaltfestigkeit** *f (Hütt/Wlz)*
**torsion-bar spring Drehstabfeder** *f (Mech)*
**torsion-type suspension Torsionsfeder** *f (Mech)*
**torsional rigidity Drillsteifigkeit** *f (Stb)* **Torsionssteifigkeit** *f (Bau)*
**torsional strength Torsionsfestigkeit** *f (Hütt/Wlz)*
**torsional stressing Torsionsbeanspruchung** *f (Stb)*
**torsional-flexural buckling Biegedrillknicken** *nt (Stb)*
**total coal thickness contours** *pl* **Mächtigkeitskurven der Gesamtkohle** *(Bg/Bergb)*
**total length of truck and trailer Gesamtlastzuglänge** *f (Mech)*
**total weight of truck and trailer Gesamtlastzuggewicht** *nt (Mech)*
**totalizing counter Additionszählwerk** *nt (Band)* (Bandwaage) **Zählwerk** *nt (Mech)* (Bandwaage)
**tote box Versandbox** *f (Mech)*
**touch guard Berührungsschutz** *m (Mech)*
**touch test Tupfprobe** *f (Hütt/Wlz)*
**touch welding halbautomatische Schweißung** *adj:n (Schw)*
**touch-up welding Nachbesserungsschweißen** *nt (Schw)*
**tough rubber sheated cable Gummischlauchleitung** *f (Mech)* (Kabel)
**tough welding electrode Zähelektrode** *f (Schw)*
**tow bar Abschleppstange** *f (Kfz)* **Zugstange** *f (Mech)*
**tow coupling Anhängerkupplung** *f (Kfz)*
**tow hook Zughaken** *m (Mech)*
**tow rope Abschleppseil** *nt (Kfz)* **Schleppseil** *nt (Mech)*
**tow truck Abschleppwagen** *m (Kfz)*
**tow-bar Kuppelstange** *f (Mech)*
**towed vibrating roller Anhängerrüttelwalze** *f (Kfz)*
**tower** *(holds slewing ring)* **Dom** *(Bg/Bergb)* (Auflage der Drehverbindung)
**tower crane Turmdrehkran** *m (Bg/Bergb)* **Turmkran** *m (Bg/Bergb)*
**tower crane, rotary** rotary tower crane *adj:n* **Turmdrehkran** *m (Bg/Bergb)*
**tower stanchion Turmstütze** *f (Stb)*
**tower, guyed** guyed tower *adj:n* **Abspannmast** *m (Stb)*
**towing device Zugvorrichtung** *f (Mech)*
**towing hook Zughaken** *m (Mech)*
**towing of loads Ziehen von Lasten** *(Bg/Bergb)*
**towing winch Schleppwinde** *f (Mech)*
**town gas Stadtgas** *nt (Hütt/Wlz)*
**TPM** *(Abv)* **Druck-Zuschaltstufe** *f (Bg/Bergb)*
**TR operation SE-Betrieb** *m (Hütt/Wlz)*
**TR probe SE-Prüfkopf** *m (Hütt/Wlz)*
**trace of wear Einschleißspur** *f (Mech)* **Verschleißspur** *f (Mech)*
**tracer Vorzeichner** *m (Stb)*
**track** *(rail)* **Gleis** *nt (Bahn)*
**track** *(chain)* **Laufwerkskette** *f (Bg/Bergb)*
**track** *(crawler)* **Raupe** *f (Bg/Bergb)*
**track** *(between tyres)* **Radabstand** *m (Mech)* **Spur** *f (Mech)* (Spurweite der Räder)
**track ability** *(belt)* **Geradlauf** *m (Band, Umschl, Bg/Bergb)* (Band)
**track adjuster, hydraulic** hydraulic track adjuster *adj:n* **Kettenspanner** *m (Mech, Mont)*
**track adjustment cylinder Kettenspannzylinder** *m (Kfz)*
**track adjustment spring Kettenspannfeder** *f (Mech)*
**track beam Fahrbalken** *m (Mech, Stb)*
**track bushing Kettenbüchse** *f (Mech)*
**track casing Kettengehäuse** *nt (Mech)* (Raupenketten-Schutz)
**track centre line** *BE* **Spurmitte** *f (Mech)*
**track chain** *(crawler)* **Kette** *f (Mech, Bg/Bergb)* (Raupenkette)
**track chain link Kettenglied** *nt (Mech)*
**track clearing equipment Räumgerät** *nt (Bahn)*
**track connection Schienenstoß** *m (Bahn)*
**track excavator Raupenbagger** *m (Bg/Bergb)* **Raupengerät** *nt (Bg/Bergb)*
**track frame** *BE* **Langträger** *m (Bg/Bergb)* **Raupenkettenträger** *m (Bg/Bergb)* (Seitenrahmen)
**track gauge tolerance Spurtoleranz** *f (Mech)*
**track gearbox adaptor Getriebewand** *f (Bg/Bergb)*

**track group Kette mit Platten** *(Bg/Bergb)* **komplette Kette** *adj:n (Mech)*
**track guard Kettenschutz** *m (Mech)*
**track guide Kettenführung** *f (Bg/Bergb)*
**track harp** *(e.g. under hump)* **Gleisharfe** *f (Bahn)* (z.B. am Ablaufberg)
**track joint Kettenfuge** *f (Mech)* **Kettengelenk** *nt (Mech)*
**track level Fahrplanum** *nt (Bg/Bergb)*
**track lifting jack Gleishebewinde** *f (Mech, Mont)*
**track link assembly Kette ohne Platte** *(Bg/Bergb)*
**track maintenance train Bauzug** *m (Bahn)* (Bahn)
**track master pin Kettenschlussbolzen** *m (Mech)* **Masterbolzen** *m (Mech)*
**track motor Kettenantriebsmotor** *m (Mech)* **Raupenmotor** *m (Mech)*
**track pad Bodenplatte** *f (Bg/Bergb)* (der Raupenkette) **Kettenplatte** *f (Bg/Bergb)*
**track pad connecting** *(on chain)* **Bodenplattenanschluss** *m (Bg/Bergb)* (an Kette)
**track pad pin Kettenplattenbolzen** *m (Bg/Bergb)*
**track pad width Kettenbreite** *f (Mech)*
**track pad, inclined** inclined track pad *adj:n* **abgeschrägte Bodenplatte** *adj:n (Bg/Bergb)*
**track pin Kettenbolzen** *m (Mech, Bg/Bergb)*
**track plate Kettenplatte** *f (Bg/Bergb)* **Platte** *f (Form)* (Bodenplatte der Baumaschine)
**track plate width Kettenbreite** *f (Mech)*
**track recoil spring Rückholfeder** *f (Mech)* (Zylinder)
**track rod Lenkspurstange** *f (Mech)* **Spurstange** *f (Mech)*
**track rod arm Spurstangenhebel** *m (Mech)*
**track rod end Spurstangenkopf** *m (Mech)*
**track roller Laufrolle** *f (Bg/Bergb, Umschl)* (Transportraupe)
**track roller flange Laufrollenflansch** *m (Bg/Bergb)* (seitlicher Spurkranz)
**track roller frame Laufrollenrahmen** *m (Mech, Band)*
**track roller guard Laufrollenschutz** *m (Band)*
**track seal Kettendichtung** *f (Mech)*
**track set** *(e.g. of an excavator)* **Fahrkette** *f (Kfz)* (Kettensatz)
**track set up for the next move Fahrstraße** *f (Bahn)* (für einen Zug)
**track shifter Gleisrückmaschine** *f (Mech)*
**track shifter, bridge-type** bridge-type track shifter *adj:n* **Brücken-Gleisrückmaschine** *f (Mech)*
**track shifting attachment Gleisrückkopf** *m (Mech, Mont)*
**track shifting device Gleisrückkopf** *m (Mech, Mont)*
**track shifting machine Gleisrückmaschine** *f (Mech)*
**track shifting machine, bridge-type** bridge-type track shifting machine *adj:n* **Brücken-Gleisrückmaschine** *f (Mech)*
**track shoe Kettenplatte** *f (Bg/Bergb)*
**track shoe pin Kettenplattenbolzen** *m (Bg/Bergb)*
**track shoe, offset** offset track shoe *adj:n* **außermittige Bodenplatte** *adj:n (Mech)*
**track side wheel Spurseitenscheibe** *f (Mech)*
**track speed Fahrgeschwindigkeit** *f (Mech)* (Versandgeschäft)
**track tensioner Kettenspanner** *m (Bg/Bergb)* (Raupenkette)
**track tensioning Kettenspannung** *f (Bg/Bergb, Mech)* (der Raupenkette)
**track tensioning cylinder Kettenspannzylinder** *m (Kfz)*
**track tool arrangement Kettenwerksatz** *m (Zer)* **Kettenwerkzeugsatz** *m (Mech)* (Caterpillar)
**track welding Punktschweißung** *f (Schw)*
**track wheel Laufrad** *nt (Mech)* **Laufrolle** *f (Bg/Bergb, Umschl)* (Transportraupe)
**track wheel pin Laufradbolzen** *m (Mech)*
**track width Kettenbreite** *f (Mech)* (der Raupenkette)
**track, elevated** elevated track *adj:n* **Hochbahn** *f (Mech, Mont)* (Kran etc.)
**track-drive shaft Turaswelle** *f (Bg/Bergb)*
**track-laying department Gleisbauabteilung** *f (Stb)*
**track-mounted dumping plough Kippenpflug** *m (Bg/Bergb)*
**trackability Geradelauf** *m (Band, Bg/Bergb, Umschl, Zer)* (z.B. des Bandes)

**trackage accessories** *pl* **Schienenzubehör** *nt (Mech)*
**tracking Tracking** *nt (Mech)* (Spurtreue)
**tracking ability** *(belt)* **Geradelauf** *m (Band, Bg/Bergb, Umschl, Zer)* (z.B. des Bandes)
**trackramp Rampe** *f (Bahn)* (an der Bahn)
**traction Traktion** *f (Bahn)*
**traction cable Zugseil** *nt (Stb)*
**traction device Zughub** *m (Mont)*
**traction drive Fahrantrieb** *m (Mech, Bg/Bergb, Umschl)* **Triebfahrzeug** *nt (Bahn)*
**traction power Vortriebskraft** *f (Mech)*
**traction relief curve Zugentlastungsbogen** *m (Mech)*
**traction rope Zugseil** *nt (Stb)*
**traction stop** *(rear end of drawhook)* **Zugkraftanschlag** *m (Bahn)* (am Wagonzughaken)
**traction tire** *AE (off-road tire)* **Geländereifen** *m (Mech)*
**traction unit Fahrwerk** *nt (Bg/Bergb, Mech)*
**traction, dual** dual traction *adj:n* **Doppeltraktion** *f (Bahn)*
**tractive effort Zugkraft** *f (Mech, Bg/Bergb)*
**tractive force Anfahrkraft** *f (Stb)* (bei Fahrtbeginn) **Zugkraft** *f (Mech, Bg/Bergb)*
**tractive output Zugleistung** *f (Mech)*
**tractive unit Schienentriebfahrzeug** *nt (Bahn)* (mehrachsig)
**tractor** *(agricultural)* **Traktor** *m (Mech)* (Ackerschlepper)
**tractor** *(of a semi-trailer truck)* **Sattelschlepper-Zugmaschine** *f (Mech)* **Schlepper** *m (Mech)* (Traktor)
**tractor brake pressure regulator Zugwagen-Bremskraftregler** *m (Mech)*
**tractor brake valve Zugwagen-Bremsventil** *nt (Mech)*
**tractor shovel Fahrlader** *m (Umschl)* **Hublader** *m (Bg/Bergb)*
**tractor trailer Sattelschlepper** *m (Mech)*
**tractor-digger-loader Drei-in-eins-Lader** *m (Bg/Bergb)*
**tractor-trailer brake valve Lastzug-Bremsventil** *nt (Mech, Pneu)*
**traffic load Verkehrslast** *f (Schw, Mech, Stb)*
**traffic, heavy** heavy traffic *adj:n* **Schwerverkehr** *m (Bau)*
**trail Trasse** *f (Bau)*
**trail plate Schleppblech** *nt (Umschl)*
**trailer Auflieger** *m (Mech)* (z.B. des Sattelschleppers) **Hänger** *m (Mech)* (Lkw)
**trailer brake pressure regulator Anhängerbremskraftregler** *m (Kfz)*
**trailer brake valve Anhängerbremsventil** *nt (Kfz)*
**trailer bridge ansteigende Bandbrücke** *adj:n (Umschl)* **Schleppbrücke** *f (Umschl)*
**trailer conveyor Zwischenbandbrücke im Bandschleifenwagen** *(Bg/Bergb, Umschl)*
**trailer coupling Anhängerkupplung** *f (Kfz)*
**trailer for electrical equipment Elektrowagen** *m (Umschl)*
**trailer for gas bottles Flaschenhänger** *m (Mont)*
**trailing boom** *(tripper car)* **hinterer Ausleger** *adj:n (Bg/Bergb, Umschl)*
**trailing cutting edge nacheilende Scharende** *adj:n (Bg/Bergb)*
**trailing end** *(of the mouldboard)* **Scharende** *f (Bg/Bergb)* (des Graders)
**trailing hopper suction dredger Hopersaugbagger** *m (Bg/Bergb)* (mit Laderaum) **Laderaumsaugbagger** *m (Bg/Bergb)*
**trailing link Längslenker** *m (Mech)*
**trailing tender Schlepptender** *m (Bahn)*
**train length, total** total train length *adj:n* **Gesamtlänge** *f (Mech)* (des Lastzuges)
**train loading plant Zugbeladeanlage** *f (Umschl)*
**train loading station Wagonbeladestation** *f (Umschl)*
**train of gears Getriebezug** *m (Mech)* **Zahnradgetriebe** *nt (Mech)*
**train stopping, automatic** automatic train stopping *adj:n* **induktive Zugsicherung** *adj:n (Bahn)*
**train unloading plant Zugentladeanlage** *f (Umschl)*
**train weight Lastzuggewicht** *nt (Mech)*
**trainers** *pl (training idlers)* **Lenkrollenstuhl** *m (Band)* **Pendelrollenstation** *f (Band)*
**training idler Führungsrolle** *f (Band)* **Pendelrolle** *f (Band)* (Station; beweg-

lich) **Steuerschwelle** *f (Mech, Band)* (beweglich)
**training idler set Lenkrollenstuhl mit Rollen** *(Band)*
**training idler stand Lenkrollenstuhl ohne Rollen** *(Band)*
**tramp iron Eisen im Brechgut** *(Bg/Bergb)* **Fremdeisen** *nt (Hütt/Wlz)*
**tramp item Fremdkörper** *m (Mech, Allg)*
**tramp metal detector Metalldetektor** *m (Zer)* **Nachlesegerät** *nt (Zer)*
**transcord breaker** *(belt)* **Quercordlager** *nt (Band)* (Gurt)
**transfer Aufgabe** *f (Bg/Bergb, Umschl, Band, Zer)* (Übergabe von Fördergut) **Förderung** *f (Bg/Bergb)* (Transport)
**transfer belt Übergabeband** *nt (Band, Umschl)* **Zwischenband** *nt (Umschl, Band)*
**transfer block Verteilerklotz** *m (Mech)*
**transfer box gearing Verteilergetriebe** *nt (Mech)* **Vorgelegegetriebe** *nt (Mech)*
**transfer case differential Ausgleich im Verteilergetriebe** *(Kfz)*
**transfer chute Übergabeschurre** *f (Umschl, Bg/Bergb)*
**transfer chute, movable** movable transfer chute *adj:n* **Verschiebesattel** *m (Bg/Bergb, Umschl)*
**transfer conveyor, mobile** mobile transfer conveyor *adj:n* **fahrbares Band** *adj:n (Bg/Bergb, Band)* **Bandwagen** *m (Bg/Bergb)*
**transfer feeder Übergabewagen** *m (Umschl)*
**transfer of material** *nt* **Materialaufgabe** *f (Band)*
**transfer of material, non-centred** non-centred transfer of material *adj:n BE* **außermittige Materialaufgabe** *adj:n (Band)*
**transfer point Aufgabestelle** *f (Band)* (Ort der Übergabe) **Übergabestelle** *f (Umschl)*
**transfer pump Förderpumpe** *f (Hyd/Pneu)*
**transfer station Umladestation** *f (Umschl)* **Umschlagstation** *f (Umschl)*
**transfer tables for mechanical flap control Durchlaufentladeanlagen** *pl f (Bahn)*
**transfer wall Übertragungswand** *f (Bg/Bergb)*
**transfer, centred** centred transfer *adj:n BE* **mittige Übergabe** *adj:n (Bg/Bergb, Umschl, Band)*
**transfer, cushioned** cushioned transfer *adj:n* **schonende Aufgabe** *adj:n (Bg/Bergb, Umschl)*
**transit** *(protractor)* **Theodolit** *m (Bau)* (Winkelmessgerät)
**transit scanning tank Durchlaufprüftank** *m (Form)*
**transition curve Kurveneingang** *m (Bahn)* (führt flach in die Kurve)
**transition frame** *(e.g of a wing tripper / a bench belt tripper)* **Auflaufzunge** *f (Bg/Bergb)* (eines Übergabewagens) **Einlaufgerüst** *nt (Bg/Bergb, Umschl)* (Bandschleifenwagen)
**transition idler Übergangsrolle** *f (Mech, Band)*
**transition length** *(between pulley and full troughing angle)* **Aufmuldungslänge** *f (Band)*
**transition region** *(boundary)* **Randschicht** *f (Hütt/Wlz)* (Übergang)
**transition skid Auflaufschlitten** *m (Band, Umschl)*
**transition sleeve Übergangsmuffe** *f (Mech)*
**transition temperature Übergangstemperatur** *f (Stb)*
**transition truss Einlaufbrücke** *f (Zer)* **Übergangsbrücke** *f (Mech)*
**transition zone Übergangszone** *f (Stb)*
**transmission Getriebe** *nt (Mech)* (Vorgelege) **Triebwerk** *nt (Mech)* **Übertragung** *f (Mech)* (Kupplung)
**transmission belt Transmissionsriemen** *m (Mech)* (Motor) **Treibriemen** *m (Mech)*
**transmission brake Triebwerkbremse** *f (Mech)*
**transmission case Getriebegehäuse** *nt (Mech)*
**transmission gear Getrieberadsatz** *m (Mech)* **Vorschaltgetriebe** *nt (Mech)*
**transmission gear ratio Übersetzungsverhältnis** *nt (Mech)*
**transmission housing Antriebsgehäuse** *nt (Kfz)*
**transmission of force Kraftübertragung** *f (Mech)*

**transmission ratio Übersetzungsverhältnis** *nt (Mech)*
**transmission shaft Antriebswelle** *f (Mech)* (Getriebe) **Hauptwelle** *f (Mech)* **Vorgelegewelle** *f (Mech)*
**transmission shaft with pinion Antriebswelle mit Antriebszahnrad** *(Kfz)*
**transmission technique, double-probe** double-probe transmission technique *adj:n (El)* **Zweikopfdurchschallungsverfahren** *nt (El)*
**transmission tunnel Getriebetunnel** *m (Mech)*
**transmission valve Steuerblock des Getriebes** *(Mech)*
**transmission, automatic** automatic transmission *adj:n* **Flüssigkeitsgetriebe** *nt (Mech)*
**transmission, rotary** rotary transmission *adj:n* **Drehdurchführung** *f (Bg/Bergb)* (des Baggers)
**transmission-line tower Freileitungsmast** *m (Stb)*
**transmission/converter assembly Getriebe/Wandler-Einheit** *f (Mech)*
**transmitter shaft Geberwelle** *f (Mech)*
**transom Traverse** *f (Mech, Stb)* (Querstück) **Verbindungsriegel** *m (Stb)* (Querbalken)
**transport Abtransport** *m (Mech, Allg)* **Umsetzen des Materials** *(Bg/Bergb, Umschl)*
**transport and storage system Transport- und Lagersystem** *(Bg/Bergb)*
**transport barrel** *(e.g. for chemicals)* **Transportverpackung** *f (Mech)*
**transport crawler Hubraupe** *f (Bg/Bergb)* (unter der Brecheranlage) **Transportraupe** *f (Bg/Bergb)*
**transport eye Transportlasche** *f (Mech)* **Transportöse** *f (Mech)*
**transport hole Transportbohrung** *f (Mech)*
**transport level Stollen** *m (Bg/Bergb)*
**transport level, main** main transport level *adj:n* **Hauptstollen** *m (Bg/Bergb)*
**transport roll Transportrolle** *f (Mech)*
**transport stock rollendes Material** *adj:n (Bahn)*
**transport time Transportzeit** *f (Umschl)*
**transport trolley Transportwagen** *m (Bg/Bergb)*
**transport truck** *(road / rail)* **Rollwagen** *m (Bahn)* (Schiene / Straße)
**transporter** *AE* **Transportraupe** *f (Bg/Bergb)*
**transporter bridge Förderbrücke** *f (Band, Umschl)*
**transporting a load Fahrt mit Last** *(Bg/Bergb)* (Transportraupe)
**transporting direction Förderrichtung** *f (Band, Umschl)*
**transporting possibilities** *pl* **Fahrmöglichkeiten** *pl f (Mech)*
**transverse base thickness Zahndicke** *f (Mech)* (am Grundzylinder)
**transverse beam Querholm** *m (Mech, Stb)* **Querträger** *m (Stb)*
**transverse bend test Querbiegeversuch** *m (Stb)*
**transverse bracing by rigid frame Portalverband** *m (Stb)*
**transverse contact ratio** *nt sg* **Profilüberdeckung** *f*
**transverse conveying Quertransport** *m (Mech)*
**transverse conveying capacity Quertransportleistung** *f (Mech)*
**transverse crack Scheibchenriss** *m (Hütt/Wlz)*
**transverse crack, open** open transverse crack *adj:n* **klaffender Querriss** *adj:n (Stb)*
**transverse cutting head Querschneidkopf** *m (Mech, Mont)*
**transverse displacement Querverschiebung** *f (Mech)*
**transverse flat bend test Querfaltversuch** *m (Stb)*
**transverse force Querkraft** *f (Mech, Stat)*
**transverse girder Querträger** *m (Stb)*
**transverse module** *nt sg* **Stirnmodul** *n*
**transverse profile** *nt sg* **Stirnprofil** *n*
**transverse rip stop** *(belt)* **Quersperre** *f (Mech)* (Gurt)
**transverse screw drum spiralförmige Querwalze** *adj:n (Mech)*
**transverse seam Quernaht** *f (Schw, Mech, Mont)*
**transverse section Querschnitt** *m (Mech)*
**transverse spreading work Querverteilungsarbeiten** *pl f (Bg/Bergb)*
**transverse stability Querstabilität** *f (Stb)*

**transverse test specimem Querprobe** *f (Stb)*
**transverse tilt Querneigung** *f (Mech)*
**transverse travel Querfahrt** *f (Umschl)* (des Schaufelradwagens eines Brückenladers)
**transverse-flaw scanning plane Querfehlerprüfebene** *f (Hütt/Wlz)*
**transverse-flaw signal Querfehleranzeige** *f (Hütt/Wlz)*
**trap door Klapptor** *nt (Mech, Bau)*
**trash vehicle Müllfahrzeug** *nt (Mech, Allg)*
**travel Fahrbetrieb** *m (Mech)* **Fördergutstrom** *m (Band, Umschl)* (Förderband)
**travel** *(of a cylinder)* **Hub** *m (Mech)* (Zylinder)
**travel brake Fahrwerkbremse** *f (Kfz)*
**travel distance Förderweg** *m (Bg/Bergb)* (Entfernung, Distanz)
**travel distance meter** *(in m, km, ft)* **Laufleistungsmesser** *m (Mech)* (Messung der Entfernung)
**travel drive Fahrwerksantrieb** *m (Mech, Bg/Bergb, Umschl)*
**travel drive transmitter Fahrzeuganzeiger** *m (Mech)*
**travel gear shift Fahrgetriebeschaltung** *f (Kfz)* (eines Mobilbaggers)
**travel gear unit Fahrwerksgetriebe** *nt (Mech)*
**travel grease lubricator Fahrwerks-Fettschmieranlage** *f (Bg/Bergb, Mech)*
**travel indication Fahrweganzeige** *f (Mech)*
**travel measuring Hubmessung** *f (Bg/Bergb)*
**travel of material Fördergutstrom** *m (Band, Umschl)* (Förderband) **Förderweg** *m (Band, Umschl)*
**travel path Fahrbegrenzung** *f (Mech)*
**travel path measurement Fahrwegerfassung** *f (Mech)*
**travel pressure kit Druck-Zuschaltstufe** *f (Bg/Bergb)*
**travel pressure modification kit Fahrdruck-Änderungspaket** *nt (Bg/Bergb)*
**travel retarder valve Fahrbremsventil** *(Kfz)*
**travel soot blower Schubbläser** *m (Hütt/Wlz)*
**travel wheel Laufrad** *nt (Mech)* (des Schaufelradbaggers)
**travel, dead** dead travel *adj:n* **toter Gang** *adj:n (Bg/Bergb)*
**travel, long** long travel *adj:n* **Fahrbetrieb** *m (Mech)*
**travel-drive circuit Fahrkreislauf** *m (Bg/Bergb, Hyd)*
**travel-drive gear unit Fahrgetriebe** *nt (Bg/Bergb, Umschl)*
**travel-drive pump Fahrpumpe** *f (Bg/Bergb, Hyd)*
**travelling assembly Schreitwerk** *nt (Bg/Bergb)* (des Brechers)
**travelling behaviour Fahrverhalten** *nt (Kfz)*
**travelling belt conveyor fahrbarer Kohlenverteiler** *adj:n (Mech)*
**travelling carriage Fahrwagen** *m (Mech)* **Laufkatze** *f (Umschl)*
**travelling crane Laufkran** *m (Bg/Bergb, Umschl)*
**travelling frame Fahrrahmen** *m (Bg/Bergb, Mech)*
**travelling gantry Fahrportal** *nt (Bg/Bergb)* (des Kranes)
**travelling gear Fahrwerk** *nt (Bg/Bergb, Mech)*
**travelling gear, long** long travelling gear *adj:n* **Brückenfahrwerk** *nt (Umschl)* (z.B. eines Schiffsentladers)
**travelling grab bridge Greiferbrücke** *f (Bg/Bergb)*
**travelling grate Wanderrost** *m (Hütt/Wlz)*
**travelling grate stoker Wanderrostfeuerung** *f (Hütt/Wlz)*
**travelling grate stoker with air compartments Unterwindzonenwanderrost** *m (Hütt/Wlz)*
**travelling grate traversing coal feeder Korngrößenverteiler** *m (Geo)* (beweglich)
**travelling on rails schienengebunden** *adj (Umschl)*
**travelling overhead crane Deckenlaufkran** *m (Mech)*
**travelling path Fahrplanum** *nt (Bg/Bergb)*
**travelling platform Schiebebühne** *f (Bahn)*
**travelling plow feeder Bunkerentleerungswagen** *m (Mech)* **Bunkerräumwagen** *m (Mech)*
**travelling priority system Geschwindigkeitsprioritätssystem** *nt (Mech, Bg/Bergb)*

**travelling range Fahrstufe** *f (Kfz)*
**travelling return terminal frame Umkehrwagen** *m (Band, Bg/Bergb, Umschl)*
**travelling rim Laufkranz** *m (Mech)*
**travelling straight on Geradeausfahrt** *f (Bg/Bergb, Mech)*
**travelling track Fahrbahn** *f (Bg/Bergb, Mech, Allg))* **Fahrgleis** *nt (Mech, Bg/Bergb)*
**travelling tripper Abwurfwagen** *m (Band, Mech)* **Bandschleifenwagen** *m (Bg/Bergb, Umschl, Band)*
**travelway Fahrbahn für Raupengeräte** *(Bg/Bergb)*
**traverse** *(center part of an excavator)* **Traverse** *f (Bg/Bergb)* (Unterwagenmittelteil) **Unterwagenmittelteil** *m (Bg/Bergb)*
**traverse adjustment Schwenkverstellung** *f (Bg/Bergb)*
**traverse of crab Katzfahrwerk** *nt (Mech)*
**traverse, take** take a traverse *n:v* **Netzmessung machen** *n:v (Hütt/Wlz)*
**traverser Schiebebühne** *f (Bahn)*
**traversing bogie Fahrschemel** *m (Bg/Bergb)* **Verschiebewagen** *m (Bg/Bergb, Umschl)*
**traversing carriage Verschiebebühne** *f (Umschl)* (Brückenlader)
**traversing chute Pendelschurre** *f (Hütt/Wlz)*
**traversing trolley drive Katzfahrantrieb** *m (Mech)*
**tread** *(of a wheel)* **Lauffläche** *f (Mech)* (eines Laufrades, Rades**Profil** *nt (Mech)* (eines Reifens) **Spurweite** *f (Mech)* (eines einzelnen Reifens)
**tread** *(rail)* **Schienenlauffläche** *f (Mech, Bahn)*
**treadle Fußhebel** *m (Kfz)* **Fußpedal** *nt (Kfz)*
**treating agent for coolant Kühlwasser-Veredlungsmittel** *nt (Bg/Bergb)*
**treatment** *(coal)* **Aufbereitung** *f (Aufb)* (Kohle)
**treatment Bearbeitungsverfahren** *nt (Mech)* **Behandlung** *f (Mech, Allg)*
**treatment of liquid iron and steel Eisen- und Stahlkonditionierung** *(Form)*
**treatment, thermal** thermal treatment *adj:n* **Wärmebehandlung** *f (Hütt/Wlz, Mech)*
**tree remover Ballenstecher** *m (Kfz)*
**trellis Gitter** *nt (Mech)* (verflochten aus z.B. Draht)
**trellis work Gitterwerk** *nt (Stb)*
**tremie Betonrutsche** *f (Bau)* **Silotrichter** *m (Umschl)*
**trench conveyor Grabenband** *nt (Bg/Bergb, Band)*
**trench cutter** *(trencher)* **Grabenfräse** *f (Bg/Bergb)*
**trench filler** *(screw)* **Grabenverfüllschnecke** *f (Bg/Bergb)*
**trench filling worm Verfüllschnecke** *f (Mech)* (an Radlager)
**trench sheeting Kanaldielen** *pl f (Form)*
**trench sheeting equipment Verbauzieheinrichtung** *f (Bg/Bergb)*
**trench shoring Grabenverbau** *m (Bg/Bergb)* (z.B. mit Spreizen)
**trench-cleaning bucket Grabkanalgreifer** *m (Bg/Bergb)*
**trench-lining Verbau** *m (Bg/Bergb)* (des Grabens)
**trench-lining equipment Verbauzieheinrichtung** *f (Bg/Bergb)*
**trench-lining plate Verbauplatte** *f (Bg/Bergb)* (des Grabens)
**trencher Dränagelöffel** *m (Bg/Bergb)*
**trencher Bunkerbagger** *m (Bg/Bergb, Umschl)* **Tiefbagger** *m (Mech, Bg/Bergb)*
**trenching bucket Kabellöffel** *m (Bg/Bergb)*
**trestle Bock** *m (Mech)* (Gestell) **Stützbock** *m (Mech)*
**trestle crane Bockkran** *m (Mech)*
**trial evaluation Ergebnis des Probelaufs** *(Kfz)*
**trial operation Probeeinsatz** *m (Mech)*
**trial run Leerlaufprobe** *f (Mech)* **Probelauf** *m (Mech)* (nach Reparatur)
**trial trip Probefahrt** *f (Bahn)* (z.B. eines neuen Wagons)
**triangle with joints Gelenkdreieck** *nt (Bg/Bergb, Mech)*
**triangular scraper Dreikantschaber** *m (Bg/Bergb)*
**triangular spanner Dreikantschlüssel** *m (Mont, Werkz)*
**trigger Auslösenocken** *m (Hütt/Wlz)* (Anschlag)
**trim Gleichgewichtslage** *f (Stat)* (z.B. einer Ladung)

**trim** *v* **putzen** *v (Mech)* (z.B. Guss, Schmiedestücke) **schaben** *v (Mech)* (z.B. Zylinderrohre) **schneiden** *v (Mech)* (trimmen)
**trimmer Stichbalken** *m (Stb)*
**trimming Entgraten** *nt (Stb)*
**trimming shears** *pl* **Besaumschere** *f (Form)*
**trip dog Anschlagbolzen** *m (Mech)* **Anschlagnocken** *m (Mech))*
**triple roller guide Rollentripel** *nt (Mech)*
**triple valve Steuerventil** *nt (Hyd/Pneu)*
**triple-bar track pad Dreistegbodenplatte** *f (Bg/Bergb)*
**triple-deck vibrating screen Dreideck-Freischwingsieb** *nt (Bg/Bergb)*
**triple-grouser track-plate Dreistegplatte** *f (Bg/Bergb)*
**triple-sector clutch hub Dreiarmnabe** *f (Kfz)*
**tripod Dreibein** *nt (Mech)* **Stativ** *nt (Mech, Bau)*
**TriPower connecting rod TriPower-Lenkerstange** *f (Bg/Bergb)*
**TriPower triangular rocker TriPower-Lenker** *m (Bg/Bergb)*
**tripper Schleifenwagen** *m (Bg/Bergb)*
**tripper car Bandwagen** *m (Bg/Bergb)* **Schleifenbandförderer** *m (Bg/Bergb)*
**tripper car with elevator conveyor Bandschleifenwagen mit Zwischenband** *(Umschl)* (mit Schleppbrücke)
**tripper car with extensible belt loop Bandschleifenwagen mit auflösbarer Bandschleife** *(Umschl)*
**tripper car with one belt Bandwagen mit einem Band** *(Bg/Bergb)*
**tripper car with slewing conveyor boom Bandschleifenwagen mit Schwenkband** *(Bg/Bergb)*
**tripper car, counter-directional** counter-directional tripper car *adj:n* **gegenläufiger Bandschleifenwagen** *adj:n (Umschl)*
**tripper car, fold-down** fold-down tripper car *adj:n* **heb- und senkbarer Bandschleifenwagen** *adj:n (Umschl)*
**tripper, counter-directional** counter-directional tripper *adj:n* **gegenläufige Bandschleife** *adj:n (Bg/Bergb, Umschl, Band)*
**trolley Kranbahnkatze** *f (Stb, Mech)* **Kranlaufbahn** *f (Mech)*
**trolley conveyor Hängebahn** *f (Mech)* (in Werkshalle)
**trolley girder Katzbahnträger** *m (Umschl, Stb)*
**trolley hoist Elektrowinde** *f (Mech)* **Laufkatze** *f (Umschl)*
**trouble** *(e.g. with a machine, defect)* **Defekt** *m (Mech, Allg)* (Störung, Fehler; z.B. eines Gerätes) **Störung** *f (Mech, Allg)* (z.B. eines Gerätes)
**trouble shooting Fehlersuche** *f (Mech)* **Störungsbeseitigung** *f (Mech, El)*
**trough Trog** *m (Mech)* **Wanne** *f (Mech)* (Trog)
**trough angle, increasing** increasing trough angle *adj:n* **Aufmuldung** *f (Band, Umschl)*
**trough car Wannenwagen** *m (Bahn)*
**trough for cables Kabelablage** *f (Mech)* **Kabelrinne** *f (Mech)*
**trough for hose-pipes Schlauchablage** *f (Mech, Hyd/Pneu)*
**trough grate Muldenrost** *m (Hütt/Wlz)*
**trough parts** *nt pl* **Rinnendeckel** *m (Mech)*
**trough sheet Trogblech** *nt (Hütt/Wlz)*
**trough side parts** *pl* **Rinnenseitenteile** *pl nt (Mech)*
**trough, upper** upper trough *adj:n* **Obertrum** *m (Bg/Bergb)* (des Kettenförderers)
**troughability of belt Anschmiegen des Gurtes** *(Band)* **Muldungsfähigkeit des Gurtes** *(Band)*
**troughed belt-coveyor sand-blasting plant Muldenbandstrahlanlage** *f (Mech)*
**troughing Muldung** *f (Mech, Band)*
**troughing angle, increasing** increasing troughing angle *adj:n* **Aufmuldung** *f (Band, Umschl)*
**troughing, inverted** inverted troughing *adj:n* **negative Muldung** *adj:n (Mech, Band)* (bei Unterbaurollen)
**truck and trailer Lastzug** *m (Mech)* (Motorwagen und Anhänger)
**truck chassis with load handling system Wechsellader** *m (Mech)* (verschiedene Behälter)
**truck crane Autokran** *m (Mech, Mont)* **Mobilkran** *m (Bg/Bergb, Mont)*

**truck design** *(e.g. of a forklift truck)* **Geräteaufbau** *m (Mech)* (z.B. des Gabelstaplers)
**truck dump hopper Truck-Dump-Hopper** *m (Bg/Bergb)*
**truck dump hopper with grizzly Truck-Dump-Hopper mit Grizzly** *(Bg/Bergb)*
**truck loader crane Ladekran** *m (Mech)* (auf einem Lkw)
**truck mixer Fahrmischer** *m (Mech)*
**truck trailer Lkw-Anhänger** *m (Mech)* **Lkw-Hänger** *m (Mech)*
**truck type mounting Lkw-Aufbau** *m (Bg/Bergb)* (des Baggers)
**truck, electric** electric truck *adj:n (El, Mech)* **Elektrokarren** *m (El, Mech)*
**true** *v (wheels, bearings etc.)* **ausrichten** *v (Mech)* (z.B. Räder, Lager) **zentrieren** *v (Mech)* (z.B. Räder, Lager)
**true-to-scale drawing maßstabsgerechte Zeichnung** *adj:n (Allg, Mech)*
**trunk conveyor Lagerlängsband** *nt (Band, Umschl)*
**trunnion Drehzapfen** *m (Mech)* (Kippzapfen) **Tragzapfen** *m (Mech)*
**trunnion bearing Zapfenlager** *nt (Mech)* (bei Stahlkonstruktion)
**trunnion carrier Lagerungsträger** *m (Mech)*
**trunnion screw Zapfenschraube** *f (Stb)*
**truss girder Gitterwerksträger** *m (Stb, Mech)*
**truss girder bridge Fachwerkbrücke** *f (Bg/Bergb, Umschl, Band)* (Förderer)
**truss head rivet Flachrundkopf-Niete** *f (Mech, Mont)*
**truss support Fachwerksstütze** *f (Mech, Stb)*
**truss, main** main truss *adj:n* **Hauptträger** *m (Stb)*
**truss, parabolic** parabolic truss *adj:n* **Parabelträger** *m (Stb)*
**truss, parallel-flanged** parallel-flanged truss *adj:n* **Parallelträger** *m (Stb)*
**truss, pin-connected** pin-connected truss *adj:n* **Gelenkbolzenfachwerk** *nt (Stb)*
**truss, trapezoidal** trapezoidal truss *adj:n* **Trapezträger** *m (Stb)*
**try square Anschlagwinkel** *m (Mech, Mont)*
**tub tender Wannentender** *m (Bahn)* (Dampflok)
**tubbing Tübbing** *m (Hütt/Wlz)* (gusseisern)
**tube** *(El, Mech))* **Leitung** *f (Mech)* (Rohr) **Rohr** *nt (Hyd/Pneu, Mech)*
**tube** *(in vehicle tire)* **Schlauch** *m (Hyd/Pneu)* (im Autoreifen)
**tube advance Rohrtransport** *m (Bahn)* (Rohrvorschub)
**tube bank Rohrbündel** *nt (Hütt/Wlz)*
**tube bank for cooler Kühlerschlangen** *pl f (Hütt/Wlz)*
**tube bend Rohrbogen** *m (Mech)*
**tube bracket Rohrlasche** *f (Stb)*
**tube bulge Rohraufweitung** *f (Hütt/Wlz)* **Rohrausbeulung** *f (Hütt/Wlz)*
**tube closing Rohrverschluss** *m (Hütt/Wlz)*
**tube coil Rohrschlange** *f (Hütt/Wlz)* **Schlangenrohr** *nt (Hütt/Wlz)*
**tube conveyor Rollgurtförderer** *m (Band, Bg/Bergb)*
**tube cooler Rohrkühler** *m (Mech)*
**tube coupling Muffe** *f (Mech)* (Rohr) **Rohrmuffe** *f (Mech)*
**tube crack Rohrreißer** *m (Hütt/Wlz)*
**tube economizer, gilled** gilled tube economizer *adj:n* **Rippenrohr-Eko** *m (Hütt/Wlz)*
**tube erosion Rohrerosion** *f (Hütt/Wlz)*
**tube expander Rohrwalzgerät** *nt (Hütt/Wlz)* **Walzgerät** *nt (Hütt/Wlz)*
**tube fault Rohrschaden** *m (Hütt/Wlz)*
**tube feeding Rohraufgabe** *f (Mech, Hyd/Pneu)*
**tube fins pitch Rippenrohrteilung** *f (Hütt/Wlz)*
**tube fitting Verschraubung** *f (Mech)* (für Rohre)
**tube flange Rohrflansch** *m (Mech)*
**tube fracture Rohrbruch** *m (Mech)*
**tube frame, central** central tube frame *adj:n* **Mittelrohrrahmen** *m (Mech)*
**tube hole Rohrloch** *nt (Hütt/Wlz)*
**tube hole groove Walzrille** *f (Hütt/Wlz)*
**tube lane Rohrgasse** *f (Hütt/Wlz)* (im Rohrbündel)
**tube layout Rohrplan** *m (Mech)*
**tube layout, basic** basic tube layout *adj:n* **Grundschaltbild** *nt (Hütt/Wlz)* (Rohrplan)
**tube leakage Rohrleckage** *f (Hütt/Wlz)*
**tube length, free** free tube length *adj:n* **gestreckte Rohrlänge** *adj:n (Mech)*

**tube mill Rohrmühle** *f (Zer)*
**tube overheating Rohrüberhitzung** *f (Hütt/Wlz)*
**tube plate Rohrplatte** *f (Hütt/Wlz)*
**tube probe holder Rohrprüfkopfhalterung** *f (Hütt/Wlz)*
**tube renewal Rohrauswechslung** *f (Hütt/Wlz)*
**tube section Rohrquerschnitt** *m (Stb)*
**tube spacing Rohrteilung** *f (Hütt/Wlz)*
**tube spring circular form** *nt sg* **Rohrfeder-Kreisform** *f*
**tube stop Rohranschlag** *m (Mech, Hyd/Pneu)*
**tube test installation Rohrprüfanlage** *f (Hütt/Wlz)*
**tube testing probe Rohrprüfkopf** *m (Mech)*
**tube thickness Manteldicke** *f (Mech)*
**tube tiebar connection Rohrhalteflosse** *f (Hütt/Wlz)* (in Feuerraumwand)
**tube travel** *(tube feed)* **Rohrvorschub** *m (Mech)*
**tube wall Rohrwand** *f (Hütt/Wlz)* **Rohrwandung** *f (Hütt/Wlz)*
**tube wall temperature Rohrwandtemperatur** *f (Hütt/Wlz)*
**tube wear Rohrabzehrung** *f (Hütt/Wlz)*
**tube, capillary** capillary tube *adj:n* **Kapillarrohr** *nt (Mech, Hyd/Pneu)*
**tube, drawn** drawn tube *adj:n* **gezogenes Rohr** *adj:n (Hyd/Pneu, Mech)*
**tube, finned** finned tube *adj:n* **Flossenrohr** *nt (Hütt/Wlz)* **Rippenrohr** *nt (Hütt/Wlz)*
**tube, gilled** gilled tube *adj:n* **Rippenrohr** *nt (Hütt/Wlz)*
**tube, mechanical** mechanical tube *adj:n AE* **Präzisionsstahlrohr** *nt (Hütt/Wlz)*
**tube, running-in** running-in tube *adj:n* **einlaufendes Rohr** *adj:n (Mech)*
**tube, special** special tube *adj:n* **Spezialröhre** *f (Hütt/Wlz)*
**tube, studded** studded tube *adj:n* **bestiftetes Rohr** *adj:n*
**tube, superheated** superheated tube *adj:n (in smoke tube)* **Überhitzungsrohr** *nt (Bahn)* (im Rauchrohr)
**tube-to-tube construction geschlossene Rohrwand** *adj:n (Hütt/Wlz)*
**tube-type brake Schlauchbremse** *f (Mech)*
**tubeseal Schlauchdichtung** *f (Mech, Hyd/Pneu)*
**tubing Röhrenmaterial** *nt (Hütt/Wlz)* **Rohrleitung** *f (Mech, Hyd/Pneu)*
**tubing and casing Steig- und Futterrohr** *(Mech)*
**tubing curvature** *(tubing warp)* **Rohrkrümmung** *f (Hütt/Wlz)*
**tubing, capillary** capillary tubing *adj:n* **Kapillarrohr** *nt (Mech, Hyd/Pneu)*
**tubular boom structure Rohrausleger** *m (Bg/Bergb)*
**tubular bore spanner Vierkantsteckschlüssel** *m (Mont, Werkz)*
**tubular radiator Röhrenkühler** *m (Mech)*
**tubular radiator, finned** finned tubular radiator *adj:n* **Rippenrohrkühler** *m (Mech)*
**tubular steel scaffolding Stahlrohrgerüst** *nt (Bau, Stb)*
**tubulous lining Rohrauskleidung** *f (Hütt/Wlz)* (Kühlfläche)
**Tucks packing ring Tucksring** *m (Mech)*
**tumbler** *(with pockets for chain lugs)* **Antriebsturas** *m (Bg/Bergb)* (des Schaufelradbaggers) **Leitrad** *nt (Bg/Bergb)* (des Schaufelradbaggers)
**tumble-down length Rutschweg des Bodenentladewagens** *(Bahn)*
**tune-up Einstellen** *nt (Mech)*
**tungsten carbide tipped drill bolt Widia-Einsatz** *m (Mech, Mont)*
**tunnel** *AE (day drift)* **Stollen** *m (Bg/Bergb)*
**tunnel advance Tunnelvortrieb** *m (Bahn)*
**tunnel conveyor belt Abziehband im Haldentunnel** *(Bg/Bergb)*
**tunnel driving machine Tunnelvortriebsmaschine** *f (Bahn)*
**tunnel equipment Tunnelausrüstung** *f (Bg/Bergb)* (am Bagger)
**tunnel mouth Tunnelmund** *m (Bahn)* **Tunnelmündung** *f (Bahn)*
**tunnel reclaim conveyor Unterflur-Rückladeband** *nt (Umschl)*
**tunnel size Tunnelgröße** *f (Anstr)* (der Sandstrahlanlage)
**tunnel, slotted** slotted tunnel *adj:n* **Schlitzkanal** *m*
**tunnelling machine Streckenvortriebsmaschine** *f (Bg/Bergb)*
**turbine blade Turbirnenschaufel** *f (Hütt/Wlz)*

**turbine blade salt desposits** *pl* **Versalzung** *f (Hütt/Wlz)* (an Turbinen)
**turbine disc Turbinenscheibe** *f (Hütt/Wlz)*
**turbine foundation Turbinenfundament** *nt (Mech)*
**turbine room Maschinenhaus** *nt (Hütt/Wlz)*
**turbine rotor Turbinenrotor** *m (Mech)*
**turbine servo motor Servomaschine** *f (Hütt/Wlz)*
**turbine speed Turbinendrehzahl** *f (Hütt/Wlz)*
**turbine wheel Laufrad** *nt (Mech)*
**turbine wheel and shaft** *(El)* **Turbinenlaufrad und Welle** *(El)*
**turbine, roll** roll the turbine *n:v* **Turbine anstoßen** *n:v (Hütt/Wlz)*
**turbo charger Abgasturbolader** *m (Bahn)* (z.B. eines Dieselmotors)
**turbo coupling Turbokupplung** *f (Mech)*
**turbo drain line Turboladerrücklauf** *m (Mech)*
**turbo screen Turbosieb** *nt (Zer)*
**turbo supply hose Turboladerzulauf** *m (Mech)*
**turbo-furnace Wirbelkammerfeuerung** *f (Hütt/Wlz)*
**turbocharger Turbolader** *m (Mech)*
**turbocharger heat shield Turbolader-Wärmeschirm** *m (Mech)*
**turbulent burner Wirbelbrenner** *m (Hütt/Wlz)*
**turn Drehung** *f (Mech)* (Umdrehung) **Umdrehung** *f (Mech)*
**turn a shoulder** *(e.g. shaft)* **absetzen** *v (Mech, Mont)* (an der Drehbank, z.B. Bohrung, Bolzen, Welle)
**turn after passage and work Kreisverkehr** *m (Bg/Bergb)* (Hin- u. Herfahrt des Graders)
**turn pillar Drehpfeiler** *m (Stb)*
**turn to size abdrehen auf Maß** *(Mech, Mont)* **drehen nach Maß** *(Mech)*
**turn-down ratio Lastabsenkungsverhältnis** *nt (Stat)*
**turn-table Kugellenkkranz** *m (Mech)* **Lenkkranz** *m (Mech)*
**turn-tilt fitting system** *(for doors and windows)* **Drehkippbeschlagsystem** *nt (Form)* (für Fenster und Türen)
**turnbuckle Spanner** *m (Mech)* **Spannschloss** *nt (Mech)* **Spannvorrichtung** *f (Mech)* (Drehhebel)
**turnbuckle nut Spannschlossmutter** *f (Mech)*
**turner Dreher** *m (Mech)* (an der Drehbank)
**turning Drehung** *f (Mech)* (Umdrehung)
**turning circle Drehkreis** *m (Bg/Bergb)* **Wendekreis** *m (Mech)* (Kfz)
**turning crane Drehkran** *m (Mech)*
**turning device Drehvorrichtung** *f (Stb)*
**turning diameter Drehdurchmesser** *m (Bg/Bergb)* (z.B. der Kolbenstange)
**turning knob Drehknopf** *m (Mech)* (Regler)
**turning lathe Spitzendrehmaschine** *f (Mech)*
**turning machine Abdrehvorrichtung** *f (Mech, Mont)*
**turning moment of a force statisches Moment** *adj:n (Mech)*
**turning motion Drehbewegung** *f (Mech)* (drehende Bewegung)
**turning on the spot Drehen auf der Stelle** *(Bg/Bergb)*
**turning point Wendepunkt** *m (Mech, Allg)*
**turning radius Wendekreis** *m (Mech)* (Kfz) **Wenderadius** *m (Mech)*
**turning range Drehbereich** *m (Mech)* (Schwenkbereich)
**turning tool Drehstahl** *m (Mont)*
**turnout Übergabeweiche** *f (Bahn)* **Weiche** *f (Bahn)* (Übergabeweiche)
**turntable** *(on grader)* **Drehkranz** *m (Bg/Bergb)* (des Graders)
**turntable Drehscheibe** *f (Stb)* **Drehtisch** *m (Mech)*
**turntable assy Schwenkplattform** *f (Bg/Bergb)*
**turntable ladder** *BE* **Drehleiter** *f (Stb)* (fahrbare Leiter) **fahrbare Leiter** *adj:n (Mech)*
**turret lathe Revolverdrehbank** *f (Hütt/Wlz)*
**twelve-pointed bolt Zwölfkantschraube** *f (Mech)*
**twenty-foot container Zwanzig-Fuß Container** *m (Mech)*
**twin axle Doppelachse** *f (Kfz)*
**twin belt Treibgurt** *m (Band)*

**twin cylinderturbine Zweigehäuseturbine** *f (Hütt/Wlz)*
**twin engine Zweizylindermotor** *m (Mech)*
**twin fillet weld Doppelkehlnaht** *f (Schw)*
**twin girder Zwillingsträger** *m (Stb)*
**twin non-return valve Zwillingsrückschlagventil** *nt (Hyd/Pneu)*
**twin plunger injection system Doppelkolben-Einspritzpumpe** *f (Form)*
**twin wheel Zwillingsrad** *nt (Mech)*
**twin-belt conveyor bridge Doppelbandbrücke** *f (Band)*
**twin-furnace boiler Kessel mit Doppel-Brennkammer** *(Hütt/Wlz)*
**twin-pressure sequence valve Zweidruck-Ventil** *nt (Hyd/Pneu)*
**twin-section design zweiteilige Anlage** *adj:n (Bg/Bergb)*
**twin-sector clutch hub Zweiarmnabe** *f (Mech)*
**twin-shaft turbine arrangement Zweiwelleneinheit** *f (Hütt/Wlz)* (Turbine)
**twin-stage transmission Zweistufenschaltung** *f (Mech)*
**twinning** *(e.g. of beams)* **Verkupplung** *f (Stb)* (von Trägern)
**twist Drehung** *f (Mech)* (Verdrehung)
**twist** *(warping)* **Verwindung** *f (Mech, Stb)* (Formverlust)
**twist buckling** *(of columns)* **Drillknicken** *nt (Stb, Stat)*
**twist drill Bohrer** *m (Mont)* (Spiralbohrer) **Maschinenbohrer** *m (Mont, Werkz)*
**twist iron Biegeeisen** *nt (Mech)* **Würgeeisen** *nt (Mech)*
**twist spring clip Drehfeder** *f (Mech)* (Befestigungsmittel)
**twist, half** half twist *adj:n* **gekreuzter Trieb** *adj:n (Mech)*
**twisting Drillung** *f (Mech)* (Drehung) **Verformung** *f (Hütt/Wlz)* (Formgebung)
**twisting force Drehmoment** *nt (Form)* (unerwünschte Torsion)
**twisting moment Drillmoment** *nt (Stb)* (Drehmoment) **Torsionsmoment** *nt (Mech, Stb)*
**twisting resistance Drillwiderstand** *m (Stb)* **Torsionssteifheit** *f (Stb)*
**two part catenary design zweiteilige Girlandenrolle** *adj:n (Bg/Bergb, Band)*
**two row ball-bearing slewing ring doppelreihige Kugeldrehverbindung** *adj:n (Bg/Bergb)*
**two sets of stabilizers Vier-Punkt-Abstützung** *f (Mech)*
**two-armed flange Zweiarmflansch** *m (Mech)*
**two-chamber brake cylinder Zweikammerbremszylinder** *m (Mech)*
**two-crawler track assembly Zweiraupenfahrwerk** *nt (Bg/Bergb)*
**two-hinged arch Zweigelenkbogen** *m (Stb)*
**two-hinged frame Zweigelenkrahmen** *m (Stb)*
**two-in-one clamshell Klappschaufel** *f (Bg/Bergb)*
**two-lever control Zweihebelsteuerung** *f (Mech)* (beim Seilbagger)
**two-pass boiler Zweizugkessel** *m (Hütt/Wlz)*
**two-piece valve keeper zweiteiliger Ventilhalter** *adj:n (Mech)*
**two-pinned member Zweigelenkstab** *m (Stb)*
**two-pipe brake system Zweileitungsbremse** *f (Bahn)*
**two-point bridge support Brückenlagerung Zwei-Punkt-Seite** *f (Bg/Bergb)*
**two-point pressure controller Zwei-Punkt-Druckregler** *m (Hyd/Pneu)*
**two-race ball-bearing slewing ring zweireihige Kugeldrehverbindung** *adj:n (Mech)*
**two-shafts-arrangement Zweiwelleneinheit** *f (Hütt/Wlz)* (Turbine)
**two-speed gearbox at wheel drive Überlagerungsgetriebe** *nt (Mech)*
**two-spur gear pairs** *pl* **zweistufiges Stirnradgetriebe** *adj:n (Mech)*
**two-stage splice** *(DIN 22131)* **zweistufige Verbindung** *adj:n (Mech)*
**two-stamp press Zweistempelpresse** *f (Mech)*
**two-strand double sprocket chain Zweistrang-Buchsenkette** *f (Mech)*
**two-stringer Zweiholm** *m (Mech)*
**two-stroke Zweitakt** *m (Mech)* (Motor)
**two-stroke engine Zweitaktmotor** *m (Mech)* (Kfz)
**two-thirds load Teillast** *f (Hütt/Wlz)*

**two-value transmission Zweiwert-Übertragung** *f (Mech)*
**two-way distributor Zweiwegegabelstück** *nt (Hütt/Wlz)*
**two-way radio connection Gegensprechanlage** *f (Mech)*
**two-way two-position solenoid valve Zwei-Wege-Zwei-Stellungs-Magnetventil** *nt (Hyd/Pneu)*
**two-way valve Zweiwegventil** *nt (Mech)*
**two-wheel bogie Zweiradschwinge** *f (Bg/Bergb)*
**two-wheel supporting bogie Stützschwinge** *f (Bg/Bergb, Mech)* (Brücke)
**tyne Zinke** *f (Mech)*
**type** *(sort, kind)* **Ausführung** *f (Mech, Allg)* (Machart, Qualität) **Bauart** *f (Mech)* (Art des Aufbaus)
**type approval Betriebserlaubnis** *f (Mech)*
**type approval number Baumusterprüfnummer** *f (Form)*
**type of construction B3** *(El)* **horizontale Fußbauform** *adj:n (Mech)*
**type of construction B5** *(El)* **horizontale Flanschbauform** *adj:n (Mech)*
**type of construction B6 Bauform B6** *f (El)* (Getriebemotor)
**type of construction B7 Bauform B7** *f (El)* (Wandmontage)
**type of construction V1** *(El)* **vertikale Flanschbauform** *adj:n (Mech)*
**type of enclosure Schutzart** *f (El, Allg)*
**type of fault Fehlerart** *f (Mech)* **Schadensart** *f (Mech)*
**type of insulating material Isolierstoffklasse** *f (Mech)*
**type of joint Stoßart** *f (Schw)*
**type of lubricant Schmiermittelart** *f (Mech)*
**type of melting Entschmelzungsart** *f (Form)*
**type of soil Bodenart** *f (Bg/Bergb)*
**type of stressing Beanspruchungsweise** *f (Stb)*
**type of threading Gewindeausführung** *f (Mech)*
**type, enclosed** enclosed type *adj:n* **geschlossene Bauweise** *adj:n (Mech)*
**type, oblong** oblong type *adj:n* **Querformat** *nt (Mech)*
**typical applications of the excavator Arbeitsmöglichkeiten des Baggers** *(Bg/Bergb)*
**typification Typisierung** *f (Mech, Allg)*
**tyre** *BE* **Bandage** *f (Mech)* (Radreifen) **Laufring** *m (Mech)* **Reifen** *m (Mech)* (z.B. für Kfz)
**tyre exchange Reifenaustausch** *m (Mech)*
**tyre gauge Reifendruckmesser** *m (Mech, Hyd/Pneu)*
**tyre inflating cock Reifenfüllhahn** *m (Mech, Hyd/Pneu)*
**tyre inflating cylinder Reifenfüllflasche** *f (Mech, Hyd/Pneu)*
**tyre pressure Reifendruck** *m (Hyd/Pneu)* (Kfz)
**tyre pressure drop indicator Reifenhüter** *m (Mech, Hyd/Pneu)*
**tyre pump Reifenluftpumpe** *f (Hyd/Pneu)*
**tyre separating and stripping device Radreifen-Trennanlage** *f (Mech)*
**tyre testing probe Reifenprüfkopf** *m (Mech)*
**tyre, circumferential** circumferential tyre *adj:n* **Kennlinie** *f (Mech)* (z.B. von Reifen)
**tyre, cross-country** cross-country tyre *adj:n BE* **Geländereifen** *m (Mech)*
**tyre, solid** solid tyre *adj:n* **Vollreifen** *m (Mech)*
**tyre, studded** studded tyre *adj:n* **Stahlseilreifen** *m (Mech)*
**tyres** *pl BE* **Bereifung** *f (Kfz)*
**tyres, well-treaded** well-treaded tyres *adj:n BE* **griffige Bereifung** *adj:n (Mech)*
**tyres, wide** wide tyres *adj:n* **Breitreifen** *pl m (Kfz)*

# U

**U-blade U-Schild** *nt (Mech)* **Universal-Planierschild** *nt (Bg/Bergb)*
**U-flame furnace Brennkammer mit U-Flamme** *(Hütt/Wlz)*
**U-iron U-Eisen** *(Stb, Hütt/Wlz)*
**U-joint Kreuzgelenk** *nt (Mech)*
**U-tube pressure gauge Differenzialmanometer** *nt (Hütt/Wlz)*
**u.d.c.** *(Abv)* **oberer Totpunkt** *adj:n (Mech)*

**U.T.** *(Abv)* **US-Prüfung** *f (El)* (Ultraschalltest)
**ul-type casing UL-Gehäuse** *nt (Mech)*
**ultimate strength design Bruchberechnung** *f (Stb)*
**ultrasonic probe Ultraschallsonde** *f (Mech, Zer)*
**unalloyed** *adj* **unlegiert** *adj (Mech)*
**unannealed** *adj* **ungeglüht** *adj (Hütt/Wlz)*
**unbalance Unausgeglichenheit** *f (Hütt/Wlz)* **Unwucht** *f (Mech)*
**unbalance, residual** residual unbalance *adj:n* **Restunwucht** *f (Mech)*
**unbalanced** *adj* **nicht ausbalanciert** *adv:adj (Mech)* **unausgeglichen** *adj (Mech)*
**unburned** *adj* **unverbrannt** *adj (Hütt/Wlz)*
**uncoated** *adj* **unveredelt** *adj (Hütt/Wlz)*
**uncoated, inside** inside uncoated *adv:adj* **innen roh** *adv:adj (Hütt/Wlz)* (unbehandelter Stahl)
**uncoiled** *adj* **abgewickelt** *adj (Mech)* (vom Stahlband) **abgewickelt** *adj (Mech)* (z.B. Bandeisen, Blech)
**unconfined** *adj* **unbehindert** *adj (Mech)* (ohne Seitenbehinderung)
**uncoordinatedly** *adv* **ungleich** *adv (Mech)*
**uncouple** *v* **abkuppeln** *v (Mech)* **auskuppeln** *v (Mech)* (Kupplung)
**uncover** *v* **abdecken** *v (Bg/Bergb)* (offen legen, z.B. Kohle) **freilegen** *v (Bg/Bergb)* (z.B. Kohle)
**undamped** *adj* **ungedämpft** *adj (Mech, Allg)*
**under-floor engine Unterflurmotor** *m (Mech)*
**underbeam Unterzug** *m (Stb)* (Träger)
**undercarriage Fahrwerk** *nt (Bg/Bergb, Mech)* **Unterwagen** *m (Bg/Bergb)*
**undercoating Grundierung** *f (Anstr)*
**undercut** *(gear)* **Fußfreischnitt** *m (Mech)* (Getriebe, gewollter Unterschnitt)
**undercut** *(of a thread)* **Freistich** *m (Mech)* (z.B. eines Gewindes)
**undercut Einbrandkerbe** *f (Schw)* **Kerbe** *f (Mech)*
**undercut gate Segmentschieber** *m (Mech, Bg/Bergb)* (schließt von unten gegen Fördergutstrom)
**undercuts, grind** grind undercuts *n:v* **Kerben ausschleifen** *n:v (Mech)*
**underdraft Unterzug** *m (Hütt/Wlz)* (Windrichtung im Ofen)
**underfeed stoker Unterschubrost** *m (Hütt/Wlz)*
**underfloor conveyor Kettenförderer** *m (Bg/Bergb, Umschl)*
**undergrate air Unterwind** *m (Hütt/Wlz)* (Rost)
**underground bin Tiefbunker** *m (Umschl)*
**underground factor Untergrundfaktor** *m (Stb)*
**underground mining Untertagebergbau** *m (Bg/Bergb)*
**underground mining system Bergwerkseinrichtung** *f (Bg/Bergb)*
**underground mining type cutting element untertägiges Gewinnungselement** *adj:n (Bg/Bergb)*
**underhand stope Strosse** *f (Bg/Bergb)* (unter Tage)
**underhung slewing jib crane Drehlaufkatze** *f (Mech)*
**underhung trolley Hängekatze** *f (Bg/Bergb)*
**underhung twin rail trolley Zweischienenhängekatze** *f (Bg/Bergb, Umschl)*
**underinflation ungenügender Luftdruck** *adj:n (Hyd/Pneu)*
**underlayer Unterlage** *f (Mech)*
**underlayer of fabric Gewebeeinlage** *f (Mech)* (des Reifen)
**underlying** *adj* **untergelagert** *adj (Geo, Allg)* **unterliegend** *adj (Geo, Allg)*
**underpressure indicator Unterdruckanzeige** *f (Hyd/Pneu)*
**underprop** *v* **abfangen** *v (Mech, Mont)* (abstützen) **absteifen** *v (Bg/Bergb, Bau)* (abfangen)
**undersize Siebdurchlauf** *m (Zer)* **Unterkorn** *nt (Zer)*
**underspeed monitor Drehzahlwächter** *m (Mech)* (für zu niedrige Drehzahl)
**underwater cutting wheel Unterwasserschneidrad** *nt (Bg/Bergb)*
**underwater cutting wheel dredger Unterwasserschneidradbagger** *m (Bg/Bergb)*
**underwater digging Unterwasserbaggerung** *f (Bg/Bergb)*
**underwater dredge pump Unterwasserbaggerpumpe** *f (Bg/Bergb)*
**underwater scraper Unterwasserkratzer** *m (Bg/Bergb)*

**undesired tearing of the road Schieben des Korns** *(Bg/Bergb)* (vor der Schar)
**undressed** *adj* **unbearbeitet** *adj (Mech, Hütt/Wlz)*
**unequal** *adj* **ungleichmäßig** *adj (Hütt/Wlz, Mech)* **unterschiedlich** *adj (Mech, Allg)*
**unequal-leg angle ungleichschenkliger Winkelstahl** *adj:n (Hütt/Wlz)*
**unfasten** *v (dismantle)* **losmachen** *v (Mech, Mont)* (zerlegen) **zerlegen** *v (Mech)* (z.B. in Einzelteile)
**unhardened** *adj* **ungehärtet** *adj (Hütt/Wlz)*
**unheated** *adj* **unbeheizt** *adj (Hütt/Wlz)*
**uni screen Uni-Sieb** *nt (Zer)*
**uniaxial** *adj* **einachsig** *adj (Mech, Stb)* (Spannungszustand)
**uniball bearing Gelenklager** *nt (Mech)*
**unidimensional** *adj* **eindimensional** *adj (Mech)*
**uniform** *adj* **gleichförmig** *adj (Mech)* **regelmäßig** *adj (Hütt/Wlz)* (gleichförmig)
**unimog with jib Unimog mit Bergstütze** *(Mont)*
**union Gewindestück** *nt (Mech)* (Muffe) **Verbindungsstück** *nt (Mech, Hyd/Pneu, Stb)*
**union joint Verschraubung** *f (Mech)* (Verbindungsteil)
**union nut Überwurfmutter** *f (Mech)*
**union piece Verschraubung** *f (Mech)* (für Rohre)
**union plant Bergunion** *f (Bg/Bergb)*
**union screw Überwurfschraube** *f (Mech)*
**union, female** female union *adj:n* **Gewindestück mit Innengewinde** *(Mech)*
**union, male** male union *adj:n* **Gewindestück mit Außengewinde** *(Mech)*
**unit Gerät** *nt (Mech)* (z.B. Baumaschine) **Modul** *m (Mech)* (z.B. Motormodul)
**unit construction Blockbauweise** *f (Hütt/Wlz)* **Kompaktbauweise** *f (Mech)*
**unit construction principle Baukastenprinzip** *nt (Mech)*
**unit elongation spezifische Dehnung** *adj:n (Mech, Stat)*
**unit end Aggregat-Ende** *nt (Hütt/Wlz)*
**unit stress Kraftgröße** *f (Mech, Stat)* **Spannung** *f (Mech, Stat)* (Belastung, Druck)
**unit stress, safe** safe unit stress *adj:n* **zulässige Spannung** *adj:n (Mech)*
**unit weight Stückgewicht** *nt (Mech)*
**unit, bare** bare unit *adj:n* **Einsatzelement** *nt (Mech, Mont)*
**unit, basic** basic unit *adj:n* **Grundbaustein** *m (Mech, Allg)* **Grundeinheit** *f (Mech)*
**unit, hydraulic** hydraulic unit *adj:n* **Hydraulikeinheit** *f (Hyd/Pneu)*
**unit, thermal** thermal unit *adj:n* **Wärmeeinheit** *f (Hütt/Wlz)*
**universal coupling Gelenkkupplung** *f (Mech)*
**universal drive shaft Gelenkwelle** *f (Mech)*
**universal joint frame Kreuzgelenkrahmen** *m (Mech)*
**universal joint shaft Gelenkwelle** *f (Mech)* **Kugelgelenkwelle** *f (Mech)*
**universal joint yoke Kreuzgelenkgabel** *f (Mech)* (Kfz)
**universal junction sleeve Universalmuffe** *f (Mech)* **Universalverbindungsmuffe** *f (Mech)*
**universal lathe Universaldrehbank** *f (Mont, Werkz)*
**universal plate Universalstahl** *m (Hütt/Wlz)*
**universal pressure hose Universal-Druckschlauch** *m (Mech, Hyd/Pneu)*
**universal-mounted** *adj* **kardanisch aufgehängt** *adv:adj (Mech)* **kardanisch gelagert** *adv:adj (Mech)*
**unkilled** *adj (steel)* **unberuhigt** *adj (Hütt/Wlz)* (Stahl)
**unlatch** *v* **ausklinken** *v (Mech)* (z.B. Sperrung)
**unloader Entlader** *m (Umschl)* **Entladevorrichtung** *f (Umschl)*
**unloader valve Entlastungsventil** *nt (Hyd/Pneu)*
**unloader, wheeled** wheeled unloader *adj:n* **Radlader** *m (Umschl)*
**unloading and stockpiling bridge Verladebrücke** *f (Bg/Bergb, Umschl)*
**unloading piston Entladekolben** *m (Bg/Bergb)*
**unloading valve Entladeventil** *nt (Hyd/Pneu)*
**unlocked** *adj* **entriegelt** *adj (Mech)*
**unmachined** *adj* **roh** *adj (Hütt/Wlz)* (unbearbeitet) **unbearbeitet** *adj (Mech, Hütt/Wlz)*

**unpickled** *adj* **ungebeizt** *adj (Hütt/Wlz)*
**unpressurized** *adj* **drucklos** *adj (Hyd/Pneu)*
**unsaponaficable** *adj (grease)* **verseifungsfest** *adj (Mech)* (Schmierfett)
**unscreened** *adj* **armiert, nicht** *adj (Mech)*
**unscrew** *v* **herausschrauben** *v (Mech)* **losmachen** *v (Mech, Mont)*
**unsupported** *adj* **freitragend** *adj (Mech, Stat)* **strebenlos** *adj (Mech, Stat)*
**unsymmetrical** *adj* **asymmetrisch** *adj (Mech, Allg)* **unsymmetrisch** *adj (Mech, Allg)*
**unthrottled** *adj* **drosselfrei** *adj (Hyd/Pneu)*
**untwisting Aufdoldung** *f (Bg/Bergb)* (Seil) **Aufdrehen** *nt (Bg/Bergb)* (Seil)
**unwind** *v (e.g. a rope)* **abspulen** *v (Bg/Bergb)* (z.B. ein Seil) **abwickeln** *v (Bg/Bergb)* (z.B. ein Seil)
**unworked** *adj* **unbearbeitet** *adj (Mech, Hütt/Wlz)*
**UP-BOOM** *(Abv)* **AOT** *nt (Bg/Bergb)* (Abk)
**up-flow Aufwärtsströmung** *f (Hütt/Wlz)*
**upgrade** *v (refine)* **veredeln** *v (Hütt/Wlz)*
**upgrading agent Veredelungsmittel** *nt (Hütt/Wlz)*
**upkeep Instandhaltung** *f (Mech, Allg)* (Pflege)
**uplift negativer Auflagedruck** *adj:n (Stat)* **negative Auflagekraft** *adj:n (Stat)*
**upper part of air guide Luftführungsoberteil** *nt (Mech)*
**upper part of boom Auslegeroberteil** *nt (Bg/Bergb)*
**upper section of grab Greiferoberteil** *nt (Bg/Bergb)*
**upper-trough chain conveyor Obertrumkettenförderer** *m (Bg/Bergb)*
**uppercarriage Oberwagen** *m (Bg/Bergb)* (des Bagges)
**uppercarriage main frame Oberwagengrundplatte** *f (Bg/Bergb)*
**upright** *(of a forklift)* **Hubrahmen** *m (Kfz)* (des Staplers)
**upright type Hochformat** *nt (Mech)*
**upset** *v* **anstauchen** *v (Stb)* (stauchen) **stauchen** *v (Stb)*
**upset limit Quetschgrenze** *f (Mech)* (bei Druckspannung) **Stauchgrenze** *f (Mech)* (bei Druckspannung)
**upshift** *v/i* **hochschalten** *v/i (Mech)* (Kfz)
**upsloping** *adj* **Aufwärts...** *affix (Mech, Bg/Bergb)*
**upstream** *(of the valve)* **Einlaufstrecke** *f (Hütt/Wlz)* (z.B. vor einem Ventil)
**uptake tube Abführrohr** *nt* (nach oben) **Steigrohr** *nt (Hütt/Wlz)*
**upward force Stützkraft** *f (Mech, Stat)*
**upward gas passage Aufwärtszug** *m (Hütt/Wlz)* **Steigzug** *m (Hütt/Wlz)*
**upward slope Steigung** *f (Geo)* (Boden)
**upward traction in reverse travel Hubleistung bei Rückwärtsfahrt** *(Bg/Bergb)*
**user guide Benutzerhandbuch** *nt (Allg)*
**USN Standard US-Norm** *f (Hütt/Wlz)*
**utilisation** *BE* **Ausnutzung** *f (Mech)* **Verwertung** *f (Mech)*
**utility grease gun Fettpresse** *f (Mech)*
**utility machine Maschine für Aufräumarbeiten** *(Mech)*
**utility service line Versorgungsleitung** *f (Mech)*
**utility shed Geräteschuppen** *m (Mech, Mont)*
**utilization ratio** (between bucket wheel cutting volume and average output) **Ausnutzungsverhältnis** *nt (Bg/Bergb)* (Schnittvolumen des Schaufelrades: effektives Fördervolumen)
**UW** *adj:n (Abv)* **unbeladenes Gewicht** *adj:n (Mech)* (bei Kfz)
**UW cutting wheel Unterwasserschneidrad** *nt (Bg/Bergb)*

# V

**V-belt Keilriemen** *m (Mech)* **Treibriemen** *m (Mech)*
**V-belt drive Keilriemenantrieb** *m (Mech)* **Keilriementrieb** *m (Mech)*
**V-belt pulley Keilriemenscheibe** *f (Mech)* **Riemenscheibe** *f (Band)*
**V-belt set Keilriemensatz** *m (Mech)*
**V-belt, narrow** narrow V-belt *adj:n* **Schmalkeilriemen** *m (Mech)*
**V-groove Nut** *f (Mech)* (Kerbnut)
**V-ring Keilring** *m (Mech)*
**V-shaped trench Spitzgraben** *m (Bg/Bergb)*
**V-type collar packing Dachmanschette** *f (Hyd/Pneu)*

**vacation of site Räumen der Baustelle** *(Mont)*
**vacuum arc heating furnace Vakuum-Lichtbogenofen** *m (Hütt/Wlz)*
**vacuum brake force Vakuumbremskraft** *f (Hyd/Pneu)*
**vacuum forming Vakuumformen** *nt (Hütt/Wlz)* (V-Prozess mit Folie)
**vacuum gauge Manometer** *nt (Mech)* **Vakuummeter** *nt (Hyd/Pneu)*
**vacuum governor Unterdruckregler** *m (Hyd/Pneu)*
**vacuum lifter Vakuumhebegerät** *nt (Bg/Bergb)*
**vacuum line Saugluftleitung** *f (Hyd/Pneu)*
**vacuum metallurgical plants and processes Vakuummetallurgische Anlagen und Verfahren** *(Hütt/Wlz)*
**vacuum pump Saugluftpumpe** *f (Hyd/Pneu)* **Vakuum-Pumpe** *f (Hyd/Pneu)*
**vacuum pump element Unterdruckförderer** *m (Hyd/Pneu)*
**vacuum recirculation process Umlaufentgasung** *f (Hütt/Wlz)*
**vacuum reservoir Saugluftbehälter** *m (Hyd/Pneu)*
**vacuum servo brake Vakuumbremse** *f (Hyd/Pneu)* **Vakuumleitung** *f (Hyd/Pneu)*
**vacuum-degasified** *adj* **vakuumentgast** *adj (Hütt/Wlz)*
**vacuum-power change** *(shift)* **Saugluftschaltung** *f (Hyd/Pneu, Mech)*
**valence Gewichtung** *f (Mech)*
**valence of weld Nahtwertigkeit** *f (Schw)*
**valley angle of bunker Bunkerschräge** *f (Hütt/Wlz)*
**value, critical** critical value *adj:n* **Grenzwert** *m (Mech, Math, Allg)*
**value, extreme** extreme value *adj:n* **äußerster Wert** *adj:n (Mech)*
**value, nominal** nominal value *adj:n* **Nennwert** *m (Stb)* **Sollwert** *m (Mech)*
**value, preset** preset value *adj:n* **eingestellter Wert** *adj:n (Mech)* **vorgegebener Wert** *adj:n (Mech)*
**value, rated** rated value *adj:n* **Bemessungswert** *m (Mech)* **Sollwert** *m (Mech)*
**valve Röhre** *f (Hyd/Pneu)* (Bandwaage) **Ventil** *nt (Hyd/Pneu)*
**valve actuating Ventilbetätigung** *f (Mech)*
**valve attachment Ventilanbau** *m (Mech)* (Ventilbestückung)
**valve bank Ventilleiste** *f (Mech)* **Ventilverteilerleiste** *f (Mech)*
**valve block Steuerblock** *m (Hyd/Pneu)* **Ventilblock** *m (Hyd/Pneu)*
**valve body Düsenhalter** *m (Mech)* (beim Einspritzventil) **Ventilkörper** *m (Mech)*
**valve bore Durchgangsöffnung** *f (Hyd/Pneu)* (Ventil)
**valve collets** *pl* **Ventilkegelstücke** *pl nt (Mech)*
**valve control panel Ventilsteuerstand** *m (Hyd, Bg/Bergb)*
**valve crosshead Ventilbrücke** *f (Mech)*
**valve cutter Ventilsitz-Fräsapparat** *m (Mech)*
**valve follower Ventilheber** *m (Mech)* (Ventilstößel)
**valve gear Ventilsteuerung** *f (Mech)*
**valve grinder Ventilschleifvorrichtung** *f (Mech)*
**valve guide Ventilführung** *f (Mech)*
**valve head Ventilteller** *m (Mech)*
**valve housing Ventilgehäuse** *nt (Hyd/Pneu, Mech)* **Ventilkammer** *f (Mech)*
**valve in the head hängendes Ventil** *adj:n (Hyd/Pneu)*
**valve key Ventilkeil** *m (Mech)*
**valve lever Ventilhebel** *m (Mech)*
**valve lifter Ventilheber** *m (Mech)* **Ventilstößel** *m (Mech)*
**valve lip Unterseite des Ventiltellers** *(Mech)* **Ventilsitz** *m (Hyd/Pneu, Mech)*
**valve mask Ventilfahne** *f (Mech)*
**valve operating gear Armaturenantrieb** *m (Hütt/Wlz)* **Schieberverstellung** *f (Hütt/Wlz)*
**valve piston Ventilkolben** *m (Hyd/Pneu)*
**valve plate Anschlussplatte** *f (Hyd/Pneu)* (für Ventile)
**valve plunger Ventilstößel** *m (Mech)*
**valve pocket Ventilkammer** *f (Mech)*
**valve pushrod Ventilstößel** *m (Mech)* **Ventilstoßstange** *f (Mech)*
**valve rocker Schwinghebel** *m (Mech)* **Ventilhebel** *m (Mech)*
**valve seat insert Ventilsitzring** *m (Mech)*
**valve selector Ventilwähler** *m (Mech)*
**valve setting Ventileinstellung** *f (Mech)*
**valve spool Hauptschieber** *m (Hyd/Pneu)* **Steuerschieber** *m (Hyd/Pneu)*

**valve spring Ventilfeder** *f (Hyd/Pneu)*
**valve spring key Ventilfederkeil** *m (Mech)*
**valve spring remover Ventilheber** *m (Mech)*
**valve spring retainer Ventilfederteller** *m (Mech)*
**valve spud Ventilschaft** *m (Mech)*
**valve stack Ventilblock** *m (Hyd/Pneu)*
**valve stem guide Ventilführung** *f (Mech)*
**valve strainer Ventilsieb** *n*
**valve support Ventilträger** *m (Mech)*
**valve timing Ventileinstellung** *f (Mech)*
**valve trains** *pl* **Ventilgestänge** *nt (Mech)*
**vanadium steel Vanadiumstahl** *m (Hütt/Wlz)*
**vane Flügel** *m (Mech)* (z.B. des Ventilators) **Schaufel** *f (Mech)* (z.B. einer Turbine)
**vane control Leitschaufelregulierung** *f (Mech)*
**vane pump Flügelpumpe** *f (Hyd/Pneu)*
**vane ring Leitschaufelkranz** *m (Mech)* (Ventilator)
**vane support Leitschaufelträger** *m (Mech)*
**vapor** *AE* **Abgas** *nt* (einer Fabrik) **Dampf** *m (Hyd/Pneu)* (Dunst)
**vaporizer Zerstäuber** *m (Stb)*
**vaporizing-blower air-output Verdampfergebläseluftleistung** *f (Hütt/Wlz)*
**vapours burner Brüdenbrenner** *m (Hütt/Wlz)*
**vapours piping Brüdenleitungen** *pl f (Hütt/Wlz)*
**variable displacement pump Verstellpumpe** *f (Hyd/Pneu)*
**variable-capacity pump Regelpumpe** *f (Hyd/Pneu)* (am Lader)
**variable-sensitivity probe Tiefenprüfkopf** *m (Mech)*
**variable-speed gearing Regelgetriebe** *nt (Mech)*
**variable-speed motor Drehzahlverstellmotor** *m (El)* **Motor mit Drehzahlregelung** *(Mech)*
**variant drawing Variantenzeichnung** *f (Stb)*
**variation in hardness depth Härtetiefenverlauf** *m* (Kurve)
**variation of temperature Temperaturschwankung** *f (Mech, Allg)*
**variation, permissible** permissible variation *adj:n* **Abmaß** *(Mech, Stb)*
**variety of load unterschiedliche Belastungsanforderung** *adj:n (Stat)*
**various degrees of thickness unterschiedliche Dicken** *adj:n (Hütt/Wlz)*
**varnish Firnis** *m (Anstr)* **Lack** *m (Anstr)* (z.B. Holzlack)
**vat Zuber** *m (Bau)*
**vault** *(grave)* **Gruft** *f (Bau)*
**vault Gewölbe** *nt (Geo)*
**vee out** *v* **auskreuzen** *v (Mech, Mont, Schw)*
**vehicle** *(solvent)* **Bindemittellösung** *f (Anstr)*
**vehicle, articulated** articulated vehicle *adj:n* **Gelenkfahrzeug** *nt (Mech)*
**vehicle, off-road** off-road vehicle *adj:n AE* **geländegängiges Fahrzeug** *adj:n (Mech)*
**vehicle, wheeled** wheeled vehicle *adj:n* **Räderfahrzeug** *nt (Bahn)*
**velocity head** *(to retard a train)* **Sprungschanze** *f (Bahn)* (Rampe)
**velocity head Gefällhöhe** *f (Hütt/Wlz)*
**velocity of flow Strömungsgeschwindigkeit** *f (Hyd/Pneu)*
**vent Belüftung** *f (Mech)* (Öffnung) **Kühlschlitz** *m (Mech)*
**vent bolt Entlüfterschraube** *f (Mech)*
**vent valve Entlüftungsventil** *nt (Hyd/Pneu)* **Kesselentlüftung** *f (Hütt/Wlz)*
**ventilation Belüftung** *f (Mech)* (Vorgang) **Lüftung** *f (Mech)*
**ventilation hood Belüftungshaube** *f (Bau, Mech)* **Dachlüfterhaube** *f (Bau, Mech)*
**ventilation nozzle Entlüftungsdüse** *f (Hyd/Pneu)*
**ventilator Heizluftklappe** *f (Mech)* **Windflügel** *m (Mech)* (Ventilator)
**venting Entlüftung** *f (Hyd/Pneu)*
**venturi Lufttrichter** *m (Mech)*
**venturi tube Mischrohr** *nt (Mech)* (Vergaser)
**verge Bankett** *nt (Bg/Bergb)* (Schulter der Straße) **Straßenbankett** *nt (Bg/Bergb)*
**verification test Abnahmetest** *m (Bg/Bergb)* (z.B. eines Gerätes)
**verification, destructive** destructive verification *adj:n* **Nachkontrolle** *f (Mech)* (Zerreißprobe) **Zerreißprobe** *f (Stb)*

**vernier adjustment Feineinstellung** *f (Mech)* (z.B. bei Maschinen)
**vernier speed control Feineinstellung der Drehzahl** *(Allg)*
**vertex Eckpunkt** *m (Mech)*
**vertical adjustment of feeding boom Höhenverstellung des Aufgabeendes** *(Bg/Bergb, Umschl, Band)* **Höhenverstellung des Aufnahmeauslegers** *(Bg/Bergb)*
**vertical angle of incline of belt in tripper car Bandneigung auf dem Bandschleifenwagen** *(Bg/Bergb, Umschl)*
**vertical bracing Vertikalverband** *m (Stb)*
**vertical flange mounted** *adj* **vertikale Flanschbauform** *adj:n (Mech)*
**vertical gravity Gewicht** *nt (Mech, Allg)* (Spannvorrichtung)
**vertical lift bridge Hubbrücke** *f (Stb)*
**vertical rod Vertikalstab** *m (Stb)*
**vertical roller mill Walzenschüsselmühle** *f (Zer)*
**vertical rotary grinder Vertikalfräsmaschine** *f (Mech, Mont)*
**vertical stiffener Vertikalsteife** *f (Stb)*
**vertical stocking assembly Höhenverkettung** *f (Mech, Mont)*
**vertical-tube boiler Steilrohrkessel** *m (Hütt/Wlz)*
**vertical-wheel separator Heberabscheider** *m (Zer)*
**vessel Behälter** *m (Mech)* (Gefäß)
**vessel shop Kesselbauwerkstatt** *f (Stb)*
**vibrating compactor Rüttelverdichter** *m (Mech)* **Vibrationsverdichter** *m (Mech)*
**vibrating feeder chute Schüttelrutsche** *f (Zer)*
**vibrating grizzly feeder DU-/M-Rinne** *f (Zer)*
**vibrating roller Rüttelwalze** *f (Hütt/Wlz)*
**vibrating screen Schüttelsieb** *nt (Zer)*
**vibrating stoker Schüttelrost** *m (Mech)*
**vibrating trickle feed tray Schüttelrutsche** *f (Zer)*
**vibration Erschütterung** *f (Mech, Stat)* **Vibration** *f (Mech)*
**vibration damper Schwingungsdämpfer** *m (Mech)*
**vibration failure Dauerbruch** *m (Mech)*
**vibration hourmeter Rüttelschreiber** *m (Mech)*
**vibration period Schwingzeit** *f (Mech)*
**vibration period, characteristic** characteristic vibration period *adj:n* **Eigenschwingungsperiode** *f (Stb)*
**vibration stress Schwingungsbeanspruchung** *f (Mech, Stat)*
**vibration, torsional** torsional vibration *adj:n* **Drehschwingung** *f (Mech)*
**vibration-cushioned** *adj* **schwingungsgedämpft** *adj (Mech)*
**vibrator Rüttelvorrichtung** *f (Zer)* **Rüttler** *m (Mech)*
**vibratory stress Schlagbeanspruchung** *f (Hütt/Wlz)* **Schwingungsbeanspruchung** *f (Mech, Stat)*
**view finder Sucher** *(Mech)* (Optik)
**view, developed** developed view *adj:n* **Abwicklung** *f (Mech)* (Zeichnung)
**view, isometric** isometric view *adj:n* **perspektivische Ansicht** *adj:n (Allg)*
**vinyl coating Vinylharzanstrich** *m (Anstr)*
**vinyl resin Vinylharz** *nt (Anstr)*
**virgin face natürliche Wand** *adj:n (Geo, Bg/Bergb)* (Steinbruch) **ungesprengte Wand** *adj:n (Geo, Bg/Bergb)*
**visor** *(front of bottom dump shovel)* **Schaufelvorderteil** *nt (Bg/Bergb)* (der Klappschaufel)
**visor** *BE* **Lippe** *f (Bg/Bergb)* (der Ladeschaufel)
**Visram assembly Visrambaugruppe** *f (Mech)*
**visual designation of grain sizes Korngrößenansprache** *f (Bau)*
**vitiated** *adj* **verunreinigt** *adj (Mech, Allg)*
**void** *(between back fill)* **Hohlraum** *m (Bg/Bergb)* (im Alten Mann)
**void Blase** *f (Bg/Bergb)* (Gaseinschluss) **Gasblase** *f (Chem)*
**voids ratio Porenanteil** *m (Geo, Mech)* (Hohlraumgehalt) **Porenziffer** *f (Geo, Mech)* (Hohlraumgehalt)
**volatilisation Verflüchtigung** *f (Hütt/Wlz)*
**volt-ampere rating per unit volume Ausnutzungsziffer** *f (Mech)* (Gewicht/Leistung)
**voltage regulating transformer** *(El)* **Regeltransformator** *m (El)* **Stelltransformator** *m (El)*
**voltage stabilizer** *(El)* **Spannungsgleichhalter** *m (El)* **Spannungsstabilisator** *m (El)*

**voltmeter** *(El)* **Gewichtsstrommesser** *m (El)* **Spannungsmesser** *m (El)* (elektr.)
**volume capacity Förderleistung** *f (Band, Umschl)* (Förderband)
**volume capacity, constant** constant volume capacity *adj:n* **gleich bleibende Förderleistung** *adj:n (Band)*
**volume compressor Kübelfettpresse** *f (Mech)*
**volume consistency Raumbeständigkeit** *f (Bau)*
**volume control valve Mengenregelventil** *nt (Hyd/Pneu)*
**volume flow Volumenstrom** *m (Hyd/Pneu)*
**volume grease gun große Fettpresse** *adj:n (Mech)*
**volume of excavation Massenbewegung** *f (Bg/Bergb)*
**volumetric** *adj* **volumetrisch** *adj (Band)*
**volute spring Schneckenfeder** *f (Mech)* **Wickelfeder** *f (Mech)*
**vortex burner Wirbelbrenner** *m (Hütt/Wlz)*
**vortex furnace Wirbelkammerfeuerung** *f (Hütt/Wlz)*
**VS governor** *(variable speed)* **VS-Regler** *m (Mech)*
**vulcanization Vulkanisierung** *f (Mech)*
**vulcanizing plate Vulkanisierplatte** *f (Band, Mech)*

# W

**wagon Güterwagen** *m (Bahn)* **Wagon** *m (Bahn)* (Güterwagen)
**wagon tipper Wagenkipper** *m (Mech)*
**waiting interval** *(greasing pump)* **Schmierpause** *f (Mech)*
**wake Kiellinie** *f (Schiff)* **Kielwasser** *nt (Schiff)*
**walking beam Tandemausgleichsbalken** *m (Mech)* **Tandemschwinge** *f (Mech)* (am Muldenkipper)
**walking beam furnace Hubbalkenofen** *m (Hütt/Wlz)*
**walking dragline** *(excavator)* **Schürfkübelschreitbagger** *m (Bg/Bergb)*
**walking mechanism Schreitwerk** *nt (Mech)*
**walking pads** *pl* **Schreitwerk** *nt (Bg/Bergb)* (des Brechers)
**walking speed Schreitgeschwindigkeit** *f (Bg/Bergb)*
**walking surface Lauffläche** *f (Bau)* (begehbar)
**walkway** *AE* **Laufbühne** *f (Bg/Bergb)* (am Bagger) **Laufsteg** *m (Mech, Bau)*
**wall clamp Schelle** *f (Mech)* (Wandschelle)
**wall cross member Wandriegel** *m (Mech, Stb)*
**wall deslagger Wandrußbläser** *m (Hütt/Wlz)*
**wall mounted** *adj* **Wandmontage** *f (Mech, Mont)*
**wall post Wandstiel** *m (Mech, Bau)*
**wall tube Wandrohr** *nt (Hütt/Wlz)* (Strahlraum)
**wall, welded** welded wall *adj:n* **geschweißte Wand** *adj:n (Schw)*
**warding file Flachfeile** *f (Mont, Werkz)* (Zungenform) **Schlüsselfeile** *f (Mont, Werkz)*
**warm creep test Warmkriechversuch** *m (Hütt/Wlz, Stb)*
**warm-scaled** *adj* **verzundert** *adj (Hütt/Wlz)* (Metalle)
**warm-up operation Anheizbetrieb** *m (Hütt/Wlz)* (beim Anfahren)
**warning sign Verbotsschild** *nt (Allg)*
**warp Kette** *f (Mech, Bg/Bergb)*
**warp** *v/i* **verdrehen** *v/i (Mech)* (die Form verlieren) **verwinden** *v/i (Mech)* (verziehen durch Wärme)
**warp thread Kettenfaden** *m (Mech)*
**warping constant Wölbwiderstand** *m (Stb)*
**warping moment Wölbmoment** *nt (Stb)*
**wash plate Schwallblech** *nt (Bahn)* **Schwallwand** *f (Bahn)*
**wash waste** *BE* **Waschberge** *pl m (Bg/Bergb)*
**wash-out Kesselspülung** *f (Hütt/Wlz)*
**washer Beilegscheibe** *f (Form)* (Unterlegscheibe) **Futterring** *m (Mech)*
**washery Kohlenwäsche** *f (Bg/Bergb)*
**washing plant** *(coal)* **Waschanlage** *f (Bg/Bergb)* (für Kohle)
**washing with solvents Lösungswäsche** *f (Mech)*
**waste** *adj* **erzführend, nicht** *adj (Bg/Bergb)*
**waste Abraum** *m (Bg/Bergb)* **Berge** *pl m (Bg/Bergb)*

**waste** *(waste material)* **Bergematerial** *nt (Bg/Bergb)* (Steinkohlegewinnung)
**waste area erzführend, nicht** *adj (Bg/Bergb)* **alter Mann** *adj:n (Bg/Bergb)*
**waste gas Abgas** *nt (Hütt/Wlz)* **Rohgas** *nt (Geo)*
**waste gas piping Abgasrohrleitung** *f (Mech)*
**waste heat Abhitze** *f (Hütt/Wlz)*
**waste material Abraum** *m (Bg/Bergb)* **Baggergut** *nt (Bg/Bergb)*
**waste partings** *pl* **Zwischenmittel** *pl nt (Bg/Bergb, Geo)*
**waste steam Schwaden** *m (Hütt/Wlz)* **Wrasen** *m (Hütt/Wlz)*
**water ash screen Aschenfangrost** *m (Hütt/Wlz)*
**water circulation Wasserumlauf** *m (Hütt/Wlz)*
**water cleaning system Reinigungswassersystem** *nt (Hütt/Wlz)*
**water column Wassersäule** *f (Bau, Mech)* **Wasserstrecke** *f (Bau)*
**water column gauge glass Wasserstandsglas** *nt (Hütt/Wlz)*
**water director ferrule Wasserleitblech** *nt (Mech)* (im Zylinderkopf)
**water discharge screw Entwässerungsschraube** *f (Kfz)*
**water drainage Wasserableitung** *f (Mech, Bg/Bergb)*
**water drum Untertrommel** *f (Hütt/Wlz)* **Wasserfass** *nt (Mech)*
**water filter Wasserfilter** *nt (Mech)* **Wasserfiltereinsatz** *m (Bau)*
**water hammer Wasserschlag** *m (Bg/Bergb)*
**water head Wassersäule** *f (Bau, Mech)*
**water heating Wasserheizung** *f (Mech)*
**water hole Ablauföffnung** *f (Mech, Bg/Bergb)* **Wasserablauf** *m (Mech, Bg/Bergb)*
**water in Wasserzulauf** *m (Mech)* (z.B. zur Maschine)
**water inlet connection Kühlwassereinlaufstutzen** *m (Mech)*
**water main Hauptwasserleitung** *f (Mech)* **Wasserrohr** *nt (Stb)*
**water mains** *pl* **Rohrnetz** *nt (Stb)*
**water mains cock Haupthahn** *m (Hyd/Pneu)* (für Wasser)
**water mains supply Wasseranschluss** *m (Bau)* (Hauptanschluss)
**water mark Pegel** *m (Schiff)* (Wasserstand)
**water out** *(water outlet)* **Wasserablauf** *m (Mech, Bg/Bergb)* **Wasseraustritt** *m (Mech)* (erwünscht)
**water outlet connection Kühlwasserauslaufstutzen** *m (Mech)*
**water piper Wasserabstreifer** *m (Mech)*
**water pocket Wasserpfropfen** *m (Hütt/Wlz)* (Überhitzer) **Wassersack** *m (Stb)* (Laschung)
**water pollution control Wasserreinhaltung** *f (Mech, Ökol)*
**water pump sealing Wasserpumpenabdichtung** *f (Mech)*
**water pump tong Wasserpumpenzange** *f (Mont, Werkz)*
**water reserve Löschwasservorrat** *m (Stb)*
**water separation** *(e.g. in a drum)* **Dampftrocknung** *f (Hütt/Wlz)*
**water separator Wasserabscheider** *m (Mech, Hyd/Pneu)*
**water shelf Zwischenboden** *m (Mech)* (am Zylinderkopf)
**water space Wasserraum** *m (Hütt/Wlz)*
**water temperature regulator Thermostat** *m (Hyd/Pneu)* (Wassertemperaturregler)
**water through block Wasserraum im Motorblock** *(Mech)*
**water through heads** *pl* **Wasserraum in Zylinderköpfen** *(Mech)*
**water trap Wasserabscheider** *m (Mech, Hyd/Pneu)*
**water treatment plant Kühlwasseraufbereitungsanlage** *f (Mech)*
**water truck** *(in mine)* **Wassertanker** *m (Bg/Bergb)*
**water tube attemperator Wasserrohrkühler** *m (Hütt/Wlz)*
**water tube wall Rohrauskleidung** *f (Hütt/Wlz)* (Kühlfläche)
**water-distribution plant Wasserverteilungsanlage** *f (Stb)*
**water-quenched** *adj* **wasservergütet** *adj (Hütt/Wlz)*
**water-side tube fault wasserseitiger Rohrschaden** *adj:n (Hütt/Wlz)*
**water/steam separation surface Ausdampffläche** *f (Hütt/Wlz)*

**waterproof-weld** *v* **wasserdichtschweißen** *v (Schw)*
**watertube boiler Wasserrohrkessel** *m (Mech)*
**waterwall Rohrwand** *f (Hütt/Wlz)* (Kühlschirm)
**wave washer Federring** *m (Mech)*
**wave, cylindrical** cylindrical wave *adj:n* **Zylinderwelle** *f (Mech)*
**wave, spherical** spherical wave *adj:n* **Kugelwelle** *f (Mech)*
**way valve Wegelängsventil** *nt (Hyd/Pneu)* **Wegeventil** *nt (Hyd/Pneu)*
**weakening Verschwächung** *f (Stb)*
**wear Abrieb** *m (Mech)* (z.B. durch Reibung) **Verschleiß** *m (Mech)* (z.B. durch Reibung)
**wear** *v/i (abrase)* **scheuern** *v/i (Anstr, Mech)* (verschleißen)
**wear angles under buckets Schleißbrammen** *pl f (Bg/Bergb)*
**wear bar Schleißschiene** *f (Hütt/Wlz)*
**wear cap Verschleißkappe** *f (Mech)* **Verschleißspitze** *f (Mech)*
**wear disc Schleißscheibe** *f (Mech, Hütt/Wlz)*
**wear limit Grenze der Abnutzung** *(Mech)*
**wear liner Schleißrücken** *m (Hütt/Wlz)* (Staubrohre)
**wear margin Abnutzungsvorrat** *m (Mech, Mont)*
**wear out** *v* **abnutzen** *v (Mech, Allg)* **auslaufen** *v (Mech)* (Lager)
**wear pad Verschleißschutz** *m (Mech)*
**wear part Verschleißteil** *nt (Mech)*
**wear plate Aufpanzerungsplatte** *f (Bg/Bergb)* (z.B. auf Löffel) **Schleißplatte** *f (Bg/Bergb)*
**wear plate profile Verschleißprofil** *nt (Mech)*
**wear ring Verschleißschutzring** *m (Stb)*
**wear sole Schleißsohle** *f (Hütt/Wlz)* **Verschleißschutzsohle** *f (Hütt/Wlz)*
**wear strip Schleißleiste** *f (Mech)* **Schrämmleiste** *f (Mech)* (am Lkw)
**wear through** *v* **durchscheuern** *v (Mech, Allg)*
**wear-resistance test Abriebfestigkeitsprüfung** *f (Mech)*
**wear-resistant plate Antischleißblech** *nt (Zer)*
**wearing element Verschleißeinlage** *f (Stb)*
**wearing off Abzehrung** *f (Hütt/Wlz)*
**wearing plate Schleifscheibe** *f (Hütt/Wlz)* (Abnutzung) **Schleißscheibe** *f (Mech, Hütt/Wlz)*
**wearing surface Arbeitsfläche** *f (Mech)* **Verschleißbelag** *m (Mech)*
**weather hood Dachhaube** *f (Bau, Mech)* (für die Belüftung)
**weatherstrip Köder** *m (Mech)* (Kfz)
**weave Gewebebindung** *f (Mech)* **Gewebeverbindung** *f (Mech)*
**web Rippe** *f (Band)* (zwischen Unter- und Obergurt) **Steg** *m (Band)* (zwischen Unter- und Obergurt)
**web of rail** *(between foot and head)* **Schienensteg** *m (Bahn)* (zwischen Kopf- und Bodenplatte)
**web plate Schottblech** *nt (Mech)* **Stegblech** *nt (Stb)* (Hochbau)
**web thickness Stegdicke** *f (Stb)*
**webbing Gurt** *m (Mech)* (Vollwandträger)
**wedge Keil** *m (Mech, Mont)* **Vorsatzteil** *nt (Mech)*
**wedge plate Keilblech** *nt (Mech)*
**wedge wire Profildraht** *m (Mech)*
**wedged** *adj* **verkeilt** *adj (Bg/Bergb)* (z.B. Material im Steinbruch)
**weed cutter Mähkorb** *m (Bg/Bergb)* (mäht den Graben)
**weft** *nt sg* **Schuss** *m* **Schussfaden** *m*
**weigh bin Wiegebunker** *m (Mech)*
**weigh larry automatische Kohlenwaage** *adj:n (Bg/Bergb)*
**weigh-bridge Brückenwaage** *f (Stb)* **Wiegebrücke** *f (Mech)*
**weigh-feeder Bandwaage** *f (Mech)*
**weigher Bandwaage** *f (Mech)* **Waage** *f (Mech, Allg)*
**weighing idler Messrolle** *f (Mech)* **Wiegetragrolle** *f (Mech)*
**weighing span Messstrecke** *f (Mech)* (Bandwaage) **Wiegestrecke** *f (Mech)*
**weight accumulator Gewichtsspeicher** *m (Hyd/Pneu)*
**weight allowing for shrinkage Einsatzgewicht** *(Hütt/Wlz, Zer)* (beim Gießen von Hämmern)
**weight brake Gewichtsbremse** *f (Mech)*
**weight coefficient Ausnutzungsziffer** *f (Mech)* (Gewicht/Leistung)
**weight of hammer Fallgewicht** *nt (Bau)*

**weight per cubic foot** *(ground)* **Raumgewicht** *nt (Geo, Mech)* (Boden)
**weight range Gewichtsbereich** *m (Hütt/Wlz)* (z.B. des Schmiedstücks)
**weight stabilizing Gewichtsverlagerung** *f (Mech)*
**weight, dead** dead weight *adj:n (ballast)* **Ballast** *m (Kfz)* (z.B. zur Gewichtserhöhung)
**weight, unbalanced** unbalanced weight *adj:n* **Unwucht** *f (Mech)*
**weight, unmachined** unmachined weight *adj:n* **Rohgewicht** *nt (Hütt/Wlz)*
**weld Naht** *f (Schw)* **Schweißnaht** *f (Schw)*
**weld** *v (El, Schw)* **schweißen** *v (Schw)* **verschmoren** *v (El)* (z.B. Kontakte)
**weld buildup Schweißnahtaufbau** *m (Schw, Mech, Mont)*
**weld deposit Schweißgut** *nt (Schw, Mech, Mont)*
**weld displacement Wandern** *nt (Schw)* (von Schweißnähten)
**weld end crater Schweiß-Endkrater** *m (Schw, Mech, Mont)*
**weld inspection Schweißnahtprüfung** *f (Schw)*
**weld joint dimension Fugennahtmaß** *nt (Schw, Mech, Mont)*
**weld junction Übergangszone** *f (Schw)* (bei Blechen)
**weld metal Schweißgut** *nt (Schw, Mech, Mont)*
**weld metal deposition Absetzen des Schweißgutes** *(Schw, Mont)* **Schweißgutabschmelzung** *f (Schw, Mont)*
**weld nugget diameter Linsendurchmesser** *m (Schw)*
**weld penetration Einbrand** *m (Schw)*
**weld pool Krater** *m (Schw, Mech, Mont)* (Schmelzbad) **Mulde** *f (Schw, Mech, Mont)*
**weld position Schweißlage** *f (Schw)* (Position)
**weld reinforcement Nahtüberhöhung** *f (Stb, Schw)* **Schweißüberholung** *f (Schw, Mech, Mont)*
**weld sensor** *(mechanical)* **Schweißnaht-Abtaster** *m (Schw)* (mechanisch)
**weld shape Nahtform** *f (Schw)*
**weld smoke Schweißrauch** *m (Schw)*
**weld testing installation Schweißnahtprüfanlage** *f (Schw)*
**weld toe Nahtfuß** *m (Schw, Mech, Mont)*
**weld, circumferential** circumferential weld *adj:n* **Rundschweißung** *f (Schw)* **Umfangsschweißung** *f (Schw)*
**weld, longitudinal** longitudinal weld *adj:n* **Längsschweißnaht** *f (Schw)*
**weld, vertical-down** vertical-down weld *adj:n* **Fallnaht** *f (Schw)* (senkrechtes Schweißen)
**weld-in bush Einschweißbuchse** *f (Bg/Bergb)*
**weld-in socket Einschweißhülse** *f (Schw)* (Thermometer)
**welded girth joint Rundnaht** *f (Schw, Mech, Mont)*
**welded-in stub Einschweißnippel** *m (Schw)* **Schweißnippel** *m (Schw)*
**welded-on flange Vorschweißflansch** *m (Schw, Mech, Mont)*
**welder Handschweißer** *m (Schw)* **Schweißer** *m (Schw, Mech, Mont)*
**welder's glass shield Schweißerspiegel** *m (Schw, Mech, Mont)*
**welding and circular milling machine Schweiß- und Rundtischanlage** *(Hütt/Wlz, Schw)*
**welding bead Raupe** *f (Schw)* (Schweißnaht) **Schweißperle** *f (Schw)*
**welding consumable Schweißhilfsstoff** *m (Schw, Mech, Mont)*
**welding converter Schweißumformer** *m (Schw)*
**welding crack Schweißriss** *m (Schw)*
**welding design Schweißkonstruktion** *f (Schw)*
**welding edge Schweißkante** *f (Schw)*
**welding filler Schweißzusatzwerkstoff** *m (Schw)*
**welding flux Schweißpulver** *nt (Schw)*
**welding neck Vorschweißband** *nt (Schw, Mech, Mont)*
**welding nut** *(with threading)* **Schweißmutter** *f (Schw)* (auf Blech aufgeschweißt)
**welding of rails Schienenschweißung** *f (Bahn, Schw)*
**welding or root reinforcements** *pl* **Nahtgegenschweißung** *f (Schw, Mech, Mont)*
**welding positioner Schweißdrehtisch** *m (Schw)*
**welding rod Schweißdraht** *m (Schw)* **Schweißstab** *m (Mech, Schw)*

**welding slot Schweißschlitz** *m (Schw)*
**welding spatter Schweißspritzer** *m (Schw, Mech, Mont)*
**welding stress Schweißspannung** *f (Schw)*
**welding template Schweißschablone** *f (Schw)*
**welding under $CO_2$ $CO_2$-Schutzgasschweißen** *nt (Schw, Mech, Mont)*
**welding with pressure** *nt* **Pressschweißen** *nt (Schw)*
**welding with the oxyacetylene torch Autogenschweißen** *nt (Schw)* **Gasschweißen** *nt (Schw, Mech, Mont)*
**welding, electric** electric welding *adj:n* **Elektroschweißen** *nt (Schw)* **Lichtbogenschweißung** *f (Schw, Mech, Mont)*
**welding, explosive** explosive welding *adj:n* **Sprengschweißen** *nt (Schw)*
**welding, ultrasonic** ultrasonic welding *adj:n* **Ultraschallschweißen** *nt (Schw)*
**well drilling Brunnenbohren** *nt (Bau)*
**well grab Brunnengreifer** *m (Bg/Bergb)* **Schachtgreifer** *m (Bg/Bergb)*
**well reaming machine Großlochbohrmaschine** *f (Mont, Werkz)*
**well wagon Tiefladewagen** *m (Bahn)* (mit tiefem Bett)
**well, hot** hot well *adj:n* **Warmwasserbehälter** *m (Hütt/Wlz)*
**well-base rim Tiefbettfelge** *f (Mech)* (DIN 70023)
**well-type furnace Brunnenfeuerung** *f (Hütt/Wlz)*
**wet extinguisher Nassfeuerlöscher** *m (Mech)*
**wet screening Nasssiebung** *f (Zer)*
**wet-bottom boiler Schmelzkessel** *m (Hütt/Wlz)* **Staubfeuerung mit flüssiger Entaschung** *(Hütt/Wlz)*
**wet-type dust collector Nassentstauber** *m (Hütt/Wlz)*
**wet-type master clutch Ölhauptkupplung** *f (Mech)*
**wetting agent Benetzungsmittel** *nt (Form)*
**wheel Großrad** *nt (Mech)* **Walze** *f (Mech)* (Rad)
**wheel arrangement Achsfolge** *f (Bahn)* (der Lok) **Radanordnung** *f (Mech)*
**wheel axle Radachse** *f (Mech)*
**wheel balancer Ausgleichsschwinge** *f (Bg/Bergb)* (Raupenfahrwerk)
**wheel base Radstand** *m (Umschl, Mech)*
**wheel bearing** *(on axle or shaft)* **Radlager** *nt (Mech)* (mit Sitz auf Achse oder Welle)
**wheel body** *(pressed)* **Radscheibe** *f (Bahn)* (des Wagons)
**wheel body Schaufelradkörper** *m (Bg/Bergb)*
**wheel bogie Fahrwerksschwinge** *f (Bg/Bergb, Mech)* (Laufradschwinge) **Stützschwinge** *f (Bg/Bergb, Mech)* (Brücke)
**wheel bogie equalizer Laufwerksschwinge** *f (Mech)* (Rollenwagen)
**wheel boom Schaufelradausleger** *m (Bg/Bergb)*
**wheel boom belt Schaufelradband** *nt (Band, Umschl)*
**wheel boom hoist Schaufelradwindwerk** *nt (Bg/Bergb)* **Windwerk zum Schaufelradausleger** *(Bg/Bergb)*
**wheel boom slew Schaufelradauslegerschwenkwerk** *nt (Bg/Bergb)*
**wheel brake Radbremse** *f (Mech)*
**wheel bucket Schaufelradeimer** *m (Bg/Bergb)*
**wheel cambering Radsturz** *m (Mech)*
**wheel castor Radvorlauf** *m (Mech)*
**wheel center Radkörper** *m (Mech)* (Nabe)
**wheel chock Unterlegkeil** *m (Bahn, Mech)* (z.B. für Kfz, Bahn)
**wheel cone-type, cell-less** cell-less cone-type wheel *adj:n* **zellenloses Konusrad** *adj:n (Bg/Bergb, Umschl)*
**wheel contact angle Radanlauf** *m (Mech)*
**wheel cylinder Radbremszylinder** *m (Mech)* **Radzylinder** *m (Mech)*
**wheel disc Radscheibe** *f (Mech)* (Getriebe)
**wheel disc brake Radscheibenbremse** *f (Mech)*
**wheel drive Radantrieb** *m (Mech)*
**wheel equalizer beam Rollenwagen** *m* (kleine Laufwerksschwinge)
**wheel failure support Radbruchstütze** *f (Mech)*
**wheel flange Spurkranz** *m (Mech)* (Rad)
**wheel guard Radschutzhaube** *f (Mech)*
**wheel hub Radnabe** *f (Mech)* **Schaufelradnabe** *f (Bg/Bergb)*
**wheel lathe Radsatzdrehbank** *f (Bahn)* **Radsatzdrehmaschine** *f (Bahn)*

**wheel lean Radsturz** *m (Mech)* (beim Grader)
**wheel load Radlast** *f (Mech)*
**wheel loader Radlader** *m (Umschl)*
**wheel lock Radsturz** *m (Mech)* (Pendelachse)
**wheel mounting and stripping press Räder-Auf- und Abziehpresse** *(Mech)*
**wheel nut Radmutter** *f (Mech)*
**wheel plate Räderplatte** *f (Mech)*
**wheel position indicator Radstellungsanzeiger** *m (Mech)*
**wheel press Radsatzpresse** *f (Bahn)*
**wheel pressure Raddruck** *m (Stb)*
**wheel profile Radprofil** *nt (Bahn)* (des Eisenbahnrades)
**wheel puller Radabzieher** *m (Mech)*
**wheel rake Sturz** *m (Mech)* (der Räder)
**wheel resistant welding Rollschweißen** *nt (Schw)*
**wheel rim Felgenkranz** *m (Mech)* **Radfelge** *f (Mech)*
**wheel rim, toothed** toothed wheel rim *adj:n* **Zahnkranz** *m (Bg/Bergb, Umschl)* (Laufrad)
**wheel roller, segmented** segmented wheel roller *adj:n* **Waffelwalze** *f (Hütt/Wlz)*
**wheel seat Nabensitz** *m (Bahn)*
**wheel set Radsatz** *m (Bahn, Mech)*
**wheel set load Radsatzlast** *f (Bahn)*
**wheel set pump Radsatzpumpe** *f (Bahn)*
**wheel set shaft Radsatzwelle** *f (Bahn)*
**wheel shaft Radwelle** *f (Mech)*
**wheel spacing Radabstand** *m (Mech)* **Radstand** *m (Umschl, Mech)*
**wheel spider Radstern** *m (Mech, Bahn)*
**wheel spindle Hohlachse** *f (Mech)* **Schleifscheibenspindel** *f (Hütt/Wlz)*
**wheel with gear rim Spurkranzrolle** *f (Mech)*
**wheel with tyre Rad mit Radreifen** *(Bahn)* **Reifenrad** *nt (Bahn)* (der Bahn)
**wheel, abrasive** abrasive wheel *adj:n* **Schleifscheibe** *f (Hütt/Wlz)* (zum Glätten)
**wheel, external geared** external geared wheel *adj:n* **Koppelrad** *nt (Mech)*
**wheel, flat** flat wheel *adj:n* **Abflachung** *f (Stb)* (z.B. des Radkranzes)
**wheel, internal geared** internal geared wheel *adj:n* **Hohlrad** *nt (Mech)* **Innenrad** *nt (Mech)*
**wheel, knurled** knurled wheel *adj:n* **Rändelrad** *nt (Mech)*
**wheel, taped** taped wheel *adj:n* **Daumenrad** *nt (Form)*
**wheel-mounted front-end loader Radlader** *m (Umschl)*
**wheel-set wheel Laufrad** *nt (Bahn)* (des Wagons)
**wheelbase** *AE* **Radsatzabstand** *m (Bahn, Mech)* **Radstand** *m (Umschl, Mech)*
**wheels, true** true wheels *n:v* **Räder ausrichten** *n:v (Mech)*
**wheelset bearing Achslager** *(Mech)* (z.B. eines Zuges) **Radsatzlager** *nt (Mech)*
**whipple truss mehrteiliges Pfostenfachwerk** *adj:n (Stb)*
**white-metal lining Weißmetall-Lager** *nt (Hütt/Wlz)*
**wick lubrication** *f* **Dochtschmierung** *f (Form)*
**wide flats** *pl* **Breitflachstahl** *m (Hütt/Wlz)*
**wide range of application Anwendungsvielfalt** *f (Mech, Allg)*
**wide-band clamp Breitbandschelle** *f (Form)*
**width across corners Übereckmaß** *nt (Mech)* (einer Schraube)
**width across flats Schlüsselweite** *f (Mech)* (der Schraube)
**width angle Umfassungswinkel** *m (Mech)*
**width between inner plates innere Breite** *adj:n (Mech)* (der Rollenkette)
**width crowning** *(milling of teeth)* **Balligkeit** *f (Form)* (z.B. beim Fräsen von Getrieben) **Breitballigkeit** *f (Form)*
**width for winding** *(cable)* **Wickelbreite** *f (Mech)* (des Kabels an der Kabeltrommel)
**width of belt Gurtbreite** *f (Band)*
**width of chain Breite der Lauffläche** *(Mech)* (RH-Kette)
**width of crawler chain Raupenkettenbreite** *f (Bg/Bergb)*
**width of crawler pad Breite der Raupenplatte** *(Mech, Bg/Bergb, Allg)*
**width of crusher mouth Brechmaulweite** *f (Bg/Bergb)* (des Brechers)
**width of flange Flanschbreite** *f (Mech)* **mittragende Plattenbreite** *adj:n (Mech)*
**width of grate Rostbreite** *f (Hütt/Wlz)*
**width of inner link Innengliedbreite** *f (Mech)* (der Rollenkette)

**width of mesh Maschenweite** *f (Mech)* (z.B. Sieb)
**width of mouth** *(of crusher)* **Maulweite** *f (Zer)* (des Brechers)
**width of teeth Zahnweite** *f (Mech)*
**width of the cut Schnittbreite** *f (Bg/Bergb)*
**width of tip Schneidenbreite** *f (Mech)*
**width, developed** developed width *adj:n* **gestreckte Breite** *adj:n (Mech)*
**width, net** net width *adj:n* **Nutzbreite** *f (Stb)*
**width, nominal** nominal width *adj:n* **Nennweite** *f (Mech)*
**width, normal** normal width *adj:n* **Nennweite** *f (Mech)*
**win** *v* **abbauen** *v (Bg/Bergb)* (unter Tage, z.B. Kohle)
**winch Fahrwinde** *f (Mech)* **Winde** *f (Mech, Mont)*
**winch base Windenträger** *m (Mech)*
**winch bridge Windenbrücke** *f (Stb)* (auf Frachtschiff)
**winch drive Hubwerksantrieb** *m (Bg/Bergb, Umschl)*
**winch drive pinion Windenantriebsritzel** *nt (Mech)*
**winch drive power Antriebsleistung Windwerk** *f (Bg/Bergb)*
**winch drum Windentrommel** *f (Mech)*
**winch force Windenkraft** *f (Stb)*
**winch rope Windwerksseil** *nt (Mech, Bg/Bergb)*
**winch type, horizontal** horizontal winch type *adj:n* **Spannwagen mit Spanngewinde** *(Mech)*
**wind** *v (wind up, winch up)* **heben** *v (Allg)* (mit einer Winde)
**wind bracing Windverband** *m (Stb)* (Bauteil) **Windversteifung** *f (Stb)*
**wind bracing bar Windverbandstab** *m (Stb)*
**wind force Winddruck** *m (Mech, Stat)* **Windlast** *f (Mech, Stat)*
**wind girder Windträger** *m (Stb)*
**wind intensity Windstärke** *f (Stb)*
**wind lass Erdwinde** *f (Mech)*
**wind pressure Windlast** *f (Mech, Stat)* **Windstaudruck** *m (Mech)*
**wind safety brake Windbremse** *f (Mech)*
**winder** *(hoisting engine)* **Fördermaschine** *f (Bg/Bergb)*
**winder Haspel** *f (Mech)* **Spuler** *m (Mech)* **Winde** *f (Mech, Mont)*
**winding drum Seiltrommel** *f (Mech)*
**winding tower Förderturm** *m (Bg/Bergb)*
**windlass Handkurbelwinde** *f (Mont, Form)* **Handseilwinde** *f (Bau, Mont)*
**window strip Klemmprofil** *nt (Mech)*
**windrow Streifhaufen** *m (Bg/Bergb)*
**windrow breaker Schürfgradebener** *m (Bg/Bergb)*
**windrow spreader Randstreifenverteiler** *m (Bg/Bergb)*
**wing Kotflügel** *m (Mech)* **Schenkel** *m (Stb)*
**wing lamp** *(El)* **Kotflügelleuchte** *f (El)* (Kfz)
**wing nut Flügelmutter** *f (Kfz)*
**wing stay Kotflügelstütze** *f (Mech)*
**wing tripper Hilfsabsetzer** *m (Bg/Bergb, Umschl)* **Übergabewagen** *m (Umschl)*
**wing-type pulley Korbtrommel** *f (Mech, Band)*
**winning Abbau** *m (Bg/Bergb)* (Förderung, Gewinnung von Bodenschätzen, z.B. Kohle) **Gewinnung** *f (Bg/Bergb)*
**winze Blindschacht** *m (Bg/Bergb)*
**wiper** *(on the belt)* **Abstreifer** *m (Bg/Bergb, Umschl, Band)* (am Band) **Wischer** *m (Bg/Bergb, Umschl, Band)*
**wiper ring Abstreifring** *m (Bg/Bergb, Umschl, Band)*
**wire break Drahtbruch** *m (Mech, Bg/Bergb)*
**wire coat, outer** outer wire coat *adj:n* **Außendrahtlage** *f (Bg/Bergb)* (Seil)
**wire coil Drahtring** *m (Stb)*
**wire core** *(El)* **Drahtkern** *m (El)*
**wire electrode Drahtelektrode** *f (Schw, Mech, Mont)*
**wire eroding Drahterodieren** *nt (Form)*
**wire fabric Baustahlgewebe** *nt (Bau)* **Drahtgewebe** *(El)*
**wire fastener connecting link Drahtverschlussglied** *nt (Form)*
**wire feed Drahtzuführung** *f (Schw)*
**wire injection equipment Drahteinspulmaschine** *f (Form)* (Vacmetall)
**wire leaf spring Drahtformfeder** *f (Form)*
**wire loop clamp Endbundklemme** *f (Mech)*
**wire mesh Drahtgeflecht** *nt (Form)*
**wire mesh guard Schutzgitter** *nt (Mech)*

**wire mesh mattress Isoliermatte mit Drahtgeflecht** *(Hütt/Wlz)*
**wire nail with extra large head Breitkopfstift** *m (Form)*
**wire race bearing Drehwälzlager** *nt (Kfz)*
**wire reinforcement Drahtwendel** *f (Form)*
**wire resistor Drahtwiderstand** *m (Form)*
**wire rod Walzdraht** *m (Hütt/Wlz)*
**wire rope Drahtseil** *nt (Mech)* **Seilzug** *m (Bg/Bergb, Mech)*
**wire rope block Drahtseilkloben** *m (Mech)*
**wire rope clamp Drahtseilklemme** *f (Mech)*
**wire rope sling Drahtseilschlinge** *f (Mech)* **Drahtseilschluppe** *f (Mech)*
**wire spiral warp Schlauch mit Scheuerschutz** *(Hyd/Pneu)*
**wire spoked wheel Drahtspeichenrad** *nt (Kfz)*
**wire testing Drahtprüfung** *f (Form)*
**wire, drawn** drawn wire *adj:n* **gezogener Draht** *adj:n (Mech, El)*
**wire, rolled** rolled wire *adj:n* **Walzdraht** *m (Hütt/Wlz)*
**wire, suspended** suspended wire *adj:n* **Haltedraht** *m (Mech)*
**wire-race bearing Drahtwälzlager** *nt (Form)*
**wired rolled glass Drahtglas** *nt (Stb)*
**wirerope splice Spleiß** *m (Stb)* **Versplei-ßung** *f (Stb)*
**with four grooves vierrillig** *adj (Bg/Bergb)* (z.B. Seiltrommel)
**with large number of vibrations erschütterungsreich** *adj (Mech)*
**with screw thread anschraubbar** *adj (Mech)* **aufschraubbar** *adj (Mech)*
**with torsional stability drehelastisch** *adj (Mech)*
**withdraw** *v (material from a silo)* **abziehen** *v (Bg/Bergb)* (Material entnehmen)
**withdrawal Rücksaugung** *f (Hütt/Wlz)*
**withdrawal sleeve Abziehhülse** *f (Mech, Mont)* **Spannhülse** *f (Mech, Mont)* (Lager)
**withdrawing screw nut Abziehmutter** *f (Mech, Mont)* (für Abdrückschraube)
**without cavities lunkerfrei** *adj (Mech)*
**without official calibration nicht eichfähig** *adj (Mech)* (Bandwaage)
**without prior blasting ungesprengt** *adj (Bg/Bergb)*
**without scores riefenfrei** *adj (Mech)*
**withstand capability Stehvermögen** *nt (Mech)*
**WK2-moment of inertia referred to motor speed Schwungmoment GD2** *nt (Mech)*
**wobble Axialschlag** *m (Mech)* (eines Wälzlagers) **Seitenschlag** *m (Mech)* (z.B. des Schwungrades)
**wobble plate Taumelscheibe** *f (Mech)*
**wobble rack Taumelständer** *m (Mech)*
**wobbling disc Taumelscheibe** *f (Mech)*
**wood bit Holzbohrer** *m (Mech, Mont)*
**wood coal Braunkohle** *f (Bg/Bergb, Geo)* **Holzkohle** *f (Bg/Bergb)*
**wood fiber Holzfaser** *f (Mech)*
**wood screw Holzschraube** *f (Mech)* (Metallschraube zur Holzbearbeitung)
**wooden square with steel tongue Holzwinkel mit Eisenzunge** *(Mech)*
**woodruff key Scheibenfeder** *f (Mech)*
**work arm Lastarm** *m (Mech)* (Hebel)
**work cycle time Arbeitsspielzeit** *f (Mech)*
**work flush with** *v* **eben bearbeiten** *adv:v (Mech, Mont)*
**work hardening Kalthärtung** *f (Hütt/Wlz)*
**work out** *v* **abbauen** *v (Bg/Bergb)* (unter Tage, z.B. Kohle) **ausbeuten** *v (Bg/Bergb)*
**work pipe Arbeitsleitung** *f (Stb)*
**work roll Arbeitswalze** *f (Zer)*
**work schedule Arbeitsablaufplan** *m (Allg)* (Plan für die Arbeitsfolge)
**work up out of hammer** *v* **herauswandern** *v (Mech)*
**work-out Geräteauslastung** *f (Mech)* **Geräteausnutzung** *f (Mech)*
**workability** *(swarfless)* **Bearbeitungsgrad** *m (Mech, Mont)*
**workable** *adj* **abbaufähig** *adj (Bg/Bergb)*
**workbench Arbeitsbank** *f (Mech)* **Zulage** *f (Stb)*
**worked-out** *adj* **ausgekohlt** *adj (Bg/Bergb)*
**working Abbau** *m (Bg/Bergb)* (Förderung, Gewinnung von Bodenschätzen, z.B. Kohle) **Gewinnung** *f (Bg/Bergb)*
**working Bearbeitung** *f (Mech, Mont)* (spanlos) **spanlose Bearbeitung** *adj:n (Mech, Mont)*
**working addendum Kopfhöhe** *f (Mech)* (bezogen auf den Teil- oder Wälzkreis)

**working cycle Arbeitsablauf** *m (Mech)* (elektromechanisch) **Arbeitszyklus** *m (Mech)* (Elektromechanik)
**working dedendum Fußhöhe** *f* (bezogen auf den Teil- oder Wälzkreis)
**working depth gemeinsame Zahnhöhe** *adj:n (Mech)*
**working drawing Arbeitszeichnung** *f (Mech)* **Ausführungszeichnung** *f (Mech)*
**working face Abbaustoß** *m (Bg/Bergb)* **Streb in Betrieb** *(Bg/Bergb)*
**working flank Arbeitsflanke** *f (Mech)* (Getriebe)
**working fluid Arbeitsmedium** *nt (Hütt/Wlz)*
**working length Nutzlänge** *f (Mech)*
**working level Sohle** *f (Geo, Bg/Bergb)*
**working light Anbauscheinwerfer** *m (Kfz)* **Arbeitsscheinwerfer** *m (El)*
**working line Netzlinie** *f (Stb)*
**working load auftretende Belastung** *(Form)* **Nutzlast** *f (Stb)* (Gebrauchslast)
**working material regulation** *(in Germany)* **Arbeitsstoffverordnung** *f (Allg)* (in Deutschland)
**working medium Arbeitsmedium** *nt (Hütt/Wlz)*
**working motion Arbeitsbewegung** *f (Bg/Bergb)*
**working on shoulders Bankettbearbeitung** *f (Bg/Bergb)*
**working platform Arbeitsbühne** *f (Mech)*
**working radius** *(e.g. of a crane)* **Ausladung** *f (Bg/Bergb)* (z.B. Montagekranausleger)
**working range** *(of a crane)* **Durchschwenkwinkel** *m (Bg/Bergb)* (des Baggers)
**working range Arbeitsbereich** *m (Mech)* (in der Elektromechanik)
**working stress Gebrauchsspannung** *f (Stb)* **zulässige Spannung** *adj:n (Mech)*
**working surface Arbeitsfläche** *f (Mech)*
**working table Montagetisch** *m (Mech, Mont)*
**working time Einschaltdauer** *f (Mech, Allg)* (Maschine) **Laufzeit** *f (Mech, Allg)* (Maschine)
**working tool Arbeitswerkzeug** *nt (Form)*
**working variation Wälzabweichung** *f (Hütt/Wlz)*
**working width Arbeitsbreite** *f (Bg/Bergb)*
**working-line Arbeitsfront** *f (Bg/Bergb)*
**working-range Arbeitszone** *f (Kfz)*
**working-slope Arbeitsböschung** *f (Bg/Bergb)*
**workmanship Ausführung** *f (Mech, Allg)* (Machart, Qualität) **Werkstattarbeit** *f (Mech)*
**workpiece Werkstück** *nt (Schw, Werkz)*
**works certificate Werksbescheinigung** *f (Mech, Allg)* **Werksattest** *m (Mech, Allg)*
**works standard Werknorm** *f (Mech)* (firmeneigener Standard)
**workshop Betrieb** *m (Mech)* (Werkstatt) **Werk** *nt (Mech)*
**workshop drawing Konstruktionszeichnung** *f (Mech)* (Werkstattzeichnung)
**workshop equipment Werkstatteinrichtung** *f (Mech)* **Werkstattgeräte** *pl nt (Mech)*
**workshop manual Werkstatthandbuch** *nt (Mech)*
**worm Schnecke** *f (Mech)* **Zylinderschnecke** *f (Mech)*
**worm and sector steering device Lenkvorrichtung mit Schnecke** *(Mech)*
**worm crown gear Schneckenradkranz** *m (Mech)*
**worm drive** *(El, Mech)* **Schneckenantrieb** *m (El, Mech)* **Schneckentrieb** *m (Mech)*
**worm drive hose clip Schneckengewindeschelle** *f (Mech)* (DIN 3017)
**worm facewidth Schneckenlänge** *f (Mech)*
**worm gear Schneckengetriebe** *nt (Mech)* **Schneckenrad** *nt (Mech)*
**worm gear drive** *(El, Mech)* **Schneckenantrieb** *m (El, Mech)*
**worm gear pair Schneckenradsatz** *m (Mech)* **Schneckenstufe** *f (Mech)*
**worm shaft Schneckenwelle** *f (Mech)*
**worm thread Schneckengewinde** *nt (Mech)*
**worm wheel Schneckenrad** *nt (Mech)*
**worm wheel rim Schneckenradkranz** *m (Mech)*
**worm-type feeder Schneckenförderer** *m (Band)*
**worn (worn out) ausgeschlagen** *adj (Form)*
**worth mining** *adj* **abbauwürdig** *adj (Bg/Bergb)*
**wrap umspannter Bogen** *adj:n (Mech, Bau)* **Umschlingungswinkel** *m (Mech)*
**wrap around pulley Trommelumschlingung** *f (Mech)*

**wrap-around cutting edge aufgebogenes Schneidmesser** *adj:n (Mech)* **umlaufendes Schneidmesser** *adj:n (Mech)*
**wrecker tooth Rodezahn** *m (Bg/Bergb)*
**wrench** *AE* **Maulschlüssel** *m (Mont, Werkz)* **Schraubenschlüssel** *m (Mont, Werkz)*
**wrench head bolt Sechskantschraube** *f (Mech)*
**wrench torque for screws Schrauben-Anziehdrehmoment** *nt (Mech)*
**wrinkles** *pl* **Krähenfüße** *pl m (Schw)*
**wye-chute Hosenschurre** *f (Bg/Bergb, Umschl)*

# X

**X-ray** *v (e.g. a weld seam)* **röntgen** *v (Schw, El)* (z.B. eine Schweißnaht durchleuchten)
**X-ray inspection Röntgenprüfung** *f (Stb, El)*
**X-ray inspection device** *(El, Stb)* **Röntgenprüfgerät** *nt (El, Stb)*
**X-ray material testing Röntgenstrahlenmaterialpüfung** *f (Schw)*
**X-ray plant** *(El)* **Röntgengerät** *nt (El)*
**X-ray testing Röntgenüberpüfung** *f (Schw)*
**xpm** *adj:n (Abv)* **Streckmetall** *nt (Mech)*

# Y

**y-chute Hosenschurre** *f (Bg/Bergb, Umschl)*
**Y-jet burner Y-Brenner** *m (Hütt/Wlz)*
**Y-jet type oil burner Y-Brenner** *m (Hütt/Wlz)*
**Y-pipe Hosenrohr** *nt (Hütt/Wlz)*
**Yale lock Sicherheitsschloss** *nt (Mech)*
**yard belt Lagerlängsband** *nt (Band, Umschl)*
**yard conveyor Lagerlängsband** *nt (Band, Umschl)*
**yardstick Klappmaßstab** *m (Werkz)* **Zollstock** *m (Mont, Werkz)*
**yawing angle** *(around the vertical axis)* **Gierwinkel** *m (Mech)*
**yield Ergiebigkeit** *f (Bg/Bergb)*
**yield point Elastizitätsgrenze** *f (Mech)* **Streckgrenze** *f (Mech)* (bei Zugspannung)
**yield ratio Streckgrenzenverhältnis** *nt (Mech, Stat)*
**yield strength Dehngrenze** *f (Mech)* (HV-Schrauben) **Zerreißfestigkeit** *f (Mech)* (Gurt)
**yield stress Fließgrenze** *f (Mech, Stat)* (Streckgrenze) **Streckspannung** *f (Mech, Stat)*
**yielding Fließvorgang** *m (Stat, Mech)* **Nachgeben** *nt (Mech)*
**yoke Bügel** *m (Mech)* (Joch) **Dränagelöffellager** *nt (Mech)*
**yoke bearing Gabellagerung** *f (Mech)*
**yoke end Gabelende** *nt (Kfz)* (z.B. Greiferlager)
**Young's Modulus Dehnsteife** *f (Mech)* **Elastizitätsmodul** *m (Mech)*

# Z

**Z-bar Z-Stahl** *m (Stb)*
**Z-clamp Spannplatte** *f (Hütt/Wlz)*
**Z-geometry Z-Kinematik** *f (Mech)* (für Laderausrüstung)
**zero line Nulllinie** *f (Stb)*
**zero speed monitor** *(El)* **Bandwächter** *m (El)* (Stillstandswächter)
**zero-flow control** *(of hydraulic pump)* **Nullhub** *m (Bg/Bergb, Hyd/Pneu)*
**zero-speed switch** *(El)* **Bremswächter** *m (El)* **Stillstandswächter** *m (El)*
**zinc Zink** *nt (Hütt/Wlz)*
**zinc alloy Zink-Basis-Legierung** *f (Hütt/Wlz)*
**zinc coating Zinkauflage** *f (Hütt/Wlz)* (Beschichtung)
**zinc dust Zinkstaub** *m (Bg/Bergb)*
**zinc phosphate primer Zinkphosphatgrundfarbe** *f (Anstr)*
**zinc silicate primer Zinksilikatgrundfarbe** *f (Anstr)*
**zinc, inorganic** inorganic zinc *adj:n (paint)* **Zinkstaubfarbe** *f (Bg/Bergb)*
**zinc-coat** *v* **galvanisieren** *v (Hütt/Wlz)* (mit Zink beschichten)
**zinc-plated** *adj* **verzinkt** *adj (Mech)*
**zinc-rich** *adj* **zinkreich** *adj (Bg/Bergb)*
**zone Bereich** *m (Mech, Allg)* (Fläche, Gebiet, Region) **Zone** *f (Mech, Allg)* (Gebiet)
**zone, heat-affected** heat-affected zone *adj:n* **Wärmeeinflusszone** *f (Mech)*
**zores steel Belagstahl** *m (Stb)*

# Deutsch-Englisch

# A

**A-Schweißer** *m (Schw) (Abk)* **autogenous welder** *adj:n (Schw)*
**ab Grube** *präp:n (Bg/Bergb)* **ex mine** *präp:n (Bg/Bergb)*
**Abänderung** *f (Allg) (z.B. Text)* **modification** *(Allg)*
**abarbeiten** *v (Mech) (mechanisch bearbeiten)* **machine** *v (Mech)* (machine down)
**Abarbeitungsvorgang** *m (Mech) (spanabhebend)* **machining operation** *(Mech)*
**abästen** *v (Mech) (etwas abhauen)* **lop off** *v (Mech)*
**abbaggern** *v (Bg/Bergb)* **reclaim** *v (Bg/Bergb)*
**Abbau** *m (Allg)* **reduction** *(Allg)*
**Abbau** *m (Bg/Bergb) (Förderung, Gewinnung von Bodenschätzen)* **extraction** *(Bg/Bergb)* **mining** *(Bg/Bergb)* **winning** *(Bg/Bergb)*
**Abbau** *m (Bg/Bergb) (über Tage, z.B. von Stein, Schiefer)* **quarrying** *(Bg/Bergb)* (e.g. stone, slate)
**Abbau** *m (Mech) (z.B. eines Maschinenteils)* **removal** *(Mech, Allg)*
**Abbau im Drehbetrieb** *(Bg/Bergb)* **mining in slewing operation** *(Bg/Bergb)*
**Abbau im Drehbetrieb** *(Bg/Bergb) (fächerartig)* **mining in a fan-shaped manner** *(Bg/Bergb)*
**Abbau von Abraum** *m (Bg/Bergb)* **overburden digging** *(Bg/Bergb)* **overburden removal** *(Bg/Bergb)*
**Abbau, kontinuierlich** kontinuierlicher Abbau *adj:n (Bg/Bergb)* **continuous mining** *adj:n (Bg/Bergb)*
**Abbaubank** *f (Bg/Bergb) (im Steinbruch)* **bench** *(Bg/Bergb)*
**abbaubar** *adj (Allg) (biologisch)* **degradable** *adj (Mech)*
**Abbaubedingungen** *pl f (Bg/Bergb) (beim Abbau von Mineral)* **mining conditions** *pl (Bg/Bergb)*
**abbauen** *v (Bg/Bergb)* **dig** *v (Bg/Bergb)*
**abbauen** *v (Bg/Bergb) (über Tage)* **quarry** *v (Bg/Bergb)*
**abbauen** *v (Bg/Bergb) (unter Tage)* **cut** *v (Bg/Bergb)* **excavate** *v (Bg/Bergb, Bau)* **mine** *v (Bg/Bergb)*
**abbauen** *v (Mech, Allg)* **disassemble** *v (Mech, Allg)* **dismantle** *v (Mech)* **dismount** *v (Mech, Allg)*
**abbaufähig** *adj (Bg/Bergb)* **mineable** *adj (Bg/Bergb)*
**Abbaufeld** *nt (Bg/Bergb)* **mining field** *(Bg/Bergb)*
**Abbauförderer** *m (Bg/Bergb)* **face conveyor** *(Bg/Bergb)*
**Abbaufortschritt** *m (Bg/Bergb) (an der Böschung)* **advancing face** *(Bg/Bergb)* **progress of mining** *(Bg/Bergb)*
**Abbaufortschritt** *m (Bg/Bergb) (in der Grube)* **pit development** *(Bg/Bergb)*
**Abbaufront** *f (Bg/Bergb) (beim Abbau von Mineral)* **coal face** *(Bg/Bergb)* **mining face** *(Bg/Bergb)*
**Abbauführung** *f (Bg/Bergb)* **mining system** *(Bg/Bergb)* **pit development** *(Bg/Bergb)*
**Abbauhammer** *m (Bg/Bergb) (z.B. für Kohle)* **mechanical pick** *(Bg/Bergb)*
**Abbauhöhe** *f (Bg/Bergb)* **digging height** *(Bg/Bergb)*
**Abbaukratzer** *m (Bg/Bergb)* **reclaimer** *(Bg/Bergb)* **reclaiming scraper** *(Bg/Bergb)*
**Abbaumaschine** *f (Bg/Bergb)* **miner** *(Bg/Bergb)* **winning machine** *(Bg/Bergb)*
**Abbaumeißel** *m (Bg/Bergb)* **drill bit** *(Bg/Bergb)*
**Abbaumethode** *f (Bg/Bergb) (im Bergbau)* **mining method** *(Bg/Bergb)*
**Abbaumittel** *nt (Chem)* **degradation agent** *(Chem)*
**Abbauplan** *m (Bg/Bergb) (bei Abraum)* **stripping plan** *(Bg/Bergb)* **stripping schedule** *(Bg/Bergb)*
**Abbauplan** *m (Bg/Bergb) (bei Mineral)* **mining plan** *(Bg/Bergb)*
**Abbaurichtung** *f (Bg/Bergb) (beim Abbau von Mineral)* **direction of mining** *(Bg/Bergb)*
**Abbaurichtung** *f (Bg/Bergb) (eines Baggers)* **direction of digging** *(Bg/Bergb)* **excavating direction** *(Bg/Bergb)*
**Abbausohle** *f (Bg/Bergb)* **mining horizon** *(Bg/Bergb)* **mining level** *(Bg/Bergb)*
**Abbaustoß** *m (Bg/Bergb)* **stope face** *(Bg/Bergb)*

**Abbaustoß** *m (Bg/Bergb) (als Abtragvolumen)* **digging block** *(Bg/Bergb)*
**Abbaustrossenband** *nt (Bg/Bergb)* **bench conveyor** *(Bg/Bergb)* **mine conveyor** *(Bg/Bergb)*
**Abbauwand** *f (Bg/Bergb)* **face** *(Bg/Bergb)*
**abbauwürdig** *adj (Bg/Bergb)* **exploitable** *adj (Bg/Bergb)* **mineable** *adj (Bg/Bergb)*
**Abbeizen** *nt (Anstr)* **pickling** *(Anstr)* **stripping** *(Anstr)*
**Abbeizmittel** *nt (Anstr)* **paint remover** *(Anstr)*
**Abbeizmittel, lösend** lösendes Abbeizmittel *adj:n (Anstr)* **solvent-type paint remover** *adj:n (Anstr)*
**Abbildung** *f (Allg)* **Fig.** *(Mech, Allg)* (Abv) **figure** *(Allg)* **illustration** *(Allg)*
**Abbildungsmaßstab** *m (Mech, Allg) (einer Zeichnung)* **scale** *(Allg)*
**abbinden** *v (Bg/Bergb) (erstarren)* **hydrate** *v (Bg/Bergb)*
**Abbindung** *f (Bg/Bergb) (Erstarrung)* **hydration** *(Bg/Bergb)*
**abblasen** *v (Allg) (Schmutz, Staub)* **blow off** *v (Allg)*
**Abblasventil** *nt (Hyd/Pneu, Mech)* **blow-off valve** *(Hyd/Pneu, Mech)*
**Abblättern** *nt (Anstr)* **flaking** *(Anstr)* **peeling** *(Anstr)*
**abblättern** *v (Anstr) (Farbe, Putz)* **flake** *v/i (Anstr)* **peel (off)** *v (Anstr)*
**abblenden** *v (Mech) (z.B. die Autoscheinwerfer)* **dim** *v (Mech)* (e.g. the car headlights)
**Abblendlicht** *nt (Mech) (z.B. eines Wagens)* **dimmed light** *adj:n (Mech)*
**Abblendschalter** *m (Mech, Allg)* **dimmer switch** *(Mech, Allg)*
**Abblendstellung** *f (Mech) (der Scheinwerfer)* **dimmed position** *adj:n (Mech)*
**abblinden** *v (Mech) (z.B. Rohre, Kanäle)* **blank off** *v (Mech)*
**Abbrand** *m (Schw, Mont)* **burn-out** *(Schw, Mont)*
**Abbrand, heiß** heißer Abbrand *adj:n (Schw, Mont)* **hot spatter** *adj:n (Schw, Mont)*
**Abbrandgeschwindigkeit** *f (Schw, Mont)* **burning velocity** *(Schw, Mont)*
**abbrechen** *v (Allg) (beenden)* **break off** *v (Allg)*
**abbrechen** *v (Mech, Allg) (z.B. ein Gebäude)* **demolish** *v (Mech, Allg)* (e.g. a house)
**Abbrechstift** *m (Bg/Bergb) (rutschfeste Platte)* **break-off pin** *(Bg/Bergb)*
**Abbremsdruck** *m (Hyd/Pneu)* **deceleration pressure** *(Hyd/Pneu)*
**abbremsen** *v (Allg) (behindern)* **inhibit** *v (Allg)*
**abbremsen** *v (Allg)* **brake** *v (Allg)*
**abbremsen** *v (Hyd/Pneu)* **decelerate** *v (Hyd/Pneu, Mech)*
**Abbremsphase** *f (Hyd/Pneu)* **deceleration phase** *(Hyd/Pneu)*
**Abbremsstumpfschweißen** *nt (Hütt/Wlz)* **flash welding** *(Hütt/Wlz)*
**Abbremsung** *f (Mech, Hyd/Pneu)* **braking** *(Mech)* **deceleration** *(Hyd/Pneu)*
**Abbremsverhalten** *(Hyd/Pneu, Phys)* **deceleration characteristic** *(Hyd/Pneu, Phys)*
**Abbremsvorgang** *m (Hyd/Pneu)* **deceleration process** *(Hyd/Pneu)*
**Abbremswert** *m (Mech)* **brake data** *pl (Mech)*
**Abbrennen** *(Schw, Mech, Mont)* **flashing** *(Schw, Mech, Mont)*
**abbrennen** *v (Anstr) (z.B. alte Farbe)* **burn off** *v (Anstr)* (e.g. old paint or poisonous gasses)
**abbrennen** *v (Schw, Mont)* **cut autogenously** *adv:v (Schw, Mont)* **flame-cut** *v (Schw, Mont)*
**abbrennstumpfgeschweißt** *adj (Schw)* **flash-welded** *adj (Schw)*
**Abbrennstumpfschweißen** *nt (Schw)* **flash-welding** *(Schw)*
**Abbruch** *m (Mech) (eines Gebäudes)* **demolition** *(Mech)* (of a building)
**Abbruch von Industrieanlagen** *(Mech)* **industrial demolition** *adj:n (Mech)*
**Abbrucharbeit** *f (Bau)* **demolition work** *(Bau)*
**Abbruchausrüstung** *f (Mech) (z.B. für alte Gebäude)* **demolition equipment** *(Mech)*
**Abbruchhaken** *m (Bg/Bergb) (z.B. am Bagger)* **demolition hook** *(Bg/Bergb)*
**Abbruchhammerausrüstung** *f (Bg/Bergb)* **breaker attachment** *(Bg/Bergb)*
**Abbruchstelle** *f (Bg/Bergb)* **fracture** *(Bg/Bergb)*

**Abdampf** *m (Mech) (einer Dampflok)* **off-steam** *(Mech)*
**Abdampfentöler** *m (Mech)* **exhaust steam oil separator** *(Mech)*
**Abdampfverwertung** *f* **exhaust steam utilisation**
**Abdeckband** *nt (Band)* **sandwich conveyor** *(Band)*
**Abdeckblech** *nt (Stb)* **cover plate** *(Stb)*
**abdecken** *v (Anstr)* **provide a resist coat** *v (Anstr)*
**abdecken** *v (Anstr)* **mask** *v (Anstr)*
**abdecken** *v (Bg/Bergb) (offen legen, z.B. Kohle)* **expose** *v (Bg/Bergb)* (e.g. coal) **uncover** *v (Bg/Bergb, Mech)*
**abdecken** *v (Bg/Bergb) (z.B. im Tagebau Abraum entfernen)* **remove** *v (Bg/Bergb)* (e.g. overburden) **strip** *v (Bg/Bergb)*
**abdecken** *v (Mech) (bedecken)* **cover** *v (Mech)*
**Abdeckhaube** *f (Mech)* **guard cover** *(Mech)*
**Abdeckkappe** *f (Bg/Bergb) (Haube)* **cap** *(Mech)*
**Abdeckleiste** *f (Zer)* **cover ledge** *(Zer)* **cover strip** *(Zer)*
**Abdeckplatte** *f (Mech)* **cover plate** *(Mech, Stb)*
**Abdeckscheibe** *f (Mech)* **end plate** *(Mech, Stb, Bahn)*
**Abdecksegment** *nt (Aufb)* **covering segment** *(Aufb)*
**Abdeckung** *f (Allg)* **cover** *(Allg)* **covering** *(Mech)*
**Abdeckung** *f (Stb) (Deckel)* **cap** *(Mech)*
**Abdeckung** *f (Stb) (Fußboden, Platte)* **flooring** *(Mech)*
**Abdeckung für Förderbänder** *(Band)* **conveyor cover**
**Abdeckung zwischen Ober- und Untertrum** *f (Band)* **sheet decking between carrying and return belt** *(Band)*
**abdichten** *v (Mech)* **caulk** *v (Mech, Stb)* **seal** *v (Mech)*
**Abdichtung** *f (Mech)* **seal** *(Mech)*
**Abdichtung, federnd** federnde Abdichtung *adj:n (Mech)* **resilient seal** *adj:n (Mech)*
**abdrehen** *v (Allg) (z.B. einen Deckel)* **twist off** *v (Allg)*
**abdrehen** *v (Allg) (z.B. Wasser, Strom, Gas)* **turn off** *v (Hyd/Pneu, Allg)*
**abdrehen** *v (Mech, Mont) (ein Werkstück)* **turn** *v (Mech, Mont)* **turn off** *v (Mech, Mont)*
**abdrehen** *v (Mech, Mont) (eine Schraube)* **unscrew** *v (Mech)*
**abdrehen** *v (Mech, Mont) (von Stirnflächen)* **face** *v (Bau, Mech, Mont)*
**abdrehen** *v (Mech, Mont) (z.B. einen Grat)* **trim** *v (Mech, Mont)*
**abdrehen auf Maß** *(Mech, Mont)* **turn to size** *(Mech, Mont)*
**abdrehen, eben** eben abdrehen *adv:v (Mech, Mont)* **face** *v (Bau, Mech, Mont)*
**abdrehen, schräg** schräg abdrehen *adv:v (Mech, Mont)* **bevel off** *v (Mech, Mont)*
**Abdrehvorrichtung** *f (Mech, Mont)* **turning machine** *(Mech, Mont)*
**Abdrift** *f* **drift** (e.g. of a ship)
**Abdrücken** *nt (Hyd/Pneu)* **hydraulic pressure test** *(Hyd/Pneu)*
**abdrücken** *v (Hyd/Pneu) (den Druck überprüfen)* **check the pressure** *n:v (Hyd/Pneu)*
**Abdrückgewinde** *nt (Mech)* **pressure-test threading** *(Mech)*
**Abdrückschraube** *f (Aufb)* **forcing screw** *(Aufb)*
**Abdrücksignal** *nt (Mech) (beim Rangieren)* **hump shunting signal** *(Mech)*
**abecken** *v (Mech, Mont)* **chamfer** *v (Mech, Mont)*
**Abfackelanlage** *f* **exhaust gas burner**
**abfackeln** *v (Anstr)* **burn off** *v (Anstr)*
**Abfackelrohr** *nt (Anstr)* **bleeder pipe** *(Anstr)*
**abfahren** *v (stilllegen)* **shut down** *v (Mech)*
**Abfahrtanzeiger** *m (Mech)* **departure sign** *(Mech)*
**Abfahrtbahnsteig** *m (Allg)* **departure track**
**Abfahrtsignal** *nt (Allg)* **starting signal**
**Abfall** *m (Allg)* **decrease** *(Allg)* **drop** *(Allg)*
**Abfall** *m (Geo) (z.B. im Gelände)* **debris** *(Geo, Bau)* **fall** *(Geo, Allg)* (inclination) **incline** *(Bg/Bergb, Geo)*
**Abfall** *m (Mech) (in der Produktion)* **discard** *(Mech)* **waste** *(Allg)*
**Abfallbrennstoff** *m (Allg) (Müll)* **waste fuel**
**abfallen** *v/i (Allg) (schräg abfallen)* **slope** *v/i (Geo, Allg)*

**abfallen** *v/i (Allg) (z.B. Geschwindigkeit)* **drop** *v/i (Mech, Allg)* **reduce** *v (Mech, Allg)* **slow down** *v/i (Mech, Allg)*
**abfallend** *adj (Band, Allg)* **downward(s)** *adj (Geo, Allg)* **falling** *adj (Band, Allg)*
**Abfallgrube** *f (Allg)* **garbage disposal** *(Allg, Bau)*
**Abfallprodukt** *nt (Allg)* **by-product** *(Bg/Bergb)* **waste product**
**Abfallrohr** *nt (Stb)* **downpipe** *(Mech, Hyd/Pneu)*
**Abfallstoff** *m (Allg)* **waste** *(Allg)*
**Abfalltonne** *f (Allg) (Mülltonne)* **trash can** *(Allg)*
**Abfallverwertung** *f (Mech) (Schiffswrack)* **salvage** *(Mech)* (salvaging)
**abfangen** *v (Allg) (sammeln)* **collect** *v (Mech, Hyd/Pneu, Allg)*
**abfangen** *v (Bg/Bergb, Bau)* **hold** *v (Mech)* **prop** *v (Stb)* (stay) **shore** *v (Bg/Bergb, Bau)*
**abfangen** *v (Mech, Mont) (abstützen)* **prop** *v (Stb)* (stay) **prop up** *v (Mech, Mont)* **support** *v (Mech, Mont)*
**Abfanggräben** *pl m (Bau)* **intercepting ditches** *pl (Bau)*
**Abfangkloben** *m (Mech, Mont)* **grip block** *(Mech, Mont)*
**Abfangseil** *(Mech, Mont)* **provisional rope** *adj:n (Mech, Mont)*
**Abfangseil** *nt (Mech) (am Gerät)* **guy rope** *(Mech, Mont)*
**Abfangseil** *nt (Allg)* **holding rope**
**abfasen** *v (Mech, Mont)* **bevel** *v (Mech, Mont)* **chamfer** *v (Mech, Mont)*
**abfasen** *v (Mech, Mont) (auf der Drehbank)* **face** *v (Bau, Mech, Mont)*
**Abfederung** *f (Mech)* **spring suspension** *(Mech)*
**abfinnen** *v (Mech, Mont) (z.B. Schweißnähte)* **peen** *v (Mech, Mont)*
**abflachen** *v (Mech, Mont)* **flatten** *v (Mech, Mont)* **smooth down** *v (Mech, Mont)*
**abflächen** *v (Mech, Mont)* **surface** *v (Mech, Mont)*
**Abflachung** *f (Mech) (eines Rades, einer Rolle)* **flattening** *(Mech)* (of a wheel)
**Abflachung** *f (Stb) (z.B. des Radkranzes)* **flat wheel** *adj:n (Stb)*
**abfließen** *v (Allg)* **flow away** *v (Allg)*
**Abfluss** *m* **effluent**
**Abfluss** *m (Mech)* **drain** *(Mech, Bg/Bergb)*
**Abflussleiste** *f (Stb) (z.B. Wasser)* **drain strip** *(Stb)*
**Abflussleitung** *f (Mech)* **drain pipe** *(Mech, Bau)*
**Abflussöffnung** *f (Mech)* **discharge outlet** *(Mech)*
**Abflussrohr** *nt (Mech) (z.B. für Wasser)* **drain pipe** *(Mech, Bau)*
**Abflussventil** *nt (Bg/Bergb) (Dränage)* **drain valve** *(Bg/Bergb)*
**Abflussventil** *nt (Bg/Bergb)* **delivery valve** *(Hyd/Pneu, Bg/Bergb)*
**Abfördern der Schurrenverstopfung** *(Stat)* **clearing chute blockage** *(Stat)*
**Abförderung** *f (Bg/Bergb)* **disposal** *(Bg/Bergb)*
**Abförderung** *f (Bg/Bergb) (mit Fahrzeugen)* **conveying** *(Bg/Bergb, Mech, Allg)*
**abfragen** *v (Allg)* **query** *v (Allg)* **request** *v (Allg)*
**abfräsen** *v (Stb)* **grind** *v (Form)* **mill** *v (Mech, Mont, Zer)*
**Abführrohr** *nt (nach oben)* **riser** *(Stb, Hyd/Pneu)* **uptake tube** *(Hütt/Wlz)*
**Abführung ins Freie** *f* **discharge to atmosphere**
**Abgabe** *f (Mech) (z.B. von Strahlen)* **emission** *(Mech)*
**Abgabe** *f (Mech) (z.B. von Wärme)* **dissipation** *(Mech)* (e.g. of heat)
**Abgabeleistung** *f (Mech)* **output** *(Allg)* **power output** *(Mech)*
**Abgabetrommel** *f (Band)* **head pulley** *(Band)*
**Abgangshafen** *m (Schiff)* **port of departure** *(Schiff)*
**Abgangsleiste** *f (Hyd/Pneu)* **orifice strip** *(Hyd/Pneu)*
**Abgangsverschraubung** *f (Hyd/Pneu)* **port threads** *pl (Hyd/Pneu)*
**Abgas** *(Bahn) (Auspuff)* **exhaust gas** *(Bahn)*
**Abgas** *nt (Hütt/Wlz)* **waste gas** *(Hütt/Wlz)*
**Abgas** *nt (einer Fabrik)* **vapour** *(Hyd/Pneu)*
**Abgas, entweichend** entweichendes Abgas *adj:n (Ökol)* **exit gas** *(Ökol)*
**Abgasanalyse** *f (Ökol)* **waste gas analysis** *(Ökol)*
**Abgasanlage** *f* **exhaust system**
**abgasbeheizt** *adj (Mech)* **exhaust-gas-heated** *adj (Mech)*

**Abgase** *pl (Ökol)* **exhaust pollutants** *pl (Ökol)*
**Abgase, verschmutzend** verschmutzende Abgase *adj:n (Ökol)* **exhaust pollutants** *pl (Ökol)*
**Abgasgebläse** *nt (Bg/Bergb)* **exit gas fan** *(Bg/Bergb)*
**Abgasheizung** *f (Mech)* **exhaust-operated air heating** *adj:n (Mech)*
**Abgaskrümmer** *m (Mech)* **exhaust elbow** *(Mech)*
**Abgasleitung** *f (Mech)* **exhaust pipe** *(Mech)*
**Abgasproben** *pl f (Mech)* **waste gas samples** *pl (Mech)*
**Abgasreiniger** *m (Mech)* **exhaust cleaner** *(Mech)*
**Abgasrohr** *nt (Mech)* **tail pipe** *(Mech)*
**Abgasrohrleitung** *f (Mech)* **waste gas piping** *(Mech)*
**Abgasstaub** *m (Mech)* **fuel dust** *(Mech)*
**Abgastemperatur** *f (Ökol)* **waste gas temperature** *(Ökol)*
**Abgasthermostat** *m (Mech)* **exhaust gas thermostat** *(Mech)*
**Abgasturbine** *f (Mech)* **exhaust gas turbine** *(Mech)*
**Abgasturbolader** *m (Bahn) (z.B. eines Dieselmotors)* **exhaust turbo supercharger** *(Bg/Bergb)*
**Abgasventilator** *m (Mech)* **waste gas fan** *(Mech)*
**Abgasverlust** *m* **flue gas loss waste gas loss**
**Abgasverwertung** *f (Mech)* **waste gas utilization** *(Mech)*
**abgeben** *v (Allg) (z.B. ein Angebot)* **tender** *v (Allg)*
**abgeben** *v (Allg) (z.B. Gase)* **give off** *v (Allg)*
**abgeblendet** *adj (Allg) (z.B. Autoscheinwerfer)* **dimmed** *adj (Allg)*
**abgebogen** *adj (Mech)* **cranked** *adj (Mech)*
**abgebrannt** *adj (Schw)* **flame-cut** *adj (Schw)*
**abgebremst** *adj (Mech)* **slowed-down** *adj (Mech)*
**abgedeckt** *adj (Allg)* **covered** *adj (Allg)*
**abgedichtet** *adj (Bg/Bergb)* **sealed** *adj (Bg/Bergb)*
**abgedunkelt** *adj (Allg) (z.B. durch Vorhänge)* **darkened** *adj (Allg)*
**abgefast** *adj (Mech, Mont)* **bevelled** *adj (Mech, Mont)* **chamfered** *adj*
**abgefast** *adj (Mech, Mont) (Stirnflächen)* **faced** *adj (Mech, Mont)*
**abgekröpft** *adj (verschwenkt)* **cranked off** *adj*
**abgelaufen** *adj (Allg) (z.B. Frist)* **expired** *adj (Allg)* (e.g. a term)
**abgelegen** *adj (Allg) (weit entfernt)* **remote** *adj (Allg)*
**abgeleitet** *adj (Ökol) (z.B. Wasser)* **drained** *adj (Ökol)*
**abgenutzt** *adj (Allg)* **worn out** *v (Allg)*
**abgerundet** *adj (Math) (eine Zahl)* **rounded down** *adj (Math)*
**abgerundet** *adj (Mech, Mont) (z.B. Kante)* **rounded** *adj (Mech)* **rounded off** *adj (Mech, Mont)*
**abgeschält** *adj (Allg)* **peeled** *adj (Allg)*
**abgeschlossen** *adj (Allg) (Vertrag)* **concluded** *adj (Allg)* (e.g. a contract)
**abgeschrägt** *adj (z.B. Kante)* **chamfered** *adj*
**abgeschrägt** *adj (Mech, Mont)* **bevelled** *adj (Mech, Mont)* **scarfed** *adj (Mech, Mont)*
**abgesetzt** *adj (Geo)* **deposited** *adj (Geo)*
**abgesetzt** *adj (Mech)* **offset** *adj (Mech)*
**abgesetzt** *adj (Mech, Mont) (z.B. Bohrung, Bolzen, Welle)* **shouldered** *adj (Mech, Mont)* **stepped** *adj (Mech, Mont)*
**abgesichert** *adj (Allg)* **protected** *adj (Allg)*
**abgesiebt** *adj (Zer)* **screened** *adj (Zer)*
**abgespannt** *adj (Stb)* **guyed** *adj (Stb)*
**abgestellt** *adj (z.B. Eisenbahnwagen, Lok)* **stabled** *adj* (e.g. wagons, locomotives)
**abgestreift** *adj (Band, Bg/Bergb, Umschl)* **scraped off** *(Band, Bg/Bergb, Umschl)*
**abgestuft** *adj (Mech, Mont)* **graduated** *adj (Mech, Allg)*
**abgestützt** *adj (Bau) (z.B. altes Haus)* **held up** *(Bau)*
**abgestützt** *adj (Bg/Bergb)* **revetted** *adj (Bg/Bergb)* **sheathed** *adj (Bau)* (shored)
**abgestützt** *adj (Mech) (auf Schaufel / Schild)* **jacked up** *adj (Mech)*
**abgestützt** *adj (Mech) (mit einem Wagenheber)* **jacked** *adj (Mech)*
**abgetrennt** *adj (Allg)* **separated** *adj (Allg)*
**abgewickelt** *adj (Mech) (vom Stahlband)* **uncoiled** *adj (Mech)*

**abgewickelt** *adj (Mech) (z.B. Bandeisen, Blech)* **uncoiled** *adj (Mech)*
**Abgleich** *m (Allg) (Anpassung)* **adjustment** *(Mech, Allg)* (e.g. of machines)
**abgleichen** *v (Mech) (in Balance bringen)* **balance** *v (Mech)* **equilibrate** *v (Mech)*
**abgleichen** *v (Mech)* **calibrate** *v (Mech)*
**abgleichen** *v (Mech) (von Instrumenten)* **adjust** *v (Mech)*
**Abgleichung** *f (Stb) (durch Bearbeitung)* **milling** *(Stb)* (by machining)
**abgraten** *v (Mech, Mont)* **burr** *v (Mech, Mont)* **trim** *v (Mech, Mont)*
**Abgratnase** *f (Mech) (beim Schmieden)* **forging bur** *(Mech)*
**abgrenzen** *v (Allg)* **define** *v (Allg)* **limit** *v (Allg)*
**Abgrund** *m (Geo)* **precipice** *(Geo)*
**abhängen** *v (Allg) (vom Haken nehmen)* **unhook** *v (Allg)*
**abhängen** *v (Mech) (z.B. das Telefon)* **disengage** *v (Mech)* (e.g. coupling)
**Abhänger** *m (Stb)* **suspension** *(Stb)*
**abhaspeln** *v (Bg/Bergb) (z.B. ein Seil)* **unwind** *v (Bg/Bergb)* (e.g. a rope)
**Abheben** *nt (Stb)* **lifting** *(Stb)*
**abheben** *v (Bg/Bergb) (z.B. den Oberwagen)* **lift** *v (Allg)* **remove** *v (Bg/Bergb)*
**Abhilfe schaffen** *n:v (Allg)* **take remedial action** *v:n (Allg)* **remedy** *v (Allg)*
**Abhitze** *f (Hütt/Wlz)* **waste heat** *(Hütt/Wlz)*
**Abhitzekessel** *m (Hütt/Wlz)* **waste heat boiler** *(Hütt/Wlz)*
**abhobeln** *v (Mech, Mont) (z.B. Blech)* **plane** *v (Mech, Mont)*
**Abholdienst** *m (Allg)* **pick-up service**
**Abisolierzange** *f (Werkz)* **strip-insulation pliers** *pl (Werkz)*
**Abkantbank** *f (Mont, Werkz)* **folding bench** *(Mont, Werkz)*
**abkanten** *v (Mech, Mont)* **bevel** *v (Mech, Mont)* **chamfer** *v (Mech, Mont)*
**abkanten** *v (Mech, Mont) (mit scharfem Grat)* **cant** *v (Mech, Mont)*
**abkanten** *v (Mech, Mont) (z.B. Blech)* **edge** *v (Mech, Mont)* **flange** *v (Mech, Mont)*
**abkanten** *v (Mech, Mont) (z.B. Gewinde)* **round off** *v (Mech, Mont)*
**abkanten** *v (Mech, Mont) (z.B. Lager)* **radius** *v (Mech, Mont)*
**Abkantmaschine** *f (Mech)* **folding machine** *(Mech)* (canting machine)
**Abkantpresse** *f (Mech)* **folding press** *(Mech)*
**Abkantprofil** *(Mech, Mont)* **flanged profile** *adj:n (Mech, Mont)*
**abkippen** *v (Mech)* **tilt** *v (Mech)* **tip** *v (Mech)*
**Abkipphöhe** *f (Mech)* **dumping height** *(Mech, Bg/Bergb)*
**abklappbar** *adj (Mech)* **hinged** *adj (Mech)* **tilting** *adj (Mech)*
**abklappen** *v (Mech)* **hinge out** *v (Mech)* **swing away** *v (Mech)* **swing down** *v (Mech)*
**Abklappwinkel** *m (Mech)* **tilting angle** *(Mech)*
**abklemmen** *v (Mech) (z.B. Stromkreis, Gerät)* **disconnect** *v (Mech)*
**Abklopfeinrichtung** *f (Mech)* **rapping gear** *(Mech, Zer)*
**abklopfen** *v (Mech, Mont) (mit der Finne; z.B. Schweißnähte)* **peen** *v (Mech, Mont)*
**Abklopfer** *m (Mont, Schw, Werkz)* **chipping hammer** *(Mont, Schw, Werkz)* **rapper** *(Mont)*
**Abklopfhebel** *m (Mech)* **rapping lever** *(Mech)*
**Abklopfmechanismus** *m (Mech)* **rapping mechanism** *(Mech)*
**Abklopfvorrichtung** *f (Mech) (Filter)* **rapping device** *(Mech)*
**abkratzen** *v (Bg/Bergb)* **scrape** *v (Bg/Bergb)* **scrape off** *v (Bg/Bergb)*
**abkühlen** *v (erkalten)* **cool off** *v*
**abkühlen** *v (Hütt/Wlz)* **cool** *v* **cool down** *v*
**abkühlen** *v (Stb) (beim Vergüten)* **quench** *v (Stb)*
**Abkühlung** *f (Mech, Stb)* **cool-down** *(Mech, Stb)*
**Abkühlung im Ofen** *f (Mech, Stb)* **cooling in furnace** *(Mech, Stb)*
**Abkühlungsfläche** *f (Mech, Stb)* **cooling surface** *(Mech, Stb)*
**Abkühlungsgeschwindigkeit** *f (Mech, Stb)* **cooling rate** *(Mech, Stb)*
**Abkühlungskurve** *f (Stb)* **cooling curve** *(Stb)*
**abkuppeln** *v (Mech)* **uncouple** *v (Mech)*
**abkürzen** *v (Allg)* **shorten** *v (Allg)*
**Abkürzung** *f (Allg) (eines Weges)* **shortcut** *(Allg)*

**Abkürzung** *f (Allg) (eines Wortes)* **abbreviation** *(Allg)*
**ABKW** *f (Abk)* **outside diamond crossing with single slip** *(Bahn)*
**abladen** *v (Mech, Mont)* **deposit** *v (Mech)*
**abladen** *v (Mech, Mont) (z.B. von einem Fahrzeug)* **unload** *v (Mech, Mont, Umschl)*
**Ablage** *f (Allg) (für Akten)* **file** *(Allg)* (for documents)
**Ablage** *f (Allg) (im Fahrerhaus)* **rack** *(Allg)* (e.g. in operator's cab)
**ablagern** *v/i (Geo) (sich ablagern)* **deposit** *v/i (Geo, Chem)*
**Ablagerung** *f (Geo)* **deposit** *(Geo)*
**Ablagerung, locker** lockere Ablagerung *adj:n (Geo)* **unconsolidated deposit** *adj:n (Geo)*
**Ablagerungsgestein** *nt (Geo)* **sediment** *(Geo)*
**ablängen** *v (Mech, Mont) (auf Länge schneiden)* **cut to length** *v (Mech, Mont)*
**Ablass** *m (Hyd/Pneu)* **delivery** *(Hyd/Pneu)* **discharge** *(Hyd/Pneu)*
**ablassen** *v (Hyd/Pneu)* **bleed** *v (Hyd/Pneu)* **drain off** *v (Hyd/Pneu)*
**ablassen** *v (Mech) (zu Boden lassen)* **lower** *v (Mech)* (e.g. s.th. to the ground)
**Ablasshahn** *m (Hyd/Pneu)* **drain cock** *(Hyd/Pneu)*
**Ablasskniestück** *nt* **drain elbow**
**Ablassleitung** *f (Mech, Bau)* **drain pipe** *(Mech, Bau)* **drain tubing** *(Mech, Bau)*
**Ablassschraube** *f (Mech)* **drain plug** *(Mech)*
**Ablassstopfen** *m (Mech)* **drain plug** *(Mech)*
**Ablassventil** *nt (Bau)* **discharge valve** *(Bau)*
**Ablassventil** *nt (Hyd/Pneu) (Entwässerungsventil)* **drain valve** *(Hyd/Pneu)*
**Ablauf** *m (z.B. von Wasser)* **drain** *(Mech, Bg/Bergb)* **drainage** *(Mech, Bg/Bergb)* **outlet** *(Mech)*
**Ablauf** *m (Hyd/Pneu)* **delivery** *(Hyd/Pneu)* **discharge** *(Hyd/Pneu)*
**Ablauf** *m (Mech) (eines Verfahrens)* **operation** *(Mech, Allg)* **procedure** *(Allg)*
**Ablaufberg** *m (Bahn) (Rangierbetrieb der Bahn)* **hump** *(Bahn)*
**ablaufen** *v/i (Bg/Bergb) (z.B. Seil)* **unwind** *v (Bg/Bergb)* (e.g. a rope)
**ablaufend** *adj (Bau)* **subsiding** *adj (Bau, Allg)*
**Ablaufquerschnitt** *m (Hyd/Pneu)* **outlet diameter** *(Hyd/Pneu)*
**Ablaufregelung** *f (Mech)* **bleed off** *(Mech)*
**Ablaufrohr** *nt (Mech)* **drain** *(Mech, Bg/Bergb)* **drain pipe** *(Mech, Bau)*
**Ablaufschacht** *m (Stb)* **discharge pit** *(Stb)*
**Ablaufstelle** *f (Mech)* **outlet** *(Mech)*
**ablegen** *v (Allg) (als unbrauchbar)* **discard** *v (Allg)* (as no longer useful)
**ablegen** *v (Allg) (z.B. Briefe, Akten)* **file** *v (Allg)*
**ablegen** *v (Mech) (z.B. Lasten)* **deposit** *v (Mech)* **lay down** *v (Mech)*
**ablegen** *v/i (Allg) (bei Schiffen)* **sail** *v/i* (leave the quay)
**Ablegung eines Seils** *(Bg/Bergb)* **substitution of a rope** *(Bg/Bergb)*
**ablehnen** *v (Allg) (z.B. eine Forderung)* **refuse** *v (Allg)* **reject** *v (Allg, Mech)* **turn down** *v (Allg)* (e.g. a request)
**Ableitschurre** *f (Zer, Band, Umschl)* **discharge chute** *(Bg/Bergb, Zer, Band, Umschl)*
**Ableitung von Wasser** *(Mech, Bg/Bergb)* **drain** *(Mech, Bg/Bergb)* **drainage** *(Mech, Bg/Bergb)* **draining** *(Mech, Bg/Bergb)*
**Ablenkblech** *(Bg/Bergb, Umschl)* **baffle plate** *(Bg/Bergb, Band)*
**Ablenkfläche** *f (Bg/Bergb)* **deflector** *(Bg/Bergb, Umschl, Band)*
**Ablenkgenerator** *m (Mech) (z.B. an einer Rolltreppe)* **sweep generator** *(Mech)*
**Ablenkgeschwindigkeit** *f (Mech) (z.B. der Rolltreppe)* **spot velocity** *(Mech)*
**Ablenkkraft** *f (Stb)* **deviation force** *(Stb)*
**Ablenkrolle** *f (Bg/Bergb, Band)* **bend idler roll** *(Bg/Bergb, Band)*
**Ablenkrollensatz** *m (Bg/Bergb, Band)* **set of bend idler rolls** *(Bg/Bergb, Band)*
**Ablenktrommel** *f (Bg/Bergb, Umschl)* **snub pulley** *(Bg/Bergb, Umschl)*
**Ablesefehler** *m (Allg)* **reading error** *(Allg)*
**Ablesegenauigkeit** *f (Allg)* **reading accuracy** *(Allg)*
**ablesen** *v (Allg)* **read** *v (Allg)* **read off** *v (Mech, Hyd/Pneu)*
**Ablesung** *f (Mech) (einer Messung)* **observation** *(Mech)* **read-out** *(Allg)*

**Ablichtung** *f (Allg) (Foto)* **print pause** *(Allg)*
**Ablichtung** *f (Allg) (Fotokopie)* **photo copy** *(Allg)* **print** *(Allg)*
**Ablichtung** *f (Allg) (Pause)* **photo print** *(Allg)*
**abliefern** *v (Allg)* **hand over** *v (Allg)* (file)
**Ablieferungsprüfung** *f (Allg)* **delivery test** *(Allg)*
**ablösen** *v (Allg) (ersetzen)* **substitute** *v (Allg)*
**ablösen** *v (Allg) (z.B. eine Mannschaft)* **relieve** *v (Allg)*
**ablösen** *v (Allg) (z.B. Methode, System)* **supersede** *v (Allg)* (e.g. a method, a system)
**ablösen** *v (Bg/Bergb) (z.B. Abraum)* **dislodge** *v (Bg/Bergb)*
**ablösen** *v (Mech, Mont)* **loosen** *v (Mech, Mont, Bg/Bergb)*
**ablösen** *v (Mech, Mont, Allg) (z.B. eine Schicht, eine Folie)* **detach** *v (Mont, Allg)* **peel** *v (Mech, Mont, Allg)* (remove) **remove** *v (Mont, Allg)*
**ablösend** *adj (Allg, Bg/Bergb)* **relieving** *adj (Allg, Bg/Bergb)*
**Ablösung** *f (Allg) (Ersetzung)* **substituting** *(Allg)*
**Abluft** *f (Mech) (Fortluft)* **outlet air** *(Mech)*
**Abluft** *f (Mech) (Klimaanlage)* **outgoing air** *(Mech)*
**Abluft** *f (Mech) (Luftentladung)* **air discharge** *(Mech)*
**Abluft** *f (Mech) (Saugluft)* **extracted air** *adj:n (Mech)*
**Abluft** *f (Mech) (verunreinigte Luft)* **contaminated air** *adj:n (Mech)*
**Abluftaustritt** *m (Mech)* **exhaust outlet** *(Mech)*
**Abluftkasten** *m (Mech)* **air discharge frame** *(Mech)*
**Abluftkasten für Ölkühler** *(Mech)* **air-cowling** *(Mech)*
**Abluftklappe** *f (Mech)* **exhaust air flap** *(Mech)*
**Abluftkrümmer** *m (Mech)* **exhaust air bend** *(Mech)*
**abmachen** *v (Mont, Allg) (z.B. etwas demontieren)* **detach** *v (Mont, Allg)* **remove** *v (Mont, Allg)*
**Abmaß** *(Mech, Stb)* **variation** *adj:n (Stb)*
**Abmaß** *nt (über Endmaß hinaus)* **tolerance** *(Mech, Schw)*
**Abmaß, licht** lichtes Abmaß *adj:n (Mech) (freier Raum)* **clearance** *(Mech)*
**abmeißeln** *v (Mech, Mont)* **chip off** *v (Mech, Mont)*
**abmessen** *v (Allg)* **dimension** *v (Mech)*
**Abmessung** *f (Allg) (z.B. des Verpackungsbandes)* **size** *(Allg)*
**Abmessung** *f (Allg, Bau)* **dimension** *(Allg, Bau)*
**Abmessung** *f (Form)* **dimension** *(Form)*
**Abminderungsbeiwert** *m (Stb)* **diminishing coefficient** *(Stb)*
**abmontieren** *v (Mech)* **dismantle** *v (Mech)*
**Abmuldung** *f (Band)* **decreasing trough** *(Band)* **decreasing troughing** *(Band)*
**Abnahme** *f (Allg) (Erstabnahme)* **first off** *(Allg)*
**Abnahme** *f (Allg) (von Geräten)* **approval** *(Allg)*
**Abnahme** *f (Allg)* **decrease** *(Allg)*
**Abnahme** *f (Mech, Mont) (Test, Prüfung)* **inspection** *(Mech, Allg)* **test** *(Mech, Allg)*
**Abnahme-Ingenieur** *m (Stb, Mech)* **test engineer** *(Stb, Mech)*
**Abnahmebericht** *m (Stb, Mech)* **test report** *(Mech)*
**Abnahmebescheinigung** *f (Stb, Mech)* **acceptance certificate** *(Stb, Mech)*
**Abnahmeprüfung** *f (Stb, Mech)* **acceptance inspection acceptance test** *(Bg/Bergb)*
**Abnahmeschlüssel** *m (Mech)* **acceptance code** *(Mech)*
**Abnahmetest** *m (Bg/Bergb) (z.B. eines Gerätes)* **acceptance test** *(Bg/Bergb)*
**Abnahmeverweigerung** *f (Stb)* **acceptance rejection** *(Stb)*
**Abnahmevorschrift** *f* **acceptance specification** *(Allg)*
**Abnahmezeichnung** *f (Allg)* **acceptance drawing** *(Allg)*
**Abnahmezeugnis** *nt (Allg)* **acceptance certificate** *(Stb, Mech)*
**abnehmbar** *adj (Mech)* **detachable** *adj (Mech)* **removable** *adj (Mech)*
**abnehmen** *v (Mech, Mont) (entfernen)* **remove** *v (Mont, Allg)*
**abnehmend** *adj (Form)* **decreasing** *adj (Form)*
**Abnehmer** *m (Allg, Mech) (Verbraucher)* **consumer** *(Mech, Allg)*

**abnieten** *v (Bg/Bergb, Mech)* **rivet** *v (Bg/Bergb, Mech)*
**abnutzen** *v (Mech, Allg)* **use** *v (Allg)* **wear out** *v (Mech, Allg)*
**Abnutzung** *f (Mech) (z.B. durch Reibung)* **abrasion** *(Mech)* **attrition** *(Mech)*
**Abnutzung** *f (Mech, Allg)* **wearing** *(Stb, Mech)*
**Abnutzung und Verschleiß** *(Stb)* **wear and tear** *(Stb)*
**Abnutzungsgrad** *m (Mech)* **rate of wear** *(Mech)*
**Abnutzungsvorrat** *m (Mech, Mont)* **reserve** *(Mech, Mont)* **wear margin** *(Mech, Mont)*
**abölen** *v (Form)* **oil** *v (Form)*
**abplatten** *v (Mech, Mont)* **face** *v (Bau, Mech, Mont)* **smoothen** *v (Mech, Mont)*
**Abplattung** *f (Form) (des Ofenmantels)* **shell distortion** *(Form)*
**Abplattung** *f (Mech) (z.B. Seil)* **flattening** *(Mech)* (e.g. of a rope)
**abplatzen** *v/i (Anstr)* **chip off** *v (Mech, Mont)* **flake** *v/i (Anstr)*
**Abraum** *m (Bg/Bergb) (im Bergbau)* **excavated material** *adj:n (Bg/Bergb)* **spoil** *(Bg/Bergb)*
**Abraum** *m (Geo)* **cap rock** *(Geo)*
**Abraum ablösen** *n:v (Bg/Bergb)* **dislodge overburden** *n:v (Bg/Bergb)*
**Abraum absetzen** *n:v (Bg/Bergb)* **dump the spoil** *n:v (Bg/Bergb)*
**Abraum abwerfen** *n:v (Bg/Bergb)* **cast the spoil** *n:v (Bg/Bergb)*
**Abraum, unberührt** unberührter Abraum *adj:n (Bg/Bergb)* **undisturbed overburden** *adj:n (Bg/Bergb)*
**Abraumbagger** *m (Bg/Bergb)* **overburden excavator** *(Bg/Bergb)*
**Abraumbeseitigung** *f (Bg/Bergb)* **overburden digging** *(Bg/Bergb)* **overburden stripping** *(Bg/Bergb)*
**Abräumen** *nt (Bg/Bergb)* **exposing** *(Bg/Bergb)* **stripping** *(Bg/Bergb)*
**abräumen** *v (Bg/Bergb) (z.B. im Tagebau Abraum entfernen)* **remove** *v (Bg/Bergb)* (e.g. overburden) **strip** *v (Bg/Bergb)*
**Abräumen von Abraum** *(Bg/Bergb)* **overburden digging** *(Bg/Bergb)* **overburden stripping** *(Bg/Bergb)*
**Abraumförderbrücke** *f (Bg/Bergb)* **overburden removing bridge** *(Bg/Bergb)*
**Abraumhalde** *f (Bg/Bergb)* **overburden stockpile** *(Bg/Bergb)*
**Abräumleistung** *f (Bg/Bergb) (bei Abraum)* **stripping rate** *(Bg/Bergb)*
**Abraumstrossenband** *nt (Bg/Bergb)* **overburden conveyor** *(Bg/Bergb)*
**Abraumverhältnis zur Kohle** *nt (Bg/Bergb, Geo)* **stripping ratio** *(Bg/Bergb)*
**Abraumvolumen** *nt (Bg/Bergb)* **quantity of overburden** *(Bg/Bergb)*
**Abregeldrehzahl** *f (Mech)* **governed speed** *adj:n (Mech)*
**abreiben** *v (Form)* **chaff** *v (Form)*
**abreibend** *adj (Mech, Geo) (z.B. Fördergut, Erze)* **abrasive** *adj (Mech, Geo)*
**abreißen** *v (Form) (der Lufströmung; Flugzeug)* **stall** *v (Form)* (stall point)
**Abreißen der Zündung** *(Hütt/Wlz)* **loss of ignition** *(Hütt/Wlz)*
**Abreißform** *f (Bg/Bergb) (des Gesteins in Wand)* **shapes of breaking** *(Bg/Bergb)*
**Abreißschraube** *f (Mech)* **tear-off screw** *(Mech)*
**abrichten** *v (Mech, Mont)* **adjust** *v (Mech)* **dress** *v (Mech, Mont, Bg/Bergb)*
**abrichten** *v (Mech, Mont) (auf der Planierbank)* **planish** *v (Mech)*
**abrichten** *v (Mech, Mont) (von Blech)* **plane** *v (Mech, Mont)* **plane off** *v (Mech, Mont)*
**Abrieb** *m (Mech)* **scuff** *(Mech)*
**Abrieb** *m (Mech) (Späne, Splitter)* **chaff** *(Mech)*
**Abrieb** *m (Mech) (z.B. durch Reibung)* **abrasion** *(Mech)* **attrition** *(Mech)*
**abriebfest** *adj (Mech, Allg)* **abrasion-resistant** *adj (Mech)*
**Abriebfestigkeit** *f (Mech)* **scuff resistance** *(Mech)*
**Abriebfestigkeitsprüfung** *f (Mech)* **abrasion test** *(Mech)*
**Abriebförderer** *m (Bg/Bergb)* **spillage conveyor** *(Bg/Bergb)*
**Abriebswiderstand** *m (z.B. des Rohres)* **resistance to abrasion**
**Abriebwirkung** *f (Hütt/Wlz)* **abrasiveness** *(Hütt/Wlz)*
**abriegeln** *v (Mech)* **bolt** *v (Mech)*
**Abriss** *m (Mech, Allg) (z.B. Zeichnung)* **plan** *(Mech, Allg)* **sketch** *(Mech, Allg)*
**Abrisspunkt** *m (Mech) (Strömung reißt ab)* **stall point** *(Mech)*

**Abrollen** *nt (Bg/Bergb) (des Baggers am Hang)* **creeping** *(Bg/Bergb)* (through oil leakage)
**Abrollen** *nt (Form) (der Mahlkörper)* **cascading** *(Mech)* (of the grinding media)
**abrunden** *v (Math) (Zahlen)* **round off** *v (Math, Allg)* (numbers)
**abrunden** *v (Mech, Mont)* **round off** *v (Mech, Mont)*
**abrunden** *v (Mech, Mont) (z.B. Getriebezähne)* **chamfer** *v (Mech, Mont)*
**Abrundung** *f (Allg)* **completion** *(Allg)* **perfection** *(Allg)* **rounding off** *(Allg)*
**Abrundung** *f (Allg) (abgerundete Stelle)* **rounding** *(Mech, Mont, Allg)* **roundness** *(Allg)*
**Abrundung** *f (Allg) (sphärische Gestalt)* **sphericity** *(Allg)*
**Abrundung** *f (Mech) (Getriebe)* **fillet** *(Mech)*
**Abrundung** *f (Mech) (z.B. Bohrung, Bolzen, Welle)* **shoulder** *(Mech)*
**Abrundung** *f (Mech) (z.B. Gewinde)* **radius** *(Mech, Mont, Bg/Bergb)*
**Abrundung** *f (Mech, Mont) (z.B. von Getriebezähnen)* **chamfer** *(Mech, Mont)*
**abrutschen** *v (an der Böschung)* **skid down** *v (Bg/Bergb)*
**Absatz** *m (Allg) (der Treppe)* **landing** *(Allg)*
**Absatz** *m (Mech, Bg/Bergb)* **shoulder** *(Mech)* **step** *(Allg)*
**absaugen** *v (z.B. Autoabgase)* **exhaust** *v*
**Absaugepyrometer** *nt* **high-velocity thermocouple** (Abv.) HVT **HVT** (Abv) **suction pyrometer**
**Absaugpumpe** *f (Mech)* **scavenge pump** *(Mech, Hyd/Pneu)*
**Absaugrohr** *nt (Mech)* **suction pipe** *(Mech, Hyd/Pneu)*
**Absaugstelle** *f (Hütt/Wlz)* **suction point** *(Hütt/Wlz)*
**abschalten** *v (Hütt/Wlz) (z.B. Kessel)* **shut down** *v (Mech)*
**abschalten** *v (Mech) (z.B. den Motor)* **switch off** *v (Mech)* (e.g. engine)
**abschalten** *v (Mech) (z.B. Trafo)* **disconnect** *v (Mech)*
**Abschaltung** *f (Mech)* **shutdown** *(Mech)* **stopping** *(Mech)*
**Abschaltventil** *nt (Hyd/Pneu)* **cut off valve** *(Hyd/Pneu)*
**abschätzen** *v (Allg) (bewerten)* **value** *v (Allg)*
**abschätzen** *v (Allg) (z.B. eine Entfernung)* **estimate** *v (Allg)*
**Abschätzung** *f (Allg) (z.B. einer Entfernung)* **estimating** *(Allg)*
**Abscheideflasche** *f (Hütt/Wlz)* **sediment bowl** *(Hütt/Wlz)*
**Abscheidegrad** *m (Hyd/Pneu) (eines Filters)* **filter efficiency** *(Hyd/Pneu)*
**Abscheiden** *nt (Hütt/Wlz)* **separation** *(Hütt/Wlz)*
**abscheiden** *v (Bg/Bergb)* **separate** *v (Bg/Bergb)*
**abscheiden** *v (Hütt/Wlz) (ausfällen, absetzen)* **precipitate** *v (Hütt/Wlz)* **settle** *v (Hütt/Wlz)*
**Abscheider** *m (Hütt/Wlz)* **separator** *(Hütt/Wlz)*
**Abscheidevermögen** *nt (Hyd/Pneu) (eines Filters)* **filtration power** *(Hyd/Pneu)*
**Abscheidungsgrad** *m (Hütt/Wlz)* **precipitator efficiency** *(Hütt/Wlz)*
**Abscherbeanspruchung** *f (Stb)* **shearing stress** *(Stb)*
**Abscheren** *nt (Mech, Mont)* **shear** *(Mech, Mont)* **shearing** *(Mech, Mont)*
**abscheren** *v (Mech, Mont)* **cut off** *v (Allg)* **shear off** *v (Mech, Mont)*
**Abscherfestigkeit** *f (Stb, Mech)* **shear strength** *(Stb, Mech)*
**Abschieber** *m (Kfz) (am Stapler)* **pushing device** *(Kfz)*
**abschiefern** *v (Mech, Mont)* **scale** *v (Mech)* **scale off** *v (Mech)*
**Abschirmblech** *nt (Form)* **air shield** *(Form)*
**abschirmen** *v (Allg)* **screen** *v (Mech, Allg)* (protect) **shield** *v (Allg)*
**Abschlackanlage** *f (Form) (Vacmetall)* **deslagging equipment** *(Form)*
**abschlagen** *v (Bg/Bergb) (z.B. mit einem Hammer)* **knock off** *v (Bg/Bergb)*
**Abschlaglänge** *f (Bg/Bergb)* **shot distance** *(Bg/Bergb)*
**Abschlämmbehalter** *m (Hütt/Wlz)* **boiler blow-down tank** *(Hütt/Wlz)*
**Abschlämmung** *f (Hütt/Wlz) (Absalzung)* **blowdown** *(Hütt/Wlz)*
**Abschlämmventil** *nt (Mech, Hyd/Pneu)* **blowdown valve** *(Mech, Hyd/Pneu)*
**abschleifen** *v (Form) (glätten, bearbeiten)* **grind** *v (Form)*

**abschleppen** *v (Kfz) (ein Fahrzeug)* **tow** *v (Mech, Schiff)*
**Abschleppfahrzeug** *nt (Kfz) (mit Kran)* **wrecker crane** *(Kfz)*
**Abschleppkupplung** *f (Kfz)* **draw bar coupling** *(Kfz)*
**Abschleppseil** *nt (Kfz)* **tow rope** *(Kfz)*
**Abschleppstange** *f (Kfz)* **tow bar** *(Kfz)*
**Abschleppwagen** *m (Kfz)* **tow truck** *(Kfz)*
**abschlichten** *v (Mech) (Walzgut)* **planish** *v (Mech)* **polish** *v (Mech)*
**abschlichten** *v (Mech, Mont)* **dress** *v (Mech, Mont)* **plane** *v (Mech, Mont)*
**abschließen** *v (Allg)* **lock** *v (Allg)*
**abschließen** *v (Allg) (beenden)* **conclude** *v (Allg)* (end)
**Abschluss** *m (Allg) (Beendigung)* **completion** *(Allg)*
**Abschlussblech** *nt (Mech)* **end cover plate** *(Mech)*
**Abschlussdeckel** *m (Mech) (Lager)* **end cover** *(Mech)*
**Abschlussdeckel** *m (Mech) (z.B. zum Abdichten)* **sealing cover** *(Mech)*
**Abschlussdeckel** *m (Mech) (z.B. zur Abdeckung)* **cover plate** *(Mech, Stb)*
**Abschlussklappe** *f (Mech)* **closing flap** *(Mech)*
**Abschlussorgan** *nt (Mech) (unter Bunkern)* **lock** *(Mech, Bg/Bergb)*
**Abschlussstopfen** *m (Kfz)* **drain plug** *(Mech)*
**abschmieden** *v (Mech)* **hammer** *v (Mech)*
**abschmieren** *v (mit Fett oder Öl versehen)* **grease** *v (Mech)* **lubricate** *v (Mech)*
**Abschmierfett** *nt (Mech, Chem)* **lubricating grease** *(Mech, Chem)*
**Abschmierimpuls** *m (Mech) (Fettschmieranlage)* **greasing pulse** *(Mech)*
**Abschmierpistole** *f (Mech)* **lubrication pistol** *(Mech)*
**Abschmirgeln** *nt (Mech, Mont) (mit Sandpapier)* **sanding** *(Mech, Mont)* (with emery paper)
**abschmirgeln** *v (Mech, Mont)* **emery** *v (Mech, Mont)*
**abschneiden** *v (Allg)* **cut off** *v (Allg)*
**abschneiden** *v (Schw) (durch Brennschneiden)* **torch-cut** *v (Schw)*
**abschneiden, schräg** schräg abschneiden *adv:v (Mech, Mont)* **bevel** *v (Mech, Mont)*
**abschneiden, senkrecht** senkrecht abschneiden *adv:v (Bg/Bergb)* **cut perpendiculary** *adv:v (Bg/Bergb)*
**Abschneider** *m (Mech, Mont)* **cutter** *(Mech, Mont)*
**Abschnitt** *m (Allg) (Teil, Ausschnitt)* **segment** *(Hütt/Wlz, Mech, Allg)*
**Abschnitt** *m (Bau) (einer Konstruktion)* **section** *(Bau)* (of a construction)
**abschrägen** *v (Mech, Mont)* **chamfer** *v (Mech, Mont)*
**Abschrägung** *f (Allg)* **bevel** *(Allg, Mech, Mont)* **slope** *(Geo, Bg/Bergb)*
**Abschrägung** *f (Mech, Mont) (Abfasung)* **bevelling** *(Mech, Mont)* **chamfering** *(Mech, Mont)*
**Abschrägung** *f (Mech, Mont) (Keilverjüngung)* **taper** *(Mech, Mont)* **tapering** *(Mech, Mont)*
**Abschrägung** *f (Mech, Mont) (Zuschärfung)* **chamfer** *(Mech, Mont)*
**Abschrankung** *f (Bahn) (Absperrung)* **barrier** *(Bahn)* (gate)
**abschrauben** *v (Mech)* **unscrew** *v (Mech)*
**Abschreckalterung** *f (Stb)* **quench ageing** *(Stb)*
**Abschrecken** *nt (Stb) (Härten)* **quenching** *(Stb)*
**abschrecken** *v (Stb)* **quench** *v (Stb)*
**Abschreckhärten** *nt (Hütt/Wlz)* **quench-hardening** *(Hütt/Wlz)*
**Abschreckmittel** *nt (Hütt/Wlz)* **quenchant** *(Hütt/Wlz)*
**Abschreckungsöl** *nt (Form)* **quenching oil** *(Form)*
**Abschrot** *m (Mech, Werkz)* **blacksmith's hardy** *(Mech, Werkz)* **hardy** *(Mech, Werkz)*
**Abschuppen** *nt (Anstr)* **flaking** *(Anstr)*
**abschuppen** *v/i (Anstr)* **scale off** *v/i (Anstr)*
**Abseilvorrichtung** *f (Mech) (am Kran)* **rope-down device** *(Mech)* (escape)
**absenden** *v (Allg) (z.B. einen Brief)* **mail** *v (Allg)* (send)
**Absenken** *nt (Geo, Bg/Bergb)* **lowering** *(Geo, Bg/Bergb)*
**Absenken** *nt (Bg/Bergb) (des Baggers)* **fast-fall** *(Bg/Bergb)*
**absenken** *v (Mech) (am Kran)* **lower** *v (Mech)* (e.g. s.th. to the ground)

**Absenkung** *f (Bau) (Setzung)* **settlement** *(Bau)* **settling** *(Bau)*
**Absenkung** *f (Geo) (z.B. des Bodens)* **subsidence** *(Geo)*
**Absenkung** *f (Geo, Bg/Bergb)* **lowering** *(Geo, Bg/Bergb)*
**Absenkung des Bodens** *(Bau)* **settlement of the ground** *(Bau)*
**Absenkung des Hangenden** *(Geo, Bg/Bergb)* **lowering of roof** *(Geo, Bg/Bergb)*
**Absetzbecken** *nt (Bg/Bergb)* **sedimentation basin** *(Bg/Bergb)*
**Absetzen** *nt (Bg/Bergb)* **disposal** *(Bg/Bergb)*
**absetzen** *v (Allg) (z.B. Lasten)* **lay down** *v (Mech)* **set down** *v (Allg)*
**absetzen** *v (Bg/Bergb) (z.B. Abraum)* **cast** *v (Bg/Bergb)* (overburden) **ump** *v (Bg/Bergb, Hyd)* (e.g. overburden)
**absetzen** *v (Umschl) (Mineral, z.B. Kohle)* **pile** *v (Umschl)* **stack** *v*
**absetzen** *v/i (Chem, Geo) (sich absetzen)* **deposit** *v/i (Geo, Chem)* **settle** *v/i (Geo, Chem)*
**Absetzer** *m (Bg/Bergb)* **spreader** *AE (Bg/Bergb, Umschl)* **stacker** *AE (Umschl, Bg/Bergb)*
**Absetzer auf Raupen** *(Umschl)* **stacker on crawlers** *(Umschl)*
**Absetzer auf Schienen** *(Umschl)* **stacker on rails** *(Umschl)*
**Absetzer in Wippenkonstruktion** *(Bg/Bergb)* **spreader, boom-bascule design** *(Bg/Bergb)*
**Absetzer mit Ausleger** *(Umschl)* **boom-type stacker** *(Umschl, Bg/Bergb)*
**Absetzer mit freihängendem Zuführungsband** *(Bg/Bergb)* **spreader with suspended feeding conveyor boom** *(Bg/Bergb)*
**Absetzer mit gestütztem Zuführungsband** *(Bg/Bergb)* **spreader with supported feeding conveyor boom** *(Bg/Bergb)*
**Absetzer, fahrbar** fahrbarer Absetzer *adj:n (Umschl)* **mobile stacker** *(Umschl)*
**Absetzer, nicht schwenkbar** nicht schwenkbarer Absetzer *adj:n (Bg/Bergb)* **rigid-boom stacker** *(Bg/Bergb)*
**Absetzer, schwenkbar** schwenkbarer Absetzer *adj:n (Umschl)* **radial stacker** *(Umschl)*
**Absetzerbrücke** *f (Bg/Bergb)* **bridge spreader** *(Bg/Bergb)*
**Absetzförderband** *nt (Bg/Bergb) (für Halde)* **spreader discharge belt** *(Bg/Bergb)*
**Absetzkammer** *f (Hütt/Wlz) (z.B. für Staub, Schlamm)* **settling chamber** *(Hütt/Wlz)* **settling tank** *(Hütt/Wlz)*
**Absetzschale** *f (Bg/Bergb)* **sediment bowl** *(Hütt/Wlz)*
**absichern** *v (Allg)* **safeguard** *v (Allg)* **secure** *v (Allg)* (make safe)
**absichern** *v (Mech) (schützen; z.B. ein Ventil)* **protect** *v (Mech)*
**Absicherungsblock** *m (Hyd/Pneu)* **pressure limiting block** *(Hyd/Pneu)*
**absieben** *v (Zer)* **screen** *v (Zer)*
**Absiebung** *f (Zer)* **screening** *(Zer, Mech)*
**absinken** *v/i (Bg/Bergb)* **drop** *v/i (Mech, Allg)*
**absinken** *v/i (Kfz) (Hydraulikleck)* **creep** *v/i (Kfz)*
**Absinken des Bodens** *(Geo)* **ground in subsidence** *(Geo)*
**Absinken des Bodens, örtlich** örtliches Absinken des Bodens *adj:n (Geo)* **local ground in subsidence** *adj:n (Geo)*
**absinkend** *adj (Bau, Allg)* **sinking** *adj (Bau, Allg)* **subsiding** *adj (Bau, Allg)*
**absolut** *adj (Allg)* **absolute** *adj (Allg)* **strict** *adj (Allg)*
**Absolutdruck** *m (Hyd/Pneu)* **absolute pressure** *adj:n (Hyd/Pneu)*
**Absorber** *m (Mech)* **absorber** *(Chem, Mech, Ökol)*
**absorbieren** *v (Mech, Stat, Chem)* **absorb** *v (Mech, Stat, Chem)*
**Absorption** *f (Chem, Mech)* **absorption** *(Chem, Mech)*
**Absorptionskoeffizient** *m (Mech, Chem)* **absorption coefficient** *(Chem, Mech)*
**Abspanndraht** *m (Stb)* **stay rope** *(Bg/Bergb)*
**abspannen** *v (Mech, Mont)* **anchor** *v (Mech, Mont)* **brace** *v (Mech, Mont)*
**Abspannmast** *m (Stb)* **stay pole** *(Stb)*
**Abspannseil** *nt (Bg/Bergb)* **stay rope** *(Bg/Bergb)*
**Abspannung** *f (Mech)* **bracing** *(Mech)* **staying** *(Stb)*
**Abspannvorgang** *m (Umschl) (bei Sturmwarnung)* **tie-down process** *(Umschl)* (on storm warning)

**Absperr- und Regelarmaturen** *pl f (Form)* **stop and regulating valves** *pl (Form)*
**Absperrblock** *m (Hyd/Pneu)* **shut-off block** *(Hyd/Pneu)*
**absperren** *v (Hyd/Pneu)* **close** *v (Mech, Allg)* **stop** *v (Mech, Allg)*
**absperren** *v (Mech)* **block** *v (Mech, Allg)*
**Absperrhahn** *m (Hyd/Pneu)* **shut-off valve** *(Hyd/Pneu, Bg/Bergb)*
**Absperrklappe** *f (Hyd/Pneu)* **throttle valve** *(Hyd/Pneu)*
**Absperrung** *f (Bg/Bergb) (einer Baustelle)* **closing** *(Bg/Bergb)* (a road site)
**Absperrung** *f (Bg/Bergb) (z.B. eines Straßenteils)* **barrier** *(Bg/Bergb)*
**Absperrung** *f (Form) (z.B. Hahn, Klappe)* **shutoff device** *(Form)*
**Absperrventil** *nt (Hyd/Pneu)* **shut-off valve** *(Hyd/Pneu, Bg/Bergb)*
**abspreizen** *v (Mech)* **stay** *v (Mech, Mont, Bg/Bergb)*
**Abspringen** *nt (Bg/Bergb) (der Kette)* **coming-off** *(Bg/Bergb)*
**abspritzen** *v (Bg/Bergb) (abwaschen)* **spray wash** *v (Bg/Bergb)*
**abspritzen** *v/i (Bg/Bergb) (z.B. Öl bei Überdruck)* **squirt off** *v (Bg/Bergb)*
**Abspritzleitung** *f (Hyd/Pneu)* **return pipe** *(Hyd/Pneu)*
**Abspulen** *nt (Bg/Bergb) (z.B. Seil)* **unwinding** *(Bg/Bergb)* (e.g. of a rope)
**abspulen** *v (Bg/Bergb)* **unreel** *v (Bg/Bergb)* (e.g. a rope)
**Abspulhaspel** *f* **de-coiling reel**
**Abstand** *m (Allg) (kürzerer Abstand)* **gap** *(Allg)* **space** *(Allg, Mech, Bau)*
**Abstand** *m (Mech)* **backing** *(Mech)*
**Abstand** *m (Mech) (z.B. zwischen Nieten, Löchern)* **pitch** *(Mech)* (e.g. between rivets, holes)
**Abstand** *m (Mech, Allg) (räumliche Entfernung)* **distance** *(Mech, Allg)*
**Abstand** *m (Mech, Allg) (Zwischenraum)* **clearance** *(Mech)* **spacing** *(Allg, Mech)*
**Abstand der Laufrollen** *(Bg/Bergb) (U-Wagen)* **gauge** *(Mech, Bahn)*
**Abstand haben** Abstand haben *n:v (Allg)* **be spaced apart** *(Allg)*
**Abstand(s)halter** *m (Mech)* **spacer** *(Mech, Hütt/Wlz)* **spasing bar** *(Mech, Stb)*
**Abstand, eng** enger Abstand *adj:n (Allg)* **narrow spacing** *adj:n (Mech)*
**Abstand, enggestellt** enggestellter Abstand *adj:n (Mech)* **narrow spacing** *adj:n (Mech)*
**Abstand, gesteuert** gesteuerter Abstand *adj:n (Mech)* **controlled distance** *adj:n (Mech)*
**Abstand, mittel** mittlerer Abstand *adj:n (Allg)* **average distance** *adj:n (Allg)*
**Abstand, vorgegeben** vorgegebener Abstand *adj:n (Mech)* **controlled distance** *adj:n (Mech)*
**Abstandring** *m (Kfz)* **distance pin** *(Mech)* **distance ring** *(Mech)*
**Abstandsbüchse** *f (Mech)* **spacer** *(Mech, Hütt/Wlz)* **spacer sleeve** *(Mech)*
**Abstandshülse** *f (Mech)* **spacer** *(Mech, Hütt/Wlz)* **spacer sleeve** *(Mech)*
**Abstandsmesser** *m (Mech, Werkz)* **thickness gauge** *BE (Mech, Werkz)*
**Abstandsring** *m (Mech)* **ring** *(Mech)* **spacer ring** *(Mech)*
**Abstandsrohr** *nt (Mech)* **spacer** *(Mech, Hütt/Wlz)*
**Abstandsskala** *f (Mech)* **distance scale** *(Mech)*
**Abstandsstück** *nt (Mech)* **shim** *(Mech)* **spacer** *(Mech, Hütt/Wlz)*
**abstapeln** *v (Mont)* **prop** *v (Stb)* (stay) **prop up** *v (Mech, Mont)*
**abstechen** *v (Hochofen)* **tap off** *v*
**abstecken** *v (Bau, Band)* **mark** *v (Bau, Band)* **mark out** *v (Bau, Band)* **peg out** *v (Band)*
**abstecken** *v (Form) (ein Gelände mit Stangen)* **stake out** *v (Form)* (a piece of land)
**Absteckungsplan** *m (Stb)* **setting-out plan** *(Stb)*
**abstehend** *adj (Allg)* **spreading** *adj (Allg)*
**absteifen** *v (Bg/Bergb, Bau)* **stay** *v (Bg/Bergb, Bau)* **underprop** *v (Bg/Bergb, Bau)*
**absteifen** *v (Stb) (abstützen)* **prop** *v (Stb)* **support** *v (Mech, Mont)*
**absteifen** *v (Stb) (verstreben)* **strut** *v (Stb)*
**Absteifung** *f (Stb)* **shoring up** *(Stb)* **staying** *(Stb)*
**absteigend** *adj (Band, Allg)* **downhill** *adj (Band, Allg)*
**Abstellbahnhof** *m* **carriage siding**
**abstellen** *v (z.B. Eisenbahnwagen)* **stable** *v* (e.g. wagons)

**abstellen** *v (Mech) (z.B. einen Motor)* **stop** *v (Mech, Allg)* **switch off** *v (Mech)* (e.g. engine)
**Abstellfläche** *f (Mont)* **lay-down area** *(Mont, Allg)*
**Abstellhebel** *m (Mech)* **shutdown lever** *(Mech)*
**Abstellkabel** *nt (Mech) (des Motors)* **kill cable** *(Mech)*
**Abstellvorrichtung** *f (Mech)* **locking device** *(Mech, Bg/Bergb)*
**abstempeln** *v (Allg)* **seal** *v (Allg)* (stamp)
**Abstich** *m (Form)* **taphole** *(Hütt/Wlz)*
**Abstich** *m (Form) (das Abstechen)* **tap** *(Form)* (tapping)
**Abstichloch** *nt (Hütt/Wlz) (des Hochofens)* **tap** *(Form)* (taphole) **taphole** *(Hütt/Wlz)* (tap of blast furnace)
**Abstichlochbohrer** *m (Kfz) (am Teleskoparm)* **taphole drilling device** *(Kfz)*
**abstimmen** *v (Mech, Allg) (z.B. Struktur, Produkt)* **adapt** *v (Allg, Mech)* **suit** *v (Allg)*
**Abstrahlen** *nt (Anstr)* **blast cleaning** *(Anstr)*
**abstrahlen** *v (Anstr)* **blast** *v (Anstr)*
**Abstrahlen mit Sand** *(Anstr)* **sandblasting** *(Anstr)*
**Abstrahlen mit Stahlkies** *(Anstr)* **steel grit blasting** *(Anstr)*
**Abstrahlen mit Stahlkugeln** *(Anstr)* **steel shot blasting** *(Anstr)*
**Abstrahlen, trocken** trockenes Abstrahlen *adj:n (Anstr)* **dry blast cleaning** *adj:n (Anstr)* **dry blasting** *adj:n (Anstr)*
**abstreben** *v (Mech)* **prop up** *v (Mech, Mont)*
**abstreifen** *v (Band, Bg/Berg, Umschl) (mittels Wischer)* **wipe** *v (Bg/Bergb, Umschl, Band)*
**abstreifen** *v (Bg/Bergb, Umschl, Band)* **stip** *(Bg/Bergb, Umschl, Band)*
**Abstreifer** *m (Bg/Bergb, Umschl, Band)* **stripper** *(Bg/Bergb, Umschl, Band)*
**Abstreifer** *m (Bg/Bergb, Umschl, Band) (am Band)* **wiper** *(Bg/Bergb, Umschl, Band)* (on the belt)
**Abstreifergummi** *nt (Band)* **rubber scraper blade** *(Bg/Bergb, Umschl, Band)*
**Abstreiferleiste** *f (Band)* **scraper blade** *(Bg/Bergb, Umschl, Band)*
**Abstreifermesser** *nt (Bg/Bergb, Umschl, Band)* **scraper blade** *(Bg/Bergb, Umschl, Band)*
**Abstreifkante** *f (Bau)* **striking-off edge** *(Bau)*
**Abstreifring** *m (Bg/Bergb) (Schmutz am Zylinder)* **dirt skimmer** *(Bg/Bergb)*
**Abstreifring** *m (Bg/Bergb)* **scraper ring** *(Bg/Bergb)*
**abstufen** *v (Mech)* **graduate** *v (Mech)*
**Abstufung** *f (Mech)* **gradation** *(Mech)* (e.g. of values, dimensions)
**Absturz** *m (Bau) (Gefälle)* **drop** *(Bau)*
**abstürzen** *v (Bg/Bergb) (z.B. Abraum)* **dump** *v (Bg/Bergb, Hyd)* (e.g. overburden)
**Abstützbock** *m (Mech)* **bracket** *(Mech)* (support)
**abstützen** *v (Bau) (Graben)* **revet** *v (Bau)*
**abstützen** *v (Mech, Mont)* **stay** *v (Mech, Mont)* **support** *v (Mech, Mont)*
**Abstützung** *f (Bau) (z.B. Streben im Graben)* **revetting** *(Bau)*
**Abstützung** *f (Bg/Bergb)* **stabilizers** *pl (Bg/Bergb)*
**Abstützung** *f (Mech, Bau) (Verstärkung)* **shoring** *(Mech, Bau)*
**Abstützung** *f (Mech, Mont)* **prop** *(Mech, Mont, Bg/Bergb)* **support** *(Mech, Bau)*
**Abstützung** *f (Mech, Mont) (Stütze)* **stiffening** *(Mech, Stb)*
**Abstützung** *f (Stb) (Träger b. Bahn)* **beam** *(Mech, Stb)*
**Abstützvorrichtung** *f (Bau)* **support** *(Mech, Bau)*
**Abstützzylinder** *m (Bg/Bergb)* **locking cylinder** *(Bg/Bergb)* (oscillating axle)
**absuchen** *v (Mech)* **sweep** *v (Mech)*
**abtasten** *v (Mech)* **sense** *v (Mech)* **sweep** *v (Mech)*
**Abtasten von Hand** *(Form)* **manual scanning** *adj:n (Form)*
**abtauen** *v (Kfz)* **defrost** *v (Kfz)*
**Abtauthermostat** *m (Mech)* **defrosting thermostat** *(Mech)*
**abteufen** *v (Bg/Bergb) (einen Schacht)* **sink** *v (Bg/Bergb)* (sink a shaft)
**Abtrag(s)höhe** *f (Bg/Bergb)* **cutting height** *(Bg/Bergb)* **digging height** *(Bg/Bergb)*
**Abtragbereich** *m (Bg/Bergb)* **cutting radius** *(Bg/Bergb)* **digging radius** *(Bg/Bergb)*

**Abtragen** *nt (Bg/Bergb) (Abraum)* **stripping** *(Bg/Bergb)*
**abtragen** *v (Bg/Bergb)* **cut** *v (Bg/Bergb)* **excavate** *v (Bg/Bergb, Bau)* **strip** *v (Bg/Bergb)*
**Abtragshöhe, maximal** maximale Abtragshöhe *adj:n (Bg/Bergb)* **maximum digging height** *adj:n (Bg/Bergb)*
**Abtragtiefe** *f (Bg/Bergb)* **digging depth** *(Bg/Bergb)*
**Abtragungsgerät** *nt (Bg/Bergb)* **earthmoving machine** *(Bg/Bergb)*
**Abtransport** *m (Bg/Bergb) (von Abraum)* **removal** *(Bg/Bergb)* (of waste)
**Abtransport** *m (Mech, Allg)* **conveying** *(Bg/Bergb, Mech, Allg)* **transport** *(Mech, Bg/Bergb, Umschl)*
**Abtrennen** *nt (Mech, Allg)* **removal** *(Mech, Allg)*
**abtrennen** *v (Allg)* **separate** *v (Allg)*
**abtrennen** *v (Schw) (abrennen)* **flame-cut** *v (Schw, Mech, Mont)*
**Abtrieb** *m (Mech)* **output** *(Allg)*
**Abtrieb der Nockenwelle** *(Kfz)* **camshaft drive** *(Kfz)*
**Abtriebsdrehzahl** *f (Mech)* **output speed** *(Mech)*
**Abtriebsflansch** *m (Mech)* **output flange** *(Mech)*
**Abtriebskupplung** *f (Mech)* **output coupling** *(Mech)*
**Abtriebsmoment** *nt (Mech)* **driven moment** *adj:n (Mech)*
**Abtriebsrad** *nt (Mech) (eines Getriebes)* **driven gear** *adj:n (Mech)*
**Abtriebsritzel** *nt (Mech)* **output pinion** *(Mech)*
**Abtriebsseite** *f (Mech)* **low-speed side** *(Mech)* **output end** *(Mech)* **output side** *(Mech)*
**Abtriebswelle** *f (Mech)* **output shaft** *(Mech)*
**Abtriebswellenlager** *nt (Mech)* **output shaft bearing** *(Mech)*
**Abtriebszahnrad** *nt (Kfz)* **output drive gear** *(Kfz)*
**abtupfen** *v (Allg)* **dab** *v (Allg)*
**Abwälzbuchse** *f (Zer)* **rolling contact bush** *(Zer)*
**abwälzen** *v (Mech, Mont)* **hob** *v (Mech)*
**abwälzfräsen** *v (Mech, Mont)* **hob** *v (Mech)*
**Abwälzverfahren** *nt (Mech)* **hobbing process** *(Mech)*
**Abwärmeverwertung** *f (Form)* **waste heat recovering** *(Form)*
**Abwärts...** *affix (Mech, Allg)* **descending** *adj (Band, Allg)*
**Abwärtsförderer** *m (Band)* **descending conveyor** *adj:n (Band)*
**Abwärtsströmung** *f (Hütt/Wlz)* **down-flow** *(Hütt/Wlz)*
**Abwasser** *nt (Bau)* **liquid waste** *adj:n (Bau)*
**Abwasser** *nt (Bau) (in Abwasserleitung)* **sewerage** *(Bau)* (in sewage line)
**Abwasser** *nt (Ökol) (benutztes Wasser)* **waste water** *(Ökol)*
**Abwasseranfall** *m (Form)* **volume of waste water** *(Form)*
**Abwasseraufbereitung** *f (Form)* **sewage treatment** *(Form)*
**Abwasserbeseitigung** *f (Ökol)* **waste water disposal** *(Ökol)*
**Abwasserformstück** *nt (Stb)* **sewage fitting** *(Stb)*
**Abwasserkanal** *m (Ökol)* **sewer** *(Ökol)*
**Abwasserreinigungsanlage** *f (Ökol)* **sewerage treatment plant** *(Ökol)* (in sewage)
**Abwasserrohr** *nt (Stb)* **sewage pipe** *(Stb)*
**Abwasserschlamm** *m (Ökol)* **sludge** *(Ökol)*
**Abweichung** *f (Allg) (Modifizierung)* **modification** *(Allg)*
**Abweichung** *f (Allg) (vom Geplanten)* **deviation** *(Allg)*
**Abweichung** *f (Allg) (zusätzliche Möglichkeit)* **variation** *(Allg)*
**Abweichung** *f (Form) (vom Originalmaß)* **tolerance** *(Mech, Schw)*
**Abweichung, erlaubt** erlaubte Abweichung *adj:n (Mech)* **tolerance** *(Mech, Schw)*
**Abweichung, mittel** mittlere Abweichung *adj:n (Stb, Math)* **average deviation** *adj:n (Stb, Math)*
**Abweichung, wesentlich** wesentliche Abweichung *adj:n (Allg)* **substantial discrepancy** *adj:n (Allg)*
**Abweichung, zulässig** zulässige Abweichung *adj:n (Mech)* **tolerance** *(Mech, Schw)*
**Abweiser** *m (Bahn) (Windleitblech an Lok)* **smoke deflector plate** *(Bahn)*

**Abweiser** *m (Bahn) (z.B. Windleitblech)* **deflector** *(Bg/Bergb, Umschl, Band)*
**Abweiser** *m (Kfz) (Kopfschutz)* **head guard** *(Kfz)*
**Abweiser** *m (Kfz) (Kotflügel)* **fender** *AE (Kfz)*
**Abweiskufe** *f (Bg/Bergb)* **deflector** *(Bg/Bergb, Umschl, Band)*
**abwerfen** *v (Allg) (z.B. eine Last)* **shed** *v (Allg)* **throw off** *v (Allg)*
**abwerfen** *v (Band) (z.B. Fördergut)* **discharge** *v (Bg/Bergb, Umschl, Band)*
**abwerfen** *v (Bg/Bergb) (z.B. Abraum)* **cast** *v (Bg/Bergb)* (overburden)
**abwesend** *adj (Allg)* **absent** *adj (Allg)*
**Abwetzen** *nt (Mech)* **scuff** *(Mech)*
**Abwickeln** *nt (Bg/Bergb) (z.B. eines Seils)* **unwinding** *(Bg/Bergb)* (e.g. of a rope)
**abwickeln** *v (Bg/Bergb) (z.B. ein Seil)* **pay off** *v (Bg/Bergb)* (e.g. a rope) **unreel** *v (Bg/Bergb)* (e.g. a rope) **unwind** *v (Bg/Bergb)* (e.g. a rope)
**Abwicklung** *f (Allg) (Blech, auf Zeichnungen)* **uncoiling** *(Allg)*
**Abwicklung** *f (Bau) (echte Länge)* **true length** *adj:n (Bau)*
**Abwicklung** *f (Bg/Bergb) (z.B. Seil)* **unwinding** *(Bg/Bergb)* (e.g. of a rope)
**Abwicklung** *f (Form) (einer Arbeit)* **carrying out** *(Allg)* **execution** *(Allg)*
**Abwicklung** *f (Mech) (Zeichnung)* **developed view** *adj:n (Mech)*
**abwischen** *v (Bg/Bergb, Umschl, Band)* **wipe** *v (Bg/Bergb, Umschl, Band)*
**abwracken** *v (Schiff) (z.B. Schiff)* **salvage** *v (Schiff)*
**Abwrackung** *f (Schiff) (z.B. eines Schiffes)* **salvaging** *(Schiff)*
**Abwrackunternehmen** *nt (Schiff) (Firma)* **salvaging company** *(Schiff)*
**Abwurfausleger** *m (Bg/Bergb) (auf Kippe)* **dumping boom** *(Bg/Bergb)*
**Abwurfausleger** *m (Bg/Bergb) (eines Baggers, Platzbeladers)* **discharge boom** *(Bg/Bergb)*
**Abwurfauslegerband** *nt (Bg/Bergb)* **discharge boom belt** *(Bg/Bergb)*
**Abwurfauslegerhubwerk** *nt (Bg/Bergb)* **discharge boom hoist** *(Bg/Bergb)*
**Abwurfauslegerschwenkwerk** *nt (Bg/Bergb)* **discharge boom slewing assembly** *(Bg/Bergb)*
**Abwurfauslegerspitze** *f (Bg/Bergb)* **discharge boom tail** *(Bg/Bergb)*
**Abwurfband** *nt (Bg/Bergb)* **discharge boom belt** *(Bg/Bergb)*
**Abwurfband** *nt (Zer)* **discharge feeder** *(Zer)*
**Abwurfelement** *nt (Bg/Bergb)* **discharging device** *(Bg/Bergb)*
**Abwurfende** *nt (Bg/Bergb)* **discharge end** *(Zer)*
**Abwurfhaube** *f (Band, Umschl)* **discharge hood** *(Umschl, Band)*
**Abwurfhöhe** *f (Bg/Bergb)* **height of discharge** *(Bg/Bergb)*
**Abwurfpunkt** *m (Zer)* **discharging point** *(Zer)*
**Abwurfrohr** *nt (Umschl) (Schiffsbelader)* **discharging pipe** *(Umschl)* (ship loader)
**Abwurfsattel** *m (Bg/Bergb)* **saddle-type discharging device** *adj:n (Bg/Bergb)*
**Abwurfschurre** *f (Bg/Bergb, Umschl)* **discharge chute** *(Bg/Bergb, Umschl)*
**Abwurfsprengen** *nt (Bg/Bergb) (bei selektivem Abbau)* **throw-off blasting** *(Bg/Bergb)*
**Abwurfstelle** *f (Bg/Bergb, Zer, Umschl)* **discharge station** *(Bg/Bergb, Zer, Umschl)*
**Abwurfteil** *m (Bg/Bergb) (eines Abwurfauslegers)* **discharging section** *(Bg/Bergb)* (of a discharging boom)
**Abwurftrichter** *m (Bg/Bergb)* **discharge funnel** *(Bg/Bergb)*
**Abwurftrichter mit Vorsieb** *(Bg/Bergb)* **discharge funnel with pre-screen** *(Bg/Bergb)*
**Abwurftrommel** *f (Bg/Bergb, Band)* **discharge pulley** *(Bg/Bergb, Umschl, Band)*
**Abwurfwagen** *m (Band, Mech)* **travelling tripper** *(Band, Umschl)*
**Abwurfweite** *f (Bg/Bergb)* **range of discharge** *(Bg/Bergb)*
**Abwurfweite** *f (Bg/Bergb) (Kippe)* **dumping radius** *(Bg/Bergb)*
**abwürgen** *v (Kfz)* **stall** *v (Kfz)*
**abzapfen** *v (Form) (auch Hochofen)* **tap** *v (Form)*
**Abzehrung** *f (Hütt/Wlz)* **wearing off** *(Hütt/Wlz)*
**abziehen** *v (Allg) (z.B. Leute)* **call off** *v (Allg)* (e.g. workers)

**abziehen** *v (Bg/Bergb) (Material entnehmen)* **withdraw** *v (Bg/Bergb)* (material from a silo)
**abziehen** *v (Mech) (z.B. ein Rad, ein Kabel)* **pull off** *v (Mech)* (e.g. a wheel, a cable)
**Abziehen von Planum** *(Bg/Bergb)* **fine levelling of surface** *(Bg/Bergb)*
**Abzieher** *m (Werkz)* **extractor** *(Werkz, Mech)* **puller** *(Werkz)*
**Abzieherschraube** *f (Kfz)* **puller screw** *(Kfz)*
**Abziehfeile** *f (Mech, Mont)* **smoothing file** *(Mech, Mont)*
**Abziehhülse** *f (Mech, Mont)* **withdrawal sleeve** *(Bg/Bergb, Mont)*
**Abziehlack** *m (Anstr)* **strippable paint** *adj:n (Anstr)*
**Abziehmutter** *f (Mech, Mont)* **withdrawing screw nut** *(Mech, Mont)*
**Abziehschraube** *f (Kfz)* **puller screw** *(Kfz)*
**Abziehvorrichtung** *f (Mech, Mont) (Ausbauvorrichtung)* **dismantling device** *(Bg/Bergb, Mech, Mont)*
**Abziehwerkzeug** *nt (Mech, Mont) (Ausbauwerkzeug)* **dismantling tool** *(Mech, Mont)* **extracting tool** *(Mech, Mont)*
**abzielen** *v (Allg)* **aim for** *v (Allg)*
**Abzug** *m (Umschl, Zer) (von Fördergut)* **discharge** *(Umschl, Zer)* (of material)
**Abzugbühne** *f (Bg/Bergb)* **draw floor** *(Bg/Bergb)* **drawing floor** *(Bg/Bergb)*
**Abzugsband** *nt (Umschl, Band, Zer) (als Plattenband)* **discharge conveyor** *(Bg/Bergb)*
**Abzugsband** *nt (Zer)* **feeding belt conveyor** *(Umschl, Band, Zer)*
**Abzugsbandstraße** *f (Zer)* **reclaiming conveyor** *(Zer)*
**Abzugsförderer** *m (Bg/Bergb)* **discharge conveyor** *(Bg/Bergb)*
**Abzugsgerüst** *nt (Stb) (Hüttenwerk)* **forming roller unit** *(Stb)* (steel works)
**Abzugshaube** *f (Bg/Bergb)* **exhaust duct** *(Bg/Bergb)*
**Abzugsröhre** *f (Bg/Bergb)* **funnel** *(Mech, Bg/Bergb)*
**Abzugsschieber** *m (Umschl)* **bin gate** *(Umschl)*
**Abzugstrichter** *m (Zer)* **discharge cone** *(Zer)*
**Abzugsvorrichtung** *f (Bg/Bergb)* **extractor device** *(Bg/Bergb)*
**Abzweigung** *f (Allg)* **junction** *(Mech, Allg, Bahn)*
**Abzweigung** *f (Allg) (einer Straße)* **road fork** *(Allg)*
**Abzweigung** *f (Mech) (eines Rohres)* **branch pipe** *(Mech)*
**Abzweigung** *f (Mech, Allg) (gabelförmig)* **bifurcation** *(Mech, Allg)*
**Ac 1** *(Form) (Austenitisierungstemperatur)* **Ac 1** *(Form)* **austenitizing temperature** *(Form)*
**Achat** *m (Bg/Bergb)* **agate** *(Bg/Bergb)*
**achatgrau** *adj (Anstr)* **agate grey** *adj (Anstr)*
**Achsabdichtring** *m (Mech)* **axle sealing ring** *(Mech)*
**Achsabstand** *m (Band) (des Bandes)* **centre distance** *(Band)*
**Achsabstand** *m (Form) (bei Riemenantrieb)* **shaft centre distance** *(Form)*
**Achsabstand** *m (Form) (bei Rollenkette)* **centre distance** *BE (Band)*
**Achsabstand** *m (Kfz)* **axle base** *(Kfz)*
**Achsabstand** *m (Kfz) (Abstand vom Vorder- zum Hinterrad)* **wheelbase** *AE (Stb, Mech, Bahn)*
**Achsabstrebung** *f (Kfz)* **axle stay** *(Kfz)*
**Achsabstützung** *f (Bg/Bergb)* **axle support** *(Bg/Bergb)*
**Achsanordnung** *f (Bg/Bergb)* **axle arrangement** *(Bg/Bergb)*
**Achsaufhängung** *f (Kfz)* **axle suspension** *(Kfz)*
**Achsbolzen** *m (Kfz)* **steering pivot pin** *(Kfz)*
**Achsbrücke** *f (Bahn)* **axle arch** *(Bahn)*
**Achsbuchse** *f (Mech)* **axle box** *AE (Mech)* **journal box** *BE (Mech)*
**Achse** *f (Math, Stat)* **axis** *(Math, Stat)*
**Achse** *f (Mech) (Wagen-, Radachse)* **axle** *(Mech)*
**Achse** *f (Mech) (Welle)* **shaft** *(Mech)*
**Achse** *f (Stb) (der Brücke)* **center line** *(Stb)* (of a bridge)
**Achse, gekröpft** gekröpfte Achse *adj:n (Mech)* **cranked axle** *adj:n (Mech)*
**Achse, konjugiert** konjugierte Achse *adj:n (Stb)* **conjugate axis** *adj:n (Stb)*
**Achse, polar** polare Achse *adj:n (Mech)* **polar axis** *adj:n (Mech)*

**Achse, zugeordnet** zugeordnete Achse *adj:n (Stb)* **conjugate axis** *adj:n (Stb)*
**Achseingang** *m (Mech) (in der Nabe)* **axle entrance** *(Mech)*
**Achsenanordnung** *f (Mech) (z.B. Stromschreiber)* **orientation of axis** *(Mech)* (e.g. recording ammeter)
**Achsenende** *nt (Mech)* **axle journal** *(Mech)*
**Achsenhals** *m (Mech)* **axle neck** *(Mech)*
**Achsenkreuzung** *f (Bg/Bergb) (gedachter Achsen)* **intersection of axes** *(Bg/Bergb)*
**Achsenkreuzungswinkel** *m (Bg/Bergb)* **axis intersection angle** *(Bg/Bergb)*
**Achsenprüfkopf** *m (Form) (Ultraschalltest)* **axle probe** *(Form)* (ultra-sonic testing)
**Achsensicherung** *f (Mech) (z.B. Schließblech)* **axle stirrup** *(Mech)*
**Achsenwinkelabmaß** *nt (Bg/Bergb)* **shaft-angle deviation** *(Bg/Bergb)*
**Achsenwinkelabweichung** *f (Bg/Bergb)* **shaft-angle variation** *(Bg/Bergb)*
**Achsfolge** *f (Bahn) (der Lok)* **wheel arrangement** *(Bahn, Mech)*
**Achsgabel** *f (Mech)* **axle guard** *(Mech)* **axle stirrup** *(Mech)* **clevis** *(Mech)*
**Achsgehäuse** *nt (Mech)* **axle box** *(Mech)*
**Achshals** *m (Mech) (einer Achse)* **bearing neck** *(Mech)*
**Achshalter** *m (Bg/Bergb) (hält Bolzen in Lager)* **pin lock** *(Mech)*
**Achshalter** *m (Mech)* **axle support** *(Bg/Bergb)*
**Achshaltergleitbacke** *f (Bahn) (Wagonachse)* **horn cheek** *(Bahn)* (wheelset move up / down)
**achsial** *adj (Mech)* **axial** *adj (Mech)*
**Achsialkraft** *f (Stb) (zentrische Kraft)* **axial force** *adj:n (Mech, Stat)*
**Achskegelrad** *nt (Kfz)* **differential bevel gear** *(Kfz)*
**Achskraft** *f (Bahn)* **axle weight** *(Bahn)*
**Achslager** *(Mech) (z.B. beim Kfz)* **axle bearing** *(Mech)*
**Achslager** *(Mech) (z.B. eines Zuges)* **wheelset bearing** *(Mech)*
**Achslager** *nt (Mech)* **axle box** *AE (Mech)* **journal box** *BE (Mech)*
**Achslagerbuchse** *f (Mech)* **axle bearing bush** *(Mech)*
**Achslagergehäuse** *nt (Mech)* **axle box housing** *(Mech)*
**Achslagerung** *f (Mech)* **axle mounting** *(Mech)*
**Achslast** *f (Bahn)* **axle load** *(Bahn)*
**Achsmantel** *m (Bahn)* **axle bush** *(Bahn)* **axle mantle** *(Bahn)*
**Achsmittellager** *nt (Bg/Bergb)* **axle pivot pin** *(Bg/Bergb)*
**Achsnabe** *f (Form)* **wheel spindle** *(Mech, Hütt/Wlz)*
**Achsrohr** *nt (Form)* **axle tube** *(Form)*
**Achsschaft** *m (Bahn)* **axle body** *(Bahn)*
**Achsschenkel** *m (Mech)* **steering knuckle** *(Mech)*
**Achsschenkelbolzen** *m (Mech)* **steering knuckle pin** *(Mech)*
**Achsschenkelbund** *m (Bahn)* **axle journal collar** *(Bahn)*
**Achsschenkelgelenk** *nt (Kfz)* **knuckle** *(Kfz)*
**Achsstand** *m (Stb)* **axle spacing** *(Stb)*
**Achsstummel** *m (Mech) (einer Achse)* **bearing journal** *(Mech)*
**Achstragbolzen** *m (Kfz)* **axle support trunnion** *(Kfz)*
**Achstrichter** *m (Kfz)* **flared tube** *(Kfz)*
**Achsversetzung** *f (Mech)* **offset** *(Mech)*
**Achsversetzungsabmaß** *m (Bg/Bergb)* **offset deviation** *(Bg/Bergb)*
**Achsversetzungsabweichung** *f (Bg/Bergb)* **offset variation** *(Bg/Bergb)*
**Achswelle** *f (Kfz)* **axle shaft** *(Kfz)*
**Achswelle** *f (Kfz) (Differenzial)* **half shaft** *BE (Kfz)*
**Achswelle** *f (Mech) (z.B. in einer Maschine)* **axle** *(Mech)*
**Achswellendichtung** *f (Kfz)* **axle shaft gasket** *(Kfz)*
**Achswinkel** *m (Form)* **shaft angle** *(Mech)*
**Achszapfen** *m (Mech)* **axle neck** *(Mech)*
**achteckig** *adj (Allg)* **eight-pointed** *adj (Allg)*
**Achtung** *f (Kfz) (z.B. auf einem Verkehrsschild)* **Caution** *(Kfz)* (e.g. on traffic sign)
**Achtung** *f (Mech, Allg) (Betriebsvorschriften)* **warning** *(Mech, Allg)* (operating instructions)
**Ackerschlepper** *m (Kfz)* **farming tractor** *(Kfz)*
**Acre** *nt (Allg)* **acre** *(Allg)*
**Additionseffekt** *m (Bg/Bergb)* **summation effect** *(Bg/Bergb)*

**Additionszählwerk** *nt (Band) (Bandwaage)* **totalizing counter** *(Mech)*
**Additiv** *nt (Form) (z.B. beim Stahlvergüten)* **additive** *(Mech, Chem, Hyd/Pneu, Hütt/Wlz)*
**Adhäsionswasser** *nt (Bg/Bergb)* **adherent water** *(Bg/Bergb)*
**adhäsiv** *adj (Mech, Allg)* **adhesive** *adj (Mech, Allg)*
**adiabatisch** *adj (Stb)* **adiabatic** *adj (Stb)*
**Adobe** *m (Bau) (luftgetrockneter Lehm)* **adobe** *(Bau)*
**Aethylzinksilikat** *nt (Bg/Bergb)* **ethyl silicate** *(Bg/Bergb)*
**Affe** *m (Bau, Mont)* **windlass** *(Bau, Mont)*
**Affinieren** *nt (Stb)* **refining** *(Stb)*
**affinieren** *v (Stb) (säubern)* **refine** *v (Stb)* (clean)
**Agglomerat** *nt (Geo)* **agglomerate** *(Geo)*
**Aggregat** *nt (Bau)* **aggregate** *(Bau)* **construction aggregate** *(Bau)*
**Aggregat** *nt (Hyd/Pneu)* **power unit** *(Hyd/Pneu)* **set** *(Hyd/Pneu)*
**Aggregat** *nt (Mech)* **group** *(Mech, Allg)* **unit** *(Mech)*
**Aggregat** *nt (Hütt/Wlz) (beim Kessel)* **boiler unit** *(Hütt/Wlz)*
**Aggregat-Ende** *nt (Hütt/Wlz)* **unit end** *(Hütt/Wlz)*
**Aggregatszustand** *m (Bg/Bergb)* **state of aggregation** *(Bg/Bergb)*
**Ahle** *f (Mech)* **broach** *(Mech, Mont, Hütt/Wlz)*
**ähnlich** *adj (Allg)* **similar** *adj (Allg)*
**Ähnlichkeit** *f (Allg)* **similarity** *(Allg)*
**Akku-Triebwagen** *m (Bahn)* **battery railcar** *(Bahn)*
**Akkumulatortriebwagen** *m (Bahn)* **battery railcar** *(Bahn)*
**Akryl...** *affix (Form)* **acrylic** *(Form)*
**Akrylharzfarbe** *f (Form)* **acrylic resin paint** *(Form)*
**Aktenvermerk** *m (Allg)* **memo** *(Allg)* (Abv) **memorandum** *(Allg)*
**Aktionsgebiet** *nt (Allg)* **zone of action** *(Mech, Allg)*
**Aktionskraft** *f (Mech, Phys)* **applied force** *adj:n (Mech, Phys)*
**aktiv** *adj (Allg)* **active** *adj (Allg)*
**Aktivkohle** *f (Bg/Bergb)* **active carbon** *adj:n (Bg/Bergb)*
**aktualisieren** *v (Allg)* **make current** *v (Allg)* **update** *v (Allg)*
**aktuell** *adj (Allg)* **actual** *adj (Allg)*
**Akustikplatte** *f (Bau)* **acoustic tile** *(Bau)*
**akustisch** *adj (Mech, Allg)* **acoustic** *adj (Allg)* **audible** *adj (Allg)*
**AKZ** *f (Allg) (Abk)* **work code number** *(Allg)*
**AL-Rohr** *nt (Form)* **AL-pipe** *(Form)*
**Alabaster** *m (Bg/Bergb) (Gipsart)* **alabaster** *(Bg/Bergb)*
**Alarm** *m (Allg)* **alarm** *(Allg)*
**Alarm auslösen** Alarm auslösen *n:v (Mech)* **sound an alarm** *n:v (Mech)*
**Alarm, akustisch** akustischer Alarm *adj:n (Mech)* **audible alarm** *adj:n (Mech)*
**Alarmknopf** *m (Hütt/Wlz)* **emergency button** *(Hütt/Wlz)*
**Alarmnetz** *nt (Stb)* **warning system** *(Stb)*
**Alarmpfeife** *f (Hütt/Wlz)* **alarm whistle** *(Hütt/Wlz)*
**Alarmschalter** *m (Allg)* **alarm switch** *(Allg)*
**Alarmsignal** *nt (Allg)* **warning signal** *(Allg)*
**Alit** *nt (Bg/Bergb)* **alite** *(Bg/Bergb)*
**Alkaliflüchtigkeit** *f (Bg/Bergb)* **alkali volatility** *(Bg/Bergb)*
**Alkalireinigung** *f (Bg/Bergb)* **alkali cleaning** *(Bg/Bergb)*
**alkalisch** *adj (Chem)* **alkaline** *adj (Chem)*
**Alkalität** *f (Hütt/Wlz)* **alkalinity** *(Hütt/Wlz)*
**Alkohol** *m (Chem)* **alcohol** *(Chem)*
**Alkydharz** *nt (Bg/Bergb)* **alkyd resin** *(Bg/Bergb)*
**All-Terrain-Kran** *m (Kfz)* **all-terrain crane** *(Kfz)*
**Allan-Steuerung** *f (Bahn)* **allan link motion** *(Bahn)*
**Allen-Steuerung** *f (Bahn)* **Allen link motion** *(Bahn)*
**Allgemeinanstrich** *m (Bg/Bergb)* **standard paint finish** *(Bg/Bergb)*
**Allgemeine Formgebung/Bearbeitung** *f (Form)* **shaping and machining in general** *(Form)*
**Allgemeintoleranz** *f (Form)* **general tolerance** *(Form)*
**allmählich** *adv (Allg)* **step by step** *(Allg)*
**Allrad-Lastkraftwagen** *m (Kfz)* **four-wheel drive truck** *(Kfz)*

**Allradantrieb** *m (Kfz)* **all-wheel drive** *(Kfz)* **four-wheel drive** *(Kfz)*
**Allwegstapler** *m (Kfz)* **rough-terrain forklift truck** *(Kfz)*
**Allwetterstraße** *f (Kfz)* **all-weather road** *(Kfz)*
**Allzweck...** *affix (Mech, Allg)* **general-purpose** *affix (Mech, Allg)*
**Allzweckzange** *f (Mech, Werkz)* **general-purpose pliers** *pl (Mech, Werkz)*
**Alt- und Rohmetalle** *pl nt (Form)* **metal scrap and raw metals** *(Form)*
**Altbausanierung** *f (Bau)* **refurbishing** *(Bau)* **rehabilitation** *(Bau)*
**altern** *v (Stb)* **age** *v (Stb)*
**Alternativentwurf** *m (Stb)* **alternative design** *(Stb)*
**Alterung** *f (Stb)* **ageing** *(Stb)*
**Alterung durch Kaltverformung** *(Stb)* **cold-work ageing** *(Stb)*
**alterungsbeständig** *adj (Anstr) (z.B. Wasserrohr)* **corrosion-free** *adj (Anstr)*
**alterungsbeständig** *adj (Form) (z.B. Fette)* **good aging behaviour** *(Form)*
**alterungsbeständig** *adj (Mech)* **non-ageing** *adj (Mech)*
**Alterungsbeständigkeit** *f (Stb)* **resistance to ageing** *(Stb)*
**Alterungsempfindlichkeit** *f (Stb)* **sensitivity to ageing** *(Stb)*
**Altglaswiederverwertung** *f (Form)* **glass recycling** *(Form)*
**Altmaterial** *nt (Allg)* **salvage** *(Allg)*
**Altmetall** *nt (Hütt/Wlz)* **scrap metal** *(Hütt/Wlz)*
**Altöl** *nt (Form)* **waste oil** *(Form)*
**Altölaufbereitung** *f (Chem)* **oil reclaiming** *(Chem)*
**Altpapier** *nt (Form)* **scrap paper** *(Form)*
**altrosa** *adj (Anstr)* **antique pink** *adj (Anstr)*
**Altschienen** *pl f (Bahn)* **used rails** *(Bahn)*
**Altschmierstoff** *m (Mech)* **used lubricant** *(Mech)*
**Altschrott** *m* **old metals** *adj:n*
**Aluminium** *nt (Form)* **aluminium** *(Form)*
**Aluminium-Basis-Legierungen für allgemeine Zwecke** *(Form)* **aluminium alloys for general applications** *(Form)*
**Aluminium-Basis-Legierungen hoher Festigkeit** *(Form)* **high-strength aluminium alloys** *pl (Form)*
**Aluminiumblech** *nt (Mech)* **aluminium plate** *(Mech)*
**Aluminiumguss** *m (Hütt/Wlz)* **aluminium die casting** *(Hütt/Wlz)*
**Aluminiumkonstruktion** *f (Stb)* **aluminium construction** *(Stb)*
**Aluminiumlegierung** *f (Form)* **aluminium alloy** *(Form)*
**Aluminiumstoßdämpfer** *m (Kfz)* **aluminium shock absorber** *(Kfz)*
**Alwegbahn** *f (Bahn)* **straddle railway** *(Bahn)*
**Amalgamation** *f (Aufb, Hütt/Wlz)* **amalgamation** *(Aufb, Hütt/Wlz)*
**Amboss** *m (Mech, Mont, Werkz)* **anvil** *(Mech, Mont, Werkz)*
**Ambossschröter** *m (Mech)* **blacksmith's hardy** *(Mech, Werkz)* **hardy** *(Mech, Werkz)*
**Amethyst** *m (Bg/Bergb) (ein Halbedelstein)* **amethyst** *(Bg/Bergb)*
**Ampullenglas** *nt (Chem)* **ampoule tubing** *(Chem)*
**AN** *(Allg) (Schalterstellung)* **ON** *(Allg)* (switch position)
**AN/AUS-Knopf** *m (Allg)* **ON/OFF switch** *(Allg)*
**Analyse** *f (Mech, Chem)* **analysis** *(Mech, Chem)*
**Analysengrenze** *f (Schw) (Umfang)* **scope of analysis** *(Schw)*
**Analysenspanne** *f (Schw)* **range of analyses** *(Schw)*
**analysieren** *v (Allg)* **analyse** *v (Allg)* **analyze** *v AE (Allg)*
**Analytiker** *m (Bg/Bergb)* **analyst** *(Bg/Bergb)*
**analytisch** *adj (Allg)* **analytical** *adj (Allg)*
**Anarbeiten** *nt (Form) (z.B. Sägen, Spalten)* **processing** *(Form)* (e.g. align, section)
**Anarbeitung** *f (Form) (z.B. Schneiden)* **prefabrication** *(Form)*
**Anbacken** *nt (Mech) (z.B. von Kohle)* **caking** *(Mech, Bg/Bergb)* (e.g. of coal)
**Anbackung** *f (Mech) (Verklumpung, Verschmutzung)* **caking** *(Mech, Bg/Bergb)* (e.g. of coal)
**Anbau** *m (Bau) (am Haus)* **wing** *(Bau)* (attachment to a house)
**Anbau** *m (Bau, Allg) (Schuppen, Flügel oder Hütte mit Pultdach)* **annex** *(Bau, Allg)* **lean-to** *(Bau, Allg)*

**Anbau** *m (Bg/Bergb) (von Ausrüstung)* **attaching** *(Bg/Bergb)*
**Anbau** *m (Mech)* **built-on structure** *adj:n (Mech)*
**anbauen** *v (Bg/Bergb) (z.B. Ausrüstung am Bagger)* **attach** *v (Mech, Mont)*
**anbauen** *v (Kfz) (montieren)* **fit** *v (Mech, Mont)* (e.g. a belt)
**Anbaugehäuse** *nt (Bg/Bergb) (außen angebracht)* **external mounting housing** *(Bg/Bergb)*
**Anbaugerät** *nt (Bg/Bergb) (z.B. am Grader)* **attachment** *(Bg/Bergb)* (auxliliary attachment)
**Anbaugruppe** *f (Mech)* **built-on assembly** *adj:n (Mech)* **extension unit** *(Mech)*
**Anbauplatte** *f (Bg/Bergb) (Stütze)* **support** *(Mech, Bau)*
**Anbaurahmen** *m (Bg/Bergb) (Stützhalterung)* **fitting frame** *(Bg/Bergb)*
**Anbauscheinwerfer** *m (Kfz)* **working light** *(Kfz, Mech)*
**Anbauschürfkübel** *m (Kfz)* **grader scraper** *(Kfz)*
**Anbauteile** *pl nt (Bg/Bergb)* **mounting parts** *pl (Bg/Bergb)*
**Anbauteile** *pl nt (Bg/Bergb) (z.B. am Bagger)* **attachments** *pl (Mech)*
**Anbauteile** *pl nt (Bg/Bergb) (Zubehörteile)* **accessories** *pl (Bg/Bergb)* (parts to attach)
**anbinden** *v (Mech, Mont) (anbinden an)* **fasten** *v (Mech, Mont)* (on/onto) **tie** *v (Schiff)* (e.g. a boat)
**Anbindeseil** *nt (Mech, Mont)* **slinging rope** *(Mech, Mont)*
**Anbohrapparat** *m (Bg/Bergb)* **drill rig** *(Bg/Bergb)*
**anbohren** *v (Bg/Bergb)* **spud** *(Bg/Bergb)*
**anbringen** *v (Mech) (an einem bestimmten Ort)* **place** *v (Mech, Allg)*
**anbringen** *v (Mech) (etwas auftragen)* **apply** *v (Mech, Anstr, Allg)*
**anbringen** *v (Mech, Allg) (nach Plan geordnet)* **arrange** *v (Mech, Allg)*
**anbringen** *v (Mech, Mont) (befestigen, montieren)* **mount** *v (Mech, Mont)*
**anbringen** *v (Mech, Mont) (einbauen)* **fit** *v (Mech, Mont)* (e.g. a belt)
**anbringen** *v (Mech, Mont) (festmachen)* **attach** *v (Mech, Mont)*
**anbringen, gelenkig** gelenkig anbringen *adv:v (Mech, Mont)* **hinge-mount** *v (Mech, Mont)*
**anbringen, rechtwinklig** rechtwinklig anbringen *adv:v (Mech, Mont)* **fix at right angles** *(Mech, Mont)*
**Anbringung** *f (Mech)* **fitting** *(Mech, Hyd/Pneu)* **mounting** *(Mech)*
**Anbringung, falsch** falsche Anbringung *adj:n (Mech)* **misalignment** *(Mech)*
**Anbringungskonsole** *f (Mech)* **mounting base** *(Mech)*
**Anbruch** *m (Mech)* **incipient fracture** *adj:n (Mech, Allg)*
**Änderungssatz** *m (Bg/Bergb)* **conversion kit** *(Bg/Bergb)*
**Andrehklaue** *f (Kfz)* **starting dog** *(Kfz)*
**Andrehkurbel** *f (Kfz)* **starting crank** *(Kfz)*
**Andrehkurbelarm** *m (Kfz)* **starting crank arm** *(Kfz)*
**Andrehkurbelgriff** *m (Kfz)* **starting crank handle** *(Kfz)*
**Andrehkurbelklaue** *f (Kfz)* **starting crank dog** *(Kfz)*
**Andrehkurbelwelle** *f (Kfz)* **starting crankshaft** *(Kfz)*
**Andruckblock** *m (Form)* **pressure roller block** *(Form)*
**andrücken** *v (Mech)* **force** *v (Mech)* (force against) **press** *v (Mech)*
**aneinander fügen** *v (Mech, Mont)* **join together** *v (Mech, Mont)*
**aneinander stoßen** *v (Stb) (verbinden)* **joint** *v (Stb)*
**aneinander stoßen** *v/i (Stb) (angrenzen)* **abut** *v/i (Stb)*
**anerkannt** *adj (Allg)* **accepted** *adj (Allg)*
**Anfahrdiagramm** *nt (Hütt/Wlz)* **start-up diagram** *(Hütt/Wlz)*
**Anfahrdrehmoment** *nt (Mech)* **starting torque** *(Mech)*
**Anfahren** *nt (Mech) (Vorgang)* **starting operation** *(Mech)* **starting process** *(Mech)*
**Anfahren** *nt (Mech) (Zeitpunkt)* **start** *(Mech, Allg)* **start-up** *(Mech)*
**anfahren** *v (Bg/Bergb) (z.B. ein Gerät starten)* **start** *v (Bg/Bergb, Mech)* (e.g. an engine)
**anfahren** *v (Hütt/Wlz)* **start-up** *v (Hütt/Wlz)*

**Anfahren aus dem kalten Zustand** *(Hütt/Wlz)* **start-up from cold** *(Hütt/Wlz)*
**Anfahren, kalt** kaltes Anfahren *adj:n (Mech)* **cold start-up** *adj:n (Mech)*
**Anfahren, ruckfrei** ruckfreies Anfahren *adj:n (Hyd/Pneu)* **shock-free start** *adj:n (Hyd/Pneu)*
**Anfahren, schrittweise** schrittweises Anfahren *nt (Hyd/Pneu)* **progressive start** *adj:n (Hyd/Pneu)*
**Anfahrentspanner** *m (Hütt/Wlz)* **start-up flash tank** *(Hütt/Wlz)*
**Anfahrkraft** *f (Kfz) (beim Aufprall)* **impact force** *(Kfz)*
**Anfahrkraft** *f (Stb) (bei Fahrtbeginn)* **starting force** *(Stb)*
**Anfahrlast** *f (Kfz) (beim Aufprall)* **impact force** *(Kfz)*
**Anfahrleitung** *f (Hütt/Wlz)* **start-up piping** *(Hütt/Wlz)*
**Anfahrmoment** *nt (Mech)* **starting torque** *(Mech)*
**Anfahrschieber** *m (Hütt/Wlz)* **start-up valve** *(Hütt/Wlz)*
**Anfahrtsstraße** *f (Kfz) (z.B. zu einer Baustelle)* **access road** *(Kfz)*
**Anfahrventil** *nt (Hütt/Wlz)* **start-up valve** *(Hütt/Wlz)*
**Anfahrvorgang** *m (Allg, Mech)* **start-up procedure** *(Allg, Mech)*
**Anfahrvorrichtung** *f (Hütt/Wlz)* **start-up device** *(Hütt/Wlz)*
**Anfahrzeit** *f (Hütt/Wlz)* **start-up period** *(Hütt/Wlz)*
**anfällig** *adj (Form)* **susceptible** *adj (Form)*
**Anfälligkeit** *f (Mech, Allg) (Empfindlichkeit)* **sensibility** *(Mech)* **susceptibility** *(Mech)*
**anfalzen** *v (Mech, Mont)* **bead** *v (Mech, Mont)* **seam** *v (Mech, Mont)*
**anfalzen** *v (Mech, Mont) (Bleche durch Falzen verbinden)* **fold** *v (Mech, Mont)* (e.g. steel plates, sheets)
**anfangen** *v (Bau)* **commence** *v (Bau)*
**anfänglich** *adj (Allg)* **initial** *adj (Allg)*
**Anfangs...** *affix (Allg)* **incipient** *adj (Mech, Allg)*
**Anfangsdruck** *m (Hütt/Wlz) (vor Drossel)* **initial pressure** *(Hütt/Wlz)*
**Anfangsdurchbiegung** *f (Stb)* **initial deflection** *(Stb)*
**Anfangsgrabstellung** *f (Bg/Bergb)* **initial digging position** *(Bg/Bergb)*
**Anfangskapazität** *f (Umschl)* **initial capacity** *adj:n (Umschl)*
**anfasen** *v (Mech, Mont)* **chamfer** *v (Mech, Mont)*
**anfertigen** *v (Mech, Allg)* **manufacture** *v (Mech)* **produce** *v (Mech)*
**anfertigen** *v (Mech, Stb) (Stahlkonstruktion)* **fabricate** *v (Mech, Stb)*
**anfeuchten** *v (Bau)* **moisten** *v (Bau, Anstr)*
**anflachen** *v (Mech, Mont)* **flatten** *v (Mech, Mont)*
**anflächen** *v (Mech, Mont)* **face** *v (Bau, Mech, Mont)* **spot face** *v (Mech, Mont)*
**Anflachung** *f (Form)* **flattening** *(Form)*
**anflanschen** *v (Mech)* **flange** *v (Mech)* (flange on)
**Anforderung an den Betrieb** *(Stb)* **requirements on firms** *(Stb)*
**Anforderungskarte** *f (Form) (Bestellkarte)* **order card** *(Form)*
**Anfrage** *f (Allg) (Erkundigung)* **question** *(Allg)*
**anfügen** *v (Allg)* **add** *v (Mech, Allg)* (on) **annex** *v (Allg)*
**anfügen** *v (Mech) (einfügen)* **incorporate** *v (Mech, Allg)* (into)
**Anfüllpumpe** *f (Kfz)* **priming pump** *(Kfz)*
**angebaut** *adj (Mech, Mont)* **attached** *adj (Mech, Allg)* **mounted** *adj (Mech, Mont)*
**angebracht** *adj (Mech, Mont)* **mounted** *adj (Mech, Mont)*
**angebracht, gelenkig** gelenkig angebracht *adv:adj (Mech, Mont)* **hinge-mounted** *adj (Mech, Mont)* **pivot-mounted** *adj (Mech, Mont)*
**angefertigt** *adj (Form) (hergestellt)* **fabricated** *adj (Mech)* **manufactured** *adj (Form)* (produced)
**angefertigt, speziell** speziell angefertigt *adv:adj (Mech, Bau)* **purpose-built** *adj (Mech, Mont)* **purpose-made** *adj (Bau)*
**angeflacht** *adj (Form) (flachgedrückt)* **flattened** *adj (Form)*
**angeflacht** *adj (Form) (in Zeichnungen)* **levelled** *adj (Form)*
**angeflanscht** *adj (Mech)* **flange-mounted** *adj (Mech)* **flanged** *adj (Mech)* **flanged-on** *adj (Mech)*

**angeflanscht, horizontal** horizontal angeflanscht *adv:adj (Mont)* **horizontal flange-mounted** *adv:adj (Mont)*
**angefressen** *adj (Form) (z.B. Metall)* **pitted** *adj (Form)*
**angegeben** *adj (Allg)* **indicated** *adj (Allg)*
**angeglichen** *adj (Allg)* **commensurate** *adj (Mech, Allg)*
**angegossen** *adj (Hütt/Wlz)* **integrally cast** *adv:adj (Hütt/Wlz)*
**angehängt** *adj (Mech) (gezogen, z.B. Anhänger)* **towed by** *adj (Bg/Bergb, Umschl)*
**angeheftet** *adj (Schw, Mech, Mont)* **provisionally fastened** *adv:adj (Mech, Mont)*
**angekettet** *adj (Schiff)* **chained** *adj (Schiff)* (to)
**angeklebt** *adj (Form)* **glued on** *adj (Form)*
**angeklebt** *adj (Mech, Allg) (aufgeklebt)* **affixed** *adj (Mech, Allg)*
**angeköpft** *adj (Mech, Mont)* **headed** *adj (Mech, Mont)*
**angekoppelt** *adj (Mech)* **coupled** *adj (Mech)*
**angekreuzt** *adj (Allg) (z.B. mit Farbstift)* **marked** *adj (Allg)*
**angekreuzt** *adj (Form) (z.B. mit Metallstift)* **ticked** *adj (Form)*
**Angel** *f (Bau) (der Kelle)* **handle** *(Bau)*
**Angel** *f (Bau) (Türangel)* **pintle** *(Bau)*
**Angel** *f (Form) (Mitnehmer am Zylinderschaft)* **tang** *(Form)*
**angelassen** *adj (Form)* **annealed** *adj (Form)* **tempered** *adj (Form)*
**angelenkt** *adj (Mech)* **hinged** *adj (Mech)*
**angeordnet** *adj (Mech, Allg)* **arranged** *adj (Mech, Allg)*
**angeordnet, drehbar** drehbar angeordnet *adv:adj (Mech)* **pivotally arranged** *adv:adj (Mech)*
**angeordnet, konzentrisch** konzentrisch angeordnet *adv:adj (Mech)* **coaxial** *adj (Mech)*
**angeordnet, querliegend** querliegend angeordnet *adv:adj (Mech)* **transversely mounted** *adv:adj (Mech, Mont)*
**angepasst** *adj (Mech, Allg)* **commensurate** *adj (Mech, Allg)*
**angeräuchert** *adj (Mech) (z.B. Glas)* **smoked** *adj (Mech)*
**angesammelt** *adj (Allg)* **accumulated** *adj (Allg)*
**angeschlossen** *adj (Allg) (zu etwas gehörig)* **affiliated** *adj (Allg)*
**angeschmutzt** *adj (Allg)* **shop-soiled** *adj (Allg)*
**angeschraubt** *adj (Mech, Mont)* **bolted** *adj (Mech, Mont)*
**angeschweißt** *adj (Schw)* **welded on** *adj (Schw)*
**angesenkt** *adj (Form)* **counterbored** *adj (Mech)*
**angestrahlt** *adj (Mech)* **illuminated** *adj (Mech)*
**angetrieben** *adj (Mech)* **driven** *adj (Mech)* **powered** *adj (Mech)*
**angetrieben, mechanisch** mechanisch angetrieben *adv:adj (Mech)* **mechanically powered** *adv:adj (Mech)*
**angewandt** *adj (Mech, Stat)* **applied** *adj (Mech, Stat)*
**angewandt, plötzlich** plötzlich angewandt *adv:adj (Mech, Allg)* **suddenly applied** *adv:adj (Mech, Stat)*
**angewärmt** *adj (Form)* **preheated** *adj (Form)*
**angezeigt** *adj (Allg) (z.B. auf einem Monitor)* **indicated** *adj (Allg)*
**angezogen** *adj (Kfz) (Bremse im Eingriff)* **applied** *adj (Kfz)* (e.g. a brake)
**Angießen** *nt (Form) (erster Probeguss)* **initial casting** *(Form)*
**angießen** *v (Form) (hinzufügen)* **cast on** *v (Form)*
**angießen** *v (Hütt/Wlz)* **cast integrally** *adv:v (Hütt/Wlz)*
**Angießprobe** *f (Form)* **initial cast specimen** *(Form)*
**angleichen** *v (Form) (ausrichten)* **align** *v BE (Mech)*
**angleichen** *v (Mech) (z.B. Gewicht)* **balance** *v (Mech)*
**angleichen** *v (Mech) (z.B. Kurven)* **adapt** *v (Allg, Mech)*
**angleichen** *v (Allg)* **adjust** *v (Allg)* (correct)
**angliedern** *v (Mech, Allg)* **incorporate** *v (Mech, Allg)* (into)
**angreifen** *v (Stat) (z.B. Kraft)* **act on** *v (Stat)*
**angrenzen** *v (Mech, Allg)* **adjoin** *v (Mech, Allg)* **be adjacent** *v (Mech, Allg)*

**angrenzend** *adj (Mech)* **adjacent** *adj (Mech)* **adjoining** *adj (Mech)*
**Angriffspunkt einer Kraft** *(Stat)* **point of application of a force** *(Stat)*
**Angriffsschärfe** *f (Form)* **abrasive power** *(Form)*
**Anguss** *m (Form)* **sprue** *(Form)*
**Angussprobe** *f (Hütt/Wlz, Mech)* **specimen prior to casting** *(Hütt/Wlz, Mech)* **cast specimen** *adj:n (Hütt/Wlz, Mech)*
**anhaftend** *adj (Band, Mech, Allg)* **adhering** *adj (Band)* **adhesive** *adj (Mech, Allg)*
**anhalten** *v (Mech)* **stop** *v (Mech, Allg)*
**Anhaltevorrichtung** *f (Mech)* **stopper** *(Mech)*
**Anhaltswert** *m (Allg)* **reference value** *(Allg)*
**Anhängekupplung** *f (Kfz)* **hitch** *(Kfz)*
**Anhängen** *nt (Mech) (Zuführungsbrücke)* **suspension** *(Mech)*
**anhängen** *v (Mech)* **suspend** *v (Mech)*
**Anhängeöse** *f (Mech)* **suspension lug** *(Mech)*
**Anhänger** *m (Umschl, Mech)* **trailer** *(Umschl, Mech, Bahn)*
**Anhängerbremskraftregler** *m (Kfz)* **trailer brake pressure regulator** *(Kfz)*
**Anhängerbremsventil** *nt (Kfz)* **trailer brake valve** *(Kfz)*
**Anhängerdeichsel** *f (Kfz)* **drawbar** *(Mech, Bg/Bergb, Stb)*
**Anhängerkupplung** *f (Kfz)* **tow coupling** *(Kfz)* **trailer coupling** *(Kfz)*
**Anhängerkupplung, selbsttätig** selbsttätige Anhängerkupplung *adj:n (Mech)* **automatic trailer coupling** *adj:n (Mech)*
**Anhängerrüttelwalze** *f (Kfz)* **towed vibrating roller** *(Mech)*
**Anhängeschild** *nt (Allg) (z.B. Preisschild)* **tag** *(Mech, Allg)* (label)
**Anhängeschürfkübel** *m (Kfz)* **scraper trailer** *(Kfz)*
**Anhängeseil** *nt (Mech, Mont)* **slinging rope** *(Mech, Mont)*
**Anhäufung** *f (Mech)* **accumulation** *(Mech)* **build-up** *(Hyd, Mech, Allg)*
**anheben** *v (Allg)* **lift** *v (Allg)* **raise** *v (Mech, Allg)*
**Anhebestelle** *f (Bahn) (für den Wagenheber)* **jacking position** *(Bahn)*
**anheften** *v (Mech, Mont)* **fasten provisionally** *adv:v (Mech, Mont)* **pin** *v (Mech, Mont)*
**anheften** *v (Schw, Mont)* **tack weld** *v (Schw, Mont)*
**Anheizbetrieb** *m (Hütt/Wlz) (beim Anfahren)* **warm-up operation** *(Hütt/Wlz)*
**Anheizzeit** *f (Hütt/Wlz)* **warming-up period** *(Hütt/Wlz)*
**Anhydrit** *m (Bg/Bergb)* **anhydrite** *(Bg/Bergb)*
**Anker** *m (Mech) (bei elektr. Maschinen)* **armature** *(Mech)* **rotor** *(Mech)*
**Anker** *m (Mech, Bau)* **anchor** *(Mech, Bau)* **stay** *(Mech, Bau)* **tie rod** *(Mech, Bau, Zer)*
**Anker-U** *nt (Stb)* **anchor bar** *(Stb)*
**Ankerbolzen** *m (Stb) (Ankerschraube)* **anchor bolt** *(Mech, Bau, Stb)* **holding-down bolt** *(Stb)*
**Ankerfallvorrichtung** *f (Schiff)* **slipper** *(Schiff)*
**Ankergeschirr** *nt (Schiff)* **anchor equipment** *(Schiff)* **ground tackle** *(Schiff)*
**Ankerhals** *m (Schiff) (Teil des Schiffsgerätes)* **trend** *(Schiff)* (of an anchor)
**Ankerkette** *f (Schiff)* **anchor cable** *(Schiff)* **anchor chain** *(Schiff)*
**Ankerklüse** *f (Schiff)* **mooring pipe** *(Schiff)*
**Ankerlaterne** *f (Schiff)* **anchor lamp** *(Schiff)* **riding light** *(Schiff)*
**Ankermutter** *f (Form)* **special foundation nut** *(Form)*
**ankern** *v (Schiff)* **anchor** *v (Mech, Mont)* **drop anchor** *n:v (Schiff)*
**Ankerplatte** *f (Bau, Mont)* **anchor plate** *(Mont, Form)* **tie plate** *(Stb, Bau)*
**Ankerrakete** *f (Schiff)* **projectile anchor** *(Schiff)*
**Ankerrosette** *f (Mech, Mont)* **round anchoring plate** *nt (Mech, Mont)*
**Ankerschiene** *f (Stb)* **anchor bar** *(Stb)*
**Ankerschraube** *f (Stb)* **anchor bolt** *(Mech, Bau, Stb)*
**Ankerspill** *nt (Kfz)* **anchor windlass drive** *(Kfz)*
**Ankerspill** *nt (Schiff) (eines Schiffes)* **capstan** *(Mech)*
**ankippen** *v (Bg/Bergb) (z.B. die Ladeschaufel)* **crowd back** *v (Bg/Bergb)*
**Ankippstellung** *f (Bg/Bergb) (z.B. der Ladeschaufel)* **crowd-back position** *(Bg/Bergb)* (on ground)

**anklammern** *v (Mech, Mont)* **clamp** *v (Mech, Mont)* **connect by clamps** *(Mech, Mont)*
**ankleben** *v (Mech, Allg)* **affix** *v (Mech, Allg)* **glue on** *v (Allg)* (with glue) **stick on** *v (Allg)* (e.g. labels)
**anklemmen** *v (Mech, Mont)* **clamp** *v (Mech, Mont)* **connect by clamps** *(Mech, Mont)*
**ankommend** *adj (Allg)* **incoming** *adj (Allg)* **oncoming** *adj (Allg)*
**anköpfen** *v (Mech, Mont)* **head** *v (Mech, Mont)*
**Anköpfer** *m (Mech, Mont)* **heading tool** *(Mech, Mont)*
**ankoppeln** *v (Mech)* **couple** *v (Mech)*
**Ankopplung** *f (Kfz)* **coupling** *(Mech, Stb)*
**ankörnen** *v (Mech, Mont)* **center** *v (Mech, Mont)*
**Ankündigung** *f (Allg)* **announcement** *(Allg)*
**Ankunftsbahnsteig** *m (Bahn)* **arrival track** *(Bahn)*
**Ankunftsgleis** *nt (Bahn)* **arrival siding** *(Bahn)*
**Ankunftshafen** *m (Schiff)* **port of arrival** *(Schiff)*
**ankuppeln** *v (Mech)* **couple** *v (Mech)*
**ankurbeln** *v (Kfz) (z.B. den Motor)* **crank** *v (Kfz)* (e.g. a car engine)
**Anlage** *f (Allg) (Betriebsstätte)* **plant** *(Allg)*
**Anlage** *f (Mech) (Serie von Maschinen)* **system** *(Mech)* (e.g. set of machines)
**Anlage, schlüsselfertig** schlüsselfertige Anlage *adj:n (Bau)* **turn-key plant** *(Bau)*
**Anlage, stationär** stationäre Anlage *adj:n (Bg/Bergb)* **stationary plant** *adj:n (Bg/Bergb)*
**Anlage, zweiteilig** zweiteilige Anlage *adj:n (Bg/Bergb)* **twin-section design** *(Bg/Bergb)*
**Anlagefläche** *f (Mech)* **contact surface** *(Mech, Schw)*
**Anlagen und Systeme** *(Allg)* **plant and systems division** *(Allg)*
**Anlagen zur Stahlweiterverarbeitung** *(Form)* **steel processing plants** *pl (Form)*
**Anlagen, sanitär** sanitäre Anlagen *adj:n (Allg)* **sanitary facilities** *adj:n (Allg)*
**Anlagenbau** *m (Mech)* **plant engineering** *(Mech)* **plant manufacturing** *(Mech)*
**Anlagenteil** *nt (Mech)* **plant component** *(Mech)*
**Anlagerung** *f (Form) (z.B. in Rohren)* **accretion** *(Form)* (e.g. in pipes)
**Anlassdruckknopf** *m (Kfz)* **starter button** *(Kfz)*
**Anlassen** *nt (Kfz) (des Motors)* **starting** *(Mech)*
**anlassen** *v (Hütt/Wlz) (Wärmebehandlung)* **temper** *v (Hütt/Wlz)*
**anlassen** *v (Hütt/Wlz, Mech)* **anneal** *v (Hütt/Wlz, Mech)*
**anlassen** *v (Mech) (Motor starten)* **start** *v (Bg/Bergb, Mech)* (e.g. an engine)
**Anlasser** *m (Kfz, Mech)* **starter** *(Kfz, Mech)*
**Anlasserbatterie** *f (Kfz) (im Kfz)* **starter battery** *(Kfz)*
**Anlasserleitung** *f (Kfz)* **starter cable** *(Kfz)*
**Anlasserritzel** *nt (Kfz)* **starter pinion** *(Kfz)*
**Anlasshilfe** *f (Kfz)* **starting aid** *(Kfz)*
**Anlasskurbel** *f (Kfz)* **starting crank** *(Kfz)*
**anlässlich** *präp (Allg)* **on the occasion of** *präp (Allg)*
**Anlasssperre** *f (Kfz)* **start interlock** *(Kfz)*
**Anlassspritze** *f (Kfz)* **starter pilot** *(Kfz)*
**Anlasssteuerung** *f (Mech)* **starter gear** *(Mech)*
**Anlasszeit** *f (Mech)* **start-up time** *(Mech)*
**Anlasszeit, zu lang** zu lange Anlasszeit *adj:n (Mech)* **overlong start-up time** *adj:n (Mech)*
**Anlauf** *m (Mech)* **start** *(Mech, Allg)* **start-up** *(Mech)*
**Anlaufen** *nt (Anstr)* **blooming** *(Anstr)*
**anlaufen** *v/i (Chem, Mech, Anstr) (z.B. Oberflächen)* **discolour** *v/i (Chem, Mech, Anstr)*
**Anlaufhafen** *m (Schiff)* **port of call** *(Schiff)*
**Anlaufkupplung** *f (Mech)* **start-up coupling** *(Mech)*
**Anlaufplatte** *f (Form)* **buffer plate** *(Form)*
**Anlaufring** *m (Form)* **spacer disk** *(Form)*
**Anlaufring** *m (Mech) (einer Welle)* **thrust ring** *(Mech)*
**Anlaufscheibe** *f (Mech)* **friction washer** *(Mech)* **sealing washer** *(Mech)*
**Anlaufscheibe** *f (Mech) (Pufferstoßring)* **buffer disc** *(Mech)* **spacer disk** *(Form)* **starting disk** *(Form)*

**Anlaufschütz** *nt (Form)* **starting contactor** *(Form)*
**anlegen** *v (Mech) (in Berührung bringen)* **contact** *v (Mech, Allg)*
**Anleitung** *f (Mech)* **directions** *pl (Allg)* **instructions** *pl (Mech, Allg)*
**Anleitung, ständig** ständige Anleitung *adj:n (Allg)* **continuous guidance** *adj:n (Allg)*
**anlenken** *v (Mech)* **articulate** *v (Mech)* **pivot** *v (Mech)*
**Anlenkpunkt des Auslegers** *(Bg/Bergb, Umschl)* **boom pivot point** *(Bg/Bergb, Umschl)*
**Anlenkteil** *m (Bg/Bergb) (Abwurfausleger)* **pivot section** *(Bg/Bergb)*
**Anlenkung** *f (Bg/Bergb) (des Stielzylinders auf Monoboom)* **cylinder hookup** *AE (Bg/Bergb)*
**Anlenkung** *f (Bg/Bergb) (z.B. des Auslegers)* **pivot mounting** *(Bg/Bergb)* **pivot point** *(Bg/Bergb)*
**Anlenkungsbereich** *m (Bg/Bergb)* **pivot area** *(Bg/Bergb)*
**anliegen, fest** fest anliegen *adv:v (Mech)* **lie firmly** *adv:v (Mech)*
**anmalen** *v (Anstr)* **paint** *v (Anstr)*
**Annäherung** *f (Allg)* **approach** *(Allg, Mech)*
**Annäherungsverfahren** *nt (Stb)* **approximate method** *adj:n (Stb)*
**Annahme** *f (Allg) (Hypothese)* **assumption** *(Allg)* **hypothesis** *(Allg)*
**annehmen** *v (Allg)* **accept** *v (Allg)* **adopt** *v (Allg)*
**Anodenbelag** *m (Stb)* **anodic film** *adj:n (Stb)*
**anordnen** *v (Mech, Allg) (anbringen, montieren)* **arrange** *v (Mech, Allg)* **locate** *v (Mech, Allg)*
**anordnen** *v (Mech, Allg) (systematisch)* **order** *v (Mech, Allg)* (in a systematic way)
**anordnen, hierarchisch** hierarchisch anordnen *adv:v (Mech, Allg)* **arrange in tiers** *adv:v (Mech, Allg)*
**anordnen, querliegend** querliegend anordnen *adv:v (Mech, Allg)* **mount transversely** *adv:v (Mech, Allg)*
**anordnen, stufenförmig** stufenförmig anordnen *adv:v (Mech, Allg)* **arrange in tiers** *adv:v (Mech, Allg)*
**anordnen, übereinander** übereinander anordnen *adv:v (Mech, Allg)* **arrange in tiers** *adv:v (Mech, Allg)*
**Anordnung** *f (Allg) (Anweisung)* **instruction** *(Allg)* **order** *(Allg)*
**Anordnung** *f (Mech, Allg)* **design** *(Mech, Allg)* **layout** *(Mech, Allg)*
**Anordnung** *f (Mech, Allg) (an einem Ort)* **location** *(Allg)*
**Anordnung** *f (Mech, Allg) (Gruppierung)* **arrangement** *(Mech, Allg)*
**Anordnung auf dem Heizerstand** *(Hütt/Wlz)* **firing floor level arrangement** *(Hütt/Wlz)*
**Anordnung der Vorspannglieder** *(Stb)* **laying out of the tendons** *(Stb)*
**Anordnung mit liegender Welle** *(Hütt/Wlz)* **horizontal shaft arrangement** *(Hütt/Wlz)*
**Anordnung mit senkrechter Welle** *(Hütt/Wlz)* **vertical shaft arrangement** *(Hütt/Wlz)*
**Anordnung, allgemein** allgemeine Anordnung *(Bau)* **layout** *(Mech, Allg)*
**Anordnung, systematisch** systematische Anordnung *adj:n (Mech)* **distribution** *(Mech)* (systematic arrangement)
**anorganisch** *adj (Chem, Allg)* **inorganic** *adj (Chem, Allg)*
**anormal** *adj (Allg)* **abnormal** *adj (Allg)*
**anpassen** *v (Mech, Mont) (angleichen)* **adjust** *v (Mech)*
**anpassen** *v (Mech, Mont)* **fit on** *v (Mech, Mont)* **fit to** *v (Mech, Mont)*
**anpassen** *v (Mech, Mont) (einpassen)* **adapt** *v (Allg, Mech)*
**anpassen** *v (Mech, Mont) (passend machen)* **match** *v (Mech, Mont)*
**anpassungsfähig** *adj (Allg)* **adaptable** *adj (Allg)* **flexible** *adj (Mech, Band, Allg)* **versatile** *adj (Allg)*
**Anpassungsfähigkeit** *f (Kfz)* **adaptability** *(Mech)*
**anpressen** *v (Mech)* **force** *v (Mech)* (force against) **press** *v (Mech)* (press on)
**Anregung** *f (Allg)* **suggestion** *(Allg)*
**anreichern** *v (Hütt/Wlz)* **expand** *v (Hütt/Wlz)*
**Anreicherung** *f (Aufb) (von Erz)* **concentration** *(Aufb)* (of ore)
**Anreicherung** *f (Bg/Bergb) (Ansammlung)* **accumulation** *(Mech)*

**Anreicherung** *f (Chem)* **enrichment** *(Chem)*
**Anreicherungsvorgang** *m (Chem)* **enrichment** *(Chem)*
**Anreißen** *nt (Stb) (Vorzeichnen)* **laying out** *(Stb)* **marking off** *(Stb)*
**anreißen** *v (Mech) (aufzeichnen, entwerfen)* **mark off** *v (Mech)*
**anreißen** *v (Mech) (z.B. zeichnen mit der Reißnadel)* **trace** *v (Mech, Allg)*
**Anreißgerät** *nt (Form)* **marking device** *(Form)*
**Anreißplatte** *f (Mech)* **laying-out plate** *(Mech)* (big) **surface plate** *(Mech, Mont)*
**Anreißstarter** *m (Kfz) (z.B. am Außenbordmotor)* **recoil starter** *(Kfz)*
**Anreißzirkel** *m (Mech, Mont)* **beam compass** *(Mech, Mont)*
**Anriss** *m (Mech) (Oberfläche)* **incipient crack** *adj:n (Mech, Allg)*
**Anriss** *m (Mech, Allg) (Bruch)* **break** *m (Mech)* (opening)
**Anriss** *m (Mech, Allg) (Sprung, Ritz)* **flaw** *(Mech, Allg)*
**Anriss** *m (Stb) (Beginn des Risses)* **crack initiation** *(Stb)*
**Anriss** *m (Stb) (Vorzeichnen)* **laying out** *(Stb)* **marking off** *(Stb)*
**Anrissprüfung** *f (Stb) (Rissprüfung)* **crack test** *(Stb)*
**ansammeln** *v (Allg) (z.B. Schmutz)* **accumulate** *v (Ökol)* **build up** *v (Allg)*
**Ansammlung** *f (Ökol, Mech, Allg) (z.B. von Schmutz)* **accumulation** *(Mech)*
**ansässig** *adj (Allg)* **based** *adj (Allg)* **resident** *adj (Allg)*
**ansässig, nicht** *adj (Allg)* **non-resident** *adj (Allg)*
**Ansatz** *m (Allg) (Ansatzstelle)* **starting point** *(Allg)*
**Ansatz** *m (Allg) (erste Zeichen)* **sign** *(Allg)*
**Ansatz** *m (Allg) (Versuch, Probe)* **attempt** *(Allg)*
**Ansatz** *m (Mech)* **dog** *(Mech)*
**Ansatz** *m (Mech) (an beweglichen Teilen)* **tappet** *(Mech)*
**Ansatz** *m (Mech) (Anschlag, angearbeiteter Nietansatz, hervortretendes Stück)* **stud** *(Mech)*
**Ansatz** *m (Mech) (einer Schraube, am Flansch)* **neck** *(Mech)*
**Ansatz** *m (Mech) (einer Stiftschraube)* **end** *(Mech)* **point** *(Mech)*
**Ansatz** *m (Mech) (Kuppe)* **point** *(Mech)* (top)
**Ansatz** *m (Mech) (Mitnehmer)* **carrier** *(Mech)*
**Ansatz** *m (Mech) (Nase)* **nose** *(Mech)*
**Ansatz** *m (Mech) (z.B. einer Welle)* **shoulder** *(Mech)*
**Ansatz** *m (Mech) (zusätzliches Teil)* **attachment** *(Mech)*
**Ansatzfeile** *f (Mech, Mont, Werkz)* **flat file** *adj:n (Mech, Mont, Werkz)*
**Ansatzpunkt** *m (Allg)* **starting point** *(Allg)*
**Ansatzpunkt** *m (Stb) (des Werkzeugansatzes)* **application point** *(Stb)*
**Ansatzstange** *f (Mech, Mont)* **extension bar** *(Mech, Mont)*
**Ansaug- und Auspuffkrümmer** *m (Kfz)* **intake and exhaust manifold** *(Kfz)*
**Ansaug...** *affix (Hyd/Pneu)* **aspirating** *adj (Hyd/Pneu)*
**Ansaugdrossel** *f (Hyd/Pneu)* **intake throttle** *(Hyd/Pneu)*
**Ansaugdruck** *m (Hyd/Pneu)* **intake pressure** *(Hyd/Pneu)*
**Ansaugen** *nt (Kfz) (der Motorluft)* **aspiration** *(Kfz)*
**ansaugen** *v (Kfz) (den ersten Kraftstoff)* **prime** *v (Kfz)* (e.g. fuel)
**ansaugen** *v (Pneu, Hyd)* **suck** *v (Pneu, Hyd)* **take in** *v (Pneu, Hyd)*
**Ansaugen von Luft** *(Kfz)* **air siphoning** *(Kfz)* **air suctioning** *(Kfz)*
**Ansaugfilter** *m (Hyd/Pneu)* **intake filter** *(Hyd/Pneu)*
**Ansauggeräuschdämpfer** *m (Kfz)* **intake silencer** *(Kfz)*
**Ansaughub** *m (Kfz) (des Kolbens)* **intake stroke** *(Kfz)*
**Ansaugkanal** *m (Kfz) (z.B. zum Ventil)* **intake port** *(Kfz)*
**Ansaugkrümmer** *m (Mech) (Teil des Motors)* **intake manifold** *(Mech)*
**Ansaugkrümmer, abgasbeheizt** abgasbeheizter Ansaugkrümmer *adj:n (Mech)* **exhaust-gas-heated intake manifold** *adj:n (Mech)*
**Ansaugleitung** *f (Hyd/Pneu)* **suction line** *(Hyd/Pneu)*
**Ansaugluftleitung** *f (Kfz)* **intake air crossover** *(Kfz)*

**Ansaugöffnung** *f (Hyd/Pneu)* **aspirating hole** *adj:n (Hyd/Pneu)*
**Ansaugrohr** *nt (Kfz)* **intake pipe** *(Kfz)*
**Ansaugrohr, abgasbeheizt** abgasbeheiztes Ansaugrohr *adj:n (Mech)* **exhaust-gas-heated intake pipe** *adj:n (Mech)*
**Ansaugrohrverlängerung** *f (Kfz)* **inlet pipe extension** *(Kfz)*
**anschärfen** *v (Mech, Mont) (z.B. Blechkanten)* **scarf** *v (Mech, Mont)*
**anschaulich** *adj (Allg)* **clear** *adj (Allg)* (easy to understand) **graphic** *adj (Allg)*
**Anschlag** *m (Bahn) (vordere Kupplerarmführung)* **striker** *(Bahn)*
**Anschlag** *m (Mech) (Begrenzung)* **buffer** *(Mech)*
**Anschlag** *m (Mech) (Falle, Schnapper)* **catch** *(Mech)*
**Anschlag** *m (Mech) (im Zylinder)* **end of stroke** *(Mech)*
**Anschlag** *m (Mech) (Sperre)* **stopper** *(Mech)*
**Anschlag** *m (Mech) (zum Feststellen)* **stop** *(Mech)*
**Anschlag einer Rundpassungslehre** *(Mech)* **measuring jaw** *(Mech)*
**Anschlag, beweglich** beweglicher Anschlag *adj:n (Mech)* **detent** *(Mech)*
**Anschlag, fest** fester Anschlag *adj:n (Mech)* **positive spin** *adj:n (Mech)*
**Anschlag, vorderer** vorderer Anschlag *adj:n (Mech)* **striker** *(Bahn)*
**Anschlagauge** *nt (Mech, Mont)* **fixing lug** *(Mech, Mont)*
**Anschlagbolzen** *m (Mech)* **stop pin** *(Mech)*
**anschlagen** *v (Bg/Bergb) (z.B. Last)* **sling** *v (Bg/Bergb)*
**anschlagen** *v (Hütt/Wlz) (z.B. Seil)* **fasten** *v (Hütt/Wlz)*
**anschlagen** *v (Zer, Mech)* **hit** *v (Zer, Mech)*
**Anschläger** *m (Bg/Bergb)* **groundman** *(Bg/Bergb)*
**Anschläger** *m (Kfz) (hängt Last an Kran)* **slinger** *(Kfz)*
**Anschlagmittel** *nt (Kfz)* **sling gear** *(Kfz)*
**Anschlagöse** *f (Mech)* **lifting eye** *(Mech)*
**Anschlagprofil** *nt (Form)* **rubber doorstop** *(Form)*
**Anschlagring** *m (Mech)* **abutment ring** *(Mech)*
**Anschlagschraube** *f (Form)* **stop screw** *(Form)*
**Anschlagseil** *nt (Mech, Mont)* **slinging rope** *(Mech, Mont)*
**Anschlagseil mit mehreren Trummen** *(Stb)* **sling with several legs** *(Stb)*
**Anschlagseil, einfach** einfaches Anschlagseil *adj:n (Stb)* **plain sling with two hard eyes** *(Stb)*
**Anschlagstahlwinkel** *m (Mech, Mont)* **solid steel square** *(Mech, Mont)*
**Anschlagstelle** *f (Mech, Bg/Bergb) (z.B. Seil)* **sling point** *(Mech, Bg/Bergb)* (e.g. rope)
**Anschlagstift** *m (Mech)* **stop dog** *(Mech)* **stop pin** *(Mech)* **trip dog** *(Mech)*
**Anschlagwinkel** *m (Mech, Mont)* **back square** *(Mech, Mont)*
**anschließen** *v (Allg) (hinzufügen)* **add** *v (Mech, Allg)* (on) **annex** *v (Allg)*
**anschließen** *v (Allg) (sich anschließen, z.B. temporal, lokal)* **follow** *v (Allg)*
**anschließen** *v (Allg) (sich z.B. einer Gruppe anschließen, zugesellen)* **join** *v (Allg)*
**anschließen** *v (Mech) (zusammenschließen)* **attach** *v (Mech, Mont)* **join** *v (Mech, Bau)*
**anschließend** *adj (Mech, Allg)* **adjacent** *adj (Mech)* **subsequent** *adj (Allg)*
**Anschliff** *m (Stb)* **polished section** *(Stb)*
**Anschluss** *m (Hyd/Pneu)* **connection** *(Hyd/Pneu)* (port) **port** *(Hyd/Pneu)*
**Anschluss** *m (Mech) (Verbindung)* **connection** *(Hyd)*
**Anschluss** *m (Mech) (Verzweigung)* **junction** *(Mech, Allg, Bahn)*
**Anschluss** *m (Stb) (Stoß)* **structural connection** *adj:n (Stb)* **joint** *(Stb, Stat)*
**Anschluss „Druck"** *m (Mech)* **compressive joint** *(Mech)*
**Anschluss „Zug"** *m (Mech)* **tensile joint** *(Mech)*
**Anschluss für Prüfmanometer** *(Bahn)* **connection for test cock** *(Bahn)*
**Anschluss, geschweißt** geschweißter Anschluss *adj:n (Schw)* **welded connection** *adj:n (Schw)*
**Anschluss, steif** steifer Anschluss *adj:n (Stb)* **rigid connection** *adj:n (Stb)*
**Anschluss...** *affix (Mech, Allg)* **connecting** *adj (Mech, Allg)*

**Anschlussblech** *nt (Stb)* **connection plate** *(Stb)* **gusset plate** *(Stb, Stat)*
**Anschlussblech für Windverband** *(Stb)* **connecting plate for wind brace** *(Stb)*
**Anschlussblock** *m (Hyd/Pneu)* **connection block** *(Hyd/Pneu)*
**Anschlüsse** *pl m (Bau) (z.B. im Haus)* **facilities** *pl (Allg)*
**Anschlüsse legen** *n:v (Mech, Bau) (z.B. für Gas, Wasser)* **install facilities** *n:v (Mech, Bau)*
**Anschlussfläche** *f (Mech, Mont)* **connecting surface** *(Mech, Mont, Schw)*
**Anschlussflansch** *m (Mech)* **connecting flange** *(Mech)*
**Anschlussgleis** *nt (Bahn)* **railway siding** *(Bahn)*
**Anschlussknoten der Hängestangen** *(Stb)* **node joint for suspension bars** *(Stb)*
**Anschlusskupplung** *f (Mech)* **connecting coupling** *(Mech)* **coupling** *(Mech, Stb)*
**Anschlusslasche für Gabelkopf** *(Stb)* **connecting plate for forked fixing head** *(Stb)*
**Anschlussloch** *nt (Mech)* **component hole** *(Mech)* **hole** *(Mech)*
**Anschlussmaß** *nt (Mech) (Zeichnung)* **linkage dimension** *(Mech)*
**Anschlussmaße** *pl nt (Mech)* **companion dimensions** *pl (Mech)* **fitting dimensions** *pl (Mech)* **mating dimensions** *pl (Mech)* **mounting dimensions** *pl (Mech)*
**Anschlussniet** *m (Stb)* **connecting rivet** *(Stb)*
**Anschlussplatte** *f (Hyd/Pneu)* **connecting plate** *(Hyd/Pneu, Bau)* **mounting plate** *(Mech, Hyd/Pneu)* **subplate** *(Hyd/Pneu)*
**Anschlussplatte** *f (Hyd/Pneu) (für Ventile)* **valve plate** *(Hyd/Pneu)*
**Anschlussschelle** *f (Mech)* **connection clamp** *(Mech)*
**Anschlussschraube** *f (Mech)* **binding screw** *n:adj (Mech)*
**Anschlussstück** *nt (Mech, Allg) (sich anschließendes Teil)* **joining piece** *(Mech, Allg)*
**Anschlussstück** *nt (Mech, Hyd/Pneu)* **fitting** *(Mech, Hyd/Pneu)*
**Anschlussstutzen** *m (Mech, Hyd/Pneu) (Rohr)* **connecting branch** *(Mech, Hyd/Pneu)* **connecting sleeve** *(Mech, Hyd/Pneu)*
**Anschlusstabelle** *f (Allg)* **connecting chart** *(Allg)*
**Anschlussteile für Doppelfilter** *(Form)* **connecting parts for twin filter** *(Form)*
**Anschlussverschraubung** *f (Stb)* **screw connection** *(Mech)*
**Anschlusswinkel** *m (Mech)* **angle** *(Mech, Mont)* **connection angle** *(Mech, Stb)*
**anschmiegen** *v (Mech) (z.B. Kurven)* **adapt** *v (Allg, Mech)*
**Anschmiegen des Gurtes** *(Band)* **troughability of belt** *(Band)*
**Anschmiegen des Gurtes** *(Band) (Materialbeschaffenheit)* **belt flexibility** *(Band)*
**Anschnitt** *m (Bg/Bergb)* **incision** *(Bg/Bergb)*
**Anschnitttiefe** *f (Form)* **chamfer start depth** *(Form)*
**anschraubbar** *adj (Mech)* **screwable** *adj (Mech)* **with screw thread** *(Mech)*
**anschrauben** *v (Mech, Mont) (festziehen)* **bolt on** *v (Mech, Mont)*
**anschütten** *v (Umschl, Bg/Bergb)* **backfill** *v (Bg/Bergb, Mont)*
**Anschüttgerät** *nt (Bg/Bergb)* **piling equipment** *(Bg/Bergb)*
**Anschüttung** *f (Bg/Bergb)* **backfill** *(Bg/Bergb)*
**Anschweißenden** *pl nt (Mech)* **studs for welding** *(Mech)*
**Anschweißfläche** *f (Mech, Schw)* **welding surface** *(Mech, Schw)*
**Anschweißflansch** *m (Mech)* **welded flange** *adj:n (Mech)*
**anschwellen** *v/i (Geo, Phys)* **swell** *v/i (Geo)*
**Anschwenken** *nt (Bg/Bergb)* **swing-off** *(Bg/Bergb)*
**anschwenken** *v (Bg/Bergb) (z.B. den Bagger)* **start to slew** *(Bg/Bergb)*
**ansenken** *v (Form) (z.B. eine Schraube)* **countersink** *v (Mech, Mont)*
**ansenken** *v (Mech)* **counterbore** *v (Mech, Mont)*
**ansenken, kegelig** kegelig ansenken *adv:v (Mech)* **countersink** *v (Mech, Mont)*
**ansenken, zylindrisch** zylindrisch ansenken *adv:v (Mech)* **counterbore** *v (Mech, Mont)*

**Ansenkung** *f (Form) (Nabe)* **boss** *(Mech)*
**Ansenkung** *f (Form) (Vertiefung)* **boot** *(Form)*
**Ansenkung** *f (Mech, Mont) (plane Anspiegelung)* **spot face** *(Mech, Mont)*
**Ansicht** *f (Mech, Allg)* **view** *(Mech, Allg)*
**Ansicht** *f (Mech, Allg) (Prüfkontrolle)* **inspection** *(Mech, Allg)*
**Ansicht** *f (Stb) (Aufriss)* **elevation** *(Mech)*
**Ansicht von oben** *(Allg)* **plan view** *(Mech)* **top view** *(Mech)*
**Ansicht von unten** *(Allg)* **bottom view** *(Allg, Mech)*
**Ansicht, perspektivisch** perspektivische Ansicht *adj:n (Allg)* **isometric view** *adj:n (Allg)* **perspective view** *adj:n (Allg)*
**Ansichten, geteilt** geteilte Ansichten *adj:n (Allg)* **divided opinions** *adj:n (Allg)*
**Ansprechdruck** *m (Form) (z.B. des Ventils)* **opening pressure** *(Form)*
**ansprechen** *v (Hütt/Wlz) (z.B. ein Messinstrument)* **activate** *v (Mech)*
**Ansprechpunkt** *m (Hyd/Pneu)* **switching point** *(Mech)*
**Ansprechspektrum** *nt (Stb)* **response spectrum** *(Stb)*
**anstauchen** *v (Stb) (stauchen)* **jump** *v (Stb)* **upset** *v (Stb)*
**Anstauchschweißen** *nt (Schw)* **cold pressure upset welding** *(Schw)*
**anstehend** *adj (Allg) (schwebend, in Planung)* **pending** *adj (Allg)*
**anstehend** *adj (Bg/Bergb)* **bank** *adj (Bg/Bergb)* **in situ** *adj (Bg/Bergb)* **solid** *adj (Bg/Bergb, Mech, Allg)*
**ansteigen** *v (Bau)* **slope up** *v (Bau)*
**ansteigen** *v (Mech) (z.B. eine Straße)* **increase** *v (Mech)* (e.g. a road)
**ansteigend** *adj (Band)* **ascending** *adj (Band, Allg)* **on an upward grade** *(Band)* **uphill** *adj (Mech, Band, Allg)*
**ansteigend** *adj (Bg/Bergb, Geo) (Gelände)* **upwards sloping** *adv:adj (Bg/Bergb, Geo)*
**Anstellantrieb** *m (Bg/Bergb)* **positioning drive** *(Bg/Bergb)*
**Anstellbewegung** *f (Bg/Bergb)* **positioning** *(Mech, Bau)* **working position** *(Mech)*
**anstellen** *v (Allg) (unternehmen)* **make** *v (Allg)*
**Anstellventil** *nt (Hyd/Pneu)* **operating valve** *(Hyd/Pneu)*
**Anstellwinkel** *m (Bg/Bergb, Umschl)* **clearance angle** *(Bg/Bergb, Umschl)*
**Ansteuerdruck** *m (Kfz)* **servo pressure** *(Kfz)*
**Ansteuerlogik** *f (Bg/Bergb)* **control logic** *(Bg/Bergb)*
**Ansteuerung** *f (Hyd/Pneu)* **control** *(Hyd/Pneu)* (piloting) **piloting** *(Hyd/Pneu)*
**Anstoßen** *nt (Bg/Bergb) (von Zahnkopfkanten)* **clashing** *(Bg/Bergb)* **fouling** *(Bg/Bergb)* (with other teeth)
**anstoßen** *v (Mech)* **hit** *v (Zer, Mech)*
**anstoßend** *adj (Mech)* **abutting** *adj (Mech)* **adjacent** *adj (Mech)* **adjoining** *adj (Mech)*
**Anstoßhub** *m (Kfz)* **exhaust stroke** *(Kfz)*
**anstreben** *v (Allg)* **aim at** *v (Allg)*
**anstreichen** *v (Anstr)* **paint** *v (Anstr)*
**anstrengend** *adj (Allg) (schwierig)* **arduous** *adj (Allg)*
**Anstrich** *m (Anstr)* **finish** *(Anstr)* **paint coat** *(Anstr)*
**Anstrich** *m (Anstr) (Farbe)* **coat** *(Anstr)*
**Anstrich** *m (Anstr) (Farbschicht)* **coating** *(Anstr)* (e.g. protective coating)
**Anstrich und Beschriftung** *(Bahn)* **painting and lettering** *(Bahn)*
**Anstrich, anschwellend** anschwellender Anstrich *(Stb)* **intumescent paint** *(Stb)*
**Anstrich, Öl abstoßend** Öl abstoßender Anstrich *adj:n (Anstr)* **oil repellent painting** *adj:n (Anstr)*
**Anstrich, säurefest** säurefester Anstrich *adj:n (Anstr)* **acid-proof coating** *adj:n (Anstr)*
**Anstrichhalle** *f (Anstr)* **paint shop** *(Anstr)*
**Anstrichschicht** *f (Anstr)* **coat of paint** *(Anstr)*
**Anstrichstoff** *m (Anstr)* **coating material** *(Anstr)* **paint** *(Anstr, Allg)*
**Anstrichtechnik** *f (Anstr)* **painting** *(Anstr)*
**Anthrazit** *m (Bg/Bergb, Geo)* **anthracite** *(Bg/Bergb, Geo)* **anthracite coal** *(Bg/Bergb, Geo)*
**anthrazitgrau** *adj (Anstr)* **anthracite grey** *adj (Anstr)*
**Antikline** *f (Geo)* **anticline** *(Geo)*
**antimagnetisch** *adj (Form) (z.B. Werkzeug)* **antimagnetic** *adj (Form)*

**antiparallel** *adj (Math)* **antiparallel** *adj (Math)*
**Antischleißblech** *nt (Zer)* **wear-resistant plate** *(Zer)*
**Antischlupfregelung** *f (Kfz)* **anti-slip control** *(Kfz)* **ASR** *(Kfz)* (Abv)
**antisymmetrisch** *adj (Stb)* **antisymmetrical** *adj (Stb)*
**Antrieb** *m (Mech) (Schaltgerät)* **drive** *(Mech)* **mechanism** *(Mech)*
**Antrieb** *m (Mech) (Schwung, Stoß)* **momentum** *(Mech)*
**Antrieb** *m (Mech) (z.B. Motor)* **drive** *(Mech)*
**Antrieb des Bandes** *(Band)* **belt drive** *(Band)*
**Antrieb Ringförderer** *m (Band)* **circular-conveyor drive** *(Band)*
**Antrieb zum Fahrwerk** *(Mech)* **travel drive** *(Mech, Allg)* **travel gear drive** *(Mech, Allg)*
**Antrieb zum Raupenfahrwerk** *(Bg/Bergb)* **crawler drive** *(Bg/Bergb)* **crawler track drive** *(Bg/Bergb)*
**Antrieb zum Schienenfahrwerk** *(Umschl)* **rail-wheel drive** *(Umschl)*
**Antrieb, getriebelos** getriebeloser Antrieb *adj:n (Mech)* **gearless drive** *adj:n (Mech)* **non-geared drive** *adj:n (Mech)*
**Antrieb, hydraulisch** hydraulischer Antrieb *adj:n (Mech, Hyd/Pneu)* **hydraulic drive** *adj:n (Mech, Hyd/Pneu)* **fluid drive** *(Mech, Hyd/Pneu)*
**Antrieb, mehrmotorig** mehrmotoriger Antrieb *adj:n (Mech)* **sectional drive** *adj:n (Mech)* **multi-motor drive** *(Mech)*
**Antriebsachse** *f (Kfz)* **drive axle** *(Kfz)* **drive shaft** *(Mech)*
**Antriebsaggregat** *nt (Mech)* **drive unit** *(Mech)*
**Antriebsaggregat, hydraulisch** hydraulisches Antriebsaggregat *adj:n (Hyd/Pneu)* **hydraulic power unit** *adj:n (Hyd/Pneu)*
**Antriebsanordnung** *f (Mech)* **drive arrangement** *(Mech)*
**Antriebsanordnung, prinzipiell** prinzipielle Antriebsanordnung *adj:n (Mech)* **basic drive arrangement** *adj:n (Mech)*
**Antriebsberechnung** *f (Mech)* **drive power calculation** *(Mech)*
**Antriebsdrehmoment** *nt (Mech)* **driving torque** *(Mech)*
**Antriebseinheit** *f (Mech)* **drive unit** *(Mech)*
**Antriebsenergie** *f (Mech) (Motor)* **drive power** *(Mech)*
**Antriebsflansch** *m (Kfz)* **drive flange** *(Kfz)*
**Antriebsgehäuse** *nt (Kfz)* **transmission housing** *(Kfz)*
**Antriebsgelenk** *nt (Mech)* **universal joint** *adj:n (Mech)*
**Antriebsgelenkgehäuse** *nt (Kfz)* **universal joint housing** *(Kfz)*
**Antriebsgerüst** *nt (Mech, Band) (Antriebsstation)* **base frame for drive unit** *(Mech, Band)*
**Antriebsgestänge** *nt (Mech)* **lever system** *(Mech)*
**Antriebskette** *f (Mech)* **driving chain** *(Mech)*
**Antriebskettenrad** *nt (Bg/Bergb) (Raupe)* **drive sprocket** *(Bg/Bergb)*
**Antriebskraft** *f (Kfz) (z.B. am Brecher)* **baseload power** *(Kfz)*
**Antriebskraft** *f (Mech)* **driving force** *(Mech)*
**Antriebskupplung** *f (Kfz)* **driving clutch** *(Kfz)*
**Antriebskupplung der Lichtmaschine** *(Kfz)* **generator drive coupling** *(Kfz)*
**Antriebskurbel** *f (Mech)* **crank** *(Mech)* **operating crank** *(Mech)*
**Antriebsleistung** *f (Mech)* **drive power** *(Mech)*
**Antriebsleistung Hubwerk** *f (Bg/Bergb, Umschl)* **hoist drive power** *(Bg/Bergb, Umschl)*
**Antriebsleistung Windwerk** *f (Bg/Bergb)* **winch drive power** *(Bg/Bergb)* **winch driving power** *(Bg/Bergb)*
**Antriebsmaschine** *f (Mech) (Verbrennungsmotor)* **drive engine** *(Mech)* (combustion engine)
**Antriebsmaschine** *f (Mech, Bg/Bergb) (Elektromotor)* **drive motor** *(Mech)*
**Antriebsmoment** *nt (Mech)* **driving torque** *(Mech)*
**Antriebsmotor** *m (Mech)* **driving engine** *(Mech, Bg/Bergb)*
**Antriebsmotor** *m (Mech) (Elektromotor)* **drive motor** *(Mech)*
**Antriebsmutter** *f (Kfz)* **drive nut** *(Kfz)*

**Antriebsnocken** *m (Mech)* **actuating cam** *(Mech)*
**Antriebsprinzip** *nt (Mech)* **basic drive arrangement** *adj:n (Mech)*
**Antriebsrad** *nt (Mech)* **driving wheel** *(Mech)*
**Antriebsrad** *nt (Bg/Bergb) (z.B. des Baggers)* **sprocket** *(Mech, Bg/Bergb)*
**Antriebsrad** *nt (Bg/Bergb, Mech) (Turas mit Hülsen)* **drive tumbler** *(Bg/Bergb, Mech)*
**Antriebsrad** *nt (Kfz) (im Getriebe)* **input gear** *(Kfz)*
**Antriebsräder und Antriebskränze** *(Form)* **sprockets and sprocket rims** *(Form)*
**Antriebsräder, schwingend** schwingende Antriebsräder *adj:n (Bg/Bergb)* **oscillating tandem wheels** *pl (Bg/Bergb)*
**Antriebsriemen** *m (Kfz) (z.B. Keilriemen)* **drive belt** *(Kfz)* (e.g. V-belt)
**Antriebsring der Kupplung** *(Kfz)* **clutch driving ring** *(Kfz)*
**Antriebsritzel** *nt (Mech)* **driving pinion** *(Mech)*
**Antriebsrolle** *f (Kfz)* **drive roll** *(Kfz)*
**Antriebsscheibe** *f (Bg/Bergb) (Seilscheibe)* **sheave** *(Bg/Bergb)*
**antriebsseitig** *adj (Mech)* **at the drive end** *(Mech)*
**Antriebsstation** *f (Band, Umschl)* **drive station** *(Band, Umschl)*
**Antriebsstern** *m (Bg/Bergb)* **drive sprocket** *(Bg/Bergb)*
**Antriebsstrang** *m (Kfz)* **drive line** *(Kfz)*
**Antriebstechnik** *f (Kfz)* **drive technology** *(Kfz)*
**Antriebsteil** *m (Mech)* **driving part** *(Mech)*
**Antriebsteile** *pl m (Mech)* **drive parts** *pl (Mech)*
**Antriebstrommel** *f (Band, Umschl)* **drive pulley** *(Band, Umschl)*
**Antriebsturas** *m (Bg/Bergb) (des Schaufelradbaggers)* **tumbler** *(Bg/Bergb)* (with pockets for chain lugs)
**Antriebsturas** *m (Bg/Bergb) (z.B. der Raupe)* **drive sprocket** *(Bg/Bergb)*
**Antriebsverlagerung** *f (Mech)* **drive base** *(Mech)*
**Antriebswelle** *f (Mech) (Getriebe)* **transmission shaft** *(Kfz)*
**Antriebswelle** *f (Mech) (Motorantrieb)* **drive shaft** *(Mech)*
**Antriebswelle mit Antriebszahnrad** *(Kfz)* **transmission shaft with pinion** *(Kfz)*
**Antriebswellenstumpf** *m (Kfz)* **drive shaft stub** *(Kfz)* **input shaft extension** *(Mech)* (gear unit)
**Antriebswellenzapfen** *m (Mech) (Getriebe)* **input shaft extension** *(Mech)* (gear unit)
**Antriebszubehör** *nt (Mech)* **associated drive parts** *adj:n (Mech)*
**antworten** *v (Allg)* **answer** *v (Allg)*
**anvulkanisiert** *adj (Mech)* **moulded** *adj (Mech)*
**anwärmen** *v (Hütt/Wlz)* **warm up** *v (Hütt/Wlz, Mech)*
**anwärmen** *v (Mech) (vorwärmen)* **preheat** *v (Mech)*
**Anwärmen der Dampfleitung** *nt (Hütt/Wlz)* **steam-line warm-up** *(Hütt/Wlz)*
**Anwärmzeit** *f (Hütt/Wlz)* **warm-up period** *(Hütt/Wlz)*
**anweisen** *v (Allg)* **assign** *v (Allg)*
**Anweisung befolgen** Anweisung befolgen *n:v (Allg)* **follow an instruction** *n:v (Allg)* **obey an order** *n:v (Allg)*
**Anweisung, ausdrücklich** ausdrückliche Anweisung *adj:n (Allg)* **strict order** *adj:n (Allg)*
**Anweisungsliste** *f (Allg)* **statement list** *(Allg)*
**anwendbar** *adj (Allg) (z.B. Theorie, Norm)* **applicable** *adj (Allg)* **practicable** *adj (Allg)*
**anwendbar, nicht** *adj (Allg)* **non-applicable** *adj (Allg)*
**anwenden** *v (Allg)* **apply** *v (Allg)*
**Anwendung** *f (Allg)* **application** *(Allg)* **use** *(Allg)* **utilisation** *(Mech)*
**Anwendung von Feuerschutzmitteln** *(Stb)* **fireproofing** *(Stb)*
**Anwendungsbereich** *m (Mech, Allg)* **scope of application** *(Allg)*
**Anwendungsfall** *m (Kfz)* **application** *(Kfz)*
**Anwendungsgebiet** *nt (Allg)* **scope** *(Allg)* (scope of supply)
**anwendungsorientiert** *adj (Allg)* **application-oriented** *adj (Allg)*
**Anwendungstechnik** *f (Kfz)* **application engineering** *(Kfz)*

**Anwendungsvielfalt** *f (Mech, Allg)* **wide range of application** *(Mech, Allg)*
**Anwerfkraft** *f (Kfz)* **cranking power** *(Kfz)*
**anwesend** *adj (Allg)* **present** *adj (Allg)*
**Anwohner** *m (Bau)* **resident** *(Bau)*
**Anzahl** *f (Allg)* **no.** *(Allg)* (Abv) **number** *(Allg)* **quantity** *(Allg)*
**Anzahl pro Zusammenstellung** *(Stb)* **quantity per assembly** *(Stb)*
**Anzapfdampf** *m (Hütt/Wlz)* **bled steam** *(Hütt/Wlz)*
**Anzapfdampf-Speisewasser-Vorwärmung** *f (Hütt/Wlz)* **bled steam feed-water heating** *(Hütt/Wlz)*
**anzapfen** *v (Hütt/Wlz)* **bleed** *v (Hütt/Wlz)* (extract)
**Anzapfleitung** *f (Hütt/Wlz)* **extraction steam line** *(Hütt/Wlz)*
**Anzapfstelle** *f (Hütt/Wlz)* **bled steam tapping point** *(Hütt/Wlz)*
**Anzapfung** *f (Hütt/Wlz) (Entnahme)* **bleeding** *(Hütt/Wlz)*
**Anzapfvorwärmer** *m (Hütt/Wlz)* **extraction steam preheater** *(Hütt/Wlz)*
**Anzeichen** *nt (Allg)* **sign** *(Allg)*
**Anzeichnen** *nt (Stb)* **laying out** *(Stb)* **marking off** *(Stb)*
**Anzeichnen** *nt (Stb) (Markieren)* **match-marking** *(Stb)*
**Anzeige** *f (Allg) (z.B. in einer Zeitung)* **advertisement** *(Allg)* **insertion** *(Allg)*
**Anzeige** *f (Hyd/Pneu) (Gerät, Konstruktion)* **indicator** *(Hyd, Mech)*
**Anzeige** *f (Mech, Hyd/Pneu)* **reading** *(Mech, Hyd/Pneu)*
**Anzeige, fehlerhaft** fehlerhafte Anzeige *adj:n (Allg)* **false indication** *adj:n (Allg)*
**Anzeigebereich** *m (Mech) (z.B. Thermometer)* **indicating range** *(Mech)*
**Anzeigemessinstrument** *nt (Hütt/Wlz)* **indicating measuring instrument** *(Hütt/Wlz)*
**anzeigend** *adj (Mech, Allg)* **indicating** *adj (Mech, Allg)*
**Anzeiger** *m (Hyd/Pneu)* **indicator** *(Hyd/Pneu)*
**Anzeigerarm** *m (Allg)* **indicator arm** *(Allg)*
**Anzeigethermometer** *nt (Hütt/Wlz)* **indicating thermometer** *(Hütt/Wlz)*
**Anzeigewaage** *f (Allg)* **dial balance** *(Allg)*
**Anziehdrehmoment** *nt (Mech) (für Schrauben)* **tightening torque** *(Mech)* (screw)
**Anziehdrehwerkzeug** *nt (Form)* **torquing tool** *(Form)*
**Anziehdrehwinkel** *m (Form)* **tightening angle** *(Form)* (e.g. +/– 2.5 degrees)
**anziehen** *v (Allg) (z.B. Aussagen)* **cite** *v (Allg)* **quote** *v (Allg)* **refer to** *v (Allg)*
**anziehen** *v (Mech) (z.B. Federn)* **stress** *v (Mech)* (spring) **tension** *v (Mech)*
**anziehen** *v (Mech) (z.B. Schrauben, Muttern usw.)* **tighten** *v (Mech)* (e.g. screws)
**anziehen** *v (Mech) (z.B. Zug, Auto)* **start moving** *v/i (Mech)* (e.g. train, car)
**anziehen** *v (Mech, Allg)* **draw** *v (Mech)* **pull** *v (Mech, Allg)*
**anziehen** *v (Mech, Allg) (Feuchtigkeit)* **absorb** *v (Mech, Stat, Allg)* (moisture)
**anziehen** *v (Mech, Allg) (an sich ziehen, z.B. Magnet – Metall)* **attract** *v (Mech, Allg)*
**Anziehungskraft** *f (Mech)* **attractive force** *(Mech)*
**Anzug** *m (Kfz) (Startvermögen)* **starting power**
**Anzugsdrehmoment** *nt (Mech)* **breakaway torque** *(Mech)* (motor)
**Anzugsdrehmomente** *pl nt (Mech)* **torque specification** *(Mech)*
**Anzugsmoment** *nt (Band)* **initial tension** *adj:n (Band)*
**Anzugsmoment** *nt (Mech) (Schraube)* **tightening torque** *(Mech)* (screw)
**Anzugsmoment der Mutter** *(Form)* **nut torque** *(Form)*
**Anzugsmoment, erforderlich** erforderliches Anzugsmoment *adj:n (Mech)* **specified breakaway torque** *adj:n (Mech)*
**Anzugsplan** *m (Mech) (für Schrauben)* **screw tightening drawing** *(Mech)*
**Anzugsvermögen** *nt (Mech) (Kfz)* **pick-up** *(Mech)* (pull)
**Anzugsvermögen, höchstes** höchstes Anzugsvermögen *adj:n (Mech)* **maximum pull** *adj:n (Mech)*
**anzünden** *v (Hütt/Wlz) (anstecken; z.B. Kessel)* **light up** *v (Hütt/Wlz)* (e.g. the boiler)
**AOT** *nt (Bg/Bergb) (Abk)* Auslegeroberteil **UP-BOOM** *(Bg/Bergb)* (Abv) **upper part of boom** *(Bg/Bergb)*
**Apparat** *m (Mech)* **device** *(Mech)*
**Apparat** *m (Stb) (Gerät)* **apparatus** *(Stb)*

**Apparaterohr** *nt (Form) (z.B. für Kessel)* **boiler tube** *(Form)*
**Applikationshinweise** *pl m (Anstr)* **instructions for application** *(Anstr)*
**Aquädukt** *m (Bau) (Wasserleitungsbrücke)* **aqueduct** *(Bau)*
**äquivalent** *adj (Mech, Allg)* **equivalent** *adj (Mech, Allg)*
**Arbeit** *f (Allg) (Arbeitsplatz)* **employment** *(Allg)* **job** *(Allg)* **occupation** *(Allg)*
**Arbeit** *f (Allg) (Bemühung)* **effort** *(Allg)*
**Arbeit** *f (Allg) (Dienstleistung)* **service** *(Allg)*
**Arbeit** *f (Allg) (geschäftlich)* **business** *(Allg)*
**Arbeit** *f (Allg) (Leistung)* **performance** *(Allg)*
**Arbeit** *f (Mech, Allg) (z.B. Maschine)* **operation** *(Mech, Allg)* **work** *(Allg)*
**Arbeit** *f (Mech) (Art der Ausführung)* **workmanship** *(Mech)*
**Arbeit aufnehmen** *n:v (Allg)* **take up work** *n:v (Allg)*
**Arbeit ausführen** *n:v (Allg)* **carry out work** *n:v (Allg)* **execute work** *n:v (Allg)*
**Arbeit beenden** *n:v (Allg)* **cease work** *n:v (Allg)*
**Arbeit beginnen** *n:v (Allg)* **start working** *v (Allg)*
**Arbeit nachholen** *n:v (Allg)* **catch up on one's work** *n:v (Allg)*
**Arbeit überwachen** *n:v (Allg)* **supervise work** *n:v (Allg)*
**Arbeit vorantreiben** *n:v (Allg)* **press on work** *n:v (Allg)*
**Arbeit, fertig gestellt** fertig gestellte Arbeit *adj:n (Mech, Mont)* **completed work** *adj:n (Mech, Allg)*
**Arbeit, gefahrengeneigt** gefahrengeneigte Arbeit *adj:n (Mech, Mont)* **hazardous work** *adj:n (Mech, Mont)*
**Arbeit, körperlich** körperliche Arbeit *adj:n (Allg)* **physical work** *adj:n (Allg)*
**Arbeit, langwierig** langwierige Arbeit *adj:n (Allg)* **long job** *adj:n (Allg)*
**Arbeit, laufend** laufende Arbeit *adj:n (Allg)* **work running** *(Allg)*
**Arbeit, mangelhaft** mangelhafte Arbeit *adj:n (Allg)* **failure from workmanship** *(Allg)*
**Arbeit, mechanisch** mechanische Arbeit *adj:n (Mech, Allg)* **mechanical work** *adj:n (Mech)*
**Arbeit, nützlich** nützliche Arbeit *adj:n (Allg)* **useful work** *adj:n (Allg)*
**Arbeit, nützlich leisten** nützliche Arbeit leisten *n:v (Allg)* **perform useful work** *n:v (Allg)*
**Arbeit, unerledigt** unerledigte Arbeit *adj:n (Allg)* **unfinished work** *adj:n (Allg)*
**Arbeit, ungelernt** ungelernte Arbeit *adj:n (Allg)* **unskilled work** *adj:n (Allg)*
**Arbeit, vorbereitend** vorbereitende Arbeit *adj:n (Allg)* **preparatory work** *adj:n (Allg)*
**Arbeit, vordringlich** vordringliche Arbeit *adj:n (Allg)* **priority job** *(Allg)* **work of immediate urgency** *(Allg)*
**Arbeit, vorzüglich** vorzügliche Arbeit *adj:n (Allg)* **first-class work** *(Allg)*
**Arbeit, zugewiesen** zugewiesene Arbeit *adj:n (Allg)* **assigned task** *adj:n (Allg)*
**Arbeit, zusätzlich** zusätzliche Arbeit *n:adj (Allg)* **additional work** *adj:n (Allg)*
**arbeiten** *v/i (Mech, Allg)* **function** *v/i (Mech)* **operate** *v/i (Mech, Allg)* **run** *v/i (Mech)* **work** *v/i (Mech, Allg)*
**arbeitend, kontinuierlich** kontinuierlich arbeitend *adv:adj (Mech)* **continuously working** *adv:adj (Mech)*
**arbeitend, versetzt** versetzt arbeitend *adv:adj (Bg/Bergb)* **offset-working** *adj (Bg/Bergb)*
**Arbeiter** *m (Allg)* **employee** *(Allg)* **worker** *(Allg)*
**Arbeiter** *m (Allg) (z.B. ungelernter Arbeiter)* **workman** *(Allg)* (e.g. unskilled worker)
**Arbeiter, gelernt** gelernter Arbeiter *adj:n (Allg)* **skilled worker** *adj:n (Allg)*
**Arbeiter, ungelernt** ungelernter Arbeiter *adj:n (Allg)* **unskilled worker** *adj:n (Allg)*
**Arbeitgeber** *m (Allg)* **employer** *(Allg)*
**Arbeitnehmer** *m (Allg)* **employee** *(Allg)* **worker** *(Allg)*
**Arbeitsablauf** *m (Allg) (Arbeitsfolge)* **flow of work** *(Allg)* **sequence of work** *(Allg)*
**Arbeitsablauf** *m (Mech)* **operating cycle** *(Mech)*
**Arbeitsablauf** *m (Mech)* **process** *(Mech, Allg)*
**Arbeitsablauf in der Fertigung** *(Mech)* **course of manufacture** *(Mech)*
**Arbeitsablaufgeräte** *pl nt (Kfz)* **controls assemblies** *pl (Kfz)*

**Arbeitsablaufplan** *m (Allg) (Plan für die Arbeitsfolge)* **work schedule** *(Allg)*
**Arbeitsablaufstudie** *f (Mech)* **flow-process study** *(Mech)*
**Arbeitsanalyse** *f (Allg)* **work analysis** *(Allg)*
**Arbeitsanfall** *m (Allg)* **amount of work** *(Allg)* **work load** *(Allg)*
**Arbeitsanweisung** *f (Allg)* **instruction** *(Allg)* **work instruction** *(Allg)*
**Arbeitsauftragsnummer** *f (Allg)* **work order number** *(Allg)*
**Arbeitsauftragsverarbeitung** *f (Allg)* **manufacturing order processing** *(Allg)*
**Arbeitsaufwand** *m (Mech, Allg)* **effort** *(Allg)*
**Arbeitsausrüstung** *f (Bg/Bergb) (z.B. des Baggers)* **attachment** *(Bg/Bergb)* (auxiliary attachment)
**Arbeitsbank** *f (Mech)* **workbench** *(Mech)*
**Arbeitsbedingungen** *pl f (Mech, Allg)* **working conditions** *pl (Mech, Allg)*
**Arbeitsbeginn** *m (Allg)* **commencement of work** *(Allg)* **start of work** *(Allg)*
**Arbeitsbelastung** *f (Allg)* **work load** *(Allg)*
**Arbeitsbereich** *m (Allg) (Fachgebiet)* **area of work** *(Allg)* **domain** *(Allg)*
**Arbeitsbereich** *m (Allg) (z.B. in der Werkshalle)* **working area** *(Allg)*
**Arbeitsbereich** *m (Bg/Bergb) (des Baggers)* **slewing range** *(Mech, Bg/Bergb)* **swing range** *(Mech, Bg/Bergb)*
**Arbeitsbereich** *m (Mech) (Elektromechanik)* **operating range** *(Mech)*
**Arbeitsbereich** *m (Mech) (Reichweite)* **outreach** *(Mech, Bg/Bergb)* **radius** *(Mech, Bg/Bergb)*
**Arbeitsbereichsbegrenzung** *f (Mech)* **operating range limit** *(Mech)*
**Arbeitsbericht** *m (Allg)* **manufacturing report** *(Allg)* **performance report** *(Allg)* **progress report** *(Allg)*
**Arbeitsbeschaffungsmaßnahme** *f (Allg)* **work-creation program** *(Allg)*
**Arbeitsbescheinigung** *f (Allg) (Nachweis über Arbeitsfortschritte)* **progress certificate** *(Allg)*
**Arbeitsbeschreibung** *f (Allg)* **description of work** *(Allg)*
**Arbeitsbewegung** *f (Bg/Bergb)* **working motion** *(Bg/Bergb)*
**Arbeitsböschung** *f (Bg/Bergb)* **working-slope** *(Bg/Bergb)*
**Arbeitsböschung** *f (Bg/Bergb) (des Baggers)* **digging face** *(Bg/Bergb)*
**Arbeitsböschungswinkel** *m (Bg/Bergb)* **face angle** *(Bg/Bergb)*
**Arbeitsbreite** *f (Bg/Bergb)* **working width** *(Bg/Bergb)*
**Arbeitsbühne** *f (Mech)* **working platform** *(Mech)*
**Arbeitsdruck** *m (Mech) (Arbeitsstahl der Werkzeugmaschinen)* **tool thrust** *(Mech)*
**Arbeitsdruck** *m (Mech, Hyd/Pneu)* **operating pressure** *(Hütt/Wlz)* **working pressure** *(Mech, Hyd/Pneu)*
**Arbeitsergebnis** *nt (Allg)* **productivity** *(Allg)*
**arbeitsfähig** *adj (Form)* **able to function** *(Form)* **functioning** *adj (Form)*
**Arbeitsfeld** *nt (Allg)* **field of action** *(Allg)* **sphere of action** *(Allg)*
**Arbeitsfertigkeit** *f (Allg)* **skill** *(Allg)*
**Arbeitsfläche** *f (Mech)* **working surface** *(Mech)*
**Arbeitsflanke** *f (Mech) (Getriebe)* **working flank** *(Mech)*
**Arbeitsformen** *pl f (Allg)* **modes of working** *(Allg)*
**Arbeitsfortschritt** *m (Allg)* **current status of contract** *(Allg)*
**Arbeitsfront** *f (Bg/Bergb)* **working-line** *(Bg/Bergb)*
**Arbeitsfuge** *f (Stb)* **construction joint** *(Stb)*
**Arbeitsgang** *m (Allg)* **working step** *(Allg)*
**Arbeitsgang** *m (Kfz) (in der Lagerhalle)* **working aisle** *(Kfz)*
**Arbeitsgelände** *nt (Mech, Allg)* **work area** *(Mech, Allg)*
**Arbeitsgeschwindigkeit** *f (Mech)* **operating speed** *(Mech)*
**Arbeitsgestaltung** *f (Allg)* **job design** *(Allg)*
**Arbeitsgewicht** *nt (Bg/Bergb, Umschl)* **service weight** *(Bg/Bergb, Umschl)* (incl. live load) **weight in operation** *(Bg/Bergb, Umschl)*
**Arbeitsgruppe** *f (Allg)* **task force** *(Allg)*
**Arbeitshub** *m (Kfz)* **power stroke** *(Kfz)* **working stroke** *(Kfz)*
**Arbeitsinstruktion** *f (Allg)* **work instruction** *(Allg)*
**arbeitsintensiv** *adj (Allg)* **labour-intensive** *adj (Allg)*

**Arbeitskennziffer** *f (Allg)* **work code number** *(Allg)*
**Arbeitskette** *f (Allg)* **working sequence** *(Allg)*
**Arbeitskolben** *m (Bg/Bergb) (Schmieranlage)* **operating stroke** *(Bg/Bergb)* (lubrication system)
**Arbeitslast** *f (Allg)* **work load** *(Allg)*
**Arbeitsleistung** *f (Mech) (z.B. einer Maschine)* **performance** *(Mech)* (work, production)
**Arbeitsleitung** *f (Stb)* **work pipe** *(Stb)*
**Arbeitslosigkeit** *f (Allg)* **unemployment** *(Allg)*
**Arbeitsmaschine** *f (Mech) (zur Herstellung)* **machine** *(Mech)* (e.g. tool machine)
**Arbeitsmedium** *nt (Hütt/Wlz)* **working medium** *(Hütt/Wlz)*
**Arbeitsmethode** *f (Allg) (Vorgehensweise)* **working method** *(Allg)*
**Arbeitspensum** *nt (Allg)* **quota of work** *(Allg)*
**Arbeitsschutzkleidung** *f (Bg/Bergb)* **protective clothing** *(Bg/Bergb)*
**Arbeitsschutzmaßnahmen** *pl f (Allg)* **safety precautions** *pl (Allg)*
**arbeitssparend** *adj (Allg)* **energy-saving** *adj (Allg)*
**Arbeitsstellung** *f (Mech)* **operating position** *(Kfz)* **working position** *(Mech)*
**Arbeitsstiefel** *m (Allg)* **safety boot** *(Allg)*
**Arbeitsstoffverordnung** *f (Allg) (in Deutschland)* **working material regulation** *(Allg)* (in Germany)
**Arbeitsstück** *nt (Form)* **work piece** *(Form)*
**Arbeitstemperatur** *f (Mech)* **operating temperature** *(Mech)*
**Arbeitsüberlastung** *f (Allg)* **excess of work** *(Allg)*
**Arbeitsumfang** *m (Allg)* **scope of work** *(Allg)*
**Arbeitsunterbrechung** *f (Allg)* **suspension of work** *(Allg)*
**Arbeitsverfahren** *nt (Allg)* **working method** *(Allg)*
**Arbeitsvolumen** *nt (Allg)* **amount of work** *(Allg)* **work volume** *(Allg)*
**Arbeitsvorbereiter** *m (Allg)* **methods engineer** *(Allg)*
**Arbeitsvorgabe** *f (Allg)* **work assignment** *(Allg)*
**Arbeitswalze** *f (Zer)* **work roll** *(Zer)*
**Arbeitsweg** *m (Form) (Hub der Feder)* **duty stroke** *(Form)*
**Arbeitsweise** *f (Allg) (Verfahren)* **working method** *(Allg)*
**Arbeitsweise** *f (Mech, Allg)* **functioning** *(Mech)* **method of operation** *(Mech)* **mode of operation** *(Mech)*
**Arbeitsweise, diskontinuierlich** diskontinuierliche Arbeitsweise *adj:n (Allg)* **discontinuous handling** *adj:n (Allg)*
**Arbeitswerkzeug** *nt (Form)* **working tool** *(Form)*
**Arbeitswindung** *f (Bg/Bergb) (Seil auf Trommel)* **operational winding** *(Bg/Bergb)* (rope on pulley)
**Arbeitszeit** *f (Mech, Allg) (Maschine)* **operating time** *(Mech, Allg)*
**Arbeitszone** *f (Kfz)* **working-range** *(Kfz)*
**Arbeitszyklus** *m (Mech) (Elektromechanik)* **operating cycle** *(Mech)*
**Arbeitszyklus** *m (Mech) (Fertigung)* **production cycle** *(Mech)*
**Arbeitszyklus** *m (Mech) (Maschine)* **machining cycle** *(Mech)*
**AREA Stahlplatte** *f (Bahn)* **AREA base plate** *(Bahn)* (between rail and tie)
**Arm der Radspannscheibe für den Lüfter** *(Kfz)* **fan belt adjusting pulley bracket** *(Kfz)*
**Armatur** *f (Hyd/Pneu)* **armature** *(Hyd/Pneu)* **pipe mounted valve** *(Hyd/Pneu)*
**Armaturen** *pl f (Hütt/Wlz)* **mountings** *pl (Hütt/Wlz)*
**Armaturen** *pl f (Hyd/Pneu) (Rohrleitungen)* **valves and fittings** *(Hyd/Pneu)*
**Armaturen** *pl f (Mech) (Kabel)* **accessories** *pl (Mech)* **fittings** *pl (Mech)*
**Armaturen, fein** feine Armaturen *adj:n (Hyd/Pneu)* **valves and fittings** *(Hyd/Pneu)*
**Armaturen, grob** grobe Armaturen *adj:n (Mech)* **accessories** *pl (Mech)*
**Armaturenantrieb** *m (Hütt/Wlz)* **valve operating gear** *(Hütt/Wlz)*
**Armaturenbeleuchtung** *f (Kfz)* **dash light** *(Kfz)* **dashboard lights** *pl (Kfz)*
**Armaturenblech** *nt (Form)* **dashboard** *(Kfz, Form)*
**Armaturenbrett** *nt (Mech) (Kfz)* **dashboard** *(Kfz, Form)* **instrument panel** *(Mech)* (e.g. of a car)

**Armaturenbrettschutz** *m (Kfz)* **instrument panel guard** *(Kfz)*
**Armaturendom** *m (Bahn) (z.B. an Crompton-Lok)* **fixture dome** *(Bahn)*
**Armaturengehäuse** *nt (Kfz)* **instrument housing** *(Kfz)*
**Armaturenkasten** *m (Mech)* **instrument panel** *(Mech)* (e.g. of a car)
**Armaturentafel** *f (Mech)* **instrument panel** *(Mech)* (e.g. of a car)
**Armfeile** *f (Mech, Mont)* **square rubber file** *(Mech, Mont)*
**Armgas** *nt (Chem)* **lean gas** *adj:n (Chem)*
**armiert** *adj (Kfz) (glasfaserverstärkt)* **glass-fibre reinforced** *adj (Kfz)*
**armiert** *adj (Mech)* **armoured** *adj (Mech)* **sheathed** *adj (Mech)*
**Armierung** *f (Form) (im Reifenwulst)* **bead** *(Form)* (reinforcement of tire pad)
**Armierung** *f (Stb) (Bewehrung)* **reinforcement** *(Stb)*
**Armlehne** *f (Mech)* **armrest** *(Mech)*
**Armstütze** *f (Kfz)* **arm rest** *(Kfz)*
**Arrangement** *nt (Allg)* **arrangement** *(Mech, Allg)*
**Arretierbolzen** *m (Mech)* **locking bolt** *(Mech)* **retention bolt** *(Mech)*
**Arretierhebel** *m (Mech)* **blocking lever** *(Mech)* **stopping lever** *(Mech)*
**Arretiernute** *f (Form)* **locking notch** *(Form)*
**Arretierstift** *m (Mech)* **blocking pin** *(Mech)* **locking peg** *(Kfz)* **retention pin** *(Mech)*
**Arretierung** *f (Bg/Bergb) (des Drehmomentenwandlers)* **lock-up** *(Bg/Bergb, Mech)*
**Arretierung** *f (Bg/Bergb) (zwischen Plattform und Unterbau eines Baggers)* **locking device** *(Bg/Bergb)* (excavator)
**Arretierung** *f (Form) (des Oberwagens)* **lock** *(Mech, Bg/Bergb)* **lock pin** *(Mech)*
**Arretierung** *f (Form) (Raste, Schlitz)* **arrester** *(Form)*
**Arretierung** *f (Mech)* **locking device** *(Mech, Bg/Bergb)*
**Arretierung** *f (Mech) (beweglicher Anschlag)* **detent** *(Mech)*
**Arretierungshebel** *m (Mech)* **blocking lever** *(Mech)*
**Arrondieren** *nt (Form)* **rounding** *(Form)*
**arrondiert** *adj (Form)* **rounded** *adj (Mech)*
**Art** *f (Allg) (Benennung)* **specific name** *adj:n (Allg)*
**Art** *f (Allg) (Klasse)* **classification** *(Allg)* (e.g. fields of activities, accounts)
**Art** *f (Allg) (Machart)* **design** *(Mech, Allg)*
**Art** *f (Allg) (Methode)* **method** *(Allg)* **mode** *(Allg)* **way** *(Allg)* (mode of doing s.th.)
**Art** *f (Allg) (Qualität)* **grade** *(Allg)*
**Art** *f (Allg) (Sorte)* **kind** *(Allg)* **sort** *(Allg)* **type** *(Allg)* (sort, kind)
**Art** *f (Allg) (Wesen, Natur)* **nature** *(Allg)* (characteristic)
**Art** *f (Mech, Allg) (Bauart, Modell)* **type** *(Allg)* (sort, kind)
**Art der Anwendung** *(Allg) (Baumaschine)* **mode of application** *(Allg)* (of machine)
**Art der Anwendung** *(Allg) (Verfahrensart)* **mode of process** *(Allg)*
**Artbezeichnung** *f (Allg)* **specific name** *adj:n (Allg)*
**artfremd** *adj (Allg)* **uncharacteristic** *adj (Allg)*
**artgleich** *adj (Allg)* **identical** *adj (Allg)* (to / with) **similar** *adj (Allg)*
**artgleich, nicht** nicht artgleich *adv:adj (Allg)* **dissimilar** *adj (Allg)*
**ASA** *(Allg) (Amerikanische Normengesellschaft)* **ASA** *(Allg)*
**Asbest** *m (Bg/Bergb)* **asbestos** *(Bg/Bergb)*
**Asbest, gespritzt** gespritzter Asbest *adj:n (Bau)* **sprayed asbestos** *adj:n (Bau)*
**Asbestdichtung** *f (Hütt/Wlz)* **asbestos sealing** *(Hütt/Wlz)*
**Asbestmantel-Elektrode** *f (Schw)* **quasi arc-welding** *(Schw)*
**Asbestschnur** *f (Hütt/Wlz)* **asbestos rope** *(Hütt/Wlz)*
**Asche** *f (Bg/Bergb) (Schlacke, Zunder)* **cinder** *(Bg/Bergb, Hütt/Wlz)* (slag)
**Asche** *f (Hütt/Wlz)* **ash** *(Hütt/Wlz)* **slag** *(Bg/Bergb, Hütt/Wlz)*
**Aschenabsetzbecken** *nt (Hütt/Wlz)* **ash pit** *(Hütt/Wlz)*
**Aschenabzug** *m (Hütt/Wlz)* **ash extractor** *(Hütt/Wlz)*
**Aschenabzugsöffnung** *f (Hütt/Wlz)* **ash-discharge opening** *(Hütt/Wlz)*
**Aschenbecher** *m (Bau)* **ashtray** *(Bau)*
**Aschenbeseitigung** *f (Hütt/Wlz)* **ash disposal** *(Hütt/Wlz)* **ash removal** *(Hütt/Wlz)*

**Ascheneinbindung** *f (Hütt/Wlz)* **ash retention** *(Hütt/Wlz)*
**Aschenfangrost** *m (Hütt/Wlz)* **water ash screen** *(Hütt/Wlz)*
**Aschenfließtemperatur** *f (Hütt/Wlz)* **ash fusion temperature** *(Hütt/Wlz)*
**aschenfrei** *adj (Hütt/Wlz)* **ash-free** *adj (Hütt/Wlz)* **mineral matter free** *adj (Hütt/Wlz)*
**Aschengehalt** *m (Hütt/Wlz)* **ash content** *(Hütt/Wlz)*
**Aschenkasten** *m (Bahn) (Dampflok)* **ashpan** *(Bahn)*
**Aschenklappe** *f (Hütt/Wlz) (Rostkessel)* **ash compartment isolating damper** *(Hütt/Wlz)*
**Aschenpumpe** *f (Hütt/Wlz) (Spülentaschung)* **ash pump** *(Hütt/Wlz)*
**aschenreich** *(Hütt/Wlz)* **rich in ash** *(Hütt/Wlz)*
**Aschentrichter** *m (Hütt/Wlz)* **ash hopper** *(Hütt/Wlz)* **cinder hopper** *(Hütt/Wlz)*
**Aschenverflüchtigung** *f (Hütt/Wlz)* **ash volatilisation** *(Hütt/Wlz)*
**Aschenverkippung** *f (Hütt/Wlz)* **ash disposal** *(Hütt/Wlz)* **slag disposal** *(Hütt/Wlz)*
**Aschkasten** *m (Bahn) (Dampflok)* **ashpan** *(Bahn)*
**Asphalt** *m (Bg/Bergb)* **asphalt** *(Bg/Bergb)* **tarmac** *(Bg/Bergb, Bau)*
**Asphaltanstrich** *m (Stb)* **asphalt coating** *(Stb)*
**Asphaltbeton** *f (Bau) (z.B. in Verschleißdecke)* **asphalt concrete** *(Bau)*
**Asphaltbetonstraße** *f (Bau)* **asphalt concrete road** *(Bau)*
**Asphaltene** *pl (Chem)* **asphaltenes** *pl (Chem)*
**Asphaltkitt** *m (Stb)* **asphalt mastic** *(Stb)*
**Asphaltschollen** *m (Bau)* **asphalt slabs (go to crusher)** *(Bau)*
**Asphaltstraße** *f (Bau)* **tarmac road** *(Bau)*
**Asphaltwanne** *f (Bau)* **asphalt tanking** *(Bau)*
**ASR** *f (Kfz) (Abk)* **anti-slip control** *(Kfz)* **ASR** *(Kfz)* (Abv)
**Astat** *nt (Bg/Bergb) (nichtmetallisches Element)* **astatine** *(Bg/Bergb)* (halogen)
**Astsäge** *f (Werkz)* **keyhole saw** *(Werkz)*
**asymmetrisch** *adj (Bg/Bergb)* **offset** *adj (Bg/Bergb)*
**asymmetrisch** *adj (Mech, Allg)* **asymmetrical** *adj (Mech, Allg)* **unsymmetrical** *adj (Mech, Allg)*
**asynchron** *adj (Mech)* **asynchronous** *adj (Mech)* **non-synchronous** *adj (Mech)*
**AT-Teil** *nt (Mech) (Abk)* **exchange part** *(Mech)* **return part** *(Mech)*
**Atemschutzapparat** *m (Mont)* **respirator** *(Mont)*
**Äther-Anlasser** *m (Kfz) (bei niedrigen Temperaturen)* **ether start** *(Kfz)*
**Äther-Start** *m (Kfz) (bei niedrigen Temperaturen)* **ether start** *(Kfz)*
**Ätherstarthilfe** *f (Kfz)* **ether starting aid** *(Kfz)*
**Ätherzerstäuber** *m (Kfz)* **ether discharger** *(Kfz)*
**Atmosphäre** *f (Mech)* **atmosphere** *(Mech)*
**Atmosphäre, korrodierend** korrodierende Atmosphäre *adj:n (Mech)* **corrosive atmosphere** *adj:n (Mech)*
**Atmosphäre, oxidierend** oxidierende Atmosphäre *adj:n (Anstr)* **oxydizing atmosphere** *adj:n (Anstr)*
**Atmosphärenüberdruck** *m (Mech, Hyd/Pneu)* **atm.gg.** *(Mech, Hyd/Pneu)* (Abv) **gauge pressure in atmospheres** *(Mech, Hyd/Pneu)*
**atmosphärisch** *adj (Allg)* **atmospheric** *adj (Allg)*
**Atmungsapparat** *m (Mont)* **respirator** *(Mont)*
**Atmungsfilter** *m (Hyd/Pneu)* **breather** *(Hyd/Pneu)*
**Atmungsmaske** *f (Mont)* **breathing mask** *(Mont)*
**Attika** *f (Stb) (z.B. Gurtsims, Dachverkleidung)* **fascia** *(Stb)* (on top of roof)
**Attrappe** *f (Allg)* **dummy** *(Allg)*
**Atü** *m (Mech, Hyd/Pneu) (Abk)* **atm.gg.** *(Mech, Hyd/Pneu)* (Abv) **gauge pressure in atmospheres** *(Mech, Hyd/Pneu)*
**ätzen** *v (Anstr) (fressen)* **corrode** *v (Anstr)*
**ätzen** *v (Form)* **etch** *v (Form)*
**Ätzmittel** *nt (Chem)* **etchant** *(Chem)* **etching reagent** *(Chem)*
**Ätzmittel** *nt (Hyd/Pneu) (Hydraulik)* **corroding agent** *(Hyd/Pneu)*
**Ätzstoff** *m (Chem)* **etchant** *(Chem)*
**Ätzstoff** *m (Hyd/Pneu)* **corroding agent** *(Hyd/Pneu)*

**Auf- und Ablade-Nebengleise** *(Bahn)* **loading and discharge side tracks** *(Bahn)*
**aufarbeiten** *v (Mech) (restaurieren)* **recondition** *v (Mech)* **refurbish** *v (Mech)* (e.g. an old car)
**aufarbeiten** *v (Mech, Anstr) (leicht reparieren)* **touch up** *v (Anstr, Mech)* (paint)
**Aufbau** *m (Allg) (z.B. eines Briefes)* **composition** *(Allg)* (e.g. of a letter)
**Aufbau** *m (Geo, Mech) (Gefüge, Struktur)* **structure** *(Geo, Mech)*
**Aufbau** *m (Geo, Mech, Allg) (Form)* **configuration** *(Geo, Mech, Allg)* **layout** *(Mech, Allg)*
**Aufbau** *m (Hyd, Mech, Allg) (z.B. von Druck, eines Lagers)* **build-up** *(Hyd, Mech, Allg)*
**Aufbau** *m (Mech) (Außen-, Obenaufbau)* **surface mounting** *(Mech)*
**Aufbau** *m (Mech, Allg) (Bauart)* **construction** *(Mech, Allg)* **design** *(Mech, Allg)*
**Aufbau** *m (Mech, Allg) (Montage, Errichtung)* **assembly** *(Mech)* **erection** *(Mech, Mont)* **installation** *(Mech, Mont)*
**Aufbau der Maschine** *(Kfz)* **machine construction** *(Kfz)*
**Aufbau, innen** innerer Aufbau *adj:n (Mech)* **internal structure** *adj:n (Mech)*
**Aufbauarbeiten** *pl f (Mech, Allg)* **reconstruction work** *(Mech, Allg)*
**Aufbauchen** *nt (Hyd/Pneu) (unerwünschtes Aufblähen)* **bulging** *(Hyd/Pneu)* **bulging** *(Form)* (e.g. of a cylinder or hose)
**Aufbaueinheit** *f (Mech)* **construction unit** *(Mech)*
**aufbauen** *v (Allg) (gestalten, z.B. Organisation, Landschaft, Geschäft)* **build up** *v (Allg)*
**aufbauen** *v (Allg) (z.B. Aufsatz, Rede, Organisation, Komposition)* **structure** *v (Allg)*
**aufbauen** *v (Mech) (montieren, zusammenbauen)* **assemble** *v (Mech, Mont)* **erect** *v (Mech)* **install** *v (Allg)*
**aufbauen** *v (Mech, Allg) (bauen, konstruieren)* **build** *v (Mech, Bau, Allg)* **construct** *v (Mech, Allg)*
**aufbauen** *v (Mech, Allg) (daraufbauen, z.B. Stockwerk)* **add** *v (Mech, Allg)* (on) **build on** *v (Mech, Allg)*
**aufbauen** *v (Mech, Hyd/Pneu) (z.B. Druck, magnetisches Feld)* **build up** *v (Allg)*
**aufbauen** *v (Mech, Allg) (wieder aufbauen)* **rebuild** *v (Mech, Allg)*
**Aufbaumontage** *f (Mech)* **surface mounting** *(Mech)*
**Aufbaustütze** *f (Kfz) (z.B. auf Dumptruck)* **body support** *(Kfz)*
**Aufbauten** *pl (Form) (z.B. für Dumper)* **body assembly** *(Form)*
**Aufbauten** *pl (Schiff) (z.B. eines Schiffes)* **superstructure** *(Schiff)*
**Aufbauträger** *m (Kfz) (z.B. auf Dumptruck)* **body support** *(Kfz)*
**Aufbauwinker** *m (Kfz)* **mounted direction indicator** *(Kfz)*
**aufbereiten** *v (Allg) (z.B. Informationsmaterial)* **develop** *v (Allg)* (e.g. an organization)
**aufbereiten** *v (Aufb) (Erz)* **dress** *v (Mech, Mont, Bg/Bergb)*
**aufbereiten** *v (Aufb) (z.B. Kohle)* **prepare** *v (Aufb)* **process** *v (Mech, Mont, Aufb)*
**aufbereiten** *v (Chem) (Öl)* **recondition** *v (Chem)* (oil)
**Aufbereitung** *f (Aufb) (Erz)* **beneficiation** *(Aufb)* (ore) **dressing** *(Aufb)* (ore)
**Aufbereitung** *f (Aufb) (Kohle)* **preparation** *(Bg/Bergb)* (coal) **treatment** *(Bg/Bergb)* (coal)
**Aufbereitung** *f (Aufb, Allg)* **processing** *(Aufb, Allg, Hütt/Wlz)*
**Aufbereitung** *f (Chem) (Öl)* **reconditioning** *(Chem)* (oil)
**Aufbereitungsanlage** *f (Aufb) (z.B. für Kohle, Erze und sonstige Mineralien)* **materials preparation plant** *(Aufb)*
**Aufbereitungsanlage, nassmechanisch** nassmechanische Aufbereitungsanlage *adj:n (Aufb)* **wet-mechanical dressing plant** *adj:n (Aufb)*
**Aufbereitungssystem** *nt (Bg/Bergb)* **processing system** *(Bg/Bergb)*
**Aufbereitungstechnik** *f (Aufb)* **materials preparation technology** *(Aufb)*
**aufbessern** *v (Mech, Allg) (z.B. modernisieren)* **refurbish** *v (Mech)* (e.g. an old car) **revamp** *v (Mech)*
**aufbewahren** *v (Allg)* **keep** *v (Allg)* **preserve** *v (Allg)*
**aufbiegen** *v (Stb)* **bend up** *v (Stb)*

**aufblähen** *v (Mech) (z.B. Schlauch, Währung)* **inflate** *v (Mech)*
**aufblähen** *v/i (Geo, Phys)* **swell** *v/i (Geo)*
**Aufblasstahl** *m (Form)* **BOF steel** *(Form)*
**Aufblendlicht** *nt (Kfz)* **travelling light** *(Kfz)*
**aufbocken** *v (Bg/Bergb, Mont)* **jack up** *v (Mech, Bg/Bergb)* **prop** *v (Stb)* (stay) **prop up** *v (Mech, Mont)*
**aufbohren** *v (Mech, Mont)* **bore** *v (Mech, Mont)*
**aufbördeln** *v (Mech, Mont)* **bead** *v (Mech, Mont)*
**aufbrausen** *v (Form)* **bubble up** *v (Form)*
**aufbrechen** *v (Bg/Bergb) (z.B. Boden)* **break** *v (Bg/Bergb)*
**Aufbrechhammer** *m (Bg/Bergb) (am Hydraulikbagger)* **breaker** *(Bg/Bergb)* (excavator)
**Aufbrechkraft** *f (Bg/Bergb)* **breakout force** *(Bg/Bergb)*
**Aufbringen** *nt (Anstr)* **application** *(Anstr, Allg)*
**aufbringen** *v (Anstr) (z.B. Farbe)* **apply** *v (Allg)* **brush on** *v (Anstr)*
**Aufbringung** *f (Anstr)* **application** *(Anstr, Allg)*
**Aufbruchhammer** *m (Bg/Bergb)* **breaker** *(Bg/Bergb)* (excavator)
**aufdecken** *v (Allg) (entdecken)* **detect** *v (Allg)* (discover)
**Aufdoldung** *f (Bg/Bergb) (Seil)* **bird-caging** *(Bg/Bergb)* **untwisting** *(Bg/Bergb)*
**aufdornen** *v (Mech)* **drift** *v (Mech)* (e.g. a hole) **enlarge with a drift** *(Mech)*
**Aufdornwerkzeug** *nt (Mont, Werkz) (in der Metallbearbeitung)* **reamer** *(Mont, Werkz)*
**Aufdrehen** *nt (Bg/Bergb) (Seil)* **bird-caging** *(Bg/Bergb)* **untwisting** *(Bg/Bergb)*
**aufdrücken** *v (Mech)* **force** *v (Mech)* (force against) **press** *v (Mech)* (press on)
**Aufenthalt im Gefahrenbereich** *(Bg/Bergb)* **stay clear of machine** *(Bg/Bergb)* (on a sign)
**Aufenthaltsdauer** *f (Allg)* **duration of stay** *(Allg)* **length of stay** *(Allg)*
**Aufenthaltserlaubnis** *f (Allg)* **residence permit** *(Allg)*
**Auffahr-Anhalte-Entfernung** *f (Bg/Bergb)* **stopping distance to prevent collision** *(Bg/Bergb)*
**Auffahrkraft** *f (Kfz)* **impact force** *(Kfz)*
**Auffahrt** *f (Stb)* **access** *(Mech, Allg)* **approach** *(Stb)* (e.g. ramp)
**Auffangbunker** *m (Umschl)* **collecting bin** *(Umschl)* **surge bin** *(Umschl)*
**auffangen** *v (Hyd/Pneu, Mech) (z.B. Flüssigkeiten, Schmutz)* **collect** *v (Mech, Hyd/Pneu, Allg)*
**Auffangtrichter** *m (Zer) (z.B. Autogenmühle)* **fine material bypass** *(Zer)*
**Auffangwanne** *f (Mech)* **catch basin** *(Mech)*
**auffinden** *v (Allg)* **discover** *v (Allg)* **find** *v (Allg)* **locate** *v (Mech, Allg)* **trace** *v (Mech, Allg)* (a sign, an object etc.)
**auffordern** *v (Allg)* **request** *v (Allg)*
**auffüllen** *v (Umschl, Bg/Bergb, Hyd)* **back-fill** *v (Bg/Bergb, Mont)* **fill up** *v (Mech, Hyd/Pneu)* **refill** *v (Mech, Hyd/Pneu)*
**Auffüllung** *f (Bg/Bergb)* **backfill** *(Bg/Bergb)* **embankment** *(Bg/Bergb, Bau)*
**Aufgabe** *f (Bg/Bergb, Umschl, Band, Zer) (Ladevorgang)* **loading** *(Mech, Wirt/jur)*
**Aufgabe** *f (Bg/Bergb, Umschl) (Ort der Aufgabe, z.B. bei Fördergut)* **feed end** *(Band, Umschl)* **feed zone** *(Band)*
**Aufgabe** *f (Bg/Bergb) (Übergabe von Fördergut)* **transfer** *(Bg/Bergb)*
**Aufgabe** *f (Bg/Bergb) (von Fördergut)* **feed** *(Bg/Bergb)* (of material)
**Aufgabe** *f (Math, Allg) (Mathematik)* **problem** *(Math, Allg)* (mathematics)
**Aufgabe an die Werkstatt** *(Mech)* **processing to the workshop** *(Mech)*
**Aufgabe, schonend** schonende Aufgabe *adj:n (Bg/Bergb, Umschl)* **cushioned transfer** *adj:n (Bg/Bergb, Umschl)*
**Aufgabeapparat** *m (Bg/Bergb)* **charger** *(Bg/Bergb)* **feeder** *(Mech, Bg/Bergb, Umschl)*
**Aufgabeband** *nt (Umschl, Band, Zer)* **feeding conveyor** *(Umschl, Band)*
**Aufgabebrecher** *m (Zer)* **feeder breaker** *(Zer)*
**Aufgabebunker** *m (Bg/Bergb) (des Brechers)* **feed hopper** *(Zer)*
**Aufgabebunker** *m (Umschl, Zer)* **feeding bin** *(Umschl, Zer)*
**Aufgabebunker, fahrbar** fahrbarer Aufgabebunker *adj:n (Umschl)* **mobile hopper** *adj:n (Bg/Bergb)*

**Aufgabeförderer** *m (Bg/Bergb)* **feed conveyor** *(Band, Umschl)*
**Aufgabegirlande** *f (Umschl, Band)* **feed-zone garland idler** *(Umschl)*
**Aufgabegitter** *nt (Bg/Bergb)* **feeder grate** *(Bg/Bergb)*
**Aufgabegut** *nt (Zer)* **feed material** *(Zer)*
**Aufgabekasten** *m (Zer)* **feed box** *(Zer)*
**Aufgabekorn** *nt (Zer)* **feed material size** *(Zer)*
**Aufgabematerial** *nt (Bg/Bergb) (Gestein im Brecher)* **material to be fed in** *(Bg/Bergb)*
**aufgabenorientiert** *adj (Allg)* **purpose-oriented** *adj (Allg)*
**Aufgabenstellung** *f (Allg)* **type of problem** *(Allg)*
**Aufgabeöffnung** *f (Bg/Bergb)* **feed inlet** *(Bg/Bergb)* **feed opening inlet** *(Bg/Bergb)*
**Aufgaberolle** *f (Umschl, Band)* **feed-zone idler** *(Umschl, Band)* **feed-zone idler roll** *(Umschl, Band)*
**Aufgaberolle, dreiteilig** dreiteilige Aufgaberolle *adj:n (Bg/Bergb, Umschl, Band, Zer)* **3-roll feed-zone idler** *adj:n (Bg/Bergb, Umschl, Band, Zer)*
**Aufgabeschlitten** *m (Umschl)* **feeder skid** *(Umschl)*
**Aufgabeschurre** *f (Bg/Bergb, Umschl, Band)* **feeding chute** *(Bg/Bergb, Band, Umschl)*
**Aufgabeschwelle** *f (Bg/Bergb)* **feed-zone idler set** *(Bg/Bergb)*
**Aufgabestation** *f (Umschl, Band)* **feeding station** *(Umschl, Band)*
**Aufgabestelle** *f (Band)* **feed zone** *(Band)*
**Aufgabestelle** *f (Band) (Ort der Übergabe)* **transfer point** *(Band)*
**Aufgabestelle** *f (Band) (Ort des Beladens)* **loading point** *(Band, Stat)*
**Aufgabestückgröße** *f (Zer)* **feed material size** *(Zer)*
**Aufgabeteil** *m (Bg/Bergb) (am Aufnahmeausleger)* **feeding section** *(Bg/Bergb)*
**Aufgabetisch** *m (Bg/Bergb, Umschl, Band) (mit Aufgaberollen bestückt)* **feeding-idler table** *(Bg/Bergb, Band, Umschl)*
**Aufgabetisch** *m (Bg/Bergb, Umschl, Band) (mit Pufferrollen bestückt)* **feeding table** *(Umschl)* **impact-idler table** *(Umschl)*
**Aufgabetrichter** *m (Umschl)* **charging hopper** *(Umschl)* **feeding hopper** *(Umschl)*
**Aufgabevorrichtung** *f (Bg/Bergb, Umschl)* **distributing device** *(Bg/Bergb, Umschl)* **feeder** *(Mech, Bg/Bergb, Umschl)*
**Aufgabewagen** *m (Umschl)* **hopper car** *(Umschl)* **travelling hopper** *(Umschl)*
**Aufgabewagen mit Band** *(Bg/Bergb, Band)* **hopper car with transfer feeder** *(Bg/Bergb, Band)*
**Aufgabewalze** *f (Zer)* **feeding roll** *(Zer)*
**aufgebaut** *adj (Mech, Mont) (arrangiert, angeordnet)* **arranged** *adj (Mech, Allg)*
**aufgebaut, stufenförmig** stufenförmig aufgebaut *adv:adj (Mech, Mont)* **arranged in tiers** *(Mech, Mont)*
**Aufgeber** *m (Mech)* **feeder** *(Mech, Bg/Bergb, Umschl)*
**aufgebläht** *adj (Mech, Hyd/Pneu)* **inflated** *adj (Hyd/Pneu, Mech)*
**aufgebläht, schlagartig** schlagartig aufgebläht *adv:adj (Mech, Hyd/Pneu)* **inflated in sudden pulses** *(Mech, Hyd/Pneu)*
**aufgebogen** *adj (Bau)* **cranked** *adj (Mech)*
**aufgeführt** *adj (Allg) (z.B. in einer Liste)* **listed** *adj (Allg)* (e.g. in a list)
**aufgeführt, nicht** *adj (Allg)* **unlisted** *adj (Allg)*
**aufgeführt, oben** oben aufgeführt *adv:adj (Allg)* **above-listed** *adj (Allg)*
**aufgehängt** *adj (Form) (z.B. am Drahtseil)* **cable-mounted** *adj (Form)*
**aufgehängt** *adj (Mech)* **gimbal-mounted** *adj (Mech)* **suspended** *adj (Mech)* **suspension-mounted** *adj (Mech)* **swivel-mounted** *adj (Mech)*
**aufgehängt, beweglich** beweglich aufgehängt *adv:adj (Mech)* **flexibly suspended** *adv:adj (Mech)*
**aufgehängt, kardanisch** kardanisch aufgehängt *adv:adj (Mech)* **suspended by cardan joints** *(Mech)*
**aufgehängt, pendelnd** pendelnd aufgehängt *adv:adj (Mech)* **oscillating suspended** *adj (Mech)*
**aufgehauen** *adj (Mech)* **recut** *adj (Mech)*
**aufgekohlt** *adj (Form)* **gas-carburized** *adj (Form)*

**aufgelockert** *adj (Bg/Bergb) (größer im Umfang)* **bulked** *adj (Bg/Bergb)*
**aufgelöst** *adj (Umschl) (z.B. Wippe, Pylon bei Rückladern)* **pantograph design** *(Umschl)*
**aufgepanzert** *adj (Bg/Bergb) (z.B. Bohrschnecke)* **armoured** *adj (Mech)*
**aufgepresst** *adj (Mech)* **pressed on** *adj (Mech)*
**aufgeschraubt** *adj (Mech)* **screwed** *adj (Mech)* **threaded** *adj (Mech, Mont)*
**aufgeschrumpft** *adj (Mech) (warm aufgezogen)* **shrink-fitted** *adj (Mech)* **shrunk-on** *adj (Mech)*
**aufgeschüttet** *adj (Bg/Bergb)* **backfilled** *adj (Bg/Bergb)*
**aufgeschweißt** *adj (Schw)* **back-welded** *adj (Schw)*
**aufgesetzt** *adj (Mech)* **fitted** *adj (Mech)*
**aufgespritzt** *adj (Anstr) (z.B. Farbe)* **sprayed on** *adj (Anstr)*
**aufgesteckt** *adj (Mech, Allg)* **attached** *adj (Mech, Allg)* **clipped on** *adj (Mech)* **fitted on** *adj (Mech)*
**aufgesteuert** *adj:n (Hyd/Pneu)* **piloted open** *adj (Hyd/Pneu)*
**aufgeteilt** *adj (Mech, Allg)* **divided** *adj (Mech, Allg)*
**aufgezogen** *adj (Mech) (warm)* **shrink-fitted** *adj (Mech)* **shrunk-on** *adj (Mech)*
**aufgezogen** *adj (Mech, Allg) (kalt)* **drawn-on** *adj (Mech, Allg)* **fitted-on** *adj (Mech, Allg)* **slipped-on** *adj (Mech, Allg)*
**Aufgleiseinrichtung** *f (Bahn)* **rerailing device** *(Bahn)*
**aufgleisen** *v (Bahn)* **rerail** *v (Bahn)*
**Aufgleisgerät** *nt (Bahn)* **rerailing equipment** *(Bahn)*
**Aufgleisung** *f (Mech) (Bahn)* **rerailing** *(Mech)*
**aufgliedern** *v (Allg)* **divide** *v (Math, Allg)* **split up** *v (Allg)*
**aufgliedern** *v (Allg) (analysieren)* **analyse** *v (Allg)*
**aufgliedern** *v (Allg) (aufschlüsseln)* **break down** *v (Allg)*
**aufgliedern** *v (Allg) (in Klassen einteilen)* **categorize** *v (Allg)* **classify** *v (Allg)*
**Aufgliederung** *f (Allg) (Unterteilung)* **division** *(Allg)*
**aufhalden** *v (Umschl) (z.B. Abraum, Berge)* **pile** *v (Umschl)* **stack** *v (Umschl)*
**Aufhaldung** *f (Umschl)* **stacking** *(Umschl)*
**Aufhängebolzen** *m (Mech)* **support pin** *(Mech)*
**Aufhängefahne** *f (Mech) (Batterie)* **suspension lug** *(Mech)*
**Aufhängehaken** *m (Mech)* **suspension hook** *(Mech)*
**Aufhängelasche** *f (Mech)* **suspension clip** *(Mech)* **suspension lug** *(Mech)*
**aufhängen** *v (Mech)* **suspend** *v (Mech)*
**aufhängen, federnd** federnd aufhängen *adv:v (Mech, Mont)* **spring** *v (Mech)* **suspend on springs** *(Mech)*
**Aufhängeöse** *f (Mech)* **suspension eye** *(Mech)*
**Aufhängepunkt** *m (Mech)* **point of suspension** *(Mech)*
**Aufhänger** *m (Mech)* **rack** *(Mech)*
**Aufhänger** *m (Mech) (z.B. für Luftkabel)* **hanger** *(Mech)* **suspender** *(Mech)*
**Aufhängerring** *m (Mech)* **hanger** *(Mech)*
**Aufhängevorrichtung** *f (Mech)* **suspension arrangement** *(Mech)*
**Aufhängewinkel** *m (Form)* **suspension angle** *(Form)*
**Aufhängung** *f (Mech)* **suspension** *(Mech)* **suspension arrangement** *(Mech)*
**Aufhängung** *f (Mech) (Befestigung)* **mounting** *(Mech)*
**Aufhängung** *f (Mech) (z.B. Seil)* **suspender** *(Mech)* **suspender rope** *(Mech)*
**Aufhängung des Dachmittelpunkts** *(Stb)* **suspension of mid-points of roofs** *(Stb)*
**Aufhängung, federnd** federnde Aufhängung *adj:n (Mech)* **spring hangers** *pl (Mech)* **spring support** *(Mech)*
**Aufhängungsschraube** *f (Mech)* **suspension pin** *(Mech)*
**Aufhängungsteile** *pl nt (Bahn) (der Wagenfedern)* **suspension components** *pl (Bahn)* (of sorings)
**aufheben** *v (Allg) (bewahren)* **keep** *v (Allg)* **preserve** *v (Allg)*
**aufheben** *v (Bg/Bergb, Mech, Allg) (hochheben)* **pick up** *v (Bg/Bergb, Mech, Allg)* (e.g. a heavy load) **take up** *v (Mech, Schw, Allg)*
**aufheben** *v (Allg) (z.B. Löschen von Daten)* **delete** *v (Allg)* (e.g. data)
**aufheben** *v (Mech) (sich aufheben, im Gleichgewicht sein)* **counterbalance** *v (Mech)*

**aufheben** *v (Mech) (z.B. Deckel)* **lift off** *v (Mech)* (e.g. a lid)
**aufheben** *v (Mech) (z.B. Verriegelung)* **release** *v (Mech)* (e.g. coupling, relays, locks)
**aufheben** *v (Mech, Chem, Allg) (auflösen, neutralisieren)* **dissolve** *v (Mech, Chem, Allg)* **neutralize** *v (Mech, Chem)*
**aufheben** *v (Mech, Math, Allg) (sich aufheben)* **cancel each other out** *(Mech, Math, All)*
**Aufheizanlage für flüssigen Stahl** *(Form)* **reheating of liquid steel plant** *(Form)*
**aufhören** *v/i (Allg)* **cease** *v/i (Allg)* **discontinue** *v/i (Allg)* **end** *v/i (Allg)* **finish** *v/i (Allg)* **stop** *v/i (Allg)* **terminate** *v (Allg)*
**Aufklappvorrichtung** *f (Bg/Bergb)* **opening-up device** *(Bg/Bergb)*
**aufkleben** *v (Allg) (z.B. Etikett, Bilder, Briefmarken)* **affix** *v (Mech, Allg)* **stick on** *v (Allg)* (e.g. labels)
**Aufkohlung** *f (Form) (durch Gas)* **gas-carbonizing** *(Form)*
**Aufkohlung** *f (Form) (durch Kohlegranulat)* **carbonizing** *(Form)*
**Aufkrustung** *f (Mech) (z.B. von Schlamm, Kohle)* **caking** *(Mech, Bg/Bergb)*
**Aufkrustung** *f (Mech, Stat)* **incrustation** *(Mech, Schw)*
**Auflage** *f (Allg) (in der Produktion)* **production** *(Allg)*
**Auflage** *f (Mech) (Schicht, Überzug)* **coating** *(Mech, Anstr)* (e.g. protective coating) **layer** *(Mech)* (thin coat) **thickness** *(Mech)* (thin coat)
**Auflage** *f (Mech) (Sitz)* **seating** *(Mech)*
**Auflage** *f (Mech) (Stütze)* **base** *(Mech)* (support) **bracket** *(Mech)* (support) **rest** *(Mech)* **support** *(Mech, Bau)*
**Auflage** *f (Allg) (Anweisung)* **instruction** *(Allg)*
**Auflagedruck** *m (Stat)* **bearing pressure** *(Stb, Stat)* (kn/cm²)
**Auflagedruck, negativ** negativer Auflagedruck *adj:n (Stat)* **uplift** *(Stat)*
**Auflagefläche** *f (Mech) (Berührungsfläche)* **connecting surface** *(Mech, Mont, Schw)* **contact surface** *(Mech, Schw)*
**Auflagefläche** *f (Mech) (Lagerung)* **bearing surface** *(Mech)*
**Auflagefläche** *f (Mech) (tragende Fläche)* **area of bearing** *(Mech)* **area of support** *(Mech)* **supporting surface** *(Mech)*
**Auflagekraft** *f (Stat)* **pressure by load** *(Stat)*
**Auflagekraft, negativ** negative Auflagekraft *adj:n (Stat)* **uplift** *(Stat)*
**Auflagenhöhe** *f (Allg) (z.B. Vordrucke)* **issue** *(Allg)*
**Auflageplatte** *f (Mech)* **supporting plate** *(Mech)*
**Auflageplatte** *f (Mech) (Grund, Fundament)* **bed plate** *(Stb, Mech)*
**Auflager** *nt (Bau) (Bauwesen)* **seating plate** *(Bau)*
**Auflager** *nt (Stb, Mech)* **bearing** *(Mech, Stb, Stat)* **support** *(Mech, Bau)*
**Auflager** *nt (Stb, Stat) (Brücke)* **bearing** *(Mech, Stb, Stat)*
**Auflager, beweglich** bewegliches Auflager *adj:n (Stb)* **expansion bearing** *(Stb)* **expansion support** *(Stb)*
**Auflager, fest** festes Auflager *adj:n (Stb)* **fixed bearing** *adj:n (Stb)*
**Auflager, steif** steifes Auflager *adj:n (Stb)* **rigid support** *adj:n (Stb)*
**Auflagerbedingung** *f (Stb)* **condition of support** *(Stb)* **support condition** *(Stb)*
**Auflagerbereich** *m (Mech, Stb)* **bearing zone** *(Mech, Stb)*
**Auflagerbock** *m (Mech)* **bracket** *(Mech)* (support)
**Auflagerentfernung** *f (Mech, Stb)* **distance between supports** *(Mech, Stb)*
**Auflagerfläche** *f (Mech)* **bearing area** *(Mech)* **bearing surface** *(Mech)*
**Auflagerkonsole** *f (Stb)* **bearing bracket** *(Mech, Stb)* **bracket** *(Mech, Bau)*
**Auflagerkraft** *f (Mech, Stat)* **reaction force** *(Mech, Stat)* **supporting force** *(Mech, Stat)*
**Auflagerlast** *f (Stb) (Auflagerdruck)* **bearing pressure** *(Mech, Stb, Stat)* (load acting downwards)
**Auflagermitte** *f (Stb)* **centre of support** *(Stb)*
**Auflagerplatte** *f (Bau) (Bauwesen)* **seating plate** *(Bau)*
**Auflagerplatte** *f (Mech)* **supporting plate** *(Mech)*
**Auflagerplatte** *f (Mech) (Grund, Fundament)* **bed plate** *(Stb, Mech)*

**Auflagerplatte** *f (Stb) (Lagerplatte)* **bearing plate** *(Stb)*
**Auflagerpunkt** *m (Mech)* **support point** *(Mech)*
**Auflagerreaktion** *f (Mech, Stat)* **support reaction** *(Mech, Stat)*
**Auflagerrost** *m (Mech)* **grate bearing** *(Mech)*
**Auflagerstein** *m (Stb)* **padstone** *(Stb)*
**Auflagerung** *f (Bau)* **support** *(Mech, Bau)*
**Auflagerung, eingespannt** eingespannte Auflagerung *adj:n (Stb)* **fixed support** *adj:n (Mech)*
**Auflagerwinkel** *m (Mech, Stb)* **shelf angle** *(Mech, Stb)*
**auflageseitig** *adj (Bg/Bergb)* **on base side** *(Bg/Bergb)*
**Auflagewinkel** *m (Mech)* **mounting bracket** *(Mech)*
**Auflast** *f (Mech, Stat)* **load** *(Mech, Stat)* **applied load** *adj:n (Mech, Stat)*
**Auflaufbremse** *f (Kfz)* **over-runnning brake** *(Kfz)*
**Auflaufen** *nt (Bahn) (z.B. auf Schiene)* **overriding** *(Bahn)*
**Auflaufgeschwindigkeit** *f (Bahn) (z.B. des Wagons)* **over-running speed** *(Bahn)*
**Auflaufkraft T1** *f (Band) (Gurt)* **tight side tension T1** *(Band)*
**Auflaufschlitten** *m (Band, Umschl)* **transition skid** *(Band, Umschl)*
**Auflaufzunge** *f (Bg/Bergb) (eines Übergabewagens)* **transition frame** *(Bg/Bergb)* (e.g of a wing tripper)
**auflegen** *v (Allg) (z.B. Buch)* **print** *v (Allg)* (e.g. a book) **publish** *v (Allg)* (e.g. a book)
**auflegen** *v (Mech)* **lay on** *v (Mech)* **place on** *v (Mech)* **put on** *v (Anstr, Mech, Mont)* (e.g. paint)
**auflegen** *v (Mech) (z.B. Gurt)* **fit** *v (Mech, Mont)* (e.g. a belt)
**Auflegen des Gurtes** *(Band, Mech)* **fitting of the belt** *(Band, Mech)*
**Auflegen des Schaufelrades** *(Stat)* **bucket wheel resting force** *(Stat)*
**aufliegen** *v/i (Mech) (bündig)* **lie flush** *v/i (Mech)* (against)
**aufliegen** *v/i (Mech) (zur Stütze)* **be supported** *v (Mech)* **lean on** *v/i (Mech)*
**aufliegen, richtig** richtig aufliegen *adv:v (Mech)* **lie flush** *v/i (Mech)* (against)
**aufliegend** *adj (Mech)* **salient** *adj (Mech, Allg)*
**aufliegend, frei** frei aufliegend *adv:adj (Stb)* **simply supported** *adv:adj (Stb)*
**Auflieger** *m (Mech) (z.B. des Sattelschleppers)* **trailer** *(Umschl, Mech, Bahn)*
**Auflockern** *nt (Bg/Bergb)* **breaking** *(Geo, Bg/Bergb)*
**auflockern** *v (Bg/Bergb) (z.B. den Boden)* **break** *v (Bg/Bergb)* **loosen** *v (Mech, Mont, Bg/Bergb)*
**auflockern** *v (Mech, Allg)* **ease** *v (Allg)* **relax** *v (Allg)* **slacken** *v (Mech)* (crawler chain, rope)
**Auflockerung** *f (Geo, Bg/Bergb)* **breaking** *(Geo, Bg/Bergb)* **loosening** *(Geo, Bg/Bergb)*
**Auflockerung, vorübergehend** vorübergehende Auflockerung *adj:n (Bg/Bergb)* **temporary bulking** *adj:n (Bg/Bergb)*
**Auflockerungsfaktor** *m (Bg/Bergb, Geo)* **loosening factor** *(Geo)*
**Auflockerungsfaktor** *m (Geo) (z.B. Aushubmaterial)* **bulking factor** *(Geo)* **swell factor** *(Geo)*
**Auflockerungsfaktor** *m (Mech)* **scarifying factor** *(Mech)*
**auflösen** *v (Math, Allg) (z.B. Probleme)* **resolve** *v (Math, Allg)* **solve** *v (Math, Allg)*
**auflösen** *v (Mech) (z.B. Verbindungen)* **loosen** *v (Mech, Mont, Bg/Bergb)*
**auflösen** *v (Mech, Chem, Allg) (z.B. Flüssigkeit)* **dissolve** *v (Mech, Chem, Allg)*
**Auflösung** *f (Anstr)* **dissolution** *(Anstr)*
**Auflösung** *f (Geo, Ökol)* **decomposition** *(Geo, Ökol)* **disintegration** *(Geo)*
**Auflösung** *f (Math, Chem, Allg) (Problemlösung)* **resolution** *(Math, Chem)* **solving** *(Math, Allg)* (of problems)
**Auflösungsvermögen** *nt (Form)* **resolution power** *(Form)*
**Aufmerksamkeit** *f (Allg)* **attention** *(Allg)*
**Aufmerksamkeit, besondere** besondere Aufmerksamkeit *adj:n (Allg)* **particular attention** *adj:n (Allg)*
**aufmontieren** *v (Mech)* **set up** *v (Mech)*
**Aufmuldung** *f (Band, Umschl)* **increasing trough angle** *adj:n (Band, Umschl)* **increasing troughing angle** *adj:n (Band, Umschl)*

**Aufmuldungslänge** *f (Band)* **transition length** *(Band)* (between pulley and full troughing angle)

**Aufnahme** *f (Allg) (Fotografie)* **shot** *(Allg)* (photography)

**Aufnahme** *f (Allg) (z.B. auf einen Tonträger)* **recording** *(Allg)* (e.g. on tape)

**Aufnahme** *f (Allg) (z.B. einer Tätigkeit)* **start** *(Mech, Allg)* **taking up** *(Mech, Stat)* (e.g. load, power)

**Aufnahme** *f (Mech) (z.B. Strom, Material)* **input** *(Mech)*

**Aufnahme** *f (Mech, Allg) (Sichtung, Vermessung)* **surveying** *(Mech, Allg, Bau)*

**Aufnahme** *f (Mech, Stat, Allg) (z.B. einer Last, von Kräften, einer Tätigkeit, einer Diskussion etc.)* **pick up** *(Form)* (e.g. of a load) **taking up** *(Mech, Stat)* (e.g. load, power, a loan)

**Aufnahme** *f (Umschl) (z.B. von Fördergut von der Halde)* **reclaiming** *(Umschl)* (e.g. material from a pile)

**Aufnahme der Gurtzugkraft** *(Band)* **absorption of the belt tensile forces** *(Band)*

**Aufnahme der Gurtzugkraft** *(Band) (Entgegenwirken der Gurtzugkräfte)* **counteracting of the belt tensile forces** *(Band)*

**Aufnahme des Betriebs** *(Mech, Allg)* **going into operation** *(Mech)*

**Aufnahmeausleger** *m (Bg/Bergb, Umschl) (Absetzer, Bandwagen)* **feeding boom** *(Bg/Bergb, Umschl)*

**Aufnahmeband** *nt (Bg/Bergb) (z.B. Absetzer, Bandwagen)* **feeding boom belt** *(Bg/Bergb)*

**Aufnahmebandträger** *m (Bg/Bergb)* **receiving boom** *(Bg/Bergb)*

**Aufnahmebandträgerlänge** *f (Bg/Bergb)* **receiving boom length** *(Bg/Bergb)*

**Aufnahmebunker** *m (Umschl)* **bin** *(Umschl)* (for storage) **storage bin** *(Umschl)*

**Aufnahmefähigkeit** *f (Hyd/Pneu) (der Blaugelfüllung)* **absorption rate** *(Hyd/Pneu)*

**Aufnahmegerät** *nt (Umschl)* **reclaimer** *(Umschl)*

**Aufnahmeprüfung** *f (Allg)* **entrance examination** *(Allg)*

**aufnehmen** *v (Allg) (anfangen, beginnen, z.B. Arbeit)* **start** *v (Allg)*

**aufnehmen** *v (Allg) (in eine Liste, einen Katalog)* **embody** *v (Allg)* **enter** *v (Allg)* (into) **list** *v (Allg)* (numbers, items, etc.)

**aufnehmen** *v (Bg/Bergb, Mech, Umschl) (hochheben)* **lift up** *v (Mech, Allg)* **pick up** *v (Bg/Bergb, Mech, Allg)* (e.g. a heavy load) **take up** *v (Mech, Schw, Allg)*

**aufnehmen** *v (Mech) (an Volumen aufnehmen)* **contain** *v (Mech)* **hold** *v (Mech)* **take** *v (Allg)*

**aufnehmen** *v (Mech, Allg) (empfangen)* **receive** *v (Mech, Allg)* (e.g. signals)

**aufnehmen** *v (Mech, Allg) (integrieren)* **include** *v (Mech, Allg)* **incorporate** *v (Mech, Allg)* (into)

**aufnehmen** *v (Mech, Phys) (z.B. Geräusche auf Band)* **record** *v (Mech)*

**aufnehmen** *v (Mech, Stat, Chem) (z.B. Kraft, Wärme)* **absorb** *v (Mech, Stat, Chem)* (heat) **reclaim** *v (Umschl)* (material)

**Aufnehmer** *m (Mech) (für die Zuführung)* **feeder** *(Mech, Umschl, Bg/Bergb)*

**Aufpanzerung** *f (Schw) (Auftragsschweißung)* **hard facing** *adj:n (Schw)*

**Aufpanzerungsplatte** *f (Bg/Bergb) (z.B. auf Löffel)* **wear plate** *(Bg/Bergb)*

**Aufplattierungsmetall** *nt (Mech) (durch Aufwalzen)* **clad metal** *(Mech)* **cladding metal** *(Mech)*

**Aufplattierungsmetall** *nt (Mech) (elektrolytisch)* **plating metal** *(Mech)*

**Aufprall** *m (Band) (auf den Gurt)* **impact load** *(Band)* **shock load** *(Mech, Band)*

**Aufprall** *m (Mech, Allg)* **impact** *(Mech, Allg)* **shock** *(Allg)*

**Aufprall** *m (Mech, Allg) (Zusammenprall)* **collision** *(Allg)*

**aufprallen** *v/i (Allg)* **bounce** *v (Allg)* **collide** *v/i (Mech, Allg)* **hit** *v/i (Mech, Allg)*

**aufprallen** *v/i (Form) (z.B. ein Stein im Brecher)* **make an impact** *(Form)*

**Aufprallverteiler** *m (Hütt/Wlz)* **distributor** *(Hütt/Wlz)* (ball shot)

**Aufpressbuchse** *f (Mech)* **press-fit bush** *(Mech)* **pressed-on bush** *(Mech)*

**aufpressen** *v (Mech)* **force on** *v (Mech)* **press** *v (Mech)* (press on) **press on** *v (Mech)*

**aufpumpen** *v (Form) (mit Luft)* **inflate** *v (Mech, Phys)*

**Aufquellung** *f (Geo)* **swell** *(Geo)*
**Aufquellungsfaktor** *m (Geo)* **bulking factor** *(Geo)* **swell factor** *(Geo)*
**aufrauen** *v (Anstr) (galvanisch)* **activate by pickling prior to plating** *(Anstr)*
**aufrauen** *v (Anstr) (maschinell)* **roughen** *v (Anstr)* (mechanically)
**aufrauen** *v (Mech, Mont)* **rough up** *v (Mech, Mont)* **roughen** *v (Mech, Mont)*
**Aufraumaschine** *f (Mech, Mont)* **buffing machine** *(Mech, Mont)*
**aufräumen** *v (Bg/Bergb, Allg) (z.B. Gestein)* **clear** *v (Bg/Bergb, Allg)*
**aufrecht** *adj (Allg)* **upright** *adj (Allg)*
**Aufreiben** *nt (Stb)* **reamering** *(Stb)* **reaming** *(Stb)*
**aufreiben** *v (Anstr)* **pick up** *v (Anstr)* (a paint coat when repainting it) **pull up** *v (Anstr)* (a paint coat when repainting it)
**aufreiben** *v (Mech, Mont)* **ream** *v (Mech, Mont)*
**Aufreißbreite** *f (Bg/Bergb) (z.B. des Graders)* **ripping width** *(Bg/Bergb)*
**aufreißen** *v (Bg/Bergb) (mit dem Aufreißer)* **rip** *v (Bg/Bergb)*
**aufreißen** *v (Mech) (eine Skizze, einen Plan u.Ä.)* **draw** *v (Mech)* **plot** *v (Mech)* **scribe** *v (Mech)* **sketch** *v (Mech)* **trace** *v (Mech, Allg)* (draw, scribe)
**aufreißen** *v (Mech, Allg)* **pull apart** *v (Mech, Allg)* **tear up** *v (Mech, Allg)*
**Aufreißer** *m (Mech, Mont)* **ripper** *(Mech, Mont)*
**Aufreißer** *m (Mech, Mont) (mit geringer Eindringtiefe)* **scarifier** *(Mech, Mont)*
**Aufreißer, gegenläufig** gegenläufiger Aufreißer *adj:n (Mech, Mont)* **contra-rotary ripper** *adj:n (Mech, Mont)*
**Aufreißerschaft** *m (Bg/Bergb)* **ripper shank** *(Bg/Bergb)*
**Aufreißhammer** *m (Mech, Mont)* **concrete breaker** *(Mech, Mont)*
**aufrichten** *v (Mech) (errichten, bauen)* **erect** *v (Mech)* **mount** *v (Mech, Mont)*
**aufrichten** *v (Mech) (gerade richten)* **straighten** *v (Mech, Mont)*
**aufrichten** *v (Mech, Mont) (aufrecht stellen)* **put upright** *adv:v (Mech, Mont)*
**aufrichten** *v (Stb) (z.B. eine Drehleiter)* **elevate** *v (Stb)* (e.g. a turnable ladder)
**Aufriss** *m (Math)* **upright projection** *adj:n (Math)* **vertical projection** *adj:n (Math)*
**Aufriss** *m (Mech) (Seitenriss)* **profile** *(Mech, Mont)* **section** *(Mech, Stb)*
**Aufriss** *m (Mech) (Vorderansicht)* **front elevation** *(Mech)* **front view** *(Mech)*
**Aufriss** *m (Mech, Bau) (z.B. Bauzeichnung)* **elevation** *(Mech)*
**Aufrisszeichnung** *f (Mech)* **elevation** *(Mech)*
**aufrunden** *v (Math) (z.B. Betrag, Zahl)* **round off** *v (Math, Allg)* (numbers)
**Aufsatz** *m (Mech) (Kappe)* **cap** *(Mech)* **top** *(Mech)*
**Aufsatz** *m (Mech) (Zwischenstück)* **adapter** *AE (Mech)* **adaptor** *BE (Mech)*
**Aufsatzring der Lagerlaufbahn** *(Form)* **race face** *(Form)*
**Aufsatzstück** *nt (Zer) (Brecher)* **mantle top** *(Zer)*
**Aufschiebeweg** *m (Mech) (Kupplung auf Nabe)* **push-on length** *(Mech)*
**Aufschlag** *m (Band) (auf den Gurt)* **impact load** *(Band)* **shock load** *(Mech, Band)*
**Aufschlag** *m (Mech)* **hit** *(Mech, Allg)* **impact** *(Mech, Allg)*
**Aufschlagen** *nt (Mech, Allg)* **hit** *(Mech, Allg)*
**aufschlagen** *v/i (Mech, Allg)* **hit** *v/i (Mech, Allg)* **knock** *v/i (Mech, Allg)*
**Aufschlagverhalten** *nt (Band) (Gurt)* **reaction to impact** *(Band)*
**aufschlitzen** *v (Form)* **slit** *v (Mech, Mont)*
**Aufschluss** *m (Bg/Bergb) (Einschnitt)* **opening cut** *(Bg/Bergb)*
**Aufschluss** *m (Bg/Bergb) (im Tagebau)* **development** *(Bg/Bergb)* **exposure** *(Bg/Bergb)* **opening-up** *(Bg/Bergb)*
**Aufschlussbereich** *m (Bg/Bergb)* **area of exposure** *(Bg/Bergb)*
**Aufschlusseinschnitt** *m (Bg/Begrb) (im Tagebau)* **opening cut** *(Bg/Bergb)*
**aufschlüsseln** *v (Allg) (z.B. Kosten, einen Preis)* **break down** *v (Allg)*
**Aufschlussgraben** *m (Bg/Bergb)* **box cut** *(Mont)* **opening cut** *(Bg/Bergb)*
**aufschraubbar** *adj (Mech)* **screwable** *adj (Mech)* **with screw thread** *(Mech)*
**aufschrauben** *v (Mech)* **screw on** *v (Mech)*
**Aufschreibung, laufend** laufende Aufschreibung *adj:n (Hütt/Wlz)* **continuous recording** *adj:n (Hütt/Wlz)*

**Aufschreibungen** *pl f (Hütt/Wlz)* **log sheets** *pl (Hütt/Wlz)*
**Aufschrift** *f (Allg) (Etikett)* **label** *(Allg)*
**aufschrumpfen** *v (Mech)* **fit by shrinking** *v (Mech)* **shrink on** *v (Mech)* **shrink-fit** *v (Mech)*
**Aufschubweg** *m (Mech) (Kupplung)* **push-on length** *(Mech)*
**aufschütten** *v (Bau)* **fill** *v (Umschl, Bg/Bergb)*
**Aufschüttung** *f (Bau)* **filling** *(Bau)*
**aufschweißen** *v (Schw) (Auftragsschweißung)* **build up** *v (Schw)* (repair to get original shape)
**aufschweißen** *v (Schw) (mit Badsicherung)* **back weld** *v (Schw, Mech, Mont)*
**aufschwenkbar** *adj (Mech)* **capable of being swung open** *(Mech)* **swinging out** *adj (Mech)*
**aufsetzbar** *adj (Mech)* **for attaching to** *(Mech)* **for clipping onto** *(Mech)* **for mounting onto** *(Mech)*
**aufsetzen** *v (Bahn) (auf die Schienenoberfläche)* **bear** *v (Bahn)* (on the rail face)
**aufsetzen** *v (Mech, Anstr)* **apply** *v (Mech, Anstr, Allg)*
**Aufsetzkante** *f (Kfz) (des Lkw)* **angle of departure** *(Kfz)*
**Aufsetzkante, hinten** hintere Aufsetzkante *adj:n (Mech)* **angle of departure** *(Kfz)*
**Aufsetzwinkel** *m (Stb)* **bottom bracket** *(Stb)* **seating angle** *AE (Stb)* **seating cleat** *(Stb)*
**Aufsetzzapfen** *m (Bahn)* **jigger pin** *(Bahn)*
**Aufsichtspersonal** *nt (Allg)* **supervising personnel** *(Allg)*
**Aufsichtspersonal** *nt (Allg) (Einzelperson)* **supervisor** *(Allg)*
**Aufsichtspersonal** *nt (Allg) (Prüfer)* **inspector** *(Allg)*
**Aufspannvorrichtung** *f (Stb) (Haltevorrichtung)* **fixture** *(Stb)* **jig** *(Zer)*
**aufspeisen** *v (Hütt/Wlz) (z.B. den Kessel)* **feed the boiler** *(Hütt/Wlz)* **fill the boiler** *(Hütt/Wlz)*
**Aufspritzen von Schamottemasse** *(Hütt/Wlz)* **gunning of refractory** *(Hütt/Wlz)*
**aufspulen** *v (Form) (z.B. ein Seil, Draht)* **spool** *v (Form)* (e.g. a rope)
**aufspüren** *v (Allg)* **track down** *v (Allg)*
**Aufsteck...** *affix (Mech)* **attached** *adj (Mech, Allg)* **fitted on** *adj (Mech)* **shaft-mounted** *adj (Mech)*
**aufsteckbar** *adj (Mech)* **for attaching to** *(Mech)* **for clipping onto** *(Mech)* **for mounting onto** *(Mech)*
**Aufsteckgetriebe** *nt (Mech)* **shaft-mounted gear unit** *adj:n (Mech)*
**Aufsteckrohr** *nt (Form)* **socket pipe** *(Form)*
**Aufsteckschlüssel** *m (Mech, Mont)* **socket spanner** *BE (Mech, Mont)* **socket wrench** *AE (Mech, Mont)*
**Aufsteckschuh** *m (Form)* **gusset shoe** *(Form)*
**Aufsteckzahn** *m (Bg/Bergb)* **replaceable tooth tip** *(Bg/Bergb)*
**aufsteigend** *adj (Allg)* **ascending** *adj (Band, Allg)*
**aufstellen** *v (Mech, Allg) (in Reihe, Ordnung)* **bring into line** *(Mech, Allg)* **line up** *v (Mech, Allg)*
**aufstellen** *v (Mech, Mont)* **arrange** *v (Mech, Allg)* **fit** *v (Mech, Mont)*
**aufstellen** *v (Stb) (montieren)* **assemble** *v (Mech, Mont)* **erect** *v (Mech)*
**Aufstellung** *f (Allg) (detailliert, Position für Position)* **itemization** *(Allg)* (e.g. costs)
**Aufstellung** *f (Allg) (tabellarisch)* **tabular statement** *adj:n (Allg)*
**Aufstellung** *f (Allg) (Übersicht)* **account** *(Allg)* (list)
**Aufstellung** *f (Mech) (in Reihe)* **line-up** *(Mech)*
**Aufstellung** *f (Mech, Mont) (Einbau)* **installation** *(Mech, Mont)*
**Aufstellung** *f (Mech, Mont) (Montage)* **erection** *(Mech, Mont)*
**Aufstellzeit** *f (Bg/Bergb) (z.B. des Lkw am Bagger)* **spotting time** *(Bg/Bergb)*
**Aufstelzung** *f (Stb) (Voutenbrücke)* **concrete haunch** *(Stb)*
**aufsteuern** *v (Hyd/Pneu)* **pilot open** *v (Hyd/Pneu)*
**Aufstieg** *m (Mech) (z.B. Zugang zum Deckkran)* **access** *(Mech, Allg)*
**Aufstiegsleiter** *f (Bg/Bergb) (z.B. am Bagger)* **ladder** *(Mech, Stb, Bg/Bergb)*
**Aufstockverbauplatte** *f (Bg/Bergb) (z.B. im Graben)* **extension trench-lining plate** *(Bg/Bergb)*

**aufstützen** *v/i (Mech) (sich stützen auf)* **lean on** *v/i (Mech)*
**Auftaustrecke** *f (Mech)* **thawing route** *(Mech)*
**aufteilen** *v (Allg)* **divide** *v (Math, Allg)* **split up** *v (Allg)*
**Aufteilung** *f (Allg) (in Gruppen, Klassen usw.)* **classification** *(Allg)* (e.g. fields of activities, accounts)
**Aufteilung** *f (Mech) (Anordnung, Einteilung)* **distribution** *(Mech)* (systematic arrangement)
**Aufteilung der Antriebsleistung** *(Mech) (z.B. Antrieb, Bandtrommeln usw.)* **drive power sharing** *(Mech)*
**Aufteilung der Stromkreise** *(Mech)* **distribution of phase loads** *(Mech)*
**Auftrag** *m (Allg) (Arbeitsauftrag)* **job** *(Allg)* **task** *m (Allg)*
**Auftrag** *m (Anstr) (z.B. von Farbe)* **application** *(Anstr, Allg)*
**Auftragen** *(Mech, Anstr)* **application** *(Anstr, Allg)*
**auftragen** *v (Anstr) (z.B. Klebstoff)* **put on** *v (Anstr, Mech, Mont)* (e.g. paint)
**auftragen** *v (Mech, Anstr)* **apply** *v (Mech, Anstr, Allg)* **brush on** *v (Anstr)*
**Auftragen von Anstrichstoff** *(Mech, Anstr)* **application of coating material** *(Mech, Anstr)*
**Auftragen von Schichten** *(Bg/Bergb)* **filling up of layers** *(Bg/Bergb)*
**Auftragschweißautomat** *m (Schw, Mont)* **automatic hardfacing machine** *adj:n (Schw, Mont)*
**Auftragschweißung** *f (Schw) (Reparatur)* **build-up welding** *(Schw)*
**auftreiben** *v (Allg)* **track down** *v (Allg)*
**auftretende Belastung** *(Form)* **working load** *(Form)*
**Auftretenswahrscheinlichkeit** *f (Form)* **probability of occurence** *(Form)*
**aufwärts** *adv (Allg)* **upwards** *adv (Allg)*
**Aufwärtsbewegung** *f (Mech) (z.B. der Maschine)* **upwards motion** *(Mech)*
**Aufwärtsströmung** *f (Hütt/Wlz)* **up-flow** *(Hütt/Wlz)*
**aufweisen** *v (Mech, Allg) (zeigen, vorweisen)* **show** *v (Allg)*
**aufweiten** *v (Mech) (z.B. eine Kupplungsnabe)* **expand** *v (Mech)*
**Aufweitung** *f (Mech)* **enlargement** *(Mech)* **expansion** *(Mech)*
**Aufweitversuch** *m (Stb) (Test)* **bulging test** *(Stb)* **expansion test** *(Stb)*
**Aufwerfung** *f (Form) (trompetenartig)* **bell mouth** *(Form)*
**aufzeichnen** *v (Mech)* **design** *v (Mech, Allg)* (to draw a plan) **plot** *v (Mech)* **profile** *v (Mech)* **sketch** *v (Mech)*
**aufzeichnen** *v (Mech) (z.B. auf einen Tonträger)* **record** *v (Mech)*
**Aufzeichnung** *f (Allg) (Notiz)* **note** *(Allg)* **record** *(Allg)*
**Aufzeichnungen einer Sitzung** *(Allg)* **minutes** *pl (Allg)*
**Aufzeichnungen machen** *n:v (Allg)* **make notes** *n:v (Allg)* **take a record** *n:v (Allg)*
**aufziehen** *v (Mech) (herauf-, hochziehen)* **lift** *v (Allg)*
**aufziehen** *v (Mech) (Montage)* **fit on** *v (Mech, Mont)* **mount** *v (Mech, Mont)*
**aufziehen** *v (Mech) (Seil)* **reeve** *v (Mech)* (rope)
**aufziehen** *v (Mech, Band) (Gurt)* **fit** *v (Mech, Mont)* (e.g. a belt)
**Aufziehen des Gurtes** *(Band, Mech)* **fitting of the belt** *(Band, Mech)*
**aufziehen, warm** warm aufziehen *adv:v (Mech)* **fit by shrinking** *v (Mech)* **shrink on** *v (Mech)* **shrink-fit** *v (Mech)*
**Aufzug** *m (Mech)* **elevator** *(Mech)* **lift** *Bau)*
**Aufzugswinde** *f (Stb)* **lift winch** *(Stb)*
**Augbolzen** *m (Mech)* **eye bolt** *(Mech)*
**Auge** *nt (Mech)* **boss** *(Mech)* **eye** *(Mech)* **lug** *(Mech, Bahn)*
**Auge** *nt (Bg/Bergb) (z.B. Transportöse)* **lift eye** *(Bg/Bergb, Mech)*
**Auge, angegossen** angegossenes Auge *adj:n (Mech)* **lug** *(Mech, Bahn)*
**augenblicklich** *adj (Allg)* **current** *adj (Allg)*
**Augenbolzen** *m (Mech)* **eye bolt** *(Mech)*
**Augenring** *m (Mech)* **grommet** *(Mech)*
**Augenschraube** *f (Mech)* **eye bolt** *(Mech)* **closed eye bolt** *adj:n (Mech)*
**Augenschutz** *m (Allg)* **protecting goggles** *(Allg)*
**Augenstab** *m (Mech, Stb)* **eye bar** *(Mech)*
**Augenstange** *f (Mech)* **eye bar** *(Mech)*
**Augplatte** *f (Bg/Bergb)* **eye plate** *(Bg/Bergb)*

**AUS** *(Allg) (Schalterstellung)* **OFF** *(Allg)* (switch position)
**aus- und einbauen** *(Form) (z.B. Bauteile)* **remove and install** *AE (Form)*
**Aus-Stellung** *f (Allg) (Ausschaltstellung)* **off position** *(Allg)*
**ausarbeiten** *v (Schw) (z.B. der Schweißwurzel)* **gouge** *v (Band, Mech, Mont, Schw)*
**ausbaggern** *v (Bg/Bergb, Bau)* **excavate** *v (Bg/Bergb, Bau)*
**ausbalancieren** *v (Mech)* **balance** *v (Mech)* **equilibrate** *v (Mech)*
**ausbalanciert** *adj (Mech)* **balanced** *adj (Mech, Stat, Hyd)*
**ausbalanciert, nicht** nicht ausbalanciert *adv:adj (Mech)* **unbalanced** *adj (Mech)*
**Ausbau** *m (Mech, Allg) (Demontage, z.B. eines Geräteteils)* **disassembly** *(Mech, Allg)* **dismantling** *(Mech, Allg)*
**Ausbau** *m (Mech, Allg) (Erweiterung)* **expansion** *(Mech, Allg)* (enlargement)
**Ausbau, endgültig** endgültiger Ausbau *adj:n (Mech)* **final extension** *adj:n (Mech)* (of a plant)
**Ausbau, vorläufig** vorläufiger Ausbau *adj:n (Mech, Bau)* **preliminary stage of extension** *(Mech)*
**Ausbauchen** *nt (Form) (unerwünschtes Aufblähen)* **bulging** *(Form)* (e.g. of a cylinder or hose)
**ausbauen** *v (Mech, Allg)* **dismantle** *v (Mech)* **dismount** *v (Mech, Allg)* **remove** *v (Mont, Allg)*
**Ausbaugeschwindigkeit** *f (Bau)* **design speed** *(Bau)*
**Ausbaugrad** *m (Bg/Bergb)* **design standard** *(Bg/Bergb)*
**Ausbauprisma** *(Mech, Allg)* **extracting cradle** *(Mech, Allg)*
**Ausbauvorrichtung** *f (Bg/Bergb) (nicht fest installiert)* **dismantling equipment** *(Bg/Bergb)* (portable)
**Ausbauvorrichtung** *f (Mech)* **dismantling device** *(Bg/Bergb, Mech, Mont)* **extracting device** *(Mech)*
**Ausbauwagen** *m (Mech) (zum Ausbau eines Schwenkgetriebes)* **dismantling trolley** *(Mech)* (slewing-assembly gear unit)
**ausbeißen** *v (Bg/Bergb) (Kohle tritt zu Tage)* **crop out** *v (Bg/Bergb)* (get exposed)
**ausbessern** *v (Form)* **piece together** *v (Form)*
**ausbessern** *v (Form) (Anstrich nachbessern)* **repair** *v (Mech)*
**Ausbesserungsschweißung** *f (Schw)* **repair welding** *f (Schw)*
**Ausbeulen** *nt (Stb)* **buckling** *(Stb)*
**ausbeulen** *v (Mech, Mont)* **beat out** *n:v (Mech, Mont)* **flatten** *v (Mech, Mont)* **planish** *v (Mech)*
**ausbeulen** *v (Stb) (z.B. Kotflügel)* **planish** *v (Stb)*
**Ausbeulung** *f (Hyd/Pneu) (z.B. der Schläuche)* **bulge** *(Hyd/Pneu)* **bulging** *(Hyd/Pneu)*
**Ausbeulwerkzeug** *nt (Stb)* **dinging hammer** *(Stb)* **dolly** *(Stb)* (tool)
**ausbeuten** *v (Bg/Bergb)* **extract** *v (Bg/Bergb)* **work out** *v (Bg/Bergb)*
**ausbeuten** *v (Bg/Bergb) (Bergwerk, Menschen, Tiere)* **exploit** *v (Bg/Bergb)*
**Ausbildung** *f (Allg) (durch Kursus)* **training** *(Allg)*
**Ausbildung** *f (Allg) (Gestaltung)* **shaping** *(Allg)*
**Ausbildung** *f (Allg) (Gestaltung, Konstruktion)* **design** *(Mech, Allg)*
**Ausbildung** *f (Allg) (schulische)* **education** *(Allg)*
**Ausbildung** *f (Geo) (z.B. Flöz)* **formation** *(Geo)* (e.g. of a seam)
**Ausbildungshandbuch** *nt (Allg)* **training manual** *(Allg)*
**Ausbildungsleiter** *m (Allg)* **instructor** *(Allg)*
**Ausbildungsprogramm** *nt (Allg)* **training programme** *(Allg)*
**Ausbiss** *m (Geo, Bg/Bergb) (eines Flözes)* **outcrop** *(Bg/Bergb)*
**ausblasen** *v (Hütt/Wlz) (Überhitzer)* **blow out** *v (Hütt/Wlz)*
**Ausblühen** *nt (Anstr) (z.B. des Anstrichs)* **efflorescence** *(Anstr)* (paint coat)
**ausblühen** *v/i (Anstr, Chem)* **effloresce** *v/i (Anstr)*
**ausblühen** *v/i (Mech) (z.B. beim Galvanisieren)* **spot out** *v/i (Mech)* (galvanizing)
**Ausblühung** *f (Anstr) (z.B. des Anstrichs)* **efflorescence** *(Anstr)* (paint coat)
**ausbohren** *v (Mech, Mont)* **bore** *v (Mech, Mont)* **bore out** *v (Mech, Mont)* **drill** *v (Mech, Mont)*

**Ausbrand** *m (Hütt/Wlz)* **burn-up rate** *(Hütt/Wlz)*
**ausbreiten** *v (Form)* **propagate** *v (Form)*
**Ausbreitung** *f (Phys, Mech) (z.B. von Wellen)* **propagation** *(Phys, Mech)* (e.g. of waves)
**ausbrennen** *v (Form)* **flame-cut** *v (Form)* (by welding)
**Ausbrennrost** *m (Hütt/Wlz)* **dumping grate** *(Hütt/Wlz)*
**Ausbringung** *f (Aufb) (z.B. von Erz)* **recovery** *(Aufb)* (e.g. of ore)
**Ausbruch** *m (Allg) (Start)* **onset** *(Allg)*
**ausbuchsen** *v (Form) (alte Zylinder)* **rebushing** *(Form)*
**Ausbuchtung** *(Hütt/Wlz) (Ausbeulung)* **bulge** *(Hyd/Pneu)*
**Ausdampffläche** *f (Hütt/Wlz)* **steam releasing surface** *(Hütt/Wlz)*
**ausdehnen** *v (Allg)* **extend** *v (Allg)*
**Ausdehnung** *f (Allg)* **elongation** *(Mech)* **expansion** *(Allg)*
**Ausdehnung** *f (Geo) (z.B. Fundort von Mineralien)* **location** *(Geo)* (e.g. of soil, minerals)
**Ausdehnung** *f (Phys) (z.B. von Wellen)* **propagation** *(Phys, Mech)* (e.g. of waves)
**Ausdehnungsfähigkeit** *f (Stb)* **expansivity** *(Stb)* **strainability** *(Stb)*
**Ausdehnungsgefäß** *nt (Mech) (Trafo)* **conservator** *(Mech)* **expansion tank** *(Mech)*
**ausdornen** *v (Mech)* **drift** *v (Mech)* (e.g. a hole)
**Ausdruck** *m (Allg) (Druck)* **print** *(Allg)*
**Ausdruck** *m (Allg) (Gedrucktes)* **printout** *(Allg)*
**ausdrücklich** *adj ( Allg)* **definite** *adj (Allg)* (explicit) **explicit** *adj (Allg)*
**auseinander bauen** *v (Mech) (in Einzelteile)* **dismantle** *v (Mech)* **take to pieces** *(Mech)*
**auseinander gebaut** *adj (Mech) (z.B. für den Versand)* **knocked down** *adj (Mech)*
**Auseinandernehmen** *nt (Hütt/Wlz) (Demontage)* **disassembly** *(Mech, Allg)*
**Ausfachung** *f (Stb) (Fachwerk)* **web bracing** *(Stb)*
**Ausfachungsstab** *m (Stb) (Fachwerkträger)* **web member** *(Stb)*
**ausfahren** *v (Mech) (z.B. Ausleger)* **advance** *v (Mech)* (e.g. boom) **extend** *v (Mech)*
**ausfahren** *v (Mech, Hyd/Pneu) (z.B. Kolben, Bandbrücke)* **protract** *v (Mech, Hyd/Pneu)* (e.g. piston, conveyor bridge)
**Ausfall** *m (Mech) (Versagen einer Maschine)* **failure** *(Mech)* (e.g. of a machine)
**Ausfall** *m (Mech, Allg) (Betriebsstörung, z.B. Maschine)* **breakdown** *(Mech, Allg)* (e.g. failure of a machine) **shutdown** *(Mech)*
**Ausfall** *m (Mech, Allg) (Unterbrechung Gerät)* **plant outage** *(Mech, Allg)*
**Ausfall** *m (Mech, Allg) (z.B. eines Gerätes bei Störung)* **trouble** *(Mech, Allg)* (e.g. with a machine, defect)
**ausfallen** *v (Allg) (ausgehen)* **fall out** *v (Allg)*
**ausfällen** *v (Hütt/Wlz) (abschneiden, absetzen)* **precipitate** *v (Hütt/Wlz)* **settle** *v (Hütt/Wlz)*
**Ausfallschurre** *f (Umschl)* **discharge chute** *(Umschl)*
**ausfallsicher** *adj (Mech)* **fail-safe** *adj (Mech)*
**ausfindig machen** *v (Allg)* **discover** *v (Allg)* **find** *v (Allg)* **locate** *v (Mech, Allg)*
**ausfluchten** *v (Form)* **align** *v BE (Mech)*
**Ausfluss** *m (Bau)* **effluent**
**Ausflussöffnung** *f (Mech)* **discharge opening** *(Mech)*
**Ausformen** *nt (Bau)* **demoulding** *(Bau)*
**ausfugen** *v (Schw, Mont)* **gouge** *v (Band, Mech, Mont, Schw)* **groove out** *v (Schw, Mont)*
**Ausfugzeichen** *nt (Schw)* **gouging symbol** *(Schw)*
**ausführen** *v (Mech, Bau) (konstruieren, erbauen)* **construct** *v (Mech, Allg)*
**ausführen** *v (Allg) (eine Aussage machen)* **remark** *v (Allg)* **state** *v (Allg)*
**ausführen** *v (Allg) (etwas erreichen, bewirken, vollbringen)* **accomplish** *v (Allg)*
**ausführen** *v (Allg) (leisten, vollbringen)* **achieve** *v (Allg)*
**ausführen** *v (Allg) (Waren exportieren)* **export** *v (Allg)* (sell goods abroad)
**Ausfuhrhafen** *m (Schiff)* **port of exportation** *(Schiff)* **shipping port** *(Allg)*
**ausführlich** *adj (Allg)* **detailed** *adj (Allg)* **in detail** *(Allg)* **thoroughly** *adv (Allg)*

**Ausführung** *f (Allg) (Erklärung, Darlegung)* **explanation** *(Allg)* **remark** *(Allg)*
**Ausführung** *f (Mech, Allg) (äußere Ausführung)* **finish** *(Mech, Allg)*
**Ausführung** *f (Mech, Allg) (Machart, Qualität)* **construction** *(Mech, Stb)* **design** *(Mech)* **version** *(Allg)* (type, edition)
**Ausführung** *f (Stb)* **structural design** *(Stb)*
**Ausführung, geschlossen** geschlossene Ausführung *adj:n (Mech)* **totally enclosed** *adv:adj (Mech)*
**Ausführung, schwer** schwere Ausführung *adj:n (Mech) (z.B. eines Motors)* **mill type** *(Mech)* (motor)
**Ausführungen, ergänzend** ergänzende Ausführungen *adj:n (Allg)* **complementary statements** *adj:n (Allg)*
**Ausführungsart** *f (Mech)* **type of construction** *(Mech)*
**Ausführungsbeispiel** *nt (Kfz)* **application engineering** *(Kfz)*
**Ausführungszeichnung** *f (Mech)* **working drawing** *(Mech)*
**Ausfuhrzölle** *pl m (Allg)* **export taxes** *pl (Allg)*
**ausfüllen** *v (Allg) (z.B. Ritze, Loch)* **fill in** *v (Allg)* (e.g. a gap) **fill up** *v (Mech, Hyd/Pneu)*
**ausfüttern** *v (Mech)* **line** *v (Mech)* **pad** *v (Mech)*
**Ausgabe** *f (Allg) (Ausführung, Modell)* **version** *(Allg)* (type, edition)
**Ausgabe** *f (Allg) (von Büchern, Zeitschriften etc.)* **issue** *(Allg)* (book)
**Ausgang** *m (Bau) (z.B. eines Hauses)* **exit** *(Bau)*
**Ausgang** *m (Hyd/Pneu)* **outlet** *(Mech)* **output** *(Allg)*
**Ausgangsgröße** *f (Allg)* **physical quantity** *(Allg)*
**Ausgangshafen** *m (Allg)* **port of departure** *(Schiff)* **port of embarkation** *(Schiff)*
**Ausgangskontrolle** *f (Allg) (Endkontrolle)* **pre-delivery inspection** *(Allg)*
**Ausgangsposition** *f (Mech)* **initial position** *adj:n (Mech)*
**Ausgangsprüfung** *f (Allg)* **pre-delivery inspection** *(Allg)*
**Ausgangsseite** *f (Hyd/Pneu) (z.B. eines Ventils)* **discharge** *(Hyd/Pneu)*
**Ausgangsstellung** *f (Hyd/Pneu) (Grundstellung)* **initial state** *adj:n (Hyd/Pneu)*
**Ausgangsstellung** *f (Mech) (Ruhestellung)* **reset position** *(Mech)*
**Ausgangsstellung** *f (Mech) (Startposition)* **start position** *(Mech)* **starting position** *(Mech)*
**ausgearbeitet** *adj (Mech) (z.B. ein Riss)* **removed** *adj (Mech)* (e.g. a crack)
**ausgebaggert** *adj (Bg/Bergb) (an Land)* **excavated** *adj (Bg/Bergb)*
**ausgebaggert** *adj (Schiff) (unter Wasser)* **dredged** *adj (Schiff)* (out)
**ausgeben** *v (Allg) (z.B. Ton, Signal)* **emit** *v (Allg)*
**ausgebeutet** *adj (Bg/Bergb) (z.B. ein Bergwerk)* **exhausted** *adj (Bg/Bergb)*
**ausgebildet** *adj (Allg)* **skilled** *adj (Allg)*
**ausgebrannt** *adj (Form) (durch Schweißen)* **flame-cut** *v (Form)*
**ausgefacht** *adj (Form)* **filled-in** *adj (Form)*
**ausgefugt** *adj (Schw) (z.B. bearbeiteter Riss)* **back-gouged** *adj (Schw)*
**ausgeführt** *adj (Allg)* **completed** *adj (Allg)*
**ausgeglichen** *adj (Mech, Stat)* **balanced** *adj (Mech, Stat, Hyd)*
**ausgehen** *v (Allg) (ausfallen)* **fall out** *v (Allg)*
**ausgehen** *v (Allg) (einen bestimmten Aus gang haben)* **end** *v/i (Allg)* **finish** *v/i (Allg)*
**ausgehen** *v (Allg) (Feuer)* **go out** *v (Allg)* (e.g. fire, heating)
**ausgehen** *v (Allg) (von etwas ausgehen)* **assume** *v (Allg)*
**Ausgehendes** *(Bg/Bergb) (einer Schicht, einer Lagerstätte)* **outcrop** *(Bg/Bergb)*
**ausgekleidet** *adj (Mech)* **lined** *adj (Kfz)* (e.g. rubber-lined dump body)
**ausgeklügelt** *adj (Allg)* **sophisticated** *adj (Allg)*
**ausgekohlt** *adj (Bg/Bergb)* **worked-out** *adj (Bg/Bergb)*
**ausgelaufen** *adj (Form) (abgenutzt)* **run** *adj (Form)* (run-down)
**ausgelaugt** *adj (Bg/Bergb)* **leached out** *adj (Bg/Bergb)*
**ausgelegt** *adj (Allg) (geplant für)* **designed** *adj (Allg)*
**ausgelegt** *adj (Kfz) (Dumpermulde mit Gummi)* **lined** *adj (Kfz)* (e.g. rubber-lined dump body)

**ausgenommen** *adj (Allg)* **excluding** *präp (Allg)*
**ausgeprägt** *adj (Mech, Allg)* **salient** *adj (Mech, Allg)*
**ausgereift** *adj (Allg) (durch Erfahrung gut)* **matured** *adj (Allg)*
**ausgerichtet** *adj (Allg)* **oriented** *adj (Allg)*
**ausgerüstet** *adj (Mech)* **equipped** *adj (Mech)* **fitted** *adj (Mech)*
**ausgeschaltet** *adj (Allg)* **deactivated** *adj (Mech)* **switched off** *adj (Allg)*
**ausgeschaltet** *adj (Form) (ein Fehler beseitigt)* **eliminated** *adj (Form)*
**ausgeschlagen** *adj (Form)* **worn (worn out)** *(Form)*
**ausgeschliffen** *adj (Form)* **ground** *adj (Form)* (to remove material)
**ausgestanzt** *adj (Mech)* **punched** *adj (Mech)*
**ausgestattet** *adj (Allg)* **equipped** *adj (Allg)*
**ausgesteift** *adj (Stb)* **stiffened** *adj (Stb)*
**ausgewogen** *adj (Form)* **well-balanced** *adj (Form)*
**ausgewuchtet** *adj (Mech) (z.B. Rad)* **balanced** *adj (Mech, Stat, Hyd)*
**ausgewuchtet, statisch** statisch ausgewuchtet *adv:adj (Mech)* **statically balanced** *adv:adj (Mech)*
**ausgezackt** *adj (Form)* **toothed** *adj (Mech)*
**Ausgießen eines Lagers** *(Hütt/Wlz)* **lining of bearing** *(Hütt/Wlz)*
**Ausgleich** *m (Allg)* **compensation** *(Allg)*
**Ausgleich** *m (Stat) (Gewichtsausgleich)* **balance** *(Mech, Stat)*
**Ausgleichbehälter** *m (Kfz)* **compensator reservoir** *(Kfz)*
**Ausgleichblech** *nt (Mech, Mont)* **shim** *(Mech)*
**ausgleichen** *v (Bau)* **adjust** *v (Bau)* (bring up to level)
**Ausgleicher** *m (Hütt/Wlz) (Kompensator)* **compensator** *(Hütt/Wlz)*
**Ausgleichfutter** *nt (Mech, Mont)* **shim** *(Mech)*
**Ausgleichgehäuse** *nt (Kfz)* **differential case** *(Kfz)*
**Ausgleichgetriebe** *(Bg/Bergb, Mech)* **differential gear unit** *(Bg/Bergb, Mech)*
**Ausgleichhebel** *m (Bahn)* **adjusting lever** *(Bahn)*
**Ausgleichkegelrad** *nt (Kfz)* **differential bevel pinion** *(Kfz)*
**Ausgleichradachse** *f (Kfz)* **differential pinion shaft** *(Kfz)*
**Ausgleichsblech** *nt (Mech)* **shim** *(Mech)*
**Ausgleichsbogen** *m (Hütt/Wlz)* **expansion bend** *(Mech)*
**Ausgleichsbunker** *m (Umschl)* **surge bin** *(Umschl)*
**Ausgleichscheibe** *f (Mech, Mont)* **adapter plate** *(Mech, Mont)* **shim** *(Mech)*
**Ausgleichschwinge** *f (Bg/Bergb) (Raupenfahrwerk)* **wheel balancer** *(Bg/Bergb)*
**Ausgleichsdüse** *f (Form)* **compensating jet** *(Form)*
**Ausgleichsfeder** *f (Form)* **equalizer spring** *(Form)*
**Ausgleichsfedern** *pl f (Bahn) (im Drehgestell)* **adjusting springs** *pl (Bahn)*
**Ausgleichsfutter** *nt (Mech, Mont)* **shim** *(Mech)* **shim plate** *(Form)*
**Ausgleichsgehäuse** *nt (Kfz)* **differential housing** *(Kfz)*
**Ausgleichsgetriebe** *nt (Bg/Bergb, Mech)* **differential gear unit** *(Bg/Bergb, Mech)*
**Ausgleichsgewicht** *nt (Bg/Bergb, Umschl)* **balancing weight** *(Bg/Bergb, Umschl)*
**Ausgleichskolben** *m (Form)* **balance piston** *(Form)*
**Ausgleichsscheibe** *f (Mech)* **adapter plate** *(Mech, Mont)* **shim** *(Mech)*
**Ausgleichsschiene** *f (Form)* **equalizing bar** *(Form)*
**Ausgleichsschwinge** *f (Bg/Bergb) (Raupenfahrwerk)* **wheel balancer** *(Bg/Bergb)*
**Ausgleichssperre** *f (Kfz)* **differential lock** *(Kfz)*
**Ausgleichstern** *m (Kfz)* **differential spider** *(Kfz)*
**Ausgleichsteuerung** *f (Kfz)* **compensating control** *(Kfz)* **compensator control** *(Kfz)*
**Ausgleichstirnrad** *nt (Kfz)* **spur gear differential** *(Kfz)*
**Ausgleichsventil** *nt (Hyd/Pneu)* **pressure balance valve** *(Hyd/Pneu)*
**Ausgleichswelle** *f (Kfz)* **balancer shaft** *(Kfz)*
**Ausgleichträger** *m (Kfz) (z.B. an Muldenkipper)* **balance beam** *(Kfz)*
**ausgliedern** *v (Allg) (aus Firma)* **detach** *v (Allg)*

**Ausgliederung** *f (Allg) (aus Firma)* **detachment (detaching)** *(Allg)*
**ausglühen** *v (Form) (aus Versehen)* **cinder** *v (Form)* (glow out)
**ausgraben** *v (Bg/Bergb)* **excavate** *v (Bg/Bergb, Bau)*
**Aushalsung** *f (Hütt/Wlz)* **extrusion** *(Hyd/Pneu, Mech, Hütt/Wlz)*
**aushändigen** *v (Allg) (Akte)* **hand over** *v (Allg)* (file)
**Aushändigung** *f (Allg) (z.B. einer Akte)* **handing over** *(Allg)*
**Aushärten** *nt (Bg/Bergb)* **hardening** *(Bg/Bergb, Hütt/Wlz)*
**aushauen** *v (Mech, Mont) (z.B. Feilen)* **cut** *v (Allg)* **pick** *v (Mech, Mont)*
**Aushauschere** *f (Form)* **nibbler** *(Zer)*
**Aushebekraft** *f (Form)* **leverage force** *(Mech)*
**Ausheben** *nt (Bg/Bergb)* **excavating** *(Bg/Bergb)*
**ausheben** *v (Bg/Bergb, Bau)* **excavate** *v (Bg/Bergb, Bau)*
**Ausheben eines Grabens** *(Bau)* **cutting a trench** *(Bau)*
**Aushobeln** *nt (Schw, Mech, Mont)* **backgouging** *(Schw, Mech, Mont)*
**aushobeln** *v (Schw, Mech, Mont)* **backgouge** *v (Mech, Mont, Schw)*
**aushobeln** *v (Schw, Mech, Mont) (Schweißnähte)* **gouge out** *v (Mech, Mont, Schw)*
**aushöhlen** *v (Band, Mech, Mont) (z.B. den Gurt)* **gouge** *v (Band, Mech, Mont, Schw)*
**aushöhlen** *v (Geo) (erodieren)* **erode** *v (Geo)*
**aushöhlen** *v (Mech, Mont) (auskehlen)* **cave** *v (Mech)* **channel** *v (Mech, Mont)*
**aushöhlen** *v (Mech, Mont) (hohl machen)* **hollow** *v (Mech, Mont)*
**aushöhlen** *v (Mech, Mont) (Loch herstellen)* **hole** *v (Mech, Mont)*
**aushöhlen** *v (Mech, Mont) (vertiefen)* **deepen** *v (Mech, Mont)*
**Aushöhlung** *f (Band, Mech, Mont) (Gurt)* **gouge** *(Band, Mech, Mont)*
**Aushöhlung** *f (Geo) (z.B. im Gestein)* **cavity** *(Geo)*
**Aushöhlung** *f (Mech, Mont) (Auskehlung)* **groove** *(Schw)* **grooving** *(Mech, Mont)*
**Aushöhlung** *f (Mech, Mont) (Vertiefung, Höhle)* **cavity** *(Mech, Mont)* **hollow** *(Mech, Mont)* **recess** *(Mech, Bau, Geo)*
**Aushub** *m (Bg/Bergb)* **excavation** *(Bg/Bergb)*
**Aushubmaterial** *nt (Bg/Bergb)* **excavation material** *(Bg/Bergb)*
**Auskehlen** *nt (Mech)* **grooving** *(Mech, Mont)*
**auskehlen** *v (Mech)* **chamfer** *v (Mech, Mont)* **channel** *v (Mech, Mont)* **groove** *v (Mech)*
**Auskehlung** *f (Mech, Mont)* **grooving** *(Mech, Mont)*
**auskippen** *v (Bg/Bergb) (z.B. Abraum)* **dump** *v (Bg/Bergb, Hyd)* (e.g. overburden)
**Auskippwinkel** *m (Kfz) (des Kübels)* **dump** *(Kfz)* (e.g. of bucket)
**auskleiden** *v (Stb) (z.B. Schacht)* **face** *v (Stb)* **line** *v (Mech)*
**Auskleidung** *f (Mech) (Futter)* **lining** *(Mech, Stb)* (inside)
**Auskleidung** *f (Stb) (Verkleidung)* **cladding** *(Stb)*
**Auskleidungen** *pl f (Bg/Bergb) (von Behältern)* **liners** *pl (Bg/Bergb)* (of containers)
**ausklinken** *v (Mech) (Träger, Stäbe ausstanzen)* **notch** *v (Mech)*
**ausklinken** *v (Mech) (z.B. Sperrung)* **disengage** *v (Mech)* (e.g. coupling) **release** *v (Mech)* (e.g. coupling, relays, locks) **unlatch** *v (Mech)*
**Ausklinkmaschine** *f (Bg/Bergb)* **notching machine** *(Bg/Bergb)*
**Ausklinkung** *f (Form)* **notch** *(Hütt/Wlz)*
**ausklopfen** *v (Mech, Mont)* **beat out** *v (Mech, Mont)*
**auskochen** *v (Hütt/Wlz) (Kessel)* **boil out** *v (Hütt/Wlz)*
**Auskoffern** *nt (Bau) (einer Straße)* **making a road base** *(Bau)*
**auskoffern** *v (Bau) (Randsteingraben)* **draw a curbstone trench** *(Bau)*
**auskoffern** *v (Bau) (Straße)* **doze out** *v (Bau)* (cut the base of a road)
**Auskofferschar** *f (Bau)* **excavating blade** *(Bau)*
**Auskofferungsschar** *f (Bau)* **curbstone blade** *(Bau)* **curbstone mouldboard** *(Bau)* **trench blade** *(Bau)*

**auskohlen** *v (Bg/Bergb)* **extract** *v (Bg/Bergb)* **work out** *v (Bg/Bergb)*
**auskragend** *adj (Mech)* **overhanging** *adj (Mech, Stb)* (e.g. cantilever)
**Auskragung** *f (Stb)* **cantilever** *(Mech)* **cantilevering** *(Stb)* **overhang** *(Stb)* **projection** *(Stb)*
**auskreuzen** *v (Mech, Mont) (z.B. Nietkopf)* **knock off with a cross-cut chisel** *(Mech, Mont)*
**auskreuzen** *v (Mech, Mont, Schw)* **chip out** *v (Mech, Mont, Schw)* **vee out** *v (Mech, Mont, Schw)*
**auskreuzen** *v (Schw) (Fuge vor Gegenschweißen)* **chip** *v (Schw)* (e.g. grind, scratch, blow, brush)
**auskuppeln** *v (Mech) (Kupplung)* **disengage** *v (Mech)* (e.g. coupling) **uncouple** *v (Mech)*
**ausladen** *v (Mech) (z.B. Schiff, Lkw)* **unload** *v (Mech, Mont, Umschl)*
**ausladend** *adj (Bau) (z.B. Dach)* **cantilevering** *adj (Bau)* (e.g. a roof)
**Ausladung** *f (Bg/Bergb) (z.B. des Gegengewichtes)* **projecting** *(Bg/Bergb)* (e.g. counterweight)
**Ausladung** *f (Bg/Bergb) (z.B. Montagekranausleger)* **outreach** *(Mech, Bg/Bergb)* **radius** *(Mech, Mont, Bg/Bergb)* **working radius** *(Mech, Bg/Bergb)*
**Ausladung** *f (Stb) (Überhang)* **overhang** *(Stb)*
**Ausladung des Abwurfauslegers** *(Bg/Bergb, Umschl)* **length of discharge boom** *(Bg/Bergb, Umschl)*
**Ausladungsbereich** *m (Bg/Bergb)* **range of outreach** *(Bg/Bergb)*
**Auslass** *m (Form) (z.B. aus einem Gerät)* **outlet** *(Mech)*
**Auslass** *m (Kfz)* **discharge** *(Hyd/Pneu)*
**Auslass-Anschluss** *m (Kfz) (Gewinde)* **output connection** *(Kfz)* (thread)
**Auslassschütz** *m (Stb)* **outlet gate** *(Stb)*
**Auslassventil** *nt (Hyd/Pneu)* **outlet valve** *(Hyd/Pneu)*
**Auslauf** *m (Hütt/Wlz) (Mündung)* **spout** *(Hütt/Wlz)*
**Auslauf** *m (Schw) (der Schweißnaht)* **phase out** *(Schw)* **runout** *(Schw)*
**Auslaufblech** *nt (Schw)* **run-out plate** *(Schw)*
**auslaufen** *v (Mech) (Motor)* **slow down** *v/i (Mech, Allg)*
**auslaufen** *v (Hyd, Allg) (z.B. Flüssigkeiten)* **bleed** *v (Hyd/Pneu)* **drain off** *v (Hyd/Pneu)* **flow out** *v (Allg)*
**auslaufen** *v (Mech) (im Leerlauf rollen)* **coast** *v (Mech)*
**auslaufen** *v (Mech) (Lager)* **abrase** *v (Anstr, Mech)* **wear** *v (Hyd/Pneu)*
**auslaufen** *v (Allg) (Schiff aus dem Hafen)* **clear a port** *n:v (Allg)* **leave a port** *n:v (Allg)* **sail** *v (Allg)*
**auslaufen lassen** *(Allg)* **taper off** *v/i (Allg)*
**auslaufend, nicht** *adj (Hyd/Pneu, Chem)* **non-bleeding** *adj (Chem)*
**Auslaufkasten** *m (Umschl, Zer)* **discharge hood** *(Umschl, Zer)*
**Auslaufschurre** *f (Bg/Bergb)* **discharge chute** *(Bg/Bergb)*
**Auslaufseite** *f (Bg/Bergb) (z.B. einer Maschine)* **discharge end** *(Zer)* **outlet end** *(Form)*
**Auslaufseite** *f (Hütt/Wlz)* **downstream** *(Hütt/Wlz)* (e.g. of the valve)
**Auslaufstrecke** *f (Hütt/Wlz)* **downstream** *(Hütt/Wlz)* (e.g. of the valve)
**Auslaufstutzen** *m (Kfz)* **outlet connection** *(Kfz)*
**Auslauftrichter** *m (Zer)* **discharge hopper** *(Zer)*
**Auslaufzeit** *f (Mech)* **coasting time** *(Mech)* **deceleration time** *(Mech)*
**Auslegegummi** *m (Kfz) (in der Kippermulde)* **rubber lining** *(Mech)*
**auslegen** *v (Allg) (erklären, deuten)* **construe** *v (Allg)* **explain** *v (Allg)* **interpret** *v (Allg)*
**auslegen** *v (Allg) (zur Einsichtnahme)* **display** *v (Allg)*
**auslegen** *v (Mech) (etwas verkleiden)* **line** *v (Mech)*
**auslegen** *v (Mech) (Kabel)* **lay** *v (Mech)* (e.g. cables)
**Ausleger** *m (Bg/Bergb)* **boom** *(Bg/Bergb)*
**Ausleger** *m (Kfz) (Abstützung)* **outrigger** *(Bahn, Bg/Bergb)* **stabilizer** *(Mech, Bg/Bergb)*
**Ausleger** *m (Kfz) (des Kranes)* **jib** *(Kfz)*
**Ausleger ausfahren** Ausleger ausfahren *n:v (Bg/Bergb)* **advance the boom** *n:v (Bg/Bergb)*

**Ausleger einfahren** Ausleger einfahren *n:v (Bg/Bergb)* **retract the boom** *n:v (Bg/Bergb)*
**Auslegerarm** *m (Bg/Bergb) (Kragarm)* **crossarm** *(Bg/Bergb)* (cantilver)
**Auslegeraufhängung** *f (Bg/Bergb)* **boom suspension** *(Bg/Bergb)*
**Auslegerbolzen** *m (Bg/Bergb) (am Fußpunkt)* **boom foot pin** *(Bg/Bergb)*
**Auslegerbrücke** *f (Stb)* **cantilever bridge** *(Stb)*
**Auslegerfußpunkt** *m (Bg/Bergb)* **boom-foot pivot point** *(Bg/Bergb)*
**Auslegerhubwerk** *nt (Bg/Bergb, Umschl)* **boom hoist** *(Bg/Bergb, Umschl)*
**Auslegerkopf** *m (Bg/Bergb, Umschl)* **boom head** *(Bg/Bergb, Umschl)*
**Auslegerkran** *m (Stb)* **jib crane** *(Stb)* **outrigger crane** *(Stb)*
**Auslegerlager** *nt (Kfz) (des Kranes)* **jib bearing** *(Kfz)* (of a crane)
**Auslegerlänge** *f (Bg/Bergb)* **boom length** *(Bg/Bergb, Umschl)*
**Auslegermoment** *nt (Bg/Bergb)* **boom moment** *(Bg/Bergb)*
**Auslegeroberteil** *nt (Bg/Bergb)* **upper boom** *adj:n (Bg/Bergb)*
**Auslegersperrventil** *nt (Bg/Bergb)* **lock valve for boom** *(Bg/Bergb)*
**Auslegerstellung** *f (Bg/Bergb)* **boom position** *(Bg/Bergb)*
**Auslegerstützbock** *m (Bg/Berg) (z.B. des Baggers)* **A-frame** *(Bg/Bergb, Mech)*
**Auslegerträger** *m (Stb) (Gerberträger)* **cantilever girder** *(Mech, Stb)*
**Auslegertrommel** *m (Bg/Bergb) (eines Kranes)* **jib drum** *(Bg/Bergb)* (of a crane)
**Auslegerunterteil** *nt (Bg/Bergb)* **base boom** *(Bg/Bergb)*
**Auslegerverlängerung** *f (Bg/Bergb) (für Ramme)* **boom extension** *(Bg/Bergb)* (for pile-driving)
**Auslegerwinde** *f (Bg/Bergb) (des Kranes)* **jib winch** *(Bg/Bergb)*
**Auslegerwinkel** *m (Bg/Bergb)* **boom angle** *(Bg/Bergb)*
**Auslegerwippkran** *m (Mech)* **derrick crane** *(Mech, Mont)*
**Auslegerzylinder** *m (Bg/Bergb)* **boom cylinder** *(Bg/Bergb)* **jib cylinder** *(Bg/Bergb)*
**Auslegerzylinderschutz** *m (Bg/Bergb)* **guard for boom cylinder** *(Bg/Bergb)*
**Auslegung** *f (Allg) (Erklärung, Deutung)* **explanation** *(Allg)* **interpretation** *(Allg)*
**Auslegung** *f (Mech) (Anordnung, Platzierung)* **design** *(Mech)* (type) **layout** *(Mech, Allg)*
**Auslegung** *f (Mech) (Bemessung, Dimensionierung)* **dimensioning** *(Mech)* **sizing** *(Mech)*
**ausleuchten** *v (Mech)* **illuminate** *v (Mech)*
**auslöffeln** *v (Bg/Bergb)* **scoop out** *v (Bg/Bergb)*
**Auslösen** *nt (Mech) (z.B.der Kupplung, des Relais)* **releasing** *(Mech)*
**auslösen** *v (Mech) (z.B. Kupplung, Relais)* **disengage** *v (Mech)* (e.g. coupling) **release** *v (Mech)* (e.g. coupling, relays, locks)
**Auslösenocken** *m (Hütt/Wlz) (Anschlag)* **trigger** *(Hütt/Wlz)*
**Auslöserklinke** *f (Form)* **pawl** *(Mech)*
**Ausmaß** *nt (Allg) (Umfang)* **extent** *(Mech, Allg)*
**Ausmaße, angemessen** angemessene Ausmaße *adj:n (Bahn)* **adequate dimension** *adj:n (Bahn)*
**ausmauern** *v (Stb)* **brick up** *v (Stb)* (lay bricks)
**Ausmauerung** *f (Stb) (Mauerwerk)* **brickwork** *(Stb, Bau)*
**ausmeißeln** *v (Band, Mech, Mont)* **gouge** *v (Band, Mech, Mont, Schw)*
**ausmeißeln** *v (Mech, Mont)* **chisel** *v (Mech, Mont)*
**Ausmündung** *f (Mech)* **mouth** *(Mech)* **orifice** *(Mech, Hyd/Pneu)*
**ausmustern** *v (Allg) (aussondern)* **eliminate** *v (Allg)* **reject** *v (Allg, Mech)* **sort out** *v (Allg)*
**Ausnehmung** *f (Form) (im Blech)* **opening** *(Form)*
**Ausnutzung** *f (Mech)* **utilisation** *(Mech)*
**Ausnutzungsfaktor** *m (Mech) (Elektromechanik)* **capacity factor** *(Mech)*
**Ausnutzungsgrad** *m (Mech)* **power/space ratio** *(Mech)*
**Ausnutzungsgrad** *m (Mech) (Elektromechanik)* **capacity factor** *(Mech)*
**Ausnutzungsverhältnis** *nt (Bg/Bergb)* **utilisation ratio** *(Bg/Bergb)*

**ausplatzen** *v/i (Kfz) (z.B. die Dichtung)* **blow out** *v/i (Mech, Hyd/Pneu)* (e.g. a shaft seal)
**auspressen** *v (Bg/Bergb) (abwerfen)* **gouge** *v (Bg/Bergb)* (e.g. old bushings)
**Auspuff** *m (Kfz)* **exhaust** *(Kfz)*
**Auspuff-Hauptschalldämpfer** *m (Kfz)* **main silencer** *(Kfz)*
**Auspuff-Vorschalldämpfer** *m (Kfz)* **pre-expansion chamber** *(Kfz)*
**Auspuffbremse** *f (Kfz)* **exhaust brake** *(Kfz)*
**Auspuffdämpfer** *m (Kfz)* **exhaust silencer** *(Kfz)* **muffler** *AE (Bg/Bergb, Aufb)*
**Auspuffdruck** *m (Kfz)* **exhaust pressure** *(Kfz)*
**Auspuffgas** *nt (Bg/Bergb)* **exhaust fumes** *pl (Bg/Bergb)* **exhaust gas** *(Bahn)*
**Auspuffklappe** *f (Kfz)* **exhaust valve** *(Hyd/Pneu)* **muffler cut-out** *(Kfz)*
**Auspuffklappenbremse** *f (Kfz)* **engine brake** *(Kfz)* **exhaust brake** *(Kfz)* **exhaust flap brake** *(Kfz)*
**Auspuffkrümmer** *m (Kfz)* **collector** *(Kfz)* (of an exhaust) **exhaust manifold** *(Kfz)*
**Auspuffleitung** *f (Kfz)* **exhaust pipe** *(Mech)*
**Auspuffrohr** *nt (Kfz)* **exhaust pipe** *(Mech)*
**Auspuffrohr** *nt (Kfz) (Endstück)* **tail pipe** *(Mech)*
**Auspuffrohr** *nt (Kfz) (Rauchauslass)* **stack** *(Kfz)*
**Auspuffrohrdeckel** *m (Kfz)* **flapper-type rain cap** *(Kfz)*
**Auspuffrohrklappe** *f (Kfz)* **flapper-type rain cap** *(Kfz)*
**Auspuffrohrverbindung** *f (Kfz)* **exhaust manifold connection** *(Kfz)*
**Auspuffschalldämpfer** *m (Kfz)* **exhaust silencer** *(Kfz)*
**Auspufftopf** *m (Kfz)* **muffler** *AE (Bg/Bergb, Aufb)*
**Auspufftopf und -leitungen** *(Kfz)* **muffler and exhaust pipes** *(Kfz)*
**ausrangieren** *v (Allg) (als unbrauchbar ablegen)* **discard** *v (Allg)* (as no longer useful)
**ausrangieren** *v (Mech, Allg) (verschrotten)* **scrap** *v (Allg)*
**Ausräumungsöffnung** *f (Stb)* **reaming opening** *(Stb)* (reaming taphole)
**Ausreißen** *nt (Stb) (z.B. eines Dübels)* **tearing off** *(Stb)* (e.g. of a shear connector)
**ausreißen** *v (Allg) (sich lösen)* **come off** *v (Allg)*
**ausreißen** *v (Mech) (Schrauben aus dem Gewinde)* **strip** *v (Mech)* (e.g. screws)
**Ausreißsicherung** *f (Form)* **tear-off protection** *(Form)*
**Ausreißversuch** *m (Stb)* **peel test** *(Stb)* **slug test** *(Stb)*
**ausrichten** *v (Mech) (in eine gerade Linie bringen, z.B. Gurt)* **align** *v (Mech)*
**ausrichten** *v (Mech) (z.B. Räder, Lager)* **centre** *v (Mech)*
**ausrichten** *v (Mech, Allg) (in einer Reihe, Ordnung)* **bring into line** *(Mech, Allg)*
**ausrichten** *v (Mech, Mont) (mittels Hammer)* **dress** *v (Mech, Mont, Bg/Bergb)* **pane** *v (Mech)*
**ausrichten** *v (Mech, Mont) (mittels Wasserwaage)* **level** *v (Mech, Mont)*
**ausrichten** *v (Allg) (etwas bewirken, vollbringen)* **accomplish** *v (Allg)*
**Ausrichtung** *f (Mech, Allg)* **adjustment** *(Mech, Allg)* (e.g. of machines)
**Ausrichtung prüfen** die Ausrichtung prüfen *n:v (Mech, Allg)* **check the alignment** *n:v (Mech, Allg)*
**ausrinnen** *v (Allg)* **flow out** *v (Allg)* **run out** *v (Allg)*
**ausrollen** *v/i (Mech) (im Leerlauf rollen)* **coast** *v (Mech)*
**Ausrollzeit** *f (Mech)* **coasting time** *(Mech)*
**ausrückbar** *adj (Mech)* **disengaging** *adj (Mech)* **engaging and disengaging** *(Mech)* (clutch)
**ausrücken** *v (Mech) (Kupplung)* **disengage** *v (Mech)* (e.g. coupling) **uncouple** *v (Mech)*
**Ausrücker** *m (Kfz)* **releasing lever** *(Kfz)*
**Ausrückgabel** *f (Kfz)* **clutch release yoke** *(Kfz)*
**Ausrückhebel** *m (Kfz)* **clutch release lever** *(Kfz)*
**Ausrückjoch** *nt (Form)* **yoke** *(Mech)*
**Ausrücklager** *nt (Kfz)* **clutch release bearing** *(Kfz)*
**Ausrückmuffe** *f (Kfz)* **clutch release sleeve** *(Kfz)*
**Ausrückplatte** *f (Kfz)* **clutch release plate** *(Kfz)*
**Ausrückwelle** *f (Kfz)* **clutch release shaft** *(Kfz)*

**ausrunden** *v (Mech, Mont) (z.B. Gewinde)* **round off** *v (Mech, Mont)*
**ausrunden** *v (Mech, Mont) (z.B. Kanten, Gewindezähne)* **radius** *v (Mech, Mont)*
**Ausrundung** *f (Mech, Mont)* **fillet** *(Mech, Stb)* **radius** *(Mech, Mont)* **rounding** *(Mech, Mont)*
**ausrüsten** *v (Mech, Mont)* **equip** *v (Mech, Mont)* (with) **fit** *v (Mech, Mont)* (e.g. a belt)
**Ausrüstung** *f (Mech, Allg)* **equipment** *(Mech, Bg/Bergb)*
**Ausrüstung** *f (Schiff) (eines Schiffes)* **outfit** *(Schiff)* (of a ship)
**Ausrüstungskai** *m (Schiff)* **outfitting quay** *(Schiff)*
**Ausrüstungskreislauf** *m (Bg/Bergb) (z.B. Bagger)* **implement circuit** *(Bg/Bergb)*
**Ausrüstungspaket** *nt (Kfz)* **equipment package** *(Kfz)*
**Ausrüstungsteil** *nt (Bg/Bergb)* **piece of equipment** *(Bg/Bergb)*
**Ausrüstungsteile** *pl nt (Kfz)* **accessories** *pl (Kfz)* (parts of attachment)
**aussagefähig** *adj (Allg)* **reliable** *adj (Allg)*
**aussagekräftig** *adj (Allg)* **concise** *adj (Allg)* (application) **explicit** *adj (Allg)* **meaningful** *adj (Allg)*
**ausschachten** *v (Bau)* **excavate** *v (Bg/Bergb, Bau)*
**ausschachten** *v (Schiff) (unter Wasser)* **dredge** *v (Bg/Bergb)*
**Ausschachtung** *f (Bg/Bergb)* **excavation** *(Bg/Bergb)*
**ausschalten** *v (Allg) (z.B. Maschine)* **switch off** *v (Allg)*
**Ausschalter** *m (Allg)* **ON/OFF switch** *(Allg)*
**Ausschalthebel** *m (Kfz) (z.B. für eine Maschine)* **throw-out lever** *(Kfz)*
**Ausschalzeit** *f (Bau)* **stripping time** *(Bau)*
**Ausschau** *f (Allg)* **look-out** *(Allg)*
**ausscheiden** *v (Mech) (als Ausschuss)* **reject** *v (Allg, Mech)* **scrap** *v (Allg)*
**ausscheiden** *v (Zer) (durch Vorsiebung)* **scalp out** *v (Zer)*
**ausscheiden** *v (Zer) (z.B. Sieb)* **separate** *v (Bg/Bergb)*
**ausscheiden** *v (Zer, Mech) (sortieren)* **sort** *v (Zer, Mech)* **sort out** *v (Allg)*
**ausschiffen** *v (Schiff) (z.B. Güter)* **disembark** *v (Schiff)*
**Ausschiffung** *f (Schiff)* **disembarkation** *(Schiff)*
**Ausschiffungshafen** *m (Schiff)* **port of disembarkation** *(Schiff)*
**Ausschlag** *m (Kfz) (z.B. der Pendelachse)* **oscillation lock** *(Kfz)*
**ausschlagen** *v/i (Mech) (z.B. beim Galvanisieren)* **spot out** *v/i (Mech)* (galvanizing)
**ausschlagen** *v/i (Mech) (z.B. Bohrungen)* **beat out** *v (Mech)*
**ausschlaggebend** *adj (Allg)* **decisive** *adj (Allg)*
**ausschleifen** *v (Form)* **grind** *v (Form)*
**ausschneiden** *v (Mech)* **cut out** *v (Mech)*
**Ausschnitt** *m (Allg)* **sector** *(Mech, Allg)*
**Ausschuss** *m (Mech)* **refuse** *(Mech, Allg)* **rejects** *pl (Mech)*
**Ausschussstellung** *f (Form)* **reject position** *(Form)*
**Ausschütthöhe** *f (Bg/Bergb) (Grabgut aus Löffel)* **discharge height** *(Bg/Bergb)*
**Ausschwenken** *nt (Bg/Bergb, Hyd)* **slewing out** *(Bg/Bergb, Hyd)*
**außen liegend** *adj (Allg)* **exterior** *adj (Allg)*
**Außenanbau** *m (Mech)* **surface mounting** *(Mech)*
**Außenbackenbremse** *f (Kfz)* **outside shoe brake** *(Kfz)*
**Außenbandbremse** *f (Kfz)* **outside band brake** *(Kfz)*
**außenbelüftet** *adj (Mech)* **fan-cooled** *adj (Mech)*
**Außenblech** *nt (Kfz)* **outside panel** *(Kfz)*
**Außenbogenkreuzungsweiche** *f (Bahn)* **outside diamond crossing with single slip** *(Bahn)*
**Außenbogenweiche** *f (Bahn)* **CEX** *adj:n (Bahn)* (Abv) **contrary flexure turnout** *adj:n (Bahn)*
**Außenbolzen** *m (Mech)* **external pin** *adj:n (Mech)* **external pivot pin** *adj:n (Mech)*
**Außendienstpersonal** *nt (Bahn) (der Bahn)* **operational staff** *(Bahn)*
**Außendrahtlage** *f (Bg/Bergb) (Seil)* **outer wire coat** *adj:n (Mech)*
**Aussendung** *f (Bau)* **emission** *(Mech)*
**Außendurchmesser** *m (Mech) (Zahnrad)* **tip diameter** *(Mech)*
**Außenfeder** *f (Mech)* **external spring** *adj:n (Mech)*

**Außenfehler** *m (Form)* **external flaw** *(Form)* **surface flaw** *(Form)*
**Außenfräser** *m (Mech, Mont)* **outside pipe reamer** *adj:n (Mech, Mont)*
**Außengelenkbolzen** *m (Mech)* **external pivot pin** *adj:n (Mech)*
**Außengeräuschmessung** *f (Kfz)* **outside noise test** *(Kfz)*
**Außengewinde** *nt (Mech)* **outer thread** *(Form)*
**Außenglied** *nt (Form)* **outer link** *(Form)*
**Außengreifer** *m (Werkz)* **external gripper** *(Werkz)*
**Außenkegel** *m (Form)* **outside cone** *(Form)*
**aussenken** *v (Mech, Mont)* **spot-face** *v (Mech, Mont)*
**Außenkippe** *f (Bg/Bergb)* **external dump** *adj:n (Bg/Bergb)*
**Außenlänge** *f (Form) (Keilriemen)* **outside length** *(Form)*
**Außenlasche** *f (Form)* **outer plate** *(Form)*
**Außenluft** *f (Hütt/Wlz)* **outside air** *(Hütt/Wlz)*
**Außenmast** *m (Kfz)* **outer upright** *(Kfz)*
**Außenöffnung** *f (Stb) (Endfeld der Brücke)* **end span** *(Stb)*
**Außenpodest** *nt (Stb)* **outside platform** *(Stb)*
**Außenputz** *m (Bau)* **external rendering** *(Bau)* **plaster** *(Bau)*
**Außenrad** *nt (Mech)* **external gear** *adj:n (Mech)*
**Außenradpaar** *nt (Mech)* **external gear pair** *adj:n (Mech)*
**Außenrahmen** *m (Bahn)* **outer frame** *(Bahn)*
**Außenring** *m (Form)* **outer ring** *adj:n (Mech)*
**Außenrolle** *f (Band)* **outer roll** *adj:n (Band)*
**Außenrundschleifmaschine** *f (Form)* **cylindrical surface grinder** *(Form)*
**Außenrüttler** *m (Mech) (z.B. Bunker)* **external vibrator** *adj:n (Mech)*
**Außenschräge** *f (Bg/Bergb)* **outside slope** *(Bg/Bergb)*
**Außenschweißung** *f (Schw)* **external welding** *(Schw)*
**Außenseite** *f (Allg)* **outside** *(Allg)*
**außenseitig** *adj (Mech, Allg)* **male** *adj (Mech)* (e.g. threads) **outside** *adj (Mech, Allg)*
**Außenspiegel** *m (Stb) (am Auto)* **outside rear mirror** *(Stb)*
**Außentaster** *m (Mech, Mont)* **outside caliper** *(Mech, Mont)*
**Außentemperatur** *f (Mech, Allg)* **outdoor temperature** *(Mech, Allg)*
**Außenverzahnung** *f (Form)* **external toothing** *(Form)*
**Außenwand** *f (Stb)* **outside wall** *(Stb)*
**Außenwinkel** *m (Math)* **exterior angle** *adj:n (Math)*
**Außenzahnrad** *nt (Mech)* **external gear** *adj:n (Mech)*
**Außenzylinder** *m (Mech) (Schneckenrad)* **tip cylinder** *(Mech, Bg/Bergb)*
**außer** *präp (Allg) (ausgenommen von)* **exempt** *adj (Allg)*
**außermittig** *adj (Mech)* **non-centred** *adj (Mech)*
**Außermittigkeit** *f (Stat)* **eccentricity** *(Stat)*
**außerordentlich** *adj (Allg)* **extraordinary** *adj (Allg)*
**außerplanmäßig** *adj (Allg)* **unscheduled** *adj (Allg)*
**aussetzen** *v (Bau)* **submit** *v (Bau)*
**aussetzend** *adj (Mech)* **intermittent** *adj (Mech)*
**aussieben** *v (Zer)* **filter** *v (Mech, Allg)* **scalp out** *v (Zer)*
**aussondern** *v (Allg)* **separate** *v (Allg)* **sort out** *v (Allg)*
**aussondern** *v (Allg) (als Ausschuss)* **eliminate** *v (Allg)* **reject** *v (Allg, Mech)*
**aussondern** *v (Allg) (reservieren)* **set apart** *v (Allg)*
**aussortieren** *v (Allg)* **single out** *v (Allg)* **sort out** *v (Allg)*
**Aussortierung** *f (Allg)* **sorting out** *(Allg)*
**aussparen** *v (Form)* **recess** *v (Form)*
**Aussparung** *f (Form)* **notch** *(Hütt/Wlz)* **recess** *(Mech, Bau, Geo)*
**Aussparung** *f (Stb) (z.B. für Geländer)* **blockout** *(Stb)*
**Aussparung für Schloss im Holz** *(Bau)* **rebating** *(Bau)*
**Aussparung für Schrauben** *(Form)* **bolt pocket** *(Form)*
**Aussparungen** *pl f (Bau)* **pockets** *pl (Bau)*
**Ausspeiseventil** *nt (Hyd/Pneu)* **flushing valve** *(Hyd/Pneu)*

**ausspitzen** *v (Mech, Mont) (z.B. Feilen)* **cut** *v (Allg)* **pick** *v (Mech, Mont)*
**ausspülen** *v (Hyd/Pneu)* **rinse out** *v (Hyd/Pneu)*
**ausstatten** *v (Mech, Mont)* **equip** *v (Mech, Mont)* (with) **provide with** *v (Mech, Mont)*
**Aussteifblech** *nt (Stb)* **stiffening plate** *(Stb, Schw)*
**Aussteifen** *nt (Mech, Stb)* **stiffening** *(Mech, Stb)*
**aussteifen** *v (Mech, Stb) (steifen, verstärken)* **stiffen** *v (Mech, Stb)*
**aussteifen** *v (Mech, Stb) (verstreben)* **brace** *v (Stb)* (strut) **strut** *v (Stb)*
**Aussteifung** *f (Mech) (Verstrebung)* **bracing** *(Mech, Bau)*
**Aussteifung** *f (Mech, Stb)* **bridging** *(Mech, Stb)* **stiffener** *(Mech, Stb)*
**Aussteifung, tragend** tragende Aussteifung *adj:n (Stb)* **load-bearing stiffener** *(Stb)*
**Aussteifungsbalken** *m (Stb)* **stiffening member** *(Stb)*
**Aussteifungslamelle** *f (Stb)* **stiffening fins** *pl (Stb)* **stiffening rib** *(Stb)*
**Aussteifungsportal** *nt (Bau)* **stiffening portal** *(Bau)*
**Aussteifungsträger** *m (Stb)* **stiffening truss** *(Stb)*
**Aussteifungswinkel** *m (Stb)* **stiffener angle** *(Stb)*
**Aussteifwinkel** *m (Mech)* **clip angle** *(Mech)* **top angle** *(Mech)*
**ausstellen** *v (Allg) (auf einer Messe)* **exhibit** *v (Allg)*
**ausstellen** *v (Allg) (zur Einsichtnahme)* **display** *v (Allg)*
**Aussteller** *m (Allg) (z.B. auf einer Messe)* **exhibitor** *(Allg)*
**Ausstellfenster** *nt (Kfz)* **ventilator window** *(Kfz)*
**Ausstellfenster** *nt (Kfz) (im Fahrerhaus)* **hinged window** *(Kfz)* (in cab)
**Ausstellung** *f (Allg) (Messe)* **exhibition** *(Allg)* **fair** *(Allg)* (trade fair)
**Ausstellungsgelände** *nt (Allg)* **exhibition ground** *(Allg)*
**Ausstellungshalle** *f (Allg)* **exhibition hall** *(Allg)*
**Ausstoß** *m (Kfz)* **ejection** *(Kfz)*
**Ausstoßfolgeventil** *nt (Form)* **ejector sequence valve** *(Form)*
**Ausstoßleitung** *f (Form)* **ejector line** *(Form)*
**Ausstoßventil** *nt (Kfz)* **ejector valve** *(Kfz)*
**Ausstoßzylinder** *m (Kfz)* **ejector cylinder** *(Kfz)*
**Ausstrahlung** *f (Mech) (z.B. Strahlen, Geräusche)* **emission** *(Mech)*
**Ausstrahlung** *f (Mech) (z.B. Wärme)* **radiation** *(Mech)* (e.g. heat)
**Ausstreichfeile** *f (Mech, Mont)* **equalling file** *(Mech, Mont, Werkz)*
**ausströmen lassen** *v (Hyd/Pneu)* **bleed** *v (Hyd/Pneu)*
**Ausströmung** *f (Mech)* **emission** *(Mech)*
**Austausch** *m (Bau)* **exchange** *(Bau)* **substitution** *(Bau)*
**Austauschaggregat** *nt (Mech)* **exchange part** *(Mech)* **return part** *(Mech)*
**austauschbar** *adj (Mech) (ersetzbar)* **exchangeable** *adj (Mech, Allg)* **replaceable** *adj (Mech)*
**austauschen** *v (Allg) (ersetzen)* **replace** *v (Allg)*
**austauschen** *v (Allg) (tauschen gegen)* **exchange** *v (Allg)*
**austauschen** *v (Allg) (untereinander)* **interchange** *v (Allg)*
**Austauscher** *m (Hütt/Wlz)* **exchanger** *(Hyd/Pneu, Mech)*
**Austauschteil** *nt (Mech)* **exchange part** *(Mech)* **return part** *(Mech)*
**Austenit** *m (Form)* **austenite** *(Form)*
**austenitisch** *adj (Mech, Hütt/Wlz)* **austenitic** *adj (Mech, Hütt/Wlz)*
**Austenitisierungstemperatur** *f (Form)* **austenitizing temperature** *(Form)*
**austiefen** *v (Mech, Mont) (vertiefen)* **deepen** *v (Mech, Mont)*
**Austiefung** *f (Mech, Mont)* **hollow** *(Mech, Mont)*
**Austrag** *m (Mech, Zer)* **discharge** *(Mech, Zer)* **emission** *(Mech)*
**Austrags-Spaltweite** *f (Zer) (eines Brechers)* **size of discharge opening** *(Zer)*
**Austragsfläche** *f (Zer, Mech)* **discharge area** *(Zer, Mech)*
**Austragsgut** *nt (Zer) (Brecher)* **discharge product** *(Zer)*
**Austragsgut** *nt (Bg/Bergb) (vom Brecher zerkleinert)* **discharged material** *(Bg/Bergb)*
**Austragsleistung** *f (Mech)* **discharge rate** *(Mech)*

**Austragsrost** *m (Mech, Zer) (Stabrost)* **bar grizzly** *(Mech, Zer)* **bar screen** *(Mech, Zer)*
**Austragsschurre** *f (Zer)* **discharge chute** *(Zer)*
**Austragsseite** *f (Zer)* **discharge end** *(Zer)*
**Austragssieb** *nt (Zer)* **discharge screen** *(Zer)*
**Austragsvorrichtung** *f (Bg/Bergb)* **discharging device** *(Bg/Bergb)*
**Austragswand** *f (Bg/Bergb)* **discharge wall** *(Bg/Bergb)*
**Austreibbolzen** *m (Mech, Mont)* **driftbolt** *(Mech, Mont)*
**Austreibdorn** *m (Mech, Mont)* **key drift** *(Mech, Mont)*
**austreiben** *v (Hütt/Wlz)* **drive off** *v (Hütt/Wlz)*
**austretend** *adj (Allg)* **emergent** *adj (Allg)*
**Austritt** *m (Hütt/Wlz) (Auslass)* **outlet** *(Mech)*
**Austrittsmarke** *f (Allg)* **exit point** *(Allg)*
**Austrittsöffnung** *f (Hütt/Wlz) (des Brenners)* **burner mouth** *(Hütt/Wlz)*
**Austrittsöffnung** *f (Kfz)* **outlet** *(Mech)*
**Austrittspunkt** *m (Mech, Allg)* **point of exit** *(Mech, Allg)*
**Austrittssammler** *m (Hütt/Wlz)* **outlet header** *(Hütt/Wlz)*
**Austrittsverlust** *m (Hütt/Wlz)* **exit loss** *(Hütt/Wlz)*
**Austrittswinkel** *m (Hütt/Wlz)* **exit angle** *(Hütt/Wlz)*
**Auswägevorrichtung** *f (Mech) (Bandwaage)* **balancing device** *(Mech)*
**auswählen** *v (Allg)* **choose** *v (Allg)* **select** *v (Allg)* (choose)
**auswählen, sorgfältig** sorgfältig auswählen *adv:v (Allg)* **choose carefully** *adv:v (Allg)*
**Auswaschen** *nt (Bau)* **scouring** *(Bau)*
**auswechselbar** *adj (Mech) (ersetzbar)* **exchangeable** *adj (Mech, Allg)* **replaceable** *adj (Mech)*
**auswechseln** *v (Allg)* **replace** *v (Allg)*
**Auswechselschaube** *f (Stb)* **replacement bolt** *(Stb)*
**auswerfen** *v (Form)* **gouge** *v (Bg/Bergb)* (e.g. old bushings)
**Auswerfer** *m (Bg/Bergb) (enger Tieflöffel)* **ejector** *(Bg/Bergb)*
**Auswerferklappe** *f (Bg/Bergb)* **ejector flap** *(Bg/Bergb)*
**Auswerteeinrichtung** *f (Allg)* **evaluation system** *(Allg)*
**Auswirkungen** *pl f (Mech, Allg)* **effects** *pl (Mech, Allg)*
**Auswuchten** *(Mech) (z.B. von Rädern)* **balancing** *(Mech)*
**auswuchten** *v (Mech) (z.B. Räder)* **balance** *v (Mech)*
**Auswuchten, dynamisch** dynamisches Auswuchten *adj:n (Mech)* **dynamic balancing** *adj:n (Mech)*
**Auswuchten, statisch** statisches Auswuchten *adj:n (Mech)* **static balancing** *adj:n (Mech)*
**Auswuchtung** *f (Mech)* **balancing** *(Mech)*
**Auswurf** *m (Bg/Bergb) (ausgehobener Boden)* **excavated material** *adj:n (Bg/Bergb)*
**Auswurfgeschwindigkeit** *f (Hütt/Wlz)* **discharge velocity** *(Hütt/Wlz)*
**Auszieher** *m (Form) (z.B. Kralle)* **puller** *(Werkz)*
**Ausziehvorrichtung** *f (Mech)* **extracting device** *(Mech)*
**Autobahnbrücke** *f (Stb)* **motorway bridge** *(Stb)*
**autogen** *adj (Schw, Allg)* **autogenous** *adj (Schw, Mont)*
**Autogen-Mahlanlage** *f (Zer)* **autogenous grinding plant** *adj:n (Zer)*
**Autogenbrennschneiden** *nt (Schw, Mont)* **oxyacetylene cutting** *(Schw, Mont)*
**Autogengerät** *nt (Schw, Mech, Mont)* **oxyacetylene equipment** *(Schw, Mech, Mont)*
**Autogenmühle** *f (Zer)* **autogenous mill** *adj:n (Zer)*
**Autogennaht** *f (Schw, Mech, Mont)* **oxyacetylene weld** *(Schw, Mech, Mont)*
**Autogenschneidmaschine** *f (Schw, Mech, Mont)* **gas-cutting machine** *(Schw, Mech, Mont)*
**Autoklav** *m (Hütt/Wlz)* **autoclave** *(Hütt/Wlz)*
**Autokran** *m (Mech, Mont)* **mobile crane** *(Mech, Mont)*
**Automatenschweißen** *nt (Schw, Mech, Mont)* **automatic machine welding** *adj:n (Schw, Mech, Mont)* **automatic welding** *adj:n (Schw, Mech, Mont)*

**Automatenstahl** *m (Form)* **free cutting steel** *(Form)*
**Automatikkuppler** *m (Bahn)* **automatic coupler** *adj:n (Bahn)*
**Automation und Systemtechnik** *(Form)* **automation and system technology** *(Form)*
**automatisch** *adj (Mech, Mont)* **automatic** *adj (Mech, Mont)*
**automatisieren** *v (Mech)* **automate** *v (Mech)*
**Automobilindustrie** *f (Kfz)* **automotive industry** *(Mech)*
**Automobilkran** *m (Stb)* **lorry-mounted crane** *(Stb)*
**Automobilteile** *pl nt (Form)* **automotive body parts** *(Form)*
**Autoradio** *nt (Kfz)* **automobile radio** *(Kfz)*
**Autoverwertung** *f (Form)* **junk yard** *(Hütt/Wlz, Mech)*
**Autowrack** *nt (Form)* **car body** *(Mech)*
**AWS** *(Schw) (Abk)* **AWS** *(Schw)* (American Welding Standards)
**axial** *adj (Mech)* **axial** *adj (Mech)*
**Axial-Dichtring** *f (Kfz)* **axial gasket** *(Kfz)*
**Axial-Pendelrollenlager** *nt (Mech)* **self-aligning roller thrust bearing** *adj:n (Mech)*
**Axial-Rillenkugellager** *nt (Mech)* **deep groove ball thrust bearing** *(Mech)*
**Axial-Schrägkugellager** *nt (Form)* **angular contact thrust ball bearing** *(Form)*
**Axialbeanspruchung** *f (Mech)* **axial load** *adj:n (Mech)*
**Axialdruck** *m (Kfz)* **axial thrust** *adj:n (Stb)*
**Axialkolbenmotor** *m (Bg/Bergb, Hyd)* **axial-piston motor** *(Bg/Bergb, Hyd/Pneu)*
**Axialkolbenpumpe** *f (Hyd/Pneu)* **axial piston pump** *adj:n (Hyd/Pneu)*

# B

**Backbord** *m (Mech)* **port side** *(Mech)*
**Backbordkessel** *m (Hütt/Wlz)* **portside boiler** *(Hütt/Wlz)*
**Backe** *f (Form) (z.B. des Schraubstocks)* **jaw** *(Mech, Mont, Werkz)*
**Backen-Kreiselbrecher** *m (Zer)* **gyratory jaw-type crusher** *(Zer)*
**Backenbrecher** *m (Zer)* **jaw crusher** *(Zer)*
**Backenbremse** *f (Kfz)* **shoe brake** *(Kfz)*
**Backenbremsfutter** *nt (Kfz)* **drum brake lining** *(Kfz)*
**Backenbremstrommel** *f (Kfz)* **brake drum** *(Mech)*
**Backkohle** *f (Hütt/Wlz)* **caking coal** *(Hütt/Wlz)*
**Badhärtung** *f (Hütt/Wlz)* **dip hardening** *(Hütt/Wlz)*
**Badsicherung** *f (Schw) (beim Schweißen)* **backing** *(Schw)* (e.g. ceramic)
**Badsicherungsblech** *nt (Schw)* **backing strip** *(Schw)*
**Bagasse** *f (Hütt/Wlz)* **bagasse** *(Hütt/Wlz)*
**Bagasse-Kessel** *m (Hütt/Wlz)* **bagasse-fired boiler** *(Hütt/Wlz)*
**Bagger** *m (Bg/Bergb)* **excavator** *(Bg/Bergb)*
**Bagger** *m (Bg/Bergb) (auf dem Wasser)* **dredge** *(Bg/Bergb)*
**Bagger** *m (Bg/Bergb) (mit Ladeschaufel)* **shovel** *(Mech, Bg/Bergb)*
**Bagger in Wippenkonstruktion** *m (Bg/Bergb)* **excavator, boom-bascule design** *(Bg/Bergb)*
**Bagger mit C-Rahmen** *(Bg/Bergb) (C-Rahmen-Konstruktion)* **excavator, C-frame design** *(Bg/Bergb)*
**Bagger mit Greifer** *(Bg/Bergb)* **excavator with grab** *(Bg/Bergb)*
**Bagger mit Reißzahn** *(Bg/Bergb)* **excavator with ripper tooth** *(Bg/Bergb)*
**Bagger mit Tieflöffel** *(Bg/Bergb)* **back-hoe excavator** *(Bg/Bergb)*
**Bagger mit Zentralturm** *(Bg/Bergb) (Zentralturmausführung)* **excavator, central tower design** *(Bg/Bergb)*
**Bagger und Umschlaggeräte** *(Bg/Bergb)* **excavators and handling equipment** *(Bg/Bergb)*
**Bagger, eisern mit Dampfantrieb** eiserner Bagger mit Dampfantrieb *adj:n* **iron steam-powered excavator** *adj:n*
**Bagger-Mittelbau** *m (Bg/Bergb)* **excavator centre part** *BE (Bg/Bergb)*
**Baggerachse** *f (Bg/Bergb)* **excavator axle** *(Bg/Bergb)*
**Baggeranlage** *f (Bg/Bergb)* **excavator plant** *(Bg/Bergb)*
**Baggerarbeit** *f (Bg/Bergb) (an Land)* **excavator work** *(Bg/Bergb)* (on shore)

**Baggerarbeit** *f (Bg/Bergb) (unter Wasser)* **dredging task** *(Bg/Bergb)* (under water)
**Baggeraufgabe** *f (Bg/Bergb) (unter Wasser)* **dredging task** *(Bg/Bergb)* (under water)
**Baggerbau** *m (Bg/Bergb)* **excavator manufacture** *(Bg/Bergb)*
**Baggerbetrieb** *m (Bg/Bergb)* **excavating operation** *(Bg/Bergb)*
**Baggerböschung** *f (Bg/Bergb) (Seitenböschung des Baggers)* **side slope** *(Bg/Bergb)*
**Baggerböschung** *f (Bg/Bergb) (Tagebauböschung)* **slope** *(Geo, Bg/Bergb)*
**Baggerböschung** *f (Bg/Bergb) (Vor-Kopf-Böschung des Baggers)* **digging face** *(Bg/Bergb)*
**Baggerböschung, offen stehend** offen stehende Baggerböschung *adj:n (Bg/Bergb)* **open pit slope** *(Bg/Bergb, Geo)*
**Baggergut** *nt (Bg/Bergb)* **excavated material** *adj:n (Bg/Bergb)*
**Baggerklasse** *f (Bg/Bergb)* **class of excavator** *(Bg/Bergb)*
**Baggerkomponenten** *pl f (Bg/Bergb)* **dredger components** *pl (Bg/Bergb)*
**Baggerkreiselpumpe** *f (Bg/Bergb)* **centrifugal dredge pump** *(Bg/Bergb)*
**Baggerlader** *m (Bg/Bergb)* **excavator loader** *(Bg/Bergb)*
**Baggerlaufwerk** *nt (Bg/Bergb) (Raupe)* **crawler unit** *(Bg/Bergb)*
**Baggerlöffel** *m (Bg/Bergb)* **excavator bucket** *(Bg/Bergb)*
**Baggern** *nt (Bg/Bergb)* **bog removal** *(Bg/Bergb)*
**Baggeroberbau** *m (Bg/Bergb)* **excavator superstructure** *(Bg/Bergb)*
**Baggerplanum** *nt (Bg/Bergb)* **ground level** *(Bg/Bergb)* (excavator)
**Baggerpumpenrad** *nt (Bg/Bergb) (am Nassbagger)* **dredge pump impeller** *(Bg/Bergb)*
**Baggerraupenfahrwerk** *nt (Bg/Bergb)* **excavator crawler system** *(Bg/Bergb)*
**Baggerschieber** *m (Bg/Bergb) (am Nassbagger)* **dredging slide valve** *(Bg/Bergb)*
**Baggerschuten** *pl f (Bg/Bergb) (am Nassbagger)* **hopper barges** *pl (Bg/Bergb)*
**Baggerschwenkplattform** *f (Bg/Bergb)* **excavator slewing platform** *(Bg/Bergb)*
**Baggerstiel** *m (Bg/Bergb)* **arm** *(Bg/Bergb)* (stick)
**Baggerstrossenband** *nt (Bg/Bergb)* **pit conveyor** *(Bg/Bergb)*
**Baggerstudie** *f (Bg/Bergb)* **excavator study** *(Bg/Bergb)*
**Baggertechnik** *f (Bg/Bergb)* **excavator engineering** *(Bg/Bergb)*
**Baggertiefe** *f (Bg/Bergb) (an Land)* **excavating depth** *(Bg/Bergb)*
**Baggertiefe** *f (Bg/Bergb) (des Nassbaggers)* **dredging depth** *(Bg/Bergb)*
**Bahn** *f (Form) (einer Kugel im Kugellager)* **path** *(Form)* (race of ball in bearing)
**Bahn-Elektrifizierung** *f (Bahn)* **railway electrification** *(Bahn)*
**Bahnanlage** *f (Bahn)* **railway property** *(Bahn)*
**Bahnanschluss** *m (Bahn)* **railway siding** *BE (Bahn)*
**Bahnbetriebswerk** *nt (Bahn)* **loco shed** *(Bahn)*
**Bailey-Brückengerät** *nt (Stb)* **Bailey bridging equipment** *(Stb)*
**Bajonett** *nt (Mech)* **bayonet** *(Mech)*
**Bajonettfassung** *f (Mech)* **bayonet holder** *(Mech)*
**Bajonettverschluss** *m (Form)* **bayonet catch** *BE (Form)*
**Bake** *f (Bahn)* **beacon** *(Bahn, El)*
**Balancier** *m (Bahn)* **balancer** *(Bahn)*
**Balgdichtung** *f (Form)* **bellow-type seal** *(Form)*
**Balgkompensator** *m (Hütt/Wlz) (z.B. in Leitungen)* **flexible bellows joint** *(Hütt/Wlz)*
**Balken** *m (Mech, Stb)* **beam** *(Mech, Stb)*
**Balken, auskragend** auskragender Balken *adj:n (Mech, Stb)* **overhanging beam** *adj:n (Mech, Stb)*
**Balken, eingespannt** eingespannter Balken *adj:n (Mech, Stb)* **restrained beam** *adj:n (Mech, Stb)*
**Balken, verkleidet** verkleideter Balken *adj:n (Stb)* **jacketed girder** *adj:n (Stb)*
**Balkenbrücke** *f (Stb)* **girder bridge** *BE (Stb)*
**Balkenbrücke, seilverspannt** seilverspannte Balkenbrücke *adj:n (Stb)* **cable-stayed bridge** *adj:n (Stb)*
**Balkengleisbremse** *f (Bahn) (z.B. am Ablaufberg)* **beam rail brake** *(Bahn)* (e.g. on or under hump)

**Balkenlage** *f (Stb)* **framing of beams** *(Stb)*
**Ballast** *m (Bg/Bergb, Umschl)* **ballast** *(Bg/Bergb, Umschl)*
**Ballast** *m (Kfz) (z.B. zur Gewichtserhöhung)* **dead weight** *adj:n (Mech)* (ballast)
**Ballast einfüllen** Ballast einfüllen *n:v (Bg/Bergb, Umschl)* **pack ballast** *n:v (Bg/Bergb, Umschl)*
**Ballastausleger** *m (Bg/Bergb, Umschl)* **ballast boom** *(Bg/Bergb, Umschl)*
**Ballastkasten** *m (Bg/Bergb, Umschl)* **ballast box** *(Bg/Bergb, Umschl)*
**Ballastkasten, abklappbar** abklappbarer Ballastkasten *adj:n (Bg/Bergb, Umschl)* **tiltable ballast box** *adj:n (Bg/Bergb, Umschl)*
**Ballastkasten, absenkbar** absenkbarer Ballastkasten *adj:n (Bg/Bergb)* **lowerable ballast box** *adj:n (Bg/Bergb)*
**Ballenband** *nt (Form) (Verpackung)* **baling hoop** *(Form)*
**Ballenklammer** *f (Kfz) (Gabelstapler)* **bale clamps** *pl (Kfz)*
**Ballenpresse** *f (Kfz)* **bale press** *(Kfz)*
**Ballenstecher** *m (Kfz)* **tree remover** *(Kfz)*
**Balligkeit** *f (Form) (z.B. beim Fräsen von Getrieben)* **width crowning** *(Form)* (milling of teeth)
**Ballonreifen** *m (Kfz)* **balloon tyre** *(Kfz)*
**Ballung des Gutes** *(Bg/Bergb)* **heaping of material** *(Bg/Bergb)*
**Band** *nt (Band) (Gurt)* **belt** *(Band, Mech)*
**Band** *nt (Mech) (zur Befestigung)* **strap** *(Mech)*
**Band** *nt (Mech) (Montageband)* **assembly line** *(Mech, Band, Mont)*
**Band** *nt (Stb) (Bandstahl; Streifen)* **strip steel** *(Stb)*
**Band im Abwurfausleger** *(Bg/Bergb, Umschl, Band)* **discharge boom conveyor** *(Bg/Bergb, Umschl, Band)*
**Band im Aufnahmeausleger** *(Bg/Bergb)* **feeding boom conveyor** *(Bg/Bergb)*
**Band im Schaufelradausleger** *(Bg/Bergb, Umschl)* **bucket wheel boom belt** *(Bg/Bergb, Umschl)*
**Band, abfördernd** abförderndes Band *adj:n (Band)* **downstream conveyor** *(Band)*
**Band, abführend** abführendes Band *adj:n (Band)* **removing conveyor belt** *(Band)*
**Band, absteigend** absteigendes Band *adj:n (Band)* **descending conveyor** *adj:n (Band)*
**Band, ansteigend** ansteigendes Band *adj:n (Band)* **ascending conveyor** *adj:n (Band)*
**Band, fahrbar** fahrbares Band *adj:n (Bg/Bergb, Band)* **mobile transfer conveyor** *adj:n (Bg/Bergb)*
**Band, rückbar** rückbares Band *adj:n (Band)* **shiftable conveyor** *adj:n (Band)*
**Band, stationär** stationäres Band *adj:n (Umschl, Band)* **conveyor in fixed layout** *(Band)*
**Band, verlegbar** verlegbares Band *adj:n (Band)* **movable conveyor** *adj:n*
**Band, verzinnt** verzinntes Band *adj:n (Hütt/Wlz)* **hot-dip tin-coated strip** *(Hütt/Wlz)*
**Band, zufördernd** zuförderndes Band *adj:n (Band, Umschl)* **upstream conveyor** *adj:n (Band, Bg/Bergb, Umschl, Zer)*
**Bandabdeckung** *f* **conveyor cover**
**Bandabsetzer** *m (Umschl) (Platzbelader)* **belt stacker** *(Umschl)*
**Bandabstreifer** *m (Bg/Bergb, Band, Umschl)* **belt wiper** *(Bg/Bergb, Band, Umschl)*
**Bandage** *f (Mech) (Wicklung)* **bandage** *(Mech)*
**Bandage** *f (Mech) (Zahnrad)* **gear rim** *(Bg/Bergb, Umschl, Mech)*
**Bandanlage** *f (Band)* **conveyor system** *(Bg/Bergb, Umschl, Band)*
**Bandanlagenbetrieb** *m (Bg/Bergb, Umschl)* **operation of the conveyor system** *(Bg/Bergb, Umschl)*
**Bandantrieb** *m (Band, Umschl, Zer)* **conveyor drive** *(Band, Umschl, Zer)*
**Bandantrieb durch Schmetterlingsgetriebe** *(Band, Umschl, Zer)* **kw butterfly belt drive with twin gear** *(Band, Umschl, Zer)*
**Bandausleger** *m (Bg/Bergb, Umschl)* **conveyor boom** *(Bg/Bergb, Umschl)*
**Bandausleger, beweglich** beweglicher Bandausleger *adj:n (Bg/Bergb, Umschl)* **movable conveyor boom** *adj:n (Bg/Bergb, Umschl)*
**Bandausleger, schwenkbar** schwenkbarer Bandausleger *adj:n (Bg/Bergb,*

*Umschl)* **slewing conveyor boom** *adj:n (Bg/Bergb)*
**Bandbehandlungsanlage** *f (Form)* **coil processing line** *(Form)*
**Bandblech** *nt (Form)* **hot-rolled sheet and plate** *(Form)*
**Bandbreite** *f (Band) (Gurtbreite)* **belt width** *(Band, Mech)*
**Bandbrücke** *f (Bg/Bergb, Band)* **conveyor bridge** *(Bg/Bergb)*
**Bandbrücke, ansteigend** ansteigende Bandbrücke *adj:n (Band)* **uphill conveyor bridge** *adj:n (Band)*
**Bandbrücke, ansteigend** ansteigende Bandbrücke *adj:n (Umschl)* **trailer bridge** *(Umschl)*
**Bandbrücke, fahrbar** fahrbare Bandbrücke *adj:n (Bg/Bergb, Band)* **mobile conveyor bridge** *adj:n (Bg/Bergb, Band)*
**Bandbrücke, gegenläufig** gegenläufige Bandbrücke *adj:n (Umschl)* **elevator bridge** *(Umschl)*
**Bandbrückenzug** *m (Bg/Bergb, Umschl)* **conveyor bridge section** *(Bg/Bergb, Umschl)*
**Banddicke** *f (Form)* **band thickness** *(Form)*
**Bandeisen** *nt (Hütt/Wlz)* **band iron** *(Hütt/Wlz)*
**Bandeisen** *nt (Umschl) (für Kisten)* **strap iron** *(Umschl)*
**Bänderung** *f (Geo)* **stratification** *(Geo)*
**Bänderung** *f (Hütt/Wlz)* **banded structure** *adj:n (Hütt/Wlz)*
**Bandfluchtung** *f (Band)* **belt alignment** *(Band)*
**Bandfreiheit zur Konstruktion** *(Mech)* **clearance between conveyor and steel structure** *(Mech)*
**Bandfreimaß** *nt (Band)* **belt clearance** *(Band)*
**Bandführungsrolle** *f* **training idler** *(Band)*
**Bandgeschwindigkeit** *f (Band)* **belt speed** *(Band, Mech)*
**Bandgeschwindigkeitsmesser** *m (Mech)* **belt speedometer** *(Mech)*
**Bandgetriebe** *nt (Band)* **conveyor gear unit** *(Band)*
**Bandkantenprüfung** *f (Form)* **strip edge testing** *(Form)*
**Bandkonfektion** *f (Band)* **belt construction** *(Band)*
**Bandlänge ohne Zugabe für das Endlosmachen** *(Band)* **useful belt length without allowance for splicing** *(Band)*
**Bandlauf** *m (Band)* **belt tracking** *(Band)*
**Bandlaufrichtung** *f (Band) (Förderrichtung)* **conveying direction** *(Band)*
**Bandmaterial** *nt (Form) (aus Walzwerk)* **coil stock** *(Form)*
**Bandmaterial** *nt (Form) (Rohmaterial)* **parent material** *(Mech)*
**Bandmontage** *f (Mech, Mont) (auf der Bandstraße)* **line assembly** *(Mech, Mont)*
**Bandmuldung** *f (Band)* **belt troughing** *(Band)*
**Bandneigung** *f (Band)* **angle of incline angle of incline of belt** *(Band)*
**Bandneigung auf dem Bandschleifenwagen** *(Bg/Bergb, Umschl)* **vertical angle of incline of belt in tripper car** *(Bg/Bergb, Umschl)*
**Bandprüfung** *f (Form)* **strip testing** *(Form)* (strip inspection)
**Bandrolle, gerade** gerade Bandrolle *adj:n (Bg/Bergb, Umschl, Band)* **level idler** *(Band)*
**Bandrollen, dichtgestellt** dichtgestellte Bandrollen *adj:n (Mech, Allg)* **narrowly spaced belt idlers** *adj:n (Mech, Allg)*
**Bandrollenabstand** *m (Band, Umschl, Zer)* **idler spacing** *(Band)*
**Bandrollenhalterung** *f (Bg/Bergb, Umschl, Band)* **idler mounting** *(Bg/Bergb, Umschl, Band)*
**Bandrollensatz** *m (Band, Umschl, Bg/Bergb)* **belt idler** *(Band, Umschl, Bg/Bergb)* (set of idler rolls)
**Bandrollenstuhl** *nt (Bg/Bergb, Umschl, Band)* **idler support** *(Band, Umschl)*
**Bandsäge** *f (Stb)* **band saw** *(Stb)*
**Bandsammelpunkt** *m (Band, Bg/Bergb, Umschl)* **conveyor junction** *(Band, Bg/Bergb, Umschl)*
**Bandschema** *nt (Band)* **schematic layout of conveyors** *adj:n (Band, Bg/Bergb, Umschl)*
**Bandschieflauf** *m (Band)* **belt misalignment** *(Band)*
**Bandschieflaufendschalter** *m (Bg/Bergb)* **belt off-track limit switch** *(Bg/Bergb)*

**Bandschieflaufüberwachung** *f (El) (Überwachungsgerät)* **belt skewing monitor** *(Bg/Bergb, Umschl, Band)*
**Bandschleife** *f (Bg/Bergb, Umschl, Band)* **belt loop** *(Bg/Bergb, Umschl, Band)*
**Bandschleife, auflösbar** auflösbare Bandschleife *adj:n (Umschl, Band)* **extensible belt loop** *adj:n (Umschl, Band)*
**Bandschleife, gegenläufig** gegenläufige Bandschleife *adj:n (Bg/Bergb, Umschl, Band)* **counter-directional tripper** *adj:n (Bg/Bergb, Umschl, Band)*
**Bandschleifenwagen** *m (Bg/Bergb, Umschl, Band)* **travelling hopper** *(Bg/Bergb, Band, Umschl)*
**Bandschleifenwagen mit Schwenkband** *(Bg/Bergb)* **tripper car with slewing conveyor boom** *(Bg/Bergb)*
**Bandschleifenwagen mit Zwischenband** *(Umschl) (mit Schleppbrücke)* **tripper car with elevator conveyor** *(Umschl)*
**Bandschleifenwagen, auflösbar** auflösbarer Bandschleifenwagen *adj:n (Umschl)* **tripper car with extensible belt loop** *(Umschl)*
**Bandschleifenwagen, fest** fester Bandschleifenwagen *adj:n (Umschl)* **tripper car coupled to stacker** *(Umschl)*
**Bandschleifenwagen, heb- und senkbar** heb- und senkbarer Bandschleifenwagen *adj:n (Umschl)* **fold-down tripper car** *adj:n (Umschl)*
**Bandschleifmaschine** *f (Form)* **belt grinding machine** *(Form)*
**Bandschwelle** *f (Bg/Bergb, Umschl) (Bandrolle)* **belt idler** *(Band, Umschl, Bg/Bergb)* (set of idler rolls)
**Bandschwelle** *f (Bg/Bergb, Umschl) (Bodenschwelle)* **conveyor sleeper** *(Bg/Bergb, Umschl)*
**Bandspannung** *f (Bg/Bergb, Umschl)* **belt tensile force** *(Bg/Bergb, Umschl)*
**Bandspannvorrichtung** *f (Umschl, Band)* **belt tensioning device** *(Umschl, Band)*
**Bandstahl** *m (Hütt/Wlz)* **steel strip** *(Hütt/Wlz)*
**Bandstahlrolle** *f (Form)* **steel strip coil** *(Form)*
**Bandstart** *m (Bg/Bergb)* **start of production** *(Bg/Bergb)*
**Bandstation** *f (Band) (Heck)* **tail station** *(Band)*
**Bandstation** *f (Band) (Kopf)* **head station** *(Band)* (of a conveyor system)
**Bandstraße** *f (Band)* **conveyor module** *(Band)*
**Bandstraße, stationär** stationäre Bandstraße *adj:n (Mech, Umschl)* **stationary conveyor module** *adj:n (Band)*
**Bandstraßendehnungsstoß** *m (Mech)* **conveyor frame expansion joint** *(Mech)*
**Bandstraßenstoß** *m (Mech)* **conveyor frame joint** *(Mech)*
**Bandstraßenübergang** *m (Band, Mech)* **run-up transition** *(Band, Mech)*
**Bandstrecke** *f (Band) (Bandverlauf)* **conveyor route** *(Band)*
**Bandstrecke** *f (Band) (Teilstrecke einer Bandanlage)* **conveyor flight** *(Band)*
**Bandträger** *m (Band) (Balken)* **conveyor girder** *(Band)*
**Bandtraggerüst** *nt (Band)* **conveyor frame** *(Band)*
**Bandtragrolle** *f (Bg/Bergb, Umschl, Zer, Band) (einzelne Tragrolle)* **carrying idler roll** *(Bg/Bergb, Umschl, Zer, Band)*
**Bandtrommel** *f (Band)* **conveyor pulley** *(Band)*
**Bandübergang** *m (Band)* **conveyor crossing** *(Band)*
**Bandumführer** *m (Form) (für Verpackungsband)* **strap feeder** *(Form)*
**Bandvorbereitung** *f (Form)* **strip preparation** *(Form)*
**Bandwaage** *f (Mech)* **belt scale** *(Mech)*
**Bandwagen** *m (Bg/Bergb)* **tripper car** *(Bg/Bergb, Umschl, Band)*
**Bandweiterverarbeitung** *f (Form)* **strip processing** *(Form)*
**Bandzelle** *f (Zer)* **apron pan** *(Zer)*
**Bankett** *nt (Bg/Bergb) (Schulter der Straße)* **verge** *(Bg/Bergb)*
**Bankett** *nt (Bg/Bergb) (unbefestigter Straßenrand)* **shoulder** *(Bg/Bergb, Bau)* (of a road)
**Bankett schneiden** *(Bg/Bergb)* **peel off a shoulder** *(Bg/Bergb)*
**Bankettabschälen** *nt (Bg/Bergb)* **levelling the shoulders** *(Bg/Bergb)*
**Bankettbearbeitung** *f (Bg/Bergb)* **working on shoulders** *(Bg/Bergb)*
**Bankettwalze** *f (Bg/Bergb) (z.B. am Grader angebaut)* **shoulder roller** *(Bg/Bergb)*

**Bär** *m (Hütt/Wlz) (Bärenbildung im Hüttenwesen)* **skull** *(Form)* (formation of skulls)
**Barometerstand** *m (Hütt/Wlz)* **barometric pressure** *(Hütt/Wlz)*
**Basalt** *m (Bg/Bergb)* **basalt** *(Bg/Bergb)*
**Basenaustauscher** *m (Hütt/Wlz)* **base exchanger** *(Hütt/Wlz)*
**basische Schlacke** *(Hütt/Wlz)* **basic slag** *(Hütt/Wlz)*
**Baskülschloss** *nt (Mech)* **espagnolette lock** *(Mech)*
**Bassin** *nt (Mech, Geo)* **pool** *(Mech, Geo)*
**Batterieflüssigkeit** *f (Kfz)* **battery filling agent** *(Kfz)*
**Batteriehauptschalter** *m (El)* **battery main switch** *(El)*
**Bau** *m (Mech, Bau)* **construction** *(Mech, Stb, Allg)*
**Bau, vorspringend** vorspringender Bau *adj:n (Mech, Bau)* **projection** *(Mech)*
**Bauabweichung** *f (Form)* **deviation of dimension** *(Form)*
**Bauart** *f (Mech) (Art des Aufbaus)* **design** *(Mech)* (type)
**Bauart** *f (Mech, Allg) (Modell)* **pattern** *(Mech, Hütt/Wlz)*
**Bauart des Schaufelrades** *(Bg/Bergb, Umschl)* **bucket wheel design** *(Bg/Bergb)*
**Baubreite** *f (Mech) (Gesamtbreite)* **overall width** *adj:n (Mech)*
**Bauchfreiheit** *f (Bau) (unter der Portalachse)* **astride ground clearance** *(Bau)*
**Baudock** *nt (Umschl)* **building dock** *(Umschl)*
**Baueinheit** *f (Mech)* **assembly** *(Mech)*
**Baueinheit** *f (Mech) (im Baukastensystem)* **building unit** *(Mech)*
**Bauelement** *nt (Mech)* **structural member** *(Mech)*
**Bauentwurf** *m (Mech) (Projektierung)* **planning** *(Mech)* (design)
**Baufläche** *f (Hütt/Wlz)* **building space** *(Hütt/Wlz)*
**Bauform** *f (Mech, Allg) (Bauart)* **structural shape** *adj:n*
**Baugeräte** *pl nt (Bau, Mont)* **construction machinery** *(Mont, Form)*
**Baugerüst** *nt (Bau) (z.B. an einem Neubau)* **scaffolding** *(Bau, Bg/Bergb)*
**Baugröße** *f (Mech)* **frame size** *(Mech)*
**Baugrube** *f (Bau)* **pit** *(Bg/Bergb)*
**Baugruppenkatalog** *m (Mech)* **list of assembly groups** *(Mech)*
**Baugruppenträger** *m (El) (Rahmen, Träger)* **chassis** *(Bg/Bergb, Mech, El)*
**Bauhöhe** *f (Mech)* **overall height** *adj:n (Mech)*
**Baujahr** *nt (Mech, Allg)* **year of construction** *(Mech, Allg)*
**Baukastenprinzip** *nt (Mech)* **modular concept** *adj:n (Mech, Bg/Bergb)*
**Baukastensystem** *nt (Mech)* **modular system** *(Mech)*
**Baukran** *m (Bau)* **construction crane** *(Bau)*
**Baulänge** *f (Mech)* **overall length** *adj:n (Mech)*
**Baumaschine** *f (Bg/Bergb)* **construction machine** *(Bg/Bergb)*
**Baumaß** *nt (Bau)* **overall dimension** *adj:n (Bau, Mech)*
**Baumklammer** *f (Kfz)* **log clamp** *(Kfz)*
**Baumwolleinlage** *f (Band) (im Gummigurt)* **cotton fabric ply** *(Band)* (rubber belt)
**Baumwollgewebe** *nt (Band)* **cotton duck** *(Band)* (belt)
**Baureihe** *f (Mech)* Erzeugnis, das in mehreren Baugrößen angeboten wird. **product line** *pl (Mech)*
**Bausatz** *m (Mech)* **assembly kit** *(Mech, Allg, Mont)*
**Baustahl** *m (Stb, Hütt/Wlz)* **structural steel** *adj:n (Stb, Hütt/Wlz)*
**Baustahl, hochfest** hochfester Baustahl *adj:n (Stb)* **high-tensile structural steel** *(Stb)*
**Baustahl, warmfest** warmfester Baustahl *adj:n (Hütt/Wlz)* **high-temperature structural steel** *(Hütt/Wlz)*
**Baustahlgewebe** *nt (Bau)* **wire fabric** *(Mech)*
**Baustatik** *f (Bau)* **statics** *(Stat, Bau)*
**Baustein** *m (Mech) (als Teil eines Ganzen)* **component** *(Allg)*
**Baustelle** *f (Mech, Mont)* **building site** *(Mech, Mont)*
**Baustelle aufräumen** Baustelle aufräumen *n:v (Mech, Mont)* **clear the site** *n:v (Mech, Mont)*
**Baustelle einrichten** Baustelle einrichten *n:v (Mont)* **set up the site** *n:v (Mont)*
**Baustelle räumen** Baustelle räumen *n:v (Mont) (z.B. vor einer Sprengung)* **evacuate the site** *n:v (Mech, Mont)*

**Baustellen-Container** *m (Mont)* **mobile site office** *adj:n (Mont)*
**Baustellenfackel** *f (Mech, Mont)* **site torch** *(Mech, Mont)*
**Baustellenfertigung** *f (Hütt/Wlz)* **site fabrication** *(Hütt/Wlz)*
**Baustelleninventar** *nt (Mech, Mont, Bau)* **job site inventory** *(Mech, Mont, Bau)*
**Baustellenniet** *m (Stb)* **site rivet** *BE (Stb)*
**Baustellenschweißstab** *m (Schw, Mech, Mont)* **site welding rod** *(Schw, Mech, Mont)*
**Baustellenstoß** *m (Stb) (Montagestoß)* **site connection** *BE (Stb)*
**Bautechnik** *f (Stb) (einschließlich Statik)* **structural engineering** *(Mech, Stb)*
**Bauteil** *nt (Allg)* **construction element** *(Mech)*
**Bauteil, gedrückt** gedrücktes Bauteil *adj:n (Stb)* **compressed member** *adj:n (Stb)*
**Bauteil, gezogen** gezogenes Bauteil *adj:n (Stb)* **tension member** *(Stb, Mech, Band)*
**Bauteil, hoch beansprucht** hoch beanspruchtes Bauteil *adj:n (Mech)* **high-duty structural part** *(Mech)*
**Bauteile, rotationssymmetrisch** rotationssymmetrische Bauteile *adj:n (Mech)* **dynamically balanced components** *adj:n (Mech)*
**Bauunternehmer** *m (Bg/Bergb) (im Erdbau)* **muckshifter** *(Bg/Bergb)*
**Bauvorschrift** *f (Stb)* **building regulation** *(Stb)*
**Bauwasser** *nt (Mont, Form)* **site water supply** *(Mont, Form)*
**Bauweise** *f (Mech, Bau)* **style** *(Mech)*
**Bauweise** *f (Mech, Bau) (Bauart)* **building system** *(Mech, Bau)*
**Bauweise, geschlossen** geschlossene Bauweise *adj:n (Mech)* **enclosed type** *adj:n (Mech)*
**Bauwerk** *nt (Stb)* **construction** *(Mech, Stb, Allg)*
**Bauxit** *m (Geo)* **bauxite** *(Geo)*
**Bauzeichnung** *f (Mech)* **construction drawing** *(Mech)*
**Bauzeit** *f (Mech, Mont)* **period of erection** *(Mech, Mont)*
**Bauzug** *m (Bahn) (Bahn)* **track maintenance train** *(Bahn)*
**Be- und Entladeöffnungen** *(Bahn)* **openings for loading and discharging** *(Bahn)*
**Beanspruchung** *f (El, Allg, Mech, Stat)* **stress** *(Mech, Stat)*
**Beanspruchung, dynamisch** dynamische Beanspruchung *adj:n (Mech)* **dynamic stress** *adj:n (Mech)*
**Beanspruchung, gleich bleibend** gleich bleibende Beanspruchung *adj:n (Stat, Mech)* **constant load** *adj:n (Mech, Stat)*
**Beanspruchung, mittig** mittige Beanspruchung *adj:n (Stb)* **axial stress** *adj:n (Stb, Stat)*
**Beanspruchung, ruhend** ruhende Beanspruchung *adj:n (Stat)* **static load** *adj:n (Stat)*
**Beanspruchung, zulässig** zulässige Beanspruchung *adj:n (Mech)* **permissible stress** *adj:n (Mech)*
**Beanspruchung, zusammengesetzt** zusammengesetzte Beanspruchung *adj:n (Stb)* **combined stress** *adj:n (Mech, Stat)*
**Beanspruchungsgrenze** *f (Mech)* **limit of stress** *(Mech)*
**Beanspruchungsgruppe** *f (Schw)* **loading group** *(Schw)*
**Beanspruchungsspitze** *f (Schw)* **stress concentration** *(Schw)*
**Beanspruchungsweise** *f (Stb)* **type of stressing** *(Stb)*
**Bearbeitbarkeit** *f (Mech)* **machinability** *(Mech, Mont)* (cut, chip)
**Bearbeitung** *f (Mech, Mont) (maschinell)* **machining** *(Mech, Mont, Hütt/Wlz)*
**Bearbeitung** *f (Mech, Mont) (spanlos)* **working** *(Mech, Mont)*
**Bearbeitung** *f (Mech, Mont) (z.B. Rohstoffe)* **processing** *(Aufb, Allg, Hütt/Wlz)*
**Bearbeitung** *f (Mech, Allg) (handwerkliche Ausführung)* **performance** *(Allg)*
**Bearbeitung, formgebend** Form gebende Bearbeitung *adj:n (Mech, Mont)* **forming** *(Mech, Mont)*
**Bearbeitungsfolge** *f (Mech, Mont)* **machining sequence** *(Mech, Mont)*
**Bearbeitungsgrad** *m (Mech, Mont)* **machinability** *(Mech, Mont)* (cut, chip)
**Bearbeitungsgüte** *f (Mech, Mont)* **surface quality** *(Mech, Mont, Anstr)*
**Bearbeitungslänge** *f (Mech, Mont)* **cutting length** *(Mech, Mont)* (work piece)
**Bearbeitungsmaschinen** *pl f (Mech)* **machine tools** *pl (Werkz, Mech)*

**Bearbeitungsmethode** *f (Mech)* **machining method** *(Mech)*
**Bearbeitungsstelle** *f (Mech) (Werkstatt)* **workshop** *(Mech)*
**Bearbeitungstoleranz** *f (Mech)* **machining tolerance** *(Mech)*
**Bearbeitungsverfahren** *nt (Mech)* **treatment** *(Mech)*
**Bearbeitungszuschlag** *m (Mech) (an Material)* **machining allowance** *(Mech)* (material)
**Beatmungsgerät** *nt (Mont)* **respirator** *(Mont)*
**Beaufschlagung** *f (Bg/Bergb)* **pressure admission** *(Bg/Bergb)*
**Beaufschlagung** *f (Hütt/Wlz) (prozentuale Menge)* **sweep** *(Hütt/Wlz)* (percentage of coal or air through mill or fan)
**Becher** *m (Bg/Bergb) (am Becherwerk)* **bucket** *(Mech, Mont, Bg/Bergb)*
**Becherspeiser** *m (Zer)* **bucket feeder** *(Zer)*
**Becherwerk** *nt (Bg/Bergb)* **bucket elevator** *(Bg/Bergb)*
**Becherwerkbandanlage** *f (Bg/Bergb)* **bucket chain conveyor** *(Bg/Bergb)*
**Becherwerksumlauf-Mahlanlage** *f (Bg/Bergb)* **closed-circuit grinding plant** *(Bg/Bergb)*
**Becken** *nt (Mech, Geo)* **basin** *(Mech)*
**Beckengurt** *m (Kfz)* **lap-sash seat belt** *(Kfz)*
**Bedachung** *f (Mech, Mont)* **roofing** *(Mech, Mont)*
**Bedarfssteuerung** *f (Kfz)* **variable control** *adj:n (Kfz)*
**Bedienpanel** *nt (Mech)* **control panel** *(El, Mech)*
**Bedienung** *f (El)* **operation** *(Mech, Allg)*
**Bedienungsanleitung** *f (Allg) (Handbuch)* **operating manual** *(Mech, Allg)*
**Bedienungsaufwand** *m (Mech, Allg)* **operating stress** *(Mech, Allg)*
**Bedienungselement** *nt (El, Mech)* **operating element** *(Mech)*
**Bedienungsfreundlichkeit** *f (Mech)* **serviceability** *(Mech)*
**Bedienungshebel** *m (Mech) (Schalthebel)* **control lever** *(Mech)*
**Bedienungslaufsteg** *m (Stb)* **service gangway** *(Stb)*
**Bedienungspersonal** *nt (Mech)* **operating staff** *(Mech)*
**Bedienungssteg** *m (Stb)* **runway** *(Stb)* (catwalk)
**Befahrung** *f (Bg/Bergb) (Besichtigung eines Bergwerks)* **visit** *(Allg)*
**Befahrung** *f (Hütt/Wlz)* **inspection** *(Mech, Allg)*
**Befestigung** *f (Mech)* **fastening** *(Mech)*
**Befestigung mit Lärmdämpfung** *(Bahn)* **fastening with noise abatement** *(Bahn)*
**Befestigung, axial** axiale Befestigung *adj:n (Mech)* **axial location** *adj:n (Mech)*
**Befestigungsbohrungen** *pl f (Form)* **fastening bores** *pl (Form)*
**Befestigungsbolzen** *m (Mech)* **clamping bolt** *(Mech)*
**Befestigungsbügel** *m (Mech)* **fixing bracket** *(Mech)*
**Befestigungsfläche** *f (Mech) (Sitz-, Auflagerfläche)* **seating** *(Mech)*
**Befestigungsklemme** *f (Mech) (Klammer, Schraubzwinge)* **clamp** *(Mech, Mont)*
**Befestigungsklemme** *f (Mont) (Verankerung)* **anchoring clip** *(Mont)*
**Befestigungslasche** *f (Mech)* **fixing strap** *(Mech)*
**Befestigungslasche** *f (Mech) (am Getriebe)* **fixing lug** *(Mech, Mont)*
**Befestigungslasche** *f (Mech) (Glied)* **mounting link** *(Mech)*
**Befestigungsleiste** *f (Form)* **attachment rail** *(Form)*
**Befestigungsmaterial** *nt (Mech)* **fixing material** *(Mech)*
**Befestigungsmittel** *pl nt (Mech) (Schrauben und Muttern)* **fasteners** *pl AE (Mech)* (screws and nuts)
**Befestigungsschelle** *f (Mech)* **mounting bracket** *(Mech)*
**Befestigungsschraube** *f (Mech)* **fixing screw** *(Mech)*
**Befestigungssystem** *nt (Bahn)* **fastening system** *(Bahn)*
**Befestigungswinkel** *m (Mech)* **angle bracket** *(Mech)*
**Befestigungswinkel** *m (Mech) (Anschlusswinkel)* **connection angle** *(Mech, Stb)*
**Begehung** *f (Mech) (Laufsteg)* **walkway** *AE (Mech, Bg/Bergb)*
**Begehung** *f (Mech) (Zugang)* **access** *(Mech, Allg)*

**Begrenzer** *m (Form)* **limiter** *(Bg/Bergb)*
**Begrenzung** *f (Form) (Sättigung)* **saturation** *(Mech, Hütt/Wlz)*
**Begrenzung** *f (Mech, Allg)* **borderline** *(Mech, Allg)*
**Begrenzung, technisch** technische Begrenzung *adj:n (Mech)* **constraint** *(Mech)*
**Begrenzungsanschlag** *m (Mech)* **end stop** *(Mech)*
**Begrenzungsblech, verstellbar** verstellbares Begrenzungsblech *adj:n (Mech)* **adjustable flap** *adj:n (Mech)*
**Begrenzungsklappe** *f (Mech)* **ramp** *(Mech)*
**Begrenzungsleuchte** *f (Kfz)* **side-marker lamp** *(Mech, El)*
**Begrenzungsrolle** *f (Band) (einzelne Rolle)* **limiting idler roll** *(Band)*
**Begrenzungsrollensatz** *m (Band) (mit Endschalterfunktion bei Bandschieflauf)* **limiting idler** *(Band)*
**Begrenzungsrollenstuhl** *m (Band)* **limiting idler support** *(Band)*
**Behälter** *m (Mech) (Gefäß)* **vessel** *(Mech)*
**Behälter** *m (Mech) (z.B. für den Versand, die Vorratshaltung)* **container** *(Mech)* (e.g. for a consignment)
**Behälter** *m (Mech) (z.B. für Öl, Fett, Brennstoff)* **tank** *(Mech)* (e.g. for oil)
**Behälter mit Entleeröffnung** *(Kfz)* **bucket with discharge** *(Kfz)*
**Behälter, geschweißt** geschweißter Behälter *adj:n (Mech)* **welded tank** *adj:n (Mech)*
**Behälter-Entleerer** *m (Kfz)* **discharging device** *(Bg/Bergb)*
**Behälterbau** *m (Stb)* **reservoir construction** *BE (Stb)*
**Behälterboden** *m (Kfz)* **tank bottom** *(Kfz)*
**Behälterwagen** *m (Bahn)* **hopper wagon** *(Bahn)*
**Behälterwagen für Container** *(Bahn)* **container wagon** *(Bahn)*
**Behandlung** *f (Mech, Allg)* **treatment** *(Mech)*
**Behandlungsvorschrift** *f (Form)* **instructions for treatment** *(Form)*
**Beharrung** *f* **stability** *(Mech, Stat, Bg/Bergb, El)*
**Beharrungstemperatur** *f (Form)* **holding temperature** *(Form)*
**Beharrungsvermögen** *nt (Mech)* **state of inertia** *(Mech)*
**Beharrungszustand** *m (Mech, El)* **steady-state condition** *(Mech)*
**Behebung eines Mangels** *(Form)* **elimination of a deficiency** *(Form)*
**Beheizung** *f (Hütt/Wlz)* **heating** *(Mech)*
**Beifahrersitz** *m (Bg/Bergb)* **passenger's seat** *(Bg/Bergb)*
**Beilageblech** *nt (Mech)* **shim plate** *(Mech)*
**Beilagescheibe** *f (Form)* **attaching disk** *(Form)*
**Beiwagen** *m (Bahn) (des Triebwagens)* **trailer** *(Umschl, Mech, Bahn)*
**Beiwinkel** *m (Mech)* **connection angle** *(Mech, Stb)*
**Beiwinkel** *m (Mech) (Hilfswinkel)* **increment angle** *(Mech)*
**Beizanlage** *f (Stb)* **pickling plant** *(Stb)*
**Beizbad** *nt (Stb)* **pickling bath** *(Stb)*
**Beize** *f (Stb)* **pickling bath** *(Stb)*
**Beizerei** *f (Stb)* **pickling plant** *(Stb)*
**Bekohlungsanlage** *f (Umschl)* **coaling plant** *(Bg/Bergb)* (e.g. in power station)
**Beladeanlage** *f (Bg/Bergb)* **loading unit** *(Bg/Bergb)*
**Beladeband** *nt (Band)* **loading conveyor** *(Band)*
**Beladeband** *nt (Bg/Bergb) (Auslegerband am Beladewagen)* **loading boom conveyor** *(Bg/Bergb)*
**Beladeeinrichtung** *f (Bg/Bergb, Umschl)* **loading device** *(Bg/Bergb, Umschl)*
**Beladehöhe** *f (Bg/Bergb) (z.B. der Schaufel)* **load height** *(Bg/Bergb)*
**Beladen** *nt (Mech, Allg)* **loading** *(Mech)*
**Beladen der Transportraupe** *(Bg/Bergb)* **loading of the transport crawler** *(Bg/Bergb)*
**Beladestelle** *f (Umschl)* **loading point** *(Band, Stat)*
**Beladewagen** *m (Bg/Bergb)* **loading unit** *(Bg/Bergb)*
**Beladewärter** *m (Bg/Bergb) (Einweiser)* **spotter** *(Bg/Bergb)* (excavator crew)
**Belag** *m (Mech) (Ummantelung)* **coating** *(Mech, Anstr)* (e.g. protective coating
**Belag** *m (Stb) (Führungsbohle, Überzug)* **screeding** *(Stb)*
**Belag, halbmetallisch** halbmetallischer Belag *adj:n (Mech)* **semimetallic facing** *adj:n (Mech)*

**Belagblech** *nt (Mech)* **flooring plate** *(Mech)*
**Belagsatz** *m (Form)* **set of linings** *(Form)*
**Belagstahl** *m (Stb)* **steel troughing** *(Stb)*
**Belastbarkeit** *f (Mech) (Zuladung)* **loading capacity** *(Mech, Allg, Bahn)*
**Belastbarkeit** *f (Mech, Bau) (der Bauteile)* **rating of components** *(Mech)*
**Belastbarkeit** *f (Mech, Schw) (Standfestigkeit)* **stability under load** *(Mech, Schw)*
**Belastung** *f (Mech, Stat)* **load** *(Mech, Stat)*
**Belastung des Anlassers** *(Kfz)* **cranking power** *(Kfz)*
**Belastung einer Fahrspur** *(Stb)* **lane load** *(Stb)*
**Belastung, gewogen** gewogene Belastung *adj:n (Stb)* **factored load** *adj:n (Stb)*
**Belastung, gleichmäßig verteilt** gleichmäßig verteilte Belastung *adj:n (Stat)* **uniformly distributed load** *adj:n (Stat)*
**Belastung, schwingend** schwingende Belastung *adj:n (Stat)* **oscillating force** *(Stat)*
**Belastung, stoßartig** stoßartige Belastung *adj:n (El)* **impact load** *(Band)*
**Belastung, wechselnd** wechselnde Belastung *adj:n (Mech, Stat)* **alternating load** *(Mech, Stat)*
**Belastung, zulässig** zulässige Belastung *adj:n (Stat)* **permissible load** *adj:n (Stat)*
**Belastungsanforderung** *f (Bg/Bergb)* **load requirement** *(Bg/Bergb)*
**Belastungsannahme** *f (Stb)* **assumed load** *adj:n (Stb, Stat)*
**Belastungscharakteristik** *f (Mech)* **load characteristic** *(Mech)*
**Belastungsfaktor** *m (Mech)* **load factor** *(Mech)*
**Belastungsfall** *m (Stb)* **loading case** *(Stb)*
**Belastungsgrad** *m (Mech)* **load factor** *(Mech)*
**Belastungsgrenze** *f (Mech)* **loading limit** *(Mech)*
**Belastungskennlinie** *f (Mech)* **load characteristic** *(Mech)*
**Belastungslänge** *f (Stb)* **loaded length** *adj:n (Stb)* (of a beam)
**Belastungsprüfung** *f (Mech)* **loading test** *(Mech)*
**Belastungsrichtung** *f (Stat)* **direction of load** *(Stat)*
**Belastungsspiel** *nt (Mech)* **loading cycle** *(Mech)*
**Belastungswiderstand** *m (Form)* **loading resistor** *(Form)*
**Belastungszuschlag** *m (Mech)* **load tolerance** *(Mech)*
**Beleuchtungsöffnung** *f (Umschl)* **light-emitting opening** *(Umschl)*
**Belüftung** *f (Hyd/Pneu) (Belüftungsventil)* **breather** *(Hyd/Pneu)*
**Belüftung** *f (Mech) (Öffnung)* **vent** *(Mech, Allg)*
**Belüftung** *f (Mech) (Vorgang)* **ventilation** *(Mech)*
**Belüftungsfilter** *m (Hyd/Pneu)* **breather filter** *(Hyd/Pneu)*
**Belüftungshaube** *f (Bau, Mech)* **ventilation hood** *(Bau, Mech)*
**Belüftungsklappe** *f (Mech)* **louvre** *(Mech, Bau)*
**Bemaßregelung** *f (Stb)* **dimensioning rule** *(Stb)*
**Bemaßung** *f (Mech)* **dimensioning** *(Mech)*
**Bemessung** *f (Mech) (Ausmaße, Maße)* **dimension** *(Mech)*
**Bemessung, erdbebensicher** erdbebensichere Bemessung *adj:n (Geo)* **seismic design** *adj:n (Geo)*
**Bemessungsdaten** *pl nt (Mech)* **design data** *pl (Mech)*
**Bemessungswert** *m (Mech)* **rated value** *adj:n (Mech)*
**Bemusterung** *f (Stb)* **sampling** *(Stb)*
**Benennung der Zeichnung** *(Stb)* **name of drawing** *(Stb)*
**Benetzungsmittel** *nt (Form)* **moistening agent** *(Form)*
**Bensonkessel** *m (Hütt/Wlz)* **Benson boiler** *(Hütt/Wlz)*
**Benutzungsdauer** *f (Mech) (Lastfaktor)* **load factor** *(Mech)*
**Benzin** *nt (Allg) (Kraftstoff)* **petrol** *BE (Allg)*
**Benzinantrieb** *m (Kfz)* **petrol drive** *BE (Kfz)*
**Benzinkanister** *m (Kfz)* **jerry can** *(Kfz)*
**Benzinlager** *nt (Kfz) (Notversorgung)* **gas dump** *AE (Kfz)*
**Benzinstartermotor** *m (Kfz)* **gasoline starter engine** *(Kfz)*

**Berechnung durch schrittweise Näherung** *(Stb)* **calculation by successive approximation** *(Stb)*
**Berechnung, antiseismisch** antiseismische Berechnung *adj:n (Stb)* **earthquake calculation** *(Stb)*
**Berechnung, statisch** statische Berechnung *adj:n (Stat)* **structural analysis** *adj:n (Stat)*
**Berechnungsgrundlage** *f (Stb)* **criteria for design and calculation** *(Stb)*
**Berechnungsverfahren** *nt (Stb)* **method of analysis** *(Stb)*
**Bereich** *m (Mech, Allg) (Fläche, Gebiet, Region)* **area** *(Mech, Allg)* (region)
**Bereich** *m (Mech, Allg) (Sparte, Teilgebiet)* **sector** *(Mech, Allg)*
**Bereich, elastisch** elastischer Bereich *adj:n (Stb)* **elastic range** *adj:n (Stb)*
**Bereich, plastisch** plastischer Bereich *adj:n (Stb)* **plastic range** *adj:n (Stb)*
**Bereifung, griffig** griffige Bereifung *adj:n (Mech)* **well-treaded tyres** *adj:n BE (Mech)*
**Bergamt** *nt (Bg/Bergb)* **mining authority** *(Bg/Bergb)*
**Bergbau** *m (Bg/Bergb)* **mining** *(Bg/Bergb)*
**Bergbaubehörde** *f (Bg/Bergb)* **Mines Inspectorate** *(Bg/Bergb)*
**Bergbauwesen** *nt (Bg/Bergb)* **mining engineering** *(Bg/Bergb)*
**Berge aufhalden** Berge aufhalden *n:v (Bg/Bergb)* **dump** *v (Bg/Bergb, Hyd/Pneu)* (e.g. overburden)
**Bergekran** *m (Kfz)* **recovery crane** *(Kfz)*
**Bergematerial** *nt (Bg/Bergb) (Steinkohlegewinnung)* **waste** *(Bg/Bergb)* (waste material)
**Bergeversatz** *m (Bg/Bergb)* **packing** *(Bg/Bergb)*
**Bergganggetriebe** *nt (Kfz)* **hill gear** *(Kfz)*
**Bergingenieur** *m (Bg/Bergb)* **mining engineer** *(Bg/Bergb)*
**Bergschäden** *pl m (Bg/Bergb)* **subsidence damage** *(Bg/Bergb)*
**Bergstütze** *f (Kfz)* **sprag** *(Kfz)*
**Bergungs- und Abschleppkrane** *(Bg/Bergb)* **salvage and towing cranes** *(Bg/Bergb)*
**Bergunion** *f (Bg/Bergb)* **union plant** *(Bg/Bergb)*
**Bergwerk** *nt (Bg/Bergb)* **mine** *(Bg/Bergb)*
**Bergwerksbetrieb** *m (Bg/Bergb)* **mining operation** *(Bg/Bergb)*
**Bergwerkseinrichtung** *f (Bg/Bergb)* **underground mining system** *(Bg/Bergb)*
**Berieselungsanlage** *f (Mech)* **sprinkling system** *(Mech)*
**Berme** *f (Bg/Bergb)* **berm** *(Bg/Bergb)*
**Beruhigungsstrecke des Förderguts** *(Band, Umschl)* **material steadying zone** *(Band, Umschl)*
**Beruhigungszeit des Förderguts** *(Band, Umschl)* **time required by the material flow to settle** *(Band, Umschl)*
**Berührungsbündel** *nt (Hütt/Wlz)* **convection tube bank** *(Hütt/Wlz)*
**Berührungsfläche** *f (Mech)* **contact surface** *(Mech, Schw)*
**Berührungsfuge** *f (Stb)* **steel-concrete interface** *(Stb)*
**Berührungsheizfläche** *f (Hütt/Wlz)* **convection heating surface** *(Hütt/Wlz)*
**Berührungspunkt** *m (Mech)* **region of contact** *(Mech)*
**Berührungsschutz** *m (Mech)* **touch guard** *(Mech)*
**Besaumschere** *f (Form)* **trimming shears** *pl (Form)*
**Beschaffenheit** *f (Mech) (Konsistenz)* **consistence** *(Mech)*
**Beschaffenheit** *f (Mech) (Struktur)* **structure** *(Geo, Mech)*
**Beschaffenheit** *f (Mech, Allg) (Qualität)* **quality** *(Mech, Allg)*
**Beschaufelung** *f (Hütt/Wlz)* **blading** *(Hütt/Wlz)*
**Beschaufelungsstand** *m (Form)* **blading station** *(Form)*
**Beschaufelungsstand für Turbinenläufer** *(Form)* **blading station for turbine rotors** *(Form)*
**Beschichtung** *f (Bahn) (z.B. Chrom des Wagons)* **plating** *(Bahn)* (e.g. chromium-plating)
**Beschichtung** *f (Form) (z.B. mit Dichtmittel)* **coating** *(Mech, Anstr)* (e.g. protective coating)
**Beschichtungsanlage** *(Form)* **coating line** *(Form)*
**Beschickung** *f (Bg/Bergb) (z.B. des Hochofens)* **charging** *(Bg/Bergb)*

**Beschickung** *f (Umschl) (Platzbeladen, Lagerplatz)* **feed** *(Band, Umschl, Bg/Bergb)* (of material)
**Beschickungs-/Entleerungsvorrichtung** *f (Form)* **charging and discharging device** *(Form)*
**Beschickungsschurre** *f (Bg/Bergb) (Rutsche)* **feed chute** *(Bg/Bergb)*
**Beschickungstrichter** *m (Umschl, Zer)* **charging hopper** *(Umschl)*
**Beschleifen** *nt (Form) (Bearbeitung)* **grinding** *(Form)*
**Beschleuniger** *m (Kfz) (Gaspedal)* **accelerator** *(Kfz)* (accelerator pedal in car)
**Beschleunigung auf Motor durch Stoß** *(Kfz)* **acceleration of engine by outer impact** *(Mech)*
**Beschleunigungsband** *nt (Mech)* **injection line** *(Mech)*
**Beschleunigungskraft** *f (Stb)* **accelerating force** *(Stb)*
**Beschleunigungspumpe** *f (Kfz)* **accelerating pump** *(Kfz)*
**Beschleunigungsvermögen** *nt (Bahn)* **acceleration capability** *(Bahn)*
**Beschotterung** *f (Stb)* **ballasting** *(Stb)*
**Beseitigung** *f (Bg/Bergb)* **disposal** *(Bg/Bergb)*
**Beseitigung** *f (Hütt/Wlz) (Entfernung)* **removal** *(Hütt/Wlz)*
**Besonderheit, technisch** technische Besonderheit *adj:n (Mech)* **engineering feature** *(Mech)*
**Bessemer-Birne** *f (Form)* **Bessemer bulb** *(Form)*
**Bessemerstahl** *m (Stb)* **acid Bessemer steel** *(Stb)*
**Bestand** *m (Form) (an Maschinen)* **population (of machines)** *(Form)*
**Beständigkeit** *f (Bau)* **durability** *(Bau, Mech)*
**Beständigkeit** *f (Form) (Widerstand)* **resistance** *(Mech)* (e.g. against tension)
**Bestiftung** *f (Hütt/Wlz)* **studding** *(Hütt/Wlz)*
**Bestimmung** *f (Allg) (Vorschrift, Gesetz)* **direction** *(Allg)* (instruction)
**Bestimmungsort** *m (Kfz)* **destination** *(Kfz)*
**Bestreichung** *f (Hütt/Wlz)* **coating** *(Mech, Anstr)* (e.g. protective coating
**Bestückung** *f (Form)* **component parts** *pl (Form)*
**Beta-Filtergrad** *m (Form)* **Beta rating** *(Form)*
**Betankung** *f (Kfz)* **fuel-filling** *(Kfz)*
**Betankungsanlage** *f (Kfz)* **tank-filling system** *(Kfz)*
**Betankungseinrichtung** *f (Kfz)* **fuel-filling device** *(Kfz)*
**Betätigung** *f (Bg/Bergb) (z.B. eines Hebels)* **actuating** *(Bg/Bergb)*
**Betätigung** *f (El)* **operation** *(Mech, Allg)*
**Betätigungselemente** *pl nt (Bg/Bergb)* **operating controls** *pl (El)*
**Betätigungsknopf** *m (Mech)* **control device** *(El, Mech)*
**Betätigungsvorrichtung** *f (Hütt/Wlz) (z.B. für ferngesteuerte Ventile)* **actuator** *(Hütt/Wlz)* (e.g. a valve actuator)
**Betätigungswelle** *f (Kfz)* **drive shaft** *(Mech)*
**Betätigungszug** *m (Bg/Bergb) (Bowdenzug)* **bowden control** *(Bg/Bergb)*
**Betätigungszylinder** *m (Bg/Bergb)* **operating cylinder** *(Bg/Bergb)*
**Beton, armiert** armierter Beton *adj:n (Stb)* **reinforced concrete** *adj:n (Stb, Bau)*
**Beton, vorgespannt** vorgespannter Beton *adj:n (Bau)* **prestressed concrete** *adj:n (Bau)*
**Betonbalken** *m (Stb)* **concrete beam** *(Stb)*
**Betonfahrbahn** *f (Bahn) (z.B. auf Brücken)* **concrete slab** *(Bahn)* (e.g. on bridges)
**Betonitsuspension** *f (Bg/Bergb)* **betonite suspension** *(Bg/Bergb)*
**Betonkübel** *m (Kfz) (am Kran)* **concrete bucket** *(Kfz)*
**Betonkübelausrüstung** *f (Kfz)* **concrete skip attachment** *(Kfz)*
**Betonrutsche** *f (Bau)* **tremie** *(Bau, Umschl)*
**Betonschwelle** *f (Bahn) (der Bahn)* **concrete sleeper** *BE (Bahn)*
**Betonstahl** *m (Stb) (Bewehrungsstahl)* **reinforcement** *(Stb)*
**Betonträger** *m (Stb)* **concrete beam** *(Stb)*
**Betontransport** *m (Bg/Bergb) (z.B. am Kabelkran)* **concrete transport** *(Bg/Bergb)*
**Betreiber** *m (Mech) (z.B. eines Gerätes)* **user** *(Mech)*
**Betrieb** *m (Mech) (Betätigung, Bedienung)* **operation** *(Mech, Allg)*

**Betrieb aufnehmen** Betrieb aufnehmen *n:v (Mech, Allg)* **go into operation** *n:v (Mech, Allg)*
**Betrieb, aussetzend** aussetzender Betrieb *adj:n (Mech)* **intermittent mode of operation** *(Mech)*
**Betrieb, entriegelt** entriegelter Betrieb *adj:n (Mech)* **deactivated interlock** *adj:n (Mech)*
**Betrieb, schwer** schwerer Betrieb *adj:n (Mech, Allg)* **heavy duty** *adj:n (Mech, Allg)*
**Betrieb, vorläufig** vorläufiger Betrieb *adj:n (Mech)* **preliminary operating conditions** *adj:n (Mech)*
**Betrieb, wartungsfrei** wartungsfreier Betrieb *adj:n (Mech)* **maintenance-free operation** *(Mech)*
**Betrieb, wechselseitig** wechselseitiger Betrieb *adj:n (Mech)* **interdependent operation** *adj:n (Mech)*
**Betriebsart** *f (Mech)* **mode of operation** *(Mech, El)*
**Betriebsbedingungen** *pl f (Mech) (Verhältnisse, Voraussetzungen)* **operating conditions** *pl (Mech, Allg)*
**Betriebsbereich** *m (Mech)* **operating range** *(Mech)*
**Betriebsbereitschaft** *f (Mech)* **readiness for operation** *(Mech)*
**Betriebsbremse** *f (Mech)* **service brake** *(Mech)*
**Betriebsdaten** *pl (Mech)* **operating data** *pl (Mech)*
**Betriebsdauer** *f (Mech, Allg)* **operating period** *(Mech, Allg)*
**Betriebsdrehzahl** *f (Mech)* **operating speed** *(Mech)*
**Betriebsdruck** *m (Hyd/Pneu)* **operating pressure** *(Hyd/Pneu, Mech)*
**Betriebselastizität** *f (Hütt/Wlz)* **flexibility in operation** *(Hütt/Wlz)*
**Betriebserfordernis** *f (Bg/Bergb)* **operation requirement** *(Bg/Bergb)*
**Betriebsergebnisse** *pl nt (Hütt/Wlz)* **operating data** *pl (Mech)*
**Betriebserlaubnis** *f (Mech)* **type approval** *(Mech)*
**Betriebsfestigkeit** *f (Schw)* **endurance strength** *(Schw)*
**Betriebsgewicht** *nt (Bg/Bergb, Umschl)* **weight in operation** *(Bg/Bergb, Umschl)*
**Betriebsgrenzwerte** *pl m (Mech)* **operating constraints** *pl (Mech)*
**Betriebsleistung** *f (El) (kW)* **operating capacity** *(El)*
**Betriebsmerkmale** *pl nt (Mech, Allg)* **operating features** *pl (Mech, Allg)*
**Betriebsmessstelle, allgemein** allgemeine Betriebsmessstelle *(Hütt/Wlz)* **measuring instrument tapping point** *(Mech)*
**Betriebsmittel** *pl nt (Bg/Bergb)* **band-aid kit** *(Bg/Bergb)*
**Betriebsmittel** *pl nt (Bg/Bergb) (Öle und Fette)* **service fluids** *pl (Bg/Bergb)*
**Betriebsmittelsatz** *m (Bg/Bergb) (Werkzeug)* **first aid service and repair kit** *(Bg/Bergb)*
**Betriebsnetzgerät** *nt (El)* **operating power pack** *(El)*
**Betriebssicherheit** *f (Mech)* **safety of operation** *(Mech)*
**Betriebsspiel** *nt (Mech)* **duty cycle** *(Mech)*
**Betriebsstoffe** *pl m (Bg/Bergb, Chem) (Brennstoff, Schmier- und Kühlmittel)* **service fluids** *pl (Bg/Bergb)*
**Betriebsstörung** *f (Mech, Allg) (Maschine)* **breakdown** *(Mech, Allg)* (e.g. failure of a machine)
**Betriebsstunde** *f (Mech, Allg)* **operating hour** *(Mech, Allg)*
**Betriebstemperatur** *f (Mech)* **operating temperature** *(Mech)*
**Betriebsunterbrechung** *f (Mech, Allg) (Maschine)* **shutdown** *(Mech)*
**Betriebsverhalten** *nt (Bg/Bergb)* **operating behaviour** *(Bg/Bergb)*
**Betriebsversuch** *m (Stb)* **factory test** *(Stb)*
**Betriebswirkungsgrad** *m (Hütt/Wlz)* **operating efficiency** *(Hütt/Wlz)*
**Betriebszustand** *m (Allg)* **service condition** *(Allg)*
**Bettung** *f (Bau)* **bedding** *(Bau)*
**Beugung** *f (Mech)* **bending** *(Stat)*
**Beugungswinkel** *m (Mech) (Optik)* **diffraction angle** *(Mech)*
**Beule** *f (Mech) (Delle)* **dent** *(Mech, Mont)*
**Beule** *f (Mech) (im Rohr)* **bulge** *(Hyd/Pneu)*
**Beule** *f (Mech) (z.B. Blech)* **buckle** *(Mech)*
**Beule ausklopfen** Beulen ausklopfen *n:v (Mech, Mont)* **beat out dents** *n:v (Mech, Mont)*

**Beulfeld** *nt (Stat)* **panel subject to buckling stress** *(Stat)*
**Beulfestigkeit** *f (Stat, Stb)* **buckling resistance** *(Stat, Stb)*
**Beulnachweis** *m (Stat, Stb)* **buckling strength analysis** *(Stat)*
**Beulsicherheit** *f (Mech, Stat) (DIN 4114)* **buckling resistance** *(Stat, Stb)*
**Beulsicherheitsfaktor** *m (Stb, Stat)* **buckling safety factor** *(Stat, Stb)*
**Beulspannung** *f (Stat, Stb)* **buckling stress** *(Stat, Stb)*
**Beulsteife** *f (Stat)* **stiffener** *(Stat, Stb)* (to prevent buckling)
**Beutel** *m (Form)* **bag** *(Mech, Allg)*
**Beweglichkeit** *f (Bg/Bergb)* **manoeuvrability** *BE (Bg/Bergb, Mech)*
**Bewegung** *f (Mech)* **motion** *(Mech)*
**Bewegung, vertikal** vertikale Bewegung *adj:n (Mech)* **vertical displacement** *adj:n (Mech)*
**Bewegungsgelenk** *nt (Mech, Stb)* **movable hinge** *adj:n (Mech, Stb)*
**Bewegungsreibung** *f (Mech)* **dynamic friction** *adj:n (Mech)*
**Bewegungsspielraum** *m (Mech) (mechanischer Teile)* **play** *(Mech)* (dead movement)
**Bewehrung** *f (Bau)* **reinforcement** *(Stb)*
**Bewehrungsrundstahl** *m (Stb)* **round reinforcing rod** *(Stb)*
**Bewehrungsstahl** *m (Stb)* **armouring steel** *(Stb)*
**Bewehrungsstahl** *m (Stb) (Betonstahl)* **reinforcing rod** *(Stb)*
**Bewertungsgruppe** *f (Mech) (DIN)* **classification** *(Mech)* (DIN)
**Bewertungsregel** *f (Allg)* **assessment principle** *(Allg)*
**Bewicklung** *f (El)* **wrapping** *(El)*
**Bezeichnungshülse** *f (Form)* **name socket** *(Form)*
**Bezugebene** *f (Mech)* **datum plane** *(Mech)*
**Bezugsfläche** *f (Mech)* **reference surface** *(Mech)*
**Bezugshöhe** *f (Bau) (z.B. des Bordsteins)* **reference height** *(Bau)*
**Bezugskante** *f (Form)* **reference edge** *(Form)*
**Bezugsprofil** *nt (Form)* **reference profile** *(Form)*
**Bezugsprofil für Verzahnungen** *(Mech)* **basic rack tooth profile** *adj:n (Mech)*
**Bezugszahnstange** *f (Mech)* **basic rack** *adj:n (Mech)*
**Biegbarkeit** *f (Form) (Biegsamkeit, Biegfähigkeit)* **bending property** *(Form)*
**Biegebeanspruchung** *f (Stb)* **bending stress** *(Mech, Stat)*
**Biegedauerfestigkeit im Schwellbereich** *(Mech) (DIN 50 100 - Dauerschwingversuch)* **fatigue strength under pulsating bending stresses** *(Mech)* (DIN 50 100 – Dauerschwingversuch)
**Biegedrillknicken** *nt (Stb)* **torsional-flexural buckling** *(Stb)*
**Biegeebene** *f (Mech)* **plane of bending** *(Mech)*
**Biegeeisen** *nt (Mech)* **twist iron** *(Mech)*
**Biegefaktor** *m (Stb) (Querschnittsfläche / Widerstandsmoment)* **bending factor** *(Stb)*
**Biegefeder** *f (Mech)* **flexible spring** *adj:n (Mech)*
**Biegefestigkeit** *f (Form)* **bending resistance** *(Form)*
**Biegegleichung** *f (Mech)* **flexure formula** *(Mech)*
**Biegehalbmesser** *m (Mech)* **benidng radius** *(Mech)*
**Biegeknicken** *nt (Stb)* **flexural buckling** *adj:n (Stb)*
**Biegelinie** *f (Mech)* **bending line** *(Mech)*
**Biegemaschine** *f (Form)* **bending machine** *(Form)*
**Biegemoment** *nt (Stat, Form)* **bending moment** *(Stat, Form)*
**Biegemoment, äußere** äußeres Biegemoment *adj:n (Stat)* **external bending moment** *adj:n (Stat)*
**Biegemoment, negativ** negatives Biegemoment *adj:n (Stat)* **hogging bending moment** *BE (Stat)*
**Biegemoment, positiv** positives Biegemoment *adj:n (Stat)* **sagging bending moment** *BE (Stat)*
**Biegen** *nt (Schw)* **bending** *(Stat)*
**Biegeprobe** *f (Schw)* **bending test** *(Hütt/Wlz)*
**Biegeprobe** *f (Schw) (das verwendete Stück)* **bend test specimen** *(Schw)*
**Biegeradius** *m (Hütt/Wlz)* **bending radius** *(Hütt/Wlz)*

**Biegerandspannung** *f (Mech, Stat)* **modulus of rupture** *(Mech, Stat)*
**Biegespannung** *f (Stat)* **bending stress** *(Mech, Stat)*
**Biegesteifigkeit** *f (Stb)* **flexural stiffness** *adj:n (Stb)*
**Biegeteil** *m (Form)* **flexible part** *(Form)*
**Biegeträger** *m (Stb)* **bending girder** *(Stb)*
**Biegeumformen** *nt (Form)* **reforming by bending** *(Form)*
**Biegeverformung** *f (Stat)* **deformation from bending stress** *(Stat)*
**Biegeversuch** *m (Stb)* **bending test** *(Hütt/Wlz)*
**Biegewalze** *f (Form)* **bending roll** *(Form)*
**Biegewechselspannung** *f (Stat)* **reversed bending stress** *adj:n (Stat)*
**Biegsamkeit** *f (Mech, Allg)* **flexibility** *(Allg)*
**Biegsamkeit des Gurtes** *(Band)* **flexibility of belt** *(Band)*
**Biegung** *f (Hütt/Wlz) (Knick)* **elbow** *(Mech)*
**Biegung** *f (Stat)* **flexure** *(Stat)*
**Biegung** *f (Stb) (leichte Überhöhung der Straße)* **camber** *(Stb)*
**Biegung in einer Ebene** *(Stb)* **plane bending** *(Stb)*
**Biegung mit Längskraft** *(Stb)* **combined axial and flexural stress** *(Stb)*
**Biegung und Druckkraft** *(Stb)* **bending and compression** *(Stb)*
**Biegung, einfach** einfache Biegung *adj:n (Mech, Stb)* **simple bending** *adj:n (Mech, Stb)*
**Biegung, rein** reine Biegung *adj:n (Stb)* **pure bending** *adj:n (Stb)*
**Biegung, schief** schiefe Biegung *adj:n* **unsymmetrical bending** *adj:n (Mech)*
**Biegungswelle** *f (des Drahtes)* **bending wave**
**Bildung** *f (Geo) (eines Flözes)* **formation** *(Geo)* (e.g. of a seam)
**Bildung von plastischen Gelenken** *(Stb)* **formation of plastic hinges** *(Stb)*
**Bimetall** *nt (Form)* **bimetal** *(Form)*
**Bimetallfeder** *f (Kfz)* **bimetal spring** *(Kfz)*
**Bimetallpuffer** *m (Form)* **flexible mounting** *adj:n (Form)*
**Bindeblech** *nt (Stb, Bau)* **tie plate** *(Stb, Bau)*
**Bindedraht** *m (Allg)* **lashing wire** *(Allg)*
**Bindefehler** *m (Schw) (beim Schweißen)* **incomplete fusion** *(Schw)* (bonding defect)
**Bindefehler** *m (Stb)* **binding defect** *(Stb)*
**Bindefestigkeit** *f (Form)* **binding strength** *(Form)*
**Binder** *m (Mech) (Befestigungsmittel)* **fixing agent** *(Mech)*
**Binderabstand** *m (Stb)* **truss spacing** *(Stb)*
**Bindestück** *nt (Mech)* **connecting part** *(Mech)*
**Bindezone** *f (Schw) (entlang der Schweißnaht)* **joint area** *(Schw)*
**Bindung** *f (Stb)* **bond** *(Stb, Bau)* (e.g. between concrete and steel)
**Binnenschiffsbelader** *m (Umschl)* **loader for inland vessels** *(Umschl)*
**Bitukies** *m (Bg/Bergb)* **bituminous aggregates** *adj:n (Bg/Bergb)*
**Black Box** *(Kfz)* **black box** *(Kfz)*
**Blähprobe** *f (Hütt/Wlz) (bestimmte Zustandsform bei der Aschenanlyse)* **coking test** *(Hütt/Wlz)*
**Blähton** *m (Bg/Bergb) (Bodenart)* **expanded clay** *adj:n (Bg/Bergb)*
**Blankdraht** *m (Schw)* **bare wire** *adj:n (Schw)*
**Blankdrahtelektrode** *f (Schw)* **bare-wire electrode** *(Schw)*
**Blankdrahtschweißen** *nt (Schw, Mont)* **bare-wire welding** *(Schw, Mont)*
**blankgezogener Stahl** *(Stb)* **cold finished steel** *(Stb)*
**Blankglühen** *nt (Schw)* **bright annealing** *(Schw)*
**Blankschleifen** *nt (Stb)* **brightening** *(Stb)*
**Blankstahl** *m (Stb)* **cold-drawn steel** *adj:n (Hütt/Wlz)*
**Bläschenverdampfung** *f (Hütt/Wlz)* **nucleate boiling** *(Hütt/Wlz)*
**Blase** *f (Bg/Bergb) (Gaseinschluss)* **gas pocket** *(Bg/Bergb)*
**Blase** *f (Hütt/Wlz)* **bubble** *(Hütt/Wlz)*
**Blase** *f (Stb) (Lunker)* **blow hole** *(Stb)*
**Blase** *f (Stb) (Schadensart; im Stahl)* **blister** *(Stb)*
**Blasebalg** *m (Form)* **bellows** *pl (Mech, Mont)*
**Blasenspeicher** *m (Bg/Bergb) (zum Kettenspannen)* **gas accumulator** *(Form)*
**Blasenspeicher** *m (Hyd/Pneu)* **bladder accumulator** *(Hyd/Pneu)*
**Blasspule** *f (Form)* **blow-out coil** *(Form)*

**Blastischaufgabe** *f (Hütt/Wlz)* **blast table spreader** *(Hütt/Wlz)*
**Blastischrost** *m (Hütt/Wlz)* **spreader stoker** *(Hütt/Wlz)*
**Blatt** *nt (Form) (Blech)* **sheet** *(Form)* (of metal)
**Blatt** *nt (Kfz) (z.B. des Ventilators)* **vane** *(Kfz)*
**Blatt- und Parabelfedern** *(Form)* **leaf and tapered leaf springs** *(Form)*
**Blättchen** *nt (Mech, Mont)* **chip** *(Mech, Mont)*
**Blattfeder** *f (Mech)* **leaf spring** *(Mech)*
**Blatttragfeder** *f (Bahn)* **laminated suspension spring** *(Bahn)*
**blattverstellbarer Lüfterflügel** *(Kfz)* **pitch fan** *(Mech)*
**Blaugeladsorber** *m (Hyd/Pneu)* **blue gel adsorber** *(Hyd/Pneu)*
**Blech** *nt (Form) (Feinstblech unter 0,5 mm)* **very thin sheet metal** *adj:n (Form)*
**Blech** *nt (Form) (Grobblech ab 4,75 mm)* **thick plate** *adj:n (Hütt/Wlz, Stb)*
**Blech** *nt (Form) (Mittelblech 3 mm bis 4,75 mm)* **steel sheet** *(Hütt/Wlz)*
**Blech** *nt (Form) (Stahlblech unter 3 mm)* **thin sheet metal** *adj:n (Form)*
**Blech umkanten** Blech umkanten *n:v (Mech, Mont)* **fold back sheet metal** *n:v (Mech, Mont)*
**Blech umlegen** Blech umlegen *n:v (Mech, Mont)* **fold back sheet metal** *n:v (Mech, Mont)*
**Blech, glühend** glühendes Blech *adj:n (Hütt/Wlz)* **incandescent plate** *adj:n (Hütt/Wlz)*
**Blech, plattiert** plattiertes Blech *adj:n (Hütt/Wlz)* **clad sheet** *(Mech)*
**Blech, verzinkt** verzinktes Blech *adj:n (Hütt/Wlz)* **galvanized sheet** *adj:n (Hütt/Wlz)*
**Blech, warmaufgewalzt** warmaufgewalztes Blech *adj:n (Hütt/Wlz)* **hot-rolled clad sheet** *adj:n (Mech)*
**Blechabdeckung** *f (Band)* **protective steel sheet** *adj:n (Band)*
**Blechanker** *m (Mech, Mont)* **gusset** *(Mech, Mont)*
**Blechbeilage** *f (Mech, Mont)* **shim** *(Mech)*
**Blechbelag** *m (Stb)* **sheet covering** *(Stb)*
**Blechdicke** *f (Stb)* **gauge of sheet** *(Stb)*
**Bleche beschneiden** Bleche beschneiden *n:v (Mech, Mont)* **trim plates** *n:v (Mech, Mont)*
**Bleche bördeln** Bleche bördeln *n:v (Mech, Mont)* **fold plates** *n:v (Mech, Mont)*
**Bleche schneiden** Bleche schneiden *n:v (Mech, Mont)* **cut plates** *n:v (Mech, Mont)*
**Bleche, beschichtet** beschichtete Bleche *adj:n (Form)* **coated sheets** *adj:n (Form)*
**Blechkante** *f (Stb)* **edge of sheet** *(Stb)*
**Blechkantenhobelmaschine** *f (Stb)* **edge planer** *(Stb)*
**Blechkantenprüfung** *f (Form)* **strip-edge testing** *(Form)*
**Blechklemme** *f (Mech, Mont)* **sheet metal clip** *(Mech, Mont)*
**Blechprüfung** *f (Form)* **plate testing** *(Form)* (inspection)
**Blechschere** *f (Mont)* **plate shears** *pl (Mech, Mont)*
**Blechschneiden** *nt (Mech)* **plate cutting** *(Mech)*
**Blechschornstein** *m (Hütt/Wlz)* **steel chimney** *(Hütt/Wlz)*
**Blechschornstein mit Spannseilen** *(Hütt/Wlz)* **steel chimney with guy ropes** *(Hütt/Wlz)*
**Blechschornstein, ausgekleidet** ausgekleideter Blechschornstein *adj:n (Mech)* **lined steel chimney** *adj:n (Mech)*
**Blechschornstein, kurz** kurzer Blechschornstein *adj:n (Hütt/Wlz)* **stub stack** *(Hütt/Wlz)*
**Blechschornstein, selbsttragend** selbsttragender Blechschornstein *adj:n (Hütt/Wlz)* **self-supporting, chimney** *adj:n (Hütt/Wlz)*
**Blechschraube** *f (Mech)* **tapping screw** *(Mech)*
**Blechtafel** *f (Form)* **sheet steel** *(Form)* (plate metal sheet)
**Blechtonne** *f (Bau)* **steel drum** *(Bau, Hütt/Wlz)*
**Blechträger** *m (Stb)* **plate girder** *(Stb)*
**Blechträger, genietet** genieteter Blechträger *adj:n (Stb)* **riveted plate girder** *adj:n (Stb)*
**Blechträger, geschweißt** geschweißter Blechträger *adj:n (Stb)* **welded plate girder** *adj:n (Stb, Schw)*

**Blechträgerbrücke** *f (Mech)* **plate girder bridge** *(Mech)*
**Blechträgersteg** *m (Stb)* **plate girder web** *(Stb)*
**Blechtrennung** *f (Schw) (Doppelung)* **lamination** *(Hütt/Wlz)*
**Blechunterlage** *f (Mech, Mont)* **shim** *(Mech)*
**Blechverbindung** *f (Mech, Mont)* **lock seam** *(Mech, Mont)*
**Blechverschalung** *f (Hütt/Wlz)* **steel casing** *(Hütt/Wlz)*
**Blechwalzstraße** *f* **sheet rolling mill**
**Blei** *nt (Mech)* **lead** *(Mech)*
**Blei-Akkumulator** *m (Bg/Bergb)* **lead-acid storage battery** *(Bg/Bergb)*
**Blei-Basis-Legierungen** *pl f (Form)* **lead alloys** *pl (Form)*
**Blei-Zirkonat-Titanat** *nt (Form)* **lead zirconate-titanate** *(Form)*
**Bleiblech** *nt (Stb)* **sheet lead** *(Stb)*
**Bleimantel** *m (Mech)* **lead coating** *(Mech)*
**Bleimennige** *f (Stb)* **red lead** *(Stb)*
**Bleimennige-Grundanstrichstoff** *m (Anstr)* **red lead primer** *(Anstr)*
**Bleimennigefarbe** *f (Anstr)* **red lead paint** *(Anstr)*
**Bleimuffe** *f (Mech)* **lead sleeve** *(Mech)*
**Bleiüberzug** *m (Form)* **lead coating** *(Mech)*
**Bleiweiß** *nt (Stb)* **lead oxide** *(Stb)*
**Blende** *f (Form) (mechanisch; beim Prüftank)* **gland** *(Form)*
**Blende** *f (Hyd/Pneu) (Messblende, -öffnung)* **orifice** *(Mech, Hyd/Pneu)*
**Blende** *f (Mech) (Schutzschirm, Schild)* **screen** *(Mech)* (for protection)
**Blendenflansch** *m (Hütt/Wlz)* **orifice flange** *(Hütt/Wlz)*
**Blendengleichung** *f (Hütt/Wlz)* **orifice formula** *(Hütt/Wlz)*
**Blendomat-Silo** *m (Mech)* **Blendomat extractor system** *(Mech)*
**Blindflansch** *m (Mech)* **blind flange** *adj:n (Mech)*
**Blindlager** *nt (Mech) (Flanschlager)* **side-bracket bearing** *(Mech)*
**Blindloch** *nt (Mech)* **blind hole** *adj:n (Mech)*
**Blindmutter** *f (Mech)* **box nut** *(Mech)*
**Blindniet** *f (Form)* **blind rivet** *(Form)*
**Blindniet mit Hohlbruchdorn** *(Mech, Mont)* **blind rivet with breaking mandrel** *(Mech, Mont)*
**Blindnietmutter** *f (Form)* **pop rivet nut** *(Form)*
**Blindplatte** *f (Form)* **blind plate** *(Form)*
**Blindschacht** *m (Bg/Bergb)* **winze** *(Bg/Bergb)*
**Blindwelle** *f (Bahn) (z.B. der Lokomotive)* **blind shaft** *(Bahn)*
**Blink-Schlussleuchte** *f (Kfz)* **combined flasher and tail lamp** *(Kfz)*
**Blinkleuchte** *f (Kfz) (Kfz)* **direction indicator lamp** *(Kfz)*
**Blinklichtanlage** *f (Bahn) (am Bahnübergang)* **level crossing flashing light installation** *(Bahn)*
**Blinkmotor** *m (Kfz)* **flasher motor** *(Kfz)*
**Block** *m (Bahn) (Vorlegekeil)* **chock** *(Mech, Bahn)*
**Block** *m (Geo) (großer Stein)* **boulder** *(Bg/Bergb, Geo)*
**Block** *m (Hütt/Wlz) (Steingruppe für Hochofen)* **segment** *(Hütt/Wlz, Mech, Allg)*
**Blockabschnitt** *m (Bahn) (der Bahn)* **block section** *(Bahn)*
**Blockabstand** *m (Bahn) (der Bahn)* **safety distance** *(Bahn)* (block distance)
**Blockanlagen** *pl f (Bahn) (der Bahn)* **block systems** *pl (Bahn)*
**Blockbauweise** *f (Hütt/Wlz)* **unit construction** *(Hyd/Pneu, Mech)*
**Blockbetrieb** *m (Bg/Bergb)* **block digging method** *(Bg/Bergb)*
**Blockbetrieb** *m (Bg/Bergb) (im Tagebau)* **block operation** *(Bg/Bergb)*
**Blockbreite** *f (Bg/Bergb)* **block width** *(Bg/Bergb)*
**Blockgussproduktion** *f (Form)* **ingot casting** *(Form)*
**Blockhöhe** *f (Bg/Bergb)* **height of digging block** *(Bg/Bergb)*
**Blockreifen** *m (Kfz)* **block tyre** *(Kfz)*
**Blocksignal** *nt (Bahn) (der Bahn)* **block signal** *(Bahn)*
**Blockstelle** *f (Bahn) (der Bahn)* **block post** *(Bahn)*
**Blockstellung** *f (Bahn) (bei Federanschlag)* **bump stop** *(Bahn)*
**Blocksteuergerät** *nt (Kfz)* **bank of valves** *(Mech, Bg/Bergb)*
**Blocksystem** *nt (Bahn) (der Bahn)* **block system** *(Bahn)*
**Blockwalzwerk** *nt (Form)* **blooming mill** *(Form)*

**Bock** *m (Mech) (Abstützbock, Auflager)* **support** *(Mech, Bau)*

**Bock** *m (Mech) (angegossener Sitz)* **bracket** *(Mech)* (standard)

**Bock** *m (Mech) (Gestell)* **stand** *(Mech)*

**Bock** *m (Mech) (Stehlager)* **pedestal** *(Mech, Bau)*

**Bockbrücke** *f (Stb)* **trestle bridge** *(Stb)*

**Böckchen** *nt (Mech, Mont)* **small support** *adj:n (Mech, Mont)*

**Bockgerüst** *nt (Stb)* **trestle** *(Mech)*

**Bockkran** *m (Mech)* **trestle crane** *(Mech)*

**Bockkran** *m (Mech) (kleiner Portalkran)* **frame crane** *(Mech)*

**Bockkran** *m (Schiff) (auf Rollengerüst)* **gantry** *(Umschl)*

**Bockwagen** *m (Bahn) (für Glasplatten)* **wagon for the carriage of plate glass** *(Bahn)*

**Bockwinde** *f (Form)* **screw jack** *(Mech, Mont, Werkz)*

**Boden** *m (Form) (Basis, Auflage)* **base** *(Mech)* (support)

**Boden** *m (Form) (des Hochofens)* **bottom** *(Form)* (of the blast furnace)

**Boden** *m (Geo) (Erdboden)* **ground** *(Geo)*

**Boden** *m (Zer) (Brecher)* **bottom shell** *(Zer)*

**Boden schneiden** Boden schneiden *n:v (Bg/Bergb)* **cut soil** *n:v (Bg/Bergb)*

**Boden, angeschweißt** angeschweißter Boden *adj:n (Hütt/Wlz)* **welded-on bottom** *adj:n (Hütt/Wlz)*

**Boden, aufgeschüttet** aufgeschütteter Boden *adj:n (Bg/Bergb)* **embankment** *(Bg/Bergb, Bau)*

**Boden, bindig** bindiger Boden *adj:n (Geo)* **cohesive soil** *adj:n sg (Geo)*

**Boden, fest** fester Boden *adj:n (Geo, Mech)* **solid soil** *adj:n (Geo, Mech)*

**Boden, fest gefügt** fest gefügter Boden *adj:n (Bg/Bergb)* **solidified soil** *adj:n (Bg/Bergb)*

**Boden, gekümpelt** gekümpelter Boden *adj:n (Mech) (einer Trommel)* **dished head** *adj:n (Mech)*

**Boden, gesetzt** gesetzter Boden *adj:n (Bau)* **settled ground** *adj:n (Bau)*

**Boden, gewachsen** gewachsener Boden *adj:n (Geo)* **native rock** *adj:n (Geo)*

**Boden, kompakt** kompakter Boden *adj:n (Geo, Mech)* **solid soil** *adj:n (Geo, Mech)*

**Boden, nicht bindig** nicht bindiger Boden *adj:n (Geo)* **granular soil** *adj:n (Geo)*

**Boden, organisch** organischer Boden *m (Geo)* **organic soil** *(Geo)*

**Boden, rollig** rolliger Boden *adj:n (Geo)* **granular soil** *adj:n (Geo)*

**Boden, schwefelsauer** schwefelsaurer Boden *adj:n (Geo)* **sulphate soil** *(Geo)*

**Boden, schwer** schwerer Boden *adj:n (Geo)* **heavy soil** *adj:n (Geo)*

**Boden, verfestigt** verfestigter Boden *adj:n (Bg/Bergb, Geo)* **compacted soil** *adj:n (Bg/Bergb, Geo)*

**Bodenablass** *m (Hyd/Pneu) (z.B. Tank)* **bleeder** *(Hyd/Pneu)* (e.g. tank)

**Bodenart** *f (Bg/Bergb)* **type of soil** *(Bg/Bergb)*

**Bodenbelag** *m (Hütt/Wlz) (Blechabdeckung)* **steel flooring** *(Hütt/Wlz)*

**Bodenbelag** *m (Mech)* **flooring** *(Mech)*

**Bodenbeschaffenheit** *f (Bg/Bergb)* **soil conditions** *pl (Bg/Bergb)*

**Bodenblech** *nt (Bg/Bergb) (Transportraupe)* **crawler pad** *(Bg/Bergb)*

**Bodendeckel** *m (Zer) (Brecher)* **main frame cap** *(Zer)*

**Bodendruck** *m (Mech)* **ground pressure** *(Mech)*

**Bodendruck, mittlerer** mittlerer Bodendruck *adj:n (Mech)* **average ground pressure** *adj:n (Mech)*

**Bodendruck, spezifisch** spezifischer Bodendruck *adj:n (Mech)* **specific ground pressure** *adj:n (Mech)*

**Bodendrucklänge** *f (Bg/Bergb) (der aufliegenden Kette)* **bearing length** *(Bg/Bergb)*

**Bodenentladewagen** *m (Bahn)* **bottom-discharge wagon** *(Bahn)*

**Bodenentleerschaufel** *f (Bg/Bergb) (Klappschaufel)* **bottom-dump shovel** *(Bg/Bergb)*

**Bodenentleerung** *f (Bahn)* **bottom dump** *(Bahn)*

**Bodenentleerwagen** *m (Bahn)* **bottom-discharge wagon** *(Bahn)*

**Bodenentwässerung** *f (Bg/Bergb)* **soil draining** *(Bg/Bergb)*

**Bodenfläche** *f (Mech) (z.B. im Führerhaus)* **floor space** *(Mech, Stb)* (e.g. of the control cabin)

**Bodenfördermenge** *f (Bg/Bergb) (des Schwimmbaggers)* **solids discharge** *(Bg/Bergb)*
**Bodenfräse** *f (Bau)* **rotavator** *(Bau)*
**Bodenfreiheit** *f (Bg/Bergb)* **ground clearance** *(Bg/Bergb)*
**Bodenfreiheit** *f (Kfz) (zwischen Radstand)* **peak ramp angle** *(Kfz)*
**Bodengemisch** *nt (Bau)* **soil mixture** *(Bau)*
**Bodengerät** *nt (Mech) (im Gegensatz zum Flugzeug)* **mobile unit** *(Mech)*
**Bodenklappe** *f (Bg/Bergb)* **chute** *(Bg/Bergb)*
**Bodenkraft** *f (Mech)* **force exerted on the base** *(Mech)*
**Bodenlage** *f (Kfz) (Lader in Bodenlage)* **ground position** *(Kfz)*
**Bodenlinie** *f (Mech)* **floor line** *(Mech)*
**Bodenmechanik** *f (Bg/Bergb)* **soil mechanics** *pl (Bg/Bergb)*
**Bodenmontage** *f (Stb) (Vormontage)* **ground erection** *(Stb)*
**Bodenplatte** *f (Bg/Bergb) (Brecher)* **base plate** *(Mech, Bg/Bergb, Bahn)*
**Bodenplatte** *f (Mech)* **ground plate** *(Mech)*
**Bodenplatte des Fahrerhauses** *(Bg/Bergb)* **base plate** *(Bg/Bergb)* (pedestal)
**Bodenplatte des Fahrerstandes** *(Bg/Bergb)* **platform frame member** *(Bg/Bergb)*
**Bodenplatte für den Schwersteinsatz** *(Bg/Bergb)* **extreme service shoe** *(Bg/Bergb)*
**Bodenplatte, abgeschrägt** abgeschrägte Bodenplatte *adj:n (Bg/Bergb)* **inclined track pad** *adj:n (Bg/Bergb)*
**Bodenplatte, außermittig** außermittige Bodenplatte *adj:n (Mech)* **offset track shoe** *adj:n (Mech)*
**Bodenplatte, flach** flache Bodenplatte *adj:n (Mech)* **flat shoe** *adj:n (Mech)*
**Bodenplattenanschluss** *m (Bg/Bergb) (an Kette)* **track pad connecting** *(Bg/Bergb)* (on chain)
**Bodenplattennase** *f (Bg/Bergb)* **lug of the track pad** *(Bg/Bergb)*
**Bodenprobe** *f (Mech)* **soil sample** *(Mech)*
**Bodenprofil** *nt (Bau)* **soil profile** *(Bau)*
**Bodenrahmen** *m (Kfz)* **floor frame** *(Kfz)*
**Bodensatz** *m (Mech, Chem) (Rückstände)* **deposits** *pl (Mech, Chem)*
**Bodenseite** *f (Hyd/Pneu) (Kolbenseite)* **piston side** *(Hyd/Pneu)*
**Bodensenkung** *f (Geo)* **subsidence of ground** *(Geo)*
**Bodenstation** *f (Umschl)* **ground station** *(Umschl)*
**Bodenunebenheiten** *pl f (Bg/Bergb)* **ground irregularities** *pl (Bg/Bergb)*
**Bodenuntersuchung** *f (Geo)* **soil analysis** *(Geo)*
**Bodenverbesserung** *f (Bau)* **soil stabilization** *(Bau)*
**Bodenverdichtung** *f (Bau)* **compaction of soil** *(Bau)*
**Bodenverflüssigung** *f (Bau)* **soil liquefaction** *(Bau)*
**Bodenverkleidung** *f (Bau)* **skirts** *pl (Bau)* (skirting)
**Bodenvermörtelung** *f (Bau)* **soil stabilization** *(Bau)*
**Bodenwanne** *f (Band) (rückb. Förderer)* **base pontoon** *(Band)*
**Bodenwelle** *f (Bg/Bergb) (konkav, nach unten)* **dip** *(Bg/Bergb)*
**Bodenwelle** *f (Bg/Bergb) (konvex, nach oben)* **bump** *(Bg/Bergb)*
**Bogen** *m (Form) (des Rohres)* **elbow** *(Form)* (of a pipe)
**Bogen** *m (Form) (in der Leitung)* **conduit elbow** *(Form)*
**Bogen** *m (Mech, Bau)* **arch** *(Mech, Bau)*
**Bogen** *m (Mech, Hyd/Pneu) (Rohr-Winkelstück)* **bend** *(Mech, Hyd/Pneu)*
**Bogen, eingespannt** eingespannter Bogen *adj:n (Stb)* **fixed-ended arch** *adj:n (Stb)*
**Bogen, scheitrecht** scheitrechter Bogen *adj:n (Bau)* **straight arch** *adj:n (Bau)*
**Bogen, umspannt** umspannter Bogen *adj:n (Mech, Bau)* **arc of contact** *(Mech)*
**Bogenachse** *f (Stb)* **arch axis** *(Stb)*
**Bogenfeld** *nt (Stb) (in Bogenbrücke)* **arch panel** *(Stb)*
**Bogenhöhe** *f (Stb) (Bogenpfeil)* **height of arch** *(Stb)*
**Bogenkreuzung** *f (Bahn) (der Bahnstrecke)* **curved crossing** *adj:n (Bahn)*
**Bogenkreuzungsweiche** *f (Bahn) (der Bahnstrecke)* **curved slip** *adj:n (Bahn)*
**Bogenleibung** *f (Stb)* **intrados** *pl (Stb)*

**Bogenpfeil** *m (Stb) (Bogenhöhe)* **height of arch** *(Stb)*
**Bogenrücken** *m (Stb)* **extrados** *pl (Stb)*
**Bogenscheitel** *m (Stb)* **crown** *(Stb)* (of an arch)
**Bogenschub** *m (Stb)* **arch thrust** *(Stb)*
**Bogenstück** *nt (Mech)* **bend connector** *(Mech)*
**Bogenträger** *m (Stb)* **arch beam** *(Stb)*
**Bogenträger mit Zugband** *(Stb)* **bowstring girder** *(Stb)*
**Bogenverzahnung** *f (Mech) (Getriebe)* **spiral toothing** *(Mech)* (gear unit)
**Bogenzahnkupplung** *f (Mech)* **curved tooth coupling** *(Mech)*
**Bogenzahnprinzip** *nt (Mech) (Getriebe)* **spiral gear design** *(Mech)*
**Bohle** *f (Allg) (über 5 cm dick)* **thick board** *adj:n (Allg)*
**Bohlen, gefugt** gefugte Bohlen *adj:n* **rebated timbers** *adj:n*
**Bohlen- und Großflächenschalung** *(Bau)* **boards or large panel formwork** *(Bau)*
**Bohlenbelag** *m (Stb)* **timber planking** *(Stb)*
**Bohlenwand** *f (Bau)* **board wall** *(Bau)*
**Bohr- und Fräsmaschine** *(Mech, Mont)* **boring and milling machine** *(Mech, Mont)*
**Bohrbacken** *pl f (Mont) (eines Futters)* **drilling jaws** *pl (Mont)*
**Bohrbild** *nt (Form) (Muster)* **bore pattern** *(Form)*
**Bohrbrunnen** *m (Bg/Berg)* **drilled well** *adj:n sg (Bg/Berg)*
**Bohrbuchse** *f (Mont)* **drill sleeve** *(Mont)*
**Bohrbügel** *m (Mont)* **ratchet** *(Mont)*
**Bohrdurchmesser** *m (Bg/Bergb)* **borehole diameter** *(Bg/Bergb)*
**Bohreisen** *nt (Mont) (Schlangenbohrer)* **auger bit** *(Mont)*
**Bohrer** *m (Mont) (für Gewinde)* **tap** *(Mont)* (tool for forming an internal screw thread)
**Bohrer** *m (Mont) (Gewindelochbohrer)* **core drill** *(Mont)*
**Bohrer** *m (Mont) (Kegelbohrer)* **taper bore** *(Mech, Mont)* (tool for taper boring)
**Bohrer** *m (Mont) (Satzbohrer)* **serial hand tap** *(Mont)*
**Bohrer** *m (Mont) (Schlangenbohrer)* **auger** *(Mont)*
**Bohrerfutter** *nt (Mont) (Gewindebohrer)* **tap holder** *(Mont)*
**Bohrerfutter** *nt (Mont) (Spiralbohrer)* **drill chuck** *(Mont)*
**Bohrerhalter, z-förmig** z-förmiger Bohrerhalter *adj:n (Mech)* **old man** *adj:n (Mech)*
**Bohrerhülse** *f (Mont)* **drill sleeve** *(Mont)*
**Bohrfeldfahrzeug** *nt (Kfz)* **oilfield vehicle** *(Kfz)*
**Bohrfortschritt** *m (Bau)* **progress of drilling** *(Bau)*
**Bohrgerät** *nt (Form)* **drilling machine** *(Mont)*
**Bohrgerätausrüstung** *f (Bg/Bergb)* **drilling attachment** *(Mont)*
**Bohrgestänge** *nt (Mont)* **bore rods** *pl (Mont)*
**Bohrgrat** *m (Stb)* **fin** *(Stb)* (from drilling)
**Bohrgut** *nt (Bau)* **rock cutting** *(Bau)*
**Bohrhammer** *m (Mont)* **drill hammer** *(Mont)*
**Bohrinsel** *f (Stb) (schwimmende oder stehende Plattform)* **offshore drilling platform** *adj:n (Stb)*
**Bohrkeil** *m (Mont)* **drill key** *(Mont)*
**Bohrkern** *m (Bg/Bergb)* **drilling core** *(Bg/Bergb)*
**Bohrkerndurchmesser** *m (Bg/Bergb)* **core diameter** *(Bg/Bergb, Mech)*
**Bohrkluppe** *f (Mont)* **die stock** *(Mont)*
**Bohrknarre** *f (Mont)* **ratchet brace** *(Mont)*
**Bohrknarren-Bohrer** *m (Mont) (als Spiralbohrer)* **ratchet brace bit** *(Mont)*
**Bohrkopf** *m (Bg/Bergb) (an der Ramme)* **auger head** *(Bg/Bergb)* (on pile drive)
**Bohrkopf** *m (Mont) (für Bohrstähle)* **boring tool holder** *(Mont)*
**Bohrkopf** *m (Mont) (Spiralbohrer)* **drill head** *(Mont)*
**Bohrkrone der Bohrmeißel** *(Mont)* **tip of drill bit** *(Mont)*
**Bohrloch** *nt (Mech, Mont) (mittels Bohrstahl)* **borehole** *(Mech, Mont)*
**Bohrloch** *nt (Mech, Mont) (mittels Spiralbohrer)* **drill hole** *(Mech, Mont)*
**Bohrmaschine** *f (Mont) (Bohrstahl)* **boring machine** *(Mont)*
**Bohrmaschine** *f (Mont) (Spiralbohrer)* **drilling machine** *(Mont)*
**Bohrmeißel** *m (Mont)* **boring tool** *(Mont)*
**Bohröl** *nt (Hütt/Wlz)* **cutting oil** *(Hütt/Wlz)*

**Bohrplan** *m (Mech, Mont) (für das Bohren mittels Bohrstahl)* **boring sketch** *(Mech, Mont)*
**Bohrplan** *m (Mech, Mont) (für das Bohren mittels Spiralbohrer)* **drilling sketch** *(Mech, Mont)*
**Bohrplan für Trag- und Haltering** *(Form)* **bore diagram for support and holding ring** *(Form)*
**Bohrplattform** *f (Geo)* **drilling platform** *(Geo)*
**Bohrplattform, beweglich** bewegliche Bohrplattform *adj:n (Stb)* **mobile platform** *adj:n (Stb)*
**Bohrprofil** *nt (Form)* **drilling profile** *(Form)*
**Bohrraster** *nt (Form)* **drilling pattern** *(Form)*
**Bohrrohrdurchmesser** *m (Bg/Bergb)* **casing diameter** *(Mech)*
**Bohrschablone** *f (Stb)* **drilling template** *(Stb)*
**Bohrschlamm** *m (Bau)* **drilling mud** *(Bau)*
**Bohrschnecke** *f (Bg/Bergb)* **auger worm** *(Bg/Bergb)*
**Bohrschneidkluppe** *f (Mont)* **die stock** *(Mont)*
**Bohrschraube** *f (Form)* **self-drilling screw** *(Form)*
**Bohrspindel** *f (Mont)* **drill spindle** *(Mont)*
**Bohrspitze** *f (Mont) (Schlangenbohrer)* **auger bit** *(Mont)*
**Bohrstange** *f (Mech, Werkz)* **drill rod** *(Mech, Werkz)*
**Bohrtiefe** *f (Bg/Bergb)* **drilling depth** *(Bg/Bergb)*
**Bohrturm** *m (Bg/Bergb) (Öl)* **oil tower** *(Bg/Bergb)*
**Bohrturm** *m (Stb)* **boring tower** *(Stb)*
**Bohrung** *f (Mech)* **boring** *(Mech)*
**Bohrung, fluchtend** fluchtende Bohrung *adj:n (Mech, Mont)* **hole in line** *(Mech)*
**Bohrungsdurchmesser** *m (Form) (innen)* **caliper** *(Form)* (diameter)
**Bohrungsmittellinie** *f (Stb)* **centre line of bore** *(Stb)*
**Bohrvorrichtung** *f (Mont) (Spanneinrichtung für Bohrstahlbearbeitung)* **boring fixture** *(Mont)*
**Bohrvorrichtung** *f (Mont) (Spiralbohrer-Spannvorrichtung)* **drilling fixture** *(Mont)*
**Bohrwerk** *nt (Mont)* **boring mill** *(Mont)*
**Bohrwinde** *f (Form)* **brace** *(Form)*
**Bolzen** *m (Mech) (Drehbolzen)* **pin** *(Mech)* (for journalling)
**Bolzen** *m (Mech) (mit oder ohne Kopf)* **bolt** *(Mech)*
**Bolzen für Bolzenschweißen** *(Mech)* **stud for stud welding** *(Mech)*
**Bolzen für Stößelrolle** *(Kfz)* **tappet roller pin** *(Kfz)*
**Bolzen im Knickgelenk** *(Kfz)* **articulated pin** *adj:n (Kfz)*
**Bolzen mit Flachkopf** *(Mech)* **flat-head bolt** *(Mech)*
**Bolzen mit Kopf** *(Mech)* **bolt with head** *(Mech)*
**Bolzen mit versenktem Kopf** *(Mech)* **countersunk-head bolt** *adj:n (Mech, Mont)*
**Bolzen ohne Kopf** *(Mech)* **bolt without head** *(Mech)*
**Bolzen, schwimmend gelagert** schwimmend gelagerter Bolzen *adj:n (Bg/Bergb)* **full floating pin** *(Bg/Bergb)* (moves freely)
**Bolzenabbrennschweißung** *f (Schw)* **stud welding** *(Schw)*
**Bolzenanschweißen** *nt (Schw)* **stud welding** *(Schw)*
**Bolzenauge** *nt (Form) (Bolzenlager)* **bearing eye** *(Mech)*
**Bolzendübel** *m (Stb)* **stud shear connector** *(Stb)*
**Bolzendurchmesser** *m (Form)* **pin diameter** *(Form)*
**Bolzengelenk** *nt (Stb)* **pin joint** *(Stb)*
**Bolzenkopf** *m (Mech)* **bolt head** *(Mech)*
**Bolzenkupplung** *f (Mech)* **bolt coupling** *(Mech)*
**Bolzenlagerung** *f (Mech)* **pivot bearing** *(Mech)*
**Bolzenlänge** *f (Form)* **length of pin** *(Form)*
**Bolzenloch** *nt (Stb)* **pin hole** *(Mech)*
**Bolzenmutter** *f (Stb)* **nut** *(Mech)*
**Bolzensatz** *m (Form)* **set of bolts** *(Form)* (not for wheel loader)
**Bolzenscheibe** *f (Mech)* **bolt washer** *(Mech)*
**Bolzenschneider** *m (Form)* **bolt cutter** *(Form)*
**Bolzenschraube** *f (Form)* **stud-bolt** *(Mech)*

**Bolzenschweißen** *nt (Schw)* **bolt welding** *(Schw)*
**Bolzensicherung** *f (Mech)* **bolt lock** *(Mech)*
**Bolzenverbindung** *f (Stb)* **pivot joint** *(Mech)*
**Bolzenzieheinrichtung** *f (Form) (Werkzeug)* **pin extractor** *(Form)*
**Bondal** *(Form) (schalldämpfender Verbundwerkstoff)* **Bondal** *(Form)*
**Bordbuch** *nt (Bahn)* **logbook** *(Bahn)*
**Bordcontrol** *nt (El) (des Baggers)* **board control** *(El)*
**Bördel** *f (Hütt/Wlz)* **raised edge** *adj:n (Hütt/Wlz)*
**Bördelnaht** *f (Stb)* **flanged seam** *adj:n (Stb)*
**Bördelung** *f (Schw)* **beading** *(Schw, Hütt/Wlz)*
**Bördelverschraubung** *f (Kfz)* **flare type fitting** *(Kfz)*
**Bordkran** *m (Schiff)* **deck crane** *(Schiff)*
**Bordnetz** *nt (El) (Transportraupe)* **on-board network** *(El)*
**Bordnetz** *nt (El) (elektrische Anlage)* **machine's mains** *pl (El)* (of excavators)
**Bordnetzspannung** *f (El) (des Baggers)* **machine voltage** *(El)*
**Bordring** *m (Allg)* **board ring** *(Allg)*
**Bordscheibe** *(Form)* **flanged pulley** *adj:n (Form)*
**Bordschwelle** *f (Stb)* **kerb** *BE (Stb)*
**Bordtransformator** *m (Mech, El) (im Bagger)* **board transformer** *(Mech, El)*
**Bordwanderhöhung** *f (Kfz) (am Lkw)* **body extension** *(Kfz)*
**Bordwandklappe** *f (Kfz) (hinten am Lkw)* **tailgate** *(Kfz)* (of a lorry)
**Borke** *f (Hütt/Wlz) (Rinde)* **bark** *(Hütt/Wlz)*
**Böschung** *f (Bg/Bergb, Geo)* **bank** *(Bg/Bergb, Geo)*
**Böschung schneiden** Böschung schneiden *n:v (Bg/Bergb, Geo)* **cut an embankment** *n:v (Bg/Bergb, Geo)*
**Böschung, offen stehend** offen stehende Böschung *adj:n (Bg/Bergb, Geo)* **open pit slope** *(Bg/Bergb, Geo)*
**Böschung, steil** steile Böschung *adj:n (Bg/Bergb, Geo)* **escarpment** *(Geo, Bg/Bergb)*
**Böschungsabsatz** *m (Bg/Bergb)* **offset** *(Bg/Bergb)*
**Böschungskratzer** *m (Mech)* **slope scraper** *(Mech)*
**Böschungsneigung** *f (Bg/Bergb, Geo)* **spoil slope** *(Bg/Bergb, Geo)*
**Böschungsneigung, natürlich** natürliche Böschungsneigung *adj:n (Bg/Bergb, Geo)* **natural spoil slope** *adj:n (Bg/Bergb, Geo)*
**Böschungsneigungswinkel** *m (Umschl)* **angle of slope** *(Bg/Bergb)*
**Böschungsschneiden** *nt (Bg/Bergb)* **cutting of banks and ditch walls** *(Bg/Bergb)*
**Böschungsstabilität** *f (Bg/Bergb)* **stability of the slope** *(Bg/Bergb)*
**Böschungsunterkante** *f (Bg/Bergb)* **foot of slope** *(Bg/Bergb)*
**Böschungswinkel** *m (Bg/Bergb) (des Graders, vorne)* **approach angle** *(Bg/Bergb)*
**Böschungswinkel** *m (Kfz) (des Graders, hinten)* **departure angle** *(Kfz)*
**Böschungswinkel** *m (Umschl)* **slope angle** *(Umschl)*
**Bowdenzug** *m (Kfz)* **bowden cable** *(Kfz)*
**Bowdenzug zur Motorhaube** *(Kfz)* **hood cable** *(Kfz)*
**Boxermotor** *m (Kfz)* **horizontally opposed engine** *(Kfz)*
**Bramme** *f (Form) (Knüppel)* **billet** *(Hütt/Wlz)*
**Bramme** *f (Hütt/Wlz) (Rohstahlblock)* **slab** *(Hütt/Wlz)*
**Brand, natürlich** natürlicher Brand *adj:n (Stb)* **natural fire** *adj:n (Stb)*
**Brandbekämpfung** *f (Mech, Chem)* **fire-fighting** *(Mech, Chem)*
**Brandentdeckung** *f (Mech)* **fire detection** *(Mech)*
**Brandgefahr** *f (Mech)* **fire danger** *(Mech)*
**Brandgeschwindigkeit** *f (Mech)* **burning rate** *(Mech)*
**Brandherd** *m (Mech, Allg)* **seat of fire** *(Mech, Allg)*
**Brandlast** *f (Mech)* **fire load** *(Mech)*
**Brandmauer** *f (Mech)* **fire wall** *(Mech)*
**Brandmeldeanlage** *f (Mech)* **fire alarm system** *(Mech)*
**Brandmelder** *m (Mech)* **fire alarm box** *(Mech)*
**Brandraum** *m (Mech)* **fire room** *(Mech)*
**Brandschaden** *m (Mech)* **fire losses** *pl (Mech)*
**Brandschott** *nt (Mech)* **balkhead** *(Mech)*

**Brandschutz** *m (Mech)* **fire protection** *(Mech)*
**Brandschutztür** *f (Mech)* **fire door** *(Mech, Bau)*
**Brandsicherheit** *f (Mech)* **fire safety** *(Mech)*
**Brandverhütung** *f (Mech)* **fire prevention** *(Mech)*
**Brandversuch** *m (Mech)* **fire test** *(Mech)*
**Brandwiderstandsdauer** *f (Mech)* **fire resistance period** *(Mech, Chem)*
**Branntkalk** *m (Bg/Bergb)* **burnt lime** *(Bg/Bergb)*
**Brauchwasser** *nt (Ökol)* **industrial water** *(Ökol)*
**Braunkohle** *f (Bg/Bergb, Geo)* **brown coal** *(Bg/Bergb, Geo)*
**Braunkohlekraftwerk** *nt (El)* **lignite-fired power station** *AE (El)*
**Braunkohlenkessel** *m (Hütt/Wlz)* **brown coal fired boiler** *(Hütt/Wlz)*
**Braunkohlenmühle** *f (Hütt/Wlz)* **brown coal mill** *(Hütt/Wlz)*
**Braunkohlenrevier, rheinisch** rheinisches Braunkohlenrevier *adj:n (Bg/Bergb)* **Rhineland brown coal open-cast mining district** *(Bg/Bergb)*
**Braunkohletagebau** *m (Bg/Bergb)* **open pit lignite mine** *(Bg/Bergb)*
**Brechbacke** *f (Zer)* **crushing jaw** *(Zer)*
**Brechbacke, untere** untere Brechbacke *adj:n (Zer)* **bottom concave** *(Zer)*
**Brechen** *nt (Zer)* **crushing** *(Zer)*
**Brecher** *m (Zer)* **crusher** *(Zer)*
**Brecher, transportabel** transportabler Brecher *adj:n (Zer)* **portable crusher** *adj:n (Zer)*
**Brecherabzugsband** *nt (Bg/Bergb) (am Steinbrecher)* **crusher discharge belt** *(Bg/Bergb)*
**Brecheranlage** *f (Bg/Bergb) (im Steinbruch)* **crusher plant** *(Bg/Bergb)*
**Brecheranlage, mobil** mobile Brecheranlage *adj:n (Zer)* **mobile crusher plant** *adj:n (Zer)*
**Brecheranlage, stationär** stationäre Brecheranlage *adj:n (Zer)* **stationary crushing plant** *adj:n (Zer)*
**Brecheranlage, transportabel** transportable Brecheranlage *adj:n (Zer)* **portable crusher** *adj:n (Zer)*
**Brecherarbeit** *f (Bg/Bergb) (im Steinbruch)* **crusher work** *(Bg/Bergb)*
**Brecherdrehzahl** *f (Bg/Bergb)* **crusher speed** *(Bg/Bergb)* (in rpm)
**Brechereinlaufschurre** *f (Zer)* **crusher feeding chute** *(Zer)*
**Brechergehäuse** *nt (Zer)* **crusher frame** *(Zer)*
**Brecherkomponente** *f (Zer)* **crusher module** *(Zer)*
**Brechermantel** *m (Zer)* **concave** *(Zer)*
**Brecherraum** *m (Bg/Bergb)* **crusher chamber** *(Bg/Bergb)*
**Brechertechnik** *f (Zer)* **crusher technology** *(Zer)*
**Brecherwerkanlage** *f (Bg/Bergb)* **crushing plant** *(Zer)*
**Brechkegel** *m (Zer)* **axle** *(Zer)* (crusher)
**Brechmaulweite** *f (Bg/Bergb) (des Brechers)* **width of crusher mouth** *(Bg/Bergb)*
**Brechraum** *m (Zer)* **crushing space** *(Zer)*
**Brechring** *m (Zer)* **crushing ring** *(Zer)*
**Brechrumpf** *m (Zer)* **bowl** *(Zer, Bg/Bergb)*
**Brechspaltweite** *f (Zer)* **gap width of crusher** *(Zer)*
**Brechstange** *f (Mont, Werkz)* **pinch bar** *(Mont, Werkz)*
**Brechwerkzeug** *nt (Werkz)* **breaking tool** *(Werkz)*
**Breitballigkeit** *f (Form)* **width crowning** *(Form)* (milling of teeth)
**Breitband** *nt (Mech)* **wide strip** *adj:n (Mech)*
**Breitbandschelle** *f (Form)* **wide-band clamp** *(Form)*
**Breite der Lauffläche** *(Mech) (RH-Kette)* **width of chain** *(Mech)*
**Breite der Raupenplatte** *(Mech, Bg/Bergb, Allg)* **width of crawler pad** *(Mech, Bg/Bergb, Allg)*
**Breite, gestreckt** gestreckte Breite *adj:n (Mech)* **developed width** *adj:n (Mech)*
**Breite, innen** innere Breite *adj:n (Mech) (der Rollenkette)* **width between inner plates** *(Mech)*
**Breite, licht** lichte Breite *adj:n (Stb)* **clear width** *adj:n (Stb)*
**Breite, oben** obere Breite *adj:n (Mech) (des Keilriemens)* **top width** *(Mech)*
**Breite, unten** untere Breite *adj:n (Mech) (Keilriemen)* **bottom width** *(Mech)*
**Breitenballigkeit** *f (Mech) (Getriebezahn)* **crowning** *(Mech)*

**Breitfelgenreifen** *pl m (Kfz)* **wide-base tire** *(Kfz)*
**Breitflachstahl** *m (Hütt/Wlz)* **wide flat steel** *(Hütt/Wlz)*
**Breitflanschträger** *m (Hütt/Wlz)* **broad flanged beam** *adj:n (Hütt/Wlz)*
**Breitfußschiene** *f (Stb)* **flat-bottom rail** *(Stb, Bahn)*
**Breitkeilriemen** *m (Form)* **broad-section V-belt** *(Form)*
**Breitkopfstift** *m (Form)* **wire nail with extra large head** *(Form)*
**Breitreifen** *pl m (Kfz)* **wide tyres** *adj:n (Kfz)*
**Breitstrahler** *m (Kfz)* **spread beam** *(Kfz)*
**Brems-Pferdestärken** *pl f (Mech)* **brake horsepower** *(Mech, El)*
**Bremsankerplatte** *f (Mech)* **brake anchor plate** *(Mech)*
**Bremsanlage** *f (Mech)* **brake system** *(Mech)*
**Bremsanschlag** *m (Mech)* **brake buffer** *(Mech)*
**Bremsanzeiger** *m (Bahn) (nur in GB)* **brake indicator** *(Bahn)* (mandatory in GB)
**Bremsarbeit** *f (Mech)* **braking work** *(Mech)*
**Bremsausgleich** *m (Mech)* **brake compensator** *(Mech)*
**Bremsausgleichhebel** *m (Mech)* **brake-compensating lever** *(Mech)*
**Bremsausgleichwelle** *f (Mech)* **brake-compensating shaft** *(Mech)*
**Bremsausrüstung** *f (Mech) (z.B. des Wagons)* **brake system** *(Mech)*
**Bremsbacke** *f (Mech)* **brake shoe** *(Mech)*
**Bremsbacken-Sicherheitskupplung** *f (Mech)* **brake-shoe safety coupling** *(Mech)*
**Bremsbackenbelag** *m (Mech)* **brake-shoe lining** *(Mech)*
**Bremsbackenlager** *nt (Mech)* **brake shoe pin bushing** *(Kfz)*
**Bremsbackensatz** *m (Kfz)* **set of brake shoes** *(Kfz)*
**Bremsbackenspiel** *nt (Mech)* **brake-shoe clearance** *(Mech)*
**Bremsbackenträger** *m (Mech)* **brake-shoe carrier** *(Mech)*
**Bremsbalken** *m (Mech) (Gleisbremse)* **retarder beam** *(Mech)*
**Bremsband** *nt (Mech)* **brake strap** *(Mech)*
**Bremsbelag** *m (Mech)* **brake lining** *(Mech)*
**Bremsbelagsatz** *m (Mech)* **lining service group** *(Mech)*
**Bremsberechnung** *f (Mech)* **brake calculation** *(Mech)*
**Bremsbuchse** *f (Mech)* **brake bushing** *(Mech)*
**Bremsdauer** *f (Mech)* **deceleration period** *(Mech)*
**Bremsdreieck** *nt (Mech) (des Wagons)* **bow girder** *(Mech)* (triangular brake rod)
**Bremse** *f (Mech)* **brake** *(Mech)*
**Bremse anziehen** Bremse anziehen *n:v (Mech)* **pull the brake** *n:v (Mech)*
**Bremse feststellen** Bremse feststellen *n:v (Mech)* **block the brake** *n:v (Mech)*
**Bremse lösen** Bremse lösen *n:v (Mech)* **release the brake** *n:v (Mech)*
**Bremse, druckluftbetätigt hydraulisch** druckluftbetätigte hydraulische Bremse *adj:n (Hyd/Pneu, Mech)* **air-operated hydraulic brake** *adj:n (Hyd/Pneu, Mech)*
**Bremse, luftbetätigt** luftbetätigte Bremse *adj:n (Mech)* **air-brake** *(Mech)*
**Bremse, mechanisch** mechanische Bremse *adj:n (Mech)* **mechanical brake** *adj:n (Mech)*
**Bremseinstellung** *f (Mech)* **brake regulation** *(Mech)*
**Bremsen fallen ungleich ein** Bremsen fallen ungleich ein *n:v (Mech)* **brakes operate uncoordinatedly** *n:v (Mech)*
**Bremsenergie** *f (Mech)* **braking energy** *(Mech)*
**Bremsfaktor** *m (Band, Mech)* **braking factor** *(Band, Mech)*
**Bremsfeder** *f (Mech)* **brake spring** *(Mech)*
**Bremsflüssigkeit** *f (Hyd/Pneu)* **brake fluid** *(Hyd/Pneu)*
**Bremsfußhebel** *m (Mech)* **brake pedal** *(Mech)*
**Bremsgestänge** *nt (Mech)* **brake-rod system** *(Mech)*
**Bremsgestängebuchse** *f (Mech)* **brake linkage bush** *(Mech)*
**Bremsgestängeeinsteller** *m (Mech)* **slack adjuster** *(Mech)*
**Bremsgewicht** *nt (Mech)* **brake weight** *(Mech)*

**Bremshandhebel** *m (Mech)* **brake hand lever** *(Mech)*
**Bremshängeeisen** *nt (Mech)* **slack adjuster** *(Mech)*
**Bremshebel** *m (Mech)* **brake lever** *(Mech)*
**Bremshebelführung** *f (Mech)* **brake lever guide** *(Mech)*
**Bremshebelwange** *f (Mech)* **brake-lever side plate** *(Mech)*
**Bremshemmung** *f (Mech)* **self-locking effect** *adj:n (Mech)*
**Bremshub-Endschalter** *nt (Mech)* **brake wear-limit switch** *(Mech)*
**Bremskeil** *m (Mech)* **wedge** *(Mech, Mont)*
**Bremskeil** *m (Mech) (mit Spikes)* **chock** *(Mech, Bahn)*
**Bremsklaue** *f (Mech)* **brake-shoe holder** *(Mech)*
**Bremsklotz** *m (Mech) (Scheibenbremse)* **brake pad** *(Mech)*
**Bremsklotz** *m (Mech) (Trommelbremse)* **brake block** *(Mech)*
**Bremsklotzabstand** *m (Mech)* **block clearance** *(Mech)*
**Bremsklotzkraft** *f (Mech)* **block load** *(Mech)*
**Bremsklotzschuh** *m (Mech)* **brake block shoe** *(Mech)*
**Bremsklotzsohle** *f (Mech)* **brake shoe sole** *(Mech)*
**Bremsklotzspiel** *nt (Mech)* **block clearance** *(Mech)*
**Bremsklotzspiel** *nt (Mech) (der Scheibenbremse)* **pad clearance** *(Mech)*
**Bremsklotzteller** *m (Mech)* **brake block plate** *(Mech)*
**Bremsknebel** *m (Mech)* **braking bar** *(Mech)*
**Bremskolben** *m (Mech)* **brake piston** *(Mech)*
**Bremskraft** *f (Mech)* **braking power** *(Mech)*
**Bremskraft, lastabhängig** lastabhängige Bremskraft *adj:n (Mech)* **load-depending brake force** *adj:n (Mech)*
**Bremskraftregler** *m (Mech)* **brake pressure regulator** *(Mech)*
**Bremskraftverstärker** *m (Mech)* **brake energizer** *(Mech)*
**Bremskupplung** *f (Bahn) (an Eisenbahnwagen)* **brake coupling hose** *(Bahn)*
**Bremskupplungshalter** *m (Bahn) (an Eisenbahnwagons)* **brake pipe stowage hook** *(Bahn)*
**Bremslasche** *f (Mech)* **brake pull rod** *(Mech)*
**Bremsleitung** *f (Mech)* **brake line** *(Kfz)*
**Bremsleitungsdruckmanometer** *nt (Bahn)* **brake-pipe pressure gauge** *(Bahn)*
**Bremslicht** *nt (Mech, El)* **brake light** *(Mech, El)*
**Bremslicht-Drehschalter** *m (Mech, El)* **stop light rotating switch** *(Mech, El)*
**Bremslicht-Öldruckschalter** *m (Mech, El)* **hydraulic stop light switch** *(Mech, El)*
**Bremslicht-Zugschalter** *m (Kfz)* **stop light pull switch** *(Kfz)*
**Bremslüfter** *m (Hyd/Pneu)* **brake thrustor** *(Hyd/Pneu)*
**Bremslüfter, langhubig** langhubiger Bremslüfter *adj:n (Mech)* **long-stroke break thrustor** *(Mech)*
**Bremsmagnet** *m (Mech)* **brake magnet** *(Mech)*
**Bremsmoment** *nt (Mech)* **braking torque** *(Mech)*
**Bremsmotor** *m (Mech, El)* **braking motor** *(Mech, El)*
**Bremsnabe** *f (Kfz)* **brake hub** *(Kfz)*
**Bremsnachstellung** *f (Bg/Bergb) (der Schwenkbremse)* **adjustment** *(Mech, Allg)* (e.g. of machines)
**Bremsnocken** *m (Kfz)* **brake cam** *(Kfz)*
**Bremsnockenhebel** *m (Kfz)* **brake cam lever** *(Kfz)*
**Bremsnockenlager** *nt (Kfz)* **brake cam bushing** *(Kfz)*
**Bremsnockenwelle** *f (Kfz)* **brake cam shaft** *(Kfz)*
**Bremsöffnung, allmählich** allmähliche Bremsöffnung *(Bahn)* **gradual brake release** *(Bahn)*
**Bremspedal** *nt (Kfz)* **brake pedal** *(Mech)*
**Bremsrohraufnahmehaken** *m (Bahn)* **brake pipe stowage hook** *(Bahn)*
**Bremssattel** *m (Kfz) (der Scheibenbremse)* **calliper** *(Kfz)*
**Bremsschalter** *m (Kfz)* **brake switch** *(Kfz)*
**Bremsscheibe** *f (Mech)* **brake disc** *(Mech)*
**Bremsschild** *nt (Kfz) (Bremsankerplatte)* **backplate** *(Mech)*

**Bremsschlauch** *m (Bahn)* **brake hose** *(Bahn)*
**Bremsschlauchkupplung** *f (Bahn)* **brake hose coupling** *(Bahn)*
**Bremsschlüssel** *m (Kfz) (Schraubenschlüssel)* **brake spanner** *(Kfz)*
**Bremsschlussleuchte** *f (Mech, El)* **combined stop and tail lamp** *(Mech, El)*
**Bremsschuh** *m (Mech)* **brake shoe** *(Mech)*
**Bremsschütz** *nt (El)* **braking contactor** *(El)*
**Bremsseil** *nt (Kfz)* **brake cable** *(Kfz)*
**Bremsseilzug** *m (Kfz)* **brake cable assembly** *(Kfz)*
**Bremssicherheit** *f (Mech)* **brake safety factor** *(Mech)*
**Bremssohle** *f (Bahn) (Bremsbacke)* **brake pad** *(Mech)*
**Bremsspindel** *f (Bahn)* **screw spindle** *(Bahn)*
**Bremssteuerung** *f (Mech)* **brake control** *(Mech, El)*
**Bremsstrecke** *f (Bahn)* **braking distance** *(Mech)*
**Bremsstromkreis** *m (Kfz)* **brake circuit** *(Kfz)*
**Bremsstützlager** *nt (Mech)* **brake supporting bearing** *(Mech)*
**Bremssystem** *nt (Mech)* **braking system** *(Mech)*
**Bremsträger** *m (Mech)* **brake bracket** *(Mech)*
**Bremstrommel** *f (Mech)* **brake drum** *(Mech)*
**Bremstrommelnabe** *f (Mech)* **brake drum hub** *(Mech)*
**Bremsumführungsstange** *f (Bahn)* **coffin rod** *(Bahn, Mech)*
**Bremsung** *f (Mech)* **braking** *(Mech)*
**Bremsung auf Halt** *(Mech)* **braking to a stop** *(Mech)*
**Bremsuntersatz** *m (Mech)* **brake base** *(Mech)*
**Bremsventil** *nt (Hyd/Pneu)* **braking valve** *(Hyd/Pneu)*
**Bremsventil** *nt (Mech)* **brake application valve** *(Mech)*
**Bremsverband** *m (Stb)* **brake structure** *(Stb)*
**Bremsverzögerung** *f (Mech)* **braking retardation** *(Mech)*
**Bremsvorgang** *m (Mech)* **braking process** *(Mech)*
**Bremsvorgang, verschleißfrei** verschleißfreier Bremsvorgang *adj:n (Mech)* **wear-free braking** *adj:n (Mech)*
**Bremsweg** *m (Mech)* **stopping distance** *(Mech)*
**Bremswelle** *f (Mech)* **brake shaft** *(Mech)*
**Bremswiderstand** *m (Mech) (Vorgang)* **braking resistance** *(Mech)*
**Bremswirkung** *f (Mech) (Bremsung)* **braking effect** *(Mech)*
**Bremswirkung** *f (Mech) (Reibung)* **friction action** *(Mech)*
**Bremswirkung** *f (Mech) (Wirkungsgrad der Bremse)* **brake efficiency** *(Mech)*
**Bremszahl** *f (Mech)* **number of braking actions** *(Mech)*
**Bremszange** *f (Mech)* **brake clasp** *(Mech)*
**Bremszugstange** *f (Mech)* **brake pull rod** *(Mech)*
**Bremszylinder** *m (Mech)* **brake cylinder** *(Mech)*
**Bremszylinderdruckmanometer** *nt (Bahn)* **brake-cylinder pressure gauge** *(Bahn)*
**Brennbares in den Rückständen** *(Hütt/Wlz)* **combustible matter in residues** *(Hütt/Wlz)*
**Brennbarkeitsversuch** *m (Mech, Chem)* **combustibility test** *(Mech, Chem)*
**Brenndauer** *f (Hütt/Wlz)* **combustion time** *(Hütt/Wlz)*
**Brennelement-Hüllrohr** *nt (Form)* **burner element can** *(Form)* (casing)
**Brenner** *m (Schw, Mont)* **burner** *(Schw, Mont)*
**Brenner für mehrere Brennstoffe** *(Schw)* **multi-fuel type burner** *(Schw)*
**Brenner, autogen** autogener Brenner *adj:n (Schw, Mech, Mont)* **gas torch** *(Schw, Mech, Mont)*
**Brenner, keramisch** keramischer Brenner *adj:n (Schw)* **ceramic burner** *adj:n (Schw)*
**Brenner, kombiniert** kombinierter Brenner *adj:n (Hütt/Wlz)* **combined burner** *adj:n (Hütt/Wlz)*
**Brenneraustrittsmündung** *f (Schw)* **orifice of the torch tip** *(Schw)*
**Brennerbühne** *f (Hütt/Wlz) (Bedienungsstand)* **burner level** *(Hütt/Wlz)*

**Brennereinstellung** *f (Hütt/Wlz)* **burner adjustment** *(Hütt/Wlz)*
**Brennerkehle** *f (Hütt/Wlz)* **burner throat** *(Hütt/Wlz)*
**Brennermündung** *f (Schw)* **orifice of the torch tip** *(Schw)*
**Brennhärten** *nt (Schw)* **flame hardening** *(Schw)*
**Brennkammer** *f (Hütt/Wlz)* **combustion chamber** *(Mech)*
**Brennkammer mit U-Flamme** *(Hütt/Wlz)* **down-draught combustion chamber** *(Hütt/Wlz)*
**Brennkammer, geschlossen** geschlossene Brennkammer *adj:n (Hütt/Wlz)* **furnace with slag screen** *(Hütt/Wlz)*
**Brennkammer, offen** offene Brennkammer *adj:n (Hütt/Wlz)* **open combustion chamber** *adj:n (Hütt/Wlz)*
**Brennkammer, wassergekühlt** wassergekühlte Brennkammer *adj:n (Hütt/Wlz)* **water-cooled furnace** *adj:n (Hütt/Wlz)*
**Brennkammerberohrung** *f (Hütt/Wlz)* **furnace heating surface** *(Hütt/Wlz)*
**Brennkammerboden** *m (Hütt/Wlz)* **bottom of furnace** *(Hütt/Wlz)*
**Brennkammerdecke** *f (Hütt/Wlz)* **furnace roof** *(Hütt/Wlz)*
**Brennkammertrichter** *m (Hütt/Wlz)* **furnace hopper** *(Hütt/Wlz)*
**Brennkammertrichter mit Wasserkastenabschluss** *(Hütt/Wlz)* **water-sealed furnace hopper** *(Hütt/Wlz)*
**Brennkante** *f (Schw)* **flame-cut edge** *(Schw)*
**Brennofen** *m (Bg/Bergb)* **kiln** *(Bg/Bergb)*
**Brennputzen** *nt (Hütt/Wlz)* **flame scarfing** *(Hütt/Wlz)*
**Brennschneidautomat** *m (Schw, Mont)* **automatic flame-cutting machine** *adj:n (Schw, Mech, Mont)*
**Brennschneiden** *nt (Schw, Mont)* **gas cutting** *(Schw, Mech, Mont)*
**Brennschneiden, autogen** autogenes Brennschneiden *adj:n (Schw, Mont)* **autogenous gas cutting** *adj:n (Schw, Mont)*
**Brennschneidgerät** *nt (Schw, Mech, Mont)* **gas-cutting apparatus** *(Schw, Mech, Mont)*
**Brennschnitt** *m (Schw, Mont)* **torch cut** *(Schw, Mech, Mont)*
**Brennschnittkante** *f (Schw)* **flame-cut edge** *(Schw)*
**Brennschnittoberfläche** *f (Schw)* **flame-cut surface** *(Schw)*
**Brennstaub** *m (Bg/Bergb)* **pulverized coal** *adj:n (Bg/Bergb)*
**Brennstaubprobenentnehmer** *m (Hütt/Wlz)* **pulverised-fuel sampler** *(Hütt/Wlz)*
**Brennstoff** *m (Mech, Chem)* **fuel** *(Mech, Chem)*
**Brennstoffband** *nt (Hütt/Wlz)* **fuel tape range** *(Hütt/Wlz)*
**Brennstoffbedarf** *m (Hütt/Wlz)* **fuel demand** *(Hütt/Wlz)*
**Brennstoffbehälter** *m (Mech)* **fuel tank** *(Mech)*
**Brennstoffbett** *nt (Hütt/Wlz)* **fuel bed** *(Hütt/Wlz)*
**Brennstoffeinspritzpumpe** *f (Hyd/Pneu)* **fuel injection pump** *(Hyd/Pneu)*
**Brennstoffeuchtigkeit** *f (Hütt/Wlz)* **moisture in fuel** *(Hütt/Wlz)*
**Brennstofffilter** *nt (Hyd/Pneu)* **fuel filter** *(Hyd/Pneu)*
**Brennstoffmischförderer** *m (Hütt/Wlz)* **fuel blending elevator** *(Hütt/Wlz)*
**Brennstoffpumpe** *f (Kfz)* **fuel pump** *(Mech, Hyd/Pneu)*
**Brennstoffpumpengestänge** *nt (Kfz)* **fuel pump control** *(Kfz)*
**Brennstoffschieber** *m (Hütt/Wlz)* **fuel gate** *(Hütt/Wlz)*
**Brennstoffverbrauch** *m (Mech)* **fuel consumption** *(Mech)*
**Brennstoffvergasung** *f (Hütt/Wlz)* **fuel gasification** *(Hütt/Wlz)*
**Brennstoffverteilung** *f (Stb)* **combustible content arrangement** *(Stb)*
**Brennstoffzuteiler** *(Hütt/Wlz)* **fuel feeder** *(Hütt/Wlz)*
**Brett** *nt (Allg)* **board** *(Mech, Mont, Allg)*
**Brikett** *nt (Hütt/Wlz)* **coal briquet** *(Hütt/Wlz)*
**Brikettierung** *f (Mech)* **production of briquettes** *(Mech)*
**Brikettkühlanlage** *f (Mech)* **briquette cooling plant** *(Mech)*
**Brinell-Zahl** *f (Stb)* **Brinell hardness number** *(Stb)*
**Brinellhärte** *f (Hütt/Wlz)* **Brinell hardness** *(Hütt/Wlz)*

**Britische Normen** *(Bahn)* **British Standards** *(Bahn)* (BS)
**Brocken** *pl m (Band, Umschl, Bg/Bergb)* **lumps** *pl (Band, Umschl, Bg/Bergb)*
**Brocken** *m (Bg/Bergb) (hinter Schild, Bergbau)* **caving (the caving, the fill)** *(Bg/Bergb)*
**Brom** *nt (Bg/Bergb)* **bromine** *(Bg/Bergb)*
**Bronze** *f (Bg/Bergb)* **bronze** *(Bg/Bergb)* (copper and tin)
**Bronzespurplatte** *f (Zer)* **bronze step bearing plate** *(Zer)*
**Bruch** *m (Mech, Allg)* **fracture** *(Mech, Allg)*
**Bruch, feinkörnig** feinkörniger Bruch *adj:n (Stb)* **fine-grained fracture** *adj:n (Stb)*
**Bruchausgang** *m (Form) (hier fängt Bruch an)* **crack starting point** *(Form)*
**Bruchaussehen** *nt (Stb)* **fracture appearance** *(Stb)*
**Bruchbeanspruchung** *f (Stb)* **breaking stress** *(Stb)*
**Bruchbelastung** *f (Stb)* **breaking load** *(Mech)*
**Bruchberechnung** *f (Stb)* **ultimate strength design** *(Stb)*
**Bruchdehnung** *f (Mech) (Verlängerung)* **elongation at fracture** *(Stb)*
**Bruchdehnung** *f (Mech, Stat)* **tensile strength** *(Mech, Stat)*
**Brucheinschnürung** *f (Stb)* **reduction in area at breaking point** *(Stb)*
**Bruchfestigkeit** *f (Mech, Stat)* **resistance to tensile stress** *(Mech, Stat)*
**Bruchfläche** *f (Mech)* **surface of fracture** *(Mech)*
**Bruchgefüge** *(Stb)* **appearance of the fracture** *(Stb)*
**Bruchgrenze** *f (Mech)* **breaking limit** *(Mech)*
**Brüchigkeit** *f (Stb) (leicht brechend)* **brittleness** *(Mech, Stb)*
**Bruchkraft** *f (Mech, Stat)* **breaking strength** *(Mech, Stat)*
**Bruchkraft, statisch** statische Bruchkraft *adj:n (Mech, Stat)* **static breaking strength** *adj:n (Mech, Stat)*
**Bruchlast** *f (Mech)* **breaking load** *(Mech)*
**Bruchlast, ermittelt** ermittelte Bruchlast *adj:n (Mech)* **ultimate tensile strength** *adj:n (Mech, Stat)*
**Bruchmodul** *nt (Mech)* **modulus of rupture** *(Mech, Stat)*
**Bruchprobe** *f (Schw)* **breaking test** *(Schw)*
**Bruchsohle** *f (Zer)* **quarry floor** *(Zer)*
**Bruchspannung** *f (Mech)* **breaking stress** *(Stb)*
**Bruchsteine** *pl m (Bg/Bergb)* **rubble** *(Bau, Geo)*
**Bruchsteinmauer** *f (Bg/Bergb)* **rubble masonry** *(Bg/Bergb)*
**Bruchsteinmauerwerk** *nt (Bau)* **natural stone masonry** *(Bau)*
**Bruchstelle** *f (Mech, Allg)* **fracture** *(Mech, Allg)*
**Bruchstücke** *pl nt (Bau) (Abfall, Trümmer)* **debris** *(Geo, Bau)*
**Brücke** *f (El) (Schaltbügel, Strombrücke)* **link** *(Mech)*
**Brücke** *f (Mech) (Schaltbügel)* **bond** *(Mech)*
**Brücke mit mehreren Öffnungen** *(Stb)* **multi-span bridge** *(Stb)*
**Brücke, beweglich** bewegliche Brücke *adj:n (Stb)* **movable bridge** *adj:n (Stb)*
**Brücke, fest** feste Brücke *adj:n (Mech)* **fixed bridge** *adj:n (Mech)*
**Brücke, schief** schiefe Brücke *adj:n (Stb)* **skew bridge** *adj:n (Stb)*
**Brücke, schwimmend** schwimmende Brücke *adj:n* **floating bridge**
**Brücke, zerlegbar** zerlegbare Brücke *adj:n (Mech)* **sectional bridge** *adj:n (Mech, Bau)*
**Brücke, zweigleisig** zweigleisige Brücke *adj:n (Stb)* **double-track bridge** *(Stb)*
**Brücken-Gleisrückmaschine** *f (Mech)* **bridge-type track shifter** *adj:n (Mech)*
**Brückenabsetzer** *m (Bg/Bergb) (im Tagebau)* **bridge spreader** *(Bg/Bergb)*
**Brückenachse** *f (Stb)* **centre-line of bridge** *(Stb)*
**Brückenauffahrt** *f (Stb)* **bridge access** *(Stb)*
**Brückenauflager** *nt (Stb, Stat)* **bearing** *(Mech, Stb, Stat)*
**Brückenaufschüttung** *f (Bahn) (unter Tragbrücke)* **abutment** *(Bahn, Bau)* (vertical or inclined dam)
**Brückenbalken** *m (Bahn)* **bridge sleeper** *BE (Bahn)*
**Brückenband** *nt (Bg/Bergb)* **bridge conveyor** *(Bg/Bergb)*

**Brückenband, verschiebbar** verschiebbares Brückenband *adj:n (Bg/Bergb)* **advance/retract bridge conveyor** *(Bg/Bergb)*
**Brückenbau** *m (Mech)* **bridge construction** *(Mech)*
**Brückenbaustahl** *m (Stb)* **steel for bridges** *(Stb)*
**Brückenbildung** *f (Hütt/Wlz) (Brennstoff)* **bridging** *(Hütt/Wlz)* (hang-up of fuel)
**Brückenbildung** *f (Umschl)* **arching of conveyed material** *(Umschl)*
**Brückenbogen** *m (Stb)* **arch of bridge** *(Stb)* (bridge arch)
**Brückenbreite** *f (Stb)* **bridge width** *(Stb)*
**Brückenfahrbahn** *f (Stb)* **bridge floor** *(Stb)* (bridge deck)
**Brückenfahrwerk** *nt (Umschl) (z.B. eines Schiffsentladers)* **long travelling gear** *adj:n (Umschl)*
**Brückengerät** *nt (Stb)* **bridging equipment** *(Stb)*
**Brückenglied** *nt (Stb)* **bridge member** *(Stb)*
**Brückengradiente** *f (Stb)* **gradient of bridge** *(Stb)*
**Brückenklasse** *f (Stb)* **class of bridge** *(Stb)*
**Brückenkopf** *m (Stb)* **bridge head** *(Stb)*
**Brückenkran** *m (Stb)* **bridge crane** *(Stb)*
**Brückenkratzer** *m (Umschl)* **bridge-type scraper** *adj:n (Umschl)*
**Brückenlader** *m (Umschl)* **bridge-type reclaimer** *adj:n (Umschl)*
**Brückenlader Kette** *m (Umschl)* **horizontal bucket chain reclaimer** *(Umschl)*
**Brückenlader Schaufelrad** *m (Umschl)* **bridge-type bucket wheel reclaimer** *adj:n (Umschl)*
**Brückenlager** *nt (Stb, Stat)* **bearing** *(Mech, Stb, Stat)*
**Brückenlagerung** *f (Bg/Bergb)* **bridge support** *(Bg/Bergb)*
**Brückenlänge** *f (Stb)* **length of bridge** *(Stb)*
**Brückenlegesystem** *nt (Mech)* **bridge laying system** *(Mech)*
**Brückenmesswagen** *m (Stb)* **bridge testing car** *(Stb)*
**Brückenobergurt** *m (Stb)* **top chord of bridge truss** *(Stb)*
**Brückenpfeiler** *m (Bau) (an Land)* **bridge pier** *(Bau)* (on land)
**Brückenpfeiler** *m (Bau) (z.B. im Fluss)* **standing pier** *(Bau)* (e.g. in river)
**Brückenrampe** *f (Stb) (Brückenauffahrt, Zufahrtsrampe)* **bridge approach** *(Stb)*
**Brückenschaufelradgerät** *nt (Bg/Bergb)* **bridge-type bucket wheel reclaimer** *adj:n (Umschl)*
**Brückensorte** *f (Stb)* **type of bridge** *(Stb)*
**Brückenstützweite** *f (Bg/Bergb)* **span of bridge** *(Bg/Bergb)*
**Brückenträger** *m (Mech)* **bridge truss** *(Mech)*
**Brückenverstellung** *f (Bg/Bergb)* **movability of bridge** *(Bg/Bergb)*
**Brückenwaage** *f (Stb)* **weigh-bridge** *(Mech)*
**Brückenzufahrt** *f (Stb)* **approach** *(Stb)* (e.g. ramp)
**Brückenzug** *m (Band) (Bandbrücke)* **conveyor bridge sections** *pl (Umschl)*
**Brüden** *m (Hütt/Wlz)* **fuel laden vapour** *(Hütt/Wlz)*
**Brüdenbrenner** *m (Hütt/Wlz)* **vapours burner** *(Hütt/Wlz)*
**Brüdenleitungen** *pl f (Hütt/Wlz)* **vapours piping** *(Hütt/Wlz)*
**Brunnenbohren** *nt (Bau)* **well drilling** *(Bau)*
**Brunnenfeuerung** *f (Hütt/Wlz)* **well-type furnace** *(Hütt/Wlz)*
**Brunnengreifer** *m (Bg/Bergb)* **well grab** *(Bg/Bergb)*
**Brunnenkopf** *m (Bau)* **well head** *(Bau)*
**Brustleier** *f (Mont)* **breast drill** *(Mont)*
**Brutto-Rauchgaskanalquerschnitt** *m (Hütt/Wlz)* **flue gross cross sectional area** *(Hütt/Wlz)*
**Bruttogewicht** *nt (Stat)* **gross weight** *(Stat)*
**Bruttoinhalt** *m (All)* **gross volume** *(Allg)*
**Bruttoquerschnitt** *m (Stb)* **gross section** *(Stb)*
**Bruttorauminhalt** *m (Stb)* **gross volume** *(Stb)*
**Buchse** *f (El) (muffenförmig)* **socket** *(El, Mech)*
**Buchse** *f (Mech) (Laufbuchse, Muffe)* **bush** *(Mech)*
**Buchse** *f (Mech) (Zylinderbuchse)* **liner** *(Mech)* (of a cylinder)
**Buchsenförderkette** *f (Form)* **bushed transporting chain** *(Form)*

**Buchsenkette** *f (Mech) (Laschenkette als Buchsenkette)* **bush chain** *(Mech)*
**Buchsenleiste** *f (Form)* **socket panel** *(Form)*
**Buckel** *m (Geo) (Sattel, Gewölbe)* **anticline** *(Geo)*
**Buckelblech** *nt (Hütt/Wlz)* **buckled plate** *(Hütt/Wlz)*
**Bügel** *m (Form) (Klemme; z.B. am Schraubstock)* **jaw** *(Mech, Mont, Werkz)*
**Bügel** *m (Mech) (Achshalter, U-förmiger Zughaken)* **clevis** *(Mech)*
**Bügel** *m (Mech) (Schäkel)* **bow** *(Mech)*
**Bügel** *m (Mech) (U-förmiger Halter, Dreiecksbügel)* **stirrup** *(Mech)*
**Bügelfederanordnung** *f (Kfz)* **clip and pin arrangement** *(Kfz)*
**Bügelgriff** *m (Mech)* **bow-type handle** *(Mech)*
**Bügelmessschraube** *f (Form)* **micrometer gauge** *(Form)*
**Bügelschraube** *f (Form)* **bow screw** *(Form)*
**Buhne** *f (Hyd/Pneu)* **breakwater** *(Hyd/Pneu)*
**Bühne** *f (Mech)* **platform** *(Mech)*
**Bühnenbelag** *m (Hütt/Wlz)* **metal flooring** *(Hütt/Wlz)*
**Bühnentechnik** *f (Mech)* **theatre technology** *(Mech)*
**Bühnenträger** *m (Mech)* **platform support** *(Mech)*
**Bunabalg** *m (Form)* **buna bellows** *(Form)*
**Bund** *m (Form)* **collar** *(Mech)*
**Bundbolzen** *m (Mech)* **collar stud** *(Mech)*
**Bundbuchse** *f (Mech)* **collar bush** *(Mech)*
**Bundgewicht** *nt (Form) (reines Gewicht)* **coil weight** *(Form)*
**Bundmutter** *f (Form)* **collar nut** *(Form)*
**Bundschraube** *f (Form)* **collar screw** *(Form)*
**Bunker** *m (Umschl)* **bin** *(Umschl)* (bunker)
**Bunker** *m (Umschl) (Tiefbunker)* **bunker** *(Umschl)*
**Bunker-C-Öl** *nt (Hütt/Wlz)* **C-oil fuel** *(Hütt/Wlz)*
**Bunkerabzugsband** *nt (Zer, Umschl)* **apron conveyor under bin** *(Zer, Umschl)*
**Bunkerabzugsförderung** *f (Bg/Bergb)* **hopper discharge conveyor** *(Bg/Bergb)*
**Bunkerabzugsöffnung** *f (Umschl, Zer)* **bin discharge opening** *(Umschl, Zer)*
**Bunkerabzugsschieber** *m (Umschl)* **bin gate** *(Umschl)*
**Bunkerauslass** *m (Hütt/Wlz)* **bunker outlet** *(Hütt/Wlz)*
**Bunkeraustragegerät** *nt (Bg/Bergb)* **bunker extractor** *(Bg/Bergb)*
**Bunkerbagger** *m (Bg/Bergb, Umschl)* **trencher** *(Bg/Bergb, Umschl)*
**Bunkerbagger mit Eimerkette** *(Bg/Bergb, Umschl)* **bucket chain trencher** *(Bg/Bergb, Umschl)*
**Bunkerbagger mit Portal und Eimerkette** *(Bg/Bergb, Umschl)* **bucket chain trencher, portal design** *(Bg/Bergb, Umschl)*
**Bunkerbagger mit Portal und Schaufelrad** *(Bg/Bergb, Umschl)* **bucket wheel trencher, portal design** *(Bg/Bergb, Umschl)*
**Bunkerbagger mit Schaufelrad** *(Bg/Bergb, Umschl)* **bucket wheel trencher** *(Bg/Bergb, Umschl)*
**Bunkerbeschickung** *f (Mech) (als Vorrichtung)* **bin filling equipment** *(Mech)*
**Bunkerentleerungswagen** *m (Mech)* **bunker discharge wagon** *(Mech)*
**Bunkerhalle** *f (Umschl)* **bin building** *(Umschl)*
**Bunkerkanal** *m (Mech)* **bin channel** *(Mech)*
**Bunkerplattenband** *nt (Umschl, Zer)* **apron conveyor under bin** *(Zer, Umschl)*
**Bunkerrüttelvorrichtung** *f (Hütt/Wlz)* **bunker vibrator** *(Hütt/Wlz)*
**Bunkerschieber** *m (Umschl) (Bunkerverschluss)* **bin gate** *(Umschl)*
**Bunkerschräge** *f (Hütt/Wlz)* **bunker slope** *(Hütt/Wlz)*
**Bunkerstandsanzeiger** *m (Umschl)* **bin level indicator** *(Bg/Bergb, Umschl, Mech)*
**Bunkerstandsmessanlage** *f (Umschl)* **bin fill measuring system** *(Umschl)*
**Bunkertasche** *f (Umschl)* **collecting bin** *(Umschl)*
**Bunkertasche** *f (Umschl) (abgeteilt)* **bin compartment** *(Umschl)*
**Bunkertisch** *m (Mech)* **bin shelf** *(Mech)*
**Bunkerung** *f (Hütt/Wlz)* **storage** *(Allg, Hütt/Wlz)*

**Buntmetall** *nt (Form) (z.B. Kupfer, Messing)* **non-ferrous metal** *adj:n (Mech)*
**Buntmetallurgie** *f (Form)* **non-ferrous metallurgy** *adj:n (Form)*
**Bürste** *f (Mech)* **wiper** *(Bg/Bergb, Umschl, Band)* (on the belt)
**Bürsten** *nt (Mech, Anstr)* **brushing** *(Mech, Anstr)*
**Bürstenabheber** *m (Mech)* **brush lifter** *(Mech)*
**Bürstenhalter** *m (Mech)* **brush holder** *(Mech)*
**Bürstenverstellantrieb** *m (El)* **brush shifitng mechanism** *(El)*
**Butylen** *nt (Form)* **butylen** *(Form)*
**Butzen** *m (Form) (kleine Blase; z.B. im Glas)* **bleb** *(Form)* (in glass) **slug** *(Form)* (in iron)
**Butzen** *m (Hyd/Pneu)* **plug** *(Hyd/Pneu, Mech)*
**Butzenscheibe** *f (Stb)* **bull's eye glass** *(Stb)*
**Butzenschrott** *m (Form)* **slug scrap** *(Form)*
**Bypass-Leitung** *(Bg/Bergb)* **bypass tube** *(Bg/Bergb)*

# C

**C-Träger** *m (Bau, Mech)* **C-frame** *(Bau, Mech, El)*
**CAD** *(Allg) (Abk)* **CAD** *(Allg)* (Abv) **computer-aided design** *adj:n (Allg)*
**CAD-System** *nt (Allg)* **CAD system** *(Allg)*
**Caissongründung** *f (Stb)* **caisson foundation** *(Stb)*
**Calcinieren** *nt (Form)* **calcining** *(Form)*
**CAM** *adj:n (Mech, Mont, Allg) (Abk)* **computer-aided manufacturing** *adj:n (Allg)*
**Campbell** *f (Bahn) (Feuerbox zwischen Kuppelachsen)* **Campbell** *(Bahn)* (firebox between coupled axles)
**Cannelierfeile** *f (Mont, Werkz)* **knurling file** *(Mont, Werkz)*
**CAQ** *adj:n (Mech) (Abk)* **CAQ** *adj:n (Allg)* (Abv) **computer-aided quality assurance** *adj:n (Allg)*
**Carrier** *m (Schiff) (z.B. Reederei, LKW-Firma, Bahn)* **carrier** *(Schiff)*
**CFK** *(Kfz)* **carbon-reinforced plastics** *(Kfz)*
**Charge** *f (Hütt/Wlz)* **cast** *(Hütt/Wlz)* **heat** *(Hütt/Wlz)* **melt** *(Hütt/Wlz)*
**Charge** *f (Hütt/Wlz) (Beschickung)* **batch** *(Hütt/Wlz)* **furnace charge** *(Hütt/Wlz)*
**Chargennummer** *f (Bg/Bergb)* **charge number** *(Bg/Bergb)*
**Chargenprozess** *m (El)* **batch process** *(El)*
**Chargiermulde** *f (Form)* **charging box** *(Form)*
**Chargiertrichter** *m (Form)* **feed hopper (funnel, magazine)** *(Form)*
**Chassis** *nt (Kfz)* **chassis** *(Bg/Bergb, Mech, El)* **main frame** *(Stb, Zer)*
**Chemie** *f (Chem)* **chemistry** *(Chem)*
**Chemikalien** *pl f (Form)* **chemicals** *pl (Form)*
**Chemikalien, gefährlich** gefährliche Chemikalien *adj:n (Chem, Allg) (z.B. als Aufschrift auf einem Schild)* **volatile chemicals** *adj:n (Chem, Allg)* (e.g. on a sign)
**Chiffriernummer** *f (Allg)* **code number** *(Allg)*
**Chiffrierschlüssel** *m (Allg)* **key** *(Allg)* (code number)
**Chlor-Tetra-Kohlenstoff** *m (Form)* **chlorine tetra carbon** *(Form)*
**Chlorkautschuk** *m (Bg/Bergb)* **chlorinated rubber** *(Bg/Bergb)*
**Chlorkautschukanstrich** *m (Anstr)* **chlorinated rubber coat** *(Anstr)*
**Chlorkautschuklack** *m (Bg/Bergb)* **chlorinated rubber enamel** *(Bg/Bergb)*
**Chlormagnesium** *nt (Bg/Bergb)* **magnesium chloride** *(Bg/Bergb)*
**Chrom** *nt (Form) (Metall)* **chrome** *(Form)* **chromium** *(Form)*
**chrombeschichtet** *adj (Form)* **chromium-plated** *adj (Form)*
**Chromerz-Masse** *f (Hütt/Wlz)* **chrome ore** *(Hütt/Wlz)*
**Chrommolybdän** *nt (Mech, Chem)* **chrome molybdenum** *(Mech, Chem)*
**CIM** *adj:n (El) (Abk)* **CIM** *adj:n (El)* (Abv) **computer-integrated manufacturing** *adj:n (El)*
**CNC** *(El) (Abk) (numerische Steuerung)* **CNC** *adj:n (El)* (Abv) **computerized numerical control** *adj:n (El)*
**Coil** *nt (Bahn) (aufgewickeltes Bandeisen)* **coil** *(El, Mech, Bahn)*

**Coilverpackung und -verladung** *(Form)* **packing and loading of coils** *(Form)*
**Colli** *m (Allg) (Verpackung)* **colli** *(Allg)* (packing)
**Combiblock** *m (Hütt/Wlz)* **combibloc** *(Hütt/Wlz)*
**Comboschiff** *nt (Schiff) (Container/Massengut)* **Combo** *(Schiff)* (container/breakbulk vessel)
**computergestützt** *adj (Allg)* **computer-aided** *adj (Allg)* **computer-assisted** *adj (Allg)*
**Container** *m (Bahn) (Behälter)* **container** *(Mech)* (e.g. for a consignment)
**Container, luftdicht** luftdichter Container *adj:n (Mech)* **airtight container** *adj:n (Mech)*
**Container-Carrier** *m (Schiff)* **container carrier** *(Schiff)*
**Containerbahnhof** *m (Bahn)* **container depot** *AE (Bahn)* **container terminal** *BE (Bahn)*
**Containerschiff** *nt (Schiff)* **container-vessel** *(Schiff)*
**Containertragwagen** *m (Bahn)* **container wagon** *(Bahn)*
**Containerumschlag** *m (Mech)* **container transloading system** *(Mech)*
**Contical** *(Form) (contigeglühtes Feinblech)* **Contical** *(Form)*
**Contiglühe** *f (Form)* **continuous annealing line** *(Form)*
**Cordgewebe** *nt (Band) (Gurt)* **breaker cord strip** *(Band)*
**Cowper** *m (Stb) (Winderhitzer)* **cowper** *(Stb, Hütt/Wlz)*
**Cowperanlage** *f (Stb) (Winderhitzeranlage)* **cowper plant** *(Stb)*
**Cross-Pit-System** *nt (Bg/Bergb)* **cross pit system** *(Bg/Bergb)*
**CTC** *m (Form) (Abk)* **chlorine tetra carbon** *(Form)* **CTC** *(Form)* (Abv)

# D

**Dach** *nt (Bau)* **roof** *(Bau)*
**Dach** *nt (Form) (Deckel, Haube)* **top (cover, lid, roof, hood, plate)** *(Form)*
**Dachantenne** *f (Mech) (auf dem Hausdach)* **roof aerial** *BE (Mech)* (on house) **roof antenna** *AE (Mech)*
**Dachaufsatz** *m (Bau)* **roof cap** *(Stb)*
**Dachausführung** *f (Bahn)* **design of the roof** *(Bahn)*
**Dachbalken** *m (Bau)* **roof beam** *(Bau)*
**Dachbinder** *m (Bau) (Dreiecksform)* **roof truss** *(Bau)*
**Dachbinder** *m (Bau) (Rahmenform)* **roof frame** *(Bau)*
**Dachbinderfuß** *m (Bau)* **roof truss shoe** *(Bau)*
**Dachdecker** *m (Bau)* **tiler** *(Bau)*
**Dachdecker** *m (Bau)* **thatcher** *(Bau)*
**Dachebene** *f (Bau)* **roof plane** *(Bau)*
**Dacheindeckung** *f (Bau)* **roof covering** *(Bau)* **roofing** *(Mech, Mont)*
**Dachentlüftung** *f (Bau)* **roof hatch** *(Bau)*
**Dachfenster** *nt (Bau)* **roof window** *(Bau)*
**Dachfirst** *m (Bau)* **ridge** *(Bau, Bg/Bergb)*
**Dachform** *f (Bau)* **shape of the roof** *(Bau)*
**Dachfuß** *m (Bau)* **roof truss shoe** *(Bau)*
**Dachhalde** *f (Umschl)* **chevron-type pile** *(Umschl)*
**Dachkonstruktion** *f (Bau)* **roof construction** *(Bau)*
**Dachlatte** *f (Bau)* **roof batten** *(Bau)*
**Dachlüfter** *m (Bau, Mech)* **ridge ventilator** *(Bau, Mech)* **roof ventilator** *(Bau, Mech)*
**Dachlüfterhaube** *f (Bau, Mech)* **roof ventilation hood** *(Bau, Mech)* **ventilation hood** *(Bau, Mech)*
**Dachluke** *f (Bau)* **roof hatch** *(Bau)*
**Dachneigung** *f (Bau)* **roof slope** *(Bau)*
**Dachpappe** *f (Bau)* **asphalt-impregnated paper** *(Bau)* **roofing felt** *(Bau)*
**Dachpfette** *f (Bau)* **purlin** *(Bau, Mech)*
**Dachplatte** *f (Bau)* **roof slap** *(Bau)*
**Dachplattenleger** *m (Bau)* **sheeter** *(Bau)*
**Dachrahmen** *m (Bau)* **roof frame** *(Bau)*
**Dachreiter** *m (Bau)* **ridge turret** *(Bau)*
**Dachrinne** *f (Bau)* **eaves gutter** *(Bau)* **gutter** *(Bau)* **rain pipe** *(Bau)*
**Dachsparren** *m (Bau)* **rafter** *(Bau, Stb)*
**Dachstuhl** *m (Bau)* **cupola** *(Bau)* (of a roof) **roof framework** *(Bau)*
**Dachträger** *m (Bau)* **roof girder** *(Bau)*
**Dachverband** *m (Bau) (Baustruktur)* **roofing structure** *(Bau)*
**Dachziegel** *m (Bau)* **roof tile** *(Bau)*
**Damm** *m (Bau) (Staudamm)* **dam** *(Bau, Bg/Bergb)* **dike** *(Bau)*

**Dämmmaterial** *nt (Bau) (z.B. Glaswolle)* **insulating material** *(Mech)*
**Dammbau** *m (Bg/Bergb)* **backfilling** *(Bg/Bergb)* **embanking** *(Bg/Bergb)*
**Dammböschung** *f (Bg/Bergb)* **backfill slope** *(Bg/Bergb)*
**dämmen** *v (Bau) (z.B. Kälte, Lärm)* **insulate** *v (Bau)* (dam up)
**Dammfuß** *m (Bau)* **fill toe** *(Bau)* **heel of dam** *(Bau)*
**Dammherstellung** *f (Bau)* **embankment work** *(Bau)*
**Dammschüttung** *(Bg/Bergb)* **backfilling** *(Bg/Bergb, Bau)*
**Dämmstoff** *m (Bau)* **insulating material** *(Mech)*
**Dammstraße** *f (Bau)* **causeway** *(Bau)*
**Dämmung** *f (Bau) (Isolierung)* **insulation** *(Bau)* (e.g. against heat)
**Dämmzahl** *f (Allg)* **sound damping factor** *(Allg)*
**Dampf** *m (Hyd/Pneu) (Dunst)* **vapor** *AE (Hyd/Pneu)* **vapour** *BE (Hyd/Pneu)*
**Dampf** *m (Hyd/Pneu) (Wasserdampf)* **steam** *(Hyd/Pneu)*
**Dampf-Wasser-Gemisch** *nt (Hütt/Wlz)* **steam water mixture** *(Hütt/Wlz)*
**Dampfablasshahn** *m (Bahn)* **elbow cock** *(Bahn)* (relief valve)
**Dampfabscheider** *m (Bahn)* **steam separator** *(Bahn)*
**Dampfabzugshaube** *f (Stb)* **steam exhaust** *(Stb)*
**dampfangetrieben** *adj (Bahn) (z.B. Lok)* **steam-driven** *adj (Bahn)* **steam-hauled** *adj (Bahn)*
**Dampfantrieb** *m (Bahn)* **steam drive** *(Bahn)*
**Dampfbetrieb** *m (Bahn)* **steam operation** *(Bahn)* (driven by steam)
**Dampfblase** *f (Hütt/Wlz)* **steam bubble** *(Hütt/Wlz)*
**Dampfbremse** *f (Bahn)* **steam brake** *(Bahn)*
**dampfdicht** *adj (Form)* **steam-proof** *adj (Form)* **steam-tight** *adj (Bahn)*
**Dampfdom** *m (Bahn)* **steam dome** *(Bahn)* (e.g. of a railway engine)
**Dampfdruck** *m (Hütt/Wlz)* **vapour pressure** *(Hyd/Pneu)*
**Dampfdruckzerstäuber** *m (Hütt/Wlz)* **steam pressure atomizer** *(Hütt/Wlz)*
**Dampfeinlasshahn** *m (Bahn)* **entry steam cock** *(Bahn)*
**Dampfeinlassseite** *f (Bahn)* **steam entry side** *(Bahn)*
**Dampfeintritt** *m (Bahn)* **steam entry** *(Bahn)*
**Dampfeisenbahn** *f (Bahn)* **steam railway** *(Bahn)*
**dampfen** *v (Bahn)* **steam** *v (Bahn)*
**dämpfen** *v (Mech) (bedämpfen)* **cushion** *v (Phys, Allg)* **damp** *v (Mech)* **dampen** *v (Mech, El)*
**Dampfentnahme** *f (Bahn)* **steam tapping** *(Bahn)*
**Dampfentnahmeleitung** *f (Hütt/Wlz)* **main steam line** *(Hütt/Wlz)*
**Dampfentnahmetrommel** *f (Hütt/Wlz)* **steam take-off drum** *(Hütt/Wlz)*
**dampfgestrahlt** *adj (Kfz) (gesäubert)* **steam-cleaned** *adj (Kfz)*
**Dampfkraft** *f (Bahn)* **steam power** *(Bahn)*
**Dampfleistung** *f (Hütt/Wlz)* **steam output** *(Hütt/Wlz)*
**Dampfseilbagger** *m (Bg/Bergb)* **steam rope excavator** *(Bg/Bergb)*
**Dampfspannung** *f (Hütt/Wlz)* **steam pressure** *(Hütt/Wlz)*
**dampfstrahlen** *v (Kfz) (säubern)* **steam-clean** *v (Kfz)* (e.g. a work area)
**Dampfstrahlpumpe** *f (Bahn)* **steam pump** *(Bahn)*
**Dämpfung** *f (Mech)* **damping capacity** *(Mech)* **internal friction** *adj:n (Mech)*
**Dämpfung** *f (Mech) (Absorbieren)* **absorbing** *(Mech)* **internal friction** *adj:n (Mech)*
**Dämpfung** *f (Mech) (z.B. von Stößen, Vibrationen, Lärm)* **attenuation** *(Mech)* **buffering** *(Mech, El)* **damping** *(Mech)* (e.g. vibrations)
**Dämpfungsvermögen** *nt (Form)* **damping capacity** *(Mech)*
**Dampfverbrauch** *m (Hütt/Wlz)* **steam consumption** *(Hütt/Wlz)*
**Dampfverunreinigung** *f (Hütt/Wlz)* **steam impurities** *pl (Hütt/Wlz)*
**Dampfwalze** *f (Kfz)* **steam roller** *(Kfz)*
**Dampfwaschen** *f (Hütt/Wlz) (Trocknung)* **steam scrubbing** *(Hütt/Wlz)*
**darstellen** *v (Mech) (im Längs- oder Querschnitt zeichnen)* **profile** *v (Mech)*
**darstellen** *v (Mech) (zeichnen)* **plot** *v (Mech)*

**darstellen, grafisch** grafisch darstellen *adv:v (Mech, Allg)* **plot a graph** *n:v (Mech, Allg)*
**Daueranriss** *m (Mech)* **fatigue crack** *(Mech)*
**Dauerbeanspruchung** *f (Mech)* **continuous load** *adj:n (Mech)* **permanent load** *adj:n (Mech, Stat)*
**Dauerbelastung** *f (Mech)* **constant load** *adj:n (Mech, Stat)*
**Dauerbiegeversuch** *m (Stb)* **fatigue bend test** *(Stb)*
**Dauerbiegewechselfestigkeit** *f (Mech)* **bending stress fatigue limit** *(Mech)*
**Dauerbruch** *m (Mech)* **endurance failure** *(Mech)*
**Dauerbruchsicherheit** *f (Mech, Schw)* **endurance strength** *(Schw)* **resistance to fatigue** *(Mech, Schw)*
**Dauerbruchversuch** *m (Mech)* **endurance test** *(Mech)*
**Dauerdehngrenze** *f (Mech)* **fatigue yield limit** *(Mech)*
**Dauerdrehwechselfestigkeit** *f (Mech, Schw)* **fatigue strength under torsional conditions** *(Mech, Schw)*
**dauerelastisch** *adj (Mech)* **permanently elastic** *adv:adj (Mech)*
**Dauerfehler** *m (Mech)* **permanent fault** *adj:n (Mech)*
**Dauerfestigkeitsversuch** *m (Mech)* **endurance test** *(Mech)*
**Dauerform** *f (Form)* **permanent mould** *adj:n (Form)*
**dauergeschmiert** *adj (Mech)* **factory-greased** *adj (Mech)* **grease prepacked** *adj (Mech)* **permanently greased** *adv:adj (Mech)* **lifetime-lubricated** *adj (Mech)*
**Dauerhaftigkeit** *f (Mech)* **durability** *(Bau, Mech)* **endurance** *(Mech)*
**Dauerlast** *f (Mech)* **continuous load** *adj:n (Mech)*
**Dauerprüfung** *f (Mech)* **endurance test** *(Mech)*
**Dauerschmierung** *f (Mech)* **permanent lubrication** *adj:n (Mech)*
**Dauerschwingbelastung** *f (Stb)* **repeated load** *adj:n (Stb)*
**Dauerstandfestigkeit** *f (Stb)* **creep characteristics** *pl (Stb)* **creep properties** *pl (Stb)*
**Dauerüberlastung** *f (Mech)* **continuous overload** *adj:n (Mech)*
**Dauerversuch** *m (Mech)* **endurance test** *(Mech)* **fatigue test** *(Mech)*
**Dauerzugversuch** *m (Stb)* **repeated tensile test** *adj:n (Stb)*
**Dauerzustand** *m (Mech)* **steady-state condition** *(Mech)*
**Daumen** *m (Form) (Zapfen)* **cog** *(Form)* (tooth) **lift** *(Kfz)* (cam) **tappet** *(Mech)*
**Deblockierung** *f (Kfz)* **unblocking** *(Kfz)*
**Deck** *nt (Mech) (z.B. eines Schwimmkranes)* **deck** *(Mech)*
**Deckanstrich** *m (Anstr)* **covering coat** *(Anstr)* **final coat** *(Anstr)*
**Deckanstrichstoff** *m (Anstr)* **topcoat finish** *(Anstr)*
**Deckband** *nt (Bg/Bergb)* **cover belt** *(Bg/Bergb)*
**Deckbandrolle** *f (Bg/Bergb)* **cover-belt holding idler** *(Bg/Bergb)*
**Deckbrücke** *f (Stb)* **deck bridge** *(Stb)*
**Decke** *f (Bau) (der Straße)* **wearing course** *(Bau)*
**Decke** *f (Bau) (eines Raumes)* **ceiling** *(Bau)*
**Decke** *f (Form) (Abdeckung)* **covering** *(Mech)*
**Deckel** *m (Hütt/Wlz) (Verschluss)* **closure** *(Hütt/Wlz)*
**Deckel** *m (Mech)* **cap** *(Mech)* **cover** *(Allg)* **lid** *(Mech)* **top** *(Mech)*
**Deckelklappe** *f (Mech)* **cover flap** *(Mech)*
**Deckenbalken** *m (Bau)* **joist** *(Stb)*
**Deckenbelastung** *f (Stb)* **floor loading** *(Stb)*
**Deckenbrenner** *m (Hütt/Wlz)* **down-shot burner** *(Hütt/Wlz)* **roof burner** *(Hütt/Wlz)*
**Deckenlast** *f (Stb)* **floor loading** *(Stb)*
**Deckenlaufkran** *m (Mech)* **travelling overhead crane** *(Mech)*
**Deckenleuchte** *f (Kfz)* **roof lamp** *(Kfz)*
**Deckenrohrsystem** *nt (Hütt/Wlz)* **roof circuit** *(Hütt/Wlz)*
**Deckenscheibe** *f (Bau)* **ceiling slab** *(Bau)*
**Deckenträger** *m (Stb)* **secondary beam** *adj:n (Stb)* **ceiling beam** *(Stb)*
**Deckfarbe** *f (Anstr)* **topcoat finish** *(Anstr)* **topcoat paint** *(Anstr)*
**Deckkante** *f (Bahn)* **deck edge** *(Bahn)*
**Decklage** *f (Schw) (oberste Schweißschicht)* **top seam** *(Schw)*

**Decklasche** *f (Stb)* **butt strap** *(Mech)* **splice plate** *(Stb)*
**Deckplatte** *f (Band, Mech) (eines Gummifördergurtes)* **rubber cover** *(Band, Mech)*
**defekt** *adj (Mech, Allg)* **defective** *adj (Mech, Allg)* (faulty)
**Defekt** *m (Mech, Allg) (Störung, Fehler; z.B. eines Gerätes)* **defect** *(Mech, Allg)*
**dehnbar** *adj (Mech)* **ductile** *adj (Mech)* **extensible** *adj (Mech, Allg)*
**Dehnbarkeitsfaktor** *m (Mech)* **ductility factor** *(Mech)*
**dehnen** *v (Mech) (ausdehnen, verbreiten)* **spread** *v (Mech)*
**dehnen** *v (Mech) (ausdehnen, z.B. Volumen)* **expand** *v (Mech)* **extend** *v (Mech)*
**dehnen** *v (Mech) (in die Länge strecken, längen)* **elongate** *v (Mech)* **lengthen** *v (Mech)*
**dehnen** *v (Mech) (strecken, ausziehen)* **draw out** *v (Mech)*
**Dehnfestigkeit** *f (Mech)* **tensile strength** *(Mech, Stat)*
**Dehnfuge** *f (Mech)* **expansion joint** *(Mech, Stb)*
**Dehngrenze** *f (Mech)* **yield point** *(Mech, Stat)*
**Dehngrenze** *f (Mech) (belastungsmäßige Dehngrenze)* **permanent elongation load** *(Mech)*
**Dehngrenze** *f (Mech) (bleibende Dehnung)* **permanent elongation limit** *(Mech)*
**Dehngrenze** *f (Mech) (elastische Dehngrenze)* **elastic limit** *adj:n (Mech)*
**Dehngrenze** *f (Mech) (HV-Schrauben)* **yield strength** *(Mech)*
**Dehnhülse** *f (Mech)* **extension sleeve** *(Mech)*
**Dehnschaft** *m (Mech)* **reduced shank** *adj:n (Mech)*
**Dehnschraube** *f (Mech)* **anti-fatigue bolt** *(Mech)* **anti-fatigue screw** *(Mech)*
**Dehnsteife** *f (Mech)* **modulus of elasticity** *(Mech)* **Young's Modulus** *(Mech)*
**Dehnstoffarbeitselement** *nt (Bg/Bergb)* **flexible-material element** *(Bg/Bergb)*
**Dehnung** *f (Mech, Stat)* **elongation** *(Mech)* **expansion** *(Mech)*
**Dehnungsband** *(Mech)* **expansion loop** *(Mech)* **expansion strap** *(Mech)*
**Dehnungsbeanspruchung** *f (Mech, Schw)* **tensile stress** *(Mech, Schw)*
**Dehnungsfestigkeit** *f (Mech)* **elasticity** *(Mech)* **tensile strength** *(Mech, Stat)*
**Dehnungsfuge** *f (Mech)* **expansion joint** *(Mech, Stb)*
**Dehnungsmesser** *m (Mech)* **extensometer** *(Mech)* **strainometer** *(Mech)*
**Dehnungsmodul** *m (Mech, Stat)* **modulus of elasticity** *(Mech)* **Young's Modulus** *(Mech)*
**Dehnungsstoß** *m (Mech)* **expansion joint** *(Mech, Stb)*
**Dehnungsverhältnis** *nt (Form)* **ratio of expansion** *(Form)*
**Dehnungszahl** *f (Form)* **coefficient of expansion** *(Form)* **modulus of elongation** *(Stb)*
**Dehnzahl** *f (Stb)* **modulus of elongation** *(Stb)*
**Deichsel** *f (Bg/Bergb) (Steuerdeichsel)* **tiller** *(Bg/Bergb)*
**Deichsel** *f (Kfz)* **pole** *(Kfz)* (shaft)
**Deichselachse** *f (Bahn) (angelenkte Achse)* **shaft axle** *(Bahn)*
**Deichselstapler** *m (Kfz)* **high-lift stacker** *(Kfz)*
**Dekompressor** *m (Kfz)* **decompressor** *(Kfz)*
**Dekontamination** *f (Ökol)* **decontamination** *(Ökol)*
**Delle** *f (Mech)* **dent** *(Mech, Mont)* **dint** *(Mech, Mont, Allg)*
**Demontage** *f (Mech)* **disassembly** *(Mech)* **dismantlement** *(Mech)*
**demontieren** *v (Mech)* **detach** *v (Mont)* **disassemble** *v (Mech)* **dismantle** *v (Mech)*
**Deponie** *f (Bg/Bergb) (z.B. für Müll)* **depositing area** *(Bg/Bergb)*
**Derrick** *m (Mech, Mont) (Hebezeugstütze, Rüstbaum)* **derrick** *(Mech)*
**Derrick** *m (Mech, Mont) (Kran)* **erecting crane** *(Mont, Mech)* **stiff-leg derrick** *AE (Mont, Mech)*
**Derrickkran** *m (Mech, Mont)* **derrick crane** *(Mech, Mont)*
**Detonation** *f (Bg/Bergb)* **explosion** *(Bg/Bergb, Mech)*
**detonieren** *v (Bg/Bergb)* **explode** *v (Bg/Bergb)*

**Deutsche Industrie-Norm** *(Allg) (DIN)* **German Industrial Standards** *(Allg)*
**Deutscher Verband für Maschinenbau** *(Allg)* **German Association for Machine Manufacturing** *(Allg)*
**Dezibel** *nt (Allg)* **decibel** *(Allg)*
**DHV-Naht** *f (Schw) (Schweißnaht)* **double bevel seam** *(Schw)*
**DHY-Naht** *f (Schw) (K-Naht)* **double bevel** *(Schw)*
**Diabas** *m (Bau)* **diabase** *(Bau)*
**Diagnosegerät** *nt (Kfz) (Tester für Black Box)* **tester** *(Kfz)* (PMS tester)
**diagonal** *adj (Stb) (schräg)* **diagonal** *adj (Stb, Allg)*
**Diamant** *m (Bg/Bergb) (komprimierter Kohlenstoff)* **diamond** *(Bg/Bergb)*
**diametral** *adj (Allg)* **diametral** *adj (Allg)*
**dicht** *adj (Mech) (abgedichtet)* **sealed** *adj (Bg/Bergb)*
**dicht** *adj (Mech, Geo) (gedrängt, fest zusammen)* **compact** *adj (Mech, Geo)* **dense** *adj (Mech, Geo)*
**dicht** *adj (Mech, Hyd/Pneu) (lecksicher)* **leakproof** *adj (Mech, Hyd/Pneu)*
**dicht** *adj (Mech, Hyd/Pneu) (undurchlässig)* **tight** *adj (Mech, Hyd/Pneu)* (proof)
**dicht** *adv (Mech, Allg)* **narrowly** *adv (Allg)* **snugly** *adv (Mech, Allg)* **tightly** *adv (Mech, Allg)*
**Dichtband** *nt (Form)* **sealing band** *(Form)*
**Dichtblende** *f (Form)* **guard** *(Form)* (shield)
**Dichte** *f (Geo) (absolute Dichte)* **specific gravity** *(Geo)*
**Dichte** *f (Geo) (Dichtigkeit)* **consistency** *(Geo, Mech)*
**Dichte** *f (Geo) (Gedrängtheit)* **compactness** *(Geo)* **solidity** *(Geo)*
**Dichte** *f (Geo) (spezifische Dichte)* **mass density** *(Geo)*
**Dichte, relativ** relative Dichte *f (Form)* **relative density** *(Form)*
**dichten** *v (Mech) (abdichten)* **caulk** *v (Mech, Stb)* **make tight** *v (Mech)* **seal** *v (Mech)*
**dichten** *v (Mech) (dicht packen)* **pack** *v (Mech)* (e.g. material, goods) **stuff** *v (Mech)*
**dichten** *v (Mech) (kompakter machen)* **densify** *v (Mech)*
**dichtes Ventil** *(Form)* **tight valve (closed valve)** *(Form)*
**Dichtfläche** *f (Form)* **sealing surface** *(Form)*
**Dichtflansch** *m (Kfz)* **flange** *(Mech, Stb)*
**dichtgestellt** *adj (Mech)* **narrowly spaced** *adv:adj (Allg)*
**Dichtheit** *f (Hyd/Pneu) (Undurchlässigkeit)* **impermeability** *(Hyd/Pneu)* **proofness** *(Hyd/Pneu)*
**Dichtigkeit** *f (Mech, Hyd/Pneu)* **proofness** *(Mech, Hyd/Pneu)* **tightness** *(Mech, Hyd/Pneu)*
**Dichtkantenring** *m (Form)* **edge sealing ring** *(Form)*
**Dichtkegel** *m (Kfz)* **cone packing** *m (Kfz)*
**Dichtkräfte** *pl f (Hütt/Wlz) (Ventil)* **sealing forces** *pl (Hütt/Wlz)*
**Dichtleiste** *f (Form)* **sealing strip** *(Mech)*
**Dichtleistenhälfte** *f (Form)* **half sealing strip** *(Form)*
**Dichtlippe** *f (Mech)* **sealing lip** *(Mech)*
**Dichtlippenanlage** *f (Form) (z.B. an Drehverbindungen)* **sealing lip connection** *(Form)*
**Dichtmasse** *f (Form)* **packing compound** *(Form)*
**Dichtmembran** *f (Hütt/Wlz) (Druckbehälter)* **seal membrane** *(Hütt/Wlz)* (pressure vessel)
**Dichtmittel** *nt (Hütt/Wlz) (Ölgraphit)* **jointing compound** *(Hütt/Wlz)*
**Dichtnaht** *f (Schw)* **caulk weld** *(Schw)* **caulking weld** *(Schw)* **seal weld** *(Schw)*
**Dichtöl** *nt (Mech)* **seal oil** *(Mech)* **sealing oil** *(Mech)*
**dichtpassend** *adj (Mech)* **tight-fitting** *adj (Mech)*
**Dichtprofil** *nt (Mech)* **sealing strip** *(Mech)* **shaped gasket** *(Mech)*
**Dichtring** *m (Mech)* **gasket ring** *(Mech)* **joint ring** *(Mech)*
**Dichtringhülse** *f (Form)* **oil seal sleeve** *(Form)*
**Dichtringplatte** *f (Form)* **oil seal plate** *(Form)*
**Dichtsatz** *m (Form) (Dichtpaket)* **packet seal** *(Form)*
**dichtschließend** *adj (Mech)* **sealed** *adj (Bg/Bergb)* **hermetically sealed** *adv:adj (Mech)*
**Dichtschraube** *f (Hütt/Wlz) (von Packungen)* **gland** *(Hütt/Wlz)*
**dichtschweißen** *v (Schw)* **seal weld** *v (Schw)*

**Dichtschweißung** *f (Schw)* **seal weld** *(Schw)*
**Dichtsitz** *m (Form)* **seal seat** *(Form)*
**Dichtstelle** *f (Form)* **seal point** *(Form)*
**dichtstemmen** *v (Mech)* **caulk** *v (Mech, Stb)*
**Dichtstoff** *m (Mech, Chem)* **sealant** *(Mech, Chem)*
**Dichtung** *f (Mech)* **anillo** *GB (Kfz)* **gasket ring** *(Mech)* **seal** *(Mech)* **sealing** *(Kfz)*
**Dichtung** *f (Mech) (Füllung, Packung, Polster)* **stuffing** *(Mech)*
**Dichtung** *f (Mech) (Packung, Dichtungsmanschette)* **packing** *(Mech)* (seal)
**Dichtung** *f (Mech) (Packungsring, Dichtring)* **gasket** *(Mech)*
**Dichtungsbalg** *m (Form)* **bellows** *(Form)*
**Dichtungsband** *nt (Mech)* **sealing strip** *(Mech)*
**Dichtungsbuchse** *f (Mech)* **packing sleeve** *(Mech)*
**Dichtungsdeckel** *m (Mech)* **sealing cover** *(Mech)*
**Dichtungseigenschaft** *f (Kfz)* **sealing quality** *(Kfz)*
**Dichtungselement** *nt (Mech)* **gasket element** *(Mech)* **sealing element** *(Mech)*
**Dichtungsfett** *nt (Mech)* **joint grease** *(Mech)* **sealing grease** *(Mech)*
**Dichtungsfläche** *f (Mech)* **packing surface** *(Form)* **sealing area** *(Mech)* **sealing face** *(Form)*
**Dichtungsfläche** *f (Mech) (Berührungsfläche)* **contact surface** *(Mech, Schw)*
**Dichtungsgehäuse** *nt (Schiff)* **sealing casing** *(Schiff)*
**Dichtungsgummi** *nt (Mech)* **packing rubber** *(Mech)*
**Dichtungskappe** *f (Mech)* **sealing cap** *(Mech)*
**Dichtungskitt** *m (Mech)* **putty** *(Mech, Bau)*
**Dichtungskragen** *m (Mech)* **packing collar** *(Mech)*
**Dichtungslamelle** *f (Mech) (Dichtungsscheibe)* **sealing disc** *(Mech)*
**Dichtungslamelle** *f (Mech) (Dichtungsstreifen)* **sealing strip** *(Mech)*
**Dichtungslippe** *f (Mech)* **sealing lip** *(Mech)*
**Dichtungsmanschette** *f (Mech)* **gasket** *(Mech)* **gasket ring** *(Mech)*
**Dichtungsmasse** *f (Mech)* **sealer** *(Mech)* **sealing compound** *(Mech)*
**Dichtungsmasse** *f (Mech) (Kitt)* **putty** *(Mech, Bau)*
**Dichtungsmaterial** *nt (Mech)* **jointing material** *(Mech)* **packing material** *(Mech)* **sealing material** *(Mech)*
**Dichtungsmittel** *nt (Mech)* **sealing agent** *(Form)* **sealing material** *(Mech)*
**Dichtungsmutter** *f (Mech) (Tüllenmutter)* **grommet nut** *(Mech)*
**Dichtungspackung** *f (Form)* **packing set** *(Form)*
**Dichtungsprofil** *nt (Mech)* **profiled joint** *adj:n (Mech)* **sealing profile** *(Mech)*
**Dichtungsrille** *f (Hütt/Wlz)* **flange sealing groove** *(Hütt/Wlz)*
**Dichtungsring** *m (Mech)* **gasket ring** *(Mech)* **packing ring** *(Mech)*
**Dichtungsring** *m (Mech) (Flanschverbindung)* **flange packing** *(Mech)*
**Dichtungsring** *m (Mech) (Öl)* **oil retainer ring** *(Mech)* **oil seal** *(Mech)*
**Dichtungsring** *m (Mech) (Rohrflanschverbindung)* **joint ring** *(Mech)*
**Dichtungssatz** *m (Mech)* **gasket kit** *(Mech)* **gasket set** *(Form)*
**Dichtungsscheibe** *f (Mech)* **gasket ring** *(Mech)*
**Dichtungsscheibe** *f (Mech) (aus Metall)* **sheet gasket** *(Mech)*
**Dichtungsschnur** *f (Mech)* **packing cord** *(Mech)* **sealing strip** *(Mech)*
**Dichtungsschutzkappe** *f (Mech)* **gasket cap** *(Mech)*
**Dichtungsschutzkappe** *f (Mech) (Staubkappe)* **dust cap** *(Mech)*
**Dichtungsschweißung** *f (Stb)* **caulk welding** *(Stb)*
**Dichtungsstellerscheibe** *f (Form)* **duo-cone seal ring** *(Mech)*
**Dichtungsverlust** *m (Mech) (Getriebewirkungsgrad)* **loss at the sealing** *nt (Mech)*
**Dichtverpackung** *f (Mech)* **sealed packing** *adj:n (Mech)*
**dickflüssig** *adj (Chem)* **high-viscosity** *affix (Chem)* **thick** *adj (Mech, Mont, Allg)* **viscous** *adj (Chem)*
**Dickschicht** *f (Anstr) (Farbe, Anstrich)* **high build** *(Anstr)* (thick layer)

**Dickschichtanstrich** *m (Anstr)* **high-build coating** *(Anstr)*
**dickwandig** *adj (Hütt/Wlz)* **heavy-walled** *adj (Hütt/Wlz)* **thick-walled** *adj (Form)*
**Diele** *f (Allg) (Brett)* **deal-board** *(Allg)*
**Diesel** *m (Chem) (Kraftstoff)* **diesel** *(Chem)* (diesel oil)
**Dieselaggregat** *nt (Mech, Bg/Bergb)* **diesel generator** *(Mech, Bg/Bergb)* **diesel-driven generator** *(Mech)*
**Dieselantrieb** *m (Kfz)* **diesel drive** *(Kfz)*
**Dieselgenerator** *m (El)* **diesel generator** *(Mech, Bg/Bergb)*
**Dieselkraftstoff** *m (Chem)* **diesel fuel** *(Chem)* **diesel oil** *(Chem)*
**Dieselmotor** *m (Bg/Bergb)* **diesel engine** *(Bg/Bergb)*
**Dietrich** *m (Mech) (Ersatzschlüssel)* **skeleton key** *(Mech)*
**Differenz-Zug** *m (Hütt/Wlz)* **differential draught** *(Hütt/Wlz)*
**Differenzdruck** *m (Hyd/Pneu)* **differential pressure** *(Hyd/Pneu)* (in bar) **pressure differential** *(Hyd/Pneu)*
**Differenzdruckregler** *m (Hütt/Wlz)* **differential pressure regulator** *(Hütt/Wlz)*
**Differenzial** *nt (Kfz)* **differential** *(Kfz)*
**Differenzialflaschenzug** *m (Hütt/Wlz)* **differential pulley block** *(Hütt/Wlz)*
**Differenzialgetriebe** *nt (Bg/Bergb, Mech)* **differential gear** *(Hyd/Pneu)*
**Differenzialkolben** *m (Kfz)* **differential piston** *(Kfz)*
**Differenzialmanometer** *nt (Hütt/Wlz)* **U-tube pressure gauge** *(Hütt/Wlz)*
**Differenzialquotient** *m (Math)* **derivative** *(Math)*
**Differenzialseitenwelle** *f (Kfz)* **axle shaft** *(Kfz)*
**Differenzialsperre** *f (Kfz)* **differential lock** *(Kfz)*
**Differenzialzugmesser** *m (Hütt/Wlz)* **inclined gauge** *adj:n (Hütt/Wlz)*
**Diffusionsschweißen** *nt (Schw)* **diffusion welding** *(Schw)*
**dimensionieren** *v (Mech)* **dimension** *v (Mech)* **rate** *v (Mech)*
**dimensionieren** *v (Mech) (für)* **rate** *v (Mech)* (for)
**Dimensionierung** *f (Mech)* **dimensioning** *(Mech)* **proportioning** *(Mech)*
**dimensionslos** *adj (Allg)* **non-dimensional** *adj (Allg)*
**DIN** *(Allg) (Abk)* **German Industrial Standards** *(Allg)*
**Diorit** *m (Geo)* **diorite** *(Geo)*
**Direktablesung** *f (Mech, Hyd/Pneu)* **direct reading** *adj:n (Mech, Hyd/Pneu)*
**Direkteinspritzer** *m (Mech, Hyd/Pneu)* **direct injector** *adj:n (Mech, Hyd/Pneu)*
**Direkteinspritzung** *f (Mech, Hyd/Pneu)* **direct injection** *adj:n (Mech, Hyd/Pneu)*
**Direktsteuerung** *f (Mech) (örtliche Steuerung)* **local control** *(Mech)*
**Direktversturz** *m (Bg/Bergb)* **cross pit dumping** *(Bg/Bergb)* **cross pit system** *(Bg/Bergb)* **direct overthrow** *adj:n (Bg/Bergb)*
**Direktversturzabsetzer** *m (Bg/Bergb)* **cross-pit spreader** *(Bg/Bergb)* (for direct dumping)
**Direktversturzbagger** *m (Bg/Bergb)* **direct-dumping excavator** *(Bg/Bergb)*
**Direktversturzbandwagen** *m (Bg/Bergb)* **cross pit conveyor** *(Bg/Bergb)*
**Direktverstürzung** *f (Bg/Bergb)* **casting over** *(Bg/Bergb)* **direct casting** *(Bg/Bergb)*
**diskontinuierlich** *adj (Mech, Allg)* **discontinuous** *adj (Mech, Allg)*
**Disponent** *m (Bg/Bergb) (Baggerpersonal)* **dispatcher** *(Bg/Bergb)* (excavator crew)
**Disposition** *f (Mech, Allg)* **arrangement** *(Mech, Allg)*
**Distanz** *f (Allg)* **distance** *(Mech, Allg)*
**Distanzbuchse** *f (Mech)* **spacer** *(Mech, Hütt/Wlz)* **spacer sleeve** *(Mech)*
**Distanzhalter** *m (Mech)* **tie** *(Mech)* (distance)
**Distanzhülse** *f (Mech)* **distance bushing** *(Mech)* **distance sleeve** *(Mech)*
**Distanzplatte** *f (Zer) (Plattenband)* **spacer plate** *(Zer)*
**Distanzprofil** *nt (Stb)* **distance profil** *(Stb)*
**Distanzring** *m (Mech)* **distance ring** *(Mech)* **distance washer** *(Mech)*
**Distanzrohr** *nt (Mech)* **distance pipe** *(Mech)*
**Distanzscheibe** *f (Form) (im Zylinder)* **shim** *(Mech)*
**Distanzscheibe** *f (Mech)* **distance washer** *(Mech)* **spacer** *(Mech, Hütt/Wlz)* **spacing disc** *(Kfz)*

**Distanzschutz** *m (Mech) (Antikollisionsvorrichtung)* **anticollision device** *(Mech)*
**Distanzstück** *nt (Hütt/Wlz) (in Rohrbündeln)* **lug** *(Hütt/Wlz)* (spacer)
**Distanzstück** *nt (Stb)* **separator** *(Stb)* (spacer) **spacer** *(Mech, Hütt/Wlz)*
**Diversifikation** *f (Allg)* **diversification** *(Allg)*
**Dochtschmierung** *f (Form)* **wick lubrication** *f (Form)*
**Dock** *nt (Schiff) (Schiffreparaturwerft)* **dock** *(Schiff)* (dockyard)
**Docktor** *nt (Stb)* **dock gate** *(Stb)*
**Dolomit** *m (Geo)* **bitter spar** *(Geo)* **dolomite** *(Geo)*
**Dolomitmehl** *nt (Bg/Bergb)* **dolomite flour** *(Bg/Bergb)*
**Dolomitsplitt** *m (Bg/Bergb)* **dolomite split** *(Bg/Bergb)* (mineral)
**Dolomitstein** *m (Bg/Bergb)* **dolomite stone** *(Bg/Bergb)* (mineral)
**Dom** *(Bg/Bergb) (Auflage der Drehverbindung)* **tower** *(Bg/Bergb)* (holds slewing ring)
**Dom** *m (Bahn) (Dampfdom der Lokomotive)* **dome** *(Bahn)* (dry steam to cylinders)
**Doppel-T-Eisen** *nt (Hütt/Wlz)* **rolled-steel joist** *(Stb, Hütt/Wlz)* **double T-iron** *adj:n (Hütt/Wlz)*
**Doppel-T-Profil** *nt (Stb)* **I-section** *(Stb)* (I-steel)
**Doppel-T-Profil** *nt (Stb) (Doppel-T-Träger)* **standard I-beam** *(Stb)*
**Doppel-T-Träger** *m (Hütt/Wlz)* **standard beam** *(Mech, Hütt/Wlz)* **double T-beam** *adj:n (Hütt/Wlz)*
**Doppelabstreifer** *m (Band, Bg/Bergb, Umschl)* **double-blade scraper** *(Bg/Bergb, Umschl, Band)*
**Doppelabzweigrohr** *nt (Mech)* **double branch pipe** *(Mech)*
**Doppelabzweigung** *f (Mech)* **double branch pipe** *adj:n (Mech)*
**Doppelachse** *f (Kfz)* **twin axle** *(Kfz)*
**doppelachsig** *adj (Kfz)* **twin-axle** *adj (Kfz)*
**Doppeladler** *m (Allg)* **double eagle** *(Allg)*
**doppeladrig** *adj (El)* **bifilar** *adj (El)*
**Doppelanlage** *f (Bg/Bergb)* **twin system** *adj:n (Bg/Bergb)*
**Doppelbackenbremse** *f (Mech)* **double-shoe brake** *(Mech)*
**Doppelbandbrücke** *f (Band)* **twin-belt conveyor bridge** *(Band)*
**Doppelbeaufschlagung** *f (Kfz)* **combined flow** *adj:n (Kfz)*
**Doppelbordkran** *m (Schiff)* **double-deck crane** *(Schiff)*
**Doppeldecke** *f (Stb) (abgehängte Decke)* **false ceiling** *adj:n BE (Stb)* **suspended ceiling** *adj:n AE (Stb)*
**Doppeldeckersieb** *nt (Zer)* **double-deck screen** *(Zer)*
**Doppelfalzversuch** *m (Mech)* **reverse-folding endurance test** *(Mech)*
**Doppelfilter** *nt (Hyd/Pneu)* **double filter** *(Hyd/Pneu)* **twin filter** *adj:n (Hyd/Pneu)*
**doppelgehäusig** *adj (Mech)* **double-cased** *adj (Mech)*
**Doppelgelenk** *nt (Kfz)* **constant-velocity joint** *(Kfz)*
**Doppelhaken** *m (Mech) (Kran)* **ramshorn hook** *(Mech)*
**Doppelhaltesegment** *nt (Form)* **double retaining segment** *(Form)*
**Doppelhärten** *nt (Hütt/Wlz)* **double hardening** *(Hütt/Wlz)*
**Doppelhiebfeile** *f (Mont, Werkz)* **double cut file** *(Mont, Werkz)*
**Doppelkabine** *f (Kfz)* **twin cab** *adj:n (Kfz)*
**Doppelkehlnaht** *f (Schw)* **double fillet weld** *(Schw)* **twin fillet weld** *(Schw)*
**Doppelkehlnahtschweißen** *nt (Schw)* **twin fillet welding** *(Schw)*
**Doppelkeilriemen** *m (Form)* **double V-belt** *adj:n (Form)*
**Doppelkessel** *m (Hütt/Wlz)* **twin boiler** *adj:n (Hütt/Wlz)*
**Doppelklebeband** *nt (Form)* **twin-sided adhesive tape** *adj:n (Form)*
**Doppelklotzbremse** *f (Bahn)* **double block brake** *adj:n (Bahn)*
**Doppelkolbenpumpe** *f (Hyd/Pneu)* **double-piston pump** *(Hyd/Pneu)*
**Doppelkopfbohrsystem** *nt (Bg/Bergb)* **double rotary drive module** *(Bg/Bergb)*
**Doppelkopfverfahren** *nt (Kfz)* **double transceiver technique** *(Kfz)*
**Doppelkreuzung** *f (Bahn)* **double junction** *adj:n AE (Bahn)*
**Doppelkrümmer** *m (Mech) (Rohr)* **double bend** *(Mech)* **S-bend** *(Mech)*
**Doppellasche** *f (Kfz)* **double clip** *adj:n (Kfz)*

**Doppellenker** *m (Mech) (Kran)* **crane with double lever jib** *(Mech)*
**Doppellenkerwippsystem** *nt (Schiff) (z.B. des Hafenkrans)* **double-guided luffing system** *(Schiff)*
**Doppelmaulschlüssel** *m (Mont, Werkz)* **double ended spanner** *(Mont, Werkz)* **double-headed wrench** *(Mont, Werkz)*
**Doppelmesserfeile** *f (Mont, Werkz)* **double knife file** *(Mont, Werkz)*
**Doppelmuffe** *f (Mech)* **double socket** *(Mech)*
**Doppelpendellager** *nt (Stb)* **double rocker bearing** *adj:n (Stb)*
**Doppelpendelschleuse** *f (Form)* **double flap valve** *adj:n (Form)*
**Doppelpumpe** *f (Hyd/Pneu)* **double pump** *adj:n (Hyd/Pneu)* **dual pump** *adj:n (Hyd/Pneu)*
**Doppelpunktschweißen** *nt (Schw)* **duplex spot welding** *(Schw)*
**Doppelpunktschweißnaht** *f (Schw)* **duplex spot weld** *(Schw)*
**doppelreihig** *adj (Mech, Allg)* **in two rows** *(Mech, Allg)* **two-rowed** *adj (Allg)*
**Doppelstockeinheit** *f (Bahn) (für den Autotransport)* **double-decker wagon** *(Bahn)*
**doppelstöckig** *adj (Mech) (z.B. ein Bus, eine Brücke)* **two-storey** *adj BE (Bau)* **two-story** *adj AE (Bau)*
**Doppelstockwagen** *m (Bahn) (Personenwagen)* **double-deck coach** *(Bahn)*
**doppelt** *adj (Allg)* **double** *adj (Mech, Allg)* **dual** *adj (Allg)* **duplex** *adj (Mech, Allg)*
**doppelt wirkend** *adj (Mech)* **double-acting** *adj (Mech, Hyd/Pneu)*
**Doppelverglasung** *f (Mech, Bau)* **double glazing** *(Mech, Bau)*
**Doppelverzinken** *nt (Hütt/Wlz)* **double galvanizing** *(Hütt/Wlz)*
**doppelwandig** *adj (Stb)* **double-walled** *adj (Stb)*
**Doppelwellenhammerbrecher** *m (Zer)* **double-shaft hammer crusher** *(Zer)*
**Doppelwellenwalzenbrecher** *m (Zer)* **double-roll crusher** *(Zer)*
**Doppelwinkel** *m (Mech)* **double angle** *(Mech)*
**doppelwirkend** *adj (Mech, Hyd/Pneu)* **double-acting** *adj (Mech, Hyd/Pneu)*
**Doppelzyklonkessel** *m (Hütt/Wlz)* **double cyclone arrangement** *(Hütt/Wlz)*
**Döpper** *m (Mont)* **header** *AE (Mont, Mech, Stb)* **snap die** *(Mont, Stb)*
**Döpper** *m (Mont) (Nietendöpper)* **rivet set** *(Mont, Werkz)*
**Doppler-Effekt** *m (Bg/Bergb)* **Doppler effect** *(Bg/Bergb)*
**Dopplung** *f (Hütt/Wlz) (im Stahlblock)* **lamination** *(Hütt/Wlz)*
**Dorn** *m (Bahn) (zum Aushämmern von Teilen)* **drive** *(Bahn)*
**Dorn** *m (Form) (Zapfen)* **tang** *(Form)*
**Dorn** *m (Mont) (für Bolzen, Buchsen)* **drift** *(Mech, Mont)*
**Dorn** *m (Mont) (für Fräser, Reibahlen, Schleifscheiben)* **arbor** *(Mech, Mont)*
**Dorn** *m (Mont) (Ziehdorn)* **broach** *(Mech, Mont, Hütt/Wlz)*
**Dorn** *m (Stb) (für Faltversuch)* **mandrel** *(Stb)* (for cold bend test)
**dornen** *v (Stb)* **drift** *v (Stb)*
**Dornschlüssel** *m (Form)* **pin lock key** *(Form)*
**Dose** *f (El)* **box** *(Mech)*
**Dose** *f (Form) (Deckelbehälter)* **can** *(Kfz)* **tin** *BE (Hütt/Wlz)*
**Dosier- und Mischanlage** *f (Bau)* **batching and mixing plant** *(Bau)*
**Dosieranlage** *f (Hütt/Wlz) (Speisewasseraufbereitung)* **chemicals proportioning plant** *(Hütt/Wlz)*
**Dosierband** *nt (Band)* **feed regulating conveyor** *(Band)*
**Dosierbandwaage** *f (Band)* **gravimetric feeder** *(Band)* **proportioning weigh feeder** *(Band)*
**dosieren** *v (Mech, Allg, Bau)* **batch** *v (Bau)* **dose** *v (Mech, Allg)* **proportion** *v (Mech, Allg)*
**Dosierpumpe** *f (Hütt/Wlz)* **dosing pump** *(Hütt/Wlz)* **proportioning pump** *(Hütt/Wlz)*
**dosiert** *adj (Bahn) (z.B. Entladung)* **controlled** *adj (Bahn)* (e.g. tipping)
**Dosierung** *f (Mech)* **feed regulating** *(Mech)*
**Dosierventil** *nt (Hyd/Pneu)* **proportioning valve** *(Hyd/Pneu)* **three-way valve** *adj:n (Hyd/Pneu)*
**Dragline** *f (Bg/Bergb) (Schleppschaufel)* **dragline** *(Bg/Bergb)*

**Draht, federhart gezogener** federhart gezogener Draht *adj:n (Hütt/Wlz)* **hard-drawn wire** *adj:n (Hütt/Wlz)*
**Draht, gezogen** gezogener Draht *adj:n (Mech, El)* **drawn wire** *adj:n (Mech, El)*
**Draht, nackt** nackter Draht *adj:n (Schw, Mech, Mont)* **bare wire** *adj:n (Schw)*
**Draht, vergütet** vergüteter Draht *adj:n sg m (Hütt/Wlz)* **wire, quenched and tempered** *adj:n sg (Hütt/Wlz)*
**Drahtbruch** *m (Mech, Bg/Bergb)* **wire break** *(Mech, Bg/Bergb)*
**Drahtbruchnest** *nt (Mech, Bg/Bergb)* **accumulation of wire breaks** *(Mech, Bg/Bergb)*
**Drahtbürste** *f (Form)* **wire brush** *(Form)*
**Drahtdurchmesser** *m (Form)* **wire diameter** *(Form)*
**Drahteinspulmaschine** *f (Form) (Vacmetall)* **wire injection equipment** *(Form)*
**Drahtelektrode** *f (Schw, Mech, Mont)* **wire electrode** *(Schw, Mech, Mont)*
**Drahterodieren** *nt (Form)* **wire eroding** *(Form)*
**Drahtformfeder** *f (Form)* **wire leaf spring** *(Form)*
**Drahtgeflecht** *nt (Form)* **wire mesh** *(Form)*
**Drahtgeflecht** *nt (Stb)* **wire netting** *(El)*
**Drahtgitter** *nt (Form)* **wire guard** *(Form)*
**Drahtglas** *nt (Stb)* **wired rolled glass** *(Stb)*
**Drahtkorn** *nt (Form) (zum Strahlen)* **cut wire pellets** *pl (Form)*
**Drahtlehre** *f (Form)* **wire gauge** *(Form)*
**Drahtprüfung** *f (Form)* **wire testing** *(Form)*
**Drahtqualität** *f (Form)* **wire quality** *(Form)*
**Drahtring** *m (Stb)* **wire coil** *(Stb)*
**Drahtschere** *f (Mont, Werkz)* **wire cutter** *(Mont, Werkz)*
**Drahtschneider** *m (Form)* **wire cutter** *(Form)*
**Drahtseil** *nt (Mech)* **cable** *(El, Mech, Stb)* **wire cable** *(Stb)* **wire rope** *(Mech, El, Bg/Bergb)*
**Drahtseilbahn** *f (Stb)* **aerial ropeway** *(Stb)* **cable car** *(Bahn)* **cableway** *(Mech)*
**Drahtseilbahnstütze** *f (Stb)* **cableway post** *(Stb)*
**Drahtseilklemme** *f (Mech)* **wire rope clamp** *(Mech)* **wire rope clip** *(Mech)* **wire rope cramp** *(Mech)*
**Drahtseilkloben** *m (Mech)* **wire rope block** *(Mech)*
**Drahtseilschlinge** *f (Mech)* **wire rope sling** *(Mech)*
**Drahtseilschluppe** *f (Mech)* **wire rope sling** *(Mech)*
**Drahtspeichenrad** *nt (Kfz)* **wire spoked wheel** *(Kfz)*
**Drahtstärke** *f (Form)* **gauge** *(Mech, Bahn)*
**Drahtverschlussglied** *nt (Form)* **wire fastener connecting link** *(Form)*
**Drahtvorschubeinrichtung** *f (Form)* **mechanical wire travel** *(Form)*
**Drahtwälzlager** *nt (Form)* **wire-race bearing** *(Form)*
**Drahtwendel** *f (Form)* **wire reinforcement** *(Form)*
**Drahtwiderstand** *m (Form)* **wire resistor** *(Form)*
**Drahtzange** *f (Mont, Werkz)* **cutting pliers** *pl (Mont, Werkz)* **pliers** *pl (Mont, Werkz)* **wire cutter** *(Mont, Werkz)*
**Drahtzange mit flachen Backen** *(Mont, Werkz)* **flat-nose pliers** *pl (Mont, Werkz)*
**Drahtziehen** *nt (Form)* **wire drawing** *(Form)*
**Drahtziehen mit Gegenzug** *(Form)* **back-pull wire-drawing** *(Form)*
**Drahtzuführung** *f (Schw)* **wire feed** *(Schw)*
**Drahtzuführung, kontinuierlich** kontinuierliche Drahtzuführung *adj:n (Schw)* **continuous wire feed** *adj:n (Schw)*
**drallarm** *adj (Mech)* **non-spinning** *adj (Mech)* **non-twisting** *adj (Mech)*
**drallfrei** *adj (Mech) (z.B. Seil)* **non-spinning** *adj (Mech)* **non-twisting** *adj (Mech)* **twist-free** *adj (Form)*
**drallfrei** *adj (Schiff) (z.B. Strömung)* **non-rotational** *adj (Schiff)* (e.g. current, flow)
**Dränage** *f (Bg/Bergb)* **drainage** *(Mech, Bg/Bergb)*
**Dränagegreifer** *m (Bg/Bergb)* **drainage grab** *(Bg/Bergb)*
**Dränagelöcher** *pl nt (Bg/Bergb) (z.B. im Grabenlöffel)* **drainage holes** *pl (Bg/Bergb)*
**Dränagelöffel** *m (Bg/Bergb)* **digging grab** *(Bg/Bergb)* **drainage bucket** *(Bg/Bergb)* **trencher** *(Bg/Bergb)*
**Dränagelöffellager** *nt (Mech)* **yoke** *(Mech)*

**Dränagepumpe** *f (Form)* **drainage pump** *(Form)*
**Draufsicht** *f (Mech)* **bird's view** *(Mech)* **elevation** *(Mech)* **plan view** *(Mech)* **top view** *(Mech)*
**Dreck** *m (Bg/Bergb) (Humus, Dünger)* **muck** *(Bg/Bergb)*
**Dreck** *m (Bg/Bergb) (Schmutz)* **mud** *(Bg/Bergb, Geo)* (dirt)
**dreckig** *adj (Bg/Bergb)* **contaminated** *adj (Mech, Allg)* **dirty** *adj (Bg/Bergb, Allg)* **impurified** *adj (Allg, Mech)*
**Dreh...** *affix (Mech) (kreisend, rotierend, umlaufend)* **revolving** *adj (Mech)* **rotary** *adj (Mech)* **rotating** *adj (Mech)* **rotational** *adj (Mech)* **turning** *adj (Mech)*
**Dreh...** *affix (Mech) (Schwenk...)* **slewing** *adj (Mech)* **swinging** *adj (Mech)*
**Dreh...** *affix (Mech) (Verdrehungs...)* **torsional** *adj (Mech)* **torsionally** *adv (Mech)* **twisting** *adj (Mech)*
**Drehachse** *f (Bg/Bergb) (Koordinate)* **rotation coordinate** *(Bg/Bergb)*
**Drehachse** *f (Mech)* **axis of revolution** *(Mech)* **axis of rotation** *(Mech)* **rotational axis** *adj:n (Mech)* **center of rotation** *AE (Mech)* **centre of rotation** *BE (Mech)* **fulcrum** *(Mech)*
**Drehachse** *f (Mech) (Drehbolzen)* **pivot** *(Mech, Bg/Bergb, Umschl)*
**Drehachse** *f (Mech) (Schwenkachse)* **slewing axis** *(Mech)* **swivelling axis** *(Mech)*
**Drehausgleicher** *m (Kfz)* **torque compensator** *(Kfz)*
**Drehautomat** *m (Mont)* **automatic lathe** *adj:n (Mont)*
**Drehbank** *f (Mont)* **lathe** *(Mont)*
**Drehbank, vertikal** vertikale Drehbank *adj:n (Mont)* **vertical lathe** *adj:n (Mont)*
**drehbar** *adj (Form) (beweglich)* **movable** *adj (Mech, Allg)*
**drehbar** *adj (Mech) (kreisend, rotierend, umlaufend)* **revolving** *adj (Mech)* **rotary** *adj (Mech)* **rotatable** *adj (Mech)* **rotating** *adj (Mech)* **turnable** *adj (Form)* **turning** *adj (Mech)*
**drehbar** *adj (Mech) (schwenkbar)* **slewing** *adj (Mech)* **swivelling** *adj (Mech)*
**drehbar** *adj (Mech) (um ein Gelenk, einen Drehzapfen, eine Achse)* **pivoted** *adj (Mech)*
**Drehbeanspruchung** *f (Mech)* **torsional stress** *adj:n (Mech)* **torsion** *(Mech)*
**Drehbereich** *m (Mech) (Schwenkbereich)* **slewing range** *(Mech, Bg/Bergb)* **turning range** *(Mech)*
**Drehbetrieb** *m (Bg/Bergb) (Abbau Drehbetrieb)* **pivoting operation** *(Bg/Bergb)*
**Drehbetrieb** *m (Bg/Bergb) (fächerartiger Abbau Drehbetrieb)* **fan-shaped advance** *adj:n (Bg/Bergb)*
**Drehbetrieb** *m (Bg/Bergb) (gelenkartig)* **pivot mode** *(Bg/Bergb)*
**Drehbewegung** *f (Kfz) (zur Seite kippen)* **tipping motion** *(Kfz)*
**Drehbewegung** *f (Mech) (drehende Bewegung)* **rotary motion** *adj:n (Mech)* **rotational movement** *adj:n (Mech)* **turning motion** *(Kfz)*
**Drehbewegung** *f (Mech) (Drehung)* **revolution** *(Mech)* **rotation** *(Mech)*
**Drehbewegung** *f (Mech) (Schwenkbewegung)* **slewing motion** *adj:n (Mech)*
**Drehbohrgerät** *nt (Bg/Bergb)* **rotary drill rig** *adj:n (Bg/Bergb)* **rotary drill** *adj:n (Bg/Bergb)*
**Drehbolzen** *m (Mech)* **gudgeon** *(Mech)* **king bolt** *(Bg/Bergb)* **pin** *(Mech)* (for journalling) **pivot bolt** *(Mech)* **pivot pin** *(Mech)*
**Drehbrücke** *f (Stb)* **swing bridge** *(Stb)*
**Drehbuchse** *f (Form) (Buchse am Lager)* **pivot bearing** *(Mech)*
**Drehbunker** *m (Hütt/Wlz)* **rotary hopper** *adj:n (Hütt/Wlz)*
**Drehdurchführung** *f (Bg/Bergb) (des Baggers)* **rotary oil distributor** *(Bg/Bergb)* (of an excavater) **rotation joint** *f (Bg/Bergb)* **rotary transmission** *adj:n (Bg/Bergb)*
**Drehdurchführung** *f (Mech)* **center post** *AE (Mech)* **centre post** *BE (Mech)* **circle swing assembly** *AE (Mech)* **multiport swivel** *AE (Mech)*
**Drehdurchmesser** *m (Bg/Bergb) (z.B. der Kolbenstange)* **turning diameter** *(Bg/Bergb)*
**drehelastisch** *adj (Mech)* **torsionally flexible** *adv:adj (Mech)* **with torsional stability** *(Mech)*
**drehen** *v (Mech) (formdrehen)* **form** *v (Mech)* **profile** *v (Mech)*

**drehen** *v (Mech) (langdrehen, herumdrehen, zerspanen)* **turn** *v (Mech, Mont)*

**drehen** *v (Mech) (plandrehen)* **face** *v (Bau, Mech, Mont)* **surface** *v (Mech, Mont)*

**drehen** *v (Mech) (sich auf einem Zapfen drehen)* **pivot** *v (Mech)* **swivel** *v (Mech)*

**drehen** *v (Mech) (sich drehen)* **revolve** *v/i (Mech)* **rotate** *v/i (Mech)* **turn** *v/i (Mech, Mont)* (turn around, roll)

**drehen** *v (Mech) (verdrehen, wickeln)* **twist** *v (Mech)*

**drehen** *v (Mech) (z.B. um eine Achse)* **rotate** *v (Mech)* (revolve)

**drehen** *v/i (Mech) (umkehren, umdrehen)* **reverse** *v/i (Mech)*

**Drehen auf der Stelle** *(Bg/Bergb)* **turning on the spot** *(Bg/Bergb)*

**Drehen der Pumpe** *(Kfz)* **drifting of a pump** *(Kfz)*

**drehen nach Maß** *(Mech)* **turn to size** *(Mech, Mont)* **turn to template** *(Mech)*

**drehen, eben** eben drehen *adv:v (Mech, Mont)* **surface** *v (Mech, Mont)*

**drehen, flach** flach drehen *adv:v (Mech, Mont)* **surface** *v (Mech, Mont)*

**drehen, gegeneinander** gegeneinander drehen *adv:v* **perform counter revolutions** *n:v (Mech)*

**drehend** *adj (Kfz)* **revolving** *adj (Mech)* **rotary** *adj (Mech)* **rotating** *adj (Mech)* **turning** *adj (Mech)*

**Dreher** *m (Mech) (an der Drehbank)* **turner** *(Mech)*

**Drehergewebe** *nt (Band) (Stahlseilgurt)* **open twist weave** *(Band)* (steel cable belt)

**Drehfeder** *f (Mech)* **torque rod** *(Mech)* **torsion bar** *(Mech)* **torsion spring** *(Mech)*

**Drehfeder** *f (Mech) (Befestigungsmittel)* **twist spring clip** *(Mech)*

**Drehfenster** *nt (Kfz)* **swivel window** *(Kfz)*

**Drehfestigkeit** *f (Mech, Schw)* **torsional strength** *adj:n (Mech, Schw)* **twisting strength** *adj:n (Mech, Schw)*

**Drehgelenk** *nt (Mech) (Scharnier)* **hinge** *(Mech, Bau)*

**Drehgeschwindigkeit** *f (Kfz) (des Kranes)* **swing speed** *(Mech, Bg/Bergb)*

**Drehgestell** *nt (Bahn) (für Schienenfahrzeuge mit Einzelradaufhängung)* **bogie** *(Bahn)* (for trains)

**Drehklappe** *f (Hütt/Wlz)* **damper** *(Mech)*

**Drehknopf** *m (Allg) (Hebel)* **knob** *(Allg)* **knob lever** *(Allg)*

**Drehknopf** *m (Mech) (Regler)* **control knob** *(Mech)* **turning knob** *(Mech)*

**Drehkolbenpumpe** *f (Mech) (Schmierung; Wankelmotor)* **rotary-piston pump** *(Mech)*

**Drehkolbenschieber** *m (Mech)* **rotary-piston valve** *(Mech)*

**Drehkolbenverdichter** *m (Mech)* **rotary blower** *adj:n (Mech)*

**Drehkopf** *m (Mech)* **rotating head** *(Mech, Bg/Bergb)*

**Drehkraft** *f (Mech)* **rotary force** *adj:n (Mech)* **rotational force** *adj:n (Mech)* **rotary power** *adj:n (Mech)*

**Drehkraft** *f (Mech) (Verdrehungskraft)* **torsional force** *adj:n (Mech)* **twisting force** *adj:n (Mech)* **torque** *(Mech)*

**Drehkran** *m (Mech)* **rotary crane** *adj:n (Mech)* **slewing crane** *(Mech)* **turning crane** *(Mech)*

**Drehkranz** *m (Bahn) (in der Drehscheibe)* **live ring** *(Bahn)* (for railway turntables)

**Drehkranz** *m (Bg/Bergb)* **toothed rim** *adj:n (Bg/Bergb, Mech)*

**Drehkranz** *m (Bg/Bergb) (des Graders)* **circle bogie** *AE (Bg/Bergb)* **turntable** *(Bg/Bergb)* (on grader)

**Drehkranz** *m (Bg/Bergb) (Schwenk-Zahnkranz)* **slewing gear rim** *(Bg/Bergb)*

**Drehleiter** *f (Stb) (fahrbare Leiter)* **aerial ladder** *adj:n AE (Mech)* **turntable ladder** *BE (Stb)*

**Drehmelder** *m (El)* **selsyn** *(El)* **synchro** *(El)* **synchro-generator** *(El)*

**Drehmeldermaschine** *f (El) (Wellenmaschine)* **selsyn machine** *(El)*

**Drehmeldersystem** *nt (El)* **selsyn system** *(El)*

**Drehmoment** *nt (Mech)* **speed torque** *(Mech)*

**Drehmoment** *nt (Form) (unerwünschte Torsion)* **torsional force** *adj:n (Mech)* **twisting force** *(Form)*

**Drehmoment** *nt (Stb) (Drillmoment)* **torque** *(Mech)* **twisting moment** *(Stb)*

**Drehmoment** *nt (Stb) (Torsionsmoment)* **torsional moment** *adj:n (Stb)*

**Drehmomentantrieb** *m (Hütt/Wlz)* **high-torque rotary actuator** *(Hütt/Wlz)*

**Drehmomentbemessung** *f (Mech)* **torque rating** *(Mech)*
**Drehmomentenerhöhung** *f (Kfz)* **torque rise** *(Kfz)*
**Drehmomentenstütze** *f (Kfz)* **torque blade** *(Kfz)* **torque support** *(Kfz)*
**Drehmomentenverteilung** *f (Kfz)* **torque distribution** *(Kfz)*
**Drehmomenthöchstleistung** *f (Mech)* **peak torque** *(El, Mech)*
**Drehmomentkurve** *f (Mech, El) (z.B. des Motors)* **speed torque curve** *(El)*
**Drehmomentmethode** *f (Mech)* **torque method** *(Mech)*
**Drehmomentschlüssel** *m (Mont, Werkz)* **torque wrench** *(Mont, Werkz)*
**Drehmomentspitze** *f (El)* **peak torque** *(El, Mech)* **torque peak** *(El)*
**Drehmomentüberlastkupplung** *f (Mech)* **torque overload release coupling** *(Mech)*
**Drehmomentübertragung** *f (El)* **torque transmission** *(El)*
**Drehmomentwandler** *m (Kfz)* **torque converter** *(Kfz)*
**Drehmomentwandler, hydraulisch** hydraulischer Drehmomentwandler *adj:n (Mech, Hyd/Pneu)* **hydraulic torque converter** *adj:n (Mech, Hyd/Pneu)*
**Drehmotor** *m (Bg/Bergb) (des Greifers)* **grab rotating motor** *(Bg/Bergb)* **grab swivel motor** *(Bg/Bergb)*
**Drehpfanne** *f (Bahn) (am Wagondrehgestell)* **center pivot** *AE (Bahn)* **centre pivot** *BE (Bahn)*
**Drehpfannenbolzen** *m (Mech)* **center pin** *AE (Mech, Bg/Bergb)* **centre pin** *BE (Mech)*
**Drehpfanneneinlage** *f (Mech) (im Drehgestell)* **bogie-bearing cup** *(Mech)*
**Drehpfeiler** *m (Stb)* **pivot pier** *(Stb)* (e.g. of a swing bridge) **turn pillar** *(Stb)*
**Drehpol** *m (Stb)* **center of rotation** *AE (Mech)* **centre of rotation** *BE (Mech)* **pivot** *(Mech, Bg/Bergb, Umschl)*
**Drehpunkt** *m (Bg/Bergb, Umschl)* **center of movements** *AE (Bg/Bergb, Umschl)* **center of rotation** *AE (Mech)* **centre of movements** *BE (Bg/Bergb, Umschl)* **centre of rotation** *BE (Mech)* **pivotal center** *AE (Bg/Bergb, Umschl)* **pivotal centre** *BE (Bg/Bergb, Umschl)*
**Drehpunkt** *m (Bg/Bergb, Umschl) (Drehzapfen)* **pivot** *(Mech, Bg/Bergb, Umschl)* **pivot point** *(Bg/Bergb)*
**Drehpunktbolzen** *m (Stb)* **pivot pin** *(Mech)*
**Drehpunktbuchse** *f (Stb)* **pivot pin** *(Stb)* (bush)
**Drehrichtung** *f (Mech)* **direction of rotation** *(Mech)* **sense of rotation** *(Mech)*
**Drehriegelverschluss** *m (Mech)* **espagnolette lock** *(Mech)*
**Drehring** *m (Form)* **swivel** *(Mech)*
**Drehrohranlage** *f (Bg/Bergb)* **rotary kiln system** *(Bg/Bergb)*
**Drehrohrofen** *m (Bg/Bergb)* **rotary kiln** *adj:n (Bg/Bergb)*
**Drehsattel** *m (Bg/Bergb)* **swivelling saddle** *(Bg/Bergb)*
**Drehsäule** *f (Mech)* **pivoting column** *(Mech)* **swivelling column** *(Mech)*
**Drehscheibe** *f (Stb)* **turntable** *(Mech)*
**Drehschemel** *m (Bg/Bergb)* **pivot support** *(Bg/Bergb)*
**Drehschemellenkung** *f (Bg/Bergb) (des Gradertandems)* **bogie-type tandem axles** *adj:n (Bg/Bergb)*
**Drehschemelwagen** *m (Bahn)* **flat wagon with swivel bolster** *(Bahn)*
**Drehschieber** *m (Hyd/Pneu)* **rotary spool valve** *adj:n (Hyd/Pneu)* **rotary spool** *adj:n (Hyd/Pneu)* **rotary valve** *adj:n (Hyd/Pneu)*
**Drehschurre** *f (Mech, Bg/Bergb)* **revolving chute** *(Mech, Bg/Bergb)*
**Drehschütz** *nt (Stb)* **balanced gate** *adj:n (Stb)*
**Drehschwingung** *f (Mech)* **rotary oscillation** *adj:n (Mech)* **torsional oscillation** *adj:n (Mech)* **torsional vibration** *adj:n (Mech)*
**Drehsinn** *m (Mech)* **direction of rotation** *(Mech)* **sense of rotation** *(Mech)*
**Drehspannung** *f (Mech)* **torsional stress** *adj:n (Mech))*
**Drehstab** *m (Form)* **torsion bar** *(Mech)*
**Drehstabfeder** *f (Mech)* **torsion bar** *(Mech)* **torsion-bar spring** *(Mech)*
**Drehstabfederung** *f (Mech)* **torsion bar suspension** *(Mech)*
**Drehstahl** *m (Mont)* **cutting tool** *(Mont, Werkz)* **turning tool** *(Mont)*
**drehstarr** *adj (Mech)* **torsionally rigid** *adv:adj (Mech)*

**drehsteif** *adj (Mech)* **torsionally rigid** *adv:adj (Mech)*
**Drehsteifigkeit** *f (Mech)* **torsional rigidity** *adj:n (Mech)* **torsional stiffness** *adj:n (Mech)*
**Drehstift** *m (Mech, Werkz) (am Schraubwerkzeug)* **tommy** *(Mech, Werkz)* (tommy bar)
**Drehstock** *m (Form)* **winch** *(Mech)*
**Drehstuhl** *m (Bau)* **swivel chair** *(Bau)*
**Drehstütze** *f (Stb)* **bearing allowing rotation about a vrtical axis** *(Stb)*
**Drehteller** *m (Mech)* **rotary plate** *adj:n (Mech)*
**Drehtisch** *m (Mech)* **turntable** *(Mech)*
**Drehtür** *f (Bau)* **revolving door** *(Bau)*
**Drehung** *f (Mech) (Kreis)* **gyration** *(Mech)* (circle)
**Drehung** *f (Mech) (Schraube)* **cycle of rotation** *(Mech)* (screw)
**Drehung** *f (Mech) (um einen Körper, eine Achse)* **revolution** *(Mech)* **rotation** *(Mech)*
**Drehung** *f (Mech) (Umdrehung)* **turn** *(Mech)* **turning** *(Mech)*
**Drehung** *f (Mech) (Verdrehung)* **torsion** *(Mech)* **twist** *(Mech)*
**Drehung gegen den Uhrzeigersinn** *(Mech)* **counter-clockwise rotation** *adj:n (Mech)*
**Drehung im Uhrzeigersinn** *(Mech)* **clockwise rotation** *adj:n (Mech)*
**Drehungsbeanspruchung** *f (Mech, Schw)* **torsional stress** *adj:n (Mech)*
**Drehungsfestigkeit** *f (Mech, Schw)* **torsional strength** *adj:n (Mech, Schw)*
**drehungsfrei** *adj (Form) (z.B. Seil)* **non-rotating** *adj (Form)*
**Drehventil** *nt (Hyd/Pneu)* **rotary valve** *adj:n (Hyd/Pneu)*
**Drehverbindung** *f (Bg/Bergb, Umschl, Mech)* **slew ring** *(Bg/Bergb)* **slewing rack** *BE (Mech)* **swing bearing** *(Mech)*
**Drehverteiler** *m (Kfz)* **rotary distributor** *adj:n (Mech)*
**Drehvorrichtung** *f (Bg/Bergb) (des Greifers)* **grab slewing equipment** *(Bg/Bergb)*
**Drehvorrichtung** *f (Kfz) (als Bezeichnung, z.B. in einer Ersatzteilliste)* **slewing equipment** *(Kfz)*
**Drehvorrichtung** *f (Stb)* **rotating jig** *(Stb)* **turning device** *(Stb)*
**Drehwälzlager** *nt (Kfz)* **wire race bearing** *(Kfz)*
**Drehwerk** *nt (Bg/Bergb)* **rotation mechanism** *(Bg/Bergb)* **slewing device** *(Bg/Bergb)*
**Drehwerk** *nt (Kfz) (Schwenkwerk)* **swing gear** *(Mech, Bg/Bergb)*
**Drehwerkritzel** *nt (Bg/Bergb)* **pinion** *(Mech)* **pinion gear** *(Bg/Bergb)*
**Drehwerksbremse** *f (Bg/Bergb)* **slewing brake** *(Bg/Bergb)*
**Drehwerksfeststellung** *f (Bg/Bergb)* **slewing lock** *(Bg/Bergb)*
**Drehwinkel** *m (Bg/Bergb) (der Gratschar)* **rotating angle** *(Bg/Bergb)* (of the mouldboard)
**Drehwinkel** *m (Mech)* **angle of rotation** *(Mech)* **torsion angle** *(Mech, Stb)*
**Drehwinkelverfahren** *nt (Mech)* **torsion angle method** *(Mech)*
**Drehzahl** *f (El, Mech) (z.B. eines Motors)* **driving speed** *(Mech)* **engine speed** *(Mech)* **revolutions per minute** *(Mech)* **rotational speed** *adj:n (Mech)*
**drehzahlabhängig** *adj (Mech)* **as a function of speed** *(Mech)*
**Drehzahlabnehmer** *m (Kfz)* **recording tachometer** *(Kfz)*
**Drehzahländerung** *f (Mech)* **speed variation** *(Mech)*
**Drehzahländerung** *f (Mech) (gesteuert)* **speed control** *(Mech)* **speed regulation** *(El)*
**Drehzapfen** *m (Bahn) (z.B. am Drehgestell)* **bogie pin** *(Bahn)*
**Drehzapfen** *m (Mech) (Achse, Bolzen)* **gudgeon** *(Mech)* **journal** *(Mech, Zer)*
**Drehzapfen** *m (Mech) (Drehbügel, -befestigung)* **swivel** *(Mech)*
**Drehzapfen** *m (Mech) (Drehgelenk,-lager)* **pivot** *(Mech, Bg/Bergb, Umschl)*
**Drehzapfen** *m (Mech) (Gelenkzapfen, -bolzen)* **pivot pin** *(Mech)*
**Drehzapfen** *m (Mech) (Kippzapfen)* **trunnion** *(Mech)*
**Drehzapfen** *m (Mech) (Kran)* **slewing journal** *(Mech)* (crane)
**Drehzapfenhalterung** *f (Bg/Bergb)* **hinge bracket** *(Bg/Bergb)*
**dreiachsig** *adj (Mech)* **triaxial** *adj (Mech)*

**dreidimensional** *adj (Mech)* **three-dimensional** *adj (Mech)*
**dreieckig** *adj (Mech, Allg)* **triangular** *adj (Mech, Allg)*
**Dreieckschütz** *m (El)* **delta contactor** *(El)*
**Dreieckslast** *f (Stb)* **triangular load** *adj:n (Stb)*
**Dreiecksscheibenrost** *m (Zer)* **roller grizzly** *(Zer)* **roller screen** *(Zer)*
**Dreiecksträger** *m (Stb)* **triangular frame structure** *(Stb)*
**Dreiecksverband** *m (Stb)* **triangular bracing** *adj:n (Stb)*
**dreifach** *adj (Allg)* **triple** *adj (Mech, Allg)* **triplex** *adj (Allg)*
**Dreifachrollenkette** *f (Mech)* **triple roller chain** *adj:n (Mech)* **triplex roller chain** *adj:n (Mech)*
**Dreifachseitenschieber** *m (Mech)* **triple side shifting device** *adj:n (Mech)*
**Dreifachventil** *nt (Hyd/Pneu)* **triple valve** *adj:n (Hyd/Pneu)*
**Dreifachwirkung** *f (Allg)* **triple effect** *adj:n (Allg)*
**Dreifuß** *m (Bau)* **tripod** *(Mech, Bau)*
**dreigängig** *adj (Form) (z.B. ein Zahnrad)* **triple-thread** *adj (Form)*
**Dreigelenk...** *affix (Mech)* **three-hinged** *adj (Mech)*
**Dreigelenkbogen** *m (Stb)* **three-hinged arch** *adj:n (Stb)*
**Dreigelenkrahmen** *m (Stb)* **three-hinged frame** *adj:n (Stb)*
**Dreikant...** *affix (Mech)* **three-cornered** *adj (Mech, Allg)* **triangular** *adj (Mech, Allg)*
**Dreikantfeile** *f (Mont, Werkz)* **taper file** *(Mont, Werkz)* **three-square file** *(Mont, Werkz)* **triangular file** *(Mont, Werkz)*
**Dreikantmaßstab** *m (Bau)* **triangular scale** *adj:n (Bau)*
**Dreikantschaber** *m (Bg/Bergb)* **triangular scraper** *(Mont, Werkz)*
**Dreikantschlüssel** *m (Mont, Werkz)* **triangular spanner** *(Mont, Werkz)*
**Dreikomponentenregelung** *f (Hütt/Wlz)* **three-element control** *(Hütt/Wlz)*
**Dreipunktabstützung** *f (Bg/Bergb, Umschl) (Fahrwerk)* **three-point support** *(Bg/Bergb, Umschl)*
**Dreiseitenkipper** *m (Kfz)* **side and rear dump truck** *(Kfz)* **three-way tipper** *adj:n (Kfz)*
**Dreiseitenkippmulde** *f (Kfz)* **forward and sides discharge skip** *(Kfz)*
**Dreistegplatte** *f (Bg/Bergb)* **triple-grouser shoe** *(Bg/Bergb)*
**Dreistegrippenplatte** *f (Bg/Bergb)* **triple-grouser track pad** *(Bg/Bergb)*
**Dreistellungsventil** *nt (Hyd/Pneu)* **three-position valve** *(Hyd/Pneu)*
**Dreiweg...** *affix (Allg)* **three-way** *adj (Allg)*
**Dreiwegehahn** *m (Hyd/Pneu)* **three-way cock** *adj:n (Hyd/Pneu)*
**Dreiwegventil** *nt (Hyd/Pneu)* **three-way valve** *adj:n (Hyd/Pneu)*
**Dreizugkessel** *m (Hütt/Wlz)* **three-pass boiler** *(Hütt/Wlz)*
**Drift** *f (Stb) (waagerechte Durchbiegung)* **drift** *AE (Stb)* (e.g. of a building) **sway** *(Stb)*
**Drillknicken** *nt (Stb, Stat)* **torsional buckling** *adj:n (Stb, Stat)* **twist buckling** *(Stb, Stat)* (of columns)
**Drillmoment** *nt (Stb) (Drehmoment)* **torsional moment** *adj:n (Stb)* **torque** *(Mech)* **twisting moment** *(Stb)*
**Drillsteifheit** *f (Stb)* **twisting resistance** *(Stb)*
**Drillsteifigkeit** *f (Stb)* **torsional rigidity** *(Stb, Stat, Bau)* **twisting stiffness** *(Stb)*
**Drillung** *f (Mech) (Drehung)* **torque** *(Mech)* **torsion** *(Mech)*
**Drillwiderstand** *m (Stb)* **twisting resistance** *(Stb)*
**Drossel** *f (Mech, Pneu)* **choke** *(Mech, Pneu)* **throttle** *(Hyd/Pneu)*
**Drosselbremse** *f (Kfz)* **engine brake** *(Kfz)*
**Drosselbuchse** *f (Hyd/Pneu)* **restrictor** *(Hyd/Pneu)*
**Drosseleinstellung** *f (Kfz)* **choke adjustment** *(Kfz)*
**Drosselklappe** *f (Mech, Hyd/Pneu)* **butterfly valve** *(Hyd/Pneu)*
**Drosselklappenbremse** *f (Kfz)* **exhaust brake** *(Kfz)*
**Drosselklappenhebel** *m (Kfz)* **throttle control lever** *(Kfz)*
**Drosselklappenwelle** *f (Kfz)* **throttle valve shaft** *(Kfz)*
**drosseln** *v (Kfz)* **derate** *v (Kfz)* **throttle** *v (Kfz)*
**Drosselplatte** *f (Kfz)* **choke plate** *(Kfz)*
**Drosselquerschnitt** *m (Hyd/Pneu)* **throttle opening** *(Hyd/Pneu)*

**Drosselregelung** *f (Kfz)* **flow-control throttle** *(Kfz)*
**Drosselring** *m (Kfz)* **throttle ring** *(Kfz)*
**Drosselventil** *nt (Hyd/Pneu)* **butterfly valve** *(Hyd/Pneu)* **throttle valve** *(Hyd/Pneu)*
**Drosselwiderstand** *m (Hyd/Pneu)* **choking resistance** *(Hyd/Pneu)*
**Druck** *m (Form) (Schub)* **thrust** *(Mech, Stat)*
**Druck** *m (Hyd/Pneu) (hydraulisch)* **pressure** *(Hyd/Pneu)*
**Druck** *m (Stat, Mech)* **compression** *(Stat, Mech)* **compressive stress** *(Stat, Mech)*
**Druck wegnehmen** Druck wegnehmen *n:v (Hyd/Pneu)* **remove pressure** *n:v (Hyd/Pneu)*
**Druckanzeige** *f (Kfz)* **pressure gauge** *(Hyd/Pneu)*
**Druckanzeiger** *m (Kfz)* **pressure indicator** *(Kfz)*
**Druckausgleich** *m (Hyd/Pneu)* **pressure adjusting** *(Hyd/Pneu)*
**Druckbeanspruchung** *f (Stat)* **compressive stress** *(Stat, Mech)* **compressive stressing** *(Stat)*
**Druckbeaufschlagung** *f (Hyd/Pneu) (z.B. des Hydrotanks)* **pressurizing** *(Hyd/Pneu)*
**Druckbegrenzung** *f (Hyd/Pneu)* **pressure relief** *(Hyd/Pneu)*
**Druckbelastung** *f (Hyd/Pneu)* **compression stress** *(Hyd/Pneu)*
**Druckbereich** *m (Hyd/Pneu)* **pressure range** *(Hyd/Pneu)*
**druckdicht** *adj (Hyd/Pneu)* **pressure-tight** *adj (Hyd/Pneu)*
**Druckdifferenz** *f (Hyd/Pneu) (in Bar)* **differential pressure** *(Hyd/Pneu)* (in bar)
**Druckentaschung** *f (Hütt/Wlz)* **pressure-water ash removal** *(Hütt/Wlz)*
**druckentlastet** *adj (Hyd/Pneu)* **balanced** *adj (Mech, Stat, Hyd)*
**Druckfeder** *f (Hyd/Pneu).* **compression spring** *(Hyd/Pneu)*
**Druckfestigkeit** *f (Mech, Stat)* **compression strength** *(Stat)*
**Druckflansch** *m (Stb)* **compression flange** *(Stb)*
**druckfrei** *adj (Bg/Bergb)* **pressure-free** *adj (Bg/Bergb)*
**Druckgefäß** *nt (Hyd/Pneu)* **pressure valve** *(Hyd/Pneu)* **pressure vessel** *(Kfz)*
**Druckgießen** *nt (Hütt/Wlz)* **die casting** *(Hütt/Wlz)*
**Druckkammer** *f (Stb)* **surge tank** *(Stb)*
**Druckknopfsteuerung** *f (Kfz)* **push-button control** *(Kfz)*
**Druckkontakt** *m (Form)* **butt contact** *(Form)*
**Druckkraft** *f (Mech)* **compressive force** *(Stb)*
**Drucklager** *nt (Mech, Stb)* **thrust bearing** *(Mech, Stb)*
**Druckluft** *f (Hyd/Pneu)* **compressed air** *adj:n (Hyd/Pneu)*
**Druckluft...** *affix (Hyd/Pneu)* **pneumatic** *adj (Hyd/Pneu)*
**Druckluftanlage** *f (Hyd/Pneu)* **compressed air system** *(Hyd/Pneu)*
**Druckluftanschluss** *m (Hyd/Pneu)* **compressed air supply outlet** *(Hyd/Pneu)*
**Druckluftantrieb** *m (Hyd/Pneu)* **pneumatic operating mechanism** *adj:n (Hyd/Pneu)*
**Druckluftbremse** *f (Mech)* **air brake** *(Mech, Pneu)*
**Drucklufthammer** *m (Mont, Werkz)* **pneumatic hammer** *adj:n (Mont, Werkz)*
**Druckluftschlauch** *m (Kfz)* **compressed-air hose** *(Kfz)*
**Druckschweißung** *nt (Schw)* **pressure welding** *(Schw)*
**Drucksondierung** *f (Mech)* **static penetration testing** *(Bau)*
**Druckspannung** *f (Stat, Mech)* **compression** *(Stat, Mech)* **compressive stress** *(Stat, Mech)*
**Druckspeicher** *m (Hyd/Pneu)* **pressure accumulator** *(Hyd/Pneu)*
**Druckstab** *m (Stb)* **compression bar** *(Stb)* **compression member** *(Stb)* **strut** *(Stb)*
**Druckstange** *f (Bahn) (am Wagon)* **push rod** *(Mech, Bahn)*
**Druckstange** *f (Mech)* **plunger rod** *(Mech)* **pressure rod** *(Mech)*
**Drucksteife** *f (Form)* **pressure stiffener** *(Form)*
**Druckstelle** *f (Form) (Delle)* **dent** *(Mech, Mont)*
**Drucksteuerung** *f (Kfz)* **bind** *(Kfz)* (pressure bind)

**Drucksteuerventil** *nt (Hyd/Pneu)* **performance valve** *(Hyd/Pneu)*
**Druckstollen** *m (Stb)* **pressure tunnel** *(Stb)*
**Druckstrahlbagger** *m (Bg/Bergb)* **hydraulic monitor** *adj:n (Bg/Bergb)*
**Druckstufe** *f (Hyd/Pneu)* **pressure range** *(Hyd/Pneu)*
**Druckstutzen** *m (Hütt/Wlz) (Ventilator, Pumpe)* **outlet side** *(Hütt/Wlz)* (of a fan or a pump)
**Drucktasterventil** *nt (Hyd/Pneu)* **push-button valve** *(Hyd/Pneu)*
**Druckteile** *pl nt (Hütt/Wlz)* **pressure parts** *pl (Hütt/Wlz)*
**Druckträger** *m (Form) (z.B. des Hydroschlauches)* **pressure carrier** *(Form)*
**Drucküberwachung** *f (Hyd/Pneu)* **pressure control** *(Hyd/Pneu)*
**Druckumlaufschmierung** *f (Mech) (Anlage)* **forced-feed lubrication system** *(Mech)*
**Druckumlaufschmierung** *f (Mech) (Vorgang)* **forced-feed lubrication** *(Mech)*
**Druckventil** *nt (Hyd/Pneu)* **delivery valve** *(Hyd/Pneu, Bg/Bergb)* **pressure control valve** *(Hyd/Pneu)* **pressure valve** *(Hyd/Pneu)*
**Druckverhältnisventil** *nt (Hyd/Pneu)* **counterbalance valve** *(Mech, Hyd/Pneu)*
**Druckverlust** *m (Hyd/Pneu)* **pressure loss** *(Hyd/Pneu)*
**Druckversuch** *m (Stb) (Druckprüfung)* **compressive test** *(Stb)*
**Druckverteilung** *f (Stb)* **pressure distribution** *(Stb)*
**Druckwasseranlage** *f (Stb)* **pressure-water installation** *(Stb)*
**Druckwiderstand** *m (Mech, Stat)* **compressive strength** *(Mech, Stat)*
**Druckzone** *f (Stb)* **compression zone** *(Stb)*
**Druckzufuhrleitung** *f (Hyd/Pneu)* **pressure line** *(Hyd/Pneu)*
**Druckzylinder** *m (Hyd/Pneu)* **pressure cylinder** *(Mech)*
**Dübel** *m (Mech, Mont)* **dowel** *(Mech, Mont)* **pin** *(Mech)*
**Dunst** *m (Hyd/Pneu)* **fumes** *pl (Hyd, Chem, Allg)*
**Dunstabzugshaube** *f (Mech)* **range hood** *(Mech)*
**DURA-Stahlrohr** *nt (Form)* **DURA pipe** *(Form)* (resistant to abrasion)
**Durchbildung** *f (Stb)* **completion** *(Stb)* **design** *(Stb)*
**durchbinden** *v (Bau)* **bond** *v (Bau)*
**durchbohren** *v (Stb)* **drill** *v (Mech, Mont)* **perforate** *v (Stb)*
**durchbrennen** *v (Mech)* **burn through** *v (Mech)* **fuse** *v (El)* (blow the fuse) **roast out** *v (Mech)*
**Durchbruch** *m (El) (bei einer Diode, Trans.)* **breakdown** *(El)*
**Durchbruchszeichnung** *f (Stb)* **penetration drawing** *(Stb)*
**durchdringen** *v (Mech) (durchstoßen)* **pierce** *v (Mech)*
**durchdringen** *v (Mech, Hyd/Pneu)* **permeate** *v (Mech, Hyd/Pneu)*
**Durchfahrtshöhe** *f (Mech)* **clearance height** *(Mech)* **overhead clearance** *(Mech)*
**Durchfahrtsprofil** *nt (Mech)* **clearance limit** *(Mech)*
**Durchflussanzeiger** *m (Hyd/Pneu)* **flow detector** *(Hyd/Pneu)* **flow indicator** *(Hyd/Pneu)*
**Durchflussaufnehmer** *m (Schiff)* **flow rate value transmitter** *(Schiff)*
**Durchflussbegrenzer** *m (Hyd/Pneu)* **flow limiting device** *(Hyd/Pneu)*
**Durchflussgeschwindigkeit** *f (Hyd/Pneu)* **flow capacity** *(Hyd/Pneu, El)* **flow rate** *(Hyd/Pneu)*
**Durchflussgleichung** *f (Hütt/Wlz) (Messblende)* **orifice formula** *(Hütt/Wlz)*
**Durchflussmesser** *m (Hyd/Pneu)* **flow meter** *(Hyd/Pneu)*
**Durchflussöffnung** *f (Mech, Hyd/Pneu)* **orifice** *(Mech, Hyd/Pneu)*
**Durchflussregler** *m (Hyd/Pneu)* **flow regulator** *(Hyd/Pneu)*
**Durchflussstellung** *f (Hyd/Pneu)* **flow position** *(Hyd/Pneu)*
**Durchfördern** *nt (Umschl)* **bypass operation** *(Umschl)* **direct conveying** *(Umschl)* **direct handling** *(Umschl)*
**Durchförderung** *f (Bg/Bergb)* **bypassing the stockpile** *(Bg/Bergb)*
**Durchführungspfeife** *f (Mech)* **lead-in tube** *(Mech)*
**Durchführungstrichter** *m (Mech)* **lead-in funnel** *(Mech)*

**Durchgang** *m (Allg)* **alleyway** *(Allg)* **thoroughfare** *(Allg)*
**Durchgang** *m (Allg) (Verfahren)* **procedure** *(Allg)* (operation)
**Durchgangsbohrung** *f (Form)* **through borefit** *(Form)*
**Durchgangsdämpfung** *f (Form)* **input / output damping** *(Form)*
**Durchgangsdeckel** *m (Mech)* **through cover** *(Mech)*
**Durchgangshahn** *m (Hyd/Pneu)* **through cock** *(Hyd/Pneu)*
**Durchgangshöhe** *f (Bau)* **headroom** *(Mech, Bau)* **headway** *(Bau)*
**Durchgangsloch** *nt (Mech)* **through borefit** *(Form)* **through hole** *(Mech)*
**Durchgangsöffnung** *f (Hyd/Pneu) (Ventil)* **bore** *(Hyd/Pneu)* (valve) **valve bore** *(Hyd/Pneu)*
**Durchgangsventil** *nt (Hyd/Pneu)* **throughway valve** *(Hyd/Pneu)* **straightway valve** *adj:n (Hyd/Pneu)*
**durchgehend** *adj (Form) (z.B. Bolzen, Bohrloch)* **through** *adj (Form)* (e.g. a borehole)
**durchgießen** *v (Form) (z.B. durch ein Sieb)* **strain** *v (Form)* (percolate)
**Durchhang** *m (Bg/Bergb, Umschl, Band) (Kette, Gurt u.Ä.)* **sag** *(Bg/Bergb, Umschl, Band)*
**Durchhängen** *nt (Kfz) (z.B. des Seils)* **slackness** *(Kfz)*
**Durchhängung** *f (Mech, Stat)* **deflection** *(Mech, Stat)*
**Durchhärtung** *f (Hütt/Wlz)* **full hardening** *(Hütt/Wlz)*
**Durchlass** *m (Bau)* **culvert** *(Bau)*
**Durchlässigkeit** *f (Form) (magnetisch)* **permeability** *(Form)* (magnetic)
**Durchlässigkeit** *f (Mech, Hyd/Pneu) (Undichtheit)* **leakiness** *(Allg)*
**Durchlauf** *f (Bg/Bergb) (bewegte Menge)* **throughput** *(Bg/Bergb)*
**Durchlauf** *m (Form) (durch eine Maschine)* **passage** *(Mech)* (opening)
**Durchlauf** *m (Mech)* **machining operation** *(Mech)* **pass** *(Mech)*
**Durchlauf** *m (Zer)* **undersize** *(Zer, Stb)*
**Durchlaufbalken** *m (Mech, Stb)* **beam** *(Mech, Stb)* **girder** *(Mech, Stb)*
**Durchlaufbalken** *m (Mech, Stb) (ohne Unterbrechung)* **continuous beam** *adj:n (Mech, Stb)* **continuous girder** *adj:n (Mech, Stb)*
**Durchlaufbecken** *nt (Bau)* **continuous basin** *adj:n (Bau)*
**Durchlaufentgasung** *f (Form) (Vacmetall)* **tap degassing** *(Form)*
**Durchlaufleistung** *f (Bg/Bergb)* **throughput rate** *(Bg/Bergb)*
**Durchlaufpfette** *f (Stb)* **continuous purlin** *adj:n (Stb)*
**Durchlaufprüftank** *m (Form)* **transit scanning tank** *(Form)*
**Durchlaufsandstrahlanlage** *f (Form)* **throughput sandblasting system** *(Form)*
**Durchlaufträger** *m (Stb)* **continuous beam** *adj:n (Mech, Stb)*
**Durchlaufverzögerung** *f (Mech)* **through pass delay** *(Allg)*
**durchlochen** *v (Stb)* **punch** *v (Mech, Mont, Hütt/Wlz)*
**Durchmesser** *m (Mech, Allg)* **dia** *(Mech, Allg)* (Abv) **diameter** *(Mech, Allg)*
**Durchmesser, äußerer** *adj:n (Mech, Allg)* **outer diameter** *adj:n (Mech, Allg)*
**Durchmesser, innen** *adj:n (Mech)* **inside diameter** *adj:n (Mech)*
**Durchmesserbereich** *m (Allg)* **diameter range** *(Allg)*
**Durchsatz** *m (Bg/Bergb)* **throughput** *(Bg/Bergb)*
**Durchsatzleistung** *f (Bg/Bergb)* **throughput rate** *(Bg/Bergb)*
**Durchsatzmenge** *f (Bg/Bergb)* **throughput rate** *(Bg/Bergb)*
**durchscheuern** *v (Mech, Allg)* **wear through** *v (Mech, Allg)*
**durchscheuern** *v/i (Mech, Allg) (Seil)* **fray** *v/i (Mech, Allg)* (e.g. rope)
**Durchschlag** *m (Mont, Werkz)* **piercer** *(Mont)* **punch** *(Mech, Mont, Hütt/Wlz)* **punch drift** *(Werkz)*
**durchschlagen** *v (Form) (durchdringen)* **penetrate** *v (Allg)*
**Durchschläger** *m (Mont)* **drift punch** *(Mont)*
**Durchschlagfestigkeit** *f (Mech, Mont)* **resilience** *(Mech, Mont)*
**durchschlagsicher** *adj (Mech)* **fail-safe** *adj (Mech, El, Hyd/Pneu, Allg)*
**Durchschleusen** *nt (Schiff) (von Schiffen)* **lockage** *(Schiff)*

**Durchschnitt** *m (Mech, Allg)* **average** *(Mech, Allg)* **mean** *(Mech, Math, Allg)*
**Durchschnitt** *m (Stb) (Schnitt)* **section** *(Stb)* (cutting)
**Durchschnitts...** *affix (Allg)* **average** *adj (Allg)*
**Durchschnittstonnenpreis** *m (Stb)* **average price per ton** *(Allg)*
**Durchschweißen** *nt (Schw, Mech, Mont)* **full-fusion welding** *(Schw, Mech, Mont)*
**durchschweißen** *v (Schw)* **penetrate** *v (Schw)* (weld) **weld through** *v (Schw)*
**Durchschwenkwinkel** *m (Bg/Bergb) (des Baggers)* **working range** *(Bg/Bergb)* (of a crane)
**durchseihen** *v (Mech, Hyd/Pneu, Allg)* **filter** *v (Mech, Hyd/Pneu, Allg)* **strain** *v (Form)* (percolate)
**Durchsetzfugen** *nt (Mech) (Spezialverfahren)* **press-joining** *(Mech)*
**durchspülen** *v (Mech)* **rinse** *v (Mech)*
**Durchspülung** *f (Form)* **rinsing** *(Form)*
**durchstoßen** *v (Mech) (durchdringen)* **pierce** *v (Mech)*
**durchströmen** *v (Hyd/Pneu) (ein Ventil)* **pass** *v (Kfz)* (a valve)
**durchtreiben** *v (Mech)* **drift** *v (Mech)* (e.g. a hole)
**Durchtreiber** *m (Mont) (Handdurchschlag, Lochhammer)* **backing-out punch** *(Mont)* **drift punch** *(Mont)*
**Düse** *f (Hütt/Wlz)* **blast pipe** *(Hütt/Wlz)*
**Düse** *f (Hyd/Pneu)* **orifice** *(Mech, Hyd/Pneu)*
**Düse** *f (Mech) (z.B. des Vergasers)* **jet** *(Mech)* **nozzle** *(Mech)*
**Düsenfeder** *f (Mech)* **nozzle spring** *(Mech)*
**Düsenhalter** *m (Form)* **jet carrier** *(Form)*
**Düsenhalter** *m (Mech) (beim Einspritzventil)* **valve body** *(Mech)*
**Düsenkasten** *m (Form)* **nozzle box** *(Form)*
**Düsenklappe** *f (Form)* **nozzle flap** *(Form)*
**Düsenmutter** *f (Form)* **nozzle nut** *(Form)*
**Düsennadel** *f (Kfz)* **nozzle needle** *(Kfz)*
**Düsenplatte** *f (Kfz)* **nozzle plate** *(Kfz)*
**Düsenring** *m (Mech)* **nozzle ring** *(Mech)*
**Düsenschlüssel** *m (Mont, Werkz)* **nozzle wrench** *(Mont, Werkz)*
**Düsenschweißen** *nt (Schw)* **orifice welding** *(Schw)*
**DV-Naht** *f (Schw)* **double-V** *(Schw)* **double-V groove-weld** *(Schw)*
**DVM** *(Allg) (Abk)* **German Association for Machine Manufacturing** *(Allg)*
**Dynamikvorsatz** *m (Mech)* **dynamic attachment** *adj:n (Mech)*
**dynamisch** *adj (Mech)* **dynamic** *adj (Mech)*

# E

**Ebene** *f (Mech)* **plane** *(Mech)*
**Ebene, schief** schiefe Ebene *adj:n (Mech, Stb)* **ramp** *(Mech)*
**Eck-Bohrmaschine** *f (Mont, Werkz)* **corner drilling machine** *(Mont, Werkz)*
**Eckblech** *nt (Form) (drei- oder fünfeckiges Knotenblech)* **gusset** *(Mech, Mont)*
**Eckblech** *nt (Stb)* **corner plate** *(Stb)*
**Ecke** *f (Form) (am Werkstück)* **curve** *(Mech, Allg)*
**Ecke** *f (Form) (des Materials)* **edge** *(Allg)*
**Eckelement** *nt (Mech, Allg)* **corner element** *(Mech, Allg)*
**Ecken** *nt (Stb)* **crabbing** *(Stb)*
**Eckenbrenner** *m (Hütt/Wlz)* **corner burner** *(Hütt/Wlz)*
**Eckfeile** *f (Mont, Werkz)* **angular file** *(Mont, Werkz)*
**Eckmast** *m (Stb)* **angle pole** *(Stb)*
**Eckmesser** *nt (Bg/Bergb) (z.B. des Löffels)* **corner bit** *(Bg/Bergb)* (on edge of backhoe)
**Ecknaht** *f (Schw) (äußere Kehlnaht)* **corner weld** *(Stb)*
**Eckpfosten** *m (Stb) (z.B. der Fachwerkbrücke)* **corner post** *(Stb)*
**Eckpunkt** *m (Mech)* **vertex** *(Mech)*
**Eckrohrkessel** *m (Hütt/Wlz)* **corner-tube boiler** *(Hütt/Wlz)*
**Eckstein** *m (Bau) (Grundstein)* **corner stone** *(Bau)*
**Eckstoß** *m (Stb) (Eckverbindung)* **corner joint** *(Stb, Mech)*
**Eckstütze** *f (Stb)* **corner column** *(Stb)*
**Ecktritt** *m (Bahn) (für Rangierer)* **shunter's step** *(Bahn)*
**Eckventil** *nt (Hyd/Pneu)* **angle valve** *(Hyd/Pneu)*
**Eckverbindung** *f (Stb)* **corner joint** *(Stb, Mech)*

**Eckzahn** *m (Bg/Bergb) (z.B. an einer Schaufelradschaufel)* **corner tooth** *(Bg/Bergb)*
**Edelmetall** *nt (Mech)* **precious metal** *adj:n (Mech)*
**Edelputz** *m (Bg/Bergb)* **plaster for facing** *(Bg/Bergb)*
**Edelstahl** *m (Hütt/Wlz) (rostfrei)* **stainless steel** *adj:n (Hütt/Wlz)*
**Edelstahlblech** *nt (Form)* **stainless-steel strip** *(Form)*
**Edelstein** *m (Geo)* **jewel** *(Geo)*
**Effektivhub** *m (Bg/Bergb)* **effective stroke** *adj:n (Bg/Bergb)*
**Eichkörper** *m (Form)* **calibration block** *(Form)*
**Eichmaß** *nt (Stb)* **gauge** *(Mech, Bahn)*
**Eichwagen** *m (Mech)* **calibrating carriage** *(Mech)*
**Eigengewicht** *nt (Mech, Umschl)* **dead weight** *adj:n (Mech)*
**Eigengewicht** *nt (Kfz) (Nutzlast)* **operating weight** *(Bg/Bergb)*
**Eigenkühlung** *f (Mech)* **self-ventilating** *(Mech)*
**Eigenschaft** *f (Mech, Allg)* **characteristic** *(Mech, Allg)*
**Eigenschaft, feuchtigkeitsbindend** feuchtigkeitsbindende Eigenschaft *adj:n (Hyd/Pneu)* **moisture absorbing property** *adj:n (Hyd/Pneu)*
**Eigenschaft, mechanisch** mechanische Eigenschaft *adj:n (Mech)* **mechanical property** *adj:n (Stat, Mech)*
**Eigenschwingungsperiode** *f (Stb)* **characteristic vibration period** *adj:n (Stb)*
**Eigenspannung** *f (Mech)* **residual stress** *adj:n (Mech)*
**Eigenverbrauch** *m (Hütt/Wlz)* **proper consumption** *adj:n (Hütt/Wlz)*
**Eigenwiderstand** *m (Mech)* **inherent resistance** *adj:n (Mech)*
**Eigenzeit** *f (Form) (dem Material innewohnend)* **inherent time** *adj:n (Form)*
**Eignungsnachweis zum Schweißen** *(Schw)* **certification for welding** *(Schw)*
**Eilgang** *m (Mech) (einer Maschine)* **rapid motion** *adj:n (Mech)*
**Eimer** *m (Mech, Mont, Bg/Bergb)* **bucket** *(Mech, Mont, Bg/Bergb)*
**Eimerinhalt** *m (Bg/Bergb, Umschl)* **bucket capacity** *(Bg/Bergb, Umschl)*
**Eimerketten-Doppelportalbagger** *m (Bg/Bergb)* **double gantry bucket chain excavator** *(Bg/Bergb)*
**Eimerketten-Einfachschütter** *m (Bg/Bergb)* **single discharge bucket chain excavator** *(Bg/Bergb)*
**Eimerketten-Schwimmbagger** *m (Bg/Bergb)* **bucket dredger** *(Bg/Bergb)*
**Eimerkettenschwenkbagger** *m (Bg/Bergb)* **slewing bucket chain excavator** *(Bg/Bergb)*
**Eimerleiter** *f (Mech) (am Bagger)* **bucket ladder** *(Mech)*
**Eimerrinne** *f (Bg/Bergb) (Eimerkettenbagger)* **bucket chute** *(Bg/Bergb)*
**Eimerschale** *f (Bg/Bergb)* **bucket shell** *(Bg/Bergb)*
**Eimerschneidkante** *f (Bg/Bergb)* **bucket lip** *(Mech, Mont, Bg/Bergb)*
**Eimerseilbagger** *m (Bg/Bergb)* **dragline excavator** *(Bg/Bergb)*
**Eimertiefbagger** *m (Bg/Bergb)* **bucket ladder excavator working below ground level** *(Bg/Bergb)*
**Eimerunterseite** *f (Bg/Bergb)* **bucket heel** *(Bg/Bergb)*
**Eimerzähne** *pl m (Bg/Bergb)* **lip taper angle** *(Bg/Bergb)*
**Eimerzinke** *f (Bg/Bergb)* **bucket tine** *(Bg/Bergb)*
**Ein- und Ausfahrzeiten** *(Bg/Bergb) (des Zylinders)* **retraction and extraction times** *(Bg/Bergb)*
**Ein- und Ausrückkupplung** *(Mech)* **clutch coupling** *(Mech)*
**Ein- und Austrittsverluste** *(Hütt/Wlz)* **inlet and exit losses** *(Hütt/Wlz)*
**Ein-, Zwei- und Dreispindelheber** *(Kfz)* **one, two, and three spindle jack** *(Kfz)*
**Ein-Aus-Regelung** *f (Hütt/Wlz)* **on-off-control** *(Hütt/Wlz)*
**Einachsanhänger** *m (Kfz)* **one-axle trailer** *(Kfz)*
**Einauge** *nt (Bg/Bergb, Mech) (z.B. der Raupengliedschake)* **single lug** *adj:n (Bg/Bergb, Mech)*
**Einband** *m (Mech) (Seil)* **rope attachment** *(Bg/Bergb, Mech)*
**Einbau** *m (Bg/Bergb) (z.B. von Rohren)* **laying** *(Bg/Bergb)* (e.g. of pipes in trench)
**Einbau** *m (Mech, Mont)* **installation** *(Mech, Mont)*

**Einbau- und Funktionsbereich** *(Allg)* **installation and functional section** *(Allg)*
**Einbaubedingung** *f (Kfz)* **installation condition** *(Kfz)*
**Einbaulage** *f (Mech) (z.B. des Motors)* **installation position** *(Mech)*
**Einbaulänge** *f (Mech, Mont) (z.B. eines Zylinders)* **installation length** *(Mech, Mont)*
**Einbaumaß** *nt (Mech, Mont)* **assembly dimension** *(Mech, Mont)*
**Einbaumotor** *m (Mech)* **engine unit** *(Mech)*
**Einbaurahmen** *m (Mech, Mont)* **mounting frame** *(Mech, Mont)*
**Einbaustelle** *f (Kfz)* **location** *(Kfz)* (of installation)
**Einbauteil** *nt (Mech)* **built-in part** *adj:n (Mech)*
**Einbautoleranz** *f (Form)* **fitting tolerance** *(Form)*
**Einbauwinker** *m (Mech)* **built-in direction indicator** *adj:n (Mech)*
**Einbeulung** *f (Kfz)* **dent** *(Mech, Mont)*
**Einbindelänge** *f (Bau)* **bond length** *(Bau)*
**Einbindung** *f (Hütt/Wlz)* **retention** *(Hütt/Wlz)*
**Einbindungsgrad** *m (Hütt/Wlz)* **retention efficiency** *(Hütt/Wlz)*
**Einblasefeuerung** *f (Hütt/Wlz)* **direct firing system** *adj:n (Hütt/Wlz)*
**Einblasemühle** *f (Hütt/Wlz)* **direct firing mill** *adj:n (Hütt/Wlz)*
**Einblasevorrichtung** *f (Hütt/Wlz)* **blowing-in device** *(Hütt/Wlz)*
**Einbrand** *m (Schw)* **fusion penetration** *(Schw)*
**Einbrandkerbe** *f (Schw)* **undercut** *(Schw, Mech)*
**Einbrandzone** *f (Stb)* **zone of penetration** *(Stb)*
**Einbrennlackierung** *f (Kfz)* **stove enamelling** *(Kfz)*
**Einbruch** *m (Bg/Bergb) (Einschnitt, Bergbau)* **opening cut** *(Bg/Bergb)*
**Eindrahtlampe** *f (Kfz)* **single-filament bulb** *(Kfz)*
**Eindrehung** *f (Mech) (zum Zentrieren)* **spigot for locating diameters** *(Mech)*
**Eindrehung, rillenförmig** rillenförmige Eindrehung *adj:n (Mech, Mont)* **groove** *(Schw)*
**Eindringen** *nt (Mech)* **penetration** *(Bg/Bergb)* (e.g. of bar, shovel, water)
**Eindringen** *nt (Kfz) (z.B. von Wasser)* **ingress** *(Kfz)*
**Eindringtiefe** *f (Bau)* **depth of penetration** *(Bau)*
**Eindüsenbläser** *m (Hütt/Wlz) (Wandrußbläser)* **single-nozzle retractable soot blower** *(Hütt/Wlz)*
**Einetagenpresse** *f (Form)* **single-daylight press** *(Form)*
**Einfachfilter** *m (Hyd/Pneu)* **single filter** *(Hyd/Pneu)*
**Einfachhärtung** *f (Form)* **single quenching** *adj:n (Stb)*
**Einfachrollenkette** *f (Kfz)* **single roller chain** *adj:n (Mech)*
**Einfahrbahnverkehr** *m (Mech)* **one line traffic** *(Mech)*
**Einfahren** *nt (Form) (des Hochofenbodens)* **installation** *(Mech, Mont)*
**Einfahren** *nt (Hütt/Wlz) (des Rußbläsers)* **insertion** *(Hütt/Wlz)* (of soot blower)
**Einfahren** *nt (Hütt/Wlz) (z.B. des Kessels, der Mühle)* **putting into service** *(Hütt/Wlz)* (e.g. boiler)
**Einfahröl** *nt (Mech)* **running-in oil** *(Mech)*
**Einfahrtsgleis** *nt (Bahn)* **arrival line** *(Bahn)*
**Einfallende** *nt (Bg/Bergb, Geo)* **dip** *(Bg/Bergb, Geo)*
**Einfallenschloss** *nt (Bau)* **single latch lock** *(Bau)*
**Einfallstutzen** *m (Mech)* **filling nozzle** *(Mech)*
**Einfassung** *f (Stb) (Rand, Kante)* **bordering** *(Stb)*
**Einfassungsblech** *nt (Mech, Mont)* **curb plate** *(Mech)*
**Einfeldträger** *m (Stb)* **single-span girder** *(Stb)*
**Einfetten** *nt (Form)* **greasing** *(Form)*
**Einflussfläche** *f (Stb)* **influence surface** *(Stb)*
**Einflusslinie** *(Stb)* **influence line** *(Stb)*
**Einfräsung** *f (Form)* **milled slot** *adj:n (Form)*
**Einführtrompete** *f (Form)* **cable duct** *(Mech)*
**Einführung** *f (Mech) (Kabel)* **entry** *(Mech)* (of a cable)
**Einführungspfeife** *f (Mech)* **lead-in tube** *(Mech)*

**Einführungstrichter** *m (Mech)* **lead-in funnel** *(Mech)*
**Einführungstülle** *f (Mech)* **lead-in nozzle** *(Mech)*
**Einfülldeckel** *m (Kfz)* **tank filler cap** *(Kfz)*
**Einfüllmenge** *f (Mech, Hyd/Pneu)* **fill-in quantity** *(Mech, Hyd/Pneu)*
**Einfüllöffnung** *f (Kfz) (z.B. eines Tankes)* **filler opening** *(Kfz)*
**Einfüllschraube** *f (Kfz)* **refill tap** *(Kfz)*
**Einfüllstutzen** *m (Mech)* **filling nozzle** *(Mech)*
**Einfülltrichter** *m (Mech, Umschl)* **hopper** *(Umschl, Bahn)*
**Einfüllverschluss** *m (Kfz)* **filler cap** *(Kfz)*
**Eingabekomponenten** *pl f (Form)* **input components** *pl (Form)*
**Eingang** *m (Bau) (eines Hauses)* **entrance** *(Bau)*
**Eingangsbrennelement** *nt (Schw)* **entry element** *(Schw)*
**Eingangsfilter** *nt (Kfz)* **input filter** *(Kfz)*
**Eingangsstufe** *f (Mech) (Getriebe)* **input gear pair** *(Mech)*
**Eingangszylinder** *m (Mech)* **entry cylinder** *(Mech)*
**Eingriff** *m (Mech) (Getriebe)* **mesh** *(Mech)*
**Eingriff, dauernd** dauernder Eingriff *adj:n (Mech) (der Zahnräder)* **constant mesh** *adj:n (Mech)* (of gear)
**Eingriffsstörung** *f (Mech)* **meshing interference** *(Mech)*
**Eingriffswinkel** *m (Form) (Zahnrad)* **angle of pressure** *(Form)*
**Einhaltung** *f (Allg) (z.B. von Bestimmungen)* **compliance** *(Allg)*
**Einhängeträger** *m (Stb) (z.B. einer Gerberbrücke)* **suspended span** *adj:n (Stb)*
**Einhärtetiefe** *f (Form)* **hardening depth** *(Form)*
**Einheitsfeingewinde** *nt (Stb)* **unified fine thread series** *(Stb)*
**Einheitsgetriebe** *nt (Kfz)* **standard gearbox** *adj:n (Mech)*
**Einheitsgrobgewinde** *nt (Stb)* **unified coarse thread series** *(Stb)*
**Einheitslokomotive** *f (Bahn)* **standard locomotive** *adj:n (Bahn)*
**Einheitssystem** *n* **modular concept** *adj:n (Mech, Bg/Bergb)*
**Einkammerbremszylinder** *m (Kfz)* **single-chamber brake cylinder** *(Kfz)*
**Einkerbung** *f (Form)* **notch** *(Form)* (housing)
**Einkopfbetrieb** *m (Form)* **single-probe operation** *(Form)*
**Einkopfverfahren** *nt (Form)* **single-probe method** *(Form)*
**Einlage** *f (Band) (Gurt)* **ply** *(Band)* (belting)
**Einlagenschweißung** *f (Schw)* **single-pass welding** *(Schw)*
**Einlagering** *m (Hütt/Wlz) (Rohrschweißung)* **backing ring** *(Hütt/Wlz)* (tube welding)
**Einlass** *m (Kfz) (z.B. Ansaugöffnung)* **inlet** *(Kfz)*
**Einlassanschluss** *m (Kfz) (Gewinde)* **input connection** *(Kfz)* (thread)
**Einlasskanal** *m (Form)* **inlet port** *(Form)*
**Einlasskanalöffnung** *f (Form)* **inlet port** *(Form)*
**Einlasskrümmer** *m (Kfz)* **intake manifold** *(Mech)*
**Einlassnockenwelle** *f (Kfz)* **inlet camshaft** *(Kfz)*
**Einlassrohr** *nt (Hyd/Pneu)* **inlet pipe** *(Hyd/Pneu)*
**Einlassschalter** *m (Kfz)* **reset switch** *(Mech)*
**Einlassüberdruckventil** *nt (Kfz)* **inlet relief valve** *(Kfz)*
**Einlassventil** *nt (Kfz)* **intake valve** *(Kfz)*
**Einlassventilfeder** *f (Form)* **intake valve spring** *(Form)*
**Einlassventilsitz** *m (Form)* **intake valve seat** *(Form)*
**Einlassventilverschraubung** *f (Kfz)* **inlet valve cap** *(Kfz)*
**Einlauf** *m (Zer)* **feed opening** *(Zer)*
**Einlaufbrücke** *f (Zer)* **transition truss** *(Zer)*
**Einlaufgehäuse** *nt (Kfz)* **inlet housing** *(Kfz)*
**Einlaufgerüst** *nt (Bg/Bergb, Umschl) (Bandschleifenwagen)* **transition frame** *(Bg/Bergb)* (e.g of a wing tripper / a bench belt tripper)
**Einlaufkasten** *m (Zer)* **feed hood** *(Zer)*
**Einlaufkonus** *m (Form)* **inlet guiding cone** *(Form)*
**Einlaufrollgang** *m (Form)* **charging roller conveyor** *(Kfz)*
**Einlaufschütz** *nt (Stb)* **intake gate** *(Stb)*

**Einlaufseite** *f (Mech) (Schneckenrad)* **running-in side** *(Mech)*
**Einlaufspeicher** *m (Form)* **entry looper** *(Form)*
**Einlaufstrecke** *f (Hütt/Wlz) (z.B. vor einem Ventil)* **upstream** *(Hütt/Wlz)* (of the valve)
**Einlaufstutzen** *m (Kfz)* **inlet connection** *(Kfz)*
**Einlauftraverse** *f (Zer)* **spider** *(Zer, Schw)*
**Einlauftrichter** *m (Zer)* **feeding hopper** *(Zer, Umschl)*
**Einlaufzeit** *f (Mech) (Getriebe)* **running-in period** *BE (Mech)*
**Einlaufzylinder** *m (Hyd/Pneu)* **feed cylinder** *(Hyd, Bg/Bergb)*
**Einlegekeil** *m (Mech)* **sunk key** *(Mech)*
**Einlegering** *m (Kfz)* **spacer** *(Mech, Hütt/Wlz)*
**Einlegstück** *nt (Mech)* **shim** *(Mech)*
**Einleitungsbremse** *f (Bahn)* **single-pipe brake** *(Bahn)*
**Einmannbedienung** *f (Bg/Bergb)* **one-man control** *(Bg/Bergb)*
**Einmanndruckluftbohrer** *m (Mont, Werkz)* **one-man air drill** *(Mont, Werkz)*
**Einmauerung** *f (Hütt/Wlz)* **brickwork setting** *(Hütt/Wlz)*
**Einpassen** *nt (Stb) (Anpassen)* **fitting** *(Stb)* (putting in)
**Einpegelung** *f (Mech)* **level adjustment** *(Mech)*
**Einpunkt-Zweipunktseite** *f (Mech)* **single-support side** *(Mech)*
**Einreißfüller** *m (Zer)* **stripping filler** *(Zer)*
**Einrichtung** *f (Form) (Vorbereitung, Aufstellung)* **setup** *(Form)*
**Einrichtung** *f (Mech, Mont)* **installation** *(Mech, Mont)*
**Einrichtung** *f (Stb) (Ausrüstung)* **equipment** *(Mech, Bg/Bergb)*
**Einrichtungen für die Russblasung** *(Mech)* **sootblowing facilities** *pl (Mech)*
**Einrohrfestwiderstand** *m (Mech)* **single-pipe located resistor** *(Mech)*
**Einrollenlager** *nt (Stb)* **single-roller bearing** *(Stb)*
**Einrollenwaage** *f (Mech, Band) (Band)* **single-roller belt scale** *(Mech, Band)*
**Einrückmuffe** *f (Form)* **engagement nut** *(Form)*
**Einsatz** *m (Mech) (Verwendung)* **duty** *(Mech)* (running of a machine)
**Einsatz** *m (Mech, Hyd/Pneu) (Filter)* **inset** *(Mech, Hyd/Pneu)*
**Einsatz** *m (Mech, Mont) (Blechanker, Zwickel)* **gusset** *(Mech, Mont)*
**Einsatzbedingung** *f (Mech)* **operating condition** *(Mech)*
**Einsatzbedingungen, dauernd** dauernde Einsatzbedingungen *adj:n (Mech)* **conditions in continuous operation** *(Mech)*
**Einsatzgegebenheit** *f (Allg)* **job needs** *pl (Allg)*
**Einsatzgruppe** *f (Allg)* **task force** *(Allg)*
**Einsatzhärtung** *f (Bg/Bergb)* **case hardening** *(Bg/Bergb)*
**Einsatzhäufigkeit** *f (Bau)* **number of uses** *(Bau)*
**Einsatzmöglichkeit** *f (Mech, Allg) (Gerät)* **application** *(Allg)* (prep: to)
**Einsatzort** *m (Mech, Allg)* **site of operation** *(Mech, Allg)*
**Einsatzpatrone** *f (Kfz)* **cartridge** *(Kfz)*
**Einsatzstahl** *m (Form)* **case hardening steels** *pl (Form)*
**Einsatzteilung** *f (Form) (kleine Vertiefung)* **dip** *(Form)*
**Einsatztemperatur** *f (Form)* **operation temperature** *(Form)*
**Einsatzverhalten** *nt (Form)* **behaviour during application** *(Form)*
**Einschallwinkel** *m (Schw)* **refraction angle** *(Schw)*
**Einschaltdauer** *f (Mech, Allg) (Maschine)* **operating time** *(Mech, Allg)*
**Einschaltleistung** *f (Hyd/Pneu) (Ventil)* **in-rush current** *(Hyd/Pneu)*
**Einschaltmagnet** *m (Mech)* **starting magnet** *(Mech)*
**Einschaltung** *f (Allg) (z.B. des Motors)* **switching-on** *(Allg)*
**Einscheibenkupplung** *f (Kfz)* **single-disc clutch** *(Kfz)*
**Einscheibenkupplung in Öl laufend** *(Kfz)* **single-plate clutch in oil** *(Kfz)*
**Einscheibentrockenkupplung** *f (Kfz)* **single-disc dry clutch** *(Kfz)*
**Einschienenlängekatze** *f (Bg/Bergb, Umschl)* **telpher** *(Bg/Bergb)*
**Einschienenlaufkatze** *f (Bg/Bergb, Umschl)* **monorail trolley** *(Bg/Bergb)*

**Einschlaganschluss** *m (Kfz)* **inserted support** *adj:n (Mech)*
**Einschlagen** *nt (Kfz) (von Ventilen)* **pocketing** *(Kfz)* (of valves)
**Einschlagseite** *f (Mech, Mont)* **entry side** *(Mech, Mont)*
**Einschlagwecker** *m (Bg/Bergb)* **alarm bell** *(Mech, Bg/Bergb)*
**Einschleißspur** *f (Mech)* **trace of wear** *(Mech)*
**Einschleusestelle** *f (Mech)* **injection point** *(Mech)*
**Einschluss** *m (Bg/Bergb)* **entrapment** *(Bg/Bergb)*
**Einschnitt** *m (Bg/Bergb) (Bergbau)* **opening cut** *(Bg/Bergb)*
**Einschnitt** *m (Form) (Einkerbung)* **notch** *(Hütt/Wlz)*
**Einschnitt** *m (Mont)* **recess cut** *(Mont)*
**Einschnürtrommel** *f (Bg/Bergb, Umschl, Band)* **bend pulley** *(Band, Bg/Bergb, Umschl)*
**Einschnürung** *f (Form) (Querschnittsverminderung)* **necking** *(Form)*
**Einschnürung** *f (Hütt/Wlz)* **constriction** *(Hütt/Wlz)*
**Einschränkungsberechnung** *f (Bahn) (Bahnprofil)* **calculation of side restriction** *(Bahn)*
**Einschraubbolzen** *m (Form)* **threaded locking pin** *adj:n (Form)*
**Einschraubfassung** *f (Form)* **screw socket** *(Form)*
**Einschraubgewinde** *nt (Mech)* **screw-in thread** *(Mech)*
**Einschraubhülse** *f (Hyd/Pneu, Mech)* **screwed socket** *adj:n (Hyd, Mech)*
**Einschraubloch** *nt (Mech)* **thread hole** *adj:n (Mech)*
**Einschraubmutter** *f (Form)* **screwed insert** *adj:n (Mech)*
**Einschraubstutzen** *m (Form)* **screw-in socket** *(Form)*
**Einschraubverschraubung** *f (Mech)* **male screw joint** *adj:n (Mech)*
**Einschub** *m (Form) (eines Moduls auf ein Chassis)* **module insert** *(Form)*
**Einschubbauweise** *f (Mont, Bau)* **sliding rack** *(Mont, Bau)*
**Einschurrung** *f (Bg/Bergb, Band, Umschl)* **chuting** *(Bg/Bergb, Band, Umschl)*
**Einschweißbuchse** *f (Bg/Bergb)* **weld-in bush** *(Bg/Bergb)*
**Einschweißflansch** *m (Schw)* **welded flange** *adj:n (Mech)*
**Einschweißhülse** *f (Schw) (Thermometer)* **weld-in socket** *(Schw)*
**Einschweißnippel** *m (Schw)* **welded nipple** *adj:n (Schw)*
**Einschweißverschraubung** *f (Schw)* **welded screw-coupling** *adj:n (Schw)*
**Einschwingenbackenbrecher** *m (Zer)* **single-toggle jaw crusher** *(Zer)*
**Einseitenkippwagen** *m (Mech)* **large-body tipping wagon** *(Mech)*
**Einsenkung** *f (Mech, Stat)* **deflection** *(Mech, Stat)*
**Einsetzen** *nt (Allg) (Beginn, Anfang)* **onset** *(Allg)*
**Einspannbedingung** *f (Stb)* **end restraint condition** *(Stb)*
**Einspannklemmen** *pl f (Mech) (Prüfmaschine)* **jaws** *pl (Mech)* (testing machine)
**Einspannkopf** *m (Mech) (Werkzeugmaschine)* **chuck** *(Mech, Mont)*
**Einspannmoment** *nt (Stb)* **end-restraint moment** *(Stb)*
**Einspannung** *f (Mech) (an den Enden)* **restraint** *(Mech)* (at ends)
**Einspannung** *f (Stb)* **fixing** *(Bg/Bergb, Mech)*
**Einspannung, voll** volle Einspannung *adj:n (Stb)* **full fixity** *adj:n (Stb)*
**Einspannvorrichtung** *f (Stb) (Haltevorrichtung)* **fixture** *(Stb)*
**Einspeiseventil** *nt (Hyd/Pneu)* **feed valve** *(Hyd/Pneu)*
**Einsprengzange** *f (Form)* **circlip pliers** *pl (Form)*
**Einspritzanlage** *f (Kfz)* **injection system** *(Kfz)*
**Einspritzdüse** *f (Mech, Hyd/Pneu) (Motor, Einspritzpumpe)* **injection nozzle** *(Kfz)*
**Einspritzer** *m (Kfz)* **injection valve body** *(Kfz)*
**Einspritzkühler** *m (Kfz)* **spray attemperator** *(Kfz)*
**Einspritzleitung** *f (Kfz)* **injection pipe** *(Kfz)*
**Einspritzmotor** *m (Kfz)* **injection engine** *(Kfz)*

**Einspritzorgan** *nt (Kfz)* **injection system** *(Kfz)*
**Einspritzpumpe** *f (Kfz)* **injection pump** *(Kfz)*
**Einspritzpumpenkolben** *m (Kfz)* **injection pump plunger** *(Kfz)*
**Einspritzsystem** *nt (Kfz)* **fuel injection system** *(Kfz)*
**Einspritzung** *f (Mech, Hyd/Pneu)* **injection** *(Mech, Hyd/Pneu)*
**Einspritzventil** *nt (Kfz)* **injector** *(Hyd, Mech)*
**Einspritzversteller** *m (Kfz)* **injection timing mechanism** *(Kfz)*
**Einspritzvorrichtung** *f (Kfz)* **primer** *(Kfz)* (injection)
**Einsprung** *m (Mont)* **re-entrant cut** *(Mont)*
**Einspurraupe** *f (Bg/Bergb)* **single track crawler** *(Bg/Bergb)*
**Einstammvorrichtung** *f (Kfz) (an einer Holzzange)* **single log tine** *(Kfz)*
**Einstechen** *nt (Form) (z.B. der Schaufel)* **penetration** *(Form)* (of a bucket, shovel)
**Einstechmesser** *nt (Form)* **stinger bit** *(Form)*
**Einsteckmuffe** *f (Form) (eines Rohres)* **socket joint** *(Form)* (of a pipe)
**Einsteckratsche** *f (Mech)* **ratchet attachment** *(Mech)*
**Einsteckstoß** *m (Stb)* **slip joint** *(Mech)*
**Einsteckwinkel** *m (Mech)* **angle attachment** *(Mech)*
**Einstegplatte** *f (Bg/Bergb)* **single-grouser track pad** *(Bg/Bergb)*
**Einsteigtür** *f (Hütt/Wlz)* **access door** *(Hütt/Wlz)*
**Einstellarm** *m (Kfz)* **pitch arm** *(Kfz)*
**Einstellbereich** *m (Hyd/Pneu)* **setting range** *(Hyd/Pneu)*
**Einstellbuchse** *f (Mech)* **adjusting bush** *(Mech)*
**Einstelleinrichtung** *f (Form)* **adjusting device** *(Form)*
**Einstellelastizität** *f (Hütt/Wlz)* **flexibility** *(Hütt/Wlz)* (of the boiler)
**Einstellelastizität** *f (Hütt/Wlz) (gegen Lastwechsel des Kessels)* **adaptability** *(Mech)*
**Einstellen** *nt (Mech)* **adjustment** *(Mech, Allg)* (e.g. of machines)
**Einstellgenauigkeit** *f (Mech)* **positioning accuracy** *(Mech)*
**Einstellglied** *nt (Kfz)* **setting element** *(Kfz)*
**Einstellgröße** *f (Kfz) (des Motors)* **option rating** *(Kfz)* (of the engine)
**Einstellhebel** *m (Kfz)* **adjusting lever** *(Bahn)*
**Einstellhülse** *f (Kfz)* **adjusting sleeve** *(Kfz)*
**Einstellinstrument** *nt (Kfz)* **adjusting element** *(Kfz)*
**Einstellknopf** *m (Mech)* **setting button** *(Mech)*
**Einstellmarke** *f (Form) (Bündigkeit)* **aligning mark** *(Form)*
**Einstellmarke** *f (Form) (Maschine)* **setting mark** *(Form)*
**Einstellmaß** *nt (Mech) (Werkzeuge)* **setting gauge** *(Mech)* (tools)
**Einstellmöglichkeit** *f (Form)* **adjusting facility** *(Form)*
**Einstellpunkt** *m (Hütt/Wlz)* **setting point** *(Hütt/Wlz)* (of a measuring instrument)
**Einstellring** *m (Mech)* **adjusting ring** *(Mech)*
**Einstellscheibe** *f (Kfz)* **dial** *(Mech, Allg)*
**Einstellschraube** *f (Mech)* **adjusting screw** *(Mech)*
**Einstellstange** *f (Kfz)* **pitch arm** *(Kfz)*
**Einstellung** *f (Hütt/Wlz) (Justierung)* **adjustment** *(Mech, Allg)* (e.g. of machines)
**Einstellung** *f (Mech)* **setting** *(Mech)*
**Einstellung auf der Skala** *(Mech)* **scale reading** *(Mech)*
**Einstellung der Gesteine** *(Bau)* **classification of rocks** *(Bau)*
**Einstellung einer Kurvenscheibe** *(Kfz)* **cam angle** *(Kfz)*
**Einstellvorrichtung für die Fördermenge** *(Umschl)* **flow setting device** *(Bg/Bergb, Umschl)*
**Einstellwagen** *m (Bg/Bergb, Umschl) (Kipper)* **cardumper cradle** *(Bg/Bergb)*
**Einstellweg** *m (Bg/Bergb, Umschl)* **shunting length** *(Bg/Bergb)*
**Einstellwert** *m (Mech)* **setting** *(Mech)*
**Einstempelpresse** *f (Mech)* **one-stemp press** *(Mech)*
**Einstich** *m (Mech, Mont)* **groove** *(Schw)*
**Einstichpunkt** *m (Form) (für den Radius)* **centre point** *(Mech, Math)* (for radius)
**Einstieg** *m (Mech) (Mannloch)* **manhole** *(Mech)*

**Einstrossenbetrieb** *m (Bg/Bergb)* **pit operation** *(Bg/Bergb)*
**Einsturz** *m (Bg/Bergb)* **caving-in** *(Bg/Bergb)*
**Einsturzbeben** *nt (Geol)* **subsidence earthquake** *(Geol)*
**Eintauch-Kühlmittelpumpe** *f (Mech, Hyd/Pneu)* **immersed coolant pump** *adj:n (Mech, Hyd/Pneu)*
**Eintauchtiefe** *f (Bg/Bergb, Umschl) (Zustelltiefe)* **depth of bucket wheel entry** *(Bg/Bergb, Umschl)* (into pile)
**Einteilung** *f (Allg) (in Gruppen, Klassen usw.)* **classification** *(Allg)* (e.g. fields of activities, accounts)
**Eintriebsdrehzahl** *f (Mech) (Regelgetriebe)* **input speed** *(Mech)*
**Eintrittssammler** *m (Hütt/Wlz)* **inlet header** *(Hütt/Wlz)*
**Eintrittsverlust** *m (Hütt/Wlz)* **entrance loss** *(Hütt/Wlz)*
**Eintrittswinkel** *m (Hütt/Wlz)* **entrance angle** *(Hütt/Wlz)*
**Eintrommelkopfantrieb** *m (Bg/Bergb, Band)* **single-pulley head drive** *(Bg/Bergb, Band)*
**Einwalzenbrecher** *m (Zer)* **single-roll crusher** *(Zer)*
**Einwegsperrventil** *nt (Hyd/Pneu)* **one-way check valve** *adj:n (Hyd/Pneu)*
**Einwegventil** *nt (Hyd/Pneu)* **monoway valve** *(Hütt/Wlz)*
**Einweiser** *m (Bg/Bergb) (am Baggerabwurf)* **spotter** *(Bg/Bergb)* (excavator crew)
**Einwellenhammerbrecher** *m (Zer)* **single-shaft hammer crusher** *(Zer)*
**Einwellenwalzenbrecher** *m (Zer)* **single-roll crusher** *(Zer)*
**Einwirkung von Staub** *(Mech, Allg)* **effects of dust** *(Mech)*
**Einwirkungszeit** *f (Form)* **action time** *(Form)*
**Einzelanfertigung** *f (Mech) (Einzelstück)* **individual production** *adj:n (Mech)*
**Einzelantrieb** *m (Kfz)* **individual drive** *adj:n (Mech)*
**Einzelbauteil** *nt (Stb)* **individual component** *adj:n (Mech)*
**Einzelbordkran** *m (Schiff)* **single-deck crane** *(Schiff)*
**Einzeldrähte** *pl m (Mech)* **individual wires** *pl (Mech)*
**Einzelfehler** *m (Form)* **single defect** *adj:n (Mech)*
**Einzelkomponente** *f (Mech)* **individual component** *adj:n (Mech)*
**Einzellast** *f (Stat)* **point load** *(Mech, Stb)*
**Einzelradaufhängung** *f (Kfz)* **independent suspension** *adj:n (Mech)*
**Einzelregelung des Druckes** *(Hyd/Pneu)* **individual pressure regulation** *adj:n (Hyd/Pneu)*
**Einzelsehne** *f (Allg) (in Zeichnungen)* **single axis** *adj:n (Allg)*
**Einzelsteuerung** *f (Kfz)* **individual control** *adj:n (Mech)*
**Einzelstück** *nt (Form)* **single piece** *(Form)*
**Einzelteil** *nt (Mech)* **individual part** *adj:n (Mech)*
**Einzelversuch** *m (Stb)* **single test** *adj:n (Mech)*
**Einzelzeichnung** *f (Hütt/Wlz)* **detail drawing** *(Hütt/Wlz, Stb)*
**Einziehflaschenzug** *m (Mech) (z.B. Schiffsentlader)* **apron hoist block** *(Mech)*
**Einziehseil** *nt (Mech)* **tag line** *(Mech)*
**Einziehung** *f (Mech) (Einschnürung)* **contraction** *(Hütt/Wlz, Stb)*
**Einziehung** *f (Mech) (z.B. Welle)* **shoulder** *(Mech)*
**Einziehwerk** *nt (Bg/Bergb, Umschl) (Kranbau)* **hoist machinery** *(Bg/Bergb, Umschl)*
**Einziehwinde** *f (Mech)* **derricking winch** *(Mech)*
**Einzugkessel** *m (Hütt/Wlz)* **single-pass boiler** *(Hütt/Wlz)*
**Einzylindermotor** *m (Kfz)* **one-cylinder engine** *(Kfz)*
**Eisen** *nt (Stb)* **iron** *(Stb)*
**Eisenbahngleis** *nt (Bahn)* **railway track** *(Bahn)*
**Eisenbahnprodukt** *nt (Form)* **railway product** *(Form)*
**Eisenbahnschwelle** *f (Bahn)* **sleeper** *BE (Bahn)*
**Eisenbahnstrecke** *f (Stb)* **line** *(Stb)* (railway)
**Eisenbahnübergang** *m (Bahn)* **level crossing** *(Bahn)*
**Eisenbeton** *m (Stb) (Stahlbeton)* **reinforced concrete** *adj:n (Stb, Bau)*
**Eisenerz** *nt (Bg/Bergb)* **iron ore** *(Bg/Bergb)*

**Eisenglimmer** *m (Bg/Bergb)* **iron mica** *(Bg/Bergb)*
**Eisenguss** *m (Hütt/Wlz)* **cast iron** *(Hütt/Wlz)* **iron casting** *(Hütt/Wlz)*
**Eisenhütte** *f (Form) (Hüttenwerk)* **steel works** *pl (Hütt/Wlz)*
**Eisenkern** *m (Form)* **iron core** *(Form)*
**Eisenkettenbagger** *m (Bg/Bergb)* **bucket chain excavator** *(Bg/Bergb)*
**Eisenrohrgröße** *f (Mech)* **iron pipe size** *(Mech)*
**Eisenschrott** *m (Mech)* **iron scrap** *(Mech)*
**Eisenverbindung** *f (Form)* **ferrous compound** *adj:n (Form)*
**Elastizität** *f (Stb)* **elasticity** *(Mech)*
**Elastizitätsberechnung** *f (Stb)* **elastic design** *adj:n (Stb)*
**Elastizitätsgleichung** *f (Stb)* **elasticity equation** *(Stb)*
**Elastizitätsgrenze** *f (Mech)* **elastic limit** *adj:n (Mech)*
**Elastizitätsmodul** *m (Mech)* **elastic modulus** *adj:n (Mech)*
**Elastomer** *nt (Bg/Bergb)* **elastomer** *(Bg/Bergb)*
**Elastostatik** *f (Mech, Stat)* **statics of elastic bodies** *(Mech, Stat)*
**Eldro-Gerät** *nt (Mech, Hyd/Pneu)* **electro-hydraulic thrustor** *adj:n (Mech, Hyd/Pneu)*
**Elektro-Impulsventil** *nt (Kfz)* **solenoid pilot-operated valve** *(Kfz)*
**Elektro-Lichtbogenofen** *m (Schw)* **electric arc furnace** *adj:n (Hütt/Wlz)*
**Elektro-Triebwagen** *m (Bahn)* **electric railcar** *adj:n (Bahn)*
**Elektroanlagen im Ballastausleger** *(Bg/Bergb)* **electrical equipment in the ballast boom** *adj:n (Bg/Bergb)*
**Elektroantrieb** *m (Mech)* **electric drive** *adj:n (Mech)*
**Elektrobagger** *m (Bg/Bergb)* **electric excavator** *adj:n (Bg/Bergb)*
**Elektroband** *nt (Mech)* **electrical strip** *adj:n (Mech)*
**Elektrobandtrommel** *f (Band)* **electrical motor pulley** *adj:n (Band)*
**Elektroblech** *nt (Form)* **electrical sheet** *adj:n (Form)*
**Elektrofilter** *m (Hyd/Pneu)* **electro-precipitator** *(Hyd/Pneu)*
**Elektrohaus** *nt (Bg/Bergb, Umschl)* **electrical house** *adj:n (Bg/Bergb, Umschl)*
**Elektrohubzug** *m (Mech)* **electric hoist** *adj:n (Mech)*
**Elektrokarren** *m (Mech)* **electric truck** *adj:n (Mech)*
**Elektroknabberer** *m (Zer)* **electric material reducer** *adj:n (Zer)*
**Elektrokran** *m (Mech)* **electric crane** *adj:n (Mech)*
**Elektrolokomotive** *f (Bahn)* **electric locomotive** *adj:n (Bahn)*
**Elektrolytkupfer** *nt (Mech)* **cathode copper** *(Mech)*
**Elektromontage** *f (Mech, Mont)* **electric field installation** *adj:n (Mech, Mont)*
**Elektron-Bandwaage** *f (Mech)* **electronic belt scale** *adj:n (Mech)*
**Elektronenröhre** *f (Hyd/Pneu)* **thermionic valve** *(Hyd/Pneu)*
**Elektroschweißen** *nt (Schw)* **electric welding** *adj:n (Schw)*
**Elektroseilbagger** *m (Bg/Bergb)* **electric mining shovel** *adj:n (Bg/Bergb)*
**Elektroseilzug** *m (Mech)* **electric rope hoist** *adj:n (Mech)*
**Elektrostahl** *m (Hütt/Wlz)* **electric steel** *adj:n (Hütt/Wlz)*
**Elektrostahlguss** *m (Hütt/Wlz)* **electric steel casting** *adj:n (Hütt/Wlz)*
**Elektrowagen** *m (Umschl)* **trailer for electrical equipment** *(Umschl)*
**Elektrowinde** *f (Mech)* **electric hoist** *adj:n (Mech)*
**Element, finit** finites Element *adj:n (Stat)* **finite element** *adj:n (Stat)*
**Elementaranalyse** *f (Form)* **ultimate analysis** *adj:n (Form)*
**Emaillieren** *nt (Form)* **enameling** *(Form)*
**Emissionsgrenze** *f (Form)* **admissible emission** *adj:n (Mech)*
**Emissionspegel** *m (Form)* **emission level** *(Form)*
**Emissionsschutz** *m (Ökol)* **emission protection** *(Ökol)*
**Emissionswert** *m (Stb)* **emissivity coefficient** *(Stb)*
**Empfangsprüfkopf** *m (Schw)* **receiver probe** *(Schw)*
**Empfindlichkeit** *f (Mech, Allg)* **sensitivity** *(Mech, Allg)*

**Empfindlichkeitsabgleichglied** *nt (Form)* **sensitivity trimming element** *(Form)*
**Empfindlichkeitsausgleich** *m (Form)* **sensitivity compensation** *(Form)*
**Empfindlichkeitsfehlernachweis** *m (Form)* **flaw detection sensitivity** *(Form)*
**Empfindlichkeitsregelung** *f (Form)* **sensitivity control** *(Form)*
**Empfindlichkeitsregler** *m (Form)* **sensitivity regulator** *(Form)*
**Empfindlichkeitsüberwachung** *f (Form)* **sensitivity check** *(Form)*
**Endabnahme** *f (Allg)* **final inspection** *adj:n (Allg)*
**Endabschluss** *m (Kfz) (z.B. des Laufgitters)* **end stopper** *(Kfz)* (e.g. of handrail)
**Endanschlag** *m (Mech)* **end stop** *(Mech)*
**Endantrieb** *m (Mech) (Ölmotor)* **final drive** *adj:n (Mech)*
**Endantrieb** *m (Mech) (Seilbaggerraupe)* **propel drive** *(Bg/Bergb, Mech)*
**Endantriebuntersetzung** *f (Kfz)* **final-drive reduction** *(Kfz)*
**Endaussteifung** *f (Stb)* **end stiffener** *(Stb)*
**Endbearbeitung** *f (Mech, Mont)* **finish** *(Mech, Allg)*
**Endbearbeitung** *f (Mech, Mont) (zerspanend)* **finish-machining** *(Mech, Mont)*
**Endbindeblech** *nt (Mech)* **end tie plate** *(Mech)*
**Endbolzen** *m (Mech)* **end pin** *(Mech)*
**Endbolzen** *m (Mech) (einer Kette)* **lock pin** *(Mech)*
**Endbuchse** *f (Stb)* **end bush** *(Mech)*
**Endbundklemme** *f (Mech)* **wire loop clamp** *(Mech)*
**Enddämpfung** *f (Bg/Bergb)* **final damping** *adj:n (Bg/Bergb)*
**Endenausführung** *f (Form) (Feder)* **style of ends** *(Form)*
**Endfeld** *nt (Stb) (Außenöffnung)* **end span** *(Stb)*
**Endglied** *nt (Mech)* **last link** *adj:n (Mech)*
**Endkappe** *f (Mech)* **end cap** *(Mech)*
**Endklötze** *pl m (Schw)* **end blocks** *pl (Schw)*
**Endkontrolle** *f (Allg)* **pre-delivery inspection** *(Allg)*
**Endlage** *f (Kfz) (des Zylinders)* **end of stroke** *(Mech)*
**Endlagendämpfung** *f (Hyd/Pneu)* **end position cushioning** *(Hyd/Pneu)*
**Endlager** *nt (Kfz)* **end bearing** *(Kfz)*
**Endlagerflansch** *m (Form)* **end bearing flange** *(Form)*
**Endlosmachen** *nt (Mech)* **endless splicing** *adj:n (Mech)*
**Endmast** *m (Mech)* **end poles** *pl (Mech)*
**Endmontage** *f (Mech)* **final assembly** *adj:n (Mech)*
**Endplatte** *f (Stb)* **end plate** *(Mech, Stb, Bahn)*
**Endquerrahmen** *m (Mech)* **end cross frame**
**Endquerträger** *m (Stb)* **end cross girder** *(Stb)*
**Endrahmen** *m (Stb)* **end frame** *(Stb, Mech)*
**Endriegel** *m* **end dam**
**Endrohr** *nt (Hyd/Pneu)* **end pipe** *(Hyd/Pneu)*
**Endrücknahme** *f (Umschl)* **end relief** *(Umschl)*
**Endseilspannvorrichtung** *f (Bg/Bergb)* **rope end tensioning device** *(Bg/Bergb)*
**Endspiel** *nt (Form) (z.B. Achsspiel)* **backlash** *(Mech)*
**Endstellung** *f (Mech)* **final position** *adj:n (Mech)*
**Endstrebe** *f (Stb)* **end kneebrace** *(Stb)*
**Endüberhitzung** *f (Hütt/Wlz) (Temperatur)* **final steam temperature** *adj:n (Hütt/Wlz)*
**Endverdampfer** *m (Hütt/Wlz) (Benson-Kessel)* **final evaporator** *adj:n (Hütt/Wlz)* (Benson boiler)
**Endverformung** *f (Form) (beabsichtigt)* **end shaping** *(Form)*
**Endverformung** *f (Form) (unbeabsichtigt)* **end deformation** *(Form)*
**Endverteiler** *m (Form)* **output distributor** *(Form)*
**Endwagen** *m (Bahn)* **end wagon** *(Bahn)*
**Engpass** *m (Allg) (enge Stelle)* **bottleneck** *(Allg, Mech)*
**Entaschung** *f (Hütt/Wlz)* **ash removal** *(Hütt/Wlz)*
**Entaschungsanlage** *f (Hütt/Wlz)* **ash handling plant** *(Hütt/Wlz)*
**Entfernung** *f (Mech) (z.B. Abbau eines Maschinenteils)* **dismantling** *(Mech, Allg)*
**Entfernung** *f (Mech, Allg)* **distance** *(Mech, Allg)*

**Entfernungsmesser** *m (Kfz) (z.B. eines Kfz)* **odometer** *(Mech)*
**Entgasung** *f (Form) (z.B. Brennstoff)* **degassing** *(Form)* (e.g. fuel)
**Entgasungsanlage** *f (Hütt/Wlz)* **deaerating plant** *(Hütt/Wlz)*
**Entgraten** *nt (Stb)* **trimming** *(Stb)*
**Enthärtung** *f (Stb)* **tempering** *(Stb, Hütt/Wlz)*
**Enthärtungsanlage** *f (Hütt/Wlz)* **softener** *(Hütt/Wlz)*
**Entkarbonisierungsanlage** *f (Hütt/Wlz)* **decarbonizer** *(Hütt/Wlz)*
**Entkieselung** *f (Hütt/Wlz)* **silica removal** *(Hütt/Wlz)*
**Entladeeinrichtung** *f (Bahn)* **discharging device** *(Bg/Bergb)*
**Entladehöhe** *f (Bg/Bergb)* **dumping height** *(Mech, Bg/Bergb)*
**Entladeklappe** *f (Bahn)* **discharge flap** *(Bahn)*
**Entladekolben** *m (Bg/Bergb)* **unloading piston** *(Bg/Bergb)*
**Entladeleistung** *f (Bahn)* **unloading capacity** *(Bahn)*
**Entladen** *nt (Bahn) (der Schaufel)* **discharging** *(Bahn)*
**Entlader** *m (Umschl)* **unloader** *(Umschl)*
**Entladerampe** *f (Mech)* **discharge ramp** *(Mech)* (truck dump station)
**Entladeventil** *nt (Hyd/Pneu)* **unloading valve** *(Hyd/Pneu)*
**Entladezeit** *f (Bahn)* **discharging time** *(Bahn)*
**Entlastung** *f (Allg)* **unloading** *(Mech, Stat)*
**Entlastungsfeder** *f (Hütt/Wlz)* **relieving spring** *(Hütt/Wlz)*
**Entlastungskegel** *m (Mech) (Blendomat-Silo)* **relieving cone** *(Mech)*
**Entlastungskolben** *m (Form)* **balance piston** *(Form)*
**Entlastungsventil** *nt (Hyd/Pneu)* **relief valve** *(Hyd/Pneu)*
**Entleerungsschurre** *f (Bg/Bergb)* **outlet chute** *(Bg/Bergb)*
**Entlüfter** *m (Hyd/Pneu) (z.B. der Bremsleitung)* **bleeder** *(Mech, Hyd/Pneu)*
**Entlüfter** *m (Kfz) (vor Anlauf der Maschine)* **primer** *(Kfz)* (initial ventilation)
**Entlüfterschraube** *f (Mech)* **vent bolt** *(Mech)*
**Entlüfterstutzen** *m (Kfz)* **breather pipe** *(Kfz)*
**Entlüfterventil** *nt (Hyd/Pneu)* **air bleeder** *(Hyd/Pneu)*
**Entlüftung** *f (Hyd/Pneu)* **venting** *(Hyd/Pneu)*
**Entlüftungsanlage des Motors** *(Kfz)* **engine breathing system** *(Kfz)*
**Entlüftungsdüse** *f (Hyd/Pneu)* **ventilation nozzle** *(Hyd/Pneu)*
**Entlüftungseinrichtung** *f (Kfz)* **breather** *(Hyd/Pneu)*
**Entlüftungsfilter** *m (Hyd/Pneu)* **vent valve** *(Hyd/Pneu)*
**Entlüftungshahn** *m (Hyd/Pneu)* **air cock** *(Hyd/Pneu)*
**Entlüftungspumpe** *f (Hyd/Pneu)* **priming pump** *(Kfz)*
**Entlüftungsrohr** *nt (Bg/Bergb)* **air vent tube** *(Bg/Bergb)*
**Entmischung** *f (Geo, Ökol)* **segregation** *(Geo, Hütt/Wlz)*
**Entmischungstrommel** *f (Hütt/Wlz)* **steam-and-water drum** *(Hütt/Wlz)*
**Entnahmeventil** *nt (Hyd/Pneu)* **take-off valve** *(Hyd/Pneu)*
**Entöler** *m (Mech)* **de-oiler** *(Mech)*
**Entriegelung** *f (Mech)* **interlock release** *(Mech)*
**Entriegelungsgerät** *nt (Mech)* **unlocking unit** *(Mech)*
**Entrostung** *f (Anstr)* **removal of rust** *(Anstr)*
**Entsalzung** *f (Hütt/Wlz) (Trommel)* **demineralization** *(Hütt/Wlz)*
**Entschmelzungsart** *f (Form)* **type of melting** *(Form)*
**Entschwefelungsanlage** *f (Form)* **installation for desulphurization** *(Form)*
**Entsorgung** *f (Mech)* **removal** *(Bg/Bergb)* (of waste)
**Entspanner** *m (Hütt/Wlz)* **flash box** *(Hütt/Wlz)*
**Entspannung** *f (Hütt/Wlz) (Glühen)* **stress-relieve** *(Hütt/Wlz)*
**Entspannungsdampf** *m (Hütt/Wlz)* **flash steam** *(Hütt/Wlz)*
**Entspannungsdruck** *m (Hütt/Wlz)* **flash pressure** *(Hütt/Wlz)*
**Entstauber** *m (Hütt/Wlz) (Filter)* **precipitator** *(Hyd/Pneu)*
**Entstauberleitungen** *pl f (Hütt/Wlz)* **precipitator piping** *(Hütt/Wlz)*

**Entstauberwirkungsgrad** *m (Hütt/Wlz)* **precipitator efficiency** *(Hütt/Wlz)*
**Entstaubung** *f (Mech)* **dust removal** *(Mech)*
**Entstäubung** *f (Mech)* **dust collector** *(Hütt/Wlz, Mech)*
**Entstaubungsanlage** *f (Mech)* **dust removing plant** *(Form)*
**Entwässerung** *f (Mech, Bg/Bergb)* **drainage** *(Mech, Bg/Bergb)*
**Entwässerungsanlage** *f (Stb)* **sewage system** *(Stb)*
**Entwässerungsgraben** *m (Bau)* **draining ditch** *(Bau)*
**Entwässerungshahn** *m (Hyd/Pneu)* **drain cock** *(Hyd/Pneu)*
**Entwässerungskanal** *m (Stb)* **sewage channel** *(Stb)*
**Entwässerungsleitung** *f (Stb)* **sewage pipe line** *(Stb)*
**Entwässerungsschraube** *f (Kfz)* **water discharge screw** *(Kfz)*
**Entwässerungssystem** *nt (Bg/Bergb)* **dewatering system** *(Bg/Bergb)*
**Entwässerungstopf** *m (Bahn)* **drain cup** *(Bahn)* (on brake system)
**Entwässerungsventil** *nt (Hyd/Pneu)* **drain valve** *(Hyd/Pneu)*
**Entwicklung** *f (Allg) (Fortschritt)* **progress** *(Allg)*
**Entwurf** *m (Mech, Allg)* **scheme** *(Mech, Allg)*
**Entwurfszeichnung** *f (Mech, Allg)* **design drawing** *(Mech)*
**Entzunderungsanlage** *f (Form)* **decindering plant** *(Form)*
**Entzündung** *f (Mech)* **combustion** *(Mech)*
**Entzündungstemperatur** *f (Stb)* **ignition temperature** *(Stb)*
**Erbskohle** *f (Bg/Bergb)* **pea coal** *(Bg/Bergb)*
**Erdarbeiten** *pl f (Bau)* **earthworks** *pl (Bau)*
**Erdaushub** *m (Hütt/Wlz)* **excavation work** *(Hütt/Wlz)*
**Erdbau** *m (Bau)* **earth work** *(Bau)*
**Erdbaumaschine** *f (Bg/Bergb)* **earthmoving machine** *(Bg/Bergb)*
**Erdbeben** *nt (Geo)* **earthquake** *(Geo)*
**Erdbebenfaktor** *m (Geo, Bg/Bergb)* **seismic factor** *(Geo, Bg/Bergb)*
**Erdbebengebiet** *nt (Geo)* **earthquake-prone area** *(Geo)*
**Erdbebengefährdung** *f (Geo)* **earthquake hazard** *(Geo)*
**Erdbebenstoß** *m (Geo)* **earth tremor** *(Geo)*
**Erdbebenwirkung** *f (Geo)* **seismic effect** *adj:n (Geo)*
**Erdbeschleunigung** *f (Geo)* **acceleration of gravity** *(Geo)*
**Erdbewegung** *f (Kfz)* **earthmoving** *(Kfz)*
**Erdbewegungsarbeit** *f (Bg/Bergb, Geo)* **earthing moving** *(Bg/Bergb, Geo)*
**Erdbewegungseinsatz** *m (Kfz)* **earthmoving application** *(Kfz)*
**Erdbewegungsgerät** *nt (Bg/Bergb)* **earthmoving unit** *(Bg/Bergb)*
**Erdbewegungsmaschine** *f (Bg/Bergb)* **earthmoving machine** *(Bg/Bergb)*
**Erdblock** *m (Geo)* **adobe block** *(Geo, Bau)*
**Erdbohrgetriebe** *nt (Bg/Bergb)* **earth auger drive** *(Bg/Bergb)*
**Erdhobel** *m (Bg/Bergb)* **grader** *(Bg/Bergb)*
**Erdkern** *m (Geo)* **earth's core** *(Geo)*
**Erdöl** *nt (Geo)* **mineral oil** *(Geo)*
**Erdöl- und Erdgasanlagen** *(Bg/Bergb)* **oil and gas plants** *(Bg/Bergb)*
**Erdringflansch** *m (Mech)* **earth ring flange** *(Mech)*
**Erdschraube** *f (Mech)* **earthing screw** *(Mech)*
**Erdungsöse** *f (Mech)* **earth lug** *(Mech)*
**Erdungsseil** *nt (Bahn)* **earthing cable** *(Bahn)* (wagon frame to bogie)
**Erdweg** *m (Bg/Bergb) (z.B. aus bindigem Boden)* **farming and forestry road** *(Bg/Bergb)*
**Erdwinde** *f (Mech)* **wind lass** *(Mech)*
**Erfassungs- und Entstaubungsanlage** *(Form)* **suctrion and dust removing equipment** *(Form)*
**Ergebnis des Probelaufs** *(Kfz)* **trial evaluation** *(Kfz)*
**Ergebnisbericht** *m (Allg) (z.B. bei Jahresuntersuchung)* **inspection report** *(Allg)*
**Ergiebigkeit** *f (Bg/Bergb)* **yield** *(Bg/Bergb)*
**Ergonomie** *f (Allg)* **ergonomics** *BE (Allg)*
**Ergussgestein** *m (Geo)* **effusive rock** *adj:n (Geo)*
**Erkundung** *f (Bau)* **reconnaissance** *(Bau)*
**Erkundungsbohrung** *f (Mech, Geo)* **exploratory drilling** *adj:n (Mech, Geo)*

**Erleichterung** *f (Bahn) (durch Teilentleerung)* **weight decreasing** *(Bahn)* (by partial unloading)
**Ermittlung** *f (Allg) (Untersuchung)* **investigation** *(Mech, Allg)*
**Ermüdung** *f (Mech)* **fatigue** *(Mech)*
**Ermüdungsbruch** *m (Mech)* **fatigue fracture** *(Mech)*
**Ermüdungserscheinung** *f (Mech)* **signs of fatigue** *(Mech)*
**Ermüdungsfestigkeit** *f (Mech, Stat)* **fatigue resistance** *(Mech, Stat)*
**Ermüdungsgrenze** *f (Stb)* **fatigue limit** *(Mech, Stb)*
**Ermüdungsriss** *m (Form)* **fatigue crack** *(Mech)*
**Ermüdungsversuch** *m (Stb) (Dauerversuch)* **fatigue test** *(Mech)*
**Erneuern** *nt (Mech)* **revamping** *(Mech)*
**Erosion** *f (Hütt/Wlz)* **erosion** *(Hütt/Wlz)*
**Ersatz** *m (Mech, Allg)* **substitute** *(Mech, Allg)*
**Ersatzfehlergröße** *f (Mech)* **test error size** *(Mech)*
**Ersatzfehlergröße, zulässig** zulässige Ersatzfehlergröße *adj:n (Mech)* **magnitude of equivalent flaw** *(Mech)*
**Ersatzgerät** *nt (Mech)* **spare machine** *(Mech)*
**Ersatzkeilriemen** *m (Mech)* **spare fan belt** *(Mech)*
**Ersatzlast** *f (Mech, Stat)* **lane loading** *(Mech, Stat)*
**Ersatzrad** *nt (Kfz)* **spare wheel** *(Kfz)*
**Ersatzschlüssel** *m (Form)* **spare key** *(Form)*
**Ersatzschneide** *f (Form)* **spare cutting edge** *(Form)*
**Ersatzsignal** *nt (Bahn) (Sondersignal)* **subsidiary signal** *(Bahn)*
**Ersatzteil** *nt (Mech)* **spare part** *(Mech)*
**Ersatzteildienst** *m (Mech)* **central parts service** *(Mech)*
**Ersatzteile für Axialkompensator** *(Mech)* **spares for axial compensator** *(Mech)*
**Ersatzteile, original** original Ersatzteile *adj:n (Mech, Allg)* **genuine parts** *adj:n (Mech, Allg)*
**Ersatzteillager** *nt (Mech, Allg)* **parts depot** *(Mech, Allg)*
**Ersatzteilliste** *f (Allg, Mech)* **list of spare parts** *(Allg, Mech)*
**Ersatzteilsatz** *m (Mech)* **spare parts kit** *(Mech)*
**Erschmelzen** *nt (Hütt/Wlz, Mech)* **melting** *(Hütt/Wlz, Mech)*
**Erschütterung** *f (Mech, Stat)* **bump** *(Mech, Stat)* (shock)
**Erschütterungsgebiet** *nt (Bau) (Erdbeben)* **region of disturbance** *(Bau)*
**Erstarren** *nt (Form)* **solidification** *(Hütt/Wlz, Bau)*
**Erstarrungsgesteine** *pl nt (Geo)* **eruptive rocks** *pl (Geo)*
**Erstausrüstung von Ersatzteilen** *(Mech)* **initial stock of separate parts** *(Mech)*
**Erstbetriebsöl** *nt (Mech)* **running-in oil** *(Mech)*
**Ersteller einer Zeichnung** *(Stb)* **draughtsman** *(Stb, Bau)*
**Erstkonservierung** *f (Anstr)* **initial conservation** *(Anstr)*
**Ersuchen** *nt (Allg)* **request** *(Allg)*
**Erwägung** *f (Allg)* **consideration** *(Allg)*
**Erwärmdauer** *f (Allg)* **heating treatment time** *nt (Allg)*
**Erwärmungskurve** *f (Stb)* **heating curve** *(Stb)*
**Erwärmungsprüfung** *f (Mech)* **heat run test** *(Mech)*
**Erweiterung** *f (Mech)* **extension** *(Mech)* (e.g. of a plant)
**Erweiterungseingang** *m (Kfz)* **expanding input** *(Kfz)*
**Erweiterungsfeld** *nt (Stb)* **extension block** *(Stb)*
**Erweiterungsgerät** *nt (Mech)* **extension rack** *(Mech)*
**Erz** *nt (Hütt/Wlz)* **ore** *(Hütt/Wlz, Bg/Bergb)*
**Erzabfall** *m (Bg/Bergb)* **tailing** *(Hütt/Wlz, Bg/Bergb)*
**Erzbeteiligungen** *pl f (Bg/Bergb)* **interest in ore mining companies** *(Bg/Bergb)*
**Erzbunker** *m (Stb)* **ore bunker** *(Stb)*
**Erzeugnis** *nt (Allg)* **product** *(Allg)*
**Erzeugnis, feuerfest** feuerfeste Erzeugnisse *adj:n (Mech, Chem)* **basic refractory** *(Form)*
**Erzeugnisgruppe** *f (Mech)* **product group** *(Mech)*
**Erzeugnisse des Stahlbereichs** *(Stb)* **products of the steel division** *(Stb)*
**Erzeugnisse, fertig** fertige Erzeugnisse *adj:n (Mech)* **finished goods** *adj:n (Mech)*

**Erzeugnisse, unfertig** unfertige Erzeugnisse *adj:n (Allg)* **work in process** *BE (Allg)*
**Erzeugnisstruktur** *f (Mech, Allg)* **product structure** *(Mech, Allg)*
**Erzeugnistyp** *m (Mech, Allg) (Erzeugnisstruktur)* **product type** *(Mech, Allg)*
**Erzeugung** *f (Form) (Herstellung)* **production** *(Allg)*
**Erzeugung** *f (Mech, Allg)* **generation** *(Mech, Allg)*
**Erzeugung der Verzahnung** *(Mech)* **tooth generation** *(Mech)*
**Erzeugungskreis des Torus** *(Mech)* **generant of the toroid** *(Mech)*
**Erzflussstrecke** *f (Hütt/Wlz)* **ore flow route** *(Hütt/Wlz)*
**Erzförderung in Hüttenwerken** *(Hütt/Wlz)* **ore in steelworks** *(Hütt/Wlz)*
**Erzkörper** *m (Hütt/Wlz)* **ore body** *(Bg/Bergb)*
**Erzlinse** *f (Hütt/Wlz)* **ore lense** *(Hütt/Wlz)*
**Erzmischanlage** *f (Hütt/Wlz)* **blending plant** *(Hütt/Wlz)*
**Erzmischprojekt** *nt (Hütt/Wlz)* **blending scheme** *(Hütt/Wlz)*
**Erzrolle** *f (Bg/Bergb) (Förderstollen)* **rock slope** *(Bg/Bergb)*
**Erzschlammgewinnungsgerät** *nt (Bg/Bergb)* **ore-mud suction dredge** *(Bg/Bergb)*
**Erzverladeanlage** *f (Hütt/Wlz)* **ore handling plant** *(Hütt/Wlz)*
**Erzvorkommen** *nt (Bg/Bergb)* **ore body** *(Bg/Bergb)*
**Esse** *f (Bau) (Fabrikschornstein)* **smokestack** *(Bau, Stb)*
**Estrich** *m (Bau)* **screed** *(Stb)*
**ETA-Automat** *m (Form)* **ETA-automatic cut-off** *(Form)*
**Etage** *f (Bg/Bergb)* **floor** *(Geo)*
**Etagenplatte** *f (Mech)* **card holder plate** *(Mech)*
**Etagenschnitt** *m (Bg/Bergb)* **terracing cut** *(Bg/Bergb)*
**Etappen** *pl f (Mont, Allg)* **milestones** *pl (Mont, Allg)*
**Eternit** *nt (Bau) (Asbestzement)* **eternit** *(Bau)*
**Etikett** *nt (Allg) (Anhänger)* **tag** *(Mech, Allg)* (label)
**EUBA-Gerät** *nt (Mech)* **adjuster** *(Mech)*
**eulersche Knickspannung** *(Stb)* **Euler's critical stress** *(Stb)*
**Eulerspannung** *f (Stb)* **Euler's stress** *(Stb)* (calculate formula)
**Evolvente** *f (Mech)* **involute** *(Mech)*
**Evolvente, sphärisch** sphärische Evolvente *adj:n (Mech)* **spherical involute** *adj:n (Mech)*
**Evolventenschraubenfläche** *f (Mech)* **involute helicoid** *(Mech)*
**Evolventenverzahnung** *f (Mech)* **involute toothing** *(Form)*
**Expandierprobe** *f (Mech)* **cold expanding test** *(Mech)*
**Explosion** *f (Bg/Bergb)* **explosion** *(Bg/Bergb, Mech)*
**Explosionsdruck** *m (Bg/Bergb)* **explosion pressure** *(Bg/Bergb)*
**Explosionsgase** *pl nt (Bg/Bergb)* **explosion fumes** *pl (Bg/Bergb)*
**Explosionsklappe** *f (Mech) (Schleifringkammer)* **pressure relieving flap** *(Mech)*
**Explosionsmotor** *m (Kfz)* **internal combustion engine** *adj:n (Mech)*
**Explosionsraum** *m (Kfz)* **combustion chamber** *(Mech)*
**Explosionstür** *f (Hütt/Wlz)* **explosion door** *(Hütt/Wlz)*
**Explosionswelle** *f (Bg/Bergb)* **explosion train** *(Bg/Bergb)*
**Explosionszünder** *m (Bg/Bergb)* **detonating primer** *(Bg/Bergb)*
**Extras** *pl nt (Allg)* **extras** *pl (Allg)*
**Extruder** *m (Bg/Bergb) (Granulatformer)* **extrusion plant** *(Bg/Bergb)*
**Exzenterbüchse** *f (Zer, Mech)* **eccentric bush** *(Zer, Mech)*
**Exzenterkurve** *f (Kfz)* **cam contour** *(Kfz)*
**Exzenterwelle** *f (Zer, Mech)* **eccentric shaft** *(Zer, Mech)*
**Exzentrizitätszahl** *f (Stb)* **eccentricity factor** *(Stb)*

# F

**Fabrik** *f (Allg)* **factory** *(Allg, Mech)*
**Fabrik** *f (Allg) (Werk)* **plant** *(Allg)*
**Fabrikanlage** *f (Allg)* **plant** *(Allg)*
**Fabrikant** *m (Allg)* **factory owner** *(Allg)* **manufacturer** *(Allg)*

**Fabrikat** *(Allg) (Marke)* **make** *(Mech, Allg)*
**Fabrikat** *nt (Allg) (Produkt)* **manufactured article** *adj:n (Allg)* **product** *(Allg)*
**Fabrikation** *f (Allg)* **manufacture** *(Mech, Mont)* **manufacturing** *(Mech, Mont, Allg)*
**Fabrikationsabfall** *m (Mech)* **waste** *(Allg)*
**Fabrikationsfehler** *m (Mech)* **defect in manufacturing** *(Mech)* **flaw** *(Mech, Allg)*
**Fabrikationsstätte** *f (Allg)* **production plant** *(Allg)*
**Fabrikationsverfahren** *nt (Allg)* **working method** *(Allg)*
**Fabrikeinstellung** *f (Kfz) (z.B. eines Ventils)* **factory preset** *(Kfz)* (e.g. valve)
**Fabrikgebäude** *nt (Allg)* **factory building** *BE (Allg)*
**Fabriknummer** *f (Allg) (eines Artikels)* **serial number** *(Mech, Allg)*
**Fabrikschweißung** *f (Schw)* **shop welding** *(Schw)*
**fabrizieren** *v (Mech, Allg)* **produce** *v (Mech)*
**fabriziert** *adj (Mech)* **produced** *adj (Mech)*
**Fach** *nt (Stb) (Fachwerkkonstruktion)* **bay** *(Stb)* **panel** *(Stb)*
**Fächerabstreifer** *m (Bg/Bergb)* **multiple diagonal scraper** *(Bg/Bergb)* **radiating scraper** *(Bg/Bergb)*
**fächerartig** *adj (Bg/Bergb)* **fan-shaped** *adj (Bg/Bergb)*
**fächerförmig** *adj (Bg/Bergb)* **fan-shaped** *adj (Bg/Bergb)*
**Fächerscheibe** *f (Mech)* **serrated lock washer** *adj:n (Mech)* **fan-shaped washer** *adj:n (Mech)*
**Fachgutachten** *nt (Allg)* **expert opinion** *(Allg)*
**Fachingenieur** *m (Allg)* **expert engineer** *(Allg)*
**Fachmann** *m (Allg)* **expert** *(Mech, Allg)*
**Fachwand** *f (Stb) (Fachwerkwand)* **panel wall** *(Stb)*
**Fachwerk** *nt (Mech, Stb)* **structural frame** *adj:n (Stb, Stat)* **framework** *(Mech, Stb, Bau)*
**Fachwerk...** *affix (Mech, Stb)* **trussed** *adj (Mech, Stb)*
**Fachwerkhaus** *nt (Bau)* **half-timber house** *(Bau)*
**Fachwerkskonstruktion** *f (Mech, Stb)* **framework** *(Mech, Stb, Bau)* **girder construction** *(Bau)*
**Fahne** *f (Mech) (vorspringendes Teil)* **lug** *(Mech, Bahn)*
**Fahrantrieb** *m (Mech, Bg/Bergb, Umschl)* **drive unit** *(Mech)* **travel gear drive** *(Mech, Allg)*
**Fahrantrieb** *m (Umschl) (Brückengeräte, Übergabewagen, Hilfsabsetzer)* **long-travel drive** *(Umschl)*
**Fahrbahn** *f (Bau) (Straße)* **pavement** *AE (Kfz)* (road) **road** *(Bau)*
**Fahrbahn** *f (Bg/Bergb, Mech, Allg)* **track** *(Mech)*
**Fahrbahn** *f (Stb) (Spur)* **lane** *(Stb, Mech)* **traffic lane** *(Stb, Bau)*
**Fahrbahn, aufgehängt** aufgehängte Fahrbahn *adj:n (Bau)* **suspended deck** *adj:n (Bau)*
**Fahrbahn, oben liegend** oben liegende Fahrbahn *adj:n (Bau)* **upper deck** *adj:n (Bau, Stb)* **top platform** *(Bau)*
**Fahrbahnabdeckung** *f (Stb)* **roadway covering** *(Stb)*
**Fahrbahnanpassung** *f (Kfz) (mittels Pendellagerung)* **road adjusting** *(Kfz)* (oscillating bearing)
**Fahrbahnbreite** *f (Kfz)* **carriage width** *(Kfz)* **roadway width** *(Stb)*
**Fahrbahnentwässerung** *f (Stb)* **roadway drainage** *(Stb)*
**Fahrbahnplatte** *f (Stb)* **floor plate** *(Hütt/Wlz)* **platform** *(Mech)*
**Fahrbahnrost** *m (Stb)* **floor grid** *(Stb)* **floor system** *(Stb)*
**Fahrbahnträgerbrücke** *f (Stb)* **deck-girder bridge** *(Stb)*
**Fahrbalken** *m (Mech, Stb)* **track beam** *(Mech, Stb)*
**fahrbar** *adj (Mech, Allg)* **mobile** *adj (Mech, Allg)* **portable** *adj (Mech, Allg)*
**Fahrbrücke** *f (Stb)* **loading bridge** *(Stb, Umschl)*
**Fährbrücke** *f (Stb)* **aerial ferry** *adj:n (Stb)*
**Fahrdraht** *m (Bahn)* **catenary wire** *(Bahn)*
**Fähre** *f (Schiff)* **ferry** *(Schiff)*
**fahren** *v (Mech)* **drive** *v (Mech, Allg)*
**fahren** *v/i (Mech) (im Leerlauf)* **coast** *v (Mech)*
**Fahrer** *m (Bg/Bergb, Mech)* **driver** *(Bg/Bergb, Mech)*
**Fahrerhaus** *nt (Mech)* **cab** *(Kfz)* **operator's cab** *(Mech, Bg/Bergb)*

**Fahrerhausheizung** *f (Kfz)* **cab heater** *(Kfz)* **cab heating system** *(Kfz)*
**Fahrerkabine** *f (Kfz)* **cab** *(Kfz)* **operator's cab** *(Mech, Bg/Bergb)*
**Fahrerposition** *f (Kfz)* **operator position** *(Kfz)*
**Fahrersitz** *m (Kfz) (z.B. in einem Lkw)* **driver's seat** *(Kfz)*
**Fahrersitz** *m (Kfz) (z.B. in einer Baumaschine)* **operator's seat** *(Kfz)*
**Fahrerstand** *m (Kfz)* **operator position** *(Kfz)* **operator's cab** *(Mech, Bg/Bergb)*
**Fahrerstandbügel** *m (Kfz)* **operator position hoop** *(Kfz)*
**Fahrgeschwindigkeit** *f (Kfz)* **travel speed** *(Kfz)* **travelling speed** *(Kfz)*
**Fahrgeschwindigkeit** *f (Mech) (Versandgeschäft)* **track speed** *(Mech)*
**Fahrgeschwindigkeit** *f (Mech, Umschl) (Absetzer)* **propel speed** *(Umschl, Mech)*
**Fahrgestell** *nt (Bahn) (eines Wagons)* **carriage** *(Bahn, Mech)*
**Fahrgestell** *nt (Kfz)* **chassis** *(Bg/Bergb, Mech)*
**Fahrgestell** *nt (Kfz) (z.B. eines Kranfahrzeugs)* **carrier** *AE (Bg/Bergb, Mech)* (bogie)
**Fahrhebel** *m (Kfz)* **lever** *(Kfz)*
**Fahrkette** *f (Kfz) (Kettensatz)* **track set** *(Kfz)* (e.g. of an excavator)
**Fahrkreislauf** *m (Bg/Bergb, Hyd)* **travel-drive circuit** *(Bg/Bergb, Hyd)*
**Fahrlader** *m (Umschl)* **tractor shovel** *(Umschl)*
**Fahrmischer** *m (Mech)* **truck mixer** *(Mech)*
**Fahrmotor** *m (Kfz) (an der Raupenkette)* **final drive** *adj:n (Mech)*
**Fahrmotor** *m (Mech)* **propel motor** *(Mech)*
**Fahrpedal** *nt (Kfz)* **accelerator pedal** *(Kfz)*
**Fahrplanum** *nt (Bg/Bergb)* **ground** *(Bg/Bergb, Umschl)* (excavator) **operating level** *(Bg/Bergb)* **track level** *(Bg/Bergb)* **travelling path** *(Bg/Bergb)*
**Fahrportal** *nt (Bg/Bergb) (des Kranes)* **travelling gantry** *(Bg/Bergb)*
**Fahrpumpe** *f (Bg/Bergb, Hyd)* **travel-drive pump** *(Bg/Bergb, Hyd)*
**Fahrradweg** *m (Bau)* **bicycle track** *AE (Bau)* **cycle track** *BE (Bau)*
**Fahrrahmen** *m (Bg/Bergb, Mech)* **travelling frame** *(Bg/Bergb, Mech)*
**Fahrrinne** *f (Schiff)* **channel** *(Schiff)* (deeper part of a river) **fairway** *(Schiff)*
**Fahrscheinwerfer** *m (Bg/Bergb)* **headlight** *(Bg/Bergb)*
**Fahrschemel** *m (Bg/Bergb)* **traversing bogie** *(Bg/Bergb)*
**Fahrschiene** *f (Mech)* **track rail** *(Mech)*
**Fährschiff** *nt (Schiff)* **ferry** *(Schiff)*
**Fährseil** *nt (Mech)* **cable ferry** *(Mech)*
**Fahrspur** *f (Kfz) (z.B. im Schlamm)* **tire track** *(Kfz)*
**Fahrspur** *f (Stb) (Markierungen)* **lane** *(Stb, Mech)*
**fahrstabil** *adj (Kfz)* **stable during travelling** *(Kfz)*
**Fahrsteiger** *m (Bg/Bergb)* **overman** *(Bg/Bergb)*
**Fahrstellung** *f (Bahn)* **travelling position** *(Bahn)*
**Fahrsteuerung** *f (Mech)* **drive control** *(Mech)*
**Fahrstrecke** *f (Mech, Allg)* **route** *(Allg)* **stretch** *(Mech)*
**Fahrstromgenerator** *m (Mech)* **auxiliary diesel generating set** *adj:n (Mech)*
**Fahrstufe** *f (Kfz)* **travelling range** *(Kfz)*
**Fahrstuhl** *m (Mech) (Aufzug)* **elevator** *AE (Mech)* **lift** *BE (Bau)*
**Fahrstuhlkorb** *m (Mech)* **car** *(Mech)* (of an elevator)
**Fahrtenschreiber** *m (Mech, Bg/Bergb)* **circular chart recorder** *(Mech)* **tachograph** *(Mech)*
**Fahrtrichtung** *f (Mech)* **direction of travelling** *(Kfz)* **line of travel** *(Mech)*
**Fahrtrichtungsanzeiger** *m (Kfz)* **direction indicator** *(Mech)* **directional indicator** *adj:n (Mech)*
**Fahrverhalten** *nt (Kfz)* **travelling behaviour** *(Kfz)*
**Fahrwagen** *m (Mech)* **travelling carriage** *(Bg/Bergb, Mech, Umschl)*
**Fahrwasservertiefung** *f (Schiff)* **deepening of water channels** *(Schiff)*
**Fahrweganzeige** *f (Mech)* **travel indication** *(Mech)*
**Fahrwegerfassung** *f (Mech)* **travel path measurement** *(Mech)*
**Fahrwerk** *nt (Bg/Bergb, Mech)* **bogie** *(Bg/Bergb, Mech)* **carrier** *AE (Bg/Bergb, Mech)* (bogie)

**Fahrwerk** *nt (Bg/Bergb, Mech) (des Raupenbaggers)* **crawler unit** *(Bg/Bergb)*
**Fahrwerkbremse** *f (Kfz)* **travel brake** *(Kfz)*
**Fahrwerksantrieb** *m (Mech, Bg/Bergb, Umschl)* **crawler drive** *(Bg/Bergb)* **crawler track drive** *(Bg/Bergb)*
**Fahrwerksgetriebe** *nt (Mech)* **crawler gear unit** *(Bg/Bergb)* **travel gear unit** *(Mech, Bg/Bergb)*
**Fahrwerksgruppe** *f (Bg/Bergb, Mech)* **bogie** *(Bg/Bergb, Mech)* **bogie assembly** *(Bg/Bergb, Mech)* **bogie truck** *(Bg/Bergb, Mech)* **rail trucks** *pl (Bg/Bergb, Mech)*
**Fahrwerkskonstruktion** *f (Bahn)* **design of the chassis** *(Bahn)*
**Fahrwerksrahmen** *m (Bg/Bergb, Mech)* **carriage frame** *(Bg/Bergb)* **chassis frame** *(Bg/Bergb)*
**Fahrwerksschwinge** *f (Bg/Bergb, Mech)* **cross rocker beam** *(Bg/Bergb, Mech)*
**Fahrwerksschwinge** *f (Bg/Bergb, Mech) (Laufradschwinge)* **wheel bogie** *(Mech, Bg/Bergb)*
**Fahrwerksträger** *m (Bg/Bergb) (Transportraupe)* **crawler frame** *(Bg/Bergb)*
**Fahrwerksträger** *m (Mech, Bg/Bergb)* **bogie beam** *(Bg/Bergb, Mech)*
**Fahrwinde** *f (Mech)* **winch** *(Mech)*
**Fahrzeug** *nt (Mech)* **vehicle** *(Mech)*
**Fahrzeug, geländegängig** geländegängiges Fahrzeug *adj:n (Mech)* **cross-country vehicle** *adj:n BE (Mech)*
**Fahrzeuganzeiger** *m (Mech)* **travel drive transmitter** *(Mech)*
**Fahrzeugbau** *m (Kfz)* **vehicle manufacturing** *(Kfz)*
**Fahrzeugbreite** *f (Allg)* **vehicle width** *nt (Kfz)*
**Fahrzeughöhe** *f (Kfz)* **vehicle height** *(Kfz)*
**Fahrzeuglänge** *f (Kfz)* **vehicle length** *(Kfz)*
**Fahrzeugmotor** *m (Kfz)* **vehicle engine** *(Kfz)*
**Fahrzeugmotor** *m (Kfz) (des Hydraulikkrans)* **carrier engine** *(Kfz)*
**Fahrzeugpark** *m (Kfz)* **motor pool** *(Kfz)*
**Fahrzeugteile** *pl nt (Kfz)* **vehicle parts** *pl (Kfz)*
**Fahrzustand** *m (Bg/Bergb, Mech) (z.B. Transportraupe)* **driving conditions** *pl (Bg/Bergb, Mech)*
**Fall** *m (Bau) (Senkung)* **pitch** *(Bau)*
**Fall** *m (Bg/Bergb) (Sturz)* **fall** *(Bg/Bergb, Allg)*
**Fall, frei** freier Fall *adj:n (Bg/Bergb)* **free fall** *adj:n (Bg/Bergb)*
**Falle** *f (Mech)* **catch** *(Mech)*
**Fallenschloss** *nt (Bau)* **latch lock** *(Bau)*
**Fallgewicht** *nt (Bau)* **weight of hammer** *(Bau)*
**Fallhöhe** *f (Bau)* **height of drop** *(Bau)*
**Fallkugel** *f (Bg/Bergb)* **drop ball** *(Bg/Bergb)*
**Fallnaht** *f (Schw) (senkrechtes Schweißen)* **downhand welding** *(Schw)*
**Fallrohr** *nt (Mech, Hyd/Pneu)* **downpipe** *(Mech, Hyd/Pneu)*
**Fallrohr, unbeheizt** unbeheiztes Fallrohr *adj:n (Mech, Hyd/Pneu)* **unheated downcomer** *adj:n (Mech, Hyd/Pneu)*
**Fallrohrsammler** *m (Hütt/Wlz)* **downcomer header** *(Hütt/Wlz)*
**Fallschieber** *m (Mech) (Bandwaage)* **driving rack** *(Mech)*
**Fallschnitt** *m (Mech)* **dropping cut** *(Mech)*
**Fallstromvergaser** *m (Kfz)* **downdraft carburetor** *(Kfz)*
**Faltdach** *nt (Bahn)* **folding roof** *(Bahn)*
**falten** *v (Mech, Mont) (z.B. Blech)* **crimp** *v (Mech, Mont)* **fold** *v (Mech, Mont)* (e.g. steel plates, sheets)
**Faltspriegel** *m (Kfz)* **folding bow** *(Kfz)*
**Falttür** *f (Kfz)* **folding door** *(Kfz)*
**Faltversuch** *m (Stb)* **bend test** *(Schw)*
**Falz** *m (Bau) (Ausfalzung)* **rebate** *(Bau)*
**Falz** *m (Form) (Faltung)* **fold** *(Form)*
**Falz** *m (Form) (Schlitz)* **groove** *(Schw)* **nick** *(Form)* **notch** *(Mech)* (groove)
**Falz** *m (Mech, Mont)* **lock seam** *(Mech, Mont)*
**falzen** *v (Mech, Mont)* **crimp** *v (Mech, Mont)* **fold** *v (Mech, Mont)* (e.g. steel plates, sheets)
**Fanghaken** *m (Mech)* **catching hook** *(Mech)*
**Fangrolle** *f (Mech)* **catch roll** *(Mech)*
**Fangrost** *m (Hütt/Wlz)* **slag screen** *(Hütt/Wlz)*
**Fangrostrohr** *nt (Hütt/Wlz)* **screen tube** *(Hütt/Wlz)*
**Fangschiene** *f (Mech)* **securing rail** *(Mech)*

**Fangschlinge** *f (Bahn)* **trap** *(Bahn)*
**Fangvorrichtung** *f (Bahn) (am Gleis)* **check rail** *(Bahn)*
**Fangvorrichtung** *f (Form) (Arretierung)* **arrester** *(Form)*
**Fangvorrichtung** *f (Mech)* **gripping device** *(Mech)*
**Farbabblätterung** *f (Anstr)* **paint blister** *(Anstr)*
**Farbanstrich** *m (Anstr)* **paint coating** *(Anstr)*
**Farbaufstrich** *m (Anstr)* **paint finish** *(Anstr)* (last coating)
**Farbe** *f (Anstr) (Anstrichstoff)* **paint** *(Anstr, Allg)*
**Farbeindringprüfung** *f (Anstr)* **liquid penetration test** *adj:n (Anstr)*
**färben** *v (Anstr)* **color** *v AE (Anstr)* **colour** *v BE (Anstr)* **dye** *v (Anstr)*
**farbfrei** *adj (Mech, Anstr, Allg)* **void** *adj (Mech, Anstr)*
**Farbläufer** *m (Anstr)* **paint run** *(Anstr)*
**farblos** *adj (Mech, Anstr, Allg)* **clear** *adj (Anstr, Allg)* (transparent) **colourless** *adj (Anstr)*
**Farbreihen** *pl f (Anstr)* **series of colours** *(Anstr)*
**Farbriss** *m (Anstr)* **paint crack** *(Anstr)*
**Farbspritzer** *m (Anstr)* **paint splatter** *(Anstr)*
**Farbspritzverfahren** *nt (Anstr)* **paint spraying** *(Anstr)*
**Farbstruktur** *f (Anstr)* **paint structure** *(Anstr)*
**Farbtafel** *f (Anstr)* **colour chart** *(Anstr)*
**Farbton** *m (Anstr, Allg)* **color** *AE (Anstr, Mech, Allg)* **colour** *BE (Allg)*
**Färbung** *f (Anstr)* **colouring** *(Anstr)*
**Fase** *f (Mech, Mont)* **chamfer** *(Mech, Mont)*
**fasen** *v (Mont)* **bevel** *v (Mech, Mont)*
**Faser** *f (Mech)* **fibre** *(Mech)*
**Fass** *nt (Mech) (Kolliliste)* **keg** *(Mech)*
**fassen** *v (Allg) (ergreifen)* **grab** *v (Allg, Bg/Bergb)*
**fassen** *v (Mech) (an Volumen aufnehmen)* **contain** *v (Mech)* **hold** *v (Mech)*
**Fassklammer** *f (Kfz)* **drum clamp** *(Kfz)*
**Fasspumpe** *f (Hyd/Pneu)* **barrel pump** *(Hyd/Pneu)*
**Fassungsvermögen** *nt (Mech)* **capacity** *(Mech, Allg)*
**faulig** *adj (Bau)* **rotten** *adj (Bau)*
**Faulschlamm** *m (Bau)* **sapropel** *(Bau)*
**Fäustel** *m (Werkz) (DIN 6475)* **lump hammer** *(Werkz)* **sledge hammer** *(Mont, Werkz)*
**FCKW** *m (Chem) (Abk)* **CFC** *(Chem)* (Abv) **chlorofluorocarbon** *(Chem)*
**FCKW-gestützt** *adj (Chem)* **CFC-based** *adj (Chem)*
**Feder** *f (Form) (an Radialdichtringen)* **garter spring** *(Form)*
**Feder** *f (Form) (Schnapper)* **key** *(Form)* (like locking device)
**Feder** *f (Mech)* **spring** *(Mech)*
**Feder, vorgespannt** vorgespannte Feder *adj:n (Mech)* **prestressed spring** *adj:n (Mech)*
**Federabstreifer** *m (Band, Umschl, Bg/Bergb)* **spring mounted scraper** *adj:n (Bg/Bergb, Umschl, Band)*
**Federanschlag** *m (Form)* **spring stop** *(Form)*
**Federapparat** *m (Bahn) (hinterer Anschlag)* **back stop** *(Mech)*
**Federaufhängung** *f (Form)* **spring suspension** *(Mech)*
**Federauge** *nt (Form)* **rolled end of a spring** *(Form)* **spring eye** *(Form)*
**Federband** *nt (Form)* **spring bracket** *(Form)*
**Federbandstahl** *nt (Form)* **spring band steel** *(Form)*
**Federbein** *nt (Kfz)* **strut** *(Kfz)*
**Federblech** *nt (Kfz)* **spring plate** *(Mech)*
**Federbock** *m (Form)* **spring bracket** *(Form)*
**Federbolzen** *m (Mech)* **spring-loaded bolt** *adj:n (Mech)*
**Federbuchse** *f (Kfz)* **spring bushing** *(Kfz)*
**Federbügel** *m (Form)* **spring clip** *(Form)*
**Federdeckel** *m (Bg/Bergb)* **spring cover** *(Bg/Bergb)*
**Federdiagramm** *nt (Form)* **spring diagram** *(Form)*
**Federdraht** *m (Form)* **spring wire** *(Form)*
**Federdrahtring** *m (Form)* **circlip** *(Mech)*
**Federdruck** *m (Form)* **spring pressure** *(Form)*
**Federdruckbremse** *f (Form)* **coil-spring pressure** *(Form)*
**Federdruckplatte** *f (Mech)* **spring pressure plate** *(Mech)*

**Federeinrichtung** *f (Bahn) (an einem Wagon)* **draft gear** *(Bahn)*
**Federeinrichtung** *f (Form)* **spring device** *(Form)*
**Federelastizität** *f (Mech)* **resilience of spring** *(Mech)*
**Federfabrik** *f (Form)* **spring company** *(Form)*
**federgespeichert** *adj (Form)* **spring-loaded** *adj (Mech)*
**Federgleitpilz** *m (Bahn)* **spring pressure pad** *(Bahn)*
**federhart** *adj (Stb)* **cold-beaten** *adj (Stb)* **springy** *adj (Stb)*
**Federkäfig** *m (Mech)* **spring casing** *(Mech)*
**Federkante** *f (Schw)* **feather edge** *(Schw)*
**Federkennlinie** *f (Form)* **spring characteristic** *(Form)*
**Federklammer** *f (Bahn) (Bahn)* **elastic rail clip** *adj:n (Bahn)*
**Federklammer** *f (Form)* **spring clip** *(Form)*
**Federklemme** *f (Kfz)* **clip** *(Mech)*
**Federklemmschraube** *f (Form)* **spring clamp screw** *(Form)*
**Federkraft** *f (Kfz)* **spring force** *(Mech)*
**Federlager** *nt (Form)* **spring bushing** *(Kfz)* **spring hanger** *(Kfz)*
**Federlamellenabstreifer** *m (Bg/Bergb, Umschl, Band)* **multi-plate spring scraper** *(Bg/Bergb, Umschl, Band)*
**Federlänge** *f (Form)* **spring length** *(Form)*
**Federlasche** *f (Kfz)* **spring shackle** *(Kfz)*
**Federleiste** *f (Form)* **pin connector** *(Form)*
**Federnagel** *m (Bahn)* **elastic rail spike** *adj:n (Bahn)* **flexible spike** *adj:n (Bahn)*
**federnd** *adj (Mech)* **elastic** *adj (Mech)* **flexible** *adj (Mech, Band, Allg)* **resilient** *adj (Mech, Allg)* **spring-mounted** *adj (Form)*
**Federnsatz** *m (Form)* **spring assembly** *(Form)*
**Federöse** *f (Form)* **spring eye** *(Form)*
**Federpaket** *nt (Mech)* **spring assembly** *(Form)* **spring set** *(Mech)*
**Federpuffer** *m (Kfz)* **spring bumper pad** *(Kfz)*
**Federpuffer** *m (Umschl) (für Schienengeräte)* **spring-type shock absorber** *(Mech)*
**Federsatz** *m (Form)* **spring assembly** *(Form)*
**Federscheibe** *f (Mech)* **spring washer** *(Mech)*
**Federschleifautomat** *m (Form)* **spring-end grinder automatic** *(Form)*
**Federschraube** *f (Kfz)* **spring screw** *(Kfz)*
**Federschuh** *m (Kfz)* **spring saddle** *(Kfz)*
**Federschutz** *m (Kfz)* **spring gaiter** *(Kfz)*
**Federseiltrommel** *f (Mech)* **rope drum with restoring spring** *(Mech)*
**Federsicherheitsventil** *nt (Kfz)* **spring-loaded safety valve** *adj:n (Mech, Hyd/Pneu)*
**Federspannplatte** *f (Kfz)* **spring tension plate** *(Kfz)*
**Federspannung** *f (Form)* **spring tension** *(Form)*
**Federspeicher** *m (Hyd/Pneu)* **spring accumulator** *(Hyd/Pneu)*
**Federspeicherbremse** *f (Mech)* **spring-loaded brake** *adj:n (Mech)*
**Federspiel** *nt (Bahn)* **spring clearance** *(Bahn)*
**Federsplint** *m (Kfz)* **spring clip** *(Form)* **spring cotter pin** *(Form)*
**Federstahl** *m (Hütt/Wlz)* **spring steel** *(Hütt/Wlz)*
**Federstahl, nicht rostend** nicht rostender Federstahl *m (Bau)* **stainless spring steel** *(Bau)*
**Federstahldraht** *m (Stb)* **spring wire** *(Form)*
**Federstange** *f (Zer) (für Backenbrecher)* **tension rod** *(Zer)* (jaw crusher)
**Federstecker** *m (Form)* **spring cotter of a bolt** *(Form)*
**Federstift** *m (Form)* **perch bolt** *(Form)* **spring centre bolt** *(Form)*
**Federteller** *m (Mech)* **spring cap** *(Mech)*
**Federtisch** *m (Form)* **spring table** *(Form)*
**Federträger** *m (Kfz)* **spring bracket** *(Form)*
**Federung** *f (Bahn) (z.B. eines Wagons)* **spring suspension** *(Mech)*
**Federung** *f (Form)* **suspension** *(Mech)*
**Federungselemente** *pl nt (Form)* **elements for spring suspensions** *(Form)*
**Federunterlage** *f (Kfz)* **spring pad** *(Kfz)*
**federunterstützt** *adj (Form)* **spring-supported** *adj (Form)*

**Federverschluss** *m (Form)* **spring lock** *(Form)*
**Federverschlussglied** *nt (Form)* **spring clip connecting link** *(Form)*
**Federweg** *m (Mech)* **spring distance** *(Bg/Bergb)* **spring travel** *(Mech)*
**Federzinken** *m (Form)* **hay-bob tine** *(Form)*
**Fehlanpassung** *f (Mech)* **mismatch** *(Mech)*
**Fehler** *pl m (Mech, Allg) (Unrichtigkeiten)* **faults** *pl (Mech, Allg)*
**Fehler** *m (Mech) (Riss, Sprung, Fleck usw. im Material)* **fault** *(Mech, Allg)* **flaw** *(Mech, Allg)*
**Fehler** *m (Mech, Allg) (z.B. eines Gerätes, Störung)* **defect** *(Mech, Allg)* **trouble** *(Mech, Allg)*
**Fehler aufdecken** Fehler aufdecken *n:v (Mech, Allg)* **detect faults** *n:v (Mech, Allg)*
**Fehlerabstand** *m (Hütt/Wlz)* **flaw distance** *(Hütt/Wlz)*
**Fehleranalyse** *f (Allg)* **analysis of mistakes** *(Allg)*
**Fehleranzeige** *f (Mech)* **flaw indication** *(Mech)*
**Fehlerart** *f (Mech)* **type of fault** *(Allg)*
**Fehlerausdehnung** *f (Form)* **flaw extension** *(Form)*
**Fehlerbereich** *m (Mech, Allg)* **range of error** *(Mech, Allg)*
**Fehlerbeschreibung** *f (Allg)* **description of a fault** *(Allg)*
**Fehlerbeseitigung** *f (Mech)* **trouble shooting** *(Mech)*
**Fehlerfindung** *f (Mech)* **fault finding** *(Mech)*
**Fehlerform** *f (Form)* **shape of flaw** *(Form)*
**fehlerfrei** *adj (Mech) (Antrieb)* **ready for operation** *(Mech)*
**fehlerfrei** *adj (Mech, Allg)* **flawless** *adj (Allg)*
**Fehlergrenze** *f (Allg)* **limits of error** *(Allg)*
**fehlerhaft** *adj (Form) (nicht einwandfrei)* **objectionable** *adj (Form)*
**fehlerhaft** *adj (Form) (unrichtig)* **incorrect** *adj (Form)*
**fehlerhaft** *adj (Mech, Allg)* **defective** *adj (Mech, Allg)* (faulty) **faulty** *adj (Mech, Allg)*
**Fehlerhäufigkeit** *f (Allg)* **rate of occurrence** *(Allg)* (of flaws)
**Fehlerortung** *f (Form)* **flaw location** *(Form)*
**Fehlerquelle** *f (Allg)* **source of error** *(Allg)*
**Fehlerschlüssel** *m (Allg)* **type of fault** *(Allg)*
**Fehlerstelle** *f (Form) (Schadensstelle)* **defective area** *adj:n (Form)*
**Fehlersuche** *f (Mech)* **trouble shooting** *(Mech)*
**Fehlersucheinrichtung** *f (Allg)* **fault detecting equipment** *(Allg)*
**Fehlersuchen** *nt (Mech)* **troubleshoot** *(Mech)*
**Fehlerumrisse** *pl m (Form)* **contours of defect** *(Form)*
**Fehleruntersetzung** *f (Form)* **distribution** *(Form)* (flaw dividing)
**Fehlerverteilung** *f (Form) (z.B. an einem Bauteil)* **flaw dislocation** *(Form)* (flaw distribution)
**Fehlstelle** *f (Schw)* **crack** *(Mech, Schw, Allg)* **defect** *(Mech, Allg)* **discontinuity** *(Mech, Schw)* **missed area** *(Schw)*
**Fehlzündung** *f (Kfz)* **backfire** *(Kfz)* (wrong setting of ignition)
**Feile** *f (Mont, Werkz)* **file** *(Mont, Werkz)*
**feilen** *v (Form)* **file** *v (Form)* (e.g. a tool)
**Feilenbürste** *f (Mont)* **file brush** *(Mont)*
**Feilengriff** *m (Form)* **file handle** *(Mont)*
**Feilenheft** *nt (Mont)* **file handle** *(Mont)*
**Feilkloben** *m (Mont)* **hand vice** *(Mont)*
**Feilspäne** *pl m (Stb)* **filings** *pl (Stb)*
**fein** *adj (Allg)* **fine** *adj (Allg)* **refined** *adj (Mech)*
**fein mahlen** *v (Form)* **grind** *v (Form)*
**fein schleifen** *v (Mech, Mont)* **smooth and polish** *(Mech, Mont)*
**Feinarmaturen** *pl f (Hyd/Pneu)* **valves and fittings** *(Hyd/Pneu)*
**Feinbeton** *m (Bau)* **fine concrete** *(Bau)*
**Feinblech** *nt (Hütt/Wlz, Stb) (nach DIN bis 3 mm Dicke)* **sheet** *AE (Hütt/Wlz)* (up to 1/8 – 1/4 inch) **thin sheet** *adj:n (Hütt/Wlz, Stb)*
**Feinblech, feuerverzinkt** feuerverzinktes Feinblech *adj:n (Hütt/Wlz)* **hot-dip zinc-coated sheet steel** *adj:n (Hütt/Wlz)*
**Feinblech, oberflächenveredelt** oberflächenveredeltes Feinblech *adj:n (Hütt/Wlz, Stb)* **cold-rolled pre-coated steel sheet** *(Hütt/Wlz)*

**Feinblech, unveredelt** unveredeltes Feinblech *adj:n (Hütt/Wlz)* **cold-rolled precoated sheet steel** *(Hütt/Wlz)*
**Feineinsteller** *m (Allg)* **vernier** *(Allg)*
**Feineinstellung** *f (Mech) (beim Fahren)* **slow idling** *adj:n (Mech)*
**Feineinstellung** *f (Mech) (z.B. bei Maschinen)* **adjustment** *(Mech, Allg)* (e.g. of machines) **fine adjustment** *adj:n (Mech)*
**feinfühlig** *adj (Form)* **sensitive** *adj (Mech, Allg)*
**Feinfühligkeit** *f (Mech, Allg) (z.B. beim Fahren)* **sensitive skill** *adj:n (Mech)*
**Feingewinde** *nt (Form)* **fine thread** *adj:n (Mech)*
**Feingießen** *nt (Form)* **investment casting** *(Form)*
**Feinheit** *f (Allg, Zer)* **fineness** *(Zer)*
**Feinhub** *m (Mech) (genaues Ausfahren)* **slow idling** *adj:n (Mech)* **precision hoisting** *(Mech)*
**Feinkalk** *m (Bau)* **pulverized lime** *(Bau)*
**Feinkohle** *f (Bg/Bergb)* **small coal** *(Bg/Bergb)*
**Feinkoks** *m (Bg/Bergb)* **breeze** *(Bg/Bergb)*
**Feinkorn** *nt (Zer)* **fines** *pl (Zer)*
**Feinkornbaustahl** *m (Form)* **grain-refined construction steel** *adj:n (Form)*
**Feinkorneisen** *nt (Hütt/Wlz, Stb)* **close-grained iron** *adj:n (Hütt/Wlz, Stb)*
**Feinkornentwickler** *m (Allg) (für Filme)* **fine-grain developer** *(Allg)*
**Feinkornfilm** *m (Allg)* **fine-grain film** *(Allg)*
**Feinkorngehalt** *m (Bau)* **fines content** *(Bau, Hütt/Wlz)*
**feinkörnig** *adj (Mech)* **close-grained** *adj (Hütt/Wlz, Stb)* **fine-grained** *adj (Mech)*
**Feinkörnigkeit** *f (Zer)* **fine grain** *adj:n (Zer)*
**Feinkornstahl** *m (Stb)* **fine-grained steel** *adj:n (Stb)* **grain-refined steel** *adj:n (Stb)*
**Feinmechanik** *f (Mech)* **precision mechanics** *(Mech)*
**feinmechanisch** *adj (Mech)* **precision type** *adj (Mech)*
**Feinmess-Außenmikrometer** *m (Mech) (Werkzeuge)* **fine-measuring outer micrometer** *(Mech)* (tools)
**Feinnut** *f (Form)* **groove** *(Schw)*
**Feinplanum** *nt (Bau)* **fine level** *adj:n (Bau)*
**Feinplanum** *nt (Bau) (oberste Straßendecke)* **abrasion surface** *(Bau)*
**Feinregulierung** *f (Mech)* **fine regulation** *adj:n (Mech)*
**feinrollen** *v (Form) (z.B. Zylinderinnenwand)* **burnish** *v (Form)*
**Feinsand** *m (Form) (beim Gießen)* **parting sand** *(Form)*
**Feinschlichtfeile** *f (Mont, Werkz)* **dead-smooth file** *(Mont, Werkz)*
**Feinschneidgüte** *f (Form)* **fine cutting quality** *adj:n (Form)* **fine cutting quality** *(Form)*
**Feinsieben** *nt (Zer)* **fine screening** *adj:n (Zer)*
**Feinsiebung** *f (Zer)* **fine screening** *adj:n (Zer)*
**Feinst...** *affix (Mech, Zer, Allg)* **ultra-fine** *adj (Mech, Zer, Allg)*
**Feinstaub** *m (Zer)* **ash** *(Hütt/Wlz)* **fines** *pl (Zer)* **fly ash** *(Hütt/Wlz)*
**Feinstblech** *nt (Hütt/Wlz)* **black plate** *adj:n (Hütt/Wlz)*
**Feinsteuerung** *f (Mech)* **fine control** *adj:n (Mech)* **precision control** *(Mech)*
**Feinstfilter** *nt (Mech)* **microfilter** *(Mech)*
**Feinstsiebmaschine** *f (Zer)* **ultra-fine screen** *adj:n (Zer)*
**Feinteile** *pl nt (Zer)* **fines** *pl (Zer)*
**Feinzerkleinerung** *f (Zer)* **fine crushing** *adj:n (Zer)*
**Feinzink** *nt (Mech) (bis 99,9 % Reinheit)* **high-purity zinc** *(Mech)* (99.99 to 99.998 Zn)
**Feld** *(Mech, Allg) (Gebiet, Region, Bereich)* **field** *(Mech, Allg)* (area, sector, region) **zone** *(Mech, Allg)*
**Feldbahn** *f (Bahn)* **narrow-gauge railroad** *(Bahn)*
**Feldbahngleis** *nt (Bahn)* **light railroad track** *adj:n AE (Bahn)*
**Feldbahngleis** *nt (Bahn) (Gleisanlage)* **field railway system** *(Bahn)*
**Feldbahnlokomotive** *f (Bahn)* **narrow-gauge engine** *(Bahn)*
**Feldbahnmaterial** *nt (Bahn)* **feeder-line rolling stock** *(Bahn)* **narrow-gauge rolling stock** *(Bahn)*
**Feldbuch** *nt (Allg)* **clip board** *(Allg)*
**Feldlänge** *f (Stb)* **panel length** *(Stb)*

**Feldmitte** *f (Stb)* **midspan** *(Stb)*
**Feldteilung** *f (Bg/Bergb, Band) (z.B. einer Bandbrücke)* **panel intervals** *pl (Bg/Bergb, Band)*
**Felduntersuchung** *f (Bau)* **field investigation** *(Bau)*
**Feldweite** *f (Stb) (Fachwerk)* **panel length** *(Stb)*
**Felge** *f (Kfz)* **rim** *(Mech)*
**Felgenband** *nt (Kfz)* **rim band** *(Kfz)*
**Felgenkranz** *m (Mech)* **wheel rim** *(Mech)*
**Felgenring** *m (Mech)* **rim ring** *(Mech)*
**Felgenriss** *m (Mech)* **rim crack** *(Mech)*
**Fels** *m (Geo, Bg/Bergb)* **rock** *(Geo)*
**Fels, gewachsen** gewachsener Fels *adj:n (Geo, Bg/Bergb)* **bedrock** *(Geo)* **solid rock** *adj:n (Bg/Bergb, Geo)*
**Felsboden** *m (Geo)* **bedrock** *(Geo)* **rock** *(Geo)* **solid rock** *adj:n (Bg/Bergb, Geo)*
**Felsbruchstücke** *pl nt (Geo)* **boulders** *pl (Geo)*
**Felsklappschaufel** *f (Bg/Bergb)* **bottom-dump shovel** *(Bg/Bergb)*
**Felslöffel** *m (Bg/Bergb)* **rock bucket** *(Bg/Bergb)*
**Felsschaufel** *f (Bg/Bergb)* **face shovel** *(Bg/Bergb)* **rock shovel** *(Bg/Bergb)*
**Fender** *m (Schiff) (eines Schiffes)* **fender** *(Schiff)* (buffer of a ship)
**Fenster** *nt (Bau)* **window** *(Bau)*
**Fenster** *nt (Schw) (Einstieg)* **manhole** *(Mech)*
**Fensterabdichtschiene** *f (Kfz)* **window rail seal** *(Kfz)*
**Fensterbank** *f (Stb)* **window sill** *(Stb)*
**Fensterbeschlag** *m (Form)* **window fittings** *pl (Form)*
**Fensterbrett** *nt (Stb)* **window sill** *(Stb)*
**Fensterbrüstung** *f (Stb)* **wall below the window sill** *(Stb)*
**Fensterführungsschiene** *f (Kfz)* **window guide rail** *(Kfz)*
**Fenstergitter** *nt (Bau)* **window grill** *(Bau)*
**Fensterglas** *nt (Bau)* **window glass** *(Bau)*
**Fensterheber** *m (Kfz)* **window lifter** *(Kfz)*
**Fensterheberschiene** *f (Kfz)* **window lifter rail** *(Kfz)*
**Fensterkurbel** *f (Kfz)* **window crank** *(Kfz)*
**Fensterladen** *m (Stb)* **shutter** *(Mech, Bau)*
**Fensterrahmen** *m (Stb)* **window frame** *(Stb)*
**Fensterscheibe** *f (Bau)* **window pane** *(Bau)*
**Fenstersprosse** *f (Stb)* **glazing bar** *(Stb)*
**Ferndampfleitung** *f (Hütt/Wlz)* **long-distance steam line** *(Hütt/Wlz)*
**Ferngangetriebe** *nt (Kfz)* **remote-action gear** *(Kfz)*
**Fernzähler** *m (Mech) (Bandwaage)* **remote totalizer** *(Mech)*
**Ferrit** *nt (Form)* **ferrite** *(Form)*
**Ferritauscheidungen** *pl f (Form)* **ferrite segregations** *pl (Form)*
**ferritisch** *adj (Form)* **ferritic** *adj (Form)*
**Ferrolegierung** *f (Hütt/Wlz)* **ferro-alloy** *(Form)*
**fertig** *adj (Mech)* **finished** *adj (Mech)*
**Fertig...** *affix (Mech, Allg)* **prefabricated** *adj (Mech, Allg)* **ready-made** *adj (Mech, Allg)*
**fertig bearbeiten** *v (Mech, Mont)* **finish** *v (Mech, Mont, Allg)*
**fertig bearbeitet** *adj (Mech, Mont)* **finish-machined** *adj (Mech, Mont)*
**fertig drehen** *v (Mech)* **finish machine** *v (Mech)* **finish turn** *v (Mech)*
**fertig gemacht** *adj (Form)* **finished** *adj (Mech)*
**fertig gestellt** *adj (Mech, Mont)* **accomplished** *adj (Allg)* **completed** *adj (Allg)*
**fertig machen** *v (Mech, Mont)* **dress** *v (Mech, Mont, Bg/Bergb)* **finish** *v (Mech, Mont, Allg)*
**fertig schlichten** *v (Mech, Mont)* **finish** *v (Mech, Mont, Allg)*
**fertig stellen** *v (Allg)* **complete** *v (Allg)* (end) **finish** *v (Mech, Mont, Allg)*
**Fertiganstrich** *m (Anstr)* **finish paint** *(Anstr)*
**Fertigbau** *m (Bau)* **prefabricated construction** *adj:n (Bau)*
**Fertigbauteil** *nt (Bau)* **prefabricated element** *adj:n (Bau)*
**Fertigbauteil** *nt (Bau) (für Ofenanlagen)* **prefabricated block** *adj:n (Bau)*
**Fertigdrehmaschine** *f (Mech)* **finishing lathe** *(Mech)*
**fertigen** *v (Mech)* **manufacture** *v (Mech)* **produce** *v (Mech)*
**Fertigguss** *m (Hütt/Wlz)* **finished casting** *adj:n (Hütt/Wlz)*
**Fertiggut** *nt (Form)* **finished material** *adj:n (Mech)*

**Fertiggutkörnung** *f (Form)* **finished-material size** *(Form)*
**Fertigkeit** *f (Mech, Allg)* **skill** *(Allg)*
**Fertigkontur** *f (Form)* **final contour** *adj:n (Form)*
**Fertigmaß** *nt (Allg)* **finished dimension** *adj:n (Allg)*
**Fertigmontage** *f (Mech, Mont)* **finish erection** *(Mech, Mont)*
**Fertigstellung** *f (Mech, Allg) (z.B. in der Produktion)* **completion** *(Allg)* **finishing** *(Mech, Mont)* (e.g. of a work piece)
**Fertigteil** *nt (Mech, Mont)* **ready-made component** *adj:n (Mech, Mont)* **finished product** *adj:n (Mech, Allg)*
**Fertigung** *f (Mech, Mont)* **fabrication** *(Mech, Mont)* **manufacture** *(Mech, Mont)* **production** *(Allg)*
**Fertigung, computerunterstützt** computerunterstützte Fertigung *adj:n (Allg)* **computer-aided manufacturing** *adj:n (Allg)*
**Fertigungsablauf** *m (Mech)* **production method** *(Mech)*
**Fertigungsablaufdiagramm** *nt (Mech)* **flow diagram** *(Allg)* (fabrication)
**Fertigungsablaufplan** *m (Mech)* **flow diagram** *(Hyd/Pneu)*
**Fertigungsflexibilität** *f (Mech)* **flexibility of production** *(Mech)*
**Fertigungsfluss** *m (Mech)* **continuation of production** *(Mech)*
**Fertigungsinsel** *f (Form)* **manufacturing cell** *(Form)*
**Fertigungsklasse** *f (Allg)* **production quality** *(Allg)*
**Fertigungskontrolle** *f (Allg)* **production testing** *(Allg)*
**Fertigungslinie** *f (Allg) (Anlage)* **plant** *(Allg)*
**Fertigungsmenge** *f (Allg)* **production quantity** *(Allg)*
**Fertigungsnummer** *f (Allg)* **manufacturing number** *(Allg)*
**Fertigungsplan** *m (Allg)* **production plan** *(Allg)*
**Fertigungsschweißung** *f (Mech, Schw)* **production welding** *(Mech, Schw)*
**Fertigungsstätte** *f (Allg)* **manufacturing plant** *(Allg)*
**Fertigungsstraße** *f (Form)* **production line** *(Form)*
**Fertigungsstrategie** *f (Allg)* **manufacturing strategics** *(Allg)*
**Fertigungsstückliste** *f (Mont)* **production parts list** *(Mont)*
**Fertigungsstunden** *pl f (Allg)* **manufacturing hours** *pl (Allg)*
**fertigungstechnisch** *adj (Mech)* **production-orientated** *adj (Mech)*
**Fertigungstechnologie** *f (Mech, Allg)* **manufacturing technology** *(Mech, Allg)*
**Fertigungstoleranz** *f (Allg)* **manufacturing tolerance** *(Allg)* **production tolerance** *(Allg)*
**Fertigungsüberwachung** *f (Mech, Allg) (Leistungsstruktur)* **monitoring of manufacture** *(Mech, Allg)*
**Fertigungsüberwachungsplan** *m (Allg)* **manufacturing inspection plan** *(Allg)*
**Fertigungszeit** *f (Allg)* **manufacturing time** *(Allg)* **production time** *(Allg)*
**Fertigungszelle** *f (Form)* **manufacturing cell** *(Form)*
**Fertigutmaterial** *nt (Bg/Bergb)* **finished material** *adj:n (Mech)*
**Fessel** *f (Stat)* **tie** *(Mech, Stat, Stb)*
**Fesselung** *f (Stat)* **bearing condition** *(Stat)*
**fest** *adj (Mech, Allg)* **fixed** *adj (Mech, Stb, Allg)* **stationary** *adj (Mech, Allg)*
**fest** *adj (Mech, Allg) (beständig)* **resistant** *adj (Form)*
**fest** *adj (Mech, Allg) (hart)* **hard** *adj (Allg)* **solid** *adj (Bg/Bergb, Mech, Allg)*
**fest** *adv (Mech, Allg)* **firmly** *adv (Mech, Allg)*
**Festbeton** *m (Bau)* **hardened concrete** *(Bau)*
**festbinden** *v (Mech)* **tie down** *v (Umschl, Mech)* (e.g. equipment; in case of storm warning)
**Festbremspunkt** *m (Mech) (des Lkw)* **stall point** *(Mech)* (of a truck)
**festfressen** *v (Mech)* **seize** *v (Mech)* **seize up** *v (Mech)*
**festfrieren** *v (Mech)* **freeze solid** *v (Mech)*
**festgefressen** *adj (Mech) (Motor)* **seized up** *adj (Mech)*
**festgefügt** *adj (Allg)* **solidified** *adj (Allg)*
**festgeklampt** *adj (Mech)* **cleated** *adj*
**festgelegt** *adj (Mech, Allg)* **predetermined** *adj (Mech, Allg)* **scheduled** *adj (Allg)* **stipulated** *adj (Allg)*

**Festgelenk** *nt (Mech, Stb)* **fixed hinge** *adj:n (Mech, Stb)*
**festgesetzt** *adj (Kfz) (arretiert)* **locked** *adj (Mech, Mont)*
**Festgestein** *nt (Bg/Bergb)* **consolidated rock** *adj:n (Bg/Bergb)*
**Festgesteinstagebau** *m (Bg/Bergb)* **mining in consolidated rock** *(Bg/Bergb)*
**festhalten** *v (Mech) (internieren)* **detain** *v (Mech)*
**festhalten** *v (Mech) (stützen)* **support** *v (Mech, Mont)*
**festhalten** *v (Mech) (zurückbehalten)* **retain** *v (Mech, Allg)*
**festigen** *v (Bg/Bergb) (z.B. den Boden)* **solidify** *v (Bg/Bergb)* (e.g. the bottom)
**Festigkeit** *f (Mech, Stat)* **consistence** *(Mech)* **resistance** *(Mech)* (e.g. against tension) **stability** *(Mech, Stat, Bg/Bergb)*
**Festigkeitsabfall** *m (Bau)* **loss of strength** *(Bau)*
**Festigkeitsberechnung** *f (Stat)* **strength calculation** *(Stb)*
**Festigkeitseigenschaft** *f (Mech, Stat)* **strength property** *(Mech, Stat)*
**Festigkeitseigenschaften** *pl f (Hütt/Wlz, Mech)* **mechanical properties** *(Hütt/Wlz, Mech)* **physical properties** *(Hütt/Wlz, Mech)*
**Festigkeitsklasse** *f (Form)* **class of strength** *(Form)*
**Festigkeitsklasse** *f (Form) (Zugfestigkeit)* **tensile strength** *(Mech, Stat)*
**Festigkeitsprüfung** *f (Stat)* **strength test** *(Mech)*
**Festigkeitsstahl** *m (Stb)* **structural steel** *adj:n (Stb, Hütt/Wlz)*
**Festigkeitsverlust** *m (Bau)* **loss of hardness** *(Bau)*
**Festigkeitsversuch** *m (Stat)* **experimental stress analysis** *adj:n (Stat)*
**Festigkeitswert** *m (Hütt/Wlz, Mech)* **mechanical property** *adj:n (Stat, Mech)*
**festklemmen** *v/i (Mech)* **jam** *v/i (Mech)* (e.g. brakes)
**festklemmend** *adj (Mech)* **jammed** *adj (Kfz)*
**Festkörper** *m (Chem)* **non-volatile matter** *adj:n (Chem)*
**Festkörperanteil** *m (Chem)* **non-volatile content** *adj:n (Chem)* **solids content** *(Chem)*
**Festkörperausführung** *f (Chem)* **solid-state type** *(Chem)*
**Festkörpergehalt** *m* **non-volatile content** *adj:n (Chem)* **solids content** *(Chem)*
**Festlager** *nt (Mech)* **locating bearing** *(Mech)*
**Festlager** *nt (Form) (Lagerbock)* **fixed bearing** *adj:n (Stb)*
**Festlagerring** *m (Mech)* **fixed bearing ring** *adj:n (Mech)*
**festlegen** *v (Allg) (spezifizieren)* **specify** *v (Allg)*
**Festlegung** *f (Allg)* **determination** *(Allg)* (definition)
**Festmachen** *nt (Schiff) (eines Schiffes)* **mooring** *(Schiff)*
**festmachen** *v (Mech, Mont)* **attach** *v (Mech, Mont)* **fasten** *v (Mech, Mont)* (on/onto)
**Festmeter** *nt (Allg)* **bank meter** *(Allg)*
**Festpropeller** *m (Schiff)* **fixed propeller** *adj:n (Schiff)*
**Festpunkt** *m (Mech)* **benchmark** *(Mech, Bau)* **observation point** *(Mech)* **fixed point** *adj:n (Mech)*
**Festraupe** *f (Bg/Bergb)* **fixed crawler** *adj:n (Bg/Bergb)* **non-steering crawler** *(Bg/Bergb)*
**Festring** *m (Mech)* **spacer ring** *(Mech)*
**festschrauben** *v (Mech)* **screw on** *v (Mech)*
**Festseite** *f (Umschl, Mech)* **locating side** *(Umschl, Mech)*
**festsetzen** *v (Allg) (als Standard)* **standardize** *v (Allg)*
**festsetzen** *v (Mech)* **ascertain** *v (Allg)* **bolt** *v (Mech)* **determine** *v (Allg)* **fasten** *v (Mech, Mont)* (on/onto) **fix** *v (Mech, Mont)* (on/onto s.th.) **mount** *v (Mech, Mont)*
**festsetzen** *v (Mech) (sich festsetzen)* **seize** *v (Mech)*
**festsetzen** *v (Mech, Allg) (feststellen, festlegen)* **assess** *v (Allg)* (e.g. a damage)
**Festsitz haben** Festsitz haben *n:v (Mech)* **press-fitted** *adj (Mech)*
**festsitzend** *adj (Kfz) (klemmend)* **jammed** *adj (Kfz)*
**Feststell- und Haltebremse** *(Mech) (z.B. eines Baggers)* **locking and holding brake** *(Mech)* (e.g. of an excavator)
**Feststellbolzen** *m (Mech, Mont)* **locking bolt** *(Mech)*

**Feststellbremse** *f (Mech)* **arresting brake** *(Mech)* (of a waggon) **locking brake** *(Mech)* **parking brake** *(Mech)*
**feststellen** *v (Mech, Mont) (festsetzen, fixieren)* **bolt** *v (Mech)* **fix** *v (Mech, Mont)* (on/onto s.th.) **lock** *v (Allg)* **mount** *v (Mech, Mont)*
**Feststeller** *m (Form) (z.B. Klemme)* **arresting device** *(Mech)* **locking device** *(Mech, Bg/Bergb)* **securing device** *(Mech)* (fastener)
**Feststelllasche** *f (Kfz)* **cable clip** *(Mech, Stb)*
**Feststellschraube** *f (Mech, Mont)* **set screw** *(Mech)* **setting screw** *(Mech)*
**Feststellung** *f (Mech) (Vorrichtung)* **fixing device** *(Bau, Mont)* **locking device** *(Mech, Bg/Bergb)*
**Feststellvorrichtung** *f (Mech)* **locking device** *(Mech, Bg/Bergb)* **stop** *(Mech)*
**Feststellvorrichtung, konisch** konische Feststellvorrichtung *adj:n (Mech)* **tapered locking device** *adj:n (Mech)*
**Feststoff** *m (Chem)* **solid** *(Chem)* **solid matter** *(Chem)*
**Feststoff** *m (Chem) (Abfall)* **solid waste** *(Chem)*
**Feststoff-Wasser-Gemisch** *nt (Schiff)* **solids-water-mixture** *(Schiff)*
**Feststoffanteil** *m (Chem)* **non-volatile content** *adj:n (Chem)* **solids content** *(Chem)*
**Feststoffgehalt** *m (Chem)* **solids content** *(Chem)*
**festverlegt** *adj (Mech)* **metal-braided and connected** *(Mech)* (cable)
**Festwert** *m (Math) (gleich bleibender Wert)* **constant** *(Math)*
**festziehen** *v (Form) (z.B. eine Schraube)* **tighten** *v (Mech)* (e.g. screws)
**festzurren** *v (Mech)* **lash down** *v (Mech)* **tie down** *v (Umschl, Mech)* (e.g. equipment; in case of storm warning)
**Fett** *nt (Mech)* **grease** *(Mech)*
**Fett, fest** festes Fett *adj:n (Mech)* **viscous grease** *adj:n (Mech)*
**Fett, konsistent** konsistentes Fett *adj:n (Mech, Chem)* **nonfluid oil** *(Chem, Mech)*
**Fett, zähflüssig** zähflüssiges Fett *adj:n (Chem)* **viscous grease** *adj:n (Mech)*
**Fettauffangrinne** *f (Mech)* **grease collecting trough** *(Mech)*
**Fettbasis** *f (Chem)* **soap basis** *(Chem)*
**fettbeständig** *adj (Form)* **grease-resistant** *adj (Form)*
**Fetter** *m (Mech)* **grease lubricator** *(Mech)*
**Fetter, mechanisch** mechanischer Fetter *adj:n (Mech)* **mechanical grease lubricator** *adj:n (Mech)*
**fettfrei** *adj (Form)* **free from grease** *(Form)*
**Fettkanal** *m (Form)* **grease conduit** *(Form)*
**Fettkohle** *f (Bg/Bergb, Geo)* **bituminous coal** *adj:n (Bg/Bergb, Geo)* **soft coal** *(Bg/Bergb, Geo)*
**Fettkragen** *m (Mech)* **grease collar** *(Mech)*
**Fettpatrone** *f (Kfz)* **grease cartridge** *(Kfz)*
**Fettpresse** *f (Mech)* **grease gun** *(Mech)* **grease pistol** *(Form)* **grease press** *(Mech)* **utility grease gun** *(Mech)*
**Fettpresse, groß** große Fettpresse *adj:n (Mech)* **volume grease gun** *(Mech)*
**Fettschmieranlage** *f (Mech)* **grease lubrication system** *(Mech)*
**Fettschmierung** *f (Kfz)* **grease lubrication** *(Kfz)*
**Fettspritze** *f (Mech)* **grease gun** *(Mech)*
**Fettüberdruckventil** *nt (Hyd/Pneu)* **grease relief valve** *(Hyd/Pneu)*
**Fettverteiler** *m (Mech)* **grease distributor** *(Mech)*
**Feuchte** *f (Chem, Allg)* **moisture content** *(Chem, Allg)*
**Feuchtigkeit** *f (Hütt/Wlz)* **moisture** *(Allg)*
**Feuchtigkeit, äußere** äußere Feuchtigkeit *adj:n (Hyd/Pneu)* **surface moisture** *(Hütt/Wlz)*
**Feuchtigkeit, innen** innere Feuchtigkeit *adj:n (Hyd/Pneu)* **inherent moisture** *adj:n (Hyd/Pneu, Chem)*
**feuchtigkeitsbindend** *adj (Hyd/Pneu)* **moisture absorbing** *adj (Hyd/Pneu)*
**Feuchtigkeitsgehalt** *m (Geo, Mech, allg)* **hygroscopic coefficient** *adj:n (Geo)* **hygroscopic content** *adj:n (Geo)* **moisture content** *(Chem, Allg)*
**Feuchtigkeitsgrad** *m (Allg)* **degree of humidity** *(Allg)*
**Feuchtraum** *m (Bau)* **moist room** *(Bau)*
**Feuer** *nt (Hütt/Wlz)* **fire** *(Hütt/Wlz)*
**feueraluminiert** *adj (Form)* **hot-dip-aluminzed** *adj (Form)*
**Feueranzeigenanlage** *f (Mech)* **fire detection system** *(Mech)*

**feuerbeständig** *adj (Mech, Chem)* **fire-resistant** *adj (Mech, Chem)*
**Feuerbeständigkeit** *f (Mech, Chem)* **fire resistance** *(Mech, Chem)* **refractoriness** *(Mech, Chem)*
**Feuerbüchse** *f (Bahn) (der Dampfmaschine)* **firebox** *(Bahn)* (of steam engine)
**feuerfest** *adj (Mech, Chem)* **fire-proof** *adj (Mech, Chem)* **fire-resistant** *adj (Mech, Chem)* **refractory** *adj (Mech, Chem)*
**Feuergang** *m (Bau)* **firing chamber** *(Bau)*
**feuergefährdet** *adj (Mech, Allg)* **susceptible to take fire** *(Mech)*
**feuergefährlich** *adj (Mech, Chem)* **combustible** *adj (Chem)* **flammable** *adj (Chem)* **inflammable** *adj (Chem)* **highly inflammable** *adv:adj (Chem)*
**feuergeschützt** *adj (Mech)* **fire-resistant** *adj (Mech, Chem)*
**feuerhemmend** *adj (Stb)* **fire-resisting** *adj (Stb)* **fire-shielding** *adj (Stb)* **fire-stopping** *adj (Stb)*
**Feuerkiste** *f (Bahn) (der Dampfmaschine)* **firebox** *(Bahn)* (of steam engine)
**Feuerleistung** *f (Hütt/Wlz)* **furnace capacity** *(Hütt/Wlz)*
**feuerlos** *adj (Chem)* **fireless** *adj (Chem)*
**Feuerlöschanlage** *f (Kfz)* **fire extinguishing system** *(Kfz)*
**Feuerlöschbrause** *f (Stb)* **sprinkler** *(Stb, Bau)*
**Feuerlöscher** *m (Mech, Chem)* **fire extinguisher** *(Mech, Chem)*
**Feuerlöschfahrzeug** *nt (Kfz)* **fire tender** *(Kfz)*
**Feuerlöschmittel** *nt (Chem)* **extinguishing agent** *(Chem)*
**Feuermeldeanlage** *f (Mech)* **fire alarm system** *(Mech)*
**Feuermelder** *m (Mech)* **fire alarm** *(Mech)* **fire alarm box** *(Mech)*
**Feuerraum** *m (Hütt/Wlz)* **primary chamber** *adj:n (Hütt/Wlz)* **combustion chamber** *(Mech)*
**Feuerraumbelastung** *f (Hütt/Wlz)* **furnace heat liberation** *(Hütt/Wlz)*
**Feuerraumboden** *m (Hütt/Wlz)* **furnace bottom** *(Hütt/Wlz)*
**Feuerraumdecke** *f (Hütt/Wlz)* **furnace roof** *(Hütt/Wlz)*
**Feuerrauminhalt** *m (Hütt/Wlz)* **furnace volume** *(Hütt/Wlz)*
**Feuerraumkühlrohr** *nt (Hütt/Wlz)* **furnace cooling tube** *(Hütt/Wlz)*
**Feuerschiff** *nt (Schiff)* **fire ship** *(Schiff)*
**Feuerschutzanstrich** *m (Anstr)* **fire-resistant paint** *adj:n (Anstr)*
**feuerschützend** *adj (Chem)* **fire-proof** *adj (Mech, Chem)*
**Feuerschweißen** *nt (Schw)* **forge welding** *(Schw)*
**feuersicher** *adj (Chem, Mech)* **fire-proof** *adj (Mech, Chem)* **refractory** *adj (Mech, Chem)*
**Feuersicherheit** *f (Chem, Mech)* **fire resistance** *(Mech, Chem)*
**Feuerstein** *m (Bg/Bergb)* **flint** *(Bg/Bergb)*
**Feuertür** *f (Bahn)* **firedoor** *(Bahn)* **firehole door** *(Bahn)*
**Feuerübersprung** *m (Chem)* **flashover** *(Chem)*
**Feuerung** *f (Hütt/Wlz)* **firing** *(Hütt/Wlz)* **furnace** *(Stb, Hütt/Wlz)*
**Feuerungseinrichtung** *f (Hütt/Wlz)* **firing equipment** *(Hütt/Wlz)*
**feuerverbleit** *adj (Form)* **hot-dip leaded** *adj (Form)*
**Feuerverhalten** *nt (Chem)* **fire behaviour** *(Chem, Mech)*
**Feuerverzinken** *nt (Form)* **hot-dip galvanizing** *(Form)*
**feuerverzinken** *v (Hütt/Wlz)* **hot-dip galvanize** *v (Hütt/Wlz)* **hot-galvanize** *v (Hütt/Wlz)*
**feuerverzinkt** *adj (Hütt/Wlz)* **galvanized** *adj (Hütt/Wlz)* **hot-dip galvanized** *adj (Hütt/Wlz)*
**Feuerwache** *f (Bau) (Gebäude)* **fire station** *(Bau)*
**Feuerwiderstand** *m (Chem)* **fire resistance** *(Mech, Chem)*
**Feuerwiderstandsdauer** *f (Chem, Mech)* **fire resistance period** *(Mech, Chem)*
**Feuerwiderstandsklasse** *f (Chem, Mech)* **fire-resistance grading** *(Mech, Chem)*
**Feuerzange** *f (Mont, Werkz)* **fire tongs** *pl (Mont, Werkz)*
**Fiberglas** *nt (Mech)* **fiberglass** *(Mech)*
**fieren** *v (Mech)* **lower** *v (Mech)* (veer off)
**Film** *m (Chem) (Überzug)* **film** *(Chem, Anstr)*
**Filmverdampfung** *f (Hütt/Wlz)* **film boiling** *(Hütt/Wlz)*
**Filter** *nt (Hyd)* **filter** *(Hyd)*

**Filter** *nt (Hyd/Pneu) (Entstauber)* **precipitator** *(Hyd/Pneu)*
**Filter** *nt (Hyd/Pneu) (z.B. für Flüssigkeit)* **strainer** *(Hyd/Pneu, Hütt/Wlz)*
**Filteranlage** *f (Hyd/Pneu)* **filter equipment** *(Hyd/Pneu)* **filter plant** *(Bau)*
**Filterbefestigung** *f (Kfz)* **air cleaner mounting** *(Kfz)* **filter mounting** *(Kfz)*
**Filterdeckel** *m (Mech)* **filter cover** *(Mech)*
**Filtereinsatz** *m (Hyd, Mech) (Kraftstoff)* **fuel filter** *(Hyd/Pneu)* **fuel strainer** *(Hyd, Mech)*
**Filtereinsatz** *m (Hyd/Pneu)* **filter cartridge** *(Kfz)* **filter element** *(Hyd/Pneu, Mech)* **filter insert** *(Mech)*
**Filterelement** *nt (Hyd/Pneu, Mech)* **filter element** *(Hyd/Pneu, Mech)*
**Filterfeinheit** *f (Hyd/Pneu)* **degree of filtration** *(Hyd/Pneu)*
**Filtergehäuse** *nt (Hyd/Pneu)* **filter housing** *(Hyd/Pneu)*
**Filterhaube** *f (Kfz)* **breather cap** *(Kfz)*
**Filterkonsole** *f (Kfz)* **filter bracket** *(Kfz)*
**Filtermatte** *f (Hyd/Pneu)* **filter mat** *(Hyd/Pneu)* **sponge-type filter** *(Hyd/Pneu)*
**filtern** *v (Mech, Hyd/Pneu, Allg)* **filter** *v (Mech, Hyd/Pneu, Allg)*
**Filterpatrone** *f (Kfz)* **filter cartridge** *(Kfz)*
**Filtersatz** *m (Kfz)* **set of filters** *(Kfz)*
**Filtersieb** *nt (Hyd/Pneu)* **filter screen** *(Hyd/Pneu)* **gauze filter** *(Hyd/Pneu, Mech)*
**Filtertechnik** *f (Kfz)* **filter technology** *(Kfz)*
**Filterwirkungsgrad** *m (Mech)* **precipitator efficiency** *(Hütt/Wlz)*
**Filterwolle** *f (Kfz)* **filter wool** *(Kfz)*
**filtrieren** *v (Mech, Hyd/Pneu, Allg)* **filter** *v (Mech, Hyd/Pneu, Allg)*
**Filzdichtung** *f (Hyd, Mech)* **felt packing** *(Hyd/Pneu, Mech)* **felt seal** *(Mech, Hyd/Pneu)*
**Filzfilter** *nt (Kfz)* **felt filter** *(Kfz)*
**Filzring** *m (Mech)* **felt ring** *(Mech)*
**Filzstreifen** *m (Mech)* **felt strip** *(Mech)*
**Findling** *m (Geo)* **erratic block** *adj:n (Geo)*
**Fingerbuchse** *f (Form)* **finger bush** *(Form)*
**Fingerdruck** *m (Bau)* **finger pressure** *(Bau)*
**Fingerfutter** *nt (Stb)* **finger lining** *(Stb)*
**Fingerhebelwelle** *f (Kfz)* **steering finger shaft** *(Kfz)*
**Fingerrost** *m (Zer)* **bar-type grate** *(Zer)*
**Fingertupfprobe** *f (Form)* **fingertip test** *(Form)*
**finit** *adj (Mech, Allg)* **finite** *adj (Mech, Allg)*
**Finne** *f (Form) (Pinne)* **peen** *(Form)*
**Firnis** *m (Anstr)* **varnish** *(Anstr)*
**First** *m (Bau) (Bauwesen)* **ridge** *(Bau, Bg/Bergb)*
**Firstbalken** *m (Stb)* **ridge purlin** *(Stb)*
**Firstpfette** *f (Stb)* **ridge purlin** *(Stb)* **ridge tree** *(Stb)*
**Firstriegel** *m (Stb)* **ridge transom** *(Stb)*
**Firstziegel** *m (Bau)* **ridge-tile** *(Bau)*
**fischbauchig** *adj (Mech)* **fish-bellied** *adj (Mech)*
**Fischbauchträger** *m (Bau)* **fish-bellied beam** *adj:n (Bau)* **fish girder** *(Bau)* **fishbelly girder** *(Bau)* **fish-bellied girder** *adj:n (Bau)* **fish-bellied truss** *adj:n (Bau)*
**Fitschbandstift** *m (Mech)* **blinder** *(Mech)*
**Fitsche** *f (Mech)* **hinge** *(Mech, Bau)* **hinge hook** *(Mech, Bau)*
**Fitschenband** *nt (Mech)* **blinder** *(Mech)*
**Fixierbad** *nt (Form)* **fixing bath** *(Form)*
**Fixierbügel** *m (Form)* **hold-down bracket** *(Form)*
**fixieren** *v (Mech)* **fasten** *v (Mech, Mont)* (on/onto) **fix** *v (Mech, Mont)* (on/onto s.th.)
**Fixierschraube** *f (Mech)* **set screw** *(Mech)*
**Fixierung** *f (Mech)* **fixing** *(Bg/Bergb, Mech)*
**Fixierungsring** *m (Mech)* **lock ring** *(Mech)*
**flach** *adj (Allg)* **even** *adj (Mech, Mont, Allg)* **flat** *adj (Mech, Allg)*
**Flachbaurahmen** *m (Mech)* **low-profile module** *(Kfz)*
**Flachbettfelge** *f (Kfz)* **flat-base rim** *(Kfz)*
**Flachboden...** *affix (Mech)* **flat-bottomed** *adj (Mech)*
**Flachbodenloch** *nt (Bahn)* **flat-bottomed hole** *adj:n (Mech)*
**Flachböschung** *f (Bau)* **ditch wall** *(Bau)*
**Flachbrenner** *m (Hütt/Wlz)* **flare-type burner** *adj:n (Hütt/Wlz)*
**Flachdach** *nt (Bau)* **flat roof** *adj:n (Bau)*
**Flachdichtung** *f (Mech) (z.B. für Rohre, Zylinderköpfe)* **gasket** *(Mech)*

**Fläche** *f (Mech, Allg)* **A** *(Mech, Allg)* (Abv) **area** *(Mech, Allg)* (region) **surface** *(Mech, Anstr)*

**Fläche, aktiv** aktive Fläche *adj:n (Umschl)* **live area** *adj:n (Umschl)*

**Fläche, tragend** tragende Fläche *adj:n (Mech)* **area of support** *(Mech)* **supporting surface** *(Mech)*

**Flacheisen** *(Hütt/Wlz) (Flachstahl, Flachstab)* **flat bar** *adj:n (Hütt/Wlz)* **flat steel** *adj:n (Hütt/Wlz)*

**Flacheisen** *nt (Hütt/Wlz)* **flats** *pl (Hütt/Wlz)* **flat iron** *adj:n (Hütt/Wlz)*

**Flächenausdehnung** *f (Mech, Allg)* **area propagation** *(Mech, Allg)*

**Flächenbelastung** *f (Stb)* **load per unit area** *(Stb)*

**Flächenberechnung** *f (Stb)* **calculation of areas** *(Stb)*

**Flächenbiegungsprobe** *f (Schw)* **face bend test** *(Schw)*

**Flächenbrand** *m (Chem)* **conflagration** *(Chem)*

**Flächendruck** *m (Stb)* **unit pressure** *(Stb)*

**Flächeninhalt** *m (Math)* **area** *(Math)* (e.g. of a circle)

**Flächenpressung** *f (Stb)* **surface pressure** *(Stb)*

**Flächenvorbereitung** *f (Mech, Anstr)* **surface treatment** *(Mech, Anstr)*

**Flacherzeugnisse** *pl nt (Hütt/Wlz)* **flats** *pl (Hütt/Wlz)*

**Flachfeile** *f (Mont, Werkz)* **flat file** *adj:n (Mech, Mont, Werkz)*

**Flachfeile** *f (Mont, Werkz) (Zungenform)* **warding file** *(Mont, Werkz)*

**Flachformfeder** *f (Form)* **formed leaf spring** *adj:n (Mech)*

**flachgebaut** *adj (Mech)* **low-head** *adj (Mech)*

**Flachgetriebe** *nt (Mech)* **one-stage slip-on gearing** *(Mech)*

**Flachglas** *nt (Mech)* **flat glass** *adj:n (Mech)*

**Flachgurt** *m (Band)* **flat belt** *adj:n (Band)*

**Flachgurtförderer** *m (Band)* **flat-belt conveyor** *(Band)*

**flächig** *adj (Mech)* **flat** *adj (Mech, Allg)*

**Flachkäfig** *m (Mech)* **flat cage** *adj:n (Mech)*

**Flachkopf...** *affix (Mech, Mont)* **countersunk-head** *adj (Mech, Mont)* **flat-head** *affix (Mech)*

**Flachkopfdichtung** *f (Mech, Mont)* **button head rivet set** *(Mech)*

**Flachkopfnagel** *m (Mech)* **cooler nail** *(Mech)*

**Flachkopfnietung** *f (Mech)* **pan riveting** *(Mech)*

**Flachkopfschraube** *f (Mech, Mont)* **pan head screw** *(Mech, Mont)*

**Flachkupfer** *nt (Mech)* **flat copper** *adj:n (Mech)*

**Flachmeißel** *m (Mont, Werkz)* **chipping chisel** *(Mont, Werkz)* **cold chisel** *adj:n (Mont, Werkz)* **flat chisel** *adj:n (Mont, Werkz)*

**Flachprodukt** *nt (Hütt/Wlz)* **flat product** *adj:n (Hütt/Wlz)*

**Flachprofil** *nt (Hütt/Wlz)* **flat section** *adj:n (Hütt/Wlz)*

**Flachrahmen** *m (Bg/Bergb)* **hoop** *(Bg/Bergb)* (on manhole)

**Flachrund-Niete** *f (Mech, Mont)* **flat round-head rivet** *adj:n (Mech, Mont)* **truss head rivet** *(Mech, Mont)*

**Flachrundkopf-Niete** *f (Mech, Mont)* **truss head rivet** *(Mech, Mont)*

**Flachrundschraube** *f (Mech, Mont)* **flat-head bolt** *(Mech)*

**Flachschieber** *m (Hyd/Pneu)* **gate type slide valve** *(Hyd/Pneu)*

**Flachschieberverschluss** *m (Hütt/Wlz) (Trichter)* **hopper gate valve** *(Hütt/Wlz)* (with frame)

**Flachschmiernippel** *m (Mech) (DIN 3404)* **button head lubricating nipple** *(Mech)*

**Flachschneide** *f (Mech, Mont)* **flat knife edge** *adj:n (Mech, Mont)*

**Flachschürfkübel** *m (Bg/Bergb)* **low-bowl scraper** *(Bg/Bergb)*

**Flachsenkniet** *f (Mech, Mont)* **flat-countersunk rivet** *adj:n (Mech, Mont)*

**Flachspiralfeder** *f (Mech)* **flat spiral spring** *(Form)* **flat spiral spring** *adj:n (Mech)*

**Flachspitzfeile** *f (Mont, Werkz)* **taper flat file** *(Mont, Werkz)* **taper hand file** *(Mont, Werkz)*

**Flachsplint** *m (Mech)* **flat cotter pin** *adj:n (Mech)*

**Flachstab** *m (Hütt/Wlz)* **flat bar** *adj:n (Hütt/Wlz)*

**Flachstahl** *m (Hütt/Wlz)* **flat steel bar** *adj:n (Hütt/Wlz)*

**Flachstahl, blank** blanker Flachstahl *adj:n sg m (Stb)* **bright flat steel** *adj:n sg (Stb)*
**Flachstellenbildung** *f (Mech) (am Wagonrad)* **formation of flat spots** *(Mech)* (by braking)
**Flachstromvergaser** *m (Kfz)* **horizontal draft carburetter** *adj:n (Mech)*
**Flachstumpffeile** *f (Mont, Werkz)* **equalling file** *(Mech, Mont, Werkz)* **flat file** *adj:n (Mech, Mont, Werkz)*
**Flachstumpfraspel** *f (Mont, Werkz)* **hand rasp** *(Mont, Werkz)* **hand second cut rasp** *(Mont, Werkz)*
**Flachstumpfraumfeile** *f (Mech, Mont)* **equalling file** *(Mech, Mont, Werkz)*
**Flachwagen** *m (Bahn)* **flatbed car** *(Bahn)* **flat wagon** *adj:n (Bahn)*
**Flachwulststahl** *m (Hütt/Wlz)* **flat bulb steel** *adj:n (Hütt/Wlz)*
**Flachzange** *f (Mont, Werkz)* **flat-nose pliers** *pl (Mont, Werkz)*
**Flachzeug** *nt (Hütt/Wlz)* **flat product** *(Hütt/Wlz)*
**Flachzungenfeile** *f (Mont, Werkz)* **crotchet file** *(Mont, Werkz)*
**Flamme** *f (Chem)* **flame** *(Chem)*
**Flämmen** *nt (Hütt/Wlz)* **flame scarfing** *(Hütt/Wlz)*
**flämmen** *v (Hütt/Wlz)* **flame descale** *v (Hütt/Wlz)* **flame deseam** *v (Hütt/Wlz)* **flame scarf** *v (Hütt/Wlz)*
**Flammenform** *f (Hütt/Wlz)* **shape of flame** *(Hütt/Wlz)*
**flammenhemmend** *adj (Mech, Chem)* **flame-retardant** *adj (Mech, Chem)*
**Flammenmelder** *m (Mech)* **flame detector** *(Mech)*
**Flammenschutz** *m (Chem, Mech)* **flame arresting** *(Chem, Mech)*
**Flammenwächter** *m (Mech, Chem)* **flame monitor** *(Mech, Chem)*
**flammhärten** *v (Stb)* **flame-harden** *v (Stb)*
**Flammhärtung** *f (Schw)* **flame hardening** *(Schw)* **gas hardening** *(Schw)*
**Flammpunkt** *m (Schw)* **flash point** *(Schw)*
**flämmputzen** *v (Hütt/Wlz)* **flame descale** *v (Hütt/Wlz)* **flame deseam** *v (Hütt/Wlz)* **flame scarf** *v (Hütt/Wlz)*
**Flammrohr** *nt (Bahn)* **flame pipe** *(Bahn)*
**Flammschutz** *m (Mech)* **flame protection** *(Mech)*
**Flammstrahlen** *nt (Schw, Hütt/Wlz)* **flame cleaning** *(Hütt/Wlz)* **scarfing** *(Schw, Hütt/Wlz)*
**flammstrahlen** *v (Hütt/Wlz)* **flame-clean** *v (Hütt/Wlz)*
**Flangenkupplung** *f (Mech)* **disc clutch** *(Mech)* **flange clutch** *(Mech)* **plate clutch** *(Mech)*
**Flanke** *f (Mech)* **flank** *(Mech)*
**Flanke** *f (Mech) (des Zahnes am Zahnrad)* **tooth side** *(Mech)*
**Flankenanlage** *f (Mech) (Getriebe)* **flank contact** *(Mech)* (gear)
**Flankenbindefehler** *m (Schw)* **lack of side-fusion** *(Schw)*
**Flankendurchmesser** *m (Kfz)* **pitch diameter** *(Kfz)*
**Flankenfahrt** *f (Mech) (Y-förmige Kollision)* **sideways collision** *(Mech)*
**Flankenform** *f (Mech)* **main form of the flanks** *(Mech)*
**Flankenkehlnaht** *f (Stb, Schw)* **fillet weld** *(Schw)* **side fillet weld** *(Stb, Schw)*
**Flankenlinie** *f (Mech)* **tooth trace** *(Mech)*
**Flankenprofil** *nt (Mech)* **tooth profile** *(Mech)*
**Flankenspiel** *nt (Mech)* **backlash** *(Mech)*
**Flansch** *m (Mech)* **flange** *(Mech, Stb)*
**Flanschanschluss** *m (Kfz)* **flanged connection** *adj:n (Mech)* **flange mounting** *(Kfz)*
**Flanschbefestigung** *f (Mech)* **flange joint** *(Mech, Stb)* **flange mounting** *(Kfz)*
**Flanschbreite** *f (Mech)* **flange width** *(Mech, Band)* **width of flange** *(Mech)*
**Flanschdicke** *f (Mech)* **flange thickness** *(Mech)* **thickness of flange** *(Mech)*
**Flanschdoppelgelenk** *nt (Kfz)* **flange double-joint** *(Kfz)*
**Flanschdruckschlauch** *m (Hyd/Pneu)* **flanged pressure hose** *adj:n (Hyd/Pneu)*
**Flanschgehäuse** *nt (Mech)* **flanged block** *adj:n (Mech)*
**Flanschkörper** *m (Mech)* **flange body** *(Mech)*
**Flanschlager** *nt (Mech)* **flange bearing** *(Mech)*
**Flanschmotor** *m (Kfz)* **flange-mounted motor** *adj:n (Mech)*
**Flanschnabe** *f (Mech)* **flange hub** *(Mech)* **flanged hub** *adj:n (Mech)*

**Flanschneigung** *f (Mech)* **flange slope** *(Mech)* **flange taper** *(Mech)*
**Flanschreifen** *m (Mech)* **flange tyre** *(Mech)*
**Flanschring** *m (Kfz)* **flange ring** *(Kfz)*
**Flanschstärke** *f (Mech)* **flange thickness** *(Mech)*
**Flanschsystem** *nt (Kfz)* **flange system** *(Kfz)* **method of flanging** *(Mech)*
**Flanschverbinder** *m (Hyd/Pneu)* **flange connector** *(Hyd/Pneu)*
**Flanschverbindung** *f (Mech)* **flange connection** *(Mech)* **flange joint** *(Mech, Stb)* **flanged joint** *adj:n (Mech)*
**Flanschverschraubung** *f (Mech)* **flange screw connection** *(Mech)*
**Flasche** *f (Allg, Mech)* **bottle** *(Allg, Mech)*
**Flaschenhänger** *m (Mont)* **trailer for gas bottles** *(Mont)*
**Flaschenöse** *f (Mech) (eines Flaschenzugs)* **pulley lug** *(Mech)*
**Flaschenzug** *m (Bg/Bergb) (Seilführung)* **pulley block** *(Bg/Bergb)*
**Flaschenzug** *m (Mech)* **lifting block** *(Mech)*
**Flaschner** *f (Mech) (Klempner)* **plumber** *(Mech)* **tinner** *(Mech)*
**Flaschung** *f (Bg/Bergb) (eines Seils)* **rope reeving** *(Bg/Bergb)*
**Flattern** *nt (Mech) (z.B. einer Brücke)* **flutter** *(Mech)* **oscillation** *(Mech)*
**flattern** *v (Mech) (z.B. ein Rad)* **wobble** *v AE (Mech)*
**Flechtwerk** *nt (Bau)* **whattle** *(Bau)*
**Fleck** *m (Allg)* **spot** *(Mech, Allg)* **stain** *(Allg)*
**Flicken** *m (Mech, Allg)* **patch** *(Mech)*
**fliegend** *adj (Mech)* **flying** *adj (Mech)*
**Fliehgewicht** *nt (Stat)* **fly weight** *(Stat)* **centrifugal weight** *adj:n (Stat)*
**Fliehkraft** *f (Stat)* **centrifugal force** *adj:n (Mech, Stat)*
**Fliehkraftlüfter** *m (Mech, Hyd/Pneu)* **centrifugal fan** *(Mech)*
**Fliehmoment** *nt (Stb)* **product of inertia** *(Stb)*
**Fliese** *f (Bau)* **tile** *(Bau)*
**Fliesenleger** *m (Bau)* **tiler** *(Bau)*
**Fließarbeit** *f (Allg)* **assembly-line work** *(Allg)*
**Fließband** *nt (Band)* **assembly line** *(Mech, Band, Mont)*
**Fließbandarbeit** *f (Allg)* **assembly-line work** *(Allg)*
**Fließen** *nt (Hütt/Wlz)* **fluxing** *(Hütt/Wlz)*
**fließen** *v (Hyd/Pneu)* **flow** *v (Hyd/Pneu)*
**fließen, drucklos** drucklos fließen *adv:v (Hyd/Pneu)* **flow by gravity** *(Hyd/Pneu)*
**fließend** *adj (Hyd, Allg)* **flowing** *adj (Hyd, Allg)*
**fließend, leicht** leicht fließend *adv:adj (Mech, Hyd/Pneu)* **free flowing** *adj (Mech, Hyd/Pneu)*
**Fließfett** *nt (Mech)* **viscous oil** *adj:n (Mech)*
**Fließgrenze** *f (Geo)* **liquid limit** *(Geo)*
**Fließpunkt** *m (Form)* **pour point** *(Chem)*
**Fließsandeinbrüche** *pl m (Bg/Bergb, Geo)* **caving of floor sand** *(Bg/Bergb, Geo)*
**Fließspannung** *f (Stat)* **yield stress** *(Mech, Stat)*
**Fließverbesserer** *m (Mech) (Dieselmotor)* **flow improver** *(Mech)* (diesel engine)
**Fließverhalten** *nt (Mech) (Fördergut)* **flowing characteristics** *pl (Mech)*
**Fließvorgang** *m (Stat, Mech)* **yielding** *(Mech)*
**Fließwasserankopplung** *f (Bau)* **flowing-water couplant** *(Bau)*
**Fließwasserzufuhrmenge** *f (Bau)* **water flow rate** *(Bau)*
**flink** *adj (Mech)* **quick-acting** *adj (Allg)* **quick-response** *adj (Mech)*
**floatklar** *adj (Form)* **float-clear** *adj (Form)*
**Flockenpunkt** *m (Chem)* **flocculation point** *(Chem)*
**Flockenrisse** *pl m (Form)* **flake cracks** *pl (Form)*
**Flosse** *f (Mech)* **fin** *(Mech)*
**Flossen...** *affix (Mech)* **finned** *adj (Hütt/Wlz)*
**Flossenrohr** *nt (Hütt/Wlz)* **finned tube** *adj:n (Hütt/Wlz)*
**Flotationsanlage** *f (Aufb)* **flotation plant** *(Aufb)*
**Flöz** *nt (Bg/Bergb, Geo)* **orebody** *(Bg/Bergb, Geo)* **seam** *(Bg/Bergb, Geo)*
**Flözgruppe** *f (Bg/Bergb)* **seam group** *(Bg/Bergb)*
**Flözmächtigkeit** *f (Geo, Bg/Bergb)* **bed thickness** *(Geo, Bg/Bergb)*
**Flucht** *f (Mech)* **alignment** *(Mech)* **line** *(Mech)* (alignment) **row** *(Mech)*

**Flucht** *f (Mech, Bau) (Bündigkeit)* **flushing** *(Mech, Bau)*
**fluchten** *v (Mech) (vermessen)* **align** *v BE (Mech)* **aline** *v AE (Mech)* **sight out** *v (Mech)*
**fluchten** *v/i (Mech, Bau) (bündig sein)* **be flush** *v (Mech, Bau)* **be in alignment** *(Mech)*
**fluchten, genau** genau fluchten *adv:v (Mech)* **align accurately** *adv:v (Mech)* **be in alignment** *(Mech)* **be in true alignment** *v (Mech)*
**fluchtend** *adj (Mech)* **aligned** *adj (Mech)* **in line** *(Mech)*
**fluchtend, nicht** *adj (Mech)* **misaligned** *adj (Mech)*
**fluchtgerecht** *adj (Mech)* **truly aligned** *adv:adj (Mech)* **straight aligned** *adj (Mech)*
**flüchtig** *adj (Chem)* **fugitive** *adj (Chem)* **volatile** *adj (Chem)*
**Flüchtigkeit** *f (Chem) (z.B. von Chemikalien)* **volatility** *(Chem)* (e.g. of chemicals)
**Fluchtlinie** *f (Mech)* **alignment** *(Mech)* **flush** *(Mech)*
**Fluchtstab** *m (Mont)* **ranging pole** *(Mont)* **ranging rod** *(Mont)* **hanging rod** *adj:n (Mont)* **surveyor's pole** *(Mont)*
**Fluchtung** *f (Mech)* **alignment** *(Mech)*
**Fluchtung, ungenau** ungenaue Fluchtung *adj:n (Mech)* **misalignment** *(Mech)*
**Fluchtungsfehler** *m (Mech)* **misalignment** *(Mech)*
**Flügel** *m (Mech)* **wing** *(Mech)*
**Flügel** *m (Mech) (z.B. des Ventilators)* **vane** *(Kfz)*
**Flügelbrecher** *m (Zer)* **impeller breaker** *(Zer)*
**Flügelfenster** *nt (Bau)* **casement window** *(Bau)*
**Flügelmutter** *f (Kfz)* **thumb nut** *(Kfz)* **wing nut** *(Kfz)*
**Flügelposition** *f (Mech)* **wing position** *(Mech)*
**Flügelpumpe** *f (Hyd/Pneu)* **vane pump** *(Hyd/Pneu)*
**Flügelrad** *nt (Mech)* **impeller** *(Mech, Umschl, Hyd)* **impeller wheel** *(Bg/Bergb, Mech)*
**Flügelschraube** *f (Mech)* **thumb screw** *(Mech)* **wing bolt** *(Kfz)* **wing screw** *(Mech)*
**Flügelsignal** *nt (Bahn)* **semaphore signal** *(Bahn)*
**Flügelsondierungen** *pl f (Bau)* **vane tests** *pl (Bau)*
**Flugstaub** *m (Mech)* **fugitive dust** *adj:n (Mech)*
**Flugstaubabscheider** *m (Zer) (bei grobem Korn)* **arrester** *(Form)* **grit arrester** *(Zer)*
**Fluor** *nt (Bg/Bergb)* **fluorine** *(Bg/Bergb)*
**Fluorchlorkohlenwasserstoff** *m (Chem)* **CFC** *(Chem)* (Abv) **chlorofluorocarbon** *(Chem)*
**fluoreszierend** *adj (Mech)* **fluorescent** *adj (Mech)*
**Flurförderzeug** *nt (Kfz) (z.B. Gabelstapler)* **floor conveyors** *pl (Kfz)* **forklift trucks** *pl AE (Kfz)* **straddle carriers** *(Kfz)*
**Fluss** *m (Allg) (Strömung)* **flow** *(Hyd/Pneu)*
**Flussbagger** *m (Bg/Bergb)* **dredge** *(Bg/Bergb)* **dredger** *(Bg/Bergb)*
**Flussbaggerfracht** *f (Schiff)* **dredger freight** *(Schiff)*
**flüssig** *adj (Chem)* **liquid** *adj (Chem)*
**Flüssigkeitsaufnahme** *f (Form)* **liquid intake** *adj:n (Form)*
**Flüssigkeitsbehälter** *m (Kfz)* **fluid container** *(Kfz)*
**Flüssigkeitsdämpfer** *m (Hyd/Pneu, Mech)* **liquid-type damper** *adj:n (Hyd/Pneu, Mech)* **viscous-type damper** *adj:n (Hyd/Pneu, Mech)*
**Flüssigkeitsdruck** *m (Hyd/Pneu)* **fluid pressure** *(Hyd/Pneu)*
**Flüssigkeitsgetriebe** *nt (Mech)* **hydraulic gear** *adj:n (Mech)* **automatic transmission** *adj:n (Mech)*
**Flüssigkeitskupplung** *f (Mech, Hyd/Pneu)* **hydraulic clutch** *adj:n (Mech, Hyd/Pneu)* **hydraulic coupling** *adj:n (Mech, Hyd/Pneu)*
**Flüssigkeitsstrahl** *m (Hyd/Pneu)* **fluid jet** *(Hyd/Pneu)*
**Flüssigkeitstank** *m (Mech)* **segregation tank** *(Mech)* (for separated liquids)
**Flüssigkeitsumlauf** *m (Hyd/Pneu) (Kreislauf)* **hydraulic circuit** *adj:n (Hyd/Pneu)*
**flüssigkeitsvergütet** *adj (Hütt/Wlz)* **liquid-annealed** *adj (Hütt/Wlz)*
**Flüssigkeitsvergütung** *f (Hütt/Wlz, Mech)* **heat treatment in liquid** *(Hütt/Wlz, Mech)*

**Flüssigkeitsverteiler** *m (Hyd/Pneu)* **fluid distributor** *(Hyd/Pneu)*
**Flüssigstahl** *m (Hütt/Wlz)* **liquid steel** *adj:n (Hütt/Wlz)*
**Flüssigstahlbehandlung** *f (Hütt/Wlz)* **ladle treatment of liquid steel** *(Hütt/Wlz)*
**Flussmittel** *nt (Schw)* **flux** *(Schw)* (for slag and welding)
**Flussrichtung** *f (Hyd/Pneu)* **flow path** *(Hyd/Pneu)*
**Flussstahl** *m (Hütt/Wlz)* **low-carbon steel** *adj:n (Hütt/Wlz)* **mild steel** *adj:n (Hütt/Wlz)* **soft steel** *adj:n (Hütt/wlz)*
**Fluten** *nt (Mech) (Werkstoffprüfung)* **magnaflux** *(Mech)* **magnetic flow test** *(Mech)* **magnetic particle test** *(Mech, Hyd/Pneu)*
**Flyerkette** *f (Mech)* **cable chain** *(Mech)* **flyer chain** *(Mech)*
**Folge** *f (Mech)* **order** *(Allg)* (sequence) **sequence** *(Mech)* **series** *(Allg)*
**Folgebetrieb** *m (Mech) (z.B. beim Rußbläser)* **sequential operation** *adj:n (Mech)* (e.g. of sootblower)
**Folgeschaltung, automatisch** automatische Folgeschaltung *adj:n (Hütt/Wlz) (Rußbläser)* **automatic sequence** *adj:n (Hütt/Wlz)* (soot blower)
**Folgeventil** *nt (Hyd/Pneu)* **sequence valve** *(Hyd/Pneu)*
**Folgewerkzeug** *nt (Mont, Werkz)* **progressive die** *adj:n (Mont, Werkz)*
**Folie** *f (Mech)* **foil** *(Mech)*
**Folienbeschichtung** *f (Mech)* **foil coating** *(Mech)*
**Fondboden** *m (Kfz)* **main floor** *adj:n (Mech)*
**Förder- und Lagersysteme** *(Bg/Bergb)* **conveying and storage systems** *(Bg/Bergb)*
**Förderablauf** *m (Bg/Bergb) (Schmieranlage)* **delivery process** *(Bg/Bergb, Umschl, Band)*
**Förderanlage** *f (Bg/Bergb, Umschl, Band)* **belt conveyor systems** *pl (Bg/Bergb, Umschl, Band)* **conveyor schedules** *pl (Bg/Bergb, Umschl, Band)* **conveyor system** *(Bg/Bergb, Umschl, Band)* **handling facilities** *pl (Bg/Bergb, Umschl, Band)* **handling plant** *(Bg/Bergb, Umschl, Band)*
**Förderband** *nt (Band) (schräg aufwärts)* **elevating conveyor belt** *adj:n (Band)*
**Förderband** *nt (Band, Bg/Bergb)* **belt conveyor** *(Band, Bg/Bergb)* **conveyor** *(Band, Bg/Bergb)*
**Förderbandanlage** *f (Band, Umschl)* **belt conveyor system** *(Band)* **belt haulage system** *(Band, Umschl)*
**Förderbandbrücke** *f (Bg/Bergb, Umschl, Band)* **conveyor bridge** *(Bg/Bergb)*
**Förderbandbrücke, verfahrbar** verfahrbare Förderbandbrücke *adj:n (Bg/Bergb)* **mobile conveyor bridge** *adj:n (Bg/Bergb, Band)*
**Förderbandüberdachung** *f (Band)* **conveyor belt housing** *(Band)*
**Förderbrücke** *f (Band, Umschl)* **conveyor bridge** *(Bg/Bergb)* **conveyor gantry** *(Bg/Bergb, Umschl)* **transporter bridge** *(Band, Umschl)*
**Förderdruck** *m (Hyd/Pneu)* **delivery pressure** *(Hyd/Pneu)*
**Fördereigenschaften** *pl f (Bg/Bergb)* **delivery characteristics** *pl (Bg/Bergb)*
**Förderer** *m (Band, Umschl)* **conveyor** *(Band, Bg/Bergb)*
**Förderer, fahrbar** fahrbarer Förderer *adj:n (Bg/Bergb, Band)* **mobile conveyor** *adj:n (Band, Bg/Bergb)* **portable conveyor** *adj:n (Band, Bg/Bergb)*
**Förderer, reversierbar** reversierbarer Förderer *adj:n (Band, Umschl)* **reversible conveyor** *adj:n (Band, Bg/Bergb)* **shuttle conveyor** *(Band, Bg/Bergb)*
**Fördererz** *nt (Bg/Bergb, Umschl, Band, Zer)* **run-of-mine ore** *(Bg/Bergb, Umschl, Band, Zer)*
**Förderfähigkeit** *f (Hyd/Pneu) (Öl, Fett)* **pumpability** *(Hyd/Pneu)* (oil, grease)
**Fördergerät** *nt (Umschl)* **bulk handling equipment** *(Umschl)* **handling equipment** *(Umschl, Bg/Bergb)*
**Fördergeräte und -anlagen** *(Bg/Bergb)* **materials handling equipment** *(Umschl)*
**Fördergerüst** *nt (Bg/Bergb)* **headframe** *(Bg/Bergb)* **headgear** *(Bg/Bergb)*
**Fördergeschwindigkeit** *f (Umschl)* **handling speed** *(Umschl)*
**Fördergurt** *m (Band, Bg/Bergb, Umschl, Zer)* **belt** *(Band, Mech)* **belt conveyor** *(Band, Bg/Bergb)*

**Fördergut** *nt (Umschl)* **material** *(Bg/Bergb)*

**Fördergut, herabfallend** herabfallendes Fördergut *adj:n (Umschl, Band)* **falling material** *adj:n (Umschl, Band)* **spillage** *(Bg/Bergb, Band, Umschl)*

**Fördergut, körnig** körniges Fördergut *adj:n (Bg/Bergb, Umschl)* **granular material** *adj:n (Bg/Bergb, Umschl)*

**Fördergut, leicht fließend** leicht fließendes Fördergut *adj:n (Bg/Bergb, Umschl)* **free-flowing material** *adj:n (Bg/Bergb, Umschl)*

**Fördergut, nicht nachrutschend** nicht nachrutschendes Fördergut *adj:n (Bg/Bergb, Umschl, Band)* **not free-flowing material** *adj:n (Bg/Bergb, Umschl, Band)*

**Fördergut, scharfkantig** scharfkantiges Fördergut *adj:n (Bg/Bergb, Umschl)* **sharp lumps** *adj:n (Bg/Bergb, Umschl)* **sharp-edged material** *adj:n (Bg/Bergb, Umschl)*

**Fördergutstrom** *m (Band, Umschl) (Erz)* **path of the ore** *(Band, Umschl)*

**Fördergutstrom** *m (Band, Umschl) (Förderband)* **conveying route** *(Band, Umschl)* **flow of material** *(Band, Umschl)* **handling capacity** *(Band, Umschl)* **handling rate** *(Band, Umschl)*

**Fördergutstrom, gleichmäßig** gleichmäßiger Fördergutstrom *adj:n (Bg/Bergb, Umschl, Band)* **steady flow of material** *adj:n (Bg/Bergb, Umschl, Band)*

**Förderhöhe** *f (Band)* **difference in height** *(Band)* **lift** *(Band)* **rise** *(Band)* (conveyor)

**Förderkette** *f (Band)* **conveyor chain** *(Band)*

**Förderkohle** *f (Bg/Bergb)* **run-of-mine coal** *(Bg/Bergb)*

**Förderkolben** *m (Kfz)* **delivery plunger** *(Kfz)*

**Förderkolben** *m (Mech) (Schmieranlage)* **delivery piston** *(Mech)* **piston** *(Mech)*

**Förderkorb** *m (Bg/Bergb)* **conveyor cage** *(Bg/Bergb)* **mine cage** *(Bg/Bergb)*

**Förderlader** *m (Bg/Bergb)* **elevating grader** *adj:n (Bg/Bergb)*

**Förderleistung** f (Band, Umschl) (Förderband) **handling capacity** (Band, Umschl) **handling rate** (Band, Umschl) **rate of movement** (Band, Umschl) **volumetric rate** adj:n (Band, Umschl) (Qm = m$^3$/h) **t.p.h. capacity** (Band, Umschl) **volume capacity** (Band, Umschl)

**Förderleistung** *f (Bg/Bergb, Umschl) (Bagger)* **digging capacity** *(Bg/Bergb)* **hauling capacity** *(Bg/Bergb, Umschl)* **output** *(Bg/Bergb)* (excavator)

**Förderleistung** *f (Hyd/Pneu) (Pumpe)* **delivery rate** *(Hyd/Pneu)*

**Förderleistung, gleich bleibend** gleich bleibende Förderleistung *adj:n (Band)* **constant volume capacity** *adj:n (Band)*

**Förderleistung, theoretisch** theoretische Förderleistung *adj:n (Bg/Bergb)* **rated output** *adj:n (El)*

**Förderleitung** *f (Hütt/Wlz)* **conveying line** *(Hütt/Wlz)*

**Fördermaschine** *f (Bg/Bergb)* **winder** *(Bg/Bergb)* (hoisting engine)

**Fördermenge** *f (Bg/Bergb)* **output** *(Bg/Bergb)* (excavator)

**Fördermenge** *f (Hyd/Pneu) (z.B. einer Pumpe)* **delivery rate** *(Hyd/Pneu)*

**Fördern** *nt (Bg/Bergb) (Transport, Behandlung)* **materials handling** *(Bg/Bergb, Mech)*

**fördern** *v (Allg) (kräftigen)* **boost** *v (Allg, Mech)*

**fördern** *v (Allg, Mech) (etw. befördern)* **convey** *v (Mech, Allg, Bg/Bergb)* (transport) **transport** *v (Mech)*

**fördern** *v (Bg/Bergb) (z.B. Kohle)* **dig** *v (Bg/Bergb)*

**fördern** *v (Hyd/Pneu) (Kraftstoff ansaugen)* **prime** *v (Kfz)* (e.g. fuel)

**Förderpumpe** *f (Hyd/Pneu)* **booster pump** *(Hyd/Pneu)* **delivery pump** *(Hyd/Pneu)*

**Förderrichtung** *f (Band, Umschl)* **transporting direction** *(Band, Umschl)*

**Förderrinne** *f (Bg/Bergb, Umschl)* **pan feeder** *(Umschl, Band, Zer)*

**Förderschnecke** *f (Mont)* **auger** *(Mont)* **conveying worm** *(Mont)* **screw conveyor** *(Mont, Band)*

**Fördersohle** *f (Bg/Bergb, Umschl)* **conveyor level** *(Bg/Bergb, Umschl, Band)* **pit conveyor bench** *(Bg/Bergb, Umschl, Band)*

**Förderstrom** *m (Hyd/Pneu)* **capacity** *(Mech, Allg)* **delivery** *(Hyd/Pneu)*

**Förderstrom** *m (Hyd/Pneu) (Pumpe)* **delivery rate** *(Hyd/Pneu)*
**Förderstrom einer Pumpe** *(Kfz)* **delivery rating of a pump** *(Kfz)*
**Förderstrombereich** *m (Hyd/Pneu)* **capacity range** *(Hyd/Pneu, Allg)*
**Förderstromregler** *m (Hyd/Pneu)* **delivery flow control** *(Hyd/Pneu)*
**Fördersystem** *nt (Bg/Bergb) (z.B. im Tagebau)* **haulage layout** *(Bg/Bergb)*
**Fördertechnik** *f* **mining and handling engineering**
**Förderturm** *m (Bg/Bergb)* **head gear** *(Bg/Bergb)* **hoist frame** *(Bg/Bergb)* **pit-head frame** *(Bg/Bergb)* **winding tower** *(Bg/Bergb)*
**Förderung** *f (Bg/Bergb) (Abbau im Bergbau)* **mining** *(Bg/Bergb)*
**Förderung** *f (Bg/Bergb) (Transport)* **transfer** *(Bg/Bergb, Umschl, Band, Zer)*
**Förderung** *f (Hyd/Pneu) (z.B. der Pumpe)* **delivery** *(Hyd/Pneu)*
**Förderweg** *m (Band, Umschl)* **conveying route** *(Band, Umschl)* **flow of material** *(Band, Umschl)*
**Förderweg** *m (Bg/Bergb) (Entfernung, Distanz)* **hauling distance** *(Bg/Bergb)* **travel distance** *(Bg/Bergb)*
**Förderzelle** *f (Bg/Bergb)* **delivery cell** *(Bg/Bergb)*
**Form** *f (Geo, Mech, allg) (Gestalt, Struktur)* **configuration** *(Geo, Mech, Allg)* **form** *(Allg)* (figure, shape)
**Form** *f (Hütt/Wlz) (Guss)* **mold** *AE (Hütt/Wlz)* **mould** *(Hütt/Wlz)*
**Form** *f (Hütt/Wlz) (Spritzgussverfahren)* **die** *(Hütt/Wlz, Gieß)*
**Form, natürlich** natürliche Form *adj:n (Mech)* **physical form** *adj:n (Mech, Allg)*
**Formänderung** *f (Mech)* **deformation** *(Mech)* **strain** *(Mech)*
**Formänderungsarbeit** *f (Stb, Hütt/Wlz)* **strain energy** *(Stb)*
**Formänderungsbereich** *m (Mech)* **region of deformation** *(Mech)*
**Formänderungsvermögen** *nt (Stb)* **capacity of deformation** *(Stb, Hütt/Wlz)* **deformability** *(Stb, Hütt/Wlz)*
**Formatgröße** *f (Allg) (z.B. des Entwurfs)* **design size** *(Allg)*
**Formatschnitt** *m (Mech, Mont)* **guillotine cut** *(Mech, Mont)*
**Formbarkeit** *f (Hütt/Wlz) (z.B. des warmen Stahls)* **ductility** *(Mech, Hütt/Wlz)* **formability** *(Hütt/Wlz)*
**formbeständig** *adj (Mech)* **of constant shape** *(Mech)* **of permanent shape** *(Mech)* **of stable shape** *(Mech)*
**Formbeständigkeit** *f (Mech)* **nondeformability** *(Mech)*
**Formbestimmung** *f (Kfz)* **determination of shape** *(Kfz)*
**Formblatt** *nt (Allg)* **form** *(Allg)* (schedule)
**Formbühne** *f (Stb)* **pig iron platform** *(Stb)*
**Formdichtung** *f (Mech)* **shaped packing** *adj:n (Mech)*
**Formel** *f (Math)* **formula** *(Math)*
**formen** *v (Hütt/Wlz)* **form** *v (Hütt/Wlz)* (shape, mould) **mold** *v AE (Hütt/Wlz)* **mould** *v BE (Hütt/Wlz)* **shape** *v (Hütt/Wlz)*
**Formerstift** *m (Form)* **molding pin** *(Form)*
**Formfaktor** *m (Hütt/Wlz) (Feuerung)* **shape factor** *(Hütt/Wlz, Stb)*
**Formgebung** *f (Hütt/Wlz)* **forming** *(Hütt/Wlz)* **forming operation** *(Hütt/Wlz)*
**Formguss** *m (Hütt/Wlz)* **finished casting** *adj:n (Hütt/Wlz)* **dead-mould casting** *(Hütt/Wlz)*
**Formgussteil** *nt (Hütt/Wlz)* **monocast part** *(Hütt/Wlz)*
**Formmetallteile** *pl nt (Form)* **metal parts** *pl (Form)*
**formschlüssig** *adj (Mech)* **form-closed** *adj (Mech)*
**Formschräge** *f (Hütt/Wlz) (in der Gussform)* **draft** *(Hütt/Wlz)* **draught** *(Hütt/Wlz)* (of the mould)
**Formstahl** *m (Hütt/Wlz, Stb)* **sectional steel** *(Hütt/Wlz, Stb)* **structural steel** *adj:n (Stb, Hütt/Wlz)*
**Formstein** *m (Hütt/Wlz)* **profiled fire brick** *adj:n (Hütt/Wlz)* **shaped fire brick** *adj:n (Hütt/Wlz)*
**Formstoff** *m (Allg)* **moulded material** *adj:n (Allg)*
**Formstück** *nt (Hütt/Wlz)* **shaped part** *adj:n (Hütt/Wlz)*
**Formstück, roh** rohes Formstück *adj:n (Hütt/Wlz)* **blank** *(Hütt/Wlz, Schw)* (unmachined)
**Formteil** *nt (Mech)* **moulding** *(Mech)*

**Formular** *nt (Allg) (gedruckt)* **form** *(Allg)* (schedule) **printed form** *adj:n (Allg)*
**Formwerkzeug** *nt (Werkz)* **forming tool** *(Werkz)*
**Formzahl** *f (Mech)* **diametral quotient** *(Mech)*
**Fortgangslinie** *f (Bg/Bergb)* **line of advance** *(Bg/Bergb)*
**Fortluft** *f (Mech)* **outlet air** *(Mech)*
**Foyer** *nt (Bau)* **foyer** *(Bau)*
**Fracht** *f (Allg)* **freight** *(Allg)*
**Frachter** *m (Schiff) (z.B. Frachdampfer)* **freighter** *(Kfz)*
**Franzose** *m (Werkz) (Universalschlüssel)* **monkey wrench** *(Mont, Werkz)*
**Fräsbreite** *f (Bg/Bergb) (Breite der Fräsnut)* **cutting width** *(Bg/Bergb)*
**Fräse** *f (Mech)* **rotary cutter** *adj:n (Mech)* **mill** *(Zer)* **rotary cutter** *(Bg/Bergb)*
**fräsen** *v (Mech, Mont)* **cut** *v (Allg)* **face** *v (Bau, Mech, Mont)* **mill** *v (Mech, Mont, Zer)*
**fräsen** *v (Mech, Mont) (von Keilnuten, von Keilwellen)* **keyseat** *v (Mech, Mont)* **mill keyways** *n:v (Mech, Mont)*
**fräsen** *v (Mech, Mont) (von Sternkeilwellen)* **spline** *v (Mech, Mont)*
**Fräser** *m (Mech, Mont)* **rotary grinder** *adj:n (Mech, Mont)*
**Fräser** *m (Mech, Mont) (groß)* **milling cutter** *(Mech, Mont)*
**Fräser** *m (Mech, Mont) (klein)* **bur** *(Mech, Mont)* **pipe reamer** *(Mech, Mont)*
**Fräserfeile** *f (Mont, Werkz)* **circular cut file** *(Mont, Werkz)*
**Fräsmaschine** *f (Stb)* **milling machine** *(Stb)*
**Fräsmaß** *nt (Form)* **grinding dimension** *(Form)*
**Fräsposition** *f (Bg/Bergb)* **cutting position** *(Bg/Bergb, Hütt/Wlz)*
**Fräswalze** *f (Bg/Bergb)* **rotary grinder** *adj:n (Mech, Mont)*
**frei stehend** *adj (Mech, Mont)* **detached** *adj (Allg)* **floor-mounted** *adj (Mech, Mont)* **isolated** *adj (Bau)* **separate** *adj (Mech, Mont)*
**frei stehend** *adj (Bau) (nicht gestützt)* **free-standing** *adj (Bau)*
**Freianlage** *f (Bau)* **outdoor installation** *adj:n (Bau)* **outdoor plant** *adj:n (Bau)* **outdoor unit** *adj:n (Bau)*
**Freibewitterung** *f (Mech)* **outdoor exposure** *(Mech)*
**Freifall** *m (Bg/Bergb)* **free fall** *adj:n (Bg/Bergb)*
**freiformgeschmiedet** *adj (Hütt/Wlz)* **forged** *adj (Mech, Mont, Hütt/Wlz)*
**Freiformschmieden** *nt (Hütt/Wlz)* **hammer forging** *(Hütt/Wlz)* **open-die forging** *(Hütt/Wlz)*
**Freiformschmiedestück** *nt (Hütt/Wlz)* **hammer forging** *(Hütt/Wlz)* **open-die forging** *(Hütt/Wlz)*
**Freigabeblende** *f (Form)* **release gate** *(Form)*
**Freigängigkeit** *f (Bahn) (z.B. der Wagenräder)* **clearance** *(Mech)* (tolerance)
**Freigangsuntersuchung** *f (Bau) (z.B. an einer Brücke)* **clearance investigation** *(Bau)*
**freigeben** *v (Mech) (z.B. Kupplung, Relais)* **release** *v (Mech)* (e.g. coupling, relays, locks)
**freigegeben** *adj (Mech) (zugelassen; z.B. Öle)* **approved** *adj (Allg)*
**Freigelände** *nt (Allg) (z.B. für Ausstellungen)* **open-air exhibition ground** *adj:n (Allg)*
**freigelegt** *adj (Bg/Bergb) (z.B. Kohle)* **exposed** *adj (Bg/Bergb, Mech)*
**Freihafen** *m (Schiff)* **free port** *adj:n (Schiff)*
**Freihandskizze** *f (Allg)* **freehand drawing** *(Allg)*
**Freiheitsgrad** *m (Kfz) (z.B. von Gelenken)* **degree of flexibility** *(Kfz)*
**Freihub** *m (Kfz) (z.B. der Staplergabel)* **free lift** *adj:n (Mech)*
**Freikolbenpumpe** *f (Hyd/Pneu)* **free piston pump** *adj:n (Hyd/Pneu)*
**Freilauf** *m (Kfz) (z.B. der Räder)* **freewheel** *(Mech)* (wheels not driven) **freewheeling** *(Kfz)*
**Freilauf** *m (Mech) (des Baggeroberwagens)* **free-swing** *(Mech)* (upper on undercarriage)
**freilaufen** *v (Bahn)* **run free** *v (Mech)*
**freilegen** *v (Bg/Bergb) (z.B. Kohle)* **expose** *v (Bg/Bergb)* (e.g. coal) **uncover** *v (Bg/Bergb, Mech)*
**Freilegung** *f (Bg/Bergb) (z.B. von Kohle)* **stripping** *(Bg/Bergb)*
**Freileitung** *f (El) (kurz; z.B. im Tagebau)* **aerial line (eg in open pit)** *(El)* **aerial line** *adj:n (El)*

**Freileitungsmast** *m (Stb)* **transmission-line tower** *(Stb)*
**Freiluft...** *affix (Mech)* **open-air** *adj (Allg)* **outdoor** *adj (Allg)*
**Freiluftanlage** *f (Bau)* **outdoor installation** *adj:n (Bau)*
**Freimaß** *nt (Mech)* **clearance** *(Mech)* **tolerance** *(Mech, Schw)*
**freiräumen** *v (Zer, Mech)* **clear** *v (Bg/Bergb, Zer, Mech, Allg)*
**Freischneidfähigkeit** *f (Mech, Mont)* **cutting clearance** *(Mech, Mont)*
**freischwebend** *adj (Mech)* **suspending** *adj (Mech)*
**Freischwingsieb** *nt (Zer)* **vibrating screen** *adj:n (Zer)*
**Freisichtmast** *m (Mech) (des Gapelstaplers)* **free-view mast** *(Mech)*
**Freispannsäge** *f (Mont, Werkz)* **cross-cut saw** *(Mont, Werkz)*
**Freistich** *m (Mech) (z.B. eines Gewindes)* **back-off** *(Form)* **undercut** *(Mech)* (of a thread)
**freitragend** *adj (Mech, Stat)* **cantilevered** *adj (Stat)* **unsupported** *adj (Mech, Allg)*
**Freiträger** *m (Mech, Stb)* **overhanging beam** *adj:n (Mech, Stb)*
**Freiumlaufventil** *nt (Hyd/Pneu)* **short-circuit valve** *(Hyd/Pneu)*
**Freiumlaufventil** *nt (Hyd/Pneu) (als Abschaltventil)* **pump unloading valve** *(Hyd/Pneu)*
**Freivorbau** *m (Bau)* **cantilever erection** *(Bau)* **cantilevered construction** *adj:n (Bau)*
**Fremd...** *affix (Mech, Allg)* **extraneous** *adj (Mech, Allg)*
**fremdbelüftet** *adj (Mech)* **separately fan-cooled** *adv:adj (Mech)*
**Fremdeisen** *nt (Hütt/Wlz)* **tramp iron** *(Bg/Bergb)*
**Fremdkörperabscheider** *m (Zer)* **magnetic separator** *adj:n (Zer)*
**Fremdkraftlenkung** *f (Mech) (Servo-Lenkung)* **power steering** *(Mech, Hyd/Pneu)*
**Fremdstarteinrichtung** *f (Mech)* **jump-start facility** *(Mech)*
**Fremdstoff** *m (Allg)* **foreign material** *(Allg)* **foreign substance** *(Allg)*
**Fremdstoff** *m (Chem) (chemische Verunreinigung)* **admixture** *(Chem, Hyd)* **impurity** *(Chem)* **extraneous material** *adj:n (Chem)*
**Fressen** *nt (Anstr)* **corrosion** *(Mech)* **fretting** *AE (Form)*
**Fressen** *nt (Anstr) (durch Reiben, Scheuern)* **galling** *(Anstr)* (by friction)
**Fressschaden** *m (Anstr)* **fretting failure** *(Anstr)*
**frieren** *v (Mech) (gefrieren)* **freeze** *v (Mech)*
**Frischbeton** *m (Bau)* **fresh concrete** *adj:n sg (Bau)*
**Frischdampf** *m (Hütt/Wlz)* **live steam** *adj:n (Hütt/Wlz)* **superheated steam** *adj:n (Hütt/Wlz)*
**Frischdampfdruck** *m (Hyd/Pneu)* **live-steam pressure** *(Hütt/Wlz)*
**Frischen** *nt (Stb)* **refining** *(Stb)*
**Frischluft** *f (Hütt/Wlz)* **fresh air** *adj:n (Hütt/Wlz)*
**Frischluftheizung** *f (Kfz)* **fresh-air heating** *(Kfz)*
**Frischluftkanal** *m (Hütt/Wlz)* **primary-air inlet duct** *(Hütt/Wlz)*
**Frischluftventilator** *m (Hütt/Wlz)* **F.D. fan** *(Hütt/Wlz)* (Abv) **forced-draught fan** *(Hütt/Wlz)*
**Front** *f (Mech)* **face** *(Mech)*
**Frontabschnitt** *m (Stb)* **frontal section** *adj:n (Stb)*
**Frontantrieb** *m (Kfz)* **front-wheel drive** *(Mech)*
**Frontausrüstung** *f (Bg/Bergb) (Ladeschaufel)* **front attachment** *adj:n (Bg/Berbg)*
**Frontgitter** *nt (Bg/Bergb)* **front guard** *adj:n (Bg/Bergb)*
**Frontgrill** *m (Kfz) (Steinschlagschutz)* **front guard** *adj:n (Bg/Bergb)*
**Frontkappe** *f (Kfz)* **front cap** *adj:n (Mech)*
**Frontkippmulde** *f (Kfz)* **forward discharge skip** *(Kfz)*
**Frontlader** *m (Mech)* **front end loader** *(Mech)* **front end tractor loader** *(Mech)*
**Frontleitrad** *nt (Mech) (am Raupenlaufwerk)* **front idler** *adj:n (Mech)*
**Frontlenker** *m (Kfz)* **forward-control truck tractor** *(Kfz)*
**Frontquerträger** *m (Kfz)* **spreader bar** *(Kfz)*
**Frontrahmen** *m (Mech, Mont)* **front frame** *(Mech, Mont)*

**Frontschar** *f (Bg/Bergb)* **front blade** *adj:n (Bg/Bergb)* **dozer blade** *(Bg/Bergb)*
**Frontschaufellader** *m (Mech)* **front end loader** *(Mech)* **front end tractor loader** *(Mech)*
**Frontscheibe** *f (Kfz) (an Baumaschinen)* **front window** *adj:n (Mech)*
**Frontscheibe** *f (Kfz) (an Kfz)* **windscreen** *BE (Kfz)* **windshield** *AE (Kfz)*
**Frontscheinwerfer** *m (Mech)* **head lamp** *(Mech)* **head light** *(Mech)*
**Frontschutz** *m (Bg/Bergb)* **front guard** *adj:n (Bg/Bergb)*
**Frontschutzgitter** *nt (Bg/Bergb)* **front guard** *adj:n (Bg/Bergb)*
**Frosch** *m (Mech, Mont) (Klemme)* **eccentric clamp** *adj:n (Mont, Mech)*
**Frostschutz** *m (Mech, Allg)* **antifreeze** *(Mech, Allg)*
**Frostschützer** *m (Mech, Allg)* **antifreeze device** *(Mech)*
**Frostschutzmittel** *nt (Mech)* **antifreeze agent** *(Mech)* **antifreeze solution** *(Mech, Allg)*
**Frühschicht** *f (Allg)* **morning shift** *(Allg)*
**Frühwarnsystem** *nt (El)* **early-warning system** *(El)*
**Frühzündung** *f (Kfz)* **preignition** *(Kfz)*
**Frühzündung** *f (Kfz) (Fehlzündung)* **back-kick** *(Kfz)*
**Fuge** *f (Bau) (z.B. im Mauerwerk)* **crevice** *(Bau)*
**Fuge** *f (Form) (Spalt, Lücke)* **gap** *(Form)* (cleft)
**Fuge** *f (Schw) (Nut, beim Schweißen)* **groove** *(Schw)*
**Fuge** *f (Stb)* **joint** *(Stb, Stat)*
**Fuge** *f (Stb) (Stoßfuge)* **clearance** *(Stb)* (in butt splice)
**Fugenausbildung** *f (Bau)* **design of joints** *(Bau)*
**Fugenband** *nt (Bau)* **waterstop** *(Bau)*
**Fugenbreite** *f (Bau)* **joint width** *(Bau)*
**Fugendicke** *f (Bau)* **gap** *(Bau)*
**Fugendruck** *m (Bau)* **pressure at the joint** *(Bau)*
**Fugendurchmesser** *m (Bau)* **joint diameter** *(Bau)*
**Fugendüse** *f (Mech)* **gouging torch nozzle** *(Mech)*
**Fugenflanke** *f (Schw)* **groove face** *(Schw, Mech, Mont)*
**Fugenhobler** *m (Schw, Mech, Mont)* **acetylene gouging blowpipe** *(Schw, Mech, Mont)*
**Fugenlänge** *f (Bau)* **joint length** *(Bau)*
**Fugennaht** *f (Form)* **groove weld** *(Form)*
**Fugennahtmaß** *nt (Schw, Mech, Mont)* **weld joint dimension** *(Schw, Mech, Mont)*
**Fugennahtradius** *m (Schw, Mech, Mont)* **groove radius** *(Schw, Mech, Mont)*
**Fugennahtstoß** *m (Schw, Mech, Mont)* **groove weld joint** *(Schw, Mech, Mont)*
**Fugenradius** *m (Schw, Mech, Mont)* **groove radius** *(Schw, Mech, Mont)*
**Fugensteg** *m (Schw, Mech, Mont)* **groove face** *(Schw, Mech, Mont)*
**Fugenstoß** *m (Schw, Mech, Mont)* **groove joint** *(Schw, Mech, Mont)*
**Fugentiefe** *f (Bau)* **joint depth** *(Bau)*
**Fugenwinkel** *m (Schw, Mech, Mont)* **groove angle** *(Schw, Mech, Mont, Stb, Band)*
**Fugstaub** *m (Anstr)* **flash dust** *(Anstr)*
**fühlen** *v (Mech)* **sense** *v (Mech)*
**Fühllehre** *f (Mech, Werkz)* **thickness gauge** *BE (Mech, Werkz)*
**Fühlnadel** *f (Kfz)* **selecting pin** *(Kfz)*
**Führer** *m (Bg/Bergb, Mech) (z.B. von Baumaschinen)* **driver** *(Bg/Bergb, Mech)* (operator) **operator** *(Bg/Bergb, Mech)* (driver)
**Führerbremsventil** *nt (Hyd/Pneu) (einer Lok)* **driver's train-brake valve** *(Hyd/Pneu, Bahn)*
**Führerhaus** *nt (Mech)* **control cabin** *(Mech)* **operator's cab** *(Mech, Bg/Bergb)* **operator's cabin** *(Mech)*
**Führerhausaufhängung** *f (Bg/Bergb, Umschl)* **driver's cabin suspension** *(Bg/Bergb, Umschl)*
**Führerhaushorizontierung** *f (Bg/Bergb, Umschl)* **driver's cabin levelling device** *(Bg/Bergb, Umschl)*
**Führerhausverstellung** *f (Bg/Bergb, Umschl)* **driver's cabin levelling device** *(Bg/Bergb, Umschl)*
**Führerpult** *nt (Mech)* **operator's desk** *(Mech)*
**Führerstand** *m (Mech)* **control panel** *(El, Mech)* **driver's cab** *(Bahn, Mech)*
**Führerstandspult** *nt (Mech)* **operator's control desk** *(Mech)*

**Führung** *f (Bg/Bergb) (Leitvorrichtung)* **guide** *(Bg/Bergb)*
**Führung** *f (Mech) (in einem Gerät)* **keyway** *(Mech)*
**Führung, axial** axiale Führung *adj:n (Mech)* **axial guidance** *adj:n (Mech)*
**Führungsbahn** *f (Mech)* **guideway** *(Mech)*
**Führungsband** *nt (Kfz) (am Kolben)* **piston ring** *(Hyd/Pneu, Mech)*
**Führungsblech** *nt (Bg/Bergb, Mech) (der oberen Raupenkette)* **skid** *(Bg/Bergb, Umschl, Band)*
**Führungsbolzen** *m (Mech, Mont)* **pin rod** *(Mech, Mont)*
**Führungsbuchse** *f (Bg/Bergb) (am Baggerzylinder)* **gland housing** *(Bg/Bergb)*
**Führungsbuchse** *f (Mech)* **guide bush** *(Mech)* **guide bushing** *(Mech)* **guide sleeve** *(Mech)* **sleeve** *(Mech)*
**Führungseinrichtung** *f (Form) (z.B. Buchse)* **guiding assembly** *(Form)* **guiding bushing** *(Mech)* (e.g. a bush)
**Führungsflansch** *m (Mech)* **guide flange** *(Mech)*
**Führungsgenauigkeit** *f (Mech)* **guiding accuracy** *(Mech)*
**Führungsgerüst** *nt (Mech, Mont)* **guide frame** *(Mech, Mont)*
**Führungshülse** *f (Mech)* **guide sleeve** *(Mech)*
**Führungskeil** *m (Mech)* **guide wedge** *(Mech)*
**Führungsknagge** *f (Mech)* **guide shoe** *(Mech)*
**Führungslager** *nt (Mech)* **pilot bearing** *(Mech)*
**Führungsloch** *nt (Mech)* **pilot hole** *(Mech)*
**Führungsplatte** *f (Mech)* **lateral guide plate** *adj:n (Mech)*
**Führungsrahmen** *m (Bg/Bergb)* **guide frame** *(Mech, Mont)*
**Führungsrohr** *nt (Mech)* **guide pipe** *(Mech)* **guide tube** *(Mech)*
**Führungsrolle** *f (Band)* **guide idler** *(Band)* **guide roller** *(Band)*
**Führungsrolle** *f (Bg/Bergb) (der Schleppschaufel)* **fairlead** *(Bg/Bergb)*
**Führungsschlitten** *m (Mech)* **guide skid** *(Mech)*
**Führungsschraube** *f (Stb)* **locating screw** *(Stb)*
**Führungsstange** *f (Mech)* **connecting rod** *(Kfz)* **guide rod** *(Mech)* **locating rod** *(Mech)*
**Führungsstift** *m (Mech)* **guiding pin** *(Mech)*
**Führungsstück** *nt (Mech)* **guide piece** *(Mech)*
**Führungssystem** *nt (Mech) (z.B. eines Gerätes)* **guiding system** *(Mech)*
**Führungstrichter** *m (Form)* **guide funnel** *(Form)*
**Führungstripel** *nt (Mech)* **triple roller guide** *adj:n (Mech)*
**Führungsventil** *nt (Hyd/Pneu)* **pilot valve** *(Hyd/Pneu)*
**Führungsvorrichtung** *f (Mech)* **guiding assembly** *(Form)* **guiding mechanism** *(Mech)*
**Führungszapfen** *m (Mech)* **guide pin** *(Mech)*
**Füllleitung** *f (Kfz)* **air supply line** *(Kfz)*
**füllen** *v (Kfz)* **fill** *v (Umschl, Bg/Bergb)*
**füllend** *adj (Mech)* **filling** *adj (Mech)*
**Füllerprofil** *nt (Bg/Bergb)* **filler profile** *(Bg/Bergb)*
**Füllgummi** *nt (Mech)* **filler rubber** *(Mech)*
**Füllkörper** *m (Chem) (für Kühlung)* **packing** *(Chem, Stb)* (filling material)
**Füllmenge** *f (Allg)* **filling capacity** *(Allg)*
**Füllnippel** *m (Kfz)* **filling nipple** *(Kfz)* **grease nipple** *(Kfz)*
**Füllöffnung** *f (Kfz)* **priming point** *(Kfz)*
**Füllpumpe** *f (Hyd/Pneu)* **boost pump** *(Hyd/Pneu)*
**Füllquerschnitt** *m (Umschl, Band)* **cross-section of material on belt** *(Umschl, Band)*
**Füllrohr** *nt (Mech, Hyd/Pneu) (Schmierung)* **feeding pipe** *(Mech, Hyd/Pneu)*
**Füllschacht** *m (Hütt/Wlz)* **feeder chute** *(Hütt/Wlz)*
**Füllstab** *m (Stb)* **web member** *(Stb)*
**Füllstand** *m (Mech, Hyd/Pneu)* **fill level** *(Mech, Hyd/Pneu)*
**Füllstandsanzeigegerät** *nt (Hyd, Mech)* **fill level indicator** *(Mech, Hyd/Pneu)*
**Füllstandsmessgerät** *nt (Kfz)* **level indicator** *(Kfz)*
**Füllstandsüberwachung** *f (Mech, Hyd/Pneu) (Gerät zur Überwachung des Ölstands)* **oil level monitor** *(Mech, Hyd/Pneu)*

**Füllstandsüberwachung** *f (Mech, Hyd/Pneu) (Überwachungsvorgang)* **oil level monitoring** *(Mech, Hyd/Pneu)*
**Füllsteine** *pl m (Bg/Bergb)* **rubble** *(Bau, Geo)*
**Füllung** *f (Mech)* **filling** *(Mech)*
**Füllung** *f (Mech) (Polsterung)* **padding** *(Mech)*
**Füllungsblech** *nt (Bau)* **filling sheet** *(Bau)*
**Füllungsgrad** *m (Kfz)* **filling degree** *(Kfz)*
**Füllungsstab** *m (Stb)* **web member** *(Stb)*
**Fundament** *nt (Bau)* **base** *(Mech)* (support) **bed** *(Bau)* (basement) **foundation** *(Bau)*
**Fundament, absinkend** absinkendes Fundament *adj:n (Bau)* **sinking foundation** *adj:n (Bau)*
**Fundamentanker** *m (Mech, Bau)* **anchor bolt** *(Mech, Bau, Stb)*
**Fundamentarbeiten** *pl f (Bau)* **foundation work** *(Bau)*
**Fundamentbelastung** *f (Mech, Stat)* **load of foundation** *(Mech, Stat)*
**Fundamentgrube** *f (Mech, Bau)* **foundation pit** *(Mech, Bau)*
**Fundamentgrubenkante** *f (Mech, Bau)* **foundation pit edge** *(Mech, Bau)*
**Fundamentklotz** *m (Mech, Mont)* **foundation block** *(Mech)*
**Fundamentoberkante** *f (Bau)* **top of foundation** *(Bau)*
**Fundamentplan** *m (Zer, Mech)* **foundation drawing** *(Zer, Mech)* **foundation plan** *(Zer, Mech)*
**Fundamentplatte** *f (Mech)* **base plate** *(Mech, Bg/Bergb, Bahn)* **bed plate** *(Stb, Mech)*
**Fundamentrahmen** *m (Mech)* **base plate** *(Mech, Bg/Bergb, Bahn)* **bed plate** *(Stb, Mech)*
**Fundamentsäule** *f (Bau)* **foundation column** *(Bau)*
**Fundamentschraube** *f (Mech)* **anchoring bolt** *(Mech)* **foundation bolt** *(Mech)*
**Fundamentzeichnung** *f (Bau)* **foundation drawing** *(Zer, Mech)*
**Fundort** *m (Geo) (z.B. von Mineralien)* **location** *(Geo)* (e.g. of soil, minerals)
**Funke** *m (Kfz)* **spark** *(Kfz)*
**Funkenerosion** *f (Kfz)* **spark erosion** *(Kfz)*
**Funkenfänger** *m (Mech) (Schutz)* **spark arrester** *(Mech)*
**Funkenflug** *m (Mech, Schw)* **flying sparks** *adj:n (Mech, Schw)*
**Funkenhorn** *n* **spark funnel** *(Mech)*
**Funkenkammer** *f* **spark chamber** *(Mech)*
**Funkenlöscher** *m (Mech)* **spark arrester** *(Mech)*
**Funkenschutz** *m (Kfz)* **spark arrester** *(Mech)*
**Funkenschutzeinrichtung** *f (Kfz)* **spark arrester** *(Mech)*
**Funkenschweißen** *nt (Schw)* **percussion welding** *(Schw)*
**Funkensicherung** *f (Kfz)* **spark arrester** *(Mech)*
**Funktion** *f (Kfz) (Leistung)* **functioning** *(Mech)* **performance** *(Mech)* (work, production)
**Funktion** *f (Allg, Math)* **function** *(Allg, Math)*
**funktionieren** *v/i (Mech)* **function** *v/i (Mech)* **run** *v/i (Mech)* **work** *v/i (Mech, Allg)*
**Funktionsanforderung** *f (Allg)* **functional requirement** *adj:n (Allg)*
**Funktionsbeschreibung** *f (Kfz)* **functional description** *adj:n (Allg)*
**funktionsfähig** *adj (Allg)* **in proper working condition** *(Allg)*
**Funktionsgarantie** *f (Allg)* **functioning guarantee** *(Allg)*
**Funktionskontrolle** *f (Allg)* **performance control** *(Allg)*
**Funktionsnachweis** *m (Kfz)* **functional demonstration of the installation** *(Kfz)*
**Funktionsprüfung** *f (Kfz) (z.B. der Ventile)* **operational check** *adj:n (Mech)*
**funktionstüchtig** *adj (Mech, Allg)* **in working order** *(Mech, Allg)* **operational** *adj (Mech, Allg)*
**Furche** *f (Mech)* **chamfer** *(Mech, Mont)* **flute** *(Mech)*
**furchen** *v (Mech, Mont)* **channel** *v (Mech, Mont)*
**Furnier** *nt (Form)* **veneer** *(Form)*
**Furt** *f (Bau)* **ford** *(Bau)*
**Furt, gepflastert** gepflasterte Furt *adj:n (Bau)* **paved ford** *adj:n (Bau)*
**Fuß** *m (Zer)* **foot-mounting** *(Zer)*
**Fuß der Halde** *(Umschl, Bg/Bergb)* **foot of pile** *(Umschl, Bg/Bergb)*
**Fußabblendschalter** *m (Mech)* **foot dip-switch** *(Mech)*

**Fußanlassschalter** *m (Mech, El)* **foot starter-switch** *(Mech, El)*
**Fußbedienung** *f (Kfz)* **foot control** *(Kfz)*
**Fußbefestigung** *f (Kfz)* **foot mounting** *(Kfz)*
**Fußblech** *nt (Zer)* **foot plate** *(Mech)*
**Fußboden** *m (Stb)* **flooring** *(Mech)*
**Fußbodenbelag** *m (Stb)* **floor finish** *BE (Stb)* **flooring** *(Mech)*
**Fußbodendielen** *pl f (Bau)* **floor boards** *pl (Bau)*
**Fußbreite** *f* **width at foot width of main dyke at foot**
**Fußbremse** *f (Kfz)* **foot brake** *(Kfz)* **service brake** *(Mech)*
**Fußfeldschmiede** *f (Mech)* **foot-operated mobile forge** *adj:n (Mech)*
**Fußfettpresse** *f (Mech)* **foot-operated grease press** *adj:n (Mech)*
**Fußflanke** *f (Mech)* **dedendum flank**
**Fußfreischnitt** *m (Mech) (Getriebe, gewollter Unterschnitt)* **undercut** *(Mech)* (gear)
**Fußgängerbrücke** *f (Stb)* **foot bridge** *(Stb)* **pedestrian bridge** *(Stb)*
**Fußgängertunnel** *m (Bau)* **pedestrians' tunnel** *(Bau)* **subway** *(Bau)*
**Fußgängerzone** *f (Bau)* **pedestrian precinct** *BE (Bau)*
**Fußhebel** *m (Kfz)* **foot pedal** *(Kfz)* **treadle** *(Kfz)*
**Fußhöhe** *f (bezogen auf den Mittelkreis)* **dedendum reference dedendum**
**Fußhöhe** *f (bezogen auf den Teil- oder Wälzkreis)* **working dedendum**
**Fußkehlfläche** *f* **root toroid**
**Fußkreis** *m* **root circle** *(Mech)*
**Fußkreisdurchmesser** *m (Mech)* **root diameter** *(Mech)*
**Fußleiste** *f (Mech)* **skirting board** *(Mech)* **toe board** *(Mech)* **toe guard** *(Mech)* **toe plate** *(Mech)*
**Fußmantelfläche** *f* **root surface**
**Fußpedal** *nt (Kfz)* **foot pedal** *(Kfz)* **treadle** *(Kfz)*
**Fußplatte** *f (Mech)* **base plate** *(Mech, Bg/Bergb, Bahn)* **bed plate** *(Stb, Mech)* **toe plate** *(Mech)*
**Fußpresse für Fördergeräte** *(Band, Umschl)* **foot conveyor press** *(Band, Umschl)*
**Fußpumpe** *f (Hyd/Pneu)* **foot-operated pump** *adj:n (Hyd/Pneu)*
**Fußschraube** *f (Mech)* **foot bolt** *(Mech)*
**Fußstütze** *f (Kfz)* **foot rest** *(Kfz)*
**Fußtrittplatte** *f (Kfz) (am Laufsteg)* **kick plate** *(Mech)*
**Fußventil** *nt (Hyd/Pneu) (Pedal)* **foot-operated valve** *adj:n (Hyd/Pneu)*
**Fußweg** *m (Bau)* **pavement** *BE (Bau)* **sidewalk** *AE (Bau)* **walkway** *AE (Mech, Bg/Bergb)*
**Fußweg** *m (Bau) (aus Holz, neben dem Fahrweg)* **boardwalk** *(Bau)*
**Fußweg** *m (Bau) (Pfad)* **footpath** *(Stb, Bau)* **footway** *(Bau)*
**Fußweggeländer** *nt (Bau)* **footway railing** *(Bau)* **sidewalk railing** *AE (Bau)*
**Fußwegkonsole** *f (Bau)* **footway bracket** *(Bau)*
**Fußwinde** *f (Mech)* **foot-operated winch** *adj:n (Mech)*
**Futter** *(Mech, Stb) (Ausfütterung)* **lining** *(Mech, Stb)* (inside) **packing** *(Chem, Stb)* (filling material)
**Futter** *nt (Mech) (Füllmaterial)* **filler** *(Mech)*
**Futter** *nt (Mech) (Hülle, Etui)* **sheath** *(Mech)*
**Futter** *nt (Mech) (Polsterung)* **padding** *(Mech)*
**Futterblech** *nt (Mech)* **filler plate** *(Mech)*
**Futtermauer** *f (Bau)* **revetment** *(Bau)*
**Futterring** *m (Mech)* **washer** *(Mech)*

# G

**G-Schweißen** *nt (Schw, Mech, Mont) (Abk)* **gas welding** *(Schw, Mech, Mont)*
**Gabel** *f (Kfz) (z.B. des Gabelstaplers)* **fork** *(Mech, Bg/Bergb)* **lift fork** *(Kfz)*
**Gabel** *f (Mech)* **prong** *(Mech)*
**Gabel** *f (Mech) (Schäkel, Zylinder)* **clevis** *(Mech)*
**Gabelachse** *f (Kfz)* **fork axle** *(Kfz)*
**Gabelbolzen** *m (Mech)* **clevis pin** *(Kfz)* **forked eye bolt** *adj:n (Mech)*
**Gabelende** *nt (Mech) (an Seilhülse)* **bifurcated end** *adj:n (Mech)*
**Gabelende** *nt (Kfz) (z.B. Greiferlager)* **yoke end** *(Kfz)*

**Gabelfeile** *f (Mont, Werkz)* **fork file** *(Mont, Werkz)*
**Gabelgelenk** *nt (Kfz)* **fork joint** *(Kfz)*
**Gabelhebel** *m (Kfz)* **fork lever** *(Kfz)*
**Gabelkopf** *m (Kfz)* **clevis yoke** *(Kfz)*
**Gabelkopf** *m (Kfz) (des Gabelbolzens)* **clevis head** *(Kfz)*
**Gabelkopf** *m (Mech) (eines Baggers)* **idler fork** *(Mech)*
**Gabellagerung** *f (Mech)* **fork bearing** *(Mech)*
**Gabelstapler** *m (Mech)* **forklift** *(Mech)* **forklift truck** *(Mech, Umschl)*
**Gabelstift** *m (Kfz)* **clevis pin** *(Kfz)*
**Gabelträger** *m (Kfz)* **fork carriage** *(Kfz)*
**Gabelung** *f (Mech, Allg)* **bifurcation** *(Mech, Allg)*
**Gaffel** *f (Bahn)* **gaff** *(Bahn)*
**Gallone** *nt (Kfz) (Flüssigkeitsmaß)* **gallon** *(Kfz)*
**galvanisch** *adj (Hütt/Wlz)* **galvanic** *adj (Hütt/Wlz)*
**galvanisieren** *v (Hütt/Wlz)* **galvanize** *v (Hütt/Wlz)* **zinc-coat** *v (Form)*
**Gang** *m (Schnecke)* **start** *(Mech, Allg)*
**Gang** *m (Bau) (z.B. in einem Gebäude)* **hall** *(Bau)* (corridor)
**Gang** *m (Mech) (z.B. beim Kfz)* **gear** *(Mech)*
**Gang, erster** erster Gang *adj:n (Mech) (einer Maschine)* **first speed** *adj:n (Mech)*
**Ganggestein** *nt (Bau)* **dike rock** *(Bau)*
**Ganghöhe** *f (Mech)* **lead** *(Mech)* **pitch** *(Mech)* (upward)
**Gangrichtung** *f (bei Ritzeln, Kegelrädern usw.)* **pitch** *(Mech)* (upward)
**Ganzstahlkasten** *m (Mech)* **all-steel box** *adj:n (Mech)*
**Garage** *f (Bau)* **garage** *(Bau)*
**Garagenfass** *nt (Form)* **drum** *(Form)* (e.g. for small workshops)
**Garnitur** *f (Mech)* **furniture** *(Mech)*
**Garnitur** *f (Mech) (Bausatz)* **kit** *(Mech)*
**Gas** *nt (Chem)* **gas** *(Mech, Schw)*
**Gas geben** *n:v (Allg) (beschleunigen)* **accelerate** *v (Mech, Allg)*
**Gas, gereinigt** gereinigtes Gas *adj:n (Chem)* **washed gas** *adj:n (Chem)*
**Gas, unverbrannt** unverbranntes Gas *adj:n (Hütt/Wlz)* **unburned gas** *adj:n (Hütt/Wlz)*
**Gas, verbraucht** verbrauchtes Gas *adj:n (Hütt/Wlz)* **waste gas** *(Hütt/Wlz)*
**Gasabscheider** *m (Mech)* **gas separator** *(Mech)*
**Gasanstalt** *f (Bau)* **gas works** *pl (Bau)*
**Gasanzünder** *m (Mech)* **gas lighter** *(Mech)*
**gasarm** *adj (Chem, Bg/Bergb)* **non-gaseous** *adj (Chem, Bg/Bergb)* **non-gassing** *adj (Chem, Bg/Bergb)*
**Gasarmaturen** *pl f (Kfz)* **gas valves** *pl (Kfz)*
**Gasaustritt** *m (Kfz)* **gas exhaust** *(Chem, Mech)*
**Gasbehälter** *m (Stb)* **gasholder** *AE (Stb)* **gasometer** *BE (Stb)*
**Gasbeheizung** *f (Mech)* **gas-fired heating** *adj:n (Mech)*
**Gasblase** *f (Chem)* **blowhole** *(Chem)* **gas pocket** *(Bg/Bergb)* **void** *(Stb)*
**Gasbrenner** *m (Schw, Mech, Mont)* **gas burner** *(Schw, Mech, Mont)* **gas torch** *(Schw, Mech, Mont)*
**Gasbrennschneiden** *nt (Schw, Mech, Mont)* **autogenous cutting** *adj:n (Schw, Mech, Mont)* **gas cutting** *(Schw, Mech, Mont)*
**Gasbrennschnitt** *m (Schw, Mech, Mont)* **flame cut** *(Schw, Mech, Mont)*
**gasdicht** *adj (Hütt/Wlz)* **gas-tight** *adj (Hütt/Wlz)*
**Gasdruck** *m (Hyd/Pneu)* **gas pressure** *(Hyd/Pneu)*
**Gase, schwer löslich** schwer lösliche Gase *adj:n (Chem)* **savingly soluble gases** *adj:n (Chem)*
**Gaseinschluss** *m (Form)* **gas inclusion** *(Form)*
**Gaserzeuger** *m (Kfz)* **gas generator** *(Kfz)*
**Gasfeder** *f (Mech)* **gas spring** *(Mech)*
**Gasfeuerung** *f (Stb)* **gas-fired heating** *adj:n (Mech)*
**Gasflammkohle** *f (Bg/Bergb)* **gassing coal** *adj:n (Bg/Bergb)* **open-burning coal** *(Hütt/Wlz)*
**gasförmig** *adj (Chem)* **gaseous** *adj (Chem)* **gasiform** *adj (Chem)*
**gasgefeuert** *adj (Mech)* **gas-fired** *adj (Mech)*
**Gasgemisch** *nt (Chem)* **gaseous mixture** *adj:n (Chem)*
**Gashebel** *m (Mech)* **accelerator** *(Kfz)* (accelerator pedal in car) **gas pedal** *(Kfz)*

**Gashebel** *m (Mech) (für den Handbetrieb)* **hand throttle** *(Mech)*
**Gaskohle** *f (Geo, Bg/Bergb)* **gas coal** *(Geo, Bg/Bergb)*
**Gasleitung** *f (Stb)* **gas pipeline** *(Stb)*
**Gasöl** *nt (Chem)* **gas oil** *(Chem)*
**Gasometer** *m (Mech)* **gas tank** *(Mech)*
**Gaspedal** *nt (Mech)* **accelerator** *(Kfz)* (accelerator pedal in car) **gas pedal** *(Kfz)*
**Gaspressschweißen** *nt (Schw) (DIN 1910)* **pressure gas welding** *(Schw)*
**Gaspulverschweißen** *nt (Schw)* **gas-powder welding** *(Schw)*
**Gasschneiden** *nt (Schw, Mech, Mont)* **autogenous cutting** *adj:n (Schw, Mech, Mont)*
**Gasschneidmaschine** *f (Schw, Mech, Mont)* **gas-cutting machine** *(Schw, Mech, Mont)*
**Gasschweißapparat** *m (Schw, Mech, Mont)* **gas welding apparatus** *(Schw, Mech, Mont)*
**Gasschweißbrenner** *m (Schw, Mech, Mont)* **gas welding blowpipe** *(Schw, Mech, Mont)*
**Gasschweißen** *nt (Schw, Mech, Mont)* **gas welding** *(Schw, Mech, Mont)*
**Gasschweißung** *f (Schw)* **gas welding** *(Schw, Mech, Mont)*
**Gasströmung** *f (Chem)* **gas flow** *(Chem)*
**Gastanker** *m (Schiff)* **gas tanker** *(Schiff)*
**Gasturbine** *f (Chem, Mech)* **gas turbine** *(Chem, Mech)*
**Gasturbinenmotor** *m (Mech)* **gas turbine engine** *(Mech)*
**Gasverteilungsanlage** *f (Chem, Mech)* **gas-distribution plant** *(Chem, Mech)*
**Gasvorspanndruck** *m (Hyd/Pneu)* **preset gas pressure** *adj:n (Hyd/Pneu)*
**Gaswechselsystem** *nt (Kfz)* **engine breathing system** *(Kfz)*
**Gaszange** *f (Mont, Werkz)* **gas pliers** *pl (Mont, Werkz)*
**Gaszug** *m (Kfz)* **accelerator cable** *(Kfz)*
**Gauß-Strahler** *m (Form)* **GAUSS emitter** *(Form)*
**gaußsche Funktion** *(Math)* **GAUSSian function** *(Math)*
**Gebäudeabbruchmaterial** *nt (Bg/Bergb)* **building demolition material** *(Bg/Bergb)*
**Gebäudearten** *pl f (Bau)* **types of buildings** *(Bau)*
**Gebäudehöhe** *f (Bau)* **height of construction** *(Bau)*
**Gebäudelast** *f (Bau)* **building load** *(Bau)*
**Gebäudeteile** *pl nt (Bau)* **parts of buildings** *(Bau)*
**Gebäudeturm** *m (Bau)* **tower building** *(Bau)*
**gebeizt** *adj (Form)* **pickled** *adj (Form)*
**Gebilde** *nt (Allg)* **formation** *(Allg)*
**Gebinde** *nt (Allg)* **packing drum** *(Allg)*
**Gebläse** *nt (Mech)* **blower** *(Mech)*
**Gebläse** *nt (Kfz) (Kühlung)* **cooler** *(Kfz)*
**Gebläse** *nt (Kfz) (Ventilator)* **fan** *(Hyd, Mech, Kfz)*
**Gebläseantrieb** *m (Mech)* **fan drive** *(Mech)*
**Gebläseeinlauf** *m (Kfz)* **compressor inlet** *(Kfz)*
**Gebläsegehäuse** *nt (Mech)* **fan casing** *(Mech)*
**Gebläsemühle** *f (Mech)* **fan mill** *(Mech)* **integral fan mill** *adj:n (Mech, Zer)*
**geblättert** *adj (Mech)* **laminated** *adj (Mech, Bau)*
**gebläut** *adj (Form) (z.B. Metalloberfläche)* **blued** *adj (Form)*
**gebogen** *adj (Mech)* **arched** *adj (Mech)* **curved** *adj (Mech)*
**gebohrt** *adj (Mech, Mont)* **drilled** *adj (Mech, Mont)*
**gebondert** *adj (Anstr)* **phosphate coated** *adj (Anstr)* **phosphatized** *adj (Anstr)*
**gebördelt** *adj (Mech) (Rohrende)* **flare-type** *adj (Mech)*
**Gebots- und Verbotsschilder** *(Mech, Allg)* **warning and prohibitive signs** *pl (Mech, Allg)*
**gebrannt** *adj (Bau)* **burned** *adj (Bau)* **fired** *adj (Bau)*
**gebrauchsfertig** *adj (Mech, Allg)* **ready for use** *(Mech, Allg)* **ready-made** *adj (Mech, Allg)*
**Gebrauchslast** *f (Stb)* **service load** *(Stb)* **working load** *(Form)*
**Gebrauchsspannung** *f (Stb)* **service stress** *(Stb)* **service-load stress** *(Stb)*
**gebrauchstauglich** *adj (Allg)* **utilizable** *adj (Mech, Allg)*
**Gebrauchstemperatur** *f (Mech) (Fette)* **useful temperature range** *adj:n (Mech)*

**Gebrauchtmaschine** *f (Mech)* **used machine** *adj:n (Mech)*
**gebrochen** *adj (Mech, Mont)* **chamfered** *adj*
**gebunden** *adj (Chem)* **bonded** *adj (Chem)*
**gedämpft** *adj (Mech, Bg/Bergb)* **cushioned** *adj (Mech, Bg/Bergb)*
**Gedorekasten** *m (Mech)* **ratchet wrench kit with insets** *(Mech)*
**gedrängt** *adj (Mech, Allg)* **narrow** *adj (Mech, Allg)* **packed** *adj (Mech, Allg)*
**gedrängt, dicht** dicht gedrängt *adv:adj (Mech, Allg)* **tightly packed** *adv:adj (Mech, Allg)*
**gedreht** *adj (Allg)* **rotated** *adj (Allg)* **turned** *adj (Allg)*
**gedrungen** *adj (Mech, Allg) (kurz)* **short** *adj (Allg)*
**geeicht** *adj (Allg)* **calibrated** *adj (Allg)*
**geeicht, amtlich** amtlich geeicht *adv:adj (Mech)* **officially calibrated** *adv:adj (Allg)*
**geeint** *adj (Allg)* **united** *adj (Allg)*
**Gefahr** *f (Allg)* **danger** *(Allg)*
**Gefahr, unmittelbar** unmittelbare Gefahr *adj:n (Allg)* **imminent danger** *adj:n (Allg)*
**Gefährdungspotenzial** *nt (Allg)* **potential danger** *adj:n (Allg)*
**Gefahrenbereich** *m (Mech)* **danger area** *(Mech)*
**gefahrengeneigt** *adj (Mech, Mont)* **hazardous** *adj (Mech, Mont)*
**Gefahrenklasse** *f (Mech)* **danger class** *(Mech)*
**Gefahrenstelle** *f (Allg)* **hazard point** *(Allg)*
**gefährlich** *adj (Mech) (lebensgefährlich)* **hazardous** *adj (Mech)*
**gefährlich** *adj (Mech, Allg)* **dangerous** *adj (Mech, Allg)*
**Gefälle** *nt (Mech, Band) (Förderer)* **downgrade** *(Mech, Band, Allg)*
**Gefälle** *nt (Geo, Allg)* **slope** *(Geo, Bg/Bergb)* **downward slope** *adj:n (Geo)*
**Gefällhöhe** *f (Hütt/Wlz)* **velocity head** *(Hütt/Wlz)*
**Gefäß** *nt (Bg/Bergb) (Grabgefäß)* **bucket** *(Mech, Mont, Bg/Bergb)*
**Gefäß** *nt (Mech) (Behälter)* **container** *(Mech)* (e.g. for a consignment)
**Gefäßzylinder** *m (Bg/Bergb)* **bucket cylinder** *(Bg/Bergb)*
**gefedert** *adj (Form)* **sprung** *adj (Form)* (cushioned)
**geflanscht** *adj (Mech)* **flanged** *adj (Mech)*
**geflascht** *adj (Mech)* **hitched** *adj (Mech)* (rope)
**Geflecht** *nt (Mech, Band) (Textil)* **fabric** *(Mech, Band)* (belt)
**Geflechtlockerung** *f (Mech) (Seil)* **loosening of plaiting** *(Mech)* (rope)
**geflickt** *adj (Form)* **patched** *adj (Form)*
**geformt** *adj (Mech, Allg)* **formed** *adj (Mech, Allg)* **shaped** *adj (Allg)*
**Gefrierschutzmittel** *nt (Mech, Allg)* **antifreeze** *(Mech, Allg)*
**gefroren** *adj (Mech)* **frozen** *adj (Mech)*
**Gefüge** *nt (Geo, Mech)* **structure** *(Geo, Mech)*
**gefugt** *adj (Bahn) (z.B. Aussparung im Holz)* **rebated** *adj (Bahn)*
**gefurcht** *adj (Form)* **scored** *adj (Form)*
**gefüttert** *adj (Form)* **lined** *adj (Kfz)* (e.g. rubber-lined dump body)
**gegabelt** *adj (Mech, Allg)* **bifurcated** *adj (Mech, Allg)* **forked** *adj (Mech, Allg)*
**gegen...** *affix (Allg)* **counter** *adj (Allg)*
**Gegendruck** *m (Hyd/Pneu)* **back pressure** *(Hyd/Pneu)* **counterpressure** *(Hyd/Pneu)*
**Gegenfeuer** *nt (Stb)* **fire-proof barrier** *adj:n (Stb)* **counterfire** *(Stb)*
**Gegenflanke** *f (Mech)* **mating flank** *(Mech)*
**Gegenflansch** *m (Mech)* **companion flange** *(Mech)* **counterflange** *(Mech)*
**gegengeschweißt** *adj (Schw)* **back-welded** *adj (Schw)*
**Gegengewicht** *nt (Mech)* **balance weight** *(Mech)* **counterweight** *(Bg/Bergb, Umschl)*
**Gegenhalter** *m (Mech)* **counter bracket** *(Mech)*
**Gegenhalter** *m (Mech) (Lager)* **holding block** *(Mech)*
**Gegenhalter** *m (Mech) (Nieten)* **bucker** *(Mech)* **dolly** *(Mech)*
**Gegenlager** *nt (Bahn) (am Wagon)* **counter bearing** *adj:n (Bahn)*
**Gegenlast** *f (Kfz)* **back load** *(Kfz)*
**gegenläufig** *adj (Mech, Allg)* **contrarotary** *adj (Mech)* **counter-directional** *adj (Mech, Allg)*

**Gegenläufigkeit** *f (Form) (z.B. der Kette)* **counterrotation** *(Form)*
**Gegenmutter** *f (Form)* **check nut** *(Form)* **counter-nut** *(Mech)*
**Gegenprobe** *f (Stb) (Probestück)* **duplicate test specimem** *(Stb)*
**Gegenprobe** *f (Stb) (Prüfung)* **duplicate test** *(Stb)*
**Gegenprofil** *nt (Form)* **counter profile** *(Form)*
**Gegenrad** *nt (Mech)* **counter wheel** *(Mech)*
**Gegenschiene** *f (Mech)* **counter-rail** *(Mech)*
**gegenschweißen** *v (Schw, Mech, Mont)* **back weld** *v (Schw, Mech, Mont)*
**gegenschwenken** *v (Mech) (z.B. den Baggeroberwagen)* **counter-slew** *v (Mech)*
**gegenseitig** *adj (Allg)* **mutual** *adj (Mech)* **reciprocal** *adj (Mech)*
**Gegenstrom** *m (Hütt/Wlz)* **counter flow** *(Hütt/Wlz)* **countercurrent** *(Form)*
**Gegenstrombremsung** *f (Mech)* **countercurrent braking** *(Mech)*
**Gegenstromkühlung** *f (Form)* **countercurrent cooling** *(Form)*
**Gegenstromwärmetauscher** *m (Form)* **countercurrent heat-exchanger** *(Form)*
**Gegenstück** *nt (Form)* **counterpiece** *(Form)*
**Gegenstück** *nt (Form) (Teil eines Paares)* **mate specimen** *(Form)*
**Gegenstückmuster** *nt (Form) (Teil eines Paares)* **mate specimen** *(Form)*
**Gegenwelle** *f (Mech) (z.B. im Getriebe)* **countershaft** *(Mech)*
**gegliedert** *adj (Mech, Allg)* **distributed** *adj (Mech, Allg)* **subdivided** *adj (Allg)*
**geglüht** *adj (Stb)* **annealed** *adj (Form)*
**gegossen** *adj (Hütt/Wlz)* **cast** *adj (Bau, Hütt/Wlz)*
**Gehalt** *m (Mech, Allg) (Anteil)* **content** *(Mech, Allg)*
**Gehänge** *nt (Form) (z.B. Magnetaufhängung)* **tackle** *(Mech, Bahn)* (hoist)
**gehärtet** *adj (Form)* **case-hardened** *adj (Form)* **hardened** *adj (Mech)*
**gehärtet** *adj (Form) (z.B. Glas)* **toughened** *adj (Form)*
**gehäuft** *adj (Bg/Bergb) (aufgeschüttet)* **heaped** *adj (Bg/Bergb)*
**Gehäuse** *nt (Mech) (z.B. von Maschine, Motor)* **casing** *(Mech)* **housing** *(Mech)*
**Gehäuse, abgewinkelt** abgewinkeltes Gehäuse *adj:n (Mech)* **angle housing** *(Mech)*
**Gehäusedeckel** *m (Allg)* **casing cover** *(Allg)*
**Gehäusedurchmesser** *m (Mech) (Thermometer)* **casing diameter** *(Mech)*
**Gehäusefilter** *m (Hyd/Pneu)* **cased filter** *(Hyd/Pneu)*
**Gehäusekappe** *f (Mech) (Fernsehgerät)* **camera hood** *(Mech)* (TV)
**Gehäusekitt** *m (Mech)* **casing putty** *(Mech)*
**Gehäuseoberteil** *m (Form)* **upper part of housing** *(Form)*
**Gehäusepanzerung** *f (Zer, Mech)* **liners of housing** *(Zer, Mech)* (Plural)
**Gehäuseschulter** *f (Form)* **housing shoulder** *(Form)*
**Gehäusesenkung** *f (Hyd/Pneu)* **spot face on the housing** *(Hyd/Pneu)*
**Gehäusetoleranz** *f (Form)* **housing tolerance** *(Form)*
**Gehäuseunterteil** *m (Form)* **lower part of housing** *(Form)*
**Gehbahn** *f (Bau)* **footway** *(Bau)* **sidewalk** *AE (Bau)*
**geheftet** *adj (Allg) (z.B. auf Zeichnungen)* **tack-welded** *adj (Allg)*
**Gehrung** *f (Form)* **mitre** *(Form)*
**Gehrungsschnitt** *m (Stb)* **angle cut** *(Stb)* **mitre cut** *(Stb)*
**Gehtreppe** *f (Bau) (z.B. in einem Wohnhaus)* **stairway** *(Bau)* (stairs with landing)
**Gehweg** *m (Bau)* **sidewalk** *AE (Bau)*
**gekalkt** *adj (Bau)* **whitewashed** *adj (Bau)*
**gekälkt** *adj (Stb)* **limed** *adj (Stb)*
**gekapselt** *adj (Mech)* **drum-encased** *adj (Mech)* **sealed** *adj (Bg/Bergb)*
**gekapselt** *adj (Mech) (z.B. Motor, Schalter)* **totally enclosed** *adv:adj (Mech)* **iron-clad** *adj (Mech)*
**gekennzeichnet** *adj (Allg)* **marked** *adj (Allg)*
**gekerbt** *adj (Mech)* **notched** *adj (Mech)* **slotted** *adj (Mech)*
**gekippt** *adj (Mech)* **tilted** *adj (Mech)*
**geknickt** *adj (Mech) (gebrochen)* **cracked** *adj (Mech)*
**gekoppelt** *adj (Mech)* **coupled** *adj (Mech)*
**gekörnt** *adj (Geo, Mech, Zer)* **granular** *adj (Geo, Mech, Zer)*

**gekreuzt** *adj (Mech)* **crossed** *adj (Mech)*
**gekröpft** *adj (Mech, Mont)* **cranked** *adj (Mech)* **offset** *adj (Mech)*
**gekrümmt** *adj (Mech)* **bent** *adj (Mech)* **curved** *adj (Mech)*
**gekühlt** *adj (Mech)* **refrigerated** *adj (Mech)*
**gekümpelt** *adj (Mech)* **dished** *adj (Mech)* **flanged** *adj (Mech)*
**gelagert** *adj (Mech)* **supported** *adj (Mech)* (bearing)
**gelagert** *adj (Mech) (gestützt)* **mounted** *adj (Mech, Mont)*
**Gelände** *nt (Geo, Allg)* **ground** *(Geo)* **terrain** *(Geo, Allg)*
**Gelände...** *affix (Allg)* **off-highway** *adj (Mech)* **off-road** *adj (Mech)*
**Geländeeinschnitt** *m (Bau) (im Straßenbau)* **road cut** *(Bau)*
**Geländefahrzeug** *nt (Mech)* **cross-country vehicle** *adj:n BE (Mech)*
**Geländegang** *m (Mech) (z.B. des Laders)* **off-road gear** *adj:n (Mech)*
**geländegängig** *adj (Mech)* **cross-country** *adj (Mech)*
**Geländekran** *m (Bg/Bergb)* **off-highway crane** *adj:n (Bg/Bergb)*
**Geländeoberfläche** *f (Geo)* **ground surface** *(Geo)*
**Geländer** *nt (Mech, Bau)* **hand railing** *(Bau)* **handrail** *(Mech, Bau)*
**Geländer** *nt (Bau) (niedrig)* **parapet** *(Bau)*
**Geländerpfosten** *m (Mech, Bau) (Hochbau)* **railing post** *(Mech, Bau)*
**Geländerstütze** *f (Mech, Bau)* **handrail stanchion** *(Mech, Bau)*
**Geländerteil** *m (Mech, Bau)* **railing part** *(Mech)*
**Geländestapler** *m (Mech)* **rough-terrain forklift truck** *(Kfz)*
**Geländewagen** *m (Mech)* **cross-country vehicle** *adj:n BE (Mech)*
**gelegen sein** *v/i (Mech, Allg) (sich befinden)* **be located** *v/i (Mech, Allg)* **be situated** *v/i (Mech, Allg)*
**gelegentlich** *adj (Mech, Allg)* **occasional** *adj (Mech, Allg)*
**Gelenk** *(Mech)* **joint** *(Stb, Stat)*
**Gelenk** *nt (Mech) (Scharnier)* **hinge** *(Mech, Bau)* **link** *(Mech)*
**Gelenkbolzen** *m (Mech, Stb)* **hinged bolt** *adj:n (Mech)*
**Gelenkbordkran** *m (Schiff)* **double-joint deck crane** *(Schiff)*
**Gelenkdreieck** *nt (Bg/Bergb, Mech)* **joint triangle** *(Bg/Bergb, Mech)*
**Gelenkfläche** *f (Mech)* **bearing area** *(Mech)*
**Gelenkflächenpressung** *f (Mech)* **pressure on bearing area** *(Mech)*
**gelenkig** *adj (Mech)* **articulated** *adj (Mech)*
**gelenkig** *adv (Mech)* **pivotally** *adv (Mech)*
**Gelenkkran** *m (Schiff)* **double-joint deck crane** *(Schiff)*
**Gelenkkupplung** *f (Mech)* **joint coupling** *(Mech)*
**Gelenklager** *nt (Mech)* **ball and socket joint** *(Mech, Bg/Bergb)*
**Gelenklager** *nt (Mech) (Wellenlager)* **rod-end bearing** *BE (Mech)*
**Gelenklager** *nt (Mech) (kugelig)* **spherical plain bearing** *adj:n (Mech, Zer)*
**Gelenklager** *nt (Mech) (Lagerauge)* **bearing eye** *(Mech)*
**Gelenklokomotive** *f (Bahn)* **joint locomotive** *(Bahn)*
**gelenklos** *adj (Mech)* **hingeless** *adj (Mech)*
**Gelenkpunkt** *m (Mech)* **shear leg** *(Mech)*
**Gelenkrahmen** *m (Stb)* **hinged frame** *adj:n (Stb)*
**Gelenkrohrwelle** *f (Mech)* **tubular shaft** *adj:n (Mech)*
**Gelenkschale** *f (Form)* **pivot joint housing** *(Form)*
**Gelenkscheibe** *f (Mech) (für elastische Kupplung)* **flexible disc** *(Mech)*
**Gelenkstange** *f (Mech) (z.B. für Scheibenwischer)* **joining rod** *(Mech)*
**Gelenkstück** *nt (Mech)* **joint piece** *(Mech)*
**Gelenkstück** *nt (Form) (Verbindung, Kupplung)* **coupling** *(Mech, Stb)*
**Gelenkstulpe** *f (Kfz)* **coupling sleeve** *(Mech)*
**Gelenkträger** *m (Mech, Stb)* **cantilever girder** *(Mech, Stb)*
**Gelenkträgerbrücke** *f (Stb)* **cantilever bridge** *(Stb)*
**Gelenktriebwagen** *m (Bahn)* **articulated railcar** *adj:n (Bahn)*
**Gelenkverbindung** *f (Form)* **knuckle joint** *(Mech)*
**Gelenkwelle** *f (Mech)* **cardan shaft** *(Mech)* **joint shaft** *(Mech)*

**Gelenkwellenanbau** *m (Mech)* **joint shaft assembly** *(Mech)*
**Gelenkwellenrohr** *nt (Mech)* **drive shaft tube** *(Mech)*
**Gelenkwellenschutz** *m (Mech) (an der Kardanwelle)* **joint shaft guard** *(Mech)*
**Gelenkzapfen** *m (Bg/Bergb, Mech)* **pivot pin** *(Mech)*
**Gelieren** *nt (Anstr) (Anstrich)* **jelling** *(Anstr)*
**gelocht** *adj (Mech)* **perforated** *adj (Mech)*
**gelöscht** *adj (Geo, Bau) (z.B. Kalk)* **slaked** *adj (Geo, Bau)*
**gelöst** *adj (Mech) (z.B. Schraube)* **loosened** *adj (Mech)* (e.g. a bolt)
**gelötet** *adj (Form)* **soldered** *adj (Form)*
**gemessen** *adj (Mech, Allg)* **measured** *adj (Mech, Allg)*
**Gemisch** *nt (Chem)* **mixture** *(Chem)*
**Gemischförderstrom** *m (Schiff) (Nassbaggerung)* **mixture production** *(Schiff)*
**Gemischkonzentration** *f (Schiff) (Nassbaggerung)* **concentration of mixture** *(Schiff)*
**Gemischwichte** *f (Hütt/Wlz)* **mixture density** *(Hütt/Wlz)*
**Gemmerlenkung** *f (Mech)* **Gemmer steering** *(Mech)*
**gemuldet** *adj (Mech)* **troughed** *adj (Mech)* (by)
**genäht** *adj (Form)* **sewed** *adj (Form)*
**genau** *adj (Allg)* **accurate** *adj (Allg, Mech)* **detailed** *adj (Allg)* **exact** *adj (Allg)*
**genau** *adv (Allg)* **accurately** *adv (Allg)* **meticulously** *adv (Allg)* **truly** *adv (Allg)*
**Genauigkeit** *f (Allg)* **accuracy** *(Mech, Allg)* **correctness** *(Allg)*
**Genauigkeitsgrad** *m (Stb)* **degree of accuracy** *(Stb)*
**Genauigkeitsgrenzwert** *m (Mech)* **accuracy tolerance** *(Mech)*
**geneigt** *adj (Bau) (z.B. ein Gebäude)* **leaning** *adj (Bau)*
**geneigt** *adj (Bg/Bergb, Mech) (nach oben)* **inclined** *adj (Mech, Bg/Bergb)*
**geneigt** *adj (Bg/Bergb, Mech) (nach unten)* **declined** *adj (Mech, Bg/Bergb)*
**geneigt** *adj (Geo, Allg) (z.B. ein Hang)* **sloping** *adj (Bg/Bergb, Geo, Allg)*
**geneigt** *adj (Mech, Allg)* **canted** *adj (Mech, Allg)* **tilted** *adj (Mech)*
**Generalsicherungshebel** *m (Mech, Bg/Bergb)* **general safety lever** *adj:n (Mech, Bg/Bergb)*
**generalüberholt** *adj (Mech) (z.B. ein Motor)* **rebuilt** *adj (Mech)* (e.g. an engine)
**genietet** *adj (Mech)* **riveted** *adj (Mech)*
**genormt** *adj (Allg)* **standardized** *adj (Allg)*
**genutzt** *adj (Mech, Allg)* **utilised** *adj (Mech, Allg)* **utilized** *adj (Mech, Allg)*
**Geochemie** *f (Chem)* **geochemistry** *(Chem)*
**gepanzert** *adj (Mech)* **armour plated** *adj (Mech)* **armoured** *adj (Mech)*
**gepflastert** *adj (Bau)* **paved** *adj (Bau)*
**gepflegt** *adj (Allg) (z.B. Maschine)* **well-groomed** *adj (Allg)*
**geplant** *adj (Allg) (in der Planung)* **planned** *adj (Allg)*
**gepolstert** *adj (Mech)* **upholstered** *adj (Mech)*
**gepr.** *adj (Allg) (Abk)* **checked** *adj (Allg)* **examined** *adj (Allg)*
**gepresst** *adj (Mech, Allg)* **compressed** *adj (Mech, Allg)* **pressed** *adj (Mech, Mont)*
**geprüft** *adj (Allg)* **checked** *adj (Allg)* **examined** *adj (Allg)*
**gerade** *adj (Mech, Allg)* **straight** *adj (Mech, Allg, Bau)* **straightway** *adj (Allg)*
**gerade richten** *v (Mech, Mont)* **adjust** *v (Mech)* **flatten** *v (Mech, Mont)* **straighten** *v (Mech, Mont)*
**geradeaus** *adv (Mech, Allg)* **straight ahead** *adv (Allg)* **straight on** *adv (Mech, Allg)*
**Geradeausfahrt** *f (Bg/Bergb, Mech)* **driving straight on** *(Bg/Bergb, Mech)* **travelling straight on** *(Bg/Bergb, Mech)*
**Geradestirnrad** *nt (Mech)* **spur gear** *(Mech)*
**geradlinig** *adj (Allg)* **linear** *adj (Allg)* **straight-line** *adj (Mech)*
**Geradverzahnung** *f (Mech)* **spur gearing** *(Mech)* **spur toothing** *(Mech)*
**Geradzahn-Kegelrad** *nt (Mech)* **straight bevel gear** *(Mech)*
**gerahmt** *adj (Mech)* **framed** *adj (Mech)*
**gerändelt** *adj (Mech)* **knurled** *adj (Mech, Mont)* **milled** *adj (Mech)*
**Gerät** *nt (Mech)* **appliance** *(Mech)* **implement** *(Bg/Bergb, Mech)*

**Gerät** *nt (Mech) (Ausrüstung)* **equipment** *(Mech, Bg/Bergb)*
**Gerät** *nt (Mech) (Vorrichtung)* **device** *(Mech)*
**Gerät** *nt (Mech) (z.B. Baumaschine)* **machine** *(Mech)* **unit** *(Mech)*
**Gerät, kontinuierlich arbeitend** kontinuierlich arbeitendes Gerät *adj:n* **continuous-duty equipment** *adj:n (Mech)*
**Gerät, universell** universelles Gerät *adj:n (Mech)* **general-purpose unit** *(Mech)*
**Geräte** *pl (Mech)* **equipment** *(Mech, Bg/Bergb)* **implements** *pl (Mech)*
**Geräte- und Baugruppenbeschreibung** *f (Allg)* **description of plant and assembly groups** *(Allg)*
**Geräteanzahl** *f (Allg)* **population** *(Allg)* (machine population)
**Geräteauslastung** *f (Mech)* **work-out** *(Mech)*
**Geräteausnutzung** *f (Mech)* **work-out** *(Mech)*
**Geräteführer** *m (Mont)* **equipment operator** *(Mont)* **machine operator** *(Mont)*
**Gerätegeneration** *f (Allg, Mech)* **generation of machines** *(Allg, Mech)*
**Gerätehinweisschild** *nt (Allg)* **caption board** *(Allg)*
**Gerätemitte** *f (Kfz)* **centre of vehicle** *(Kfz)*
**Gerätenummer** *f (Kfz)* **machine number** *(Kfz)*
**Geräteschuppen** *m (Mech, Mont)* **tool shed** *(Mech, Mont)* **utility shed** *(Mech, Mont)*
**Geräteträger** *m (Mech) (z.B. Leiste)* **toolbar** *(Mech)*
**Geräteträger** *m (Mech, Bg/Bergb)* **multi-equipment carrier** *(Mech, Bg/Bergb)*
**Gerätetyp** *m (Allg)* **machine type** *(Allg)* (model)
**Geräteverfügbarkeit** *f (Kfz)* **machine availability** *(Kfz)*
**Geräuschdämpfung** *f (Allg, Mech)* **noise absorption** *(Allg, Mech)*
**Geräuschpegel** *m (Kfz)* **noise level** *(Kfz, Phys)*
**Gerberbrücke** *f (Stb)* **cantilever bridge** *(Stb)*
**Gerbergelenk** *(Stb)* **Gerber joint** *(Stb)*
**Gerberpfette** *f (Stb)* **cantilever purlin** *(Stb)*
**Gerberträger** *m (Mech, Stb)* **cantilever beam** *(Stb)*
**gereinigt** *adj (Mech)* **cleaned** *adj (Allg, Anstr)* **refined** *adj (Mech)*
**gerieft** *adj (Mech)* **checkered** *adj (Mech)*
**geriffelt** *adj (Mech)* **grooved** *adj (Mech)* **serrated** *adj (Mech)*
**gerillt** *adj (Mech)* **fluted** *adj (Mech)* **grooved** *adj (Mech)*
**Gerippe** *nt (Mech) (Rahmen einer Maschine)* **framework** *(Mech, Stb, Bau)*
**gerippt** *adj (Mech, Hütt/Wlz, Hütt/Wlz)* **finned** *adj (Hütt/Wlz)* **ribbed** *adj (Hütt/Wlz)*
**gerissen** *adj (Mech, Allg) (eingerissen)* **rented** *adj (Mech, Allg)*
**Geröll** *nt (Geo)* **boulders** *pl (Geo)*
**Geröll** *nt (Geo) (brüchig aufgrund von Korrosion)* **detrital** *(Geo, Bg/Bergb)*
**Geröll** *nt (Geo) (Geschiebe)* **rubble** *(Bau, Geo)*
**Geröll** *nt (Geo) (glatt)* **pebbles** *pl (Geo)*
**Geröll** *nt (Geo) (kleine Körnung)* **shingle** *(Geo)*
**Geröllhalde** *f (Geo) (wandernde Lawine)* **scree** *(Geo)* **talus** *(Geo)*
**gerollt** *adj (Hütt/Wlz) (fein)* **burnished** *adj (Hütt/Wlz)*
**gerollt** *adj (Hütt/Wlz) (gewalzt)* **rolled** *adj (Hütt/Wlz)*
**gerollt** *adj (Hütt/Wlz) (Oberfläche)* **roller-finished** *adj (Hütt/Wlz)*
**gerollt** *adj (Hütt/Wlz) (z.B. Innenfläche eines Zylinderrohrs)* **roller-burnished** *adj (Hütt/Wlz)*
**gerundet** *adj (Hütt/Wlz) (z.B. Kanten)* **rounded** *adj (Mech)*
**Gerüst** *nt (Bau) (Baugerüst)* **scaffolding** *(Bau, Bg/Bergb)*
**Gerüst** *nt (Bau) (Bühne)* **stage** *(Mech, Bau, Allg)*
**Gerüst** *nt (Form) (des Kessels)* **boiler steel structure** *(Form)*
**Gerüst** *nt (Mech) (Rahmen)* **skeleton** *(Mech)*
**Gerüst** *nt (Mech, Bau)* **falsework** *(Bau, Stb)* **scaffold** *(Bau)*
**Gerüstbrett** *nt (Mont, Form)* **scaffolding board** *(Mont, Form)*
**Gerüstklammer** *f (Mont, Form)* **scaffolding clamp** *(Mont, Form)*

**Gerüstmittelteil** *nt (Bau, Mont, Stb)* **centre of scaffolding** *(Bau, Mont, Stb)*
**Gerüstscheibe** *f (Mont, Form)* **scaffolding washer** *(Mont, Form)*
**Gerüststange** *f (Mont, Form)* **scaffolding pole** *(Mont, Form)*
**Gerüstträger** *m (Mont, Form)* **frame girder** *(Mont, Form)*
**gesägt** *adj (Mech)* **sawed** *adj (Mech)*
**gesammelt** *adj (Allg)* **collective** *adj (Allg)*
**Gesamtabbauhöhe** *f (Bg/Bergb)* **total digging height** *adj:n (Bg/Bergb)*
**Gesamtablauf** *m (Mech)* **overall progress** *(Mech)*
**Gesamtabmessung** *f (Allg, Mech)* **overall dimension** *adj:n (Bau, Mech)*
**Gesamtanlage** *f (Bau) (schlüsselfertig)* **complete plant** *adj:n (Bau)* (turnkey-finished)
**Gesamtanordnung** *f (Mech)* **general arrangement** *adj:n (Mech, Allg)*
**Gesamtausladung** *f (Bg/Bergb) (der Baggerausrüstung)* **total outreach** *adj:n (Bg/Bergb)*
**Gesamtbeanspruchung** *f (Stat)* **total stress** *adj:n (Stat, Stb)*
**Gesamtbelastung** *f (Stat, Mech)* **total load** *adj:n (Stat, Mech)*
**Gesamtbreite** *f (Mech)* **overall width** *adj:n (Mech)*
**Gesamtfläche** *f (Allg)* **total area** *adj:n (Allg)*
**Gesamtgewicht** *nt (Stat)* **GLW** *(Stat)* (Abv) **gross load weight** *(Stat)* **total weight** *adj:n (Stat)*
**Gesamtgleislänge** *f (Bahn)* **total track length** *adj:n (Bahn)*
**Gesamthöhe** *f (Mech)* **overall height** *adj:n (Mech)* **total height** *adj:n (Mech)*
**Gesamthubhöhe** *f (Mech)* **total lift height** *adj:n (Mech)*
**Gesamtlänge** *f (Mech)* **overall length** *adj:n (Mech)*
**Gesamtlänge** *f (Mech) (des Lastzuges)* **total train length** *adj:n (Mech)*
**Gesamtmaß** *nt (Mech, Allg)* **overall dimension** *adj:n (Bau, Mech)*
**Gesamtpressung** *f (Hyd/Pneu)* **total pressure** *adj:n (Hyd/Pneu)*
**Gesamtprüfstück** *nt (Schw) (für die Schweißprobe)* **test assembly** *(Schw, Stb)*
**Gesamtspannung** *f (Stb, Stat)* **total stress** *adj:n (Stat, Stb)*
**gesäubert** *adj (Anstr)* **cleaned** *adj (Allg, Anstr)*
**Geschiebe** *nt (Geo)* **detrital** *(Geo, Bg/Bergb)* **rubble** *(Bau, Geo)*
**Geschirr** *nt (Mech) (z.B. Hebegurt)* **lifting gear** *(Mech)* (crane)
**geschleudert** *adj (Mech)* **spun** *adj (Mech)*
**geschliffen** *adj (Form)* **ground** *adj (Form)*
**geschlitzt** *adj (Mech)* **slotted** *adj (Mech)*
**geschlossen** *adj (Mech, Allg)* **closed** *adj (Mech, Allg)*
**geschmiedet** *adj (Mech, Mont)* **forged** *adj (Mech, Mont, Hütt/Wlz)*
**geschmiert** *adj (Mech)* **lubricated** *adj (Mech)*
**geschmolzen** *adj (Schw, Hütt/Wlz)* **molten** *adj (Schw, Hütt/Wlz)*
**geschnitten** *adj (Mech, Mont)* **cut** *adj (Mech, Mont)* **machine-cut** *adj (Mech, Mont)*
**Geschoss** *nt (Bau) (Stockwerk)* **floor** *(Geo)* **storey** *BE (Bau)* **story** *AE (Bau)*
**Geschossdecke** *f (Bau)* **ceiling** *(Bau)*
**geschottet** *adj (Mech)* **partitioned** *adj (Mech, Mont)*
**geschraubt** *adj (Mech)* **bolted** *adj (Mech, Mont)* **screwed** *adj (Mech)*
**geschruppt** *adj (Mech) (spanabhebend)* **rough-machined** *adj (Mech)*
**geschüttet** *adj (Bg/Bergb, Umschl)* **dumped** *adj (Bg/Bergb)*
**geschweißt** *adj (Schw)* **welded** *adj (Schw)*
**Geschwindigkeitsbegrenzung** *f (Mech)* **speed limit** *(Mech)*
**Geschwindigkeitsmesser** *m (Mech)* **speedometer** *(Mech)*
**Gesenk** *nt (Hütt/Wlz)* **die** *(Hütt/Wlz, Gieß)* **forging die** *(Hütt/Wlz)*
**gesenkgeschmiedet** *adj (Hütt/Wlz)* **die-forged** *adj (Hütt/Wlz)* **drop-forged** *adj (Hütt/Wlz)* **swaged** *adj (Hütt/Wlz)*
**Gesenkhammer** *m (Hütt/Wlz, Mont)* **swaging hammer** *(Hütt/Wlz, Mont)*
**Gesenkschmieden** *nt (Hütt/Wlz)* **drop-forging** *(Hütt/Wlz)*
**gesenkschmieden** *v (Hütt/Wlz)* **drop-forge** *v (Hütt/Wlz)*
**Gesenkschmiedestück** *nt (Hütt/Wlz)* **die formed part** *(Hütt/Wlz)*

**Gesenkschräge** *f (Hütt/Wlz)* **forge draft** *(Hütt/Wlz)*
**Gesenkteilung** *f (Hütt/Wlz)* **divided mould** *adj:n (Hütt/Wlz)*
**Gesetzmäßigkeit** *f (Allg, Mech)* **regularity** *(Mech, Allg)*
**gesichert** *adj (Mech) (befestigt)* **secured** *adj (Mech)* (fastened)
**gespalten** *adj (Allg) (geteilt)* **divided** *adj (Mech, Allg)*
**gesperrt** *adj (Mech)* **blocked** *adj (Mech)* **closed** *adj (Mech, Allg)*
**gesprengt** *adj (Bg/Bergb)* **blasted** *adj (Bg/Bergb)*
**gesprengt, grob** grob gesprengt *adv:adj (Bg/Bergb)* **rough blasted** *adv:adj (Bg/Bergb)*
**gespritzt** *adj (Anstr)* **sprayed** *adj (Anstr)*
**gestaffelt** *adj (Mech)* **staggered** *adj (Mech)*
**Gestalt** *f (Geo, Mech, Allg) (Form, Aufbau)* **configuration** *(Geo, Mech, Allg)* **shape** *(Hütt/Wlz, Mech)*
**Gestalt** *f (Mech, Allg) (Umriss)* **contour** *(Allg)*
**gestalten** *v (Hütt/Wlz) (formen)* **form** *v (Hütt/Wlz)* (shape, mould) **shape** *v (Hütt/Wlz)*
**gestalten** *v (Mech, Bau) (z.B. Plan, Gebäude, Platz)* **construct** *v (Mech, Allg)*
**gestalten, stromlinienförmig** stromlinienförmig gestalten *adv:v (Allg)* **streamline** *v (Allg)*
**gestaltsverändernd** *adj (Bau)* **deforming** *adj (Bau)* **metamorphic** *adj (Bau)*
**Gestaltung** *f (Mech, Allg)* **construction** *(Mech, Stb, Allg)* **design** *(Mech, Allg)*
**gestampft** *adj (Bau)* **rammed** *adj (Bau)* **tamped** *adj (Bau)*
**Gestänge** *nt (Mech)* **connecting rod** *(Kfz)* **linkage** *(Mech, Bg/Bergb)*
**Gestängebremse** *f (Mech)* **linkage brake** *(Mech)*
**Gestängehebel** *m (Mech)* **switch stick** *(Mech)*
**gestanzt** *adj (Mech)* **punched** *adj (Mech)*
**Gestein** *nt (Bg/Bergb)* **rock** *(Geo)* **rocks** *pl (Bg/Bergb)*
**Gestein, geklüftet** geklüftetes Gestein *adj:n (Bg/Bergb, Geo)* **fissured rock** *adj:n (Bg/Bergb, Geo)*
**Gestein, geschichtet** geschichtetes Gestein *adj:n (Bg/Bergb, Geo)* **stratified rock** *adj:n (Bg/Bergb, Geo)*
**Gestein, vulkanisch** vulkanisches Gestein *adj:n (Bau)* **volcanic rock** *adj:n (Bau)*
**Gestein, zugeschoben** zugeschobenes Gestein *adj:n (Bg/Bergb)* **trapped rock** *adj:n (Bg/Bergb)*
**Gesteinbrechbarkeit** *f (Bg/Bergb, Geo)* **crushability of rock** *(Bg/Bergb, Geo)*
**Gesteinindustrie** *f (Bg/Bergb)* **industrial minerals** *adj:n (Bg/Bergb)*
**Gesteinsbohrer** *m (Bg/Bergb)* **rock cutter** *(Bg/Bergb)*
**Gesteinsbohrerkrone** *f (Mont)* **cutting bit** *(Mont)*
**Gesteinsbohrmaschine** *f (Mont, Werkz)* **machine rock drill** *(Mont, Werkz)* **rock drilling machine** *(Mont, Werkz)*
**Gesteinsfräse** *f (Bg/Bergb)* **rotary rock cutter** *adj:n (Bg/Bergb)*
**Gesteinsschaufel** *f (Bg/Bergb)* **quarry bucket** *(Bg/Bergb)*
**Gesteinsschutt** *m (Bg/Bergb)* **detrital** *(Geo, Bg/Bergb)*
**Gesteinszerfall** *m (Bg/Bergb)* **rock crushing** *(Bg/Bergb)*
**Gestell** *nt (Mech)* **framework** *(Mech, Stb, Bau)* **rack** *(Mech)*
**gestreckt** *adj (Mech)* **developed** *adj (Mech, Allg)* **stretched** *adj (Mech)*
**gestreift** *adj (Mech)* **striped** *adj (Mech)*
**gestreut** *adj (Mech, Allg) (z.B. Sand)* **gritted** *adj (Mech, Allg)*
**gestrichen** *adj (Bg/Bergb) (voll, z.B. Schaufel)* **struck** *adj (Bg/Bergb)*
**gestuft** *adj (Bau)* **graded** *adj (Bau)*
**gestützt** *adj (Mech)* **supported** *adj (Mech)* (bearing)
**getäfelt** *adj (Mech, Bau)* **panelled** *adj (Mech, Bau)*
**getaucht** *adj (Form) (in Flüssigkeit)* **submerged** *adj (Form)*
**geteilt** *adj (Mech) (z.B. Lager)* **split** *adj (Mech)*
**getränkt** *adj (Stb) (imprägniert)* **impregnated** *adj (Stb)*
**Getriebe** *nt (Mech)* **gear** *(Mech)* **gear unit** *(Mech)*
**Getriebe** *nt (Mech) (Zahnradpaar)* **gear pair** *(Mech)*

**Getriebe** *nt (Mech) (Vorgelege)* **gear transmission** *(Mech)* **transmission** *(Mech)*
**Getriebe, automatisch** automatisches Getriebe *adj:n (Mech)* **automatic gearbox** *adj:n (Mech)*
**Getriebe/Wandler-Einheit** *f (Mech)* **transmission/converter assembly** *(Mech)*
**Getriebebau** *m (Mech)* **gear manufacturing** *(Mech)*
**Getriebedeckel** *m (Mech)* **gear cover** *(Mech)* **gearbox cover** *(Mech)*
**Getriebeflansch** *m (Kfz)* **gearbox flange** *(Kfz)*
**Getriebefuß** *m (Mech)* **footing** *(Mech)*
**Getriebegehäuse** *nt (Mech)* **gear casing** *(Mech)* **gear housing** *(Mech)* **gearbox** *(Mech)* **gearbox casing** *(Mech)* **transmission case** *(Mech)*
**Getriebegehäusedeckel** *m (Mech)* **gearbox case cap** *(Mech)*
**Getriebegehäusehälfte** *f (Mech)* **gearbox casing halves** *pl (Mech)*
**Getriebekasten** *m (Mech)* **gearbox** *(Mech)*
**Getriebelagerzapfen** *m (Mech)* **gear unit shaft journal** *(Mech)*
**Getriebeliste** *f (Mech)* **list of gear units** *(Mech)*
**getriebelos** *adj (Mech)* **gearless** *adj (Mech)* **non-geared** *adj (Mech)*
**Getriebelose** *f (Mech)* **slack play in the gearing** *(Mech)*
**Getriebemotor** *m (Mech)* **gearmotor** *(Mech)* **geared motor** *adj:n (Mech)*
**getrieben** *adj (Mech) (z.B. Rad)* **driven** *adj (Mech)*
**Getriebeöl** *nt (Mech, Chem)* **gear oil** *(Mech, Chem)*
**Getriebepumpe** *f (Mech, Hyd/Pneu)* **gear pump** *(Mech, Hyd/Pneu)*
**Getrieberad** *nt (Mech)* **gear** *(Mech)* **gear wheel** *(Mech)*
**Getrieberadsatz** *m (Mech)* **transmission gear** *(Mech)*
**Getriebeschutzkasten** *m (Mech)* **gear guard** *(Mech)*
**Getriebeschwinge** *f (Mech)* **gear base assembly** *(Mech)*
**Getriebeseite** *f (Mech)* **driven half** *(Mech)* (gear side) **gear side** *(Mech)*
**Getriebestange** *f (Mech)* **gear rod** *(Mech)*
**Getriebestufe** *f (Mech)* **gear pair** *(Mech)* **gearing stage** *(Mech)*
**Getriebetunnel** *m (Mech)* **transmission tunnel** *(Mech)*
**Getriebeunterbau** *m (Mech)* **gear base** *(Mech)*
**Getriebeuntersatz** *m (Mech)* **gear base** *(Mech)*
**Getriebeuntersetzer** *m (Mech)* **gear reducer** *(Mech)*
**Getriebeverhältnis** *nt (Mech) (Untersetzung)* **ratio = i** *(Mech)* (gear reduction)
**Getriebewand** *f (Bg/Bergb)* **track gearbox adaptor** *(Bg/Bergb)*
**Getriebewelle** *f (Mech)* **transmission shaft** *(Kfz)*
**Getriebezug** *m (Mech)* **gear train** *(Mech)* **gear unit** *(Mech)*
**Gewalt** *f (Mech, Stat, Allg)* **force** *(Stat)*
**gewalzt** *adj (Mech)* **milled** *adj (Mech)* **rolled** *adj (Hütt/Wlz)*
**gewalzt, nahtlos** nahtlos gewalzt *adv:adj (Hütt/Wlz)* **seamless rolled** *adv:adj (Hütt/Wlz)*
**gewaschen** *adj (Bg/Bergb)* **washed** *adj (Bg/Bergb)*
**gewellt** *adj (Mech)* **corrugated** *adj (Mech)* **crinkled** *adj (Mech)*
**Gewicht** *nt (Geo)* **density** *(Geo)*
**Gewicht** *nt (Mech, Allg)* **weight** *(Mech, Umschl, Stat)*
**Gewicht, unbeladen** unbeladenes Gewicht *adj:n (Mech) (bei Kfz)* **UW** *adj:n (Mech)* (Abv) **unladen weight** *adj:n (Mech)* (of road vehicles)
**gewichtig** *adj (Mech, Allg)* **weighty** *adj (Mech, Allg)*
**gewichtsabhängig** *adj (Mech) (z.B. Sitzfederung)* **weight-dependent** *adj (Mech)* (e.g. springs of seat)
**Gewichtsanteil** *m (Mech)* **proportion of weight** *(Mech)*
**Gewichtsanzeiger** *m (Mech)* **weight indicator** *(Mech)*
**Gewichtsausgleich** *m (Mech, Stat)* **balance** *(Mech, Stat)*
**Gewichtsausleger** *m (Bg/Bergb, Umschl)* **ballast boom** *(Bg/Bergb, Umschl)*
**Gewichtsbereich** *m (Hütt/Wlz) (z.B. des Schmiedstücks)* **weight range** *(Hütt/Wlz)*

**Gewichtsbremse** *f (Mech)* **weight brake** *(Mech)*
**Gewichtsersparnis** *f (Mech)* **weight saving** *(Mech)*
**gewichtsgleich sein** *(Mech)* **have equivalent weights** *(Mech)*
**Gewichtsspannvorrichtung** *f (Mech)* **gravity takeup** *(Mech)*
**Gewichtsspeicher** *m (Hyd/Pneu)* **weight accumulator** *(Hyd/Pneu)*
**Gewichtstoleranz** *f (Stat, Stb, Mech)* **weight tolerance** *(Stat, Stb, Mech)*
**Gewichtsverlagerung** *f (Mech)* **weight stabilizing** *(Mech)*
**Gewichtung** *f (Mech)* **valence** *(Mech)*
**Gewinde** *(Mech, Mont)* **screw thread** *(Mech)* **thread** *(Mech)*
**Gewinde** *nt (Mech) (der Glühbirne)* **threaded bayonet** *adj:n (Mech)*
**Gewinde runden** Gewinde runden *n:v (Mech, Mont)* **round off** *v (Mech, Mont)*
**Gewinde schneiden** Gewinde schneiden *n:v (Mech, Mont)* **tap** *v (Mech, Mont)* (a thread) **cut a thread** *n:v (Mech, Mont)*
**Gewindeanriss** *m (Mech, Mont)* **incipient crack in thread** *(Mech, Mont)*
**Gewindeausführung** *f (Mech)* **type of threading** *(Mech)*
**Gewindeauslauf** *m (Mech)* **screw thread runout** *(Mech)*
**Gewindebacke** *f (Mech)* **follower** *(Mech)* **screw die** *(Mech)* **threading die** *(Mech)*
**Gewindebohrer** *m (Mech, Mont)* **screw tap** *(Mont)*
**Gewindebohrer** *m (Mech, Mont) (lang)* **stay tap** *(Mech, Mont)*
**Gewindebohrung** *f (Mech, Mont)* **drill hole** *(Mech, Mont)* **tapped hole** *adj:n (Mech)*
**Gewindebolzen** *m (Mech)* **screwed bolt** *adj:n (Mech)* **threaded bolt** *adj:n (Mech)*
**Gewindebolzen** *m (Mech) (Stiftbolzen)* **stud bolt** *(Mech)*
**Gewindebolzen** *m (Mech) (Zapfen)* **gudgeon** *(Mech)* **stud** *(Mech)*
**Gewindebuchse** *f (Mech, Mont)* **tapped bushing** *adj:n (Mech, Mont)*
**Gewindedurchmesser** *m (Mech) (z.B. der Schraube)* **thread diameter** *(Mech)*
**Gewindeflansch** *m (Mech)* **threaded flange** *adj:n (Mech)*
**Gewindefutter** *nt (Mech)* **screw socket** *(Form)*
**Gewindegang** *m (Mech)* **pitch of screw** *(Mech)* **pitch of thread** *(Mech)*
**gewindegerollt** *adj (Mech)* **thread-rolled** *adj (Mech)*
**gewindegewalzt** *adj (Mech)* **thread-rolled** *adj (Mech)*
**Gewindekern** *m (Mech)* **root of thread** *(Mech)* **thread core** *(Mech)*
**Gewindelänge** *f (Mech) (z.B. der Schraube)* **length of thread** *(Mech)*
**Gewindeloch** *nt (Mech)* **tapped hole** *adj:n (Mech)* **threaded hole** *adj:n (Mech)*
**Gewindemuffe** *f (Mech)* **screw socket** *(Form)*
**Gewindenippel** *m (Mech)* **nipple** *(Mech)* **threaded nipple** *adj:n (Mech)*
**Gewindenuss** *f (Mech)* **spindle block** *(Mech)*
**Gewindequerschnitt** *m (Mech)* **sectional profile** *adj:n (Mech)*
**Gewinderille** *f (Mech)* **thread groove** *(Mech)*
**Gewindering** *m (Mech)* **threaded ring** *adj:n (Mech)* **thread ring** *(Mech)*
**gewinderollen** *v (Mech)* **thread-roll** *v (Mech)*
**Gewindeschablone** *f (Mech) (Werkzeuge)* **thread template** *(Mech)* (tools)
**Gewindescheibe** *f (Mech)* **threaded washer** *adj:n (Mech)*
**gewindeschneiden** *v (Mech, Mont)* **thread** *v (Mech, Mont)* **cut a thread** *n:v (Mech, Mont)*
**Gewindeschneider** *m (Mech)* **tap** *(Mont)* **threader** *(Mech)*
**Gewindeschutz** *m (Mech)* **grommet** *(Mech)*
**Gewindespindel** *f (Mech)* **elevating spindle** *adj:n (Mech)*
**Gewindespitze** *f (Mech)* **crest of thread** *(Mech)*
**Gewindestange** *f (Mech)* **threaded rod** *adj:n (Mech)*
**Gewindesteigung** *f (Mech)* **pitch of thread** *(Mech)*
**Gewindestift** *m (Mech)* **grub screw** *(Mech)* **set screw** *(Mech)*
**Gewindestück** *nt (Mech) (Muffe)* **union** *(Mech)*
**Gewindestück mit Außengewinde** *(Mech)* **male union** *adj:n (Mech)*
**Gewindestück mit Innengewinde** *(Mech)* **female union** *adj:n (Mech)*

**Gewindestutzen** *m (Mech)* **gland with thread** *(Mech)*
**Gewindetiefe** *f (Mech)* **depth of thread** *(Mech)*
**Gewindeverbindung** *f (Mech)* **threaded connection** *adj:n (Mech)*
**gewindewalzen** *v (Mech)* **thread-roll** *v (Mech)*
**Gewindezapfen** *m (Mech)* **threaded end** *adj:n (Mech)*
**gewinnbar** *adj (Bg/Bergb) (abbaufähig)* **minable** *adj (Bg/Bergb)*
**gewinnen** *v (Bg/Bergb)* **dig** *v (Bg/Bergb)* **mine** *v (Bg/Bergb)*
**Gewinnung** *f (Aufb) (z.B. Kohlenwäsche)* **recovery** *(Aufb)* (e.g. of ore)
**Gewinnung** *f (Bg/Bergb)* **extraction** *(Bg/Bergb)* **mining** *(Bg/Bergb)* **winning** *(Bg/Bergb)*
**Gewinnung von Kohle** *(Bg/Bergb)* **coal extraction** *(Bg/Bergb)*
**Gewinnungsfläche** *f (Bau)* **borrowing area** *(Bau)*
**Gewinnungsgeräte** *pl nt (Bg/Bergb)* **mining equipment** *(Bg/Bergb)*
**Gewinnungsort** *m (Bau) (Abbruch)* **demolition site** *(Bau)*
**gewobbelt** *adj (Form)* **modulated** *adj (Form)*
**gewogen** *adj (Mech, Allg)* **weighted** *adj (Allg)*
**Gewölbe** *nt (Geo)* **anticline** *(Geo)* **vault** *(Geo)*
**gewölbt** *adj (Mech)* **arched** *adj (Mech)* **curved** *adj (Mech)*
**gewunden** *adj (Mech)* **wound** *adj (Mech)*
**gezackt** *adj (Mech) (sägezahnartig)* **serrated** *adj (Mech)*
**gezahnt** *adj (Mech)* **toothed** *adj (Mech)*
**gezeichnet** *adj (Mech, Allg)* **drawn** *adj (Mech, Allg)* (sketched)
**gezinkt** *adj (Mech)* **notched** *adj (Mech)*
**gezogen** *adj (Hütt/Wlz) (kalt fertiggezogen)* **cold finished** *adj (Hütt/Wlz)*
**GFK** *adj:n (Mech) (Abk)* **GPR** *adj:n (Mech)* (Abv) **glass-fibre reinforced plastic** *adj:n (Mech)*
**GG** *m (Stb, Hütt/Wlz) (Abk)* **cast iron** *(Hütt/Wlz)* **CI** *(Hütt/Wlz)* (Abv)
**GG-Edelstahlplatte** *f (Mech)* **refined steel plate** *adj:n (Mech)*
**GGG** *adj:n (Hütt/Wlz) (Abk)* **ductile cast iron** *adj:n (Hütt/Wlz)*
**GGL** *adj:n (Hütt/Wlz) (Abk)* **foliated gray cast iron** *adj:n (Hütt/Wlz)*
**Gicht** *f (Hütt/Wlz)* **furnace top** *(Hütt/Wlz)*
**Giebel** *m (Bau)* **gable** *(Bau)*
**Giebeldach** *(Bau)* **gable roof** *(Bau)*
**Giebelstütze** *f (Stb)* **gable post** *(Stb)* **gable stanchion** *BE (Stb)*
**Giebelwand** *f (Bau)* **gable wall** *(Bau)*
**Gießen** *nt (Hütt/Wlz)* **casting** *(Hütt/Wlz)*
**gießen** *v (Hütt/Wlz)* **cast** *v (Hütt/Wlz)*
**Gießerei** *f (Hütt/Wlz)* **foundry** *(Hütt/Wlz)*
**Gießerei- und Stahlwerksbedarf** *(Hütt/Wlz)* **foundry auxiliary material** *(Hütt/Wlz)*
**Gießereierzeugnis** *nt (Hütt/Wlz)* **foundry product** *(Hütt/Wlz)*
**Gießereisand** *m (Hütt/Wlz)* **foundry sand** *(Hütt/Wlz)*
**Gießform** *f (Hütt/Wlz)* **mold** *AE (Hütt/Wlz)* **mould** *(Hütt/Wlz)*
**Gießhalle** *f (Hütt/Wlz)* **foundry casting bay** *(Hütt/Wlz)*
**Gießharz** *nt (Hütt/Wlz, Mont)* **casting resin** *(Hütt/Wlz, Mont)*
**Gießharzendverschluss** *m (Mech)* **moulded plastic cable gland** *(Mech)*
**Gießharzisolierung** *f (Mech)* **moulded plastic insulation** *adj:n (Mech)*
**Gießpfannenwagen** *m (Bahn)* **ladle car** *(Bahn, Hütt/Wlz)*
**Gießpressschweißen** *nt (Schw) (DIN 1910)* **pressure welding with thermochemical energy** *(Schw)*
**Gießschmelzschweißen** *nt (Schw)* **fusion welding with liquid heat transfer** *(Schw)*
**Gießschweißen** *nt (Schw)* **cast welding** *(Schw)*
**Gips** *m (Geo)* **gypsum** *(Geo)*
**gipsig** *adj (Bau)* **gypsum-type** *adj (Bau)*
**Gipsputz** *m (Bau)* **gypsum plaster** *(Bau)*
**Gipswerk** *nt (Bg/Bergb)* **gypsum plant** *(Bg/Bergb)*
**Girlande** *f (Band)* **idler boom** *(Band)* **idler garland** *(Band)*
**Girlandenkabel** *nt (Mech)* **festoon cable** *(Mech)*
**Girlandenrolle** *f (Band, Bg/Bergb)* **convex bend idler** *adj:n (Bg/Bergb, Band)* **catenary idler** *(Band, Bg/Bergb)*

**Girlandenträger** *m (Band)* **garland supporting girder** *(Band)* **garland-idler supporting girder** *(Band)*
**Gistaprofil** *nt (Mech) (Türschutzgummi)* **gista profile** *(Mech)*
**Gitter** *nt (Mech, Mont)* **grating** *(Mech, Mont)* **lattice** *(Mech)*
**Gitter** *nt (Mech) (verflochten aus z.B. Draht)* **trellis** *(Mech)*
**Gitter** *nt (Mech) (z.B. Rost)* **grate** *(Zer, Mech)*
**gitterartig** *adj (Mech, Stb)* **laced** *adj (Stb)* **latticed** *adj (Mech, Stb)*
**Gitterbelag** *m (Mech)* **grating** *(Mech, Mont)*
**Gitterbinder** *m (Stb)* **lattice truss** *(Stb)*
**gitterförmig** *adj (Mech, Stb)* **laced** *adj (Stb)* **latticed** *adj (Mech, Stb)*
**Gittermast** *m (Mech)* **girder mast** *(Mech)* **lattice mast** *(Mech)*
**Gittermastausleger** *m (Stb)* **lattice boom** *(Stb)*
**Gittermastbrücke** *f (Stb)* **girder bridge** *BE (Stb)*
**Gitterpfette** *f (Stb)* **lattice purlin** *(Stb)*
**Gitterrost** *m (Mech, Bau)* **grate** *(Zer, Mech)* **grate decking** *(Mech, Stb)* **grating** *(Mech, Mont)*
**Gitterrostbelag** *m (Mech, Bau)* **grate decking** *(Mech, Stb)* **grate flooring** *(Mech, Bau)* **grid paving** *(Mech, Bau)* **interlock flooring** *(Mech, Bau)*
**Gitterrostfahrbahn** *f (Mech, Bau)* **steel grid road** *(Mech, Bau)*
**Gitterrostfußboden** *m (Mech, Bau)* **grate flooring** *(Mech, Bau)* **grid paving** *(Mech, Bau)*
**Gitterschnitt** *m (Mech)* **test system** *(Mech)*
**Gitterschnittprüfung** *f (Anstr)* **cross-hatching adhesion test** *(Anstr)* (for determining the adhesion of coatings) **grid cross-cut test** *(Anstr)* (for determining the adhesion of coatings) **grid test** *(Anstr)* (for determining the adhesion of coatings)
**Gitterstab** *m (Stb)* **laced member** *adj:n (Stb)* **latticed member** *adj:n (Stb)* **web member** *(Stb)*
**Gitterträger** *m (Stb)* **latticed girder** *adj:n (Mech, Stb)* **lattice truss** *(Stb)* **open-web girder** *(Stb)* **truss** *(Mech, Stb)*
**Gitterwalze** *f (Hütt/Wlz)* **mesh pattern roller** *(Hütt/Wlz)*
**Gitterwerk** *nt (Stb)* **lattice work** *(Stb)* **trellis work** *(Stb)*
**Gitterwerksträger** *m (Stb, Mech)* **truss girder** *(Stb, Mech)*
**Glanz** *m (Mech, Allg)* **glaze** *(Mech, Allg, Anstr)*
**glänzend machen** *v (Mech)* **polish** *v (Mech)*
**Glanzgrad** *m (Mech)* **degree of gloss** *(Mech)*
**glanzschleifen** *v (Mech, Mont)* **polish** *v (Mech)*
**Glas** *nt (Bau)* **glass** *(Bau)*
**Glas** *nt (Mech) (des Scheinwerfers)* **lens** *(Mech)* (e.g. of a headlamp)
**Glas, gehärtet** gehärtetes Glas *adj:n (Mech)* **toughened glass** *adj:n (Mech)*
**Glas, getönt** getöntes Glas *adj:n (Mech, Bau)* **tinted glass** *adj:n (Mech, Bau)*
**Glas, splittersicher** splittersicheres Glas *adj:n (Mech)* **shatterproof glass** *adj:n (Mech)*
**Glasbaustein** *m (Bau)* **glass brick** *(Bau)*
**Glasdach** *nt (Bau)* **glas roof** *(Bau)*
**Glasdachkonstruktion** *f (Stb)* **glass roof structure** *(Stb)* **glazed roof** *adj:n (Stb)*
**Glasdachsprosse** *f (Stb)* **glazing bar** *(Stb)* **sash bar** *(Stb)*
**Glaser** *m (Bau)* **glazier** *(Bau)*
**Glaserkitt** *m (Bau)* **mastic** *(Bau)*
**gläsern** *adj (Mech)* **glass** *adj (Mech)*
**Glasfaser** *f (Mech, Mont)* **glass-reinforced fibre** *adj:n (Mech)* **glass fibre** *(Mech)*
**glasfaserverstärkt** *adj (Mech, Stb)* **glass-fibre reinforced** *adj (Kfz)* **glass-reinforced** *adj (Mech)*
**Glasgefäß** *nt (Mech)* **jar** *(Mech)*
**Glashütte** *f (Bg/Bergb)* **glass factory** *(Bg/Bergb)*
**glasiert** *adj (Mech)* **salt-glazed** *adj (Mech)*
**Glasschneider** *m (Mech)* **glass cutter** *(Mech)*
**Glasur** *f (Mech)* **glaze** *(Mech, Allg, Anstr)*
**glasverstärkt** *adj (Mech)* **glass-reinforced** *adj (Mech)*
**Glaswand** *f (Stb)* **glass wall** *(Stb)*
**Glaswolle** *f (Bau)* **glass wool** *(Bau)*
**glatt** *adj (Mech)* **flat** *adj (Mech, Allg)* **plain** *adj (Mech, Allg)*

**glatt** *adj (Mech) (nicht griffig)* **slippery** *adj (Mech)*
**glatt** *adj (Mech) (sanft)* **smooth** *adj (Mech, Mont, Anstr)*
**glatt** *adj (Mech) (z.B. Kraftübertragung)* **non-surge** *adj (Mech)*
**glatt hobeln** *v (Mech, Mont)* **dress** *v (Mech, Mont, Bg/Bergb)* **smooth** *v (Mech, Mont)*
**glatt machen** *v (Mech, Mont)* **smooth** *v (Mech, Mont)*
**glatt streichen** *v (Mech, Mont)* **flatten** *v (Mech, Mont)* **planish** *v (Mech)*
**Glättbalken** *m (Stb)* **screed** *(Stb)*
**glattdrücken** *v (Mech) (auf der Planierbank)* **planish** *v (Mech)*
**Glätten** *nt (Mech)* **smoothening** *(Form)*
**Glätten** *nt (Mech) (Planieren)* **roll flattening** *(Mech, Stb)*
**glätten** *v (Mech, Mont)* **dress** *v (Mech, Mont, Bg/Bergb)* **flatten** *v (Mech, Mont)* **plane** *v (Mech, Mont)* **planish** *v (Mech)* **smooth** *v (Mech, Mont)* **smooth-dress** *v (Mech, Mont)* **smoothen** *v (Mech, Mont)*
**glätten** *v (Mech, Mont) (polieren, glänzend machen)* **polish** *v (Mech)*
**glätten** *v (Mech, Mont) (z.B. Blech)* **plane** *v (Mech, Mont)* **plane off** *v (Mech, Mont)*
**Glattrohr-Eko** *m (Hütt/Wlz)* **bare-tube economizer** *(Hütt/Wlz)*
**Glattstrich auf Putz** *(Bau)* **skimming coat** *(Bau)*
**Glättung** *f (Anstr)* **smoothing** *(Anstr)* **smoothing of D.C.**
**Glättungsdrossel** *f (Mech)* **smoothing choke** *(Mech)*
**gleich bleibend** *adj (Allg)* **constant** *adj (Allg)* **steady** *adj (Mech, Allg)*
**Gleichfasenring** *m (Mech)* **piston ring with equal levels** *(Mech)*
**gleichförmig** *adj (Mech)* **regular** *adj (Allg)* **uniform** *adj (Allg, Hütt/Wlz)*
**Gleichförmigkeit** *f (Anstr) (abgeschiedener Schichten)* **uniformity** *(Anstr)* (of a coating)
**Gleichgewicht** *(Mech, Stat)* **balance** *(Mech, Stat)* **equilibrium** *(Mech, Stat)*
**Gleichgewicht, labil** labiles Gleichgewicht *adj:n (Stat)* **unstable equilibrium** *adj:n (Stat)*
**Gleichgewicht, stabil** stabiles Gleichgewicht *adj:n (Stat)* **stable equilibrium** *adj:n (Stat)*
**Gleichgewichtsbedingung** *f (Stat)* **balance condition** *(Stat)* **static equilibrium condition** *adj:n (Stat)*
**Gleichgewichtsgleichung** *f (Stat, Math)* **equation of equilibrium** *(Stat, Math)*
**Gleichgewichtslage** *f (Stat)* **equilibrium position** *(Stat)*
**Gleichgewichtslage** *f (Stat) (z.B. einer Ladung)* **trim** *(Stat)*
**Gleichgewichtsstörung** *f (Stat)* **divergence of equilibrium** *(Stat)*
**Gleichgewichtsverzweigung** *f (Stat)* **bifurcation of equilibrium** *(Stat)*
**Gleichgewichtszustand** *m (Stat)* **state of equilibrium** *(Mech, Stat)*
**Gleichheit** *f (Mech, Allg) (von Teilen)* **identity** *(Mech, Allg)* (of parts)
**Gleichmaßdehnung** *f (Stat)* **elongation before reduction of area** *(Stat)*
**gleichmäßig** *adj (Allg)* **consistent** *adj (Allg, Chem, Hütt/Wlz)* **constant** *adj (Allg)* **equal** *adj (Allg)* **even** *adj (Mech, Mont, Allg)* **proportional** *adj (Allg)* **regular** *adj (Allg)* **smooth** *adj (Mech, Mont, Anstr)* **symmetrical** *adj (Allg)* **uniform** *adj (Allg, Hütt/Wlz)*
**Gleichmäßigkeit** *f (Anstr) (abgeschiedener Schichten)* **uniformity** *(Anstr)* (of a coating)
**gleichnamig** *adj (Math)* **correspondent** *adj (Math)* **corresponding** *adj (Math)*
**Gleichrichteranlage** *f (Mech)* **rectifier plant** *(Mech)*
**Gleichrichterplatte** *f (Hyd/Pneu)* **flow control adaptor block** *(Hyd/Pneu)*
**Gleichrichtersäule** *f (Mech)* **rectifier stack** *(Mech)*
**gleichschenklig** *adj (Hütt/Wlz)* **equal-sided** *adj (Hütt/Wlz)*
**Gleichstreckenlast** *f (Mech)* **equally distributed linear load** *adj:n (Mech)*
**Gleichung, charakteristisch** charakteristische Gleichung *adj:n (Math)* **characteristic equation** *adj:n (Math)*
**gleichweit** *adj (Mech, Allg) (bezügl. Entfernung)* **equidistant** *adj (Mech, Allg)*
**gleichzeitig** *adj (Allg, Mech)* **simultaneous** *adj (Allg)*

**Gleis** *nt (Bahn)* **track** *(Bahn)* (rail)
**Gleis** *nt (Bahn) (einzelne Schiene)* **rail** *(Mech, Bahn)*
**Gleisanlagen** *pl f (Bahn) (z.B. eines Werkes)* **railway sidings** *pl (Bahn)*
**Gleisanschluss** *m (Bahn)* **railway siding** *BE (Bahn)* **siding** *(Bahn)* (track)
**Gleisbauabteilung** *f (Stb)* **track-laying department** *(Stb)*
**Gleisbildstellwerk** *nt (Bahn)* **all-relay signal box** *(Bahn)* **signal box push button type** *(Bahn)*
**Gleisbremsanlage** *f (Mech)* **railbrake** *(Mech)*
**Gleisbremse** *f (Mech)* **railbrake** *(Mech)* **retarder** *(Mech)* (rail) **retarder chain** *(Mech)* (rail)
**Gleisdreieck** *nt (Bahn) (Y-förmig)* **rail triangle** *(Bahn)* **wye** *(Bahn)*
**Gleisendabschluss** *m (Bahn)* **rail end** *(Bahn)* (hinged)
**Gleisharfe** *f (Bahn) (z.B. am Ablaufberg)* **track harp** *(Bahn)* (e.g. under hump)
**Gleishebewinde** *f (Mech, Mont)* **track lifting jack** *(Mech, Mont)*
**Gleiskette** *f (Mech)* **crawler chain** *(Mech)* **crawler track chain** *(Mech)*
**Gleislänge** *f (Bahn)* **track length** *(Bahn)*
**Gleismesswagen** *m (Bahn)* **rail test car** *(Bahn)*
**Gleisplan** *m (Bahn)* **track plan** *(Bahn)* (track layout)
**Gleisrost** *m (Mech, Mont)* **sleeper framework** *(Mech)*
**Gleisrückkopf** *m (Mech, Mont)* **track shifting attachment** *(Mech, Mont)* **track shifting device** *(Mech)* **track shifting roller unit** *(Mech, Mont)*
**Gleisrückmaschine** *f (Mech)* **track shifter** *(Mech)* **track shifting machine** *(Mech)*
**Gleisstopfgerät** *nt (Bahn)* **sleeper-packing machine** *BE (Bahn)*
**Gleisstrecke** *f (Bahn)* **railway track** *(Bahn)*
**Gleiswaage** *f (Mech)* **car scale weighbridge for rail cars** *(Mech)*
**Gleitbacke** *f (Bahn) (am Achshalter)* **horn cheek** *(Bahn)* (wheelset move up / down)
**Gleitbackendrehkranz** *m (Bg/Bergb)* **guide-shoe wear surface** *(Bg/Bergb)*
**Gleitbahn** *f (Mech) (Schiene)* **slide bar** *(Mech)*
**Gleitbahn** *f (Mech) (z.B. im Pumpengehäuse)* **slide way** *(Mech)*
**Gleitbahnlänge** *f (Bg/Bergb) (des Baggerleitrades)* **take-up path** *(Bg/Bergb)*
**Gleitband** *nt (Bg/Bergb)* **gliding conveyor** *adj:n (Bg/Bergb)* **slip band** *(Bg/Bergb)*
**Gleitblech** *nt (Zer)* **sliding plate** *(Zer)*
**Gleitdruckbetrieb** *m (Hyd/Pneu)* **sliding pressure operation** *(Hyd/Pneu)*
**Gleiteinlage** *f (Mech) (in der Drehgestellpfanne)* **bogie-bearing cup** *(Mech)* **centre-pivot insert** *(Mech)* **sliding insert** *(Mech)*
**Gleiten** *nt (Mech, Allg) (Rutschen)* **sliding** *(Mech, Allg)* **slippage** *(Mech)*
**gleiten** *v (Mech, Allg) (rutschen)* **slide** *v (Mech, Allg)* **slip** *v (Mech)*
**Gleitfeder** *f (Mech)* **sliding key** *(Mech)* **spring guide** *(Mech)*
**gleitfest** *adj (Mech)* **slide-proof** *adj (Mech)*
**Gleitfläche** *f (Zer)* **sliding surface** *(Zer, Mech)*
**Gleitfuge** *f (Mech)* **slip joint** *(Mech)*
**Gleitgelenklager** *nt (Mech)* **spherical plain bearing** *adj:n (Mech, Zer)*
**Gleitkreis** *m (Mech)* **pitch circle** *(Mech)*
**Gleitkreuzgelenk** *nt (Mech)* **slip universal-joint** *(Mech)*
**Gleitkufe** *f (Bg/Bergb)* **skid** *(Bg/Bergb, Umschl, Band)*
**Gleitkupplung** *f (Mech)* **sliding clutch** *(Mech)* (in transmission)
**Gleitlager** *nt (Mech)* **bushing-type bearing** *(Mech)* **friction bearing** *(Mech)* **plain** *(Mech)* (plain bearing) **plain bearing** *(Mech)* **sleeve bearing** *(Mech)* **slide** *(Mech)* (slide bearing) **slide bearing** *(Mech)* **sliding bearing** *(Mech)* **sliding contact bearing** *(Mech)*
**Gleitleiste** *f (Mech)* **guide rail** *(Mech, Stb)* (runner)
**Gleitlinie** *f (Mech)* **slide line** *(Mech)* **slip line** *(Mech)*
**Gleitmittel** *nt (Mech) (gegen Fressen)* **antiseize** *(Mech)* **antiseize agent** *(Mech)*
**Gleitmittel** *nt (Mech, Chem)* **lubricant** *(Mech)* **parting compound** *(Mech)* **slip additive** *(Mech, Chem)*

**Gleitmodul** *m (Mech)* **modulus of elasticity on shear** *(Mech)* **modulus of rigidity** *(Mech)* **modulus of transverse elasticity** *(Mech)* **rigidity module** *(Mech)* **shear modulus** *(Mech)* **shearing modulus** *(Mech)*
**Gleitpassung** *f (Mech)* **sliding fit** *(Mech)*
**Gleitplatte** *f (Bg/Bergb, Mech) (am Drehgestell)* **sliding plate** *(Zer)*
**Gleitplatte** *f (Bg/Bergb, Mech) (an der Schaufel)* **heel plate** *(Bg/Bergb, Mech)* **paddle plate** *(Bg/Bergb, Mech)*
**Gleitplatte** *f (Mech)* **bogie-bearing pad** *(Mech)* **guide plate** *(Mech)*
**Gleitring** *m (Mech)* **axial face seal ring** *(Mech)*
**Gleitringdichtung** *f (Mech)* **duocone seal** *(Mech)* **duocone seal ring** *(Mech)* **slide ring packing** *(Mech)* **slide ring seal** *(Mech)*
**Gleitschiene** *f (Mech)* **slide bar** *(Mech)*
**Gleitschuh** *m (Mech)* **gusset shoe** *(Form)* **reference sleigh** *(Mech, Bg/Bergb)* **slide shoe** *(Mech)*
**Gleitschutz** *m (Mech)* **anti-skid** *(Mech)*
**Gleitschutzkette** *f (Mech)* **anti-skid chain** *(Mech)*
**Gleitschutzprofil** *nt (Mech)* **cleat to prevent slipping** *(Mech)*
**Gleitsicherheit** *f (Mech)* **stability against sliding** *(Mech)*
**Gleitsitz** *m (Mech)* **slip fit** *(Mech)*
**Gleitsohle** *f (Mech)* **slide sole** *(Mech)*
**Gleitspriegel** *m (Mech)* **slide bow** *(Mech)*
**Gleitstange** *f (Mech)* **sliding pole** *(Mech)*
**Gleitstein** *m (Mech)* **slide ring** *(Mech)* **sliding block** *(Mech)* **tensioning block** *(Mech, Bg/Bergb)*
**Gleitstein** *m (Mech) (Teil der Spannvorrichtung)* **guide piece** *(Mech)* (part of the fixture)
**Gleitstößel** *m (Mech)* **sliding tappet** *(Mech)*
**Gleitstück** *nt (Mech)* **idler slide** *(Mech)* **slide** *(Mech)*
**Gleitstuhl** *m (Mech) (einer Weiche)* **slide chair** *(Mech)* (of a switch)
**Gleitträger** *m (Mech)* **slide** *(Mech)*
**Gleitung** *f (Mech)* **shearing unit deformation** *(Mech)*
**Gleitwand** *f* **chute plate**
**Glied** *nt (Bau) (Abschnitt)* **section** *(Bau)* (of a construction)
**Glied** *nt (Bau) (Bauteil)* **member** *(Mech, Stb)*
**Glied** *nt (Mech, Allg) (z.B. einer Kette)* **link** *(Mech, Allg)* (e.g. of a chain)
**Glied, gekröpft** gekröpftes Glied *adj:n (Mech)* **cranked link** *adj:n (Mech)*
**Gliedermaßstab** *m (Werkz) (Zollstock)* **folding rule** *(Werkz)* **yardstick** *(Werkz)*
**Gliederwelle** *f (Mech)* **articulated shaft** *adj:n (Mech)*
**Gliederzahl** *f (Mech)* **number of pitches** *(Mech)*
**Glimmer** *m (Geo)* **mica** *(Geo)*
**Glimmerplatte** *f (Hyd/Pneu) (für den Wasserstand)* **mica sheet** *(Hyd/Pneu)* (water level indicator)
**Glimmerschiefer** *m (Geo)* **mica schist** *(Geo)*
**glitschig** *adj (Mech)* **slippery** *adj (Mech)*
**Globoidschnecke** *f (Mech)* **enveloping worm**
**Globoidschnecken-Radsatz** *m* **double enveloping worm gear pair**
**Globoidschneckenrad** *n* **enveloping wormwheel**
**globular** *adj (Hütt/Wlz)* **globular** *adj (Hütt/Wlz)*
**Glockengehäuse** *nt (Mech)* **rotating assembly** *adj:n (Mech)*
**Glockenguss** *m (Hütt/Wlz)* **bell founding** *(Hütt/Wlz)* (bell casting)
**Glockenkettenrad** *nt (Umschl)* **bell-shaped chain wheel** *(Umschl)*
**Glockenseil** *nt (Mech)* **bell rope** *(Mech)*
**Glockenstuhl** *m (Bau)* **bell frame** *(Bau)*
**Glockenturm** *m (Bau)* **belfry** *(Bau)*
**Glockenventil** *nt (Hyd/Pneu)* **bell valve** *(Hyd/Pneu)*
**GLR** *f (Kfz) (Abk)* **PLC** *(Kfz)* (Abv) (power limit regulator) **power limit control** *(Kfz)*
**Glüh- und Nachwalzparameter** *(Hütt/Wlz)* **annealing and temper-rolling conditions** *(Hütt/Wlz)*
**Glühanlage** *f (Hütt/Wlz)* **heater plug installation** *(Mech)*
**Glühanlassschalter** *m (Mech)* **heater plug switch** *(Mech)*
**Glühdauer** *f (Hütt/Wlz)* **annealing time** *(Hütt/Wlz)*
**Glühen** *nt (Hütt/Wlz)* **annealing** *(Hütt/Wlz)*

**glühen** *v (Hütt/Wlz) (anlassen)* **temper** *v (Hütt/Wlz)*
**glühen** *v (Hütt/Wlz, Mech)* **anneal** *v (Hütt/Wlz, Mech)*
**glühen** *v/i (Hütt/Wlz, Mech) (glimmen)* **glow** *v/i (Hütt/Wlz, Mech)*
**glühen, spannungsarm** spannungsarm glühen *adv:v (Mech)* **stress-anneal** *v (Mech)* **stress-relieve** *v (Mech, Hütt/Wlz)*
**glühen, spannungsfrei** spannungsfrei glühen *adv:v (Mech) (fälschlich angewandt)* **stress-anneal** *v (Mech)* **stress-relieve** *v (Mech, Hütt/Wlz)*
**glühend** *adj (Hütt/Wlz)* **incandescent** *adj (Hütt/Wlz)*
**Glühkatodenröhre** *f* **thermionic valve** *(Hyd/Pneu)*
**Glühtemperatur** *f (Hütt/Wlz)* **annealing temperature** *(Hütt/Wlz)*
**Glut** *f (Hütt/Wlz)* **glowing** *(Hütt/Wlz)*
**Gneis** *m (Bg/Bergb)* **gneiss** *(Bg/Bergb)*
**Göschmast** *m (Schiff)* **flagstaff** *(Schiff)*
**Grab- und Ladeorgan** *nt (Bg/Bergb)* **digging and discharging element** *(Bg/Bergb)*
**Grabausrüstung** *f (Bg/Bergb) (Tieflöffel)* **backhoe attachment** *(Bg/Bergb)*
**Grabboden** *m (Bg/Bergb)* **diggable ground** *adj:n (Bg/Bergb)*
**Grabdiagramm** *nt (Bg/Bergb) (geometrisches Bild)* **digging diagram** *(Bg/Bergb)* (chart)
**Graben** *m (Bau)* **ditch** *(Bau)*
**graben** *v (Bg/Bergb)* **cut** *v (Bg/Bergb)* **dig** *v (Bg/Bergb)* **excavate** *v (Bg/Bergb, Bau)*
**Graben ziehen** Graben ziehen *n:v (Bau, Bg/Bergb)* **cut a roadside ditch** *n:v (Bau, Bg/Bergb)*
**Grabenabstützung** *f (Bau)* **sheeting** *(Bau, Bg/Bergb)* (in a trench)
**Grabenband** *nt (Bg/Bergb, Band)* **trench conveyor** *(Bg/Bergb, Band)*
**Grabenbunker** *m (Bg/Bergb, Umschl)* **storage ditch** *(Bg/Bergb)*
**Grabenbunkerbagger** *m (Bg/Bergb, Umschl)* **ditch bin reclaimer** *(Bg/Bergb, Umschl)*
**Grabenfräse** *f (Bg/Bergb)* **ditchmill** *(Bg/Bergb)* **trench cutter** *(Bg/Bergb)* (trencher)
**Grabenlöffel** *m (Bg/Bergb)* **ditch-cleaning bucket** *(Bg/Bergb)* **ditching bucket** *(Bg/Bergb)*
**Grabenmulde** *f (Bg/Bergb)* **ditch profile** *(Bg/Bergb)* **furrow** *(Bg/Bergb)*
**Grabenprofil** *nt (Bg/Bergb)* **ditch profile** *(Bg/Bergb)*
**Grabenräumschaufel** *f (Bg/Bergb)* **ditch-cleaning bucket** *(Bg/Bergb)*
**Grabenschneiden** *nt (Bg/Bergb)* **ditch cutting** *(Bg/Bergb)*
**Grabensohle** *f (Geo)* **floor of a trench** *(Geo)*
**Grabenverbau** *m (Bg/Bergb) (z.B. mit Spreizen)* **trench shoring** *(Bg/Bergb)*
**Grabfähigkeit** *f (Bg/Bergb)* **digging ability** *(Bg/Bergb)*
**Grabgefäß** *nt (Bg/Bergb) (z.B. Löffel)* **bucket** *(Mech, Mont, Bg/Bergb)*
**Grabgreifer** *m (Bg/Bergb)* **clamshell bucket** *(Bg/Bergb)* **digging grab** *(Bg/Bergb)*
**Grabkanalgreifer** *m (Bg/Bergb)* **trench-cleaning bucket** *(Bg/Bergb)*
**Grabkraft** *f (Bg/Bergb)* **digging force** *(Bg/Bergb)*
**Grabkurve** *f (Bg/Bergb) (Bogen des Grabgefäßes)* **digging arc** *(Bg/Bergb)*
**Grabschaufel** *f (Bg/Bergb)* **digging shovel** *(Bg/Bergb)*
**Grabtiefe** *f (Bg/Bergb)* **digging depth** *(Bg/Bergb)*
**Grabtiefe** *f (Bg/Bergb) (unter Wasser)* **dredging depth** *(Bg/Bergb)*
**Grabweite** *f (Bg/Bergb)* **digging width** *(Bg/Bergb)*
**Grabwiderstand** *m (Bg/Bergb)* **digging resistance** *(Bg/Bergb)*
**Grad** *m (Math, Mech) (einer Abschrägung)* **pitch** *(Mech, Math)* (inclination)
**Grad** *m (Math, Phys)* **degree** *(Math, Phys)*
**Grad** *m (Mech, Allg) (auf einer Skala)* **grade** *(Mech, Allg)* (on a scale)
**Grad** *m (Mech, Allg) (Einteilung)* **scale** *(Allg)*
**Grad der Verfügbarkeit** *(Mech)* **availability rate** *(Mech)*
**Grader** *m (Bg/Bergb)* **grader** *(Bg/Bergb)*
**Graderarbeiten** *pl f (Bg/Bergb)* **grader work** *(Bg/Bergb)* **levelling work** *(Bg/Bergb)*
**Gradiente** *f (Bau, Stb)* **gradient** *(Bau, Stb, Bahn)*

**Gradmesser** *m (Mech)* **graduator** *(Mech)*
**graduieren** *v (Mech)* **graduate** *v (Mech)*
**Granit** *m (Geo)* **granite** *(Geo)*
**Granularbereich** *m (Geo)* **granular range** *adj:n (Geo)*
**Granulat** *nt (Geo) (körniges Material)* **granulate** *(Geo)*
**Granulationsanlage** *f (Bg/Bergb)* **granulation plant** *(Bg/Bergb)*
**granuliert** *adj (Geo)* **chilled** *adj (Geo)* **granulated** *adj (Geo)*
**Graphitfett** *nt (Mech)* **graphite grease** *(Mech)*
**graphitieren** *v (Mech)* **graphitize** *v (Mech)*
**Graphitöl** *nt (Mech)* **graphite oil** *(Mech)*
**Graphitprüfung** *f (Mech)* **graphite test** *(Mech)*
**Grat** *m (Mech, Mont)* **burr** *(Mech, Mont)* **fin** *(Stb)*
**Grat** *m (Mech, Mont)* **milling ridge** *(Mech, Mont)*
**Grat** *m (Mech, Mont)* **cutting ridge** *(Mech, Mont)*
**Grat abdrehen** *n:v (Mech, Mont)* **trim** *v (Mech, Mont)*
**Grat entfernen** *n:v (Mech, Mont)* **deburr** *v BE (Mech, Mont)*
**Grauguss** *m (Stb, Hütt/Wlz)* **cast iron** *(Hütt/Wlz)* **CI** *(Hütt/Wlz)* (Abv) **gray cast** *(Hütt/Wlz)* **gray cast iron** *(Stb, Hütt/Wlz)*
**Graupappe** *f (Mech)* **greyboard** *(Mech)*
**gravieren** *v (Mech)* **engrave** *v (Mech)*
**Gravierung** *f (Mech)* **engraving** *(Mech)*
**greifen** *v (Bg/Bergb)* **grab** *v (Allg, Bg/Bergb)* **grip** *v (Bg/Bergb)*
**Greifer** *m (Bg/Bergb)* **grab** *(Bg/Bergb)*
**Greifer drehen** den Greifer drehen *n:v (Bg/Bergb)* **rotate the grab** *n:v (Bg/Bergb)*
**Greifer-OT** *nt (Bg/Bergb) (Abk)* **upper section of grab** *(Bg/Bergb)*
**Greiferausrüstung** *f (Bg/Bergb)* **grab attachment** *(Bg/Bergb)*
**Greiferbagger** *m (Bg/Bergb)* **grab excavator** *(Bg/Bergb)*
**Greiferbagger** *m (Bg/Bergb)* **grab dredger** *(Bg/Bergb)*
**Greiferbrücke** *f (Bg/Bergb)* **travelling grab bridge** *(Bg/Bergb)*
**Greiferdrehkopf** *m (Bg/Bergb)* **grab swivel** *(Bg/Bergb)*
**Greiferdrehkran** *m (Bg/Bergb)* **slewing grab crane** *(Bg/Bergb)*
**Greiferdrehmotor** *m (Bg/Bergb)* **grab swivel motor** *(Bg/Bergb)*
**Greiferdrehvorrichtung** *f (Bg/Bergb)* **grab slewing device** *(Bg/Bergb)*
**Greiferdrehwerk** *nt (Bg/Bergb)* **grab swivel device** *(Bg/Bergb)*
**Greiferführung** *f (Bg/Bergb)* **grab guide** *(Bg/Bergb)*
**Greiferhalter** *m (Bg/Bergb) (beim Transport)* **grab safety bar** *(Bg/Bergb)*
**Greiferkopf** *m (Bg/Bergb)* **grab head** *(Bg/Bergb)*
**Greiferkran** *m (Bg/Bergb)* **grab crane** *(Bg/Bergb)*
**Greiferlager** *nt (Bg/Bergb)* **grab yoke** *(Bg/Bergb)*
**Greiferlaufkatze** *f (Bg/Bergb)* **grab trolley** *(Bg/Bergb)*
**Greiferoberteil** *nt (Bg/Bergb)* **upper section of grab** *(Bg/Bergb)*
**Greiferquerschnitt** *m (Bg/Bergb)* **grab section** *(Bg/Bergb)*
**Greiferschale** *f (Bg/Bergb)* **clamshell** *(Bg/Bergb)* **grab shell** *(Bg/Bergb*
**Greiferschneide** *f (Bg/Bergb)* **grab cutting edge** *(Bg/Bergb)*
**Greiferstiel** *m (Bg/Bergb)* **grab arm** *(Bg/Bergb)*
**Greiferstiel, gegabelt** gegabelter Greiferstiel *adj:n (Bg/Bergb)* **forked grab arm** *adj:n (Bg/Bergb)*
**Greiferverlängerung** *f (Bg/Bergb)* **grab extension** *(Bg/Bergb)*
**Greiferwinde** *f (Bg/Bergb, Mech)* **crabbing hoist gear** *(Mech)*
**Greiferzangen** *pl f (Bg/Bergb)* **grapples** *pl (Bg/Bergb)*
**Greifsäge** *f (Bg/Bergb)* **grab saw** *(Bg/Bergb)*
**Greifsteg** *m (Mech) (der Schneekette)* **grip link** *(Mech)*
**Greifzug** *m (Mech)* **come-along** *AE (Mech)* **grip hoist** *(Mech)*
**Grenzbedingung** *f (Allg)* **boundary condition** *(Allg)*
**Grenze** *f (Mech, Allg)* **limit** *(Mech, Math, Allg)*
**Grenze** *f (Mech, Hyd/Pneu)* **end-position** *(Mech, Hyd/Pneu)*
**Grenze der Abnutzung** *(Mech)* **wear limit** *(Mech)*

**Grenze, elastisch** elastische Grenze *adj:n (Mech)* **elastic limit** *adj:n (Mech)*
**Grenzfall** *m (Allg)* **limiting case** *(Allg)* (exceptional case)
**Grenzhärte** *f (Hütt/Wlz)* **limit hardness** *(Hütt/Wlz)*
**Grenzkoeffizient** *m (Bg/Bergb)* **maximum coefficient** *adj:n (Bg/Bergb)*
**Grenzlast** *f (Stb)* **M.C.R.** *(El, Stb)* (Abv) **maximum continuous rating** *adj:n (El, Stb)*
**Grenzlastregelung** *f (Kfz)* **PLC** *Nomen: Adjektiv (El)* (Abv) **power limit control** *(Kfz)*
**Grenzlastregelung, elektronisch** elektronische Grenzlastregelung *adj:n (Mech, El)* **electronic power limit control** *adj:n (Mech, El)*
**Grenzlastregelventil** *nt (Mech, Hyd/Pneu)* **power limit control valve** *(Mech, Hyd/Pneu)*
**Grenzlastregler** *m (Mech)* **power metering regulator** *(Mech)*
**Grenzlastsystem** *nt (Mech)* **load-sensing system** *(Mech)* **LS system** *(Mech)* (Abv)
**Grenzlehre** *f (Mech)* **limit gauge** *(Mech)* **snap gauge** *(Mech)*
**Grenzmaß** *nt (Mech)* **limit** *(Mech, Math, Allg)* **limit value** *(Mech)*
**Grenzschaltung** *f (Bg/Bergb)* **extreme limit switch** *adj:n (Bg/Bergb)*
**Grenzstein** *m (Geo)* **boundary monument** *(Geo)* **boundary stone** *(Geo)*
**Grenztiefe** *f (Bg/Bergb) (im Tagebau)* **maximum depth** *adj:n (Bg/Bergb)*
**Grenzwert** *m (Mech, Math, Allg)* **limit value** *(Mech)*
**Grenzwerteinheit** *f (Mech)* **limit value unit**
**Grenzwinkel** *m (Mech)* **critical angle** *adj:n (Mech)*
**Grenzzustand** *m (Stb)* **limit state** *(Stb)*
**Grenzzustand der Gebrauchsfähigkeit** *(Bau)* **limit value of use** *(Bau)*
**Grenzzustand der Tragfähigkeit** *(Bau)* **ultimate bearing capacity** *adj:n (Bau)*
**Grenzzustandsberechnung** *f (Stb)* **limit states design** *(Stb)*
**Grieß** *m (Bau)* **grit** *(Bau)*
**Grießkühler** *m (Bg/Bergb)* **tailing cooler** *(Bg/Bergb)*
**Grießrückführung** *f (Bg/Bergb) (Mühle)* **coarse particles return** *(Bg/Bergb)* **mill recirculation** *(Bg/Bergb)*
**Griff** *m (Allg) (Zugriff)* **grip** *(Allg)*
**Griff** *m (Mech) (in Lochform)* **handhole** *(Mech)*
**Griff** *m (Mech) (z.B. an einem Werkzeug)* **handle** *(Mech)* **hilt** *(Mech)*
**Griffangel** *f (Mech)* **handle end** *(Mech)*
**griffbereit** *adj (Mech, Allg)* **ready at hand** *(Allg)*
**Griffigkeit** *f (Mech) (Ballung)* **seize** *(Mech)* (undesired fretting)
**Griffrohr** *nt (Mech)* **grip tube** *(Mech)*
**grob** *adj (Mech, Allg)* **coarse** *adj (Mech, Allg)* **rough** *adj (Mech, Allg, Hütt/Wlz)*
**Grob- und Feinarmaturen** *(Mech, Mont)* **fittings and mountings** *(Mech)*
**Grob- und Maßbleche** *(Hütt/Wlz)* **heavy and flame-cut plates** *(Hütt/Wlz)*
**Grobarmaturen** *pl f (Mech)* **accessories** *pl (Mech)*
**Grobblech** *nt (Stb, Hütt/Wlz)* **heavy plate** *adj:n (Hütt/Wlz, Stb)*
**Grobeinstellung** *f (Mech)* **coarse adjustment** *adj:n (Mech)*
**Groberz** *nt (Geo)* **coarse ore** *adj:n (Geo)*
**Groberzwagen** *m (Mech)* **coarse-ore wagon** *(Mech)*
**Grobfeile** *f (Mont, Werkz)* **coarse file** *adj:n (Mont, Werkz)*
**Grobhiebfeile** *f (Mont, Werkz)* **rough cut file** *(Mont, Werkz)*
**Grobkorngehalt** *m (Bg/Bergb)* **coarse-grain content** *(Bg/Bergb)*
**Grobkornglühen** *nt (Hütt/Wlz)* **coarse-grain annealing** *(Hütt/Wlz)*
**grobkörnig** *adj (Geo, Bg/Bergb)* **coarse-grained** *adj (Bg/Bergb, Geo)*
**Grobmontage** *f (Mont)* **main erection work** *adj:n (Mont)*
**Grobschmied** *m (Hütt/Wlz)* **blacksmith** *(Hütt/Wlz)*
**Grobsiebung** *f (Zer)* **coarse screening** *adj:n (Zer)*
**Grobskala** *f (Mech) (Bandwaage)* **coarse scale range** *adj:n (Mech)*
**Grobstaub** *m (Mech, Bau)* **fly ash coarse particles** *pl (Mech)* **grit** *(Bau)*
**grobstückig** *adj (Bg/Bergb, Umschl, Zer)* **coarse lumps** *adj:n (Bg/Bergb, Umschl, Zer)*

**Grobwertübertragung** *f (Mech) (Bandwaage)* **coarse reading** *adj:n (Mech)*
**Grobzerkleinerung** *f (Zer)* **coarse crushing** *adj:n (Zer)*
**Grobzerkleinerungsmaschine** *f (Zer)* **coarse-crushing plant** *(Zer)*
**Großabsetzer** *m (Bg/Bergb) (Halde)* **giant stacker** *adj:n (Bg/Bergb)*
**Großabsetzer** *m (Bg/Bergb) (Kippe)* **giant spreader** *adj:n (Bg/Bergb)*
**Großanlage** *f (Bg/Bergb)* **large-scale plant** *(Bg/Bergb)*
**Großbagger** *m (Bg/Bergb)* **large excavator** *adj:n (Bg/Bergb)*
**großdimensioniert** *adj (Allg)* **large-scale** *adj (Allg)*
**Großdrehbohrgerät** *nt (Bg/Bergb)* **large-diameter rotary drill rig** *(Bg/Bergb)*
**Größenfaktor** *m (Mech)* **size factor** *(Mech)*
**Größenordnung** *f (Mech)* **dimension** *(Mech)*
**Großflächenklammer** *f (Mech)* **large-surface bale clamp** *(Mech)*
**großflächig** *adj (Mech, Allg)* **extensive** *adj (Mech, Allg)*
**Großflansch** *m (Mech)* **large-diameter flange** *(Mech)*
**Großförderanlagen** *pl f (Bg/Bergb)* **giant mining equipment** *adj:n (Bg/Bergb)*
**Großfördergeräte** *pl nt (Bg/Bergb)* **large equipment** *adj:n (Bg/Bergb)*
**Großgebinde** *nt (Bau)* **big bag** *adj:n (Bau)*
**Großgerät** *nt (Bg/Bergb)* **giant equipment** *adj:n (Bg/Bergb)*
**Großgetriebe** *nt (Mech)* **large gear unit** *adj:n (Mech)*
**Großhiebfeile** *f (Mont, Werkz)* **rough cut file** *(Mont, Werkz)*
**Großkessel** *m (Hütt/Wlz)* **giant boiler** *adj:n (Hütt/Wlz)* **large-capacity boiler** *(Hütt/Wlz)*
**Großlochbohrmaschine** *f (Mont, Werkz)* **well reaming machine** *(Mont, Werkz)*
**Großmontage** *f (Mech, Mont)* **major assembly** *(Mech, Mont)*
**Großprojekt** *nt (Mech, Allg)* **major project** *(Mech, Allg)*
**Großrad** *nt (Mech)* **gear** *(Mech)* **wheel** *(Mech)*
**Großraum...** *affix (Allg)* **large-sized** *adj (Allg)*
**Großraumfahrerhaus** *nt (Bg/Bergb)* **large-sized driver's cab** *adj:n (Bg/Bergb)*
**Großraumwagen** *m (Bahn) (für Massengüter)* **wide-body wagon** *(Bahn)*
**Großrohr** *nt (Mech)* **large-diameter pipe** *(Mech)*
**Großschaufelradbagger** *m (Bg/Bergb)* **giant bucket wheel excavator** *adj:n (Bg/Bergb)*
**Großversuch** *m (Mech, Allg)* **large-scale test** *adj:n (Mech, Allg)*
**Großwälzlager** *nt (Mech)* **large antifriction bearing** *adj:n (Mech)*
**Großwerkzeug** *nt (Werkz)* **jig** *(Zer)*
**Grübchenbildung** *f (Anstr)* **pitting** *(Anstr)*
**Grube** *f (Bg/Bergb)* **mine** *(Bg/Bergb)* **pit** *(Bg/Bergb)*
**Grube** *f (Bg/Bergb) (Abfallgrube)* **dump pit** *(Bg/Bergb)*
**Grube** *f (Bg/Bergb) (im offenen Tagebau)* **open pit** *adj:n (Bg/Bergb)*
**Grube, ausgekohlt** ausgekohlte Grube *adj:n (Bg/Bergb)* **worked-out pit** *adj:n (Bg/Bergb)*
**Grubenausbauprofil** *nt (Bg/Bergb)* **mining sections** *pl (Bg/Bergb)*
**Grubenausbaustahl** *m (Bg/Bergb)* **mine support systems** *pl (Bg/Bergb)*
**Grubenbahn** *f (Bg/Bergb)* **mine railway** *(Bg/Bergb)*
**Grubenberge** *pl m (Bg/Bergb) (taubes Gestein)* **pit waste** *(Bg/Bergb)*
**Grubenbodenbelastung** *f (Bg/Bergb)* **load of pit floor** *(Bg/Bergb)*
**grubenfeucht** *adj (Bg/Bergb)* **pit-wet** *adj (Bg/Bergb)*
**Grubenholz** *nt (Bg/Bergb)* **mine prop** *(Bg/Bergb)*
**Grubenweichen** *pl f (Bg/Bergb)* **switches for underground** *(Bg/Bergb)*
**Gruft** *f (Bau)* **tomb** *(Bau)* **vault** *(Bau)* (grave)
**Grundabsenkung** *f (Bg/Bergb)* **level drop** *(Bg/Bergb)*
**Grundanstrich** *m (Anstr)* **primary coat** *adj:n (Anstr)* **prime coat** *(Anstr)*
**Grundausstattung** *f (Mech, Allg)* **basic equipment** *adj:n (Mech, Allg)*
**Grundbaustein** *m (Mech, Allg)* **basic unit** *adj:n (Mech, Allg)*

**Grundeinheit** *f (Mech)* **basic unit** *adj:n (Mech, Allg)*
**Grundfarbe** *f (Anstr) (das Material)* **primer** *(Anstr)*
**Grundfarbe** *f (Anstr) (erster Anstrich)* **priming** *(Anstr)* (primary coating)
**Grundfelge** *f (Mech)* **base rim** *(Mech)*
**Grundfläche** *f (Bau)* **base area** *(Bau)* **base surface** *(Bau)*
**Grundflächenbedarf** *m (Bau)* **required building space** *adj:n (Bau)*
**Grundform** *f (Bau)* **basic design** *adj:n (Bau)* **basic form** *adj:n (Bau)*
**Grundgerät** *nt (Bg/Bergb (des Baggers)* **basic machine** *adj:n (Bg/Bergb)* (of excavator)
**Grundieranlage** *f (Anstr) (Spritzpistole)* **priming device** *(Anstr)* (e.g. spray gun)
**grundieren** *v (Anstr)* **prime** *v (Anstr)*
**Grundiermittel** *nt (Anstr)* **primer** *(Anstr)*
**Grundiermittel, füllend** füllendes Grundiermittel *adj:n (Anstr)* **primer surfacer** *(Anstr)*
**grundiert** *adj (Anstr)* **primed** *adj (Anstr)* (with priming paint)
**Grundierung** *f (Anstr)* **primer** *(Anstr)* **undercoating** *(Anstr)*
**Grundkreis** *m (Mech) (des Zahnrades)* **root circle** *(Mech)*
**Grundlage** *f (Stb) (Basis)* **basis** *(Bau, Stb)*
**Grundlagen** *f (Mech, Allg)* **basic principles** *adj:n (Mech, Allg)*
**Grundlast** *f (Mech) (ohne Zusatzlast)* **base load** *(Mech)* (normal load)
**Grundlastbetrieb** *m (Mech)* **base load operation** *(Mech)*
**Grundlinie** *f (Stb)* **base line** *(Stb)* **ground line** *(Stb, Bg/Bergb)*
**Grundloch** *nt (Mech, Mont)* **bottom hole** *(Mech)* **blind hole** *adj:n (Mech)*
**Grundmaterial** *nt (Mech)* **parent material** *(Mech)*
**Grundmauerwerk** *nt (Bau)* **foundation** *(Bau)*
**Grundmetall** *nt (Mech)* **back metal** *(Mech)*
**Grundrahmen** *m (Kfz) (Hauptrahmen)* **base frame** *(Kfz)* (chassis)
**Grundsaugbagger** *m (Bg/Bergb)* **plain suction dredger** *(Bg/Bergb)*
**Grundsäule** *f (Bau)* **base column** *(Bg/Bergb)*
**Grundschaltbild** *nt (Hütt/Wlz) (Rohrplan)* **basic tube layout** *adj:n (Hütt/Wlz)*
**Grundschicht** *f (Hütt/Wlz)* **primary layer** *adj:n (Hütt/Wlz)*
**Grundschwenkgeschwindigkeit** *f (Bg/Bergb)* **basic slewing speed** *adj:n (Bg/Bergb)*
**Grundspannung** *f (Stb) (Belastung)* **basic stress** *adj:n (Stb)*
**Grundstein** *m (Bau) (Eckstein)* **corner stone** *(Bau)*
**Grundstein** *m (Bau) (Gründung)* **foundation stone** *(Bau)*
**Grundsteinlegung** *f (Bau)* **laying of the foundation stone** *(Bau)*
**Grundstellung** *f (Bg/Bergb) (des Baggers)* **basic position** *adj:n (Bg/Bergb)*
**Grundstück** *nt (Bau)* **plot** *(Bau)* (of land)
**Grundwasser** *nt (Geo, Allg)* **groundwater** *(Geo, Allg)*
**Grundwasserabsenkung** *f (Geo, Bg/Bergb)* **lowering of subsoil water** *(Geo, Bg/Bergb)*
**Grundwasseranreicherung** *f (Geo)* **ground-water replenishment**
**Grundwerkstoff** *m (Mech, Mont)* **base material** *(Mech, Mont)*
**Grünspan** *m (Chem) (Kupferoxid)* **cupric oxide** *adj:n (Chem)*
**Gruppe** *f (Mech) (Erzeugnisstruktur)* **group** *(Mech, Allg)* **unit** *(Mech)*
**Gruppe erster Ordnung** *(Mech)* **group of the first level** *(Mech)*
**Gruppengetriebe** *nt (Mech)* **auxiliary transmission** *adj:n (Mech)*
**Gruppenliste** *f (Mech) (eines Gerätes)* **list of assembly groups** *(Mech)*
**gruppieren** *v (Allg)* **group** *v (Allg)*
**gruppiert** *adj (Mech, Allg)* **grouped** *adj (Mech, Allg)*
**Gruppierung** *f (Mech, Allg)* **arrangement** *(Mech, Allg)*
**GTB** *f (Hütt/Wlz) (Abk)* **casting general tolerance** *(Hütt/Wlz)*
**GTB** *m (Hütt/Wlz) (Abk) (Gussart)* **malleable cast iron** *adj:n (Hütt/Wlz)*
**GU-/FC-FKR-Sieb** *nt (Zer)* **resonance screen** *(Zer)*
**Gummi** *m (Mech)* **rubber** *(Chem, Mech)*
**Gummiartikel** *pl m (Mech)* **rubber mats** *(Mech)*

**Gummiartikel, großflächig** großflächige Gummiartikel *adj:n (Mech)* **big rubber mats** *adj:n (Mech)*
**Gummiauflage** *f (Mech)* **rubber lagging** *(Mech)*
**Gummiauflage auf Rolle** *(Band, Umschl)* **rubber tread idler** *(Band, Umschl)* **rubber-lagged idler** *(Band, Umschl)*
**Gummiauflage, geriffelt** geriffelte Gummlauflage *adj:n (Mech)* **grooved vulcanized rubber lagging** *adj:n (Mech)*
**Gummiauflage, glatt** glatte Gummiauflage *adj:n (Mech)* **plain rubber lagging** *adj:n (Mech)*
**Gummiband** *nt (Band)* **rubber pan conveyor** *(Band)*
**Gummibelag** *m (Mech)* **rubber lagging** *(Mech)* **rubber tread** *(Mech)*
**Gummibelag, geriffelt** geriffelter Gummibelag *adj:n (Mech)* **grooved vulcanized rubber lagging** *adj:n (Mech)*
**Gummibelag, glatt** glatter Gummibelag *adj:n (Mech)* **plain rubber lagging** *adj:n (Mech)*
**Gummibelag, pfeilförmig** pfeilförmiger Gummibelag *adj:n (Mech)* **herringbone tread** *(Mech)*
**Gummidecke** *f (Mech)* **rubber cover** *(Band, Mech)*
**Gummideckenstärke** *f (Mech)* **rubber cover thickness** *(Mech)*
**Gummidecklage** *f (Mech)* **rubber cover** *(Band, Mech)*
**Gummideckplatte** *f (Mech, Band)* **rubber cover** *(Band, Mech)*
**Gummideckplattenstärke** *f (Mech)* **rubber cover thickness** *(Mech)*
**Gummidichtung** *f (Kfz)* **rubber seal** *(Kfz)*
**Gummidurchgangstülle** *f (Mech)* **grommet** *(Mech)*
**Gummieinlage** *f (Mech)* **rubber lining** *(Mech)*
**gummiert** *adj (Mech)* **rubber-lined** *adj (Mech)*
**Gummierung** *f (Mech)* **rubberizing** *(Mech)*
**Gummierung** *f (Mech) (Futter)* **rubber lining** *(Mech)*
**Gummifederlager** *nt (Mech)* **rubber-cushioned spring hanger** *(Mech)*
**Gummifederpuffer** *m (Mech)* **rubber spring buffer** *(Mech)*
**Gummifederung** *f (Mech)* **rubber suspension** *(Mech)*
**Gummiformteil** *nt (Mech)* **moulded rubber part** *adj:n (Mech)*
**Gummiführungsleisten** *pl f (Mech)* **rubber skirtboards** *pl (Mech)*
**gummigefedert** *adj (Mech)* **rubber-sprung** *adj (Mech)*
**Gummigelenk** *nt (Kfz)* **rubber coupling** *(Kfz)*
**Gummigurtförderer** *m (Bg/Bergb)* **rubber belt conveyor** *(Bg/Bergb)*
**Gummihammer** *m (Mont, Werkz)* **rubber mallet** *(Mont, Werkz)*
**Gummihohlfeder** *f (Mech)* **rubber hollow spring** *(Mech)*
**Gummihülse** *f (Mech)* **rubber sleeve** *(Mech)*
**Gummiisolator** *m (Mech) (gegen Vibration)* **rubber isolator** *(Mech)*
**Gummikammer** *f* **rubber compartment**
**Gummikastenband** *nt (Band)* **rubber pan conveyor** *(Band)*
**Gummiklemmprofil** *nt (Mech)* **clamp-in rubber profile** *(Mech)*
**Gummikreuzgelenk** *nt (Kfz)* **rubber universal joint** *(Kfz)*
**Gummikupplung** *f (Kfz) (Schwingungsdämpfer)* **damper** *(Mech)*
**Gummilager** *nt (Mech)* **rubber bearing** *(Mech)*
**Gummimanschette** *f (Kfz)* **rubber boot** *(Kfz)*
**Gummimulde** *f (Kfz)* **rubber tray** *(Kfz)*
**Gummipaketkupplung** *f (Mech)* **rubber-pad coupling** *(Mech)*
**Gummiplatte** *f (Mech)* **rubber sheet** *(Mech)*
**Gummipuffer** *m (Mech, Bau)* **rubber block support** *(Mech, Bau)*
**Gummiring** *m (Mech)* **grommet** *(Mech)*
**Gummischlauch** *m (Kfz)* **rubber hose** *(Kfz)*
**Gummischutzhülle** *f (Mech)* **rubber protection sleeve** *(Mech)*
**Gummistützring** *m (Band, Mech) (Rollen)* **rubber tyre** *(Band, Mech)*
**Gurt** *m (Band)* **belt** *(Band, Mech)* **chord** *(Stb)* **flange** *(Mech, Stb)*
**Gurt** *m (Mech) (Vollwandträger)* **chord** *(Stb)* **webbing** *(Mech)*
**Gurt** *m (Stb, Mech) (Fachwerkträger)* **boom** *(Stb)* (lattice girder)

**Gurtablenkung** *f (Band)* **belt deflection** *(Band)*
**Gurtabspannvorrichtung** *f (Band, Mech)* **belt tension relieving device** *(Band, Mech)*
**Gurtabstreifer** *m (Band)* **belt wiper** *(Bg/Bergb, Band, Umschl)* **discharge plow** *(Bg/Bergb, Umschl)*
**Gurtaussteifung** *f (Mech)* **bracing of boom** *(Mech)*
**Gurtbandförderer** *m (Band)* **belt conveyor** *(Band)*
**Gurtbiegespannung** *f (Mech, Band)* **belt flexing stress** *(Band, Mech)*
**Gurtbiegsamkeit** *f (Mech, Band)* **belt flexibility** *(Band)*
**Gurtblech** *nt (Band)* **chord plate** *(Band)*
**Gurtbreite** *f (Band)* **belt width** *(Band, Mech)*
**Gurtbreite** *f (Band) (des Blechträgers)* **flange width** *(Mech, Band)*
**Gurtdehnung** *f (Mech, Band)* **stretch** *(Band, Mech)* (belt)
**Gurtdurchbiegung** *f (Mech, Band)* **belt-trough deflection** *(Band, Mech)*
**Gurteinlauf** *m (Band, Mech)* **belt entry** *(Band, Mech)*
**Gürtelbahn** *f (Bahn)* **orbital railway** *adj:n (Bahn)*
**Gurtförderband** *nt (Band)* **belt conveyor** *(Band, Bg/Bergb)*
**Gurtförderer** *m (Band)* **belt conveyor** *(Band)*
**Gurtform** *f (Band)* **belt shape** *(Band)*
**Gurtgeschwindigkeit** *f (Band)* **belt speed** *(Band, Mech)*
**Gurtkonfektion** *f (Band)* **belt construction** *(Band)*
**Gurtkraft** *f (Band)* **belt force** *(Band, Mech)*
**Gurtplatte** *f (Band, Mech)* **cover plate** *(Band)* (belt)
**Gurtplattenstoß** *m (Stb)* **flange plate joint** *(Stb)* **flange splice** *(Stb)*
**Gurtquerschnitt** *m (Stb) (Blechträger)* **flange section** *(Stb)*
**Gurtquerschnitt** *m (Stb) (Fachwerk)* **chord section** *(Stb)*
**Gurtreiniger** *m (Mech, Band)* **scraper** *(Bg/Bergb, Umschl, Band)*
**Gurtrest** *m (Mech, Band)* **remnant** *(Mech, Band)* (belt)
**Gurtrolle** *f (Mech, Band)* **belt reel** *(Mech, Band)*
**Gurtscheibe** *f (Band)* **belt pulley** *(Band)*
**Gurtschlupf** *m (Band)* **belt slip** *(Mech, Band)*
**Gurtspannvorrichtung** *f (Band, Mech)* **belt tensioning equipment** *(Mech, Band)*
**Gurtstab** *m (Stb, Mech)* **chord member** *(Stb)* **flange member** *(Stb)*
**Gurtstoß** *m (Stb)* **flange joint** *(Mech, Stb)* **flange splice** *(Stb)*
**Gurtung** *f (Mech, Stb)* **chord** *(Stb)*
**Gurtversteifung** *f (Mech)* **bracing of boom** *(Mech)* **flange stiffening** *(Mech)*
**Gurtwalkung** *f (Mech, Band)* **squeezing effect on belt** *(Mech, Band)*
**Gurtwendelung** *f (Mech, Band)* **belt turnover** *(Band, Mech)* **belt twist** *(Band, Mech)*
**Gurtwendung** *f (Mech, Band)* **belt turnover** *(Band, Mech)*
**Gurtwinkel** *m (Stb)* **flange angle** *(Stb)*
**Gurtwinkelstoß** *m (Stb)* **flange-angle splice** *(Stb)*
**Gurtzug** *m (Band, Mech) (Zugkraft)* **belt pull** *(Mech, Band)* **belt tension** *(Band)*
**Gurtzugkraft** *f (Band, Mech)* **drive traction** *(Band, Mech)* (belt)
**Guss** *m (Hütt/Wlz)* **cast** *(Hütt/Wlz)*
**Guss** *m (Hütt/Wlz) (Gussstück)* **casting** *(Hütt/Wlz)*
**Gussasphalt** *m (Stb)* **mastic asphalt** *(Stb)* **sheet asphalt** *(Stb)*
**Gussband** *nt (Mech) (Kolbendichtung)* **cast seal** *(Mech)*
**Gussbeton** *m (Bau)* **cast concrete** *(Bau)*
**Gussblock** *m (Hütt/Wlz)* **ingot** *(Hütt/Wlz)*
**Gussbronze** *f (Hütt/Wlz)* **cast bronze** *(Hütt/Wlz)*
**Gussdeckel** *m (Hütt/Wlz)* **cast iron cover** *(Mech, Hütt/Wlz)*
**Gusseisen** *nt (Hütt/Wlz)* **cast iron** *(Hütt/Wlz)*
**Gusseisen, hitzebeständig** hitzebeständiges Gusseisen *adj:n (Hütt/Wlz)* **heat-resistant cast iron** *adj:n (Hütt/Wlz)*
**Gusseisen, korrosionsbeständig** korrosionsbeständiges Gusseisen *adj:n (Hütt/Wlz)* **corrosion-resistant cast iron** *adj:n (Hütt/Wlz)*
**Gusseisen, verschleißbeständig** verschleißbeständiges Gusseisen *adj:n*

*(Hütt/Wlz)* **wear-resistant cast iron** *adj:n (Hütt/Wlz)*
**gusseisern** *adj (Hütt/Wlz)* **cast-iron** *adj (Hütt/Wlz)* **iron-cast** *adj (Hütt/Wlz)*
**Gussfehler** *m (Hütt/Wlz)* **casting defect** *(Hütt/Wlz)*
**Gussform** *f (Hütt/Wlz)* **casting box** *BE (Hütt/Wlz)*
**Gussgehäuse** *nt (Mech)* **cast iron housing** *(Mech)*
**gussgekapselt** *adj (Hütt/Wlz)* **iron-clad** *adj (Mech)*
**Gusskonstruktion** *f (Hütt/Wlz)* **cast design** *(Hütt/Wlz)*
**Gusslagerung** *f (Hütt/Wlz)* **cast bearing** *(Hütt/Wlz)*
**Gusslegierung** *f (Hütt/Wlz)* **cast alloy** *(Hütt/Wlz)*
**Gusslippe** *f (Hütt/Wlz)* **cast lip** *(Mech, Hütt/Wlz)*
**Gussmesser** *m (Hütt/Wlz)* **cast lip** *(Mech, Hütt/Wlz)*
**Gussmodell** *nt (Hütt/Wlz)* **casting pattern** *(Hütt/Wlz)*
**Gussmodelltischler** *m (Hütt/Wlz)* **pattern maker** *(Hütt/Wlz)*
**Gussnummer** *f (Hütt/Wlz)* **casting number** *(Hütt/Wlz)*
**Gussprüfung** *f (Hütt/Wlz)* **casting test** *(Hütt/Wlz)*
**Gussschräge** *f (Hütt/Wlz)* **mould draft** *(Hütt/Wlz)*
**Gussschrott** *m (Hütt/Wlz)* **cast iron scrap** *(Hütt/Wlz)*
**Gussstahl** *m (Hütt/Wlz)* **cast steel** *(Hütt/Wlz)* (material)
**Gussstruktur** *f (Hütt/Wlz) (Gussgefüge)* **cast structure** *(Hütt/Wlz)*
**Gussstück** *nt (Hütt/Wlz)* **casting** *(Hütt/Wlz)*
**Gussstückhalter** *m (Hütt/Wlz)* **spacer** *(Mech, Hütt/Wlz)*
**Gussteil** *nt (Hütt/Wlz)* **casting** *(Hütt/Wlz)*
**Gusstoleranz** *f (Hütt/Wlz)* **casting tolerance** *(Hütt/Wlz)*
**Gut** *nt (Band, Bg/Bergb, Allg)* **goods** *pl (Allg)* **material** *(Bg/Bergb)* **products** *pl (Allg)*
**Gut, herabfallend** herabfallendes Gut *adj:n (Umschl, Band)* **dislodged material** *adj:n (Umschl, Band)*
**Gutabstreifer** *m (Band, Umschl)* **discharge plow** *(Bg/Bergb, Umschl)*
**Gutachten** *nt (Allg)* **expert opinion** *(Allg)*
**Güte** *f (Allg)* **grade** *(Allg)* **quality** *(Mech, Allg)*
**Gütegrad** *m (Allg)* **grade** *(Allg)*
**Güteklasse** *f (Allg)* **grade** *(Allg)* **quality class** *(Allg)*
**Gütekontrolle** *f (Allg)* **quality control** *(Allg)*
**Gütenorm** *f (Allg)* **quality standard** *(Allg)*
**Güteprüfung** *f (Allg)* **quality test** *(Allg)*
**Güter, gefährlich** gefährliche Güter *adj:n (Allg) (z.B. als Aufschrift auf einem Schild)* **volatile goods** *adj:n (Allg)* (e.g. on a sign)
**Güterbahnhof** *m (Bahn)* **freight depot** *(Bahn)* **freight yard** *(Bahn)*
**Güterumschlag** *m (Mech) (z.B. per Stapler)* **materials handling** *(Bg/Bergb, Mech)*
**Güterverkehr** *m (Bahn)* **freight traffic** *AE (Bahn)* **goods traffic** *BE (Bahn)*
**Güterwagen** *m (Bahn)* **freight car** *AE (Bahn)* **goods wagon** *BE (Bahn)*
**Güterzugbremse** *f (Bahn)* **goods brake** *BE (Bahn)*
**Gütestufe** *f (Allg)* **class** *(Allg)* (of material)
**Gütewert** *m (Allg)* **quality characteristics** *pl (Allg)*
**Gütezahl** *f (Stb)* **quality factor** *(Stb)*
**Gutmessung** *f (Mech) (fehlerfrei)* **proper measurement** *adj:n (Mech)*
**GV-Verbindung** *f (Mech)* **friction grip joint** *(Mech)*
**GW** *m (Mech, Mont) (Abk)* **BM** *(Mech, Mont)* (Abv) **basic material** *adj:n (Mech, Mont)*

# H

**H-Kraft** *f (Stb)* **H-forces** *pl (Stb)*
**Haarnadelkurve** *f (Bau)* **hairpin bend** *(Bau)*
**Haarriss** *m (Mech)* **capillary crack** *adj:n (Mech)* **hair crack** *(Mech)*
**Haarsieb** *nt (Zer)* **hair-sieve** *(Zer)*
**Hacke** *f (Werkz)* **hoe** *(Werkz)*
**hacken** *v (Mech, Allg)* **chop** *v (Mech, Allg)*
**Hackmesser** *nt (Mech)* **chopping knife** *(Mech)*
**Häcksel** *pl m (Mech)* **chaff** *(Mech)*
**Hafenausbau** *m (Bau)* **expansion of the port** *(Bau)* **port development** *(Bau)*

**Hafenbahn** *f (Bahn)* **dock railway** *(Bahn)*
**Hafenbetrieb** *m (Schiff)* **port operation** *(Schiff)*
**Hafenkran** *m (Mech)* **dockside crane** *(Mech)* **port crane** *(Mech)*
**Hafenlampe** *f (Mech)* **harbour light** *(Mech)*
**Hafenumschlaganlage** *f (Umschl)* **port handling plant** *(Umschl)*
**haften** *v/i (Mech) (kleben)* **adhere** *v/i (Allg)*
**Haftfähigkeit** *f (Stb)* **bond** *(Stb, Bau)* (e.g. between concrete and steel)
**Haftfestigkeit** *f (Anstr)* **adherence** *(Anstr)* **adhesion** *(Anstr)*
**Haftfett** *nt (Chem)* **adhesive grease** *adj:n (Chem)*
**Haftgrenze** *f (Mech) (des Rades auf der Schiene)* **limit of adhesion** *(Mech)*
**Haftmittel** *nt (Mech) (Klebstoff)* **adhesive** *(Allg, Mech)*
**Haftreibung** *f (Mech)* **adhesive friction** *adj:n (Mech)*
**Haftschmierstoff** *m (Mech)* **adhesive lubricant** *adj:n (Mech)*
**Haftung** *f (Anstr) (Klebfähigkeit)* **adhesion** *(Anstr)*
**Haftung** *f (Bau, Stb) (zwischen Beton und Stahl)* **bond** *(Stb, Bau)* (e.g. between concrete and steel)
**Hahn** *m (Hyd/Pneu)* **cock** *(Hyd/Pneu)* **faucet** *(Hyd/Pneu)*
**Hahnsicherung** *f (Hyd/Pneu) (der Hauptluftleitung)* **cock support** *(Hyd/Pneu)*
**Haken** *m (Mech) (senkrechter Abschlepphaken)* **pintle** *(Mech)*
**Haken** *m (Mech, Mont)* **hook** *(Mech)*
**haken** *v/i (Mech)* **stall** *v/i (Allg, Mech)* (get stuck)
**Haken, drehbar** drehbarer Haken *adj:n (Mech)* **swivel hook** *(Mech)*
**Hakenflasche** *f (Mech)* **hook block** *(Mech)* **hook bottom block** *(Mech)*
**Hakenhöhe** *f (Mech, Mont)* **hook height** *(Mech)*
**Hakenkopfschraube** *f (Mech)* **hammerhead machine screw** *(Mech)*
**Hakenlager** *nt (Bg/Bergb)* **hook yoke** *(Bg/Bergb)*
**Hakenplatte** *f (Mech, Stb)* **tie plate** *(Stb, Bau)*
**Hakenschlüssel** *m (Mont, Werkz)* **hook spanner** *(Mont, Werkz)*
**Hakenschraube** *f (Mech)* **clutch bolt** *(Mech)*
**Hakenschraube** *f (Mech) (Schiene, Rippenplatte)* **hook bolt** *(Mech)*
**Hakenschraube** *f (Zer) (z.B. Autogenmühle)* **hooked bolt** *(Zer)*
**Hakensprengring** *m (Mech)* **hook spring ring** *(Mech)* **snap hook** *AE (Mech, Mont)*
**Hakenstellung** *f (Mech)* **hook position** *(Mech)*
**Hakenstift** *m (Mech)* **hook nail** *(Mech)*
**halb fertig** *adj (Mech)* **semifinished** *adj (Mech)*
**halb offen** *adj (Mech)* **semiclosed** *adj (Mech, Allg)*
**Halbachse** *f (Kfz)* **half-axle** *(Kfz)*
**Halbautomat** *m (Mech)* **semiautomatic machine** *adj:n (Mech)*
**Halbbinder** *m (Stb)* **half-truss** *(Stb)*
**Halbfabrikat** *nt (Mech)* **semifinished product** *adj:n (Mech, Hütt/Wlz)*
**Halbfeder** *f (Mech)* **semielliptic spring** *adj:n (Mech)*
**halbfest** *adj (Mech)* **semisolid** *adj (Mech)*
**halbgekreuzt** *adj (Mech)* **half-crossed** *adj (Mech)*
**halbhart** *adj (Mech)* **half-hard** *adj (Mech)*
**Halbkreis** *m (Allg)* **semicircle** *(Allg)*
**halbkreisförmig** *adj (Allg)* **semicircular** *adj (Mech)*
**Halbkreiszylinder** *m (Mech)* **semicylinder** *(Mech)*
**halbkugelförmig** *adj (Mech)* **hemispherical** *adj (Mech)*
**Halbkugelpunkt** *m (Hütt/Wlz) (Segerkegel)* **deformation point** *(Hütt/Wlz)*
**Halbmesser** *m (Mech) (Radius)* **radius** *(Mech, Mont, Bg/Bergb)*
**halbmetallisch** *adj (Mech)* **semimetallic** *adj (Mech)*
**Halbrundblechschraube** *f (Mech)* **self-tapping screw** *(Mech)*
**Halbrundfeile** *f (Mont, Werkz)* **half-round file** *(Mont, Werkz)*
**Halbrundkopf** *m (Mech)* **round head** *(Mech)*
**Halbrundkopf-Niet** *m (Mech)* **button head rivet** *(Mech)*
**Halbrundniet** *m (Mech)* **button head rivet** *(Mech)* **half round rivet** *(Mech)*
**Halbrundschraube** *f (Mech)* **round-head screw** *(Mech)*
**Halbschlichtfeile** *f (Mont, Werkz)* **second-cut file** *(Mont, Werkz)*

**Halbschnitt** *m (Mech)* **half-section** *(Mech)*
**Halbschnittzeichnung** *f (Mech)* **half-section drawing** *(Mech)*
**Halbsteilflankennaht** *f (Schw)* **half-open single seam** *(Schw)*
**Halbsteinmauerwerk** *nt (Bau)* **half-brick wall** *(Bau)*
**Halbzeug** *nt (Mech)* **semifinished material** *adj:n (Mech)* **semifinished product** *adj:n (Mech, Hütt/Wlz)*
**Halbzeugeinsatz** *m (Mech)* **slab processing** *(Mech)*
**Halbzeugerzeugung** *f (Mech)* **slab production** *(Mech)*
**Halbzeugprüfung** *f (Mech)* **inspection of semifinished products** *(Mech)*
**Halde** *f (Umschl) (für Erz oder Kohle)* **dump** *(Bg/Bergb)* **heap** *(Umschl, Bg/Bergb)* **pile** *(Umschl, Bg/Bergb)*
**Haldenabsetzer** *m (Bg/Bergb)* **stacker** *(Umschl, Bg/Bergb)* USA
**Haldenböschung** *f (Bg/Bergb)* **angle of heap** *(Bg/Bergb)*
**Haldeneinbruch** *m (Bg/Bergb, Umschl)* **caving of the pile** *(Bg/Bergb, Umschl)*
**Haldenfuß** *m (Umschl, Bg/Bergb)* **foot of pile** *(Umschl, Bg/Bergb)*
**Haldenmesssonde** *f (Bg/Bergb, Umschl)* **boom probe** *(Bg/Bergb, Umschl)*
**Hälfte der Auflagefläche** *(Bg/Bergb)* **bottom half** *(Bg/Bergb)*
**Halle** *f (Bau) (Hangar)* **hangar** *(Bau)*
**Halle** *f (Bau) (Saal)* **hall** *(Bau)*
**Halle** *f (Mech, Mont) (z.B. Werkstatt)* **bay** *(Allg)* (work station) **shed** *(Mech, Mont, Bahn)*
**Hallengerät** *nt (Mech)* **shed-type machine** *(Mech, Mont)*
**Hallenkran** *m (Mech)* **assembly-hall crane** *(Mech)*
**Hallenschiff** *nt (Mech) (z.B. Werkshalle)* **assembly-hall nave** *(Mech)* (in factory)
**Halogen** *nt (El)* **halogen** *(El)*
**Halslager** *nt (Mech)* **gudgeon bearing** *(Mech)* **journal bearing** *(Mech)* **neck journal bearing** *(Mech)*
**Halt** *m (Mech) (Stütze)* **halt** *(Mech)* (support) **support** *(Mech, Bau)*
**Haltbarkeit** *f (Allg)* **durability** *(Bau, Mech)* **stability** *(Mech, Stat, Bg/Bergb)*
**Haltbarkeit** *f (Chem) (Lagerfähigkeit)* **shelf life** *(Chem)*
**Halteblech** *nt (Mech)* **fixing sheet** *(Mech)* **holding plate** *(Mech)* **retaining plate** *(Mech)*
**Haltebremse** *f (Mech)* **holding brake** *(Mech)* **retaining brake** *(Mech)*
**Haltebügel** *m (Mech)* **holder** *(Mech)* **holding yoke** *(Mech)*
**Haltedauer** *f (Allg)* **holding time** *(Allg)*
**Haltedraht** *m (Mech)* **suspended wire** *adj:n (Mech)*
**Halteeisen** *nt (Mech, Mont) (Tankbau)* **strong back** *(Mech, Mont)*
**Haltefeder** *f (Mech)* **retaining spring** *(Mech)*
**Haltegriff** *m (Mech)* **grip** *(Allg)* **handle** *(Mech)* **supporting strap** *(Mech)* (hand rail)
**Halteklammer** *f (Mech)* **retaining bracket** *(Mech)*
**Halteklammer** *f (Mech) (Schienenbefestigung)* **holding clamp** *(Mech)*
**Halteknopf** *m (Mech)* **stop button** *(Mech)*
**Haltekraft** *f (Mech)* **holding power** *(El)*
**Halteleiste** *f (Mech)* **cleat** *(Mech, Stb)*
**Halteleistung** *f (Hyd/Pneu) (Ventil)* **holding current** *(Hyd/Pneu)*
**Halteleistung** *f (Mech)* **retentive power** *(Mech)*
**Haltemuffe** *f (Mech)* **retainer sleeve** *(Mech)*
**Halteplatte** *f (Mech)* **retainer plate** *(Mech)* **retaining plate** *(Mech)*
**Halter** *m (Mech) (an der Motorhaube)* **hood catch** *(Mech)*
**Halter** *m (Mech) (z.B. Gummipuffer)* **mount** *(Mech)*
**Halter** *m (Mech)* **holder** *(Mech)* **retainer** *(Mech)*
**Haltering** *m (Mech)* **retaining ring** *(Mech)*
**Halterung** *f (Mech)* **holder** *(Mech)*
**Halterung** *f (Mech) (Konsole)* **bracket** *(Mech, Bau)*
**Halterung** *f (Mech) (von Schläuchen)* **retaining** *(Mech)*
**Halterung** *f (Mech) (z.B. aus Draht)* **harness** *(Mech)*
**Haltescheibe** *f (Mech)* **packer** *(Mech)* **retainer** *(Mech, El)*
**Halteschlaufe** *f (Mech)* **support strap** *(Mech)*
**Halteseil** *nt (Mech)* **tie-back** *(Mech)* (rope)
**Haltestift** *m (Mech)* **blocking pin** *(Mech)* **retention pin** *(Mech)*

**Haltestück** *nt (Mech)* **retainer** *(Mech, El)* **retainer plate** *(Mech)*
**Haltevorrichtung** *f (Mech)* **fixture** *(Stb)* **jig** *(Zer)*
**Haltewinkel** *m (Mech)* **angle bracket** *(Mech)*
**Haltezeit** *f (Schw, Mech, Mont)* **holding time** *(Schw, Mech, Mont)*
**Hammer** *m (Bg/Bergb) (z.B. hydraulisch)* **breaker** *(Bg/Bergb)* (excavator)
**Hammer** *m (Mont, Werkz)* **hammer** *(Mont, Werkz, Zer)*
**Hammerbrecher** *m (Zer)* **hammer crusher** *(Zer)*
**Hammerkopf** *m (Zer)* **hammer head** *(Zer)*
**Hammerkran** *m (Bg/Bergb)* **cantilever crane** *(Bg/Bergb)*
**Hammermühle** *f (Zer)* **hammer crusher** *(Zer)* **hammer mill** *(Zer)*
**hämmern** *v (Mech)* **hammer** *v (Mech)*
**Hammernieten** *nt (Stb)* **hammer riveting** *(Stb)*
**Hammernietung** *f (Stb)* **hammer riveting** *(Stb)*
**Hammerschlag** *m (Hütt/Wlz)* **mill scale** *(Hütt/Wlz)*
**Hammerschraube** *f (Mech, Zer)* **T-head bolt** *(Mech, Zer)* **tee head bolt** *(Mech)*
**Hammerstiel** *m (Mech)* **shaft** *(Mech)* (of a hammer)
**Hammerwerk** *nt (Hütt/Wlz, Mech)* **forge** *(Mech)* **hammer mill** *(Zer)*
**Handarbeit** *f (Mech)* **manual work** *adj:n (Mech)*
**Handarbeiter** *m (Mech)* **manual worker** *adj:n (Mech)*
**Handbedienung** *f (Mech)* **manual operation** *adj:n (Mech)*
**Handbeil** *nt (Mont, Werkz)* **hand hatchet** *(Mont, Werkz)*
**Handbeschickung** *f (Hütt/Wlz)* **handfiring** *(Hütt/Wlz)*
**Handbetätigung** *f (Mech)* **hand operation** *(Mech, El)*
**Handblechschere** *f (Mont, Werkz)* **tinner's snip** *(Mech, Mont)*
**Handbohrer** *m (Werkz)* **gimlet** *(Mech, Mont)* **hand-auger** *(Werkz)*
**Handbohrer** *m (Werkz) (spindelförmig)* **brace** *(Form)*
**Handbremse** *f (Mech)* **hand brake** *(Mech)*
**Handbremshebel** *m (Mech)* **hand brake lever** *(Mech)*
**Handbremsmechanismus** *m (Mech)* **hand-wheel brake mechanism** *(Mech)*
**Handbremsstellung** *f (Mech)* **hand brake position** *(Mech)*
**Handbremszuggriff** *m (Mech)* **hand brake handle** *(Mech)*
**Handbrenner** *m (Schw, Mont)* **hand torch** *(Schw, Mont)*
**Handbuch** *nt (Allg) (Gebrauchsanweisung)* **handbook** *(Allg)* **manual** *(Allg)*
**Handelsbaustahl** *m (Stb, Bau)* **mild steel** *adj:n (Hütt/Wlz)*
**Handelsstabstahl** *m (Hütt/Wlz)* **hot-rolled bar** *adj:n (Hütt/Wlz)* **merchant bar** *(Hütt/Wlz)*
**handfest** *adj (Mech) (z.B. Schrauben)* **hand-tight** *adj (Mech)*
**Handfeuerlöscher** *m (Mech)* **hand-operated fire extinguisher** *adj:n (Mech)*
**Handform** *f (Mech) (des Behälters)* **hand mould** *(Mech)*
**Handgashebel** *m (Mech)* **throttle lever** *(Mech)*
**handgeführt** *adj (Mech) (z.B. Deichselstapler)* **pedestrian-controlled** *adj (Mech)*
**Handgewindebohrer** *m (Mont, Werkz)* **hand tap drill** *(Mont)*
**Handgriff** *m (Mech)* **handle** *(Mech)*
**handhaben** *v (Allg) (betätigen)* **manage** *v (Allg)* **operate** *v (Mech)*
**Handhabungsgerät** *nt (Mech)* **manipulator** *(Mech)*
**Handhalterung** *f (Mech)* **handle-type probe holder** *(Mech)*
**Handhammer** *m (Mont, Werkz)* **breaker** *(Mech)* **hand hammer** *(Mont, Werkz)*
**Handhebel** *m (Mech, Mont)* **hand lever** *(El, Mech)* **handle** *(Mech)*
**Handhebelventil** *nt (Hyd/Pneu)* **hand lever valve** *(Hyd/Pneu)*
**Handhebelwelle** *f (Kfz)* **hand lever cross shaft** *(Kfz)*
**handhydraulisch** *adj (Mech, Hyd/Pneu)* **hand-hydraulic** *adj (Mech, Hyd/Pneu)*
**Handkabelwinde** *f (Mech)* **hand cable winch** *(Mech)*
**Handkran** *m (Mech)* **hand crane** *(Mech)*
**Handkreuz** *nt (Schw) (Spinne, Stern)* **spider** *(Zer, Schw)*

**Handkurbel** *f (Mech, Mont)* **crank** *(Mech)* **crank handle** *(Mech)*
**Handkurbelwinde** *f (Mont, Form)* **windlass** *(Bau, Mont)*
**Handlauf** *m (Mech, Bau)* **handrail** *(Mech, Bau)* **railing** *(Mech, Bau)*
**Handlaufschiene** *f (Stb)* **retaining rail** *(Stb)*
**Handleiste** *f (Mech, Bau)* **handrail** *(Mech, Bau)*
**Handleuchte** *f (El)* **hand lamp** *(El)* **inspection lamp** *(El)*
**Handloch** *nt (Hütt/Wlz) (Sammleröffnung)* **header handhole** *(Hütt/Wlz)*
**Handloch** *nt (Mech)* **handhole** *(Mech)*
**Handlochdeckel** *m (Mech)* **cover for handhole** *(Mech)* **handhole cover** *(Mech)*
**Handnieten** *nt (Stb)* **hand riveting** *(Stb)*
**handnieten** *v (Stb)* **hand-rivet** *v (Stb)*
**Handnietung** *f (Stb)* **hand riveting** *(Stb)*
**Handprüfpumpe** *f (Mont)* **hand testing pump** *(Mont)*
**Handprüfung** *f (Mech)* **manual testing** *adj:n (Mech)*
**Handpumpe** *f (Mech, Hyd/Pneu)* **hand pump** *(Mech, Hyd/Pneu)* **hand-operated pump** *adj:n (Mech, Hyd/Pneu)*
**Handradschraubtyp** *m (Mech)* **hand wheel screw design** *(Mech)*
**Handschaltung** *f (Kfz)* **manual shift** *adj:n (Mech)*
**Handschiebeventil** *nt (Hyd/Pneu)* **hand slide valve** *(Hyd/Pneu)*
**Handschild** *nt (Schw)* **face shield** *(Schw)* **hand screen** *(Schw)* **hand shield** *(Schw)*
**Handschlaufe** *f (Kfz)* **supporting loop** *(Kfz)*
**Handschleifer** *m (Mont, Werkz)* **hand tool grinder** *(Mont, Werkz)*
**Handschleifmaschine** *f (Mont, Werkz)* **hand tool grinder** *(Mont, Werkz)*
**Handschmierstelle** *f (Mech)* **hand lubricating point** *(Mech)*
**Handschweißen** *nt (Hütt/Wlz)* **manual welding** *(Hütt/Wlz)*
**Handschweißer** *m (Schw)* **welder** *(Schw, Mech, Mont)*
**Handschweißung** *f (Schw)* **manual welding** *adj:n (Schw)*
**Handseilwinde** *f (Bau, Mont)* **windlass** *(Bau, Mont)*
**Handstampfer** *m (Mech)* **hand tamper** *(Mech)*
**Handsteuerung** *f (El)* **manual control** *adj:n (El, Mech, Bg/Bergb)* **hand operation** *(Mech, El)*
**Handwagen** *m (Kfz)* **hand cart** *(Kfz)*
**handwarm** *adj (Hütt/Wlz)* **lukewarm** *adj (Hütt/Wlz)*
**Handwinde** *f (Mech)* **hand winch** *(Mech)*
**Handzange** *f (Mont)* **crimping tool** *(Mont)*
**Handzeichen** *nt (Allg)* **hand signal** *(Allg)*
**Hanfseil** *nt (Mech)* **hemp rope** *(Mech)*
**Hanfseilkloben** *m (Mech)* **hemp rope blocks** *pl (Mech)*
**Hang** *m (Geo) (Abhang)* **precipice** *(Geo)* **slope** *(Geo, Bg/Bergb)*
**Hangabtriebskraft** *f (Bg/Bergb)* **grade resistance** *(Bg/Bergb)* **gravity forces on batter** *(Bg/Bergb)*
**Hangantriebskraft** *f (Bg/Bergb)* **grade resistance** *(Bg/Bergb)*
**Hängebahn** *f (Bahn) (Personenbeförderung)* **cable car** *(Bahn)* **suspension railway** *(Bahn)*
**Hängebahn** *f (Bg/Bergb) (für Kohle)* **cable-mounted buckets** *adj:n (Bg/Bergb)*
**Hängebahn** *f (Mech) (in Werkshalle)* **trolley conveyor** *(Mech)*
**Hängebedienungstafel** *f (El)* **pendant control station** *adj:n (El)*
**Hängebrücke** *f (Bau)* **suspension bridge** *(Bau)*
**Hängebügel** *m (Mech)* **bail** *(Mech)*
**Hängedach** *nt (Stb)* **suspended roof** *adj:n (Stb)*
**Hängedecke** *f (Bau) (Bogen)* **furnace arch** *(Bau)*
**Hängedecke** *f (Stb)* **suspended ceiling** *adj:n AE (Stb)* **suspended floor** *adj:n (Stb)*
**Hängekabel** *nt (Bau)* **suspension cable** *(Bau)*
**Hängekatze** *f (Bg/Bergb)* **underhung trolley** *(Bg/Bergb, Umschl)*
**Hängeklemme** *f (El)* **suspension clamp** *(El)*
**hängen bleiben** *v (Mech)* **get entangled** *v (Mech)* **get stuck** *v (Mech)*
**Hangende** *nt (Bg/Bergb)* **hanging wall** *(Bg/Bergb)* **roof** *(Bg/Bergb)* (of gallery or tunnel)

**Hängendriss** *m (Bg/Bergb)* **roof cleavage** *(Bg/Bergb)*
**Hanger** *m (Mech)* **sling**
**Hänger** *m (Mech) (Lkw)* **trailer** *(Umschl, Mech, Bahn)*
**Hänger** *m (Stb) (Hängestange)* **hanger** *(Mech)* **suspender** *(Mech)* **suspension rod** *(Stb)*
**Hängerausführung** *f (Kfz) (Lkw-Hänger)* **trailer design** *(Kfz)*
**Hängestange** *f (Stb)* **hanger** *(Mech)* **suspender** *(Mech)* **suspension rod** *(Stb)*
**Hängestange** *f (Stb) (aus Vollstahl)* **solid-steel suspension rod** *(Stb)*
**Hängewerk** *nt (Stb)* **queen-post truss** *(Stb)* **queentruss** *(Stb)*
**Hangschar** *f (Bg/Bergb) (am Grader)* **angled bank blade** *adj:n (Bg/Bergb)*
**Hangschutt** *m (Bau)* **talus material** *(Bau)*
**Härtbarkeit** *f (Mech)* **hardenability** *(Mech)*
**Hartblei** *nt (Hütt/Wlz)* **hard lead** *adj:n (Hütt/Wlz)*
**Härte** *f (Mech)* **hardness** *(Mech)*
**Härtebestimmung** *f (Mech)* **determination of hardness** *(Mech)*
**Härtebildner** *m (Hütt/Wlz) (Wasseraufbereitung)* **hardness components** *pl (Hütt/Wlz)* (water treatment plant)
**Härtegrad** *m (Stb)* **degree of hardness** *(Stb)*
**Härten** *nt (Stb)* **hardening** *(Bg/Bergb, Hütt/Wlz)*
**Härten** *nt (Stb) (Abschrecken)* **quenching** *(Stb)*
**härten** *v (Hütt/Wlz)* **harden** *v (Hütt/Wlz)*
**Härteprüfung** *f (Mech)* **hardness test** *(Mech)*
**Härterei** *f (Hütt/Wlz)* **hardening shop** *(Hütt/Wlz)*
**Härteriss** *m (Hütt/Wlz)* **quenching crack** *(Hütt/Wlz)*
**Härteschlupf** *m (Mech)* **hardness gap** *(Mech, Bg/Bergb)* **hardness slip** *(Mech)*
**Härteschlupfstelle** *f (Mech)* **non-hardened spot** *adj:n (Mech)*
**Härtetiefe** *f (Hütt/Wlz)* **depth of hardness** *(Hütt/Wlz)* **hardening depth** *(Form)*
**Härtetiefe** *f (Hütt/Wlz) (einsatzgehärtet)* **case depth** *(Hütt/Wlz)*
**Härteverlauf** *m (Hütt/Wlz) (der Naht)* **hardness spreading** *(Hütt/Wlz)*
**Härteversuchsbescheinigung** *f (Mech)* **hardness test certificate** *(Mech)*
**Härtezone** *f (Mech)* **hardening zone** *(Mech)*
**Härtezustand** *m (Mech)* **condition of hardness** *(Mech)*
**Hartfaserplatte** *f (Mech)* **fibre board** *(Mech)*
**Hartgewebe** *nt (Hütt/Wlz)* **laminated fabric** *adj:n (Hütt/Wlz)*
**hartgezogen** *adj (Mech)* **hard-drawn** *adj (Mech)*
**Hartgummi** *m (Mech)* **hard rubber** *adj:n (Mech)*
**Hartguss** *m (Hütt/Wlz)* **chilled cast iron** *adj:n (Hütt/Wlz)* **chill cast** *(Hütt/Wlz)*
**Hartgussplatte** *f (Hütt/Wlz)* **hard-metal plate** *(Hütt/Wlz)*
**Hartholz** *nt (Mech) (z.B. Eiche, Teak)* **hard wood** *adj:n (Mech)*
**Hartlöten** *n* **brazing** *(Mech, Mont)*
**hartmaßverchromt** *adj (Hütt/Wlz)* **hard-chromium-plated to size** *(Hütt/Wlz)*
**Hartmeißel** *m (Mont, Werkz)* **chipping chisel** *(Mont, Werkz)*
**hartmetallbestückt** *adj (Mech)* **cemented** *adj (Mech)* (carbide tipped)
**Hartmetalle** *pl nt (Hütt/Wlz)* **hard metals** *adj:n (Hütt/Wlz)*
**Hartmetallsorte** *f (Hütt/Wlz)* **sort of carbide material** *(Hütt/Wlz)*
**Hartpappe** *f (Mech)* **fiberboard** *(Mech, Mont)*
**Hartplastik** *nt (Mech)* **duroplastic** *(Form)*
**Härtung** *f (Hütt/Wlz)* **hardening** *(Bg/Bergb, Hütt/Wlz)*
**hartverchromt** *adj (Hütt/Wlz)* **hard-chromium-plated** *adj (Hütt/Wlz)*
**Haspel** *f (Mech)* **coiler** *(Mech)* **rack** *(Mech)*
**Haspel** *f (Mech) (Handhaspel)* **hand winder** *(Mech)*
**Haspel** *f (Mech) (Tonbandaufrollung)* **bobbin** *(Mech)*
**Haspel** *f (Mech) (Zahnstange)* **capstan** *(Mech)*
**Haspelanlage** *f (Mech)* **downcoiling unit** *(Mech)*
**Haspelantrieb** *m (Mech)* **reel drive** *(Mech)*
**Haspelwickelmaschine** *f (Mech)* **coiler** *(Mech)*

**Haube** *f (Kfz) (Stirnwand)* **cowling** *(Kfz)*
**Haube** *f (Mech)* **hood** *AE (Mech)*
**Haubenglühen** *nt (Hütt/Wlz)* **batch annealing** *(Hütt/Wlz)*
**Haubenverteilung** *f (Mech)* **hood-type distribution board** *(Mech)*
**hauen** *v (Mech, Mont) (z.B. Feilen)* **cut** *v (Allg)* **pick** *v (Mech, Mont)* (e.g. files)
**Hauer** *m (Bg/Bergb)* **miner** *(Bg/Bergb)*
**Haufen** *m (Umschl) (Halde)* **pile** *(Umschl, Bg/Bergb)*
**Häufung** *f (Bg/Bergb) (des Löffels)* **heap** *(Umschl, Bg/Bergb)*
**Haufwerk** *nt (Bg/Bergb)* **heap** *(Umschl, Bg/Bergb)* **pile** *(Umschl, Bg/Bergb)*
**Hauptantrieb** *m (Mech)* **main drive** *adj:n (Mech)*
**Hauptbaueinheit** *f (Mech)* **main assembly group** *(Mont)*
**Hauptbaugruppe** *f (Mont)* **main assembly group** *(Mont)*
**Hauptbegehung** *f (Mech)* **main access** *(Mech)*
**Hauptbelastungsrichtung** *f (Mech)* **main direction of stress** *(Mech)*
**Hauptbremszylinder** *m (Mech)* **air master** *AE (Kfz)* **main brake cylinder** *adj:n (Mech)*
**Hauptdampfleitung** *f (Hyd/Pneu) (Bahn)* **main pipe** *adj:n (Hyd/Pneu)*
**Hauptdruck** *m (Mech)* **main relief** *adj:n (Mech)*
**Hauptdüse** *f (Mech)* **main jet** *adj:n (Mech)*
**Hauptlager** *nt (Kfz)* **main bearing** *adj:n (Mech)*
**Hauptlager** *nt (Kfz) (der Kurbelwelle)* **crankshaft bearing** *(Kfz)*
**Hauptlasten** *pl f (Stb)* **principal loads** *adj:n (Stb)*
**Hauptluftbehälter** *m (Mech)* **main air reservoir** *adj:n (Mech)*
**Hauptluftbehälter** *m (Mech) (der Lok)* **main air tank** *adj:n (Mech)*
**Hauptluftleitung** *f (Mech)* **main air pipes** *adj:n (Mech)*
**Hauptmaß** *nt (Mech)* **main dimension** *adj:n (Mech)*
**Hauptmast** *m (Mech) (des Kranes)* **main mast** *adj:n (Mech)*
**Hauptöffnung** *f (Stb) (Brücke)* **main span** *adj:n (Stb)*
**Hauptölgalerie** *f (Mech)* **main oil passage** *adj:n (Mech)*
**Hauptrahmen** *m (Bahn) (des Wagons)* **sole bar** *(Bahn)*
**Hauptschieber** *m (Hyd/Pneu)* **valve spool** *(Hyd/Pneu)* **main valve spool** *adj:n (Hyd/Pneu)*
**Hauptschneide** *f (Bg/Bergb)* **main blade** *adj:n (Bg/Bergb)* (grading blade) **main cutting edge** *adj:n (Bg/Bergb)*
**Hauptschwenkgetriebe** *nt (Bg/Bergb)* **main slewing gear** *adj:n (Bg/Bergb)*
**Hauptträger** *m (Stb)* **main girder** *adj:n (Stb)* **main truss** *adj:n (Stb)*
**Hauptwelle** *f (Mech)* **main shaft** *adj:n (Mech)* **transmission shaft** *(Kfz)*
**Häuserblock** *m (Bau)* **block** *(Bau)* (of houses)
**Hautbildung** *f (Anstr)* **skinning** *(Anstr)*
**Hautriss** *m (Mech)* **surface crack** *(Mech)*
**HD** *m (Hyd/Pneu) (Abk)* **high pressure** *(Hyd/Pneu)* **HP** *(Hyd/Pneu)* (Abv)
**heb- und senkbar** *adj (Mech, Allg)* **fold-down** *adj (Umschl)*
**Hebe- und Fördergeräte** *pl nt (Bg/Bergb, Umschl)* **handling equipment** *(Umschl, Bg/Bergb)*
**Hebe...** *affix (Allg)* **elevating** *adj (Allg)*
**Hebebock** *m (Mech)* **jack** *(Mech)* **lifting jack** *(Mech)*
**Hebebühne** *f (Bg/Bergb)* **lifting platform** *(Bg/Bergb)* **rising platform** *(Bg/Bergb)*
**Hebel** *m (Mech)* **lever** *(Kfz)*
**Hebel** *m (Mech) (Handhebel)* **hand lever** *(El, Mech)*
**Hebelarm** *m (Mech)* **lever arm** *(Mech)* **moment arm of force** *(Mech)*
**Hebelarm** *m (Mech) (des Gabelstaplers)* **equalizing bar** *(Form)*
**Hebelauslenkung** *f (Kfz)* **lever distances** *pl (Kfz)*
**Hebelfettpresse** *f (Kfz)* **lever-type grease gun** *(Kfz)*
**Hebelgesetz** *nt (Mech)* **law of the lever** *(Mech)*
**Hebelgestänge** *nt (Mont)* **lever rod system** *(Mont)*
**Hebelkraft** *f (Mech)* **leverage force** *(Mech)*
**Hebelwerk** *nt (Mech)* **lever set** *(Mech)* (signal box)
**Hebemast** *m (Mech, Mont)* **gin pole** *(Mech, Mont)*

**Hebemoment** *nt (Stat)* **lift moment** *(Stat)*
**Heben** *nt (Mech)* **lift (lifting; hoisting movement)** *(Allg)* **lifting** *(Mech)*
**heben** *v (Allg) (mit einer Winde)* **wind** *v (Mech)* (wind up, winch up)
**Heber** *m (Mech) (Stößel)* **lifter** *(Mech)*
**Heberabscheider** *m (Zer)* **vertical-wheel separator** *(Zer)*
**Hebestange** *f (Werkz) (Brechstange)* **crowbar** *(Form)* **crowbar** *(Mont, Werkz)*
**Hebestempel** *m (Bg/Bergb)* **power-actuated hammer** *adj:n (Bg/Bergb)* **hydraulic jack** *adj:n (Bg/Bergb, Mech, Hyd)*
**Hebestutzen** *m (Mech) (Kfz)* **jack socket** *(Mech)*
**Hebevorrichtung** *f (Mech)* **hoisting device** *(Mech)* **jack** *(Mech)*
**Hebezeug** *nt (Mech) (Wagen)* **lifting jack** *(Mech)*
**Hebezeug** *nt (Mech)* **lifting tackle** *(Mech)*
**Hebezeug** *nt (Mech) (Kran)* **crane** *(Bg/Bergb, Mech)*
**Hebezeug** *nt (Umschl) (Hafen, Schiff)* **hoist gear** *(Umschl)* **hoisting equipment** *(Umschl)*
**Hebezeuge** *pl nt (Mech)* **cranes and elevators** *(Mech)* **lifting tackle** *(Mech)*
**Heck** *nt (Schiff) (des Schiffes)* **stern** *(Schiff)*
**Heck...** *affix (Mech)* **rear** *adj (Mech, Allg)*
**Heckaufreißer** *m (Bg/Bergb)* **rear ripper** *(Bg/Bergb)* **rear scarifier** *(Bg/Bergb)*
**Heckausladung** *f (Bg/Bergb)* **tailswing** *(Bg/Bergb)*
**Heckfräse** *f (Mech)* **rear-mounted rotary cutter** *adj:n (Mech)*
**Heckgewicht** *nt (Mech)* **rear counter weight** *(Mech)* **rear weight** *(Mech)*
**Heckleuchte** *f (Mech)* **tail lamp** *(Mech, Bahn)*
**heckmontiert** *adj (Mech)* **rear-mounted** *adj (Mech)*
**Heckmotor** *m (Mech)* **rear engine** *(Mech)*
**Heckpropeller** *m (Mech)* **stern propeller** *(Mech)*
**Heckstation** *f (Band)* **tail station** *(Band)*
**Heft** *nt (Mech) (Messergriff)* **hilt** *(Mech)*
**heften** *v (Mech)* **tack** *v (Mech)*
**heften** *v (Mech) (mit Heftklammern)* **staple** *v (Mech)*
**heften** *v (Mech) (z.B. ein Buch)* **sew** *v (Mech)* **stitch** *v (Mech)*
**Hefter** *m (Mech) (für Heftklammern)* **stapler** *(Mech)*
**Hefter** *m (Schw) (Heftschweißer)* **tack welder** *(Schw)*
**Heftklammer** *f (Mech)* **staple** *(Mech)*
**Heftklammern** *pl f (Schw) (beim Rohrschweißen)* **bridge bars** *pl (Schw)* (tube welding)
**Heftniet** *m (Stb)* **stitch rivet** *AE (Stb)* **tack rivet** *BE (Stb)*
**Heftnietung** *f (Stb)* **stitch riveting** *AE (Stb)* **tack riveting** *BE (Stb)*
**Heftrand** *m (Allg) (z.B. einer Zeichnung)* **filing margin** *(Allg)*
**Heftschraube** *f (Mech)* **temporary bolt** *adj:n (Mech, Stb, Mont)*
**heftschweißen** *v (Schw, Mont)* **tack weld** *v (Schw, Mont)*
**Heftschweißer** *m (Schw)* **tack welder** *(Schw)* **tacker** *(Schw)*
**Heftschweißung** *f (Schw)* **stitch welding** *(Schw)* **tack welding** *(Schw)*
**Heftstelle** *f (Schw)* **tack weld** *(Schw)*
**heiß** *adj (Hyd/Pneu) (z.B. Dampf)* **superheated** *adj (Hyd/Pneu)*
**heiß** *adj (Mech, Schw, Allg)* **hot** *adj (Mech, Schw, Allg)*
**Heißdampf** *m (Hütt/Wlz)* **superheated steam** *adj:n (Hütt/Wlz)*
**Heißdampfkühler** *m (Hütt/Wlz)* **superheated-steam attemperator** *(Hütt/Wlz)*
**Heißdampfleitung** *f (Hütt/Wlz)* **superheated-steam piping** *(Hütt/Wlz)*
**Heißdampflokomotive** *f (Bahn)* **superheated-steam locomotive** *(Bahn)*
**Heißdampftemperatur** *f (Hütt/Wlz)* **superheated-steam temperature** *(Hütt/Wlz)*
**Heißeinsatz** *m (Hütt/Wlz)* **hot charging rate** *(Hütt/Wlz)*
**Heißlagerfett** *nt (Mech)* **hot bearing grease** *adj:n (Mech)*
**Heißlauf-Sicherung** *f (Mech)* **overheating protection** *(Mech)*
**heißlaufen** *v (Mech) (z.B. Motor)* **overheat** *v (El, Mech, Hütt/Wlz)* **run hot** *v (Mech)*
**Heißleiter** *m (Mech)* **thermistor** *(Mech)*
**Heißluftkanal** *m (Hütt/Wlz)* **hot-air duct** *(Hütt/Wlz)*

**Heißluftschlauch** *m (Mech)* **heater trunk** *(Mech)* **hot-air hose** *(Mech)*
**Heißwasserbehälter** *m (Hyd/Pneu) (hinter Kondensator)* **condenser hot well** *(Hyd/Pneu)*
**heißwasserbeständig** *adj (Anstr)* **corrosion-free** *adj (Anstr)*
**Heißwasserkühlung** *f (Hyd/Pneu)* **ebullient cooling** *(Hyd/Pneu)*
**Heißwasserspeicherung** *f (Hütt/Wlz)* **hot-water storage** *(Hütt/Wlz)*
**Heizapparat** *m (Mech)* **heater** *(Mech)*
**heizbar** *adj (Mech)* **heatable** *adj (Mech)*
**Heizelementschweißen** *nt (Schw) (DIN 1910)* **heated-tool welding** *(Schw)*
**Heizfläche** *f (Hütt/Wlz)* **heating surface** *(Hütt/Wlz)*
**Heizflächenbestreichung** *f (Hütt/Wlz)* **gas sweeping of heating surfaces** *(Hütt/Wlz)*
**Heizflansch** *m (Mech)* **heat flange** *(Mech)*
**Heizgebläse** *nt (Mech)* **heater fan** *(Mech)*
**Heizhäufigkeit** *f (Mech, Band) (Fördergut)* **number of vulcanized splices** *(Mech, Band)*
**Heizkasten** *m (Mech)* **heater box** *(Mech)*
**Heizkeilschweißen** *nt (Schw) (DIN 1910)* **heated-wedge pressure welding** *(Schw)*
**Heizklappe** *f (Mech)* **heater flap** *(Mech)*
**Heizkörper** *m (Mech) (eines Zimmers)* **radiator** *(Kfz)*
**Heizkraftwerk** *nt (El)* **heat-and-power station** *(El)* **heat-generating station** *(El)*
**Heizlüfter** *m (Mech)* **fan heater** *(Mech)*
**Heizluftklappe** *f (Mech)* **ventilator** *(Mech)*
**Heizmantel** *m (Mech, Hyd/Pneu) (Pumpe)* **heating jacket** *(Mech, Hyd/Pneu)*
**Heizöl** *nt (Chem)* **fuel** *(Mech, Chem)* **fuel oil** *(Chem)*
**Heizölbehälter** *m (Mech)* **fuel oil storage tank** *(Mech)*
**Heizölvorwärmer** *m (Mech)* **fuel oil heater** *(Mech)*
**Heizstrahler** *m (Mech)* **radiant heater** *(Mech)*
**Heizung** *f (Mech)* **heater** *(Mech)* **heating** *(Mech)*
**Heizungs- und Lüftungsanlage** *f (Mech)* **heating and ventilating system** *(Mech)*
**Heizungshebel** *m (Mech)* **heater lever** *(Mech)*
**Helling** *f (Schiff) (in der Werft)* **berth** *(Schiff)* **building berth** *(Schiff)*
**Helm** *m (Zer) (Brecher)* **cap** *(Zer)* (crusher)
**hemmen** *v (Mech)* **lock** *v (Allg)*
**hemmen** *v (Mech) (an-, aufhalten)* **stop** *v (Mech, Allg)*
**hemmen** *v (Mech) (hindern)* **obstrude** *v (Mech)*
**hemmen** *v (Mech) (verzögern)* **retard** *v (Allg)*
**Hemmkeil** *m (Mech) (Bahn)* **chock** *(Mech, Bahn)*
**Hemmschuh** *m (Mech) (Bahn)* **drag shoe** *(Mech)* **sabot** *(Mech)*
**Hemmschuh** *m (Mech) (für abgestellte Wagen)* **scotch block** *(Mech)*
**Hemmungsfeile** *f (Mont)* **escapement file** *(Mont)*
**Henkel** *m (Mech)* **bail** *(Mech)*
**herabdrücken** *v (El) (Wirkung)* **reduce** *v (El)*
**herabfallend** *adj (Band, Allg)* **falling** *adj (Band, Allg)*
**herabklappbar** *adj (Mech)* **tiltable** *adj (Mech)* **tilting** *adj (Mech)*
**herablassen** *v (Allg) (z.B. Bauteile)* **lower** *v (Mech)* (e.g. s.th. to the ground)
**herabsetzen** *v (Allg) (zurückfahren)* **decrease** *v (Allg)* **lower** *v (Hütt/Wlz)* (e.g. pressure, temperature)
**heranführen** *v (Mech) (Material an Maschine)* **bring close to** *(Mech)* (feed in)
**heraufklappbar** *adj (Mech)* **tiltable** *adj (Mech)* **tilting** *adj (Mech)*
**herausdrehen** *v (Mech) (z.B. Schraube)* **turn outwards** *v (Mech)* (e.g. screw)
**Herausdrücken** *nt (Mech)* **extrusion** *(Hyd/Pneu, Mech, Hütt/Wlz)*
**herausdrücken** *v (Mech) (sich herausdrücken; z.B. Bolzen)* **back out** *v/i AE (Mech)* (e.g. a bolt)
**herausführen** *v (Mech)* **bring out** *v (Mech)* **take out** *v (Mech)*
**herausgeführt** *adj (Mech)* **free** *adj (Allg)*
**herausnehmbar** *adj (Mech) (abnehmbar)* **removable** *adj (Mech)*
**herausplatzen** *v/i (Mech)* **blow out** *v/i (Mech, Hyd/Pneu)* (e.g. a shaft seal)
**herausragen** *v (Mech) (z.B. ein Gegengewicht)* **project** *v/i (Mech)* (jut out) **stick out** *v/i (Mech)*

**herausragend** *adj (Mech, Allg)* **salient** *adj (Mech, Allg)*
**herausschrauben** *v (Mech)* **loosen a screw** *n:v (Mech)* **unscrew** *v (Mech)*
**herauswandern** *v (Mech)* **work up out of hammer** *v*
**herausziehbar** *adj (Mech)* **extractable** *adj (Mech)*
**herausziehen** *v (Mech, Mont)* **extract** *v (Mech, Mont)* (pull out) **pull out** *v (Mech)*
**hereinführen** *v (Mech) (Material in Maschine)* **feed in** *v (Mech)*
**herleiten** *v (Allg)* **deduce** *v (Allg)*
**hermetisch** *adj (Mech)* **hermetical** *adj (Mech)*
**herstellen** *v (Mech)* **manufacture** *v (Mech)* **produce** *v (Mech)*
**Herstellungsjahr** *nt (Mech)* **year of manufacture** *(Mech, Allg)*
**Herstellungsmethode** *f (Mech, Allg)* **manufacturing method** *(Mech)*
**herunterlassen** *v (Mech)* **lower** *v (Mech)* (e.g. s.th. to the ground)
**herunterschalten** *v (Mech) (Gangschaltung)* **shift down** *v (Mech)*
**Hervortreten** *nt (Bau)* **emergence** *(Bau)*
**Herzstück** *nt (Bahn) (der Weiche)* **tongue** *(Bahn)*
**Herzstück** *nt (Mech) (wichtiges Bauteil)* **core component** *(Mech)*
**heterogen** *adj (Allg)* **heterogenous** *adj (Allg)*
**hexagonal** *adj (Allg)* **hexagonal** *adj (Allg)*
**Hieb** *m (Mech, Mont, Werkz) (einer Feile)* **cut** *(Mech, Mont, Werkz)*
**Hilfs...** *affix (El)* **auxiliary** *adj (El)* **standby** *(El)*
**hineindrehen** *v (Mech) (Schraube)* **turn inwards** *v (Mech)* (screw)
**Hinterachsantrieb** *m (Kfz)* **rear-axle drive** *(Kfz)*
**Hinterachsbrücke** *f (Kfz)* **rear-axle casing** *(Kfz)*
**Hinterachse** *f (Kfz)* **rear axle** *(Kfz)*
**Hinterachseingang** *m (Kfz)* **entrance of the rear axle** *(Kfz)*
**Hinterachsgehäuse** *nt (Kfz)* **rear-axle housing** *(Kfz)*
**Hinterachskörper** *m (Kfz)* **rear-axle assembly** *(Kfz)*
**Hinterachsrohr** *nt (Kfz)* **rear-axle tube** *(Kfz)*
**Hinterachsschubstange** *f (Kfz)* **rear-axle radius rod** *(Kfz)*
**Hinterachsstrebe** *f (Kfz)* **rear-axle strut** *(Kfz)*
**Hinterachstrichter** *m (Kfz)* **rear-axle flared tube** *(Kfz)*
**Hinterachswelle** *f (Kfz)* **rear-axle shaft** *(Kfz)*
**Hinterachswellenrad** *nt (Kfz)* **differential side gear** *(Kfz)*
**Hinterantrieb** *m (Kfz)* **rear drive** *(Kfz)*
**Hinterfeder** *f (Kfz)* **rear spring** *(Kfz)*
**Hinterfederbock** *m (Mech)* **rear-spring bracket** *(Mech)* **rear-spring hanger** *(Mech)*
**Hinterfederstütze** *f (Mech)* **rear-spring support** *(Mech)*
**hinterfräsen** *v (Bg/Bergb)* **relief-mill** *v (Bg/Bergb)*
**Hinterkante** *f (Kfz)* **rear edge** *(Kfz)*
**Hinterkipper** *m (Mech) (LKW)* **rear-dump lorry** *BE (Mech)* **rear-dump truck** *m AE (Mech)*
**Hinterkipper-Lastkraftwagen** *m (Mech)* **rear-dump lorry** *BE (Mech)* **rear-dump truck** *m AE (Mech)*
**hinterlastig** *adj (Stat)* **tail-heavy** *adj (Stat)*
**Hinterrad** *nt (Kfz)* **rear wheel** *(Kfz)*
**Hinterradbremse** *f (Kfz)* **rear-wheel brake** *(Kfz)*
**Hinterradnabe** *f (Kfz)* **rear-wheel hub** *(Kfz)*
**Hinterreifen** *m (Kfz)* **rear tire** *(Kfz)*
**Hinterschild** *nt (Bg/Bergb)* **caving shield** *(Bg/Bergb)* (back of shield)
**hinterschleifen** *v (Mech)* **relief-grind** *v (Mech)*
**Hintersitz** *m (Kfz)* **rear seat** *(Kfz)*
**Hinweis** *m (Mech, Allg) (Betriebsvorschriften)* **note** *(Allg)*
**Hinweisschild** *nt (Mech, Allg)* **indicating label** *(Allg)*
**Hinweistafel** *f (Mech, Allg)* **notice-board** *(Mech)*
**hitzebeständig** *adj (Mech)* **heat-resistant** *adj (Mech)*
**Hitzemesser** *m (Mech) (Pyrometer)* **pyrometer** *(Mech)* (temperature measuring)
**Hobel** *m (Bg/Bergb)* **plow** *(Bg/Bergb)*
**Hobel** *m (Mech) (z.B. des Tischlers)* **plane** *(Mech)* (e.g. of the joiner)

**Hobelabbau** *m (Bg/Bergb)* **plow mining** *(Bg/Bergb)*
**Hobelkreuz** *nt (Bg/Bergb) (des Graders)* **blade support frame** *(Bg/Bergb)* **drawbar** *(Mech, Bg/Bergb, Stb)*
**Hobelmaschine** *f (Mech)* **block leveller** *(Mech)* **planer** *(Mech)* **planing machine** *(Mech)*
**hobeln** *v (Mech, Mont)* **plane** *v (Mech, Mont)* **plane off** *v (Mech, Mont)*
**hoch belastbar** *adj (Mech)* **heavy-duty** *adj (Mech)*
**hoch entwickelt** *adj (Allg)* **sophisticated** *adj (Allg)*
**hoch liegend** *adj (Mech)* **high-placed** *adj (Mech)*
**Hoch- und Tiefbau** *m (Bau)* **civil engineering** *(Bau)*
**Hoch- und Tiefschnitt** *m (Bg/Bergb)* **cutting above and below grade** *(Bg/Bergb)*
**Hoch-Tieflöffel** *m (Bg/Bergb)* **reversible bucket** *adj:n (Bg/Bergb)*
**Hochbahn** *f (Mech, Mont) (Kran etc.)* **elevated track** *adj:n (Bg/Bergb, Mech)*
**hochbeweglich** *adj (Mech)* **highly mobile** *adv:adj (Mech)*
**hochbocken** *v (Mech)* **jack up** *v (Mech, Bg/Bergb)*
**Hochbunker** *m (Bg/Bergb, Umschl)* **elevated bin** *adj:n (Umschl)* **surge bin** *(Umschl)*
**Hochdruck** *m (Hyd/Pneu)* **high pressure** *(Hyd/Pneu)* **HP** *(Hyd/Pneu)* (Abv)
**Hochdruckfilter** *nt (Hyd/Pneu)* **high-pressure filter** *(Hyd/Pneu)*
**Hochdruckkessel** *m (Hütt/Wlz)* **high-pressure boiler** *(Hütt/Wlz)*
**Hochdruckkolben** *m (Mech)* **high-pressure piston** *(Mech)*
**Hochdruckkompressor** *m (Mont)* **high-pressure air compressor** *(Mont)*
**Hochdruckmanometer** *nt (Mech)* **high-pressure gauge** *(Mech)*
**Hochdruckreifen** *m (Kfz)* **high-pressure tyre** *(Kfz)*
**Hochdruckteil** *nt (Mech)* **high-pressure rotor** *(Mech)*
**Hochdruckvorwärmer** *m (Hyd/Pneu)* **high-pressure preheater** *(Hyd/Pneu)*
**Hochdruckwasserstrahl** *m (Mech, Mont)* **high-pressure water jet** *(Mech, Mont, Hyd)*
**Hochdruckzusatz** *m (Mech, Chem) (Öl)* **e.p. additive** *(Mech, Chem)* (Abv) (oil) **extreme-pressure additive** *(Mech, Chem)* (oil)
**hochelastisch** *adj (Mech) (Reifen)* **cushion-type** *adj (Mech)*
**hochfahren** *v (Mech) (beschleunigen)* **speed up** *v (Mech, Allg)* (to make s.th. go faster)
**hochfahren** *v (Mech) (einen Kessel)* **accelerate** *v (Mech, Allg)* (to make s.th. go faster) **bring up** *v (Mech)*
**hochfahren** *v (Mech) (z.B. einen Motor)* **run up** *v (Mech)* (e.g. an engine) **start up** *v (El)* (e.g. motor)
**hochfest** *adj (Mech)* **high-strength** *affix (Mech)* **high-tensile** *adj (Mech, Stb)*
**Hochformat** *nt (Mech)* **upright type** *(Mech)*
**hochgebockt** *adj (Kfz)* **jacked up** *adj (Mech)*
**hochgebunden** *adj (Kfz) (mit einer Schnur)* **strung up** *adj (Kfz)*
**hochgekohlt** *adj (Hütt/Wlz)* **high-carbon** *adj (Hütt/Wlz)*
**Hochgeschwindigkeitsstahl** *m (Hütt/Wlz)* **high-speed steel** *(Hütt/Wlz)* **HSS** *(Hütt/Wlz)* (Abv)
**hochgestellt** *adj (Mech) (z.B. Fahrerhaus)* **elevated** *adj (Mech, Allg)*
**hochgezogen** *adj (Mech) (z.B. Fahrerhaus)* **elevated** *adj (Mech, Allg)*
**Hochhalde** *f (Umschl)* **dump above track level** *(Umschl)* **stockpile** *(Umschl, Bg/Bergb)*
**Hochhaus** *nt (Bau) (Wolkenkratzer)* **skyscraper** *(Bau)*
**hochheben** *v (Allg)* **hoist** *v (Mech)* **lift** *v (Allg)* **raise** *v (Mech, Allg)*
**hochkant** *adv (Allg)* **edgeways** *adv (Allg)* **edgewise** *adv (Allg)* **on edge** *(Allg)*
**hochkantig** *adj (Allg)* **edgewise** *adv (Allg)* **on edge** *(Allg)*
**Hochkippmulde** *f (Kfz)* **high discharge skip** *adj:n (Mech)*
**hochlegiert** *adj (Hütt/Wlz)* **high-alloyed** *adj (Hütt/Wlz)*
**Hochleistung** *f (Mech) (Geschwindigkeit)* **high speed** *(Mech)*
**Hochleistung** *f (Mech) (z.B. HD-Ausführung)* **heavy duty** *adj:n (Mech, Allg)*

**Hochleistungsbagger** *m (Bg/Bergb)* **heavy excavator** *(Bg/Bergb)* **power excavator** *(Bg/Bergb)*
**Hochleistungsbatterie** *f (Mech, El)* **high-capacity battery** *(Mech)*
**Hochleistungsbecherwerk** *nt (Bg/Bergb)* **high-capacity elevator** *(Bg/Bergb)*
**Hochleistungskessel** *m (Hütt/Wlz)* **high-duty boiler** *(Hütt/Wlz)*
**Hochleistungsrollenkette** *f (Mech)* **heavy-duty roller chain** *(Mech, Bg/Bergb)*
**Hochlöffel** *m (Bg/Bergb)* **dipper** *(Bg/Bergb)* **face shovel** *(Bg/Bergb)*
**Hochlöffelbagger** *m (Bg/Bergb, Mech)* **crowd shovel** *BE (Bg/Bergb, Mech)* **dipper shovel** *(Bg/Bergb, Mech)*
**Hochofen** *m (Hütt/Wlz)* **blast furnace** *(Hütt/Wlz)*
**Hochofencharge** *f (Hütt/Wlz)* **blast-furnace charge** *(Hütt/Wlz)* **furnace charge** *(Hütt/Wlz)*
**Hochofengas** *nt (Chem, Hütt/Wlz)* **blast furnace gas** *(Chem, Hütt/Wlz)*
**Hochofenschlacke** *f (Bau, Hütt/Wlz) (für den Straßenbau)* **blast-furnace slag** *(Bau, Hütt/Wlz)*
**hochpolieren** *v (Mech)* **buff** *v (Mech)*
**hochpressen** *v (Bg/Bergb, Mech)* **jack up** *v (Mech, Bg/Bergb)*
**Hochrahmen** *m (Mech)* **elevated frame** *adj:n (Mech)*
**Hochrüstung** *f (Mont)* **high erection platform** *(Mont)*
**hochschalten** *v/i (Mech) (Kfz)* **upshift** *v/i (Mech)*
**hochschiebbar** *adj (Mech)* **liftable** *adj (Mech)* (e.g. front window)
**hochschlagfest** *adj (Mech)* **high-impact proof** *adj (Mech)*
**Hochschnitt** *m (Bg/Bergb)* **high cut** *(Bg/Bergb)*
**Hochschüttung** *f (Umschl)* **high dumping** *(Umschl)*
**hochschwenken** *v (Mech)* **swing up** *v (Mech)*
**Hochseeschlepper** *m (Schiff)* **deep-sea tug** *(Schiff)*
**Hochspannung** *f (El)* **H.T.** *(El)* (Abv) **H.V.** *(El)* (Abv) **high tension** *(El)* **high voltage** *(El)*
**Hochspannungskette** *f (Mech, Bg/Bergb) (Antrieb)* **heavy-duty roller chain** *(Mech, Bg/Bergb)*
**Hochspannungsleitung** *f (El, Mech)* **high-tension line** *(El, Mech)*
**hochstabil** *adj (Mech)* **high-tensile** *adj (Mech, Stb)*
**Höchstbelastung** *f (Mech)* **maximum load** *adj:n (El, Mech, Stb)*
**Höchstdrehzahl** *f (Mech) (des Motors)* **maximum speed** *adj:n (Mech)*
**Höchstdrehzahl** *f (Mech) (Leerlauf)* **high-idle speed** *(Mech)*
**Höchstdruckschlauch** *m (Hyd/Pneu)* **high-pressure hose** *(Hyd/Pneu)*
**hochstegig** *adj (Stb)* **deep-webbed** *adj (Stb)*
**Höchstgeschwindigkeit** *f (Mech)* **maximum speed** *adj:n (Mech)*
**Höchstgrenze** *f (Bg/Bergb, Mech)* **limit** *(Mech, Math, Allg)*
**Höchstgrenze** *f (Mech) (der Geschwindigkeit)* **speed limit** *(Mech)*
**Höchstleistung** *f (Mech) (Spitze)* **peak** *(Mech)*
**Höchstleistung** *f (Mech) (z.B. eines Motors, einer Pumpe)* **maximum output** *adj:n (Mech)*
**Höchstspannung** *f (Mech) (z.B. eines Drahtseils)* **maximum stress** *adj:n (Mech)*
**Hochtemperaturkorrosion** *f (Anstr)* **high-temperature corrosion** *(Anstr)*
**hochwertig** *adj (Mech, Allg)* **high-grade** *adj (Mech, Allg)* **high-quality** *adj (Mech, Allg)*
**hochziehen** *v (Mech)* **lift** *v (Allg)*
**hochzugfest** *adj (Stb)* **high-tensile** *adj (Mech, Stb)*
**Hocker** *m (Allg, Mech) (Sitz)* **puffy** *(Allg, Mech)*
**Höckerschake** *f (Bg/Bergb, Mech) (Raupe)* **nose link** *(Bg/Bergb, Mech)*
**Hof** *m (Bau)* **yard** *(Bau)*
**Höheneinstellung** *f (Mech)* **elevating adjustment** *(Mech)*
**Höhenfähigkeit** *f (Mech) (Motor)* **altitude capability** *(Mech)*
**Höhenfestpunkt** *m (Bau)* **benchmark** *(Mech, Bau)*
**Höhenlage** *f (Allg)* **altitude** *(Allg)*
**Höhenlinie** *f (Bau)* **contour** *(Bau)* (line)

**Höhenmessschieber** *m (Mech)* **height gauge** *(Mech)*
**Höhenregler** *m (Mech)* **height regulator** *(Mech)*
**Höhenstandsmesser** *m (Mech)* **level probe** *(Mech)*
**Höhenstandsüberwachung** *f (Mech) (z.B. im Bunker)* **level probe** *(Mech)*
**höhenverstellbar** *adj (Mech)* **vertically adjustable** *adv:adj (Mech)*
**Höhenverstellung** *f (Mech)* **level adjustment** *(Mech)*
**höher stufen** *v (Allg) (höher einstufen)* **upgrade** *v (Mech, Allg)*
**hohl** *adj (Mech, Allg)* **hollow** *adj (Mech, Zer)*
**Hohlachse** *f (Mech)* **wheel spindle** *(Mech, Hütt/Wlz)*
**Hohlblockstein** *m (Bau)* **hollow block** *adj:n (Bau)* **hollow brick** *adj:n (Bau)* **cavity brick** *(Bau)*
**Hohlbolzen** *m (Mech)* **banjo bolt** *(Mech)*
**Hohlbolzenkette** *f (Mech)* **hollow-pin chain** *(Mech)*
**Hohlfeile** *f (Mont, Werkz)* **hollowing file** *(Mont, Werkz)* **round file** *(Mont, Werkz)*
**Hohlkehle** *f (Bau) (Ablauf)* **drip** *(Bau)*
**Hohlkehle** *f (Mech)* **chamfer** *(Mech, Mont)* **flute** *(Mech)* **throat**
**Hohlkehle** *f (Schw) (Naht)* **concave fillet weld** *adj:n (Schw)*
**Hohlkehlenradius** *m (Mech) (Welle)* **fillet radius** *(Mech)*
**Hohlkehlnaht** *f (Schw)* **concave fillet weld** *adj:n (Schw)*
**Hohlkehlschweißung** *f (Schw)* **fillet weld** *(Schw)*
**Hohlkeil** *m (Mont)* **hollow key** *adj:n (Mont)* **saddle key** *(Mont)*
**Hohlmauer** *f (Stb)* **cavity wall** *(Stb)*
**Hohlniet** *m (Mech)* **tubular rivet** *adj:n (Mech)*
**Hohlniet** *m (Mech) (zweiteilig)* **compression rivet** *(Mech)*
**Hohlprofil** *nt (Stb)* **hollow profile** *adj:n (Stb)* **hollow section** *adj:n (Stb)*
**Hohlquerschnitt** *m (Stb)* **hollow section** *adj:n (Stb)* **tubular section** *adj:n (Stb)*
**Hohlrad** *nt (Mech)* **internal gear** *adj:n (Mech)* **hollow wheel** *adj:n (Mech)* **internal geared wheel** *adj:n (Mech)*
**Hohlrad** *nt (Mech) (eines Planetengetriebes)* **ring gear** *(Mech, Bg/Bergb, Umschl)*
**Hohlraum** *m (Bg/Bergb) (im Alten Mann)* **void** *(Bg/Bergb)* (between back fill)
**hohlraumarm** *adj (Geo)* **dense** *adj (Mech, Geo)*
**Hohlraumbildung** *f (Mech)* **cavitation** *(Mech)*
**hohlrund** *adj (Mech, Allg)* **concave** *adj (Mech, Allg)*
**Hohlschraube** *f (Mech, Mont)* **hollow screw** *adj:n (Mech, Mont)*
**Hohlschwelle** *f (Mech, Band) (rückb. Band)* **hollow box skid** *(Mech, Band)*
**Hohlspiegel** *m (Mech)* **concave mirror** *adj:n (Mech)*
**Hohlstütze** *f (Stb)* **hollow column** *adj:n (Stb)*
**Hohlstütze** *f (Stb) (rund)* **hollow stanchion** *adj:n (Stb)*
**Hohlträger** *m (Stb)* **hollow girder** *adj:n (Stb)*
**Hohlträger** *m (Stb) (Kastenträger)* **box girder** *(Stb)*
**Höhlung** *f (Mech, Mont)* **cavity** *(Mech, Mont)* **hollow** *(Mech, Mont)*
**Hohlwand** *f (Stb)* **cavity wall** *(Stb)*
**Hohlwelle** *f (Mech)* **hollow shaft** *adj:n (Mech)*
**Hohlwelle mit Stirnrad** *(Mech)* **hollow shaft with spur wheel** *(Mech)*
**Hohlzapfen** *m (Mech)* **hollow pin** *(Mech)*
**Hohlziegel** *m (Bau)* **hollow brick** *adj:n (Bau)*
**Hohlzylinder** *m (Mech)* **hollow cylinder** *adj:n (Mech)*
**Holm** *m (Mech, Mont)* **shaft** *(Mech)* (of a hammer) **spar** *(Mech, Mont)*
**Holm** *m (Mech, Mont) (Profil)* **channel** *(Mech, Stb, Hütt/Wlz)* **strut** *(Stb)*
**holperig** *adj (Bau) (z.B. Straße)* **bumpy** *adj (Bau)*
**Holz** *nt (Mech, Mont)* **wood** *(Mech, Mont)*
**Holz** *nt (Mech, Mont) (Nutzholz)* **timber** *(Mech, Mont)*
**Holz-Umschlaggreifer** *m (Bg/Bergb)* **timber rehandling-grab** *(Bg/Bergb)*
**Holzbohle** *f (Mont)* **wooden plank** *adj:n (Mech, Mont)* **timber plank** *(Mont)*
**Holzbohrer** *m (Mech, Mont)* **wood bit** *(Mont)*

**hölzern** *adj (Mech)* **wooden** *adj (Mech)*
**Holzfachwerk** *nt (Bau)* **timber frame** *(Bau)*
**Holzfahrbahn** *f (Stb)* **timber deck** *(Stb)* **timber decking** *(Stb)* **timber floor** *(Stb)*
**Holzfaser** *f (Mech)* **wood fiber** *(Mech)*
**Holzgerüst** *nt (Bau)* **timber scaffolding** *(Bau)*
**Holzgreifer** *m (Bg/Bergb)* **log grab** *(Bg/Bergb)* **timber grab** *(Bg/Bergb)*
**Holzhackspäne** *pl m (Mech)* **chips of cut wood** *(Mech)*
**Holzheft** *nt (Mech) (Griff)* **wooden handle** *adj:n (Mech)*
**Holzindustrie** *f (Allg)* **lumber industry** *(Allg)*
**Holzkohle** *f (Bg/Bergb)* **charcoal** *(Bg/Bergb)* **wood coal** *(Bg/Bergb, Geo)*
**Holzkonstruktion** *f (Bau)* **timber structure** *(Bau)*
**Holzlagerplatz** *m (Allg)* **timber store** *(Allg)*
**Holzleiste** *f (Bau) (Latte)* **ribbon** *(Bau)*
**Holzmessgerät** *nt (Mech, Mont)* **caliper** *(Mech, Mont)*
**Holzpritsche** *f (Bau)* **timber planks** *pl (Bau)*
**Holzraspel** *f (Mont)* **wood rasp** *(Mont)*
**Holzschraube** *f (Mech) (hölzerne Schraube)* **wooden screw** *adj:n (Mech)*
**Holzschraube** *f (Mech) (Metallschraube zur Holzbearbeitung)* **wood screw** *(Mech)*
**Holzschwelle** *f (Bahn)* **wooden sleeper** *adj:n BE (Bahn)* **wooden tie** *adj:n AE (Bahn)*
**Holzstapel** *m (Mech)* **cribbing** *(Mech)*
**Holzwinkel** *m (Mech)* **wooden square** *adj:n (Mech)*
**homogen** *adj (Allg)* **homogeneous** *adj (Allg)*
**homogenisieren** *v* **homogenize** *v*
**Honen** *nt (Hütt/Wlz) (Ziehschleifen)* **honing** *(Hütt/Wlz)*
**honen** *v (Hütt/Wlz) (schonend spanabhebend)* **hone** *v (Hütt/Wlz)*
**Hoppersaugbagger** *m (Bg/Bergb) (mit Laderaum)* **hopper suction dredger** *(Bg/Bergb, Umschl)*
**Hörbereich** *m (Allg)* **range of audibility** *(Allg)*
**Hörfrequenz** *f (El)* **audio frequency** *(El)*
**horizontal** *adj (Mech, Allg)* **horizontal** *adj (Mech, Allg, Bg/Bergb)*
**Horizontalverband** *m (Stb) (des Mauerwerks)* **horizontal bond** *adj:n (Stb)* (wall bond)
**Horizontiervorrichtung** *f (Mech)* **levelling device** *(Mech)*
**Horn** *nt (Mech)* **hooter** *(Mech)*
**Horndruckknopf** *m (Mech)* **horn button** *(Mech)*
**Horndruckring** *m (Mech)* **horn ring** *(Mech)*
**Hosenrohr** *nt (Hütt/Wlz)* **breeches pipe** *(Hütt/Wlz)* **Y-pipe** *(Hütt/Wlz)*
**HP-Leistung** *f (Mech) (Bremse)* **B.H.P.** *(Mech)* (Abv) **bhp** *(Mech)* (Abv) **brake horsepower** *(Mech, El)*
**HSS** *m (Hütt/Wlz) (Abk)* **high-speed steel** *(Hütt/Wlz)* **HSS** *(Hütt/Wlz)* (Abv)
**Hub** *m (Mech) (Heben)* **lift** *(Mech)* (raising) **lifting** *(Mech)*
**Hub** *m (Mech) (Zylinder)* **motion** *(Mech)* (of a cylinder) **stroke** *(Mech)* **travel** *(Mech)* (of a cylinder)
**Hub** *m (Mech, Band) (ansteigendes Band)* **rise** *(Band)* (conveyor)
**Hub- und Senkgeschwindigkeit** *f (Bg/Bergb) (des Auslegers)* **hoisting speed** *(Bg/Bergb, Mech)*
**Hubarbeit** *f (Bg/Bergb)* **power due to grade** *(Bg/Bergb)*
**Hubarm** *m (Mech) (an Maschinen)* **lift arm** *(Mech)* **lifter arm** *(Mech)*
**Hubarmverlängerung** *f (Mech)* **lift arm extension** *(Mech)*
**Hubausrüstung** *f (Mech) (z.B. des Laders)* **linkage** *(Mech, Bg/Bergb)*
**Hubbalkenofen** *m (Hütt/Wlz)* **walking beam furnace** *(Hütt/Wlz)*
**Hubbegrenzer** *m (Mech)* **hoist limiter** *(Mech)* **lift limiter** *(Mech)*
**Hubbegrenzung** *f (Mech)* **hoist limiting** *(Mech)*
**Hubbegrenzungsventil** *nt (Hyd/Pneu)* **hoist limiting valve** *(Hyd/Pneu)*
**Hubbrücke** *f (Stb)* **lift bridge** *(Stb)* **vertical lift bridge** *(Stb)*
**Hubeinrichtung** *f (Mech)* **lifting device** *(Mech)*
**Hubende** *nt (Mech)* **end of stroke** *(Mech)*
**Hubgabel** *f (Mech)* **lift fork** *(Kfz)* **lifting fork** *(Mech)*

**Hubgerät** *nt (Mech)* **lifting equipment** *(Mech)*
**Hubgerüst** *nt (Mech)* **mast** *(Mech)*
**Hubgeschwindigkeit** *f (Mech)* **hoisting speed** *(Bg/Bergb, Mech)* **lifting speed** *(Mech, Mont)*
**Hubgestell** *nt (Mech)* **lift frame** *AE (Mech)* **lifting frame** *(Mech)*
**Hubgetriebe** *nt (Mech) (Kran)* **lifting gear** *(Mech)* (crane)
**Hubhöhe** *f (Band) (Band)* **rise** *(Band)* (conveyor)
**Hubhöhe** *f (Mech) (Hebezeug)* **hoisting height** *(Mech)* **lift height** *(Mech)*
**Hubinsel** *f (Mech)* **elevating platform** *(Mech)*
**Hubkette** *f (Mech) (z.B. des Staplers)* **hoist chain** *(Mech)* **lift chain** *(Mech)*
**Hubkippwagen** *m (Bahn)* **side discharge wagon with side-tipping body** *(Bahn)*
**Hubkraft** *f (Mech)* **lifting capacity** *(Mech, Bg/Bergb, Stb)*
**Hubkraft** *f (Mech) (Hebevorrichtung, Hubpresse)* **jacking power** *(Mech)*
**Hubkraftleistung** *f (Mech)* **lifting capacity** *(Mech, Bg/Bergb, Stb)*
**Hubkraftvermögen** *nt (Mech)* **lifting capacity** *(Mech, Bg/Bergb, Stb)*
**Hubkreislauf** *m (Bg/Bergb, Hyd)* **lifting cylinder circuit** *(Bg/Bergb, Hyd)*
**Hubkurve** *f (Mech) (in der Datentabelle)* **lifting chart** *(Mech)*
**Hubkurve** *f (Mech) (Lasthaken)* **lifting arc** *(Mech)*
**Hublader** *m (Bg/Bergb)* **tractor shovel** *(Umschl)*
**Hublänge** *f (Mech)* **stroke length** *(Mech)*
**Hublast** *f (Mech)* **lifting capacity** *(Mech, Bg/Bergb, Stb)* **lifting power** *(Mech)*
**Hubleiste** *f (Zer) (z.B. Autogenmühle)* **impeller bar** *(Zer)*
**Hubleistung** *f (Bg/Bergb)* **power due to grade** *(Bg/Bergb)*
**Hubleitung** *f (Hütt/Wlz) (Kugelregen)* **lift line** *(Hütt/Wlz)* (shot cleaning)
**Hubmagnet** *m (Mech) (Lasthebemagnet)* **electromagnet** *(Mech)* **lifting magnet** *(Mech)*
**Hubmast** *m (Bg/Bergb)* **hoisting mast** *(Bg/Bergb)*
**Hubmast** *m (Mech) (des Staplers)* **lift pole** *(Mech)* (on forklift)
**Hubmastausrüstung** *f (Bg/Bergb, Mech)* **lift pole attachment** *(Bg/Bergb, Mech)*
**Hubmessung** *f (Bg/Bergb)* **travel measuring** *(Bg/Bergb)*
**Hubmoment** *nt (Stat)* **lift moment** *(Stat)*
**Hubpressenstelle** *f (Mech, Bg/Bergb)* **jacking point** *(Mech, Bg/Bergb)*
**Hubraupe** *f (Bg/Bergb) (unter der Brecheranlage)* **transport crawler** *(Bg/Bergb, Mech)*
**Hubspindel** *f (Mech)* **lifting spindle** *(Mech)*
**Hubstaplerrolle** *f (Bahn)* **forklift roller** *(Bahn)*
**Hubtor** *nt (Stb)* **lifting gate** *(Stb)*
**Hubtraverse** *f (Umschl)* **lifting beam** *(Umschl)*
**Hubvolumen** *nt (Kfz)* **displacement** *(Kfz)* (of total engine) **piston displacement** *(Kfz)*
**Hubvorrichtung** *f (Mech)* **elevating device** *(Kfz)* **hoist** *(Mech, Bg/Bergb, Umschl)* **hoisting device** *(Mech)*
**Hubwagen** *m (Bg/Bergb) (Brecheranlage)* **lift truck** *(Bg/Bergb)*
**Hubwagen** *m (Kfz)* **hand lift** *(Kfz)*
**Hubwagen** *m (Kfz) (Handstapler)* **hand forklift truck** *(Kfz)*
**Hubwerk** *nt (Bg/Bergb, Umschl)* **hoist** *(Mech, Bg/Bergb, Umschl)* **hoisting gear** *(Umschl)*
**Hubwerk Abwurfausleger** *nt (Bg/Bergb, Umschl)* **discharge boom hoist** *(Bg/Bergb, Umschl)*
**Hubwerk Abwurfband** *nt (Bg/Bergb, Umschl)* **discharge boom hoist** *(Bg/Bergb, Umschl)*
**Hubwerksantrieb** *m (Bg/Bergb, Umschl)* **winch drive** *(Bg/Bergb, Umschl)*
**Hubwerksfilter** *m (Bg/Bergb, Hyd/Pneu)* **hoisting oil filter** *(Bg/Bergb, Hyd/Pneu)*
**Hubwerkskreislauf** *m (Bg/Bergb, Hyd/Pneu)* **hoisting and auxiliary circuit** *(Bg/Bergb, Hyd/Pneu)*
**Hubwerkstrommel** *f (Bg/Bergb, Umschl)* **hoist drum** *(Bg/Bergb, Umschl)* **hoisting-gear drum** *(Bg/Bergb, Umschl)*
**Hubwinde** *f (Mech, Bg/Bergb, Umschl)* **hoisting winch** *(Bg/Bergb, Umschl)*
**Hubzeit** *f (Bg/Bergb) (des Löffels)* **hoist time** *(Bg/Bergb)*
**Hubzug** *m (Mech)* **lifting jack** *(Mech)* **lifting tackle** *(Mech)*

**Hülle** *f (Mech)* **thimble** *(Mech, El)*
**Hülle** *f (Mech) (äußere Schale)* **shell** *(Mech)* (outside cover)
**Hülle** *f (Mech) (Verkleidung)* **sheath** *(Mech)*
**Hüllkörper** *m (Form) (Schmiedeumhüllung)* **enveloping body** *(Form)*
**Hüllrohr** *nt (Form)* **canning tube** *(Form)*
**Hülse** *f (Mech) (Bandwaage)* **bushing** *(Mech)* **sleeve** *(Mech)*
**Hülse** *f (Mech) (Buchse)* **bush** *(Mech)* **collar** *(Mech)*
**Hülse, konisch** konische Hülse *adj:n (Mech)* **tapered sleeve** *adj:n (Mech)*
**Hülsenkupplung** *f (Mech)* **friction clip** *(Mech)* **sleeve coupling** *(Mech)*
**Hülsenpuffer** *m (Bahn)* **socket-type buffer** *(Bahn)*
**Hülsenverschluss** *m (Mech) (Verpackungsblech)* **seal joint** *(Mech)* (of the strapping)
**Hülsenzahn** *m (Mech)* **socket-type tooth** *(Mech, Bg/Bergb)*
**Hundegang** *m (Bg/Bergb)* **crab crawl** *(Bg/Bergb)*
**Hupe** *f (Bg/Bergb, Umschl)* **horn** *(Bg/Bergb, Umschl)*
**hupen** *v/i (Kfz) (das Signalhorn betätigen)* **honk** *v/i (Kfz)*
**Hutmutter** *f (Mech)* **cap nut** *(Mech)*
**Hutmutter** *f (Mech) (eichelförmig)* **acorn nut** *(Mech)*
**Hutprofil** *nt (Mech) (Technik)* **open box section** *(Mech)*
**Hütte** *f (Bau) (Baubude, Schuppen)* **shed** *(Mech, Mont, Bahn)*
**Hütte** *f (Hütt/Wlz) (Hüttenwerk)* **iron works** *pl (Hütt/Wlz)* **steel works** *pl (Hütt/Wlz)*
**Hüttenaluminium** *nt (Mech)* **primary aluminum pig** *(Mech)*
**Hüttenbetrieb** *m (Hütt/Wlz)* **steel mill operation** *(Hütt/Wlz)*
**Hüttenblei** *nt (Hütt/Wlz)* **commercial lead** *(Hütt/Wlz)* **commercial pure lead** *(Hütt/Wlz)*
**Hüttenindustrie** *f (Hütt/Wlz)* **iron and steel industry** *(Hütt/Wlz)*
**Hüttentechnik** *f (Hütt/Wlz)* **foundry technology** *(Hütt/Wlz)*
**Hüttenwerk** *nt (Hütt/Wlz)* **iron and steel works** *(Hütt/Wlz)*
**Hüttenwesen/Walztechnik** *(Hütt/Wlz)* **metallurgy/rolling mills** *(Hütt/Wlz)*
**Hüttenzement** *m (Hütt/Wlz)* **foundry cement** *(Hütt/Wlz)*
**Hüttenzink** *nt (Mech)* **commercial zinc** *(Mech)*
**Hutträger** *m (Stb)* **head beam detail** *(Stb)*
**Hutventilbühne** *f (Stb)* **blidder** *(Stb)*
**HV-Naht** *f (Schw)* **bevel seam** *(Schw)* **single bevel** *(Mech, Schw)*
**HV-Schraube** *f (Mech)* **high-strength friction grip bolt** *(Mech)* **high-tensile bolt** *(Mech)*
**HV-Sechskantschraube** *f (Mech)* **hexagon bolt with large widths across flats** *(Mech)* (for high-tensile bolting in steel structures)
**HV-Verbindung** *f (Stb)* **friction-type connection** *(Stb)*
**Hybridstahlträger** *m (Stb)* **hybrid beam** *adj:n (Stb)* **hybrid girder** *adj:n (Stb)*
**Hydrant** *m (Hyd/Pneu)* **fire hydrant** *(Hyd/Pneu)* **hydrant** *(Hyd/Pneu)*
**Hydraulik** *f (Hyd/Pneu)* **hydraulics** *(Hyd/Pneu)* **hydraulic system** *adj:n (Hyd/Pneu)*
**Hydraulikbagger** *m (Bg/Bergb)* **hydraulic excavator** *adj:n (Bg/Bergb)* **hydraulic shovel** *adj:n (Bg/Bergb)*
**Hydraulikbagger** *m (Bg/Bergb) (im Tagebau)* **mining shovel** *(Bg/Bergb)*
**Hydraulikdruck** *m (Hyd/Pneu)* **hydraulic pressure** *adj:n (Hyd/Pneu)*
**Hydraulikeinheit** *f (Hyd/Pneu)* **hydraulic unit** *adj:n (Hyd/Pneu)*
**Hydraulikeinstellung** *f (Hyd/Pneu) (Druck)* **setting of the hydraulic pressure** *(Hyd/Pneu)*
**Hydraulikflüssigkeit** *f (Hyd/Pneu)* **hydraulic fluid** *(Hyd/Pneu)*
**Hydraulikhammer** *m (Zer)* **hydraulic breaker** *adj:n (Zer)*
**Hydraulikkran** *m (Bg/Bergb)* **hydraulic crane** *adj:n (Bg/Bergb)*
**Hydraulikkreis** *m (Hyd/Pneu)* **hydraulic circuit** *adj:n (Hyd/Pneu)*
**Hydrauliklöffel** *m (Bg/Bergb) (Grabgefäß)* **hydraulic backhoe** *adj:n (Bg/Bergb)* **hydraulic bucket** *adj:n (Bg/Bergb)*
**Hydraulikmotor** *m (Hyd/Pneu)* **hydraulic motor** *(Hyd, Mech)*
**Hydraulikmutter** *f (Zer)* **hydraulic pressure nut** *(Zer)*
**Hydrauliköl** *nt (Hyd/Pneu, Chem)* **hydraulic oil** *adj:n (Chem, Hyd/Pneu)*

**Hydrauliköltilter** *nt (Hyd/Pneu)* **hydraulic oil filter** *adj:n (Hyd/Pneu)*
**Hydrauliköltank** *m (Bg/Bergb, Hyd)* **hydraulic oil tank** *(Bg/Bergb, Hyd)*
**Hydraulikplan** *m (Hyd/Pneu)* **hydraulic diagram** *(Hyd/Pneu)*
**Hydraulikpuffer** *m (Umschl) (für Schienengeräte)* **hydraulic shock absorber** *adj:n (Umschl)*
**Hydraulikpumpe** *f (Hyd/Pneu)* **hydraulic pump** *adj:n (Hyd/Pneu)*
**Hydraulikraum** *m (Stb, Hyd/Pneu) (Station)* **hydraulic station** *adj:n (Stb, Hyd/Pneu)* (room)
**Hydraulikraupenbagger** *m (Bg/Bergb) (mit Ladeschaufel)* **hydraulic-crawler shovel** *(Bg/Bergb)*
**Hydraulikraupenbagger** *m (Bg/Bergb) (mit Tieflöffel)* **hydraulic-crawler backhoe** *(Bg/Bergb)*
**Hydraulikschema** *nt (Hyd/Pneu)* **hydraulic diagram** *(Hyd/Pneu)* **hydraulic system** *adj:n (Hyd/Pneu)*
**Hydraulikschlauch** *m (Hyd/Pneu)* **hydraulic hose** *adj:n (Hyd/Pneu)*
**Hydrauliksperre** *f (Hyd/Pneu, Mech)* **hydraulic lock** *adj:n (Hyd/Pneu)*
**Hydraulikstellglied** *nt (Mech, Hyd/Pneu)* **hydraulic regulating unit** *adj:n (Mech, Hyd/Pneu)*
**Hydrauliktank** *m (Mech, Hyd/Pneu)* **hydraulic tank** *adj:n (Mech, Hyd/Pneu)*
**Hydraulikzylinder** *m (Hyd/Pneu)* **hydraulic cylinder** *adj:n (Hyd, Mech)*
**hydraulisch** *adj (Mech, Hyd/Pneu)* **Hydro-Aggregat** *nt (Hyd/Pneu)* **hydraulic power unit** *adj:n (Hyd/Pneu)*
**Hydroanlage** *f (Hyd/Pneu)* **hydraulic system** *adj:n (Hyd/Pneu)*
**Hydrobagger** *m (Bg/Bergb)* **hydraulic excavator** *adj:n (Bg/Bergb)*
**Hydrobagger** *m (Bg/Bergb) (mit Ladeschaufel)* **hydraulic shovel** *adj:n (Bg/Bergb)*
**Hydrobagger** *m (Bg/Bergb) (mit Tieflöffel)* **hydraulic backhoe** *adj:n (Bg/Bergb)*
**Hydromotor** *m (Bg/Bergb, Hyd/Pneu)* **hydraulic motor** *(Hyd, Mech)*
**hydropneumatisch** *adj (Hyd, Pneu)* **hydropneumatic** *adj (Hyd/Pneu)*
**Hydropumpe** *f (Hyd/Pneu)* **hydraulic pump** *(Form)* **hydraulic pump** *adj:n (Hyd/Pneu)*
**Hydrosperre** *f (Hyd/Pneu, Mech)* **hydraulic lock** *adj:n (Hyd/Pneu)*
**hydrostatisch** *adj (Hyd/Pneu)* **hydrostatic** *adj (Hyd/Pneu)*
**Hydrozylinder** *m (Hyd/Pneu)* **hydraulic cylinder** *adj:n (Hyd, Mech)*
**Hypoidrad** *nt (Mech)* **hypoid gear** *(Mech)*

# I

**I Naht** *(Schw)* **square seam** *(Schw)*
**I-Eisen** *nt (Stb, Hütt/Wlz)* **T-beam** *(Stb, Hütt/Wlz)*
**I-Naht** *f (Schw)* **square seam** *(Schw)*
**I-Profil** *nt (Stb) (I-Träger)* **I-section** *(Stb)*
**I-Stahl** *m (Stb, Hütt/Wlz)* **joint** *(Stb, Stat)*
**I-Träger** *m (Stb)* **I-beam** *(Hütt/Wlz, Stb)*
**I-Träger, halb** halber I-Täger *adj:n (Stb)* **split beam** *adj:n (Stb)*
**Impeller** *m (Mech) (Pumpenrad)* **impeller** *(Mech)*
**Imperfektion, geometrisch** geometrische Imperfektion *adj:n (Stb)* **geometrical imperfection** *adj:n (Stb)*
**Inaugenscheinnahme** *f (Mech, Allg)* **visual inspection** *adj:n (Mech)*
**Inbetriebnahme** *f (Mech)* **commissioning** *(Mech, Allg)* **starting** *(Mech)*
**Inbetriebsetzung** *f (Mech)* **commissioning** *(Mech, El, Allg)*
**Inbusnuss** *f (Mont) (Werkzeug)* **hexagon socket** *(Mont, Mech)*
**Inbusschlüssel** *m (Mont, Werkz)* **Allen key** *(Mont, Werkz)*
**Inbusschraube** *f (Mech)* **Allen screw** *(Mech)*
**Inbusschraube** *f (Mech) (mit Mutter)* **Allen bolt** *(Mech)*
**Inbusschraubenzieher** *m (Werkz)* **Allen-type wrench** *(Werkz)*
**Indienststellung** *f (Mech) (eines Schiffes)* **commissioning** *(Mech)* (of a vessel)
**Induktivhärtung** *f (Hütt/Wlz)* **inductive hardening** *adj:n (Hütt/Wlz)*
**Indusi** *f (Bahn)* **automatic train stopping system** *adj:n (Bahn)*

**Industrie- und Motorraddämpfer** *m (Mech)* **industrial and motor-cycle shock absorber** *(Mech)*
**Industrie-Monoausleger** *m (Bg/Bergb)* **mono boom for industries** *(Bg/Bergb)*
**Industrieabfall** *m (Mech)* **industrial waste** *adj:n (Mech)*
**Industriebahn** *f (Bahn)* **industrial railway** *adj:n (Bahn)*
**Industriebau** *m (Bau)* **industrial construction** *adj:n (Bau)*
**Industrieerzeugnis** *nt (Allg)* **industrial product** *adj:n (Allg)*
**Industriegas** *nt (Chem)* **industrial gas** *adj:n (Chem)*
**Industriegebäude** *nt (Bau)* **industrial building** *adj:n (Bau)*
**Industriegebiet** *nt (Allg)* **industrial region** *adj:n (Allg)*
**Industriegummi** *m (Mech, Chem)* **industrial rubber** *adj:n (Mech, Chem)*
**Industriekamin** *m (Bau, Stb)* **industrial smokestack** *adj:n (Bau, Stb)*
**industriell** *adj (Mech, Allg)* **industrial** *adj (Bg/Bergb, Mech, Allg)*
**Industriemaschinen** *pl f (Mech)* **industrial machines** *adj:n (Mech)*
**Industriemüll** *m (Mech)* **industrial waste** *adj:n (Mech)*
**Industriemüllfass** *nt (Mech)* **drum for industrial waste** *(Mech)*
**Industrieschornstein** *m (Bau)* **industrial smokestack** *adj:n (Bau, Stb)*
**Industriestiel** *m (Bg/Bergb)* **arm for industries** *(Bg/Bergb)*
**ineinander geschachtelt** *adj (Mech, Allg)* **interlaced** *adj (Mech, Allg)*
**ineinander greifen** *v (Mech)* **interlock** *v (Mech)* **mesh** *v (Mech)*
**ineinander schiebbar** *adj (Mech)* **sliding** *adj (Mech)* **telescopic** *adj (Mech)*
**ineinander verschachtelt** *adj (Mech)* **intertwined** *adj (Mech)*
**Informationstechnologie** *f (Mech)* **information technology** *(Mech)*
**Ing.** *m (Allg) (Abk)* **engineer** *(Allg)*
**Ingenieur** *m (Allg)* **engineer** *(Allg)*
**Ingenieur, beratend** beratender Ingenieur *adj:n (Allg)* **consulting engineer** *(Allg)*
**Ingenieurbau** *m (Allg, Bau)* **civil engineering** *(Bau)*
**Ingenieurbauarbeiten** *pl f (Bau, Allg)* **civil engineering construction** *(Bau, Allg)*
**Ingenieurbaukonstruktionen** *pl f (Bau)* **civil engineering structures** *pl (Bau)*
**Ingenieurbauwerke** *pl nt (Bau)* **engineering structures** *pl (Bau)*
**Ingenieurbauwesen** *nt (Bau)* **civil engineering** *(Bau)*
**Inhalt** *m (Mech)* **content** *(Mech, Allg)* **volume** *(Mech, Phys)*
**Inhalt, brennbar** brennbarer Inhalt *adj:n (Chem)* **combustible content** *adj:n (Chem)*
**inhärent** *adj (Mech)* **inherent** *adj (Mech)*
**Inhibitor** *m (Chem) (Hemmstoff)* **inhibitor** *(Chem)*
**Inhibitormischung** *f (Chem)* **inhibitor mixture** *(Chem)*
**inhomogen** *adj (Chem)* **inhomogeneous** *adj (Chem)*
**Injektor** *m (Mech, Hyd/Pneu)* **injector** *(Hyd, Mech)*
**Injektorkipphebel** *m (Mech, Hyd/Pneu)* **injector rocker lever** *(Hyd/Pneu, Mech)*
**Injektorkolbeneinstellung** *f (Mech)* **setting of plunger free travel** *(Mech)*
**Injektorkolbenhub** *m (Mech)* **plunger free travel** *(Mech)*
**Injektorstoßstange** *f (Mech)* **injector push tube** *(Mech)*
**Inkrustierung** *f (Mech)* **incrustation** *(Mech, Schw)*
**Innenaufstieg** *m (Bg/Bergb) (im Deckskran)* **inside access** *(Bg/Bergb)*
**Innenausstattung** *f (Mech) (z.B. eines Kfz)* **interior** *(Mech)* (e.g. of a car)
**Innenbackenbremse** *f (Mech)* **inside shoe brake** *adj:n (Mech)*
**Innenbandbremse** *f (Mech)* **inside band brake** *adj:n (Mech)*
**Innenblech** *nt (Mech)* **inside panel** *adj:n (Mech)*
**Innendurchmesser** *m (Mech)* **inside diameter** *adj:n (Mech)* **i.d.** *(Mech)* (Abv)
**Inneneinrichtung** *f (Mech) (z.B. eines Kfz)* **interior** *(Mech)* (e.g. of a car)
**Innenflanschlasche** *f (Mech)* **side plate** *(Mech)*
**Innenfräser** *m (Mech, Mont)* **inner cutter** *(Mont)*
**Innengewinde** *nt (Mech)* **inside thread** *(Mech)*

**Innengewinde schneiden** Innengewinde schneiden *n:v* **thread** *v (Mech, Mont)*
**Innenglied** *nt (Mech) (der Rollenkette)* **inner link** *adj:n (Mech)*
**Innengliedbreite** *f (Mech) (der Rollenkette)* **width of inner link** *(Mech)*
**Innenkantschraube** *f (Mech)* **hollow head plug** *(Form)*
**Innenkegel** *m (Mech)* **inside cone** *adj:n (Mech)*
**Innenkegelendbolzen** *m (Mech)* **internal-cone pin** *(Mech)*
**Innenlackierung** *f (Anstr) (z.B. von Stahlfässern)* **inside coating** *adj:n (Anstr)*
**Innenlagerung** *f (Mech, Mont)* **internal mounting** *(Mech, Mont)*
**Innenlänge** *f (Mech) (des Keilriemens)* **inside length** *adj:n (Mech)*
**Innenlasche** *f (Mech)* **inner plate** *adj:n (Mech)*
**innenliegend** *adj (Allg, Mech)* **internal** *adj (Mech, Allg)*
**Innenlippendichtring** *m (Mech)* **internal lip ring** *adj:n (Mech)*
**Innenlippenring** *m (Mech)* **internal lipped ring** *(Kfz)* **internal lip ring** *adj:n (Mech)*
**Innenmessschraube** *f (Mech)* **internal measuring gauge** *adj:n (Mech)*
**Innenmikrometersatz** *m (Mech) (Technik)* **inner micrometer set** *(Mech)*
**Innenputz** *m (Bau)* **building plaster** *(Bau)*
**Innenrad** *nt (Mech)* **internal geared wheel** *adj:n (Mech)*
**Innenraum** *m (Hütt/Wlz) (von Gussteilen)* **interior canals** *pl (Hütt/Wlz)*
**Innenraum** *m (Mech, Bau)* **indoor** *adj (Allg)*
**Innenring** *m (Mech)* **inner ring** *adj:n (Mech)*
**Innenriss** *m (Stb)* **internal crack** *adj:n (Stb)*
**Innenschleifen** *nt (Mech)* **internal grinding** *adj:n (Mech)*
**Innenschräge** *f (Hütt/Wlz)* **inside slope** *adj:n (Hütt/Wlz)*
**Innenschraube** *f (Mech)* **socket head screw** *(Mech)*
**Innenschweißen** *nt (Schw)* **internal welding** *adj:n (Schw)*
**Innensechskant** *m (Mech, Mont)* **hexagon** *(Mont, Werkz)* (tool)
**Innensechskantschraube** *f (Mech)* **Allen screw** *(Mech)* **hexagon socket screw** *(Mech)*
**Innenspiegel** *m (Mech) (Kfz)* **inside rear mirror** *adj:n (Mech)* (of a car)
**Innentaster** *m (Mech)* **inside caliper** *adj:n (Mech)*
**innenverzahnt** *adj (Mech)* **internally geared** *adv:adj (Mech)*
**Innenverzahnung** *f (Mech)* **internal gear** *adj:n (Mech)* **internal toothing** *adj:n (Mech)*
**Innenwinkel** *m (Math)* **internal angle** *adj:n (Math)*
**Innenwinkel, resultierend** resultierender Innenwinkel *adj:n (Bahn)* **valley angle** *(Bahn, Bau)*
**Innenzahnrad** *nt (Mech)* **internal gear** *adj:n (Mech)*
**Inspektion** *f (Mech)* **inspection** *(Mech, Allg)* **service** *(Allg)*
**Instabilität** *f (Allg)* **instability** *(Allg)*
**Installation** *f (Mech, Mont)* **installation** *(Mech, Mont)*
**Installation, sanitär** sanitäre Installation *adj:n (Mont, Allg)* **plumbing** *(Mech, Allg)*
**Installationsrohrarmaturen** *pl f (Mech)* **conduit fittings** *pl (Mech)*
**installiert** *adj (Mech, Allg)* **installed** *adj (Mech, Allg)*
**instandhalten** *v (Mech, Allg) (warten)* **maintain** *v (Mech, Allg)* (by checking)
**Instandhaltung** *f (Mech, Allg) (Pflege)* **maintenance** *(Allg)*
**instandsetzen** *v (Mech)* **repair** *v (Mech)*
**Instruktionsfehler** *m (Mech)* **failure to warn** *(Mech)*
**Instrument** *nt (Mech, Allg)* **device** *(Mech)* **instrument** *(Mech)*
**Instrumentenabdeckung** *f (Mech) (Kfz)* **instrument panel guard** *(Kfz)*
**Instrumentenbrett** *nt (Mech) (Kfz)* **instrument panel** *(Mech)* (e.g. of a car)
**Instrumententafel** *f (Mech) (Kfz)* **instrument panel** *(Mech)* (e.g. of a car)
**Instrumententafel** *f (Mech, El)* **control panel** *(El, Mech)*
**intakt** *adj (Mech, Allg)* **intact** *adj (Mech, Allg)*
**Integralkessel** *m (Hütt/Wlz)* **boiler with integral furnace** *(Hütt/Wlz)*

**Integrationskonstante** *f (Math)* **constant of integration** *(Math)*
**integrieren** *v (Mech, Allg)* **incorporate** *v (Mech, Allg)* (into) **integrate** *v (Mech)*
**Integriervorrichtung** *f (Mech)* **integrator** *(Mech)*
**Intensität** *f (Mech, Allg)* **intensity** *(Mech, Allg)*
**Intervall** *nt (Mech, Allg) (zeitlich und räumlich)* **interval** *(Mech, Allg)* **spacing** *(Allg, Mech)*
**Intervall...** *affix (Mech)* **intermittent** *adj (Mech)*
**Intervallschaltung** *f (El) (Schmierung)* **intermittent switch control** *(El)*
**Inventurbestand** *m (El, Allg) (Liste in EDV)* **inventory file** *(El)*
**Inventurzählbeleg** *m (El)* **inventory counting sheet** *(El)*
**Ionenaustauscher** *m (Hütt/Wlz)* **ion exchanger** *(Hütt/Wlz)*
**IPB-Profil** *nt (Stb) (Doppel-T-Profil)* **H-section** *(Stb)*
**Irrstrom** *m (Stb)* **stray current** *(Stb)*
**ISO** *(Allg)* **ISO** *(Allg)* (Abv)
**ISO-V** *(Schw) (Kerbschlagzähigkeit)* **Charpe-V notch** *(Schw)*
**ISO-V-Kerbschlagbiegeprobe** *f (Mech)* **ISO V-notched bar impact test specimen** *(Mech)*
**ISO-Viskositätsklasse** *f (Chem)* **ISO viscosity classification** *(Chem)*
**Isolationsklasse** *f (Mech)* **insulation class** *(Mech)*
**Isolationsmantel** *m (Mech)* **sheath** *(Mech)*
**Isolationsverschalung** *f (Hütt/Wlz) (Blech; z.B. für Heißdampfleitung)* **insulation jacketing** *(Hütt/Wlz)*
**Isoliereinlage** *f (Bahn) (Schwelle / Schiene)* **insulating insert** *(Bahn)*
**Isolierfolie** *f (Mech)* **insulating foil** *(Mech)*
**Isoliergriffzange** *f (Mont, Werkz)* **insulated fuse puller** *(Mont, Werkz)*
**Isoliermantel** *m (Mech)* **insulating cover** *(Mech)*
**Isoliermaterial** *nt (Mech) (z.B. für Führerhaus)* **insulating material** *(Mech)*
**Isolierrolle** *f* **insulating roller** *(Mech)*
**Isolierstoff** *m (Mech)* **insulant** *(Mech)* **insulating compound** *(Mech)*
**isolierstoffgekapselt** *adj (Mech)* **mold-type** *adj (Mech)*
**Isolierstoffklasse** *f (Mech)* **type of insulating material** *(Mech)*
**Isolierung** *f (Mech) (Ausfütterung)* **lining** *(Mech, Stb)* (inside)
**Isolierzange** *f (Werkz)* **insulated pliers** *adj:n (Werkz)*
**isometrisch** *adj (Mech)* **isometric** *adj (Mech)*
**isoseismisch** *adj (Mech)* **isoseismal** *adj (Mech)*
**isotherm** *adj (Mech)* **isothermal** *adj (Mech, El)*
**Ist-Maß** *nt (Mech)* **actual dimension** *adj:n (Mech)*
**Ist-Werterfassung** *f (Mech)* **actual-value sensing** *(Mech)*
**Ist-Wertgeber** *m (Mech)* **actual-value transmitter** *(Mech)*

# J

**J-Naht** *f (Schw)* **J-weld** *(Schw)*
**Jade** *m (Geo)* **jade** *(Geo)*
**Jahreshauptuntersuchung** *f (Mech)* **main annual inspection** *(Mech)*
**Jalousie** *f (Mech, Bau)* **blind** *(Mech, Bau)*
**Joch** *nt (Mech) (Befestigung)* **hitch** *(Mech)*
**Joch** *nt (Mech) (Lager, Halter)* **yoke** *(Mech)*
**Joch** *nt (Mech) (mittlere Pendelaufhängung)* **trunnion** *(Mech)*
**Jod** *nt (Chem)* **iodine** *(Chem)*
**justieren** *v (Mech, Mont)* **adjust** *v (Mech)*
**Justierschraube** *f (Mech)* **adjusting screw** *(Mech)*
**Justierung** *f (Mech)* **adjustment** *(Mech, Allg)*

# K

**K-Wert** *m (Mech) (Wärmedurchgangszahl)* **heat transfer coefficient** *(Mech)*
**Kabel** *(Mech) (Drahtseil)* **wire rope** *(Mech, El, Bg/Bergb)*
**Kabel** *nt (El)* **cable** *(El, Mech, Stb)*
**Kabel-Schleppkettenförderer** *m (Mech)* **cable drag conveyor** *(Mech, Band)*

**Kabelablage** *f (Mech)* **trough for cables** *(Mech)*
**Kabelbrücke** *f (Stb)* **cable suspension bridge** *(Stb)*
**Kabeldraht** *nt (Stb)* **cable wire** *(Stb)*
**Kabeleinführung** *f (El)* **lead-in** *(Mech)*
**Kabelendschelle** *f (Mech)* **fixing clamp for sealing end** *(Mech)*
**Kabelendverschluss** *m (Mech)* **sealing end** *(El)* (cable)
**Kabelflaschenzug** *m (Mech)* **cable pulley block** *(Mech)*
**Kabelführung** *f (Mech)* **cableway** *(Mech)*
**Kabelführung am Gerüst** *(Bg/Bergb)* **cable guide arrangement** *(Bg/Bergb)*
**Kabelhalter** *m (Mech)* **cable bracket** *(El)*
**Kabelhalterung** *f (Mech)* **cable reel** *(Mech, El)*
**Kabelhohlschiene** *f (Mech)* **mounting channel** *(El)* (cable)
**Kabelkanal** *m (Mech)* **cable duct** *(Mech)*
**Kabelkegel** *m (Mech)* **cable carrier cone** *(Mech)*
**Kabelklemme** *f (Mech)* **bulldog clamp** *(Mech)*
**Kabelklemme, selbsttätig** selbsttätige Kabelklemme *adj:n (Stb)* **tirfor winch** *(Stb)* (rope)
**Kabelkran** *m (Mech)* **cable crane** *(Mech, Mont)* **telpher** *(Bg/Bergb)*
**Kabellasche** *f (Mech)* **mounting strap** *(Mech, El)*
**Kabellöffel** *m (Bg/Bergb)* **trenching bucket** *(Bg/Bergb)*
**Kabelmantel** *m (Mech)* **cable jacket** *(Mech)*
**Kabelmarke** *f (Kfz)* **cable designation** *(Kfz)*
**Kabelpritsche** *f (Mech)* **cable ladder** *(Mech)* **cable rack** *(Mech)*
**Kabelraupe** *f (Mech)* **cable handler** *(Mech)* (roller-type)
**Kabelreiter** *m (Mech)* **cable saddle** *(Mech)*
**Kabelrinne** *f (Mech)* **cable trough** *(Mech)*
**Kabelrollenwagen** *m (El)* **cable reel car** *(Mech, El, Bg/Bergb)*
**Kabelsattel** *m (Bg/Bergb)* **cable gallow** *(Bg/Bergb)*
**Kabelschelle** *f (Mech)* **fixing clamp** *(Mech)* (cable)
**Kabelschleife** *f (Mech)* **cable loop** *(Mech, El)*
**Kabelschleppkette** *f (Mech)* **chain-type cable** *(Mech)*
**Kabelschuh** *m (Mech)* **cable lug** *(Mech)* **cable thimble** *(Mech)*
**Kabelschuhzange** *f (Mont, Werkz)* **cable lug pliers** *pl (Mont, Werkz)*
**Kabelstopfbuchsenverschraubung** *f (Mech)* **cable gland** *(El)*
**Kabeltrage** *f (Mech)* **cable saddle** *(Mech)*
**Kabeltrageisen** *nt (Mech)* **mounting rail** *(Mech)* (cable)
**Kabeltraggerüst** *nt (Mech)* **cable support** *(Mech)*
**Kabeltrommel** *f (Bg/Bergb)* **cable reeling drum** *(Bg/Bergb)*
**Kabeltrommelwagen** *m (Bg/Bergb)* **cable reel car** *(Mech, El, Bg/Bergb)*
**Kabeltrommelwagen auf Raupen** *(Bg/Bergb)* **cable reel car on tracks** *(Bg/Bergb)*
**Kabeltrommelwagen auf Schienen** *(Bg/Bergb)* **cable reel car on rails** *(Bg/Bergb)*
**Kabeltrosse** *f (Mech)* **cable carrier rope** *(Mech)*
**Kabelübergang** *m (Mech)* **flexible cable pass** *(Mech)*
**Kabelüberzug** *m (Mech)* **cable sheating** *(Mech)*
**Kabelverbindungsmuffe** *f (Mech)* **cable junction box** *(El)*
**Kabelverschlussstück** *nt (Mech)* **cable sealing end** *(Mech)*
**Kabelverschraubung** *f (Mech)* **cable fitting** *(El)*
**Kabelverteilerkasten** *m (Mech)* **cable junction box** *(El)*
**Kabelverteilerschrank** *m (Mech)* **cable distribution cabinet** *(Mech)*
**Kabelwagen** *m (Mech)* **cable trolley** *(Mech)*
**Kabelwagenbahnhof** *m (Mech, Bg/Bergb)* **line of cable trolleys** *(Mech, Bg/Bergb, Umschl)*
**Kabelwanne** *f (Mech)* **cable trunking** *(Mech)*
**Kabelwinde** *f (Mech)* **rope winch** *(Mech)* (cable)
**Kabelziehstrumpf** *m (Mech)* **temporary woven wire cable end cover** *(Mech)*
**Kabine** *f (Bahn) (z.B. in einem Zug)* **stateroom** *(Bahn)* (e.g. on train)

**Kabine** *f (Mech) (des Aufzuges)* **elevator cab** *(Mech)*
**Kabine** *f (Mech) (des Fahrers)* **cab** *(Kfz)*
**Kabriolett** *nt (Kfz)* **drop-head coupe** *(Kfz)*
**Kachel** *f (Bau)* **tile** *(Bau)*
**Kachelofen** *m (Bau)* **tile stove** *(Bau)*
**Käfig** *m (Mech)* **cage** *(Mech)*
**Käfigläufermotor** *m (Mech)* **squirrel cage rotor motor** *(Mech)*
**Käfigmutter** *f (Mech) (Schraube)* **captive nut** *(Mech)*
**Käfigtrommel** *f (Mech, Band)* **slat pulley** *(Mech, Band)*
**Kai- und Bordkrane** *(Bg/Bergb)* **quay-mounted and deck cranes** *(Bg/Bergb)*
**Kaiband** *nt (Band, Umschl)* **quayside conveyor** *(Band, Umschl)*
**Kaliberwerkzeug** *nt (Werkz) (zum Aufbohren)* **reamer** *(Mont, Werkz)*
**Kalk** *m (Geo, Bau)* **lime** *(Geo, Bau)*
**Kalk, gelöscht** gelöschter Kalk *adj:n (Geo, Bau)* **slaked lime** *adj:n (Geo, Bau)*
**Kalkbeton** *m (Bau)* **lime concrete** *(Bau)*
**Kalkkruste** *f (Geo)* **lime crust** *(Geo)*
**Kalkmilchanstrich** *m (Anstr)* **limewash paint coat** *(Anstr)*
**Kalkmörtel** *m (Bau)* **lime mortar** *(Bau)*
**Kalkstein** *m (Geo)* **limestone** *(Geo)*
**Kalkstein, weich** weicher Kalkstein *adj:n (Geo)* **soft limestone** *adj:n (Geo)*
**Kalksteinbruch** *m (Bg/Bergb)* **limestone quarry** *(Bg/Bergb)*
**Kalotte** *f (Mech)* **calotte** *(Mech)*
**Kalottenvortrieb** *m (Bg/Bergb)* **calotte driving** *(Bg/Bergb)*
**Kalt/Warmumformen** *nt (Hütt/Wlz)* **cold/hot shaping** *(Hütt/Wlz)*
**Kaltband** *nt (Hütt/Wlz)* **strip, cold-rolled** *adj:n (Hütt/Wlz)*
**Kaltband, oberflächenveredelt** oberflächenveredeltes Kaltband *adj:n (Hütt/Wlz)* **cold rolled strip with coated surface** *(Hütt/Wlz)*
**Kaltbandzerteilanlage** *f (Hütt/Wlz)* **cutting-to-length line** *(Hütt/Wlz)*
**Kaltbiegen** *nt (Hütt/Wlz)* **cold bending** *(Hütt/Wlz)*
**Kaltbiegeversuch** *m (Stb)* **cold bend test** *(Stb)*
**Kaltbrüchigkeit** *f (Stb)* **cold-brittleness** *(Stb)*
**Kältepaket** *nt (Bg/Bergb)* **cold-weather kit** *(Bg/Bergb)*
**Kälteverhalten** *nt (Mech)* **low-temperature performance** *(Mech)*
**kältezäh** *adj (Hütt/Wlz)* **tough to subzero temperature** *(Hütt/Wlz)*
**Kaltfließpressen** *nt (Hütt/Wlz)* **cold extrusion** *(Hütt/Wlz)*
**Kaltformgebung** *f (Stb)* **cold shaping** *(Stb)*
**Kaltformung** *f (Stb)* **cold forming** *adj:n (Hütt/Wlz)*
**Kaltgas-Luftvorwärmer** *m (Hütt/Wlz)* **cold-gas air preheater** *(Hütt/Wlz)*
**Kalthärtung** *f (Hütt/Wlz)* **strain hardening** *(Hütt/Wlz)*
**Kaltkleben** *nt (Form)* **cold bonding** *nt (Form)*
**Kaltkleber** *m (Stb)* **cold adhesive** *adj:n (Stb)*
**Kaltlötstelle** *f (Hütt/Wlz) (Thermoelement)* **thermocouple cold junction** *(Hütt/Wlz)*
**Kaltluft** *f (Hütt/Wlz)* **cold air** *adj:n (Hütt/Wlz)*
**Kaltmeißel** *m (Mont)* **cold chisel** *(Mont)*
**Kaltpressschweißen** *nt (Schw)* **cold pressure welding** *adj:n (Schw)*
**Kaltprofil** *nt (Hütt/Wlz)* **cold-rolled section** *adj:n (Hütt/Wlz)*
**Kaltreiniger** *m (Mech)* **cold cleaner** *(Mech)*
**Kaltschröter** *m (Mont)* **cold cut chisel** *(Mont)*
**Kaltschweißung** *f (Schw)* **stuck weld** *(Schw)*
**Kaltstart** *m (Mech)* **cold start** *adj:n (Mech)*
**Kaltstarteinrichtung** *f (Mech)* **cold-start equipment** *(Mech)*
**Kaltstarthilfe** *f (Mech)* **cold-start aid** *(Mech)*
**Kaltstrecken** *nt (Stb)* **cold-stretching** *(Stb)*
**Kaltumformen** *nt (Form)* **cold forming** *adj:n (Hütt/Wlz)*
**Kaltvulkanisierplatte** *f* **cold vulcanizing sheet** *(Mech)*
**Kaltwalzen** *nt (Hütt/Wlz)* **cold rolling** *(Hütt/Wlz)*
**Kaltwalzwerk** *nt (Hütt/Wlz)* **cold rolling plant** *(Hütt/Wlz)*

**Kamin** *m (Bau) (Fabrikschornstein)* **smokestack** *(Bau, Stb)*
**Kaminhalterung** *f (Stb) (Industriekamin)* **chimney support** *(Stb)*
**Kamm** *m (Geo) (des Berges)* **crest** *(Geo)* (of a mountain)
**Kammer** *f (Form) (Gaßeinschluss)* **cavity** *(Mech, Mont)*
**Kammer des Prüfblocks** *(Schw)* **chamber of the probe block** *(Schw)*
**Kammerfilter** *m (Mech) (Entstaubung)* **chamber filter** *(Mech)*
**Kammerring** *m (Zer) (Triple-Lok Verschraubung)* **protective ring** *adj:n (Zer)*
**Kämpfer** *m (Mech)* **abutment** *(Mech)*
**Kämpfergelenk** *nt (Mech)* **abutment hinge** *(Mech)*
**Kanadischer Normenausschuss** *(Schw)* **Canadian Standards Association** *(Schw)*
**Kanal** *(Mech) (Durchlass; Maschine)* **passage** *(Mech)* (opening)
**Kanal** *m (Mech) (Ablaufrinne)* **channel** *(Mech, Stb, Hütt/Wlz)*
**Kanal** *m (Mech) (Leitung)* **duct** *(Mech)*
**Kanal- und Schlammsaugefahrzeug** *(Kfz)* **sewer cleaning and sludge evacuation** *(Kfz)*
**Kanalbau** *m (Bau) (für Abwasser)* **sewer line construction** *(Bau)*
**Kanalbrücke** *f (Stb)* **canal bridge** *(Stb)*
**Kanaldeckel** *m (Bau) (z.B. auf der Straße)* **manhole** *(Bau)* (e.g. of a sewer)
**Kanaldielen** *pl f (Form)* **trench sheeting** *(Form)*
**Kanalfahrzeug** *nt (Kfz) (Stadtreinigung)* **sewer truck** *(Kfz)*
**Kanalisation** *f (Bau) (Abwassersystem)* **sewer line** *(Bau)*
**Kanalisation** *f (Stb) (Verrohrung)* **piping and conduit** *(Stb)*
**Kanalpumpe** *f (Hyd/Pneu)* **rotor pump** *(Hyd/Pneu)*
**Kanalrad** *nt (Mech, Hyd/Pneu) (Pumpe)* **rotor** *(Mech, Hyd/Pneu)* (pump)
**Kanalreinigungsfahrzeug** *nt (Kfz)* **sewer cleaning vehicle** *(Kfz)*
**Kanalrohr** *nt (Bau) (Entwässerung)* **sewer pipe** *(Bau)*
**Kanalsystem** *nt (Stb, Bau)* **sewage system** *(Stb)*
**Kanaltunnel** *m (Bau)* **channel tunnel** *(Bau)*
**Kanister** *m (Kfz)* **can** *(Kfz)*
**Kanne** *f (Kfz)* **can** *(Kfz)*
**Kante** *f (Allg)* **edge** *(Allg)*
**Kante** *f (Mech, Allg) (Ecke)* **face** *(Mech)*
**Kante, abgeschrägt** abgeschrägte Kante *adj:n (Mech, Mont, Schw)* **scarfed edge** *adj:n (Mech, Mont)*
**Kante, angeschrägt** angeschrägte Kante *adj:n (Mech, Mont)* **tapered edge** *adj:n (Mech, Mont, Stb)*
**Kante, flämmgeputzt** flämmgeputzte Kante *adj:n (Mech, Schw)* **bevelled edge** *adj:n (Mech, Mont, Schw)*
**Kante, gebrochen** gebrochene Kante *adj:n (Mech, Mont)* **chamfered edge** *adj:n (Mech, Mont)*
**Kante, unsichtbar** unsichtbare Kante *adj:n (Stb)* **hidden edge** *adj:n (Stb)*
**Kanten** *nt (Hütt/Wlz) (der Vorgang)* **edging** *(Hütt/Wlz)* (making of edges)
**Kanten brechen** Kanten brechen *n:v (Mech, Mont)* **chamfer edges** *n:v (Mech, Mont)*
**Kantenabstand** *m (Form) (beim Lager)* **bearing corner radius** *(Form)*
**Kantenecho** *nt (Form) (beim Laminieren)* **edge echo** *(Form)*
**Kantenechoversatz** *m (Hütt/Wlz)* **staggered edges** *adj:n (Hütt/Wlz)*
**Kanteneisen** *nt (Mech, Mont)* **curing iron** *(Mech, Mont)*
**Kantenlänge** *f (Bg/Bergb) (der Steine)* **feed size** *(Bg/Bergb)*
**Kantenschutz** *m (Mech)* **edge protection** *(Mech, Mont)*
**Kantenträger** *m (Stb)* **edge girder** *(Stb)*
**Kantenverzahnung** *f (Bau)* **edge indendation** *(Bau)*
**Kantholz** *nt (Mech)* **square timber** *(Mech)*
**Kantmaschine** *f (Mech)* **bending machine** *(Form)*
**Kantschutzventil** *nt (Hyd/Pneu) (gummigeschützt)* **rubber valve** *(Hyd/Pneu)*
**Kantstein** *m (Bau)* **curbstone** *(Bau)*
**Kaolin** *nt (Geo)* **China clay** *(Geo)*
**Kaolingrube** *f (Bg/Bergb)* **kaolin mine** *(Bg/Bergb)*
**Kapazität** *f (El, Mech, Allg)* **capacity** *(Mech, Allg)* **efficiency** *(Mech, El)*

**Kapazitätsbereich** *m (Allg)* **capacity range** *(Hyd/Pneu, Allg)*
**Kapillarität** *f (Bau)* **capillarity** *(Bau)*
**Kapillarrohr** *nt (Mech, Hyd/Pneu)* **capillary tube** *adj:n (Mech, Hyd/Pneu)*
**Kapitell** *nt (Bau) (oberer Säulenabschluss)* **capital** *(Bau)* (top part of a column)
**Kappe** *f (Mech)* **cap** *(Mech)*
**Kappenriss** *m (Kfz)* **cracks in cap** *(Kfz)*
**Kapsel** *f (Kfz)* **casing** *(Mech)*
**Kapselgehäuse** *nt (Kfz)* **guide housing** *(Kfz)*
**Kapselmutter** *f (Mech)* **cap nut** *(Mech)*
**Karabinerhaken** *m (Mech, Mont)* **snap hook** *AE (Mech, Mont)*
**Karambolage** *f (Allg)* **collision** *(Allg)*
**Karbidbelegung** *f (Mech)* **carbide percentage** *(Mech)*
**Karbidentwickler** *m (Schw, Mech, Mont)* **acetylene gas generator** *(Schw, Mech, Mont)*
**Kardanantrieb** *m (Mech)* **universal drive** *adj:n (Mech)*
**Kardanaufhängung** *f (Mech)* **cardanic mounting** *adj:n (Mech)* **cardanic suspension** *adj:n (Mech)*
**Kardangehäuse** *nt (Kfz)* **universal joint housing** *(Kfz)*
**Kardangelenk** *nt (Mech)* **universal joint** *adj:n (Mech)*
**Kardangelenkkupplung** *f (Mech)* **universal joint coupling** *adj:n (Mech)*
**Kardanwelle** *f (Mech)* **cardan shaft** *(Mech)* **universal shaft** *adj:n (Mech)*
**Karkasse** *f* **carcass**
**Karosserie** *f (Mech) (Kfz)* **body** *(Mech)* (of a car)
**Karosseriebau** *m (Kfz) (Kfz)* **car body pressing** *(Kfz)*
**Karosserierohbau** *m (Mech)* **body making** *(Mech)* (raw manufacturing)
**Karte** *f (Allg) (Tabelle)* **chart** *(Allg)* (list)
**Karusselldrehbank** *f (Mech, Mont)* **vertical boring mill** *adj:n (Mech, Mont)*
**Kaschierung** *f (Hütt/Wlz)* **lamination** *(Hütt/Wlz)*
**Kaskade** *f (Kfz)* **cascade** *(Kfz)*
**Kasten** *m (Mech) (Aufbauten)* **body (of dump truck)** *(Kfz)*
**Kastenband** *nt (Band)* **rubber pan conveyor** *(Band)*
**Kastenbrücke** *f (Stb)* **box-type bridge** *(Stb)* (welded steel bridge)
**Kastenkonstruktion** *f (Bg/Bergb)* **box design** *(Bg/Bergb)*
**Kastenprofilgussstück** *nt (Hütt/Wlz)* **box section casting** *(Hütt/Wlz)*
**Kastenquerschnitt** *m (Mech)* **box girder cross section** *(Mech)*
**Kastenrahmen** *m (Kfz)* **box-section frame** *(Kfz)*
**Kastenschraube** *f (Mech)* **box nut** *(Mech)*
**Kastenseilklemme** *f (Mech)* **cable clip** *(Mech, El, Stb)*
**Kastenspundwand** *f (Form)* **box pile** *(Form)*
**Kastenträger** *m (Mech, Stb)* **box girder** *(Stb)*
**Kastenträgerkonstruktion** *f (Bg/Bergb)* **box design** *(Bg/Bergb)*
**Kastenwagen** *m (Bahn) (Bahn)* **box wagon** *BE (Bahn)* **sided open wagon** *BE (Bahn)*
**Kastenwagen** *m (Mech) (Lkw)* **van** *(Mech)* (lorry)
**Katzbahnträger** *m (Umschl, Stb)* **trolley girder** *(Umschl, Mech)*
**Katzenauge** *nt (Kfz) (Rückstrahler)* **cat's eye** *(Kfz)*
**Katzenträger** *m (Umschl, Stb)* **crabframe** *(Mech, Umschl)*
**Katzfahrantrieb** *m (Mech)* **traversing trolley drive** *(Mech)*
**Katzfahren** *nt (Mech)* **traversing of the trolley** *(Mech, Umschl)*
**Katzfahren** *nt (Mech) (Schiffsentlader)* **cross travelling** *(Mech, Umschl)*
**Katzfahrwerk** *nt (Mech)* **cross travelling gear** *(Mech)* **traverse of crab** *(Mech)*
**Kausche** *f (Mech)* **thimble** *(Mech, El)*
**Kavitation** *f (Mech)* **cavitation** *(Mech)*
**Kavitationsgefahr** *f (Mech)* **danger of cavitation** *(Mech)*
**KB-Elektrode** *f (Schw)* **lime base electrode** *(Schw)*
**Kegel** *m (Mech, Math)* **cone** *(Mech, Math)*
**Kegel** *m (Zer) (Brecher)* **mantle** *(Zer)*
**Kegelbrecher** *m (Zer)* **cone crusher** *(Zer)*
**Kegelbremsscheibe** *f (Mech)* **brake bell** *(Mech)*
**Kegeleindruck** *m (Stb)* **cone impression** *(Stb)*

**Kegelendbolzen** *m (Mech)* **internal-cone pin** *(Mech)*
**Kegelfehler** *m (Mech)* **cone defect** *(Mech)*
**Kegelgetriebe** *nt (Mech)* **bevel gearing** *(Mech)*
**Kegelgriff** *m (Mech) (DIN 99)* **clamping lever** *(Bg/Bergb)*
**Kegelkerbstift** *m (Mech)* **grooved taper pin** *adj:n (Mech)*
**Kegelkolben** *m (Mech)* **conical piston** *adj:n (Mech)*
**Kegellager** *nt (Mech)* **conic bearing** *adj:n (Mech)*
**Kegellänge** *f (Mech)* **taper length** *(Mech)*
**Kegelloch** *nt (Mech)* **taper hole** *(Mech)*
**Kegelnabe** *f (Kfz)* **hevel hub** *(Kfz)*
**Kegelpfanne** *f (Mech)* **ball cup** *(Mech)*
**Kegelrad** *nt (Mech)* **bevel gear** *(Mech)*
**Kegelradantrieb** *m (Mech)* **bevel gear drive** *(Mech)*
**Kegelraddaten** *pl (Mech)* **bevel wheel data** *pl (Mech)*
**Kegelraddaten der Ergänzungsräder** *(Mech) (Stirnschnitt)* **bevel wheel data of back cones** *(Mech)* (transverse)
**Kegelraddaten der Ersatzräder** *(Mech)* **bevel wheel data of virtual cylindrical gears** *(Mech)*
**Kegelradgehäuse** *nt (Mech)* **bevel gear casing** *(Mech)*
**Kegelradgetriebe** *m (Mech)* **bevel gear unit** *(Mech)*
**Kegelradkranz** *m (Mech)* **bevel gear rim** *(Mech)*
**Kegelradnabe** *f (Mech)* **bevel wheel hub** *(Mech)*
**Kegelradpaar** *nt (Mech)* **bevel gear pair** *(Mech)*
**Kegelradplanetengetriebe** *nt (Mech)* **bevel and planetary gear unit** *(Mech)*
**Kegelradsatz** *m (Mech)* **set of bevel gears** *(Mech)*
**Kegelradwelle** *f (Mech)* **bevel gear shaft** *(Mech)*
**Kegelritzel** *nt (Mech)* **bevel gear pinion** *(Mech)*
**Kegelritzelwelle** *f (Mech)* **bevel pinion with integrated shaft** *(Mech)*
**Kegelrollendrehverbindung** *f (Mech)* **roller-bearing slewing ring** *(Bg/Bergb, Mech)*
**Kegelrollenlager** *nt (Mech)* **bevel roller bearing** *(Mech)*
**Kegelrollenlager, zweireihig** zweireihiges Kegelrollenlager *adj:n (Mech)* **two-row taper roller bearing** *adj:n (Mech)*
**Kegelschmiernippel** *m (Kfz)* **grease nipple** *(Kfz)*
**Kegelschraubrad** *nt (Mech)* **hypoid gear** *(Mech)*
**Kegelsitzventil** *nt (Hyd/Pneu)* **poppet valve** *(Hyd/Pneu)*
**Kegelstift** *m (Mech)* **taper pin** *(Mech)*
**Kegelstift-Reibahle** *f (Mech, Mont)* **dowel pin reamer** *(Mech, Mont)*
**Kegelstirnrad** *nt (Mech)* **bevel spur gear** *(Mech)*
**Kegelstirnradgetriebe** *nt (Mech)* **bevel spur gearbox** *(Mech)*
**Kegelstumpffeder** *f (Mech)* **volute spring** *(Mech)*
**Kegelventil** *nt (Hyd/Pneu)* **conical valve** *adj:n (Hyd/Pneu)*
**Kehle** *f (Mech)* **groove** *(Schw)*
**Kehlnaht** *f (Mech, Mont)* **fillet weld** *(Schw)*
**Kehlnahtdicke, rechnerisch** rechnerische Kehlnahtdicke *adj:n (Schw)* **effective fillet thickness** *adj:n (Stb, Schw)*
**Kehlnahtprüfstück** *nt (Schw)* **fillet weld test specimen** *(Schw)*
**Kehlnahtschweißung** *f (Schw)* **fillet welding** *(Schw)*
**Kehlstein** *m (Hütt/Wlz) (Ölbrenner)* **burner throat brick** *(Hütt/Wlz)*
**Kehrbesen** *m (Mech) (am Lader)* **road sweeper** *(Mech)*
**Kehrbesenausrüstung** *f (Mech)* **road sweeper attachment** *(Mech)*
**Kehrmaschine** *f (Mech)* **road sweeper** *(Mech)*
**Kehrwalze** *f (Mech) (Anbaugerät am Lader)* **brush** *(Mech)*
**Keil** *m (Mech) (Nutung)* **spline** *(Mech, Mont)*
**Keil** *m (Mech) (zur Fahrzeugsicherung)* **chock** *(Mech, Bahn)*
**Keil** *m (Mech, Mont)* **key** *(Mech, Mont)*
**Keil, konisch** konischer Keil *adj:n (Mech)* **taper key** *(Mech)*
**Keilblech** *nt (Mech)* **wedge plate** *(Mech)*
**Keilbolzen** *m (Mech)* **wedge pin** *(Mech)*
**Keilleistenband** *nt (Mech, Band)* **flat guide-rib belt** *(Mech, Band)*

**Keilnabe** *f (Mech)* **spline bore hub** *(Mech)*
**Keilnabenprofil** *nt (Mech) (durch Räumnadel)* **spline bore profile** *(Mech)* (broached)
**Keilnut** *f (Mech, Mont)* **key groove** *(Mech)*
**Keilnutenwelle** *f (Mech)* **main shaft** *adj:n (Mech)*
**Keilprobe** *f (Stb)* **wedge test** *(Stb)*
**Keilriemen** *m (Mech)* **V-belt** *(Mech)*
**Keilriemen, endlos** endloser Keilriemen *adj:n (Mech)* **endless V-belt** *adj:n (Mech)*
**Keilriemenantrieb** *m (Mech)* **V-belt drive** *(Mech)*
**Keilriemenprofil** *nt (Mech)* **V-belt profile** *(Mech)* (section)
**Keilriemenscheibe** *f (Mech)* **V-belt pulley** *(Mech)*
**Keilriemenscheibe für Schmal-Keilriemen** *(Mech)* **grooved pulley for narrow V-belts** *(Mech)*
**Keilriemenschutz** *m (Mech)* **V-belt guard** *(Mech)*
**Keilriementrieb** *m (Mech)* **V-belt drive** *(Mech)*
**Keilriemenvorspannung** *f (Zer)* **V-belt tension** *(Zer)*
**Keilring** *m (Mech)* **V-ring** *(Mech)*
**Keilschieber** *m (Hyd/Pneu)* **tapered slide valve** *adj:n (Hyd/Pneu)*
**Keilsitz** *m (Mech)* **key seat** *(Mech)*
**Keilstahl** *m (Hütt/Wlz))* **key steel** *(Hütt/Wlz)*
**Keilstahl, blank** blanker Keilstahl *adj:n (Hütt/Wlz)* **bright key steel** *adj:n (Hütt/Wlz)*
**Keilstopper** *m (Schiff)* **wedge-type cotter** *(Schiff)*
**Keilverbindung** *f (Mech)* **keyed joint** *adj:n (Mech)*
**Keilverjüngung** *f (Mech, Mont)* **tapering** *(Mech, Mont)*
**Keilverspannung** *f (Zer)* **key tensioning unit** *(Zer)*
**Keilwelle** *f (Mech)* **spline shaft** *(Mech)*
**Keilwellenprofil** *nt (Mech) (evolventenverzahnt)* **involute spline** *(Mech)*
**Keilwellenverbindung** *f (Mech)* **splined shaft** *adj:n (Mech)*
**Keilwellenverzahnung** *f (Mech)* **splined shaft toothing** *(Mech)*
**Keilwinkel** *m (Mech) (Eimerzähne)* **lip taper angle** *(Bg/Bergb)*
**Kelleraußenwand** *f (Bau)* **basement retaining wall** *(Bau)*
**Kellystange** *f (Bg/Bergb)* **kelly bar** *(Bg/Bergb)* (e.g. quadruple telescopic)
**Kelvinbrücke** *f (Bau)* **Kelvin bridge** *(Bau)*
**Kenndaten** *pl (Allg) (z.B. Eckzahlen)* **data** *pl (Allg)*
**Kennkarte** *f (Allg) (Ausweis)* **identity card** *(Allg)*
**Kennlinie** *f (Hyd/Pneu) (z.B. von Ventilen, Pumpen)* **nominal line** *adj:n (Hyd/Pneu)*
**Kennlinie** *f (Mech) (z.B. von Reifen)* **circumferential rib** *adj:n (Mech)*
**Kennlinienschar** *f (Mech)* **family of characteristics** *(Mech)*
**Kennzeichen** *nt (Allg) (z.B. auf Kisten)* **mark** *(Allg)* (label)
**Kennzeichenschild** *nt (Kfz)* **license plate** *(Mech)*
**Kennzeichenschildhalter** *m (Mech)* **license plate bracket** *(Mech)*
**Keramik** *f (Geo)* **ceramics** *(Geo)*
**Keramikfliese** *f (Bau)* **tile** *(Bau)*
**Keramikform** *f (Hütt/Wlz)* **ceramic mould** *adj:n (Hütt/Wlz)*
**Keramikring** *m (Mech)* **ceramic ring** *adj:n (Mech)*
**Keramikunterlage** *f (Schw)* **ceramic backing** *adj:n (Schw)*
**Kerbbiegeversuch** *m (Stb)* **notch bend test** *(Stb)*
**Kerbe** *f (Mech)* **notch** *(Hütt/Wlz)*
**Kerbe** *f (Mech) (Schlitz)* **slot** *(Mech, Mont)*
**Kerben ausschleifen** Kerben ausschleifen *n:v (Mech)* **grind undercuts** *n:v (Mech)*
**Kerbfestigkeit** *f (Hütt/Wlz)* **notch-rupture strength** *(Hütt/Wlz)*
**Kerbform** *f (Mech)* **notch shape** *(Mech)*
**Kerbnagel** *m (Mech)* **notched nail** *adj:n (Mech)*
**Kerbschlag** *m (Mech)* **notch impact** *(Mech)*
**Kerbschlagarbeit** *f (Mech))* **notch impact work** *(Mech)*
**Kerbschlagbiegeversuch** *m (Mech)* **notched-bar impact bending test** *(Mech)*
**Kerbschlagempfindlichkeit** *f (Stb)* **notch sensitivity** *(Stb)*

**Kerbschlagfestigkeit** *f (Mech)* **notch impact strength** *(Mech)*
**Kerbschlagfestigkeit** *f (Mech) (Wert)* **impact value** *(Mech)*
**Kerbschlagversuch** *m (Mech)* **notched-bar impact test** *(Mech)*
**Kerbstab** *m (Stb)* **notched bar** *adj:n (Stb)*
**Kerbstift** *m (Mech)* **notch pin** *(Mech)*
**Kerbwirkung** *f (Mech)* **notch effect** *(Mech)*
**Kerbwirkungszahl** *f (Mech)* **fatigue notch factor** *(Mech)* (Dauerschwingversuch)
**Kerbzahnnabe** *f (Mech)* **serrated hub** *adj:n (Mech)* **serrated wheel hub** *adj:n (Mech)*
**Kern** *m (Hütt/Wlz) (beim Gießen)* **core** *(Hütt/Wlz)*
**Kern** *m (Stb)* **kern of a section** *(Stb)*
**Kernbohrer** *m (Mech, Werkz)* **core cutter** *(Mech, Werkz)*
**Kerndurchmesser** *m (Mech) (Schraube)* **core diameter** *(Bg/Bergb, Mech)*
**Kernfehler** *m (Hütt/Wlz)* **centre line flaw** *(Hütt/Wlz)*
**Kernfehler** *m (Hütt/Wlz) (Gießkern)* **core flaw** *(Hütt/Wlz)* (during casting)
**Kernfestigkeit** *f (Hütt/Wlz)* **core strength** *(Hütt/Wlz)*
**Kernloch** *nt (Hütt/Wlz)* **core hole** *(Hütt/Wlz)*
**Kernlochbohrung** *f (Hütt/Wlz) (Entfernung des Gießkerns)* **core removing hole** *(Hütt/Wlz)*
**Kernlunker** *m (Hütt/Wlz) (Fehler in der Materialmitte)* **contraction cavity** *(Hütt/Wlz)* (piping)
**Kernmarke** *f (Hütt/Wlz) (Gießerei)* **core print** *(Hütt/Wlz)*
**Kernpunkt** *m (Stb)* **kernel point** *(Stb)*
**Kernquerschnitt** *m (Mech) (Schraube)* **core section** *(Mech)*
**Kernsand** *m (Hütt/Wlz) (in Gießerei verwandt)* **core sand** *BE (Hütt/Wlz)* (used in foundry)
**Kernschrott** *m (Hütt/Wlz)* **solid scrap** *adj:n (Hütt/Wlz)*
**Kernstück** *nt (Hütt/Wlz)* **core** *(Hütt/Wlz)*
**Kernstütze** *f (Hütt/Wlz) (Gießerei)* **chaplet** *(Hütt/Wlz)*
**Kernzone** *f (Hütt/Wlz)* **core zone** *(Hütt/Wlz)*
**Kerze** *f (El) (Zündkerze)* **spark plug** *(El, Mech)*
**Kessel** *m (Hütt/Wlz)* **boiler** *(Hütt/Wlz)*
**Kessel mit Druckfeuerung** *(Hütt/Wlz)* **boiler with pressurised furnace** *(Hütt/Wlz)*
**Kessel mit einer Brennkammer** *(Hütt/Wlz)* **single-furnace boiler** *(Hütt/Wlz)*
**Kessel mit Frontalfeuerung** *(Hütt/Wlz)* **front-fired boiler** *(Hütt/Wlz)*
**Kessel mit Rückwandfeuerung** *(Hütt/Wlz)* **rear-fired boiler** *(Hütt/Wlz)*
**Kessel, abgestützt** abgestützter Kessel *adj:n* **bottom-supported boiler** *adj:n*
**Kessel, hängend** hängender Kessel *adj:n (Hütt/Wlz)* **pendant boiler** *adj:n (Hütt/Wlz)*
**Kessel- und Apparaterohr** *nt (Form)* **boiler tube** *(Form)*
**Kesselablassventil** *nt (Hyd/Pneu)* **boiler drain valve** *(Hyd/Pneu)*
**Kesselabmessung** *f (Hütt/Wlz)* **boiler dimension** *(Hütt/Wlz)*
**Kesselaggregat** *nt (Hütt/Wlz)* **boiler unit** *(Hütt/Wlz)*
**Kesselarmaturen** *pl f (Bahn) (Dampflok)* **boiler fittings** *pl (Bahn)*
**Kesselaufhängung** *f (Hütt/Wlz)* **boiler support** *(Hütt/Wlz)*
**Kesselaußenwand** *f (Hütt/Wlz)* **cold face of the boiler** *(Hütt/Wlz)*
**Kesselaußerbetriebnahme** *f (Hütt/Wlz)* **boiler shut-down**
**Kesselband** *nt (Bahn)* **boiler band** *(Bahn)*
**Kesselbekleidung** *f (Bahn)* **boiler ring** *(Bahn)* (riveted or welded)
**Kesselbekohlung** *f* **coal handling in power stations**
**Kesselbunker** *m* **boiler wal bin**
**Kesseldecke** *f (Hütt/Wlz) (Blechdecke)* **boiler top casing** *(Hütt/Wlz)*
**Kesseldecke** *f (Hütt/Wlz) (Feuerraum)* **boiler furnace roof** *(Hütt/Wlz)*
**Kesseldruck** *m (Bahn) (Lok)* **boiler pressure** *(Bahn)*
**Kesseldruckmanometer** *nt (Bahn) (Lok)* **boiler-pressure gauge** *(Bahn)*
**Kesseleinmauerung** *f (Hütt/Wlz)* **boiler brickwork** *(Hütt/Wlz)*
**Kesselentlüftung** *f (Hütt/Wlz)* **vent valve** *(Hyd/Pneu)*
**Kesselentwässerung** *f* **tank drain**

**Kesselfundament** *nt (Hütt/Wlz)* **boiler foundation** *(Hütt/Wlz)*
**Kesselgebläse** *n* **forced-draught fan** *(Hütt/Wlz)*
**Kesselgerüst** *nt (Hütt/Wlz)* **boiler support steel work** *(Hütt/Wlz)*
**Kesselhaus** *nt (Hütt/Wlz)* **boiler house** *BE (Hütt/Wlz)*
**Kesselhausrückwand** *f (Hütt/Wlz)* **rear wall of boiler house** *(Hütt/Wlz)*
**Kesselheizfläche** *f (Hütt/Wlz)* **boiler heating surface** *(Hütt/Wlz)*
**Kesselinnenwand** *f (Hütt/Wlz) (Mauerwerk)* **hot face of the boiler** *(Hütt/Wlz)*
**Kesselkonservierung** *f (Hütt/Wlz)* **boiler preservation** *(Hütt/Wlz)*
**Kesselnennleistung** *f (Hütt/Wlz)* **boiler rating** *(Hütt/Wlz)*
**Kesselpult** *nt (Hütt/Wlz)* **boiler control board** *(Hütt/Wlz)*
**Kesselrohr** *nt (Form)* **boiler tube** *(Form)*
**Kesselsäule** *f (Hütt/Wlz)* **boiler steelwork column** *(Hütt/Wlz)*
**Kesselsäulenfundament** *nt (Hütt/Wlz)* **boiler column base plate** *(Hütt/Wlz)*
**Kesselschild** *nt (Hütt/Wlz) (Hersteller)* **boiler name plate** *(Hütt/Wlz)*
**Kesselschild** *nt (Hütt/Wlz) (Instrumententafel)* **boiler instruments panel** *(Hütt/Wlz)*
**Kesselschmiede** *f (Hütt/Wlz)* **boiler making plant** *(Hütt/Wlz)*
**Kesselschuss** *m (Bg/Bergb) (z.B. unter Drehverbindung)* **boiler-tube section** *(Bg/Bergb)*
**Kesselschuss** *m (Mech) (gebogene Blechstütze)* **boiler barrel** *(Mech)* (under pontoon block)
**Kesselschweißen** *nt (Schw)* **boiler welding** *(Schw)*
**Kesselspeisepumpe** *f (Hütt/Wlz)* **boiler feed pump** *(Hütt/Wlz)*
**Kesselspeisewasser** *nt (Bahn) (Dampflok)* **boiler feed water** *(Bahn)*
**Kesselspülung** *f (Hütt/Wlz)* **boiler washout** *(Hütt/Wlz)*
**Kesselstein** *m (Hütt/Wlz)* **boiler scale** *(Hütt/Wlz)*
**Kesselsteinablagerung** *f (Bahn)* **deposit of boiler scale** *(Bahn)*
**Kesseltafelinstrumente** *pl nt (Hütt/Wlz)* **boiler panel instruments** *pl (Hütt/Wlz)*
**Kesselteile** *pl nt (Hütt/Wlz)* **boiler components** *pl (Hütt/Wlz)*
**Kesselüberholung** *f (Hütt/Wlz)* **boiler routine inspection** *(Hütt/Wlz)*
**Kesselverschalung** *f (Hütt/Wlz)* **boiler casing** *(Hütt/Wlz)*
**Kesselwagen** *m (Bahn)* **tank wagon** *(Bahn)*
**Kesselwarte** *f (Hütt/Wlz)* **boiler control room** *(Hütt/Wlz)*
**Kesselwasserabschlämmung** *f (Hütt/Wlz)* **boiler water blow-down** *(Hütt/Wlz)*
**Kesselwasserentnahme** *f (Hütt/Wlz)* **boiler water sampling point** *(Hütt/Wlz)*
**Kesselwirkungsgrad** *m (Hütt/Wlz)* **boiler efficiency** *(Hütt/Wlz)*
**Kesselzeichnung** *f (Hütt/Wlz)* **boiler drawing** *(Hütt/Wlz)*
**Kette** *f (Mech, Bg/Bergb)* **chain** *(Mech, Bg/Bergb)*
**Kette** *f (Mech, Bg/Bergb) (Raupenkette)* **crawler track chain** *(Mech)*
**Kette ablegen** Kette ablegen *n:v (Bg/Bergb)* **cast off the chain** *n:v (Bg/Bergb)*
**Kette für Landmaschinen** *(Mech)* **chain for agricultural machines** *(Mech)*
**Kette mit Platten** *(Bg/Bergb)* **track group** *(Bg/Bergb)*
**Kette ohne Platte** *(Bg/Bergb)* **track link assembly** *(Bg/Bergb)*
**Kette, gegenläufig** gegenläufige Kette *adj:n (Mech)* **counter-rotating chain** *adj:n (Mech)*
**Kette, komplett** komplette Kette *adj:n (Mech)* **complete track chain** *adj:n (Mech)*
**Kette, lose** lose Kette *adj:n (Mech)* **open chain** *adj:n (Mech)*
**Kettenanker** *m (Mech) (z.B. des Gabelstaplers)* **chain latch** *(Mech)*
**Kettenantrieb** *m (Mech)* **chain drive** *(Mech)*
**Kettenantrieb, handbetätigt** handbetätigter Kettenantrieb *adj:n (Mech)* **hand-operated chain drive** *adj:n (Mech)*
**Kettenantriebsmotor** *m (Mech)* **track motor** *(Mech)*
**Kettenband** *nt (Band)* **link assembly** *(Band)*
**Kettenbecherwerk** *nt (Bg/Bergb)* **chain elevator** *(Bg/Bergb)*

**Kettenbefestigung** *f (Mech)* **chain mounting** *(Mech)*
**Kettenbolzen** *m (Mech, Bg/Bergb)* **track pin** *(Mech, Bg/Bergb)*
**Kettenbreite** *f (Mech) (der Raupenkette)* **track width** *(Mech)*
**Kettenbruchentwicklung** *f (Mech)* **continued fraction expansion** *adj:n (Mech)*
**Kettenbrücke** *f (Stb)* **chain suspension bridge** *(Stb)*
**Kettenbüchse** *f (Mech)* **track bushing** *(Mech)*
**Kettenbügel** *m (Mech)* **chain yoke** *(Mech)*
**Kettendichtung** *f (Mech)* **track seal** *(Mech)*
**Kettenfaden** *m (Mech)* **warp thread** *(Mech)*
**Kettenflaschenzug** *m (Mech)* **chain pulley block** *(Mech)*
**Kettenförderer** *m (Bg/Bergb, Umschl)* **chain conveyor** *(Bg/Bergb)*
**Kettenfuge** *f (Mech)* **track joint** *(Mech)*
**Kettenführung** *f (Bg/Bergb)* **track guide** *(Bg/Bergb)*
**Kettengehänge** *nt (Bg/Bergb) (an Magnetausrüstung)* **chain suspension** *(Bg/Bergb)* (magnet attachment)
**Kettengehäuse** *nt (Mech)* **chain casing** *(Mech)*
**Kettengehäuse** *nt (Mech) (Raupenketten-Schutz)* **track casing** *(Mech)*
**Kettengelenk** *nt (Mech)* **track joint** *(Mech)*
**Kettengeschwindigkeit** *f (Bg/Bergb) (Eimerkettenbagger)* **speed of bucket chain** *(Bg/Bergb)*
**Kettengetriebe** *nt (Mech)* **chain drive** *(Mech)*
**Kettenglied** *nt (Mech)* **chain link** *(Mech)*
**Kettenglied** *nt (Mech) (konisch)* **taper link** *(Mech)*
**Kettenglied, gekröpft** gekröpftes Kettenglied *adj:n (Mech)* **cranked chain link** *adj:n (Mech)*
**Kettenglied, konisch** konisches Kettenglied *adj:n (Mech)* **conical chain link** *adj:n (Mech)*
**Kettenglied, treibend** treibendes Kettenglied *adj:n (Mech)* **driving link** *(Mech)*
**Kettenglied, verjüngend** verjüngendes Kettenglied *adj:n (Mech)* **tapering chain link** *(Mech)*
**Kettenkratzer** *m (Bg/Bergb)* **scraper chain conveyor** *(Bg/Bergb)*
**Kettenlagerung** *f (Bg/Bergb)* **crawler bearing length** *(Bg/Bergb)*
**Kettenlänge** *f (Mech)* **chain length** *(Mech)*
**Kettenlasche** *f (Mech)* **chain link** *(Mech)*
**Kettenmaß** *nt (Mech, Math)* **incremental dimension** *(Mech, Math)*
**Kettenmatte** *f (Bg/Bergb, Mech)* **chain mat** *(Mech, Bg/Bergb)*
**Kettenplatte** *f (Bg/Bergb)* **track plate** *(Bg/Bergb, Hütt/Wlz)*
**Kettenplatte, flach** flache Kettenplatte *adj:n (Mech)* **flat shoe** *adj:n (Mech)*
**Kettenplattenbolzen** *m (Bg/Bergb)* **track pad pin** *(Bg/Bergb)*
**Kettenrad** *nt (Mech)* **idler** *(Mech, Band, Umschl, Bg/Bergb)*
**Kettenrad, getrieben** getriebenes Kettenrad *adj:n (Mech)* **driven wheel** *adj:n (Mech)*
**Kettenrad, treibend** treibendes Kettenrad *adj:n (Mech)* **driving wheel** *(Mech)*
**Kettenradkranz** *m (Mech)* **sprocket ring** *(Mech)*
**Kettenradwelle** *f (Mech)* **chain sprocket shaft** *(Mech)*
**Kettenrolle** *f (Mech)* **chain sprocket** *(Mech)*
**Kettenrost** *m (Hütt/Wlz)* **chain grate** *(Hütt/Wlz)*
**Kettenrostfeuerung** *f (Hütt/Wlz)* **chain grate stoker** *(Hütt/Wlz)*
**Kettenschaltung** *f (Mech)* **cascade connection** *(Mech)*
**Kettenschlinge** *f (Stb)* **chain sling** *(Stb)*
**Kettenschloss** *nt (Mech)* **shakle** *(Mech)*
**Kettenschlussbolzen** *m (Mech)* **track master pin** *(Mech)*
**Kettenschlussglied** *nt (Mech)* **master link** *(Mech)*
**Kettenschutz** *m (Mech)* **track guard** *(Mech)*
**Kettenspanner** *m (Bg/Bergb) (Raupenkette)* **track tensioner** *(Bg/Bergb)*
**Kettenspanner** *m (Mech, Mont)* **chain tightener** *(Mech, Mont)*
**Kettenspannfeder** *f (Mech)* **track adjustment spring** *(Mech)*
**Kettenspannrolle** *f (Mech) (Bandwaage)* **chain takeup sprocket** *(Mech)*

**Kettenspannschlüssel** *m (Mech) (z.B. für Rohre)* **chain wrench** *(Mech)*
**Kettenspannstation** *f (Bg/Bergb) (am Kratzer)* **chain tensioning station** *(Bg/Bergb)*
**Kettenspannung** *f (Bg/Bergb, Mech) (der Raupenkette)* **track tensioning** *(Bg/Bergb, Mech)*
**Kettenspannventil** *nt (Mech)* **tension valve** *(Mech)*
**Kettenspannvorrichtung** *f (Bg/Bergb) (Transportraupe)* **chain tensioning device** *(Bg/Bergb)*
**Kettenspannzylinder** *m (Kfz)* **track adjusting cylinder** *BE (Mech)*
**Kettenstern** *m (Mech)* **chain sprocket** *(Mech)*
**Kettenstrang, endlos** endloser Kettenstrang *adj:n (Mech)* **endless chain strand** *adj:n (Mech)*
**Kettenteilstück** *nt (Mech)* **chain section** *(Mech)*
**Kettenteilung** *f (Mech)* **pitch of chain** *(Mech)*
**Kettentrieb** *m (Mech)* **chain drive** *(Mech)*
**Kettentrum** *nt (Band)* **strand of chain** *(Band)*
**Kettentrum, rücklaufend** rücklaufendes Kettentrum *adj:n (Band)* **return run** *(Band)* (of belt)
**Kettenvorgelege** *nt (Mech)* **chain reduction gear** *(Mech)*
**Kettenwerkzeugsatz** *m (Mech) (Caterpillar)* **track tool arrangement** *(Mech, Mont, Zer)*
**Kettenzug** *m (Bg/Bergb) (Raupe)* **chain tension** *(Bg/Bergb)*
**Kettenzug** *m (Mech, Bau)* **chain hoist** *(Mech)*
**Kettenzugkraft** *f (Bg/Bergb) (des Raupenbaggers)* **crawler tractive force** *(Bg/Bergb)*
**Kickstarterteil** *nt (Mech)* **kickstarter component** *(Mech)*
**Kies** *m (Geo)* **gravel** *(Geo)*
**Kies/Sandmischung** *f (Geo, Bau)* **gravel/sand granulate** *(Geo, Bau)*
**Kiesbefestigung** *f (Bau)* **gravel surfacing** *(Bau)*
**Kiesgreifer** *m (Bg/Bergb) (Baggerausrüstung)* **gravel grab** *(Bg/Bergb)*
**Kiesgrube** *f (Geo)* **gravel pit** *(Geo)* (sand pit)
**Kilometerpfahl** *m (Bahn)* **kilometer post** *(Bahn)*
**Kilometerstein** *m (Bahn)* **milestone** *(Bahn)*
**Kilometerzähler** *m (Mech)* **mileage recorder** *(Mech)*
**Kinken** *nt (Mech) (Seil)* **kinking** *(Mech)*
**Kipp-LKW** *m (Mech)* **tipper** *(Mech)* (lorry)
**Kipp-Platte** *f (Mech)* **sweep panel** *(Mech)* (sweep board)
**Kippbegrenzer** *m (Bg/Bergb)* **roll-back limiter** *(Bg/Bergb)*
**Kippbelastung** *f (Mech)* **tipping load** *(Mech)*
**Kippboden** *m (Mech) (zum Auswerfen)* **ejector floor** *(Mech)*
**Kippbodenhubarm** *m (Mech)* **ejector lift arm** *(Mech)*
**Kippbühne** *f (Mech) (für Güterwagen)* **tippler** *(Mech)*
**Kippen** *nt (Mech, Stat, Stb) (eines Gebäudes)* **overturning** *(Mech, Stat, Stb)*
**Kippenband** *nt (Umschl)* **dump conveyor** *(Umschl)*
**Kippenmächtigkeit** *f (Bg/Bergb)* **thickness of the dump** *(Bg/Bergb)*
**Kippenpflug** *m (Bg/Bergb)* **track-mounted dumping plough** *(Bg/Bergb)*
**Kippenseite** *f (Bg/Bergb) (im Tagebau)* **spoil side** *(Bg/Bergb)* (for overburden)
**Kippenstrossenband** *nt (Umschl)* **dump conveyor** *(Umschl)*
**Kipper** *m (Mech) (Lastkraftwagen)* **tipping lorry** *BE (Mech)*
**Kippfenster** *nt (Mech, Bau)* **hopper window** *(Mech, Bau)*
**Kipphebel** *m (Mech, El)* **rocker lever** *(Mech)*
**Kipphebelachse** *f (Mech)* **rocker shaft** *(Mech)*
**Kipphebelanordnung** *f (Mech)* **clip and pin arrangement** *(Kfz)*
**Kipphebelblock** *m (Mech)* **rocker arm support** *(Mech)*
**Kipphebelbüchse** *f (Mech)* **rocker arm bushing** *(Mech)*
**Kipphebelhalterung** *f (Mech)* **rocker arm bracket** *(Mech)*
**Kipphebelwelle** *f (Mech)* **rocker arm shaft** *(Mech)*

**Kippkante** *f (Mech)* **tipping line** *(Mech, Bg/Bergb)*
**Kippkante, theoretisch** theoretische Kippkante *adj:n (Bg/Bergb)* **tipping line** *(Mech, Bg/Bergb)*
**Kipplager** *nt (Mech)* **rocker bearing** *(Mech)*
**Kipplast** *f (Mech)* **tipping load** *(Mech)*
**Kipplore** *f (Bahn)* **tipping wagon** *(Bahn)*
**Kippmoment** *nt (Mech)* **overturning moment** *(Mech)*
**Kippmuldenwagen** *m (Bahn)* **tipping car** *(Bahn)*
**Kipprost** *m (Bahn)* **mudhole door** *(Bahn)* (on steam locomotive)
**Kippschaufel** *f (Bg/Bergb) (des Baggers)* **tipping shovel** *(Bg/Bergb)*
**Kippschlitten** *m (Mech) (am Stapler)* **tilting head** *(Mech)*
**Kippschurre** *f (Umschl)* **tilting chute** *(Umschl)*
**Kippsicherheit** *f (Stb)* **safety against overturning** *(Stb)*
**Kippspannungsteil** *m (Mech)* **sweep section** *(Mech)*
**Kippung** *f (Stb)* **overturning** *(Mech, Stat, Stb)*
**Kippvorrichtung** *f (Mech, Umschl)* **tilter** *(Umschl)*
**Kippvorrichtung** *f (Umschl) (Kipermulde)* **dumping body** *(Umschl)*
**Kippwagen** *m (Mech)* **tipper** *(Mech)* (lorry)
**Kippwagenselbstentleerung** *f (Bahn)* **automatic discharge for tipping wagon** *(Bahn)*
**Kippwelle** *f (Mech)* **shaft assy** *(Mech)*
**Kippwinkel** *m (Bg/Bergb)* **tipping angle** *(Bg/Bergb)*
**Kippzapfen** *m (Stb)* **rocker pin** *(Stb)*
**Kippzylinder** *m (Bg/Bergb)* **tip cylinder** *(Mech, Bg/Bergb)*
**Kissen** *nt (Mech)* **cushion** *(Mech, Allg)*
**Kiste** *f (Mech)* **box** *(Mech)*
**Klammer** *f (Mech) (z.B. für Kabel)* **clamp** *(Mech, Mont)*
**Klammerapparat** *m (Mech) (Hefter)* **stapler** *(Mech)*
**Klammergabel** *f (Mech)* **fork clamp** *(Mech)*
**Klammerspitzenverschluss** *m (Bahn) (der Weiche)* **clip point locking device** *(Bahn)* (of switch)
**Klammerverschluss** *m (Bahn) (der Weiche)* **clamp lock** *(Bahn)* (of rail switch)
**Klappbrücke** *f (Stb)* **bascule bridge** *(Stb)*
**Klappe** *f (Mech)* **flap** *(Mech)*
**Klappe** *f (Mech) (drehbar)* **damper** *(Mech)*
**Klappe** *f (Stb) (einer Klappbrücke)* **leaf** *(Stb)* (of a bascule bridge)
**Klappe, verstellbar** verstellbare Klappe *adj:n (Mech)* **adjustable vane** *adj:n (Mech)*
**Klappenbetätigung** *f (Bg/Bergb) (Klappenschaufel)* **lip actuating** *(Bg/Bergb)* (lip of BD shovel)
**Klappenbetätigung** *f (Mech) (Antrieb)* **damper gear** *(Mech)*
**Klappenventil** *nt (Bahn, Mech) (Güterwagen)* **flap valve** *(Bahn, Mech)*
**Klappenventil** *nt (Mech, Bg/Bergb)* **lip valve** *(Mech, Bg/Bergb)* (lip of BD shovel)
**Klappenverstellung** *f (Mech)* **flop adjustment** *(Mech)*
**Klappenzylinder** *m (Bg/Bergb)* **lip cylinder** *AE (Bg/Bergb)*
**Klappenzylinderventil** *nt (Bg/Bergb)* **clamshell cylinder valve** *(Bg/Bergb)*
**Klappkloben** *m (Mech)* **snatch block** *(Mech)*
**Klappöler** *m (Mech)* **grease cup** *(Mech)*
**Klappschaufel** *f (Bg/Bergb)* **bottom dump shovel** *(Bg/Bergb)* **multi-purpose bucket** *(Bg/Bergb)*
**Klappschaufelvorderteil** *nt (Bg/Bergb)* **lip** *(Mech, Bg/Bergb)*
**Klappschütz** *nt (Stb)* **tilting gate** *(Stb)*
**Klapptor** *nt (Mech, Bau)* **flap gate** *(Mech, Bau)*
**Klapptür** *f (Bg/Bergb)* **hinged door** *adj:n (Bg/Bergb)*
**Klappwand** *f (Bahn) (am Güterwagen)* **drop side** *(Bahn)*
**Klarsichtfrontplatte** *f (Mech)* **opague front plate**
**Klassier-Einrichtung** *f (Zer)* **classifying equipment** *(Zer)*
**Klassieranlage** *f (Zer)* **screening plant** *(Zer)*
**Klassierer** *m (Zer)* **classifier** *(Zer)*
**Klassiermesser** *nt (Zer)* **classifier blade** *(Mech)*
**Klassiersieb** *nt (Zer)* **classifying screen** *(Zer)*

**Klassifizierung** *f (Allg)* **classification** *(Allg)* (e.g. fields of activities, accounts)
**Klassifizierung von Lockergesteinen** *(Bau)* **classification of soils** *(Bau)*
**Klaue** *f (Mech)* **dog** *(Mech)*
**Klaue** *f (Mech) (z.B. der Klauenkupplung)* **jaw** *(Mech, Mont, Werkz)*
**Klaue** *f (Mech) (Zahnring)* **pawl** *(Mech)*
**Klaue mit Passstück** *(Mech)* **special-adapter jaw** *(Mech)*
**Klauenkupplung** *f (Mech)* **pawl clutch** *(Mech)*
**Klauenrad** *nt (Mech)* **gear with dog clutch** *(Mech)*
**Klauenring** *m (Mech)* **guide ring** *(Mech)*
**Klauenwelle** *f (Mech)* **dog clutch shaft** *(Mech)*
**Klauenzwischenstück** *nt (Mech)* **special-adapter jaw** *(Mech)*
**Klebe-Panzerlage** *f (Zer)* **adhesive breaker** *(Zer)*
**Klebeband** *nt (Mech, Allg)* **adhesive tape** *(Mech, Allg)*
**Klebefläche** *f (Mech)* **glued surface** *adj:n (Mech)*
**Kleber** *m (Allg)* **adhesive** *(Allg, Mech)*
**Klebeverbindung** *f (Stb)* **fastening with adhesive** *(Stb)*
**Klebevermögen** *nt (Stb)* **adhesiveness** *(Stb)*
**Klebfläche** *f (Allg)* **adherend** *(Allg)*
**Klebfolie** *f (Mech)* **adhesive film** *adj:n (Mech)*
**Klebstofftransportfass** *nt (Mech)* **keg for the transport of glues** *(Mech)*
**Klebung** *f (Mech)* **bonding** *(Mech)*
**Kleinkessel** *m (Hütt/Wlz)* **small boiler** *adj:n (Hütt/Wlz)*
**Kleinrad** *nt (Mech)* **pinion** *(Mech)*
**Kleinsäge** *f (Werkz)* **small saw** *adj:n (Werkz)*
**Kleinstmotorenantrieb** *m (Mech)* **fractional horsepower drive** *(Mech)*
**Kleinteil** *nt (Mech)* **small part** *adj:n (Mech)*
**Kleinteile-Schweißerei** *f (Schw)* **small-parts welding** *(Schw)*
**Klemm-Kabelschuh** *m (Mech)* **clamp-type cable lug** *(Mech)*
**Klemmbolzen** *m (Mech)* **clamp bolt** *(Mech)*
**Klemmbuchse** *f (Mech)* **terminal socket** *(Mech)*
**Klemme** *f (Mech) (Befestigungsklemme, Klammer)* **clamp** *(Mech, Mont)*
**Klemmenbolzenschraube** *f (Mech)* **terminal screw** *(El)*
**Klemmgrat** *m (Mech, Mont) (beim Schmieden)* **mould bur** *(Mech, Mont)*
**Klemmhebel** *m (Bg/Bergb)* **clamping lever** *(Bg/Bergb)*
**Klemmkabelschuh** *m (Mech)* **clamping type cable lug** *(Mech)*
**Klemmkeil** *m (Mech)* **wedge** *(Mech, Mont)*
**Klemmklotz** *m (Zer)* **clamping block** *(Zer)*
**Klemmkraft** *f (Stat)* **clamping force** *(Stat)*
**Klemmlänge** *f (Mech) (Schrauben)* **grip length** *(Mech)*
**Klemmlasche** *f (Zer)* **clamping plate** *(Zer)*
**Klemmplatte** *f (Zer)* **clamping plate** *(Zer)*
**Klemmplattenschraube** *f (Bahn) (für Kleinbahn)* **clipbolt** *(Bahn)*
**Klemmprofil** *nt (Mech)* **rubber section** *(Mech)*
**Klemmring** *m (Mech)* **clamp ring** *(Mech)*
**Klemmschieber** *m (Kfz)* **push-pull device** *(Mech, Bahn)*
**Klemmschraube** *f (Mech)* **clamping screw** *(Mech)*
**Klemmschraube** *f (Mech) (am Lagerauge)* **tightening bolt** *(Mech)* (bearing eye)
**Klemmschrauben-Anziehdrehmoment** *nt (Mech)* **torque of tightening bolt** *(Mech)* (on hub)
**Klemmstange** *f (Mech)* **lever** *(Kfz)*
**Klemmstück** *nt (Mech)* **clamping piece** *(Mech)*
**Klemmsystem** *nt (Bg/Bergb)* **clamping system** *(Bg/Bergb)*
**Klemmsystem mit vier Klemmhebeln** *(Bg/Bergb)* **system of four clamping levers** *(Bg/Bergb)*
**Klemmmutter** *f (Mech)* **clamping nut** *(Mech, El)*
**Klemmverbindung** *f (Mech) (des Seils auf der Seiltrommel)* **clamp** *(Mech, Mont)*
**Klemmvorrichtung** *f (Bg/Bergb)* **clamping** *(Bg/Bergb)*
**Klemmzylinder** *m (Bg/Bergb, Hyd)* **clamping cylinder** *(Bg/Bergb, Hyd/Pneu)*

**Klinke** *f (Bau) (Tür)* **door handle** *(Bau)*
**Klinke** *f (Mech)* **latch** *(Mech)*
**Klinkenbolzen** *m (Mech) (Bandwaage)* **pawl pin** *(Mech)*
**Klinkenfeder** *f (Mech)* **ratched spring** *adj:n (Mech)*
**Klinkengriff** *m (Mech)* **ratchet handle** *(Mech)*
**Klinkenkupplung** *f (Mech)* **pawl clutch** *(Mech)*
**Klinkenstange** *f (Mech)* **ratched pod** *adj:n (Mech)*
**Klippe** *f (Geo)* **precipice** *(Geo)*
**Klischee** *nt (Mech) (Drucktechnik)* **stereotype plate** *(Mech)*
**Kloben** *m (Mech)* **pulley block** *(Mech, Bg/Bergb)*
**Klopfen** *nt (Mech) (z.B. des Motors)* **knock** *(Mech)*
**Klopfwerk** *nt (Mech, Hyd/Pneu) (Elektrofilter)* **mechanical rapping device** *adj:n (Mech, Hyd/Pneu)*
**Klotz** *m (Mech) (Unterlegkeil)* **chock** *(Mech, Bahn)*
**Klotzbremse** *f (Mech) (Bahn)* **block brake** *(Mech)*
**Klotzsohle** *f (Bahn) (auswechselbar)* **block brake** *(Mech)*
**Klotzspiel** *nt (Mech) (des Bremsklotzes)* **block clearance** *(Mech)*
**Klüftigkeit** *f (Geo)* **crevasse formation** *(Geo)*
**Klüftigkeitsziffer** *f (Geo)* **crevasse distance** *(Geo)*
**Klüftigkeitsziffer, durchschnittlich** durchschnittliche Klüftigkeitsziffer *adj:n (Bg/Bergb)* **mean average of crevasse distance** *(Bg/Bergb)*
**Kluftwasser** *nt (Bau)* **fissure water** *(Bau)*
**Klumpen** *m (Bau)* **clod** *(Bau)*
**Knabberer** *m (Zer)* **nibbler** *(Zer)*
**Knagge** *f (Mech, Bau, Stb)* **bracket** *(Mech)* (cam) **dog** *(Mech)*
**Knaggenstuhl** *m (Mech)* **quoin bracket support** *(Mech)*
**Knäpper** *m (Geo, Bg/Bergb) (großer Steinbrocken)* **oversized rock** *adj:n (Geo, Bg/Bergb)*
**Knäppereinsatz** *m (Bg/Bergb)* **boulder work** *(Bg/Bergb)*
**Knäpperkugel** *f (Bg/Bergb)* **drop ball** *(Bg/Bergb)*
**Knäpperscheibe** *f (Bg/Bergb) (Fenster im Fahrerhaus)* **boulder window** *(Bg/Bergb)*
**Knarre** *f (Mont, Werkz)* **ratchet** *(Mont)*
**Knebel** *m (Stb) (Stahl)* **locking handle** *(Stb)*
**Knick** *m (Mech)* **elbow** *(Mech)*
**Knickausrüstung** *f (Bg/Bergb)* **offset attachment** *(Bg/Bergb)*
**Knickbeanspruchung** *f (Stat, Stb)* **buckling stress** *(Stat, Stb)*
**Knickbelastung** *f (Stb)* **buckling load** *(Stb)*
**Knicken** *nt (Stb, Stat)* **buckling** *(Mech, Stat, Stb)*
**Knicken, seitlich** seitliches Knicken *adj:n (Stb, Stat)* **lateral buckling** *adj:n (Stb, Stat)*
**Knickfestigkeit** *f (Stb)* **buckling strength** *(Stat, Stb)*
**Knickgelenk** *nt (Bg/Bergb) (z.B. an Baggern)* **converting kit** *(Bg/Bergb, Mech)*
**knickgelenkt** *adj (Bg/Bergb)* **artic-frame steered** *adj (Bg/Bergb)* (e.g. dump truck)
**Knicklänge** *f (Mech, Mont)* **unsupported length** *adj:n (Mech, Mont)*
**Knicklast** *f (Stb)* **buckling load** *(Stb)*
**Knicklenkung** *f (Bg/Bergb) (Muldenkipper)* **artic-frame steering** *(Bg/Bergb)*
**Knickmodul** *m (Stb)* **modulus** *(Mech, Math, Stb)*
**Knickmodul, reduziert** reduzierter Knickmodul *adj:n (Stb)* **reduced modulus** *adj:n (Stb)*
**Knickpunkt** *m (Mech)* **hinge point** *(Mech)*
**Knickrahmen** *m (Mech) (z.B. beim Radlader)* **articulated frame** *adj:n (Mech)*
**knickrahmengelenkt** *adj (Bg/Bergb)* **artic-frame steered** *adj (Bg/Bergb)* (e.g. dump truck)
**Knickrahmenlenker** *m (Mech)* **dumper** *(Mech)*
**Knickrahmenlenkung** *f (Mech)* **frame articulation** *(Mech)*
**Knickrahmenmittellenkung** *f (Mech)* **central articulated steering** *adj:n (Mech)*
**Knickrolle** *f (Bg/Bergb, Umschl, Band)* **snub pulley** *(Bg/Bergb, Umschl, Band)*
**Knickspannung** *f (Stb)* **buckling stress** *(Stat, Stb)*
**Knicktrommel** *f (Bg/Bergb, Umschl, Band)* **snub pulley** *(Bg/Bergb, Umschl, Band)*

**Knickung** *f (Mech)* **buckling** *(Mech, Stat, Stb)*
**Knickverhältnis** *nt (Stb)* **buckling ratio** *(Stb)*
**Knickversuch** *m (Stb)* **buckling test** *(Stb)*
**Knickvorgang** *m (Stb)* **buckling phenomenon** *(Stb)*
**Knickwinkel** *m (Mech) (z.B. beim Knicklenker)* **articulation angle** *(Mech)*
**Knickzahl** *f (Stb)* **buckling coefficient** *(Stb)*
**Knickzylinder** *m (Bg/Bergb) (an der Knickausrüstung)* **offset cylinder** *(Bg/Bergb)*
**Knie** *nt (Mech, Bau) (im Rohr)* **elbow** *(Form)* (of a pipe)
**Knie** *nt (Stb)* **angle** *(Mech, Mont)*
**Kniehebel** *m (Mech, Mont) (Schienenzange)* **toggle lever** *(Mech, Mont)*
**Kniehebel-Einstellvorrichtung** *f (Mech, Mont)* **toggle setting device** *(Mech)*
**Kniehebelfettspritze** *f (Mech, Mont)* **toggle grease press** *(Mech)*
**Kniehebelgestänge** *nt (Mech, Mont)* **toggle lever rod system** *(Mech)*
**Knieleiste** *f (Stb)* **midrail** *(Stb)*
**Kniestück** *nt (Mech)* **knee** *(Mech, Stb)*
**Kniestück** *nt (Mech) (Anschluss)* **elbow fitting** *(Mech)*
**Knippeisen** *nt (Mont)* **squeezing iron** *(Mech, Mont)*
**Knippkraft** *f (Bg/Bergb) (der Ladeschaufel)* **breakout force** *(Bg/Bergb)*
**Knippkraft** *f (Bg/Bergb) (des Auslegers)* **boom crowd force** *(Bg/Bergb)*
**Knolle** *f (Bg/Bergb, Geo)* **nodule** *(Bg/Bergb, Geo)*
**Knorrbremse** *f (Bahn, Mech)* **Knorr brake** *(Bahn, Mech)*
**Knotenbereich** *m (Bau)* **connecting plate** *(Hyd/Pneu, Bau)*
**Knotenblech** *nt (Stb, Stat)* **gusset plate** *(Stb, Stat)*
**Knotenblechverbindung** *f (Stb)* **gusset plate joint** *(Stb)*
**Knotenkette** *f (Mech) (nicht für Lasten)* **knotted-link chain** *(Mech)*
**Knotenpunkt** *m (Bahn) (Verbindung)* **joint connection** *(Bahn)*
**Knotenpunkt** *m (Stb)* **node** *(Stb)*
**Knüppel** *m (Hütt/Wlz)* **billet** *(Hütt/Wlz)*
**Knüppeldamm** *m (Bau)* **corduroy road** *(Bau)*
**Knüppelprüfanlage** *f (Hütt/Wlz)* **billet test installation** *(Hütt/Wlz)*
**Knüppelprüfer** *m (Mech) (Halter)* **billet probe holder** *(Hütt/Wlz)*
**Knüppelschlitten** *m (Hütt/Wlz)* **billet sledge** *(Hütt/Wlz)*
**Knüppelschwinge** *f (Bg/Bergb)* **bogie cross beam** *(Bg/Bergb)*
**Kobel** *m (Bahn) (Schornsteinform der Dampflok)* **dove cote chimney** *(Bahn)*
**Köcher** *m (Mech)* **quiver** *(Mech)*
**Kochversuch** *m (Anstr) (z.B. Stahl)* **boiling test** *(Anstr)*
**Köder** *m (Mech) (Kfz)* **piping** *(Mech, Schiff, Hyd/Pneu)*
**Koffer** *m (Bau) (Straßenbau)* **road bed** *(Bau)*
**Koffer-Lkw** *m (Mech)* **van** *(Mech)* (lorry)
**Kofferboden** *m (Mech)* **boot floor** *(Mech)* (luggage compartment)
**Kofferraum** *m (Mech) (Kfz)* **boot** *BE (Mech)* (of a car)
**Kohäsion** *f (Bau)* **cohesion** *(Bau)*
**Kohle** *f (Bg/Bergb)* **coal** *(Bg/Bergb, Geo)*
**Kohle mit hohem Wassergehalt** *(Bg/Bergb)* **coal with high moisture content** *(Bg/Bergb)*
**Kohle, anstehend** anstehende Kohle *adj:n (Bg/Bergb)* **coal to be exposed** *(Bg/Bergb)*
**Kohle, bituminös** bituminöse Kohle *adj:n (Bg/Bergb, Geo)* **bituminous coal** *adj:n (Bg/Bergb, Geo)*
**Kohle, gasarm** gasarme Kohle *adj:n (Bg/Bergb)* **non-gaseous coal** *adj:n (Bg/Bergb)*
**Kohle, kurzflammig** kurzflammige Kohle *adj:n (Geo)* **coal, short-flaming** *adj:n (Geo)*
**Kohle, mager** magere Kohle *adj:n (Bg/Bergb, Geo)* **lean coal** *adj:n (Bg/Bergb, Geo)*
**Kohle, vorgebrochen** vorgebrochene Kohle *adj:n (Hütt/Wlz)* **crushed coal** *adj:n (Hütt/Wlz)*
**Kohleabsperrschieber** *m (Bg/Bergb)* **coal gate** *(Bg/Bergb)*
**Kohleaufbereitung** *f (Bg/Bergb, Aufb)* **coal treatment** *(Bg/Bergb, Aufb)*

**Kohleautomatenschweißen** *nt (Schw, Mech, Mont)* **automatic carbon-arc welding** *adj:n (Schw, Mech, Mont)*
**Kohleflöz** *nt (Bg/Bergb, Geo)* **coal seam** *(Bg/Bergb, Geo)*
**Kohlegreifer** *m (Bg/Bergb)* **coal grab** *(Bg/Bergb)*
**Kohlekraftwerk** *nt (Mech, El)* **coal-fired power plant** *adj:n (Mech, El)*
**Kohlelager** *nt (Bg/Bergb)* **coal reserves** *pl (Bg/Bergb)* (in the ground)
**Kohlelichtbogenschweißen** *nt (Schw, Mech, Mont)* **carbon-arc welding** *(Schw, Mech, Mont)*
**Kohlemächtigkeit** *f (Bg/Bergb, Geo)* **thickness of coal seam** *(Bg/Bergb, Geo)*
**Kohlenabsperrschieberrolle** *f (Hütt/Wlz)* **coal gate supporting roller** *(Hütt/Wlz)*
**Kohlenaschegehalt nach Jahren** *(Bg/Bergb)* **ash content in coals by years** *(Bg/Bergb)*
**Kohlenaufnahme** *f (Umschl)* **reclaiming** *(Umschl)* (e.g. material from a pile)
**Kohlenbergwerk** *nt (Bg/Bergb)* **coal mine** *(Bg/Bergb)*
**Kohlenbunker** *m (Bg/Bergb)* **coal bunker** *(Bg/Bergb)*
**Kohlenbunker, oben liegend** oben liegender Kohlenbunker *adj:n (Bg/Bergb)* **overhead coal bunker** *(Bg/Bergb)*
**Kohlenbunkerung** *f (Bg/Bergb)* **coal storing** *(Bg/Bergb)*
**Kohlenentmischung** *f (Bg/Bergb)* **coal segregation** *(Bg/Bergb)*
**Kohlenfallschacht** *m (Bg/Bergb) (Schurre)* **coal chute** *(Bg/Bergb)*
**Kohlenförderung** *f (Bg/Bergb)* **coal output** *(Bg/Bergb)*
**Kohlenfront** *f (Bg/Bergb)* **coal face** *(Bg/Bergb)*
**Kohlengewinnung** *f (Bg/Bergb)* **coal extraction** *(Bg/Bergb)*
**Kohlenhalde** *f (Bg/Bergb)* **coal dump** *(Bg/Bergb)*
**Kohlenmächtigkeit** *f (Bg/Bergb, Geo)* **thickness of coal seam** *(Bg/Bergb, Geo)*
**Kohlenprobe** *f (Bg/Bergb)* **coal sample** *(Bg/Bergb)*
**Kohlenprobeentnahme** *f (Bg/Bergb)* **sampling of coal** *(Bg/Bergb)*
**Kohlensäureeinbruch** *m (Bg/Bergb) (Kalibergbau)* **intrusion of carbonic acid** *(Bg/Bergb)* (bubbles)
**Kohlensieb** *nt (Bg/Bergb)* **coal screen** *(Bg/Bergb)*
**Kohlensilo** *m (Bg/Bergb)* **coal silo** *(Bg/Bergb)*
**Kohlenstaub** *m (Bg/Bergb)* **coal dust** *(Bg/Bergb)*
**Kohlenstaubexplosion** *f (Bg/Bergb) (unter Tage)* **explosion of coal dust** *(Bg/Bergb)*
**Kohlenstaubfeuerung** *f (Bg/Bergb)* **pulverized-coal firing** *(Bg/Bergb)*
**Kohlenstoffgehalt** *m (Hütt/Wlz, Mech)* **carbon content** *(Hütt/Wlz, Mech)*
**Kohlenstoffrückstand** *m (Bg/Bergb)* **carbon deposit** *(Bg/Bergb, Mech)*
**Kohlenstoffstahl** *m (Hütt/Wlz)* **carbon steel** *(Hütt/Wlz)*
**Kohlenstoffstahl, tiefziehfähig** tiefziehfähiger Kohlenstoffstahl *adj:n (Hütt/Wlz)* **deep-drawable carbon steel** *adj:n (Hütt/Wlz)*
**Kohlenstoffstahl, unlegiert** unlegierter Kohlenstoffstahl *adj:n (Hütt/Wlz)* **plain carbon steel** *adj:n (Hütt/Wlz)*
**Kohlenstoß** *m (Bg/Bergb)* **coal face** *(Bg/Bergb)*
**Kohlenteerepoxid** *nt (Bg/Bergb)* **coal tar epoxy** *(Bg/Bergb)*
**Kohlenverteiler** *m (Bg/Bergb)* **travelling belt conveyor** *(Mech, Bg/Bergb)*
**Kohlenwaage** *f (Bg/Bergb)* **coal weigher** *(Bg/Bergb)*
**Kohlenwagen** *m (Bahn, Bg/Bergb)* **tender** *(Bahn, Bg/Bergb)* (for coal)
**Kohlenwäsche** *f (Bg/Bergb)* **coal washing plant** *(Bg/Bergb)*
**Kohlenzug** *m (Bahn, Bg/Bergb)* **coal train** *(Bahn, Bg/Bergb)*
**Kohlenzulaufrohr** *nt (Bg/Bergb)* **coal chute** *(Bg/Bergb)*
**Kokerei** *f (Bg/Bergb)* **coke plant** *(Bg/Bergb)*
**Kokille** *f (Hütt/Wlz)* **ingot** *(Hütt/Wlz)*
**Kokillengießen** *nt (Hütt/Wlz)* **gravity die casting** *(Hütt/Wlz)*
**Kokillenguss** *m (Hütt/Wlz)* **die casting** *(Hütt/Wlz)*
**Koks** *m (Bg/Bergb)* **coke** *(Bg/Bergb)*

**Koksgreifer** *m (Bg/Bergb)* **coke grab** *(Bg/Bergb)*
**Kokskohle** *f (Bg/Bergb, Geo)* **coking coal** *(Bg/Bergb, Geo)*
**Koksofengas** *nt (Chem, Bg/Bergb)* **coke oven gas** *(Chem, Bg/Bergb)*
**Kolben** *m (Mech, Hyd/Pneu) (Pumpe)* **piston** *(Mech)*
**Kolben, hydraulisch entlastet** hydraulisch entlasteter Kolben *adj:n (Mech, Hyd/Pneu)* **balanced piston** *adj:n (Hyd/Pneu, Mech)*
**Kolben, oval** ovaler Kolben *adj:n (Mech)* **cam-shaped piston** *(Mech)*
**Kolben, schwimmend** schwimmender Kolben *adj:n (Mech) (Schmieranlage)* **floating piston** *(Mech)*
**Kolbenbolzen** *m (Mech)* **piston pin** *(Mech)*
**Kolbenbolzensicherung** *f (Mech)* **gudgeon pin retainer** *(Mech)*
**Kolbenbuchse** *f (Mech)* **gudgeon pin bushing** *(Mech)*
**Kolbendurchmesser** *m (Mech)* **piston diameter** *(Mech)*
**Kolbenfederteller** *m (Mech)* **plunger spring plate** *(Mech)*
**Kolbenfresser** *m (Mech)* **piston seizure** *(Mech)*
**Kolbenführung** *f (Mech)* **piston guide** *(Mech)*
**Kolbenhub** *m (Hyd, Mech)* **piston stroke** *(Hyd/Pneu, Mech)* (piston travel)
**Kolbenklemmer** *m (Mech)* **piston squeezing** *(Mech)*
**Kolbenkühlbohrung** *f (Mech)* **piston cooling rifle** *(Mech)*
**Kolbenkühldüse** *f (Mech)* **piston cooling jet** *(Mech)*
**Kolbenmanschette für Bremszylinder** *(Mech)* **piston cup for brake cylinder** *(Mech)*
**Kolbenpumpe** *f (Hyd/Pneu)* **piston pump** *(Hyd/Pneu)*
**Kolbenring** *m (Hyd/Pneu, Mech)* **piston ring** *(Hyd/Pneu, Mech)*
**Kolbenscheibe** *f (Mech)* **piston spacer plate** *(Mech)*
**Kolbenspeicher** *m (Mech)* **piston type accumulator** *(Mech)*
**Kolbenspiel** *nt (Mech)* **piston clearance** *(Mech)*
**Kolbenstange** *f (Mech)* **piston rod** *(Mech)*
**Kolbenstangenaussparung** *f (Kfz)* **piston rod compartment** *(Kfz)*
**Kolbenstangendichtung** *f (Hyd/Pneu)* **stepseal** *(Hyd/Pneu, Mech)*
**Kolbenstangenkopf** *m (Mech)* **rod eye** *(Mech)*
**Kolbenstangenkuppe** *f (Hyd/Pneu)* **piston rod end** *(Hyd/Pneu)*
**Kolbenstangenseite** *f (Mech) (des Zylinders)* **annulus** *(Mech)* (piston rod side of cylinder)
**Kolbentrommel** *f (Mech)* **piston drum** *(Mech)*
**Kolbenventil** *nt (Hyd/Pneu)* **cylindrical valve** *adj:n (Hyd/Pneu)*
**Kolbenzahnradsegment** *nt (Mech)* **plunger gear segment** *(Mech)*
**Kollisions-Warngerät** *nt (Mech)* **collision-threat assessment** *(Mech)*
**Kombiblechschraube** *f (Mech, Mont)* **tapping screw assembly** *(Mech, Mont)*
**Kombigerät** *nt (Umschl) (kombinierter Schaufelradlader)* **bucket wheel stacker-reclaimer** *(Bg/Bergb)*
**Kombinationsbrenner** *m (Schw)* **multi-fuel type burner** *(Schw)*
**Kombischaufel** *f (Bg/Bergb)* **multi-purpose bucket** *(Bg/Bergb)*
**Kombischraube** *f (Mech, Mont)* **screw and washer assembly** *(Mech, Mont)*
**Komfort-Fahrerhaus** *nt (Bg/Bergb)* **deluxe cab** *(Bg/Bergb)*
**Kompaktabsetzer mit gestütztem Zuführungsband** *(Bg/Bergb)* **compact spreader with supported feeding conveyor boom** *(Bg/Bergb)*
**Kompaktbagger** *m (Bg/Bergb)* **compact excavator** *adj:n (Bg/Bergb)*
**Kompaktbauweise** *f (Mech)* **unit construction** *(Hyd/Pneu, Mech)*
**Kompaktkonstruktion** *f (Mech)* **compact design** *adj:n (Mech)*
**Kompaktmaschine** *f (Mech) (Motor)* **compact engine** *adj:n (Mech)*
**Kompaktschaufelradbagger** *m (Bg/Bergb)* **compact bucket wheel excavator** *adj:n (Bg/Bergb)*
**Kompensator** *m (Mech, El) (Bandwaage)* **compensating unit** *(Mech, El)*

**Komplettbau** *m (Mech)* **system buildings** *pl (Mech)*
**Komplettpuffer** *m (Bahn)* **self-contained buffer** *adj:n (Bahn)*
**Kompressionsdruck** *m (Hyd/Pneu)* **compression pressure** *(Hyd/Pneu)*
**Kompressionshahn** *m (Hyd/Pneu)* **pet cock** *(Hyd/Pneu)*
**Kompressionshub** *m (Hyd/Pneu)* **compression stroke** *(Mech, Hyd/Pneu)*
**Kompressionshülse** *f (Mech, Hyd/Pneu)* **compression sleeve** *(Mech, Hyd/Pneu)*
**Kompressionsverhältnis** *nt (Hyd/Pneu)* **compression ratio** *(Hyd/Pneu, Mech)*
**Kompressionswelle** *f (Hyd/Pneu)* **compression wave** *(Hyd/Pneu)*
**Kondensationsturbine** *f (Hütt/Wlz)* **condensing turbine** *(Hütt/Wlz)*
**Kondensator** *m (Mech) (Bandwaage)* **condenser** *(Mech)*
**Kondensatpumpe** *f (Hütt/Wlz)* **condensate pump** *(Hütt/Wlz)*
**Kondensatrückführung** *f (Hütt/Wlz)* **condensate return** *(Hütt/Wlz)*
**Kondensatspeicher** *m (Hütt/Wlz)* **condensate storage vessel** *(Hütt/Wlz)*
**Kondenstopf** *m (Hütt/Wlz)* **steam trap** *(Mech)*
**Kondenswasser** *nt (Allg)* **condensed water** *adj:n (Allg)*
**Kondenswasserbildung** *f (Mech)* **condensation water** *(Allg)*
**Kondenswasserheizung** *f (Mech)* **anti-condensation heater** *(Mech)*
**Konditionierer** *m (Aufb)* **conditioner** *(Aufb)*
**Konfektion** *f (Mech, Band) (Gurt)* **construction** *(Mech, Stb, Allg)*
**Konglomerat** *nt (Geo)* **conglomerate** *(Geo)*
**Königsstuhl** *m (Stb)* **center support** *(Stb)*
**Königswelle** *f (Bg/Bergb)* **vertical shaft** *adj:n (Bg/Bergb)*
**Königszapfen** *m (Mech)* **centre pin** *BE (Mech)* **kingbolt** *(Mech)*
**konsistentes Fett** *(Form)* **nonfluid oil** *(Chem, Mech)*
**Konsistenz** *f (Mech)* **consistency** *(Geo, Mech)*
**Konsistenz eines Bodens** *(Geo, Mech)* **consistency of soil** *(Geo, Mech)*
**Konsol** *nt (Mech)* **knee** *(Mech, Stb)*
**Konsol, auskragend** auskragendes Konsol *adj:n (Mech)* **cantilever** *(Mech)*
**Konsolabsetzer** *m (Bg/Bergb)* **girder-type spreader** *(Bg/Bergb)*
**Konsole** *f (Mech) (z.B. im Fahrerhaus)* **console** *(El, Mech)*
**Konsole** *f (Mech, Bau)* **bracket** *(Mech, Bau)*
**Konsolplatte** *f (Hütt/Wlz)* **bracket plate** *(Hütt/Wlz)*
**Konsolträger** *m (Mech, Stb)* **overhanging beam** *(Mech, Stb)*
**Konstantpumpe** *f (Mech, Hyd/Pneu)* **fixed displacement pump** *adj:n (Mech, Hyd/Pneu)*
**Konstruktion** *f (Mech, Allg, Bau)* **design** *(Mech, Allg)*
**Konstruktion mit Änderungsmöglichkeiten** *(Bau)* **open-door design** *(Bau)*
**Konstruktion, angebaut** angebaute Konstruktion *adj:n (Mech)* **built-on structure** *adj:n (Mech)*
**Konstruktion, angrenzend** angrenzende Konstruktion *adj:n (Mech)* **adjoining structure** *adj:n (Mech)*
**Konstruktion, intakt** intakte Konstruktion *adj:n (Mech)* **structural integrity** *(Mech)*
**Konstruktion, nicht tragend** nicht tragende Konstruktion *adj:n (Mech)* **non-bearing structure** *adj:n (Mech)*
**Konstruktion, vorspringend** vorspringende Konstruktion *adj:n (Bg/Bergb)* **projecting structure** *adj:n (Bg/Bergb)* (on the excavator)
**Konstruktionselement** *nt (Bau)* **structural part** *(Bau)*
**Konstruktionsfehler** *m (Allg, Bau)* **defect in design** *(Allg, Bau)*
**Konstruktionsgewicht** *nt (Mech, Mont)* **design weight** *(Mech, Mont)*
**Konstruktionshöhe** *f (Mech)* **total height** *adj:n (Mech)*
**Konstruktionsingenieur** *m (Bau)* **design engineer** *(Allg, Bau)*
**Konstruktionsmerkmal** *nt (Bau, Mech, Allg)* **design feature** *(Bau, Mech, Allg)*
**Konstruktionspunkt** *m (Bau)* **point of construction** *(Bau)*
**Konstruktionsstunde** *f (Stb)* **time spent on designing** *(Stb)*

**Konstruktionsteil** *nt (Bau)* **structural part** *(Bau)*
**Konstruktionsunterlagen** *pl f (Bau, Allg)* **design dossier** *(Bau, Allg)*
**Konstruktionszeichnungssatz** *m (Mech)* **set of design drawings** *(Mech)*
**Kontaktfläche** *f (Mech)* **contact surface** *(Mech, Schw)*
**Kontaktpunkt** *m (Mech)* **contact point** *(Mech)*
**Kontaktschutzkappe** *f (Mech) (Thermometer)* **contact protection cap** *(Mech)*
**Kontaktschweißen** *nt (Schw)* **contact welding** *(Schw)*
**Kontakttachometer** *m (Mech)* **contact tachometer** *(Mech)*
**Kontermutter** *f (Mech)* **counter-nut** *(Mech)*
**Kontraktion** *f (Stb)* **contraction** *(Hütt/Wlz, Stb)*
**Kontraktionszahl** *f (Stb)* **contraction coefficient** *(Stb)*
**Kontrast** *m (Mech) (Fernsehgerät)* **contrast filter screen** *(Mech)* (TV)
**Kontroll-Dreiweghahn** *m (Hyd/Pneu)* **control three-way valve** *(Hyd/Pneu)*
**Kontrollanalyse** *f (Stb)* **check analysis** *(Stb)*
**Kontrolle** *f (Allg, Mech)* **control** *(El, Allg)*
**Kontrolle, maßlich** maßliche Kontrolle *adj:n (Mech)* **dimension check** *(Mech)*
**Kontrollflüssigkeit** *f (Hyd/Pneu)* **testing fluid** *(Mech, Hyd/Pneu)*
**Kontrollflüssigkeit, eingefüllt** eingefüllte Kontrollflüssigkeit *adj:n (Mech, Hyd/Pneu)* **testing fluid filled** *(Mech, Hyd/Pneu)*
**Kontrollkörper** *m (Schw)* **reference block** *(Schw, Mech)*
**Kontrollmaß** *nt (Allg)* **reference dimension** *(Allg)*
**Kontrollöffnung** *f (Mech) (z.B. am Getriebe)* **checking tap** *(Mech)*
**Kontrollstift** *m (Mech) (Umsteuerung Schmieranlage)* **control pin** *(Mech)*
**Kontrollventil** *nt (Hyd/Pneu)* **check valve** *(Hyd/Pneu)*
**Kontrollversuch** *m (Stb)* **control test** *(Stb)*
**Konusform** *f (Mech, Mont)* **taper** *(Mech, Mont)*
**Konuslehre** *f (Mech, Mont)* **cone gauge** *(Mech, Mont)*
**Konusrad** *nt (Mech)* **cone-type wheel** *adj:n (Mech)*
**Konusrad, zellenlos** zellenloses Konusrad *adj:n (Bg/Bergb, Umschl)* **cell-less cone-type wheel** *adj:n (Mech)*
**Konusreduzieranschluss** *m (Mech, Mont)* **reducer connector** *(Mech, Mont)*
**Konustrieb** *m (Mech)* **taper cone drive** *(Mech)*
**Konusüberstand** *m (Mech)* **projecting cone** *adj:n (Mech)*
**Konvektion** *f (Stb)* **heat convection** *(Stb)*
**Konvektionsbeiwert** *m (Stb)* **convection coefficient** *(Stb)*
**Konverterkessel** *m (Hütt/Wlz)* **converter waste heat boiler** *(Hütt/Wlz)*
**Konverterstahl** *m (Hütt/Wlz)* **converter steel** *(Hütt/Wlz)*
**Konzept, modular** modulares Konzept *adj:n (Bg/Bergb)* **modular concept** *adj:n (Mech, Bg/Bergb)*
**Konzessionsdruck** *m (Hyd/Pneu)* **design pressure** *(Hyd/Pneu)*
**Koordinate** *f (Stb)* **coordinate** *(Stb)*
**Koordinaten-Brennschneidmaschine** *f (Schw)* **coordination flame cutting machine** *(Schw)*
**Koordinatenachse** *f (Stb)* **coordinate axis** *(Stb)*
**Kopf** *m (Stb)* **end** *(Mech)*
**Kopf der Abstützung** *(Bahn) (Wagonabstützung)* **jack head** *(Bahn)*
**Kopf- und Schlussantrieb** *(Mech, Band)* **head and tail end drive** *(Mech, Band)*
**Kopfabrundungsfaktor** *m (Mech, Mont) (Werkzeuge)* **tooth tip radius** *(Mech)* (tools)
**Kopfauflage** *f (Mech, Mont) (Schraubenkopf/Blech)* **connecting surface** *(Mech, Mont, Schw)*
**Kopfbahnhof** *m (Bahn)* **terminal station** *BE (Bahn)*
**Kopfband** *nt (Stb)* **kneebrace** *(Stb)*
**Kopfbolzen** *m (Mech)* **set bolt** *(Mech)*
**Kopfbolzendübel** *m (Stb)* **stud shear connector** *(Stb)*
**Kopfböschung** *f (Bg/Bergb)* **head wall** *(Bg/Bergb)*
**Kopffläche** *f (Mech)* **tip surface** *(Mech)*

**Kopfflanke** *f (Mech)* **addendum flank** *(Mech)*
**Kopffreiheit** *f (Mech)* **head clearance** *(Mech)*
**Kopfhöhe** *f (Mech)* **addendum** *(Mech)* (gear wheel)
**Kopfhöhe** *f (Mech) (einer Schraube)* **height of head** *(Mech)*
**Kopfhöhe** *f (Mech) (freie Höhe über Apparaten)* **headroom** *(Mech, Bau)*
**Kopfhöhenänderung** *f (Mech) (Zahnrad)* **change of addendum** *(Mech)*
**Kopfhöhenfaktor** *m (Mech) (Werkzeug)* **addendum coefficient** (tools)
**Kopfkantenbruch** *m (Mech) (Getriebe)* **bevelled tip relief** *adj:n (Mech)*
**Kopfkehlfläche** *f (Mech)* **gorge** *(Mech)*
**Kopfkehlhalbmesser** *m (Mech)* **gorge radius** *(Mech)*
**Kopfkreis** *m (Mech)* **tip circle** *(Mech)*
**Kopfkreis im Mittelschnitt** *(Mech)* **circle at root of gorge** *(Mech)*
**Kopfkreisdurchmesser** *m (Mech)* **tip diameter** *(Mech)*
**Kopfkreisdurchmesser im Mittelschnitt** *(Mech)* **diameter at root of gorge** *(Mech)*
**Kopflinie** *f (Mech)* **top line** *(Mech)*
**Kopfmantelfläche** *f (Mech)* **tip surface** *(Mech)*
**Kopfplatte** *f (Stb)* **end plate** *(Mech, Stb, Bahn)*
**Kopfplatte** *f (Stb) (Stütze)* **cap plate** *(Stb)*
**Kopframpe** *f (Bahn)* **head ramp** *(Bahn)*
**Kopfraum** *m (Mech)* **head clearance** *(Mech)*
**Kopfrücknahme** *f (Mech) (Getriebe)* **tip relief** *(Mech)* (gear)
**Kopfschraube** *f (Mech)* **cap screw** *(Mech)*
**Kopfseite** *f (Mech) (Stangenseite)* **rod side** *(Mech)*
**Kopfspiel** *nt (Mech)* **bottom clearance** *(Mech)*
**Kopfstation** *f (Band) (einer Bandanlage)* **head station** *(Band)* (of a conveyor system)
**Kopfstrebe** *f (Stb)* **kneebrace** *(Stb)*
**Kopfstrecke** *f (Bg/Bergb) (neben der Abbauwand)* **head gate** *(Bg/Bergb)*
**Kopfstück** *nt (Mech)* **head piece** *(Mech)*
**Kopfstütze** *f (Mech) (Kfz)* **head rest** *(Mech)*
**Kopfträger** *m (Mech) (z.B. eines Krans)* **top beam** *(Mech)*
**Kopftrommel** *f (Bg/Bergb, Umschl, Band)* **head-end pulley** *(Bg/Bergb, Umschl, Band)*
**Koppel** *f (Bg/Bergb)* **fork** *(Mech, Bg/Bergb)*
**Koppel und Schwinge** *(Bg/Bergb)* **linkage** *(Mech, Bg/Bergb)*
**Koppellenker** *m (Bg/Bergb)* **rocker** *(Mech, El, Bg/Bergb, Stb)*
**Koppelrad** *nt (Mech)* **external geared wheel** *adj:n (Mech)*
**Koppelstange** *f (Bg/Bergb)* **steering rod** *(Mech, Bg/Bergb)*
**Koppelträger** *m (Stb)* **suspended span** *adj:n (Stb)*
**Korallenkalk** *m (Bau)* **coral limestone** *(Bau)*
**Korb** *m (Bg/Bergb)* **cage** *(Bg/Bergb)* (in coal mine)
**Korb** *m (Mech) (des Fahrstuhls)* **car** *(Mech)* (of an elevator)
**Korbeinsatz** *m (Mech) (z.B. in Filter)* **mesh wire sieve insert** *(Mech)*
**Korbfilter** *m (Hütt/Wlz)* **basket strainer** *(Hütt/Wlz)*
**Korbleiter** *f (Mech, Mont)* **ladder with back guard** *(Mech, Mont)*
**Korbtrommel** *f (Mech, Band)* **wing-type pulley** *(Mech, Band)*
**Kordel** *f (Allg)* **knurling** *(Allg)*
**Korkbelagkupplungslamelle** *f (Kfz)* **cork-faced clutch plate** *(Kfz)*
**Korkenzieher** *m (Mech)* **corkscrew** *(Mech)*
**Korkstopfen** *m (Mech)* **cork plug** *(Mech)*
**Korn** *nt (Zer)* **grain** *(Zer)*
**Korndichte** *f (Bau)* **unit weight of the solid constituents** *(Bau)*
**Körner** *m (Mont, Werkz)* **prick punch** *(Mech, Werkz)*
**körnerschlaggesichert** *adj (Mont)* **prick-punch locked** *adj (Mont)*
**Korngefüge** *nt (Geo, Mech)* **grain structure** *(Geo, Mech)*
**Korngrenze** *f (Mech)* **grain boundary** *(Mech)*
**Korngröße** *f (Geo, Mech)* **grain size** *(Geo, Mech)*

**Korngrößenansprache** *f (Bau)* **visual designation of grain sizes** *(Bau)*
**Korngrößenverteiler** *m (Geo) (beweglich)* **travelling grate traversing coal feeder** *(Geo)*
**Korngrößenverteiler** *m (Geo) (fest)* **non-segregating coal distributor** *(Geo)*
**Korngrößenverteilung** *f (Geo, Mech)* **granulometry** *(Geo, Mech)*
**Korngruppe** *f (Bau)* **grain-size range** *(Bau)*
**Kornhärte** *f (Bau)* **grain hardness** *(Bau)*
**Kornstufenschaulehre** *f (Bau)* **visual grading gauge** *adj:n (Bau)*
**Kornteilchen** *nt (Bau)* **grain particle** *(Bau)*
**Körnung** *f (Zer)* **graining** *(Zer)*
**Körnungslinie** *f (Bau)* **grading curve** *(Bau)*
**Körper** *m (Mech) (Maschinenteil)* **solid** *(Mech)* (e.g. machine part)
**Körper, prismatisch** prismatischer Körper *adj:n (Stb)* **prismatic structure** *adj:n (Stb)*
**Körperkante** *f (Stb)* **edge of the object** *(Stb)*
**Körperschall** *m (Mech) (Bleche vibrieren)* **structure-borne noise** *(Mech)*
**Korrosion** *f (Mech)* **corrosion** *(Mech)*
**Korrosion, atmosphärisch** atmosphärische Korrosion *adj:n (Anstr)* **atmospheric corrosion** *adj:n (Anstr)*
**Korrosionsbeständigkeit** *f (Anstr)* **corrosion resistance** *(Anstr)*
**Korrosionsnarbe** *f (Anstr)* **corrosion scar** *(Anstr)*
**Korrosionsschaden** *m (Mech)* **corrosion damage** *(Mech)*
**Korrosionsschutz** *m (Mech)* **corrosion protection** *(Mech)*
**Korrosionsschutzmittel** *nt (Mech, Anstr)* **corrosion inhibitor** *(Mech, Anstr)*
**Kotflügel** *m (Mech)* **wing** *(Mech)*
**Kotflügelstütze** *f (Mech)* **wing stay** *(Mech)*
**Kraft** *f (Mech) (Leistung, z.B. Strom)* **power** *(Mech)*
**Kraft** *f (Mech, Stat)* **force** *(Stat)*
**Kraft, beliebig gerichtet** beliebig gerichtete Kraft *adj:n* **force acting in any direction**
**Kraft, eingeprägt** eingeprägte Kraft *adj:n (Mech, Phys)* **applied force** *adj:n (Mech, Phys)*
**Kraft, elektromotorisch** elektromotorische Kraft *adj:n (Mech)* **electric-motor force** *(Mech)*
**Kraft, innere** innere Kraft *adj:n (Stat)* **internal force** *adj:n (Stat)*
**Kraft, periodisch wechselnd** periodisch wechselnde Kraft *adj:n (Stat)* **alternating force** *(Stat)*
**Kraft, zentrisch** zentrische Kraft *adj:n (Stb)* **axial force** *adj:n (Mech, Stat)*
**Kraft-Wärme-Kopplung** *f (Form)* **recovering and utilizing waste heat** *(Form)*
**Kraftangriff** *m (Stb)* **application of load** *(Stb)*
**Kraftangriffspunkt** *m (Stat)* **point of application of load** *(Stat)*
**Kraftangriffswinkel** *m (Mech, Stat)* **pressure angle** *(Mech, Stat)*
**Kraftbedarf** *m (Mech)* **power requirement** *(Mech)*
**Kraftdrehkopf** *m (Bg/Bergb)* **rotary drive** *adj:n (Bg/Bergb)*
**Kraftdrehkopfdrehmoment** *nt (Bg/Bergb)* **rotary-drive torque** *(Bg/Bergb)* (on drill rig)
**Kräftedreieck** *nt (Mech, Stat)* **triangle of forces** *(Mech, Stat)*
**Kräfteermittlung** *f (Stb)* **member-force analysis** *(Stb)*
**Kräftegleichgewicht** *nt (Stb)* **equilibrium of forces** *(Stb)*
**Kräftegruppe** *f (Mech, Stat)* **system of forces** *(Mech, Stat)*
**Krafteingang** *m (Kfz)* **power inlet** *(Kfz)*
**Krafteinleitung** *f (Bg/Bergb)* **power flow** *(Bg/Bergb)*
**Kräftemaßstab** *m (Stb)* **force scale** *(Stb)*
**Kräftepaar** *nt (Mech, Stat)* **force couple** *(Mech, Stat)* (coupler, torque)
**Kräfteparallelogramm** *nt (Mech, Stat)* **parallelogram of forces** *(Mech, Stat)*
**Kräfteplan** *m (Stb)* **force diagram** *(Stb)*
**Kräftezerlegung** *f (Stb)* **resolution of forces** *(Stb)*
**Kräftezusammensetzung** *f (Stb)* **composition of forces** *(Stb)*
**Kraftfahrzeug** *nt (Mech)* **motor vehicle** *(Mech)*
**Kraftfahrzeugtechnik** *f (Kfz)* **automotive engineering** *(Kfz)*
**Kraftfluss** *m (Mech)* **power train** *(Mech)*
**Kraftformel** *f (Math)* **power formula** *(Math)*

**Kraftgröße** *f (Mech, Stat)* **intensity of stress** *(Mech, Stat)*
**Kraftkolben** *m (Mech)* **power piston** *(Mech)*
**Kraftlinie** *f (Stb)* **line of force** *(Stb)*
**Kraftlinienverlauf** *m (Stb)* **force line course** *(Stb)*
**Kraftmaschine** *f (Mech)* **power engine** *(Mech)*
**Kraftmessdose** *f (Mech) (Bandwaage)* **load cell** *(Mech)*
**Kraftniet** *m (Stb)* **load carrying rivet** *(Stb)*
**Kraftpaket** *nt (Kfz)* **power pack** *(El, Mech)*
**Kraftrad** *nt (Mech) (Motorrad)* **motorcycle** *(Mech)*
**Kraftrichtung** *f (Stat)* **direction of force** *(Stat)*
**Kraftschluss** *m (Bahn)* **frictional connection** *(Bahn)*
**Kraftstoff** *m (Bg/Bergb, Chem, Mech)* **fuel** *(Mech, Chem)*
**Kraftstoff-Abstellhahn** *m (Hyd/Pneu)* **fuel shut-off** *(Hyd/Pneu)*
**Kraftstoff-Einfüllstutzen** *m (Kfz)* **fuel filler neck** *(Kfz)*
**Kraftstoffanlage** *f (Kfz)* **fuel system** *(Kfz)*
**Kraftstoffdüse** *f (Kfz)* **injector** *(Hyd, Mech)*
**Kraftstoffeinspritzdüse** *f (Mech)* **fuel injection valve** *(Kfz)*
**Kraftstoffeinstellbohrung** *f (Kfz)* **fuel adjustment hole** *(Kfz)*
**Kraftstoffheizung** *f (Kfz)* **fuel heating** *(Kfz)*
**Kraftstoffleitung** *f (Mech)* **fuel pipe** *(Mech)*
**Kraftstoffmesser** *m (Kfz)* **fuel gauge** *(Kfz)*
**Kraftstoffmessstab** *m (Mech)* **fuel dip stick** *(Mech)*
**Kraftstoffförderpumpe** *f (Hyd/Pneu, Mech)* **fuel transfer pump** *(Hyd/Pneu, Mech)*
**Kraftstoffpumpe** *f (Hyd/Pneu, Mech)* **fuel pump** *(Mech, Hyd/Pneu)*
**Kraftstoffpumpenantrieb** *m (Kfz)* **fuel pump drive** *(Kfz)*
**Kraftstoffpumpenmembran** *f (Kfz)* **fuel pump diaphragm** *(Kfz)*
**Kraftstoffpumpensieb** *nt (Kfz)* **fuel pump screen** *(Kfz)*
**Kraftstoffpumpenstößel** *m (Kfz)* **fuel pump tappet** *(Kfz)*
**Kraftstoffregler** *m (Kfz)* **fuel ratio control** *(Kfz)*
**Kraftstoffreservebehälter** *m (Kfz)* **reserve fuel tank** *(Kfz)*
**Kraftstoffrücklaufleitung** *f (Kfz)* **fuel return line** *(Kfz)*
**Kraftstoffsensor** *m (Kfz)* **fuel sensor** *(Kfz)*
**Kraftstoffsparausführung** *f (Kfz)* **fuel-saving version** *(Kfz)*
**Kraftstoffverbrauch** *m (Kfz)* **fuel consumption** *(Mech)*
**Kraftstoffverbrauchsmenge** *f (Kfz)* **fuel consumption rate** *(Kfz)*
**Kraftstoffverbrauchsmesser** *m (Kfz)* **fuel consumption indicator** *(Kfz)*
**Kraftstoffvorfilter** *nt (Kfz)* **fuel pre-filter** *(Kfz)*
**Kraftstoffvorratszeiger** *m (Kfz)* **fuel gauge** *(Kfz)*
**Kraftstoffzufuhr** *f (Kfz)* **fuel supply** *(Kfz)*
**Kraftübertragung** *f (Mech)* **power transmission** *(Mech)*
**Kraftverbrauch** *m (Mech)* **power consumption** *(El, Mech)*
**Kraftverstärkung** *f (Mech)* **power increase** *(Mech)*
**Kraftwegmethode** *f (Kfz)* **path-way method** *(Kfz)*
**Kraftwerk** *nt (Mech, El)* **power plant** *(Mech, El)* **power station** *(El, Mech)*
**Kraftwerkskessel** *m (Hütt/Wlz)* **power station boiler** *(Hütt/Wlz)*
**Kragarm** *m (Mech, Stb).* **cantilever arm** *(Stb)*
**Kragarm Brückenträger** *(Stb)* **cantilevered arm of bridge truss** *(Stb)*
**Kragdach** *nt (Stb)* **canopy** *(Stb)*
**Kragen** *m (Hütt/Wlz) (Zyklon)* **cyclone throat** *(Hütt/Wlz)*
**Kragen** *m (Mech) (z.B. einer Welle)* **collar** *(Mech)*
**Kragenbüchse** *f (Mech)* **collar bushing** *(Mech)*
**Kragplatte** *f (Bau) (Hochbau)* **cantilever platform** *(Bau)*
**Kragstütze** *f (Stb)* **bracket support** *(Stb)*
**Kragträger** *m (Mech)* **cantilever beam** *(Stb)*
**Krähenfüße** *pl m (Schw)* **wrinkles** *pl (Schw)*
**Kralle** *f (Mech)* **claw** *(Mech)*
**Krämer-Mühlenfeuerung** *f (Hütt/Wlz)* **Krämer mill type firing equipment** *(Hütt/Wlz)*

**Kran** *m (Bg/Bergb, Mech)* **crane** *(Bg/Bergb, Mech)*
**Kran mit Selbstantrieb** *(Mech)* **self-propelled crane** *(Mech)*
**Kran, fahrbar** fahrbarer Kran *adj:n (Mech)* **mobile crane** *adj:n (Mech)*
**Kranantrieb** *m (Mech)* **crane drive** *(Mech)*
**Kranarm** *m (Mech)* **crane arm** *(Mech)* (jib arm)
**Kranausleger** *m (Mech)* **crane boom** *(Mech)*
**Kranausleger, hydraulisch schwenkbar** hydraulisch schwenkbarer Kranausleger *adj:n (Mech)* **crane boom with hydraulic slewing** *(Mech)*
**Kranausrüstung** *f (Mech)* **crane equipment** *(Mech)*
**Kranbahnkatze** *f (Stb, Mech)* **trolley** *(Mech, Umschl)*
**Kranbahnschiene** *f (Mech)* **crane rail** *(Mech, Stb)*
**Kranbahnstütze** *f (Stb)* **crane column** *(Stb)*
**Kranbahnträger** *m (Stb)* **craneway girder** *(Stb)*
**Kranbau** *m (Kran)* **crane construction** *(Kran)*
**Kranfahrbahn** *f (Mech)* **crane runway** *(Mech)*
**Kranfahrzeug** *nt (Bg/Bergb)* **crane vehicle** *(Bg/Bergb)*
**Kranführer** *m (Bg/Bergb)* **crane operator** *(Bg/Bergb)*
**Kranladung** *f (Mech)* **crane load** *(Mech)*
**Kranlaufbahn** *f (Mech)* **trolley** *(Mech, Umschl)*
**Kranlaufrolle** *f (Mech)* **crane roller** *(Mech)*
**Kranlaufwerk** *nt (Mech, Bg/Bergb)* **crane crawler unit** *(Mech, Bg/Bergb)*
**Kranprüfplatz** *m (Mech)* **crane test area** *(Mech)*
**Kranschiene** *f (Stb)* **crane rail** *(Mech, Stb)*
**Kranspurweite** *f (Mech)* **crane track gauge** *(Mech)*
**Krantyp** *m (Mech)* **model of crane** *(Mech)*
**Kranwagenfahrgestell** *nt (Mech)* **crane carrier** *(Mech)*
**Kranz** *m (Mech)* **rim** *(Mech)*
**Krater** *m (Schw)* **crater** *(Schw)*
**Krater** *m (Schw, Mech, Mont) (Schmelzbad)* **weld puddle** *(Schw, Mech, Mont)*
**Kraterblech** *nt (Schw)* **crater plate** *(Schw)*
**Kraterriss** *m (Schw)* **crater crack** *(Schw)*
**Kratzbandklassierer** *m (Zer)* **drag belt classifier** *(Zer)*
**Kratzblech** *nt (Zer)* **drag scraper plate** *(Zer)*
**Kratzer** *m (Band) (Mischbettengerät)* **rake** *(Mech)* (bedding machine)
**Kratzer** *m (Bg/Bergb, Umschl, Band)* **scraper** *(Bg/Bergb, Umschl, Band)*
**Kratzerantrieb** *m (Mech)* **scraper drive** *(Mech)*
**Kratzerblech** *nt (Umschl)* **scraping bucket** *(Umschl)*
**Kratzerbügel** *m (Bg/Bergb) (am Kettenkratzer)* **scraper bow** *(Bg/Bergb)*
**Kratzerförderer** *m (Band)* **scraper conveyor** *(Band)*
**Kratzerkette** *f (Mech, Band)* **scraper chain** *(Mech, Band)*
**Kratzerkette** *f (Mech, Band) (Mischbettengerät)* **drag chain** *(Mech, Band)* (bedding machine)
**Krauskopf** *m (Mech)* **rose reamer** *(Mech)*
**Kreide** *f (Geo)* **chalk** *(Geo)*
**Kreis des Torus circle of the toroid** *(Mech)*
**Kreisbogen** *m (Stb)* **arc** *(Mech, Math)*
**Kreisel-Rund-Brecher** *m (Zer)* **gyratory crusher** *(Zer)*
**Kreiselbrecher** *m (Zer)* **cone crusher** *(Zer)*
**Kreiselkipper** *m (Bahn)* **revolving tipper** *(Bahn)*
**Kreiselkompass** *m (Mech)* **gyro compass** *(Mech)*
**Kreiselpumpe** *f (Hyd/Pneu)* **rotary pump** *adj:n (Hyd/Pneu)*
**Kreiselrad** *nt (Mech)* **gyrowheel** *(Mech)*
**Kreiselwipper** *m (Bahn)* **rotary tipper** *adj:n (Bahn)*
**Kreisevolvente** *f (Mech)* **involute to a circle** *(Mech)*
**Kreisförderer** *m (Band)* **circular conveyor** *adj:n (Band)*
**Kreislager** *nt (Bg/Bergb) (Mischbett)* **circular blending bed** *adj:n (Bg/Bergb)*
**Kreislauf für die Ausrüstung** *(Bg/Bergb)* **implement circuit** *(Bg/Bergb)*

**Kreislauf, geschlossen** geschlossener Kreislauf *adj:n (El, Hyd/Pneu)* **closed system** *adj:n (Hyd/Pneu)*
**Kreisprozess** *m (Hyd/Pneu)* **cycle** *(Hyd/Pneu)* (e.g. of a pump)
**Kreisring** *m (Hütt/Wlz)* **annulus** *(Hütt/Wlz)*
**Kreisschwingsieb** *nt (Zer)* **circular oscillating screen** *adj:n (Zer)*
**Kreisverkehr** *m (Bg/Bergb) (Hin- u. Herfahrt des Graders)* **turn after passage and work** *(Bg/Bergb)*
**Krempe** *f (Mech, Mont)* **lip** *(Mech, Bg/Bergb)*
**Krempe** *f (Mech, Mont) (gestanzt)* **flange** *(Mech, Stb)*
**Krempenriss** *m (Mech, Mont)* **flange crack** *(Mech, Mont)*
**Kreuzblech** *nt (Mech, Mont) (Gittermastkonstruktion)* **gusset** *(Mech, Mont)*
**Kreuzgelenk** *nt (Mech)* **universal joint** *adj:n (Mech)*
**Kreuzgelenkgabel** *f (Mech) (Kfz)* **universal joint yoke** *(Mech)*
**Kreuzgelenkrahmen** *m (Mech)* **universal joint frame** *(Mech)*
**Kreuzgriff** *m (Mech)* **star handle** *(Mech)* (DIN 6335)
**Kreuzkopf** *m (Bahn) (der Lok)* **crosshead** *(Bahn)* (runs in slide bars)
**Kreuzkopf-Maschine** *f (Mech)* **crosshead engine** *(Mech)*
**Kreuzloch** *nt (Mech)* **star hole** *(Mech)*
**Kreuzlochmutter** *f (Mech)* **round nut with set pin hole in side** *(Mech)*
**Kreuzlochschraube** *f (Mech)* **capstan screw** *(Mech)*
**Kreuzprobestück** *nt (Stb)* **cruciform testpiece** *(Stb)*
**Kreuzschlag** *m (Mech)* **ordinary lay** *adj:n (Mech)* (rope)
**Kreuzschlagseil** *nt (Mech)* **cross-lay rope** *(Mech)* **ordinary lay rope** *(Mech)*
**Kreuzschraube** *f (Mech, Mont)* **Phillips screw** *(Mech, Mont)*
**Kreuzstoß** *m (Schw) (kreuzartig verschweißte Bleche)* **cross butt joint** *(Schw)*
**Kreuzstoß** *m (Stb)* **cross joint** *(Stb)*
**Kreuzstrom** *m (Hütt/Wlz)* **cross flow** *(Hütt/Wlz)*
**Kreuzstück** *nt (Mech) (z.B. für Rohrleitung)* **cross piece** *(Mech)*
**Kreuzungspunkt** *m (Mech)* **intersection point** *(Mech, Allg)*
**Kreuzungswinkel** *m (Mech)* **shaft angle** *(Mech)*
**Kreuzverband** *m (Mech, Stat)* **cross bracing** *(Mech, Stat)*
**Kreuzverschraubung** *f (Mech)* **cross screw connection** *(Mech)*
**Kreuzzapfen** *m (Mech) (von Maschinen)* **cross pin** *(Mech, Bg/Bergb)*
**Kriechen** *nt (Bahn) (einer schlecht befestigten Schiene)* **rail creep** *(Bahn)*
**Kriechfestigkeit** *f (Hütt/Wlz)* **creep strength** *(Hütt/Wlz)*
**Kriechgang** *m (Mech)* **slow idling** *adj:n (Mech)*
**Kriechgangschaltung** *f (Mech)* **precision gear shifting** *(Mech)*
**Kriechgeschwindigkeit** *f (Bg/Bergb) (Transportraupe)* **creeping speed** *(Bg/Bergb)*
**Kriechmotor** *m (Mech)* **inching motor** *(El)*
**Kriechstrecke** *f (Mech) (Schleifringkörper)* **creeping distance** *(Mech)*
**Kriechstrom** *m (Stb)* **stray current** *(Stb)*
**Kristall** *m (Geo)* **crystal** *(Geo)*
**Kristallbefestigung** *f (Mech)* **crystal mounting** *(Mech)*
**Kristallisation** *f (Geo)* **crystallization** *(Geo)*
**Kristallunterlage** *f (Schw)* **crystal backing** *(Schw)*
**Kronenbreite** *f (Hauptdamm)* **width at crest**
**Kronenmutter** *f (Mech)* **crown nut** *(Mech)*
**Kröpfung** *f (Mech, Mont)* **throw** *(Mech, Mont)* (cranking)
**Krümelstruktur** *f (Bau)* **friable structure** *adj:n (Bau)*
**Krümmer** *m (Kfz) (des Rohres)* **elbow** *(Form)* (of a pipe)
**Krümmer** *m (Kfz) (z.B. Auspuff)* **manifold** *(Kfz)* (exhaust)
**Krümmung** *f (Mech, Allg)* **curve** *(Mech, Allg)*
**Krümmungshalbmesser** *m (Stb)* **radius of curvature** *(Stb)*
**Kruste** *f (Geo)* **crust** *(Geo)*
**Kübel** *m (Mech)* **bucket** *(Mech, Mont, Bg/Bergb)*
**Kübelarretierung** *f (Mech)* **bowl latch** *(Mech)*

**Kübelbremsventil** *nt (Mech, Hyd/Pneu)* **bowl brake valve** *(Mech, Hyd/Pneu)*
**Kübelfettpresse** *f (Mech)* **volume compressor** *(Mech)*
**Kübelförderanlage** *f (Umschl)* **skip hoist** *(Umschl)*
**Kübelführung** *f (Mech)* **ladder** *(Mech, Stb, Bg/Bergb)*
**Kübelschwingtisch** *m (Zer)* **cranked vibrating table** *(Zer)*
**Kübelspritze** *f (Mech) (Feuerlöscher)* **bucket sprayer** *(Mech)*
**Kubriabrecher** *m* **Kubria cone crusher**
**Kufe** *f (Bg/Bergb)* **skid** *(Bg/Bergb, Umschl, Band)*
**Kufenunterbau** *m (Bg/Bergb)* **skid mounting** *(Bg/Bergb)*
**Kugel** *f (Bg/Bergb) (fällt beim Knäppern)* **drop ball** *(Bg/Bergb)*
**Kugel** *f (Mech)* **ball** *(Form)*
**Kugelabstützung** *f (Mech)* **ball support** *(Mech)*
**Kugelbahn** *f (Mech)* **ball path** *(Mech)*
**Kugelbahndurchmesser** *m (Bg/Bergb)* **slewing ball bearing diameter** *(Bg/Bergb)*
**Kugelbahnschmierung** *f (Mech)* **ball race lubrication** *(Mech)*
**Kugelbahnsegment** *nt (Mech)* **ball race segment** *(Mech)*
**Kugelbehälter** *m (Mech)* **shot storage tank** *(Mech, Hütt/Wlz)*
**Kugelbolzen** *m (Mech)* **ball stud** *(Mech)*
**Kugeldrehkranz** *m (Mech) (mit Kugellagern)* **ball-bearing slewing ring** *(Bg/Bergb)*
**Kugeldrehverbindung** *f (Bg/Bergb, Umschl)* **slewing ball bearing** *(Bg/Bergb)* **slewing ball race** *(Bg/Bergb, Umschl)*
**Kugeldrehverbindung, abhubsicher** abhubsichere Kugeldrehverbindung *adj:n (Bg/Bergb)* **slewing ball bearing safe from being lifted** *(Bg/Bergb)*
**Kugeldrehverbindung, einreihig** einreihige Kugeldrehverbindung *adj:n (Bg/Bergb)* **single-row slewing ball-race bearing** *(Bg/Bergb)*
**Kugeldruckstück** *nt (Mech) (Druckmessdose)* **ball-type contact pipe** *(Mech)* (load cell)
**Kugeldruckversuch** *m (Stb)* **ball hardness test** *(Stb)*
**Kugeldurchmesser** *m (Mech)* **ball diameter** *(Mech)*
**Kugelfeder** *f (Mech)* **volute spring** *(Mech)*
**Kugelfüllung** *f (Hütt/Wlz)* **ball charge** *(Hütt/Wlz)*
**Kugelgelenk** *nt (Mech)* **ball and socket joint** *(Mech, Bg/Bergb)*
**Kugelgelenkschwinge** *f (Mech)* **ball joint rocker** *(Mech)*
**Kugelgelenkwelle** *f (Mech)* **universal joint shaft** *(Mech)*
**Kugelgraphit** *m (Geo)* **nodular graphite** *(Geo)*
**Kugelhahn** *m (Hyd/Pneu)* **ball valve** *(Hyd/Pneu)*
**Kugelhälfte** *f (Zer)* **semisphere** *(Zer)*
**Kugelhülse** *f (Mech)* **ball bushing** *(Mech)*
**Kugelhülse aus Gummi** *(Mech)* **rubber ball sleeve** *(Mech)*
**Kugelkäfig** *m (Mech)* **ball cage** *(Mech)*
**Kugelkopf** *m (Mech)* **ball** *(Form)*
**Kugellager** *nt (Mech)* **ball bearing** *(Mech)*
**Kugellagerung** *f (Zer)* **spherical seating** *adj:n (Zer)*
**Kugellaufbahn** *f (Mech)* **ball cage** *(Mech)*
**Kugellaufringschmierung** *f (Mech)* **ball path lubrication** *(Mech)*
**Kugellenkkranz** *m (Mech)* **turn-table** *(Mech)*
**Kugelmühle** *f (Zer)* **ball mill** *(Zer)*
**Kugelmühle mit Luftsichtung** *(Zer)* **airswept ball mill** *(Zer)*
**Kugeln** *nt (Mech)* **ball shot** *(Mech)*
**Kugelpfanne** *f (Mech) (Kugelabstützung Bagger)* **ball socket** *(Mech, Hütt/Wlz)*
**Kugelpfanne** *f (Mech) (Spannvorrichtung)* **convex washer** *adj:n (Mech)*
**Kugelpilz** *m (Mech)* **cap mushroom-type** *(Mech)*
**Kugelprallverteiler** *m (Hütt/Wlz)* **distributor** *(Hütt/Wlz)* (ball shot)
**Kugelregen** *m (Hütt/Wlz)* **shot cleaning** *(Hütt/Wlz)*
**Kugelring** *m (Mech)* **ball retaining ring** *(Mech)*
**Kugelrückgewinnung** *f (Hütt/Wlz) (Kugelregen)* **shot recovery** *(Hütt/Wlz)*
**Kugelrückschlagventil** *nt (Mech)* **ball retaining valve** *(Mech)*

**Kugelschale** *f (Mech)* **spherical cap** *adj:n (Mech)*
**Kugelschaltung** *f (Mech)* **ball and socket gear change** *(Mech)* (shift)
**Kugelscheibe** *f (Mech) (Spannvorrichtung)* **spherical washer** *adj:n (Mech)*
**Kugelschieber** *m (Hyd/Pneu)* **ball valve** *(Hyd/Pneu)*
**Kugelschmierkopf** *m (Mech)* **ball lube fitting** *(Mech)*
**Kugelsitz** *m (Mech)* **seat of ball** *(Mech)* (ball seat)
**Kugelsitzventil** *nt (Hyd/Pneu)* **poppet valve** *(Hyd/Pneu)*
**Kugelstange** *f (Mech) (in Axialkolbenpumpe)* **ball rod** *(Mech)*
**Kugelstrahlen** *nt (Anstr)* **shot peening** *(Anstr)*
**Kugelstützpunkt** *m (Mech)* **ball-and-socket bearing** *(Mech)*
**Kugelventil** *nt (Hyd/Pneu)* **ball valve** *(Hyd/Pneu)*
**Kugelverschlussnippel** *m (Mech)* **button-head fitting** *(Mech)*
**Kugelverteilungskasten** *m (Hütt/Wlz)* **separation tank** *(Hütt/Wlz)*
**Kugelwelle** *f (Mech)* **spherical wave** *adj:n (Mech)*
**Kugelzapfen** *m (Mech)* **ball pivot** *(Mech)*
**Kuhfänger** *m (Bahn) (an der Lok)* **cow catcher** *(Bahn)*
**Kühl- und Prozesswasser** *(Form)* **cooling and process water** *(Form)*
**Kühlbehälter** *m (Mech)* **refrigerated container** *adj:n (Mech)*
**Kühlen** *nt (Mech, Allg)* **cool-down** *(Mech, Stb)*
**Kühler** *m (Mech)* **cooler** *(Kfz)*
**Kühler** *m (Mech) (Kfz)* **radiator** *(Kfz)*
**Kühler, außen liegend** außen liegender Kühler *adj:n (Mech)* **shell-type surface attemperator** *adj:n (Mech)*
**Kühler, innen liegend** innen liegender Kühler *adj:n (Hütt/Wlz)* **drum-type surface attemperator** *adj:n (Hütt/Wlz)*
**Kühler, nachgeschaltet** nachgeschalteter Kühler *adj:n (Hyd/Pneu, Mech)* **desuperheater** *(Mech, Hyd/Pneu)*
**Kühler, zwischengeschaltet** zwischengeschalteter Kühler *adj:n (Hütt/Wlz)* **interstage attemperator** *(Hütt/Wlz)*
**Kühlerabdeckung** *f (Kfz)* **radiator shutter** *(Kfz)*
**Kühlerauslassstutzen** *m (Mech)* **radiator water outlet** *(Mech)*
**Kühlerbefestigungsband** *nt (Mech)* **radiator fastening strap** *(Mech)*
**Kühlerblock** *m (Mech)* **radiator block** *(Mech)*
**Kühlerdichtung** *f (Mech)* **radiator jointing material** *(Mech)*
**Kühlereinlassstutzen** *m (Mech)* **radiator water inlet** *(Mech)*
**Kühlereinsatz** *m (Mech)* **radiator core** *(Mech)*
**Kühlerfuß** *m (Mech)* **radiator mounting** *(Mech)*
**Kühlergehäuse** *nt (Mech)* **radiator frame** *(Mech)*
**Kühlerhaube** *f (Mech)* **radiator bonnet** *(Mech)* (hood)
**Kühlerjalousie** *f (Mech)* **radiator shutter** *(Kfz)*
**Kühlernetz** *nt (Mech)* **radiator block** *(Mech)*
**Kühlerrippe** *f (Mech)* **radiator core fin** *(Mech)*
**Kühlerröhrchen** *nt (Mech)* **radiator tube** *(Mech)*
**Kühlerschlangen** *pl f (Hütt/Wlz)* **nest of tubes for cooler** *(Hütt/Wlz)*
**Kühlerschlauch** *m (Mech)* **radiator hose** *(Mech)*
**Kühlerschutz** *m (Mech)* **radiator guard** *(Mech)*
**Kühlerschutzring** *m (Mech)* **radiator safety ring** *(Mech)*
**Kühlerspritzblech** *nt (Mech)* **radiator baffle plate** *(Mech)*
**Kühlerstrebe** *f (Mech)* **radiator strut** *(Mech)*
**Kühlerteilblock** *m (Mech)* **radiator element** *(Mech)*
**Kühlerträger** *m (Mech)* **radiator mounting** *(Mech)*
**Kühlerventilator** *m (Mech)* **radiator fan** *(Mech)*
**Kühlerverbindungsrohre** *pl nt (Mech)* **attemperator connections** *(Mech)*
**Kühlerverkleidung** *f (Mech)* **radiator cowling** *(Mech)*
**Kühlerverschraubung** *f (Mech)* **radiator cap** *(Mech)*

**Kühlerwasser-Übertemperatur** *f (Mech)* **excess temperature of coolant** *(Mech)*
**Kühlerwasserkasten** *m (Mech)* **radiator upper tank** *(Mech)*
**Kühlfahrzeug** *nt (Mech)* **refrigerated lorry** *adj:n BE (Mech)*
**Kühlflats** *pl m (Mech)* **cooling flats** *pl (Mech)*
**Kühlflüssigkeit** *f (Mech)* **coolant** *(Bg/Bergb, Mech)*
**Kühlgebläse** *nt (Mech)* **cooling fan** *(Mech)*
**Kühlluftabführung** *f (Mech)* **cool-air ducting** *(Mech)*
**Kühlluftführung** *f (Mech)* **air guide intake** *(Mech)*
**Kühlluftrahmen** *m (Mech)* **air-duct** *(Mech)*
**Kühlluftthermostat** *m (Mech)* **cooling air thermostat** *(Mech)*
**Kühlmantel** *m (Mech)* **jacket** *(Mech)*
**Kühlmittel** *nt (Mech)* **coolant** *(Bg/Bergb, Mech)*
**Kühlpalette** *f (Mech)* **cooling pallet** *(Mech)*
**Kühlrippe** *f (El)* **fin** *(Mech)*
**Kühlschirm** *m (Hütt/Wlz)* **cooling screen** *(Hütt/Wlz)*
**Kühlschlitz** *m (Mech)* **vent** *(Mech, Allg)*
**Kühltrommel** *f (Zer)* **cooling drum** *(Zer)*
**Kühlung, natürlich** natürliche Kühlung *adj:n (Mech)* **self-cooling** *(Mech)*
**Kühlwasser** *nt (Bg/Bergb)* **cooling water** *(Bg/Bergb)*
**Kühlwasser an Laufbuchsen** *(Mech)* **coolant around liners** *(Mech)*
**Kühlwasser-Fernthermometer** *nt (Mech)* **water temperature gauge** *(Mech)*
**Kühlwasser-Veredlungsmittel** *nt (Bg/Bergb)* **treating agent for coolant** *(Bg/Bergb)*
**Kühlwasseraufbereitungsanlage** *f (Mech)* **water treatment plant** *(Mech)*
**Kühlwasserfluss** *m (Mech)* **coolant flow** *(Mech)*
**Kühlwasserleitung** *f (Mech)* **cooling water pipe** *(Mech)*
**Kühlwasserprüfgerät** *nt (Mech)* **coolant testing device** *(Mech)*
**Kühlwasserpumpe** *f (Mech, Hyd/Pneu)* **cooling water pump** *(Mech, Hyd/Pneu)*
**Kühlwindabweiser** *m (Mech)* **fan blast deflector** *(Mech)*
**Kühlzeit** *f (Schw)* **chill time** *(Schw)*
**Kühlziffer** *f (Hütt/Wlz)* **effectiveness factor** *(Hütt/Wlz)*
**Kulisse** *f (Mech) (Kette, Kabeltrommel)* **link** *(Mech)*
**Kulissenlager** *nt (Mech)* **sliding block bearing** *(Mech)*
**Kulissenschaltung** *f (Mech)* **gate change** *(Mech)* (shift)
**Kulissenstein** *m (Mech) (Kette, Kabeltrommel)* **link block** *(Mech)*
**Kulturboden** *m (Geo)* **agricultural soil** *adj:n (Geo)*
**Kundendienstgerät** *nt (Allg, Mech)* **service equipment** *(Allg, Mech)*
**Kunstharzbeschichtung beständig gegen Dieselkraftstoff** *(Bg/Bergb, Anst/Kor)* **synthetic resin coating diesel-oil-resistant** *(Bg/Bergb, Anst/Kor)*
**Kunstschlauch** *m (Mech)* **plastic hose** *(Mech)*
**Kunststoff** *m (Mech)* **plastic** *(Mech)*
**Kunststoff, glasfaserverstärkt** glasfaserverstärkter Kunststoff *adj:n (Mech)* **glass-fibre reinforced plastic** *adj:n (Mech)*
**Kunststoff-Stahl-Kehrwalze** *f (Kfz)* **plastic-steel brush** *(Kfz)*
**Kunststoffabdeckung** *f (Mech) (z.B. der Federkammer)* **plastic cover** *(Mech)*
**Kunststoffbodenplatte** *f (Bg/Bergb) (Raupenkette)* **plastic pad** *(Bg/Bergb, Bahn)*
**Kunststoffdübel** *m (Mech) (für Betonschwelle)* **plastic dowel** *(Mech)*
**Kunststofferzeugnisse** *pl nt (Mech)* **semis made of plastics** *(Mech)*
**Kunststoffgleiteinlage** *f (Mech)* **plastic sliding insert** *(Mech)*
**Kunststoffhülse** *f (Mech)* **plastic sleeve** *(Mech)*
**Kunststoffkehrwalze** *f (Mech) (der Kehrmaschine)* **plastic brush** *(Mech)*
**Kunststoffleitungen** *pl f (Mech)* **plastic piping** *(Mech)*
**Kunststoffpolster** *nt (Mech)* **plastic cushion** *(Mech)*
**Kunststoffschlauchleitung** *f (Mech) (Kabel)* **thermoplastic cord** *adj:n (El)*

**Kunststoffschweißen** *nt (Form)* **plastics welding** *(Form)*
**Kunststoffüberzug** *m (Mech)* **plastic coating** *(Mech)*
**Kunststoffverpackungsband** *nt (Mech)* **plastic strapping** *adj:n (Mech)*
**Kupfer** *nt (Bg/Bergb)* **copper** *(Bg/Bergb)*
**Kupfer-Basis-Legierung** *f (Hütt/Wlz)* **copper alloy** *(Hütt/Wlz)*
**Kupfer-Konstantan** *nt (Stb)* **copper-constantan** *(Stb)*
**Kupferasbestdichtung** *f (Mech)* **copper asbestos gasket** *(Mech)*
**Kupferdichtung** *f (Mech)* **copper seal** *(Mech)*
**Kupferdorn** *m (Werkz)* **copper mandrel** *(Werkz)*
**Kupfererztagebau** *m (Bg/Bergb)* **copper ore open-cast mine** *(Bg/Bergb)*
**Kupferlegierung** *f (Hütt/Wlz)* **copper alloy** *(Hütt/Wlz)*
**Kupferstahl** *m (Stb)* **copper steel** *(Stb)*
**Kuppe** *f (Mech)* **point** *(Mech)* (top)
**Kuppelstange** *f (Mech)* **tow-bar** *(Mech)*
**Kupplerarmführung** *f (Bahn)* **striker** *(Bahn)*
**Kupplung** *f (Mech)* **clutch** *(Mech)*
**Kupplung** *f (Mech) (Verbindung)* **coupling** *(Mech, Stb)*
**Kupplung, drehelastisch** drehelastische Kupplung *adj:n (Mech)* **torsionally flexible coupling** *adj:n (Mech)*
**Kupplung, elastisch** elastische Kupplung *adj:n (Mech)* **flexible coupling** *adj:n (Mech)*
**Kupplung, festsitzend** festsitzende Kupplung *adj:n (Mech)* **jammed clutch** *adj:n (Mech)*
**Kupplung, hydraulisch** hydraulische Kupplung *adj:n (Mech)* **hydraulic clutch** *adj:n (Mech, Hyd/Pneu)*
**Kupplung, lösbar** lösbare Kupplung *adj:n (Mech)* **engaging and disengaging clutch** *adj:n (Mech)*
**Kupplung, selbstlösbar** selbstlösbare Kupplung *adj:n (Mech)* **self-disengaging clutch** *adj:n (Mech)*
**Kupplung, selbsttätig** selbsttätige Kupplung *adj:n (Mech)* **automatic clutch** *adj:n (Mech)*
**Kupplungsausrückmuffe** *f (Mech)* **clutch collar** *(Mech)*
**Kupplungsbelag** *m (Mech)* **clutch lining** *(Mech)*
**Kupplungsbolzen** *m (Mech)* **coupling pin** *(Mech)*
**Kupplungsbolzenring** *m (Mech)* **coupling-pin ring** *(Mech)*
**Kupplungsbremse** *f (Mech)* **clutch brake** *(Mech)*
**Kupplungsdeckel** *m (Mech)* **clutch cover** *(Mech)*
**Kupplungsdruckfeder** *f (Mech)* **clutch thrust spring** *(Mech)*
**Kupplungsdrucklager** *nt (Mech)* **clutch thrust bearing** *(Mech)*
**Kupplungsdruckplatte** *f (Mech)* **clutch pressure plate** *(Mech)*
**Kupplungsfinger** *m (Mech)* **claw of the half coupling** *(Mech)*
**Kupplungsführungslager** *nt (Mech)* **clutch guide bearing** *(Mech)*
**Kupplungsgabel** *f (Mech) (Gestänge)* **clutch fork** *(Mech)*
**Kupplungsgelenk** *nt (Mech)* **clutch linkage** *(Mech)*
**Kupplungsgestänge** *nt (Mech)* **clutch control** *(Mech)*
**Kupplungshahn** *m (Mech, Pneu) (der pneumatischen Bremse)* **coupling cock** *(Mech, Pneu)*
**Kupplungshälfte** *f (Mech)* **coupling half** *(Mech)*
**Kupplungshebel** *m (Mech)* **clutch control** *(Mech)*
**Kupplungskopf** *m (Mech)* **brake line coupling** *(Mech)*
**Kupplungskopf mit Stift** *(Mech)* **coupling with pin** *(Mech)*
**Kupplungskopf mit Ventil** *(Mech)* **coupling with internal valve** *(Mech)*
**Kupplungslamelle** *f (Mech)* **clutch plate** *(Mech)*
**Kupplungsmantel** *m (Mech)* **clutch casing** *(Mech)*
**Kupplungsnabe** *f (Mech)* **clutch hub** *(Mech)*
**Kupplungsnabe mit Tellerscheibe** *(Mech)* **clutch hub with fixed coned plate** *(Mech)*
**Kupplungspedal** *nt (Mech)* **clutch pedal** *(Mech)*
**Kupplungsschalter** *m (Mech) (für Überholkupplung)* **coupling switch** *(Mech)*

**Kupplungsscheibe** *f (Mech)* **clutch disc** *(Mech)*
**Kupplungsstange** *f (Mech) (aus Rohr)* **coupling rod** *(Mech)*
**Kupplungsstange** *f (Mech) (des Anhängers)* **drawbar** *(Mech, Bg/Bergb, Stb)*
**Kupplungsstellmutter** *f (Mech)* **clutch adjusting nut** *(Mech)*
**Kupplungsstern** *m (Mech)* **coupling star** *(Mech)*
**Kupplungsträger** *m (Mech)* **clutch carrier** *(Mech)*
**Kupplungstreibscheibe** *f (Mech)* **clutch drive plate** *(Mech)*
**Kupplungsventil** *nt (Hyd/Pneu) (z.B. Luftdruck; Bahn)* **coupling cock** *(Mech, Pneu)*
**Kupplungswelle** *f (Mech)* **clutch shaft** *(Mech)*
**Kurbel** *f (Mech)* **crank** *(Mech)*
**Kurbelgehäuse** *nt (Mech)* **crankcase** *(Mech)*
**Kurbelgehäuseschutz** *m (Mech)* **crankcase guard** *(Mech)*
**Kurbelschwingenbrecher** *m (Zer)* **single-toggle jaw crusher** *(Zer)*
**Kurbelwelle** *f (Mech)* **crankshaft** *(Mech)*
**Kurbelwellendichtung** *f (Mech)* **crankshaft oil seal** *(Mech)*
**Kurbelwellenlager** *nt (Mech)* **crankshaft bearing** *(Kfz)*
**Kurbelwellenlagerdeckel** *m (Mech)* **crankshaft bearing cap** *(Mech)*
**Kurbelwellenlagerschale** *f (Mech)* **crankshaft bearing shell** *(Mech)*
**Kurbelwellenrad** *nt (Mech)* **crankshaft gear** *(Mech)*
**Kurbelwellenradialdichtung** *f (Mech)* **crankshaft oil seal** *(Mech)*
**Kurbelwellenschleifmaschine** *f (Mech)* **crankshaft grinding machine** *(Mech)*
**Kurbelzapfen** *m (Mech)* **crank pin** *(Mech)*
**Kurve** *f (Mech, Allg)* **bend** *(Mech, Hyd/Pneu)*
**Kurveneingang** *m (Bahn) (führt flach in die Kurve)* **transition curve** *(Bahn)*
**Kurvenlineal** *nt (Stb)* **drawing curve** *(Stb)*
**Kurvenradius** *m (Bahn)* **curve rating** *BE (Bahn)*
**Kurvenrolle** *f (Mech)* **cam follower** *(Mech)*
**Kurvenwiderstand** *m (Bahn)* **curve resistance** *(Bahn)*
**Kurzhebel** *m (Mech) (z.B. Baggerbedienung)* **joystick** *(El, Mech)*
**Kurzhebelsteuerung** *f (El) (Bagger)* **joystick control** *(El)*
**Kurzheck** *nt (Mech)* **short rear** *(Mech)*
**Kurzholzgreifer** *m (Bg/Bergb)* **light-timber grab** *(Bg/Bergb)*
**Kurzhub** *m (Mech)* **oversquare** *(Mech)*
**Kurzhubmotor** *m (Mech)* **oversquare engine** *(Mech)*
**Kurzkupplung** *f (Bahn)* **close coupling** *adj:n (Bahn)*
**Kurznippel** *m (Mech)* **close nippel** *(Mech)*
**Kurzschar** *f (Bg/Bergb)* **short blade** *adj:n (Bg/Bergb)*
**Kurzschlussfestigkeit** *f (Mech)* **mechanical strength to resist short-circuit** *(Mech)* (stresses)
**Kurzschlussleitung** *f (Mech) (Entstaubung)* **aspiration duct** *(Mech)*
**Kurzschlussrohr** *nt (Hütt/Wlz)* **circulation tube** *(Hütt/Wlz)*
**Kurzschlussventil** *nt (Hyd/Pneu)* **short-circuit valve** *(Hyd/Pneu)*
**Kurzverzahnung** *f (Mech)* **short toothing** *adj:n (Mech)*
**Küstenband** *nt (Band) (Förderband)* **beach conveyor** *(Band)*
**Kyanit** *m (Geo)* **kyanite** *(Geo)*

# L

**L-Stahl** *m (Hütt/Wlz)* **angle steel** *(Hütt/Wlz)*
**Labyrinthbuchse** *f (Mech)* **labyrinth bush** *(Mech)*
**Labyrinthdeckel** *m (Mech)* **labyrinth cover** *(Mech)*
**Labyrinthdichtung** *f (Mech, Hyd/Pneu)* **labyrinth seal** *(Mech, Hyd/Pneu)*
**Labyrinthnut** *f (Mech)* **labyrinth groove** *(Mech)*
**Labyrinthring** *m (Mech)* **labyrinth ring** *(Mech)*
**Lack** *m (Anstr)* **finish** *(Anstr)*
**Lack** *m (Anstr) (z.B. Holzlack)* **varnish** *(Anstr)*
**Lackierung** *f (Anstr)* **paint finish** *(Anstr)* (last coating)
**Ladearm** *m (Bg/Bergb, Umschl)* **loading arm** *(Bg/Bergb, Umschl)*

**Ladebaum** *m (Mech)* **derrick** *(Mech)*
**Ladebrücke** *f (Bahn) (an Stirnseite des Flachwagens)* **end plate** *(Mech, Stb, Bahn)*
**Ladebrücke** *f (Stb)* **loading bridge** *(Stb, Umschl)*
**Ladebühne** *f (Stb)* **loading platform** *(Stb, Mech)*
**Ladedeck** *nt (Bahn)* **load deck** *(Bahn)*
**Ladedeckaufstiegsleiter** *f (Bahn)* **load deck mounting ladder** *(Bahn)*
**Ladeeinheit** *f (Kfz)* **load unit** *(Kfz)*
**Ladefähigkeit** *f (Mech, Allg)* **loading capacity** *(Mech, Allg, Bahn)*
**Ladefläche** *f (Stb)* **loading platform** *(Stb, Mech)*
**Ladegabel für Papierholz** *(Mech)* **pulp wood fork** *(Mech)*
**Ladegeschirr** *nt (Mech)* **cargo gear** *(Mech)*
**Ladegut** *nt (Bahn)* **material loaded** *(Bahn)*
**Ladegutart** *f (Bahn)* **goods structure** *(Bahn)*
**Ladekran** *m (Mech) (auf einem Lkw)* **truck loader crane** *(Mech)*
**Ladelänge** *f (Bahn) (des Wagons)* **loading length** *(Bahn)* (of bed)
**Ladeleistung** *f (Bahn)* **loading performance** *(Bahn)*
**Ladelöffel** *m (Bg/Bergb)* **scoop** *(Bg/Bergb, Umschl)*
**Ladeluft** *f (Mech)* **intercooler** *(Mech)*
**Ladeluftkühler** *m (Mech)* **charge air cooler** *(Mech)*
**Ladeluftleitung** *f (Mech)* **charge air pipe** *(Mech)*
**Lademaß** *nt (Bg/Bergb)* **loading gauge** *(Bg/Bergb, Bahn)*
**Lademaßüberschreitung** *f (Bg/Bergb, Umschl)* **exceeding of maximum shipping dimensions** *(Umschl)*
**Lademast** *m (Mech)* **derrick** *(Mech)*
**Laden durch Schubhilfe** *(Mech)* **push loading** *(Mech)*
**Ladepritsche** *f (Mech) (des Lkw)* **loading platform** *(Stb, Mech)*
**Ladeprofil** *nt (Mech)* **standard gauge** *(Mech)*
**Ladepumpe** *f (Hyd/Pneu)* **charge pump** *(Hyd/Pneu)*
**Lader** *m (Umschl)* **loader** *(Umschl)*
**Lader, kombiniert** kombinierter Lader *adj:n (Bg/Bergb, Umschl)* **stacker-reclaimer** *(Bg/Bergb)*
**Laderampe** *f (Bahn)* **loading ramp** *(Bahn)*
**Laderaum** *m (Umschl) (z. B. des Flugzeugs)* **cargo hold** *(Mech)* (airplane)
**Laderaumsaugbagger** *m (Bg/Bergb)* **trailing hopper suction dredger** *(Bg/Bergb)*
**Laderwendekreis** *m (Umschl)* **outside bucket corner clearance circle** *(Umschl, Mech)*
**Ladeschaufel** *f (Bg/Bergb)* **loading shovel** *(Bg/Bergb)*
**Ladeschaufelausrüstung** *f (Bg/Bergb)* **front end attachment** *(Bg/Bergb)*
**Ladeschaufelbagger** *m (Bg/Bergb)* **shovel excavator** *(Bg/Bergb)*
**Ladeschaufeleinsatz** *m (Bg/Bergb)* **shovel application** *(Bg/Bergb)*
**Ladeschild** *nt (Mech)* **loading shield** *(Mech)*
**Ladeschwelle** *f (Mech)* **support bar** *(Mech)*
**Ladeschwelle, klappbar** klappbare Ladeschwelle *adj:n (Bahn)* **swivelling support bar** *(Bahn)*
**Ladesicherungsring** *m (Bahn)* **load securing ring** *(Bahn)*
**Ladestabilisierungsabstützung** *f (Bahn)* **load stabilizing jack** *(Bahn)*
**Ladestelle** *f (Bg/Bergb) (z.B. im Tagebau)* **loading site** *(Bg/Bergb)*
**Ladetätigkeit** *f (Umschl)* **loading operation** *(Umschl)*
**Ladetechnik** *f (Mech) (Versandgeschäft)* **loading technique** *(Mech)*
**Ladevorrichtung** *f (Umschl)* **loader** *(Umschl)*
**Ladung** *f (Mech) (Fracht)* **charge** *(Mech)* (freight)
**Ladung** *f (Stb)* **loading** *(Mech)*
**Ladung, oberste** oberste Ladung *adj:n (Bg/Bergb)* **uppermost charge** *adj:n (Bg/Bergb)*
**Lage** *f (Mech) (Schicht; z.B. Kabel)* **layer** *(Mech)*
**Lage** *f (Mech, Allg) (Position, Platz)* **position** *(Mech, Allg)*
**Lage der Achsen** *(Mech)* **position of axes** *(Mech)*

**Lage einer Kraft** *(Mech, Stat)* **line of action of a force** *(Mech, Stat)*
**Lage, oberste** oberste Lage *adj:n (Mech) (des Kranseils)* **top layer** *(Mech)*
**Lageplan** *m (Mech, Allg)* **general layout** *adj:n (Mech)*
**Lager** *(Mech) (Maschinenteil; z.B. Kugel-, Gleitlager)* **bearing** *(Mech, Stb, Stat)*
**Lager** *nt (Bg/Bergb) (Lagerstätte, z.B. für Kohle)* **deposit** *(Bg/Bergb, Geo)* (e.g. of coal)
**Lager** *nt (Mech) (des Dränagelöffels)* **yoke** *(Mech)*
**Lager mit Dauerschmierung** *(Mech)* **permanently greased bearing** *adj:n (Mech)*
**Lager mit Untermaß** *(Mech)* **undersized bearing** *adj:n (Mech)*
**Lager, ausgelaufen** ausgelaufenes Lager *adj:n (Mech)* **run bearing** *(Mech)*
**Lager, geteilt** geteiltes Lager *adj:n (Mech) (Kugeldrehverbindung)* **segmented bearing** *adj:n (Mech)*
**Lager, hydraulisch entlastet** hydraulisch entlastetes Lager *adj:n (Mech, Hyd/Pneu)* **floating bearing** *(Mech)*
**Lager, regelbar** regelbares Lager *adj:n (Stb)* **adjustable support** *adj:n (Stb)*
**Lager, schwimmend** schwimmendes Lager *adj:n (Mech)* **floating bearing** *(Mech)*
**Lagerabmessung** *f (Mech)* **bearing dimension** *(Mech)*
**Lageranordnung** *f (Mech)* **application of bearing** *(Mech)*
**Lagerauge** *nt (Mech) (an der Kolbenstange)* **hub** *(Mech)*
**Lagerauge** *nt (Mech) (Rolltreppe)* **hinge block** *(Mech)*
**Lageraugebolzen** *m (Mech) (an der Kolbenstange)* **hub bolt** *(Mech)*
**Lagerausführung** *f (Mech)* **bearing type** *(Mech)*
**Lagerausguss** *m (Hütt/Wlz)* **lining of bearing** *(Hütt/Wlz)*
**Lagerbeanspruchung** *f (Mech)* **bearing load** *(Mech)*
**Lagerbelastung** *f (Mech)* **bearing load** *(Mech)*
**Lagerblock** *m (Mech)* **pillow block** *(Mech)*
**Lagerbock** *m (Mech)* **bearing support** *(Mech)*
**Lagerbock** *m (Mech) (einfach und doppelt)* **pivot** *(Mech, Bg/Bergb, Umschl)*
**Lagerbock der Laufrolle** *(Bg/Bergb)* **end collar** *(Bg/Bergb)*
**Lagerbolzen** *m (Mech)* **bearing pin** *(Mech)*
**Lagerbuchse** *f (Mech)* **bearing bush** *(Mech)*
**Lagerdeckel** *m (Mech)* **bearing cover** *(Mech)*
**Lagereinbau** *m (Mech)* **installation of bearing** *(Mech)*
**Lagereinsatz** *m (Mech)* **bearing inset** *(Mech)*
**Lagerflansch** *m (Mech)* **bearing flange** *(Mech)*
**Lagerfuge** *f (Stb) (unterteilt)* **bearing joint** *(Stb)*
**Lagergehäuse** *nt (Mech)* **bearing shell** *(Mech)*
**Lagergerät** *nt (Mech)* **machine in store** *(Mech)*
**Lagergröße** *f (Mech)* **bearing size** *(Mech)*
**Lagerhals** *m (Mech)* **axle journal** *(Mech)*
**Lagerhaltung** *f (Mech)* **inventory** *(Mech)*
**Lagerhohlzapfen** *m (Mech, Zer)* **hollow journal** *adj:n (Mech)*
**Lagerhülse** *f (Mech)* **bearing sleeve** *(Mech)*
**Lagerkäfig** *m (Mech)* **bearing cage** *(Mech)*
**Lagerkäfig, zweiteilig** zweiteiliger Lagerkäfig *adj:n (Mech)* **split-caged roller bearing** *(Mech)*
**Lagerkorb** *m (Mech)* **bearing carrier** *(Mech)*
**Lagerkörper** *m (Mech)* **bearing body** *(Mech)*
**Lagerkraft** *f (Stat)* **bearing reaction** *(Stat)*
**Lagerlängsband** *nt (Band, Umschl)* **stockpile length conveyor** *(Band, Umschl)*
**Lagerlauffläche** *f (Bahn) (des Achsradlagers)* **journal (on axle or wheelset)** *(Bahn)*
**Lagerluft** *f (Mech)* **bearing internal clearance** *(Mech)*
**Lagerluft, radial** radiale Lagerluft *adj:n (Mech)* **radial clearance** *adj:n (Mech)*
**Lagermaschine** *f (Mech)* **machine in store** *(Mech)*
**Lagermetall** *nt (Stb)* **babbit metal** *(Stb)*
**Lagermetallausguss** *m (Mech, Hütt/Wlz)* **babitting** *(Mech, Hütt/Wlz)*

**Lagernabe** *f (Mech)* **boss** *(Mech)*
**Lagerpendel** *nt (Mech)* **rocker** *(Mech, El, Bg/Bergb, Stb)*
**Lagerplatte** *f (Stb)* **bearing plate** *(Stb)*
**Lagerplatz** *m (Umschl)* **storage yard** *(Umschl)*
**Lagerplatzausrüstungen** *pl f (Bg/Bergb)* **stockyard systems** *pl (Bg/Bergb)*
**Lagerplatzbeschickung** *f (Umschl)* **stockpiling** *(Umschl)*
**Lagerplatzfahrbahn** *f (Mech)* **rail track in storage yards** *(Mech)*
**Lagerpressung** *f (Stb)* **bearing pressure** *(Stb, Stat)* (kn/cm²)
**Lagerreibung** *f (Mech)* **bearing friction** *(Mech)*
**Lagerring** *m (Mech)* **bearing ring** *(Mech)*
**Lagerschale** *f (Mech)* **bearing shell** *(Mech)*
**Lagerschalenausguss** *m (Hütt/Wlz)* **lining of bearing** *(Hütt/Wlz)*
**Lagerspiel** *nt (Mech)* **bearing clearance** *(Mech)*
**Lagerstein** *m (Mech)* **bearing slide block** *(Mech)*
**Lagerstoff** *m (Stb)* **store material** *(Stb)*
**Lagerstuhl** *m (Mech)* **pedestal** *(Mech, Bau)*
**Lagerstütze** *f (Mech)* **support bracket** *(Mech)*
**Lagerträger** *m (Mech)* **bearing support** *(Mech)*
**Lagerung** *f (Mech)* **bearing** *(Mech, Stb, Stat)*
**Lagerung** *f (Mech) (des Schaltschrankes)* **bracket** *(Mech, Bau)*
**Lagerung für Hochbauten** *(Stb)* **bearing systems for buildings** *(Stb)*
**Lagerungsdichte** *f (Mech)* **density** *(Allg)*
**Lagerungsträger** *m (Mech)* **trunnion carrier** *(Mech)*
**Lagerverlust** *m (Mech) (bez. Getriebewirkungsgrad)* **loss at the bearing** *(Mech)*
**Lagerzapfen** *m (Mech) (einer Welle)* **bearing neck** *(Mech)*
**Lamelle** *f (El)* **leaf** *(El, Mech)*
**Lamelle** *f (Mech) (Kühler)* **fin** *(Mech)*
**Lamelle** *f (Mech) (Kupplung, Bremse)* **disk** *(Mech)*
**Lamelle** *f (Mech, Band) (Gurtplatte, waagerecht)* **flange plate** *(Band)*
**Lamellen-Selbstsperrdifferenzial** *nt (Mech)* **multi-disc self-locking differential** *(Mech)*
**Lamellenabstand** *m (Mech) (Kühler)* **distance between fins** *(Mech)* (radiator)
**Lamellenabstreifer** *m (Band)* **multi-plate scraper** *(Band)*
**Lamellenbremse** *f (Mech)* **multi-disk brake** *(Mech)*
**Lamellendifferenzial** *nt (Mech)* **multi-disk differential** *(Mech)*
**Lamellenhaken** *m (Mech)* **laminated hook** *adj:n (Mech)*
**Lamellenkühler** *m (Mech)* **cellular radiator** *(Mech)*
**Lamellenkupplung** *f (Mech)* **multi-disc clutch** *(Mech)*
**Lamellenmotor** *m (Mech)* **multi-disc motor** *(Mech)*
**Lamellenteilung** *f (Mech) (Kühler)* **distance between fins** *(Mech)* (radiator)
**Laminarströmung** *f (Hütt/Wlz)* **laminar flow** *(Hütt/Wlz)*
**Laminat** *nt (Mech)* **laminate** *(Mech)*
**Laminatherstellung** *f (Mech)* **production of laminates** *(Mech)*
**Landdampfkessel** *m (Hütt/Wlz)* **stationary boiler** *adj:n (Hütt/Wlz)*
**Landgewinnungsprojekt** *nt (Geo)* **reclamation scheme** *(Geo)* (land)
**Landungsbrücke** *f (Umschl)* **landing bridge** *(Umschl)*
**Langdrehautomat** *m (Mech)* **bush-type lathe** *adj:n (Mech)*
**Länge der Bandrolle** *(Band)* **roller face** *(Band)*
**Länge der Trasse** *(Bau)* **length of route** *(Bau)*
**Länge über Puffer** *(Bahn)* **length over buffers** *(Bahn)*
**Länge, belastet** belastete Länge *adj:n (Stb) (eines Trägers)* **loaded length** *adj:n (Stb)* (of a beam)
**Länge, gestreckt** gestreckte Länge *adj:n (Hütt/Wlz) (des Biegeblechs)* **flat length** *adj:n (Hütt/Wlz)*
**Länge, gestreckt** gestreckte Länge *adj:n (Mech)* **stretched length** *adj:n (Mech)*
**Längenmaßstab** *m (Allg)* **length scale** *(Allg)*
**Längenmessgerät** *nt (Mech)* **length measuring device** *(Mech)*

**Längenunterschreitung** *f (Allg)* **insufficient length** *adj:n (Allg)*
**Langfrontabbau** *m (Bg/Bergb) (über 500 m)* **long-wall mining** *(Bg/Bergb)*
**Langhobelmaschine** *f (Mech)* **long block leveller** *adj:n (Mech)*
**Langholzgreifer** *m (Bg/Bergb)* **log grapple** *(Bg/Bergb, Werkz, Mech)* (e.g. for lumber)
**Langholzwagen** *m (Mech) (Bahn)* **timber wagon** *BE (Mech)*
**Langholzwagen** *m (Mech) (Lkw)* **lumber truck** *(Mech)*
**Langhub** *m (Mech)* **long stroke** *adj:n (Mech)*
**Langhubstoßdämpfer** *m (Mech)* **long-stroke shock absorber** *(Mech)*
**Langkessel** *m (Bahn)* **long boiler** *adj:n (Bahn)*
**Langloch** *nt (Mech)* **slotted hole** *adj:n (Mech)*
**Langlochnaht** *f (Schw)* **slot weld** *(Schw)*
**Langprodukte** *pl nt (Mech)* **long product** *adj:n (Mech)*
**Langprodukte, warmgewalzt** warmgewalzte Langprodukte *adj:n (Hütt/Wlz)* **hot-rolled long products** *pl (Hütt/Wlz)*
**Langrohrbläser** *m (Hütt/Wlz)* **rack-type soot blower** *(Hütt/Wlz)*
**Längsachse** *f (Mech)* **longitudinal axis** *adj:n (Mech)*
**Langsamläufer** *m (Zer) (Kugelmühle)* **low-speed pulverizer** *(Zer)*
**Längsausdehnung** *f (Mech)* **longitudinal extension** *adj:n (Mech)*
**Längsbalken** *m (Mech, Stb) (eines Rahmentragwerks bzw. Steifrahmens)* **beam** *(Mech, Stb)*
**Längsballigkeit** *f (Mech) (Getriebezahn)* **crowning** *(Mech)*
**Längsbandheck** *nt (Band)* **tail end of trunk conveyor** *(Band)*
**Längsbandkopf** *m (Band)* **head of trunk conveyor** *(Band)*
**Längsbelastung** *f (Mech)* **axial load** *adj:n (Mech)*
**Langschubbläser** *m (Hütt/Wlz)* **long-lance-type soot blower** *(Hütt/Wlz)*
**Längsdehnung** *f (Stat)* **linear expansion** *adj:n (Stat)*
**Längskraft** *f (Mech, Stat)* **axial force** *adj:n (Mech, Stat)*
**Längslager** *nt (Bg/Bergb)* **longitudinal blending bed** *adj:n (Bg/Bergb)*
**Längslenker** *m (Mech)* **longitudinal control arm** *adj:n (Mech)*
**Längsnaht** *f (Schw)* **straight seam** *adj:n (Schw)*
**Längsnahtrohr** *nt (Schw, Mech)* **longitudinal pipe** *adj:n (Mech, Schw)*
**Längsprobe** *f (Stb)* **longitudinal test specimen** *adj:n (Stb)*
**Längsprofil** *nt (Bg/Bergb)* **road following course of countryside** *(Bg/Bergb)*
**Längsprofil Nord-Süd** *nt (Bg/Bergb)* **longitudinal section north/south** *(Bg/Bergb)*
**Längsrippe** *f (Stb)* **longitudinal rib** *adj:n (Stb)*
**Längsriss** *m (Mech)* **lengthwise tear** *(Mech)*
**Längsriss** *m (Schw) (der Schweißnaht)* **longitudinal crack** *adj:n (Schw)*
**Längssattel** *m (Bahn) (im Seitenentleerwagen)* **saddle** *(Bahn)* (of the side discharge wagon)
**Längsschieberventil** *nt (Hyd/Pneu)* **linear spool valve** *adj:n (Hyd/Pneu)*
**Längsschlagseil** *nt (Bg/Bergb, Mech)* **long-lay rope** *(Bg/Bergb, Mech)*
**Längsschneidkopf mit weiterführender Schnecke** *(Mech, Mont)* **in-line cutting head with conveying worm** *(Mech)*
**Längsschnitt** *m (Bau)* **longitudinal section** *adj:n (Bau)*
**Längsschraube** *f (Mech)* **longitudinal bolt** *(Mech)*
**Längsschubkraft** *f (Mech)* **longitudinal shear** *adj:n (Mech)*
**Längsschubspannung** *f (Band, Mech)* **longitudinal shear** *(Mech)*
**Längsschurre** *f (Bg/Bergb, Umschl)* **longitudinal chute** *(Bg/Bergb, Umschl)*
**Längsschweißnaht** *f (Schw)* **longitudinal weld** *adj:n (Schw)*
**Längsspiel** *nt (Mech) (der Achse)* **axle floating** *(Mech)*
**Längssteife** *f (Mech, Stb)* **longitudinal web stiffener** *(Mech, Stb)*
**Längsstoß** *m (Mech)* **longitudinal joint** *(Mech)*
**Längsteilen** *nt (Mech)* **slitting** *(Mech)*
**Längsteilung** *f (Hütt/Wlz)* **longitudinal spacing** *adj:n (Hütt/Wlz)*

**Längsträger** *m (Stb)* **longitudinal beam** *adj:n (Stb)*
**Längsträger** *m (Stb) (des Wagons)* **side bar** *(Bahn, Mech)*
**Längsträger** *m (Stb, Bg/Bergb) (des Bagger-Oberwagens)* **crawler support** *(Bg/Bergb, Stb)*
**Längsträgerbeiwinkel** *m (Stb)* **angle cleat** *(Stb)*
**Längsträgerbrücke** *f (Stb)* **deck-girder bridge** *(Stb)*
**Längstransportleistung** *f (Bg/Bergb) (z.B. des Graders)* **dozing capacity** *(Bg/Bergb)*
**Langstreckenförderer** *m (Band)* **long distance conveyor** *(Band)*
**Längstrommel** *f (Hütt/Wlz)* **longitudinal drum** *adj:n (Hütt/Wlz)*
**Längstrommelkessel** *m (Hütt/Wlz)* **longitudinal-drum boiler** *(Hütt/Wlz)*
**Längsverband** *m (Stb)* **longitudinal bracing** *adj:n (Stb)*
**Längsverstellung** *f (Mech)* **backward/forward adjusting** *(Mech)*
**Längsverteilerarbeit** *f (Bg/Bergb) (z.B. Grader)* **dozing distributing work** *(Bg/Bergb)*
**Längsverteilungsarbeit** *f (Bg/Bergb) (z.B. Grader)* **dozer spreader work** *(Bg/Bergb)*
**Längsvorspannung** *f (Stb)* **longitudinal prestressing** *adj:n (Stb)*
**Langzeitschmierung** *f (Mech)* **long-term lubrication** *adj:n (Mech)*
**Lanze** *f (Schw)* **lance** *(Schw)*
**Lanzenlangschubbläser** *m (Hütt/Wlz)* **rack soot blower** *(Hütt/Wlz)*
**Lapislazuli** *m (Geo)* **lapis lazuli** *(Geo)*
**Lärmdämpfung** *f (Allg)* **noise attenuation** *(Allg, Mech)*
**Lärmschutz** *m (Ökol)* **noise abatement** *(Ökol)*
**Lärmschutzelemente** *pl nt (Mech)* **noise control elements** *pl (Mech)*
**Lasche** *f (Mech) (Bügel, Klemme)* **shackle** *(Mech)* (of a padlock)
**Lasche** *f (Mech) (Nase, Öse)* **lug** *(Mech, El, Bahn)*
**Lasche** *f (Mech) (Rollenkette)* **plate** *(Mech)* (of roller chain)
**Lasche** *f (Mech) (Stoßdeckung)* **butt strap** *(Mech)*
**Laschenbolzen** *m (Stb)* **splice-plate bolt** *(Stb)*
**Laschengelenk** *nt (Mech)* **shackle joint** *(Mech)*
**Laschenhöhe** *f (Mech) (Rollenkette)* **height of link plates** *(Mech)*
**Laschenkette** *f (Mech) (mit Laufrollen; für Plattenbänder, Becherwerke)* **roller chain** *(Mech)*
**Laschenkette** *f (Mech) (Trogkettenförderer)* **drag link conveyor chain** *(Mech)*
**Laschenlochriss** *m (Mech)* **bolt-hole crack** *(Mech)*
**Laschennietung** *f (Stb)* **butt-strap riveting** *(Stb)*
**Laschenschraube** *f (Mech) (für Kleinbahnschiene)* **fishbolt** *(Mech)*
**Laschenstoß** *m (Stb)* **joint with butt strap** *(Stb)*
**Laschenverbindung** *f (Stb)* **butt-strap joint** *(Stb)*
**Laserschweißen** *nt (Schw) (DIN 1910)* **laser welding** *(Schw)* (e.g. tubes)
**Last** *f (Stat)* **load** *(Mech, Stat)*
**Last** *f (Stat) (Gewicht)* **weight** *(Mech, Umschl, Stat)*
**Last abwerfen** Last abwerfen *n:v (Stat)* **shed load** *n:v (Stat)*
**Last, achsial** achsiale Last *adj:n (Stb)* **axial load** *adj:n (Mech)*
**Last, konzentriert** konzentrierte Last *adj:n (Stat)* **concentrated load** *adj:n (Mech, Stat)*
**Last, ständig** ständige Last *adj:n (Mech, Schw)* **dead load** *adj:n (Stat)*
**Last, veränderlich** veränderliche Last *adj:n (Schw, Mech, Mont)* **live load** *adj:n (Mech, Stat, Schw)*
**Last, verteilt** verteilte Last *adj:n (Stat)* **distributed load** *adj:n (Stat)*
**Last, wandernd** wandernde Last *adj:n (Mech, Stat)* **moving load** *adj:n (Mech, Stat)*
**Last, zulässig** zulässige Last *adj:n (Stat)* **permissible load** *adj:n (Stat)*
**Last-Setzungskurve** *f (Bau)* **load-settlement curve** *(Bau)*
**Lastabnahme** *f (Stat)* **decrease in load** *(Stat)*
**Lastabsenkung** *f (Stat)* **decrease in load** *(Stat)*

**Lastabsenkungsverhältnis** *nt (Stat)* **turndown ratio** *(Stat)*
**Lastabstand** *m (Mech) (Stapler)* **load distance** *(Mech)* (on forklifts)
**Laständerung** *f (Mech)* **load change** *(Mech)*
**Lastangriffspunkt** *m (Stat)* **loading point** *(Band, Stat)*
**Lastannahme** *f (Stat)* **assumed load** *adj:n (Stb, Stat)*
**Lastarm** *m (Mech) (Hebel)* **work arm** *(Mech)*
**Lastarm** *m (Mech) (z.B. Laderstiel)* **lift arm** *(Mech)*
**Lastart** *f (Stat)* **kind of load** *(Stat)*
**Lastaufnahmemittel** *nt (Mech)* **load carrying attachment** *(Mech)*
**Lastausgleichshebel** *m (Mech)* **load balancing lever** *(Mech)*
**Lastbegrenzungsknopf** *m (Mech)* **load limit knob** *(Mech)*
**Lastbereich** *m (Stat)* **load range** *(Stat)*
**Lastenaufzug** *m (Mech)* **hoist** *(Mech, Bg/Bergb, Umschl)*
**Lastenausgleich** *m (Mech, Umschl)* **counterbalance loading** *(Mech)*
**Lastenzug** *m (Mech)* **load train** *BE (Mech)*
**Lastfaktor** *m (Mech)* **load factor** *(Mech)*
**Lastfall** *m (Stb)* **loading case** *(Stb)*
**Lastgrenze** *f (Mech) (Grenzlast)* **load limit** *(Mech)*
**Lasthaken** *m (Mech)* **load hook** *(Mech)*
**Lasthakenlager** *nt (Bg/Bergb)* **load hook yoke** *(Bg/Bergb)*
**Lasthalter mit Seitenschieber** *(Mech)* **load stabilizer with sideshift** *(Mech)*
**Lasthebemagnet** *m (Kfz)* **load magnet** *(Kfz)*
**Lastkollektiv** *nt (Mech)* **load spectrum** *(Mech)*
**Lastkonzentration** *f (Stat)* **load concentration** *(Stat)*
**Lastkraft** *f (Hyd/Pneu)* **external force** *adj:n (Stat)*
**Lastkraftwagen** *m (Mech)* **lorry** *BE (Mech)*
**Lastmoment** *nt (Mech)* **load moment** *(Mech)*
**Lastöse** *f (Mech)* **eye hook** *(Mech)*
**Lastrichtung** *f (Stat)* **direction of load** *(Stat)*
**Lastschaltgetriebe** *nt (Mech)* **power shift transmission** *(Mech)*
**Lastschutzgitter** *nt (Mech)* **load backrest** *(Mech)*
**Lastspiel** *nt (Mech)* **load cycle** *(Mech)*
**Lastspielzahl** *f (Stb) (Schwingung)* **number of alternations** *(Stb)*
**Laststellung** *f (Stb)* **position of load** *(Stb)*
**Laststoß** *m (Mech)* **sudden increase of load** *adj:n (Mech)*
**Lastumschlagausrüstung** *f (Umschl)* **cargo handling equipment** *(Umschl)*
**Lastverteilung** *f (Mech, Stat)* **dispersion of load** *(Stat)*
**Lastwechsel** *m (Mech)* **load change** *(Mech)*
**Lastwechsel** *m (Mech, Stat) (Dauerversuch)* **reversal of stress** *(Stat, Mech)*
**Lastwechselventileinrichtung** *f (Bahn)* **variable load-sensing distribution valve** *(Bahn)*
**Lastzug** *m (Mech) (Motorwagen und Anhänger)* **truck and trailer** *(Mech)*
**Lastzug-Bremsventil** *nt (Mech, Pneu)* **tractor-trailer brake valve** *(Mech, Pneu)*
**Lastzuglänge** *f (Mech)* **length of truck and trailer** *(Mech)*
**Lastzunahme** *f (Mech)* **increase of load** *(Mech)* **load increase** *(Mech)*
**Laterit** *m (Geo)* **laterite** *(Geo)*
**Lauf** *m (Mech) (des Lagers)* **running** *(Mech)*
**Lauf- und Tragrollen** *(Mech)* **support roller and track roller groups** *(Mech)*
**Laufbahn** *f (Mech) (der Kugeln)* **race** *(Mech)*
**Laufbahn** *f (Mech) (Inner- und Außenring)* **raceway** *(Mech)*
**Laufbrett** *nt (Bau)* **access board** *(Bau)*
**Laufbrücke** *f (Allg)* **connecting bridge** *(Allg)*
**Laufbuchse** *f (Mech)* **bushing** *(Mech)*
**Laufbuchse** *f (Mech) (Futter)* **liner** *(Mech)* (of a cylinder)
**Laufbuchse, trocken** trockene Laufbuchse *adj:n (Mech)* **dry cylinder liner** *adj:n (Mech)*
**Laufbuchsenflansch** *m (Mech)* **liner flange** *(Mech)*
**Laufdeckenwulst** *m (Mech)* **tire bead** *(Mech)*

**Laufeigenschaft** *f (Band, Mech) (Gurt)* **running feature** *(Band, Mech)* (belt)
**Läufer** *m (Mech)* **rotor** *(El, Mech)*
**Läufersatz** *m (Mech)* **gear set** *(Mech, El)*
**Läuferscheibe** *f (Mech)* **rotor disc** *(Mech)*
**Lauffläche** *f (Mech) (des Eisenbahnrades)* **bearing surface** *(Mech)*
**Lauffläche** *f (Mech) (eines Laufrades, Rades)* **running surface** *(Mech)*
**Lauffläche** *f (Mech) (Gleitschiene)* **sliding surface** *(Zer, Mech)*
**Laufflächengummi** *m (Kfz) (Reifen)* **tread** *(Mech)* (of a wheel)
**Laufgenauigkeit, gefordert** geforderte Laufgenauigkeit *adj:n (Mech)* **required concentricity** *adj:n (Mech)*
**Laufgewicht** *nt (Mech) (Kupplungsschalter)* **sliding weight** *(Mech)* (coupling switch)
**Laufgitter** *nt (Mech)* **catwalks and rails** *(Mech)*
**Laufkatze** *f (Umschl)* **crab** *(Mech, Umschl)* **trolley** *(Mech, Umschl)*
**Laufkatzenkran** *m (Mech) (in Reparaturhalle)* **overhead crane** *(Mech)* (in works hall)
**Laufkette** *f (Mech)* **chain drive** *(Mech)*
**Laufkran** *m (Bg/Bergb, Umschl)* **travelling crane** *(Bg/Bergb, Umschl)*
**Laufkranz** *m (Mech)* **travelling rim** *(Mech)*
**Laufkranz** *m (Mech) (eines Laufrades)* **tread** *(Mech)* (of a wheel)
**Laufleistungsmesser** *m (Mech) (Messung der Entfernung)* **travel distance meter** *(Mech)* (in m, km, ft)
**Laufnetz** *nt (Mech) (Schneekette)* **continuous chain mesh** *adj:n (Mech)*
**Laufqualität** *f (Bahn)* **running performance** *(Bahn)*
**Laufrad** *nt (Mech) (für Gasring-Vakuumpumpe/-Kompressor)* **impeller** *(Mech, Umschl, El, Hyd)*
**Laufrad** *nt (Mech) (des Schaufelradbaggers)* **travel wheel** *(Mech)*
**Laufrad mit Doppelspurkranz** *(Mech)* **double-flange track wheel** *(Mech)*
**Laufrad mit Spurkranz** *(Mech)* **single-flange rail wheel** *(Mech)*
**Laufrad, angetrieben** angetriebenes Laufrad *adj:n (Mech)* **driven wheel** *adj:n (Mech)*
**Laufradbolzen** *m (Mech)* **track wheel pin** *(Mech)*
**Laufradschwinge** *f (Mech)* **wheel bogie** *(Mech, Bg/Bergb)*
**Laufradwelle** *f (Mech)* **impeller shaft** *(Mech)*
**Laufring** *m (Mech)* **tyre** *BE (Mech)*
**Laufring** *m (Mech) (Kugellager)* **ball race** *(Mech)*
**Laufring** *m (Mech) (Wagonkipper)* **bearing race** *(Mech)*
**Laufrolle** *f (Bg/Bergb, Umschl) (Transportraupe)* **track roller** *(Bg/Bergb, Umschl)*
**Laufrolle** *f (Mech) (des Graders)* **jockey wheel** *(Mech)*
**Laufrolle** *f (Mech, Umschl, Band) (Spannrolle)* **idler** *(Mech, Band, Umschl, Bg/Bergb)*
**Laufrolle** *f (Mech, Umschl, Band) (Tragrolle, Band)* **bearing roller** *(Mech, Umschl, Band)*
**Laufrollenabstand** *m (Bg/Bergb) (des Unterwagens)* **gauge** *(Mech, Bahn)*
**Laufrollenflansch** *m (Bg/Bergb) (seitlicher Spurkranz)* **track roller flange** *(Bg/Bergb)*
**Laufrollenkörper** *m (Mech)* **roller body** *(Mech)*
**Laufrollenrahmen** *m (Mech, Band)* **track roller frame** *(Mech, Band)*
**Laufrollensatz** *m (Band)* **track roller group** *(Band)*
**Laufrollenschutz** *m (Band)* **track roller guard** *(Band)*
**Laufrollenstuhl** *m (Band)* **idler support** *(Band, Umschl)*
**Laufruhe** *f (Mech)* **quiet running** *adj:n (Mech)*
**Laufschaufelkranz** *m (Mech)* **blade ring** *(Mech)*
**Laufschiene** *f (Stb)* **runner rail** *(Stb)*
**Laufseite** *f (Band) (Gurt)* **pulley side** *(Band)* (belt)
**Laufsteg** *m (Mech, Bau)* **runway** *(Stb)* (catwalk)
**Laufwand** *f (Stb)* **curtain wall** *(Stb, Bau)*
**Laufwelle** *f (Zer)* **idle shaft** *(Zer)*
**Laufwerk** *nt (Bg/Bergb) (des Raupengerätes)* **crawler unit** *(Bg/Bergb)*
**Laufwerk** *nt (Mech) (des Eisenbahnwagens)* **chassis unit** *(Mech)*

**Laufwerk, vertikal** vertikales Laufwerk *adj:n (Mech)* **vertical roller assembly** *adj:n (Mech)*
**Laufwerkskette** *f (Bg/Bergb)* **track** *(Bg/Bergb)* (chain)
**Laufwerksprofil** *nt (Bg/Bergb)* **profile of the crawler unit** *(Bg/Bergb)*
**Laufwerksschwinge** *f (Mech) (Rollenwagen)* **wheel bogie equalizer** *(Mech)*
**Laufzeit** *f (Mech, Allg) (Maschine)* **running time** *(Mech, Allg)*
**Laugenkessel** *m (Hütt/Wlz)* **liquor recovery unit** *(Hütt/Wlz)*
**Laugensprödigkeit** *f (Hütt/Wlz)* **caustic embrittlement** *(Hütt/Wlz)*
**Laugensprühdose** *f (Hütt/Wlz)* **liquor spray nozzle** *(Hütt/Wlz)*
**Läutewerk** *nt (Bahn)* **bell signal system** *(Bahn)*
**Lavaldüse** *f (Hyd/Pneu)* **convergent-divergent nozzle** *(Mech, Hyd/Pneu)*
**LB-Wagen** *m (Bahn) (Leichtbau)* **l-w coach** *(Bahn)*
**LD** *(Hütt/Wlz) (Abk)* **LD furnace** *(Hütt/Wlz)*
**LD-Verfahren** *nt (Hütt/Wlz)* **Linz-Donawitz-process** *(Hütt/Wlz)*
**Lebensdauer** *f (Allg) (z.B. Maschine, Werkstoff)* **lifetime** *(Mech, Allg)*
**Lebensdauerschmierung** *f (Mech)* **lifetime lubrication** *(Mech)*
**Leck** *nt (Mech)* **leak** *(Mech, Hyd/Pneu, El)*
**Leckage** *f (Mech, Hyd/Pneu)* **leakage** *(Mech, Hyd/Pneu, El)*
**Lecköl** *nt (Mech)* **leak oil** *(Mech)*
**Leckölanschluss** *m (Mech, Hyd/Pneu)* **oil leak port** *(Mech, Hyd/Pneu)*
**Leckölleitung** *f (Mech)* **leak oil pipe** *(Mech)*
**Leckölrückleitung** *f (Mech) (zum Tank)* **leak oil return** *(Mech)*
**Leckölverlust** *m (Mech)* **leak oil loss** *(Mech)*
**Leckölwanne** *f (Mech)* **back leakage sump** *(Mech)*
**Lecktest** *m (Mech, Hyd/Pneu)* **leak test** *(Mech, Hyd/Pneu)*
**Leckventil** *nt (Mech, Hyd/Pneu)* **bleeding valve** *(Mech, Hyd/Pneu)*
**Ledermanschette** *f (Zer)* **leather packing** *(Zer, Mech)*
**Leer-/Beladen-Stellung** *(Bahn) (der Wagenbremse)* **empty/load changeover** *(Bahn)* (wagon brake)
**Leerfahrt** *f (Mech, Bg/Bergb)* **deadheading** *(Mech, Bg/Bergb)*
**Leergewicht** *nt (Mech)* **empty weight** *adj:n (Mech)*
**Leerlauf** *m (Mech)* **idle gear** *(Mech)*
**Leerlaufbegrenzungsschraube** *f (Mech)* **idle adjusting screw** *(Mech)*
**Leerlaufbetrieb** *m (Mech)* **no-load operation** *(Mech)*
**Leerlaufdrehzahl** *f (Mech)* **idling speed** *(Mech)*
**Leerlaufdüse** *f (Mech)* **idle jet** *(Mech)*
**Leerlaufgewicht Gm (q)** *nt (Mech, Band) (Kräfte für Gurte und Bänder)* **Q factor** *(Mech, Band)*
**Leerlaufluftschraube** *f (Mech)* **idle air adjusting screw** *(Mech)*
**Leerlaufprobe** *f (Mech)* **trial run** *(Mech, El)*
**Leerlaufrolle** *f (Bg/Bergb)* **idler** *(Mech, Band, Umschl, Bg/Bergb)*
**Leerlaufstellung** *(Kfz, Mech)* **neutral position** *adj:n (Mech, El)*
**Leerlaufventil** *nt (Hyd/Pneu)* **non-pressure valve** *(Hyd/Pneu)*
**Leermasse der Transportraupe** *(Bg/Bergb)* **weight of transport crawler** *(Mech, Bg/Bergb)* (unladen)
**Legierung** *f (Hütt/Wlz)* **alloy** *(Mech)*
**Legierung auf Fe-Basis** *(Mech)* **iron-base alloy** *(Mech)*
**Legierungseinblasanlage** *f (Mech)* **alloy injection plant** *(Mech)*
**Legierungsmetall** *nt (Hütt/Wlz)* **alloyed metal** *adj:n (Hütt/Wlz)*
**Lehm** *m (Geo)* **clay** *(Geo)* **loam** *(Geo)*
**Lehmblock** *m (Geo, Bau)* **adobe block** *(Geo, Bau)*
**Lehrdorn** *m (Werkz) (Prüfwerkzeug)* **mandril gauge** *(Werkz)*
**Lehre** *f (Werkz) (Messwerkzeug)* **gauge** *(Mech, Bahn)*
**Leibung** *f (Stb)* **intrados** *pl (Stb)*
**Leibungsdruck** *m (Stb) (Schraube)* **bearing** *(Stb, Stat)* (pressure, stress)
**Leicht- und Tafelprofile** *(Mech)* **light-weight and panel sections** *(Mech)*
**Leichtbau** *m (Stb)* **light-weight design** *(Stb)*
**Leichtbauplatten-Stift** *m (Mech)* **nail for light weight building slabs** *(Mech)*
**Leichtbauschnellzugwagen** *m (Bahn)* **light-weight express coach** *(Bahn)*

**Leichtbauweise** *f (Mech)* **lightweight construcion** *(Mech)*
**Leichtgängigkeit** *f (Mech)* **soft running** *adj:n (Mech)*
**Leichtmaterialschaufel** *f (Bg/Bergb)* **light-material bucket** *(Bg/Bergb)*
**Leichtmetall** *nt (Hütt/Wlz)* **light metal** *(Hütt/Wlz)*
**Leichtmetall-Aufgleisgerät** *nt (Bahn)* **light-metal rerailing equipment** *(Bahn)*
**Leichtmetall-Legierung** *f (Hütt/Wlz)* **light alloy** *adj:n (Hütt/Wlz)*
**Leichtmetall-Scheibenrad** *nt (Mech)* **light-alloy disc wheel** *(Mech)*
**Leichtmetall-Speichenrad** *nt (Mech)* **light-alloy spoked wheel** *(Mech)*
**Leichtmetallprofil** *nt (Mech)* **light metal section** *(Mech)*
**Leichtprofil** *nt (Hütt/Wlz)* **light section** *adj:n (Hütt/Wlz)*
**Leihplatte** *f (Mech) (zur Baggerüberführung)* **slave pads** *pl BE (Mech)*
**Leinenbindung** *f (Mech) (von Schläuchen)* **canvas water pipe** *(Mech)*
**Leinwandverbindung** *f (Mech)* **linen weave** *(Mech)*
**Leiste** *f (Mech) (Metallrippe)* **rib** *(Mech)* (in steel girder)
**Leistung** *f (Mech, Allg)* **performance** *(Mech)* (work, production)
**Leistung, effektiv** effektive Leistung *adj:n (Bg/Bergb) (in Festmetern)* **average output** *adj:n (Bg/Bergb)*
**Leistung, mangelnd** mangelnde Leistung *adj:n (Mech, Allg)* **lack of performance** *(Mech)*
**Leistung, volumetrisch** volumetrische Leistung *adj:n (Band, Umschl)* **volumetric rate** *adj:n (Band, Umschl)* ($Qm = m^3/h$)
**Leistungs-Gewicht-Verhältnis** *nt (Mech)* **power/weight ratio** *(Mech)*
**Leistungsabschätzung** *f (Allg)* **estimation of productivity data** *(Allg)*
**Leistungsangaben** *pl f (Allg)* **output data** *(Allg)*
**Leistungsaufnahme** *f (Mech) (eines Werkzeugs)* **load capacity** *(Mech)*
**Leistungsausgang** *m (Mech)* **power output** *(El, Mech)*
**Leistungsbereich** *m (Mech, Allg)* **range of capacity** *(Mech, Allg)*
**Leistungsbericht** *m (Allg)* **performance report** *(Allg)*
**Leistungsbilanz** *f (Bg/Bergb) (Geräte mit Grenzlast)* **power balance chart** *(Bg/Bergb)*
**Leistungsfähigkeit** *f (Mech, Allg) (Schaffenskraft, -vermögen)* **capability** *(Mech, Allg)*
**Leistungsfähigkeit, mittlere** mittlere Leistungsfähigkeit *adj:n (Mech)* **medium duty** *adj:n (Mech, El)*
**Leistungsfähigkeit, technisch** technische Leistungsfähigkeit *adj:n (Mech)* **technical performance** *adj:n (Mech)*
**Leistungsfaktor** *m (Mech)* **power factor** *(Mech)*
**Leistungsfeuerung** *f (Hütt/Wlz)* **load carrying burners** *pl (Hütt/Wlz)*
**Leistungsgewicht** *nt (Mech)* **power/weight ratio** *(Mech)*
**Leistungsreduktion** *f (Mech)* **reduction of performance** *(Mech)*
**Leistungstest** *m (Allg)* **performance test** *(Allg)*
**Leistungsverlust** *m (Hyd/Pneu)* **power loss** *(Mech)*
**Leistungsvermögen** *nt (Mech)* **capacity** *(Mech, Allg)*
**Leistungsverzeichnis** *nt (Mech)* **technical proposal** *adj:n (Mech)* **technical specification** *adj:n (Mech)*
**Leitapparat** *m (Mech)* **diffuser** *(Mech)*
**Leitbacke** *f (Mech)* **follower** *(Mech)*
**Leitblech** *nt (Bg/Bergb, Umschl, Band)* **skirtboard** *(Bg/Bergb, Umschl, Band)*
**Leitblech** *nt (Mech) (im Tank)* **tank baffle** *(Mech)*
**Leitdraht** *m (Bg/Bergb)* **reference wire** *(Bg/Bergb)*
**Leiter** *f (Bg/Bergb) (am Unterwagen)* **body steps** *pl (Bg/Bergb)*
**Leiter** *f (Mech) (Sprossenleiter)* **ladder** *(Mech, Stb, Bg/Bergb)*
**Leiter, fahrbar** fahrbare Leiter *adj:n (Mech)* **turntable ladder** *BE (Stb)*
**Leiter, mitdrehend** mitdrehende Leiter *adj:n (Mech)* **turning ladder** *adj:n (Mech)*
**Leiterlast** *f (Mech)* **linear increasing distance load** *(Mech)*
**Leitersprosse** *f (Mech)* **rung** *(Mech)* (ladder)

**Leithöhe** *f (Bau)* **reference height** *(Bau)*
**Leitkranz** *m (Mech)* **nozzle ring** *(Mech)*
**Leitplanke** *f (Stb) (Balken)* **guard rail** *(Stb, Bau)*
**Leitrad** *nt (Bg/Bergb)* **guiding sprocket** *(Bg/Bergb)*
**Leitrad** *nt (Bg/Bergb) (des Schaufelradbaggers)* **tumbler** *(Bg/Bergb)* (with pockets for chain lugs)
**Leitrad** *nt (Bg/Bergb) (lenkt Kettenrichtung um)* **front idler** *(Bg/Bergb)*
**Leitrad mit Nachstellung** *(Bg/Bergb)* **guiding sprocket with tensioning device** *(Bg/Bergb)*
**Leitrad, groß** großes Leitrad *adj:n (Bg/Bergb)* **large front idler** *adj:n (Bg/Bergb)*
**Leitradjoch** *nt (Mech) (Sitz der Umlenkrolle)* **idler yoke** *(Mech)* (holds idler)
**Leitrohr** *nt (Mech, Hyd/Pneu)* **main pipe** *adj:n (Hyd/Pneu)*
**Leitrolle** *f (Band) (fest, seitlich, senkrecht)* **belt guiding idler** *(Band)*
**Leitschaufel** *f (Mech) (Ventilator)* **inlet guide vane** *(Mech)*
**Leitschaufelkranz** *m (Mech) (Ventilator)* **vane ring** *(Mech)*
**Leitschaufelregulierung** *f (Mech)* **vane control** *(Mech)*
**Leitschaufelträger** *m (Mech)* **vane support** *(Mech)*
**Leitschiene** *f (Stb) (Radlenker)* **guide rail** *(Mech, Stb)* (runner)
**Leitstandfahrer** *m (Mech)* **directing-stand driver** *(Mech)*
**Leitung** *f (Mech) (Rohr)* **pipe** *(Hyd/Pneu, Mech)*
**Leitung, belastet** belastete Leitung *adj:n (Hyd/Pneu)* **pressurized line** *adj:n (Hyd/Pneu)*
**Leitungsfilter** *nt (Mech)* **pipe filter** *(Mech)*
**Leitungsrohr** *nt (Mech)* **line pipe** *(Mech)*
**Leitungsrohr, HFI-geschweißt** HFI-geschweißtes Leitungsrohr *adj:n (Mech)* **HFI-welded line pipe** *adj:n (Mech)*
**Leitungsrohrwerk** *nt (Mech)* **pipe mill** *(Mech)*
**Leitungsträger** *m (Mech)* **pipe bracket** *(Mech, El)*
**Leitungstrommel** *f (Bg/Bergb) (Kabel)* **cable reeling drum** *(Bg/Bergb)*
**Leitwagen** *m* **guide carriage**
**Lenkachse** *f (Mech)* **steering axle** *(Mech)* **steering shaft** *(Mech)*
**Lenkachsenträger** *m (Mech)* **steering axle beam** *(Mech)*
**Lenkanlage** *f (Mech)* **steering mechanism** *(Mech)*
**Lenkanschlag-Begrenzung** *f (Mech)* **steering stop limit** *(Mech)*
**Lenkbetätigung** *f (Mech)* **steering control** *(Mech)*
**Lenkblech** *nt (Band, Umschl)* **baffle** *(Bg/Bergb, Band, Umschl)*
**Lenkbleche** *pl nt (Hütt/Wlz) (im Blechkanal)* **duct vanes** *pl (Hütt/Wlz)*
**Lenkbremse** *f (Mech)* **steering clutch brake** *(Mech)*
**Lenkbügellager** *nt (Mech)* **link bolster** *(Mech)*
**Lenkeinrichtung** *f (Mech)* **steering gear** *(Mech)*
**Lenkeinschlag** *m (Mech)* **steering lock** *(Mech)*
**Lenker** *m (Mech) (Ausleger)* **pivot frame** *(Mech)*
**Lenker** *m (Mech) (Hubwerk Abwurfausleger)* **guide rod** *(Mech)*
**Lenker** *m (Mech) (Raupen)* **steering arm** *(Mech)*
**Lenkerstange** *f (Mech, Kfz)* **steering rod** *(Mech, Bg/Bergb)*
**Lenkfinger** *m (Mech)* **steering finger** *(Mech)*
**Lenkgehäuse** *nt (Mech)* **steering gear housing** *(Mech)*
**Lenkgehäusedichtung** *f (Mech)* **packing for steering gear housing** *(Mech)*
**Lenkgestänge** *nt (Mech)* **steering linkage** *(Mech)*
**Lenkgetriebe** *nt (Mech)* **steering gear** *(Mech)*
**Lenkhilfepumpe** *f (Mech, Hyd/Pneu)* **steering booster pump** *(Mech, Hyd/Pneu)*
**Lenkkranz** *m (Mech)* **turn-table** *(Mech)*
**Lenkkupplung** *f (Mech)* **steering clutch** *(Mech)*
**Lenkkupplungsgestänge** *nt (Mech)* **steering clutch control** *(Mech)*
**Lenkmutter** *f (Mech)* **steering nut** *(Mech)*
**Lenkpumpe** *f (Hyd/Pneu, Mech)* **steering pump** *(Hyd/Pneu, Mech)*
**Lenkradnabe** *f (Mech)* **steering wheel hub** *(Mech)*

**Lenkradschaltung** *f (Mech)* **steering column change** *(Mech)* (shift)
**Lenkraupe** *f (Bg/Bergb)* **steering crawler** *(Bg/Bergb)*
**Lenkrohr** *nt (Mech)* **steering tube** *(Mech)*
**Lenkrohrstummel** *m (Mech)* **steering tube extension** *(Mech)*
**Lenkrolle** *f (Band, Mech)* **steering roller** *(Mech)*
**Lenkrollenstuhl** *m (Band)* **self-aligning idlers** *adj:n (Band)*
**Lenkrollenstuhl** *m (Band) (Gurtbandregler)* **training idlers for carrying belt** *(Band)*
**Lenkrollenwelle** *f (Mech)* **steering roller shaft** *(Mech)*
**Lenksäule** *f (Mech)* **steering column** *(Mech)*
**Lenksäulenhalter** *m (Mech)* **steering column bracket** *(Mech)*
**Lenksäulenkeil** *m (Mech)* **steering column shaft spline** *(Mech)*
**Lenkschloss** *nt (Mech)* **steering column lock** *(Mech)*
**Lenkschnecke** *f (Mech)* **steering worm** *(Mech)*
**Lenkschneckenrad** *nt (Mech)* **steering worm gear** *(Mech)*
**Lenkschraube** *f (Mech)* **steering cam** *(Mech)*
**Lenkschubstange** *f (Mech)* **steering link** *(Mech)*
**Lenksegment** *nt (Mech)* **steering sector** *(Mech)*
**Lenkspindel** *f (Mech)* **steering spindle** *(Mech)*
**Lenkspurhebel** *m (Mech)* **drop arm** *(Mech)*
**Lenkspurstange** *f (Mech)* **track rod** *(Mech)*
**Lenkstange** *f (Mech)* **steering rod** *(Mech, Bg/Bergb)*
**Lenkstock** *m (Mech)* **steering column assembly** *(Mech)*
**Lenkstockhebel** *m (Mech)* **drop arm** *(Mech)*
**Lenkstoßdämpfer** *m (Mech)* **anti-kick-back snubber** *(Mech)*
**Lenktriebachse** *f (Mech)* **steering drive axle** *(Mech)*
**Lenkung** *f (Bg/Bergb)* **steering** *(Mech, Bg/Bergb)*
**Lenkung, hydraulisch** hydraulische Lenkung *adj:n (Mech, Hyd/Pneu)* **steering orbitrol** *(Mech, Hyd/Pneu)*
**Lenkungsbock** *m (Mech)* **steering gear mounting** *(Mech)*
**Lenkungsdämpfer** *m (Mech)* **steering damper** *(Mech)*
**Lenkventil** *nt (Mech, Hyd/Pneu)* **steering valve** *(Mech, Hyd/Pneu)*
**Lenkventil, hydraulisch** hydraulisches Lenkventil *adj:n (Hyd/Pneu, Mech)* **orbitrol** *(Mech, Hyd/Pneu)* (steering)
**Lenkvorrichtung mit Schnecke** *(Mech)* **worm and sector steering device** *(Mech)*
**Lenkwand** *f (Hütt/Wlz)* **baffle wall** *(Hütt/Wlz)*
**Lenkwelle** *f (Mech)* **steering shaft** *(Mech)*
**Lenkzwischenhebel** *m (Mech)* **idler arm** *(Mech)*
**Lenkzwischenstange** *f (Mech)* **drag link** *(Mech)*
**Lenkzylinder** *m (Mech)* **steering cylinder** *(Mech)*
**Leseband** *nt (Zer)* **picking belt** *(Zer)*
**Leuchtrosette** *f* **luminous collar** *adj:n (Mech))*
**lfdm.** *Nomen:Adjektiv (Mech, Allg) (Abk)* **linear meters** *adj:n (Mech, Allg)*
**Lichtbogen** *m (Schw) (Schweißen)* **arc** *(Schw)* (welding)
**Lichtbogenkammer** *f (Schw, Mech, Mont)* **arc chamber** *(Schw, Mech, Mont)*
**Lichtbogenofen** *m (Hütt/Wlz)* **arc furnace** *(Hütt/Wlz)*
**Lichtbogenschweißen** *nt (Schw, Mech, Mont)* **arc welding** *(Schw, Mech, Mont)*
**Lichtgitterrost** *m (Mech)* **light-admitting grill** *(Mech, Bau)*
**Lichtgitterrostbelag** *m (Mech)* **grate flooring** *(Mech, Bau)*
**Lichtkuppel** *f (Stb)* **domelight** *(Stb)*
**Lichtmaschine** *f (El)* **dynamo** *(El, Mech)*
**Lichtpausmaschine** *f (Mech)* **printing machine** *(Mech)*
**Lichtraumprofil** *nt (Stb)* **clearance diagram** *(Stb)*
**Lichtraumumgrenzung** *f (Stb)* **clearance gauge** *(Stb)*
**Lichtstrahlschweißen** *nt (Schw) (DIN 1910)* **light radiation welding** *(Schw)*

**Liefereinheit** *f (Mech) (z.B. Abnahmeprüfung)* **lot of shipment** *(Mech)*
**Liegendenspannung** *f (Bg/Bergb, Stat)* **pressure reduction in pit floor** *(Bg/Bergb, Stat)*
**Liegendes** *nt (Bg/Bergb) (eines Flözes)* **base** *(Bg/Bergb)* (floor)
**Lifetime-Rolle** *f (Mech)* **lifetime roller** *(Mech)*
**Lignit** *m (Bg/Bergb, Geo) (holzige Braunkohle)* **lignite** *(Bg/Bergb, Geo)*
**Limousine** *f (Mech) (Kfz)* **sedan** *(Mech)*
**Linie** *f (Mech)* **line** *(Allg)*
**Linie, durchgehend** durchgehende Linie *adj:n (Mech, Allg)* **full line** *adj:n (Mech, Allg)*
**Linie, elastisch** elastische Linie *adj:n (Mech)* **elastic curve** *adj:n (Mech)*
**Linienkipplager** *nt (Stb)* **pin bearing** *(Stb)*
**Linienlast** *f (Mech)* **knife-edge load** *BE (Mech)*
**Linksausführung** *f (Mech)* **left-hand construction** *(Mech)*
**Linksdrehung** *f (Mech)* **counter-clockwise rotation** *adj:n (Mech)*
**Linksflanke** *f (Mech)* **left flank** *adj:n (Mech)*
**Linksgewinde** *nt (Mech)* **LH-thread** *(Mech)* **left-hand thread** *adj:n (Mech)*
**Linksraupe** *f (Bg/Bergb) (in Fahrtrichtung links)* **left-hand crawler** *(Bg/Bergb)*
**Linse** *f (Mech) (Optik)* **lens** *(Mech)* (e.g. of a headlamp)
**Linse** *f (Mech) (Steuerlinse im Pumpenkörper)* **pendulum ball** *(Mech)* (made of bronze)
**Linsendurchmesser** *m (Schw)* **weld nugget diameter** *(Schw)*
**Linsenniete** *f (Mech)* **mushroom head rivet** *(Mech)*
**Linsenschraube** *f (Mech)* **lens head screw** *(Mech)*
**Linsensenkblechschraube** *f (Mech)* **raised countersunk-head tapping screw** *adj:n (Mech)*
**Linsensenkholzschraube mit Schlitz** *(Mech)* **slotted raised countersunk head wood screw** *(Mech)*
**Linsensenkniet** *m (Mech)* **oval head countersunk rivet** *(Mech)*
**Linsensenkschraube** *f (Mech)* **oval head countersunk screw** *(Mech)*
**Linsenzylinderschraube** *f (Mech) (mit Schlitz)* **slotted raised cheese head screw** *(Mech)*
**Linz-Donawitz-Verfahren** *nt (Hütt/Wlz)* **Linz-Donawitz-process** *(Hütt/Wlz)*
**Lippe** *f (Bg/Bergb) (der Ladeschaufel)* **visor** *BE (Bg/Bergb)*
**Lippenbohrer** *m (Mech, Mont)* **lip drill** *(Mech, Mont)*
**Lippenring** *m (Mech)* **lip ring** *(Mech)*
**Litze** *f (Mech)* **strand** *(El, Mech)*
**Litzenberührungsstellen** *pl f (Bg/Bergb, Mech)* **points of contact of strands** *pl (Bg/Bergb, Mech)*
**Lkw, klein** kleiner Lkw *adj:n (Mech)* **pick-up** *(Mech)*
**Lkw-Anhänger** *m (Mech)* **truck trailer** *(Mech)*
**Lkw-Aufbau** *m (Bg/Bergb) (des Baggers)* **truck type mounting** *(Bg/Bergb)*
**Lkw-Be- und Entladestation** *(Mech)* **lorry loading and unloading station** *BE (Mech)*
**Lkw-Kipper** *m (Mech)* **lorry tippler** *BE (Mech)*
**Lkw-Kran** *m (Mech)* **truck crane** *(Mech, Mont)*
**Lkw-Mulde** *f (Mech) (Dumper)* **body** *(Mech)* (of a dump truck)
**Loch** *nt (Mech, Allg)* **hole** *(Mech)*
**Loch, gestanzt** gestanztes Loch *adj:n (Mech)* **punched hole** *adj:n (Mech)*
**Loch, vorgearbeitet** vorgearbeitetes Loch *adj:n (Mech, Mont)* **pre-machined hole** *adj:n (Mech)*
**Loch, vorgegossen** vorgegossenes Loch *adj:n (Mech)* **cored hole** *adj:n (Mech, Hütt/Wlz)*
**Lochabstand** *m (Mech) (Niet)* **pitch** *(Mech)* (e.g. between rivets, holes)
**Lochabzug** *m (Stb) (Niet)* **deduction of holes** *(Stb)*
**Lochbild** *nt (Mech) (z.B. quadratisch)* **hole pattern** *(Mech)*
**Lochblech** *nt (Mech)* **perforated sheet** *adj:n (Mech)*
**Lochblende** *f (Mech)* **pin diaphragm** *(Mech)* (pin stop)
**Lochdruck** *m (Stb)* **bearing** *(Stb, Stat)* (pressure, stress)
**Lochdurchmesser** *m (Mech)* **hole diameter** *(Mech)*

**Lochdüse** *f (Mech)* **orifice nozzle** *(Mech)*
**Locheisen** *nt (Mech)* **hollow punch** *(Mech, Mont)*
**Lochhammer** *m (Mont, Werkz)* **mandrel nippers** *pl (Mont, Werkz)*
**Lochkreis** *m (Mech)* **bolt circle** *(Mech)*
**Lochleibungsdruck** *m (Stb, Stat)* **bearing pressure** *(Stb, Stat)* ($kn/cm^2$)
**Lochleibungsfestigkeit** *f (Stb, Stat)* **bearing strength** *(Stb, Stat)*
**Lochleibungsfläche** *f (Stb, Stat)* **effective bearing area** *adj:n (Stb, Stat)*
**Lochnaht** *f (Schw)* **plug weld** *(Schw)*
**Lochnaht mit Schlitz** *(Schw)* **slot weld** *(Schw)*
**Lochplatte** *f (Mech)* **boss plate** *(Mech)*
**Lochreihe** *f (Mech)* **line of holes** *(Mech)*
**Lochscheibe** *f (Mech)* **punched disk** *adj:n (Mech)*
**Lochschweißung** *f (Schw)* **plug weld** *(Schw)*
**Lochstempel** *m (Mech)* **punch** *(Mech, Mont, Hütt/Wlz)*
**Lochteilung** *f (Mech)* **hole arrangement** *(Mech)*
**Lochwanddruck** *m (Stb, Stat)* **bearing pressure** *(Stb, Stat)* ($kn/cm^2$)
**Lockengestein** *nt (Geo)* **soft rock** *adj:n (Geo)*
**Lockergestein** *nt (Geo)* **granular soil** *adj:n (Geo)*
**Lockerung** *f (Geo, Bg/Bergb, Mech)* **loosening** *(Geo, Bg/Bergb)*
**Lockerungssprengung** *f (Bg/Bergb)* **shock blasting** *(Bg/Bergb)*
**Löffel** *m (Bg/Bergb) (Baumaschine)* **bucket** *(Mech, Mont, Bg/Bergb)*
**Löffel** *m (Bg/Bergb) (des Seilbaggers)* **dipper** *(Bg/Bergb)*
**Löffel** *m (Bg/Bergb, Umschl) (eines Baggers)* **scoop** *(Bg/Bergb, Umschl)*
**Löffelanlenkung** *f (Bg/Bergb) (Baumaschine)* **bucket hinge** *(Bg/Bergb)*
**Löffelbagger** *m (Bg/Bergb)* **power shovel** *(Bg/Bergb)*
**Löffelbagger** *m (Bg/Bergb) (mit Tieflöffel)* **bucket excavator** *(Bg/Bergb)*
**Löffelbreite** *f (Bg/Bergb)* **bucket width** *(Bg/Bergb)*
**Löffelbrust** *f (Bg/Bergb)* **shovel front** *(Bg/Bergb)*
**Löffelbrust** *f (Bg/Bergb) (Schneide mit Zahntaschen)* **lip** *(Mech, Bg/Bergb)*
**Löffeldrehpunkt** *m (Bg/Bergb) (Baumaschine)* **bucket pivot** *(Bg/Bergb)*
**Löffelhalter** *m (Bg/Bergb)* **bucket safety bar** *(Bg/Bergb)*
**Löffelinhalt** *m (Bg/Bergb)* **bucket contents** *(Bg/Bergb)*
**Löffelinhalt** *m (Bg/Bergb) (Kapazität)* **bucket capacity** *(Bg/Bergb, Umschl)*
**Löffellagerung** *f (Bg/Bergb) (Bolzen)* **bucket pin** *(Bg/Bergb)*
**Löffelstiel** *m (Bg/Bergb) (Seilbagger)* **dipper handle** *(Bg/Bergb)*
**Löffelstiel** *m (Bg/Bergb) (Tieflöffel)* **arm** *(Bg/Bergb)* (stick)
**Löffelzylinder** *m (Bg/Bergb)* **bucket cylinder** *(Bg/Bergb)*
**Lohnbeizung** *f (Form)* **hire pickling** *(Form)*
**Lok** *f (Bahn) (Abk)* **loco** *(Bahn)* (Abv)
**Lokbremse** *f (Bahn) (im Führerstand)* **straight air brake** *adj:n (Bahn)*
**Lokbremsventil** *nt (Bahn)* **locomotive brake valve** *(Bahn)*
**Lokomotive** *f (Bahn)* **locomotive** *BE (Bahn)*
**Lokomotivhohlachse** *f (Bahn)* **hollow axle** *adj:n (Bahn)*
**Lokomotivkran** *m (Mech)* **locomotive crane** *(Mech)*
**Lokübergangsbrücke** *f (Bahn) (zum Tender)* **fall plate** *(Bahn)* (from loco to tender)
**Lore** *f (Bahn)* **tipping wagon** *(Bahn)*
**Los- und Festflansch** *(Mech)* **removable top plate and fixed plate** *(Mech)*
**Losbrechkraft** *f (Bg/Bergb)* **breakout force** *(Bg/Bergb)*
**Losbrechmoment** *nt (Mech)* **break-off torque** *(El)*
**Löschfahrzeug** *nt (Mech) (Feuerwehr)* **fire-fighting vehicle** *(Mech)*
**Löschgeräte** *pl nt (Mech)* **fire extinguishing equipment** *(Mech)*
**Löschmittel, gasförmig** gasförmiges Löschmittel *adj:n (Schw, Mech, Mont)* **gasiform arc-extinguishing medium** *adj:n (Schw, Mech, Mont)*
**Löschpumpe** *f (Hyd/Pneu) (Feuerwehr)* **fire pump** *(Hyd/Pneu)*
**Löschturm** *m (Stb)* **water tower** *(Stb)*

**Löschwasserversorgung** *f (Stb)* **water supply** *(Stb, Bau)*
**Löschwasservorrat** *m (Stb)* **water reserve** *(Stb)*
**Lösen** *nt (Mech) (der Kupplung)* **disengagement** *(Mech)*
**Lösen der Bremse** *(Mech)* **brake release** *(Mech)*
**Lösen und Laden** *(Umschl)* **cutting and loading operations** *pl (Umschl)*
**Löseventil** *nt (Mech)* **release valve** *(Mech)*
**Losflanschring** *(Mech)* **removable flange ring** *adj:n (Mech)*
**Loslager** *nt (Mech)* **movable bearing** *adj:n (Mech)*
**Loslagerseite** *f (Mech)* **floating bearing side** *(Mech)*
**Lospunkt** *m (Bau)* **loose point** *(Bau)*
**Losseite** *f (Mech)* **floating side** *(Mech)*
**Losteil** *nt (Mech) (Bauteile)* **loose shipment part** *adj:n (Mech)*
**Lösungswäsche** *f (Mech)* **washing with solvents** *(Mech)*
**Lot** *nt (Mont) (mit Schnur)* **lead** *(Mont)* (with line)
**Lot** *nt (Mont)* **plump-bob** *(Mont)*
**Lötanschlussstück** *nt (Mech)* **soldered connection piece** *adj:n (Mech)*
**Lötbrenner** *m (Schw, Mech, Mont)* **gas blowpipe** *(Schw, Mech, Mont)*
**Lötbrücke** *f (Mech, Mont)* **solder link** *(Mech, Mont)*
**Lötdraht** *m (Mech, Mont)* **soldering wire** *(Mech, Mont)*
**Löten** *(Mech, Mont) (hart)* **brazing** *(Mech, Mont)*
**Löten** *nt (Mech, Mont) (weich)* **soldering** *(Mech, Mont)*
**Lötfett** *nt (Mech)* **soldering grease** *(Mech)*
**Lötkolben** *m (Mont, Werkz)* **soldering bit** *(Mont, Werkz)*
**Lötlampe** *f (Mont)* **soldering lamp** *(Mech, Mont)*
**Lötrohr** *nt (Mech, Mont)* **blow pipe** *(Mech, Mont)*
**Lötrückenbestückung** *f (Mech, Mont)* **solder strap layout** *(Mech, Mont)*
**Lötstelle** *f (Mech, Mont)* **solder point** *(Mech, Mont)*
**Lötstutzen** *m (Mech, Mont)* **soldered joint** *adj:n (Mech, Mont)*
**Lötverbindung** *f (Mech, Mont)* **soldered connection** *adj:n (Mech, Mont)*
**Lötzinn** *(Form)* **solder tin** *(Form)*
**Luft** *f (Bg/Bergb) (Gaseinschluss, Blase)* **air pocket** *(Bg/Bergb)*
**Luft** *f (Mech) (Lagerspiel)* **slackness** *(Mech)* (internal clearance of bearing)
**Luft zum Motor** *(Mech)* **air to engine** *(Mech)*
**Luft, verunreinigt** verunreinigte Luft *adj:n (Mech)* **contaminated air** *adj:n (Mech)*
**Luftabsperrhahn** *m (Hyd/Pneu)* **air cock** *(Hyd/Pneu)*
**Luftansaugrohr** *nt (Mech, Pneu)* **air intake manifold** *(Mech, Pneu)*
**Luftbefeuchtung** *f (Hütt/Wlz)* **air wetting** *(Hütt/Wlz)*
**Luftbehälter** *m (Hyd/Pneu)* **air reservoir** *(Hyd/Pneu)*
**Luftbereifung** *f (Hyd/Pneu, Mech)* **pneumatic tires** *adj:n (Hyd/Pneu, Mech)*
**Luftblaslanze** *f (Hütt/Wlz)* **air lance** *(Hütt/Wlz)*
**Luftbremse** *f (Mech, Hyd/Pneu)* **pneumatic brake** *adj:n (Mech, Hyd/Pneu)*
**Luftdruck** *m (Hyd/Pneu)* **air pressure** *(Hyd/Pneu)*
**Luftdruck, ungenügend** ungenügender Luftdruck *adj:n (Hyd/Pneu)* **underinflation** *(Hyd/Pneu)*
**Luftdruckbremse** *f (Mech, Hyd/Pneu)* **pneumatic brake** *adj:n (Mech, Hyd/Pneu)*
**Luftdruckmotor** *m (Mech, Hyd/Pneu)* **pneumatic motor** *adj:n (Mech, Hyd/Pneu)*
**Luftdurchlässigkeit** *f (Mech) (Entstaubung)* **air permeability** *(Mech)*
**Luftdurchsatz** *m (Mech) (Entstaubung)* **air flow rate** *(Mech)*
**Luftdüse** *f (Mech)* **air nozzle** *(Mech)*
**Lufteinlass** *m (Hyd/Pneu)* **air admission** *(Hyd/Pneu)*
**Lufteintritt** *m (Mech)* **air in** *(Mech)*
**Luftentfeuchter** *m (Hyd/Pneu)* **blue gel adsorber** *(Hyd/Pneu)*
**Luftentladung** *f (Mech)* **air discharge** *(Mech)*
**Lüfter** *m (Mech) (Ventilator)* **ventilator** *(Mech)*
**Lüfter** *m (Mech, Hyd/Pneu)* **fan** *(El, Hyd/Pneu, Mech)*

**Lüfter, langhubig** langhubiger Lüfter *adj:n (Mech)* **long-stroke thrustor** *(Mech)*
**Lüfterachse** *f (Mech)* **fan fixed shaft** *(Mech)*
**Lüfterbock** *m (Mech)* **fan bracket** *(Mech)*
**Lüfterflügel** *m (Mech)* **fan blade** *(Mech)*
**Lüfterflügelthermostat** *m (Mech)* **fan thermostat** *(Mech)*
**Lüfterflügelthermostatsender** *m (Mech)* **fan thermostat sender** *(Mech)*
**Lüftergehäuse** *nt (Mech)* **fan casing** *(Mech)*
**Lüfterhaube** *f (Mech)* **fan cowl** *(Mech)*
**Lüfterleitblech** *nt (Mech)* **fan baffle** *(Mech)*
**Lüfternabe** *f (Mech)* **fan hub** *(Mech)*
**Lüfternabeninspektion** *f (Mech)* **fan hub inspection** *(Mech)*
**Lüfterrad** *nt (Mech)* **fan wheel** *(Mech, Hyd/Pneu)*
**Lüfterrad** *nt (Mech) (für Gasring-Vakuumpumpe/-Kompressor)* **impeller** *(Mech, Umschl, El, Hyd)*
**Lüfterriemen** *m (Mech)* **fan belt** *(Mech)*
**Lüfterriemenscheibe** *f (Mech)* **fan pulley** *(Mech)*
**Lüfterscheibe** *f (Mech)* **fan driving pulley** *(Mech)*
**Lüfterschutzgitter** *nt (Kfz)* **fan grill** *(Mech)*
**Lüfterwelle** *f (Kfz)* **fan drive shaft** *(Kfz)*
**Luftfederung** *f (Mech, Hyd/Pneu)* **pneumatic spring** *adj:n (Mech, Hyd/Pneu)*
**Luftfeldschmiede** *f (Mech, Mont)* **pneumatic field forge** *adj:n (Mech)*
**Luftfilter** *nt (Mech)* **air cleaner** *(Mech)*
**Luftfilterelement** *nt (Mech)* **air cleaner element** *(Mech)*
**Luftfilterölstand** *m (Mech)* **air-cleaner oil level** *(Mech)*
**Luftfilterölwechsel** *m (Mech)* **air-cleaner oil change** *(Mech)*
**Luftfilterreinigung** *f (Mech) (Ölbadfilter)* **air cleaner inspection** *(Mech)* (oil-bath)
**Luftfiltersieb-Reinigung** *f (Mech)* **air cleaner tray screen cleaning** *(Mech)*
**Luftförderrinne** *f (Bg/Bergb)* **airslide** *(Bg/Bergb)*
**Luftführung** *f (Mech)* **air duct** *(Mech)*
**Luftführungsblech** *nt (Mech)* **air guide plate** *(Mech)*
**Luftführungshaube** *f (Mech)* **air-duct cover** *(Mech)*
**Luftführungsring** *m (Mech)* **air-ducting** *(Mech)*
**Luftführungsunterteil** *nt (Mech)* **air cowling base** *(Mech)*
**Lufthaube** *f (Mech)* **breather** *(Hyd/Pneu)*
**Luftheizung** *f (Mech)* **air heating** *(Mech)*
**Luftimpulsventil** *nt (Hyd/Pneu)* **pilot-operated valve** *adj:n (Hyd/Pneu)*
**Luftkammer** *f (Mech)* **air chamber** *(Mech)*
**Luftkessel** *m (Mech, Hyd/Pneu)* **air vessel** *(Mech, Pneu)*
**Luftklappe** *f (Mech)* **air flap** *(Mech)*
**Luftklappengestänge** *nt (Mech)* **choke control** *(Mech, Kfz)*
**Luftklappenknopf** *m (Mech)* **choke control knob** *(Mech)*
**Luftkompressor** *m (El, Mech, Hyd/Pneu)* **air compressor** *(Mech, Hyd/Pneu)*
**Luftkondensator** *m (Hyd/Pneu)* **air-cooled condenser** *adj:n (Hyd/Pneu)*
**Luftkreislauf** *m (Mech)* **air circuit** *(Mech)*
**Luftkühlung** *f (Mech)* **air cooling** *(Mech)*
**Luftleitung** *f (Mech) (Motor)* **air duct** *(Mech)*
**Luftleitung** *f (Mech, Hyd/Pneu) (Pressluft)* **air pipe** *(Mech, Hyd/Pneu)*
**Luftleitungsanschluss** *m (Mech)* **air-connection** *(Mech)*
**Luftmangel** *m (Hyd/Pneu)* **deficiency of air** *(Hyd/Pneu)*
**Luftmanometer** *nt (Hyd/Pneu)* **air pressure gauge** *(Hyd/Pneu)*
**Luftmantel** *m (Mech)* **air casing** *(Mech)*
**Luftmenge** *f (Mech, Hyd/Pneu)* **air-flow** *(Allg)*
**Luftpolster** *nt (Hyd/Pneu)* **air cushion** *(Mech)*
**Luftporenbildner** *m (Bau)* **air-entraining agent** *(Bau)*
**Luftpresserfilter** *nt (Mech, Hyd/Pneu)* **air compressor breather** *(Mech, Hyd/Pneu)*
**Luftpumpe** *f (Mech, Hyd/Pneu)* **air pump** *(Mech, Hyd/Pneu)*
**Luftregelklappe** *f (Mech)* **air regulating damper** *(Mech)*
**Luftregister** *nt (Hütt/Wlz) (Brenner)* **air register** *(Hütt/Wlz)*
**Luftregler** *m (Mech)* **register** *(Mech)* (air)
**Luftreifen** *m (Mech)* **pneumatic tire** *adj:n (Mech)*
**Luftreiniger** *m (Mech)* **air cleaner** *(Mech)*

**Luftreinigersieb** *nt (Mech)* **air cleaner screen** *(Mech)*
**Luftsaugrohr** *nt (Mech, Hyd/Pneu)* **air intake pipe** *(Mech, Hyd/Pneu)*
**Luftsaugschlauch** *m (Mech, Hyd/Pneu)* **air intake hose** *(Mech, Hyd/Pneu)*
**Luftschlauch** *m (Mech)* **inner tube** *(Mech, Hyd/Pneu)*
**Luftspeicher-Bremszylinder** *m (Mech, Hyd/Pneu)* **air cell brake cylinder** *(Mech, Hyd/Pneu)*
**Luftstrecke** *f (Mech) (Schleifringkörper)* **clearance** *(Mech)*
**Luftstrom** *m (Allg)* **air-flow** *(Allg)*
**Luftstrommahlanlage** *f (Zer)* **air-swept grinding plant** *adj:n (Zer)*
**Luftsystem** *nt (Mech)* **air system** *(Mech)*
**Lufttrichter** *m (Mech)* **venturi** *(Mech)*
**Lufttrocknung** *f (Allg)* **drying in the air** *(Allg)*
**Luftüberschuss** *m (Hyd/Pneu)* **excess air** *(Hyd/Pneu)*
**Luftüberschusszahl** *f (Hyd/Pneu)* **excess air coefficient** *(Hyd/Pneu)*
**Lüftung** *f (Mech)* **ventilation** *(Mech)*
**Lüftungsdrehflügel** *m (Mech, Bau)* **casement window vent** *(Mech, Bau)*
**Lüftungskanal** *m (Mech)* **duct** *(Mech)*
**Lüftungsklappe** *f (Mech)* **air shutter** *(Mech)*
**Lüftungsverschluss** *m (Mech)* **vent** *(Mech, Allg)*
**Luftverbrauch** *m (Hyd/Pneu)* **air consumption** *(Hyd/Pneu)*
**Luftverteiler** *m (Mech)* **diffuser** *(Mech)* (air)
**Luftverunreinigung** *f (Hütt/Wlz)* **air pollution** *(Hütt/Wlz)*
**Luftvorwärmer** *m (Hütt/Wlz)* **air preheater** *(Hütt/Wlz)*
**Luftvorwärmereintrittskanal** *m (Hütt/Wlz)* **air heater inlet duct** *(Hütt/Wlz)*
**Luftvorwärmerheizfläche** *(Hütt/Wlz)* **air heater heating surface** *(Hütt/Wlz)*
**Luftwärmer** *m (Hütt/Wlz, Mech)* **air heater** *(Hütt/Wlz, Mech)*
**Luftwiderstand am Luftfilter** *(Mech)* **air restriction on air cleaner** *(Mech)*
**Luftwiderstand am Motor** *(Mech)* **air restriction on engine** *(Mech)*
**Luftzuführungsring** *m (Mech)* **air guide ring** *(Mech)*
**Luftzylinder** *m (Mech, Hyd/Pneu)* **pneumatic cylinder** *adj:n (Mech, Pneu)*
**Lukas** *m (Mech, Mont)* **jack** *(Mech)*
**Luke** *f (Mech)* **door** *(Mech, Bau)*
**Lukendeckel** *m (Mech) (Schiff)* **hatch cover** *(Mech)*
**Lunker** *m (Mech)* **shrink hole** *(Mech)*
**Lutte** *f (Bg/Bergb)* **airduct** *(Bg/Bergb)*
**Luvo** *m (Hütt/Wlz) (Abk)* **air preheater** *(Hütt/Wlz)*
**Luvo-Beaufschlagung** *f (Hütt/Wlz)* **percentage of total air through air heater** *(Hütt/Wlz)*

# M

**Mächtigkeit** *f (Geo)* **thickness** *(Mech, Geo)* (size)
**Mächtigkeitskurven der Kohle** *(Bg/Bergb) (erster Schnitt)* **coal thickness contours** *pl (Bg/Bergb)* (first cut)
**Mächtigkeitskurven des Zwischenmittels** *(Bg/Bergb)* **partings thickness contours** *pl (Bg/Bergb)*
**Madenschraube** *f (Mech) (Gewindestift)* **headless screw** *adj:n (Mech)*
**MAG** *nt (Schw) (Abk)* **active-gas metal-arc welding** *(Schw)*
**Magerkalk** *m (Geo, Bau)* **poor lime** *adj:n (Geo, Bau)*
**Magerkohle** *f (Bg/Bergb, Geo)* **lean coal** *adj:n (Bg/Bergb, Geo)*
**MAGM** *nt (Schw, Mech, Mont) (Abk)* **gas metal-arc welding** *(Schw, Mech, Mont)*
**Magnaflux-Prüfung** *f (Mech)* **magnetic particle inspection** *(Mech, Schw)*
**Magnaflux-Verfahren** *nt (Mech)* **magnaflux testing method** *(Mech)*
**Magnesit** *m (Geo)* **magnesite** *(Geo)*
**Magnesium-Basis-Legierung** *f (Mech)* **magnesium alloy** *(Mech)*
**Magnesiumchlorid** *nt (Bg/Bergb)* **magnesium chloride** *(Bg/Bergb)*
**Magnet** *m (Mech)* **magnet** *(Mech, El)*
**Magnetabscheider** *m (Zer)* **magnetic separator** *adj:n (Zer)*
**Magneteinsatz** *m (Mech)* **magnetic inset** *adj:n (Mech)*
**Magnetfilter** *nt (Mech)* **magnetic filter** *adj:n (Mech)*

**Magnetformen** *nt (Hütt/Wlz)* **magnetic moulding** *adj:n (Hütt/Wlz)*
**Magnetimpulsschweißen** *nt (Schw)* **magnetic pulse welding** *(Schw)*
**Magnetkettengehänge** *nt (Bg/Bergb)* **chain suspension tackle** *(Bg/Bergb)*
**Magnetkopf** *m (Mech)* **magnetic head** *adj:n (Mech)*
**Magnetkraft** *f (Hyd/Pneu)* **soilenoid force** *(Hyd/Pneu)*
**Magnetkran** *m (Mech)* **magnet crane** *(Mech)*
**Magnetplatte** *f (Mech)* **magnetic plate** *adj:n (Mech)*
**Magnetpol** *m (Mech)* **magnetic pole** *adj:n (Mech)*
**Magnetpulver-Prüfverfahren** *nt (Mech)* **magnaflux testing method** *(Mech)*
**Magnetpulverkupplung** *f (Mech)* **magnetic-particle coupling** *(Mech)*
**Magnetpulververfahren** *nt (Schw)* *(Schweißprüfung)* **magnetic method** *adj:n (Schw)*
**Magnetschieber** *m (Hyd/Pneu)* **solenoid-controlled valve** *adj:n (Hyd/Pneu)*
**Magnetschraube** *f (Mech)* **magnetic screw** *adj:n (Mech)*
**Magnetstab** *m (Mech, Hyd/Pneu)* **magnetic bar** *(Mech, Hyd/Pneu)*
**Magnetständer** *m (Mech)* **magnetic support** *adj:n (Mech)*
**Magnetständerbohrmaschine** *f (Mont, Werkz)* **magnet-type upright drilling machine** *adj:n (Mont, Werkz)*
**Magnetsteuerschieber** *m (Hyd/Pneu)* **solenoid-controlled directional control valve** *adj:n (Hyd/Pneu)*
**Magnetventil** *nt (Hyd/Pneu)* **solenoid valve** *(Hyd/Pneu, El)*
**Magnetweicheisen** *nt (Hütt/Wlz)* **soft-magnetic iron** *(Hütt/Wlz)*
**Magnetzünder** *m (Mech, El)* **magneto** *(Mech, El)*
**Mähkorb** *m (Bg/Bergb) (mäht den Graben)* **mowing bucket** *(Bg/Bergb)*
**Mahl- und Mischanlage** *(Zer)* **grinding and blending plants** *(Zer)*
**Mahl- und Wärmetechnik** *(Mech)* **grinding and thermal processing** *(Mech)*
**Mahlanlage** *f (Zer)* **grinding mill** *(Zer)*
**Mahlbahn** *f (Zer, Mech)* **milling race** *(Zer, Mech)*
**Mahlbarkeit** *f (Zer)* **grindability** *(Zer)*
**Mahlbarkeitszahl** *f (Zer)* **grindability index** *(Zer)*
**Mahlen** *nt (Zer, Mech, Mont)* **grinding** *(Zer)* (mill)
**Mahlfeinheit** *f (Zer)* **fineness** *(Zer)*
**Mahlkammer** *f (Zer)* **mill chamber** *(Zer)*
**Mahlkugel** *f (Zer)* **grinding ball** *(Zer)*
**Mahlleiste** *f (Zer)* **milling board** *(Zer)*
**Mahlleistung** *f (Zer)* **pulverizer output** *(Zer)*
**Mahlplatte** *f (Zer) (z.B. Autogenmühle)* **grinding plate** *(Zer)*
**Mahlraumbreite** *f (Zer)* **milling space width** *(Zer, Mech)*
**Mahlring** *m (Zer) (Kugelmühle)* **grinding ring** *(Zer)*
**Mahltechnik** *f (Zer)* **grinding technology** *(Zer)*
**Mahlteile** *pl nt (Zer)* **grinding elements** *pl (Zer)*
**Mahltrocknung** *f (Zer)* **combined drying and pulverising** *(Zer)*
**Mahltrocknungsanlage** *f (Zer) (kombiniert)* **combined grinding and drying** *(Zer)*
**Mahltrommel** *f (Zer)* **grinding drum** *(Zer)*
**Mahlvorgang** *m (Zer)* **grinding work** *(Mech, Mont, Zer)*
**Mahlzone** *f (Zer)* **grinding zone** *(Zer)*
**Mäkler** *m (Bg/Bergb) (Teil der Ramme)* **leader** *(Bg/Bergb)* (telescope leader)
**Malotte** *f (Mech)* **shackle** *(Mech)* (of a padlock)
**MAMMUT-Brecher** *m (Bg/Bergb)* **MAMMUT crusher** *(Bg/Bergb)*
**Manganhartstahl** *m (Mech, Hütt/Wlz)* **austenitic manganese steel** *adj:n (Mech, Hütt/Wlz)*
**Manganhartstahlguss** *m (Hütt/Wlz)* **manganese steel** *(Mech, Hütt/Wlz)*
**Manganknolle** *f (Bg/Bergb)* **manganese nodule** *(Bg/Bergb)*
**Manganknollensammelgerät** *nt (Bg/Bergb)* **manganese nodule collector** *(Bg/Bergb)*
**Manganstahl** *m (Hütt/Wlz)* **manganese steel** *(Mech, Hütt/Wlz)*
**Mangel** *m (Mech, Allg)* **defect** *(Mech, Allg)*
**Mängel unter der Oberfläche** *(Mech)* **sub-surface defects** *pl (Mech)*

**Mangel, nachteilig** nachteiliger Mangel *adj:n (Mech)* **injurious defect** *adj:n (Mech)*
**Mängelgruppe** *f (Stb)* **group of defects** *(Stb)*
**Mangelrolle** *f (Band) (hinter dem Abstreifer)* **cleaning roll** *(Band, Bg/Bergb)*
**Mann, alt** alter Mann *adj:n (Bg/Bergb)* **waste area** *(Bg/Bergb)*
**Mannfahrung** *f (Bg/Bergb) (Förderkorb)* **manriding** *(Bg/Bergb)*
**Mannloch** *nt (Mech)* **manhole** *(Mech)*
**Mannlochbügel** *m (Mech)* **manhole cross bar** *(Mech)*
**Mannlochdeckel** *m (Mech)* **manhole cover** *(Mech)*
**Mannlochdeckelbolzen** *m (Mech)* **manhole cover stud** *(Mech)*
**Mannschaftsfahrung** *f (Bg/Bergb) (Förderkorb)* **manriding** *(Bg/Bergb)*
**Mannschaftsraum** *m (Bg/Bergb, Allg)* **crew room** *(Bg/Bergb, Allg)*
**Manometer** *nt (Mech)* **pressure gauge** *(Hyd/Pneu)*
**Manometer, glyzingefüllt** glyzingefülltes Manometer *adj:n (Mech)* **glycene dampened gauge** *adj:n (Mech)*
**Manometerabsperrventil** *nt (Hyd/Pneu)* **pressure-gauge isolator valve** *(Hyd/Pneu)*
**Manometerdruck** *m (Hyd/Pneu)* **gauge pressure** *(Hyd/Pneu)*
**Manometerhalter** *m (Mech)* **pressure-gauge bracket** *(Mech)*
**Manometerprüfgerät** *nt (Mech)* **pressure-gauge calibration set** *(Mech)*
**Manövrierfähigkeit** *f (Bg/Bergb)* **manoeuvrability** *BE (Bg/Bergb, Mech)*
**Manschette** *f (Mech)* **sleeve** *(Mech)*
**Manschette** *f (Mech) (Einsteckmuffe)* **boot** *(Form)*
**Manschette** *f (Mech) (Ventilstößel)* **follower** *(Mech)*
**Manschettensatz** *m (Mech)* **set of sleeves** *(Mech)*
**Mantel** *m (Mech) (Kabel)* **cable jacket** *(Mech)*
**Mantelblech** *nt (Stb)* **sheet steel casing** *(Stb)*
**Manteldicke** *f (Mech)* **tube thickness** *(Mech)*
**Mantelkonstruktion** *f (Mech) (Motor)* **jacket construction** *(Mech)* (motor)
**Mantelkühlung** *f (Mech)* **totally enclosed fan cooling** *adj:n (Mech)*
**Mantelreibung** *f (Bau)* **skin friction** *(Bau)*
**Map-Getriebe** *nt* **gear unit for angle encoder** *(Mech)*
**Markierung** *f (Mech, Allg) (Kennzeichnung)* **tag** *(Mech, Allg)* (label)
**Markierungsleiste** *f (Bg/Bergb)* **marker panel** *(Bg/Bergb)*
**Markierungsstreifen** *m (Mech)* **marking line** *(Mech)*
**Markscheider** *m (Bg/Bergb) (Vermesser)* **surveyor** *(Bau, Bg/Bergb)*
**Marmor** *m (Geo)* **marble** *(Geo)* (pressed volcanic mineral)
**Marschland** *nt (Geo)* **marsh** *(Geo)*
**Masche** *f (Stb)* **mesh** *(Stb)* (of lattice work)
**Maschendraht** *m (Mech, Allg)* **wire mesh** *(El)*
**Maschendrahtzaun** *m (Bau)* **wire-mesh fence** *(Bau)*
**Maschengröße** *f (Mech)* **mesh size** *(Mech)*
**Maschenmitte** *f (Mech) (Gitterrost)* **centre of mesh** *(Mech)*
**Maschine** *f (Mech)* **machine** *(Mech)*
**Maschine** *f (Mech) (Antriebsverbrennungsmotor)* **engine** *(Mech)*
**Maschine** *f (Mech, El) (elektrisch)* **motor** *(Mech)*
**Maschine für Aufräumarbeiten** *(Mech)* **utility machine** *(Mech)*
**Maschinen und maschinelle Anlagen** *(Allg)* **plant and machinery** *BE (Allg)*
**Maschinen-Glasthermometer** *nt (Mech)* **machine-type glass thermometer** *(Mech)*
**Maschinenbau** *m (Mech)* **mechanical engineering** *adj:n (Mech)*
**Maschinenbauausrüstung** *f (Bg/Bergb)* **machine pool** *(Bg/Bergb)*
**Maschinenbaustahl** *m (Stb)* **machine steel** *(Stb)*
**Maschinenbestand** *m (Allg)* **machine population** *(Allg)*
**Maschinenbohrer** *m (Mont, Werkz)* **twist drill** *(Mont)*
**Maschinenbruch** *m (Mech)* **machinery breakage** *(Mech)*

**Maschinenbruchversicherung** *f (Allg)* **machinery breakage insurance** *(Allg)*
**Maschinenbühne** *f (Mech)* **machinery platform** *(Mech)*
**Maschinenform** *f (Hütt/Wlz) (Gießbehälter)* **mechanical mould** *adj:n (Hütt/Wlz)*
**Maschinengestell** *nt (Mech)* **machine bed** *(Mech)*
**Maschinenhandgriff** *m (Mech)* **machine tool handle** *(Mech)*
**Maschinenhaus** *nt (Hütt/Wlz)* **turbine room** *(Hütt/Wlz)*
**Maschinenplattform** *f (Bg/Bergb)* **machinery base** *(Bg/Bergb)*
**Maschinenrahmen** *m (Bg/Bergb)* **framework** *(Mech, Stb, Bau)*
**Maschinenschaden** *m (Mech, Allg)* **breakdown** *(Mech, Allg)* (e.g. failure of a machine)
**Maschinenschraube** *f (Mech)* **machine screw** *(Mech)*
**Maschinenschraubstock** *m (Mont)* **machine vice** *(Mont)*
**Maschinenteil** *nt (Mech)* **machine part** *(Mech)* **mechanical part** *adj:n (Mech)*
**Maschinenvergleichskarte** *f (Mech)* **Q-card** *(Mech)*
**Maschinenwähler** *m (Mech)* **rotary switch** *adj:n (El)* (with flat contacts)
**Maskenform** *f (Hütt/Wlz) (Art des Gießens)* **shell mould** *(Hütt/Wlz)*
**Maskenformguss** *m (Hütt/Wlz)* **shell mould casting** *(Hütt/Wlz)*
**Maß** *nt (Mech, Allg)* **dimension** *(Mech)*
**Maß-Getriebe** *nt (Mech)* **gear unit for angle encoder** *(Mech)*
**Maßabweichung** *f (Mech)* **offsize** *(Mech)* (outside tolerance)
**Maßabweichung, erlaubt** erlaubte Maßabweichung *adj:n (Mech)* **tolerance** *(Mech, Schw)*
**Maßänderungen** *pl f (Mech)* **changes in dimensions** *(Mech)*
**Maßband** *nt (Mech, Mont)* **tape measure** *(Mech, Mont)*
**Maßbezeichnung** *f (Mech)* **dimension** *(Mech)*
**Maßbleche** *pl nt (Mech) (Eisen und Stahl)* **flame-cut plates** *pl (Mech)*
**Masse** *f (Mech) (Material)* **material** *(Allg, Mech)* (needed for specific work)
**Masse** *f (Mech) (Substanz)* **substance** *(Mech)*
**Maße, auseinander liegend** auseinander liegende Maße *adj:n (Stb)* **dimensions at different locations** *(Stb)*
**Maße, fehlend** fehlende Maße *adj:n (Mech) (in Zeichnungen)* **unlisted dimensions** *adj:n (Mech)*
**Maßeinheit** *f (Stb)* **unit of measure** *(Stb)*
**Massel** *f (Hütt/Wlz)* **ground wire** *(El, Hütt/Wlz)*
**Masselbett** *nt (Hütt/Wlz)* **pig bed** *(Hütt/Wlz)*
**Masselbühne** *f (Stb)* **pig iron platform** *(Stb)*
**Masseleisen** *nt (Hütt/Wlz) (Roheisen)* **pig iron** *(Hütt/Wlz, Stb)*
**Masselgießbett** *nt (Hütt/Wlz)* **pig bed** *(Hütt/Wlz)*
**Massenbeschleunigung** *f (Stb)* **mass acceleration** *(Stb)*
**Massenbewegung** *f (Bg/Bergb)* **volume of excavation** *(Bg/Bergb)*
**Massenermittlung** *f (Bau)* **taking off** *(Bau)*
**Massenfluss** *m (Mech, Stat)* **mass flow** *(Mech, Stat)*
**Massengut-Umschlaganlage** *f (Schiff, Umschl)* **bulk goods rehandling plant** *(Schiff, Umschl)*
**Massengüter** *pl nt (Umschl)* **bulk goods** *pl (Umschl)*
**Massenkraft** *f (Stat)* **inertial force** *adj:n (Stat)*
**Massenplan** *m (Mech, Stb, Allg) (Übersichtszeichnung)* **layout** *(Mech, Allg)*
**Massenschüttgut** *nt (Umschl)* **bulk cargo** *(Umschl)*
**Massenstahl** *m (Hütt/Wlz)* **tonnage steel** *(Hütt/Wlz)*
**Massenstrom** *m (Mech, Stat)* **mass flow** *(Mech, Stat)*
**Massenträgheitsmoment** *nt (Mech, Phys)* **moment of inertia** *(Mech)*
**Massentransportweg** *m (Mech, Umschl)* **conveying distance of material** *(Mech, Umschl)*
**Massenverteilung** *f (Umschl)* **mass distribution** *(Umschl)*
**Maßfühler** *m (Mech) (Dickenschablone, Spion)* **feeler gauge** *BE (Mech, Werkz)*
**Maßgrenze** *f (Mech)* **tolerance** *(Mech, Schw)*

**Maßhaltigkeit** *f (Mech)* **accurate dimensions** *adj:n (Mech)*
**Massivdecke** *f (Bau)* **solid ceiling** *adj:n (Bau)*
**Maßkennzeichen** *nt (Stb)* **identification marking of dimensions** *(Stb)*
**Maßkontrolle** *f (Mech)* **dimension check** *(Mech)*
**Maßlinie** *f (Stb)* **dimension line** *(Stb)*
**Maßlinienbegrenzung** *f (Stb)* **dimension line termination** *(Stb)*
**Maßstab** *m (Mont, Werkz)* **scale** *(Mont, Werkz)* (measuring tool)
**Maßtoleranz** *f (Mech)* **dimensional tolerance** *(Mech)*
**Maßzeichnung** *f (Mech)* **dimension drawing** *(Mech)*
**Maßzeichnung** *f (Mech) (mit Einbaumaßen)* **outline drawing** *(Mech)*
**Mast** *m (Mech)* **pole** *(Mech)*
**Mast mit Auslegerverlängerung** *(Mech)* **boom with extension** *(Mech)*
**Masterbolzen** *m (Mech)* **track master pin** *(Mech)*
**Mastschiene** *f (Mech) (des Staplers)* **mast rail** *(Mech)*
**Mater** *f (Allg) (Druckzubehör)* **matrix** *(El, Allg)*
**Material, abgestreift** abgestreiftes Material *adj:n (Band, Bg/Bergb, Umschl)* **scrapings** *pl (Band, Bg/Bergb, Umschl)*
**Material, anfallend** anfallendes Material *adj:n (Bg/Bergb)* **material at hand** *(Bg/Bergb)*
**Material, geschüttet** geschüttetes Material *adj:n (Bg/Bergb, Umschl)* **bulk material** *(Bg/Bergb, Umschl)*
**Material, gesprengt** gesprengtes Material *adj:n (Bg/Bergb)* **material, blasted** *adj:n (Bg/Bergb)*
**Material, gewachsen** gewachsenes Material *adj:n (Bg/Bergb)* **solid material** *adj:n (Bg/Bergb)*
**Material, herabfallend** herabfallendes Material *adj:n (Band, Umschl, Bg/Bergb)* **spillage** *(Bg/Bergb, Band, Umschl)*
**Material, kohäsiv** kohäsives Material *adj:n (Geo)* **cohesive material** *adj:n (Geo)*
**Material, lose** loses Material *adj:n (Mech)* **bulk material** *(Bg/Bergb, Umschl)*
**Material, rollend** rollendes Material *adj:n (Bahn)* **rolling stock** *(Bahn)*
**Material, rollig** rolliges Material *adj:n (Geo)* **loose material** *adj:n (Geo)*
**Material, überschüssig** überschüssiges Material *adj:n (Mech, Allg)* **surplus material** *(Mech)*
**Material, zugeschoben** zugeschobenes Material *adj:n (Bg/Bergb) (Haufwerk)* **trapped material** *adj:n (Bg/Bergb)*
**Materialart** *f (Mech)* **kind of material** *(Mech)*
**Materialaufbau** *m (Bg/Bergb) (Dreck unter der Kette)* **dirt stacking** *(Bg/Bergb)*
**Materialaufbau** *m (Mech, Umschl)* **material deposit** *(Mech, Umschl)*
**Materialaufbereitung** *f (Mech, Aufb)* **material treatment** *(Mech, Aufb)*
**Materialaufgabe** *f (Band)* **material charge** *(Band)*
**Materialausgangsstärke** *f (Mech)* **original thickness** *adj:n (Mech)*
**Materialberuhigungsstrecke** *f (Band, Umschl) (Fördergut)* **flow steadying distance** *(Bg/Bergb, Umschl, Band)*
**Materialbeschaffenheit** *f (Mech)* **kind of material** *(Mech)*
**Materialeinbau** *m (Bg/Bergb)* **filling in of material** *(Bg/Bergb)*
**Materialfehler** *m (Stb)* **material defect** *(Stb)*
**Materialförderung** *f (Bg/Bergb)* **material trip** *(Bg/Bergb)*
**Materialführung** *f (Bg/Bergb, Umschl, Band)* **skirtboard** *(Bg/Bergb, Umschl, Band)*
**Materialprüfung** *f (Mech) (Werkstoffprüfung)* **material testing** *(Stb)*
**Materialseite** *f (Band, Bg/Bergb, Umschl, Zer)* **carrying side** *(Mech, Band)* (belt)
**Materialsorten** *pl f (Umschl)* **grades of material** *(Umschl)*
**Materialstrom** *m (Bg/Bergb, Band, Umschl)* **flow of material** *(Band, Umschl)*
**Materialtrennung** *f (Umschl)* **delimination** *(Umschl)*
**Materialübergabe** *f (Bg/Bergb)* **material transfer** *(Bg/Bergb)*
**Materialverbrauch** *m (Allg) (Wareneinsatz)* **material usage** *AE (Allg, Mech)*
**Materialverformung** *f (Mech)* **plastic yielding** *(Mech)*
**Materialverträglichkeit** *f (Mech)* **compatibility of materials** *(Mech)*

**Matrize** *f (Hütt/Wlz) (Schmieden)* **die** *(Hütt/Wlz, Gieß)*
**Matrize** *f (Mech) (Gegenstück beim Stanzen)* **counter die** *(Mech)*
**Mattenkühler** *m (Bau)* **swamp cooler** *(Bau)*
**Mauerdurchführung** *f (Bau)* **wall duct** *(Bau)*
**Mauerkasten** *m (Hütt/Wlz) (für Rußbläser)* **soot blower wall box** *(Hütt/Wlz)*
**Mauerverband** *m (Bau)* **bond** *(Stb, Bau)* (e.g. between concrete and steel)
**Mauerwerk** *nt (Bau)* **brickwork** *(Stb, Bau)*
**Mauerwerk** *nt (Mech) (im Hochofen)* **lining** *(Mech, Stb)* (inside)
**Mauerwerk, feuerfest** feuerfestes Mauerwerk *adj:n (Bau)* **refractory brickwork** *adj:n (Bau)*
**Mauerwerk, hoch beansprucht** hoch beanspruchtes Mauerwerk *adj:n (Bau)* **high-stress brickwork** *(Bau)*
**Mauerwerksfuge** *f (Bau)* **brickwork joint** *(Bau)*
**Mauerwerksverband** *m (Bau)* **brickwork bond** *(Bau)*
**Mauerziegel** *m (Bau)* **brick** *(Bau)*
**Maulgröße** *f (Zer) (des Brechers)* **feed opening** *(Zer)*
**Maulweite** *f (Zer) (des Brechers)* **width of mouth** *(Zer)* (of crusher)
**Maximalausladung** *f (Mech) (z.B. eines Krans)* **maximal radius** *adj:n (Mech)*
**Maximalgewicht** *nt (Stat)* **maximum weight** *adj:n (Stat)*
**Maximalwert** *m (Mech)* **maximum load** *adj:n (El, Mech, Stb)*
**Mechanik** *f (Mech, Allg) (Gewerbe)* **mechanics** *(Mech, Allg)* (as trade)
**Mechanisierung** *f (Mech)* **mechanizing** *(Mech)*
**Mechanisierungsgrad** *m (Mech)* **degree of mechanization** *(Mech)*
**Mechanismus** *m (Mech)* **mechanism** *(El, Mech)*
**Meeresbergbau** *m (Bg/Bergb)* **maritime mining** *(Bg/Bergb)*
**Meereshöhe** *f (Allg)* **sea level** *(Allg)*
**Mehr-Komponenten-Dichtstoff** *m (Bau)* **multi-component sealant** *(Bau)*
**Mehrbereichsöl** *nt (Mech, Chem)* **multigrade oil** *(Mech, Chem)*
**Mehrdüsen-Staubbrenner** *m (Hütt/Wlz)* **multi-tip pulverised fuel burner** *(Hütt/Wlz)*
**Mehrdüsenrußbläser** *m (Hütt/Wlz)* **multi-nozzle soot blower** *(Hütt/Wlz)*
**Mehretagenpresse** *f (Mech)* **multi daylight press** *(Mech)*
**Mehrfachinstrument** *nt (Mont)* **multipurpose instrument** *(Mech, Allg)*
**Mehrfachseitenschieber** *m (Mech)* **multiple position shifting attachment** *(Mech)*
**Mehrfachzahnradpumpe** *f (Hyd/Pneu)* **multiple gear pump** *(Hyd/Pneu)*
**Mehrlagenschweißung** *f (Schw)* **multi-pass welding** *(Schw)*
**Mehrrollen-Bandwaage** *f (Mech)* **multi-idler belt scale** *(Mech)*
**Mehrschalengreifer** *m (Bg/Bergb)* **multi-claw grab** *(Bg/Bergb)*
**Mehrscheibenbremse** *f (Mech)* **multiple disc brake** *(Mech)*
**Mehrscheibenkupplung** *f (Mech) (trocken, in Öl laufend)* **multi-disc clutch** *(Mech)* (dry, in oil)
**Mehrschichtensicherheitsglas** *nt (Bau)* **laminated safety glass** *adj:n (Bau)*
**Mehrspindelbohrmaschine** *f (Werkz)* **multiple drill** *(Werkz)*
**Mehrstellungszylinder** *m (Mech)* **multiple stroke cylinder** *(Mech)*
**Mehrstufengetriebe** *nt (Mech)* **multi-stage gearing** *(Mech)*
**Mehrwegeventil** *nt (Hyd/Pneu)* **multi-way valve** *(Hyd/Pneu)*
**Mehrzahnaufreißer** *m (Bg/Bergb) (z.B. an Grader)* **multi-shank ripper** *(Bg/Bergb)*
**Mehrzugkessel** *m (Hütt/Wlz)* **multi-pass boiler** *(Hütt/Wlz)*
**Mehrzweckfett** *nt (Mech)* **multipurpose grease** *(Mech)*
**Mehrzweckmaschine** *f (Mech)* **multi-purpose machine** *(Mech)*
**Meile** *f (Allg) (1609,35 m)* **mile** *(Allg)* (1760 yards)
**Meilenstein** *m (Bahn)* **milestone** *(Bahn)*
**Meiler** *m (Bau)* **charcoal kiln** *BE (Bau)*
**Meißelstahl** *m (Hütt/Wlz)* **draw bar sections** *pl (Hütt/Wlz)*
**Meldezweck** *m (Mech)* **signalling purpose** *(Mech)*
**Membran** *f (Mech, Hyd/Pneu)* **diaphragm** *(Hyd/Pneu, Mech, Hütt/Wlz, Bau)*
**Membranpumpe** *f (Hyd/Pneu)* **diaphragm pump** *(Hyd/Pneu)*

**Membranspeicher** *m (Hyd/Pneu)* **diaphragm type accumulator** *(Hyd/Pneu)*
**Membranwand** *f (Hütt/Wlz) (Rohrwand)* **membrane wall** *(Hütt/Wlz)* (furnace)
**Membranwirkung** *f (Stb)* **membrane effect** *(Stb)*
**Membranzylinder** *m (Mech)* **membrane-type cylinder** *(Mech)*
**Mengenbedarfssteuerung** *f (Mech)* **variable control** *adj:n (Kfz)*
**Mengenmessgerät** *nt (Hyd/Pneu) (Tank)* **flow meter** *(Hyd/Pneu)*
**Mengenmessung** *f (Mech) (flüssiger und gasförmiger Medien)* **flowmetering** *(Mech)*
**Mengenregelung** *f (Hyd/Pneu)* **flow control** *(Hyd/Pneu)*
**Mengenregelventil** *nt (Hyd/Pneu)* **flow-control valve** *(Hyd/Pneu)*
**Mengenregler** *m (Hyd/Pneu)* **overload relief valve** *(Hyd/Pneu)*
**Mengenregulierung** *f (Mech) (Schmieranlage)* **rate regulation** *(Mech)*
**Mengenteiler** *m (Bg/Bergb, Mech)* **flow divider** *(Bg/Bergb, Mech)*
**Mennige** *f (Stb) (Bleirot)* **red lead** *(Stb)*
**Mergel** *m (Geo) (Gesteinsart)* **marl** *(Geo)* (type of mineral)
**Merkmal** *nt (Mech, Allg)* **feature** *(Mech, Allg)*
**Merkmal, wichtigstes** wichtigstes Merkmal *adj:n (Mech, Allg)* **keyfactor** *(Mech, Allg)*
**Mess- und Regeltechnik** *f (Mech, El)* **measuring and control** *(Mech)*
**Mess-Getriebe** *nt (Mech)* **gear unit for angular encoder** *(Mech)*
**Messanschlag einer Rundpassungslehre** *(Mech)* **measuring jaw** *(Mech)*
**Messbezugsfläche** *f (Mech)* **reference surface** *(Mech)*
**Messblende** *f (Hyd/Pneu)* **metering orifice** *(Hyd/Pneu)*
**Messeinrichtung** *f (Mech)* **measuring device** *(Mech)*
**Messeinteilung** *f (Mech, Allg)* **scale** *(Allg)*
**Messen** *nt (El, Mech)* **dimension** *(Allg, Bau)*
**Messer** *nt (Bg/Bergb) (Bagger)* **lip** *(Mech, Bg/Bergb)*
**Messer** *nt (Mech)* **knife** *(Mech)*
**Messer mit Einsatz** *(Mech) (Messerpumpe)* **insert vane** *(Mech)*
**Messerbalken** *m (Mech) (der Mähmaschine)* **cutter bar** *(Mech)*
**Messergebnis** *nt (Allg)* **measuring result** *(Allg)*
**Messerkreisdurchmesser** *m (Bg/Bergb)* **diameter across blade circle** *(Bg/Bergb)*
**Messerträger** *m (Mech)* **lip mounting** *(Mech)*
**Messfehler** *m (Mech)* **measuring error** *(Mech)*
**Messfläche** *f (Mech)* **reference surface** *(Mech)*
**Messfühler** *m (Mech, Werkz) (Dickenschablone, Spion)* **feeler gauge** *BE (Mech, Werkz)*
**Messgerät, zählend** zählendes Messgerät *adj:n (El)* **meter** *(Mech)*
**Messgeräte** *pl nt (Mech)* **measuring instruments** *pl (Mech)*
**Messing** *nt (Mech)* **brass** *(Mech)*
**Messingguss** *m (Hütt/Wlz)* **cast brass** *(Hütt/Wlz)*
**Messinstrument** *nt (Mech) (Lehre)* **gauge** *(Mech, Bahn)*
**Messkoffer** *m (Mech) (Satz von Messgeräten)* **measuring kit** *(Mech)*
**Messlänge** *f (Mech)* **gauge length** *(Mech)*
**Messlehre** *f (Mech)* **gauge** *(Mech, Bahn)*
**Messluke** *f (Mech)* **measurement hole** *(Mech)* **test opening** *(Mech)*
**Messöffnung** *f (Mech)* **measuring hole** *(Mech)*
**Messrolle** *f (Mech)* **weighing idler** *(Mech, Band)*
**Messrolle** *f (Mech) (für Zahndistanzen)* **metering roller** *(Mech)*
**Messschablone** *f (Bahn) (zur Feststellung des Lademaßes)* **passe-partout** *(Bahn)*
**Messschieber** *m (Werkz)* **slide gauge** *(Mont, Werkz)*
**Messspanne** *f (Mech, Allg)* **span** *(Mech, Allg)*
**Messstab** *m (Mech) (Ölstand)* **dipstick** *(Mech, Hyd/Pneu)*
**Messstation** *f (Bau)* **gauging station** *(Bau)*
**Messstelle** *f (Mech) (Versuch)* **test point** *(Mech)*
**Messstelle, allgemein** allgemeine Messstelle *adj:n (Mech)* **measuring instrument tapping point** *(Mech)*

**Messstrecke** *f (Mech) (Bandwaage)* **weighing span** *(Mech)*
**Messtechniker** *m (Mech, Mont)* **instrument technician** *(Mech, Mont)*
**Messtisch** *m (Mech)* **plane table** *(Mech)*
**Messuhr** *f (Mech)* **meter** *(Mech)*
**Messung** *f (Mech)* **measuring** *(Allg)*
**Messvorrichtung** *f (Mech)* **meassuring device** *(Mech)*
**Messwagen** *m (Bahn)* **railway test car** *(Bahn)*
**Messwarte** *f (Mech)* **control station** *(El)*
**Messwarte, zentral** zentrale Messwarte *adj:n (Mech)* **central control station** *adj:n (Mech)*
**Messwert** *m (Mech, Hyd/Pneu)* **reading** *(Mech, Hyd/Pneu)*
**Messzähnezahl** *f (Mech)* **number of teeth for testing** *(Mech)*
**Metall** *nt (Mech, Stb)* **metal** *(Mech, Stb)*
**Metall, plattierend** plattierendes Metall *adj:n* **cladding metal** *(Mech)*
**Metall-Aktivgas-Schweißen** *nt (Schw)* **active-gas metal-arc welding** *(Schw)*
**Metall-Inertgas-Schweißen** *nt (Schw)* **inert-gas metal-arc welding** *(Schw)*
**Metall-Lichtbogenschweißen** *nt (Schw)* **metal arc welding** *(Schw)*
**Metall-Schutzgasschweißen** *nt (Schw)* **gas-shielded metal-arc welding** *(Schw)*
**Metallbalken** *m (Bau)* **metal rafter** *(Bau)*
**Metallband** *nt (Mech, Allg)* **steel tape** *(Mech, Mont, Bau)*
**Metallbearbeitung** *f (Mech, Mont)* **metal working** *(Mech, Mont)*
**Metallbügel** *m (Mech)* **shackle** *(Mech)* (of a padlock)
**Metalldetektor** *m (Zer)* **tramp metal detector** *(Zer)*
**Metalldichtung** *f (Mech)* **metallic gasket** *adj:n (Mech)*
**Metallguss** *m (Hütt/Wlz)* **cast metal** *(Hütt/Wlz)*
**Metallhalbzeug** *nt (Hütt/Wlz)* **semis of non-ferrous metal** *(Hütt/Wlz)*
**Metallhütte** *f (Hütt/Wlz) (Werk)* **steel works** *pl (Hütt/Wlz)*
**Metallrohr** *nt (Mech)* **metal pipe** *(Mech)* **metal tube** *(Mech)*
**Metallröhre** *f (Mech)* **thimble** *(Mech, El)*
**Metallstab** *m (Mech)* **metal rod** *(Mech)*
**Metallstreifen** *m (Mech)* **slat** *(Mech)*
**Metalltresse** *f (Mech) (Litze, z.B. in Filter)* **metal braid** *(Mech)*
**Metallurgie** *f (Form)* **metallurgy** *(Form)*
**Metallventil** *nt (Mech, Hyd/Pneu)* **metal valve** *(Mech, Hyd/Pneu)*
**Metallverarbeitung** *f (Mech)* **metal working industry** *(Mech, Allg)*
**Metallvlieselement** *nt (Hyd/Pneu)* **metal fibre element** *(Hyd/Pneu)*
**Metamorphose** *f (Geo)* **metamorphose** *(Geo)*
**Meter, laufend** laufende Meter *adj:n (Mech, Allg)* **linear meters** *adj:n (Mech, Allg)*
**Metermaß** *nt (Mech)* **tape measure** *(Mech, Mont)*
**Meterspur** *f (Bahn)* **metre gauge** *(Bahn)*
**Meterspurbahn** *f (Bahn)* **metre-gauge railway** *(Bahn)*
**Methode, technisch möglich** technisch mögliche Methode *adj:n (Mech)* **technologically feasible method** *adj:n (Mech)*
**Metrologie** *f (Allg) (Wissenschaft der Gewichte)* **metrology** *(Allg)* (science of weights)
**Metronom** *nt (Mech) (Taktmaschine)* **metronome** *(Mech)*
**Mikrolunker** *m (Mech)* **micro shrink hole** *(Mech)*
**Mikrometerschraube** *f (Mech)* **micrometer screw** *(Mech)*
**Mikroriss** *m (Stb)* **microcrack** *(Stb)*
**Mikroschliff** *m (Mech)* **micro-section** *(Mech)*
**Millisekundenzündung** *f (Bg/Bergb, El)* **milli-second blasting** *(Bg/Bergb, El)*
**Minderleistung** *f* **reduced handling rate** *adj:n (Mech, Umschl)*
**Mindestkühlwasserstand** *m (Mech)* **minimum level of coolant** *(Mech)*
**Mine** *f (Bg/Bergb)* **mine** *(Bg/Bergb)*
**Minengrader** *m (Bg/Bergb)* **mine grader** *(Bg/Bergb)* (clears haulways)
**Minenzufahrt** *f (Bg/Bergb)* **mine entrance** *(Bg/Bergb)*
**Mineral** *nt (Geo)* **mineral** *(Geo)*
**Mineralgemisch** *nt (Geo)* **mineral mixture** *(Geo)*
**Mineralogie** *f (Geo)* **mineralogy** *(Geo)*
**Mineralöl** *nt (Geo)* **mineral oil** *(Geo)*

**Mineralrohstoff** *m (Geo)* **mineral raw material** *(Geo)*
**Mineralsalz** *nt (Geo)* **mineral salt** *(Geo)*
**Mineralwolle** *f (Mech)* **mineral wool** *(Mech, Hütt/Wlz)*
**Miniatur-Winkelprüfkopf** *m (Mech)* **miniature angle-beam probe** *(Mech)*
**Minimalabstand** *m (Allg)* **minimum interval** *adj:n (Allg)*
**Minimess-Gerät** *nt (Mech)* **Minimess indicating instrument** *(Mech, Hyd/Pneu, El)*
**Minimess-Punkt** *m (Mech)* **minicheck point** *(Mech)*
**Minimeter** *nt (Mech)* **micro-pressure gauge** *(Mech)*
**Minimumschaltung** *f (Mech)* **minimum displacement setting** *(Mech)*
**Minimumumschaltung** *f (Mech)* **minimum displacement setting** *(Mech)*
**Mining-Geräte** *pl nt (Bg/Bergb)* **mining equipment** *(Bg/Bergb)*
**Mipolam Band** *n* **mipolam tape**
**Misch- und Rolliertrommeln** *pl f* **blending and rolling drums** *pl (Zer)*
**Misch-Schnecke** *f (Band)* **paddle worm conveyor** *(Band)*
**Misch-T-Stück** *nt (Hütt/Wlz)* **mixing tee** *(Hütt/Wlz)*
**Mischanlage** *f (Bau)* **mixing plant** *(Bau)*
**Mischbett-Entsalzungsanlage** *f (Hütt/Wlz)* **mixed-bed demineraliser** *(Hütt/Wlz)*
**Mischbett-Ionenaustauscher** *m (Hütt/Wlz)* **mixed-bed ion exchanger** *(Hütt/Wlz)*
**Mischbettanlage** *f (Bg/Bergb)* **blending bed** *(Bg/Bergb)*
**Mischbettaufnahmegerät** *nt (Bg/Bergb)* **blending reclaimer** *(Bg/Bergb)*
**Mischbettengerät** *nt (Umschl)* **bedding machine** *(Umschl)*
**Mischeinrichtung** *f (Bg/Bergb)* **blending equipment** *(Bg/Bergb)*
**Mischgasschweißen** *nt (Schw)* **gas-mixture shielded metal-arc welding** *(Schw)*
**Mischgut** *nt (Bau) (Tragschicht)* **mix** *(Bau)* (bituminous)
**Mischhaldengerät** *nt (Umschl)* **bridge-type reclaimer** *adj:n (Umschl)*
**Mischkammer** *f (Bg/Bergb)* **mixing chamber** *(Bg/Bergb)*
**Mischlager** *nt (Umschl)* **blending yard** *(Umschl)*
**Mischrohr** *nt (Bg/Bergb)* **mixture pipe** *(Bg/Bergb)*
**Mischsammler** *m (Hütt/Wlz)* **mixing header** *(Hütt/Wlz)*
**Mischschieber** *m (Hyd/Pneu)* **double butterfly valve** *adj:n (Hyd/Pneu)*
**Mischschieber** *m (Hyd/Pneu) (Dosierung)* **proportioning valve** *(Hyd/Pneu)*
**Mitnehmer** *m (Mech)* **tappet** *(Mech)*
**Mitnehmer** *m (Mech) (Anschlag, Nase)* **follower** *(Mech)*
**Mitnehmerbolzen** *m (Mech)* **follower pin** *(Mech)*
**Mitnehmergabel** *f (Mech)* **fork tappet** *(Mech)*
**Mitnehmerlager** *nt (Mech)* **following bearing** *(Mech)*
**Mitnehmerlasche** *f (Mech)* **straight lug link plate** *(Mech)*
**Mitnehmerloch für die Drehbank** *(Bahn)* **turning hole** *(Bahn)*
**Mitnehmernase** *f (Mech) (der Bodenplatte)* **lug** *(Mech, El, Bahn)*
**Mitnehmernut** *f (Mech)* **keyway** *(Mech)*
**Mitnehmerrolle** *f (Mech)* **carrier roller** *(Mech, Bg/Bergb)*
**Mitnehmerscheibe** *f (Mech)* **operating disc** *(Mech)*
**Mitnehmersteuerung** *f (Mech)* **cam operation** *(Mech)*
**Mitnehmerstift** *m (Mech)* **tappet** *(Mech)*
**Mitnehmerwelle** *f (Mech)* **camshaft** *(Mech)*
**Mittel** *nt (Mech) (Werkzeug, Instrument)* **means** *(Mech)*
**Mittel- und Großrohre** *(Form)* **medium-sized and large pipes** *(Form)*
**Mittelbandstraße** *f (Hütt/Wlz)* **medium-strip mill** *(Hütt/Wlz)*
**Mittelblech** *nt (Stb, Hütt/Wlz)* **medium sheet** *(Hütt/Wlz)*
**Mitteldruckhydraulik** *f (Hyd/Pneu) (bis 300 bar)* **medium-pressure hydraulics** *(Hyd/Pneu)*
**Mitteldruckschlauch** *m (Hyd/Pneu)* **medium-pressure hose** *(Hyd/Pneu)*
**Mittelelektrode** *f (Schw, Mech, Mont)* **central electrode** *(Schw, Mech, Mont)*
**Mittelgelenk** *nt (Stb)* **centre hinge** *(Stb)*

**Mittelgestein** *nt (Geo)* **medium-hard rock** *adj:n (Geo)*
**Mittelkraft** *f (Mech, Stat)* **resultant** *(Mech, Stat)* (of two or more forces)
**Mittelkupplung** *f (Bahn)* **buckeye coupling** *(Bahn)*
**Mittellinie** *f (Math, Stat)* **axis** *(Math, Stat)*
**Mittelöffnung** *f (Stb) (Brücke)* **center span** *AE (Stb)*
**Mittelpfeiler** *m (Stb)* **centre pier** *BE (Stb)*
**Mittelprodukt** *nt (Hütt/Wlz) (schlecht brennbarer Brennstoff)* **hard-to-burn fuel** *(Hütt/Wlz)*
**Mittelpunkt** *m (Mech, Math, Allg)* **centre point** *(Mech, Math)* (for radius)
**Mittelrohrrahmen** *m (Mech)* **central tube frame** *adj:n (Mech)*
**Mittelrückknopf** *m* **roller unit** *(Mech)*
**Mittelschar** *f (Bg/Bergb)* **mouldboard** *(Bg/Bergb)*
**Mittelschneidmesser** *nt (Mech)* **center cutting edge** *(Mech)*
**Mittelstellung** *f (Mech) (Totpunktstellung)* **dead centre position** *(Mech)*
**Mittelstrom-Ventilanordnung** *f (Mech)* **open-center valve system** *(Mech)*
**Mittelteil** *m (Bg/Bergb) (Abwurfausleger)* **middle section** *(Bg/Bergb, Mech)*
**Mittelteil** *m (Bg/Bergb) (des Unterwagens)* **centre part** *(Mech, Bg/Bergb)*
**Mittelteil der Luftdruckbremse** *(Bahn)* **central part of the air brake** *(Bahn)*
**Mittelwagen** *m (Bahn)* **trailer** *(Umschl, Mech, Bahn)*
**Mittelwert** *m (Mech, Allg)* **mean** *(Mech, Math, Allg)*
**Mittelzapfen** *m (Bg/Bergb)* **center column** *(Bg/Bergb)*
**Mittelzerkleinerung** *f (Zer)* **medium-hard rock crushing** *adj:n (Zer)*
**Mitten-Entladewagen** *m (Bahn)* **bottom-centre discharge wagon** *(Bahn)*
**Mittenabstand** *m (Mech)* **centre-to-centre distance** *BE (Mech)*
**Mittenbohrung** *f (Mech)* **centre bore** *(Mech)*
**Mittenbremsgestänge** *nt (Bahn)* **central brake rods** *adj:n (Bahn)*
**Mittenkreis** *m (Mech)* **reference circle** *(Mech)*
**Mittenkreisdurchmesser** *m (Mech)* **reference diameter** *(Mech)*
**Mittenkreisteilung** *f (Mech)* **reference pitch** *(Mech)*
**Mittenselbstentladewagen** *m (Bahn)* **central self-discharging wagon** *(Bahn)*
**Mittensitz** *m (Mech)* **middle seat** *(Mech)*
**Mittentoleranz** *f (Stb)* **center tolerance** *(Stb)*
**Mittenzylinder** *m (Mech)* **reference cylinder** *(Mech)*
**Mittenzylinder-Schraubenlinie** *f (Mech)* **reference helix** *(Mech)*
**Mobilbagger** *m (Bg/Bergb)* **mobile excavator** *adj:n (Bg/Bergb)*
**Mobilbagger mit Eigenantrieb** *(Bg/Bergb)* **self-propelled mobile excavator** *(Bg/Bergb)*
**Mobilbrecher** *m (Zer)* **mobile crusher** *adj:n (Zer)*
**Mobilhydraulikbagger** *m (Bg/Bergb)* **mobile hydraulic excavator** *adj:n (Bg/Bergb)*
**Mobilkran** *m (Bg/Bergb) (auf Rädern)* **tire crane** *(Bg/Bergb)*
**Mobilunterwagen** *m (Bg/Bergb)* **wheeled undercarriage** *adj:n (Bg/Bergb)*
**Modell** *nt (Hütt/Wlz) (Guss)* **pattern** *(Mech, Hütt/Wlz)*
**Modellbau** *m (Hütt/Wlz) (für die Gießerei)* **pattern making** *(Hütt/Wlz)*
**Modellgüte** *f (Allg)* **pattern quality** *(Allg)*
**Modellversuch** *m (Stb)* **model test** *(Stb)*
**Modernisieren** *nt (Mech, Allg)* **revamping** *(Mech)*
**Modernisierung vorhandener Anlagen** *(Mech, Bau)* **modernization of existing plants** *(Mech, Bau)*
**Modul** *m (Mech) (z.B. Motormodul)* **unit** *(Mech)*
**Modul** *m (Mech, Math) (Vektor)* **modulus** *(Mech, Math, Stb)*
**Modulbauweise** *f (Bg/Bergb, Mech)* **modular design** *adj:n (Mech, Bg/Bergb)*
**Möller** *m (Hütt/Wlz) (Chargiergut für den Hochofen)* **charge** *(Hütt/Wlz)* (ore and fluxes)
**Möllerung** *f (Hütt/Wlz)* **charge mixing** *(Hütt/Wlz)*
**Möllerwagen** *m (Hütt/Wlz) (am Hochofen)* **charging carriage** *(Hütt/Wlz)*
**Molybdän** *nt (Hütt/Wlz)* **molybdenum** *(Hütt/Wlz)*
**Moment** *m (Allg) (Augenblick)* **moment** *(Allg)*

**Moment** *nt (Mech) (Motor)* **torque** *(Mech)*
**Moment der inneren Kräfte** *(Mech, Stat)* **moment of resistance** *(Mech, Stat, El)*
**Moment, resultierend** resultierendes Moment *adj:n (Stat)* **resultant moment** *adj:n (Stat)*
**Moment, statisch** statisches Moment *adj:n (Mech)* **statical moment of a force** *adj:n (Mech)*
**Moment, übertragbar** übertragbares Moment *adj:n (Mech)* **transmittable torque** *adj:n (Mech)*
**Moment, vollplastisch** vollplastisches Moment *adj:n (Stb)* **fully-plastic moment** *adj:n (Stb)*
**Momentachse** *f (Mech) (Wälzachse bzw. Schraubachse)* **instantaneous axis** *adj:n (Mech)*
**Momentdruckregelventil** *nt (Mech)* **torque control** *(El, Mech)*
**Momentenarm** *m (Stat)* **lever arm** *(Mech)* **moment arm of force** *(Mech)*
**Momentenausgleichsverfahren** *nt (Stat)* **moment distribution method** *(Stat)*
**Momentenfläche** *f (Stat)* **moment diagram area** *(Stat)*
**Momentenhebel** *m (Werkz)* **torque lever** *(Werkz)*
**Momentenlinie** *f (Stat)* **moment curve** *(Stat)*
**Momentennullpunkt** *m (Stat)* **centre of moments** *BE (Stat)*
**Momentenstütze** *f (Mont)* **torque mount** *(Mech, Mont)*
**Moniereisen** *nt (Hütt/Wlz)* **armouring bars** *pl (Hütt/Wlz)*
**Monoausrüstung** *f (Bg/Bergb)* **monoboom attachment** *(Bg/Bergb)*
**Monoblock** *m (Bg/Bergb)* **monobloc** *(Bg/Bergb)*
**Monoblockrad** *nt (Bahn)* **solid wheel** *adj:n (Bahn)* (solid rolled wheel)
**Monoboom** *m (Bg/Bergb) (Mono-Ausleger)* **gooseneck** *(Bg/Bergb)*
**Monobremsrohrsystem** *nt (Bahn)* **single-pipe braking system** *(Bahn)*
**Monolith** *m (Bau)* **monolith** *(Bau)*
**Monomast** *m (Mech) (Gabelstapler)* **monomast** *(Schiff, Mech)*
**Monoternal** *nt (Hütt/Wlz)* **Monoternal** *(Hütt/Wlz)*
**Montage** *f (Mech, Mont)* **mounting** *(Mech)*
**Montageablauf** *m (Mech, Mont)* **erection process** *(Mont)*
**Montageabschnitt** *m (Stb)* **assembled section** *adj:n (Stb)*
**Montageanweisung** *f (Mont)* **assembly instruction** *(Mont)*
**Montageband** *nt (Band, Mont) (Bandstraße)* **assembly line** *(Mech, Band, Mont)*
**Montagebolzen** *m (Stb, Mont, Mech)* **temporary bolt** *adj:n (Mech, Stb, Mont)*
**Montagedauer** *f (Mech, Mont)* **period of erection** *(Mech, Mont)*
**Montageeinsatz** *m (Mont)* **fitter's work** *(Mont)*
**Montagegerüst** *nt (Stb)* **erecting scaffold** *(Stb)*
**Montagegriffloch** *nt (Mont, Stb)* **handling slot for assembly** *(Mont, Stb)*
**Montagegrube** *f (Mech, Mont)* **erection pit** *(Mech, Mont)*
**Montagegruppe** *f (Mont)* **arrangement** *(Mech, Allg)*
**Montagehalle** *f (Stb, Mont)* **assembly hall** *(Stb, Mont)*
**Montagehilfe** *f (Mont)* **assembling device** *(Mont)*
**Montagehubbühne** *f (Zer)* **scissor-type jack** *(Zer, Mech)*
**Montagekran** *m (Bg/Bergb, Mont)* **erecting crane** *(Mont, Mech)*
**Montageleiter** *m (Mont)* **chief erector** *(Mont, Bau)*
**Montagemesser** *nt (Mont)* **erection knife** *(Mont, Werkz)*
**Montageort** *m (Mech, Mont)* **site of installation** *(Mech, Mont)*
**Montageplatte** *f (Mech)* **mounting plate** *(Mech, El, Hyd/Pneu)*
**Montageplattenaufbau** *m (Mech, Mont)* **base plate** *(Mech, Bg/Bergb, Bahn)*
**Montageplatzzufahrt** *f (Bg/Bergb)* **access to assembly yard** *(Bg/Bergb)*
**Montageplot** *m (Mont)* **erection plot** *(Mont)*
**Montagesatz** *m (Mont)* **assembly kit** *(Mech, Allg, Mont)*
**Montageschraube** *f (Stb, Mont)* **erection bolt** *(Stb, Mech, Mont)*
**Montagestoß** *m* **site connection** *BE (Stb)*
**Montagestütze** *f (Mech, Mont, Stb)* **assembly strut** *(Stb)*

**Montagetisch** *m (Mech, Mont)* **working table** *(Mont)*
**Montageträger** *m (Mech, Bg/Bergb)* **service girder** *(Mech, Bg/Bergb)*
**Montagevorrichtung** *f (Mech, Mont)* **mounting device** *(Mech, Mont)*
**Montagewerkzeug** *nt (Werkz)* **fitting tool** *(Werkz)*
**Montagezeichnung** *f (Mech, Bau)* **assembly drawing** *(Mech)*
**Montanindustrie** *f (Bg/Bergb)* **mining industry** *(Bg/Bergb)*
**Montierspitze** *f (Mont)* **drift** *(Mech, Mont)*
**Moorbodenplatte** *f (Bg/Bergb) (des Baggers)* **swamp pad** *(Bg/Bergb)*
**Moosgummi** *nt (Mech)* **foam rubber** *(Allg)*
**Moosgummiprofil** *nt (Mech)* **sponge-rubber strip** *(Mech)*
**Mörtelbrett** *nt (Bau)* **mortar board** *(Bau)*
**Mörtelhaftung** *f (Bau)* **bond of mortar** *(Bau)*
**Motor** *m (Mech)* **motor** *(Mech)*
**Motor** *m (Mech) (Verbrennungsmaschine)* **engine** *(Mech)*
**Motor abstellen** Motor abstellen *n:v (Mech)* **switch off the engine** *n:v (Mech)*
**Motor mit Drehzahlregelung** *(Mech)* **adjustable-speed motor** *(Mech)*
**Motor mit etwa konstanter Drehzahleinstellung** *(Mech)* **adjustable-constant-speed motor** *(Mech)*
**Motor mit veränderlicher Drehzahleinstellung** *(Mech)* **multi-varying-speed motor** *(Mech)*
**Motor- und Steuereinheit des Schürfzuges** *(Mech)* **scraper tractor** *(Mech)*
**Motor-Kreuz** *nt (Mech) (Achsmitte Kurbelwelle)* **engine cross** *(Mech)*
**Motoranbringungskonsole** *f (Mech)* **motor mounting base** *(Mech)*
**Motoranker** *m (Mech)* **motor armature** *(Mech, El)*
**Motorantrieb** *m (Mech)* **motor drive** *(Mech)*
**Motoraufhängung** *f (Mech)* **engine mounting** *(Mech)*
**Motoraufhängung** *f (Mech) (am Rahmen)* **engine support bracket** *(Mech)*
**Motoraufhängung** *f (Mech) (Zwischenteile)* **engine suspension** *(Mech)*
**Motorblock** *m (Mech)* **engine block** *(Mech)*
**Motorbock** *m (Mech)* **engine base** *(Mech)*
**Motordrehmoment** *nt (Mech)* **torque** *(Mech)*
**Motordrehzahl** *f (Mech)* **engine revolution** *(Mech)*
**Motordrehzahlmesser** *m (Mech, El)* **engine tachometer** *(Mech, El)*
**Motordrücker** *m (Hyd/Pneu)* **brake thrustor** *(Hyd/Pneu)*
**Motordrückung** *f (Mech)* **overloading** *(Mech)* (of the engine)
**Motorenentlüfter** *m (Mech)* **engine breathing system** *(Kfz)*
**Motorenliste** *f (Mech)* **list of motors** *(Mech)*
**Motorfundament** *nt (Mech)* **engine base** *(Mech)*
**Motorgrader** *m (Bg/Bergb)* **motor grader** *(Bg/Bergb)*
**Motorgrundplatte** *f (Mech)* **motor base plate** *(Mech)* **motor bracket** *(Mech)*
**Motorhaube** *f (Mech)* **bonnet** *BE (Mech)*
**Motorhaubenbowdenzug** *m (Mech)* **hood cable** *(Kfz)*
**Motorhaubenpuffer** *m (Mech)* **hood shock** *(Mech)*
**Motorhaubenverschluss** *m (Mech)* **hood fastener** *(Mech)*
**Motorkapazität** *f (Mech)* **motor rating** *(Mech)*
**Motorkettensäge** *f (Form)* **motor chain saw** *(Form)*
**Motorkupplung** *f (Mech)* **engine coupling** *(Mech)*
**Motorlager** *nt (Mech)* **engine mounting** *(Mech)*
**Motorlüfter** *m (Mech)* **motor fan** *(Mech)*
**Motornennleistung** *f (Mech) (E-Motor)* **motor rating** *(Mech)*
**Motornennleistung** *f (Mech) (Verbrennungsmotor)* **engine rating** *(Mech)*
**Motoröl** *nt (Mech)* **motor oil** *(Mech)*
**Motorölpumpe** *f (Hyd/Pneu, Mech)* **lubricating oil pump** *(Hyd/Pneu, Mech)*
**Motorpumpe** *f (Mech)* **motor pump** *(Mech, Hyd/Pneu)*
**Motorrad** *nt (Mech)* **motorcycle** *(Mech)*
**Motorraum** *m (Mech) (Elektromotor)* **motor compartment** *(Mech)*
**Motorreparatur** *f (Mech)* **engine repair** *(Mech)*
**Motorroller** *m (Mech)* **motor scooter** *(Mech)*

**Motorschräglage** *f (Mech, Bg/Bergb) (Bagger am Hang)* **engine tilt angle** *(Mech, Bg/Bergb)*
**Motorschutzblech** *nt (Mech)* **engine guard plate** *(Mech)*
**Motorschutzplatte, untere** untere Motorschutzplatte *adj:n (Bg/Bergb)* **belly plate** *(Bg/Bergb)*
**Motorseite** *f (Mech)* **driving half** *(Mech)* **motor side** *(Mech)*
**Motorseitenverkleidung** *f (Mech)* **side of engine hood** *(Mech)*
**Motorspritze** *f (Hyd/Pneu, Mech)* **motor pump** *(Mech, Hyd/Pneu)*
**Motorsteuerung** *f (Mech)* **engine timing** *(Mech)* (valve operating mechanism)
**Motorträger** *m (Mech)* **engine mounting** *(Mech)*
**Motortype** *f (Mech)* **frame size** *(Mech)*
**Motorunterlage** *f (Mech)* **motor base** *(Mech)*
**Motorvariante** *f (Mech)* **engine variation** *(Mech)*
**Motorverlagerung** *f (Mech)* **motor base** *(Mech)*
**Motorversion** *f (Mech)* **engine version** *(Mech)*
**Motorwächter** *m (Mech) (z.B. Rolltreppe)* **motor protection** *(Mech)*
**Motorwinde** *f (Mech, El)* **electric winch** *adj:n (Mech, El)*
**Motorwippe** *f (Mech, El)* **rocker** *(Mech, El, Bg/Bergb, Stb)*
**Motrak** *m (Mech)* **dumper** *(Mech)*
**Muffe** *f (Mech) (Rohr)* **socket** *(Mech)* (tube) **tube coupling** *(Mech)*
**Muffe** *f (Mech, El)* **muff** *(Mech)*
**Muffelbrenner** *m (Hütt/Wlz)* **muffle burner** *(Hütt/Wlz)*
**Muffenkupplung** *f (Mech)* **butt-muff coupling** *(Mech)*
**Mühle** *f (Zer)* **mill** *(Zer)*
**Mühlenantrieb** *m (Zer, Mech)* **mill drive** *(Zer, Mech)*
**Mühlenaustrittstemperatur** *f (Zer)* **pulverizer outlet temperature** *(Zer)*
**Mühlendrehrichtung** *f (Zer, Mech)* **rotational direction of mill** *(Zer, Mech)*
**Mühlengehäuse** *nt (Zer)* **pulveriser housing** *(Zer)*
**Mühlenkeller** *m (Zer)* **mill room** *(Zer)*
**Mühlenluftleitung** *f (Zer)* **pulverizer air duct** *(Zer)*
**Mühlenluftvorwärmer** *m (Zer)* **pulverizer air heater** *(Zer)*
**Mühlenraum** *m (Zer)* **mill room** *(Zer)*
**Mühlentrocknung** *f (Zer)* **mill drying** *(Zer)*
**Mühlenventilator** *m (Zer)* **mill fan** *(Zer)*
**Mühlenventilator** *m (Zer) (Mühlenfeuerung)* **exhauster fan** *(Zer)*
**Mulchen** *nt (Zer) (Zermalmem von Holz)* **mulching** *(Zer)*
**Mulcher** *m (Mech) (Forstgerät)* **mulcher** *(Mech)*
**Mulde** *f (Mech) (des Kippers)* **body** *(Mech)* (of a dump truck)
**Mulde** *f (Mech) (z.B. Betonmulde)* **skip** *(Mech)*
**Mulde** *f (Schw, Mech, Mont)* **weld pool** *(Schw, Mech, Mont)*
**Mulde, hoch liegend** hoch liegende Mulde *adj:n (Bg/Bergb)* **high-placed body** *adj:n (Bg/Bergb)*
**Muldenbandstrahlanlage** *f (Mech)* **troughed belt-coveyor sand-blasting plant** *(Mech)*
**Muldenbau** *m (Mech) (Fabrikation)* **body manufacturing** *(Mech)*
**Muldenkipper** *m (Mech)* **dumper** *(Mech)*
**Muldenkippwagen** *m (Bahn) (Bahn)* **tipping car** *(Bahn)*
**Muldenrolle** *f (Mech, Band)* **troughed idler** *adj:n (Band)*
**Muldenrolle, negativ gemuldet** negativ gemuldete Muldenrolle *adj:n (Bg/Berg, Umschl, Zer, Band)* **idler with inverted troughing** *(Bg/Bergb, Umschl, Zer, Band)*
**Muldenrollenstuhl** *m (Mech, Band)* **troughed idler support** *adj:n (Bg/Bergb, Umschl, Zer, Band)*
**Muldenrost** *m (Hütt/Wlz)* **trough grate** *(Hütt/Wlz)*
**Muldenverschluss** *m (Mech) (z.B. Riegel)* **skip lock** *(Mech)*
**Muldung** *f (Mech, Band)* **troughing** *(Mech, Band)*
**Muldung, negativ** negative Muldung *adj:n (Mech, Band) (bei Unterbaurollen)* **inverted troughing** *adj:n (Mech, Band)*
**Müllsortiergreifer** *m (Bg/Bergb)* **garbage sorting grab** *(Bg/Bergb)*
**Müllverbrennung** *f (Hütt/Wlz)* **refuse firing** *(Hütt/Wlz)*
**Müllverbrennungsanlage** *f (Hütt/Wlz)* **refuse incineration plant** *(Hütt/Wlz)*

**Müllverbrennungsfeuerung** *f (Hütt/Wlz)* **incineration furnace** *(Hütt/Wlz)*
**Mundstück** *nt (Mech) (Düse)* **nozzle** *(Mech)*
**Mündung** *f (Mech)* **mouth** *(Mech)*
**Mündung** *f (Mech) (Auslauf)* **spout** *(Hütt/Wlz)*
**Mündungsbär** *m (Hütt/Wlz)* **skull** *(Form)* (formation of skulls)
**Mündungskanal** *m (Mech, Hyd/Pneu)* **orifice** *(Mech, Hyd/Pneu)*
**Muschelkalk** *m (Geo)* **conchoid muschelkalk** *(Geo)*
**Musiknotenprofildichtung** *f (Mech, Hyd/Pneu)* **J rubber seal** *(Mech, Hyd/Pneu)*
**Muster** *nt (Allg) (Probe)* **sample** *(Allg, Hütt/Wlz)*
**Muster** *nt (Allg, Mech) (Vorlage)* **pattern** *(Mech, Hütt/Wlz)*
**Muster** *nt (Mech) (zum Schweißbrennen)* **template** *(Mech)*
**Musterblech** *nt (Hütt/Wlz)* **patterned plate** *adj:n (Hütt/Wlz)*
**Mutter** *f (Mech) (Schraubenmutter)* **nut** *(Mech)*
**Mutter, flach** flache Mutter *adj:n (Mech, Mont)* **thin nut** *adj:n (Mech, Mont)*
**Mutter, gerändelt** gerändelte Mutter *adj:n (Mech, Mont)* **knurled nut** *adj:n (Mech, Mont)*
**Mutter, selbstsperrend** selbstsperrende Mutter *adj:n (Mech)* **self-locking nut** *adj:n (Mech)*
**Mutterauflage** *f (Mech)* **nut engaging surface** *(Mech)*
**Muttergewinde** *nt (Mech)* **internal thread** *adj:n (Mech)*
**Mutternhöhe** *f (Mech) (der Schraube)* **thickness of nut** *(Mech)*
**Mutung** *f* **claim** *(Mech)*

# N

**N-Fachwerk** *nt (Stb)* **Baltimore truss** *(Stb)* **N-truss** *(Stb)*
**Nabe** *f (Mech)* **hub** *(Mech)*
**Nabe** *f (Mech) (Vorsprung)* **boss** *(Mech)*
**Nabe, fest** feste Nabe *adj:n (Mech)* **fixed hub** *adj:n (Mech)*
**Nabe, getrennt** getrennte Nabe *adj:n (Mech)* **split hub** *adj:n (Mech)*
**Nabenabzieher** *m (Mech)* **hub puller** *(Mech)*
**Nabenbuchse** *f (Mech)* **hub sleeve** *(Mech)*
**Nabendeckel** *m (Mech)* **hub cover** *(Mech)*
**Nabendurchmesser** *m (Mech) (Kettenrad)* **hub diameter** *(Mech)*
**Nabenflansch** *m (Mech)* **hub flange** *(Mech)*
**Nabenlänge** *f (Mech)* **distance through hub** *(Mech)*
**Nabennut** *f (Mech)* **keyway** *(Mech)*
**Nabensitz** *m (Bahn)* **wheel seat** *(Bahn)*
**Nach-Sicht-Fahrbetrieb** *m (Bg/Bergb)* **manual-visual control of travel** *(Bg/Bergb)*
**nacharbeiten** *v (Allg)* **refinish** *v (Allg)* **rework** *v (Allg)*
**Nachbearbeitung** *f (Mech, Mont)* **finishing** *(Mech, Mont)* (e.g. of a work piece) **re-machining** *(Mech, Mont)*
**nachbehandeln** *v (Bau)* **cure** *v (Bau)*
**Nachbehandlung** *f (Bau, Stb)* **curing** *(Bau)* **subsequent treatment** *adj:n (Stb)*
**nachbessern** *v (Anstr) (z.B. Anstrich)* **touch up** *v (Anstr, Mech)* (paint)
**Nachbesserungsschweißen** *nt (Schw)* **touch-up welding** *(Schw)*
**Nachbohrmaschine** *f (Mont, Werkz)* **reamer** *(Mont, Werkz)*
**Nachbrechanlage** *f (Zer)* **secondary crushing plant** *(Zer)*
**Nachbrechen** *nt (Zer)* **post crushing** *(Zer)*
**Nachbrennen** *nt (Schw)* **subsequent flame cut** *adj:n (Schw)*
**nachbrennen** *v (Schw) (Reparatur)* **repair-weld** *v (Schw)*
**nachfallen** *v/i (Mech)* **cave** *v (Mech)*
**Nachführlänge** *f (Bg/Bergb)* **take-up path** *(Bg/Bergb)*
**Nachführspindel** *f (Mech)* **follow-up nut** *(Mech)*
**nachfüllen** *v (Mech)* **replenish** *v (Mech, Hyd, Allg)*
**nachgearbeitet** *adj (Bahn) (Rotor)* **retapped** *adj (Bahn)*
**Nachgeben** *nt (Mech)* **yielding** *(Mech)*
**nachgeführt** *adj (Mech)* **trailed** *adj (Mech)*
**nachgehauen** *adj (Mech)* **recut** *adj (Mech)*

**nachgeordnet** *adj (Allg)* **subordinated** *adj (Allg)*
**nachgeschaltet** *adj (Mech)* **downline** *adj (Mech)* **downstream** *adj (Allg, Mech)*
**nachgespannt** *adj (Stb)* **post-tensioned** *adj (Stb)*
**nachgewiesen** *adj (Stat)* **proven** *adj (All, Stat)*
**nachgiebig** *adj (Band, Mech)* **flexible** *adj (Mech, Band)*
**nachhelfen** *v (Allg) (unterstützen)* **boost** *v (Allg, Mech)*
**Nachknäppern** *nt (Zer)* **secondary blasting** *(Zer)*
**Nachkontrolle** *f (Mech) (Zerreißprobe)* **destructive verification** *adj:n (Stb)*
**Nachkontrolle** *f (Mech, Allg)* **after-test** *(Mech, Allg)*
**Nachkühlen** *nt (Mech)* **aftercooling** *(Mech)*
**nachlassen** *v (Mech) (lockern)* **slacken** *v (Mech)* (crawler chain, rope)
**nachlassen** *v/i (Stat) (Spannung)* **bleed** *v/i (Stat)* (e.g. track tensioning)
**nachlaufend** *adj (Mech)* **lagging** *adj (Mech)*
**Nachläufer** *m (Umschl, Mech)* **dolly** *(Mech)* **trailer** *(Umschl, Mech, Bahn)*
**Nachlaufgerät** *nt (Mech)* **lagging device** *(Mech)*
**Nachlaufregler** *m (Mech)* **follower** *(Mech)*
**Nachlaufwinkel** *m (Bg/Bergb) (Schwenkwerk)* **coasting angle** *(Bg/Bergb, Mech)*
**nachmessen** *v (Allg)* **remeasure** *v (Allg)*
**Nachprüfung** *f (Allg)* **retest** *(Allg)*
**Nachprüfungsmusterstück** *nt (Schw)* **retest specimen** *(Schw)*
**nachregulieren** *v (Mech)* **adjust** *v (Mech)*
**nachrichten** *v (Mech, Mont)* **dress** *v (Mech, Mont, Bg/Bergb)*
**nachrüsten** *v (Allg* **expand** *v (Allg)* (convert)
**Nachrüstsatz** *m (Allg)* **expansion kit** *(Allg)*
**Nachrüstung** *f (Allg)* **expansion** *(Allg)* (conversion)
**nachrutschen** *v (Bg/Bergb, Umschl) (Fördergut)* **avalanche down** *v (Bg/Bergb, Umschl)* (material)
**Nachsaugrückschlagventil** *nt (Hyd/Pneu)* **anti-cavitation check valve** *(Hyd/Pneu)*
**Nachsaugung** *f (Hyd/Pneu)* **suction** *(Hyd/Pneu)*
**Nachsaugventil** *nt (Hyd/Pneu)* **anti-cavitation valve** *(Hyd/Pneu)*
**Nachschalten** *nt (Hyd/Pneu)* **downstream switching** *(Hyd/Pneu)*
**Nachschaltung** *f (Hyd/Pneu)* **downstream switching** *(Hyd/Pneu)*
**Nachschaltzug** *m (Hütt/Wlz)* **back pass** *(Hütt/Wlz)* (of the boiler)
**nachschmieren** *v (Mech)* **relubricate** *v (Mech)*
**nachschneiden** *v (Mech) (Profil)* **profile** *v (Mech)*
**nachschneiden** *v (Mech) (Reifen)* **retread** *v (Mech)* (tyres)
**nachschweißen** *v (Schw)* **reweld** *v (Schw)*
**nachschweißen** *v (Schw) (Reparatur)* **repair-weld** *v (Schw)*
**Nachspannlänge** *f (Bg/Bergb) (Baggerleitrad)* **take-up path** *(Bg/Bergb)*
**Nachspeiseleitung** *f (Hyd/Pneu)* **feeding line** *(Hyd/Pneu)*
**nachspeisen** *v (Hyd/Pneu)* **feed** *v (Hyd/Pneu)*
**Nachspeiseventil** *nt (Hyd/Pneu)* **feeding valve** *(Hyd/Pneu)*
**nachstellbar** *adj (Mech) (z.B. Ventil, Motor)* **adjustable** *adj (Mech, El)*
**Nachstellen** *nt (Mech)* **adjustment** *(Mech, Allg)* (e.g. of machines)
**nachstellen** *v (Mech, Mont)* **adjust** *v (Mech)*
**Nachstellmutter** *f (Mech, Mont)* **adjusting nut** *(Mech, Mont)*
**Nachstellring** *m (Mech)* **adjuster ring** *(Mech)*
**Nachstellschraube** *f (Mech)* **adjusting screw** *(Mech)*
**Nachstellung** *f (Mech, Bg/Bergb)* **adjustment** *(Mech, Allg)*
**nachstemmen** *v (Stb) (Nieten)* **caulk** *v (Mech, Stb)* **recaulk** *v (Stb)*
**Nachtabschaltung** *f (Hütt/Wlz)* **overnight shutdown** *(Hütt/Wlz)*
**Nachtlast** *f (Hütt/Wlz)* **over-night load** *(Hütt/Wlz)*
**Nachverbrennung** *f (Hütt/Wlz)* **reheat** *(Hütt/Wlz)*
**Nachzerkleinerung** *f (Zer)* **secondary crushing** *(Zer)*

**nachziehen** *v (Mech) (z.B. Schrauben)* **retighten** *v (Mech)*
**Nachzündung** *f (Mech) (Kfz)* **late ignition** *adj:n (Mech)*
**Nachzündung** *f (Hütt/Wlz)* **retarded ignition** *adj:n (Hütt/Wlz)*
**Nackenseil** *nt (Bg/Bergb)* **stay rope** *(Bg/Bergb)*
**Nackenzylinder** *m (Bg/Bergb)* **adjusting cylinder** *(Mech, Bg/Bergb)*
**Nackenzylinder** *m (Bg/Bergb)* **boom adjusting cylinder** *(Bg/Bergb)*
**Nackenzylinder** *m (Bg/Bergb)* **articulated cylinder** *adj:n (Bg/Bergb)*
**Nadel** *f (Hütt/Wlz) (Rohrnadel)* **loop** *(Hütt/Wlz)* (needle)
**Nadel** *f (Mech) (Bolzen, Stecknadel)* **pin** *(Mech)*
**Nadel** *f (Mech) (Düse)* **needle** *(Mech)*
**Nadel** *f (Mech) (Zeiger)* **pointer** *(Mech)*
**Nadelbuchse** *f (Mech)* **needle cage** *(Mech)*
**Nadelfeile** *f (Mont, Werkz)* **needle file** *(Mont, Werkz)*
**Nadelfilz** *m (Mech)* **needle felt** *(Mech)*
**Nadelhülse** *f (Mech)* **needle sleeve** *(Mech)*
**Nadelkäfig** *m (Mech)* **needle cage** *(Mech)*
**Nadellager** *nt (Mech)* **needle bearing** *(Mech)* **needle roller bearing** *(Mech)*
**Nadelöhr** *nt (Mech, Allg) (enge Stelle)* **bottleneck** *(Allg, Mech)*
**Nadelregelung** *f (Mech)* **needle control** *(Mech)*
**Nadelrolle** *f (Mech) (eines Wälzlagers)* **needle roller** *(Mech)*
**Nadelspritze** *f (Mech)* **needle gun** *(Mech)*
**Nadelstich** *m (Anstr) (Anstrich)* **pinhole** *(Anstr)*
**nadelstichartig** *adj (Anstr)* **pinhole-type** *adj (Anstr)*
**Nadelventil** *nt (Hyd/Pneu)* **needle valve** *(Hyd/Pneu)*
**Nagel** *m (Mech)* **nail** *(Mech)*
**Nagelbohrer** *m (Mont)* **gimlet** *(Mech, Mont)*
**Nagelkopfschweißen** *nt (Schw)* **nail-head welding** *(Schw)*
**nageln** *v (Mont, Mech)* **nail** *v (Mont, Mech)*
**Nagelzange** *f (Mont, Werkz)* **cutting nippers** *pl (Mont, Werkz)*
**Nagelzieher** *m (Mont, Werkz)* **nail puller** *(Werkz)*
**Näherung** *f (Stb, Allg)* **approximation** *(Stb, Allg)*
**Näherungs...** *affix (Allg)* **approximate** *adj (Allg)*
**Näherungsrechnung** *f (Stb)* **approximate calculation** *adj:n (Stb)*
**Naht** *f (Schw)* **seam** *(Schw)* (welding seam)
**Naht mit Wulst** *(Schw)* **convex contour** *adj:n (Schw)*
**Naht ohne Wulst** *(Schw)* **flush contour** *adj:n (Schw)*
**Naht, fehlend** fehlende Naht *adj:n (Schw)* **missing seam** *adj:n (Schw)*
**Naht, umlaufend** umlaufende Naht *adj:n (Schw)* **weld all around** *(Schw)*
**Nahtauslauf** *m (Schw) (der Schweißnaht)* **phase out** *(Schw)*
**Nahtauslaufblech** *nt (Schw)* **run-off tab** *(Schw)*
**Nahtbeschaffenheit** *f (Schw)* **seam state** *(Schw)*
**Nahtdicke** *f (Schw)* **throat thickness** *(Schw)*
**Nahtdicke** *f (Schw) (Kehlschweißnaht)* **fillet depth** *(Schw)* **fillet thickness** *(Schw)*
**Nahtdickenunterschreitung** *f (Schw)* **insufficient thickness** *adj:n (Schw)*
**Nahtennorm** *f (Schw)* **standard joint configuration** *adj:n (Schw)*
**Nahtform** *f (Schw)* **weld shape** *(Schw)*
**Nahtfuß** *m (Schw, Mech, Mont)* **weld toe** *(Schw, Mech, Mont)*
**Nahtgegenschweißung** *f (Schw, Mech, Mont)* **welding or root reinforcements** *pl (Schw, Mech, Mont)*
**nahtlos** *adj (Schw)* **seamless** *adj (Schw)*
**Nahtnorm** *f (Schw)* **standard joint configuration** *adj:n (Schw)*
**Nahtquerschnitt** *m (Schw)* **cross of weld** *(Schw)*
**Nahtscheitel** *m (Schw)* **seam crown** *(Schw)*
**Nahtschenkel** *m (Schw)* **seam leg** *(Schw)*
**Nahtschweißung** *f (Schw)* **seam weld** *(Schw)*
**Nahtüberhöhung** *f (Stb, Schw)* **weld reinforcement** *(Schw, Mech)*

**Nahtunterseite** *f (Schw)* **back of weld** *(Schw)*
**Nahtwertigkeit** *f (Schw)* **valence of weld** *(Schw)*
**Nahtwurzel** *f (Stb)* **seam root** *(Stb)*
**Narbe** *f (Hütt/Wlz) (z.B. im Stahl)* **crack** *(Mech, Schw, Allg)*
**narben** *v (Hütt/Wlz) (prägen)* **emboss** *v (Hütt/Wlz)*
**Nase** *f (Anstr) (Anstrich)* **run** *(Anstr)*
**Nase** *f (Mech)* **nose** *(Mech)*
**Nase** *f (Mech) (an beweglichen Teilen)* **tappet** *(Mech)*
**Nasenflachkeil** *m (Mech)* **flat gib key** *adj:n (Mech)*
**Nasenkeil** *m (Mech)* **gib-headed key** *(Mech, Mont)*
**Nasenring** *m (Mech) (der Kugeldrehverbindung)* **nose ring** *(Mech)*
**Nasensenkschraube** *f (Mech)* **countersunk bolt with nosing** *(Mech)*
**Nassbagger** *m (Bg/Bergb)* **hydraulic dredge** *(Bg/Bergb)* (excavator)
**Nassbaggerei** *f (Bg/Bergb)* **marine contractor** *(Bg/Bergb)*
**Nassbaggertechnik** *f (Schiff, Bg/Bergb)* **dredging technology** *(Schiff, Bg/Bergb)*
**Nassbremse** *f (Mech)* **wet brake** *adj:n (Mech)*
**Nassbremssystem** *nt (Mech)* **wet brake system** *adj:n (Mech)*
**Nassdampf** *m (Bahn) (Dampflok)* **saturated steam** *adj:n (Bahn, Hütt/Wlz)*
**Nassdampf** *m (Hütt/Wlz)* **wet steam** *adj:n (Hütt/Wlz)*
**Nassdampflok** *f (Bahn)* **saturated-steam locomotive** *(Bahn)*
**nässen** *v (Mech)* **wet** *v (Allg, Mech)*
**Nassentstauber** *m (Hütt/Wlz)* **wet-type dust collector** *(Hütt/Wlz)*
**Nassfeuerlöscher** *m (Mech)* **wet extinguisher** *(Mech)*
**Nasslamellenbremse** *f (Mech)* **wet multidisc brake** *adj:n (Mech)*
**Nasslauf** *m (Mech) (der Lamellenbremse)* **wet run** *adj:n (Mech)*
**Nasslöffelbagger** *m (Bg/Bergb, Mech)* **dipper dredge** *AE (Bg/Bergb, Mech)*
**Nassluftfilter** *nt (Mech)* **oil-wetted air cleaner** *(Mech)*
**nassmachen** *v (Mech, Allg)* **wet** *v (Allg, Mech)*
**nassmechanisch** *adj (Mech, Aufb)* **wet-mechanical** *adj (Mech, Aufb)*
**Nasssiebung** *f (Zer)* **wet screening** *(Zer)*
**Naturgas** *nt (Geo)* **natural gas** *adj:n (Geo)*
**Naturgröße** *f (Mech, Allg)* **natural size** *adj:n (Mech, Allg)*
**naturhart** *adj (Mech)* **naturally hardened** *adv:adj (Mech)*
**Naturumlauf** *m (Hütt/Wlz)* **natural circulation** *adj:n (Hütt/Wlz)*
**Naturzugkessel** *m (Hütt/Wlz)* **natural-draught boiler** *(Hütt/Wlz)*
**NC** *(Mech) (Abk)* **numerically controlled** *adv:adj (Mech)* **NC** *(Mech)* (Abv)
**NC-Bohrmaschine** *f (Werkz)* **NC drilling machine** *(Werkz)*
**NC-Drehmaschine** *f (Werkz)* **NC turning lathe** *(Werkz)*
**NC-Maschine** *f (Mech) (mit Lochstreifen)* **NC tool machine** *(Mech)*
**ND** *m (Mech) (Abk)* **normal diameter** *adj:n (Mech)*
**ND-Teil** *nt (Hütt/Wlz)* **low-pressure stage** *(Hütt/Wlz)*
**NE-Altmetall** *nt (Hütt/Wlz)* **non-ferrous scrap metal** *adj:n (Hütt/Wlz)*
**NE-Metall** *nt (Mech) (Abk)* **non-ferrous metal** *adj:n (Mech)*
**NE-Metallbranche** *f (Hütt/Wlz)* **non-ferrous metal industries** *pl (Hütt/Wlz)*
**NE-Metallhalbzeug** *nt (Hütt/Wlz)* **non-ferrous semifinished product** *(Hütt/Wlz)*
**NE...** *affix (Mech) (Abk)* **non-ferrous** *adj (Mech, Allg)*
**Nebelhorn** *nt (Schiff) (Schiffssignal)* **typhoon horn** *(Schiff)*
**Nebelöler** *m (Mech)* **oil-fog lubricator** *(Mech)*
**Nebenantrieb** *m (Mech)* **auxiliary drive** *adj:n (Mech)*
**Nebenantrieb, seitlich** seitlicher Nebenantrieb *adj:n (Mech)* **lateral auxiliary drive** *adj:n (Mech)*
**Nebenantriebsgehäuse** *nt (Mech)* **auxiliary drive housing** *(Mech)*
**Nebenantriebssperre** *f (Mech)* **auxiliary drive lock** *(Mech)*
**Nebenantriebswelle** *f (Mech)* **auxiliary shaft** *adj:n (Mech)*
**Nebenarbeit** *f (Mech)* **ancillary work**

**Nebenbahn** *f (Bahn)* **feeder line** *(Bahn, Hyd/Pneu)*
**Nebengleis** *nt (Bahn) (mit zwei Zugängen)* **loop** *(Bahn)* (parallel line)
**Nebenkonstruktion** *f (Mech)* **secondary structure** *(Mech)*
**Nebenprodukt** *nt (Bg/Bergb)* **by-product** *(Bg/Bergb)*
**Nebenschluss** *m (Mech) (Öl)* **bleed off** *(Mech)*
**Nebenschlussmotor** *m (Mech)* **shunt motor** *(Mech)*
**Nebenspannung** *f (Stb)* **secondary stress** *adj:n (Stb)*
**Nebenstromfilter** *nt (Mech)* **partial-flow filter** *(Mech)*
**Nebenstromölfilter** *nt (Mech)* **bypass oil filter** *(Mech)*
**Nebenstromventil** *nt (Hyd/Pneu)* **bypass valve** *(Hyd/Pneu, Mech)*
**Nebenwinde** *f (Bg/Bergb, Mech)* **auxiliary winch** *adj:n (Bg/Bergb, Mech)*
**Neigegeschwindigkeitsbegrenzung** *f (Mech)* **restriction of mast tilt speed** *(Mech)*
**neigen** *v (Allg) (kippen)* **tilt** *v (Mech)*
**neigen** *v (Allg) (sich neigen)* **lean** *v (Allg)*
**Neigung** *f (Bahn) (der Bahnstrecke)* **downward inclination** *(Bahn)*
**Neigung** *f (Geo)* **incline** *(Bg/Bergb, Geo)*
**Neigungskompensator** *m (Mech) (Bandwaage)* **inclination compensator** *(Mech)*
**Neigungsmaske** *f (Bg/Bergb)* **tilting-angle form** *(Bg/Bergb)*
**Neigungsregler** *m (Mech)* **inclination regulator** *(Mech)*
**Neigungswaage** *f (Mech)* **inclination balance** *(Mech)*
**Neigungswägevorrichtung** *f (Mech)* **inclination weighing device** *(Mech)*
**Neigungswinkel** *m (Stb)* **angle of inclination** *(Stb)*
**Nenn...** *affix (Mech, Allg)* **rated** *adj (Mech, Math, Allg)*
**Nennbetriebslast** *f (Mech)* **rated duty** *adj:n (El)*
**Nenndruck** *m (Hyd/Pneu)* **nominal pressure** *adj:n (Hyd/Pneu)*
**Nenndruckstufen** *pl f (Stb)* **nominal pressure ratings** *(Stb)*
**Nenndurchmesser** *m (Mech)* **nominal diameter** *(Mech)*
**Nennhub** *m (Mech)* **nominal stroke** *adj:n (Mech)*
**Nenninhalt** *m (Allg)* **nominal volume** *adj:n (Allg)*
**Nennlage** *f (Mech)* **nominal situation** *adj:n (Mech)*
**Nennlast** *f (Mech)* **nominal loading** *adj:n (Mech)*
**Nennmaß** *nt (Mech, Stb)* **nominal size** *adj:n (Mech, Stb)*
**Nennstreckgrenze** *f (Stb)* **nominal elastic limit** *adj:n (Stb)*
**Nenntemperatur** *f (Hütt/Wlz)* **temperature rating** *(Hütt/Wlz)*
**Nennweite** *f (Mech)* **nominal width** *adj:n (Mech)*
**Nennwert** *m (Stb)* **nominal value** *adj:n (Mech, Stb)*
**Nennwertinhalt** *m (Bg/Bergb) (des Löffels)* **nominal struck capacity** *(Bg/Bergb)*
**Neoprenlager** *nt (Mech)* **neoprene pad** *(Mech)*
**Neoprentopflager** *nt (Mech)* **cup-type neoprene bearing** *(Mech)*
**Nettogewicht** *nt (Bahn)* **tare weight** *BE (Bahn)*
**Nettoquerschnitt** *m (Stb)* **net section** *adj:n (Stb)*
**Netz** *nt (Allg) (Karte, Darstellung)* **grid** *(Allg)* (e.g. of a representation)
**Netz** *nt (Mech, Bau) (z.B. Wasser- oder Stromnetz)* **mains** *pl (Mech, Bau)*
**Netzlinie** *f (Stb)* **working line** *(Stb)*
**Netzmasche** *f (Stb)* **mesh** *(Stb)* (of lattice work)
**Netzmessung machen** Netzmessung machen *n:v (Hütt/Wlz)* **take a traverse** *n:v (Hütt/Wlz)*
**Netzplan** *m (Mech)* **network diagram** *(El)* **network plan** *(Mech)*
**Netzpunktkarte** *f (Mech)* **grid reference map** *(Mech)*
**Netzschwankung** *f (Mech)* **mains fluctuations** *pl (El)*
**Netzverband** *m (Stb)* **lattice bracing** *(Stb)* **net bracing** *(Stb)*
**Neuanstrich** *m (Anstr)* **new paint finish** *adj:n (Anstr)*
**Neubau** *m (Bau)* **new-built house** *(Bau)*
**neubearbeiten** *v (Allg)* **restore** *v (Allg, Bau, Mech)*

**Neugerät** *nt (Mech) (werksneu)* **new machine** *adj:n (Mech)*
**Neulandgewinnung** *f (Bau)* **reclaiming** *(Bau)*
**Neuneck** *nt (Allg)* **nonagon** *(Allg)*
**neuneckig** *adj (Allg)* **nonagonal** *adj (Allg)*
**Neuschleifen der Ventilsitze** *(Mech)* **reseating** *(Mech)*
**Neusilber** *nt (Hütt/Wlz) (Guss)* **German silver** *(Hütt/Wlz)* (cast)
**Neuteile** *pl nt (Mech)* **new parts** *adj:n (Mech)*
**Neutralisationszahl** *f (Chem)* **A.V.** *(Chem)* (Abv) **acid value** *(Chem)*
**neutralisieren** *v (Mech, Chem)* **neutralize** *v (Mech, Chem)*
**Neutralisierventil** *nt (Mech)* **neutralizer valve** *(Mech)*
**neuwalzen** *v (Hütt/Wlz)* **freshly roll** *adv:v (Hütt/Wlz)* **newly roll** *adv:v (Hütt/Wlz)*
**Neuwalzung** *f (Hütt/Wlz) (neues Material)* **freshly-rolled material** *(Hütt/Wlz)*
**Newton-Meter** *nt (Mech) (Anziehmaß z.B. für Bolzen)* **Newton meter** *(Mech)* **Nm** *(Mech)* (Abv)
**Nibbelmaschine** *f (Mech)* **nibbling machine** *(Mech)*
**nibbeln** *v (Mech)* **nibble** *v (Mech)*
**nicht ätzend** *adj (Anstr)* **noncorrosive** *adj (Anstr)*
**nicht eichfähig** *adj (Mech) (Bandwaage)* **without official calibration** *(Mech)*
**nicht einrastend** *adj (Mech)* **non-maintaining** *adj (Mech)*
**nicht fluchtend** *adj (Mech)* **misaligned** *adj (Mech)*
**nicht gehärtet** *adj (Mech, Mont)* **non-hardened** *adj (Mech)*
**nicht magnetisierbar** *adj (Hütt/Wlz)* **nonmagnetizable** *adj (Hütt/Wlz)*
**nicht rastend** *adj (Mech)* **non-maintaining** *adj (Mech)*
**nicht rostend** *adj (Anstr)* **corrosion-resistant** *adj (Anstr)* **noncorrosive** *adj (Anstr)* **nonrusting** *adj (Anstr)*
**nicht tragend** *adj (Mech)* **non-bearing** *adj (Mech)*
**nicht umhüllt** *adj (Mech, Allg)* **bare** *adj (El, Schw)*
**Nichteisen...** *affix (Mech)* **non-ferrous** *adj (Mech, Allg)*
**Nichteisenmetall** *nt (Mech)* **non-ferrous metal** *adj:n (Mech)*
**nichtflüchtig** *adj (Chem)* **non-volatile** *adj (Chem)*
**nichtmetallisch** *adj (Mech, Allg)* **non-metallic** *adj (Mech, Allg)*
**Nickel** *nt (Hütt/Wlz)* **nickel** *(Hütt/Wlz)*
**Nickel-Basis-Legierung** *f (Hütt/Wlz)* **nickel alloy** *(Hütt/Wlz)*
**Nickwinkel** *m* **pitch angle** (around the cross axis)
**Niederbordwagen** *m (Bahn)* **low-sided open wagon** *(Bahn)*
**Niederdruck** *m (Hyd/Pneu)* **low pressure** *adj:n (Hyd/Pneu)*
**Niederdruck-Großreifen** *m (Mech, Hyd/Pneu)* **low-pressure oversized tyre** *(Hyd/Pneu, Mech)*
**Niederdruck-Kokillengießen** *nt (Hütt/Wlz)* **low-pressure gravity die casting** *(Hütt/Wlz)*
**Niederdruck-Ventil** *nt (Hyd/Pneu)* **low-pressure valve** *(Hyd/Pneu)*
**Niederdruckeinspritzsystem** *nt (Mech) (Dieselmotor)* **pressure-time fuel injection system** *(Mech)* (diesel engine)
**Niederdruckgasbehälter** *m (Hyd/Pneu)* **low-pressure gasholder** *(Hyd/Pneu)*
**Niederdruckreifen** *m (Hyd/Pneu, Mech)* **low-pressure tyre** *(Hyd/Pneu, Mech)*
**Niedergang** *m (Schiff) (Treppe)* **stairs** *pl (Schiff)* (stairway)
**niedergelegt** *adj (Mech) (Werkstück)* **laid down** *adj (Mech)*
**Niederhubwagen** *m (Mech)* **elevating transporter** *(Mech)*
**Niederrahmen** *m (Mech)* **drop frame** *(Mech)*
**Niederschlag** *m (Geo) (Ablagerung)* **deposit** *(Geo)* **sediment** *(Geo)*
**niederschlagen** *v/i (Geo) (Sinkstoffe)* **deposit** *v/i (Geo, Chem)*
**Niederschlagswasser** *nt (Bau)* **precipitation water** *(Bau)*
**Niederspannung** *f (El)* **l.t.** *(El)* (Abv) **l.v.** *adj:n (El)* (Abv) **low tension** *(El)* **low voltage** *adj:n (El)*
**Niederspannungsleitung** *f (El)* **low-voltage cables** *pl (El)*
**niederstufen** *v (Allg) (abwerten)* **downgrade** *v (Allg)*

**Niedertemperatur...** *affix (Mech)* **low-temperature** *adj (Mech)*
**niedriggekohlt** *adj (Hütt/Wlz)* **low-carbon** *adj (Hütt/Wlz)*
**niedriglegiert** *adj (Hütt/Wlz)* **low-alloy** *adj (Hütt/Wlz)*
**niedrigtourig** *adj (Mech)* **low-speed** *adj (Mech)*
**Nierenbohrung** *f (Bg/Bergb)* **kidney-shaped borefit** *adj:n (Bg/Bergb)*
**nierenförmig** *adj (Mech)* **kidney-shaped** *adj (Mech)*
**Niet** *m (Mech)* **rivet** *(Mech)*
**Nietabstand** *m (Stb)* **rivet pitch** *(Stb)*
**Nietabstand, geradlinig** geradliniger Nietabstand *adj:n (Mech, Stb)* **straight-line pitch** *adj:n (Stb)*
**Nietanschluss** *m (Stb)* **rivet connection** *(Stb)*
**Nietdöpper** *m (Stb) (Schelleisen)* **snap die** *(Mont, Stb)*
**Nietdurchmesser** *m (Stb)* **diameter of rivet** *(Stb)* **rivet diameter** *(Stb)*
**Niete** *f (Mech)* **rivet** *(Mech)*
**nieten** *v (Mont, Mech)* **rivet** *v (Bg/Bergb, Mech)*
**Nieten mit Presse** *(Stb)* **machine riveting** *(Stb)*
**nieten, kalt** kalt nieten *adv:v (Stb)* **cold-rivet** *v (Stb)*
**Nietendöpper** *m (Mont)* **rivet set** *(Mont, Werkz)*
**Nieter** *m (Mont)* **riveter** *(Mont)*
**Nietflansch** *m (Stb)* **riveted flange** *adj:n (Stb)*
**Nietgelenkband** *nt (Mech)* **riveted hinged strap** *(Mech)*
**Niethammer** *m (Mont, Werkz)* **riveting hammer** *(Mont)*
**Nietkippe** *f (Mont)* **rivet snapper** *(Mont)*
**Nietkontrollhammer** *m (Mont)* **rivet control hammer** *(Mont)*
**Nietkopf** *m (Mech, Mont)* **cross-cut chisel** *(Mech, Mont)* **rivet head** *(Mont)*
**Nietloch** *nt (Mech)* **rivet hole** *(Mech)*
**Nietlochdurchmesser** *m (Stb)* **rivet hole diameter** *(Stb)*
**Nietquerschnitt** *m (Stb)* **rivet cross section** *(Stb)*
**Nietreihe** *f (Stb)* **line of rivets** *(Stb)* **row of rivets** *(Stb)*
**Nietrisslinie** *f (Stb)* **rivet back-mark** *(Stb)* **rivet gauge line** *(Stb)*
**Nietschaft** *m (Stb)* **rivet body** *(Stb)* **rivet shank** *(Stb)*
**Nietschweiße** *f (Schw)* **plug weld** *(Schw)*
**Nietsprenger** *m (Mont)* **rivet removers** *pl (Mont)*
**Nietstahl** *m (Stb)* **rivet steel** *(Stb)*
**Nietstempel** *m (Stb)* **header** *AE (Mont, Mech, Stb)* **snap die** *(Mont, Stb)*
**Nietstift** *m (Mont)* **rivet pin** *(Mont)*
**Nietteilung** *f (Stb)* **rivet spacing** *(Stb)*
**Nietträger** *m (Stb)* **riveted plate girder** *adj:n (Stb)*
**Nietung** *f (Stb)* **riveting** *(Stb)*
**Nietung, versetzt** versetzte Nietung *adj:n (Stb)* **staggered riveting** *adj:n (Stb)*
**Nietverbindung** *f (Stb)* **riveted connection** *adj:n (Stb)*
**Nietverputzmeißel** *m (Mont, Werkz)* **rivet cleaning chisel** *(Mont, Werkz)*
**Nietvorwärmung** *f (Stb)* **rivet heating** *(Stb)*
**Nietwärmer** *m (Bahn)* **rivet heater** *(Bahn)*
**Nietwinden** *pl f (Mont)* **screw dolly** *(Mech)*
**Nietzange** *f (Mont, Werkz)* **riveting tongs** *pl (Mont, Werkz)*
**Nietzieher** *m (Mont, Werkz)* **rivet set** *(Mont, Werkz)*
**Nippel** *m (Mech) (mit Gewinde)* **nipple** *(Mech)*
**Nippel** *m (Mech, Hyd/Pneu)* **fitting** *(Mech, Hyd/Pneu)*
**Nische** *f (Bahn) (Sicherheitsraum im Tunnel)* **refuge** *(Bahn)*
**Nische** *f (Bg/Bergb)* **recess** *(Mech, Bau, Geo)*
**Nitrierhärte** *f (Hütt/Wlz)* **nitriding hardness depth** *(Hütt/Wlz)*
**Nitrierhärtung** *f (Hütt/Wlz)* **carborizing** *(Hütt/Wlz)*
**nitriert** *adj (Hütt/Wlz)* **nitrided** *adj (Hütt/Wlz)*
**Nitriertiefe** *f (Hütt/Wlz)* **nitriding hardness depth** *(Hütt/Wlz)*
**Niveau** *nt (Allg)* **level** *(Allg)*
**Niveau-Ausgleich** *m (Mech)* **level compensation** *(Mech)*
**Niveau-Überwachung** *f (Hyd/Pneu)* **level control** *(Hyd/Pneu)*

**Niveau-Wächter** *m (Hyd/Pneu)* **level switch** *(Hyd/Pneu)*
**Niveauflasche** *f (Hütt/Wlz)* **levelling bottle** *(Hütt/Wlz)*
**niveauregulierend** *adj (Mech)* **load-levelling** *adj (Mech)*
**Niveauschalter** *m (Hyd/Pneu)* **float switch** *(El)*
**nivellieren** *v (Mech, Mont)* **level** *v (Mech, Mont)* **planish** *v (Mech)*
**Nivelliergerät** *nt (Mech, Bau)* **abney level** *(Mech)*
**Nivellierinstrument** *nt (Mont)* **levelling instrument** *(Mont)*
**Nivellierlatte** *f (Mont)* **levelling staff** *(Mont)*
**Nivellierung** *f (Mech)* **levelling** *(Mech)*
**Nocke** *f (Mech) (z.B. Erhöhung auf der Nockenwelle)* **cam** *(Kfz)* **cam** *(Mech)*
**Nocke der Pumpenwelle** *(Mech)* **lobe** *(Mech)*
**Nocken** *m (Mech)* **cam** *(Mech)*
**Nockenbolzen** *m (Mech)* **cam bolt** *(Mech)*
**Nockenhebel** *m (Mech)* **cam lever** *(Mech)*
**Nockenkontakteinrichtung** *f (Mech)* **cam contact device** *(Mech)*
**Nockenläufer** *m (Mech)* **cam follower** *(Mech)*
**Nockenring** *m (Mech)* **cam ring** *(Mech)*
**Nockenscheibe** *f (Mech)* **cam disc** *(Mech)*
**Nockenschlüssel** *m (Mont)* **cam spanner** *(Mont)*
**Nockenstößel** *m (Mech)* **follower** *(Mech)*
**Nockenwelle** *f (Mech)* **camshaft** *(Mech)*
**Nockenwelle, oben liegend** oben liegende Nockenwelle *adj:n (Mech)* **overhead camshaft** *(Mech)*
**Nockenwellenantriebsrad** *nt (Mech)* **camshaft timing gear** *(Mech)*
**Nockenwellendeckel** *m (Mech)* **camshaft cover** *(Mech)*
**Nockenwellendichtung** *f (Mech)* **camshaft seal** *(Mech)*
**Nockenwellenlager** *nt (Mech)* **camshaft bearing** *(Mech)*
**Nockenwellenrad** *nt (Mech)* **camshaft timing gear wheel** *(Mech)*
**Nockenwellenschleifmaschine** *f (Mech)* **camshaft grinding machine** *(Mech)*
**Nominal...** *affix (Mech, Allg)* **nominal** *adj (Mech)* **rated** *adj (Mech, Math, Allg)*
**Nominalhub** *m (Mech)* **nominal stroke** *adj:n (Mech)*
**Nomogramm** *m (Stb)* **nomogram** *(Stb)* **nomograph** *(Stb)*
**Noppe** *f (Geo) (Knolle)* **nodule** *(Bg/Bergb, Geo)*
**Noppe** *f (Mech)* **knob** *(Mech)* (nub) **nep** *(Mech)*
**Norm** *f (Allg)* **standard** *(Allg)* (e.g. ISO)
**Normalauspuff** *m (Mech)* **natural aspiration** *adj:n (Mech)*
**Normalbeton** *m (Bau)* **normal concrete** *adj:n (Bau)*
**Normaldampf** *m (Hütt/Wlz)* **normal steam** *adj:n (Hütt/Wlz)*
**Normaleingriffswinkel** *m (Mech, Stat)* **normal pressure angle** *adj:n (Mech, Stat)*
**Normalflankenspiel** *nt (Mech)* **normal backlash** *adj:n (Mech)*
**normalglühen** *v (Hütt/Wlz) (Stahl)* **normalize** *v (Hütt/Wlz)*
**Normalisieren** *nt (Hütt/Wlz) (Glühen)* **thermal stress relief** *(Hütt/Wlz)*
**Normalkeilriemen** *m (Mech)* **standard V-belt** *adj:n (Mech)*
**Normalkraft** *f (Stat)* **normal force** *adj:n (Stat)*
**Normalmaß** *nt (Mech)* **gage** *AE (Mech, Werkz)*
**Normalmodul** *nt (Mech)* **standard module** *adj:n (Mech)*
**Normalprofil** *nt (Mech)* **normal profile** *adj:n (Mech)*
**Normalprüfkopf** *m (Mech)* **normal-beam probe** *(Mech)*
**Normalspannung** *f (Mech, Stat)* **normal stress** *adj:n (Mech, Stat)*
**Normalspur** *f (Mech)* **standard gauge** *(Mech)*
**Normalstiel** *m (Bg/Bergb)* **standard arm** *adj:n (Bg/Bergb)*
**Normalunterwagen** *m (Bg/Bergb)* **standard undercarriage** *adj:n (Bg/Bergb)*
**Normbrand** *m (Stb)* **standardized fire** *adj:n (Stb)*
**normen** *v (Allg)* **standardize** *v (Allg)*
**Normenblatt** *nt (Allg)* **standard sheet** *(Allg)*
**normieren** *v (Allg)* **standardize** *v (Allg)*
**normieren** *v (Mech) (anpassen)* **calibrate** *v (Mech)*

**Normkurve** *f (Stb)* **standard curve** *adj:n (Stb)*
**Normprobe** *f (Stb)* **standard test specimem** *(Stb)*
**Normung** *f (Allg)* **standardization** *(Mech, Allg)*
**Normwanne** *f* **standard rack**
**NoSpin-Differenzial** *nt (Mech)* **NoSpin differential** *(Mech)*
**Not- und Absperrschließventil** *nt (Hyd/Pneu)* **emergency and stop valve** *(Hyd/Pneu)*
**Notabsperrschieber** *m (Hütt/Wlz)* **emergency stop valve** *(Hütt/Wlz)*
**Notabstieg** *m (Bg/Bergb) (am Kran)* **emergency rope-down device** *(Bg/Bergb)*
**Notaus-Schalter** *m (El)* **emergency stop** *(El)*
**Notausgang** *m (Bau)* **emergency exit** *(Allg, Bau)* **fire exit** *(Bau)*
**Notbeleuchtung** *f (El)* **stand-by lighting** *(El)*
**Notbetrieb** *m (Umschl)* **extraordinary loading operation** *adj:n (Umschl)*
**Notbremse** *f (Mech)* **emergency brake** *(Mech)*
**Notbremsung** *f (Mech)* **emergency braking** *(Mech)*
**Nothammer** *m (Mech)* **emergency hammer** *(Mech)* (to break windows)
**Notlauf** *m (Bahn) (Eisenbahnachsen)* **stub axle** *(Mech, Bahn)*
**Notlenkpumpe** *f (Mech) (bei Motorausfall)* **emergency-steering pump** *(Mech)*
**Notrampe** *f* **baffle wall** *(Hütt/Wlz)*
**Notschalter** *m (El)* **emergency switch** *(El)*
**Notschenkel** *m (Bahn)* **dust-shield collar** *(Bahn)*
**Notstiege** *f (Stb)* **emergency staircase** *(Stb)*
**Notstromaggregat** *nt (El)* **emergency generating set** *(El)*
**nuklear** *adj (Chem)* **nuclear** *adj (Chem)*
**Null-Stellung** *f (El)* **zero position** *(El)*
**Nullhub** *m (Bg/Bergb)* **zero-flow control** *(Bg/Bergb)*
**Nulllage** *f (Allg)* **O-position** *(Allg)* (zero position)
**Nulllinie** *f (Stb)* **neutral axis** *(Stb)* **zero line** *(Stb)*
**Nullpunkt** *m (El)* **zero point** *(El)*
**Nullrückstellung** *f (Mech)* **return to zero position** *(Mech)*
**Nullserie** *f (Allg)* **pilot production** *(Allg)* **pilot run** *AE (Allg)*
**Nullspannung** *f (El)* **zero voltage** *(El)*
**Nullstellung** *f (El) (Position)* **neutral position** *adj:n (Mech, El)* **zero position** *(El)*
**Nuss** *f (Mont, Werkz)* **socket** *(Mont)* (tool)
**Nussknackereffekt** *m (Bg/Bergb)* **nutcracker effect** *(Bg/Bergb)*
**Nusskohle** *f (Bg/Bergb)* **nut-coal** *(Bg/Bergb)*
**Nut** *f (Mech) (einer Keilwelle)* **slot** *(Mech, Mont)* **female spline** *adj:n (Mech)*
**Nut** *f (Mech) (Keilnut)* **groove** *(Schw)*
**Nut** *f (Mech) (Kerbnut)* **notch** *(Mech)*
**Nut und Feder** *(Mech)* **tongue and groove** *(Mech)*
**Nute** *f (Mech)* **flute** *(Mech)* **spline** *(Mech, Mont)*
**nuten** *v (Mech, Mont)* **flute** *v (Mech, Mont)* **groove** *v (Mech)*
**nuten** *v (Mech, Mont)* **spline** *v (Mech, Mont)*
**Nuten ziehen** Nuten ziehen *n:v (Mech, Mont)* **cut keyways** *n:v (Mech, Mont)*
**Nutenfeile** *f (Mont, Werkz)* **slotting file** *(Mont, Werkz)*
**Nutenfräsen** *nt (Mech, Mont)* **milling** *(Stb)*
**Nutenfräsen** *nt (Mech, Mont) (Vielkeilwellen)* **splining** *(Mech, Mont)*
**Nutenkeil** *m (Mech)* **slot wedge** *(Mech)*
**Nutenmeißel** *m (Mont, Werkz)* **slotting bits** *pl (Mont)*
**Nutenwelle** *f (Mech)* **splined shaft** *adj:n (Mech)*
**Nutmutter** *f (Mech)* **grooved nut** *adj:n (Mech)*
**Nutring** *m (Mech)* **grooved ring** *adj:n (Mech)*
**Nutscheibe** *f (Mech)* **grooved washer** *adj:n (Mech)*
**Nutung** *f (Mech)* **spline** *(Mech, Mont)*
**Nutwelle** *f (Mech)* **grooved shaft** *adj:n (Mech)*
**nutzbar** *adj (Allg)* **usable** *adj (Allg)* **useful** *adj (Allg)*
**Nutzbreite** *f (Stb)* **net width** *adj:n (Stb)*
**Nutzeisen** *nt (Hütt/Wlz)* **reusable iron** *adj:n (Hütt/Wlz)*

**Nutzfahrzeug** *nt (Bg/Bergb) (Muldenkipper)* **haul truck** *(Bg/Bergb)*
**Nutzfahrzeug** *nt (Mech)* **commercial vehicle** *adj:n (Mech)*
**Nutzfläche** *f (Stb)* **net floor area** *(Stb)*
**Nutzholz** *nt (Mech, Mont)* **timber** *(Mech, Mont)*
**Nutzhub** *m (Mech)* **effective stroke** *adj:n (Bg/Bergb)*
**Nutzinhalt** *m (Mech) (Bunker)* **useful capacity** *adj:n (Mech)*
**Nutzlänge** *f (Mech)* **working length** *(Mech)*
**Nutzlast** *f (Stb)* **live load** *(Stb)* **useful load** *(Stb)* **payload** *(Bahn)*
**Nutzlast** *f (Stb) (Gebrauchslast)* **working load** *(Form)*
**Nutzlast, zulässig** zulässige Nutzlast *adj:n (Stat)* **permissible working load** *adj:n (Stat)*
**Nutzlastwert** *m (Mech)* **lifting capacity** *(Mech, Bg/Bergb, Stb)*
**Nutzleistung** *f (Mech) (Bremse)* **brake horsepower** *(Mech)*
**Nutzmineral** *nt (Geo)* **industrial mineral** *(Geo)*
**Nutzungsdauer** *f (Mech)* **service life** *(Mech)*
**NW** *f (Mech) (Abk)* **normal width** *adj:n (Mech)*

# O

**obenliegend** *adj (Stb)* **top** *adj (Stb)*
**Oberband** *nt (Band)* **carrying belt** *(Band)*
**Oberbandgirlande** *f (Band)* **carrying-belt garland idler** *(Band)*
**Oberband-Tragrolle** *f (Bg/Bergb, Band)* **belt carrying idler roll** *(Bg/Bergb, Band)*
**Oberbau** *m (Bahn) (Schienenoberkante)* **permanent way** *(Bahn)*
**Oberbau** *m (Bg/Bergb)* **superstructure** *(Bg/Bergb)*
**Oberbaubefestigungssystem** *nt (Bahn)* **permanent way fastening system** *(Bahn)*
**Oberbaumaterial** *nt (Bahn)* **permanent-way material** *(Bahn)*
**Oberbau-Schwenkwerk** *nt (Bg/Bergb)* **superstructure swing slew assembly** *(Bg/Bergb)*
**Oberbogen** *m* **upper segment** *adj:n*
**Oberdeck** *nt (Stb)* **upper deck** *adj:n (Bau, Stb)*
**Oberfelge** *f (Mech)* **upper rim** *adj:n (Mech)*
**Oberfläche bearbeiten** Oberfläche bearbeiten *n:v (Mech, Mont)* **surface** *v (Mech, Mont)*
**Oberfläche** *f (Mech, Anstr)* **surface** *(Mech, Anstr)*
**Oberfläche, eben** ebene Oberfläche *adj:n (Mech)* **plane surface** *adj:n (Mech)*
**Oberfläche, gekrümmte** gekrümmte Oberfläche *adj:n (Mech)* **curved surface** *adj:n (Mech)*
**Oberfläche, obere** obere Oberfläche *adj:n (Bahn)* **upper surface** *adj:n (Bahn)*
**Oberflächenangabe** *f (Anstr) (z.B. bezüglich Rauheit)* **roughness criteria** *pl (Anstr)*
**Oberflächenauftrag** *m (Anstr)* **surface coat** *(Anstr)*
**Oberflächenausbrüche** *pl m (Hütt/Wlz) (beim Walzen)* **spalling** *(Anstr, Hütt/Wlz)*
**Oberflächenausführung** *f (Anstr)* **finish** *(Anstr)*
**Oberflächenbearbeitungszeichen** *nt (Mech, Mont)* **surface finish symbol** *(Mech, Mont)*
**Oberflächenbefestigung** *f (Bau)* **surfacing** *(Bau)*
**oberflächenbehandelt** *adj (Anstr)* **surface-treated** *adj (Anstr)*
**Oberflächenbehandlung** *f (Anstr)* **surface treatment** *(Mech, Anstr)*
**Oberflächenbehandlungsverfahren** *nt (Anstr)* **surface-treatment procedure** *(Anstr)*
**Oberflächenbeschädigung** *f (Anstr)* **damage of surface** *(Anstr)*
**Oberflächenbeschaffenheit** *f (Mech, Mont, Anstr)* **surface quality** *(Mech, Mont, Anstr)*
**Oberflächenbeschichtung** *f (Anstr)* **surface coating** *(Anstr)*
**Oberflächenfehler** *m (Mech)* **surface defect** *(Mech)*
**oberflächengehärtet** *adj (Hütt/Wlz) (hart/weich)* **case-hardened** *adj (Hütt/Wlz)*
**oberflächengehärtet** *adj (Hütt/Wlz)* **surface-hardened** *adj (Hütt/Wlz)*
**Oberflächenglattheit** *f (Anstr)* **surface smoothness** *(Anstr)*

**Oberflächengüte** *f (Mech, Mont)* **surface finish** *(Mont, Mech)*
**Oberflächenhärte** *f* **surface hardness**
**Oberflächenkondensator** *m (Hütt/Wlz)* **surface condenser** *(Hütt/Wlz)*
**Oberflächenkühler** *m (Hütt/Wlz)* **surface attemperator** *(Hütt/Wlz)*
**Oberflächenmaße** *pl nt (Allg)* **dimensions of surface** *(Allg)*
**oberflächennah** *adj (Bau)* **near to the surface** *(Bau)*
**Oberflächenqualität** *f (Mont, Mech)* **quality of surface** *(Mont, Mech)*
**Oberflächenrauheit** *f (Anstr)* **roughness of surface** *(Anstr)*
**Oberflächenriss** *m (Mech, Allg)* **superficial scratch** *adj:n (Mech)*
**Oberflächenrissprüfung** *f (Mech)* **surface crack test** *(Mech)*
**Oberflächenrüttler** *m (Bau)* **surface vibrator** *(Bau)*
**Oberflächenschutz** *m (Anstr)* **surface protection** *(Anstr)*
**Oberflächentemperatur** *f (Stb)* **surface temperature** *(Stb)*
**Oberflächenveränderung** *f (Anstr)* **surface change** *(Anstr)*
**oberflächenveredelt** *adj (Anstr, Hütt/Wlz)* **surface-coated** *adj (Hütt/Wlz, Anstr)*
**oberflächenverfestigt** *adj (Hütt/Wlz)* **surface-solidified** *adj (Hütt/Wlz)*
**Oberflächenvorbereitung** *f (Hütt/Wlz)* **surface preparation** *(Hütt/Wlz)*
**Oberflächenwasser** *nt (Geo)* **surface water** *(Geo)*
**Oberflächenwasser-Entwässerung** *f (Bg/Bergb)* **drainage** *(Mech, Bg/Bergb)*
**Oberflächenzeichen** *nt (Hütt/Wlz) (auf Zeichnungen)* **surface marking** *(Hütt/Wlz)*
**Oberflächenzeichen** *nt (Hütt/Wlz)* **surface symbol** *(Hütt/Wlz)*
**oberflächlich** *adj (Mech, Allg)* **superficial** *adj (Mech, Allg)*
**Oberflansch** *m (Stb)* **top flange** *(Stb)*
**Oberflanschanschlussplatte** *f (Stb)* **top flange connecting plate** *(Stb)*
**Obergeschoss** *nt (Bau)* **upper floor** *adj:n (Bau)*
**Obergurt** *m (Band)* **carrying belt** *(Band)*
**Obergurt** *m (Stb) (eines Blechträgers)* **upper flange** *adj:n (Stb)*
**Obergurt** *m (Stb) (Fachwerkträger)* **upper boom** *adj:n (Stb)* **upper chord** *adj:n (Stb)*
**Obergurt** *m (Stb) (oberer Träger)* **top boom** *(Stb)*
**Obergurtanschluss** *m (Stb)* **top chord connection** *(Stb)*
**Obergurtstab** *m (Stb)* **upper chord member** *adj:n (Stb)*
**Obergurtwinkel** *m (Stb)* **top flange angle** *(Stb)*
**Oberkante** *f (Mech, Stb)* **upper edge** *adj:n (Stb)*
**Oberkolbenpresse** *f (Hyd/Pneu)* **down-acting hydraulic press** *(Hyd/Pneu)*
**Oberleitungsmast** *m (Bahn, El)* **overhead line mast** *(Bahn, El)*
**Oberlicht** *nt (Bau)* **rooflight** *(Bau)* **skylight** *(Bau)*
**Oberlichtpfette** *f (Stb)* **glazing purlin** *(Stb)*
**Oberluft** *f (Hütt/Wlz) (Sekundärluft)* **over-fire air** *(Hütt/Wlz) ütt/Wlz)*
**oberschlächtig** *adj* **overshot mode**
**Oberseite** *f (Mech)* **top side** *(Mech)*
**Oberteil** *nt (Bg/Bergb, Mech)* **upper frame** *adj:n (Mech)*
**Obertrommel** *f (Hütt/Wlz) (Speisetrommel)* **feeding drum** *(Hütt/Wlz)*
**Obertrum** *m (Band)* **carrying run** *(Band)* (of belt)
**Obertrum** *m (Bg/Bergb) (des Kettenförderers)* **upper trough** *adj:n (Bg/Bergb)*
**Obertrumkettenförderer** *m (Bg/Bergb)* **upper-trough chain conveyor** *(Bg/Bergb)*
**Oberwagen** *m (Bahn) (des Güterwagens)* **box body** *(Bahn)* (above top of bogie)
**Oberwagen** *m (Bg/Bergb) (des Bagges)* **uppercarriage** *(Bg/Bergb)*
**Oberwagen** *m (Bg/Bergb) (des Seilbaggers)* **revolving frame** *(Bg/Bergb)*
**Oberwagen** *m (Mech)* **upper frame** *adj:n (Mech)*
**Oberwagensperre** *f (Bg/Bergb) (verhindert Schwenken)* **swing lock** *(Bg/Bergb)*
**Ofen** *m (Bau) (im Haus)* **stove** *(Bau)*
**Ofen** *m (Stb)* **furnace** *(Stb, Hütt/Wlz)* **kiln** *(Bg/Bergb)*
**Ofenanlagen** *pl f (Hütt/Wlz)* **furnaces** *pl (Hütt/Wlz)*
**Ofenbeschickung** *f (Hütt/Wlz)* **furnace charging** *(Hütt/Wlz)*

**Ofengerüst** *nt (Stb) (Hochofen)* **blast furnace framework** *(Stb)*
**Ofenstütze** *f (Stb) (Hochofen)* **blast furnace foundation** *(Stb)*
**Öffnung** *f (Mech) (Mündung)* **mouth** *(Mech)*
**Öffnung** *f (Schw) (der Schweißnaht)* **delamination** *(Schw)*
**Öffnung** *f (Schw, Mech, Mont) (Zwischenraum, Bruch)* **break** *(Mech)* (discontinuity, interruption)
**Öffnung** *f (Stb) (einer Brücke)* **span** *(Stb)* (of a bridge)
**Öffnungsdruck** *m (Hyd/Pneu)* **cracking pressure** *(Hyd/Pneu)*
**Öffnungsweite** *f (Bg/Bergb)* **opening width** *(Bg/Bergb)*
**Öffnungswinkel** *m (Stb)* **angle of Vee** *(Stb)*
**Off-Road-Fahrzeug** *nt (Mech)* **off-road vehicle** *(Mech)*
**Offshore...** *affix (Schiff)* **offshore** *adj (Schiff)*
**Offshore-Kran** *m (Schiff)* **offshore crane** *adj:n (Schiff)*
**Offshore-Technik** *f (Schiff)* **offshore technology** *adj:n (Schiff)*
**Ohmart-Dichtigkeitsmesser** *m* **Ohmart density gauge**
**Ohr** *nt (Mech)* **eye** *(Mech)* **lug** *(Mech)*
**Ökologie/Umwelttechnik** *f (Ökol)* **ecology/ environmental engineering** *(Ökol)*
**Ökosystem** *nt (Allg)* **ecosystem** *(Allg)*
**Öl** *nt (Chem)* **oil** *(Chem)*
**Öl** *nt (Hütt/Wlz) (Heizöl)* **fuel oil** *(Chem)*
**Öl reinigen** Öl reinigen *n:v (Mech)* **filter oil** *n:v (Mech)*
**Öl, abgeblasen** abgeblasenes Öl *adj:n (Hyd/Pneu)* **released oil** *adj:n (Hyd/ Pneu)*
**Öl, legiert** legiertes Öl *adj:n (Mech)* **doped oil** *adj:n (Chem)*
**Öl...** *affix (Mech, Allg)* **oil-immersed** *adj (Mech)*
**Ölablass** *m (Mech)* **oil drain** *(Mech)*
**Ölablasshahn** *m (Hyd/Pneu)* **oil drain cock** *(Hyd/Pneu)*
**Ölablassschraube** *f (Mech, Hyd/Pneu)* **oil drain plug** *(Mech, Hyd/Pneu)*
**Ölabscheider** *m (Mech)* **oil separator** *(Mech)*
**ölabstoßend** *adj (Mech, Anstr)* **oil repellent** *adj (Mech, Anstr)*
**Ölabstreifer** *m (Mech)* **thrower** *(Mech)*
**Ölabstreifring** *m (Mech)* **oil control ring** *(Mech)*
**Ölansaugleitung** *f (Mech)* **oil suction pipe** *(Mech)*
**Ölausfluss** *m (Mech)* **flow outlet** *(Mech)*
**Ölausgleichsvorrichtung** *f (Mech)* **oil make-up device** *(Mech)*
**Ölbad** *nt (Mech)* **oil bath** *(Mech)*
**Ölbadluftfilter** *nt (Mech)* **oil bath air cleaner** *(Mech)*
**Ölbadluftreiniger** *m (Mech)* **oil type air cleaner** *(Mech)*
**Ölbehälter** *m (Hyd/Pneu)* **oil reservoir** *(Hyd/Pneu)* **oil tank** *(Hyd/Pneu)*
**Ölbeheizung** *f (Stb)* **oil-fired heating** *adj:n (Stb)*
**ölbeständig** *adj (Anstr)* **oil-resistant** *adj (Mech, Anstr)*
**Ölbohrung** *f (Mech)* **oil hole** *(Mech)*
**Ölbrenner** *m (Stb)* **oil burner** *(Stb)*
**öldicht** *adj (Mech)* **oilproof** *adj (Mech)*
**Öldichtung** *f (Mech)* **oil seal** *(Mech)*
**Öldruck** *m (Mech, Hyd/Pneu)* **oil pressure** *(Mech, Hyd/Pneu)*
**Öldruckanzeige** *f (Mech)* **oil pressure gauge** *(Mech)*
**Öldruckbremse** *f (Mech, Hyd/Pneu)* **oil-pressure brake** *(Mech, Hyd/Pneu)*
**Öldruckgeber** *m (Mech)* **oil pressure switch** *(Mech)*
**Öldruckkontrolle** *f (Mech)* **oil pressure checking** *(Mech)*
**Öldruckkontrollleuchte** *f (Mech)* **oil pressure indicator lamp** *(Mech)*
**Öldruckmanometer** *nt (Mech)* **oil pressure gauge** *(Mech)*
**Öldruckrohr** *nt (Mech, Hyd/Pneu)* **oil delivery pipe** *(Hyd/Pneu, Mech)*
**Öldruckschalter** *m (Mech)* **oil pressure switch** *(Mech)*
**Öldrucküberwachung** *f (Hyd/Pneu)* **oil pressure control** *(Hyd/Pneu)*
**Öleinfüllpumpe** *f (Hyd/Pneu)* **oil feed pump** *(Hyd/Pneu)*
**Öleinfüllrohr** *nt (Mech)* **oil filler pipe** *(Mech)*
**Öleinfüllsieb** *nt (Mech)* **oil filler screen** *(Mech)*
**Öleinfüllstutzen** *m (Mech)* **oil filler neck** *(Mech)*
**Öleinfüllverschluss** *m (Mech)* **oil filler cap** *(Mech)*

**Öleinlassschraube** *f (Mech)* **plug** *(Hyd, Mech)*
**Öleinspeiseleitung** *f (Mech)* **oil supply tube** *(Mech)*
**ölen** *v (Mech)* **oil** *v (Mech)*
**Öler** *m (Mech) (z.B. Ölkanne)* **oiler** *AE (Mech, Mont)*
**Öler** *m (Mech)* **lubricator** *(Mech)*
**Ölfangblech** *nt (Mech)* **oil baffle** *(Mech)*
**Ölfänger** *m (Mech)* **oil catcher** *(Mech)*
**Ölfangring** *m (Mech)* **oil seal** *(Mech)*
**Ölfarbe** *f (Anstr)* **oil paint** *(Anstr)*
**Ölfeld** *nt (Allg)* **oil field** *(Allg)*
**ölfest** *adj (Mech)* **oil-resistant** *adj (Mech, Anstr)*
**Ölfeuerung** *f (Stb) (Beheizung)* **oil-fired heating** *adj:n (Stb)*
**Ölfilter** *nt (Mech)* **oil filter** *(Mech)*
**Ölfilterelementwechsel** *m (Mech)* **oil filter element changing** *(Mech)*
**Ölfilterkrümmer** *m (Mech)* **oil filter elbow** *(Mech)*
**Ölfilterschlüssel** *m (Werkz)* **oil filter wrench** *(Werkz)*
**ölfrei** *adj (Hütt/Wlz)* **oil-free** *adj (Hütt/Wlz)*
**Ölführung** *f (Mech)* **oil conduit** *(Mech)*
**Ölfüllung** *f (Mech, Chem)* **oil fill** *(Mech, Chem)*
**Ölgalerie** *f (Mech)* **oil passage** *(Mech)*
**ölgefeuert** *adj (Bahn)* **oil-fired** *adj (Bahn)* (e.g. steam loco)
**ölgetränkt** *adj (Mech)* **oil-soaked** *adj (Mech)*
**Ölhydraulik** *f (Hyd/Pneu)* **oil-hydraulics** *(Hyd/Pneu)*
**ölimprägniert** *adj (Mech)* **oil-impregnated** *adj (Mech)*
**ölisoliert** *adj (Mech)* **oil-immersed** *adj (Mech)*
**Ölkanister** *m (Mech)* **oil can** *(Mech)*
**Ölkanne** *f (Mech, Mont) (Vorratsbehälter)* **oil can** *(Mech)*
**Ölkohle entfernen** *n:v (Mech)* **decarbonize** *v (Mech)*
**Ölkohle** *f (Mech)* **oil carbon** *(Mech)*
**Ölkohleablagerung** *f (Mech)* **carbon deposit** *(Bg/Bergb, Mech)*
**Ölkreislauf** *m (Mech, Hyd/Pneu)* **oil circuit** *(Mech, Hyd/Pneu)*
**Ölkühler** *m (Mech) (Schmierstoff)* **lubrication-oil cooler** *(Mech)*
**Ölkühler** *m (Mech)* **oil cooler** *(Mech)*
**Ölkühlerelement** *nt (Mech)* **oil cooler element** *(Mech)*
**Ölkupplung** *f (Mech)* **oil clutch** *(Mech)*
**Öllack** *m (Anstr)* **oil varnish** *(Anstr)*
**Öllamellenbremse** *f (Mech)* **oil disc brake** *(Mech)*
**Ölleitung** *f (Mech)* **oil line** *(Mech)*
**Öllenkkupplung** *f (Hyd/Pneu)* **oil steering pump** *(Hyd/Pneu)*
**Ölmanometer** *nt (Mech)* **oil pressure gauge** *(Mech)*
**Ölmenge** *f (Mech)* **oil volume** *(Mech)*
**Ölmessstab** *m (Mech)* **oil level gauge** *(Mech)*
**Ölmessvorrichtung** *f (Mech)* **oil gauge fitting** *(Mech)*
**Ölmotor** *m (Mech)* **oil engine** *(Mech)*
**Ölnut** *f (Mech)* **oil groove** *(Mech)*
**Ölnute** *f (Mech)* **oil groove** *(Mech)*
**Ölpeilstab** *m (Mech)* **oil dipstick** *(Mech)*
**Ölprobe** *f (Mech)* **oil sample** *(Mech)*
**Ölpumpe** *f (Hyd/Pneu)* **oil pump** *(Hyd/Pneu)*
**Ölpumpendeckel** *m (Mech)* **oil pump cover** *(Mech)*
**Ölpumpengehäuse** *f (Hyd/Pneu, Mech)* **oil pump housing** *(Hyd/Pneu, Mech)*
**Ölpumpensieb** *nt (Mech)* **oil pump screen** *(Mech)*
**Ölregelventil** *nt (Hyd/Pneu)* **oil regulating valve** *(Hyd/Pneu)*
**Ölreiniger** *m (Mech)* **oil cleaner** *(Mech)*
**Ölring** *m (Mech) (Schmierung)* **oiling ring** *(Mech)*
**Ölring** *m (Mech)* **oil ring** *(Mech)*
**Ölrücklauf** *m (Mech)* **oil out** *(Mech)*
**Ölrückstand** *m (Mech)* **oil residue** *(Mech)*
**Ölsand** *m (Geo)* **oil sand** *(Geo)* **tar sand** *(Geo, Bau)*
**Ölsaugleitung** *f (Mech)* **oil suction tube** *(Mech)*
**Ölschauglas** *nt (Mech)* **oil gauge glass** *(Mech)*
**Ölschiefer** *m (Geo)* **oil shale** *(Geo)*
**Ölschlacke** *f (Hütt/Wlz)* **oil slag** *(Hütt/Wlz)*
**Ölschlamm** *m (Bg/Bergb)* **oil sludge** *(Bg/Bergb)*
**Ölschleuderring** *m (Mech)* **oil thrower ring** *(Mech)*
**Ölschmierung** *f (Mech)* **oil lubrication** *(Mech)*
**Ölschraube** *f (Mech)* **oil screw** *(Mech)*

**Ölschutz** *m (Mech) (Fangeinrichtung)* **oil catcher** *(Mech)*
**Ölschutz** *m (Mech) (Leitblech)* **deflector** *(Bg/Bergb, Umschl, Band)*
**Ölschutz** *m (Mech)* **oil guard** *(Mech)*
**Ölseparator** *m (Mech)* **oil separator** *(Mech)*
**Ölsieb** *nt (Mech)* **oil screen** *(Mech)* **oil strainer** *(Mech)*
**Ölsorte** *f (Mech, Allg)* **oil grade** *(Mech, Allg)*
**Ölspanndruck** *m (Mech)* **pre-set oil pressure** *(Mech)*
**Ölspiegel** *m (Hyd/Pneu)* **oil level** *(Mech)*
**Ölstand** *m (Mech)* **oil level** *(Mech)*
**Ölstand prüfen** Ölstand prüfen *n:v (Mech)* **check the oil level** *n:v (Mech)*
**Ölstandsanzeige** *f (Hyd/Pneu)* **oil level gauge** *(Mech)*
**Ölstandsanzeiger** *m (Mech, Hyd/Pneu)* **oil level indicator** *(Mech, Hyd/Pneu)*
**Ölstandsauge** *nt (Mech)* **oil level gauge** *(Mech)*
**Ölstandschmierung** *f (Mech)* **continuous oil lubrication** *adj:n (Mech)*
**Ölstandsfernanzeiger** *m (Mech)* **remote oil level indicator** *adj:n (Mech)*
**Ölstandskontrolle** *f (Mech)* **oil level check** *(Mech)*
**Ölstandskontrollschraube** *f (Mech)* **oil-level check plug** *(Mech)*
**Ölstandsprüfung** *f (Mech)* **oil level check** *(Mech)*
**Ölstandsrohr** *nt (Mech, Hyd/Pneu)* **oil gauge pipe** *(Mech, Hyd/Pneu)*
**Ölstandsschauglas** *nt (Hyd/Pneu)* **oil level gauge** *(Mech)*
**Ölstandsschraube** *f (Mech)* **level plug** *(Mech)* **oil level plug** *(Mech)*
**Ölstandssonde** *f (Mech)* **oil level switch** *(Mech)*
**Ölstandzeiger** *m (Mech)* **oil level indicator** *(Mech, Hyd/Pneu)*
**Ölstoßdämpfer** *m (Mech, Hyd/Pneu)* **oil shock absorber** *(Mech, Hyd/Pneu)*
**Ölstrom** *m (Mech)* **oil flow** *(Mech)*
**Ölsumpf** *m (Mech) (Ölwanne des Motors)* **oil pan** *(Mech)*
**Ölsumpf** *m (Mech)* **oil sump** *(Mech)*
**Öltank** *m (Hyd/Pneu)* **oil reservoir** *(Hyd/Pneu)* **oil tank** *(Hyd/Pneu)*
**Öltank-Grundplatte** *f (Mech)* **oil tank bedplate** *(Mech)*
**Öltasche** *f (Mech) (der Achse)* **oil pocket** *(Mech)*
**Öltauchschmierung** *f (Mech)* **oil splash lubrication** *(Mech)*
**Öltemperatur** *f (Mech)* **oil temperature** *(Mech)*
**Öltemperaturregler** *m (Mech)* **oil thermostat** *(Mech)*
**Ölthermometer** *nt (Mech)* **oil thermometer** *(Mech)*
**Ölüberdruckventil** *nt (Hyd/Pneu)* **oil pressure relief valve** *(Mech)*
**Ölüberströmventil** *nt (Hyd/Pneu)* **oil relief valve** *(Hyd/Pneu)*
**Ölumlaufschmierung** *f (Mech)* **oil circulation lubricating system** *(Mech)*
**Ölumleitventil** *nt (Hyd/Pneu)* **oil by-pass valve** *(Hyd/Pneu)*
**Ölverdünnung** *f (Mech)* **oil dilution** *(Mech)*
**Ölvergütung** *f (Hütt/Wlz, Mech)* **heat treatment in oil** *(Hütt/Wlz, Mech)*
**Ölverschlusspfropfen** *m (Mech, Hyd/Pneu)* **oil fitting cup** *(Mech, Hyd/Pneu)*
**Ölverteiler** *m (Mech)* **oil manifold** *(Mech)*
**Ölvorlauf** *m (Mech)* **forward oil** *(Mech)*
**Ölvorwärmer** *m (Mech) (Heizöl)* **fuel oil heater** *(Mech)*
**Ölwanne** *f (Mech)* **oil pan** *(Mech)*
**Ölwannendichtung** *f (Mech)* **oil pan gasket** *(Mech)*
**Ölwechsel** *m (Mech, Allg)* **oil change** *(Mech)*
**Ölzuführung** *f (Mech) (Ölleitung)* **oil supply** *(Mech)*
**Ölzulauf** *m (Mech) (Ventil, Kappe)* **oil inlet** *(Mech)*
**Ölzündbrenner** *m (Hütt/Wlz)* **lighting-up burner** *(Hütt/Wlz)*
**Ölzusatz** *m (Mech)* **oil additive** *(Mech)*
**Onyx** *m (Geo) (Halbedelstein)* **onyx** *(Geo)*
**optimieren** *v (Allg)* **enhance** *v (Allg)* **optimize** *v (Allg)*
**orbital** *adj (Mech)* **orbital** *adj (Mech)*
**O-Ring** *m (Mech)* **O-ring** *(Mech)*
**O-Ring-Dichtung** *f (Mech)* **O-ring seal** *(Mech)*
**Orsat-Apparat** *m (Hütt/Wlz)* **Orsat gas analyser** *(Hütt/Wlz)*
**Ort** *m (Allg, Mont)* **location** *(Allg)* **place** *(Allg)* **site** *BE (Mech, Mont, Bau)*
**Ortbeton** *m (Bau)* **concrete prepared at site** *(Bau)*

**orten** *v (Allg) (z.B. eine Fehlerquelle)* **localize** *v (Allg)* (e.g. a defect)
**Ortgang-Rippe** *f (Stb)* **gable transom** *(Stb)*
**orthotrop** *adj (Stb)* **orthotropic** *adj (Stb)*
**örtlich** *adj (Allg)* **local** *adj (Mech, Allg)*
**ortsfest** *adj (Mech) (stationär)* **stationary** *adj (Mech, Allg)*
**Ortsgenauigkeit** *f (Allg)* **location accuracy** *(Allg)*
**Ortskurve** *f (Mech) (im Diagramm)* **locus** *(Mech)*
**Ortswechsel** *m (Bg/Bergb)* **relocation** *(Mech)*
**Ortung** *f (Allg)* **orientation** *(Allg)*
**Öse** *f (Mech)* **eye** *(Mech)* **grommet** *(Mech)*
**Ösenhaken** *m (Stb)* **C hook** *(Stb)*
**Ösenstange** *f (Mech)* **eye rod** *(Mech)*
**Ösenzange** *f (Mont)* **eyelet punch** *(Mont)*
**OTK** *m (Bg/Bergb) (Abk)* **upper-trough chain conveyor** *(Bg/Bergb)*
**Ottomotor** *m (Mech)* **Otto-engine** *(Mech)*
**Ovalfeile** *f (Mont, Werkz)* **pippin file** *(Mont, Werkz)*
**ovalflach** *adj (Bahn) (Puffer)* **oval-flat** *adj (Bahn)*
**Ovalradzähler** *m* **oval-wheel meter**
**Ovalstahl** *m (Hütt/Wlz)* **ovals** *pl (Hütt/Wlz)*
**Oxid** *nt (Chem)* **oxide** *(Chem)*
**Oxidation** *f (Anstr)* **oxidation** *(Anstr)*
**Oxidationsmittel** *nt (Anstr)* **oxidizer** *(Anstr)*
**oxidieren** *v (Anstr)* **oxidize** *v (Anstr)*
**Oxigenstahlwerk** *nt (Hütt/Wlz)* **oxygen steel plant** *(Hütt/Wlz)*
**OZG** *(Mech) (Abk)* **upper ignition limit** *adj:n (Mech)* **OIL** *(Mech)* (Abv)

# P

**P.I.V.-Getriebe** *nt (Kfz)* **P.I.V. gearing** *(Mech)*
**Paarung** *f (Mech, Allg)* **match** *(Mech, Allg)*
**Packband** *nt (Mech)* **steel strapping** *(Mech)*
**Packlage** *f (Bau) (der Straße)* **sub-base** *(Bau)* (lowest layer of a road)
**Packstation** *f (Mech)* **packing station** *(Mech)*
**Packung** *f (Allg)* **packing** *(Allg, Mech)* (crating)
**Packung mit Winkelmanschetten** *(Zer)* **chevron packing** *(Zer)*
**Packung, metallisch** metallische Packung *adj:n (Mech)* **metallic packing** *adj:n (Mech)*
**Packungsring** *m (Mech)* **gasket ring** *(Mech)*
**Packwagen** *m (Bahn)* **brake** *(Bahn)* (wagon)
**Paket** *nt (Allg) (z.B. zur Geräuschdämpfung)* **package** *(Allg)*
**Paketverpackung und -verladung** *(Umschl)* **packing and loading of sheets** *(Umschl)*
**Palette** *f (Umschl)* **pallet** *(Mech)*
**Palettenstapler** *m (Mech, Mont)* **pallet stacker** *(Mech, Mont)*
**Palmutter** *f (Mech)* **pal-nut** *(Mech)*
**Panel** *nt (Mech) (Messlehre)* **gauge** *(Mech, Bahn)*
**Panne** *f (Mech) (auch beim Kfz)* **breakdown** *(Mech, Allg)* (e.g. failure of a machine)
**Panne** *f (Mech) (Ausfall)* **failure** *(Mech)* (e.g. of a machine)
**Panzer** *m (Bg/Bergb, Mech) (Ausfütterung des Steinbrechers)* **lining** *(Mech, Stb)* (inside)
**Panzereinlage** *f* **breaker strip** *(Mech)*
**Panzerelektrode** *f (Schw, Mech, Mont)* **hard-facing electrode** *(Schw, Mech, Mont)*
**Panzerförderer** *m (Band)* **drag chain conveyor** *(Band)*
**Panzerglas** *nt (Mech)* **armour plated glass** *adj:n (Mech)*
**Panzerglas** *nt (Bg/Bergb) (für Knäpperarbeit)* **glass for boulder work** *(Bg/Bergb)*
**Panzerglas** *nt (Mech) (z.B. eines Fahrzeuges)* **bullet-proof glass** *(Mech)*
**Panzerkante** *f* **armoured edge** *adj:n (Mech)*
**Panzerkettenförderer** *m (Bg/Bergb)* **armoured chain conveyor** *adj:n (Bg/Bergb)*
**Panzermotor** *m (El)* **iron-clad motor** *adj:n (El)*
**Panzerplatte** *f (Bg/Bergb)* **armoured plate** *adj:n (Bg/Bergb)*
**Panzerschlauch** *m (Mech)* **armoured hose** *adj:n (Mech)*
**Panzerung** *f (Bg/Bergb) (Brecherverkleidung)* **cladding** *(Mont)*

**Panzerung** *f (Zer, Mech) (am Gehäuse)* **liner** *(Zer, Mech)*
**Panzerwanne** *f (Mech)* **crankcase guard** *(Mech)*
**Papier, getränkt** getränktes Papier *adj:n (Mech)* **impregnated paper** *adj:n (Mech)*
**Papierabdichtung** *f (Mech) (am Lagerauge)* **paper seal** *(Mech)* (for transport)
**Papierfilter** *nt (Mech)* **paper filter** *(Mech)*
**Papiervlieselement** *nt (Hyd/Pneu)* **paper element** *(Hyd/Pneu)*
**Parabelfeder** *f (Mech)* **parabel spring** *(Mech)*
**Parabelträger** *m (Stb)* **parabolic truss** *adj:n (Stb)*
**Parallelausgleich** *m (Mech) (der Steinklammer)* **parallel adjustment** *(Mech)* (of block clamp)
**Parallelflanschträger** *m (Stb)* **parallel-flanged beam** *adj:n (Stb)*
**Parallelführung** *f (Bg/Bergb)* **parallel guide** *(Bg/Bergb)*
**Parallelkinematik** *f (Bg/Bergb)* **parallel geometry** *(Bg/Bergb)*
**Parallelschaltung** *f (Hütt/Wlz)* **arrangement in parallel** *(Hütt/Wlz)*
**Parallelschaltung von Zweitoren** *(El)* **parallel connection of two-ports** *(El)*
**Parallelschieber** *m (Hütt/Wlz)* **parallel-slide valve** *(Hütt/Wlz)*
**Parallelträger** *m (Stb)* **parallel-flanged truss** *adj:n (Stb)*
**Parallelversatz** *m (Mech)* **parallel misalignment** *adj:n (Mech)*
**Parkbremsventil** *nt (Mech)* **emergency brake control valve** *(Mech)*
**Parksystem** *nt (Mech, Allg)* **parking system** *(Mech)*
**Partialdruck** *m (Hyd/Pneu)* **partial pressure** *adj:n (Hyd/Pneu)*
**Pascal'sches Gesetz** *(Hyd/Pneu)* **Pascal's Law** *(Hyd/Pneu)*
**Passblech** *nt (Mech)* **shim** *(Mech)*
**Passbohrung** *f (Mech)* **borefit for dowel** *(Mech)*
**Passdorn** *m (Mech, Mont)* **drift** *(Mech, Mont)*
**Passepartout** *nt (Bahn) (Messschablone)* **passe-partout** *(Bahn)*
**Passfähigkeit** *f (Mech)* **adaptability** *(Mech)*
**Passfeder** *f (Mech)* **spring key** *(Mech)*
**Passfeder und Scherstift** *(Bahn) (am Wagon)* **key and pin** *(Bahn)*
**Passfedernut** *f (Mech)* **keyway** *(Mech)*
**Passfläche** *f (Mech)* **fitting surface** *(Mech)*
**Passgenauigkeit** *f (Mech)* **accuracy in fitting** *(Mech)*
**Passhülse** *f (Mech)* **adapter bush** *(Mech)*
**Passkerbstift** *m (Mech, Mont)* **close-tolerance grooved pin** *(Mech, Mont)*
**Passloch** *nt (Mech)* **fitting hole** *(Mech)*
**Passmaß** *nt (Mech)* **dimension** *(Mech)*
**Passpfropfen** *m (Mech)* **adapter plug** *(Mech)*
**Passring** *m (Mech)* **adapter ring** *(Mech)*
**Passscheibe** *f (Mech)* **shim ring** *(Mech)*
**Passschraube** *f (Mech)* **fitting screw** *(Mech)*
**Passschraube, einschnittig** einschnittige Passschraube *adj:n (Mech)* **single shear fitted bolt** *(Mech)*
**Passsitz** *m (Mech)* **press fit** *(Mech)*
**Passstift** *m (Mech)* **fixing pin** *(Mech)*
**Passstift** *m (Mech) (auch Dübel)* **dowel** *(Mech, Mont)*
**Passstück** *nt (Mech) (Adapter)* **adaptor** *BE (Mech)*
**Passstück** *nt (Stb)* **fitting piece** *(Stb)*
**Passtoleranz** *f (Mech)* **fit tolerance** *(Mech)*
**Passung** *f (Mech)* **fitting** *(Mech, Hyd/Pneu)*
**Passungsauswahl** *f (Mech)* **selection of fits** *(Mech)*
**Patentkupplung** *f (Mech)* **patented quick-disconnect coupling** *adj:n (Mech)*
**Patentnietkippen** *pl f (Mech)* **patent rivet snappers** *pl (Mech, Mont)*
**Pausenzeit** *f (Mech, Allg) (Schmieranlage)* **waiting time** *(Mech, Allg)*
**Pechblende** *f (Bg/Bergb)* **pitchblend** *(Bg/Bergb)*
**PECTAL-Rohr** *nt (Form)* **polyethylene-coated pipe** *(Form)*
**Pedal** *nt (Mech)* **pedal** *(Mech)*
**Pedalachse** *f (Mech)* **pedal pivot shaft** *(Mech)*
**Pedalwelle** *f (Mech)* **pedal shaft** *(Mech)*
**Pegel** *m (Allg)* **level** *(Allg)*
**Pegel** *m (Mech) (Lehre)* **gauge** *(Mech, Bahn)*
**Pegelstab** *m (Mech)* **level indicator** *(Kfz)*
**Peilstab** *m (Mech, Hyd/Pneu)* **dipstick** *(Mech, Hyd/Pneu)*

**Peilstableuchte** *f (Mech, El)* **side-marker lamp** *(Mech, El)*
**Peilstange** *f (Mech)* **side marker** *(Mech)*
**Pelletisieranlage** *f (Hütt/Wlz) (Ruß)* **pelletising plant** *(Hütt/Wlz)* (soot)
**Pendelachsabstützung** *f (Bg/Bergb)* **stabilizer of oscillating axle** *(Bg/Bergb)* (jack)
**Pendelachsausschlag** *m (Mech)* **oscillation lock** *(Kfz)*
**Pendelachse** *f (Bg/Bergb) (z.B. des Laders, Graders)* **oscillating axle** *(Bg/Bergb)*
**Pendelanschlag** *m (Bg/Bergb) (der Pendelachse)* **lock** *(Mech, Bg/Bergb)*
**Pendelbalken** *m (Bg/Bergb) (Tandemachse am Grader)* **bogie beam** *(Bg/Bergb, Mech)*
**Pendelbremse** *f (Bg/Bergb) (Greifer)* **grab swing brake** *(Bg/Bergb)*
**Pendelgeber** *m (Bg/Bergb) (Bagger)* **inclinometer** *(Bg/Bergb)* (excavator)
**Pendelkugellager** *nt (Mech)* **self-aligning ball journal bearing** *adj:n (Mech)*
**Pendelkugellager mit Spannhülse** *(Mech)* **self-aligning ball bearing with adapter sleeve** *(Mech)*
**Pendellager** *nt (Mech, Stb)* **self-aligning bearing** *adj:n (Mech)*
**Pendellagerung** *f (Mech) (für die Fahrbahnanpassung)* **oscillating bearing** *(Mech)* (road adjusting)
**Pendelraupe** *f (Bg/Bergb)* **equalizing crawler** *adj:n (Bg/Bergb)*
**Pendelrolle** *f (Band) (einzelne Rolle; beweglich)* **self-aligning idler roll** *adj:n (Band)*
**Pendelrolle mit Seitenführungsrollen** *(Bg/Bergb, Umschl, Zer, Band)* **positive action type training idlers** *pl (Bg/Bergb, Umschl, Zer, Band)*
**Pendelrollenlager** *(Mech)* **self-aligning roller bearing** *adj:n (Mech)*
**Pendelrollensatz** *m (Band) (beweglich)* **self-aligning idler** *adj:n (Band)*
**Pendelrollenstation mit Seitenführungsrollen** *(Bg/Bergb, Umschl, Band) (beweglich)* **positive-action type training idler** *(Bg/Bergb, Umschl, Band)*
**Pendelschurre** *f (Hütt/Wlz)* **traversing chute** *(Hütt/Wlz)*
**Pendelschwingenbrecher** *m (Zer)* **double-toggle jaw crusher** *(Zer)*
**Pendelseite** *f (Umschl, Mech)* **floating side** *(Mech)*
**Pendelstauer** *m (Hütt/Wlz)* **swinging ash cut-off gate** *(Hütt/Wlz)*
**Pendelstauerkasten** *m (Hütt/Wlz)* **rear water-cooled furnace bridge** *(Hütt/Wlz)*
**Pendelstütze** *f (Mech, Stb)* **moving support**
**Pendeltrichter** *m (Umschl)* **splitting chute** *(Umschl)*
**Pendelvolumen** *nt (Hyd/Pneu) (Öl)* **varying oil volume** *adj:n (Hyd/Pneu)*
**Pendelwinker** *m (Mech)* **oscillating direction indicator** *(Mech)*
**Pendelzugbetrieb** *m (Bahn)* **push-pull operation** *(Bahn)*
**Pendelzugstab** *m (Stb)* **pendulum** *(Allg, Stb)*
**Penetrationsversuch** *m (Mech)* **penetration test** *(Mech)*
**Perbunan** *nt (Bg/Bergb) (z.B. in Schläuchen, Krümmern)* **rubber** *(Bg/Bergb)* (perbunane; in hoses, elbows)
**Perforation** *f (Mech, Allg)* **perforation** *(Mech, Allg)*
**Personalabseilgerät** *nt (Bg/Bergb)* **rope-type rescue device** *(Bg/Bergb)*
**Personen- und Güterwagenbremsblatt** *(Bahn)* **carriage and wagon brake information sheet** *(Bahn)*
**Petrolatum** *nt (Geo)* **petroleum jelly** *(Geo, Mech, Chem)*
**PF-Schaltung** *f (Bg/Bergb)* **PD circuit** *(Bg/Bergb)* (parallel travel work)
**Pfahl** *m (Mech)* **pole** *(Mech)*
**Pfanne** *f (Hütt/Wlz) (Gusspfanne)* **ladle** *(Hütt/Wlz)*
**Pfanne** *f (Hütt/Wlz) (Kugelpfanne)* **ball socket** *(Mech, Hütt/Wlz)*
**Pfanne** *f (Mech) (Bandwaage)* **bearing** *(Mech, Stb, Stat)*
**Pfanne für Postamentkopf** *(Mech)* **bearing for pedestal head** *(Mech)*
**Pfannenblech** *nt (Hütt/Wlz)* **pan sheet** *(Hütt/Wlz)* (pan plate, tile plate)
**Pfannenentgasung** *f (Hütt/Wlz)* **ladle degassing** *(Hütt/Wlz)*
**Pfannenofen** *m (Hütt/Wlz)* **ladle furnace** *(Hütt/Wlz)*
**Pfannenrest** *m (Hütt/Wlz)* **skull** *(Hütt/Wlz)*
**Pfannenwagen** *m (Hütt/Wlz, Bahn) (für flüssiges Metall)* **ladle car** *(Bahn, Hütt/Wlz)*

**Pfauenaugenmuster** *nt (Bahn)* **peacock's-tail design** *(Bahn)*
**Pfeilabstreifer** *m (Bg/Bergb, Umschl, Band)* **plow scraper** *(Bg/Bergb, Umschl, Band)*
**Pfeiler** *m (Stb)* **pier** *(Stb)*
**Pfeilhöhe** *f (Stb)* **rise** *(Stb)*
**Pfeilrad** *nt (Mech)* **double helical gear** *(Mech)*
**Pfeilradgetriebe** *nt (Mech)* **herringbone gearing** *(Mech)*
**Pfeilverhältnis** *nt (Stb)* **rise-span ratio** *(Stb)*
**Pfeilverzahnung** *f (Mech)* **herringbone gearing** *(Mech)*
**Pferdestärke** *f (Mech)* **horsepower** *(Mech)*
**Pfette** *f (Bahn) (an Wagonstirnwanddach)* **roof purlin** *(Bahn)*
**Pfetten-Profil** *nt (Stb)* **purlin profile** *(Stb)*
**Pfetten-Übersicht** *f (Stb)* **purlin overview** *(Stb)*
**Pfettenabstand** *m (Stb)* **purlin spacing** *(Stb)*
**Pfettenaufhängung** *f (Stb)* **sag bar** *BE (Stb)*
**Pfettenstrang** *m (Stb) (von Giebel zu Giebel)* **gable to gable purlin** *(Stb)*
**Pfettenwinkel** *m (Stb)* **purlin angle** *(Stb)*
**Pflege** *f (Mech, Allg) (Material- bzw. Werkzeugpflege)* **care for equipment** *(Mech)*
**Pflugabstreifer** *m (Bg/Bergb, Umschl, Band)* **plow-type scraper** *(Bg/Bergb, Umschl, Band)*
**Pfosten** *m (Bau)* **pole** *(Mech)*
**Pfosten** *m (Stb) (eines Rahmentragwerks bzw. Steifrahmens)* **vertical supporting member** *adj:n (Stb)*
**Pfostenfachwerk** *nt (Stb)* **truss** *(Mech, Stb)*
**Pfriem** *m (Mont)* **punch** *(Mech, Mont, Hütt/Wlz)*
**Phosphat** *nt (Geo)* **phosphate** *(Geo)*
**Phosphatierung** *f (Anstr)* **phosphate coating** *(Anstr)*
**Photoelastizität** *f (Phys) (Spannungsoptik)* **photoelasticity** *(Phys)*
**Pickhammer** *m (Mont, Schw, Werkz)* **chipping hammer** *(Mont, Schw, Werkz)*
**Pierzuführungsband** *nt (Band)* **conveyor to quay** *(Band)*
**Pilgerschrittschweißung** *f (Schw)* **step back welding** *(Schw)*
**Pilotanlage** *f (Mech)* **pilot plant** *(Mech, Hütt/Wlz)*
**Pilotpumpe** *f (Mech) (am Lader)* **pilot pump** *(Mech)*
**Pilzsicherung** *f (Mech)* **mushroom-type retainer** *(Mech)*
**Pilzstößel** *m (Mech)* **mushroom tappet** *(Mech)*
**Pinnewärmer** *m (Bahn)* **rivet heater** *(Bahn)*
**Pinole** *f (Form)* **sleeve** *(Mech)*
**Pinsel** *m (Mech, Anstr)* **brush** *(Mech)*
**Pionier** *m (Mont, Werkz)* **pipe vise** *(Mont, Werkz)*
**Pipeline** *f (Hyd/Pneu)* **pipeline** *(Mech, Hyd/Pneu)*
**Pitot-Messung** *f (Hütt/Wlz)* **flow traverse** *(Hütt/Wlz)*
**Pitotrohr** *nt (Hütt/Wlz)* **pitot tube** *(Hütt/Wlz)*
**PIV-Getriebe** *nt (Hütt/Wlz)* **positive-infinitely variable gear box** *(Hütt/Wlz)*
**Pladur** *nt (Hütt/Wlz) (bandlackiertes Feinblech)* **pladur** *(Hütt/Wlz)* (prepainted sheet steel)
**Plan** *m (Mech) (Pause, Arbeitsblatt)* **blueprint** *(Mech)*
**Plan** *m (Mech) (Zeichnung)* **scheme** *(Mech, Allg)*
**Plane** *f (Mech) (aus Segeltuch)* **canvas** *(Mech, Allg)*
**Plane** *f (Mech, Allg)* **tarpaulin** *(Mech)*
**Planetenachse** *f (Mech)* **planetary axle** *(Mech)*
**Planetenantrieb** *m (Mech)* **planetary drive** *(Mech)*
**Planetenendstufe** *f (Mech)* **planetary hub** *(Mech)*
**Planetengetriebe** *nt (Mech)* **planetary gear unit** *(Mech)*
**Planetenrad** *nt (Mech)* **pinion** *(Mech)*
**Planetenradträger** *m (Mech)* **planet carrier** *(Mech)*
**Planetenradwelle** *f (Mech)* **pinion shaft** *(Mech)*
**Planetensatz** *m (Mech)* **planet gear train** *(Mech)*
**Planetenstufe** *f (Mech)* **planetary stage** *(Mech)*
**Planetenträger** *m (Mech)* **planet carrier** *(Mech)*
**Planetenuntersetzung** *f (Mech) (im Lader)* **planetary reduction** *(Mech)* (on loaders)

**Planfläche** *f (Mech, Mont) (Drehen)* **face** *(Mech)*
**Planier- und Ladegeräte** *(Umschl, Bg/Bergb)* **levelling and loading machines** *(Umschl, Bg/Bergb)*
**Planierarbeiten** *pl f (Bg/Bergb) (am Boden)* **levelling work** *(Bg/Bergb)*
**Planierarbeiten** *pl f (Bg/Bergb) (z.B. an der Böschung)* **grading work** *(Mont, Bg/Bergb)*
**Planiereinrichtung** *f (Bau)* **bulldozer** *(Mont, Bau, Mech)*
**Planieren** *nt (Stb) (Glätten)* **roll flattening** *(Mech, Stb)*
**Planiergenauigkeit** *f (Bg/Bergb)* **accuracy in levelling** *(Bg/Bergb)*
**Planiergerät** *nt (Bg/Bergb)* **dozer** *(Bg/Bergb)*
**Planierlöffel** *m (Bg/Bergb)* **levelling bucket** *(Bg/Bergb)*
**Planierraupe** *f (Mont, Bau)* **bulldozer** *(Mont, Bau, Mech)*
**Planierschild** *nt (Bg/Bergb)* **dozer blade** *(Bg/Bergb)*
**Planierschildabstützung** *f (Bg/Bergb)* **dozer blade stabilizer** *(Bg/Bergb)*
**Planierungsarbeiten** *pl f (Mont, Bg/Bergb)* **grading work** *(Mont, Bg/Bergb)*
**Planlaufabweichung** *f (Mech) (Gegenflansch Gelenkwelle)* **side runout** *(Mech)*
**Planrad** *nt (Mech)* **crown wheel** *(Mech)*
**Planrolle** *f (Bg/Bergb)* **non-troughed idler roll** *adj:n (Bg/Bergb)*
**Planrollenstation** *f (Bg/Bergb)* **non-troughed idler** *adj:n (Bg/Bergb)*
**Planrost** *m (Hütt/Wlz)* **stationary grate** *adj:n (Hütt/Wlz)*
**Planrostkessel** *m (Hütt/Wlz)* **boiler with stationary grate** *(Hütt/Wlz)*
**Planscheibe** *f (Mech)* **surface plant** *(Mech)*
**Planschverlust** *m (Mech) (bez. Getriebewirkungsgrad / Ölschmierung)* **splashing loss** *(Mech)*
**Planum** *nt (Bg/Bergb) (Raupenplanum)* **crawler level** *(Bg/Bergb)*
**Planum** *nt (Bg/Bergb, Umschl)* **ground line** *(Stb, Bg/Bergb)*
**Planum herstellen** Planum herstellen *n:v (Mech, Allg)* **grade** *v (Mech, Mont)*
**Planumsgüte** *f (Bg/Bergb)* **quality of the level** *(Bg/Bergb)*
**Planung** *f (Mech) (Bauentwurf)* **design** *(Mech, Allg)* (planning)
**Planung** *f (Mech, Allg)* **project work** *(Mech, Allg)*
**Planungsunterlagen** *pl f (Mech, Allg)* **project information** *(Mech, Allg)*
**Planwagen** *m (Mech)* **covered wagon** *adj:n (Mech)*
**Planwerke für Versorgungswirtschaft** *(Stb)* **plans for public supplies** *(Stb)*
**Plasma-Metall-Schutzgasschweißen** *nt (Schw)* **plasma-MIG-welding** *(Schw)*
**Plastifizierung** *f (Bau)* **plasticizing** *(Bau)*
**Plastik** *nt (Mech)* **plastic** *(Mech)*
**Plastik-Bodenplatte** *f (Bg/Bergb)* **plastic trackpad** *(Bg/Bergb)* (swamp pad)
**Plastikfolie** *f (Mech)* **durable sheet material** *(Mech)*
**Plastikschlauch** *m (Mech)* **plastic hose** *(Mech)*
**Plastizität** *f (Mech, Hütt/Wlz)* **plasticity** *(Hütt/Wlz)*
**Plastizitätsberechnung** *f (Stb) (Lastverformung)* **plastic design** *(Stb)*
**Plastizitätsgrenze** *f (Phys) (bei bindigen Böden)* **plastic limit** *(Phys)*
**Plastizitätszahl** *f (Stb)* **shape factor** *(Hütt/Wlz, Stb)*
**Platal** *(Hütt/Wlz) (kunststoffbeschichtetes Feinblech)* **Platal** *(Hütt/Wlz)* (plastic-coated sheet steel)
**Platte** *f (Mech) (z.B. der Kette)* **track pad** *(Bg/Bergb, Mech)*
**Platte** *f (Stb)* **plate** *(Hütt/Wlz)*
**Platte, orthotrop** orthotrope Platte *adj:n (Stb)* **orthotropic plate** *adj:n (Stb)*
**Platte, selbsttragend** selbsttragende Platte *adj:n (Mech, Stb)* **self-supporting plate** *adj:n (Mech, Stb)*
**Platte, verschiebbar** verschiebbare Platte *adj:n (Mech, Stb)* **sliding bed** *(Stb, Mech)*
**Platten-Luvo** *m (Hütt/Wlz)* **plate air heater** *(Hütt/Wlz)*
**Plattenband** *nt (Umschl, Band, Zer)* **apron conveyor** *(Umschl, Band, Zer)*
**Plattenbandantrieb** *m (Umschl, Zer, Band) (im Brecher)* **apron feeder drive** *(Umschl, Band, Zer)*
**Plattenbandsegment** *nt (Zer)* **apron pan** *(Zer)*
**Plattenbandstrang** *m (Zer) (Kettenstrang)* **chain strand** *(Mech)*

**Plattenbandverschiebung** *f (Zer)* **apron feeder shifting equipment** *(Zer)*
**Plattenbandzelle** *f (Zer)* **apron pan** *(Zer)*
**Plattenbreite** *f (Mech)* **width of flange** *(Mech)*
**Plattendurchlässigkeit** *f (Hütt/Wlz)* **plate transmittance** *(Hütt/Wlz)*
**Plattenreparatur** *f (Mech)* **plate repair** *(Mech)*
**Plattenträger** *m (Hütt/Wlz) (Schieber)* **disc carrier** *(Hütt/Wlz)* (gate valve)
**Plattform** *f (Mech, Mont)* **platform** *(Mech)*
**Plattformträger** *m (Mech, Mont)* **platform base** *(Mech, Mont)*
**Plattierung** *f (Bg/Bergb)* **plating** *(Mech, Bg/Bergb)*
**Plattierungsblech** *nt (Mech)* **clad plate** *(Mech)*
**Platz** *m (Mech, Allg)* **space** *(Allg, Mech, Bau)*
**Platzbedarf** *m (Hütt/Wlz)* **required building space** *adj:n (Bau)*
**Platzbelader** *m (Umschl) (für Mineral auf Halde)* **boom stacker** *(Umschl)*
**Platzmangel** *m (Mech, Allg)* **space restriction** *(Mech, Allg)*
**Platzverhältnis** *nt (Mech, Allg)* **available space** *adj:n (Mech, Allg)*
**Pleuel** *nt (Mech)* **connecting rod** *(Kfz)*
**Pleuelbuchse** *f (Mech)* **small-end bushing** *(Mech)*
**Pleueldeckel** *m (Mech)* **connecting rod bearing cap** *(Mech)*
**Pleuellager** *nt (Mech)* **connecting rod bearing** *(Mech)*
**Pleuelmutter** *f (Mech)* **connecting rod nut** *(Mech)*
**Pleuelschaft** *m (Mech)* **connecting rod shank** *(Mech)*
**Pleuelschraube** *f (Mech)* **connecting rod bolt** *(Mech)*
**Pleuelstange** *f (Mech)* **rod** *(Stb, Mech)*
**Plexiglas-Eichnorm** *f (Form)* **perspex** *(Form)* (plexiglass-reference stand)
**Plexiglas-Einsatz** *m (Form)* **perspex insert** *(Form)*
**Plexiglas-Sohle** *f (Form)* **perspex sole** *(Form)*
**Plunger** *m (Mech) (Schwimmer)* **plunger** *(El, Mech, Bahn)*
**Plus- und Minustoleranzen** *(Hütt/Wlz)* **plus and minus limits** *(Hütt/Wlz)*
**Plus-Anzeige** *f (Hütt/Wlz)* **plus value** *(Hütt/Wlz)*
**Ply-Zahl** *f (Mech)* **ply rating** *(Mech)*
**PMS-Tester** *m (Bg/Bergb)* **PMS tester** *(Bg/Bergb)* (for plump managing system)
**Pneufahrwerk** *nt (Bg/Bergb)* **pneumatically tyred travelling mechanism** *adj:n AE (Bg/Bergb)*
**Pneumatik** *f (Hyd/Pneu)* **pneumatics** *(Hyd/Pneu)*
**Pneumatik- und Hydraulikzylinder** *(Mech)* **pneumatic and hydraulic cylinder** *(Mech)*
**Pneumatik-Zylinder** *m (Hyd/Pneu, Mech)* **pneumatic cylinder** *adj:n (Mech, Pneu)*
**Pneumatikschrank** *m (Hyd/Pneu, Mech)* **pneumatic-system cabinet** *(Hyd/Pneu, Mech)*
**Pocherschuh** *m* **stamp shoe**
**Podestbeleuchtung** *f (Bg/Bergb) (im Fahrerhaus)* **spotlights in base plate module** *(Bg/Bergb)*
**Podestplatte** *f (Bg/Bergb) (Fußboden im Fahrerhaus)* **base plate** *(Mech, Bg/Bergb, Bahn)*
**poissonsche Zahl** *(Stb)* **Poisson's ratio** *(Stb)*
**Polarisation** *f (Form)* **polarisation** *(Form)*
**Politur** *f (Anstr)* **polish** *(Anstr)*
**Poller** *m (Stb)* **bollard** *(Stb)*
**Polrad** *nt (Mech)* **pole wheel** *(Mech)*
**Polster** *nt (Bahn) (z.B. Holzbalken auf Schienen)* **dunnage** *(Bahn)* (ties on rail to hold wagon)
**Polster** *nt (Mech, Allg) (Kissen, Dämmstoff)* **cushion** *(Mech, Allg)*
**Polsterrolle** *f* **cushion roller**
**Polsterung** *f (Mech)* **padding** *(Mech)*
**Pontonbrücke** *f* **pontoon bridge** *(Stb)*
**Pool-Rinne** *f (Stb) (zum Ablassen des Pools)* **pool groove** *(Stb)* (on furnace)
**Pore** *f (Hütt/Wlz)* **pore** *(Hütt/Wlz)*
**Porenanteil** *m (Geo, Mech) (Hohlraumgehalt)* **voids ratio** *(Geo, Mech)*
**Porennest** *nt (Schw)* **cluster of pores** *(Schw)* (pore pocket)
**Porenrest** *m* **pore cluster**
**Porenziffer** *f (Geo, Mech) (Hohlraumgehalt)* **percentages of voids** *(Geo, Mech)*
**Porosität, sichtbar** sichtbare Porosität *adj:n* **apparent porosity** *adj:n*
**Portal** *nt (Umschl)* **gantry** *(Umschl)*

**Portalachse** *f (Mech)* **portal axle** *(Mech)*
**Portalbein** *nt (Umschl) (Festseite)* **gantry leg** *(Umschl)*
**Portalbein** *nt (Umschl) (Losseite)* **shear leg** *(Mech)*
**Portalfahrzeug** *nt (Umschl)* **straddle loader** *(Umschl)*
**Portalkran** *m (Umschl)* **gantry crane**
**Portalkratzer** *m (Umschl)* **portal scraper** *(Umschl)*
**Portalradsatzdrehmaschine** *f (Umschl)* **portal-type wheel lathe** *(Umschl)*
**Portalrahmen** *m (Stb)* **frame** *(Stb)* (portal)
**Portalverband** *m (Stb)* **portal bracing** *(Stb)*
**Porzellan** *nt (Geo)* **porcelain** *(Geo)*
**Porzellanerde** *f (Geo)* **kaolin** *(Geo)*
**Porzellanprüfkopf** *m (Geo)* **porcelain testing probe** *(Geo)*
**Position, fest** feste Position *adj:n (Mech) (z.B. an einem Gerät)* **fixed position** *adj:n (Mech)* (e.g. on machine)
**Positionieren** *nt (Hütt/Wlz) (Einzelteile auf Stahlplatte)* **nesting** *(Hütt/Wlz)* (for economic flame-cutting)
**Positionierung** *f (Mech, Allg)* **location** *(Allg)*
**PPI-Maße** *pl nt (Bahn)* **PPI gauge** *(Bahn)* (load on freight cars)
**Präcalcinierung** *f (Bg/Bergb)* **precalcination** *(Bg/Bergb)*
**Prall** *m (Form) (Aufprall)* **impact** *(Mech, Allg)*
**Prallband** *nt (Band)* **impact belt** *(Band)*
**Prallblech** *nt (Bg/Bergb, Umschl, Band)* **deflector plate** *(Bg/Bergb, Umschl, Band)*
**Prallblech im Tank** *(Mech)* **tank baffle** *(Mech)*
**Prallbrecher** *m (Zer)* **impact crusher** *(Zer)*
**Prallhammer** *m (Mont)* **test hammer instrument** *(Mont)*
**Prallmühle** *f (Zer)* **impact mill**
**Prallrost** *m (Zer)* **impact grate**
**Prallschürze** *f (Bg/Bergb, Umschl, Band)* **baffle plate** *(Bg/Bergb, Band, Umschl)*
**Prallschürzenfederung** *f (Bg/Bergb, Umschl, Zer)* **resilient baffle mounting** *adj:n (Bg/Bergb, Umschl, Zer)*
**Prallschürzenhalterung** *f (Mech)* **baffle holder** *(Mech)*
**Prallspalter** *m (Zer)* **impactor** *(Zer)*
**Pralltrommel** *f (Zer)* **baffle drum**
**Prallwand** *f* **impact wall**
**Präparat** *nt (Bunkerstandsanzeiger)* **source** (bin level indicator)
**Pratze** *f (Lasthaken)* **claw** *(Mech)*
**Pratze** *f (Bg/Bergb) (Ausleger)* **outrigger** *(Bahn, Bg/Bergb)*
**Pratzenabstützung** *f (Bg/Bergb)* **outrigger stabilizers** *pl (Bg/Bergb)*
**Präzisions-Axial-Radial-Rollenlager** *nt (Mech)* **axial-radial precision roller bearing** *(Mech)*
**Präzisionslager** *nt (Mech)* **precision bearing** *(Mech)*
**Präzisionsstahlrohr** *nt (Hütt/Wlz)* **precision steel pipe** *(Hütt/Wlz)*
**Prellbock** *m (Mech)* **buffer block** *(Mech, Umschl)*
**Prellvorrichtung** *f (Mech)* **pad** *(Mech)*
**Pressballen** *m (Mech)* **compressed bale** *adj:n (Mech)*
**Pressbau** *m (Hütt/Wlz) (Sammlerbau)* **header shop** *(Hütt/Wlz)*
**Pressbolzenschweißung** *f (Schw, Mech, Mont)* **stud welding** *(Schw)*
**Pressdruck** *m* **pressing power** *(Hyd/Pneu)*
**Presse** *f (Mech, Mont)* **power press** *(Mech, Mont)*
**Presse, hydraulisch** hydraulische Presse *adj:n (Hyd/Pneu)* **hydraulic press** *adj:n (Mech, Hyd/Pneu)*
**Pressenrahmen** *m (Mech)* **press frame** *(Mech)*
**Presskraft** *f (Mech) (der Abkantpresse)* **press power** *(Mech)* (pressing power)
**Pressluft** *f (Hyd/Pneu)* **compressed air** *adj:n (Hyd/Pneu)*
**Pressluftaggregat zum Anlassen** *(Dieselgenerator)* **starting air bottle** (diesel generator)
**Presslufthammer** *m (Werkz, Hyd/Pneu)* **pneumatic breaker** *adj:n (Werkz, Hyd/Pneu)*
**Pressluftmeißel** *m (Werkz, Hyd/Pneu)* **pneumatic chisel** *adj:n (Werkz, Hyd/Pneu)*
**Pressluftnietung** *f (Stb, Hyd/Pneu)* **pneumatic riveting** *adj:n (Stb, Hyd/Pneu)*
**Pressluftschießvorrichtung** *f (Hütt/Wlz) (für Bunker)* **pneumatic coal anti-bridging device** *(Hütt/Wlz)*

**Pressmetall** *n* **pressed metal** *adj:n (Mech)*
**Pressplatte** *f (Zer) (Backenbrecher)* **check plate** *(Zer, Mech)*
**Pressschweißen** *nt (Schw)* **pressure welding** *(Schw)*
**Pressschweißgitter** *n* **welded wedge wire covering** *adj:n (Mech)*
**Presssitz** *m (mit Übermaß)* **interference fit**
**Presssitz** *m (Mech)* **press fit** *(Mech)*
**Pressstahlkörper** *m (Hütt/Wlz)* **pressed-steel body** *(Hütt/Wlz)*
**Pressstahlrahmen** *m (Hütt/Wlz)* **pressed steel frame** *adj:n (Hütt/Wlz)*
**Pressteil** *nt (Bahn)* **pressing** *(Bahn)*
**Pressung** *f (Schw, Mech, Mont) (bei Druck)* **unit stress** *(Schw, Mech, Mont, Stat)*
**Pressung** *f (Stat)* **compression** *(Stat, Mech)*
**Pressverband** *m* **press fit assembly**
**Presszylinder** *m (Mech)* **jack cylinder**
**Primärantrieb** *m (Mech)* **prime mover** *(Mech)*
**Primärdruck** *m (Mech)* **primary relief** *adj:n (Mech)*
**Primärkammer** *f (Hütt/Wlz, Mech)* **primary chamber** *adj:n (Hütt/Wlz)*
**Primärluft** *f (Hütt/Wlz)* **carrying air** *(Hütt/Wlz)*
**Primärschraubenfederung** *f (Mech)* **primary spring suspension** *adj:n (Mech)*
**Prinzipschema** *nt (Hütt/Wlz)* **basic scheme** *adj:n (Hütt/Wlz)*
**Prisma** *nt (Mech)* **prism** *(Mech)*
**Prisma und Stempel** *(Form) (zum Biegen)* **punch and die** *(Form)*
**Prismenerhalterung** *f (Mech)* **prism holder** *(Mech)*
**Prismenführung** *f (Form)* **prismatic guide** *adj:n (Form)*
**Prismenrolle** *f (Form)* **tapered roll** *adj:n (Form)*
**Prismenstab** *m (Stb)* **prismatic member** *adj:n (Stb)*
**Pritsche** *f (Mech) (Kabel)* **cable rack** *(Mech)*
**Pritschentrosse** *f (Mech) (Kabel)* **cable carrier wire rope** *(Mech)*
**Probe** *f (Mech) (Musterstück)* **specimen** *(Mech, Hütt/Wlz, Allg)*
**Probe** *f (Mech, Allg)* **test** *(Mech, Allg)*
**Probe, ungestört** ungestörte Probe *adj:n (Bau)* **undisturbed sample** *adj:n (Bau)*
**Probeabguss** *m (Hütt/Wlz, Mech)* **sample casting** *(Hütt/Wlz, Mech)*
**Probebelastung** *f (Mech)* **test load** *(Stb)*
**Probebetrieb** *m (Mech)* **test run** *(Mech)*
**Probeentnahme** *f (Stb)* **sampling** *(Stb)*
**Probeentnahmestation** *f (Bg/Bergb)* **sample extraction station** *(Bg/Bergb)*
**Probefahrt** *f (Bahn) (z.B. eines neuen Wagons)* **trial trip** *(Bahn)*
**Probekörper** *m (Stb, Mech)* **test specimen** *(Mech, Hütt/Wlz)*
**Probelauf** *m (Bahn) (nicht unter Last)* **dry run** *(Bahn, Mech)* (not under load)
**Probelauf** *m (Hütt/Wlz)* **pre-commissioning check** *(Hütt/Wlz)*
**Probelauf** *m (Mech) (nach Reparatur)* **test run** *(Mech)*
**Probelaufergebnis** *nt (Mech) (nach Testlauf)* **trial evaluation** *(Kfz)*
**Probenehmer** *m (Hütt/Wlz)* **sampler** *(Hütt/Wlz)*
**Probenehmersammelband** *nt (Band)* **sampler collecting belt**
**Probenform** *f (Mech)* **shape of sample** *(Mech)*
**Probestab** *m (Stb, Mech)* **test bar** *(Stb)*
**Probestück** *nt (Hütt/Wlz)* **sample** *(Allg, Hütt/Wlz)*
**Probezeit** *f (Mech) (z.B. für Material)* **testing period** *(Mech)* (trial period)
**Probierhahn** *m (Mech)* **sample cock** *(Mech)*
**Produktionsablauf** *m (Mech)* **production process** *(Mech, Allg)*
**Produktionsanlagen** *pl f (Mech) (Fabrik)* **manufacturing equipment** *(Mech)*
**Produktionsgebiet** *nt (Mech, Allg)* **area of production** *(Mech, Allg)*
**Profil** *nt (Mech, Mont)* **section** *(Mech, Stb)*
**Profil** *nt (Mech) (eines Reifens)* **tread** *(Mech)* (of a wheel)
**Profil, stranggepresst** stranggepresstes Profil *adj:n (Hütt/Wlz)* **extruded section** *adj:n (Hütt/Wlz)*
**Profil, zusammengesetzt** zusammengesetztes Profil *adj:n (Stb)* **compound section** *(Mech, Stb)*
**Profilachse** *f (Mech)* **extruding axis** *(Mech)*

**Profilbezugslinie** *f (Mech)* **profile reference line** *(Mech)*
**Profilborste** *f (Mech, Mont)* **profile bristle** *(Mech)*
**Profildichtung** *f (Mech)* **sealing section** *(Mech)*
**Profildraht** *m (Mech)* **wedge wire** *(Mech)*
**Profilgreifer** *m (Bg/Bergb)* **profile grab** *(Bg/Bergb)*
**Profilgummi** *nt (Mech)* **rubber section** *(Mech)*
**Profilhöhe** *f (Stb)* **depth of section** *(Stb)*
**Profilkonstruktion** *f (Mech, Stb)* **sections** *pl (Hütt/Wlz, Stb)*
**Profillehre** *f (Mech)* **camberboard** *(Mech)*
**Profillöffel** *m (Bg/Bergb)* **profile bucket** *(Bg/Bergb)*
**Profilnabe** *f (Mech)* **hub** *(Mech)*
**Profilrohr** *nt (Mech)* **section tube** *(Mech)*
**Profilschelle** *f (Mech)* **profile clamp** *(Mech)*
**Profilschere** *f (Stb)* **section shears** *pl (Stb)*
**Profilschleifen** *n* **profile grinding** *(Mech, Mont)*
**Profilstahl** *m (Hütt/Wlz, Mech)* **sectional steel** *(Hütt/Wlz, Stb)*
**Profilstraße** *f (Hütt/Wlz)* **section mill** *(Hütt/Wlz)*
**Profilträger** *m (Bau, Stb, Hütt/Wlz)* **rolled beam** *adj:n (Hütt/Wlz)*
**Profilüberdeckung** *f* **transverse contact ratio**
**Profilverschiebung** *(Stb)* **off-set profiling** *(Mech)*
**Profilverschiebung** *f (Mech) (am Zahnrad)* **addendum modification** *(Mech)*
**Profilverzahnung** *f (Mech)* **spline** *(Mech, Mont)*
**Progressivring** *m (Hyd/Pneu, Mech)* **progressive ring** *adj:n (Hyd/Pneu, Mech)*
**Progressivverteiler** *m (El) (Schmieranlage)* **progressive manifold** *adj:n (Mech)*
**Projektierung** *f (Mech)* **project work** *(Mech, Allg)*
**Projektierung, maßgetreu** maßgetreue Projektierung *adj:n (Allg)* **planning accurate to dimension** *(Allg)*
**Projektionsabstand** *m (Mech)* **projection distance** *(Mech)*
**Projektorsockel** *m (Mech)* **projector-base** *(Mech)*
**Projektzeichnung** *f (Mech)* **proposal layout drawing** *(Mech)*
**Prop-Ventil** *nt (Hyd/Pneu, Mech) (Kolben wird magnetisch bewegt)* **prop valve** *(Hyd/Pneu, Mech)* (magnet moves hydraulic piston)
**Propfenschweißung** *f (Schw)* **plug weld** *(Schw)*
**Proportional-Druckbegrenzungsventil** *nt (Hyd/Pneu)* **proportional pressure relief valve** *adj:n (Hyd/Pneu)*
**Proportional-Druckregelventil** *nt (Hyd/Pneu)* **proportional pressure control valve** *adj:n (Hyd/Pneu)*
**Proportional-Wegeventil** *nt (Hyd/Pneu)* **directional proportional valve** *(Hyd/Pneu)*
**Proportionalität** *f (Stb)* **proportionality** *(Stb)*
**Proportionalitätsgrenze** *f (Stb)* **limit of proportionality** *(Stb)*
**Proportionalmagnet** *m (Hyd/Pneu)* **proportional solenoid** *adj:n (Hyd/Pneu)*
**Proportionalregler** *m (Hyd/Pneu)* **proportional controller** *adj:n (Hyd/Pneu)*
**Proportionalstab** *m (Stb)* **proportionality bar** *(Stb)*
**Proportionalventil** *nt (Hyd/Pneu)* **proportional valve** *adj:n (Hyd/Pneu)*
**Protokolldrucker** *m (Mech)* **recording printer** *(El)*
**Prototypwagen** *m (Bahn)* **prototype wagon** *(Bahn)*
**Protuberanz** *f (Hütt/Wlz) (Ausstülpung)* **protuberance** *(Hütt/Wlz)*
**Protuberanzfräser** *m (Mech, Mont)* **protuberance rotary grinder** *(Mech, Mont)*
**Prozentsatz an Feinkorn** *(Hütt/Wlz)* **fines content** *(Bau, Hütt/Wlz)*
**Prozessindustrie** *f (Allg) (Textil, Papier)* **process industry** *(Allg)* (paper, textiles)
**Prozesswasser** *nt (Mech) (für Laborversuche)* **process water** *(Mech)*
**Prüf- und Steuereinrichtung** *(Mech, El)* **mechanical rig and control unit** *(Mech, El)*
**Prüfablauf** *m (Mech) (Testreihenfolge)* **test procedure** *(Mech)*
**Prüfanlage** *f (Mech) (Geräte)* **test installation** *(Mech)*
**Prüfanlage** *f (Mech) (Stand)* **test stand** *(Mech)*

**Prüfanschlussflansch** *m (Mech)* **steel testing flange** *(Mech)*
**Prüfanschlusskasten** *m (El, Mech)* **probe cable connection box** *(El, Mech)*
**Prüfaufgabe** *f (Mech)* **test assignment** *(Mech)* (test requirements)
**Prüfbedingung** *f (Mech)* **test condition** *(Mech)*
**Prüfbereich** *m (Mech)* **test range** *(Mech)*
**Prüfbericht** *m (Mech) (Inspektion)* **inspection report** *(Allg)*
**Prüfbericht** *m (Mech) (Test, Untersuchung)* **test report** *(Mech)*
**Prüfbescheinigung** *f (Mech)* **compliance test certificate** *(Mech)*
**Prüfblatt** *nt (Mech)* **test sheet** *(Allg, Mech)*
**Prüfblock** *m (Mech)* **rotating scanning head** *(Mech)*
**Prüfblock** *m (Mech) (Körper)* **test block** *(Mech)*
**Prüfblockumlauf** *m (Mech)* **probe block rotation** *(Mech)*
**Prüfdichte** *f (Mech)* **scanning density** *(Mech)*
**Prüfebene** *f (Mech)* **testing level** *(Mech)*
**Prüfeinrichtung** *f (Mech, Stb)* **testing apparatus** *(Mech, Stb)*
**Prüfempfindlichkeit** *f (Mech)* **test sensitivity** *(Mech)*
**Prüfen des Wasserstandes** *(Hütt/Wlz)* **checking of the water level** *(Hütt/Wlz)*
**Prüfergebnis** *nt (Mech, Allg)* **test result** *(Mech, Allg)*
**Prüfgenauigkeit** *f (Mech)* **testing accuracy** *(Mech)*
**Prüfgeschwindigkeit** *f (Mech)* **test speed** *(Mech)*
**Prüfgewicht** *n* **calibrating weight**
**Prüfhahn zum Wasserstandsanzeiger** *(Bahn)* **test cock of the water gauge** *(Bahn)*
**Prüfkopf, angepasst** angepasster Prüfkopf *adj:n (Schw)* **shaped probe** *adj:n (Schw)*
**Prüfkopf, ungedämpft** ungedämpfter Prüfkopf *adj:n (Schw)* **undamped probe** *adj:n (Schw)*
**Prüfkopf-Einstellwinkel** *m (Schw)* **angle between probes** *(Schw)*
**Prüfkopf-Führungseinrichtung** *f (Schw)* **probe mount** *(Schw)*
**Prüfkopf-Haltebügel** *m (Schw)* **probe clip** *(Schw)*
**Prüfkopf-Halterung** *f (Schw)* **probe holder** *(Schw)*
**Prüfkopf-Klammer** *f (Schw)* **probe clamp** *(Schw)*
**Prüfkopf-Klemmring** *m (El)* **probe clamping ring** *(El)*
**Prüfkopf-Schuh** *m (Schw)* **probe shoe** *(El, Schw)*
**Prüfkopf-Schutz** *m (El)* **probe shoe** *(El, Schw)*
**Prüfkopfanpasser** *m (Schw)* **probe adapter** *(Schw)*
**Prüfkopfbewegung** *f (Schw)* **probe motion** *(Schw)*
**Prüfkopfdurchmesser** *m (Schw)* **probe diameter** *(Schw)*
**Prüfkopfhalter-Aufnahme** *f (Schw)* **probe holder receptable** *(Schw)*
**Prüfkörper** *m (Mech)* **reference block** *(Schw, Mech)*
**Prüflast** *f (Stb)* **proof load** *(Stb)*
**Prüflehre** *f (Mech)* **master gauge** *(Mech)*
**Prüfleiste** *f (Mech)* **socket panel** *(Form)*
**Prüfleistung** *f (Mech)* **testing efficiency** *(Mech)*
**Prüfling** *m (Hütt/Wlz) (Prüfmusterstück)* **specimen** *(Mech, Hütt/Wlz, Allg)*
**Prüflingsende** *nt (Hütt/Wlz)* **tail end** *(Hütt/Wlz)*
**Prüflingsvorschub** *m (Hütt/Wlz)* **specimen advance** *(Hütt/Wlz)*
**Prüfliste** *f (Mech)* **check list** *(Mech)*
**Prüfmaschine** *f (Mech)* **test machine** *(Mech)*
**Prüfmaschine, zerstörungsfrei** zerstörungsfreie Prüfmaschine *adj:n (Mech)* **NDT-testing line** *(Mech)*
**Prüfmaß** *nt (Mech)* **test dimension** *(Mech)*
**Prüfmaß über Rollen** *(Mech)* **test dimension over rolleres** *(Mech)*
**Prüfplakette** *f (Mech)* **test mark** *(Mech)*
**Prüfprotokoll** *nt (Hütt/Wlz)* **testing record** *(Hütt/Wlz)*
**Prüfraster** *nt (El)* **shim** *(El, Schw)* (X-ray)
**Prüfschärfe** *f (Hütt/Wlz)* **rigidity of test** *(Hütt/Wlz)*
**Prüfsicherheit** *f (Hütt/Wlz)* **inspection reliability** *(Hütt/Wlz)*
**Prüfstab** *m (Hütt/Wlz) (Materialprüfung)* **test specimen** *(Mech, Hütt/Wlz)*

**Prüfstab** *m (Hütt/Wlz, Stb)* **test bar** *(Stb)*
**Prüfstück** *nt (Mech)* **test assembly** *(Schw, Stb)*
**Prüfstück** *nt (Schw) (beim Schweißen)* **joint sample** *(Schw)* (for welding)
**Prüfstutzen** *m (Bahn) (der Wagonbremse)* **test socket** *(Bahn)*
**Prüftank** *m (El)* **scanning tank** *(El)*
**Prüftechnik** *f (Mech)* **testing technique** *(Mech)*
**Prüfteil** *nt (El)* **scanning element** *(El)*
**Prüftemperatur** *f (Mech, Hütt/Wlz)* **test temperature** *(Mech, Hütt/Wlz)*
**Prüfung** *f (Mech, Allg)* **inspection** *(Mech, Allg)* **test** *(Mech, Allg)*
**Prüfung auf Beschädigungen** *(Mech)* **check for damage** *(Mech)*
**Prüfung auf Schweißbarkeit** *(Schw)* **weldability test** *(Schw)*
**Prüfung der Entkohlung** *(Mech)* **decarburizing test** *(Mech)*
**Prüfung der Schläuche** *(Mech)* **checking of hoses** *(Mech)*
**Prüfung mit Gammastrahlen** *(Stb)* **gamma-ray examination** *(Stb)*
**Prüfung, berührend** berührende Prüfung *adj:n (Hütt/Wlz)* **contact scanning** *(Hütt/Wlz)*
**Prüfung, zerstörungsfrei** zerstörungsfreie Prüfung *adj:n (Mech)* **non-destructive testing** *adj:n (Mech)*
**Prüfungsanforderung** *f (Mech)* **test requirement** *(Mech)*
**Prüfungsbedingung** *f (Mech)* **test condition** *(Mech)*
**Prüfventil** *nt (Hyd/Pneu)* **check valve** *(Hyd/Pneu)*
**Prüfverfahren** *nt (Mech)* **testing method** *(Mech)*
**Prüfverfahren, magnetisch** magnetisches Prüfverfahren *adj:n (Mech)* **magnetic crack detection** *(Hyd/Pneu, Mech)*
**Prüfvorschrift** *f (Mech)* **test specification** *(Mech)*
**Prüfwerkzeug** *nt (Werkz)* **checking tool** *(Werkz)*
**Prüfzahl** *f* **calibrated figure** *adj:n (Mech)*
**Prüfzeichnung** *f (Stb)* **appraisal drawing** *(Stb)*
**PS-Klasse** *f (Mech)* **power range** *(Mech)*
**PS-Schaltung** *f (Mech) (paralles Schwenken)* **PR-shifting** *(Mech)* (parallel swing)
**Puddeleisen** *nt (Stb)* **wrought iron** *adj:n (Stb, Hütt/Wlz)*
**Puffer** *m (Hyd/Pneu) (Zylinder)* **cushioning** *(Mech, Hyd, El)* (e.g. noise)
**Puffer** *m (Mech)* **padding** *(Mech)*
**Puffer** *m (Umschl) (für Schienengeräte)* **stop block** *(Mech, Umschl)*
**Puffer, hydraulisch** hydraulischer Puffer *adj:n (Mech, Hyd/Pneu)* **hydraulic buffer** *adj:n (Mech, Hyd/Pneu)*
**Puffer, komplett** kompletter Puffer *adj:n (Bahn)* **self-contained buffer** *adj:n (Bahn)*
**Pufferbohle** *f (Bahn)* **headstock** *(Bahn)*
**Pufferbunker** *m (Umschl)* **surge bin** *(Umschl)*
**Pufferkupplung** *f (Bahn)* **buffer coupling** *(Bahn)*
**Pufferring** *m* **cushioning tyre**
**Pufferrolle** *f (Bg/Bergb, Umschl, Zer, Band) (einzelne Rolle)* **impact idler** *(Bg/Bergb, Umschl, Zer, Band)*
**Pufferrolle mit Gummipufferringen** *(Bg/Bergb, Umschl, Zer, Band)* **impact idler with rubber cushioning tyres** *(Bg/Bergb, Umschl, Zer, Band)*
**Pufferrollenrost** *m* **impact idler grizzly**
**Pufferstößel mit Teller** *(Bahn)* **buffer head** *(Bahn)*
**Pufferstößel ohne Pufferteller** *(Bahn)* **plunger** *(El, Mech, Bahn)*
**Pufferstoßring** *m (Mech)* **buffer disc** *(Mech)*
**Pufferteller, oval** ovaler Pufferteller *adj:n (Bahn)* **oval-flat buffer disk** *adj:n (Bahn)*
**Pufferträger** *m* **impact girder** *(Mech)*
**Pufferträger** *m (Bahn) (bei Schienenfahrzeugen)* **buffer beam** *(Mech, Bahn)*
**Pufferung** *f (Ladegerät)* **floating device** *(Mech)*
**Pufferung** *f (Schw) (polsternde Schweißschicht)* **soft-cushioning seam** *(Schw)*
**Pufferzeit** *f (Mech) (Interimzeit)* **float** *(Mech)* (off-time)
**Pulverfeuerlöscher** *m (Mech)* **dry powder extinguisher** *(Mech)*
**Pumpe** *f (Hyd/Pneu, Mech)* **pump** *(Hyd/Pneu, Mech)*
**Pumpe mit konstantem Förderstrom** *(Hyd/Pneu)* **constant displacement pump** *(Hyd/Pneu)*

**Pumpe mit Leitschaufeln** *(Hyd/Pneu)* **diffuser-type pump** *(Hyd/Pneu)*
**Pumpe zur Servoeinrichtung** *(Hyd/Pneu)* **booster pump** *(Hyd/Pneu)*
**Pumpe, regelnd** regelnde Pumpe *adj:n (Hyd/Pneu)* **regulating pump** *(Hyd/Pneu)*
**Pumpe, selbstansaugend** selbstansaugende Pumpe *adj:n (Hyd/Pneu)* **self-priming pump** *adj:n (Hyd/Pneu)*
**Pumpe, selbstregelnd** selbstregelnde Pumpe *adj:n (Hyd/Pneu)* **self-regulating pump** *adj:n (Hyd/Pneu)*
**Pumpe, statisch** statische Pumpe *adj:n (Hyd/Pneu)* **static pump** *adj:n (Hyd/Pneu)*
**Pumpelement** *nt (Hyd/Pneu)* **pump element** *(Hyd/Pneu)*
**Pumpenaggregat** *nt (Hyd/Pneu)* **pump power unit** *(Hyd/Pneu)*
**Pumpenanordnung** *f (Hyd/Pneu)* **arrangement of pumps** *(Hyd/Pneu)*
**Pumpenantrieb** *m (Hyd/Pneu, Mech)* **pump drive** *(Hyd/Pneu, Mech)*
**Pumpenantriebsrad** *nt (Mech, Hyd/Pneu)* **pump pinion** *(Mech, Hyd/Pneu)*
**Pumpenauslassventil** *nt (Hyd/Pneu)* **pump outlet valve** *(Hyd/Pneu)*
**Pumpenblockierung** *f (Mech, Hyd/Pneu)* **pump blocking** *(Mech, Hyd/Pneu)*
**Pumpendruck** *m (Hyd/Pneu)* **pump relief** *(Hyd/Pneu)*
**Pumpendruckstutzen** *m (Hyd/Pneu)* **pump outlet side** *(Hyd/Pneu)*
**Pumpendurchsatz** *m (Hyd/Pneu) (Leistung)* **pump flow** *(Hyd/Pneu)*
**Pumpendüse** *f (Hyd/Pneu)* **pump jet** *(Hyd/Pneu)*
**Pumpeneinlassventil** *nt (Hyd/Pneu)* **pump inlet valve** *(Hyd/Pneu)*
**Pumpeneinsatz** *m (Hyd/Pneu)* **pump cartridge** *(Hyd/Pneu)*
**Pumpenelement** *nt (Hyd/Pneu)* **pump element** *(Hyd/Pneu)*
**Pumpengehäuse** *nt (Mech, Hyd/Pneu)* **pump housing** *(Mech, Hyd/Pneu)*
**Pumpenhaus** *nt (Hyd/Pneu)* **pump station** *(Hyd/Pneu)*
**Pumpenhebel** *m (Mech, Hyd/Pneu)* **pump piston lever** *(Mech, Hyd/Pneu)*
**Pumpenkolben** *m (Mech, Hyd/Pneu)* **pump piston** *(Mech, Hyd/Pneu)*
**Pumpenkonsole** *f (Mech)* **pump bracket** *(Mech)*
**Pumpenmembrane** *f (Mech, Hyd/Pneu)* **pump diaphragm** *(Mech, Hyd/Pneu)*
**Pumpenrad** *nt (Mech, Hyd/Pneu)* **pump wheel** *(Mech, Hyd/Pneu)*
**Pumpenritzel** *nt (Mech, Hyd/Pneu)* **pump pinion** *(Mech, Hyd/Pneu)*
**Pumpenstange** *f (Mech, Hyd/Pneu)* **pump rod** *(Mech, Hyd/Pneu)*
**Pumpenstrom** *m (Hyd/Pneu)* **pump flow** *(Hyd/Pneu)*
**Pumpenumlaufkühlung** *f (Hyd/Pneu)* **pump-circulating cooling** *(Hyd/Pneu)*
**Pumpenventil** *nt (Hyd/Pneu)* **pump valve** *(Hyd/Pneu)*
**Pumpenverhalten** *nt (Hyd/Pneu)* **operating behaviour of pumps** *(Hyd/Pneu)*
**Pumpenverteilergetriebe** *nt (Mech, Hyd/Pneu)* **power take-off gear for pumps** *(Mech, Hyd/Pneu)*
**Pumpenwellendichtung** *f (Hyd/Pneu, Mech)* **pump shaft seal** *(Hyd/Pneu, Mech)*
**Pumpenzylinder** *m (Mech, Hyd/Pneu)* **pump cylinder** *(Mech, Hyd/Pneu)*
**Pumpspeicher** *m (Mech) (im Laderbremssystem)* **pump accumulator** *(Mech)*
**Pumpstation** *f (Hyd/Pneu)* **pump-bay** *(Hyd/Pneu)*
**Punkt** *m (Mech) (Zahnspitze)* **point** *(Mech)*
**Punkt, tot** toter Punkt *adj:n (Mech) (Motor)* **dead spot** *adj:n (Mech)*
**Punktbelastung** *f (Mech, Stat)* **concentrated load** *adj:n (Mech, Stat)*
**Punktierung** *f (Stb)* **dotting** *(Stb)*
**Punktkipplager** *nt (Stb)* **spherical bearing** *adj:n (Stb)*
**Punktlager** *nt (Stb)* **one-point bearing** *(Stb)*
**Punktlast** *f (Mech, Stat)* **concentrated load** *adj:n (Mech, Stat)*
**Punktlast, fahrend** fahrende Punktlast *adj:n (Mech)* **travelling point load** *adj:n (Mech)*
**Punktprüfkopf** *m (Mech)* **point-focused probe** *(Mech)*
**Punktschweißen** *nt (Schw, Mech, Mont)* **spot welding** *(Schw, Mech, Mont)*
**Putzdiele** *f (Stb) (Wandbauplatte als Putzträger)* **plaster board** *(Stb)*

**Putzen** *m (Mech)* **boss** *(Mech)*
**Putzhobel** *m (Mont)* **cleaning plane** *(Mont)*
**Putzträger aus Stahl** *(Stb)* **metal lath** *(Stb)*
**PVC-Folie** *f (Mech)* **plastic foil** *(Mech)*
**PVC-Kanal** *m* **PVC channel**
**PVC-Schlauch** *m (Mech)* **PVC hose** *(Mech)*
**Pylon** *m (Bahn, El) (Oberleitung der Bahn)* **pylon** *(El, Bahn)*
**Pyrometer** *nt (Mech)* **pyrometer** *(Mech)* (temperature measuring)
**Pyrophyllit** *m (Geo)* **pyrophyllite** *(Geo)*
**PZT-Keramik** *f (Geo)* **PZT ceramics** *(Geo)*

# Q

**Q max.** *(Hyd/Pneu) (maximale Pumpenfördermenge)* **maximum volume delivery** *(Hyd/Pneu)*
**Q min.** *(Hyd/Pneu) (minimale Pumpenfördermenge)* **minimum volume delivery** *(Hyd/Pneu)*
**Q-H-Kurve** *f (Hyd/Pneu) (Pumpe)* **head loss characteristics** *pl (Hyd/Pneu)* (pump)
**Quader** *m (Bau)* **ashlar** *(Bau)*
**Quadrat-Stahlrohr** *nt (Stb, Hütt/Wlz)* **square steel tube** *(Stb, Hütt/Wlz)*
**Quadratfeile** *f (Mont, Werkz)* **square file** *(Mont, Werkz)*
**Quadratstahl** *m (Hütt/Wlz)* **square bar steel** *(Hütt/Wlz, Stb)*
**Qualitäts- und Edelstahlgüte** *(Hütt/Wlz)* **high-quality and high-grade steel** *(Hütt/Wlz)*
**Qualitätsanforderung** *f (Allg)* **quality demand** *(Allg)*
**Qualitätskontrolle** *f (Allg)* **quality assurance** *(Allg)*
**Qualitätsnorm** *f (Allg)* **quality standard** *(Allg)*
**Qualitätssicherung** *f (Allg)* **quality assurance** *(Allg)*
**Qualitätssicherungssystem** *nt (Bahn)* **quality assurance system** *(Bahn)*
**Quarz** *m (Geo)* **quartz** *(Geo)*
**Quarzit** *m (Geo)* **quartzite** *(Geo)*
**Quecksilber** *nt (Chem)* **mercury** *(Chem)*
**Quecksilberdampfventil** *nt (Hyd/Pneu)* **mercury arc valve** *(Hyd/Pneu)*
**Quecksilbermanometer** *nt (Hütt/Wlz)* **mercury manometer** *(Hütt/Wlz)*
**quellen** *v/i (Geo, Phys)* **swell** *v/i (Geo)*
**quer** *adj (Mech) (z.B. Motor)* **transversal** *adj (Mech)*
**Quer...** *affix (Mech, Stb, Allg)* **transverse** *adj (Mech, Stb)*
**Querachse** *f (Stb)* **transverse axis** *adj:n (Stb)*
**Querausdehnung** *f (Mech)* **lateral extension** *adj:n (Mech)*
**Querbalken** *m (Bau) (Verbinder)* **rail** *(Bau)* (transverse beam)
**Querbalken** *m (Bau) (z.B. Gerüstbau)* **ledger** *(Bau)* (e.g. of a scaffold)
**Querbalken** *m (Mech)* **crossbar** *(Mech, Stb)*
**Querbalken** *m (Stb) (Querträger)* **cross girder** *(Stb)*
**Querbiegeversuch** *m (Stb)* **transverse bend test** *(Stb)*
**Querbohrung** *f (Mech, Mont)* **cross hole** *(Mech)*
**Quercordlager** *nt (Band) (Gurt)* **transcord breaker** *(Band)* (belt)
**Querdehnung** *f (Stb)* **transverse elongation** *adj:n (Stb)*
**Querfahrt** *f (Umschl)* **transverse travel** *(Umschl)*
**Querfaltversuch** *m (Stb)* **transverse flat bend test** *(Stb)*
**Querfeder** *f (Mech)* **transverse spring** *adj:n (Mech)*
**Querfläche** *f (Stb)* **shear diagram** *(Stb)*
**Quergefälle** *nt (Bau)* **cross-slope** *(Bau)*
**Quergewindebohrung** *f (Mech)* **tapped cross hole** *adj:n (Mech)*
**Quergriff** *m (Mech)* **T-handle** *(Mech)*
**Querhaupt** *nt (Stb)* **crosshead** *(Stb)*
**Querholm** *m (Mech, Stb)* **transverse beam** *(Mech, Stb)*
**Querkeil** *m (Mech, Mont)* **cross wedge** *(Mech, Mont)*
**Querkraft** *f (Mech, Stat)* **shearing force** *(Mech, Stat)*
**Querkraft, horizontal** horizontale Querkraft *adj:n (Stat)* **lateral force** *adj:n (Stat)*
**Querkraftfläche** *f (Stb)* **area of shearing force** *(Stb)*

**Querlenker** *m (Mech)* **transverse link** *adj:n (Mech)*
**Quernaht** *f (Schw, Mech)* **transverse seam** *(Schw, Mech)*
**Querneigung** *f (Mech)* **transverse tilt** *(Mech)*
**Querneigung** *f (Stb) (der Fahrbahn)* **transverse slope** *adj:n (Stb)*
**Quernute** *f (Mech)* **transverse groove** *adj:n (Mech)*
**Quernuttiefe** *f (Mech)* **face keyway** *(Mech)*
**Querplatte** *f (Stb) (bei Stützenstößen)* **transverse plate** *adj:n (Stb)*
**Querprobe** *f (Stb)* **transverse test specimem** *(Stb)*
**Querprofil** *nt (Bg/Bergb) (der Straße)* **camber** *(Bg/Bergb, Bau)*
**Querprofil** *nt (Bg/Bergb) (Schnitt durch Straße)* **cross section** *(Mech, Bg/Bergb)*
**Querrahmen** *m (Stb)* **cross frame** *(Stb)*
**Querregler** *m (Mech)* **transverse compensator** *adj:n (Mech)*
**Querriegel** *m (Mech, Stb)* **cross bar** *(Stb)*
**Querrinne** *f (Bau)* **poledrain** *(Bau)*
**Querriss** *m (Schw, Stb) (z.B. in Schweißnähten)* **transverse crack** *adj:n (Schw)*
**Querriss, klaffend** klaffender Querriss *adj:n (Stb)* **open transverse crack** *adj:n (Stb)*
**Querrohr** *nt (Mech)* **cross tube** *(Mech)*
**Querrollbahn** *f (Mech)* **gravity roller** *(Mech)*
**Quersattel** *m (Mech)* **cross saddle** *(Mech)*
**Querscheibe** *f (Mech)* **diaphragm** *(Mech)*
**Querschneidkopf** *m (Mech, Mont)* **transverse cutting head** *(Mech, Mont)*
**Querschnitt** *m (Mech)* **cross section** *(Mech, Bg/Bergb)*
**Querschnitt** *m (Mech) (innerer Querschnitt eines Rohres)* **inside diameter** *(Mech)*
**Querschnitt, kritisch** kritischer Querschnitt *adj:n (Stb)* **dangerous section** *adj:n (Stb)*
**Querschnittsänderung** *f (Hütt/Wlz)* **change in section** *(Hütt/Wlz)*
**Querschnittsformbeiwert** *(Stb)* **form factor** *BE (Stb)*
**Querschnittsminderung** *f (Stb)* **decrease of cross section** *(Stb)*
**Querschnittsverhältnis** *nt (Hütt/Wlz)* **cross sectional area ratio** *(Hütt/Wlz)*
**Querschnittswert** *m (Stb)* **section property** *(Stb)*
**Querschott** *nt (Stb)* **transverse diaphragm** *adj:n (Stb)*
**Querschurre** *f (Umschl)* **cross chute** *(Umschl)*
**Querschwinge** *f (Bg/Bergb) (Raupenfahrwerk)* **cross balancer** *(Bg/Bergb)*
**Querspaltsieb** *nt (Mech)* **lateral-slotted screen** *(Mech)*
**Querspannung** *f (Mech, Stat)* **shearing force** *(Mech, Stat)*
**Quersperre** *f (Mech) (Gurt)* **transverse rip stop** *(Mech)* (belt)
**Querspiel** *nt (Bahn, Mech) (der Wagonachse)* **axle floating** *(Mech)*
**Querstabilität** *f (Stb)* **transverse stability** *(Stb)*
**Quersteife** *f (Mech, Stb)* **transverse stiffener** *adj:n (Stb)*
**Quersteifigkeit** *f (Stb)* **transverse rigidity** *adj:n (Stb)*
**Querstrahlruder** *nt (Schiff)* **transverse thruster** *adj:n (Schiff)*
**Querstrahlsteuer** *nt (Schiff)* **transverse thruster** *adj:n (Schiff)*
**Querstrebe** *f (Mech, Stb)* **cross beam** *(Mech, Stb)*
**Querstrecke** *f (Bg/Bergb) (unter Tage)* **cross-heading** *(Bg/Bergb)* (breakthrough)
**Querstromlüfter** *m (Mech)* **shaded-pole cooling fan** *(Mech)*
**Querstromsichter** *m (Bg/Bergb)* **cross stream separator** *(Bg/Bergb)*
**Querteilen** *nt (Hütt/Wlz)* **cutting to length** *(Hütt/Wlz)* **cutting to width** *(Hütt/Wlz)*
**Querteilung** *f (Hütt/Wlz)* **transversal spacing** *adj:n (Hütt/Wlz)*
**Querträger** *m (Bg/Bergb, Mech) (einer Raupenkette)* **hollow beam** *adj:n (Bg/Bergb)*
**Querträger** *m (Stb)* **transverse girder** *(Stb)*
**Querträger** *m (Stb) (Querhaupt)* **cross girder** *(Stb)*
**Quertransport** *m (Mech)* **transverse conveying** *(Mech)*
**Quertransportleistung** *f (Mech)* **transverse conveying capacity** *(Mech)*

**Quertrommelkessel** *m (Hütt/Wlz)* **cross-drum boiler** *(Hütt/Wlz)*
**Querverband** *m (Band) (Förderbänder)* **crossover conveyor** *(Band)*
**Querverband** *m (Stb) (Brücke)* **sway bracing** *(Stb)*
**Querverband** *m (Stb) (Konstruktion)* **cross bracing** *(Mech, Stat)*
**Querverschiebung** *f (Mech)* **transverse displacement** *(Mech)*
**Querverteilung** *f (Bg/Bergb)* **lateral distribution** *adj:n (Bg/Bergb)*
**Querverteilungsarbeiten** *pl f (Bg/Bergb)* **transverse spreading work** *(Bg/Bergb)*
**Quervorspannung** *f (Stb)* **transverse prestressing** *adj:n (Stb)*
**Querwalze, spiralförmig** spiralförmige Querwalze *adj:n (Mech)* **transverse screw drum** *(Mech)*
**Querwelle** *f (Mech)* **cross shaft** *(Mech)*
**Querzahl** *f* **Poisson's ratio** *(Stb)*
**Querzug** *m (Hütt/Wlz)* **transverse pull** *adj:n (Hütt/Wlz)*
**Quetschung** *f (Mech) (z.B. Seil)* **squashing** *(Mech)* (e.g. rope)
**Quetschversuch** *m (Stb)* **crushing test** *(Stb)*
**Quotient** *m (Allg, Math)* **quotient** *(Allg, Math)*

# R

**R** *(Mech) (Abk)* **yield point** *(Mech, Stat)*
**Rad** *nt (Mech, Allg)* **wheel** *(Mech)*
**Rad mit Radreifen** *(Bahn)* **wheel with tyre** *(Bahn)*
**Rad, außenverzahnt** außenverzahntes Rad *adj:n (Mech)* **external gear** *adj:n (Mech)*
**Rad, erzeugend** erzeugendes Rad *adj:n (Mech)* **generating gear** *adj:n (Mech)*
**Rad, getrieben** getriebenes Rad *adj:n (Mech)* **driven gear** *adj:n (Mech)*
**Rad, innenverzahnt** innenverzahntes Rad *adj:n (Mech)* **internal gear** *adj:n (Mech)*
**Rad, treibend** treibendes Rad *adj:n (Mech)* **driving gear** *(Mech)*
**Radabdeckung** *f (Mech) (Kotflügel)* **fender** *AE (Kfz)*
**Radabstand** *m (Mech)* **track** *(Mech)* (between tyres)
**Radabzieher** *m (Mech)* **wheel puller** *(Mech)*
**Radachse** *f (Mech)* **wheel axle** *(Mech)*
**Radanlauf** *m (Mech)* **wheel contact angle** *(Mech)*
**Radanordnung** *f (Mech)* **wheel arrangement** *(Bahn, Mech)*
**Radantrieb** *m (Mech)* **wheel drive** *(Mech)*
**Radbefestigungsbolzen** *m (Mech)* **wheel mounting bolt** *(Mech)*
**Radbefestigungsmutter** *f (Mech)* **wheel mounting nut** *(Mech)*
**Radbremse** *f (Mech)* **wheel brake** *(Mech)*
**Radbremszylinder** *m (Mech)* **wheel cylinder** *(Mech)*
**Radbruchstütze** *f (Mech)* **wheel failure support** *(Mech)*
**Raddruck** *m (Stb)* **wheel pressure** *(Stb)*
**Raddurchmesser** *m (Mech, Bahn)* **diameter of wheel** *(Mech)*
**Räder ausrichten** Räder ausrichten *n:v (Mech)* **true wheels** *n:v (Mech)*
**Räderantrieb** *m (Mech)* **gear drive** *(Mech)*
**Räderfahrzeug** *nt (Bahn)* **wheeled vehicle** *adj:n (Bahn)*
**Räderkasten** *m (Mech)* **gear case** *(Mech)*
**Räderplatte** *f (Mech)* **wheel plate** *(Mech)*
**Radfelge** *f (Mech)* **wheel rim** *(Mech)*
**Radgetriebe** *nt (Mech)* **wheel transmission** *(Mech)*
**Radial-Kugellager** *nt (Mech)* **ball journal bearing** *(Mech)*
**Radial-Pendelkugellager** *nt (Mech)* **self-aligning ball bearing** *adj:n (Mech)*
**Radial-Pendelrollenlager** *nt (Mech) (zweireihig)* **self-aligning roller bearing** *adj:n (Mech)*
**Radial-Rillenkugellager** *nt (Mech)* **deep-groove ball bearing** *(Mech)*
**Radial-Rollenlager** *nt (Mech) (einreihig)* **spherical roller bearing** *adj:n (Mech)*
**Radial-Rollenlager** *nt (Mech) (zweireihig)* **self-aligning roller bearing** *adj:n (Mech)*
**Radial-Schrägkugellager** *nt (Mech)* **angular contact ball bearing** *(Mech)*
**Radial-Tonnenlager** *nt (Mech) (einreihig)* **spherical roller bearing** *adj:n (Mech)*
**Radial-Zylinderrollenlager** *nt (Mech)* **cylindrical roller bearing** *adj:n (Mech)*
**Radialdichtring** *m (Mech, Hyd/Pneu)* **radial seal ring** *(Mech, Hyd/Pneu)*

**Radialdichtring für Welle** *(Mech)* **radial seal for rotating shaft** *(Mech)*
**Radialdichtung** *f (Mech)* **oil seal sleeve** *(Mech)*
**Radialdruck** *m (Mech)* **radial pressure** *adj:n (Mech)*
**Radialgebläse** *nt (Mech)* **radial fan** *adj:n (Mech)*
**Radialgelenklager** *nt (Mech, Zer)* **spherical plain bearing** *adj:n (Mech, Zer)*
**Radialkolbenmotor** *m (Mech, Hyd/Pneu)* **radial piston motor** *adj:n (Mech, Hyd/Pneu)*
**Radialkolbenpumpe** *f (Hyd/Pneu)* **radial piston pump** *(Hyd/Pneu)*
**Radialreifen** *m (Mech)* **radial tyre** *adj:n (Mech)*
**Radialschlag** *m (Mech)* **raceway radial runout** *(Mech)*
**Radialschnittbild** *nt (Mech)* **radial cross section diagram** *(Mech)*
**Radialschwingung** *f (Mech, El)* **radial oscillation** *adj:n (Mech, El)*
**Radialzähne** *pl m (Mech)* **radial teeth** *adj:n (Mech)*
**Radius, dynamisch** dynamischer Radius *adj:n (Mech)* **overload radius** *(Kfz)*
**Radkappe** *f (Mech) (z.B. eines Pkw)* **hubcap** *(Mech)*
**Radkörper** *m (Mech) (des Zahnrades)* **gear body** *(Mech)*
**Radkörper** *m (Mech) (Nabe)* **hub** *(Mech)*
**Radkranz** *m (Mech)* **wheel rim** *(Mech)*
**Radlader** *m (Umschl)* **wheel loader** *(Umschl)*
**Radlager** *nt (Mech) (mit Sitz auf Achse oder Welle)* **wheel bearing** *(Mech)* (on axle or shaft)
**Radlast** *f (Mech)* **wheel load** *(Mech)*
**Radlenker** *m (Bahn) (z.B. an Weichen)* **check rail** *(Bahn)*
**Radlenker** *m (Stb) (Leitschiene)* **guide rail** *(Stb)*
**Radmutter** *f (Mech)* **wheel nut** *(Mech)*
**Radmutterbolzen** *m (Mech)* **wheel-nut pin** *(Mech)* (threaded pin)
**Radnabe** *f (Bahn) (der Bahn)* **wheel boss** *(Bahn)*
**Radnabe** *f (Mech) (eines Zahnrades)* **gear hub** *(Mech)*
**Radnabengetriebe** *nt (Mech)* **drive hub** *BE (Mech)*
**Radnachlauf** *m (Mech)* **castor** *(Mech)*
**Radpaar** *nt (Mech) (Getriebe)* **gear pair** *(Mech)*
**Radpaar mit sich kreuzenden Achsen** *(Mech) (Hypoidradpaar, Schraubradpaar)* **gear pair with non-parallel non-intersecting axes** *(Mech)*
**Radpaar mit sich schneidenden Achsen** *(Mech) (Kegelradpaar)* **gear pair with intersecting axes** *(Mech)*
**Radpaar mit Übersetzung ins Langsame** *(Mech)* **speed-reducing gear pair** *adj:n (Mech)*
**Radpaar mit Übersetzung ins Schnelle** *(Mech)* **speed-increasing gear pair** *adj:n (Mech)*
**Radpaarung** *f (Mech) (Getriebe)* **mating gears** *pl (Mech)*
**Radpaarung, mehrfach** mehrfache Radpaarung *adj:n (Mech)* **train of gears** *(Mech)*
**Radplaniergerät** *nt (Mech)* **wheeled dozer** *adj:n (Mech)*
**Radprofil** *nt (Bahn) (des Eisenbahnrades)* **wheel profile** *(Bahn)*
**Radreifen** *m (Bahn) (auf Rad aufgeschrumpft)* **bandage** *(Bahn)* (tyre)
**Radreifen** *m (Mech)* **tyre** *BE (Mech)*
**Radreifen-Trennanlage** *f (Mech)* **tyre separating and stripping device** *(Mech)*
**Radsatzdrehbank** *f (Bahn)* **wheel lathe** *(Bahn)*
**Radsatzdrehmaschine** *f (Bahn)* **wheel lathe** *(Bahn)*
**Radsatzlager** *nt (Mech)* **wheelset bearing** *(Mech)*
**Radsatzlast** *f (Bahn)* **wheel set load** *(Bahn)*
**Radsatzpresse** *f (Bahn)* **wheel press** *(Bahn)*
**Radsatzprüfstand** *m (Bahn)* **wheel set test assembly** *(Bahn)*
**Radsatzpumpe** *f (Bahn)* **wheel set pump** *(Bahn)*
**Radsatzwelle** *f (Bahn)* **wheel set shaft** *(Bahn)*
**Radsatzwellenschenkeldurchmesser** *m (Bahn)* **journal diameter** *(Bahn)*
**Radscheibe** *f (Mech) (Getriebe)* **wheel disc** *(Mech)*
**Radscheibenbremse** *f (Mech)* **wheel disc brake** *(Mech)*

**Radschutzhaube** *f (Mech)* **wheel guard** *(Mech)*
**Radspeiche** *f (Bahn)* **spoke** *(Bahn, Mech)*
**Radstand** *m (Umschl, Mech)* **wheel base** *(Mech)*
**Radstellungsanzeiger** *m (Mech)* **wheel position indicator** *(Mech)*
**Radstern** *m (Mech, Bahn)* **spoke wheel centre** *(Mech)*
**Radsturz** *m (Mech) (beim Grader)* **wheel lean** *(Mech)*
**Radsturz** *m (Mech) (Pendelachse)* **wheel lock** *(Mech)*
**Radsturzverstellung** *f (Mech)* **wheel lean adjusting** *(Mech)*
**Radvorlauf** *m (Mech)* **wheel castor** *(Mech)*
**Radwelle** *f (Mech)* **wheel shaft** *(Mech)*
**Radzylinder** *m (Mech)* **wheel cylinder** *(Mech)*
**Rahmen** *m (Mech)* **frame** *(Mech, Bahn)*
**Rahmen** *m (Mech) (Grader)* **main beam** *adj:n BE (Mech, Stb)*
**Rahmen mit geknicktem Riegel** *(Stb)* **gable frame** *(Stb)*
**Rahmen, biegefest** biegefester Rahmen *adj:n (Stb)* **rigid frame** *adj:n (Stb)*
**Rahmenbrille** *f (Mech)* **frame center rest** *(Mech)*
**Rahmenecke** *f (Stb, Mech)* **frame corner** *(Stb)*
**Rahmenende** *nt (Mech)* **end frame** *(Stb, Mech)*
**Rahmenführung** *f (Mech)* **guide frame** *(Mech, Mont)*
**Rahmengitter** *nt (Mech)* **frame screen** *(Mech)*
**Rahmenkonstruktion** *f (Stb)* **framework** *(Mech, Stb, Bau)*
**Rahmenkopf** *m (Mech) (an der Vorderachse des Graders)* **front frame head** *(Mech)*
**Rahmenlängsträger** *m (Bahn)* **longitudinal girder of frame** *(Bahn)*
**Rahmenriegel** *m (Stb)* **horizontal member** *adj:n (Stb)*
**Rahmenriegel** *m (Stb) (Verbinder)* **head rail frame strut** *(Stb)*
**Rahmensäule** *f (Stb)* **vertical supporting member** *adj:n (Stb)*
**Rahmenständer** *m (Stb)* **frame leg** *(Stb)*
**Rahmenstiel** *m (Stb)* **vertical member** *adj:n (Stb)* (of a frame)
**Rahmenstiel** *m (Stb) (gelenkig gelagerter Rahmen)* **portal leg** *(Stb)* (of a rigid portal with a hinged base)
**Rahmenstütze** *f (Stb)* **frame stanchion** *(Stb)*
**Rahmenträger** *m (Stb)* **frame girder** *(Mont, Form)*
**Rahmenunterzug** *m (Mech)* **frame trussing** *(Mech)*
**Rahmenverlängerung** *f (Mech)* **frame extension** *(Mech)*
**Rahmenwerk** *nt (Mech, Stb)* **frame structure** *(Mech, Stb)*
**Ramm-, Bohr-, Zieheinrichtung** *(Bg/Bergb)* **pile-driving, -drawing, drilling** *(Bg/Bergb)*
**Rammbär** *m (Bau)* **ram** *(Mech, Bau)*
**Rammen** *nt (Bau) (von Pfählen)* **pile driving** *(Bau)*
**Rammenergie** *f (Bau)* **driving energy** *(Bau)*
**Rammgestänge** *nt (Bau)* **driving rods** *pl (Bau)*
**Rammrohr** *nt (Mech)* **piling pipe** *(Mech)*
**Rammschutz** *m (Bg/Bergb, Mech) (z.B. am Bagger)* **fender** *(Bg/Bergb, Mech)* (e.g. on small machine)
**Rammsondierung** *f (Bau)* **driving test** *(Bau)*
**Rampe** *f (Bahn) (an der Bahn)* **trackramp** *(Bahn)*
**Rampe** *f (Mech)* **ramp** *(Mech)*
**Rampensteigung** *f (Math)* **ramp radiant** *(Math)*
**Randabstand** *m (Stb) (Niete)* **edge distance** *(Stb)*
**Randbewehrung** *f* **edge-reinforcement**
**Randblech** *nt (Stb)* **bordering sheet** *(Stb)*
**Rändel** *nt (Mech, Mont)* **knurl** *(Mech, Mont)*
**Rändelknopf** *m (Mech)* **knurled knob** *adj:n (Mech)*
**Rändelmutter** *f (Mech)* **knurled nut** *adj:n (Mech, Mont)*
**Rändelrad** *nt (Mech)* **knurled wheel** *adj:n (Mech)*
**Rändelschraube** *f (Mech) (hohe Rändelschraube)* **knurled thumb screw** *adj:n (Mech)*
**Randfehler** *m (Hütt/Wlz) (Rand ausgefranst)* **fringe flaw** *(Hütt/Wlz)*
**Randpfette** *f (Stb)* **edge purlin** *(Stb)*

**Randschicht** *f (Hütt/Wlz) (Übergang)* **transition region** *(Hütt/Wlz)* (boundary)
**Randschichthärtung** *f (Hütt/Wlz)* **edge-zone hardening** *(Hütt/Wlz)*
**Randspannung** *f (Mech, Stat)* **edge stress** *(Mech, Stat)*
**Randstrahlung** *f (Hütt/Wlz)* **fringe radiation** *(Hütt/Wlz)*
**Randstreifenverteiler** *m (Bg/Bergb)* **windrow spreader** *(Bg/Bergb)*
**Randträger** *m (Stb) (Kantenträger)* **edge beam** *(Stb)*
**Rangierer** *m (Bahn) (Bahnpersonal)* **shunter** *(Bahn)*
**Rangierer-Ecktritt** *m (Bahn)* **shunter's step** *(Bahn)*
**Rangiergleis** *nt (Bahn)* **shunting track** *(Bahn)* (siding)
**Rangierlokomotive** *f (Bahn)* **shunting locomotive** *(Bahn)*
**Rangierlokomotive** *f (Bahn) (klein)* **locomotive trolley** *(Bahn)*
**Rangierverteiler** *m* **marshalling cubicle**
**Rangiervorgang** *m (Bahn)* **switching process of shunting** *(Bahn)*
**Rasenmähermotor** *m (Mech)* **lawn-mower engine** *(Mech)*
**Rasensohle** *f* **terrain surface**
**Raste** *f (Mech)* **catch** *(Mech)*
**Raster** *m (Mech)* **screen** *(Mech)*
**Rasterplatte** *f (Hütt/Wlz)* **grid board** *(Hütt/Wlz)*
**Rastersystem** *nt (Hütt/Wlz)* **grid system** *(Hütt/Wlz)*
**Rastkupplung** *f (Mech)* **switch-through coupling** *(Mech)*
**Ratsche** *f (Mech, Mont)* **ratchet** *(Mont)*
**Ratschenhebel** *m (Werkz)* **ratchet wrench** *(Werkz)*
**Ratschzug** *m (Mech, Mont)* **ratchet hook tackle** *(Mech, Mont)*
**Rattermarken** *pl f (verhärtete Stellen)* **brinelling**
**Rauchabsauganlage** *f (Stb)* **smoke exhaust system** *(Stb)*
**Rauchbegrenzer** *m (Mech)* **smoke limiter** *(Mech)*
**Rauchbegrenzerölstand** *m (Mech)* **oil level of smoke limiter** *(Mech)*
**Rauchdichtealarm** *m (Hütt/Wlz)* **smoke density alarm** *(Hütt/Wlz)*
**Rauchdichteskala** *f (Hütt/Wlz)* **Ringelmann chart** *(Hütt/Wlz)*
**Rauchfahne** *f (Bahn)* **trail of smoke** *(Bahn)*
**Rauchgas-Feuermelder** *m (Mech)* **smoke-sensing fire alarm** *(Mech)*
**Rauchgas-Regelzug** *m (Hütt/Wlz)* **damper-controlled gas pass** *(Hütt/Wlz)*
**Rauchgasaustritt** *m (Hütt/Wlz)* **flue gas outlet** *(Hütt/Wlz)*
**Rauchgasbestandteile** *pl m (Hütt/Wlz)* **flue gas constituents** *pl (Hütt/Wlz)*
**Rauchgasbestreichung** *f (Hütt/Wlz)* **sweeping of the flue gas** *(Hütt/Wlz)*
**Rauchgasentnahmeschlauch** *m (Hütt/Wlz) (Orsat-Analyse)* **gas sampling hose** *(Hütt/Wlz)*
**Rauchgasgasse** *f (Hütt/Wlz) (im Rohrbündel)* **tube lane** *(Hütt/Wlz)*
**Rauchgaskanal** *m (Hütt/Wlz)* **flue gas canal** *(Hütt/Wlz)*
**Rauchgasklappe** *f (Hütt/Wlz)* **flue gas damper** *(Hütt/Wlz)*
**Rauchgasmenge** *f (Hütt/Wlz)* **flue gas quantity** *(Hütt/Wlz)*
**Rauchgasprobe** *f (Hütt/Wlz)* **flue gas sample** *(Hütt/Wlz)*
**Rauchgasprüfer** *m (Hütt/Wlz)* **gas analyser** *(Hütt/Wlz)*
**Rauchgasregelklappe** *f (Hütt/Wlz)* **gas damper** *(Hütt/Wlz)*
**Rauchgasrückführung** *f (Hütt/Wlz)* **gas tempering** *(Hütt/Wlz)*
**Rauchgasrückführungskanal** *m (Hütt/Wlz)* **gas tempering duct** *(Hütt/Wlz)*
**Rauchgasrücksaugung** *f (Hütt/Wlz)* **flue gas withdrawal** *(Hütt/Wlz)*
**Rauchgasschieber** *m (Hütt/Wlz)* **flue gas outlet damper** *(Hütt/Wlz)*
**Rauchgastemperatur** *f (Hütt/Wlz)* **flue gas temperature** *(Hütt/Wlz)*
**Rauchgasumführungsklappe** *f (Hütt/Wlz)* **flue gas by-pass damper** *(Hütt/Wlz)*
**Rauchgaszug** *m (Hütt/Wlz)* **gas pass** *(Hütt/Wlz)*
**Rauchglas** *nt (Mech)* **smoked glass** *adj:n (Mech)*
**Rauchkammer** *f (Bahn) (Dampflok)* **smoke box** *(Bahn)* (under chimney)
**Rauchkontrolle** *f (Stb)* **smoke control** *(Stb)*

**Rauchmelder** *m (Stb)* **smoke detector** *(Stb)*
**Rauchrohr** *nt (Bahn) (Dampflok)* **smoke tube** *(Bahn)*
**Rauchrohrkessel** *m (Hütt/Wlz)* **fire tube boiler** *(Hütt/Wlz)*
**Rauchschutztafel** *f (Stb)* **blast plate** *(Stb)*
**Rauchtiefe** *f (Sandstrahlen)* **peak-to-valley height** *(Mech)* (rosting)
**rauer Betrieb** *(Form)* **heavy-duty use** *(Mech)*
**Raum** *m (Allg) (Platz)* **space** *(Allg, Mech, Bau)*
**Räumarbeit** *f (Hütt/Wlz) (mit Räumnadel)* **broaching operation** *(Hütt/Wlz)*
**Räumarm** *m (Mech)* **extractor arm** *(Mech)*
**Räumarmantrieb** *m (Mech)* **extractor arm drive** *(Mech)*
**Räumbreite** *f (Bg/Bergb)* **clearing width** *(Bg/Bergb)*
**Räumdorn** *m (Mech)* **push broach** *(Mech)*
**Räumdurchgang** *m (Mech) (im Zylinderrohr)* **broaching pass** *(Mech)*
**Räumegge** *f (Bg/Bergb) (am Kratzer)* **raking device** *(Bg/Bergb)* (on scraper)
**Räumen** *nt (Mech) (Fertigungsverfahren)* **breaching** *(Mech, Mont)*
**Raumfachwerk** *nt (Stb)* **space frame** *(Stb)*
**Räumgerät** *nt (Bahn)* **track clearing equipment** *(Bahn)*
**Raumgewicht** *nt (Geo, Mech) (Boden)* **weight per cubic foot** *(Geo, Mech)* (ground)
**Raumgewicht** *nt (Geo, Ökol) (Wichte)* **specific gravity** *(Geo)*
**Raumheizgerät** *nt (Mech)* **space heater** *(Mech)*
**Raumheizung** *f (Mech)* **space heater** *(Mech)*
**Rauminhalt** *m (Phys)* **capacity** *(Mech, Allg)*
**Räumkraft** *f* **force for plowing through the material**
**Räumnadel** *f (Hütt/Wlz) (zur Zylinderinnenwandbearbeitung)* **broach** *(Mech, Mont, Hütt/Wlz)*
**Räumschild** *n* **mouldboard** *(Bg/Bergb)*
**Räumschnecke** *f (Bg/Bergb) (der Fräse)* **clearing worm** *(Bg/Bergb)*
**Raumtemperatur** *f (Mech)* **room temperature** *(Mech)*
**Raupe** *f (Bg/Bergb)* **crawler** *(Bg/Bergb)*
**Raupe** *f (Mech) (Kabel)* **cable handler** *(Mech)* (roller-type)
**Raupe** *f (Schw) (Schweißnaht)* **welding bead** *(Schw)*
**Raupen- und Radfahrwerk** *(Bg/Bergb)* **crawler and wheeled chassis** *(Bg/Bergb)*
**Raupenbagger** *m (Bg/Bergb)* **crawler excavator** *(Bg/Bergb)*
**Raupenfläche** *f (Bg/Bergb) (als Lager-, Lauffläche)* **crawler bearing surface** *(Bg/Bergb)*
**Raupenglied** *nt (Mech)* **crawler chain tread** *(Bg/Bergb, Mech)*
**Raupenkette** *f (Bg/Bergb)* **crawler chain** *(Mech)*
**Raupenkette** *f (Mech, Bg/Bergb) (z.B. eines Seilbaggers)* **crawler tread belt** *(Mech, Bg/Bergb)*
**Raupenkettenbolzen** *m (Bg/Bergb)* **crawler chain pin** *(Bg/Bergb)*
**Raupenkettenglied** *nt (Mech, Bg/Bergb)* **crawler chain link** *(Mech, Bg/Bergb)*
**Raupenkettenteilung** *f (Bg/Bergb)* **crawler tread pitch** *(Mech, Bg/Bergb)*
**Raupenkettenträger** *m (Bg/Bergb) (Seitenrahmen)* **crawler unit** *(Bg/Bergb)*
**Raupenkettenzug** *m (Bg/Bergb)* **crawler chain tension** *(Bg/Bergb)*
**Raupenkran** *m (Stb)* **crawler crane** *(Stb)*
**Raupenlader** *m (Mech)* **crawler-mounted front end loader** *adj:n (Mech)*
**Raupenlenkwerk** *nt (Bg/Bergb)* **crawler steering mechanism** *(Bg/Bergb)*
**Raupenmotor** *m (Mech)* **track motor** *(Mech)*
**Raupenmotor** *m (Mech) (Antriebsmotor)* **drive motor** *(Mech)*
**Raupenplatte** *f (Bg/Bergb)* **crawler pad** *(Bg/Bergb)*
**Raupenplattenbreite** *f (Bg/Bergb)* **crawler tread width** *(Mech)*
**Raupenschlepper** *m (Mech)* **crawler tractor** *(Mech, Bg/Bergb)*
**Raupenträger** *m (Bg/Bergb)* **crawler frame** *(Bg/Bergb)*
**Raupenunterwagen** *m (Bg/Bergb)* **crawler undercarriage** *(Bg/Bergb)*
**Rautenträger** *m (Stb)* **rhombic girder** *adj:n (Stb)*

**Rautenwerk** *nt (Stb)* **double triangular truss** *(Stb)*
**Reagenzeinspeiser** *m (Aufb)* **reagent feeder** *(Aufb, Zer)*
**Reaktionsgeschwindigkeit** *f (Mech, Allg)* **reaction velocity** *(Mech, Allg)*
**Rechen** *m (Umschl) (beim Brückenkratzer)* **rake** *(Mech)* (bedding machine)
**Rechenklassierer** *m (Zer)* **rake classifier** *(Zer)*
**Rechenwert der H-Beschleunigung** *(Stat)* **calculated acceleration H** *(Stat)*
**Rechteck-Stahlrohr** *nt (Stb)* **rectangular steel tube** *adj:n (Stb)*
**Rechteckplatte** *f (Stb)* **rectangular flate plate** *adj:n (Stb)*
**Rechteckring** *m (Mech)* **square section ring** *(Mech)*
**Rechtsausführung** *f (Mech)* **right-hand design** *(Mech)*
**Rechtsflanke** *f (Mech)* **right flank** *adj:n (Mech)*
**Rechtsgewinde** *nt (Mech)* **right-hand thread** *adj:n (Mech)*
**Rechtslauf** *m (Mech)* **clockwise rotation** *adj:n (Mech)*
**Rechtsraupe** *f (Bg/Bergb)* **right-hand crawler** *adj:n (Bg/Bergb)*
**Reckalterung** *f (Stb) (Altern durch Strecken)* **ageing by stretching** *(Stb)*
**Redler** *m (Band) (Zuteiler)* **Redler conveyor** *(Band)*
**Redlerbühne** *f (Band)* **mill feeder level** *(Band)* (gallery)
**Reduktionsgetriebe** *nt (Mech)* **step-down gear** *(Mech)*
**Reduktionsmuffe** *f (Werkz)* **reducing socket** *(Werkz)*
**Reduktionsnippel** *m (Werkz)* **reducing bushes** *(Werkz)*
**Reduzierantrieb** *m (Mech)* **step-down gear** *(Mech)*
**Reduzierkreuz** *nt (Mech, Mont)* **reduction cross piece** *(Mech, Mont)*
**Reduziermuffe** *f (Mech, Mont)* **reduction socket** *(Mech, Mont)*
**Reduziernippel** *m (Mech, Mont)* **reducing nipple** *(Mech)*
**Reduzierstation** *f (Hütt/Wlz)* **pressure reducing station** *(Hütt/Wlz)*
**Reduzierstück** *nt (Mech, Mont)* **reducer** *(Mech, Mont)*
**Reduzierstück** *nt (Bg/Bergb) (der Verrohrungsanlage)* **reduction piece** *(Bg/Bergb)*
**Reduzierstutzen** *m (Mech, Hyd/Pneu) (Rohr)* **reducing pipe socket** *(Mech, Hyd/Pneu)*
**Reduzierung** *f (Mech, Allg)* **reduction** *(Hütt/Wlz, Mech, Allg)*
**Reduzierventil** *nt (Hyd/Pneu)* **reduction valve** *(Hyd/Pneu)*
**Reduzierverschraubung** *f (Hyd, Mech)* **reducer screw joint** *(Hyd/Pneu)*
**Referenzelement** *nt (Mech) (Bandwaage)* **reference element** *(Mech)*
**Regal** *nt (Bau, Allg)* **shelf** *(Bau, Allg)*
**Regalstapler** *m (Mech)* **swing forklift truck** *(Mech)*
**Regelbauart** *f (Mech)* **standard design** *(Mech)*
**Regelbeginn** *m (Mech)* **beginning of regulation** *(Mech)*
**Regelbereich** *m (Mech, Allg)* **range of control** *(Mech, El)*
**Regelbereichsunterschreitung** *f (Mech)* **falling below regulated range** *(Mech)*
**Regelbetrieb** *m (Bg/Bergb)* **normal operation** *adj:n (Bg/Bergb)*
**Regelblende** *f (Mech)* **regulating piece** *(Mech)*
**Regeldrehzahl** *f (Mech)* **governed speed** *adj:n (Mech)*
**Regeldruck** *m (Hyd/Pneu, Mech)* **control pressure** *(Hyd/Pneu, Mech)*
**Regelfahrmotor** *m (Mech)* **shiftable engine** *adj:n (Mech)*
**Regelgetriebe** *nt (Mech)* **variable-speed gearing** *(Mech)*
**Regelgetriebe** *nt (Mech) (Regelvorrichtung)* **control gear** *(Mech)*
**Regelglied** *nt (Mech)* **control element** *(Mech)*
**Regellast** *f (Stat)* **standard loading** *(Stat)*
**Regelprofil** *nt (Stb) (Normalprofil)* **standard section** *(Stb)*
**Regelpumpe** *f (Hyd/Pneu)* **regulating pump** *(Hyd/Pneu)*
**Regelpumpe** *f (Hyd/Pneu) (am Lader)* **variable-capacity pump** *(Hyd/Pneu)*
**Regelschneelast** *f (Stat)* **basic snow load** *adj:n (Stat)*
**Regelstange** *f (Mech)* **control rack** *(Mech)*

**Regelstreckgrenze** *f (Stb)* **nominal elastic limit** *adj:n (Stb)*
**Regelung des Förderstroms** *(Mech)* **flow rate control** *(Mech)*
**Regelung von Hand** *(Mech)* **manual control** *adj:n (El, Mech, Bg/Bergb)*
**Regelventil** *nt (Hyd/Pneu)* **regulating valve** *(Hyd/Pneu)*
**Regelvorrichtung** *f (Mech) (Getriebe)* **control device** *(El, Mech)*
**Regelwert der H-Beschleunigung** *(Stat)* **basic acceleration H** *adj:n (Stat)*
**Regenerativluftvorwärmer** *m (Hütt/Wlz)* **regenerative air preheater** *adj:n (Hütt/Wlz)*
**Regenerieren** *nt (Mech) (z.B. Maschine)* **rebuilding** *(Mech, Bau)*
**Registerbauweise** *f (Hütt/Wlz) (Rohrwände)* **register-type construction** *(Hütt/Wlz)* (e.g. waterwall)
**Registrator** *m (Mech)* **registrator** *(Mech)*
**Registriereinrichtung** *f (Mech)* **recording device** *(Mech)* (recorder)
**Regler** *m (Bahn) (der Dampflok)* **regulator** *BE (Bahn)*
**Regler** *m (Mech) (für die Drehzahl)* **governor** *(Bg/Bergb, Mech)* (for injection pump, diesel engine)
**Regler-Antriebszahnrad** *nt (Mech)* **governor drive gear** *(Mech)*
**Reglereinstellung** *f (Mech)* **governor setting** *(Mech)*
**Reglerfeder** *f (Mech)* **governor spring** *(Mech)*
**Reglergehäuse** *nt (Mech)* **governor housing** *(Mech)*
**Reglergewicht** *nt (Mech)* **governor balance weight** *(Mech)*
**Reglerhebel** *m (Mech)* **governor lever** *(Mech)*
**Reglerkegel** *m (Mech)* **governor cone** *(Mech)*
**Reglerknopf** *m (Mech)* **control knob** *(Mech)*
**Reglerkolben** *m (Mech)* **plunger** *(El, Mech, Bahn)*
**Reglerkreis** *m (Mech, El)* **regulating circuit** *(El, Mech)*
**Reglerlager** *nt (Mech)* **governor bearing** *(Mech)*
**Reglermuffe** *f (Mech)* **governor collar** *(Mech)*
**Reglerrohr** *nt (Bahn) (Dampflok)* **regulator pipe** *(Bahn)*
**Reglerschalter** *m (Mech) (Kfz)* **governor switch** *(Mech)*
**Reglerschrank** *m (Mech)* **control cubicle** *(Mech)*
**Reglersperre** *f (Mech) (z.B. mit einem Magneten)* **gear-shifting lock** *(Mech)*
**Reglerspindel** *f (Mech)* **control spindle** *(Mech)*
**Reglerventil** *nt (Bahn) (Dampflok)* **regulator valve** *(Bahn)*
**Reglerwiderstand** *m (Bahn)* **rheostat** *(El)*
**Reglerzahnstange** *f (Bahn) (Kraftstoffeinstellung)* **fuel rack** *(Bahn)*
**Regulator** *m (Bahn) (Dampflok)* **regulator** *BE (Bahn)*
**Regulatorhebel** *m (Bahn) (Dampflok)* **regulator handle** *(Bahn)*
**Reguliergewicht** *nt (Mech)* **governor weight** *(Mech)*
**Regulierklappe** *f (Hütt/Wlz)* **isolating damper** *(Hütt/Wlz)* (only open or shut)
**Regulierklappe** *f (Hütt/Wlz) (drehbar)* **regulating damper** *(Hütt/Wlz)*
**Regulierschraube** *f (Mech)* **adjusting screw** *(Mech)*
**Regulierung** *f (Mech, Allg)* **regulation** *(Mech)* (adjustment)
**Regulierventil** *nt (Hyd/Pneu)* **check valve** *(Hyd/Pneu)*
**Reibbeiwert** *m (Stat)* **coefficient of friction** *(Stat, Band)*
**Reibbelag** *m (Mech)* **antislip lagging** *(Mech)*
**Reibbolzenschweißen** *nt (Schw)* **friction stud welding** *(Schw)*
**Reibkupplung** *f (Mech)* **friction clutch** *(Mech)*
**Reibleistung** *f (Band, Stat) („PR" in kW)* **friction power** *(Band, Stat)*
**Reibrad** *nt (Mech)* **friction wheel** *(Mech)*
**Reibradantrieb** *m (Mech, Anstr)* **friction drive** *(Mech, Anstr)*
**Reibradstation** *f (Bg/Bergb)* **friction roller station** *(Bg/Bergb)*
**Reibring** *m (Mech)* **friction ring** *(Mech)*
**Reibrolle** *f (Bg/Bergb)* **friction roller** *(Bg/Bergb)*
**Reibrollenantrieb** *m (Mech, Hütt/Wlz) (der Drehmaschine)* **friction roller drive** *(Mech, Hütt/Wlz)*

**Reibschluss** *m (Mech)* **friction contact** *(Mech)*
**Reibstelle** *f (Mech) (Schmieranlage)* **consumer** *(Mech)* (lubricating system)
**Reibung** *f (Mech)* **friction** *(Mech)*
**Reibungsbeiwert** *m (Hütt/Wlz)* **friction factor** *(Hütt/Wlz)*
**Reibungsfaktor** *m (Bahn) (der Räder am Gleis)* **adhesive factor** *(Bahn)*
**Reibungsfläche** *f (Anstr, Mech)* **friction surface** *(Anstr, Mech)*
**Reibungskraft** *f (Mech, Stat)* **frictional force** *(Mech, Stat)*
**Reibungskupplung** *f (Mech)* **friction clutch** *(Mech)*
**Reibungsmittelpunkt** *m (Stb)* **centre of friction** *(Stb)*
**Reibungsmoment** *m (Mech)* **friction moment** *(Mech)*
**Reibungsschweißen** *nt (Schw)* **friction welding** *(Schw)*
**Reibungsstoßdämpfer** *m (Mech)* **friction shock absorber** *(Mech)*
**Reibungsverlust** *m (Bahn)* **friction loss** *(Bahn)*
**Reibungswiderstand** *m (Stb)* **frictional resistance** *(Stb)*
**Reibungswinkel** *m (Bau, Mech)* **angle of friction** *(Mech)*
**Reibungszahl** *f (Band) (Gurt/Antrieb n)* **friction coefficient** *(Band, Bg/Bergb, Umschl, Zer)*
**Reibwertverhältnis** *nt (Bahn)* **frictional data** *pl (Bahn)*
**Reicherz** *nt (Bg/Bergb)* **massive ore** *(Bg/Bergb)*
**Reichgasbrenner** *m (Hütt/Wlz)* **rich gas burner** *(Hütt/Wlz)*
**Reichhöhe** *f (Bg/Bergb)* **reach height** *(Bg/Bergb)*
**Reichweite** *f (Bg/Bergb) (des Baggers)* **outreach** *(Mech, Bg/Bergb)*
**Reichweite** *f (Mech, Allg)* **range** *(Mech, Allg)*
**Reifen** *m (Mech) (z.B. für Kfz)* **tyre** *BE (Mech)*
**Reifen, hochelastisch** hochelastischer Reifen *adj:n (Mech)* **cushion tyre** *(Mech)*
**Reifendruckmesser** *m (Mech, Hyd/Pneu)* **tyre gauge** *(Mech, Hyd/Pneu)*
**Reifenfestigkeit** *f (Mech)* **ply rating** *(Mech)*
**Reifenfüllflasche** *f (Mech, Hyd/Pneu)* **tyre inflating cylinder** *(Mech, Hyd/Pneu)*
**Reifenfüllhahn** *m (Mech, Hyd/Pneu)* **tyre inflating cock** *(Mech, Hyd/Pneu)*
**Reifenhüter** *m (Mech, Hyd/Pneu)* **tyre pressure drop indicator** *(Mech, Hyd/Pneu)*
**Reifenlagen** *pl f (Mech)* **ply rating** *(Mech)*
**Reifenluftpumpe** *f (Hyd/Pneu)* **tyre pump** *(Hyd/Pneu)*
**Reifenprüfkopf** *m (Mech)* **tyre testing probe** *(Mech)*
**Reifenrad** *nt (Bahn) (der Bahn)* **wheel with tyre** *(Bahn)*
**Reifenschlauch** *m (Mech, Hyd/Pneu)* **inner tube** *(Mech, Hyd/Pneu)*
**Reifenschutzkette** *f (Mech) (z.B. an Radladern)* **tire chain** *(Mech)*
**Reifenwerkzeug** *nt (Werkz, Mech)* **rim tool** *(Werkz, Mech)*
**Reifenwulst** *m (Mech)* **tire bead** *(Mech)*
**Reihenaufstellung** *f (Mech)* **line-up** *(Mech)*
**Reihenmotor** *m (Mech)* **in-line engine** *(Mech)* (cylinders in line)
**Reihenschaltung** *f (Mech)* **series connection** *(Mech)*
**Reihenschluss** *m (Mech)* **series** *(Allg)*
**Reingas** *nt (Hütt/Wlz) (hinter dem Filter)* **clean gas** *adj:n (Hütt/Wlz)*
**Reingaskamin** *m* **clean gas stack**
**Reinheit** *f (Hütt/Wlz)* **purity** *(Hütt/Wlz)*
**Reinigung** *f (Mech, Allg)* **cleaning** *(Mech, Allg)*
**Reinigungs-Spritzdüse** *f (Mech)* **spray cleaning nozzle** *(Mech)*
**Reinigungskinetiken** *pl f (Mech)* **kinetics of cleaning** *(Mech)*
**Reinigungsklappe** *f (Hütt/Wlz)* **cleaning door** *(Hütt/Wlz)*
**Reinigungsrolle** *f (Anstr, Band, Bg/Bergb)* **cleaning roll** *(Band, Bg/Bergb)*
**Reinigungswagen** *m* **cleaning carriage**
**Reinigungswassersystem** *nt (Hütt/Wlz)* **water cleaning system** *(Hütt/Wlz)*
**Reinigungsziel** *nt (Mech)* **cleaning result** *(Mech)*
**Reinigungszweck** *m (Mech)* **purpose of cleaning** *(Mech)*
**Reinkohle** *f (Bg/Bergb, Zer)* **pure coal** *(Bg/Bergb)*
**Reisezeit** *f (Hütt/Wlz) (des Kessels)* **boiler running hours** *(Hütt/Wlz)*

**Reißbrett** *nt (Stb)* **drawing board** *(Stb)*
**Reißen** *nt (Mech, Allg)* **cracking** *(Mech, Allg)*
**Reißfestigkeit** *f (Mech)* **breaking strength** *(Mech)*
**Reißfolie** *f (Hütt/Wlz)* **tearing foil** *(Hütt/Wlz)*
**Reißkraft** *f (Bg/Bergb) (Ladeschaufel)* **crowd force** *(Bg/Bergb)*
**Reißkraft** *f (Bg/Bergb) (Seilbagger)* **bail pull** *(Bg/Bergb)*
**Reißkraft** *f (Mech, Stat)* **tearing force** *(Mech, Stat)*
**Reißleine** *f* **pull cord** *(Mech)*
**Reißlöffel** *m (Bg/Bergb)* **ripper bucket** *(Bg/Bergb)*
**Reißnadel** *f (Mont)* **scriber** *(Mont)*
**Reißraupe** *f (Bg/Bergb) (Planierraupe mit Reißzahn)* **ripper dozer** *(Bg/Bergb)* (with blade and tooth)
**Reißtiefe** *f (Mech)* **ripping depth** *(Mech)*
**Reißzahn** *m (Bg/Bergb, Zer)* **ripper tooth** *(Bg/Bergb, Zer)*
**Reiter** *m (Mech) (Kabel)* **saddle** *(Mech)*
**Reitwinkel** *m (Mech, Stb)* **bracket angle** *(Mech)*
**Relaisschaltung** *f (Hütt/Wlz)* **relay connection** *(Hütt/Wlz)*
**Relaisventil** *nt (Hyd/Pneu)* **relay valve** *(Hyd/Pneu)*
**Reliefverfahren** *nt (Mech)* **relief method** *(Mech)*
**Renkverschluss** *m (Mech)* **bayonet cap** *(Mech)*
**Reparatur** *f (Mech)* **repair** *(Mech)*
**Reparaturaushöhlung** *f (Hyd/Pneu)* **repair cavity** *(Hyd/Pneu)*
**Reparaturbetrieb** *m (Mech, Allg)* **repair service** *(Mech, Allg)*
**Reparaturfreigabe** *f (Mech, Allg)* **permission to repair** *(Mech, Allg)*
**Reparaturgewebe** *nt (Mech)* **repair fabric** *(Mech)*
**Reparaturkasten** *m (Mech)* **repair kit** *(Mech)*
**Reparatursatz** *m (Mech)* **repair set** *(Mech)*
**Reparaturschweißung** *f (Schw)* **repair welding** *f (Schw)*
**Reparaturteile** *pl nt (Mech)* **repair parts** *pl (Mech)*
**Reserve** *f (Mech)* **reserve** *(Mech, Mont)*
**Reservebestand** *m (Mech)* **back-up stock** *(Mech)*
**Reservekessel** *m (Hütt/Wlz)* **standby boiler** *(Hütt/Wlz)*
**Reservemühle** *f (Zer)* **standby mill** *(Zer)*
**Reservepumpe** *f (Hyd/Pneu)* **standby pump** *(Hyd/Pneu)*
**Reserverad** *nt (Mech)* **spare wheel** *(Kfz)*
**Reserveradhalter** *m (Mech)* **spare wheel carrier** *(Mech)*
**Reservetank** *m (Mech)* **emergency fuel tank** *(Mech)*
**Resonanzschwingsieb** *nt (Zer)* **resonance type oscillating screen** *(Zer)*
**Restbetriebsanzeige** *f (Mech)* **remaining operating potential** *(Mech)*
**Restfeuchte** *f (Mech)* **residual moisture** *adj:n*
**Restgewaltbruch** *m (Mech, Stat)* **resulting fracture caused by force** *(Mech, Stat)*
**Resthärte** *f (Hütt/Wlz)* **residual hardness** *adj:n (Hütt/Wlz)*
**Restprodukt** *nt (Bg/Bergb)* **residual product** *adj:n (Bg/Bergb)*
**Restspannung** *f (Mech)* **residual stress** *adj:n (Mech)*
**Reststaubgehalt** *m* **residual dust content** *adj:n*
**Resttragfähigkeit** *f (Mech) (des Gabelstaplers)* **remaining lifting capacity** *(Mech)*
**Restunwucht** *f (Mech)* **residual unbalance** *adj:n (Mech)*
**Restverlust** *m (Hütt/Wlz)* **unaccounted loss** *adj:n (Hütt/Wlz)*
**Restwandstärke** *f (Hütt/Wlz)* **remaining wall thickness** *(Hütt/Wlz)*
**Resultierende** *f (Mech, Stat)* **resultant** *(Mech, Stat)* (of two or more forces)
**Retarder** *m (Mech) (Verlangsamer)* **retarder** *(Mech)*
**Revolverdrehbank** *f (Hütt/Wlz)* **turret lathe** *(Hütt/Wlz)*
**Revolverdreheinrichtung** *f* **revolver-turning equipment** *(Mech)*
**reynoldssche Zahl** *(Hütt/Wlz)* **Reynolds' number** *(Hütt/Wlz)*
**Rezirkulationsgebläse** *nt (Hütt/Wlz)* **recirculation fan** *(Hütt/Wlz)*
**Rezirkulationsleitung** *f (Hütt/Wlz) (Rauchgas)* **recirculating duct** *(Hütt/Wlz)* (flue gas)

**Richtfehler** *m (Stb) (z.B. nicht exakt fluchtend)* **imperfect straightening** *adj:n (Stb)*
**Richtkraft** *f (Stat)* **straightening force** *(Stat)*
**Richtlatte** *f (Mech)* **straight edge** *adj:n (Mech)*
**Richtlinien für die Ausführung** *(Stb)* **code of practice** *(Allg, Stb)*
**Richtmaschine** *f (Hütt/Wlz) (z.B. für Bleche)* **straightening machine** *(Hütt/Wlz)*
**Richtplatte** *f (Stb)* **straightening plate** *(Stb)*
**Richtpresse** *f (Hütt/Wlz)* **straightening press** *(Hütt/Wlz)*
**Richtscheit** *nt (Mech)* **straight edge** *adj:n (Mech)*
**Richtstrecke** *f (Bg/Bergb) (unter Tage)* **pilot-heading** *(Bg/Bergb)*
**Richtungsfunktion** *f (Mech)* **directivity function** *(Mech)*
**Richtungsgleis** *nt (Bahn) (des Ablaufberges)* **sorting siding** *(Bahn)* (on hump)
**Richtungsorientierung** *f (Mech)* **directioning** *(Mech)*
**Richtungswahlschalter** *m (Mech) (vor- und rückwärts)* **shuttle valve** *(Kfz)*
**Richtwalze** *f (Hütt/Wlz)* **straightening roll** *(Hütt/Wlz)*
**Richtwert** *m (Hütt/Wlz) (Materialzusammensetzung)* **guiding data** *pl (Hütt/Wlz)*
**Riefe** *f (Mech)* **score mark** *(Mech)*
**Riefelung** *f (Mech, Mont)* **grooving** *(Mech, Mont)*
**Riegel** *m (Mech) (Gerüst)* **buckstay** *(Mech, Stb)*
**Riegel** *m (Mech, Stb) (eines Rahmentragwerks bzw. Steifrahmens)* **horizontal span member** *(Mech, Stb)*
**Riegel** *m (Stb, Mech, Bau)* **interlock device** *(Mech)*
**Riegelfeder** *f (Mech)* **interlock spring** *(Mech)*
**Riegelkugel** *f (Mech)* **interlock ball** *(Mech)*
**Riegelstopfen** *m (Mech)* **interlock plug** *(Mech)*
**Riemen** *m (Mech) (z.B. Treibriemen)* **belt** *(Band, Mech)*
**Riemenantrieb** *m (Mech)* **belt drive** *(Band, Umschl, Zer, El, Mech)*
**Riemenbreite** *f (Mech)* **belt width** *(Band, Mech)*
**Riemengeschwindigkeit** *f (Mech, Band) (Riemenantrieb)* **belt speed** *(Band, Mech)*
**Riemenscheibe** *f (Band)* **pulley** *(Band, Bg/Bergb, Umschl, Mech)*
**Riemenscheibe, ballig** ballige Riemenscheibe *adj:n (Band)* **high-crowned belt pulley** *(Band)*
**Riemenscheibe, getrieben** getriebene Riemenscheibe *adj:n (Band)* **driven pulley** *adj:n (Band)*
**Riemenscheibe, treibend** treibende Riemenscheibe *adj:n (Band)* **driving pulley** *(Band, Bg/Bergb, Umschl)*
**Riemenschlupf** *m (Band, Mech)* **slip of the belt** *(Band, Mech)*
**Riemenschutz** *m (Band)* **belt guard** *(Band)*
**Riemenspanner** *m (Band)* **belt tightener** *(Band)*
**Riemenspannrolle** *f (Band)* **idler** *(Mech, Band, Umschl, Bg/Bergb)*
**Riemenspannung** *f (Band)* **belt tension** *(Band)*
**Riementrieb** *m (Mech, Band)* **belt drive** *(Band, Umschl, Zer, El, Mech)*
**Riementrumm** *nt (Band)* **end of the belt** *(Band)*
**Riementrumm, ablaufend** ablaufendes Riementrumm *adj:n (Band)* **side of delivery** *(Band)*
**Riementrumm, auflaufend** auflaufendes Riementrumm *adj:n (Band)* **side engaging with pulley** *(Band)*
**Riementrumm, ungespannt** ungespanntes Riementrumm *adj:n (Band)* **loose side** *adj:n (Band)*
**Riemenverbinder** *m (Band)* **belt joint** *(Band)*
**Rieselgut** *nt (Bg/Bergb, Umschl)* **spillage** *(Bg/Bergb, Band, Umschl)*
**Rieselgutschurre** *f (Zer)* **spillage chute** *(Zer)*
**Riesenkessel** *m (Hütt/Wlz)* **giant boiler** *adj:n (Hütt/Wlz)*
**Riffelblech** *nt (Hütt/Wlz)* **checker plate** *(Stb, Hütt/Wlz)*
**Riffelblech-Bodenbelag** *m (Mech)* **checker plate floor** *(Mech)*
**Riffelblechdecke** *f (Hütt/Wlz)* **checkered-plate top casing** *(Hütt/Wlz)*
**Riffelung** *f (Hütt/Wlz)* **fluting** *(Hütt/Wlz)*

**Rille** *f (Bg/Bergb) (in Seilscheibe, Winde)* **rope groove** *(Bg/Bergb)*
**Rille** *f (Mech)* **flute** *(Mech)*
**Rillenband** *nt (Band)* **flat belt with rib guided in pulley groove** *(Band)*
**Rillenkeil** *m (Mech, Mont)* **fluted wedge** *adj:n (Mech, Mont)*
**Rillenkugellager** *nt (Mech)* **grooved ball bearing** *adj:n (Mech)*
**Rillenprofil** *nt (Mech) (Reifen)* **rib tread** *(Mech)*
**Rillenschiene** *f (Bahn)* **grooved rail** *adj:n (Bahn)*
**Rillenspule** *f (Mech)* **fluted spool** *adj:n*
**Rillenspulenhalter** *m (Mech)* **fluted spool keeper** *(Mech)*
**Rillenwinkel** *m (Band) (Keilriemen)* **groove angle** *(Schw, Mech, Mont, Stb, Band)*
**Rindenkessel** *m (Hütt/Wlz)* **bark-burning boiler** *(Hütt/Wlz)*
**Rindenschäler** *m (Bau)* **slasher** *(Bau)*
**Rindenstücke** *pl nt (Mech, Mont)* **pieces of barks**
**Ring** *m (El)* **ring** *(Mech, El)*
**Ring** *m (Mech) (Ringbuchse)* **collar** *(Mech)*
**Ring, nahtlos gewalzt** nahtlos gewalzter Ring *adj:n (Hütt/Wlz)* **seamless rolled ring** *adj:n (Hütt/Wlz)*
**Ring, treibend** treibender Ring *adj:n (Hütt/Wlz) (Kugelmühle)* **driving ring** *(Hütt/Wlz)*
**Ringausbau** *m (Bg/Bergb) (im Bergwerk)* **circular arch** *adj:n (Bg/Bergb)*
**Ringbahn** *f (Mech, Bahn)* **circular runway** *(Mech)*
**Ringbolzen** *m (Mech)* **fastener** *(El, Mech, Stb)*
**Ringbühne** *f (Hütt/Wlz) (des Hochofens)* **ring platform** *(Hütt/Wlz)*
**Ringfassung** *f (Mech)* **bayonet holder** *(Mech)*
**Ringfederspannelement** *nt (Bg/Bergb)* **locking assembly** *(Bg/Bergb)*
**Ringfläche** *f (Mech)* **ring side** *(Mech)*
**Ringflächenseite** *f (Mech) (des Zylinders)* **annulus** *(Mech)* (piston rod side of cylinder)
**Ringförderer** *m (Band)* **circular conveyor** *(Band)*
**Ringkranbahn** *f (Stb) (in Fabrikhalle)* **ring craneway** *(Stb)* (with trolley)
**Ringlötstück** *nt (Mech)* **solder banjo connection** *(Mech)*
**Ringmantel** *m* **outer web plate**
**Ringmutter** *f (Mech)* **ring nut** *(Mech)*
**Ringöse** *f (Mech)* **eyelet** *(Mech)*
**Ringraum** *m (Hütt/Wlz)* **annulus** *(Hütt/Wlz)*
**Ringrille** *f (Mech)* **circular groove** *adj:n (Mech)*
**Ringrillenkugellager** *nt (Mech)* **ring groove ball bearing** *(Mech)*
**Ringrollenkette, doppelt** doppelte Ringrollenkette *adj:n (Mech)* **double annular roller chain** *(Mech)*
**Ringscheibe** *f (Mech) (Abwurfauslegerabstützung)* **circular base** *(Bg/Bergb)*
**Ringscheider** *m (Zer)* **ring separator** *(Zer)*
**Ringschmierlager** *nt (Mech)* **ring-lubricated bearing** *(Mech)*
**Ringschraube** *f (Mech)* **eye bolt** *(Mech)*
**Ringschurre** *f (Bg/Bergb)* **annular chute** *adj:n (Bg/Bergb)*
**Ringseite** *f (Mech) (des Kolbens im Zylinder)* **ringface of piston** *(Mech)*
**Ringsicherung** *f (Mech)* **ring-type retainer** *(Mech)*
**Ringstutzen** *m (Mech)* **ring support** *(Mech)*
**Ringtonnenlager** *nt (Mech)* **barrel-type bearing** *adj:n (Mech)*
**Ringträger** *m (Bg/Bergb)* **annular frame** *adj:n (Bg/Bergb)*
**Ringträgerhälfte** *f (Bg/Bergb)* **ring frame half** *(Bg/Bergb)*
**Ringwaage** *f (Hütt/Wlz) (Wasser- und Dampfmengenmessung)* **ring balance meter** *(Hütt/Wlz)*
**Ringwagen** *m* **ringwagon**
**Rinne** *f (Mech) (Furche)* **groove** *(Schw)*
**Rinne** *f (Mech) (Kabel)* **duct** *(Mech)*
**Rinnenboden** *m (Stb)* **groove bottom** *(Stb)*
**Rinnendeckel** *m (Mech)* **trough parts** *nt pl*
**Rinnenseitenteile** *pl nt (Mech)* **trough side parts** *pl (Mech)*
**Rippe** *f (Band) (zwischen Unter- und Obergurt)* **web** *(Band)*
**Rippe** *f (Mech)* **rib** *(Mech)*
**Rippenheizrohr** *nt (Mech)* **rib-type radiator pipe** *(Mech)*

**Rippenplatte** *f (Bahn)* **ribbed base plate** *adj:n (Bahn)*
**Rippenrohr** *nt (Hütt/Wlz)* **finned tube** *adj:n (Hütt/Wlz)*
**Rippenrohr-Eko** *m (Hütt/Wlz)* **fin tube economizer** *(Hütt/Wlz)*
**Rippenrohrkühler** *m (Mech)* **finned tubular radiator** *adj:n (Mech)*
**Rippenrohrteilung** *f (Hütt/Wlz)* **tube fins pitch** *(Hütt/Wlz)*
**Rippenschraube** *f (Bahn) (durch Wagonbohle)* **rib bolt** *(Bahn)* (countersunk)
**Rippenstahlblech** *nt (Mech)* **ribbed steel sheet** *(Mech)*
**Riss** *m (Mech, Allg)* **crack** *(Mech, Schw, Allg)*
**Riss** *m (Mech, Allg) (Zeichnung)* **plan** *(Mech, Allg)*
**Rissbildung** *f (Mech, Allg)* **cracking** *(Mech, Allg)*
**Rissempfindlichkeit** *f (Stb)* **crack sensivity** *(Stb)*
**Rissneigung** *f (Stb)* **crack sensivity** *(Stb)*
**Rissprobe unter Einspannung** *(Stb)* **restrained weld test** *adj:n (Stb)*
**Rissprüfung** *f (Mech)* **crack detection test** *(Mech)*
**Risstiefe** *f (Mech) (im Material)* **depth of crack** *(Mech)*
**Ritz** *m (Mech, Allg)* **crack** *(Mech, Schw, Allg)*
**Ritzel** *nt (Mech)* **pinion** *(Mech)*
**Ritzel, warmaufgezogen** warmaufgezogenes Ritzel *adj:n (Mech, Mont)* **shrunk-on pinion** *adj:n (Mech, Mont)*
**Ritzel, zentral** zentrales Ritzel *adj:n (Mech)* **sun gear** *(Mech)*
**Ritzelkammer** *f (Mech)* **pinion box** *(Mech)*
**Ritzelwelle** *f (Mech)* **pinion shaft** *(Mech)*
**Ritzversuch** *m (Bau)* **scratch test** *(Bau)*
**Rm** *(Stat) (Festigkeit des Metalls)* **tensile strength** *(Mech, Stat)*
**Rockwell-Härtegrad** *m (Hütt/Wlz)* **Rockwell hardness** *(Hütt/Wlz)*
**Rockwell-Härteprüfung** *f (Hütt/Wlz, Stb)* **Rockwell hardness test** *(Hütt/Wlz, Stb)*
**Rodezahn** *m (Bg/Bergb)* **stump harvester** *(Bg/Bergb)*
**Rohbraunkohle** *f (Bg/Bergb)* **raw lignite** *(Bg/Bergb)*
**Roheisen** *nt (Hütt/Wlz) (fest)* **pig iron** *(Hütt/Wlz, Stb)*
**Roheisen** *nt (Hütt/Wlz) (flüssig)* **hot iron** *(Hütt/Wlz, Stb)*
**Roheisen-Pfannenwagen** *m (Bahn, Hütt/Wlz)* **pig-iron ladle car** *(Bahn, Hütt/Wlz)*
**Roheisenbehandlungsanlage** *f (Hütt/Wlz)* **hot-metal processing equipment** *(Hütt/Wlz)*
**Roherz** *nt (Bg/Bergb, Umschl, Band, Zer)* **run-of-mine ore** *(Bg/Bergb, Umschl, Band, Zer)*
**Rohgas** *nt (Geo)* **crude gas**
**Rohgas** *nt (Umschl) (Entstaubungsanlage)* **dust-laden air** *adj:n (Umschl)*
**Rohgewicht** *nt (Hütt/Wlz)* **unmachined weight** *adj:n (Hütt/Wlz)*
**Rohgussteil** *nt (Hütt/Wlz)* **rough cast** *(Hütt/Wlz)*
**Rohkohle** *f (Bg/Bergb)* **raw coal** *adj:n (Bg/Bergb)*
**Rohling** *m (Hütt/Wlz) (unbearbeitet)* **moulded blank** *adj:n (Hütt/Wlz)*
**Rohmaß** *nt (Mech)* **rough dimension** *adj:n (Mech)*
**Rohmaterial** *nt (Mech)* **raw material** *(Mech)*
**Rohmehlanlage** *f (Zer)* **raw-meal grinding plant** *(Zer)*
**Rohmetall** *nt (Hütt/Wlz)* **raw metals** *adj:n (Hütt/Wlz)*
**Rohöl** *nt (Geo)* **crude oil** *(Geo)*
**Rohr** *nt (Hyd/Pneu, Mech)* **tube** *(El, Mech)*
**Rohr, bestiftet** bestiftetes Rohr *adj:n* **studded tube** *adj:n*
**Rohr, dickwandig** dickwandiges Rohr *adj:n (Hütt/Wlz)* **thick-walled tube** *adj:n (Hütt/Wlz)*
**Rohr, einlaufend** einlaufendes Rohr *adj:n (Mech)* **running-in tube** *adj:n (Mech)*
**Rohr, gekapselt** gekapseltes Rohr *adj:n (Mech, Hyd/Pneu)* **protected pipework** *adj:n (Mech, Hyd/Pneu)*
**Rohr, gezogen** gezogenes Rohr *adj:n (Hyd/Pneu, Mech)* **drawn tube** *adj:n (Hyd/Pneu, Mech)*
**Rohr, gummiert** gummiertes Rohr *adj:n (Mech)* **rubber-lined pipe** *adj:n (Mech)*
**Rohr, kunststoffummantelt** kunststoffummanteltes Rohr *adj:n (Mech)* **plastic-coated tube** *adj:n (Mech)*
**Rohr, nahtlos** nahtloses Rohr *adj:n (Stb)* **seamless tube** *adj:n (Stb)*

**Rohrablage** *f (Mech, Hyd/Pneu)* **depositing section** *(Mech, Hyd/Pneu)* (tube deposit)
**Rohrabzehrung** *f (Hütt/Wlz)* **tube wear** *(Hütt/Wlz)*
**Rohranhänger** *m (Mont)* **pipe trailer** *(Mont)*
**Rohranordnung** *f (Hütt/Wlz)* **arrangement of tubes** *(Hütt/Wlz)*
**Rohranschlag** *m (Mech, Hyd/Pneu)* **tube stop** *(Mech, Hyd/Pneu)*
**Rohranschluss** *m (Mech, Hyd/Pneu)* **pipe connection** *(Mech, Hyd/Pneu)*
**Rohraufgabe** *f (Mech, Hyd/Pneu)* **tube feeding** *(Mech, Hyd/Pneu)*
**Rohraufhängung mit gleicher Spannung** *(Hütt/Wlz)* **constant-tension tube hanger** *(Hütt/Wlz)*
**Rohraufweitung** *f (Hütt/Wlz)* **tube bulge** *(Hütt/Wlz)*
**Rohrauskleidung** *f (Hütt/Wlz) (Kühlfläche)* **tubulous lining** *(Hütt/Wlz)*
**Rohrausleger** *m (Bg/Bergb)* **tubular boom structure** *(Bg/Bergb)*
**Rohrauswechslung** *f (Hütt/Wlz)* **tube renewal** *(Hütt/Wlz)*
**Rohrbefestigungsklemme** *f (Mech)* **pipe retaining clamp** *(Mech)*
**Rohrbeläge** *pl m (Hütt/Wlz)* **deposits** *pl (Mech, Chem, boi)*
**Rohrbiegemaschine** *f (Hütt/Wlz, Mech)* **pipe bending machine** *(Hütt/Wlz, Mech)*
**Rohrbogen** *m (Mech)* **pipe bend** *(Mech, Hütt/Wlz)*
**Rohrbruch** *m (Mech)* **pipe burst** *(Mech)*
**Rohrbruchsicherung** *f (Bg/Bergb)* **pipe anti-burst device** *(Bg/Bergb)*
**Rohrbruchventil** *nt (Hyd/Pneu)* **pipe-break valve** *(Mech)*
**Rohrbrücke** *f (Stb)* **pipe bridge** *BE (Stb)*
**Rohrbrunnen** *m (Bau)* **tube well** *(Bau)*
**Rohrbündel** *nt (Hütt/Wlz)* **bank of tubes** *(Hütt/Wlz)*
**Röhrchendrahtschweißen** *nt (Schw)* **flux-cored arc welding** *(Schw, Mech, Mont)*
**Rohrdimension** *f (Hütt/Wlz)* **size of tube** *(Hütt/Wlz)*
**Rohrdurchmesser** *m (Hütt/Wlz) (außen)* **outside diameter** *(El, Mech, Hyd/Pneu)*
**Rohrdurchmesser** *m (Hütt/Wlz) (innen)* **inside diameter** *(Mech, Hütt/Wlz)*
**Röhre** *f (Hyd/Pneu) (Bandwaage)* **valve** *(Hyd/Pneu)*
**Röhre** *f (Mech)* **tube** *(El, Mech)*
**Röhrenkühler** *m (Mech)* **tubular radiator** *(Mech)*
**Röhrenmaterial** *nt (Hütt/Wlz)* **tubing** *(Hütt/Wlz, Mech, Hyd)*
**Röhrentrockner** *m (Mech)* **tubular drier** *adj:n (Mech)*
**Röhrenwerk** *nt (Mech)* **pipe mill** *(Mech)*
**Rohrerosion** *f (Hütt/Wlz)* **tube erosion** *(Hütt/Wlz)*
**Rohrfeder-Kreisform** *f* **tube spring circular form**
**Rohrflansch** *m (Mech)* **tube flange** *(Mech)*
**Rohrformstück** *nt (Mech, Hyd/Pneu)* **pipe fitting** *(Mech, Hyd/Pneu)*
**Rohrgasse** *f (Hütt/Wlz) (im Rohrbündel)* **tube lane** *(Hütt/Wlz)*
**Rohrgelenkstück** *nt (Mech)* **pipe joint** *(Mech)*
**Rohrgerippe mit Ventilen** *(Bg/Bergb) (unter der Kabine)* **cascade** *(Bg/Bergb)* (pipes and valves under cab)
**Rohrgerüst** *nt (Stb)* **tubular scaffolding** *adj:n (Stb)*
**Rohrgewinde** *nt (Mech)* **pipe thread** *(Mech)*
**Rohrgraben** *m (Bau)* **pipe trench** *(Bau)*
**Rohrhalteflosse** *f (Hütt/Wlz) (in Feuerraumwand)* **tube tiebar connection** *(Hütt/Wlz)*
**Rohrhalter** *m (Mech)* **pipe clamp** *(Mech, El)*
**Rohrharfenkessel** *m (El)* **external cooling tubes** *adj:n (El)*
**Rohrherstellung** *f (Hütt/Wlz)* **pipe manufacturing** *(Hütt/Wlz)*
**Rohrklasse** *f (Stb)* **pipeline class** *(Stb)*
**Rohrkondensator** *m (Hütt/Wlz)* **tubular capacitor** *adj:n (Hütt/Wlz)*
**Rohrkonstruktion** *f* **tubular construction** *adj:n (Mech)*
**Rohrkrümmer** *m (Hütt/Wlz)* **pipe bend** *(Mech, Hütt/Wlz)*
**Rohrkrümmung** *f (Hütt/Wlz)* **tubing curvature** *(Hütt/Wlz)* (tubing warp)
**Rohrlänge, gestreckt** gestreckte Rohrlänge *adj:n (Mech)* **free tube length** *adj:n (Mech)*
**Rohrlasche** *f (Stb)* **tube bracket** *(Stb)*

**Rohrleckage** *f (Hütt/Wlz)* **tube leakage** *(Hütt/Wlz)*
**Rohrlegewinde** *f (Mont)* **pipe laying winch** *(Mont)*
**Rohrleitung** *f (El) (Kabel)* **cable conduit** *(El, Mech)*
**Rohrleitung** *f (Mech, Hyd/Pneu)* **pipeline** *(Mech, Hyd/Pneu)*
**Rohrleitungsanschluss** *m (Mech, Hyd/Pneu)* **pipe connection** *(Mech, Hyd/Pneu)*
**Rohrleitungsarmatur** *f (Mech, Hyd/Pneu)* **pipe fitting** *(Mech, Hyd/Pneu)*
**Rohrleitungsbrücke** *f (Stb)* **pipe bridge** *BE (Stb)*
**Rohrleitungsplan** *m* **pipe diagram** *(Hyd/Pneu)*
**Rohrleitungssystem** *nt (Hütt/Wlz)* **pipe system** *(Hütt/Wlz)*
**Rohrleitungsteil** *nt (Mech)* **pipeline element** *(Mech)*
**Rohrleitungsverbindungsstück** *nt (Mech, Hyd/Pneu)* **fitting** *(Mech, Hyd/Pneu)*
**Rohrloch** *nt (Hütt/Wlz)* **tube hole** *(Hütt/Wlz)*
**Rohrmast** *m (Stb)* **tubular pole** *adj:n (Stb)*
**Rohrmuffe** *f (Mech)* **tube coupling** *(Mech)*
**Rohrmühle** *f (Zer)* **tube mill** *(Zer)*
**Rohrmutter** *f (Mech)* **pipe nut** *(Mech)*
**Rohrnetzplan** *m (Stb)* **plan for pipe-systems** *(Stb)*
**Rohrniet** *m (Mech)* **tubular rivet** *adj:n (Mech)*
**Rohrnippel** *m (Mech)* **pipe nipple** *(Mech)*
**Rohrnorm** *f (Mech)* **pipe standard** *(Allg)*
**Rohrplan** *m (Mech)* **tube layout** *(Mech)*
**Rohrplatte** *f (Hütt/Wlz)* **tube plate** *(Hütt/Wlz)*
**Rohrprüfanlage** *f (Hütt/Wlz)* **tube test installation** *(Hütt/Wlz)*
**Rohrprüfkopf** *m (Mech)* **tube testing probe** *(Mech)*
**Rohrprüfkopfhalterung** *f (Hütt/Wlz)* **tube probe holder** *(Hütt/Wlz)*
**Rohrquerschnitt** *m (Stb)* **tube section** *(Stb)*
**Rohrquerstrebe** *f (Stb)* **tubular cross member** *adj:n (Stb)*
**Rohrrahmen** *m (Mech)* **tubular frame** *adj:n (Mech)*
**Rohrreduzierstück** *nt (Hütt/Wlz)* **pipe reducer** *(Hütt/Wlz)*
**Rohrreißer** *m (Hütt/Wlz)* **tube crack** *(Hütt/Wlz)*
**Rohrrolle** *f (Hütt/Wlz) (für Dehnungen)* **pipe roll** *(Hütt/Wlz)*
**Rohrschaden** *m (Hütt/Wlz)* **tube failure** *(Hütt/Wlz)*
**Rohrschelle** *f (Mech)* **pipe bracket** *(Mech, El)*
**Rohrschlange** *f (Hütt/Wlz)* **tube coil** *(Hütt/Wlz)*
**Rohrschlange** *f (Hütt/Wlz) (hängend)* **pendant continuous loop** *adj:n (Hütt/Wlz)*
**Rohrschneider** *m (Mont)* **pipe cutter** *(Mont)*
**Rohrschneidkluppe** *f (Mont)* **die stock** *(Mont)*
**Rohrsektor** *m (Hütt/Wlz)* **tubular sector** *adj:n (Hütt/Wlz)*
**Rohrspannbacke** *f (Mech) (am Schraubstock)* **pipe clamping jaw** *(Mech)* (on vise)
**Rohrstoß mit Einsteckmuffe** *(Stb)* **muff joint** *(Stb)*
**Rohrstütze** *f (Mech)* **pipe support** *(Mech)*
**Rohrstutzelement** *nt (Mech)* **pipe socket element** *(Mech)*
**Rohrstutzen** *m (Mech)* **pipe socket** *(Mech)*
**Rohrteilung** *f (Hütt/Wlz)* **tube spacing** *(Hütt/Wlz)*
**Rohrtransport** *m (Bahn) (Rohrvorschub)* **tube advance** *(Bahn)*
**Rohrtransporter** *m (Mech)* **pipe transporter** *(Mech)*
**Rohrtraverse** *f (Hütt/Wlz)* **pivot bar** *(Hütt/Wlz)*
**Rohrüberhitzung** *f (Hütt/Wlz)* **tube overheating** *(Hütt/Wlz)*
**Rohrverbindung** *f (Mech) (z.B. Flansche)* **pipe connection** *(Mech, Hyd/Pneu)*
**Rohrverlegung** *f (Mech)* **piping** *(Mech, Schiff, Hyd/Pneu)*
**Rohrverschluss** *m (Hütt/Wlz)* **tube closing** *(Hütt/Wlz)*
**Rohrverschraubung** *f (Mech, Hyd/Pneu)* **screwed pipe connection** *adj:n (Hyd/Pneu, Mech)*
**Rohrverzweigung** *f (Hütt/Wlz)* **pipe branch** *(Hütt/Wlz)*

**Rohrvorschub** *m (Mech)* **tube travel** *(Mech)* (tube feed)
**Rohrwalzgerät** *nt (Hütt/Wlz)* **tube expander** *(Hütt/Wlz)*
**Rohrwand** *f (Hütt/Wlz)* **tube wall** *(Hütt/Wlz)*
**Rohrwand** *f (Hütt/Wlz) (Kühlschirm)* **waterwall** *(Hütt/Wlz)*
**Rohrwand, geschlossen** geschlossene Rohrwand *adj:n (Hütt/Wlz)* **tangent tube construction** *(Hütt/Wlz)*
**Rohrwandtemperatur** *f (Hütt/Wlz)* **tube wall temperature** *(Hütt/Wlz)*
**Rohrwandung** *f (Hütt/Wlz)* **tube wall** *(Hütt/Wlz)*
**Rohrweiterverarbeitung** *f (Hütt/Wlz)* **finishing of tubulars** *(Hütt/Wlz)*
**Rohrwerks-Engineering** *nt (Hütt/Wlz)* **pipe mill engineering** *(Hütt/Wlz)*
**Rohstahl** *m (Hütt/Wlz)* **crude steel** *(Hütt/Wlz)*
**Rohstoff** *m (Mech)* **raw material** *(Mech)*
**Rohstoff-Ballenklammer** *f (Mech)* **clamp for waste material** *(Mech)*
**Rohstoffanalyse** *f (Mech)* **raw-material analysis** *(Mech)*
**Rohstoffgewinnung** *f (Mech)* **obtaining of raw materials** *(Mech)*
**Rohteil** *nt (Hütt/Wlz)* **unmachined part** *adj:n (Hütt/Wlz)*
**Rohtrommel** *f* **raw pulley**
**Rohwasser** *nt (Hütt/Wlz)* **crude water** *(Hütt/Wlz)*
**Rohwasserzuführkanal** *m (Hütt/Wlz)* **raw-water intake tunnel** *(Hütt/Wlz)*
**Rohzink** *nt (Mech)* **crude zinc** *(Mech)*
**Rohzustand** *m (Mech, Hütt/Wlz)* **crude condition** *(Mech, Hütt/Wlz)*
**Rollbahnwagen** *m (Mech)* **side tipping wagon** *(Mech)*
**Rollbock** *m (Bahn) (Schmalspurbahn)* **wagon carriage** *(Bahn)* (narrow gauge)
**Rollboden** *m (Bg/Bergb) (Schürfkübel)* **retractable floor** *adj:n (Bg/Bergb)*
**Rollboden** *m (Mech)* **ejector floor** *(Mech)*
**Rollbrücke** *f* **roller bridge**
**Rolldach** *nt (Bahn)* **roller-shutter roof** *(Bahn)*
**Rolle** *f (Band) (Rollenstation, Rollensatz)* **idler** *(Mech, Band, Umschl, Bg/Bergb)*
**Rolle** *f (Hütt/Wlz) (des Gewindes nach dem Vergüten)* **roll** *(Hütt/Wlz)* (threads after quench and temper)
**Rolle** *f (Mech) (am Laufwerk)* **roller** *(Mech)*
**Rolle mit Gummiauflage** *(Band)* **rubber-tread idler** *(Band, Umschl)*
**Rolle, mittlere** mittlere Rolle *adj:n (Band) (Bandrolle)* **centre idler roll** *BE (Band)*
**Rolle, schräggestellt** schräggestellte Rolle *adj:n (Band)* **tilted idler** *adj:n (Band)*
**Rollen** *nt (Hütt/Wlz) (des Zylinderrohres, innen)* **roller burnishing** *(Hütt/Wlz)*
**Rollenabstand** *m (Band)* **idler spacing** *(Band)*
**Rollenachslager** *nt (Bahn)* **roller-bearing type axle box** *(Bahn)*
**Rollenbahn** *f (Mech)* **conveyor** *(Band, Bg/Bergb)*
**Rollenbandmaß** *nt (Mont)* **roller tape measure** *(Mont)*
**Rollenboden** *m (Band, Umschl)* **formed end plate of belt idler** *(Bg/Bergb, Umschl, Zer, Band)*
**Rollendrehkranz** *m (Bg/Bergb) (mit Rollen)* **roller-bearing slewing ring** *(Bg/Bergb, Mech)*
**Rollendrehverbindung** *f (Bg/Bergb)* **roller-bearing slewing ring** *(Bg/Bergb, Mech)*
**Rollendurchmesser** *m (Mech)* **roller diameter** *(Mech)*
**Rollenförderer** *m (Mech)* **gravity roller** *(Mech)*
**Rollenführungsgehäuse** *nt (Mech)* **roller guide housing** *(Mech)* (idler)
**Rollengirlande** *f (Bg/Bergb, Umschl, Zer, Band)* **garland idler** *(Bg/Bergb, Umschl, Zer, Band)*
**Rollenhalterung** *f (Bg/Bergb, Umschl, Band)* **idler mounting** *(Bg/Bergb, Umschl, Band)*
**Rollenhebel** *m* **roller lever**
**Rollenhebel-Ventil** *nt (Mech)* **valve with roller lever** *(Mech)*
**Rollenhöhe** *f (Mech) (z.B. des Kranes)* **sheave height** *(Mech)*
**Rollenkäfig** *m (Mech)* **roller frame** *(Mech, Band)* (idler)
**Rollenkette** *f (Mech) (Bandwaage)* **roller chain** *(Mech)*
**Rollenklammer** *f (Mech)* **roll clamp** *(Mech)*
**Rollenkopf** *m (Bg/Bergb) (am Seilzug des Schaufelradbaggers)* **pulley head** *(Bg/Bergb)*

**Rollenkopfträger** *m (Band, Umschl)* **pulley head beam** *(Band, Umschl)*
**Rollenkörper** *m (Band, Umschl)* **idler barrel** *(Band, Umschl)*
**Rollenlager** *nt (Mech)* **roller bearing** *(Mech, Stb)*
**Rollenlagerring** *m (Mech)* **cup** *(Mech)* (of roller bearing)
**Rollenlänge** *f (Band, Umschl)* **idler face** *(Band)*
**Rollenmantel** *m (Band, Umschl)* **idler shell** *(Band, Umschl)*
**Rollenrichten** *nt (Stb)* **roll straightening** *(Stb)*
**Rollenrost** *m (Zer)* **roller grizzly** *(Zer)*
**Rollensatz** *m (Bg/Bergb, Umschl, Band)* **idler** *(Mech, Band, Umschl, Bg/Bergb)*
**Rollenschieber** *m (Hütt/Wlz) (Schamottindustrie)* **roller-sliding gate** *(Hütt/Wlz)*
**Rollenschlitten** *m (Mech)* **carriage** *(Bahn, Mech)*
**Rollenschütz** *nt (Stb)* **roller gate** *(Stb)*
**Rollenspriegel** *m (Mech)* **roller bow** *(Mech)*
**Rollenstation** *f (Bg/Bergb, Umschl, Band, Zer)* **belt idler** *(Band, Umschl, Bg/Bergb)* (set of idler rolls)
**Rollenstößel** *m (Hyd/Pneu)* **roller tappet** *(Hyd/Pneu)*
**Rollenstuhl** *m (Band, Umschl)* **idler support** *(Band, Umschl)*
**Rollenträgerschott** *n* **partition in the sheave traverse**
**Rollentripel** *nt (Mech)* **triple roller guide** *(Mech)*
**Rollenwagen** *m (kleine Laufwerksschwinge)* **equalizer**
**Rollenzählwerk** *n* **roll counter**
**Rollenzug** *m (Stb)* **pulling rope** *(Stb)*
**Roller** *m (Umschl) (Flaschenzug)* **pulley** *(Band, Bg/Bergb, Umschl, Mech)*
**Rollerz** *nt (Bg/Bergb)* **alluvial ore** *(Bg/Bergb)*
**Rollgang** *m (Mech) (angetrieben)* **live roller bed** *(Mech)*
**Rollgang** *m (Mech) (nicht angetrieben)* **idle roller bed** *(Mech)*
**Rollgangshöhe** *f (Mech)* **roller conveyor level** *(Mech)*
**Rollgangslänge** *f (Mech)* **length of roller conveyor** *(Mech)*
**Rollgangsniveau** *nt (Mech)* **roller conveyor surface level** *(Mech)*
**Rollgangsrahmen** *m (Mech)* **roller rack** *(Mech)*
**Rollgeschwindigkeit** *f (Mech)* **roller conveyor surface speed** *(Mech)*
**Rollgurtförderer** *m (Band, Bg/Bergb)* **tube conveyor** *(Bg/Bergb, Band)*
**Rollkran** *m (Mech) (fahrbar)* **mobile crane** *adj:n (Mech)*
**Rollreifenfass** *nt (Mech)* **drum with removable head and rolling hoop** *(Mech)*
**Rollschicht** *f (Stb)* **brick-on-edge** *(Stb)*
**Rollschlitten** *m (Mech)* **roller guide** *(Mech)*
**Rollschweißen** *nt (Schw)* **wheel resistant welding** *(Schw)*
**Rollwagen** *m (Bahn) (Schiene / Straße)* **transport truck** *(Bahn)* (road / rail)
**Rollwiderstand** *m (Mech, Stat) (Gerät auf Rollen)* **rolling resistance** *(Stat)*
**Rollwinkel** *m (Mech)* **rolling angle** *(Mech)* (around the longitudinal axis)
**Röntgenüberpüfung** *f (Schw)* **X-ray testing** *(Schw)*
**Rosette** *f (Mech, Mont) (Ankerplatte)* **round anchoring plate** *nt (Mech, Mont)*
**Rosettenring** *m (Mech, Mont)* **collar ring** *(Mech)*
**Rost** *m (Band, Zer)* **grizzly** *(Zer)*
**Rost** *m (Mech) (Gitter)* **grating** *(Mech, Mont)*
**Rost mit Blastisch** *(Hütt/Wlz)* **spreader stoker** *(Hütt/Wlz)*
**Rost, schräg** schräger Rost *adj:n (Hütt/Wlz)* **inclined grate** *adj:n (Hütt/Wlz)*
**Rostabdeckplatte** *f (Hütt/Wlz) (verglast)* **cover plate** *(Mech, Stb)*
**Rostabdichtung** *f (Hütt/Wlz) (seitlich)* **side grate seal** *(Hütt/Wlz)*
**Rostbalkenträger** *m (Mech)* **grate bearing** *(Mech)*
**Rostbelastung** *f (Hütt/Wlz)* **fuel fired per square foot of grate** *(Hütt/Wlz)*
**Rostbreite** *f (Hütt/Wlz)* **width of grate** *(Hütt/Wlz)*
**Rostdurchfall** *m (Hütt/Wlz)* **riddlings** *(Hütt/Wlz)*
**Rostdurchfalltrichter** *m (Hütt/Wlz)* **riddlings hopper** *(Hütt/Wlz)*
**Rostdurchfallverlust** *m (Hütt/Wlz)* **riddlings loss** *(Hütt/Wlz)*
**Rostdurchfallwiederaufgabe** *f (Hütt/Wlz)* **riddlings return** *(Hütt/Wlz)*

**Rostfläche** *f (Hütt/Wlz)* **grate area** *(Hütt/Wlz)*
**Rostkessel** *m (Hütt/Wlz)* **stoker-fired boiler** *(Hütt/Wlz)*
**Rostkorbausziehwagen** *m (Bg/Bergb)* **grate basket trolley** *(Bg/Bergb)*
**Rostkühler** *m (Bg/Bergb)* **grate cooler** *(Bg/Bergb)*
**Rostlänge** *f (Hütt/Wlz)* **length of grate** *(Hütt/Wlz)*
**Rostrahmen** *m (Mech)* **grate bearing** *(Mech)*
**Rostschlussstab** *m (Hütt/Wlz) (seitlich)* **side seal link** *(Hütt/Wlz)*
**Rostspalte** *f (Hütt/Wlz)* **grate opening** *(Hütt/Wlz)*
**Roststab** *m (Hütt/Wlz)* **grate link** *(Hütt/Wlz)*
**Roststabreinigungsvorrichtung** *f (Hütt/Wlz)* **grate cleaning device** *(Hütt/Wlz)*
**Roststabträger** *m (Hütt/Wlz)* **skid bar** *(Hütt/Wlz)*
**Rostträger** *m (Mech)* **grate bearing** *(Mech)*
**Rosttrichter** *m (Hütt/Wlz)* **coal hopper** *(Hütt/Wlz)*
**Rostumlenktrommel, hinten** hintere Rostumlenktrommel *adj:n (Hütt/Wlz)* **rear idler drum** *(Hütt/Wlz)*
**Rostvorschub** *m (Hütt/Wlz)* **speed of the grate** *(Hütt/Wlz)*
**Rostwalze** *f (Zer)* **grizzly roll** *(Zer)*
**Rostwärmebelastung** *f (Hütt/Wlz)* **stoker burning rate** *(Hütt/Wlz)*
**Rostwelle** *f (Bg/Bergb) (vorn)* **driving sprocket** *(Bg/Bergb)*
**Rotationspumpe** *f (Hyd/Pneu)* **rotary pump** *adj:n (Hyd/Pneu)*
**Rotguss** *m (Hütt/Wlz)* **red brass** *(Hütt/Wlz)*
**Rotor** *m (Mech)* **rotor** *(El, Mech)*
**Rotor** *m (Mech) (Turbolader)* **rotating assembly** *(Mech)*
**Rotorlager** *nt (Mech)* **rotor bearing** *(Mech)*
**Rotorscheibe** *f (Mech)* **rotor disc** *(Mech)*
**Rotorscheider** *m (Zer)* **rotor separator** *(Zer)*
**Rotorwelle** *f (Mech)* **rotor shaft** *(Mech)*
**Routinebefahrung** *f (Hütt/Wlz)* **routine inspection** *(Hütt/Wlz)* (of the boiler)
**Rubin** *m (Geo) (roter Edelstein)* **ruby** *(Geo)*
**Rückansicht** *f (Stb)* **rear view** *(Stb)*
**Rückdruckverwertung** *f (Bg/Bergb) (Serienschaltung)* **back-pressure utilization** *(Bg/Bergb)*
**Rückenschneide** *f (Bg/Bergb)* **rear cutting edge** *(Bg/Bergb)*
**Rückenschutz** *m (Stb)* **safety cage** *(Stb)*
**Rückfahren** *nt (Hütt/Wlz) (z.B. des Rußbläsers)* **retraction** *(Hütt/Wlz)* (soot blower)
**Rückfahrsperre** *f (Mech) (beim Kippen der Mulde)* **reversing lock** *(Mech)* (tipping body)
**Rückflanke** *f (Mech)* **non-working flank** *(Mech)*
**Rückfluss** *m (Mech)* **backflow** *(Mech)*
**Rückführleitung** *f (Mech)* **scavenge line** *(Mech)*
**Rückführung** *f (Mech) (Kolben)* **return** *(Mech)*
**Rückführungsband** *nt (Band)* **reclaiming conveyor** *(Zer)*
**Rückhalteautomat** *m (Mech)* **restraint automatic** *(Mech)*
**Rückhaltekette** *f (Mech)* **backstay** *(Mech)*
**Rückholfeder** *f (Mech) (Zylinder)* **track recoil spring** *(Mech)*
**Rückholplatte** *f (Mech) (der Pumpe)* **backplate** *(Mech)* (of a pump)
**Rückholseil** *nt (Mech)* **back haul** *(Mech)*
**Rückhub** *m (Mech) (Kolben)* **return stroke** *(Mech)*
**Rückkippbegrenzung** *f (Bg/Bergb)* **roll-back limit** *(Bg/Bergb)*
**Rückkopf** *m (Mech)* **shifting head** *(Mech)*
**Rückladeanlage** *f (Umschl)* **reclaiming plant** *(Umschl)*
**Rückladegerät** *nt (Umschl) (Schaufelradgerät)* **bucket wheel loader** *(Umschl)*
**Rücklader** *m (Umschl)* **reclaimer** *(Umschl)*
**Rücklauf** *m (Mech, Hyd/Pneu)* **return flow** *(Hyd/Pneu)*
**Rücklaufachse** *f (Mech)* **reverse idler shaft** *(Mech)*
**Rücklaufbuchse** *f (Mech)* **reverse idler gear bushing** *(Mech)*
**Rücklaufdoppelrad** *nt (Mech)* **reverse twin gear** *(Mech)*
**Rücklauffilter** *m (Mech, Hyd/Pneu)* **return line filter** *(Mech, Hyd/Pneu)*

**Rücklaufförderbrücke** *f (Band)* **counterflow belt** *(Band)*
**Rücklaufhemmung** *f* **non-reverse stop**
**Rücklaufleitung** *f (Mech, Hyd/Pneu)* **return pipe** *(Hyd/Pneu)*
**Rücklaufrad** *nt (Mech)* **reverse idler gear** *(Mech)*
**Rücklaufritzel** *nt (Mech)* **reverse pinion** *(Mech)*
**Rücklaufrohr** *nt (Hyd/Pneu)* **return pipe** *(Hyd/Pneu)*
**Rücklaufrolle** *f (Zer) (Plattenband)* **return roller** *(Zer)*
**Rücklaufschaufel** *f (Zer) (Autogenmühle)* **return scoop** *(Zer)*
**Rücklaufsperre** *f (Mech)* **hold-back**
**Rücklauftemperatur** *f (Hütt/Wlz) (des Wassers)* **return temperature** *(Hütt/Wlz)* (water)
**Rückleistung** *f (Mech)* **feed back** *(Mech)*
**Rückmaschine** *f (Mech) (für Holz)* **grapple skidder** *(Mech)*
**Rückmeldeschalter** *m (Mech)* **reset switch** *(Mech)*
**Rückprall** *m (Mech)* **backlash** *(Mech)*
**Rücksaugung** *f (Hütt/Wlz)* **withdrawal** *(El, Hyd/Pneu)*
**Rückschlag** *m (Mech) (Motor)* **back kick** *(Mech)*
**Rückschlagventil** *nt (Hyd/Pneu)* **check valve** *(Hyd/Pneu)*
**Rückschlagventil für Schwenkschild** *(Mech)* **angle check valve** *(Mech)*
**Rückschlagventil, gerade** gerades Rückschlagventil *adj:n (Hyd/Pneu)* **in-line check valve** *(Hyd/Pneu)*
**Rückschlagventil, hydraulisch entsperrbar** hydraulisch entsperrbares Rückschlagventil *adj:n (Hyd/Pneu)* **pilot operated check valve** *adj:n (Hyd/Pneu)*
**Rückschub-Müllbrennrost** *m (Hütt/Wlz)* **reciprocating grate incinerator stoker** *(Hütt/Wlz)*
**Rückspannweg** *m (Band)* **retensioning distance** *(Band)*
**Rückspülleitung** *f (Mech)* **scavenge line** *(Mech)*
**Rückspülpumpe** *f (Hyd/Pneu)* **scavenger pump** *(Hyd/Pneu)*
**Rückstand** *m (Mech, Chem)* **refuse** *(Mech, Allg)*
**Rückstände** *pl m (Mech, Chem)* **deposits** *pl (Mech, Chem, boi)*
**Rückstandsöl** *nt (Hütt/Wlz)* **residual oil** *adj:n (Hütt/Wlz)*
**Rückstandsölkessel** *m (Hütt/Wlz)* **residual-oil fired boiler** *(Hütt/Wlz)*
**Rückstau** *m (Hyd/Pneu) (Druck)* **back pressure** *(Hyd/Pneu)*
**Rückstellmoment** *nt (Band, Mech)* **restoring torque** *(Band, Mech)*
**Rückstellmoment, erforderlich** erforderliches Rückstellmoment *adj:n (Band, Mech)* **required restoring torque** *adj:n (Band, Mech)*
**Rückstoß** *m* **reaction power**
**Rückstoßfeder** *f (Mech) (Anlasser)* **cavit** *(Mech)*
**Rückstoßfeder** *f (Zer, Mech)* **recoil spring** *(Zer, Mech)*
**Rückstrahlung** *f (El, Hütt/Wlz)* **radiation reflection** *(Hütt/Wlz)*
**Rückstreuventil** *nt (Hyd/Pneu)* **check valve** *(Hyd/Pneu)*
**Rückstrom** *m (Hyd/Pneu)* **return flow** *(Hyd/Pneu)*
**Rückströmung** *f (Mech)* **backflow** *(Mech)*
**Rückverladung** *f (Umschl)* **reclaiming** *(Umschl)* (e.g. material from a pile)
**Rückwand** *f (Bg/Bergb) (der Klappschaufel)* **rear wall** *(Bg/Bergb)*
**Rückwand** *f (Mech)* **rear panel** *(Mech)*
**Rückwandablass** *m (Hütt/Wlz)* **rear wall drain valve** *(Hütt/Wlz)*
**Rückwandfallrohre** *pl nt (Hütt/Wlz)* **rear wall downcomers** *pl (Hütt/Wlz)*
**Rückwandrahmen** *m (Mech)* **rear panel frame** *(Mech)*
**Rückwandsammler** *m (Hütt/Wlz)* **rear wall header** *(Hütt/Wlz)*
**Rückwandsteigrohre** *pl nt (Hütt/Wlz)* **rear wall risers** *pl (Hütt/Wlz)*
**Rückwärtsflanke** *f (Mech) (Getriebe)* **backward flank** *adj:n (Mech)*
**Rückwärtsgang** *m (Hütt/Wlz) (Rußbläser)* **retraction** *(Hütt/Wlz)* (soot blower)
**Rückwärtsganganschlag** *m (Mech)* **reverse gear stop** *(Mech)*
**Rückwärtskipper** *m (Mech)* **rear-dump lorry** *BE (Mech)*
**Rückzug** *m (Hyd/Pneu)* **return** *(Mech)*
**Rückzugfeder** *f (Mech)* **return spring** *(Mech)*

**Ruhespannung** *f (Stat)* **rest potential** *(Stat)*
**Ruhestellung** *f (Mech)* **resting position** *(Mech)*
**Ruhestrombremse** *f (Mech) (Sicherheitsbremse)* **fail-safe brake** *adj:n (Mech, El)*
**Ruhezeit** *f (Schw)* **off-time** *(Schw)*
**Ruhpenetration** *f (Hütt/Wlz)* **unworked penetration** *adj:n (Hütt/Wlz)*
**Rühraggregat** *nt (Zer)* **agitator assembly** *(Zer)*
**Rührmischer** *m (Zer)* **agitator** *(Zer, Aufb)*
**Rundbiegen** *nt (Form)* **circular bending** *(Form)*
**Rundbühne** *f (Hütt/Wlz) (des Hochofens)* **ring platform** *(Hütt/Wlz)*
**Rundbühne** *f (Stb)* **circular platform** *adj:n (Stb)*
**Runddichtring** *m (Mech)* **O-ring seal** *(Mech)*
**Rundeisen** *nt (Stb, Hütt/Wlz)* **round bar** *(Hütt/Wlz, Stb, Mech)*
**Runden** *nt (Mech, Mont)* **rounding** *(Mech, Mont, Allg)*
**Rundfassung** *f (Thermometer)* **round frame** *(Mech)* (thermometer)
**Rundflansch** *m (Mech)* **round flange** *(Mech)*
**Rundheit** *f (Mech)* **rounding** *(Mech, Mont, Allg)*
**Rundholz** *nt (Stb)* **round timber** *adj:n (Stb)*
**Rundholzgreifer** *m (Mech) (am Stapler)* **lumber grapple** *(Mech)*
**Rundkeil** *m (Mont)* **rounded key** *adj:n (Mech)*
**Rundkeilnut** *f (Mech, Mont)* **rounded key bore** *adj:n (Mech)*
**Rundkipper** *m (Bahn) (zur Wagonentladung)* **rotary-dump equipment** *(Bahn)*
**Rundkippmulde** *f (Mech)* **all-sides discharge skip** *(Mech)*
**Rundkippwagen** *m (Umschl)* **all-round dump car** *(Umschl)*
**Rundknüppel** *m (Hütt/Wlz)* **round billet** *adj:n (Hütt/Wlz)*
**Rundkolbenpresse** *f (Mech)* **annular piston jack** *adj:n (Mech)*
**Rundkopfniet** *m (Mech)* **button head rivet** *(Mech)*
**Rundlager mit Brückenkratzer** *(Bg/Bergb)* **circular stockpile with bridge reclaimer** *(Bg/Bergb)*
**Rundlauf** *m (Mech)* **cyclic running** *adj:n (Mech)*
**Rundlaufabweichung** *f (Mech)* **deviation of the cylic running** *(Mech)*
**Rundlauffehler** *m (Mech)* **rotating fault** *(Mech)*
**Rundlaufgenauigkeit** *f (Mech)* **concentricity** *(Mech)*
**Rundlauftoleranz** *f (Mech)* **tolerance with respect to circularity** *(Mech)*
**Rundlitzenseil** *nt (Mech)* **round strand voge** *(Mech)*
**Rundlochnaht** *f (Schw)* **plug weld** *(Schw)*
**Rundmaterial** *nt (Hütt/Wlz)* **round stock** *(Hütt/Wlz)*
**Rundnaht** *f (Schw, Mech, Mont)* **circumferential joint** *adj:n (Schw, Mech, Mont)*
**Rundpuffer** *m (Mech)* **damper** *(Mech)*
**Rundschachtgreifer** *m (Bg/Bergb)* **well grab** *(Bg/Bergb)*
**Rundschnur** *f (Mech)* **round cord** *adj:n (Mech)*
**Rundschnurring** *m (Mech)* **round cord ring** *(Mech)*
**Rundschweißung** *f (Schw)* **circumferential weld** *adj:n (Schw)*
**Rundstab** *m (Mech, Stb)* **round bar** *(Hütt/Wlz, Stb, Mech)*
**Rundstahl** *m (Stb, Hütt/Wlz)* **round steel bar** *(Stb, Hütt/Wlz)*
**Rundstahlgliederkette** *f (Mech)* **round steel link chain** *(Mech)*
**Rundstahlkette** *f (Mech)* **steel chain** *(Mech)*
**Rundtischanlage** *f (Hütt/Wlz)* **circular milling machine** *adj:n (Hütt/Wlz)*
**Rundumblinkleuchte** *f (Bg/Bergb)* **rotating flashing light** *adj:n (Bg/Bergb)*
**Rundung** *f (Mech, Allg)* **rounding** *(Mech, Mont, Allg)*
**Runge** *f (Bahn)* **stanchion** *BE (Mech, Stb, Bahn)*
**Ruß** *m (Bahn)* **soot** *(Bahn)*
**Rußbläser** *m (Hütt/Wlz)* **soot blower** *(Hütt/Wlz)*
**Rußbläseranschluss** *m (Hütt/Wlz)* **soot blower connection** *(Hütt/Wlz)*
**Rußbläserdurchbruch** *m (Hütt/Wlz) (in einer Mauer)* **soot blower opening** *(Hütt/Wlz)*
**Rüssel** *m (Mech) (an einer Maschine)* **nozzle** *(Mech)*

**Rüsthölzer** *pl nt (Bg/Bergb) (z.B. für ein Gerüst)* **scaffolding** *(Bau, Bg/Bergb)*
**Rüstzeit** *f (Mont) (für die Montage)* **setup time** *(Mont)*
**Ruths-Speicher** *m (Hütt/Wlz)* **Ruths steam accumulator** *(Hütt/Wlz)*
**Rutsch-Lamellenkupplung** *f (Mech, Zer)* **multi-plate slipping clutch** *(Mech)*
**Rutsche** *f (Bg/Bergb, Umschl, Band)* **chute** *(Bg/Bergb, Umschl, Band)*
**Rutschfläche** *f (Mech)* **sliding surface** *(Zer, Mech)*
**Rutschkupplung** *f (Mech)* **slip coupling** *(Mech)*
**Rutschkupplung, elastisch** elastische Rutschkupplung *adj:n (Mech)* **flexible slip coupling** *adj:n (Mech)*
**Rutschlänge des Bodenentladewagens** *(Bahn)* **tunble-down height** *(Bahn)*
**Rutschmoment** *nt (Mech)* **slipping torque** *(Mech)*
**Rutschung** *f (Geo)* **slide** *(Geo)* (e.g. hill)
**Rutschweg des Bodenentladewagens** *(Bahn)* **tunble-down length** *(Bahn)*
**Rüttelplatte** *f (Mech) (im Bunker)* **pulsating panel** *(Bg/Bergb)* (in coal bunker)
**Rüttelschreiber** *m (Mech)* **vibration hourmeter** *(Mech)*
**Rüttelsieb** *nt (Zer)* **oscillating screen** *(Zer)*
**Rütteltisch** *m (Zer)* **vibrating table** *adj:n (Zer)*
**Rütteltrichter** *m (Zer)* **vibrating hopper** *adj:n (Zer)*
**Rüttelverdichter** *m (Mech)* **vibrating compactor** *(Mech)*
**Rüttelversuch** *m (Mech)* **pulsator test** *(Mech)*
**Rüttelwalze** *f (Hütt/Wlz)* **vibrating roller** *(Hütt/Wlz)*
**Rüttler** *m (Mech)* **vibrator** *(Zer)*

# S

**Sackkalk** *m (Bau)* **bagged lime** *adj:n (Bau)*
**Sackloch** *nt (Mech)* **blind hole** *adj:n (Mech)* **pocket hole** *(Mech)*
**Sackwendeband** *nt (Band)* **bag face-down conveyor** *(Band)*
**Sägemehl** *nt (Mech)* **saw dust** *(Mech, Mont)*
**Sägemühle** *f (Mech) (kleines Sägewerk)* **sawmill** *(Mech)*
**Sägen** *nt (Mech, Mont)* **sawing** *(Mech, Mont)*
**Sägeschnitt** *m (Mech, Mont)* **saw-cut** *(Mech, Mont)*
**Sägespäne** *pl m (Mech, Mont)* **wood shavings** *pl (Mech, Mont)*
**Sägewerk** *nt (Mech)* **lumbermill** *(Mech)*
**Sägezahn** *m (Bg/Bergb) (Eimer)* **serrated steel lip** *(Bg/Bergb)*
**Sägezahngenerator** *m (Mech)* **saw-tooth generator** *(Mech)*
**Salpeter** *m (Geo)* **saltpetre** *(Geo)*
**Salz** *nt (Geo)* **salt** *(Geo)*
**Salzgehalt** *m (Hütt/Wlz)* **salt content** *(Hütt/Wlz)*
**Salzhammer** *m (Mont, Werkz)* **chipping hammer** *(Mont, Schw, Werkz)*
**Sammelband** *nt (Band)* **collecting conveyor** *(Mech, Band)*
**Sammelbehälter** *m (Mech)* **sump** *(Mech)*
**Sammelbehälter, oberer** oberer Sammelbehälter *adj:n (Hütt/Wlz) (Kugelregen)* **shot storage tank** *(Mech, Hütt/Wlz)*
**Sammelbunker** *m (Umschl)* **collecting bin** *(Umschl)*
**Sammelflasche** *f (Hütt/Wlz)* **collecting flask** *(Hütt/Wlz)*
**Sammelgrundplatte** *f (Hyd/Pneu)* **manifold block** *(Hyd/Pneu)*
**Sammelleitung** *f (Mech) (z.B. Auspuff)* **manifold** *(Kfz)* (exhaust)
**Sammelrohr** *nt (Hütt/Wlz) (zum Sammler auf der Kesseldecke)* **superheater outlet leg** *(Hütt/Wlz)*
**Sammelrohr** *nt (Mech)* **header** *AE (Mont, Mech, Stb)*
**Sammelschacht** *m (Ökol) (Wasserversorgung)* **storage shaft** *(Ökol)* (water supply)
**Sammeltrichter** *m (Zer)* **collecting hopper** *(Zer)*
**Sammeltrommel** *f* **collector drum**
**Sammelwelle** *f (Mech) (Dieselmotor)* **main drive shaft** *(Mech)* (diesel engine)
**Sammler** *f (Hütt/Wlz)* **header** *(Hütt/Wlz)*
**Sammlerbau** *m (Hütt/Wlz)* **header shop** *(Hütt/Wlz)*
**Sammleröffnung** *f (Hütt/Wlz)* **header opening** *(Hütt/Wlz)*
**Sand** *m (Geo)* **sand** *(Geo)*

**Sandabfallrohr** *nt (Bahn) (Lokomotive)* **sand pipe** *(Bahn)*
**Sandgrube** *f (Bg/Bergb)* **sand pit** *(Bg/Bergb)* (sand quarry)
**Sandprallmühle** *f (Zer)* **impact mill for sand** *(Zer)*
**Sandrohr** *nt (Bahn) (Lokomotive)* **sand pipe** *(Bahn)*
**Sandstein** *m (Geo)* **sandstone** *(Geo)*
**Sandstrahlen** *nt (Anstr)* **sandblasting** *(Anstr)*
**Saphir** *m (Geo) (Edelstein)* **sapphire** *(Geo)*
**Satellitenkühler** *m (Bg/Bergb)* **planetary cooler** *(Bg/Bergb)*
**Sattdampf** *m (Hütt/Wlz)* **saturated steam** *adj:n (Bahn, Hütt/Wlz)*
**Sattel** *m (Geo) (im Gelände)* **anticline** *(Geo)*
**Satteldach** *nt (Stb, Bau)* **saddle roof** *(Stb)*
**Sattellager** *nt (Stb) (Hängebrücke)* **saddle support** *(Stb)*
**Sattellast** *f (Mech) (der Zugmaschine)* **fifth wheel load** *(Mech)*
**Sattelmoment** *nt (Mech) (Motor)* **pull-in torque** *(Mech)* (motor)
**Sattelschlepper** *m (Mech)* **tractor truck** *(Mech)*
**Sattelschlepper-Anhänger** *m (Mech)* **trailer** *(Umschl, Mech, Bahn)*
**Sattelschlepper-Zugmaschine** *f (Mech)* **semi-trailer tractor** *(Mech)*
**Sattelschlepperausführung** *f (Mech)* **semi-trailer design** *(Mech)*
**Satteltank** *m (Bahn) (Tank auf dem Kessel)* **saddle tank** *(Bahn)* (on locomotive)
**Sattelwagen** *m (Bahn)* **saddle-back wagon car** *(Bahn)*
**Sättigung** *f (Hütt/Wlz) (z.B. mit Flüssigkeit)* **saturation** *(Mech, Hütt/Wlz)*
**Sättigungsgrad** *m (Bau)* **degree of saturation** *(Bau)*
**Sättigungskohlenstoff** *m (Hütt/Wlz, Chem)* **saturation carbon** *(Hütt/Wlz, Chem)*
**Satz** *m (Bg/Bergb) (Ablagerung)* **deposit** *(Geo)*
**Satz** *m (Mech)* **set** *(Hyd/Pneu)*
**Satz** *m (Mech, El) (Bündel)* **cluster** *(Mech, El)* (e.g. of cables)
**Satz von Beilageplatten** *(Schw)* **shim stock** *(Schw)*
**Sau** *f (Hütt/Wlz) (wertvoller Rest im Hochofen)* **salamander** *(Hütt/Wlz)*
**Sauabstich** *m (Hütt/Wlz)* **salamander tap** *(Hütt/Wlz)*
**Sauberkeit** *f (Hütt/Wlz)* **cleanliness** *(Hütt/Wlz)*
**Sauberkeitsschicht** *f (Bau)* **blinding concrete** *(Bau)*
**Sauberseite** *f (Band) (Gurt)* **pulley side** *(Band)* (belt)
**Sauerstoffblasstahl** *m (Stb)* **oxygen refined steel** *(Stb)*
**Sauerstoffbohren** *nt (Form)* **oxygen lancing** *(Form)*
**Sauerstoffkonverter** *m (Stb)* **oxygen furnace** *(Stb)*
**Sauerstoffmangel** *m (Hütt/Wlz)* **lack of oxygen** *(Hütt/Wlz)*
**Saug- und Druckschlauch** *(Hyd/Pneu)* **suction and delivery hose** *(Hyd/Pneu)*
**Saug- und Druckseite** *(Hyd/Pneu) (Pumpe)* **intake and outlet side** *(Hyd/Pneu)* (pump)
**Saugbagger** *m (Umschl) (mit Laderaum)* **suction dredger** *(Umschl)*
**Saugfilter** *nt (Hütt/Wlz)* **suction filter** *(Hütt/Wlz)*
**Saugform** *f (Hütt/Wlz)* **preforming mould** *(Hütt/Wlz)*
**Saugglocke** *f (Hütt/Wlz)* **suction bell** *(Hütt/Wlz)*
**Saugkopfbagger** *m (Bg/Bergb, Umschl)* **suction head dredger** *(Bg/Bergb, Umschl)*
**Saugleitung** *f (Hyd/Pneu)* **suction line** *(Hyd/Pneu)*
**Saugleitung** *f (Hyd/Pneu) (für Öl)* **oil supply tube** *(Mech, Hyd/Pneu)*
**Saugluft** *f (Mech)* **exhaust air** *(Mech, Hütt/Wlz, Bahn)*
**Saugluftbehälter** *m (Hyd/Pneu)* **vacuum reservoir** *(Hyd/Pneu)*
**Saugluftbremse** *f (Hyd/Pneu)* **vacuum servo brake** *(Hyd/Pneu)*
**Sauglüfter** *m (Mech, Hyd/Pneu)* **suction fan** *(Mech, Hyd/Pneu)*
**Saugluftleitung** *f (Hyd/Pneu)* **vacuum line** *(Hyd/Pneu)*
**Saugluftpumpe** *f (Hyd/Pneu)* **vacuum pump** *(Hyd/Pneu)*

**Saugluftschaltung** *f (Hyd/Pneu, Mech)* **vacuum-power change** *(Hyd/Pneu, Mech)* (shift)
**Saugluftschaltzylinder** *m (Hyd/Pneu, Mech)* **vacuum shift cylinder** *(Hyd/Pneu, Mech)*
**Saugluftverteiler** *m (Hyd/Pneu, Mech)* **vacuum distributer** *(Hyd/Pneu, Mech)*
**Saugmund** *m (Mech)* **suction mouth** *(Mech)*
**Saugrohr** *nt (Mech)* **suction pipe** *(Mech, Hyd/Pneu)*
**Saugseite** *f (Hütt/Wlz)* **suction side** *(Hütt/Wlz)*
**Saugstutzen** *m (Hütt/Wlz)* **intake** *(Hütt/Wlz)*
**Saugventil** *nt (Hyd/Pneu)* **suction valve** *(Hyd/Pneu)*
**Saugventilbuchse** *f (Mech)* **suction valve bushing** *(Mech)*
**Saugventilfeder** *f (Mech)* **suction valve spring** *(Mech)*
**Saugventilkegel** *m (Mech)* **suction valve cone** *(Mech)*
**Saugzug** *m (Mech)* **induced draft** *adj:n (Mech)*
**Saugzugventilator** *m (Hütt/Wlz)* **induced draught fan** *(Hütt/Wlz)*
**Säule** *f (Mech) (Maschinenteil)* **spindle** *(Mech)*
**Säule** *f (Mech, Stb)* **column** *(Mech, Stb)*
**Säulenbohrhammer** *m (Mont) (Druckluft)* **pneumatic stoper** *(Mont)*
**Säulenbohrmaschine** *f (Mont)* **column mounted drill** *adj:n (Mont)*
**Säulendrehkran** *m (Bg/Bergb, Mech)* **slewing pillar crane** *adj:n (Bg/Bergb, Mech)*
**Säulenfestigkeit** *f (Mech, Stat)* **ultimate strength** *adj:n (Mech, Stat)*
**Saum** *m (Mech) (Kante)* **seam** *(Mech)* (edge)
**Saurinne** *f (Hütt/Wlz)* **sow tap** *(Hütt/Wlz)* (salamander chute)
**Schaber** *m (Mont, Werkz)* **scraper** *(Mont, Werkz)* (tool)
**Schablone** *f (Mech)* **template** *(Mech)*
**Schacht** *m (Bg/Bergb)* **shaft** *(Bg/Bergb)* (mining)
**Schacht, geneigt** geneigter Schacht *adj:n (Bg/Bergb) (nach oben)* **inclined shaft** *adj:n (Bg/Bergb)* (upward)
**Schacht, geneigt** geneigter Schacht *adj:n (Bg/Bergb) (nach unten)* **declined shaft** *adj:n (Bg/Bergb)* (downward)
**Schachtausbau** *m (Bg/Bergb)* **shaft construction** *(Bg/Bergb)*
**Schachtbeschichtungseinrichtung** *f (Bg/Bergb)* **shaft feeding system** *(Bg/Bergb)*
**Schachtbrunnen** *m (Bau)* **dug well** *(Bau)*
**Schachteinbau** *m (Bg/Bergb)* **shaft fitting** *(Bg/Bergb)* (shaft equipment)
**Schachtfördereinrichtung** *f (Bg/Bergb)* **shaft hoisting equipment** *(Bg/Bergb)*
**Schachtgehäuse** *nt (Mech) (Taschenförderer)* **elevator leg housing structure** *(Mech)*
**Schachtgreifer** *m (Bg/Bergb)* **well grab** *(Bg/Bergb)*
**Schachtofensinterdolomit** *m (Bg/Bergb, Geo)* **shaft kiln dolomite sinter** *(Bg/Bergb, Geo)*
**Schadebinde** *f (Mech)* **insulating tape** *(Mech)*
**Schaden** *m (Mech) (Defekt)* **defect** *(Mech, Allg)*
**Schaden** *m (Mech) (Fehler)* **failure** *(Mech)* (e.g. of a machine)
**Schadstoff** *m (Chem, Mech, Allg)* **deleterious matter** *adj:n (Chem, Mech, Allg)*
**Schaffußwalze** *f (Mech)* **sheepfoot roller** *(Mech)*
**Schaft** *m (Mech) (Niet)* **shank** *(Stb, Mech, Allg)*
**Schaft** *m (Mech) (Welle)* **shaft** *(Mech)*
**Schaftdurchmesser** *m (Stb)* **body diameter** *(Stb)*
**Schafthaken** *m (Stb)* **hook with shank** *(Stb)*
**Schaftlänge** *f (Stb)* **length of shank** *(Stb)*
**Schaftquerschnitt** *m (Stb)* **shank section** *(Stb)*
**Schaftschraube** *f (Mech)* **headless screw** *adj:n (Mech)*
**Schake** *f (Bg/Bergb, Mech)* **chain link** *(Mech)*
**Schäkelkupplung** *f (Bahn)* **shackle coupling** *(Bahn)*
**Schakenaufhängung** *f (Bahn)* **chain link support** *(Bahn)*
**Schakenbolzen** *m (Mech, Bg/Bergb)* **chain link pin** *(Mech, Bg/Bergb)*
**Schakenbuchse** *f (Mech, Bg/Bergb)* **chain link bushing** *(Mech, Bg/Bergb)*

**Schalbrett** *nt (Mont, Bau)* **shuttering plank** *(Mont, Bau)*
**Schale** *f (Mech) (Hülle)* **shell** *(Mech)* (outside cover)
**Schale** *f (Mech) (Kugel)* **bowl** *(Mech)* (houses spherical objects)
**Schalenbauteile** *pl nt (Mech)* **shell-shaped components** *adj:n (Mech)*
**Schaleneimer** *m (Mech)* **closed-bottom bucket** *(Mech)*
**Schalenhartguss** *m (Mech)* **chill casting** *(Hütt/Wlz)*
**Schalenkupplung** *f (Mech)* **split coupling** *(Mech)*
**Schalenriss** *m (Hütt/Wlz)* **saucer-shaped flaw** *(Hütt/Wlz)*
**Schalldämmpaket** *nt (Bg/Bergb)* **noise absorbing package** *(Bg/Bergb)*
**Schalldämpfer** *m (Bg/Bergb)* **sound absorber** *(Bg/Bergb)*
**Schalldämpfung** *f (Mech)* **sound absorbing** *(Allg, Mech)*
**Schalldruckpegel** *m (Mech)* **sound pressure level** *(Mech)*
**Schallschutz** *m (Mech, Bau, El)* **sound insulation** *(Mech, Bau)*
**Schaltbild** *nt (Hyd/Pneu) (Schläuche)* **hose diagram** *(Hyd/Pneu)*
**Schaltbild** *nt (Hyd/Pneu) (Verrohrung)* **pipe diagram** *(Hyd/Pneu)*
**Schaltbock** *m (Mech)* **gear shift lug** *(Mech)*
**Schaltdeckel** *m (Mech)* **gear shift cover** *(Mech)*
**Schaltdose** *f (Mech)* **switch gear** *(Mech)*
**Schaltdrehzahl** *f (Mech)* **response revolutions per minute** *pl (El)*
**Schaltdruck** *m (Hyd/Pneu)* **hydraulic pressure** *adj:n (Hyd/Pneu)*
**Schalten eines Ganges** *(Mech)* **gear shifting** *(Mech, El)*
**Schalterprüfkopf** *m (Schw)* **dual sensitivity probe** *(Schw)*
**Schalterunterteil** *nt (Mech)* **contact base** *(El)*
**Schaltgabel** *f (Mech)* **gear shifter fork** *(Mech)*
**Schaltgehäuse** *nt (Mech)* **gearshift housing** *(Mech)*
**Schaltgestänge** *nt (Mech)* **gear shift control** *(Mech)*
**Schaltgetriebe** *nt (Mech)* **switch gear** *(Mech)*
**Schaltgetriebe zum Schaufelradgetriebe** *(Mech)* **change gear to wheel gearing** *(Mech)*
**Schaltgruppe** *f (El, Mech)* **switching group** *(Mech)*
**Schalthaus** *nt (El)* **switch house** *(Mech)*
**Schalthebel** *m (Mech) (Kupplungsschalter)* **gear shift lever** *(Mech)*
**Schaltkasten** *m (Mech)* **switch box** *(Mech)*
**Schaltkolben** *m (Mech) (Schmieranlage)* **switching piston** *(Mech)*
**Schaltkupplung** *f (Mech)* **shifting clutch** *(Mech)*
**Schaltleiste** *f (El, Mech)* **connecting block** *(Mech)*
**Schaltmechanismus** *m (Mech)* **shifter mechanism** *(Mech)*
**Schaltmuffe** *f (Mech)* **shift collar** *(Mech)*
**Schaltorgan** *nt (Mech)* **switching element** *(Mech)*
**Schaltrad** *nt (Mech)* **control gear** *(Mech)*
**Schaltraum-Anordnung** *f (Mech)* **switch room layout** *(Mech)*
**Schaltschiene** *f (Mech)* **gear shift rail** *(Mech)*
**Schaltschloss** *nt (Mech)* **latch** *(Mech)*
**Schaltschrank** *m (El)* **switchgear cabinet** *(Mech)*
**Schaltsperre** *f (Mech)* **gear-shifting lock** *(Mech)*
**Schaltstange** *f (Mech) (Kfz)* **shifter bar** *(Mech)*
**Schaltstangenverriegelung** *f (Mech)* **gear lock** *(Mech)*
**Schaltstiel** *m (Mech)* **switch stick** *(Mech, El)*
**Schaltstufe** *f (Mech) (am Regler)* **setting** *(Mech, El)*
**Schaltturm** *m (Mech)* **gear shift dome** *(Mech)*
**Schaltung** *f (Mech) (Getriebe)* **shift** *(Mech)* (gear)
**Schaltung, getrennt** getrennte Schaltung *adj:n (Mech)* **separate gear change** *adj:n (Mech)*
**Schaltventil** *nt (Mech)* **selector valve** *(Mech)*
**Schaltvermögen** *nt (Mech)* **switching ability** *(Mech)*
**Schaltverzögerung** *f (Mech)* **operating delay** *(Mech)*

**Schaltwarteninstrument** *nt (Hütt/Wlz)* **panel instrument** *(Hütt/Wlz)*
**Schaltweg** *m (El, Mech)* **contact travel** *(Mech)*
**Schaltwelle** *f (Mech) (Kupplungsschalter)* **gearshift lever shaft** *(Mech)*
**Schalung** *f (Stb)* **sheathing** *(Stb)* (sheeting)
**Schamotte** *f (Hütt/Wlz)* **refractory** *(Hütt/Wlz)*
**Schamotteauskleidung** *f (Hütt/Wlz)* **refractory lining** *(Hütt/Wlz)*
**Schamottestein** *m (Bahn, Hütt/Wlz)* **refractory brick** *(Bahn, Hütt/Wlz)*
**Schamottesteinwand** *f (Hütt/Wlz)* **refractory wall** *(Hütt/Wlz)*
**Schamottesteinwand** *f (Hütt/Wlz) (auf Rohre aufgelegt)* **refractory baffle** *(Hütt/Wlz)* (on tubes)
**Schappenbohrer** *m (Mont, Werkz)* **auger bit** *(Mont)*
**Schar** *f (Bg/Bergb) (des Graders)* **mouldboard** *(Bg/Bergb)*
**Scharanordnung** *f (Bg/Bergb)* **design of the mouldboard** *(Bg/Bergb)*
**Schardrehkranz** *m (Bg/Bergb) (des Graders)* **slewing ring** *(Mech, Bg/Bergb)*
**Scharende** *f (Bg/Bergb) (des Graders)* **trailing end** *(Bg/Bergb)* (of the mouldboard)
**Scharende, nacheilend** nacheilende Scharende *adj:n (Bg/Bergb)* **trailing cutting edge** *(Bg/Bergb)*
**Schärfe** *f (Hütt/Wlz) (einer Klinge)* **sharpness** *(Hütt/Wlz)* (of a blade)
**Scharhalter** *m (Bg/Bergb)* **mouldboard support** *(Bg/Bergb)*
**Scharkörper** *m (Bg/Bergb)* **mouldboard body** *(Bg/Bergb)*
**Scharmesser** *nt (Bg/Bergb)* **cutting edge** *(Bg/Bergb, Mech)*
**Scharnier** *nt (Bau)* **hinge** *(Mech, Bau)*
**Scharnierbandkette** *f (Mech)* **hinged-slat chain** *(Mech)*
**Scharnierbolzen** *m (Mech)* **door nail** *(Mech)*
**Scharnierstütze** *f (Mech)* **hinge support** *(Mech)*
**Scharrücken** *m (Bg/Bergb)* **rear of mouldboard** *(Bg/Bergb)*
**Scharseitenblech** *nt (Bg/Bergb)* **sideplate of the mouldboard** *(Bg/Bergb)*
**Scharseitenverschiebung** *f (Bg/Bergb)* **mouldboard sideshift** *(Bg/Bergb)*
**Scharseitenverstellung** *f (Bg/Bergb)* **circle centershift** *(Bg/Bergb)*
**Scharstellung** *f (Bg/Bergb)* **mouldboard position** *(Bg/Bergb)*
**Scharsteuerung** *f (Bg/Bergb)* **mouldboard control** *(Bg/Bergb)*
**Scharträger** *m (Bg/Bergb)* **mouldboard circle** *(Bg/Bergb)*
**Scharverlängerung** *f (Bg/Bergb)* **mouldboard extension** *(Bg/Bergb)*
**Scharverstellung** *f (Bg/Bergb)* **mouldboard rotating** *(Bg/Bergb)*
**Scharvorderteil** *nt (Bg/Bergb) (des Graders)* **leading end of mouldboard** *(Bg/Bergb)*
**Scharzylinder** *m (Bg/Bergb)* **blade cylinder** *(Bg/Bergb)*
**Schaubild** *nt (Mech, Allg)* **diagram** *(Mech, Hyd/Pneu)*
**Schaufel** *f (Bg/Bergb) (Bagger)* **bucket** *(Mech, Mont, Bg/Bergb)*
**Schaufel** *f (Mech) (Schippe)* **shovel** *(Mech, Bg/Bergb)*
**Schaufel** *f (Mech) (z.B. einer Turbine)* **vane** *(Kfz)*
**Schaufel, rückwärts gekrümmt** rückwärts gekrümmte Schaufel *adj:n (Bg/Bergb)* **backward-curved blade** *adj:n (Bg/Bergb)*
**Schaufel, verstellbar** verstellbare Schaufel *adj:n (Mech)* **adjustable vane** *adj:n (Mech)*
**Schaufelanlenkung** *f (Bg/Bergb)* **bucket hinge** *(Bg/Bergb)*
**Schaufelarm** *m (Bg/Bergb)* **arm** *(Bg/Bergb)* (stick)
**Schaufelbagger** *m (Bg/Bergb)* **shovel excavator** *(Bg/Bergb)*
**Schaufeleinstellung** *f (Bg/Bergb) (automatisch)* **bucket positioner** *(Bg/Bergb)*
**Schaufelführung** *f (Bg/Bergb)* **shovel guidance** *(Bg/Bergb)*
**Schaufelfüllung** *f (Bg/Bergb)* **shovel filling** *(Bg/Bergb)*
**Schaufelhydraulik** *f (Bg/Bergb)* **bucket hydraulics** *(Bg/Bergb)*
**Schaufelinhalt** *m (Bg/Bergb)* **bucket contents** *(Bg/Bergb)*
**Schaufelkante** *f (Bg/Bergb)* **scoop lip** *(Bg/Bergb)*

**Schaufelkinematik** *f (Bg/Bergb)* **shovel geometry** *(Bg/Bergb)*
**Schaufelkippzylinder** *m (Bg/Bergb)* **shovel tipping cylinder** *(Bg/Bergb)*
**Schaufelrad** *nt (Bg/Bergb)* **bucket wheel** *(Bg/Bergb)*
**Schaufelrad-Schwenkantrieb** *m (Bg/Bergb)* **bucket wheel slew drive** *(Bg/Bergb)*
**Schaufelrad-Windengetriebe** *nt (Bg/Bergb)* **boom winch gear** *(Bg/Bergb)*
**Schaufelradachse** *f (Mech)* **wheel hub** *(Mech)*
**Schaufelradantrieb** *m (Mech)* **bucket wheel drive** *(Mech)*
**Schaufelradarm** *m (Mech)* **extractor arm** *(Mech)*
**Schaufelradaufnahmegerät** *nt (Umschl)* **bucket wheel reclaimer** *(Umschl)*
**Schaufelradauslegerkopf** *m (Bg/Bergb)* **bucket wheel boom head** *(Bg/Bergb, Umschl)*
**Schaufelradauslegerschwenkwerk** *nt (Bg/Bergb)* **wheel boom slew** *(Bg/Bergb)*
**Schaufelradauslegerwinde** *f (Bg/Bergb, Umschl)* **bucket wheel boom rope hoist** *(Bg/Bergb)*
**Schaufelradaustragsschurre** *f (Bg/Bergb)* **bucket wheel discharge chute** *(Bg/Bergb)*
**Schaufelradbagger** *m (Bg/Bergb)* **bucket wheel excavator** *(Bg/Bergb)*
**Schaufelradbagger mit Abwurfausleger** *(Bg/Bergb)* **bucket wheel excavator with discharge boom** *(Bg/Bergb)*
**Schaufelradbagger mit Beladewagen** *(Bg/Bergb)* **bucket wheel excavator with loading unit** *(Bg/Bergb)*
**Schaufelradband** *nt (Band, Umschl)* **bucket wheel boom conveyor** *(Bg/Bergb, Umschl)*
**Schaufelradeimer** *m (Bg/Bergb)* **wheel bucket** *(Bg/Bergb)*
**Schaufelradeingriff** *m (Bg/Bergb, Umschl)* **bucket wheel cutting process** *(Bg/Bergb)*
**Schaufelradentnahmegerät** *nt (Umschl)* **bucket wheel reclaimer** *(Umschl)*
**Schaufelradgetriebe** *nt (Bg/Bergb, Umschl)* **bucket wheel gear unit** *(Bg/Bergb, Umschl)*
**Schaufelradhohlwelle** *f (Bg/Bergb, Umschl, Mech)* **hollow bucket wheel shaft** *adj:n (Bg/Bergb, Umschl, Mech)*
**Schaufelradkopf** *m (Bg/Bergb, Umschl)* **bucket wheel boom head** *(Bg/Bergb, Umschl)*
**Schaufelradkörper** *m (Bg/Bergb)* **bucket wheel body** *(Bg/Bergb)*
**Schaufelradlader** *m (Umschl) (einfach)* **bucket wheel reclaimer** *(Umschl)*
**Schaufelradlader, kombiniert** kombinierter Schaufelradlader *adj:n (Bg/Bergb, Umschl)* **bucket wheel stacker-reclaimer** *(Bg/Bergb)*
**Schaufelradmischer** *m (Umschl)* **bucket wheel bedding machine** *(Umschl)*
**Schaufelradnabe** *f (Bg/Bergb)* **wheel hub** *(Mech)*
**Schaufelradräumer** *m (Bg/Bergb, Umschl)* **bucket wheel reclaiming gantry** *(Bg/Bergb, Umschl)*
**Schaufelradrücklader** *m (Umschl)* **bucket wheel reclaimer** *(Umschl)*
**Schaufelradschurrenzylinder** *m (Umschl, Hyd/Pneu)* **bucket wheel chute cylinder** *(Umschl, Hyd/Pneu)*
**Schaufelradwelle** *f (Mech)* **bucket wheel shaft** *(Mech)*
**Schaufelradwindwerk** *nt (Bg/Bergb)* **wheel boom hoist** *(Bg/Bergb)*
**Schaufelschneide** *f (Bg/Bergb)* **cutting edge** *(Bg/Bergb, Mech)*
**Schaufelsteuerung** *f (Bg/Bergb)* **bucket control** *(Bg/Bergb)*
**Schaufelstiel** *m (Bg/Bergb) (am Bagger)* **bucket arm** *(Bg/Bergb)*
**Schaufelverstärkung** *f (Bg/Bergb)* **heel plate** *(Bg/Bergb, Mech)*
**Schaufelvorderteil** *nt (Bg/Bergb)* **bucket lip** *(Mech, Mont, Bg/Bergb)*
**Schaufelvorderteil** *nt (Bg/Bergb) (der Klappschaufel)* **visor** *(Bg/Bergb)* (front of bottom dump shovel)
**Schaufelwaagerechtführung** *f (Bg/Bergb)* **guidance for horizontal bucket** *(Bg/Bergb)*
**Schaufelzahl** *f (Bg/Bergb, Umschl)* **number of buckets on wheel** *(Bg/Bergb, Umschl)*
**Schaufelzahn** *m (Bg/Bergb)* **bucket tooth** *(Bg/Bergb)*

**Schaufelzylinder** *m (Bg/Bergb)* **bucket cylinder** *(Bg/Bergb)*
**Schauglas** *nt (Mech)* **inspection glass** *(Mech)*
**Schaukeln des Auslegers** *nt (Bg/Bergb)* **swaying of boom** *(Bg/Bergb)*
**Schaukelrolle** *f (Band)* **garland idler** *(Bg/Bergb, Umschl, Zer, Band)*
**Schauloch** *nt (Mech)* **sight hole** *(Mech)*
**Schaulochdeckel** *m (Mech)* **inspection hole cover** *(Mech)*
**Schauluke** *f (Hütt/Wlz)* **inspection door** *(Hütt/Wlz)*
**Schaumbildung** *f (Mech) (Fehler in Ölleitung)* **formation of foam** *(Mech)* (fault on oil duct)
**Schaumgummi** *m (Mech)* **foam rubber** *(Allg)*
**Schaumlöscher** *m (Mech) (Feuerlöscher)* **foam extinguisher** *(Mech)*
**Schauöffnung** *f (Mech)* **inspection port** *(Mech)*
**Schaurohr** *nt (Hyd/Pneu)* **gauge pipe** *(Hyd/Pneu)*
**Scheibchenriss** *m (Hütt/Wlz)* **core crack** *(Hütt/Wlz)*
**Scheibe** *f (Band) (Steilförderer)* **disc wheel** *(Band, Mech)*
**Scheibe** *f (Bg/Bergb) (beim Abbau)* **horizontal slice** *(Bg/Bergb)*
**Scheibe** *f (Mech)* **disk** *(Mech)*
**Scheibe** *f (Mech) (z.B. Platte aus Blech)* **plate** *(Hütt/Wlz)*
**Scheibe** *f (Mech) (zur Montage, z.B. Unterlegscheibe)* **washer** *(Mech)*
**Scheibe** *f (Stb) (Flächentragwerk)* **flat plate** *adj:n (Stb)*
**Scheibe für Spannzeuge** *(Hütt/Wlz)* **washers for clamping devices** *(Hütt/Wlz)*
**Scheibe mit Außennase** *(Hütt/Wlz)* **washer with external tap** *(Hütt/Wlz)*
**Scheibe mit Lappen** *(Hütt/Wlz)* **washer with tap** *(Hütt/Wlz)*
**Scheiben** *pl f (Bg/Bergb) (zum Stützen der Raupenkette)* **crawler idlers** *pl (Bg/Bergb)*
**Scheibenbrecher** *m (Zer)* **disc crusher** *(Zer)*
**Scheibenbremse** *f (Mech)* **disc brake** *(Mech)*
**Scheibenbruch** *m (Hütt/Wlz) (Fehler)* **disc-shaped fissure** *adj:n (Hütt/Wlz)*
**Scheibenfeder** *f (Mech)* **woodruff key** *(Mech)*
**Scheibenfilter** *nt (Aufb)* **disc filter** *(Aufb)*
**Scheibengelenk** *nt (Mech)* **disc joint** *(Mech)*
**Scheibenhälfte** *f* **deck half**
**Scheibenkupplung** *f (Mech)* **disc clutch** *(Mech)*
**Scheibenleitrad** *nt (Band)* **drum-type idler** *adj:n (Band)*
**Scheibenrad** *nt (Mech)* **disc wheel** *(Band, Mech)*
**Scheibenrad** *nt (Mech) (Felge)* **rim** *(Mech)*
**Scheibenrolle** *f (Band)* **disc-type return idler** *(Band)*
**Scheibenrolle** *f (Band) (Steilförderer)* **disc wheel** *(Band, Mech)*
**Scheibenrollenrost** *m (Zer)* **rotary-disc screen grizzly** *(Zer)*
**Scheibenrost** *m (Zer)* **roller grizzly** *(Zer)*
**Scheibenrotor** *m (Zer)* **disc rotor** *(Zer)*
**Scheibenvorschnitt** *m (Bg/Bergb)* **slice depth** *(Bg/Bergb)*
**Scheideanlage** *f (Zer)* **separator** *(Zer)*
**Scheidewand** *f (Stb, Bau)* **partition wall** *(Stb, Bau)*
**Scheinwerferrahmen** *m (Mech)* **headlight frame** *(Mech)*
**Scheinwerferschutz** *m (Mech)* **headlight guard** *(Mech)*
**Scheinwerferstütze** *f (Mech)* **headlamp socket** *(Mech)*
**Scheitel** *m (Stb) (eines Bogens)* **crown** *(Stb)* (of an arch)
**Scheitelgelenk** *nt (Stb)* **crown hinge** *(Stb)*
**Scheitelhöhe** *f (Stb)* **crown height** *(Stb)*
**Scheitelpunkt** *m (Stb)* **apex** *(Mech, Stb)*
**Schelle** *f (Mech)* **clamp** *(Mech, Mont)*
**Schelle** *f (Mech) (an Schläuchen)* **fitting** *(Mech, Hyd/Pneu)*
**Schelle** *f (Mech) (geschlossen oder mit zwei Lappen)* **saddle** *(Mech)*
**Schelle** *f (Mech) (Glocke)* **bell** *(Mech)*
**Schellenanbau** *m (Mech)* **clamp fitting** *(Mech)*
**Schemaplan für Parallelbetrieb** *(Mech)* **schematic plan for parallel cut operation** *(Mech, El)*
**Schemaschaltung des Kessels** *(Hütt/Wlz)* **mimic panel** *(Hütt/Wlz)*

**Schenkel** *m (Mont) (Zange)* **handle** *(Mech)*
**Schenkel** *m (Stb)* **shank** *(Stb, Mech, Allg)*
**Schenkel (eines Gerätes)** *(Form)* **arm** *(Stb)* (leg)
**Schenkel, abstehend** abstehender Schenkel *adj:n (Stb)* **outstanding flange** *adj:n (Stb)*
**Schenkelfeder** *f (Mech)* **hinge spring** *(Mech)*
**Schenkelkokille** *f (Hütt/Wlz)* **elbow ingot** *(Hütt/Wlz)*
**Schenkelrohr** *nt (Mech)* **leg pipe** *(Mech)*
**Schenkelschutzplatte** *f (Mech)* **shank protector** *(Mech)*
**Scherbeanspruchung** *f (Stat)* **shear stressing** *(Stat)*
**Scherbolzen** *m (Mech)* **shear pin** *(Mech, Hütt/Wlz)*
**Scherbruch** *m (Bau)* **shear failure** *(Bau)*
**Schere** *f (Hütt/Wlz) (für Bleche)* **shearing machine** *(Hütt/Wlz)*
**Scherenbetrieb** *m (Hütt/Wlz)* **shears operation** *(Hütt/Wlz)*
**Scherenbühne** *f (Zer)* **scissor-type jack** *(Zer, Mech)*
**Scherenfernrohr** *nt (Phys)* **periscope** *(Phys)*
**Scherenhebebühne** *f (Mech)* **scissor lift** *(Mech)*
**Scherenheber** *m (Mech)* **scissor-type jack** *(Zer, Mech)*
**Scherenmesser** *nt (Hütt/Wlz)* **shear blade** *(Hütt/Wlz)*
**Scherenpresse** *f (Hütt/Wlz)* **shear press** *(Hütt/Wlz)*
**Scherfestigkeit** *f (Geo, Stat)* **shear strength** *(Geo, Stat)*
**Scherfläche** *f (Stb)* **shearing area** *(Stb)*
**Schergerade** *f (Bau)* **shear straight** *(Bau)*
**Scherkraft** *f (Hütt/Wlz)* **shearing force** *(Mech, Stat, Hütt/Wlz)*
**Scherkupplung** *f (Mech)* **overload shear coupling** *(Mech)*
**Scherleiste** *f (Hütt/Wlz) (zwischen Laufrollen)* **shearing rod** *(Hütt/Wlz)* (between track rollers)
**Scherspannung** *f (Mech, Stat)* **shearing stress** *(Stb)*
**Scherstift** *m (Hütt/Wlz)* **shear pin** *(Mech, Hütt/Wlz)*
**Scherung** *f (Mech)* **shear** *(Mech, Stat)*
**Scherverbindung** *f (Mech)* **shear connection** *(Mech)*
**Scherversuch** *m (Bau, Stb)* **shearing test** *(Stb, Bau)*
**Schicht** *f (Geo)* **bed** *(Geo)* **stratum** *(Geo)*
**Schicht** *f (Mech) (Auflage, Auftrag)* **layer** *(Mech)* (thin coat)
**Schicht, horizontal** horizontale Schicht *adj:n (Bg/Bergb) (Flöz)* **bench** *(Bg/Bergb)*
**Schicht, korrosionshemmend** korrosionshemmende Schicht *adj:n (Mech)* **corrosion inhibitor film** *(Mech)*
**Schicht, neutral** neutrale Schicht *adj:n (Stb)* **neutral surface** *adj:n (Stb)*
**Schicht, wasserführend** wasserführende Schicht *adj:n (Geo)* **aquifer** *(Geo, Bg/Bergb)*
**Schichtaufbau** *m (Hütt/Wlz, Anstr)* **build-up of coats** *(Anstr, Hütt/Wlz)*
**Schichtbildung** *f (Hütt/Wlz)* **lamination** *(Hütt/Wlz)*
**Schichtdicke** *f (Bg/Bergb) (des Abraums)* **thickness of layer** *(Bg/Bergb)* (e.g. overburden)
**Schichten** *pl f (Geo)* **strata** *pl (Geo)*
**Schichten, überlagernd** überlagernde Schichten *adj:n (Geo)* **overlying rock** *adj:n (Geo)*
**Schichtenbildung** *f (Geo) (Flöz)* **formation** *(Geo)* (e.g. of a seam)
**Schichtenverlauf** *m (Geo) (im Gestein)* **stratification** *(Geo)*
**Schichthöhe** *f (Hütt/Wlz) (Rost)* **fuel bed thickness** *(Hütt/Wlz)*
**Schichthöhenbegrenzungsplatte** *f* **heaping limit gate**
**Schichthöhenregler** *m (Hütt/Wlz)* **fuel bed regulator** *(Hütt/Wlz)*
**Schichthöhenschieber** *m* **sliding top limit gate**
**Schichtung** *f* **lamination** *(Hütt/Wlz)*
**Schichtwiderstand** *m (Hütt/Wlz)* **film resistor** *(Hütt/Wlz)* (carbon resistor)
**Schiebebühne** *f (Bahn)* **travelling platform** *(Bahn)*
**Schiebehülse** *f (Mech)* **sliding collar** *(Mech)*
**Schiebekarre** *f (Bau)* **wheel barrow** *(Bau)*
**Schiebekeil** *m (Mech)* **spline** *(Mech, Mont)*
**Schiebekupplung** *f (Mech)* **slide coupling** *(Mech)* (on hose)

**Schiebemuffe** *f (Mech)* **sliding sleeve** *(Mech)*
**Schieben** *nt (Bg/Bergb, Bau) (unerwünschte seitliche Bewegung von Bauteilen)* **lateral movement** *adj:n (Bg/Bergb, Bau)*
**Schieben des Korns** *(Bg/Bergb) (vor der Schar)* **undesired tearing of the road** *(Bg/Bergb)*
**Schieber** *m (Bahn) (Dampflok)* **push spool** *(Bahn)* (above cylinder)
**Schieber** *m (Hyd/Pneu) (Absperrschieber)* **gate** *(Hyd/Pneu)*
**Schieber** *m (Mech)* **push handle** *(Mech)*
**Schieberad** *nt (Mech)* **sliding gear** *(Mech)*
**Schieberbetätigung** *f (Hyd/Pneu)* **gate valve operating mechanism** *(Hyd/Pneu)*
**Schieberbewegung** *f (Mech)* **crossover** *(Mech)*
**Schieberkasten** *m (Bahn) (Dampflok)* **steam chest** *(Bahn)*
**Schieberstange** *f (Mech) (im Steuerblock)* **control spool** *(Mech)* (in valve block)
**Schieberumsteuerung** *f (Mech)* **crossover** *(Mech)*
**Schieberventil** *nt (Hyd/Pneu)* **spool valve** *(Hyd/Pneu)*
**Schieberverstellung** *f (Hütt/Wlz)* **valve operating gear** *(Hütt/Wlz)*
**Schieberweg** *m (Mech)* **stroke of the spool** *(Mech)*
**Schiebesattel** *m* **reciprocating double chute** *(Umschl)*
**Schiebewelle** *f (Mech)* **sliding shaft** *(Mech)*
**Schieblehre** *f (Mont, Werkz)* **slide gauge** *(Mont, Werkz)*
**Schiebung** *f (Stb)* **displacement** *(Stb)*
**Schiefer** *m (Geo)* **shale** *(Geo)*
**Schiefergestein** *nt (Geo)* **shale** *(Geo)*
**Schieflauf** *m (Band) (Band)* **side run-out of belt** *(Band)*
**Schiene** *f (Bau, Stb) (Träger)* **bar** *(Bau)* (runner)
**Schiene** *f (Mech, Bahn)* **rail** *(Mech, Bahn)*
**Schienenbodenplatte** *f (Bahn)* **base plate** *(Mech, Bg/Bergb, Bahn)*
**Schienenfahrwerk** *nt (Mech)* **rail-bound travelling mechanism** *(Mech)*
**Schienenfahrzeugbau** *m (Bahn)* **railway vehicle manufacturing** *(Bahn)*
**Schienenfuß** *m (Bahn)* **railfoot** *(Bahn)* (bottom part of rail)
**Schienengruppe** *f (Mech)* **rail trucks** *pl (Bg/Bergb, Mech)*
**Schienenkopf** *m (Bahn)* **rail head** *(Bahn)*
**Schienenlasche** *f (Mech)* **fish plate** *(Mech)*
**Schienenlauffläche** *f (Mech, Bahn)* **tread** *(Mech)* (rail)
**Schienennagel** *m (Bahn)* **rail spike** *(Bahn)*
**Schienenoberkante** *f (Mech, Bahn)* **top of rail** *(Mech)*
**Schienenprüfgerät** *nt (Bahn)* **rail-testing instrument** *(Bahn)*
**Schienenprüfkopf** *m (Bahn)* **rail-testing probe** *(Bahn)*
**Schienenprüfstand** *m (Bahn)* **rail-testing assembly** *(Bahn)*
**Schienenprüfstock** *m (Bahn)* **rail inspection stick** *(Bahn)*
**Schienenprüfwagen** *m (Bahn)* **rail test car** *(Bahn)*
**Schienenräumer** *m (Mech, Mont, Bahn)* **rail sweep** *(Mech, Mont)*
**Schienenrost** *m* **sleeper framework** *(Mech)*
**Schienensteg** *m (Bahn) (zwischen Kopf- und Bodenplatte)* **web of rail** *(Bahn)* (between foot and head)
**Schienenstoß** *m (Bahn)* **rail joint** *(Bahn)*
**Schienenstrang** *m (Bahn)* **tracks** *pl (Bahn)*
**Schienenstuhl** *m (Bahn)* **chair** *(Bahn)* (for rail)
**Schienenträgerelement** *nt (Mech, Stb)* **rail-girder element** *(Mech, Stb)*
**Schienentriebfahrzeug** *nt (Bahn) (mehrachsig)* **tractive unit** *(Bahn)*
**Schienenvorstecker** *m (Mech)* **rail locking pin** *(Mech)*
**Schienenzubehör** *nt (Mech)* **trackage accessories** *pl (Mech)*
**Schiffsbaupresse** *f (Mech, Mont)* **shipbuilding press** *(Mech, Mont)*
**Schiffsbelader** *m (Umschl)* **ship loader** *(Umschl)*
**Schiffsbelader mit Festpunkt** *(Umschl)* **stationary ship loader** *adj:n (Umschl)*
**Schiffsbelader, längsverfahrbar** längsverfahrbarer Schiffsbelader *adj:n (Umschl)* **mobile ship loader** *adj:n (Umschl)*

**Schiffsentlader** *m (Umschl)* **ship unloader** *(Umschl)*
**Schiffsentlader mit Schaufelrad** *(Umschl)* **ship unloader in bucket wheel design** *(Umschl)*
**Schiffskessel** *m (Hütt/Wlz)* **marine boiler** *(Hütt/Wlz)*
**Schiffsprofil** *nt (Hütt/Wlz)* **shipbuilding section** *(Hütt/Wlz)*
**Schild** *m (Mech) (Schutzschild)* **guard plate** *(Mech)*
**Schild** *nt (Bg/Bergb) (des Graders)* **blade** *(Mech, Bg/Bergb)*
**Schild** *nt (Bg/Bergb) (im Bergbau)* **shield support** *(Bg/Bergb)* (oil-pressurized)
**Schildausrüstung** *f (Bg/Bergb) (z.B. Grader)* **front blade attachment** *(Bg/Bergb)*
**Schilderliste** *f (Mech) (Kennzeichnung)* **label list** *(Mech)*
**Schildzylinder** *m (Bg/Bergb)* **shield cylinder** *(Bg/Bergb)*
**Schirm** *m (El) (Abschirmung)* **screen** *(Mech)* (for protection)
**Schirm** *m (Zer) (Sieb)* **sieve** *(Zer)* (screen)
**Schlacke** *f (Hütt/Wlz) (Nebenprodukt im Hochofen)* **slag** *(Bg/Bergb, Hütt/Wlz)*
**Schlackenabscheider** *m (Hütt/Wlz)* **slag extractor** *(Hütt/Wlz)*
**Schlackenabzug** *m (Hütt/Wlz)* **slag removal** *(Hütt/Wlz)*
**Schlackenbrecher** *m (Zer)* **slag crusher** *(Zer)*
**Schlackeneinschluss** *m (Hütt/Wlz)* **slag inclusion** *(Hütt/Wlz)*
**Schlackengrube** *f (Geo)* **slag pit** *(Geo)*
**Schlackenloch** *nt (Hütt/Wlz) (Schmelzkessel)* **taphole** *(Hütt/Wlz)* (tap of blast furnace)
**Schlackensammler** *m (Hütt/Wlz) (Druckwasserentaschung)* **slag tank** *(Hütt/Wlz)*
**Schlackenschicht** *f (Hütt/Wlz)* **slag cover** *(Hütt/Wlz)*
**Schlackenschmelzpunkt** *m (Hütt/Wlz)* **slag melting point** *(Hütt/Wlz)*
**Schlackentrichter** *m (Hütt/Wlz)* **slag hopper** *(Hütt/Wlz)*
**Schlackenverlust** *m (Hütt/Wlz)* **loss due to carbon in ash** *(Hütt/Wlz)*
**Schlackenwagen** *m (Hütt/Wlz)* **ash bogie** *(Hütt/Wlz)*
**Schlackenwolle** *f (Hütt/Wlz)* **slag wool** *(Hütt/Wlz)*
**Schlackenwollmatte** *f (Hütt/Wlz)* **slag wool blanket** *(Hütt/Wlz)*
**Schlackenzeile** *f (Hütt/Wlz)* **slag streak** *(Hütt/Wlz)* (seam)
**Schlaffseil** *nt (Mech)* **slack rope** *adj:n (Mech)*
**Schlag** *m (Bau) (Erschütterung)* **blow** *(Bau)*
**Schlag** *m (Mech, Allg) (Stoß)* **impact** *(Mech, Allg)*
**Schlagbahn** *f (Zer)* **hammer head** *(Zer)*
**Schlagbeanspruchung** *f (Hütt/Wlz)* **vibratory stress** *(Hütt/Wlz, Stat)*
**Schlagbiegeversuch** *m (Hütt/Wlz)* **impact bending test** *(Hütt/Wlz)*
**Schlagbrecher** *m (Zer)* **impact jaw crusher** *(Zer)*
**Schlägelbrecher** *m (Zer)* **swing-hammer crusher** *(Zer)*
**Schläger** *m (Zer) (Mühle)* **beater** *(Zer)*
**Schläger, eingehängt** eingehängter Schläger *adj:n (Mech)* **hinged beater** *adj:n (Mech)*
**Schlägermühle** *f (Zer)* **beater mill** *(Zer)*
**Schlagfestigkeit** *f (Mech)* **resistance to impact** *(Mech)*
**Schlagfräser** *m (Hütt/Wlz)* **fly cutter** *(Hütt/Wlz)*
**Schlaggerät** *nt (Hütt/Wlz)* **hydraulic-impact vibrator** *(Hütt/Wlz)*
**Schlaggeschwindigkeit** *f (Zer, Mech)* **impact speed** *(Zer, Mech)*
**Schlagkopfbrecher** *m (Zer)* **continuous stream crusher** *(Zer)*
**Schlagkreisdurchmesser** *m (Zer, Mech)* **impact circle diameter** *(Zer, Mech)*
**Schlagkreuz** *nt (Mont)* **beating cross** *(Mont)*
**Schlaglänge** *f (Mech) (Seil)* **length of lay** *(Mech)* (rope)
**Schlagleiste** *f (Bg/Bergb) (im Brecher)* **blow bar** *(Bg/Bergb)*
**Schlagpresse** *f (Hütt/Wlz) (zum Abkanten)* **blow folding press** *(Hütt/Wlz)*
**Schlagpresse** *f (Hütt/Wlz) (zum Schmieden)* **blow forging press** *(Hütt/Wlz)*
**Schlagpresse** *f (Mech) (zum Matern)* **matrix striking press** *(Mech)* (book printing)
**Schlagrolle** *f* **beat idler**
**Schlagschere** *f (Hütt/Wlz)* **gate shears** *pl (Hütt/Wlz)*

**Schlagschraube** *f (Mech)* **drive screw** *(Mech)* (hammer drive screw)
**Schlagzahl** *f (Allg) (Markierung am Werkstück)* **steel-stamp number** *(Allg)*
**Schlamm** *m (Geo, Bg/Bergb, Hütt/Wlz)* **sludge** *(Bg/Bergb, Hütt/Wlz)*
**Schlammausblaseventil** *nt (Mech, Hyd/Pneu)* **blowdown valve** *(Mech, Hyd/Pneu)*
**Schlammentwässerung** *f (Mech)* **sludge dehydration** *(Mech)*
**Schlammkohle** *f (Bg/Bergb)* **coal slurry** *(Bg/Bergb)*
**Schlammkohlengreifer** *m (Bg/Bergb)* **coal slurry grab** *(Bg/Bergb)*
**Schlammkorngröße** *f* **slimes fraction**
**Schlammpumpe** *f (Hyd/Pneu)* **sludge pump** *(Hyd/Pneu)*
**Schlammsammler** *m (Hütt/Wlz)* **mud drum** *(Hütt/Wlz)*
**Schlangenbohrer** *m (Bg/Bergb, Mont)* **auger** *(Mont)*
**Schlangenrohr** *nt (Hütt/Wlz)* **tube coil** *(Hütt/Wlz)*
**Schlangenrohrvorverdampfer** *m (Hütt/Wlz)* **continuous loop tube evaporator** *(Hütt/Wlz)*
**Schlangenventil** *nt (Hyd/Pneu)* **coil valve** *(Hyd/Pneu)*
**Schlankheitsgrad** *m (Stat)* **ratio of slenderness** *(Stat)*
**Schlauch** *m (Hyd/Pneu) (im Autoreifen)* **tube** *(Hyd/Pneu)* (in vehicle tire)
**Schlauch** *m (Mech, Hyd/Pneu)* **hose** *(Mech, Hyd/Pneu)*
**Schlauch für hohen Druck** *(Hyd/Pneu)* **pressure-type hose** *(Mech, Hyd/Pneu)*
**Schlauch mit Scheuerschutz** *(Hyd/Pneu)* **wire spiral warp** *(Hyd/Pneu)*
**Schlauch- und Spannschelle** *(Mech)* **sealing and retaining clamp** *(Mech)*
**Schlauchablage** *f (Mech, Hyd/Pneu)* **trough for hose-pipes** *(Mech, Hyd/Pneu)*
**Schlauchabweiser** *m (Mech, Hyd/Pneu)* **hose fender** *(Mech, Hyd/Pneu)*
**Schlauchanschluss** *m (Mech, Hyd/Pneu)* **hose connection** *(Mech, Hyd/Pneu)*
**Schlaucharmatur** *f (Mech) (Kupplung)* **hose fixture** *(Mech)*
**Schlauchaufroller** *m (Mech)* **hose recoiler** *(Mech)*
**Schlauchbaggerung** *f (Bg/Bergb)* **opening trench cut** *(Bg/Bergb)*
**Schlauchbinder** *m (Mech)* **hose fitting** *(Mech)*
**Schlauchbremse** *f (Mech)* **tube-type brake** *(Mech)*
**Schlauchbrücke** *f (Stb)* **hose bridge** *(Stb)*
**Schlauchdichtung** *f (Mech, Hyd/Pneu)* **tubeseal** *(Mech, Hyd/Pneu)*
**Schlauchdichtung mit Schaumgummifüllung** *(Mech, Hyd/Pneu)* **softseal** *(Mech, Hyd/Pneu)*
**Schlauchfilter** *nt (Mech) (Entstaubung)* **bag-type filter** *(Mech)*
**Schlauchgestell** *nt (Mech)* **hose rack** *(Mech)*
**Schlauchhalter** *m (Mech) (Schelle, Klemme)* **hose clamp** *(Mech)*
**Schlauchkupplung** *f (Mech) (Verbindung)* **hose coupling** *(Mech)*
**Schlauchleitung** *f (Hyd/Pneu, Mech) (einzelner Schlauch)* **hose** *(Mech, Hyd/Pneu)*
**Schlauchleitung** *f (Hyd/Pneu, Mech) (Satz)* **hose assembly** *(Hyd/Pneu, Mech)*
**Schlauchschelle** *f (Mech)* **hose clamp** *(Mech)*
**Schlauchseele** *f (Hyd/Pneu)* **hose core** *(Hyd/Pneu)*
**Schlauchtülle** *f (Mech) (Schlauchmuffe)* **hose socket** *(Mech)*
**Schlauchventil mit Staubkappe** *(Hyd/Pneu)* **inner tube valve with dust cap** *(Hyd/Pneu)*
**Schlauchventilbrücke** *f (Hyd/Pneu, Mech)* **inner tube valve fitting** *(Hyd/Pneu, Mech)*
**Schlauchventileinsatz** *m (Hyd/Pneu, Mech)* **inner tube valve insert** *(Hyd/Pneu, Mech)*
**Schlauchverbindungsteil** *nt (Mech)* **hose connector** *(Mech)*
**Schlauchwaage** *f (Mech)* **hose levelling instrument** *(Mech)*
**Schlauchwanne** *f (Mech, Bg/Bergb) (am Teleskopbagger)* **hose trough** *(Mech, Bg/Bergb)*
**Schlaufe** *f (Mech) (groß)* **loop** *(El, Mech)*
**Schlaufe** *f (Mech) (klein)* **eye** *(Mech, El)*
**Schleichgang** *m (Mech)* **inching** *(Mech)*

**Schleierbildung** *f (Anstr)* **blooming** *(Anstr)*
**Schleifbock** *m (Mech, Mont)* **buffing machine** *(Mech, Mont)*
**Schleifenbandwagen** *m (Bg/Bergb)* **tripper car** *(Bg/Bergb, Umschl, Band)*
**Schleifenwagen** *m (Bg/Bergb)* **tripper** *(Bg/Bergb)*
**Schleifkontakt** *m (Mech)* **wiper** *(Bg/Bergb, Umschl, Band)* (on the belt)
**Schleifkufe** *f (Bg/Bergb)* **reference sleigh** *(Mech, Bg/Bergb)*
**Schleifleitung** *f (Mech)* **sliding line** *(Mech)*
**Schleifmarkiereinrichtung** *f (Mech)* **grinding marker** *(Mech)*
**Schleifmaß** *nt (Mech) (der Kolbenstange)* **grinding diameter** *(Mech)*
**Schleifpapier** *nt (Anstr, Mech)* **emery paper** *(Mech, Anstr)*
**Schleifpaste** *f (Hütt/Wlz)* **grinding paste** *(Hütt/Wlz)*
**Schleifrad** *nt (Hütt/Wlz)* **grinding wheel** *(Hütt/Wlz)*
**Schleifringbremse** *f (Bahn)* **slip-ring brake** *(Bahn)*
**Schleifringhalter** *m (Mech)* **slip ring holder** *(Mech)*
**Schleifscheibe** *f (Hütt/Wlz)* **grinding disk** *(Hütt/Wlz)*
**Schleifscheibe** *f (Hütt/Wlz) (zum Glätten)* **abrasive wheel** *adj:n (Hütt/Wlz)*
**Schleifscheibenspindel** *f (Hütt/Wlz)* **wheel spindle** *(Mech, Hütt/Wlz)*
**Schleifstein** *m (Hütt/Wlz)* **grinding wheel** *(Hütt/Wlz)*
**Schleifwirkung** *f (Mech)* **attrition** *(Mech)*
**Schleifzeug** *nt (Hütt/Wlz)* **grinding tool** *(Hütt/Wlz)*
**Schleißblech** *nt (Mech)* **abrasion rod** *(Mech)*
**Schleißbrammen** *pl f (Bg/Bergb)* **wear angles under buckets** *(Bg/Bergb)*
**Schleißkappe** *f (Bg/Bergb) (zwischen Grabgefäßzähnen)* **shroud** *(Bg/Bergb)* (between theeth of bucket)
**Schleißkopfgesenk** *nt (Mech) (Nieten)* **die** *(Hütt/Wlz, Gieß)*
**Schleißleiste** *f (Mech)* **wear strip** *(Mech)*
**Schleißplatte** *f (Bg/Bergb)* **wear plate** *(Bg/Bergb)*
**Schleißrücken** *m (Hütt/Wlz) (Staubrohre)* **wear liner** *(Hütt/Wlz)*
**Schleißscheibe** *f (Mech, Hütt/Wlz)* **wear disc** *(Mech)*
**Schleißschiene** *f (Hütt/Wlz)* **wear bar** *(Hütt/Wlz)*
**Schleißsohle** *f (Hütt/Wlz)* **wear sole** *(Hütt/Wlz)*
**Schlempe** *f (Geo) (Zementschlamm)* **laitance** *(Geo)*
**Schleppblech** *nt (Umschl)* **trail plate** *(Umschl)*
**Schleppblech** *nt (Stb) (über einer Dehnungsfuge)* **expansion joint** *(Mech, Stb)*
**Schleppbrücke** *f (Umschl)* **trailer bridge** *(Umschl)*
**Schlepper** *m (Mech) (Traktor)* **tractor** *(Mech)* (of a semi-trailer truck)
**Schleppförderer** *m (Band)* **drag chain conveyor** *(Band)*
**Schleppkette** *f (Bg/Bergb) (z.B. an Schleppschaufel)* **drag chain** *(Bg/Bergb)*
**Schleppkette** *f (El) (Kabel)* **mobile cable handler** *adj:n (Mech)*
**Schleppschaufel** *f (Bg/Bergb)* **dragline bucket** *(Bg/Bergb)* (on cable shovel)
**Schleppschaufeltiefe** *f (Bg/Bergb)* **dredging depth** *(Bg/Bergb)* (of dragline)
**Schleppseil** *nt (Mech)* **tow rope** *(Kfz)*
**Schleppstange** *f (Mech)* **tow bar** *(Kfz)*
**Schlepptender** *m (Bahn)* **trailing tender** *(Bahn)*
**Schlepptenderlokomotive** *f (Bahn)* **trailing tender locomotive** *(Bahn)*
**Schleppweiche** *f (Bahn)* **stub switch** *(Bahn)*
**Schleppwelle** *f (Mech)* **clutched second shaft** *(Mech)*
**Schleppwinde** *f (Mech)* **towing winch** *(Mech)*
**Schleuderband** *nt (Band, Umschl)* **centrifugal belt** *adj:n (Band, Umschl)*
**Schleudergießen** *nt (Hütt/Wlz)* **centrifugal casting** *adj:n (Hütt/Wlz)*
**Schleuderguss** *m (Hütt/Wlz)* **centrifugal casting** *adj:n (Hütt/Wlz)*
**Schleuderluftfilter** *nt (Mech)* **centrifugal air cleaner** *adj:n (Mech)*
**Schleuderprüfung** *f (Mech)* **dynamic balance test** *(Mech)*
**Schleuderscheibe** *f (Hütt/Wlz)* **centrifugal disk** *adj:n (Hütt/Wlz)*
**Schleusluft** *f (Hütt/Wlz)* **sealing air** *(Hütt/Wlz)* (of rotary air heater)

**Schleusluftventilator** *m (Hütt/Wlz)* **sealing air fan** *(Hütt/Wlz)*
**Schlichträumen** *nt (Hütt/Wlz)* **finish broach** *(Hütt/Wlz)*
**Schlickbagger** *m (Bg/Bergb)* **silt dredger** *(Bg/Bergb)*
**Schließglied** *nt (Zer)* **closing link** *(Zer)*
**Schließkopf** *m (Stb) (bei einer Nietung)* **closing head** *(Stb)*
**Schließstelle** *f (Mech) (Anschlag Stoßstelle)* **contact point** *(Mech)*
**Schließzeit** *f (Bg/Bergb) (Greifer)* **closing time** *(Bg/Bergb)* (grab)
**Schlinge** *f (Mech) (Tragriemen)* **sling** *(Mech)* (strap)
**Schlingerdämpfungsblech** *nt (Hütt/Wlz) (des Schiffskessels)* **swash plate** *(Hütt/Wlz, Mech)*
**Schlingerverband** *m (Stb)* **lateral bracing** *adj:n (Stb)*
**Schlitten** *m (Bg/Bergb, Umschl, Band)* **sledge** *(Bg/Bergb, Umschl, Band)*
**Schlitten** *m (Mech) (Maschinenteil)* **carriage** *(Mech)* (sledge)
**Schlittenhub** *m (Bg/Bergb)* **stroke of sledge with rotary drive** *(Bg/Bergb)*
**Schlittenrahmen** *m (Bg/Bergb, Umschl, Band)* **skid frame** *(Bg/Bergb, Umschl, Band)*
**Schlitz** *m (Mech, Allg)* **slot** *(Mech, Mont)*
**Schlitzbandeisen** *nt (Mech)* **slotted rail** *adj:n (Mech)*
**Schlitzinitiator** *m (Hütt/Wlz)* **slot indicator** *(Hütt/Wlz)*
**Schlitzkanal** *m* **slotted tunnel** *adj:n (Mech)*
**Schlitzmutter** *f (Mech)* **slotted nut** *adj:n (Mech)*
**Schlitzring** *m (Mech)* **slit ring** *(Mech)*
**Schlitzringkupplung** *f (Mech)* **split-ring coupling** *(Mech)*
**Schlitzschraube** *f (Mech)* **slotted screw** *adj:n (Mech)*
**Schlosser** *m (Mech, Mont) (Maschinenschlosser)* **mechanic** *(Mech)* (fitter)
**Schlossinnengriff** *m (Bg/Bergb)* **inner lock handle** *adj:n (Bg/Bergb)*
**Schlossschalter** *m (Mech)* **switch with mechanical locking device** *(Mech)*
**Schlot** *m (Bau) (Fabrikschornstein)* **smokestack** *(Bau, Stb)*
**Schluckstrom** *m (Hyd/Pneu) (Aufnahmevermögen einer Pumpe)* **absorption capacity** *(Hyd/Pneu)*
**Schluckvolumen** *nt (Mech, Hyd/Pneu) (Pumpe)* **displacement** *(Mech, Hyd/Pneu)* (pump)
**Schluff** *m (Geo) (Grobton)* **coarse clay** *adj:n (Geo)*
**Schlupf** *m (Mech)* **slip** *(Mech)*
**Schlupfhärtung** *f (Hütt/Wlz)* **slip hardening** *(Hütt/Wlz)*
**Schlupfkupplung** *f (Mech)* **slip clutch** *(Mech)*
**Schlupfstelle** *f (Bg/Bergb)* **hardness gap** *(Mech, Bg/Bergb)*
**Schlupfüberwachung** *f (Mech)* **slip control** *(Mech)*
**Schluss** *m (Bahn) (des Zuges)* **tail** *(Bahn)* (end of a train)
**Schluss** *m (Mech) (Zahnräder)* **mesh** *(Mech)*
**Schlüssel** *m (Mont, Werkz)* **spanner** *BE (Mont, Werkz)*
**Schlüssel für das Entlüfterventil** *(Werkz)* **air bleeding spanner** *(Werkz)*
**Schlüsselfang** *m (Mech)* **key trap** *(Mech)*
**Schlüsselverriegelung** *f (Mech)* **key interlock** *(Mech)*
**Schlüsselweite** *f* **opening width** *(Bg/Bergb)*
**Schlüsselweite** *f (Mech) (der Schraube)* **width across flats** *(Mech)*
**Schlusstrommel** *f* (Band) **tail pulley** *(Band)*
**Schmalkeilriemen** *m (Mech)* **narrow V-belt** *adj:n (Mech)*
**Schmelzanalyse** *f (Hütt/Wlz)* **ladle analysis** *(Hütt/Wlz)*
**Schmelzbad** *nt (Hütt/Wlz)* **weld pool** *(Schw, Mech, Mont)*
**Schmelzbarkeit** *f (Hütt/Wlz)* **fusibility** *(Hütt/Wlz)*
**Schmelze** *f (Hütt/Wlz)* **melt** *(Hütt/Wlz)*
**Schmelzfeuerung** *f (Hütt/Wlz)* **slag-tap pulverised coal firing** *(Hütt/Wlz)*
**Schmelzkessel** *m (Hütt/Wlz)* **slag-tap boiler** *(Hütt/Wlz)*
**Schmelzpunkt** *m (Hütt/Wlz)* **melting point** *(Hütt/Wlz)*
**Schmelzschneiden** *nt (Schw, Mech, Mont)* **fusion cutting** *(Schw, Mech, Mont)*

**Schmelzschweißen** *nt (Schw, Mech, Mont)* **fusion welding** *(Schw, Mech, Mont)*
**Schmelzsicherungsschraube** *f (Mech)* **fusible screw plug** *adj:n (Mech)*
**Schmelztemperatur** *f (Hütt/Wlz)* **melting temperature** *(Hütt/Wlz)*
**Schmelztiegel** *m (Hütt/Wlz)* **melting pot** *(Hütt/Wlz)*
**Schmelztiegelfeuerung** *f (Hütt/Wlz)* **retort-type slag-tap furnace** *(Hütt/Wlz)*
**Schmelztischfeuerung** *f (Hütt/Wlz)* **pulverized coal firing with melting table** *(Hütt/Wlz)*
**Schmelzverhalten** *nt (Hütt/Wlz)* **melting behaviour** *(Hütt/Wlz)*
**Schmiedbarkeit** *f (Hütt/Wlz)* **forgeability** *(Hütt/Wlz)*
**Schmiede-Schweiß-Konstruktion** *f (Hütt/Wlz, Schw)* **forging / welding construction** *(Hütt/Wlz, Schw)*
**Schmiedeamboss** *m (Mont)* **anvil** *(Mech, Mont, Werkz)*
**Schmiedeeisen** *nt (Hütt/Wlz)* **forged steel** *adj:n (Hütt/Wlz)*
**Schmiedegesenk** *nt (Hütt/Wlz)* **swage** *(Hütt/Wlz)*
**Schmiedegüte** *f (Hütt/Wlz)* **quality of forging** *(Hütt/Wlz)*
**Schmiedekontur** *f (Hütt/Wlz)* **forging contour** *(Hütt/Wlz)*
**Schmiedepresse** *f (Hütt/Wlz)* **forging press** *(Hütt/Wlz)*
**Schmiederiss** *m (Hütt/Wlz)* **forging crack** *(Hütt/Wlz)*
**Schmiederohling** *m (Hütt/Wlz)* **forging blank** *(Hütt/Wlz)*
**Schmiedestahl** *m (Mech, Hütt/Wlz)* **forging steel** *(Hütt/Wlz)*
**Schmiedestückgewicht** *nt (Hütt/Wlz)* **mass of forging** *(Hütt/Wlz)*
**Schmiedestückzeichnung** *f (Hütt/Wlz)* **forging drawing** *(Hütt/Wlz)*
**Schmiedeteil** *nt (Hütt/Wlz)* **forging** *(Mech, Hütt/Wlz)*
**Schmieranlage** *f (Mech)* **lubricating system** *(Mech)*
**Schmierbohrung** *f (Mech)* **lubricating hole** *(Mech)*
**Schmierbuchse** *f (Mech)* **lubricator** *(Mech)*
**Schmierbüchse** *f (Mech)* **grease cup** *(Mech)*
**Schmierer** *m (Mech)* **lubricator** *(Mech)*
**Schmierfähigkeit** *f (Mech)* **lubricity** *(Mech)*
**Schmierfett** *nt (Mech)* **lubricating grease** *(Mech, Chem)*
**Schmierfilm** *m (Mech)* **film of lubricant** *(Mech)*
**Schmierhaus** *nt (Mech)* **lubrication cabin** *(Mech)*
**Schmierkontrollschraube** *f (Mech)* **grease screw** *(Mech)*
**Schmierkopf** *m (Mech)* **lubricating fitting** *(Mech)*
**Schmierleitung** *f (Mech)* **lubricating line** *(Mech, Hyd/Pneu)*
**Schmiermittel** *nt (Mech)* **lubricant** *(Mech)*
**Schmiernippel** *m (Mech)* **lubrication nipple** *(Mech)*
**Schmiernippel mit Kugelgriff** *(Mech)* **button-head fitting** *(Mech)*
**Schmiernut** *f (Mech)* **lubrication groove** *(Mech)*
**Schmierölfilter** *nt (Mech)* **lubricating oil filter** *(Mech)*
**Schmierpause** *f (Mech)* **waiting interval** *(Mech)* (greasing pump)
**Schmierpistole** *f (Mech)* **grease gun** *(Mech)*
**Schmiersteg** *m (Mech)* **servicing catwalk** *(Mech)*
**Schmierstelle** *f (Mech)* **lubricating point** *(Mech)*
**Schmierstrang** *m (Mech)* **lubricating branch** *adj:n (Mech)*
**Schmiertakt** *m (Mech)* **greasing cycle** *(Mech)*
**Schmiertopf** *m (Mech)* **grease pot** *(Mech)*
**Schmierzeiten** *pl f (Mech, Allg)* **lubricating intervals** *pl (Mech, Allg)*
**Schmirgelleinen** *nt (Hütt/Wlz)* **emery cloth** *(Hütt/Wlz)*
**Schmirgelpapier** *nt (Mech, Anstr)* **emery paper** *(Mech, Anstr)*
**Schmirgelstein** *m (Mech)* **emery stick** *(Mech)*
**Schmutz** *m (Allg, Bg/Bergb)* **dirt** *(Allg, Bg/Bergb)*
**Schmutzabstreifring** *m (Bg/Bergb) (am Zylinder)* **dirt skimmer** *(Bg/Bergb)*
**Schmutzanalyse** *f (Mech)* **soil analysis** *(Mech)* (concerning dirt)
**Schmutzband** *nt (Band)* **spillage belt** *(Band)*

**Schmutzblech** *nt (Mech) (am Lkw)* **spill guard** *(Mech)*
**Schmutzfänger** *m (Mech)* **mud flap** *(Mech)*
**Schmutzfänger** *m (Zer) (Kegelbrecher)* **dirt trap** *(Zer)* (cone crusher)
**Schmutzring** *m (Bg/Bergb)* **scraper ring** *(Bg/Bergb, Umschl, Band)*
**Schmutzseite des Bandes** *(Band)* **carrying side of belt** *(Band)*
**Schnabelrolle** *f* **nozzle roll**
**Schnapper** *m (Mech)* **catch** *(Mech)*
**Schnappkupplung** *f (Bahn)* **impulse coupling** *(Bahn)*
**Schnappring** *m (Mech)* **snap ring** *(Mech)*
**Schnappverschluss** *m (Mech)* **snap-on cap** *(Mech)*
**Schnecke** *f (Mech)* **worm** *(Mech)*
**Schnecke** *f (Mech) (des Schneckenförderers)* **screw** *(Mech, Mont)*
**Schneckenantrieb** *m (El, Mech)* **worm drive** *(El, Mech)*
**Schneckenbesen** *m (Mech)* **screw brush** *(Mech)*
**Schneckenfeder** *f (Mech)* **volute spring** *(Mech)*
**Schneckenförderer** *m (Band)* **screw conveyor** *(Mont, Band)*
**Schneckengetriebe** *nt (Mech)* **worm gear** *(Mech)*
**Schneckengetriebe, selbsthemmend** selbsthemmendes Schneckengetriebe *adj:n (Mech)* **self-locking worm gear** *adj:n (Mech)*
**Schneckengewinde** *nt (Mech)* **worm thread** *(Mech)*
**Schneckengewindeschelle** *f (Mech) (DIN 3017)* **worm drive hose clip** *(Mech)*
**Schneckengirlande** *f (Band)* **upper catenary idler** *adj:n (Band)*
**Schneckenlänge** *f (Mech)* **worm face-width** *(Mech)*
**Schneckenplanetengetriebe** *nt (Mech)* **worm planetary gear unit** *(Mech)*
**Schneckenrad** *nt (Mech)* **worm wheel** *(Mech)*
**Schneckenradgetriebe** *nt (Mech)* **helical reducer** *adj:n (Mech)*
**Schneckenradkranz** *m (Mech)* **worm gear rim** *(Mech)*
**Schneckenradnabe** *f (Mech)* **worm gear hub** *(Mech)*
**Schneckenradsatz** *m (Mech)* **worm gear pair** *(Mech)*
**Schneckenradwelle** *f (Mech)* **worm gear shaft** *(Mech)*
**Schneckenstufe** *f (Mech)* **worm gear pair** *(Mech)*
**Schneckentrommelmüllwagen** *m (Mech)* **screw-type refuse-collection vehicle** *BE (Mech)*
**Schneckenwelle** *f (Mech)* **worm shaft** *(Mech)*
**Schneckenwelle** *f (Mech) (genutet)* **scrole** *(Mech)*
**Schneckenzahn** *m (Mech)* **thread** *(Mech)* (worm)
**Schneeantriebsrad** *nt (Mech)* **snow sprocket** *(Mech)*
**Schneeflügel** *m (Mech)* **snow wing** *(Mech)*
**Schneefräse** *f (Mech)* **snow blower** *(Mech)*
**Schneelast** *f (Stat)* **snow load** *(Stat)*
**Schneepflug** *m (Bahn)* **snow plough** *(Bahn)*
**Schneeräumschild** *nt (Mech) (am Stapler)* **snow bucking plate** *(Mech)*
**Schneidbacke** *f* **die** (for cutting)
**Schneidbahn** *f (Mech, Mont)* **cutting path** *(Mech, Mont)*
**Schneidbrenner** *m (Schw, Mech, Mont)* **cutting torch** *(Schw, Mech, Mont)*
**Schneide** *f (Bg/Bergb) (Grablöffelvorderkante)* **cutting edge** *(Bg/Bergb, Mech)*
**Schneide** *f (Mech, Mont)* **blade** *(Mech, Bg/Bergb)*
**Schneidecke** *f (Mech, Mont)* **corner cutter** *(Mech, Mont)*
**Schneideinsatz** *m (Mech)* **die insert** *(Mech)*
**Schneideisen** *nt (Mech, Mont)* **cutting die**
**Schneidelippe** *f (Bg/Bergb)* **cutting lip** *(Bg/Bergb, Mont)*
**Schneideliste** *f (Bau)* **cutting list** *(Bau)*
**Schneiden** *nt (Hyd/Pneu, Mont)* **cutting** *(Mech)*
**Schneiden, autogen** autogenes Schneiden *adj:n (Schw, Mont, Mech)* **gas cutting** *(Schw, Mech, Mont)*
**Schneidenbreite** *f (Mech)* **width of tip** *(Mech)*
**Schneidering** *m (Mech)* **cutting ring** *(Mech)*

**Schneideversuch** *m (Bau)* **cutting test** *(Bau)*
**Schneidfläche** *f (Werkz)* **cutting surface** *(Werkz)*
**Schneidgerät** *nt (Schw, Mech, Mont)* **cutting apparatus** *(Pneu, Mont)*
**Schneidhalter** *m (Mech)* **die holder** *(Mech)*
**Schneidkante** *f (Bg/Bergb, Mech)* **cutting edge** *(Bg/Bergb, Mech)*
**Schneidkluppe** *f (Mont)* **die stock** *(Mont)*
**Schneidkopf** *m (Mech)* **cutter head** *(Mech)*
**Schneidkopfleiter** *f (Bg/Bergb)* **cutter head ladder** *(Bg/Bergb)*
**Schneidkopfsaugbagger** *m (Bg/Bergb)* **cutter head suction dredger** *(Bg/Bergb)*
**Schneidkraft** *f (Bg/Bergb)* **digging force** *(Bg/Bergb)*
**Schneidkreisdurchmesser** *m (Bg/Bergb, Umschl) (Schaufelrad)* **bucket wheel diameter across bucket lips** *(Bg/Bergb, Umschl)*
**Schneidlippe** *f (Bg/Bergb)* **cutting edge** *(Bg/Bergb, Mech)*
**Schneidmaschine** *f (Schw, Mont)* **cutting machine** *(Hyd/Pneu, Mont)*
**Schneidmaschine, autogen** autogene Schneidmaschine *adj:n (Schw, Mech, Mont)* **gas-cutting machine** *(Schw, Mech, Mont)*
**Schneidmesser, aufgebogen** aufgebogenes Schneidmesser *adj:n (Mech)* **wrap-around cutting edge** *(Mech)*
**Schneidmesser, mehrteilig** mehrteiliges Schneidmesser *adj:n (Mech)* **multi-section edge** *(Mech)*
**Schneidmesser, umlaufend** umlaufendes Schneidmesser *adj:n (Mech)* **extended cutting edge** *adj:n (Mech)*
**Schneidmutter** *f (Mech)* **thread nut** *(Mech)*
**Schneidsenkschraube** *f (Mech)* **counter-sunk die** *(Mech)*
**Schneidstahlbearbeitung** *f (Mech, Mont)* **tooling** *(Mech, Mont)*
**Schneidumfang** *m* **cutting periphery**
**Schneidwerkzeuge** *pl nt (Bg/Bergb)* **cutting tools** *pl (Bg/Bergb)*
**Schneidwiderstand** *m (Mech)* **cutting resistance** *(Bg/Bergb, Mech, Hütt/Wlz)*
**Schnellabsenköse** *f (Band, Mech) (für Bandgirlanden)* **quick-release lug** *(Band, Mech)*
**Schnellbetankungsanlage** *f (Mech)* **fast fuelling system** *(Hyd/Pneu, Mech)*
**Schnelldampferzeuger** *m (Hütt/Wlz)* **quick-steaming unit** *(Hütt/Wlz)*
**Schnelldrehstahl** *m (Hütt/Wlz)* **high-speed steel** *(Hütt/Wlz)*
**Schnellentlüftungsventil** *nt (Hyd/Pneu)* **quick ventilation valve** *adj:n (Hyd/Pneu)*
**Schnellfluss** *m (Mech) (z.B. Kühlsystem)* **high flow** *adj:n (Mech)* (e.g. in cooling system)
**Schnellgang** *m (Mech) (Kfz)* **overdrive** *(Mech)*
**Schnellkupplung** *f (Bg/Bergb) (für Hydroleitung)* **quick-release coupling** *(Bg/Bergb)*
**Schnellkupplung** *f (Mech)* **rapid-action coupling** *(Mech)*
**Schnellläufer** *m (Zer) (Schlagermühle)* **high-speed pulveriser** *(Zer)*
**Schnellschlaghammer** *m (Bg/Bergb) (für Ramme)* **rapid-blow hammer** *(Bg/Bergb)* (for pile driving)
**Schnellschlussventil** *nt (Hyd/Pneu)* **quick-acting valve** *(Hyd/Pneu)*
**Schnellsenkeinrichtung** *f (Bg/Bergb) (Freifall)* **fast-fall device** *(Bg/Bergb)*
**Schnellstufe** *f (Mech)* **overdrive** *(Mech)*
**Schnelltrennkupplung** *f (Mech)* **quick-disconnect coupling** *(Mech)*
**Schnellverschleißteil** *nt (Mech)* **fast wear part** *(Mech)*
**Schnellverschluss** *m (Mech)* **quick lock** *adj:n (Mech)*
**Schnellverschlussdeckel** *m (Mech)* **quick-release cover** *(Mech)*
**Schnellverschlusskupplung** *f (Mech)* **quick-lock coupling** *(Mech)* (on fuel tank)
**Schnellverschlussschelle** *f (Mech)* **quick-release clamp** *(Mech)*
**Schnellwechselanlage** *f (Bg/Bergb) (für Ramme)* **rapid-changing device** *(Bg/Bergb)*
**Schnellwechsler** *m (Bg/Bergb)* **quick release** *adj:n (Mech)*
**Schnitt** *m (Mech, Stat) (Statik)* **section** *(Stb)* (cutting)

**Schnitt, abgebrochen** abgebrochener Schnitt *adj:n (Mech)* **break** *(Mech)* (discontinuity, interruption)
**Schnittangabe** *f (Stb)* **section** *(Mech, Stb)*
**Schnittbeobachter** *m (Bg/Bergb)* **attendant for cut observation** *(Bg/Bergb)*
**Schnittbild** *(Kfz)* **cutaway view** *(Hyd/Pneu, Mech)*
**Schnittbild** *nt (Mech) (in Zeichnungen)* **cross-sectional picture** *(Mech)* (in drawings)
**Schnittbreite** *f (Bg/Bergb) (des Löffels)* **cutting width** *(Bg/Bergb)* (of the bucket)
**Schnittfläche** *f (Mech)* **cut surface** *(Mech)*
**Schnittgeschwindigkeit** *f (Bg/Bergb)* **cutting speed** *(Bg/Bergb)*
**Schnittgrat** *m (Mech, Mont)* **burr** *(Mech, Mont)*
**Schnittgröße** *f (Hütt/Wlz)* **cutting power** *(Hütt/Wlz)*
**Schnitthöhe** *f (Bg/Bergb)* **cutting height** *(Bg/Bergb)*
**Schnitttiefe** *f (Mech)* **cutting depth** *(Mech)*
**Schnitttiefe unter Planum** *(Bg/Bergb)* **digging depth** *(Bg/Bergb)*
**Schnittkante** *f (Hütt/Wlz)* **cut edge** *(Hütt/Wlz)*
**Schnittkraft** *f (Hütt/Wlz)* **force of sectioning** *(Hütt/Wlz)*
**Schnittkreis** *m (Bg/Bergb)* **cutting lip** *(Bg/Bergb, Mont)*
**Schnittkreisdurchmesser** *m (Bg/Bergb)* **diameter across bucket lips** *(Bg/Bergb)*
**Schnittlinie** *f (Hütt/Wlz)* **intersection line** *(Hütt/Wlz)*
**Schnittlinie** *f (Hütt/Wlz) (von Flächen)* **arris** *(Hütt/Wlz)*
**Schnittmodell** *nt (Mech)* **sectional model** *adj:n (Mech)*
**Schnittpunkt** *m (Mech, Allg)* **point of intersection** *(Mech)*
**Schnittstellung** *f (Hütt/Wlz) (z.B. bei Blechen)* **cutting position** *(Bg/Bergb, Hütt/Wlz)*
**Schnittveränderung** *f (Hütt/Wlz)* **cutting change** *(Hütt/Wlz)*
**Schnittverhältnisse** *pl nt (Bg/Bergb)* **cutting conditions** *pl (Bg/Bergb)*
**Schnittverlauf** *m (Hütt/Wlz, Stb)* **cutting line** *(Hütt/Wlz, Stb)*
**Schnittwiderstand** *m (Hütt/Wlz)* **cutting resistance** *(Bg/Bergb, Mech, Hütt/Wlz)*
**Schnittwinkel** *m (Hütt/Wlz)* **cutting angle** *(Hütt/Wlz)*
**Schnittwirkung** *f (Hütt/Wlz)* **effect of cutting** *(Hütt/Wlz)*
**Schnittzeichnung** *f (Mech)* **sectional drawing** *adj:n (Mech)*
**Schnittzugabe** *f (Hütt/Wlz)* **cutting allowance** *(Hütt/Wlz)*
**Schnüffelventil** *nt (Hyd, Mech)* **breather** *(Hyd/Pneu)*
**Schnur** *f (Mech, Allg)* **string** *(Mech, Stb)*
**Schockschweißen** *nt (Schw)* **shock welding** *(Schw)*
**Scholle** *f (Geo)* **massif** *(Bau)* (clod of earth)
**Schonganggetriebe** *nt (Mech)* **overdrive** *(Mech)*
**Schöpfrohrkupplung** *f (Mech)* **scoop coupling** *(Mech)*
**Schornstein, abgespannt** abgespannter Schornstein *adj:n (Stb)* **guyed smokestack** *adj:n (Stb)*
**Schornstein, eingespannt** eingespannter Schornstein *adj:n (Stb)* **rigid chimney** *adj:n (Stb)*
**Schornsteinauswurf** *m (Hütt/Wlz)* **chimney emission** *(Hütt/Wlz)*
**Schornsteinzug** *m (Hütt/Wlz)* **stack draught** *(Hütt/Wlz)*
**Schott** *nt (Mech) (Vollwandträger)* **diaphragm** *(Hyd/Pneu, Mech, Hütt/Wlz, Bau)*
**Schott** *nt (Mech, Stb) (Schiff; Unterbau)* **bulk head** *(Mech)*
**Schottblech** *nt (Mech)* **partition plate** *(Mech)*
**Schottblech** *nt (Schw) (in Schweißkonstruktion)* **stiffening plate** *(Stb, Schw)*
**Schottenüberhitzer** *m (Hütt/Wlz)* **platten-type superheater** *(Hütt/Wlz)*
**Schotter** *m (Geo) (Steinbruch)* **gravel** *(Geo)*
**Schotterablagerungen** *pl f (Bg/Bergb, Geo)* **stone layers** *pl (Bg/Bergb, Geo)*
**Schotterbett** *nt (Bg/Bergb, Geo)* **ballast roadbed** *(Bg/Bergb, Geo)*
**Schottergreifer** *m (Bg/Bergb)* **ballast grab** *(Bg/Bergb)*

**Schotterindustrie** *f (Geo)* **road material industry** *(Geo)*
**Schottverschraubung** *f (Mech)* **bulkhead screw connection** *(Mech)*
**Schrägachse** *f (Hyd/Pneu) (der Hydraulikpumpe)* **bent axis** *adj:n (Hyd/Pneu)*
**Schrägaufzug** *m (Stb)* **inclined elevator** *adj:n (Stb)*
**Schrägbandbrücke** *f (Band)* **ascending conveyor gantry** *adj:n (Band)*
**Schräge** *f (Geo)* **slope** *(Geo, Bg/Bergb)*
**Schrägförderband** *nt (Band)* **sloped conveyor bridge** *(Band)*
**Schrägförderer** *m (Band)* **slope conveyor** *(Band)*
**Schrägkante** *f (Mech, Mont)* **bevelled edge** *adj:n (Mech, Mont, Schw)*
**Schrägkugellager** *nt (Mech)* **tapered ball bearing** *adj:n (Mech)*
**Schräglage** *f (Mech) (des Motors)* **tilt angle** *(Mech)* (of the engine)
**Schräglage** *f (Mech) (unausgelichen)* **unbalance** *(Mech, Hütt/Wlz)*
**Schräglauf** *m (Umschl)* **skew travel** *(Band, Umschl)* (belt)
**Schrägrad** *nt (Mech)* **helical gear** *adj:n (Mech)*
**Schrägrollenlager** *nt (Mech)* **taper roller bearing** *(Mech)*
**Schrägrost** *m (Hütt/Wlz)* **inclined grate** *adj:n (Hütt/Wlz)*
**Schrägscheibenpumpe** *f (Hyd/Pneu)* **swashplate pump** *(Hyd/Pneu)*
**Schrägschnitt** *m (Hütt/Wlz)* **notch** *(Hütt/Wlz)*
**Schrägschnitt** *m (Hütt/Wlz) (schräger Schnitt)* **diagonal cut** *adj:n (Hütt/Wlz)*
**Schrägschnitt-Tafelschere** *f (Hütt/Wlz)* **diagonal-cut gate shears** *pl (Hütt/Wlz)*
**Schrägschulterring** *m (Mech) (Felge)* **advanced rim** *adj:n (Mech)*
**Schrägschurre** *f (Umschl)* **tilting chute** *(Umschl)*
**Schrägstirnrad** *nt (Mech)* **helical gear** *adj:n (Mech)*
**Schrägungswinkel** *m (Mech)* **helix angle** *(Mech)*
**Schrägverzahnung** *f (Mech)* **helical toothing** *adj:n (Mech)*
**Schrägzahn-Kegelrad** *nt (Mech)* **helical bevel gear** *adj:n (Mech)*
**Schrägzahnband** *nt (Mech)* **helical gear** *adj:n (Mech)*
**Schrägzahnrad** *nt (Mech)* **helical gear** *adj:n (Mech)*
**Schrämmmaschine** *f (Bg/Bergb)* **shearer** *(Bg/Bergb)*
**Schrammbord** *nt (Stb)* **kerb** *BE (Stb)*
**Schramme** *f (Mech)* **scratch mark** *(Mech)*
**Schrämmleiste** *f (Mech) (am Lkw)* **wear strip** *(Mech)*
**Schrankausführung** *f (Mech)* **cubicle design** *(Mech)*
**Schranke** *f (Bahn) (am Bahnübergang)* **barrier** *(Bahn)* (gate)
**Schrankeisen** *nt (Mont)* **saw set** *(Mech, Mont)*
**Schrapplader** *m (Umschl)* **scraper** *(Bg/Bergb, Umschl, Band)*
**Schraubbolzen** *m (Mech)* **screw bolt** *(Mech*
**Schraubdeckel** *m (Mech)* **screw lid** *(Mech)*
**Schraube** *f (Mech, Mont) (ohne Mutter)* **screw** *(Mech, Mont)*
**Schraube mit Innensechskant** *(Mech)* **hexagon socket head cap screw** *(Mech)*
**Schraube und Mutter** *(Mech)* **bolt and nut** *(Mech)*
**Schraube, abgesetzt** abgesetzte Schraube *adj:n (Mech)* **necked-down bolt** *adj:n (Mech)*
**Schraube, gedreht** gedrehte Schraube *adj:n (Mech)* **turned bolt** *adj:n (Mech)*
**Schraube, hochfest** hochfeste Schraube *adj:n (Mech)* **high-strength bolt** *(Mech)*
**Schraube, roh** rohe Schraube *adj:n (Mech)* **unfinished bolt** *adj:n (Mech)*
**Schrauben-Anziehdrehmoment** *nt (Mech)* **wrench torque for screws** *(Mech)*
**Schrauben-Spiralverzahnung** *f (Mech)* **spiral toothing** *(Mech)* (gear unit)
**Schraubenanschlussloch** *nt (Mech)* **screw connection hole** *(Mech)*
**Schraubenanzugsplan** *m (Mech)* **screw tightening drawing** *(Mech)*
**Schraubenauszug** *m (Mech)* **list of bolts needed** *(Mech)*
**Schraubenbolzen** *m (Mech)* **screw bolt** *(Mech)*

**Schraubenbolzen mit abgesetztem Schaft** *(Mech)* **necked-down bolt** *adj:n (Mech)*
**Schraubenfeder** *f (Mech)* **helical spring** *adj:n (Mech)*
**Schraubenfedersatz** *m (Mech)* **coil spring set** *(Mech)*
**Schraubenförderer** *m (Mont, Band)* **screw conveyor** *(Mont, Band)*
**Schraubengewinde** *nt (Mech)* **screw thread** *(Mech)*
**Schraubenkappe** *f (Mech)* **screw cap** *(Mech)*
**Schraubenkopf** *m (Mech)* **screw head** *(Mech)*
**Schraubenkopf, versenkt** versenkter Schraubenkopf *adj:n (Mech)* **flat head** *adj:n (Mech)*
**Schraubenkopftasche** *f (Mech)* **bolt head pocket** *(Mech)*
**Schraubenkupplung** *f (Mech)* **screw coupling** *(Mech)*
**Schraubenlinie** *f (Mech)* **helix** *(Mech)*
**Schraubenmaterial** *nt (Hütt/Wlz) (Werkstoff)* **screw steel** *(Hütt/Wlz)*
**Schraubenmutter** *f (Mech)* **nut** *(Mech)*
**Schraubenpumpe** *f (Hyd/Pneu)* **screw pump** *(Hyd/Pneu)*
**Schraubenrad** *nt (Mech)* **screw gear** *(Mech)*
**Schraubenradtrieb** *m (Mech)* **helical gear** *adj:n (Mech)*
**Schraubenrolle** *f (Band)* **helical idler** *adj:n (Band)*
**Schraubenschaft** *m (Mech)* **shank of screw** *(Mech)* (bolt)
**Schraubensicherung** *f (Mech)* **bolt lock** *(Mech)*
**Schraubenspannvorrichtung** *f (Mech, Mont)* **screw tightening device** *(Mech, Mont)*
**Schraubenspindel** *f (Mech)* **mandril screwspindle** *(Mech)*
**Schraubenspindelpumpe** *f (Hyd/Pneu)* **screw pump** *(Hyd/Pneu)*
**Schraubenstahl** *m (Hütt/Wlz)* **bolt steel** *(Hütt/Wlz)*
**Schraubenstützlager** *nt (Mech) (der Schelle)* **collar** *(Mech)*
**Schraubenverbindung** *f (Mech)* **bolted connection** *adj:n (Mech)*
**Schraubenverbindung mit Dehnstift** *(Mech)* **bolted connection with reduced shank** *(Mech)*
**Schraubenverzahnung** *f (Mech)* **helical gearing** *adj:n (Mech)*
**Schraubenwinde** *f (Mont)* **screw jack** *(Mech, Mont, Werkz)*
**Schraubfassung** *f (Mech) (z.B. für Schläuche)* **screwed socket** *adj:n (Hyd, Mech)*
**Schraubflansch** *m (Mech)* **screw flange** *(Mech)*
**Schraubkappe** *f (Mech)* **screw cap** *(Mech)*
**Schraubkopf** *m (Mech)* **screw head** *(Mech)*
**Schraubkupplung** *f (Mech)* **screw coupling** *(Mech)*
**Schraubrußbläser** *m (Hütt/Wlz)* **single-nozzle retractable soot blower** *(Hütt/Wlz)*
**Schraubsicherung** *f (Mech)* **screw type retainer** *(Mech)*
**Schraubstoß** *m (Mech)* **bolted joint** *adj:n (Mech)*
**Schraubstutzen** *m (Mech)* **screw neck** *(Mech)*
**Schraubverbindung** *f (Hyd/Pneu, Mech) (Rohre)* **screwed pipe connection** *adj:n (Hyd/Pneu, Mech)*
**Schraubverbindung** *f (Mech) (mittels Schrauben)* **screwed connection** *adj:n (Mech)*
**Schraubverbindung** *f (Mech) (Verschraubung)* **threaded joint** *adj:n (Mech)*
**Schraubverschluss** *m (Mech)* **screw cap** *(Mech)*
**Schraubzahn** *m (Mech)* **bolt-on tooth** *(Mech)*
**Schreibthermometer** *nt (Hütt/Wlz)* **recording thermometer** *(Hütt/Wlz)*
**Schreitgeschwindigkeit** *f (Bg/Bergb)* **walking speed** *(Bg/Bergb)*
**Schreitwerk** *nt (Mech)* **walking mechanism** *(Mech)*
**Schreitwerk** *nt (Bg/Bergb) (des Brechers)* **travelling assembly** *(Bg/Bergb)*
**Schremmleiste** *f (Mech) (Kufe)* **rubbing strip** *(Mech)*
**Schrot** *m (Hütt/Wlz) (kleine Kugeln)* **buckshot** *(Hütt/Wlz)*

**Schrott** *m (Hütt/Wlz)* **scrap** *(Mech, Hütt/Wlz)*
**Schrottaufbereitung** *f (Hütt/Wlz)* **scrap preparartion** *(Hütt/Wlz)*
**Schrottgreifer** *m (Mech) (am Stapler)* **scrap grapple** *(Mech)*
**Schrottschere** *f (Bg/Bergb)* **scrap shears** *pl (Bg/Bergb)*
**Schrumpfbehinderung** *f (Hütt/Wlz, Stb)* **restraint** *(Hütt/Wlz, Stb)*
**Schrumpferscheinung** *f (Stb, Hütt/Wlz)* **appearance of shrinkage** *(Hütt/Wlz, Stb)*
**Schrumpfgrenze** *f (Geo)* **shrinkage limit** *(Geo)*
**Schrumpfmaß** *nt (Stb, Hütt/Wlz)* **amount of shrinkage** *(Stb, Hütt/Wlz)*
**Schrumpfriss** *m (Stb, Hütt/Wlz)* **shrinkage crack** *(Stb, Hütt/Wlz)*
**Schrumpfscheibe** *f (Mech)* **shrink disc** *(Mech)*
**Schrumpfsitz** *m (Mech)* **shrink fit** *(Mech)*
**Schrumpfsitzschweißung** *f (Schw, Mech, Mont)* **shrink fit welding** *(Schw, Mech, Mont)*
**Schrumpfung** *f (Stb, Hütt/Wlz)* **shrinking** *(Hütt/Wlz)*
**Schrumpfverbindung** *f (Mech)* **slip joint** *(Mech)*
**Schrupp- und Fertigdrehmaschinen** *(Hütt/Wlz)* **roughing and finishing lathes** *(Hütt/Wlz)*
**Schruppen** *nt (Hütt/Wlz)* **coarse feed machining** *(Hütt/Wlz)*
**Schruppmaschine** *f (Hütt/Wlz)* **roughing lathe** *(Hütt/Wlz)*
**Schruppschleifmaschine** *f (Hütt/Wlz)* **rough-grinding machine** *(Hütt/Wlz)*
**Schub** *m (Mech) (Kraft)* **thrust** *(Mech, Stat)*
**Schub** *m (Mech, Mont) (Scheren)* **shear** *(Mech, Mont)* (shearing action)
**Schubbeanspruchung** *f (Stat)* **shear stressing** *(Stat)*
**Schubbläser** *m (Hütt/Wlz)* **travel soot blower** *(Hütt/Wlz)*
**Schubblock** *m (Mech)* **push cup** *(Mech)*
**Schubdübel** *m (Mech)* **shear connector** *(Mech, Bau)*
**Schubfestigkeit** *f (Stat, Geo)* **shear strength** *(Geo, Stat)*
**Schubförderer** *m (Umschl)* **feeder** *(Mech, Umschl, Bg/Bergb)*
**Schubgabel** *f (Mech)* **pusher fork** *(Mech)*
**Schubkarre** *f (Bau)* **wheel barrow** *(Bau)*
**Schubkraft** *f (Mech)* **thrust force** *(Mech)*
**Schubkraft** *f (Stat, Hütt/Wlz) (Scherung)* **shear force** *(Stat, Hütt/Wlz)*
**Schubkraftfläche** *f (Hütt/Wlz)* **shear plane** *(Hütt/Wlz)*
**Schubkugel** *f (Mech)* **torque ball** *(Mech)*
**Schubkugelgelenk** *nt (Mech)* **torque tube ball joint** *(Mech)*
**Schublehre** *f (Werkz, Mont)* **slide gauge** *(Mont, Werkz)*
**Schubmaß** *nt (Mech)* **shearing modulus** *(Mech)*
**Schubmittelpunkt** *m (Stb)* **shear centre** *(Stb)*
**Schubmodul** *nt (Mech)* **shearing modulus** *(Mech)*
**Schubplatte** *f (Mech)* **push cup** *(Mech)*
**Schubraupe** *f (Bau, Mech)* **bulldozer** *(Mont, Bau, Mech)*
**Schubscheider** *m (Bg/Bergb)* **feeder** *(Mech, Umschl, Bg/Bergb)*
**Schubsender** *m (Umschl)* **pneumatic feeder** *adj:n (Umschl)*
**Schubspannung** *f (Mech, Stat)* **shearing stress** *(Stb)*
**Schubstange** *f (Bahn) (Bahn)* **slidebar** *(Bahn)*
**Schubstange** *f (Mech)* **push rod** *(Mech, Bahn)*
**Schubverbinder** *m (Bau)* **shear connector** *(Mech, Bau)*
**Schubwagenspeiser** *m (Zer)* **reciprocating plate feeder** *(Zer)*
**Schuh** *m (Mech)* **shoe** *(Mech, Bg/Bergb)*
**Schulter** *f (Mech)* **shoulder** *(Mech)*
**Schulterhöhe** *f (Mech) (Lager)* **shoulder height** *(Mech)*
**Schulterkugellager** *nt (Mech)* **magneto bearing** *(Mech)*
**Schulterstück** *nt (Bahn) (Achselklappe)* **epaulette** *BE (Bahn)*
**Schuppung** *f (Schw) (der Schweißnaht)* **flaking** *(Schw)* (scaling)
**Schürfeimer** *m (Bg/Bergb)* **bottomless bucket** *adj:n (Bg/Bergb)*
**Schürfer** *m (Bg/Bergb)* **prospector** *(Bg/Bergb)*

**Schürfgradebener** *m (Bg/Bergb)* **windrow breaker** *(Bg/Bergb)*
**Schürfgrube** *f (Bg/Bergb)* **test pit** *(Bg/Bergb)*
**Schürfkübel** *m (Bg/Bergb)* **scraper body** *(Bg/Bergb)* (spreader bar)
**Schürfkübelbagger** *m (Bg/Bergb)* **dragline excavator** *(Bg/Bergb)*
**Schürfkübellader** *m (Bg/Bergb)* **scraper** *(Bg/Bergb, Umschl, Band)*
**Schürfkübelschreitbagger** *m (Bg/Bergb)* **walking dragline** *(Bg/Bergb)* (excavator)
**Schürflader** *m (Bg/Bergb)* **scraper** *(Bg/Bergb, Umschl, Band)*
**Schurre** *f (Bg/Bergb, Umschl, Band)* **chute** *(Bg/Bergb, Umschl, Band)*
**Schurrenauskleidung** *f (Mech)* **chute lining** *(Mech)*
**Schurrengummi** *nt (Mech)* **chute rubber strip** *(Mech)*
**Schurrenhalter** *m (Mech)* **chute holder** *(Mech)*
**Schurrenklappe** *f (Mech)* **chute flap** *(Mech)*
**Schürze** *f (Bahn) (eines Wagons)* **streamlining** *(Bahn)* (lower part of wagon)
**Schuss** *m* **weft**
**Schuss** *m (Stb) (Montageabschnitt)* **assembled section** *adj:n (Stb)*
**Schüsselmühle** *f (Zer)* **bowl mill** *(Zer)*
**Schussfaden** *m* **fill yarn**
**Schutenbeladungsvorrichtung** *f (Umschl)* **barge loading device** *(Umschl)*
**Schutensaugbagger** *m (Bg/Bergb)* **barge suction dredger** *(Bg/Bergb)*
**Schuttabladen** *nt (Mech)* **dumping** *(Mech)*
**Schüttdichte** *f (Umschl)* **bulk density** *(Umschl)*
**Schüttelherd** *m (Zer)* **concentrating table** *(Zer)*
**Schüttelrost** *m (Mech)* **vibrating stoker** *(Mech)*
**Schüttelrutsche** *f (Zer)* **vibrating feeder chute** *(Zer)*
**Schüttelsieb** *nt (Zer)* **vibrating screen** *(Zer)*
**Schüttelversuch** *m (Bau)* **shaking test** *(Bau)*
**Schütter** *m (Mech) (kleiner Muldenkipper)* **dumper** *(Mech)*
**Schüttgewicht** *nt (Mech)* **bulk weight** *(Mech)*
**Schüttgewicht, spezifisch** spezifisches Schüttgewicht *adj:n (Umschl)* **apparent specific gravity** *adj:n (Umschl)*
**Schüttgut** *nt (Umschl)* **bulk material** *(Bg/Bergb, Umschl)*
**Schüttgutschaufel** *f (Umschl)* **loading bucket** *(Umschl)*
**Schütthöhe** *f (Bg/Bergb, Mech)* **dumping height** *(Mech, Bg/Bergb)*
**Schüttkegel** *m (Bg/Bergb)* **angle of repose** *(Bg/Bergb, Bahn)*
**Schüttschacht** *m (Bg/Bergb) (Bunker oder Eimerkettenbagger)* **feed bin** *(Bg/Bergb, Umschl)*
**Schüttschräge** *f (Mech) (am Muldenkipper)* **duck tail** *(Mech)*
**Schüttung** *f (Bg/Bergb, Umschl)* **discharge** *(Umschl, Zer)* (of material)
**Schüttungszahl** *f (Bg/Bergb, Umschl)* **bucket discharges** *pl (Bg/Bergb, Umschl)*
**Schüttwinkel** *m (Band, Umschl)* **heaping angle** *(Band, Umschl)*
**Schüttzahl** *f (Bg/Bergb) (des Eimerkettenbaggers)* **discharge time** *(Bg/Bergb)*
**Schutz** *m (Allg, Mech) (z.B. vor Nässe)* **protection** *(Allg, Mech)*
**Schutz** *m (Mech) (z.B. über dem Fahrerhaus)* **guard** *(Mech)* (e.g. on cab)
**Schütz** *nt (Stb) (Wehrschütz)* **control gate** *(Stb)*
**Schutz, galvanisch** galvanischer Schutz *adj:n (Hütt/Wlz)* **galvanic protection** *adj:n (Hütt/Wlz)*
**Schutzärmel** *m (Mech)* **protection sleeve** *(Mech)*
**Schutzblech** *nt (Mech)* **guard plate** *(Mech)*
**Schutzbrille** *f (Mech)* **goggles** *pl (Mech)*
**Schutzbügel** *m (Bg/Bergb) (um eine Leiter)* **hoop guard** *(Bg/Bergb)* (e.g. on grab slew motor)
**Schutzbügel** *m (Mech)* **protective hoop** *adj:n (Mech)*
**Schutzdeckel** *m (Mech)* **guard cover** *(Mech)*
**Schützenwehr** *nt (Stb)* **sluice weir** *(Stb)*
**Schutzfolie** *f (Mech)* **membrane** *(Mech, Hyd/Pneu)*
**Schutzgamaschen** *pl f (Mech)* **protection leggings** *pl (Mech)*

**Schutzgehäuse** *nt (Mech)* **protective casing** *adj:n (Mech)*
**Schutzgeländer** *nt (Bau)* **guard rail** *(Stb, Bau)*
**Schutzgitter** *nt (Mech)* **wire mesh guard** *(Mech)*
**Schutzgürtel** *m (Mech)* **safety belt** *(Mech)*
**Schutzhaube** *f (Mech)* **guard cover** *(Mech)*
**Schutzhaube für Anlasser** *(Mech, El)* **starter motor cover** *(El, Mech)*
**Schutzhelm** *m (Mech)* **safety helmet** *(Mech)*
**Schutzholm** *m (Hütt/Wlz)* **protection rod** *(Hütt/Wlz)*
**Schutzhülle** *f (Mech)* **protection cover** *(Mech)*
**Schutzhülse** *f (Mech) (z.B. kastenförmig)* **protection cover** *(Mech)*
**Schutzkappe** *f (Mech)* **protection cap** *(Mech)*
**Schutzkappe für Zündkerze** *(Mech, El)* **spark plug protection cap** *(Mech, El)*
**Schutzkasten** *m (Mech)* **protecting box** *(Mech)*
**Schutzklappe** *f (Mech)* **guard cover** *(Mech)*
**Schutzmantel** *m (Mech)* **sheath** *(Mech)*
**Schutzmuffe** *f (Mech)* **protective box** *adj:n (Mech)*
**Schutzplatte** *f (Mech)* **guard plate** *(Mech)*
**Schutzquarz** *m (Geo)* **protective quartz** *adj:n (Geo)*
**Schutzring** *m (Mech)* **guard ring** *(Mech)*
**Schutzrohr** *nt (Mech)* **conduit** *(Mech)* (protecting tube)
**Schutzschicht** *f (Anstr)* **protection layer** *(Anstr)* (membrane)
**Schutzschild** *m (Mech)* **guard plate** *(Mech)*
**Schutzstopfen** *m (Mech)* **protective plug** *adj:n (Mech)*
**Schutzstreifen** *m (Bahn)* **protecting strip** *(Bahn)*
**Schutzumhüllung** *f (Stb)* **protective coating** *adj:n (Anstr, Stb)*
**Schutzventil** *nt (Hyd/Pneu)* **protective valve** *adj:n (Hyd/Pneu)*
**Schutzvorrichtung** *f (Mech, El)* **safety device** *(Mech)*
**Schützwindwerk** *nt (Mech)* **gate hoist** *(Mech)*
**Schutzzelt** *nt (Hütt/Wlz)* **hoard** *(Hütt/Wlz)*
**Schwabbelscheibe** *f (Hütt/Wlz, Anstr, Werkz) (Polierwerkzeug)* **bob** *(Hütt/Wlz, Anstr, Werkz)* (polishing mop)
**Schwächen des Rückwandechos** *(Mech) (Ultraschallprüfung)* **weakening of rear wall echo** *(Mech)*
**Schwachholzgreifer** *m (Bg/Bergb)* **grapples** *pl (Bg/Bergb)*
**Schwachlastbrenner** *m (Hütt/Wlz)* **low-load carrying burner** *(Hütt/Wlz)*
**Schwachlastzeiten** *pl f (Mech)* **off-peak periods** *pl (Mech)*
**Schwachstelle** *f (Hütt/Wlz)* **weak point** *adj:n (Hütt/Wlz)*
**Schwaden** *m (Hütt/Wlz)* **waste steam** *(Hütt/Wlz)*
**Schwallblech** *nt (Bahn)* **wash plate** *(Bahn)*
**Schwammeisen** *nt (Hütt/Wlz)* **sponge iron** *(Hütt/Wlz)*
**Schwanenhals** *m (Bg/Bergb)* **gooseneck** *(Bg/Bergb)*
**Schwankungsbereich** *m (Bau)* **range of variations** *(Bau)*
**Schwanztrommel** *f (Band)* **tail pulley** *(Band)*
**Schwarzlaugenkessel** *m (Hütt/Wlz)* **black liquor recovery boiler** *(Hütt/Wlz)*
**Schwarzmaterial** *nt (Bau) (Teerdecke)* **blacktop material** *(Bau)*
**Schwarzmetallurgie** *f (Hütt/Wlz)* **black-iron metallurgy** *(Hütt/Wlz)*
**Schwebeträger** *m (Stb)* **middle-girder** *(Stb)*
**Schwefelabdruck** *m (Hütt/Wlz)* **sulphur print** *(Hütt/Wlz)*
**Schweiß- und Rundtischanlage** *(Hütt/Wlz, Schw)* **welding and circular milling machine** *(Schw, Hütt/Wlz)*
**Schweiß-Endkrater** *m (Schw, Mech, Mont)* **weld end crater** *(Schw, Mech, Mont)*
**Schweißaggregat** *nt (Schw, Mont)* **welding set** *(Schw, Mech, Mont)*
**Schweißausstattung** *f (Schw)* **welding parameter** *(Schw)*
**Schweißautomat** *m (Schw, Mech, Mont)* **automatic welding machine** *adj:n (Schw, Mech, Mont)*
**Schweißbart** *m (Schw)* **excess material at root of seam** *(Schw)*

**Schweißbrenner** *m (Schw)* **welding torch** *(Hyd/Pneu, Mont, Schw)*
**Schweißdraht** *m (Schw)* **welding rod** *(Schw, Mech, Mont)*
**Schweißelektrode** *f (Schw, Mech, Mont)* **welding electrode** *(Schw, Mech, Mont)*
**Schweißerschild** *nt (Schw)* **face shield** *(Schw)*
**Schweißführung** *f (Schw, Mech, Mont)* **welding position** *(Schw, Mech, Mont)*
**Schweißgerät** *nt (Schw, Mech, Mont)* **welding apparatus** *(Schw, Mech, Mont)*
**Schweißgut** *nt (Schw, Mech, Mont)* **weld metal** *(Schw, Mech, Mont)*
**Schweißgutabschmelzung** *f (Schw, Mont)* **deposition of weld metal** *(Schw, Mont)*
**Schweißhilfsstoff** *m (Schw, Mech, Mont)* **welding consumable** *(Schw, Mech, Mont)*
**Schweißmittel** *nt (Schw)* **flux** *(Schw)* (for slag and welding)
**Schweißnaht-Abtaster** *m (Schw) (mechanisch)* **weld sensor** *(Schw)* (mechanical)
**Schweißnaht-Erhöhung** *f (Schw)* **reinforcement of welded seam** *(Schw)*
**Schweißnahtdicke** *f (Schw)* **throat depth** *(Schw)*
**Schweißnahtflanke** *f (Schw)* **groove face** *(Schw, Mech, Mont)*
**Schweißnahtunterbrechung** *f (Schw)* **discontinuity** *(Schw)* (of weld seam)
**Schweißnahtvorbereitung** *f (Schw)* **preparation of welds** *(Schw)*
**Schweißnase** *f (Schw)* **welded lug** *adj:n (Schw)*
**Schweißnippel** *m (Schw)* **welded-in stub** *(Schw)*
**Schweißpressrost** *m (Mech, Mont)* **pressure-welded grating** *adj:n (Mech, Mont)*
**Schweißumformer** *m (Schw)* **welding converter** *(Schw)*
**Schweißwulst** *m (Schw)* **welding bead** *(Schw)*
**Schwellbruch** *m (Mech, Stat)* **fracture resulting from fluctuating stress** *(Mech, Stat)*
**Schwelle** *f (Mech) (Boden)* **sleeper** *(Mech)*
**Schwelle** *f (Mech) (Förderer)* **tie** *(Mech)* (conveyor)
**Schwellenkastengreifer** *m (Bahn, Bg/Bergb)* **ballast grab** *(Bg/Bergb)*
**Schwellennagel** *m (Bahn)* **dogspike** *BE (Bahn)*
**Schwellenschraube** *f (Mech)* **sleeper bolt** *(Mech)*
**Schwellenstapel** *m (Bahn)* **pile of sleepers** *(Bahn)*
**Schwellfestigkeit** *f (Mech, Stat)* **fatigue strength under fluctuating stresses** *(Mech, Stat)*
**Schwellung** *f (Hyd/Pneu) (z.B. der Schläuche)* **bulging** *(Hyd/Pneu)*
**Schwellzahl** *f (Hütt/Wlz) (Aschenuntersuchung)* **free swelling index** *(Hütt/Wlz)* (ash analysis)
**Schwengel** *m (Mech) (Pumpe)* **lever** *(Kfz)*
**Schwenk- und Justiereinrichtung** *(Bg/Bergb)* **slewing and adjusting device** *(Bg/Bergb)*
**Schwenkabstand** *m (Bg/Bergb)* **swing distance** *(Bg/Bergb)*
**Schwenkachse** *f (Bg/Bergb)* **rotation axis** *(Bg/Bergb)*
**Schwenkantrieb** *m (El, Mech, Bg/Bergb)* **slew drive unit** *(Bg/Bergb)*
**Schwenkband** *nt (Bg/Bergb, Umschl, Band)* **slewing belt conveyor** *(Bg/Bergb, Band, Umschl)*
**Schwenkbandausleger** *m (Bg/Bergb, Umschl, Band)* **slewing conveyor boom** *(Bg/Bergb, Umschl, Band)*
**Schwenkbereich** *m (Mech)* **slewing range** *(Mech, Bg/Bergb)*
**Schwenkbetrieb** *m (Bg/Bergb)* **fan out advance** *(Bg/Bergb)*
**Schwenkbrecher** *m (Zer)* **swivel-arm crusher** *(Zer)*
**Schwenkbremse** *f (Bg/Bergb)* **slewing brake** *(Bg/Bergb)*
**Schwenkbrenner** *m (Hütt/Wlz)* **movable burner** *adj:n (Hütt/Wlz)*
**Schwenkdach** *nt (Mech)* **swivelling roof** *adj:n (Mech)*
**Schwenkentfernung** *f (Bg/Bergb)* **swing distance** *(Bg/Bergb)*
**Schwenkflansch** *m (Mech)* **swivel flange** *(Mech)*
**Schwenkgerüst** *nt (Bg/Bergb)* **slewing frame** *(Bg/Bergb)*

**Schwenkgeschwindigkeit** *f (Bg/Bergb, Umschl)* **slewing speed** *(Bg/Bergb, Umschl)*
**Schwenkgetriebe** *nt (Bg/Bergb, Umschl)* **slewing gear** *(Bg/Bergb)*
**Schwenkkran** *m (Mech)* **slewing crane** *(Mech)*
**Schwenkkranz** *m (Mech) (Kugelbahn)* **toothed rim** *adj:n (Bg/Bergb, Mech)*
**Schwenkkreislauf** *m (Bg/Bergb)* **swing circuit** *(Bg/Bergb)*
**Schwenkmast** *m (Bg/Bergb)* **derrick mast** *(Bg/Bergb)*
**Schwenkmitte** *f (Bg/Bergb)* **slewing center** *AE*
**Schwenkmittelachse** *f (Bg/Bergb)* **swing middle point** *(Mech)*
**Schwenkmoment** *nt (Stat)* **swing torque** *(Stat)*
**Schwenkmotor** *m (Bg/Bergb)* **slew motor** *(Bg/Bergb)*
**Schwenkplattform** *f (Bg/Bergb)* **rotating platform** *adj:n (Bg/Bergb)*
**Schwenkpumpe** *f (Bg/Bergb)* **swing pump** *(Bg/Bergb)*
**Schwenkritzel** *(Mech, Bg/Bergb)* **slewing pinion** *(Bg/Bergb)*
**Schwenkschemel** *m (Bg/Bergb, Umschl) (Mischbettengerät)* **swivel assembly** *(Bg/Bergb, Umschl)* (bedding machine)
**Schwenkschild** *nt (Bg/Bergb)* **angling blade** *(Bg/Bergb)*
**Schwenksicherheitskupplung** *f (Mech)* **slew safety clutch** *(Mech)*
**Schwenkstutzen** *m (Mech)* **swing socket** *(Mech)*
**Schwenkverschraubung** *f (Mech)* **swivel screw connection** *(Mech)*
**Schwenkverschraubung, drosselfrei** drosselfreie Schwenkverschraubung *adj:n (Mech)* **elbow fitting** *(Mech)*
**Schwenkverstellung** *f (Bg/Bergb)* **traverse adjustment** *(Bg/Bergb)*
**Schwenkwelle** *f (Mech)* **slewing shaft** *(Mech)*
**Schwenkwerk Abwurfbandausleger** *nt (Bg/Bergb, Umschl)* **discharge boom slewing assembly** *(Bg/Bergb, Umschl)*
**Schwenkwerk Schaufelradausleger** *nt (Bg/Bergb, Umschl)* **wheel boom slew assembly** *(Bg/Bergb)*
**Schwenkwerk-Oberteil** *nt (Bg/Bergb, Umschl)* **superstructure slew assembly** *(Bg/Bergb)*
**Schwenkwerksverriegelung** *f (Bg/Bergb)* **slewing frame locking device** *(Bg/Bergb)*
**Schwenkwerkswelle** *f (Mech)* **slewing shaft** *(Mech)*
**Schwenkwinkel** *m (Bg/Bergb, Mech)* **slewing angle** *(Bg/Bergb, Umschl)*
**Schwenkwinkel der Brücke** *(Bg/Bergb)* **bridge slewing angle** *(Bg/Bergb)*
**Schwenkwinkelanzeige** *f (Bg/Bergb)* **swing angle indication** *(Bg/Bergb)*
**Schwenkzapfen in Zylindermitte** *(Mech)* **central trunnion mounting** *(Mech)*
**Schwenkzeit** *f (Bg/Bergb)* **slewing time** *(Bg/Bergb)*
**Schwenkzone** *f (Bg/Bergb, Umschl)* **slewing zone** *(Bg/Bergb, Umschl)*
**Schwenkzylinder** *m (Bg/Bergb)* **pivoting cylinder** *(Bg/Bergb)*
**Schwerelinie** *f (Band, Bg/Bergb, Umschl, Zer) (des Gurtes)* **centroidal axis** *adj:n (Band, Bg/Bergb, Umschl, Zer)*
**Schwerflüssigkeit** *f (Zer)* **heavy liquid** *(Zer)*
**Schwerkraft-Staubauswerfer** *m (Hütt/Wlz)* **gravity-type dust ejector** *(Hütt/Wlz)*
**Schwerlast** *f (Stat)* **heavy load** *adj:n (Stat)*
**Schwerlast-Brückenkran** *m (Schiff)* **heavy duty bridge crane** *(Schiff)*
**Schwerlast-Transportraupe** *f (Bg/Bergb)* **heavy-load transport crawler** *(Bg/Bergb)*
**Schwerlast-Zugmaschine** *f (Mech)* **heavy duty truck tractor** *(Mech)*
**Schwerlastdrehkran** *m (Schiff)* **heavy duty crane** *(Schiff)*
**Schwerlastzugmaschine** *f (Mech)* **heavy duty tractor** *(Mech)*
**Schwermetall** *nt (Mech)* **heavy metal** *(Mech)*
**Schweröl** *nt (Chem, Mech)* **heavy fuel** *adj:n (Chem, Mech)*
**Schwerölnetz** *nt (Mech)* **heavy fuel network** *(Mech)*
**Schwerpunkt** *m (Mech, Stat)* **centre of gravity** *BE (Mech, Stat)*

**Schwerpunkt einer Fläche** *(Mech, Stat)* **centroid** *(Mech, Stat)*
**Schwerpunktänderungen** *pl f (Mech, Stat)* **centre-of-gravity movements** *pl BE (Mech, Stat)*
**Schwerpunktsmaske** *f (Bg/Bergb)* **centre-of-gravity form** *BE (Bg/Bergb)*
**Schwerspat** *m (Hütt/Wlz)* **heavy spar** *adj:n (Hütt/Wlz)*
**Schwertransportfahrzeug** *nt (Bahn)* **heavy-transport vehicle** *(Bahn)*
**Schwimm-Sink-Aufbereitung** *f (Aufb)* **sink-and-float dressing plant** *(Aufb)*
**Schwimmbagger** *m (Bg/Bergb)* **floating dredger** *(Bg/Bergb)*
**Schwimmer** *m (Mech) (in Spülbecken)* **plunger** *(El, Mech, Bahn)*
**Schwimmer-Flüssigkeitstandanzeiger** *m (Mech)* **flush-type fluid indicator** *(Mech)*
**Schwimmergehäuse** *nt (Mech)* **float chamber** *(Mech)*
**Schwimmernadel** *f (Mech)* **float needle** *(Mech)*
**Schwimmerventil** *nt (Hyd/Pneu)* **float valve** *(Hyd/Pneu)*
**Schwimmkörper** *m (Stb)* **floating body** *(Stb)*
**Schwimmkran** *m (Bg/Bergb, Mont)* **floating derrick** *(Bg/Bergb)*
**Schwimmlöffelbagger** *m (Bg/Bergb, Mech)* **dipper bucket dredge** *BE (Bg/Bergb, Mech)*
**Schwimmstellung** *f (Bg/Bergb)* **floating position** *(Bg/Bergb)* (e.g. of the boom)
**Schwinden** *nt (Stb, Hütt/Wlz)* **shrinkage** *(Stb, Hütt/Wlz)*
**Schwindfuge** *f (Bau)* **contraction joint** *(Bau)*
**Schwindmaß** *(Mech, Mont, Bau)* **shrinkage value** *(Bau)*
**Schwingachse** *f (Bg/Bergb, Mech)* **oscillating axle** *(Bg/Bergb)*
**Schwingbeiwert** *m (Stb)* **dynamic coefficient** *adj:n (Stb)*
**Schwingbelastung** *f (Stb)* **repeated load** *adj:n (Stb)*
**Schwingbruch** *m (Mech, Stat)* **fracture resulting from fluctuating stress** *(Mech, Stat)*
**Schwinge** *f (Bg/Bergb)* **gooseneck** *(Bg/Bergb)*
**Schwinge** *f (Mech) (Getriebeschwinge)* **gear rocker** *(Mech)*
**Schwinge** *f (Zer) (Schwingenbrecher)* **swing jaw** *(Zer)*
**Schwinge mit Fahrantrieb** *(Bg/Bergb)* **bogie with drive** *(Bg/Bergb, Mech)*
**Schwingen des Auslegers** *(Bg/Bergb)* **swaying of boom** *(Bg/Bergb)*
**Schwingenachse** *f (Mech)* **swing jaw axle** *(Zer)*
**Schwingenarm** *m (Mech) (Kabelleitapparat)* **rocker arm** *(Mech)*
**Schwingenkippkante** *f (Bg/Bergb)* **tilting edge in wheel bogie level** *(Bg/Bergb)*
**Schwingenlager** *nt (Mech)* **rocker bearing** *(Mech)*
**Schwingenstütze** *f (Mech)* **rocker support** *(Mech)*
**Schwinger** *m (Schw)* **oscillator** *(El, Schw)*
**Schwingerdurchmesser** *m (Schw)* **oscillator diameter** *(Schw)*
**Schwingfeuergerät** *nt (Mech)* **swing fire heater** *(Mech)*
**Schwingförderrinne** *f (Bg/Bergb, Umschl)* **vibrating pan feeder** *adj:n (Zer)*
**Schwinggetriebe** *nt (Bg/Bergb)* **swing gearing** *(Mech)*
**Schwinghebel** *m (Mech)* **rocker arm** *(Mech)*
**Schwinghebelachse** *f (Mech)* **rocker shaft** *(Mech)*
**Schwinghebelbock** *m (Mech)* **rocker arm bracket** *(Mech)*
**Schwinghebelgehäuse** *nt (Mech)* **rocker arm cover** *(Mech)*
**Schwingmetall** *nt (Mech)* **elastic metal** *adj:n (Mech)*
**Schwingmetall-Lagerung** *f (Mech)* **rubber-bonded-to-metal mounting** *(Mech)*
**Schwingmetallpuffer** *m (Mech) (Getriebe)* **shock absorber** *(Mech, Umschl)*
**Schwingmetallschraube** *f (Mech)* **anti-vibrating screw** *(Mech)*
**Schwingrinne** *f (Umschl)* **vibrating pan feeder** *adj:n (Zer)*
**Schwingrost** *m (Hütt/Wlz)* **oscillating grate spreader** *(Hütt/Wlz)*
**Schwingschnittbild** *nt (Mech)* **swing-section scan** *(Mech)*
**Schwingsieb** *nt (Zer)* **oscillating screen** *(Zer)*

**Schwingsiebschleuder** *f (Zer)* **vibrating centrifuge** *adj:n (Zer)*
**Schwingsitz** *m (Bg/Bergb)* **sprung seat** *adj:n (Bg/Bergb)*
**Schwingung** *f (Mech)* **vibration** *(Mech)*
**Schwingungsbeanspruchung** *f (Mech, Stat)* **vibration stress** *(Mech, Stat)*
**Schwingungsbelastung** *f (Bau)* **loading by vibration** *(Bau)*
**Schwingungsdämpfer** *m (Mech)* **vibration damper** *(Mech)*
**Schwingungsfestigkeit** *f (Stb)* **endurance limit** *(Mech, Schw, Stb)*
**Schwingungsform** *f (Stb)* **mode of vibration** *(Stb)*
**Schwingungsreibungsdämpfung** *f (Hütt/Wlz)* **friction damper** *(Hütt/Wlz)*
**Schwingungsrichtung** *f (Hütt/Wlz)* **direction of oscillation** *(Hütt/Wlz)*
**Schwingungszahl** *f (Stb)* **number of alternations** *(Stb)*
**Schwingzeit** *f (Mech)* **vibration period** *(Mech)*
**Schwungmasse** *f (Mech, Stat)* **centrifugal mass** *adj:n (Mech, Stat)*
**Schwungmoment** *nt (Mech, Stat)* **moment of inertia** *(Mech)*
**Schwungrad** *nt (Zer)* **flywheel** *(Zer)*
**Schwungradkupplung** *f (Mech)* **flywheel coupling** *(Mech)*
**Schwungradmarke** *f (Zer)* **timing mark** *(Allg, Mech, Zer)* (adjusting mark)
**Schwungradreibschweißen** *f (Schw)* **inertia welding** *(Schw)*
**Schwungscheibe** *f (Zer)* **flywheel** *(Zer)*
**Scoop** *m (Bg/Bergb) (Ladelöffel zum Reißzahn)* **scoop** *(Bg/Bergb, Umschl)*
**SE-Betrieb** *m (Hütt/Wlz)* **TR operation** *(Hütt/Wlz)*
**SE-Prüfkopf** *m (Hütt/Wlz)* **TR probe** *(Hütt/Wlz)*
**Sechsganggetriebe** *nt (Mech)* **six speed shift transmission** *(Mech)*
**Sechsgangschaltung** *f (Mech)* **six speed shift** *(Mech)*
**Sechskant** *m (Mont, Werkz)* **hexagon** *(Mont, Werkz)* (tool)
**Sechskant-Blechschraube** *f (Mech)* **hexagon head tapping screw** *(Mech)*
**Sechskant-Holzschraube** *f (Mech)* **hexagon head wood screw** *(Mech)*
**Sechskant-Hutmutter** *f (Mech)* **hexagon domed cap nut** *(Mech)*
**Sechskant-Passschraube** *f (Mech)* **hexagon fitting bolt** *(Mech)*
**Sechskant-Schweißmutter** *f (Schw)* **hexagon weld nut** *(Schw)*
**Sechskant-Stiftschlüssel** *m (Mont, Werkz)* **hexagon socket screw wrench** *(Mech, Mont)*
**Sechskant-Verschlussschraube** *f (Mech)* **hexagon screw plug** *(Mech)*
**Sechskanteinsatz** *m (Mech)* **hexagonal insert** *adj:n (Mech)*
**Sechskantschraube** *f (Mech)* **hexagon bolt** *(Mech)*
**Sechskantschraube mit Flansch** *(Mech)* **hexagon flange bolt** *(Mech)*
**Sechskantschraube mit Schaft** *(Mech)* **hexagon head bolt** *(Mech)*
**Sechsradantrieb** *m (Bg/Bergb, Mech) (des Graders)* **six-wheel drive** *(Bg/Bergb, Mech)* (of a grader)
**Sechsradschwinge** *f (Bg/Bergb) (des Schaufelradbaggers)* **six-wheel bogie** *(Bg/Bergb)*
**Sediment** *nt (Geo)* **sediment** *(Geo)*
**Sedimentschicht** *f (Geo)* **sediment layer** *(Geo)*
**Seegerkegel** *m (Hütt/Wlz)* **Seeger cone** *(Hütt/Wlz)*
**Seegerring** *m (Mech)* **Seeger ring** *(Mech)*
**Seele** *f (Mech) (eines Gummischlauches)* **fabric reinforcing** *(Mech)*
**Seele** *f (Mech) (Kabel)* **core** *(El)* (cable)
**Seele der Kurbelwelle** *(Mech)* **axial centre crankshaft** *(Mech)*
**Seeschiffsentlader** *m (Umschl)* **unloader for seagoing vessels** *(Umschl)*
**Segeltuch** *nt (Mech, Allg, Schiff) (z.B. Plane)* **canvas** *(Mech, Allg)*
**Segeltuchabdeckung** *f (Bahn) (Schutzplane)* **canvas cover** *(Bahn, Mech)*
**Segeltuchverkleidung** *f (Mech) (Schutzplane)* **canvas top** *(Mech)* (canvas cover)
**Segmentarmatur** *f (Stb)* **segment fitting** *(Stb)*
**Segmentkeil** *m (Mech)* **segment wedge** *(Mech)*
**Segmentschieber** *m (Mech, Hyd/Pneu)* **segmental gate** *(Mech)*

**Segmentschütz** *nt (Stb)* **taintor gate** *(Stb)*
**Segmentwelle** *f (Mech)* **steering sector shaft** *(Mech)*
**Seigerung** *f (Hütt/Wlz)* **liquation** *(Hütt/Wlz)*
**Seigerung** *f (Hütt/Wlz) (Entmischung)* **segregation** *(Geo, Hütt/Wlz)*
**Seil** *nt (Mech, Mont)* **rope** *(Mech, Mont)*
**Seil** *nt (Stb, Mech) (Kabel)* **cable** *(El, Mech, Stb)*
**Seil einscheren** Seil einscheren *n:v (Bg/Bergb, Mech)* **hitch** *v (Mech)* (rope)
**Seil, drallfrei** drallfreies Seil *adj:n (Mech)* **non-spinning rope** *adj:n (Mech)*
**Seil, verschlossen** verschlossenes Seil *adj:n (Mech)* **sealed rope** *adj:n (Mech)*
**Seilablauf** *m (Bg/Bergb, Mech)* **pay-out** *(Bg/Bergb, Mech)* (rope)
**Seilabspannung** *f (Bg/Bergb) (Seil)* **guy rope** *(Mech, Mont)*
**Seilausgleichsgehänge** *nt (Bg/Bergb)* **rope-length compensating system** *(Bg/Bergb)*
**Seilbagger** *m (Bg/Bergb)* **cable excavator** *(Bg/Bergb)*
**Seilbagger** *m (Bg/Bergb) (elektrisch)* **electric mining shovel** *adj:n (Bg/Bergb)*
**Seilbefestigung** *f (Mech)* **rope socket** *(Mech)*
**Seilbremse** *f (Bahn)* **cable brake** *(Bahn, Mech)*
**Seilbrücke** *f (Stb)* **cable suspension bridge** *(Stb)*
**Seildurchführung** *f (Bahn)* **opening for rope** *(Bahn)*
**Seileinband** *m (Bg/Bergb, Mech)* **termination** *(Mech)* (rope)
**Seilfahrt** *f (Bg/Bergb) (Fördern von Personen im Schacht)* **man-riding** *(Bg/Bergb)*
**Seilflasche** *f (Bau)* **block tackle** *(Bau)*
**Seilführung** *f (Bg/Bergb)* **rope reeving system** *(Bg/Bergb)*
**Seilführung zum Führerhaus** *(Bg/Bergb)* **rope reeving for operator's cab** *(Bg/Bergb)*
**Seilführungsrolle** *f (Bahn)* **fair-lead sheave** *(Bahn)*
**Seilgehänge** *nt (Bg/Bergb)* **rope reeving** *(Bg/Bergb)*
**Seilgerüst** *nt (Bg/Bergb) (hält den Ausleger)* **boom gantry** *(Bg/Bergb)*
**Seilgeschwindigkeit** *f (Mech)* **cable speed** *(Mech)*
**Seilhaken** *m (Bahn) (am Flachwagon)* **lashing cleat** *(Bahn)*
**Seilhalter** *m (Mech)* **rope holder** *(Mech)*
**Seilhubwerk** *nt (Bg/Bergb)* **rope hoist** *(Bg/Bergb, Mech)*
**Seilhülle** *f (Mech)* **cable conduit** *(El, Mech)*
**Seilhülse** *f (Mech)* **rope socket** *(Mech)*
**Seilkappvorrichtung** *f (Mech)* **cable cutter** *(Mech)*
**Seilkausche** *f (Mech)* **rope thimble** *(Mech)*
**Seilklemme** *f (Mech)* **rope clip** *(Mech)*
**Seilkopf** *m (Bg/Bergb, Mech)* **rope socket** *(Mech)*
**Seillastsicherung** *f (Bg/Bergb)* **rope overload guard** *(Bg/Bergb)*
**Seillöffelbagger** *m (Mech)* **cable-type shovel dredger** *adj:n (Mech)*
**Seilplan für Führerhauswinde** *(Bg/Bergb)* **rope layout for operator's cab winch** *(Bg/Bergb)*
**Seilquerschnitt** *m (Mech)* **rope cross-section** *(Mech)*
**Seilrille** *f (Mech)* **groove** *(Schw)*
**Seilring** *m (Mech)* **grommet** *(Mech, El)*
**Seilrolle** *f (Mech, Bg/Bergb)* **rope sheave** *(Mech)*
**Seilrollenblock** *m (Mech, Schiff)* **sheave nest** *(Mech, Schiff)*
**Seilrollenstützträger** *m (Mech)* **rope sheave attachment** *(Mech)*
**Seilrollenträger** *m (Mech)* **rope gallow** *(Mech)*
**Seilrollentraverse** *f (Mech)* **rope sheave traverse** *(Mech)*
**Seilrollenverlagerung** *f (Mech)* **rope sheave attachment** *(Mech)*
**Seilscheibe** *f (Bg/Bergb) (Förderturm)* **headwheel pulley** *(Bg/Bergb)*
**Seilschelle** *f (Stb) (Hängebrücke)* **cable clip** *(Mech, El, Stb)*
**Seilschloss** *nt (Mech)* **rope clamp** *(Bg/Bergb, Mech)*
**Seilschwebebahn** *f (Bg/Bergb) (Pendelbahn)* **blondin** *(Bg/Bergb)* (cable car on rope)
**Seilsonde** *f (Mech)* **rope probe** *(Mech)*
**Seilspannen** *nt (Bg/Bergb)* **turnbuckle** *(Mech, Mont)*

**Seilspill** *n* **rope capstan** *(Mech)*
**Seilstrang** *m (Bg/Bergb)* **rope line** *(Bg/Bergb)*
**Seilstrecke** *f (Bg/Bergb, Mech)* **rope section** *(Bg/Bergb, Mech)*
**Seilstütze** *f (Bg/Bergb) (für Seilbaggerausleger)* **boom gantry** *(Bg/Bergb)*
**Seiltrommel** *f (Mech)* **rope drum** *(Mech)*
**Seiltrommelmantel** *m (Bg/Bergb)* **drum jacket** *(Bg/Bergb)*
**Seilumlenkrolle** *f (Bg/Bergb) (Seilbagger)* **cable sheave** *(Bg/Bergb)*
**Seilverbindung** *f (Mech)* **rope splice** *(Mech)*
**Seilverguss** *m (Mech, Mont)* **socket rope joint** *(Mech)*
**Seilwinde** *f (Mech, Mont)* **rope winch** *(Mech)*
**Seilzug** *m (Bg/Bergb, Mech)* **rope hoist** *(Bg/Bergb, Mech)*
**Seilzug** *m (Bg/Bergb, Stat) (Spannung)* **rope tension** *(Bg/Bergb, Stat)*
**Seilzugbremse** *f (Mech)* **cable brake** *(Bahn, Mech)*
**Seilzugmessvorrichtung** *f (Bg/Bergb)* **rope overload guard** *(Bg/Bergb)*
**Seilzugspannung** *f (Bg/Bergb, Stat)* **rope tension** *(Bg/Bergb, Stat)*
**Seismogramm** *nt (Geo, Bau)* **seismogram** *(Geo, Bau)*
**Seismometer** *nt (Geo, Bau)* **seismometer** *(Geo, Bau)*
**Seitenansicht** *f (Mech)* **side view** *(Mech)*
**Seitenantrieb** *m (Mech)* **final drive** *adj:n (Mech)*
**Seitenaufriss** *m (Stb)* **side elevation** *(Mech, Stb)*
**Seitenbelüftungsklappe** *f (Mech)* **side louvre** *(Mech)*
**Seitenblech** *nt (Mech) (Materialführung)* **skirtboard** *(Bg/Bergb, Umschl, Band)*
**Seitenblech** *nt (Bg/Bergb) (des Auslegers)* **side member** *(Bg/Bergb)* (of a boom)
**Seitenböschung** *f (Bg/Bergb) (des Baggers)* **side slope** *(Bg/Bergb)*
**Seitenböschung** *f (Bg/Bergb) (Tagebau)* **highwall** *AE (Bg/Bergb, Geo)*
**Seitenböschungswinkel** *m (Bg/Bergb)* **side slope angle** *(Bg/Bergb)*
**Seitendeckel** *m (Mech)* **side cover** *(Mech)*
**Seitendruck** *m (Stb)* **lateral pressure** *adj:n (Stb)*
**Seitenentleerwagen** *m (Bahn)* **side discharging hopper wagon** *(Bahn)*
**Seitenflosse** *f* **fin** *(Mech)*
**Seitenführungsrolle** *f (Band) (fest; seitlich senkrecht)* **fixed side guide idler** *(Band)*
**Seitenführungsrolle** *f (Band) (fest; seitlich verstellbar)* **side guide idler with lateral adjustment** *(Band)*
**Seitengraben** *m (Bau)* **side ditch** *(Bau)*
**Seitenkasten** *m (Bg/Bergb) (der Schaufelrückwand)* **side box** *(Bg/Bergb)* (of shovel rear wall)
**Seitenkeil** *m (Bg/Bergb, Umschl, Band) (Materialführung)* **skirtboard** *(Bg/Bergb, Umschl, Band)*
**Seitenkeil** *m (Mech)* **side plate** *(Mech)*
**Seitenkeil** *m (Zer) (eines Backenbrechers)* **cheek plate** *(Mech)*
**Seitenkippgerät** *nt (Bg/Bergb)* **side tilting device** *(Bg/Bergb)*
**Seitenkippschaufel** *f (Bg/Bergb)* **side dump bucket** *(Bg/Bergb)*
**Seitenkippwagen** *m (Bahn)* **side discharging car** *(Bahn)*
**Seitenklammerarm** *m (Mech)* **block clamp arm** *(Mech)*
**Seitenklappe** *f (Bahn, Mech)* **side flap** *(Mech)*
**Seitenkraft** *f (Mech, Stat)* **lateral force** *adj:n (Stat)*
**Seitenkratzer** *m (Umschl)* **side boom scraper reclaimer** *(Umschl)*
**Seitenlast** *f (Stat)* **lateral load** *adj:n (Stat)*
**Seitenleitwerk** *nt (Mech)* **fin** *(Mech)*
**Seitenmesser** *nt (Bg/Bergb) (des Tieflöffels)* **side cutter** *(Bg/Bergb)* (of backhoe)
**Seitenöffnung** *f (Stb) (Brücke)* **side span** *(Stb)*
**Seitenplatte** *f (Zer) (eines Backenbrechers)* **check plate** *(Zer, Mech)*
**Seitenpuffer** *m (Bahn) (am Wagon)* **side buffer** *(Bahn)*
**Seitenrahmen** *m (Bg/Bergb) (des Baggers)* **crawler unit** *(Bg/Bergb)*
**Seitenrahmen** *m (Bg/Bergb) (des Unterwagens)* **crawler frame** *(Bg/Bergb)*
**Seitenrahmenträger** *m (Bahn)* **sole bar** *(Bahn)*
**Seitenring** *m (Mech)* **side ring** *(Mech)*

**Seitenriss** *m (Mech) (Aufriss von der Seite her)* **vertical section** *adj:n (Mech)*
**Seitenrolle** *f (Band)* **guide idler** *(Band)*
**Seitenrunge** *f (Bahn) (am Wagon)* **side stanchion** *(Bahn)*
**Seitenscheibe** *f (Bg/Bergb)* **side wall** *(Bau, Mont)*
**Seitenschieber** *m (Mech) (z.B. am Grader)* **side shifting device** *(Mech)*
**Seitenschiff** *nt (Bg/Bergb) (Baggerlaufwerk)* **crawler unit** *(Bg/Bergb)*
**Seitenschlag** *m (Mech) (z.B. des Schwungrades)* **wobble** *(Mech)*
**Seitenschub** *m (Stat)* **side thrust** *(Stat)*
**Seitenschubritzel** *nt (Mech)* **centre shift pinion** *(Mech)*
**Seitenschubvorrichtung** *f (Mech)* **centre shift** *(Mech)*
**Seitensicherung** *f (Bau)* **guard rail** *(Stb, Bau)*
**Seitensteifigkeit** *f (Stat)* **lateral rigidity** *adj:n (Stat)*
**Seitenverkleidung** *f (Stb)* **side cladding** *(Stb)*
**Seitenverstellung** *f (Bg/Bergb) (z.B. der Graderschar)* **circle sideshift** *(Bg/Bergb)*
**Seitenvorgelege** *nt (Mech)* **lateral intermediate gear** *adj:n (Mech)*
**Seitenwagen** *m (Mech) (des Motorrades)* **side car** *(Kfz)*
**Seitenwand** *f (Mont, Form)* **side wall** *(Bau, Mont)*
**Seitenwand des Kolbens** *(Mech)* **piston skirt** *(Mech)*
**Seitenwandeffekt** *m (Mech)* **effect of the lateral wall** *(Mech)*
**Seitenwandrahmen** *m (Mont, Form)* **side panel frame** *(Mont, Form)*
**Seitenwandsammler** *m (Hütt/Wlz)* **side wall header** *(Hütt/Wlz)*
**Seitenwandverband** *m (Stb) (z.B. einer Halle)* **longitudinal-wall girder** *(Stb)*
**Seitenwelle** *f (Mech)* **side shaft** *(Mech)*
**Seitenzahn** *m (Bg/Bergb)* **side cutter** *(Bg/Bergb)* (of backhoe)
**Sektion** *f (Hyd/Pneu) (gewellt)* **staggered header** *adj:n (Hyd/Pneu)*
**Sektionalkessel** *m (Hütt/Wlz)* **sectional header boiler** *(Hütt/Wlz)*
**Sektionselement** *nt (Hütt/Wlz)* **sectional door** *adj:n (Hütt/Wlz)*
**Sektorschütz** *nt (Stb)* **sector gate** *BE (Stb)*
**Sekundärbrecher** *m (Zer)* **secondary crusher** *adj:n (Zer)*
**Sekundärdruck** *m (Hyd/Pneu)* **secondary relief** *adj:n (Hyd/Pneu)*
**Sekundärentstaubung** *f (Zer)* **secondary dust removal** *adj:n (Zer)*
**Sekundärentstaubungsanlage** *f (Zer)* **secondary dust removing plant** *adj:n (Zer)*
**Sekundärleitung** *f (Hyd/Pneu)* **discharge pipe** *(Hyd/Pneu)*
**Sekundärluft** *f (Hütt/Wlz)* **secondary air** *adj:n (Hütt/Wlz)*
**Sekundärluftbeaufschlagung** *f (Hütt/Wlz)* **secondary air admission** *adj:n (Hütt/Wlz)*
**Sekundärluftdüse** *f (Hyd/Pneu)* **secondary air nozzle** *adj:n (Hyd/Pneu)*
**Sekundärluftleitung** *f (Hütt/Wlz)* **secondary air duct** *adj:n (Hütt/Wlz)*
**Sekundärluftventilator** *m (Hütt/Wlz)* **secondary-air fan** *(Hütt/Wlz)*
**Sekundärmetallurgie** *f (Hütt/Wlz)* **secondary metallurgy** *adj:n (Hütt/Wlz)*
**Sekundärventilleiste** *f (Bg/Bergb)* **secondary valve bank** *adj:n (Bg/Bergb)*
**Selbstblocksystem** *nt (Bahn)* **automatic block system** *adj:n (Bahn)*
**Selbstentladewagen** *m (Bahn)* **side-discharging wagon** *(Bahn)*
**Selbstentzündung** *f (Bg/Bergb) (in der Kohlenhalde)* **spontaneous combustion** *adj:n (El, Mech, Bg/Bergb)*
**Selbstentzündung** *f (Hütt/Wlz)* **self-ignition** *(Hütt/Wlz)*
**Selbstfahrer** *m (Mech)* **self-propelled unit** *(Mech)*
**Selbstfahrerfahrzeug** *nt (Mech)* **self-propelled vehicle** *(Mech)*
**Selbstlade- und Entlade-LKW** *m (Mech, Umschl)* **self-loading and unloading truck** *(Mech, Umschl)*
**Selbstladeschürfkübel** *m (Bg/Bergb)* **elevator scraper** *(Bg/Bergb)*
**Selbstschlussventil** *nt (Mech)* **isolating valve** *(Hyd/Pneu)*
**Selbstschmierung** *f (Hütt/Wlz)* **self-lubrication** *(Hütt/Wlz)*
**Selbstsperrdifferenzial** *nt (Mech)* **self-locking differential** *adj:n (Mech)*

**Selbstsperrventil** *nt (Hyd/Pneu)* **self-locking valve** *adj:n (Hyd/Pneu)*
**Selektivstrahler** *m (Hütt/Wlz)* **selective radiator** *adj:n (Hütt/Wlz)*
**Senfte** *f (Mech)* **sedan** *(Mech)*
**Senkblechschraube** *f (Mech)* **countersunk-head tapping screw** *(Mech)*
**Senkbremsschaltung** *f (Mech)* **regenerative lowering** *(Mech)*
**Senkbremsventil** *nt (Mech, Hyd/Pneu)* **load-lowering valve** *(Mech, Hyd/Pneu)*
**Senkdurchmesser** *m (Hütt/Wlz)* **countersunk diameter** *(Hütt/Wlz)*
**Senkel** *m* **plumb line**
**Senker** *m (Mech, Mont) (Aufstecksenker)* **shell drill** *(Mech, Mont)*
**Senker** *m (Mech, Mont) (Kegelsenker)* **rose bit** *(Mech, Mont)*
**Senker** *m (Mech, Mont) (Spitzsenker)* **countersink** *(Mech, Mont)*
**Senkgeschwindigkeit** *f (Mech)* **lowering speed** *(Mech)*
**Senkkastengründung** *f (Stb)* **caisson foundation** *(Stb)*
**Senklot** *nt (Hütt/Wlz)* **plumb bob** *(Hütt/Wlz)*
**Senkmutter** *f (Mech)* **countersunk nut** *adj:n (Mech)*
**Senkniet** *m (Stb)* **countersunk rivet** *adj:n (Stb)*
**Senkrechteinschallung** *f (Schw)* **vertical radiation** *adj:n (Schw)*
**Senkrechtförderer** *m (Band, Umschl)* **vertical conveyor** *adj:n (Band, Umschl)*
**Senkrechtschweißung** *f (Schw)* **vertical welding** *adj:n (Schw)*
**Senkschraube** *f (Mech) (ganz mit Gewinde)* **countersunk screw** *adj:n (Mech)*
**Senkung** *f (Geo, Bg/Bergb)* **lowering** *(Geo, Bg/Bergb)*
**Senkung** *f (Hütt/Wlz) (Abfall)* **drop** *(Allg)*
**Senkung** *f (Hütt/Wlz) (im Material)* **counterbore** *(Hütt/Wlz)* (in material)
**Senkventil** *nt (Hyd/Pneu)* **lowering control valve** *adj:n (Mech)*
**Serienfertigung** *f (Mech)* **series fabrication** *(Mech)*
**Serienpressteil** *nt (Bahn)* **series pressing** *(Bahn)*
**Serienprüfung** *f (Allg)* **routine inspection** *(Allg)*
**Serienwagen** *m (Bahn)* **standard wagon** *(Bahn)*
**Servobremse** *f (Mech)* **servo brake** *(Mech)*
**Servoeinrichtung** *f (Hyd/Pneu)* **booster** *(Hyd/Pneu)*
**Servolenkpumpe** *f (Hyd/Pneu)* **steering booster pump** *(Mech, Hyd/Pneu)*
**Servolenkung** *f (Hyd/Pneu, Mech)* **servo steering** *(Mech, Hyd/Pneu)*
**Servomaschine** *f (Hütt/Wlz)* **turbine servo motor** *(Hütt/Wlz)*
**Servosteuerdruckventil** *nt (Hyd/Pneu)* **pilot-operated relief valve** *adj:n (Hyd/Pneu)*
**Servosteuerung** *f (Mech)* **servo control** *(Mech)*
**Servozylinder** *m (Hyd/Pneu, Mech) (Druckübersetzer)* **booster cylinder** *(Mech, Hyd/Pneu)*
**Setzen des Materials** *(Bg/Bergb)* **setting** *(Bg/Bergb)* (calming down)
**Setzkopf** *m (Stb)* **die head** *(Stb)*
**Setzkopf** *m (Stb) (einer Nietung)* **set head** *(Stb)*
**Setzmaschine** *f (Zer)* **jig** *(Zer)*
**Setzung** *f (Bau, Geo)* **settlement** *(Bau)*
**Shore-Härte** *f (Hütt/Wlz)* **shore hardness** *(Hütt/Wlz)*
**Sicherheit, dynamisch** dynamische Sicherheit *adj:n (Mech)* **dynamic safety factor** *adj:n (Mech)*
**Sicherheits- und Unfallverhütungsvorschriften** *(Mech, Allg)* **safety and accident prevention rules** *(Mech, Allg)*
**Sicherheitsbremse** *f (Mech)* **fail-safe brake** *adj:n (Mech, El)*
**Sicherheitsbremsventil** *nt (Mech)* **emergency relay valve** *(Mech)*
**Sicherheitsfahrschaltung** *f (Bahn)* **dead man's device** *(Bahn)*
**Sicherheitsfaktor** *m (Stb)* **safety factor** *(Stb)*
**Sicherheitsgurt** *m (Mech)* **seat belt** *(Mech)*
**Sicherheitskappe** *f (Mech)* **relief cap** *(Mech)*
**Sicherheitskette** *f (Bahn)* **safety chain** *(Bahn)*
**Sicherheitslasthaken** *m (Bg/Bergb)* **safety load hook** *(Bg/Bergb)*
**Sicherheitsmutter** *f (Mech)* **lock nut** *(Mech)*
**Sicherheitsnorm** *f (Bahn)* **safety code** *(Bahn)* (safety standard)

**Sicherheitspatrone** *f (Mech)* **safety cartridge** *(Mech)*
**Sicherheitsrost** *m (Hütt/Wlz) (begehbar)* **safety grating** *(Hütt/Wlz)* (to walk on)
**Sicherheitsschuhe** *pl m (Mech, Allg)* **safety boots** *pl (Mech)*
**Sicherheitsüberströmventil** *nt (Hyd/Pneu)* **bypass valve** *(Hyd/Pneu, Mech)*
**Sicherheitsventil** *nt (Hyd/Pneu)* **safety valve** *(Hyd/Pneu)*
**Sicherheitsventil, federbelastet** federbelastetes Sicherheitsventil *adj:n (Mech, Hyd/Pneu)* **spring-loaded safety valve** *adj:n (Mech, Hyd/Pneu)*
**Sicherheitsventilanschluss** *m (Hyd/Pneu)* **safety valve connection** *(Hyd/Pneu)*
**Sicherheitsverbundglas** *nt (Mech)* **compound glass** *(Mech)*
**Sicherheitsverriegelung** *f (Mech)* **safety interlock** *(Mech)*
**Sicherheitsvorkehrungen** *pl f (Mech, Allg)* **terms of safety** *(Mech)*
**Sicherheitswindung** *f (Bg/Bergb, Mech) (Seil auf Trommel)* **safety winding** *(Bg/Bergb, Mech)*
**Sicherheitszahl** *f (Stb)* **safety factor** *(Stb)*
**Sicherheitszeitraum** *m (Mech)* **safe time interval** *(Mech)*
**Sicherheitszündschnur** *f (Bg/Bergb)* **safety fuse** *(Bg/Bergb)*
**Sicherung** *f (Mech) (Arretierung)* **locking device** *(Mech, Bg/Bergb)*
**Sicherung** *f (Mech) (Verschluss)* **lock** *(Mech, Bg/Bergb)*
**Sicherungsblech** *nt (Mech)* **guard plate** *(Mech)*
**Sicherungsblech** *nt (Mech) (Schlitz für Schrauben)* **detent** *(Mech)* (slotted plate holds screws)
**Sicherungsblech** *nt (Mech) (Unterlegscheibe)* **safety tab washer** *(Mech)*
**Sicherungsflansch** *m (Mech)* **locking flange** *(Mech)*
**Sicherungshebel** *m (Mech)* **safety lever** *(Mech, Bg/Bergb)*
**Sicherungsnapf** *m (Mech)* **safety cup** *(Mech)*
**Sicherungspfropfen** *m (Mech, Hyd/Pneu)* **safety plug** *(Mech, Hyd/Pneu)*
**Sicherungsring** *m (Mech)* **locking ring** *(Mech)*
**Sicherungsring** *m (Mech) (Haltering)* **retaining ring** *(Mech)*
**Sicherungsscheibe** *f (Mech)* **thrust washer** *(Mech)*
**Sicherungsscheibe** *f (Mech) (Unterlegscheibe)* **stop washer** *(Mech)*
**Sicherungsschraube** *f (Mech)* **locking screw** *(Mech)*
**Sicherungsstift** *m (Mech)* **locking pin** *(Mech, Bg/Bergb)*
**Sichtanlage** *f (Zer)* **fine sizing plant** *(Zer)*
**Sichtbarkeit** *f (Mech, Allg)* **visibility** *(Allg)*
**Sichter** *m (Bg/Bergb)* **air separator** *(Bg/Bergb)*
**Sichter** *m (Zer) (Klassierer)* **classifier** *(Zer)*
**Sichtereinstellung** *f (Zer)* **classifier adjustment** *(Zer)*
**Sichterklappen** *pl f (Zer)* **classifier vanes** *pl (Zer)*
**Sichterschlägermühle** *f (Zer)* **classifier beater mill** *(Zer)*
**Sichtervolumen** *nt (Zer)* **classifier volume** *(Zer)*
**Sichtfähigkeit** *f (Bg/Bergb)* **classification** *(Bg/Bergb)*
**Sichtglas** *nt (Mech)* **glass sight gauge** *(Mech)*
**Sichtweite** *f (Mech, Allg)* **range of vision** *(Mech, Allg)*
**Sicke** *f (Hütt/Wlz) (Bördelung)* **beading** *(Schw, Hütt/Wlz)*
**Sicke** *f (Hütt/Wlz) (Versteifungsstanzen)* **creasing** *(Hütt/Wlz)* (bending)
**Sickenblech** *nt (Hütt/Wlz)* **crimped steel sheet** *adj:n (Hütt/Wlz)*
**Sickergrube** *f (Bg/Bergb)* **drainage pit** *(Bg/Bergb)*
**Sickerleitung** *f (Bau)* **drain line** *(Bau)*
**Sickerwasser** *nt (Bg/Bergb)* **seaping water** *(Bg/Bergb)*
**Sieb** *nt (Zer)* **screen** *(Zer)* (riddle)
**Siebanalyse** *f (Bau)* **screen analysis** *(Bau)*
**Siebanlage** *f (Geo, Bg/Bergb) (im Kalkwerk)* **screening unit** *(Bg/Bergb, Geo)*
**Siebanlage** *f (Zer)* **screening installation** *(Zer)*
**Siebbelag** *m (Zer)* **screen netting** *(Zer)*
**Siebblech** *nt (Zer)* **screen plate** *(Zer)*
**Siebboden** *m (Zer)* **screen deck** *(Zer)*
**Siebdurchlauf** *m (Zer)* **undersize** *(Zer, Stb)*

**Siebeinsatz** *m (Zer)* **screen insert** *(Zer)*
**Siebfeine** *nt (Zer)* **undersize** *(Zer, Stb)*
**Siebfilter** *nt (Mech)* **gauze filter** *(Hyd/Pneu, Mech)*
**Siebgewebe** *nt (Zer)* **screen cloth** *(Zer)*
**Siebklassierung** *f (Zer)* **screening** *(Zer, Mech)*
**Siebkurve** *f (Bau)* **grading curve** *(Bau)*
**Siebmaschine** *f (Zer)* **screening machine** *(Zer)*
**Siebplatte** *f (Zer)* **screen plate** *(Zer)*
**Siebrückstand** *m (Zer)* **oversize** *(Zer)*
**Siebsatz** *m (Zer)* **set of sieves** *(Zer)*
**Siebstation** *f (Zer)* **screen** *(Zer)* (riddle)
**Siebüberlauf** *m (Zer)* **oversize** *(Zer)*
**Siebung** *f (Zer)* **screening** *(Zer, Mech)*
**Siederohr** *nt (Mech, Hütt/Wlz)* **boiler tube** *(Form)*
**Siedetemperatur** *f (Hütt/Wlz)* **boiling temperature** *(Hütt/Wlz)*
**Siemens-Martin-Ofen** *m (Hütt/Wlz)* **Siemens-Martin furnace** *(Hütt/Wlz)*
**Siemens-Martin-Stahl** *m (Hütt/Wlz)* **open-hearth steel** *(Hütt/Wlz)*
**Siemens-Martin-Verfahren** *nt (Hütt/Wlz)* **open-hearth process** *(Hütt/Wlz)*
**Signalanlage** *f (Mech)* **alarm system** *(Mech)*
**Signalantrieb** *m (Bahn)* **signal actuating** *(Bahn)*
**Signalfackel** *f (Allg)* **signal torch** *(Allg)*
**Signalhorn** *nt (Bg/Bergb)* **horn** *(Bg/Bergb, Umschl)*
**Signalhupe** *f (Mech)* **signal hooter** *(Mech)*
**Signalleiste** *f (Mech)* **signal board** *(Mech)*
**Signalmittelsatz** *m (Bahn)* **working-site illumination kit for night work** *(Bahn)*
**Silberschlauch** *m (Mech)* **silver hose** *(Mech)*
**Silikon** *nt (Hütt/Wlz, Chem)* **silicone** *(Hütt/Wlz, Chem)*
**Sillimanit** *m (Geo)* **sillimanite** *(Geo)*
**Silo** *m (Umschl)* **silo** *(Umschl)*
**Silocontainer** *m (Umschl)* **hopper-type container** *(Umschl)*
**Silotrichter** *m (Umschl)* **tremie** *(Bau, Umschl)*
**Silowagen** *m (Bahn)* **silo wagon** *(Bahn)*
**Silozelle** *f (Stb)* **silo bin** *(Stb)*
**Siluminguss** *m (Hütt/Wlz)* **silumin casting** *(Hütt/Wlz)*
**Simatic-N-Prüfgerät** *nt (Mech)* **Simatic-N test set** *(Mech)*
**Simmerring** *m (Mech)* **radial seal ring** *(Mech, Hyd/Pneu)*
**Simplexbremse** *f (Mech)* **simplex brake** *(Mech)*
**Simulation des Tragzellenfüllungsgrades** *(Bg/Bergb)* **mock up of the carrier cells filling degree** *(Bg/Bergb)*
**Sinkstoff** *m (Bg/Bergb)* **deposit** *(Geo)*
**Sinteranlage** *f (Geo)* **sintering plant** *(Geo)*
**Sinterdolomit** *m (Geo)* **dolomite sinter** *(Geo)*
**Sintermetall** *nt (Hütt/Wlz)* **sintered metal** *adj:n (Hütt/Wlz)*
**Sinterungstemperatur** *f (Hütt/Wlz)* **sintering temperature** *(Hütt/Wlz)*
**Sinterwerkstoff** *m (Geo)* **sintered material** *adj:n (Geo)*
**Sitz** *m (Mech)* **seat** *(Mech)*
**Sitz, fest** fester Sitz *adj:n (Mech)* **tight seat** *adj:n (Mech)*
**Sitz, gepolstert** gepolsterter Sitz *adj:n (Mech)* **cushioned seat** *adj:n (Mech, Bg/Bergb)*
**Sitzfeder** *f (Mech)* **seat spring** *(Mech)*
**Sitzfläche** *f (Mech)* **seating** *(Mech)*
**Sitzfläche** *f (Mech) (des Bolzenkopfes)* **connecting surface** *(Mech, Mont, Schw)*
**Sitzfläche** *f (Mech) (Lagerung)* **bearing surface** *(Mech)*
**Sitzfläche, konisch** konische Sitzfläche *adj:n (Hyd/Pneu)* **tapered seating surface** *adj:n (Hyd/Pneu)* (valve)
**Sitzventil** *nt (Hyd/Pneu)* **poppet valve** *(Hyd/Pneu)*
**Sitzverstellung** *f (Mech)* **seat adjuster** *(Mech)*
**Skalenanzeiger** *m (Mech)* **scale marker** *(Mech)*
**Skalenmesszahl** *f (Mech)* **scale figure** *(Mech)*
**Skalenscheibe** *f (Mech) (Bandwaage)* **indicating dial** *adj:n (Mech)*
**Skalenteilung** *f (Mech)* **scale division** *(Mech)*
**Skalenwert** *m (Mech, El) (auf der Messuhr)* **scale value** *(Mech, El)*
**Skelett** *nt (Mech) (Tragwerk)* **frame** *(Mech, Bahn)*

**Skelettkonstruktion** *f (Bau)* **skeleton structure** *(Bau)*
**Skelettplatte** *f (Hütt/Wlz)* **skeleton shoe** *(Hütt/Wlz)*
**Skip- und Korbförderanlagen** *(Bg/Bergb)* **skip and cage hoisting installations** *(Bg/Bergb)*
**Skizze** *f (Mech, Allg)* **sketch** *(Mech, Allg)*
**Smaragd** *m (Geo)* **emerald** *(Geo)*
**Sockel** *m (Bau) (Konsole)* **base** *(Bau)* (of a device)
**Sockel** *m (Mech) (Muffe)* **socket** *(El, Mech)*
**Sog** *m (Hyd/Pneu)* **suction** *(Hyd/Pneu)*
**Sohle** *f (Geo) (Boden)* **bottom** *(Geo)*
**Sohle** *f (Geo, Bg/Bergb)* **level** *(Bg/Bergb)* (mining)
**Sohle** *f (Stb, Mech) (Schwelle)* **sole plate** *(Mech)*
**Sohlenbogen** *m (Stb) (im Tunnelbau)* **floor arch** *(Stb)* (for drainage)
**Sohlenbreite** *f (Bg/Bergb) (des Grabens)* **bottom width** *(Bg/Bergb)* (of a ditch or trench)
**Sohlplatte** *f (Hütt/Wlz, Bg/Bergb)* **base plate** *(Mech, Bg/Bergb, Bahn)*
**Solenoid-Schalter** *m (Mech, El) (Magnet-Zündschalter)* **solenoid switch** *(El, Mech)*
**Sollbruchbolzen** *m (Mech)* **break pin** *(Mech)*
**Sollbruchstelle** *f (Mech)* **predetermined breaking point** *adj:n (Mech)*
**Sollmaß** *nt (Stb)* **nominal dimension** *adj:n (Mech, El, Stb)*
**Sollwert** *m (Mech)* **nominal value** *adj:n (Mech, El, Stb)*
**Sollwert** *m (Stb) (theoretischer Wert)* **theoretical value** *adj:n (Stb)*
**Sollwertgeber** *m (Bg/Bergb)* **reference value transmitter** *(Bg/Bergb)*
**Sommerbetrieb** *m (Mech)* **summer operation** *(Mech)*
**Sondenzylinder** *m (Umschl, Hyd/Pneu)* **probe cylinder** *(Umschl, Hyd/Pneu)*
**Sonderanfertigung** *f (Mech)* **job-tailored machinery** *adj:n (Mech)*
**Sonderausbau** *m (Bg/Bergb) (unter Tage)* **special support system** *adj:n (Bg/Bergb)*
**Sonderausführung** *f (Mech)* **special design** *adj:n (Mech)*
**Sonderausstattung** *f (Bg/Bergb)* **special equipment** *adj:n (Mech, Bg/Bergb)*
**Sonderbaustahl** *m (Stb, Hütt/Wlz)* **special-purpose structural steel** *(Stb, Hütt/Wlz)*
**Sonderfahrzeug** *nt (Mech)* **special vehicle** *adj:n (Mech)*
**Sondergerät** *nt (Bg/Bergb)* **special equipment** *adj:n (Mech, Bg/Bergb)*
**Sondergüte** *f (Hütt/Wlz)* **special steel grade** *adj:n (Hütt/Wlz)*
**Sonderkomponente** *f (Mech)* **special component** *adj:n (Mech)*
**Sonderkoppel** *f (Bg/Bergb)* **special linkage** *adj:n (Bg/Bergb)*
**Sondermüllentsorgung** *f (Ökol)* **special disposal of refuse** *(Ökol)*
**Sonderprüfkopf** *m (Mech)* **special-purpose probe** *(Mech)*
**Sondierung** *f (Bau)* **sounding** *(Bau)*
**Sonnenblende** *f (Mech)* **sun visor** *(Mech)*
**Sonnenbrenner** *m* **cluster fitting**
**Sonnenrad** *nt (Mech) (Planetengetriebe)* **sun wheel** *(Mech)*
**Sortierebene** *f (Zer)* **sorting plane** *(Zer)*
**Sortiereinrichtung** *f (Zer)* **sorting device** *(Zer)*
**Sortierer** *m (Mech) (Versandgeschäft)* **sorter** *(Mech)*
**Sortiergreifer** *m (Mech)* **sorting grab** *(Mech)*
**Sortierschurre** *f (Mech) (Versandgeschäft)* **sortation chute** *(Mech)*
**Sortiersteuereinrichtung** *f (Stb)* **sorting control unit** *(Stb)*
**Sortiersystem** *nt (Mech)* **sortation system** *(Mech)*
**Sortierung** *f (Mech) (Einstufung)* **classification** *(Mech)* (DIN)
**Sortierweiche** *f (Mech)* **sorting switch** *(Mech)*
**Spalt** *m (Mech, Allg)* **slot** *(Mech)* (slit)
**Spalt-Querteilanlagen** *pl f (Hütt/Wlz)* **slitting / shearing lines** *pl (Hütt/Wlz)*
**Spaltband** *nt (Hütt/Wlz)* **slit strip** *(Hütt/Wlz)*
**Spaltbildung** *f (Mech, Allg)* **cracking** *(Mech, Allg)*
**Spaltfederbolzen** *m (Mech)* **quick-change pin** *(Mech)*
**Spaltfilter** *nt (Mech)* **gap filter** *(Mech)*
**Spaltfilterelement** *nt (Mech)* **edge-type filter element** *(Mech)*

**Spalthammer** *m (Bg/Bergb)* **spalling hammer** *(Hütt/Wlz, Bg/Bergb)*
**Spaltmaß** *nt (Mech) (Spiel zwischen Teilen)* **clearance** *(Mech)*
**Spaltverstellung** *(Zer)* **gap adjustment** *(Zer)*
**Spaltvorstecker** *m (Mech)* **bolt lock** *(Mech)*
**Spaltweite** *f (Zer) (eines Brechers)* **jaw setting** *(Zer)* (of a crusher)
**Span** *m (Bg/Bergb, Hütt/Wlz)* **chip** *(Hütt/Wlz)* (sliver)
**Spänefinder** *m (Mech) (z.B. im Ölumlauf)* **chip detector** *(Mech)* (e.g. in oil)
**Spänegreifer** *m (Hütt/Wlz)* **shavings grab** *(Hütt/Wlz)*
**Spanfläche** *f (Mech, Werkz)* **face** *(Mech)*
**Spange** *f (Mech, Mont)* **clamp** *(Mech, Mont)*
**Spannachse** *f (Mech)* **tension axle** *(Mech)*
**Spannarm** *m (Mech) (Steinklammerausrüstung)* **tensioning arm** *(Mech)*
**Spannbacke** *f (Mech, Werkz) (des Schraubstocks)* **clamping jaw** *(Mech, Werkz)* (on vise)
**Spannband** *nt (Band)* **tightening strap** *(Band)*
**Spannbandschelle** *f (Mech)* **continuous band clamping** *adj:n (Mech)*
**Spannbandsystem** *nt (Mech)* **band clamping system** *(Mech)*
**Spannbereich** *m (Mech) (einer Schelle)* **clamping range** *(Mech)*
**Spannbolzen** *m (Mech)* **cotter pin** *(Mech)*
**Spannbuchse** *f (Mech)* **locking bush** *(Mech)*
**Spannbügel** *m (Mech, Mont)* **takeup yoke** *(Mech)*
**Spanndraht** *m (Bau)* **tendon** *(Bau)*
**Spanneisen** *nt (Mont)* **steel ties** *pl (Mont)*
**Spannelement** *nt (Mech)* **taper lock element** *(Mech)*
**Spannelement** *nt (Mech) (Ringfeder)* **anobloc** *(Mech)*
**Spanner** *m (Mech)* **turnbuckle** *(Mech, Mont)*
**Spannfeder** *f (Mech)* **preload spring** *(Mech)*
**Spannfläche** *f (Mech) (z.B. am Schwenkstutzen)* **tightening surface** *(Mech)*
**Spannfutter** *nt (Mont)* **chuck** *(Mech, Mont)*
**Spanngabel** *f (Mech)* **tension fork** *(Mech)*
**Spanngewicht** *nt (Mech)* **takeup weight** *(Mech)*
**Spannhülse** *f (Mech, Mont) (Lager)* **tapered fixing sleeve** *adj:n (Mech, Mont)*
**Spannhülse** *f (Mech, Mont) (Welle)* **ferrule** *(El, Mech)*
**Spannhydraulik** *f (Mech, Hyd/Pneu)* **hydraulic tensioning device** *(Mech, Hyd/Pneu)*
**Spannklemme** *f (Mech) (unter Federnagel)* **tensioning clamp** *(Mech)*
**Spannkraft** *f (Stat) (z.B. eines Kabels)* **tension** *(Mech, Band, Allg, Stat)*
**Spannlager** *nt (Mech)* **takeup bearing** *(Mech)*
**Spannmoment** *nt (Mech) (Schraube)* **tightening torque** *(Mech)* (screw)
**Spannpatrone** *f (Mech) (Messgetriebe)* **tensioner device** *(Mech)*
**Spannplatte** *f (Hütt/Wlz)* **Z-clamp** *(Hütt/Wlz)*
**Spannrad** *nt (Mech)* **idler** *(Mech, Band, Umschl, Bg/Bergb)*
**Spannring** *m (Mech)* **tension ring** *(Mech)*
**Spannrohr** *nt (Mech)* **tie pipe** *(Mech)*
**Spannrolle** *f (Mech)* **tension pulley** *(Mech)*
**Spannrolle für Ventilatorriemen** *(Mech)* **fan belt idler** *(Mech)*
**Spannsatz** *m (Mech)* **taper lock assembly** *(Mech)*
**Spannsatz** *m (Mech) (Ringfeder)* **dynamobloc** *(Mech)*
**Spannscheibe** *f (Mech) (Unterlegscheibe)* **spring washer** *(Mech)*
**Spannschelle** *f (Mech)* **circlip** *(Mech)*
**Spannschiene** *f (Mech)* **slide rail** *(Mech)*
**Spannschleife** *f (Mech)* **takeup loop** *(Mech)*
**Spannschloss** *nt (Mech)* **turnbuckle** *(Mech, Mont)*
**Spannschlossmutter** *f (Mech)* **turnbuckle nut** *(Mech)*
**Spannschraube** *f (Zer) (Doppelwellenhammerbrecher)* **tensioning screw** *(Zer)*
**Spannseil** *nt (Bg/Bergb, Mech)* **tensioning rope** *(Mech)*
**Spannspindel** *f (Mech)* **tensioning spindle** *(Mech)*
**Spannstange** *f (Mech)* **stay bar** *(Mech)*

**Spannstation** *f (Bg/Bergb) (des Kratzers)* **tensioning station** *(Bg/Bergb)*
**Spannstation mit Umkehre** *(Band)* **tail take-up station** *(Band)*
**Spannstein** *m (Bg/Bergb)* **tensioning block** *(Mech, Bg/Bergb)*
**Spannstift** *m (Mech)* **spring pin** *(Mech)*
**Spannstift** *m (Mech) (geschlitzte Hülse)* **rollpin** *(Mech)*
**Spannstück** *nt (Zer) (Brecher)* **clamping part** *(Zer)*
**Spanntrommel** *f (Mech, Band)* **tensioning pulley** *(Band)*
**Spannung** *f (Mech, Stat) (Belastung, Druck)* **tension** *(Mech, Band, Allg, Stat)*
**Spannung** *f (Stat) (aufgebrachte Kraft)* **volume** *(Stat)* (force)
**Spannung, gewogen** gewogene Spannung *adj:n (Stb)* **factored stress** *adj:n (Stb)*
**Spannung, kritisch** kritische Spannung *adj:n (Stat)* **critical stress** *adj:n (Stat)*
**Spannung, zulässig** zulässige Spannung *adj:n (Mech)* **permissible stress** *adj:n (Mech)*
**Spannung, zusammengesetzt** zusammengesetzte Spannung *adj:n (Stat)* **combined stress** *adj:n (Mech, Stat)*
**Spannungsanhäufung** *f (Schw, Mech, Mont)* **stress concentration** *(Schw)*
**Spannungsarmglühen** *nt (Mech) (Wärmebehandlung)* **stress-relieving heat treatment** *(Mech)*
**Spannungsausschlag** *m (Mech, Stat)* **range of stress** *(Mech, Stat)*
**Spannungsermittlung** *f (Stat)* **stress analysis** *(Stat)*
**Spannungsfreiglühen** *nt (Hütt/Wlz)* **stress relieving** *(Hütt/Wlz)* (by annealing)
**Spannungskollektiv** *nt (Mech, Stat)* **stress spectrum** *(Mech, Stat)*
**Spannungskorrosion** *f (Hütt/Wlz, Anstr)* **stress corrosion** *(Hütt/Wlz, Anstr)*
**Spannungsmesser** *m (Mech) (Statik)* **strain gauge** *(Mech)*
**Spannungsnachweis** *m (Stat)* **stress analysis** *(Stat)*
**Spannungsnulllinie** *f (Stb)* **neutral axis** *(Stb)*
**Spannungsriss** *m (Stb)* **stress crack** *(Stb)* **tension crack** *(Stb)*
**Spannungsverteilung** *f (Mech, Stat)* **distribution of stress** *(Mech, Stat)*
**Spannungswelle** *f (Mech)* **stress wave** *(Mech)*
**Spannungszustand** *m (Stb)* **stress condition** *(Stb)*
**Spannventil** *nt (Mech) (Kettenspannung)* **tension valve** *(Mech)*
**Spannvorrichtung** *f (Bg/Bergb) (Raupenkette)* **tensioning device** *(Bg/Bergb)*
**Spannvorrichtung** *f (Mech) (Befestigung)* **clamping fixture** *(Mech)*
**Spannvorrichtung** *f (Mech) (Dehnung)* **expander** *(Mech)*
**Spannvorrichtung mit Nachführspindel** *(Mech) (Band)* **takeup with fixing spindle** *(Mech)* (belt)
**Spannvorrichtung, gewichtsbelastet** gewichtsbelastete Spannvorrichtung *adj:n (Band, Umschl)* **gravity takeup** *(Mech)*
**Spannwagen** *m (Mech)* **takeup carriage** *(Mech)*
**Spannwagen mit Gewicht** *(Mech)* **horizontal gravity** *adj:n (Mech)*
**Spannwagen mit Spanngewinde** *(Mech)* **horizontal winch type** *adj:n (Mech)*
**Spannweg** *m (Bg/Bergb, Umschl, Band, Zer)* **tensioning distance** *(Bg/Bergb, Band, Zer)*
**Spannweg der Antriebstrommel** *nt (Band)* **tensioning distance of driving pulley** *(Band)*
**Spannweite** *f (Mech, Stb)* **span length** *(Stb)*
**Spannwindenrahmen** *m (Mech)* **takeup winch frame** *(Mech)*
**Spannzylinder** *m (Mech)* **tensioning cylinder** *(Bg/Bergb, Hyd/Pneu)*
**Spanschloss** *nt (Mech)* **turnbuckle** *(Mech, Mont)*
**Spanstärke** *f* **depth of bite** *(Bg/Bergb)*
**Spardüse** *f (Hyd/Pneu)* **economizer jet** *(Hyd/Pneu)*
**Sparganggetriebe** *nt (Mech)* **overdrive** *(Mech)*
**Sparren** *m (Stb)* **rafter** *(Bau, Stb)*
**Speiche** *f (Mech) (Rad)* **spoke** *(Bahn, Mech)*
**Speichenrad** *nt (Mech)* **spoke wheel** *(Mech)*
**Speicherbehälter** *m (Hütt/Wlz)* **storage tank** *(Hütt/Wlz)*

**Speichergasanlage** *f (Mech)* **motor fuel gas storage** *(Mech)*
**Speicherkessel** *m (Hütt/Wlz)* **heat storage boiler** *(Hütt/Wlz)*
**Speicherladerventil** *nt (Bg/Bergb, Hyd)* **shut-off valve** *(Hyd/Pneu, Bg/Bergb)*
**Speicherung** *f (Hütt/Wlz)* **storage** *(Allg, Hütt/Wlz)*
**Speicherwinde** *f (Umschl)* **storage winch** *(Umschl)*
**Speiseapparat** *m (Mech)* **feeder** *(Mech, Umschl, Bg/Bergb)*
**Speisedruck** *m (Hyd/Pneu)* **charge pressure** *(Hyd/Pneu)*
**Speisedruckventil** *nt (Hyd/Pneu)* **boost pressure valve** *(Hyd/Pneu)*
**Speisefilter** *m (Hyd/Pneu)* **feeding oil filter** *(Hyd/Pneu)*
**Speisekreislauf** *m (Bg/Bergb, Hyd)* **feeding circuit** *(Bg/Bergb, Hyd/Pneu)*
**Speiseleitung** *f (Hyd/Pneu)* **feeder line** *(Bahn, Hyd/Pneu)*
**Speiseleitungstrommel** *f (El, Mech)* **supply current cable reeling drum** *(El, Mech)*
**Speiseölpumpe** *f (Hyd/Pneu)* **fuel feed pump** *(Hyd/Pneu)*
**Speisepumpe** *f (Hyd/Pneu)* **feed pump** *(Hyd/Pneu)*
**Speiseventil** *nt (Hyd/Pneu)* **feed valve** *(Hyd/Pneu)*
**Speisewasser** *nt (Hyd/Pneu)* **feed water** *(Hyd/Pneu)*
**Speisewasseralarmapparat** *m (Hyd/Pneu)* **feed water alarm instrument** *(Hyd/Pneu)*
**Speisewasseraufbereitung** *f (Hyd/Pneu)* **feed water treatment plant** *(Hyd/Pneu)*
**Speisewasserbehälter** *m (Hyd/Pneu)* **feed water tank** *(Hyd/Pneu)*
**Speisewassermesser** *m (Hyd/Pneu)* **feed water meter** *(Hyd/Pneu)*
**Speisewasserregler** *m (Hyd/Pneu)* **feed water regulator** *(Hyd/Pneu)*
**Speisewassertemperatur** *f (Hyd/Pneu)* **feed water temperature** *(Hyd/Pneu)*
**Speisewasservorwärmer** *m (Hyd/Pneu)* **feed water preheater** *(Hyd/Pneu)*
**Speisung** *f (Bahn, El) (Einspeisung von Strom)* **feeding** *(Bahn, El)*
**Spektrum, seismisch** seismisches Spektrum *adj:n (Geo, Bau)* **seismic spectrum** *adj:n (Geo, Bau)*
**Spengler** *m (Bahn)* **wagon-maker** *(Bahn)*
**Sperraste** *f (Mech)* **lock pin** *(Mech)*
**Sperrbremsventil** *nt (Mech, Hyd/Pneu)* **non-return braking valve** *(Mech, Hyd/Pneu)*
**Sperrdifferenzial** *nt (Mech)* **friction-type differential** *(Mech)*
**Sperre** *f (Bahn) (Durchgang)* **barrier** *(Bahn)* (gate)
**Sperre** *f (Mech)* **ratchet** *(Mont)*
**Sperre des O-Wagens** *(Bg/Bergb) (gegen Schwenken)* **swing lock** *(Bg/Bergb)*
**Sperrkegel** *m (Mech)* **detent** *(Mech)*
**Sperrklinke** *f (Mech)* **catch** *(Mech)*
**Sperrluftgebläse** *nt (Hütt/Wlz)* **seal air fan** *(Hütt/Wlz)*
**Sperrplatte** *f (Mech)* **check plate** *(Zer, Mech)*
**Sperrrad** *nt (Mech) (Bandwaage)* **ratchet wheel** *(Mech)*
**Sperrriegel** *m (Mech)* **plunger block** *(Mech)*
**Sperrring** *m (Mech)* **ferrule** *(El, Mech)*
**Sperrstift** *m (Mech)* **locking pin** *(Mech, Bg/Bergb)*
**Sperrstopfen** *m (Mech)* **blanking plug** *(Mech)*
**Sperrung** *f (Mech)* **lock pin** *(Mech)*
**Sperrung ausklinken** Sperrung ausklinken *n:v (Mech)* **release the lock pin** *n:v (Mech)*
**Sperrventil** *nt (Hyd/Pneu)* **lock valve** *(Hyd/Pneu)*
**Spezialausführung** *f (Mech)* **special design** *adj:n (Mech)*
**Spezialbehälter** *m (Hütt/Wlz)* **special container** *adj:n (Hütt/Wlz)*
**Spezialdrehkran** *m (Umschl)* **special slewing crane** *adj:n (Umschl)*
**Spezialhartguss** *m (Hütt/Wlz)* **chilled cast iron** *adj:n (Hütt/Wlz)*
**Spezialprofil** *nt (Hütt/Wlz)* **special section** *adj:n (Stb, Hütt/Wlz)*
**Spezialröhre** *f (Hütt/Wlz)* **special tube** *adj:n (Hütt/Wlz)*
**Spezialstoßdämpfer** *m (Mech)* **special shock absorber** *adj:n (Mech)*
**Spezialtankschlauch** *m (Mech)* **special tank hose** *adj:n (Mech)*
**Spezialwagen** *m (Bahn)* **special wagon** *adj:n (Bahn)*
**Sphäroguss** *m (Hütt/Wlz)* **spheroidal graphite cast iron** *(Hütt/Wlz)*

**Sphärogusstechnik** *f (Hütt/Wlz)* **spheroidal graphite iron casting** *(Hütt/Wlz)*
**Sphärolith** *m (Geo)* **spherulite crystal** *(Geo)*
**Spiel** *nt (Mech)* **clearance** *(Mech)* (tolerance)
**Spiel** *nt (Mech) (Schrauben)* **backlash** *(Mech)*
**Spiel** *nt (Mech) (Arbeitsspiel)* **cycle** *(Mech)* (work)
**Spiel** *nt (Mech) (von Zahnrädern)* **gear clearance** *(Mech)*
**Spiel, seitlich** seitliches Spiel *adj:n (Mech)* **side clearance** *(Mech)*
**Spielausgleich** *m (Mech)* **clearance compensation** *(Mech)*
**Spielzeit** *f (Bg/Bergb) (eine komplette Baggerbewegung)* **cycle time** *(Mech, El, Bg/Bergb)*
**Spielzeiterfassung** *f (Bg/Bergb)* **cycle timing** *(Bg/Bergb)*
**Spillantrieb** *m (Mech)* **capstan drive** *(Mech)*
**Spillkopf** *m (Mech)* **capstan head** *(Mech)*
**Spillwinde** *f (Mech)* **capstan winch** *(Mech)*
**Spindel** *f (Bg/Bergb) (Lenkspindel)* **steering screw** *(Bg/Bergb)*
**Spindel** *f (Bg/Bergb) (Strebe)* **strut** *(Bg/Bergb)*
**Spindel** *f (Mech)* **spindle** *(Mech)*
**Spindelfeststellbremse** *f (Bahn)* **screw-acted arresting brake** *(Bahn)*
**Spindelhalterung** *f (Mech)* **screw spindle mounting** *(Mech)*
**Spindelhubwerk** *nt (Mech, Mont)* **screw-type hoist** *(Mech, Mont)*
**Spindelkasten** *m (Mech)* **gear case** *(Mech)*
**Spindelmutter** *f (Mech)* **screw nut** *(Mech)*
**Spindeln von Bohrungen** *(Mech, Mont)* **line boring** *(Mech, Mont)*
**Spindelspannvorrichtung am Bandende** *(Mech, Band)* **screw-type tail takeup terminal** *(Mech, Band)*
**Spindelsteuerung des Fahrwerkes** *(Mech)* **crawler spindle steering** *(Mech)*
**Spindeltrieb** *m (Mech)* **spindle drive** *(Mech)*
**Spindelwinde** *f (Mech)* **screwing jack** *(Mech)*
**Spinne** *f (Zer)* **spider** *(Zer, Schw)*
**Spion** *m (Mech, Werkz)* **feeler gauge** *BE (Mech, Werkz)*
**Spiralbohrer** *m (Mont)* **twist drill** *(Mont)*
**Spiraldruckfeder** *f (Bahn)* **recoil spring** *(Zer, Mech)*
**Spiralfeder** *(Form)* **spiral spring** *(Mech)*
**Spiralfeder-Schlauchschutz** *m (Mech)* **spiral-type hose guard** *(Mech)*
**Spiralgehäuse** *nt (Mech)* **spiral housing** *(Mech)*
**Spiralkegelgetriebe** *nt (Mech)* **spiral bevel gearbox** *(Mech)*
**Spiralkegelrad** *nt (Mech)* **spiral bevel gear** *(Mech)*
**Spiralkegeltrieb** *m (Mech)* **spiral-conic gear** *(Mech)*
**Spiralklassierer** *m (Zer)* **spiral classifier** *(Zer)*
**Spiralkopf** *m (Mech)* **spiral head** *(Mech)*
**Spirallutte** *f (Mech) (Ventilator)* **helical duct** *adj:n (Mech)*
**Spiralrohr** *nt (Mech)* **spiral pipe** *(Mech)*
**Spiralrolle** *f (Mech, Band)* **helical idler** *adj:n (Band)*
**Spiralspannstift** *m (Mech)* **spiral pin** *(Mech)*
**spiralverstärkt** *adj (Mech)* **spiral-reinforced** *adj (Mech)*
**Spiralzahnrad** *nt (Mech)* **helical gear** *adj:n (Mech)*
**Spitze** *f (Mech) (des Schraubgewindes)* **crest** *(Mech)* (of a threading)
**Spitze** *f (Mech) (z.B. des Löffelzahnes)* **tip** *(Mech)*
**Spitze** *f (Mech, Mont)* **prong** *(Mech)*
**Spitzenausleger** *m (Mech) (am Kran)* **jib** *(Kfz)*
**Spitzendrehmaschine** *f (Mech)* **turning lathe** *(Mech)*
**Spitzendruck** *m (Bau)* **point pressure** *(Bau)*
**Spitzenhalter** *m (Mech) (des Schaufelzahnes)* **tooth tip support** *(Mech)*
**Spitzenhöhe** *f (Mech) (der Drehbank)* **height of centers** *(Mech)*
**Spitzenweite** *f (Hütt/Wlz)* **length between centers** *(Hütt/Wlz)*
**Spitzgraben** *m (Bg/Bergb)* **V-shaped trench** *(Bg/Bergb)*
**Spitzhacke** *f (Mont, Werkz)* **pickaxe** *(Werkz)*

**Spitzhalde** *f (Umschl)* **chevron-type pile** *(Umschl)*
**Spitzkerbe** *f (Stb)* **single V-notch** *(Stb)*
**Spitzzahn** *m (Bg/Bergb)* **pointed tooth** *adj:n (Bg/Bergb)*
**Spleiß** *m (Stb)* **wirerope splice** *(Stb)*
**Splint** *m (Mech)* **retaining pin** *(Mech)*
**Splint** *m (Mech) (Vorstecker)* **cotter pin** *(Mech)*
**Splintentreiber** *m (Mech)* **cotter pin drive** *(Mech)*
**Splintloch** *nt (Mech)* **cotter pin hole** *(Mech)*
**Splintverschlussglied** *nt (Mech)* **split spin fastener connecting link** *(Mech)*
**Split-Hopperbagger** *m (Schiff)* **split hopper dredger** *(Schiff)*
**Splitt** *m (Bau)* **chippings** *pl (Mech, Geo, Bau)*
**Splitterbruch** *m (Hütt/Wlz)* **spall fracture** *(Hütt/Wlz)*
**Spreize** *f (Bg/Bergb)* **strut** *(Bg/Bergb)*
**Spreize** *f (Bg/Bergb) (Spindel im Verbau)* **spindle** *(Bg/Bergb)* (strut)
**Spreize** *f (Bg/Bergb) (Stempel)* **prop** *(Mech, Mont, Bg/Bergb)*
**Spreizniet** *m (Mech)* **expanding rivet** *(Mech)*
**Spreizringkupplung** *f (Mech)* **spring-ring coupling** *(Mech)*
**Spreizstange** *f (Mech)* **spreader bar** *(Kfz)*
**Sprengarbeit** *f (Bg/Bergb)* **blasting** *(Bg/Bergb)* (works)
**Sprengbolzenschweißen** *nt (Schw)* **explosive stud welding** *adj:n (Schw)*
**Sprengkapsel** *f (Bg/Bergb)* **blasting cap** *(Bg/Bergb)*
**Sprengmunition** *f (Bg/Bergb)* **blasting charge** *(Bg/Bergb)*
**Sprengmuster** *nt (Bg/Bergb)* **blast pattern** *(Bg/Bergb)*
**Sprengring** *m (Bahn, Mech) (Bahn)* **retaining ring** *(Mech)*
**Sprengschlauch** *m (Bau)* **sprinkle tube** *(Bau)*
**Sprengstoff** *m (Bg/Bergb)* **explosive** *(Bg/Bergb)*
**Sprengung** *f (Bg/Bergb)* **blast** *(Bg/Bergb)*
**Sprenkler** *m (Bau)* **sprinkler** *(Stb, Bau)*
**Spriegel** *m (Bahn, Mech)* **roof carline** *(Bahn)*
**Springzähler** *m (Mech) (fünf-teilig)* **quick-action meter** *(Mech)* (five-digit)
**Spritzanlage** *f (Stb)* **spray unit** *(Stb)*
**Spritzblech** *nt (Mech)* **deflector plate** *(Bg/Bergb, Umschl, Band)*
**Spritzbuchse** *f (Mech)* **splash bushing** *(Mech)*
**Spritzdüse** *f (Hyd/Pneu)* **spray nozzle** *(Hyd/Pneu)*
**Spritzer** *m (Schw, Mech, Mont)* **spatter** *(Schw)*
**Spritzgießen** *nt (Form)* **injection moulding** *(Form)*
**Spritzguss** *m (Hütt/Wlz)* **die cast** *(Hütt/Wlz)*
**Spritzgusswerkzeug** *nt (Form, Werkz)* **injection mould** *(Form, Werkz)*
**Spritzring** *m (Mech)* **oil catch ring** *(Mech)*
**Spritzversteller** *m (Mech)* **injection timing mechanism** *(Kfz)*
**Spritzverstellergehäuse** *nt (Mech)* **injection control housing** *(Mech)*
**Spritzverstellermuffe** *f (Mech)* **injection timing collar** *(Mech)*
**Spritzverstellernabe** *f (Mech)* **injection control hub** *(Mech)*
**Sprödbruch** *m (Stb)* **brittle fracture** *adj:n (Stb)*
**Sprödigkeit** *f (Stb)* **brittleness** *(Mech, Stb)*
**Sprosse** *f (Mech) (Leiter)* **step** *(Mech, Bau)* (ladder, stairs)
**Sprosseneisen** *nt (Stb)* **sash bar** *(Stb)*
**Sprossenleiter** *f (Mech)* **rung ladder** *(Mech)*
**Sprossenstahl** *m (Stb)* **sash bar** *(Stb)*
**Sprühanlage** *f (Mech)* **sprayer** *(Mech, Stb)*
**Sprühdüse** *f (Hyd/Pneu)* **spraying nozzle** *(Hyd/Pneu)*
**Sprühdüse** *f (Mech) (der zentralen Fettschmieranlage)* **greasing nozzle** *(Mech)* (of the central grease lubricating system)
**Sprühschmierung** *f (Mech)* **nozzle lubrication** *(Mech)*
**Sprung** *m (Mech, Allg)* **crack** *(Mech, Schw, Allg)*
**Sprungabstand** *m (Mech)* **skip distance** *(Mech)*
**Sprungbetätigung** *f (Mech)* **snap action mechanism** *(Mech)*
**Sprungschaltung** *f (Mech)* **snap action mechanism** *(Mech)*
**Sprungschanze** *f (Bahn) (Rampe)* **velocity head** *(Bahn)* (to retard a train)

**Spül- und Legierungsstand** *(Hütt/Wlz)* **purging and alloy addition plant** *(Hütt/Wlz)*
**Spulapparat** *m (Mech) (Kabeltrommel)* **reeling device** *(Mech)*
**Spülblock** *m (Hyd/Pneu)* **flushing block** *(Hyd/Pneu)*
**Spule** *f (Mech, El) (Film, Magnetband)* **bobbin** *(Mech)*
**Spülentaschung** *f (Hütt/Wlz)* **pressure water ash removal** *(Hütt/Wlz)*
**Spuler** *m (Mech)* **winder** *(Mech)*
**Spülgaskupplung** *f (Mech)* **purging gas coupling station** *(Mech)*
**Spülluft** *f* **scavenging air**
**Spülöl** *nt (Mech, Hyd/Pneu)* **flushing oil** *(Mech, Hyd/Pneu)*
**Spülpumpe** *f (Hyd/Pneu)* **scavenge pump** *(Mech, Hyd/Pneu)*
**Spülventil** *nt (Hyd/Pneu)* **flushing valve** *(Hyd/Pneu)*
**Spundbehälter** *m (Mech) (DIN 6643)* **drums with removable heads** *(Mech)*
**Spundbohle** *f (Stb)* **piling** *(Stb)* (on pile bride)
**Spundbohlenabstützung** *f (Bg/Bergb)* **sheeting** *(Bau, Bg/Bergb)* (in a trench)
**Spundwand** *f (Stb)* **sheet pile** *(Stb, Bg/Bergb)*
**Spundwandprofil** *nt (Bg/Bergb)* **steel sheet piling** *(Bg/Bergb, Hütt/Wlz)*
**Spundwandzubehör** *nt (Hütt/Wlz)* **piling accessories** *pl (Hütt/Wlz)*
**Spur** *f (Mech) (Spurweite der Räder)* **track** *(Mech)* (between tyres)
**Spuren** *pl f (Mech) (Materialfehler)* **indications** *pl (Mech)*
**Spurhebel** *m (Mech)* **steering lever** *(Mech)*
**Spurkranz** *m (Mech) (Rad)* **wheel flange** *(Mech)*
**Spurkranzrolle** *f (Mech)* **flanged rim wheel** *(Mech)*
**Spurkreuz** *nt (Mech)* **cross section** *(Mech, Bg/Bergb)*
**Spurrille** *f (Bahn) (Radführung in der Weiche)* **rail groove** *(Bahn)*
**Spurseitenscheibe** *f (Mech)* **track side wheel** *(Mech)*
**Spurstange** *f (Mech)* **track rod** *(Mech)*
**Spurstangenhebel** *m (Mech)* **track rod arm** *(Mech)*
**Spurstangenkopf** *m (Mech)* **track rod end** *(Mech)*
**Spurtoleranz** *f (Mech)* **track gauge tolerance** *(Mech)*
**Spurwechseleinrichtung** *f (Bahn)* **gauge changing device** *(Bahn)*
**Spurweite** *f (Mech) (eines einzelnen Reifens)* **tread** *(Mech)* (of a wheel)
**Spurweite** *f (Mech, Bahn)* **track gauge** *(Mech, Bahn)*
**Stab** *m (Mech, Stb)* **rod** *(Stb, Mech)*
**Stab, gedrungen** gedrungener Stab *adj:n (Mech, Stat)* **short column** *adj:n (Mech, Stat)*
**Stab, lang** langer Stab *adj:n (Mech, Stat)* **long column** *adj:n (Mech, Stat)*
**Stab, mittig gedrückt** mittig gedrückter Stab *adj:n (Stb)* **axially loaded compression member** *adj:n (Stb)*
**Stabbogenverbundbrücke** *f (Stb)* **tied-arch bridge** *(Stb)*
**Stabilisator** *m (Mech)* **stabilizer** *(Mech, Bg/Bergb)*
**Stabilisierungseinrichtung für den Vorschub** *(Stb)* **stabilizing arrangement for the launching** *(Stb)*
**Stabilität** *f (El, Mech)* **stability** *(Mech, Stat, Bg/Bergb, El)*
**Stabilitätsproblem** *nt (Stb)* **stability problem** *(Stb)*
**Stabkraft** *f (Mech, Stat, Stb)* **stress in the bars** *(Stb)*
**Stablänge** *f (Stb)* **length of bar** *(Stb)*
**Staborientierung** *f* **member incidences** *nt pl*
**Stabquerschnitt** *m (Stb)* **cross section of bar** *(Stb)*
**Stabrost** *m (Mech, Zer)* **bar grate** *(Mech, Zer)*
**Stabstahl** *m (Hütt/Wlz, Stb)* **bar steel** *(Hütt/Wlz, Stb)*
**Stabwerk** *nt (Stb, Mech)* **frame** *(Stb, Mech)* (with rigid joints)
**Stadt-Lärmpaket** *nt (Bg/Bergb)* **city low-noise package** *(Bg/Bergb)*
**Stadtgas** *nt (Hütt/Wlz)* **town gas** *(Hütt/Wlz)*
**Stadtschalldämmpaket** *nt (Bg/Bergb)* **city low-noise package** *(Bg/Bergb)*
**Staffelung** *f (Hütt/Wlz)* **stagger** *(Hütt/Wlz)*
**Stahl** *m (Hütt/Wlz)* **steel** *(Hütt/Wlz)*

**Stahl, austenitisch** austenitischer Stahl *adj:n (Stb)* **austenitic steel** *adj:n (Stb)*
**Stahl, beruhigt** beruhigter Stahl *adj:n (Mech, Hütt/Wlz)* **killed steel** *adj:n (Mech, Hütt/Wlz)*
**Stahl, ferritisch** ferritischer Stahl *adj:n (Hütt/Wlz)* **ferritic steel** *adj:n (Hütt/Wlz)*
**Stahl, gehärtet** gehärteter Stahl *adj:n (Hütt/Wlz)* **tempered steel** *adj:n (Hütt/Wlz)*
**Stahl, geschmiedet** geschmiedeter Stahl *adj:n (Hütt/Wlz)* **forged steel** *adj:n (Hütt/Wlz)*
**Stahl, gewalzt** gewalzter Stahl *adj:n (Hütt/Wlz)* **rolled steel** *adj:n (Hütt/Wlz)*
**Stahl, gezogen** gezogener Stahl *adj:n (Hütt/Wlz)* **drawn steel** *adj:n (Hütt/Wlz)*
**Stahl, hart** harter Stahl *adj:n (Hütt/Wlz)* **hard steel** *adj:n (Hütt/Wlz)*
**Stahl, hochfest** hochfester Stahl *adj:n (Hütt/Wlz)* **high-strength steel** *(Hütt/Wlz)*
**Stahl, hochzugfest** hochzugfester Stahl *adj:n (Hütt/Wlz)* **high-tensile steel** *adj:n (Hütt/Wlz)*
**Stahl, kohlenstoffreich** kohlenstoffreicher Stahl *adj:n (Hütt/Wlz)* **high-carbon steel** *adj:n (Hütt/Wlz)*
**Stahl, korrosionsbeständig** korrosionsbeständiger Stahl *adj:n (Hütt/Wlz)* **stainless steel** *adj:n (Hütt/Wlz)*
**Stahl, lärmdämpfend** lärmdäpfender Stahl *adj:n (Stb)* **noise-abating steel** *adj:n (Stb)*
**Stahl, legiert** legierter Stahl *adj:n (Hütt/Wlz)* **alloyed steel** *adj:n (Hütt/Wlz)*
**Stahl, nicht magnetisierbar** nicht magnetisierbarer Stahl *adj:n (Hütt/Wlz)* **non-magnetizable cast steel** *adj:n (Hütt/Wlz)*
**Stahl, poliert** polierter Stahl *adj:n (Hütt/Wlz)* **polished steel** *adj:n (Hütt/Wlz)*
**Stahl, schweißbar** schweißbarer Stahl *adj:n (Schw, Hütt/Wlz)* **weldable steel** *adj:n (Schw, Hütt/Wlz)*
**Stahl, unberuhigt** unberuhigter Stahl *adj:n (Hütt/Wlz)* **unkilled steel** *adj:n (Hütt/Wlz)*
**Stahl, unlegiert** unlegierter Stahl *adj:n (Hütt/Wlz)* **carbon steel** *(Hütt/Wlz)*
**Stahl, verschleißfest** verschleißfester Stahl *adj:n (Hütt/Wlz)* **wear-resistant steel** *adj:n (Hütt/Wlz)*
**Stahl, wärmebeständig** wärmebeständiger Stahl *adj:n (Hütt/Wlz)* **heat resisting steel** *(Hütt/Wlz)*
**Stahl, warmgewalzt** warmgewalzter Stahl *adj:n (Hütt/Wlz)* **hot-rolled steel** *adj:n (Hütt/Wlz)*
**Stahl- und Gießereiroheisen** *(Hütt/Wlz)* **pig iron for steel works at foundries** *(Hütt/Wlz)*
**Stahl- und Metallerzeugung** *(Hütt/Wlz)* **steel and metal production** *(Hütt/Wlz)*
**Stahl-Speichenrad** *nt (Mech)* **steel spoked wheel** *(Mech)*
**Stahlanarbeitung** *f (Hütt/Wlz)* **steel treatment** *(Hütt/Wlz)* (steel processing)
**Stahlband** *nt (Mech) (Verpackung)* **steel strapping** *(Mech)*
**Stahlbandbewehrung** *f (El, Mech) (Kabel)* **steel tape armouring** *(El, Mech)* (cable)
**Stahlbandmaß** *nt (Bau)* **steel tape** *(Mech, Mont, Bau)*
**Stahlbau** *m (Stb)* **structural steel engineering** *(Stb)*
**Stahlbau** *m (Stb) (z.B. im Baggerbau)* **steel manufacture** *(Stb)* (e.g. for loaders)
**Stahlbaufertigung** *f (Mech)* **fabrication of steel structures** *(Mech)*
**Stahlbaufirma** *f (Stb)* **steelwork company** *(Stb)*
**Stahlbaufläche** *f (Stb)* **steel building area** *(Stb)*
**Stahlbaukonstruktion** *f (Stb) (Bauweise)* **steel construction** *(Stb)*
**Stahlbauteil** *nt (Stb)* **steel member** *(Stb)*
**Stahlbereich** *m (Hütt/Wlz)* **steel division** *(Hütt/Wlz)*
**Stahlblech** *nt (Hütt/Wlz)* **steel plate** *(Hütt/Wlz)*
**Stahlblech** *nt (Hütt/Wlz) (unter 3 mm)* **thin sheet metal** *adj:n (Form)*
**Stahlblech-Anschlussplatte** *f (Stb)* **steel connecting plate** *(Stb)*
**Stahlblech-Scheibenrad** *nt (Mech)* **sheet steel disc wheel** *(Mech)*
**Stahlblechemballage** *f (Hütt/Wlz)* **steel drum** *(Bau, Hütt/Wlz)*
**Stahlblechgehäuse** *(El, Mech)* **steel-sheet housing** *(Mech)*
**Stahlblechoberfläche** *f (Hütt/Wlz)* **steel surface** *(Hütt/Wlz)*
**Stahlbrücke** *f (Stb)* **steel bridge** *(Stb)*

**Stahlbrückenplatte** *f (Bahn) (über Puffer)* **steel bridge plate** *(Bahn)*
**Stahlbuchse** *f (Hütt/Wlz, Mech)* **steel bushing** *(Hütt/Wlz, Mech)*
**Stahlbürste** *f (Mech, Mont)* **steel brush** *(Mech)*
**Stahldom** *m (Hütt/Wlz)* **steel dome** *(Hütt/Wlz)*
**Stahldraht** *m (Mech)* **steel wire** *(Mech)*
**Stahleinsatz** *m (Bahn) (Schiene / Schwelle)* **steel insert** *(Bahn)*
**Stahleinziehband** *nt (Mech, Mont)* **steel measuring tape** *(Mech, Mont)*
**Stahlerzeugung** *f (Stb)* **steel production** *(Stb)*
**Stahlfachwerk** *nt (Stb)* **steel framework** *(Stb)*
**Stahlfehler** *m (Stb)* **defects of steel** *(Stb)*
**Stahlfenster-Profil** *nt (Stb)* **glazing tee** *(Stb)*
**Stahlformgebung** *f (Hütt/Wlz)* **steel forming** *(Hütt/Wlz)*
**Stahlformguss** *m (Hütt/Wlz)* **steel castings** *pl (Hütt/Wlz)*
**Stahlgärfutterbehälter** *m (Stb)* **steel tower silo** *(Stb)*
**Stahlgewebe** *nt (Stb)* **steel fabric** *(Stb)*
**Stahlgitterrost** *m (Stb)* **steel grid** *(Stb)*
**Stahlgitterrostfahrbahn** *f (Stb)* **steel grid floor** *(Stb)*
**Stahlgürtelreifen** *m (Mech) (Kfz)* **steel belt tyre** *(Mech)*
**Stahlguss** *m (Hütt/Wlz) (Material)* **cast steel** *(Hütt/Wlz)* (material)
**Stahlguss** *m (Hütt/Wlz) (Produkt)* **steel casting** *(Hütt/Wlz)* (product)
**Stahlguss, vergütbar** vergütbarer Stahlguss *adj:n (Hütt/Wlz)* **heat-treatable cast steel** *adj:n (Hütt/Wlz)*
**Stahlguss-Anschlussstutzen** *m (Stb)* **cast steel tubular flange socket** *(Stb)*
**Stahlguss-Scheibenrad** *nt (Mech)* **cast steel disc wheel** *(Mech)*
**Stahlgussteil** *nt (Mech)* **steel casting** *(Hütt/Wlz)* (product)
**Stahlgüte** *f (Hütt/Wlz)* **steel quality** *(Hütt/Wlz)*
**Stahlhaken** *m (Mech)* **steel hook** *(Mech)*
**Stahlhalbzeug** *nt (Hütt/Wlz)* **semifinished product** *adj:n (Mech, Hütt/Wlz)*
**Stahlhoch- und Brückenbau** *(Stb)* **steel structure and bridge construction** *(Stb)*
**Stahlhochbau** *m (Stb, Mech)* **elevated steel construction** *adj:n (Stb)*
**Stahlindustrie** *f (Stb)* **structural steel industry** *(Stb)*
**Stahlkabel** *nt (Stb)* **steel cable** *(Stb)*
**Stahlkehrwalze** *f (Mech)* **steel brush** *(Mech)*
**Stahlkocher** *m (Hütt/Wlz) (Stahlwerker)* **steel maker** *(Hütt/Wlz)* (steel worker)
**Stahlkonstruktion** *f (Stb)* **steel construction** *(Stb)*
**Stahlkonstruktion, verkleidet** verkleidete Stahlkonstruktion *adj:n (Stb)* **panelled steel frame structure** *adj:n (Stb)*
**Stahlkugel** *f (Hütt/Wlz)* **steel ball** *(Hütt/Wlz)*
**Stahllegierung** *f (Hütt/Wlz)* **ferrous alloy** *adj:n (Hütt/Wlz)*
**Stahlleichtbau** *m (Stb)* **light-weight steel construction** *(Stb)*
**Stahllineal** *nt (Mont, Werkz)* **steel straightedge** *(Mont, Werkz)*
**Stahlmaßstab** *m (Mont)* **steel tape** *(Mech, Mont, Bau)*
**Stahlmast** *m (Stb)* **steel pole** *(Stb)*
**Stahlnabe** *f (Mech)* **steel hub** *(Mech)*
**Stahlpanzerklappe** *f (Mech)* **steel armour flap** *(Mech)*
**Stahlpanzerrohr** *nt (Mech)* **steel armoured conduit tube** *(Mech)*
**Stahlpfahl** *m (Hütt/Wlz)* **dolphin** *(Hütt/Wlz)*
**Stahlplatte** *f (Hütt/Wlz)* **steel plate** *(Hütt/Wlz)*
**Stahlplattenband** *nt (Hütt/Wlz)* **steel plate conveyor** *(Hütt/Wlz)*
**Stahlrahmen** *m (Stb)* **steel frame** *(Stb)*
**Stahlrohr** *nt (Stb)* **steel tube** *(Stb)*
**Stahlrohr, nahtlos** nahtloses Stahlrohr *adj:n (Stb)* **seamless steel tube** *adj:n (Stb)*
**Stahlrohrgerüst** *nt (Bau, Stb)* **metal tube scaffolding** *(Bau)*
**Stahlrohrmast** *m (Stb)* **tubular steel pole** *adj:n (Stb)*
**Stahlsand** *m (Stb) (kugelförmig)* **steel shot** *(Stb)*
**Stahlsand** *m (Stb) (scharfkantig)* **steel grit** *(Stb)* (sharp edges)
**Stahlscheibe** *f (Hütt/Wlz)* **plate** *(Hütt/Wlz)*
**Stahlschraube** *f (Mech)* **steel screw** *(Mech)*

**Stahlschreibstift** *m (Mech)* **steel stylus** *(Mech)*
**Stahlschrott** *m (Hütt/Wlz)* **steel scrap** *(Hütt/Wlz)*
**Stahlschwelle** *f (Bahn)* **steel sleeper** *BE (Bahn)*
**Stahlseil** *nt (Mech)* **steel rope** *(Mech)*
**Stahlseil-Einlage** *f (Bg/Bergb, Umschl, Band, Mech)* **steel wire core** *(Mech)*
**Stahlseilgurt** *m (Mech)* **steel cable belt** *(Mech)*
**Stahlseilreifen** *m (Mech)* **studded tyre** *adj:n (Mech)*
**Stahlskelett** *nt (Stb)* **steel skeleton** *(Stb)*
**Stahlskelettbau** *m (Stb)* **steel frame building** *(Stb)*
**Stahlsorte** *f (Hütt/Wlz)* **steel grade** *(Hütt/Wlz)*
**Stahlspundwand** *f (Hütt/Wlz)* **steel sheet piling** *(Bg/Bergb, Hütt/Wlz)*
**Stahltafel** *f (Bau)* **steel panel** *(Bau)*
**Stahlträger** *m (Stb)* **steel beam** *(Stb)*
**Stahltragwerk** *nt (Stb)* **steel structure** *(Stb)*
**Stahlüberbau** *m (Stb)* **steel superstructure** *(Stb)*
**Stahlverarbeitung** *f (Hütt/Wlz)* **steelwork fabrication** *(Hütt/Wlz)*
**Stahlverbrauch** *m (Stb, Hütt/Wlz)* **steel consumption** *(Stb, Hütt/Wlz)*
**Stahlveredelung** *f (Hütt/Wlz) (Oberflächenbehandlung)* **steel coating** *(Hütt/Wlz)*
**Stahlverformung** *f (Hütt/Wlz)* **steel shaping** *(Hütt/Wlz)*
**Stahlwalze** *f (Hütt/Wlz)* **steel roller** *(Hütt/Wlz)*
**Stahlwasserbau** *m (Stb)* **hydraulic steel construction** *adj:n (Stb)*
**Stahlweiterverarbeitung** *f (Hütt/Wlz)* **metal processing** *(Hütt/Wlz)*
**Stahlwerk** *nt (Hütt/Wlz)* **steel works** *pl (Hütt/Wlz)*
**Stahlwerks- und Gießereiroheisen** *(Hütt/Wlz)* **pig iron for steel works at foundries** *(Hütt/Wlz)*
**Stahlwerks- und Gießereischrotte** *(Hütt/Wlz)* **steel scrap and pig iron for steel works and foundries** *(Hütt/Wlz)*
**Stahlwolle** *f (Hütt/Wlz)* **steel wool** *(Hütt/Wlz)*
**Stalitron** *nt (Hütt/Wlz)* **stalitron** *(Hütt/Wlz)*
**Stall** *m (Bg/Bergb) (Nische)* **recess** *(Mech, Bau, Geo)*
**Stallbaggerung** *f (Bg/Bergb)* **digging a recess** *(Bg/Bergb)*
**Stammholzausrüstung** *f (Bg/Bergb)* **log grapple attachment** *(Werkz, Mech, Bg/Bergb)*
**Stammholzzange** *f (Bg/Bergb)* **log grapple** *(Bg/Bergb, Werkz, Mech)* (e.g. for lumber)
**Stammzeichnung** *f (Stb)* **parent drawing** *(Stb)*
**Stampfbewegung** *f (Stb)* **stamping flow** *(Stb)*
**Stampfer** *m (Bau)* **tamper** *(Bg/Bergb, Bau, Hütt/Wlz)*
**Stampfmasse** *f (Hütt/Wlz)* **castable refractories** *adj:n (Hütt/Wlz)*
**Stampfplatte** *f (Hütt/Wlz)* **tamper** *(Bg/Bergb, Bau, Hütt/Wlz)*
**Stampfwalze** *f (Mech) (Verdichter)* **tamping foot roller** *(Mech)*
**Standardbrückengerät** *nt (Stb)* **unit construction brigde system** *(Stb)*
**Standarderzeugnisstruktur** *f* **standard product structure**
**Standardgerät** *nt (Bg/Bergb)* **standard machine** *adj:n (Bg/Bergb)*
**Standardgerätebereich** *m (Bg/Bergb)* **standard machinery** *adj:n (Bg/Bergb)*
**Standardisierung** *f (Mech, Allg)* **standardization** *(Mech, Allg)*
**Standardkessel** *m (Hütt/Wlz)* **packaged boiler** *(Hütt/Wlz)*
**Standardkurve** *f (Stb)* **standard curve** *adj:n (Stb)*
**Standardlöffel** *m (Bg/Bergb)* **standard bucket** *adj:n (Bg/Bergb)*
**Standardlöffelbreite** *f (Bg/Bergb)* **standard bucket width** *adj:n (Bg/Bergb)*
**Standardschaufelradbagger** *m (Bg/Bergb)* **standard bucket wheel excavator** *adj:n (Bg/Bergb)*
**Standardstruktur** *f (Mech)* **standard structure** *(Mech)*
**Standardverfahren** *nt (Mech)* **standard procedure** *(Mech)*
**Standblech** *nt (Stb, Hütt/Wlz)* **stay plate** *(Stb, Bau, Hütt/Wlz)*
**Standböschung** *f (Bg/Bergb)* **side slope** *(Bg/Bergb)*
**Ständer** *m (Mech) (Maschinenständer)* **column** *(Mech, Stb)*

**Ständer** *m (Stb)* **spandrel** *(Stb)*
**Standfestigkeit** *f (Bg/Bergb, Mech)* **steadfastness** *(Bg/Bergb, Mech)*
**Standfilter** *m (Mech, Hyd/Pneu)* **vertical filter** *adj:n (Mech, Hyd/Pneu)*
**Standgas** *nt (Mech)* **low-idle** *(Mech)*
**Standglas** *nt (Mech)* **level gauge** *(Mech)*
**Standheizung** *f (Bahn)* **auxiliary heating** *adj:n (Bahn)*
**Standlauf** *m (Mech)* **in idle** *(Mech)*
**Standmast** *m (Mech)* **vertical mast** *adj:n (Mech)*
**Standölschmierung** *f (Mech)* **stand oil lubrication** *(Mech)*
**Standquadrat** *nt (Bg/Bergb)* **stability square** *(Bg/Bergb)*
**Standrechteck** *nt (Mech)* **stability rectangle** *(Mech)*
**Standrohr** *nt (Stb)* **standpipe** *(Stb)*
**Standruhe** *f (Bg/Bergb) (des Baggers)* **stability** *(Mech, Stat, Bg/Bergb, El)*
**Standruhe** *f (Mech)* **firmness** *(Mech)*
**Standsäule** *f (Mech)* **pedestal column** *(Mech)*
**Standsicherheit** *f (Mech, Stat, Bg/Bergb)* **stability** *(Mech, Stat, Bg/Bergb, El)*
**Standsicherheitsnachweis** *m (Stat)* **stability calculation** *(Stat)*
**Standvermögen** *nt (Mech)* **stability under load** *(Mech, Schw)*
**Standzeit** *f (Mech) (z.B. Maschine)* **idle time** *adj:n (Mech)*
**Standzeit** *f (Mech, Allg)* **operating life** *(Mech, Allg)*
**Stange** *f (Stb, Mech)* **round bar** *(Hütt/Wlz, Stb, Mech)*
**Stange mit Gewinde** *(Mech)* **thread bar** *(Mech)*
**Stangenkopf** *m (Mech)* **rod head** *(Mech)*
**Stangenprüfanlage** *f (Hütt/Wlz)* **round bar test installation** *(Hütt/Wlz)*
**Stangenprüfung** *f (Hütt/Wlz)* **round bar testing** *(Hütt/Wlz)*
**Stangenrost** *m (Mech, Zer)* **bar grate** *(Mech, Zer)*
**Stangenschloss** *nt (Mech)* **espagnolette lock** *(Mech)*
**Stangenverschluss** *m (Mech) (Tür)* **bolt with handle** *(Mech)* (door)
**Stangenwelle** *f (Mech)* **pin** *(Mech)*
**Stangenzirkel** *m (Mech, Mont)* **rod compass** *(Mech, Mont)*
**Stanz- und Schneidmaschine** *(Hütt/Wlz)* **punching and shearing machine** *(Hütt/Wlz)*
**Stanze** *f (Hütt/Wlz)* **punch** *(Mech, Mont, Hütt/Wlz)*
**Stanze** *f (Mech, Mont) (Blechbearbeitung)* **die** *(Hütt/Wlz, Gieß)*
**Stanzloch** *nt (Mech)* **punched hole** *adj:n (Mech)*
**Stanzmatrize** *f (Hütt/Wlz)* **die** *(Hütt/Wlz, Gieß)*
**Stanzteil** *nt (Hütt/Wlz)* **stamped part** *adj:n (Hütt/Wlz)*
**Stanzverbinder** *m (Hütt/Wlz)* **strip joining machine** *(Hütt/Wlz)*
**Stanzversuch** *m (Hütt/Wlz)* **punching test** *(Hütt/Wlz)*
**Stapaschelle** *f (Mech)* **stapa strap** *(Mech)*
**Stapastopfen** *m (Mech)* **stapa plug** *(Mech)*
**Stapel** *m (Bg/Bergb) (z.B. Holz, Paletten)* **stack** *(Bg/Bergb)* (pile, heap)
**Stapel** *m (Mech, Bg/Bergb, Umschl)* **stockpile** *(Umschl, Bg/Bergb)*
**Stapel aus Eisen** *(Mech)* **cribbing iron** *(Mech)*
**Stapelhöhe** *f (Bau)* **hight of pile** *(Bau)*
**Stapler** *m (Mech, Umschl)* **forklift truck** *(Mech, Umschl)*
**Stärke** *f (Mech) (Dicke)* **thickness** *(Mech, Geo)* (size)
**Starrachse** *f (Mech)* **rigid axle** *adj:n (Mech)*
**Starrachsenprinzip** *nt (Bahn)* **rigid-axle principle** *(Bahn)*
**Starrheit** *f (Mech)* **rigidity** *(Mech)*
**Starrkörperstatik** *f (Stat)* **statics of rigid bodies** *(Stat)*
**Starten vom Fahrersitz aus** *(Mech, El, Bg/Bergb)* **in-seat starting** *(Mech, El, Bg/Bergb)*
**Starter** *m (Mech)* **starter motor** *(Mech)*
**Starter** *m (Mech) (Anreißstarter)* **recoil starter** *(Kfz)*
**Starterklappe** *f (Mech)* **choke** *(Mech, Pneu)*
**Starterknopf** *m (Mech)* **starter button** *(Kfz)*
**Starterritzel** *nt (Mech)* **starter pinion** *(Kfz)*
**Startgewicht** *nt (Mech)* **take-off weight** *(Mech)*

**Startpilot** *m (Mech) (Kfz)* **startpilot** *(Mech)*
**Startritzel-Hebel** *m (Mech)* **starter pinion control** *(Mech)*
**Starttaste** *f (Bahn)* **shunt signal button** *(Bahn)*
**Startzündschloss** *nt (Bg/Bergb)* **starter keyswitch** *(Bg/Bergb)*
**Stativ** *nt (Mech, Bau)* **stand** *(Mech)*
**Staub** *m (Mech, Allg)* **dust** *(Mech, Allg)*
**Staub, grob** grober Staub *adj:n (Mech, Bau)* **fly ash coarse particles** *pl (Mech)*
**Staub-Gas-Gemisch** *nt (Mech)* **dust-laden air** *adj:n (Umschl)*
**Staubabscheider** *m (Mech, Hütt/Wlz)* **dust collector** *(Hütt/Wlz, Mech)*
**Staubabscheidungsgrad** *m (Elektrofilter)* **degree of dust extraction** (electro-precipator)
**Staubaufgabe** *f (Hütt/Wlz)* **pulverized-fuel feeding equipment** *(Hütt/Wlz)*
**Staubaustragung** *f (Bg/Bergb)* **dust separator** *(Mech, Bg/Bergb)*
**Staubbelastung** *f (Hütt/Wlz) (Filter)* **dust loading** *(Hütt/Wlz)*
**Staubbrenner** *m (Hütt/Wlz)* **pulverized-fuel burner** *(Hütt/Wlz)*
**Staubbunker** *m (Hütt/Wlz)* **pulverized-fuel bunker** *(Hütt/Wlz)*
**Staubdeckel** *m (Mech)* **port cover** *(Mech)*
**Staubemissionsstelle** *f (Mech)* **dust emitting point** *(Mech)*
**Staubentwicklung** *f (Mech, Allg)* **dust formation** *(Mech, Allg)*
**Staubfangglas** *nt (Mech)* **dust bowl** *(Mech)*
**Staubfeuerung** *f (Bg/Bergb)* **pulverized-coal firing** *(Bg/Bergb)*
**Staubfeuerung mit flüssiger Entaschung** *(Hütt/Wlz)* **wet-bottom boiler** *(Hütt/Wlz)*
**Staubfeuerung mit trockener Entaschung** *(Hütt/Wlz)* **dry-bottom boiler** *(Hütt/Wlz)*
**Staubfraktion** *f (Hütt/Wlz)* **dust particle size** *(Hütt/Wlz)*
**Staubgehalt** *m* **dust content**
**Staubgut** *nt (Bahn)* **powder-shaped material** *(Bahn)*
**Staubgutart** *f (Bahn)* **nature of powder-shaped material** *(Bahn)*
**Staubkappe** *f (Mech)* **dust cap** *(Mech)*
**Staubkessel** *m (Hütt/Wlz)* **pulverized-coal fired boiler** *(Hütt/Wlz)*
**Staubkonzentration** *f (Mech)* **dust concentration** *(Mech)*
**Staubleitung** *f (Hütt/Wlz)* **pulverized-coal piping** *(Hütt/Wlz)*
**Staubluft** *f (Hütt/Wlz)* **fuel-laden air** *(Hütt/Wlz)*
**Staubmanschette** *f (Mech)* **dust boot** *(Mech)*
**Staubprobe** *f (Hütt/Wlz)* **pulverized-fuel sampler** *(Hütt/Wlz)*
**Staubprobenentnahme** *f (Hütt/Wlz) (Entstaubung)* **dust sampler** *(Hütt/Wlz)*
**Staubsack** *m (Mech) (Filtersack)* **dust bag** *(Mech)*
**Staubsackgerüst** *nt (Stb)* **dust bag girder** *(Stb)* (dust bag framework)
**Staubsammler** *m (Mech)* **dust collector** *(Hütt/Wlz, Mech)*
**Staubschutz** *m (Mech, Bau)* **dust shield** *(Mech)*
**Staubschutzanlage** *f (Mech) (des Staplers)* **double filter attachment for dusty conditions** *(Mech)*
**Staubverminderung** *f (Mech)* **aerosols and dust removal** *(Mech)*
**Staubzündfeuerung** *f (Hütt/Wlz)* **pulverised-fuel start-up firing equipment** *(Hütt/Wlz)*
**Staubzuteiler** *m (Hütt/Wlz)* **pulverized-fuel feeder** *(Hütt/Wlz)*
**Staubzwischenbunker** *m (Bg/Bergb)* **pulverized-coal storage bunker** *(Bg/Bergb)*
**Stauchfestigkeit** *f (Stb)* **squash strength** *(Stb)*
**Stauchgrenze** *f (Mech) (bei Druckspannung)* **compressive yield point** *(Mech)*
**Stauchversuch** *m (Stb)* **crushing test** *(Stb)*
**Staudamm** *m (Bau, Bg/Bergb)* **dam** *(Bau, Bg/Bergb)*
**Staudruck** *m (Mech)* **wind pressure** *(Mech, Stat)*
**Staufferbüchse** *f (Mech)* **grease cup** *(Mech)*
**Stauhitze** *f (Mech) (unter dem Dach)* **dome heat** *(Mech)*
**Stauraum** *m (Mech) (Kfz)* **storage room** *(Mech)*
**Staurohr** *nt (Mech)* **contraction choke** *(Mech)*
**Stausee** *m (Bg/Bergb)* **water reservoir** *(Bg/Bergb)* (artificial lake)

**Stauwehr** *nt (Bau)* **dyke** *(Bau)*
**Steamblock** *m (Hütt/Wlz)* **steambloc** *(Hütt/Wlz)*
**Steatit** *m (Mech) (Material für Isolatoren)* **steatite** *(Mech)* (talc for insulators)
**Stechwelle** *f (Mech)* **stub shaft** *(Mech)*
**Steckachse** *f (Bg/Bergb)* **floating axle** *(Bg/Bergb)*
**Steckachse** *f (Mech) (Kfz)* **stub axle** *(Mech, Bahn)*
**Steckblech** *nt (Hütt/Wlz)* **insertable panel** *adj:n (Hütt/Wlz)*
**Steckblende** *f (Mech)* **push plug** *(Mech)*
**Steckbolzen** *m (Mech)* **socket pin** *(Mech)*
**Steckbolzenkupplung** *f (Mech)* **socket-pin coupling** *(Mech)*
**Steckbrücke** *f (Stb) (teildemotierbares Geländer)* **demountable bridge** *adj:n (Stb)*
**Stecker, eingegossen** eingegossener Stecker *adj:n (Mech)* **moulded plug** *adj:n (Mech)*
**Steckerkerbstift** *m (Mech)* **half-length reserve taper-grooved-dowel pin** *(Mech)*
**Steckerstift** *m (Mech)* **pin** *(Mech)*
**Steckerteil des Prüfkopfes** *(Mech)* **connector end of a probe** *(Mech)*
**Steckhülse** *f (Mech, El)* **socket** *(El, Mech)*
**Steckkerbstift** *m (Mech)* **grooved pin** *adj:n (Mech)*
**Steckkupplung** *f (Mech)* **plug coupling** *(Mech)*
**Steckloch** *nt (Mech)* **hole for pinning** *(Mech)*
**Steckstift** *m (Mech)* **pin** *(Mech)*
**Steckzahn** *m (Bg/Bergb)* **inserting tooth** *(Bg/Bergb)*
**Steg** *m (Band) (zwischen Unter- und Obergurt)* **web** *(Band)*
**Steg** *m (Bg/Bergb) (der Kettenbodenplatte)* **grouser** *(Bg/Bergb)*
**Steg** *m (Mech)* **side bar** *(Bahn, Mech)*
**Stegblech** *nt (Stb) (Hochbau)* **web plate** *(Stb)*
**Stegblecherneuerung** *f (Stb)* **web plate replacing** *(Stb)*
**Stegblechfeld** *nt (Stb)* **web panel** *(Stb)*
**Stegblechhöhe** *f (Stb)* **depth of web** *(Stb)*
**Stegblechsteife** *f (Stb)* **web stiffener** *(Stb)*
**Stegblechstoß** *m (Stb)* **web joint** *(Stb)*
**Stegdicke** *f (Stb)* **web thickness** *(Stb)*
**Stegebene** *f (Stb)* **web plane** *(Stb)*
**Stegflanke** *f (Mech) (Wurzel)* **root face** *(Mech)* (land)
**Stegkettenförderer** *m (Band, Umschl)* **drag chain conveyor** *(Band)*
**Stegklammer** *f (Werkz)* **clip** *(Werkz)*
**Steglasche** *f (Mech)* **bracket clip** *(Mech)*
**Stehbolzen** *m (Mech)* **stud bolt** *(Mech)*
**Stehkessel** *m (Bahn) (Dampflok)* **outer firebox** *adj:n (Bahn)*
**Stehlagegehäuse** *nt (Mech)* **plummer block** *(Mech)*
**Stehlager** *nt (Mech)* **pillow block bearing** *(Mech)*
**Stehlager-Festlager** *nt (Mech)* **locating pillow block bearing** *(Mech)*
**Stehlagergehäuse** *nt (Mech)* **pillow block housing** *(Mech)*
**Stehvermögen** *nt (Mech)* **withstand capability** *(Mech)*
**Steife** *f (Bau, Bg/Bergb) (z.B. im Graben)* **shore** *(Bg/Bergb)*
**Steife** *f (Mech, Stb)* **stiffener** *(Mech, Stb)*
**Steifheit** *f (Mech, Stb)* **stiffness** *(Mech)*
**Steifigkeit** *f (Mech)* **rigidity** *(Mech)*
**Steifrahmen** *m (Stb)* **rigid frame** *adj:n (Stb)*
**Steig- und Futterrohr** *(Mech)* **tubing and casing** *(Mech)*
**Steigeisen** *nt (Mech) (Luftschacht)* **stirrup** *(Mech)*
**Steiger** *m (Mech) (Korb am Teleskopmast)* **aerial platform** *adj:n (Mech, Bahn)*
**Steigerung** *f (Hyd/Pneu, Mech) (z.B. des Drucks)* **increase** *(Hyd/Pneu, Mech)* (e.g. of pressure)
**Steigfähigkeit** *f (Bg/Bergb, Mech) (z.B. Transportraupe)* **climbing ability** *(Bg/Bergb, Mech)*
**Steigförderer** *m (Band)* **ascending conveyor** *adj:n (Band)*
**Steigleiter** *f (Stb)* **ladder** *(Mech, Stb, Bg/Bergb)*
**Steigleitung** *f (Stb)* **riser** *(Stb, Hyd/Pneu)*
**Steigrohrsammler** *m (Hütt/Wlz)* **riser tubes header** *(Hütt/Wlz)*
**Steigstromvergaser** *m (Kfz)* **up-draft carburetor** *(Kfz)*
**Steigung** *f (Bahn) (der Bahnstrecke)* **upward inclination** *(Bahn)*
**Steigung** *f (Geo) (Boden)* **upward slope** *(Geo)*

**Steigung** *f (Mech) (Schraube, Gewinde)* **pitch** *(Mech)* (of thread, screw)
**Steigung der Seilwindungen** *(Mech)* **pitch of rope windings** *(Mech)*
**Steigungshöhe** *f (Mech)* **lead** *(Mech)* (upward)
**Steigungsmarkierung** *f (Bahn) (Signal, Pfosten)* **gradient post** *(Bahn)*
**Steigungssinn** *m (Mech) (Zahnrad)* **hand of helix** *(Mech)*
**Steigungswinkel** *m (Mech)* **lead angle** *(Mech)*
**Steigwinkel** *m (Mech)* **ascent angle** *(Mech)*
**Steigzug** *m (Hütt/Wlz)* **upward gas passage** *(Hütt/Wlz)*
**Steilabbruch** *m (Bg/Bergb)* **escarpment** *(Geo, Bg/Bergb)*
**Steilböschung** *f (Bg/Bergb)* **side slope** *(Bg/Bergb)*
**Steilflanke** *f (Stb)* **square edge** *(Stb)*
**Steilflankennaht** *f (Schw)* **open single V** *adj:n (Schw)*
**Steilförderer** *m (Band, Umschl)* **steep-incline conveyor** *(Band)*
**Steilförderer mit kragendem Ausleger** *(Bg/Bergb)* **mobile elevator conveyor with cantilever boom** *(Bg/Bergb)*
**Steilrohrkessel** *m (Hütt/Wlz)* **vertical-tube boiler** *(Hütt/Wlz)*
**Stein, fest** fester Stein *adj:n (Geo)* **solid rock** *adj:n (Bg/Bergb, Geo)*
**Steinabsiebung** *f (Bg/Bergb)* **stone screening** *(Bg/Bergb)*
**Steinabweiser** *m (Mech)* **rock deflector** *(Mech)*
**Steinabweiser über Muldenkipperdach** *(Bg/Bergb)* **body canopy protective extension and deflector** *(Bg/Bergb)*
**Steinauswerfer** *m (Mech) (zwischen Zwillingsreifen)* **rock ejector** *(Mech)* (between twin tyres)
**Steinbänke** *pl f (Bg/Bergb, Geo)* **rock embedments** *pl (Bg/Bergb, Geo)*
**Steinbogenbrücke** *f (Bau)* **stone arch bridge** *(Bau)*
**Steinbruch** *m (Bg/Bergb)* **quarry** *(Bg/Bergb)*
**Steine** *pl m (Geo)* **boulders** *pl (Geo)*
**Steine und Erden** *(Geo) (Industriezweig)* **nonmetallic mineral processing** *(Geo)*
**Steineinlagerungen** *pl f (Bg/Bergb, Geo)* **stone embedments** *pl (Bg/Bergb, Geo)*
**Steingreifer** *m (Mech) (am Stapler)* **brick grapple** *(Mech)*
**Steingut** *nt (Geo) (Geschirr)* **earthenware** *(Geo)* (crockery)
**Steingut** *nt (Geo, Bg/Bergb)* **stoneware** *(Geo, Bau)*
**Steinhalterung** *f (Hütt/Wlz) (Hochofen)* **brick support** *(Hütt/Wlz)*
**Steinhammer** *m (Zer)* **rock hammer** *(Zer)*
**Steinklammer** *f (Mech) (an Lader oder Stapler)* **block clamp** *(Mech)*
**Steinklammerausrüstung** *f (Mech) (z.B. an Lader)* **block clamp attachment** *(Mech)*
**Steinklemmgabel** *f (Mech)* **tile handling apron** *(Mech)*
**Steinkohle** *f (Bg/Bergb, Geo)* **stone coal** *(Bg/Bergb, Geo)*
**Steinschlagschutz** *m (Bg/Bergb)* **rock guard** *(Bg/Bergb)*
**Steinschlagschutzgitter** *nt (Bg/Bergb)* **rock guard** *(Bg/Bergb)*
**Steinschraube** *f (Mech)* **stone bolt** *(Mech)*
**Steintransport** *m (Hütt/Wlz)* **brick transport** *(Hütt/Wlz)*
**Steintransport-Aufbau** *m (Mech) (auf Lkw)* **rock body** *(Mech)*
**Steinwolle** *f (Bg/Bergb, Geo)* **rock wool** *(Bg/Bergb, Geo)*
**Steinzeug** *nt (Bau)* **stoneware** *(Geo, Bau)*
**Stellbereich** *m (Mech) (Getriebe)* **speed range** *(Mech)*
**Stelle, abgenutzt** abgenutzte Stelle *adj:n (Mech, Mont)* **scuff mark** *(Mech, Mont)*
**Stelle, abgerundet** abgerundete Stelle *adj:n (Allg)* **rounding** *(Mech, Mont, Allg)*
**Stelle, gelockert** gelockerte Stelle *adj:n (Mech, Hütt/Wlz) (im Gefüge)* **discontinuity** *(Mech, Schw)*
**Stelle, markant** markante Stelle *Nomen (Mech, Allg)* **prominent location** *adj:n (Mech, Allg)*
**Stelle, undicht** undichte Stelle *adj:n (Mech, Hyd/Pneu)* **leak** *(Mech, Hyd, El)*
**Steller** *m (Mech)* **adjuster** *(Mech)*
**Steller für Unterdruck und Tiefenausgleich** *(Mech)* **suppressor and swept gain control** *(Mech)*

**Stellglied** *nt (Mech)* **regulating unit** *(Mech)*
**Stellhebel für Dachlüftung** *(Bahn) (Dampflok)* **operating handle for roof ventilator** *(Bahn)*
**Stellkolben** *m (Mech)* **set piston** *(Mech)*
**Stellkolbenbruch** *m (Mech)* **fracture of set piston** *(Mech)*
**Stellrad** *nt (Bahn)* **hand wheel** *(Mech, Bahn)*
**Stellring** *m (Mech) (Transmissionswelle)* **adjusting ring** *(Mech)*
**Stellschraube** *f (Mech)* **adjusting screw** *(Mech)*
**Stellung** *f (Mech) (eines Bauteils)* **setting** *(Mech, El)*
**Stellwerk** *nt (Bahn)* **signal box** *(Bahn)*
**Stellzylinder** *m (Mech)* **adjusting cylinder** *(Mech, Bg/Bergb)*
**Stelzenlager** *nt (Mech)* **rocker bearing** *(Mech)*
**Stemmarbeit** *f (Mont)* **chiseling work** *(Mont)*
**Stemmeisen** *nt (Mont, Werkz)* **crow bar** *(Mont, Werkz)*
**Stemmknagge** *f (Mont)* **quoin bracket** *(Mont)*
**Stempel** *m (Bg/Bergb)* **strut** *(Bg/Bergb)*
**Stempel** *m (Bg/Bergb) (Grubenholz)* **mine prop** *(Bg/Bergb)*
**Stempel** *m (Mont, Werkz) (Prägestempel)* **punch** *(Mech, Mont, Hütt/Wlz)*
**Stepseal** *nt (Mech) (Kolbenstangendichtung)* **stepseal** *(Hyd/Pneu, Mech)*
**Ster** *m (Bau) (Raummeter)* **stere** *(Bau)* (cubic meter)
**Stern** *m (Bg/Bergb) (Antriebsrad)* **star** *(Bg/Bergb)* (as sprocket-type wheel)
**Stern** *m (Schw)* **spider** *(Zer, Schw)*
**Sterneinsatz für Hydrofilter** *(Mech)* **star-shaped filter element for hydraulic filter** *(Mech)*
**Sternscheibe** *f (Mech)* **star disc** *(Mech)*
**Stetig-Wegeventil** *nt (Hyd/Pneu)* **directional proportional valve** *(Hyd/Pneu)*
**Steuer** *nt (Bg/Bergb) (z.B. des Baggers)* **control** *(Bg/Bergb)* (e.g. of an excavator)
**Steuer** *nt (Mech) (Lenkrad)* **steering wheel** *(Mech)*
**Steueraggregate** *pl (Mech)* **control units** *pl (El)*
**Steuerbetätigung** *f (Mech)* **actuating control** *(Mech)*
**Steuerblock** *m (Hyd/Pneu)* **control block** *(Hyd/Pneu, Mech, El)*
**Steuerblock des Getriebes** *(Mech)* **transmission valve** *(Mech)*
**Steuerblockbefestigung** *f (Mech)* **valve block mounting** *(Mech)*
**Steuerbord-Kessel** *m (Mech)* **starboard boiler** *(Mech)*
**Steuerbuchse** *f (Mech)* **control bush** *(Mech)*
**Steuerdeichsel** *f (Mech)* **tiller** *(Bg/Bergb)*
**Steuerdruck** *m (Hyd/Pneu)* **control pressure** *(Hyd/Pneu, Mech)*
**Steuerelement** *nt (Mech)* **control device** *(El, Mech)*
**Steuerfläche** *f (Mech)* **control plate** *(Mech)*
**Steuergehäusedeckel** *m (Mech)* **timing case cover** *(Mech)*
**Steuergetriebe** *nt (Mech, Bg/Bergb)* **steering gear unit** *(Mech, Bg/Bergb)*
**Steuerhebel** *m (Mech)* **control lever** *(Mech)*
**Steuerkante** *f (Mech)* **control edge** *(Mech)*
**Steuerkarte** *f (Bg/Bergb, Allg)* **control card** *(Bg/Bergb, Allg)*
**Steuerkette** *f (Mech)* **timing chain** *(Mech)*
**Steuerkolben** *m (Mech)* **piston valve** *(Mech)*
**Steuerkraft** *f (Mech)* **control force** *(Mech)*
**Steuerleitungstrommel** *f (Mech)* **control-current cable reeling drum** *(Mech)*
**Steuerlinse** *f (Mech) (im Pumpenkörper)* **pendulum ball** *(Mech)* (made of bronze)
**Steuerlinsenfresser** *m (Mech, Bg/Bergb)* **fretting of pendulum ball** *(Mech, Bg/Bergb)*
**Steuerluft** *f (Mech)* **control air** *(Mech)*
**Steuerluftbehälter** *m (Bahn) (des Wagens)* **control reservoir** *(Bahn)*
**Steuermechanismus** *m (Mech)* **controls** *pl (El, Mech)*
**Steuerorgan** *nt (Mech) (Schmieranlage)* **control element** *(Mech)*
**Steuerplatte** *f (Mech) (in hydraulischen Motoren)* **control plate** *(Mech)*
**Steuerpumpe** *f (Hyd/Pneu)* **control pump** *(Hyd/Pneu)*

**Steuerrad** *nt (Mech) (Kfz)* **steering wheel** *(Mech)*
**Steuerräder** *pl nt (Mech) (Zahnräder im Getriebe)* **gear train** *(Mech, El)*
**Steuersäule** *f (Mech)* **control pedestal** *(Mech)*
**Steuersäule, klappbar** klappbare Steuersäule *adj:n (Bg/Bergb, Mech)* **collapsible steering rod** *adj:n (Bg/Bergb, Mech)*
**Steuerschieber** *m (Hyd/Pneu)* **control valve** *(Hyd/Pneu)*
**Steuerschieberstange** *f (Mech)* **spool** *(Mech)* (in valve block)
**Steuerschwelle** *f (Mech, Band) (beweglich)* **self-aligning idler** *adj:n (Band)*
**Steuerspiegel** *m (Mech) (z.B. im Motor)* **control plate** *(Mech)*
**Steuerspindel** *f (Bg/Bergb)* **steering screw** *(Bg/Bergb)*
**Steuerstand, ortsfest** ortsfester Steuerstand *adj:n (Mech, El)* **stationary control position** *adj:n (Mech, El)*
**Steuerstange** *f (Mech) (im Steuerblock)* **control spool** *(Mech)* (in valve block)
**Steuerträger** *m (Mech)* **steering frame** *(Mech)*
**Steuerung** *f (Bahn) (der Lokomotive)* **link motion** *(Bahn)*
**Steuerung** *f (Hyd/Pneu)* **control** *(Hyd/Pneu)* (open-loop control)
**Steuerung** *f (Mech) (Lenkmechanismus; Kfz)* **steering mechanism** *(Mech)*
**Steuerung von Hand** *(Bg/Bergb)* **manual control** *adj:n (El, Mech, Bg/Bergb)*
**Steuerungsanstrengung** *f (Bg/Bergb) (des Fahrers)* **operator's stress** *(Bg/Bergb)*
**Steuerungshandrad** *nt (Bahn) (Dampflok)* **cut-off gear wheel** *(Bahn)*
**Steuerungsskala** *f (Bahn) (Dampflok)* **cut-off gear** *(Bahn)*
**Steuerungsvorgang** *m (Hyd/Pneu)* **control process** *(Hyd/Pneu)*
**Steuerventil** *nt (Hyd/Pneu) (Druck)* **performance valve** *(Hyd/Pneu)*
**Steuerventil, äußeres** äußeres Steuerventil *adj:n (Hyd/Pneu)* **exterior valve** *adj:n (Hyd/Pneu)*
**Steuerwagen** *m (Bahn) (am Zugende)* **control trailer** *(Bahn)*
**Steuerwalze** *f (Mech)* **drum controller** *(Mech)*
**Steuerwelle** *f (Mech)* **timing shaft** *(Mech)*
**Steuerzylinder** *m (Mech)* **control cylinder** *(Mech)*
**Stichbalken** *m (Stb)* **trimmer** *(Stb)*
**Stichflamme** *f (Hütt/Wlz)* **flash** *(Hütt/Wlz)*
**Stichloch** *nt (Hütt/Wlz) (des Hochofens)* **taphole** *(Hütt/Wlz)* (tap of blast furnace)
**Stichlochpfropf** *m (Hütt/Wlz)* **taphole plug** *(Hütt/Wlz)*
**Stichlochstange** *f (Hütt/Wlz)* **tap bar** *(Hütt/Wlz)*
**Stichlochstopfmaschine** *f (Hütt/Wlz)* **taphole plugging machine** *(Hütt/Wlz)*
**Stichprobe** *f (Hütt/Wlz) (Material)* **random sample** *(Hütt/Wlz)*
**Stickstoffblasenspeicher** *m (Bg/Bergb) (für Kette)* **nitrogen accumulator** *(Bg/Bergb)*
**Stiel** *m (Bg/Bergb) (des Baggers)* **stick** *(Bg/Bergb)* (of an excavator)
**Stiel** *m (Mech) (z.B. eines Hammers)* **shaft** *(Mech)* (of a hammer)
**Stiel** *m (Stb)* **stay** *(Mech, Bau)*
**Stiel, gekröpft** gekröpfter Stiel *adj:n (Bg/Bergb)* **gooseneck-type arm** *adj:n (Bg/Bergb)*
**Stielbewegung** *f (Bg/Bergb) (des Baggers)* **motion of the arm** *(Bg/Bergb)*
**Stieldrehpunkt** *m (Bg/Bergb)* **arm pivot** *(Bg/Bergb)*
**Stielzylinder** *m (Bg/Bergb)* **arm cylinder** *(Bg/Bergb)*
**Stift** *m (Mech)* **pin** *(Mech)*
**Stift, konisch** konischer Stift *adj:n (Mech)* **taper pin** *(Mech)*
**Stiftabzehrung** *f (Hütt/Wlz)* **stud wear** *(Hütt/Wlz)*
**Stiftbolzen** *m (Mech)* **stud bolt** *(Mech)*
**Stiftloch** *nt (Mech)* **pin hole** *(Mech)*
**Stiftschraube** *f (Mech)* **stud screw** *(Mech)*
**Stiftschweißung** *f (Schw)* **stud weld** *(Schw)*
**Stiftsicherung** *f (Mech)* **pin lock** *(Mech)*
**Stillstand** *m (Mech, Allg)* **standstill** *(Mech, Allg)*
**Stillstandsheizung** *f (Mech)* **anticondensation heater** *(Mech)*
**Stillstandszeit** *f (Mech)* **outage** *(Mech)*
**Stirnband** *nt (Band, Umschl)* **frontal conveyor** *(Band)*
**Stirnböschung** *f (Bg/Bergb)* **front wall** *(Bg/Bergb, Bahn, Mech)*

**Stirnfläche** *f (Mech, Mont)* **spot face** *(Mech, Mont)*
**Stirnflächenmontage** *f (Mech)* **face mounting** *(Mech)*
**Stirnflachnaht** *f (Schw)* **edge weld** *(Schw)*
**Stirnkehlnaht** *f (Stb, Schw)* **end fillet weld** *(Stb, Schw)*
**Stirnmodul** *n* **transverse module**
**Stirnplatte** *f (Mech)* **front plate** *(Mech)*
**Stirnprofil** *n* **transverse profile**
**Stirnrad** *nt (Mech)* **spur wheel** *(Mech)*
**Stirnrad** *nt (Mech) (zur Zeiteinstellung)* **timing gear** *(Mech)*
**Stirnrad mit Doppelschrägverzahnung** *(Mech)* **double helical gear** *(Mech)*
**Stirnraddeckel** *m (Mech)* **aiming gear cover** *(Mech)*
**Stirnradgehäuse** *nt (Mech)* **timing gear housing** *(Mech)*
**Stirnradgetriebe** *nt (Mech)* **spur gear** *(Mech)*
**Stirnradkranz** *m (Mech)* **spur gear rim** *(Mech)*
**Stirnradpaar mit Doppelschrägverzahnung** *(Mech)* **double helical gear pair** *(Mech)*
**Stirnradstufe** *f (Mech)* **spur gear stage** *(Mech)*
**Stirnradwelle** *f (Mech)* **accessory shaft** *(Mech)*
**Stirnritzel** *nt (Mech)* **spur pinion** *(Mech)*
**Stirnrunge** *f (Bahn) (z.B. am Flachwagen)* **head stanchion** *(Bahn)*
**Stirnschar** *f (Bg/Bergb)* **front blade** *adj:n (Bg/Bergb)*
**Stirnscheibe** *f (Mech)* **diaphragm** *(Hyd/Pneu, Mech, Hütt/Wlz, Bau)*
**Stirnseite** *f (Mech)* **face** *(Mech)*
**Stirnstoß** *m (Mech)* **forehead joint** *(Mech)*
**Stirntritt** *m (Bahn)* **shunter's step** *(Bahn)*
**Stirnwand** *f (Bahn) (Vorder- oder Rückwand des Wagens)* **front wall** *(Bg/Bergb, Bahn, Mech)*
**Stirnwand** *f (Mech)* **bulkhead**
**Stirnwandklappe** *f (Bahn) (am Flachwagen)* **end plate** *(Mech, Stb, Bahn)*
**Stirnwandrunge** *f (Bahn) (am Flachwagen)* **fall plate stanchion** *(Bahn)*
**Stirnwandstütze** *f (Mech)* **cowl support** *(Mech)*
**Stirnwandtür** *f (Bahn) (am Güterwagen)* **end door** *(Bahn)* (of freight car)
**Stöckichtgetriebe** *nt (Mech)* **torque control** *(El, Mech)*
**Stockwerksrahmen** *m (Stb)* **multistorey frame** *(Stb)*
**Stoff, isolierend** isolierender Stoff *adj:n (Mech)* **insulating material** *(Mech)*
**Stoffgewicht** *nt (Mech, Geo)* **specific gravity** *(Geo)*
**Stoffschwierigkeit** *f (Mech) (DIN 7526)* **ease of manufacture** *(Mech)*
**Stollen** *m (Steilförderer)* **cleat** *(Mech, Stb)*
**Stollen** *m (Bg/Bergb)* **gallery** *BE (Bg/Bergb)* (working level)
**Stollen** *m (Bg/Bergb) (auf Kettenplatte)* **bar** *(Bg/Bergb)* (on track pad)
**Stollen** *m (Bg/Bergb) (unter Tage)* **bank** *(Bg/Bergb, Geo)*
**Stollenausbau** *m (Bg/Bergb)* **roof support** *(Bg/Bergb)*
**Stollenband** *nt (Band)* **cleated belt conveyor** *adj:n (Band)*
**Stollendurchmesser** *m (Bg/Bergb)* **nominal tunnel diameter** *(Bg/Bergb)*
**Stollenholz** *nt (Bg/Bergb)* **mine prop** *(Bg/Bergb)*
**Stopfbuchse** *f (Mech)* **compression gland** *(Mech)*
**Stopfbuchsenflansch** *m (Mech)* **gland flange** *(Mech)*
**Stopfbuchsenring** *m (Zer)* **stuffing box ring** *(Zer)*
**Stopfbuchsenverschraubung** *f (Mech)* **screwed gland** *adj:n (Mech)*
**Stopfbuchsverschraubung** *f (Mech)* **screw gland** *(Mech)*
**Stopfen** *m (Mech) (Türschloss)* **plug** *(Hyd, Mech)*
**Stopfensteuerung** *f (Hütt/Wlz)* **stopper control** *(Hütt/Wlz)*
**Stopschalteranbau** *m (Mech, El)* **stop switch mounting** *(Mech, El)*
**Stöpsel** *m (Mech)* **plug** *(Hyd, Mech)*
**Storchschnabel** *m (Mech)* **pantograph** *(El, Mech)*
**Storchschnabelzeichnung** *f (Mech)* **pantograph drawing** *(Mech)*
**Störkante** *f (Mech)* **interference edge** *(Mech)*

**Störung** *f (Mech, Allg) (z.B. eines Gerätes)* **trouble** *(Mech, Allg)* (e.g. with a machine, defect)
**Störungsbeseitigung** *f (Mech, El)* **trouble shooting** *(Mech, El)*
**Störungssuche** *f (Mech, El)* **trouble shooting** *(Mech, El)*
**Stoß** *m (Bg/Bergb) (anstehende Böschung)* **bank** *(Bg/Bergb, Geo)*
**Stoß** *m (Mech) (Ruck)* **jerk** *(Mech)*
**Stoß** *m (Mech, Allg) (Aufprall)* **impact** *(Mech, Allg)*
**Stoß** *m (Stb)* **joint** *(Stb, Stat)*
**Stoß-an-Stoß-Durchlauf** *m (Mech)* **end-to-end advance** *(Mech)*
**Stoßart** *f (Schw)* **type of joint** *(Schw)*
**Stoßausbildung** *f (Stb)* **joint configuration** *(Stb)*
**Stoßbeanspruchung** *f (Stat)* **impact stress** *(Stat)*
**Stoßbeiwert** *m (Stat)* **impact coefficient** *(Stat)*
**Stoßbelastung** *f (Band)* **impact load** *(Band)*
**Stoßdämpfer** *m (Mech)* **shock absorber** *(Mech, Umschl)*
**Stoßdämpferbock** *m (Mech)* **shock absorber bracket** *(Mech)*
**Stoßdämpferhalter** *m (Mech)* **shock absorber mounting** *(Mech)*
**Stoßdämpferzylinder** *m (Mech)* **suspension cylinder** *(Mech)*
**Stoßdämpfungseinrichtung** *f (Mech)* **shock absorber system** *(Mech)*
**Stoßdeckungsteil** *nt (Stb)* **splice material** *(Stb)*
**Stoßebene** *f (Mech)* **bumping plane** *(Mech)*
**Stoßeinrichtung** *f (Mech)* **push design** *(Mech)*
**Stoßeinrichtungstechnik** *f (Mech)* **push design technology** *(Mech)*
**Stößel** *m (Mech)* **ram** *(Mech, Bau)*
**Stößel** *m (Mech) (Druck- oder Presskolben)* **plunger** *(El, Mech, Bahn)*
**Stößel** *m (Mech) (Nockenscheibe)* **lifter** *(Mech)* (cam disk)
**Stößel** *m (Mech) (z.B. Ventilstößel)* **tappet** *(Mech)*
**Stößel-Nocken-Ventil** *nt (Mech)* **pilot valve** *(Mech)* (engine)
**Stößelbetätigungshebel** *m (Mech)* **tappet actuating lever** *(Mech)*
**Stößeleinstellschraube mit Gegenmutter** *(Mech)* **tappet adjusting screw with lock nut** *(Mech)*
**Stößelfeder** *f (Mech) (am Ventil)* **tappet spring** *(Mech)*
**Stößelführung** *f (Mech)* **tappet guide** *(Mech)*
**Stößelkraft** *f (Mech)* **tappet force** *(Mech)*
**Stößelmutter** *f (Mech)* **push rod lock nut** *(Mech)*
**Stößelrolle** *f (Mech)* **tappet roller** *(Mech)*
**Stößelrollenbolzen** *m (Mech)* **tappet roller pin** *(Kfz)*
**Stößelschraube** *f (Mech)* **lifter screw** *(Mech)*
**Stößelstange** *f (Mech)* **push rod** *(Mech, Bahn)*
**Stößelstangenverkleidung** *f (Mech)* **push rod cover** *(Mech)*
**Stoßfaktor** *m (Band, Mech)* **shock-load factor** *(Band, Mech)*
**Stoßfuge** *f (Bau, Stb)* **clearance** *(Stb)* (in butt splice)
**Stoßimpuls** *m (Mech)* **shock pulse** *(Mech)*
**Stoßlasche** *f (Mech, Stb)* **butt strap** *(Mech)*
**Stoßnaht** *f (Schw, Mech, Mont)* **butt seam** *(Schw, Mech, Mont)*
**Stoßplatte** *f (Stb)* **abutment piece** *(Stb)*
**Stoßspannung** *f (Stat)* **impact stress** *(Stat)*
**Stoßstange** *f (Mech) (Kfz)* **bumper** *(Umschl, Mech)*
**Stoßstange** *f (Mech) (Rohrschiebestange)* **push tube** *(Mech)*
**Stoßstelle** *f (Mech)* **contact point** *(Mech)*
**Stoßteil** *nt (Mech)* **butt piece** *(Mech)*
**Stoßverlust** *m (Hütt/Wlz) (Eintrittsverlust bei Rohren)* **impact loss** *(Hütt/Wlz)*
**Stoßzahl** *f (Stat)* **impact coefficient** *(Stat)*
**Straffseil** *nt (Mech)* **tight rope** *adj:n (Mech)*
**Strahlablenkung** *f (Hyd/Pneu)* **flow deviation** *(Hyd/Pneu)*
**Strahlen** *nt (Anstr)* **blast cleaning** *(Anstr)*
**Strahlraum** *m (Hütt/Wlz)* **radiation chamber** *(Hütt/Wlz)*
**Strahlrohr** *nt (Mech, Hyd/Pneu)* **monitor** *(Hyd/Pneu, Mech, El)*
**Strahlschweißen** *nt (Schw) (DIN 1910)* **beam welding** *(Schw)*

**Strahlungsbeiwert** *m (Stb)* **radiation coefficient** *(Stb)*
**Strahlungsheizfläche** *f (Hütt/Wlz) (Feuerraum)* **furnace heating surface** *(Hütt/Wlz)*
**Strahlungskessel** *m (Hütt/Wlz)* **radiant boiler** *(Hütt/Wlz)*
**Strahlungskessel mit Zwischenüberhitzung** *(Hütt/Wlz)* **radiant reheat boiler** *(El, Mech)*
**Strahlungspyrometer** *nt (Hütt/Wlz)* **radiation pyrometer** *(Hütt/Wlz)*
**Strahlungsschutz** *m (Hütt/Wlz)* **radiation shield** *(Hütt/Wlz)*
**Strahlungsüberhitzer** *m (Hütt/Wlz)* **radiant superheater** *(Hütt/Wlz)*
**Strahlungsverlust** *m (Hütt/Wlz)* **radiation loss** *(Hütt/Wlz)*
**Strahlungsvermögen** *nt (Stb)* **radiation capacity** *(Stb)*
**Strahlungszahl** *f (Hütt/Wlz)* **coefficient of radiation** *(Hütt/Wlz)*
**Strähnenbildung** *f (Hütt/Wlz) (Flamme)* **formation of layers** *(Hütt/Wlz)* (flame)
**Strang** *m (Hütt/Wlz) (z.B. aus Strangguss)* **slab** *(Hütt/Wlz)*
**Strang** *m (Stb)* **string** *(Mech, Stb)*
**Strangbreite** *f (Hütt/Wlz)* **slab width** *(Hütt/Wlz)*
**Stranggießanlage** *f (Hütt/Wlz)* **continuous casting plant** *adj:n (Hütt/Wlz)*
**Strangguss** *m (Hütt/Wlz)* **continuous casting** *adj:n (Hütt/Wlz)*
**Stranggussanlage** *f (Hütt/Wlz)* **arc type plant** *(Hütt/Wlz)*
**Stranggusseinsatz** *m (Hütt/Wlz)* **continuous casting** *adj:n (Hütt/Wlz)*
**Stranggusshalbzeug** *nt (Hütt/Wlz)* **continuous casting of slabs** *(Hütt/Wlz)*
**Strangpressen** *nt (Hütt/Wlz)* **extrusion** *(Hyd/Pneu, Mech, Hütt/Wlz)*
**Straße** *f (Band)* **bench** *(Band)* (conveyor)
**Straßen- und Geländegang** *(Mech)* **road and offroad gear** *(Mech)*
**Straßenbankett** *nt (Bg/Bergb)* **verge** *(Bg/Bergb)*
**Straßengang** *m (Mech) (einer Baumaschine)* **road gear** *(Mech)*
**Straßenkehrmaschine** *f (Mech)* **road sweeper** *(Mech)*
**Straßenrand** *m (Bg/Bergb)* **shoulder** *(Bg/Bergb, Bau)* (of a road)
**Straßenroller** *m (Bahn)* **wagon carrying trailer** *(Bahn)*
**Straßentransportgewicht** *nt (Mech) (des Krans)* **road transportation weight** *(Mech)*
**Straßenwalze** *f (Bau)* **road roller** *(Bau)*
**Streb** *m (Bg/Bergb) (Kohlenwand)* **longwall** *(Bg/Bergb)*
**Streb** *m (Bg/Bergb) (parallel zum Hauptstollen)* **cross-heading** *(Bg/Bergb)*
**Streb in Betrieb** *(Bg/Bergb)* **working face** *(Bg/Bergb)*
**Strebe** *f (Mech, Stb) (eines Fachwerks)* **strut** *(Stb)*
**Strebebogen** *m (Stb)* **squinch arch** *(Stb)*
**Strecke** *f (Bahn) (Bahn)* **railway line** *BE (Bahn)*
**Strecke** *f (Bg/Bergb) (Bergbau)* **drift** *(Bg/Bergb)* (tunnel, gallery)
**Strecke** *f (Bg/Bergb) (unter Tage)* **heading** *(Bg/Bergb)* (mining)
**Strecke verblasen** Strecke verblasen *n:v (Bg/Bergb)* **backfill** *v (Bg/Bergb)* (with compressed air)
**Strecke, einfallend** einfallende Strecke *adj:n (Bg/Bergb, Geo)* **bank** *(Bg/Bergb, Geo)*
**Strecke, hinten** hintere Strecke *adj:n (Bg/Bergb) (Abbau)* **tailgate** *(Bg/Bergb)*
**Strecken- und Weichenrippenplatte** *(Bahn)* **ribbed base plate for track and switches** *(Bahn)*
**Streckenabschnitt** *m (Bahn) (Bahn)* **section of a railway line** *(Bahn)*
**Streckenförderung** *f (Bg/Bergb, Band)* **belt conveying** *(Bg/Bergb, Band)*
**Streckengirlande** *f (Band)* **carrying idler garland** *(Band)*
**Streckenlast** *f (Mech)* **distance load** *(Mech)*
**Streckenrippenplatte** *f (Bahn)* **ribbed base plate for tracks** *(Bahn)*
**Streckenvortriebsmaschine** *f (Bg/Bergb)* **tunnelling machine** *(Bg/Bergb)*
**Streckgitter** *nt (Hütt/Wlz)* **expanded metal** *adj:n (Mech, Hütt/Wlz)*
**Streckgrenze** *f (Mech) (bei Zugspannung)* **yield point** *(Mech, Stat)*
**Streckgrenzenverhältnis** *nt (Mech, Stat)* **yield ratio** *(Mech, Stat)*
**Streckmetall** *nt (Mech)* **expanded metal** *adj:n (Mech, Hütt/Wlz)*

**Streckmetallbelag** *m (Hütt/Wlz)* **expanded-metal walkway** *(Hütt/Wlz)*
**Streckspannung** *f (Mech, Stat)* **yield stress** *(Mech, Stat)*
**Streckung** *f (Mech)* **stretching** *(Mech)*
**Streichmaß** *nt (Mech)* **scratch gauge** *(Mech)*
**Streichmaß** *nt (Stb) (Nieten)* **back pitch** *(Stb)*
**Streifen** *pl m (Stb)* **strips** *pl (Stb)*
**Streifenbürste** *f (Mech, Mont)* **strip brush** *(Mech, Mont)*
**Streifengründung** *f (Bau)* **strip footing** *(Bau)*
**Streifenlackierung** *f (Hütt/Wlz) (Bandstahl)* **stripe design coating** *(Hütt/Wlz)*
**Streifenmuster** *nt (Hütt/Wlz)* **interference fringes** *pl (Hütt/Wlz)*
**Streifhaufen** *m (Bg/Bergb)* **windrow** *(Bg/Bergb)*
**Streubereich** *m (Stb)* **scatter range** *(Stb)*
**Streufaktor** *m (Math)* **scattering factor** *(Math)*
**Streuung** *f (Math, El)* **scattering** *(Math)*
**Strichraupe** *f (Schw)* **string bead** *(Schw)*
**Strichraupentechnik** *f (Schw)* **string bead technique** *(Schw)*
**Strichzeichnung** *f (Mech)* **outline drawing** *(Mech)*
**Strick** *m (Mech)* **rope** *(Mech, Mont)*
**Strickleiter** *f (Mech, Allg)* **rope ladder** *(Mech, Allg)*
**Stromfaden** *m (Hyd/Pneu)* **fluid element** *(Hyd/Pneu)*
**Stromistwert Schaufelrad** *(El, Bg/Bergb)* **actual bucket wheel current** *adj:n (El)*
**Stromlinie** *f (Mech)* **streamline** *(Mech)*
**Stromlinienverkleidung** *f (Bahn)* **streamlining** *(Bahn)* (lower part of wagon)
**Stromregler** *m (Hyd/Pneu) (Flussregler)* **flow regulator** *(Hyd/Pneu)*
**Strömung** *f (Hyd/Pneu)* **fluid flow** *(Hyd/Pneu)*
**Strömungsablenkung** *f (Hyd/Pneu)* **flow deviation** *(Hyd/Pneu)*
**Strömungsbedarf** *m (Hyd/Pneu)* **flow requirement** *(Hyd/Pneu)*
**Strömungsbremse** *f (Hyd/Pneu, Mech)* **hydradynamic brake** *(Hyd/Pneu, Mech)*
**Strömungsdiagramm** *nt (Hyd/Pneu)* **flow diagram** *(Hyd/Pneu)*
**Strömungsgeschwindigkeit** *f (Hyd/Pneu)* **flow velocity** *(Hyd/Pneu)*
**Strömungsgetriebe** *nt (Mech) (Gabelstapler)* **fluid transmission** *(Mech)*
**Strömungslenkwand** *f (Hyd/Pneu) (feststehend)* **baffle wall** *(Hütt/Wlz)*
**Strömungsstrecke** *f (Hyd/Pneu)* **flow path** *(Hyd/Pneu)*
**Strömungsverlust** *m (Hyd/Pneu)* **flow loss** *(Hyd/Pneu)*
**Strömungswächter** *m (Hyd, El)* **flow monitor** *(Hyd, El)*
**Strömungswiderstand** *m (Hyd/Pneu)* **resistance to flow** *(Hyd/Pneu)*
**Strosse** *f (Bg/Bergb) (Tagebau)* **digging face** *(Bg/Bergb)*
**Strosse** *f (Bg/Bergb) (unter Tage)* **underhand stope** *(Bg/Bergb)*
**Strosse aufschwenken** Strosse aufschwenken *n:v (Bg/Bergb)* **operate the bench in slewing motion** *(Bg/Bergb)*
**Strosse, abgestuft** abgestufte Strosse *adj:n (Bg/Bergb) (im Tagebau)* **step bench** *(Bg/Bergb)* (open pit mining)
**Strosse, laufend** laufende Strosse *adj:n (Bg/Bergb)* **linear bench** *adj:n (Bg/Bergb)*
**Strossenband** *nt (Bg/Bergb)* **bench conveyor** *(Bg/Bergb)*
**Strossenbandträger** *m (Mech)* **bench conveyor girder** *(Mech)*
**Strossenbau** *m (Bg/Bergb) (unter Tage)* **benching** *(Bg/Bergb)*
**Strossenbetrieb** *m (Bg/Bergb)* **bench-type operation** *adj:n (Bg/Bergb)*
**Strossenhaus** *nt (Bg/Bergb) (Kabelanschlussschutz im Tagebau)* **bench hutch** *(Bg/Bergb)*
**Struktur** *f (Geo, Mech, Allg) (Gestalt, Form)* **structure** *(Geo, Mech)*
**Strukturbau** *m (Mech)* **structural engineering** *(Mech, Stb)*
**Strukturplan** *m (Mech, Allg)* **structure plan** *(Mech, Allg)*
**Strukturveränderung** *f (Mech, Allg)* **structural change** *(Mech, Allg)*
**Strunkdurchmesser** *m (Mech)* **core diameter** *(Bg/Bergb, Mech)*
**Stück, ausgestanzt** ausgestanztes Stück *adj:n (Hütt/Wlz)* **blank** *(Hütt/Wlz, Schw)* (unmachined)

**Stück, eingesetzt** eingesetztes Stück *adj:n (Mech)* **gusset** *(Mech, Mont)*
**Stück, hervorstehend** hervorstehendes Stück *adj:n (Mech)* **stud** *(Mech)*
**Stückanalyse** *f (Hütt/Wlz)* **product analysis** *(Hütt/Wlz)*
**Stückbeförderung** *f (Hütt/Wlz)* **material handling** *(Hütt/Wlz)*
**Stückerz** *nt (Geo)* **lump ore** *(Geo)*
**Stückgewicht** *nt (Mech)* **unit weight** *(Mech)*
**Stückgut** *nt (Bahn) (Bahn)* **part-load traffic** *(Bahn)*
**Stückgutfördersystem** *nt (Mech)* **cargo handling system** *(Mech)*
**Stückgutlagertechnik** *f (Mech)* **cargo warehousing technology** *(Mech)*
**Stückheben auf der Baustelle** *(Stb)* **handling on site** *(Stb)*
**Stückliste** *f (Mech)* **part list** *(Stb)*
**Stückmarkierung** *f (Mech)* **piece-mark** *(Mech)*
**Stufe** *f (Allg)* **shoulder** *(Mech)*
**Stufenflansch** *m (Mech)* **flange between stages** *(Mech)*
**Stufenhydraulik** *f (Hyd/Pneu)* **stage-hydraulics** *(Hyd/Pneu)*
**Stufenkolben** *m (Mech)* **step piston** *(Mech)*
**Stufenkontrollkörper** *m (Mech)* **stepped reference block** *adj:n (Mech)*
**Stufenkurve** *f (Mech)* **stage-arc** *(Mech)*
**Stufenleiter** *f (Mech) (Bagger)* **ladder** *(Mech, Stb, Bg/Bergb)*
**Stufenschalthebel** *m (Mech)* **high/low lever** *(Mech)*
**Stufenschalung** *f (Bau)* **step formwork** *(Bau)*
**Stufenvorschub** *m (Mech)* **variable feed** *adj:n (Mech)*
**Stufenwelle** *f (Mech)* **step shaft** *(Mech)*
**Stufenwellenlager** *nt (Mech)* **step shaft bearing** *(Mech)*
**Stufung** *f (Stb)* **identification numbers** *pl (Stb)*
**Stuhlschiene** *f (Stb)* **bull-headed rail** *(Stb)*
**Stukkodecke** *f (Bau)* **stucco ceiling** *(Bau)*
**Stummelrolle** *f (Steilförderer)* **stub roller**
**Stumpfschweißung** *f (Schw)* **butt welding** *(Schw)*
**Stumpfstoß** *m (Stb)* **butt joint** *(Schw, Stb)*
**Stundenzähler** *m (Mech)* **hour meter** *(Mech)*
**Sturmlaterne** *f (Mech)* **storm lantern** *(Mech)*
**Sturmsicherung** *f (Mech)* **storm tie-down** *(Mech)*
**Sturz** *m (Band) (Rollen)* **tilt** *(Mech)*
**Sturz** *m (Mech) (der Räder)* **wheel rake** *(Mech)*
**Sturz** *m (Mech) (Neigung)* **pitch** *(Mech)* (slope)
**Sturzfestigkeit** *f (Mech)* **fall-strength** *(Mech)*
**Sturzrolle** *f (Band)* **tilted idler** *adj:n (Band)*
**Sturztest** *m (Mech)* **fall-test** *(Mech)*
**Stützbein** *nt (Mech)* **support leg** *(Mech)*
**Stützbock** *m (Bg/Bergb) (Fuß des Baggerauslegers)* **A-frame** *(Bg/Bergb, Mech)*
**Stützbock** *m (Mech)* **support block** *(Mech)*
**Stützbock** *m (Mech) (vor Stielzylinder auf dem Ausleger)* **support eye** *(Mech)*
**Stützbolzen** *m (Mech)* **supporting bolt** *(Mech)*
**Stützbreite** *f (Mech) (Raupenfahrwerk)* **crosswise span** *(Mech)*
**Stützbrücke** *f (Mech)* **supporting bridge** *(Mech)*
**Stütze** *f (Mech) (Abstützung)* **prop** *(Mech, Mont, Bg/Bergb)*
**Stütze** *f (Mech) (Halter)* **holder** *(Mech)*
**Stütze** *f (Mech) (Träger)* **bracket** *(Mech)* (support)
**Stütze, eingespannt** eingespannte Stütze *adj:n (Stb)* **fixed-ended column** *adj:n (Stb)*
**Stütze, elastisch** elastische Stütze *adj:n (Stb)* **elastic support** *adj:n (Stb)*
**Stütze, fest** feste Stütze *adj:n (Mech) (Abstützung)* **fixed support** *adj:n (Mech)*
**Stütze, ummantelt** ummantelte Stütze *adj:n (Stb)* **cased column** *adj:n (Stb)*
**Stütze, zusammengesetzt** zusammengesetzte Stütze *adj:n (Stb)* **compound column** *adj:n (Stb)*
**Stutzen** *m (Hyd/Pneu) (Rohranschluss)* **connection** *(Hyd/Pneu)* (port)
**Stutzen** *m (Mech)* **socket** *(El, Mech)*
**Stutzen** *m (Mech) (Kabel)* **gland** *(Mech)*

**Stützendetail** *nt (Stb)* **stanchion detail** *(Stb)*
**Stützenführung** *f (Bahn) (Wagonabstützung)* **outer casing** *adj:n (Bahn)*
**Stützenfuß** *m (Stb)* **stanchion base** *(Stb)*
**Stützenkopf** *m (Stb)* **stanchion head** *(Stb)*
**Stützenlänge** *f (Mech, Stat)* **column length** *(Mech, Stat)*
**Stützenmoment** *nt (Stat, Stb)* **moment at a support** *(Stb, Stat)*
**Stützenschaft** *f (Stb)* **stanchion shaft** *(Stb)*
**Stutzenschweißung** *f (Schw)* **nozzle weld** *(Schw)*
**Stützensenkung** *f (Stb) (planmäßig)* **vertical adjustment of supports** *(Stb)*
**Stützensenkung** *f (Stb) (unplanmäßig)* **settlement of supports** *(Stb)*
**Stützenstoß** *m (Stb)* **joint of stanchion** *(Stb)*
**Stützkonstruktion** *f (Stb)* **supporting structure** *(Stb)*
**Stützkorb** *m (Mech) (Entstaubung)* **filter frame** *(Mech)*
**Stützkraft** *f (Mech, Stat)* **supporting force** *(Mech, Stat)*
**Stützkugel** *f (Bg/Bergb)* **spherical support** *adj:n (Mech, Bg/Bergb)*
**Stützlänge** *f (Mech) (Raupenfahrwerk)* **lengthwise span** *(Mech)*
**Stützlinie** *f (Stb)* **thrust line** *(Stb)*
**Stützmauer** *f (Bau) (z.B. unter Straßenbrücke)* **abutment** *(Bahn, Bau)* (vertical or inclined dam)
**Stützmauer** *f (Stb)* **retaining wall** *(Stb)*
**Stützmoment** *nt (Stb, Stat)* **support moment** *(Stb, Stat)*
**Stützpunkt** *m (Mech)* **fulcrum** *(Mech)*
**Stützpunkt** *m (Stat) (Auflagerpunkt)* **point of support** *(Mech, Stat)*
**Stützrad** *nt (Bg/Bergb, Mech) (Brückenabstützung)* **supporting wheel** *(Bg/Bergb, Mech)*
**Stützring** *m (Mech) (Brückenlager)* **supporting ring** *(Mech)*
**Stützring** *m (Mech, Band) (Bandanlage)* **return idler tyre** *(Band, Mech)*
**Stützringrolle** *f (Mech, Band)* **disc-type return idler** *(Band)*
**Stützrohr** *nt (Mech)* **support tube** *(Mech)*
**Stützrolle** *f (Bg/Bergb) (für Raupenkette)* **support roller** *(Bg/Bergb)*
**Stützrolle** *f (Bg/Bergb, Umschl, Band, Zer)* **disc-type return idler** *(Band)*
**Stützrollenachse** *f (Bg/Bergb, Mech)* **return idler axle** *(Bg/Bergb)*
**Stützrollenbock** *m (Bg/Bergb)* **carrier roller bracket** *(Bg/Bergb)*
**Stützrollendurchmesser** *m (Band)* **supporting roll diameter** *(Mech)*
**Stützscheibe** *f (Mech)* **supporting ring** *(Mech)*
**Stützschiene** *f (Mech)* **support block** *(Mech)*
**Stützschwinge** *f (Bg/Bergb, Mech) (Brücke)* **wheel bogie** *(Mech, Bg/Bergb)*
**Stützschwinge** *f (Bg/Bergb, Mech) (Fahrwerk)* **cross equalizer** *(Bg/Bergb, Mech)*
**Stützung** *f (Mech)* **support** *(Mech, Bau)*
**Stützwagen** *m (Bg/Bergb) (zur Abstützung der Zuführungsbrücke eines Absetzers)* **supporting carriage** *(Bg/Bergb)*
**Stützweite** *f (Mech, Stb)* **span length** *(Stb)*
**Stützwelle** *f (Mech)* **supporting shaft** *(Mech)*
**Stützwinkel** *m (Mech)* **support bracket** *(Mech)*
**Styropor** *nt (Bau, Mech)* **styrofoam** *(Bau, Mech)*
**Subfilter** *nt (Mech)* **sub screen** *(Mech)*
**Suchanker** *m (Stb)* **grapnel** *(Stb)*
**Sucher** *m (Mech)* **locator** *(Mech)*
**Sulfatasche** *f (Bg/Bergb)* **sulphate ash** *(Bg/Bergb)*
**Sulzer-Einrohrkessel** *m (Hütt/Wlz)* **Sulzer monotube boiler** *(Hütt/Wlz)*
**Sulzerkessel** *m (Hütt/Wlz)* **Sulzer boiler** *(Hütt/Wlz)*
**Summenleistungsregelung** *f (Mech)* **summated-pressure regulation** *(Mech)*
**Sumpf** *m (Bg/Bergb, Geo)* **bog** *(Bg/Bergb, Geo)*
**Super-Ballonreifen** *m (Mech)* **super-balloon tyre** *(Mech)*
**Syenit** *m (Geo)* **syenite** *(Geo)*
**Symbolnaht** *f (Schw)* **symbol seam** *(Schw)*
**Symmetrieachse** *f (Stb)* **axis of symmetry** *(Stb)*
**Symons-Granulator** *m (Zer)* **short head cone crusher** *(Zer)*
**Symons-Kegelbrecher** *m (Zer)* **standard cone crusher** *(Zer)*

**Synchronfeder** *f (Mech)* **synchronising spring** *(Mech)*
**Synchrongetriebe** *nt (Mech)* **synchronous gear** *adj:n (Mech)*
**Synchronisationszusatz** *m (Mech)* **synchronizer supplement** *(Mech)*
**Synchronisiereinrichtung** *f (Mech)* **synchronising mechanism** *(Mech)*
**Synchronisierungseinrichtung** *f (Mech)* **synchronizer** *(Mech)*
**Synchronkegel** *m (Mech)* **synchronising cone** *(Mech)*
**Synchronkörper** *m (Mech)* **detent** *(Mech)*
**Synchronkugel** *f (Mech)* **synchronising ball** *(Mech)*
**Synchronmotor** *m (Mech)* **synchronous motor** *adj:n (Mech)*
**Synchronriegel** *m (Mech)* **synchronising lock** *(Mech)*
**Synchronscheibe** *f (Mech)* **synchronising disc** *(Mech)*
**Synchronschiebehülse** *f (Mech)* **synchronising slide collar** *(Mech)*
**System** *nt (Stb, Stat) (Fachwerk)* **truss** *(Mech, Stb)*
**System von offenen Gräben** *(Bg/Bergb)* **system of open ditches** *(Bg/Bergb)*
**System, statisch unbestimmt** statisch unbestimmtes System *adj:n (Stb, Stat) (Fachwerk)* **redundant frame** *adj:n (Stb, Stat)*
**System, verschieblich** verschiebliches System *adj:n (Stb, Stat)* **incomplete frame** *adj:n (Stb, Stat)*
**Systemlänge** *f (Mech)* **length in system** *(Mech)*
**Systemlänge** *f (Mech) (Bandgerüst)* **module pitch** *(Mech)*
**Systemlinie** *f (Stb)* **theoretical line** *adj:n (Stb)*
**Systemrisiko** *nt (Mech)* **risk for overall system** *(Mech)*
**Systemschalung** *f (Bau)* **system formwork** *(Bau)*

# T

**T-Bolzen** *m (Mech)* **T bolt** *(Mech)*
**T-Eisen** *nt (Stb) (T-Stahl)* **T-iron** *(Stb)*
**T-Naht** *f (Schw) (beim Schweißen)* **T joint** *(Schw)*
**T-Stahl, breitfüßig** breitfüßiger T-Stahl *adj:n (Stb)* **wide-flanged T** *adj:n (Stb)*
**T-Stahl, hochstegig** hochstegiger T-Stahl *adj:n (Stb)* **deep-web T** *(Stb)*
**T-Stück** *nt (Stb, Mech)* **T-piece** *(Stb)*
**T-Träger** *m (Hütt/Wlz)* **T-section** *(Hütt/Wlz)*
**T-Träger** *m (Hütt/Wlz) (Walzstahl)* **T-beam** *(Stb, Hütt/Wlz)*
**T-Unterlage** *f (Mech)* **T-support** *(Mech)*
**T-Verbindung** *f (Schw)* **T joint** *(Schw)*
**Tabellenzeichnung** *f (Stb)* **tabular drawing** *adj:n (Stb)*
**Tachograph** *m (Mech)* **tachograph** *(Mech)*
**Tachometer** *m (Mech)* **tacheometer** *(Mech)*
**Tachometer-Antriebsrad** *nt (Mech)* **speedometer drive gear** *(Mech)*
**Tachometer-Antriebsritzel** *nt (Mech)* **speedometer drive pinion** *(Mech)*
**Tachometerantrieb** *m (Mech)* **speedometer drive** *(Mech)*
**Tachometergehäuse** *(Mech)* **speedometer casing** *(Mech)*
**Tachometerwelle** *f (Mech)* **speedometer shaft** *(Mech)*
**Tachowelle** *f (Mech)* **speedometer cable** *(Mech)*
**Tachozähler** *m (Mech) (gefahrene Km)* **odometer** *(Mech)*
**Täfelchen** *nt (Mont, Bau)* **sheeting** *(Mech, Bau)*
**Tafeleinbau** *m (Mech, Mont)* **panel mounting** *(Mech, Mont)*
**Tafelschere** *f (Hütt/Wlz)* **gate shears** *pl (Hütt/Wlz)*
**Tagebau** *m (Bg/Bergb)* **open pit mining** *(Bg/Bergb)*
**Tagebaubergwerk** *nt (Bg/Bergb)* **strip mining** *(Bg/Bergb)*
**Tagebaubetrieb** *m (Bg/Bergb)* **open-pit mining operation** *(Bg/Bergb)*
**Tagebauböschung** *f (Bg/Bergb, Geo)* **open pit slope** *(Bg/Bergb, Geo)*
**Tagebauhilfsgeräte** *pl nt (Bg/Bergb)* **auxiliary equipment** *adj:n (Mech, Mont, Bg/Bergb)*
**Tagebauprojekt** *nt (Bg/Bergb)* **open cut project** *(Bg/Bergb)*
**Tagebauprojektierung** *f (Bg/Bergb)* **projecting of an open-cut mine** *(Bg/Bergb)*
**Tagebausohle** *f (Bg/Bergb)* **floor of pit** *(Bg/Bergb)*

**Tagebaustrosse** *f (Bg/Bergb)* **open pit bench** *(Bg/Bergb)*
**Tagebausystem** *nt (Bg/Bergb)* **open pit mining system** *(Bg/Bergb)*
**Tagebautechnik** *f (Bg/Bergb)* **open pit mining technology** *(Bg/Bergb)*
**Tagebauvertiefung** *f (Bg/Bergb)* **deepening of an open pit mining operation** *(Bg/Bergb)*
**Tagebauzuschnitt** *m (Bg/Bergb) (Flächenzuschnitt, Strossenzahl)* **mine development** *(Bg/Bergb)*
**Tages-Monteurbericht** *m (Mont)* **daily service report** *adj:n (Mont)*
**Tagesbehälter** *m (Hütt/Wlz) (für Öl)* **daily-service tank** *(Hütt/Wlz)*
**Tagesbunker** *m (Umschl)* **day bin** *(Umschl)*
**Tagesleistung** *f (Bg/Bergb) (eines Gerätes)* **daily output** *adj:n (Bg/Bergb)*
**Taillendurchmesser** *m (Mech) (Dehnschraube)* **reduced shaft diameter** *(Mech)*
**Takt** *m (Mech)* **cycle** *(Mech)* (work)
**Takt** *m (Mech) (Motor)* **stroke** *(Mech)*
**Taktmesser** *m (Mech)* **metronome** *(Mech)*
**Taktstraße** *f (Mont)* **intermittent assembly line** *adj:n (Mont)*
**Taktzeit** *f (Mech) (Schmieranlage)* **pulse period** *(Mech)* (lubrication system)
**Tandemachse** *f (Mech)* **tandem axle** *(Mech)*
**Tandemantrieb** *m (Bg/Bergb, Mech) (z.B. im Grader)* **tandem drive** *(Bg/Bergb, Mech)*
**Tandemausgleichsbalken** *m (Mech)* **walking beam** *(Mech)*
**Tandempumpe** *f (Mech) (am Lader)* **tandem pump** *(Mech)*
**Tandemschwinge** *f (Mech) (am Muldenkipper)* **walking beam** *(Mech)*
**Tandemzylinder** *m (Mech)* **tandem cylinder** *(Mech)*
**Tangentenmodul** *m (Stb)* **tangent modulus** *(Stb)*
**Tangentialfeuerung** *f (Hütt/Wlz)* **tangential firing** *adj:n (Hütt/Wlz)*
**Tangentialkraft** *f (Stat)* **tangential force** *adj:n (Stat)*
**Tangentialspannung** *f (Mech, Stat)* **shearing stress** *(Stb)*
**Tangentkeil** *m (Mech)* **tangent key** *(Mech)*
**Tangentkeilnut** *f (Mech)* **tangent keyway** *(Mech)*
**Tank** *m (Mech) (Flüssigkeitsbehälter)* **tank** *(Mech)* (e.g. for oil)
**Tank- und Silocontainer** *(Mech)* **tank and hopper-type container** *(Mech)*
**Tankbelüftung** *f (Hyd/Pneu)* **tank breathing** *(Hyd/Pneu)*
**Tankbelüftungsfilter** *m (Mech, Hyd/Pneu)* **air filter** *(Mech, Hyd/Pneu)*
**Tankcontainer** *m (Mech)* **tank-type container** *(Mech)*
**Tankdeckel** *m (Hyd/Pneu, Mech)* **tank cover** *(Hyd/Pneu, Mech)*
**Tankeinfüllstutzen** *m (Mech)* **tank opening** *(Mech)*
**Tankeingang** *m (Mech)* **tank filler** *(Mech)*
**Tankinhalt** *m (Hyd, Mech) (Fassungsvermögen)* **tank capacity** *(Hyd, Mech)*
**Tankinhalt** *m (Mech)* **tank contents** *(Mech)*
**Tankinhalt** *m (Mech) (Anzeigeinstrument)* **tank level** *(Mech)*
**Tanklastzug** *m (Mech)* **road tanker** *(Mech)*
**Tankleitung** *f (Hyd/Pneu)* **tank pipe** *(Mech)*
**Tankschlauch** *m (Mech)* **tank hose** *(Mech)*
**Tankverschlusskappe** *f (Mech)* **fuel tank filler cap** *(Mech)*
**Tankvorspannung** *f (Mech) (beim Bagger)* **tank pressurization** *(Mech)*
**Tankwagen** *m (Bahn) (der Bahn)* **tank wagon** *(Bahn)*
**Tara** *f (Bahn)* **tare** *BE (Bahn)*
**Tasche** *f (Wassersack)* **water pocket** *(Stb)*
**Tasche** *f (Mech, Mont) (Aushöhlung)* **recess** *(Mech, Bau, Geo)*
**Taschen-Luftvorwärmer** *m (Hütt/Wlz) (Taschen-Luvo)* **channel-type air heater** *(Hütt/Wlz)*
**Taschenfilter** *m (Hyd/Pneu, Mech) (Entstaubung)* **pocket-type filter** *(Mech, Hyd/Pneu)*
**Taschenförderer** *m (Umschl)* **belt type bucket elevator** *(Umschl)*
**Tastarm** *m (Bg/Bergb) (z.B. zur Höhenerfassung)* **sensor and jockey wheel** *(Bg/Bergb)*
**Tastbetrieb** *m (Mech) (Motor)* **jogging** *(Mech)*

**Tastbolzen** *m (Mech)* **sensing pin** *(Mech)*
**Tastdraht** *m (Bg/Bergb) (Höhenerfassung)* **sensor wire** *(Bg/Bergb)*
**Tasteneinsätze** *pl m (Mech)* **button inserts** *pl (Mech)*
**Tasterventil** *nt (Hyd/Pneu)* **key-actuated valve** *adj:n (Hyd/Pneu)*
**Tastrolle** *f (Band) (einzelne Rolle)* **limiting idler roll** *(Band)*
**Tastroller** *m (Band)* **sensing roller** *(Band)*
**Tastrosette** *f (Mech)* **push-button collar** *(Mech)*
**Tastvorrichtung** *f (Mech, Mont)* **caliper** *(Mech, Mont)*
**Tätigkeit** *f (Mech) (eines Gerätes)* **function** *(Mech)* (of a machine)
**Tatzelwurm für die Kabelführung** *(Mech)* **flexible cable guide** *adj:n (Mech)*
**Tau** *nt (Mech)* **rope** *(Mech, Mont)*
**Tauchbadschmierung** *f (Mech)* **splash lubrication** *(Mech)*
**Tauchhärten** *nt (Hütt/Wlz)* **dip hardening** *(Hütt/Wlz)*
**Tauchhärtung** *f (Hütt/Wlz)* **dip hardening** *(Hütt/Wlz)*
**Tauchhülse** *f (Hütt/Wlz) (für Thermometer)* **thermometer pocket** *(Hütt/Wlz)*
**Tauchlichtbogenschweißung** *f (Schw)* **submerged arc welding** *adj:n (Schw)*
**Tauchpumpe** *f (Hyd/Pneu)* **submersible pump** *adj:n (Hyd/Pneu)*
**Tauchrohr** *nt (Mech)* **immersion pipe** *(Mech)*
**Tauchrohrgeber** *m (Mech) (Kraftstoffsensor)* **level switch** *(Hyd/Pneu, Mech)*
**Tauchschmierung** *f (Mech)* **bath lubrication** *(Mech)*
**Tauchtechnik** *f (Hütt/Wlz)* **immersion technique** *(Hütt/Wlz)*
**Tauchwanne** *f (Hütt/Wlz)* **immersion tank** *(Hütt/Wlz)*
**Taumelring** *m (Mech, Band)* **return idler tyre** *(Band, Mech)*
**Taumelscheibe** *f (Mech)* **swash plate** *(Hütt/Wlz, Mech)*
**Taumelscheibengetriebe** *nt (Mech)* **swash plate mechanism** *(Mech)*
**Taumelständer** *m (Mech)* **swash rack** *(Mech)*
**Taupunktunterschreitung** *f (Hütt/Wlz)* **below the dewpoint** *(Hütt/Wlz)*
**Technik** *f (Mech)* **plant engineering** *(Mech)*
**Technik mit einem Prüfkopf** *(Mech)* **single-probe technique** *(Mech)*
**Technischer Überwachungsverein** *(Mech, Allg)* **Technical Control Board** *(Mech)*
**Technologie, angepasst** angepasste Technologie *adj:n (Mech)* **appropriate technology** *adj:n (Mech)*
**Teil** *m (Allg) (Stück)* **part** *(Mech, Allg)*
**Teil** *nt (Mech) (Bauteil einer Maschine)* **member** *(Mech, Stb)*
**Teil, einspringend** einspringendes Teil *adj:n (Mech)* **male member** *adj:n (Mech)*
**Teil, fest** fester Teil *adj:n (Mech)* **fixed part** *adj:n (Mech)*
**Teil, gebrauchsfertig** gebrauchsfertiges Teil *adj:n (Mech, Mont)* **ready-made component** *adj:n (Mech, Mont)*
**Teil, umlaufend** umlaufendes Teil *adj:n (Mech)* **rotating part** *adj:n (Mech)*
**Teil, vorgefertigt** vorgefertigtes Teil *adj:n (Mech)* **finished component** *adj:n (Mech)*
**Teil, vorspringend** vorspringendes Teil *adj:n (Mech, Bau)* **projecting part** *adj:n (Mech, Bau)*
**Teilblockkühler** *m (Mech)* **block radiator** *(Mech)*
**Teile** *pl nt (Mech, Allg) (Zubehörteile)* **components** *pl (Mech)*
**Teile, beweglich** bewegliche Teile *adj:n (Mech)* **movable elements** *adj:n (Mech)*
**Teile, fehlend** fehlende Teile *adj:n (Mech)* **missing parts** *adj:n (Mech)*
**Teile, zusammengehörend** zusammengehörende Teile *adj:n (Mech)* **mating parts** *pl (Mech)*
**Teilebenennung** *f (Mech, Allg)* **designation of parts** *(Mech, Allg)*
**Teileerneuerung** *f (Mech, Allg)* **parts replacement** *(Mech)*
**Teileverwendungsliste** *f (Mech, Allg)* **cross reference list** *(Mech, Allg)*
**Teilezeichnung** *f (Mech)* **part drawing** *(Mech)*
**Teilfläche** *f (Mech)* **reference surface** *(Mech)*
**Teilfuge** *f (Mech)* **separation joint** *(Mech)*
**Teilfuge** *f (Schw) (Schweißen)* **part groove** *(Schw, Mech)*
**Teilkammer** *f (Hyd/Pneu)* **sinuous header** *(Hyd/Pneu)*

**Teilkegellänge** *f* **cone distance**
**Teilkegelwinkel** *m* **reference cone angle** *(Mech)*
**Teilkraft** *f (Mech, Stat)* **component of a force** *(Mech, Stat)*
**Teilkreis** *m (Mech)* **pitch circle** *(Mech)*
**Teilkreis** *m (Mech) (am Stirnrad)* **reference circle** *(Mech)*
**Teilkreisdurchmesser** *m (Mech) (z.B. am Kegelrad, Zahnrad)* **pitch diameter** *(Kfz)*
**Teilkreisdurchmesser** *m (Mech) (z.B. am Stirnrad)* **reference diameter** *(Mech)*
**Teillast** *f (Hütt/Wlz)* **part load** *(Hütt/Wlz)* **two-thirds load** *(Hütt/Wlz)*
**Teillastnadel** *f (Mech)* **part load needle** *(Mech)*
**Teilloch** *nt (Mech)* **index hole** *(Mech)*
**Teilmontage** *f (Mont)* **sub-assembly** *(Allg, Mont)*
**Teilnaht** *f (Schw)* **partial joint** *adj:n (Schw)*
**Teilrost** *m (Mech)* **partial grate** *(Mech)*
**Teilschnittmaschine** *f* **road header**
**Teilsperrdifferenzial** *nt (Mech)* **limited-slip differential** *(Mech)*
**Teilstrecke** *f (Band) (s.a. Bandstraße)* **conveyor flight** *(Band)*
**Teilstück** *nt (Mech, Allg)* **section** *(Mech, Stb)*
**Teilung** *f (Mech) (Rohre)* **spacing** *(Allg, Mech)*
**Teilung** *f (Mech) (z.B. eines Lagers mit Nuten)* **part groove** *(Schw, Mech)*
**Teilung** *f (Mech) (z.B. zwischen Nieten, Löchern)* **pitch** *(Mech)* (e.g. between rivets, holes)
**Teilung der Raupenkette** *(Bg/Bergb)* **crawler tread pitch** *(Mech, Bg/Bergb)*
**Teilung der Schweißnaht** *(Schw)* **pitch of weld** *(Schw)*
**Teilung, eng** enge Teilung *adj:n (Hütt/Wlz)* **narrow spacing** *adj:n (Mech)*
**Teilung, weit** weite Teilung *adj:n (Hütt/Wlz)* **wide spacing** *adj:n (Hütt/Wlz)*
**Teilungsebene** *f (Mech, Zer)* **division area** *(Mech, Zer)*
**Teilungstoleranz** *f (Mech)* **graduation tolerance** *(Mech)*
**Teilzeichnung** *f (Stb)* **detail drawing** *(Hütt/Wlz, Stb)*
**Teilzusammenstellung** *f (Stb)* **subassembly** *(Stb)*
**Tektonik** *f (Geo, Bg/Bergb) (Erdschichtverschiebung)* **tectonics** *(Geo, Bg/Bergb)*
**Teleskop-Einrichtung** *f (Bg/Bergb) (eines Baggers)* **telescoping appliance** *(Bg/Bergb)*
**Teleskop-Kranarm** *m (Mech)* **telescopic crane arm** *adj:n (Mech)*
**Teleskop-Kranarmausrüstung** *f (Mech)* **telescopic-crane-arm attachment** *(Mech)*
**Teleskop-Mäkler** *m (Bg/Bergb) (an Ramme)* **telescope leader** *(Bg/Bergb)* (for pile-driving)
**Teleskopausleger** *m (Mech)* **telescoping boom** *(Mech)*
**Teleskopierhub** *m (Bg/Bergb)* **telescoping length** *(Bg/Bergb)*
**Teleskopstiel** *m (Mech, Bg/Bergb) (z.B. des Baggers)* **telescopic arm** *adj:n (Bg/Bergb, Mech)*
**Teleskopstoßdämpfer** *m (Mech)* **telescopic shock absorber** *adj:n (Mech)*
**Teleskopunterwagen** *m (Mech, Bg/Bergb)* **telescopic undercarriage** *adj:n (Bg/Bergb, Mech)*
**Teleskopverbindung** *f (Mech)* **expansion joint** *(Mech, Stb)*
**Teleskopzylinder** *m (Hyd/Pneu)* **telescopic cylinder** *adj:n (Hyd/Pneu)*
**Teller** *m (Mech) (am Federpaket)* **spring cap** *(Mech)*
**Teller** *m (Mech) (Platte)* **plate** *(Hütt/Wlz)*
**Telleraufgabe** *f (Hütt/Wlz)* **rotary feeder** *adj:n (Hütt/Wlz)*
**Tellerfeder** *f (Mech)* **disc spring** *(Mech*
**Tellerfederpaket** *nt (Mech)* **cup spring pad** *(Mech)*
**Tellerfilter** *nt (Mech)* **filter poppet** *(Mech)*
**Tellerhorn** *nt (Bg/Bergb)* **horn** *(Bg/Bergb, Umschl)*
**Tellerrad** *nt (Mech)* **crown wheel** *(Mech)*
**Tellerrad** *nt (Mech) (Kegel)* **bevel gear** *(Mech)*
**Tellerriss** *m (Mech)* **plate crack** *(Mech)*
**Tellerscheibe** *f (Mech)* **cone plate** *(Mech)*
**Tellerschleifscheibe** *f (Mont, Werkz)* **dish grinding wheel** *(Mont, Werkz)*
**Tellerspeiser** *m (Mech)* **plate feeder** *(Mech)*
**Tellerventil** *nt (Hyd/Pneu)* **disk valve** *(Hyd/Pneu)*

**Tellerwinde** *f (Mech, Mont)* **plate winch** *(Mech, Mont)*
**Temperatur, erhöht** erhöhte Temperatur *adj:n (Mech)* **elevated temperature** *adj:n (Mech)*
**Temperatur, zulässig** zulässige Temperatur *adj:n (Mech)* **allowable temperature** *adj:n (Mech)*
**Temperatur-Netzmessung** *f (Hütt/Wlz)* **temperature traverse** *(Hütt/Wlz)*
**Temperatur-Zeit-Kurve** *f (Stb)* **time-temperature-curve** *(Stb)*
**Temperaturabfall** *m (Hütt/Wlz)* **temperature drop** *(Hütt/Wlz)*
**Temperaturabhängigkeit** *f (Mech)* **temperature dependence** *(Mech)*
**Temperaturanstieg** *m (Mech, Allg)* **temperature rise** *(Mech, Allg)*
**Temperaturanzeige** *f (Mech)* **heat indicator** *(Mech)*
**Temperaturbeanspruchung** *f (Stb)* **temperature stress** *(Stb)*
**Temperaturbegrenzer** *m (Mech)* **temperature limiter** *(Mech)*
**Temperaturbereich** *m (Mech)* **temperature range** *(Mech)*
**Temperaturdehnzahl** *f (Stb)* **thermal expansion coefficient** *adj:n (Stb)*
**Temperatureinfluss** *m (Stb)* **temperature effect** *(Stb)*
**Temperaturfühler** *m (Mech)* **feeler gauge** *BE (Mech, Werkz)*
**Temperaturgradient** *m (Stb)* **temperature gradient** *(Stb)*
**Temperaturkontaktgeber** *m (Mech)* **temperature contactor** *(Mech)*
**Temperaturmesser** *m (Mech)* **pyrometer** *(Mech)* (temperature measuring)
**Temperaturmessgerät** *nt (Mech)* **temperature measuring device** *(Mech)*
**Temperaturmessstelle** *f (Hütt/Wlz)* **temperature measuring station** *(Hütt/Wlz)*
**Temperaturmessung** *f (Mech)* **temperature measurement** *(Mech)*
**Temperaturnennwert** *m (Hütt/Wlz)* **temperature rating** *(Hütt/Wlz)*
**Temperaturregler** *m (Mech)* **thermostat** *(Mech)*
**Temperaturschalter** *m (Mech)* **thermoswitch** *(Mech)*
**Temperaturschräglage** *f (Hütt/Wlz)* **temperature unbalance** *(Hütt/Wlz)*
**Temperaturschreiber** *m (Hütt/Wlz)* **temperature recorder** *(Hütt/Wlz)*
**Temperaturschwankung** *f (Mech, Allg)* **temperature variation** *(Mech, Allg)*
**Temperaturübertragung** *f (Mech)* **temperature convection** *(Mech)*
**Temperaturüberwachung** *f (Hyd/Pneu) (Vorgang)* **temperature control** *(Mech)*
**Temperaturwächter** *m (Mech)* **thermal protector** *adj:n (Mech)*
**Temperaturwarner** *m (Mech)* **temperature alarm** *(Mech)*
**Temperaturwechsel** *m (Mech, Allg)* **temperature variation** *(Mech, Allg)*
**Temperaturwechselbeständigkeitsprüfung** *f (Hütt/Wlz)* **spalling test** *(Hütt/Wlz)*
**Temperguss** *m (Hütt/Wlz)* **malleable iron casting** *adj:n (Hütt/Wlz)*
**Temperguss-Speichenrad** *nt (Mech, Hütt/Wlz)* **malleable-cast-iron spoked wheel** *(Mech, Hütt/Wlz)*
**Tender** *m (Bahn) (Vorratswagen der Dampflok für Wasser und Kohle)* **tender** *(Bahn, Bg/Bergb)* (for coal)
**Tenderbrücke** *f (Bahn) (zwischen Lok und Tender)* **fallplate** *(Bahn)* (between loco and coal car)
**Tenderlokomotive** *f (Bahn)* **tender locomotive** *(Bahn)*
**Teppichtragdorn** *m (Mech) (am Stapler)* **rugs-roll ram** *(Mech)*
**Terrainoberkante** *f* **top of terrain** *(Geo)*
**Terrasse** *f (Bg/Bergb)* **step** *(Bg/Bergb)*
**Terrassenschnitt** *m (Bg/Bergb) (im Tagebau)* **terrace cut** *(Bg/Bergb)*
**Testfehler** *m (Mech) (Defekt bei einer Prüfung)* **reference flaw** *(Mech)* (reference defect)
**Testgewicht** *nt (Stat)* **test weight** *(Stat)*
**Testkasten** *m (Umschl, Bg/Bergb) (am Pontonbagger)* **amplifier** *(Bg/Bergb, Umschl)*
**Testkörper** *m (Mech) (für Prüfverfahren)* **reference block** *(Schw, Mech)*
**Testpunkt** *m (Bahn) (am Langträger)* **testing point** *(Bahn)*
**Testrohr** *nt (Mech) (Prüfungshilfsmittel)* **reference tube** *(Mech)*
**Testschema** *nt (Mech) (Verfahrensweise)* **testing process** *(Mech)*

**Teststange** *f (Mech) (z.B. zum Messen der Bezugshöhe)* **sensing rod** *(Mech)*
**Testverhältnis** *nt (Mech)* **duty cycle** *(Mech)*
**Tetra-Löscher** *m* **carbon tetrachloride extinguisher**
**Textileinlage** *f (Bg/Bergb, Umschl, Band) (z.B. Gurt mit T.)* **fabric ply** *(Mech, Allg)*
**Textilgürtelreifen** *m (Mech)* **fabric belt tire** *(Mech)*
**Textur** *f (Mech)* **texture** *(Mech)*
**Theorie erster Ordnung** *(Stat)* **primary theory** *(Stat)*
**Theorie zweiter Ordnung** *(Stat)* **secondary theory** *(Stat)*
**Thermoelement mit Strahlungsschutz** *(Hütt/Wlz)* **shielded thermocouple** *adj:n (Hütt/Wlz)*
**Thermoelement, aufgelötet** aufgelötetes Thermoelement *adj:n (Hütt/Wlz)* **pad-type thermocouple** *(Hütt/Wlz)*
**Thermolanze** *f (Schw)* **thermic lance** *adj:n BE (Schw)*
**Thermomaximalmelder** *m (Stb, Hütt/Wlz)* **heat detector** *(Hütt/Wlz, Stb)*
**Thermometer** *nt (Mech)* **thermometer** *(Mech)*
**Thermoplast** *m (Mech)* **thermoplastic material** *adj:n (Mech)*
**Thermoschock** *m (Hütt/Wlz)* **thermo-shock** *(Hütt/Wlz)*
**Thermosiphonkühlung** *f (Hyd/Pneu)* **ebullient cooling** *(Hyd/Pneu)*
**Thermostat** *m (Hyd/Pneu) (Wassertemperaturregler)* **water temperature regulator** *(Hyd/Pneu)*
**Thermostatkugel** *f (Mech)* **bulb** *(Mech)* (of thermostat)
**Thomas-Stahl** *m (Hütt/Wlz) (aus Thomas-Konverter)* **basic converter steel** *adj:n (Hütt/Wlz)*
**Thomas-Stahl** *m (Hütt/Wlz) (aus Thomasbirne)* **basic Bessemer steel** *adj:n (Hütt/Wlz)*
**Thomas-Werk** *nt (Hütt/Wlz)* **Thomas bulb mill** *(Hütt/Wlz)*
**Thomasbirne** *f (Hütt/Wlz) (für flüssigen Stahl)* **Thomas bulb** *(Hütt/Wlz)*
**Thomaskonverter** *m (Hütt/Wlz)* **Thomas converter** *(Hütt/Wlz)*
**Thomaskonverter** *m (Hütt/Wlz) (Thomasbirne)* **basic Bessemer converter** *adj:n (Hütt/Wlz)*
**Tiefbagger** *m (Mech, Bg/Bergb)* **back-hoe** *BE (Bg/Bergb, Mech)*
**Tiefbahn** *f (Bahn) (z.B. Stollen, Graben)* **low-level railway** *(Bahn)*
**Tiefbahnhof** *m (Bahn) (unter Straßenhöhe)* **low-level station** *(Bahn)* (railway station)
**Tiefbau** *m (Bau) (unter Tage)* **underground construction work** *(Bau)*
**Tiefbettfelge** *f (Mech) (DIN 70023)* **drop center rim** *(Mech)*
**Tiefbrunnen** *m (Hütt/Wlz)* **deep well** *adj:n (Hütt/Wlz)*
**Tiefbunker** *m (Umschl)* **underground bin** *(Umschl)*
**Tiefe** *f (Bau)* **depth** *(Stb, Bau)* (e.g. of a beam)
**Tiefenausdehnung** *f (Bau)* **depth extension** *(Bau)*
**Tiefenbereich** *m (Bg/Bergb) (der Baggerung)* **depth range** *(Bg/Bergb)*
**Tiefenmessschieber** *m (Mech)* **depth gauge** *(Mech)* (tools)
**Tiefenmessschraube** *f (Mech)* **micrometer depth gauge** *(Mech)*
**Tiefenprüfkopf** *m (Mech)* **depth scan** *(Mech)*
**Tiefenrüttlung** *f (Bau)* **deep vibration** *adj:n (Bau)*
**Tiefenskala** *f (Mech)* **depth scale** *(Mech)*
**Tieferdbeben** *nt (Bau, Geo)* **deep earthquake** *adj:n (Bau, Geo)*
**Tiefladeanhänger** *m (Mech, Bg/Bergb) (hinter der Zugmaschine)* **low-bed trailer** *(Mech, Bg/Bergb)*
**Tieflader** *m (Mech)* **low-bed** *(Mech)*
**Tiefladewagen** *m (Bahn) (mit tiefem Bett)* **well wagon** *(Bahn)*
**Tieflochbohrmaschine** *f (Mech)* **deep-hole boring machine** *(Mech)*
**Tieflöffel** *m (Bg/Bergb) (das Grabgefäß)* **backhoe bucket** *(Bg/Bergb)*
**Tieflöffel-Ausrüstung** *f (Bg/Bergb)* **backhoe equipment** *(Bg/Bergb)*
**Tieflöffelanlenkung** *f (Bg/Bergb)* **bucket hinge** *(Bg/Bergb)*
**Tieflöffelarbeit** *f (Bg/Bergb)* **backhoe work** *(Bg/Bergb)*
**Tieflöffelbagger** *m (Mech, Bg/Bergb)* **backhoe excavator** *(Bg/Bergb)*
**Tieflöffelbagger mit Greifer** *(Bg/Bergb)* **backhoe with grab** *(Bg/Bergb)*

**Tieflöffeleinsatz** *m (Bg/Bergb)* **backhoe application** *(Bg/Bergb)*
**Tieflöffelinhalt** *m (Bg/Bergb)* **dipper contents** *(Bg/Bergb)*
**Tieflöffelinhalt** *m (Bg/Bergb) (Kapazität)* **dipper capacity** *(Bg/Bergb)*
**Tieflöffelstiel** *m (Bg/Bergb)* **backhoe arm** *(Bg/Bergb)*
**Tiefreißzahn** *m (Bg/Bergb) (z.B. am Hydraulikbagger)* **deep ripper tooth** *adj:n (Bg/Bergb)*
**Tiefschnitt** *m (Bg/Bergb)* **deep cut** *(Bg/Bergb)* (of the bucket chain excavator)
**Tiefschüttung** *f (Bg/Bergb, Umschl)* **deep dumping** *(Bg/Bergb, Umschl)*
**Tiefstufe** *f (Mech)* **deep step** *adj:n (Mech)*
**Tiefziehpresse** *f (Hütt/Wlz) (für Kohlenstoffstahl)* **deep-drawing press** *(Hütt/Wlz)*
**Tiefziehteil** *nt (Hütt/Wlz)* **deep-drawn part** *(Hütt/Wlz)*
**Tiegelfeuerung** *f (Hütt/Wlz)* **retort-type furnace** *(Hütt/Wlz)*
**Titan** *nt (Hütt/Wlz)* **titanium** *(Hütt/Wlz)*
**TITAN-Brecher** *m (Bg/Bergb)* **TITAN crusher** *(Bg/Bergb)*
**Tochterzählwerk** *nt (Mech)* **secondary counter** *adj:n (Mech)*
**Toleranz** *f (Mech)* **tolerance** *(Mech, Schw)*
**Toleranz, eingeengt** eingeengte Toleranz *adj:n (Mech)* **close tolerance** *adj:n (Mech)*
**Toleranzfeld** *nt (Mech)* **field of tolerance** *(Mech, Allg)*
**Toleranzfreimaß** *nt (Mech)* **tolerance** *(Mech, Schw)*
**Toleranzhaltigkeit** *f (Mech)* **tolerance compliance** *(Mech)*
**Toleranzlehre** *f (Mech)* **limit gauge** *(Mech)*
**Toleranzmaß** *nt (Mech)* **dimensional tolerance** *(Mech)*
**Toleranzreihe** *f (Mech)* **group of tolerances** *(Mech)*
**Ton** *m (Geo) (Material)* **clay** *(Geo)*
**Tonerde** *f (Geo)* **alumina** *(Geo)*
**Tongrube** *f (Geo, Bg/Bergb)* **clay pit** *(Geo, Bg/Bergb)*
**Tonlöffel** *m (Bg/Bergb)* **clay bucket** *(Bg/Bergb)*
**Tonnenblech** *nt (Hütt/Wlz)* **curved plate** *adj:n (Hütt/Wlz)*
**Tonnenlager** *nt (Mech)* **barrel-shaped bearing** *adj:n (Mech)*
**Tonnenlager** *nt (Mech) (einreihig)* **roller journal bearing** *(Mech)*
**Tonnenpreis** *m (Stb)* **price per ton** *(Stb)* (tonne price)
**Tonnenzähler** *m (Mech) (Bandwaage)* **ton totalizer** *(Mech)*
**Tonschiefer** *m (Geo)* **argillite** *(Geo)*
**Tonstein** *m (Geo)* **flint clay** *(Geo)*
**Topas** *m (Geo) (Edelstein)* **topas** *(Geo)*
**Topfbürste** *f (Mont)* **round brush** *adj:n (Mech, Mont)*
**Topfmanschette** *f (Mech)* **adhesive-cup gasket** *(Mech)*
**Torffeuerung** *f (Hütt/Wlz)* **peat firing equipment** *(Hütt/Wlz)*
**Torpedopfannenwagen** *m (Bahn, Hütt/Wlz) (für Flüssigmetall)* **torpedo-type ladle car** *(Bahn, Hütt/Wlz)*
**Torriegel** *m (Stb)* **head rail** *(Stb)*
**Torsion** *f (Mech)* **torsion** *(Mech)*
**Torsionsbeanspruchung** *f (Stb)* **torsional stressing** *(Stb)*
**Torsionsfeder** *f (Mech)* **torsion-type suspension** *(Mech)*
**Torsionsfestigkeit** *f (Hütt/Wlz)* **torsional strength** *(Hütt/Wlz)*
**Torsionsgewaltbruch** *m (Mech)* **fracture caused by torsional force** *(Mech)*
**Torsionsmodul** *m (Hütt/Wlz)* **torsion module** *(Hütt/Wlz)*
**Torsionsmoment** *nt (Mech, Stb)* **torsional moment** *adj:n (Stb)*
**Torsionsstab** *m (Mech)* **torsion bar** *(Mech)*
**Torsionssteifheit** *f (Stb)* **torsional rigidity** *adj:n (Mech)*
**Torstiel** *m (Stb) (Rahmen des Tores)* **gate post** *(Stb)*
**Torus** *m* **toroid**
**Totalbelastung** *f (Stat)* **total load** *adj:n (Stat, Mech)*
**Totmannschaltung** *f (Bahn)* **dead man's control** *(Bahn)*
**Totpunkt** *m (Mech)* **dead centre** *(Mech)*
**Tourenzahl** *f (Mech)* **speed of rotation** *(Mech)*
**Tourenzähler** *m (Mech) (Drehzahlmesser)* **tachometer** *(Mech)*
**Tracking** *nt (Mech) (Spurtreue)* **tracking** *(Mech)*

**Trafos und Schaltanlagen** *(Hütt/Wlz)* **substations** *pl (Hütt/Wlz)*

**Tragbahn** *f (Mech)* **supporting raceway** *(Mech)* (in support ring)

**Tragbild** *nt (Mech) (Getriebe)* **contact reflection**

**Tragbild** *nt (Mech) (Zähne)* **machine pattern** *(Mech)*

**Tragbild** *nt (Mech) (Zahnflanke)* **bearing face** *(Mech)* (meshing gear-flanges)

**Tragdorn** *m (Mech)* **carrying ram** *(Mech)*

**Trage** *f (Mech)* **stretcher** *(Mech)*

**Tragebalken** *m (Bahn) (Langträger)* **sole bar** *(Bahn)*

**Tragekasten** *m (Mech)* **barrow** *(Mech)*

**Tragelement** *nt (Stb)* **supporting member** *(Stb)*

**Träger** *m (Bg/Bergb) (als Maschinenteil)* **carrier** *(Bg/Bergb)* (e.g. machines on it)

**Träger** *m (Mech) (Stütze)* **support** *(Mech, Bau)*

**Träger** *m (Mech, Stb)* **beam** *(Mech, Stb)*

**Träger auf zwei Stützen** *(Stb)* **simple beam** *adj:n (Stb)*

**Träger, beiderseitig eingespannt** beiderseitig eingespannter Träger *adj:n (Stb)* **fixed-ended beam** *adj:n (Stb)*

**Träger, durchlaufend** durchlaufender Träger *adj:n (Stb)* **continuous girder** *adj:n (Mech, Stb)*

**Träger, eingespannt** eingespannter Träger *adj:n (Stb)* **constrained beam** *adj:n (Mech, Stb)*

**Träger, einseitig eingespannt** einseitig eingespannter Träger *adj:n (Mech, Stb)* **propped cantilever beam** *adj:n (Mech, Stb)*

**Träger, ummantelt** ummantelter Träger *adj:n (Stb) (mit Beton)* **encased beam** *adj:n BE (Stb)*

**Träger, unterspannt** unterspannter Träger *adj:n (Mech, Stb)* **mounting girder braced from below** *(Mech, Stb)*

**Träger, unterstempelt** unterstempelter Träger *adj:n (Stb)* **propped beam** *adj:n BE (Stb)*

**Träger, verkleidet** verkleideter Träger *adj:n (Stb)* **jacketed girder** *adj:n (Stb)*

**Träger, zusammengesetzt** zusammengesetzter Träger *adj:n (Mech, Stb)* **compound girder** *(Stb)*

**Trägeranschluss** *m (Stb)* **beam connection** *(Stb)*

**Trägeranschlussblech** *nt (Stb)* **beam connecting plate** *(Stb)*

**Trägergas** *nt (Hütt/Wlz)* **carrying gas** *(Hütt/Wlz)*

**Trägergas-Brennverfahren** *nt (Bg/Bergb)* **cross-flow calcining** *(Bg/Bergb)*

**Trägergerät** *nt (Bau)* **support frame** *(Bau)*

**Trägerhöhe** *f (Stb)* **depth of a beam** *(Stb)*

**Trägerkonstruktion** *f (Mech, Stb, Stat)* **carrying structure** *(Mech, Stat, Stb)*

**Trägerlage** *f (Stb)* **beam layout** *(Stb)*

**Trägerluft** *f (Hütt/Wlz)* **carrying air** *(Hütt/Wlz)*

**Trägerplatte** *f (Hütt/Wlz)* **particle board** *(Hütt/Wlz)*

**Trägerprofil** *n* **girder section** *(Mech, Stat)*

**Trägerrost** *m (Stb)* **grid** *(Mech, Stb)*

**Trägerrostzentralknoten** *m (Stb)* **gusset plate beam junction** *(Stb)*

**Trägersenkung** *f (Stb)* **subsiding** *(Stb)*

**Trägerstoß** *m (Stb)* **girder joint** *(Stb)*

**Trägerstrang** *m (Stb)* **line of trusses** *(Stb)*

**Trägerteile** *pl nt (Stb)* **parts of beams** *(Stb)*

**Trägerverkleidung** *f (Stb)* **girder casing** *(Stb)*

**Trägerverstärkung** *f (Stb)* **girder reinforcing** *(Stb)*

**Tragfähigkeit** *f (Bahn) (des Muldenkippers)* **payload** *(Bahn)*

**Tragfähigkeit** *f (Bg/Bergb) (des Baggers)* **lifting capacity** *(Mech, Bg/Bergb, Stb)*

**Tragfähigkeit** *f (Stb, Mech) (z.B. einer Schraube, Niete)* **bearing capacity** *(Stb, Mech)* (e.g. of a rivet)

**Tragfähigkeit des Bodens** *(Geo)* **ground bearing capacity** *(Geo)*

**Tragfähigkeit, statisch** statische Tragfähigkeit *adj:n (Mech)* **static load rating** *adj:n (Mech)*

**Tragfläche** *f (Mech)* **bearing surface** *(Mech)*

**Traggabel** *f (Mech) (des Gabelstaplers)* **lift fork** *(Kfz)*

**Trägheit** *f (Mech)* **inertia** *(Mech)*

**Trägheit des Markiersystems** *(Mech)* **marking system inertia** *(Mech)*

**Trägheitsellipse** *f (Stb)* **ellipse of inertia** *(Stb)*

**Trägheitshalbmesser** *m (Mech, Stb)* **radius of gyration** *(Stb, Mech)*

**Trägheitsmoment** *nt (Mech, Phys)* **moment of inertia** *(Mech)*
**Tragjoch** *nt (Mech) (z.B. Greiferlager)* **yoke** *(Mech)*
**Tragkabel** *nt (Stb) (einer Hängebrücke)* **carrying cable** *(Stb)* (of a suspension bridge)
**Tragkettenförderer** *m (Umschl)* **drag bar feeder** *(Bg/Bergb, Umschl)*
**Tragkonstruktion** *f (Mech)* **bearing structure** *(Mech)*
**Tragkraft** *f (Mech) (einer Achse)* **load capacity** *(Mech)*
**Tragkraft eines Dübels** *(Stb)* **ultimate strength of a shear connection** *(Stb)*
**Tragkraft pro Radsatz** *(Bg/Bergb) (Brecher)* **supporting capacity** *(Bg/Bergb)*
**Traglager** *nt (Zer)* **bearing assembly** *(Mech)*
**Traglasche** *f (Mech)* **suspension lug** *(Mech)*
**Traglast** *f (Stb)* **buckling load** *(Stb)*
**Traglastverfahren** *nt (Stb)* **plastic design** *(Stb)*
**Tragmast** *m (Mech)* **intermediate pole** *adj:n (Mech)*
**Tragöse** *f (Mech)* **eyebolt** *(Mech)*
**Tragplatte** *f (Mech)* **carrier plate** *(Mech)*
**Tragplattenscheibe** *f (Mech)* **carrier plate disc** *(Mech)*
**Tragplattform** *f (Bg/Bergb)* **lifting platform** *(Bg/Bergb)*
**Tragrahmen** *m (Mech)* **carrying frame** *(Mech)*
**Tragring** *m (Mech) (Teil der Kugeldrehverbindung)* **supporting ring** *(Mech)*
**Tragrohr** *nt (Mech)* **suspension tube** *(Mech)*
**Tragrolle** *f (Band)* **carrying idler** *(Band)*
**Tragrolle** *f (Bg/Bergb) (Stützrolle des Baggers)* **support roller** *(Bg/Bergb)*
**Tragrolle, schmiegsam** schmiegsame Tragrolle *adj:n (Band)* **flexible idler** *adj:n (Band)*
**Tragrollenabstand** *m (Band)* **idler spacing** *(Band)*
**Tragrollengirlande** *f (Band)* **carrying garland idler** *(Band)*
**Tragrollenständer** *m (Mech)* **idler support** *(Band, Umschl)*
**Tragrollenstation** *f (Band)* **belt idler set** *(Band)*
**Tragrollenstuhl** *m (Mech)* **idler support** *(Band, Umschl)*
**Tragrost** *m (Hütt/Wlz)* **supporting steel work** *(Hütt/Wlz)*
**Tragscheibe** *f (Bg/Bergb, Mech) (Raupenfahrwerk)* **crawler idlers** *pl (Bg/Bergb)*
**Tragschiene** *f (Mech, Bahn)* **supporting rail** *(Mech)*
**Tragschnabelwagen** *m (Bahn)* **heavy-transport vehicle** *(Bahn)*
**Tragseil** *nt (Mech)* **guy rope** *(Mech, Mont)*
**Tragseil, patentverschlossen** patentverschlossenes Tragseil *adj:n* **locked coil rope**
**Tragseilkabel** *nt (Mech)* **flexible cable on messenger wire** *(Mech)*
**Tragseite** *f (Mech, Band) (Gurt)* **carrying side** *(Mech, Band)* (belt)
**Tragstange** *f (Mech) (als Maschinenteil)* **bar** *(Stb, Mech)* (rod)
**Tragsystem** *nt (Mech, Mont)* **carrying system** *(Mech, Mont)*
**Tragwerk** *nt (Mech, Stb)* **supporting structure** *(Stb)*
**Tragwerk** *nt (Stb, Mech) (Skelett)* **frame** *(Mech, Bahn)*
**Tragwerk, eben** ebenes Tragwerk *adj:n (Mech, Stb)* **plane structure** *adj:n (Mech, Stb)*
**Tragwerk, räumlich** räumliches Tragwerk *adj:n (Stb)* **three-dimensional structure** *adj:n (Stb)*
**Tragwerk, statisch bestimmt** statisch bestimmtes Tragwerk *adj:n (Stb, Stat)* **statically determinate structure** *adj:n (Stb, Stat)*
**Tragwerk-Detail** *nt (Stb)* **supporting structure detail** *(Stb)*
**Tragwinkel** *m (Mech, Stb)* **bracket angle** *(Mech)*
**Tragzahl** *f (Mech)* **basic load rating** *adj:n (Mech)*
**Tragzahl des Lagers, dynamisch** dynamische Tragzahl des Lagers *adj:n (Mech)* **dynamic bearing capacity** *adj:n (Mech)*
**Tragzahl, statisch** statische Tragzahl *adj:n (Mech)* **static capacity** *adj:n (Mech)*
**Tragzapfen** *m (Mech)* **trunnion** *(Mech)*
**Tragzelle** *f (Bg/Bergb) (z.B. am Kratzer)* **carrier cell** *(Bg/Bergb)*

**Tragzellenkonstruktion** *f (Bg/Bergb) (z.B. am Kratzer)* **carrier cell design** *(Bg/Bergb)*
**Traktion** *f (Bahn)* **traction** *(Bahn)*
**Traktionskraft** *f (Bahn)* **tractive force** *(Mech, Bahn)*
**Traktor** *m (Mech) (Ackerschlepper)* **tractor** *(Mech)* (agricultural)
**Traktorenlaufwerk** *nt (Mech)* **crawler chassis** *(Mech)*
**Tränenblech** *nt (Mech)* **tear drop plate** *(Mech)*
**Transferleitung** *f (Mech) (des Kühlmittels)* **coolant transfer tube** *(Mech)*
**Transmission** *f (Mech) (Getriebe)* **transmission** *(Mech)*
**Transmissionsriemen** *m (Mech) (Motor)* **transmission belt** *(Mech)*
**Transport- und Lagersystem** *(Bg/Bergb)* **transport and storage system** *(Bg/Bergb)*
**Transport- und Montagegerät für Reifen** *(Mech)* **tire handler** *(Mech)*
**Transportabteil** *nt (Bahn)* **stowage compartment** *(Bahn)*
**Transportanlage** *f (Band) (Förderer)* **conveyor** *(Band, Bg/Bergb)*
**Transportanlage** *f (Umschl)* **materials handling equipment** *(Umschl)*
**Transportband** *nt (Band)* **belt conveyor** *(Band, Bg/Bergb)*
**Transportbandbrücke** *f (Band)* **conveyor belt bridge** *(Band)*
**Transportboden** *m (Zer) (unter einem Sieb)* **discharge plate** *(Zer)*
**Transportbohrung** *f (Mech)* **transport hole** *(Mech)*
**Transporteinrichtung** *f (Band)* **conveyor** *(Band, Bg/Bergb)*
**Transportentfernung** *f (Bg/Bergb)* **hauling distance** *(Bg/Bergb)*
**Transportgeschwindigkeit** *f (Mech)* **rate of feed** *(Mech, Bg/Bergb)*
**Transportgeschwindigkeit des Rohres** *(Mech)* **rate of tube travel** *(Mech)*
**Transporthalterung** *f (Bg/Bergb)* **securing device** *(Bg/Bergb)*
**Transporthöhe** *f (Bahn)* **travelling height** *(Bahn)*
**Transportkette** *f (Band)* **conveyor chain** *(Band)*
**Transportmittel** *nt (Mech)* **means of transport** *(Mech)*
**Transportöse** *f (Mech)* **transport eye** *(Mech)*
**Transportraupe** *f (Bg/Bergb)* **transport crawler** *(Bg/Bergb, Mech)*
**Transportrolle** *f (Mech)* **feed roll** *(Mech)*
**Transportrollgang** *m (Mech)* **roller conveyor** *(Mech)*
**Transportsicherung** *f (Mech)* **securing device** *(Mech)* (fastener)
**Transportskizze** *f (Mech)* **shipping sketch** *(Mech)*
**Transportstütze** *f (Mech)* **shipping bracket** *(Mech)*
**Transportsystem** *nt (Bg/Bergb, Band, Umschl, Bahn)* **conveying system** *(Bg/Bergb, Band, Umschl, Bahn)*
**Transportverpackung** *f (Mech)* **transport barrel** *(Mech)* (e.g. for chemicals)
**Transportvorrichtung** *f (Bg/Bergb)* **conveying rack** *(Bg/Bergb)*
**Transportwagen** *m (Bg/Bergb)* **transport trolley** *(Bg/Bergb)*
**Transportweg Bagger – Kippseite** *(Umschl)* **haulage from digging to dump site** *(Umschl)*
**Transportweglänge** *f (Umschl)* **haulage distance** *(Umschl)*
**Transportweite** *f (Umschl)* **haulage distance** *(Umschl)*
**Transportzeit** *f (Umschl)* **transport time** *(Umschl)*
**Trapezblech** *nt (Hütt/Wlz)* **trapezoidial sheet** *adj:n (Hütt/Wlz)*
**Trapezfeder** *f (Bahn, Mech) (Blattfeder)* **leaf-type spring** *(Bahn, Mech)*
**Trapezgraben** *m (Bg/Bergb)* **flat-bottom ditch** *(Bg/Bergb)*
**Trapezlast** *f (Stb)* **trapezoidal load** *adj:n (Stb)*
**Trapezprofil** *nt (Hütt/Wlz)* **trapezoidal cross section** *adj:n (Hütt/Wlz)*
**Trapezträger** *m (Stb)* **trapezoidal girder** *adj:n (Stb)* **trapezoidal truss** *adj:n (Stb)*
**Trasse** *f (Mech, Band) (Förderband)* **routing** *(Mech, Band)* (of the conveyor)
**Traufblech** *nt (Mech)* **eave flashing** *(Mech)*
**Traufe** *f (Stb)* **eaves** *pl (Stb)*
**Traufe** *f (Stb) (Abfluss)* **valley gutter** *(Stb)*

**Traufenhöhe** *f (Mech)* **height of eaves** *(Mech)*
**Traufpfette** *f (Stb)* **eaves purlin** *BE (Stb)*
**Traufriegel** *m (Stb)* **eaves transom** *(Stb)*
**Traufträger** *m (Stb)* **eaves strut** *(Stb)*
**Traverse** *f (Bg/Bergb) (Unterwagenmittelteil)* **traverse** *(Bg/Bergb)* (center part of an excavator)
**Traverse** *f (Mech)* **bridle** *(Mech)*
**Traverse** *f (Mech, Stb) (Querstück)* **spreader** *(Stb)* (girder)
**Traversen-Brechrumpf** *m (Zer)* **spider-and-bowl assembly** *(Zer)*
**Traversenbläser** *m (Hütt/Wlz) (Eco-Bläser)* **mass-type soot blower** *(Hütt/Wlz)*
**Traversenrumpf** *m (Zer)* **bowl** *(Zer, Bg/Bergb)*
**Treibachse** *f (Mech) (z.B. bei Kfz)* **drive axle** *(Kfz)*
**Treibbolzen** *m (Mech, Mont)* **driftbolt** *(Mech, Mont)*
**Treibdorn** *m (Mech, Mont)* **drifter** *(Mech, Mont)*
**Treibgasanlage** *f (Chem, Mech)* **fuel gas equipment** *(Chem, Mech)*
**Treibgurt** *m (Band)* **belt-to-belt drive** *(Band)*
**Treibrad** *nt (Bahn)* **drive wheel** *(Bahn)* (of steam loco)
**Treibriemen** *m (Mech)* **driving belt** *(Mech)*
**Treibrolle** *f (Mech, Band)* **push roller** *(Mech, Band)*
**Treibstift** *m (Mech)* **plastic blind rivet** *(Mech)* (wide head)
**Treibstoff** *m (Mech, Chem)* **fuel** *(Mech, Chem)*
**Trennblech** *nt (Mech)* **partition plate** *(Mech)*
**Trennbruch** *m (Stb)* **brittle fracture** *adj:n (Stb)*
**Trennen** *nt (Hütt/Wlz) (Abscheiden)* **separation** *(Hütt/Wlz)*
**Trennen, autogen** autogenes Trennen *adj:n (Schw, Mech, Mont)* **autogenous cutting** *adj:n (Schw, Mech, Mont)*
**Trennflächeninhalt** *m (Hütt/Wlz)* **surface of separation-interface** *(Hütt/Wlz)*
**Trennfuge** *f (Mech)* **separation joint** *(Mech)*
**Trennfuge** *f (Mech) (im Außenring)* **parting line** *(Mech)*
**Trennlasche, herausziehbar** herausziehbare Trennlasche *adj:n (Mech)* **link isolated by draw-out fuse shutter** *(Mech)*
**Trennlaschenzieher** *m (Mech, Mont)* **isolating link puller** *(Mech, Mont)*
**Trennlast des Gurtes** *(Band)* **adhesion between plies** *(Mech)* (belt)
**Trennlinie** *f (Mech)* **partition line** *(Mech)*
**Trennscheibe** *f (Mech) (z.B. zum Schneiden von Metall)* **cutting-off wheel** *(Mech)*
**Trennschneiden** *nt (Form)* **parting** *(Form)*
**Trennschnitt** *m (Mech, Schw)* **separating cut** *(Mech, Schw)*
**Trennung** *f (Mech) (Kupplung)* **disengagement** *(Mech)*
**Trennwand** *f (Stb, Bau, Mech)* **dividing wall** *(Mech)*
**Trennwandfenster** *nt (Mech)* **partition panel window** *(Mech)*
**Trennwandrahmen** *m (Mech)* **partition panel frame** *(Mech)*
**Trennwandverkleidung** *f (Mech)* **partition panel lining** *(Mech)*
**Trennwiderstand** *m (Stb)* **nil-ductility strength** *(Stb)*
**Treppenkante** *f (Mech)* **nosing of a stair** *(Mech)*
**Treppenlauf** *m (Mech)* **stair flight** *(Mech)*
**Treppenwange** *f (Mech) (Hochbau)* **stair check** *(Mech)*
**Treppenwange** *f (Stb)* **stringer** *(Mech, Mont, Stb)*
**Tresse** *f (Mech) (Textil- oder Metalllitze)* **braid** *(Mech)*
**Tricalziumphosphat** *nt (Geo)* **bone phosphate of lime** *(Geo)*
**Trichter** *m (Mech, Umschl)* **hopper** *(Umschl, Bahn)*
**Trichter- und Kabeltrommelwagen** *(Bg/Bergb)* **cable reel and hopper car** *(Bg/Bergb)*
**Trichterbunker** *m (Umschl)* **surge bin** *(Umschl)*
**Trichterring** *m (Zer) (z.B. 8-teilig (Autogenmühle)* **chute ring** *(Zer)* (e.g. 8 sections)
**Trichterwagen** *m (Umschl)* **hopper car** *(Band, Umschl, Bg/Bergb)*
**Trichterwagen auf Raupen** *(Umschl)* **hopper car on tracks** *(Umschl)*
**Trichterwagen auf Schiene** *(Umschl)* **hopper car on rails** *(Umschl)*

**Trieb** *m (Mech)* **drive** *(Mech)*
**Trieb, gekreuzt** gekreuzter Trieb *adj:n (Mech)* **crossed drive** *adj:n (Mech)*
**Trieb, halbgekreuzt** halbgekreuzter Trieb *adj:n (Mech)* **quarter twist** *(Mech)*
**Triebfahrzeug** *nt (Bahn)* **power unit** *(Bahn)* (loco)
**Triebkopf** *m (Bahn)* **diesel motor coach** *(Bahn)* (diesel motor car)
**Triebrad** *nt (Bg/Bergb) (Raupe)* **driving sprocket wheel** *(Bg/Bergb)*
**Triebrad** *nt (Mech) (großes Rad an der Welle)* **bull gear** *(Mech)*
**Triebrad mit Nocken** *(Bg/Bergb)* **drive sprocket with cams** *(Bg/Bergb)*
**Triebradkörper** *m (Bg/Bergb, Mech)* **drive tumbler body** *(Bg/Bergb, Mech)*
**Triebradwelle** *f (Bg/Bergb, Mech)* **drive tumbler shaft** *(Bg/Bergb, Mech)*
**Triebstockgetriebe** *nt (Mech)* **lantern gear** *(Mech)*
**Triebstockrad** *nt (Mech)* **cylindrical lantern gear** *adj:n (Mech)*
**Triebwagen** *m (Bahn)* **power car** *(Bahn)* (of a railcar unit)
**Triebwagenanhänger** *m (Bahn)* **railcar trailer** *(Bahn)*
**Triebwerk** *nt (Mech)* **drive device** *(Mech)*
**Triebwerkbremse** *f (Mech)* **transmission brake** *(Mech)*
**TriPower-Lenker** *m (Bg/Bergb)* **TriPower triangular rocker** *(Bg/Bergb)*
**TriPower-Lenkerstange** *f (Bg/Bergb)* **TriPower connecting rod** *(Bg/Bergb)*
**Tritt** *m (Bg/Bergb) (Stufen am Bagger)* **ladder** *(Mech, Stb, Bg/Bergb)*
**Trittbrett** *nt (Bahn, Mech) (Kfz, Wagon)* **footboard** *(Bahn, Mech)*
**Tritthalter** *m (Bahn) (am Rangierertritt)* **step holder** *(Bahn)*
**Trittplatte** *f (Mech, Bahn)* **running plate** *(Mech)*
**Trittplattenventil** *nt (Mech) (Fußpedal)* **foot pedal valve** *(Mech)*
**Trockenabbau** *m (Bg/Bergb)* **dry pit mining** *(Bg/Bergb)*
**Trockenbett** *nt (Bg/Bergb)* **drying bed** *(Bg/Bergb)*
**Trockenbiegefestigkeit** *f (Bau)* **dry bending strength** *(Bau)*
**Trockendosierung** *f (Bau)* **dry batching** *(Bau)*
**Trockeneimerbagger** *m (Bg/Bergb)* **bucket chain excavator** *(Bg/Bergb)*
**Trockenfestigkeitsversuch** *m (Bau)* **dry strength test** *adj:n (Bau)*
**Trockenfeuerlöscher** *m (Mech, Chem)* **dry powder extinguisher** *(Mech)*
**Trockenfeuerzeit** *f (Hütt/Wlz)* **heating-up period** *(Hütt/Wlz)*
**Trockengelenk** *nt (Mech)* **dry-disc joint** *(Mech)*
**Trockenlauf** *m (Mech) (der Lamellenbremse)* **dry run** *(Bahn, Mech)* (not under load)
**Trockenläufer** *m (Mech)* **dry-running type** *(Mech)*
**Trockenlöffelbagger** *m (Mech, Bg/Bergb)* **shovel** *(Mech, Bg/Bergb)*
**Trockenlöscher** *m (Mech)* **dry extinguisher** *(Mech)*
**Trockensiebung** *f (Zer)* **dry screening** *(Zer)*
**Trockentrommel** *f (Zer)* **rotary dryer** *adj:n (Zer)*
**Trockenverarbeitung** *f (Hütt/Wlz) (der Hochofenwand)* **all-dry installation** *(Hütt/Wlz)* (refractories)
**Trockenvorrichtung** *f (Mech)* **drier** *(Mech)*
**Trockenzeit** *f (Hütt/Wlz, Anstr)* **drying time** *(Anstr, Hütt/Wlz)*
**Trockner** *m (Mech)* **dryer** *(Zer)*
**Trocknungsanlage** *f (Bg/Bergb)* **drying plant** *(Bg/Bergb)*
**Trocknungsdauer** *f (Anstr)* **drying time** *(Anstr, Hütt/Wlz)*
**Trocknungsdüse** *f (Mech)* **drying nozzle** *(Mech)*
**Trocknungsmittel** *nt (Versand)* **desiccant**
**Trog** *m (Mech)* **trough** *(Mech)*
**Trogblech** *nt (Hütt/Wlz)* **trough sheet** *(Hütt/Wlz)*
**Trogbrücke** *f (Stb)* **trough bridge** *(Stb)*
**Trogkettenförderer** *m (Umschl)* **drag link conveyor** *(Umschl)*
**Trommel** *f (Mech)* **pulley** *(Band, Bg/Bergb, Umschl, Mech)*
**Trommel ohne Belag** *(Band, Bg/Bergb, Umschl, Zer)* **bare pulley** *adj:n (Band, Bg/Bergb, Umschl)*
**Trommel, ballig** ballige Trommel *adj:n (Mech)* **barrel-shaped pulley** *adj:n (Mech)*

**Trommel-Nippel** *m (Hütt/Wlz)* **drum stub** *(Hütt/Wlz)*
**Trommel-Umfangskraft P** *f (Mech, Band)* **effective tension Te** *(Band, Mech)*
**Trommelabscheider** *m (Zer)* **induced roll separator** *(Zer)*
**Trommelabstreifer** *m (Bg/Bergb, Umschl, Band)* **pulley scraper** *(Bg/Bergb, Umschl, Band)*
**Trommelachse** *f (Mech)* **pulley axle** *(Mech)*
**Trommelantrieb** *f (Mech)* **cutter drum** *(Mech)*
**Trommelaufnahmegerät** *nt (Bg/Bergb)* **drum reclaimer** *(Bg/Bergb)*
**Trommelbelag** *m (Bg/Bergb, Umschl, Band)* **pulley lagging** *(Bg/Bergb, Umschl, Zer, Band)*
**Trommelboden** *m (Mech)* **end disc** *(Mech)*
**Trommelbremse** *f (Mech)* **drum brake** *(Mech)*
**Trommeldruck** *m (Hütt/Wlz)* **drum pressure** *(Hütt/Wlz)*
**Trommeleinbauten** *pl m (Hütt/Wlz)* **drum internals** *pl (Hütt/Wlz)*
**Trommelhacker** *m (Zer)* **drum chipper** *(Zer)*
**Trommelkörper** *m (Mech)* **pulley barrel** *(Mech)*
**Trommelkugellager** *nt (Mech)* **bared-shaped roller bearing** *adj:n (Mech)*
**Trommellänge** *f (Mech)* **pulley face width** *(Mech)*
**Trommelmantel** *m (Mech)* **pulley shell** *(Band, Umschl)*
**Trommelmischer** *m (Mech)* **drum-mixer** *(Mech)*
**Trommelmitte** *f (Hütt/Wlz)* **centerline of drum** *(Hütt/Wlz)*
**Trommelmotor** *m (Band, Bg/Bergb, Umschl)* **motorized pulley** *adj:n (Band, Bg/Bergb, Umschl)*
**Trommelreinigungseinrichtung** *f (Mech)* **pulley cleaner** *(Mech)*
**Trommelrücklader** *m (Umschl)* **barrel-type reclaimer** *adj:n (Umschl)*
**Trommelsattel** *m (Hütt/Wlz)* **drum saddle** *(Hütt/Wlz)*
**Trommelschalter** *m (Mech)* **drum controller** *(Mech)*
**Trommelsinkscheider** *m (Zer)* **dense medium washing drum** *(Zer)*
**Trommelumschlingung** *f (Mech)* **wrap around pulley** *(Mech)*
**Trommelverbindungsrohr** *nt (Hütt/Wlz)* **drum connecting tube** *(Hütt/Wlz)*
**Trommelwasser** *nt (Hütt/Wlz)* **drum water** *(Hütt/Wlz)*
**Trommelwelle** *f (Mech)* **drum shaft** *(Mech)*
**Trommelwelle** *f (Mech, Band) (Bandanlage)* **pulley shaft** *(Band, Mech)*
**Tropenisolation** *f (Mech)* **insulation for tropics** *(Mech)*
**Tropfbecher** *m (Bahn) (Bremsanlage)* **drain cup** *(Bahn)* (on brake system)
**Tropföler** *m (Mech)* **drip lubricator** *(Mech)*
**Tropfölpumpe** *f (Mech)* **pump for drippings** *(Mech)*
**Tropfölschmierung** *f (Mech)* **drop feed** *(Mech)*
**Trosse** *f (Mech) (meist Stahlseil)* **rope** *(Mech, Mont)*
**Trübe** *f (Zer)* **heavy liquid** *(Zer)*
**Trummkraft** *f (Mech)* **belt tension force** *(Mech, Band)*
**Tübbing** *m (Hütt/Wlz) (gusseisern)* **tubbing** *(Hütt/Wlz)*
**Tuchfilter** *nt (Mech)* **cloth filter** *(Mech)*
**Tucksring** *m (Mech)* **Tucks packing ring** *(Mech)*
**Tülle** *f (Mech)* **grommet** *(Mech)*
**Tüllenmutter** *f (Mech)* **grommet nut** *(Mech)*
**Tulpenschweißung** *f (Schw)* **U-profile butt weld** *(Schw)*
**Tunnel** *m (Mech, Bau)* **tunnel** *(Mech, Bau)*
**Tunnelausrüstung** *f (Bg/Bergb) (am Bagger)* **tunnel equipment** *(Bg/Bergb)*
**Tunnelvortriebsmaschine** *f (Bahn)* **tunnel driving machine** *(Bahn)*
**Tupfprobe** *f (Hütt/Wlz)* **touch test** *(Hütt/Wlz)*
**Turas** *m (Bg/Bergb) (Antriebsrad der Kette)* **drive tumbler** *(Bg/Bergb, Mech)*
**Turas** *m (Bg/Bergb) (mit Zähnen für Kette)* **sprocket** *(Mech, Bg/Bergb)*
**Turas** *m (Bg/Bergb) (mit Zahntaschen)* **tumbler** *(Bg/Bergb)* (with pockets for chain lugs)
**Turasnabe** *f (Bg/Bergb)* **sprocket hub** *(Bg/Bergb)*

**Turaswelle** *f (Bg/Bergb)* **track-drive shaft** *(Bg/Bergb)*
**Türaußenblech** *nt (Mech)* **outside door panel** *(Mech)*
**Türaußengriff** *m (Mech)* **outside door handle** *(Mech)*
**Türbetätigungszylinder** *m (Mech)* **door operating cylinder** *(Mech)*
**Turbine anstoßen** Turbine anstoßen *n:v (Hütt/Wlz)* **roll the turbine** *n:v (Hütt/Wlz)*
**Turbinendrehzahl** *f (Hütt/Wlz)* **turbine speed** *(Hütt/Wlz)*
**Turbinenfundament** *nt (Mech)* **turbine foundation** *(Mech)*
**Turbirnenschaufel** *f (Hütt/Wlz)* **turbine blade** *(Hütt/Wlz)*
**Turbokupplung** *f (Mech)* **turbo coupling** *(Mech)*
**Turbolader** *m (Mech)* **turbocharger** *(Mech)*
**Turbolader-Wärmeschirm** *m (Mech)* **turbocharger heat shield** *(Mech)*
**Turboladerrücklauf** *m (Mech)* **turbo drain line** *(Mech)*
**Turboladerzulauf** *m (Mech)* **turbo supply hose** *(Mech)*
**Turbosieb** *nt (Zer)* **turbo screen** *(Zer)*
**Türführung** *f (Mech) (Kfz)* **door guide** *(Mech)*
**Türinnenblech** *nt (Mech)* **inside door panel** *(Mech)*
**Türkeilpuffer** *m (Bg/Bergb)* **door wedge buffer** *(Bg/Bergb)*
**Turmdrehkran** *m (Bg/Bergb)* **rotary tower crane** *adj:n (Bg/Bergb)*
**Turmkran** *m (Bg/Bergb)* **tower crane** *(Bg/Bergb)*
**Turmstütze** *f (Stb)* **tower stanchion** *(Stb)*
**Turmwagen** *m (Bahn) (mit Scherenplattform)* **aerial platform** *adj:n (Mech, Bahn)*
**Türrahmen** *m (Stb, Bau)* **door framing** *(Stb, Bau)*
**Türscharnier** *nt (Mech, Bau)* **door hinge** *(Allg, Bau)*
**Türscharnierbolzen** *m (Mech)* **door hinge bolt** *(Mech)*
**Türscharniersäule** *f (Mech)* **door hinge pillar** *(Mech)*
**Türschließanlage** *f (Mech)* **door closing device** *(Mech)*
**Türschlosssäule** *f (Mech)* **door lock pillar** *(Mech)*
**Türverriegelung** *f (Mech)* **door latch** *(Mech)*
**Tuschierplatte** *f (Mech)* **inking table** *(Mech)*
**TÜV** *m (Mech, Allg) (Abk)* **Technical Control Board** *(Mech)*
**Typ** *f (Mech, Allg) (Bauart, Modell)* **model** *(Allg)*
**Type** *f (Mech) (Motor)* **frame size** *(Mech)*
**Typenblatt** *nt (Mech)* **data sheet** *(Mech, Allg)*
**Typenschild** *nt (Allg) (z.B. Geräteinformation)* **data plate** *(Allg)*
**Typisierung** *f (Mech, Allg)* **typification** *(Mech, Allg)*

# U

**U/min** *(Mech) (Abk)* **r.p.m.** *(Mech)* (Abv) **revolutions per minute** *(Mech)*
**über Tag** *(Bg/Bergb)* **above ground** *(Bg/Bergb)*
**überanstrengen** *v (Stb)* **overstrain** *v (Stb)*
**Überbandmagnetscheider** *m (Zer)* **overbelt magnetic separator** *(Zer)*
**überbaut** *adj (Bau) (Dach)* **under roof** *(Bau)*
**überbeanspruchen** *v (Stb)* **overstress** *v (Stb)*
**Überbelastung** *f (Mech, Stat)* **overload** *(Mech, Stat)*
**Überbrückungsträger** *m (Mech)* **bridge girder** *(Mech)*
**überdachen** *v (Bau)* **roof** *v (Bau)* (to put a roof on)
**überdacht** *adj (Bau) (mit einer Plane)* **covered** *adj (Allg)*
**überdacht** *adj (Bau) (z.B. mit Stroh)* **thatched** *adj (Bau)*
**Überdachung** *f (Mech, Mont)* **roofing** *(Mech, Mont)*
**überdeckt** *adj (Bau) (mit einer Plane)* **covered** *adj (Allg)*
**Überdeckung** *f (Mech) (Materialfehler)* **lap** *(Mech)*
**Überdeckungsgrad** *m (Mech) (Zahnrad)* **contact ratio** *(Mech)*
**überdrehen** *v (Mech, Mont) (z.B. Gewinde)* **overtorque** *v (Mech, Mont)* (e.g. a bolt) **overturn** *v (Mech, Mont)*

**Überdrehzahl** *f (Mech)* **overspeed** *(Mech)*
**Überdruck** *m (Hyd/Pneu) (im Reifen)* **overinflation** *(Hyd/Pneu)*
**Überdruck** *m (Hyd/Pneu) (kurzfristig)* **pressure shock** *(Hyd/Pneu)*
**Überdruck** *m (Hyd/Pneu)* **gauge pressure** *(Hyd/Pneu)*
**Überdruckbelüftung** *f (Mech)* **plenum system** *(Mech)*
**Überdruckbremse** *f (Mech, Hyd/Pneu)* **air pressure brake** *(Mech, Hyd/Pneu)*
**Überdruck-Klimaanlage** *f (Mech)* **plenum system** *(Mech)*
**Überdruckventil** *nt (Hyd/Pneu)* **pressure relief valve** *(Hyd/Pneu)*
**Übereckmaß** *nt (Mech) (einer Schraube)* **width across corners** *(Mech)*
**übereinander** *adv (Mech)* **in tiers** *adv (Mech)*
**übereinander liegend** *adj (Mech)* **superposed** *adj (Mech)*
**übereutektisch** *adj (Hütt/Wlz)* **hypereutectic** *adj (Hütt/Wlz)*
**Überfahren** *nt (Mech)* **overtravel** *(Mech)*
**überflutet** *adj (Bau)* **flooded** *adj (Bau)*
**Überfluthydrant** *m (Stb)* **pillar hydrant** *(Stb)*
**Überflutung** *f (Bau)* **floading** *(Bau)*
**Überführung** *f (Bahn, Bau) (Straße über Kreuzung)* **overpass** *(Bahn, Bau)* (road over intersection
**Überführung** *f (Bau)* **bridge** *(Bau, Stat)*
**Übergabe** *f (Bg/Bergb) (von Fördergut)* **transfer** *(Bg/Bergb)*
**Übergabeband** *nt (Band, Umschl)* **transfer conveyor** *(Band, Umschl)*
**Übergabeförderer** *m (Umschl, Band)* **cross over feeder** *(Umschl, Band)*
**Übergabepodest** *nt (Hütt/Wlz) (des Hochofens)* **delivery platform** *(Hütt/Wlz)*
**Übergabeschurre** *f (Umschl, Bg/Bergb)* **transfer chute** *(Umschl, Bg/Bergb)*
**Übergabestelle** *f (Umschl)* **transfer point** *(Umschl)*
**Übergabewagen** *m (Umschl)* **wing tripper** *(Umschl)*
**Übergabeweiche** *f (Bahn)* **turnout** *(Bahn)*
**Übergangsleitung** *f (Mech) (z.B. bei zwei verschied. Rohrgrößen)* **adapter pipe** *(Mech)*
**Übergangsmuffe** *f (Mech)* **reducing socket** *(Mech)*
**Übergangspunkt** *m (Bau)* **transition point** *(Bau)*
**Übergangsrohr** *nt (Mech)* **reducer** *(Mech, Mont)*
**Übergangsrolle** *f (Band)* **transition idler** *(Band)*
**Übergangsstück** *nt (Mech) (Anschluss)* **adapter piece** *(Mech)*
**Übergangstemperatur** *f (Stb)* **transition temperature** *(Stb)*
**Übergangszone** *f (Schw) (bei Blechen)* **weld junction** *(Schw)*
**Übergangszone** *f (Stb)* **transition zone** *(Stb)*
**übergeordnet** *adj (Allg)* **superordinate** *adj (Allg)*
**übergreifend** *adj (Mech) (Hülse über Bauteil)* **socket-type** *adj (Mech)*
**überhängen** *v/i (Bahn)* **overhang** *v/i (Bahn)*
**überhitzen** *v (Mech, Hütt/Wlz)* **overheat** *v (Mech, Hütt/Wlz)*
**Überhitzer-Austrittssammler** *m (Hütt/Wlz)* **superheater outlet header** *(Hütt/Wlz)*
**Überhitzerheizfläche** *f (Hütt/Wlz)* **superheater heating surface** *(Hütt/Wlz)*
**Überhitzerspinne** *f (Hütt/Wlz) (auf Kesseldecke)* **superheater manifold** *(Hütt/Wlz)* (header)
**Überhitzertragrohr** *nt (Hütt/Wlz)* **superheater supporting tube** *(Hütt/Wlz)*
**Überhitzertrennwand** *f (Hütt/Wlz)* **superheater diaphragm** *(Hütt/Wlz)*
**Überhitzerverbindungsleitung** *f (Hütt/Wlz)* **superheater connections** *pl (Hütt/Wlz)*
**Überhitzerzug** *m (Hütt/Wlz)* **superheater gas pass** *(Hütt/Wlz)*
**überhitzt** *adj (Hyd/Pneu)* **superheated** *adj (Hyd/Pneu)*
**Überhitzung** *f (Stb)* **overheating** *(Stb)*
**Überhitzungseinheit** *f (Bahn) (Dampflok)* **superheating unit** *(Bahn)*
**überhöht** *adj (Allg) (z.B. Geschwindigkeit)* **excessive** *adj (Allg)* (e.g. speed)
**überhöht** *adj (Bahn) (Kurve)* **superelevated** *adj (Bahn)* (road, rail)
**Überhöhung** *f (Mech)* **superelevation** *(Mech)*
**Überhöhung** *f (Stb) (eines Trägers)* **camber** *(Stb)*

**überholen** *v (Mech) (reparieren)* **overhaul** *v (Mech)* **repair** *v (Mech)*
**überholen** *v (Mech) (restaurieren)* **recondition** *v (Mech)*
**Überholklauenschaltung** *f (Mech)* **override clutch gear change** *(Mech)*
**Überholkupplung** *f (Mech)* **overrunning clutch** *(Mech)*
**Überholsignalgerät** *nt (Mech)* **passing signal indicator** *(Mech)*
**Überholung** *f (Mech) (Reparatur)* **overhaul** *(Mech)*
**Überhub** *m (Hütt/Wlz) (Steigrohre)* **overlifting** *(Hütt/Wlz)*
**Überkippbegrenzung** *f (Bg/Bergb)* **rollback limitation** *(Bg/Bergb)*
**überkippen** *v (Bg/Bergb)* **roll back** *v (Bg/Bergb)*
**Überkopfposition** *f (Schw, Mont)* **overhead position** *(Schw, Mont)*
**Überkopfschweißung** *(Schw)* **overhead welding** *(Schw)*
**überkritisch** *adj (Hyd/Pneu)* **supercritical** *adj (Hyd/Pneu)*
**überlagern** *v (Stb)* **superimpose** *v (Stb)*
**Überlandförderer** *m (Band, Umschl)* **overland conveyor** *(Band, Umschl)*
**überlappen** *v (Stb, Schw)* **overlap** *v (Schw, Stb)*
**Überlappstoß** *m (Schw)* **lap joint** *(Schw)*
**Überlappung** *f (Stb, Schw)* **overlap** *(Stb, Schw)*
**Überlappungsnietung** *f (Stb)* **lap rivet joint** *(Stb)*
**Überlappungsschweißung** *f (Stb, Schw)* **lap welding** *(Schw, Stb)*
**Überlaschung** *f (Stb)* **splicing** *(Mech, Stb)*
**überlasten** *v (Mech) (gewichtsbezogen)* **overload** *v (Mech)*
**überlasten** *v (Mech) (leistungsbezogen)* **overcharge** *v (Mech)*
**Überlastfaktor** *m (Mech, Stat)* **overload factor** *(Stat)*
**Überlastsicherung** *f (Hyd/Pneu)* **overload protection** *(Hyd/Pneu)*
**Überlast-Sicherungssystem** *nt (Hyd/Pneu, Mech)* **overload protection system** *(Hyd/Pneu, Mech)*
**Überlastung** *f (Mech) (Versandgeschäft)* **saturation** *(Mech, Hütt/Wlz)*
**Überlastung** *f (Mech, Stat) (Gewicht)* **overload** *(Mech, Stat)*
**Überlastwarneinrichtung** *f (Bg/Bergb)* **safe-load indicator** *(Bg/Bergb)* **SLI** *(Bg/Bergb)* (Abv)
**Überlauf** *m (Aufb)* **overflow** *(Aufb)*
**Überlauf** *m (Mech) (eines Tanks)* **drain** *(Mech, Bg/Bergb)*
**Überlauf** *m (Stb) (für Flüssigkeiten)* **spillway** *(Stb)*
**Überlaufanzeiger** *m (Mech)* **out-of-range indicator** *(Mech)*
**Überlaufbohrung** *f (Mech)* **overflow tap** *(Mech)*
**Überlaufschutz** *m (Bg/Bergb)* **roll-back limiter** *(Bg/Bergb)*
**Übermaß** *nt (Allg) (mehr als benötigt)* **abundance** *(Allg)*
**Übermaß** *nt (Bahn)* **oversize** *(Bahn)*
**Übermaß** *nt (Mech)* **interference** *(Mech)*
**übermäßig** *adj (Allg)* **excessive** *adj (Allg)*
**Übernahme** *f (Allg)* **take-over** *(Allg)*
**überprüfen** *v (Mech, Allg)* **check** *v (Mech, Allg)* **examine** *v (Mech, Allg)*
**Überrollbügel** *m (Mech, Kfz)* **rollbar** *(Mech, Kfz)*
**überschneiden** *v (Schw, Stb)* **overlap** *v (Schw, Stb)*
**Überschneidring** *m (Mech)* **overlapping ring** *(Mech)*
**Überschneidung** *f (Hütt/Wlz)* **overlapping** *(Hütt/Wlz)*
**überschreiten** *v (Mech, Allg) (z.B. eine Beschränkung)* **exceed** *v (Mech, Allg)* (e.g. a limit)
**überschüssig** *adj (Allg)* **surplus** *adj (Mech, Allg)*
**überschütten** *v (Umschl) (z.B. das Band)* **flood** *v (Umschl)* (the belt conveyor)
**Überschüttung** *f (Band, Umschl, Bg/Bergb)* **overflowing** *(Umschl, Bg/Bergb)*
**übersehen** *v (Allg)* **overlook** *v (Allg)*
**Übersetzbetrieb** *m (Bg/Bergb)* **castmining** *(Bg/Bergb)*
**Übersetzung** *f (Mech) (Getriebe)* **transmission ratio** *(Mech)*
**Übersetzung** *f (Mech) (Zahnrad)* **gear** *(Mech)*
**Übersetzung ins Langsame** *(Mech)* **speed reducing ratio** *(Mech)*
**Übersetzung ins Schnelle** *(Mech)* **speed increasing ratio** *(Mech)*
**Übersetzungsverhältnis** *nt (Mech)* **ratio of transmission** *(Mech)*

**Übersicht** *f (Allg) (Überblick)* **survey** *(Allg)*
**Übersicht** *f (Mech) (Zusammenfassung)* **summary** *(Allg)*
**überspritzbar** *adj (Anstr)* **recoatable** *adj (Anstr)*
**Überspritzen** *nt (Anstr)* **recoating** *(Anstr)*
**überspült** *adj (Hütt/Wlz) (von Wasser)* **submerged** *adj (Form)*
**Überstand** *m (Mech)* **projecting end** *(Mech)*
**Überstand** *m (Stb) (z.B. einer Kante)* **overhang** *(Stb)*
**überstehen** *v (Mech) (hinausragen über)* **project** *v/i (Mech)*
**überstreichbar** *adj (Anstr)* **recoatable** *adj (Anstr)*
**Überstreichen** *nt (Anstr)* **recoating** *(Anstr)*
**Überströmleitung** *f (Hyd/Pneu)* **overflow line** *(Hyd/Pneu)*
**Überströmrohr** *nt (Hyd/Pneu)* **overflow pipe** *(Hyd/Pneu)*
**Überströmstutzen** *m (Hyd/Pneu)* **overflow tube** *(Hyd/Pneu)*
**übertragbar** *adj (Mech, Allg)* **transferable** *adj (Mech, Allg)*
**Übertragung** *f (Mech) (Kupplung)* **transmission** *(Mech)*
**Übertragungswand** *f (Bg/Bergb)* **transfer wall** *(Bg/Bergb)*
**überverdichtet** *adj (Mech)* **supercharged** *adj (Mech)*
**überwachen** *v (Allg)* **observe** *v (Allg)* **supervise** *v (Allg)*
**Überwachungspersonal** *nt (Allg)* **supervising personnel** *(Allg)*
**überwinden** *v (Allg) (Hindernis)* **negotiate** *v (Allg)* (an obstacle)
**Überwurfmutter** *f (Mech) (Verbindungsmutter)* **connection nut** *(Mech)*
**Überwurfmutter** *f (Mech)* **spigot nut** *(Mech)* **union nut** *(Mech)*
**Überwurfschraube** *f (Mech)* **union screw** *(Mech)*
**Überwurfschutz** *m (Bg/Bergb) (gegen fallendes Material)* **roll-back limiter** *(Bg/Bergb)*
**überzählig** *adj (Mech, Allg)* **redundant** *adj (Mech, Allg)*
**Überzug** *m (Mech) (Kabel)* **cable sheating** *(Mech)*
**Überzug** *m (Mech)* **coating** *(Mech, Anstr)* **lagging** *(Band)*
**Uferlinie** *f (Bg/Bergb)* **strandline** *(Bg/Bergb)*
**U-förmig** *adj (Hütt/Wlz, Mech)* **U-shaped** *adj (Mech, Hütt/Wlz)*
**U-Kerbe** *f (Stb)* **single U notch** *(Stb)*
**Ultraschall...** *affix (El)* **ultrasonic** *adj (El)*
**Ultraschallgerät** *nt (El)* **ultrasonic testing instrument** *(El)*
**Ultraschallmessgerät** *nt (El)* **ultrasonic sensing instrument** *(El)*
**Ultraschallschweißen** *nt (Schw)* **ultrasonic welding** *adj:n (Schw)*
**Ultraschallsonde** *f (Mech, Zer)* **ultrasonic probe** *(Mech, Zer)*
**Ultraschallwarmschweißen** *nt (Schw)* **ultrasonic hot welding** *adj:n (Schw)*
**Umbau** *m (Bau)* **rebuilding** *(Mech, Bau)* **reconstruction** *(Mech, Allg)*
**Umbau** *m (Bg/Bergb) (z.B. der Baggerausrüstung)* **conversion** *(Bg/Bergb)* (of an excavator attachment)
**Umbau** *m (Hütt/Wlz) (der Stranggießanlage)* **remodelling** *(Hütt/Wlz)* (of the slab caster)
**Umbau** *m (Hütt/Wlz) (der Zwischenstaffel)* **revamping** *(Mech)*
**Umbau** *m (Mech, Mont) (von Geräten)* **rearrangement** *(Mech, Mont)* (of equipment)
**umbauen** *v (Mech, Mont)* **convert** *v (Mech Mont, Bg/Bergb)*
**Umbaugruppe** *f (Bg/Bergb)* **conversion group** *(Bg/Bergb)*
**Umbausatz** *m (Mech, Mont)* **conversion set** *(Mech, Mont)*
**umdrehbar** *adj (Mech, Allg)* **reversible** *adj (Mech, Allg)*
**Umdrehung** *f (Mech) (des Motors)* **revolution** *(Mech)*
**Umdrehung** *f (Mech)* **rotation** *(Mech)* **turn** *(Mech)*
**Umdrehungen pro Minute** *(Mech)* **revolutions per minute** *(Mech)*
**Umdrehungszahl** *f (Mech)* **revolution rate** *(Mech)*
**Umdrehungszähler** *m (Mech)* **revolution counter** *(Mech)*
**umfalzen** *v (Mech, Mont) (z.B. Blech)* **crimp** *v (Mech, Mont)* **crimp over** *v (Mech, Mont)*

**Umfang** *m (Allg, Mech) (Breite)* **width** *(Allg)*
**Umfang** *m (Mech) (eines Kreises)* **circumference** *(Allg, Mech)*
**Umfang** *m (Mech) (eines Rechtecks)* **perimeter** *(Mech)*
**Umfangs...** *affix (Mech)* **circumferential** *adj (Mech)* **peripheral** *adj (Mech)*
**Umfangslast** *f (Stat)* **rotating load** *(Stat)*
**Umfangsschweißung** *f (Schw)* **circumferential weld** *adj:n (Schw)*
**Umfassungswinkel** *m (Mech)* **width angle** *(Mech)*
**Umformtechnik** *f (Hütt/Wlz)* **metal forming** *(Hütt/Wlz)*
**umführen** *v (Hütt/Wlz) (Rauchgas)* **bypass** *v (Hütt/Wlz, Mech)*
**Umführung** *f (Hütt/Wlz)* **bypass** *(Mech, Hütt/Wlz)*
**Umführungsklappe** *f (Hütt/Wlz)* **bypass damper** *(Hütt/Wlz)*
**umgebend** *adj (Mech, Allg)* **ambient** *adj (Mech, Allg)*
**umgebördelt** *adj (Mech)* **flanged** *adj (Mech)*
**Umgebungs...** *affix (Mech, Allg)* **ambient** *adj (Mech, Allg)*
**Umgebungstemperatur** *f (Mech, Allg)* **ambient temperature** *adj:n (Mech, Allg)*
**Umgehungsventil** *nt (Hyd/Pneu, Mech)* **bypass valve** *(Hyd/Pneu, Mech)*
**umgekehrt** *adj (Mech, Allg)* **inverted** *adj (Mech, Allg)* **reversed** *adj (Mech, Allg)*
**Umgrenzungsprofil** *nt (Bahn)* **loading gauge** *(Bg/Bergb, Bahn)*
**umhüllen** *v (Mech)* **sheathe** *v (Mech, Allg)*
**umkanten** *v (Mech, Mont) (z.B. Blech)* **fold back** *v (Mech, Mont)*
**umkehrbar** *adj (Mech, Allg)* **reversible** *adj (Mech, Allg)*
**Umkehre** *f (Band, Bg/Bergb)* **return terminal** *(Band, Bg/Bergb)*
**Umkehrgerüst** *nt (Band, Bg/Bergb, Umschl)* **return terminal frame** *(Band, Bg/Bergb, Umschl)*
**Umkehrlöffel** *m (Bg/Bergb) (ältere Baggerausrüstung)* **reversible bucket** *adj:n (Bg/Bergb)*
**Umkehrtrommel** *f (Bg/Bergb)* **tail pulley** *(Bg/Bergb)*
**Umkehrwelle** *f (Bg/Bergb, Mech)* **reversing shaft** *(Bg/Bergb, Mech)*
**Umkippen** *nt (Stb, Stat)* **overturning** *(Mech, Stat, Stb)*
**Umladestation** *f (Umschl)* **transfer station** *(Umschl)*
**Umlauf der Trübe** *(Aufb)* **circulation of pulp** *(Aufb)*
**Umlauf** *m (Hyd/Pneu) (Kreislauf des Kühlwassers)* **circuit** *(Hyd/Pneu)* (of coolant)
**Umlauf** *m (Mech) (Rotation)* **rotation** *(Mech)*
**Umlauf, drucklos** druckloser Umlauf *adj:n (Hyd/Pneu)* **pressureless circulation** *adj:n (Hyd/Pneu)*
**Umlaufblech** *nt (Bahn) (Wartungsbühne)* **running board** *(Mech, Bahn)*
**Umlaufdrehzahl** *f (Mech) (Leerlauf)* **idle speed** *adj:n (Mech)*
**umlaufend** *adj (Mech)* **rotating** *adj (Mech)*
**Umlaufentgasung** *f (Hütt/Wlz)* **vacuum recirculation process** *(Hütt/Wlz)*
**Umlaufgetriebe** *nt (Mech)* **planetary gear** *(Mech)*
**Umlaufgut** *nt (Zer)* **circulating material** *(Zer)*
**Umlaufluft** *f (Mech) (Klimaanlage)* **pulsed air** *adj:n (Mech)*
**Umlaufrad** *nt (Mech)* **planet gear** *(Mech)*
**Umlaufvorschubhärtung** *f (Mech)* **rotor feed hardening** *(Mech)*
**Umlaufwasserpumpe** *f (Mech)* **circulating water pump** *(Hyd/Pneu)*
**Umlaufzeit** *f (Bg/Bergb)* **cycle time** *(Mech, Bg/Bergb)*
**Umlegeeinrichtung** *f (Bg/Bergb) (für Ramme)* **folding-down device** *(Bg/Bergb)*
**umlegen** *v (Mech, Mont) (z.B. Kanten)* **bead** *v (Mech, Mont)*
**Umlenkblech** *nt (Bg/Bergb, Umschl)* **baffle plate** *(Bg/Bergb, Umschl)*
**Umlenkhebel** *m (Bahn, Mech) (der Feststellbremse)* **pivot arm** *(Bahn, Mech)* (of the hand brake)
**Umlenkhebel** *m (Mech)* **steering lever** *(Mech)*
**Umlenkrolle** *f (Band)* **return pulley** *(Band)*
**Umlenkrolle** *f (Bg/Bergb)* **idler** *(Bg/Bergb)*
**Umlenktrommel** *(Bg/Bergb, Umschl) (z.B. für die Bandschleife)* **tail pulley** *(Band)*
**Umlenkung** *f (Mech)* **circle reverse control** *(Mech)*

**Umluftheizung** *f (Mech)* **circulating air heating** *(Mech)*
**ummanteln** *v (Mech)* **sheathe** *v (Mech, Allg)*
**ummantelt** *adj (Mech)* **sheathed** *adj (Mech)*
**Ummantelung** *f (Bau)* **coat** *(Bau)*
**Ummantelung mit Beton** *(Bau)* **concrete cover** *(Bau)*
**Umrechnungsformel** *f (Math)* **formula to convert** *(Math)*
**Umrechnungstafel** *f (Math, Mech)* **conversion table** *(Math, Mech)*
**Umreifungsdraht** *m (Mech)* **strapping wire** *(Mech)*
**Umreifungsgerät** *nt (Mech)* **strapping tool** *(Mech)*
**Umreifungskopf** *m (Mech)* **strapping head** *(Mech)*
**Umreifungsmaschine** *f (Mech)* **strapping machine** *(Mech)*
**Umreifungssystem** *nt (Mech)* **strapping system** *(Mech)*
**Umrissskizze** *f (Mech) (mit Einbaumaßen)* **outline drawing** *(Mech)*
**umrüstbar** *adj (Mech, Bg/Bergb) (z.B. von Hoch- auf Tieflöffel)* **convertible** *adj (Mech, Bg/Bergb)* (e.g. grab to crane hook)
**Umrüsten** *nt (Bg/Bergb)* **change of attachment** *(Bg/Bergb)*
**umrüsten** *v (Mech, Bg/Bergb)* **change** *v (Mech, Bg/Bergb)* (the attachment) **convert** *v (Mech Mont, Bg/Bergb)* **modify** *v (Mech, Bg/Bergb)* (the equipment)
**Umrüstsatz** *m (Bg/Bergb)* **conversion kit** *(Bg/Bergb)* **conversion set** *(Mech, Mont, Bg/Bergb)*
**Umrüstung** *f (Bau) (Neubau)* **reconstruction** *(Mech, Allg)*
**Umrüstung** *f (Mech, Bg/Bergb) (Änderung der Ausrüstung)* **conversion** *(Bg/Bergb)* (of an excavator attachment)
**Umsatz, intern** interner Umsatz *adj:n* **internal sales** *adj:n*
**umschaltbar** *adj (Mech, Allg)* **reversible** *adj (Mech, Allg)*
**Umschaltbolzen** *m (Mech) (im Steuerventil)* **spool** *(Mech)* (in valve block)
**umschalten** *v (Bg/Bergb) (z.B. auf Handbedienung)* **override** *v (Bg/Bergb)*
**Umschaltung** *f (Mech) (in anderen Gang)* **shifting** *(Mech)* (in other gear)
**Umschaltventil** *nt (Mech) (zur Umkehrung)* **reversing valve** *(Mech)*
**Umschlag** *m (Umschl) (von Gütern)* **handling** *(Umschl)* (of material)
**Umschlag und Lagerung** *(Umschl)* **rehandling and storage** *(Umschl)*
**Umschlag und Spedition** *(Umschl)* **rehandling and forwarding** *(Umschl)*
**Umschlaganlage** *f (Umschl)* **handling plant** *(Umschl)*
**Umschlagbagger** *m (Umschl)* **rehandling excavator** *(Umschl)*
**Umschlagbetrieb** *m (Umschl)* **rehandling operation** *(Umschl)*
**Umschlagen** *nt (Stat) (Umkehren von Kräften)* **reversal of force** *(Stat)*
**Umschlaggeräte für Massengut** *(Umschl)* **bulk materials handling equipment** *(Umschl)*
**Umschlaggeräte** *pl nt (Umschl)* **materials handling equipment** *(Umschl)*
**Umschlaggeräte und -anlagen** *(Umschl)* **materials handling plants and systems** *(Umschl)*
**Umschlaggreifer** *m (Umschl)* **rehandling grab** *(Umschl)*
**Umschlags- und Verladeanlagen mit Zwischenlager** *(Umschl)* **stockpiling, handling and loading facilities for bulk materials** *(Umschl)*
**Umschlagstation** *f (Umschl)* **transfer station** *(Umschl)*
**Umschlagtechnik** *f (Umschl)* **materials handling technology** *(Umschl)*
**umschließend** *adj (Mech)* **surrounding** *adj (Mech, Allg)*
**Umschlingungswinkel** *m (Mech)* **arc of contact** *(Mech)* **wrap** *(Mech)*
**umschlossen** *adj (Mech, Allg)* **enclosed** *adj (Mech)* (surrounded)
**umschweißt** *adj (Schw)* **boxed** *adj (Schw)*
**Umschweißung** *f (Schw) (um drei Seiten)* **boxing** *(Schw)* (welding on three sides)
**Umsetzen des Materials** *(Bg/Bergb, Umschl)* **transport** *(Mech, Bg/Bergb, Umschl)*
**umsetzen** *v (Mech)* **change** *v (Mech)* (of sites) **tram** *v (Mech)*
**umspannt** *adj (Mech)* **wrapped** *adj (Mech, Allg)*
**umsteuerbar** *adj (Bahn, Mech)* **reversible** *adj (Mech, Allg)*

**Umsteuerhebel** *m (Bahn, Mech) (z.B. im Steuerwagen)* **reverse lever** *(Bahn, Mech)* (e.g. in locomotive)
**Umsteuerkolben** *m (Mech) (Schmieranlage)* **change-over piston** *(Mech)*
**Umsteuerung** *f (Mech) (Schmieranlage)* **change-over control** *(Mech)*
**Umwälzgebläse** *nt (Hütt/Wlz)* **recirculating fan** *(Hütt/Wlz)*
**Umwälzpumpe** *f (Hyd/Pneu)* **circulation pump** *(Hyd/Pneu)*
**Umwandler** *m (Mech)* **exchanger** *(Hyd/Pneu, Mech)*
**Umwandlungsgestein** *nt (Bau)* **metamorphic rock** *adj:n (Bau)*
**Umwandlungstemperatur** *f (Mech)* **conversion temperature** *(Mech)*
**Umwelt...** *affix (Ökol, Allg)* **environmental** *adj (Ökol, Allg)*
**Umwelttechnik** *f (Allg)* **environmental technology** *adj:n (Allg)*
**Umweltverschmutzung** *f (Ökol)* **environmental pollution** *adj:n (Ökol, Allg)*
**Umwickelanlage** *f (Mech)* **coiling line** *(Mech)*
**umwickelt** *adj (Mech)* **covered** *adj (Allg)* **wrapped** *adj (Mech, Allg)*
**Unausgeglichenheit** *f (Hütt/Wlz)* **unbalance** *(Mech, Hütt/Wlz)*
**unbearbeitet** *adj (Mech, Hütt/Wlz)* **crude** *adj (Mech, Allg)* **raw** *adj (Mech, Allg)*
**unbeheizt** *adj (Hütt/Wlz)* **unheated** *adj (Hütt/Wlz)*
**unbeladen** *adj (Allg, Bahn)* **empty** *adj (Allg)*
**unbelastet** *adj (Mech) (im Leerlauf)* **idling** *adj (Mech)*
**unbelastet** *adj (Mech) (unbeladen)* **unloaded** *adj (Bahn)*
**unbelegt** *adj (Mech) (ohne Begrenzung)* **unlined** *adj (Mech)* (unlimited)
**unbemaßt** *adj (Allg) (in Zeichnungen)* **without dimensions** *(Allg)*
**unberuhigt** *adj (Hütt/Wlz) (Stahl)* **unkilled** *adj (Hütt/Wlz)* (steel)
**unberührt** *adj (Mech, Allg)* **untouched** *adj (Mech, Allg)*
**unbeschädigt** *adj (Mech, Allg)* **undamaged** *adj (Mech, Allg)*
**unbeschaltet** *adj (Mech)* **blank** *adj (Mech)*
**unbesetzt** *adj (Mech)* **unmanned** *adj (Mech)*
**unbestimmt** *adj* **indeterminate** *adj*
**unbeweglich** *adj (Mech)* **stiff** *adj (Mech)*
**unbrennbar** *adj (Chem)* **non-combustible** *adj (Chem)*
**undicht** *adj (Mech, Hyd/Pneu)* **leaky** *adj (Mech, Hyd/Pneu)*
**undurchsichtig** *adj (Allg)* **intransparent** *adj (Allg)*
**uneben** *adj (Bau) (z.B. Straße)* **bumpy** *adj (Bau)* **uneven** *adj (Mech, Allg)*
**unelastisch** *adj (Mech)* **inelastic** *adj (Mech)*
**unendlich** *adv (Mech, Allg)* **indefinitely** *adv (Mech, Allg)*
**unfertig** *adj (Mech, Allg)* **unfinished** *adj (Mech)*
**ungebeizt** *adj (Hütt/Wlz)* **unpickled** *adj (Hütt/Wlz)*
**ungedämpft** *adj (Mech, Allg)* **undamped** *adj (Mech)*
**ungeeignet** *adj (Allg)* **unfit** *adj (Allg)*
**ungeglüht** *adj (Hütt/Wlz)* **unannealed** *adj (Hütt/Wlz)*
**ungehärtet** *adj (Hütt/Wlz)* **unhardened** *adj (Hütt/Wlz)*
**ungehindert** *adj (Allg)* **unhampert** *adj (Allg)*
**ungenau** *adj (Mech, Allg)* **inaccurate** *adj (Mech)* **inexact** *adj (Mech)*
**ungerillt** *adj (Mech)* **non-grooved** *adj (Mech)*
**ungeschützt** *adj (Mech)* **exposed** *adj (Bg/Bergb, Mech)* **unprotected** *adj (Mech)*
**ungespannt** *adj (Mech) (z.B. Riemen)* **loose** *adj (Allg, Mech)*
**ungesprengt** *adj (Bg/Bergb)* **without prior blasting** *(Bg/Bergb)*
**ungestört** *adj (Allg)* **undisturbed** *adj (Mech, Allg)*
**ungeteilt** *adj (Mech)* **solid** *adj (Bg/Bergb, Mech, Allg)*
**ungleich** *adv (Mech)* **uncoordinatedly** *adv (Mech)*
**Ungleichheit** *f (Stb)* **inequality** *(Stb)*
**ungleichmäßig** *adj (Hütt/Wlz, Mech)* **asymmetrical** *adj (Mech, Allg)* **irregular** *adj (Mech, Allg)* **unequal** *adj (Mech, Allg)*
**ungleichschenklig** *adj (Mech, Math)* **unequal** *adj (Mech, Math, Allg)*
**Unimog mit Bergstütze** *(Mont)* **unimog with jib** *(Mont)*

**universal** *adj (Mech, Allg)* **universal** *adj (Mech, Allg)*
**Universalbagger** *m (Bg/Bergb)* **universal excavator** *(Bg/Bergb)*
**Universaldrehbank** *f (Mont, Werkz)* **universal lathe** *(Mont, Werkz)*
**Universal-Druckschlauch** *m (Hyd/Pneu)* **universal pressure hose** *(Hyd/Pneu)*
**Universalgelenk** *nt (Mech)* **ball-and-socket joint** *(Mech)*
**Universalgerät** *nt (Mech)* **versatile machine** *adj:n (Mech)*
**Universal-Löffel** *m (Bg/Bergb)* **reversible bucket** *adj:n (Bg/Bergb)*
**Universal-Planierschild** *nt (Bg/Bergb)* **U-blade** *(Mech, Bg/Bergb)*
**Universalschaufel** *f (Bg/Bergb)* **general-purpose bucket** *(Bg/Bergb)*
**Universalschlüssel** *m (Werkz)* **monkey wrench** *(Mont, Werkz)*
**Universalschraubenschlüssel** *m (Mont, Werkz)* **universal spanner** *(Mont, Werkz)*
**Universalstahl** *m (Hütt/Wlz)* **universal plate** *(Hütt/Wlz)*
**Universalverbindungsmuffe** *f (Mech)* **universal junction sleeve** *(Mech)*
**Universalzange** *f (Mont, Werkz)* **universal pliers** *pl (Mont, Werkz)*
**universell** *adj (Mech, Allg)* **universal** *adj (Mech, Allg)*
**unlegiert** *adj (Mech)* **unalloyed** *adj (Mech)*
**unlöschbar** *adj (Mech, Allg)* **indelible** *adj (Mech, Allg)*
**unlöslich** *adj (Chem)* **insoluble** *adj (Chem)*
**unmaßstäblich** *adj (Mech)* **not to scale** *(Mech)*
**Unrat** *m (Bau) (Trümmer)* **debris** *(Geo, Bau)*
**Unschärfe** *f (Mont, Werkz) (z.B. eines Messers)* **bluntness** *(Mont, Werkz)*
**unsichtbar** *adj (Allg)* **unvisible** *adj (Allg)*
**Unstetigkeit** *f (Mech, Schw)* **discontinuity** *(Mech, Schw)*
**unsymmetrisch** *adj (Mech, Allg)* **unsymmetrical** *adj (Mech, Allg)*
**unter Last** *(Stat)* **under load** *(Stat)*
**unter Tag** *(Bg/Bergb)* **below ground** *(Bg/Bergb)*
**Unterband** *nt (Band)* **return belt** *(Band)*
**Unterbandführungsrolle** *f (Band)* **return-belt training idler** *(Band)*
**Unterbandgirlande** *f (Band)* **return-belt garland idler** *(Band)*
**Unterbandgirlande, zweiteilig** zweiteilige Unterbandgirlande *adj:n (Band)* **two-roll return-belt garland idler** *adj:n (Band)*
**Unterbandrolle** *f (Band)* **return idler** *(Band)*
**Unterbandrolle, einteilig** einteilige Unterbandrolle *adj:n (Band)* **one-part return idler** *adj:n (Band)*
**Unterbandschwellen** *pl f (Bg/Bergb) (Bagger)* **return idler stand** *(Bg/Bergb)*
**Unterbandtragrolle** *f (Band)* **return idler** *(Band)* **return-belt idler** *(Band)*
**Unterbau für Bandantrieb** *(Band, Umschl, Zer)* **belt drive base** *(Band, Umschl, Zer)*
**Unterbau** *m (Bg/Bergb, Umschl)* **bed** *(Bau)* **substructure** *(Bg/Bergb, Umschl)*
**unterbauen** *v (Bg/Bergb)* **prop** *v (Bg/Bergb)* (stay)
**Unterboden** *m (Geo)* **subsoil** *(Geo)*
**Unterbogen** *m (Stb)* **lower segment** *adj:n (Stb)*
**Unterbrecherhebel** *m (Mech)* **breaker lever** *(Mech)*
**Unterbrechung** *f (Allg) (Pause)* **interval** *(Mech, Allg)*
**Unterbrechung** *f (Mech) (z.B. in einer Zeichnung)* **break** *(Mech)*
**unterbreiten** *v (Bau)* **submit** *v (Bau)*
**Unterbringung** *f (Mech) (im Gehäuse)* **housing** *(Mech)*
**unterbrochen** *adj (Mech)* **discontinuous** *adj (Mech, Allg)*
**Unterdruck** *m (Hyd/Pneu)* **low pressure** *adj:n (Hyd/Pneu)*
**Unterdruckanzeige** *f (Hyd/Pneu)* **under-pressure indicator** *(Hyd/Pneu)*
**Unterdruckmesser** *m (Hyd/Pneu)* **vacuum gauge** *(Mech, Pneu)*
**unterdrückt** *adj (Mech, Allg)* **suppressed** *adj (Mech, Allg)*
**unterdurchschnittlich** *adj (Allg)* **below average** *(Allg)*
**untereutektisch** *adj (Hütt/Wlz) (Legierung unter 9 % C)* **hypoeutectic** *adj (Hütt/Wlz)* (rolled hard steel)
**unterfangen** *v (Bau) (stützen)* **underpin** *v (Bau)*

**Unterflansch** *m (Stb)* **bottom flange** *(Stb)*
**Unterflurhydrant** *m (Mech)* **underground hydrant** *(Mech)*
**Unterflurmotor** *m (Mech)* **under-floor engine** *(Mech)*
**Unterflur-Rückladeband** *nt (Umschl)* **tunnel reclaim conveyor** *(Umschl)*
**Unterführung** *f (Bau) (für Fußgänger)* **subway** *(Bau)*
**Unterführung** *f (Bau)* **underpass** *(Bau)*
**Unterfütterung** *f (Mech)* **lining** *(Mech, Stb)* (inside)
**untergelagert** *adj (Geo, Allg)* **underlying** *adj (Geo, Allg)*
**untergeordnet** *adj (Mech, Allg)* **subordinate** *adj (Mech, Allg)*
**Untergeschoss** *nt (Bau)* **basement** *(Bau)*
**Untergestell** *nt (Bahn, Mech) (des Wagons)* **underframe** *(Bahn, Mech)* (undercarriage)
**Untergestell** *nt (Mech)* **chassis** *(Bg/Bergb, Mech)*
**Untergliederung** *f (Allg)* **sub-division** *(Allg)*
**Untergrund** *m (Geo, Allg)* **bedrock** *(Geo)* **subsoil** *(Geo)*
**Untergruppe** *f (Allg)* **sub-group** *(Allg)*
**Untergurt** *m (Band)* **return belt** *(Band)*
**Untergurt** *m (Stb) (Blechträger)* **bottom chord** *(Bau, Stb)*
**Untergurtanschluss** *m (Stb)* **lower-chord connection** *(Stb)*
**Untergurtanschlusslaschen** *pl f (Stb)* **lower-chord connecting plate** *(Stb)*
**Untergurtgirlande** *f (Band) (Großförderband)* **lower catenary idler** *adj:n (Band)*
**Untergurtstab** *m (Stb)* **bottom chord member** *(Stb)*
**Untergurtwinkel** *m (Stb)* **bottom chord angle** *(Stb)*
**Unterhaltung** *f (Mech, Bau) (Wartung, Pflege)* **maintenance** *(Allg)* **upkeep** *(Mech, Allg)*
**unterhöhlen** *v (Geo) (erodieren)* **erode** *v (Geo)*
**unterirdisch** *adj (Mech, Mont)* **underground** *adj (Mech, Allg)*
**Unterkante** *f (Bg/Bergb)* **lower cutting edge** *adj:n (Bg/Bergb)*
**Unterkorn** *nt (Zer)* **undersize** *(Zer, Stb)*
**unterkritisch** *adj (Hyd/Pneu)* **sub-critical** *adj (Hyd/Pneu)*
**Unterlage** *f (Mech)* **base** *(Mech)* (support) **pad** *(Mech)* **spacer** *(Mech, Hütt/Wlz)*
**Unterlage** *f (Schw) (beim Schweißen)* **backing** *(Schw)* (e.g. ceramic)
**Unterlagplatte** *f (Bahn) (Schiene / Schwelle)* **steel base plate** *(Bahn)*
**Unterlagplatte, geneigt** geneigte Unterlagplatte *adj:n (Bahn)* **canted steel base plate** *adj:n (Bahn)*
**Unterlagplatte, gerade** gerade Unterlagplatte *adj:n (Mech)* **flat steel base plate** *(Mech)*
**Unterlagsblech** *nt (Schw) (z.B. mit Markierungen)* **shim** *(Schw)* (X-ray)
**Unterlagsblock** *m (Mech)* **pad** *(Mech)*
**Unterlagsplatte** *f (Bau)* **tie plate** *(Stb, Bau)*
**Unterlegblech** *nt (Mech)* **shim** *(Mech)*
**Unterlegholz** *nt (Mont)* **wooden support** *adj:n (Mont)*
**Unterlegkeil** *m (Bahn, Mech) (z.B. für Kfz, Bahn)* **chock** *(Mech, Bahn)* **wheel chock** *(Mech)*
**Unterlegkeil** *m (Mech)* **wedge** *(Mech, Mont)*
**Unterlegplatte** *f (Mech)* **spacer** *(Mech, Hütt/Wlz)*
**Unterlegscheibe** *f (Mech) (Federring)* **spring lock washer** *(Mech)*
**Unterlegscheibe** *f (Mech) (im Zylinder)* **shim** *(Mech)*
**Unterlegscheibe** *f (Mech) (Sicherungsblech)* **safety tab washer** *(Mech)*
**Unterlegscheibe** *f (Mech)* **washer** *(Mech)*
**unterliegend** *adj (Geo, Allg)* **underlying** *adj (Geo, Allg)*
**Untermaß** *nt (Stb)* **undersize** *(Zer, Stb)*
**untermauern** *v (Bau)* **found** *v (Bau)* (to lay a base)
**Unternahtriss** *m (Schw) (der Schweißnaht)* **toe crack** *(Schw)*
**Unterpulverschweißen** *nt (Schw)* **submerged arc welding** *adj:n (Schw)* **SAW** *(Schw)* (Abv)
**Unterrahmen** *m (Mech, Bahn)* **lower frame** *adj:n (Mech)* **underframe** *(Bahn, Mech)* (undercarriage)
**Unterrahmenkonstruktion** *f (Mech, Bahn)* **lower frame structure** *(Mech, Stb)* **underframe structure** *(Bahn)*
**Untersatz** *m (Bau)* **pedestal** *(Mech, Bau)*
**Untersatz** *m (Mech) (Stütze, Sockel)* **base** *(Mech)* (support)

**Unterscheibenbandrolle** *f (Band)* **disc-type return idler** *(Band)*
**Unterschieneschweißen** *nt (Schw)* **fire-cracker welding** *(Schw)*
**Unterschnitt** *m (Mech) (Getriebe)* **cutter interference** *(Mech)*
**Unterschreitung** *f (Allg) (z.B. eines Solls)* **undercut** *(Allg)* (of an aim)
**Unterschubrost** *m (Hütt/Wlz)* **underfeed stoker** *(Hütt/Wlz)*
**untersetzt** *adj (Mech)* **geared down** *adj (Mech)*
**Untersetzungsgetriebe** *nt (Mech)* **speed reducing gear system** *adj:n (Mech)*
**Untersicht** *f (Mech) (der Rolltreppe)* **bottom view** *(Allg, Mech)*
**unterspannt** *adj (Mech, Stb)* **trussed** *adj (Mech, Stb)*
**Unterspülung** *f (Bau)* **washout** *(Bau)*
**unterstempeln** *v (Bg/Bergb)* **underpin** *v (Bg/Bergb)*
**unterstützen** *v (Mech)* **boost** *v (Allg, Mech)* **stay** *v (Mech, Mont, Bg/Bergb)*
**Unterstützungsvorrichtung** *f (Mech)* **supporting device** *(Mech)*
**untersucht** *adj (Mech) (überprüft)* **reviewed** *adj (Mech)* (checked over)
**Untersuchung auf Alterung** *(Mech)* **ageing test** *(Mech)*
**Untersuchung** *f (Mech, Allg)* **examination** *(Mech, Allg)* **investigation** *(Mech, Allg)*
**Untersuchung, stapelweise** stapelweise Untersuchung *adj:n (Mech)* **batch check**
**Untertageausbau** *m (Bg/Bergb)* **pit support structure** *(Bg/Bergb)*
**Untertagebau** *m (Bg/Bergb)* **deep mining** *(Bg/Bergb)*
**Untertagebergbau** *m (Bg/Bergb)* **underground mining** *(Bg/Bergb)*
**Untertagebetrieb** *m (Bg/Bergb)* **deep-mining operation** *(Bg/Bergb)*
**untertägig** *adj (Bg/Bergb)* **underground** *adj (Mech, Allg)*
**Unterteil** *nt (Mech)* **base** *(Mech)* (support)
**Unterteil** *nt (Zer) (Brecher)* **bottom shell** *(Zer)*
**unterteilt** *adj (Mech, Allg)* **broken down** *adj (Mech, Allg)*
**Unterteilung** *f (Bau)* **subdivision** *(Allg, Bau)*
**Untertrommel** *f (Hütt/Wlz)* **lower drum** *adj:n (Hütt/Wlz)*
**Untertrum** *m (Band)* **return belt** *(Band)* **return strand** *(Band)* (of belt)
**Unterwagen** *m (Bg/Bergb)* **undercarriage** *(Bg/Bergb, Mech)*
**Unterwasserbaggerpumpe** *f (Bg/Bergb)* **underwater dredge pump** *(Bg/Bergb)*
**Unterwasserbaggerung** *f (Bg/Bergb)* **underwater digging** *(Bg/Bergb)*
**Unterwasserkratzer** *m (Bg/Bergb)* **underwater scraper** *(Bg/Bergb)*
**Unterwasser-Plasma-Brennschneidanlage** *f (Hütt/Wlz)* **plasma-underwater-flame-cutting machine** *(Hütt/Wlz)*
**Unterwasserschneidrad** *nt (Bg/Bergb)* **underwater cutting wheel** *(Bg/Bergb)* **UW cutting wheel** *(Bg/Bergb)*
**Unterwasser-Schneidradbagger** *m (Bg/Bergb)* **underwater cutting wheel dredger** *(Bg/Bergb)*
**Unterwassersichtgerät** *nt (Schiff)* **UW depth and positioning indicator** *(Schiff)*
**unterwerfen** *v (Bau)* **submit** *v (Bau)*
**Unterwind** *m (Hütt/Wlz) (Rost)* **undergrate air** *(Hütt/Wlz)*
**Unterwindkanal** *m (Hütt/Wlz)* **bottom air duct** *(Hütt/Wlz)*
**Unterwindpressung** *f (Hütt/Wlz)* **undergrate air pressure** *(Hütt/Wlz)*
**Unterwindventilator** *m (Hütt/Wlz)* **F.D. fan** *(Hütt/Wlz)* (Abv) **forced-draught fan** *(Hütt/Wlz)*
**Unterwindzone** *f (Hütt/Wlz)* **air plenum chamber** *(Hütt/Wlz)*
**Unterzug** *m (Hütt/Wlz) (Windrichtung im Ofen)* **underdraft** *(Hütt/Wlz)*
**Unterzug** *m (Mech)* **girder** *(Mech, Stb)*
**Unterzug** *m (Stb) (Binder)* **binding beam** *(Stb)*
**Unterzug** *m (Stb) (Hauptträger im Fachwerk)* **main beam** *adj:n BE (Mech, Stb)*
**Unterzug** *m (Stb) (im Fachwerkverband)* **binding girder** *(Stb)*
**Unterzug** *m (Stb) (Träger)* **bearer** *(Stb)*
**unverbrannt** *adj (Hütt/Wlz)* **unburned** *adj (Hütt/Wlz)*
**unverdünnt** *adj (Hütt/Wlz)* **undiluted** *adj (Hütt/Wlz)*
**unveredelt** *adj (Hütt/Wlz)* **uncoated** *adj (Hütt/Wlz)*
**unverfestigt** *adj (Geo)* **unconsolidated** *adj (Geo)*

**unverpackt** *adj (Bau) (sperrig)* **bulk** *adj (Bau)*
**unverschieblich** *adj (Bau)* **undisplaceable** *adj (Bau)*
**unversteift** *adj (Mech)* **non-stiffened** *adj (Mech)*
**unverzinkt** *adj (Hütt/Wlz)* **non-galvanized** *adj (Hütt/Wlz)*
**unverzögert** *adj (Mech, Allg)* **instantaneous** *adj (Mech, Allg)*
**unwegsam** *adj (Bau)* **impassable** *adj (Bau)*
**Unwucht** *f (Mech)* **unbalanced weight** *adj:n (Mech)*
**Unwucht-Test** *m (Mech)* **unbalance test** *(Mech)*
**UP** *nt (Schw) (Abk)* **submerged arc welding** *adj:n (Schw)* **SAW** *(Schw)* (Abv)
**Upm.** *(Mech) (Abk)* **r.p.m.** *(Mech)* (Abv) **revolutions per minute** *(Mech)*
**Urethanschutzgrundfarbe** *f (Anstr)* **urethane inhibitive primer** *(Anstr)*
**Urgestein** *nt (Bau, Geo)* **primitive rocks** *pl (Bau, Geo)*
**UV-Strahlen** *pl m* **ultraviolet rays** *(Allg, Phys)*
**UV-Strahlung** *f* **ultraviolet radiation** *(Allg, Phys)*
**UZG** *(Mech) (Abk)* **lower ignition limit** *adj:n (Mech)* **LIL** *(Mech)* (Abv)

# V

**V-förmig** *adj* **V-shape** *adj*
**V-Motor** *m (Mech)* **V-engine** *(Mech)*
**V-Schneide** *f (Mech)* **V-edge** *(Mech)*
**Vakuum** *nt (Hyd/Pneu)* **vacuum** *(Hyd/Pneu)*
**Vakuum-Lichtbogenofen** *m (Hütt/Wlz)* **vacuum arc heating furnace** *(Hütt/Wlz)*
**Vakuum-Pumpe** *f (Hyd/Pneu)* **vacuum pump** *(Hyd/Pneu)*
**Vakuumarmaturen und -zubehör** *(Hütt/Wlz)* **vacuum fittings and accessories** *(Hütt/Wlz)*
**Vakuumbremse** *f (Hyd/Pneu)* **vacuum servo brake** *(Hyd/Pneu)*
**Vakuumbremskraft** *f (Hyd/Pneu)* **vacuum brake force** *(Hyd/Pneu)*
**vakuumentgast** *adj (Hütt/Wlz)* **vacuum-degasified** *adj (Hütt/Wlz)*
**Vakuumformen** *nt (Hütt/Wlz) (V-Prozess mit Folie)* **vacuum forming** *(Hütt/Wlz)*
**Vakuumfrischen** *nt (Hütt/Wlz)* **vacuum oxygen decarburization** *(Hütt/Wlz)*
**Vakuumhebegerät** *nt (Bg/Bergb)* **vacuum lifter** *(Bg/Bergb)*
**Vakuumleitung** *f (Hyd/Pneu)* **vacuum servo brake** *(Hyd/Pneu)*
**Vakuummeter** *nt (Hyd/Pneu)* **vacuum gauge** *(Mech, Pneu)* **vacuum meter** *(Hyd/Pneu)*
**Vanadiumstahl** *m (Hütt/Wlz)* **vanadium steel** *(Hütt/Wlz)*
**Variantenzeichnung** *f (Stb)* **variant drawing** *(Stb)*
**Vaseline** *f (Mech, Chem)* **paraffine jelly** *(Mech, Chem)*
**VD-Ventil** *nt (Mech) (Sekundärabsicherung)* **VD valve** *(Mech)*
**VDE** *(El) (Abk) (Verband Deutscher Elektrotechniker)* **VDE** *(El)* (Abv)
**VDI** *(Allg) (Abk) (Verein Deutscher Ingenieure)* **VDI** *(Allg)* (Abv) (Association of German engineers)
**Vegetationsdecke** *f (Bau)* **vegetation surface** *(Bau)*
**Ventil** *nt (Hyd/Pneu)* **valve** *(Hyd/Pneu)*
**Ventil mit schwimmenden Kolben** *(Hyd/Pneu)* **float valve** *(Hyd/Pneu)*
**Ventil, entsperrbar** entsperrbares Ventil *adj:n (Hyd/Pneu)* **pilot-controlled valve** *adj:n (Hyd/Pneu)*
**Ventil, hängend** hängendes Ventil *adj:n (Hyd/Pneu)* **overhead valve** *(Hyd/Pneu)*
**Ventil, hilfsgesteuert** hilfsgesteuertes Ventil *adj:n (Hyd/Pneu)* **pilot-controlled valve** *adj:n (Hyd/Pneu)*
**Ventil, luftbetätigt** luftbetätigtes Ventil *adj:n (Hyd/Pneu)* **air-operated valve** *adj:n (Hyd/Pneu)*
**Ventil, pneumatisch** pneumatisches Ventil *adj:n (Hyd/Pneu)* **pneumatic valve** *adj:n (Hyd/Pneu)*
**Ventil, vorgesteuert** vorgesteuertes Ventil *adj:n (Hyd/Pneu)* **pilot-operated valve** *adj:n (Hyd/Pneu)* **servo-controlled valve** *adj:n (Hyd/Pneu)*
**Ventil-Einstellschraube** *f (Mech)* **valve set screw** *(Mech)*
**Ventil-Gewindeschneider** *m (Mech)* **valve stem retreader** *(Mech)*

**Ventilanbau** *m (Mech) (Ventilbestückung)* **valve attachment** *(Mech)*
**Ventilanordnung** *f (Mech) (Lage des Ventils)* **valve location** *(Mech)*
**Ventilationsschlitz** *m (Mech)* **louvre** *(Mech, Bau)*
**Ventilator** *m (Mech)* **fan** *(Hyd, Mech)* **ventilator** *(Mech)*
**Ventilator-Riemenscheibe** *f (Mech)* **fan driving pulley** *(Mech)*
**Ventilator-Schutzgitter** *nt (Mech)* **fan guard** *(Mech)*
**Ventilatorabluft** *f* **fan discharge**
**Ventilatoransatz** *m (Mech)* **fan approach** *(Mech)*
**Ventilatorblatt** *nt (Mech)* **fan blade** *(Mech)*
**Ventilatorflügel** *m (Mech)* **fan blade** *(Mech)*
**Ventilatorkühlung** *f (Mech)* **fan cooling** *(Mech)*
**Ventilatorriemen** *m (Mech)* **fan belt** *(Mech)*
**Ventilatorscheibe** *f (Mech)* **fan driving pulley** *(Mech)*
**Ventilatorüberwachung** *f (Mech)* **fan monitor** *(Mech)*
**Ventilaufsatz** *m (Hyd/Pneu)* **valve bonnet** *(Hyd/Pneu)*
**Ventilbetätigung** *f (Mech)* **valve actuating** *(Mech)*
**Ventilblock** *m (Hyd/Pneu)* **valve block** *(Hyd/Pneu, Mech)* **valve stack** *(Hyd/Pneu)*
**Ventilblock, primär** primärer Ventilblock *adj:n (Hyd/Pneu)* **primary control valve** *adj:n (Hyd/Pneu)*
**Ventilblock, sekundär** sekundärer Ventilblock *adj:n (Hyd/Pneu)* **secondary control valve** *adj:n (Hyd/Pneu)*
**Ventilbrücke** *f (Mech)* **valve crosshead** *(Mech)*
**Ventildreher** *m (Mech)* **valve rotator** *(Mech)*
**Ventildurchmesser** *m (Mech)* **valve diameter** *(Mech)*
**Ventileinsatz** *m (Mech)* **core** *(Mech)* (of valve) **valve insert** *(Mech)*
**Ventileinstellung** *f (Mech)* **valve setting** *(Mech)* **valve timing** *(Mech)*
**Ventileinstellung, verstellbar** verstellbare Ventileinstellung *adj:n (Mech)* **adjustable valve setting** *adj:n (Mech)*
**Ventilfahne** *f (Mech)* **valve mask** *(Mech)*
**Ventilfeder** *f (Hyd/Pneu)* **valve spring** *(Hyd/Pneu, Mech)*
**Ventilfeder, äußere** äußere Ventilfeder *adj:n (Hyd/Pneu, Mech)* **outer valve spring** *adj:n (Hyd/Pneu, Mech)*
**Ventilfeder, innen** innere Ventilfeder *adj:n (Mech, Hyd/Pneu)* **inner valve spring** *adj:n (Hyd/Pneu, Mech)*
**Ventilfederkeil** *m (Mech)* **valve spring key** *(Mech)*
**Ventilfederteller** *m (Mech)* **valve spring retainer** *(Mech)*
**Ventilführung** *f (Mech)* **valve guide** *(Mech)* **valve stem guide** *(Mech)*
**Ventilgehäuse** *nt (Hyd/Pneu, Mech)* **valve housing** *(Mech)*
**Ventilgestänge** *nt (Mech)* **valve trains** *pl (Mech)*
**Ventilgruppe** *f (Bg/Bergb)* **bank of valves** *(Mech, Bg/Bergb)*
**Ventilhalter** *m (Mech)* **valve keeper** *(Mech)*
**Ventilhandhabung** *f (Hyd/Pneu)* **valve management** *(Hyd/Pneu, Mech)*
**Ventilhebel** *m (Mech)* **valve lever** *(Mech)*
**Ventilhub** *m (Mech)* **valve lift** *(Mech)*
**Ventilkammer** *f (Mech)* **valve chamber** *(Mech)*
**Ventilkammerdeckel** *m (Mech)* **valve chamber cover** *(Mech)*
**Ventilkammerverkleidung** *f (Mech)* **valve chamber cover** *(Mech)*
**Ventilkappe** *f (Mech)* **valve cap** *(Mech)*
**Ventilkasten** *m (Hyd/Pneu)* **valve box** *(Hyd/Pneu)*
**Ventilkegel** *m (Mech)* **valve cone** *(Mech)*
**Ventilkegelstücke** *pl nt (Mech)* **valve collets** *pl (Mech)*
**Ventilkeil** *m (Mech)* **valve key** *(Mech)*
**Ventilkipphebel** *m (Mech)* **valve rocker arm** *(Mech)*
**Ventilklappe** *f (Hyd/Pneu)* **valve flap** *(Hyd/Pneu)*
**Ventilkolben** *m (Hyd/Pneu)* **valve piston** *(Hyd/Pneu)*
**Ventilkorb** *m (Mech)* **valve cage** *(Mech)*
**Ventilkörper** *m (Mech)* **valve body** *(Mech)*
**Ventilschraube** *f (Mech)* **valve screw** *(Mech)*
**Ventilsieb** *n* **valve strainer**
**Ventilsitzring** *m (Mech)* **valve seat insert** *(Mech)*

**Ventilspindel** *f (Mech)* **valve spindle** *(Mech)*
**Ventilsteuerstand** *m (Hyd, Bg/Bergb)* **valve control panel** *(Bg/Bergb, Hyd)*
**Ventilsteuerung** *f (Mech)* **valve gear** *(Mech)*
**Ventilstößel** *m (Mech)* **tappet** *(Mech)*
**Ventilstößelspiel** *nt (Mech)* **valve tappet clearance** *(Mech)*
**Ventilstoßstange** *f (Mech)* **valve pushrod** *(Mech)*
**Ventilträger** *m (Mech)* **valve support** *(Mech)*
**Ventilverlängerung** *f (Mech)* **valve extension** *(Mech)*
**Ventilverteilerleiste** *f (Mech)* **valve bank** *(Mech)*
**Ventilwähler** *m (Mech)* **valve selector** *(Mech)*
**verankern** *v (Mech, Mont)* **anchor** *v (Mech, Mont)*
**Verankerungsmast** *m (Stb)* **anchor mast** *(Stb)*
**Verankerungssohlplatte** *f (Mech)* **anchoring sole plate** *(Mech)*
**Verarbeitung** *f (Hütt/Wlz) (z.B. von Rohstoffen)* **processing** *(Aufb, Allg, Hütt/Wlz)*
**Verarbeitungsablauf** *m (Mech)* **sequence of processing** *(Mech)*
**Verarbeitungszeit** *f (Form)* **working time** *(Form)*
**Verband** *m (Stb) (Tragwerk, Hochbau)* **bracing** *(Mech)* (framework)
**Verband** *m (Stb, Bau) (des Mauerwerks)* **bond** *(Stb, Bau)* (e.g. between concrete and steel)
**Verband Deutscher Elektrotechniker** *(El)* **VDE** *(El)* (Abv)
**Verband-Blech** *nt (Stb)* **connection plate** *(Stb)*
**Verbandstab** *m (Stb)* **bracing member** *(Stb)*
**Verbandträger** *m (Stb)* **bracing beam** *(Stb)* **bracing girder** *(Stb)*
**Verbau** *m (Bau)* **support** *(Mech, Bau)*
**Verbau** *m (Bg/Bergb) (des Grabens)* **sheeting** *(Bg/Bergb)* (in a trench) **shoring** *(Bg/Bergb)*
**Verbauplatte** *f (Bg/Bergb) (des Grabens)* **trench-lining plate** *(Bg/Bergb)*
**verbeulen** *v (Mech)* **bend** *v (Mech, Mont)*
**verbinden** *v (Mech)* **connect** *v (Mech)* (to, with) **join** *v (Mech, Bau)*
**verbinden** *v (El) (durchstellen; Telefon)* **put through** *v (El)* (e.g. phone)
**Verbindung** *f (El)* **contact** *(El)*
**Verbindung** *f (Mech) (z.B. durch Gestänge)* **linkage** *(Mech, Bg/Bergb)*
**Verbindung** *f (Stb, Allg) (im Stahlbau)* **structural connection** *adj:n (Stb)* **joint** *(Stb, Stat)*
**Verbindung lösen** Verbindung lösen *n:v (Mech, El)* **disconnect** *v (Mech)*
**Verbindungs...** *affix (Mech, Allg)* **connecting** *adj (Mech, Allg)*
**Verbindungsart** *f (Stb)* **type of connection** *(Stb)*
**Verbindungsband** *nt (Bg/Bergb, Umschl, Band)* **connecting conveyor** *(Bg/Bergb, Umschl, Band)*
**Verbindungsbandbrücke** *f (Bg/Bergb, Umschl, Band)* **discharge bridge** *(Bg/Bergb, Umschl, Band)*
**Verbindungsdose** *f (El) (Kabelmuffe, Anschlussdose)* **junction box** *(El)*
**Verbindungsdose** *f (El) (Rohrdose)* **conduit box** *(El)*
**Verbindungselemente** *pl nt (Mech)* **fasteners** *pl AE (Mech)* (screws and nuts)
**Verbindungsglied** *nt (Stb)* **connection element** *(Stb)*
**Verbindungskabel** *nt (El)* **connection cable** *(El)*
**Verbindungslasche** *f (Mech, Stb)* **butt strap** *(Mech)*
**Verbindungsmaterial** *nt (Mech) (Schrauben und Muttern nach DIN)* **fasteners** *pl AE (Mech)* (screws and nuts)
**Verbindungsplatte** *f (Stb)* **tie plate** *(Stb, Bau)*
**Verbindungsriegel** *m (Stb) (Querbalken)* **transom** *(Mech, Stb)*
**Verbindungsring** *m (Mech)* **connecting ring** *(Mech)*
**Verbindungsrohr** *nt (Mech)* **connecting pipe** *(Mech)*
**Verbindungsschiene** *f (Mech)* **connector bar** *(Mech)*
**Verbindungsschlauch** *m (Mech)* **connecting hose** *(Mech)*
**Verbindungsstange** *f (Mech)* **connecting rod** *(Kfz)*
**Verbindungsstelle** *f (Stb)* **joint** *(Stb, Stat)*

**Verbindungsstück** *nt (Mech, Hyd/Pneu, Stb)* **tie** *(Mech, Stat, Stb)*
**Verbindungsteil** *nt (Mech)* **connector** *(Mech)*
**Verbindungswelle** *f (Mech)* **connecting shaft** *(Mech)*
**verblasen** *v (Bg/Bergb) (mit Druckluft)* **backfill** *v (Bg/Bergb)* (with compressed air)
**verblassen** *v/i (Anstr, Allg)* **weather** *v/i (Anstr)*
**verblasst** *adj (Anstr)* **pale** *adj (Anstr)*
**verbleit** *adj (Hütt/Wlz, Chem) (z.B. Bleche, Benzin)* **leaded** *adj (Hütt/Wlz, Chem)* (e.g. sheet material, gasoline)
**Verbleiung** *f (Hütt/Wlz)* **leading** *(Hütt/Wlz)*
**verblenden** *v (Bau)* **face** *v (Bau, Mech, Mont)*
**verbogen** *adj (Mech)* **bent** *adj (Mech)*
**verbolzen** *v (Mech)* **bolt** *v (Mech)*
**Verbotsschild** *nt (Allg)* **warning sign** *(Allg)*
**Verbrauch** *m (Mech) (an Kraftstoff)* **consumption** *(Allg, Mech)*
**Verbrauch** *m (Mech) (Erschöpfung)* **exhaustion** *(Mech)*
**Verbraucher** *m (Mech, Allg)* **consumer** *(Mech, Allg)*
**Verbrauchsartikel** *pl m (Mech) (z.B. Filtereinsatz)* **consumables** *pl (Mech)* (e.g. filter cartridges)
**Verbrauchsmaterial** *nt (Mech)* **consumption parts** *pl (Mech)*
**verbreitern** *v (Bau, Mech) (z.B. Straße)* **widen** *v (Bau, Mech)*
**Verbreiterung** *f (Bau, Mech)* **widening** *(Bau, Mech)*
**Verbrennbarkeit** *f (Mech, Chem) (Motor)* **combustibility** *(Mech, Chem)*
**Verbrennung** *f (Mech)* **combustion** *(Mech)*
**Verbrennung in der Schwebe** *(Hütt/Wlz)* **burning in suspension** *(Hütt/Wlz)*
**Verbrennungsdreieck** *nt (Hütt/Wlz)* **combustion chart** *(Hütt/Wlz)*
**Verbrennungskammer** *f (Mech) (des Motors)* **combustion chamber** *(Mech)*
**Verbrennungskraftmaschine** *f (Mech)* **combustion engine** *(Mech)*
**Verbrennungsluft** *f (Mech)* **combustion air** *(Mech)*
**Verbrennungsluft, vorgewärmt** vorgewärmte Verbrennungsluft *adj:n (Mech)* **preheated combustion air** *adj:n (Mech)*
**Verbrennungsmotor** *m (Mech)* **combustion engine** *(Mech)*
**Verbrennungsprodukt** *nt (Hütt/Wlz)* **product of combustion** *(Hütt/Wlz)*
**Verbrennungsraum** *m (Mech)* **combustion chamber** *(Mech)*
**Verbrennungsrechnung** *f (Hütt/Wlz)* **combustion calculation** *(Hütt/Wlz)*
**Verbrennungsrückstände** *pl m (Bahn) (Asche)* **ashes** *pl (Bahn)*
**Verbrennungstemperatur** *f (Hütt/Wlz)* **combustion temperature** *(Hütt/Wlz)*
**Verbrennungswärme** *f (Hütt/Wlz)* **heat of combustion** *(Hütt/Wlz)*
**Verbügelung** *f (Bau)* **lateral ties** *adj:n (Bau)*
**Verbund** *m (Bau, Stb)* **bond** *(Stb, Bau)*
**Verbund-Winkel** *m (Stb)* **connection angle** *(Mech, Stb)*
**Verbundanker** *m (Mech)* **shear connector** *(Mech, Bau)*
**Verbundbauweise** *f (Stb)* **composite construction** *(Stb)*
**Verbunddübel** *m (Mech)* **shear connector** *(Mech, Bau)*
**verbunden** *adj (Mech, Allg)* **connected** *adj (Mech, Allg)*
**verbunden, fest** fest verbunden *adv:adj (Mech)* **firmly connected** *adv:adj (Mech)*
**Verbundfeder** *f (Mech)* **composite spring** *(Mech)*
**Verbundgießen** *nt (Hütt/Wlz)* **composite casting** *(Hütt/Wlz)*
**Verbundglas** *nt (Bau)* **laminated glass** *adj:n (Bau)*
**Verbundguss** *m (Hütt/Wlz)* **composite casting** *(Hütt/Wlz)*
**Verbundkonstruktion** *f (Stb, Bau)* **composite construction** *(Stb)*
**Verbundlokomotive** *f (Bahn)* **compound locomotive** *(Bahn)*
**Verbundträger** *m (Stb)* **composite beam** *(Stb)*
**Verbundwasserversorgung** *f (Ökol)* **interconnected water supply** *(Ökol)*
**Verbundwerkstoff** *m (Hütt/Wlz, Stb)* **compound material** *(Hütt/Wlz, Stb)*
**verchromt** *adj (Hütt/Wlz)* **chromium-plated** *adj (Form)*
**Verchromung** *f (Mech)* **chromeplating** *(Mech)*

**Verdämmen** *nt (Bau)* **tamping** *(Bau)*
**verdampfen** *v/i (Hütt/Wlz)* **vaporize** *v/i (Hütt/Wlz)*
**Verdampfer** *m (Hütt/Wlz)* **evaporator** *(Hütt/Wlz)*
**Verdampfergebläseluftleistung** *f (Hütt/Wlz)* **vaporizing-blower air-output** *(Hütt/Wlz)*
**Verdampfung** *f (Mech)* **evaporation** *(Mech)*
**Verdampfungskühler** *m (Mech)* **evaporating cooler** *(Mech)*
**Verdampfungsspule** *f (Mech)* **evaporating coil** *(Mech)*
**Verdampfungswärme** *f (Hütt/Wlz)* **latent heat** *adj:n (Hütt/Wlz)*
**Verdeck** *nt (Mech) (Kfz)* **folding top** *(Mech)*
**verdecken** *v (Anstr) (nicht zu behandelnde Flächen)* **mask** *v (Anstr)* (areas not to be treated)
**verdeckt** *adj (Mech)* **concealed** *adj (Mech)*
**Verdehnung** *f (Mech)* **strain** *(Mech)*
**verdichten** *v (Mech)* **compress** *v (Mech)*
**Verdichter** *m (Bg/Bergb)* **compactor** *(Bg/Bergb)*
**Verdichtergehäuse** *nt (Mech)* **compressor casing** *(Mech)*
**Verdichterlaufrad** *nt (Mech)* **compressor wheel** *(Mech)*
**Verdichterplatte** *f (Mech)* **diffuser plate** *(Mech)*
**verdichtet** *adj (Bg/Bergb)* **consolidated** *adj (Bg/Bergb)*
**Verdichtung** *f (Bau) (Boden)* **compaction** *(Bau)*
**Verdichtung** *f (Mech) (Gase)* **compression** *(Stat, Mech)*
**Verdichtungsarbeit** *f (Bau)* **compaction work** *(Bau)*
**Verdichtungshub** *m (Mech)* **compression stroke** *(Mech, Hyd/Pneu)*
**Verdichtungsring** *m (Mech)* **pressure ring** *(Hyd/Pneu)*
**Verdichtungssystem** *nt (Mech)* **compaction system** *(Mech)*
**Verdichtungsverhältnis** *nt (Mech)* **compression ratio** *(Hyd/Pneu, Mech)*
**verdrängen** *v (Bau, Mech, Hyd/Pneu)* **displace** *v (Bau, Mech, Hyd/Pneu)*
**Verdrängerpumpe** *f (Mech, Hyd/Pneu)* **displacement pump** *(Mech, Hyd/Pneu)*
**Verdrängung** *f (Mech, Hyd/Pneu)* **displacement** *(Mech, Hyd/Pneu)* (pump)
**verdrehen** *v/i (Mech) (die Form verlieren)* **distort** *v/i (Mech)*
**Verdrehung** *f (Mech)* **torsion** *(Mech)*
**Verdrehungsbeanspruchung** *f (Mech)* **torsional stress** *adj:n (Mech)*
**Verdrehungswinkel** *m (Stb)* **twisting angle** *(Stb)*
**verdünnen** *v (Hütt/Wlz, Anstr)* **thin** *v (Hütt/Wlz, Anstr)*
**Verdünner** *m (Anstr) (für Farben)* **thinner** *(Anstr)*
**Verdünner** *m (Anstr) (für Lösungsmittel)* **diluent** *(Anstr)*
**verdünnt** *adj (Anstr)* **diluted** *adj (Anstr)* **thinned out** *adj (Anstr)*
**veredeln** *v (Hütt/Wlz)* **improve** *v (Hütt/Wlz)* (refine) **refine** *v (Hütt/Wlz)*
**Vereinheitlichung** *f (Mech, Allg)* **unification** *(Mech, Allg)*
**vereinigen** *v (Mech)* **combine** *v (Allg, Mech)*
**verengen** *v (Mech) (verdichten)* **contract** *v (Mech)*
**Vererzung** *f (Hütt/Wlz) (am Gussstück)* **metal penetration** *(Hütt/Wlz)*
**Verfahren** *nt (Allg)* **method** *(Allg)*
**verfahren** *v (Mech) (z.B. ein Gerät)* **tram** *v (Mech)*
**Verfahren des kritischen Weges** *(Mech) (Netzplantechnik)* **C.P.M.** *(Mech)* (Abv) **critical path method** *(Mech)*
**Verfahrensablauf** *m (Mech)* **process flow** *(Mech)*
**Verfahrensprüfung** *f (Schw) (Schweißverfahren)* **procedure test** *(Schw)*
**Verfahrensstufe** *f (Mech)* **process stage** *(Mech)*
**Verfahrensstufe, nachgeschaltet** nachgeschaltete Verfahrensstufe *adj:n (Mech)* **downstream process stage** *adj:n (Mech)*
**Verfahrenstechnik** *f (Mech, Allg)* **manufacturing technology** *(Mech, Allg)*
**Verfahrenswahl** *f (Mech)* **choice of process** *(Mech)*
**Verfall** *m (Bau) (eines Gebäudes)* **dilapidation** *(Bau)* (ruining, crumbling)
**verfallen** *v/i (Bau) (Gebäude)* **decay** *v/i (Bau)*
**verfärben** *v/i (Chem, Mech, Anstr)* **discolour** *v/i (Chem, Mech, Anstr)*

**Verfeinerung** *f (Chem) (z.B. von Rohöl)* **refining** *(Chem)* (e.g. of crude oil)
**verfestigt** *adj (Bg/Bergb, Geo)* **compacted** *adj (Bg/Bergb, Geo)*
**Verfestigung** *f (Bau)* **solidification** *(Hütt/Wlz, Bau)*
**Verfestigung durch Kaltverformung** *(Hütt/Wlz)* **cold-work hardening** *(Hütt/Wlz)*
**Verflüchtigung** *f (Hütt/Wlz)* **volatilisation** *(Hütt/Wlz)*
**Verflüssigung** *f (Bau)* **liquefaction** *(Bau)*
**Verformbarkeit** *f (Hütt/Wlz)* **deformability** *(Stb, Hütt/Wlz)*
**verformen** *v (Hütt/Wlz) (gesenkschmieden)* **swage** *v (Hütt/Wlz)*
**verformen** *v (Mech)* **deform** *v (Mech)*
**Verformung** *f (Hütt/Wlz) (Formgebung)* **forming** *(Hütt/Wlz)*
**Verformung** *f (Mech) (bleibende Dehnung)* **residual strain** *adj:n (Mech)*
**Verformung** *f (Mech) (Formänderung)* **deformation** *(Mech)* **strain** *(Mech*
**Verformungsarbeit** *f (Hütt/Wlz, Stb)* **deformation work** *(Hütt/Wlz, Stb)*
**Verformungsbruch** *m (Stb)* **ductile fracture** *adj:n (Stb)*
**Verformungsenergie** *f (Bau)* **deformation energy** *(Bau)*
**Verformungsmodul** *m (Bau)* **modulus of deformation** *(Bau)*
**verformungsweich** *adj (Bau)* **deformable** *adj (Bau)*
**Verformungswinkel** *m (Stb)* **shearing strain** *(Stb)*
**Verfügbarkeit** *f (Mech)* **availability for operation** *(Mech)*
**Verfügbarkeitsfaktor** *m (Mech)* **availability factor** *(Mech)*
**Verfüllen** *nt (Bg/Bergb) (Einsturz)* **caving-in** *(Bg/Bergb)*
**Verfüllschnecke** *f (Mech) (an Radlager)* **trench filling worm** *(Mech)*
**Vergaser** *m (Kfz)* **carburetor** *(Kfz)*
**Vergaseranschlussstutzen** *m (Mech)* **carburetor flange** *(Mech)*
**Vergießarbeit** *f (Hütt/Wlz)* **grouting work** *(Hütt/Wlz)*
**vergießen** *v (Hütt/Wlz)* **cast** *v (Hütt/Wlz)*
**vergilbt** *adj (Anstr)* **yellowed** *adj (Anstr)*
**vergittert** *adj (Bau)* **barred** *adj (Bau)*
**Vergitterung** *f (Mech, Mont)* **grating** *(Mech, Mont)*
**Vergitterung** *f (Stb) (Stütze)* **lacing** *(Stb)*
**Vergitterungsstab** *m (Stb) (Stütze)* **lacing bar** *(Stb)*
**verglast** *adj (Mech)* **glazed** *adj (Mech)*
**Vergleichs...** *affix (Mech)* **reference...** *affix (Mech, Allg)*
**Vergleichsoberfläche** *f (Mech)* **reference surface** *(Mech)*
**Vergleichsspannung** *f (Mech)* **reduced stress** *adj:n (Mech)*
**vergoldet** *adj (Mech)* **gold-coated** *adj (Mech)*
**vergrößern** *v (Allg)* **enlarge** *v (Mech, Allg)*
**Vergussmasse** *f (Mech, Stb)* **casting compound** *(Mech, Stb)*
**vergütbar** *adj (Hütt/Wlz)* **heat treatable** *adj (Hütt/Wlz)*
**vergüten** *v (Mech, Hütt/Wlz) (härten, z.B. Stahl)* **harden and temper** *(Hütt/Wlz)*
**vergütet** *adj (Mech) (wärmebehandelt)* **lumenized** *adj (Mech)*
**Vergütung** *f (Hütt/Wlz) (z.B. des Stahls)* **hardening and tempering** *(Stb, Hütt/Wlz)*
**Vergütungsstahl** *m (Hütt/Wlz)* **tempering steel** *(Hütt/Wlz)*
**Verhalten** *nt (Stb) (z.B. bei Temperaturschwankungen)* **behaviour** *(Stb)*
**Verholwinde** *f (Mech)* **mooring winch** *(Mech)*
**verhütten** *v (Hütt/Wlz)* **smelt** *v (Hütt/Wlz)*
**verjüngen** *v/i (Mech)* **taper** *v/i (Mech)*
**Verjüngung** *f (Mech) (abnehmender Durchmesser)* **taper** *(Mech, Mont)*
**verkanten** *v (Mech) (z.B. ein Bauteil)* **cock** *v (Mech)*
**verkapselt** *adj (Mech)* **boxed in** *adj (Mech)*
**Verkehrsinsel** *f (Bau) (für Fußgänger)* **traffic refuge** *(Bau)*
**Verkehrskegel** *m (Bau) (weiß-rotes Hütchen)* **pylon** *AE (Bau)* (traffic cone)
**Verkehrslast** *f (Stb)* **traffic load** *(Stb)*
**Verkehrsordnung** *f (Bahn)* **traffic regulations** *pl (Bahn)*
**Verkehrszeichen** *nt (Allg)* **traffic sign** *(Allg)*
**verkeilt** *adj (Bg/Bergb)* **wedged** *adj (Mech)*
**Verkippung** *f (Bg/Bergb)* **disposal** *(Bg/Bergb)*
**Verkippungsgerät** *nt (Bg/Bergb)* **dumping equipment** *(Bg/Bergb)*

**Verkittung** *f (Bau)* **cementation** *(Bau)*
**verkleben** *v (Allg)* **glue together** *v (Allg)*
**verkleiden** *v (Mech)* **line** *v (Mech)*
**Verkleidung** *f (Mech) (Futter)* **lining** *(Mech, Stb)* (inside)
**Verkleidung** *f (Mech) (Ummantelung)* **casing** *(Mech)*
**Verkleidung** *f (Mech) (unter Haube)* **cowl** *(Mech)* (e.g. engine compartment)
**Verkleidung** *f (Mech, Stb)* **covering** *(Mech)*
**Verkleidung** *f (Mont)* **cladding** *(Mont)*
**Verkleidungsplatte** *f (Mont) (Bauwesen)* **cladding sheet** *(Mont)*
**verklemmen** *v/i (Mech)* **jam** *v/i (Mech)*
**verknotet** *adj (Allg, Mech)* **knotted** *adj (Mech, Allg)*
**Verknüpfung** *f (Mech)* **linkage** *(Mech, Bg/Bergb)*
**Verknüpfung** *f (Mech) (zweier Systeme)* **inter-weaving** *(Mech)* (of two systems)
**verkohlen** *v (Bg/Bergb)* **carbonize** *v (Bg/Bergb)*
**Verkröpfung** *f (Stb)* **crimb** *(Stb)*
**Verkrustung** *f (Mech)* **incrustation** *(Mech, Schw)*
**Verkupplung** *f (Stb) (von Trägern)* **coupling** *(Mech, Stb)*
**verkürzen** *v (Allg)* **shorten** *v (Allg)* (e.g. time of delivery)
**Verladebandausleger** *m (Umschl)* **discharge conveyor boom** *(Umschl, Bg/Bergb)*
**Verladebandbrücke** *f (Umschl)* **discharge conveyor bridge** *(Bg/Bergb, Umschl)*
**Verladebrücke** *f (Umschl)* **discharge bridge** *(Umschl)*
**Verladebühne** *f (Umschl)* **jetty** *(Umschl)*
**Verladeeinrichtungen** *pl f (Umschl)* **loading equipment** *(Bg/Bergb, Umschl)*
**Verladegreifer** *m (Umschl)* **rehandling grab** *(Umschl)*
**Verlader** *m (Umschl)* **loader** *(Umschl)*
**Verladeskizze** *f (Mech)* **loading sketch** *(Mech)*
**verlagern** *v (Bau) (eine Fertigung)* **transfer** *v (Bau)* (a production)
**verlagern** *v (Mech, Allg) (z.B. Maschinen)* **relocate** *v (Mech, Allg)*
**verlagert** *adj (Bau) (Produktion)* **transferred** *adj (Bau)*
**verlagert** *adj (Mech) (Ortswechsel)* **removed** *adj (Mech)* (e.g. a crack)
**Verlagerung** *f (Mech)* **mounting** *(Mech)*
**Verlagerung** *f (Mech) (Versetzung, Ortswechsel)* **relocation** *(Mech)*
**Verlagerungseisen** *nt (Mech)* **mounting frame** *(Mech, Mont)*
**Verlagerungsgerüst** *nt (Mech)* **mounting frame work** *(Mech)*
**Verlagerungsrahmen** *m (Mech)* **mounting frame** *(Mech, Mont)*
**verlängern** *v (Mech) (räumlich)* **lengthen** *v (Mech)*
**Verlängerung** *f (Bg/Bergb)* **extension** *(Bg/Bergb)*
**Verlängerungsschiene** *f (Mech, Mont)* **extension bar** *(Mech, Mont)*
**verlangsamen** *v (Mech)* **decelerate** *v (Mech)*
**Verlappen** *nt (Hütt/Wlz)* **lock forming** *(Hütt/Wlz)*
**verlegen** *v (Mech)* **lay** *v (Mech)*
**Verlustfaktor** *m (Mech)* **loss factor** *(Mech)*
**Verlustleitung** *f (Mech) (in kW)* **power loss** *(Mech)*
**Vermahlung** *f (Zer) (von Mineralien)* **grinding** *(Zer)* (mill)
**vermessen** *v (Mech) (abmessen)* **survey** *v (Mech)*
**Vermessungsingenieur** *m (Bau)* **surveyor** *(Bau, Bg/Bergb)*
**Vermessungswesen** *nt (Bau)* **surveying** *(Mech, Allg, Bau)*
**vermindert** *adj (Allg)* **reduced** *adj (Allg)*
**Verminderungsfaktor** *m (Stb)* **decrease factor** *(Stb)*
**vermischt** *adj (Allg)* **mixed** *adj (Allg)*
**vermörteln** *v (Bau)* **grout** *v (Bau)*
**vernetzen** *v (Anstr) (Spray)* **moisten** *v (Bau, Anstr)*
**Vernetzer** *m (Anstr) (Kleber)* **binder** *(Anstr)*
**vernickelt** *adj (Anstr)* **nickel-plated** *adj (Anstr)*
**Vernickelung** *f (Hütt/Wlz)* **nickeling** *(Hütt/Wlz)*
**vernieten** *v (Mech, Mont)* **rivet** *v (Bg/Bergb, Mech)*
**Verpackung** *f (Mech)* **strapping** *(Mech)*
**Verpackung** *f (Mech) (in Kisten)* **packing** *(Allg, Mech)* (crating)

**Verpackungsstahlband** *nt (Mech)* **steel strapping** *(Mech)*
**Verplombung** *f (Mech) (z.B. Lkw, Güterwagen)* **lead-sealing** *(Mech)*
**Verplombungszange** *f (Werkz)* **lead-sealing pliers** *pl (Werkz)*
**verpuffen** *v/i (Hütt/Wlz)* **blow up** *(Hütt/Wlz)*
**Verpuffung** *f (Hütt/Wlz)* **deflagration** *(Hütt/Wlz)*
**Verpuffung** *f (Bg/Bergb) (Entzündung)* **explosion** *(Bg/Bergb)*
**verriegelbar** *adj (Mech) (Schloss)* **latchable** *adj (Mech)*
**verriegeln** *v (Mech)* **bolt** *v (Mech)*
**Verriegelung** *f (Bg/Bergb)* **locking device** *(Bg/Bergb)*
**Verriegelung** *f (Mech)* **locking mechanism** *(Mech)*
**Verriegelungsbolzen** *m (Bg/Bergb, Mech)* **locking pin** *(Mech, Bg/Bergb)*
**Verriegelungseinrichtung** *f (Mech)* **interlocking device** *(Mech)*
**Verriegelungskabeltrommel** *f (Mech)* **interlocking cable reel** *(Mech)*
**Verriegelungsklotz** *m (Stb, Mech)* **locking bolt guide** *(Stb, Mech)*
**Verriegelungskulisse** *f (Stb)* **locking block** *(Stb)*
**Verriegelungspunkt** *m (Mech)* **locking point** *(Mech)*
**verringern** *v (Allg)* **diminish** *v (Allg)* **reduce** *v (Mech, Allg)*
**Verringerung** *f (Allg, Mech) (z.B. der Leistung)* **decrement** *(Mech)* **reduction** *(Mech, Allg)*
**Verringerung** *f (Mech) (z.B. des Drucks)* **decrease** *(Allg)*
**verrippen** *v (Mech)* **rib** *v (Mech)*
**verrohrt** *adj (Bau)* **cased** *adj (Bau)*
**Verrohrung** *f (Mech)* **pipework** *(Mech, Hyd/Pneu)*
**Verrohrungsanlage** *f (Bg/Bergb)* **casing oscillator** *(Bg/Bergb)* (flat on ground)
**Verrohrungssystem** *nt (Bg/Bergb) (zur Dränage)* **drainage** *(Mech, Bg/Bergb)*
**verrosten** *v (Anstr)* **corrode** *v (Anstr)* **rust** *v (Anstr)*
**verrostet** *adj (Anstr)* **rusty** *adj (Anstr)*
**verrottet** *adj (Mech)* **dilapidated** *adj (Mech)* (run down)
**verrückt** *adj (Mech, Allg)* **shifted** *adj (Mech, Allg)*
**verrußen** *v (Bahn)* **soot** *v (Bahn)*
**Versagen** *nt (Mech) (Maschine)* **failure** *(Mech)*
**Versagenskriterium** *nt (Stb)* **failure criterion** *(Stb)*
**Versalzung** *f (Hütt/Wlz) (an Turbinen)* **turbine blade salt desposits** *pl (Hütt/Wlz)*
**Versalzung** *f (Hütt/Wlz) (z.B. an Rohren)* **salification** *(Hütt/Wlz)*
**Versand** *m (Mech, Allg)* **shipping** *(Allg)*
**Versandhafen** *m (Schiff)* **port of loading** *(Allg)* **port of shipment** *(Schiff)*
**Versatz** *m (Hütt/Wlz)* **stagger** *(Hütt/Wlz)*
**Versatz** *m (Mech) (Toleranz)* **mismatch** *(Mech)*
**verschalen** *v (Stb)* **face** *v (Stb)* **shutter** *v (Stb)*
**Verschalung** *f (Bau, Stb) (im Betonbau)* **shuttering** *(Stb, Bau)*
**Verschalung** *f (Bg/Bergb) (des Grabens)* **sheeting** *(Bau, Bg/Bergb)* (in a trench)
**Verschalung** *f (Bg/Bergb) (Verpfählung)* **lagging** *(Bg/Bergb)*
**Verschalung** *f (Mech) (Einkapselung, Gehäuse)* **casing** *(Mech)* **housing** *(Mech)*
**Verschalung** *f (Stb) (durch Bohlen)* **planking** *(Stb)*
**verschiebbar** *adj (Mech, Bau)* **movable** *adj (Mech, Allg)*
**Verschiebeankerbremse** *f (Mech)* **sliding rotor brake** *(Mech)*
**Verschiebeankermotor** *m (Mech)* **sliding rotor motor** *(Mech)*
**Verschiebebahnhof** *m (Bahn)* **marshalling yard** *BE (Bahn)*
**Verschiebebühne** *f (Umschl) (Brückenlader)* **traversing carriage** *(Umschl)*
**Verschiebehydraulik** *f (Hyd/Pneu)* **advance/retract hydraulics** *(Hyd/Pneu)*
**Verschiebekopf** *m (Mech, Band) (Bandanlage)* **shuttle head** *(Band, Mech)*
**Verschiebelager** *nt (Mech)* **slide bearing** *(Mech)*
**Verschiebeläuferbremse** *f (Mech)* **sliding rotor brake** *(Mech)*
**Verschiebeläufermotor** *m (Mech)* **sliding rotor motor** *(Mech)*
**verschieben** *v (Bahn) (Wagons)* **shunt** *v BE (Bahn)* (trains and wagons)
**verschieben** *v (Mech) (den Kolben)* **shift** *v (Mech)* (the spool)

**verschieben** *v (Mech) (z.B. ein Werkstück)* **move** *v (Kfz)*
**Verschiebespill** *nt (Mech)* **capstan drive** *(Mech)*
**Verschiebewagen** *m (Bg/Bergb, Umschl)* **traversing bogie** *(Bg/Bergb)*
**Verschiebeweg** *m (Umschl)* **advance/retract path** *(Umschl)*
**Verschiebewelle** *f (Mech)* **shipper shaft** *(Mech)*
**Verschiebung** *f (Stb, Mech)* **displacement** *(Stb)*
**verschießen** *v/i (Chem, Mech, Anstr)* **discolour** *v/i (Chem, Mech, Anstr)*
**Verschlackung** *f (Hütt/Wlz)* **slagging** *(Hütt/Wlz)*
**Verschlag** *m (Mech) (Verpackung)* **crate** *(Mech)*
**Verschleiß** *m (Mech) (z.B. durch Reibung)* **attrition** *(Mech)* **wear** *(Mech)*
**verschleißarm** *adj (Mech)* **low-wear** *adj (Mech)*
**Verschleißbelag** *m (Mech)* **wearing surface** *(Mech, Stb)*
**verschleißbeständig** *adj (Mech)* **wear-resistant** *adj (Mech)*
**Verschleißdecke** *f (Bau) (der Straße)* **wearing course** *(Bau)*
**Verschleißeinlage** *f (Stb)* **wearing element** *(Stb)*
**verschleißen** *v/i (Mech)* **wear** *v/i (Mech, Anstr)*
**verschleißfest** *adj (Mech)* **wear-resistant** *adj (Mech)*
**Verschleißfestigkeit** *f (Mech)* **wear resistance** *(Mech)*
**Verschleißgrad** *m (Mech)* **rate of wear** *(Mech)*
**verschleißmindernd** *adj (Mech)* **abrasion-reducing** *adj (Mech)*
**Verschleißschicht** *f (Bau, Stb)* **wearing surface** *(Mech, Stb)*
**Verschleißschutz** *m (Mech)* **wear pad** *(Mech)*
**Verschleißschutzring** *m (Stb)* **wear ring** *(Stb)*
**Verschleißspitze** *f (Mech)* **wear cap** *(Mech)*
**Verschleißspur** *f (Mech)* **trace of wear** *(Mech)*
**Verschleißteil** *nt (Mech)* **wearing part** *(Mech)*
**Verschleißteilzeichnung** *f (Mech)* **wear part drawing** *(Mech)*
**Verschleißvolumen** *nt (Mech, Mont)* **abrasion factor** *(Mech, Mont, Stb)*
**verschlissen** *adj (Mech, Allg) (abgenutzt)* **worn-out** *adj (Mech, Allg)*
**verschlossen** *adj (Mech)* **locked** *adj (Mech, Mont)*
**Verschluss** *m (Hütt/Wlz) (Deckel)* **closure** *(Hütt/Wlz)*
**Verschluss** *m (Mech)* **seal** *(Mech)*
**Verschluss** *m (Mech) (Befestigung)* **fastener** *(Mech, Stb)*
**Verschluss** *m (Mech) (des Verpackungsbandes)* **joint** *(Mech)* (of the strapping)
**Verschluss** *m (Mech) (Türschließer, Riegel)* **shutter** *(Mech, Bau)*
**Verschlussblech** *nt (Hütt/Wlz) (Metalldeckel)* **closing sheet** *(Hütt/Wlz)*
**Verschlussbolzenlänge** *f (Mech)* **length of connecting pin** *(Mech)*
**Verschlussdeckel** *m (Mech)* **cover** *(Allg)*
**Verschlusshaube** *f (Mech)* **closing hood** *(Mech)*
**Verschlusskappe** *f (Mech)* **fitting cap** *(Mech)*
**Verschlusskappe** *f (Mech) (z.B. eines Tanks)* **filler cap** *(Kfz)*
**Verschlussknoten** *m (Mech) (des Verpackungsbandes)* **knot** *(Allg, Mech)*
**Verschlussmutter** *f (Mech)* **lock nut** *(Mech)*
**Verschlussring** *m (Stb, Mech)* **lock ring** *(Mech)*
**Verschlussschraube** *f (Mech)* **screw plug** *(Mech)*
**Verschlusssicherung** *f (Bahn, Mech)* **slide bar lock** *(Bahn, Mech)* (saddle waggon)
**Verschlussspriegel** *m (Mech)* **shutter bow** *(Mech)*
**Verschlussstellung** *f (Mech)* **lock position** *(Mech)*
**Verschlussstopfen** *m (Mech)* **closing plug** *(Mech)*
**Verschlussstück** *nt (Mech)* **locking piece** *(Mech)*
**Verschlussstutzen** *m (Mech)* **plug neck** *(Mech)*
**Verschlussteil** *nt (Mech)* **locking part** *(Mech)*

**verschmelzen** *v (Hütt/Wlz) (durch Hitze)* **fuse** *v (Hütt/Wlz)*
**verschmoren** *v (El) (z.B. Kontakte)* **weld** *v (El, Schw)*
**verschmutzend** *adj (Mech, Ökol)* **polluting** *adj (Mech, Ökol)*
**Verschmutzung** *f (Mech, Schw)* **incrustation** *(Mech, Schw)*
**Verschmutzung** *f (Ökol, Allg) (Umweltverschmutzung)* **pollution** *(Ökol, Allg)*
**Verschmutzung** *f (Umschl) (Rieselgut)* **soiling** *(Bg/Bergb, Umschl)*
**Verschnitt** *m (Mech, Hütt/Wlz) (Restmaterial)* **cuttings** *pl (Mech)*
**verschrauben** *v (Mech)* **screw** *v (Mech, Mont)*
**Verschraubung** *f (Mech) (für Rohre)* **tube fitting** *(Mech)*
**Verschraubung** *f (Mech) (geschraubte Verbindung)* **screwed joint** *adj:n (Mech)*
**Verschraubung** *f (Mech) (mit Durchsteckschrauben)* **bolted connection** *adj:n (Mech)*
**Verschraubung** *f (Mech) (Schraubverbindung)* **threaded joint** *adj:n (Mech)*
**Verschraubung** *f (Mech) (Verbindungsteil)* **coupling piece** *(Mech)*
**verschrotten** *v (Allg)* **scrap** *v (Allg)*
**Verschwächung** *f (Stb)* **weakening** *(Stb)*
**Verschwendung** *f (Mech, Allg)* **waste** *(Allg)*
**verseifen** *v (Hütt/Wlz)* **saponify** *v (Hütt/Wlz)*
**verseifungsfest** *adj (Mech) (Schmierfett)* **saponification-resistant** *adj (Mech)*
**versenken** *v (Mech, Mont) (z.B. Schrauben)* **countersink** *v (Mech, Mont)*
**Versenker** *m (Mech, Mont)* **counterbore** *(Mech, Mont)*
**versenkt** *adj (Mech)* **immersed** *adj (Mech)*
**versenkt** *adj (Mech) (hineingeschraubt)* **countersunk** *adj (Mech)*
**versetzbar** *adj (Mech)* **portable** *adj (Mech, Allg)*
**versetzt** *adj (Mech) (zeitlich)* **staggered** *adj (Mech)*
**versetzt** *adj (Mech, Bg/Bergb)* **displaced** *adv (Mech)*
**Versetzung** *f (Mech)* **relocation** *(Mech)*
**verseucht** *adj (Allg)* **contaminated** *adj (Mech, Allg)*
**versiegeln** *v (Bau) (z.B. Parkett)* **finish** *v (Bau)* (e.g. a roof) **seal** *v (Bau)* (e.g. parquet flooring)
**versilbert** *adj (Hütt/Wlz)* **silver-plated** *adj (Mech, Hütt/Wlz)*
**Versorgung** *f (Mech, Allg) (z.B. mit Energie)* **supply** *(Mech)* (of energy)
**Versorgung** *f (Mech, Hyd/Pneu) (mit Material)* **supply** *(Umschl)* (of material)
**Versorgungseinrichtung** *f (Bg/Bergb, Umschl)* **supply equipment** *(Bg/Bergb, Umschl)*
**verspannen** *v (Mech, Mont)* **brace** *v (Mech, Mont)*
**Verspannung** *f (Mech, Stb) (z.B. durch Seile)* **bracing** *(Mech)*
**versperren** *v (Allg)* **block** *v (Mech, Allg)*
**Verspleißung** *f (Stb)* **wirerope splice** *(Stb)*
**Versprödung** *f (Mech)* **brittleness** *(Mech, Stb)*
**verstählen** *v (Hütt/Wlz) (mit Stahl versehen)* **steel** *v (Hütt/Wlz)*
**verstärken** *v (Mech, Stb) (aussteifen)* **stiffen** *v (Mech, Stb)*
**Verstärker** *m (Hyd/Pneu) (Hilfsmotor)* **booster** *(Hyd/Pneu)*
**verstärkt** *adj (Mech) (z.B. Strebe, Winkel)* **reinforced** *adj (Mech)*
**Verstärkung** *f (Mech, Bau, Stb)* **reinforcement** *(Stb)*
**Verstärkungsblech** *nt (Mech, Stb)* **stiffening plate** *(Stb, Schw)*
**versteckt** *adj (Mech)* **concealed** *adj (Mech)*
**versteifen** *v (Mech)* **stiffen** *v (Mech, Stb)*
**versteifen** *v (Stb) (verstreben)* **strut** *v (Stb)*
**Versteifung** *f (Stb)* **stiffening** *(Mech, Stb)*
**Versteinerung** *f (Bg/Bergb)* **petrifying** *(Bg/Bergb)*
**Verstellantrieb** *m (Mech)* **adjustability drive** *(Mech)*
**verstellbar** *adj (Mech)* **adjustable** *adj (Mech)*
**verstellbar** *adj (Mech) (beweglich)* **movable** *adj (Mech, Allg)*
**Verstellblock** *m (Mech)* **adjustable stand** *adj:n (Mech)*
**Verstelleinrichtung** *f (Mech)* **adjusting device** *(Form)*

**Verstellen** *nt (Mech)* **adjustment** *(Mech, Allg)* (e.g. of machines)
**verstellen** *v (Mech)* **adjust** *v (Mech)*
**Verstellgabel** *f (Mech)* **adjusting fork** *(Mech)*
**Verstellgerät** *nt (Mech) (Klappenverstellung)* **adjuster** *(Mech)*
**Verstellhebel** *m (Mech)* **control lever** *(Mech)*
**Verstellknopf** *m (Mech)* **adjusting button** *(Mech)*
**Verstellpumpe** *f (Hyd/Pneu)* **variable pump** *adj:n (Hyd/Pneu)*
**Verstellschraube** *f (Mech)* **adjusting screw** *(Mech)*
**Verstellung** *f (Mech)* **regulation** *(Mech)* (adjustment)
**Verstellvorrichtung** *f (Bg/Bergb) (Führerhaus)* **cab levelling device** *(Bg/Bergb)*
**Verstellzapfen** *m (Bg/Bergb)* **adjustable journal** *adj:n (Mech)*
**Verstellzylinder** *m (Bg/Bergb, Mech)* **adjusting cylinder** *(Mech, Bg/Bergb)*
**verstemmen** *v (Stb, Mech) (z.B. Niet)* **caulk** *v (Mech, Stb)*
**verstempeln** *v (Bg/Bergb)* **shore (up)** *v (Bg/Bergb, Bau)*
**verstopfen** *v/i (Bau, Mech)* **choke** *v/i (Bau, Mech)*
**Verstopfung** *f (Mech, Hyd/Pneu)* **blockage** *(Mech, Hyd/Pneu)*
**verstreben** *v (Stb)* **brace** *v (Stb)*
**Verstrebung** *f (Mech, Stb, Bau)* **bracing** *(Mech, Bau)*
**verstürzen** *v (Bg/Bergb)* **dump** *v (Bg/Bergb, Hyd)*
**Verteilerabgang** *m (Mech) (Schmieranlage)* **distributor manifold** *(Mech)*
**Verteilerband** *nt (Band)* **shuttle conveyor** *(Band, Bg/Bergb)*
**Verteilerbandbrücke** *f (Band)* **shuttle conveyor gantry** *(Band)*
**Verteilerbunker** *m (Umschl)* **distributing hopper** *(Umschl)*
**Verteilerfinger** *m (Mech)* **distributor rotor** *(Mech)*
**Verteilergehäuse** *nt (Mech)* **distributor body** *(Mech)*
**Verteilergetriebe** *nt (Mech)* **power take-off gear** (Mech)
**Verteilerklotz** *m (Mech)* **distributor block** *(Mech)*
**Verteilerkolben** *m (Mech)* **manifold piston** *(Mech)*
**Verteilerstück** *nt (Mech)* **distributor** *(Mech)*
**verteilt** *adj (Mech, Allg)* **distributed** *adj (Mech, Allg)*
**Vertiefung** *f (Mech, Mont)* **cavity** *(Mech, Mont)*
**Vertikalbohrwerk** *nt (Mech)* **vertical boring mill** *adj:n (Mech, Mont)*
**Vertikale** *f (Stb)* **vertical** *(Stb, Mech)*
**Vertikalfräsmaschine** *f (Mech, Mont)* **vertical rotary grinder** *(Mech, Mont)*
**Vertikallast** *f (Stat)* **download** *(Stat)*
**Vertikalstab** *m (Stb)* **vertical rod** *(Stb)*
**Vertikalsteife** *f (Stb)* **vertical stiffener** *(Stb)*
**Vertikalverband** *m (Stb)* **vertical bracing** *(Stb)*
**Verträglichkeit** *f (Mech, Chem)* **compatibility** *(Mech, Chem, Allg)*
**Verträglichkeitsbedingung** *f (Stb)* **compatibility condition** *(Stb)*
**verunreinigt** *adj (Mech, Allg)* **contaminated** *adj (Mech, Allg)*
**Verunreinigung** *f (Ökol, Allg)* **contamination** *(Ökol, Allg)*
**Verursacher** *m (Allg)* **initiator** *(Allg)*
**Verwendung** *f (Mech) (von Geräten)* **implementation** *(Allg, Mech)*
**Verwendung** *f (Mech, Allg) (Anwendung)* **application** *(Allg)*
**Verwendung, bestimmungsgemäß** *f (Bau)* **use, designated** *(Bau)*
**Verwendungsbereich** *m (Stb)* **field of application** *(Stb)*
**Verwendungsort** *m (Bg/Bergb)* **production site** *(Bg/Bergb)*
**Verwerfung** *f (Bg/Bergb) (Erdschichtenverschiebung)* **tectonic destruction** *(Bg/Bergb)*
**Verwerfung** *f (Bg/Bergb, Geo) (eines Flözes)* **dislocation** *(Bg/Bergb)*
**Verwerfung** *f (Geo)* **fault** *(Geo)*
**Verwerfung** *f (Stb) (Verziehen)* **distortion** *(Mech, Stb)* (of shape)
**verwertet** *adj (Mech, Allg)* **utilised** *adj (Mech, Allg)* **utilized** *adj (Mech, Allg)*
**Verwertung** *f (Mech)* **utilisation** *(Mech)*
**verwesen** *v/i (Bau)* **decay** *v/i (Bau)*
**Verwinden** *nt (Mech)* **warping** *(Stb, Mech, Hütt/Wlz)*

**verwinden** *v/i (Mech) (verziehen durch Wärme)* **warp** *v/i (Mech)*
**Verwindung** *f (Mech, Stb) (Formverlust)* **distortion** *(Mech, Stb)*
**verwindungsfrei** *adj (Mech)* **torsion-free** *adj (Mech)*
**verwirklicht** *adj (Allg)* **realized** *adj (Allg)*
**verwittern** *v/i (Anstr) (Farbe)* **weather** *v/i (Anstr)*
**Verwitterung** *f (Geo)* **weathering** *(Geo)*
**verwunden** *adj (Mech) (verbogen)* **warped** *adj (Mech)*
**verzahnen** *v (Mech)* **notch** *v (Mech)*
**verzahnen** *v (Mech) (eine Welle)* **gear** *v (Mech)*
**verzahnen** *v (Mech) (nach dem Abwälzverfahren)* **hob** *v (Mech)*
**Verziehen** *nt (Stb, Hütt/Wlz) (Verwinden durch Hitze)* **warping** *(Stb, Hütt/Wlz)*
**verziehen** *v/i (Mech)* **distort** *v/i (Mech)*
**Verziehung** *f (Stb) (Verzerrung)* **angular deformation** *adj:n (Stb)*
**Verzinken** *nt (Stb, Hütt/Wlz)* **galvanizing** *(Stb, Hütt/Wlz)*
**verzinken** *v (Hütt/Wlz)* **galvanize** *v (Hütt/Wlz)*
**verzinken, trocken** trocken verzinken *adv:v (Hütt/Wlz)* **dry-galvanize** *v (Hütt/Wlz)*
**Verzinkung** *f (Hütt/Wlz)* **galvanizing** *(Stb, Hütt/Wlz)*
**verzinnen** *v (Hütt/Wlz)* **tin** *v (Hütt/Wlz)*
**verzinnt** *adj (Hütt/Wlz)* **tin-coated** *adj (Hütt/Wlz)*
**verzögern** *v (Mech)* **decelerate** *v (Mech)*
**Verzögerung** *f (Mech) (beim Bremsen)* **retardation** *(Mech)*
**Verzögerungsventil** *nt (Hyd/Pneu)* **deceleration valve** *(Hyd/Pneu)*
**verzugsfrei** *adj (Mech)* **free from distortion** *(Mech)*
**verzundert** *adj (Hütt/Wlz) (Metalle)* **warm-scaled** *adj (Hütt/Wlz)*
**verzweigt** *adj (Mech)* **branched** *adj (Mech)*
**Viadukt** *nt (Bau)* **viaduct** *(Bau)*
**Vibration** *f (Mech)* **vibration** *(Mech)*
**vibrationsfest** *adj (Mech)* **vibration-resistant** *adj (Mech)*
**Vibrationsverdichter** *m (Mech)* **vibrating compactor** *(Mech)*
**Vibrationsversuch** *m (Mech)* **vibrating test** *(Mech)*
**vibrieren** *v/i (Mech)* **vibrate** *v/i (Mech)*
**Vieleck** *nt (Stb)* **polygon** *(Stb)*
**Vielfachdichtung** *f (Mech)* **grommet** *(Mech)*
**Vielfachmessgerät** *nt (Mech)* **multi-function instrument** *(Mech)*
**Vielkeilwelle** *f (Mech)* **multi-spline shaft** *(Mech)*
**vielseitig** *adj (Allg)* **versatile** *adj (Allg)*
**Vielzahnwelle** *f (Mech) (als Übertragung)* **involute gearing** *(Kfz)*
**Vielzweckmaschine** *f (Mech)* **multi-purpose machine** *(Mech)*
**vierachsig** *adj (Mech)* **four-axle** *affix (Mech)*
**Viereck** *nt (Allg)* **quadrangle** *(Allg)*
**viereckig** *adj (Allg)* **square** *adj (Math, Allg)*
**Vierganggetriebe** *nt (Mech)* **four-speed shift transmission** *(Mech)*
**Viergangschaltung** *f (Mech)* **four-speed shift** *(Mech)*
**Vierkant** *m (Mech) (der Türklinke)* **shank** *(Mech)* (for doorknob socket)
**Vierkant-Schweißmutter** *f (Schw)* **square weld nut** *(Schw)*
**Vierkantfeile** *f (Mont, Werkz)* **square file** *(Mont, Werkz)*
**Vierkantknüppel** *m (Mech)* **square billet** *(Mech)*
**Vierkantkopf** *m (Stb)* **square head** *(Stb)*
**Vierkantlochblech** *nt (Mech)* **square-perforated plate** *adj:n (Mech)*
**Vierkantmutter** *f (Mech)* **square nut** *(Mech)*
**Vierkantscheibe** *f (Mech)* **square washer** *(Mech)*
**Vierkantschlüssel** *m (Mont, Werkz)* **square spanner** *(Mont, Werkz)*
**Vierkantschraube** *f (Mech, Stb)* **square-head bolt** *(Stb, Mech)*
**Vierkantstab** *m (Stb)* **square bar** *(Stb)*
**Vierkantstahl** *m (Stb)* **square bar steel** *(Stb)* **square steel** *(Stb)* **squares** *pl (Stb)*
**Vierkantstahl, blank** blanker Vierkantstahl *adj:n sg m (Stb)* **bright square steel** *adj:n sg (Stb)*
**Vierkantsteckschlüssel** *m (Mont, Werkz)* **square bore wrench** *(Mont, Werkz)*
**Vierpunktlager** *nt (Mech)* **four point bearing** *(Mech)*

**Vierradantrieb** *m (Mech)* **four-wheel drive** *(Mech)*
**Vierradbremse** *f (Mech)* **four-wheel brake** *(Mech)*
**Vierradlenkung** *f (Mech)* **four-wheel steering** *(Mech)*
**Vierradschwinge** *f (Bg/Bergb) (des Schaufelradbaggers)* **four-wheel bogie** *(Bg/Bergb)*
**vierrillig** *adj (Bg/Bergb) (z.B. Seiltrommel)* **with four grooves** *(Bg/Bergb)*
**vierseitig** *adj (Mech)* **quadriliteral** *adj (Mech)*
**Viertaktmotor** *m (Mech)* **four-cycle engine** *(Mech)*
**Viertelfeder** *f (Mech)* **quarter elliptic spring** *(Mech)*
**vierteljährlich** *adj (Allg)* **quarterly** *adj (Allg)*
**Vierwege-Ventil** *nt (Mech)* **four-way valve** *(Mech)*
**Vierzig-Fuß-Container** *m (Bahn)* **forty-foot container** *(Bahn, Mech)*
**Vierzylinder-Viertakt-Dieselmotor** *m (Mech, Umschl)* **four-cylinder four-stroke diesel engine** *(Mech, Umschl)*
**Vinylharz** *nt (Anstr)* **vinyl resin** *(Anstr)*
**Vinylharzanstrich** *m (Anstr)* **vinyl coating** *(Anstr)* **vinyl paint** *(Anstr)*
**Visiertafel** *f (Mech)* **boning rod** *(Mech)*
**Viskosität** *f (Chem)* **viscosity** *(Chem)*
**Viskosität, kinematisch** kinematische Viskosität *adj:n (Chem)* **kinematic viscosity** *adj:n (Chem)*
**Viskositätsgrad** *m (Chem) (von Ölen)* **SAE-grade of oil** *(Chem)*
**Visrambaugruppe** *f (Mech)* **Visram assembly** *(Mech)*
**voll beladen** *adj (Mech)* **fully loaded** *adv:adj (Mech)*
**voll eingedickt** *adj (Anstr) (Anstrich)* **full-bodied** *adj (Anstr)* (paint)
**vollautomatisch** *adj (Mech)* **fully automatic** *adv:adj (Mech)*
**Volldecke** *f (Bau)* **solid ceiling** *adj:n (Bau)*
**Volleistungsregelung** *f (Mech)* **full-power control** *(Mech)*
**Vollentsalzung** *f (Hütt/Wlz)* **complete demineralization** *adj:n (Hütt/Wlz)*
**Vollformgießen** *nt (Hütt/Wlz)* **full-mould casting** *(Hütt/Wlz)*
**Vollfreisichtmast** *m (Mech) (Stapler)* **full free-view mast** *(Mech)*
**Vollgas** *nt (Mech)* **full engine revolution** *adj:n (Mech)* **full speed** *adj:n (Mech)*
**Vollhubsicherheitsventil** *nt (Hyd/Pneu)* **full-lift safety valve** *(Hyd/Pneu)*
**vollhydraulisch** *adj (Hyd/Pneu)* **fully hydraulic** *adv:adj (Hyd/Pneu)*
**vollkörnig** *adj (Bau)* **full-grained** *adj (Bau)*
**Vollkreis** *m (Stb)* **full circle** *adj:n (Stb)*
**Volllast** *f (Mech)* **full load** *(Mech)*
**Volllastbetrieb** *m (Mech)* **full-load working** *(Mech)*
**Volllastnadel** *f (Mech)* **full-load needle** *(Mech)*
**Volllastschaltgetriebe** *nt (Mech)* **full-load power shift** *(Mech)*
**vollplastisch** *adj (Stb)* **fully plastic** *adv:adj (Stb)*
**vollpneumatisch** *adj (Hyd/Pneu)* **fully pneumatic** *adv:adj (Hyd/Pneu)*
**Vollportalkratzer** *m (Bg/Bergb)* **full-portal reclaimer** *(Bg/Bergb)*
**Vollquerschnitt** *m (Stb)* **gross section** *(Stb)*
**Vollrad** *nt (Bahn)* **solid-rolled wheel** *(Bahn)* (solid wheel)
**Vollreifen** *m (Mech)* **solid tyre** *adj:n (Mech)*
**Vollrost** *m (Zer)* **full grate** *adj:n (Zer)*
**Vollschiff** *nt (Schiff)* **full-rigged ship** *(Schiff)*
**Vollschnitt** *m (Stb)* **full section** *adj:n (Stb)*
**Vollwand-Bogen** *m (Stb)* **solid-web arch** *(Stb)*
**Vollwand-Deckbrücke** *f (Stb)* **deck plate girder span** *(Stb)*
**Vollwand-Trogbrücke** *f (Stb)* **trough plate girder span** *(Stb)*
**vollwandig** *adj (Stb)* **solid-webbed** *adj (Stb)*
**Vollwandträger** *m (Stb)* **solid web girder** *(Stb)*
**Vollwandträgerkonstruktion** *f (Stb)* **plate girder construction** *(Stb)*
**Vollwellengetriebe** *nt (Mech)* **foot-mounted gearbox** *(Mech)*
**Vollzug** *m (Bahn) (Blockzug)* **block train** *(Bahn)*
**Vollzylinder** *m (Mech)* **solid cylinder** *adj:n (Mech)*

**Volumen** *nt (Mech)* **volume** *(Mech, Phys)*
**Volumenstrom** *m (Hyd/Pneu)* **volumetric flow** *adj:n (Hyd/Pneu)* **volume flow** *(Hyd/Pneu)*
**Volumenvergrößerung** *f (Bau)* **bulking** *(Bg/Bergb, Bau)*
**volumetrisch** *adj (Band)* **volumetric** *adj (Band)*
**vor Ort** *(Bg/Bergb)* **in situ** *adj (Bg/Bergb)* **local** *adj (Mech, Allg)*
**Vorabscheider** *m (Mech) (Flüssigkeitstrennung)* **precleaner** *(Mech)*
**Vorabscheider** *m (Mech) (Säuberung)* **prescreener** *(Mech, Zer)*
**Vorabscheidung** *f (Bg/Bergb)* **prescalping** *(Bg/Bergb)*
**Vorabsiebung** *f (Bg/Bergb) (erstes Sieben)* **primary screening** *(Bg/Bergb)*
**Vorabstreifer** *m (Umschl)* **pre-scraper** *(Umschl)*
**vorantreiben** *v (Allg)* **press on** *v (Mech)*
**Voranziehdrehmoment** *nt (Mech)* **initial torque** *adj:n (Mech)*
**Vorarbeiten** *nt (Bau)* **preliminary work** *adj:n (Bau)*
**Vorarbeiter** *m (Mont)* **foreman** *(Mont Allg, Bau, Bg/Bergb)*
**Vorbau** *m (Mech, Bau)* **projection** *(Mech)*
**Vorbauschnabel** *m (Stb)* **launching nose** *(Stb)*
**vorbearbeitet** *adj (Mech) (spanabhebend)* **rough-machined** *adj (Mech)*
**Vorbearbeitung** *f (Mech, Mont)* **premachining** *(Mech, Mont)*
**Vorbedingung** *f (Allg)* **precondition** *(Allg)*
**Vorbehandlung** *f (Stb)* **preliminary treatment** *adj:n (Stb)*
**vorbeifließen** *v/i (Mech) (im Zylinder)* **bypass** *v/i (Mech)* (cylinder, piston)
**vorbeilaufen** *v (Mech) (an den Kolben)* **bypass** *v/i (Mech)* (cylinder, piston)
**vorbereiten** *v (Allg)* **prepare** *(Bau)* **prepare** *v (Allg)* (make ready)
**vorbestimmt** *adj (Mech, Allg)* **predetermined** *adj (Mech, Allg)*
**Vorbeugungsmaßnahme** *f (Mech, Allg)* **precautionary measure** *(Mech)*
**Vorblock** *m (Hütt/Wlz)* **bloom** *(Hütt/Wlz)*
**vorbohren** *(Bg/Bergb)* **spud** *v (Bg/Bergb)*
**Vorbohrer** *m (Mech)* **starter** *(Mech)*
**Vorbramme** *f (Hütt/Wlz)* **slab** *(Hütt/Wlz)*
**Vorbrechanlage** *f (Zer)* **primary crushing plant** *(Zer)*
**vorbrechen** *v (Zer)* **crush** *v (Zer)*
**Vorbrecher** *m (Zer, Bg/Bergb)* **primary crusher** *adj:n (Zer, Bg/Bergb)*
**Vordach** *nt (Stb)* **canopy** *(Stb)* **cantilever roof** *(Stb)*
**Vorderachse** *f (Mech)* **front axle** *(Mech)*
**Vorderachsgabel** *f (Mech)* **front-axle fork** *(Mech)*
**Vorderachskörper** *m (Mech)* **front-axle beam** *(Mech)*
**Vorderachsschenkel** *m (Mech)* **front-wheel stub axle** *(Mech)*
**Vorderachswelle** *f (Mech)* **front-axle shaft** *(Mech)*
**Vorderansicht** *f (Mech)* **front elevation** *(Mech)* **front view** *(Mech)*
**Vorderantrieb** *m (Mech)* **front drive** *(Mech)*
**Vorderentladung** *f (Mech)* **front discharge** *(Mech)*
**Vorderfederbock** *m (Mech)* **front spring hanger** *(Mech)*
**Vorderfederstütze** *f (Mech)* **front spring support** *(Mech)*
**Vorderkante** *f (Mech)* **front edge** *(Mech)*
**vorderlastig** *adj (Stat)* **front-heavy** *adj (Stat)* **nose-heavy** *adj (Stat)*
**Vorderrad** *nt (Mech)* **front wheel** *(Mech)*
**Vorderradantrieb** *m (Mech)* **front-wheel drive** *(Mech)*
**Vorderradaufhängung** *f (Mech)* **front-wheel suspension** *(Mech)*
**Vorderradbremse** *f (Mech)* **front-wheel brake** *(Mech)*
**Vorderradnabe** *f (Mech)* **front-wheel hub** *(Mech)*
**Vorderschar** *f (Bg/Bergb)* **dozer blade** *(Bg/Bergb)*
**Vorderseite** *f (Mech)* **front** *(Mech)* **front side** *(Mech)*
**Vordersitz** *m (Mech)* **front seat** *(Mech)*
**Vorderwand** *f (Bg/Bergb) (des Löffels)* **front lip** *(Bg/Bergb)*
**Vorderwand** *f (Mech)* **front panel** *(Mech)* **front wall** *(Bg/Bergb, Mech)*
**Vorderwandsteigrohr** *nt (Hütt/Wlz)* **front wall riser** *(Hütt/Wlz)*
**Vordichtung** *f (Mech)* **pre-sealing** *(Mech)*
**vordrehen** *v (Mech, Mont)* **preturn** *v (Mech, Mont)* (on lathe) **rough-turn** *v (Mech, Mont)*

**Voreinstellung** *f (Mech)* **presetting** *(Mech)*
**vorfabriziert** *adj (Stb)* **prefabricated** *adj (Mech, Allg)*
**Vorfahren** *nt (Hütt/Wlz) (Rußbläßer)* **insertion** *(Hütt/Wlz)* (of soot blower)
**vorfahren** *v (Mech) (Ausleger)* **advance** *v (Mech)* (e.g. boom)
**Vorfall** *m (Allg) (Ereignis)* **incident** *(Allg)*
**Vorfeile** *f (Mont, Werkz)* **bastard file** *(Mont, Werkz)*
**Vorfertigung** *f (Mech)* **prefabrication** *(Form)*
**Vorfilter** *nt (Mech)* **pre-filter** *(Mech)*
**Vorfracht** *f (Umschl)* **freight from-to** *(Umschl)*
**vorfräsen** *v (Mech)* **roughen** *v (Mech, Mont)*
**Vorführgelände** *nt (Mech, Allg)* **demonstration ground** *(Mech, Allg)*
**Vorführmodell** *nt (Mech)* **display model** *(Mech)*
**Vorführung** *f (Allg) (z.B. von Geräten)* **demonstration** *(Allg)*
**Vorfülldruck** *m (Hyd/Pneu)* **pilot pressure** *(Hyd/Pneu)*
**Vorfüllen** *nt (Mech) (z.B. Benzin in den Vergaser)* **priming** *(Mech)* (engine)
**Vorgang** *m (Mech)* **operation** *(Mech, Allg)* **process** *(Mech, Allg)*
**vorgedreht** *adj (Mech, Mont) (auf einer Drehbank)* **preturned** *adj (Mech, Mont)* (on lathe)
**vorgedrückt** *adj (Mech)* **pre-pressed** *adj (Mech)*
**vorgefertigt** *adj (Bau) (Beton)* **precast** *adj (Bau)*
**vorgefertigt** *adj (Mech, Allg)* **prefabricated** *adj (Mech, Allg*
**vorgegossen** *adj (Mech)* **cored** *adj (Mech, Mont)*
**Vorgelege** *nt (Mech)* **intermediate gear** *(Mech)*
**Vorgelegeachse** *f (Mech)* **idler shaft** *(Mech)*
**Vorgelegegetriebe** *nt (Mech)* **transfer box gearing** *(Mech)*
**Vorgelegekasten** *m (Mech)* **intermediate gearbox** *(Mech)*
**Vorgelegerad** *nt (Mech)* **counter gear** *(Mech)* **layshaft gear** *(Mech)*
**Vorgelegeritzel** *nt (Mech)* **intermediate gear pinion** *(Mech)*
**Vorgelegetriebrad** *nt (Mech)* **countershaft drive gear** *(Mech)*
**Vorgelegewelle** *f (Mech)* **pinion shaft** (Mech)
**vorgerundet** *adj (Mech) (Körner)* **rounded** *adj (Mech)*
**vorgespannt** *adj (Hyd/Pneu) (Druck)* **pressurized** *adj (Hyd/Pneu)*
**vorgespannt** *adj (Mech) (vorausgehend)* **preceding** *adj (Mech, Allg)*
**vorgespannt** *adj (Mech) (eingestellt)* **preset** *adj (Mech)*
**vorgespannt** *adj (Mech, Hyd/Pneu) (unter Spannung gebracht)* **prestressed** *adj (Mech, Hyd/Pneu)*
**vorgewärmt** *adj (Form)* **preheated** *adj (Form)*
**vorglühen** *v (Mech) (Dieselmotor)* **preglow** *v (Mech)*
**Vorhaben** *nt (Allg)* **plan** *(Mech, Allg)* **scheme** *(Mech, Allg)*
**Vorhalteeisen** *nt (Mech)* **dolly** *(Mech)*
**Vorhalter** *m (Mech, Stb)* **dolly** *(Mech)* **holder-on** *BE (Stb)*
**Vorhälter** *m (Bahn)* **rivet catcher** *(Bahn)*
**Vorhammer** *m (Mont, Werkz)* **sledge hammer** *(Mont, Werkz)*
**Vorhängeschloss** *nt (Mech)* **padlock** *(Mech)*
**Vorhangwand** *f (Mech, Bau)* **curtain wall** *(Stb, Bau)*
**Vorkammer** *f (Mech)* **precombustion chamber** *(Mech)*
**Vorkommen** *nt (Bg/Bergb, Geo)* **deposit** *(Geo)*
**Vorkommen, flachgelagert** flachgelagertes Vorkommen *adj:n (Geo, Bg/Bergb)* **flat layer deposit** *adj:n (Geo, Bg/Bergb)*
**vorkommend, gelegentlich** gelegentlich vorkommend *adv:adj (Mech, Allg)* **occasional** *adj (Mech, Allg)* **sporadic** *adj (Mech, Allg)*
**Vorkonservierungsanstrich** *m (Anstr)* **holding primer** *(Anstr)*
**Vorlagerost** *m (Mech)* **feeding rack** *(Mech)*
**Vorlauf eines Kolbens** *(Mech)* **forward travel of a piston** *(Mech)*
**Vorläufer** *m (Mech, Allg) (mit kleinen Änderungen)* **prototype** *(Mech, Allg)*
**Vorläufer** *m (Mech, Allg) (mit wesentlichen Änderungen)* **forerunner** *(Mech, Allg)*

**Vorlaufstrecke** *f (Mech) (Material)* **delay block** *(Mech)*
**vorlegen** *v (Bau)* **submit** *v (Bau)*
**Vorlegewelle** *f (Mech)* **countershaft** *(Mech)*
**Vorluftbehälter** *m (Mech)* **preliminary air tank** *adj:n (Mech)*
**Vormahlbereich** *m (Zer)* **pregrinding sector** *(Zer)*
**Vormahlen** *nt (Zer)* **primary grinding** *adj:n (Zer)*
**vormahlen** *v (Zer)* **pregrind** *v (Zer)* **raw-grind** *v (Zer)*
**Vormaterial** *nt (Hütt/Wlz)* **skelp** *(Hütt/Wlz)*
**Vormontage** *f (Stb)* **previous erecting** *adj:n (Stb)*
**Vormontage** *f (Stb) (zur Probe)* **testing assembly** *(Stb)*
**vormontiert** *adj (Mech)* **pre-assembled** *adj (Mech)*
**Vornetzung** *f (Anstr)* **pre-wetting** *(Anstr)*
**Vorratsanzeiger** *m (Mech) (Ölstand)* **oil-level indicator** *(Mech)* (scope of supply)
**Vorratshalde** *f (Bg/Bergb)* **stockpile** *(Umschl, Bg/Bergb)*
**Vorreiber** *m (Mech)* **turnbuckle** *(Mech, Mont)*
**Vorreiberschloss** *nt (Mech)* **casement fastener hook** *(Mech)*
**Vorreiniger** *m (Mech)* **precleaner** *(Mech)*
**Vorreinigung** *f (Mech)* **initial cleaning** *adj:n (Mech)*
**Vorrichtung** *f (Mech) (Anschlag)* **jig** *(Zer)*
**Vorrichtung** *f (Mech) (z.B. Gerät)* **device** *(Mech)*
**Vorrichtung** *f (Stb)* **fixture** *(Stb)*
**Vorrichtungsbau** *m (Mech) (auf Hallenboden)* **jig manufacturing** *(Mech)*
**Vorrichtungszeichnung** *f (Mech)* **drawing of jigs** *(Mech)*
**Vorsatzstück** *nt (Mech)* **adapter** *AE (Mech)*
**Vorschaltgetriebe** *nt (Mech)* **back gear** *(Mech)*
**Vorschaltturbine** *f (Hütt/Wlz)* **topping turbine** *(Hütt/Wlz)*
**Vorschieben** *nt (Hütt/Wlz) (Rußbläser)* **insertion** *(Hütt/Wlz)* (of soot blower)
**Vorschieben** *nt (Stb) (Brücken)* **launching** *(Stb)* (bridges)
**vorschieben** *v (Bg/Bergb) (die Ladeschaufel)* **crowd** *v (Bg/Bergb)* (bucket)
**vorschieben** *v (Mech) (z.B. den Ausleger)* **advance** *v (Mech)* (e.g. boom)
**Vorschlaghammer** *m (Mont, Werkz)* **sledge hammer** *(Mont, Werkz)*
**vorschlichten** *v (Mech) (bearbeiten)* **semifinish** *v (Mech)*
**Vorschneider** *m (Mont, Werkz)* **cutting lip** *(Bg/Bergb, Mont)*
**Vorschneider** *m (Mont, Werkz) (Feinmechanik)* **end cutting pliers** *pl (Mont, Werkz)*
**Vorschneider** *m (Mont, Werkz) (Gewindebohrer)* **taper tap** *(Mont)*
**Vorschneider** *m (Mont, Werkz) (Säger)* **scoring tooth** *(Mont, Werkz)*
**Vorschnitt** *m (Mech)* **advance cut** *(Mech)*
**Vorschub** *m (Bg/Bergb) (Bagger)* **advance** *(Bg/Bergb)* **crowd** *(Bg/Bergb)*
**Vorschub** *m (Bg/Bergb) (Vorschubgeschwindigkeit)* **rate of feed** *(Mech, Bg/Bergb)*
**Vorschub** *m (Mech)* **feed** *(Mech)*
**Vorschubgeschwindigkeit** *f (Bg/Bergb)* **rate of advance** *(Bg/Bergb)*
**Vorschubgetriebe** *nt (Mech)* **advance gear** *(Mech)* (feed gear)
**Vorschubgröße** *f (Mech)* **feed rate** *(Mech)*
**Vorschubkopf** *m (Bg/Bergb, Band)* **shuttling head** *(Mech, Band)*
**Vorschubkraft** *f (Bg/Bergb)* **crowd force** *(Bg/Bergb)*
**Vorschublänge** *f (Bg/Bergb) (der Ladeschaufel)* **crowd length** *(Bg/Bergb)*
**Vorschubregelpumpe** *f (Mech)* **feed control pump** *(Mech)*
**Vorschubregelung** *f (Mech)* **feed control** *(Mech)*
**Vorschubregelventil** *nt (Mech)* **feed control valve** *(Mech)*
**Vorschubsäule** *f (Mech, Mont) (Bohrer)* **feed column** *(Mech, Mont)*
**Vorschubwagen** *m (Bg/Bergb, Umschl) (Förderer)* **shuttling carriage** *(Bg/Bergb, Umschl)*
**Vorschubweg** *m (Bg/Bergb) (auf Planum)* **crowd distance** *(Bg/Bergb)* (on level ground)
**Vorschubwinde** *f (Bg/Bergb)* **feed winch** *(Bg/Bergb)*
**Vorschubzylinder** *m (Bg/Bergb)* **feed cylinder** *(Hyd, Bg/Bergb)*

**Vorschweißband** *nt (Schw, Mech, Mont)* **welding neck** *(Schw, Mech, Mont)*
**Vorschweißflansch** *m (Schw, Mont)* **welding neck flange** *(Schw, Mont)*
**Vorschweißmesser** *nt (Schw)* **partial wrap-around edge** *(Schw)*
**Vorsicht** *f (Mech, Allg) (Betriebsvorschriften)* **caution** *(Mech, Allg)*
**Vorsieb** *nt (Zer)* **primary screen** *(Zer)*
**Vorsignal** *nt (Bahn)* **distant signal** *BE (Bahn)*
**vorspannen** *v (Stat, Mech)* **preload** *v (Stat)*
**vorspannen** *v (Stb)* **prestress** *v (Stb)*
**Vorspannkraft** *f (Mech)* **initial tensile force** *adj:n (Mech)*
**Vorspannkraft** *f (Mech) (Schrauben)* **tightening force** *(Mech)*
**Vorspannung** *f (Band, Mech, Stb)* **prestressing** *(Stb)* **initial tension** *adj:n (Band)*
**Vorspannung** *f (Hütt/Wlz) (Dampfleitung)* **hot pull up** *(Hütt/Wlz)* **tensioning** *(Mech)*
**Vorspannung** *f (Hütt/Wlz) (gewöhnliche Verbindung)* **cold pull up** *(Hütt/Wlz)* (tensioning)
**Vorspannung** *f (Hyd/Pneu) (des Tanks)* **pressurization** *(Hyd, Pneu)*
**Vorspannung** *f (Mech) (voherige Aufladung)* **preloading** *(Mech)* (presetting)
**Vorspannventil** *nt (Hyd/Pneu)* **pre-load valve** *(Hyd/Pneu)*
**Vorspannwerkzeug** *nt (Werkz, Mech)* **pretensioning tool** *(Werkz, Mech)*
**Vorspannzylinder** *m (Mech) (Einkammerbremszylinder)* **pressurizing cylinder** *(Mech)* (one-chamber brake cylinder)
**vorspringend** *adj (Bg/Bergb)* **projecting** *adj (Bg/Bergb)*
**vorspritzen** *v (Bau) (Putz)* **spatterdash** *v (Bau)*
**Vorsprung** *m (Mech) (am Maschinenteil)* **boss** *(Mech)* **lug** *(Mech, Bahn)*
**Vorsprung** *m (Mech) (am Werkstück)* **nose** *(Mech)*
**Vorsprung** *m (Mech, Bau)* **projection** *(Mech)*
**Vorstatik** *f (Stat) (vor der ersten Prüfung)* **preliminary statics** *adj:n (Stat)*
**Vorsteckbolzen** *m (Mech)* **cotter bolt** *(Mech)*
**Vorsteckstift** *m (Mech)* **cotter pin** *(Mech)*
**Vorsteuerventil** *nt (Hyd/Pneu)* **pilot valve** *(Hyd/Pneu)*
**vorstoßen** *v (Bg/Bergb) (mit Auslegerstiel)* **crowd** *v (Bg/Bergb)* (bucket)
**Vorstraße im Hüttenwerk** *(Hütt/Wlz)* **roughing mill** *(Hütt/Wlz)*
**Vorstudie** *f (Bau) (Kostenvoranschlag)* **pre-investment study** *(Allg, Bau)*
**Vortrieb** *m (Bg/Bergb) (im Tunnelbau)* **advance** *(Bg/Bergb)*
**vorübergehend** *adj (Allg)* **temporary** *adj (Allg)*
**Vorüberhitzer** *m (Hütt/Wlz)* **primary superheater** *adj:n (Hütt/Wlz)*
**Vorüberhitzung** *f (Hütt/Wlz)* **primary steam temperature** *adj:n (Hütt/Wlz)*
**Voruntersuchung** *f (Bau)* **preliminary investigation** *adj:n (Bau)*
**Vorverdampfer** *m (Hütt/Wlz)* **pre-evaporator** *(Hütt/Wlz)*
**Vorverdampferrohr** *nt (Hütt/Wlz)* **pre-evaporator tube** *(Hütt/Wlz)*
**Vorverfestigung** *f (Bau)* **preconsolidation** *(Bau)*
**Vorwählkolben** *m (Mech) (Schmieranlage)* **selecting piston** *(Mech)*
**vorwärmen** *v (Mech)* **preheat** *v (Mech)*
**Vorwarnung** *f (Mech, Allg)* **advance warning** *(Mech, Allg)*
**vorwärts bringen** *v (Mech) (z.B. den Ausleger)* **advance** *v (Mech)* (e.g. boom)
**Vorwärtsflanke** *f (Mech) (Getriebe)* **forward flank** *(Mech)*
**Vorwärtsgang** *m (Mech)* **forward gear** *(Mech)*
**Vorwärtskupplung** *f (Mech)* **forward clutch** *(Mech)*
**Vorzerkleinerung** *f (Zer)* **primary reduction** *adj:n (Zer)*
**Vorzugssteuerung** *f (Bg/Bergb) (Prioritätssystem)* **priority system** *(Bg/Bergb)*
**Voute** *f (Mech, Bau)* **concrete haunch** *(Stb)*
**Voutenbrücke** *f (Stb) (Stelzbrücke)* **arched bridge** *adj:n (Bau)*
**VS-Regler** *m (Mech)* **VS governor** *(Mech)* (variable speed)
**vulkanisch** *adj (Geo)* **volcanic** *adj (Geo)*
**Vulkanisier-Zement** *m (Mech)* **vulcanizing rubber cement** *(Mech)*
**vulkanisieren** *v (Mech)* **vulcanize** *v (Mech)*

**Vulkanisierplatte** *f (Band, Mech)* **vulcanizing plate** *(Band, Mech)*
**Vulkanisierpresse** *f (Mech)* **vulcanizing press** *(Mech)*
**Vulkanisierung** *f (Mech)* **vulcanization** *(Mech)*
**Vulkanisiervorrichtung** *f (Mech)* **vulcanizing machine** *(Mech)*

# W

**W** *nt (Mech) (Abk)* **moment of resistance** *(Mech, Stat)* **R** *(Mech, Stat)* (Abv)
**Waage** *f (Mech, Allg)* **balance** *(Allg, Mech)* **weigher** *(Mech)*
**waagerecht** *adj (Mech, Allg)* **horizontal** *adj (Mech, Allg)*
**Waagerecht-Fräsmaschine** *f (Mont, Werkz)* **horizontal milling machine** *(Mont, Werkz)*
**Waagerechtbohrwerk** *nt (Mont)* **line boring machine** *(Mont)*
**Wabe** *f (Mech) (des Ölkühlers)* **fin** *(Mech)*
**Wabenbauweise** *f (Stb)* **honeycomb construction** *(Mech, Stb)*
**Wabenfilter** *nt (Hütt/Wlz)* **multi-cellular mechanical dust separator** *(Hütt/Wlz)*
**Wabenzellbauteil** *nt (Bau)* **honeycomb structure** *(Mech, Stb)*
**Wächter** *m (Mech)* **protective device** *adj:n (Mech)* **monitor** *(Hyd/Pneu, Mech)*
**Wächter** *m (Bg/Bergb) (Förderband)* **belt monitor** *(Bg/Bergb)*
**Waffelblech** *nt (Hütt/Wlz)* **goffered plate** *adj:n (Hütt/Wlz)*
**Waffelwalze** *f (Hütt/Wlz)* **segmented wheel roller** *adj:n (Hütt/Wlz)*
**Wägebrücke** *f (Mech)* **weighing bridge** *(Mech)*
**Wagen** *m (Bahn) (Wagon)* **wagon** *(Bahn)*
**Wagenbrücke** *f (Bahn)* **wagon bridge** *(Bahn)*
**Wagenbühne** *f (Mech)* **platform** *(Mech)*
**Wagenheber** *m (Mech)* **car jack** *(Kfz)* **jack** *(Mech)*
**Wagenheberleitung** *f (Mech, Hyd/Pneu)* **hydraulic-jack lead** *(Mech, Hyd/Pneu)*
**Wagenheberpumpe** *f (Mech, Hyd/Pneu)* **hydraulic-jack pump** *(Mech, Hyd/Pneu)*
**Wagenkasten** *m (Bahn)* **vehicle body** *(Bahn)*
**Wagenkipper** *m (Mech)* **rotary dumper** *adj:n (Mech)* **wagon tipper** *(Mech)*
**Wagenkonstruktion** *f (Bahn)* **wagon design** *(Bahn)*
**Wagenplane** *f (Mech)* **canvas** *(Mech, Allg)*
**Wagenrahmen** *m (Bahn) (des Wagons)* **frame** *(Mech, Bahn)*
**Wagenreihung** *f (Bahn) (Zuggarnitur)* **rake** *(Bahn)* (of wagons)
**Wagenstruktur** *f (Bahn)* **structure of wagon** *(Bahn)*
**Wagentyp** *m (Bahn) (Bahn)* **type of wagon** *(Bahn)*
**Wagentyp** *m (Mech)* **make of car** *(Mech)*
**Wagenumgrenzungsprofil** *nt (Bahn)* **loading gauge** *(Bg/Bergb, Bahn)*
**Wagenumlauf** *m (Bg/Bergb)* **mine car circuit** *(Bg/Bergb)*
**Wägevorrichtung** *f (Mech)* **weighing device** *(Mech)*
**Wägezelle** *f (Mech) (Bandwaage)* **load cell** *(Mech)*
**Wagner** *m (Bahn)* **wagon-maker** *(Bahn)*
**Wagon** *m (Bahn) (Güterwagen)* **wagon** *(Bahn)*
**Wagon** *m (Bahn) (Personenwagen)* **coach** *BE (Bahn)*
**Wagon** *m (Mech, Umschl)* **freightcar** *(Mech, Umschl)*
**Wagonbeladestation** *f (Umschl)* **train loading station** *(Umschl)*
**Wagonbeladung** *f (Umschl)* **train loading station** *(Umschl)*
**Wagonbeschlagteil** *nt (Bahn)* **wagon fixture** *(Bahn)*
**Wagonkipper** *m (Umschl)* **wagon tippler** *(Mech, Umschl)*
**Wahlschalter** *m (Mech) (Getriebe)* **shuttle valve** *(Kfz)*
**Wall** *m (Bau) (Deich)* **dike** *(Bau)*
**Wall** *m (Bau) (Schutzwall)* **bulwark** *(Bau)*
**Wall** *m (Bg/Bergb) (aus gefrästem Erdreich)* **ridge** *(Bau, Bg/Bergb)*
**Walmdach** *nt (Bau)* **hip roof** *(Bau)*
**Walmdachbinder** *m (Stb)* **hip truss** *(Stb)*
**Wälzabweichung** *f (Hütt/Wlz)* **working variation** *(Hütt/Wlz)*
**Walzblech** *nt (Hütt/Wlz)* **sheet metal** *(Mech, Mont)*
**Walzblech** *nt (Stb, Hütt/Wlz) (Walztafel)* **rolled plate** *adj:n (Hütt/Wlz, Stb)*

**Walzblock** *m (Hütt/Wlz)* **bloom** *(Hütt/Wlz)*
**Walzdraht** *m (Hütt/Wlz)* **rolled wire** *adj:n (Hütt/Wlz)*
**Walze** *f (Mech) (eines Wälzlagers)* **long roller** *(Mech)*
**Walze** *f (Mech) (Rad)* **wheel** *(Mech)*
**Walze** *f (Mech, Hütt/Wlz)* **drum** *(Mech)* **roll** *(Hütt/Wlz)*
**walzen** *v (Hütt/Wlz)* **roll** *v (Hüttt/Wlz)* (mill)
**Walzenbeschicker** *m (Bg/Bergb)* **roll feeder** *(Bg/Bergb)*
**Walzenbrecher** *m (Zer)* **roll crusher** *(Zer)*
**Walzengeschütz** *nt (Stb)* **cylinder sluice gate** *(Stb)*
**Walzenlager** *nt (Stb)* **roller bearing** *(Mech, Stb)*
**Walzenmantel** *m (Mech)* **roll shell** *(Mech)*
**Walzenmühle** *f (Zer)* **roll crushing mill** *(Zer)*
**Walzenscheider** *m (Zer)* **roll separator** *(Zer)*
**Walzenschleifapparat** *m (Zer)* **roll grinding unit** *(Zer)*
**Walzenschüsselmühle** *f (Zer)* **vertical roller mill** *(Zer)*
**Walzenträger** *m (Band)* **roller carrier** *(Band)*
**Walzenwehr** *nt (Stb)* **roller dam** *(Stb)*
**Walzfehler** *m (Stb)* **rolling defect** *(Stb)*
**Wälzfläche** *f (Mech)* **pitch surface** *(Mech)*
**walzfräsen** *v (Mech, Mont)* **hob** *v (Mech)*
**Walzgerät** *nt (Hütt/Wlz)* **tube expander** *(Hütt/Wlz)*
**Wälzkörper** *m (Mech)* **rolling body** *(Mech)*
**Wälzkreis** *m (Mech)* **pitch circle** *(Mech)*
**Wälzkreisdurchmesser** *m (Mech)* **pitch circle diameter** *(Mech)*
**Wälzlager** *nt (Mech)* **antifriction bearing** *(Mech)*
**Wälzlager** *nt (Mech) (Kugel- und Rollenlager)* **ball and roller bearing** *(Mech)* **roller bearing** *(Mech, Stb)*
**Wälzlagerfett** *nt (Mech)* **antifriction bearing grease** *(Mech)*
**Wälzlagerteile** *pl nt (Mech)* **rolling bearing components** *pl (Mech)*
**Wälzplatte** *f (Mech)* **roller plate** *(Mech)*
**Walzprofil** *nt (Stb)* **rolled section** *adj:n BE (Stb)*
**Walzrichtung** *f (Hütt/Wlz)* **direction of rolling** *(Hütt/Wlz)*
**Walzrille** *f (Hütt/Wlz)* **tube hole groove** *(Hütt/Wlz)*
**Walzschweißen** *nt (Schw)* **roll welding** *(Schw)*
**walzsicken** *v (Mech, Mont)* **bead** *v (Mech, Mont)*
**Walzspannung** *f (Stb)* **residual stress due to rolling** *(Stb)*
**Walzstahl** *m (Hütt/Wlz)* **rolled steel** *adj:n (Hütt/Wlz)*
**Walzstahlerzeugnisse** *pl nt (Hütt/Wlz)* **rolled-steel products** *pl (Hütt/Wlz)*
**Walzstahlveredelung** *f (Hütt/Wlz)* **finishing rolled steel** *(Hütt/Wlz)*
**Walztafel** *f (Hütt/Wlz, Stb)* **rolled plate** *adj:n (Hütt/Wlz, Stb)*
**Walzträger** *m (Stb)* **rolled-steel joist** *(Stb, Hütt/Wlz)*
**Walzträger** *m (Stb) (Profilträger)* **beam** *(Mech, Stb)* **girder** *(Mech, Stb)*
**Walzverbindung** *f (Hütt/Wlz)* **expanded-tube joint** *(Hütt/Wlz)*
**Walzwerk** *nt (Hütt/Wlz)* **rolling mill** *(Hütt/Wlz)*
**Walzwerkerzeugnisse** *pl nt (Hütt/Wlz)* **rolling mill products** *pl (Hütt/Wlz)*
**Walzwerksbescheinigung** *f (Hütt/Wlz)* **mill test certificate** *(Hütt/Wlz)*
**Walzwerksteuerpult** *nt (Bau)* **pulpit** *(Bau)* (elevated or raised space)
**Walzzertifikat** *nt (Hütt/Wlz)* **rolling mill certificate** *(Hütt/Wlz)*
**Walzzunder** *m (Hütt/Wlz)* **mill scale** *(Hütt/Wlz)*
**Walzzustand** *m (Hütt/Wlz)* **mill state** *(Hütt/Wlz)*
**Wand** *f (Bau)* **wall** *(Bau)*
**Wand, geschweißt** geschweißte Wand *adj:n (Schw)* **welded wall** *adj:n (Schw)*
**Wand, getäfelt** getäfelte Wand *adj:n (Bau)* **panelled wall** *adj:n (Bau)*
**Wand, klappbar** klappbare Wand *adj:n (Bahn)* **drop side** *(Bahn)*
**Wanddicke** *f (Stb, Bau)* **wall thickness** *(Mech, Stb, Bau)*
**Wanddickentoleranz** *f (Bau)* **tolerance of wall thickness** *(Bau)*
**Wanddickenzusatz** *m (Bau)* **wall thickness gauge** *(Bau)*
**Wandeinbindung** *f (Bau)* **cross-wall junction** *(Bau)*

**Wandern** *nt (Schw) (von Schweißnähten)* **migration of weld** *(Schw)* **weld displacement** *(Schw)*
**wandernd** *adj (Mech)* **moving** *adj (Mech)*
**Wanderrost** *m (Hütt/Wlz)* **travelling grate** *(Hütt/Wlz)*
**Wanderrostfeuerung** *f (Hütt/Wlz)* **travelling grate stoker** *(Hütt/Wlz)*
**Wanderschutzklemme** *f (Mech)* **anti-creep clamp** *(Mech)*
**Wanderung** *f (Bau)* **migration** *(Bau)*
**Wandfliese** *f (Bau)* **wall tile** *(Bau)*
**Wandler** *m (Mech) (Drehmoment)* **torque converter** *(Mech, Kfz)*
**Wandlergetriebe** *nt (Mech)* **converter gear** *(Mech)*
**Wandlerölkühler** *m (Mech)* **torque converter oil cooler** *(Mech)*
**Wandlersperre** *f (Mech, Bg/Bergb) (des Graders)* **lock-up** *(Bg/Bergb, Mech)*
**Wandmontage** *f (Mech, Mont)* **wall mounted** *adj (Mech)*
**Wandplatte** *f (Bau)* **wall plate** *(Bau)*
**Wandriegel** *m (Mech, Stb)* **bay rail** *(Stb)* **wall beam** *(Mech, Stb)*
**Wandrohr** *nt (Hütt/Wlz)* **wall tube** *(Hütt/Wlz)*
**Wandschelle** *f (Mech)* **conduit fitting** *(Mech)* **hanger** *(Mech)*
**Wandschirm** *m (Hütt/Wlz) (Rohrwände)* **cage screen** *(Hütt/Wlz)*
**Wandstab** *m (Stb)* **wall member** *(Stb)*
**Wandstärke** *f (Mech)* **wall thickness** *(Mech, Stb, Bau)*
**Wandstiel** *m (Mech, Bau)* **wall post** *(Mech, Bau)*
**Wandstiel** *m (Stb) (senkrechte Stütze)* **vertical stem** *adj:n (Stb)*
**Wandträger** *m (Stb)* **girt** *(Stb)*
**Wandverkleidung** *f (Mech, Bau)* **wall cladding** *(Mech, Bau)*
**Wange** *f (Mech)* **string** *(Mech, Stb)*
**Wankbewegung** *f (Bahn)* **rolling motion** *(Bahn)*
**Wanne** *f (Mech)* **pan** *(Mech)* **sump** *(Mech)*
**Wanne** *f (Mech) (Kabel)* **cable carrier** *(Mech)* **cable tray** *(Mech)* **cable trough** *(Mech)* **cable trunking** *(Mech)*
**Wannentender** *m (Bahn) (Dampflok)* **tub tender** *(Bahn)*
**Wannenwagen** *m (Bahn)* **trough car** *(Bahn)*
**warm laufen** *v (Mech)* **warm up** *v (Hütt/Wlz, Mech)*
**warmaufgewalzt** *adj (Hütt/Wlz)* **hot-rolled** *adj (Hütt/Wlz)*
**warmaufgezogen** *adj (Mech)* **shrunk-on** *adj (Mech)*
**Warmaufwalzung** *f (Hütt/Wlz)* **hot-rolled cladding** *adj:n (Hütt/Wlz)*
**Warmband** *nt (Hütt/Wlz)* **hot-rolled strip** *adj:n (Hütt/Wlz)*
**Warmbearbeitung** *f (Mech, Mont)* **hot working** *(Mech, Mont)*
**warmbehandeln** *v (Hütt/Wlz) (z.B. Metall)* **stress-relieve** *v (Mech, Hütt/Wlz)*
**Warmbehandlung** *f (Mech, Mont, Hütt/Wlz)* **stress-relieving** *(Hütt/Wlz)*
**Warmbreitbandstraße** *f (Hütt/Wlz)* **hot-strip mill** *(Hütt/Wlz)*
**Warmbrüchigkeit** *f (Hütt/Wlz)* **hot-shortness** *(Hütt/Wlz)*
**Wärme** *f (Hütt/Wlz) (technisch)* **heat** *(Hütt/Wlz)*
**Wärme...** *affix (Mech)* **thermal** *adj (Mech)*
**Wärmeabbau** *m (Hütt/Wlz)* **heat liberation** *(Hütt/Wlz)*
**Wärmeabgabe** *f (Mech, Hütt/Wlz)* **heat dissipation** *(Mech, Hyd/Pneu)* **heat emission** *(Mech)*
**Wärmeaufnahme** *f (Hütt/Wlz)* **heat absorption** *(Hütt/Wlz)*
**wärmeaufnehmend** *adj (Hütt/Wlz)* **heat-absorbing** *adj (Hütt/Wlz)*
**Wärmeaustausch** *m (Stb)* **heat exchange** *(Stb)*
**Wärmeaustauscher** *m (Mech)* **heat exchanger** *(Mech)*
**Wärmebeanspruchung** *f (Hütt/Wlz)* **heat stress** *(Hütt/Wlz)*
**wärmebeeinflusst** *adj (Mech)* **heat-affected** *adj (Mech)*
**wärmebehandelt** *adj (Hütt/Wlz)* **heat-treated** *adj (Hütt/Wlz)*
**Wärmebehandlung** *f (Hütt/Wlz, Mech)* **heat treatment** *(Mech, Mont, Hütt/Wlz)*
**Wärmebilanz** *f (Mech)* **heat balance** *(Mech)*
**Wärmedämm-Fassade** *f (Bg/Bergb)* **heat-insulating facade** *(Bg/Bergb)*
**wärmedämmend** *adj (Mech)* **heat-insulated** *adj (Mech)*
**Wärmedämmung** *f (Stb)* **thermal insulation** *adj:n (Stb)*

**Wärmedehnung** *f (Mech)* **thermal expansion** *adj:n (Mech, Phys, Hyd/Pneu)*
**Wärmedehnzahl** *f (Stb)* **coefficient of thermal expansion** *(Stb)*
**Wärmeduchsatz** *m (Hütt/Wlz)* **heat flow** *(Hütt/Wlz)*
**Wärmedurchgang** *m (Hütt/Wlz)* **heat transmission** *(Hütt/Wlz)*
**Wärmeeinflusszone** *f (Mech)* **heat-affected zone** *adj:n (Mech)*
**Wärmeeinheit** *f (Hütt/Wlz)* **thermal unit** *adj:n (Hütt/Wlz)*
**Wärmeentbindung** *f (Hütt/Wlz)* **heat liberation** *(Hütt/Wlz)*
**Wärmefluss** *m (Hütt/Wlz)* **heat flow** *(Hütt/Wlz)*
**Wärmegefälle** *nt (Stb)* **temperature gradient** *(Stb)*
**Wärmeisolation** *f (Stb)* **thermal insulation** *adj:n (Stb)*
**Wärmeisolierung** *f (Mech, Bau)* **heat insulation** *(Mech, Bau)*
**Wärmekapazität** *f (Stb)* **heat capacity** *(Stb)*
**Wärmekraftanlage** *f (Stb)* **thermal power generating plant** *(Stb)*
**Wärmekraftmaschine** *f (Mech)* **heat engine** *(Mech)*
**Wärmeleitung** *f (Stb)* **heat conduction** *(Stb)*
**Wärmeleitvermögen** *nt (Stb)* **heat conducting capacity** *(Stb)*
**Wärmeschutzglas** *nt (Mech, Bau)* **heat absorbing glass** *(Mech, Bau)*
**Wärmespannung** *f (Stb)* **thermal stress** *adj:n (Stb)*
**Wärmestrom** *m (Hütt/Wlz)* **heat flow** *(Hütt/Wlz)*
**Wärmestromdichte** *f (Stb)* **heat flow density** *(Stb)*
**Wärmeströmung** *f (Hütt/Wlz)* **heat flow** *(Hütt/Wlz)*
**Wärmetauscher** *m (Mech)* **heat exchanger** *(Mech)*
**Wärmeumlauf-Kühlung** *f (Mech)* **thermosyphon cooling** *(Mech)*
**Wärmeverbrauch** *m (Stb)* **heat consumption** *(Stb)*
**Wärmeverformung** *f (Stb)* **thermal deformation** *adj:n (Stb)*
**wärmevergütet** *adj (Hütt/Wlz)* **h.t.** *adj (Hütt/Wlz)* (Abv) **heat-treated** *adj (Hütt/Wlz)*
**Wärmevergütung** *f (Hütt/Wlz)* **heat treatment** *(Mech, Mont, Hütt/Wlz)*
**Wärmezufuhr** *f (Hütt/Wlz)* **heat input** *(Hütt/Wlz)*
**warmfest** *adj (Hütt/Wlz) (nicht zerlaufend)* **creep-resistant** *adj (Hütt/Wlz)*
**Warmformung** *f (Hütt/Wlz)* **hot forming** *(Hütt/Wlz)*
**warmgeformt** *adj (Hütt/Wlz)* **hot-formed** *adj (Hütt/Wlz)* (e.g. springs)
**warmgenietet** *adj (Stb)* **hot-riveted** *adj (Stb)*
**warmgewalzt** *adj (Hütt/Wlz)* **hot-rolled** *adj (Hütt/Wlz)*
**warmgezogen** *adj (Hütt/Wlz)* **hot-drawn** *adj (Hütt/Wlz)*
**Warmluftheizung** *f (Mech)* **hot-air heating** *(Mech)*
**warmnieten** *v (Stb)* **hot-rivet** *v (Stb)*
**Warmplattierung** *f (Mech)* **hot-rolled cladding** *adj:n (Hütt/Wlz)*
**Warmpressschweißen** *nt (Schw)* **hot pressure welding** *adj:n (Schw)*
**Warmrichten** *nt (Mech, Mont)* **hot straightening** *(Mech, Mont)*
**warmrichten** *v (Mech, Mont)* **hot-straighten** *v (Mech, Mont)*
**Warmrichter** *m (Mech, Mont)* **hot straighter** *(Mech, Mont)*
**Warmriss** *m (Stb)* **hot crack** *(Stb)*
**Warmrohrbogen** *m (Hütt/Wlz)* **hot-i-bend** *(Hütt/Wlz)*
**warmstranggepresst** *adj (Hütt/Wlz)* **hot-extruded** *adj (Hütt/Wlz)*
**Warmstreckgrenze** *f (Schw)* **high-temperature limit of elasticity** *(Schw)*
**warmverformt** *adj (Hütt/Wlz)* **hot-formed** *adj (Hütt/Wlz)* (e.g. springs)
**warmwalzen** *v (Hütt/Wlz)* **hot-roll** *v (Hütt/Wlz)*
**Warmwalzwerk** *nt (Hütt/Wlz)* **hot rolling mill** *(Hütt/Wlz)* **hot-rolling plant** *(Hütt/Wlz)*
**Warmwasser** *nt (Mech)* **hot water** *adj:n (Mech)*
**Warmwasserbehälter** *m (Hütt/Wlz)* **hot well** *adj:n (Hütt/Wlz)*
**Warnanlage** *f (Mech)* **warning device** *(Mech)*
**Warnblinkschalter** *m (Mech, El)* **hazard switch** *(Mech, El)*
**Warnhupe** *f (Mech)* **alarm horn** *(Mech)*

**Warnschild** *nt (Mech, Allg)* **danger notice** *(Mech)*
**Warnungstafel** *f (Mech, Allg)* **notice board** *(Allg)*
**Wartbarkeit** *f (Mech)* **maintenability** *(Mech)*
**Wartehalle** *f (Bau)* **waiting booth** *(Bau)*
**Warten** *nt (Mech) (z.B. Wartung einer Maschine)* **machine maintenance** *(Mech)*
**warten** *v (Mech) (z.B. eine Maschine)* **maintain** *v (Mech)* (e.g. a machine)
**Wärter** *m (Mont)* **attendant** *(Bg/Bergb)*
**Wartung** *f (Mech, Bau)* **maintenance** *(Allg)*
**Wartungs- und Inspektionsanleitung** *(Mech)* **maintenance and inspection instruction** *(Mech)*
**Wartungs- und Reparaturarbeiten** *(Mech)* **services and repairs** *(Mech)*
**Wartungsanleitung** *f (Mech)* **maintenance instruction** *(Mech)*
**Wartungsanweisungszeichnung** *f (Mech)* **maintenance instruction drawing** *(Mech)*
**Wartungsbühne** *f (Mech)* **catwalk** *(Mech, Bau)* **running board** *(Mech, Bahn)*
**wartungsfrei** *adj (Mech)* **maintenance-free** *adj (Mech)*
**Wartungsfreundlichkeit** *f (Mech)* **serviceability** *(Mech)*
**wartungsgerecht** *adj (Mech)* **easy to service** *(Mech)*
**Wartungshandbuch** *nt (Mech)* **maintenance manual** *(Mech)*
**Wartungsinspektion** *f (Mech)* **pit stop** *AE (Mech)*
**Wartungsintervall** *nt (Hyd, Mech)* **maintenance interval** *(Hyd, Mech)*
**Wartungslaufsteg** *m (Mech)* **catwalk** *(Mech, Bau)*
**Wartungsliste** *f (Mech)* **maintenance manual** *(Mech)*
**Wartungsmaske** *f (Bg/Bergb)* **maintenance control form** *(Bg/Bergb)*
**Wartungspersonal** *nt (Allg)* **maintenance personnel** *(Allg)*
**Wartungsplan** *m (Mech)* **maintenance schedule** *(Mech)*
**Wartungsteil** *nt (Mech)* **attendance part** *(Mech)*
**Wartungswerkzeug** *nt (Werkz, Mech)* **maintenance tool** *(Werkz, Mech)*
**Warzenblech** *nt (Stb)* **checker plate** *(Stb, Hütt/Wlz)* **pinned plate** *adj:n (Stb)*
**Warzenschweißung** *f (Schw)* **projection weld** *(Schw)*
**Waschabgänge** *pl m (Aufb)* **coal washings** *pl (Aufb)*
**Waschanlage** *f (Bg/Bergb) (für Kohle)* **washing plant** *(Bg/Bergb)* (coal)
**Waschanlage** *f (Hyd/Pneu) (Windschutzscheibe)* **washer** *(Hyd/Pneu)* (windscreen)
**Waschbecken** *nt (Bau)* **washing basin** *(Bau)*
**Waschbenzin** *nt (Chem)* **benzine** *(Chem)* **petroleum ether** *(Chem)*
**Waschberge** *pl m (Bg/Bergb)* **scalpings** *pl AE (Bg/Bergb)* **wash waste** *BE (Bg/Bergb)*
**Waschbeton** *m (Bau)* **exposed-aggregate concrete** *(Bau)*
**Waschraum** *m (Mech, Bau)* **washroom** *(Mech, Bau)*
**Waschtrommel** *f (Zer)* **scrubber** *(Zer)*
**Wasser, angesäuert** *adj:n sg nt (Geo)* **acidulous water** *adj:n sg (Geo)*
**Wasser-/Zementwert** *(Bau)* **water cement ratio** *(Bau)*
**Wasserabfluss** *m (Bau)* **drain pipe** *(Mech, Bau)*
**Wasserablauf** *m (Mech, Bg/Bergb)* **drainage** *(Mech, Bg/Bergb)* **water hole** *(Mech, Bg/Bergb)*
**Wasserableitung** *f (Mech, Bg/Bergb)* **water drainage** *(Mech, Hyd/Pneu)*
**Wasserabscheider** *m (Mech, Hyd/Pneu)* **drain trap** *(Mech, Hyd/Pneu)* **water separator** *(Mech)*
**Wasserabstreifer** *m (Mech)* **water piper** *(Mech)*
**Wasseranschluss** *m (Bau) (Hauptanschluss)* **water mains supply** *(Bau)*
**Wasseraufnahme** *f (Bau)* **absorption of water** *(Bau)*
**Wasserbehälter** *m (Mech)* **water tank** *(Mech, Bau)*
**wasserbenetzt** *adj (Hütt/Wlz)* **water-wetted** *adj (Hütt/Wlz)*
**Wasserbeständigkeit** *f (Mech, Anstr)* **water resistance** *(Mech, Anstr)*
**Wasserdampfdruck** *m (Ökol)* **water vapour pressure** *(Ökol)*
**wasserdicht** *adj (Mech, Hyd/Pneu)* **waterproof** *adj BE (Mech, Hyd/Pneu)*

**Wasserdichtigkeit** *f (Bau)* **water-proofness** *(Bau)*
**wasserdichtschweißen** *v (Schw)* **water-proof-weld** *v (Schw)*
**Wasserdruck** *m (Bau, Hyd/Pneu)* **water pressure** *(Bau, Hyd/Pneu)*
**Wasserdruckpresse** *f (Mech, Hyd/Pneu)* **hydraulic press** *adj:n (Mech, Hyd/Pneu)*
**Wasserdruckprobe** *f (Hyd/Pneu)* **hydrostatic test** *adj:n (Hyd/Pneu)*
**Wasserfass** *nt (Mech)* **water drum** *(Hütt/Wlz, Mech)*
**Wasserfilter** *nt (Mech)* **water filter** *(Mech, Bau)*
**wasserführend** *adj (Mech, Geo)* **aquiferous** *adj (Geo)* **water bearing** *adj (Geo)*
**Wasserfüllung** *f (Mech)* **water filling** *(Mech)*
**Wassergehalt, innen** innerer Wassergehalt *adj:n (Chem) (in Brennstoffen)* **inherent moisture** *adj:n (Hyd/Pneu, Chem)*
**wassergekühlt** *adj (Mech)* **water-cooled** *adj (Mech)*
**Wasserglas** *nt (Stb)* **water glass** *(Stb)*
**Wasserhahn** *m (Hyd/Pneu)* **water faucet** *(Hyd/Pneu)*
**Wasserhaltung** *f (Bg/Bergb) (im Tagebau)* **dewatering** *(Mech, Bg/Bergb)*
**Wasserheizung** *f (Mech)* **water heating** *(Mech)*
**Wasserhochbehälter** *m (Stb)* **water tower** *(Stb)*
**Wasserkasten** *m (Mech)* **radiator tank** *(Mech)*
**Wasserkühlung** *f (Mech)* **water cooling** *(Mech)*
**Wasserlauf** *m (Bau)* **watercourse** *(Bau)*
**Wasserleitblech** *nt (Mech) (im Zylinderkopf)* **water director ferrule** *(Mech)*
**Wasserleitstück** *nt (Bau)* **water guide** *(Bau)*
**Wasserleitung** *f (Bau)* **water line** *(Bau)* **water pipe** *(Bau)*
**Wasserleitungsrohr** *nt (Bau)* **water pipe** *(Bau)*
**wasserlöslich** *adj (Chem)* **water-soluble** *adj (Chem)*
**Wasserlöslichkeit** *f (Bau)* **water-solubility** *(Bau)*
**Wassermantel** *m (Mech)* **water jacket** *(Mech)*
**Wassermengenmesser** *m (Hütt/Wlz)* **feed water flow meter** *(Hütt/Wlz)*
**Wasserpfropfen** *m (Hütt/Wlz) (Überhitzer)* **water pocket** *(Stb)*
**Wasserpumpe** *f (Mech, Hyd/Pneu)* **water pump** *(Mech, Hyd/Pneu)*
**Wasserpumpenabdichtung** *f (Mech)* **water pump sealing** *(Mech)*
**Wasserpumpendeckel** *m (Mech)* **water pump cover** *(Mech)*
**Wasserpumpengehäuse** *nt (Mech)* **water pump body** *(Mech)*
**Wasserpumpenpackung** *f (Mech)* **water pump packing** *(Mech)*
**Wasserpumpenriemen** *m (Mech)* **water pump belt** *(Mech)*
**Wasserpumpenwelle** *f (Mech)* **water pump shaft** *(Mech)*
**Wasserraum** *m (Hütt/Wlz)* **water space** *(Hütt/Wlz)*
**Wasserrohr** *nt (Stb)* **water main** *(Mech, Stb)*
**Wasserrohrkessel** *m (Mech)* **watertube boiler** *(Mech)*
**Wasserrohrkühler** *m (Hütt/Wlz)* **water tube attemperator** *(Hütt/Wlz)*
**Wassersack** *m (Stb) (Laschung)* **water pocket** *(Stb)*
**Wasserschleier** *m (Stb)* **water curtain** *(Stb)*
**Wasserschutzgebiet** *nt (Ökol)* **protected catchment area** *(Ökol)*
**wasserseitig** *adj (Hütt/Wlz)* **water-side...** *affix (Hütt/Wlz)*
**Wassersprühanlage** *f (Mech)* **water sprinkling system** *(Mech)*
**Wasserstandsanzeige** *f (Hyd/Pneu)* **water level indicator** *(Hyd/Pneu)*
**Wasserstandsglas** *nt (Hütt/Wlz)* **water column gauge glass** *(Hütt/Wlz)*
**Wasserstandsmarke** *f (Hyd/Pneu)* **water level indicator** *(Hyd/Pneu)*
**Wasserstandsprüfhahn** *m (Bahn) (Dampflok)* **gauge-glass test cock** *(Bahn)*
**Wasserstandsschauglas** *nt (Bahn) (Dampflok)* **water-level sight glass** *(Bahn)*
**Wasserstandswächter** *m (Hütt/Wlz)* **liquid level monitor** *(Hütt/Wlz)*
**Wasserstoffkühlung** *f (Hütt/Wlz) (Generator)* **hydrogen cooling** *(Hütt/Wlz)*
**Wasserstoffversprödung** *f (Hütt/Wlz)* **hydrogen embrittlement** *(Hütt/Wlz)*

**Wasserstrecke** *f (Bau)* **water column** *(Mech, Bau)* **water path** *(Bau)*
**Wassertanker** *m (Bg/Bergb)* **water truck** *(Bg/Bergb)* (in mine)
**Wasserumlauf** *m (Hütt/Wlz)* **water circulation** *(Hütt/Wlz)*
**Wasserumwälzpumpe** *f (Hyd/Pneu)* **circulating water pump** *(Hyd/Pneu)*
**wasservergütet** *adj (Hütt/Wlz)* **water-quenched** *adj (Hütt/Wlz)*
**Wasserverlust** *m (Bau)* **loss of water** *(Bau)*
**Wasserverteilungsanlage** *f (Stb)* **water-distribution plant** *(Stb)*
**Wasservorrat** *m (Stb)* **water supply** *(Stb, Bau)*
**Wasserwaage** *f (Mont, Werkz)* **spirit level** *(Mont, Werkz)* **water balance** *(Mont, Werkz)*
**Wasserwanne** *f (Bau)* **water basin** *(Bau)* **water tank** *(Mech, Bau)*
**Wasserwirtschaft** *f (Stb)* **water engineering** *(Stb)*
**Wasserzähler** *m (Mech)* **water meter** *(Mech)*
**Wechselbeanspruchung** *f (Stb) (Belastung)* **reversal stressing** *(Stb)*
**Wechselbehälter** *m (Bahn)* **exchangeable container** *adj:n (Bahn)*
**Wechselgetriebe** *nt (Mech)* **change gear** *(Mech)*
**Wechsellast** *f (Hütt/Wlz)* **fluctuating load** *(Hütt/Wlz)*
**Wechsellast** *f (Mech, Stat)* **alternating load** *(Mech, Stat)*
**Wechsellast** *f (Stb)* **reverse load** *(Stb)*
**Wechselrahmen** *m (Mech)* **change frame** *(Mech)*
**wechselseitig** *adj (Mech)* **mutual** *adj (Mech)* **reciprocal** *adj (Mech)*
**Wechselstab** *m (Mech, Stb)* **counterbrace** *BE (Mech, Stb)*
**Wechselventil** *nt (Mech)* **shuttle valve** *(Kfz)*
**Wechselzeit** *f (Bg/Bergb) (des Dumpers)* **spotting time** *(Bg/Bergb)*
**Weg** *m (Mech, Allg)* **distance** *(Mech, Allg)*
**Wege-Proportionalventil** *nt (Hyd/Pneu)* **directional proportional valve** *(Hyd/Pneu)*
**Wege-Schieberventil** *nt (Hyd/Pneu)* **directional spool valve** *(Hyd/Pneu)*
**Wege-Sitzventil** *nt (Hyd/Pneu)* **directional poppet valve** *(Hyd/Pneu)*
**Wegeachse** *f (Mech)* **road axis** *(Mech)*
**Wegehobel** *m (Bg/Bergb)* **motor grader** *(Bg/Bergb)*
**Wegelängsventil** *nt (Hyd/Pneu)* **way valve** *(Hyd/Pneu)*
**Wegenetz** *nt (Allg)* **road network** *(Mech)*
**Wegeschieber** *m (Hyd/Pneu)* **directional spool valve** *(Hyd/Pneu)*
**Wegeventil** *nt (Hyd/Pneu)* **distributing valve** *(Hyd/Pneu)* **way valve** *(Hyd/Pneu)*
**wegräumen** *v (Bg/Bergb) (z.B. Schutt)* **remove** *v (Bg/Bergb)* (e.g. overburden)
**wegwerfen** *v (Bg/Bergb) (z.B. Abraum)* **cast off** *v (Bg/Bergb)* (e.g. overburden)
**Wehr** *nt (Bau)* **weir** *(Bau)*
**Wehranlage** *f (Bau)* **dam** *(Bau, Bg/Bergb)* **weir plant** *(Bau)*
**Wehrschütz** *m (Bau) (Wasserbau)* **sluice gate** *(Stb, Bau)*
**Weiche** *f (Bahn)* **switch** *AE (Bahn)* (railway)
**Weiche** *f (Bahn) (Übergabeweiche)* **turnout** *(Bahn)*
**Weichenantrieb** *m (Bahn) (elektrisch)* **switch-drive** *(Bahn)* (electric)
**Weichenbuchse** *f (Bahn)* **bush for points** *(Bahn)*
**Weichenheizung** *f (Bahn)* **point heater** *(Bahn)*
**Weichenschaltung** *f (Bahn) (elektrisch)* **switch control** *(Bahn)* (electric)
**Weichenwärter** *m (Bahn)* **pointsman** *BE (Bahn)* **switchman** *AE (Bahn)*
**weichgeglüht** *adj (Hütt/Wlz)* **soft-annealed** *adj (Hütt/Wlz)*
**Weichgestein** *nt (Geo)* **soft rock** *adj:n (Geo)*
**Weichglühen** *nt (Hütt/Wlz)* **soft annealing** *(Hütt/Wlz)*
**Weichgummibelag** *m (Mech)* **soft rubber lagging** *(Mech)*
**Weichkohle** *f (Bg/Bergb, Geo)* **bituminous coal** *adj:n (Bg/Bergb, Geo)* **soft coal** *(Bg/Bergb, Geo)*
**Weichlöten** *nt (Mech, Mont)* **soft soldering** *adj:n (Mech, Mont)*
**weichlöten** *v (Mech, Mont)* **solder** *v (Mech, Mont)*
**Weichmachung** *f (Stb)* **softening** *(Stb)* **tempering** *(Stb, Hütt/Wlz)*

**Weichpackung** *f (Hütt/Wlz)* **soft packing** *adj:n (Hütt/Wlz)*
**Weichstahl** *m (Hütt/Wlz)* **mild steel** *adj:n (Hütt/Wlz)*
**Weichstahlgüte** *f (Hütt/Wlz)* **mild-steel quality** *(Hütt/Wlz)*
**Weichzerkleinerung** *f (Zer) (Brecher)* **soft-rock crushing** *(Zer)*
**Weißanlaufen** *nt (Anstr)* **blooming** *(Anstr)*
**Weißband** *nt (Hütt/Wlz)* **tin-coated strip** *adj:n (Hütt/Wlz)* **tinplate strip** *(Hütt/Wlz)*
**Weißblech** *nt (Hütt/Wlz)* **tin sheet** *(Hütt/Wlz)* **tinned-sheet iron** *(Hütt/Wlz)*
**Weißblechband** *nt (Hütt/Wlz)* **tinplate strip** *(Hütt/Wlz)*
**weißen** *v (Anstr)* **whitewash** *v (Anstr)*
**Weißmetall** *nt (Hütt/Wlz)* **babbit** *(Stb)* **white metal** *adj:n (Stb)*
**Weißmetall-Lager** *nt (Hütt/Wlz)* **white-metal lining** *(Hütt/Wlz)*
**Weitertransport** *m (Bg/Bergb) (mit Fahrzeugen)* **onward transport** *(Bg/Bergb)*
**Weiterverarbeitung** *f (Hütt/Wlz)* **subsequent processing** *adj:n (Hütt/Wlz)* **further treatment** *adj:n (Hütt/Wlz)*
**Wellblech** *nt (Mech, Hütt/Wlz)* **corrugated iron** *adj:n (Hütt/Wlz)*
**Wellblech, bombiert** bombiertes Wellblech *adj:n (Mech, Stb)* **arched corrugated iron** *adj:n (Mech, Stb)*
**Wellblech, verzinkt** verzinktes Wellblech *adj:n (Mech)* **corrugated galvanized iron** *adj:n (Mech)*
**Wellblechrohr** *nt (Bau)* **corrugated iron pipe** *adj:n (Bau)*
**Welldichtung** *f (Hütt/Wlz)* **corrugated packing ring** *adj:n (Hütt/Wlz)*
**Welle** *f (Mech) (Achse)* **shaft** *(Mech)* **spindle** *(Mech)*
**Welle, biegsam** biegsame Welle *adj:n (Mech)* **flexible shaft** *adj:n (Mech)*
**Welle, durchgehend** durchgehende Welle *adj:n (Mech)* **continuous shaft** *adj:n (Mech)*
**Welle, verzahnt** verzahnte Welle *adj:n (Mech)* **gearshaft** *(Mech)*
**Wellenabsatz** *m (Bau) (z.B. an Straße)* **shoulder** *(Bg/Bergb, Bau)* (of a road)
**Wellenbund** *m (Mech)* **shaft collar** *(Mech)*
**Wellendichtring** *m (Mech)* **shaft sealing ring** *(Mech)*
**Wellendichtung** *f (Mech)* **shaft seal** *(Mech)*
**Wellendurchmesser** *m (Mech)* **shaft diameter** *(Mech)*
**Wellenende** *nt (Mech)* **shaft extension** *(Mech)*
**Wellenendscheibe** *f (Mech)* **shaft end disc** *(Mech)*
**Wellenkupplung** *f (Mech)* **shaft coupling** *(Mech)*
**Wellenmutter** *f (Mech)* **shaft nut** *(Mech)*
**wellig** *adj (Bau)* **bumpy** *adj (Bau)*
**Welligkeit** *f (Mech)* **ripple** *(Mech)*
**Wellpappe** *f (Mech)* **corrugated cardboard** *adj:n (Mech)*
**Wellrohrkessel** *m (Hütt/Wlz)* **corrugated-furnace boiler** *(Hütt/Wlz)*
**Wellung** *f (Mech)* **corrugation** *(Mech, Hütt/Wlz)*
**Wendeantrieb** *m (Mech)* **reversing gear** *(Mech)*
**Wendehammer** *m (Bau) (in Sackgasse)* **turning area** *(Bau)*
**Wendelgurtförderer** *m (Mech)* **spiral belt conveyor** *(Mech)*
**Wendeltreppe** *f (Bau)* **spiral staircase** *(Bau)*
**wenden** *v (Mech, Allg)* **turn** *v (Mech, Mont)* **turn around** *v (Mech)*
**Wendepunkt** *m (Mech, Allg)* **turning point** *(Mech, Allg)*
**Wenderadius** *m (Mech)* **turning radius** *(Mech)*
**Wendezugbetrieb** *m (Bahn)* **push-pull operation** *(Bahn)*
**Wendezugeinrichtung** *f (Bahn)* **push-pull device** *(Mech, Bahn)*
**wendig** *adj (Mech) (z.B. ein Gerät)* **manoeuvrable** *adj (Mech, Allg)*
**werfen** *v/i (Stb) (sich werfen)* **warp** *v/i (Mech)*
**Werft** *f (Schiff)* **shipyard** *(Schiff)*
**Werftdrehkran** *m (Umschl)* **shipyard swivel crane** *(Umschl)*
**Werftkran** *m (Umschl)* **shipyard crane** *(Umschl)*
**Werftportalkran** *m (Umschl)* **shipyard portal crane** *(Umschl)*
**Werkbank** *f (Mech, Mont)* **work bench** *(Mech, Mont)*
**Werkmeister** *m (Mech, Mont)* **foreman** *(Mech)*

**Werknorm** *f (Mech) (firmeneigener Standard)* **works standard** *(Mech)*
**Werkstatt** *f (Mech)* **workshop** *(Mech)*
**Werkstatt** *f (Mech) (für Kfz)* **garage** *(Mech, Allg)* (car repair)
**Werkstoffuntersuchung** *f (Mech)* **material test** *(Mech)*
**Werkstück** *nt (Schw, Werkz)* **workpiece** *(Schw, Werkz)*
**Werkzeug** *nt (Mech, Mont, Werkz)* **tool** *(Mont, Werkz)*
**Werkzeug- und Materiallager** *(Hütt/Wlz)* **tool and material store** *(Hütt/Wlz)*
**Werkzeugausrüstung** *f (Werkz)* **toolkit** *(Mech, Mont, Werkz)*
**Werkzeugindustrie** *f (Werkz, Mech)* **tool industry** *(Werkz, Mech)*
**Werkzeugkasten** *m (Werkz)* **toolbox** *(Mont, Werkz)*
**Werkzeugkastendeckel** *m (Mech)* **toolbox lid** *(Mech)*
**Werkzeugkiste** *f (Mont, Werkz)* **toolbox** *(Mont, Werkz)*
**Werkzeugmacherei** *f (Werkz)* **toolshop** *(Werkz)*
**Werkzeugmarken** *pl f (Mech, Mont)* **tool marks** *pl (Mech)*
**Werkzeugmaschine** *f (Werkz, Mech)* **machine tools** *pl (Werkz, Mech)*
**Werkzeugsatz** *m (Werkz)* **set of tools** *(Werkz)*
**Werkzeugstahl** *m (Hütt/Wlz, Werkz)* **tool steel** *(Hütt/Wlz, Werkz)*
**Werkzeugtasche** *f (Werkz)* **toolkit** *(Mech, Mont, Werkz)*
**wetzen** *v (Mech, Mont)* **grind** *v (Form)* **whet** *v (Mech)*
**Wetzstein** *m (Mont, Werkz)* **whetstone** *(Mont, Werkz)*
**WEZ** *f (Mech) (Abk)* **heat-affected zone** *adj:n (Mech)*
**Wichte** *f (Geo)* **specific gravity** *(Geo)*
**Wichtemessungseinrichtung** *f (Zer)* **density controller** *(Zer)*
**Wickelband** *nt (Mech)* **pull-push rule** *(Mont, Mech, Werkz)* (made of steel)
**Wickelfeder** *f (Mech)* **volute spring** *(Mech)*
**Widerlager** *nt (Mech)* **abutment** *(Mech)*
**Widerstand** *m (Mech) (eines Materials bei Dehnung)* **drag** *(Mech)* (resistance against stretching)
**Widerstandschmelzschweißen** *nt (Schw)* **resistance fusion welding** *(Schw)*
**Widerstandsfähigkeit** *f (Mech)* **resistance** *(Mech)* (e.g. against tension)
**Widerstandshaus** *nt (Mech)* **resistor cabin** *(Mech)*
**Widerstandskoeffizient** *m (Stb)* **drag coefficient** *(Stb)*
**Widerstandsmoment** *nt (Stb) (Querschnitt)* **section modulus** *(Stb)*
**Widerstandspressschweißen** *nt (Schw)* **resistance welding** *(Schw)*
**wieder aufbauen** *nt (Mech, Allg)* **rebuild** *v (Mech, Allg)* **reconstruct** *v (Mech, Allg)*
**wieder aufbereiten** *v (Mech)* **recycle** *v (Mech)*
**Wiedergewinnungskessel** *m (Hütt/Wlz)* **recovery boiler** *(Hütt/Wlz)*
**wiederherstellen** *v (Bau) (ein Gebäude)* **reconstruct** *v (Bau)* (a building) **restore** *v (Allg, Bau, Mech)*
**Wiederholungsbeschichtung** *f (Anstr)* **recoating** *(Anstr)*
**Wiederzusammenbau** *m (Mech)* **reassembly** *(Mech)*
**Wiege** *f (Stb)* **rocker** *(Mech, Stb)*
**Wiegebescheinigung** *f (Mech)* **weight card** *(Mech)* (from weigh bridge)
**Wiegebrücke** *f (Mech)* **weigh-bridge** *(Mech)*
**Wiegebunker** *m (Mech)* **weigh bin** *(Mech, Umschl)*
**Wiegeeinrichtung** *f (Mech)* **weighing equipment** *(Mech)*
**Wiegekarte** *f (Mech)* **weigh-bridge ticket** *(Mech)*
**Wiegemeister** *m (Mech)* **check weighman** *(Mech)*
**Wiegerolle** *f (Mech)* **weighing idler** *(Mech, Band)*
**Wiegestrecke** *f (Mech)* **weighing span** *(Mech)*
**Wiegetragrolle** *f (Mech)* **weighing idler** *(Mech, Band)*
**Wiegevorrichtung** *f (Mech)* **weighing device** *(Mech)*
**Wiegezapfen** *m (Stb)* **rocker pin** *(Stb)*
**WIG-Automatenschweißen** *nt (Schw, Mech, Mont)* **automatic inert-gas tungsten-arc welding** *adj:n (Schw, Mech, Mont)*

**Windabsperrschieber** *m (Mech)* **damper** *(Mech)*
**Windbelastung** *f (Stat)* **wind load** *(Mech, Stat)*
**Windbremse** *f (Mech)* **wind safety brake** *(Mech)*
**Winddruck** *m (Mech, Stat)* **wind pressure** *(Mech, Stat)*
**Winde** *f (Mech, Mont)* **winch** *(Mech)*
**Windenantriebsritzel** *nt (Mech)* **winch drive pinion** *(Mech)*
**Windenbrücke** *f (Stb) (auf Frachtschiff)* **winch bridge** *(Stb)*
**Windengetriebe** *nt (Mech)* **rope hoist gear unit** *(Mech)*
**Windenkraft** *f (Stb)* **winch force** *(Stb)*
**Windenseil** *nt (Mech, Bg/Bergb)* **winch rope** *(Mech, Bg/Bergb)*
**Windenträger** *m (Mech)* **winch base** *(Mech)*
**Windentrommel** *f (Mech)* **winch drum** *(Mech)*
**Windflügel** *m (Mech) (Kfz)* **fan** *(Hyd, Mech)*
**Windflügel** *m (Mech) (Ventilator)* **ventilator** *(Mech)*
**Windflügelnabe** *f (Mech) (Kfz)* **fan hub** *(Mech)*
**windschlüpfig** *adj (Mech)* **faired** *adj (Mech)*
**Windschutzscheibe** *f (Mech)* **windscreen** *BE (Kfz)* **windshield** *AE (Kfz)*
**windseitig** *adj (Stb) (luvseitig)* **windward** *adj (Stb)*
**Windung** *f (Mech) (Feder)* **coil** *(Mech)* (turn)
**Windung** *f (Mech) (Verwindung des Materials)* **torsion** *(Mech)*
**Windungsdurchmesser** *m (Mech) (Feder)* **coil diameter** *(Mech)*
**Windungsrichtung** *f (Mech) (Feder)* **direction of coil** *(Mech)*
**Windversteifung** *f (Stb)* **wind bracing** *(Stb)*
**Windwerk** *nt (Bg/Bergb)* **rope hoist** *(Bg/Bergb, Mech)*
**Winkel** *m (Mech, Mont)* **angle** *(Mech, Mont)* **square** *(Hütt/Wlz, Stb, Mech)*
**Winkel, gleichschenklig** gleichschenkliger Winkel *adj:n (Stb, Hütt/Wlz)* **equal angle** *adj:n (Stb, Hütt/Wlz)*
**Winkel...** *affix (Mech, Allg)* **angular** *adj (Mech, Allg)*
**Winkelabweichung** *f (Stb)* **angular deviation** *adj:n (Stb)*
**Winkelantrieb** *m (Mech)* **angle drive** *(Mech)*
**Winkelbohrmaschine** *f (Mont, Werkz)* **angular drilling machine** *(Mont, Werkz)*
**Winkeleinfassung** *f (Mech)* **angle curb** *(Mech)*
**Winkeleisen** *nt (Mech, Stb, Hütt/Wlz)* **angular steel** *(Mech, Stb, Hütt/Wlz)*
**Winkeleisenstütze** *f (Mech, Stb)* **angle stanchion** *(Mech, Stb)*
**Winkelflansch** *m (Mech)* **angle flange** *(Mech)*
**Winkelfluchtung** *f (Mech)* **angular alignment** *adj:n (Mech)*
**Winkelgelenk** *nt (Mech)* **toggle joint** *(Mech)*
**winkelkonstant** *adj (Mech)* **angle-constant** *adj (Mech)*
**Winkelschleifmaschine** *f (Mont, Werkz)* **angle grinding machine** *(Mont, Werkz)*
**Winkelschraubenzieher** *m (Mont, Werkz)* **angle screw driver** *(Mont, Werkz)*
**Winkelsegment** *nt (Mech, Stb)* **angle segment** *(Mech, Stb)*
**Winkelventil** *nt (Hyd/Pneu)* **angle valve** *(Hyd/Pneu)*
**Winkelverhältnis** *nt (Mech) (Feder)* **coiling ratio** *(Mech)*
**Winkelversatz** *m (Mech)* **angular misalignment** *adj:n (Mech)*
**Winkelverschraubung** *f (Mech)* **angular screw connection** *adj:n (Mech)* **angled screw coupling** *adj:n (Mech)* **angular screw coupling** *adj:n (Mech)* **angular screw joint** *adj:n (Mech)*
**Winkelzahn** *m (Mech)* **double helical gear** *(Mech)* **herringbone tooth** *(Mech)*
**winklig** *adj (Mech, Allg)* **angular** *adj (Mech, Allg)*
**Winterbetrieb** *m (Hütt/Wlz)* **winter operation** *(Hütt/Wlz)*
**Wippdrehkran** *m (Bg/Bergb)* **crane with double lever jib** *(Mech)*
**Wippen** *nt (Umschl)* **luffing** *(Umschl)*
**Wippenkonstruktion** *f (Bg/Bergb)* **bascule design** *(Bg/Bergb)*
**Wipperanlage** *f (Bg/Bergb)* **car tippler** *(Bg/Bergb)*
**Wippkran** *m (Bg/Bergb)* **luffing crane** *(Bg/Bergb)*

**Wippseil** *nt (Bg/Bergb)* **luffing rope** *(Bg/Bergb)*
**Wippwerk** *nt (Mech)* **luffing mechanism** *(Mech)*
**Wirbelbrenner** *m (Hütt/Wlz)* **turbulent burner** *(Hütt/Wlz)*
**Wirbelkammerfeuerung** *f (Hütt/Wlz)* **vortex furnace** *(Hütt/Wlz)*
**wirbeln** *v (Mech)* **spin** *v (Kfz)*
**Wirbelrohr** *nt (Mech)* **cyclone tube** *(Mech, Bg/Bergb)*
**wirken** *v (Allg)* **function** *v/i (Mech)* **operate** *v/i (Mech, Allg)* **work** *v/i (Mech, Allg)*
**Wirkfaktor** *m (Mech)* **power factor** *(Mech)*
**Wirkungsgrad** *m (Allg)* **efficiency** *(Allg)*
**Wischarm** *m (Mech)* **wiper arm** *(Mech)*
**Wischbeständigkeit** *f (Anstr)* **wipe resistance** *(Anstr)*
**Wischblatt** *nt (Mech)* **wiper blade** *(Mech)*
**Wischer** *m (Bg/Bergb, Band)* **wiper** *(Bg/Bergb, Band)*
**Wischerarm** *m (Mech) (Scheibenwischer)* **wiper arm** *(Mech)*
**Wischermotor** *m (Mech)* **wiper motor** *(Mech)*
**Witterungsbeständigkeit** *f (Stb)* **weather resistance** *(Stb)*
**Wöhlerkurve** *f (Stb)* **SN-curve** *AE (Stb)* **Wöhler curve** *BE (Stb)*
**wölben** *v (Schw)* **arch** *v (Hütt/Wlz, Schw)*
**Wölbmoment** *nt (Stb)* **warping moment** *(Stb)*
**Wölbnaht** *f (Schw)* **bead weld** *(Schw)*
**Wölbung** *f (Mech)* **arch** *(Mech, Bau)* **curvature** *(Mech, Allg)*
**Wölbwiderstand** *m (Stb)* **warping constant** *(Stb)*
**Wrasen** *m (Hütt/Wlz)* **waste steam** *(Hütt/Wlz)*
**Wucht** *f (Mech)* **impact** *(Mech, Allg)*
**Wuchtmassenantrieb** *m (Zer)* **out-of-balance drive** *(Zer)*
**Wulst** *m (Mech)* **bead** *(Schw, Mech)* **bulb** *(Mech)*
**Wulstband** *nt (Mech)* **clincher band** *(Mech)*
**Wulsteisen** *nt (Stb)* **bulb iron** *(Stb)*
**Würfel** *m (Bau)* **cube** *(Bau)*
**Würfelkohle** *f (Bg/Bergb)* **lumps** *pl (Bg/Bergb)*
**Wurffeuerung** *f (Hütt/Wlz)* **sprinkling stoker** *(Hütt/Wlz)*
**Wurfschaufel** *f (Bg/Bergb)* **scoop** *(Bg/Bergb, Umschl)*
**Würgeeisen** *nt (Mech)* **twist iron** *(Mech)*
**Würger** *m (Mech, Mont)* **twist iron** *(Mech)*
**Wurzel** *f (Schw) (der Schweißnaht)* **root** *(Schw)* (of weld seam)
**Wurzeleinbrand** *m (Schw) (an der Schweißnaht)* **penetration into the root** *(Schw)*
**Wurzelextraktor** *m (Bg/Bergb)* **root rake** *(Bg/Bergb)*
**Wurzelfehler** *m (Schw) (falsches Schweißen)* **root defect** *(Schw)*
**Wurzelmaß** *nt (Stb)* **back pitch** *(Stb)*
**Wurzelöffnung** *f (Schw)* **root opening** *(Schw)*
**Wurzelreißzahn** *m (Bg/Bergb) (Baggerausrüstung)* **root ripper tooth** *(Bg/Bergb)*
**Wurzelriss** *m (Schw) (der Schweißnaht)* **root crack** *(Schw)*

# X

**X-Haken** *m (Stb)* **hook with safety toggle** *(Stb)*
**X-Naht** *f (Schw)* **double-V** *(Schw)* **double-V seam** *(Schw)*

# Y

**Y-Brenner** *m (Hütt/Wlz)* **Y-jet burner** *(Hütt/Wlz)*
**Y-Naht** *f (Schw)* **single-Y** *(Schw)*
**Y-Naht** *f (Schw) (mit Steg)* **single-Y with root face** *(Schw)*

# Z

**z-förmig** *adj (Mech)* **z-shaped** *adj (Mech)*
**Zacken** *m (Mech)* **tooth** *(Mech)*
**Zackenschrift** *f (Mech)* **peak recording** *(Mech)*
**zackig** *adj (Mech) (sägezahnartig)* **serrated** *adj (Mech)*
**zäh** *adj (Geo)* **tenacious** *adj (Allg)* **tough** *adj (Geo, Mech)*
**zähflüssig** *adj (Chem)* **viscous** *adj (Chem)*

**Zähflüssigkeit** *f (Chem)* **viscosity** *(Chem)*
**Zähigkeit** *f (Mech)* **tenacity** *(Hütt/Wlz, Mech)*
**Zahlentafel** *f (Stb)* **table** *(Stb)* (of values)
**Zahlenwertring** *m (Mech)* **scale ring** *(Mech)*
**Zähler** *m (Mech) (z.B. für Gas)* **meter** *(Mech)*
**Zählwerk** *nt (Mech)* **counter** *(Mech, Allg)* **register** *(Mech)*
**Zahn** *m (Bg/Bergb) (Eimer)* **point** *(Bg/Bergb)* (bucket)
**Zahn** *m (Mech)* **tooth** *(Mech)*
**Zahn eines Zahnrades** *(Mech) (aus Holz)* **cog** *(Form)* (tooth)
**Zahnbogen** *m (Mech)* **tooth sector** *(Mech)*
**Zahnbogen** *m (Mech) (Segment am Zahnrad)* **toothed quadrant** *adj:n (Mech)*
**Zahnbreite** *f (Mech)* **tooth width** *(Mech)*
**Zahnbrust** *f (Mech)* **tooth face** *(Mech)*
**Zähnezahlverhältnis** *nt (Mech)* **gear ratio** *(Mech)*
**Zahnfeile** *f (Mech, Mont)* **equalling file** *(Mech, Mont)*
**Zahnflanke** *f (Mech)* **tooth flank** *(Mech)*
**Zahnform** *f (Mech)* **tooth form** *(Mech)*
**Zahnfuß** *m (Bg/Bergb)* **tooth shank** *(Bg/Bergb)*
**Zahnfuß-Sehne** *f (Mech)* **chord of tooth root** *(Mech)*
**Zahnfußabrundung** *f (Mech)* **tooth base radius** *(Mech)*
**Zahnfußhöhe** *f (Mech)* **dedendum of a tooth** *(Mech)*
**Zahngrund** *m (Mech) (am Zahnrad)* **tooth root surface** *(Mech)*
**Zahngruppe** *f (Mech)* **tooth group** *(Mech)*
**Zahnhalter** *m (Bg/Bergb)* **adapter** *AE (Mech)*
**Zahnhalter, integrierte** integrierter Zahnhalter *adj:n (Bg/Bergb)* **integrated tooth shank** *adj:n (Bg/Bergb)*
**Zahnhalterung** *f (Mech)* **tooth lock** *(Mech)*
**Zahnhöhe** *f (Mech)* **tooth depth** *(Mech)*
**Zahnhöhe, gemeinsam** gemeinsame Zahnhöhe *adj:n (Mech)* **working depth** *(Mech)*
**Zahnkette** *f (Mech)* **toothed chain** *adj:n (Mech)*
**Zahnkettenrad** *nt (Mech)* **sprocket** *(Mech, Bg/Bergb)*
**Zahnkopf** *m (Mech) (am Zahnrad)* **tooth crest** *(Mech)*
**Zahnkranz** *m (Bg/Bergb, Umschl) (Laufrad)* **toothed rim** *adj:n (Bg/Bergb, Mech)*
**Zahnkranzsegment** *nt (Bg/Bergb, Umschl)* **gear rim segment** *(Mech)*
**Zahnkupplung** *f (Mech)* **tooth clutch** *(Mech)*
**Zahnlänge** *f (Mech)* **tooth depth** *(Mech)*
**Zahnlücke** *f (Mech)* **tooth space** *(Mech)*
**Zahnlückengrund** *m (Mech)* **bottom of the tooth space** *(Mech)*
**Zahnnabe** *f (Mech) (innenverzahnte Nabe)* **internally geared hub** *adj:n (Mech)*
**Zahnnabenprofil** *nt (Mech)* **spline profile** *(Mech)*
**Zahnprofil** *nt (Mech) (Zahnrad)* **tooth shape** *(Mech)*
**Zahnrad** *nt (Mech, Allg)* **cog wheel** *(Mech)* **tooth wheel** *(Mech)*
**Zahnrad, getrieben** getriebenes Zahnrad *adj:n (Mech)* **driven gear** *adj:n (Mech)*
**Zahnrad, mitlaufend** mitlaufendes Zahnrad *adj:n (Mech)* **idler** *(Mech, Band, Umschl, Bg/Bergb)*
**Zahnrad, ringförmig** ringförmiges Zahnrad *adj:n (Mech)* **ring gear** *(Mech, Bg/Bergb, Umschl)*
**Zahnrad, treibend** treibendes Zahnrad *adj:n (Mech)* **driving gear** *(Mech)*
**Zahnradantrieb** *m (Mech)* **gear drive** *(Mech)*
**Zahnradbahn** *f (Bahn)* **cog railway** *AE (Bahn)* **rack railway** *BE (Bahn)*
**Zahnradgehäuse** *nt (Mech)* **gear housing** *(Mech)*
**Zahnradgetriebe** *nt (Mech)* **gear train** *(Mech)* **gear unit** *(Mech)*
**Zahnradkasten** *m (Mech)* **gear housing** *(Mech)*
**Zahnradkörper** *m (Mech)* **gear blank** *(Mech)*
**Zahnradkranz** *m (Mech)* **ring gear** *(Mech, Bg/Bergb, Umschl)*
**Zahnradmessgetriebe** *nt (Mech)* **instrument gearing** *(Mech)*
**Zahnradnabe** *f (Mech)* **gear hub** *(Mech)*
**Zahnradpaar** *nt (Mech) (Getriebe)* **gear pair** *(Mech)*

**Zahnradpaar mit Bogenverzahnung** *(Mech)* **spiral gear pair** *(Mech)*
**Zahnradpumpe** *f (Mech, Hyd/Pneu)* **gear wheel pump** *(Mech, Hyd/Pneu)*
**Zahnradschneiden** *nt (Mech)* **gear cutting** *(Mech)*
**Zahnradteilung** *f (Mech)* **circular pitch** *adj:n (Mech)*
**Zahnradübersetzung** *f (Mech) (ganzer Satz)* **gear train** *(Mech)*
**Zahnradvorgelege** *nt (Mech)* **toothed-wheel gearing** *(Mech)*
**Zahnradvorgelegewelle** *f (Mech) (des Motors)* **countershaft** *(Mech)*
**Zahnriemen** *m (Mech)* **serrated belt** *adj:n (Mech)* **sprocket belt** *(Mech)*
**Zahnring** *m (Mech)* **toothed rim** *adj:n (Bg/Bergb, Mech)* **toothed ring** *adj:n (Mech)*
**Zahnritzel** *nt (Mech)* **pinion** *(Mech)*
**Zahnsatz** *m (Mech)* **set of teeth** *(Mech)*
**Zahnscheibe** *f (Mech)* **toothed lock washer** *adj:n (Mech)*
**Zahnsegment** *nt (Mech)* **gear segment** *(Mech)*
**Zahnsegment** *nt (Mech) (Plattenband)* **toothed segment** *adj:n (Mech)*
**Zahnsicherung** *f (Mech) (z.B. am Tieflöffel)* **tooth securing** *(Mech)*
**Zahnspitze** *f (Mech)* **tooth tip** *(Mech)*
**Zahnstange** *f (Bahn) (zwischen Gleisen)* **rack** *(Bahn)* (of rack railway)
**Zahnstange** *f (Mech)* **gear rack** *(Mech)*
**Zahnstangenanschlag** *m (Bahn)* **rack bumper** *(Bahn)*
**Zahnstangenantrieb** *m (Bahn)* **rack gear** *(Bahn)*
**Zahnstangengewinde** *nt (Mont)* **rack winch** *(Mont)*
**Zahnteilung** *f (Mech) (entlang der Sehne)* **chordal pitch** *(Mech)*
**Zahnteilung** *f (Mech) (im Teilkreis)* **circular pitch** *adj:n (Mech)*
**Zahnverstellung** *f (Mech) (z.B. am Grabgefäß)* **tooth setting** *(Mech)*
**Zahnvorderkante** *f (Bg/Bergb) (beim Aufreißer)* **shank** *(Bg/Bergb)* (on ripper)
**Zahnweite** *f (Mech)* **width of teeth** *(Mech)*
**Zahnwelle** *f (Mech)* **toothed shaft** *adj:n (Mech)*
**Zange** *f (Mont, Werkz)* **pincers** *pl (Mont, Werkz)*
**Zapfanschluss** *m (Mech, Hyd/Pneu)* **tap connection** *(Mech, Hyd)*
**Zapfen** *m (Bahn) (Schienenklemmplatte)* **lug** *(Mech, Bahn)*
**Zapfen** *m (Mech)* **pin** *(Mech)* **pinion** *(Mech)*
**Zapfen** *m (Mech) (einer Schiene)* **gudgeon** *(Mech)*
**Zapfen** *m (Mech) (Einsteckbolzen)* **pivot** *(Mech)*
**Zapfen** *m (Mech) (herausragend)* **finger** *(Mech)*
**Zapfen** *m (Mech) (Mitnehmer am Zylinderschaft)* **tang** *(Form)*
**Zapfendüse** *f (Mech)* **pintle-type nozzle** *(Mech)*
**Zapfenfeile** *f (Mont, Werkz)* **pivot file** *(Mont, Werkz)*
**zapfenförmig** *adj (Mech)* **conical** *adj (Mech)*
**Zapfengelenk** *nt (Stb)* **pivot hinge** *(Stb)*
**Zapfenkreuz** *nt (Bg/Bergb) (Grader)* **cross pin** *(Mech, Bg/Bergb)*
**Zapfenschraube** *f (Stb)* **trunnion screw** *(Stb)*
**Zapfpistole** *f (Mech, Hyd/Pneu)* **dispenser** *(Mech, Hyd/Pneu)*
**Zarge** *f (Bau) (Türeinfassung)* **surround** *(Bau)* (door frame)
**Zehe** *f (Bg/Bergb) (nach Sprengung stehen bleibend)* **toe** *(Bg/Bergb)* (remaining after blasting)
**Zeichenbrett** *nt (Stb)* **drawing board** *(Stb)*
**Zeichendreieck** *nt (Bau)* **setsquare** *(Bau)*
**Zeichenfläche** *f (Stb)* **drawing area** *(Stb)*
**Zeichenmaschine** *f (Bau)* **drawing machine** *(Bau)*
**Zeichenmittel** *nt (Stb)* **drawing instrument** *(Stb)*
**Zeichner, technisch** technischer Zeichner *adj:n (Allg)* **draftsman** *(Allg)*
**Zeichnung** *f (Allg)* **drawing** *(Allg)* **Dwg** *(Mech, Allg)* (Abv) **sketch** *(Mech, Allg)*
**Zeichnung, kopierfähig** kopierfähige Zeichnung *adj:n (Allg)* **copyable drawing** *adj:n (Allg)*
**Zeichnung, maßstäblich** maßstäbliche Zeichnung *adj:n (Mech)* **scale drawing** *(Mech)*
**Zeichnung, maßstabsgerecht** maßstabsgerechte Zeichnung *adj:n (Allg, Mech)* **true-to-scale drawing** *(Allg, Mech)*

**Zeichnungsblatt** *nt (Stb)* **drawing sheet** *(Stb)*
**Zeichnungsfeld** *nt (Stb)* **drawing area** *(Stb)*
**zeichnungsgeprüft** *adj (Stb)* **drawing-checked** *adj (Stb)*
**Zeichnungsnorm** *f (Stb)* **drawing practice standard** *(Stb)*
**Zeichnungsnummer** *f (Allg)* **drawing number** *(Allg)*
**Zeichnungsregistratur** *f (Allg)* **registration of drawings** *(Allg)*
**Zeichnungssatz** *m (Allg)* **set of working drawings** *(Allg)*
**Zeichnungsverfilmung** *f (Stb)* **filming of drawings** *(Stb)*
**Zeichnungsverzeichnis** *nt (Hütt/Wlz)* **drawings list** *(Hütt/Wlz)*
**Zeichnungswesen** *nt (Stb)* **drawing practice** *(Stb)*
**Zeiger** *m (Mech)* **indicator** *(Mech)*
**Zeigerthermometer** *nt (Mech)* **dial thermometer** *(Mech)*
**Zeitkipper** *m (Mech)* **time element** *(Mech)*
**Zeitstudie** *f (Mech) (Netzplantechnik)* **C.P.M.** *(Mech)* (Abv) **critical path method** *(Mech)* **time study** *(Mech)*
**Zellendeckel** *m (Mech) (des Akkumulators)* **battery cell cover** *(Mech)*
**zellenlos** *adj (Mech)* **cell-less** *adj (Mech)*
**Zellenradschleuse** *f (Mech)* **rotary gate valve** *(Mech)*
**Zellenstopfen** *m (Mech)* **battery cell plug** *(Mech)*
**Zellstoffherstellung** *f (Hütt/Wlz)* **pulp manufacture** *(Hütt/Wlz)*
**Zeltdach** *nt (Bau)* **tent-roof** *(Bau)*
**Zeltplane** *f (Mech)* **tarpaulin** *(Mech)*
**Zement** *m (Bau)* **cement** *(Bau)*
**Zementanlage** *f (Bau)* **cement plant** *(Bau)*
**Zementanlagen und Aufbereitungstechnik** *(Bau)* **cement plant and processing equipment** *(Bau)*
**Zementgrieß** *m (Bau)* **cement tailing** *(Bau)*
**Zementhohldiele** *f (Bau)* **hollow concrete slab** *adj:n (Bau)*
**Zementindustrie** *f (Bau)* **cement industry** *(Bau)*
**Zementklinker** *m (Bau)* **cement clinker** *(Bau)*
**Zementleimkuchen** *m (Bau)* **cake of cement paste** *(Bau)*
**Zementmilch** *f (Bau)* **grout** *(Bau)*
**Zementmörtel** *m (Bau)* **cement mortar** *(Bau)*
**Zementmörtelauskleidung** *f (Bau) (Rohre)* **cement mortar lining** *(Mech)*
**Zementofen** *m (Bau)* **cement kiln** *(Bau)*
**Zementputz** *m (Bau)* **rendering** *(Bau)*
**Zementwerk** *nt (Bau)* **cement plant** *(Bau)*
**zentral** *adj (Mech, Allg)* **central** *adj (Mech, Allg)*
**Zentralfräser** *m (Mont)* **central cutter** *(Mont, Werkz)*
**Zentralschmieranlage** *f (Mech)* **central lubrication system** *adj:n (Mech)*
**Zentralschmierung** *f (Mech)* **central lubrication** *adj:n (Mech)*
**Zentrierbock** *m (Mech)* **roller guide support** *(Mech)*
**Zentrierbohrung** *f (Mech)* **centre bore** *(Mech)*
**Zentrierbolzen** *m (Mech)* **centre bolt** *BE (Mech)*
**Zentrierdorn** *m (Mont)* **centering drift** *(Mech, Mont)*
**zentrieren** *v (Mech)* **centre** *v BE (Mech)*
**Zentrierring** *m (Mech)* **centre ring** *(Mech)*
**Zentrierrolle** *f (Mech)* **centering roll** *(Mech)*
**Zentrierung** *f (Mech)* **centralisation** *(Mech)*
**Zentrierzapfen** *m (Mech)* **spigot bolt** *(Mech)* **spigot pin** *(Mech)*
**zentrifugal** *adj (Mech)* **centrifugal** *adj (Mech)*
**zentrifugal** *adv (Mech)* **centrifugally** *adv (Bau, Mech)*
**Zentrifugalbremse** *f (Mech)* **centrifugal brake** *adj:n (Mech)*
**Zentrifugalkraft** *f (Stat)* **centrifugal force** *adj:n (Mech, Stat)*
**Zentrifugalmoment** *nt (Stb)* **product of inertia** *(Stb)*
**Zentrifugalregler** *m (Stat)* **centrifugal governor** *adj:n (Stat)*
**Zentrifuge** *f (Zer)* **centrifuge** *(Zer)*
**Zentripetalkraft** *f (Stat)* **centripetal force** *(Stat)*
**Zentrumbohrer** *m (Mont, Werkz)* **centre-drill** *(Mont, Werkz)*
**zerbeißen** *v (Zer)* **crunch up** *v (Zer)*

**zerbröckeln** *v/i (Geo)* **crumble** *v/i (Geo)*
**zerfallen** *v (Geo)* **disintegrate** *v (Geo)*
**zergehen** *v (Chem, Mech) (sich auflösen)* **dissolve** *v (Mech, Chem)*
**Zerhacker** *m (Zer)* **chopper** *(Zer)*
**zerkleinern** *v (Zer)* **crush** *v (Zer)* **mill** *(Zer)*
**Zerkleinerung, selektiv** selektive Zerkleinerung *adj:n (Zer)* **selective crushing** *adj:n (Zer)*
**Zerkleinerungsgrad** *m (Zer)* **crushing ratio** *(Zer)*
**Zerkleinerungsmaschine** *f (Zer)* **crushing machine** *(Zer)*
**Zerkleinerungstechnik** *f (Zer)* **crushing and screening technology** *(Zer)*
**zerlegbar** *adj (Mech, Mont)* **dismountable** *adj (Mech, Mont)* **separable** *adj (Mech, Mont)*
**zerlegen** *v (Mech) (z.B. in Einzelteile)* **disassemble** *v (Mech, Allg)* **disintegrate** *v (Mech)* **dismantle** *v (Mech)* **take to pieces** *(Mech)*
**Zerlegung** *f (Mech)* **dismantling** *(Mech, Allg)*
**zermahlen** *v (Bg/Bergb, Zer)* **crumble** *v (Bg/Bergb, Zer)* (grind)
**zerreiben** *v (Zer, Mech)* **grate** *v (Zer, Mech)* (grind)
**zerreißen** *v (Mech) (Schmierstoff mit Hilfe von Pressluft)* **disperse** *v (Mech)*
**zerreißen** *v (Mech, Allg)* **split** *v (Mech, Allg)*
**Zerreißfestigkeit** *f (Mech) (Gurt)* **tearing strength** *(Mech, Stat)*
**Zerreißkupplung** *f (Mech)* **overload shear coupling** *(Mech)*
**Zerreißprobe** *f (Stb)* **destructive verification** *adj:n (Stb)*
**Zerreißprobe** *f (Stb) (Stab)* **coupon** *AE (Stb)* **tensile test piece** *(Stb)*
**Zerreißprobe** *f (Stb) (Test)* **tension test** *(Stb, Mech)*
**Zerreißspannung** *f (Stb)* **breaking stress** *(Stb)*
**Zerreißversuch** *m (Mech)* **tensile test** *(Mech, Stb)* **tension test** *(Stb, Mech)*
**zerschnitzeln** *v (Zer)* **shred** *v (Zer)*
**zerschnitzelt** *adj (Zer)* **shredded** *adj (Mech, Zer)*
**zersetzen** *v (Mech)* **disintegrate** *v (Mech)*
**Zersetzung** *f (Geo, Ökol)* **decomposition** *(Geo, Ökol)*
**zerspanen** *v (Mech, Mont)* **chip** *v (Mech, Mont)* **cut** *v (Allg)*
**Zerstäuber** *m (Stb)* **atomizer** *(Chem, Allg, Mech, Stb)* **vaporizer** *(Stb)*
**Zerstäuberdruck** *m (Hyd/Pneu)* **atomizer pressure** *(Hyd/Pneu)*
**Zerstäuberdüse** *f (Mech)* **atomizer nozzle** *(Mech)*
**zerstören** *v (Mech)* **destroy** *v (Mech)* (annihilate)
**zerstückelt** *adj (Mech)* **shredded** *adj (Mech, Zer)*
**zerteilen** *v (Zer)* **cut to pieces** *v (Mech, Mont)* **disintegrate** *v (Geo, Zer)*
**Zg** *f (Mech, Allg) (Abk)* **drawing** *(Allg)* **Dwg** *(Mech, Allg)* (Abv)
**zickzack-förmig** *adj (Bahn) (Strecke)* **zig-zag-shaped** *adj (Bahn)*
**Ziegel** *m (Bau)* **brick** *(Bau)*
**Ziegel** *m (Bau) (luftgetrocknet)* **adobe** *(Bau)*
**Ziegelei** *f (Bau)* **brickyard** *(Bau)*
**Ziegelmauer** *f (Bau)* **brick wall** *f (Bau)*
**Ziegelofen** *m (Bau)* **brick kiln** *(Bau)*
**Ziegelstein** *m (Bau)* **brick** *(Bau)*
**Ziegelwand** *f (Bau)* **brick wall** *f (Bau)*
**Ziegler** *m (Bau)* **brickmaker** *(Bau)*
**Ziehen** *nt (Mech)* **pull** *(Mech)*
**Ziehen** *nt (Stb) (z.B. von Draht)* **drawing** *(Stb)* (wire)
**ziehen** *v (Mech) (abschleppen)* **tow** *v (Mech, Schiff)*
**Zieherei** *f (Hütt/Wlz)* **drawing plant** *(Hütt/Wlz)*
**Ziehmesser** *nt (Mont)* **draw knife** *(Mech, Mont)*
**Ziehsäge** *f (Werkz)* **crosscut saw** *(Werkz)*
**Ziehwerkzeug** *nt (Werkz)* **drawing tool** *(Werkz)*
**Ziehwulst** *m (Mech)* **draw bead** *(Mech)*
**Zierdeckel** *m (Mech)* **ornamental hub cap** *(Mech)*
**Ziergitter** *nt (Bau)* **grille** *(Bau)*
**Zierleiste** *f (Mech)* **moulding** *(Mech)*
**Zierring** *m (Mech)* **ornamental ring** *(Mech)*
**Zierscheibe** *f (Mech)* **ornamental disc** *(Mech)*
**Zille** *f (Schiff) (Flusskahn)* **barge** *(Schiff)* (ship)
**Zille** *f (Schiff) (mit Antrieb)* **motor barge** *(Schiff)*

**Zille** *f (Schiff) (ohne Antrieb)* **dumb barge** *(Schiff)*
**Zimmermannssäge** *f (Werkz)* **bucksaw** *(Werkz)*
**Zink** *nt (Hütt/Wlz)* **zinc** *(Hütt/Wlz)*
**Zinkauflage** *f (Hütt/Wlz) (Beschichtung)* **coating of zinc** *(Hütt/Wlz)* **zinc coating** *(Hütt/Wlz)*
**Zinke** *f (Mech)* **fork** *(Mech, Bg/Bergb)* **prong** *(Mech)*
**Zinke** *f (Mech) (am Zahnrad)* **tooth** *(Mech)*
**Zinken** *m (Mech)* **prong** *(Mech)* **tooth** *(Mech)*
**Zinkstaub** *m (Bg/Bergb)* **zinc dust** *(Bg/Bergb)*
**Zinn** *nt (Hütt/Wlz)* **tin** *BE (Hütt/Wlz)*
**Zinnen** *m (Bau) (zinnenförmiger Aufbau)* **battlement** *(Bau)*
**Zirkel** *m (Allg) (zum Zeichnen)* **compass** *(Mech, Allg)*
**Zirkel** *m (Werkz)* **dividers** *pl (Mont, Werkz)*
**Zirkon** *m (Geo)* **zirconium** *(Geo)*
**Zirkulation** *f (Mech, Hyd/Pneu) (z.B. von Öl)* **circulation** *(Mech, Hyd/Pneu)*
**Zischhahn** *m (Hyd/Pneu)* **pet cock** *(Hyd/Pneu)*
**Zisterne** *f (Ökol)* **cistern** *(Ökol)*
**Zoll** *m (Allg) (Maßeinheit)* **inch** *(Allg)*
**Zollabfertigungshafen** *m (Schiff)* **port of entry** *(Schiff)*
**Zollstock** *m (Mont, Werkz)* **inch-rule** *(Mont, Werkz)* **yardstick** *(Werkz)*
**Zone** *f (Hütt/Wlz) (Rost)* **air plenum chamber** *(Hütt/Wlz)* **forced-draught compartment** *(Hütt/Wlz)*
**Zone** *f (Mech, Allg) (Gebiet)* **region** *(Mech, Allg)* **zone** *(Mech, Allg)*
**Zubringerband** *nt (Band, Umschl)* **delivery belt** *(Band, Umschl)* **feeding belt** *(Umschl, Band, Zer)*
**Zufahrt** *f (Mech)* **access** *(Mech, Allg)*
**Zufahrtsrampe** *f (Stb)* **approach ramp** *(Stb)*
**Zufahrtsrampe** *f (Stb) (Brücke)* **bridge approach** *(Stb)*
**Zufluss** *m (Hyd/Pneu)* **flow** *(Hyd/Pneu)*
**Zuflussventil** *nt (Hyd/Pneu)* **delivery valve** *(Hyd/Pneu, Bg/Bergb)*
**Zuführrohr** *nt (Hütt/Wlz)* **downtake tube** *(Hütt/Wlz)*
**Zuführrollgang** *m (Mech)* **charging roller** *(Mech)*
**Zuführungsausleger** *m (Bg/Bergb, Umschl)* **feeding boom** *(Bg/Bergb, Umschl)*
**Zuführungsband** *nt (Bg/Bergb)* **delivery conveyor** *(Bg/Bergb, Umschl, Band)* **feeding conveyor** *(Bg/Bergb)*
**Zuführungsbandbrücke** *f (Bg/Bergb)* **feeding conveyor bridge** *(Bg/Bergb)*
**Zuführungsbrücke** *f (Bg/Bergb, Umschl) (eines Absetzers)* **feeding bridge** *(Bg/Bergb, Umschl)* **feeding conveyor bridge** *(Bg/Bergb, Umschl)*
**Zug** *m (Hütt/Wlz) (Zugluft)* **draught** *BE (Hütt/Wlz)*
**Zug** *m (Mech) (Zugkraft)* **drag** *(Mech)*
**Zug** *m (Mech, Stat) (Zugspannung)* **tensile stress** *(Mech, Schw)* **tension** *(Mech, Band, Stat)*
**Zug** *m (Mont) (Werkzeug)* **pull jack** *(Mech, Mont)*
**Zugabe** *f (Mech) (für spätere Bearbeitung)* **machining tolerance** *(Mech)* **tolerance** *(Mech)*
**Zugang** *m (Mech)* **access** *(Mech, Allg)*
**zugänglich** *adj (Bau) (leicht zu erreichen)* **accessible** *adj (Allg)*
**Zuganker** *m (Bg/Bergb) (Steuerblock)* **tensioning bolt** *(Bg/Bergb)*
**Zuganker** *m (Mech) (Zylinder)* **tie rod** *(Mech, Bau, Zer)*
**Zugband** *nt (Mech) (bei Abspannung)* **tie bar** *(Mech)*
**Zugband** *nt (Stb)* **tie member** *(Stb, Mech)*
**Zugband** *nt (Stb) (Stange)* **tension rod** *(Stb)*
**Zugbeanspruchung** *f (Stb)* **tensile load** *(Mech, Band, Stb)*
**Zugbeladeanlage** *f (Umschl)* **train loading plant** *(Umschl)*
**Zugbeladestation** *f (Umschl)* **train loading station** *(Umschl)*
**Zugbelastung** *f* **tensile load** *(Mech, Band, Stb)*
**Zugbolzen** *m (Mech)* **tie bolt** *(Mech)*
**Zugbremse** *f (Bahn) (Dampflok)* **train brake** *(Bahn)*
**Zugbrücke** *f (Bau)* **drawbridge** *(Bau)*
**Zügelbrücke** *f (Bau)* **bridle bridge** *(Bau)*
**Zugelement** *nt (Mech) (Gurt)* **tension member** *(Mech)*
**Zügelgurtbrücke** *f (Stb)* **bridle chord bridge** *(Stb)*

**Zugentladeanlage** *f (Umschl)* **train unloading plant** *(Umschl)*
**Zugentlastungsbogen** *m (Mech)* **traction relief curve** *(Mech)*
**zugeschoben** *adj (Bg/Bergb)* **trapped** *adj (Bg/Bergb)*
**zugesetzt** *adj (Mech, Hyd/Pneu)* **clogged** *adj (Mech, Hyd/Pneu)*
**Zugfaser** *f (Mech) (Zug in Faserrichtung)* **tension parallel to the grain** *(Mech)*
**Zugfaser** *f (Mech) (Zug quer zur Faserrichtung)* **tension perpendicular to the grain** *(Mech)*
**Zugfaser** *f (Stb)* **tensile fibre** *(Stb)*
**Zugfeder** *f (Bahn) (Wagonabstützung)* **spring** *(Mech)*
**Zugfeder** *f (Mech)* **tensioning spring** *(Mech)*
**Zugfeder** *f (Mech) (Bandwaage)* **tension spring** *(Mech)*
**Zugfestigkeit** *f (Mech)* **tensile strength** *(Mech, Stat)*
**Zugfestigkeit** *f (Mech, Band) (des Gurtes)* **tension rating** *(Mech, Band)*
**Zugfestigkeit** *f (Mech, Stat) (bei Zugspannungen)* **ultimate strength** *adj:n (Mech, Stat)* **ultimate stress** *adj:n (Mech, Stat)*
**Zuggurt** *m (Stb) (eines Blechträgers)* **tension flange** *(Stb)* (of plate girder)
**Zuggurt** *m (Stb) (Fachwerkträger)* **tension chord** *(Stb)*
**Zughaken** *m (Bahn, Mech) (Bahn)* **drawhook** *(Bahn, Mech)*
**Zughaken** *m (Mech)* **tow hook** *(Mech)* **towing hook** *(Mech)*
**Zughakenführung** *f (Bahn)* **drawhook guide** *(Bahn)*
**Zughub** *m (Mont)* **pull jack** *(Mech, Mont)* **traction device** *(Mont)*
**Zugkette** *f (Bahn, Mech)* **tackle** *(Mech, Bahn)* (hoist)
**Zugkettenablageabteil** *nt (Bahn)* **tackle stowage compartment** *(Bahn)*
**Zugkomponente** *f (Stat)* **tensile component** *(Stat)*
**Zugkraft** *f (Mech) (Drehmoment am Werkzeug)* **torque** *(Mech)*
**Zugkraft** *f (Mech, Bg/Bergb)* **tensile force** *(Mech)*
**Zuglasche** *f (Bahn) (der Festellbremse)* **draw shackle** *(Bahn)* (of hand brake)
**Zuglasche** *f (Mech)* **shackle** *(Mech)*
**Zugleistung** *f (Mech)* **tractive output** *(Mech)*
**Zuglenkwand** *f (Hütt/Wlz)* **gas baffle** *(Hütt/Wlz)*
**Zugpfosten** *m (Mech)* **tension member** *(Stb, Mech, Band)*
**Zugprobe** *f (Stb)* **tensile test** *(Mech, Stb)*
**Zugprüfung** *f (Mech)* **tensile test** *(Mech, Stb)*
**Zugseil** *nt (Stb)* **traction rope** *(Stb)*
**Zugseilklemme** *f (Bahn)* **draw-cable clamp** *(Bahn)*
**Zugsicherung** *f (Bahn)* **train protection** *(Bahn)*
**Zugspannung** *f (Mech, Stat)* **tensile stress** *(Mech, Schw)*
**Zugspindel** *f (Mech)* **tie spindle** *(Mech)*
**Zugstab** *m (Mech, Stb) (Befestigung)* **tie member** *(Stb, Mech)*
**Zugstange** *f (Mech)* **tension rod** *(Stb)* **tie** *(Mech, Stb)*
**Zugstange** *f (Stb) (Bauteil)* **drawbar** *(Mech, Bg/Bergb, Stb)*
**Zugstumpfnaht** *f (Schw, Mech, Mont)* **tension butt joint** *(Schw, Mech, Mont)*
**Zugverlust** *m (Hütt/Wlz)* **draught loss** *(Hütt/Wlz)*
**Zugversuch** *m (Mech)* **tension test** *(Stb, Mech)*
**Zugwinde** *f (Mech, Mont)* **draw winch** *(Mech, Mont)*
**Zugwirkung** *f (Mech)* **tension effect** *(Mech)*
**Zugzone** *f (Stb)* **tension zone** *(Stb)*
**Zugzylinder** *m (Mech)* **tension cylinder** *(Mech)*
**Zulaufleitung** *f (Hyd/Pneu)* **feed line** *(Mech)*
**Zulegierung** *f (Hütt/Wlz)* **additive** *(Hütt/Wlz)*
**Zuluft** *f* **intake air**
**zumessen** *v (Bau)* **batch** *v (Bau)*
**Zumesskasten** *m (Bau)* **gauge box** *(Bau)*
**Zumischung** *f (Chem)* **admixture** *(Chem, Hyd)*
**Zündbrenner** *m (Hütt/Wlz)* **lighting-up burner** *(Hütt/Wlz)*
**Zunder** *m (Hütt/Wlz)* **cinder** *(Bg/Bergb, Hütt/Wlz)* (slag)
**Zünder** *m (Hütt/Wlz)* **ignitor** *(Hütt/Wlz)*
**Zunderbildung** *f (Hütt/Wlz)* **scaling** *(Hütt/Wlz)*

**Zunderstücke** *pl nt (Hütt/Wlz)* **scales** *pl (Hütt/Wlz)*
**Zündfeuerung** *f (Hütt/Wlz)* **ignition burners** *pl (Hütt/Wlz)*
**Zündflamme** *f (Hütt/Wlz)* **pilot flame** *(Hütt/Wlz)*
**Zündfolge** *f (Mech) (Motor)* **firing order** *(Mech)*
**Zündgestänge** *nt (Mech)* **spark linkage** *(Mech)*
**Zündgrenze** *f (Stb)* **ignition limit** *(Mech)*
**Zündimpuls** *m (Mech) (Motor)* **firing pulse** *(Mech)*
**Zündkabel** *nt (Mech)* **ignition cable** *(Mech)*
**Zündkerze** *f (Mech)* **spark plug** *(Mech)*
**Zündkerzenstecker** *m (Mech)* **spark plug terminal** *(Mech)*
**Zündnocken** *m (Mech)* **ignition cam** *(Mech)*
**Zündpunkt** *m (Stb)* **ignition point** *(Stb)*
**Zündschalter** *m (Mech)* **ignition switch** *(Mech)*
**Zündschloss** *nt (Mech)* **ignition lock** *(Mech)*
**Zündtemperatur** *f (Hütt/Wlz)* **ignition temperature** *(Stb)*
**Zungenfeile** *f (Mont, Werkz)* **tongue file** *(Mont, Werkz)*
**Zuordnung** *f (Bau)* **coordination** *(Bau)*
**zurren** *v (Bahn)* **lash** *v (Bahn)* (lash down)
**zurückfüllen** *v (Umschl, Bg/Bergb)* **backfill** *v (Bg/Bergb, Mont)*
**zurückziehen** *v (Hütt/Wlz)* **retract** *v (Hütt/Wlz)*
**Zusammenbacken** *nt (Mech) (z.B. von Kohle)* **caking** *(Mech, Bg/Bergb)* (e.g. of coal)
**zusammenbacken** *v (Geo) (z.B. von Kohle)* **agglomerate** *v (Geo)*
**Zusammenbau** *m (Mech, Allg)* **assembling** *(Mech, Mont)* **assembly** *(Mech)*
**zusammenbauen** *v (Mech, Mont)* **assemble** *v (Mech, Mont)*
**zusammenbolzen** *v (Mech, Mont)* **bolt together** *v (Mech, Mont)*
**Zusammenbruch** *m (Mech, Allg) (Störung einer Maschine)* **breakdown** *(Mech, Allg)* (e.g. failure of a machine)
**Zusammenfall** *m (Bau)* **collapse** *(Bau)*
**zusammenfügen** *v (Bau)* **join** *v (Mech, Bau)*
**zusammenfügen** *v (Mech) (verbinden)* **connect** *v (Mech)* (to, with)
**zusammenfügen** *v (Mont) (montieren)* **assemble** *v (Mech, Mont)*
**zusammenlegen** *v (Mech, Mont)* **fold** *v (Mech, Mont)* (e.g. steel plates, sheets)
**Zusammenprall** *m (Mech, Allg)* **collision** *(Allg)*
**zusammenschiebbar** *adj (Mech)* **sliding** *adj (Mech)*
**zusammenschrauben** *v (Mech)* **bolt together** *v (Mech, Mont)*
**Zusammensetzung** *f (Mech, Chem)* **composition** *(Chem)*
**zusammentragen** *v (Bau)* **compile** *v (Bau)*
**Zusammenwirken mehrerer Fehler** *(Mech)* **combination of several faults** *(Mech)*
**zusammenziehen** *v (Mech) (Feder)* **contract** *v (Mech)*
**Zusammenziehung** *f (Hütt/Wlz)* **contraction** *(Hütt/Wlz, Stb)*
**Zusatz** *m (Hyd/Pneu)* **additive** *(Mech, Chem, Hyd/Pneu, Hütt/Wlz)* **admixture** *(Chem, Hyd)*
**Zusatz, verschleißmindernd** verschleißmindernder Zusatz *adj:n (Hyd/Pneu)* **additive abrasion-reducing** *adj:n (Hyd/Pneu)*
**Zusatzantrieb** *m (Mech)* **booster** *(Mech)*
**Zusatzbremse** *f (Mech)* **retarder** *(Mech)*
**Zusatzbremsventil** *nt (Bahn)* **additional brake valve** *adj:n (Bahn)*
**Zusatzbrennstoff** *m (Chem)* **auxiliary fuel** *adj:n (Chem)*
**Zusatzdüse** *f (Mech)* **auxiliary jet** *adj:n (Mech)*
**Zusatzfahrschaltung** *f (Mech)* **overdrive** *(Mech)*
**Zusatzfeder** *f (Mech) (Verstärkung)* **overload spring** *(Mech)*
**Zusatzfeuerung** *f (Hütt/Wlz)* **auxiliary burner** *adj:n (Hütt/Wlz)*
**Zusatzfläche** *f (Stb)* **free margin** *(Stb)* (on a drawing board)
**Zusatzgebläse** *nt (Hütt/Wlz)* **booster fan** *(Hütt/Wlz)*
**Zusatzgegengewicht** *nt (Mech)* **additional counterweight** *adj:n (Mech)*
**zuschieben** *v (Bg/Bergb)* **trap** *v AE (Bg/Bergb)*

**Zuschlag** *m (Bau)* **aggregate** *(Bau)*
**Zuschlaggemisch** *nt (Bau)* **mixed aggregate** *(Bau)*
**Zuschlaghammer** *m (Mont, Werkz)* **sledge hammer** *(Mont, Werkz)*
**Zuschlagstoff** *m (Bau)* **aggregate** *(Bau)*
**zuschneiden** *v (Mech, Mont)* **tailor** *v (Mech, Allg)*
**Zuschnitt** *m (Mech)* **cutting** *(Mech)*
**Zuschnitt** *m (Schw) (Vorschnitt des Werkstückes)* **blank cut** *(Schw)*
**zuschweißen** *v (Schw, Mech, Mont)* **weld up** *v (Schw, Mech, Mont)*
**Zusetzer** *m (Mech)* **adder** *(Mech)*
**Zustand** *m (Mech, Allg)* **condition** *(Allg)* **state** *(Mech, Allg)*
**Zustand, dampfförmig** dampfförmiger Zustand *adj:n (Hütt/Wlz)* **vapour state** *(Hütt/Wlz)*
**Zustand, gasförmig** gasförmiger Zustand *adj:n (Chem)* **gaseous state** *adj:n (Chem)*
**Zustandsform** *f (Mech, Geo)* **consistency** *(Geo, Mech)*
**zustopfen** *v (Mech)* **plug** *v (Mech)* (close)
**Zwangs...** *affix (Allg)* **compulsory** *adj (Allg)* **constrained** *adj (Mech, Allg)*
**Zwangsaustrag** *m (Mech)* **constraining discharge** *(Mech)*
**Zwangumlauf** *m (Hütt/Wlz)* **forced circulation** *adj:n (Hütt/Wlz)*
**Zwangumlaufkessel** *m (Hütt/Wlz)* **forced-circulation boiler** *(Hütt/Wlz)*
**Zwei-Punkt-Druckregler** *m (Hyd/Pneu)* **two-point pressure controller** *(Hyd/Pneu)*
**zweiachsig** *adj (Mech) (z.B. Tieflader)* **two-axle...** *affix (Mech)*
**Zweiarmflansch** *m (Mech)* **two-armed flange** *(Mech)*
**Zweiarmnabe** *f (Mech)* **twin-sector clutch hub** *(Mech)*
**zweibahnig** *adj (Mech)* **twin-track...** *affix (Mech)*
**Zweidruck-Ventil** *nt (Hyd/Pneu)* **twin-pressure sequence valve** *(Hyd/Pneu)*
**Zweifach-Rollenkette** *f (Mech)* **duplex roller chain** *(Mech)*
**Zweifachrollenkette** *f (Mech)* **double roller chain** *adj:n (Mech)*
**Zweiflanschnabe** *f (Mech)* **double-flange hub** *(Mech)*
**zweiflutig** *adj (Hütt/Wlz)* **double-flow...** *affix (Hütt/Wlz)*
**zweigeschossig** *adj (Bau)* **two-storey** *adj BE (Bau)*
**zweigleisig** *adj (Mech, Allg)* **double-tracked** *adj (Mech, Allg)*
**Zweihebelsteuerung** *f (Mech) (beim Seilbagger)* **two-lever control** *(Mech)*
**Zweiholm** *m (Mech)* **two-stringer** *(Mech)*
**Zweikomponentenanstrich** *m (Anstr)* **two-component coating** *(Anstr)*
**Zweiradschwinge** *f (Bg/Bergb)* **two-wheel bogie** *(Bg/Bergb)*
**Zweiraupenfahrwerk** *nt (Bg/Bergb)* **two-crawler track assembly** *(Bg/Bergb)*
**zweireihig** *adj (Mech, Allg)* **double-row** *adj (Mech, Allg)* **two-row** *adj (Mech, Allg)*
**Zweitakt-Dieselmotor** *m (Mech)* **two-cycle diesel engine** *adj:n (Mech)*
**Zweitrommelkessel** *m (Hütt/Wlz)* **bi-drum boiler** *(Hütt/Wlz)*
**Zweiwalzenbrecher** *m (Zer)* **double-roll crusher** *(Zer)*
**Zweiwegebagger** *m (Bg/Bergb)* **road rail excavator** *(Bg/Bergb)*
**Zweiwegventil** *nt (Mech)* **two-way valve** *(Mech)*
**Zwickel** *m (Mech, Mont)* **gusset** *(Mech, Mont)*
**Zwillings...** *affix (Mech, Allg)* **twin** *adj (Mech, Allg)*
**Zwillingsturm** *m (Bau)* **twin tower** *(Bau)*
**Zwinge** *f (Mech) (z.B. für Kabel)* **ferrule** *(Mech)*
**Zwinge** *f (Werkz)* **vice** *BE (Werkz, Mont)*
**Zwischen...** *affix (Allg)* **intermediate** *adj (Allg)*
**Zwischenabkühlung** *f (Bg/Bergb)* **intermediate cooling** *adj:n (Bg/Bergb)*
**Zwischenbandförderer** *m (Umschl)* **intermediate conveyor car** *(Umschl)*
**Zwischenbremsklotz** *m (Mech)* **intermediate brake block** *(Mech)*
**Zwischenbunker** *m (Umschl)* **catch bin** *(Umschl)* **surge bin** *(Umschl)*
**zwischenschalten** *v (Mech)* **insert** *v (Mech)* (between) **interconnect** *v (Mech)*
**Zwischenscheibe** *f (Mech) (rund)* **washer** *(Mech)*
**Zwischenschicht** *f (Bg/Bergb) (zwischen Flözen)* **interburden** *(Bg/Bergb)* **intercalation** *(Bg/Bergb)*

**Zwischenschicht** *f (Geo)* **intermediate lense** *(Geo)*
**zwischensetzen** *v (Mech)* **interpose** *v (Mech)*
**Zwischenstellung** *f (Mech) (z.B. eines Hebels)* **interim position** *(Mech)*
**Zwischenstück** *nt (Mech)* **adaptor** *BE (Mech)* **connecting piece** *(Mech)*
**Zwischenstück** *nt (Mech) (Distanzbuchse)* **spacer bush** *(Mech)*
**Zwischenträger** *m (Stb)* **intermediate beam** *adj:n (Stb)*
**Zwischentransport** *m (Mech)* **interim transportation** *(Mech)*
**Zwischenüberhitzung** *f (Hütt/Wlz)* **reheat cycle** *(Hütt/Wlz)*
**Zwischenwand** *f (Stb)* **partition wall** *(Stb, Bau)*
**Zwischenwelle** *f (Mech)* **countershaft** *(Mech)* **jackshaft** *(Mech)*
**Zwischenzahnrad** *nt (Mech)* **idler gear wheel** *(Mech)*
**Zwölfkant...** *affix (Mech)* **twelve-sided** *adj (Mech)*
**Zwölfkantschraube** *f (Mech)* **twelve-sided bolt** *adj:n (Mech)*
**Zwölfkantschraubenschlüssel** *m (Werkz)* **twelve-sided spanner** *adj:n (Werkz)*
**zyklisch** *adj (Mech, Allg)* **cyclic** *adj (Mech, Allg)*
**Zyklon** *m (Bg/Bergb)* **cyclone** *(Bg/Bergb)*
**Zyklon-Abscheider** *m (Zer) (grober Flugstaub)* **grit arrester** *(Zer)*
**Zyklon-Abscheider** *m (Zer) (Staub)* **cyclone precipitator** *(Zer)*
**Zylinder** *m (Mech)* **cylinder** *(Mech)*
**Zylinderablasshahn** *m (Hütt/Wlz)* **purge cock** *(Hütt/Wlz)*
**Zylinderbohrung** *f (Mech)* **cylinder bore** *(Mech)*
**Zylinderbuchse** *f (Mech) (nass und trocken)* **cylinder liner** *(Mech)*
**Zylinderbüchsen-Drehmaschine** *f (Mech)* **cylinder liner turning machine** *(Mech)*
**Zylinderdeckel** *m (Mech)* **cylinder cover** *(Mech)*
**zylindergesteuert** *adj (Mech)* **cylinder-controlled** *adj (Mech)*
**Zylinderhub** *m (Bg/Bergb)* **cylinder stroke** *(Bg/Bergb)*
**Zylinderkolben** *m (Mech)* **cylinder piston** *(Mech)*
**Zylinderkopf** *m (Mech)* **cylinder head** *(Mech)*
**Zylinderkopfdichtung** *f (Mech, Hyd/Pneu)* **cylinder head gasket** *(Mech, Hyd/Pneu)*
**Zylinderkopfhaube** *f (Mech)* **cylinder head cover** *(Mech)*
**Zylinderkörper** *m (Mech)* **cylinder body** *(Mech)*
**Zylinderkraft** *f (Bg/Bergb, Mech)* **cylinder power** *(Bg/Bergb, Mech)*
**Zylinderlager** *nt (Mech) (Zylinderauge)* **cylinder bearing** *(Mech)*
**Zylindermantel** *m (Mech)* **barrel** *(Mech)*